U0251549

# 中国人群暴露参数手册（成人卷）

## Exposure Factors Handbook of Chinese Population

Adults

环境保护部　编著

中国环境出版社 · 北京

# 组织实施

**组织领导**　环境保护部

**技术执行**　中国环境科学研究院

中国疾病预防控制中心慢性非传染性疾病预防控制中心

中国人民大学

北京科技大学

环境基准与风险评估国家重点实验室

# 序

环境是生存之本、发展之基。党的十八大把生态文明建设纳入中国特色社会主义事业“五位一体”总体布局，提出紧紧围绕建设美丽中国深化生态文明体制改革，推动形成人与自然和谐发展现代化建设新格局。加强环境保护、坚持以人为本是建设生态文明的基本要求。人民群众过去“求温饱”，现在“盼环保”，拥有天蓝地绿水净的宜居环境、享受身心健康的生活正成为越来越多人的共同诉求。民之所望，施政所向。着力解决影响人民群众身体健康和生命安全的重大环境问题已成为当前环境保护工作的重中之重。

“提高环境与健康风险评估能力”是《中华人民共和国国民经济和社会发展第十二个五年规划纲要》的明确要求。针对我国相关研究积累和技术储备远远不足的现状，环境保护部着力加强环境与健康工作，发布了《国家环境保护“十二五”环境与健康工作规划》，将加强环境与健康风险管理作为核心任务，从夯实环境与健康工作基础入手，部署了一系列基础调查和科研工作，其中一项就是“十二五”期间组织完成中国人群（儿童、青少年和成人）环境暴露行为模式研究，发布中国人群暴露参数手册。

环境暴露行为模式是科学评价环境健康风险的关键基础数据。美国、欧盟、日本、韩国、澳大利亚等国家均已开展了相关研究，发布了本国人群暴露参数调查结果，在支持环境决策进程中发挥了重要作用。环境保护部此次组织的研究工作，填补了国内空白。基于研究结果编写出版的《中国人群环境暴露行为模式研究报告》和《中国人群暴露参数手册》，系统反映了我国人群环境暴露行为特点，是规范暴露参数选用、基于我国国情开展暴露评价和环境健康风险评价的重要依据。

本次研究成果的发布，不仅有助于引导社会各界关注环境健康风险，也有助于国家更科学、更有针对性地开展环境健康风险评估工作。我们真诚地希望社会各界，特别是环保工作者，以求真务实精神积极开展、大力推进环境与健康工作，为改善环境质量、维护人民健康、推动生态文明建设与社会可持续发展作出更大的贡献！

吴晓青

# 前 言

暴露参数是用来描述人体暴露环境介质特征和行为的基本参数，是决定环境健康风险评价准确性的重要因素。根据《国家环境保护“十二五”环境与健康工作规划》，2011—2012年，环境保护部科技标准司委托中国环境科学研究院，针对我国18岁及以上人群开展了“中国人群环境暴露行为模式研究”，并在此基础上，综合国内其他相关调查、研究及统计信息，形成了《中国人群暴露参数手册（成人卷）》（以下简称《手册》）。

《手册》共13章。第1章是编制说明，介绍了编制《手册》的背景目的、工作过程、适用范围及使用方法等。第2～13章是《手册》的主体内容，根据参数类别分为三个部分，第一部分为第2～5章，是摄入量参数，包括呼吸量、饮水摄入量、饮食摄入量、土壤/尘摄入量；第二部分为第6～9章，是时间活动模式参数，包括与空气暴露相关的时间活动模式参数（室内外活动时间、交通出行方式和时间）、与水暴露相关的时间活动模式参数（洗澡时间、游泳时间等）、与土壤暴露相关的时间活动模式参数（土壤接触时间），与电磁暴露相关的时间活动模式参数（与手机、电脑的接触时间等）；第三部分为第10～13章，是其他参数，包括体重、皮肤暴露参数、期望寿命和住宅相关参数。

对于每类参数，均先介绍该参数的定义、影响因素和获取方法，然后是数据和资料的来源和参数的推荐值，最后是与国外相关参数的比较。此外，每章都以附表的形式列出了分地区（东中西、片区和省）、分城乡、分性别、分年龄的数据，有个别参数还列出了分季节的数据。附表中列出了样本量、算数均值，以及百分位数值（P5、P25、P50、P75、P95），读者可以根据需要选择。

《手册》是我国第一本暴露参数手册，旨在为相关科研和管理人员提供参考和借鉴。由于时间和经验所限，在编制过程中难免有不足之处，敬请广大读者批评指正。

编写组

2013年11月

# 中国人群暴露参数推荐值总表

| | | 城乡 | | | 城市 | | | 农村 | | |
|---|---|---|---|---|---|---|---|---|---|---|
| | | 小计 | 男 | 女 | 小计 | 男 | 女 | 小计 | 男 | 女 |
| 长期呼吸量* / ($m^3$/d) | | 15.7 | 18.0 | 14.5 | 15.8 | 18.1 | 14.6 | 15.6 | 17.6 | 14.5 |
| 短期呼吸量* / (L/min) | 休息 | 5.5 | 6.3 | 5.1 | 5.5 | 6.4 | 5.1 | 5.5 | 6.2 | 5.1 |
| | 坐 | 6.6 | 7.5 | 6.1 | 6.6 | 7.7 | 6.1 | 6.5 | 7.5 | 6.1 |
| | 轻微活动 | 8.2 | 9.4 | 7.6 | 8.3 | 9.6 | 7.6 | 8.2 | 9.3 | 7.6 |
| | 中体力活动 | 21.9 | 25.1 | 20.3 | 22.1 | 25.5 | 20.4 | 21.8 | 24.9 | 20.2 |
| | 重体力活动 | 32.9 | 37.7 | 30.4 | 33.1 | 38.3 | 30.6 | 32.7 | 37.3 | 30.4 |
| | 极重体力活动 | 54.8 | 62.8 | 50.7 | 55.1 | 63.9 | 50.9 | 54.6 | 62.1 | 50.6 |
| 饮水摄入量*/ (ml/d) | 总饮水摄入量 | 1 850 | 2 000 | 1 713 | 1 900 | 2 000 | 1 775 | 1 825 | 2 000 | 1 675 |
| | 直接饮水摄入量 | 1 125 | 1 250 | 1 000 | 1 250 | 1 275 | 1 125 | 1 100 | 1 125 | 1 000 |
| | 间接饮水摄入量 | 480 | 500 | 450 | 400 | 400 | 400 | 600 | 600 | 500 |
| 饮食摄入量 / (g/d) | 总摄入量 | 1 056.6 | — | — | 1 117.7 | — | — | 1 033.0 | — | — |
| | 米及其制品 | 238.3 | — | — | 217.8 | — | — | 246.2 | — | — |
| | 面及其制品 | 140.2 | — | — | 131.9 | — | — | 143.5 | — | — |
| | 其他谷类 | 23.6 | — | — | 16.3 | — | — | 26.4 | — | — |
| | 薯类 | 49.1 | — | — | 31.9 | — | — | 55.7 | — | — |
| | 深色蔬菜 | 90.8 | — | — | 88.1 | — | — | 91.8 | — | — |
| | 浅色蔬菜 | 185.4 | — | — | 163.8 | — | — | 193.8 | — | — |
| | 水果类 | 45.0 | — | — | 69.4 | — | — | 35.6 | — | — |
| | 猪肉 | 50.8 | — | — | 60.3 | — | — | 47.2 | — | — |
| | 其他畜肉 | 9.2 | — | — | 15.5 | — | — | 6.8 | — | — |
| | 禽肉 | 13.9 | — | — | 22.6 | — | — | 10.6 | — | — |
| | 鱼虾类 | 29.6 | — | — | 44.9 | — | — | 23.7 | — | — |
| | 奶及其制品 | 26.5 | — | — | 65.8 | — | — | 11.4 | — | — |
| | 蛋及其制品 | 23.7 | — | — | 33.2 | — | — | 20.0 | — | — |

| | | 城乡 | | | 城市 | | | 农村 | | |
|---|---|---|---|---|---|---|---|---|---|---|
| | | 小计 | 男 | 女 | 小计 | 男 | 女 | 小计 | 男 | 女 |
| 时间活动模式参数 | 室外活动时间 */(min/d) | 221 | 236 | 209 | 180 | 185 | 172 | 255 | 276 | 240 |
| | 室内活动时间 */(min/d) | 1 200 | 1 185 | 1 215 | 1 239 | 1 229 | 1 246 | 1 165 | 1 144 | 1 183 |
| | 洗澡时间 */(min/d) | 7 | 7 | 7 | 8 | 8 | 8 | 6 | 6 | 6 |
| | 会游泳人数比例 /% | 3.3 | 5.3 | 1.5 | 4.0 | 6.2 | 2.2 | 2.6 | 4.7 | 0.9 |
| | 游泳时间 [a]/(min/ 月 ) | 155 | 154 | 159 | 180 | 181 | 180 | 123 | 126 | 92 |
| | 具有土壤接触行为的人数比例 /% | 47.1 | 48.5 | 46.0 | 21.6 | 22.5 | 20.8 | 68.7 | 69.4 | 68.1 |
| | 土壤接触时间 [b]/(min/d) | 204 | 212 | 195 | 168 | 172 | 164 | 214 | 223 | 204 |
| | 使用手机的人数比例 /% | 76.4 | 79.9 | 73.6 | 83.2 | 85.8 | 81.2 | 70.6 | 75.0 | 66.8 |
| | 与手机接触时间 [c]/(min/d) | 24 | 26 | 22 | 28 | 29 | 26 | 21 | 23 | 18 |
| | 使用电脑的人数比例 /% | 29.5 | 32.1 | 27.3 | 43.2 | 46.4 | 40.6 | 17.9 | 20.5 | 15.6 |
| | 与电脑接触时间 [d]/(min/d) | 167 | 162 | 173 | 188 | 181 | 195 | 134 | 135 | 134 |
| 体重 */kg | | 60.6 | 65.0 | 56.8 | 62.0 | 67.3 | 57.5 | 59.7 | 63.1 | 56.1 |
| 全身皮肤表面积 */$m^2$ | | 1.6 | 1.7 | 1.5 | 1.6 | 1.7 | 1.5 | 1.6 | 1.7 | 1.5 |
| 身体不同部位的皮肤表面积 */$m^2$ | 头部 | 0.12 | 0.13 | 0.12 | 0.12 | 0.13 | 0.12 | 0.12 | 0.13 | 0.12 |
| | 躯干 | 0.60 | 0.63 | 0.57 | 0.61 | 0.65 | 0.58 | 0.60 | 0.63 | 0.57 |
| | 手臂 | 0.24 | 0.25 | 0.23 | 0.24 | 0.26 | 0.23 | 0.24 | 0.25 | 0.23 |
| | 手部 | 0.08 | 0.08 | 0.07 | 0.08 | 0.08 | 0.07 | 0.08 | 0.08 | 0.07 |
| | 腿 | 0.47 | 0.49 | 0.44 | 0.47 | 0.50 | 0.45 | 0.46 | 0.49 | 0.44 |
| | 脚 | 0.11 | 0.11 | 0.10 | 0.11 | 0.10 | 0.10 | 0.10 | 0.11 | 0.10 |
| 期望寿命 / 岁 | | 74.8 | 72.4 | 77.4 | — | — | — | — | — | — |
| 住宅面积 */$m^2$ | | 100 | — | — | 92 | — | — | 106 | — | — |

注：表中加“*”处表示所列推荐值为中位值，其他未加“*”的推荐值均为算数平均值；“—”表示无数据。

a. 指会游泳的人的游泳时间。

b. 指具有土壤接触行为的人的土壤接触时间。

c. 指使用手机的人与手机的接触时间。

d. 指使用电脑的人与电脑的接触时间。

# 主目录

# 表目录

## 第 1 章



## 第 2 章



## 第 3 章

## 第 4 章

## 第 5 章



## 第 6 章

## 第 7 章

## 第 8 章

## 第 9 章



## 第 10 章



## 第 11 章



## 第 12 章

## 第 13 章

# 1 编制说明 Introduction



本章作者 段小丽 赵秀阁 王丽敏 李天昕 郭 静 王贝贝 等

## 1.1 背景、目的和意义

### 1.1.1 暴露参数

伴随我国工业化、城镇化的快速发展，环境污染影响人民群众健康问题凸显，成为影响可持续发展、小康社会建设和社会和谐的重要因素之一，保护环境、保障健康成为人民群众最紧迫的需求。加强风险管理，开展环境健康风险评价，有助于环境保护部门明确污染控制的优先次序，提高投入—产出水平。

环境健康风险评价包括四个基本步骤（图 1-1）：一是危害鉴定，即：明确所评价的污染要素的健康终点；二是剂量—反应关系，即：明确暴露和健康效应之间的定量关系；三是暴露评价，包括人体接触的环境介质中污染物的浓度，以及人体与其接触的行为方式和特征，即：暴露参数；四是风险表征，即：综合分析剂量—反应和暴露评价的结果，得出风险值（USEPA，1989）。

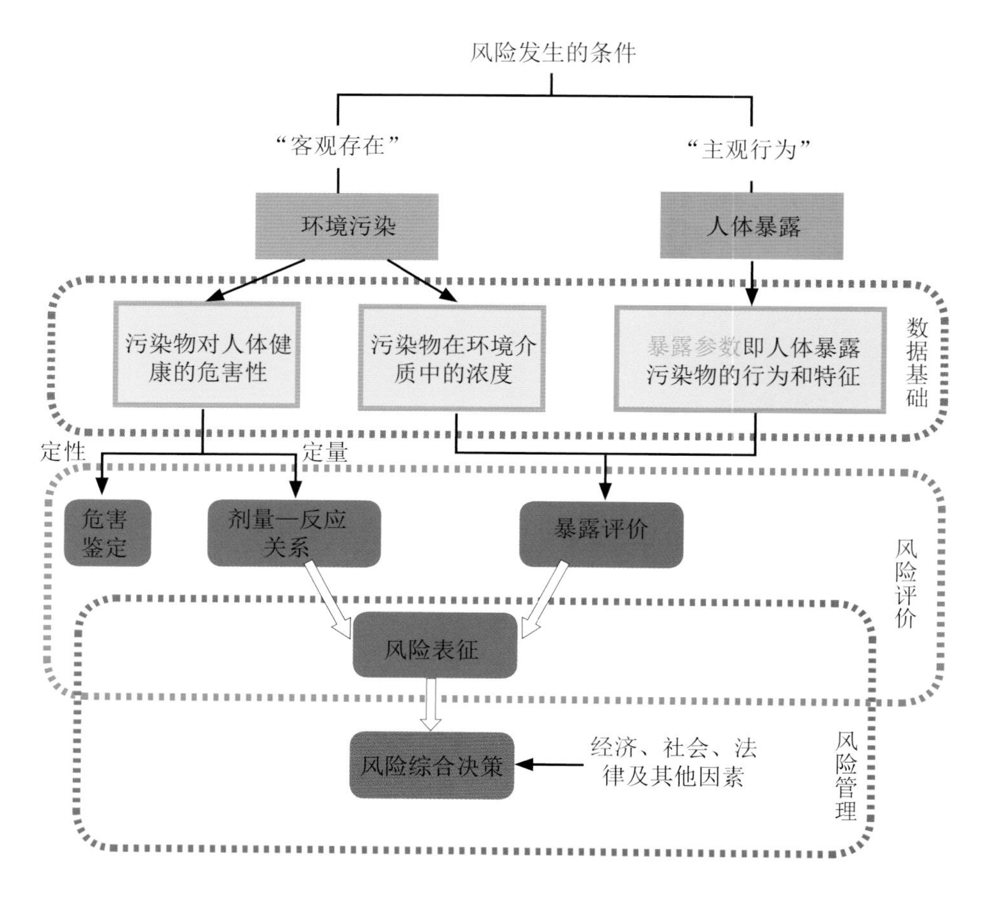


图 1-1 暴露参数在环境健康风险评价中的作用

暴露参数是用来描述人体暴露环境介质的特征和行为的基本参数，是决定环境健康风险评价准确性的关键因子。环境健康风险评价分为致癌物风险评价（无阈污染物[①]健康风险评价）和非致癌物风险评价（有阈污染物[②]健康风险评价）两大类，二者均建立在对污染物人体暴露剂量的准确评价基础上。在环境

① 无阈污染物：是已知或假设其作用是无阈的，即大于零的任何剂量都可能具有有害作用的物质，一般指致癌物。
② 有阈污染物：是已知或假设在一定暴露浓度下，对动物或人不发生有害作用的物质，一般指非致癌物。

介质中对污染物浓度准确定量的情况下，暴露参数值的选取越接近评价目标人群的实际暴露状况，则暴露剂量的评价结果越准确，环境健康风险评价的结果也就越准确。

非致癌物风险评价：

$$R = \frac{ADD}{RfD} \times 10^{-6} \tag{1-1}$$

致癌物风险评价：

$$R=q \times ADD \quad 或 \quad R=Q \times ADD \tag{1-2}$$

式中：$R$——人体暴露某污染物的健康风险，无量纲；

$RfD$—— 污染物在某种暴露途径下的参考剂量，mg/(kg·d)；

$ADD$—— 污染物的日均暴露剂量，mg/(kg·d)，见公式（1-3）；

$q$ ——由动物推算出来的人的致癌强度系数，$[mg/(kg·d)]^{-1}$；

$Q$—— 以人群资料估算的人的致癌强度系数，$[mg/(kg·d)]^{-1}$。

日均暴露剂量计算：

$$ADD = \frac{C \times IR \times EF \times ED}{BW \times AT} \tag{1-3}$$

式中：$ADD$—— 污染物的日均暴露剂量，mg/(kg·d)；

$IR$—— 摄入量；

$C$—— 某环境介质中污染物的浓度；

$EF$—— 暴露频率；

$ED$—— 暴露持续时间，a；

$BW$—— 体重，kg；

$AT$—— 平均暴露时间，d。

暴露参数根据类别可分为摄入量参数、时间活动模式参数和其他暴露参数三类：摄入量参数指对每种环境介质的摄入量，包括呼吸量、饮水摄入量、饮食摄入量、土壤 / 尘摄入量等；时间活动模式参数指与每种环境介质接触的行为方式，包括室内外活动时间、洗澡和游泳时间、与土壤接触的时间等；其他暴露参数指体重、皮肤表面积和期望寿命等对于每种环境介质暴露评价中都需要用到的参数。

### 1.1.2　国内外研究进展

当前美国、日本、韩国等发达国家已发布了《暴露参数手册》，在环境基准推导、污染防控优先次序识别、环境影响评估、化学品风险管理和污染场地风险评估等领域发挥了重要的作用，成为政府、科研工作者和技术人员必备的工具和引用的依据。

美国是世界上最早开展暴露参数研究并发布暴露参数手册的国家。美国环境保护局（USEPA）于

1989 年出版了第一版《暴露参数手册》，后于 1997 年、2011 年两次进行修订，该手册详细规定了不同人群呼吸、饮食、饮水和皮肤接触的各种参数（USEPA，1997、2011）。针对儿童这一特殊人群，USEPA 又在 2002 年编写了《儿童暴露参数手册》，并于 2008 年进行了更新（USEPA，2008）。

《日本暴露参数手册》是日本国立产业技术综合研究所于 2007 年参考 USEPA 的框架编制的，包括人体特征参数、经口暴露参数、皮肤暴露参数、时间活动模式参数等（NIAIST，2007）。

《韩国暴露参数手册》由韩国环境部于 2007 年发布，包括人体特征参数（体重、期望寿命、皮肤表面积等）、呼吸量、土壤摄入量、时间活动参数、居住条件等参数（Jang J Y，2007）。

欧洲国家的暴露参数是欧盟综合了 30 个欧洲国家的现有数据资料，建立了 ExpoFacts 暴露参数数据库和工具包，库中包括的暴露参数有居住条件、食品和饮料的摄入量、活动模式、人体特征参数、社会人口学参数等。除数据库外，还包括参考指南和参考文献库，2006 年开始正式启用，为欧洲各国环境管理提供了很好的服务（ECJRC，2006）。

我国历史上曾开展过一些小规模零散调查，数据较为有限，我国科研机构在环境健康风险评价过程中多参考国外的暴露参数。然而，由于人种、生活习惯等因素的不同，国外暴露参数不能较好地代表我国居民的暴露特征，这可能给健康风险评价结果造成较大的误差，影响环境风险管理和风险决策的科学性和有效性（段小丽，2012）。

### 1.1.3 任务由来

本手册的编写是环境保护部专项计划项目“环境与健康工作——环境与健康风险评价与管理”的内容之一，是《国家环境保护“十二五”环境与健康工作规划》的重点工作。

### 1.1.4 目的和意义

依据经济发展水平、地理分布和居民生活习惯，选定有代表性的地区和人群，通过调查人体经呼吸道、消化道和皮肤暴露于环境的特征参数等，建立能够反映中国人群特点的暴露参数数据库，编制并发布《中国人群暴露参数手册（成人卷）》（以下简称《手册》），能够极大地提高我国环境健康风险评价的准确性，推进我国环境健康风险评价工作的发展。

《手册》是迄今为止我国第一本暴露参数手册，可应用于环境基准推导、污染防控优先次序识别、环境影响评估、化学品风险管理和污染场地风险评估等领域。

## 1.2 工作过程

《手册》编制分为以下三个步骤，第一步是组织开展中国人群环境暴露行为模式研究，进行数据分析，获取《手册》所需的主要参数；第二步是搜集整理国内其他相关的调查资料、统计信息，并进行整理分析；第三步是在对数据进行评价的基础上，通过综合判断形成我国人群某类暴露参数的推荐值，并编写成册。

### 1.2.1　中国人群环境暴露行为模式研究

中国人群环境暴露行为模式研究（成人）由环境保护部科技标准司委托中国环境科学研究院完成。研究通过多阶段分层整群随机抽样，考虑地区、城乡、性别差异，抽取了我国 31 个省、自治区、直辖市（不包括香港、澳门特别行政区和台湾地区）的 159 个县 / 区、636 个乡镇 / 街道、1 908 个村 / 居委会的 18 岁及以上常住居民 91 527 人作为调查对象，最终获取的有效样本量为 91 121 人，经检验，样本具有全国代表性。研究采取调查员面对面询问的方法通过问卷调查获取了摄入量参数、时间活动模式参数等参数数据，通过测量获取身高体重参数，建立了能够反映中国人群特点的暴露参数数据库。

### 1.2.2　资料的搜集与评价

搜集我国历年来的其他相关全国性调查的数据，包括：中国慢性病及其危险因素监测、中国人群生理常数与心理状况调查、中国居民营养与健康状况调查、国民体质监测等，并从统计局数据库中搜集到了关于人口、住宅面积、期望寿命等相关参数数据，系统查阅了我国 1990 年至今的相关中文核心期刊和英文文献数据。根据表 1-1 数据筛选标准及纳入原则对《手册》中的数据进行了筛选。

表 1-1　《手册》中资料和数据筛选标准及纳入原则

| 原则 | 评价标准 | 优先选择条件（符合以下条件的优先选择） |
|---|---|---|
| 1. 可靠性 | 研究方法 | 研究所采用的是当前最新方法或测量技术 |
| | 样本量 | 优先选择调查人群样本量大的研究 |
| | 应答率 | 应答率要大于 80%（面对面询问）或 70%（电话或邮件询问） |
| | 质量保证措施 | 质量控制 / 保证措施完善 |
| | 研究设计 | 研究设计良好，使得数据的误差达到最小化 |
| | 不确定性 | 调查对不确定性进行了描述，且不确定性最小 |
| | 数据原始性 | 优先选择对原始调查数据的分析 |
| 2. 适用性 | 调查目的 | 优先选择专门以暴露参数为目的的调查 |
| | 人群代表性 | 以中国人群为调查对象（优先选择全国范围内的调查，而且能够尽量分类详细，包括不同地区、城乡和性别的数据） |
| | 信息时效性 | 尽量选择最近期的调查研究 |
| 3. 可获性 | 数据可获性 | 数据可以公开获取，且尽可能完整 |
| | 数据权威性 | 优先选择权威机构发布的报告、资料数据，优先选择核心期刊公开发表的论文中的结果 |

### 1.2.3　推荐值的确定方法

数据来源经过严格筛选后，分为“核心研究”和“相关研究”，对于核心研究，如果只有一项，则直接选用该研究的数值作为暴露参数手册中数据推荐值；如果核心研究多于一项，则选用加权平均值作为《手册》中的数据推荐值。除此之外，还要对数据进行变异性分析和不确定性分析，确定数据的可信度和置信区间，最后形成数据推荐值表格纳入《手册》中。除饮食摄入量、期望寿命等个别参数外，《手册》

中大多数参数的推荐值都选择中国人群环境暴露行为模式研究的数值。

## 1.3 适用范围

《手册》可供相关科研、技术或管理人员参考，适用于环境基准推导、污染防控优先次序识别、环境影响评估、化学品风险管理和污染场地风险评估等领域。

## 1.4 使用方法

《手册》共包括 13 章，结构及内容框架示意见图 1-2。其中第 1 章是编制说明；第 2 ～ 13 章是暴露参数的主体内容，根据参数类别，可以分为三个部分：摄入量参数，包括呼吸量、饮水摄入量、饮食摄入量、土壤 / 尘摄入量；时间活动模式参数，包括与空气暴露相关的时间活动模式参数（室内外活动时间、交通出行方式和时间）、与水暴露相关的时间活动模式参数（洗澡时间、游泳时间等）、与土壤 / 尘暴露相关的时间活动模式参数（土壤 / 尘接触时间等），与电磁暴露相关的时间活动模式参数（与手机、电脑的接触时间）；其他参数，包括体重、皮肤表面积、期望寿命和住宅相关参数。

### 1.4.1 根据风险评价的区域范围来选择合适的参数

对于每类参数，《手册》都列出了该参数的“推荐值”，即最能代表我国人群总体暴露特征的数值。在每一章都有专门的表格，并在《手册》前言部分提供了所有参数的推荐值，在对全国状况进行风险评价中可以予以直接引用，能够代表我国人群暴露参数的平均水平。《手册》每一章附表还列出了尽可能详细的该参数的信息，包括分东中西、分片区、分省、分城乡、分性别的参数的均值、百分位值（P5，P25，P50，P75，P95）以便于读者根据特殊情况予以应用。东中西和片区涵盖各省区市分布情况见表 1-2 和表 1-3。

**表 1-2 《手册》涉及的东中西部涵盖省区市分布情况**

| 片区 | 省、直辖市和自治区 |
|---|---|
| 东部 | 北京、天津、河北、辽宁、上海、江苏、浙江、福建、山东、广东、海南 |
| 中部 | 山西、吉林、黑龙江、安徽、江西、河南、湖北、湖南 |
| 西部 | 内蒙古、广西、重庆、四川、贵州、云南、西藏、陕西、甘肃、青海、宁夏、新疆 |

表 1-3　《手册》中涉及的片区涵盖省区市分布情况

| 片区 | 省、直辖市和自治区 |
| --- | --- |
| 华北 | 北京、天津、河北、山西、内蒙古、河南 |
| 华东 | 上海、江苏、浙江、安徽、福建、江西、山东 |
| 华南 | 湖北、湖南、广东、广西、海南 |
| 西北 | 陕西、甘肃、青海、宁夏、新疆 |
| 东北 | 黑龙江、吉林、辽宁 |
| 西南 | 云南、贵州、西藏、四川、重庆 |

### 1.4.2　根据所需要评价的环境介质选择合适的参数

若要对某一环境介质中污染物的人体健康风险进行评价，就要考虑到该介质的所有人体暴露途径，见图 1-2 中关于暴露介质、途径、参数以及与各章节的对应关系。例如，地表水的人体暴露途径主要是皮肤接触（除非该地表水就是直接的饮用水水源，要考虑饮水暴露）；而饮用水（家庭生活用水，如自来水的末梢水）的暴露途径不仅要考虑经口和消化道暴露，而且要考虑到日常生活中洗浴等皮肤暴露。

### 1.4.3　根据所需要评价的污染物选择合适的参数

先要根据该污染物的来源判断其在环境介质中的分布状态，再根据不同的环境介质的人体暴露途径来选择合适的暴露参数，见图 1-2。

### 1.4.4　根据所需要评价的人群对象选择合适的参数

《手册》中每章附表都列出了人群分城乡、性别和年龄的暴露参数，可根据实际情况予以选用。

### 1.4.5　根据所需要评价的时间段选择合适的参数

某些暴露参数具有季节性，当考虑不同季节风险时可根据实际需要从《手册》中选用，如：饮水量，夏季、春秋季和冬季具有较大差异。

虽然《手册》中的“推荐值”主要考虑了时效性等因素，尽量选择最新的调查数据，考虑到环境健康风险评价中有时需要对历史暴露情况进行评价，《手册》附表中也列出了其他年份的一些调查数据，供使用者参考。

此外，对于环境健康风险评价，除了暴露参数数据外，污染物的毒性资料也很重要，建议可以参考国外有关权威机构颁布的数据，如美国环保局的综合风险信息系统（Integrated Risk Information System）数据库。

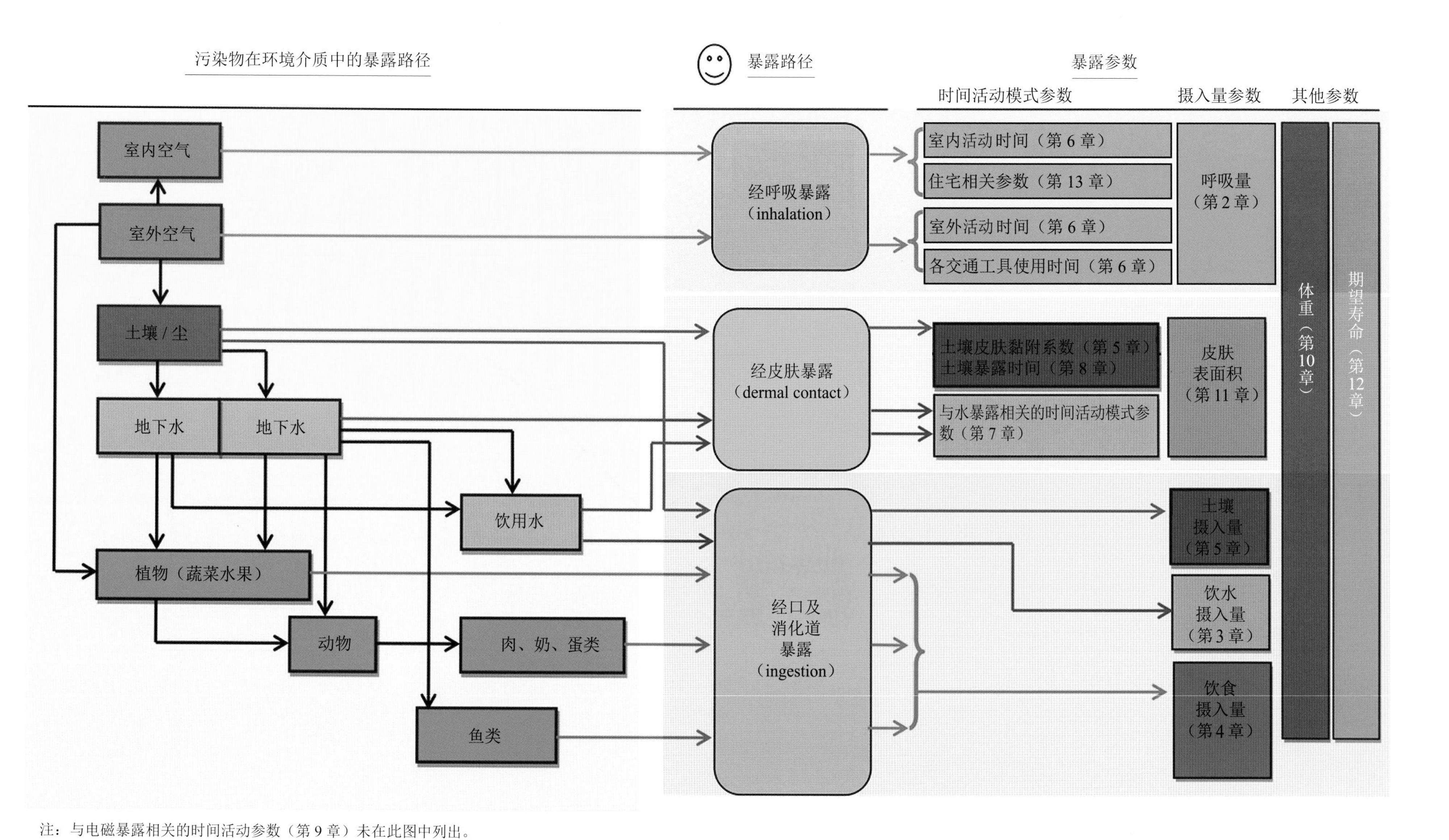


注：与电磁暴露相关的时间活动参数（第 9 章）未在此图中列出。

图 1-2 暴露介质、途径、参数及章节分布示意图

## 1.5 局限性

全面性方面：本《手册》中并未涉及所有环境健康风险评价所需要的暴露参数。本《手册》主要是基于中国人群环境暴露行为模式研究，该研究主要采用的是问卷调查询问的方式，对于一些需要通过采样、实验室分析检测等手段才可以获得的暴露行为模式参数（如土壤摄入率、空气交换率等）无法通过该调查来获取，而我国尚缺乏相关结果。

代表性方面：本《手册》主要是基于中国人群环境暴露行为模式研究的结果而形成的，该研究具有良好的全国代表性，经加权后的数据可代表全国的水平，但并不具有省代表性，在评价某个特定区域污染的健康风险时可以酌情参考。

时效性方面：本《手册》中的饮食摄入量主要参考的是 2002 年中国居民营养与健康状况调查的结果，而至《手册》形成之际并未见有除 2002 年之后的数据的发布，还请读者在使用过程中能够及时关注最新的数据。此外，中国人群环境暴露行为模式随着经济和社会的发展可能会发生比较大的变化，需要定期进行调查，定期更新《手册》才可以反映其随时间变化的实际情况。

### 本章参考文献


段小丽 .2012. 暴露参数的研究方法及其在环境健康风险评估中的应用 [M]. 北京 : 科学出版社 .

European Commission Joint Research Center（ECJRC）. 2006. Exposure factors sourcebook for europe[S]. http://cem.jrc.it/expofacts/ [2013-06-01].

Jang J Y, Jo S N, Kim S, et al. 2007. Korean exposure factors handbook[S]. Seoul, Korea: Ministry of Environment.

NIAIST. 2007. Japanese exposure factors handbook[S]. http://unit.aist.go.jp/riss/crm/exposurefactors/english_summary.html[2013-06-01].

USEPA. 1989. Risk assessment guidance for superfund volume I human health evaluation manual (Part A)[S]. EPA/540/1 -89/002. Washington DC: U.S.EPA.

USEPA.2008. Child-specific exposure factors handbook[S]. EPA/600/R-06/096F.Washington DC: U.S.EPA.

USEPA.2011.Exposure factors handbook[S]. EPA/600/R-09/052F. Washington DC: U.S.EPA.

# 摄入量参数

# 2 呼吸量 Inhalation Rates




本章作者 王贝贝 王叶晴 范德龙 董 婷 黄 楠 王宗爽 王菲菲 段小丽 等

## 2.1　参数说明

呼吸量（Inhalation Rates）指人在单位时间内吸收氧或释放二氧化碳的量（USEPA，2011）。呼吸量可以分为短期呼吸量和长期呼吸量。短期呼吸量按每分钟或每小时吸收氧或释放二氧化碳的量（L/min 或 $m^3/h$）计算，按照活动强度，短期呼吸量可分为休息、坐、轻微活动、中体力活动、重体力活动和极重体力活动下的呼吸量；长期呼吸量按照每天吸收氧或释放二氧化碳的量（$m^3/d$）计算。呼吸量受年龄、性别、体质、生理状况和活动强度等影响（USEPA，2011）。呼吸量的调查方法包括：

**（1）人体能量代谢估算法**

人体能量代谢估算法是根据各类人群每天或每种类型活动单位时间内消耗的能量和耗氧量来确定呼吸量（任建安等，2001；梁洁等，2008）。这种方法的原理是：根据生物化学原理，人们在消耗能量的同时需要吸入氧气参与体内的生化反应，因此可以根据消耗能量数据计算消耗的氧气量，再根据空气中氧气的含量，核算出吸入的空气量。具体的计算方法见公式（2-1）。

$$IR=\frac{E\times H\times VQ}{1\,440} \tag{2-1}$$

式中：$IR$——呼吸量，L/min；

$H$——消耗单位能量的耗氧量，通常取 0.05L/kJ；

$VQ$——通气当量，通常为 27；

$E$——单位时间消耗的能量，kJ/d。

$E$ 的计算见公式（2-2）。

$$E= BMR\times N \tag{2-2}$$

式中：$BMR$——基础代谢率（Basal Metabolism Rate），kJ/d、MJ/d，基础代谢是维持机体生命活动最基本的能量消耗，相当于平躺休息时的活动强度水平，各年龄段人群基础代谢率的计算方法见表 2-1（李可基等，2004）；

$N$——各类活动强度水平下的能量消耗量，是基础代谢率的倍数，无量纲，$N$ 随着活动强度的变化而变化，在休息、坐、轻微活动、中体力活动、重体力活动和极重体力活动下的取值分别为 1、1.2 、1.5、4 、6 和 10（USEPA，2011）。

**表 2-1　各年龄段人群 *BMR* 的计算方法**

| 年龄 | *BMR* 的计算方法 | |
|---|---|---|
| | 男性 | 女性 |
| <18 岁 | $BMR$ =370 + 20$H$ + 52$W$ − 25$A$ | $BMR$ =1873 + 13$H$ + 39$W$ − 18$A$ |
| 18~30 岁 | $BMR$=63$W$ + 2 896 | $BMR$=62$W$ + 2 036 |
| 30~60 岁 | $BMR$=48$W$ + 3 653 | $BMR$=34$W$ + 3 538 |
| >60 岁 | $BMR$ =370 + 20$H$ + 52$W$ − 25$A$ | $BMR$=1 873 + 13$H$ + 39$W$ − 18$A$ |

注：$H$——身高，cm；$W$——体重，kg；$A$——年龄，a。

人体能量代谢估算法的优点是计算较为简单，容易获取，缺点是准确性需要进一步提高。目前，在我国尚未全面开展大规模各类人群呼吸量调查的情况下，可以采用该方法计算获取该参数。

**（2）心律—呼吸量回归法**

心律—呼吸量回归法是选择具有代表性的人群，同时测量其呼吸量和心律，通过回归分析建立二者的一元或多元线性关系模型，然后根据各类人群的心律推测其呼吸量（USEPA，2011）。这种方法只要样本选择得当，适合大规模的调查。目前，还未见我国开展这种大规模调查的报道。

**（3）直接测量法**

直接测量法是在各种活动强度水平下，给受试者戴上气体分析器直接测量得到人的呼吸量。由于分析器的容积大，重量较重，在日常生活中使用起来不方便，实际测量比较困难。并且呼吸量与年龄、体重、性别、健康状态、是否吸烟以及活动程度等有关，因此对人群实行大规模的直接测量几乎是不可能的。

在健康风险评价中，人体经呼吸道对污染物的日均暴露剂量计算公式如下。

$$ADD=\frac{C\times IR\times ET\times EF\times ED}{BW\times AT} \tag{2-3}$$

式中：$ADD$——呼吸暴露空气中污染物的日均暴露剂量，mg/(kg·d)；

$C$——空气中污染物的浓度，mg/m$^3$；

$IR$——呼吸量，m$^3$/d；

$ET$——暴露时间，h/d；

$EF$——暴露频率，d/a；

$ED$——暴露持续时间，a；

$BW$——体重，kg；

$AT$——平均暴露时间，d。

## 2.2 资料与数据来源

我国关于呼吸量的调查主要有中国人群环境暴露行为模式研究和中国人群生理常数与心理状况调查中关于4个省（直辖市、自治区）居民的潮气量和呼吸频率的调查（朱广瑾，2006）。此外，还有在我国部分地区人群现有身高、体重数据的基础上采用人体能量代谢估算法计算出呼吸量的相关研究（王宗爽等，2009；王贝贝等，2010；杨彦等，2012）。

### 2.2.1 核心研究：中国人群环境暴露行为模式研究

环境保护部科技标准司于2011—2012年委托中国环境科学研究院在我国31个省、自治区、直辖市（不包括香港、澳门特别行政区和台湾地区）的159个县/区针对18岁及以上常住居民91 527人（有效样本量为91 121人）开展中国人群环境暴露行为模式研究。该研究在对人群身高、体重进行实测的基础上，通过人体能量代谢估算法计算得出我国居民的长期呼吸量（附表 2-1 ～附表 2-3）和短期呼吸量（附表 2-4 ～附表 2-6）。

### 2.2.2 相关研究：中国人群生理常数与心理状况调查

中国医学科学院、中国协和医科大学基础医学研究所于 2001—2004 年在 4 个地区（河北、浙江、北京、广西）针对 7 ～ 91 岁的 41 668 人开展了中国人群生理常数与心理状况调查（朱广瑾，2006），该调查对 4 个地区的部分调查人群采用仪器实测其潮气量（*VT*，L）和呼吸频率（*BF*，次 /min）。本《手册》中的呼吸量（*IR*）是在该实测数据的基础上通过 $IR=VT \times BF$ 计算所得（附表 2-7）。

## 2.3 呼吸量推荐值

表 2-2 中国人群长期呼吸量推荐值

| | | 长期呼吸量 / （$m^3$/d） | | | | | | | | |
|---|---|---|---|---|---|---|---|---|---|---|
| | | 城乡 | | | 城市 | | | 农村 | | |
| | | 小计 | 男 | 女 | 小计 | 男 | 女 | 小计 | 男 | 女 |
| 成人（≥ 18 岁） | | 15.7 | 18.0 | 14.5 | 15.8 | 18.1 | 14.6 | 15.6 | 17.6 | 14.5 |
| 分年龄段 | 18~44 岁 | 16.0 | 18.4 | 14.6 | 16.1 | 18.7 | 14.6 | 16.0 | 18.2 | 14.6 |
| | 45~59 岁 | 16.0 | 18.3 | 14.9 | 16.0 | 18.6 | 15.0 | 15.9 | 18.1 | 14.9 |
| | 60~79 岁 | 13.7 | 14.3 | 13.3 | 14.0 | 14.7 | 13.4 | 13.4 | 13.8 | 12.9 |
| | 80 岁及以上 | 12.0 | 12.4 | 11.7 | 12.3 | 12.6 | 11.9 | 11.6 | 12.0 | 11.3 |

注：表中推荐值为中位值。

表 2-3 中国人群不同活动状态下的短期呼吸量推荐值

| | 短期呼吸量 / （L/min） | | | | | | | | |
|---|---|---|---|---|---|---|---|---|---|
| | 城乡 | | | 城市 | | | 农村 | | |
| | 小计 | 男 | 女 | 小计 | 男 | 女 | 小计 | 男 | 女 |
| 休息 | 5.5 | 6.3 | 5.1 | 5.5 | 6.4 | 5.1 | 5.5 | 6.2 | 5.1 |
| 坐 | 6.6 | 7.5 | 6.1 | 6.6 | 7.7 | 6.1 | 6.5 | 7.5 | 6.1 |
| 轻微活动 | 8.2 | 9.4 | 7.6 | 8.3 | 9.6 | 7.6 | 8.2 | 9.3 | 7.6 |
| 中体力活动 | 21.9 | 25.1 | 20.3 | 22.1 | 25.5 | 20.4 | 21.8 | 24.9 | 20.2 |
| 重体力活动 | 32.9 | 37.7 | 30.4 | 33.1 | 38.3 | 30.6 | 32.7 | 37.3 | 30.4 |
| 极重体力活动 | 54.8 | 62.8 | 50.7 | 55.1 | 63.9 | 50.9 | 54.6 | 62.1 | 50.6 |

注：表中推荐值为中位值。

## 2.4 与国外的比较

中国人群长期呼吸量推荐值与美国（USEPA，2011）、日本（NIAIST，2007）、韩国（Jang J Y，et al，2007）、澳大利亚（Roger Drew，et al，2010）暴露参数手册中的呼吸量推荐值的比较见表 2-4。

表 2-4 与国外的比较

| | 呼吸量 /(m³/d) | | | | |
|---|---|---|---|---|---|
| | 中国 | 美国 | 澳大利亚 | 日本 | 韩国 |
| 男 | 18.0 | 14.7 | 16.0 | 17.3 | 15.7 |
| 女 | 14.5 | | | | 12.8 |

## 本章参考文献


李可基，屈宁 . 2004. 中国成人基础代谢率实测值与公式预测值的比较 [J]. 营养学报， 26（4）：244-248.

梁洁，蒋卓 . 2008. 中国健康成人基础代谢率估算公式的探讨 [J]. 中国校医，22（4）：372-374.

任建安，李宁，黎介寿 . 2001. 能量代谢监测与营养物质需要量 [J]. 中国实用外科杂志，21（10）：631-637.

王贝贝，段小丽，蒋秋静，等 . 2010. 我国北方典型地区呼吸暴露参数研究 [J]. 环境科学研究，23（11）：1421-1427.

王宗爽，段小丽，刘平，等 . 2009. 环境健康风险评价中我国居民暴露参数探讨 [J]. 环境科学研究，22（10）：1164－1170.

杨彦，李定龙，于云江 . 2012. 浙江温岭人群暴露参数 [J]. 环境科学研究，25（3）：316-321.

朱广瑾 . 2006. 中国人群生理常数与心理状况 [M]. 北京：中国协和医科大学出版社 . 2006.

Jang J Y, Jo S N, Kim S, et al. 2007. Korean exposure factors Handbook[S]. Seoul, Korea: Ministry of Environment .

NIAIST. 2007. Japanese exposure factors handbook[S]. http://unit.aist.go.jp/riss/crm/exposurefactors/english_summary.html [2013-06-01].

Roger Drew, John Frangos, Tarah Hagen, et al. 2010. Australian exposure factor guidance[S]. Toxikos Pty Ltd., Australia.

USEPA.2011.Exposure factors handbook[S]. EPA/600/R-09/052F. Washington DC: U.S.EPA.

## 附表 2-1 中国人群分东中西、城乡、性别、年龄的长期呼吸量

| 地区 | 城乡 | 性别 | 年龄 | n | 长期呼吸量 / （$m^3$/d） | | | | | |
|---|---|---|---|---|---|---|---|---|---|---|
| | | | | | Mean | P5 | P25 | P50 | P75 | P95 |
| 合计 | 城乡 | 小计 | 小计 | 91 059 | 16.1 | 12.3 | 14.2 | 15.7 | 18.0 | 20.4 |
| | | | 18 ～ 44 岁 | 36 662 | 16.7 | 13.5 | 14.6 | 16.0 | 18.2 | 20.6 |
| | | | 45 ～ 59 岁 | 32 352 | 16.7 | 13.8 | 14.8 | 16.0 | 18.1 | 20.2 |
| | | | 60 ～ 79 岁 | 20 561 | 13.8 | 11.2 | 12.6 | 13.7 | 15.0 | 17.5 |
| | | | 80 岁及以上 | 1 484 | 12.0 | 9.9 | 11.1 | 12.0 | 13.1 | 15.0 |
| | | 男 | 小计 | 41 261 | 17.7 | 12.7 | 16.7 | 18.0 | 19.2 | 21.3 |
| | | | 18 ～ 44 岁 | 16 756 | 18.6 | 16.2 | 17.4 | 18.4 | 19.6 | 21.6 |
| | | | 45 ～ 59 岁 | 14 079 | 18.4 | 16.3 | 17.4 | 18.3 | 19.3 | 21.0 |
| | | | 60 ～ 79 岁 | 9 753 | 14.4 | 11.2 | 12.9 | 14.3 | 15.9 | 18.5 |
| | | | 80 岁及以上 | 673 | 12.4 | 9.8 | 11.3 | 12.4 | 13.9 | 15.6 |
| | | 女 | 小计 | 49 798 | 14.5 | 12.0 | 13.8 | 14.5 | 15.3 | 16.5 |
| | | | 18 ～ 44 岁 | 19 906 | 14.7 | 13.2 | 14.0 | 14.6 | 15.3 | 16.7 |
| | | | 45 ～ 59 岁 | 18 273 | 15.0 | 13.6 | 14.3 | 14.9 | 15.5 | 16.6 |
| | | | 60 ～ 79 岁 | 10 808 | 13.2 | 11.1 | 12.4 | 13.3 | 14.3 | 15.7 |
| | | | 80 岁及以上 | 811 | 11.7 | 9.9 | 10.9 | 11.7 | 12.6 | 13.9 |
| | 城市 | 小计 | 小计 | 41 804 | 16.3 | 12.6 | 14.3 | 15.8 | 18.3 | 20.7 |
| | | | 18 ～ 44 岁 | 16 629 | 16.8 | 13.6 | 14.6 | 16.1 | 18.5 | 20.9 |
| | | | 45 ～ 59 岁 | 14 738 | 16.9 | 14.0 | 14.9 | 16.0 | 18.3 | 20.4 |
| | | | 60 ～ 79 岁 | 9 692 | 14.2 | 11.6 | 13.0 | 14.0 | 15.2 | 17.7 |
| | | | 80 岁及以上 | 745 | 12.4 | 10.1 | 11.5 | 12.3 | 13.5 | 15.3 |
| | | 男 | 小计 | 18 439 | 18.0 | 13.0 | 16.6 | 18.1 | 19.4 | 21.3 |
| | | | 18 ～ 44 岁 | 7 531 | 18.9 | 16.5 | 17.6 | 18.7 | 19.8 | 22.2 |
| | | | 45 ～ 59 岁 | 6 261 | 18.7 | 16.5 | 17.7 | 18.6 | 19.6 | 21.2 |
| | | | 60 ～ 79 岁 | 4 325 | 14.9 | 11.5 | 13.4 | 14.7 | 16.3 | 19.0 |
| | | | 80 岁及以上 | 322 | 12.9 | 10.4 | 11.7 | 12.6 | 14.2 | 16.0 |
| | | 女 | 小计 | 23 365 | 14.5 | 12.3 | 13.9 | 14.6 | 15.3 | 16.5 |
| | | | 18 ～ 44 岁 | 9 098 | 14.7 | 13.1 | 14.0 | 14.6 | 15.3 | 16.8 |
| | | | 45 ～ 59 岁 | 8 477 | 15.0 | 13.7 | 14.4 | 15.0 | 15.6 | 16.6 |
| | | | 60 ～ 79 岁 | 5 367 | 13.5 | 11.3 | 12.6 | 13.4 | 14.4 | 15.7 |
| | | | 80 岁及以上 | 423 | 12.0 | 10.1 | 11.2 | 11.9 | 12.7 | 13.9 |
| | 农村 | 小计 | 小计 | 49 255 | 16.0 | 12.1 | 14.1 | 15.6 | 17.8 | 20.1 |
| | | | 18 ～ 44 岁 | 20 033 | 16.6 | 13.5 | 14.5 | 16.0 | 18.1 | 20.4 |
| | | | 45 ～ 59 岁 | 17 614 | 16.5 | 13.7 | 14.7 | 15.9 | 17.8 | 19.9 |
| | | | 60 ～ 79 岁 | 10 869 | 13.5 | 11.0 | 12.3 | 13.4 | 14.6 | 17.3 |
| | | | 80 岁及以上 | 739 | 11.6 | 9.6 | 10.7 | 11.6 | 12.7 | 14.5 |
| | | 男 | 小计 | 22 822 | 17.5 | 12.2 | 16.1 | 17.6 | 18.8 | 20.7 |
| | | | 18 ～ 44 岁 | 9 225 | 18.4 | 16.1 | 17.2 | 18.2 | 19.4 | 21.4 |
| | | | 45 ～ 59 岁 | 7 818 | 18.2 | 16.1 | 17.2 | 18.1 | 19.1 | 20.7 |
| | | | 60 ～ 79 岁 | 5 428 | 14.1 | 11.0 | 12.5 | 13.8 | 15.4 | 18.2 |
| | | | 80 岁及以上 | 351 | 12.0 | 9.2 | 10.7 | 12.0 | 13.1 | 14.7 |
| | | 女 | 小计 | 2 6433 | 14.4 | 11.8 | 13.7 | 14.5 | 15.2 | 16.4 |
| | | | 18 ～ 44 岁 | 10 808 | 14.7 | 13.0 | 13.9 | 14.6 | 15.3 | 16.7 |
| | | | 45 ～ 59 岁 | 9 796 | 14.9 | 13.5 | 14.2 | 14.9 | 15.4 | 16.5 |
| | | | 60 ～ 79 岁 | 5 441 | 13.0 | 10.8 | 12.0 | 12.9 | 13.9 | 15.4 |
| | | | 80 岁及以上 | 388 | 11.4 | 9.7 | 10.5 | 11.3 | 12.0 | 13.5 |
| 东部 | 城乡 | 小计 | 小计 | 30 911 | 16.2 | 12.4 | 14.3 | 15.7 | 18.2 | 20.6 |
| | | | 18 ～ 44 岁 | 10 515 | 16.8 | 13.6 | 14.6 | 16.0 | 18.4 | 21.0 |
| | | | 45 ～ 59 岁 | 11 787 | 16.8 | 13.9 | 14.9 | 16.1 | 18.2 | 20.3 |
| | | | 60 ～ 79 岁 | 7 934 | 14.1 | 11.3 | 12.8 | 13.9 | 15.2 | 17.7 |
| | | | 80 岁及以上 | 675 | 12.2 | 9.9 | 11.1 | 12.1 | 13.3 | 15.2 |
| | | 男 | 小计 | 13 786 | 17.9 | 12.5 | 16.1 | 17.9 | 19.2 | 21.2 |
| | | | 18 ～ 44 岁 | 4 643 | 18.9 | 16.3 | 17.6 | 18.7 | 19.9 | 22.2 |
| | | | 45 ～ 59 岁 | 5 029 | 18.6 | 16.4 | 17.5 | 18.4 | 19.5 | 21.1 |
| | | | 60 ～ 79 岁 | 3 814 | 14.8 | 11.4 | 13.2 | 14.6 | 16.1 | 18.9 |
| | | | 80 岁及以上 | 300 | 12.7 | 9.9 | 11.5 | 12.6 | 14.0 | 15.8 |
| | | 女 | 小计 | 17 125 | 14.6 | 12.1 | 13.9 | 14.7 | 15.4 | 16.6 |
| | | | 18 ～ 44 岁 | 5 872 | 14.8 | 13.1 | 14.0 | 14.7 | 15.4 | 17.0 |
| | | | 45 ～ 59 岁 | 6 758 | 15.1 | 13.7 | 14.4 | 15.0 | 15.6 | 16.7 |
| | | | 60 ～ 79 岁 | 4 120 | 13.4 | 11.1 | 12.4 | 13.3 | 14.4 | 15.8 |

| 地区 | 城乡 | 性别 | 年龄 | n | 长期呼吸量 / (m³/d) | | | | | |
|---|---|---|---|---|---|---|---|---|---|---|
| | | | | | Mean | P5 | P25 | P50 | P75 | P95 |
| | 城乡 | 女 | 80 岁及以上 | 375 | 11.9 | 9.9 | 11.0 | 11.8 | 12.7 | 13.9 |
| 东部 | 城市 | 小计 | 小计 | 15 664 | 16.4 | 12.7 | 14.4 | 15.8 | 18.4 | 20.8 |
| | | | 18 ～ 44 岁 | 5 458 | 16.9 | 13.5 | 14.6 | 16.6 | 18.9 | 21.4 |
| | | | 45 ～ 59 岁 | 5 799 | 17.0 | 14.0 | 15.1 | 16.7 | 18.7 | 20.7 |
| | | | 60 ～ 79 岁 | 4 054 | 14.4 | 11.6 | 13.0 | 14.1 | 15.4 | 18.1 |
| | | | 80 岁及以上 | 353 | 12.6 | 10.4 | 11.5 | 12.4 | 13.6 | 15.2 |
| | | 男 | 小计 | 6 880 | 18.1 | 13.4 | 17.0 | 18.4 | 19.6 | 21.6 |
| | | | 18 ～ 44 岁 | 2 416 | 19.1 | 16.6 | 17.8 | 18.9 | 20.1 | 22.5 |
| | | | 45 ～ 59 岁 | 2 454 | 18.7 | 16.6 | 17.7 | 18.7 | 19.6 | 21.3 |
| | | | 60 ～ 79 岁 | 1 862 | 15.1 | 11.8 | 13.6 | 15.0 | 16.5 | 19.2 |
| | | | 80 岁及以上 | 148 | 13.2 | 10.4 | 11.8 | 13.0 | 14.4 | 16.2 |
| | | 女 | 小计 | 8 784 | 14.6 | 12.3 | 13.9 | 14.6 | 15.4 | 16.7 |
| | | | 18 ～ 44 岁 | 3 042 | 14.8 | 13.2 | 14.0 | 14.7 | 15.4 | 17.0 |
| | | | 45 ～ 59 岁 | 3 345 | 15.1 | 13.7 | 14.5 | 15.1 | 15.7 | 16.8 |
| | | | 60 ～ 79 岁 | 2 192 | 13.6 | 11.5 | 12.7 | 13.5 | 14.6 | 16.0 |
| | | | 80 岁及以上 | 205 | 12.2 | 10.4 | 11.4 | 12.0 | 12.9 | 14.0 |
| | 农村 | 小计 | 小计 | 15 247 | 16.1 | 12.2 | 14.2 | 15.7 | 17.9 | 20.4 |
| | | | 18 ～ 44 岁 | 5 057 | 16.7 | 13.4 | 14.7 | 16.4 | 18.5 | 21.1 |
| | | | 45 ～ 59 岁 | 5 988 | 16.6 | 13.9 | 15.0 | 16.4 | 18.2 | 20.2 |
| | | | 60 ～ 79 岁 | 3 880 | 13.8 | 10.9 | 12.4 | 13.5 | 14.9 | 17.6 |
| | | | 80 岁及以上 | 322 | 11.8 | 9.8 | 10.7 | 11.6 | 12.8 | 14.3 |
| | | 男 | 小计 | 6 906 | 17.7 | 12.6 | 16.6 | 17.9 | 19.2 | 21.3 |
| | | | 18 ～ 44 岁 | 2 227 | 18.7 | 16.1 | 17.4 | 18.4 | 19.7 | 22.0 |
| | | | 45 ～ 59 岁 | 2 575 | 18.4 | 16.2 | 17.3 | 18.2 | 19.2 | 20.9 |
| | | | 60 ～ 79 岁 | 1 952 | 14.4 | 11.0 | 12.8 | 14.1 | 15.7 | 18.6 |
| | | | 80 岁及以上 | 152 | 12.2 | 9.6 | 11.1 | 12.2 | 13.2 | 15.4 |
| | | 女 | 小计 | 8 341 | 14.5 | 11.9 | 13.8 | 14.6 | 15.4 | 16.7 |
| | | | 18 ～ 44 岁 | 2 830 | 14.8 | 13.0 | 14.0 | 14.7 | 15.5 | 17.0 |
| | | | 45 ～ 59 岁 | 3 413 | 15.0 | 13.6 | 14.4 | 15.0 | 15.6 | 16.6 |
| | | | 60 ～ 79 岁 | 1928 | 13.2 | 10.9 | 12.2 | 13.1 | 14.0 | 15.7 |
| | | | 80 岁及以上 | 170 | 11.5 | 9.8 | 10.6 | 11.5 | 12.3 | 13.5 |
| 中部 | 城乡 | 小计 | 小计 | 29 043 | 16.2 | 12.4 | 14.3 | 15.7 | 18.1 | 20.4 |
| | | | 18 ～ 44 岁 | 12 093 | 16.7 | 13.6 | 14.6 | 16.2 | 18.4 | 20.7 |
| | | | 45 ～ 59 岁 | 10 215 | 16.7 | 13.9 | 14.8 | 16.0 | 18.2 | 20.2 |
| | | | 60 ～ 79 岁 | 6 333 | 13.8 | 11.3 | 12.7 | 13.7 | 15.0 | 17.4 |
| | | | 80 岁及以上 | 402 | 11.8 | 9.9 | 11.1 | 12.0 | 13.1 | 14.9 |
| | | 男 | 小计 | 13 219 | 17.8 | 12.6 | 16.5 | 18.0 | 19.2 | 21.0 |
| | | | 18 ～ 44 岁 | 5 603 | 18.7 | 16.4 | 17.5 | 18.5 | 19.6 | 21.7 |
| | | | 45 ～ 59 岁 | 4 462 | 18.5 | 16.3 | 17.5 | 18.3 | 19.4 | 21.0 |
| | | | 60 ～ 79 岁 | 2 983 | 14.4 | 11.2 | 12.8 | 14.1 | 15.7 | 18.4 |
| | | | 80 岁及以上 | 171 | 12.4 | 9.9 | 11.2 | 12.4 | 13.5 | 15.2 |
| | | 女 | 小计 | 15 824 | 14.5 | 12.2 | 13.9 | 14.6 | 15.3 | 16.5 |
| | | | 18 ～ 44 岁 | 6 490 | 14.7 | 13.1 | 14.0 | 14.6 | 15.4 | 16.7 |
| | | | 45 ～ 59 岁 | 5 753 | 15.0 | 13.6 | 14.4 | 14.9 | 15.5 | 16.5 |
| | | | 60 ～ 79 岁 | 3 350 | 13.2 | 11.1 | 12.3 | 13.2 | 14.2 | 15.5 |
| | | | 80 岁及以上 | 231 | 11.4 | 9.8 | 10.5 | 11.3 | 11.9 | 13.7 |
| | 城市 | 小计 | 小计 | 13 777 | 16.4 | 12.7 | 14.4 | 15.8 | 18.4 | 20.8 |
| | | | 18 ～ 44 岁 | 5782 | 16.8 | 13.5 | 14.6 | 16.6 | 18.8 | 21.2 |
| | | | 45 ～ 59 岁 | 4 773 | 16.9 | 14.0 | 15.0 | 16.5 | 18.7 | 20.5 |
| | | | 60 ～ 79 岁 | 3 006 | 14.1 | 11.3 | 12.8 | 13.9 | 15.1 | 17.7 |
| | | | 80 岁及以上 | 216 | 12.3 | 10.1 | 11.3 | 12.1 | 13.1 | 15.5 |
| | | 男 | 小计 | 6 046 | 18.2 | 13.5 | 17.1 | 18.4 | 19.5 | 21.7 |
| | | | 18 ～ 44 岁 | 2 652 | 18.9 | 16.5 | 17.6 | 18.7 | 19.8 | 22.4 |
| | | | 45 ～ 59 岁 | 2 022 | 18.7 | 16.5 | 17.8 | 18.7 | 19.6 | 21.2 |
| | | | 60 ～ 79 岁 | 1 284 | 14.8 | 11.3 | 13.3 | 14.6 | 16.1 | 19.1 |
| | | | 80 岁及以上 | 88 | 12.8 | 10.1 | 11.7 | 12.6 | 14.2 | 16.0 |
| | | 女 | 小计 | 7 731 | 14.6 | 12.4 | 13.9 | 14.6 | 15.3 | 16.5 |
| | | | 18 ～ 44 岁 | 3 130 | 14.7 | 13.1 | 14.0 | 14.6 | 15.3 | 16.7 |
| | | | 45 ～ 59 岁 | 2 751 | 15.0 | 13.8 | 14.4 | 15.0 | 15.5 | 16.5 |
| | | | 60 ～ 79 岁 | 1 722 | 13.5 | 11.3 | 12.6 | 13.4 | 14.4 | 15.7 |

| 地区 | 城乡 | 性别 | 年龄 | $n$ | 长期呼吸量 / （$m^3/d$） | | | | | |
|---|---|---|---|---|---|---|---|---|---|---|
| | | | | | Mean | P5 | P25 | P50 | P75 | P95 |
| 中部 | 城市 | 女 | 80 岁及以上 | 128 | 11.9 | 10.1 | 11.0 | 11.9 | 12.6 | 14.5 |
| | 农村 | 小计 | 小计 | 15 266 | 16.0 | 12.2 | 14.2 | 15.7 | 17.9 | 20.1 |
| | | | 18 ～ 44 岁 | 6 311 | 16.7 | 13.5 | 14.7 | 16.5 | 18.4 | 20.6 |
| | | | 45 ～ 59 岁 | 5 442 | 16.6 | 13.8 | 14.9 | 16.3 | 18.1 | 20.1 |
| | | | 60 ～ 79 岁 | 3 327 | 13.6 | 11.0 | 12.4 | 13.4 | 14.6 | 17.1 |
| | | | 80 岁及以上 | 186 | 11.5 | 9.7 | 10.5 | 11.4 | 12.2 | 14.1 |
| | | 男 | 小计 | 7 173 | 17.6 | 12.5 | 16.6 | 17.9 | 19.1 | 21.0 |
| | | | 18 ～ 44 岁 | 2 951 | 18.5 | 16.2 | 17.4 | 18.3 | 19.4 | 21.4 |
| | | | 45 ～ 59 岁 | 2 440 | 18.3 | 16.2 | 17.3 | 18.1 | 19.1 | 20.7 |
| | | | 60 ～ 79 岁 | 1 699 | 14.1 | 11.1 | 12.6 | 13.8 | 15.4 | 18.2 |
| | | | 80 岁及以上 | 83 | 12.1 | 9.9 | 11.0 | 12.1 | 13.0 | 14.4 |
| | | 女 | 小计 | 8 093 | 14.4 | 11.9 | 13.8 | 14.5 | 15.3 | 16.5 |
| | | | 18 ～ 44 岁 | 3 360 | 14.7 | 13.0 | 14.0 | 14.6 | 15.4 | 16.7 |
| | | | 45 ～ 59 岁 | 3 002 | 15.0 | 13.6 | 14.3 | 14.9 | 15.5 | 16.5 |
| | | | 60 ～ 79 岁 | 1 628 | 13.1 | 11.0 | 12.2 | 13.1 | 14.0 | 15.4 |
| | | | 80 岁及以上 | 103 | 11.2 | 9.7 | 10.4 | 11.2 | 11.8 | 13.5 |
| 西部 | 城乡 | 小计 | 小计 | 31 105 | 15.8 | 12.0 | 14.1 | 15.5 | 17.7 | 20.0 |
| | | | 18 ～ 44 岁 | 14 054 | 16.4 | 13.4 | 14.4 | 15.9 | 17.9 | 20.3 |
| | | | 45 ～ 59 岁 | 10 350 | 16.4 | 13.6 | 14.6 | 15.8 | 17.8 | 20.0 |
| | | | 60 ～ 79 岁 | 6 294 | 13.4 | 10.9 | 12.2 | 13.3 | 14.6 | 17.2 |
| | | | 80 岁及以上 | 407 | 11.7 | 9.6 | 10.8 | 11.8 | 12.8 | 14.7 |
| | | 男 | 小计 | 14 256 | 17.4 | 12.3 | 16.3 | 17.6 | 18.8 | 20.7 |
| | | | 18 ～ 44 岁 | 6 510 | 18.2 | 16.0 | 17.1 | 18.0 | 19.1 | 21.0 |
| | | | 45 ～ 59 岁 | 4 588 | 18.1 | 16.1 | 17.1 | 18.0 | 19.0 | 20.6 |
| | | | 60 ～ 79 岁 | 2 956 | 14.0 | 10.7 | 12.3 | 13.7 | 15.3 | 18.2 |
| | | | 80 岁及以上 | 202 | 11.9 | 8.9 | 10.8 | 11.9 | 12.9 | 14.7 |
| | | 女 | 小计 | 16 849 | 14.3 | 11.9 | 13.7 | 14.4 | 15.1 | 16.3 |
| | | | 18 ～ 44 岁 | 7 544 | 14.6 | 13.0 | 13.9 | 14.4 | 15.1 | 16.5 |
| | | | 45 ～ 59 岁 | 5 762 | 14.7 | 13.4 | 14.1 | 14.7 | 15.3 | 16.3 |
| | | | 60 ～ 79 岁 | 3 338 | 12.9 | 10.7 | 11.9 | 12.8 | 13.8 | 15.1 |
| | | | 80 岁及以上 | 205 | 11.6 | 9.9 | 10.7 | 11.3 | 12.3 | 13.4 |
| | 城市 | 小计 | 小计 | 12 363 | 16.1 | 12.3 | 14.2 | 15.6 | 18.0 | 20.3 |
| | | | 18 ～ 44 岁 | 5 389 | 16.6 | 13.4 | 14.5 | 16.5 | 18.4 | 20.6 |
| | | | 45 ～ 59 岁 | 4 166 | 16.6 | 13.8 | 14.8 | 16.4 | 18.3 | 20.3 |
| | | | 60 ～ 79 岁 | 2 632 | 13.8 | 11.1 | 12.5 | 13.6 | 14.8 | 17.4 |
| | | | 80 岁及以上 | 176 | 12.1 | 9.9 | 11.2 | 11.9 | 12.7 | 14.6 |
| | | 男 | 小计 | 5 513 | 17.7 | 12.9 | 16.7 | 18.0 | 19.2 | 21.0 |
| | | | 18 ～ 44 岁 | 2 463 | 18.5 | 16.3 | 17.3 | 18.3 | 19.5 | 21.4 |
| | | | 45 ～ 59 岁 | 1 785 | 18.4 | 16.3 | 17.4 | 18.3 | 19.3 | 20.9 |
| | | | 60 ～ 79 岁 | 1 179 | 14.5 | 10.9 | 13.0 | 14.3 | 15.9 | 18.7 |
| | | | 80 岁及以上 | 86 | 12.5 | 10.4 | 11.6 | 12.4 | 13.2 | 15.1 |
| | | 女 | 小计 | 6 850 | 14.3 | 12.1 | 13.7 | 14.4 | 15.1 | 16.3 |
| | | | 18 ～ 44 岁 | 2 926 | 14.6 | 13.0 | 13.9 | 14.5 | 15.1 | 16.5 |
| | | | 45 ～ 59 岁 | 2 381 | 14.8 | 13.5 | 14.2 | 14.8 | 15.4 | 16.4 |
| | | | 60 ～ 79 岁 | 1 453 | 13.2 | 11.1 | 12.3 | 13.1 | 14.1 | 15.4 |
| | | | 80 岁及以上 | 90 | 11.6 | 9.9 | 10.5 | 11.3 | 12.4 | 13.5 |
| | 农村 | 小计 | 小计 | 18 742 | 15.7 | 11.8 | 14.0 | 15.4 | 17.5 | 19.7 |
| | | | 18 ～ 44 岁 | 8 665 | 16.3 | 13.3 | 14.5 | 16.2 | 17.9 | 20.0 |
| | | | 45 ～ 59 岁 | 6 184 | 16.3 | 13.6 | 14.6 | 16.1 | 17.8 | 19.7 |
| | | | 60 ～ 79 岁 | 3 662 | 13.1 | 10.6 | 11.8 | 12.9 | 14.1 | 16.7 |
| | | | 80 岁及以上 | 231 | 11.5 | 9.2 | 10.6 | 11.3 | 12.4 | 13.7 |
| | | 男 | 小计 | 8 743 | 17.2 | 12.1 | 16.3 | 17.4 | 18.6 | 20.4 |
| | | | 18 ～ 44 岁 | 4 047 | 18.0 | 15.9 | 16.9 | 17.8 | 18.9 | 20.7 |
| | | | 45 ～ 59 岁 | 2 803 | 17.9 | 16.0 | 17.0 | 17.7 | 18.7 | 20.3 |
| | | | 60 ～ 79 岁 | 1 777 | 13.6 | 10.7 | 12.1 | 13.3 | 14.9 | 17.7 |
| | | | 80 岁及以上 | 116 | 11.5 | 8.7 | 10.3 | 11.5 | 12.5 | 14.2 |
| | | 女 | 小计 | 9 999 | 14.2 | 11.6 | 13.5 | 14.3 | 15.0 | 16.2 |
| | | | 18 ～ 44 岁 | 4 618 | 14.5 | 12.9 | 13.9 | 14.4 | 15.1 | 16.5 |
| | | | 45 ～ 59 岁 | 3 381 | 14.7 | 13.3 | 14.0 | 14.6 | 15.2 | 16.2 |
| | | | 60 ～ 79 岁 | 1 885 | 12.6 | 10.6 | 11.7 | 12.5 | 13.6 | 14.9 |
| | | | 80 岁及以上 | 115 | 11.5 | 9.6 | 10.7 | 11.3 | 12.1 | 13.4 |

## 附表 2-2　中国人群分片区、城乡、性别、年龄的长期呼吸量

| 地区 | 城乡 | 性别 | 年龄 | n | 长期呼吸量 / (m³/d) | | | | | |
|---|---|---|---|---|---|---|---|---|---|---|
| | | | | | Mean | P5 | P25 | P50 | P75 | P95 |
| 合计 | 城乡 | 小计 | 小计 | 91 059 | 16.1 | 12.3 | 14.2 | 15.7 | 18.0 | 20.4 |
| | | | 18 ～ 44 岁 | 36 662 | 16.7 | 13.5 | 14.6 | 16.0 | 18.2 | 20.6 |
| | | | 45 ～ 59 岁 | 32 352 | 16.7 | 13.8 | 14.8 | 16.0 | 18.1 | 20.2 |
| | | | 60 ～ 79 岁 | 20 561 | 13.8 | 11.2 | 12.6 | 13.7 | 15.0 | 17.5 |
| | | | 80 岁及以上 | 1 484 | 12.0 | 9.9 | 11.1 | 12.0 | 13.1 | 15.0 |
| | | 男 | 小计 | 41 261 | 17.7 | 12.7 | 16.7 | 18.0 | 19.2 | 21.3 |
| | | | 18 ～ 44 岁 | 16 756 | 18.6 | 16.2 | 17.4 | 18.4 | 19.6 | 21.6 |
| | | | 45 ～ 59 岁 | 14 079 | 18.4 | 16.3 | 17.4 | 18.3 | 19.3 | 21.0 |
| | | | 60 ～ 79 岁 | 9 753 | 14.4 | 11.2 | 12.9 | 14.3 | 15.9 | 18.5 |
| | | | 80 岁及以上 | 673 | 12.4 | 9.8 | 11.3 | 12.4 | 13.9 | 15.6 |
| | | 女 | 小计 | 49 798 | 14.5 | 12.0 | 13.8 | 14.5 | 15.3 | 16.5 |
| | | | 18 ～ 44 岁 | 19 906 | 14.7 | 13.2 | 14.0 | 14.6 | 15.3 | 16.7 |
| | | | 45 ～ 59 岁 | 18 273 | 15.0 | 13.6 | 14.3 | 14.9 | 15.5 | 16.6 |
| | | | 60 ～ 79 岁 | 10 808 | 13.2 | 11.1 | 12.4 | 13.3 | 14.3 | 15.7 |
| | | | 80 岁及以上 | 811 | 11.7 | 9.9 | 10.9 | 11.7 | 12.6 | 13.9 |
| | 城市 | 小计 | 小计 | 41 804 | 16.3 | 12.6 | 14.3 | 15.8 | 18.3 | 20.7 |
| | | | 18 ～ 44 岁 | 16 629 | 16.8 | 13.6 | 14.6 | 16.1 | 18.5 | 20.9 |
| | | | 45 ～ 59 岁 | 14 738 | 16.9 | 14.0 | 14.9 | 16.0 | 18.3 | 20.4 |
| | | | 60 ～ 79 岁 | 9 692 | 14.2 | 11.6 | 13.0 | 14.0 | 15.2 | 17.7 |
| | | | 80 岁及以上 | 745 | 12.4 | 10.1 | 11.5 | 12.3 | 13.5 | 15.3 |
| | | 男 | 小计 | 18 439 | 18.0 | 13.0 | 16.6 | 18.1 | 19.4 | 21.3 |
| | | | 18 ～ 44 岁 | 7 531 | 18.9 | 16.5 | 17.6 | 18.7 | 19.8 | 22.2 |
| | | | 45 ～ 59 岁 | 6 261 | 18.7 | 16.5 | 17.7 | 18.6 | 19.6 | 21.2 |
| | | | 60 ～ 79 岁 | 4 325 | 14.9 | 11.5 | 13.4 | 14.7 | 16.3 | 19.0 |
| | | | 80 岁及以上 | 322 | 12.9 | 10.4 | 11.7 | 12.6 | 14.2 | 16.0 |
| | | 女 | 小计 | 23 365 | 14.5 | 12.3 | 13.9 | 14.6 | 15.3 | 16.5 |
| | | | 18 ～ 44 岁 | 9 098 | 14.7 | 13.1 | 14.0 | 14.6 | 15.3 | 16.8 |
| | | | 45 ～ 59 岁 | 8 477 | 15.0 | 13.7 | 14.4 | 15.0 | 15.6 | 16.6 |
| | | | 60 ～ 79 岁 | 5 367 | 13.5 | 11.3 | 12.6 | 13.4 | 14.4 | 15.7 |
| | | | 80 岁及以上 | 423 | 12.0 | 10.1 | 11.2 | 11.9 | 12.7 | 13.9 |
| | 农村 | 小计 | 小计 | 49 255 | 16.0 | 12.1 | 14.1 | 15.6 | 17.8 | 20.1 |
| | | | 18 ～ 44 岁 | 20 033 | 16.6 | 13.5 | 14.5 | 16.0 | 18.1 | 20.4 |
| | | | 45 ～ 59 岁 | 17 614 | 16.5 | 13.7 | 14.7 | 15.9 | 17.8 | 19.9 |
| | | | 60 ～ 79 岁 | 10 869 | 13.5 | 11.0 | 12.3 | 13.4 | 14.6 | 17.3 |
| | | | 80 岁及以上 | 739 | 11.6 | 9.6 | 10.7 | 11.6 | 12.7 | 14.5 |
| | | 男 | 小计 | 22 822 | 17.5 | 12.2 | 16.1 | 17.6 | 18.8 | 20.7 |
| | | | 18 ～ 44 岁 | 9 225 | 18.4 | 16.1 | 17.2 | 18.2 | 19.4 | 21.4 |
| | | | 45 ～ 59 岁 | 7 818 | 18.2 | 16.1 | 17.2 | 18.1 | 19.1 | 20.7 |
| | | | 60 ～ 79 岁 | 5 428 | 14.1 | 11.0 | 12.5 | 13.8 | 15.4 | 18.2 |
| | | | 80 岁及以上 | 351 | 12.0 | 9.2 | 10.7 | 12.0 | 13.1 | 14.7 |
| | | 女 | 小计 | 26 433 | 14.4 | 11.8 | 13.7 | 14.5 | 15.2 | 16.4 |
| | | | 18 ～ 44 岁 | 10 808 | 14.7 | 13.0 | 13.9 | 14.6 | 15.3 | 16.7 |
| | | | 45 ～ 59 岁 | 9 796 | 14.9 | 13.5 | 14.2 | 14.9 | 15.4 | 16.5 |
| | | | 60 ～ 79 岁 | 5 441 | 13.0 | 10.8 | 12.0 | 12.9 | 13.9 | 15.4 |
| | | | 80 岁及以上 | 388 | 11.4 | 9.7 | 10.5 | 11.3 | 12.0 | 13.5 |
| 华北 | 城乡 | 小计 | 小计 | 18 082 | 16.5 | 12.7 | 14.6 | 15.9 | 18.4 | 20.9 |
| | | | 18 ～ 44 岁 | 6 481 | 17.2 | 13.8 | 14.9 | 16.4 | 18.8 | 21.3 |
| | | | 45 ～ 59 岁 | 6 819 | 17.0 | 14.2 | 15.1 | 16.1 | 18.3 | 20.6 |
| | | | 60 ～ 79 岁 | 4 497 | 14.3 | 11.8 | 13.1 | 14.1 | 15.4 | 17.8 |
| | | | 80 岁及以上 | 285 | 12.6 | 10.4 | 11.6 | 12.7 | 13.8 | 15.8 |
| | | 男 | 小计 | 7 994 | 18.1 | 13.0 | 16.6 | 18.2 | 19.5 | 21.5 |
| | | | 18 ～ 44 岁 | 2 918 | 19.2 | 16.8 | 18.0 | 19.0 | 20.1 | 22.4 |
| | | | 45 ～ 59 岁 | 2 816 | 18.8 | 16.7 | 17.8 | 18.7 | 19.7 | 21.4 |
| | | | 60 ～ 79 岁 | 2 115 | 15.0 | 11.9 | 13.5 | 14.8 | 16.3 | 19.2 |
| | | | 80 岁及以上 | 145 | 13.2 | 10.4 | 12.3 | 13.0 | 14.4 | 16.0 |
| | | 女 | 小计 | 10 088 | 14.8 | 12.5 | 14.1 | 14.9 | 15.6 | 16.8 |

| 地区 | 城乡 | 性别 | 年龄 | $n$ | 长期呼吸量 / （$m^3/d$） | | | | | |
|---|---|---|---|---|---|---|---|---|---|---|
| | | | | | Mean | P5 | P25 | P50 | P75 | P95 |
| 华北 | 城乡 | 女 | 18 ～ 44 岁 | 3 563 | 15.1 | 13.5 | 14.4 | 15.0 | 15.7 | 17.1 |
| | | | 45 ～ 59 岁 | 4 003 | 15.3 | 14.0 | 14.7 | 15.2 | 15.8 | 16.9 |
| | | | 60 ～ 79 岁 | 2 382 | 13.6 | 11.5 | 12.7 | 13.6 | 14.5 | 15.7 |
| | | | 80 岁及以上 | 140 | 12.0 | 10.3 | 11.3 | 11.9 | 12.9 | 13.9 |
| | 城市 | 小计 | 小计 | 7 817 | 16.7 | 13.1 | 14.7 | 16.1 | 18.7 | 21.1 |
| | | | 18 ～ 44 岁 | 2 780 | 17.3 | 13.8 | 15.0 | 17.0 | 19.2 | 21.6 |
| | | | 45 ～ 59 岁 | 2 790 | 17.3 | 14.4 | 15.4 | 16.9 | 19.0 | 21.1 |
| | | | 60 ～ 79 岁 | 2 090 | 14.7 | 12.1 | 13.4 | 14.5 | 15.7 | 18.1 |
| | | | 80 岁及以上 | 157 | 13.4 | 11.3 | 12.1 | 13.3 | 14.4 | 16.1 |
| | | 男 | 小计 | 3 399 | 18.5 | 13.9 | 17.2 | 18.7 | 19.9 | 22.0 |
| | | | 18 ～ 44 岁 | 1 232 | 19.4 | 16.9 | 18.2 | 19.2 | 20.4 | 23.0 |
| | | | 45 ～ 59 岁 | 1 161 | 19.1 | 16.9 | 18.1 | 19.0 | 20.0 | 21.7 |
| | | | 60 ～ 79 岁 | 923 | 15.6 | 12.5 | 14.2 | 15.5 | 16.8 | 19.3 |
| | | | 80 岁及以上 | 83 | 13.9 | 11.5 | 12.7 | 14.0 | 14.7 | 16.3 |
| | | 女 | 小计 | 4 418 | 14.9 | 12.8 | 14.2 | 15.0 | 15.7 | 16.9 |
| | | | 18 ～ 44 岁 | 1 548 | 15.2 | 13.5 | 14.4 | 15.0 | 15.7 | 17.3 |
| | | | 45 ～ 59 岁 | 1 629 | 15.4 | 14.1 | 14.9 | 15.4 | 15.9 | 16.9 |
| | | | 60 ～ 79 岁 | 1 167 | 13.9 | 12.0 | 13.1 | 13.9 | 14.7 | 16.1 |
| | | | 80 岁及以上 | 74 | 12.7 | 11.3 | 11.8 | 12.5 | 13.6 | 14.6 |
| | 农村 | 小计 | 小计 | 10 265 | 16.3 | 12.5 | 14.5 | 15.8 | 18.2 | 20.6 |
| | | | 18 ～ 44 岁 | 3 701 | 17.1 | 13.8 | 15.0 | 16.9 | 18.9 | 21.3 |
| | | | 45 ～ 59 岁 | 4 029 | 16.8 | 14.1 | 15.1 | 16.4 | 18.3 | 20.4 |
| | | | 60 ～ 79 岁 | 2 407 | 14.1 | 11.5 | 12.7 | 13.8 | 15.0 | 17.6 |
| | | | 80 岁及以上 | 128 | 11.9 | 10.1 | 10.9 | 11.9 | 12.7 | 14.1 |
| | | 男 | 小计 | 4 595 | 17.9 | 12.9 | 16.9 | 18.2 | 19.5 | 21.5 |
| | | | 18 ～ 44 岁 | 1 686 | 19.0 | 16.7 | 17.9 | 18.8 | 19.9 | 22.0 |
| | | | 45 ～ 59 岁 | 1 655 | 18.6 | 16.5 | 17.7 | 18.5 | 19.5 | 21.1 |
| | | | 60 ～ 79 岁 | 1 192 | 14.7 | 11.7 | 13.1 | 14.3 | 15.8 | 18.9 |
| | | | 80 岁及以上 | 62 | 12.5 | 10.2 | 11.3 | 12.6 | 13.3 | 15.0 |
| | | 女 | 小计 | 5 670 | 14.8 | 12.3 | 14.0 | 14.9 | 15.6 | 16.8 |
| | | | 18 ～ 44 岁 | 2 015 | 15.1 | 13.5 | 14.3 | 15.0 | 15.7 | 17.1 |
| | | | 45 ～ 59 岁 | 2 374 | 15.2 | 13.9 | 14.6 | 15.2 | 15.8 | 16.8 |
| | | | 60 ～ 79 岁 | 1 215 | 13.4 | 11.4 | 12.5 | 13.3 | 14.3 | 15.7 |
| | | | 80 岁及以上 | 66 | 11.5 | 9.9 | 10.6 | 11.6 | 12.1 | 13.4 |
| 华东 | 城乡 | 小计 | 小计 | 22 952 | 16.1 | 12.2 | 14.2 | 15.6 | 18.1 | 20.4 |
| | | | 18 ～ 44 岁 | 8 535 | 16.7 | 13.5 | 14.5 | 15.9 | 18.4 | 20.7 |
| | | | 45 ～ 59 岁 | 8 066 | 16.8 | 13.9 | 14.8 | 16.1 | 18.2 | 20.1 |
| | | | 60 ～ 79 岁 | 5 835 | 13.9 | 11.2 | 12.6 | 13.7 | 15.0 | 17.4 |
| | | | 80 岁及以上 | 516 | 11.9 | 9.9 | 11.0 | 11.9 | 12.9 | 14.7 |
| | | 男 | 小计 | 10 425 | 17.8 | 12.3 | 16.1 | 17.8 | 19.1 | 20.9 |
| | | | 18 ～ 44 岁 | 3 792 | 18.7 | 16.3 | 17.5 | 18.6 | 19.7 | 21.9 |
| | | | 45 ～ 59 岁 | 3 626 | 18.5 | 16.5 | 17.5 | 18.4 | 19.4 | 21.0 |
| | | | 60 ～ 79 岁 | 2 804 | 14.5 | 11.3 | 12.9 | 14.3 | 15.8 | 18.6 |
| | | | 80 岁及以上 | 203 | 12.4 | 9.9 | 11.2 | 12.2 | 13.9 | 15.8 |
| | | 女 | 小计 | 12 527 | 14.4 | 11.9 | 13.7 | 14.5 | 15.2 | 16.4 |
| | | | 18 ～ 44 岁 | 4 743 | 14.7 | 13.0 | 13.9 | 14.6 | 15.3 | 16.8 |
| | | | 45 ～ 59 岁 | 4 440 | 15.0 | 13.7 | 14.4 | 14.9 | 15.5 | 16.6 |
| | | | 60 ～ 79 岁 | 3 031 | 13.3 | 11.1 | 12.3 | 13.2 | 14.2 | 15.7 |
| | | | 80 岁及以上 | 313 | 11.7 | 9.8 | 10.9 | 11.6 | 12.5 | 13.7 |
| | 城市 | 小计 | 小计 | 12 475 | 16.3 | 12.5 | 14.3 | 15.7 | 18.3 | 20.6 |
| | | | 18 ～ 44 岁 | 4 766 | 16.8 | 13.4 | 14.5 | 16.5 | 18.7 | 21.1 |
| | | | 45 ～ 59 岁 | 4 287 | 17.0 | 14.0 | 15.1 | 16.8 | 18.7 | 20.5 |
| | | | 60 ～ 79 岁 | 3 152 | 14.2 | 11.5 | 12.9 | 14.0 | 15.3 | 17.9 |
| | | | 80 岁及以上 | 270 | 12.3 | 10.1 | 11.3 | 12.0 | 13.1 | 14.9 |
| | | 男 | 小计 | 5 491 | 18.1 | 13.3 | 17.0 | 18.3 | 19.5 | 21.4 |
| | | | 18 ～ 44 岁 | 2 109 | 18.9 | 16.5 | 17.7 | 18.7 | 19.9 | 22.1 |
| | | | 45 ～ 59 岁 | 1 873 | 18.7 | 16.6 | 17.8 | 18.7 | 19.6 | 21.1 |
| | | | 60 ～ 79 岁 | 1 408 | 14.9 | 11.7 | 13.4 | 14.8 | 16.2 | 18.9 |

| 地区 | 城乡 | 性别 | 年龄 | n | 长期呼吸量 / ($m^3$/d) | | | | | |
|---|---|---|---|---|---|---|---|---|---|---|
| | | | | | Mean | P5 | P25 | P50 | P75 | P95 |
| | | 男 | 80 岁及以上 | 101 | 12.8 | 10.0 | 11.5 | 12.6 | 14.0 | 16.0 |
| | | | 小计 | 6 984 | 14.5 | 12.2 | 13.8 | 14.6 | 15.3 | 16.6 |
| | 城市 | | 18 ～ 44 岁 | 2 657 | 14.7 | 13.1 | 14.0 | 14.6 | 15.3 | 16.9 |
| | | 女 | 45 ～ 59 岁 | 2 414 | 15.1 | 13.7 | 14.5 | 15.1 | 15.6 | 16.8 |
| | | | 60 ～ 79 岁 | 1 744 | 13.5 | 11.4 | 12.6 | 13.4 | 14.4 | 16.0 |
| | | | 80 岁及以上 | 169 | 12.0 | 10.1 | 11.2 | 11.9 | 12.7 | 13.8 |
| | | | 小计 | 10 477 | 15.9 | 11.9 | 14.1 | 15.5 | 17.9 | 20.3 |
| | | | 18 ～ 44 岁 | 3 769 | 16.6 | 13.3 | 14.5 | 16.3 | 18.3 | 20.8 |
| | | 小计 | 45 ～ 59 岁 | 3 779 | 16.7 | 13.9 | 14.8 | 16.5 | 18.2 | 20.1 |
| | | | 60 ～ 79 岁 | 2 683 | 13.6 | 10.9 | 12.3 | 13.3 | 14.6 | 17.2 |
| 华东 | | | 80 岁及以上 | 246 | 11.6 | 9.7 | 10.6 | 11.5 | 12.4 | 14.2 |
| | | | 小计 | 4 934 | 17.5 | 12.3 | 16.5 | 17.8 | 19.1 | 21.1 |
| | | | 18 ～ 44 岁 | 1 683 | 18.6 | 16.1 | 17.3 | 18.3 | 19.5 | 21.6 |
| | 农村 | 男 | 45 ～ 59 岁 | 1 753 | 18.3 | 16.3 | 17.3 | 18.2 | 19.2 | 20.7 |
| | | | 60 ～ 79 岁 | 1 396 | 14.1 | 11.0 | 12.6 | 13.8 | 15.4 | 18.2 |
| | | | 80 岁及以上 | 102 | 12.1 | 9.9 | 11.0 | 11.9 | 13.1 | 14.9 |
| | | | 小计 | 5 543 | 14.3 | 11.6 | 13.6 | 14.4 | 15.2 | 16.5 |
| | | | 18 ～ 44 岁 | 2 086 | 14.7 | 12.9 | 13.9 | 14.6 | 15.3 | 16.8 |
| | | 女 | 45 ～ 59 岁 | 2 026 | 14.9 | 13.6 | 14.3 | 14.8 | 15.4 | 16.4 |
| | | | 60 ～ 79 岁 | 1 287 | 13.0 | 10.8 | 12.0 | 12.9 | 13.9 | 15.5 |
| | | | 80 岁及以上 | 144 | 11.4 | 9.7 | 10.5 | 11.4 | 12.0 | 13.4 |
| | | | 小计 | 15 172 | 15.8 | 12.0 | 14.0 | 15.4 | 17.6 | 19.7 |
| | | | 18 ～ 44 岁 | 6 520 | 16.3 | 13.3 | 14.3 | 15.8 | 17.9 | 20.1 |
| | | 小计 | 45 ～ 59 岁 | 5 384 | 16.3 | 13.6 | 14.5 | 15.5 | 17.6 | 19.6 |
| | | | 60 ～ 79 岁 | 3 021 | 13.4 | 10.9 | 12.2 | 13.2 | 14.4 | 17.0 |
| | | | 80 岁及以上 | 247 | 11.6 | 9.4 | 10.5 | 11.4 | 12.5 | 14.8 |
| | | | 小计 | 7 017 | 17.3 | 12.1 | 16.2 | 17.5 | 18.6 | 20.4 |
| | | | 18 ～ 44 岁 | 3 109 | 18.1 | 16.0 | 16.9 | 17.9 | 18.9 | 21.0 |
| | 城乡 | 男 | 45 ～ 59 岁 | 2 341 | 17.9 | 16.0 | 17.0 | 17.9 | 18.8 | 20.3 |
| | | | 60 ～ 79 岁 | 1 461 | 13.9 | 10.7 | 12.3 | 13.5 | 15.1 | 18.0 |
| | | | 80 岁及以上 | 106 | 11.8 | 9.3 | 10.7 | 11.7 | 13.0 | 14.7 |
| | | | 小计 | 8 155 | 14.2 | 11.7 | 13.6 | 14.2 | 14.9 | 16.0 |
| | | | 18 ～ 44 岁 | 3 411 | 14.4 | 12.9 | 13.7 | 14.2 | 14.9 | 16.2 |
| | | 女 | 45 ～ 59 岁 | 3 043 | 14.6 | 13.4 | 14.0 | 14.6 | 15.2 | 16.1 |
| | | | 60 ～ 79 岁 | 1 560 | 12.8 | 10.7 | 11.8 | 12.7 | 13.7 | 15.2 |
| | | | 80 岁及以上 | 141 | 11.3 | 9.8 | 10.5 | 11.3 | 12.0 | 13.3 |
| | | | 小计 | 7 333 | 16.0 | 12.3 | 14.1 | 15.4 | 18.0 | 20.1 |
| | | | 18 ～ 44 岁 | 3 146 | 16.5 | 13.3 | 14.3 | 16.5 | 18.4 | 20.6 |
| | | 小计 | 45 ～ 59 岁 | 2 586 | 16.4 | 13.7 | 14.6 | 16.0 | 18.2 | 19.9 |
| 华南 | | | 60 ～ 79 岁 | 1 473 | 13.8 | 11.1 | 12.5 | 13.5 | 14.7 | 17.7 |
| | | | 80 岁及以上 | 128 | 12.0 | 10.0 | 10.9 | 11.9 | 12.6 | 14.7 |
| | | | 小计 | 3 290 | 17.7 | 12.9 | 16.7 | 17.9 | 19.1 | 20.8 |
| | | | 18 ～ 44 岁 | 1 510 | 18.5 | 16.4 | 17.3 | 18.3 | 19.3 | 21.5 |
| | 城市 | 男 | 45 ～ 59 岁 | 1 060 | 18.3 | 16.1 | 17.3 | 18.2 | 19.2 | 20.5 |
| | | | 60 ～ 79 岁 | 672 | 14.4 | 11.1 | 12.9 | 14.1 | 15.7 | 18.9 |
| | | | 80 岁及以上 | 48 | 12.4 | 9.7 | 11.2 | 12.3 | 13.1 | 15.2 |
| | | | 小计 | 4 043 | 14.3 | 12.0 | 13.7 | 14.3 | 15.0 | 16.1 |
| | | | 18 ～ 44 岁 | 1 636 | 14.4 | 12.9 | 13.8 | 14.3 | 14.9 | 16.2 |
| | | 女 | 45 ～ 59 岁 | 1 526 | 14.7 | 13.6 | 14.2 | 14.7 | 15.2 | 16.1 |
| | | | 60 ～ 79 岁 | 801 | 13.2 | 11.0 | 12.3 | 13.1 | 14.0 | 15.3 |
| | | | 80 岁及以上 | 80 | 11.7 | 10.2 | 10.8 | 11.6 | 12.5 | 13.5 |
| | | | 小计 | 7 839 | 15.6 | 11.8 | 13.9 | 15.4 | 17.4 | 19.5 |
| | | | 18 ～ 44 岁 | 3 374 | 16.1 | 13.2 | 14.2 | 16.0 | 17.7 | 19.8 |
| | | 小计 | 45 ～ 59 岁 | 2 798 | 16.2 | 13.5 | 14.5 | 16.0 | 17.6 | 19.4 |
| | 农村 | | 60 ～ 79 岁 | 1 548 | 13.0 | 10.5 | 11.8 | 12.7 | 14.0 | 16.8 |
| | | | 80 岁及以上 | 119 | 11.1 | 9.1 | 10.2 | 11.1 | 11.9 | 13.3 |
| | | 男 | 小计 | 3 727 | 17.0 | 12.2 | 16.2 | 17.3 | 18.4 | 20.1 |
| | | | 18 ～ 44 岁 | 1 599 | 17.8 | 15.8 | 16.7 | 17.6 | 18.6 | 20.5 |

| 地区 | 城乡 | 性别 | 年龄 | *n* | 长期呼吸量 / （m³/d） | | | | | |
|---|---|---|---|---|---|---|---|---|---|---|
| | | | | | Mean | P5 | P25 | P50 | P75 | P95 |
| 华南 | 农村 | 男 | 45～59岁 | 1 281 | 17.7 | 15.9 | 16.8 | 17.5 | 18.5 | 20.0 |
| | | | 60～79岁 | 789 | 13.5 | 10.5 | 12.0 | 13.2 | 14.6 | 17.3 |
| | | | 80岁及以上 | 58 | 11.4 | 9.1 | 10.1 | 11.5 | 12.6 | 13.5 |
| | | 女 | 小计 | 4 112 | 14.1 | 11.6 | 13.5 | 14.1 | 14.8 | 16.0 |
| | | | 18～44岁 | 1 775 | 14.3 | 12.8 | 13.7 | 14.2 | 14.9 | 16.1 |
| | | | 45～59岁 | 1 517 | 14.5 | 13.3 | 13.9 | 14.5 | 15.1 | 16.0 |
| | | | 60～79岁 | 759 | 12.5 | 10.5 | 11.6 | 12.4 | 13.4 | 14.9 |
| | | | 80岁及以上 | 61 | 10.9 | 9.8 | 10.2 | 10.7 | 11.5 | 13.3 |
| 西北 | 城乡 | 小计 | 小计 | 11 265 | 16.2 | 12.6 | 14.4 | 15.8 | 18.2 | 20.4 |
| | | | 18～44岁 | 4 703 | 16.8 | 13.6 | 14.6 | 16.0 | 18.2 | 20.5 |
| | | | 45～59岁 | 3 926 | 16.8 | 13.8 | 14.8 | 16.0 | 18.2 | 20.3 |
| | | | 60～79岁 | 2 498 | 13.9 | 11.2 | 12.6 | 13.7 | 15.0 | 17.5 |
| | | | 80岁及以上 | 138 | 12.4 | 10.3 | 11.4 | 12.3 | 13.4 | 15.1 |
| | | 男 | 小计 | 5 075 | 17.9 | 12.7 | 16.5 | 17.9 | 19.1 | 20.9 |
| | | | 18～44岁 | 2 066 | 18.6 | 16.4 | 17.5 | 18.5 | 19.5 | 21.3 |
| | | | 45～59岁 | 1763 | 18.5 | 16.5 | 17.5 | 18.4 | 19.4 | 21.0 |
| | | | 60～79岁 | 1 175 | 14.6 | 11.5 | 13.1 | 14.3 | 16.0 | 18.5 |
| | | | 80岁及以上 | 71 | 13.0 | 10.6 | 12.0 | 12.7 | 14.0 | 15.5 |
| | | 女 | 小计 | 6 190 | 14.6 | 12.1 | 13.9 | 14.6 | 15.3 | 16.5 |
| | | | 18～44岁 | 2 637 | 14.9 | 13.2 | 14.1 | 14.7 | 15.5 | 16.9 |
| | | | 45～59岁 | 2 163 | 14.9 | 13.6 | 14.3 | 14.9 | 15.5 | 16.5 |
| | | | 60～79岁 | 1 323 | 13.3 | 11.1 | 12.3 | 13.2 | 14.2 | 15.6 |
| | | | 80岁及以上 | 67 | 11.9 | 10.3 | 10.8 | 12.1 | 12.7 | 13.8 |
| | 城市 | 小计 | 小计 | 5 049 | 16.4 | 12.9 | 14.4 | 15.8 | 18.4 | 20.6 |
| | | | 18～44岁 | 2 029 | 16.9 | 13.5 | 14.7 | 16.7 | 18.8 | 21.0 |
| | | | 45～59岁 | 1 796 | 17.0 | 14.1 | 15.0 | 16.7 | 18.8 | 20.8 |
| | | | 60～79岁 | 1 165 | 14.3 | 11.8 | 13.1 | 14.1 | 15.4 | 17.8 |
| | | | 80岁及以上 | 59 | 12.7 | 10.8 | 12.0 | 12.5 | 13.4 | 15.1 |
| | | 男 | 小计 | 2 215 | 18.2 | 13.5 | 17.1 | 18.4 | 19.6 | 21.4 |
| | | | 18～44岁 | 888 | 19.0 | 16.6 | 17.8 | 18.8 | 20.0 | 21.9 |
| | | | 45～59岁 | 773 | 18.9 | 16.7 | 17.9 | 18.8 | 19.8 | 21.3 |
| | | | 60～79岁 | 521 | 15.1 | 12.2 | 13.7 | 14.9 | 16.5 | 19.1 |
| | | | 80岁及以上 | 33 | 13.0 | 11.5 | 12.0 | 12.6 | 13.5 | 15.9 |
| | | 女 | 小计 | 2 834 | 14.6 | 12.7 | 13.9 | 14.7 | 15.4 | 16.7 |
| | | | 18～44岁 | 1 141 | 14.9 | 13.1 | 14.1 | 14.7 | 15.4 | 17.0 |
| | | | 45～59岁 | 1 023 | 15.1 | 13.8 | 14.5 | 15.0 | 15.6 | 16.6 |
| | | | 60～79岁 | 644 | 13.6 | 11.6 | 12.8 | 13.4 | 14.5 | 15.8 |
| | | | 80岁及以上 | 26 | 12.3 | 10.7 | 11.4 | 12.5 | 12.7 | 13.8 |
| | 农村 | 小计 | 小计 | 6 216 | 16.1 | 12.3 | 14.3 | 15.8 | 18.0 | 20.0 |
| | | | 18～44岁 | 2 674 | 16.7 | 13.6 | 14.7 | 16.6 | 18.3 | 20.3 |
| | | | 45～59岁 | 2 130 | 16.6 | 13.8 | 14.8 | 16.6 | 18.2 | 20.2 |
| | | | 60～79岁 | 1 333 | 13.6 | 11.0 | 12.2 | 13.3 | 14.5 | 17.4 |
| | | | 80岁及以上 | 79 | 12.3 | 10.0 | 10.8 | 12.2 | 13.4 | 14.7 |
| | | 男 | 小计 | 2 860 | 17.6 | 12.8 | 16.8 | 17.9 | 19.0 | 20.7 |
| | | | 18～44岁 | 1 178 | 18.4 | 16.3 | 17.3 | 18.2 | 19.3 | 20.9 |
| | | | 45～59岁 | 990 | 18.3 | 16.2 | 17.3 | 18.1 | 19.1 | 20.7 |
| | | | 60～79岁 | 654 | 14.2 | 11.2 | 12.6 | 13.9 | 15.4 | 18.3 |
| | | | 80岁及以上 | 38 | 13.1 | 10.5 | 12.0 | 13.2 | 14.2 | 15.5 |
| | | 女 | 小计 | 3 356 | 14.5 | 11.9 | 13.8 | 14.5 | 15.3 | 16.6 |
| | | | 18～44岁 | 1 496 | 14.9 | 13.3 | 14.1 | 14.7 | 15.5 | 16.9 |
| | | | 45～59岁 | 1 140 | 14.8 | 13.5 | 14.1 | 14.7 | 15.3 | 16.4 |
| | | | 60～79岁 | 679 | 12.9 | 10.9 | 11.8 | 12.8 | 13.9 | 15.2 |
| | | | 80岁及以上 | 41 | 11.7 | 9.6 | 10.6 | 11.5 | 12.9 | 13.7 |
| 东北 | 城乡 | 小计 | 小计 | 10 176 | 16.7 | 12.9 | 14.7 | 16.2 | 18.6 | 21.2 |
| | | | 18～44岁 | 3 985 | 17.3 | 13.9 | 14.9 | 16.6 | 18.8 | 21.3 |
| | | | 45～59岁 | 3 902 | 17.0 | 14.1 | 15.0 | 16.2 | 18.4 | 20.6 |
| | | | 60～79岁 | 2 164 | 14.3 | 11.7 | 13.0 | 14.1 | 15.3 | 18.2 |
| | | | 80岁及以上 | 125 | 12.2 | 10.3 | 11.5 | 12.5 | 13.7 | 15.6 |

| 地区 | 城乡 | 性别 | 年龄 | n | 长期呼吸量 /（m³/d） | | | | | |
|---|---|---|---|---|---|---|---|---|---|---|
| | | | | | Mean | P5 | P25 | P50 | P75 | P95 |
| 东北 | 城乡 | 男 | 小计 | 4 634 | 18.4 | 13.1 | 17.0 | 18.3 | 19.6 | 21.6 |
| | | | 18 ～ 44 岁 | 1 889 | 19.2 | 16.6 | 17.9 | 18.9 | 20.2 | 22.8 |
| | | | 45 ～ 59 岁 | 1 664 | 18.9 | 16.7 | 17.8 | 18.7 | 19.8 | 21.6 |
| | | | 60 ～ 79 岁 | 1 022 | 15.1 | 11.9 | 13.5 | 14.8 | 16.4 | 19.3 |
| | | | 80 岁及以上 | 59 | 12.6 | 9.2 | 11.2 | 12.7 | 13.8 | 15.6 |
| | | 女 | 小计 | 5 542 | 14.9 | 12.6 | 14.2 | 14.9 | 15.6 | 16.8 |
| | | | 18 ～ 44 岁 | 2 096 | 15.1 | 13.5 | 14.4 | 15.0 | 15.7 | 17.1 |
| | | | 45 ～ 59 岁 | 2 238 | 15.2 | 13.9 | 14.6 | 15.2 | 15.8 | 16.8 |
| | | | 60 ～ 79 岁 | 1 142 | 13.6 | 11.5 | 12.7 | 13.6 | 14.5 | 15.8 |
| | | | 80 岁及以上 | 66 | 11.9 | 10.4 | 11.0 | 11.6 | 13.0 | 14.3 |
| | 城市 | 小计 | 小计 | 4 356 | 16.9 | 13.2 | 14.8 | 16.3 | 19.0 | 21.9 |
| | | | 18 ～ 44 岁 | 1 659 | 17.5 | 13.8 | 15.0 | 17.0 | 19.5 | 22.9 |
| | | | 45 ～ 59 岁 | 1 732 | 17.2 | 14.3 | 15.2 | 16.8 | 19.0 | 21.2 |
| | | | 60 ～ 79 岁 | 910 | 14.6 | 12.0 | 13.2 | 14.4 | 15.5 | 18.4 |
| | | | 80 岁及以上 | 55 | 12.9 | 10.7 | 11.5 | 13.0 | 14.2 | 15.6 |
| | | 男 | 小计 | 1 912 | 18.9 | 14.4 | 17.5 | 19.0 | 20.3 | 23.0 |
| | | | 18 ～ 44 岁 | 767 | 19.7 | 16.6 | 18.2 | 19.4 | 20.8 | 23.6 |
| | | | 45 ～ 59 岁 | 731 | 19.1 | 16.9 | 18.0 | 19.0 | 20.1 | 21.8 |
| | | | 60 ～ 79 岁 | 395 | 15.4 | 12.0 | 13.9 | 15.1 | 16.8 | 19.6 |
| | | | 80 岁及以上 | 19 | 13.6 | 11.2 | 12.7 | 14.2 | 14.6 | 15.6 |
| | | 女 | 小计 | 2 444 | 14.9 | 12.8 | 14.2 | 14.9 | 15.6 | 16.9 |
| | | | 18 ～ 44 岁 | 892 | 15.1 | 13.5 | 14.3 | 14.9 | 15.7 | 17.0 |
| | | | 45 ～ 59 岁 | 1 001 | 15.3 | 14.1 | 14.7 | 15.2 | 15.9 | 16.9 |
| | | | 60 ～ 79 岁 | 515 | 13.8 | 12.0 | 12.9 | 13.7 | 14.8 | 16.0 |
| | | | 80 岁及以上 | 36 | 12.5 | 8.8 | 11.5 | 12.7 | 13.3 | 14.7 |
| | 农村 | 小计 | 小计 | 5 820 | 16.5 | 12.8 | 14.7 | 16.1 | 18.4 | 20.8 |
| | | | 18 ～ 44 岁 | 2 326 | 17.2 | 13.8 | 15.0 | 17.2 | 18.8 | 21.3 |
| | | | 45 ～ 59 岁 | 2 170 | 16.8 | 14.1 | 15.1 | 16.4 | 18.5 | 20.5 |
| | | | 60 ～ 79 岁 | 1 254 | 14.2 | 11.5 | 12.9 | 14.0 | 15.1 | 17.9 |
| | | | 80 岁及以上 | 70 | 11.9 | 10.0 | 10.7 | 11.5 | 13.2 | 15.0 |
| | | 男 | 小计 | 2 722 | 18.2 | 13.3 | 17.3 | 18.4 | 19.6 | 21.5 |
| | | | 18 ～ 44 岁 | 1 122 | 19.0 | 16.6 | 17.8 | 18.8 | 19.9 | 22.0 |
| | | | 45 ～ 59 岁 | 933 | 18.7 | 16.5 | 17.7 | 18.6 | 19.5 | 21.4 |
| | | | 60 ～ 79 岁 | 627 | 14.9 | 11.9 | 13.2 | 14.7 | 16.2 | 19.0 |
| | | | 80 岁及以上 | 40 | 12.3 | 9.2 | 10.7 | 12.2 | 13.6 | 15.4 |
| | | 女 | 小计 | 3 098 | 14.8 | 12.4 | 14.2 | 14.9 | 15.6 | 16.8 |
| | | | 18 ～ 44 岁 | 1 204 | 15.1 | 13.5 | 14.4 | 15.0 | 15.7 | 17.2 |
| | | | 45 ～ 59 岁 | 1 237 | 15.2 | 13.8 | 14.6 | 15.1 | 15.7 | 16.7 |
| | | | 60 ～ 79 岁 | 627 | 13.5 | 11.3 | 12.6 | 13.5 | 14.4 | 15.5 |
| | | | 80 岁及以上 | 30 | 11.6 | 10.4 | 10.6 | 11.1 | 11.9 | 14.3 |
| 西南 | 城乡 | 小计 | 小计 | 13 412 | 15.7 | 11.8 | 13.9 | 15.3 | 17.5 | 19.7 |
| | | | 18 ～ 44 岁 | 6 438 | 16.3 | 13.4 | 14.3 | 15.7 | 17.7 | 19.8 |
| | | | 45 ～ 59 岁 | 4 255 | 16.3 | 13.5 | 14.4 | 15.6 | 17.5 | 19.5 |
| | | | 60 ～ 79 岁 | 2 546 | 13.1 | 10.6 | 11.9 | 12.9 | 14.1 | 16.6 |
| | | | 80 岁及以上 | 173 | 11.5 | 9.5 | 10.6 | 11.4 | 12.4 | 14.2 |
| | | 男 | 小计 | 6 116 | 17.2 | 12.0 | 16.2 | 17.3 | 18.5 | 20.2 |
| | | | 18 ～ 44 岁 | 2 982 | 18.0 | 16.0 | 17.0 | 17.8 | 18.9 | 20.7 |
| | | | 45 ～ 59 岁 | 1 869 | 17.9 | 16.0 | 17.0 | 17.8 | 18.7 | 20.1 |
| | | | 60 ～ 79 岁 | 1 176 | 13.6 | 10.5 | 12.1 | 13.3 | 14.9 | 17.8 |
| | | | 80 岁及以上 | 89 | 11.7 | 8.7 | 10.5 | 11.8 | 12.4 | 14.0 |
| | | 女 | 小计 | 7 296 | 14.1 | 11.7 | 13.5 | 14.2 | 14.9 | 16.1 |
| | | | 18 ～ 44 岁 | 3 456 | 14.4 | 12.8 | 13.8 | 14.3 | 15.0 | 16.2 |
| | | | 45 ～ 59 岁 | 2 386 | 14.6 | 13.4 | 14.0 | 14.6 | 15.1 | 16.1 |
| | | | 60 ～ 79 岁 | 1 370 | 12.6 | 10.6 | 11.7 | 12.6 | 13.5 | 14.6 |
| | | | 80 岁及以上 | 84 | 11.4 | 9.5 | 10.6 | 11.3 | 11.8 | 13.1 |
| | 城市 | 小计 | 小计 | 4 774 | 15.8 | 12.1 | 14.0 | 15.4 | 17.8 | 19.9 |
| | | | 18 ～ 44 岁 | 2 249 | 16.4 | 13.3 | 14.4 | 16.3 | 18.2 | 20.2 |
| | | | 45 ～ 59 岁 | 1 547 | 16.4 | 13.7 | 14.6 | 16.1 | 18.0 | 19.9 |

| 地区 | 城乡 | 性别 | 年龄 | $n$ | 长期呼吸量 / （$m^3/d$） | | | | | |
|---|---|---|---|---|---|---|---|---|---|---|
| | | | | | Mean | P5 | P25 | P50 | P75 | P95 |
| 西南 | 城市 | 小计 | 60～79 岁 | 902 | 13.4 | 10.7 | 12.1 | 13.1 | 14.3 | 17.1 |
| | | | 80 岁及以上 | 76 | 11.8 | 9.6 | 10.7 | 11.6 | 12.4 | 14.2 |
| | | 男 | 小计 | 2 132 | 17.4 | 12.3 | 16.6 | 17.8 | 18.8 | 20.5 |
| | | | 18～44 岁 | 1 025 | 18.3 | 16.2 | 17.1 | 18.1 | 19.2 | 20.9 |
| | | | 45～59 岁 | 663 | 18.1 | 16.1 | 17.1 | 18.0 | 18.9 | 20.2 |
| | | | 60～79 岁 | 406 | 14.0 | 10.4 | 12.3 | 13.9 | 15.2 | 18.6 |
| | | | 80 岁及以上 | 38 | 12.1 | 9.9 | 11.6 | 12.1 | 12.4 | 14.2 |
| | | 女 | 小计 | 2 642 | 14.2 | 11.9 | 13.5 | 14.3 | 14.9 | 16.0 |
| | | | 18～44 岁 | 1 224 | 14.4 | 12.9 | 13.8 | 14.3 | 14.9 | 16.1 |
| | | | 45～59 岁 | 884 | 14.7 | 13.5 | 14.1 | 14.6 | 15.1 | 16.0 |
| | | | 60～79 岁 | 496 | 12.8 | 10.9 | 12.0 | 12.8 | 13.6 | 14.8 |
| | | | 80 岁及以上 | 38 | 11.4 | 9.6 | 10.2 | 11.0 | 11.8 | 13.3 |
| | 农村 | 小计 | 小计 | 8 638 | 15.5 | 11.6 | 13.9 | 15.2 | 17.4 | 19.5 |
| | | | 18～44 岁 | 4 189 | 16.2 | 13.2 | 14.4 | 16.1 | 17.7 | 19.8 |
| | | | 45～59 岁 | 2 708 | 16.2 | 13.6 | 14.5 | 16.0 | 17.6 | 19.5 |
| | | | 60～79 岁 | 1 644 | 12.9 | 10.6 | 11.7 | 12.7 | 13.8 | 16.3 |
| | | | 80 岁及以上 | 97 | 11.3 | 8.7 | 10.6 | 11.3 | 12.1 | 13.3 |
| | | 男 | 小计 | 3 984 | 17.0 | 11.8 | 16.2 | 17.3 | 18.4 | 20.2 |
| | | | 18～44 岁 | 1 957 | 17.9 | 15.9 | 16.9 | 17.7 | 18.7 | 20.5 |
| | | | 45～59 岁 | 1 206 | 17.8 | 15.9 | 16.9 | 17.6 | 18.6 | 20.0 |
| | | | 60～79 岁 | 770 | 13.4 | 10.6 | 11.9 | 12.9 | 14.6 | 17.3 |
| | | | 80 岁及以上 | 51 | 11.3 | 8.6 | 10.2 | 11.2 | 12.4 | 13.3 |
| | | 女 | 小计 | 4 654 | 14.1 | 11.4 | 13.4 | 14.2 | 14.9 | 16.1 |
| | | | 18～44 岁 | 2 232 | 14.4 | 12.8 | 13.8 | 14.3 | 15.0 | 16.3 |
| | | | 45～59 岁 | 1 502 | 14.6 | 13.3 | 14.0 | 14.6 | 15.1 | 16.1 |
| | | | 60～79 岁 | 874 | 12.5 | 10.6 | 11.6 | 12.4 | 13.4 | 14.6 |
| | | | 80 岁及以上 | 46 | 11.4 | 9.5 | 11.1 | 11.3 | 11.9 | 12.9 |

## 附表 2-3　中国人群分省（直辖市、自治区）、城乡、性别的长期呼吸量

| 地区 | 城乡 | 性别 | $n$ | 长期呼吸量 /($m^3/d$) | | | | | |
|---|---|---|---|---|---|---|---|---|---|
| | | | | Mean | P5 | P25 | P50 | P75 | P95 |
| 总计 | 城乡 | 小计 | 91 121 | 16.1 | 12.3 | 14.2 | 15.7 | 18.0 | 20.4 |
| | | 男 | 41 296 | 17.7 | 12.7 | 16.7 | 18.0 | 19.2 | 21.3 |
| | | 女 | 49 825 | 14.5 | 12.0 | 13.8 | 14.5 | 15.3 | 16.5 |
| | 城市 | 小计 | 41 826 | 16.3 | 12.6 | 14.3 | 15.8 | 18.3 | 20.7 |
| | | 男 | 18 455 | 18.0 | 13.3 | 16.9 | 18.3 | 19.5 | 21.5 |
| | | 女 | 23 371 | 14.5 | 12.3 | 13.8 | 14.6 | 15.3 | 16.6 |
| | 农村 | 小计 | 49 295 | 16.0 | 12.1 | 14.1 | 15.6 | 17.8 | 20.1 |
| | | 男 | 22 841 | 17.5 | 12.4 | 16.5 | 17.8 | 19.0 | 21.0 |
| | | 女 | 26 454 | 14.4 | 11.8 | 13.7 | 14.5 | 15.2 | 16.5 |
| 北京 | 城乡 | 小计 | 1 114 | 16.7 | 13.3 | 14.9 | 16.1 | 18.7 | 21.1 |
| | | 男 | 458 | 18.5 | 14.0 | 17.3 | 18.8 | 20.0 | 21.9 |
| | | 女 | 656 | 15.1 | 13.0 | 14.5 | 15.1 | 15.8 | 17.0 |
| | 城市 | 小计 | 840 | 16.9 | 13.6 | 15.0 | 16.3 | 18.8 | 21.1 |
| | | 男 | 354 | 18.8 | 14.6 | 17.6 | 18.9 | 20.0 | 22.0 |
| | | 女 | 486 | 15.1 | 13.2 | 14.5 | 15.1 | 15.8 | 17.0 |
| | 农村 | 小计 | 274 | 16.4 | 12.8 | 14.8 | 15.8 | 18.2 | 21.0 |
| | | 男 | 104 | 17.8 | 12.8 | 15.6 | 18.4 | 20.1 | 21.7 |
| | | 女 | 170 | 15.2 | 12.7 | 14.7 | 15.2 | 16.1 | 17.2 |
| 天津 | 城乡 | 小计 | 1 154 | 16.7 | 12.7 | 14.7 | 16.2 | 18.8 | 21.4 |
| | | 男 | 470 | 18.5 | 13.7 | 17.3 | 18.7 | 20.0 | 22.5 |
| | | 女 | 684 | 14.9 | 12.4 | 14.1 | 15.0 | 15.7 | 17.1 |
| | 城市 | 小计 | 865 | 16.7 | 12.9 | 14.7 | 16.0 | 18.9 | 21.5 |
| | | 男 | 336 | 18.6 | 13.7 | 17.3 | 18.8 | 20.1 | 22.7 |

| 地区 | 城乡 | 性别 | *n* | 长期呼吸量 /($m^3$/d) | | | | | |
|---|---|---|---|---|---|---|---|---|---|
| | | | | Mean | P5 | P25 | P50 | P75 | P95 |
| 天津 | 城市 | 女 | 529 | 14.9 | 12.5 | 14.1 | 15.0 | 15.7 | 16.9 |
| | 农村 | 小计 | 289 | 16.8 | 12.5 | 14.7 | 16.5 | 18.6 | 20.8 |
| | | 男 | 134 | 18.5 | 13.9 | 17.4 | 18.3 | 19.9 | 22.5 |
| | | 女 | 155 | 14.9 | 12.0 | 13.9 | 14.9 | 15.6 | 17.6 |
| 河北 | 城乡 | 小计 | 4 409 | 16.5 | 12.8 | 14.7 | 16.0 | 18.4 | 20.8 |
| | | 男 | 1 936 | 18.1 | 13.3 | 16.9 | 18.3 | 19.6 | 21.6 |
| | | 女 | 2 473 | 14.9 | 12.6 | 14.2 | 15.0 | 15.7 | 17.0 |
| | 城市 | 小计 | 1 831 | 16.8 | 13.1 | 14.9 | 16.2 | 18.8 | 21.2 |
| | | 男 | 830 | 18.4 | 13.8 | 17.1 | 18.7 | 19.9 | 22.1 |
| | | 女 | 1 001 | 15.0 | 12.7 | 14.3 | 15.1 | 15.8 | 17.1 |
| | 农村 | 小计 | 2 578 | 16.2 | 12.6 | 14.6 | 15.8 | 18.2 | 20.4 |
| | | 男 | 1 106 | 17.8 | 12.8 | 16.8 | 18.2 | 19.4 | 21.3 |
| | | 女 | 1 472 | 14.9 | 12.4 | 14.1 | 15.0 | 15.7 | 16.8 |
| 山西 | 城乡 | 小计 | 3 441 | 16.6 | 13.3 | 14.7 | 16.1 | 18.6 | 20.7 |
| | | 男 | 1 564 | 18.4 | 14.2 | 17.4 | 18.6 | 19.7 | 21.4 |
| | | 女 | 1 877 | 14.9 | 12.9 | 14.2 | 14.9 | 15.5 | 16.7 |
| | 城市 | 小计 | 1 047 | 16.7 | 13.3 | 14.8 | 16.2 | 18.7 | 21.0 |
| | | 男 | 480 | 18.7 | 15.1 | 17.7 | 18.7 | 19.9 | 21.8 |
| | | 女 | 567 | 14.9 | 12.9 | 14.2 | 14.9 | 15.6 | 16.7 |
| | 农村 | 小计 | 2 394 | 16.6 | 13.2 | 14.7 | 16.0 | 18.4 | 20.6 |
| | | 男 | 1 084 | 18.3 | 13.8 | 17.3 | 18.5 | 19.6 | 21.2 |
| | | 女 | 1 310 | 14.9 | 12.9 | 14.2 | 14.9 | 15.5 | 16.7 |
| 内蒙古 | 城乡 | 小计 | 3 048 | 16.7 | 13.0 | 14.7 | 16.3 | 18.7 | 21.1 |
| | | 男 | 1 471 | 18.3 | 13.4 | 17.2 | 18.5 | 19.8 | 21.7 |
| | | 女 | 1 577 | 14.9 | 12.7 | 14.2 | 14.9 | 15.6 | 16.9 |
| | 城市 | 小计 | 1 196 | 16.8 | 13.2 | 14.7 | 16.2 | 18.8 | 21.3 |
| | | 男 | 554 | 18.5 | 13.8 | 17.4 | 18.7 | 20.1 | 21.7 |
| | | 女 | 642 | 14.9 | 13.0 | 14.2 | 14.9 | 15.5 | 16.9 |
| | 农村 | 小计 | 1 852 | 16.7 | 12.7 | 14.7 | 16.4 | 18.5 | 21.0 |
| | | 男 | 917 | 18.2 | 13.2 | 17.1 | 18.3 | 19.6 | 21.7 |
| | | 女 | 935 | 14.9 | 12.5 | 14.2 | 14.9 | 15.7 | 16.9 |
| 辽宁 | 城乡 | 小计 | 3 379 | 16.8 | 13.1 | 14.8 | 16.3 | 18.7 | 21.3 |
| | | 男 | 1 449 | 18.5 | 13.8 | 17.4 | 18.6 | 19.9 | 22.1 |
| | | 女 | 1 930 | 15.0 | 12.8 | 14.3 | 15.0 | 15.8 | 17.0 |
| | 城市 | 小计 | 1 195 | 17.1 | 13.4 | 15.0 | 16.6 | 19.1 | 21.6 |
| | | 男 | 526 | 18.9 | 14.4 | 17.7 | 19.0 | 20.3 | 22.5 |
| | | 女 | 669 | 15.1 | 13.0 | 14.4 | 15.0 | 15.9 | 17.0 |
| | 农村 | 小计 | 2 184 | 16.6 | 13.0 | 14.7 | 16.2 | 18.6 | 21.3 |
| | | 男 | 923 | 18.4 | 13.7 | 17.3 | 18.6 | 19.8 | 22.0 |
| | | 女 | 1 261 | 14.9 | 12.7 | 14.3 | 15.0 | 15.7 | 17.0 |
| 吉林 | 城乡 | 小计 | 2 738 | 16.6 | 12.9 | 14.7 | 16.2 | 18.4 | 20.7 |
| | | 男 | 1 303 | 18.1 | 13.6 | 17.1 | 18.4 | 19.6 | 21.4 |
| | | 女 | 1 435 | 14.8 | 12.6 | 14.2 | 14.9 | 15.6 | 16.7 |
| | 城市 | 小计 | 1 572 | 16.7 | 13.0 | 14.7 | 16.2 | 18.7 | 21.1 |
| | | 男 | 705 | 18.4 | 14.0 | 17.1 | 18.6 | 19.8 | 22.2 |
| | | 女 | 867 | 14.9 | 12.8 | 14.3 | 14.9 | 15.6 | 16.9 |
| | 农村 | 小计 | 1 166 | 16.4 | 12.8 | 14.7 | 16.0 | 18.3 | 20.1 |
| | | 男 | 598 | 17.9 | 13.2 | 17.0 | 18.2 | 19.3 | 21.0 |
| | | 女 | 568 | 14.8 | 12.3 | 14.2 | 14.9 | 15.5 | 16.4 |
| 黑龙江 | 城乡 | 小计 | 4 062 | 16.6 | 12.8 | 14.6 | 16.0 | 18.6 | 21.3 |
| | | 男 | 1 882 | 18.6 | 13.8 | 17.4 | 18.6 | 20.0 | 22.7 |
| | | 女 | 2 180 | 14.7 | 12.4 | 14.0 | 14.8 | 15.5 | 16.8 |
| | 城市 | 小计 | 1 589 | 17.0 | 13.2 | 14.6 | 16.0 | 19.1 | 22.7 |
| | | 男 | 681 | 19.4 | 15.1 | 17.9 | 19.3 | 20.9 | 23.6 |
| | | 女 | 908 | 14.8 | 12.8 | 14.0 | 14.7 | 15.5 | 16.8 |
| | 农村 | 小计 | 2 473 | 16.4 | 12.5 | 14.6 | 15.9 | 18.4 | 20.6 |
| | | 男 | 1 201 | 18.1 | 13.1 | 17.3 | 18.3 | 19.5 | 21.2 |
| | | 女 | 1 272 | 14.7 | 11.9 | 13.9 | 14.8 | 15.5 | 16.7 |

| 地区 | 城乡 | 性别 | n | 长期呼吸量 /(m³/d) | | | | | |
| --- | --- | --- | --- | --- | --- | --- | --- | --- | --- |
| | | | | Mean | P5 | P25 | P50 | P75 | P95 |
| 上海 | 城乡 | 小计 | 1 161 | 16.3 | 12.4 | 14.3 | 15.8 | 18.3 | 20.7 |
| | | 男 | 540 | 18.1 | 14.1 | 17.0 | 18.3 | 19.5 | 21.6 |
| | | 女 | 621 | 14.4 | 11.8 | 13.6 | 14.5 | 15.1 | 16.4 |
| | 城市 | 小计 | 1 161 | 16.3 | 12.4 | 14.3 | 15.8 | 18.3 | 20.7 |
| | | 男 | 540 | 18.1 | 14.1 | 17.0 | 18.3 | 19.5 | 21.6 |
| | | 女 | 621 | 14.4 | 11.8 | 13.6 | 14.5 | 15.1 | 16.4 |
| 江苏 | 城乡 | 小计 | 3 473 | 16.0 | 12.1 | 14.1 | 15.4 | 18.2 | 20.5 |
| | | 男 | 1 587 | 17.8 | 12.7 | 16.5 | 18.2 | 19.4 | 21.3 |
| | | 女 | 1 886 | 14.3 | 11.8 | 13.5 | 14.4 | 15.1 | 16.3 |
| | 城市 | 小计 | 2 313 | 16.2 | 12.3 | 14.2 | 15.5 | 18.5 | 20.6 |
| | | 男 | 1 068 | 18.0 | 13.0 | 16.9 | 18.4 | 19.6 | 21.3 |
| | | 女 | 1 245 | 14.4 | 11.9 | 13.6 | 14.5 | 15.2 | 16.4 |
| | 农村 | 小计 | 1 160 | 15.6 | 11.7 | 13.8 | 15.1 | 17.7 | 20.3 |
| | | 男 | 519 | 17.3 | 12.3 | 15.5 | 17.8 | 19.0 | 21.2 |
| | | 女 | 641 | 14.1 | 11.5 | 13.4 | 14.3 | 15.1 | 16.2 |
| 浙江 | 城乡 | 小计 | 3 428 | 16.0 | 12.2 | 14.2 | 15.6 | 18.1 | 20.1 |
| | | 男 | 1 599 | 17.7 | 12.9 | 16.7 | 18.0 | 19.0 | 20.8 |
| | | 女 | 1 829 | 14.3 | 12.0 | 13.6 | 14.4 | 15.0 | 16.2 |
| | 城市 | 小计 | 1 184 | 16.2 | 12.5 | 14.2 | 15.7 | 18.3 | 20.4 |
| | | 男 | 536 | 18.1 | 13.6 | 17.2 | 18.3 | 19.4 | 21.2 |
| | | 女 | 648 | 14.3 | 12.1 | 13.7 | 14.4 | 15.1 | 16.2 |
| | 农村 | 小计 | 2 244 | 15.9 | 12.0 | 14.1 | 15.6 | 17.9 | 19.8 |
| | | 男 | 1 063 | 17.5 | 12.6 | 16.6 | 17.8 | 18.9 | 20.7 |
| | | 女 | 1 181 | 14.3 | 11.9 | 13.6 | 14.4 | 15.0 | 16.2 |
| 安徽 | 城乡 | 小计 | 3 497 | 15.9 | 12.0 | 14.1 | 15.4 | 18.0 | 20.3 |
| | | 男 | 1 545 | 17.5 | 12.4 | 16.5 | 18.0 | 19.2 | 21.0 |
| | | 女 | 1 952 | 14.4 | 11.6 | 13.8 | 14.5 | 15.2 | 16.3 |
| | 城市 | 小计 | 1 894 | 16.3 | 12.8 | 14.5 | 15.8 | 18.3 | 20.5 |
| | | 男 | 791 | 18.1 | 13.3 | 17.2 | 18.3 | 19.5 | 21.2 |
| | | 女 | 1 103 | 14.7 | 12.4 | 14.0 | 14.8 | 15.4 | 16.5 |
| | 农村 | 小计 | 1 603 | 15.7 | 11.6 | 13.9 | 15.2 | 17.8 | 20.0 |
| | | 男 | 754 | 17.2 | 12.1 | 16.0 | 17.8 | 19.0 | 20.7 |
| | | 女 | 849 | 14.2 | 11.3 | 13.5 | 14.3 | 15.1 | 16.2 |
| 福建 | 城乡 | 小计 | 2 898 | 15.9 | 12.7 | 14.1 | 15.5 | 17.7 | 20.1 |
| | | 男 | 1 291 | 17.7 | 13.7 | 16.7 | 17.7 | 18.9 | 20.8 |
| | | 女 | 1 607 | 14.3 | 12.5 | 13.7 | 14.3 | 14.9 | 16.1 |
| | 城市 | 小计 | 1 495 | 16.0 | 12.8 | 14.2 | 15.5 | 17.8 | 20.3 |
| | | 男 | 636 | 18.0 | 14.2 | 16.8 | 18.0 | 19.1 | 21.0 |
| | | 女 | 859 | 14.3 | 12.5 | 13.7 | 14.3 | 14.9 | 16.0 |
| | 农村 | 小计 | 1 403 | 15.9 | 12.7 | 14.1 | 15.6 | 17.5 | 19.9 |
| | | 男 | 655 | 17.4 | 13.2 | 16.6 | 17.5 | 18.6 | 20.5 |
| | | 女 | 748 | 14.3 | 12.5 | 13.7 | 14.3 | 14.9 | 16.1 |
| 江西 | 城乡 | 小计 | 2 917 | 15.6 | 11.5 | 13.8 | 15.2 | 17.6 | 20.0 |
| | | 男 | 1 376 | 17.3 | 11.9 | 16.5 | 17.6 | 18.8 | 20.6 |
| | | 女 | 1 541 | 13.9 | 11.2 | 13.4 | 14.1 | 14.7 | 15.9 |
| | 城市 | 小计 | 1 720 | 15.9 | 11.9 | 14.0 | 15.4 | 17.9 | 20.2 |
| | | 男 | 795 | 17.6 | 12.6 | 16.7 | 17.8 | 19.1 | 20.9 |
| | | 女 | 925 | 14.1 | 11.4 | 13.5 | 14.2 | 14.9 | 16.0 |
| | 农村 | 小计 | 1 197 | 15.3 | 11.2 | 13.6 | 14.9 | 17.4 | 19.6 |
| | | 男 | 581 | 16.9 | 11.7 | 16.1 | 17.3 | 18.4 | 20.3 |
| | | 女 | 616 | 13.7 | 11.0 | 13.2 | 13.9 | 14.6 | 15.6 |
| 山东 | 城乡 | 小计 | 5 591 | 16.5 | 12.6 | 14.6 | 16.1 | 18.6 | 21.2 |
| | | 男 | 2 494 | 18.2 | 12.9 | 17.0 | 18.5 | 19.8 | 22.1 |
| | | 女 | 3 097 | 14.9 | 12.4 | 14.1 | 14.9 | 15.7 | 17.3 |
| | 城市 | 小计 | 2 710 | 16.6 | 12.9 | 14.6 | 16.1 | 18.6 | 21.1 |
| | | 男 | 1 127 | 18.3 | 13.2 | 17.1 | 18.6 | 19.8 | 22.0 |
| | | 女 | 1 583 | 15.0 | 12.6 | 14.1 | 14.9 | 15.7 | 17.3 |

| 地区 | 城乡 | 性别 | n | 长期呼吸量 /($m^3$/d) | | | | | |
|---|---|---|---|---|---|---|---|---|---|
| | | | | Mean | P5 | P25 | P50 | P75 | P95 |
| | | 小计 | 2 881 | 16.5 | 12.3 | 14.6 | 16.1 | 18.5 | 21.2 |
| 山东 | 农村 | 男 | 1 367 | 18.1 | 12.8 | 17.0 | 18.3 | 19.6 | 22.4 |
| | | 女 | 1 514 | 14.9 | 12.1 | 14.1 | 14.9 | 15.7 | 17.3 |
| | | 小计 | 4 931 | 16.2 | 12.4 | 14.3 | 15.6 | 18.2 | 20.7 |
| | 城乡 | 男 | 2 103 | 17.9 | 12.9 | 16.8 | 18.2 | 19.5 | 21.5 |
| | | 女 | 2 828 | 14.7 | 12.2 | 13.9 | 14.8 | 15.5 | 16.7 |
| | | 小计 | 2 040 | 16.4 | 13.1 | 14.5 | 15.8 | 18.5 | 20.9 |
| 河南 | 城市 | 男 | 846 | 18.3 | 13.5 | 17.0 | 18.6 | 19.7 | 21.7 |
| | | 女 | 1 194 | 14.8 | 12.7 | 14.1 | 14.9 | 15.6 | 16.8 |
| | | 小计 | 2 891 | 16.1 | 12.2 | 14.2 | 15.6 | 18.1 | 20.6 |
| | 农村 | 男 | 1 257 | 17.7 | 12.7 | 16.5 | 18.1 | 19.4 | 21.5 |
| | | 女 | 1 634 | 14.6 | 11.9 | 13.8 | 14.7 | 15.5 | 16.7 |
| | | 小计 | 3 412 | 16.1 | 12.3 | 14.3 | 15.8 | 18.1 | 20.2 |
| | 城乡 | 男 | 1 606 | 17.7 | 12.6 | 16.7 | 18.0 | 19.1 | 20.8 |
| | | 女 | 1 806 | 14.5 | 12.2 | 13.8 | 14.5 | 15.2 | 16.5 |
| | | 小计 | 2 385 | 16.2 | 12.3 | 14.3 | 15.8 | 18.3 | 20.5 |
| 湖北 | 城市 | 男 | 1 129 | 17.8 | 12.6 | 16.9 | 18.1 | 19.3 | 21.0 |
| | | 女 | 1 256 | 14.4 | 12.2 | 13.8 | 14.5 | 15.1 | 16.2 |
| | | 小计 | 1 027 | 16.0 | 12.3 | 14.3 | 15.8 | 17.9 | 19.6 |
| | 农村 | 男 | 477 | 17.4 | 12.5 | 16.6 | 17.8 | 18.6 | 20.1 |
| | | 女 | 550 | 14.6 | 12.3 | 13.9 | 14.6 | 15.3 | 16.8 |
| | | 小计 | 4 059 | 16.0 | 12.5 | 14.1 | 15.8 | 17.8 | 19.8 |
| | 城乡 | 男 | 1 849 | 17.6 | 13.0 | 16.7 | 17.7 | 18.8 | 20.6 |
| | | 女 | 2 210 | 14.2 | 12.3 | 13.6 | 14.2 | 14.9 | 16.0 |
| | | 小计 | 1 534 | 16.2 | 12.8 | 14.2 | 15.6 | 18.2 | 20.1 |
| 湖南 | 城市 | 男 | 622 | 18.2 | 14.7 | 17.3 | 18.2 | 19.3 | 21.1 |
| | | 女 | 912 | 14.3 | 12.5 | 13.8 | 14.3 | 14.8 | 16.0 |
| | | 小计 | 2 525 | 15.9 | 12.4 | 14.1 | 15.9 | 17.6 | 19.6 |
| | 农村 | 男 | 1 227 | 17.3 | 12.6 | 16.5 | 17.5 | 18.5 | 20.2 |
| | | 女 | 1 298 | 14.2 | 12.1 | 13.6 | 14.2 | 14.9 | 16.0 |
| | | 小计 | 3 250 | 15.5 | 11.6 | 13.8 | 15.0 | 17.3 | 19.7 |
| | 城乡 | 男 | 1 461 | 17.1 | 12.0 | 16.0 | 17.5 | 18.7 | 20.3 |
| | | 女 | 1 789 | 14.1 | 11.4 | 13.5 | 14.2 | 14.9 | 16.0 |
| | | 小计 | 1 751 | 15.6 | 12.0 | 14.0 | 15.1 | 17.6 | 19.6 |
| 广东 | 城市 | 男 | 778 | 17.3 | 12.6 | 16.3 | 17.7 | 18.8 | 20.3 |
| | | 女 | 973 | 14.2 | 11.7 | 13.6 | 14.3 | 15.0 | 16.0 |
| | | 小计 | 1 499 | 15.3 | 11.3 | 13.6 | 14.9 | 17.1 | 19.7 |
| | 农村 | 男 | 683 | 16.8 | 11.7 | 15.8 | 17.3 | 18.5 | 20.3 |
| | | 女 | 816 | 13.9 | 11.2 | 13.2 | 14.0 | 14.8 | 16.0 |
| | | 小计 | 3 380 | 15.4 | 11.7 | 13.8 | 15.1 | 17.2 | 19.0 |
| | 城乡 | 男 | 1 594 | 16.8 | 12.0 | 16.1 | 17.1 | 18.1 | 19.6 |
| | | 女 | 1 786 | 13.9 | 11.6 | 13.4 | 14.1 | 14.6 | 15.6 |
| | | 小计 | 1 344 | 15.7 | 12.0 | 14.0 | 15.3 | 17.4 | 19.5 |
| 广西 | 城市 | 男 | 612 | 17.3 | 13.1 | 16.6 | 17.4 | 18.6 | 20.3 |
| | | 女 | 732 | 14.0 | 11.7 | 13.5 | 14.1 | 14.8 | 15.9 |
| | | 小计 | 2 036 | 15.3 | 11.6 | 13.8 | 14.9 | 17.1 | 18.8 |
| | 农村 | 男 | 982 | 16.6 | 11.8 | 16.0 | 17.0 | 17.9 | 19.4 |
| | | 女 | 1 054 | 13.9 | 11.6 | 13.4 | 14.0 | 14.6 | 15.5 |
| | | 小计 | 1 083 | 15.5 | 11.3 | 13.7 | 15.3 | 17.4 | 19.3 |
| | 城乡 | 男 | 515 | 17.1 | 12.5 | 16.2 | 17.2 | 18.3 | 20.5 |
| | | 女 | 568 | 13.8 | 11.0 | 13.2 | 13.8 | 14.5 | 15.9 |
| | | 小计 | 328 | 16.1 | 12.4 | 14.1 | 15.6 | 17.8 | 20.3 |
| 海南 | 城市 | 男 | 155 | 17.8 | 13.4 | 16.7 | 17.8 | 18.8 | 21.9 |
| | | 女 | 173 | 14.2 | 12.2 | 13.6 | 14.3 | 15.0 | 16.1 |
| | | 小计 | 755 | 15.2 | 11.1 | 13.5 | 15.1 | 17.1 | 19.1 |
| | 农村 | 男 | 360 | 16.7 | 12.0 | 16.0 | 17.0 | 18.0 | 19.7 |
| | | 女 | 395 | 13.6 | 10.7 | 13.1 | 13.7 | 14.4 | 15.8 |

| 地区 | 城乡 | 性别 | n | 长期呼吸量 /(m³/d) | | | | | |
|---|---|---|---|---|---|---|---|---|---|
| | | | | Mean | P5 | P25 | P50 | P75 | P95 |
| 重庆 | 城乡 | 小计 | 969 | 15.2 | 11.4 | 13.6 | 14.8 | 17.2 | 19.4 |
| | | 男 | 413 | 16.7 | 11.5 | 15.4 | 17.3 | 18.5 | 20.1 |
| | | 女 | 556 | 13.9 | 11.3 | 13.3 | 14.2 | 14.8 | 15.8 |
| | 城市 | 小计 | 476 | 15.7 | 11.9 | 14.0 | 15.1 | 17.9 | 19.9 |
| | | 男 | 224 | 17.2 | 12.0 | 16.2 | 17.8 | 18.7 | 20.4 |
| | | 女 | 252 | 14.1 | 11.8 | 13.5 | 14.3 | 14.8 | 15.7 |
| | 农村 | 小计 | 493 | 14.8 | 11.1 | 13.1 | 14.6 | 16.5 | 18.9 |
| | | 男 | 189 | 16.0 | 10.9 | 13.9 | 16.8 | 18.1 | 19.7 |
| | | 女 | 304 | 13.8 | 11.1 | 13.0 | 14.1 | 14.8 | 15.9 |
| 四川 | 城乡 | 小计 | 4 581 | 15.7 | 11.7 | 14.0 | 15.4 | 17.6 | 19.7 |
| | | 男 | 2 096 | 17.2 | 12.1 | 16.4 | 17.6 | 18.7 | 20.4 |
| | | 女 | 2 485 | 14.2 | 11.5 | 13.5 | 14.3 | 15.1 | 16.2 |
| | 城市 | 小计 | 1 940 | 15.7 | 11.7 | 13.9 | 15.3 | 17.8 | 19.9 |
| | | 男 | 866 | 17.4 | 12.1 | 16.6 | 17.8 | 18.9 | 20.4 |
| | | 女 | 1 074 | 14.1 | 11.4 | 13.5 | 14.3 | 14.9 | 16.0 |
| | 农村 | 小计 | 2 641 | 15.7 | 11.7 | 14.0 | 15.4 | 17.5 | 19.6 |
| | | 男 | 1 230 | 17.1 | 12.0 | 16.2 | 17.5 | 18.7 | 20.3 |
| | | 女 | 1 411 | 14.3 | 11.6 | 13.6 | 14.4 | 15.1 | 16.2 |
| 贵州 | 城乡 | 小计 | 2 855 | 15.8 | 12.0 | 14.0 | 15.6 | 17.6 | 19.6 |
| | | 男 | 1 334 | 17.3 | 12.9 | 16.5 | 17.4 | 18.6 | 20.2 |
| | | 女 | 1 521 | 14.0 | 11.7 | 13.5 | 14.1 | 14.8 | 15.8 |
| | 城市 | 小计 | 1 062 | 16.1 | 12.6 | 14.1 | 15.9 | 17.9 | 19.9 |
| | | 男 | 498 | 17.7 | 13.9 | 16.7 | 17.8 | 18.8 | 20.5 |
| | | 女 | 564 | 14.2 | 12.2 | 13.6 | 14.2 | 14.9 | 16.0 |
| | 农村 | 小计 | 1 793 | 15.5 | 11.7 | 13.8 | 15.3 | 17.2 | 19.2 |
| | | 男 | 836 | 16.9 | 12.0 | 16.3 | 17.1 | 18.2 | 20.1 |
| | | 女 | 957 | 13.9 | 11.4 | 13.3 | 14.0 | 14.6 | 15.8 |
| 云南 | 城乡 | 小计 | 3 491 | 15.8 | 12.1 | 13.9 | 15.5 | 17.5 | 19.8 |
| | | 男 | 1 662 | 17.3 | 12.4 | 16.6 | 17.4 | 18.5 | 20.5 |
| | | 女 | 1 829 | 14.1 | 12.0 | 13.5 | 14.1 | 14.8 | 16.1 |
| | 城市 | 小计 | 914 | 15.9 | 12.3 | 14.0 | 15.4 | 17.5 | 20.2 |
| | | 男 | 420 | 17.6 | 12.5 | 16.7 | 17.5 | 19.1 | 21.0 |
| | | 女 | 494 | 14.2 | 12.3 | 13.6 | 14.2 | 14.8 | 16.2 |
| | 农村 | 小计 | 2 577 | 15.7 | 12.0 | 13.9 | 15.6 | 17.5 | 19.7 |
| | | 男 | 1 242 | 17.2 | 12.4 | 16.5 | 17.4 | 18.4 | 20.4 |
| | | 女 | 1 335 | 14.1 | 11.8 | 13.4 | 14.1 | 14.8 | 16.0 |
| 西藏 | 城乡 | 小计 | 1 529 | 15.6 | 12.4 | 14.0 | 15.3 | 17.2 | 19.1 |
| | | 男 | 618 | 17.1 | 13.0 | 16.4 | 17.2 | 18.2 | 20.0 |
| | | 女 | 911 | 14.3 | 12.1 | 13.6 | 14.2 | 14.9 | 16.2 |
| | 城市 | 小计 | 385 | 16.1 | 13.3 | 14.5 | 15.7 | 17.3 | 20.5 |
| | | 男 | 126 | 17.8 | 14.0 | 16.6 | 17.6 | 19.1 | 21.4 |
| | | 女 | 259 | 14.9 | 13.1 | 14.1 | 14.9 | 15.6 | 17.1 |
| | 农村 | 小计 | 1 144 | 15.4 | 12.2 | 13.9 | 15.0 | 17.1 | 18.8 |
| | | 男 | 492 | 16.9 | 12.7 | 16.4 | 17.2 | 17.9 | 19.4 |
| | | 女 | 652 | 14.0 | 11.9 | 13.5 | 14.1 | 14.6 | 15.6 |
| 陕西 | 城乡 | 小计 | 2 868 | 15.6 | 11.8 | 14.0 | 15.1 | 17.5 | 19.7 |
| | | 男 | 1 298 | 17.1 | 12.2 | 16.2 | 17.5 | 18.8 | 20.6 |
| | | 女 | 1 570 | 14.2 | 11.7 | 13.6 | 14.4 | 15.0 | 16.2 |
| | 城市 | 小计 | 1 331 | 15.9 | 12.3 | 14.2 | 15.4 | 17.9 | 20.2 |
| | | 男 | 587 | 17.6 | 12.7 | 16.6 | 17.9 | 19.3 | 20.8 |
| | | 女 | 744 | 14.4 | 12.0 | 13.8 | 14.6 | 15.1 | 16.2 |
| | 农村 | 小计 | 1 537 | 15.4 | 11.7 | 13.8 | 15.0 | 17.3 | 19.2 |
| | | 男 | 711 | 16.7 | 11.7 | 15.9 | 17.3 | 18.3 | 19.8 |
| | | 女 | 826 | 14.1 | 11.5 | 13.5 | 14.2 | 14.9 | 16.1 |
| 甘肃 | 城乡 | 小计 | 2 869 | 16.1 | 12.6 | 14.4 | 15.6 | 18.1 | 20.2 |
| | | 男 | 1 289 | 17.7 | 13.0 | 16.7 | 18.1 | 19.2 | 21.0 |
| | | 女 | 1 580 | 14.6 | 12.4 | 14.0 | 14.6 | 15.3 | 16.3 |

| 地区 | 城乡 | 性别 | n | 长期呼吸量 /($m^3$/d) | | | | | |
|---|---|---|---|---|---|---|---|---|---|
| | | | | Mean | P5 | P25 | P50 | P75 | P95 |
| 甘肃 | 城市 | 小计 | 799 | 16.3 | 13.0 | 14.6 | 15.7 | 18.2 | 20.2 |
| | | 男 | 365 | 17.8 | 13.2 | 16.7 | 18.2 | 19.3 | 21.1 |
| | | 女 | 434 | 14.8 | 12.9 | 14.2 | 14.8 | 15.4 | 16.5 |
| | 农村 | 小计 | 2 070 | 16.1 | 12.5 | 14.3 | 15.5 | 18.1 | 20.0 |
| | | 男 | 924 | 17.7 | 12.8 | 16.7 | 18.1 | 19.1 | 20.9 |
| | | 女 | 1 146 | 14.5 | 12.3 | 14.0 | 14.6 | 15.2 | 16.2 |
| 青海 | 城乡 | 小计 | 1 592 | 16.4 | 12.9 | 14.4 | 16.0 | 18.4 | 20.6 |
| | | 男 | 691 | 18.3 | 14.0 | 17.3 | 18.4 | 19.7 | 21.3 |
| | | 女 | 901 | 14.6 | 12.6 | 14.0 | 14.6 | 15.3 | 16.5 |
| | 城市 | 小计 | 666 | 16.8 | 13.3 | 14.6 | 16.5 | 19.0 | 21.0 |
| | | 男 | 296 | 18.8 | 15.8 | 17.8 | 18.9 | 20.1 | 21.6 |
| | | 女 | 370 | 14.7 | 12.9 | 14.1 | 14.6 | 15.4 | 16.8 |
| | 农村 | 小计 | 926 | 15.6 | 12.1 | 14.1 | 15.1 | 17.3 | 19.2 |
| | | 男 | 395 | 17.1 | 12.2 | 16.4 | 17.5 | 18.3 | 20.0 |
| | | 女 | 531 | 14.3 | 12.0 | 13.8 | 14.4 | 15.0 | 15.8 |
| 宁夏 | 城乡 | 小计 | 1 138 | 16.6 | 13.0 | 14.4 | 16.0 | 18.7 | 21.1 |
| | | 男 | 538 | 18.5 | 14.3 | 17.3 | 18.6 | 19.8 | 21.9 |
| | | 女 | 600 | 14.5 | 12.7 | 13.8 | 14.5 | 15.2 | 16.2 |
| | 城市 | 小计 | 1 040 | 16.6 | 13.0 | 14.4 | 15.9 | 18.7 | 21.1 |
| | | 男 | 488 | 18.5 | 14.2 | 17.4 | 18.7 | 19.8 | 22.0 |
| | | 女 | 552 | 14.5 | 12.7 | 13.7 | 14.5 | 15.2 | 16.2 |
| | 农村 | 小计 | 98 | 16.6 | 13.5 | 14.6 | 16.4 | 18.4 | 20.6 |
| | | 男 | 50 | 18.3 | 15.3 | 17.0 | 18.1 | 19.6 | 20.8 |
| | | 女 | 48 | 14.5 | 12.3 | 14.0 | 14.5 | 15.0 | 16.1 |
| 新疆 | 城乡 | 小计 | 2 804 | 16.4 | 12.7 | 14.5 | 16.3 | 18.2 | 20.3 |
| | | 男 | 1 264 | 17.9 | 13.5 | 17.0 | 18.1 | 19.3 | 20.9 |
| | | 女 | 1 540 | 14.7 | 12.3 | 13.8 | 14.7 | 15.6 | 17.1 |
| | 城市 | 小计 | 1 219 | 16.3 | 12.8 | 14.5 | 15.8 | 18.3 | 20.5 |
| | | 男 | 484 | 18.0 | 13.4 | 16.7 | 18.4 | 19.6 | 21.4 |
| | | 女 | 735 | 14.8 | 12.7 | 13.9 | 14.8 | 15.6 | 17.1 |
| | 农村 | 小计 | 1 585 | 16.4 | 12.6 | 14.5 | 16.6 | 18.2 | 20.2 |
| | | 男 | 780 | 17.9 | 13.6 | 17.1 | 18.0 | 19.2 | 20.7 |
| | | 女 | 805 | 14.7 | 11.8 | 13.8 | 14.6 | 15.6 | 17.0 |

## 附表 2-4　中国人群分东中西、城乡、性别、年龄的短期呼吸量

| 地区 | 城乡 | 性别 | 年龄 | n | 短期呼吸量 /（L/min） | | | | | |
|---|---|---|---|---|---|---|---|---|---|---|
| | | | | | 休息 | 坐 | 轻微活动 | 中体力活动 | 重体力活动 | 极重体力活动 |
| 合计 | 城乡 | 小计 | 小计 | 91 059 | 5.5 | 6.6 | 8.2 | 21.9 | 32.9 | 54.8 |
| | | | 18 ~ 44 岁 | 36 662 | 5.8 | 6.9 | 8.6 | 23.0 | 34.5 | 57.6 |
| | | | 45 ~ 59 岁 | 32 352 | 5.7 | 6.9 | 8.6 | 22.9 | 34.4 | 57.3 |
| | | | 60 ~ 79 岁 | 20 561 | 4.7 | 5.7 | 7.1 | 19.0 | 28.5 | 47.4 |
| | | | 80 岁及以上 | 1 484 | 4.1 | 5.0 | 6.2 | 16.5 | 24.8 | 41.4 |
| | | 男 | 小计 | 41 261 | 6.3 | 7.5 | 9.4 | 25.1 | 37.7 | 62.8 |
| | | | 18 ~ 44 岁 | 16 756 | 6.4 | 7.7 | 9.7 | 25.7 | 38.6 | 64.4 |
| | | | 45 ~ 59 岁 | 14 079 | 6.4 | 7.7 | 9.6 | 25.6 | 38.4 | 63.9 |
| | | | 60 ~ 79 岁 | 9 753 | 5.0 | 6.0 | 7.4 | 19.8 | 29.8 | 49.6 |
| | | | 80 岁及以上 | 673 | 4.3 | 5.2 | 6.5 | 17.3 | 25.9 | 43.2 |
| | | 女 | 小计 | 49 798 | 5.1 | 6.1 | 7.6 | 20.3 | 30.4 | 50.7 |
| | | | 18 ~ 44 岁 | 19 906 | 5.1 | 6.1 | 7.7 | 20.4 | 30.6 | 51.0 |
| | | | 45 ~ 59 岁 | 18 273 | 5.2 | 6.3 | 7.8 | 20.9 | 31.3 | 52.1 |
| | | | 60 ~ 79 岁 | 10 808 | 4.6 | 5.5 | 6.9 | 18.4 | 27.6 | 46.0 |
| | | | 80 岁及以上 | 811 | 4.0 | 4.8 | 6.1 | 16.2 | 24.2 | 40.4 |
| | 城市 | 小计 | 小计 | 41 804 | 5.5 | 6.6 | 8.3 | 22.1 | 33.1 | 55.1 |
| | | | 18 ~ 44 岁 | 16 629 | 5.8 | 7.0 | 8.7 | 23.2 | 34.8 | 58.0 |

| 地区 | 城乡 | 性别 | 年龄 | $n$ | 短期呼吸量 /（L/min） | | | | | |
| --- | --- | --- | --- | --- | --- | --- | --- | --- | --- | --- |
| | | | | | 休息 | 坐 | 轻微活动 | 中体力活动 | 重体力活动 | 极重体力活动 |
| 合计 | 城市 | 小计 | 45 ～ 59 岁 | 14 738 | 5.8 | 7.0 | 8.7 | 23.2 | 34.8 | 57.9 |
| | | | 60 ～ 79 岁 | 9 692 | 4.9 | 5.8 | 7.3 | 19.5 | 29.2 | 48.7 |
| | | | 80 岁及以上 | 745 | 4.3 | 5.1 | 6.4 | 17.0 | 25.5 | 42.6 |
| | | 男 | 小计 | 18 439 | 6.4 | 7.7 | 9.6 | 25.5 | 38.3 | 63.9 |
| | | | 18 ～ 44 岁 | 7 531 | 6.5 | 7.8 | 9.8 | 26.1 | 39.2 | 65.3 |
| | | | 45 ～ 59 岁 | 6 261 | 6.5 | 7.8 | 9.8 | 26.0 | 39.0 | 65.0 |
| | | | 60 ～ 79 岁 | 4 325 | 5.1 | 6.2 | 7.7 | 20.6 | 30.9 | 51.5 |
| | | | 80 岁及以上 | 322 | 4.4 | 5.3 | 6.6 | 17.6 | 26.5 | 44.1 |
| | | 女 | 小计 | 23 365 | 5.1 | 6.1 | 7.6 | 20.4 | 30.6 | 50.9 |
| | | | 18 ～ 44 岁 | 9 098 | 5.1 | 6.1 | 7.7 | 20.4 | 30.6 | 51.0 |
| | | | 45 ～ 59 岁 | 8 477 | 5.2 | 6.3 | 7.9 | 20.9 | 31.4 | 52.4 |
| | | | 60 ～ 79 岁 | 5 367 | 4.7 | 5.6 | 7.0 | 18.8 | 28.1 | 46.9 |
| | | | 80 岁及以上 | 423 | 4.2 | 5.0 | 6.2 | 16.6 | 25.0 | 41.6 |
| | 农村 | 小计 | 小计 | 49 255 | 5.5 | 6.5 | 8.2 | 21.8 | 32.7 | 54.6 |
| | | | 18 ～ 44 岁 | 20 033 | 5.7 | 6.9 | 8.6 | 22.9 | 34.4 | 57.3 |
| | | | 45 ～ 59 岁 | 17 614 | 5.7 | 6.8 | 8.5 | 22.8 | 34.1 | 56.9 |
| | | | 60 ～ 79 岁 | 10 869 | 4.6 | 5.6 | 7.0 | 18.6 | 27.8 | 46.4 |
| | | | 80 岁及以上 | 739 | 4.0 | 4.8 | 6.0 | 16.1 | 24.1 | 40.1 |
| | | 男 | 小计 | 22 822 | 6.2 | 7.5 | 9.3 | 24.9 | 37.3 | 62.1 |
| | | | 18 ～ 44 岁 | 9 225 | 6.4 | 7.6 | 9.5 | 25.4 | 38.2 | 63.6 |
| | | | 45 ～ 59 岁 | 7 818 | 6.3 | 7.6 | 9.5 | 25.3 | 37.9 | 63.1 |
| | | | 60 ～ 79 岁 | 5 428 | 4.8 | 5.8 | 7.2 | 19.3 | 28.9 | 48.2 |
| | | | 80 岁及以上 | 351 | 4.2 | 5.0 | 6.3 | 16.8 | 25.1 | 41.9 |
| | | 女 | 小计 | 26 433 | 5.1 | 6.1 | 7.6 | 20.2 | 30.4 | 50.6 |
| | | | 18 ～ 44 岁 | 10 808 | 5.1 | 6.1 | 7.7 | 20.4 | 30.6 | 51.0 |
| | | | 45 ～ 59 岁 | 9 796 | 5.2 | 6.2 | 7.8 | 20.8 | 31.1 | 51.9 |
| | | | 60 ～ 79 岁 | 5 441 | 4.5 | 5.4 | 6.8 | 18.0 | 27.1 | 45.1 |
| | | | 80 岁及以上 | 388 | 3.9 | 4.7 | 5.9 | 15.8 | 23.7 | 39.5 |
| 东部 | 城乡 | 小计 | 小计 | 30 911 | 5.5 | 6.6 | 8.3 | 22.0 | 33.0 | 55.0 |
| | | | 18 ～ 44 岁 | 10 515 | 5.8 | 6.9 | 8.7 | 23.1 | 34.6 | 57.7 |
| | | | 45 ～ 59 岁 | 11 787 | 5.8 | 6.9 | 8.7 | 23.1 | 34.6 | 57.7 |
| | | | 60 ～ 79 岁 | 7 934 | 4.8 | 5.8 | 7.3 | 19.3 | 29.0 | 48.4 |
| | | | 80 岁及以上 | 675 | 4.2 | 5.0 | 6.3 | 16.8 | 25.2 | 42.0 |
| | | 男 | 小计 | 13 786 | 6.3 | 7.6 | 9.5 | 25.4 | 38.1 | 63.5 |
| | | | 18 ～ 44 岁 | 4 643 | 6.5 | 7.8 | 9.8 | 26.1 | 39.2 | 65.3 |
| | | | 45 ～ 59 岁 | 5 029 | 6.4 | 7.7 | 9.7 | 25.8 | 38.7 | 64.5 |
| | | | 60 ～ 79 岁 | 3 814 | 5.1 | 6.1 | 7.6 | 20.4 | 30.6 | 50.9 |
| | | | 80 岁及以上 | 300 | 4.4 | 5.3 | 6.6 | 17.7 | 26.5 | 44.1 |
| | | 女 | 小计 | 17 125 | 5.1 | 6.1 | 7.7 | 20.4 | 30.6 | 51.1 |
| | | | 18 ～ 44 岁 | 5 872 | 5.1 | 6.2 | 7.7 | 20.5 | 30.8 | 51.3 |
| | | | 45 ～ 59 岁 | 6 758 | 5.3 | 6.3 | 7.9 | 21.0 | 31.5 | 52.5 |
| | | | 60 ～ 79 岁 | 4 120 | 4.7 | 5.6 | 7.0 | 18.6 | 27.9 | 46.6 |
| | | | 80 岁及以上 | 375 | 4.1 | 5.0 | 6.2 | 16.5 | 24.8 | 41.3 |
| | 城市 | 小计 | 小计 | 15 664 | 5.5 | 6.6 | 8.3 | 22.1 | 33.2 | 55.3 |
| | | | 18 ～ 44 岁 | 5 458 | 5.8 | 7.0 | 8.7 | 23.2 | 34.9 | 58.1 |
| | | | 45 ～ 59 岁 | 5 799 | 5.8 | 7.0 | 8.8 | 23.3 | 35.0 | 58.4 |
| | | | 60 ～ 79 岁 | 4 054 | 4.9 | 5.9 | 7.4 | 19.8 | 29.6 | 49.4 |
| | | | 80 岁及以上 | 353 | 4.3 | 5.2 | 6.5 | 17.3 | 26.0 | 43.3 |
| | | 男 | 小计 | 6 880 | 6.4 | 7.7 | 9.6 | 25.7 | 38.5 | 64.2 |
| | | | 18 ～ 44 岁 | 2 416 | 6.6 | 7.9 | 9.9 | 26.4 | 39.6 | 66.0 |
| | | | 45 ～ 59 岁 | 2 454 | 6.5 | 7.8 | 9.8 | 26.1 | 39.2 | 65.3 |
| | | | 60 ～ 79 岁 | 1 862 | 5.2 | 6.3 | 7.9 | 21.0 | 31.4 | 52.4 |
| | | | 80 岁及以上 | 148 | 4.6 | 5.5 | 6.8 | 18.2 | 27.3 | 45.5 |
| | | 女 | 小计 | 8 784 | 5.1 | 6.1 | 7.7 | 20.5 | 30.7 | 51.2 |
| | | | 18 ～ 44 岁 | 3 042 | 5.1 | 6.1 | 7.7 | 20.5 | 30.7 | 51.2 |
| | | | 45 ～ 59 岁 | 3 345 | 5.3 | 6.3 | 7.9 | 21.1 | 31.7 | 52.8 |
| | | | 60 ～ 79 岁 | 2 192 | 4.7 | 5.7 | 7.1 | 18.9 | 28.4 | 47.3 |
| | | | 80 岁及以上 | 205 | 4.2 | 5.0 | 6.3 | 16.8 | 25.1 | 41.9 |

| 地区 | 城乡 | 性别 | 年龄 | n | 短期呼吸量 /（L/min） | | | | | |
|---|---|---|---|---|---|---|---|---|---|---|
| | | | | | 休息 | 坐 | 轻微活动 | 中体力活动 | 重体力活动 | 极重体力活动 |
| 东部 | 农村 | 小计 | 小计 | 15 247 | 5.5 | 6.6 | 8.2 | 21.9 | 32.9 | 54.8 |
| | | | 18 ～ 44 岁 | 5 057 | 5.7 | 6.9 | 8.6 | 23.0 | 34.4 | 57.4 |
| | | | 45 ～ 59 岁 | 5 988 | 5.7 | 6.9 | 8.6 | 22.9 | 34.3 | 57.2 |
| | | | 60 ～ 79 岁 | 3 880 | 4.7 | 5.7 | 7.1 | 18.9 | 28.4 | 47.3 |
| | | | 80 岁及以上 | 322 | 4.1 | 4.9 | 6.1 | 16.3 | 24.4 | 40.6 |
| | | 男 | 小计 | 6 906 | 6.3 | 7.5 | 9.4 | 25.0 | 37.6 | 62.6 |
| | | | 18 ～ 44 岁 | 2 227 | 6.4 | 7.7 | 9.7 | 25.7 | 38.6 | 64.4 |
| | | | 45 ～ 59 岁 | 2 575 | 6.4 | 7.6 | 9.5 | 25.5 | 38.2 | 63.6 |
| | | | 60 ～ 79 岁 | 1 952 | 4.9 | 5.9 | 7.4 | 19.7 | 29.6 | 49.4 |
| | | | 80 岁及以上 | 152 | 4.3 | 5.1 | 6.4 | 17.1 | 25.7 | 42.8 |
| | | 女 | 小计 | 8 341 | 5.1 | 6.1 | 7.7 | 20.4 | 30.6 | 51.0 |
| | | | 18 ～ 44 岁 | 2 830 | 5.1 | 6.2 | 7.7 | 20.5 | 30.8 | 51.4 |
| | | | 45 ～ 59 岁 | 3 413 | 5.2 | 6.3 | 7.8 | 20.9 | 31.4 | 52.3 |
| | | | 60 ～ 79 岁 | 1 928 | 4.6 | 5.5 | 6.9 | 18.3 | 27.5 | 45.8 |
| | | | 80 岁及以上 | 170 | 4.0 | 4.8 | 6.0 | 16.1 | 24.1 | 40.1 |
| 中部 | 城乡 | 小计 | 小计 | 29 043 | 5.5 | 6.6 | 8.3 | 22.0 | 33.0 | 55.0 |
| | | | 18 ～ 44 岁 | 12 093 | 5.8 | 6.9 | 8.7 | 23.1 | 34.7 | 57.9 |
| | | | 45 ～ 59 岁 | 10 215 | 5.7 | 6.9 | 8.6 | 22.9 | 34.3 | 57.2 |
| | | | 60 ～ 79 岁 | 6 333 | 4.7 | 5.7 | 7.1 | 18.9 | 28.4 | 47.4 |
| | | | 80 岁及以上 | 402 | 4.0 | 4.8 | 6.1 | 16.2 | 24.2 | 40.4 |
| | | 男 | 小计 | 13 219 | 6.3 | 7.6 | 9.5 | 25.3 | 37.9 | 63.1 |
| | | | 18 ～ 44 岁 | 5 603 | 6.5 | 7.7 | 9.7 | 25.8 | 38.7 | 64.6 |
| | | | 45 ～ 59 岁 | 4 462 | 6.4 | 7.7 | 9.6 | 25.6 | 38.4 | 64.0 |
| | | | 60 ～ 79 岁 | 2 983 | 4.9 | 5.9 | 7.4 | 19.7 | 29.6 | 49.3 |
| | | | 80 岁及以上 | 171 | 4.3 | 5.2 | 6.5 | 17.3 | 26.0 | 43.3 |
| | | 女 | 小计 | 15 824 | 5.1 | 6.1 | 7.6 | 20.4 | 30.5 | 50.9 |
| | | | 18 ～ 44 岁 | 6 490 | 5.1 | 6.1 | 7.7 | 20.5 | 30.7 | 51.1 |
| | | | 45 ～ 59 岁 | 5 753 | 5.2 | 6.3 | 7.8 | 20.9 | 31.3 | 52.2 |
| | | | 60 ～ 79 岁 | 3 350 | 4.6 | 5.5 | 6.9 | 18.4 | 27.6 | 46.1 |
| | | | 80 岁及以上 | 231 | 4.0 | 4.7 | 5.9 | 15.8 | 23.7 | 39.6 |
| | 城市 | 小计 | 小计 | 13 777 | 5.5 | 6.6 | 8.3 | 22.1 | 33.2 | 55.4 |
| | | | 18 ～ 44 岁 | 5 782 | 5.8 | 7.0 | 8.7 | 23.2 | 34.8 | 58.0 |
| | | | 45 ～ 59 岁 | 4 773 | 5.8 | 6.9 | 8.6 | 23.1 | 34.6 | 57.6 |
| | | | 60 ～ 79 岁 | 3 006 | 4.8 | 5.8 | 7.3 | 19.4 | 29.1 | 48.5 |
| | | | 80 岁及以上 | 216 | 4.2 | 5.1 | 6.3 | 16.9 | 25.3 | 42.2 |
| | | 男 | 小计 | 6 046 | 6.4 | 7.7 | 9.7 | 25.7 | 38.6 | 64.4 |
| | | | 18 ～ 44 岁 | 2 652 | 6.5 | 7.8 | 9.8 | 26.1 | 39.2 | 65.3 |
| | | | 45 ～ 59 岁 | 2 022 | 6.5 | 7.8 | 9.8 | 26.1 | 39.2 | 65.3 |
| | | | 60 ～ 79 岁 | 1 284 | 5.1 | 6.1 | 7.7 | 20.4 | 30.6 | 51.0 |
| | | | 80 岁及以上 | 88 | 4.4 | 5.3 | 6.6 | 17.6 | 26.5 | 44.1 |
| | | 女 | 小计 | 7 731 | 5.1 | 6.1 | 7.7 | 20.4 | 30.6 | 51.0 |
| | | | 18 ～ 44 岁 | 3 130 | 5.1 | 6.1 | 7.7 | 20.4 | 30.6 | 51.1 |
| | | | 45 ～ 59 岁 | 2 751 | 5.2 | 6.3 | 7.8 | 20.9 | 31.4 | 52.3 |
| | | | 60 ～ 79 岁 | 1 722 | 4.7 | 5.6 | 7.0 | 18.8 | 28.2 | 46.9 |
| | | | 80 岁及以上 | 128 | 4.1 | 5.0 | 6.2 | 16.6 | 24.9 | 41.5 |
| | 农村 | 小计 | 小计 | 15 266 | 5.5 | 6.6 | 8.2 | 21.9 | 32.9 | 54.8 |
| | | | 18 ～ 44 岁 | 6 311 | 5.8 | 6.9 | 8.7 | 23.1 | 34.7 | 57.8 |
| | | | 45 ～ 59 岁 | 5 442 | 5.7 | 6.8 | 8.6 | 22.8 | 34.2 | 57.1 |
| | | | 60 ～ 79 岁 | 3 327 | 4.7 | 5.6 | 7.0 | 18.7 | 28.0 | 46.7 |
| | | | 80 岁及以上 | 186 | 4.0 | 4.8 | 6.0 | 15.9 | 23.8 | 39.7 |
| | | 男 | 小计 | 7 173 | 6.3 | 7.5 | 9.4 | 25.0 | 37.6 | 62.6 |
| | | | 18 ～ 44 岁 | 2 951 | 6.4 | 7.7 | 9.6 | 25.6 | 38.4 | 63.9 |
| | | | 45 ～ 59 岁 | 2 440 | 6.3 | 7.6 | 9.5 | 25.3 | 38.0 | 63.4 |
| | | | 60 ～ 79 岁 | 1 699 | 4.8 | 5.8 | 7.2 | 19.3 | 29.0 | 48.3 |
| | | | 80 岁及以上 | 83 | 4.2 | 5.1 | 6.4 | 17.0 | 25.5 | 42.5 |
| | | 女 | 小计 | 8 093 | 5.1 | 6.1 | 7.6 | 20.3 | 30.5 | 50.8 |
| | | | 18 ～ 44 岁 | 3 360 | 5.1 | 6.1 | 7.7 | 20.5 | 30.7 | 51.2 |
| | | | 45 ～ 59 岁 | 3 002 | 5.2 | 6.3 | 7.8 | 20.9 | 31.3 | 52.1 |

| 地区 | 城乡 | 性别 | 年龄 | n | 短期呼吸量 /（L/min） | | | | | |
|---|---|---|---|---|---|---|---|---|---|---|
| | | | | | 休息 | 坐 | 轻微活动 | 中体力活动 | 重体力活动 | 极重体力活动 |
| 中部 | 农村 | 女 | 60～79岁 | 1 628 | 4.6 | 5.5 | 6.8 | 18.3 | 27.4 | 45.6 |
| | | | 80岁及以上 | 103 | 3.9 | 4.7 | 5.8 | 15.6 | 23.4 | 39.0 |
| 西部 | 城乡 | 小计 | 小计 | 31 105 | 5.4 | 6.5 | 8.1 | 21.6 | 32.5 | 54.1 |
| | | | 18～44岁 | 14 054 | 5.7 | 6.8 | 8.6 | 22.8 | 34.2 | 57.0 |
| | | | 45～59岁 | 10 350 | 5.7 | 6.8 | 8.5 | 22.6 | 34.0 | 56.6 |
| | | | 60～79岁 | 6 294 | 4.6 | 5.5 | 6.9 | 18.4 | 27.5 | 45.9 |
| | | | 80岁及以上 | 407 | 4.1 | 4.9 | 6.1 | 16.2 | 24.3 | 40.5 |
| | | 男 | 小计 | 14 256 | 6.2 | 7.4 | 9.2 | 24.7 | 37.0 | 61.6 |
| | | | 18～44岁 | 6 510 | 6.3 | 7.5 | 9.4 | 25.2 | 37.7 | 62.9 |
| | | | 45～59岁 | 4 588 | 6.3 | 7.5 | 9.4 | 25.1 | 37.7 | 62.9 |
| | | | 60～79岁 | 2 956 | 4.8 | 5.8 | 7.2 | 19.2 | 28.8 | 47.9 |
| | | | 80岁及以上 | 202 | 4.2 | 5.0 | 6.2 | 16.7 | 25.0 | 41.7 |
| | | 女 | 小计 | 16 849 | 5.0 | 6.0 | 7.5 | 20.0 | 30.0 | 50.1 |
| | | | 18～44岁 | 7 544 | 5.0 | 6.1 | 7.6 | 20.2 | 30.3 | 50.4 |
| | | | 45～59岁 | 5 762 | 5.1 | 6.2 | 7.7 | 20.5 | 30.8 | 51.3 |
| | | | 60～79岁 | 3 338 | 4.5 | 5.4 | 6.7 | 17.9 | 26.8 | 44.7 |
| | | | 80岁及以上 | 205 | 4.0 | 4.8 | 5.9 | 15.8 | 23.8 | 39.6 |
| | 城市 | 小计 | 小计 | 12 363 | 5.4 | 6.5 | 8.2 | 21.8 | 32.6 | 54.4 |
| | | | 18～44岁 | 5 389 | 5.8 | 6.9 | 8.7 | 23.1 | 34.7 | 57.8 |
| | | | 45～59岁 | 4 166 | 5.7 | 6.9 | 8.6 | 22.9 | 34.3 | 57.2 |
| | | | 60～79岁 | 2 632 | 4.8 | 5.7 | 7.1 | 19.0 | 28.5 | 47.6 |
| | | | 80岁及以上 | 176 | 4.2 | 5.0 | 6.2 | 16.7 | 25.0 | 41.7 |
| | | 男 | 小计 | 5 513 | 6.3 | 7.5 | 9.4 | 25.1 | 37.7 | 62.8 |
| | | | 18～44岁 | 2 463 | 6.4 | 7.7 | 9.6 | 25.6 | 38.4 | 64.0 |
| | | | 45～59岁 | 1 785 | 6.4 | 7.7 | 9.6 | 25.6 | 38.4 | 64.0 |
| | | | 60～79岁 | 1 179 | 5.0 | 6.0 | 7.5 | 20.0 | 30.0 | 50.0 |
| | | | 80岁及以上 | 86 | 4.3 | 5.2 | 6.5 | 17.3 | 25.9 | 43.2 |
| | | 女 | 小计 | 6 850 | 5.0 | 6.0 | 7.5 | 20.1 | 30.2 | 50.3 |
| | | | 18～44岁 | 2 926 | 5.1 | 6.1 | 7.6 | 20.2 | 30.3 | 50.5 |
| | | | 45～59岁 | 2 381 | 5.2 | 6.2 | 7.7 | 20.7 | 31.0 | 51.7 |
| | | | 60～79岁 | 1 453 | 4.6 | 5.5 | 6.9 | 18.4 | 27.6 | 46.0 |
| | | | 80岁及以上 | 90 | 4.0 | 4.8 | 5.9 | 15.9 | 23.8 | 39.6 |
| | 农村 | 小计 | 小计 | 18 742 | 5.4 | 6.5 | 8.1 | 21.6 | 32.3 | 53.9 |
| | | | 18～44岁 | 8 665 | 5.7 | 6.8 | 8.5 | 22.7 | 34.0 | 56.7 |
| | | | 45～59岁 | 6 184 | 5.6 | 6.8 | 8.4 | 22.5 | 33.8 | 56.3 |
| | | | 60～79岁 | 3 662 | 4.5 | 5.4 | 6.7 | 18.0 | 27.0 | 44.9 |
| | | | 80岁及以上 | 231 | 4.0 | 4.8 | 5.9 | 15.9 | 23.8 | 39.6 |
| | | 男 | 小计 | 8 743 | 6.1 | 7.3 | 9.1 | 24.4 | 36.6 | 61.0 |
| | | | 18～44岁 | 4 047 | 6.2 | 7.5 | 9.3 | 24.9 | 37.3 | 62.1 |
| | | | 45～59岁 | 2 803 | 6.2 | 7.4 | 9.3 | 24.8 | 37.2 | 62.0 |
| | | | 60～79岁 | 1 777 | 4.6 | 5.6 | 7.0 | 18.6 | 27.9 | 46.5 |
| | | | 80岁及以上 | 116 | 4.0 | 4.8 | 6.0 | 16.1 | 24.2 | 40.3 |
| | | 女 | 小计 | 9 999 | 5.0 | 6.0 | 7.5 | 20.0 | 29.9 | 49.9 |
| | | | 18～44岁 | 4 618 | 5.0 | 6.0 | 7.6 | 20.2 | 30.2 | 50.4 |
| | | | 45～59岁 | 3 381 | 5.1 | 6.1 | 7.6 | 20.4 | 30.6 | 51.0 |
| | | | 60～79岁 | 1 885 | 4.4 | 5.3 | 6.6 | 17.5 | 26.3 | 43.8 |
| | | | 80岁及以上 | 115 | 3.9 | 4.7 | 5.9 | 15.8 | 23.7 | 39.5 |

## 附表 2-5　中国人群分片区、城乡、性别、年龄的短期呼吸量

| 地区 | 城乡 | 性别 | 年龄 | *n* | 短期呼吸量 /（L/min） | | | | | |
|---|---|---|---|---|---|---|---|---|---|---|
| | | | | | 休息 | 坐 | 轻微活动 | 中体力活动 | 重体力活动 | 极重体力活动 |
| 合计 | 城乡 | 小计 | 小计 | 91 059 | 5.5 | 6.6 | 8.2 | 21.9 | 32.9 | 54.8 |
| | | | 18 ～ 44 岁 | 36 662 | 5.8 | 6.9 | 8.6 | 23.0 | 34.5 | 57.6 |
| | | | 45 ～ 59 岁 | 32 352 | 5.7 | 6.9 | 8.6 | 22.9 | 34.4 | 57.3 |
| | | | 60 ～ 79 岁 | 20 561 | 4.7 | 5.7 | 7.1 | 19.0 | 28.5 | 47.4 |
| | | | 80 岁及以上 | 1 484 | 4.1 | 5.0 | 6.2 | 16.5 | 24.8 | 41.4 |
| | | 男 | 小计 | 41 261 | 6.3 | 7.5 | 9.4 | 25.1 | 37.7 | 62.8 |
| | | | 18 ～ 44 岁 | 16 756 | 6.4 | 7.7 | 9.7 | 25.7 | 38.6 | 64.4 |
| | | | 45 ～ 59 岁 | 14 079 | 6.4 | 7.7 | 9.6 | 25.6 | 38.4 | 63.9 |
| | | | 60 ～ 79 岁 | 9 753 | 5.0 | 6.0 | 7.4 | 19.8 | 29.8 | 49.6 |
| | | | 80 岁及以上 | 673 | 4.3 | 5.2 | 6.5 | 17.3 | 25.9 | 43.2 |
| | | 女 | 小计 | 49 798 | 5.1 | 6.1 | 7.6 | 20.3 | 30.4 | 50.7 |
| | | | 18 ～ 44 岁 | 19 906 | 5.1 | 6.1 | 7.7 | 20.4 | 30.6 | 51.0 |
| | | | 45 ～ 59 岁 | 18 273 | 5.2 | 6.3 | 7.8 | 20.9 | 31.3 | 52.1 |
| | | | 60 ～ 79 岁 | 10 808 | 4.6 | 5.5 | 6.9 | 18.4 | 27.6 | 46.0 |
| | | | 80 岁及以上 | 811 | 4.0 | 4.8 | 6.1 | 16.2 | 24.2 | 40.4 |
| | 城市 | 小计 | 小计 | 41 804 | 5.5 | 6.6 | 8.3 | 22.1 | 33.1 | 55.1 |
| | | | 18 ～ 44 岁 | 16 629 | 5.8 | 7.0 | 8.7 | 23.2 | 34.8 | 58.0 |
| | | | 45 ～ 59 岁 | 14 738 | 5.8 | 7.0 | 8.7 | 23.2 | 34.8 | 57.9 |
| | | | 60 ～ 79 岁 | 9 692 | 4.9 | 5.8 | 7.3 | 19.5 | 29.2 | 48.7 |
| | | | 80 岁及以上 | 745 | 4.3 | 5.1 | 6.4 | 17.0 | 25.5 | 42.6 |
| | | 男 | 小计 | 18 439 | 6.4 | 7.7 | 9.6 | 25.5 | 38.3 | 63.9 |
| | | | 18 ～ 44 岁 | 7 531 | 6.5 | 7.8 | 9.8 | 26.1 | 39.2 | 65.3 |
| | | | 45 ～ 59 岁 | 6 261 | 6.5 | 7.8 | 9.8 | 26.0 | 39.0 | 65.0 |
| | | | 60 ～ 79 岁 | 4 325 | 5.1 | 6.2 | 7.7 | 20.6 | 30.9 | 51.5 |
| | | | 80 岁及以上 | 322 | 4.4 | 5.3 | 6.6 | 17.6 | 26.5 | 44.1 |
| | | 女 | 小计 | 23 365 | 5.1 | 6.1 | 7.6 | 20.4 | 30.6 | 50.9 |
| | | | 18 ～ 44 岁 | 9 098 | 5.1 | 6.1 | 7.7 | 20.4 | 30.6 | 51.0 |
| | | | 45 ～ 59 岁 | 8 477 | 5.2 | 6.3 | 7.9 | 20.9 | 31.4 | 52.4 |
| | | | 60 ～ 79 岁 | 5 367 | 4.7 | 5.6 | 7.0 | 18.8 | 28.1 | 46.9 |
| | | | 80 岁及以上 | 423 | 4.2 | 5.0 | 6.2 | 16.6 | 25.0 | 41.6 |
| | 农村 | 小计 | 小计 | 49 255 | 5.5 | 6.5 | 8.2 | 21.8 | 32.7 | 54.6 |
| | | | 18 ～ 44 岁 | 20 033 | 5.7 | 6.9 | 8.6 | 22.9 | 34.4 | 57.3 |
| | | | 45 ～ 59 岁 | 17 614 | 5.7 | 6.8 | 8.5 | 22.8 | 34.1 | 56.9 |
| | | | 60 ～ 79 岁 | 10 869 | 4.6 | 5.6 | 7.0 | 18.6 | 27.8 | 46.4 |
| | | | 80 岁及以上 | 739 | 4.0 | 4.8 | 6.0 | 16.1 | 24.1 | 40.1 |
| | | 男 | 小计 | 22 822 | 6.2 | 7.5 | 9.3 | 24.9 | 37.3 | 62.1 |
| | | | 18 ～ 44 岁 | 9 225 | 6.4 | 7.6 | 9.5 | 25.4 | 38.2 | 63.6 |
| | | | 45 ～ 59 岁 | 7 818 | 6.3 | 7.6 | 9.5 | 25.3 | 37.9 | 63.1 |
| | | | 60 ～ 79 岁 | 5 428 | 4.8 | 5.8 | 7.2 | 19.3 | 28.9 | 48.2 |
| | | | 80 岁及以上 | 351 | 4.2 | 5.0 | 6.3 | 16.8 | 25.1 | 41.9 |
| | | 女 | 小计 | 26 433 | 5.1 | 6.1 | 7.6 | 20.2 | 30.4 | 50.6 |
| | | | 18 ～ 44 岁 | 10 808 | 5.1 | 6.1 | 7.7 | 20.4 | 30.6 | 51.0 |
| | | | 45 ～ 59 岁 | 9 796 | 5.2 | 6.2 | 7.8 | 20.8 | 31.1 | 51.9 |
| | | | 60 ～ 79 岁 | 5 441 | 4.5 | 5.4 | 6.8 | 18.0 | 27.1 | 45.1 |
| | | | 80 岁及以上 | 388 | 3.9 | 4.7 | 5.9 | 15.8 | 23.7 | 39.5 |
| 华北 | 城乡 | 小计 | 小计 | 18 082 | 5.6 | 6.7 | 8.3 | 22.3 | 33.4 | 55.6 |
| | | | 18 ～ 44 岁 | 6 481 | 5.9 | 7.1 | 8.9 | 23.7 | 35.5 | 59.2 |
| | | | 45 ～ 59 岁 | 6 819 | 5.8 | 6.9 | 8.7 | 23.1 | 34.6 | 57.7 |
| | | | 60 ～ 79 岁 | 4 497 | 4.9 | 5.9 | 7.4 | 19.7 | 29.5 | 49.2 |
| | | | 80 岁及以上 | 285 | 4.4 | 5.3 | 6.6 | 17.5 | 26.3 | 43.8 |
| | | 男 | 小计 | 7 994 | 6.4 | 7.7 | 9.6 | 25.7 | 38.5 | 64.2 |
| | | | 18 ～ 44 岁 | 2 918 | 6.6 | 8.0 | 9.9 | 26.5 | 39.8 | 66.3 |
| | | | 45 ～ 59 岁 | 2 816 | 6.5 | 7.8 | 9.8 | 26.2 | 39.2 | 65.4 |
| | | | 60 ～ 79 岁 | 2 115 | 5.2 | 6.2 | 7.8 | 20.7 | 31.1 | 51.8 |
| | | | 80 岁及以上 | 145 | 4.6 | 5.5 | 6.8 | 18.2 | 27.3 | 45.5 |
| | | 女 | 小计 | 10 088 | 5.2 | 6.3 | 7.8 | 20.9 | 31.3 | 52.1 |
| | | | 18 ～ 44 岁 | 3 563 | 5.2 | 6.3 | 7.9 | 21.0 | 31.5 | 52.5 |

| 地区 | 城乡 | 性别 | 年龄 | n | 短期呼吸量 /（L/min） | | | | | |
|---|---|---|---|---|---|---|---|---|---|---|
| | | | | | 休息 | 坐 | 轻微活动 | 中体力活动 | 重体力活动 | 极重体力活动 |
| 华北 | 城乡 | 女 | 45 ～ 59 岁 | 4 003 | 5.3 | 6.4 | 8.0 | 21.3 | 32.0 | 53.3 |
| | | | 60 ～ 79 岁 | 2 382 | 4.7 | 5.7 | 7.1 | 19.0 | 28.5 | 47.5 |
| | | | 80 岁及以上 | 140 | 4.2 | 5.0 | 6.2 | 16.6 | 24.9 | 41.5 |
| | 城市 | 小计 | 小计 | 7 817 | 5.6 | 6.7 | 8.4 | 22.5 | 33.7 | 56.2 |
| | | | 18 ～ 44 岁 | 2 780 | 6.0 | 7.1 | 8.9 | 23.8 | 35.7 | 59.5 |
| | | | 45 ～ 59 岁 | 2 790 | 5.9 | 7.1 | 8.8 | 23.6 | 35.3 | 58.9 |
| | | | 60 ～ 79 岁 | 2 090 | 5.1 | 6.1 | 7.6 | 20.3 | 30.4 | 50.6 |
| | | | 80 岁及以上 | 157 | 4.6 | 5.6 | 6.9 | 18.5 | 27.8 | 46.3 |
| | | 男 | 小计 | 3 399 | 6.5 | 7.8 | 9.8 | 26.2 | 39.2 | 65.4 |
| | | | 18 ～ 44 岁 | 1 232 | 6.7 | 8.1 | 10.1 | 26.9 | 40.3 | 67.2 |
| | | | 45 ～ 59 岁 | 1 161 | 6.6 | 8.0 | 10.0 | 26.6 | 39.9 | 66.5 |
| | | | 60 ～ 79 岁 | 923 | 5.4 | 6.5 | 8.1 | 21.7 | 32.5 | 54.2 |
| | | | 80 岁及以上 | 83 | 4.9 | 5.9 | 7.3 | 19.6 | 29.4 | 49.0 |
| | | 女 | 小计 | 4 418 | 5.2 | 6.3 | 7.8 | 20.9 | 31.4 | 52.3 |
| | | | 18 ～ 44 岁 | 1 548 | 5.3 | 6.3 | 7.9 | 21.0 | 31.5 | 52.5 |
| | | | 45 ～ 59 岁 | 1 629 | 5.4 | 6.4 | 8.1 | 21.5 | 32.2 | 53.7 |
| | | | 60 ～ 79 岁 | 1 167 | 4.9 | 5.8 | 7.3 | 19.4 | 29.2 | 48.6 |
| | | | 80 岁及以上 | 74 | 4.4 | 5.3 | 6.6 | 17.5 | 26.3 | 43.8 |
| | 农村 | 小计 | 小计 | 10 265 | 5.5 | 6.6 | 8.3 | 22.1 | 33.2 | 55.3 |
| | | | 18 ～ 44 岁 | 3 701 | 5.9 | 7.1 | 8.9 | 23.6 | 35.5 | 59.1 |
| | | | 45 ～ 59 岁 | 4 029 | 5.7 | 6.9 | 8.6 | 22.9 | 34.3 | 57.2 |
| | | | 60 ～ 79 岁 | 2 407 | 4.8 | 5.8 | 7.2 | 19.3 | 28.9 | 48.2 |
| | | | 80 岁及以上 | 128 | 4.2 | 5.0 | 6.2 | 16.6 | 24.9 | 41.5 |
| | | 男 | 小计 | 4 595 | 6.4 | 7.6 | 9.6 | 25.5 | 38.2 | 63.7 |
| | | | 18 ～ 44 岁 | 1 686 | 6.6 | 7.9 | 9.9 | 26.3 | 39.4 | 65.7 |
| | | | 45 ～ 59 岁 | 1 655 | 6.5 | 7.8 | 9.7 | 25.8 | 38.8 | 64.6 |
| | | | 60 ～ 79 岁 | 1 192 | 5.0 | 6.0 | 7.5 | 20.0 | 30.0 | 50.0 |
| | | | 80 岁及以上 | 62 | 4.4 | 5.3 | 6.6 | 17.6 | 26.4 | 44.0 |
| | | 女 | 小计 | 5 670 | 5.2 | 6.2 | 7.8 | 20.8 | 31.2 | 52.0 |
| | | | 18 ～ 44 岁 | 2 015 | 5.2 | 6.3 | 7.9 | 21.0 | 31.5 | 52.4 |
| | | | 45 ～ 59 岁 | 2 374 | 5.3 | 6.4 | 7.9 | 21.2 | 31.8 | 53.0 |
| | | | 60 ～ 79 岁 | 1 215 | 4.6 | 5.6 | 7.0 | 18.6 | 27.9 | 46.5 |
| | | | 80 岁及以上 | 66 | 4.0 | 4.8 | 6.1 | 16.2 | 24.2 | 40.4 |
| 华东 | 城乡 | 小计 | 小计 | 22 952 | 5.5 | 6.5 | 8.2 | 21.8 | 32.7 | 54.6 |
| | | | 18 ～ 44 岁 | 8 535 | 5.7 | 6.9 | 8.6 | 22.9 | 34.4 | 57.3 |
| | | | 45 ～ 59 岁 | 8 066 | 5.8 | 7.0 | 8.7 | 23.3 | 34.9 | 58.2 |
| | | | 60 ～ 79 岁 | 5 835 | 4.8 | 5.7 | 7.1 | 19.0 | 28.6 | 47.6 |
| | | | 80 岁及以上 | 516 | 4.1 | 4.9 | 6.2 | 16.5 | 24.7 | 41.2 |
| | | 男 | 小计 | 10 425 | 6.3 | 7.6 | 9.5 | 25.3 | 37.9 | 63.1 |
| | | | 18 ～ 44 岁 | 3 792 | 6.5 | 7.8 | 9.7 | 25.9 | 38.9 | 64.8 |
| | | | 45 ～ 59 岁 | 3 626 | 6.4 | 7.7 | 9.7 | 25.8 | 38.6 | 64.4 |
| | | | 60 ～ 79 岁 | 2 804 | 5.0 | 6.0 | 7.5 | 20.0 | 30.0 | 49.9 |
| | | | 80 岁及以上 | 203 | 4.3 | 5.1 | 6.4 | 17.1 | 25.6 | 42.7 |
| | | 女 | 小计 | 12 527 | 5.1 | 6.1 | 7.6 | 20.3 | 30.4 | 50.7 |
| | | | 18 ～ 44 岁 | 4 743 | 5.1 | 6.1 | 7.6 | 20.4 | 30.5 | 50.9 |
| | | | 45 ～ 59 岁 | 4 440 | 5.2 | 6.3 | 7.8 | 20.9 | 31.3 | 52.2 |
| | | | 60 ～ 79 岁 | 3 031 | 4.6 | 5.5 | 6.9 | 18.5 | 27.7 | 46.1 |
| | | | 80 岁及以上 | 313 | 4.1 | 4.9 | 6.1 | 16.2 | 24.4 | 40.6 |
| | 城市 | 小计 | 小计 | 12 475 | 5.5 | 6.6 | 8.2 | 22.0 | 33.0 | 55.0 |
| | | | 18 ～ 44 岁 | 4 766 | 5.8 | 6.9 | 8.6 | 23.0 | 34.5 | 57.6 |
| | | | 45 ～ 59 岁 | 4 287 | 5.9 | 7.1 | 8.8 | 23.5 | 35.3 | 58.9 |
| | | | 60 ～ 79 岁 | 3 152 | 4.9 | 5.9 | 7.3 | 19.5 | 29.3 | 48.8 |
| | | | 80 岁及以上 | 270 | 4.2 | 5.0 | 6.3 | 16.8 | 25.1 | 41.9 |
| | | 男 | 小计 | 5 491 | 6.4 | 7.7 | 9.6 | 25.6 | 38.4 | 64.0 |
| | | | 18 ～ 44 岁 | 2 109 | 6.5 | 7.9 | 9.8 | 26.2 | 39.3 | 65.4 |
| | | | 45 ～ 59 岁 | 1 873 | 6.5 | 7.8 | 9.8 | 26.1 | 39.2 | 65.3 |
| | | | 60 ～ 79 岁 | 1 408 | 5.2 | 6.2 | 7.8 | 20.7 | 31.1 | 51.8 |
| | | | 80 岁及以上 | 101 | 4.4 | 5.3 | 6.6 | 17.6 | 26.3 | 43.9 |

| 地区 | 城乡 | 性别 | 年龄 | *n* | 短期呼吸量 /（L/min） | | | | | |
|---|---|---|---|---|---|---|---|---|---|---|
| | | | | | 休息 | 坐 | 轻微活动 | 中体力活动 | 重体力活动 | 极重体力活动 |
| 华东 | 城市 | 女 | 小计 | 6 984 | 5.1 | 6.1 | 7.6 | 20.3 | 30.5 | 50.9 |
| | | | 18 ～ 44 岁 | 2 657 | 5.1 | 6.1 | 7.6 | 20.4 | 30.6 | 50.9 |
| | | | 45 ～ 59 岁 | 2 414 | 5.3 | 6.3 | 7.9 | 21.0 | 31.6 | 52.6 |
| | | | 60 ～ 79 岁 | 1 744 | 4.7 | 5.6 | 7.0 | 18.8 | 28.2 | 46.9 |
| | | | 80 岁及以上 | 169 | 4.2 | 5.0 | 6.2 | 16.6 | 25.0 | 41.6 |
| | 农村 | 小计 | 小计 | 10 477 | 5.4 | 6.5 | 8.1 | 21.7 | 32.5 | 54.2 |
| | | | 18 ～ 44 岁 | 3 769 | 5.7 | 6.8 | 8.5 | 22.8 | 34.2 | 57.0 |
| | | | 45 ～ 59 岁 | 3 779 | 5.8 | 6.9 | 8.7 | 23.1 | 34.6 | 57.7 |
| | | | 60 ～ 79 岁 | 2 683 | 4.7 | 5.6 | 7.0 | 18.6 | 27.9 | 46.5 |
| | | | 80 岁及以上 | 246 | 4.0 | 4.8 | 6.0 | 16.1 | 24.1 | 40.1 |
| | | 男 | 小计 | 4 934 | 6.2 | 7.5 | 9.3 | 24.9 | 37.3 | 62.2 |
| | | | 18 ～ 44 岁 | 1 683 | 6.4 | 7.7 | 9.6 | 25.6 | 38.4 | 63.9 |
| | | | 45 ～ 59 岁 | 1 753 | 6.3 | 7.6 | 9.5 | 25.4 | 38.1 | 63.5 |
| | | | 60 ～ 79 岁 | 1 396 | 4.8 | 5.8 | 7.2 | 19.3 | 28.9 | 48.1 |
| | | | 80 岁及以上 | 102 | 4.1 | 5.0 | 6.2 | 16.6 | 24.9 | 41.5 |
| | | 女 | 小计 | 5 543 | 5.0 | 6.0 | 7.6 | 20.2 | 30.2 | 50.4 |
| | | | 18 ～ 44 岁 | 2 086 | 5.1 | 6.1 | 7.6 | 20.3 | 30.5 | 50.9 |
| | | | 45 ～ 59 岁 | 2 026 | 5.2 | 6.2 | 7.8 | 20.7 | 31.1 | 51.8 |
| | | | 60 ～ 79 岁 | 1 287 | 4.5 | 5.4 | 6.8 | 18.1 | 27.2 | 45.3 |
| | | | 80 岁及以上 | 144 | 4.0 | 4.8 | 6.0 | 15.9 | 23.8 | 39.7 |
| 华南 | 城乡 | 小计 | 小计 | 15 172 | 5.4 | 6.4 | 8.1 | 21.5 | 32.2 | 53.7 |
| | | | 18 ～ 44 岁 | 6 520 | 5.7 | 6.8 | 8.5 | 22.6 | 33.9 | 56.6 |
| | | | 45 ～ 59 岁 | 5 384 | 5.6 | 6.7 | 8.4 | 22.4 | 33.6 | 55.9 |
| | | | 60 ～ 79 岁 | 3 021 | 4.6 | 5.5 | 6.9 | 18.3 | 27.5 | 45.8 |
| | | | 80 岁及以上 | 247 | 4.0 | 4.8 | 6.0 | 16.0 | 24.0 | 40.0 |
| | | 男 | 小计 | 7 017 | 6.1 | 7.4 | 9.2 | 24.5 | 36.8 | 61.3 |
| | | | 18 ～ 44 岁 | 3 109 | 6.3 | 7.5 | 9.4 | 25.0 | 37.5 | 62.6 |
| | | | 45 ～ 59 岁 | 2 341 | 6.2 | 7.5 | 9.4 | 25.0 | 37.5 | 62.5 |
| | | | 60 ～ 79 岁 | 1 461 | 4.7 | 5.7 | 7.1 | 18.9 | 28.4 | 47.3 |
| | | | 80 岁及以上 | 106 | 4.1 | 4.9 | 6.1 | 16.4 | 24.6 | 40.9 |
| | | 女 | 小计 | 8 155 | 5.0 | 6.0 | 7.5 | 19.9 | 29.8 | 49.7 |
| | | | 18 ～ 44 岁 | 3 411 | 5.0 | 6.0 | 7.5 | 19.9 | 29.9 | 49.8 |
| | | | 45 ～ 59 岁 | 3 043 | 5.1 | 6.1 | 7.6 | 20.4 | 30.6 | 51.0 |
| | | | 60 ～ 79 岁 | 1 560 | 4.4 | 5.3 | 6.7 | 17.8 | 26.7 | 44.5 |
| | | | 80 岁及以上 | 141 | 3.9 | 4.7 | 5.9 | 15.7 | 23.6 | 39.4 |
| | 城市 | 小计 | 小计 | 7 333 | 5.4 | 6.5 | 8.1 | 21.6 | 32.3 | 53.9 |
| | | | 18 ～ 44 岁 | 3 146 | 5.8 | 6.9 | 8.6 | 23.1 | 34.6 | 57.6 |
| | | | 45 ～ 59 岁 | 2 586 | 5.6 | 6.7 | 8.4 | 22.3 | 33.5 | 55.8 |
| | | | 60 ～ 79 岁 | 1 473 | 4.7 | 5.7 | 7.1 | 18.9 | 28.4 | 47.3 |
| | | | 80 岁及以上 | 128 | 4.2 | 5.0 | 6.2 | 16.6 | 25.0 | 41.6 |
| | | 男 | 小计 | 3 290 | 6.3 | 7.5 | 9.4 | 25.1 | 37.6 | 62.7 |
| | | | 18 ～ 44 岁 | 1 510 | 6.4 | 7.7 | 9.6 | 25.6 | 38.3 | 63.9 |
| | | | 45 ～ 59 岁 | 1 060 | 6.4 | 7.6 | 9.5 | 25.5 | 38.2 | 63.6 |
| | | | 60 ～ 79 岁 | 672 | 4.9 | 5.9 | 7.4 | 19.7 | 29.6 | 49.3 |
| | | | 80 岁及以上 | 48 | 4.3 | 5.2 | 6.5 | 17.2 | 25.9 | 43.1 |
| | | 女 | 小计 | 4 043 | 5.0 | 6.0 | 7.5 | 20.0 | 30.0 | 50.1 |
| | | | 18 ～ 44 岁 | 1 636 | 5.0 | 6.0 | 7.5 | 20.0 | 30.0 | 50.1 |
| | | | 45 ～ 59 岁 | 1 526 | 5.1 | 6.2 | 7.7 | 20.5 | 30.8 | 51.3 |
| | | | 60 ～ 79 岁 | 801 | 4.6 | 5.5 | 6.9 | 18.4 | 27.5 | 45.9 |
| | | | 80 岁及以上 | 80 | 4.1 | 4.9 | 6.1 | 16.2 | 24.3 | 40.5 |
| | 农村 | 小计 | 小计 | 7 839 | 5.4 | 6.4 | 8.1 | 21.5 | 32.2 | 53.7 |
| | | | 18 ～ 44 岁 | 3 374 | 5.6 | 6.7 | 8.4 | 22.4 | 33.6 | 56.1 |
| | | | 45 ～ 59 岁 | 2 798 | 5.6 | 6.7 | 8.4 | 22.4 | 33.6 | 56.0 |
| | | | 60 ～ 79 岁 | 1 548 | 4.4 | 5.3 | 6.7 | 17.8 | 26.7 | 44.5 |
| | | | 80 岁及以上 | 119 | 3.9 | 4.7 | 5.8 | 15.5 | 23.3 | 38.8 |
| | | 男 | 小计 | 3 727 | 6.0 | 7.3 | 9.1 | 24.2 | 36.3 | 60.5 |
| | | | 18 ～ 44 岁 | 1 599 | 6.2 | 7.4 | 9.2 | 24.6 | 37.0 | 61.6 |
| | | | 45 ～ 59 岁 | 1 281 | 6.1 | 7.3 | 9.2 | 24.5 | 36.7 | 61.2 |

| 地区 | 城乡 | 性别 | 年龄 | *n* | 短期呼吸量 /（L/min） | | | | | |
|---|---|---|---|---|---|---|---|---|---|---|
| | | | | | 休息 | 坐 | 轻微活动 | 中体力活动 | 重体力活动 | 极重体力活动 |
| 华南 | 农村 | 男 | 60 ～ 79 岁 | 789 | 4.6 | 5.5 | 6.9 | 18.4 | 27.7 | 46.1 |
| | | | 80 岁及以上 | 58 | 4.0 | 4.8 | 6.0 | 16.1 | 24.1 | 40.1 |
| | | 女 | 小计 | 4 112 | 4.9 | 5.9 | 7.4 | 19.8 | 29.7 | 49.4 |
| | | | 18 ～ 44 岁 | 1 775 | 5.0 | 6.0 | 7.4 | 19.8 | 29.8 | 49.6 |
| | | | 45 ～ 59 岁 | 1 517 | 5.1 | 6.1 | 7.6 | 20.2 | 30.3 | 50.6 |
| | | | 60 ～ 79 岁 | 759 | 4.3 | 5.2 | 6.5 | 17.3 | 26.0 | 43.3 |
| | | | 80 岁及以上 | 61 | 3.7 | 4.5 | 5.6 | 14.9 | 22.4 | 37.3 |
| 西北 | 城乡 | 小计 | 小计 | 11 265 | 5.5 | 6.6 | 8.3 | 22.1 | 33.2 | 55.3 |
| | | | 18 ～ 44 岁 | 4 703 | 5.8 | 7.0 | 8.7 | 23.3 | 34.9 | 58.1 |
| | | | 45 ～ 59 岁 | 3 926 | 5.8 | 7.0 | 8.7 | 23.3 | 34.9 | 58.2 |
| | | | 60 ～ 79 岁 | 2 498 | 4.8 | 5.7 | 7.2 | 19.1 | 28.7 | 47.8 |
| | | | 80 岁及以上 | 138 | 4.4 | 5.2 | 6.5 | 17.5 | 26.2 | 43.7 |
| | | 男 | 小计 | 5 075 | 6.3 | 7.6 | 9.5 | 25.3 | 37.9 | 63.2 |
| | | | 18 ～ 44 岁 | 2 066 | 6.5 | 7.8 | 9.7 | 25.8 | 38.8 | 64.6 |
| | | | 45 ～ 59 岁 | 1 763 | 6.4 | 7.7 | 9.7 | 25.8 | 38.7 | 64.4 |
| | | | 60 ～ 79 岁 | 1 175 | 5.0 | 6.0 | 7.5 | 20.0 | 30.0 | 50.0 |
| | | | 80 岁及以上 | 71 | 4.4 | 5.3 | 6.7 | 17.8 | 26.6 | 44.4 |
| | | 女 | 小计 | 6 190 | 5.1 | 6.1 | 7.6 | 20.4 | 30.6 | 51.0 |
| | | | 18 ～ 44 岁 | 2 637 | 5.1 | 6.2 | 7.7 | 20.6 | 30.9 | 51.5 |
| | | | 45 ～ 59 岁 | 2 163 | 5.2 | 6.2 | 7.8 | 20.8 | 31.2 | 52.0 |
| | | | 60 ～ 79 岁 | 1 323 | 4.6 | 5.5 | 6.9 | 18.5 | 27.7 | 46.2 |
| | | | 80 岁及以上 | 67 | 4.2 | 5.1 | 6.4 | 17.0 | 25.4 | 42.4 |
| | 城市 | 小计 | 小计 | 5 049 | 5.5 | 6.6 | 8.3 | 22.1 | 33.1 | 55.2 |
| | | | 18 ～ 44 岁 | 2 029 | 5.9 | 7.0 | 8.8 | 23.4 | 35.1 | 58.5 |
| | | | 45 ～ 59 岁 | 1 796 | 5.9 | 7.0 | 8.8 | 23.4 | 35.1 | 58.5 |
| | | | 60 ～ 79 岁 | 1 165 | 4.9 | 5.9 | 7.4 | 19.7 | 29.6 | 49.3 |
| | | | 80 岁及以上 | 59 | 4.4 | 5.3 | 6.6 | 17.5 | 26.3 | 43.8 |
| | | 男 | 小计 | 2 215 | 6.4 | 7.7 | 9.7 | 25.8 | 38.6 | 64.4 |
| | | | 18 ～ 44 岁 | 888 | 6.6 | 7.9 | 9.9 | 26.3 | 39.5 | 65.8 |
| | | | 45 ～ 59 岁 | 773 | 6.6 | 7.9 | 9.9 | 26.3 | 39.4 | 65.7 |
| | | | 60 ～ 79 岁 | 521 | 5.2 | 6.3 | 7.8 | 20.9 | 31.3 | 52.2 |
| | | | 80 岁及以上 | 33 | 4.4 | 5.3 | 6.6 | 17.6 | 26.4 | 43.9 |
| | | 女 | 小计 | 2 834 | 5.1 | 6.2 | 7.7 | 20.5 | 30.8 | 51.3 |
| | | | 18 ～ 44 岁 | 1 141 | 5.2 | 6.2 | 7.7 | 20.6 | 30.9 | 51.5 |
| | | | 45 ～ 59 岁 | 1 023 | 5.2 | 6.3 | 7.9 | 21.0 | 31.5 | 52.5 |
| | | | 60 ～ 79 岁 | 644 | 4.7 | 5.6 | 7.0 | 18.8 | 28.2 | 47.0 |
| | | | 80 岁及以上 | 26 | 4.4 | 5.3 | 6.6 | 17.5 | 26.3 | 43.8 |
| | 农村 | 小计 | 小计 | 6 216 | 5.5 | 6.6 | 8.3 | 22.2 | 33.2 | 55.4 |
| | | | 18 ～ 44 岁 | 2 674 | 5.8 | 6.9 | 8.7 | 23.2 | 34.7 | 57.9 |
| | | | 45 ～ 59 岁 | 2 130 | 5.8 | 7.0 | 8.7 | 23.2 | 34.8 | 58.0 |
| | | | 60 ～ 79 岁 | 1 333 | 4.7 | 5.6 | 7.0 | 18.6 | 28.0 | 46.6 |
| | | | 80 岁及以上 | 79 | 4.2 | 5.1 | 6.4 | 17.0 | 25.5 | 42.5 |
| | | 男 | 小计 | 2 860 | 6.3 | 7.5 | 9.4 | 25.0 | 37.6 | 62.6 |
| | | | 18 ～ 44 岁 | 1 178 | 6.4 | 7.6 | 9.5 | 25.5 | 38.2 | 63.7 |
| | | | 45 ～ 59 岁 | 990 | 6.3 | 7.6 | 9.5 | 25.3 | 38.0 | 63.3 |
| | | | 60 ～ 79 岁 | 654 | 4.8 | 5.8 | 7.3 | 19.4 | 29.1 | 48.4 |
| | | | 80 岁及以上 | 38 | 4.6 | 5.5 | 6.9 | 18.5 | 27.7 | 46.2 |
| | | 女 | 小计 | 3 356 | 5.1 | 6.1 | 7.6 | 20.3 | 30.5 | 50.8 |
| | | | 18 ～ 44 岁 | 1 496 | 5.1 | 6.2 | 7.7 | 20.6 | 30.8 | 51.4 |
| | | | 45 ～ 59 岁 | 1 140 | 5.1 | 6.2 | 7.7 | 20.5 | 30.8 | 51.4 |
| | | | 60 ～ 79 岁 | 679 | 4.5 | 5.4 | 6.7 | 17.9 | 26.9 | 44.9 |
| | | | 80 岁及以上 | 41 | 4.0 | 4.8 | 6.0 | 16.1 | 24.1 | 40.2 |
| 东北 | 城乡 | 小计 | 小计 | 10 176 | 5.7 | 6.8 | 8.5 | 22.6 | 33.9 | 56.6 |
| | | | 18 ～ 44 岁 | 3 985 | 6.0 | 7.2 | 9.0 | 23.9 | 35.9 | 59.8 |
| | | | 45 ～ 59 岁 | 3 902 | 5.8 | 6.9 | 8.7 | 23.1 | 34.7 | 57.8 |
| | | | 60 ～ 79 岁 | 2 164 | 4.9 | 5.9 | 7.4 | 19.7 | 29.6 | 49.4 |
| | | | 80 岁及以上 | 125 | 4.2 | 5.0 | 6.3 | 16.7 | 25.1 | 41.9 |
| | | 男 | 小计 | 4 634 | 6.5 | 7.8 | 9.7 | 25.9 | 38.9 | 64.8 |

| 地区 | 城乡 | 性别 | 年龄 | $n$ | 短期呼吸量 /（L/min） | | | | | |
|---|---|---|---|---|---|---|---|---|---|---|
| | | | | | 休息 | 坐 | 轻微活动 | 中体力活动 | 重体力活动 | 极重体力活动 |
| 东北 | 城乡 | 男 | 18 ～ 44 岁 | 1 889 | 6.6 | 7.9 | 9.9 | 26.5 | 39.7 | 66.2 |
| | | | 45 ～ 59 岁 | 1 664 | 6.6 | 7.9 | 9.8 | 26.2 | 39.3 | 65.5 |
| | | | 60 ～ 79 岁 | 1 022 | 5.2 | 6.2 | 7.8 | 20.7 | 31.1 | 51.8 |
| | | | 80 岁及以上 | 59 | 4.4 | 5.3 | 6.6 | 17.7 | 26.5 | 44.2 |
| | | 女 | 小计 | 5 542 | 5.2 | 6.3 | 7.8 | 20.8 | 31.3 | 52.1 |
| | | | 18 ～ 44 岁 | 2 096 | 5.2 | 6.3 | 7.8 | 20.9 | 31.4 | 52.3 |
| | | | 45 ～ 59 岁 | 2 238 | 5.3 | 6.4 | 7.9 | 21.2 | 31.8 | 53.0 |
| | | | 60 ～ 79 岁 | 1 142 | 4.7 | 5.7 | 7.1 | 19.0 | 28.4 | 47.4 |
| | | | 80 岁及以上 | 66 | 4.1 | 4.9 | 6.1 | 16.2 | 24.4 | 40.6 |
| | 城市 | 小计 | 小计 | 4 356 | 5.7 | 6.8 | 8.6 | 22.8 | 34.2 | 57.1 |
| | | | 18 ～ 44 岁 | 1 659 | 5.9 | 7.1 | 8.9 | 23.8 | 35.7 | 59.5 |
| | | | 45 ～ 59 岁 | 1 732 | 5.9 | 7.1 | 8.8 | 23.6 | 35.3 | 58.9 |
| | | | 60 ～ 79 岁 | 910 | 5.0 | 6.0 | 7.5 | 20.1 | 30.1 | 50.2 |
| | | | 80 岁及以上 | 55 | 4.5 | 5.4 | 6.8 | 18.1 | 27.2 | 45.3 |
| | | 男 | 小计 | 1 912 | 6.6 | 7.9 | 9.9 | 26.5 | 39.7 | 66.2 |
| | | | 18 ～ 44 岁 | 767 | 6.8 | 8.1 | 10.2 | 27.1 | 40.7 | 67.9 |
| | | | 45 ～ 59 岁 | 731 | 6.6 | 8.0 | 10.0 | 26.6 | 39.9 | 66.4 |
| | | | 60 ～ 79 岁 | 395 | 5.3 | 6.4 | 7.9 | 21.2 | 31.8 | 52.9 |
| | | | 80 岁及以上 | 19 | 4.9 | 5.9 | 7.4 | 19.8 | 29.7 | 49.5 |
| | | 女 | 小计 | 2 444 | 5.2 | 6.2 | 7.8 | 20.8 | 31.2 | 52.0 |
| | | | 18 ～ 44 岁 | 892 | 5.2 | 6.3 | 7.8 | 20.9 | 31.3 | 52.2 |
| | | | 45 ～ 59 岁 | 1 001 | 5.3 | 6.4 | 8.0 | 21.3 | 31.9 | 53.2 |
| | | | 60 ～ 79 岁 | 515 | 4.8 | 5.7 | 7.2 | 19.1 | 28.7 | 47.8 |
| | | | 80 岁及以上 | 36 | 4.4 | 5.3 | 6.7 | 17.7 | 26.6 | 44.3 |
| | 农村 | 小计 | 小计 | 5 820 | 5.6 | 6.7 | 8.4 | 22.4 | 33.7 | 56.1 |
| | | | 18 ～ 44 岁 | 2 326 | 6.0 | 7.2 | 9.0 | 24.0 | 36.0 | 60.0 |
| | | | 45 ～ 59 岁 | 2 170 | 5.7 | 6.9 | 8.6 | 22.9 | 34.4 | 57.3 |
| | | | 60 ～ 79 岁 | 1 254 | 4.9 | 5.9 | 7.3 | 19.5 | 29.3 | 48.8 |
| | | | 80 岁及以上 | 70 | 4.0 | 4.8 | 6.0 | 16.1 | 24.1 | 40.2 |
| | | 男 | 小计 | 2 722 | 6.4 | 7.7 | 9.6 | 25.7 | 38.5 | 64.2 |
| | | | 18 ～ 44 岁 | 1 122 | 6.6 | 7.9 | 9.8 | 26.2 | 39.3 | 65.5 |
| | | | 45 ～ 59 岁 | 933 | 6.5 | 7.8 | 9.7 | 26.0 | 39.0 | 64.9 |
| | | | 60 ～ 79 岁 | 627 | 5.1 | 6.1 | 7.7 | 20.5 | 30.7 | 51.2 |
| | | | 80 岁及以上 | 40 | 4.3 | 5.1 | 6.4 | 17.1 | 25.6 | 42.7 |
| | | 女 | 小计 | 3 098 | 5.2 | 6.3 | 7.8 | 20.8 | 31.3 | 52.1 |
| | | | 18 ～ 44 岁 | 1 204 | 5.2 | 6.3 | 7.8 | 20.9 | 31.4 | 52.3 |
| | | | 45 ～ 59 岁 | 1 237 | 5.3 | 6.4 | 7.9 | 21.2 | 31.8 | 52.9 |
| | | | 60 ～ 79 岁 | 627 | 4.7 | 5.7 | 7.1 | 18.9 | 28.3 | 47.2 |
| | | | 80 岁及以上 | 30 | 3.9 | 4.7 | 5.8 | 15.5 | 23.3 | 38.8 |
| 西南 | 城乡 | 小计 | 小计 | 13 412 | 5.4 | 6.4 | 8.0 | 21.4 | 32.1 | 53.5 |
| | | | 18 ～ 44 岁 | 6 438 | 5.7 | 6.8 | 8.5 | 22.6 | 34.0 | 56.6 |
| | | | 45 ～ 59 岁 | 4 255 | 5.6 | 6.7 | 8.4 | 22.5 | 33.7 | 56.2 |
| | | | 60 ～ 79 岁 | 2 546 | 4.5 | 5.4 | 6.7 | 17.9 | 26.9 | 44.8 |
| | | | 80 岁及以上 | 173 | 4.0 | 4.8 | 6.0 | 16.0 | 23.9 | 39.9 |
| | | 男 | 小计 | 6 116 | 6.1 | 7.3 | 9.2 | 24.4 | 36.6 | 61.1 |
| | | | 18 ～ 44 岁 | 2 982 | 6.2 | 7.5 | 9.4 | 24.9 | 37.4 | 62.4 |
| | | | 45 ～ 59 岁 | 1 869 | 6.2 | 7.5 | 9.3 | 24.8 | 37.3 | 62.1 |
| | | | 60 ～ 79 岁 | 1 176 | 4.6 | 5.6 | 7.0 | 18.6 | 27.8 | 46.4 |
| | | | 80 岁及以上 | 89 | 4.1 | 5.0 | 6.2 | 16.5 | 24.8 | 41.3 |
| | | 女 | 小计 | 7 296 | 5.0 | 6.0 | 7.5 | 19.9 | 29.8 | 49.7 |
| | | | 18 ～ 44 岁 | 3 456 | 5.0 | 6.0 | 7.5 | 20.1 | 30.1 | 50.2 |
| | | | 45 ～ 59 岁 | 2 386 | 5.1 | 6.1 | 7.6 | 20.4 | 30.6 | 50.9 |
| | | | 60 ～ 79 岁 | 1 370 | 4.4 | 5.3 | 6.6 | 17.6 | 26.4 | 43.9 |
| | | | 80 岁及以上 | 84 | 3.9 | 4.7 | 5.9 | 15.8 | 23.6 | 39.4 |
| | 城市 | 小计 | 小计 | 4 774 | 5.4 | 6.5 | 8.1 | 21.5 | 32.3 | 53.8 |
| | | | 18 ～ 44 岁 | 2 249 | 5.7 | 6.8 | 8.6 | 22.8 | 34.2 | 57.0 |
| | | | 45 ～ 59 岁 | 1 547 | 5.6 | 6.8 | 8.5 | 22.6 | 33.9 | 56.4 |
| | | | 60 ～ 79 岁 | 902 | 4.6 | 5.5 | 6.9 | 18.3 | 27.5 | 45.8 |

| 地区 | 城乡 | 性别 | 年龄 | n | 短期呼吸量 / (L/min) | | | | | |
|---|---|---|---|---|---|---|---|---|---|---|
| | | | | | 休息 | 坐 | 轻微活动 | 中体力活动 | 重体力活动 | 极重体力活动 |
| 西南 | 城市 | 小计 | 80 岁及以上 | 76 | 4.0 | 4.9 | 6.1 | 16.2 | 24.3 | 40.5 |
| | | 男 | 小计 | 2 132 | 6.2 | 7.4 | 9.3 | 24.8 | 37.2 | 62.1 |
| | | | 18 ～ 44 岁 | 1 025 | 6.3 | 7.6 | 9.5 | 25.4 | 38.0 | 63.4 |
| | | | 45 ～ 59 岁 | 663 | 6.3 | 7.5 | 9.4 | 25.1 | 37.7 | 62.9 |
| | | | 60 ～ 79 岁 | 406 | 4.9 | 5.8 | 7.3 | 19.5 | 29.2 | 48.6 |
| | | | 80 岁及以上 | 38 | 4.2 | 5.1 | 6.3 | 16.9 | 25.3 | 42.2 |
| | | 女 | 小计 | 2 642 | 5.0 | 6.0 | 7.5 | 19.9 | 29.9 | 49.8 |
| | | | 18 ～ 44 岁 | 1 224 | 5.0 | 6.0 | 7.5 | 20.1 | 30.1 | 50.1 |
| | | | 45 ～ 59 岁 | 884 | 5.1 | 6.1 | 7.7 | 20.4 | 30.6 | 51.0 |
| | | | 60 ～ 79 岁 | 496 | 4.5 | 5.4 | 6.7 | 17.9 | 26.8 | 44.7 |
| | | | 80 岁及以上 | 38 | 3.8 | 4.6 | 5.7 | 15.3 | 23.0 | 38.3 |
| | 农村 | 小计 | 小计 | 8 638 | 5.3 | 6.4 | 8.0 | 21.3 | 32.0 | 53.3 |
| | | | 18 ～ 44 岁 | 4 189 | 5.6 | 6.8 | 8.4 | 22.5 | 33.8 | 56.3 |
| | | | 45 ～ 59 岁 | 2 708 | 5.6 | 6.7 | 8.4 | 22.4 | 33.6 | 55.9 |
| | | | 60 ～ 79 岁 | 1 644 | 4.4 | 5.3 | 6.6 | 17.7 | 26.6 | 44.3 |
| | | | 80 岁及以上 | 97 | 3.9 | 4.7 | 5.9 | 15.8 | 23.7 | 39.5 |
| | | 男 | 小计 | 3 984 | 6.0 | 7.3 | 9.1 | 24.2 | 36.3 | 60.5 |
| | | | 18 ～ 44 岁 | 1 957 | 6.2 | 7.4 | 9.3 | 24.7 | 37.1 | 61.8 |
| | | | 45 ～ 59 岁 | 1 206 | 6.2 | 7.4 | 9.2 | 24.6 | 36.9 | 61.5 |
| | | | 60 ～ 79 岁 | 770 | 4.5 | 5.4 | 6.8 | 18.1 | 27.1 | 45.2 |
| | | | 80 岁及以上 | 51 | 3.9 | 4.7 | 5.9 | 15.7 | 23.6 | 39.3 |
| | | 女 | 小计 | 4 654 | 5.0 | 6.0 | 7.4 | 19.8 | 29.8 | 49.6 |
| | | | 18 ～ 44 岁 | 2 232 | 5.0 | 6.0 | 7.5 | 20.1 | 30.1 | 50.2 |
| | | | 45 ～ 59 岁 | 1 502 | 5.1 | 6.1 | 7.6 | 20.3 | 30.5 | 50.9 |
| | | | 60 ～ 79 岁 | 874 | 4.3 | 5.2 | 6.5 | 17.4 | 26.0 | 43.4 |
| | | | 80 岁及以上 | 46 | 3.9 | 4.7 | 5.9 | 15.8 | 23.7 | 39.5 |

## 附表 2-6　中国人群分省（直辖市、自治区）、城乡、性别的短期呼吸量

| 地区 | 城乡 | 性别 | n | 短期呼吸量 / (L/min) | | | | | |
|---|---|---|---|---|---|---|---|---|---|
| | | | | 休息 | 坐 | 轻微活动 | 中体力活动 | 重体力活动 | 极重体力活动 |
| 合计 | 城乡 | 小计 | 91 059 | 5.5 | 6.6 | 8.2 | 21.9 | 32.9 | 54.8 |
| | | 男 | 41 261 | 6.3 | 7.5 | 9.4 | 25.1 | 37.7 | 62.8 |
| | | 女 | 49 798 | 5.1 | 6.1 | 7.6 | 20.3 | 30.4 | 50.7 |
| | 城市 | 小计 | 41 804 | 5.5 | 6.6 | 8.3 | 22.1 | 33.1 | 55.1 |
| | | 男 | 18 439 | 6.4 | 7.7 | 9.6 | 25.5 | 38.3 | 63.9 |
| | | 女 | 23 365 | 5.1 | 6.1 | 7.6 | 20.4 | 30.6 | 50.9 |
| | 农村 | 小计 | 49 255 | 5.5 | 6.5 | 8.2 | 21.8 | 32.7 | 54.6 |
| | | 男 | 22 822 | 6.2 | 7.5 | 9.3 | 24.9 | 37.3 | 62.1 |
| | | 女 | 26 433 | 5.1 | 6.1 | 7.6 | 20.2 | 30.4 | 50.6 |
| 北京 | 城乡 | 小计 | 1 106 | 5.6 | 6.8 | 8.4 | 22.5 | 33.8 | 56.3 |
| | | 男 | 455 | 6.6 | 7.9 | 9.9 | 26.3 | 39.4 | 65.7 |
| | | 女 | 651 | 5.3 | 6.4 | 7.9 | 21.2 | 31.8 | 52.9 |
| | 城市 | 小计 | 840 | 5.7 | 6.8 | 8.5 | 22.8 | 34.2 | 56.9 |
| | | 男 | 354 | 6.6 | 7.9 | 9.9 | 26.4 | 39.6 | 66.0 |
| | | 女 | 486 | 5.3 | 6.3 | 7.9 | 21.1 | 31.7 | 52.8 |
| | 农村 | 小计 | 266 | 5.5 | 6.6 | 8.3 | 22.1 | 33.1 | 55.1 |
| | | 男 | 101 | 6.4 | 7.7 | 9.6 | 25.7 | 38.5 | 64.2 |
| | | 女 | 165 | 5.3 | 6.4 | 7.9 | 21.2 | 31.8 | 53.0 |
| 天津 | 城乡 | 小计 | 1 154 | 5.7 | 6.8 | 8.5 | 22.6 | 34.0 | 56.6 |
| | | 男 | 470 | 6.5 | 7.8 | 9.8 | 26.1 | 39.2 | 65.3 |
| | | 女 | 684 | 5.2 | 6.3 | 7.8 | 20.9 | 31.4 | 52.3 |
| | 城市 | 小计 | 865 | 5.6 | 6.7 | 8.4 | 22.4 | 33.6 | 56.0 |
| | | 男 | 336 | 6.6 | 7.9 | 9.9 | 26.3 | 39.4 | 65.7 |
| | | 女 | 529 | 5.2 | 6.3 | 7.9 | 21.0 | 31.4 | 52.4 |

| 地区 | 城乡 | 性别 | *n* | 短期呼吸量 /(L/min) | | | | | |
|---|---|---|---|---|---|---|---|---|---|
| | | | | 休息 | 坐 | 轻微活动 | 中体力活动 | 重体力活动 | 极重体力活动 |
| 天津 | 农村 | 小计 | 289 | 5.8 | 6.9 | 8.6 | 23.0 | 34.6 | 57.6 |
| | | 男 | 134 | 6.4 | 7.7 | 9.6 | 25.6 | 38.4 | 64.1 |
| | | 女 | 155 | 5.2 | 6.2 | 7.8 | 20.8 | 31.2 | 52.0 |
| 河北 | 城乡 | 小计 | 4 407 | 5.6 | 6.7 | 8.4 | 22.3 | 33.5 | 55.8 |
| | | 男 | 1 934 | 6.4 | 7.7 | 9.6 | 25.6 | 38.4 | 64.0 |
| | | 女 | 2 473 | 5.2 | 6.3 | 7.9 | 21.0 | 31.5 | 52.5 |
| | 城市 | 小计 | 1 830 | 5.7 | 6.8 | 8.5 | 22.7 | 34.1 | 56.8 |
| | | 男 | 829 | 6.5 | 7.8 | 9.8 | 26.1 | 39.2 | 65.3 |
| | | 女 | 1 001 | 5.3 | 6.3 | 7.9 | 21.1 | 31.6 | 52.6 |
| | 农村 | 小计 | 2 577 | 5.5 | 6.6 | 8.3 | 22.1 | 33.1 | 55.1 |
| | | 男 | 1 105 | 6.3 | 7.6 | 9.5 | 25.4 | 38.1 | 63.5 |
| | | 女 | 1 472 | 5.2 | 6.3 | 7.8 | 20.9 | 31.4 | 52.3 |
| 山西 | 城乡 | 小计 | 3 441 | 5.6 | 6.7 | 8.4 | 22.4 | 33.7 | 56.1 |
| | | 男 | 1 564 | 6.5 | 7.8 | 9.7 | 25.9 | 38.9 | 64.8 |
| | | 女 | 1 877 | 5.2 | 6.2 | 7.8 | 20.8 | 31.2 | 52.1 |
| | 城市 | 小计 | 1 047 | 5.7 | 6.8 | 8.5 | 22.7 | 34.0 | 56.6 |
| | | 男 | 480 | 6.6 | 7.9 | 9.8 | 26.2 | 39.3 | 65.5 |
| | | 女 | 567 | 5.2 | 6.2 | 7.8 | 20.8 | 31.2 | 52.0 |
| | 农村 | 小计 | 2 394 | 5.6 | 6.7 | 8.4 | 22.3 | 33.5 | 55.8 |
| | | 男 | 1 084 | 6.5 | 7.8 | 9.7 | 25.8 | 38.8 | 64.6 |
| | | 女 | 1 310 | 5.2 | 6.3 | 7.8 | 20.9 | 31.3 | 52.1 |
| 内蒙古 | 城乡 | 小计 | 3 048 | 5.7 | 6.8 | 8.6 | 22.8 | 34.2 | 57.0 |
| | | 男 | 1 471 | 6.5 | 7.7 | 9.7 | 25.8 | 38.7 | 64.5 |
| | | 女 | 1 577 | 5.2 | 6.3 | 7.8 | 20.9 | 31.3 | 52.2 |
| | 城市 | 小计 | 1 196 | 5.7 | 6.8 | 8.5 | 22.6 | 33.9 | 56.5 |
| | | 男 | 554 | 6.6 | 7.9 | 9.8 | 26.2 | 39.3 | 65.5 |
| | | 女 | 642 | 5.2 | 6.3 | 7.8 | 20.8 | 31.3 | 52.1 |
| | 农村 | 小计 | 1 852 | 5.7 | 6.9 | 8.6 | 22.9 | 34.3 | 57.2 |
| | | 男 | 917 | 6.4 | 7.7 | 9.6 | 25.6 | 38.4 | 64.0 |
| | | 女 | 935 | 5.2 | 6.3 | 7.8 | 20.9 | 31.3 | 52.2 |
| 辽宁 | 城乡 | 小计 | 3 376 | 5.7 | 6.8 | 8.5 | 22.8 | 34.2 | 56.9 |
| | | 男 | 1 449 | 6.5 | 7.8 | 9.8 | 26.0 | 39.0 | 65.1 |
| | | 女 | 1 927 | 5.2 | 6.3 | 7.8 | 20.9 | 31.4 | 52.3 |
| | 城市 | 小计 | 1 195 | 5.8 | 7.0 | 8.7 | 23.2 | 34.8 | 58.0 |
| | | 男 | 526 | 6.6 | 8.0 | 9.9 | 26.5 | 39.8 | 66.3 |
| | | 女 | 669 | 5.2 | 6.3 | 7.9 | 21.0 | 31.5 | 52.5 |
| | 农村 | 小计 | 2 181 | 5.6 | 6.8 | 8.5 | 22.6 | 33.9 | 56.5 |
| | | 男 | 923 | 6.5 | 7.8 | 9.7 | 25.9 | 38.9 | 64.8 |
| | | 女 | 1 258 | 5.2 | 6.3 | 7.8 | 20.9 | 31.4 | 52.3 |
| 吉林 | 城乡 | 小计 | 2 738 | 5.7 | 6.8 | 8.5 | 22.6 | 33.9 | 56.6 |
| | | 男 | 1 303 | 6.4 | 7.7 | 9.6 | 25.7 | 38.5 | 64.2 |
| | | 女 | 1 435 | 5.2 | 6.2 | 7.8 | 20.8 | 31.2 | 52.1 |
| | 城市 | 小计 | 1 572 | 5.7 | 6.8 | 8.5 | 22.7 | 34.0 | 56.7 |
| | | 男 | 705 | 6.5 | 7.8 | 9.7 | 26.0 | 39.0 | 64.9 |
| | | 女 | 867 | 5.2 | 6.3 | 7.8 | 20.9 | 31.3 | 52.2 |
| | 农村 | 小计 | 1 166 | 5.6 | 6.7 | 8.4 | 22.4 | 33.7 | 56.1 |
| | | 男 | 598 | 6.3 | 7.6 | 9.5 | 25.4 | 38.1 | 63.5 |
| | | 女 | 568 | 5.2 | 6.2 | 7.8 | 20.8 | 31.2 | 52.1 |
| 黑龙江 | 城乡 | 小计 | 4 062 | 5.6 | 6.7 | 8.4 | 22.3 | 33.5 | 55.8 |
| | | 男 | 1 882 | 6.5 | 7.8 | 9.8 | 26.0 | 39.1 | 65.1 |
| | | 女 | 2 180 | 5.2 | 6.2 | 7.8 | 20.7 | 31.0 | 51.7 |
| | 城市 | 小计 | 1 589 | 5.6 | 6.7 | 8.4 | 22.4 | 33.6 | 56.0 |
| | | 男 | 681 | 6.7 | 8.1 | 10.1 | 26.9 | 40.4 | 67.4 |
| | | 女 | 908 | 5.2 | 6.2 | 7.7 | 20.6 | 30.9 | 51.5 |
| | 农村 | 小计 | 2 473 | 5.6 | 6.7 | 8.4 | 22.3 | 33.4 | 55.7 |
| | | 男 | 1 201 | 6.4 | 7.7 | 9.6 | 25.6 | 38.4 | 64.1 |
| | | 女 | 1 272 | 5.2 | 6.2 | 7.8 | 20.7 | 31.1 | 51.8 |
| 上海 | 城乡 | 小计 | 1 161 | 5.5 | 6.6 | 8.3 | 22.0 | 33.1 | 55.1 |

| 地区 | 城乡 | 性别 | $n$ | 短期呼吸量 /(L/min) | | | | | |
|---|---|---|---|---|---|---|---|---|---|
| | | | | 休息 | 坐 | 轻微活动 | 中体力活动 | 重体力活动 | 极重体力活动 |
| 上海 | 城乡 | 男 | 540 | 6.4 | 7.7 | 9.6 | 25.6 | 38.4 | 63.9 |
| | | 女 | 621 | 5.1 | 6.1 | 7.6 | 20.3 | 30.4 | 50.6 |
| | 城市 | 小计 | 1 161 | 5.5 | 6.6 | 8.3 | 22.0 | 33.1 | 55.1 |
| | | 男 | 540 | 6.4 | 7.7 | 9.6 | 25.6 | 38.4 | 63.9 |
| | | 女 | 621 | 5.1 | 6.1 | 7.6 | 20.3 | 30.4 | 50.6 |
| 江苏 | 城乡 | 小计 | 3 471 | 5.4 | 6.5 | 8.1 | 21.5 | 32.3 | 53.8 |
| | | 男 | 1 586 | 6.4 | 7.6 | 9.5 | 25.5 | 38.2 | 63.6 |
| | | 女 | 1 885 | 5.0 | 6.1 | 7.6 | 20.2 | 30.3 | 50.5 |
| | 城市 | 小计 | 2 313 | 5.4 | 6.5 | 8.1 | 21.7 | 32.6 | 54.3 |
| | | 男 | 1 068 | 6.4 | 7.7 | 9.7 | 25.7 | 38.6 | 64.4 |
| | | 女 | 1 245 | 5.1 | 6.1 | 7.6 | 20.3 | 30.4 | 50.7 |
| | 农村 | 小计 | 1 158 | 5.3 | 6.3 | 7.9 | 21.1 | 31.7 | 52.9 |
| | | 男 | 518 | 6.2 | 7.5 | 9.3 | 24.9 | 37.3 | 62.1 |
| | | 女 | 640 | 5.0 | 6.0 | 7.5 | 20.1 | 30.1 | 50.1 |
| 浙江 | 城乡 | 小计 | 3 427 | 5.5 | 6.6 | 8.2 | 21.8 | 32.8 | 54.6 |
| | | 男 | 1 599 | 6.3 | 7.5 | 9.4 | 25.1 | 37.7 | 62.8 |
| | | 女 | 1 828 | 5.0 | 6.0 | 7.5 | 20.1 | 30.2 | 50.3 |
| | 城市 | 小计 | 1 184 | 5.5 | 6.6 | 8.2 | 22.0 | 33.0 | 55.0 |
| | | 男 | 536 | 6.4 | 7.7 | 9.6 | 25.6 | 38.3 | 63.9 |
| | | 女 | 648 | 5.0 | 6.0 | 7.5 | 20.1 | 30.2 | 50.3 |
| | 农村 | 小计 | 2 243 | 5.4 | 6.5 | 8.2 | 21.8 | 32.7 | 54.5 |
| | | 男 | 1 063 | 6.2 | 7.5 | 9.3 | 24.9 | 37.3 | 62.1 |
| | | 女 | 1 180 | 5.0 | 6.0 | 7.5 | 20.1 | 30.2 | 50.3 |
| 安徽 | 城乡 | 小计 | 3 491 | 5.4 | 6.5 | 8.1 | 21.6 | 32.3 | 53.9 |
| | | 男 | 1 542 | 6.3 | 7.6 | 9.5 | 25.2 | 37.8 | 63.0 |
| | | 女 | 1 949 | 5.1 | 6.1 | 7.6 | 20.2 | 30.3 | 50.6 |
| | 城市 | 小计 | 1 894 | 5.5 | 6.6 | 8.3 | 22.1 | 33.1 | 55.2 |
| | | 男 | 791 | 6.4 | 7.7 | 9.6 | 25.7 | 38.5 | 64.1 |
| | | 女 | 1 103 | 5.2 | 6.2 | 7.7 | 20.7 | 31.0 | 51.7 |
| | 农村 | 小计 | 1 597 | 5.3 | 6.4 | 8.0 | 21.2 | 31.9 | 53.1 |
| | | 男 | 751 | 6.2 | 7.5 | 9.3 | 24.9 | 37.3 | 62.1 |
| | | 女 | 846 | 5.0 | 6.0 | 7.5 | 20.0 | 30.0 | 50.1 |
| 福建 | 城乡 | 小计 | 2 897 | 5.4 | 6.5 | 8.1 | 21.7 | 32.6 | 54.3 |
| | | 男 | 1 290 | 6.2 | 7.4 | 9.3 | 24.8 | 37.1 | 61.9 |
| | | 女 | 1 607 | 5.0 | 6.0 | 7.5 | 20.0 | 30.0 | 50.0 |
| | 城市 | 小计 | 1 494 | 5.4 | 6.5 | 8.1 | 21.6 | 32.4 | 54.0 |
| | | 男 | 635 | 6.3 | 7.5 | 9.4 | 25.1 | 37.7 | 62.8 |
| | | 女 | 859 | 5.0 | 6.0 | 7.5 | 20.0 | 30.0 | 50.0 |
| | 农村 | 小计 | 1 403 | 5.4 | 6.5 | 8.2 | 21.8 | 32.7 | 54.4 |
| | | 男 | 655 | 6.1 | 7.4 | 9.2 | 24.5 | 36.8 | 61.3 |
| | | 女 | 748 | 5.0 | 6.0 | 7.5 | 20.0 | 29.9 | 49.9 |
| 江西 | 城乡 | 小计 | 2 917 | 5.3 | 6.4 | 8.0 | 21.3 | 31.9 | 53.1 |
| | | 男 | 1 376 | 6.1 | 7.4 | 9.2 | 24.6 | 36.8 | 61.4 |
| | | 女 | 1 541 | 4.9 | 5.9 | 7.4 | 19.7 | 29.5 | 49.2 |
| | 城市 | 小计 | 1 720 | 5.4 | 6.5 | 8.1 | 21.6 | 32.4 | 53.9 |
| | | 男 | 795 | 6.2 | 7.5 | 9.3 | 24.9 | 37.4 | 62.3 |
| | | 女 | 925 | 5.0 | 6.0 | 7.5 | 19.9 | 29.8 | 49.7 |
| | 农村 | 小计 | 1 197 | 5.2 | 6.3 | 7.8 | 20.9 | 31.3 | 52.2 |
| | | 男 | 581 | 6.0 | 7.3 | 9.1 | 24.2 | 36.3 | 60.5 |
| | | 女 | 616 | 4.9 | 5.8 | 7.3 | 19.5 | 29.2 | 48.7 |
| 山东 | 城乡 | 小计 | 5 588 | 5.6 | 6.8 | 8.4 | 22.5 | 33.8 | 56.3 |
| | | 男 | 2 492 | 6.5 | 7.8 | 9.7 | 25.9 | 38.9 | 64.8 |
| | | 女 | 3 096 | 5.2 | 6.3 | 7.8 | 20.9 | 31.3 | 52.2 |
| | 城市 | 小计 | 2 709 | 5.6 | 6.8 | 8.4 | 22.5 | 33.8 | 56.3 |
| | | 男 | 1 126 | 6.5 | 7.8 | 9.8 | 26.1 | 39.1 | 65.2 |
| | | 女 | 1 583 | 5.2 | 6.3 | 7.8 | 20.9 | 31.3 | 52.2 |
| | 农村 | 小计 | 2 879 | 5.6 | 6.7 | 8.4 | 22.5 | 33.7 | 56.2 |
| | | 男 | 1 366 | 6.4 | 7.7 | 9.6 | 25.6 | 38.4 | 64.1 |

| 地区 | 城乡 | 性别 | n | 短期呼吸量 /(L/min) | | | | | |
|---|---|---|---|---|---|---|---|---|---|
| | | | | 休息 | 坐 | 轻微活动 | 中体力活动 | 重体力活动 | 极重体力活动 |
| 山东 | 农村 | 女 | 1 513 | 5.2 | 6.3 | 7.8 | 20.9 | 31.3 | 52.2 |
| 河南 | 城乡 | 小计 | 4 926 | 5.5 | 6.6 | 8.2 | 21.9 | 32.8 | 54.7 |
| | | 男 | 2 100 | 6.4 | 7.6 | 9.6 | 25.5 | 38.2 | 63.7 |
| | | 女 | 2 826 | 5.2 | 6.2 | 7.7 | 20.6 | 31.0 | 51.6 |
| | 城市 | 小计 | 2 039 | 5.5 | 6.6 | 8.3 | 22.1 | 33.1 | 55.2 |
| | | 男 | 846 | 6.5 | 7.8 | 9.7 | 25.9 | 38.9 | 64.8 |
| | | 女 | 1 193 | 5.2 | 6.2 | 7.8 | 20.8 | 31.2 | 51.9 |
| | 农村 | 小计 | 2 887 | 5.4 | 6.5 | 8.2 | 21.8 | 32.7 | 54.5 |
| | | 男 | 1 254 | 6.3 | 7.6 | 9.5 | 25.3 | 37.9 | 63.2 |
| | | 女 | 1 633 | 5.1 | 6.2 | 7.7 | 20.6 | 30.9 | 51.4 |
| 湖北 | 城乡 | 小计 | 3 409 | 5.5 | 6.6 | 8.3 | 22.1 | 33.1 | 55.2 |
| | | 男 | 1 603 | 6.3 | 7.5 | 9.4 | 25.1 | 37.7 | 62.9 |
| | | 女 | 1 806 | 5.1 | 6.1 | 7.6 | 20.3 | 30.5 | 50.8 |
| | 城市 | 小计 | 2 382 | 5.5 | 6.6 | 8.3 | 22.1 | 33.1 | 55.2 |
| | | 男 | 1 126 | 6.3 | 7.6 | 9.5 | 25.4 | 38.0 | 63.4 |
| | | 女 | 1 256 | 5.1 | 6.1 | 7.6 | 20.3 | 30.4 | 50.6 |
| | 农村 | 小计 | 1 027 | 5.5 | 6.6 | 8.3 | 22.1 | 33.1 | 55.1 |
| | | 男 | 477 | 6.2 | 7.5 | 9.4 | 24.9 | 37.4 | 62.4 |
| | | 女 | 550 | 5.1 | 6.1 | 7.7 | 20.4 | 30.6 | 51.1 |
| 湖南 | 城乡 | 小计 | 4 059 | 5.5 | 6.6 | 8.3 | 22.1 | 33.2 | 55.3 |
| | | 男 | 1 849 | 6.2 | 7.4 | 9.3 | 24.8 | 37.1 | 61.9 |
| | | 女 | 2 210 | 5.0 | 6.0 | 7.5 | 19.9 | 29.8 | 49.7 |
| | 城市 | 小计 | 1 534 | 5.5 | 6.5 | 8.2 | 21.8 | 32.7 | 54.5 |
| | | 男 | 622 | 6.4 | 7.7 | 9.6 | 25.5 | 38.3 | 63.8 |
| | | 女 | 912 | 5.0 | 6.0 | 7.5 | 20.0 | 29.9 | 49.9 |
| | 农村 | 小计 | 2 525 | 5.5 | 6.7 | 8.3 | 22.2 | 33.3 | 55.5 |
| | | 男 | 1 227 | 6.1 | 7.3 | 9.2 | 24.5 | 36.7 | 61.2 |
| | | 女 | 1 298 | 5.0 | 5.9 | 7.4 | 19.8 | 29.7 | 49.6 |
| 广东 | 城乡 | 小计 | 3 241 | 5.2 | 6.3 | 7.9 | 21.0 | 31.5 | 52.5 |
| | | 男 | 1 456 | 6.1 | 7.3 | 9.2 | 24.4 | 36.6 | 61.0 |
| | | 女 | 1 785 | 5.0 | 6.0 | 7.4 | 19.9 | 29.8 | 49.6 |
| | 城市 | 小计 | 1 745 | 5.3 | 6.3 | 7.9 | 21.1 | 31.7 | 52.8 |
| | | 男 | 775 | 6.2 | 7.4 | 9.3 | 24.7 | 37.1 | 61.8 |
| | | 女 | 970 | 5.0 | 6.0 | 7.5 | 20.0 | 30.0 | 50.0 |
| | 农村 | 小计 | 1 496 | 5.2 | 6.3 | 7.8 | 20.9 | 31.3 | 52.2 |
| | | 男 | 681 | 6.0 | 7.2 | 9.1 | 24.1 | 36.2 | 60.3 |
| | | 女 | 815 | 4.9 | 5.9 | 7.4 | 19.6 | 29.5 | 49.1 |
| 广西 | 城乡 | 小计 | 3 380 | 5.3 | 6.3 | 7.9 | 21.0 | 31.6 | 52.6 |
| | | 男 | 1 594 | 6.0 | 7.2 | 9.0 | 23.9 | 35.9 | 59.8 |
| | | 女 | 1 786 | 4.9 | 5.9 | 7.4 | 19.7 | 29.5 | 49.2 |
| | 城市 | 小计 | 1 344 | 5.4 | 6.4 | 8.0 | 21.4 | 32.1 | 53.6 |
| | | 男 | 612 | 6.1 | 7.3 | 9.1 | 24.3 | 36.4 | 60.7 |
| | | 女 | 732 | 4.9 | 5.9 | 7.4 | 19.8 | 29.7 | 49.5 |
| | 农村 | 小计 | 2 036 | 5.2 | 6.3 | 7.8 | 20.9 | 31.3 | 52.2 |
| | | 男 | 982 | 5.9 | 7.1 | 8.9 | 23.7 | 35.6 | 59.3 |
| | | 女 | 1 054 | 4.9 | 5.9 | 7.4 | 19.6 | 29.5 | 49.1 |
| 海南 | 城乡 | 小计 | 1 083 | 5.3 | 6.4 | 8.0 | 21.4 | 32.1 | 53.4 |
| | | 男 | 515 | 6.0 | 7.2 | 9.0 | 24.1 | 36.2 | 60.3 |
| | | 女 | 568 | 4.8 | 5.8 | 7.3 | 19.4 | 29.0 | 48.4 |
| | 城市 | 小计 | 328 | 5.4 | 6.5 | 8.2 | 21.7 | 32.6 | 54.4 |
| | | 男 | 155 | 6.2 | 7.5 | 9.4 | 24.9 | 37.4 | 62.4 |
| | | 女 | 173 | 5.0 | 6.0 | 7.5 | 20.0 | 29.9 | 49.9 |
| | 农村 | 小计 | 755 | 5.3 | 6.3 | 7.9 | 21.1 | 31.6 | 52.7 |
| | | 男 | 360 | 5.9 | 7.1 | 8.9 | 23.7 | 35.6 | 59.3 |
| | | 女 | 395 | 4.8 | 5.7 | 7.2 | 19.1 | 28.7 | 47.9 |
| 重庆 | 城乡 | 小计 | 968 | 5.2 | 6.2 | 7.8 | 20.7 | 31.1 | 51.8 |
| | | 男 | 413 | 6.0 | 7.2 | 9.1 | 24.1 | 36.2 | 60.3 |
| | | 女 | 555 | 5.0 | 6.0 | 7.4 | 19.9 | 29.8 | 49.6 |

| 地区 | 城乡 | 性别 | $n$ | 短期呼吸量 /(L/min) | | | | | |
|---|---|---|---|---|---|---|---|---|---|
| | | | | 休息 | 坐 | 轻微活动 | 中体力活动 | 重体力活动 | 极重体力活动 |
| 重庆 | 城市 | 小计 | 475 | 5.3 | 6.3 | 7.9 | 21.1 | 31.7 | 52.8 |
| | | 男 | 224 | 6.2 | 7.4 | 9.3 | 24.8 | 37.2 | 62.1 |
| | | 女 | 251 | 5.0 | 6.0 | 7.5 | 20.0 | 29.9 | 49.9 |
| | 农村 | 小计 | 493 | 5.1 | 6.1 | 7.7 | 20.4 | 30.6 | 51.1 |
| | | 男 | 189 | 5.9 | 7.0 | 8.8 | 23.4 | 35.1 | 58.6 |
| | | 女 | 304 | 4.9 | 5.9 | 7.4 | 19.7 | 29.6 | 49.4 |
| 四川 | 城乡 | 小计 | 4 579 | 5.4 | 6.4 | 8.1 | 21.5 | 32.2 | 53.7 |
| | | 男 | 2 095 | 6.2 | 7.4 | 9.2 | 24.6 | 36.9 | 61.6 |
| | | 女 | 2 484 | 5.0 | 6.0 | 7.5 | 20.1 | 30.1 | 50.1 |
| | 城市 | 小计 | 1 940 | 5.4 | 6.4 | 8.0 | 21.4 | 32.1 | 53.6 |
| | | 男 | 866 | 6.2 | 7.5 | 9.3 | 24.9 | 37.3 | 62.2 |
| | | 女 | 1 074 | 5.0 | 6.0 | 7.5 | 20.0 | 29.9 | 49.9 |
| | 农村 | 小计 | 2 639 | 5.4 | 6.5 | 8.1 | 21.5 | 32.3 | 53.8 |
| | | 男 | 1 229 | 6.1 | 7.3 | 9.2 | 24.5 | 36.7 | 61.2 |
| | | 女 | 1 410 | 5.0 | 6.0 | 7.5 | 20.1 | 30.2 | 50.3 |
| 贵州 | 城乡 | 小计 | 2 854 | 5.5 | 6.6 | 8.2 | 21.8 | 32.8 | 54.6 |
| | | 男 | 1 333 | 6.1 | 7.3 | 9.1 | 24.4 | 36.6 | 61.0 |
| | | 女 | 1 521 | 4.9 | 5.9 | 7.4 | 19.7 | 29.6 | 49.3 |
| | 城市 | 小计 | 1 061 | 5.5 | 6.7 | 8.3 | 22.2 | 33.3 | 55.4 |
| | | 男 | 497 | 6.2 | 7.5 | 9.3 | 24.9 | 37.3 | 62.1 |
| | | 女 | 564 | 5.0 | 6.0 | 7.5 | 19.9 | 29.8 | 49.7 |
| | 农村 | 小计 | 1 793 | 5.4 | 6.4 | 8.0 | 21.4 | 32.2 | 53.6 |
| | | 男 | 836 | 6.0 | 7.2 | 9.0 | 24.0 | 35.9 | 59.9 |
| | | 女 | 957 | 4.9 | 5.9 | 7.4 | 19.6 | 29.5 | 49.1 |
| 云南 | 城乡 | 小计 | 3 488 | 5.4 | 6.5 | 8.1 | 21.6 | 32.4 | 54.1 |
| | | 男 | 1 661 | 6.1 | 7.3 | 9.1 | 24.4 | 36.6 | 61.0 |
| | | 女 | 1 827 | 4.9 | 5.9 | 7.4 | 19.8 | 29.7 | 49.4 |
| | 城市 | 小计 | 913 | 5.4 | 6.4 | 8.1 | 21.5 | 32.2 | 53.7 |
| | | 男 | 419 | 6.1 | 7.3 | 9.2 | 24.5 | 36.7 | 61.2 |
| | | 女 | 494 | 5.0 | 6.0 | 7.5 | 19.9 | 29.8 | 49.7 |
| | 农村 | 小计 | 2 575 | 5.4 | 6.5 | 8.2 | 21.8 | 32.7 | 54.5 |
| | | 男 | 1 242 | 6.1 | 7.3 | 9.1 | 24.3 | 36.5 | 60.8 |
| | | 女 | 1 333 | 4.9 | 5.9 | 7.4 | 19.7 | 29.6 | 49.3 |
| 西藏 | 城乡 | 小计 | 1 523 | 5.3 | 6.4 | 8.0 | 21.3 | 32.0 | 53.3 |
| | | 男 | 614 | 6.0 | 7.2 | 9.0 | 24.1 | 36.2 | 60.3 |
| | | 女 | 909 | 5.0 | 6.0 | 7.5 | 19.9 | 29.8 | 49.7 |
| | 城市 | 小计 | 385 | 5.5 | 6.6 | 8.2 | 21.9 | 32.8 | 54.7 |
| | | 男 | 126 | 6.1 | 7.4 | 9.2 | 24.6 | 36.8 | 61.4 |
| | | 女 | 259 | 5.2 | 6.2 | 7.8 | 20.8 | 31.2 | 52.0 |
| | 农村 | 小计 | 1 138 | 5.2 | 6.3 | 7.9 | 21.0 | 31.5 | 52.5 |
| | | 男 | 488 | 6.0 | 7.2 | 9.0 | 24.0 | 36.0 | 60.0 |
| | | 女 | 650 | 4.9 | 5.9 | 7.4 | 19.7 | 29.5 | 49.2 |
| 陕西 | 城乡 | 小计 | 2 868 | 5.3 | 6.4 | 7.9 | 21.2 | 31.8 | 52.9 |
| | | 男 | 1 298 | 6.1 | 7.3 | 9.2 | 24.5 | 36.7 | 61.2 |
| | | 女 | 1 570 | 5.0 | 6.0 | 7.6 | 20.1 | 30.2 | 50.3 |
| | 城市 | 小计 | 1 331 | 5.4 | 6.5 | 8.1 | 21.5 | 32.3 | 53.8 |
| | | 男 | 587 | 6.3 | 7.5 | 9.4 | 25.0 | 37.6 | 62.6 |
| | | 女 | 744 | 5.1 | 6.1 | 7.6 | 20.4 | 30.6 | 51.0 |
| | 农村 | 小计 | 1 537 | 5.2 | 6.3 | 7.9 | 21.0 | 31.5 | 52.5 |
| | | 男 | 711 | 6.0 | 7.2 | 9.1 | 24.1 | 36.2 | 60.3 |
| | | 女 | 826 | 5.0 | 6.0 | 7.5 | 19.9 | 29.8 | 49.7 |
| 甘肃 | 城乡 | 小计 | 2 869 | 5.4 | 6.5 | 8.2 | 21.8 | 32.7 | 54.5 |
| | | 男 | 1 289 | 6.3 | 7.6 | 9.5 | 25.3 | 37.9 | 63.2 |
| | | 女 | 1 580 | 5.1 | 6.1 | 7.7 | 20.5 | 30.7 | 51.2 |
| | 城市 | 小计 | 799 | 5.5 | 6.6 | 8.2 | 22.0 | 33.0 | 55.0 |
| | | 男 | 365 | 6.3 | 7.6 | 9.5 | 25.4 | 38.1 | 63.5 |
| | | 女 | 434 | 5.2 | 6.2 | 7.8 | 20.7 | 31.0 | 51.7 |
| | 农村 | 小计 | 2 070 | 5.4 | 6.5 | 8.1 | 21.7 | 32.5 | 54.2 |

| 地区 | 城乡 | 性别 | $n$ | 短期呼吸量 /(L/min) | | | | | |
|---|---|---|---|---|---|---|---|---|---|
| | | | | 休息 | 坐 | 轻微活动 | 中体力活动 | 重体力活动 | 极重体力活动 |
| 甘肃 | 农村 | 男 | 924 | 6.3 | 7.6 | 9.5 | 25.3 | 37.9 | 63.1 |
| | | 女 | 1 146 | 5.1 | 6.1 | 7.6 | 20.4 | 30.6 | 51.0 |
| 青海 | 城乡 | 小计 | 1 586 | 5.6 | 6.7 | 8.4 | 22.3 | 33.5 | 55.8 |
| | | 男 | 686 | 6.4 | 7.7 | 9.6 | 25.7 | 38.5 | 64.2 |
| | | 女 | 900 | 5.1 | 6.1 | 7.6 | 20.4 | 30.6 | 51.0 |
| | 城市 | 小计 | 660 | 5.8 | 6.9 | 8.7 | 23.1 | 34.6 | 57.7 |
| | | 男 | 291 | 6.6 | 7.9 | 9.9 | 26.5 | 39.7 | 66.2 |
| | | 女 | 369 | 5.1 | 6.1 | 7.7 | 20.5 | 30.7 | 51.2 |
| | 农村 | 小计 | 926 | 5.3 | 6.3 | 7.9 | 21.1 | 31.7 | 52.8 |
| | | 男 | 395 | 6.1 | 7.3 | 9.2 | 24.4 | 36.6 | 61.0 |
| | | 女 | 531 | 5.0 | 6.0 | 7.6 | 20.2 | 30.2 | 50.4 |
| 宁夏 | 城乡 | 小计 | 1 138 | 5.6 | 6.7 | 8.4 | 22.4 | 33.6 | 56.0 |
| | | 男 | 538 | 6.5 | 7.8 | 9.8 | 26.0 | 39.0 | 65.1 |
| | | 女 | 600 | 5.1 | 6.1 | 7.6 | 20.3 | 30.5 | 50.8 |
| | 城市 | 小计 | 1 040 | 5.6 | 6.7 | 8.3 | 22.2 | 33.3 | 55.6 |
| | | 男 | 488 | 6.5 | 7.8 | 9.8 | 26.1 | 39.1 | 65.2 |
| | | 女 | 552 | 5.1 | 6.1 | 7.6 | 20.3 | 30.5 | 50.8 |
| | 农村 | 小计 | 98 | 5.7 | 6.9 | 8.6 | 22.9 | 34.3 | 57.2 |
| | | 男 | 50 | 6.5 | 7.8 | 9.8 | 26.0 | 39.0 | 65.1 |
| | | 女 | 48 | 5.1 | 6.1 | 7.6 | 20.3 | 30.5 | 50.8 |
| 新疆 | 城乡 | 小计 | 2 804 | 5.7 | 6.8 | 8.5 | 22.7 | 34.1 | 56.8 |
| | | 男 | 1 264 | 6.3 | 7.6 | 9.5 | 25.3 | 38.0 | 63.3 |
| | | 女 | 1 540 | 5.1 | 6.2 | 7.7 | 20.5 | 30.8 | 51.3 |
| | 城市 | 小计 | 1 219 | 5.5 | 6.6 | 8.3 | 22.1 | 33.2 | 55.3 |
| | | 男 | 484 | 6.4 | 7.7 | 9.6 | 25.7 | 38.5 | 64.2 |
| | | 女 | 735 | 5.2 | 6.2 | 7.8 | 20.7 | 31.1 | 51.8 |
| | 农村 | 小计 | 1 585 | 5.8 | 6.9 | 8.7 | 23.1 | 34.7 | 57.9 |
| | | 男 | 780 | 6.3 | 7.6 | 9.5 | 25.2 | 37.8 | 63.0 |
| | | 女 | 805 | 5.1 | 6.1 | 7.6 | 20.4 | 30.6 | 50.9 |

## 附表 2-7 中国部分地区人群的长期呼吸量

| 地区 | 年龄 / 岁 | 城市 | | | | 农村 | | | |
|---|---|---|---|---|---|---|---|---|---|
| | | 男 | | 女 | | 男 | | 女 | |
| | | $n$ | 长期呼吸量 / ($m^3$/d) | $n$ | 长期呼吸量 / ($m^3$/d) | $n$ | 长期呼吸量 / ($m^3$/d) | $n$ | 长期呼吸量 / ($m^3$/d) |
| 广西 | 19 ～ 26 | 37 | 18.4 | 27 | 15.8 | 32 | 18.4 | 17 | 13.3 |
| | 27 ～ 34 | 42 | 18.8 | 24 | 13.0 | 43 | 16.6 | 33 | 15.6 |
| | 35 ～ 44 | 34 | 18.7 | 39 | 15.1 | 48 | 16.8 | 34 | 13.8 |
| | 45 ～ 54 | 26 | 18.9 | 33 | 14.1 | 47 | 19.6 | 16 | 16.3 |
| | ≥ 55 | 28 | 18.3 | 27 | 14.9 | 18 | 19.2 | 6 | 14.1 |
| 浙江 | 19 ～ 26 | 65 | 16.0 | 71 | 13.7 | 13 | 14.3 | 18 | 15.5 |
| | 27 ～ 34 | 35 | 15.4 | 50 | 14.3 | 13 | 12.2 | 16 | 13.0 |
| | 35 ～ 44 | 57 | 15.7 | 80 | 14.1 | 19 | 13.9 | 24 | 14.3 |
| | 45 ～ 54 | 41 | 15.4 | 48 | 13.4 | 20 | 14.0 | 17 | 12.8 |
| | ≥ 55 | 68 | 17.3 | 55 | 14.5 | 13 | 14.5 | 8 | 13.5 |
| 河北 | 19 ～ 26 | 47 | 18.1 | 55 | 17.0 | 43 | 19.0 | 41 | 13.9 |
| | 27 ～ 34 | 53 | 16.7 | 60 | 14.5 | 42 | 18.4 | 52 | 15.3 |
| | 35 ～ 44 | 48 | 18.7 | 52 | 14.8 | 58 | 17.6 | 45 | 14.3 |
| | 45 ～ 54 | 44 | 16.3 | 36 | 13.8 | 43 | 18.0 | 37 | 14.6 |
| | ≥ 55 | 21 | 18.2 | 36 | 15.1 | 26 | 20.0 | 20 | 15.5 |
| 北京 | 19 ～ 23 | 39 | 16.4 | 61 | 12.9 | 39 | 16.4 | 61 | 12.9 |

数据来源：表中呼吸量是在中国人群生理常数与心理状况调查（朱广瑾，2006）实测数据的基础上通过 $IR=VT \times BF$ 计算所得。

# 3 饮水摄入量
# Water Ingestion Rates




本章作者 黄 楠 郑婵娟 王贝贝 陈子易 董 婷 王先良 段小丽 等

## 3.1 参数说明

饮水摄入量（Water Ingestion Rates）指人每天摄入水的体积（ml/d），可分为直接饮水摄入量（以白水形式饮用的水，如开水、生水、桶 / 瓶装水等，以及以咖啡、茶、奶粉等形式冲饮的水）、间接饮水摄入量（指通过粥汤摄入水的量）和总饮水摄入量（直接饮水摄入量和间接饮水摄入量之和）。本《手册》中所指的水只包括本地水源水，不包括商品性牛奶、饮料、酒以及食品材料等非本地水源水。

饮水摄入量与性别、年龄、人种以及运动量等因素有关，并受季节、气候、地域等地理气象学条件，饮食习惯和饮食文化等因素的影响。饮水摄入量的获得方法包括测量法和问卷调查法，其中问卷调查法可采用问卷访谈或日志记录的方式开展。

饮水中污染物暴露剂量的计算见公式（3-1）。

$$ADD=\frac{C\times IR\times EF\times ED}{BW\times AT} \tag{3-1}$$

式中：$ADD$——污染物的日平均暴露量，mg/(kg·d)；

$C$——水中污染物的浓度，mg/ml；

$IR$——饮水摄入量，ml/d；

$EF$——暴露频率，d/a；

$ED$——暴露持续时间，a；

$BW$——体重，kg；

$AT$——平均暴露时间，d。

## 3.2 资料与数据来源

本《手册》的数据主要来源于中国人群环境暴露行为模式研究。环境保护部科技标准司于 2011—2012 年委托中国环境科学研究院在我国 31 个省、自治区、直辖市（不包括香港、澳门特别行政区和台湾地区）的 159 个县 / 区针对 18 岁及以上常住居民 91 527 人（有效样本量为 91 121 人）开展中国人群环境暴露行为模式研究。该研究包括直接饮水摄入量、间接饮水摄入量和总饮水摄入量（附表 3-1 ～附表 3-36）。

中国目前的关于饮水摄入量的其他调查主要以局部地区调查为主，且受访人群主要集中在城市地区，未被本《手册》引用。

## 3.3 饮水摄入量推荐值

表 3-1 中国人群饮水摄入量推荐值

| | 饮水摄入量 /(ml/d) | | | | | | | | |
|---|---|---|---|---|---|---|---|---|---|
| | 城乡 | | | 城市 | | | 农村 | | |
| | 小计 | 男 | 女 | 小计 | 男 | 女 | 小计 | 男 | 女 |
| 总饮水摄入量 | 1 850 | 2 000 | 1 713 | 1 900 | 2 000 | 1 775 | 1 825 | 2 000 | 1 675 |
| 直接饮水摄入量 | 1 125 | 1 250 | 1 000 | 1 250 | 1 275 | 1 125 | 1 100 | 1 125 | 1 000 |
| 间接饮水摄入量 | 480 | 500 | 450 | 400 | 400 | 400 | 600 | 600 | 500 |

注：饮水摄入量指全年平均的日均饮水摄入量。
表中推荐值为中位值。

## 3.4 与国外的比较

与美国（USEPA，2011）、日本（NIAIST，2007）、韩国（Jang J Y，et al，2007）直接饮水摄入量的比较见表 3-2。

表 3-2 与国外的比较

| 直接饮水摄入量 /（ml/d） | | | |
|---|---|---|---|
| 中国 | 美国[a] | 日本[b] | 韩国 |
| 1 125 | 1 043 | 667 | 1 502 |

注：a. 包括白水、瓶装水摄入；b. 只包括白水摄入。

### 本章参考文献

Jang J Y, Jo S N, Kim S, et al. 2007. Korean exposure factors handbook[S]. Ministry of Environment, Seoul, Korea.

NIAIST. 2007. Japanese exposure factors handbook[S]. http://unit.aist.go.jp/riss/crm/exposurefactors/english_summary.html. 2011-10-12.

USEPA.2011.Exposure factorshandbook[S]. EPA/600/R-09/052F. Washington DC: U.S.EPA.

## 附表 3-1　中国人群分东中西、城乡、性别、年龄的全年日均总饮水摄入量

| 地区 | 城乡 | 性别 | 年龄 | *n* | 全年日均总饮水摄入量 /（ml/d） | | | | | |
|---|---|---|---|---|---|---|---|---|---|---|
| | | | | | Mean | P5 | P25 | P50 | P75 | P95 |
| 合计 | 城乡 | 小计 | 小计 | 91 047 | 2 300 | 638 | 1 203 | 1 850 | 2 785 | 5 200 |
| | | | 18 ～ 44 岁 | 36 644 | 2 315 | 650 | 1 238 | 1 875 | 2 800 | 5 250 |
| | | | 45 ～ 59 岁 | 32 349 | 2 348 | 650 | 1 225 | 1 900 | 2 800 | 5 350 |
| | | | 60 ～ 79 岁 | 20 569 | 2 220 | 600 | 1 138 | 1 800 | 2 700 | 4 850 |
| | | | 80 岁及以上 | 1 485 | 1 898 | 450 | 938 | 1 525 | 2 300 | 4 500 |
| | | 男 | 小计 | 41 268 | 2 475 | 700 | 1 325 | 2 000 | 2 938 | 5 450 |
| | | | 18 ～ 44 岁 | 16 758 | 2 465 | 700 | 1 338 | 2 000 | 2 925 | 5 425 |
| | | | 45 ～ 59 岁 | 14 082 | 2 549 | 700 | 1 350 | 2 025 | 3 000 | 5 700 |
| | | | 60 ～ 79 岁 | 9 753 | 2 418 | 650 | 1 263 | 1 950 | 2 900 | 5 250 |
| | | | 80 岁及以上 | 675 | 2 112 | 481 | 1 075 | 1 800 | 2 650 | 5 000 |
| | | 女 | 小计 | 49 779 | 2 124 | 600 | 1 125 | 1 713 | 2 550 | 4 800 |
| | | | 18 ～ 44 岁 | 19 886 | 2 161 | 625 | 1 150 | 1 750 | 2 563 | 4 900 |
| | | | 45 ～ 59 岁 | 18 267 | 2 148 | 613 | 1 125 | 1 750 | 2 625 | 4 850 |
| | | | 60 ～ 79 岁 | 10 816 | 2 021 | 550 | 1 050 | 1 650 | 2 450 | 4 400 |
| | | | 80 岁及以上 | 810 | 1 734 | 450 | 900 | 1 375 | 2 000 | 3 940 |
| | 城市 | 小计 | 小计 | 41 799 | 2 355 | 675 | 1 250 | 1 900 | 2 800 | 5 325 |
| | | | 18 ～ 44 岁 | 16 626 | 2 356 | 700 | 1 275 | 1 900 | 2 800 | 5 300 |
| | | | 45 ～ 59 岁 | 14 734 | 2 421 | 688 | 1 263 | 1 900 | 2 800 | 5 550 |
| | | | 60 ～ 79 岁 | 9 693 | 2 269 | 638 | 1 188 | 1 819 | 2 700 | 5 075 |
| | | | 80 岁及以上 | 746 | 2 111 | 513 | 1 025 | 1 550 | 2 400 | 5 663 |
| | | 男 | 小计 | 18 442 | 2 489 | 700 | 1 325 | 2 000 | 2 906 | 5 475 |
| | | | 18 ～ 44 岁 | 7 531 | 2 446 | 700 | 1 338 | 2 025 | 2 925 | 5 325 |
| | | | 45 ～ 59 岁 | 6 264 | 2 610 | 713 | 1 375 | 2 025 | 2 950 | 5 750 |
| | | | 60 ～ 79 岁 | 4 324 | 2 429 | 700 | 1 300 | 1 944 | 2 850 | 5 375 |
| | | | 80 岁及以上 | 323 | 2 344 | 525 | 1 200 | 1 900 | 2 860 | 5 900 |
| | | 女 | 小计 | 23 357 | 2 222 | 625 | 1 150 | 1 775 | 2 638 | 5 150 |
| | | | 18 ～ 44 岁 | 9 095 | 2 266 | 650 | 1 200 | 1 800 | 2 675 | 5 200 |
| | | | 45 ～ 59 岁 | 8 470 | 2 230 | 625 | 1 163 | 1 775 | 2 675 | 5 275 |
| | | | 60 ～ 79 岁 | 5 369 | 2 118 | 581 | 1 100 | 1 700 | 2 525 | 4 775 |
| | | | 80 岁及以上 | 423 | 1 935 | 450 | 913 | 1 450 | 2 150 | 4 400 |
| | 农村 | 小计 | 小计 | 49 248 | 2 258 | 625 | 1 200 | 1 825 | 2 763 | 5 100 |
| | | | 18 ～ 44 岁 | 20 018 | 2 283 | 625 | 1 213 | 1 825 | 2 763 | 5 200 |
| | | | 45 ～ 59 岁 | 17 615 | 2 290 | 625 | 1 205 | 1 875 | 2 800 | 5 150 |
| | | | 60 ～ 79 岁 | 10 876 | 2 183 | 563 | 1 119 | 1 775 | 2 700 | 4 700 |
| | | | 80 岁及以上 | 739 | 1 705 | 418 | 900 | 1 400 | 2 150 | 3 750 |
| | | 男 | 小计 | 22 826 | 2 464 | 663 | 1 325 | 2 000 | 2 950 | 5 450 |
| | | | 18 ～ 44 岁 | 9 227 | 2 479 | 700 | 1 331 | 2 000 | 2 925 | 5 550 |
| | | | 45 ～ 59 岁 | 7 818 | 2 500 | 700 | 1 325 | 2 050 | 3 025 | 5 625 |
| | | | 60 ～ 79 岁 | 5 429 | 2 411 | 625 | 1 241 | 1 950 | 2 950 | 5 200 |
| | | | 80 岁及以上 | 352 | 1 906 | 418 | 1 025 | 1 775 | 2 450 | 3 900 |
| | | 女 | 小计 | 26 422 | 2 047 | 563 | 1 100 | 1 675 | 2 500 | 4 500 |
| | | | 18 ～ 44 岁 | 10 791 | 2 079 | 600 | 1 125 | 1 695 | 2 500 | 4 650 |
| | | | 45 ～ 59 岁 | 9 797 | 2 084 | 600 | 1 113 | 1 713 | 2 600 | 4 575 |
| | | | 60 ～ 79 岁 | 5 447 | 1 944 | 525 | 1 025 | 1 600 | 2 404 | 4 019 |
| | | | 80 岁及以上 | 387 | 1 547 | 400 | 850 | 1 281 | 1 900 | 3 525 |
| 东部 | 城乡 | 小计 | 小计 | 30 927 | 2 360 | 700 | 1 263 | 1 913 | 2 800 | 5 200 |
| | | | 18 ～ 44 岁 | 10 519 | 2 337 | 700 | 1 288 | 1 925 | 2 800 | 5 100 |
| | | | 45 ～ 59 岁 | 11 793 | 2 422 | 688 | 1 300 | 1 925 | 2 800 | 5 425 |
| | | | 60 ～ 79 岁 | 7 938 | 2 357 | 625 | 1 225 | 1 850 | 2 750 | 5 175 |
| | | | 80 岁及以上 | 677 | 1 995 | 450 | 1 000 | 1 525 | 2 400 | 5 075 |
| | | 男 | 小计 | 13 794 | 2 520 | 713 | 1 375 | 2 050 | 2 925 | 5 400 |
| | | | 18 ～ 44 岁 | 4 647 | 2 456 | 750 | 1 400 | 2 050 | 2 925 | 5 250 |
| | | | 45 ～ 59 岁 | 5 031 | 2 621 | 750 | 1 400 | 2 075 | 2 950 | 5 600 |
| | | | 60 ～ 79 岁 | 3 814 | 2 544 | 688 | 1 325 | 1 964 | 2 900 | 5 400 |

| 地区 | 城乡 | 性别 | 年龄 | n | 全年日均总饮水摄入量 /（ml/d） | | | | | |
|---|---|---|---|---|---|---|---|---|---|---|
| | | | | | Mean | P5 | P25 | P50 | P75 | P95 |
| 东部 | 城乡 | 男 | 80 岁及以上 | 302 | 2 252 | 481 | 1 100 | 1 900 | 2 800 | 5 900 |
| | | 女 | 小计 | 17 133 | 2 203 | 650 | 1 200 | 1 800 | 2 600 | 4 900 |
| | | | 18 ～ 44 岁 | 5 872 | 2 220 | 688 | 1 213 | 1 820 | 2 600 | 4 875 |
| | | | 45 ～ 59 岁 | 6762 | 2 226 | 625 | 1 188 | 1 825 | 2 690 | 5 200 |
| | | | 60 ～ 79 岁 | 4 124 | 2 168 | 563 | 1 125 | 1 730 | 2 558 | 4 763 |
| | | | 80 岁及以上 | 375 | 1 807 | 450 | 900 | 1 400 | 2 050 | 3 963 |
| | 城市 | 小计 | 小计 | 15 668 | 2 512 | 700 | 1 350 | 2 013 | 2 925 | 5 475 |
| | | | 18 ～ 44 岁 | 5 458 | 2 495 | 763 | 1 400 | 2 025 | 2 950 | 5 400 |
| | | | 45 ～ 59 岁 | 5 801 | 2 587 | 700 | 1 375 | 2 025 | 2 925 | 5 725 |
| | | | 60 ～ 79 岁 | 4 055 | 2 467 | 700 | 1 288 | 1 925 | 2 900 | 5 325 |
| | | | 80 岁及以上 | 354 | 2 215 | 531 | 1 025 | 1 600 | 2 500 | 5 800 |
| | | 男 | 小计 | 6 883 | 2 650 | 775 | 1 413 | 2 150 | 3 075 | 5 630 |
| | | | 18 ～ 44 岁 | 2 417 | 2 599 | 800 | 1 425 | 2 175 | 3 100 | 5 475 |
| | | | 45 ～ 59 岁 | 2 455 | 2 772 | 765 | 1 445 | 2 150 | 3 050 | 5 850 |
| | | | 60 ～ 79 岁 | 1 862 | 2 590 | 713 | 1 350 | 2 020 | 3 000 | 5 630 |
| | | | 80 岁及以上 | 149 | 2 492 | 660 | 1 263 | 2 134 | 3 088 | 5 950 |
| | | 女 | 小计 | 8 785 | 2 377 | 700 | 1 293 | 1 900 | 2 800 | 5 375 |
| | | | 18 ～ 44 岁 | 3 041 | 2 394 | 713 | 1 350 | 1 900 | 2 800 | 5 363 |
| | | | 45 ～ 59 岁 | 3 346 | 2 399 | 688 | 1 275 | 1 925 | 2 838 | 5 570 |
| | | | 60 ～ 79 岁 | 2 193 | 2 346 | 625 | 1 200 | 1 850 | 2 800 | 5 025 |
| | | | 80 岁及以上 | 205 | 2 027 | 525 | 1 013 | 1 525 | 2 088 | 5 450 |
| | 农村 | 小计 | 小计 | 15 259 | 2 204 | 650 | 1 200 | 1 815 | 2 625 | 4 800 |
| | | | 18 ～ 44 岁 | 5 061 | 2 179 | 675 | 1 200 | 1 825 | 2 625 | 4 650 |
| | | | 45 ～ 59 岁 | 5 992 | 2 253 | 650 | 1 213 | 1 825 | 2 675 | 5 059 |
| | | | 60 ～ 79 岁 | 3 883 | 2 240 | 575 | 1 150 | 1 775 | 2 600 | 4 950 |
| | | | 80 岁及以上 | 323 | 1 713 | 413 | 900 | 1 400 | 2 200 | 3 850 |
| | | 男 | 小计 | 6 911 | 2 387 | 700 | 1 300 | 1 950 | 2 800 | 5 150 |
| | | | 18 ～ 44 岁 | 2 230 | 2 315 | 700 | 1 300 | 1 950 | 2 763 | 4 900 |
| | | | 45 ～ 59 岁 | 2 576 | 2 460 | 700 | 1 363 | 2 013 | 2 830 | 5 388 |
| | | | 60 ～ 79 岁 | 1 952 | 2 497 | 625 | 1 288 | 1 925 | 2 850 | 5 250 |
| | | | 80 岁及以上 | 153 | 1 973 | 418 | 1 063 | 1 700 | 2 450 | 4 600 |
| | | 女 | 小计 | 8 348 | 2 024 | 575 | 1 100 | 1 688 | 2 450 | 4 400 |
| | | | 18 ～ 44 岁 | 2 831 | 2 045 | 631 | 1 125 | 1 700 | 2 450 | 4 400 |
| | | | 45 ～ 59 岁 | 3 416 | 2 056 | 575 | 1 100 | 1 700 | 2 500 | 4 600 |
| | | | 60 ～ 79 岁 | 1 931 | 1 970 | 513 | 1 050 | 1 625 | 2 400 | 4 200 |
| | | | 80 岁及以上 | 170 | 1 504 | 356 | 850 | 1 213 | 2 025 | 3 450 |
| 中部 | 城乡 | 小计 | 小计 | 29 048 | 2 249 | 650 | 1 200 | 1 825 | 2 800 | 4 975 |
| | | | 18 ～ 44 岁 | 12 098 | 2 261 | 650 | 1 200 | 1 825 | 2 750 | 5 050 |
| | | | 45 ～ 59 岁 | 10 213 | 2 271 | 688 | 1 225 | 1 838 | 2 800 | 5 235 |
| | | | 60 ～ 79 岁 | 6 335 | 2 221 | 675 | 1 225 | 1 850 | 2 800 | 4 625 |
| | | | 80 岁及以上 | 402 | 1 763 | 500 | 1 013 | 1 525 | 2 125 | 3 900 |
| | | 男 | 小计 | 13 223 | 2 438 | 700 | 1 300 | 1 963 | 2 950 | 5 400 |
| | | | 18 ～ 44 岁 | 5 609 | 2 432 | 700 | 1 300 | 1 950 | 2 900 | 5 400 |
| | | | 45 ～ 59 岁 | 4 461 | 2 471 | 725 | 1 300 | 1 975 | 3 025 | 5 750 |
| | | | 60 ～ 79 岁 | 2 982 | 2 435 | 700 | 1 325 | 2 050 | 3 050 | 5 150 |
| | | | 80 岁及以上 | 171 | 2 027 | 500 | 1 138 | 1 790 | 2 700 | 4 400 |
| | | 女 | 小计 | 15 825 | 2 058 | 625 | 1 125 | 1 700 | 2 550 | 4 500 |
| | | | 18 ～ 44 岁 | 6 489 | 2 084 | 625 | 1 125 | 1 700 | 2 575 | 4 600 |
| | | | 45 ～ 59 岁 | 5 752 | 2 074 | 625 | 1 150 | 1 700 | 2 575 | 4 575 |
| | | | 60 ～ 79 岁 | 3 353 | 2 001 | 625 | 1 125 | 1 700 | 2 450 | 4 013 |
| | | | 80 岁及以上 | 231 | 1 590 | 500 | 913 | 1 375 | 1 925 | 3 525 |
| | 城市 | 小计 | 小计 | 13 776 | 2 258 | 675 | 1 200 | 1 800 | 2 680 | 5 300 |
| | | | 18 ～ 44 岁 | 5 784 | 2 298 | 663 | 1 200 | 1 825 | 2 725 | 5 325 |
| | | | 45 ～ 59 岁 | 4 770 | 2 281 | 700 | 1 200 | 1 775 | 2 650 | 5 550 |
| | | | 60 ～ 79 岁 | 3 006 | 2 113 | 700 | 1 170 | 1 700 | 2 500 | 4 650 |

| 地区 | 城乡 | 性别 | 年龄 | *n* | 全年日均总饮水摄入量 /（ml/d） | | | | | |
|---|---|---|---|---|---|---|---|---|---|---|
| | | | | | Mean | P5 | P25 | P50 | P75 | P95 |
| 中部 | 城市 | 小计 | 80 岁及以上 | 216 | 1 769 | 450 | 1 000 | 1 500 | 2 150 | 3 900 |
| | | 男 | 小计 | 6 046 | 2 396 | 700 | 1 300 | 1 900 | 2 800 | 5 500 |
| | | | 18 ～ 44 岁 | 2 654 | 2 376 | 700 | 1 300 | 1 900 | 2 800 | 5 350 |
| | | | 45 ～ 59 岁 | 2 021 | 2 471 | 700 | 1 300 | 1 900 | 2 825 | 5 850 |
| | | | 60 ～ 79 岁 | 1 283 | 2 358 | 738 | 1 300 | 1 900 | 2 800 | 5 113 |
| | | | 80 岁及以上 | 88 | 2 041 | 450 | 1 300 | 1 525 | 2 150 | 4 500 |
| | | 女 | 小计 | 7 730 | 2 122 | 625 | 1 125 | 1 700 | 2 500 | 4 950 |
| | | | 18 ～ 44 岁 | 3 130 | 2 219 | 638 | 1 138 | 1 794 | 2 675 | 5 200 |
| | | | 45 ～ 59 岁 | 2 749 | 2 091 | 650 | 1 125 | 1 650 | 2 450 | 5 113 |
| | | | 60 ～ 79 岁 | 1 723 | 1 894 | 650 | 1 100 | 1 625 | 2 253 | 4 100 |
| | | | 80 岁及以上 | 128 | 1 556 | 500 | 900 | 1 375 | 2 105 | 3 525 |
| | 农村 | 小计 | 小计 | 15 272 | 2 244 | 650 | 1 225 | 1 850 | 2 825 | 4 850 |
| | | | 18 ～ 44 岁 | 6 314 | 2 236 | 638 | 1 200 | 1 825 | 2 800 | 4 900 |
| | | | 45 ～ 59 岁 | 5 443 | 2 265 | 685 | 1 250 | 1 900 | 2 900 | 4 900 |
| | | | 60 ～ 79 岁 | 3 329 | 2 279 | 648 | 1 263 | 1 950 | 2 925 | 4 625 |
| | | | 80 岁及以上 | 186 | 1 760 | 531 | 1 013 | 1 588 | 2 075 | 3 600 |
| | | 男 | 小计 | 7 177 | 2 464 | 700 | 1 313 | 2 025 | 3 050 | 5 375 |
| | | | 18 ～ 44 岁 | 2 955 | 2 468 | 700 | 1 313 | 1 975 | 2 925 | 5 400 |
| | | | 45 ～ 59 岁 | 2 440 | 2 471 | 750 | 1 300 | 2 040 | 3 150 | 5 650 |
| | | | 60 ～ 79 岁 | 1 699 | 2 473 | 700 | 1 338 | 2 125 | 3 200 | 5 150 |
| | | | 80 岁及以上 | 83 | 2 017 | 531 | 1 075 | 1 875 | 2 700 | 3 950 |
| | | 女 | 小计 | 8 095 | 2 016 | 625 | 1 125 | 1 700 | 2 575 | 4 125 |
| | | | 18 ～ 44 岁 | 3 359 | 1 991 | 625 | 1 100 | 1 650 | 2 525 | 4 100 |
| | | | 45 ～ 59 岁 | 3 003 | 2 063 | 625 | 1 175 | 1 725 | 2 675 | 4 200 |
| | | | 60 ～ 79 岁 | 1 630 | 2 066 | 625 | 1 188 | 1 788 | 2 625 | 3 900 |
| | | | 80 岁及以上 | 103 | 1 608 | 575 | 975 | 1 375 | 1 900 | 3 525 |
| 西部 | 城乡 | 小计 | 小计 | 31 072 | 2 275 | 550 | 1 138 | 1 800 | 2 750 | 5 400 |
| | | | 18 ～ 44 岁 | 14 027 | 2 351 | 569 | 1 213 | 1 850 | 2 800 | 5 750 |
| | | | 45 ～ 59 岁 | 10 343 | 2 319 | 563 | 1 150 | 1 825 | 2 825 | 5 350 |
| | | | 60 ～ 79 岁 | 6 296 | 2 001 | 500 | 963 | 1 575 | 2 475 | 4 600 |
| | | | 80 岁及以上 | 406 | 1 868 | 400 | 875 | 1 425 | 2 350 | 5 000 |
| | | 男 | 小计 | 14 251 | 2 456 | 600 | 1 300 | 1 950 | 2 950 | 5 750 |
| | | | 18 ～ 44 岁 | 6 502 | 2 515 | 650 | 1 375 | 2 000 | 3 000 | 6 200 |
| | | | 45 ～ 59 岁 | 4 590 | 2 526 | 595 | 1 313 | 2 025 | 3 050 | 5 750 |
| | | | 60 ～ 79 岁 | 2 957 | 2 193 | 513 | 1 113 | 1 763 | 2 700 | 5 100 |
| | | | 80 岁及以上 | 202 | 1 955 | 360 | 900 | 1 650 | 2 425 | 5 663 |
| | | 女 | 小计 | 16 821 | 2 086 | 500 | 1 025 | 1 625 | 2 469 | 5 000 |
| | | | 18 ～ 44 岁 | 7 525 | 2 174 | 513 | 1 125 | 1 700 | 2 525 | 5 400 |
| | | | 45 ～ 59 岁 | 5 753 | 2 107 | 525 | 1 040 | 1 675 | 2 600 | 4 900 |
| | | | 60 ～ 79 岁 | 3 339 | 1 818 | 481 | 875 | 1 400 | 2 250 | 4 200 |
| | | | 80 岁及以上 | 204 | 1 778 | 413 | 850 | 1 213 | 2 025 | 4 300 |
| | 城市 | 小计 | 小计 | 12 355 | 2 174 | 563 | 1 125 | 1 750 | 2 625 | 5 000 |
| | | | 18 ～ 44 岁 | 5 384 | 2 191 | 600 | 1 163 | 1 800 | 2 625 | 5 000 |
| | | | 45 ～ 59 岁 | 4 163 | 2 234 | 563 | 1 125 | 1 800 | 2 675 | 5 000 |
| | | | 60 ～ 79 岁 | 2 632 | 2 023 | 531 | 1 025 | 1 650 | 2 500 | 4 775 |
| | | | 80 岁及以上 | 176 | 2 197 | 413 | 900 | 1 606 | 2 600 | 5 750 |
| | | 男 | 小计 | 5 513 | 2 301 | 650 | 1 250 | 1 900 | 2 775 | 5 200 |
| | | | 18 ～ 44 岁 | 2 460 | 2 280 | 663 | 1 275 | 1 900 | 2 750 | 5 050 |
| | | | 45 ～ 59 岁 | 1 788 | 2 429 | 700 | 1 300 | 1 925 | 2 850 | 5 356 |
| | | | 60 ～ 79 岁 | 1 179 | 2 160 | 563 | 1 125 | 1 813 | 2 675 | 4 710 |
| | | | 80 岁及以上 | 86 | 2 308 | 513 | 1 025 | 1 750 | 2 800 | 6 100 |
| | | 女 | 小计 | 6 842 | 2 042 | 513 | 1 025 | 1 625 | 2 450 | 4 800 |
| | | | 18 ～ 44 岁 | 2 924 | 2 095 | 516 | 1 075 | 1 675 | 2 463 | 4 900 |
| | | | 45 ～ 59 岁 | 2 375 | 2 036 | 500 | 1 025 | 1 575 | 2 475 | 4 550 |
| | | | 60 ～ 79 岁 | 1 453 | 1 895 | 513 | 900 | 1 500 | 2 350 | 4 775 |

| 地区 | 城乡 | 性别 | 年龄 | n | 全年日均总饮水摄入量 /（ml/d） | | | | | |
|---|---|---|---|---|---|---|---|---|---|---|
| | | | | | Mean | P5 | P25 | P50 | P75 | P95 |
| 西部 | 城市 | 女 | 80 岁及以上 | 90 | 2 093 | 370 | 900 | 1 425 | 2 450 | 4 400 |
| | 农村 | 小计 | 小计 | 18 717 | 2 339 | 531 | 1 150 | 1 825 | 2 825 | 5 800 |
| | | | 18 ～ 44 岁 | 8 643 | 2 449 | 559 | 1 250 | 1 900 | 2 913 | 6 588 |
| | | | 45 ～ 59 岁 | 6 180 | 2 376 | 556 | 1 150 | 1 900 | 2 925 | 5 500 |
| | | | 60 ～ 79 岁 | 3 664 | 1 987 | 481 | 925 | 1 525 | 2 450 | 4 550 |
| | | | 80 岁及以上 | 230 | 1 619 | 360 | 850 | 1 325 | 2 100 | 3 225 |
| | | 男 | 小计 | 8 738 | 2 554 | 575 | 1 325 | 2 025 | 3 100 | 6 600 |
| | | | 18 ～ 44 岁 | 4 042 | 2 660 | 638 | 1 425 | 2 075 | 3 225 | 7 125 |
| | | | 45 ～ 59 岁 | 2 802 | 2 591 | 556 | 1 350 | 2 100 | 3 150 | 6 375 |
| | | | 60 ～ 79 岁 | 1 778 | 2 213 | 500 | 1 075 | 1 750 | 2 725 | 5 200 |
| | | | 80 岁及以上 | 116 | 1 711 | 360 | 900 | 1 625 | 2 400 | 3 275 |
| | | 女 | 小计 | 9 979 | 2 115 | 500 | 1 038 | 1 625 | 2 500 | 5 200 |
| | | | 18 ～ 44 岁 | 4 601 | 2 223 | 500 | 1 150 | 1 700 | 2 550 | 5 775 |
| | | | 45 ～ 59 岁 | 3 378 | 2 155 | 556 | 1 050 | 1 700 | 2 650 | 4 950 |
| | | | 60 ～ 79 岁 | 1 886 | 1 766 | 450 | 875 | 1 375 | 2 213 | 3 825 |
| | | | 80 岁及以上 | 114 | 1 517 | 450 | 844 | 1 125 | 1 775 | 3 225 |

## 附表 3-2 中国人群分东中西、城乡、性别、年龄的春秋季日均总饮水摄入量

| 地区 | 城乡 | 性别 | 年龄 | n | 春秋季日均总饮水摄入量 /（ml/d） | | | | | |
|---|---|---|---|---|---|---|---|---|---|---|
| | | | | | Mean | P5 | P25 | P50 | P75 | P95 |
| 合计 | 城乡 | 小计 | 小计 | 91 049 | 2 159 | 550 | 1 100 | 1 710 | 2 650 | 4 925 |
| | | | 18 ～ 44 岁 | 36 644 | 2 165 | 600 | 1 150 | 1 800 | 2 600 | 4 960 |
| | | | 45 ～ 59 岁 | 32 351 | 2 212 | 575 | 1 150 | 1 800 | 2 700 | 5 200 |
| | | | 60 ～ 79 岁 | 20 569 | 2 094 | 500 | 1 050 | 1 700 | 2 600 | 4 700 |
| | | | 80 岁及以上 | 1 485 | 1 795 | 450 | 900 | 1 400 | 2 200 | 4 400 |
| | | 男 | 小计 | 41 268 | 2 322 | 600 | 1 200 | 1 800 | 2 800 | 5 300 |
| | | | 18 ～ 44 岁 | 16 758 | 2 304 | 650 | 1 200 | 1 850 | 2 800 | 5 300 |
| | | | 45 ～ 59 岁 | 14 082 | 2 396 | 650 | 1 200 | 1 900 | 2 800 | 5 400 |
| | | | 60 ～ 79 岁 | 9 753 | 2 281 | 600 | 1 200 | 1 800 | 2 800 | 5 050 |
| | | | 80 岁及以上 | 675 | 2 005 | 450 | 960 | 1 700 | 2 600 | 4 900 |
| | | 女 | 小计 | 49 781 | 1 996 | 500 | 1 000 | 1 600 | 2 400 | 4 600 |
| | | | 18 ～ 44 岁 | 19 886 | 2 022 | 500 | 1 050 | 1 600 | 2 400 | 4 600 |
| | | | 45 ～ 59 岁 | 18 269 | 2 029 | 500 | 1 000 | 1 640 | 2 450 | 4 600 |
| | | | 60 ～ 79 岁 | 10 816 | 1 907 | 500 | 900 | 1 540 | 2 300 | 4 270 |
| | | | 80 岁及以上 | 810 | 1 633 | 450 | 800 | 1 250 | 1 900 | 3 900 |
| | 城市 | 小计 | 小计 | 41 800 | 2 214 | 600 | 1 150 | 1 800 | 2 700 | 5 200 |
| | | | 18 ～ 44 岁 | 16 626 | 2 214 | 625 | 1 200 | 1 800 | 2 700 | 5 040 |
| | | | 45 ～ 59 岁 | 14 735 | 2 279 | 600 | 1 200 | 1 800 | 2 700 | 5 300 |
| | | | 60 ～ 79 岁 | 9 693 | 2 128 | 600 | 1 100 | 1 700 | 2 600 | 4 900 |
| | | | 80 岁及以上 | 746 | 2 002 | 450 | 900 | 1 400 | 2 300 | 5 200 |
| | | 男 | 小计 | 18 442 | 2 336 | 650 | 1 200 | 1 900 | 2 800 | 5 300 |
| | | | 18 ～ 44 岁 | 7 531 | 2 292 | 650 | 1 200 | 1 900 | 2 800 | 5 200 |
| | | | 45 ～ 59 岁 | 6 264 | 2 454 | 700 | 1 250 | 1 900 | 2 800 | 5 480 |
| | | | 60 ～ 79 岁 | 4 324 | 2 274 | 650 | 1 200 | 1 800 | 2 760 | 5 200 |
| | | | 80 岁及以上 | 323 | 2 224 | 525 | 1 100 | 1 800 | 2 800 | 5 800 |
| | | 女 | 小计 | 23 358 | 2 093 | 550 | 1 100 | 1 700 | 2 400 | 4 900 |
| | | | 18 ～ 44 岁 | 9 095 | 2 135 | 600 | 1 150 | 1 700 | 2 500 | 4 900 |
| | | | 45 ～ 59 岁 | 8 471 | 2 102 | 550 | 1 050 | 1 700 | 2 600 | 5 050 |
| | | | 60 ～ 79 岁 | 5 369 | 1 990 | 525 | 975 | 1 600 | 2 400 | 4 600 |
| | | | 80 岁及以上 | 423 | 1 834 | 450 | 900 | 1 400 | 2 000 | 4 400 |

| 地区 | 城乡 | 性别 | 年龄 | n | 春秋季日均总饮水摄入量 /（ml/d） | | | | | |
|---|---|---|---|---|---|---|---|---|---|---|
| | | | | | Mean | P5 | P25 | P50 | P75 | P95 |
| 合计 | 农村 | 小计 | 小计 | 49 249 | 2 117 | 500 | 1 100 | 1 700 | 2 600 | 4 880 |
| | | | 18 ~ 44 岁 | 20 018 | 2 127 | 540 | 1 100 | 1 700 | 2 600 | 4 900 |
| | | | 45 ~ 59 岁 | 17 616 | 2 159 | 525 | 1 100 | 1 780 | 2 700 | 4 925 |
| | | | 60 ~ 79 岁 | 10 876 | 2 069 | 500 | 1 000 | 1 700 | 2 600 | 4 600 |
| | | | 80 岁及以上 | 739 | 1 607 | 400 | 850 | 1 350 | 2 000 | 3 600 |
| | | 男 | 小计 | 22 826 | 2 311 | 600 | 1 200 | 1 800 | 2 800 | 5 300 |
| | | | 18 ~ 44 岁 | 9 227 | 2 313 | 600 | 1 200 | 1 800 | 2 800 | 5 400 |
| | | | 45 ~ 59 岁 | 7 818 | 2 349 | 600 | 1 200 | 1 850 | 2 800 | 5 400 |
| | | | 60 ~ 79 岁 | 5 429 | 2 286 | 525 | 1 150 | 1 800 | 2 800 | 4 900 |
| | | | 80 岁及以上 | 352 | 1 811 | 400 | 900 | 1 700 | 2 400 | 3 800 |
| | | 女 | 小计 | 26 423 | 1 920 | 500 | 950 | 1 600 | 2 400 | 4 300 |
| | | | 18 ~ 44 岁 | 10 791 | 1 934 | 500 | 1 000 | 1 580 | 2 400 | 4 400 |
| | | | 45 ~ 59 岁 | 9 798 | 1 972 | 500 | 1 000 | 1 600 | 2 400 | 4 400 |
| | | | 60 ~ 79 岁 | 5 447 | 1 841 | 450 | 900 | 1 450 | 2 300 | 3 800 |
| | | | 80 岁及以上 | 387 | 1 447 | 400 | 700 | 1 200 | 1 800 | 3 400 |
| 东部 | 城乡 | 小计 | 小计 | 30 927 | 2 233 | 650 | 1 200 | 1 800 | 2 700 | 5 000 |
| | | | 18 ~ 44 岁 | 10 519 | 2 208 | 650 | 1 200 | 1 800 | 2 700 | 4 900 |
| | | | 45 ~ 59 岁 | 11 793 | 2 295 | 650 | 1 200 | 1 800 | 2 700 | 5 200 |
| | | | 60 ~ 79 岁 | 7 938 | 2 232 | 600 | 1 150 | 1 800 | 2 650 | 4 925 |
| | | | 80 岁及以上 | 677 | 1 903 | 450 | 900 | 1 400 | 2 300 | 4 700 |
| | | 男 | 小计 | 13 794 | 2 379 | 700 | 1 300 | 1 900 | 2 800 | 5 200 |
| | | | 18 ~ 44 岁 | 4 647 | 2 316 | 700 | 1 250 | 1 900 | 2 800 | 4 960 |
| | | | 45 ~ 59 岁 | 5 031 | 2 473 | 700 | 1 300 | 1 900 | 2 800 | 5 400 |
| | | | 60 ~ 79 岁 | 3 814 | 2 407 | 650 | 1 200 | 1 900 | 2 800 | 5 200 |
| | | | 80 岁及以上 | 302 | 2 167 | 500 | 1 100 | 1 800 | 2 700 | 5 400 |
| | | 女 | 小计 | 17 133 | 2 089 | 600 | 1 100 | 1 700 | 2 450 | 4 700 |
| | | | 18 ~ 44 岁 | 5 872 | 2 101 | 650 | 1 150 | 1 700 | 2 450 | 4 600 |
| | | | 45 ~ 59 岁 | 6 762 | 2 121 | 550 | 1 100 | 1 700 | 2 600 | 4 900 |
| | | | 60 ~ 79 岁 | 4 124 | 2 056 | 500 | 1 050 | 1 650 | 2 400 | 4 700 |
| | | | 80 岁及以上 | 375 | 1 710 | 450 | 850 | 1 300 | 1 900 | 3 900 |
| | 城市 | 小计 | 小计 | 15 668 | 2 376 | 700 | 1 200 | 1 900 | 2 800 | 5 300 |
| | | | 18 ~ 44 岁 | 5 458 | 2 366 | 700 | 1 300 | 1 900 | 2 800 | 5 200 |
| | | | 45 ~ 59 岁 | 5 801 | 2 450 | 650 | 1 300 | 1 900 | 2 800 | 5 400 |
| | | | 60 ~ 79 岁 | 4 055 | 2 315 | 650 | 1 200 | 1 850 | 2 800 | 5 200 |
| | | | 80 岁及以上 | 354 | 2 113 | 600 | 900 | 1 500 | 2 400 | 5 800 |
| | | 男 | 小计 | 6 883 | 2 501 | 700 | 1 300 | 2 000 | 2 900 | 5 400 |
| | | | 18 ~ 44 岁 | 2 417 | 2 459 | 700 | 1 350 | 2 000 | 2 900 | 5 300 |
| | | | 45 ~ 59 岁 | 2 455 | 2 621 | 700 | 1 400 | 2 000 | 2 900 | 5 600 |
| | | | 60 ~ 79 岁 | 1 862 | 2 420 | 700 | 1 300 | 1 900 | 2 800 | 5 300 |
| | | | 80 岁及以上 | 149 | 2 399 | 660 | 1 200 | 2 000 | 2 850 | 6 200 |
| | | 女 | 小计 | 8 785 | 2 254 | 650 | 1 200 | 1 800 | 2 700 | 5 200 |
| | | | 18 ~ 44 岁 | 3 041 | 2 275 | 700 | 1 200 | 1 800 | 2 700 | 5 200 |
| | | | 45 ~ 59 岁 | 3 346 | 2 277 | 620 | 1 200 | 1 800 | 2 700 | 5 300 |
| | | | 60 ~ 79 岁 | 2 193 | 2 212 | 600 | 1 100 | 1 800 | 2 700 | 4 900 |
| | | | 80 岁及以上 | 205 | 1 917 | 525 | 900 | 1 400 | 1 950 | 4 700 |
| | 农村 | 小计 | 小计 | 15 259 | 2 086 | 575 | 1 100 | 1 700 | 2 440 | 4 600 |
| | | | 18 ~ 44 岁 | 5 061 | 2 050 | 600 | 1 100 | 1 700 | 2 400 | 4 400 |
| | | | 45 ~ 59 岁 | 5 992 | 2 137 | 600 | 1 150 | 1 700 | 2 500 | 4 900 |
| | | | 60 ~ 79 岁 | 3 883 | 2 144 | 525 | 1 050 | 1 700 | 2 475 | 4 700 |
| | | | 80 岁及以上 | 323 | 1 634 | 400 | 850 | 1 350 | 2 050 | 3 800 |
| | | 男 | 小计 | 6 911 | 2 254 | 650 | 1 200 | 1 800 | 2 700 | 4 900 |
| | | | 18 ~ 44 岁 | 2 230 | 2 175 | 650 | 1 200 | 1 800 | 2 700 | 4 600 |
| | | | 45 ~ 59 岁 | 2 576 | 2 317 | 700 | 1 250 | 1 800 | 2 700 | 5 200 |
| | | | 60 ~ 79 岁 | 1 952 | 2 393 | 600 | 1 200 | 1 800 | 2 700 | 5 200 |

| 地区 | 城乡 | 性别 | 年龄 | n | 春秋季日均总饮水摄入量 /（ml/d） | | | | | |
|---|---|---|---|---|---|---|---|---|---|---|
| | | | | | Mean | P5 | P25 | P50 | P75 | P95 |
| 东部 | 农村 | 男 | 80 岁及以上 | 153 | 1 895 | 420 | 950 | 1 650 | 2 400 | 4 660 |
| | | 女 | 小计 | 8 348 | 1 921 | 500 | 1 000 | 1 600 | 2 300 | 4 200 |
| | | | 18 ～ 44 岁 | 2 831 | 1 925 | 525 | 1 000 | 1 600 | 2 350 | 4 200 |
| | | | 45 ～ 59 岁 | 3 416 | 1 967 | 500 | 1 000 | 1 600 | 2 400 | 4 400 |
| | | | 60 ～ 79 岁 | 1 931 | 1 883 | 500 | 950 | 1 500 | 2 300 | 4 000 |
| | | | 80 岁及以上 | 170 | 1 425 | 325 | 700 | 1 100 | 1 800 | 3 400 |
| 中部 | 城乡 | 小计 | 小计 | 29 048 | 2 097 | 550 | 1 100 | 1 700 | 2 600 | 4 800 |
| | | | 18 ～ 44 岁 | 12 098 | 2 099 | 550 | 1 080 | 1 700 | 2 600 | 4 880 |
| | | | 45 ～ 59 岁 | 10 213 | 2 122 | 600 | 1 100 | 1 700 | 2 700 | 4 960 |
| | | | 60 ～ 79 岁 | 6 335 | 2 091 | 600 | 1 100 | 1 700 | 2 700 | 4 500 |
| | | | 80 岁及以上 | 402 | 1 651 | 450 | 900 | 1 400 | 2 000 | 3 700 |
| | | 男 | 小计 | 13 223 | 2 271 | 600 | 1 200 | 1 800 | 2 800 | 5 300 |
| | | | 18 ～ 44 岁 | 5 609 | 2 254 | 600 | 1 200 | 1 800 | 2 700 | 5 300 |
| | | | 45 ～ 59 岁 | 4 461 | 2 307 | 650 | 1 200 | 1 800 | 2 800 | 5 550 |
| | | | 60 ～ 79 岁 | 2 982 | 2 294 | 650 | 1 200 | 1 900 | 2 900 | 4 900 |
| | | | 80 岁及以上 | 171 | 1 900 | 450 | 1 000 | 1 700 | 2 600 | 3 900 |
| | | 女 | 小计 | 15 825 | 1 921 | 500 | 1 000 | 1 600 | 2 400 | 4 325 |
| | | | 18 ～ 44 岁 | 6 489 | 1 939 | 500 | 980 | 1 600 | 2 400 | 4 400 |
| | | | 45 ～ 59 岁 | 5 752 | 1 940 | 500 | 1 000 | 1 600 | 2 400 | 4 400 |
| | | | 60 ～ 79 岁 | 3 353 | 1 883 | 500 | 1 000 | 1 600 | 2 300 | 3 800 |
| | | | 80 岁及以上 | 231 | 1 486 | 450 | 850 | 1 200 | 1 800 | 3 400 |
| | 城市 | 小计 | 小计 | 13 776 | 2 108 | 600 | 1 100 | 1 700 | 2 400 | 5 100 |
| | | | 18 ～ 44 岁 | 5 784 | 2 144 | 600 | 1 140 | 1 700 | 2 600 | 5 200 |
| | | | 45 ～ 59 岁 | 4 770 | 2 132 | 600 | 1 100 | 1 650 | 2 420 | 5 300 |
| | | | 60 ～ 79 岁 | 3 006 | 1 975 | 650 | 1 074 | 1 600 | 2 400 | 4 400 |
| | | | 80 岁及以上 | 216 | 1 655 | 450 | 900 | 1 400 | 2 000 | 3 900 |
| | | 男 | 小计 | 6 046 | 2 237 | 650 | 1 200 | 1 800 | 2 700 | 5 300 |
| | | | 18 ～ 44 岁 | 2 654 | 2 213 | 600 | 1 200 | 1 800 | 2 600 | 5 300 |
| | | | 45 ～ 59 岁 | 2 021 | 2 314 | 650 | 1 200 | 1 800 | 2 700 | 5 600 |
| | | | 60 ～ 79 岁 | 1 283 | 2 213 | 700 | 1 200 | 1 800 | 2 700 | 5 050 |
| | | | 80 岁及以上 | 88 | 1 892 | 450 | 1 200 | 1 400 | 2 100 | 4 500 |
| | | 女 | 小计 | 7 730 | 1 981 | 575 | 1 000 | 1 600 | 2 300 | 4 800 |
| | | | 18 ～ 44 岁 | 3 130 | 2 075 | 575 | 1 000 | 1 700 | 2 400 | 4 900 |
| | | | 45 ～ 59 岁 | 2 749 | 1 948 | 600 | 1 000 | 1 450 | 2 300 | 4 900 |
| | | | 60 ～ 79 岁 | 1 723 | 1 761 | 600 | 950 | 1 400 | 2 120 | 3 800 |
| | | | 80 岁及以上 | 128 | 1 469 | 450 | 850 | 1 200 | 1 980 | 3 400 |
| | 农村 | 小计 | 小计 | 15 272 | 2 091 | 540 | 1 100 | 1 700 | 2 700 | 4 600 |
| | | | 18 ～ 44 岁 | 6 314 | 2 069 | 500 | 1 050 | 1 700 | 2 600 | 4 650 |
| | | | 45 ～ 59 岁 | 5 443 | 2 117 | 560 | 1 100 | 1 700 | 2 800 | 4 650 |
| | | | 60 ～ 79 岁 | 3 329 | 2 154 | 550 | 1 150 | 1 800 | 2 800 | 4 500 |
| | | | 80 岁及以上 | 186 | 1 648 | 450 | 900 | 1 400 | 1 950 | 3 600 |
| | | 男 | 小计 | 7 177 | 2 292 | 600 | 1 200 | 1 800 | 2 800 | 5 200 |
| | | | 18 ～ 44 岁 | 2 955 | 2 281 | 600 | 1 176 | 1 800 | 2 800 | 5 200 |
| | | | 45 ～ 59 岁 | 2 440 | 2 303 | 650 | 1 200 | 1 800 | 2 900 | 5 500 |
| | | | 60 ～ 79 岁 | 1 699 | 2 334 | 600 | 1 200 | 1 960 | 3 100 | 4 900 |
| | | | 80 岁及以上 | 83 | 1 907 | 450 | 900 | 1 790 | 2 700 | 3 700 |
| | | 女 | 小计 | 8 095 | 1 883 | 500 | 1 000 | 1 600 | 2 400 | 4 000 |
| | | | 18 ～ 44 岁 | 3 359 | 1 846 | 500 | 950 | 1 500 | 2 350 | 3 900 |
| | | | 45 ～ 59 岁 | 3 003 | 1 935 | 500 | 1 050 | 1 600 | 2 500 | 4 200 |
| | | | 60 ～ 79 岁 | 1 630 | 1 956 | 500 | 1 050 | 1 700 | 2 550 | 3 800 |
| | | | 80 岁及以上 | 103 | 1 496 | 450 | 850 | 1 300 | 1 800 | 3 400 |
| 西部 | 城乡 | 小计 | 小计 | 31 074 | 2 127 | 450 | 1 000 | 1 700 | 2 600 | 5 200 |
| | | | 18 ～ 44 岁 | 14 027 | 2 188 | 500 | 1 150 | 1 800 | 2 700 | 5 400 |
| | | | 45 ～ 59 岁 | 10 345 | 2 183 | 450 | 1 000 | 1 800 | 2 700 | 5 200 |

| 地区 | 城乡 | 性别 | 年龄 | *n* | 春秋季日均总饮水摄入量 /（ml/d） | | | | | |
|---|---|---|---|---|---|---|---|---|---|---|
| | | | | | Mean | P5 | P25 | P50 | P75 | P95 |
| 西部 | 城乡 | 小计 | 60 ～ 79 岁 | 6 296 | 1 880 | 450 | 900 | 1 400 | 2 400 | 4 425 |
| | | | 80 岁及以上 | 406 | 1 753 | 350 | 700 | 1 400 | 2 200 | 4 900 |
| | | 男 | 小计 | 14 251 | 2 301 | 525 | 1 200 | 1 800 | 2 800 | 5 410 |
| | | | 18 ～ 44 岁 | 6 502 | 2 349 | 600 | 1 200 | 1 850 | 2 800 | 5 800 |
| | | | 45 ～ 59 岁 | 4 590 | 2 379 | 500 | 1 200 | 1 850 | 2 850 | 5 600 |
| | | | 60 ～ 79 岁 | 2 957 | 2 061 | 450 | 950 | 1 700 | 2 600 | 4 800 |
| | | | 80 岁及以上 | 202 | 1 831 | 325 | 900 | 1 550 | 2 400 | 5 100 |
| | | 女 | 小计 | 16 823 | 1 946 | 450 | 900 | 1 450 | 2 400 | 4 700 |
| | | | 18 ～ 44 岁 | 7 525 | 2 016 | 450 | 1 000 | 1 600 | 2 400 | 4 900 |
| | | | 45 ～ 59 岁 | 5 755 | 1 984 | 450 | 900 | 1 500 | 2 400 | 4 600 |
| | | | 60 ～ 79 岁 | 3 339 | 1 706 | 450 | 750 | 1 300 | 2 150 | 3 900 |
| | | | 80 岁及以上 | 204 | 1 673 | 370 | 700 | 1 200 | 1 900 | 4 400 |
| | 城市 | 小计 | 小计 | 12 356 | 2 032 | 500 | 1 000 | 1 650 | 2 400 | 4 800 |
| | | | 18 ～ 44 岁 | 5 384 | 2 041 | 500 | 1 050 | 1 700 | 2 400 | 4 700 |
| | | | 45 ～ 59 岁 | 4 164 | 2 092 | 500 | 1 000 | 1 700 | 2 600 | 4 800 |
| | | | 60 ～ 79 岁 | 2 632 | 1 902 | 450 | 900 | 1 450 | 2 400 | 4 500 |
| | | | 80 岁及以上 | 176 | 2 078 | 370 | 900 | 1 500 | 2 600 | 5 400 |
| | | 男 | 小计 | 5 513 | 2 144 | 550 | 1 150 | 1 800 | 2 650 | 4 800 |
| | | | 18 ～ 44 岁 | 2 460 | 2 117 | 550 | 1 150 | 1 800 | 2 600 | 4 800 |
| | | | 45 ～ 59 岁 | 1 788 | 2 267 | 600 | 1 200 | 1 800 | 2 800 | 4 900 |
| | | | 60 ～ 79 岁 | 1 179 | 2 029 | 450 | 1 000 | 1 700 | 2 450 | 4 400 |
| | | | 80 岁及以上 | 86 | 2 157 | 450 | 900 | 1 600 | 2 700 | 5 400 |
| | | 女 | 小计 | 6 843 | 1 916 | 450 | 900 | 1 400 | 2 300 | 4 700 |
| | | | 18 ～ 44 岁 | 2 924 | 1 959 | 450 | 950 | 1 550 | 2 300 | 4 700 |
| | | | 45 ～ 59 岁 | 2 376 | 1 916 | 450 | 900 | 1 400 | 2 400 | 4 400 |
| | | | 60 ～ 79 岁 | 1 453 | 1 784 | 450 | 900 | 1 400 | 2 200 | 4 500 |
| | | | 80 岁及以上 | 90 | 2 004 | 350 | 700 | 1 400 | 2 300 | 4 400 |
| | 农村 | 小计 | 小计 | 18 718 | 2 188 | 450 | 1 000 | 1 700 | 2 700 | 5 600 |
| | | | 18 ～ 44 岁 | 8 643 | 2 279 | 500 | 1 200 | 1 800 | 2 800 | 6 100 |
| | | | 45 ～ 59 岁 | 6 181 | 2 245 | 450 | 1 000 | 1 800 | 2 800 | 5 400 |
| | | | 60 ～ 79 岁 | 3 664 | 1 865 | 450 | 900 | 1 400 | 2 350 | 4 400 |
| | | | 80 岁及以上 | 230 | 1 507 | 325 | 700 | 1 200 | 2 100 | 3 100 |
| | | 男 | 小计 | 8 738 | 2 401 | 500 | 1 200 | 1 850 | 2 900 | 6 100 |
| | | | 18 ～ 44 岁 | 4 042 | 2 491 | 600 | 1 200 | 1 900 | 3 100 | 6 400 |
| | | | 45 ～ 59 岁 | 2 802 | 2 454 | 450 | 1 200 | 1 900 | 3 000 | 6 000 |
| | | | 60 ～ 79 岁 | 1 778 | 2 081 | 450 | 900 | 1 600 | 2 600 | 4 800 |
| | | | 80 岁及以上 | 116 | 1 606 | 280 | 900 | 1 400 | 2 300 | 3 100 |
| | | 女 | 小计 | 9 980 | 1 966 | 450 | 900 | 1 450 | 2 400 | 4 800 |
| | | | 18 ～ 44 岁 | 4 601 | 2 050 | 450 | 1 000 | 1 600 | 2 400 | 5 400 |
| | | | 45 ～ 59 岁 | 3 379 | 2 030 | 450 | 900 | 1 600 | 2 600 | 4 700 |
| | | | 60 ～ 79 岁 | 1 886 | 1 654 | 401 | 700 | 1 300 | 2 100 | 3 700 |
| | | | 80 岁及以上 | 114 | 1 397 | 450 | 700 | 1 000 | 1 700 | 3 400 |

## 附表 3-3 中国人群分东中西、城乡、性别、年龄的夏季日均总饮水摄入量

| 地区 | 城乡 | 性别 | 年龄 | n | 夏季日均总饮水摄入量 /（ml/d） | | | | | |
|---|---|---|---|---|---|---|---|---|---|---|
| | | | | | Mean | P5 | P25 | P50 | P75 | P95 |
| 合计 | 城乡 | 小计 | 小计 | 91 049 | 2 893 | 750 | 1 575 | 2 400 | 3 400 | 6 400 |
| | | | 18 ~ 44 岁 | 36 644 | 2 938 | 800 | 1 600 | 2 400 | 3 400 | 6 560 |
| | | | 45 ~ 59 岁 | 32 351 | 2 935 | 800 | 1 600 | 2 400 | 3 500 | 6 600 |
| | | | 60 ~ 79 岁 | 20 569 | 2 749 | 700 | 1 400 | 2 250 | 3 300 | 5 800 |
| | | | 80 岁及以上 | 1 485 | 2 308 | 525 | 1 200 | 1 900 | 2 800 | 5 200 |
| | | 男 | 小计 | 41 269 | 3 109 | 900 | 1 700 | 2 500 | 3 650 | 6 800 |
| | | | 18 ~ 44 岁 | 16 758 | 3 126 | 900 | 1 700 | 2 600 | 3 700 | 6 800 |
| | | | 45 ~ 59 岁 | 14 083 | 3 190 | 900 | 1 700 | 2 600 | 3 720 | 7 200 |
| | | | 60 ~ 79 岁 | 9 753 | 2 977 | 800 | 1 600 | 2 400 | 3 600 | 6 300 |
| | | | 80 岁及以上 | 675 | 2 551 | 600 | 1 350 | 2 150 | 3 100 | 6 400 |
| | | 女 | 小计 | 49 780 | 2 674 | 700 | 1 400 | 2 200 | 3 200 | 5 900 |
| | | | 18 ~ 44 岁 | 19 886 | 2 744 | 700 | 1 450 | 2 200 | 3 200 | 6 200 |
| | | | 45 ~ 59 岁 | 18 268 | 2 682 | 700 | 1 400 | 2 200 | 3 200 | 6 000 |
| | | | 60 ~ 79 岁 | 10 816 | 2 520 | 700 | 1 400 | 2 100 | 3 100 | 5 400 |
| | | | 80 岁及以上 | 810 | 2 121 | 500 | 1 150 | 1 700 | 2 420 | 4 400 |
| | 城市 | 小计 | 小计 | 41 801 | 2 936 | 775 | 1 600 | 2 400 | 3 400 | 6 500 |
| | | | 18 ~ 44 岁 | 16 626 | 2 944 | 800 | 1 600 | 2 400 | 3 400 | 6 505 |
| | | | 45 ~ 59 岁 | 14 736 | 3 020 | 800 | 1 600 | 2 400 | 3 450 | 6 800 |
| | | | 60 ~ 79 岁 | 9 693 | 2 814 | 700 | 1 400 | 2 300 | 3 300 | 6 100 |
| | | | 80 岁及以上 | 746 | 2 568 | 600 | 1 200 | 1 900 | 2 950 | 7 000 |
| | | 男 | 小计 | 18 443 | 3 105 | 900 | 1 700 | 2 400 | 3 600 | 6 800 |
| | | | 18 ~ 44 岁 | 7 531 | 3 066 | 900 | 1 700 | 2 500 | 3 600 | 6 600 |
| | | | 45 ~ 59 岁 | 6 265 | 3 254 | 900 | 1 700 | 2 500 | 3 700 | 7 200 |
| | | | 60 ~ 79 岁 | 4 324 | 2 990 | 800 | 1 600 | 2 400 | 3 450 | 6 400 |
| | | | 80 岁及以上 | 323 | 2 863 | 650 | 1 400 | 2 200 | 3 320 | 7 350 |
| | | 女 | 小计 | 23 358 | 2 769 | 700 | 1 450 | 2 200 | 3 200 | 6 300 |
| | | | 18 ~ 44 岁 | 9 095 | 2 820 | 700 | 1 550 | 2 300 | 3 300 | 6 400 |
| | | | 45 ~ 59 岁 | 8 471 | 2 785 | 700 | 1 450 | 2 300 | 3 270 | 6 400 |
| | | | 60 ~ 79 岁 | 5 369 | 2 647 | 700 | 1 400 | 2 100 | 3 200 | 5 700 |
| | | | 80 岁及以上 | 423 | 2 345 | 525 | 1 200 | 1 800 | 2 700 | 5 200 |
| | 农村 | 小计 | 小计 | 49 248 | 2 859 | 700 | 1 540 | 2 400 | 3 400 | 6 400 |
| | | | 18 ~ 44 岁 | 20 018 | 2 933 | 800 | 1 600 | 2 400 | 3 440 | 6 600 |
| | | | 45 ~ 59 岁 | 17 615 | 2 867 | 750 | 1 600 | 2 400 | 3 500 | 6 400 |
| | | | 60 ~ 79 岁 | 10 876 | 2 700 | 700 | 1 400 | 2 200 | 3 300 | 5 700 |
| | | | 80 岁及以上 | 739 | 2 072 | 450 | 1 200 | 1 800 | 2 700 | 4 400 |
| | | 男 | 小计 | 22 826 | 3 113 | 850 | 1 700 | 2 600 | 3 700 | 6 900 |
| | | | 18 ~ 44 岁 | 9 227 | 3 171 | 900 | 1 700 | 2 600 | 3 700 | 7 200 |
| | | | 45 ~ 59 岁 | 7 818 | 3 138 | 900 | 1 700 | 2 600 | 3 800 | 7 100 |
| | | | 60 ~ 79 岁 | 5 429 | 2 968 | 730 | 1 600 | 2 400 | 3 600 | 6 300 |
| | | | 80 岁及以上 | 352 | 2 275 | 500 | 1 350 | 2 075 | 2 800 | 4 800 |
| | | 女 | 小计 | 26 422 | 2 600 | 700 | 1 400 | 2 200 | 3 200 | 5 600 |
| | | | 18 ~ 44 岁 | 10 791 | 2 684 | 700 | 1 400 | 2 200 | 3 200 | 5 920 |
| | | | 45 ~ 59 岁 | 9 797 | 2 602 | 700 | 1 400 | 2 200 | 3 200 | 5 600 |
| | | | 60 ~ 79 岁 | 5 447 | 2 419 | 650 | 1 400 | 2 020 | 2 920 | 5 000 |
| | | | 80 岁及以上 | 387 | 1 913 | 450 | 1 100 | 1 650 | 2 300 | 3 900 |

| 地区 | 城乡 | 性别 | 年龄 | n | 夏季日均总饮水摄入量 /（ml/d） | | | | | |
| --- | --- | --- | --- | --- | --- | --- | --- | --- | --- | --- |
| | | | | | Mean | P5 | P25 | P50 | P75 | P95 |
| 东部 | 城乡 | 小计 | 小计 | 30 928 | 2 878 | 725 | 1 600 | 2 350 | 3 400 | 6 200 |
| | | | 18 ～ 44 岁 | 10 519 | 2 857 | 900 | 1 600 | 2 400 | 3 400 | 6 200 |
| | | | 45 ～ 59 岁 | 11 794 | 2 952 | 700 | 1 600 | 2 400 | 3 400 | 6 400 |
| | | | 60 ～ 79 岁 | 7 938 | 2 865 | 700 | 1 450 | 2 300 | 3 300 | 6 100 |
| | | | 80 岁及以上 | 677 | 2 385 | 500 | 1 200 | 1 850 | 2 900 | 6 200 |
| | | 男 | 小计 | 13 795 | 3 077 | 900 | 1 700 | 2 460 | 3 600 | 6 600 |
| | | | 18 ～ 44 岁 | 4 647 | 3 009 | 900 | 1 700 | 2 500 | 3 600 | 6 300 |
| | | | 45 ～ 59 岁 | 5 032 | 3 212 | 900 | 1 700 | 2 520 | 3 700 | 6 900 |
| | | | 60 ～ 79 岁 | 3 814 | 3 068 | 720 | 1 600 | 2 400 | 3 500 | 6 600 |
| | | | 80 岁及以上 | 302 | 2 682 | 525 | 1 400 | 2 200 | 3 300 | 7 200 |
| | | 女 | 小计 | 17 133 | 2 682 | 700 | 1 400 | 2 200 | 3 200 | 5 800 |
| | | | 18 ～ 44 岁 | 5 872 | 2 707 | 790 | 1 480 | 2 200 | 3 200 | 5 880 |
| | | | 45 ～ 59 岁 | 6 762 | 2 696 | 700 | 1 450 | 2 200 | 3 300 | 6 000 |
| | | | 60 ～ 79 岁 | 4 124 | 2 659 | 650 | 1 400 | 2 100 | 3 200 | 5 600 |
| | | | 80 岁及以上 | 375 | 2 168 | 450 | 1 100 | 1 700 | 2 500 | 4 400 |
| | 城市 | 小计 | 小计 | 15 669 | 3 054 | 855 | 1 650 | 2 400 | 3 600 | 6 600 |
| | | | 18 ～ 44 岁 | 5 458 | 3 029 | 900 | 1 700 | 2 400 | 3 600 | 6 400 |
| | | | 45 ～ 59 岁 | 5 802 | 3 149 | 830 | 1 700 | 2 400 | 3 600 | 6 800 |
| | | | 60 ～ 79 岁 | 4 055 | 3 017 | 700 | 1 550 | 2 300 | 3 400 | 6 400 |
| | | | 80 岁及以上 | 354 | 2 636 | 660 | 1 210 | 2 000 | 2 900 | 7 200 |
| | | 男 | 小计 | 6 884 | 3 227 | 900 | 1 750 | 2 600 | 3 750 | 6 800 |
| | | | 18 ～ 44 岁 | 2 417 | 3 169 | 900 | 1 800 | 2 700 | 3 800 | 6 505 |
| | | | 45 ～ 59 岁 | 2 456 | 3 380 | 900 | 1 800 | 2 600 | 3 800 | 7 320 |
| | | | 60 ～ 79 岁 | 1 862 | 3 144 | 850 | 1 650 | 2 400 | 3 600 | 6 600 |
| | | | 80 岁及以上 | 149 | 2 976 | 660 | 1 400 | 2 400 | 3 700 | 7 200 |
| | | 女 | 小计 | 8 785 | 2 886 | 790 | 1 600 | 2 300 | 3 360 | 6 300 |
| | | | 18 ～ 44 岁 | 3 041 | 2 893 | 900 | 1 650 | 2 300 | 3 300 | 6 380 |
| | | | 45 ～ 59 岁 | 3 346 | 2 915 | 700 | 1 600 | 2 400 | 3 400 | 6 520 |
| | | | 60 ～ 79 岁 | 2 193 | 2 894 | 700 | 1 400 | 2 200 | 3 375 | 6 000 |
| | | | 80 岁及以上 | 205 | 2 404 | 675 | 1 200 | 1 800 | 2 500 | 6 300 |
| | 农村 | 小计 | 小计 | 15 259 | 2 697 | 700 | 1 400 | 2 240 | 3 240 | 5 800 |
| | | | 18 ～ 44 岁 | 5 061 | 2 685 | 775 | 1 400 | 2 300 | 3 200 | 5 600 |
| | | | 45 ～ 59 岁 | 5 992 | 2 750 | 700 | 1 500 | 2 300 | 3 300 | 6 000 |
| | | | 60 ～ 79 岁 | 3 883 | 2 703 | 650 | 1 400 | 2 200 | 3 200 | 5 800 |
| | | | 80 岁及以上 | 323 | 2 063 | 450 | 1 050 | 1 700 | 2 800 | 4 420 |
| | | 男 | 小计 | 6 911 | 2 925 | 800 | 1 600 | 2 400 | 3 400 | 6 200 |
| | | | 18 ～ 44 岁 | 2 230 | 2 852 | 900 | 1 600 | 2 400 | 3 300 | 6 100 |
| | | | 45 ～ 59 岁 | 2 576 | 3 035 | 900 | 1 700 | 2 440 | 3 600 | 6 500 |
| | | | 60 ～ 79 岁 | 1 952 | 2 991 | 700 | 1 500 | 2 300 | 3 420 | 6 500 |
| | | | 80 岁及以上 | 153 | 2 338 | 450 | 1 350 | 1 900 | 2 900 | 5 200 |
| | | 女 | 小计 | 8 348 | 2 472 | 700 | 1 400 | 2 100 | 3 050 | 5 400 |
| | | | 18 ～ 44 岁 | 2 831 | 2 520 | 700 | 1 400 | 2 150 | 3 100 | 5 400 |
| | | | 45 ～ 59 岁 | 3 416 | 2 481 | 650 | 1 400 | 2 100 | 3 100 | 5 400 |
| | | | 60 ～ 79 岁 | 1 931 | 2 399 | 600 | 1 350 | 2 000 | 2 900 | 5 200 |
| | | | 80 岁及以上 | 170 | 1 844 | 450 | 900 | 1 600 | 2 500 | 3 800 |
| 中部 | 城乡 | 小计 | 小计 | 29 048 | 2 867 | 850 | 1 600 | 2 400 | 3 400 | 6 200 |
| | | | 18 ～ 44 岁 | 12 098 | 2 912 | 850 | 1 600 | 2 400 | 3 500 | 6 400 |
| | | | 45 ～ 59 岁 | 10 213 | 2 883 | 900 | 1 600 | 2 400 | 3 440 | 6 400 |

| 地区 | 城乡 | 性别 | 年龄 | n | 夏季日均总饮水摄入量 /（ml/d） | | | | | |
| --- | --- | --- | --- | --- | --- | --- | --- | --- | --- | --- |
| | | | | | Mean | P5 | P25 | P50 | P75 | P95 |
| 中部 | 城乡 | 小计 | 60 ~ 79 岁 | 6 335 | 2 756 | 800 | 1 600 | 2 400 | 3 400 | 5 600 |
| | | | 80 岁及以上 | 402 | 2 160 | 650 | 1 300 | 1 900 | 2 700 | 4 400 |
| | | 男 | 小计 | 13 223 | 3 111 | 900 | 1 700 | 2 600 | 3 700 | 6 600 |
| | | | 18 ~ 44 岁 | 5 609 | 3 146 | 900 | 1 700 | 2 600 | 3 800 | 6 800 |
| | | | 45 ~ 59 岁 | 4 461 | 3 133 | 950 | 1 700 | 2 600 | 3 800 | 7 100 |
| | | | 60 ~ 79 岁 | 2 982 | 3 008 | 900 | 1 700 | 2 600 | 3 700 | 6 100 |
| | | | 80 岁及以上 | 171 | 2 446 | 600 | 1 450 | 2 100 | 3 100 | 4 800 |
| | | 女 | 小计 | 15 825 | 2 619 | 800 | 1 450 | 2 200 | 3 200 | 5 500 |
| | | | 18 ~ 44 岁 | 6 489 | 2 669 | 800 | 1 490 | 2 200 | 3 200 | 5 800 |
| | | | 45 ~ 59 岁 | 5 752 | 2 637 | 800 | 1 500 | 2 200 | 3 200 | 5 600 |
| | | | 60 ~ 79 岁 | 3 353 | 2 498 | 800 | 1 450 | 2 200 | 3 100 | 4 900 |
| | | | 80 岁及以上 | 231 | 1 972 | 700 | 1 200 | 1 800 | 2 300 | 3 950 |
| | 城市 | 小计 | 小计 | 13 776 | 2 877 | 750 | 1 600 | 2 300 | 3 400 | 6 600 |
| | | | 18 ~ 44 岁 | 5 784 | 2 929 | 700 | 1 600 | 2 350 | 3 400 | 6 800 |
| | | | 45 ~ 59 岁 | 4 770 | 2 916 | 850 | 1 600 | 2 300 | 3 400 | 6 800 |
| | | | 60 ~ 79 岁 | 3 006 | 2 677 | 800 | 1 500 | 2 300 | 3 200 | 5 800 |
| | | | 80 岁及以上 | 216 | 2 238 | 600 | 1 200 | 1 900 | 2 980 | 4 500 |
| | | 男 | 小计 | 6 046 | 3 049 | 850 | 1 700 | 2 400 | 3 600 | 7 000 |
| | | | 18 ~ 44 岁 | 2 654 | 3 043 | 750 | 1 700 | 2 400 | 3 600 | 7 100 |
| | | | 45 ~ 59 岁 | 2 021 | 3 131 | 900 | 1 700 | 2 400 | 3 690 | 7 400 |
| | | | 60 ~ 79 岁 | 1 283 | 2 957 | 900 | 1 650 | 2 400 | 3 600 | 6 200 |
| | | | 80 岁及以上 | 88 | 2 552 | 500 | 1 490 | 1 900 | 3 000 | 6 000 |
| | | 女 | 小计 | 7 730 | 2 708 | 700 | 1 400 | 2 200 | 3 200 | 6 200 |
| | | | 18 ~ 44 岁 | 3 130 | 2 814 | 700 | 1 500 | 2 300 | 3 300 | 6 600 |
| | | | 45 ~ 59 岁 | 2 749 | 2 700 | 750 | 1 400 | 2 200 | 3 100 | 6 400 |
| | | | 60 ~ 79 岁 | 1 723 | 2 425 | 700 | 1 400 | 2 100 | 2 900 | 5 050 |
| | | | 80 岁及以上 | 128 | 1 991 | 600 | 1 100 | 1 800 | 2 960 | 4 125 |
| | 农村 | 小计 | 小计 | 15 272 | 2 860 | 900 | 1 600 | 2 400 | 3 500 | 5 960 |
| | | | 18 ~ 44 岁 | 6 314 | 2 901 | 900 | 1 600 | 2 400 | 3 600 | 6 100 |
| | | | 45 ~ 59 岁 | 5 443 | 2 863 | 950 | 1 650 | 2 440 | 3 600 | 6 160 |
| | | | 60 ~ 79 岁 | 3 329 | 2 799 | 850 | 1 600 | 2 400 | 3 440 | 5 600 |
| | | | 80 岁及以上 | 186 | 2 114 | 700 | 1 350 | 1 900 | 2 700 | 4 400 |
| | | 男 | 小计 | 7 177 | 3 150 | 950 | 1 740 | 2 700 | 3 800 | 6 600 |
| | | | 18 ~ 44 岁 | 2 955 | 3 214 | 950 | 1 800 | 2 650 | 3 800 | 6 600 |
| | | | 45 ~ 59 岁 | 2 440 | 3 134 | 1000 | 1 700 | 2 700 | 3 800 | 6 900 |
| | | | 60 ~ 79 岁 | 1 699 | 3 033 | 900 | 1 700 | 2 700 | 3 800 | 5 920 |
| | | | 80 岁及以上 | 83 | 2 372 | 650 | 1 450 | 2 300 | 3 200 | 4 700 |
| | | 女 | 小计 | 8 095 | 2 561 | 800 | 1 500 | 2 200 | 3 200 | 5 200 |
| | | | 18 ~ 44 岁 | 3 359 | 2 570 | 800 | 1 475 | 2 200 | 3 200 | 5 400 |
| | | | 45 ~ 59 岁 | 3 003 | 2 598 | 845 | 1 600 | 2 275 | 3 200 | 5 300 |
| | | | 60 ~ 79 岁 | 1 630 | 2 543 | 800 | 1 450 | 2 200 | 3 200 | 4 900 |
| | | | 80 岁及以上 | 103 | 1 961 | 700 | 1 200 | 1 700 | 2 200 | 3 900 |
| 西部 | 城乡 | 小计 | 小计 | 31 073 | 2 947 | 700 | 1 400 | 2 400 | 3 500 | 7 200 |
| | | | 18 ~ 44 岁 | 14 027 | 3 075 | 700 | 1 600 | 2 400 | 3 600 | 7 600 |
| | | | 45 ~ 59 岁 | 10 344 | 2 972 | 700 | 1 450 | 2 400 | 3 600 | 7 200 |
| | | | 60 ~ 79 岁 | 6 296 | 2 556 | 650 | 1 325 | 2 050 | 3 200 | 6 000 |
| | | | 80 岁及以上 | 406 | 2 335 | 490 | 1 150 | 1 800 | 2 700 | 6 400 |
| | | 男 | 小计 | 14 251 | 3 154 | 800 | 1 700 | 2 475 | 3 700 | 7 600 |

| 地区 | 城乡 | 性别 | 年龄 | *n* | 夏季日均总饮水摄入量 /（ml/d） | | | | | |
| --- | --- | --- | --- | --- | --- | --- | --- | --- | --- | --- |
| | | | | | Mean | P5 | P25 | P50 | P75 | P95 |
| 西部 | 城乡 | 男 | 18 ～ 44 岁 | 6 502 | 3 249 | 803 | 1 800 | 2 600 | 3 800 | 8 000 |
| | | | 45 ～ 59 岁 | 4 590 | 3 224 | 800 | 1 700 | 2 600 | 3 800 | 7 500 |
| | | | 60 ～ 79 岁 | 2 957 | 2 790 | 700 | 1 400 | 2 300 | 3 400 | 6 400 |
| | | | 80 岁及以上 | 202 | 2 432 | 600 | 1 150 | 2 000 | 2 800 | 7 350 |
| | | 女 | 小计 | 16 822 | 2 731 | 650 | 1 400 | 2 200 | 3 200 | 6 600 |
| | | | 18 ～ 44 岁 | 7 525 | 2 887 | 650 | 1 400 | 2 200 | 3 300 | 7 200 |
| | | | 45 ～ 59 岁 | 5 754 | 2 715 | 675 | 1 400 | 2 200 | 3 300 | 6 600 |
| | | | 60 ～ 79 岁 | 3 339 | 2 331 | 600 | 1 200 | 1 800 | 2 800 | 5 400 |
| | | | 80 岁及以上 | 204 | 2 235 | 450 | 1 150 | 1 600 | 2 550 | 5 000 |
| | 城市 | 小计 | 小计 | 12 356 | 2 782 | 700 | 1 400 | 2 300 | 3 300 | 6 400 |
| | | | 18 ～ 44 岁 | 5 384 | 2 818 | 700 | 1 500 | 2 300 | 3 300 | 6 400 |
| | | | 45 ～ 59 岁 | 4 164 | 2 872 | 700 | 1 400 | 2 300 | 3 400 | 6 600 |
| | | | 60 ～ 79 岁 | 2 632 | 2 534 | 650 | 1 400 | 2 000 | 3 200 | 5 800 |
| | | | 80 岁及以上 | 176 | 2 739 | 450 | 1 200 | 1 900 | 3 200 | 7 700 |
| | | 男 | 小计 | 5 513 | 2 945 | 800 | 1 600 | 2 400 | 3 400 | 6 600 |
| | | | 18 ～ 44 岁 | 2 460 | 2 929 | 850 | 1 700 | 2 400 | 3 400 | 6 440 |
| | | | 45 ～ 59 岁 | 1 788 | 3 133 | 900 | 1 650 | 2 400 | 3 600 | 6 800 |
| | | | 60 ～ 79 岁 | 1 179 | 2 695 | 700 | 1 400 | 2 300 | 3 300 | 5 900 |
| | | | 80 岁及以上 | 86 | 2 915 | 650 | 1 200 | 2 200 | 3 100 | 8 400 |
| | | 女 | 小计 | 6 843 | 2 613 | 650 | 1 400 | 2 100 | 3 100 | 6 200 |
| | | | 18 ～ 44 岁 | 2 924 | 2 698 | 680 | 1 400 | 2 200 | 3 200 | 6 400 |
| | | | 45 ～ 59 岁 | 2 376 | 2 609 | 650 | 1 400 | 2 100 | 3 050 | 6 200 |
| | | | 60 ～ 79 岁 | 1 453 | 2 384 | 600 | 1 200 | 1 900 | 2 900 | 5 800 |
| | | | 80 岁及以上 | 90 | 2 575 | 370 | 1 150 | 1 900 | 3 200 | 5 200 |
| | 农村 | 小计 | 小计 | 18 717 | 3 052 | 700 | 1 450 | 2 400 | 3 600 | 7 600 |
| | | | 18 ～ 44 岁 | 8 643 | 3 233 | 700 | 1 650 | 2 400 | 3 600 | 8 300 |
| | | | 45 ～ 59 岁 | 6 180 | 3 039 | 700 | 1 500 | 2 400 | 3 600 | 7 400 |
| | | | 60 ～ 79 岁 | 3 664 | 2 570 | 600 | 1 300 | 2 050 | 3 200 | 6 000 |
| | | | 80 岁及以上 | 230 | 2 028 | 500 | 1 050 | 1 700 | 2 400 | 4 320 |
| | | 男 | 小计 | 8 738 | 3 286 | 700 | 1 700 | 2 600 | 3 900 | 8 100 |
| | | | 18 ～ 44 岁 | 4 042 | 3 446 | 800 | 1 800 | 2 700 | 4 100 | 8 700 |
| | | | 45 ～ 59 岁 | 2 802 | 3 285 | 700 | 1 740 | 2 700 | 3 950 | 7 600 |
| | | | 60 ～ 79 岁 | 1 778 | 2 851 | 650 | 1 400 | 2 300 | 3 600 | 6 600 |
| | | | 80 岁及以上 | 116 | 2 097 | 490 | 900 | 1 900 | 2 700 | 4 600 |
| | | 女 | 小计 | 9 979 | 2 807 | 650 | 1 400 | 2 200 | 3 300 | 7 000 |
| | | | 18 ～ 44 岁 | 4 601 | 3 004 | 600 | 1 400 | 2 300 | 3 400 | 7 600 |
| | | | 45 ～ 59 岁 | 3 378 | 2 787 | 700 | 1 400 | 2 300 | 3 600 | 6 900 |
| | | | 60 ～ 79 岁 | 1 886 | 2 296 | 600 | 1 200 | 1 800 | 2 800 | 5 100 |
| | | | 80 岁及以上 | 114 | 1 952 | 500 | 1 050 | 1 400 | 2 200 | 3 900 |

## 附表 3-4　中国人群分东中西、城乡、性别、年龄的冬季日均总饮水摄入量

| 地区 | 城乡 | 性别 | 年龄 | *n* | 冬季日均总饮水摄入量 / （ml/d） | | | | | |
|---|---|---|---|---|---|---|---|---|---|---|
| | | | | | Mean | P5 | P25 | P50 | P75 | P95 |
| 合计 | 城乡 | 小计 | 小计 | 91 048 | 1 990 | 500 | 950 | 1 600 | 2 400 | 4 700 |
| | | | 18 ～ 44 岁 | 36 644 | 1 993 | 500 | 950 | 1 600 | 2 400 | 4 700 |
| | | | 45 ～ 59 岁 | 32 350 | 2 033 | 500 | 950 | 1 600 | 2 400 | 4 800 |
| | | | 60 ～ 79 岁 | 20 569 | 1 943 | 450 | 900 | 1 500 | 2 400 | 4 400 |
| | | | 80 岁及以上 | 1 485 | 1 695 | 400 | 850 | 1 300 | 2 100 | 3 900 |
| | | 男 | 小计 | 41 268 | 2 148 | 500 | 1 050 | 1 700 | 2 600 | 5 000 |
| | | | 18 ～ 44 岁 | 16 758 | 2 125 | 520 | 1 050 | 1 700 | 2 600 | 5 000 |
| | | | 45 ～ 59 岁 | 14 082 | 2 213 | 525 | 1 100 | 1 700 | 2 700 | 5 200 |
| | | | 60 ～ 79 岁 | 9 753 | 2 134 | 500 | 1 000 | 1 700 | 2 600 | 4 800 |
| | | | 80 岁及以上 | 675 | 1 886 | 450 | 900 | 1 600 | 2 400 | 4 200 |
| | | 女 | 小计 | 49 780 | 1 831 | 450 | 900 | 1 400 | 2 200 | 4 320 |
| | | | 18 ～ 44 岁 | 19 886 | 1 856 | 450 | 900 | 1 400 | 2 260 | 4 400 |
| | | | 45 ～ 59 岁 | 18 268 | 1 855 | 450 | 900 | 1 400 | 2 300 | 4 400 |
| | | | 60 ～ 79 岁 | 10 816 | 1 751 | 450 | 900 | 1 400 | 2 200 | 3 900 |
| | | | 80 岁及以上 | 810 | 1 548 | 350 | 700 | 1 200 | 1 800 | 3 650 |
| | 城市 | 小计 | 小计 | 41 800 | 2 057 | 500 | 1 000 | 1 600 | 2 400 | 4 800 |
| | | | 18 ～ 44 岁 | 16 626 | 2 054 | 525 | 1 000 | 1 700 | 2 400 | 4 700 |
| | | | 45 ～ 59 岁 | 14 735 | 2 105 | 500 | 1 000 | 1 600 | 2 400 | 5 050 |
| | | | 60 ～ 79 岁 | 9 693 | 2 008 | 500 | 950 | 1 600 | 2 400 | 4 600 |
| | | | 80 岁及以上 | 746 | 1 871 | 450 | 900 | 1 400 | 2 200 | 4 700 |
| | | 男 | 小计 | 18 442 | 2 181 | 600 | 1 100 | 1 700 | 2 600 | 5 000 |
| | | | 18 ～ 44 岁 | 7 531 | 2 132 | 600 | 1 100 | 1 800 | 2 600 | 4 840 |
| | | | 45 ～ 59 岁 | 6 264 | 2 276 | 600 | 1 150 | 1 700 | 2 700 | 5 200 |
| | | | 60 ～ 79 岁 | 4 324 | 2 179 | 550 | 1 100 | 1 700 | 2 500 | 4 900 |
| | | | 80 岁及以上 | 323 | 2 064 | 525 | 1 050 | 1 600 | 2 650 | 4 800 |
| | | 女 | 小计 | 23 358 | 1 935 | 500 | 900 | 1 450 | 2 300 | 4 600 |
| | | | 18 ～ 44 岁 | 9 095 | 1 975 | 500 | 950 | 1 550 | 2 400 | 4 700 |
| | | | 45 ～ 59 岁 | 8 471 | 1 932 | 500 | 900 | 1 450 | 2 300 | 4 700 |
| | | | 60 ～ 79 岁 | 5 369 | 1 847 | 450 | 900 | 1 400 | 2 200 | 4 300 |
| | | | 80 岁及以上 | 423 | 1 726 | 350 | 800 | 1 300 | 1 950 | 4 400 |
| | 农村 | 小计 | 小计 | 49 248 | 1 939 | 450 | 900 | 1 500 | 2 400 | 4 600 |
| | | | 18 ～ 44 岁 | 20 018 | 1 946 | 450 | 925 | 1 500 | 2 400 | 4 600 |
| | | | 45 ～ 59 岁 | 17 615 | 1 976 | 450 | 925 | 1 600 | 2 400 | 4 600 |
| | | | 60 ～ 79 岁 | 10 876 | 1 893 | 450 | 900 | 1 450 | 2 400 | 4 360 |
| | | | 80 岁及以上 | 739 | 1 536 | 350 | 800 | 1 200 | 1 900 | 3 600 |
| | | 男 | 小计 | 22 826 | 2 123 | 500 | 1 000 | 1 700 | 2 650 | 5 000 |
| | | | 18 ～ 44 岁 | 9 227 | 2 120 | 500 | 1 000 | 1 700 | 2 600 | 5 100 |
| | | | 45 ～ 59 岁 | 7 818 | 2 162 | 500 | 1 100 | 1 700 | 2 700 | 5 200 |
| | | | 60 ～ 79 岁 | 5 429 | 2 102 | 450 | 1 000 | 1 700 | 2 650 | 4 800 |
| | | | 80 岁及以上 | 352 | 1 728 | 400 | 900 | 1 550 | 2 400 | 3 600 |
| | | 女 | 小计 | 26 422 | 1 751 | 450 | 900 | 1 400 | 2 200 | 4 050 |
| | | | 18 ～ 44 岁 | 10 791 | 1 765 | 450 | 900 | 1 400 | 2 200 | 4 200 |
| | | | 45 ～ 59 岁 | 9 797 | 1 795 | 450 | 900 | 1 400 | 2 200 | 4 100 |
| | | | 60 ～ 79 岁 | 5 447 | 1 674 | 425 | 850 | 1 325 | 2 100 | 3 700 |
| | | | 80 岁及以上 | 387 | 1 384 | 350 | 700 | 1 100 | 1 700 | 3 400 |
| 东部 | 城乡 | 小计 | 小计 | 30 927 | 2 096 | 600 | 1 100 | 1 700 | 2 400 | 4 800 |
| | | | 18 ～ 44 岁 | 10 519 | 2 077 | 600 | 1 100 | 1 700 | 2 460 | 4 680 |
| | | | 45 ～ 59 岁 | 11 793 | 2 145 | 600 | 1 100 | 1 700 | 2 440 | 5 000 |
| | | | 60 ～ 79 岁 | 7 938 | 2 100 | 525 | 1 050 | 1 650 | 2 400 | 4 800 |

| 地区 | 城乡 | 性别 | 年龄 | *n* | 冬季日均总饮水摄入量 /（ml/d） | | | | | |
|---|---|---|---|---|---|---|---|---|---|---|
| | | | | | Mean | P5 | P25 | P50 | P75 | P95 |
| 东部 | 城乡 | 小计 | 80 岁及以上 | 677 | 1 789 | 410 | 900 | 1 400 | 2 200 | 4 400 |
| | | 男 | 小计 | 13 794 | 2 245 | 650 | 1 200 | 1 800 | 2 700 | 5 000 |
| | | | 18 ～ 44 岁 | 4 647 | 2 184 | 650 | 1 200 | 1 800 | 2 700 | 4 800 |
| | | | 45 ～ 59 岁 | 5 031 | 2 324 | 650 | 1 200 | 1 800 | 2 700 | 5 200 |
| | | | 60 ～ 79 岁 | 3 814 | 2 295 | 600 | 1 150 | 1 750 | 2 600 | 5 100 |
| | | | 80 岁及以上 | 302 | 1 994 | 450 | 925 | 1 650 | 2 450 | 4 400 |
| | | 女 | 小计 | 17 133 | 1 950 | 500 | 1 000 | 1 550 | 2 300 | 4 600 |
| | | | 18 ～ 44 岁 | 5 872 | 1 972 | 575 | 1 000 | 1 550 | 2 350 | 4 500 |
| | | | 45 ～ 59 岁 | 6 762 | 1 969 | 500 | 1 000 | 1 600 | 2 400 | 4 700 |
| | | | 60 ～ 79 岁 | 4 124 | 1 902 | 450 | 925 | 1 480 | 2 300 | 4 400 |
| | | | 80 岁及以上 | 375 | 1 639 | 350 | 800 | 1 200 | 1 850 | 3 900 |
| | 城市 | 小计 | 小计 | 15 668 | 2 241 | 650 | 1 150 | 1 800 | 2 660 | 5 100 |
| | | | 18 ～ 44 岁 | 5 458 | 2 221 | 700 | 1 200 | 1 800 | 2 700 | 5 000 |
| | | | 45 ～ 59 岁 | 5 801 | 2 300 | 625 | 1 175 | 1 800 | 2 700 | 5 300 |
| | | | 60 ～ 79 岁 | 4 055 | 2 223 | 600 | 1 100 | 1 700 | 2 600 | 4 900 |
| | | | 80 岁及以上 | 354 | 2 000 | 500 | 900 | 1 400 | 2 400 | 4 900 |
| | | 男 | 小计 | 6 883 | 2 370 | 700 | 1 200 | 1 900 | 2 800 | 5 200 |
| | | | 18 ～ 44 岁 | 2 417 | 2 310 | 700 | 1 200 | 1 900 | 2 800 | 5 200 |
| | | | 45 ～ 59 岁 | 2 455 | 2 467 | 700 | 1 200 | 1 850 | 2 800 | 5 400 |
| | | | 60 ～ 79 岁 | 1 862 | 2 379 | 650 | 1 200 | 1 800 | 2 700 | 5 200 |
| | | | 80 岁及以上 | 149 | 2 192 | 600 | 1 100 | 1 800 | 2 800 | 4 700 |
| | | 女 | 小计 | 8 785 | 2 114 | 600 | 1 100 | 1 700 | 2 450 | 4 900 |
| | | | 18 ～ 44 岁 | 3 041 | 2 135 | 650 | 1 150 | 1 700 | 2 500 | 4 900 |
| | | | 45 ～ 59 岁 | 3 346 | 2 131 | 600 | 1 100 | 1 700 | 2 500 | 5 200 |
| | | | 60 ～ 79 岁 | 2 193 | 2 071 | 525 | 1 050 | 1 640 | 2 400 | 4 800 |
| | | | 80 岁及以上 | 205 | 1 869 | 450 | 900 | 1 400 | 2 000 | 5 100 |
| | 农村 | 小计 | 小计 | 15 259 | 1 948 | 500 | 980 | 1 550 | 2 300 | 4 400 |
| | | | 18 ～ 44 岁 | 5061 | 1 933 | 500 | 1 000 | 1 500 | 2 300 | 4 400 |
| | | | 45 ～ 59 岁 | 5 992 | 1 986 | 500 | 1 000 | 1 600 | 2 350 | 4 600 |
| | | | 60 ～ 79 岁 | 3 883 | 1 969 | 500 | 950 | 1 500 | 2 300 | 4 600 |
| | | | 80 岁及以上 | 323 | 1 519 | 350 | 800 | 1 300 | 1 900 | 3 650 |
| | | 男 | 小计 | 6 911 | 2 116 | 580 | 1 100 | 1 700 | 2 500 | 4 700 |
| | | | 18 ～ 44 岁 | 2 230 | 2 059 | 550 | 1 100 | 1 700 | 2 600 | 4 400 |
| | | | 45 ～ 59 岁 | 2 576 | 2 172 | 650 | 1 150 | 1 700 | 2 500 | 4 940 |
| | | | 60 ～ 79 岁 | 1 952 | 2 210 | 550 | 1 100 | 1 700 | 2 500 | 4 900 |
| | | | 80 岁及以上 | 153 | 1 762 | 400 | 900 | 1 450 | 2 300 | 3 800 |
| | | 女 | 小计 | 8 348 | 1 783 | 450 | 900 | 1 400 | 2 200 | 4 050 |
| | | | 18 ～ 44 岁 | 2 831 | 1 809 | 500 | 900 | 1 400 | 2 200 | 4 200 |
| | | | 45 ～ 59 岁 | 3 416 | 1 810 | 450 | 900 | 1 400 | 2 200 | 4 200 |
| | | | 60 ～ 79 岁 | 1 931 | 1 715 | 450 | 900 | 1 400 | 2 080 | 3 850 |
| | | | 80 岁及以上 | 170 | 1 324 | 325 | 700 | 1 050 | 1 700 | 2 800 |
| 中部 | 城乡 | 小计 | 小计 | 29 048 | 1 936 | 500 | 900 | 1 450 | 2 400 | 4 600 |
| | | | 18 ～ 44 岁 | 12 098 | 1 933 | 500 | 900 | 1 450 | 2 400 | 4 600 |
| | | | 45 ～ 59 岁 | 10 213 | 1 956 | 500 | 900 | 1 500 | 2 460 | 4 650 |
| | | | 60 ～ 79 岁 | 6 335 | 1 946 | 500 | 920 | 1 600 | 2 600 | 4 320 |
| | | | 80 岁及以上 | 402 | 1 592 | 400 | 900 | 1 300 | 1 900 | 3 600 |
| | | 男 | 小计 | 13 223 | 2 099 | 500 | 1 000 | 1 700 | 2 650 | 5 000 |
| | | | 18 ～ 44 岁 | 5 609 | 2 073 | 500 | 1 000 | 1 600 | 2 600 | 5 000 |
| | | | 45 ～ 59 岁 | 4 461 | 2 136 | 525 | 1 000 | 1 700 | 2 800 | 5 300 |
| | | | 60 ～ 79 岁 | 2 982 | 2 145 | 550 | 1 050 | 1 700 | 2 800 | 4 700 |

| 地区 | 城乡 | 性别 | 年龄 | *n* | 冬季日均总饮水摄入量 /（ml/d） | | | | | |
|---|---|---|---|---|---|---|---|---|---|---|
| | | | | | Mean | P5 | P25 | P50 | P75 | P95 |
| 中部 | 城乡 | 男 | 80 岁及以上 | 171 | 1 860 | 450 | 950 | 1 500 | 2 450 | 3 700 |
| | | 女 | 小计 | 15 825 | 1 771 | 450 | 900 | 1 400 | 2 200 | 4 080 |
| | | | 18 ～ 44 岁 | 6 489 | 1 788 | 450 | 900 | 1 400 | 2 200 | 4 200 |
| | | | 45 ～ 59 岁 | 5 752 | 1 779 | 475 | 900 | 1 400 | 2 200 | 4 100 |
| | | | 60 ～ 79 岁 | 3 353 | 1 742 | 450 | 900 | 1 400 | 2 200 | 3 750 |
| | | | 80 岁及以上 | 231 | 1 416 | 400 | 700 | 1 200 | 1 800 | 3 400 |
| | 城市 | 小计 | 小计 | 13 776 | 1 939 | 500 | 900 | 1 400 | 2 300 | 4 700 |
| | | | 18 ～ 44 岁 | 5 784 | 1 975 | 500 | 900 | 1 500 | 2 400 | 4 700 |
| | | | 45 ～ 59 岁 | 4 770 | 1 947 | 500 | 900 | 1 400 | 2 300 | 4 900 |
| | | | 60 ～ 79 岁 | 3 006 | 1 827 | 525 | 900 | 1 400 | 2 200 | 4 200 |
| | | | 80 岁及以上 | 216 | 1 531 | 350 | 850 | 1 200 | 1 900 | 3 600 |
| | | 男 | 小计 | 6 046 | 2 060 | 525 | 1 000 | 1 600 | 2 400 | 5 000 |
| | | | 18 ～ 44 岁 | 2 654 | 2 036 | 500 | 1 000 | 1 600 | 2 450 | 4 800 |
| | | | 45 ～ 59 岁 | 2 021 | 2 124 | 525 | 1 000 | 1 600 | 2 440 | 5 300 |
| | | | 60 ～ 79 岁 | 1 283 | 2 050 | 600 | 1 050 | 1 500 | 2 400 | 4 700 |
| | | | 80 岁及以上 | 88 | 1 830 | 450 | 1 200 | 1 400 | 2 200 | 4 000 |
| | | 女 | 小计 | 7 730 | 1 819 | 500 | 900 | 1 400 | 2 200 | 4 400 |
| | | | 18 ～ 44 岁 | 3 130 | 1 914 | 500 | 900 | 1 400 | 2 300 | 4 700 |
| | | | 45 ～ 59 岁 | 2 749 | 1 769 | 500 | 900 | 1 400 | 2 120 | 4 325 |
| | | | 60 ～ 79 岁 | 1 723 | 1 627 | 450 | 900 | 1 400 | 1 950 | 3 800 |
| | | | 80 岁及以上 | 128 | 1 295 | 200 | 700 | 1 200 | 1 480 | 2 960 |
| | 农村 | 小计 | 小计 | 15 272 | 1 935 | 500 | 900 | 1 500 | 2 560 | 4 400 |
| | | | 18 ～ 44 岁 | 6 314 | 1 905 | 475 | 900 | 1 400 | 2 400 | 4 400 |
| | | | 45 ～ 59 岁 | 5 443 | 1 962 | 500 | 950 | 1 600 | 2 620 | 4 560 |
| | | | 60 ～ 79 岁 | 3 329 | 2 010 | 500 | 950 | 1 700 | 2 800 | 4 380 |
| | | | 80 岁及以上 | 186 | 1 629 | 450 | 900 | 1 300 | 1 900 | 3 600 |
| | | 男 | 小计 | 7 177 | 2 124 | 500 | 1 000 | 1 700 | 2 800 | 5 000 |
| | | | 18 ～ 44 岁 | 2 955 | 2 097 | 500 | 1 000 | 1 600 | 2 600 | 5 050 |
| | | | 45 ～ 59 岁 | 2 440 | 2 144 | 500 | 1 000 | 1 700 | 2 800 | 5 200 |
| | | | 60 ～ 79 岁 | 1 699 | 2 192 | 500 | 1 050 | 1 800 | 2 900 | 4 700 |
| | | | 80 岁及以上 | 83 | 1 881 | 450 | 900 | 1 790 | 2 700 | 3 600 |
| | | 女 | 小计 | 8 095 | 1 740 | 450 | 900 | 1 400 | 2 200 | 3 900 |
| | | | 18 ～ 44 岁 | 3 359 | 1 702 | 450 | 850 | 1 350 | 2 200 | 3 880 |
| | | | 45 ～ 59 岁 | 3 003 | 1 785 | 450 | 900 | 1 400 | 2 380 | 4 000 |
| | | | 60 ～ 79 岁 | 1 630 | 1 811 | 450 | 900 | 1 450 | 2 340 | 3 700 |
| | | | 80 岁及以上 | 103 | 1 479 | 450 | 700 | 1 200 | 1 800 | 3 400 |
| 西部 | 合计 | 小计 | 小计 | 31 073 | 1 900 | 400 | 900 | 1 400 | 2 300 | 4 700 |
| | | | 18 ～ 44 岁 | 14 027 | 1 954 | 450 | 900 | 1 500 | 2 400 | 4 800 |
| | | | 45 ～ 59 岁 | 10 344 | 1 940 | 400 | 900 | 1 400 | 2 350 | 4 600 |
| | | | 60 ～ 79 岁 | 6 296 | 1 691 | 350 | 750 | 1 300 | 2 100 | 4 000 |
| | | | 80 岁及以上 | 406 | 1 631 | 350 | 700 | 1 200 | 2 100 | 3 800 |
| | | 男 | 小计 | 14 251 | 2 068 | 450 | 1 000 | 1 650 | 2 550 | 5 000 |
| | | | 18 ～ 44 岁 | 6 502 | 2 115 | 475 | 1 000 | 1 700 | 2 600 | 5 200 |
| | | | 45 ～ 59 岁 | 4 590 | 2 122 | 450 | 1 000 | 1 700 | 2 600 | 5 000 |
| | | | 60 ～ 79 岁 | 2 957 | 1 859 | 360 | 900 | 1 400 | 2 350 | 4 500 |
| | | | 80 岁及以上 | 202 | 1 727 | 325 | 850 | 1 400 | 2 400 | 3 800 |
| | | 女 | 小计 | 16 822 | 1 725 | 350 | 850 | 1 325 | 2 100 | 4 200 |
| | | | 18 ～ 44 岁 | 7 525 | 1 781 | 400 | 900 | 1 400 | 2 200 | 4 500 |
| | | | 45 ～ 59 岁 | 5 754 | 1 755 | 380 | 900 | 1 400 | 2 100 | 4 100 |
| | | | 60 ～ 79 岁 | 3 339 | 1 529 | 350 | 700 | 1 200 | 1 900 | 3 600 |

| 地区 | 城乡 | 性别 | 年龄 | n | 冬季日均总饮水摄入量 /（ml/d） | | | | | |
|---|---|---|---|---|---|---|---|---|---|---|
| | | | | | Mean | P5 | P25 | P50 | P75 | P95 |
| 西部 | 城乡 | 女 | 80 岁及以上 | 204 | 1 532 | 350 | 700 | 900 | 1 700 | 3 900 |
| | 城市 | 小计 | 小计 | 12 356 | 1 851 | 450 | 900 | 1 400 | 2 300 | 4 400 |
| | | | 18 ~ 44 岁 | 5 384 | 1 866 | 450 | 900 | 1 400 | 2 300 | 4 400 |
| | | | 45 ~ 59 岁 | 4 164 | 1 880 | 450 | 900 | 1 400 | 2 300 | 4 400 |
| | | | 60 ~ 79 岁 | 2 632 | 1 753 | 450 | 900 | 1 400 | 2 200 | 4 200 |
| | | | 80 岁及以上 | 176 | 1 891 | 350 | 750 | 1 400 | 2 300 | 5 100 |
| | | 男 | 小计 | 5 513 | 1 972 | 490 | 900 | 1 600 | 2 400 | 4 500 |
| | | | 18 ~ 44 岁 | 2 460 | 1 959 | 500 | 900 | 1 600 | 2 400 | 4 500 |
| | | | 45 ~ 59 岁 | 1 788 | 2 050 | 500 | 950 | 1 650 | 2 400 | 4 600 |
| | | | 60 ~ 79 岁 | 1 179 | 1 887 | 450 | 900 | 1 600 | 2 400 | 4 400 |
| | | | 80 岁及以上 | 86 | 2 003 | 450 | 900 | 1 550 | 2 650 | 5 100 |
| | | 女 | 小计 | 6 843 | 1 726 | 425 | 900 | 1 400 | 2 100 | 4 200 |
| | | | 18 ~ 44 岁 | 2 924 | 1 767 | 450 | 900 | 1 400 | 2 200 | 4 200 |
| | | | 45 ~ 59 岁 | 2 376 | 1 708 | 400 | 900 | 1 350 | 2 100 | 3 800 |
| | | | 60 ~ 79 岁 | 1 453 | 1 629 | 375 | 730 | 1 300 | 2 100 | 3 900 |
| | | | 80 岁及以上 | 90 | 1 786 | 350 | 700 | 1 200 | 2 200 | 4 000 |
| | 农村 | 小计 | 小计 | 18 717 | 1 932 | 350 | 900 | 1 400 | 2 400 | 4 900 |
| | | | 18 ~ 44 岁 | 8 643 | 2 008 | 400 | 1 000 | 1 575 | 2 400 | 5 100 |
| | | | 45 ~ 59 岁 | 6 180 | 1 981 | 350 | 900 | 1 450 | 2 400 | 4 900 |
| | | | 60 ~ 79 岁 | 3 664 | 1 650 | 325 | 700 | 1 250 | 2 000 | 3 900 |
| | | | 80 岁及以上 | 230 | 1 434 | 300 | 700 | 1 100 | 1 800 | 2 900 |
| | | 男 | 小计 | 8 738 | 2 129 | 400 | 1 000 | 1 700 | 2 600 | 5 400 |
| | | | 18 ~ 44 岁 | 4 042 | 2 211 | 450 | 1 100 | 1 700 | 2 700 | 5 800 |
| | | | 45 ~ 59 岁 | 2 802 | 2 170 | 350 | 1 000 | 1 700 | 2 675 | 5 400 |
| | | | 60 ~ 79 岁 | 1 778 | 1 841 | 350 | 900 | 1 400 | 2 300 | 4 600 |
| | | | 80 岁及以上 | 116 | 1 535 | 280 | 850 | 1 400 | 2 200 | 2 900 |
| | | 女 | 小计 | 9 979 | 1 725 | 350 | 850 | 1 300 | 2 100 | 4 300 |
| | | | 18 ~ 44 岁 | 4 601 | 1 790 | 350 | 900 | 1 400 | 2 100 | 4 600 |
| | | | 45 ~ 59 岁 | 3 378 | 1 786 | 350 | 900 | 1 400 | 2 200 | 4 200 |
| | | | 60 ~ 79 岁 | 1 886 | 1 463 | 300 | 700 | 1 100 | 1 800 | 3 400 |
| | | | 80 岁及以上 | 114 | 1 321 | 350 | 700 | 900 | 1 400 | 2 600 |

## 附表 3-5　中国人群分片区、城乡、性别、年龄的全年日均总饮水摄入量

| 地区 | 城乡 | 性别 | 年龄 | n | 全年日均总饮水摄入量 /（ml/d） | | | | | |
|---|---|---|---|---|---|---|---|---|---|---|
| | | | | | Mean | P5 | P25 | P50 | P75 | P95 |
| 合计 | 城乡 | 小计 | 小计 | 91 047 | 2 300 | 638 | 1 203 | 1 850 | 2 785 | 5 200 |
| | | | 18 ~ 44 岁 | 36 644 | 2 315 | 650 | 1 238 | 1 875 | 2 800 | 5 250 |
| | | | 45 ~ 59 岁 | 32 349 | 2 348 | 650 | 1 225 | 1 900 | 2 800 | 5 350 |
| | | | 60 ~ 79 岁 | 20 569 | 2 220 | 600 | 1 138 | 1 800 | 2 700 | 4 850 |
| | | | 80 岁及以上 | 1 485 | 1 898 | 450 | 938 | 1 525 | 2 300 | 4 500 |
| | | 男 | 小计 | 41 268 | 2 475 | 700 | 1 325 | 2 000 | 2 938 | 5 450 |
| | | | 18 ~ 44 岁 | 16 758 | 2 465 | 700 | 1 338 | 2 000 | 2 925 | 5 425 |
| | | | 45 ~ 59 岁 | 14 082 | 2 549 | 700 | 1 350 | 2 025 | 3 000 | 5 700 |
| | | | 60 ~ 79 岁 | 9 753 | 2 418 | 650 | 1 263 | 1 950 | 2 900 | 5 250 |
| | | | 80 岁及以上 | 675 | 2 112 | 481 | 1 075 | 1 800 | 2 650 | 5 000 |
| | | 女 | 小计 | 49 779 | 2 124 | 600 | 1 125 | 1 713 | 2 550 | 4 800 |
| | | | 18 ~ 44 岁 | 19 886 | 2 161 | 625 | 1 150 | 1 750 | 2 563 | 4 900 |

| 地区 | 城乡 | 性别 | 年龄 | n | 全年日均总饮水摄入量 /（ml/d） | | | | | |
|---|---|---|---|---|---|---|---|---|---|---|
| | | | | | Mean | P5 | P25 | P50 | P75 | P95 |
| 合计 | 城乡 | 女 | 45 ～ 59 岁 | 18 267 | 2 148 | 613 | 1 125 | 1 750 | 2 625 | 4 850 |
| | | | 60 ～ 79 岁 | 10 816 | 2 021 | 550 | 1 050 | 1 650 | 2 450 | 4 400 |
| | | | 80 岁及以上 | 810 | 1 734 | 450 | 900 | 1 375 | 2 000 | 3 940 |
| | 城市 | 小计 | 小计 | 41 799 | 2 355 | 675 | 1 250 | 1 900 | 2 800 | 5 325 |
| | | | 18 ～ 44 岁 | 16 626 | 2 356 | 700 | 1 275 | 1 900 | 2 800 | 5 300 |
| | | | 45 ～ 59 岁 | 14 734 | 2 421 | 688 | 1 263 | 1 900 | 2 800 | 5 550 |
| | | | 60 ～ 79 岁 | 9 693 | 2 269 | 638 | 1 188 | 1 819 | 2 700 | 5 075 |
| | | | 80 岁及以上 | 746 | 2 111 | 513 | 1 025 | 1 550 | 2 400 | 5 663 |
| | | 男 | 小计 | 18 442 | 2 489 | 700 | 1 325 | 2 000 | 2 906 | 5 475 |
| | | | 18 ～ 44 岁 | 7 531 | 2 446 | 700 | 1 338 | 2 025 | 2 925 | 5 325 |
| | | | 45 ～ 59 岁 | 6 264 | 2 610 | 713 | 1 375 | 2 025 | 2 950 | 5 750 |
| | | | 60 ～ 79 岁 | 4 324 | 2 429 | 700 | 1 300 | 1 944 | 2 850 | 5 375 |
| | | | 80 岁及以上 | 323 | 2 344 | 525 | 1 200 | 1 900 | 2 860 | 5 900 |
| | | 女 | 小计 | 23 357 | 2 222 | 625 | 1 150 | 1 775 | 2 638 | 5 150 |
| | | | 18 ～ 44 岁 | 9 095 | 2 266 | 650 | 1 200 | 1 800 | 2 675 | 5 200 |
| | | | 45 ～ 59 岁 | 8 470 | 2 230 | 625 | 1 163 | 1 775 | 2 675 | 5 275 |
| | | | 60 ～ 79 岁 | 5 369 | 2 118 | 581 | 1 100 | 1 700 | 2 525 | 4 775 |
| | | | 80 岁及以上 | 423 | 1 935 | 450 | 913 | 1 450 | 2 150 | 4 400 |
| | 农村 | 小计 | 小计 | 49 248 | 2 258 | 625 | 1 200 | 1 825 | 2 763 | 5 100 |
| | | | 18 ～ 44 岁 | 20 018 | 2 283 | 625 | 1 213 | 1 825 | 2 763 | 5 200 |
| | | | 45 ～ 59 岁 | 17 615 | 2 290 | 625 | 1 205 | 1 875 | 2 800 | 5 150 |
| | | | 60 ～ 79 岁 | 10 876 | 2 183 | 563 | 1 119 | 1 775 | 2 700 | 4 700 |
| | | | 80 岁及以上 | 739 | 1 705 | 418 | 900 | 1 400 | 2 150 | 3 750 |
| | | 男 | 小计 | 22 826 | 2 464 | 663 | 1 325 | 2 000 | 2 950 | 5 450 |
| | | | 18 ～ 44 岁 | 9 227 | 2 479 | 700 | 1 331 | 2 000 | 2 925 | 5 550 |
| | | | 45 ～ 59 岁 | 7 818 | 2 500 | 700 | 1 325 | 2 050 | 3 025 | 5 625 |
| | | | 60 ～ 79 岁 | 5 429 | 2 411 | 625 | 1 241 | 1 950 | 2 950 | 5 200 |
| | | | 80 岁及以上 | 352 | 1 906 | 418 | 1 025 | 1 775 | 2 450 | 3 900 |
| | | 女 | 小计 | 26 422 | 2 047 | 563 | 1 100 | 1 675 | 2 500 | 4 500 |
| | | | 18 ～ 44 岁 | 10 791 | 2 079 | 600 | 1 125 | 1 695 | 2 500 | 4 650 |
| | | | 45 ～ 59 岁 | 9 797 | 2 084 | 600 | 1 113 | 1 713 | 2 600 | 4 575 |
| | | | 60 ～ 79 岁 | 5 447 | 1 944 | 525 | 1 025 | 1 600 | 2 404 | 4 019 |
| | | | 80 岁及以上 | 387 | 1 547 | 400 | 850 | 1 281 | 1 900 | 3 525 |
| 华北 | 城乡 | 小计 | 小计 | 18 088 | 2 856 | 900 | 1 650 | 2 338 | 3 356 | 5 975 |
| | | | 18 ～ 44 岁 | 6 480 | 2 848 | 900 | 1 700 | 2 400 | 3 356 | 5 888 |
| | | | 45 ～ 59 岁 | 6 825 | 2 912 | 900 | 1 675 | 2 375 | 3 450 | 6 325 |
| | | | 60 ～ 79 岁 | 4 498 | 2 817 | 850 | 1 538 | 2 300 | 3 275 | 5 750 |
| | | | 80 岁及以上 | 285 | 2 543 | 700 | 1 363 | 2 000 | 2 940 | 5 950 |
| | | 男 | 小计 | 7 998 | 3 071 | 900 | 1 800 | 2 550 | 3 600 | 6 375 |
| | | | 18 ～ 44 岁 | 2 919 | 3 042 | 900 | 1 825 | 2 565 | 3 600 | 6 350 |
| | | | 45 ～ 59 岁 | 2 820 | 3 167 | 988 | 1 805 | 2 550 | 3 675 | 6 800 |
| | | | 60 ～ 79 岁 | 2 114 | 3 048 | 875 | 1 690 | 2 450 | 3 513 | 6 175 |
| | | | 80 岁及以上 | 145 | 2 536 | 700 | 1 400 | 2 150 | 3 150 | 5 800 |
| | | 女 | 小计 | 10 090 | 2 648 | 850 | 1 525 | 2 150 | 3 100 | 5 550 |
| | | | 18 ～ 44 岁 | 3 561 | 2 652 | 900 | 1 563 | 2 150 | 3 065 | 5 400 |
| | | | 45 ～ 59 岁 | 4 005 | 2 684 | 845 | 1 575 | 2 225 | 3 175 | 5 875 |
| | | | 60 ～ 79 岁 | 2 384 | 2 586 | 825 | 1 440 | 2 100 | 3 050 | 5 300 |
| | | | 80 岁及以上 | 140 | 2 551 | 525 | 1 238 | 1 825 | 2 790 | 6 800 |
| | 城市 | 小计 | 小计 | 7 813 | 2 858 | 825 | 1 550 | 2 300 | 3 350 | 6 100 |
| | | | 18 ～ 44 岁 | 2 778 | 2 780 | 825 | 1 588 | 2 325 | 3 300 | 5 650 |

| 地区 | 城乡 | 性别 | 年龄 | n | 全年日均总饮水摄入量 /（ml/d） | | | | | |
|---|---|---|---|---|---|---|---|---|---|---|
| | | | | | Mean | P5 | P25 | P50 | P75 | P95 |
| 华北 | 城市 | 小计 | 45 ～ 59 岁 | 2 788 | 2 994 | 863 | 1 600 | 2 325 | 3 500 | 6 481 |
| | | | 60 ～ 79 岁 | 2 090 | 2 861 | 825 | 1 450 | 2 200 | 3 288 | 6 150 |
| | | | 80 岁及以上 | 157 | 2 675 | 700 | 1 075 | 2 025 | 2 950 | 6 800 |
| | | 男 | 小计 | 3 397 | 3 007 | 825 | 1 650 | 2 450 | 3 600 | 6 300 |
| | | | 18 ～ 44 岁 | 1 231 | 2 906 | 825 | 1 700 | 2 500 | 3 625 | 5 963 |
| | | | 45 ～ 59 岁 | 1 161 | 3 212 | 900 | 1 725 | 2 438 | 3 675 | 6 638 |
| | | | 60 ～ 79 岁 | 922 | 2 983 | 825 | 1 538 | 2 350 | 3 400 | 6 290 |
| | | | 80 岁及以上 | 83 | 2 660 | 700 | 1 100 | 2 125 | 3 300 | 6 600 |
| | | 女 | 小计 | 4 416 | 2 710 | 825 | 1 450 | 2 125 | 3 100 | 5 950 |
| | | | 18 ～ 44 岁 | 1 547 | 2 655 | 825 | 1 525 | 2 125 | 3 040 | 5 450 |
| | | | 45 ～ 59 岁 | 1 627 | 2 776 | 825 | 1 513 | 2 200 | 3325 | 6 450 |
| | | | 60 ～ 79 岁 | 1 168 | 2 744 | 813 | 1 344 | 2 100 | 3 175 | 5 925 |
| | | | 80 岁及以上 | 74 | 2 695 | 650 | 1 075 | 1 763 | 2 790 | 7 800 |
| | 农村 | 小计 | 小计 | 10 275 | 2 855 | 925 | 1 725 | 2 400 | 3 375 | 5 900 |
| | | | 18 ～ 44 岁 | 3 702 | 2 894 | 1 000 | 1 800 | 2 425 | 3 400 | 5 950 |
| | | | 45 ～ 59 岁 | 4 037 | 2 860 | 900 | 1 713 | 2 400 | 3 440 | 6 175 |
| | | | 60 ～ 79 岁 | 2 408 | 2 788 | 900 | 1 625 | 2 325 | 3 255 | 5 300 |
| | | | 80 岁及以上 | 128 | 2 419 | 700 | 1 600 | 2 000 | 2 940 | 5 725 |
| | | 男 | 小计 | 4 601 | 3 114 | 1 025 | 1 875 | 2 600 | 3 600 | 6 400 |
| | | | 18 ～ 44 岁 | 1 688 | 3 133 | 1 113 | 1 925 | 2 613 | 3 600 | 6 400 |
| | | | 45 ～ 59 岁 | 1 659 | 3 136 | 1 025 | 1 900 | 2 650 | 3 700 | 6 800 |
| | | | 60 ～ 79 岁 | 1 192 | 3 089 | 931 | 1 725 | 2 500 | 3 550 | 5 810 |
| | | | 80 岁及以上 | 62 | 2 386 | 900 | 1 725 | 2 150 | 2 970 | 4 400 |
| | | 女 | 小计 | 5 674 | 2 607 | 880 | 1 600 | 2 188 | 3 075 | 5 325 |
| | | | 18 ～ 44 岁 | 2 014 | 2 650 | 900 | 1 600 | 2 150 | 3 150 | 5 350 |
| | | | 45 ～ 59 岁 | 2 378 | 2 630 | 863 | 1 600 | 2 240 | 3 125 | 5 425 |
| | | | 60 ～ 79 岁 | 1 216 | 2 477 | 863 | 1 500 | 2 125 | 3 000 | 4 775 |
| | | | 80 岁及以上 | 66 | 2 445 | 450 | 1 500 | 1 925 | 2 790 | 5 725 |
| 华东 | 城乡 | 小计 | 小计 | 22 956 | 2 480 | 700 | 1 338 | 2 025 | 3 000 | 5 425 |
| | | | 18 ～ 44 岁 | 8 536 | 2 523 | 713 | 1 375 | 2 075 | 3 025 | 5 425 |
| | | | 45 ～ 59 岁 | 8 064 | 2 518 | 681 | 1 338 | 2 050 | 3 025 | 5 600 |
| | | | 60 ～ 79 岁 | 5 838 | 2 380 | 625 | 1 300 | 1 956 | 2 925 | 5 100 |
| | | | 80 岁及以上 | 518 | 1 836 | 494 | 1 000 | 1 525 | 2 300 | 3 963 |
| | | 男 | 小计 | 10 429 | 2 699 | 750 | 1 475 | 2 200 | 3 200 | 5 800 |
| | | | 18 ～ 44 岁 | 3 795 | 2 715 | 775 | 1 513 | 2 238 | 3 200 | 5 750 |
| | | | 45 ～ 59 岁 | 3 626 | 2 740 | 750 | 1 463 | 2 220 | 3 213 | 6 113 |
| | | | 60 ～ 79 岁 | 2 803 | 2 625 | 700 | 1 425 | 2 200 | 3 150 | 5 625 |
| | | | 80 岁及以上 | 205 | 2 334 | 563 | 1 264 | 2 000 | 3 130 | 5 350 |
| | | 女 | 小计 | 12 527 | 2 262 | 638 | 1 213 | 1 875 | 2 800 | 4 950 |
| | | | 18 ～ 44 岁 | 4 741 | 2 337 | 688 | 1 263 | 1 950 | 2 900 | 5 150 |
| | | | 45 ～ 59 岁 | 4 438 | 2 280 | 625 | 1 200 | 1 900 | 2 800 | 5 200 |
| | | | 60 ～ 79 岁 | 3 035 | 2 128 | 556 | 1 163 | 1 769 | 2 600 | 4 475 |
| | | | 80 岁及以上 | 313 | 1 562 | 450 | 900 | 1 325 | 1 925 | 3 200 |
| | 城市 | 小计 | 小计 | 12 473 | 2 560 | 700 | 1 400 | 2 060 | 3 025 | 5 675 |
| | | | 18 ～ 44 岁 | 4 765 | 2 616 | 763 | 1 425 | 2 105 | 3 075 | 5 775 |
| | | | 45 ～ 59 岁 | 4 285 | 2 597 | 700 | 1 375 | 2 063 | 3 025 | 5 925 |
| | | | 60 ～ 79 岁 | 3 152 | 2 403 | 675 | 1 325 | 1 975 | 2 875 | 5 100 |
| | | | 80 岁及以上 | 271 | 2 006 | 525 | 1 013 | 1 575 | 2 400 | 5 350 |
| | | 男 | 小计 | 5 492 | 2 750 | 778 | 1 500 | 2 200 | 3 200 | 6 000 |
| | | | 18 ～ 44 岁 | 2 109 | 2 763 | 825 | 1 525 | 2 300 | 3 200 | 6 100 |

| 地区 | 城乡 | 性别 | 年龄 | *n* | 全年日均总饮水摄入量 /（ml/d） | | | | | |
|---|---|---|---|---|---|---|---|---|---|---|
| | | | | | Mean | P5 | P25 | P50 | P75 | P95 |
| 华东 | 城市 | 男 | 45 ~ 59 岁 | 1 873 | 2 790 | 725 | 1 475 | 2 188 | 3 200 | 6 250 |
| | | | 60 ~ 79 岁 | 1 408 | 2 662 | 713 | 1 450 | 2 175 | 3 063 | 5 650 |
| | | | 80 岁及以上 | 102 | 2 533 | 525 | 1 413 | 2 125 | 3 150 | 5 950 |
| | | 女 | 小计 | 6 981 | 2 376 | 681 | 1 300 | 1 925 | 2 850 | 5 400 |
| | | | 18 ~ 44 岁 | 2 656 | 2 476 | 700 | 1 388 | 2 000 | 2 925 | 5 550 |
| | | | 45 ~ 59 岁 | 2 412 | 2 389 | 625 | 1 263 | 1 950 | 2 875 | 5 570 |
| | | | 60 ~ 79 岁 | 1 744 | 2 163 | 600 | 1 250 | 1 831 | 2 625 | 4 500 |
| | | | 80 岁及以上 | 169 | 1 718 | 525 | 913 | 1 438 | 2 013 | 3 800 |
| | 农村 | 小计 | 小计 | 10 483 | 2 394 | 650 | 1 263 | 2 025 | 2 950 | 5 100 |
| | | | 18 ~ 44 岁 | 3 771 | 2 419 | 681 | 1 295 | 2 050 | 2 950 | 5 100 |
| | | | 45 ~ 59 岁 | 3 779 | 2 435 | 663 | 1 300 | 2 025 | 3 025 | 5 250 |
| | | | 60 ~ 79 岁 | 2 686 | 2 357 | 600 | 1 260 | 1 950 | 2 994 | 5 100 |
| | | | 80 岁及以上 | 247 | 1 668 | 413 | 950 | 1 400 | 2 200 | 3 700 |
| | | 男 | 小计 | 4 937 | 2 647 | 725 | 1 450 | 2 213 | 3 225 | 5 500 |
| | | | 18 ~ 44 岁 | 1 686 | 2 663 | 738 | 1 475 | 2 200 | 3 200 | 5 425 |
| | | | 45 ~ 59 岁 | 1 753 | 2 686 | 763 | 1 463 | 2 275 | 3 238 | 5 950 |
| | | | 60 ~ 79 岁 | 1 395 | 2 591 | 700 | 1 413 | 2 200 | 3 300 | 5 500 |
| | | | 80 岁及以上 | 103 | 2 138 | 563 | 1 100 | 1 800 | 3 000 | 4 500 |
| | | 女 | 小计 | 5 546 | 2 136 | 600 | 1 125 | 1 800 | 2 725 | 4 650 |
| | | | 18 ~ 44 岁 | 2 085 | 2 179 | 625 | 1 163 | 1 850 | 2 800 | 4 775 |
| | | | 45 ~ 59 岁 | 2 026 | 2 166 | 600 | 1 150 | 1 825 | 2 750 | 4 700 |
| | | | 60 ~ 79 岁 | 1 291 | 2 090 | 525 | 1 100 | 1 690 | 2 575 | 4 419 |
| | | | 80 岁及以上 | 144 | 1 407 | 375 | 875 | 1 238 | 1 763 | 2 806 |
| 华南 | 城乡 | 小计 | 小计 | 15 165 | 1 995 | 663 | 1 174 | 1 650 | 2 325 | 4 300 |
| | | | 18 ~ 44 岁 | 6 517 | 1 995 | 663 | 1 163 | 1 645 | 2 300 | 4 350 |
| | | | 45 ~ 59 岁 | 5 379 | 2 057 | 675 | 1 200 | 1 688 | 2 425 | 4 450 |
| | | | 60 ~ 79 岁 | 3 022 | 1 902 | 638 | 1 125 | 1 638 | 2 275 | 3 900 |
| | | | 80 岁及以上 | 247 | 1 744 | 475 | 1 000 | 1 375 | 2 013 | 3 575 |
| | | 男 | 小计 | 7 014 | 2 115 | 700 | 1 225 | 1 725 | 2 450 | 4 525 |
| | | | 18 ~ 44 岁 | 3 107 | 2 129 | 700 | 1 250 | 1 725 | 2 450 | 4 525 |
| | | | 45 ~ 59 岁 | 2 339 | 2 187 | 700 | 1 275 | 1 756 | 2 525 | 4 813 |
| | | | 60 ~ 79 岁 | 1 462 | 1 970 | 672 | 1 150 | 1 675 | 2 350 | 4 150 |
| | | | 80 岁及以上 | 106 | 1 703 | 450 | 1 138 | 1 525 | 2 075 | 3 150 |
| | | 女 | 小计 | 8 151 | 1 869 | 631 | 1 125 | 1 550 | 2 200 | 3 850 |
| | | | 18 ~ 44 岁 | 3 410 | 1 850 | 638 | 1 125 | 1 525 | 2 150 | 3 900 |
| | | | 45 ~ 59 岁 | 3 040 | 1 926 | 638 | 1 150 | 1 625 | 2 325 | 3 863 |
| | | | 60 ~ 79 岁 | 1 560 | 1 831 | 625 | 1 075 | 1 575 | 2 200 | 3 663 |
| | | | 80 岁及以上 | 141 | 1 776 | 483 | 913 | 1 375 | 1 925 | 3 940 |
| | 城市 | 小计 | 小计 | 7 332 | 2 146 | 725 | 1 225 | 1 713 | 2 500 | 4 775 |
| | | | 18 ~ 44 岁 | 3 146 | 2 159 | 738 | 1 250 | 1 725 | 2 480 | 4 825 |
| | | | 45 ~ 59 岁 | 2 585 | 2 221 | 750 | 1 263 | 1 750 | 2 550 | 4 900 |
| | | | 60 ~ 79 岁 | 1 473 | 1 980 | 713 | 1 125 | 1 650 | 2 363 | 4 150 |
| | | | 80 岁及以上 | 128 | 1 928 | 563 | 1 075 | 1 500 | 2 075 | 3 940 |
| | | 男 | 小计 | 3 291 | 2 224 | 775 | 1 303 | 1 775 | 2 525 | 4 813 |
| | | | 18 ~ 44 岁 | 1 510 | 2 208 | 790 | 1 325 | 1 800 | 2 550 | 4 650 |
| | | | 45 ~ 59 岁 | 1 061 | 2 385 | 800 | 1 325 | 1 800 | 2 640 | 5 150 |
| | | | 60 ~ 79 岁 | 672 | 2 024 | 775 | 1 150 | 1 650 | 2 400 | 4 325 |
| | | | 80 岁及以上 | 48 | 1 582 | 613 | 1 200 | 1 375 | 1 925 | 3 150 |
| | | 女 | 小计 | 4 041 | 2 067 | 700 | 1 174 | 1 650 | 2 400 | 4 600 |
| | | | 18 ~ 44 岁 | 1 636 | 2 105 | 700 | 1 175 | 1 625 | 2 350 | 4 900 |

| 地区 | 城乡 | 性别 | 年龄 | n | 全年日均总饮水摄入量 /（ml/d） | | | | | |
|---|---|---|---|---|---|---|---|---|---|---|
| | | | | | Mean | P5 | P25 | P50 | P75 | P95 |
| 华南 | 城市 | 女 | 45～59岁 | 1 524 | 2 070 | 700 | 1 200 | 1 700 | 2 500 | 4 358 |
| | | | 60～79岁 | 801 | 1 937 | 700 | 1 100 | 1 638 | 2 300 | 3 950 |
| | | | 80岁及以上 | 80 | 2 151 | 550 | 1 075 | 1 525 | 2 150 | 4 350 |
| | 农村 | 小计 | 小计 | 7 833 | 1 885 | 625 | 1 125 | 1 575 | 2 225 | 3 900 |
| | | | 18～44岁 | 3 371 | 1 885 | 625 | 1 125 | 1 575 | 2 200 | 3 925 |
| | | | 45～59岁 | 2 794 | 1 923 | 631 | 1 163 | 1 625 | 2 306 | 4 025 |
| | | | 60～79岁 | 1 549 | 1 841 | 600 | 1 116 | 1 575 | 2 225 | 3 675 |
| | | | 80岁及以上 | 119 | 1 552 | 418 | 900 | 1 365 | 2 013 | 3 025 |
| | | 男 | 小计 | 3 723 | 2 039 | 638 | 1 200 | 1 700 | 2 400 | 4 400 |
| | | | 18～44岁 | 1 597 | 2 075 | 638 | 1 198 | 1 700 | 2 400 | 4 400 |
| | | | 45～59岁 | 1 278 | 2 037 | 675 | 1 225 | 1 725 | 2 425 | 4 450 |
| | | | 60～79岁 | 790 | 1 930 | 615 | 1 150 | 1 675 | 2 325 | 4 050 |
| | | | 80岁及以上 | 58 | 1 802 | 418 | 1 075 | 1 688 | 2 144 | 3 850 |
| | | 女 | 小计 | 4 110 | 1 720 | 575 | 1 075 | 1 525 | 2 075 | 3 438 |
| | | | 18～44岁 | 1 774 | 1 682 | 575 | 1 075 | 1 500 | 2 056 | 3 350 |
| | | | 45～59岁 | 1 516 | 1 801 | 625 | 1 100 | 1 525 | 2 200 | 3 663 |
| | | | 60～79岁 | 759 | 1 742 | 575 | 1 063 | 1 525 | 2 100 | 3 425 |
| | | | 80岁及以上 | 61 | 1 305 | 450 | 825 | 1 150 | 1 825 | 2 650 |
| 西北 | 城乡 | 小计 | 小计 | 1 1269 | 2 595 | 700 | 1 400 | 2 100 | 3 075 | 6 025 |
| | | | 18～44岁 | 4 706 | 2 680 | 700 | 1 488 | 2 200 | 3 200 | 6 675 |
| | | | 45～59岁 | 3 928 | 2 600 | 713 | 1 400 | 2 100 | 3 050 | 5 650 |
| | | | 60～79岁 | 2 497 | 2 359 | 700 | 1 250 | 1 925 | 2 925 | 5 250 |
| | | | 80岁及以上 | 138 | 2 093 | 613 | 1 200 | 1 800 | 2 400 | 5 600 |
| | | 男 | 小计 | 5 079 | 2 935 | 875 | 1 650 | 2 400 | 3 550 | 6 900 |
| | | | 18～44岁 | 2 069 | 3 017 | 850 | 1 745 | 2 475 | 3 600 | 7 125 |
| | | | 45～59岁 | 1 765 | 2 976 | 888 | 1 625 | 2 350 | 3 500 | 6 625 |
| | | | 60～79岁 | 1 174 | 2 660 | 900 | 1 463 | 2 200 | 3 275 | 5 625 |
| | | | 80岁及以上 | 71 | 2 127 | 800 | 1 200 | 1 900 | 2 738 | 4 650 |
| | | 女 | 小计 | 6 190 | 2 244 | 600 | 1225 | 1 875 | 2 700 | 5 150 |
| | | | 18～44岁 | 2 637 | 2 335 | 600 | 1 300 | 1 913 | 2 800 | 5 313 |
| | | | 45～59岁 | 2 163 | 2 189 | 650 | 1 225 | 1 838 | 2 700 | 4 675 |
| | | | 60～79岁 | 1 323 | 2 066 | 600 | 1 100 | 1 700 | 2 500 | 4 900 |
| | | | 80岁及以上 | 67 | 2 063 | 570 | 1 200 | 1 700 | 2 225 | 7 275 |
| | 城市 | 小计 | 小计 | 5 053 | 2 376 | 763 | 1 400 | 2 025 | 2 825 | 4 975 |
| | | | 18～44岁 | 2 032 | 2 405 | 775 | 1 480 | 2 075 | 2 875 | 4 950 |
| | | | 45～59岁 | 1 798 | 2 430 | 738 | 1 400 | 2 023 | 2 800 | 5 200 |
| | | | 60～79岁 | 1 164 | 2 215 | 775 | 1 300 | 1 900 | 2 700 | 4 875 |
| | | | 80岁及以上 | 59 | 2 415 | 825 | 1 325 | 2 025 | 2 800 | 7 275 |
| | | 男 | 小计 | 2 219 | 2 591 | 900 | 1 575 | 2 200 | 3 050 | 5 300 |
| | | | 18～44岁 | 891 | 2 578 | 900 | 1 650 | 2 250 | 3 050 | 5 300 |
| | | | 45～59岁 | 775 | 2 744 | 850 | 1 525 | 2 175 | 3 150 | 5 800 |
| | | | 60～79岁 | 520 | 2 400 | 900 | 1 400 | 2 100 | 2 900 | 4 525 |
| | | | 80岁及以上 | 33 | 2 360 | 825 | 1 450 | 2 400 | 3 000 | 4 625 |
| | | 女 | 小计 | 2 834 | 2 164 | 700 | 1 275 | 1 850 | 2 575 | 4 700 |
| | | | 18～44岁 | 1 141 | 2 233 | 700 | 1 325 | 1 900 | 2 650 | 4 675 |
| | | | 45～59岁 | 1 023 | 2 107 | 700 | 1 300 | 1 800 | 2 525 | 4 100 |
| | | | 60～79岁 | 644 | 2 045 | 700 | 1 150 | 1 650 | 2 450 | 4 900 |
| | | | 80岁及以上 | 26 | 2 472 | 838 | 1 300 | 1 950 | 2 525 | 7 275 |
| | 农村 | 小计 | 小计 | 6 216 | 2 764 | 690 | 1 413 | 2 200 | 3 400 | 6 900 |
| | | | 18～44岁 | 2 674 | 2 876 | 681 | 1 500 | 2 300 | 3 575 | 7 200 |
| | | | 45～59岁 | 2 130 | 2 740 | 700 | 1 450 | 2 200 | 3 350 | 6 600 |

| 地区 | 城乡 | 性别 | 年龄 | n | 全年日均总饮水摄入量 /（ml/d） | | | | | |
|---|---|---|---|---|---|---|---|---|---|---|
| | | | | | Mean | P5 | P25 | P50 | P75 | P95 |
| 西北 | 农村 | 小计 | 60 ～ 79 岁 | 1 333 | 2 488 | 600 | 1 225 | 1 975 | 3 100 | 5 600 |
| | | | 80 岁及以上 | 79 | 1 849 | 570 | 1 075 | 1 700 | 2 225 | 4 650 |
| | | 男 | 小计 | 2 860 | 3 191 | 810 | 1 700 | 2 600 | 3 850 | 7 700 |
| | | | 18 ～ 44 岁 | 1 178 | 3 321 | 750 | 1 800 | 2 800 | 4 200 | 7 800 |
| | | | 45 ～ 59 岁 | 990 | 3 159 | 900 | 1 700 | 2 450 | 3 700 | 7 650 |
| | | | 60 ～ 79 岁 | 654 | 2 882 | 810 | 1 500 | 2 325 | 3 600 | 6 750 |
| | | | 80 岁及以上 | 38 | 1 920 | 800 | 1 113 | 1 700 | 2 400 | 4 650 |
| | | 女 | 小计 | 3 356 | 2 309 | 600 | 1 200 | 1 888 | 2 825 | 5 450 |
| | | | 18 ～ 44 岁 | 1 496 | 2 410 | 600 | 1 250 | 1 925 | 2 925 | 6 100 |
| | | | 45 ～ 59 岁 | 1 140 | 2 261 | 650 | 1 200 | 1 881 | 2 900 | 4 950 |
| | | | 60 ～ 79 岁 | 679 | 2 087 | 560 | 1 075 | 1 800 | 2 600 | 4 800 |
| | | | 80 岁及以上 | 41 | 1 793 | 570 | 1 050 | 1 700 | 2 150 | 3 525 |
| 东北 | 城乡 | 小计 | 小计 | 10 174 | 1 551 | 500 | 875 | 1 275 | 1 950 | 3 125 |
| | | | 18 ～ 44 岁 | 3 986 | 1 528 | 500 | 875 | 1 250 | 1 950 | 2 900 |
| | | | 45 ～ 59 岁 | 3 899 | 1 594 | 525 | 900 | 1 325 | 1 950 | 3 300 |
| | | | 60 ～ 79 岁 | 2 164 | 1 558 | 450 | 863 | 1 250 | 1 900 | 3 400 |
| | | | 80 岁及以上 | 125 | 1 440 | 400 | 825 | 1 100 | 1 825 | 3 763 |
| | | 男 | 小计 | 4 631 | 1 675 | 556 | 900 | 1 400 | 2 125 | 3 450 |
| | | | 18 ～ 44 岁 | 1 889 | 1 613 | 563 | 900 | 1 350 | 2 075 | 3 050 |
| | | | 45 ～ 59 岁 | 1 661 | 1 753 | 613 | 1 019 | 1 450 | 2 175 | 3 800 |
| | | | 60 ～ 79 岁 | 1 022 | 1 765 | 488 | 888 | 1 400 | 2 125 | 4 000 |
| | | | 80 岁及以上 | 59 | 1 612 | 450 | 900 | 1 100 | 2 150 | 3 600 |
| | | 女 | 小计 | 5 543 | 1 425 | 500 | 825 | 1 200 | 1 750 | 2 900 |
| | | | 18 ～ 44 岁 | 2 097 | 1 433 | 500 | 850 | 1 200 | 1 775 | 2 850 |
| | | | 45 ～ 59 岁 | 2 238 | 1 450 | 500 | 825 | 1 200 | 1 750 | 2 975 |
| | | | 60 ～ 79 岁 | 1 142 | 1 363 | 433 | 825 | 1 125 | 1 700 | 2 850 |
| | | | 80 岁及以上 | 66 | 1 293 | 356 | 763 | 1 100 | 1 450 | 4 125 |
| | 城市 | 小计 | 小计 | 4 355 | 1 571 | 500 | 875 | 1 300 | 1 950 | 3 275 |
| | | | 18 ～ 44 岁 | 1 659 | 1 521 | 500 | 825 | 1 250 | 1 925 | 3 000 |
| | | | 45 ～ 59 岁 | 1 731 | 1 670 | 550 | 925 | 1 400 | 2 025 | 3 600 |
| | | | 60 ～ 79 岁 | 910 | 1 524 | 500 | 875 | 1 275 | 1 860 | 3 200 |
| | | | 80 岁及以上 | 55 | 1 735 | 450 | 938 | 1 325 | 2 225 | 4 125 |
| | | 男 | 小计 | 1 911 | 1 657 | 550 | 900 | 1 400 | 2 088 | 3 500 |
| | | | 18 ～ 44 岁 | 767 | 1 571 | 500 | 875 | 1 325 | 1 980 | 3 150 |
| | | | 45 ～ 59 岁 | 730 | 1 786 | 563 | 1 025 | 1 525 | 2 275 | 3 875 |
| | | | 60 ～ 79 岁 | 395 | 1 687 | 625 | 900 | 1 400 | 2 075 | 3 500 |
| | | | 80 岁及以上 | 19 | 2 057 | 900 | 1 125 | 1 700 | 2 625 | 4 500 |
| | | 女 | 小计 | 2 444 | 1 483 | 500 | 825 | 1 200 | 1 825 | 3 025 |
| | | | 18 ～ 44 岁 | 892 | 1 466 | 500 | 825 | 1 200 | 1 900 | 2 950 |
| | | | 45 ～ 59 岁 | 1 001 | 1 557 | 513 | 875 | 1 275 | 1 800 | 3 350 |
| | | | 60 ～ 79 岁 | 515 | 1 384 | 450 | 838 | 1 125 | 1 700 | 3 000 |
| | | | 80 岁及以上 | 36 | 1 556 | 450 | 900 | 1 100 | 1 925 | 4 125 |
| | 农村 | 小计 | 小计 | 5 819 | 1 540 | 500 | 875 | 1 263 | 1 925 | 3 025 |
| | | | 18 ～ 44 岁 | 2 327 | 1 531 | 538 | 875 | 1 250 | 1 975 | 2 900 |
| | | | 45 ～ 59 岁 | 2 168 | 1 548 | 513 | 900 | 1 300 | 1 900 | 3 150 |
| | | | 60 ～ 79 岁 | 1 254 | 1 577 | 450 | 825 | 1 250 | 1 900 | 3 433 |
| | | | 80 岁及以上 | 70 | 1 311 | 356 | 700 | 1 025 | 1 800 | 3 200 |
| | | 男 | 小计 | 2 720 | 1 685 | 563 | 900 | 1 400 | 2 150 | 3 450 |
| | | | 18 ～ 44 岁 | 1 122 | 1 636 | 600 | 900 | 1 400 | 21 50 | 3 025 |
| | | | 45 ～ 59 岁 | 931 | 1 731 | 625 | 1 000 | 1 400 | 2 075 | 3 725 |
| | | | 60 ～ 79 岁 | 627 | 1 803 | 450 | 875 | 1 325 | 2 150 | 4 325 |
| | | | 80 岁及以上 | 40 | 1 474 | 400 | 875 | 1 025 | 1 925 | 3 600 |

| 地区 | 城乡 | 性别 | 年龄 | n | 全年日均总饮水摄入量 /（ml/d） | | | | | |
| --- | --- | --- | --- | --- | --- | --- | --- | --- | --- | --- |
| | | | | | Mean | P5 | P25 | P50 | P75 | P95 |
| 东北 | 农村 | 女 | 小计 | 3 099 | 1 393 | 463 | 825 | 1 200 | 1 700 | 2 800 |
| | | | 18 ~ 44 岁 | 1 205 | 1 415 | 500 | 875 | 1 200 | 1 725 | 2 800 |
| | | | 45 ~ 59 岁 | 1 237 | 1 389 | 450 | 825 | 1 188 | 1 700 | 2 900 |
| | | | 60 ~ 79 岁 | 627 | 1 351 | 425 | 800 | 1 138 | 1 700 | 2 800 |
| | | | 80 岁及以上 | 30 | 1 146 | 356 | 700 | 1 025 | 1 300 | 2 350 |
| 西南 | 城乡 | 小计 | 小计 | 13 395 | 1 973 | 451 | 938 | 1 500 | 2 300 | 5 000 |
| | | | 18 ~ 44 岁 | 6 419 | 2 067 | 500 | 1 025 | 1 550 | 2 375 | 5 275 |
| | | | 45 ~ 59 岁 | 4 254 | 2 002 | 481 | 906 | 1 525 | 2 344 | 4 938 |
| | | | 60 ~ 79 岁 | 2 550 | 1 668 | 423 | 875 | 1 275 | 2 050 | 3 900 |
| | | | 80 岁及以上 | 172 | 1 506 | 350 | 738 | 1 100 | 1 800 | 5 663 |
| | | 男 | 小计 | 6 117 | 2 067 | 513 | 1 050 | 1 625 | 2 425 | 5 050 |
| | | | 18 ~ 44 岁 | 2 979 | 2 120 | 550 | 1 138 | 1 650 | 2 450 | 5 100 |
| | | | 45 ~ 59 岁 | 1 871 | 2 134 | 513 | 1 025 | 1 675 | 2 563 | 5 194 |
| | | | 60 ~ 79 岁 | 1 178 | 1 806 | 438 | 900 | 1 425 | 2 225 | 4 075 |
| | | | 80 岁及以上 | 89 | 1 827 | 360 | 713 | 1 238 | 2 275 | 5 750 |
| | | 女 | 小计 | 7 278 | 1 876 | 438 | 875 | 1 400 | 2 188 | 4 975 |
| | | | 18 ~ 44 岁 | 3 440 | 2 012 | 450 | 950 | 1 500 | 2 250 | 5 450 |
| | | | 45 ~ 59 岁 | 2 383 | 1 868 | 450 | 875 | 1 400 | 2 200 | 4 650 |
| | | | 60 ~ 79 岁 | 1 372 | 1 539 | 413 | 825 | 1 125 | 1 850 | 3 600 |
| | | | 80 岁及以上 | 83 | 1 133 | 350 | 738 | 900 | 1 325 | 2 450 |
| | 城市 | 小计 | 小计 | 4 773 | 1 897 | 450 | 900 | 1 500 | 2 250 | 4 800 |
| | | | 18 ~ 44 岁 | 2 246 | 1 919 | 500 | 963 | 1 525 | 2 300 | 4 800 |
| | | | 45 ~ 59 岁 | 1 547 | 1 942 | 481 | 900 | 1 475 | 2 250 | 4 525 |
| | | | 60 ~ 79 岁 | 904 | 1 754 | 400 | 875 | 1 325 | 2 200 | 4 400 |
| | | | 80 岁及以上 | 76 | 1 862 | 350 | 763 | 1 200 | 2 175 | 6 100 |
| | | 男 | 小计 | 2 132 | 1 965 | 513 | 1 000 | 1 600 | 2 375 | 4 550 |
| | | | 18 ~ 44 岁 | 1 023 | 1 931 | 538 | 1 000 | 1 600 | 2 350 | 4 400 |
| | | | 45 ~ 59 岁 | 664 | 2 068 | 563 | 1 036 | 1 650 | 2 425 | 4 600 |
| | | | 60 ~ 79 岁 | 407 | 1 859 | 413 | 900 | 1 500 | 2 325 | 4 400 |
| | | | 80 岁及以上 | 38 | 2 409 | 513 | 1 000 | 1 606 | 2 713 | 6 100 |
| | | 女 | 小计 | 2 641 | 1 827 | 438 | 875 | 1 375 | 2 100 | 4 850 |
| | | | 18 ~ 44 岁 | 1 223 | 1 905 | 450 | 900 | 1 450 | 2 163 | 5 000 |
| | | | 45 ~ 59 岁 | 883 | 1 812 | 438 | 863 | 1 325 | 2 025 | 4 500 |
| | | | 60 ~ 79 岁 | 497 | 1 649 | 356 | 756 | 1 200 | 1 850 | 4 900 |
| | | | 80 岁及以上 | 38 | 1 268 | 350 | 619 | 1 113 | 1 525 | 2 450 |
| | 农村 | 小计 | 小计 | 8 622 | 2 022 | 463 | 963 | 1 500 | 2 325 | 5 225 |
| | | | 18 ~ 44 岁 | 4 173 | 2 163 | 500 | 1 100 | 1 588 | 2 425 | 5 820 |
| | | | 45 ~ 59 岁 | 2 707 | 2 044 | 481 | 938 | 1 525 | 2 425 | 5 025 |
| | | | 60 ~ 79 岁 | 1 646 | 1 619 | 438 | 875 | 1 238 | 1 975 | 3 700 |
| | | | 80 岁及以上 | 96 | 1 199 | 325 | 713 | 900 | 1 400 | 3 050 |
| | | 男 | 小计 | 3 985 | 2 134 | 500 | 1 100 | 1 650 | 2 500 | 5 300 |
| | | | 18 ~ 44 岁 | 1 956 | 2 242 | 550 | 1 213 | 1 750 | 2 615 | 5 800 |
| | | | 45 ~ 59 岁 | 1 207 | 2 182 | 500 | 1 025 | 1 700 | 2 600 | 5 350 |
| | | | 60 ~ 79 岁 | 771 | 1 774 | 438 | 900 | 1 400 | 2 175 | 3 950 |
| | | | 80 岁及以上 | 51 | 1 354 | 325 | 675 | 1 075 | 1 900 | 3 050 |
| | | 女 | 小计 | 4 637 | 1 908 | 450 | 888 | 1 413 | 2 225 | 5 100 |
| | | | 18 ~ 44 岁 | 2 217 | 2 080 | 419 | 1 000 | 1 500 | 2 300 | 5 838 |
| | | | 45 ~ 59 岁 | 1 500 | 1 907 | 481 | 900 | 1 450 | 2 250 | 4 775 |
| | | | 60 ~ 79 岁 | 875 | 1 479 | 438 | 825 | 1 100 | 1 850 | 3 600 |
| | | | 80 岁及以上 | 45 | 1 010 | 450 | 738 | 875 | 1 125 | 1 925 |

## 附表 3-6　中国人群分片区、城乡、性别、年龄的春秋季日均总饮水摄入量

| 地区 | 城乡 | 性别 | 年龄 | n | 春秋季日均总饮水摄入量 /（ml/d） | | | | | |
|---|---|---|---|---|---|---|---|---|---|---|
| | | | | | Mean | P5 | P25 | P50 | P75 | P95 |
| 合计 | 城乡 | 小计 | 小计 | 91 049 | 2 159 | 550 | 1 100 | 1 710 | 2 650 | 4 925 |
| | | | 18 ～ 44 岁 | 36 644 | 2 165 | 600 | 1 150 | 1 800 | 2 600 | 4 960 |
| | | | 45 ～ 59 岁 | 32 351 | 2 212 | 575 | 1 150 | 1 800 | 2 700 | 5 200 |
| | | | 60 ～ 79 岁 | 20 569 | 2 094 | 500 | 1 050 | 1 700 | 2 600 | 4 700 |
| | | | 80 岁及以上 | 1 485 | 1 795 | 450 | 900 | 1 400 | 2 200 | 4 400 |
| | | 男 | 小计 | 41 268 | 2 322 | 600 | 1 200 | 1 800 | 2 800 | 5 300 |
| | | | 18 ～ 44 岁 | 16 758 | 2 304 | 650 | 1 200 | 1 850 | 2 800 | 5 300 |
| | | | 45 ～ 59 岁 | 14 082 | 2 396 | 650 | 1 200 | 1 900 | 2 800 | 5 400 |
| | | | 60 ～ 79 岁 | 9 753 | 2 281 | 600 | 1 200 | 1 800 | 2 800 | 5 050 |
| | | | 80 岁及以上 | 675 | 2 005 | 450 | 960 | 1 700 | 2 600 | 4 900 |
| | | 女 | 小计 | 49 781 | 1 996 | 500 | 1 000 | 1 600 | 2 400 | 4 600 |
| | | | 18 ～ 44 岁 | 19 886 | 2 022 | 500 | 1 050 | 1 600 | 2 400 | 4 600 |
| | | | 45 ～ 59 岁 | 18 269 | 2 029 | 500 | 1 000 | 1 640 | 2 450 | 4 600 |
| | | | 60 ～ 79 岁 | 10 816 | 1 907 | 500 | 900 | 1 540 | 2 300 | 4 270 |
| | | | 80 岁及以上 | 810 | 1 633 | 450 | 800 | 1 250 | 1 900 | 3 900 |
| | 城市 | 小计 | 小计 | 41 800 | 2 214 | 600 | 1 150 | 1 800 | 2 700 | 5 200 |
| | | | 18 ～ 44 岁 | 16 626 | 2 214 | 625 | 1 200 | 1 800 | 2 700 | 5 040 |
| | | | 45 ～ 59 岁 | 14 735 | 2 279 | 600 | 1 200 | 1 800 | 2 700 | 5 300 |
| | | | 60 ～ 79 岁 | 9 693 | 2 128 | 600 | 1 100 | 1 700 | 2 600 | 4 900 |
| | | | 80 岁及以上 | 746 | 2 002 | 450 | 900 | 1 400 | 2 300 | 5 200 |
| | | 男 | 小计 | 18 442 | 2 336 | 650 | 1 200 | 1 900 | 2 800 | 5 300 |
| | | | 18 ～ 44 岁 | 7 531 | 2 292 | 650 | 1 200 | 1 900 | 2 800 | 5 200 |
| | | | 45 ～ 59 岁 | 6 264 | 2 454 | 700 | 1 250 | 1 900 | 2 800 | 5 480 |
| | | | 60 ～ 79 岁 | 4 324 | 2 274 | 650 | 1 200 | 1 800 | 2 760 | 5 200 |
| | | | 80 岁及以上 | 323 | 2 224 | 525 | 1 100 | 1 800 | 2 800 | 5 800 |
| | | 女 | 小计 | 23 358 | 2 093 | 550 | 1 100 | 1 700 | 2 400 | 4 900 |
| | | | 18 ～ 44 岁 | 9 095 | 2 135 | 600 | 1 150 | 1 700 | 2 500 | 4 900 |
| | | | 45 ～ 59 岁 | 8 471 | 2 102 | 550 | 1 050 | 1 700 | 2 600 | 5 050 |
| | | | 60 ～ 79 岁 | 5 369 | 1 990 | 525 | 975 | 1 600 | 2 400 | 4 600 |
| | | | 80 岁及以上 | 423 | 1 834 | 450 | 900 | 1 400 | 2 000 | 4 400 |
| | 农村 | 小计 | 小计 | 49 249 | 2 117 | 500 | 1 100 | 1 700 | 2 600 | 4 880 |
| | | | 18 ～ 44 岁 | 20 018 | 2 127 | 540 | 1 100 | 1 700 | 2 600 | 4 900 |
| | | | 45 ～ 59 岁 | 17 616 | 2 159 | 525 | 1 100 | 1 780 | 2 700 | 4 925 |
| | | | 60 ～ 79 岁 | 10 876 | 2 069 | 500 | 1 000 | 1 700 | 2 600 | 4 600 |
| | | | 80 岁及以上 | 739 | 1 607 | 400 | 850 | 1 350 | 2 000 | 3 600 |
| | | 男 | 小计 | 22 826 | 2 311 | 600 | 1 200 | 1 800 | 2 800 | 5 300 |
| | | | 18 ～ 44 岁 | 9 227 | 2 313 | 600 | 1 200 | 1 800 | 2 800 | 5 400 |
| | | | 45 ～ 59 岁 | 7 818 | 2 349 | 600 | 1 200 | 1 850 | 2 800 | 5 400 |
| | | | 60 ～ 79 岁 | 5 429 | 2 286 | 525 | 1 150 | 1 800 | 2 800 | 4 900 |
| | | | 80 岁及以上 | 352 | 1 811 | 400 | 900 | 1 700 | 2 400 | 3 800 |
| | | 女 | 小计 | 26 423 | 1 920 | 500 | 950 | 1 600 | 2 400 | 4 300 |
| | | | 18 ～ 44 岁 | 10 791 | 1 934 | 500 | 1 000 | 1 580 | 2 400 | 4 400 |
| | | | 45 ～ 59 岁 | 9 798 | 1 972 | 500 | 1 000 | 1 600 | 2 400 | 4 400 |
| | | | 60 ～ 79 岁 | 5 447 | 1 841 | 450 | 900 | 1 450 | 2 300 | 3 800 |
| | | | 80 岁及以上 | 387 | 1 447 | 400 | 700 | 1 200 | 1 800 | 3 400 |
| 华北 | 城乡 | 小计 | 小计 | 18 089 | 2 701 | 800 | 1 550 | 2 200 | 3 200 | 5 700 |
| | | | 18 ～ 44 岁 | 6 480 | 2 688 | 850 | 1 600 | 2 200 | 3 200 | 5 600 |
| | | | 45 ～ 59 岁 | 6 826 | 2 756 | 800 | 1 600 | 2 200 | 3 300 | 6 120 |
| | | | 60 ～ 79 岁 | 4 498 | 2 674 | 800 | 1 400 | 2 200 | 3 200 | 5 400 |
| | | | 80 岁及以上 | 285 | 2 414 | 650 | 1 300 | 1 800 | 2 800 | 5 600 |
| | | 男 | 小计 | 7 998 | 2 900 | 900 | 1 700 | 2 400 | 3 450 | 6 200 |
| | | | 18 ～ 44 岁 | 2 919 | 2 866 | 900 | 1 800 | 2 400 | 3 450 | 6 200 |

| 地区 | 城乡 | 性别 | 年龄 | *n* | 春秋季日均总饮水摄入量 /（ml/d） | | | | | |
| --- | --- | --- | --- | --- | --- | --- | --- | --- | --- | --- |
| | | | | | Mean | P5 | P25 | P50 | P75 | P95 |
| 华北 | 城乡 | 男 | 45 ～ 59 岁 | 2 820 | 2 996 | 900 | 1 700 | 2 400 | 3 600 | 6 400 |
| | | | 60 ～ 79 岁 | 2 114 | 2 888 | 800 | 1 600 | 2 300 | 3 400 | 5 800 |
| | | | 80 岁及以上 | 145 | 2 417 | 700 | 1 400 | 2 100 | 2 900 | 4 800 |
| | | 女 | 小计 | 10 091 | 2 508 | 800 | 1 400 | 2 100 | 2 900 | 5 300 |
| | | | 18 ～ 44 岁 | 3 561 | 2 509 | 800 | 1 400 | 2 050 | 2 900 | 5 200 |
| | | | 45 ～ 59 岁 | 4 006 | 2 543 | 800 | 1 400 | 2 100 | 3 000 | 5 600 |
| | | | 60 ～ 79 岁 | 2 384 | 2 460 | 800 | 1 400 | 1 960 | 2 900 | 5 200 |
| | | | 80 岁及以上 | 140 | 2 412 | 525 | 1 150 | 1 800 | 2 700 | 5 600 |
| | 城市 | 小计 | 小计 | 7 814 | 2 700 | 700 | 1 400 | 2 200 | 3 200 | 6 000 |
| | | | 18 ～ 44 岁 | 2 778 | 2 639 | 700 | 1 400 | 2 200 | 3 150 | 5 500 |
| | | | 45 ～ 59 岁 | 2 789 | 2 831 | 750 | 1 400 | 2 200 | 3 300 | 6 400 |
| | | | 60 ～ 79 岁 | 2 090 | 2 663 | 700 | 1 400 | 2 100 | 3 200 | 5 800 |
| | | | 80 岁及以上 | 157 | 2 570 | 650 | 1 000 | 1 800 | 2 800 | 6 800 |
| | | 男 | 小计 | 3 397 | 2 837 | 700 | 1 500 | 2 300 | 3 400 | 6 150 |
| | | | 18 ～ 44 岁 | 1 231 | 2 755 | 700 | 1 600 | 2 300 | 3 400 | 5 700 |
| | | | 45 ～ 59 岁 | 1 161 | 3 038 | 800 | 1 600 | 2 300 | 3 540 | 6 400 |
| | | | 60 ～ 79 岁 | 922 | 2 764 | 700 | 1 400 | 2 300 | 3 300 | 6 000 |
| | | | 80 岁及以上 | 83 | 2 556 | 700 | 1 100 | 2 100 | 2 920 | 6 600 |
| | | 女 | 小计 | 4 417 | 2 563 | 700 | 1 400 | 1 950 | 2 900 | 5 700 |
| | | | 18 ～ 44 岁 | 1 547 | 2 523 | 700 | 1 400 | 1 925 | 2 870 | 5 300 |
| | | | 45 ～ 59 岁 | 1 628 | 2 624 | 700 | 1 400 | 2 100 | 3 200 | 6 325 |
| | | | 60 ～ 79 岁 | 1 168 | 2 568 | 700 | 1 300 | 1 900 | 3 100 | 5 700 |
| | | | 80 岁及以上 | 74 | 2 587 | 600 | 900 | 1 700 | 2 700 | 7 800 |
| | 农村 | 小计 | 小计 | 10 275 | 2 703 | 900 | 1 600 | 2 200 | 3 200 | 5 600 |
| | | | 18 ～ 44 岁 | 3 702 | 2 722 | 900 | 1 690 | 2 200 | 3 200 | 5 600 |
| | | | 45 ～ 59 岁 | 4 037 | 2 709 | 880 | 1 600 | 2 300 | 3 300 | 5 800 |
| | | | 60 ～ 79 岁 | 2 408 | 2 681 | 800 | 1 600 | 2 200 | 3 150 | 5 200 |
| | | | 80 岁及以上 | 128 | 2 269 | 650 | 1 400 | 1 800 | 2 700 | 5 600 |
| | | 男 | 小计 | 4 601 | 2 943 | 900 | 1 800 | 2 400 | 3 600 | 6 300 |
| | | | 18 ～ 44 岁 | 1 688 | 2 940 | 1000 | 1 800 | 2 400 | 3 450 | 6 400 |
| | | | 45 ～ 59 岁 | 1 659 | 2 966 | 900 | 1 800 | 2 400 | 3 600 | 6 525 |
| | | | 60 ～ 79 岁 | 1 192 | 2 966 | 900 | 1 690 | 2 400 | 3 400 | 5 550 |
| | | | 80 岁及以上 | 62 | 2 251 | 800 | 1 725 | 1 900 | 2 700 | 4 400 |
| | | 女 | 小计 | 5 674 | 2 472 | 800 | 1 400 | 2 100 | 2 900 | 5 200 |
| | | | 18 ～ 44 岁 | 2 014 | 2 499 | 800 | 1 450 | 2 100 | 2 900 | 5 000 |
| | | | 45 ～ 59 岁 | 2 378 | 2 494 | 800 | 1 400 | 2 100 | 2 900 | 5 300 |
| | | | 60 ～ 79 岁 | 1 216 | 2 385 | 800 | 1 400 | 2 040 | 2 800 | 4 600 |
| | | | 80 岁及以上 | 66 | 2 283 | 450 | 1 300 | 1 800 | 2 640 | 5 600 |
| 华东 | 城乡 | 小计 | 小计 | 22 956 | 2 326 | 620 | 1 200 | 1 900 | 2 800 | 5 200 |
| | | | 18 ～ 44 岁 | 8 536 | 2 361 | 650 | 1 200 | 1 900 | 2 800 | 5 200 |
| | | | 45 ～ 59 岁 | 8 064 | 2 366 | 600 | 1 200 | 1 900 | 2 800 | 5 300 |
| | | | 60 ～ 79 岁 | 5 838 | 2 243 | 550 | 1 200 | 1 850 | 2 800 | 4 925 |
| | | | 80 岁及以上 | 518 | 1 733 | 450 | 900 | 1 400 | 2 200 | 3 950 |
| | | 男 | 小计 | 10 429 | 2 528 | 700 | 1 400 | 2 100 | 3 000 | 5 490 |
| | | | 18 ～ 44 岁 | 3 795 | 2 537 | 700 | 1 400 | 2 100 | 3 000 | 5 400 |
| | | | 45 ～ 59 岁 | 3 626 | 2 567 | 650 | 1 350 | 2 100 | 3 000 | 5 800 |
| | | | 60 ～ 79 岁 | 2 803 | 2 470 | 650 | 1 300 | 2 050 | 3 000 | 5 300 |
| | | | 80 岁及以上 | 205 | 2 239 | 450 | 1 150 | 1 900 | 2 850 | 5 400 |
| | | 女 | 小计 | 12 527 | 2 126 | 550 | 1 100 | 1 700 | 2 650 | 4 700 |
| | | | 18 ～ 44 岁 | 4 741 | 2 191 | 600 | 1 200 | 1 800 | 2 700 | 4 800 |
| | | | 45 ～ 59 岁 | 4 438 | 2 150 | 525 | 1 100 | 1 750 | 2 700 | 4 900 |
| | | | 60 ～ 79 岁 | 3 035 | 2 009 | 450 | 1 050 | 1 700 | 2 450 | 4 400 |
| | | | 80 岁及以上 | 313 | 1 454 | 450 | 800 | 1 200 | 1 800 | 3 100 |

| 地区 | 城乡 | 性别 | 年龄 | n | 春秋季日均总饮水摄入量 /（ml/d） | | | | | |
|---|---|---|---|---|---|---|---|---|---|---|
| | | | | | Mean | P5 | P25 | P50 | P75 | P95 |
| 华东 | 城市 | 小计 | 小计 | 12 473 | 2 413 | 650 | 1 300 | 1 900 | 2 800 | 5 400 |
| | | | 18 ～ 44 岁 | 4 765 | 2 468 | 700 | 1 350 | 1 950 | 2 900 | 5 560 |
| | | | 45 ～ 59 岁 | 4 285 | 2 444 | 650 | 1 240 | 1 900 | 2 900 | 5 700 |
| | | | 60 ～ 79 岁 | 3 152 | 2 265 | 625 | 1 200 | 1 850 | 2 700 | 4 925 |
| | | | 80 岁及以上 | 271 | 1 884 | 450 | 900 | 1 400 | 2 300 | 4 700 |
| | | 男 | 小计 | 5 492 | 2 590 | 700 | 1 400 | 2 100 | 3 000 | 5 800 |
| | | | 18 ～ 44 岁 | 2 109 | 2 604 | 700 | 1 400 | 2 200 | 3 100 | 5 800 |
| | | | 45 ～ 59 岁 | 1 873 | 2 624 | 700 | 1 400 | 2 100 | 3 000 | 6 050 |
| | | | 60 ～ 79 岁 | 1 408 | 2 507 | 700 | 1 350 | 2 000 | 2 900 | 5 400 |
| | | | 80 岁及以上 | 102 | 2 411 | 525 | 1 300 | 2 000 | 2 850 | 6 200 |
| | | 女 | 小计 | 6 981 | 2 241 | 650 | 1 200 | 1 800 | 2 700 | 5 200 |
| | | | 18 ～ 44 岁 | 2 656 | 2 338 | 650 | 1 200 | 1 900 | 2 800 | 5 300 |
| | | | 45 ～ 59 岁 | 2 412 | 2 249 | 600 | 1 150 | 1 800 | 2 700 | 5 300 |
| | | | 60 ～ 79 岁 | 1 744 | 2 041 | 525 | 1 150 | 1 700 | 2 450 | 4 400 |
| | | | 80 岁及以上 | 169 | 1 596 | 450 | 850 | 1 400 | 1 900 | 3 900 |
| | 农村 | 小计 | 小计 | 10 483 | 2 234 | 550 | 1 150 | 1 850 | 2 800 | 4 900 |
| | | | 18 ～ 44 岁 | 3 771 | 2 242 | 600 | 1 150 | 1 900 | 2 800 | 4 900 |
| | | | 45 ～ 59 岁 | 3 779 | 2 284 | 550 | 1 200 | 1 840 | 2 800 | 5 000 |
| | | | 60 ～ 79 岁 | 2 686 | 2 220 | 500 | 1 150 | 1 800 | 2 800 | 5 000 |
| | | | 80 岁及以上 | 247 | 1 583 | 400 | 900 | 1 300 | 2 100 | 3 420 |
| | | 男 | 小计 | 4 937 | 2 464 | 650 | 1 300 | 2 050 | 3 000 | 5 300 |
| | | | 18 ～ 44 岁 | 1 686 | 2 464 | 650 | 1 350 | 2 024 | 2 900 | 5 200 |
| | | | 45 ～ 59 岁 | 1 753 | 2 507 | 650 | 1 300 | 2 100 | 3 050 | 5 400 |
| | | | 60 ～ 79 岁 | 1 395 | 2 436 | 650 | 1 300 | 2 050 | 3 200 | 5 300 |
| | | | 80 岁及以上 | 103 | 2 069 | 450 | 1 050 | 1 800 | 2 900 | 4 500 |
| | | 女 | 小计 | 5 546 | 1 999 | 450 | 1 000 | 1 700 | 2 600 | 4 400 |
| | | | 18 ～ 44 岁 | 2 085 | 2 024 | 500 | 1 000 | 1 700 | 2 600 | 4 400 |
| | | | 45 ～ 59 岁 | 2 026 | 2 046 | 500 | 1 025 | 1 700 | 2 550 | 4 400 |
| | | | 60 ～ 79 岁 | 1 291 | 1 973 | 450 | 950 | 1 600 | 2 450 | 4 400 |
| | | | 80 岁及以上 | 144 | 1 314 | 325 | 760 | 1 100 | 1 700 | 2 700 |
| 华南 | 城乡 | 小计 | 小计 | 15 165 | 1 863 | 600 | 1 050 | 1 500 | 2 200 | 4 100 |
| | | | 18 ～ 44 岁 | 6 517 | 1 852 | 600 | 1 050 | 1 450 | 2 200 | 4 150 |
| | | | 45 ～ 59 岁 | 5 379 | 1 935 | 600 | 1 100 | 1 600 | 2 300 | 4 300 |
| | | | 60 ～ 79 岁 | 3 022 | 1 782 | 600 | 1 000 | 1 450 | 2 200 | 3 725 |
| | | | 80 岁及以上 | 247 | 1 652 | 450 | 900 | 1 300 | 1 900 | 3 400 |
| | | 男 | 小计 | 7 014 | 1 973 | 600 | 1 100 | 1 600 | 2 300 | 4 400 |
| | | | 18 ～ 44 岁 | 3 107 | 1 973 | 600 | 1 100 | 1 600 | 2 300 | 4 400 |
| | | | 45 ～ 59 岁 | 2 339 | 2 057 | 650 | 1 150 | 1 650 | 2 400 | 4 700 |
| | | | 60 ～ 79 岁 | 1 462 | 1 847 | 600 | 1 060 | 1 550 | 2 200 | 3 900 |
| | | | 80 岁及以上 | 106 | 1 587 | 450 | 1 050 | 1 350 | 1 950 | 2 900 |
| | | 女 | 小计 | 8 151 | 1 749 | 560 | 1 000 | 1 400 | 2 100 | 3 700 |
| | | | 18 ～ 44 岁 | 3 410 | 1 722 | 560 | 1 000 | 1 400 | 2 000 | 3 600 |
| | | | 45 ～ 59 岁 | 3 040 | 1 813 | 600 | 1 000 | 1 450 | 2 200 | 3 800 |
| | | | 60 ～ 79 岁 | 1 560 | 1 714 | 550 | 950 | 1 400 | 2 100 | 3 525 |
| | | | 80 岁及以上 | 141 | 1 704 | 450 | 850 | 1 200 | 1 900 | 3 900 |
| | 城市 | 合计 | 小计 | 7 332 | 2 009 | 700 | 1 150 | 1 600 | 2 350 | 4 600 |
| | | | 18 ～ 44 岁 | 3 146 | 2 011 | 700 | 1 190 | 1 600 | 2 300 | 4 600 |
| | | | 45 ～ 59 岁 | 2 585 | 2 099 | 700 | 1 200 | 1 600 | 2 400 | 4 800 |
| | | | 60 ～ 79 岁 | 1 473 | 1 843 | 650 | 1 000 | 1 400 | 2 200 | 4 200 |
| | | | 80 岁及以上 | 128 | 1 851 | 500 | 1 000 | 1 400 | 2 000 | 3 950 |
| | | 男 | 小计 | 3 291 | 2 075 | 700 | 1 200 | 1 650 | 2 400 | 4 700 |
| | | | 18 ～ 44 岁 | 1 510 | 2 044 | 700 | 1 200 | 1 700 | 2 400 | 4 500 |
| | | | 45 ～ 59 岁 | 1 061 | 2 255 | 700 | 1 200 | 1 700 | 2 500 | 5 000 |

| 地区 | 城乡 | 性别 | 年龄 | *n* | 春秋季日均总饮水摄入量 /（ml/d） | | | | | |
|---|---|---|---|---|---|---|---|---|---|---|
| | | | | | Mean | P5 | P25 | P50 | P75 | P95 |
| 华南 | 城市 | 男 | 60～79岁 | 672 | 1 884 | 700 | 1 050 | 1 500 | 2 300 | 4 200 |
| | | | 80岁及以上 | 48 | 1 482 | 650 | 1 100 | 1 200 | 1 800 | 2 900 |
| | | 女 | 小计 | 4 041 | 1 943 | 650 | 1 080 | 1 450 | 2 300 | 4 400 |
| | | | 18～44岁 | 1 636 | 1 975 | 700 | 1 100 | 1 450 | 2 200 | 4 800 |
| | | | 45～59岁 | 1 524 | 1 954 | 700 | 1 100 | 1 550 | 2 400 | 4 200 |
| | | | 60～79岁 | 801 | 1 802 | 600 | 950 | 1 400 | 2 200 | 3 950 |
| | | | 80岁及以上 | 80 | 2 089 | 450 | 950 | 1 400 | 2 000 | 4 400 |
| | 农村 | 小计 | 小计 | 7 833 | 1 756 | 525 | 1000 | 1 400 | 2 100 | 3 800 |
| | | | 18～44岁 | 3 371 | 1 745 | 500 | 980 | 1 400 | 2 100 | 3 800 |
| | | | 45～59岁 | 2 794 | 1 803 | 550 | 1 050 | 1 500 | 2 200 | 3 900 |
| | | | 60～79岁 | 1 549 | 1 735 | 500 | 1 000 | 1 450 | 2 100 | 3 500 |
| | | | 80岁及以上 | 119 | 1 445 | 420 | 830 | 1 230 | 1 900 | 2 900 |
| | | 男 | 小计 | 3 723 | 1 900 | 575 | 1 100 | 1 600 | 2 200 | 4 200 |
| | | | 18～44岁 | 1 597 | 1 924 | 575 | 1 050 | 1 600 | 2 200 | 4 300 |
| | | | 45～59岁 | 1 278 | 1 908 | 600 | 1 100 | 1 600 | 2 300 | 4 350 |
| | | | 60～79岁 | 790 | 1 820 | 560 | 1 100 | 1 600 | 2 200 | 3 800 |
| | | | 80岁及以上 | 58 | 1 672 | 420 | 1 000 | 1 700 | 2 200 | 3 800 |
| | | 女 | 小计 | 4 110 | 1 602 | 500 | 950 | 1 400 | 1 950 | 3 300 |
| | | | 18～44岁 | 1 774 | 1 554 | 500 | 950 | 1 400 | 1 900 | 3 200 |
| | | | 45～59岁 | 1 516 | 1 691 | 500 | 1 000 | 1 400 | 2 100 | 3 600 |
| | | | 60～79岁 | 759 | 1 641 | 500 | 950 | 1 400 | 2 050 | 3 200 |
| | | | 80岁及以上 | 61 | 1 220 | 450 | 725 | 1 100 | 1 700 | 2 600 |
| 西北 | 城乡 | 小计 | 小计 | 11 269 | 2 479 | 650 | 1 325 | 2 000 | 3 000 | 5 600 |
| | | | 18～44岁 | 4 706 | 2 557 | 650 | 1 400 | 2 100 | 3 100 | 6 400 |
| | | | 45～59岁 | 3 928 | 2 485 | 700 | 1 300 | 1 900 | 2 900 | 5 400 |
| | | | 60～79岁 | 2 497 | 2 261 | 650 | 1 200 | 1 800 | 2 800 | 5 200 |
| | | | 80岁及以上 | 138 | 2 040 | 600 | 1 200 | 1 800 | 2 400 | 5 600 |
| | | 男 | 小计 | 5 079 | 2 806 | 800 | 1 550 | 2 300 | 3 400 | 6 600 |
| | | | 18～44岁 | 2 069 | 2 879 | 800 | 1 600 | 2 400 | 3 600 | 6 800 |
| | | | 45～59岁 | 1 765 | 2 851 | 800 | 1 400 | 2 300 | 3 400 | 6 600 |
| | | | 60～79岁 | 1 174 | 2 552 | 800 | 1 400 | 2 100 | 3 100 | 5 300 |
| | | | 80岁及以上 | 71 | 2 067 | 700 | 1 200 | 1 850 | 2 600 | 4 900 |
| | | 女 | 小计 | 6 190 | 2 142 | 600 | 1 200 | 1 800 | 2 600 | 4 900 |
| | | | 18～44岁 | 2 637 | 2 228 | 600 | 1 200 | 1 800 | 2 600 | 5 200 |
| | | | 45～59岁 | 2 163 | 2 086 | 600 | 1 200 | 1 800 | 2 600 | 4 400 |
| | | | 60～79岁 | 1 323 | 1 978 | 600 | 1 000 | 1 600 | 2 400 | 4 700 |
| | | | 80岁及以上 | 67 | 2 016 | 570 | 1 150 | 1 700 | 2 300 | 6 600 |
| | 城市 | 小计 | 小计 | 5 053 | 2 256 | 700 | 1 350 | 1 900 | 2 760 | 4 800 |
| | | | 18～44岁 | 2 032 | 2 281 | 700 | 1 400 | 1 900 | 2 800 | 4 800 |
| | | | 45～59岁 | 1 798 | 2 310 | 700 | 1 300 | 1 900 | 2 800 | 4 800 |
| | | | 60～79岁 | 1 164 | 2 104 | 700 | 1 200 | 1 800 | 2 600 | 4 600 |
| | | | 80岁及以上 | 59 | 2 323 | 700 | 1 400 | 1 900 | 2 800 | 6 600 |
| | | 男 | 小计 | 2 219 | 2 458 | 800 | 1 400 | 2 100 | 2 900 | 5 200 |
| | | | 18～44岁 | 891 | 2 440 | 850 | 1 500 | 2 200 | 2 900 | 4 900 |
| | | | 45～59岁 | 775 | 2 618 | 750 | 1 400 | 2 000 | 2 900 | 5 600 |
| | | | 60～79岁 | 520 | 2 263 | 900 | 1 400 | 1 900 | 2 800 | 4 400 |
| | | | 80岁及以上 | 33 | 2 304 | 700 | 1 400 | 2 400 | 2 800 | 4 900 |
| | | 女 | 小计 | 2 834 | 2 057 | 650 | 1 200 | 1 800 | 2 400 | 4 600 |
| | | | 18～44岁 | 1 141 | 2 123 | 650 | 1 200 | 1 850 | 2 400 | 4 600 |
| | | | 45～59岁 | 1 023 | 1 993 | 600 | 1 200 | 1 800 | 2 400 | 3 900 |
| | | | 60～79岁 | 644 | 1 957 | 650 | 1 100 | 1 500 | 2 400 | 4 800 |
| | | | 80岁及以上 | 26 | 2 343 | 750 | 1 200 | 1 800 | 2 400 | 6 600 |
| | 农村 | 小计 | 小计 | 6 216 | 2 652 | 600 | 1 300 | 2 100 | 3 300 | 6 700 |
| | | | 18～44岁 | 2 674 | 2 754 | 600 | 1 400 | 2 200 | 3 450 | 6 900 |

| 地区 | 城乡 | 性别 | 年龄 | *n* | 春秋季日均总饮水摄入量 / （ml/d） | | | | | |
|---|---|---|---|---|---|---|---|---|---|---|
| | | | | | Mean | P5 | P25 | P50 | P75 | P95 |
| 西北 | 农村 | 小计 | 45 ～ 59 岁 | 2 130 | 2 630 | 700 | 1 300 | 2 100 | 3 200 | 6 200 |
| | | | 60 ～ 79 岁 | 1 333 | 2 402 | 600 | 1 200 | 1 860 | 3 000 | 5 300 |
| | | | 80 岁及以上 | 79 | 1 825 | 570 | 1 000 | 1 700 | 2 200 | 4 900 |
| | | 男 | 小计 | 2 860 | 3 066 | 700 | 1 600 | 2 400 | 3 800 | 7 200 |
| | | | 18 ～ 44 岁 | 1 178 | 3 183 | 700 | 1 700 | 2 600 | 4 100 | 7 400 |
| | | | 45 ～ 59 岁 | 990 | 3 034 | 900 | 1 600 | 2 400 | 3 600 | 7 200 |
| | | | 60 ～ 79 岁 | 654 | 2 798 | 700 | 1 400 | 2 300 | 3 600 | 6 400 |
| | | | 80 岁及以上 | 38 | 1 855 | 700 | 1 000 | 1 600 | 2 400 | 4 900 |
| | | 女 | 小计 | 3 356 | 2 211 | 600 | 1 200 | 1 800 | 2 700 | 5 200 |
| | | | 18 ～ 44 岁 | 1 496 | 2 305 | 600 | 1 200 | 1 800 | 2 800 | 5 600 |
| | | | 45 ～ 59 岁 | 1 140 | 2 168 | 600 | 1 150 | 1 800 | 2 800 | 4 700 |
| | | | 60 ～ 79 岁 | 679 | 1 998 | 525 | 1 000 | 1 700 | 2 500 | 4 600 |
| | | | 80 岁及以上 | 41 | 1 801 | 570 | 900 | 1 700 | 2200 | 3 400 |
| 东北 | 城乡 | 小计 | 小计 | 10 174 | 1 447 | 500 | 700 | 1 200 | 1 800 | 3 000 |
| | | | 18 ～ 44 岁 | 3 986 | 1 419 | 500 | 700 | 1 200 | 1 800 | 2 900 |
| | | | 45 ～ 59 岁 | 3 899 | 1 490 | 500 | 800 | 1 200 | 1 800 | 3 200 |
| | | | 60 ～ 79 岁 | 2 164 | 1 470 | 450 | 700 | 1 200 | 1 800 | 3 300 |
| | | | 80 岁及以上 | 125 | 1 364 | 325 | 700 | 900 | 1 800 | 3 600 |
| | | 男 | 小计 | 4 631 | 1 560 | 500 | 900 | 1 200 | 1 900 | 3 400 |
| | | | 18 ～ 44 岁 | 1 889 | 1 497 | 500 | 800 | 1 200 | 1 900 | 2 900 |
| | | | 45 ～ 59 岁 | 1 661 | 1 623 | 500 | 900 | 1 300 | 2 000 | 3 600 |
| | | | 60 ～ 79 岁 | 1 022 | 1 677 | 450 | 800 | 1 300 | 2 000 | 4 000 |
| | | | 80 岁及以上 | 59 | 1 528 | 325 | 700 | 1 100 | 1 900 | 3 600 |
| | | 女 | 小计 | 5 543 | 1 334 | 450 | 700 | 1 100 | 1 700 | 2 800 |
| | | | 18 ～ 44 岁 | 2 097 | 1 333 | 450 | 700 | 1 100 | 1 700 | 2 800 |
| | | | 45 ～ 59 岁 | 2 238 | 1 369 | 450 | 700 | 1 200 | 1 700 | 2 900 |
| | | | 60 ～ 79 岁 | 1 142 | 1 273 | 400 | 700 | 1 050 | 1 600 | 2 800 |
| | | | 80 岁及以上 | 66 | 1 225 | 325 | 700 | 900 | 1 300 | 4 125 |
| | 城市 | 小计 | 小计 | 4 355 | 1 468 | 500 | 700 | 1 200 | 1 850 | 3 200 |
| | | | 18 ～ 44 岁 | 1 659 | 1 412 | 500 | 700 | 1 200 | 1 800 | 2 900 |
| | | | 45 ～ 59 岁 | 1 731 | 1 564 | 500 | 900 | 1 250 | 1 900 | 3 400 |
| | | | 60 ～ 79 岁 | 910 | 1 449 | 450 | 775 | 1 200 | 1 800 | 3 100 |
| | | | 80 岁及以上 | 55 | 1 645 | 450 | 900 | 1 200 | 2 100 | 4 125 |
| | | 男 | 小计 | 1 911 | 1 546 | 500 | 900 | 1 300 | 1 900 | 3 300 |
| | | | 18 ～ 44 岁 | 767 | 1 457 | 500 | 700 | 1 200 | 1 880 | 2 900 |
| | | | 45 ～ 59 岁 | 730 | 1 660 | 500 | 900 | 1 400 | 2 200 | 3 600 |
| | | | 60 ～ 79 岁 | 395 | 1 615 | 500 | 900 | 1 400 | 1 900 | 3 300 |
| | | | 80 岁及以上 | 19 | 1 949 | 900 | 1 200 | 1 600 | 2 500 | 4 500 |
| | | 女 | 小计 | 2 444 | 1 390 | 450 | 700 | 1 150 | 1 700 | 2 900 |
| | | | 18 ～ 44 岁 | 892 | 1 363 | 450 | 700 | 1 150 | 1 700 | 2 800 |
| | | | 45 ～ 59 岁 | 1 001 | 1 470 | 500 | 700 | 1 200 | 1 733 | 3 200 |
| | | | 60 ～ 79 岁 | 515 | 1 306 | 400 | 700 | 1 100 | 1 600 | 2 800 |
| | | | 80 岁及以上 | 36 | 1 476 | 450 | 900 | 1 150 | 1 800 | 4 125 |
| | 农村 | 小计 | 小计 | 5 819 | 1 436 | 450 | 700 | 1 200 | 1 800 | 2 900 |
| | | | 18 ～ 44 岁 | 2 327 | 1 423 | 500 | 800 | 1 200 | 1 800 | 2 900 |
| | | | 45 ～ 59 岁 | 2 168 | 1 446 | 500 | 800 | 1 200 | 1 800 | 3 000 |
| | | | 60 ～ 79 岁 | 1 254 | 1 481 | 450 | 700 | 1 150 | 1 800 | 3 400 |
| | | | 80 岁及以上 | 70 | 1 242 | 325 | 700 | 900 | 1 400 | 3 600 |
| | | 男 | 小计 | 2 720 | 1 567 | 500 | 900 | 1 200 | 1 900 | 3 400 |
| | | | 18 ～ 44 岁 | 1 122 | 1 518 | 500 | 900 | 1 200 | 1 900 | 2 900 |
| | | | 45 ～ 59 岁 | 931 | 1 600 | 500 | 900 | 1 300 | 1 900 | 3 600 |
| | | | 60 ～ 79 岁 | 627 | 1 708 | 450 | 700 | 1 300 | 2 000 | 4 400 |
| | | | 80 岁及以上 | 40 | 1 397 | 325 | 700 | 900 | 1 800 | 3 600 |
| | | 女 | 小计 | 3 099 | 1 302 | 450 | 700 | 1 100 | 1 600 | 2 800 |

| 地区 | 城乡 | 性别 | 年龄 | *n* | 春秋季日均总饮水摄入量 /（ml/d） | | | | | |
|---|---|---|---|---|---|---|---|---|---|---|
| | | | | | Mean | P5 | P25 | P50 | P75 | P95 |
| 东北 | 农村 | 女 | 18～44 岁 | 1 205 | 1 317 | 450 | 700 | 1 100 | 1 600 | 2 800 |
| | | | 45～59 岁 | 1 237 | 1 312 | 450 | 700 | 1 140 | 1 700 | 2 800 |
| | | | 60～79 岁 | 627 | 1 254 | 400 | 700 | 1 050 | 1 500 | 2 800 |
| | | | 80 岁及以上 | 30 | 1 084 | 325 | 700 | 900 | 1 300 | 2 600 |
| 西南 | 城乡 | 小计 | 小计 | 13 396 | 1 827 | 440 | 900 | 1 400 | 2 200 | 4 700 |
| | | | 18～44 岁 | 6 419 | 1 902 | 450 | 900 | 1 400 | 2 200 | 4 800 |
| | | | 45～59 岁 | 4 255 | 1 875 | 450 | 900 | 1 400 | 2 200 | 4 600 |
| | | | 60～79 岁 | 2 550 | 1 553 | 350 | 700 | 1 200 | 1 830 | 3 800 |
| | | | 80 岁及以上 | 172 | 1 389 | 325 | 650 | 900 | 1 600 | 5 100 |
| | | 男 | 小计 | 6 117 | 1 917 | 450 | 900 | 1 400 | 2 300 | 4 800 |
| | | | 18～44 岁 | 2 979 | 1 961 | 500 | 1 000 | 1 500 | 2 400 | 4 800 |
| | | | 45～59 岁 | 1 871 | 1 987 | 450 | 900 | 1 600 | 2 400 | 4 700 |
| | | | 60～79 岁 | 1 178 | 1 682 | 400 | 750 | 1 300 | 2 100 | 4 200 |
| | | | 80 岁及以上 | 89 | 1 701 | 280 | 650 | 1 200 | 2 200 | 5 300 |
| | | 女 | 小计 | 7 279 | 1 734 | 400 | 700 | 1 200 | 2 000 | 4 600 |
| | | | 18～44 岁 | 3 440 | 1 840 | 400 | 900 | 1 350 | 2 100 | 4 900 |
| | | | 45～59 岁 | 2 384 | 1 761 | 400 | 700 | 1 225 | 2 050 | 4 400 |
| | | | 60～79 岁 | 1 372 | 1 432 | 350 | 700 | 1 040 | 1 700 | 3 600 |
| | | | 80 岁及以上 | 83 | 1 028 | 350 | 650 | 700 | 1 300 | 2 200 |
| | 城市 | 小计 | 小计 | 4 773 | 1 753 | 420 | 800 | 1 400 | 2 175 | 4 400 |
| | | | 18～44 岁 | 2 246 | 1 768 | 450 | 900 | 1 400 | 2 200 | 4 400 |
| | | | 45～59 岁 | 1 547 | 1 793 | 450 | 850 | 1 350 | 2 200 | 4 400 |
| | | | 60～79 岁 | 904 | 1 639 | 350 | 700 | 1 200 | 2 000 | 4 400 |
| | | | 80 岁及以上 | 76 | 1 726 | 350 | 650 | 1 200 | 1 900 | 5 400 |
| | | 男 | 小计 | 2 132 | 1 805 | 450 | 900 | 1 400 | 2 200 | 4 400 |
| | | | 18～44 岁 | 1 023 | 1 770 | 500 | 900 | 1 400 | 2 200 | 3 900 |
| | | | 45～59 岁 | 664 | 1 890 | 450 | 900 | 1 600 | 2 300 | 4 400 |
| | | | 60～79 岁 | 407 | 1 738 | 400 | 800 | 1 400 | 2 200 | 4 400 |
| | | | 80 岁及以上 | 38 | 2 220 | 450 | 900 | 1 550 | 2 650 | 5 400 |
| | | 女 | 小计 | 2 641 | 1 699 | 350 | 700 | 1 275 | 1 925 | 4 700 |
| | | | 18～44 岁 | 1 223 | 1 766 | 400 | 800 | 1 400 | 2 000 | 4 700 |
| | | | 45～59 岁 | 883 | 1 694 | 350 | 700 | 1 200 | 1 900 | 4 500 |
| | | | 60～79 岁 | 497 | 1 540 | 325 | 700 | 1 150 | 1 700 | 4 400 |
| | | | 80 岁及以上 | 38 | 1 190 | 350 | 600 | 900 | 1 460 | 2 300 |
| | 农村 | 小计 | 小计 | 8 623 | 1 875 | 450 | 900 | 1 400 | 2 200 | 4 800 |
| | | | 18～44 岁 | 4 173 | 1 989 | 450 | 1 000 | 1 400 | 2 300 | 5 400 |
| | | | 45～59 岁 | 2 708 | 1 931 | 450 | 900 | 1 400 | 2 300 | 4 700 |
| | | | 60～79 岁 | 1 646 | 1 504 | 380 | 700 | 1 150 | 1 800 | 3 600 |
| | | | 80 岁及以上 | 96 | 1 100 | 280 | 650 | 900 | 1 400 | 2 800 |
| | | 男 | 小计 | 3 985 | 1 991 | 450 | 950 | 1 450 | 2 400 | 4 900 |
| | | | 18～44 岁 | 1 956 | 2 085 | 500 | 1 100 | 1 600 | 2 400 | 5 400 |
| | | | 45～59 岁 | 1 207 | 2 056 | 450 | 900 | 1 500 | 2 400 | 5 300 |
| | | | 60～79 岁 | 771 | 1 649 | 400 | 725 | 1 300 | 1 950 | 3 800 |
| | | | 80 岁及以上 | 51 | 1 279 | 280 | 600 | 1 050 | 1 800 | 2 850 |
| | | 女 | 小计 | 4 638 | 1 756 | 400 | 700 | 1 200 | 2 050 | 4 600 |
| | | | 18～44 岁 | 2 217 | 1 887 | 401 | 900 | 1 300 | 2 200 | 5 400 |
| | | | 45～59 岁 | 1 501 | 1 807 | 450 | 700 | 1 300 | 2 200 | 4 200 |
| | | | 60～79 岁 | 875 | 1 372 | 350 | 700 | 950 | 1 710 | 3 600 |
| | | | 80 岁及以上 | 45 | 881 | 400 | 675 | 700 | 950 | 1 800 |

## 附表 3-7 中国人群分片区、城乡、性别、年龄的夏季日均总饮水摄入量

| 地区 | 城乡 | 性别 | 年龄 | *n* | 夏季日均总饮水摄入量 /（ml/d） | | | | | |
|---|---|---|---|---|---|---|---|---|---|---|
| | | | | | Mean | P5 | P25 | P50 | P75 | P95 |
| 合计 | 城乡 | 小计 | 小计 | 91 049 | 2 893 | 750 | 1 575 | 2 400 | 3 400 | 6 400 |
| | | | 18 ～ 44 岁 | 36 644 | 2 938 | 800 | 1 600 | 2 400 | 3 400 | 6 560 |
| | | | 45 ～ 59 岁 | 32 351 | 2 935 | 800 | 1 600 | 2 400 | 3 500 | 6 600 |
| | | | 60 ～ 79 岁 | 20 569 | 2 749 | 700 | 1 400 | 2 250 | 3 300 | 5 800 |
| | | | 80 岁及以上 | 1 485 | 2 308 | 525 | 1 200 | 1 900 | 2 800 | 5 200 |
| | | 男 | 小计 | 41 269 | 3 109 | 900 | 1 700 | 2 500 | 3 650 | 6 800 |
| | | | 18 ～ 44 岁 | 16 758 | 3 126 | 900 | 1 700 | 2 600 | 3 700 | 6 800 |
| | | | 45 ～ 59 岁 | 14 083 | 3 190 | 900 | 1 700 | 2 600 | 3 720 | 7 200 |
| | | | 60 ～ 79 岁 | 9 753 | 2 977 | 800 | 1 600 | 2 400 | 3 600 | 6 300 |
| | | | 80 岁及以上 | 675 | 2 551 | 600 | 1 350 | 2 150 | 3 100 | 6 400 |
| | | 女 | 小计 | 49 780 | 2 674 | 700 | 1 400 | 2 200 | 3 200 | 5 900 |
| | | | 18 ～ 44 岁 | 19 886 | 2 744 | 700 | 1 450 | 2 200 | 3 200 | 6 200 |
| | | | 45 ～ 59 岁 | 18 268 | 2 682 | 700 | 1 400 | 2 200 | 3 200 | 6 000 |
| | | | 60 ～ 79 岁 | 10 816 | 2 520 | 700 | 1 400 | 2 100 | 3 100 | 5 400 |
| | | | 80 岁及以上 | 810 | 2 121 | 500 | 1 150 | 1 700 | 2 420 | 4 400 |
| | 城市 | 小计 | 小计 | 41 801 | 2 936 | 775 | 1 600 | 2 400 | 3 400 | 6 500 |
| | | | 18 ～ 44 岁 | 16 626 | 2 944 | 800 | 1 600 | 2 400 | 3 400 | 6 505 |
| | | | 45 ～ 59 岁 | 14 736 | 3 020 | 800 | 1 600 | 2 400 | 3 450 | 6 800 |
| | | | 60 ～ 79 岁 | 9 693 | 2 814 | 700 | 1 400 | 2 300 | 3 300 | 6 100 |
| | | | 80 岁及以上 | 746 | 2 568 | 600 | 1 200 | 1 900 | 2 950 | 7 000 |
| | | 男 | 小计 | 18 443 | 3 105 | 900 | 1 700 | 2 400 | 3 600 | 6 800 |
| | | | 18 ～ 44 岁 | 7 531 | 3 066 | 900 | 1 700 | 2 500 | 3 600 | 6 600 |
| | | | 45 ～ 59 岁 | 6 265 | 3 254 | 900 | 1 700 | 2 500 | 3 700 | 7 200 |
| | | | 60 ～ 79 岁 | 4 324 | 2 990 | 800 | 1 600 | 2400 | 3 450 | 6 400 |
| | | | 80 岁及以上 | 323 | 2 863 | 650 | 1 400 | 2 200 | 3 320 | 7 350 |
| | | 女 | 小计 | 23 358 | 2 769 | 700 | 1 450 | 2 200 | 3 200 | 6 300 |
| | | | 18 ～ 44 岁 | 9 095 | 2 820 | 700 | 1 550 | 2 300 | 3 300 | 6 400 |
| | | | 45 ～ 59 岁 | 8 471 | 2 785 | 700 | 1 450 | 2 300 | 3 270 | 6 400 |
| | | | 60 ～ 79 岁 | 5 369 | 2 647 | 700 | 1 400 | 2 100 | 3 200 | 5 700 |
| | | | 80 岁及以上 | 423 | 2 345 | 525 | 1 200 | 1 800 | 2 700 | 5 200 |
| | 农村 | 小计 | 小计 | 49 248 | 2 859 | 700 | 1 540 | 2 400 | 3 400 | 6 400 |
| | | | 18 ～ 44 岁 | 20 018 | 2 933 | 800 | 1 600 | 2 400 | 3 440 | 6 600 |
| | | | 45 ～ 59 岁 | 17 615 | 2 867 | 750 | 1 600 | 2 400 | 3 500 | 6 400 |
| | | | 60 ～ 79 岁 | 10 876 | 2 700 | 700 | 1 400 | 2 200 | 3 300 | 5 700 |
| | | | 80 岁及以上 | 739 | 2 072 | 450 | 1 200 | 1 800 | 2 700 | 4 400 |
| | | 男 | 小计 | 22 826 | 3 113 | 850 | 1 700 | 2 600 | 3 700 | 6 900 |
| | | | 18 ～ 44 岁 | 9 227 | 3 171 | 900 | 1 700 | 2 600 | 3 700 | 7 200 |
| | | | 45 ～ 59 岁 | 7 818 | 3 138 | 900 | 1 700 | 2 600 | 3 800 | 7 100 |
| | | | 60 ～ 79 岁 | 5 429 | 2 968 | 730 | 1 600 | 2 400 | 3 600 | 6 300 |
| | | | 80 岁及以上 | 352 | 2 275 | 500 | 1 350 | 2 075 | 2 800 | 4 800 |
| | | 女 | 小计 | 26 422 | 2 600 | 700 | 1 400 | 2 200 | 3 200 | 5 600 |
| | | | 18 ～ 44 岁 | 10 791 | 2 684 | 700 | 1 400 | 2 200 | 3 200 | 5 920 |
| | | | 45 ～ 59 岁 | 97 97 | 2 602 | 700 | 1 400 | 2 200 | 3 200 | 5 600 |
| | | | 60 ～ 79 岁 | 5 447 | 2 419 | 650 | 1 400 | 2 020 | 2 920 | 5 000 |
| | | | 80 岁及以上 | 387 | 1 913 | 450 | 1 100 | 1 650 | 2 300 | 3 900 |
| 华北 | 城乡 | 小计 | 小计 | 18 089 | 3 439 | 1 000 | 1 900 | 2 800 | 3 920 | 7 300 |
| | | | 18 ～ 44 岁 | 6 480 | 3 454 | 1 000 | 2 000 | 2 900 | 4 000 | 7 400 |
| | | | 45 ～ 59 岁 | 6 826 | 3 507 | 1 050 | 2 000 | 2 800 | 4 100 | 7 400 |
| | | | 60 ～ 79 岁 | 4 498 | 3 343 | 900 | 1 800 | 2 700 | 3 800 | 6 600 |

| 地区 | 城乡 | 性别 | 年龄 | n | 夏季日均总饮水摄入量 /（ml/d） | | | | | |
|---|---|---|---|---|---|---|---|---|---|---|
| | | | | | Mean | P5 | P25 | P50 | P75 | P95 |
| 华北 | 城乡 | 小计 | 80 岁及以上 | 285 | 2 949 | 700 | 1 600 | 2 400 | 3 425 | 6 600 |
| | | 男 | 小计 | 7 998 | 3 693 | 1 050 | 2 200 | 3 100 | 4 300 | 7 600 |
| | | | 18 ～ 44 岁 | 2 919 | 3 696 | 1 050 | 2 300 | 3 200 | 4 400 | 7 700 |
| | | | 45 ～ 59 岁 | 2 820 | 3 813 | 1 200 | 2 200 | 3 100 | 4 400 | 7 950 |
| | | | 60 ～ 79 岁 | 2 114 | 3 583 | 1 000 | 1 900 | 2 800 | 3 900 | 7 200 |
| | | | 80 岁及以上 | 145 | 2 899 | 700 | 1 450 | 2 700 | 3 600 | 6 600 |
| | | 女 | 小计 | 10 091 | 3 193 | 900 | 1 800 | 2 700 | 3 700 | 6 800 |
| | | | 18 ～ 44 岁 | 3 561 | 3 210 | 900 | 1 900 | 2 700 | 3 700 | 6 900 |
| | | | 45 ～ 59 岁 | 4 006 | 3 234 | 1 000 | 1 850 | 2 700 | 3 800 | 6 900 |
| | | | 60 ～ 79 岁 | 2 384 | 3 102 | 900 | 1 700 | 2 500 | 3 600 | 6 000 |
| | | | 80 岁及以上 | 140 | 2 998 | 700 | 1 600 | 2 300 | 3 280 | 7 800 |
| | 城市 | 小计 | 小计 | 7 814 | 3 448 | 900 | 1 850 | 2 800 | 4 000 | 7 400 |
| | | | 18 ～ 44 岁 | 2 778 | 3 349 | 900 | 1 900 | 2 800 | 3 940 | 7 200 |
| | | | 45 ～ 59 岁 | 2 789 | 3 620 | 1 000 | 1 900 | 2 800 | 4 200 | 8 160 |
| | | | 60 ～ 79 岁 | 2 090 | 3 473 | 900 | 1 800 | 2 640 | 3 800 | 7 200 |
| | | | 80 岁及以上 | 157 | 3 059 | 700 | 1 300 | 2 300 | 3 400 | 7 200 |
| | | 男 | 小计 | 3 397 | 3 609 | 900 | 1 900 | 2 900 | 4 200 | 7 600 |
| | | | 18 ～ 44 岁 | 1 231 | 3 497 | 900 | 1 900 | 2 900 | 4 380 | 7 700 |
| | | | 45 ～ 59 岁 | 1 161 | 3 877 | 1 150 | 2 000 | 2 900 | 4 400 | 8 160 |
| | | | 60 ～ 79 岁 | 922 | 3 543 | 900 | 1 850 | 2 800 | 3 900 | 7 200 |
| | | | 80 岁及以上 | 83 | 3 010 | 700 | 1 300 | 2 400 | 3 725 | 7 000 |
| | | 女 | 小计 | 4 417 | 3 290 | 900 | 1 800 | 2 600 | 3 700 | 7 200 |
| | | | 18 ～ 44 岁 | 1 547 | 3 202 | 900 | 1 800 | 2 600 | 3 700 | 6 800 |
| | | | 45 ～ 59 岁 | 1 628 | 3 364 | 950 | 1 800 | 2 700 | 3 900 | 7 900 |
| | | | 60 ～ 79 岁 | 1 168 | 3 405 | 900 | 1 600 | 2 400 | 3 700 | 6 900 |
| | | | 80 岁及以上 | 74 | 3 121 | 700 | 1 200 | 2 200 | 3 240 | 8 300 |
| | 农村 | 小计 | 小计 | 10 275 | 3 434 | 1 050 | 2 050 | 2 900 | 3 900 | 7 200 |
| | | | 18 ～ 44 岁 | 3 702 | 3 526 | 1 200 | 2 100 | 2 940 | 4 000 | 7 400 |
| | | | 45 ～ 59 岁 | 4 037 | 3 435 | 1 050 | 2 050 | 2 900 | 4 000 | 7 320 |
| | | | 60 ～ 79 岁 | 2 408 | 3 256 | 1 050 | 1 850 | 2 800 | 3 700 | 6 200 |
| | | | 80 岁及以上 | 128 | 2 846 | 700 | 1 800 | 2 700 | 3 600 | 6 100 |
| | | 男 | 小计 | 4 601 | 3 751 | 1 300 | 2 300 | 3 200 | 4 400 | 7 600 |
| | | | 18 ～ 44 岁 | 1 688 | 3 829 | 1 300 | 2 300 | 3 300 | 4 400 | 7 800 |
| | | | 45 ～ 59 岁 | 1 659 | 3 768 | 1 200 | 2 300 | 3 200 | 4 440 | 7 800 |
| | | | 60 ～ 79 岁 | 1 192 | 3 608 | 1 050 | 2 050 | 2 900 | 3 900 | 7 200 |
| | | | 80 岁及以上 | 62 | 2 766 | 900 | 1 790 | 2 700 | 3 600 | 4 800 |
| | | 女 | 小计 | 5 674 | 31 29 | 1 000 | 1 850 | 2 700 | 3 690 | 6 450 |
| | | | 18 ～ 44 岁 | 2 014 | 3 216 | 1000 | 1 900 | 2 700 | 3 700 | 6 900 |
| | | | 45 ～ 59 岁 | 2 378 | 3 157 | 1 000 | 1 850 | 2 800 | 3 700 | 6 612 |
| | | | 60 ～ 79 岁 | 1 216 | 2 892 | 950 | 1 800 | 2 570 | 3 500 | 5 700 |
| | | | 80 岁及以上 | 66 | 2 907 | 700 | 1 800 | 2 300 | 3 400 | 6 100 |
| 华东 | 城乡 | 小计 | 小计 | 22 956 | 3 103 | 900 | 1 700 | 2 600 | 3 700 | 6 800 |
| | | | 18 ～ 44 岁 | 8 536 | 3 167 | 900 | 1 800 | 2 680 | 3 800 | 6 800 |
| | | | 45 ～ 59 岁 | 8 064 | 3 150 | 850 | 1 700 | 2 600 | 3 700 | 7 000 |
| | | | 60 ～ 79 岁 | 5 838 | 2 952 | 700 | 1 600 | 2 400 | 3 600 | 6 100 |
| | | | 80 岁及以上 | 518 | 2 272 | 600 | 1 200 | 1 800 | 2 800 | 4 800 |
| | | 男 | 小计 | 10 429 | 3 383 | 900 | 1 900 | 2 800 | 4 000 | 7 200 |
| | | | 18 ～ 44 岁 | 3 795 | 3 422 | 1000 | 1 900 | 2 800 | 4 000 | 7 150 |
| | | | 45 ～ 59 岁 | 3 626 | 3 432 | 900 | 1 900 | 2 800 | 4 050 | 7 800 |
| | | | 60 ～ 79 岁 | 2 803 | 3 244 | 900 | 1 800 | 2 700 | 3 900 | 6 600 |
| | | | 80 岁及以上 | 205 | 2 874 | 701 | 1 550 | 2 400 | 3 480 | 7 200 |

| 地区 | 城乡 | 性别 | 年龄 | *n* | 夏季日均总饮水摄入量 /（ml/d） | | | | | |
|---|---|---|---|---|---|---|---|---|---|---|
| | | | | | Mean | P5 | P25 | P50 | P75 | P95 |
| 华东 | 城乡 | 女 | 小计 | 12 527 | 2 824 | 775 | 1 600 | 2 300 | 3 400 | 6 200 |
| | | | 18 ～ 44 岁 | 4 741 | 2 921 | 900 | 1 650 | 2 400 | 3 400 | 6 400 |
| | | | 45 ～ 59 岁 | 4 438 | 2 847 | 700 | 1 600 | 2 400 | 3 400 | 6 400 |
| | | | 60 ～ 79 岁 | 3 035 | 2 652 | 700 | 1 450 | 2 200 | 3 200 | 5 350 |
| | | | 80 岁及以上 | 313 | 1 940 | 600 | 1 150 | 1 650 | 2 300 | 3 800 |
| | 城市 | 小计 | 小计 | 12 473 | 3 169 | 900 | 1 725 | 2 600 | 3 700 | 6 800 |
| | | | 18 ～ 44 岁 | 4 765 | 3 226 | 950 | 1 800 | 2 620 | 3 800 | 6 800 |
| | | | 45 ～ 59 岁 | 4 285 | 3 240 | 820 | 1 700 | 2 600 | 3 700 | 7 600 |
| | | | 60 ～ 79 岁 | 3 152 | 2 971 | 725 | 1 700 | 2 400 | 3 500 | 6 200 |
| | | | 80 岁及以上 | 271 | 2 500 | 600 | 1 200 | 1 975 | 2 900 | 6 300 |
| | | 男 | 小计 | 5 492 | 3 406 | 950 | 1 900 | 2 700 | 4 000 | 7 600 |
| | | | 18 ～ 44 岁 | 2 109 | 3 417 | 1 100 | 1 900 | 2 800 | 4 150 | 7 200 |
| | | | 45 ～ 59 岁 | 1 873 | 3 471 | 900 | 1 900 | 2 700 | 4 000 | 8 200 |
| | | | 60 ～ 79 岁 | 1 408 | 3 285 | 900 | 1 800 | 2 600 | 3 750 | 6 800 |
| | | | 80 岁及以上 | 102 | 3 197 | 525 | 1 700 | 2 400 | 3 900 | 7 400 |
| | | 女 | 小计 | 6 981 | 2 938 | 800 | 1 650 | 2 400 | 3 400 | 6 600 |
| | | | 18 ～ 44 岁 | 2 656 | 3 044 | 900 | 1 700 | 2 400 | 3 480 | 6 800 |
| | | | 45 ～ 59 岁 | 2 412 | 2 990 | 700 | 1 600 | 2 400 | 3 500 | 6 800 |
| | | | 60 ～ 79 岁 | 1 744 | 2 680 | 700 | 1 500 | 2 300 | 3 200 | 5 400 |
| | | | 80 岁及以上 | 169 | 2 119 | 600 | 1 200 | 1 700 | 2 400 | 4 950 |
| | 农村 | 小计 | 小计 | 10 483 | 3 032 | 900 | 1 650 | 2 600 | 3 700 | 6 400 |
| | | | 18 ～ 44 岁 | 3 771 | 3 102 | 900 | 1 700 | 2 700 | 3 700 | 6400 |
| | | | 45 ～ 59 岁 | 3 779 | 3 056 | 900 | 1 700 | 2 600 | 3 700 | 6 500 |
| | | | 60 ～ 79 岁 | 2 686 | 2 933 | 700 | 1 600 | 2 400 | 3 650 | 6 000 |
| | | | 80 岁及以上 | 247 | 2 045 | 650 | 1 200 | 1 700 | 2 650 | 4 400 |
| | | 男 | 小计 | 4 937 | 3 358 | 900 | 1 900 | 2 800 | 4 000 | 7 000 |
| | | | 18 ～ 44 岁 | 1 686 | 3 426 | 900 | 1 900 | 2 800 | 4 000 | 7 150 |
| | | | 45 ～ 59 岁 | 1 753 | 3 392 | 950 | 1 900 | 2 900 | 4 100 | 7 500 |
| | | | 60 ～ 79 岁 | 1 395 | 3 206 | 900 | 1 800 | 2 800 | 4 000 | 6 500 |
| | | | 80 岁及以上 | 103 | 2 557 | 750 | 1 450 | 2 240 | 3 280 | 5 300 |
| | | 女 | 小计 | 5 546 | 2 699 | 725 | 1 450 | 2 300 | 3 400 | 5 600 |
| | | | 18 ～ 44 岁 | 2 085 | 2 782 | 850 | 1 550 | 2 400 | 3 400 | 6 200 |
| | | | 45 ～ 59 岁 | 2 026 | 2 698 | 720 | 1 550 | 2 300 | 3 400 | 5 600 |
| | | | 60 ～ 79 岁 | 1 291 | 2 622 | 650 | 1 400 | 2 150 | 3 200 | 5 200 |
| | | | 80 岁及以上 | 144 | 1 762 | 450 | 1 100 | 1 600 | 2 200 | 3 500 |
| 华南 | 城乡 | 小计 | 小计 | 15 166 | 2 623 | 900 | 1 600 | 2 200 | 3 100 | 5 600 |
| | | | 18 ～ 44 岁 | 6 517 | 2 652 | 900 | 1 600 | 2 200 | 3 150 | 5 600 |
| | | | 45 ～ 59 岁 | 5 380 | 2 671 | 900 | 1 600 | 2 200 | 3 200 | 5 600 |
| | | | 60 ～ 79 岁 | 3 022 | 2 481 | 800 | 1 450 | 2 200 | 2 900 | 5 200 |
| | | | 80 岁及以上 | 247 | 2 158 | 500 | 1 200 | 1 900 | 2 600 | 4400 |
| | | 男 | 小计 | 7 015 | 2 782 | 900 | 1 700 | 2 300 | 3 200 | 5 800 |
| | | | 18 ～ 44 岁 | 3 107 | 2 839 | 900 | 1 700 | 2 350 | 3 300 | 6 000 |
| | | | 45 ～ 59 岁 | 2 340 | 2 833 | 950 | 1 700 | 2 350 | 3 200 | 6 000 |
| | | | 60 ～ 79 岁 | 1 462 | 2 548 | 850 | 1 570 | 2 200 | 3 100 | 5 300 |
| | | | 80 岁及以上 | 106 | 2 134 | 500 | 1 400 | 1 900 | 2 600 | 3 900 |
| | | 女 | 小计 | 8 151 | 2 457 | 804 | 1 450 | 2 100 | 2 900 | 5 100 |
| | | | 18 ～ 44 岁 | 3 410 | 2 450 | 900 | 1 450 | 2 100 | 2 900 | 5 100 |
| | | | 45 ～ 59 岁 | 3 040 | 2 510 | 850 | 1 550 | 2 150 | 3 025 | 5 200 |
| | | | 60 ～ 79 岁 | 1 560 | 2 411 | 700 | 1 400 | 2 100 | 2 800 | 4 900 |
| | | | 80 岁及以上 | 141 | 2 177 | 525 | 1 200 | 1 850 | 2 250 | 4 440 |

| 地区 | 城乡 | 性别 | 年龄 | n | 夏季日均总饮水摄入量 /（ml/d） | | | | | |
|---|---|---|---|---|---|---|---|---|---|---|
| | | | | | Mean | P5 | P25 | P50 | P75 | P95 |
| 华南 | 城乡 | 小计 | 小计 | 7 333 | 2 764 | 900 | 1 600 | 2 300 | 3 200 | 6 000 |
| | | | 18 ~ 44 岁 | 3 146 | 2 807 | 950 | 1 650 | 2 300 | 3 200 | 6 200 |
| | | | 45 ~ 59 岁 | 2 586 | 2 819 | 950 | 1 600 | 2 300 | 3 200 | 6 200 |
| | | | 60 ~ 79 岁 | 1 473 | 2 566 | 900 | 1 480 | 2 300 | 3 000 | 5 400 |
| | | | 80 岁及以上 | 128 | 2 347 | 650 | 1 350 | 1 900 | 2 900 | 4 440 |
| | | 男 | 小计 | 3 292 | 2 874 | 950 | 1 700 | 2 400 | 3 300 | 6 200 |
| | | | 18 ~ 44 岁 | 1 510 | 2 905 | 950 | 1 700 | 2 400 | 3 300 | 6 200 |
| | | | 45 ~ 59 岁 | 1 062 | 3 008 | 1 000 | 1 700 | 2 400 | 3 400 | 6 600 |
| | | | 60 ~ 79 岁 | 672 | 2 600 | 900 | 1 600 | 2 300 | 3 100 | 5 300 |
| | | | 80 岁及以上 | 48 | 1 994 | 650 | 1 210 | 1 900 | 2 600 | 3 900 |
| | | 女 | 小计 | 4 041 | 2 652 | 900 | 1 600 | 2 200 | 3 100 | 5 700 |
| | | | 18 ~ 44 岁 | 1 636 | 2 701 | 950 | 1 600 | 2 200 | 3 100 | 6 200 |
| | | | 45 ~ 59 岁 | 1 524 | 2 645 | 900 | 1 600 | 2 300 | 3 100 | 5 400 |
| | | | 60 ~ 79 岁 | 801 | 2 533 | 850 | 1 400 | 2 200 | 3 000 | 5 400 |
| | | | 80 岁及以上 | 80 | 2 574 | 600 | 1 350 | 1 900 | 3 100 | 5 200 |
| | 农村 | 小计 | 小计 | 7 833 | 2 520 | 800 | 1 550 | 2 200 | 3 100 | 5 300 |
| | | | 18 ~ 44 岁 | 3 371 | 2 547 | 850 | 1 550 | 2 200 | 3 100 | 5 400 |
| | | | 45 ~ 59 岁 | 2 794 | 2 551 | 804 | 1 600 | 2 200 | 3 100 | 5 400 |
| | | | 60 ~ 79 岁 | 1 549 | 2 414 | 700 | 1 450 | 2 100 | 2 800 | 4 900 |
| | | | 80 岁及以上 | 119 | 1 961 | 420 | 1 200 | 1 900 | 2 450 | 3 450 |
| | | 男 | 小计 | 3 723 | 2 717 | 900 | 1 650 | 2 275 | 3 200 | 5 700 |
| | | | 18 ~ 44 岁 | 1 597 | 2 794 | 900 | 1 600 | 2 300 | 3 240 | 5 800 |
| | | | 45 ~ 59 岁 | 1 278 | 2 701 | 900 | 1 700 | 2 280 | 3 200 | 5 650 |
| | | | 60 ~ 79 岁 | 790 | 2 510 | 810 | 1 550 | 2 200 | 3 000 | 5 200 |
| | | | 80 岁及以上 | 58 | 2 248 | 420 | 1 450 | 2 200 | 2 650 | 5 050 |
| | | 女 | 小计 | 4 110 | 2 310 | 725 | 1 400 | 2 050 | 2 750 | 4 650 |
| | | | 18 ~ 44 岁 | 1 774 | 2 283 | 800 | 1 400 | 2 050 | 2 700 | 4 550 |
| | | | 45 ~ 59 岁 | 1 516 | 2 392 | 700 | 1 500 | 2 100 | 2 900 | 5 000 |
| | | | 60 ~ 79 岁 | 759 | 2 309 | 700 | 1 400 | 2 050 | 2 700 | 4 400 |
| | | | 80 岁及以上 | 61 | 1 677 | 525 | 1 150 | 1 600 | 2 000 | 3 450 |
| 西北 | 城乡 | 小计 | 小计 | 11 269 | 3 160 | 800 | 1 700 | 2 500 | 3 700 | 7 600 |
| | | | 18 ~ 44 岁 | 4 706 | 3 266 | 800 | 1 800 | 2 600 | 3 800 | 8 000 |
| | | | 45 ~ 59 岁 | 3 928 | 3 179 | 800 | 1 800 | 2 600 | 3 800 | 7 200 |
| | | | 60 ~ 79 岁 | 2 497 | 2 851 | 800 | 1 400 | 2 350 | 3 450 | 6 600 |
| | | | 80 岁及以上 | 138 | 2 449 | 800 | 1 400 | 1 900 | 2 800 | 5 600 |
| | | 男 | 小计 | 5 079 | 3 560 | 900 | 1 900 | 2 800 | 4 250 | 8 400 |
| | | | 18 ~ 44 岁 | 2 069 | 3 658 | 900 | 2 050 | 3 000 | 4 400 | 8 800 |
| | | | 45 ~ 59 岁 | 1 765 | 3 614 | 900 | 1 900 | 2 800 | 4 400 | 8 200 |
| | | | 60 ~ 79 岁 | 1 174 | 3 238 | 900 | 1 800 | 2 600 | 3 800 | 7 400 |
| | | | 80 岁及以上 | 71 | 2 400 | 800 | 1 400 | 2 160 | 2 900 | 5 400 |
| | | 女 | 小计 | 6 190 | 2 748 | 700 | 1 400 | 2 300 | 3 300 | 6 400 |
| | | | 18 ~ 44 岁 | 2 637 | 2 865 | 700 | 1 600 | 2 300 | 3 400 | 6 800 |
| | | | 45 ~ 59 岁 | 2 163 | 2 706 | 700 | 1 400 | 2 300 | 3 300 | 5 800 |
| | | | 60 ~ 79 岁 | 1 323 | 2 475 | 650 | 1 300 | 2 000 | 3 200 | 5 500 |
| | | | 80 岁及以上 | 67 | 2 492 | 570 | 1 400 | 1 800 | 2 800 | 9 500 |
| | 城市 | 小计 | 小计 | 5 053 | 2 900 | 900 | 1 700 | 2 400 | 3 400 | 6 100 |
| | | | 18 ~ 44 岁 | 2 032 | 2 953 | 900 | 1 800 | 2 400 | 3 500 | 5 900 |
| | | | 45 ~ 59 岁 | 1 798 | 2 961 | 800 | 1 700 | 2 400 | 3 500 | 6 500 |
| | | | 60 ~ 79 岁 | 1 164 | 2 662 | 900 | 1 400 | 2 300 | 3 300 | 5 600 |
| | | | 80 岁及以上 | 59 | 2 874 | 900 | 1 600 | 2 550 | 3 300 | 10 200 |

| 地区 | 城乡 | 性别 | 年龄 | n | 夏季日均总饮水摄入量 /（ml/d） | | | | | |
|---|---|---|---|---|---|---|---|---|---|---|
| | | | | | Mean | P5 | P25 | P50 | P75 | P95 |
| 西北 | 城市 | 男 | 小计 | 2 219 | 3 155 | 900 | 1 900 | 2 700 | 3 700 | 6 600 |
| | | | 18 ～ 44 岁 | 891 | 3 158 | 900 | 1 900 | 2 800 | 3 700 | 6 440 |
| | | | 45 ～ 59 岁 | 775 | 3 318 | 900 | 1 850 | 2 700 | 3 800 | 7 600 |
| | | | 60 ～ 79 岁 | 520 | 2 921 | 900 | 1 700 | 2 400 | 3 600 | 5 800 |
| | | | 80 岁及以上 | 33 | 2 632 | 900 | 1 650 | 2 400 | 3 600 | 4 900 |
| | | 女 | 小计 | 2 834 | 2 648 | 700 | 1 450 | 2 300 | 3 200 | 5 600 |
| | | | 18 ～ 44 岁 | 1 141 | 2 750 | 700 | 1 600 | 2 300 | 3 300 | 5 600 |
| | | | 45 ～ 59 岁 | 1 023 | 2 594 | 700 | 1 550 | 2 300 | 3 200 | 5 300 |
| | | | 60 ～ 79 岁 | 644 | 2 422 | 700 | 1 350 | 1 900 | 3 000 | 5 400 |
| | | | 80 岁及以上 | 26 | 3 128 | 900 | 1 600 | 2 600 | 3 200 | 10 200 |
| | 农村 | 小计 | 小计 | 6 216 | 3 361 | 700 | 1 800 | 2 600 | 4 200 | 8 600 |
| | | | 18 ～ 44 岁 | 2 674 | 3 490 | 700 | 1 800 | 2 700 | 4 400 | 8 800 |
| | | | 45 ～ 59 岁 | 2 130 | 3 360 | 800 | 1 800 | 2 600 | 4 100 | 7 600 |
| | | | 60 ～ 79 岁 | 1 333 | 3 021 | 700 | 1 450 | 2 400 | 3 600 | 7 200 |
| | | | 80 岁及以上 | 79 | 2 127 | 570 | 1 200 | 1 850 | 2 400 | 5 400 |
| | | 男 | 小计 | 2 860 | 3 862 | 900 | 2 000 | 3 000 | 4 800 | 9 600 |
| | | | 18 ～ 44 岁 | 1 178 | 4 004 | 900 | 2 100 | 3 200 | 5 200 | 9 900 |
| | | | 45 ～ 59 岁 | 990 | 3 846 | 1 000 | 2 140 | 3 000 | 4 600 | 9 200 |
| | | | 60 ～ 79 岁 | 654 | 3 509 | 900 | 1 800 | 2 800 | 4 300 | 8 800 |
| | | | 80 岁及以上 | 38 | 2 193 | 800 | 1 300 | 2 160 | 2 400 | 5 400 |
| | | 女 | 小计 | 3 356 | 2 828 | 600 | 1 400 | 2 300 | 3 400 | 7 200 |
| | | | 18 ～ 44 岁 | 1 496 | 2 950 | 600 | 1 500 | 2 300 | 3 600 | 7 400 |
| | | | 45 ～ 59 岁 | 1 140 | 2 803 | 700 | 1 400 | 2 400 | 3 400 | 6 560 |
| | | | 60 ～ 79 岁 | 679 | 2 525 | 600 | 1 300 | 2 000 | 3 300 | 5 800 |
| | | | 80 岁及以上 | 41 | 2 075 | 570 | 1 100 | 1 800 | 2 200 | 4 400 |
| 东北 | 城乡 | 小计 | 小计 | 10 174 | 1 908 | 500 | 1 150 | 1 550 | 2 400 | 4 200 |
| | | | 18 ～ 44 岁 | 3 986 | 1 902 | 500 | 1 200 | 1 600 | 2 400 | 4 200 |
| | | | 45 ～ 59 岁 | 3 899 | 1 951 | 525 | 1 200 | 1 600 | 2 400 | 4 200 |
| | | | 60 ～ 79 岁 | 2 164 | 1 862 | 450 | 1 000 | 1 400 | 2 300 | 4 200 |
| | | | 80 岁及以上 | 125 | 1 662 | 400 | 900 | 1 300 | 2 200 | 4 125 |
| | | 男 | 小计 | 4 631 | 2 070 | 600 | 1 200 | 1 700 | 2 600 | 4 400 |
| | | | 18 ～ 44 岁 | 1 889 | 2 016 | 600 | 1 200 | 1 700 | 2 450 | 4 400 |
| | | | 45 ～ 59 岁 | 1 661 | 2 173 | 700 | 1 300 | 1 800 | 2 700 | 4 800 |
| | | | 60 ～ 79 岁 | 1 022 | 2 091 | 450 | 1 150 | 1 600 | 2 450 | 4 900 |
| | | | 80 岁及以上 | 59 | 1 829 | 450 | 900 | 1 400 | 2 600 | 4 500 |
| | | 女 | 小计 | 5 543 | 1 744 | 500 | 1 000 | 1 400 | 2 200 | 3 600 |
| | | | 18 ～ 44 岁 | 2 097 | 1 777 | 500 | 1 025 | 1 400 | 2 200 | 3 800 |
| | | | 45 ～ 59 岁 | 2 238 | 1 750 | 500 | 1 000 | 1 400 | 2 200 | 3 600 |
| | | | 60 ～ 79 岁 | 1 142 | 1 644 | 500 | 950 | 1 400 | 2 100 | 3 400 |
| | | | 80 岁及以上 | 66 | 1 520 | 400 | 1 000 | 1 300 | 1 800 | 4 125 |
| | 城市 | 小计 | 小计 | 4 355 | 1 930 | 500 | 1 150 | 1 600 | 2 400 | 4 200 |
| | | | 18 ～ 44 岁 | 1 659 | 1 880 | 500 | 1 000 | 1 600 | 2 400 | 4 100 |
| | | | 45 ～ 59 岁 | 1 731 | 2 063 | 650 | 1 200 | 1 700 | 2 400 | 4 400 |
| | | | 60 ～ 79 岁 | 910 | 1 811 | 500 | 1 100 | 1 500 | 2 200 | 3 895 |
| | | | 80 岁及以上 | 55 | 2 036 | 450 | 1 200 | 1 700 | 2 600 | 4 500 |
| | | 男 | 小计 | 1 911 | 2 050 | 500 | 1 200 | 1 700 | 2 550 | 4 400 |
| | | | 18 ～ 44 岁 | 767 | 1 956 | 500 | 1 150 | 1 700 | 2 400 | 4 200 |
| | | | 45 ～ 59 岁 | 730 | 2 232 | 700 | 1 400 | 1 900 | 2 800 | 4 900 |
| | | | 60 ～ 79 岁 | 395 | 1 990 | 600 | 1 200 | 1 700 | 2 400 | 4 150 |
| | | | 80 岁及以上 | 19 | 2 405 | 900 | 1 400 | 2 400 | 3 200 | 4 600 |
| | | 女 | 小计 | 2 444 | 1 808 | 500 | 1 000 | 1 485 | 2 200 | 3 950 |

| 地区 | 城乡 | 性别 | 年龄 | *n* | 夏季日均总饮水摄入量 /（ml/d） | | | | | |
|---|---|---|---|---|---|---|---|---|---|---|
| | | | | | Mean | P5 | P25 | P50 | P75 | P95 |
| 东北 | 城市 | 女 | 18 ～ 44 岁 | 892 | 1 798 | 500 | 1 000 | 1 400 | 2 300 | 3 800 |
| | | | 45 ～ 59 岁 | 1 001 | 1 898 | 575 | 1 200 | 1 550 | 2 200 | 4 200 |
| | | | 60 ～ 79 岁 | 515 | 1 656 | 500 | 1 000 | 1 400 | 2 000 | 3 600 |
| | | | 80 岁及以上 | 36 | 1 830 | 450 | 1 200 | 1 400 | 2 500 | 4 125 |
| | 农村 | 小计 | 小计 | 5 819 | 1 896 | 500 | 1 150 | 1 500 | 2 400 | 4 200 |
| | | | 18 ～ 44 岁 | 2 327 | 1 914 | 600 | 1 200 | 1 525 | 2 400 | 4 200 |
| | | | 45 ～ 59 岁 | 2 168 | 1 885 | 500 | 1 100 | 1 500 | 2 400 | 4 000 |
| | | | 60 ～ 79 岁 | 1 254 | 1 889 | 450 | 1 000 | 1 400 | 2 400 | 4 200 |
| | | | 80 岁及以上 | 70 | 1 499 | 400 | 900 | 1 300 | 1 800 | 3 200 |
| | | 男 | 小计 | 2 720 | 2 080 | 650 | 1 200 | 1 700 | 2600 | 4 400 |
| | | | 18 ～ 44 岁 | 1 122 | 2 048 | 650 | 1 200 | 1 700 | 2 500 | 4 400 |
| | | | 45 ～ 59 岁 | 931 | 2 136 | 700 | 1 200 | 1 750 | 2 600 | 4 600 |
| | | | 60 ～ 79 岁 | 627 | 2 141 | 450 | 1 050 | 1 500 | 2 500 | 5 400 |
| | | | 80 岁及以上 | 40 | 1 651 | 375 | 900 | 1 400 | 2 300 | 3 600 |
| | | 女 | 小计 | 3 099 | 1 709 | 500 | 1 000 | 1 400 | 2 200 | 3 400 |
| | | | 18 ～ 44 岁 | 1 205 | 1 766 | 500 | 1 100 | 1 400 | 2 200 | 3 800 |
| | | | 45 ～ 59 岁 | 1 237 | 1 667 | 500 | 900 | 1 400 | 2 200 | 3 400 |
| | | | 60 ～ 79 岁 | 627 | 1 638 | 450 | 900 | 1 400 | 2 100 | 3 300 |
| | | | 80 岁及以上 | 30 | 1 345 | 400 | 1 000 | 1 200 | 1 800 | 2 600 |
| 西南 | 城乡 | 小计 | 小计 | 13 395 | 2 634 | 600 | 1 400 | 2 050 | 3 000 | 6 600 |
| | | | 18 ～ 44 岁 | 6 419 | 2 798 | 600 | 1 400 | 2 200 | 3 100 | 7 200 |
| | | | 45 ～ 59 岁 | 4 254 | 2 616 | 650 | 1 350 | 2 100 | 3 100 | 6 400 |
| | | | 60 ～ 79 岁 | 2 550 | 2 196 | 500 | 1 150 | 1 700 | 2 700 | 5 200 |
| | | | 80 岁及以上 | 172 | 1 964 | 350 | 900 | 1 400 | 2 300 | 7 350 |
| | | 男 | 小计 | 6 117 | 2 736 | 650 | 1 400 | 2 200 | 3 200 | 6 400 |
| | | | 18 ～ 44 岁 | 2 979 | 2 821 | 700 | 1 500 | 2 350 | 3 200 | 6 720 |
| | | | 45 ～ 59 岁 | 1 871 | 2 809 | 700 | 1 400 | 2 250 | 3 300 | 6 600 |
| | | | 60 ～ 79 岁 | 1 178 | 2 369 | 500 | 1 200 | 1 900 | 2 800 | 5 400 |
| | | | 80 岁及以上 | 89 | 2 351 | 490 | 900 | 1 775 | 2 400 | 7 700 |
| | | 女 | 小计 | 7 278 | 2 530 | 525 | 1 200 | 1 900 | 2 800 | 6 600 |
| | | | 18 ～ 44 岁 | 3 440 | 2 773 | 550 | 1 400 | 2 000 | 3 000 | 7 680 |
| | | | 45 ～ 59 岁 | 2 383 | 2 421 | 600 | 1 200 | 1 900 | 2 800 | 6 400 |
| | | | 60 ～ 79 岁 | 1 372 | 2 034 | 500 | 1 000 | 1 400 | 2 400 | 4 600 |
| | | | 80 岁及以上 | 83 | 1 515 | 350 | 900 | 1 300 | 2 000 | 3 200 |
| | 城市 | 小计 | 小计 | 4 773 | 2 501 | 600 | 1 300 | 1 950 | 2 800 | 6 200 |
| | | | 18 ～ 44 岁 | 2 246 | 2 540 | 600 | 1 400 | 2 050 | 2 880 | 6 200 |
| | | | 45 ～ 59 岁 | 1 547 | 2 574 | 650 | 1 300 | 1 990 | 2 900 | 6 000 |
| | | | 60 ～ 79 岁 | 904 | 2 254 | 500 | 1 100 | 1 800 | 2 800 | 5 400 |
| | | | 80 岁及以上 | 76 | 2 440 | 350 | 900 | 1 775 | 2 700 | 8 400 |
| | | 男 | 小计 | 2 132 | 2 604 | 650 | 1 400 | 2 150 | 2 900 | 6 100 |
| | | | 18 ～ 44 岁 | 1 023 | 2 558 | 600 | 1 400 | 2 200 | 2 900 | 5 800 |
| | | | 45 ～ 59 岁 | 664 | 2 794 | 750 | 1 400 | 2 200 | 3 200 | 6 100 |
| | | | 60 ～ 79 岁 | 407 | 2 376 | 525 | 1 300 | 1 900 | 2 800 | 5 400 |
| | | | 80 岁及以上 | 38 | 3 175 | 650 | 1 200 | 2 200 | 2 900 | 8 400 |
| | | 女 | 小计 | 2 641 | 2 394 | 500 | 1 200 | 1 800 | 2 800 | 6 400 |
| | | | 18 ～ 44 岁 | 1 223 | 2 520 | 600 | 1 240 | 1 900 | 2 800 | 6 600 |
| | | | 45 ～ 59 岁 | 883 | 2 347 | 500 | 1 150 | 1 800 | 2 700 | 5 400 |
| | | | 60 ～ 79 岁 | 497 | 2 133 | 450 | 900 | 1 500 | 2 600 | 5 600 |
| | | | 80 岁及以上 | 38 | 1 642 | 350 | 650 | 1 300 | 2 050 | 3 200 |
| | 农村 | 小计 | 小计 | 8 622 | 2 721 | 600 | 1 400 | 2 150 | 3 100 | 7 200 |
| | | | 18 ～ 44 岁 | 4 173 | 2 964 | 600 | 1 400 | 2 300 | 3 200 | 8 100 |

| 地区 | 城乡 | 性别 | 年龄 | *n* | 夏季日均总饮水摄入量 /（ml/d） | | | | | |
|---|---|---|---|---|---|---|---|---|---|---|
| | | | | | Mean | P5 | P25 | P50 | P75 | P95 |
| 西南 | 农村 | 小计 | 45 ～ 59 岁 | 2707 | 2 646 | 650 | 1 400 | 2 200 | 3 200 | 6 900 |
| | | | 60 ～ 79 岁 | 1 646 | 2 163 | 500 | 1 150 | 1 650 | 2 700 | 4 800 |
| | | | 80 岁及以上 | 96 | 1 555 | 350 | 900 | 1 350 | 1 900 | 3 800 |
| | | 男 | 小计 | 3 985 | 2 822 | 675 | 1 400 | 2 300 | 3 300 | 7 200 |
| | | | 18 ～ 44 岁 | 1 956 | 2 992 | 800 | 1 600 | 2 400 | 3 400 | 7 900 |
| | | | 45 ～ 59 岁 | 1 207 | 2 821 | 700 | 1 400 | 2 400 | 3 600 | 7 200 |
| | | | 60 ～ 79 岁 | 771 | 2 365 | 500 | 1200 | 1 900 | 2 800 | 5 600 |
| | | | 80 岁及以上 | 51 | 1 682 | 325 | 900 | 1 400 | 2 200 | 3 800 |
| | | 女 | 小计 | 4 637 | 2 617 | 540 | 1 300 | 1 900 | 2 800 | 6 900 |
| | | | 18 ～ 44 岁 | 2 217 | 2 936 | 500 | 1 400 | 2 100 | 3 100 | 8 100 |
| | | | 45 ～ 59 岁 | 1 500 | 2471 | 650 | 1 300 | 1 900 | 2 900 | 6 650 |
| | | | 60 ～ 79 岁 | 875 | 1 981 | 500 | 1 100 | 1 400 | 2 400 | 4 200 |
| | | | 80 岁及以上 | 45 | 1 399 | 450 | 900 | 1 300 | 1 600 | 2 800 |

## 附表 3-8 中国人群分片区、城乡、性别、年龄的冬季日均总饮水摄入量

| 地区 | 城乡 | 性别 | 年龄 | *n* | 冬季日均总饮水摄入量 /（ml/d） | | | | | |
|---|---|---|---|---|---|---|---|---|---|---|
| | | | | | Mean | P5 | P25 | P50 | P75 | P95 |
| 合计 | 城乡 | 小计 | 小计 | 91 048 | 1 990 | 500 | 950 | 1 600 | 2 400 | 4 700 |
| | | | 18 ～ 44 岁 | 36 644 | 1 993 | 500 | 950 | 1 600 | 2 400 | 4 700 |
| | | | 45 ～ 59 岁 | 32 350 | 2 033 | 500 | 950 | 1 600 | 2 400 | 4 800 |
| | | | 60 ～ 79 岁 | 20 569 | 1 943 | 450 | 900 | 1 500 | 2 400 | 4 400 |
| | | | 80 岁及以上 | 1 485 | 1 695 | 400 | 850 | 1 300 | 2 100 | 3 900 |
| | | 男 | 小计 | 41 268 | 2 148 | 500 | 1 050 | 1 700 | 2 600 | 5 000 |
| | | | 18 ～ 44 岁 | 16 758 | 2 125 | 520 | 1 050 | 1 700 | 2 600 | 5 000 |
| | | | 45 ～ 59 岁 | 14 082 | 2 213 | 525 | 1 100 | 1 700 | 2 700 | 5 200 |
| | | | 60 ～ 79 岁 | 9 753 | 2 134 | 500 | 1 000 | 1 700 | 2 600 | 4 800 |
| | | | 80 岁及以上 | 675 | 1 886 | 450 | 900 | 1 600 | 2 400 | 4 200 |
| | | 女 | 小计 | 49 780 | 1 831 | 450 | 900 | 1 400 | 2 200 | 4 320 |
| | | | 18 ～ 44 岁 | 19 886 | 1 856 | 450 | 900 | 1 400 | 2 260 | 4 400 |
| | | | 45 ～ 59 岁 | 18 268 | 1 855 | 450 | 900 | 1 400 | 2 300 | 4 400 |
| | | | 60 ～ 79 岁 | 10 816 | 1 751 | 450 | 900 | 1 400 | 2 200 | 3 900 |
| | | | 80 岁及以上 | 810 | 1 548 | 350 | 700 | 1 200 | 1 800 | 3 650 |
| | 城市 | 小计 | 小计 | 41 800 | 2 057 | 500 | 1 000 | 1 600 | 2 400 | 4 800 |
| | | | 18 ～ 44 岁 | 16 626 | 2 054 | 525 | 1 000 | 1 700 | 2 400 | 4 700 |
| | | | 45 ～ 59 岁 | 14 735 | 2 105 | 500 | 1 000 | 1 600 | 2 400 | 5 050 |
| | | | 60 ～ 79 岁 | 9 693 | 2 008 | 500 | 950 | 1 600 | 2 400 | 4 600 |
| | | | 80 岁及以上 | 746 | 1 871 | 450 | 900 | 1 400 | 2 200 | 4 700 |
| | | 男 | 小计 | 18 442 | 2 181 | 600 | 1 100 | 1 700 | 2 600 | 5 000 |
| | | | 18 ～ 44 岁 | 7 531 | 2 132 | 600 | 1 100 | 1 800 | 2 600 | 4 840 |
| | | | 45 ～ 59 岁 | 6 264 | 2 276 | 600 | 1 150 | 1 700 | 2 700 | 5 200 |
| | | | 60 ～ 79 岁 | 4 324 | 2 179 | 550 | 1 100 | 1 700 | 2 500 | 4 900 |
| | | | 80 岁及以上 | 323 | 2 064 | 525 | 1 050 | 1 600 | 2 650 | 4 800 |
| | | 女 | 小计 | 23 358 | 1 935 | 500 | 900 | 1 450 | 2 300 | 4 600 |
| | | | 18 ～ 44 岁 | 9 095 | 1 975 | 500 | 950 | 1 550 | 2 400 | 4 700 |
| | | | 45 ～ 59 岁 | 8 471 | 1 932 | 500 | 900 | 1 450 | 2 300 | 4 700 |
| | | | 60 ～ 79 岁 | 5 369 | 1 847 | 450 | 900 | 1 400 | 2 200 | 4 300 |
| | | | 80 岁及以上 | 423 | 1 726 | 350 | 800 | 1 300 | 1 950 | 4 400 |
| | 农村 | 小计 | 小计 | 49 248 | 1 939 | 450 | 900 | 1 500 | 2 400 | 4 600 |
| | | | 18 ～ 44 岁 | 20 018 | 1 946 | 450 | 925 | 1 500 | 2 400 | 4 600 |

| 地区 | 城乡 | 性别 | 年龄 | *n* | 冬季日均总饮水摄入量 / (ml/d) | | | | | |
|---|---|---|---|---|---|---|---|---|---|---|
| | | | | | Mean | P5 | P25 | P50 | P75 | P95 |
| 合计 | 农村 | 小计 | 45～59岁 | 17 615 | 1 976 | 450 | 925 | 1 600 | 2 400 | 4 600 |
| | | | 60～79岁 | 10 876 | 1 893 | 450 | 900 | 1 450 | 2 400 | 4 360 |
| | | | 80岁及以上 | 739 | 1 536 | 350 | 800 | 1 200 | 1 900 | 3 600 |
| | | 男 | 小计 | 22 826 | 2 123 | 500 | 1 000 | 1 700 | 2 650 | 5 000 |
| | | | 18～44岁 | 9 227 | 2 120 | 500 | 1 000 | 1 700 | 2 600 | 5 100 |
| | | | 45～59岁 | 7 818 | 2 162 | 500 | 1 100 | 1 700 | 2 700 | 5 200 |
| | | | 60～79岁 | 5 429 | 2 102 | 450 | 1 000 | 1 700 | 2 650 | 4 800 |
| | | | 80岁及以上 | 352 | 1 728 | 400 | 900 | 1 550 | 2 400 | 3 600 |
| | | 女 | 小计 | 26 422 | 1 751 | 450 | 900 | 1 400 | 2 200 | 4 050 |
| | | | 18～44岁 | 10 791 | 1 765 | 450 | 900 | 1 400 | 2 200 | 4 200 |
| | | | 45～59岁 | 9 797 | 1 795 | 450 | 900 | 1 400 | 2 200 | 4 100 |
| | | | 60～79岁 | 5 447 | 1 674 | 425 | 850 | 1 325 | 2 100 | 3 700 |
| | | | 80岁及以上 | 387 | 1 384 | 350 | 700 | 1 100 | 1 700 | 3 400 |
| 华北 | 城乡 | 小计 | 小计 | 18 089 | 2 584 | 800 | 1 400 | 2 100 | 3 000 | 5 550 |
| | | | 18～44岁 | 6 480 | 2 563 | 800 | 1 400 | 2 100 | 3 000 | 5 400 |
| | | | 45～59岁 | 6 826 | 2 630 | 800 | 1 400 | 2 100 | 3 120 | 5 800 |
| | | | 60～79岁 | 4 498 | 2 578 | 700 | 1 400 | 2 100 | 2 940 | 5 300 |
| | | | 80岁及以上 | 285 | 2 395 | 650 | 1 200 | 1 800 | 2 700 | 5 800 |
| | | 男 | 小计 | 7 998 | 2 789 | 800 | 1 600 | 2 300 | 3 300 | 5 800 |
| | | | 18～44岁 | 2 919 | 2 739 | 900 | 1 650 | 2 300 | 3 300 | 5 600 |
| | | | 45～59岁 | 2 820 | 2 865 | 900 | 1 600 | 2 300 | 3 400 | 6 200 |
| | | | 60～79岁 | 2 114 | 2 832 | 770 | 1 420 | 2 200 | 3 240 | 5 800 |
| | | | 80岁及以上 | 145 | 2 408 | 700 | 1 300 | 1 926 | 2 900 | 5 800 |
| | | 女 | 小计 | 10 091 | 2 384 | 700 | 1 325 | 1 900 | 2 800 | 5 200 |
| | | | 18～44岁 | 3 561 | 2 384 | 770 | 1 400 | 1 900 | 2 800 | 5 200 |
| | | | 45～59岁 | 4 006 | 2 420 | 700 | 1 400 | 1 925 | 2 800 | 5 400 |
| | | | 60～79岁 | 2 384 | 2 324 | 700 | 1 300 | 1 900 | 2 800 | 4 900 |
| | | | 80岁及以上 | 140 | 2 383 | 450 | 1 100 | 1 700 | 2 640 | 5 600 |
| | 城市 | 小计 | 小计 | 7 814 | 2 585 | 700 | 1 400 | 2 100 | 3 100 | 5 600 |
| | | | 18～44岁 | 2 778 | 2 496 | 700 | 1 400 | 2 100 | 3 000 | 5 200 |
| | | | 45～59岁 | 2 789 | 2 695 | 700 | 1 400 | 2 100 | 3 200 | 6 200 |
| | | | 60～79岁 | 2 090 | 2 645 | 700 | 1 300 | 1 980 | 3 084 | 5 700 |
| | | | 80岁及以上 | 157 | 2 503 | 600 | 1 100 | 1 900 | 2 700 | 6 600 |
| | | 男 | 小计 | 3 397 | 2 745 | 700 | 1 400 | 2 300 | 3 210 | 5 700 |
| | | | 18～44岁 | 1231 | 2 615 | 700 | 1 400 | 2 300 | 3 300 | 5 400 |
| | | | 45～59岁 | 1 161 | 2 895 | 800 | 1 450 | 2 200 | 3 300 | 6 200 |
| | | | 60～79岁 | 922 | 2 861 | 700 | 1 400 | 2 100 | 3 200 | 5 810 |
| | | | 80岁及以上 | 83 | 2 518 | 700 | 1 100 | 2 100 | 2 800 | 6 600 |
| | | 女 | 小计 | 4 417 | 2 428 | 700 | 1 300 | 1 900 | 2 800 | 5 300 |
| | | | 18～44岁 | 1 547 | 2 379 | 700 | 1 400 | 1 900 | 2 800 | 4 900 |
| | | | 45～59岁 | 1 628 | 2 495 | 700 | 1 400 | 1 900 | 2 900 | 6 200 |
| | | | 60～79岁 | 1 168 | 2 438 | 700 | 1 200 | 1 900 | 2 800 | 5 400 |
| | | | 80岁及以上 | 74 | 2 484 | 500 | 1 100 | 1 600 | 2 650 | 6 800 |
| | 农村 | 小计 | 小计 | 10 275 | 2 582 | 800 | 1 400 | 2 100 | 3 000 | 5 550 |
| | | | 18～44岁 | 3 702 | 2 607 | 850 | 1 460 | 2 200 | 3 000 | 5 600 |
| | | | 45～59岁 | 4 037 | 2 588 | 800 | 1 400 | 2 170 | 3 100 | 5 600 |
| | | | 60～79岁 | 2 408 | 2 534 | 800 | 1 400 | 2 100 | 2 900 | 5 100 |
| | | | 80岁及以上 | 128 | 2 294 | 700 | 1 400 | 1 800 | 2 700 | 5 600 |
| | | 男 | 小计 | 4 601 | 2 819 | 900 | 1 650 | 2 300 | 3 400 | 5 800 |
| | | | 18～44岁 | 1 688 | 2 822 | 900 | 1 700 | 2 300 | 3 325 | 5 900 |
| | | | 45～59岁 | 1 659 | 2 844 | 900 | 1 600 | 2 300 | 3 500 | 6 400 |
| | | | 60～79岁 | 1 192 | 2 814 | 800 | 1 600 | 2 300 | 3 300 | 5 600 |
| | | | 80岁及以上 | 62 | 2 277 | 800 | 1 600 | 1 850 | 2 900 | 4 400 |
| | | 女 | 小计 | 5 674 | 2 355 | 800 | 1 400 | 1 900 | 2 800 | 5 200 |
| | | | 18～44岁 | 2 014 | 2 388 | 800 | 1 400 | 1 850 | 2 800 | 5 200 |
| | | | 45～59岁 | 2 378 | 2 375 | 800 | 1 400 | 1 960 | 2 800 | 5 300 |

| 地区 | 城乡 | 性别 | 年龄 | n | 冬季日均总饮水摄入量 /（ml/d） | | | | | |
|---|---|---|---|---|---|---|---|---|---|---|
| | | | | | Mean | P5 | P25 | P50 | P75 | P95 |
| 华北 | 农村 | 女 | 60 ～ 79 岁 | 1 216 | 2 245 | 800 | 1 300 | 1 850 | 2 800 | 4 380 |
| | | | 80 岁及以上 | 66 | 2 308 | 450 | 1 300 | 1 800 | 2 600 | 5600 |
| 华东 | 城乡 | 小计 | 小计 | 22 956 | 2 164 | 500 | 1 100 | 1 700 | 2 700 | 4 925 |
| | | | 18 ～ 44 岁 | 8 536 | 2 203 | 575 | 1 100 | 1 800 | 2 700 | 5 050 |
| | | | 45 ～ 59 岁 | 8 064 | 2 190 | 500 | 1 100 | 1 700 | 2 700 | 5 100 |
| | | | 60 ～ 79 岁 | 5 838 | 2 085 | 500 | 1 050 | 1 700 | 2 600 | 4 700 |
| | | | 80 岁及以上 | 518 | 1 608 | 350 | 850 | 1 325 | 2 100 | 3 800 |
| | | 男 | 小计 | 10 429 | 2 358 | 600 | 1 200 | 1 900 | 2 800 | 5 300 |
| | | | 18 ～ 44 岁 | 3 795 | 2 365 | 640 | 1 200 | 1 900 | 2 800 | 5 300 |
| | | | 45 ～ 59 岁 | 3 626 | 2 393 | 600 | 1 200 | 1 900 | 2 900 | 5 400 |
| | | | 60 ～ 79 岁 | 2 803 | 2 317 | 600 | 1 200 | 1 900 | 2 800 | 5 300 |
| | | | 80 岁及以上 | 205 | 1 986 | 450 | 950 | 1 700 | 2 800 | 4 200 |
| | | 女 | 小计 | 12 527 | 1 971 | 450 | 950 | 1 600 | 2 400 | 4 590 |
| | | | 18 ～ 44 岁 | 4 741 | 2 046 | 500 | 1 000 | 1 650 | 2 560 | 4 700 |
| | | | 45 ～ 59 岁 | 4 438 | 1 972 | 450 | 950 | 1 600 | 2 400 | 4 520 |
| | | | 60 ～ 79 岁 | 3 035 | 1 846 | 450 | 925 | 1 500 | 2 300 | 4 200 |
| | | | 80 岁及以上 | 313 | 1 400 | 350 | 700 | 1 150 | 1 800 | 2 950 |
| | 城市 | 小计 | 小计 | 12 473 | 2 247 | 600 | 1 200 | 1 800 | 2 700 | 5 200 |
| | | | 18 ～ 44 岁 | 4 765 | 2 303 | 650 | 1 200 | 1 800 | 2 800 | 5 300 |
| | | | 45 ～ 59 岁 | 4 285 | 2 262 | 550 | 1 150 | 1 700 | 2 700 | 5 300 |
| | | | 60 ～ 79 岁 | 3 152 | 2 115 | 525 | 1 150 | 1 700 | 2 500 | 4 650 |
| | | | 80 岁及以上 | 271 | 1 758 | 400 | 900 | 1 400 | 2 200 | 4 400 |
| | | 男 | 小计 | 5 492 | 2 413 | 650 | 1 200 | 1 900 | 2 800 | 5 400 |
| | | | 18 ～ 44 岁 | 2 109 | 2 427 | 700 | 1 300 | 1 900 | 2 900 | 5 600 |
| | | | 45 ～ 59 岁 | 1 873 | 2 443 | 600 | 1 200 | 1 800 | 2 800 | 5 600 |
| | | | 60 ～ 79 岁 | 1 408 | 2 352 | 650 | 1 200 | 1 900 | 2 700 | 5 300 |
| | | | 80 岁及以上 | 102 | 2 114 | 350 | 1 200 | 1 800 | 2 800 | 4 400 |
| | | 女 | 小计 | 6 981 | 2 085 | 525 | 1 100 | 1 700 | 2 500 | 4 900 |
| | | | 18 ～ 44 岁 | 2 656 | 2 186 | 600 | 1 150 | 1 700 | 2 700 | 5 200 |
| | | | 45 ～ 59 岁 | 2 412 | 2 066 | 500 | 1 020 | 1 700 | 2 450 | 4 900 |
| | | | 60 ～ 79 岁 | 1 744 | 1 895 | 450 | 1 000 | 1 600 | 2 300 | 4 000 |
| | | | 80 岁及以上 | 169 | 1 563 | 400 | 800 | 1 250 | 1 850 | 3 800 |
| | 农村 | 小计 | 小计 | 10 483 | 2 076 | 450 | 1 000 | 1 700 | 2 700 | 4 700 |
| | | | 18 ～ 44 岁 | 3 771 | 2 091 | 490 | 1 000 | 1 700 | 2 700 | 4 700 |
| | | | 45 ～ 59 岁 | 3 779 | 2 114 | 475 | 1 050 | 1 700 | 2 700 | 4 700 |
| | | | 60 ～ 79 岁 | 2 686 | 2 055 | 450 | 1 000 | 1 700 | 2 700 | 4 800 |
| | | | 80 岁及以上 | 247 | 1 459 | 350 | 800 | 1 200 | 1 800 | 3 200 |
| | | 男 | 小计 | 4 937 | 2 300 | 550 | 1 160 | 1 900 | 2 850 | 5 200 |
| | | | 18 ～ 44 岁 | 1 686 | 2 298 | 500 | 1 176 | 1 900 | 2 800 | 5 100 |
| | | | 45 ～ 59 岁 | 1 753 | 2 340 | 550 | 1 200 | 1 900 | 2 900 | 5 300 |
| | | | 60 ～ 79 岁 | 1 395 | 2 286 | 550 | 1 150 | 1 890 | 2 900 | 5 300 |
| | | | 80 岁及以上 | 103 | 1 859 | 450 | 900 | 1 700 | 2 800 | 3 800 |
| | | 女 | 小计 | 5 546 | 1 846 | 450 | 900 | 1 450 | 2 400 | 4 400 |
| | | | 18 ～ 44 岁 | 2 085 | 1 887 | 450 | 900 | 1 500 | 2 400 | 4 400 |
| | | | 45 ～ 59 岁 | 2 026 | 1 874 | 450 | 900 | 1 550 | 2 400 | 4 250 |
| | | | 60 ～ 79 岁 | 1 291 | 1 791 | 450 | 900 | 1 400 | 2 250 | 4 200 |
| | | | 80 岁及以上 | 144 | 1 238 | 250 | 700 | 1 092 | 1 600 | 2 800 |
| 华南 | 城乡 | 小计 | 小计 | 15 165 | 1 631 | 450 | 900 | 1 300 | 1 900 | 3 600 |
| | | | 18 ～ 44 岁 | 6 517 | 1 623 | 450 | 900 | 1 300 | 1 900 | 3 600 |
| | | | 45 ～ 59 岁 | 5 379 | 1 686 | 500 | 900 | 1 400 | 2 000 | 3 760 |
| | | | 60 ～ 79 岁 | 3 022 | 1 562 | 450 | 900 | 1 300 | 1 900 | 3 400 |
| | | | 80 岁及以上 | 247 | 1 513 | 400 | 850 | 1 200 | 1 850 | 2 900 |
| | | 男 | 小计 | 7 014 | 1 734 | 500 | 900 | 1 400 | 2 000 | 3 900 |
| | | | 18 ～ 44 岁 | 3 107 | 1 731 | 500 | 900 | 1 400 | 2 000 | 3 800 |
| | | | 45 ～ 59 岁 | 2 339 | 1 801 | 500 | 950 | 1 400 | 2 100 | 4 100 |
| | | | 60 ～ 79 岁 | 1 462 | 1 636 | 500 | 900 | 1 400 | 1 900 | 3 700 |

| 地区 | 城乡 | 性别 | 年龄 | n | 冬季日均总饮水摄入量 / (ml/d) | | | | | |
|---|---|---|---|---|---|---|---|---|---|---|
| | | | | | Mean | P5 | P25 | P50 | P75 | P95 |
| 华南 | 城乡 | 男 | 80 岁及以上 | 106 | 1 505 | 410 | 950 | 1 300 | 1 900 | 2 900 |
| | | 女 | 小计 | 8 151 | 1 524 | 450 | 900 | 1 220 | 1 800 | 3 400 |
| | | | 18 ～ 44 岁 | 3 410 | 1 508 | 450 | 850 | 1 200 | 1 800 | 3 240 |
| | | | 45 ～ 59 岁 | 3 040 | 1 571 | 450 | 900 | 1 300 | 1 900 | 3 400 |
| | | | 60 ～ 79 岁 | 1 560 | 1 484 | 450 | 850 | 1 200 | 1 800 | 3 200 |
| | | | 80 岁及以上 | 141 | 1 520 | 400 | 700 | 1 200 | 1 700 | 3 440 |
| | 城市 | 小计 | 小计 | 7 332 | 1 801 | 575 | 900 | 1 400 | 2 100 | 4 200 |
| | | | 18 ～ 44 岁 | 3 146 | 1 804 | 580 | 925 | 1 400 | 2 100 | 4 200 |
| | | | 45 ～ 59 岁 | 2 585 | 1 872 | 550 | 950 | 1 400 | 2 200 | 4 400 |
| | | | 60 ～ 79 岁 | 1 473 | 1 667 | 600 | 900 | 1 400 | 2 100 | 3 700 |
| | | | 80 岁及以上 | 128 | 1 663 | 500 | 900 | 1 300 | 1 850 | 3 440 |
| | | 男 | 小计 | 3 291 | 1 870 | 600 | 1 000 | 1 400 | 2 200 | 4 200 |
| | | | 18 ～ 44 岁 | 1 510 | 1 838 | 580 | 1 000 | 1 400 | 2 200 | 4 100 |
| | | | 45 ～ 59 岁 | 1 061 | 2 022 | 600 | 1 000 | 1 400 | 2 240 | 4 900 |
| | | | 60 ～ 79 岁 | 672 | 1 725 | 600 | 900 | 1 400 | 2 000 | 3 900 |
| | | | 80 岁及以上 | 48 | 1 371 | 500 | 950 | 1 210 | 1 500 | 2 600 |
| | | 女 | 小计 | 4 041 | 1 733 | 500 | 900 | 1 400 | 2 050 | 4 000 |
| | | | 18 ～ 44 岁 | 1 636 | 1 768 | 580 | 900 | 1 400 | 2 000 | 4 500 |
| | | | 45 ～ 59 岁 | 1 524 | 1 733 | 500 | 900 | 1 400 | 2 120 | 3 600 |
| | | | 60 ～ 79 岁 | 801 | 1 610 | 500 | 900 | 1 400 | 2 100 | 3 600 |
| | | | 80 岁及以上 | 80 | 1 851 | 450 | 850 | 1 400 | 1 900 | 4 000 |
| | 农村 | 小计 | 小计 | 7 833 | 1 507 | 450 | 850 | 1 250 | 1 800 | 3 200 |
| | | | 18 ～ 44 岁 | 3 371 | 1 503 | 430 | 850 | 1 200 | 1 800 | 3 200 |
| | | | 45 ～ 59 岁 | 2 794 | 1 536 | 450 | 900 | 1 300 | 1 900 | 3 400 |
| | | | 60 ～ 79 岁 | 1 549 | 1 479 | 425 | 850 | 1 300 | 1 800 | 3 150 |
| | | | 80 岁及以上 | 119 | 1 357 | 325 | 700 | 1 150 | 1 800 | 2 650 |
| | | 男 | 小计 | 3 723 | 1 637 | 450 | 900 | 1 350 | 1 900 | 3 700 |
| | | | 18 ～ 44 岁 | 1 597 | 1 658 | 450 | 900 | 1 300 | 1 900 | 3 750 |
| | | | 45 ～ 59 岁 | 1 278 | 1 634 | 450 | 900 | 1 400 | 1 950 | 3 700 |
| | | | 60 ～ 79 岁 | 790 | 1 570 | 450 | 900 | 1 325 | 1 900 | 3 400 |
| | | | 80 岁及以上 | 58 | 1 614 | 245 | 950 | 1 400 | 2 100 | 2 900 |
| | | 女 | 小计 | 4 110 | 1 366 | 400 | 750 | 1 200 | 1 700 | 2 900 |
| | | | 18 ～ 44 岁 | 1 774 | 1 336 | 400 | 730 | 1 200 | 1 650 | 2 800 |
| | | | 45 ～ 59 岁 | 1516 | 1 431 | 400 | 800 | 1 200 | 1 800 | 3 100 |
| | | | 60 ～ 79 岁 | 759 | 1 378 | 350 | 750 | 1 200 | 1 700 | 2 800 |
| | | | 80 岁及以上 | 61 | 1 102 | 350 | 700 | 950 | 1 550 | 2 000 |
| 西北 | 城乡 | 小计 | 小计 | 11 269 | 2 260 | 600 | 1 200 | 1 800 | 2 800 | 5 300 |
| | | | 18 ～ 44 岁 | 4 706 | 2 339 | 600 | 1 200 | 1 900 | 2 800 | 5 600 |
| | | | 45 ～ 59 岁 | 3 928 | 2 248 | 600 | 1 200 | 1 800 | 2 700 | 5 200 |
| | | | 60 ～ 79 岁 | 2 497 | 2 063 | 600 | 1 000 | 1 700 | 2 500 | 4 800 |
| | | | 80 岁及以上 | 138 | 1 843 | 600 | 900 | 1 400 | 2 400 | 3 800 |
| | | 男 | 小计 | 5 079 | 2 566 | 700 | 1 400 | 2 100 | 3 100 | 6 000 |
| | | | 18 ～ 44 岁 | 2 069 | 2 652 | 700 | 1400 | 2 200 | 3 200 | 6 400 |
| | | | 45 ～ 59 岁 | 1 765 | 2 589 | 700 | 1 300 | 2 000 | 2 900 | 6 200 |
| | | | 60 ～ 79 岁 | 1 174 | 2 298 | 700 | 1 200 | 1 900 | 2 900 | 5 000 |
| | | | 80 岁及以上 | 71 | 1 976 | 650 | 1 050 | 1 900 | 2 600 | 3 800 |
| | | 女 | 小计 | 6 190 | 1 944 | 550 | 1 000 | 1 700 | 2 400 | 4 550 |
| | | | 18 ～ 44 岁 | 2 637 | 2 020 | 600 | 1 200 | 1 700 | 2 400 | 4 800 |
| | | | 45 ～ 59 岁 | 2 163 | 1 877 | 500 | 950 | 1 600 | 2 300 | 4 100 |
| | | | 60 ～ 79 岁 | 1 323 | 1 834 | 525 | 900 | 1 400 | 2 200 | 4 400 |
| | | | 80 岁及以上 | 67 | 1 726 | 570 | 900 | 1 400 | 1 950 | 5 700 |
| | 城市 | 小计 | 小计 | 5 053 | 2 093 | 650 | 1 200 | 1 800 | 2 400 | 4 600 |
| | | | 18 ～ 44 岁 | 2 032 | 2 104 | 650 | 1 200 | 1 800 | 2 500 | 4 600 |
| | | | 45 ～ 59 岁 | 1 798 | 2 137 | 650 | 1 200 | 1 800 | 2 500 | 4 600 |
| | | | 60 ～ 79 岁 | 1 164 | 1 992 | 650 | 1 100 | 1 650 | 2 400 | 4 400 |
| | | | 80 岁及以上 | 59 | 2 139 | 650 | 1 200 | 1 800 | 2 800 | 5 700 |
| | | 男 | 小计 | 2 219 | 2 294 | 700 | 1 300 | 1 900 | 2 800 | 4 800 |

| 地区 | 城乡 | 性别 | 年龄 | *n* | 冬季日均总饮水摄入量 /（ml/d） | | | | | |
|---|---|---|---|---|---|---|---|---|---|---|
| | | | | | Mean | P5 | P25 | P50 | P75 | P95 |
| 西北 | 城市 | 男 | 18 ～ 44 岁 | 891 | 2 275 | 700 | 1 400 | 1 900 | 2 800 | 4 900 |
| | | | 45 ～ 59 岁 | 775 | 2 420 | 700 | 1 300 | 1 900 | 2 800 | 4 900 |
| | | | 60 ～ 79 岁 | 520 | 2 153 | 700 | 1 200 | 1 800 | 2 600 | 4 200 |
| | | | 80 岁及以上 | 33 | 2 201 | 650 | 1 300 | 2 100 | 2 800 | 3 800 |
| | | 女 | 小计 | 2 834 | 1 894 | 600 | 1 040 | 1 600 | 2 300 | 4200 |
| | | | 18 ～ 44 岁 | 1 141 | 1 936 | 600 | 1 100 | 1 650 | 2 400 | 4 200 |
| | | | 45 ～ 59 岁 | 1 023 | 1 846 | 580 | 1 000 | 1 550 | 2 200 | 3 600 |
| | | | 60 ～ 79 岁 | 644 | 1 844 | 600 | 900 | 1 400 | 2 200 | 4 700 |
| | | | 80 岁及以上 | 26 | 2 075 | 700 | 1 050 | 1 400 | 2 300 | 5 700 |
| | 农村 | 小计 | 小计 | 6 216 | 2 389 | 600 | 1 200 | 1 850 | 2 800 | 6 000 |
| | | | 18 ～ 44 岁 | 2 674 | 2 507 | 600 | 1 200 | 2 000 | 3 000 | 6 400 |
| | | | 45 ～ 59 岁 | 2 130 | 2 340 | 600 | 1 200 | 1 800 | 2 800 | 5600 |
| | | | 60 ～ 79 岁 | 1 333 | 2 127 | 525 | 1 000 | 1 800 | 2 800 | 5 200 |
| | | | 80 岁及以上 | 79 | 1 618 | 570 | 900 | 1 350 | 2 200 | 3 200 |
| | | 男 | 小计 | 2 860 | 2 769 | 650 | 1 400 | 2 300 | 3 400 | 6 800 |
| | | | 18 ～ 44 岁 | 1 178 | 2 913 | 600 | 1 600 | 2 400 | 3 600 | 7 200 |
| | | | 45 ～ 59 岁 | 990 | 2 721 | 700 | 1 300 | 2 100 | 3 200 | 6 800 |
| | | | 60 ～ 79 岁 | 654 | 2 423 | 650 | 1 200 | 1 900 | 3 200 | 5 400 |
| | | | 80 岁及以上 | 38 | 1 776 | 700 | 900 | 1 700 | 2 400 | 3 400 |
| | | 女 | 小计 | 3 356 | 1 984 | 500 | 1 000 | 1 700 | 2 400 | 4 800 |
| | | | 18 ～ 44 岁 | 1 496 | 2 081 | 540 | 1 200 | 1 800 | 2 400 | 5 200 |
| | | | 45 ～ 59 岁 | 1 140 | 1 904 | 500 | 900 | 1 700 | 2 400 | 4 250 |
| | | | 60 ～ 79 岁 | 679 | 1 825 | 450 | 900 | 1 400 | 2 200 | 4 000 |
| | | | 80 岁及以上 | 41 | 1 496 | 570 | 900 | 1 200 | 1 800 | 2 900 |
| 东北 | 城乡 | 小计 | 小计 | 10 174 | 1 402 | 450 | 700 | 1 180 | 1 700 | 2 900 |
| | | | 18 ～ 44 岁 | 3 986 | 1 370 | 450 | 700 | 1 100 | 1 700 | 2 900 |
| | | | 45 ～ 59 岁 | 3 899 | 1 444 | 450 | 750 | 1 200 | 1 800 | 3 050 |
| | | | 60 ～ 79 岁 | 2 164 | 1 432 | 450 | 700 | 1 200 | 1 700 | 3 100 |
| | | | 80 岁及以上 | 125 | 1 369 | 325 | 700 | 1 050 | 1 800 | 3 950 |
| | | 男 | 小计 | 4 631 | 1 512 | 500 | 800 | 1 200 | 1 900 | 3 200 |
| | | | 18 ～ 44 岁 | 1 889 | 1 444 | 500 | 700 | 1 200 | 1 800 | 2 900 |
| | | | 45 ～ 59 岁 | 1 661 | 1 591 | 500 | 900 | 1 300 | 1 980 | 3 400 |
| | | | 60 ～ 79 岁 | 1 022 | 1 612 | 450 | 740 | 1 300 | 1 900 | 3 600 |
| | | | 80 岁及以上 | 59 | 1 563 | 400 | 825 | 1 200 | 2 200 | 3 600 |
| | | 女 | 小计 | 5 543 | 1 289 | 450 | 700 | 1 050 | 1 600 | 2 800 |
| | | | 18 ～ 44 岁 | 2 097 | 1 288 | 450 | 700 | 1 000 | 1 600 | 2 800 |
| | | | 45 ～ 59 岁 | 2 238 | 1 310 | 450 | 700 | 1 100 | 1 600 | 2 800 |
| | | | 60 ～ 79 岁 | 1 142 | 1 261 | 400 | 700 | 1 000 | 1 500 | 2 800 |
| | | | 80 岁及以上 | 66 | 1 203 | 325 | 700 | 900 | 1 300 | 4 125 |
| | 城市 | 小计 | 小计 | 4 355 | 1 417 | 500 | 700 | 1 200 | 1 800 | 3 100 |
| | | | 18 ～ 44 岁 | 1 659 | 1 378 | 500 | 700 | 1 150 | 1 800 | 2 900 |
| | | | 45 ～ 59 岁 | 1 731 | 1 489 | 500 | 800 | 1 200 | 1 800 | 3 400 |
| | | | 60 ～ 79 岁 | 910 | 1 387 | 450 | 740 | 1 200 | 1 700 | 2 800 |
| | | | 80 岁及以上 | 55 | 1 616 | 450 | 900 | 1 200 | 2 100 | 4 125 |
| | | 男 | 小计 | 1 911 | 1 488 | 500 | 800 | 1 200 | 1 900 | 3 200 |
| | | | 18 ～ 44 岁 | 767 | 1 413 | 500 | 700 | 1 200 | 1 800 | 2 850 |
| | | | 45 ～ 59 岁 | 730 | 1 593 | 500 | 900 | 1 325 | 2 000 | 3 400 |
| | | | 60 ～ 79 岁 | 395 | 1 528 | 500 | 900 | 1 300 | 1 800 | 3 200 |
| | | | 80 岁及以上 | 19 | 1 926 | 700 | 1 180 | 1 600 | 2 500 | 4 500 |
| | | 女 | 小计 | 2 444 | 1 346 | 450 | 700 | 1 100 | 1 700 | 2 800 |
| | | | 18 ～ 44 岁 | 892 | 1 341 | 450 | 700 | 1 100 | 1 700 | 2 900 |
| | | | 45 ～ 59 岁 | 1 001 | 1 389 | 450 | 700 | 1 200 | 1 700 | 2 900 |
| | | | 60 ～ 79 岁 | 515 | 1 266 | 400 | 700 | 1 050 | 1 500 | 2 800 |
| | | | 80 岁及以上 | 36 | 1 443 | 450 | 900 | 1 000 | 1 960 | 4 125 |
| | 农村 | 小计 | 小计 | 5 819 | 1 393 | 450 | 700 | 1 100 | 1 700 | 2 900 |
| | | | 18 ～ 44 岁 | 2 327 | 1 365 | 450 | 700 | 1 100 | 1 700 | 2 900 |
| | | | 45 ～ 59 岁 | 2 168 | 1 416 | 450 | 700 | 1 200 | 1 800 | 2 900 |

| 地区 | 城乡 | 性别 | 年龄 | n | 冬季日均总饮水摄入量 /（ml/d） | | | | | |
|---|---|---|---|---|---|---|---|---|---|---|
| | | | | | Mean | P5 | P25 | P50 | P75 | P95 |
| 东北 | 农村 | 小计 | 60 ～ 79 岁 | 1 254 | 1 455 | 400 | 700 | 1 150 | 1 800 | 3 300 |
| | | | 80 岁及以上 | 70 | 1 261 | 325 | 700 | 900 | 1 700 | 3 600 |
| | | 男 | 小计 | 2 720 | 1 525 | 500 | 800 | 1 200 | 1 900 | 3 360 |
| | | | 18 ～ 44 岁 | 1 122 | 1 461 | 500 | 800 | 1 200 | 1 800 | 2 900 |
| | | | 45 ～ 59 岁 | 931 | 1 590 | 500 | 900 | 1 300 | 1 900 | 3 400 |
| | | | 60 ～ 79 岁 | 627 | 1 653 | 450 | 700 | 1 200 | 1 900 | 4 000 |
| | | | 80 岁及以上 | 40 | 1 451 | 300 | 700 | 900 | 1 900 | 3 600 |
| | | 女 | 小计 | 3 099 | 1 258 | 400 | 700 | 1 000 | 1 450 | 2 800 |
| | | | 18 ～ 44 岁 | 1 205 | 1 259 | 400 | 700 | 1 000 | 1 400 | 2 800 |
| | | | 45 ～ 59 岁 | 1 237 | 1 266 | 400 | 700 | 1 050 | 1 500 | 2 800 |
| | | | 60 ～ 79 岁 | 627 | 1 257 | 400 | 700 | 1 000 | 1 550 | 2 800 |
| | | | 80 岁及以上 | 30 | 1 069 | 325 | 700 | 900 | 1 300 | 2 100 |
| 西南 | 城乡 | 小计 | 小计 | 13 395 | 1 606 | 350 | 700 | 1 200 | 1 900 | 4 100 |
| | | | 18 ～ 44 岁 | 6 419 | 1 668 | 350 | 800 | 1 200 | 1 900 | 4 400 |
| | | | 45 ～ 59 岁 | 4 254 | 1 650 | 350 | 700 | 1 200 | 1 900 | 4 000 |
| | | | 60 ～ 79 岁 | 2 550 | 1 371 | 300 | 700 | 1 000 | 1 700 | 3 600 |
| | | | 80 岁及以上 | 172 | 1 280 | 280 | 650 | 900 | 1 400 | 3 800 |
| | | 男 | 小计 | 6 117 | 1 697 | 350 | 900 | 1 300 | 2 000 | 4 300 |
| | | | 18 ～ 44 岁 | 2 979 | 1 736 | 350 | 900 | 1 400 | 2 100 | 4 400 |
| | | | 45 ～ 59 岁 | 1 871 | 1 755 | 350 | 900 | 1 350 | 2 100 | 4 400 |
| | | | 60 ～ 79 岁 | 1 178 | 1 491 | 300 | 700 | 1 200 | 1 800 | 3 700 |
| | | | 80 岁及以上 | 89 | 1 555 | 280 | 700 | 1 100 | 1 900 | 5 100 |
| | | 女 | 小计 | 7 278 | 1 513 | 325 | 700 | 1 100 | 1 800 | 4 000 |
| | | | 18 ～ 44 岁 | 3 440 | 1 597 | 350 | 700 | 1 200 | 1 800 | 4 400 |
| | | | 45 ～ 59 岁 | 2 383 | 1 543 | 325 | 700 | 1 100 | 1 800 | 3 600 |
| | | | 60 ～ 79 岁 | 1 372 | 1 259 | 300 | 650 | 900 | 1 400 | 3 170 |
| | | | 80 岁及以上 | 83 | 961 | 350 | 550 | 700 | 1 100 | 2 200 |
| | 城市 | 小计 | 小计 | 4 773 | 1 582 | 350 | 700 | 1 200 | 1 900 | 3 800 |
| | | | 18 ～ 44 岁 | 2 246 | 1 599 | 350 | 700 | 1 200 | 1 900 | 3 800 |
| | | | 45 ～ 59 岁 | 1 547 | 1 607 | 350 | 700 | 1 200 | 1 900 | 3 700 |
| | | | 60 ～ 79 岁 | 904 | 1 483 | 325 | 700 | 1 100 | 1 900 | 3 900 |
| | | | 80 岁及以上 | 76 | 1 556 | 350 | 700 | 1 100 | 1 900 | 5 100 |
| | | 男 | 小计 | 2 132 | 1 646 | 400 | 750 | 1 300 | 2 000 | 3 800 |
| | | | 18 ～ 44 岁 | 1 023 | 1 627 | 350 | 700 | 1 300 | 2 000 | 3 600 |
| | | | 45 ～ 59 岁 | 664 | 1 698 | 450 | 900 | 1 300 | 2 080 | 3 800 |
| | | | 60 ～ 79 岁 | 407 | 1 584 | 350 | 700 | 1 300 | 2 000 | 4 000 |
| | | | 80 岁及以上 | 38 | 2 023 | 450 | 900 | 1 550 | 2 400 | 6 100 |
| | | 女 | 小计 | 2 641 | 1 514 | 350 | 700 | 1 100 | 1 800 | 4 000 |
| | | | 18 ～ 44 岁 | 1 223 | 1 569 | 350 | 700 | 1 200 | 1 800 | 4 200 |
| | | | 45 ～ 59 岁 | 883 | 1 513 | 330 | 700 | 1 000 | 1 700 | 3 600 |
| | | | 60 ～ 79 岁 | 497 | 1 382 | 325 | 650 | 950 | 1 600 | 3 600 |
| | | | 80 岁及以上 | 38 | 1 049 | 350 | 525 | 700 | 1 300 | 2 200 |
| | 农村 | 小计 | 小计 | 8 622 | 1 622 | 325 | 700 | 1 200 | 1 900 | 4 300 |
| | | | 18 ～ 44 岁 | 4 173 | 1 713 | 350 | 900 | 1 300 | 2 000 | 4 600 |
| | | | 45 ～ 59 岁 | 2 707 | 1 679 | 325 | 700 | 1 200 | 1 900 | 4 400 |
| | | | 60 ～ 79 岁 | 1 646 | 1 307 | 250 | 700 | 925 | 1 600 | 3 600 |
| | | | 80 岁及以上 | 96 | 1 043 | 280 | 650 | 800 | 1 100 | 2 700 |
| | | 男 | 小计 | 3 985 | 1 731 | 330 | 900 | 1 300 | 2 000 | 4 500 |
| | | | 18 ～ 44 岁 | 1 956 | 1 807 | 400 | 920 | 1 400 | 2 100 | 4 600 |
| | | | 45 ～ 59 岁 | 1 207 | 1 795 | 325 | 900 | 1 350 | 2 100 | 4 600 |
| | | | 60 ～ 79 岁 | 771 | 1 435 | 300 | 700 | 1 150 | 1 725 | 3 600 |
| | | | 80 岁及以上 | 51 | 1 175 | 280 | 550 | 900 | 1 700 | 2 800 |
| | | 女 | 小计 | 4 637 | 1 512 | 325 | 700 | 1 150 | 1 800 | 4 000 |
| | | | 18 ～ 44 岁 | 2 217 | 1 614 | 325 | 700 | 1 200 | 1 850 | 4 400 |
| | | | 45 ～ 59 岁 | 1 500 | 1 564 | 325 | 700 | 1 150 | 1 800 | 3 600 |
| | | | 60 ～ 79 岁 | 875 | 1 191 | 250 | 650 | 900 | 1 400 | 2 800 |
| | | | 80 岁及以上 | 45 | 881 | 350 | 650 | 700 | 900 | 1 300 |

## 附表 3-9　中国人群分省（直辖市、自治区）、城乡、性别的全年日均总饮水摄入量

| 地区 | 城乡 | 性别 | n | 全年日均总饮水摄入量 / （ml/d） | | | | | |
|---|---|---|---|---|---|---|---|---|---|
| | | | | Mean | P5 | P25 | P50 | P75 | P95 |
| 合计 | 城乡 | 小计 | 91 047 | 2 300 | 638 | 1 203 | 1 850 | 2 785 | 5 200 |
| | | 男 | 41 268 | 2 475 | 700 | 1 325 | 2 000 | 2 938 | 5 450 |
| | | 女 | 49 779 | 2 124 | 600 | 1 125 | 1 713 | 2 550 | 4 800 |
| | 城市 | 小计 | 41 799 | 2 355 | 675 | 1 250 | 1 900 | 2 800 | 5 325 |
| | | 男 | 18 442 | 2 489 | 700 | 1 325 | 2 000 | 2 906 | 5 475 |
| | | 女 | 23 357 | 2 222 | 625 | 1 150 | 1 775 | 2 638 | 5 150 |
| | 农村 | 小计 | 49 248 | 2 258 | 625 | 1 200 | 1 825 | 2 763 | 5 100 |
| | | 男 | 22 826 | 2 464 | 663 | 1 325 | 2 000 | 2 950 | 5 450 |
| | | 女 | 26 422 | 2 047 | 563 | 1 100 | 1 675 | 2 500 | 4 500 |
| 北京 | 城乡 | 小计 | 1 114 | 3 114 | 875 | 1 600 | 2 325 | 3 450 | 6 125 |
| | | 男 | 458 | 3 617 | 950 | 1 775 | 2 500 | 3 650 | 6 400 |
| | | 女 | 656 | 2 664 | 850 | 1 468 | 2 150 | 3 175 | 5 400 |
| | 城市 | 小计 | 840 | 3 080 | 850 | 1 575 | 2 375 | 3 600 | 6 350 |
| | | 男 | 354 | 3 495 | 931 | 1 763 | 2 525 | 3 750 | 6 400 |
| | | 女 | 486 | 2 695 | 800 | 1 450 | 2 200 | 3 350 | 5 463 |
| | 农村 | 小计 | 274 | 3 201 | 963 | 1 700 | 2 200 | 3 050 | 5 400 |
| | | 男 | 104 | 3 963 | 963 | 1 800 | 2 450 | 3 350 | 5 500 |
| | | 女 | 170 | 2 592 | 950 | 1 600 | 2 025 | 2 850 | 5 400 |
| 天津 | 城乡 | 小计 | 1 154 | 2 749 | 513 | 1 050 | 2 125 | 3 775 | 6 800 |
| | | 男 | 470 | 2 691 | 550 | 1 138 | 2 200 | 3 675 | 5 625 |
| | | 女 | 684 | 2 809 | 470 | 1 025 | 2 050 | 3 825 | 7 850 |
| | 城市 | 小计 | 865 | 2 868 | 700 | 1 150 | 2 200 | 3 500 | 7 800 |
| | | 男 | 336 | 2 721 | 775 | 1 138 | 2 113 | 3 400 | 6 200 |
| | | 女 | 529 | 3 017 | 688 | 1 225 | 2 300 | 3 740 | 8 525 |
| | 农村 | 小计 | 289 | 2 551 | 450 | 800 | 1 950 | 4 025 | 5 175 |
| | | 男 | 134 | 2 644 | 450 | 950 | 2 200 | 4 050 | 5 175 |
| | | 女 | 155 | 2 447 | 450 | 700 | 1 500 | 3 850 | 5 600 |
| 河北 | 城乡 | 小计 | 4 408 | 3 055 | 900 | 1 700 | 2 400 | 3 500 | 7 025 |
| | | 男 | 1 935 | 3 229 | 900 | 1 800 | 2 500 | 3 700 | 7 700 |
| | | 女 | 2 473 | 2 886 | 913 | 1 600 | 2 260 | 3 350 | 6 450 |
| | 城市 | 小计 | 1 830 | 3 112 | 825 | 1 650 | 2 413 | 3 700 | 6 775 |
| | | 男 | 829 | 3 234 | 775 | 1 750 | 2 525 | 3 825 | 7 025 |
| | | 女 | 1 001 | 2 981 | 900 | 1 575 | 2 275 | 3 400 | 6 400 |
| | 农村 | 小计 | 2 578 | 3 005 | 1 025 | 1 725 | 2 363 | 3 380 | 7 025 |
| | | 男 | 1 106 | 3 225 | 1 025 | 1 800 | 2 435 | 3 465 | 7 950 |
| | | 女 | 1 472 | 2 809 | 1 025 | 1 650 | 2 250 | 3 300 | 6 525 |
| 山西 | 城乡 | 小计 | 3 439 | 2 877 | 963 | 1 775 | 2 338 | 3 313 | 6 270 |
| | | 男 | 1 563 | 3 202 | 1 125 | 1 925 | 2 538 | 3 700 | 7 050 |
| | | 女 | 1 876 | 2 564 | 900 | 1 600 | 2 125 | 2 950 | 5 175 |
| | 城市 | 小计 | 1 046 | 2 748 | 900 | 1 800 | 2 400 | 3 325 | 5 400 |
| | | 男 | 479 | 3 065 | 900 | 2 025 | 2 750 | 3 700 | 6 250 |
| | | 女 | 567 | 2 443 | 900 | 1 613 | 2 125 | 2 925 | 4 925 |
| | 农村 | 小计 | 2 393 | 2 931 | 1 075 | 1 725 | 2 300 | 3 300 | 6 525 |
| | | 男 | 1 084 | 3 260 | 1 200 | 1 850 | 2 450 | 3 650 | 7 550 |
| | | 女 | 1 309 | 2 616 | 925 | 1 600 | 2 125 | 3 025 | 5 225 |
| 内蒙古 | 城乡 | 小计 | 3 045 | 2 457 | 900 | 1 425 | 1 925 | 2 650 | 5 750 |
| | | 男 | 1 470 | 2 615 | 963 | 1 625 | 2 125 | 2 900 | 5 800 |
| | | 女 | 1 575 | 2 276 | 825 | 1 350 | 1 763 | 2 325 | 5 550 |
| | 城市 | 小计 | 1 194 | 2 293 | 900 | 1 375 | 1 900 | 2 700 | 5 175 |
| | | 男 | 554 | 2 530 | 938 | 1 500 | 2 063 | 3 050 | 5 513 |
| | | 女 | 640 | 2 035 | 813 | 1 200 | 1 750 | 2 325 | 4 325 |
| | 农村 | 小计 | 1 851 | 2 571 | 900 | 1 500 | 1 938 | 2 650 | 6 350 |
| | | 男 | 916 | 2 672 | 1 050 | 1 700 | 2 150 | 2 800 | 5 865 |
| | | 女 | 935 | 2 452 | 825 | 1 400 | 1 775 | 2 375 | 7 650 |
| 辽宁 | 城乡 | 小计 | 3 376 | 1 666 | 531 | 900 | 1 325 | 2 100 | 3 400 |
| | | 男 | 1 448 | 1 828 | 613 | 975 | 1 400 | 2 350 | 3 800 |

| 地区 | 城乡 | 性别 | *n* | 全年日均总饮水摄入量 /（ml/d） | | | | | |
|---|---|---|---|---|---|---|---|---|---|
| | | | | Mean | P5 | P25 | P50 | P75 | P95 |
| 辽宁 | 城乡 | 女 | 1 928 | 1 502 | 500 | 875 | 1 200 | 1 825 | 2 900 |
| | 城市 | 小计 | 1 195 | 1 702 | 575 | 900 | 1 400 | 2 075 | 3 800 |
| | | 男 | 526 | 1 802 | 650 | 1 025 | 1 625 | 2 400 | 3 900 |
| | | 女 | 669 | 1 592 | 513 | 825 | 1 263 | 1 800 | 3 525 |
| | 农村 | 小计 | 2 181 | 1 653 | 519 | 900 | 1 300 | 2 125 | 3 200 |
| | | 男 | 922 | 1 838 | 600 | 975 | 1 400 | 2 338 | 3 750 |
| | | 女 | 1 259 | 1 471 | 500 | 875 | 1 200 | 1 850 | 2 900 |
| 吉林 | 城乡 | 小计 | 2 737 | 1 356 | 513 | 850 | 1 075 | 1 575 | 2 825 |
| | | 男 | 1 302 | 1 422 | 563 | 875 | 1 125 | 1 650 | 2 900 |
| | | 女 | 1 435 | 1 284 | 500 | 825 | 1 025 | 1 500 | 2 800 |
| | 城市 | 小计 | 1 571 | 1 470 | 500 | 825 | 1 125 | 1 700 | 3 200 |
| | | 男 | 704 | 1 529 | 550 | 875 | 1 125 | 1 725 | 3 200 |
| | | 女 | 867 | 1 407 | 500 | 825 | 1 081 | 1 625 | 3 225 |
| | 农村 | 小计 | 1 166 | 1 249 | 563 | 875 | 1 050 | 1 475 | 2 600 |
| | | 男 | 598 | 1 324 | 588 | 875 | 1 125 | 1 575 | 2 700 |
| | | 女 | 568 | 1 165 | 563 | 825 | 1 025 | 1 375 | 2 275 |
| 黑龙江 | 城乡 | 小计 | 4 061 | 1 546 | 500 | 900 | 1 388 | 2 025 | 3 010 |
| | | 男 | 1 881 | 1 670 | 500 | 1 000 | 1 500 | 2 200 | 3 250 |
| | | 女 | 2 180 | 1 426 | 450 | 825 | 1 275 | 1 850 | 2 800 |
| | 城市 | 小计 | 1 589 | 1 546 | 500 | 900 | 1 415 | 2 075 | 2 900 |
| | | 男 | 681 | 1 645 | 500 | 975 | 1 575 | 2 200 | 3 125 |
| | | 女 | 908 | 1 460 | 500 | 845 | 1 325 | 1 950 | 2 825 |
| | 农村 | 小计 | 2 472 | 1 546 | 450 | 900 | 1 350 | 1 950 | 3 100 |
| | | 男 | 1 200 | 1 685 | 538 | 1 000 | 1 450 | 2 150 | 3 300 |
| | | 女 | 1 272 | 1 405 | 431 | 800 | 1 260 | 1 775 | 2 750 |
| 上海 | 城乡 | 小计 | 1 161 | 2 465 | 713 | 1 350 | 2 025 | 2 875 | 5 375 |
| | | 男 | 540 | 2 745 | 813 | 1 450 | 2 150 | 3 075 | 8 400 |
| | | 女 | 621 | 2 168 | 700 | 1 225 | 1 863 | 2 575 | 4 450 |
| | 城市 | 小计 | 1 161 | 2 465 | 713 | 1 350 | 2 025 | 2 875 | 5 375 |
| | | 男 | 540 | 2 745 | 813 | 1 450 | 2 150 | 3 075 | 8 400 |
| | | 女 | 621 | 2 168 | 700 | 1 225 | 1 863 | 2 575 | 4 450 |
| 江苏 | 城乡 | 小计 | 3 472 | 2 334 | 706 | 1 325 | 1 900 | 2 750 | 5 320 |
| | | 男 | 1 586 | 2 583 | 850 | 1 488 | 2 100 | 3 025 | 5 925 |
| | | 女 | 1 886 | 2 087 | 650 | 1 200 | 1 713 | 2 425 | 4 400 |
| | 城市 | 小计 | 2 313 | 2 298 | 755 | 1 375 | 1 925 | 2 700 | 4 800 |
| | | 男 | 1 068 | 2 591 | 888 | 1 525 | 2 175 | 3 040 | 5 600 |
| | | 女 | 1 245 | 1 994 | 700 | 1 213 | 1 713 | 2 400 | 4 000 |
| | 农村 | 小计 | 1 159 | 2 412 | 650 | 1 225 | 1 850 | 2 825 | 6 450 |
| | | 男 | 518 | 2 566 | 775 | 1 350 | 2 003 | 3 000 | 6 450 |
| | | 女 | 641 | 2 273 | 525 | 1 138 | 1 700 | 2 625 | 6 450 |
| 浙江 | 城乡 | 小计 | 3 424 | 1 948 | 550 | 1 000 | 1 588 | 2 375 | 4 125 |
| | | 男 | 1 598 | 2 231 | 625 | 1 175 | 1 825 | 2 688 | 4 650 |
| | | 女 | 1 826 | 1 648 | 475 | 900 | 1 350 | 2 038 | 3 488 |
| | 城市 | 小计 | 1 184 | 1 923 | 600 | 1 075 | 1 750 | 2 450 | 3 850 |
| | | 男 | 536 | 2 063 | 675 | 1 213 | 1 875 | 2 650 | 4 000 |
| | | 女 | 648 | 1 778 | 475 | 1 013 | 1 620 | 2 263 | 3 600 |
| | 农村 | 小计 | 2 240 | 1 960 | 525 | 950 | 1 525 | 2 325 | 4 350 |
| | | 男 | 1 062 | 2 309 | 613 | 1 150 | 1 775 | 2 700 | 5 375 |
| | | 女 | 1 178 | 1 583 | 481 | 875 | 1 250 | 1 925 | 3 400 |
| 安徽 | 城乡 | 小计 | 3 496 | 3 001 | 800 | 1 725 | 2 650 | 3 700 | 6 400 |
| | | 男 | 1 545 | 3 278 | 950 | 1 950 | 2 900 | 4 100 | 7 050 |
| | | 女 | 1 951 | 2 729 | 725 | 1 500 | 2 350 | 3 400 | 5 613 |
| | 城市 | 小计 | 1 893 | 3 163 | 700 | 1 700 | 2 500 | 3 800 | 8 150 |
| | | 男 | 791 | 3 343 | 713 | 1 825 | 2 650 | 4 100 | 9 050 |
| | | 女 | 1 102 | 2 996 | 700 | 1 525 | 2 350 | 3 600 | 7 700 |
| | 农村 | 小计 | 1 603 | 2 902 | 900 | 1 738 | 2 675 | 3 650 | 5 650 |
| | | 男 | 754 | 3 239 | 1 050 | 2 038 | 2 925 | 4 100 | 6 450 |
| | | 女 | 849 | 2 559 | 813 | 1 481 | 2 375 | 3 325 | 4 900 |

| 地区 | 城乡 | 性别 | *n* | 全年日均总饮水摄入量 /（ml/d） | | | | | |
|---|---|---|---|---|---|---|---|---|---|
| | | | | Mean | P5 | P25 | P50 | P75 | P95 |
| 福建 | 城乡 | 小计 | 2 897 | 2 439 | 563 | 1 125 | 1 963 | 3 250 | 5 663 |
| | | 男 | 1 291 | 2 575 | 600 | 1 175 | 2 125 | 3 450 | 6 100 |
| | | 女 | 1 606 | 2 310 | 563 | 1 088 | 1 843 | 3 088 | 5 425 |
| | 城市 | 小计 | 1 494 | 2 773 | 650 | 1 300 | 2 325 | 3 700 | 6 800 |
| | | 男 | 636 | 2 937 | 638 | 1 369 | 2 595 | 3 900 | 6 800 |
| | | 女 | 858 | 2 627 | 663 | 1 275 | 2 200 | 3 525 | 6 800 |
| | 农村 | 小计 | 1 403 | 2 106 | 563 | 1 013 | 1 700 | 2 660 | 4 900 |
| | | 男 | 655 | 2 237 | 575 | 1 075 | 1 800 | 2 750 | 4 975 |
| | | 女 | 748 | 1 975 | 513 | 950 | 1 588 | 2 550 | 4 815 |
| 江西 | 城乡 | 小计 | 2 917 | 2 092 | 625 | 1 038 | 1 431 | 2 125 | 5 100 |
| | | 男 | 1 376 | 2 443 | 700 | 1 125 | 1 563 | 2 280 | 6 325 |
| | | 女 | 1 541 | 1 726 | 600 | 988 | 1 350 | 1 970 | 4 050 |
| | 城市 | 小计 | 1 720 | 2 176 | 675 | 1 075 | 1 525 | 2 275 | 6 150 |
| | | 男 | 795 | 2 520 | 725 | 1 175 | 1 625 | 2 400 | 7 275 |
| | | 女 | 925 | 1 824 | 625 | 1 025 | 1 413 | 2 105 | 4 575 |
| | 农村 | 小计 | 1 197 | 2 002 | 588 | 1 000 | 1 375 | 2 000 | 4 163 |
| | | 男 | 581 | 2 362 | 663 | 1 075 | 1 500 | 2 175 | 4 650 |
| | | 女 | 616 | 1 619 | 538 | 900 | 1 250 | 1 750 | 3 300 |
| 山东 | 城乡 | 小计 | 5 589 | 2 629 | 900 | 1 625 | 2 275 | 3 025 | 4 950 |
| | | 男 | 2 493 | 2 764 | 1 025 | 1 763 | 2 400 | 3 125 | 5 100 |
| | | 女 | 3 096 | 2 498 | 825 | 1 525 | 2 150 | 2 900 | 4 800 |
| | 城市 | 小计 | 2 708 | 2 711 | 900 | 1 525 | 2 200 | 2 950 | 5 450 |
| | | 男 | 1 126 | 2 791 | 1 000 | 1 650 | 2 300 | 3 000 | 5 275 |
| | | 女 | 1 582 | 2 637 | 813 | 1 525 | 2 113 | 2 900 | 5 570 |
| | 农村 | 小计 | 2 881 | 2 537 | 900 | 1 698 | 2 325 | 3 050 | 4 650 |
| | | 男 | 1 367 | 2 735 | 1 088 | 1 825 | 2 450 | 3 275 | 5 025 |
| | | 女 | 1 514 | 2 331 | 850 | 1 525 | 2 175 | 2 888 | 4 150 |
| 河南 | 城乡 | 小计 | 4 928 | 2 796 | 1 000 | 1 800 | 2 538 | 3 400 | 5 400 |
| | | 男 | 2 102 | 3 048 | 1 125 | 1 944 | 2 800 | 3 600 | 5 900 |
| | | 女 | 2 826 | 2 564 | 900 | 1 650 | 2 238 | 3 050 | 4 675 |
| | 城市 | 小计 | 2 038 | 2 726 | 900 | 1 600 | 2 253 | 3 150 | 5 600 |
| | | 男 | 845 | 2 843 | 900 | 1 800 | 2 575 | 3 450 | 5 910 |
| | | 女 | 1 193 | 2 624 | 825 | 1 525 | 2 100 | 2 950 | 5 300 |
| | 农村 | 小计 | 2 890 | 2 824 | 1 100 | 1 863 | 2 613 | 3 500 | 5 350 |
| | | 男 | 1 257 | 3 127 | 1 250 | 2 100 | 2 850 | 3 630 | 5 900 |
| | | 女 | 1 633 | 2 539 | 1 000 | 1 700 | 2 325 | 3 125 | 4 600 |
| 湖北 | 城乡 | 小计 | 3 412 | 1 795 | 700 | 1 150 | 1 625 | 2 125 | 3 500 |
| | | 男 | 1 606 | 1 866 | 700 | 1 200 | 1 650 | 2 250 | 3 650 |
| | | 女 | 1 806 | 1 718 | 675 | 1 119 | 1 525 | 2 000 | 3 400 |
| | 城市 | 小计 | 2 385 | 1 918 | 700 | 1 250 | 1 650 | 2 250 | 3 760 |
| | | 男 | 1 129 | 1 999 | 763 | 1 375 | 1 750 | 2 450 | 4 050 |
| | | 女 | 1 256 | 1 825 | 700 | 1 150 | 1 625 | 2 075 | 3 450 |
| | 农村 | 小计 | 1 027 | 1 579 | 675 | 1 025 | 1 450 | 1 925 | 3 100 |
| | | 男 | 477 | 1 617 | 700 | 1 025 | 1 525 | 2 000 | 3 100 |
| | | 女 | 550 | 1 541 | 675 | 1 025 | 1 413 | 1 875 | 3 125 |
| 湖南 | 城乡 | 小计 | 4 058 | 1 788 | 613 | 1 025 | 1 398 | 2 075 | 3 975 |
| | | 男 | 1 848 | 1 963 | 625 | 1 125 | 1 525 | 2 250 | 4 650 |
| | | 女 | 2 210 | 1 591 | 563 | 950 | 1 325 | 1 850 | 3 350 |
| | 城市 | 小计 | 1 534 | 2 098 | 700 | 1 100 | 1 500 | 2 400 | 5 325 |
| | | 男 | 622 | 2 248 | 725 | 1 200 | 1 625 | 2 450 | 5 450 |
| | | 女 | 912 | 1 955 | 700 | 1 013 | 1 401 | 2 300 | 5 225 |
| | 农村 | 小计 | 2 524 | 1 665 | 563 | 1 013 | 1 363 | 1 963 | 3 475 |
| | | 男 | 1 226 | 1 861 | 613 | 1 100 | 1 475 | 2 150 | 3 925 |
| | | 女 | 1 298 | 1 430 | 506 | 913 | 1 250 | 1 700 | 3 013 |
| 广东 | 城乡 | 小计 | 3 249 | 1 957 | 788 | 1 263 | 1 700 | 2 175 | 3 650 |
| | | 男 | 1 460 | 1 986 | 813 | 1 275 | 1 725 | 2 175 | 3 700 |
| | | 女 | 1 789 | 1 930 | 750 | 1 250 | 1 650 | 2 175 | 3 650 |
| | 城市 | 小计 | 1 750 | 2 174 | 775 | 1 225 | 1 725 | 2 400 | 4 525 |

| 地区 | 城乡 | 性别 | *n* | 全年日均总饮水摄入量 / （ml/d） | | | | | |
|---|---|---|---|---|---|---|---|---|---|
| | | | | Mean | P5 | P25 | P50 | P75 | P95 |
| 广东 | 城市 | 男 | 777 | 2 191 | 794 | 1 238 | 1 725 | 2 400 | 4 525 |
| | | 女 | 973 | 2 158 | 750 | 1 213 | 1 725 | 2 400 | 4 550 |
| | 农村 | 小计 | 1 499 | 1 721 | 805 | 1 300 | 1 650 | 2 025 | 2 775 |
| | | 男 | 683 | 1 768 | 840 | 1 325 | 1 713 | 2 050 | 2 888 |
| | | 女 | 816 | 1 677 | 775 | 1 281 | 1 569 | 2 013 | 2 700 |
| 广西 | 城乡 | 小计 | 3 363 | 2 785 | 625 | 1 615 | 2 450 | 3 400 | 5 600 |
| | | 男 | 1 585 | 3 011 | 638 | 1 725 | 2 575 | 3 700 | 6 400 |
| | | 女 | 1 778 | 2 544 | 600 | 1 525 | 2 300 | 3 150 | 4 850 |
| | 城市 | 小计 | 1 335 | 3 061 | 950 | 1 725 | 2 606 | 3 700 | 5 650 |
| | | 男 | 608 | 3 205 | 988 | 1 850 | 2 675 | 3 950 | 5 800 |
| | | 女 | 727 | 2 912 | 900 | 1 600 | 2 575 | 3 450 | 5 250 |
| | 农村 | 小计 | 2 028 | 2 681 | 525 | 1 575 | 2 325 | 3 338 | 5 550 |
| | | 男 | 977 | 2 939 | 525 | 1 650 | 2 550 | 3 650 | 6 650 |
| | | 女 | 1 051 | 2 403 | 513 | 1 473 | 2 200 | 3 013 | 4 700 |
| 海南 | 城乡 | 小计 | 1 083 | 1 594 | 625 | 1 025 | 1 400 | 1 875 | 3 025 |
| | | 男 | 515 | 1 721 | 700 | 1 113 | 1 525 | 2 050 | 3 350 |
| | | 女 | 568 | 1 458 | 531 | 900 | 1 300 | 1 763 | 2 900 |
| | 城市 | 小计 | 328 | 1 520 | 600 | 963 | 1 375 | 1 825 | 2 925 |
| | | 男 | 155 | 1 622 | 625 | 1 025 | 1 525 | 1 950 | 3 350 |
| | | 女 | 173 | 1 413 | 525 | 913 | 1 325 | 1 700 | 2 825 |
| | 农村 | 小计 | 755 | 1 625 | 650 | 1 025 | 1 425 | 1 913 | 3 025 |
| | | 男 | 360 | 1 760 | 775 | 1 125 | 1 525 | 2 075 | 3 325 |
| | | 女 | 395 | 1 477 | 531 | 900 | 1 275 | 1 800 | 2 925 |
| 重庆 | 城乡 | 小计 | 966 | 1 542 | 438 | 788 | 1 050 | 2 125 | 3 650 |
| | | 男 | 412 | 1 500 | 450 | 850 | 1 050 | 2 000 | 3 600 |
| | | 女 | 554 | 1 581 | 438 | 738 | 1 050 | 2 250 | 4 150 |
| | 城市 | 小计 | 476 | 1 598 | 538 | 875 | 1 150 | 1913 | 3 713 |
| | | 男 | 224 | 1 497 | 563 | 875 | 1 050 | 1 863 | 3 350 |
| | | 女 | 252 | 1 713 | 438 | 850 | 1 238 | 2 025 | 4 610 |
| | 农村 | 小计 | 490 | 1 484 | 226 | 606 | 900 | 2 250 | 3 600 |
| | | 男 | 188 | 1 504 | 128 | 581 | 1 000 | 2 250 | 3 600 |
| | | 女 | 302 | 1 469 | 281 | 631 | 875 | 2 250 | 3 600 |
| 四川 | 城乡 | 小计 | 4 578 | 2 236 | 600 | 1 125 | 1 625 | 2 575 | 6 400 |
| | | 男 | 2 095 | 2 305 | 725 | 1 250 | 1 750 | 2 700 | 6 400 |
| | | 女 | 2 483 | 2 168 | 513 | 1 006 | 1 500 | 2 400 | 6 500 |
| | 城市 | 小计 | 1 938 | 2 091 | 490 | 1 123 | 1 650 | 2 475 | 5 350 |
| | | 男 | 865 | 2 234 | 513 | 1 325 | 1 850 | 2 650 | 5 250 |
| | | 女 | 1 073 | 1 950 | 450 | 955 | 1 463 | 2 225 | 5 400 |
| | 农村 | 小计 | 2 640 | 2 319 | 700 | 1 125 | 1 600 | 2 625 | 7 350 |
| | | 男 | 1 230 | 2 346 | 825 | 1 200 | 1 650 | 2 750 | 7 125 |
| | | 女 | 1 410 | 2 292 | 613 | 1 050 | 1 525 | 2 550 | 7 725 |
| 贵州 | 城乡 | 小计 | 2 855 | 1 461 | 350 | 825 | 1 275 | 1 850 | 3 000 |
| | | 男 | 1 334 | 1 573 | 350 | 900 | 1 400 | 2 000 | 3 125 |
| | | 女 | 1 521 | 1 333 | 350 | 750 | 1 150 | 1 675 | 2 800 |
| | 城市 | 小计 | 1 062 | 1 478 | 350 | 800 | 1 250 | 1 900 | 3 150 |
| | | 男 | 498 | 1 582 | 350 | 850 | 1 375 | 2 025 | 3 200 |
| | | 女 | 564 | 1 358 | 350 | 713 | 1 100 | 1 713 | 3 000 |
| | 农村 | 小计 | 1 793 | 1 444 | 350 | 875 | 1 313 | 1 825 | 2 900 |
| | | 男 | 836 | 1 565 | 430 | 963 | 1 450 | 1 950 | 3 025 |
| | | 女 | 957 | 1 309 | 350 | 775 | 1 175 | 1 613 | 2 700 |
| 云南 | 城乡 | 小计 | 3 468 | 2 014 | 550 | 1 125 | 1 650 | 2 400 | 4 900 |
| | | 男 | 1 658 | 2 230 | 625 | 1 325 | 1 825 | 2 650 | 5 075 |
| | | 女 | 1 810 | 1 775 | 513 | 975 | 1 400 | 2 075 | 4 300 |
| | 城市 | 小计 | 912 | 2 091 | 513 | 1 100 | 1 650 | 2 425 | 5 100 |
| | | 男 | 419 | 2 253 | 630 | 1 300 | 1 800 | 2 700 | 5 113 |
| | | 女 | 493 | 1 935 | 450 | 950 | 1 525 | 2 200 | 5 100 |
| | 农村 | 小计 | 2 556 | 1 981 | 575 | 1 138 | 1 613 | 2 375 | 4 600 |
| | | 男 | 1 239 | 2 221 | 600 | 1 325 | 1 825 | 2 625 | 4 950 |

| 地区 | 城乡 | 性别 | n | 全年日均总饮水摄入量 /（ml/d） | | | | | |
|---|---|---|---|---|---|---|---|---|---|
| | | | | Mean | P5 | P25 | P50 | P75 | P95 |
| 云南 | 农村 | 女 | 1 317 | 1 700 | 550 | 1 000 | 1 400 | 2 025 | 3 800 |
| 西藏 | 城乡 | 小计 | 1 528 | 5 542 | 0 | 1 700 | 3 525 | 7 400 | 16 950 |
| | | 男 | 618 | 5 999 | 290 | 2 000 | 3 688 | 7 925 | 17 400 |
| | | 女 | 910 | 5 146 | 0 | 1 400 | 3 250 | 6 900 | 16 600 |
| | 城市 | 小计 | 385 | 8 314 | 1 025 | 3 175 | 5 750 | 12 700 | 23 700 |
| | | 男 | 126 | 9 982 | 1 800 | 3 500 | 7 675 | 13 300 | 28 600 |
| | | 女 | 259 | 7 246 | 888 | 2 800 | 5 125 | 9 975 | 19 375 |
| | 农村 | 小计 | 1 143 | 4 740 | 0 | 1 350 | 3 050 | 6 100 | 14 400 |
| | | 男 | 492 | 5 073 | 170 | 1 675 | 3 360 | 6 275 | 14 850 |
| | | 女 | 651 | 4 426 | 0 | 1 000 | 2 700 | 5 800 | 13 900 |
| 陕西 | 城乡 | 小计 | 2 868 | 2 489 | 725 | 1 325 | 1 900 | 2 800 | 5 775 |
| | | 男 | 1 298 | 2 793 | 875 | 1 525 | 2 150 | 3 250 | 6 700 |
| | | 女 | 1 570 | 2 203 | 700 | 1 190 | 1 750 | 2 425 | 5 200 |
| | 城市 | 小计 | 1 331 | 2 220 | 750 | 1 325 | 1 900 | 2 625 | 4 500 |
| | | 男 | 587 | 2 467 | 850 | 1 425 | 2 050 | 2 900 | 4 750 |
| | | 女 | 744 | 1 995 | 700 | 1 150 | 1 725 | 2 413 | 4 300 |
| | 农村 | 小计 | 1 537 | 2 710 | 700 | 1 350 | 1 900 | 2 975 | 7 700 |
| | | 男 | 711 | 3 052 | 900 | 1 550 | 2 205 | 3 600 | 8 075 |
| | | 女 | 826 | 2 380 | 625 | 1 200 | 1 763 | 2 450 | 6 150 |
| 甘肃 | 城乡 | 小计 | 2 869 | 2 782 | 800 | 1 538 | 2 400 | 3 488 | 6 250 |
| | | 男 | 1 289 | 3 100 | 900 | 1 800 | 2 738 | 3 700 | 7 050 |
| | | 女 | 1 580 | 2 464 | 700 | 1 300 | 2 100 | 3 100 | 5 450 |
| | 城市 | 小计 | 799 | 2 206 | 700 | 1 200 | 1 875 | 2 850 | 4 925 |
| | | 男 | 365 | 2 339 | 825 | 1 350 | 2 100 | 2 925 | 4 925 |
| | | 女 | 434 | 2 072 | 500 | 1 125 | 1 650 | 2 550 | 4 725 |
| | 农村 | 小计 | 2070 | 2 973 | 875 | 1 700 | 2 600 | 3 600 | 6 825 |
| | | 男 | 924 | 3 353 | 1 025 | 2 075 | 2 950 | 3 975 | 7 550 |
| | | 女 | 1 146 | 2 593 | 800 | 1 488 | 2 225 | 3 200 | 5 700 |
| 青海 | 城乡 | 小计 | 1 592 | 1 978 | 0 | 1 125 | 1 900 | 2 400 | 4 700 |
| | | 男 | 691 | 2 199 | 0 | 1 400 | 1 900 | 2 625 | 5 075 |
| | | 女 | 901 | 1 757 | 0 | 900 | 1 675 | 2 300 | 4 100 |
| | 城市 | 小计 | 666 | 2 146 | 413 | 1 400 | 1 925 | 2 550 | 4 900 |
| | | 男 | 296 | 2 299 | 625 | 1 525 | 2 025 | 2 800 | 4 900 |
| | | 女 | 370 | 1 983 | 294 | 1 200 | 1 900 | 2 400 | 4 700 |
| | 农村 | 小计 | 926 | 1 597 | 0 | 500 | 1 400 | 2 125 | 3 840 |
| | | 男 | 395 | 1 946 | 0 | 800 | 1 613 | 2300 | 5 300 |
| | | 女 | 531 | 1 299 | 0 | 281 | 1 140 | 2 031 | 3 063 |
| 宁夏 | 城乡 | 小计 | 1 137 | 2252 | 900 | 1 450 | 1 950 | 2 600 | 4 150 |
| | | 男 | 538 | 2 417 | 1 025 | 1 613 | 2 100 | 2 750 | 4 338 |
| | | 女 | 599 | 2 069 | 813 | 1 275 | 1 775 | 2 400 | 3 600 |
| | 城市 | 小计 | 1 039 | 2 281 | 900 | 1 450 | 1 975 | 2 650 | 4 150 |
| | | 男 | 488 | 2 452 | 1 025 | 1 613 | 2 125 | 2 775 | 4 525 |
| | | 女 | 551 | 2 094 | 813 | 1 263 | 1 800 | 2 400 | 3 700 |
| | 农村 | 小计 | 98 | 1 980 | 900 | 1 425 | 1 875 | 2 395 | 3 338 |
| | | 男 | 50 | 2 111 | 1 175 | 1 588 | 1 925 | 2 550 | 3 338 |
| | | 女 | 48 | 1 821 | 813 | 1 288 | 1 750 | 2 175 | 3 050 |
| 新疆 | 城乡 | 小计 | 2 803 | 2 799 | 700 | 1 450 | 2 250 | 3 500 | 6 900 |
| | | 男 | 1 263 | 3 254 | 850 | 1 750 | 2 575 | 3 975 | 7 700 |
| | | 女 | 1 540 | 2 306 | 600 | 1 250 | 1 900 | 2 825 | 5 275 |
| | 城市 | 小计 | 1 218 | 2 778 | 900 | 1 563 | 2 355 | 3 325 | 5 700 |
| | | 男 | 483 | 3 123 | 1 000 | 1 800 | 2 575 | 3 600 | 5 850 |
| | | 女 | 735 | 2 467 | 820 | 1 400 | 2 075 | 2 900 | 5 075 |
| | 农村 | 小计 | 1 585 | 2 810 | 650 | 1 400 | 2 200 | 3 550 | 7 200 |
| | | 男 | 780 | 3 312 | 750 | 1 700 | 2 550 | 4 200 | 8 000 |
| | | 女 | 805 | 2 212 | 600 | 1 200 | 1 800 | 2 700 | 5 300 |

## 附表 3-10 中国人群分省（直辖市、自治区）、城乡、性别的春秋季日均总饮水摄入量

| 地区 | 城乡 | 性别 | n | 春秋季日均总饮水摄入量 / （ml/d） | | | | | |
|---|---|---|---|---|---|---|---|---|---|
| | | | | Mean | P5 | P25 | P50 | P75 | P95 |
| 合计 | 城乡 | 小计 | 91 049 | 2 160 | 550 | 1 100 | 1 710 | 2 650 | 4 925 |
| | | 男 | 41 268 | 2 322 | 600 | 1 200 | 1 800 | 2 800 | 5 300 |
| | | 女 | 49 781 | 1 996 | 500 | 1 000 | 1 600 | 2 400 | 4 600 |
| | 城市 | 小计 | 41 800 | 2 214 | 600 | 1 150 | 1 800 | 2 700 | 5 200 |
| | | 男 | 18 442 | 2 336 | 650 | 1 200 | 1 900 | 2 800 | 5 300 |
| | | 女 | 23 358 | 2 093 | 550 | 1 100 | 1 700 | 2 400 | 4 900 |
| | 农村 | 小计 | 49 249 | 2 117 | 500 | 1 100 | 1 700 | 2 600 | 4 880 |
| | | 男 | 22 826 | 2 311 | 600 | 1 200 | 1 800 | 2 800 | 5 300 |
| | | 女 | 26 423 | 1 920 | 500 | 950 | 1 600 | 2 400 | 4 300 |
| 北京 | 城乡 | 小计 | 1 114 | 2 991 | 800 | 1 500 | 2 200 | 3 300 | 5 650 |
| | | 男 | 458 | 3 486 | 900 | 1 700 | 2 400 | 3 600 | 6 400 |
| | | 女 | 656 | 2 549 | 800 | 1 400 | 2 000 | 3 000 | 5 400 |
| | 城市 | 小计 | 840 | 2 942 | 700 | 1 450 | 2 240 | 3 400 | 6 000 |
| | | 男 | 354 | 3 337 | 900 | 1 700 | 2 400 | 3 600 | 6 400 |
| | | 女 | 486 | 2 575 | 700 | 1 400 | 2 200 | 3 200 | 5 400 |
| | 农村 | 小计 | 274 | 3 117 | 900 | 1 600 | 2 100 | 2 900 | 5 400 |
| | | 男 | 104 | 3 907 | 900 | 1 700 | 2 400 | 3 200 | 5 400 |
| | | 女 | 170 | 2 485 | 900 | 1 450 | 1 900 | 2 800 | 5 400 |
| 天津 | 城乡 | 小计 | 1 154 | 2 588 | 450 | 900 | 1 900 | 3 600 | 6 800 |
| | | 男 | 470 | 2 506 | 450 | 925 | 2 000 | 3 500 | 5 400 |
| | | 女 | 684 | 2 673 | 450 | 900 | 1 900 | 3 600 | 7 900 |
| | 城市 | 小计 | 865 | 2 710 | 600 | 950 | 2 100 | 3 300 | 7 800 |
| | | 男 | 336 | 2 550 | 650 | 950 | 1 900 | 3 200 | 5 800 |
| | | 女 | 529 | 2 873 | 500 | 1 040 | 2 200 | 3 400 | 8 400 |
| | 农村 | 小计 | 289 | 2 384 | 450 | 700 | 1 900 | 3 600 | 4 600 |
| | | 男 | 134 | 2 436 | 450 | 900 | 2 200 | 3 600 | 4 600 |
| | | 女 | 155 | 2 325 | 450 | 700 | 1 400 | 3 600 | 5 600 |
| 河北 | 城乡 | 小计 | 4 408 | 2 864 | 850 | 1 550 | 2 240 | 3 325 | 6 800 |
| | | 男 | 1 935 | 3 018 | 800 | 1 700 | 2 300 | 3 480 | 7 525 |
| | | 女 | 2 473 | 2 713 | 900 | 1 400 | 2 100 | 3 200 | 6 400 |
| | 城市 | 小计 | 1 830 | 2 883 | 700 | 1 400 | 2 300 | 3 440 | 6 400 |
| | | 男 | 829 | 2 990 | 700 | 1 600 | 2 400 | 3 600 | 6 800 |
| | | 女 | 1 001 | 2 767 | 800 | 1 400 | 2 100 | 3 280 | 6 400 |
| | 农村 | 小计 | 2 578 | 2 847 | 900 | 1 600 | 2 200 | 3 200 | 6 900 |
| | | 男 | 1 106 | 3 044 | 900 | 1 800 | 2 300 | 3 325 | 7 700 |
| | | 女 | 1 472 | 2 670 | 900 | 1 460 | 2 100 | 3 200 | 6 400 |
| 山西 | 城乡 | 小计 | 3 439 | 2 740 | 900 | 1 600 | 2 200 | 3 197 | 5 900 |
| | | 男 | 1 563 | 3 045 | 900 | 1 800 | 2 400 | 3 597 | 6 800 |
| | | 女 | 1 876 | 2 448 | 800 | 1 600 | 2 100 | 2 800 | 4 800 |
| | 城市 | 小计 | 1 046 | 2 626 | 900 | 1 800 | 2 300 | 3 300 | 5 400 |
| | | 男 | 479 | 2 932 | 900 | 1 900 | 2 600 | 3 600 | 6 100 |
| | | 女 | 567 | 2 332 | 900 | 1 600 | 2 100 | 2 800 | 4 600 |
| | 农村 | 小计 | 2 393 | 2 789 | 900 | 1 600 | 2 100 | 3 100 | 6 200 |
| | | 男 | 1 084 | 3 093 | 1 050 | 1 800 | 2 400 | 3 400 | 7 100 |
| | | 女 | 1 309 | 2 497 | 800 | 1 600 | 2 100 | 2 800 | 4 900 |
| 内蒙古 | 城乡 | 小计 | 3 046 | 2 275 | 750 | 1 400 | 1 800 | 2 400 | 5 200 |
| | | 男 | 1 470 | 2 442 | 900 | 1 400 | 1 900 | 2 800 | 5 200 |
| | | 女 | 1 576 | 2 084 | 700 | 1 200 | 1 600 | 2 300 | 4 800 |
| | 城市 | 小计 | 1 195 | 2 197 | 750 | 1 300 | 1 800 | 2 500 | 5 200 |
| | | 男 | 554 | 2 438 | 900 | 1 400 | 1 900 | 2 900 | 6 025 |
| | | 女 | 641 | 1 935 | 700 | 1 150 | 1 650 | 2 300 | 4 200 |
| | 农村 | 小计 | 1 851 | 2 329 | 750 | 1 400 | 1 800 | 2 400 | 5 200 |
| | | 男 | 916 | 2 445 | 900 | 1 500 | 1 900 | 2 700 | 4 800 |
| | | 女 | 935 | 2 193 | 700 | 1 300 | 1 600 | 2 300 | 5 600 |
| 辽宁 | 城乡 | 小计 | 3 376 | 1 590 | 500 | 900 | 1 300 | 1 920 | 3 300 |
| | | 男 | 1 448 | 1 740 | 500 | 900 | 1 400 | 2 300 | 3 600 |

| 地区 | 城乡 | 性别 | *n* | 春秋季日均总饮水摄入量 /（ml/d） | | | | | |
|---|---|---|---|---|---|---|---|---|---|
| | | | | Mean | P5 | P25 | P50 | P75 | P95 |
| 辽宁 | 城乡 | 女 | 1 928 | 1 438 | 450 | 700 | 1 200 | 1 800 | 2 900 |
| | 城市 | 小计 | 1 195 | 1 603 | 525 | 900 | 1 300 | 1 960 | 3 600 |
| | | 男 | 526 | 1 689 | 650 | 900 | 1 400 | 2 200 | 3 700 |
| | | 女 | 669 | 1 508 | 450 | 700 | 1 200 | 1 700 | 3 200 |
| | 农村 | 小计 | 2 181 | 1 586 | 500 | 900 | 1 300 | 1 900 | 3 200 |
| | | 男 | 922 | 1 760 | 500 | 900 | 1 400 | 2 300 | 3 600 |
| | | 女 | 1 259 | 1 414 | 450 | 700 | 1 200 | 1 800 | 2 900 |
| 吉林 | 城乡 | 小计 | 2 737 | 1 226 | 500 | 700 | 1 000 | 1 400 | 2 720 |
| | | 男 | 1 302 | 1 291 | 500 | 700 | 1 000 | 1 400 | 2 800 |
| | | 女 | 1 435 | 1 155 | 450 | 700 | 900 | 1 400 | 2 700 |
| | 城市 | 小计 | 1 571 | 1 356 | 500 | 700 | 1 000 | 1 500 | 3 200 |
| | | 男 | 704 | 1 413 | 500 | 700 | 1 000 | 1 650 | 3 300 |
| | | 女 | 867 | 1 296 | 450 | 700 | 990 | 1 400 | 3 150 |
| | 农村 | 小计 | 1 166 | 1 103 | 500 | 700 | 900 | 1 400 | 2 400 |
| | | 男 | 598 | 1 178 | 500 | 700 | 1 000 | 1 400 | 2 500 |
| | | 女 | 568 | 1 019 | 500 | 700 | 900 | 1 200 | 2 200 |
| 黑龙江 | 城乡 | 小计 | 4 061 | 1 425 | 450 | 800 | 1 200 | 1 800 | 3 000 |
| | | 男 | 1 881 | 1 529 | 500 | 900 | 1 400 | 1 950 | 3 100 |
| | | 女 | 2 180 | 1 325 | 400 | 700 | 1 200 | 1 700 | 2 700 |
| | 城市 | 小计 | 1 589 | 1 451 | 500 | 800 | 1 300 | 1 900 | 2 800 |
| | | 男 | 681 | 1 538 | 500 | 900 | 1 400 | 2 000 | 3 100 |
| | | 女 | 908 | 1 375 | 500 | 750 | 1 200 | 1 850 | 2 700 |
| | 农村 | 小计 | 2 472 | 1 409 | 400 | 800 | 1 200 | 1 800 | 3 000 |
| | | 男 | 1 200 | 1 524 | 450 | 800 | 1 300 | 1 900 | 3 200 |
| | | 女 | 1 272 | 1 294 | 400 | 700 | 1 200 | 1 600 | 2 700 |
| 上海 | 城乡 | 小计 | 1 161 | 2 344 | 700 | 1 200 | 1 900 | 2 800 | 5 200 |
| | | 男 | 540 | 2 604 | 700 | 1 400 | 2 000 | 2 900 | 8 200 |
| | | 女 | 621 | 2 068 | 650 | 1 200 | 1 700 | 2 600 | 4 150 |
| | 城市 | 小计 | 1 161 | 2 344 | 700 | 1 200 | 1 900 | 2 800 | 5 200 |
| | | 男 | 540 | 2 604 | 700 | 1 400 | 2 000 | 2 900 | 8 200 |
| | | 女 | 621 | 2 068 | 650 | 1 200 | 1 700 | 2 600 | 4 150 |
| 江苏 | 城乡 | 小计 | 3 472 | 2 208 | 650 | 1 200 | 1 800 | 2 600 | 4 900 |
| | | 男 | 1 586 | 2 432 | 765 | 1 400 | 1 950 | 2 880 | 5 550 |
| | | 女 | 1 886 | 1 987 | 610 | 1 100 | 1 600 | 2 300 | 4 200 |
| | 城市 | 小计 | 2 313 | 2 160 | 700 | 1 250 | 1 800 | 2 600 | 4 700 |
| | | 男 | 1 068 | 2 439 | 800 | 1 400 | 2 100 | 2 900 | 5 400 |
| | | 女 | 1 245 | 1 872 | 650 | 1 150 | 1 600 | 2 200 | 3 700 |
| | 农村 | 小计 | 1 159 | 2 311 | 650 | 1 100 | 1 700 | 2 600 | 6 200 |
| | | 男 | 518 | 2 416 | 700 | 1 300 | 1 850 | 2 750 | 6 200 |
| | | 女 | 641 | 2 215 | 500 | 1 050 | 1 600 | 2 500 | 6 200 |
| 浙江 | 城乡 | 小计 | 3 424 | 1 789 | 450 | 900 | 1 400 | 2 200 | 3 800 |
| | | 男 | 1 598 | 2 048 | 600 | 1 000 | 1 700 | 2 400 | 4 400 |
| | | 女 | 1 826 | 1 513 | 450 | 740 | 1 200 | 1 900 | 3 300 |
| | 城市 | 小计 | 1 184 | 1 782 | 500 | 950 | 1 600 | 2 300 | 3 800 |
| | | 男 | 536 | 1 909 | 650 | 1 100 | 1 800 | 2 400 | 3 800 |
| | | 女 | 648 | 1 650 | 450 | 900 | 1 400 | 2 200 | 3 400 |
| | 农村 | 小计 | 2 240 | 1 792 | 450 | 900 | 1 400 | 2 200 | 4 100 |
| | | 男 | 1 062 | 2 113 | 550 | 1 000 | 1 650 | 2 400 | 4 900 |
| | | 女 | 1 178 | 1 446 | 440 | 700 | 1 150 | 1 700 | 3 200 |
| 安徽 | 城乡 | 小计 | 3 496 | 2 789 | 700 | 1 600 | 2 370 | 3 400 | 6 100 |
| | | 男 | 1 545 | 3 052 | 800 | 1 800 | 2 650 | 3 900 | 6 600 |
| | | 女 | 1 951 | 2 531 | 650 | 1 400 | 2 200 | 3 200 | 5 300 |
| | 城市 | 小计 | 1 893 | 2 933 | 650 | 1 500 | 2 300 | 3 500 | 7 700 |
| | | 男 | 791 | 3 104 | 650 | 1 700 | 2 400 | 3 900 | 7 900 |
| | | 女 | 1 102 | 2 774 | 650 | 1 400 | 2 200 | 3 400 | 6 800 |
| | 农村 | 小计 | 1 603 | 2 701 | 810 | 1 600 | 2 400 | 3 400 | 5 400 |
| | | 男 | 754 | 3 021 | 950 | 1 800 | 2 700 | 3 900 | 6 300 |
| | | 女 | 849 | 2 376 | 700 | 1 400 | 2 200 | 3 150 | 4 700 |

| 地区 | 城乡 | 性别 | *n* | 春秋季日均总饮水摄入量 /（ml/d） | | | | | |
|---|---|---|---|---|---|---|---|---|---|
| | | | | Mean | P5 | P25 | P50 | P75 | P95 |
| 福建 | 城乡 | 小计 | 2 897 | 2 310 | 450 | 975 | 1 800 | 3 150 | 5 600 |
| | | 男 | 1 291 | 2 445 | 450 | 1 100 | 1 950 | 3 300 | 5 800 |
| | | 女 | 1 606 | 2 183 | 450 | 900 | 1 700 | 2 900 | 5 300 |
| | 城市 | 小计 | 1 494 | 2 664 | 570 | 1 200 | 2 250 | 3 440 | 6 600 |
| | | 男 | 636 | 2 820 | 550 | 1 300 | 2 500 | 3 800 | 6 800 |
| | | 女 | 858 | 2 525 | 575 | 1 150 | 2 200 | 3 400 | 6 600 |
| | 农村 | 小计 | 1 403 | 1 959 | 450 | 900 | 1 600 | 2 600 | 4 600 |
| | | 男 | 655 | 2 096 | 450 | 900 | 1 700 | 2 700 | 4 900 |
| | | 女 | 748 | 1 821 | 450 | 850 | 1 400 | 2 300 | 4 590 |
| 江西 | 城乡 | 小计 | 2 917 | 1 930 | 500 | 900 | 1 350 | 1 950 | 4 700 |
| | | 男 | 1 376 | 2 250 | 575 | 950 | 1 400 | 2 200 | 5 800 |
| | | 女 | 1 541 | 1 596 | 450 | 900 | 1 200 | 1 900 | 3 800 |
| | 城市 | 小计 | 1 720 | 2 039 | 600 | 950 | 1 400 | 2 100 | 5 600 |
| | | 男 | 795 | 2 379 | 650 | 1 100 | 1 500 | 2 220 | 6 900 |
| | | 女 | 925 | 1 690 | 600 | 900 | 1 350 | 1 900 | 4 200 |
| | 农村 | 小计 | 1 197 | 1 814 | 450 | 900 | 1 200 | 1 900 | 4 350 |
| | | 男 | 581 | 2 114 | 500 | 900 | 1 350 | 2 050 | 4 500 |
| | | 女 | 616 | 1 493 | 450 | 750 | 1 150 | 1 700 | 3 600 |
| 山东 | 城乡 | 小计 | 5 589 | 2 484 | 800 | 1 450 | 2 150 | 2 800 | 4 800 |
| | | 男 | 2 493 | 2 602 | 900 | 1 600 | 2 200 | 2 900 | 4 900 |
| | | 女 | 3 096 | 2 368 | 700 | 1 400 | 2 000 | 2 800 | 4 500 |
| | 城市 | 小计 | 2 708 | 2 562 | 750 | 1 400 | 2 000 | 2 800 | 5 200 |
| | | 男 | 1 126 | 2 627 | 900 | 1 450 | 2 200 | 2 800 | 5 100 |
| | | 女 | 1 582 | 2 503 | 700 | 1 400 | 2 000 | 2 800 | 5 200 |
| | 农村 | 小计 | 2 881 | 2 395 | 900 | 1 550 | 2 200 | 2 900 | 4 400 |
| | | 男 | 1 367 | 2 577 | 900 | 1 800 | 2 300 | 3 200 | 4 800 |
| | | 女 | 1 514 | 2 207 | 700 | 1 400 | 2 000 | 2 800 | 4 000 |
| 河南 | 城乡 | 小计 | 4 928 | 2 666 | 900 | 1 700 | 2 340 | 3 200 | 5 300 |
| | | 男 | 2 102 | 2 902 | 950 | 1 800 | 2 700 | 3 600 | 5 600 |
| | | 女 | 2 826 | 2 448 | 900 | 1 550 | 2 200 | 2 900 | 4 600 |
| | 城市 | 小计 | 2038 | 2 607 | 820 | 1 600 | 2 100 | 2 900 | 5 400 |
| | | 男 | 845 | 2 720 | 900 | 1 800 | 2 400 | 3 200 | 5 600 |
| | | 女 | 1 193 | 2 509 | 800 | 1 400 | 1 900 | 2 800 | 5 300 |
| | 农村 | 小计 | 2 890 | 2 689 | 900 | 1 800 | 2 450 | 3 400 | 5 200 |
| | | 男 | 1 257 | 2 972 | 1 100 | 1 800 | 2 800 | 3 600 | 5 700 |
| | | 女 | 1 633 | 2 423 | 900 | 1 600 | 2 200 | 2 900 | 4 400 |
| 湖北 | 城乡 | 小计 | 3 412 | 1 634 | 600 | 1 000 | 1 400 | 1 900 | 3 300 |
| | | 男 | 1 606 | 1 697 | 615 | 1 100 | 1 400 | 2 100 | 3 400 |
| | | 女 | 1 806 | 1 564 | 600 | 950 | 1 400 | 1 800 | 3 200 |
| | 城市 | 小计 | 2 385 | 1 754 | 620 | 1 150 | 1 400 | 2 200 | 3 500 |
| | | 男 | 1 129 | 1 830 | 700 | 1 200 | 1 550 | 2 300 | 3 600 |
| | | 女 | 1 256 | 1 667 | 600 | 1 000 | 1 400 | 1 900 | 3 300 |
| | 农村 | 小计 | 1 027 | 1 421 | 600 | 950 | 1 280 | 1 700 | 2 900 |
| | | 男 | 477 | 1 447 | 600 | 950 | 1 300 | 1 720 | 2 800 |
| | | 女 | 550 | 1 394 | 600 | 900 | 1 200 | 1 700 | 3 000 |
| 湖南 | 城乡 | 小计 | 4 058 | 1 641 | 500 | 900 | 1 200 | 1 900 | 3 800 |
| | | 男 | 1 848 | 1 801 | 550 | 950 | 1 400 | 2 100 | 4 400 |
| | | 女 | 2 210 | 1 461 | 500 | 850 | 1 200 | 1 700 | 3 200 |
| | 城市 | 小计 | 1 534 | 1 942 | 650 | 950 | 1 400 | 2 200 | 5 300 |
| | | 男 | 622 | 2 067 | 700 | 1 100 | 1 400 | 2 200 | 5 400 |
| | | 女 | 912 | 1 822 | 600 | 950 | 1 200 | 2 200 | 5 300 |
| | 农村 | 小计 | 2 524 | 1 522 | 500 | 900 | 1 200 | 1 725 | 3 200 |
| | | 男 | 1 226 | 1 707 | 500 | 950 | 1 350 | 2 020 | 3 800 |
| | | 女 | 1 298 | 1 302 | 450 | 840 | 1 150 | 1 600 | 2 800 |
| 广东 | 城乡 | 小计 | 3 249 | 1 886 | 700 | 1 200 | 1 600 | 2 150 | 3 600 |
| | | 男 | 1 460 | 1 918 | 750 | 1 200 | 1 650 | 2 150 | 3 700 |
| | | 女 | 1 789 | 1 858 | 700 | 1 200 | 1 600 | 2 100 | 3 600 |
| | 城市 | 小计 | 1 750 | 2 102 | 700 | 1 150 | 1 650 | 2 400 | 4 600 |

| 地区 | 城乡 | 性别 | *n* | 春秋季日均总饮水摄入量 / (ml/d) | | | | | |
|---|---|---|---|---|---|---|---|---|---|
| | | | | Mean | P5 | P25 | P50 | P75 | P95 |
| 广东 | 城市 | 男 | 777 | 2 123 | 750 | 1 150 | 1 650 | 2 400 | 4 800 |
| | | 女 | 973 | 2 084 | 700 | 1 150 | 1 600 | 2 400 | 4 500 |
| | 农村 | 小计 | 1 499 | 1 652 | 700 | 1 220 | 1 600 | 1 900 | 2 700 |
| | | 男 | 683 | 1 700 | 750 | 1 225 | 1 650 | 1 900 | 2 800 |
| | | 女 | 816 | 1 607 | 700 | 1 200 | 1 500 | 1 900 | 2 600 |
| 广西 | 城乡 | 小计 | 3 363 | 2 588 | 598 | 1 400 | 2 200 | 3 200 | 5 400 |
| | | 男 | 1 585 | 2 793 | 600 | 1 600 | 2 400 | 3 400 | 6 100 |
| | | 女 | 1 778 | 2 369 | 520 | 1 325 | 2 100 | 3 000 | 4 600 |
| | 城市 | 小计 | 1 335 | 2 825 | 800 | 1 600 | 2 400 | 3 400 | 5 100 |
| | | 男 | 608 | 2 932 | 850 | 1 700 | 2 400 | 3 600 | 5 400 |
| | | 女 | 727 | 2 713 | 700 | 1 400 | 2 400 | 3 200 | 4 800 |
| | 农村 | 小计 | 2 028 | 2 499 | 450 | 1 400 | 2 200 | 3 200 | 5 600 |
| | | 男 | 977 | 2 742 | 450 | 1 480 | 2 350 | 3 400 | 6 600 |
| | | 女 | 1 051 | 2 236 | 450 | 1 300 | 2 000 | 2 800 | 4 450 |
| 海南 | 城乡 | 小计 | 1 083 | 1 561 | 600 | 900 | 1 400 | 1 800 | 3 000 |
| | | 男 | 515 | 1 684 | 700 | 900 | 1 460 | 2 100 | 3 400 |
| | | 女 | 568 | 1 429 | 450 | 900 | 1 300 | 1 700 | 2 900 |
| | 城市 | 小计 | 328 | 1 467 | 525 | 900 | 1 300 | 1 800 | 2 900 |
| | | 男 | 155 | 1 557 | 600 | 900 | 1 400 | 1 900 | 3 400 |
| | | 女 | 173 | 1 373 | 500 | 900 | 1 200 | 1 700 | 2 900 |
| | 农村 | 小计 | 755 | 1 599 | 650 | 900 | 1 400 | 1 800 | 3 125 |
| | | 男 | 360 | 1 734 | 700 | 1 050 | 1 500 | 2 200 | 3 400 |
| | | 女 | 395 | 1 452 | 450 | 900 | 1 300 | 1 700 | 2 900 |
| 重庆 | 城乡 | 小计 | 967 | 1 407 | 350 | 650 | 900 | 1 800 | 3 600 |
| | | 男 | 412 | 1 366 | 400 | 700 | 900 | 1 800 | 3 600 |
| | | 女 | 555 | 1 445 | 350 | 650 | 900 | 1 800 | 3 800 |
| | 城市 | 小计 | 476 | 1 430 | 450 | 700 | 1 000 | 1 800 | 3 600 |
| | | 男 | 224 | 1 339 | 450 | 700 | 900 | 1 800 | 3 100 |
| | | 女 | 252 | 1 531 | 350 | 700 | 1 200 | 1 800 | 4 100 |
| | 农村 | 小计 | 491 | 1 383 | 201 | 550 | 825 | 1 800 | 3 600 |
| | | 男 | 188 | 1 399 | 121 | 550 | 900 | 1 800 | 3 600 |
| | | 女 | 303 | 1 370 | 225 | 575 | 700 | 1 800 | 3 800 |
| 四川 | 城乡 | 小计 | 4 578 | 2 023 | 500 | 925 | 1 400 | 2 400 | 5 800 |
| | | 男 | 2 095 | 2 087 | 650 | 1100 | 1 600 | 2 600 | 5 600 |
| | | 女 | 2 483 | 1 960 | 450 | 900 | 1 350 | 2 200 | 6 100 |
| | 城市 | 小计 | 1 938 | 1 923 | 450 | 950 | 1 450 | 2 400 | 4 900 |
| | | 男 | 865 | 2 041 | 450 | 1 150 | 1 700 | 2 400 | 4 800 |
| | | 女 | 1 073 | 1 806 | 400 | 900 | 1 400 | 2 100 | 5 200 |
| | 农村 | 小计 | 2 640 | 2 080 | 600 | 925 | 1 400 | 2 400 | 6 100 |
| | | 男 | 1 230 | 2 114 | 700 | 1 000 | 1 400 | 2 600 | 6 100 |
| | | 女 | 1 410 | 2 048 | 500 | 900 | 1 300 | 2 400 | 6 100 |
| 贵州 | 城乡 | 小计 | 2 855 | 1 353 | 350 | 700 | 1 200 | 1 800 | 2 850 |
| | | 男 | 1 334 | 1 456 | 350 | 800 | 1 300 | 1 900 | 3 000 |
| | | 女 | 1 521 | 1 236 | 350 | 700 | 1 000 | 1 550 | 2 750 |
| | 城市 | 小计 | 1 062 | 1 376 | 350 | 700 | 1 200 | 1 800 | 3 100 |
| | | 男 | 498 | 1 462 | 350 | 750 | 1 200 | 1 900 | 3 100 |
| | | 女 | 564 | 1 275 | 350 | 700 | 1 000 | 1600 | 2 900 |
| | 农村 | 小计 | 1 793 | 1 331 | 350 | 700 | 1 200 | 1 700 | 2 800 |
| | | 男 | 836 | 1 449 | 350 | 900 | 1 300 | 1 900 | 2 800 |
| | | 女 | 957 | 1 199 | 350 | 700 | 1 050 | 1 550 | 2 400 |
| 云南 | 城乡 | 小计 | 3 468 | 1 941 | 500 | 1 100 | 1 550 | 2 350 | 4 700 |
| | | 男 | 1 658 | 2 153 | 540 | 1200 | 1 800 | 2 650 | 4 900 |
| | | 女 | 1 810 | 1 707 | 450 | 900 | 1 400 | 2 000 | 4 200 |
| | 城市 | 小计 | 912 | 1 985 | 450 | 1 000 | 1 600 | 2 400 | 4 800 |
| | | 男 | 419 | 2 121 | 540 | 1200 | 1 800 | 2 600 | 4 700 |
| | | 女 | 493 | 1 853 | 400 | 900 | 1 400 | 2 200 | 4 900 |
| | 农村 | 小计 | 2 556 | 1 922 | 550 | 1 100 | 1 550 | 2 300 | 4 600 |
| | | 男 | 1 239 | 2 165 | 550 | 1 200 | 1 800 | 2 650 | 4 900 |

| 地区 | 城乡 | 性别 | n | 春秋季日均总饮水摄入量 / (ml/d) | | | | | |
|---|---|---|---|---|---|---|---|---|---|
| | | | | Mean | P5 | P25 | P50 | P75 | P95 |
| 云南 | 农村 | 女 | 1 317 | 1 638 | 550 | 900 | 1 400 | 1 950 | 3 600 |
| 西藏 | 城乡 | 小计 | 1 528 | 5 410 | 0 | 1 600 | 3 400 | 7 000 | 17 600 |
| | | 男 | 618 | 5 817 | 261 | 1 900 | 3 600 | 7 900 | 17 400 |
| | | 女 | 910 | 5 058 | 0 | 1 300 | 3 200 | 6 650 | 17 700 |
| | 城市 | 小计 | 385 | 7 976 | 900 | 2 800 | 5 300 | 11 400 | 24 700 |
| | | 男 | 126 | 9 318 | 1 700 | 3 200 | 6 800 | 13 300 | 28 200 |
| | | 女 | 259 | 7 117 | 800 | 2 500 | 4 740 | 9 600 | 21 600 |
| | 农村 | 小计 | 1 143 | 4 668 | 0 | 1 300 | 2 900 | 5 920 | 14 100 |
| | | 男 | 492 | 5 003 | 170 | 1 600 | 3 300 | 6 100 | 14 400 |
| | | 女 | 651 | 4 352 | 0 | 1 000 | 2 600 | 5 800 | 13 800 |
| 陕西 | 城乡 | 小计 | 2 868 | 2 344 | 700 | 1 200 | 1 800 | 2 600 | 5 600 |
| | | 男 | 1 298 | 2 628 | 750 | 1 400 | 1 980 | 2 900 | 6 400 |
| | | 女 | 1 570 | 2 077 | 600 | 1 060 | 1 700 | 2 300 | 5 100 |
| | 城市 | 小计 | 1 331 | 2 040 | 700 | 1 200 | 1 800 | 2 400 | 4 300 |
| | | 男 | 587 | 2 254 | 700 | 1 400 | 1 900 | 2 800 | 4 400 |
| | | 女 | 744 | 1 846 | 700 | 1 050 | 1 480 | 2 300 | 4 200 |
| | 农村 | 小计 | 1 537 | 2 592 | 650 | 1 300 | 1 850 | 2 800 | 6 900 |
| | | 男 | 711 | 2 926 | 900 | 1 400 | 2 200 | 3 400 | 7 600 |
| | | 女 | 826 | 2 271 | 525 | 1 100 | 1 700 | 2 350 | 6 400 |
| 甘肃 | 城乡 | 小计 | 2 869 | 2 624 | 700 | 1 400 | 2 200 | 3 300 | 6 100 |
| | | 男 | 1 289 | 2 912 | 900 | 1 800 | 2 600 | 3 600 | 6 500 |
| | | 女 | 1 580 | 2 336 | 700 | 1 300 | 1 900 | 2 900 | 5 400 |
| | 城市 | 小计 | 799 | 2 053 | 600 | 1 150 | 1 800 | 2 600 | 4 600 |
| | | 男 | 365 | 2 158 | 700 | 1 300 | 1 800 | 2 700 | 4 700 |
| | | 女 | 434 | 1 947 | 420 | 900 | 1 400 | 2 400 | 4 600 |
| | 农村 | 小计 | 2 070 | 2 814 | 800 | 1 600 | 2 500 | 3 500 | 6 400 |
| | | 男 | 924 | 3 163 | 900 | 1 800 | 2 800 | 3 750 | 6 800 |
| | | 女 | 1 146 | 2 465 | 700 | 1 400 | 2 100 | 3 050 | 5 500 |
| 青海 | 城乡 | 小计 | 1 592 | 1 902 | 0 | 1 000 | 1 850 | 2 400 | 4 600 |
| | | 男 | 691 | 2 115 | 0 | 1 360 | 1 900 | 2 600 | 4 900 |
| | | 女 | 901 | 1 689 | 0 | 900 | 1 600 | 2 200 | 3 800 |
| | 城市 | 小计 | 666 | 2 066 | 325 | 1 400 | 1 900 | 2 400 | 4 900 |
| | | 男 | 296 | 2 215 | 500 | 1 400 | 1 900 | 2 700 | 4 900 |
| | | 女 | 370 | 1 906 | 250 | 1 200 | 1 900 | 2 400 | 4 700 |
| | 农村 | 小计 | 926 | 1 531 | 0 | 500 | 1 300 | 2 100 | 3 800 |
| | | 男 | 395 | 1 862 | 0 | 750 | 1 500 | 2 300 | 4 880 |
| | | 女 | 531 | 1 248 | 0 | 250 | 1 000 | 1 900 | 2 960 |
| 宁夏 | 城乡 | 小计 | 1 137 | 2 157 | 900 | 1 300 | 1 800 | 2 400 | 4 100 |
| | | 男 | 538 | 2 306 | 900 | 1 500 | 1 900 | 2 800 | 4 350 |
| | | 女 | 599 | 1 992 | 700 | 1 200 | 1 800 | 2 400 | 3 514 |
| | 城市 | 小计 | 1 039 | 2 189 | 900 | 1 350 | 1 900 | 2 500 | 4 200 |
| | | 男 | 488 | 2 344 | 900 | 1 520 | 2 000 | 2 800 | 4 400 |
| | | 女 | 551 | 2 020 | 700 | 1 200 | 1 800 | 2 400 | 3 600 |
| | 农村 | 小计 | 98 | 1 863 | 700 | 1 300 | 1 800 | 2 300 | 3 300 |
| | | 男 | 50 | 1 974 | 700 | 1 350 | 1 800 | 2 400 | 3 300 |
| | | 女 | 48 | 1 727 | 700 | 1 150 | 1 700 | 2 100 | 2 800 |
| 新疆 | 城乡 | 小计 | 2 803 | 2 710 | 650 | 1 400 | 2 200 | 3 400 | 6 600 |
| | | 男 | 1 263 | 3 163 | 800 | 1 600 | 2 400 | 3 800 | 7 200 |
| | | 女 | 1 540 | 2 217 | 600 | 1 200 | 1 800 | 2 800 | 4 900 |
| | 城市 | 小计 | 1 218 | 2 665 | 800 | 1 400 | 2 300 | 3 200 | 5 300 |
| | | 男 | 483 | 3 011 | 900 | 1 700 | 2 400 | 3 600 | 5 600 |
| | | 女 | 735 | 2 352 | 700 | 1 400 | 1 950 | 2 800 | 4 900 |
| | 农村 | 小计 | 1 585 | 2 732 | 600 | 1 200 | 2 160 | 3 600 | 7 200 |
| | | 男 | 780 | 3 231 | 700 | 1 600 | 2 400 | 4 200 | 7 850 |
| | | 女 | 805 | 2 138 | 600 | 1 200 | 1 800 | 2 500 | 5 200 |

附表 3-11　中国人群分省（直辖市、自治区）、城乡、性别的夏季日均总饮水摄入量

| 地区 | 城乡 | 性别 | n | 夏季日均总饮水摄入量 /（ml/d） | | | | | |
|---|---|---|---|---|---|---|---|---|---|
| | | | | Mean | P5 | P25 | P50 | P75 | P95 |
| 合计 | 城乡 | 小计 | 91 049 | 2 893 | 750 | 1 575 | 2 400 | 3 400 | 6 400 |
| | | 男 | 41 269 | 3 109 | 900 | 1 700 | 2 500 | 3 650 | 6 800 |
| | | 女 | 49 780 | 2 674 | 700 | 1 400 | 2 200 | 3 200 | 5 900 |
| | 城市 | 小计 | 41 801 | 2 937 | 775 | 1 600 | 2 400 | 3 400 | 6 500 |
| | | 男 | 18 443 | 3 105 | 900 | 1 700 | 2 400 | 3 600 | 6 800 |
| | | 女 | 23 358 | 2 769 | 700 | 1 450 | 2 200 | 3 200 | 6 300 |
| | 农村 | 小计 | 49 248 | 2859 | 700 | 1 540 | 2 400 | 3 400 | 6 400 |
| | | 男 | 22 826 | 3 113 | 850 | 1 700 | 2 600 | 3 700 | 6 900 |
| | | 女 | 26 422 | 2 600 | 700 | 1 400 | 2 200 | 3 200 | 5 600 |
| 北京 | 城乡 | 小计 | 1 114 | 3 697 | 1 000 | 1 900 | 2 700 | 4 200 | 7 400 |
| | | 男 | 458 | 4 281 | 1 100 | 2 200 | 3 050 | 4 400 | 7 900 |
| | | 女 | 656 | 3 175 | 1 000 | 1 800 | 2 600 | 3 800 | 7 400 |
| | 城市 | 小计 | 840 | 3 674 | 1 000 | 1 900 | 2 900 | 4 200 | 7 500 |
| | | 男 | 354 | 4 134 | 1 150 | 2 200 | 3 200 | 4 400 | 7 400 |
| | | 女 | 486 | 3 245 | 950 | 1 800 | 2 650 | 3 900 | 7 500 |
| | 农村 | 小计 | 274 | 3 755 | 1 050 | 2 000 | 2 700 | 3 700 | 6 000 |
| | | 男 | 104 | 4 693 | 1 025 | 2 200 | 2 800 | 4 200 | 8 400 |
| | | 女 | 170 | 3 005 | 1 050 | 1 800 | 2 400 | 3 300 | 5 400 |
| 天津 | 城乡 | 小计 | 1 154 | 3 357 | 650 | 1 338 | 2 500 | 4 400 | 8 300 |
| | | 男 | 470 | 3 268 | 700 | 1 400 | 2 600 | 4 400 | 6 900 |
| | | 女 | 684 | 3 450 | 550 | 1 200 | 2 400 | 4 500 | 10 000 |
| | 城市 | 小计 | 865 | 3 484 | 890 | 1 450 | 2 600 | 4 200 | 9 600 |
| | | 男 | 336 | 3 263 | 890 | 1 450 | 2 450 | 4 000 | 6 800 |
| | | 女 | 529 | 3 706 | 820 | 1 450 | 2 700 | 4 400 | 10 800 |
| | 农村 | 小计 | 289 | 3 147 | 450 | 900 | 2 400 | 5 000 | 6 900 |
| | | 男 | 134 | 3 277 | 450 | 1 150 | 3 000 | 5 000 | 6 900 |
| | | 女 | 155 | 3 003 | 450 | 700 | 1 800 | 5 000 | 6 900 |
| 河北 | 城乡 | 小计 | 4 408 | 3 697 | 1 050 | 1 960 | 2 900 | 4 100 | 8 200 |
| | | 男 | 1 935 | 3 911 | 1 050 | 2 100 | 3 100 | 4 400 | 8 400 |
| | | 女 | 2 473 | 3 488 | 1 050 | 1 900 | 2 800 | 3 800 | 7 400 |
| | 城市 | 小计 | 1 830 | 3 859 | 900 | 1 900 | 2 900 | 4 300 | 8 300 |
| | | 男 | 829 | 3 994 | 900 | 1 950 | 3 000 | 4 640 | 8 400 |
| | | 女 | 1 001 | 3 713 | 1 000 | 1 900 | 2 800 | 3 840 | 7 800 |
| | 农村 | 小计 | 2 578 | 3 554 | 1 150 | 2 050 | 2 920 | 3 920 | 7 800 |
| | | 男 | 1 106 | 3 830 | 1 300 | 2 300 | 3 200 | 4 200 | 8 900 |
| | | 女 | 1 472 | 3 307 | 1 050 | 1 900 | 2 800 | 3 800 | 7 400 |
| 山西 | 城乡 | 小计 | 3 439 | 3 537 | 1150 | 2 100 | 2 900 | 4 100 | 7 600 |
| | | 男 | 1 563 | 3 936 | 1 300 | 2 300 | 3 200 | 4 480 | 8 560 |
| | | 女 | 1 876 | 3 154 | 1 050 | 1 900 | 2 600 | 3 600 | 6 612 |
| | 城市 | 小计 | 1 046 | 3 240 | 900 | 2 100 | 2 840 | 4 000 | 6 600 |
| | | 男 | 479 | 3 614 | 900 | 2 300 | 3 200 | 4 400 | 7 200 |
| | | 女 | 567 | 2 881 | 900 | 1 840 | 2 600 | 3 420 | 5 600 |
| | 农村 | 小计 | 2 393 | 3 663 | 1 300 | 2 100 | 2 900 | 4 200 | 8 000 |
| | | 男 | 1 084 | 4 073 | 1 300 | 2 200 | 3 200 | 4 500 | 9 400 |
| | | 女 | 1 309 | 3 270 | 1 150 | 1 975 | 2 600 | 3 750 | 7 000 |
| 内蒙古 | 城乡 | 小计 | 3 046 | 3 067 | 1 000 | 1 800 | 2 300 | 3 300 | 7 500 |
| | | 男 | 1 470 | 3 225 | 1 200 | 1 900 | 2 600 | 3 500 | 7 500 |
| | | 女 | 1 576 | 2 886 | 900 | 1 500 | 2 200 | 2 900 | 7 600 |
| | 城市 | 小计 | 1195 | 2 725 | 1 000 | 1 600 | 2 300 | 3 200 | 6 200 |
| | | 男 | 554 | 2 969 | 1 150 | 1 800 | 2 400 | 3 400 | 6 400 |
| | | 女 | 641 | 2 460 | 900 | 1 400 | 2 100 | 2 800 | 5 200 |
| | 农村 | 小计 | 1 851 | 3 306 | 1 080 | 1 800 | 2 400 | 3 300 | 9 600 |
| | | 男 | 916 | 3 398 | 1 350 | 2 000 | 2 700 | 3 550 | 8 800 |
| | | 女 | 935 | 3 198 | 900 | 1 600 | 2 200 | 3 000 | 10 700 |
| 辽宁 | 城乡 | 小计 | 3 376 | 1 899 | 500 | 1 100 | 1 500 | 2 400 | 4 200 |
| | | 男 | 1 448 | 2 090 | 650 | 1 200 | 1 700 | 2 600 | 4 700 |

| 地区 | 城乡 | 性别 | n | 夏季日均总饮水摄入量 /（ml/d） | | | | | |
|---|---|---|---|---|---|---|---|---|---|
| | | | | Mean | P5 | P25 | P50 | P75 | P95 |
| 辽宁 | 城乡 | 女 | 1 928 | 1 706 | 500 | 900 | 1 400 | 2 200 | 3 400 |
| | 城市 | 小计 | 1 195 | 2 051 | 650 | 1 200 | 1 700 | 2 400 | 4 700 |
| | | 男 | 526 | 2 200 | 700 | 1 200 | 1 900 | 2 800 | 4 900 |
| | | 女 | 669 | 1 888 | 525 | 1 000 | 1 450 | 2 200 | 4 400 |
| | 农村 | 小计 | 2 181 | 1 844 | 500 | 1 000 | 1 400 | 2 400 | 3 700 |
| | | 男 | 922 | 2 047 | 500 | 1 200 | 1 700 | 2 400 | 4 500 |
| | | 女 | 1 259 | 1 644 | 500 | 900 | 1 400 | 2 200 | 3 200 |
| 吉林 | 城乡 | 小计 | 2 737 | 1 795 | 525 | 1 150 | 1 400 | 2 100 | 4 000 |
| | | 男 | 1 302 | 1 882 | 700 | 1 200 | 1 500 | 2 200 | 4 150 |
| | | 女 | 1 435 | 1 700 | 500 | 1 150 | 1 400 | 2 000 | 3 800 |
| | 城市 | 小计 | 1 571 | 1 846 | 500 | 1 000 | 1 400 | 2 100 | 4 400 |
| | | 男 | 704 | 1 913 | 500 | 1 000 | 1 450 | 2 100 | 4 600 |
| | | 女 | 867 | 1 774 | 500 | 1 000 | 1 400 | 2 100 | 4 200 |
| | 农村 | 小计 | 1 166 | 1 747 | 700 | 1 200 | 1 450 | 2 000 | 3 600 |
| | | 男 | 598 | 1 854 | 700 | 1 400 | 1 500 | 2 200 | 4 000 |
| | | 女 | 568 | 1 628 | 650 | 1 200 | 1 400 | 1 900 | 3 000 |
| 黑龙江 | 城乡 | 小计 | 4 061 | 2 008 | 500 | 1 200 | 1 800 | 2 600 | 4 200 |
| | | 男 | 1 881 | 2 196 | 600 | 1 225 | 2 000 | 2 800 | 4 500 |
| | | 女 | 2 180 | 1 826 | 500 | 1 000 | 1 600 | 2 400 | 3 900 |
| | 城市 | 小计 | 1 589 | 1 897 | 500 | 1 200 | 1 800 | 2 500 | 3 600 |
| | | 男 | 681 | 2 040 | 500 | 1 200 | 1 900 | 2 700 | 4 000 |
| | | 女 | 908 | 1 771 | 500 | 1 025 | 1 600 | 2 400 | 3 400 |
| | 农村 | 小计 | 2 472 | 2 074 | 600 | 1 200 | 1 800 | 2 600 | 4 400 |
| | | 男 | 1 200 | 2 284 | 650 | 1 250 | 2 000 | 3 000 | 5 000 |
| | | 女 | 1 272 | 1 862 | 450 | 1 000 | 1 600 | 2 300 | 4 200 |
| 上海 | 城乡 | 小计 | 1 161 | 3 024 | 900 | 1 700 | 2 400 | 3 500 | 6 800 |
| | | 男 | 540 | 3 338 | 900 | 1 800 | 2 700 | 3 900 | 9 000 |
| | | 女 | 621 | 2 690 | 700 | 1 600 | 2 200 | 3 200 | 5 400 |
| | 城市 | 小计 | 1 161 | 3 024 | 900 | 1 700 | 2 400 | 3 500 | 6 800 |
| | | 男 | 540 | 3 338 | 900 | 1 800 | 2 700 | 3 900 | 9 000 |
| | | 女 | 621 | 2 690 | 700 | 1 600 | 2 200 | 3 200 | 5 400 |
| 江苏 | 城乡 | 小计 | 3 472 | 2 880 | 800 | 1 600 | 2 400 | 3 400 | 6 400 |
| | | 男 | 1 586 | 3 204 | 900 | 1 800 | 2 650 | 3 650 | 7 200 |
| | | 女 | 1 886 | 2 558 | 700 | 1 450 | 2 160 | 3 000 | 5 500 |
| | 城市 | 小计 | 2 313 | 2 836 | 900 | 1 700 | 2 400 | 3 300 | 5 900 |
| | | 男 | 1 068 | 3 194 | 980 | 1 850 | 2 700 | 3 650 | 6 800 |
| | | 女 | 1 245 | 2 465 | 725 | 1 480 | 2 200 | 2 875 | 5 100 |
| | 农村 | 小计 | 1 159 | 2 974 | 700 | 1 500 | 2 300 | 3 450 | 7 400 |
| | | 男 | 518 | 3 227 | 875 | 1 700 | 2 500 | 3 700 | 8 400 |
| | | 女 | 641 | 2 743 | 650 | 1 350 | 2 100 | 3 240 | 7 200 |
| 浙江 | 城乡 | 小计 | 3 424 | 2 572 | 650 | 1 400 | 2 200 | 3 100 | 5 480 |
| | | 男 | 1 598 | 2 923 | 700 | 1 500 | 2 400 | 3 400 | 6 000 |
| | | 女 | 1 826 | 2 198 | 600 | 1 200 | 1 850 | 2 700 | 4 700 |
| | 城市 | 小计 | 1 184 | 2 514 | 650 | 1 400 | 2 300 | 3 200 | 5 200 |
| | | 男 | 536 | 2 673 | 700 | 1 500 | 2 400 | 3 400 | 5 400 |
| | | 女 | 648 | 2 351 | 600 | 1 400 | 2 200 | 2 950 | 4 800 |
| | 农村 | 小计 | 2 240 | 2 599 | 650 | 1 350 | 2 100 | 3 100 | 5 600 |
| | | 男 | 1 062 | 3 041 | 700 | 1 500 | 2 400 | 3 400 | 6 600 |
| | | 女 | 1 178 | 2 122 | 600 | 1 200 | 1 700 | 2 600 | 4 600 |
| 安徽 | 城乡 | 小计 | 3 496 | 3 740 | 1 000 | 2 200 | 3 280 | 4 500 | 8 200 |
| | | 男 | 1 545 | 4 063 | 1 300 | 2 400 | 3 500 | 5 000 | 8 800 |
| | | 女 | 1 951 | 3 423 | 900 | 1 950 | 2 900 | 4 200 | 7 600 |
| | 城市 | 小计 | 1 893 | 4 030 | 800 | 2 200 | 3 200 | 4 900 | 10 480 |
| | | 男 | 791 | 4 227 | 950 | 2 300 | 3 400 | 5 200 | 12 100 |
| | | 女 | 1 102 | 3 847 | 700 | 2 150 | 3 100 | 4 400 | 10 200 |
| | 农村 | 小计 | 1 603 | 3 563 | 1 200 | 2 200 | 3 300 | 4 400 | 7 000 |
| | | 男 | 754 | 3 966 | 1 400 | 2 600 | 3 500 | 4 900 | 7 850 |
| | | 女 | 849 | 3 152 | 1 000 | 1 900 | 2 850 | 4 100 | 6 400 |

| 地区 | 城乡 | 性别 | *n* | 夏季日均总饮水摄入量 / （ml/d） | | | | | |
|---|---|---|---|---|---|---|---|---|---|
| | | | | Mean | P5 | P25 | P50 | P75 | P95 |
| 福建 | 城乡 | 小计 | 2 897 | 2 919 | 825 | 1 500 | 2 500 | 3 800 | 6 700 |
| | | 男 | 1 291 | 3 088 | 850 | 1 600 | 2 700 | 4 050 | 6 800 |
| | | 女 | 1 606 | 2 759 | 800 | 1 400 | 2 300 | 3 525 | 6 400 |
| | 城市 | 小计 | 1 494 | 3 180 | 850 | 1 600 | 2 750 | 4 250 | 6 800 |
| | | 男 | 636 | 3 381 | 875 | 1 700 | 3 100 | 4 400 | 6 800 |
| | | 女 | 858 | 3 003 | 850 | 1 600 | 2 600 | 3 900 | 6 800 |
| | 农村 | 小计 | 1 403 | 2 659 | 750 | 1 400 | 2 200 | 3 200 | 6 200 |
| | | 男 | 655 | 2 816 | 850 | 1 470 | 2 350 | 3 300 | 6 400 |
| | | 女 | 748 | 2 502 | 700 | 1 350 | 2 100 | 3 100 | 5 800 |
| 江西 | 城乡 | 小计 | 2 917 | 2 928 | 850 | 1 450 | 2 000 | 2 900 | 7 200 |
| | | 男 | 1 376 | 3 412 | 950 | 1 600 | 2 200 | 3 200 | 9 200 |
| | | 女 | 1 541 | 2 423 | 800 | 1 400 | 1 900 | 2 700 | 5 400 |
| | 城市 | 小计 | 1 720 | 2 937 | 900 | 1 450 | 2 100 | 2 980 | 8 700 |
| | | 男 | 795 | 3 375 | 950 | 1 600 | 2 200 | 3 300 | 10 400 |
| | | 女 | 925 | 2 487 | 900 | 1 400 | 1 900 | 2 800 | 6 400 |
| | 农村 | 小计 | 1 197 | 2 919 | 850 | 1 400 | 1 900 | 2 800 | 5 750 |
| | | 男 | 581 | 3 451 | 900 | 1 600 | 2 200 | 2 900 | 6 800 |
| | | 女 | 616 | 2 353 | 800 | 1 350 | 1 800 | 2 600 | 4 400 |
| 山东 | 城乡 | 小计 | 5 589 | 3 242 | 1 100 | 1 950 | 2 800 | 3 750 | 6 200 |
| | | 男 | 2 493 | 3 424 | 1 200 | 2 100 | 2 900 | 3 900 | 6 300 |
| | | 女 | 3 096 | 3 065 | 950 | 1 900 | 2 600 | 3 500 | 5 800 |
| | 城市 | 小计 | 2 708 | 3 332 | 1 000 | 1 900 | 2 700 | 3 700 | 6 400 |
| | | 男 | 1 126 | 3 462 | 1 200 | 2 000 | 2 800 | 3 700 | 6 300 |
| | | 女 | 1 582 | 3 212 | 1 000 | 1 900 | 2 500 | 3 600 | 6 750 |
| | 农村 | 小计 | 2 881 | 3 141 | 1 150 | 2 000 | 2 900 | 3 800 | 5 750 |
| | | 男 | 1 367 | 3 383 | 1 300 | 2 250 | 3 000 | 4 000 | 6 200 |
| | | 女 | 1 514 | 2 890 | 900 | 1 800 | 2 700 | 3 500 | 5 300 |
| 河南 | 城乡 | 小计 | 4 928 | 3 290 | 1 200 | 2 100 | 2 900 | 3 900 | 6 400 |
| | | 男 | 2 102 | 3 587 | 1 300 | 2 300 | 3 300 | 4 400 | 6 600 |
| | | 女 | 2 826 | 3 016 | 1 050 | 1 900 | 2 700 | 3 600 | 5 800 |
| | 城市 | 小计 | 2 038 | 3 215 | 950 | 1 800 | 2 800 | 3 800 | 6 600 |
| | | 男 | 845 | 3 341 | 1 000 | 2 100 | 2 900 | 4 200 | 6 800 |
| | | 女 | 1 193 | 3 106 | 900 | 1 800 | 2 600 | 3 600 | 6 600 |
| | 农村 | 小计 | 2 890 | 3 319 | 1 300 | 2 200 | 3 050 | 3 900 | 6300 |
| | | 男 | 1 257 | 3 681 | 1 500 | 2 600 | 3 400 | 4 440 | 6 600 |
| | | 女 | 1 633 | 2 979 | 1 200 | 2 000 | 2 800 | 3 600 | 5 500 |
| 湖北 | 城乡 | 小计 | 3 412 | 2 478 | 950 | 1 600 | 2 300 | 2 900 | 4 800 |
| | | 男 | 1 606 | 2 570 | 950 | 1 700 | 2 400 | 3 150 | 5 200 |
| | | 女 | 1 806 | 2 376 | 950 | 1 550 | 2 200 | 2 800 | 4 400 |
| | 城市 | 小计 | 2 385 | 2 616 | 1 000 | 1 700 | 2 400 | 3 100 | 5 200 |
| | | 男 | 1 129 | 2 706 | 1 050 | 1 800 | 2 400 | 3 300 | 5 400 |
| | | 女 | 1 256 | 2 512 | 950 | 1 650 | 2 300 | 2 800 | 4 800 |
| | 农村 | 小计 | 1 027 | 2 235 | 950 | 1 400 | 2 100 | 2 700 | 4 400 |
| | | 男 | 477 | 2 316 | 950 | 1 400 | 2 200 | 2 800 | 4 560 |
| | | 女 | 550 | 2 153 | 950 | 1 400 | 2 050 | 2 700 | 4 400 |
| 湖南 | 城乡 | 小计 | 4 058 | 2 432 | 810 | 1 400 | 2 000 | 2 800 | 5 300 |
| | | 男 | 1 848 | 2 668 | 850 | 1 600 | 2 200 | 3 200 | 5 800 |
| | | 女 | 2 210 | 2 166 | 775 | 1 300 | 1 800 | 2 500 | 4 900 |
| | 城市 | 小计 | 1 534 | 2 754 | 900 | 1 500 | 2 100 | 3 200 | 6 800 |
| | | 男 | 622 | 2 964 | 950 | 1 700 | 2 200 | 3 200 | 7 700 |
| | | 女 | 912 | 2 553 | 900 | 1 400 | 1 900 | 3 200 | 6 400 |
| | 农村 | 小计 | 2 524 | 2 304 | 800 | 1 400 | 2 000 | 2 700 | 4 800 |
| | | 男 | 1 226 | 2 563 | 850 | 1 600 | 2 200 | 3 100 | 5 400 |
| | | 女 | 1 298 | 1 995 | 750 | 1 200 | 1 720 | 2 400 | 3 800 |
| 广东 | 城乡 | 小计 | 3 250 | 2 377 | 950 | 1 600 | 2 060 | 2 600 | 4 400 |
| | | 男 | 1 461 | 2 411 | 950 | 1 600 | 2 100 | 2 650 | 4 200 |
| | | 女 | 1 789 | 2 347 | 920 | 1 600 | 2 000 | 2 600 | 4 400 |
| | 城市 | 小计 | 1 751 | 2 577 | 900 | 1 550 | 2 100 | 2 800 | 5 000 |

| 地区 | 城乡 | 性别 | *n* | 夏季日均总饮水摄入量 /（ml/d） | | | | | |
|---|---|---|---|---|---|---|---|---|---|
| | | | | Mean | P5 | P25 | P50 | P75 | P95 |
| 广东 | 城市 | 男 | 778 | 2 610 | 900 | 1 550 | 2 200 | 2 800 | 5 000 |
| | | 女 | 973 | 2 548 | 900 | 1 550 | 2 050 | 2 800 | 4 900 |
| | 农村 | 小计 | 1 499 | 2 160 | 950 | 1 650 | 2 050 | 2 550 | 3 600 |
| | | 男 | 683 | 2 200 | 950 | 1 660 | 2 100 | 2 600 | 3 600 |
| | | 女 | 816 | 2 123 | 950 | 1 650 | 1 950 | 2 500 | 3 600 |
| 广西 | 城乡 | 小计 | 3 363 | 3 739 | 900 | 2 200 | 3 200 | 4 600 | 7 400 |
| | | 男 | 1 585 | 4 012 | 900 | 2 350 | 3 400 | 5 000 | 8 000 |
| | | 女 | 1 778 | 3 447 | 900 | 2 100 | 3 100 | 4 200 | 6 600 |
| | 城市 | 小计 | 1 335 | 4 104 | 1 200 | 2 400 | 3 500 | 5 000 | 7 900 |
| | | 男 | 608 | 4 299 | 1 250 | 2 600 | 3 600 | 5 350 | 8 100 |
| | | 女 | 727 | 3 901 | 1 200 | 2 300 | 3 200 | 4 600 | 7 200 |
| | 农村 | 小计 | 2 028 | 3 601 | 650 | 2 200 | 3 200 | 4 400 | 7 300 |
| | | 男 | 977 | 3 906 | 700 | 2 300 | 3 400 | 4 900 | 8 000 |
| | | 女 | 1 051 | 3 272 | 650 | 2 050 | 3 100 | 4 100 | 6 200 |
| 海南 | 城乡 | 小计 | 1 083 | 1 910 | 700 | 1 300 | 1 700 | 2 300 | 3 400 |
| | | 男 | 515 | 2 061 | 700 | 1 400 | 1 900 | 2 400 | 3 900 |
| | | 女 | 568 | 1 748 | 650 | 1 100 | 1 600 | 2 200 | 3 400 |
| | 城市 | 小计 | 328 | 1 825 | 700 | 1 200 | 1 700 | 2 300 | 3 400 |
| | | 男 | 155 | 1 962 | 700 | 1 200 | 1 800 | 2 400 | 3 900 |
| | | 女 | 173 | 1 683 | 650 | 1 100 | 1 600 | 2 200 | 3 400 |
| | 农村 | 小计 | 755 | 1 944 | 700 | 1 300 | 1 800 | 2 300 | 3 500 |
| | | 男 | 360 | 2 100 | 900 | 1 400 | 1 900 | 2 400 | 3 800 |
| | | 女 | 395 | 1 774 | 700 | 1 100 | 1 600 | 2 200 | 3 400 |
| 重庆 | 城乡 | 小计 | 966 | 2 110 | 600 | 925 | 1 400 | 2 800 | 5 000 |
| | | 男 | 412 | 2 053 | 600 | 1 050 | 1 400 | 2 700 | 4 400 |
| | | 女 | 554 | 2 164 | 600 | 900 | 1 400 | 2 900 | 5 700 |
| | 城市 | 小计 | 476 | 2 204 | 650 | 1 300 | 1 725 | 2 700 | 5 200 |
| | | 男 | 224 | 2 063 | 900 | 1 300 | 1 600 | 2 400 | 4 400 |
| | | 女 | 252 | 2 363 | 600 | 1 150 | 1 800 | 2 850 | 6 200 |
| | 农村 | 小计 | 490 | 2 013 | 401 | 900 | 1 400 | 3 600 | 4 600 |
| | | 男 | 188 | 2 040 | 240 | 900 | 1 400 | 3 600 | 4 600 |
| | | 女 | 302 | 1 993 | 403 | 900 | 1 400 | 3 600 | 5 100 |
| 四川 | 城乡 | 小计 | 4 578 | 3 123 | 700 | 1 550 | 2 400 | 3 300 | 8 400 |
| | | 男 | 2 095 | 3 184 | 900 | 1 800 | 2 400 | 3 600 | 8 300 |
| | | 女 | 2 483 | 3 062 | 650 | 1 400 | 2 200 | 3 100 | 8 400 |
| | 城市 | 小计 | 1 938 | 2 766 | 650 | 1 480 | 2 200 | 3 100 | 6 800 |
| | | 男 | 865 | 2 962 | 700 | 1 800 | 2 400 | 3 220 | 7 200 |
| | | 女 | 1 073 | 2 573 | 600 | 1 400 | 1 900 | 2 800 | 6 600 |
| | 农村 | 小计 | 2 640 | 3 327 | 900 | 1 600 | 2 400 | 3 600 | 9 000 |
| | | 男 | 1 230 | 3 313 | 900 | 1 800 | 2 400 | 3 600 | 8 800 |
| | | 女 | 1 410 | 3 341 | 700 | 1400 | 2 400 | 3 300 | 9 100 |
| 贵州 | 城乡 | 小计 | 2 855 | 2 026 | 360 | 1 200 | 1 800 | 2 450 | 4 400 |
| | | 男 | 1 334 | 2 183 | 450 | 1 300 | 1 950 | 2 700 | 4 750 |
| | | 女 | 1 521 | 1 847 | 350 | 1 040 | 1 600 | 2 350 | 4 000 |
| | 城市 | 小计 | 1 062 | 1 996 | 350 | 1 100 | 1 700 | 2 400 | 4 400 |
| | | 男 | 498 | 2 147 | 350 | 1 200 | 1 900 | 2 650 | 4 650 |
| | | 女 | 564 | 1 821 | 350 | 1 000 | 1 500 | 2 350 | 4 100 |
| | 农村 | 小计 | 1 793 | 2 055 | 400 | 1 250 | 1 800 | 2 500 | 4 400 |
| | | 男 | 836 | 2 220 | 500 | 1 400 | 2 000 | 2 700 | 4 800 |
| | | 女 | 957 | 1 871 | 350 | 1 200 | 1 650 | 2 350 | 3 900 |
| 云南 | 城乡 | 小计 | 3 468 | 2 474 | 700 | 1 400 | 1 950 | 2 900 | 6 200 |
| | | 男 | 1 658 | 2 719 | 700 | 1 600 | 2 250 | 3 200 | 6 250 |
| | | 女 | 1 810 | 2 203 | 650 | 1 200 | 1 800 | 2 400 | 5 200 |
| | 城市 | 小计 | 912 | 2 656 | 650 | 1 400 | 2 100 | 2 900 | 6 800 |
| | | 男 | 419 | 2 892 | 700 | 1 650 | 2 400 | 3 300 | 6 600 |
| | | 女 | 493 | 2 429 | 500 | 1 150 | 1 900 | 2 700 | 6 800 |
| | 农村 | 小计 | 2 556 | 2 397 | 700 | 1 400 | 1 900 | 2 800 | 5 800 |
| | | 男 | 1 239 | 2 653 | 700 | 1 570 | 2 200 | 3 200 | 6 200 |

| 地区 | 城乡 | 性别 | *n* | 夏季日均总饮水摄入量 /（ml/d） | | | | | |
|---|---|---|---|---|---|---|---|---|---|
| | | | | Mean | P5 | P25 | P50 | P75 | P95 |
| 云南 | 农村 | 女 | 1 317 | 2 097 | 700 | 1 200 | 1 700 | 2 400 | 4 400 |
| 西藏 | 城乡 | 小计 | 1 528 | 5 703 | 0 | 1 700 | 3 600 | 7 900 | 17 900 |
| | | 男 | 618 | 6 188 | 261 | 2 000 | 3 800 | 8 100 | 18 800 |
| | | 女 | 910 | 5 283 | 0 | 1 400 | 3 400 | 7 900 | 16 800 |
| | 城市 | 小计 | 385 | 8 822 | 900 | 3 200 | 6 400 | 12 800 | 24 800 |
| | | 男 | 126 | 10 866 | 1 800 | 4 200 | 8 400 | 14 800 | 29 400 |
| | | 女 | 259 | 7 513 | 900 | 2 700 | 6 100 | 10 800 | 18 300 |
| | 农村 | 小计 | 1 143 | 4 801 | 0 | 1 300 | 3 100 | 6 100 | 14 900 |
| | | 男 | 492 | 5 101 | 170 | 1 650 | 3 300 | 6 200 | 16 000 |
| | | 女 | 651 | 4 518 | 0 | 1 000 | 2 800 | 5 800 | 14 100 |
| 陕西 | 城乡 | 小计 | 2 868 | 3 210 | 900 | 1 700 | 2 400 | 3 600 | 8 300 |
| | | 男 | 1 298 | 3 598 | 900 | 1 900 | 2 800 | 4 140 | 9 600 |
| | | 女 | 1 570 | 2 847 | 700 | 1 400 | 2 150 | 3 150 | 7 400 |
| | 城市 | 小计 | 1 331 | 2 910 | 900 | 1 660 | 2 400 | 3 400 | 6 800 |
| | | 男 | 587 | 3 267 | 900 | 1 900 | 2 800 | 3 800 | 7 600 |
| | | 女 | 744 | 2 586 | 800 | 1 450 | 2 200 | 3 100 | 5 800 |
| | 农村 | 小计 | 1 537 | 3 457 | 900 | 1 700 | 2 400 | 3 700 | 10 700 |
| | | 男 | 711 | 3 861 | 950 | 1 850 | 2 700 | 4 600 | 11 400 |
| | | 女 | 826 | 3 067 | 700 | 1 400 | 2 100 | 3 150 | 9 100 |
| 甘肃 | 城乡 | 小计 | 2 869 | 3 561 | 900 | 1 900 | 3 100 | 4 600 | 7 800 |
| | | 男 | 1 289 | 3 990 | 1 200 | 2 200 | 3 600 | 4 900 | 8 800 |
| | | 女 | 1 580 | 3 133 | 800 | 1 800 | 2 600 | 4 000 | 6 800 |
| | 城市 | 小计 | 799 | 2 836 | 700 | 1 600 | 2 400 | 3 600 | 5 900 |
| | | 男 | 365 | 3 037 | 900 | 1 800 | 2 800 | 3 700 | 5 900 |
| | | 女 | 434 | 2 635 | 650 | 1 400 | 2 200 | 3 600 | 5 900 |
| | 农村 | 小计 | 2 070 | 3 801 | 900 | 2 100 | 3 200 | 4 700 | 8 400 |
| | | 男 | 924 | 4 306 | 1 400 | 2 600 | 3 600 | 5 200 | 9 600 |
| | | 女 | 1 146 | 3 298 | 800 | 1 800 | 2 800 | 4 200 | 7 000 |
| 青海 | 城乡 | 小计 | 1 592 | 2 213 | 0 | 1 300 | 1 900 | 2 800 | 4 900 |
| | | 男 | 691 | 2 483 | 0 | 1 500 | 2 300 | 2 800 | 5 600 |
| | | 女 | 901 | 1 944 | 0 | 1 000 | 1 900 | 2 400 | 4 400 |
| | 城市 | 小计 | 666 | 2 375 | 500 | 1 400 | 2 200 | 2 800 | 5 400 |
| | | 男 | 296 | 2 573 | 700 | 1 800 | 2 400 | 2 900 | 5 600 |
| | | 女 | 370 | 2 164 | 325 | 1 350 | 1 900 | 2 700 | 4 900 |
| | 农村 | 小计 | 926 | 1 847 | 0 | 500 | 1 700 | 2 350 | 4 400 |
| | | 男 | 395 | 2 255 | 0 | 900 | 1 900 | 2 600 | 6 150 |
| | | 女 | 531 | 1 498 | 0 | 400 | 1 400 | 2 300 | 3 420 |
| 宁夏 | 城乡 | 小计 | 1 137 | 2 836 | 1 000 | 1 800 | 2 400 | 3 300 | 5 400 |
| | | 男 | 538 | 3 048 | 1 200 | 2 100 | 2 700 | 3 400 | 5 600 |
| | | 女 | 599 | 2 602 | 900 | 1 600 | 2 300 | 3 200 | 4 800 |
| | 城市 | 小计 | 1 039 | 2 839 | 950 | 1 800 | 2 400 | 3 300 | 5 400 |
| | | 男 | 488 | 3 049 | 1 200 | 2 050 | 2 700 | 3 400 | 5 600 |
| | | 女 | 551 | 2 610 | 900 | 1 600 | 2 300 | 3 100 | 4 800 |
| | 农村 | 小计 | 98 | 2 805 | 1 200 | 1 900 | 2 700 | 3 500 | 4 800 |
| | | 男 | 50 | 3 037 | 1 300 | 2 300 | 2 800 | 3 800 | 4 900 |
| | | 女 | 48 | 2 523 | 900 | 1 550 | 2 400 | 3 300 | 4 600 |
| 新疆 | 城乡 | 小计 | 2 803 | 3 230 | 800 | 1 700 | 2 400 | 3 800 | 8 400 |
| | | 男 | 1 263 | 3 716 | 1 000 | 2 000 | 3 000 | 4 400 | 8 800 |
| | | 女 | 1 540 | 2 703 | 600 | 1 400 | 2 200 | 3 300 | 6 800 |
| | 城市 | 小计 | 1 218 | 3 283 | 1 000 | 1 800 | 2 800 | 3 800 | 6 800 |
| | | 男 | 483 | 3 617 | 1 200 | 2 000 | 3 000 | 4 300 | 7 300 |
| | | 女 | 735 | 2 981 | 900 | 1 600 | 2 400 | 3 400 | 6 288 |
| | 农村 | 小计 | 1 585 | 3 204 | 690 | 1 600 | 2 400 | 3 800 | 8 700 |
| | | 男 | 780 | 3 760 | 800 | 2 000 | 3 000 | 4 600 | 9 300 |
| | | 女 | 805 | 2 541 | 600 | 1 400 | 2 100 | 3 100 | 6 800 |

## 附表 3-12 中国人群分省（直辖市、自治区）、城乡、性别的冬季日均总饮水摄入量

| 地区 | 城乡 | 性别 | *n* | 冬季日均总饮水摄入量 /（ml/d） | | | | | |
|---|---|---|---|---|---|---|---|---|---|
| | | | | Mean | P5 | P25 | P50 | P75 | P95 |
| 合计 | 城乡 | 小计 | 91 048 | 1 990 | 500 | 950 | 1 600 | 2 400 | 4 700 |
| | | 男 | 41 268 | 2 148 | 500 | 1 050 | 1 700 | 2 600 | 5 000 |
| | | 女 | 49 780 | 1 831 | 450 | 900 | 1 400 | 2 200 | 4 320 |
| | 城市 | 小计 | 41 800 | 2 057 | 500 | 1 000 | 1 600 | 2 400 | 4 800 |
| | | 男 | 18 442 | 2 181 | 600 | 1 100 | 1 700 | 2 600 | 5 000 |
| | | 女 | 23 358 | 1 935 | 500 | 900 | 1 450 | 2 300 | 4 600 |
| | 农村 | 小计 | 49 248 | 1 939 | 450 | 900 | 1 500 | 2 400 | 4 600 |
| | | 男 | 22 826 | 2 123 | 500 | 1 000 | 1 700 | 2 650 | 5 000 |
| | | 女 | 26 422 | 1 751 | 450 | 900 | 1 400 | 2 200 | 4 050 |
| 北京 | 城乡 | 小计 | 1 114 | 2 777 | 700 | 1 400 | 2 200 | 3 200 | 5 600 |
| | | 男 | 458 | 3 217 | 700 | 1 600 | 2 300 | 3 400 | 6 300 |
| | | 女 | 656 | 2 385 | 700 | 1 300 | 1 900 | 2 800 | 5 200 |
| | 城市 | 小计 | 840 | 2 763 | 700 | 1 400 | 2 200 | 3 200 | 5 600 |
| | | 男 | 354 | 3 172 | 700 | 1 450 | 2 300 | 3 400 | 6 300 |
| | | 女 | 486 | 2 382 | 700 | 1 300 | 1 900 | 2 900 | 5 300 |
| | 农村 | 小计 | 274 | 2 814 | 700 | 1 550 | 2 100 | 2 800 | 5 400 |
| | | 男 | 104 | 3 343 | 700 | 1 700 | 2 300 | 3 100 | 6 300 |
| | | 女 | 170 | 2 391 | 800 | 1 400 | 1 900 | 2 700 | 5 200 |
| 天津 | 城乡 | 小计 | 1 154 | 2 463 | 450 | 900 | 1 900 | 3 400 | 5 800 |
| | | 男 | 470 | 2 485 | 450 | 925 | 1 900 | 3 600 | 5 300 |
| | | 女 | 684 | 2 440 | 450 | 900 | 1 800 | 3 400 | 6 400 |
| | 城市 | 小计 | 865 | 2 568 | 650 | 1 050 | 1 900 | 3 300 | 6 400 |
| | | 男 | 336 | 2 522 | 700 | 950 | 1 900 | 3 300 | 5 800 |
| | | 女 | 529 | 2 615 | 560 | 1 100 | 2 000 | 3 400 | 7 200 |
| | 农村 | 小计 | 289 | 2 288 | 450 | 700 | 1 600 | 3 600 | 4 800 |
| | | 男 | 134 | 2 427 | 450 | 900 | 2 100 | 3 600 | 4 600 |
| | | 女 | 155 | 2 134 | 450 | 700 | 1 350 | 3 600 | 5 400 |
| 河北 | 城乡 | 小计 | 4 408 | 2 797 | 800 | 1 400 | 2 100 | 3 200 | 6 500 |
| | | 男 | 1 935 | 2 970 | 800 | 1 600 | 2 300 | 3 325 | 6 900 |
| | | 女 | 2 473 | 2 628 | 850 | 1 400 | 1 900 | 2 920 | 6 400 |
| | 城市 | 小计 | 1 830 | 2 824 | 700 | 1 400 | 2 200 | 3 200 | 6 025 |
| | | 男 | 829 | 2 960 | 700 | 1 500 | 2 300 | 3 600 | 6 400 |
| | | 女 | 1 001 | 2 676 | 800 | 1 400 | 2 000 | 3 000 | 5 900 |
| | 农村 | 小计 | 2 578 | 2 773 | 900 | 1 450 | 2 100 | 3 000 | 6 900 |
| | | 男 | 1 106 | 2 979 | 900 | 1 600 | 2 300 | 3 200 | 7 525 |
| | | 女 | 1 472 | 2 589 | 900 | 1 400 | 1 900 | 2 900 | 6 400 |
| 山西 | 城乡 | 小计 | 3 439 | 2 489 | 800 | 1 400 | 2 100 | 2 900 | 5 400 |
| | | 男 | 1 563 | 2 781 | 900 | 1 600 | 2 300 | 3 300 | 6 300 |
| | | 女 | 1 876 | 2 209 | 800 | 1 300 | 1 850 | 2 650 | 4 600 |
| | 城市 | 小计 | 1 046 | 2 499 | 900 | 1 600 | 2 200 | 3 100 | 5 000 |
| | | 男 | 479 | 2 783 | 900 | 1 800 | 2 400 | 3 400 | 5 400 |
| | | 女 | 567 | 2 226 | 900 | 1 400 | 1 900 | 2 700 | 4 600 |
| | 农村 | 小计 | 2 393 | 2 485 | 800 | 1 300 | 1 900 | 2 800 | 5 600 |
| | | 男 | 1 084 | 2 780 | 900 | 1 450 | 2 100 | 3 100 | 6 600 |
| | | 女 | 1 309 | 2 201 | 800 | 1 300 | 1 800 | 2 600 | 4 600 |
| 内蒙古 | 城乡 | 小计 | 3 046 | 2 218 | 700 | 1 300 | 1 800 | 2 400 | 5 000 |
| | | 男 | 1 470 | 2 350 | 900 | 1 400 | 1 900 | 2 700 | 5 000 |
| | | 女 | 1 576 | 2 066 | 700 | 1 150 | 1 600 | 2 200 | 5 200 |
| | 城市 | 小计 | 1 195 | 2 072 | 700 | 1 200 | 1 800 | 2 400 | 4 600 |
| | | 男 | 554 | 2 277 | 830 | 1 400 | 1 900 | 2 800 | 4 900 |
| | | 女 | 641 | 1 849 | 700 | 1 000 | 1 650 | 2 200 | 3 800 |
| | 农村 | 小计 | 1 851 | 2 320 | 750 | 1 400 | 1 800 | 2 400 | 5 800 |
| | | 男 | 916 | 2 400 | 900 | 1 400 | 1 900 | 2 600 | 5 200 |
| | | 女 | 935 | 2 226 | 700 | 1 200 | 1 500 | 2 100 | 7 200 |
| 辽宁 | 城乡 | 小计 | 3 376 | 1 585 | 500 | 900 | 1 300 | 1 900 | 3 200 |
| | | 男 | 1 448 | 1 742 | 500 | 900 | 1 400 | 2 200 | 3 800 |

| 地区 | 城乡 | 性别 | *n* | 冬季日均总饮水摄入量 /（ml/d） | | | | | |
|---|---|---|---|---|---|---|---|---|---|
| | | | | Mean | P5 | P25 | P50 | P75 | P95 |
| 辽宁 | 城乡 | 女 | 1 928 | 1 425 | 450 | 725 | 1 200 | 1 700 | 2 900 |
| | 城市 | 小计 | 1 195 | 1 550 | 500 | 900 | 1 200 | 1 900 | 3 400 |
| | | 男 | 526 | 1 629 | 525 | 900 | 1 400 | 2 100 | 3 600 |
| | | 女 | 669 | 1 463 | 450 | 700 | 1 100 | 1 700 | 3 200 |
| | 农村 | 小计 | 2 181 | 1 597 | 500 | 900 | 1 300 | 2 000 | 3100 |
| | | 男 | 922 | 1 786 | 500 | 900 | 1 400 | 2 300 | 3 800 |
| | | 女 | 1 259 | 1 412 | 450 | 800 | 1 200 | 1 800 | 2 900 |
| 吉林 | 城乡 | 小计 | 2 737 | 1 178 | 500 | 700 | 900 | 1 400 | 2 400 |
| | | 男 | 1 302 | 1 225 | 500 | 700 | 1 000 | 1 400 | 2 600 |
| | | 女 | 1 435 | 1 127 | 450 | 700 | 900 | 1 400 | 2 400 |
| | 城市 | 小计 | 1 571 | 1 321 | 500 | 700 | 1 000 | 1 400 | 3 200 |
| | | 男 | 704 | 1 375 | 500 | 700 | 1 000 | 1 500 | 3 200 |
| | | 女 | 867 | 1 264 | 450 | 700 | 910 | 1 400 | 3 200 |
| | 农村 | 小计 | 1 166 | 1 042 | 500 | 700 | 900 | 1 300 | 2 200 |
| | | 男 | 598 | 1 086 | 500 | 700 | 900 | 1 300 | 2 300 |
| | | 女 | 568 | 994 | 450 | 700 | 700 | 1 200 | 2 100 |
| 黑龙江 | 城乡 | 小计 | 4 061 | 1 326 | 400 | 700 | 1 200 | 1 700 | 2 800 |
| | | 男 | 1 881 | 1 428 | 450 | 800 | 1 200 | 1 800 | 3 000 |
| | | 女 | 2 180 | 1 229 | 400 | 700 | 1 050 | 1 600 | 2 600 |
| | 城市 | 小计 | 1 589 | 1 386 | 480 | 800 | 1 200 | 1 800 | 2 800 |
| | | 男 | 681 | 1 462 | 500 | 900 | 1 400 | 1 900 | 2 800 |
| | | 女 | 908 | 1 319 | 450 | 700 | 1 200 | 1 800 | 2 700 |
| | 农村 | 小计 | 2 472 | 1 290 | 400 | 700 | 1 050 | 1 600 | 2 800 |
| | | 男 | 1 200 | 1 408 | 450 | 800 | 1 200 | 1 800 | 3 150 |
| | | 女 | 1 272 | 1 170 | 400 | 600 | 1 000 | 1 400 | 2 550 |
| 上海 | 城乡 | 小计 | 1 161 | 2 148 | 650 | 1 200 | 1 700 | 2 400 | 4 950 |
| | | 男 | 540 | 2 432 | 700 | 1 200 | 1 850 | 2 650 | 7 000 |
| | | 女 | 621 | 1 846 | 600 | 1 100 | 1 600 | 2 200 | 4 000 |
| | 城市 | 小计 | 1 161 | 2 148 | 650 | 1 200 | 1 700 | 2 400 | 4 950 |
| | | 男 | 540 | 2 432 | 700 | 1 200 | 1 850 | 2 650 | 7 000 |
| | | 女 | 621 | 1 846 | 600 | 1 100 | 1 600 | 2 200 | 4 000 |
| 江苏 | 城乡 | 小计 | 3 472 | 2 041 | 650 | 1 100 | 1 700 | 2 400 | 4 600 |
| | | 男 | 1 586 | 2 267 | 700 | 1 300 | 1 900 | 2 700 | 5 300 |
| | | 女 | 1 886 | 1 817 | 550 | 1 000 | 1 450 | 2 200 | 4 125 |
| | 城市 | 小计 | 2 313 | 2 035 | 650 | 1 150 | 1 700 | 2 400 | 4 400 |
| | | 男 | 1 068 | 2 295 | 700 | 1 350 | 1 900 | 2 800 | 4 940 |
| | | 女 | 1 245 | 1 766 | 600 | 1 000 | 1 450 | 2 200 | 3 600 |
| | 农村 | 小计 | 1 159 | 2 054 | 525 | 1 050 | 1 500 | 2 410 | 5 100 |
| | | 男 | 518 | 2 203 | 650 | 1 100 | 1 700 | 2 600 | 5 400 |
| | | 女 | 641 | 1 919 | 450 | 950 | 1 400 | 2 200 | 4 800 |
| 浙江 | 城乡 | 小计 | 3 424 | 1 642 | 450 | 750 | 1 300 | 1 925 | 3 650 |
| | | 男 | 1 598 | 1 902 | 500 | 900 | 1 500 | 2 200 | 4 200 |
| | | 女 | 1 826 | 1 366 | 440 | 700 | 1 100 | 1 700 | 3 000 |
| | 城市 | 小计 | 1 184 | 1 612 | 500 | 900 | 1 400 | 2 100 | 3 400 |
| | | 男 | 536 | 1 760 | 600 | 900 | 1 600 | 2 200 | 3 600 |
| | | 女 | 648 | 1 460 | 450 | 700 | 1 200 | 1 800 | 3 200 |
| | 农村 | 小计 | 2 240 | 1 657 | 450 | 700 | 1 200 | 1 900 | 3 850 |
| | | 男 | 1 062 | 1 969 | 450 | 900 | 1 450 | 2 300 | 4 900 |
| | | 女 | 1 178 | 1 320 | 425 | 700 | 1 000 | 1 550 | 2 900 |
| 安徽 | 城乡 | 小计 | 3 496 | 2 686 | 650 | 1 400 | 2 300 | 3 400 | 5 900 |
| | | 男 | 1 545 | 2 944 | 700 | 1 700 | 2 600 | 3 700 | 6 800 |
| | | 女 | 1 951 | 2 432 | 600 | 1 200 | 2 100 | 3 200 | 5 300 |
| | 城市 | 小计 | 1 893 | 2 757 | 525 | 1 350 | 2 200 | 3 400 | 6 950 |
| | | 男 | 791 | 2 938 | 575 | 1 400 | 2 400 | 3 500 | 8 000 |
| | | 女 | 1 102 | 2 589 | 475 | 1 200 | 2 100 | 3 200 | 6 200 |
| | 农村 | 小计 | 1 603 | 2 642 | 650 | 1 400 | 2 370 | 3 400 | 5 525 |
| | | 男 | 754 | 2 948 | 900 | 1 700 | 2 700 | 3 880 | 6 200 |
| | | 女 | 849 | 2 331 | 600 | 1 200 | 2 100 | 3 200 | 4 700 |

| 地区 | 城乡 | 性别 | n | 冬季日均总饮水摄入量 / (ml/d) | | | | | |
|---|---|---|---|---|---|---|---|---|---|
| | | | | Mean | P5 | P25 | P50 | P75 | P95 |
| 福建 | 城乡 | 小计 | 2 897 | 2 215 | 450 | 900 | 1 700 | 3 100 | 5 600 |
| | | 男 | 1 291 | 2 319 | 450 | 900 | 1 720 | 3 300 | 5 800 |
| | | 女 | 1 606 | 2 117 | 450 | 900 | 1 650 | 2 900 | 5 400 |
| | 城市 | 小计 | 1 494 | 2 584 | 490 | 1 100 | 2 200 | 3 400 | 6 600 |
| | | 男 | 636 | 2 728 | 450 | 1 100 | 2 350 | 3 800 | 6 800 |
| | | 女 | 858 | 2 456 | 500 | 1 100 | 2 100 | 3 200 | 6 600 |
| | 农村 | 小计 | 1 403 | 1 849 | 440 | 850 | 1 400 | 2 300 | 4 400 |
| | | 男 | 655 | 1 939 | 450 | 900 | 1 550 | 2 400 | 4 400 |
| | | 女 | 748 | 1 758 | 350 | 720 | 1 300 | 2 300 | 4 400 |
| 江西 | 城乡 | 小计 | 2 917 | 1 581 | 450 | 700 | 1 150 | 1 700 | 3 800 |
| | | 男 | 1 376 | 1 860 | 450 | 850 | 1 200 | 1 800 | 4 800 |
| | | 女 | 1 541 | 1 289 | 400 | 700 | 950 | 1 480 | 3 000 |
| | 城市 | 小计 | 1 720 | 1 692 | 450 | 850 | 1 200 | 1 820 | 4 800 |
| | | 男 | 795 | 1 949 | 500 | 900 | 1 350 | 1 900 | 5 800 |
| | | 女 | 925 | 1 429 | 450 | 700 | 1 200 | 1 700 | 3 400 |
| | 农村 | 小计 | 1 197 | 1 462 | 400 | 700 | 950 | 1 420 | 2 900 |
| | | 男 | 581 | 1 767 | 450 | 775 | 1 100 | 1 600 | 3 400 |
| | | 女 | 616 | 1 136 | 350 | 650 | 900 | 1 300 | 2 400 |
| 山东 | 城乡 | 小计 | 5 589 | 2 308 | 750 | 1 400 | 1 900 | 2 700 | 4 400 |
| | | 男 | 2 493 | 2 427 | 900 | 1 400 | 2 150 | 2 800 | 4 540 |
| | | 女 | 3 096 | 2 191 | 700 | 1 350 | 1 850 | 2 600 | 4 380 |
| | 城市 | 小计 | 2 708 | 2 390 | 700 | 1 400 | 1 900 | 2 700 | 4 700 |
| | | 男 | 1 126 | 2 451 | 800 | 1 400 | 2 000 | 2 700 | 4 500 |
| | | 女 | 1 582 | 2 334 | 700 | 1 400 | 1 850 | 2 700 | 4 800 |
| | 农村 | 小计 | 2 881 | 2 215 | 800 | 1 400 | 2 000 | 2 800 | 4 200 |
| | | 男 | 1 367 | 2 402 | 900 | 1 600 | 2 300 | 2 800 | 4 550 |
| | | 女 | 1 514 | 2 020 | 700 | 1 300 | 1 800 | 2 400 | 3 800 |
| 河南 | 城乡 | 小计 | 4 928 | 2 563 | 900 | 1 700 | 2 300 | 3 100 | 5 100 |
| | | 男 | 2 102 | 2 802 | 900 | 1 800 | 2 600 | 3 480 | 5 550 |
| | | 女 | 2 826 | 2 344 | 800 | 1 400 | 2 100 | 2 800 | 4 400 |
| | 城市 | 小计 | 2 038 | 2 475 | 800 | 1 400 | 2 100 | 2 800 | 5 200 |
| | | 男 | 845 | 2 592 | 900 | 1 600 | 2 300 | 3 100 | 5 600 |
| | | 女 | 1 193 | 2 373 | 700 | 1 300 | 1 800 | 2 800 | 4 700 |
| | 农村 | 小计 | 2 890 | 2 599 | 900 | 1 700 | 2 400 | 3 200 | 5 000 |
| | | 男 | 1 257 | 2 882 | 950 | 1 800 | 2 680 | 3 600 | 5 550 |
| | | 女 | 1 633 | 2 332 | 900 | 1 460 | 2 200 | 2 900 | 4 300 |
| 湖北 | 城乡 | 小计 | 3 412 | 1 436 | 450 | 900 | 1 200 | 1 700 | 3 000 |
| | | 男 | 1 606 | 1 500 | 450 | 900 | 1 300 | 1 800 | 3 050 |
| | | 女 | 1 806 | 1 366 | 450 | 740 | 1 200 | 1 600 | 2 900 |
| | 城市 | 小计 | 2 385 | 1 548 | 500 | 900 | 1 400 | 1 800 | 3 300 |
| | | 男 | 1 129 | 1 630 | 525 | 900 | 1 400 | 1 900 | 3 400 |
| | | 女 | 1 256 | 1 453 | 500 | 900 | 1 200 | 1 700 | 3 100 |
| | 农村 | 小计 | 1 027 | 1 240 | 450 | 700 | 1 200 | 1 400 | 2 700 |
| | | 男 | 477 | 1 257 | 450 | 700 | 1 200 | 1 600 | 2 650 |
| | | 女 | 550 | 1 223 | 450 | 700 | 1 150 | 1 400 | 2 800 |
| 湖南 | 城乡 | 小计 | 4 058 | 1 437 | 400 | 700 | 1 150 | 1 700 | 3 200 |
| | | 男 | 1 848 | 1 580 | 450 | 800 | 1 200 | 1 900 | 3 800 |
| | | 女 | 2 210 | 1 276 | 350 | 700 | 1 025 | 1 450 | 2 900 |
| | 城市 | 小计 | 1 534 | 1 756 | 500 | 800 | 1 200 | 2 100 | 4 700 |
| | | 男 | 622 | 1 895 | 600 | 925 | 1 325 | 2 200 | 4 700 |
| | | 女 | 912 | 1 622 | 450 | 700 | 1 200 | 2 000 | 4 700 |
| | 农村 | 小计 | 2 524 | 1 311 | 350 | 700 | 1 100 | 1 600 | 2 900 |
| | | 男 | 1 226 | 1 468 | 430 | 750 | 1 200 | 1 700 | 3 200 |
| | | 女 | 1 298 | 1 123 | 350 | 700 | 950 | 1 400 | 2 400 |
| 广东 | 城乡 | 小计 | 3 249 | 1 678 | 600 | 1 000 | 1 400 | 1 900 | 3 400 |
| | | 男 | 1 460 | 1 695 | 600 | 1 020 | 1 400 | 1 900 | 3 300 |
| | | 女 | 1 789 | 1 663 | 600 | 1 000 | 1 400 | 1 900 | 3 400 |
| | 城市 | 小计 | 1 750 | 1 917 | 600 | 1 000 | 1 400 | 2 150 | 4 400 |

| 地区 | 城乡 | 性别 | $n$ | 冬季日均总饮水摄入量 / （ml/d） | | | | | |
|---|---|---|---|---|---|---|---|---|---|
| | | | | Mean | P5 | P25 | P50 | P75 | P95 |
| 广东 | 城市 | 男 | 777 | 1 908 | 600 | 1 000 | 1 400 | 2 100 | 4 200 |
| | | 女 | 973 | 1 924 | 625 | 1 050 | 1 450 | 2 200 | 4 400 |
| | 农村 | 小计 | 1 499 | 1 420 | 550 | 1 000 | 1 400 | 1 700 | 2 300 |
| | | 男 | 683 | 1 469 | 600 | 1 100 | 1 400 | 1 700 | 2 400 |
| | | 女 | 816 | 1 374 | 520 | 1 000 | 1 400 | 1 650 | 2 200 |
| 广西 | 城乡 | 小计 | 3 363 | 2 226 | 400 | 1 150 | 1 900 | 2 800 | 4 900 |
| | | 男 | 1 585 | 2 443 | 450 | 1 200 | 2 000 | 3 000 | 5 400 |
| | | 女 | 1 778 | 1 993 | 360 | 1 100 | 1 700 | 2 500 | 4 200 |
| | 城市 | 小计 | 1 335 | 2 492 | 650 | 1 300 | 2 100 | 2 800 | 4 900 |
| | | 男 | 608 | 2 657 | 700 | 1 300 | 2 100 | 3 050 | 5 400 |
| | | 女 | 727 | 2 321 | 600 | 1 200 | 1 950 | 2 700 | 4 500 |
| | 农村 | 小计 | 2 028 | 2 125 | 350 | 1 100 | 1 800 | 2 750 | 4 900 |
| | | 男 | 977 | 2 365 | 350 | 1 200 | 2 000 | 2 900 | 5 475 |
| | | 女 | 1 051 | 1 867 | 325 | 1 050 | 1 700 | 2 300 | 4 000 |
| 海南 | 城乡 | 小计 | 1 083 | 1 345 | 450 | 900 | 1 150 | 1 700 | 2 700 |
| | | 男 | 515 | 1 455 | 600 | 900 | 1 300 | 1 700 | 2 800 |
| | | 女 | 568 | 1 227 | 450 | 850 | 1 100 | 1 450 | 2 600 |
| | 城市 | 小计 | 328 | 1 319 | 500 | 900 | 1 150 | 1 600 | 2 900 |
| | | 男 | 155 | 1 411 | 500 | 900 | 1 200 | 1 700 | 3 400 |
| | | 女 | 173 | 1 223 | 450 | 750 | 1 100 | 1 400 | 2 450 |
| | 农村 | 小计 | 755 | 1 355 | 450 | 900 | 1 150 | 1 700 | 2 700 |
| | | 男 | 360 | 1 472 | 650 | 900 | 1 300 | 1700 | 2 700 |
| | | 女 | 395 | 1 228 | 450 | 850 | 1 100 | 1 450 | 2 600 |
| 重庆 | 城乡 | 小计 | 966 | 1 256 | 220 | 650 | 900 | 1 725 | 3600 |
| | | 男 | 412 | 1 215 | 220 | 700 | 900 | 1 600 | 3 600 |
| | | 女 | 554 | 1 293 | 225 | 650 | 900 | 1 800 | 3 600 |
| | 城市 | 小计 | 476 | 1 330 | 450 | 700 | 900 | 1 600 | 3 150 |
| | | 男 | 224 | 1 245 | 450 | 700 | 900 | 1 550 | 2 800 |
| | | 女 | 252 | 1 425 | 350 | 700 | 950 | 1 800 | 3 400 |
| | 农村 | 小计 | 490 | 1 179 | 101 | 450 | 800 | 1 800 | 3 600 |
| | | 男 | 188 | 1 177 | 70 | 450 | 900 | 1 800 | 3 600 |
| | | 女 | 302 | 1 180 | 170 | 450 | 700 | 1 800 | 3 600 |
| 四川 | 城乡 | 小计 | 4 578 | 1 776 | 450 | 900 | 1 300 | 2 100 | 4 600 |
| | | 男 | 2 095 | 1 862 | 460 | 900 | 1 400 | 2 200 | 4 700 |
| | | 女 | 2 483 | 1 691 | 400 | 775 | 1 200 | 1 900 | 4 600 |
| | 城市 | 小计 | 1 938 | 1 754 | 375 | 900 | 1 400 | 2 200 | 4 400 |
| | | 男 | 865 | 1 892 | 450 | 1000 | 1 450 | 2 400 | 4 400 |
| | | 女 | 1 073 | 1 617 | 350 | 700 | 1 200 | 1 900 | 4 600 |
| | 农村 | 小计 | 2 640 | 1 788 | 450 | 900 | 1 200 | 2 100 | 4 600 |
| | | 男 | 1 230 | 1 845 | 575 | 900 | 1 300 | 2 200 | 5 000 |
| | | 女 | 1 410 | 1 733 | 450 | 825 | 1 200 | 1 800 | 4 600 |
| 贵州 | 城乡 | 小计 | 2 855 | 1 111 | 300 | 600 | 950 | 1 400 | 2 400 |
| | | 男 | 1 334 | 1 198 | 350 | 700 | 1 050 | 1 500 | 2 400 |
| | | 女 | 1 521 | 1 012 | 250 | 525 | 875 | 1 225 | 2 400 |
| | 城市 | 小计 | 1 062 | 1 166 | 350 | 600 | 950 | 1 500 | 2 400 |
| | | 男 | 498 | 1 255 | 350 | 650 | 1 100 | 1 650 | 2 500 |
| | | 女 | 564 | 1 061 | 300 | 560 | 900 | 1 300 | 2 400 |
| | 农村 | 小计 | 1 793 | 1 059 | 250 | 600 | 900 | 1 350 | 2 400 |
| | | 男 | 836 | 1 141 | 300 | 700 | 1 000 | 1 400 | 2 400 |
| | | 女 | 957 | 967 | 250 | 500 | 850 | 1 200 | 2 300 |
| 云南 | 城乡 | 小计 | 3 468 | 1 704 | 450 | 900 | 1 400 | 2 100 | 4 200 |
| | | 男 | 1 658 | 1 895 | 500 | 1 050 | 1 550 | 2 350 | 4 550 |
| | | 女 | 1 810 | 1 492 | 400 | 800 | 1 200 | 1 800 | 3 400 |
| | 城市 | 小计 | 912 | 1 738 | 400 | 900 | 1 400 | 2 100 | 4 600 |
| | | 男 | 419 | 1 878 | 450 | 1 000 | 1 400 | 2 400 | 4 600 |
| | | 女 | 493 | 1 603 | 325 | 700 | 1 200 | 1 800 | 4 500 |
| | 农村 | 小计 | 2 556 | 1 689 | 450 | 900 | 1 400 | 2 100 | 3 800 |
| | | 男 | 1 239 | 1 901 | 500 | 1 070 | 1 600 | 2 300 | 4 500 |

| 地区 | 城乡 | 性别 | *n* | 冬季日均总饮水摄入量 /（ml/d） | | | | | |
|---|---|---|---|---|---|---|---|---|---|
| | | | | Mean | P5 | P25 | P50 | P75 | P95 |
| 云南 | 农村 | 女 | 1 317 | 1 440 | 450 | 800 | 1 200 | 1 800 | 3 100 |
| 西藏 | 城乡 | 小计 | 1 528 | 5 644 | 0 | 1 600 | 3 600 | 7 600 | 17 600 |
| | | 男 | 618 | 6 174 | 240 | 1 900 | 3 800 | 7 800 | 18 600 |
| | | 女 | 910 | 5 186 | 0 | 1 300 | 3 300 | 7 200 | 17 200 |
| | 城市 | 小计 | 385 | 8 483 | 900 | 2 800 | 5 400 | 12 400 | 24 800 |
| | | 男 | 126 | 10 427 | 1 400 | 3 600 | 7 200 | 14 100 | 30 600 |
| | | 女 | 259 | 7 238 | 700 | 2 300 | 4 900 | 10 400 | 19 200 |
| | 农村 | 小计 | 1 143 | 4 824 | 0 | 1 300 | 2 900 | 6 200 | 14 800 |
| | | 男 | 492 | 5 185 | 113 | 1 650 | 3 400 | 6 400 | 15 600 |
| | | 女 | 651 | 4 482 | 0 | 1 000 | 2 800 | 6 100 | 13 900 |
| 陕西 | 城乡 | 小计 | 2 868 | 2 058 | 500 | 962 | 1 700 | 2 400 | 4 800 |
| | | 男 | 1 298 | 2 319 | 650 | 1 200 | 1 800 | 2 800 | 5 400 |
| | | 女 | 1 570 | 1 813 | 450 | 900 | 1 400 | 2 100 | 4 200 |
| | 城市 | 小计 | 1 331 | 1 888 | 650 | 1 050 | 1 600 | 2 300 | 3 900 |
| | | 男 | 587 | 2 096 | 700 | 1 300 | 1 800 | 2 600 | 4 300 |
| | | 女 | 744 | 1 700 | 600 | 900 | 1 400 | 2 100 | 3 400 |
| | 农村 | 小计 | 1 537 | 2 197 | 450 | 950 | 1 800 | 2 450 | 5 600 |
| | | 男 | 711 | 2 496 | 500 | 1 200 | 1 900 | 2 900 | 6 400 |
| | | 女 | 826 | 1 908 | 450 | 900 | 1 400 | 2 100 | 4 600 |
| 甘肃 | 城乡 | 小计 | 2 869 | 2 318 | 700 | 1 200 | 1 900 | 2 800 | 5 500 |
| | | 男 | 1 289 | 2 587 | 700 | 1 400 | 2 200 | 3 100 | 5 800 |
| | | 女 | 1 580 | 2 050 | 700 | 900 | 1 750 | 2 600 | 5 000 |
| | 城市 | 小计 | 799 | 1 880 | 500 | 900 | 1 600 | 2 600 | 3 900 |
| | | 男 | 365 | 2 003 | 650 | 900 | 1 800 | 2 600 | 3 800 |
| | | 女 | 434 | 1 758 | 300 | 900 | 1 300 | 2 300 | 4 400 |
| | 农村 | 小计 | 2 070 | 2 463 | 700 | 1 300 | 2 100 | 2 900 | 5 800 |
| | | 男 | 924 | 2 781 | 900 | 1 600 | 2 400 | 3 400 | 6 200 |
| | | 女 | 1 146 | 2 146 | 700 | 1 100 | 1 800 | 2 600 | 5 100 |
| 青海 | 城乡 | 小计 | 1 592 | 1 893 | 0 | 1 000 | 1 800 | 2 400 | 4 600 |
| | | 男 | 691 | 2 081 | 0 | 1 300 | 1 900 | 2 400 | 4 900 |
| | | 女 | 901 | 1 706 | 0 | 900 | 1 450 | 2 200 | 3 800 |
| | 城市 | 小计 | 666 | 2 076 | 400 | 1 400 | 1 900 | 2 400 | 4 900 |
| | | 男 | 296 | 2 190 | 500 | 1 400 | 1 900 | 2 600 | 4 900 |
| | | 女 | 370 | 1 955 | 300 | 1200 | 1 900 | 2 400 | 4 700 |
| | 农村 | 小计 | 926 | 1 480 | 0 | 450 | 1 200 | 1 900 | 3 900 |
| | | 男 | 395 | 1 804 | 0 | 700 | 1 400 | 2 200 | 4 960 |
| | | 女 | 531 | 1 202 | 0 | 250 | 1 000 | 1 800 | 3 200 |
| 宁夏 | 城乡 | 小计 | 1 137 | 1 856 | 650 | 1 120 | 1 550 | 2 200 | 3 600 |
| | | 男 | 538 | 2 007 | 850 | 1 300 | 1 700 | 2 300 | 3 800 |
| | | 女 | 599 | 1 688 | 650 | 900 | 1 400 | 1 900 | 3 200 |
| | 城市 | 小计 | 1 039 | 1 906 | 650 | 1 150 | 1 600 | 2 200 | 3 630 |
| | | 男 | 488 | 2 070 | 850 | 1 300 | 1 800 | 2 400 | 3 800 |
| | | 女 | 551 | 1 727 | 650 | 950 | 1 400 | 2 000 | 3 200 |
| | 农村 | 小计 | 98 | 1 389 | 650 | 900 | 1 300 | 1 600 | 2 800 |
| | | 男 | 50 | 1 458 | 800 | 1 100 | 1 300 | 1 800 | 2 300 |
| | | 女 | 48 | 1 306 | 600 | 850 | 1 200 | 1 400 | 2 800 |
| 新疆 | 城乡 | 小计 | 2 803 | 2 548 | 600 | 1 200 | 2 000 | 3 100 | 6 100 |
| | | 男 | 1 263 | 2 974 | 700 | 1 600 | 2 400 | 3 600 | 6 800 |
| | | 女 | 1 540 | 2 086 | 600 | 1200 | 1 800 | 2 480 | 4 900 |
| | 城市 | 小计 | 1 218 | 2 501 | 750 | 1 400 | 2 000 | 2 900 | 5 300 |
| | | 男 | 483 | 2 854 | 880 | 1 500 | 2 400 | 3 600 | 5 600 |
| | | 女 | 735 | 2 181 | 700 | 1 200 | 1 800 | 2 600 | 4 800 |
| | 农村 | 小计 | 1 585 | 2 572 | 600 | 1 200 | 2 000 | 3 200 | 6 400 |
| | | 男 | 780 | 3 026 | 600 | 1 600 | 2 400 | 3 800 | 7 200 |
| | | 女 | 805 | 2 030 | 600 | 1 200 | 1 800 | 2 400 | 4 900 |

## 附表 3-13 中国人群分东中西、城乡、性别、年龄的全年日均直接饮水摄入量

| 地区 | 城乡 | 性别 | 年龄 | n | 全年日均直接饮水摄入量 / (ml/d) | | | | | |
|---|---|---|---|---|---|---|---|---|---|---|
| | | | | | Mean | P5 | P25 | P50 | P75 | P95 |
| 合计 | 城乡 | 小计 | 小计 | 90 973 | 1 505 | 281 | 625 | 1 125 | 1 800 | 3 750 |
| | | | 18 ~ 44 岁 | 36 628 | 1 547 | 313 | 638 | 1 125 | 1 875 | 3 875 |
| | | | 45 ~ 59 岁 | 32 320 | 1 529 | 275 | 625 | 1 125 | 1 875 | 3 750 |
| | | | 60 ~ 79 岁 | 20 544 | 1 375 | 238 | 625 | 1 000 | 1 625 | 3 250 |
| | | | 80 岁及以上 | 1 481 | 1 212 | 188 | 500 | 875 | 1 500 | 3 125 |
| | | 男 | 小计 | 41 236 | 1 638 | 313 | 750 | 1 250 | 2 000 | 4 000 |
| | | | 18 ~ 44 岁 | 16 753 | 1 655 | 375 | 750 | 1 250 | 2 000 | 4 050 |
| | | | 45 ~ 59 岁 | 14 070 | 1 697 | 313 | 750 | 1 250 | 2 000 | 4 250 |
| | | | 60 ~ 79 岁 | 9 740 | 1 515 | 250 | 625 | 1 125 | 1 875 | 3 713 |
| | | | 80 岁及以上 | 673 | 1 355 | 200 | 500 | 1 000 | 1650 | 4 125 |
| | | 女 | 小计 | 49 737 | 1 372 | 250 | 625 | 1 000 | 1 625 | 3 375 |
| | | | 18 ~ 44 岁 | 19 875 | 1 435 | 281 | 625 | 1 125 | 1 750 | 3 500 |
| | | | 45 ~ 59 岁 | 18 250 | 1 361 | 250 | 625 | 1 000 | 1 625 | 3 250 |
| | | | 60 ~ 79 岁 | 10 804 | 1 235 | 188 | 500 | 900 | 1 500 | 3 000 |
| | | | 80 岁及以上 | 808 | 1 103 | 156 | 500 | 750 | 1 250 | 2 500 |
| | 城市 | 小计 | 小计 | 41 773 | 1 670 | 313 | 750 | 1 250 | 2 000 | 4 250 |
| | | | 18 ~ 44 岁 | 16 622 | 1 677 | 375 | 750 | 1 250 | 2 000 | 4 250 |
| | | | 45 ~ 59 岁 | 14 724 | 1 734 | 313 | 750 | 1 250 | 2 000 | 4 500 |
| | | | 60 ~ 79 岁 | 9 682 | 1 561 | 250 | 625 | 1 125 | 1 950 | 4 000 |
| | | | 80 岁及以上 | 745 | 1 505 | 250 | 563 | 1 050 | 1 688 | 4 875 |
| | | 男 | 小计 | 18 433 | 1 768 | 400 | 813 | 1 275 | 2 000 | 4 500 |
| | | | 18 ~ 44 岁 | 7 531 | 1 736 | 438 | 813 | 1 300 | 2 000 | 4 250 |
| | | | 45 ~ 59 岁 | 6 261 | 1 888 | 375 | 875 | 1 375 | 2 125 | 4 500 |
| | | | 60 ~ 79 岁 | 4 318 | 1 669 | 313 | 750 | 1 250 | 2 000 | 4 000 |
| | | | 80 岁及以上 | 323 | 1 642 | 250 | 625 | 1 125 | 2 000 | 5 000 |
| | | 女 | 小计 | 23 340 | 1 573 | 313 | 625 | 1 125 | 1 875 | 4 000 |
| | | | 18 ~ 44 岁 | 9 091 | 1 617 | 313 | 700 | 1 188 | 1 950 | 4 125 |
| | | | 45 ~ 59 岁 | 8 463 | 1 579 | 300 | 625 | 1 125 | 1 875 | 4 000 |
| | | | 60 ~ 79 岁 | 5 364 | 1 459 | 250 | 625 | 1 063 | 1 750 | 3 750 |
| | | | 80 岁及以上 | 422 | 1 401 | 225 | 500 | 1 000 | 1 500 | 3 250 |
| | 农村 | 小计 | 小计 | 49 200 | 1 378 | 250 | 625 | 1 100 | 1 688 | 3 250 |
| | | | 18 ~ 44 岁 | 20 006 | 1 447 | 288 | 625 | 1 125 | 1 750 | 3 500 |
| | | | 45 ~ 59 岁 | 17 596 | 1 365 | 250 | 625 | 1 063 | 1 700 | 3 200 |
| | | | 60 ~ 79 岁 | 10 862 | 1 233 | 188 | 550 | 975 | 1 500 | 3 000 |
| | | | 80 岁及以上 | 736 | 946 | 125 | 450 | 625 | 1 188 | 2 250 |
| | | 男 | 小计 | 22 803 | 1 539 | 313 | 625 | 1 125 | 1 875 | 3 750 |
| | | | 18 ~ 44 岁 | 9 222 | 1 593 | 313 | 750 | 1 250 | 1 938 | 4 000 |
| | | | 45 ~ 59 岁 | 7 809 | 1 544 | 313 | 625 | 1 188 | 1 900 | 3625 |
| | | | 60 ~ 79 岁 | 5 422 | 1 403 | 250 | 625 | 1 063 | 1 750 | 3 250 |
| | | | 80 岁及以上 | 350 | 1 099 | 125 | 500 | 875 | 1 500 | 3 000 |
| | | 女 | 小计 | 26 397 | 1 214 | 219 | 563 | 1 000 | 1 500 | 2 750 |
| | | | 18 ~ 44 岁 | 10 784 | 1 295 | 250 | 625 | 1 000 | 1 625 | 3 000 |
| | | | 45 ~ 59 岁 | 9 787 | 1 191 | 200 | 563 | 938 | 1 500 | 2 813 |
| | | | 60 ~ 79 岁 | 5 440 | 1 055 | 156 | 500 | 750 | 1 250 | 2 400 |
| | | | 80 岁及以上 | 386 | 827 | 138 | 438 | 625 | 1 125 | 2 000 |
| 东部 | 城乡 | 小计 | 小计 | 30 915 | 1 594 | 300 | 625 | 1 188 | 2 000 | 3 750 |
| | | | 18 ~ 44 岁 | 10 518 | 1 591 | 313 | 688 | 1 250 | 2 000 | 3 750 |
| | | | 45 ~ 59 岁 | 11 790 | 1 643 | 281 | 625 | 1 250 | 2 000 | 4 000 |
| | | | 60 ~ 79 岁 | 7 932 | 1 546 | 250 | 625 | 1 125 | 1 875 | 3 750 |
| | | | 80 岁及以上 | 675 | 1 361 | 156 | 500 | 1 000 | 1 594 | 4 125 |
| | | 男 | 小计 | 13 790 | 1 727 | 325 | 750 | 1 300 | 2 000 | 4 000 |
| | | | 18 ~ 44 岁 | 4 647 | 1 684 | 400 | 750 | 1 313 | 2 000 | 3 938 |
| | | | 45 ~ 59 岁 | 5 030 | 1 826 | 350 | 800 | 1 375 | 2 125 | 4 250 |
| | | | 60 ~ 79 岁 | 3 812 | 1 692 | 250 | 650 | 1 250 | 2 000 | 4 000 |
| | | | 80 岁及以上 | 301 | 1 545 | 188 | 594 | 1 125 | 2 000 | 4 500 |

| 地区 | 城乡 | 性别 | 年龄 | *n* | 全年日均直接饮水摄入量 / （ml/d） | | | | | |
| --- | --- | --- | --- | --- | --- | --- | --- | --- | --- | --- |
| | | | | | Mean | P5 | P25 | P50 | P75 | P95 |
| 东部 | 城乡 | 女 | 小计 | 17 125 | 1 463 | 250 | 625 | 1 125 | 1 750 | 3 438 |
| | | | 18 ～ 44 岁 | 5 871 | 1 499 | 313 | 625 | 1 125 | 1 800 | 3 375 |
| | | | 45 ～ 59 岁 | 6 760 | 1 464 | 250 | 625 | 1 125 | 1 800 | 3 500 |
| | | | 60 ～ 79 岁 | 4 120 | 1 397 | 219 | 563 | 1 000 | 1 625 | 3 500 |
| | | | 80 岁及以上 | 374 | 1 226 | 150 | 500 | 800 | 1 313 | 3 000 |
| | 城市 | 小计 | 小计 | 15 662 | 1 797 | 313 | 750 | 1 313 | 2 125 | 4 375 |
| | | | 18 ～ 44 岁 | 5 458 | 1 776 | 400 | 813 | 1 350 | 2 100 | 4 125 |
| | | | 45 ～ 59 岁 | 5 800 | 1 882 | 313 | 788 | 1 400 | 2 125 | 4 500 |
| | | | 60 ～ 79 岁 | 4 051 | 1 733 | 281 | 688 | 1 250 | 2 063 | 4 250 |
| | | | 80 岁及以上 | 353 | 1 628 | 250 | 600 | 1 063 | 1 875 | 5 000 |
| | | 男 | 小计 | 6 881 | 1 901 | 400 | 875 | 1 500 | 2 250 | 4 500 |
| | | | 18 ～ 44 岁 | 2 417 | 1 843 | 438 | 875 | 1 500 | 2 250 | 4 250 |
| | | | 45 ～ 59 岁 | 2 455 | 2 042 | 375 | 900 | 1 500 | 2 250 | 4 875 |
| | | | 60 ～ 79 岁 | 1 860 | 1 824 | 325 | 813 | 1 375 | 2 200 | 4 500 |
| | | | 80 岁及以上 | 149 | 1 780 | 281 | 625 | 1 250 | 2 250 | 5 000 |
| | | 女 | 小计 | 8 781 | 1 696 | 313 | 700 | 1 250 | 2 000 | 4 125 |
| | | | 18 ～ 44 岁 | 3 041 | 1 712 | 375 | 750 | 1 250 | 2 000 | 4 000 |
| | | | 45 ～ 59 岁 | 3 345 | 1 720 | 313 | 700 | 1 250 | 2 000 | 4 313 |
| | | | 60 ～ 79 岁 | 2 191 | 1 644 | 250 | 625 | 1 125 | 2 000 | 4 125 |
| | | | 80 岁及以上 | 204 | 1 524 | 250 | 563 | 1 000 | 1 500 | 5 250 |
| | 农村 | 小计 | 小计 | 15 253 | 1 386 | 250 | 625 | 1 125 | 1 750 | 3 125 |
| | | | 18 ～ 44 岁 | 5 060 | 1 406 | 313 | 625 | 1 125 | 1 750 | 3 125 |
| | | | 45 ～ 59 岁 | 5 990 | 1 400 | 250 | 625 | 1 125 | 1 750 | 3 250 |
| | | | 60 ～ 79 岁 | 3 881 | 1 346 | 219 | 563 | 1 000 | 1 625 | 3 063 |
| | | | 80 岁及以上 | 322 | 1 019 | 125 | 438 | 750 | 1 250 | 3 000 |
| | | 男 | 小计 | 6 909 | 1 550 | 313 | 625 | 1 250 | 1 938 | 3 500 |
| | | | 18 ～ 44 岁 | 2 230 | 1 527 | 344 | 625 | 1 250 | 2 000 | 3 375 |
| | | | 45 ～ 59 岁 | 2 575 | 1 599 | 313 | 750 | 1 250 | 2 000 | 3 500 |
| | | | 60 ～ 79 岁 | 1 952 | 1 557 | 250 | 625 | 1 125 | 1 800 | 3 500 |
| | | | 80 岁及以上 | 152 | 1 270 | 124 | 500 | 1 000 | 1 594 | 3 625 |
| | | 女 | 小计 | 8 344 | 1 224 | 250 | 563 | 1 000 | 1 625 | 2 750 |
| | | | 18 ～ 44 岁 | 2 830 | 1 286 | 281 | 625 | 1 050 | 1 625 | 2 750 |
| | | | 45 ～ 59 岁 | 3 415 | 1 211 | 225 | 500 | 1 000 | 1 625 | 2 813 |
| | | | 60 ～ 79 岁 | 1 929 | 1 123 | 156 | 500 | 875 | 1 375 | 2 625 |
| | | | 80 岁及以上 | 170 | 820 | 125 | 313 | 625 | 1 125 | 2 000 |
| 中部 | 城乡 | 小计 | 小计 | 29 007 | 1 424 | 313 | 625 | 1 125 | 1 750 | 3 250 |
| | | | 18 ～ 44 岁 | 12 092 | 1 490 | 325 | 638 | 1 125 | 1 750 | 3 500 |
| | | | 45 ～ 59 岁 | 10 193 | 1 418 | 313 | 625 | 1 125 | 1 750 | 3 375 |
| | | | 60 ～ 79 岁 | 6 322 | 1 255 | 220 | 625 | 1 000 | 1 563 | 3 000 |
| | | | 80 岁及以上 | 400 | 1 034 | 225 | 500 | 875 | 1 250 | 2 250 |
| | | 男 | 小计 | 13 206 | 1 572 | 375 | 750 | 1 188 | 1 875 | 3 750 |
| | | | 18 ～ 44 岁 | 5 607 | 1 629 | 438 | 750 | 1 250 | 1 875 | 3 938 |
| | | | 45 ～ 59 岁 | 4 454 | 1 581 | 375 | 750 | 1 250 | 2 000 | 4 000 |
| | | | 60 ～ 79 岁 | 2 975 | 1 396 | 275 | 625 | 1 125 | 1 750 | 3 250 |
| | | | 80 岁及以上 | 170 | 1 245 | 225 | 500 | 1 125 | 1 500 | 3 000 |
| | | 女 | 小计 | 15 801 | 1 273 | 250 | 625 | 1 000 | 1 500 | 3 000 |
| | | | 18 ～ 44 岁 | 6 485 | 1 346 | 313 | 625 | 1 063 | 1 625 | 3 250 |
| | | | 45 ～ 59 岁 | 5 739 | 1 256 | 250 | 625 | 1 000 | 1 500 | 3 000 |
| | | | 60 ～ 79 岁 | 3 347 | 1 110 | 188 | 500 | 875 | 1 313 | 2 500 |
| | | | 80 岁及以上 | 230 | 896 | 200 | 500 | 750 | 1 125 | 2 125 |
| | 城市 | 小计 | 小计 | 13 762 | 1 597 | 375 | 750 | 1 125 | 1 875 | 4 125 |
| | | | 18 ～ 44 岁 | 5 783 | 1 630 | 469 | 750 | 1 250 | 2 000 | 4 250 |
| | | | 45 ～ 59 岁 | 4 761 | 1 645 | 375 | 750 | 1 125 | 1 938 | 4 500 |
| | | | 60 ～ 79 岁 | 3 002 | 1 422 | 313 | 625 | 1 125 | 1 750 | 3 250 |
| | | | 80 岁及以上 | 216 | 1 230 | 250 | 563 | 1 125 | 1 500 | 2 969 |
| | | 男 | 小计 | 6 041 | 1 710 | 500 | 813 | 1 250 | 2 000 | 4 500 |
| | | | 18 ～ 44 岁 | 2 654 | 1 702 | 500 | 813 | 1 250 | 2 000 | 4 500 |
| | | | 45 ～ 59 岁 | 2 018 | 1 808 | 500 | 813 | 1 250 | 2 000 | 4 875 |

| 地区 | 城乡 | 性别 | 年龄 | n | 全年日均直接饮水摄入量 /（ml/d） | | | | | |
|---|---|---|---|---|---|---|---|---|---|---|
| | | | | | Mean | P5 | P25 | P50 | P75 | P95 |
| 中部 | 城市 | 男 | 60～79岁 | 1 281 | 1 568 | 375 | 750 | 1 250 | 2 000 | 3 500 |
| | | | 80岁及以上 | 88 | 1 459 | 225 | 875 | 1 125 | 1 500 | 4 500 |
| | | 女 | 小计 | 7 721 | 1 485 | 313 | 625 | 1 125 | 1 750 | 4 000 |
| | | | 18～44岁 | 3 129 | 1 556 | 344 | 700 | 1 125 | 1 875 | 4 250 |
| | | | 45～59岁 | 2 743 | 1 482 | 313 | 625 | 1 125 | 1 625 | 4 000 |
| | | | 60～79岁 | 1 721 | 1 290 | 250 | 625 | 1 050 | 1 500 | 3 000 |
| | | | 80岁及以上 | 128 | 1 051 | 250 | 500 | 938 | 1 500 | 2 625 |
| | 农村 | 小计 | 小计 | 15 245 | 1 313 | 250 | 625 | 1 063 | 1 625 | 3 000 |
| | | | 18～44岁 | 6 309 | 1 396 | 313 | 625 | 1 125 | 1 650 | 3 000 |
| | | | 45～59岁 | 5 432 | 1 272 | 250 | 625 | 1 000 | 1 625 | 2 813 |
| | | | 60～79岁 | 3 320 | 1 163 | 188 | 563 | 938 | 1 500 | 2 600 |
| | | | 80岁及以上 | 184 | 918 | 200 | 500 | 750 | 1 125 | 2 000 |
| | | 男 | 小计 | 7 165 | 1 487 | 313 | 650 | 1 125 | 1 875 | 3 250 |
| | | | 18～44岁 | 2 953 | 1 580 | 375 | 750 | 1 188 | 1 875 | 3 500 |
| | | | 45～59岁 | 2 436 | 1 435 | 358 | 638 | 1 125 | 1 875 | 3 000 |
| | | | 60～79岁 | 1 694 | 1 311 | 250 | 625 | 1 063 | 1 650 | 3 125 |
| | | | 80岁及以上 | 82 | 1 093 | 250 | 438 | 1 125 | 1 500 | 2 500 |
| | | 女 | 小计 | 8 080 | 1 135 | 225 | 600 | 938 | 1 375 | 2 500 |
| | | | 18～44岁 | 3 356 | 1 202 | 250 | 625 | 1 000 | 1 500 | 2 625 |
| | | | 45～59岁 | 2 996 | 1 113 | 188 | 600 | 875 | 1 375 | 2 500 |
| | | | 60～79岁 | 1 626 | 1 001 | 156 | 500 | 750 | 1 250 | 2 250 |
| | | | 80岁及以上 | 102 | 815 | 156 | 500 | 625 | 1 125 | 2 000 |
| 西部 | 城乡 | 小计 | 小计 | 31 051 | 1 475 | 250 | 625 | 1 125 | 1 750 | 4 125 |
| | | | 18～44岁 | 14 018 | 1 557 | 250 | 625 | 1 125 | 1 800 | 4 500 |
| | | | 45～59岁 | 10 337 | 1 473 | 250 | 625 | 1 125 | 1 750 | 4 000 |
| | | | 60～79岁 | 6 290 | 1 246 | 200 | 563 | 900 | 1 500 | 3 125 |
| | | | 80岁及以上 | 406 | 1 130 | 156 | 500 | 750 | 1 250 | 2 875 |
| | | 男 | 小计 | 14 240 | 1 589 | 250 | 638 | 1 200 | 1 950 | 4 500 |
| | | | 18～44岁 | 6 499 | 1 649 | 313 | 750 | 1 250 | 2 000 | 4500 |
| | | | 45～59岁 | 4 586 | 1 626 | 281 | 625 | 1 200 | 2 000 | 4 500 |
| | | | 60～79岁 | 2 953 | 1 369 | 238 | 625 | 1 000 | 1 625 | 3 500 |
| | | | 80岁及以上 | 202 | 1 138 | 125 | 488 | 781 | 1 250 | 4 000 |
| | | 女 | 小计 | 16 811 | 1 356 | 200 | 600 | 1 000 | 1 625 | 3 750 |
| | | | 18～44岁 | 7 519 | 1 458 | 219 | 625 | 1 063 | 1 625 | 4 250 |
| | | | 45～59岁 | 5 751 | 1 317 | 206 | 600 | 1 000 | 1 563 | 3 250 |
| | | | 60～79岁 | 3 337 | 1 127 | 156 | 500 | 750 | 1 375 | 2 875 |
| | | | 80岁及以上 | 204 | 1 120 | 156 | 500 | 625 | 1 188 | 2 500 |
| | 城市 | 小计 | 小计 | 12 349 | 1 516 | 269 | 625 | 1 125 | 1 875 | 4 000 |
| | | | 18～44岁 | 5 381 | 1 567 | 313 | 625 | 1 150 | 1 875 | 4 125 |
| | | | 45～59岁 | 4 163 | 1 526 | 281 | 625 | 1 125 | 1 875 | 3 750 |
| | | | 60～79岁 | 2 629 | 1 349 | 250 | 563 | 1 000 | 1 625 | 3 625 |
| | | | 80岁及以上 | 176 | 1 470 | 250 | 500 | 1 000 | 1 750 | 5 063 |
| | | 男 | 小计 | 5 511 | 1 589 | 313 | 688 | 1 250 | 2 000 | 4 000 |
| | | | 18～44岁 | 2 460 | 1 604 | 325 | 750 | 1 250 | 2 000 | 3 875 |
| | | | 45～59岁 | 1 788 | 1 654 | 313 | 750 | 1 250 | 2 000 | 4125 |
| | | | 60～79岁 | 1 177 | 1 440 | 275 | 625 | 1 125 | 1 750 | 3750 |
| | | | 80岁及以上 | 86 | 1 511 | 250 | 500 | 1 000 | 1 750 | 5 250 |
| | | 女 | 小计 | 6 838 | 1 441 | 250 | 625 | 1 000 | 1 750 | 4 000 |
| | | | 18～44岁 | 2 921 | 1 526 | 250 | 625 | 1 125 | 1 800 | 4500 |
| | | | 45～59岁 | 2 375 | 1 396 | 250 | 625 | 1 000 | 1 625 | 3 500 |
| | | | 60～79岁 | 1 452 | 1 264 | 219 | 500 | 900 | 1 500 | 3 300 |
| | | | 80岁及以上 | 90 | 1 432 | 175 | 500 | 875 | 1 688 | 2 500 |
| | 农村 | 小计 | 小计 | 18 702 | 1 448 | 200 | 625 | 1 063 | 1 688 | 4 250 |
| | | | 18～44岁 | 8 637 | 1 552 | 219 | 625 | 1 125 | 1 750 | 4 500 |
| | | | 45～59岁 | 6 174 | 1 438 | 225 | 625 | 1 063 | 1 750 | 4 000 |
| | | | 60～79岁 | 3 661 | 1 179 | 156 | 525 | 844 | 1 375 | 3 000 |
| | | | 80岁及以上 | 230 | 871 | 125 | 344 | 625 | 1 000 | 2 250 |
| | | 男 | 小计 | 8 729 | 1 589 | 250 | 625 | 1 200 | 1 875 | 4 500 |

| 地区 | 城乡 | 性别 | 年龄 | n | 全年日均直接饮水摄入量 /（ml/d） | | | | | |
|---|---|---|---|---|---|---|---|---|---|---|
| | | | | | Mean | P5 | P25 | P50 | P75 | P95 |
| 西部 | 农村 | 男 | 18 ～ 44 岁 | 4 039 | 1 677 | 250 | 750 | 1 250 | 2 000 | 4 875 |
| | | | 45 ～ 59 岁 | 2 798 | 1 607 | 250 | 625 | 1 125 | 2 000 | 4 750 |
| | | | 60 ～ 79 岁 | 1 776 | 1 325 | 200 | 625 | 1 000 | 1 500 | 3 400 |
| | | | 80 岁及以上 | 116 | 880 | 63 | 313 | 625 | 1 125 | 2 250 |
| | | 女 | 小计 | 9 973 | 1 301 | 200 | 563 | 1 000 | 1 500 | 3 500 |
| | | | 18 ～ 44 岁 | 4 598 | 1 417 | 200 | 625 | 1 000 | 1 600 | 4 250 |
| | | | 45 ～ 59 岁 | 3 376 | 1 264 | 200 | 563 | 1 000 | 1 500 | 3 250 |
| | | | 60 ～ 79 岁 | 1 885 | 1 036 | 150 | 500 | 750 | 1 250 | 2 400 |
| | | | 80 岁及以上 | 114 | 862 | 156 | 344 | 625 | 1 000 | 2 063 |

## 附表 3-14 中国人群分东中西、城乡、性别、年龄的春秋季日均直接饮水摄入量

| 地区 | 城乡 | 性别 | 年龄 | n | 春秋季日均直接饮水摄入量 /（ml/d） | | | | | |
|---|---|---|---|---|---|---|---|---|---|---|
| | | | | | Mean | P5 | P25 | P50 | P75 | P95 |
| 合计 | 城乡 | 小计 | 小计 | 90 978 | 1 388 | 250 | 500 | 1 000 | 1 600 | 3 500 |
| | | | 18 ～ 44 岁 | 36 629 | 1 421 | 250 | 500 | 1 000 | 1 640 | 3 750 |
| | | | 45 ～ 59 岁 | 32 323 | 1 414 | 250 | 500 | 1 000 | 1 750 | 3 750 |
| | | | 60 ～ 79 岁 | 20 545 | 1 274 | 200 | 500 | 1 000 | 1 500 | 3 000 |
| | | | 80 岁及以上 | 1 481 | 1 125 | 125 | 500 | 750 | 1 500 | 3 000 |
| | | 男 | 小计 | 41 236 | 1 510 | 250 | 500 | 1 000 | 2 000 | 4 000 |
| | | | 18 ～ 44 岁 | 16 753 | 1 520 | 260 | 600 | 1 000 | 2 000 | 4 000 |
| | | | 45 ～ 59 岁 | 14 070 | 1 569 | 250 | 500 | 1 000 | 2 000 | 4 000 |
| | | | 60 ～ 79 岁 | 9 740 | 1 407 | 250 | 500 | 1 000 | 1800 | 3 500 |
| | | | 80 岁及以上 | 673 | 1 264 | 150 | 500 | 1 000 | 1 500 | 4 000 |
| | | 女 | 小计 | 49 742 | 1 265 | 250 | 500 | 1 000 | 1 500 | 3 000 |
| | | | 18 ～ 44 岁 | 19 876 | 1 320 | 250 | 500 | 1 000 | 1 500 | 3 000 |
| | | | 45 ～ 59 岁 | 18 253 | 1 261 | 250 | 500 | 1 000 | 1 500 | 3 000 |
| | | | 60 ～ 79 岁 | 10 805 | 1 141 | 125 | 500 | 800 | 1 500 | 3 000 |
| | | | 80 岁及以上 | 808 | 1 017 | 125 | 500 | 500 | 1 000 | 2 500 |
| | 城市 | 小计 | 小计 | 41 776 | 1 550 | 250 | 500 | 1 000 | 2 000 | 4 000 |
| | | | 18 ～ 44 岁 | 16 622 | 1 553 | 300 | 600 | 1 000 | 2 000 | 4 000 |
| | | | 45 ～ 59 岁 | 14 726 | 1 613 | 250 | 500 | 1 000 | 2 000 | 4 200 |
| | | | 60 ～ 79 岁 | 9 683 | 1 448 | 250 | 500 | 1 000 | 2 000 | 4 000 |
| | | | 80 岁及以上 | 745 | 1 408 | 250 | 500 | 1 000 | 1 500 | 4 500 |
| | | 男 | 小计 | 18 433 | 1 638 | 300 | 750 | 1 200 | 2 000 | 4 000 |
| | | | 18 ～ 44 岁 | 7 531 | 1 603 | 400 | 750 | 1 125 | 2 000 | 4 000 |
| | | | 45 ～ 59 岁 | 6 261 | 1 755 | 300 | 750 | 1 250 | 2 000 | 4 500 |
| | | | 60 ～ 79 岁 | 4 318 | 1 551 | 250 | 600 | 1 000 | 2 000 | 4 000 |
| | | | 80 岁及以上 | 323 | 1 541 | 250 | 500 | 1 000 | 2 000 | 5 000 |
| | | 女 | 小计 | 23 343 | 1 462 | 250 | 500 | 1 000 | 1 800 | 4 000 |
| | | | 18 ～ 44 岁 | 9 091 | 1 503 | 250 | 500 | 1 000 | 2 000 | 4 000 |
| | | | 45 ～ 59 岁 | 8 465 | 1 470 | 250 | 500 | 1 000 | 2 000 | 4 000 |
| | | | 60 ～ 79 岁 | 5 365 | 1 351 | 250 | 500 | 1 000 | 1 500 | 3 750 |
| | | | 80 岁及以上 | 422 | 1 308 | 200 | 500 | 1 000 | 1 500 | 3 000 |
| | 农村 | 小计 | 小计 | 49 202 | 1 263 | 250 | 500 | 1 000 | 1 500 | 3 000 |
| | | | 18 ～ 44 岁 | 20 007 | 1 321 | 250 | 500 | 1 000 | 1 500 | 3 000 |
| | | | 45 ～ 59 岁 | 17 597 | 1 256 | 250 | 500 | 1 000 | 1 500 | 3 000 |
| | | | 60 ～ 79 岁 | 10 862 | 1 141 | 150 | 500 | 1 000 | 1 500 | 3 000 |
| | | | 80 岁及以上 | 736 | 867 | 125 | 450 | 500 | 1 000 | 2 000 |
| | | 男 | 小计 | 22 803 | 1 413 | 250 | 500 | 1 000 | 1 750 | 3 500 |
| | | | 18 ～ 44 岁 | 9 222 | 1 458 | 250 | 500 | 1 000 | 2 000 | 4 000 |
| | | | 45 ～ 59 岁 | 7 809 | 1 418 | 250 | 500 | 1 000 | 1 800 | 3 500 |
| | | | 60 ～ 79 岁 | 5 422 | 1 302 | 250 | 500 | 1 000 | 1 500 | 3 000 |
| | | | 80 岁及以上 | 350 | 1 018 | 125 | 500 | 750 | 1 500 | 3 000 |

| 地区 | 城乡 | 性别 | 年龄 | $n$ | 春秋季日均直接饮水摄入量 /（ml/d） | | | | | |
|---|---|---|---|---|---|---|---|---|---|---|
| | | | | | Mean | P5 | P25 | P50 | P75 | P95 |
| 合计 | 农村 | 女 | 小计 | 26 399 | 1 111 | 200 | 500 | 1 000 | 1 500 | 2 500 |
| | | | 18 ～ 44 岁 | 10 785 | 1 179 | 250 | 500 | 1 000 | 1 500 | 3 000 |
| | | | 45 ～ 59 岁 | 9 788 | 1 098 | 150 | 500 | 1 000 | 1 500 | 2 500 |
| | | | 60 ～ 79 岁 | 5 440 | 971 | 125 | 500 | 750 | 1 000 | 2 000 |
| | | | 80 岁及以上 | 386 | 749 | 125 | 400 | 500 | 1 000 | 2 000 |
| 东部 | 城乡 | 小计 | 小计 | 30 917 | 1 483 | 250 | 500 | 1 000 | 2 000 | 3 750 |
| | | | 18 ～ 44 岁 | 10 518 | 1 477 | 250 | 500 | 1 000 | 2 000 | 3 500 |
| | | | 45 ～ 59 岁 | 11 791 | 1 531 | 250 | 500 | 1 000 | 2 000 | 4 000 |
| | | | 60 ～ 79 岁 | 7 933 | 1 444 | 250 | 500 | 1 000 | 1 750 | 3 750 |
| | | | 80 岁及以上 | 675 | 1 279 | 125 | 500 | 900 | 1 500 | 4 000 |
| | | 男 | 小计 | 13 790 | 1 606 | 250 | 600 | 1 200 | 2 000 | 4000 |
| | | | 18 ～ 44 岁 | 4 647 | 1 560 | 300 | 625 | 1 200 | 2 000 | 4 000 |
| | | | 45 ～ 59 岁 | 5 030 | 1 696 | 250 | 750 | 1 250 | 2 000 | 4 000 |
| | | | 60 ～ 79 岁 | 3 812 | 1 588 | 250 | 500 | 1 000 | 2 000 | 4 000 |
| | | | 80 岁及以上 | 301 | 1 466 | 150 | 500 | 1 000 | 2 000 | 4 500 |
| | | 女 | 小计 | 17 127 | 1 363 | 250 | 500 | 1 000 | 1 500 | 3 125 |
| | | | 18 ～ 44 岁 | 5 871 | 1 395 | 250 | 500 | 1 000 | 1 600 | 3 000 |
| | | | 45 ～ 59 岁 | 6 761 | 1 369 | 250 | 500 | 1 000 | 1 625 | 3 375 |
| | | | 60 ～ 79 岁 | 4 121 | 1 299 | 150 | 500 | 1 000 | 1 500 | 3 125 |
| | | | 80 岁及以上 | 374 | 1 141 | 125 | 500 | 750 | 1 250 | 3 000 |
| | 城市 | 小计 | 小计 | 15 664 | 1 679 | 250 | 750 | 1 200 | 2 000 | 4 000 |
| | | | 18 ～ 44 岁 | 5 458 | 1 659 | 300 | 750 | 1 200 | 2 000 | 4 000 |
| | | | 45 ～ 59 岁 | 5 801 | 1 761 | 250 | 750 | 1 250 | 2 000 | 4 500 |
| | | | 60 ～ 79 岁 | 4 052 | 1 614 | 250 | 500 | 1 000 | 2 000 | 4 000 |
| | | | 80 岁及以上 | 353 | 1 533 | 250 | 500 | 1 000 | 1 800 | 5 000 |
| | | 男 | 小计 | 6 881 | 1 775 | 300 | 750 | 1 500 | 2 000 | 4 500 |
| | | | 18 ～ 44 岁 | 2 417 | 1 717 | 400 | 750 | 1 500 | 2 000 | 4 000 |
| | | | 45 ～ 59 岁 | 2 455 | 1 909 | 300 | 800 | 1 500 | 2 000 | 4500 |
| | | | 60 ～ 79 岁 | 1 860 | 1 705 | 250 | 750 | 1 250 | 2 000 | 4 000 |
| | | | 80 岁及以上 | 149 | 1 696 | 250 | 500 | 1 250 | 2 000 | 5 000 |
| | | 女 | 小计 | 8 783 | 1 586 | 250 | 500 | 1 000 | 2 000 | 4 000 |
| | | | 18 ～ 44 岁 | 3 041 | 1 603 | 270 | 750 | 1 000 | 2 000 | 4 000 |
| | | | 45 ～ 59 岁 | 3 346 | 1 610 | 250 | 500 | 1 200 | 2 000 | 4 000 |
| | | | 60 ～ 79 岁 | 2 192 | 1 525 | 250 | 500 | 1 000 | 2 000 | 4 000 |
| | | | 80 岁及以上 | 204 | 1 421 | 250 | 500 | 1 000 | 1 500 | 4 500 |
| | 农村 | 小计 | 小计 | 15 253 | 1 283 | 250 | 500 | 1 000 | 1 500 | 3 000 |
| | | | 18 ～ 44 岁 | 5 060 | 1 295 | 250 | 500 | 1 000 | 1 500 | 3 000 |
| | | | 45 ～ 59 岁 | 5 990 | 1 296 | 250 | 500 | 1 000 | 1 500 | 3 000 |
| | | | 60 ～ 79 岁 | 3 881 | 1 263 | 200 | 500 | 1 000 | 1 500 | 3 000 |
| | | | 80 岁及以上 | 322 | 953 | 100 | 400 | 750 | 1 125 | 3 000 |
| | | 男 | 小计 | 6 909 | 1 434 | 250 | 500 | 1 000 | 2 000 | 3 000 |
| | | | 18 ～ 44 岁 | 2 230 | 1 406 | 250 | 500 | 1 000 | 2 000 | 3 000 |
| | | | 45 ～ 59 岁 | 2 575 | 1 471 | 250 | 500 | 1 000 | 2 000 | 3 125 |
| | | | 60 ～ 79 岁 | 1 952 | 1 467 | 250 | 500 | 1 000 | 1 600 | 3 000 |
| | | | 80 岁及以上 | 152 | 1 196 | 25 | 500 | 1 000 | 1 500 | 3 750 |
| | | 女 | 小计 | 8 344 | 1 135 | 250 | 500 | 1 000 | 1 500 | 2 500 |
| | | | 18 ～ 44 岁 | 2 830 | 1 185 | 250 | 500 | 1 000 | 1 500 | 2 500 |
| | | | 45 ～ 59 岁 | 3 415 | 1 131 | 150 | 500 | 1 000 | 1 500 | 2 500 |
| | | | 60 ～ 79 岁 | 1 929 | 1 048 | 125 | 500 | 800 | 1 500 | 2 500 |
| | | | 80 岁及以上 | 170 | 759 | 125 | 250 | 500 | 1 000 | 2 000 |
| 中部 | 城乡 | 小计 | 小计 | 29 007 | 1 297 | 250 | 500 | 1 000 | 1 500 | 3 000 |
| | | | 18 ～ 44 岁 | 12 092 | 1 355 | 250 | 500 | 1 000 | 1 500 | 3 000 |
| | | | 45 ～ 59 岁 | 10 193 | 1 293 | 250 | 500 | 1 000 | 1 500 | 3 000 |
| | | | 60 ～ 79 岁 | 6 322 | 1 148 | 200 | 500 | 1 000 | 1 500 | 3 000 |
| | | | 80 岁及以上 | 400 | 937 | 150 | 500 | 750 | 1 000 | 2 000 |
| | | 男 | 小计 | 13 206 | 1 432 | 250 | 500 | 1 000 | 1 800 | 3 500 |
| | | | 18 ～ 44 岁 | 5 607 | 1 479 | 400 | 600 | 1 000 | 2 000 | 3 750 |
| | | | 45 ～ 59 岁 | 4 454 | 1 444 | 300 | 500 | 1 000 | 2 000 | 4 000 |

| 地区 | 城乡 | 性别 | 年龄 | $n$ | 春秋季日均直接饮水摄入量 /（ml/d） | | | | | |
|---|---|---|---|---|---|---|---|---|---|---|
| | | | | | Mean | P5 | P25 | P50 | P75 | P95 |
| 中部 | 城乡 | 男 | 60 ～ 79 岁 | 2 975 | 1 280 | 250 | 500 | 1 000 | 1 500 | 3 000 |
| | | | 80 岁及以上 | 170 | 1 134 | 200 | 500 | 1 000 | 1 500 | 3 000 |
| | | 女 | 小计 | 15 801 | 1 159 | 250 | 500 | 1 000 | 1 500 | 3 000 |
| | | | 18 ～ 44 岁 | 6 485 | 1 225 | 250 | 500 | 1 000 | 1 500 | 3 000 |
| | | | 45 ～ 59 岁 | 5 739 | 1 144 | 250 | 500 | 1 000 | 1 500 | 3 000 |
| | | | 60 ～ 79 岁 | 3 347 | 1 013 | 125 | 500 | 750 | 1 200 | 2 250 |
| | | | 80 岁及以上 | 230 | 809 | 125 | 500 | 500 | 1 000 | 2 000 |
| | 城市 | 小计 | 小计 | 13 762 | 1 470 | 300 | 500 | 1 000 | 1 800 | 4 000 |
| | | | 18 ～ 44 岁 | 5 783 | 1 498 | 400 | 625 | 1 000 | 2 000 | 4 000 |
| | | | 45 ～ 59 岁 | 4 761 | 1 519 | 250 | 500 | 1 000 | 1 875 | 4 500 |
| | | | 60 ～ 79 岁 | 3 002 | 1 307 | 250 | 500 | 1 000 | 1 500 | 3 000 |
| | | | 80 岁及以上 | 216 | 1 129 | 200 | 500 | 1 000 | 1 500 | 2 800 |
| | | 男 | 小计 | 6 041 | 1 573 | 500 | 750 | 1 000 | 2 000 | 4 000 |
| | | | 18 ～ 44 岁 | 2 654 | 1 561 | 500 | 750 | 1 000 | 2 000 | 4 000 |
| | | | 45 ～ 59 岁 | 2 018 | 1 675 | 500 | 750 | 1 000 | 2 000 | 4 500 |
| | | | 60 ～ 79 岁 | 1 281 | 1 446 | 250 | 500 | 1 000 | 2 000 | 3 000 |
| | | | 80 岁及以上 | 88 | 1 323 | 200 | 500 | 1 000 | 1 500 | 4 500 |
| | | 女 | 小计 | 7 721 | 1 367 | 250 | 500 | 1 000 | 1 500 | 4 000 |
| | | | 18 ～ 44 岁 | 3 129 | 1 434 | 250 | 500 | 1 000 | 1 750 | 4 000 |
| | | | 45 ～ 59 岁 | 2 743 | 1 361 | 250 | 500 | 1 000 | 1 500 | 4 000 |
| | | | 60 ～ 79 岁 | 1 721 | 1 183 | 250 | 500 | 1 000 | 1 500 | 3 000 |
| | | | 80 岁及以上 | 128 | 977 | 200 | 500 | 1 000 | 1 500 | 2 500 |
| | 农村 | 小计 | 小计 | 15 245 | 1 187 | 250 | 500 | 1 000 | 1 500 | 3 000 |
| | | | 18 ～ 44 岁 | 6 309 | 1259 | 250 | 500 | 1 000 | 1 500 | 3 000 |
| | | | 45 ～ 59 岁 | 5 432 | 1 150 | 200 | 500 | 1 000 | 1 500 | 2 500 |
| | | | 60 ～ 79 岁 | 3 320 | 1 060 | 150 | 500 | 800 | 1 500 | 2 500 |
| | | | 80 岁及以上 | 184 | 823 | 125 | 500 | 500 | 1 000 | 2 000 |
| | | 男 | 小计 | 7 165 | 1 344 | 250 | 500 | 1 000 | 1 500 | 3 000 |
| | | | 18 ～ 44 岁 | 2 953 | 1 426 | 250 | 500 | 1 000 | 1 600 | 3 000 |
| | | | 45 ～ 59 岁 | 2 436 | 1 296 | 250 | 500 | 1 000 | 1 500 | 3 000 |
| | | | 60 ～ 79 岁 | 1 694 | 1 197 | 250 | 500 | 1 000 | 1 500 | 3 000 |
| | | | 80 岁及以上 | 82 | 1 000 | 150 | 350 | 1 000 | 1 500 | 2 000 |
| | | 女 | 小计 | 8 080 | 1 024 | 200 | 500 | 875 | 1 200 | 2 250 |
| | | | 18 ～ 44 岁 | 3 356 | 1 082 | 250 | 500 | 1 000 | 1 500 | 2 500 |
| | | | 45 ～ 59 岁 | 2 996 | 1 007 | 125 | 500 | 750 | 1 200 | 2 250 |
| | | | 60 ～ 79 岁 | 1 626 | 909 | 125 | 500 | 600 | 1 000 | 2 000 |
| | | | 80 岁及以上 | 102 | 719 | 125 | 500 | 500 | 1 000 | 2 000 |
| 西部 | 城乡 | 小计 | 小计 | 31 054 | 1 359 | 200 | 500 | 1 000 | 1 500 | 4 000 |
| | | | 18 ～ 44 岁 | 14 019 | 1 429 | 250 | 500 | 1 000 | 1 600 | 4 000 |
| | | | 45 ～ 59 岁 | 10 339 | 1 369 | 250 | 500 | 1 000 | 1 500 | 4 000 |
| | | | 60 ～ 79 岁 | 6 290 | 1 151 | 150 | 500 | 900 | 1 500 | 3 000 |
| | | | 80 岁及以上 | 406 | 1 043 | 125 | 450 | 500 | 1 000 | 2 500 |
| | | 男 | 小计 | 14 240 | 1 467 | 250 | 500 | 1 000 | 2 000 | 4 000 |
| | | | 18 ～ 44 岁 | 6 499 | 1 518 | 250 | 600 | 1 000 | 2 000 | 4 500 |
| | | | 45 ～ 59 岁 | 4 586 | 1 510 | 250 | 500 | 1 000 | 2 000 | 4 000 |
| | | | 60 ～ 79 岁 | 2 953 | 1 266 | 200 | 500 | 1 000 | 1 500 | 3 000 |
| | | | 80 岁及以上 | 202 | 1 047 | 125 | 450 | 750 | 1 200 | 3 000 |
| | | 女 | 小计 | 16 814 | 1 248 | 200 | 500 | 1 000 | 1 500 | 3 500 |
| | | | 18 ～ 44 岁 | 7 520 | 1 335 | 200 | 500 | 1 000 | 1 500 | 4 000 |
| | | | 45 ～ 59 岁 | 5 753 | 1 224 | 200 | 500 | 1 000 | 1 500 | 3 000 |
| | | | 60 ～ 79 岁 | 3 337 | 1 042 | 125 | 500 | 750 | 1 200 | 3 000 |
| | | | 80 岁及以上 | 204 | 1 039 | 125 | 400 | 500 | 1 000 | 2 250 |
| | 城市 | 合计 | 小计 | 12 350 | 1 399 | 250 | 500 | 1 000 | 1 600 | 4 000 |
| | | | 18 ～ 44 岁 | 5 381 | 1 442 | 250 | 500 | 1 000 | 1 800 | 4 000 |
| | | | 45 ～ 59 岁 | 4 164 | 1 412 | 250 | 500 | 1 000 | 1 800 | 4 000 |
| | | | 60 ～ 79 岁 | 2 629 | 1 252 | 250 | 500 | 1 000 | 1 500 | 3 200 |
| | | | 80 岁及以上 | 176 | 1 375 | 250 | 500 | 1 000 | 1 500 | 4 500 |
| | | 男 | 小计 | 5 511 | 1 459 | 250 | 500 | 1 000 | 2 000 | 4 000 |

| 地区 | 城乡 | 性别 | 年龄 | n | 春秋季日均直接饮水摄入量 /（ml/d） | | | | | |
|---|---|---|---|---|---|---|---|---|---|---|
| | | | | | Mean | P5 | P25 | P50 | P75 | P95 |
| 西部 | 城市 | 男 | 18 ～ 44 岁 | 2 460 | 1 468 | 250 | 600 | 1 000 | 2 000 | 3 600 |
| | | | 45 ～ 59 岁 | 1 788 | 1 522 | 250 | 500 | 1 000 | 2 000 | 4 000 |
| | | | 60 ～ 79 岁 | 1 177 | 1 332 | 250 | 500 | 1 000 | 1 500 | 3 500 |
| | | | 80 岁及以上 | 86 | 1 406 | 250 | 500 | 1 000 | 1 500 | 5 000 |
| | | 女 | 小计 | 6 839 | 1 338 | 250 | 500 | 1 000 | 1 500 | 4 000 |
| | | | 18 ～ 44 岁 | 2 921 | 1 413 | 250 | 500 | 1 000 | 1 600 | 4 000 |
| | | | 45 ～ 59 岁 | 2 376 | 1 301 | 250 | 500 | 1 000 | 1 500 | 3 200 |
| | | | 60 ～ 79 岁 | 1 452 | 1 177 | 200 | 500 | 800 | 1 500 | 3 000 |
| | | | 80 岁及以上 | 90 | 1 346 | 200 | 500 | 800 | 1 500 | 2 500 |
| | 农村 | 小计 | 小计 | 18 704 | 1 334 | 200 | 500 | 1 000 | 1 500 | 4 000 |
| | | | 18 ～ 44 岁 | 8 638 | 1 422 | 200 | 500 | 1 000 | 1 500 | 4 500 |
| | | | 45 ～ 59 岁 | 6 175 | 1 339 | 200 | 500 | 1 000 | 1 500 | 4 000 |
| | | | 60 ～ 79 岁 | 3 661 | 1 086 | 125 | 500 | 750 | 1 250 | 3 000 |
| | | | 80 岁及以上 | 230 | 791 | 125 | 275 | 500 | 1 000 | 2 000 |
| | | 男 | 小计 | 8 729 | 1 472 | 200 | 500 | 1 000 | 2 000 | 4 500 |
| | | | 18 ～ 44 岁 | 4 039 | 1 548 | 250 | 600 | 1 000 | 2 000 | 4 500 |
| | | | 45 ～ 59 岁 | 2 798 | 1 502 | 250 | 500 | 1 000 | 2 000 | 4 500 |
| | | | 60 ～ 79 岁 | 1 776 | 1 224 | 180 | 500 | 1 000 | 1 500 | 3 000 |
| | | | 80 岁及以上 | 116 | 798 | 50 | 250 | 500 | 1 000 | 2 000 |
| | | 女 | 小计 | 9 975 | 1 190 | 140 | 500 | 1 000 | 1 500 | 3 000 |
| | | | 18 ～ 44 岁 | 4 599 | 1 286 | 150 | 500 | 1 000 | 1 500 | 4 000 |
| | | | 45 ～ 59 岁 | 3 377 | 1 172 | 200 | 500 | 1 000 | 1 500 | 3 000 |
| | | | 60 ～ 79 岁 | 1 885 | 952 | 125 | 500 | 500 | 1 000 | 2 250 |
| | | | 80 岁及以上 | 114 | 784 | 125 | 275 | 500 | 1 000 | 2 000 |

## 附表 3-15 中国人群分东中西、城乡、性别、年龄的夏季日均直接饮水摄入量

| 地区 | 城乡 | 性别 | 年龄 | n | 夏季日均直接饮水摄入量 /（ml/d） | | | | | |
|---|---|---|---|---|---|---|---|---|---|---|
| | | | | | Mean | P5 | P25 | P50 | P75 | P95 |
| 合计 | 城乡 | 小计 | 小计 | 90 979 | 2 015 | 400 | 1 000 | 1 500 | 2 500 | 5 000 |
| | | | 18 ～ 44 岁 | 36 632 | 2 084 | 500 | 1 000 | 1 500 | 2 500 | 5 000 |
| | | | 45 ～ 59 岁 | 32 322 | 2 033 | 400 | 1 000 | 1 500 | 2 500 | 5 000 |
| | | | 60 ～ 79 岁 | 20 544 | 1 823 | 250 | 800 | 1 500 | 2 000 | 4 000 |
| | | | 80 岁及以上 | 1 481 | 1 568 | 250 | 600 | 1 000 | 2 000 | 4 000 |
| | | 男 | 小计 | 41 238 | 2 184 | 500 | 1 000 | 1 600 | 2 500 | 5 000 |
| | | | 18 ～ 44 岁 | 16 753 | 2 228 | 500 | 1 000 | 1 800 | 2 500 | 5 000 |
| | | | 45 ～ 59 岁 | 14 072 | 2 250 | 500 | 1 000 | 1 750 | 2 500 | 5 000 |
| | | | 60 ～ 79 岁 | 9 740 | 1 986 | 300 | 1 000 | 1 500 | 2 500 | 4 500 |
| | | | 80 岁及以上 | 673 | 1 746 | 250 | 750 | 1 500 | 2 000 | 5 000 |
| | | 女 | 小计 | 49 741 | 1 843 | 250 | 1 000 | 1 500 | 2 000 | 4 500 |
| | | | 18 ～ 44 岁 | 19 879 | 1 936 | 400 | 1 000 | 1 500 | 2 250 | 4 500 |
| | | | 45 ～ 59 岁 | 18 250 | 1 817 | 250 | 1 000 | 1 500 | 2 000 | 4 000 |
| | | | 60 ～ 79 岁 | 10 804 | 1 661 | 250 | 750 | 1 250 | 2 000 | 4 000 |
| | | | 80 岁及以上 | 808 | 1 432 | 250 | 500 | 1 000 | 1 500 | 3 000 |
| | 城市 | 小计 | 小计 | 41 777 | 2 184 | 500 | 1 000 | 1 500 | 2 500 | 5 000 |
| | | | 18 ～ 44 岁 | 16 625 | 2 202 | 500 | 1 000 | 1 600 | 2 500 | 5 000 |
| | | | 45 ～ 59 岁 | 14 725 | 2 260 | 500 | 1 000 | 1 500 | 2 500 | 5 000 |
| | | | 60 ～ 79 岁 | 9 682 | 2 033 | 375 | 1 000 | 1 500 | 2 500 | 5 000 |
| | | | 80 岁及以上 | 745 | 1 914 | 250 | 750 | 1 500 | 2 000 | 6 000 |
| | | 男 | 小计 | 18 434 | 2 312 | 500 | 1 000 | 1 875 | 2 500 | 5 250 |
| | | | 18 ～ 44 岁 | 7 531 | 2 290 | 500 | 1 000 | 2 000 | 2 500 | 5 000 |
| | | | 45 ～ 59 岁 | 6 262 | 2 455 | 500 | 1 000 | 2 000 | 2 800 | 6 000 |
| | | | 60 ～ 79 岁 | 4 318 | 2 148 | 500 | 1 000 | 1 500 | 2 500 | 5 000 |
| | | | 80 岁及以上 | 323 | 2 105 | 375 | 1 000 | 1 500 | 2 500 | 6 000 |

| 地区 | 城乡 | 性别 | 年龄 | n | 夏季日均直接饮水摄入量 /（ml/d） | | | | | |
|---|---|---|---|---|---|---|---|---|---|---|
| | | | | | Mean | P5 | P25 | P50 | P75 | P95 |
| 合计 | 城市 | 女 | 小计 | 23 343 | 2 057 | 450 | 1 000 | 1 500 | 2 500 | 5 000 |
| | | | 18 ～ 44 岁 | 9 094 | 2 113 | 500 | 1 000 | 1 500 | 2 500 | 5 000 |
| | | | 45 ～ 59 岁 | 8 463 | 2 063 | 450 | 1 000 | 1 500 | 2 500 | 5 000 |
| | | | 60 ～ 79 岁 | 5 364 | 1 924 | 250 | 900 | 1 500 | 2 100 | 4 500 |
| | | | 80 岁及以上 | 422 | 1 770 | 250 | 750 | 1 200 | 2 000 | 4 000 |
| | 农村 | 小计 | 小计 | 49 202 | 1 883 | 250 | 1000 | 1 500 | 2 100 | 4 500 |
| | | | 18 ～ 44 岁 | 20 007 | 1 994 | 400 | 1 000 | 1 500 | 2 500 | 5 000 |
| | | | 45 ～ 59 岁 | 17 597 | 1 852 | 250 | 1 000 | 1 500 | 2 200 | 4 000 |
| | | | 60 ～ 79 岁 | 10 862 | 1 664 | 250 | 750 | 1 250 | 2 000 | 4 000 |
| | | | 80 岁及以上 | 736 | 1 254 | 150 | 500 | 1 000 | 1 500 | 3 000 |
| | | 男 | 小计 | 22 804 | 2 087 | 450 | 1 000 | 1 500 | 2 500 | 5 000 |
| | | | 18 ～ 44 岁 | 9 222 | 2 180 | 500 | 1 000 | 1 750 | 2 500 | 5 000 |
| | | | 45 ～ 59 岁 | 7 810 | 2 084 | 500 | 1 000 | 1 500 | 2 500 | 5 000 |
| | | | 60 ～ 79 岁 | 5 422 | 1 868 | 250 | 1 000 | 1 500 | 2 100 | 4 500 |
| | | | 80 岁及以上 | 350 | 1 425 | 125 | 500 | 1 000 | 2 000 | 4 000 |
| | | 女 | 小计 | 26 398 | 1 676 | 250 | 800 | 1 500 | 2 000 | 4 000 |
| | | | 18 ～ 44 岁 | 10 785 | 1 800 | 280 | 1 000 | 1 500 | 2 000 | 4 000 |
| | | | 45 ～ 59 岁 | 9 787 | 1 625 | 250 | 750 | 1 400 | 2 000 | 4 000 |
| | | | 60 ～ 79 岁 | 5 440 | 1 450 | 250 | 500 | 1 000 | 2 000 | 3 000 |
| | | | 80 岁及以上 | 386 | 1 120 | 200 | 500 | 1 000 | 1 500 | 2 500 |
| 东部 | 城乡 | 小计 | 小计 | 30 916 | 2 062 | 450 | 1 000 | 1 500 | 2 500 | 5 000 |
| | | | 18 ～ 44 岁 | 10 518 | 2 064 | 500 | 1 000 | 1 500 | 2 500 | 4 800 |
| | | | 45 ～ 59 岁 | 11 791 | 2 123 | 375 | 1 000 | 1 500 | 2 500 | 5 000 |
| | | | 60 ～ 79 岁 | 7 932 | 1 996 | 250 | 1 000 | 1 500 | 2 400 | 4 500 |
| | | | 80 岁及以上 | 675 | 1 715 | 250 | 700 | 1 200 | 2 000 | 5 000 |
| | | 男 | 小计 | 13 791 | 2 231 | 500 | 1 000 | 1 750 | 2 500 | 5 000 |
| | | | 18 ～ 44 岁 | 4 647 | 2 190 | 500 | 1 000 | 1 875 | 2 500 | 5 000 |
| | | | 45 ～ 59 岁 | 5 031 | 2 360 | 500 | 1 000 | 2 000 | 2 500 | 5 000 |
| | | | 60 ～ 79 岁 | 3 812 | 2 150 | 375 | 1 000 | 1 500 | 2 500 | 5 000 |
| | | | 80 岁及以上 | 301 | 1 947 | 250 | 800 | 1 500 | 2 500 | 5 000 |
| | | 女 | 小计 | 17 125 | 1 896 | 300 | 1 000 | 1 500 | 2 250 | 4 000 |
| | | | 18 ～ 44 岁 | 5 871 | 1 940 | 500 | 1 000 | 1 500 | 2 400 | 4 500 |
| | | | 45 ～ 59 岁 | 6 760 | 1 889 | 250 | 1 000 | 1 500 | 2 400 | 4 200 |
| | | | 60 ～ 79 岁 | 4 120 | 1 840 | 250 | 750 | 1 500 | 2 000 | 4 000 |
| | | | 80 岁及以上 | 374 | 1 545 | 225 | 500 | 1 000 | 1 800 | 3 750 |
| | 城市 | 小计 | 小计 | 15 663 | 2 296 | 500 | 1 000 | 1 750 | 2 500 | 5 000 |
| | | | 18 ～ 44 岁 | 5 458 | 2 274 | 500 | 1 000 | 1 800 | 2 500 | 5 000 |
| | | | 45 ～ 59 岁 | 5 801 | 2 394 | 500 | 1 000 | 2 000 | 2 500 | 5 400 |
| | | | 60 ～ 79 岁 | 4 051 | 2 224 | 400 | 1 000 | 1 500 | 2 500 | 5 000 |
| | | | 80 岁及以上 | 353 | 2 018 | 260 | 800 | 1 500 | 2 400 | 6 000 |
| | | 男 | 小计 | 6 882 | 2 426 | 500 | 1 000 | 2 000 | 3 000 | 5 100 |
| | | | 18 ～ 44 岁 | 2 417 | 2 373 | 500 | 1 000 | 2 000 | 3 000 | 5 000 |
| | | | 45 ～ 59 岁 | 2 456 | 2 594 | 500 | 1 200 | 2 000 | 3 000 | 6 000 |
| | | | 60 ～ 79 岁 | 1 860 | 2 301 | 500 | 1 000 | 1 750 | 2 750 | 5 000 |
| | | | 80 岁及以上 | 149 | 2 219 | 375 | 1 000 | 1 500 | 2 500 | 6 000 |
| | | 女 | 小计 | 8 781 | 2 168 | 500 | 1 000 | 1 500 | 2 500 | 5 000 |
| | | | 18 ～ 44 岁 | 3 041 | 2 178 | 500 | 1 000 | 1 500 | 2 500 | 5 000 |
| | | | 45 ～ 59 岁 | 3 345 | 2 190 | 400 | 1 000 | 1 600 | 2 500 | 5 000 |
| | | | 60 ～ 79 岁 | 2 191 | 2 150 | 250 | 1 000 | 1 500 | 2 500 | 5 000 |
| | | | 80 岁及以上 | 204 | 1 880 | 250 | 750 | 1 200 | 2 000 | 6 000 |
| | 农村 | 小计 | 小计 | 15 253 | 1 823 | 250 | 1 000 | 1 500 | 2 250 | 4 000 |
| | | | 18 ～ 44 岁 | 5 060 | 1 853 | 500 | 1 000 | 1 500 | 2 500 | 4 000 |
| | | | 45 ～ 59 岁 | 5 990 | 1 846 | 250 | 1 000 | 1 500 | 2 400 | 4 000 |
| | | | 60 ～ 79 岁 | 3 881 | 1 752 | 250 | 750 | 1 500 | 2 000 | 4 000 |
| | | | 80 岁及以上 | 322 | 1 327 | 125 | 500 | 1 000 | 1 750 | 3 200 |
| | | 男 | 小计 | 6 909 | 2 032 | 500 | 1 000 | 1 500 | 2 500 | 5 000 |
| | | | 18 ～ 44 岁 | 2 230 | 2 009 | 500 | 1 000 | 1 500 | 2 500 | 5 000 |
| | | | 45 ～ 59 岁 | 2 575 | 2 114 | 500 | 1 000 | 1 500 | 2 500 | 5 000 |

| 地区 | 城乡 | 性别 | 年龄 | n | 夏季日均直接饮水摄入量 / （ml/d） | | | | | |
|---|---|---|---|---|---|---|---|---|---|---|
| | | | | | Mean | P5 | P25 | P50 | P75 | P95 |
| 东部 | 农村 | 男 | 60～79 岁 | 1 952 | 1 995 | 250 | 1 000 | 1 500 | 2 500 | 4 500 |
| | | | 80 岁及以上 | 152 | 1 628 | 125 | 750 | 1 250 | 2 000 | 4 500 |
| | | 女 | 小计 | 8 344 | 1 618 | 250 | 750 | 1 500 | 2 000 | 4 000 |
| | | | 18～44 岁 | 2 830 | 1 700 | 375 | 1 000 | 1 500 | 2 000 | 4 000 |
| | | | 45～59 岁 | 3 415 | 1 593 | 250 | 750 | 1 250 | 2 000 | 4 000 |
| | | | 60～79 岁 | 1 929 | 1 496 | 250 | 500 | 1 200 | 2 000 | 3 500 |
| | | | 80 岁及以上 | 170 | 1 089 | 125 | 500 | 1 000 | 1 500 | 3 000 |
| 中部 | 城乡 | 小计 | 小计 | 29 007 | 1 958 | 500 | 1 000 | 1 500 | 2 400 | 4 500 |
| | | | 18～44 岁 | 12 092 | 2 056 | 500 | 1 000 | 1 500 | 2 500 | 5 000 |
| | | | 45～59 岁 | 10 193 | 1 946 | 500 | 1 000 | 1 500 | 2 250 | 4 500 |
| | | | 60～79 岁 | 6 322 | 1 712 | 250 | 1 000 | 1 500 | 2 000 | 4 000 |
| | | | 80 岁及以上 | 400 | 1 379 | 250 | 750 | 1 200 | 2 000 | 3 000 |
| | | 男 | 小计 | 13 206 | 2 154 | 500 | 1 000 | 1 600 | 2 500 | 5 000 |
| | | | 18～44 岁 | 5 607 | 2 249 | 500 | 1 000 | 1 800 | 2 500 | 5 000 |
| | | | 45～59 岁 | 4 454 | 2 150 | 500 | 1 000 | 1 750 | 2 500 | 5 000 |
| | | | 60～79 岁 | 2 975 | 1 885 | 375 | 1 000 | 1 500 | 2 400 | 4 000 |
| | | | 80 岁及以上 | 170 | 1 627 | 250 | 750 | 1 500 | 2 000 | 4 000 |
| | | 女 | 小计 | 15 801 | 1 758 | 400 | 1 000 | 1 500 | 2 000 | 4 000 |
| | | | 18～44 岁 | 6 485 | 1 854 | 500 | 1 000 | 1 500 | 2 000 | 4 500 |
| | | | 45～59 岁 | 5 739 | 1 743 | 300 | 1 000 | 1 500 | 2 000 | 4 000 |
| | | | 60～79 岁 | 3 347 | 1 536 | 250 | 750 | 1 200 | 2 000 | 3 500 |
| | | | 80 岁及以上 | 230 | 1 217 | 300 | 750 | 1 000 | 1 500 | 2 500 |
| | 城市 | 小计 | 小计 | 13 762 | 2 138 | 500 | 1 000 | 1 500 | 2 500 | 5 000 |
| | | | 18～44 岁 | 5 783 | 2 183 | 500 | 1 000 | 1 500 | 2 500 | 6 000 |
| | | | 45～59 岁 | 4 761 | 2 198 | 500 | 1 000 | 1 500 | 2 500 | 6 000 |
| | | | 60～79 岁 | 3 002 | 1 904 | 500 | 1 000 | 1 500 | 2 250 | 4 000 |
| | | | 80 岁及以上 | 216 | 1 639 | 300 | 750 | 1 500 | 2 000 | 4 000 |
| | | 男 | 小计 | 6 041 | 2 281 | 500 | 1 000 | 1 800 | 2 500 | 6 000 |
| | | | 18～44 岁 | 2 654 | 2 288 | 500 | 1 000 | 1 750 | 2 500 | 6 000 |
| | | | 45～59 岁 | 2 018 | 2 384 | 500 | 1 000 | 2 000 | 2 800 | 6 000 |
| | | | 60～79 岁 | 1 281 | 2 083 | 500 | 1 000 | 1 600 | 2 500 | 4 500 |
| | | | 80 岁及以上 | 88 | 1 946 | 500 | 1 000 | 1 500 | 2 000 | 4 800 |
| | | 女 | 小计 | 7 721 | 1 995 | 500 | 1 000 | 1 500 | 2 400 | 5 000 |
| | | | 18～44 岁 | 3 129 | 2 077 | 500 | 1 000 | 1 500 | 2 500 | 5 000 |
| | | | 45～59 岁 | 2 743 | 2 012 | 500 | 1 000 | 1 500 | 2 000 | 5 000 |
| | | | 60～79 岁 | 1 721 | 1 744 | 400 | 1 000 | 1 500 | 2 000 | 4 000 |
| | | | 80 岁及以上 | 128 | 1 397 | 300 | 500 | 1 200 | 2 000 | 3 000 |
| | 农村 | 小计 | 小计 | 15 245 | 1 843 | 400 | 1 000 | 1 500 | 2 000 | 4 000 |
| | | | 18～44 岁 | 6 309 | 1 970 | 500 | 1 000 | 1 500 | 2 400 | 4 500 |
| | | | 45～59 岁 | 5 432 | 1 785 | 300 | 1 000 | 1 500 | 2 000 | 4 000 |
| | | | 60～79 岁 | 3 320 | 1 608 | 250 | 750 | 1 250 | 2 000 | 4 000 |
| | | | 80 岁及以上 | 184 | 1 225 | 250 | 750 | 1 000 | 1 500 | 2 500 |
| | | 男 | 小计 | 7 165 | 2 075 | 500 | 1 000 | 1 500 | 2 500 | 45 00 |
| | | | 18～44 岁 | 2 953 | 2 224 | 500 | 1 000 | 1 800 | 2 500 | 5 000 |
| | | | 45～59 岁 | 2 436 | 1 999 | 500 | 1 000 | 1 500 | 2 500 | 4 000 |
| | | | 60～79 岁 | 1 694 | 1 788 | 250 | 1 000 | 1 500 | 2 000 | 4 000 |
| | | | 80 岁及以上 | 82 | 1 401 | 250 | 600 | 1 500 | 2 000 | 3 000 |
| | | 女 | 小计 | 8 080 | 1 604 | 250 | 1 000 | 1 400 | 2 000 | 4 000 |
| | | | 18～44 岁 | 3 356 | 1 701 | 400 | 1 000 | 1 500 | 2 000 | 4 000 |
| | | | 45～59 岁 | 2 996 | 1 574 | 250 | 1 000 | 1 400 | 2 000 | 4 000 |
| | | | 60～79 岁 | 1 626 | 1 409 | 250 | 600 | 1 000 | 1 800 | 3 000 |
| | | | 80 岁及以上 | 102 | 1 121 | 250 | 750 | 1 000 | 1 500 | 2 500 |
| 西部 | 城乡 | 小计 | 小计 | 31 056 | 2 014 | 250 | 1 000 | 1 500 | 2 400 | 5 000 |
| | | | 18～44 岁 | 14 022 | 2 145 | 250 | 1 000 | 1 500 | 2 500 | 6 000 |
| | | | 45～59 岁 | 10 338 | 1 989 | 250 | 1 000 | 1 500 | 2 400 | 5 000 |
| | | | 60～79 岁 | 6 290 | 1 681 | 250 | 750 | 1 200 | 2 000 | 4 000 |
| | | | 80 岁及以上 | 406 | 1 503 | 200 | 500 | 1 000 | 2 000 | 4 000 |
| | | 男 | 小计 | 14 241 | 2 154 | 375 | 1 000 | 1 500 | 2 500 | 6 000 |

| 地区 | 城乡 | 性别 | 年龄 | n | 夏季日均直接饮水摄入量 /（ml/d） | | | | | |
|---|---|---|---|---|---|---|---|---|---|---|
| | | | | | Mean | P5 | P25 | P50 | P75 | P95 |
| 西部 | 城乡 | 男 | 18 ～ 44 岁 | 6 499 | 2 249 | 400 | 1 000 | 1 800 | 2 500 | 6 000 |
| | | | 45 ～ 59 岁 | 4 587 | 2 188 | 400 | 1 000 | 1 500 | 2 500 | 6 000 |
| | | | 60 ～ 79 岁 | 2 953 | 1 839 | 250 | 1 000 | 1 500 | 2 000 | 4 500 |
| | | | 80 岁及以上 | 202 | 1 518 | 125 | 500 | 1 000 | 2 000 | 4 000 |
| | | 女 | 小计 | 16 815 | 1 868 | 250 | 800 | 1 500 | 2 000 | 5 000 |
| | | | 18 ～ 44 岁 | 7 523 | 2 034 | 250 | 1 000 | 1 500 | 2 100 | 6 000 |
| | | | 45 ～ 59 岁 | 5 751 | 1 785 | 250 | 800 | 1 500 | 2 000 | 4 125 |
| | | | 60 ～ 79 岁 | 3 337 | 1 528 | 250 | 600 | 1 000 | 2 000 | 4 000 |
| | | | 80 岁及以上 | 204 | 1 487 | 250 | 500 | 1 000 | 1 500 | 4 000 |
| | 城市 | 小计 | 小计 | 12 352 | 2 027 | 400 | 1 000 | 1 500 | 2 500 | 5 000 |
| | | | 18 ～ 44 岁 | 5 384 | 2 101 | 400 | 1 000 | 1 500 | 2 500 | 5 000 |
| | | | 45 ～ 59 岁 | 4 163 | 2 049 | 375 | 1 000 | 1 500 | 2 500 | 5 000 |
| | | | 60 ～ 79 岁 | 2 629 | 1 771 | 250 | 750 | 1 500 | 2 000 | 4 500 |
| | | | 80 岁及以上 | 176 | 1 932 | 250 | 625 | 1 200 | 2 000 | 6 750 |
| | | 男 | 小计 | 5 511 | 2 134 | 500 | 1 000 | 1 500 | 2 500 | 5 000 |
| | | | 18 ～ 44 岁 | 2 460 | 2 157 | 500 | 1 000 | 1 750 | 2 500 | 5 000 |
| | | | 45 ～ 59 岁 | 1 788 | 2 243 | 500 | 1 000 | 1 500 | 2 500 | 5 000 |
| | | | 60 ～ 79 岁 | 1 177 | 1 891 | 400 | 1 000 | 1 500 | 2 400 | 4 500 |
| | | | 80 岁及以上 | 86 | 2 003 | 250 | 750 | 1 200 | 2 000 | 8 000 |
| | | 女 | 小计 | 6 841 | 1 916 | 250 | 900 | 1 500 | 2 000 | 5 000 |
| | | | 18 ～ 44 岁 | 2 924 | 2 040 | 400 | 1 000 | 1 500 | 2 400 | 5 000 |
| | | | 45 ～ 59 岁 | 2 375 | 1 853 | 250 | 1 000 | 1 500 | 2 000 | 4 500 |
| | | | 60 ～ 79 岁 | 1 452 | 1 660 | 250 | 600 | 1 000 | 2 000 | 4 500 |
| | | | 80 岁及以上 | 90 | 1 865 | 250 | 600 | 1 200 | 2 500 | 4 000 |
| | 农村 | 小计 | 小计 | 18 704 | 2 006 | 250 | 1 000 | 1 500 | 2 250 | 6 000 |
| | | | 18 ～ 44 岁 | 8 638 | 2 173 | 250 | 1 000 | 1 500 | 2 500 | 6 000 |
| | | | 45 ～ 59 岁 | 6 175 | 1 948 | 250 | 1 000 | 1 500 | 2 250 | 5 000 |
| | | | 60 ～ 79 岁 | 3 661 | 1 622 | 250 | 750 | 1 000 | 2 000 | 4 000 |
| | | | 80 岁及以上 | 230 | 1 177 | 125 | 500 | 1 000 | 1 500 | 3 000 |
| | | 男 | 小计 | 8 730 | 2 167 | 250 | 1 000 | 1 500 | 2 500 | 6 000 |
| | | | 18 ～ 44 岁 | 4 039 | 2 306 | 385 | 1 000 | 2 000 | 2 500 | 6 000 |
| | | | 45 ～ 59 岁 | 2 799 | 2 151 | 300 | 1 000 | 1 600 | 2 500 | 6 000 |
| | | | 60 ～ 79 岁 | 1 776 | 1 807 | 250 | 800 | 1 500 | 2 000 | 4 500 |
| | | | 80 岁及以上 | 116 | 1 180 | 100 | 500 | 1 000 | 1 500 | 3 000 |
| | | 女 | 小计 | 9 974 | 1 837 | 250 | 750 | 1 375 | 2 000 | 4 500 |
| | | | 18 ～ 44 岁 | 4 599 | 2 029 | 250 | 900 | 1 500 | 2 000 | 6 000 |
| | | | 45 ～ 59 岁 | 3376 | 1 739 | 250 | 750 | 1 500 | 2 000 | 4 000 |
| | | | 60 ～ 79 岁 | 1 885 | 1 441 | 200 | 500 | 1 000 | 2 000 | 3 500 |
| | | | 80 岁及以上 | 114 | 1 173 | 250 | 500 | 1 000 | 1 200 | 3 000 |

## 附表 3-16　中国人群分东中西、城乡、性别、年龄的冬季日均直接饮水摄入量

| 地区 | 城乡 | 性别 | 年龄 | n | 冬季日均直接饮水摄入量 /（ml/d） | | | | | |
|---|---|---|---|---|---|---|---|---|---|---|
| | | | | | Mean | P5 | P25 | P50 | P75 | P95 |
| 合计 | 城乡 | 小计 | 小计 | 90 979 | 1 231 | 250 | 500 | 1 000 | 1 500 | 3 000 |
| | | | 18 ～ 44 岁 | 36 631 | 1 260 | 250 | 500 | 1 000 | 1 500 | 3 000 |
| | | | 45 ～ 59 岁 | 32 323 | 1 254 | 200 | 500 | 1 000 | 1 500 | 3 000 |
| | | | 60 ～ 79 岁 | 20 544 | 1 129 | 125 | 500 | 800 | 1 500 | 3 000 |
| | | | 80 岁及以上 | 1 481 | 1 032 | 125 | 500 | 500 | 1 100 | 3 000 |
| | | 男 | 小计 | 41 237 | 1 347 | 250 | 500 | 1 000 | 1 500 | 3 200 |
| | | | 18 ～ 44 岁 | 16 753 | 1 352 | 250 | 500 | 1 000 | 1 500 | 3 150 |
| | | | 45 ～ 59 岁 | 14 071 | 1 402 | 250 | 500 | 1 000 | 1 600 | 4 000 |
| | | | 60 ～ 79 岁 | 9 740 | 1 260 | 200 | 500 | 1 000 | 1 500 | 3 000 |
| | | | 80 岁及以上 | 673 | 1 146 | 125 | 500 | 1 000 | 1 500 | 3 000 |
| | | 女 | 小计 | 49 742 | 1 115 | 150 | 500 | 800 | 1 500 | 3 000 |
| | | | 18 ～ 44 岁 | 19 878 | 1 165 | 250 | 500 | 1 000 | 1 500 | 3 000 |

| 地区 | 城乡 | 性别 | 年龄 | n | 冬季日均直接饮水摄入量 /（ml/d） | | | | | |
|---|---|---|---|---|---|---|---|---|---|---|
| | | | | | Mean | P5 | P25 | P50 | P75 | P95 |
| 合计 | 城乡 | 女 | 45 ~ 59 岁 | 18 252 | 1 107 | 125 | 500 | 800 | 1 500 | 3 000 |
| | | | 60 ~ 79 岁 | 10 804 | 998 | 125 | 500 | 600 | 1 000 | 2 500 |
| | | | 80 岁及以上 | 808 | 944 | 125 | 375 | 500 | 1 000 | 2 250 |
| | 城市 | 小计 | 小计 | 41 778 | 1 398 | 250 | 500 | 1 000 | 1 500 | 4 000 |
| | | | 18 ~ 44 岁 | 16 625 | 1 400 | 250 | 500 | 1 000 | 1 600 | 3 750 |
| | | | 45 ~ 59 岁 | 14 726 | 1 451 | 250 | 500 | 1 000 | 1 600 | 4 000 |
| | | | 60 ~ 79 岁 | 9 682 | 1 314 | 250 | 500 | 1 000 | 1 500 | 3 500 |
| | | | 80 岁及以上 | 745 | 1 289 | 200 | 500 | 1 000 | 1 500 | 4 000 |
| | | 男 | 小计 | 18 433 | 1 484 | 250 | 500 | 1 000 | 2 000 | 4 000 |
| | | | 18 ~ 44 岁 | 7 531 | 1 450 | 250 | 500 | 1 000 | 2 000 | 4 000 |
| | | | 45 ~ 59 岁 | 6 261 | 1 587 | 250 | 500 | 1 000 | 2 000 | 4 000 |
| | | | 60 ~ 79 岁 | 4 318 | 1 423 | 250 | 500 | 1 000 | 1 750 | 4 000 |
| | | | 80 岁及以上 | 323 | 1 381 | 250 | 500 | 1 000 | 1 650 | 4 000 |
| | | 女 | 小计 | 23 345 | 1 312 | 250 | 500 | 1 000 | 1 500 | 3 500 |
| | | | 18 ~ 44 岁 | 9 094 | 1 350 | 250 | 500 | 1 000 | 1 500 | 3 600 |
| | | | 45 ~ 59 岁 | 8 465 | 1 314 | 250 | 500 | 1 000 | 1 500 | 3 500 |
| | | | 60 ~ 79 岁 | 5 364 | 1 210 | 200 | 500 | 1 000 | 1 500 | 3 000 |
| | | | 80 岁及以上 | 422 | 1 220 | 150 | 500 | 750 | 1 250 | 3 600 |
| | 农村 | 小计 | 小计 | 49 201 | 1 102 | 150 | 500 | 900 | 1 500 | 3 000 |
| | | | 18 ~ 44 岁 | 20 006 | 1 153 | 200 | 500 | 1 000 | 1 500 | 3 000 |
| | | | 45 ~ 59 岁 | 17 597 | 1 097 | 125 | 500 | 800 | 1 500 | 2 500 |
| | | | 60 ~ 79 岁 | 10 862 | 988 | 125 | 500 | 600 | 1 000 | 2 500 |
| | | | 80 岁及以上 | 736 | 798 | 100 | 275 | 500 | 1 000 | 2 000 |
| | | 男 | 小计 | 22 804 | 1 242 | 200 | 500 | 1 000 | 1 500 | 3 000 |
| | | | 18 ~ 44 岁 | 9 222 | 1 278 | 250 | 500 | 1 000 | 1 500 | 3 000 |
| | | | 45 ~ 59 岁 | 7 810 | 1 253 | 250 | 500 | 1 000 | 1 500 | 3 000 |
| | | | 60 ~ 79 岁 | 5 422 | 1 142 | 125 | 500 | 1 000 | 1 500 | 3 000 |
| | | | 80 岁及以上 | 350 | 936 | 100 | 450 | 500 | 1 000 | 2 500 |
| | | 女 | 小计 | 26 397 | 960 | 125 | 500 | 750 | 1 000 | 2 400 |
| | | | 18 ~ 44 岁 | 10 784 | 1 023 | 200 | 500 | 750 | 1 200 | 2 500 |
| | | | 45 ~ 59 岁 | 9 787 | 945 | 125 | 500 | 600 | 1 000 | 2 000 |
| | | | 60 ~ 79 岁 | 5 440 | 827 | 100 | 375 | 500 | 1 000 | 2 000 |
| | | | 80 岁及以上 | 386 | 689 | 100 | 250 | 500 | 1 000 | 2 000 |
| 东部 | 城乡 | 小计 | 小计 | 30 916 | 1 347 | 250 | 500 | 1 000 | 1 500 | 3 000 |
| | | | 18 ~ 44 岁 | 10 518 | 1 346 | 250 | 500 | 1 000 | 1 500 | 3 000 |
| | | | 45 ~ 59 岁 | 11 791 | 1 389 | 250 | 500 | 1 000 | 1 500 | 3 500 |
| | | | 60 ~ 79 岁 | 7 932 | 1 298 | 200 | 500 | 1 000 | 1 500 | 3 000 |
| | | | 80 岁及以上 | 675 | 1 172 | 125 | 500 | 750 | 1 500 | 3 000 |
| | | 男 | 小计 | 13 790 | 1 466 | 250 | 500 | 1 000 | 2 000 | 3 600 |
| | | | 18 ~ 44 岁 | 4 647 | 1 426 | 250 | 500 | 1 000 | 2 000 | 3 200 |
| | | | 45 ~ 59 岁 | 5 030 | 1 554 | 250 | 500 | 1 000 | 2 000 | 4 000 |
| | | | 60 ~ 79 岁 | 38 12 | 1 443 | 250 | 500 | 1 000 | 1 600 | 3 750 |
| | | | 80 岁及以上 | 301 | 1 302 | 125 | 500 | 1 000 | 1 800 | 3 500 |
| | | 女 | 小计 | 17 126 | 1 229 | 250 | 500 | 1 000 | 1 500 | 3 000 |
| | | | 18 ~ 44 岁 | 5 871 | 1 268 | 250 | 500 | 1 000 | 1 500 | 3 000 |
| | | | 45 ~ 59 岁 | 6 761 | 1 227 | 200 | 500 | 1 000 | 1 500 | 3 000 |
| | | | 60 ~ 79 岁 | 4 120 | 1 151 | 125 | 500 | 800 | 1 500 | 3 000 |
| | | | 80 岁及以上 | 374 | 1 077 | 125 | 400 | 500 | 1 200 | 3 000 |
| | 城市 | 小计 | 小计 | 15 663 | 1 536 | 250 | 500 | 1 000 | 2 000 | 4 000 |
| | | | 18 ~ 44 岁 | 5 458 | 1 513 | 250 | 500 | 1 000 | 2 000 | 4 000 |
| | | | 45 ~ 59 岁 | 5 801 | 1 613 | 250 | 500 | 1 000 | 2 000 | 4 000 |
| | | | 60 ~ 79 岁 | 4 051 | 1 480 | 250 | 500 | 1 000 | 1 800 | 4 000 |
| | | | 80 岁及以上 | 353 | 1 429 | 250 | 500 | 1 000 | 1 500 | 4 500 |
| | | 男 | 小计 | 6 881 | 1 628 | 250 | 600 | 1 050 | 2 000 | 4 000 |
| | | | 18 ~ 44 岁 | 2 417 | 1 565 | 300 | 600 | 1 000 | 2 000 | 4 000 |
| | | | 45 ~ 59 岁 | 2 455 | 1 756 | 250 | 750 | 1 200 | 2 000 | 4 500 |
| | | | 60 ~ 79 岁 | 1 860 | 1 586 | 250 | 500 | 1 000 | 2 000 | 4 000 |
| | | | 80 岁及以上 | 149 | 1 509 | 250 | 500 | 1 000 | 2 000 | 4 500 |

| 地区 | 城乡 | 性别 | 年龄 | *n* | 冬季日均直接饮水摄入量 /（ml/d） | | | | | |
|---|---|---|---|---|---|---|---|---|---|---|
| | | | | | Mean | P5 | P25 | P50 | P75 | P95 |
| 东部 | 城市 | 女 | 小计 | 8 782 | 1 445 | 250 | 500 | 1 000 | 1 600 | 4 000 |
| | | | 18 ～ 44 岁 | 3 041 | 1 462 | 250 | 500 | 1 000 | 1 600 | 4 000 |
| | | | 45 ～ 59 岁 | 3 346 | 1 468 | 250 | 500 | 1 000 | 1 800 | 4 000 |
| | | | 60 ～ 79 岁 | 2 191 | 1 377 | 200 | 500 | 1 000 | 1 500 | 3 750 |
| | | | 80 岁及以上 | 204 | 1 374 | 200 | 500 | 800 | 1 500 | 5 000 |
| | 农村 | 小计 | 小计 | 15 253 | 1 154 | 250 | 500 | 1 000 | 1 500 | 3 000 |
| | | | 18 ～ 44 岁 | 5 060 | 1 180 | 250 | 500 | 1 000 | 1 500 | 3 000 |
| | | | 45 ～ 59 岁 | 5 990 | 1 160 | 200 | 500 | 1 000 | 1 500 | 3 000 |
| | | | 60 ～ 79 岁 | 3 881 | 1 104 | 125 | 500 | 800 | 1 500 | 2 500 |
| | | | 80 岁及以上 | 322 | 843 | 50 | 250 | 500 | 1 000 | 2 250 |
| | | 男 | 小计 | 6 909 | 1 302 | 250 | 500 | 1 000 | 1 500 | 3 000 |
| | | | 18 ～ 44 岁 | 2 230 | 1 289 | 250 | 500 | 1 000 | 1 500 | 3 000 |
| | | | 45 ～ 59 岁 | 2 575 | 1 340 | 250 | 500 | 1 000 | 1 500 | 3 000 |
| | | | 60 ～ 79 岁 | 1 952 | 1 297 | 250 | 500 | 1 000 | 1 500 | 3 000 |
| | | | 80 岁及以上 | 152 | 1 058 | 13 | 500 | 750 | 1 500 | 3 000 |
| | | 女 | 小计 | 8 344 | 1 008 | 150 | 500 | 750 | 1 250 | 2 500 |
| | | | 18 ～ 44 岁 | 2 830 | 1 072 | 250 | 500 | 1 000 | 1 500 | 2 500 |
| | | | 45 ～ 59 岁 | 3 415 | 989 | 125 | 500 | 750 | 1 250 | 2 400 |
| | | | 60 ～ 79 岁 | 1 929 | 901 | 125 | 400 | 500 | 1 000 | 2 000 |
| | | | 80 岁及以上 | 170 | 672 | 83 | 250 | 500 | 1 000 | 2 000 |
| 中部 | 城乡 | 小计 | 小计 | 29 007 | 1 144 | 250 | 500 | 1 000 | 1 500 | 3 000 |
| | | | 18 ～ 44 岁 | 12 092 | 1 195 | 250 | 500 | 1 000 | 1 500 | 3 000 |
| | | | 45 ～ 59 岁 | 10 193 | 1 138 | 200 | 500 | 1 000 | 1 500 | 3 000 |
| | | | 60 ～ 79 岁 | 6 322 | 1 010 | 125 | 500 | 750 | 1 200 | 2 500 |
| | | | 80 岁及以上 | 400 | 883 | 150 | 500 | 600 | 1 000 | 2 000 |
| | | 男 | 小计 | 13 206 | 1 270 | 250 | 500 | 1 000 | 1 500 | 3 000 |
| | | | 18 ～ 44 岁 | 5 607 | 1 306 | 250 | 500 | 1 000 | 1 500 | 3 000 |
| | | | 45 ～ 59 岁 | 4 454 | 1 286 | 250 | 500 | 1 000 | 1 500 | 3 000 |
| | | | 60 ～ 79 岁 | 2 975 | 1 139 | 200 | 500 | 1 000 | 1 500 | 3 000 |
| | | | 80 岁及以上 | 170 | 1 083 | 200 | 500 | 1 000 | 1 200 | 3 000 |
| | | 女 | 小计 | 15 801 | 1 015 | 150 | 500 | 750 | 1 000 | 2 500 |
| | | | 18 ～ 44 岁 | 6 485 | 1 079 | 250 | 500 | 800 | 1 250 | 3 000 |
| | | | 45 ～ 59 岁 | 5 739 | 992 | 125 | 500 | 750 | 1 000 | 2 500 |
| | | | 60 ～ 79 岁 | 3347 | 878 | 100 | 500 | 500 | 1 000 | 2 000 |
| | | | 80 岁及以上 | 230 | 752 | 125 | 400 | 500 | 1 000 | 2 000 |
| | 城市 | 小计 | 小计 | 13 762 | 1 311 | 250 | 500 | 1 000 | 1 500 | 3 500 |
| | | | 18 ～ 44 岁 | 5 783 | 1 340 | 250 | 500 | 1 000 | 1 500 | 3 750 |
| | | | 45 ～ 59 岁 | 4 761 | 1 346 | 250 | 500 | 1 000 | 1 500 | 4 000 |
| | | | 60 ～ 79 岁 | 3 002 | 1 167 | 250 | 500 | 1 000 | 1 500 | 3 000 |
| | | | 80 岁及以上 | 216 | 1 025 | 150 | 500 | 1 000 | 1 000 | 2 500 |
| | | 男 | 小计 | 6 041 | 1 411 | 250 | 500 | 1 000 | 1 500 | 4 000 |
| | | | 18 ～ 44 岁 | 2 654 | 1 399 | 400 | 500 | 1 000 | 1 500 | 4 000 |
| | | | 45 ～ 59 岁 | 2 018 | 1 500 | 250 | 500 | 1 000 | 1 800 | 4 500 |
| | | | 60 ～ 79 岁 | 1 281 | 1 297 | 250 | 500 | 1 000 | 1 500 | 3 000 |
| | | | 80 岁及以上 | 88 | 1 242 | 250 | 500 | 1 000 | 1 200 | 4 000 |
| | | 女 | 小计 | 7 721 | 1 213 | 250 | 500 | 1 000 | 1 500 | 3 000 |
| | | | 18 ～ 44 岁 | 3 129 | 1 280 | 250 | 500 | 1 000 | 1 500 | 3 500 |
| | | | 45 ～ 59 岁 | 2 743 | 1 192 | 250 | 500 | 1 000 | 1 500 | 3 000 |
| | | | 60 ～ 79 岁 | 1 721 | 1 051 | 250 | 500 | 900 | 1 250 | 2 500 |
| | | | 80 岁及以上 | 128 | 854 | 150 | 500 | 750 | 1 000 | 2 500 |
| | 农村 | 小计 | 小计 | 15 245 | 1 037 | 150 | 500 | 750 | 1 200 | 2 500 |
| | | | 18 ～ 44 岁 | 6 309 | 1 097 | 200 | 500 | 1 000 | 1 250 | 2 500 |
| | | | 45 ～ 59 岁 | 5 432 | 1 005 | 125 | 500 | 750 | 1 200 | 2 400 |
| | | | 60 ～ 79 岁 | 3 320 | 925 | 75 | 500 | 500 | 1 000 | 2 000 |
| | | | 80 岁及以上 | 184 | 799 | 150 | 500 | 500 | 1 000 | 2 000 |
| | | 男 | 小计 | 7 165 | 1 183 | 250 | 500 | 1 000 | 1 500 | 3 000 |
| | | | 18 ～ 44 岁 | 2 953 | 1 245 | 250 | 500 | 1 000 | 1 500 | 3 000 |
| | | | 45 ～ 59 岁 | 2 436 | 1 148 | 200 | 500 | 1 000 | 1 500 | 2 500 |

| 地区 | 城乡 | 性别 | 年龄 | *n* | 冬季日均直接饮水摄入量 /（ml/d） | | | | | |
|---|---|---|---|---|---|---|---|---|---|---|
| | | | | | Mean | P5 | P25 | P50 | P75 | P95 |
| 中部 | 农村 | 男 | 60 ～ 79 岁 | 1 694 | 1 062 | 125 | 500 | 800 | 1 500 | 2 500 |
| | | | 80 岁及以上 | 82 | 971 | 200 | 500 | 750 | 1 500 | 2 250 |
| | | 女 | 小计 | 8 080 | 886 | 125 | 500 | 500 | 1 000 | 2 000 |
| | | | 18 ～ 44 岁 | 3 356 | 941 | 200 | 500 | 750 | 1 000 | 2 000 |
| | | | 45 ～ 59 岁 | 2 996 | 866 | 0 | 500 | 500 | 1 000 | 2 000 |
| | | | 60 ～ 79 岁 | 1 626 | 774 | 0 | 300 | 500 | 1 000 | 2 000 |
| | | | 80 岁及以上 | 102 | 698 | 125 | 300 | 500 | 1 000 | 2 000 |
| 西部 | 城乡 | 小计 | 小计 | 31 056 | 1 167 | 150 | 500 | 1000 | 1 500 | 3 000 |
| | | | 18 ～ 44 岁 | 14 021 | 1 226 | 200 | 500 | 1000 | 1 500 | 3 200 |
| | | | 45 ～ 59 岁 | 10 339 | 1 170 | 125 | 500 | 900 | 1 500 | 3 000 |
| | | | 60 ～ 79 岁 | 6 290 | 999 | 125 | 500 | 500 | 1 000 | 2 625 |
| | | | 80 岁及以上 | 406 | 929 | 125 | 275 | 500 | 1 000 | 2 400 |
| | | 男 | 小计 | 14 241 | 1 268 | 200 | 500 | 1 000 | 1 500 | 3 500 |
| | | | 18 ～ 44 岁 | 6 499 | 1 313 | 200 | 500 | 1 000 | 1 500 | 4 000 |
| | | | 45 ～ 59 岁 | 4 587 | 1 293 | 200 | 500 | 1 000 | 1 500 | 4 000 |
| | | | 60 ～ 79 岁 | 2 953 | 1 107 | 125 | 500 | 800 | 1 250 | 3 000 |
| | | | 80 岁及以上 | 202 | 941 | 125 | 300 | 500 | 1 000 | 3 000 |
| | | 女 | 小计 | 16 815 | 1 063 | 125 | 500 | 750 | 1 200 | 3 000 |
| | | | 18 ～ 44 岁 | 7 522 | 1 132 | 150 | 500 | 800 | 1 250 | 3 000 |
| | | | 45 ～ 59 岁 | 5 752 | 1 045 | 125 | 500 | 600 | 1 000 | 3 000 |
| | | | 60 ～ 79 岁 | 3 337 | 897 | 125 | 400 | 500 | 1 000 | 2 000 |
| | | | 80 岁及以上 | 204 | 917 | 125 | 250 | 500 | 1 000 | 2 000 |
| | 城市 | 小计 | 小计 | 12 353 | 1 239 | 250 | 500 | 1 000 | 1 500 | 3 000 |
| | | | 18 ～ 44 岁 | 5 384 | 1 283 | 250 | 500 | 1 000 | 1 500 | 3 000 |
| | | | 45 ～ 59 岁 | 4 164 | 1 232 | 200 | 500 | 1 000 | 1 500 | 3 000 |
| | | | 60 ～ 79 岁 | 2 629 | 1 121 | 150 | 500 | 800 | 1 500 | 3 000 |
| | | | 80 岁及以上 | 176 | 1 199 | 200 | 500 | 750 | 1 500 | 3 000 |
| | | 男 | 小计 | 5 511 | 1 304 | 250 | 500 | 1 000 | 1 500 | 3 000 |
| | | | 18 ～ 44 岁 | 2 460 | 1 324 | 250 | 500 | 1 000 | 1 500 | 3 000 |
| | | | 45 ～ 59 岁 | 1 788 | 1 330 | 250 | 500 | 1 000 | 1 500 | 3 200 |
| | | | 60 ～ 79 岁 | 1 177 | 1 206 | 200 | 500 | 1 000 | 1 500 | 3 000 |
| | | | 80 岁及以上 | 86 | 1 228 | 250 | 500 | 1 000 | 1 500 | 4 000 |
| | | 女 | 小计 | 6 842 | 1 173 | 200 | 500 | 800 | 1 500 | 3 000 |
| | | | 18 ～ 44 岁 | 2 924 | 1 239 | 200 | 500 | 1 000 | 1 500 | 3 000 |
| | | | 45 ～ 59 岁 | 2 376 | 1 134 | 150 | 500 | 750 | 1 500 | 3 000 |
| | | | 60 ～ 79 岁 | 1 452 | 1 042 | 125 | 500 | 600 | 1 500 | 3 000 |
| | | | 80 岁及以上 | 90 | 1 172 | 125 | 450 | 500 | 1 500 | 2 000 |
| | 农村 | 小计 | 小计 | 18 703 | 1 121 | 125 | 500 | 800 | 1 250 | 3 000 |
| | | | 18 ～ 44 岁 | 8 637 | 1 190 | 150 | 500 | 1 000 | 1 500 | 3 600 |
| | | | 45 ～ 59 岁 | 6 175 | 1 128 | 125 | 500 | 750 | 1 250 | 3 000 |
| | | | 60 ～ 79 岁 | 3 661 | 920 | 100 | 450 | 500 | 1 000 | 2 500 |
| | | | 80 岁及以上 | 230 | 725 | 100 | 250 | 500 | 1 000 | 2 000 |
| | | 男 | 小计 | 8 730 | 1 244 | 150 | 500 | 1 000 | 1 500 | 4 000 |
| | | | 18 ～ 44 岁 | 4 039 | 1 306 | 200 | 500 | 1 000 | 1 500 | 4 000 |
| | | | 45 ～ 59 岁 | 2 799 | 1 268 | 125 | 500 | 1 000 | 1 500 | 4 000 |
| | | | 60 ～ 79 岁 | 1 776 | 1 043 | 125 | 500 | 750 | 1 000 | 3 000 |
| | | | 80 岁及以上 | 116 | 742 | 50 | 250 | 500 | 1 000 | 2 000 |
| | | 女 | 小计 | 9 973 | 992 | 125 | 500 | 600 | 1 000 | 3 000 |
| | | | 18 ～ 44 岁 | 4 598 | 1 065 | 125 | 500 | 800 | 1 000 | 3 000 |
| | | | 45 ～ 59 岁 | 3 376 | 984 | 125 | 500 | 500 | 1 000 | 2 500 |
| | | | 60 ～ 79 岁 | 1 885 | 800 | 100 | 300 | 500 | 1 000 | 2 000 |
| | | | 80 岁及以上 | 114 | 706 | 125 | 250 | 500 | 500 | 2 000 |

## 附表 3-17　中国人群分片区、城乡、性别、年龄的全年日均直接饮水摄入量

| 地区 | 城乡 | 性别 | 年龄 | *n* | 全年日均直接饮水摄入量 /（ml/d） | | | | | |
|---|---|---|---|---|---|---|---|---|---|---|
| | | | | | Mean | P5 | P25 | P50 | P75 | P95 |
| 合计 | 城乡 | 小计 | 小计 | 90 973 | 1 505 | 281 | 625 | 1 125 | 1 800 | 3 750 |
| | | | 18 ～ 44 岁 | 36 628 | 1 547 | 313 | 638 | 1 125 | 1 875 | 3 875 |
| | | | 45 ～ 59 岁 | 32 320 | 1 529 | 275 | 625 | 1 125 | 1 875 | 3 750 |
| | | | 60 ～ 79 岁 | 20 544 | 1 375 | 238 | 625 | 1 000 | 1 625 | 3 250 |
| | | | 80 岁及以上 | 1 481 | 1 212 | 188 | 500 | 875 | 1 500 | 3 125 |
| | | 男 | 小计 | 41 236 | 1 638 | 313 | 750 | 1 250 | 2 000 | 4 000 |
| | | | 18 ～ 44 岁 | 16 753 | 1 655 | 375 | 750 | 1 250 | 2 000 | 4 050 |
| | | | 45 ～ 59 岁 | 14 070 | 1 697 | 313 | 750 | 1 250 | 2 000 | 4 250 |
| | | | 60 ～ 79 岁 | 9 740 | 1 515 | 250 | 625 | 1 125 | 1 875 | 3 713 |
| | | | 80 岁及以上 | 673 | 1 355 | 200 | 500 | 1 000 | 1 650 | 4 125 |
| | | 女 | 小计 | 49 737 | 1 372 | 250 | 625 | 1 000 | 1 625 | 3 375 |
| | | | 18 ～ 44 岁 | 19 875 | 1 435 | 281 | 625 | 1 125 | 1 750 | 3 500 |
| | | | 45 ～ 59 岁 | 18 250 | 1 361 | 250 | 625 | 1 000 | 1 625 | 3 250 |
| | | | 60 ～ 79 岁 | 10 804 | 1 235 | 188 | 500 | 900 | 1 500 | 3 000 |
| | | | 80 岁及以上 | 808 | 1 103 | 156 | 500 | 750 | 1 250 | 2 500 |
| | 城市 | 小计 | 小计 | 41 773 | 1 670 | 313 | 750 | 1 250 | 2 000 | 4 250 |
| | | | 18 ～ 44 岁 | 16 622 | 1 677 | 375 | 750 | 1 250 | 2 000 | 4 250 |
| | | | 45 ～ 59 岁 | 14 724 | 1 734 | 313 | 750 | 1 250 | 2 000 | 4 500 |
| | | | 60 ～ 79 岁 | 9 682 | 1 561 | 250 | 625 | 1 125 | 1 950 | 4 000 |
| | | | 80 岁及以上 | 745 | 1 505 | 250 | 563 | 1 050 | 1 688 | 4 875 |
| | | 男 | 小计 | 18 433 | 1 768 | 400 | 813 | 1 275 | 2 000 | 4 500 |
| | | | 18 ～ 44 岁 | 7 531 | 1 736 | 438 | 813 | 1 300 | 2 000 | 4 250 |
| | | | 45 ～ 59 岁 | 6 261 | 1 888 | 375 | 875 | 1 375 | 2 125 | 4 500 |
| | | | 60 ～ 79 岁 | 4 318 | 1 669 | 313 | 750 | 1 250 | 2 000 | 4 000 |
| | | | 80 岁及以上 | 323 | 1 642 | 250 | 625 | 1 125 | 2 000 | 5 000 |
| | | 女 | 小计 | 23 340 | 1 573 | 313 | 625 | 1 125 | 1 875 | 4 000 |
| | | | 18 ～ 44 岁 | 9 091 | 1 617 | 313 | 700 | 1 188 | 1 950 | 4 125 |
| | | | 45 ～ 59 岁 | 8 463 | 1 579 | 300 | 625 | 1 125 | 1 875 | 4 000 |
| | | | 60 ～ 79 岁 | 5 364 | 1 459 | 250 | 625 | 1 063 | 1 750 | 3 750 |
| | | | 80 岁及以上 | 422 | 1 401 | 225 | 500 | 1 000 | 1 500 | 3 250 |
| | 农村 | 小计 | 小计 | 49 200 | 1 378 | 250 | 625 | 1 100 | 1 688 | 3 250 |
| | | | 18 ～ 44 岁 | 20006 | 1 447 | 288 | 625 | 1 125 | 1 750 | 3 500 |
| | | | 45 ～ 59 岁 | 17 596 | 1 365 | 250 | 625 | 1 063 | 1 700 | 3 200 |
| | | | 60 ～ 79 岁 | 10 862 | 1 233 | 188 | 550 | 975 | 1 500 | 3 000 |
| | | | 80 岁及以上 | 736 | 946 | 125 | 450 | 625 | 1 188 | 2 250 |
| | | 男 | 小计 | 22 803 | 1 539 | 313 | 625 | 1 125 | 1 875 | 3 750 |
| | | | 18 ～ 44 岁 | 9 222 | 1 593 | 313 | 750 | 1 250 | 1 938 | 4 000 |
| | | | 45 ～ 59 岁 | 7 809 | 1 544 | 313 | 625 | 1 188 | 1 900 | 3 625 |
| | | | 60 ～ 79 岁 | 5 422 | 1 403 | 250 | 625 | 1 063 | 1 750 | 3 250 |
| | | | 80 岁及以上 | 350 | 1 099 | 125 | 500 | 875 | 1 500 | 3 000 |
| | | 女 | 小计 | 26 397 | 1 214 | 219 | 563 | 1 000 | 1 500 | 2 750 |
| | | | 18 ～ 44 岁 | 10 784 | 1 295 | 250 | 625 | 1 000 | 1 625 | 3 000 |
| | | | 45 ～ 59 岁 | 9 787 | 1 191 | 200 | 563 | 938 | 1 500 | 2 813 |
| | | | 60 ～ 79 岁 | 5 440 | 1 055 | 156 | 500 | 750 | 1 250 | 2 400 |
| | | | 80 岁及以上 | 386 | 827 | 138 | 438 | 625 | 1 125 | 2 000 |
| 华北 | 城乡 | 小计 | 小计 | 18 049 | 1 667 | 250 | 625 | 1 250 | 2 000 | 4 250 |
| | | | 18 ～ 44 岁 | 6 472 | 1 688 | 313 | 750 | 1 250 | 2 000 | 4 250 |
| | | | 45 ～ 59 岁 | 6 807 | 1 702 | 250 | 625 | 1 250 | 2 000 | 4 500 |
| | | | 60 ～ 79 岁 | 4 486 | 1 567 | 175 | 625 | 1 125 | 2 000 | 4 000 |
| | | | 80 岁及以上 | 284 | 1 583 | 250 | 563 | 1 125 | 1 800 | 5 000 |
| | | 男 | 小计 | 7 982 | 1 826 | 313 | 875 | 1 375 | 2 125 | 4 500 |
| | | | 18 ～ 44 岁 | 2 918 | 1 852 | 400 | 1 000 | 1 438 | 2 250 | 4 500 |
| | | | 45 ～ 59 岁 | 2 813 | 1 906 | 375 | 875 | 1 500 | 2 125 | 4 500 |
| | | | 60 ～ 79 岁 | 2 107 | 1 668 | 250 | 625 | 1 200 | 2 000 | 4 000 |
| | | | 80 岁及以上 | 144 | 1 597 | 125 | 500 | 1 250 | 2 000 | 5 000 |
| | | 女 | 小计 | 10 067 | 1 511 | 219 | 625 | 1 125 | 1 875 | 4 000 |
| | | | 18 ～ 44 岁 | 3 554 | 1 522 | 250 | 625 | 1 125 | 1 875 | 3 750 |

| 地区 | 城乡 | 性别 | 年龄 | n | 全年日均直接饮水摄入量 /（ml/d） | | | | | |
|---|---|---|---|---|---|---|---|---|---|---|
| | | | | | Mean | P5 | P25 | P50 | P75 | P95 |
| 华北 | 城乡 | 女 | 45 ～ 59 岁 | 3 994 | 1 520 | 156 | 625 | 1 125 | 2 000 | 4 000 |
| | | | 60 ～ 79 岁 | 2 379 | 1 466 | 156 | 500 | 1 000 | 1 750 | 4 000 |
| | | | 80 岁及以上 | 140 | 1 570 | 250 | 563 | 1 125 | 1 625 | 5 000 |
| | 城市 | 小计 | 小计 | 7 798 | 1 959 | 375 | 875 | 1 500 | 2 250 | 5 000 |
| | | | 18 ～ 44 岁 | 2 774 | 1 888 | 400 | 938 | 1 500 | 2 250 | 4 875 |
| | | | 45 ～ 59 岁 | 2 781 | 2 112 | 400 | 1000 | 1 500 | 2 250 | 5 250 |
| | | | 60 ～ 79 岁 | 2 086 | 1 902 | 250 | 750 | 1 500 | 2 250 | 4 875 |
| | | | 80 岁及以上 | 157 | 1 960 | 250 | 600 | 1 125 | 2 125 | 5 250 |
| | | 男 | 小计 | 3 392 | 2 075 | 500 | 1000 | 1 625 | 2 375 | 5 000 |
| | | | 18 ～ 44 岁 | 1 231 | 2 019 | 500 | 1000 | 1 625 | 2 400 | 5 000 |
| | | | 45 ～ 59 岁 | 1 158 | 2 301 | 500 | 1000 | 1 625 | 2 500 | 5 250 |
| | | | 60 ～ 79 岁 | 920 | 1 885 | 313 | 875 | 1 500 | 2 250 | 4 875 |
| | | | 80 岁及以上 | 83 | 1 884 | 225 | 563 | 1 250 | 2 200 | 5 000 |
| | | 女 | 小计 | 4 406 | 1 845 | 313 | 750 | 1 375 | 2 125 | 4 875 |
| | | | 18 ～ 44 岁 | 1 543 | 1 758 | 313 | 813 | 1 375 | 2 125 | 4 500 |
| | | | 45 ～ 59 岁 | 1 623 | 1 923 | 313 | 813 | 1 400 | 2 250 | 5 250 |
| | | | 60 ～ 79 岁 | 1 166 | 1 918 | 250 | 625 | 1 250 | 2 125 | 4 875 |
| | | | 80 岁及以上 | 74 | 2 056 | 313 | 625 | 1 125 | 2 125 | 6 000 |
| | 农村 | 小计 | 小计 | 10 251 | 1 470 | 188 | 625 | 1 125 | 1 875 | 3 375 |
| | | | 18 ～ 44 岁 | 3 698 | 1 552 | 250 | 625 | 1 125 | 2 000 | 3 750 |
| | | | 45 ～ 59 岁 | 4 026 | 1 438 | 156 | 625 | 1 125 | 1 875 | 3 375 |
| | | | 60 ～ 79 岁 | 2 400 | 1 345 | 131 | 500 | 1 000 | 1 688 | 2 750 |
| | | | 80 岁及以上 | 127 | 1 226 | 125 | 500 | 1 125 | 1 625 | 3 000 |
| | | 男 | 小计 | 4 590 | 1 657 | 250 | 750 | 1 250 | 2 000 | 3 750 |
| | | | 18 ～ 44 岁 | 1 687 | 1 740 | 338 | 875 | 1 250 | 2 000 | 4 250 |
| | | | 45 ～ 59 岁 | 1 655 | 1 626 | 281 | 750 | 1 250 | 2 000 | 3 750 |
| | | | 60 ～ 79 岁 | 1 187 | 1 531 | 156 | 625 | 1 125 | 2 000 | 3 000 |
| | | | 80 岁及以上 | 61 | 1 245 | 125 | 500 | 1 125 | 1 875 | 3 000 |
| | | 女 | 小计 | 5 661 | 1 291 | 156 | 550 | 1 000 | 1 625 | 3 000 |
| | | | 18 ～ 44 岁 | 2 011 | 1 359 | 219 | 625 | 1 063 | 1 688 | 3 250 |
| | | | 45 ～ 59 岁 | 2 371 | 1 281 | 125 | 500 | 1 000 | 1 688 | 3 000 |
| | | | 60 ～ 79 岁 | 1 213 | 1 152 | 125 | 500 | 875 | 1 500 | 2 625 |
| | | | 80 岁及以上 | 66 | 1 212 | 250 | 513 | 1 125 | 1 250 | 3 250 |
| 华东 | 城乡 | 小计 | 小计 | 22 944 | 1 632 | 313 | 688 | 1 225 | 2 000 | 4 000 |
| | | | 18 ～ 44 岁 | 8 536 | 1 693 | 340 | 750 | 1 250 | 2 000 | 4 000 |
| | | | 45 ～ 59 岁 | 8 062 | 1 656 | 300 | 625 | 1 250 | 2 000 | 4 000 |
| | | | 60 ～ 79 岁 | 5 831 | 1 476 | 250 | 625 | 1 125 | 1 806 | 3 594 |
| | | | 80 岁及以上 | 515 | 1 179 | 188 | 500 | 813 | 1 438 | 3 163 |
| | | 男 | 小计 | 10 426 | 1 809 | 344 | 813 | 1 375 | 2 125 | 4 375 |
| | | | 18 ～ 44 岁 | 3 795 | 1 833 | 438 | 875 | 1 375 | 2 125 | 4 250 |
| | | | 45 ～ 59 岁 | 3 626 | 1 859 | 313 | 813 | 1 375 | 2 200 | 4 500 |
| | | | 60 ～ 79 岁 | 2 801 | 1 689 | 313 | 750 | 1 250 | 2 125 | 4 000 |
| | | | 80 岁及以上 | 204 | 1 538 | 250 | 625 | 1 125 | 2 000 | 4 500 |
| | | 女 | 小计 | 12 518 | 1 455 | 250 | 625 | 1 125 | 1 750 | 3 500 |
| | | | 18 ～ 44 岁 | 4 741 | 1 559 | 313 | 688 | 1 125 | 1 875 | 3 750 |
| | | | 45 ～ 59 岁 | 4 436 | 1 438 | 250 | 625 | 1 125 | 1 750 | 3 488 |
| | | | 60 ～ 79 岁 | 3 030 | 1 257 | 188 | 500 | 950 | 1 500 | 3 100 |
| | | | 80 岁及以上 | 311 | 982 | 138 | 469 | 625 | 1 125 | 2 375 |
| | 城市 | 小计 | 小计 | 12 467 | 1 793 | 313 | 800 | 1 313 | 2 125 | 4 500 |
| | | | 18 ～ 44 岁 | 4 765 | 1 818 | 406 | 875 | 1 375 | 2 125 | 4 500 |
| | | | 45 ～ 59 岁 | 4 284 | 1 858 | 313 | 750 | 1 375 | 2 125 | 4 750 |
| | | | 60 ～ 79 岁 | 3 148 | 1 662 | 250 | 750 | 1 250 | 2 000 | 4 000 |
| | | | 80 岁及以上 | 270 | 1 419 | 250 | 563 | 1 000 | 1 650 | 4 750 |
| | | 男 | 小计 | 5 490 | 1 945 | 406 | 938 | 1 500 | 2 250 | 4 875 |
| | | | 18 ～ 44 岁 | 2 109 | 1 914 | 500 | 1 000 | 1 500 | 2 250 | 4 750 |
| | | | 45 ～ 59 岁 | 1 873 | 2 039 | 375 | 938 | 1 500 | 2 250 | 5 000 |
| | | | 60 ～ 79 岁 | 1 406 | 1 896 | 375 | 875 | 1 400 | 2 250 | 4 500 |
| | | | 80 岁及以上 | 102 | 1 753 | 250 | 625 | 1 300 | 2 125 | 4 750 |

| 地区 | 城乡 | 性别 | 年龄 | n | 全年日均直接饮水摄入量 / (ml/d) | | | | | |
|---|---|---|---|---|---|---|---|---|---|---|
| | | | | | Mean | P5 | P25 | P50 | P75 | P95 |
| 华东 | 城市 | 女 | 小计 | 6 977 | 1 646 | 313 | 750 | 1 200 | 2 000 | 4 125 |
| | | | 18 ~ 44 岁 | 2 656 | 1 727 | 375 | 800 | 1 250 | 2 000 | 4 250 |
| | | | 45 ~ 59 岁 | 2 411 | 1 663 | 313 | 675 | 1 219 | 2 000 | 4 250 |
| | | | 60 ~ 79 岁 | 1 742 | 1 445 | 250 | 625 | 1 125 | 1 750 | 3 500 |
| | | | 80 岁及以上 | 168 | 1 236 | 250 | 500 | 875 | 1 375 | 3 000 |
| | 农村 | 小计 | 小计 | 10 477 | 1 459 | 250 | 625 | 1 125 | 1 813 | 3 375 |
| | | | 18 ~ 44 岁 | 3 771 | 1 555 | 313 | 625 | 1 125 | 1 969 | 3 500 |
| | | | 45 ~ 59 岁 | 3 778 | 1 443 | 250 | 625 | 1 125 | 1 838 | 3 300 |
| | | | 60 ~ 79 岁 | 2 683 | 1 290 | 200 | 500 | 1 000 | 1 625 | 3 250 |
| | | | 80 岁及以上 | 245 | 941 | 138 | 438 | 750 | 1 125 | 2 500 |
| | | 男 | 小计 | 4 936 | 1 667 | 313 | 750 | 1 250 | 2 000 | 3 750 |
| | | | 18 ~ 44 岁 | 1 686 | 1 744 | 375 | 750 | 1 375 | 2 063 | 3 875 |
| | | | 45 ~ 59 岁 | 1 753 | 1 669 | 281 | 750 | 1 250 | 2125 | 3 938 |
| | | | 60 ~ 79 岁 | 1 395 | 1 502 | 275 | 625 | 1 125 | 2 000 | 3 750 |
| | | | 80 岁及以上 | 102 | 1 325 | 250 | 500 | 1 000 | 1 625 | 3 313 |
| | | 女 | 小计 | 5 541 | 1 246 | 250 | 563 | 1 000 | 1 625 | 3 000 |
| | | | 18 ~ 44 岁 | 2 085 | 1 368 | 300 | 625 | 1 063 | 1 750 | 3 250 |
| | | | 45 ~ 59 岁 | 2 025 | 1 203 | 250 | 563 | 875 | 1 500 | 2 875 |
| | | | 60 ~ 79 岁 | 1 288 | 1 048 | 156 | 438 | 750 | 1 250 | 2 500 |
| | | | 80 岁及以上 | 143 | 730 | 75 | 375 | 625 | 1 000 | 1 750 |
| 华南 | 城乡 | 小计 | 小计 | 15 161 | 1 404 | 375 | 719 | 1 125 | 1 625 | 3 000 |
| | | | 18 ~ 44 岁 | 6 516 | 1 425 | 375 | 750 | 1 125 | 1 625 | 3 125 |
| | | | 45 ~ 59 岁 | 5 377 | 1 440 | 375 | 750 | 1 125 | 1 750 | 3 150 |
| | | | 60 ~ 79 岁 | 3 021 | 1 285 | 313 | 625 | 1 125 | 1 563 | 2 850 |
| | | | 80 岁及以上 | 247 | 1 147 | 206 | 563 | 938 | 1 300 | 2 375 |
| | | 男 | 小计 | 7 014 | 1 491 | 380 | 750 | 1 188 | 1 750 | 3 250 |
| | | | 18 ~ 44 岁 | 3 107 | 1 514 | 438 | 750 | 1 250 | 1 750 | 3 250 |
| | | | 45 ~ 59 岁 | 2 339 | 1 548 | 438 | 813 | 1 200 | 1 813 | 3 500 |
| | | | 60 ~ 79 岁 | 1 462 | 1 345 | 338 | 700 | 1 125 | 1 625 | 3 000 |
| | | | 80 岁及以上 | 106 | 1 049 | 188 | 625 | 900 | 1 250 | 2 400 |
| | | 女 | 小计 | 8 147 | 1 312 | 313 | 625 | 1 125 | 1 563 | 3 000 |
| | | | 18 ~ 44 岁 | 3 409 | 1 330 | 350 | 625 | 1 125 | 1 563 | 3 000 |
| | | | 45 ~ 59 岁 | 3 038 | 1 331 | 325 | 675 | 1 125 | 1 625 | 3 000 |
| | | | 60 ~ 79 岁 | 1 559 | 1 223 | 300 | 625 | 1 031 | 1 500 | 2 563 |
| | | | 80 岁及以上 | 141 | 1 225 | 206 | 500 | 1 000 | 1 500 | 2 125 |
| | 城市 | 小计 | 小计 | 7 330 | 1 615 | 450 | 813 | 1 250 | 1 875 | 4 000 |
| | | | 18 ~ 44 岁 | 3 146 | 1 655 | 500 | 850 | 1 250 | 1 875 | 4 000 |
| | | | 45 ~ 59 岁 | 2 583 | 1 652 | 438 | 813 | 1 250 | 1 938 | 4 000 |
| | | | 60 ~ 79 岁 | 1 473 | 1 442 | 375 | 750 | 1 125 | 1 750 | 3 250 |
| | | | 80 岁及以上 | 128 | 1 420 | 313 | 688 | 1 125 | 1 500 | 2 500 |
| | | 男 | 小计 | 3 291 | 1 661 | 475 | 875 | 1 250 | 1 950 | 4 000 |
| | | | 18 ~ 44 岁 | 1 510 | 1 661 | 500 | 900 | 1 250 | 1 938 | 3 938 |
| | | | 45 ~ 59 岁 | 1 061 | 1 780 | 450 | 875 | 1 250 | 2 000 | 4 500 |
| | | | 60 ~ 79 岁 | 672 | 1 480 | 375 | 750 | 1 188 | 1 813 | 3 500 |
| | | | 80 岁及以上 | 48 | 1 132 | 400 | 688 | 1 050 | 1 125 | 2 400 |
| | | 女 | 小计 | 4 039 | 1 569 | 425 | 750 | 1 138 | 1 800 | 4 000 |
| | | | 18 ~ 44 岁 | 1 636 | 1 648 | 475 | 781 | 1 150 | 1 875 | 4 125 |
| | | | 45 ~ 59 岁 | 1 522 | 1 534 | 425 | 750 | 1 200 | 1 813 | 3 500 |
| | | | 60 ~ 79 岁 | 801 | 1 405 | 375 | 650 | 1 125 | 1 750 | 3 063 |
| | | | 80 岁及以上 | 80 | 1 606 | 313 | 625 | 1 125 | 1 575 | 2 500 |
| | 农村 | 小计 | 小计 | 7 831 | 1 249 | 313 | 625 | 1 125 | 1 531 | 2 700 |
| | | | 18 ~ 44 岁 | 3 370 | 1 272 | 313 | 625 | 1 125 | 1 563 | 2 750 |
| | | | 45 ~ 59 岁 | 2 794 | 1 267 | 313 | 656 | 1 125 | 1 563 | 2 750 |
| | | | 60 ~ 79 岁 | 1 548 | 1 162 | 250 | 625 | 1 050 | 1 500 | 2 375 |
| | | | 80 岁及以上 | 119 | 863 | 125 | 438 | 688 | 1 188 | 1 875 |
| | | 男 | 小计 | 3 723 | 1 371 | 350 | 750 | 1 125 | 1 625 | 3 000 |
| | | | 18 ~ 44 岁 | 1 597 | 1 414 | 375 | 750 | 1 125 | 1 625 | 3 000 |
| | | | 45 ~ 59 岁 | 1 278 | 1 373 | 375 | 750 | 1 125 | 1 688 | 2 900 |

| 地区 | 城乡 | 性别 | 年龄 | *n* | 全年日均直接饮水摄入量 /（ml/d） | | | | | |
|---|---|---|---|---|---|---|---|---|---|---|
| | | | | | Mean | P5 | P25 | P50 | P75 | P95 |
| 华南 | 农村 | 男 | 60～79 岁 | 790 | 1 245 | 313 | 656 | 1 125 | 1 500 | 2 500 |
| | | | 80 岁及以上 | 58 | 982 | 25 | 500 | 750 | 1 250 | 3 000 |
| | | 女 | 小计 | 4 108 | 1 117 | 313 | 625 | 1 000 | 1 375 | 2 250 |
| | | | 18～44 岁 | 1 773 | 1 119 | 313 | 625 | 1 050 | 1 375 | 2 250 |
| | | | 45～59 岁 | 1 516 | 1 155 | 313 | 625 | 1 000 | 1 500 | 2 500 |
| | | | 60～79 岁 | 758 | 1 071 | 250 | 575 | 938 | 1 375 | 2 250 |
| | | | 80 岁及以上 | 61 | 745 | 125 | 413 | 625 | 1 125 | 1 500 |
| 西北 | 城乡 | 小计 | 小计 | 11 267 | 1 562 | 250 | 625 | 1 125 | 2 000 | 4 500 |
| | | | 18～44 岁 | 4 706 | 1 605 | 250 | 625 | 1 125 | 2 000 | 4 500 |
| | | | 45～59 岁 | 3 927 | 1 548 | 225 | 625 | 1 125 | 2 000 | 4 000 |
| | | | 60～79 岁 | 2 496 | 1 471 | 250 | 600 | 1 000 | 1 750 | 4 000 |
| | | | 80 岁及以上 | 138 | 1 309 | 250 | 500 | 1 000 | 1 750 | 4 000 |
| | | 男 | 小计 | 5 077 | 1 718 | 300 | 650 | 1 250 | 2 000 | 4 875 |
| | | | 18～44 岁 | 2 069 | 1 747 | 250 | 650 | 1 250 | 2 000 | 5 250 |
| | | | 45～59 岁 | 1 764 | 1 713 | 313 | 700 | 1 250 | 2 000 | 4 500 |
| | | | 60～79 岁 | 1 173 | 1 662 | 313 | 700 | 1 200 | 2 000 | 4 500 |
| | | | 80 岁及以上 | 71 | 1 293 | 250 | 550 | 1 000 | 1 938 | 3 125 |
| | | 女 | 小计 | 6 190 | 1 402 | 200 | 563 | 1 000 | 1 750 | 4 000 |
| | | | 18～44 岁 | 2 637 | 1 460 | 200 | 600 | 1 050 | 1 800 | 4 250 |
| | | | 45～59 岁 | 2 163 | 1 367 | 200 | 600 | 1 000 | 1 750 | 3 438 |
| | | | 60～79 岁 | 1 323 | 1 286 | 200 | 500 | 900 | 1 500 | 3 500 |
| | | | 80 岁及以上 | 67 | 1 324 | 100 | 500 | 875 | 1 625 | 5 625 |
| | 城市 | 小计 | 小计 | 5 053 | 1 590 | 313 | 750 | 1 250 | 2 000 | 3 750 |
| | | | 18～44 岁 | 2 032 | 1 619 | 313 | 800 | 1 250 | 2 000 | 3 875 |
| | | | 45～59 岁 | 1 798 | 1 575 | 250 | 750 | 1 250 | 2 000 | 3 750 |
| | | | 60～79 岁 | 1 164 | 1 526 | 375 | 625 | 1 125 | 2 000 | 3 750 |
| | | | 80 岁及以上 | 59 | 1 712 | 438 | 900 | 1 500 | 2 000 | 6 075 |
| | | 男 | 小计 | 2 219 | 1 669 | 400 | 875 | 1 313 | 2 000 | 4 000 |
| | | | 18～44 岁 | 891 | 1 686 | 400 | 900 | 1 375 | 2 000 | 4 000 |
| | | | 45～59 岁 | 775 | 1 670 | 313 | 863 | 1 250 | 2 000 | 4 500 |
| | | | 60～79 岁 | 520 | 1 626 | 400 | 750 | 1 250 | 2 000 | 3 750 |
| | | | 80 岁及以上 | 33 | 1 622 | 450 | 1000 | 1 625 | 2 000 | 3 250 |
| | | 女 | 小计 | 2 834 | 1 511 | 250 | 625 | 1 125 | 2 000 | 3 625 |
| | | | 18～44 岁 | 1 141 | 1 552 | 250 | 750 | 1 250 | 2 000 | 3 750 |
| | | | 45～59 岁 | 1 023 | 1 476 | 219 | 625 | 1 125 | 2 000 | 3 375 |
| | | | 60～79 岁 | 644 | 1 434 | 313 | 600 | 1 063 | 1 750 | 3 750 |
| | | | 80 岁及以上 | 26 | 1 807 | 438 | 900 | 1 438 | 2 000 | 6 075 |
| | 农村 | 小计 | 小计 | 6 214 | 1 541 | 200 | 563 | 1 000 | 1 875 | 4 875 |
| | | | 18～44 岁 | 2 674 | 1 595 | 200 | 550 | 1 000 | 2 000 | 5 250 |
| | | | 45～59 岁 | 2 129 | 1 525 | 200 | 600 | 1 000 | 1 875 | 4 500 |
| | | | 60～79 岁 | 1 332 | 1 422 | 200 | 550 | 1 000 | 1 625 | 4 000 |
| | | | 80 岁及以上 | 79 | 1 003 | 100 | 450 | 750 | 1 125 | 2 500 |
| | | 男 | 小计 | 2 858 | 1 754 | 250 | 625 | 1 125 | 2 000 | 5 625 |
| | | | 18～44 岁 | 1 178 | 1 790 | 200 | 600 | 1 125 | 2 100 | 6 000 |
| | | | 45～59 岁 | 989 | 1 747 | 250 | 625 | 1 125 | 2 000 | 5 000 |
| | | | 60～79 岁 | 653 | 1 693 | 250 | 625 | 1 125 | 2 000 | 4 500 |
| | | | 80 岁及以上 | 38 | 999 | 250 | 500 | 800 | 1 250 | 2 400 |
| | | 女 | 小计 | 3 356 | 1 314 | 200 | 500 | 875 | 1 500 | 4 000 |
| | | | 18～44 岁 | 1 496 | 1 391 | 200 | 500 | 875 | 1 625 | 4 500 |
| | | | 45～59 岁 | 1 140 | 1 272 | 200 | 500 | 875 | 1 500 | 3 500 |
| | | | 60～79 岁 | 679 | 1 146 | 175 | 500 | 800 | 1 250 | 3 250 |
| | | | 80 岁及以上 | 41 | 1 006 | 100 | 250 | 675 | 1 000 | 3 125 |
| 东北 | 城乡 | 小计 | 小计 | 10 172 | 1 160 | 250 | 600 | 1 000 | 1 500 | 2 500 |
| | | | 18～44 岁 | 3 985 | 1 164 | 313 | 625 | 1 000 | 1 500 | 2 500 |
| | | | 45～59 岁 | 3 898 | 1 183 | 250 | 625 | 1 000 | 1 500 | 2 750 |
| | | | 60～79 岁 | 2 164 | 1 117 | 225 | 500 | 800 | 1 250 | 2 500 |
| | | | 80 岁及以上 | 125 | 943 | 200 | 500 | 625 | 1 125 | 2 500 |
| | | 男 | 小计 | 4 629 | 1 267 | 313 | 625 | 1 000 | 1 625 | 2 750 |

| 地区 | 城乡 | 性别 | 年龄 | *n* | 全年日均直接饮水摄入量 /（ml/d） | | | | | |
|---|---|---|---|---|---|---|---|---|---|---|
| | | | | | Mean | P5 | P25 | P50 | P75 | P95 |
| 东北 | 城乡 | 男 | 18 ～ 44 岁 | 1 888 | 1 233 | 344 | 625 | 1 000 | 1 625 | 2 500 |
| | | | 45 ～ 59 岁 | 1 660 | 1 329 | 313 | 625 | 1 125 | 1 625 | 3 000 |
| | | | 60 ～ 79 岁 | 1 022 | 1 287 | 250 | 531 | 938 | 1 500 | 3 000 |
| | | | 80 岁及以上 | 59 | 1 154 | 219 | 500 | 750 | 1 500 | 2 750 |
| | | 女 | 小计 | 5 543 | 1 051 | 250 | 500 | 813 | 1 250 | 2 250 |
| | | | 18 ～ 44 岁 | 2 097 | 1 088 | 250 | 563 | 875 | 1 375 | 2 375 |
| | | | 45 ～ 59 岁 | 2 238 | 1 052 | 250 | 500 | 800 | 1 250 | 2 250 |
| | | | 60 ～ 79 岁 | 1 142 | 956 | 200 | 500 | 750 | 1 250 | 2 250 |
| | | | 80 岁及以上 | 66 | 764 | 156 | 500 | 625 | 750 | 1 750 |
| | 城市 | 小计 | 小计 | 4 355 | 1 181 | 313 | 625 | 1 000 | 1 500 | 2 500 |
| | | | 18 ～ 44 岁 | 1 659 | 1 158 | 313 | 625 | 1 000 | 1 500 | 2 500 |
| | | | 45 ～ 59 岁 | 1 731 | 1 259 | 313 | 625 | 1 000 | 1 500 | 3 000 |
| | | | 60 ～ 79 岁 | 910 | 1 094 | 250 | 563 | 875 | 1 300 | 2 400 |
| | | | 80 岁及以上 | 55 | 1 171 | 250 | 500 | 875 | 1 625 | 3 563 |
| | | 男 | 小计 | 1 911 | 1 255 | 375 | 625 | 1 063 | 1 625 | 2 750 |
| | | | 18 ～ 44 岁 | 767 | 1 196 | 400 | 625 | 1 000 | 1 500 | 2 500 |
| | | | 45 ～ 59 岁 | 730 | 1 360 | 313 | 625 | 1 125 | 1 750 | 3 000 |
| | | | 60 ～ 79 岁 | 395 | 1 223 | 406 | 625 | 1 000 | 1 500 | 2 500 |
| | | | 80 岁及以上 | 19 | 1 721 | 500 | 875 | 1 300 | 2 500 | 4 500 |
| | | 女 | 小计 | 2 444 | 1 106 | 250 | 563 | 875 | 1 375 | 2 500 |
| | | | 18 ～ 44 岁 | 892 | 1 116 | 313 | 563 | 875 | 1 500 | 2 500 |
| | | | 45 ～ 59 岁 | 1 001 | 1 161 | 250 | 625 | 938 | 1 375 | 2500 |
| | | | 60 ～ 79 岁 | 515 | 983 | 200 | 500 | 750 | 1 188 | 2 250 |
| | | | 80 岁及以上 | 36 | 864 | 125 | 438 | 625 | 1 125 | 2 250 |
| | 农村 | 小计 | 小计 | 5 817 | 1 148 | 250 | 563 | 938 | 1 500 | 2 500 |
| | | | 18 ～ 44 岁 | 2 326 | 1 168 | 313 | 625 | 1000 | 1 500 | 2 500 |
| | | | 45 ～ 59 岁 | 2 167 | 1 138 | 250 | 550 | 900 | 1 400 | 2500 |
| | | | 60 ～ 79 岁 | 1 254 | 1 130 | 219 | 500 | 750 | 1 250 | 2 625 |
| | | | 80 岁及以上 | 70 | 844 | 200 | 500 | 625 | 1 000 | 2 000 |
| | | 男 | 小计 | 2 718 | 1 274 | 313 | 625 | 1 000 | 1 625 | 2 800 |
| | | | 18 ～ 44 岁 | 1 121 | 1 253 | 338 | 625 | 1 000 | 1 688 | 2 500 |
| | | | 45 ～ 59 岁 | 930 | 1 308 | 313 | 625 | 1 000 | 1 625 | 3 000 |
| | | | 60 ～ 79 岁 | 627 | 1 318 | 250 | 500 | 875 | 1 500 | 3 500 |
| | | | 80 岁及以上 | 40 | 979 | 200 | 500 | 625 | 1 500 | 2 000 |
| | | 女 | 小计 | 3 099 | 1 021 | 250 | 500 | 750 | 1 250 | 2 250 |
| | | | 18 ～ 44 岁 | 1 205 | 1 072 | 250 | 550 | 875 | 1 350 | 2 250 |
| | | | 45 ～ 59 岁 | 1 237 | 990 | 219 | 500 | 750 | 1 150 | 2 250 |
| | | | 60 ～ 79 岁 | 627 | 941 | 200 | 500 | 688 | 1 250 | 2 250 |
| | | | 80 岁及以上 | 30 | 707 | 156 | 500 | 563 | 625 | 1 375 |
| 西南 | 城乡 | 小计 | 小计 | 13 380 | 1 380 | 219 | 625 | 1 000 | 1 625 | 4 000 |
| | | | 18 ～ 44 岁 | 6 413 | 1 488 | 250 | 625 | 1 125 | 1 700 | 4 500 |
| | | | 45 ～ 59 岁 | 4 249 | 1 377 | 250 | 625 | 1 000 | 1 625 | 3 750 |
| | | | 60 ～ 79 岁 | 2 546 | 1 078 | 156 | 500 | 750 | 1 250 | 2 750 |
| | | | 80 岁及以上 | 172 | 956 | 125 | 313 | 625 | 1 000 | 2 500 |
| | | 男 | 小计 | 6 108 | 1 467 | 250 | 625 | 1 125 | 1 750 | 4 000 |
| | | | 18 ～ 44 岁 | 2 976 | 1 536 | 250 | 688 | 1 250 | 1 750 | 4 250 |
| | | | 45 ～ 59 岁 | 1 868 | 1 528 | 250 | 625 | 1 125 | 1 875 | 4 125 |
| | | | 60 ～ 79 岁 | 1 175 | 1 168 | 163 | 563 | 875 | 1 375 | 3 000 |
| | | | 80 岁及以上 | 89 | 1 164 | 63 | 313 | 625 | 1 250 | 5 063 |
| | | 女 | 小计 | 7 272 | 1 292 | 200 | 563 | 875 | 1 500 | 3 875 |
| | | | 18 ～ 44 岁 | 3 437 | 1 437 | 219 | 625 | 1 000 | 1 625 | 4 500 |
| | | | 45 ～ 59 岁 | 2 381 | 1 225 | 200 | 500 | 875 | 1 375 | 3 250 |
| | | | 60 ～ 79 岁 | 1 371 | 995 | 156 | 450 | 625 | 1 219 | 2 500 |
| | | | 80 岁及以上 | 83 | 714 | 156 | 344 | 563 | 813 | 2 000 |
| | 城市 | 小计 | 小计 | 4 770 | 1 368 | 250 | 625 | 1 000 | 1 600 | 3 875 |
| | | | 18 ～ 44 岁 | 2 246 | 1 425 | 250 | 625 | 1 050 | 1 625 | 4 125 |
| | | | 45 ～ 59 岁 | 1 547 | 1 391 | 250 | 625 | 1 000 | 1 600 | 3 625 |
| | | | 60 ～ 79 岁 | 901 | 1 143 | 156 | 500 | 750 | 1 275 | 3 000 |

| 地区 | 城乡 | 性别 | 年龄 | n | 全年日均直接饮水摄入量 /（ml/d） | | | | | |
|---|---|---|---|---|---|---|---|---|---|---|
| | | | | | Mean | P5 | P25 | P50 | P75 | P95 |
| 西南 | 城市 | 小计 | 80 岁及以上 | 76 | 1 230 | 156 | 350 | 625 | 1 250 | 5 063 |
| | | 男 | 小计 | 2 130 | 1 419 | 250 | 625 | 1 100 | 1 625 | 3 500 |
| | | | 18 ～ 44 岁 | 1 023 | 1 427 | 281 | 625 | 1 125 | 1 650 | 3 500 |
| | | | 45 ～ 59 岁 | 664 | 1 514 | 313 | 625 | 1 125 | 1 750 | 3 625 |
| | | | 60 ～ 79 岁 | 405 | 1 206 | 238 | 563 | 900 | 1 500 | 3 000 |
| | | | 80 岁及以上 | 38 | 1 611 | 250 | 500 | 1 000 | 1 625 | 5 250 |
| | | 女 | 小计 | 2 640 | 1 313 | 225 | 500 | 875 | 1 500 | 4 250 |
| | | | 18 ～ 44 岁 | 1 223 | 1 424 | 250 | 600 | 975 | 1 625 | 4 500 |
| | | | 45 ～ 59 岁 | 883 | 1 264 | 200 | 500 | 788 | 1 313 | 3 750 |
| | | | 60 ～ 79 岁 | 496 | 1 081 | 156 | 438 | 625 | 1 250 | 4 000 |
| | | | 80 岁及以上 | 38 | 815 | 100 | 313 | 563 | 1 000 | 2 250 |
| | 农村 | 小计 | 小计 | 8 610 | 1 389 | 200 | 625 | 1 050 | 1 625 | 4 000 |
| | | | 18 ～ 44 岁 | 4 167 | 1 528 | 213 | 625 | 1 125 | 1 750 | 4 500 |
| | | | 45 ～ 59 岁 | 2 702 | 1 368 | 205 | 625 | 1 000 | 1 625 | 3 750 |
| | | | 60 ～ 79 岁 | 1 645 | 1 041 | 156 | 500 | 750 | 1 250 | 2 500 |
| | | | 80 岁及以上 | 96 | 720 | 63 | 313 | 563 | 1 000 | 2 250 |
| | | 男 | 小计 | 3 978 | 1 499 | 219 | 625 | 1 188 | 1 750 | 4 313 |
| | | | 18 ～ 44 岁 | 1 953 | 1 607 | 250 | 800 | 1 250 | 1 875 | 4 500 |
| | | | 45 ～ 59 岁 | 1 204 | 1 538 | 250 | 625 | 1 125 | 1 875 | 4 500 |
| | | | 60 ～ 79 岁 | 770 | 1 145 | 156 | 550 | 875 | 1 275 | 2 875 |
| | | | 80 岁及以上 | 51 | 800 | 40 | 313 | 500 | 1 125 | 2 250 |
| | | 女 | 小计 | 4 632 | 1 278 | 156 | 563 | 938 | 1438 | 3 500 |
| | | | 18 ～ 44 岁 | 2 214 | 1 445 | 163 | 625 | 1 000 | 1 500 | 4 500 |
| | | | 45 ～ 59 岁 | 1 498 | 1 199 | 200 | 531 | 900 | 1 375 | 3 000 |
| | | | 60 ～ 79 岁 | 875 | 947 | 150 | 500 | 625 | 1 125 | 2 250 |
| | | | 80 岁及以上 | 45 | 622 | 250 | 344 | 563 | 625 | 1 125 |

## 附表 3-18　中国人群分片区、城乡、性别、年龄的春秋季日均直接饮水摄入量

| 地区 | 城乡 | 性别 | 年龄 | n | 春秋季日均直接饮水摄入量 /（ml/d） | | | | | |
|---|---|---|---|---|---|---|---|---|---|---|
| | | | | | Mean | P5 | P25 | P50 | P75 | P95 |
| 合计 | 城乡 | 小计 | 小计 | 90 978 | 1 388 | 250 | 500 | 1 000 | 1 600 | 3 500 |
| | | | 18 ～ 44 岁 | 36 629 | 1 421 | 250 | 500 | 1 000 | 1 640 | 3 750 |
| | | | 45 ～ 59 岁 | 32 323 | 1 414 | 250 | 500 | 1 000 | 1 750 | 3 750 |
| | | | 60 ～ 79 岁 | 20 545 | 1 274 | 200 | 500 | 1 000 | 1 500 | 3 000 |
| | | | 80 岁及以上 | 1 481 | 1 125 | 125 | 500 | 750 | 1 500 | 3 000 |
| | | 男 | 小计 | 41 236 | 1 510 | 250 | 500 | 1 000 | 2 000 | 4 000 |
| | | | 18 ～ 44 岁 | 16 753 | 1 520 | 260 | 600 | 1 000 | 2 000 | 4 000 |
| | | | 45 ～ 59 岁 | 14 070 | 1 569 | 250 | 500 | 1 000 | 2 000 | 4 000 |
| | | | 60 ～ 79 岁 | 9 740 | 1 407 | 250 | 500 | 1 000 | 1 800 | 3 500 |
| | | | 80 岁及以上 | 673 | 1 264 | 150 | 500 | 1 000 | 1 500 | 4 000 |
| | | 女 | 小计 | 49 742 | 1 265 | 250 | 500 | 1 000 | 1 500 | 3 000 |
| | | | 18 ～ 44 岁 | 19 876 | 1 320 | 250 | 500 | 1 000 | 1 500 | 3 000 |
| | | | 45 ～ 59 岁 | 18 253 | 1 261 | 250 | 500 | 1 000 | 1 500 | 3 000 |
| | | | 60 ～ 79 岁 | 10 805 | 1 141 | 125 | 500 | 800 | 1 500 | 3 000 |
| | | | 80 岁及以上 | 808 | 1 017 | 125 | 500 | 500 | 1 000 | 2 500 |
| | 城市 | 小计 | 小计 | 41 776 | 1 550 | 250 | 500 | 1 000 | 2 000 | 4 000 |
| | | | 18 ～ 44 岁 | 16 622 | 1 553 | 300 | 600 | 1 000 | 2 000 | 4 000 |
| | | | 45 ～ 59 岁 | 14 726 | 1 613 | 250 | 500 | 1 000 | 2 000 | 4 200 |
| | | | 60 ～ 79 岁 | 9 683 | 1 448 | 250 | 500 | 1 000 | 2 000 | 4 000 |
| | | | 80 岁及以上 | 745 | 1 408 | 250 | 500 | 1 000 | 1 500 | 4 500 |
| | | 男 | 小计 | 18 433 | 1 638 | 300 | 750 | 1 200 | 2 000 | 4 000 |
| | | | 18 ～ 44 岁 | 7 531 | 1 603 | 400 | 750 | 1 125 | 2 000 | 4 000 |
| | | | 45 ～ 59 岁 | 6 261 | 1 755 | 300 | 750 | 1 250 | 2 000 | 4 500 |
| | | | 60 ～ 79 岁 | 4 318 | 1 551 | 250 | 600 | 1 000 | 2 000 | 4 000 |

| 地区 | 城乡 | 性别 | 年龄 | n | 春秋季日均直接饮水摄入量 /（ml/d） | | | | | |
|---|---|---|---|---|---|---|---|---|---|---|
| | | | | | Mean | P5 | P25 | P50 | P75 | P95 |
| 合计 | 城市 | 男 | 80 岁及以上 | 323 | 1 541 | 250 | 500 | 1 000 | 2 000 | 5 000 |
| | | 女 | 小计 | 23 343 | 1 462 | 250 | 500 | 1 000 | 1 800 | 4 000 |
| | | | 18 ～ 44 岁 | 9 091 | 1 503 | 250 | 500 | 1 000 | 2 000 | 4 000 |
| | | | 45 ～ 59 岁 | 8 465 | 1 470 | 250 | 500 | 1 000 | 2 000 | 4 000 |
| | | | 60 ～ 79 岁 | 5 365 | 1 351 | 250 | 500 | 1 000 | 1 500 | 3 750 |
| | | | 80 岁及以上 | 422 | 1 308 | 200 | 500 | 1 000 | 1 500 | 3 000 |
| | 农村 | 小计 | 小计 | 49 202 | 1 263 | 250 | 500 | 1 000 | 1 500 | 3 000 |
| | | | 18 ～ 44 岁 | 20 007 | 1 321 | 250 | 500 | 1 000 | 1 500 | 3 000 |
| | | | 45 ～ 59 岁 | 17 597 | 1 256 | 250 | 500 | 1 000 | 1 500 | 3 000 |
| | | | 60 ～ 79 岁 | 10 862 | 1 141 | 150 | 500 | 1 000 | 1 500 | 3 000 |
| | | | 80 岁及以上 | 736 | 867 | 125 | 450 | 500 | 1 000 | 2 000 |
| | | 男 | 小计 | 22 803 | 1 413 | 250 | 500 | 1 000 | 1 750 | 3 500 |
| | | | 18 ～ 44 岁 | 9 222 | 1 458 | 250 | 500 | 1 000 | 2 000 | 4 000 |
| | | | 45 ～ 59 岁 | 7 809 | 1 418 | 250 | 500 | 1 000 | 1 800 | 3 500 |
| | | | 60 ～ 79 岁 | 5 422 | 1 302 | 250 | 500 | 1 000 | 1 500 | 3 000 |
| | | | 80 岁及以上 | 350 | 1 018 | 125 | 500 | 750 | 1 500 | 3 000 |
| | | 女 | 小计 | 26 399 | 1 111 | 200 | 500 | 1 000 | 1 500 | 2 500 |
| | | | 18 ～ 44 岁 | 10 785 | 1 179 | 250 | 500 | 1 000 | 1500 | 3 000 |
| | | | 45 ～ 59 岁 | 9 788 | 1 098 | 150 | 500 | 1 000 | 1 500 | 2 500 |
| | | | 60 ～ 79 岁 | 5 440 | 971 | 125 | 500 | 750 | 1 000 | 2 000 |
| | | | 80 岁及以上 | 386 | 749 | 125 | 400 | 500 | 1 000 | 2 000 |
| 华北 | 城乡 | 小计 | 小计 | 18 050 | 1 542 | 250 | 500 | 1 000 | 2 000 | 4 000 |
| | | | 18 ～ 44 岁 | 6 472 | 1 556 | 250 | 500 | 1 000 | 2 000 | 4 000 |
| | | | 45 ～ 59 岁 | 6 808 | 1 571 | 250 | 500 | 1 000 | 2 000 | 4 000 |
| | | | 60 ～ 79 岁 | 4 486 | 1 465 | 125 | 500 | 1 000 | 2 000 | 4 000 |
| | | | 80 岁及以上 | 284 | 1 479 | 150 | 500 | 1 000 | 1 800 | 4 500 |
| | | 男 | 小计 | 7 982 | 1 691 | 250 | 750 | 1 200 | 2 000 | 4 000 |
| | | | 18 ～ 44 岁 | 2 918 | 1 706 | 300 | 900 | 1 250 | 2 000 | 4 500 |
| | | | 45 ～ 59 岁 | 2 813 | 1 762 | 300 | 750 | 1 500 | 2 000 | 4 500 |
| | | | 60 ～ 79 岁 | 2 107 | 1 570 | 250 | 500 | 1 000 | 2 000 | 4 000 |
| | | | 80 岁及以上 | 144 | 1 503 | 125 | 500 | 1 000 | 2 000 | 5 000 |
| | | 女 | 小计 | 10 068 | 1 396 | 150 | 500 | 1 000 | 1 800 | 4 000 |
| | | | 18 ～ 44 岁 | 3 554 | 1 406 | 250 | 500 | 1 000 | 2 000 | 4 000 |
| | | | 45 ～ 59 岁 | 3 995 | 1 400 | 125 | 500 | 1 000 | 2 000 | 4 000 |
| | | | 60 ～ 79 岁 | 2 379 | 1 361 | 125 | 500 | 1 000 | 1 500 | 4 000 |
| | | | 80 岁及以上 | 140 | 1 456 | 150 | 500 | 1 000 | 1 500 | 4 500 |
| | 城市 | 小计 | 小计 | 7 799 | 1 829 | 250 | 750 | 1 500 | 2 000 | 4 500 |
| | | | 18 ～ 44 岁 | 2 774 | 1 761 | 300 | 800 | 1 500 | 2 000 | 4 500 |
| | | | 45 ～ 59 岁 | 2 782 | 1 971 | 300 | 1000 | 1 500 | 2 000 | 5 000 |
| | | | 60 ～ 79 岁 | 2 086 | 1 773 | 250 | 600 | 1 500 | 2 000 | 4 500 |
| | | | 80 岁及以上 | 157 | 1 862 | 200 | 500 | 1 000 | 2 000 | 5 000 |
| | | 男 | 小计 | 3 392 | 1 942 | 500 | 1000 | 1 500 | 2 000 | 5 000 |
| | | | 18 ～ 44 岁 | 1 231 | 1 883 | 500 | 1000 | 1 500 | 2 000 | 4 500 |
| | | | 45 ～ 59 岁 | 1 158 | 2 151 | 500 | 1000 | 1 500 | 2 000 | 5 000 |
| | | | 60 ～ 79 岁 | 920 | 1 781 | 250 | 800 | 1 500 | 2 000 | 4 500 |
| | | | 80 岁及以上 | 83 | 1 791 | 200 | 500 | 1 200 | 2 000 | 5 000 |
| | | 女 | 小计 | 4 407 | 1 717 | 250 | 625 | 1 200 | 2 000 | 4 500 |
| | | | 18 ～ 44 岁 | 1 543 | 1 641 | 250 | 750 | 1 200 | 2 000 | 4 500 |
| | | | 45 ～ 59 岁 | 1 624 | 1 793 | 250 | 750 | 1 250 | 2 000 | 5 000 |
| | | | 60 ～ 79 岁 | 1 166 | 1 766 | 250 | 500 | 1 000 | 2 000 | 4 500 |
| | | | 80 岁及以上 | 74 | 1 952 | 250 | 500 | 1 000 | 2 000 | 6 000 |
| | 农村 | 小计 | 小计 | 10 251 | 1 349 | 150 | 500 | 1 000 | 1 600 | 3 000 |
| | | | 18 ～ 44 岁 | 3 698 | 1 417 | 250 | 500 | 1 000 | 2 000 | 3 000 |
| | | | 45 ～ 59 岁 | 4 026 | 1 313 | 125 | 500 | 1 000 | 1 750 | 3 000 |
| | | | 60 ～ 79 岁 | 2 400 | 1 261 | 125 | 500 | 1 000 | 1 500 | 2 500 |
| | | | 80 岁及以上 | 127 | 1 117 | 125 | 500 | 1 000 | 1 500 | 2 500 |
| | | 男 | 小计 | 4 590 | 1 521 | 250 | 500 | 1 000 | 2 000 | 3 200 |
| | | | 18 ～ 44 岁 | 1 687 | 1 587 | 250 | 750 | 1 000 | 2 000 | 4 000 |
| | | | 45 ～ 59 岁 | 1 655 | 1 487 | 250 | 500 | 1 000 | 2 000 | 3 000 |
| | | | 60 ～ 79 岁 | 1 187 | 1 436 | 125 | 500 | 1 000 | 2 000 | 3 000 |

| 地区 | 城乡 | 性别 | 年龄 | n | 春秋季日均直接饮水摄入量 /（ml/d） | | | | | |
|---|---|---|---|---|---|---|---|---|---|---|
| | | | | | Mean | P5 | P25 | P50 | P75 | P95 |
| 华北 | 农村 | 男 | 80 岁及以上 | 61 | 1 149 | 125 | 500 | 1 000 | 2 000 | 2 500 |
| | | 女 | 小计 | 5 661 | 1 184 | 125 | 500 | 1 000 | 1 500 | 3 000 |
| | | | 18 ～ 44 岁 | 2 011 | 1 244 | 200 | 500 | 1 000 | 1 500 | 3 000 |
| | | | 45 ～ 59 岁 | 2 371 | 1 167 | 0 | 500 | 1 000 | 1 500 | 3 000 |
| | | | 60 ～ 79 岁 | 1 213 | 1 079 | 0 | 500 | 750 | 1 500 | 2 500 |
| | | | 80 岁及以上 | 66 | 1 092 | 150 | 500 | 1 000 | 1 200 | 3 000 |
| 华东 | 城乡 | 小计 | 小计 | 22 945 | 1 499 | 250 | 500 | 1 000 | 2 000 | 4 000 |
| | | | 18 ～ 44 岁 | 8 536 | 1 555 | 250 | 600 | 1 000 | 2 000 | 4 000 |
| | | | 45 ～ 59 岁 | 8 062 | 1 524 | 250 | 500 | 1 000 | 2 000 | 4 000 |
| | | | 60 ～ 79 岁 | 5 832 | 1 356 | 250 | 500 | 1 000 | 1 500 | 3 500 |
| | | | 80 岁及以上 | 515 | 1 085 | 125 | 500 | 750 | 1 500 | 3 000 |
| | | 男 | 小计 | 10 426 | 1 660 | 250 | 750 | 1 200 | 2 000 | 4 000 |
| | | | 18 ～ 44 岁 | 3 795 | 1 681 | 350 | 750 | 1 250 | 2 000 | 4 000 |
| | | | 45 ～ 59 岁 | 3 626 | 1 707 | 250 | 750 | 1 250 | 2 000 | 4 500 |
| | | | 60 ～ 79 岁 | 2 801 | 1 552 | 250 | 600 | 1 000 | 2 000 | 4 000 |
| | | | 80 岁及以上 | 204 | 1 447 | 200 | 500 | 1 000 | 2 000 | 4 500 |
| | | 女 | 小计 | 12 519 | 1 339 | 250 | 500 | 1 000 | 1 500 | 3 000 |
| | | | 18 ～ 44 岁 | 4 741 | 1 433 | 250 | 500 | 1 000 | 1 750 | 3 500 |
| | | | 45 ～ 59 岁 | 4 436 | 1 328 | 250 | 500 | 1 000 | 1 500 | 3 125 |
| | | | 60 ～ 79 岁 | 3 031 | 1 155 | 125 | 500 | 1 000 | 1 500 | 3 000 |
| | | | 80 岁及以上 | 311 | 886 | 125 | 400 | 500 | 1 000 | 2 500 |
| | 城市 | 小计 | 小计 | 12 468 | 1 660 | 250 | 750 | 1 200 | 2 000 | 4 000 |
| | | | 18 ～ 44 岁 | 4 765 | 1 685 | 375 | 750 | 1 200 | 2 000 | 4 000 |
| | | | 45 ～ 59 岁 | 4 284 | 1 721 | 250 | 750 | 1 250 | 2 000 | 4 500 |
| | | | 60 ～ 79 岁 | 3 149 | 1 538 | 250 | 500 | 1 000 | 2 000 | 4 000 |
| | | | 80 岁及以上 | 270 | 1 305 | 250 | 500 | 1 000 | 1 500 | 4 500 |
| | | 男 | 小计 | 5 490 | 1 801 | 375 | 800 | 1 500 | 2 000 | 4 500 |
| | | | 18 ～ 44 岁 | 2 109 | 1 773 | 500 | 900 | 1 500 | 2 000 | 4 500 |
| | | | 45 ～ 59 岁 | 1 873 | 1 889 | 250 | 800 | 1 500 | 2 000 | 4 500 |
| | | | 60 ～ 79 岁 | 1 406 | 1 750 | 250 | 750 | 1 500 | 2 000 | 4 000 |
| | | | 80 岁及以上 | 102 | 1 640 | 250 | 500 | 1 200 | 2 000 | 5 000 |
| | | 女 | 小计 | 6 978 | 1 525 | 250 | 500 | 1 000 | 2 000 | 4 000 |
| | | | 18 ～ 44 岁 | 2 656 | 1 601 | 250 | 750 | 1 000 | 2 000 | 4 000 |
| | | | 45 ～ 59 岁 | 2 411 | 1 540 | 250 | 500 | 1 000 | 2 000 | 4 000 |
| | | | 60 ～ 79 岁 | 1 743 | 1 341 | 200 | 500 | 1 000 | 1 500 | 3 200 |
| | | | 80 岁及以上 | 168 | 1 121 | 250 | 500 | 750 | 1 500 | 3 000 |
| | 农村 | 小计 | 小计 | 10 477 | 1 327 | 250 | 500 | 1 000 | 1 500 | 3 000 |
| | | | 18 ～ 44 岁 | 3 771 | 1 411 | 250 | 500 | 1 000 | 1 875 | 3 000 |
| | | | 45 ～ 59 岁 | 3 778 | 1 316 | 250 | 500 | 1 000 | 1 500 | 3 000 |
| | | | 60 ～ 79 岁 | 2 683 | 1 174 | 150 | 500 | 1 000 | 1 500 | 3 000 |
| | | | 80 岁及以上 | 245 | 867 | 125 | 300 | 500 | 1 000 | 2 500 |
| | | 男 | 小计 | 4 936 | 1 514 | 250 | 500 | 1 000 | 2 000 | 3 750 |
| | | | 18 ～ 44 岁 | 1 686 | 1 580 | 250 | 600 | 1 050 | 2 000 | 3 750 |
| | | | 45 ～ 59 岁 | 1 753 | 1 513 | 250 | 500 | 1 000 | 2 000 | 3 750 |
| | | | 60 ～ 79 岁 | 1 395 | 1 372 | 250 | 500 | 1 000 | 1 750 | 3 500 |
| | | | 80 岁及以上 | 102 | 1 255 | 200 | 500 | 1 000 | 1 500 | 3 000 |
| | | 女 | 小计 | 5 541 | 1 135 | 200 | 500 | 900 | 1 500 | 3 000 |
| | | | 18 ～ 44 岁 | 2 085 | 1 243 | 250 | 500 | 1 000 | 1 500 | 3 000 |
| | | | 45 ～ 59 岁 | 2 025 | 1 106 | 200 | 500 | 750 | 1 500 | 3 000 |
| | | | 60 ～ 79 岁 | 1 288 | 947 | 125 | 375 | 600 | 1 000 | 2 400 |
| | | | 80 岁及以上 | 143 | 653 | 83 | 250 | 500 | 1 000 | 1 500 |
| 华南 | 城乡 | 小计 | 小计 | 15 162 | 1 298 | 300 | 500 | 1 000 | 1 500 | 3 000 |
| | | | 18 ～ 44 岁 | 6 516 | 1 311 | 300 | 600 | 1 000 | 1 500 | 3 000 |
| | | | 45 ～ 59 岁 | 5 378 | 1 343 | 300 | 600 | 1 000 | 1 500 | 3 000 |
| | | | 60 ～ 79 岁 | 3 021 | 1 191 | 250 | 500 | 1 000 | 1 500 | 2 800 |
| | | | 80 岁及以上 | 247 | 1 069 | 150 | 500 | 1 000 | 1 250 | 2 000 |
| | | 男 | 小计 | 7 014 | 1 379 | 300 | 750 | 1 000 | 1 500 | 3 000 |
| | | | 18 ～ 44 岁 | 3 107 | 1 389 | 375 | 750 | 1 000 | 1 500 | 3 000 |
| | | | 45 ～ 59 岁 | 2 339 | 1 447 | 400 | 750 | 1 000 | 1 600 | 3 500 |
| | | | 60 ～ 79 岁 | 1 462 | 1 251 | 250 | 600 | 1 000 | 1 500 | 3 000 |

| 地区 | 城乡 | 性别 | 年龄 | n | 春秋季日均直接饮水摄入量 /（ml/d） | | | | | |
|---|---|---|---|---|---|---|---|---|---|---|
| | | | | | Mean | P5 | P25 | P50 | P75 | P95 |
| 华南 | 城乡 | 男 | 80 岁及以上 | 106 | 944 | 150 | 500 | 750 | 1 050 | 2 400 |
| | | 女 | 小计 | 8 148 | 1 215 | 250 | 500 | 1 000 | 1 500 | 3 000 |
| | | | 18 ～ 44 岁 | 3 409 | 1 227 | 250 | 500 | 1 000 | 1 500 | 3 000 |
| | | | 45 ～ 59 岁 | 3 039 | 1 240 | 250 | 500 | 1 000 | 1 500 | 3 000 |
| | | | 60 ～ 79 岁 | 1 559 | 1 129 | 250 | 500 | 1 000 | 1 500 | 2 500 |
| | | | 80 岁及以上 | 141 | 1 168 | 200 | 500 | 1 000 | 1 500 | 2 000 |
| | 城市 | 小计 | 小计 | 7 331 | 1 506 | 400 | 750 | 1 000 | 1 800 | 4 000 |
| | | | 18 ～ 44 岁 | 3 146 | 1 536 | 500 | 750 | 1 000 | 2 000 | 4 000 |
| | | | 45 ～ 59 岁 | 2 584 | 1 555 | 400 | 750 | 1 000 | 2 000 | 4 000 |
| | | | 60 ～ 79 岁 | 1 473 | 1 334 | 300 | 600 | 1 000 | 1 500 | 3 000 |
| | | | 80 岁及以上 | 128 | 1 358 | 250 | 500 | 1 000 | 1 500 | 2 500 |
| | | 男 | 小计 | 3 291 | 1 542 | 400 | 750 | 1 000 | 2 000 | 4 000 |
| | | | 18 ～ 44 岁 | 1 510 | 1 527 | 500 | 750 | 1 000 | 2 000 | 3 750 |
| | | | 45 ～ 59 岁 | 1 061 | 1 680 | 400 | 800 | 1 000 | 2 000 | 4 500 |
| | | | 60 ～ 79 岁 | 672 | 1 372 | 350 | 750 | 1 000 | 1 600 | 3 000 |
| | | | 80 岁及以上 | 48 | 1 047 | 400 | 500 | 1 000 | 1 050 | 2 400 |
| | | 女 | 小计 | 4 040 | 1 470 | 375 | 750 | 1 000 | 1 750 | 4 000 |
| | | | 18 ～ 44 岁 | 1 636 | 1 545 | 400 | 750 | 1 000 | 1 800 | 4 000 |
| | | | 45 ～ 59 岁 | 1 523 | 1 439 | 300 | 660 | 1 000 | 1 800 | 3 200 |
| | | | 60 ～ 79 岁 | 801 | 1 297 | 300 | 500 | 1 000 | 1 500 | 3 000 |
| | | | 80 岁及以上 | 80 | 1 558 | 250 | 600 | 1 000 | 1 500 | 2 500 |
| | 农村 | 小计 | 小计 | 7 831 | 1 146 | 250 | 500 | 1 000 | 1 500 | 2 500 |
| | | | 18 ～ 44 岁 | 3 370 | 1 161 | 250 | 500 | 1 000 | 1 500 | 2 500 |
| | | | 45 ～ 59 岁 | 2 794 | 1 172 | 250 | 500 | 1 000 | 1 500 | 2 500 |
| | | | 60 ～ 79 岁 | 1 548 | 1 079 | 250 | 500 | 1 000 | 1 500 | 2 125 |
| | | | 80 岁及以上 | 119 | 769 | 125 | 500 | 500 | 1 000 | 1 500 |
| | | 男 | 小计 | 3 723 | 1 262 | 250 | 500 | 1 000 | 1 500 | 3 000 |
| | | | 18 ～ 44 岁 | 1 597 | 1 296 | 250 | 600 | 1 000 | 1 500 | 3 000 |
| | | | 45 ～ 59 岁 | 1 278 | 1 271 | 300 | 500 | 1 000 | 1 500 | 3 000 |
| | | | 60 ～ 79 岁 | 790 | 1 161 | 250 | 500 | 1 000 | 1 500 | 2 500 |
| | | | 80 岁及以上 | 58 | 861 | 25 | 500 | 750 | 1 125 | 2 000 |
| | | 女 | 小计 | 4 108 | 1 022 | 250 | 500 | 1 000 | 1 250 | 2 000 |
| | | | 18 ～ 44 岁 | 1 773 | 1 016 | 250 | 500 | 1 000 | 1 250 | 2 000 |
| | | | 45 ～ 59 岁 | 1 516 | 1 067 | 250 | 500 | 1 000 | 1 500 | 2 250 |
| | | | 60 ～ 79 岁 | 758 | 989 | 250 | 500 | 1 000 | 1 250 | 2 000 |
| | | | 80 岁及以上 | 61 | 677 | 125 | 400 | 500 | 1 000 | 1 500 |
| 西北 | 城乡 | 小计 | 小计 | 11 267 | 1 468 | 200 | 500 | 1 000 | 2 000 | 4 000 |
| | | | 18 ～ 44 岁 | 4 706 | 1 504 | 200 | 500 | 1 000 | 2 000 | 4 125 |
| | | | 45 ～ 59 岁 | 3 927 | 1 454 | 200 | 500 | 1 000 | 2 000 | 4 000 |
| | | | 60 ～ 79 岁 | 2 496 | 1 394 | 200 | 500 | 1 000 | 1 500 | 4 000 |
| | | | 80 岁及以上 | 138 | 1 265 | 200 | 500 | 1 000 | 1 500 | 4 000 |
| | | 男 | 小计 | 5 077 | 1 611 | 250 | 600 | 1 000 | 2 000 | 4 500 |
| | | | 18 ～ 44 岁 | 2 069 | 1 631 | 250 | 600 | 1 000 | 2 000 | 5 000 |
| | | | 45 ～ 59 岁 | 1 764 | 1 612 | 250 | 600 | 1 000 | 2 000 | 4 500 |
| | | | 60 ～ 79 岁 | 1 173 | 1 575 | 250 | 600 | 1 000 | 2 000 | 4 000 |
| | | | 80 岁及以上 | 71 | 1 253 | 250 | 500 | 1000 | 2 000 | 3 000 |
| | | 女 | 小计 | 6 190 | 1 320 | 200 | 500 | 1 000 | 1 500 | 4 000 |
| | | | 18 ～ 44 岁 | 2 637 | 1 373 | 200 | 500 | 1 000 | 1 600 | 4 000 |
| | | | 45 ～ 59 岁 | 2 163 | 1 283 | 200 | 500 | 1 000 | 1 500 | 3 000 |
| | | | 60 ～ 79 岁 | 1 323 | 1 219 | 200 | 500 | 900 | 1 500 | 3 000 |
| | | | 80 岁及以上 | 67 | 1 276 | 100 | 500 | 1 000 | 1 500 | 5 400 |
| | 城市 | 小计 | 小计 | 5 053 | 1 490 | 250 | 600 | 1 000 | 2 000 | 4 000 |
| | | | 18 ～ 44 岁 | 2 032 | 1 512 | 250 | 750 | 1 200 | 2 000 | 3 750 |
| | | | 45 ～ 59 岁 | 1 798 | 1 478 | 250 | 600 | 1 000 | 2 000 | 3 750 |
| | | | 60 ～ 79 岁 | 1 164 | 1 437 | 250 | 500 | 1 000 | 2 000 | 4 000 |
| | | | 80 岁及以上 | 59 | 1 633 | 350 | 1 000 | 1 500 | 2 000 | 5 400 |
| | | 男 | 小计 | 2 219 | 1 558 | 400 | 800 | 1 200 | 2 000 | 4 000 |
| | | | 18 ～ 44 岁 | 891 | 1 565 | 400 | 800 | 1 250 | 2 000 | 3 750 |
| | | | 45 ～ 59 岁 | 775 | 1 571 | 250 | 750 | 1 000 | 2 000 | 4 000 |

| 地区 | 城乡 | 性别 | 年龄 | n | 春秋季日均直接饮水摄入量 /（ml/d） | | | | | |
|---|---|---|---|---|---|---|---|---|---|---|
| | | | | | Mean | P5 | P25 | P50 | P75 | P95 |
| 西北 | 城市 | 男 | 60 ～ 79 岁 | 520 | 1 514 | 400 | 750 | 1 000 | 2 000 | 4 000 |
| | | | 80 岁及以上 | 33 | 1 581 | 450 | 1 000 | 1 500 | 2 000 | 3 000 |
| | | 女 | 小计 | 2 834 | 1 423 | 250 | 500 | 1 000 | 2 000 | 3 500 |
| | | | 18 ～ 44 岁 | 1 141 | 1 460 | 245 | 600 | 1 000 | 2 000 | 4 000 |
| | | | 45 ～ 59 岁 | 1 023 | 1 382 | 200 | 500 | 1 000 | 2 000 | 3 000 |
| | | | 60 ～ 79 岁 | 644 | 1 366 | 250 | 500 | 1 000 | 1 500 | 4 000 |
| | | | 80 岁及以上 | 26 | 1 687 | 350 | 1 000 | 1 400 | 2 000 | 5 400 |
| | 农村 | 小计 | 小计 | 6 214 | 1 451 | 200 | 500 | 1 000 | 2 000 | 4 500 |
| | | | 18 ～ 44 岁 | 2 674 | 1 497 | 200 | 500 | 1 000 | 2 000 | 5 000 |
| | | | 45 ～ 59 岁 | 2 129 | 1 435 | 200 | 500 | 1 000 | 2 000 | 4 000 |
| | | | 60 ～ 79 岁 | 1 332 | 1 356 | 200 | 500 | 1 000 | 1 500 | 4 000 |
| | | | 80 岁及以上 | 79 | 986 | 100 | 400 | 750 | 1 000 | 2 500 |
| | | 男 | 小计 | 2 858 | 1 652 | 200 | 600 | 1 000 | 2 000 | 6 000 |
| | | | 18 ～ 44 岁 | 1 178 | 1 676 | 200 | 600 | 1 000 | 2 000 | 6 000 |
| | | | 45 ～ 59 岁 | 989 | 1 644 | 250 | 600 | 1 000 | 2 000 | 5 000 |
| | | | 60 ～ 79 岁 | 653 | 1 628 | 250 | 500 | 1 000 | 2 000 | 4 500 |
| | | | 80 岁及以上 | 38 | 960 | 200 | 500 | 800 | 1 000 | 2 500 |
| | | 女 | 小计 | 3 356 | 1 238 | 200 | 500 | 800 | 1500 | 4 000 |
| | | | 18 ～ 44 岁 | 1 496 | 1 310 | 200 | 500 | 800 | 1 500 | 4 000 |
| | | | 45 ～ 59 岁 | 1 140 | 1 195 | 150 | 500 | 800 | 1 500 | 3 000 |
| | | | 60 ～ 79 岁 | 679 | 1 080 | 150 | 500 | 750 | 1 200 | 3 000 |
| | | | 80 岁及以上 | 41 | 1 006 | 100 | 250 | 600 | 1 000 | 3 000 |
| 东北 | 城乡 | 小计 | 小计 | 10 172 | 1 062 | 250 | 500 | 1 000 | 1 500 | 2 500 |
| | | | 18 ～ 44 岁 | 3 985 | 1 061 | 250 | 500 | 1 000 | 1 500 | 2 500 |
| | | | 45 ～ 59 岁 | 3 898 | 1 086 | 250 | 500 | 1 000 | 1 500 | 2 500 |
| | | | 60 ～ 79 岁 | 2 164 | 1 037 | 200 | 500 | 750 | 1 125 | 2 500 |
| | | | 80 岁及以上 | 125 | 871 | 125 | 500 | 500 | 1 000 | 2 500 |
| | | 男 | 小计 | 4 629 | 1 159 | 250 | 500 | 1 000 | 1 500 | 2 500 |
| | | | 18 ～ 44 岁 | 1 888 | 1 121 | 250 | 500 | 1 000 | 1 500 | 2 500 |
| | | | 45 ～ 59 岁 | 1 660 | 1 210 | 250 | 500 | 1 000 | 1 500 | 3 000 |
| | | | 60 ～ 79 岁 | 1 022 | 1 209 | 250 | 500 | 1 000 | 1 500 | 3 000 |
| | | | 80 岁及以上 | 59 | 1 073 | 125 | 500 | 750 | 1 500 | 2 500 |
| | | 女 | 小计 | 5 543 | 964 | 250 | 500 | 750 | 1 000 | 2 000 |
| | | | 18 ～ 44 岁 | 2097 | 994 | 250 | 500 | 800 | 1 200 | 2 000 |
| | | | 45 ～ 59 岁 | 2 238 | 974 | 200 | 500 | 750 | 1 000 | 2 000 |
| | | | 60 ～ 79 岁 | 1 142 | 874 | 200 | 500 | 500 | 1 000 | 2 000 |
| | | | 80 岁及以上 | 66 | 700 | 125 | 500 | 500 | 1 000 | 1 500 |
| | 城市 | 小计 | 小计 | 4 355 | 1 087 | 250 | 500 | 1 000 | 1 500 | 2 500 |
| | | | 18 ～ 44 岁 | 1 659 | 1 058 | 250 | 500 | 1 000 | 1 500 | 2 100 |
| | | | 45 ～ 59 岁 | 1 731 | 1 162 | 250 | 500 | 1 000 | 1 500 | 3 000 |
| | | | 60 ～ 79 岁 | 910 | 1 029 | 250 | 500 | 900 | 1 200 | 2 250 |
| | | | 80 岁及以上 | 55 | 1 078 | 200 | 500 | 1 000 | 1 500 | 3 000 |
| | | 男 | 小计 | 1 911 | 1 152 | 250 | 500 | 1 000 | 1 500 | 2 500 |
| | | | 18 ～ 44 岁 | 767 | 1 088 | 250 | 500 | 1 000 | 1 500 | 2 400 |
| | | | 45 ～ 59 岁 | 730 | 1 247 | 250 | 500 | 1 000 | 1 500 | 3 000 |
| | | | 60 ～ 79 岁 | 395 | 1 161 | 350 | 500 | 1 000 | 1 500 | 2 250 |
| | | | 80 岁及以上 | 19 | 1 613 | 500 | 1 000 | 1 200 | 2 500 | 4 500 |
| | | 女 | 小计 | 2 444 | 1 021 | 250 | 500 | 750 | 1 250 | 2 000 |
| | | | 18 ～ 44 岁 | 892 | 1 025 | 250 | 500 | 750 | 1 500 | 2 000 |
| | | | 45 ～ 59 岁 | 1 001 | 1 080 | 250 | 500 | 800 | 1 500 | 2 500 |
| | | | 60 ～ 79 岁 | 515 | 914 | 200 | 500 | 750 | 1 000 | 2 000 |
| | | | 80 岁及以上 | 36 | 779 | 125 | 250 | 500 | 1 000 | 2 000 |
| | 农村 | 小计 | 小计 | 5 817 | 1 049 | 250 | 500 | 1 000 | 1 500 | 2 500 |
| | | | 18 ～ 44 岁 | 2 326 | 1 062 | 250 | 500 | 1 000 | 1 500 | 2 500 |
| | | | 45 ～ 59 岁 | 2 167 | 1 040 | 250 | 500 | 1 000 | 1 200 | 2 500 |
| | | | 60 ～ 79 岁 | 1 254 | 1 042 | 200 | 500 | 500 | 1 000 | 2 500 |
| | | | 80 岁及以上 | 70 | 782 | 125 | 500 | 500 | 1 000 | 2 000 |
| | | 男 | 小计 | 2 718 | 1 163 | 250 | 500 | 1 000 | 1 500 | 2 500 |
| | | | 18 ～ 44 岁 | 1 121 | 1 139 | 250 | 500 | 1 000 | 1 500 | 2 500 |

| 地区 | 城乡 | 性别 | 年龄 | *n* | 春秋季日均直接饮水摄入量 /（ml/d） | | | | | |
|---|---|---|---|---|---|---|---|---|---|---|
| | | | | | Mean | P5 | P25 | P50 | P75 | P95 |
| 东北 | 农村 | 男 | 45 ~ 59 岁 | 930 | 1 186 | 250 | 500 | 1 000 | 1 500 | 3 000 |
| | | | 60 ~ 79 岁 | 627 | 1 233 | 250 | 500 | 750 | 1 500 | 3 000 |
| | | | 80 岁及以上 | 40 | 907 | 125 | 500 | 500 | 1 200 | 2 000 |
| | | 女 | 小计 | 3 099 | 933 | 200 | 500 | 600 | 1 000 | 2 000 |
| | | | 18 ~ 44 岁 | 1 205 | 976 | 250 | 500 | 800 | 1 000 | 2 000 |
| | | | 45 ~ 59 岁 | 1 237 | 914 | 200 | 500 | 500 | 1000 | 2 000 |
| | | | 60 ~ 79 岁 | 627 | 851 | 200 | 500 | 500 | 1 000 | 2 000 |
| | | | 80 岁及以上 | 30 | 655 | 125 | 500 | 500 | 500 | 1 250 |
| 西南 | 城乡 | 小计 | 小计 | 13 382 | 1 263 | 200 | 500 | 1 000 | 1 500 | 4 000 |
| | | | 18 ~ 44 岁 | 6 414 | 1 355 | 250 | 500 | 1 000 | 1 500 | 4 000 |
| | | | 45 ~ 59 岁 | 4 250 | 1 275 | 250 | 500 | 1 000 | 1 500 | 3 200 |
| | | | 60 ~ 79 岁 | 2 546 | 985 | 125 | 500 | 500 | 1 000 | 2 500 |
| | | | 80 岁及以上 | 172 | 871 | 125 | 250 | 500 | 1 000 | 2 000 |
| | | 男 | 小计 | 6 108 | 1 345 | 250 | 500 | 1 000 | 1 500 | 4 000 |
| | | | 18 ~ 44 岁 | 2 976 | 1 408 | 250 | 500 | 1 000 | 1 600 | 4 000 |
| | | | 45 ~ 59 岁 | 1 868 | 1 407 | 250 | 500 | 1 000 | 1 800 | 4 000 |
| | | | 60 ~ 79 岁 | 1 175 | 1 063 | 150 | 500 | 800 | 1 200 | 2 500 |
| | | | 80 岁及以上 | 89 | 1 075 | 50 | 250 | 500 | 1 000 | 4 500 |
| | | 女 | 小计 | 7 274 | 1 179 | 150 | 500 | 800 | 1 250 | 3 600 |
| | | | 18 ~ 44 岁 | 3 438 | 1 300 | 200 | 500 | 1 000 | 1 500 | 4 000 |
| | | | 45 ~ 59 岁 | 2 382 | 1 143 | 150 | 500 | 750 | 1 250 | 3 000 |
| | | | 60 ~ 79 岁 | 1 371 | 912 | 125 | 500 | 500 | 1000 | 2 500 |
| | | | 80 岁及以上 | 83 | 635 | 125 | 275 | 500 | 750 | 2 000 |
| | 城市 | 小计 | 小计 | 4 770 | 1 247 | 250 | 500 | 1 000 | 1 500 | 4 000 |
| | | | 18 ~ 44 岁 | 2 246 | 1 299 | 250 | 500 | 1 000 | 1 500 | 4 000 |
| | | | 45 ~ 59 岁 | 1 547 | 1 267 | 250 | 500 | 1 000 | 1 500 | 3 000 |
| | | | 60 ~ 79 岁 | 901 | 1 044 | 125 | 500 | 500 | 1 200 | 3 000 |
| | | | 80 岁及以上 | 76 | 1 126 | 125 | 250 | 500 | 1 000 | 5 000 |
| | | 男 | 小计 | 2 130 | 1 285 | 250 | 500 | 1 000 | 1 500 | 3 000 |
| | | | 18 ~ 44 岁 | 1 023 | 1 293 | 250 | 500 | 1 000 | 1 500 | 3 000 |
| | | | 45 ~ 59 岁 | 664 | 1 363 | 250 | 500 | 1 000 | 1 750 | 3 000 |
| | | | 60 ~ 79 岁 | 405 | 1 099 | 200 | 500 | 800 | 1 500 | 3 000 |
| | | | 80 岁及以上 | 38 | 1 484 | 200 | 400 | 1 000 | 1 500 | 5 000 |
| | | 女 | 小计 | 2 640 | 1 206 | 200 | 500 | 750 | 1 500 | 4 000 |
| | | | 18 ~ 44 岁 | 1 223 | 1 305 | 250 | 500 | 1 000 | 1 500 | 4 000 |
| | | | 45 ~ 59 岁 | 883 | 1 169 | 150 | 500 | 700 | 1 200 | 3 000 |
| | | | 60 ~ 79 岁 | 496 | 990 | 125 | 375 | 500 | 1 000 | 4 000 |
| | | | 80 岁及以上 | 38 | 737 | 100 | 250 | 500 | 900 | 2 000 |
| | 农村 | 小计 | 小计 | 8 612 | 1 274 | 150 | 500 | 1 000 | 1 500 | 4 000 |
| | | | 18 ~ 44 岁 | 4 168 | 1 392 | 200 | 500 | 1 000 | 1 500 | 4 500 |
| | | | 45 ~ 59 岁 | 2 703 | 1 281 | 200 | 500 | 1 000 | 1 500 | 3 750 |
| | | | 60 ~ 79 岁 | 1 645 | 952 | 125 | 500 | 500 | 1 000 | 2 500 |
| | | | 80 岁及以上 | 96 | 652 | 50 | 250 | 500 | 1 000 | 2 000 |
| | | 男 | 小计 | 3 978 | 1 385 | 200 | 500 | 1 000 | 1 500 | 4 000 |
| | | | 18 ~ 44 岁 | 1 953 | 1 482 | 250 | 750 | 1 000 | 1 800 | 4 500 |
| | | | 45 ~ 59 岁 | 1 204 | 1 438 | 250 | 500 | 1 000 | 2 000 | 4 500 |
| | | | 60 ~ 79 岁 | 770 | 1 042 | 150 | 500 | 800 | 1 000 | 2 500 |
| | | | 80 岁及以上 | 51 | 742 | 40 | 250 | 500 | 1 000 | 2 000 |
| | | 女 | 小计 | 4 634 | 1 162 | 125 | 500 | 1 000 | 1 250 | 3 000 |
| | | | 18 ~ 44 岁 | 2 215 | 1 297 | 125 | 500 | 1 000 | 1 500 | 4 000 |
| | | | 45 ~ 59 岁 | 1 499 | 1 125 | 150 | 500 | 750 | 1 250 | 3 000 |
| | | | 60 ~ 79 岁 | 875 | 869 | 100 | 500 | 500 | 1 000 | 2 000 |
| | | | 80 岁及以上 | 45 | 541 | 250 | 275 | 500 | 500 | 1 000 |

## 附表 3-19　中国人群分片区、城乡、性别、年龄的夏季日均直接饮水摄入量

| 地区 | 城乡 | 性别 | 年龄 | n | 夏季日均直接饮水摄入量 / (ml/d) Mean | P5 | P25 | P50 | P75 | P95 |
|---|---|---|---|---|---|---|---|---|---|---|
| 合计 | 城乡 | 小计 | 小计 | 90 979 | 2 015 | 400 | 1 000 | 1 500 | 2 500 | 5 000 |
| | | | 18 ~ 44 岁 | 36 632 | 2 084 | 500 | 1 000 | 1 500 | 2 500 | 5 000 |
| | | | 45 ~ 59 岁 | 32 322 | 2 033 | 400 | 1 000 | 1 500 | 2 500 | 5 000 |
| | | | 60 ~ 79 岁 | 20 544 | 1 823 | 250 | 800 | 1 500 | 2 000 | 4 000 |
| | | | 80 岁及以上 | 1 481 | 1 568 | 250 | 600 | 1 000 | 2 000 | 4 000 |
| | | 男 | 小计 | 41 238 | 2 184 | 500 | 1 000 | 1 600 | 2 500 | 5 000 |
| | | | 18 ~ 44 岁 | 16 753 | 2 228 | 500 | 1 000 | 1 800 | 2 500 | 5 000 |
| | | | 45 ~ 59 岁 | 14 072 | 2 250 | 500 | 1 000 | 1 750 | 2 500 | 5 000 |
| | | | 60 ~ 79 岁 | 9 740 | 1 986 | 300 | 1 000 | 1 500 | 2 500 | 4 500 |
| | | | 80 岁及以上 | 673 | 1 746 | 250 | 750 | 1 500 | 2 000 | 5000 |
| | | 女 | 小计 | 49 741 | 1 843 | 250 | 1 000 | 1 500 | 2 000 | 4 500 |
| | | | 18 ~ 44 岁 | 19 879 | 1 936 | 400 | 1 000 | 1 500 | 2 250 | 4 500 |
| | | | 45 ~ 59 岁 | 18 250 | 1 817 | 250 | 1 000 | 1 500 | 2 000 | 4 000 |
| | | | 60 ~ 79 岁 | 10 804 | 1 661 | 250 | 750 | 1 250 | 2 000 | 4 000 |
| | | | 80 岁及以上 | 808 | 1 432 | 250 | 500 | 1 000 | 1 500 | 3 000 |
| | 城市 | 小计 | 小计 | 41 777 | 2 184 | 500 | 1 000 | 1 500 | 2 500 | 5 000 |
| | | | 18 ~ 44 岁 | 16 625 | 2 202 | 500 | 1 000 | 1 600 | 2 500 | 5 000 |
| | | | 45 ~ 59 岁 | 14 725 | 2 260 | 500 | 1 000 | 1 500 | 2 500 | 5 000 |
| | | | 60 ~ 79 岁 | 9 682 | 2 033 | 375 | 1 000 | 1 500 | 2 500 | 5 000 |
| | | | 80 岁及以上 | 745 | 1 914 | 250 | 750 | 1 500 | 2 000 | 6 000 |
| | | 男 | 小计 | 18 434 | 2 312 | 500 | 1 000 | 1 875 | 2 500 | 5 250 |
| | | | 18 ~ 44 岁 | 7 531 | 2 290 | 500 | 1 000 | 2 000 | 2 500 | 5 000 |
| | | | 45 ~ 59 岁 | 6 262 | 2 455 | 500 | 1 000 | 2 000 | 2 800 | 6 000 |
| | | | 60 ~ 79 岁 | 4 318 | 2 148 | 500 | 1 000 | 1 500 | 2 500 | 5 000 |
| | | | 80 岁及以上 | 323 | 2 105 | 375 | 1 000 | 1 500 | 2 500 | 6 000 |
| | | 女 | 小计 | 23 343 | 2 057 | 450 | 1 000 | 1 500 | 2 500 | 5 000 |
| | | | 18 ~ 44 岁 | 9 094 | 2 113 | 500 | 1 000 | 1 500 | 2 500 | 5 000 |
| | | | 45 ~ 59 岁 | 8 463 | 2 063 | 450 | 1 000 | 1 500 | 2 500 | 5 000 |
| | | | 60 ~ 79 岁 | 5 364 | 1 924 | 250 | 900 | 1 500 | 2 100 | 4 500 |
| | | | 80 岁及以上 | 422 | 1 770 | 250 | 750 | 1 200 | 2 000 | 4 000 |
| | 农村 | 小计 | 小计 | 49 202 | 1 883 | 250 | 1 000 | 1 500 | 2 100 | 4 500 |
| | | | 18 ~ 44 岁 | 20 007 | 1 994 | 400 | 1 000 | 1 500 | 2 500 | 5 000 |
| | | | 45 ~ 59 岁 | 17 597 | 1 852 | 250 | 1 000 | 1 500 | 2 200 | 4 000 |
| | | | 60 ~ 79 岁 | 10 862 | 1 664 | 250 | 750 | 1 250 | 2 000 | 4 000 |
| | | | 80 岁及以上 | 736 | 1 254 | 150 | 500 | 1 000 | 1 500 | 3 000 |
| | | 男 | 小计 | 22 804 | 2 087 | 450 | 1 000 | 1 500 | 2 500 | 5 000 |
| | | | 18 ~ 44 岁 | 9 222 | 2 180 | 500 | 1 000 | 1 750 | 2 500 | 5 000 |
| | | | 45 ~ 59 岁 | 7 810 | 2 084 | 500 | 1 000 | 1 500 | 2 500 | 5 000 |
| | | | 60 ~ 79 岁 | 5 422 | 1 868 | 250 | 1 000 | 1 500 | 2 100 | 4 500 |
| | | | 80 岁及以上 | 350 | 1 425 | 125 | 500 | 1 000 | 2 000 | 4 000 |
| | | 女 | 小计 | 26 398 | 1 676 | 250 | 800 | 1 500 | 2 000 | 4 000 |
| | | | 18 ~ 44 岁 | 10 785 | 1 800 | 280 | 1 000 | 1 500 | 2 000 | 4 000 |
| | | | 45 ~ 59 岁 | 9 787 | 1 625 | 250 | 750 | 1 400 | 2 000 | 4 000 |
| | | | 60 ~ 79 岁 | 5 440 | 1 450 | 250 | 500 | 1 000 | 2 000 | 3 000 |
| | | | 80 岁及以上 | 386 | 1 120 | 200 | 500 | 1 000 | 1 500 | 2 500 |
| 华北 | 城乡 | 小计 | 小计 | 18 052 | 2 164 | 250 | 1 000 | 1 500 | 2 500 | 5 000 |
| | | | 18 ~ 44 岁 | 6 475 | 2 206 | 500 | 1 000 | 1 800 | 2 500 | 6 000 |
| | | | 45 ~ 59 岁 | 6 807 | 2 214 | 250 | 1 000 | 1 600 | 2 500 | 5 000 |
| | | | 60 ~ 79 岁 | 4 486 | 2 005 | 250 | 1 000 | 1 500 | 2 400 | 4 800 |
| | | | 80 岁及以上 | 284 | 1 920 | 250 | 900 | 1 500 | 2 000 | 5 000 |
| | | 男 | 小计 | 7 982 | 2 355 | 500 | 1 000 | 2 000 | 3 000 | 6 000 |
| | | | 18 ~ 44 岁 | 2 918 | 2 418 | 500 | 1 000 | 2 000 | 3 000 | 6 000 |
| | | | 45 ~ 59 岁 | 2 813 | 2 457 | 500 | 1 000 | 2 000 | 3 000 | 6 000 |
| | | | 60 ~ 79 岁 | 2 107 | 2 093 | 250 | 1 000 | 1 500 | 2 500 | 4 800 |
| | | | 80 岁及以上 | 144 | 1 887 | 250 | 750 | 1 500 | 2 400 | 5 000 |
| | | 女 | 小计 | 10 070 | 1 978 | 250 | 1 000 | 1 500 | 2 400 | 5 000 |

| 地区 | 城乡 | 性别 | 年龄 | n | 夏季日均直接饮水摄入量 / （ml/d） | | | | | |
|---|---|---|---|---|---|---|---|---|---|---|
| | | | | | Mean | P5 | P25 | P50 | P75 | P95 |
| 华北 | 城乡 | 女 | 18 ～ 44 岁 | 3 557 | 1 993 | 250 | 1 000 | 1 500 | 2 400 | 5 000 |
| | | | 45 ～ 59 岁 | 3 994 | 1 996 | 250 | 1 000 | 1 500 | 2 500 | 5 000 |
| | | | 60 ～ 79 岁 | 2 379 | 1 917 | 250 | 750 | 1 500 | 2 000 | 5 000 |
| | | | 80 岁及以上 | 140 | 1 951 | 500 | 900 | 1 500 | 2 000 | 5 000 |
| | 城市 | 小计 | 小计 | 7 801 | 2 489 | 500 | 1 000 | 2 000 | 3 000 | 6 000 |
| | | | 18 ～ 44 岁 | 2 777 | 2 412 | 500 | 1 000 | 2 000 | 3 000 | 6 000 |
| | | | 45 ～ 59 岁 | 2 781 | 2 677 | 500 | 1 125 | 2 000 | 3 000 | 6 000 |
| | | | 60 ～ 79 岁 | 2 086 | 2 413 | 400 | 1 000 | 1 600 | 3 000 | 6 000 |
| | | | 80 岁及以上 | 157 | 2 298 | 500 | 750 | 1 500 | 2 500 | 6 000 |
| | | 男 | 小计 | 3 392 | 2 608 | 500 | 1 200 | 2 000 | 3 000 | 6 000 |
| | | | 18 ～ 44 岁 | 1 231 | 2 570 | 500 | 1 200 | 2 000 | 3 000 | 6 000 |
| | | | 45 ～ 59 岁 | 1 158 | 2 900 | 500 | 1 500 | 2 000 | 3 000 | 6 000 |
| | | | 60 ～ 79 岁 | 920 | 2 300 | 500 | 1 000 | 2 000 | 3 000 | 6 000 |
| | | | 80 岁及以上 | 83 | 2 174 | 400 | 750 | 1 500 | 2 500 | 6 000 |
| | | 女 | 小计 | 4 409 | 2 372 | 500 | 1 000 | 1 875 | 2 800 | 6 000 |
| | | | 18 ～ 44 岁 | 1 546 | 2 255 | 500 | 1 000 | 2 000 | 2 500 | 5 000 |
| | | | 45 ～ 59 岁 | 1 623 | 2 454 | 500 | 1 000 | 2 000 | 3 000 | 6 250 |
| | | | 60 ～ 79 岁 | 1 166 | 2 520 | 320 | 1 000 | 1 500 | 2 500 | 6 000 |
| | | | 80 岁及以上 | 74 | 2 457 | 500 | 1 000 | 1 500 | 2 500 | 7 500 |
| | 农村 | 小计 | 小计 | 10 251 | 1 946 | 250 | 1 000 | 1 500 | 2 400 | 4 500 |
| | | | 18 ～ 44 岁 | 3 698 | 2 066 | 300 | 1 000 | 1 500 | 2 500 | 5 000 |
| | | | 45 ～ 59 岁 | 4 026 | 1 915 | 250 | 1 000 | 1 500 | 2 500 | 4 500 |
| | | | 60 ～ 79 岁 | 2 400 | 1 734 | 250 | 750 | 1 500 | 2 000 | 4 000 |
| | | | 80 岁及以上 | 127 | 1 561 | 250 | 900 | 1 500 | 2 000 | 3 000 |
| | | 男 | 小计 | 4 590 | 2 182 | 400 | 1 000 | 2 000 | 2 500 | 5 000 |
| | | | 18 ～ 44 岁 | 1 687 | 2 315 | 500 | 1 000 | 2 000 | 3 000 | 6 000 |
| | | | 45 ～ 59 岁 | 1 655 | 2 144 | 500 | 1 000 | 2 000 | 2 500 | 5 000 |
| | | | 60 ～ 79 岁 | 1 187 | 1 961 | 250 | 1 000 | 1 500 | 2 000 | 4 000 |
| | | | 80 岁及以上 | 61 | 1 536 | 250 | 600 | 1 500 | 2 000 | 3 000 |
| | | 女 | 小计 | 5 661 | 1 719 | 250 | 750 | 1 500 | 2 000 | 4 000 |
| | | | 18 ～ 44 岁 | 2 011 | 1 812 | 250 | 1 000 | 1 500 | 2 000 | 4 500 |
| | | | 45 ～ 59 岁 | 2 371 | 1 724 | 250 | 750 | 1 500 | 2 000 | 4 000 |
| | | | 60 ～ 79 岁 | 1 213 | 1 499 | 200 | 500 | 1 000 | 2 000 | 3 500 |
| | | | 80 岁及以上 | 66 | 1 580 | 250 | 900 | 1 500 | 2 000 | 3 000 |
| 华东 | 城乡 | 小计 | 小计 | 22 944 | 2 193 | 500 | 1 000 | 1 500 | 2 500 | 5 000 |
| | | | 18 ～ 44 岁 | 8 536 | 2 273 | 500 | 1 000 | 1 750 | 2 500 | 5 000 |
| | | | 45 ～ 59 岁 | 8 062 | 2 229 | 450 | 1 000 | 1 600 | 2 500 | 5 000 |
| | | | 60 ～ 79 岁 | 5 831 | 1 992 | 250 | 1 000 | 1 500 | 2 500 | 4 500 |
| | | | 80 岁及以上 | 515 | 1 577 | 250 | 750 | 1 000 | 2 000 | 4 000 |
| | | 男 | 小计 | 10 426 | 2 426 | 500 | 1 000 | 2 000 | 3 000 | 6 000 |
| | | | 18 ～ 44 岁 | 3 795 | 2 466 | 500 | 1 100 | 2 000 | 3 000 | 6 000 |
| | | | 45 ～ 59 岁 | 3 626 | 2 489 | 500 | 1 125 | 2 000 | 3 000 | 6 000 |
| | | | 60 ～ 79 岁 | 2 801 | 2 251 | 500 | 1 000 | 1 750 | 2 800 | 5 000 |
| | | | 80 岁及以上 | 204 | 2 051 | 400 | 1 000 | 1 500 | 2 500 | 6 000 |
| | | 女 | 小计 | 12 518 | 1 962 | 375 | 1 000 | 1 500 | 2 500 | 4 800 |
| | | | 18 ～ 44 岁 | 4 741 | 2 086 | 500 | 1 000 | 1 500 | 2 500 | 5 000 |
| | | | 45 ～ 59 岁 | 4 436 | 1 949 | 375 | 1 000 | 1 500 | 2 500 | 5 000 |
| | | | 60 ～ 79 岁 | 3 030 | 1 724 | 250 | 750 | 1 500 | 2 000 | 4 000 |
| | | | 80 岁及以上 | 311 | 1 316 | 250 | 500 | 1 000 | 1 500 | 3 000 |
| | 城市 | 小计 | 小计 | 12 467 | 2 351 | 500 | 1 000 | 1 800 | 2 700 | 6 000 |
| | | | 18 ～ 44 岁 | 4 765 | 2 379 | 500 | 1 000 | 2 000 | 3 000 | 6 000 |
| | | | 45 ～ 59 岁 | 4 284 | 2 445 | 500 | 1 000 | 2 000 | 3 000 | 6 000 |
| | | | 60 ～ 79 岁 | 3 148 | 2 183 | 400 | 1 000 | 1 500 | 2 500 | 5 000 |
| | | | 80 岁及以上 | 270 | 1 877 | 250 | 750 | 1 250 | 2 000 | 6 000 |
| | | 男 | 小计 | 5 490 | 2 547 | 500 | 1 250 | 2 000 | 3 000 | 6 000 |
| | | | 18 ～ 44 岁 | 2 109 | 2 513 | 500 | 1 250 | 2 000 | 3 000 | 6 000 |
| | | | 45 ～ 59 岁 | 1 873 | 2 661 | 500 | 1 250 | 2 000 | 3 000 | 7 500 |
| | | | 60 ～ 79 岁 | 1 406 | 2 476 | 500 | 1 000 | 2 000 | 3 000 | 6 000 |

| 地区 | 城乡 | 性别 | 年龄 | $n$ | 夏季日均直接饮水摄入量 /（ml/d） | | | | | |
|---|---|---|---|---|---|---|---|---|---|---|
| | | | | | Mean | P5 | P25 | P50 | P75 | P95 |
| 华东 | 城市 | 男 | 80 岁及以上 | 102 | 2 370 | 250 | 1 000 | 1 650 | 2 500 | 6 000 |
| | | 女 | 小计 | 6 977 | 2 162 | 500 | 1 000 | 1 500 | 2 500 | 5 000 |
| | | | 18 ～ 44 岁 | 2 656 | 2 252 | 500 | 1 000 | 1 600 | 2 500 | 5 000 |
| | | | 45 ～ 59 岁 | 2 411 | 2 211 | 500 | 1 000 | 1 500 | 2 500 | 5 000 |
| | | | 60 ～ 79 岁 | 1 742 | 1 911 | 250 | 1 000 | 1 500 | 2 400 | 4 000 |
| | | | 80 岁及以上 | 168 | 1 606 | 250 | 750 | 1 200 | 2 000 | 4 000 |
| | 农村 | 小计 | 小计 | 10 477 | 2 024 | 375 | 1 000 | 1 500 | 2 500 | 5 000 |
| | | | 18 ～ 44 岁 | 3 771 | 2 154 | 500 | 1 000 | 1 600 | 2 500 | 5 000 |
| | | | 45 ～ 59 岁 | 3 778 | 2 001 | 300 | 1 000 | 1 500 | 2 500 | 5 000 |
| | | | 60 ～ 79 岁 | 2 683 | 1 800 | 250 | 750 | 1 500 | 2 200 | 4 500 |
| | | | 80 岁及以上 | 245 | 1 279 | 125 | 500 | 1 000 | 1 500 | 3 200 |
| | | 男 | 小计 | 4 936 | 2 299 | 500 | 1 000 | 2 000 | 3 000 | 5 000 |
| | | | 18 ～ 44 岁 | 1 686 | 2 414 | 500 | 1 000 | 2 000 | 3 000 | 5 000 |
| | | | 45 ～ 59 岁 | 1 753 | 2 307 | 500 | 1 000 | 2 000 | 3 000 | 5 000 |
| | | | 60 ～ 79 岁 | 1 395 | 2 047 | 400 | 1 000 | 1 500 | 2 500 | 5 000 |
| | | | 80 岁及以上 | 102 | 1 735 | 400 | 750 | 1 250 | 2 000 | 4 500 |
| | | 女 | 小计 | 5 541 | 1 742 | 250 | 800 | 1 500 | 2 000 | 4 000 |
| | | | 18 ～ 44 岁 | 2 085 | 1 898 | 450 | 1 000 | 1 500 | 2 500 | 4 500 |
| | | | 45 ～ 59 岁 | 2 025 | 1 675 | 250 | 750 | 1 250 | 2 000 | 4 000 |
| | | | 60 ～ 79 岁 | 1 288 | 1 517 | 250 | 500 | 1 000 | 2 000 | 3 750 |
| | | | 80 岁及以上 | 143 | 1 028 | 75 | 500 | 1 000 | 1 250 | 2 500 |
| 华南 | 城乡 | 小计 | 小计 | 15 162 | 1 909 | 500 | 1 000 | 1 500 | 2 000 | 4 000 |
| | | | 18 ～ 44 岁 | 6 516 | 1 959 | 500 | 1 000 | 1 500 | 2 400 | 4 000 |
| | | | 45 ～ 59 岁 | 5 378 | 1 926 | 500 | 1 000 | 1 500 | 2 000 | 4 000 |
| | | | 60 ～ 79 岁 | 3 021 | 1 747 | 450 | 1 000 | 1 500 | 2 000 | 4 000 |
| | | | 80 岁及以上 | 247 | 1 499 | 250 | 750 | 1 250 | 2 000 | 3 000 |
| | | 男 | 小计 | 7 015 | 2 029 | 500 | 1 000 | 1 500 | 2 500 | 4 500 |
| | | | 18 ～ 44 岁 | 3 107 | 2 091 | 500 | 1 000 | 1 750 | 2 500 | 4 500 |
| | | | 45 ～ 59 岁 | 2 340 | 2 059 | 500 | 1 000 | 1 500 | 2 500 | 4 500 |
| | | | 60 ～ 79 岁 | 1 462 | 1 809 | 500 | 1 000 | 1 500 | 2 000 | 4 000 |
| | | | 80 岁及以上 | 106 | 1 443 | 250 | 750 | 1 500 | 2 000 | 3 000 |
| | | 女 | 小计 | 8 147 | 1 783 | 500 | 1 000 | 1 500 | 2 000 | 4 000 |
| | | | 18 ～ 44 岁 | 3 409 | 1 816 | 500 | 1 000 | 1 500 | 2 000 | 4 000 |
| | | | 45 ～ 59 岁 | 3 038 | 1 792 | 500 | 1 000 | 1 500 | 2 000 | 4 000 |
| | | | 60 ～ 79 岁 | 1 559 | 1 683 | 400 | 1 000 | 1 500 | 2 000 | 3 750 |
| | | | 80 岁及以上 | 141 | 1 543 | 250 | 700 | 1 250 | 2 000 | 3 000 |
| | 城市 | 小计 | 小计 | 7 331 | 2 121 | 500 | 1 000 | 1 500 | 2 500 | 4 500 |
| | | | 18 ～ 44 岁 | 3 146 | 2 193 | 500 | 1 000 | 1 600 | 2 500 | 5 000 |
| | | | 45 ～ 59 岁 | 2 584 | 2 127 | 500 | 1 000 | 1 500 | 2 500 | 4 500 |
| | | | 60 ～ 79 岁 | 1 473 | 1 922 | 500 | 1 000 | 1 500 | 2 400 | 4 000 |
| | | | 80 岁及以上 | 128 | 1 788 | 400 | 1 000 | 1 500 | 2 000 | 3 500 |
| | | 男 | 小计 | 3 292 | 2 195 | 500 | 1 000 | 1 750 | 2 500 | 5 000 |
| | | | 18 ～ 44 岁 | 1 510 | 2 240 | 600 | 1 050 | 2 000 | 2 500 | 5 000 |
| | | | 45 ～ 59 岁 | 1 062 | 2 274 | 500 | 1 000 | 1 650 | 2 500 | 5 000 |
| | | | 60 ～ 79 岁 | 672 | 1 957 | 500 | 1 000 | 1 500 | 2 500 | 4 000 |
| | | | 80 岁及以上 | 48 | 1 533 | 450 | 1 000 | 1 500 | 2 000 | 3 000 |
| | | 女 | 小计 | 4 039 | 2 046 | 500 | 1 000 | 1 500 | 2 400 | 4 500 |
| | | | 18 ～ 44 岁 | 1 636 | 2 142 | 500 | 1 000 | 1 500 | 2 500 | 5 000 |
| | | | 45 ～ 59 岁 | 1 522 | 1 991 | 500 | 1 000 | 1 500 | 2 250 | 4 000 |
| | | | 60 ～ 79 岁 | 801 | 1 889 | 500 | 1 000 | 1 500 | 2 000 | 4 000 |
| | | | 80 岁及以上 | 80 | 1 953 | 400 | 1 000 | 1 500 | 2 000 | 4 000 |
| | 农村 | 小计 | 小计 | 7 831 | 1 753 | 500 | 1 000 | 1 500 | 2 000 | 4 000 |
| | | | 18 ～ 44 岁 | 3 370 | 1 802 | 500 | 1 000 | 1 500 | 2 000 | 4 000 |
| | | | 45 ～ 59 岁 | 2 794 | 1 762 | 500 | 1 000 | 1 500 | 2 000 | 4 000 |
| | | | 60 ～ 79 岁 | 1 548 | 1 610 | 375 | 1 000 | 1 500 | 2 000 | 3 150 |
| | | | 80 岁及以上 | 119 | 1 198 | 125 | 500 | 1 000 | 1 500 | 2 250 |
| | | 男 | 小计 | 3 723 | 1 911 | 500 | 1 000 | 1 500 | 2 250 | 4 000 |
| | | | 18 ～ 44 岁 | 1 597 | 1 990 | 500 | 1 000 | 1 600 | 2 500 | 4 000 |

| 地区 | 城乡 | 性别 | 年龄 | *n* | 夏季日均直接饮水摄入量 / （ml/d） | | | | | |
|---|---|---|---|---|---|---|---|---|---|---|
| | | | | | Mean | P5 | P25 | P50 | P75 | P95 |
| 华南 | 农村 | 男 | 45 ～ 59 岁 | 1 278 | 1 897 | 500 | 1 000 | 1 500 | 2 250 | 4 000 |
| | | | 60 ～ 79 岁 | 790 | 1 699 | 400 | 1 000 | 1 500 | 2 000 | 4 000 |
| | | | 80 岁及以上 | 58 | 1 370 | 38 | 600 | 1 000 | 1 500 | 3 000 |
| | | 女 | 小计 | 4 108 | 1 584 | 500 | 1 000 | 1 500 | 2 000 | 3 000 |
| | | | 18 ～ 44 岁 | 1 773 | 1 600 | 500 | 1 000 | 1 500 | 2 000 | 3 000 |
| | | | 45 ～ 59 岁 | 1 516 | 1 619 | 500 | 1 000 | 1 500 | 2 000 | 3 600 |
| | | | 60 ～ 79 岁 | 758 | 1 511 | 250 | 900 | 1 500 | 2 000 | 3 000 |
| | | | 80 岁及以上 | 61 | 1 027 | 150 | 500 | 1 000 | 1 500 | 2 000 |
| 西北 | 城乡 | 小计 | 小计 | 11 267 | 2 042 | 250 | 800 | 1 500 | 2 500 | 6 000 |
| | | | 18 ～ 44 岁 | 4 706 | 2 113 | 250 | 800 | 1 500 | 2 500 | 6 000 |
| | | | 45 ～ 59 岁 | 3 927 | 2 024 | 250 | 800 | 1 500 | 2 500 | 5 000 |
| | | | 60 ～ 79 岁 | 2 496 | 1 886 | 250 | 750 | 1 500 | 2 000 | 5 000 |
| | | | 80 岁及以上 | 138 | 1 614 | 200 | 600 | 1 000 | 2 000 | 4 000 |
| | | 男 | 小计 | 5077 | 2 253 | 400 | 800 | 1 600 | 3 000 | 6 000 |
| | | | 18 ～ 44 岁 | 2 069 | 2 310 | 400 | 800 | 1 600 | 3 000 | 7 000 |
| | | | 45 ～ 59 岁 | 1 764 | 2 237 | 400 | 1000 | 1 600 | 2 700 | 6 000 |
| | | | 60 ～ 79 岁 | 1 173 | 2 151 | 400 | 1000 | 1 500 | 2 500 | 6 000 |
| | | | 80 岁及以上 | 71 | 1 503 | 250 | 750 | 1 250 | 2 000 | 4 000 |
| | | 女 | 小计 | 6 190 | 1 825 | 200 | 750 | 1 500 | 2 000 | 5 000 |
| | | | 18 ～ 44 岁 | 2 637 | 1 910 | 200 | 750 | 1 500 | 2 250 | 5 000 |
| | | | 45 ～ 59 岁 | 2 163 | 1 791 | 200 | 800 | 1 500 | 2 000 | 4 000 |
| | | | 60 ～ 79 岁 | 1 323 | 1 629 | 200 | 600 | 1 200 | 2 000 | 4 000 |
| | | | 80 岁及以上 | 67 | 1 712 | 100 | 500 | 1 000 | 2 000 | 7 500 |
| | 城市 | 小计 | 小计 | 5 053 | 2 049 | 400 | 1 000 | 1 500 | 2 500 | 5 000 |
| | | | 18 ～ 44 岁 | 2 032 | 2 108 | 400 | 1 000 | 1 750 | 2 500 | 5 000 |
| | | | 45 ～ 59 岁 | 1 798 | 2 026 | 300 | 1 000 | 1 500 | 2 500 | 5 000 |
| | | | 60 ～ 79 岁 | 1 164 | 1 914 | 450 | 1 000 | 1 500 | 2 400 | 5 000 |
| | | | 80 岁及以上 | 59 | 2 128 | 450 | 1 000 | 1 800 | 2 500 | 9 000 |
| | | 男 | 小计 | 2 219 | 2 164 | 500 | 1 000 | 2 000 | 2 500 | 5 000 |
| | | | 18 ～ 44 岁 | 891 | 2 208 | 500 | 1 000 | 2 000 | 2 500 | 5 000 |
| | | | 45 ～ 59 岁 | 775 | 2 160 | 400 | 1 000 | 2 000 | 2 500 | 6 000 |
| | | | 60 ～ 79 岁 | 520 | 2 070 | 500 | 1 000 | 1 500 | 2 500 | 5 000 |
| | | | 80 岁及以上 | 33 | 1 830 | 450 | 1 000 | 2 000 | 2 250 | 4 000 |
| | | 女 | 小计 | 2 834 | 1 935 | 250 | 1 000 | 1 500 | 2 400 | 4 500 |
| | | | 18 ～ 44 岁 | 1 141 | 2 010 | 250 | 1 000 | 1 500 | 2 500 | 5 000 |
| | | | 45 ～ 59 岁 | 1 023 | 1 889 | 250 | 1 000 | 1 500 | 2 250 | 4 000 |
| | | | 60 ～ 79 岁 | 644 | 1 770 | 400 | 750 | 1 500 | 2 000 | 4 500 |
| | | | 80 岁及以上 | 26 | 2 440 | 500 | 1 000 | 1 750 | 2 500 | 9 000 |
| | 农村 | 小计 | 小计 | 6 214 | 2 038 | 200 | 600 | 1 500 | 2 500 | 6 000 |
| | | | 18 ～ 44 岁 | 2 674 | 2 116 | 200 | 600 | 1 400 | 2 500 | 7 500 |
| | | | 45 ～ 59 岁 | 2 129 | 2 021 | 250 | 800 | 1 500 | 2 500 | 6 000 |
| | | | 60 ～ 79 岁 | 1 332 | 1 861 | 200 | 600 | 1 200 | 2 000 | 6 000 |
| | | | 80 岁及以上 | 79 | 1 224 | 100 | 500 | 1 000 | 1 500 | 4 000 |
| | | 男 | 小计 | 2 858 | 2 320 | 250 | 800 | 1 500 | 3 000 | 8 000 |
| | | | 18 ～ 44 岁 | 1 178 | 2 381 | 250 | 750 | 1 500 | 3 000 | 8 000 |
| | | | 45 ～ 59 岁 | 989 | 2 298 | 400 | 800 | 1 500 | 3 000 | 6 000 |
| | | | 60 ～ 79 岁 | 653 | 2 220 | 250 | 800 | 1 500 | 2 500 | 7 000 |
| | | | 80 岁及以上 | 38 | 1 211 | 250 | 500 | 1 000 | 1 500 | 3 000 |
| | | 女 | 小计 | 3 356 | 1 737 | 200 | 600 | 1 000 | 2 000 | 5 000 |
| | | | 18 ～ 44 岁 | 1 496 | 1 837 | 200 | 600 | 1 000 | 2 000 | 6 000 |
| | | | 45 ～ 59 岁 | 1 140 | 1 704 | 200 | 600 | 1 200 | 2 000 | 4 500 |
| | | | 60 ～ 79 岁 | 679 | 1 495 | 200 | 500 | 1 000 | 1 800 | 4 000 |
| | | | 80 岁及以上 | 41 | 1 233 | 100 | 250 | 1 000 | 1 200 | 4 000 |
| 东北 | 城乡 | 小计 | 小计 | 10 172 | 1 507 | 250 | 800 | 1 000 | 2 000 | 3 600 |
| | | | 18 ～ 44 岁 | 3 985 | 1 531 | 450 | 1 000 | 1 125 | 2 000 | 3 750 |
| | | | 45 ～ 59 岁 | 3 898 | 1 530 | 250 | 800 | 1 050 | 2 000 | 3 750 |
| | | | 60 ～ 79 岁 | 2 164 | 1 408 | 250 | 500 | 1 000 | 2 000 | 3 000 |
| | | | 80 岁及以上 | 125 | 1 168 | 250 | 500 | 1 000 | 1 500 | 3 000 |

| 地区 | 城乡 | 性别 | 年龄 | n | 夏季日均直接饮水摄入量 /（ml/d） | | | | | |
|---|---|---|---|---|---|---|---|---|---|---|
| | | | | | Mean | P5 | P25 | P50 | P75 | P95 |
| 东北 | 城乡 | 男 | 小计 | 4 629 | 1 649 | 500 | 1 000 | 1 500 | 2 000 | 4 000 |
| | | | 18 ～ 44 岁 | 1 888 | 1 627 | 500 | 1 000 | 1 500 | 2 000 | 4 000 |
| | | | 45 ～ 59 岁 | 1 660 | 1 732 | 500 | 1 000 | 1 500 | 2 000 | 4 000 |
| | | | 60 ～ 79 岁 | 1 022 | 1 594 | 250 | 750 | 1 000 | 2 000 | 4 000 |
| | | | 80 岁及以上 | 59 | 1 388 | 250 | 500 | 1 000 | 2 000 | 4 500 |
| | | 女 | 小计 | 5 543 | 1 363 | 250 | 600 | 1 000 | 2 000 | 3 000 |
| | | | 18 ～ 44 岁 | 2 097 | 1 424 | 400 | 750 | 1 000 | 2 000 | 3 000 |
| | | | 45 ～ 59 岁 | 2 238 | 1 347 | 250 | 500 | 1 000 | 1 600 | 3 000 |
| | | | 60 ～ 79 岁 | 1 142 | 1 233 | 250 | 500 | 1 000 | 1 500 | 3 000 |
| | | | 80 岁及以上 | 66 | 980 | 200 | 500 | 800 | 1 000 | 2 500 |
| | 城市 | 小计 | 小计 | 4 355 | 1 520 | 500 | 800 | 1 200 | 2 000 | 3 375 |
| | | | 18 ～ 44 岁 | 1 659 | 1 498 | 500 | 800 | 1 200 | 2 000 | 3 000 |
| | | | 45 ～ 59 岁 | 1 731 | 1 631 | 500 | 1 000 | 1 500 | 2 000 | 4 000 |
| | | | 60 ～ 79 岁 | 910 | 1 365 | 250 | 750 | 1 000 | 1 500 | 3 000 |
| | | | 80 岁及以上 | 55 | 1 461 | 250 | 500 | 1 000 | 2 000 | 4 500 |
| | | 男 | 小计 | 1 911 | 1 625 | 500 | 1 000 | 1 500 | 2 000 | 4 000 |
| | | | 18 ～ 44 岁 | 767 | 1 561 | 500 | 1 000 | 1 500 | 2 000 | 3 500 |
| | | | 45 ～ 59 岁 | 730 | 1 779 | 500 | 1 000 | 1 500 | 2 000 | 4 000 |
| | | | 60 ～ 79 岁 | 395 | 1 503 | 500 | 1 000 | 1 200 | 2 000 | 3 000 |
| | | | 80 岁及以上 | 19 | 2 060 | 500 | 1 000 | 2 000 | 2 500 | 4 500 |
| | | 女 | 小计 | 2 444 | 1 414 | 250 | 750 | 1 000 | 2 000 | 3 000 |
| | | | 18 ～ 44 岁 | 892 | 1 429 | 400 | 750 | 1 000 | 2 000 | 3 000 |
| | | | 45 ～ 59 岁 | 1 001 | 1 486 | 250 | 800 | 1 000 | 2 000 | 3 000 |
| | | | 60 ～ 79 岁 | 515 | 1 246 | 250 | 500 | 1 000 | 1 500 | 3 000 |
| | | | 80 岁及以上 | 36 | 1 127 | 125 | 500 | 1 000 | 1 500 | 3 000 |
| | 农村 | 小计 | 小计 | 5 817 | 1 500 | 250 | 800 | 1 000 | 2 000 | 3 600 |
| | | | 18 ～ 44 岁 | 2 326 | 1 549 | 400 | 1 000 | 1 000 | 2 000 | 4 000 |
| | | | 45 ～ 59 岁 | 2 167 | 1 470 | 250 | 750 | 1 000 | 2 000 | 3 150 |
| | | | 60 ～ 79 岁 | 1 254 | 1 432 | 250 | 500 | 1 000 | 2 000 | 3 800 |
| | | | 80 岁及以上 | 70 | 1 040 | 250 | 500 | 1000 | 1 000 | 2 500 |
| | | 男 | 小计 | 2 718 | 1 663 | 400 | 1 000 | 1 500 | 2 000 | 4 000 |
| | | | 18 ～ 44 岁 | 1 121 | 1 663 | 500 | 1 000 | 1 500 | 2 000 | 4 000 |
| | | | 45 ～ 59 岁 | 930 | 1 702 | 500 | 1 000 | 1 500 | 2 000 | 4 000 |
| | | | 60 ～ 79 岁 | 627 | 1 638 | 250 | 500 | 1 000 | 2 000 | 4 000 |
| | | | 80 岁及以上 | 40 | 1 180 | 250 | 500 | 1 000 | 2 000 | 2 500 |
| | | 女 | 小计 | 3 099 | 1 335 | 250 | 500 | 1 000 | 2 000 | 3 000 |
| | | | 18 ～ 44 岁 | 1 205 | 1 421 | 375 | 800 | 1 000 | 2 000 | 3 000 |
| | | | 45 ～ 59 岁 | 1 237 | 1 268 | 250 | 500 | 1 000 | 1 500 | 3 000 |
| | | | 60 ～ 79 岁 | 627 | 1 225 | 250 | 500 | 1 000 | 1 500 | 2 800 |
| | | | 80 岁及以上 | 30 | 898 | 250 | 500 | 800 | 1 000 | 2 000 |
| 西南 | 城乡 | 小计 | 小计 | 13 382 | 1 927 | 250 | 1 000 | 1 500 | 2 000 | 5 000 |
| | | | 18 ～ 44 岁 | 6 414 | 2 096 | 250 | 1 000 | 1 500 | 2 250 | 6 000 |
| | | | 45 ～ 59 岁 | 4 250 | 1 888 | 250 | 1 000 | 1 500 | 2 000 | 5 000 |
| | | | 60 ～ 79 岁 | 2 546 | 1 493 | 250 | 500 | 1 000 | 2 000 | 4 000 |
| | | | 80 岁及以上 | 172 | 1 318 | 125 | 500 | 1 000 | 1 500 | 4 000 |
| | | 男 | 小计 | 6 109 | 2 024 | 250 | 1000 | 1 500 | 2 400 | 5 000 |
| | | | 18 ～ 44 岁 | 2 976 | 2 124 | 300 | 1 000 | 1 750 | 2 500 | 6 000 |
| | | | 45 ～ 59 岁 | 1 869 | 2 102 | 300 | 1 000 | 1 500 | 2 500 | 5 000 |
| | | | 60 ～ 79 岁 | 1 175 | 1 609 | 250 | 750 | 1 200 | 2 000 | 4 000 |
| | | | 80 岁及以上 | 89 | 1 591 | 100 | 500 | 1 000 | 2 000 | 6 750 |
| | | 女 | 小计 | 7 273 | 1 827 | 250 | 750 | 1 250 | 2 000 | 5 000 |
| | | | 18 ～ 44 岁 | 3 438 | 2 068 | 250 | 1 000 | 1 500 | 2 000 | 6 000 |
| | | | 45 ～ 59 岁 | 2 381 | 1 672 | 250 | 750 | 1 200 | 2 000 | 4 000 |
| | | | 60 ～ 79 岁 | 1 371 | 1 385 | 250 | 500 | 1 000 | 2 000 | 3 750 |
| | | | 80 岁及以上 | 83 | 1 002 | 250 | 500 | 900 | 1 000 | 3 000 |
| | 城市 | 小计 | 小计 | 4 770 | 1 887 | 250 | 1 000 | 1 500 | 2 000 | 5 000 |
| | | | 18 ～ 44 岁 | 2 246 | 1 963 | 300 | 1 000 | 1 500 | 2 000 | 5 000 |
| | | | 45 ～ 59 岁 | 1 547 | 1 936 | 250 | 1 000 | 1 400 | 2 000 | 5 000 |

| 地区 | 城乡 | 性别 | 年龄 | n | 夏季日均直接饮水摄入量 /（ml/d） | | | | | |
|---|---|---|---|---|---|---|---|---|---|---|
| | | | | | Mean | P5 | P25 | P50 | P75 | P95 |
| 西南 | 城市 | 小计 | 60 ～ 79 岁 | 901 | 1 561 | 250 | 500 | 1 000 | 2 000 | 4 000 |
| | | | 80 岁及以上 | 76 | 1 706 | 250 | 500 | 1 000 | 2 000 | 6 750 |
| | | 男 | 小计 | 2 130 | 1 970 | 300 | 1 000 | 1 500 | 2 000 | 5 000 |
| | | | 18 ～ 44 岁 | 1 023 | 1 965 | 300 | 1 000 | 1500 | 2 100 | 4 500 |
| | | | 45 ～ 59 岁 | 664 | 2 151 | 500 | 1 000 | 1 500 | 2 400 | 5 000 |
| | | | 60 ～ 79 岁 | 405 | 1 640 | 250 | 900 | 1 250 | 2 000 | 4 000 |
| | | | 80 岁及以上 | 38 | 2 240 | 250 | 500 | 1 000 | 2 000 | 8 000 |
| | | 女 | 小计 | 2 640 | 1 801 | 250 | 750 | 1 200 | 2 000 | 5 000 |
| | | | 18 ～ 44 岁 | 1 223 | 1 961 | 375 | 900 | 1 500 | 2 000 | 6 000 |
| | | | 45 ～ 59 岁 | 883 | 1 714 | 250 | 750 | 1 000 | 2 000 | 4 000 |
| | | | 60 ～ 79 岁 | 496 | 1 483 | 250 | 500 | 1 000 | 2 000 | 5 000 |
| | | | 80 岁及以上 | 38 | 1 126 | 125 | 500 | 800 | 1 500 | 3 000 |
| | 农村 | 小计 | 小计 | 8 612 | 1 952 | 250 | 1 000 | 1 500 | 2 000 | 5 000 |
| | | | 18 ～ 44 岁 | 4 168 | 2 182 | 250 | 1 000 | 1 500 | 2 500 | 6 000 |
| | | | 45 ～ 59 岁 | 2 703 | 1 855 | 250 | 900 | 1 500 | 2 000 | 5 000 |
| | | | 60 ～ 79 岁 | 1 645 | 1 455 | 250 | 600 | 1 000 | 2 000 | 3 600 |
| | | | 80 岁及以上 | 96 | 985 | 100 | 500 | 1 000 | 1 000 | 3 000 |
| | | 男 | 小计 | 3 979 | 2 060 | 250 | 1 000 | 1 500 | 2 500 | 6 000 |
| | | | 18 ～ 44 岁 | 1 953 | 2 226 | 300 | 1 000 | 2 000 | 2 500 | 6 000 |
| | | | 45 ～ 59 岁 | 1 205 | 2 067 | 250 | 1 000 | 1 500 | 2 500 | 6 000 |
| | | | 60 ～ 79 岁 | 770 | 1 590 | 250 | 750 | 1 125 | 2 000 | 4 000 |
| | | | 80 岁及以上 | 51 | 1 063 | 70 | 500 | 1 000 | 1 500 | 3 000 |
| | | 女 | 小计 | 4 633 | 1 843 | 250 | 750 | 1 250 | 2 000 | 4 500 |
| | | | 18 ～ 44 岁 | 2 215 | 2 136 | 250 | 1 000 | 1 500 | 2 000 | 6 000 |
| | | | 45 ～ 59 岁 | 1 498 | 1 643 | 250 | 750 | 1 250 | 2 000 | 4 000 |
| | | | 60 ～ 79 岁 | 875 | 1 332 | 245 | 500 | 1 000 | 2 000 | 3 000 |
| | | | 80 岁及以上 | 45 | 889 | 250 | 500 | 1 000 | 1 000 | 2 000 |

## 附表 3-20　中国人群分片区、城乡、性别、年龄的冬季日均直接饮水摄入量

| 地区 | 城乡 | 性别 | 年龄 | n | 冬季日均直接饮水摄入量 /（ml/d） | | | | | |
|---|---|---|---|---|---|---|---|---|---|---|
| | | | | | Mean | P5 | P25 | P50 | P75 | P95 |
| 合计 | 城乡 | 小计 | 小计 | 90 979 | 1 231 | 250 | 500 | 1 000 | 1 500 | 3 000 |
| | | | 18 ～ 44 岁 | 36 631 | 1 260 | 250 | 500 | 1 000 | 1 500 | 3 000 |
| | | | 45 ～ 59 岁 | 32 323 | 1 254 | 200 | 500 | 1 000 | 1 500 | 3 000 |
| | | | 60 ～ 79 岁 | 20 544 | 1 129 | 125 | 500 | 800 | 1 500 | 3 000 |
| | | | 80 岁及以上 | 1 481 | 1 032 | 125 | 500 | 500 | 1 100 | 3 000 |
| | | 男 | 小计 | 41 237 | 1 347 | 250 | 500 | 1 000 | 1 500 | 3 200 |
| | | | 18 ～ 44 岁 | 16 753 | 1 352 | 250 | 500 | 1 000 | 1 500 | 3 150 |
| | | | 45 ～ 59 岁 | 14 071 | 1 402 | 250 | 500 | 1 000 | 1 600 | 4 000 |
| | | | 60 ～ 79 岁 | 9 740 | 1 260 | 200 | 500 | 1 000 | 1 500 | 3 000 |
| | | | 80 岁及以上 | 673 | 1 146 | 125 | 500 | 1 000 | 1 500 | 3 000 |
| | | 女 | 小计 | 49 742 | 1 115 | 150 | 500 | 800 | 1 500 | 3 000 |
| | | | 18 ～ 44 岁 | 19 878 | 1 165 | 250 | 500 | 1 000 | 1 500 | 3 000 |
| | | | 45 ～ 59 岁 | 18 252 | 1 107 | 125 | 500 | 800 | 1 500 | 3 000 |
| | | | 60 ～ 79 岁 | 10 804 | 998 | 125 | 500 | 600 | 1 000 | 2 500 |
| | | | 80 岁及以上 | 808 | 944 | 125 | 375 | 500 | 1 000 | 2 250 |
| | 城市 | 小计 | 小计 | 41 778 | 1 398 | 250 | 500 | 1 000 | 1 500 | 4 000 |
| | | | 18 ～ 44 岁 | 16 625 | 1 400 | 250 | 500 | 1 000 | 1 600 | 3 750 |
| | | | 45 ～ 59 岁 | 14 726 | 1 451 | 250 | 500 | 1 000 | 1 600 | 4 000 |
| | | | 60 ～ 79 岁 | 9 682 | 1 314 | 250 | 500 | 1 000 | 1 500 | 3 500 |
| | | | 80 岁及以上 | 745 | 1 289 | 200 | 500 | 1 000 | 1 500 | 4 000 |
| | | 男 | 小计 | 18 433 | 1 484 | 250 | 500 | 1 000 | 2 000 | 4 000 |
| | | | 18 ～ 44 岁 | 7 531 | 1 450 | 250 | 500 | 1 000 | 2 000 | 4 000 |
| | | | 45 ～ 59 岁 | 6 261 | 1 587 | 250 | 500 | 1 000 | 2 000 | 4 000 |
| | | | 60 ～ 79 岁 | 4 318 | 1 423 | 250 | 500 | 1 000 | 1 750 | 4 000 |

| 地区 | 城乡 | 性别 | 年龄 | n | 冬季日均直接饮水摄入量 /（ml/d） | | | | | |
|---|---|---|---|---|---|---|---|---|---|---|
| | | | | | Mean | P5 | P25 | P50 | P75 | P95 |
| 合计 | 城市 | 男 | 80 岁及以上 | 323 | 1 381 | 250 | 500 | 1 000 | 1 650 | 4 000 |
| | | 女 | 小计 | 23 345 | 1 312 | 250 | 500 | 1 000 | 1 500 | 3 500 |
| | | | 18 ~ 44 岁 | 9 094 | 1 350 | 250 | 500 | 1 000 | 1 500 | 3 600 |
| | | | 45 ~ 59 岁 | 8 465 | 1 314 | 250 | 500 | 1 000 | 1 500 | 3 500 |
| | | | 60 ~ 79 岁 | 5 364 | 1 210 | 200 | 500 | 1 000 | 1 500 | 3 000 |
| | | | 80 岁及以上 | 422 | 1 220 | 150 | 500 | 750 | 1 250 | 3 600 |
| | 农村 | 小计 | 小计 | 49 201 | 1 102 | 150 | 500 | 900 | 1 500 | 3 000 |
| | | | 18 ~ 44 岁 | 20 006 | 1 153 | 200 | 500 | 1 000 | 1 500 | 3 000 |
| | | | 45 ~ 59 岁 | 17 597 | 1 097 | 125 | 500 | 800 | 1 500 | 2 500 |
| | | | 60 ~ 79 岁 | 10 862 | 988 | 125 | 500 | 600 | 1 000 | 2 500 |
| | | | 80 岁及以上 | 736 | 798 | 100 | 275 | 500 | 1 000 | 2 000 |
| | | 男 | 小计 | 22 804 | 1 242 | 200 | 500 | 1 000 | 1 500 | 3 000 |
| | | | 18 ~ 44 岁 | 9 222 | 1 278 | 250 | 500 | 1 000 | 1 500 | 3 000 |
| | | | 45 ~ 59 岁 | 7 810 | 1 253 | 250 | 500 | 1 000 | 1 500 | 3 000 |
| | | | 60 ~ 79 岁 | 5 422 | 1 142 | 125 | 500 | 1 000 | 1 500 | 3 000 |
| | | | 80 岁及以上 | 350 | 936 | 100 | 450 | 500 | 1 000 | 2 500 |
| | | 女 | 小计 | 26 397 | 960 | 125 | 500 | 750 | 1 000 | 2 400 |
| | | | 18 ~ 44 岁 | 1 0784 | 1 023 | 200 | 500 | 750 | 1 200 | 2 500 |
| | | | 45 ~ 59 岁 | 9 787 | 945 | 125 | 500 | 600 | 1 000 | 2 000 |
| | | | 60 ~ 79 岁 | 5 440 | 827 | 100 | 375 | 500 | 1 000 | 2 000 |
| | | | 80 岁及以上 | 386 | 689 | 100 | 250 | 500 | 1 000 | 2 000 |
| 华北 | 城乡 | 小计 | 小计 | 18 053 | 1 420 | 125 | 500 | 1 000 | 2 000 | 4 000 |
| | | | 18 ~ 44 岁 | 6 475 | 1 432 | 250 | 500 | 1 000 | 2 000 | 4 000 |
| | | | 45 ~ 59 岁 | 6 808 | 1 455 | 125 | 500 | 1 000 | 2 000 | 4 000 |
| | | | 60 ~ 79 岁 | 4 486 | 1 332 | 0 | 500 | 1 000 | 1 600 | 3 000 |
| | | | 80 岁及以上 | 284 | 1 454 | 125 | 500 | 1 000 | 1 600 | 4 500 |
| | | 男 | 小计 | 7 982 | 1 568 | 250 | 500 | 1 000 | 2 000 | 4 000 |
| | | | 18 ~ 44 岁 | 2 918 | 1 579 | 250 | 600 | 1 000 | 2 000 | 4 000 |
| | | | 45 ~ 59 岁 | 2 813 | 1 642 | 250 | 500 | 1 000 | 2 000 | 4 000 |
| | | | 60 ~ 79 岁 | 2 107 | 1 440 | 125 | 500 | 1 000 | 2 000 | 3 500 |
| | | | 80 岁及以上 | 144 | 1 494 | 125 | 500 | 1 000 | 2 000 | 5 000 |
| | | 女 | 小计 | 10 071 | 1 275 | 0 | 500 | 1 000 | 1500 | 3 500 |
| | | | 18 ~ 44 岁 | 3 557 | 1 283 | 125 | 500 | 1 000 | 1 500 | 3 000 |
| | | | 45 ~ 59 岁 | 3 995 | 1 287 | 0 | 500 | 1 000 | 1 500 | 4 000 |
| | | | 60 ~ 79 岁 | 2 379 | 1 224 | 0 | 500 | 1 000 | 1 500 | 3 000 |
| | | | 80 岁及以上 | 140 | 1 414 | 200 | 500 | 1 000 | 1 500 | 4 000 |
| | 城市 | 小计 | 小计 | 7 802 | 1 691 | 250 | 600 | 1 200 | 2 000 | 4 500 |
| | | | 18 ~ 44 岁 | 2 777 | 1 616 | 250 | 750 | 1 200 | 2 000 | 4 000 |
| | | | 45 ~ 59 岁 | 2 782 | 1 830 | 250 | 750 | 1 250 | 2 000 | 5 000 |
| | | | 60 ~ 79 岁 | 2 086 | 1 648 | 250 | 500 | 1 000 | 2 000 | 4 500 |
| | | | 80 岁及以上 | 157 | 1 817 | 200 | 500 | 1 000 | 2 000 | 5 000 |
| | | 男 | 小计 | 3 392 | 1 806 | 400 | 750 | 1 500 | 2 000 | 4 500 |
| | | | 18 ~ 44 岁 | 1 231 | 1 738 | 500 | 750 | 1 500 | 2 000 | 4 500 |
| | | | 45 ~ 59 岁 | 1 158 | 2 001 | 500 | 1 000 | 1 500 | 2 000 | 5 000 |
| | | | 60 ~ 79 岁 | 920 | 1 676 | 250 | 500 | 1 250 | 2 000 | 4 500 |
| | | | 80 岁及以上 | 83 | 1 780 | 125 | 500 | 1 000 | 2 000 | 5 000 |
| | | 女 | 小计 | 4 410 | 1 576 | 250 | 500 | 1 000 | 2 000 | 4 500 |
| | | | 18 ~ 44 岁 | 1 546 | 1 495 | 250 | 500 | 1 000 | 2 000 | 4 000 |
| | | | 45 ~ 59 岁 | 1 624 | 1 660 | 250 | 500 | 1 000 | 2 000 | 5 000 |
| | | | 60 ~ 79 岁 | 1 166 | 1 621 | 200 | 500 | 1 000 | 2 000 | 4 500 |
| | | | 80 岁及以上 | 74 | 1 863 | 200 | 500 | 1 000 | 1 500 | 5 000 |
| | 农村 | 小计 | 小计 | 10 251 | 1 238 | 0 | 500 | 1 000 | 1 500 | 3 000 |
| | | | 18 ~ 44 岁 | 3 698 | 1 306 | 125 | 500 | 1 000 | 1 500 | 3 000 |
| | | | 45 ~ 59 岁 | 4 026 | 1 212 | 0 | 500 | 1 000 | 1 500 | 3 000 |
| | | | 60 ~ 79 岁 | 2 400 | 1 123 | 0 | 500 | 1 000 | 1 500 | 2 500 |
| | | | 80 岁及以上 | 127 | 1 110 | 125 | 500 | 1 000 | 1 500 | 2 500 |
| | | 男 | 小计 | 4 590 | 1 406 | 125 | 500 | 1 000 | 2 000 | 3 000 |
| | | | 18 ~ 44 岁 | 1 687 | 1 472 | 250 | 500 | 1 000 | 2 000 | 3 200 |

| 地区 | 城乡 | 性别 | 年龄 | *n* | 冬季日均直接饮水摄入量 /（ml/d） | | | | | |
|---|---|---|---|---|---|---|---|---|---|---|
| | | | | | Mean | P5 | P25 | P50 | P75 | P95 |
| 华北 | 农村 | 男 | 45 ～ 59 岁 | 1 655 | 1 388 | 125 | 500 | 1 000 | 2 000 | 3 200 |
| | | | 60 ～ 79 岁 | 1 187 | 1 290 | 0 | 500 | 1 000 | 1 750 | 2 500 |
| | | | 80 岁及以上 | 61 | 1 144 | 125 | 500 | 1 000 | 1 500 | 2 500 |
| | | 女 | 小计 | 5 661 | 1 077 | 0 | 500 | 1 000 | 1 500 | 2 500 |
| | | | 18 ～ 44 岁 | 2 011 | 1 137 | 0 | 500 | 1 000 | 1 500 | 3 000 |
| | | | 45 ～ 59 岁 | 2 371 | 1 066 | 0 | 500 | 800 | 1 500 | 2 500 |
| | | | 60 ～ 79 岁 | 1 213 | 949 | 0 | 400 | 500 | 1 000 | 2 000 |
| | | | 80 岁及以上 | 66 | 1 084 | 250 | 500 | 1 000 | 1 200 | 2 250 |
| 华东 | 城乡 | 小计 | 小计 | 22 944 | 1 335 | 250 | 500 | 1 000 | 1 500 | 3 000 |
| | | | 18 ～ 44 岁 | 8 536 | 1 391 | 250 | 500 | 1 000 | 1 500 | 3 200 |
| | | | 45 ～ 59 岁 | 8 062 | 1 347 | 250 | 500 | 1 000 | 1 500 | 3 500 |
| | | | 60 ～ 79 岁 | 5 831 | 1 202 | 125 | 500 | 1 000 | 1 500 | 3 000 |
| | | | 80 岁及以上 | 515 | 970 | 125 | 375 | 500 | 1 125 | 3 000 |
| | | 男 | 小计 | 10 426 | 1 489 | 250 | 500 | 1 000 | 2 000 | 4 000 |
| | | | 18 ～ 44 岁 | 3 795 | 1 504 | 250 | 500 | 1 000 | 2 000 | 3 750 |
| | | | 45 ～ 59 岁 | 3 626 | 1 534 | 250 | 500 | 1 000 | 2 000 | 4 000 |
| | | | 60 ～ 79 岁 | 2 801 | 1 403 | 250 | 500 | 1 000 | 1 600 | 3 500 |
| | | | 80 岁及以上 | 204 | 1 207 | 200 | 500 | 1 000 | 1 500 | 3 000 |
| | | 女 | 小计 | 12 518 | 1 182 | 200 | 500 | 1 000 | 1 500 | 3 000 |
| | | | 18 ～ 44 岁 | 4 741 | 1 283 | 250 | 500 | 1 000 | 1 500 | 3 000 |
| | | | 45 ～ 59 岁 | 4 436 | 1 147 | 150 | 500 | 900 | 1 500 | 3 000 |
| | | | 60 ～ 79 岁 | 3 030 | 996 | 125 | 450 | 700 | 1 200 | 2 500 |
| | | | 80 岁及以上 | 311 | 839 | 100 | 250 | 500 | 1 000 | 2 000 |
| | 城市 | 小计 | 小计 | 12 467 | 1 499 | 250 | 500 | 1 000 | 2 000 | 4 000 |
| | | | 18 ～ 44 岁 | 4 765 | 1 524 | 250 | 500 | 1 000 | 2 000 | 4 000 |
| | | | 45 ～ 59 岁 | 4 284 | 1 544 | 250 | 500 | 1 000 | 2 000 | 4 000 |
| | | | 60 ～ 79 岁 | 3 148 | 1 390 | 250 | 500 | 1 000 | 1 500 | 3 500 |
| | | | 80 岁及以上 | 270 | 1 189 | 150 | 500 | 1 000 | 1 500 | 3 000 |
| | | 男 | 小计 | 5490 | 1 630 | 250 | 750 | 1 000 | 2 000 | 4 000 |
| | | | 18 ～ 44 岁 | 2 109 | 1 599 | 375 | 750 | 1 000 | 2 000 | 4 000 |
| | | | 45 ～ 59 岁 | 1 873 | 1 715 | 250 | 750 | 1 125 | 2 000 | 4 500 |
| | | | 60 ～ 79 岁 | 1 406 | 1 606 | 250 | 600 | 1 000 | 2 000 | 4 000 |
| | | | 80 岁及以上 | 102 | 1 361 | 250 | 500 | 1 000 | 2 000 | 3 000 |
| | | 女 | 小计 | 6 977 | 1 371 | 250 | 500 | 1 000 | 1 500 | 3 500 |
| | | | 18 ～ 44 岁 | 2 656 | 1 453 | 250 | 500 | 1 000 | 1 600 | 4 000 |
| | | | 45 ～ 59 岁 | 2 411 | 1 360 | 250 | 500 | 1 000 | 1 500 | 3 750 |
| | | | 60 ～ 79 岁 | 1 742 | 1 190 | 125 | 500 | 1 000 | 1 500 | 3 000 |
| | | | 80 岁及以上 | 168 | 1 095 | 150 | 500 | 625 | 1 200 | 4 500 |
| | 农村 | 小计 | 小计 | 10 477 | 1 160 | 200 | 500 | 1 000 | 1 500 | 3 000 |
| | | | 18 ～ 44 岁 | 3 771 | 1 244 | 250 | 500 | 1 000 | 1 500 | 3 000 |
| | | | 45 ～ 59 岁 | 3 778 | 1 140 | 150 | 500 | 900 | 1 500 | 3 000 |
| | | | 60 ～ 79 岁 | 2 683 | 1 014 | 125 | 450 | 700 | 1 250 | 3 000 |
| | | | 80 岁及以上 | 245 | 751 | 83 | 250 | 500 | 1 000 | 2 000 |
| | | 男 | 小计 | 4 936 | 1 341 | 250 | 500 | 1 000 | 1 500 | 3 000 |
| | | | 18 ～ 44 岁 | 1 686 | 1 400 | 250 | 500 | 1 000 | 1 500 | 3 000 |
| | | | 45 ～ 59 岁 | 1 753 | 1 341 | 250 | 500 | 1 000 | 1 750 | 3 000 |
| | | | 60 ～ 79 岁 | 1 395 | 1 219 | 250 | 500 | 1 000 | 1 500 | 3 000 |
| | | | 80 岁及以上 | 102 | 1 055 | 200 | 500 | 750 | 1 250 | 3 000 |
| | | 女 | 小计 | 5 541 | 974 | 125 | 500 | 750 | 1 200 | 2 500 |
| | | | 18 ～ 44 岁 | 2 085 | 1 090 | 250 | 500 | 800 | 1 500 | 3 000 |
| | | | 45 ～ 59 岁 | 2 025 | 925 | 125 | 500 | 500 | 1 000 | 2 400 |
| | | | 60 ～ 79 岁 | 1 288 | 780 | 125 | 250 | 500 | 1 000 | 2 000 |
| | | | 80 岁及以上 | 143 | 585 | 25 | 250 | 500 | 900 | 1 250 |
| 华南 | 城乡 | 小计 | 小计 | 15 162 | 1 109 | 250 | 500 | 1 000 | 1 250 | 2 500 |
| | | | 18 ～ 44 岁 | 6 516 | 1 120 | 250 | 500 | 1 000 | 1 250 | 2 500 |
| | | | 45 ～ 59 岁 | 5 378 | 1 146 | 250 | 500 | 1 000 | 1 500 | 2 500 |
| | | | 60 ～ 79 岁 | 3 021 | 1 012 | 250 | 500 | 800 | 1 250 | 2 500 |
| | | | 80 岁及以上 | 247 | 951 | 150 | 500 | 750 | 1 000 | 2 000 |

| 地区 | 城乡 | 性别 | 年龄 | n | 冬季日均直接饮水摄入量 /（ml/d） | | | | | |
|---|---|---|---|---|---|---|---|---|---|---|
| | | | | | Mean | P5 | P25 | P50 | P75 | P95 |
| 华南 | 城乡 | 男 | 小计 | 7 014 | 1 179 | 250 | 500 | 1 000 | 1 500 | 3 000 |
| | | | 18 ～ 44 岁 | 3 107 | 1 185 | 250 | 500 | 1 000 | 1 500 | 3 000 |
| | | | 45 ～ 59 岁 | 2 339 | 1 240 | 250 | 500 | 1 000 | 1 500 | 3 000 |
| | | | 60 ～ 79 岁 | 1 462 | 1 070 | 250 | 500 | 1 000 | 1 320 | 2 500 |
| | | | 80 岁及以上 | 106 | 865 | 150 | 500 | 750 | 1 000 | 2 250 |
| | | 女 | 小计 | 8 148 | 1 035 | 250 | 500 | 800 | 1 200 | 2 500 |
| | | | 18 ～ 44 岁 | 3 409 | 1 050 | 250 | 500 | 900 | 1 200 | 2 500 |
| | | | 45 ～ 59 岁 | 3 039 | 1 052 | 250 | 500 | 800 | 1 250 | 2 500 |
| | | | 60 ～ 79 岁 | 1 559 | 951 | 250 | 500 | 750 | 1 000 | 2 000 |
| | | | 80 岁及以上 | 141 | 1 020 | 150 | 500 | 750 | 1 000 | 2 000 |
| | 城市 | 小计 | 小计 | 7 331 | 1 328 | 300 | 500 | 1 000 | 1 500 | 3 200 |
| | | | 18 ～ 44 岁 | 3 146 | 1 353 | 300 | 500 | 1 000 | 1 500 | 3 500 |
| | | | 45 ～ 59 岁 | 2 584 | 1 372 | 250 | 500 | 1 000 | 1 500 | 3 500 |
| | | | 60 ～ 79 岁 | 1 473 | 1 177 | 250 | 500 | 1 000 | 1 500 | 3 000 |
| | | | 80 岁及以上 | 128 | 1 177 | 250 | 500 | 1 000 | 1 200 | 2 000 |
| | | 男 | 小计 | 3 291 | 1 364 | 300 | 500 | 1 000 | 1 500 | 3 200 |
| | | | 18 ～ 44 岁 | 1 510 | 1 349 | 300 | 500 | 1 000 | 1 500 | 3 000 |
| | | | 45 ～ 59 岁 | 1 061 | 1 486 | 300 | 600 | 1 000 | 1 500 | 4 000 |
| | | | 60 ～ 79 岁 | 672 | 1 219 | 280 | 500 | 1 000 | 1 500 | 3 000 |
| | | | 80 岁及以上 | 48 | 901 | 300 | 500 | 1 000 | 1 000 | 2 000 |
| | | 女 | 小计 | 4 040 | 1 291 | 250 | 500 | 1 000 | 1 500 | 3 125 |
| | | | 18 ～ 44 岁 | 1 636 | 1 358 | 300 | 500 | 1 000 | 1 500 | 4 000 |
| | | | 45 ～ 59 岁 | 1 523 | 1 266 | 250 | 500 | 1 000 | 1 500 | 3 000 |
| | | | 60 ～ 79 岁 | 801 | 1 136 | 250 | 500 | 1 000 | 1 500 | 3 000 |
| | | | 80 岁及以上 | 80 | 1 355 | 250 | 500 | 1 000 | 1 500 | 2 000 |
| | 农村 | 小计 | 小计 | 7 831 | 948 | 250 | 500 | 750 | 1 125 | 2 000 |
| | | | 18 ～ 44 岁 | 3 370 | 965 | 250 | 500 | 750 | 1 050 | 2 000 |
| | | | 45 ～ 59 岁 | 2 794 | 963 | 250 | 500 | 750 | 1 250 | 2 000 |
| | | | 60 ～ 79 岁 | 1 548 | 882 | 200 | 500 | 750 | 1 000 | 2 000 |
| | | | 80 岁及以上 | 119 | 717 | 100 | 300 | 500 | 1 000 | 2 000 |
| | | 男 | 小计 | 3 723 | 1 048 | 250 | 500 | 1 000 | 1 250 | 2 500 |
| | | | 18 ～ 44 岁 | 1 597 | 1 075 | 250 | 500 | 1 000 | 1 250 | 2 500 |
| | | | 45 ～ 59 岁 | 1 278 | 1 054 | 250 | 500 | 1 000 | 1 400 | 2 500 |
| | | | 60 ～ 79 岁 | 790 | 960 | 250 | 500 | 750 | 1 250 | 2 000 |
| | | | 80 岁及以上 | 58 | 836 | 13 | 500 | 500 | 1 000 | 2 250 |
| | | 女 | 小计 | 4 108 | 841 | 250 | 500 | 750 | 1 000 | 2 000 |
| | | | 18 ～ 44 岁 | 1 773 | 846 | 250 | 500 | 750 | 1 000 | 2 000 |
| | | | 45 ～ 59 岁 | 1 516 | 867 | 250 | 500 | 750 | 1 000 | 2 000 |
| | | | 60 ～ 79 岁 | 758 | 796 | 150 | 500 | 500 | 1 000 | 2 000 |
| | | | 80 岁及以上 | 61 | 599 | 125 | 250 | 500 | 750 | 1 500 |
| 西北 | 城乡 | 小计 | 小计 | 11 267 | 1 270 | 200 | 500 | 1 000 | 1 500 | 4 000 |
| | | | 18 ～ 44 岁 | 4 706 | 1 300 | 200 | 500 | 1 000 | 1 500 | 4 000 |
| | | | 45 ～ 59 岁 | 3 927 | 1 259 | 200 | 500 | 1 000 | 1 500 | 3 500 |
| | | | 60 ～ 79 岁 | 2 496 | 1 209 | 200 | 500 | 900 | 1 500 | 3 000 |
| | | | 80 岁及以上 | 138 | 1 093 | 200 | 500 | 800 | 1 500 | 3 000 |
| | | 男 | 小计 | 5 077 | 1 395 | 200 | 500 | 1 000 | 1 750 | 4 000 |
| | | | 18 ～ 44 岁 | 2 069 | 1 417 | 200 | 500 | 1 000 | 1 800 | 4 000 |
| | | | 45 ～ 59 岁 | 1 764 | 1 393 | 200 | 500 | 1 000 | 1 600 | 4 000 |
| | | | 60 ～ 79 岁 | 1 173 | 1 345 | 200 | 500 | 1 000 | 1 600 | 4 000 |
| | | | 80 岁及以上 | 71 | 1 163 | 250 | 500 | 1 000 | 1 500 | 3 000 |
| | | 女 | 小计 | 6 190 | 1 142 | 160 | 500 | 800 | 1 500 | 3 000 |
| | | | 18 ～ 44 岁 | 2 637 | 1 181 | 200 | 500 | 800 | 1 500 | 3 000 |
| | | | 45 ～ 59 岁 | 2 163 | 1 112 | 125 | 500 | 800 | 1 500 | 3 000 |
| | | | 60 ～ 79 岁 | 1 323 | 1 077 | 150 | 500 | 750 | 1 400 | 3 000 |
| | | | 80 岁及以上 | 67 | 1 031 | 100 | 300 | 750 | 1 000 | 4 500 |
| | 城市 | 小计 | 小计 | 5 053 | 1 331 | 250 | 500 | 1 000 | 1 600 | 3 000 |
| | | | 18 ～ 44 岁 | 2 032 | 1 342 | 250 | 500 | 1 000 | 1 600 | 3 000 |
| | | | 45 ～ 59 岁 | 1 798 | 1 317 | 200 | 500 | 1 000 | 1 500 | 3 000 |

| 地区 | 城乡 | 性别 | 年龄 | n | 冬季日均直接饮水摄入量 /（ml/d） | | | | | |
|---|---|---|---|---|---|---|---|---|---|---|
| | | | | | Mean | P5 | P25 | P50 | P75 | P95 |
| 西北 | 城市 | 小计 | 60 ～ 79 岁 | 1 164 | 1 316 | 250 | 500 | 1 000 | 1 500 | 3 000 |
| | | | 80 岁及以上 | 59 | 1 456 | 250 | 750 | 1 050 | 2 000 | 4 500 |
| | | 男 | 小计 | 2 219 | 1 399 | 250 | 500 | 1 000 | 2 000 | 3 500 |
| | | | 18 ～ 44 岁 | 891 | 1 405 | 250 | 500 | 1 000 | 2 000 | 3 200 |
| | | | 45 ～ 59 岁 | 775 | 1 380 | 200 | 500 | 1 000 | 2 000 | 3 500 |
| | | | 60 ～ 79 岁 | 520 | 1 405 | 250 | 500 | 1 000 | 2 000 | 3 200 |
| | | | 80 岁及以上 | 33 | 1 496 | 250 | 800 | 1 500 | 2 000 | 3 000 |
| | | 女 | 小计 | 2 834 | 1 265 | 200 | 500 | 1 000 | 1 500 | 3 000 |
| | | | 18 ～ 44 岁 | 1 141 | 1 280 | 200 | 500 | 1 000 | 1 500 | 3 000 |
| | | | 45 ～ 59 岁 | 1 023 | 1 252 | 125 | 500 | 1 000 | 1 500 | 3 000 |
| | | | 60 ～ 79 岁 | 644 | 1 234 | 250 | 500 | 1 000 | 1 500 | 3 000 |
| | | | 80 岁及以上 | 26 | 1 415 | 350 | 750 | 1 000 | 1 800 | 4 500 |
| | 农村 | 小计 | 小计 | 6 214 | 1 223 | 200 | 500 | 800 | 1 500 | 4 000 |
| | | | 18 ～ 44 岁 | 2 674 | 1 271 | 200 | 400 | 800 | 1 500 | 4 000 |
| | | | 45 ～ 59 岁 | 2 129 | 1 211 | 150 | 500 | 800 | 1 500 | 4 000 |
| | | | 60 ～ 79 岁 | 1 332 | 1 113 | 125 | 500 | 750 | 1 250 | 3 000 |
| | | | 80 岁及以上 | 79 | 817 | 100 | 250 | 500 | 1 000 | 2 500 |
| | | 男 | 小计 | 2 858 | 1 392 | 200 | 500 | 1 000 | 1 500 | 4 000 |
| | | | 18 ～ 44 岁 | 1 178 | 1 425 | 200 | 450 | 1 000 | 1 600 | 4 000 |
| | | | 45 ～ 59 岁 | 989 | 1 403 | 200 | 500 | 1 000 | 1 500 | 4 500 |
| | | | 60 ～ 79 岁 | 653 | 1 295 | 200 | 500 | 1 000 | 1 500 | 4 000 |
| | | | 80 岁及以上 | 38 | 866 | 200 | 500 | 800 | 1 000 | 2 400 |
| | | 女 | 小计 | 3 356 | 1 044 | 125 | 400 | 600 | 1 000 | 3 000 |
| | | | 18 ～ 44 岁 | 1 496 | 1 109 | 200 | 400 | 800 | 1 200 | 4 000 |
| | | | 45 ～ 59 岁 | 1 140 | 991 | 100 | 500 | 600 | 1 000 | 3 000 |
| | | | 60 ～ 79 岁 | 679 | 929 | 100 | 400 | 500 | 1 000 | 2 500 |
| | | | 80 岁及以上 | 41 | 778 | 100 | 250 | 500 | 1 000 | 2 500 |
| 东北 | 城乡 | 小计 | 小计 | 10 172 | 1 008 | 250 | 500 | 750 | 1 200 | 2 500 |
| | | | 18 ～ 44 岁 | 3 985 | 1 004 | 250 | 500 | 750 | 1 200 | 2 500 |
| | | | 45 ～ 59 岁 | 3 898 | 1 032 | 250 | 500 | 750 | 1 250 | 2 500 |
| | | | 60 ～ 79 岁 | 2 164 | 986 | 200 | 500 | 500 | 1 000 | 2 250 |
| | | | 80 岁及以上 | 125 | 861 | 125 | 500 | 500 | 1 000 | 2 500 |
| | | 男 | 小计 | 4 629 | 1 102 | 250 | 500 | 1 000 | 1 500 | 2 500 |
| | | | 18 ～ 44 岁 | 1 888 | 1 063 | 250 | 500 | 1 000 | 1 500 | 2 500 |
| | | | 45 ～ 59 岁 | 1 660 | 1 162 | 250 | 500 | 1 000 | 1 500 | 3 000 |
| | | | 60 ～ 79 岁 | 1 022 | 1 136 | 250 | 500 | 750 | 1 500 | 3 000 |
| | | | 80 岁及以上 | 59 | 1 082 | 200 | 500 | 625 | 1 500 | 2 500 |
| | | 女 | 小计 | 5 543 | 912 | 200 | 500 | 500 | 1 000 | 2 000 |
| | | | 18 ～ 44 岁 | 2 097 | 940 | 250 | 500 | 500 | 1 000 | 2 000 |
| | | | 45 ～ 59 岁 | 2 238 | 913 | 200 | 500 | 500 | 1 000 | 2 000 |
| | | | 60 ～ 79 岁 | 1 142 | 843 | 125 | 500 | 500 | 1 000 | 2 000 |
| | | | 80 岁及以上 | 66 | 675 | 125 | 500 | 500 | 500 | 2 000 |
| | 城市 | 小计 | 小计 | 4 355 | 1 028 | 250 | 500 | 800 | 1 400 | 2 250 |
| | | | 18 ～ 44 岁 | 1 659 | 1 016 | 250 | 500 | 800 | 1 500 | 2 000 |
| | | | 45 ～ 59 岁 | 1 731 | 1 081 | 250 | 500 | 1 000 | 1 500 | 2 500 |
| | | | 60 ～ 79 岁 | 910 | 955 | 250 | 500 | 750 | 1 000 | 2 000 |
| | | | 80 岁及以上 | 55 | 1 067 | 200 | 500 | 500 | 1 500 | 3 750 |
| | | 男 | 小计 | 1 911 | 1 090 | 250 | 500 | 1 000 | 1 500 | 2 500 |
| | | | 18 ～ 44 岁 | 767 | 1 045 | 250 | 500 | 1 000 | 1 500 | 2 250 |
| | | | 45 ～ 59 岁 | 730 | 1 166 | 250 | 500 | 1 000 | 1 500 | 3 000 |
| | | | 60 ～ 79 岁 | 395 | 1 069 | 250 | 500 | 1 000 | 1 500 | 2 100 |
| | | | 80 岁及以上 | 19 | 1 597 | 500 | 500 | 1 000 | 2 500 | 4 500 |
| | | 女 | 小计 | 2 444 | 966 | 250 | 500 | 750 | 1 000 | 2 000 |
| | | | 18 ～ 44 岁 | 892 | 985 | 250 | 500 | 750 | 1 250 | 2 000 |
| | | | 45 ～ 59 岁 | 1 001 | 999 | 250 | 500 | 750 | 1 000 | 2 000 |
| | | | 60 ～ 79 岁 | 515 | 856 | 125 | 500 | 500 | 1 000 | 2 000 |
| | | | 80 岁及以上 | 36 | 771 | 125 | 400 | 500 | 1 000 | 2 000 |
| | 农村 | 小计 | 小计 | 5 817 | 996 | 200 | 500 | 600 | 1 000 | 2 500 |
| | | | 18 ～ 44 岁 | 2 326 | 998 | 250 | 500 | 600 | 1 000 | 2 500 |

| 地区 | 城乡 | 性别 | 年龄 | *n* | 冬季日均直接饮水摄入量 /（ml/d） | | | | | |
|---|---|---|---|---|---|---|---|---|---|---|
| | | | | | Mean | P5 | P25 | P50 | P75 | P95 |
| 东北 | 农村 | 小计 | 45～59 岁 | 2 167 | 1 002 | 200 | 500 | 600 | 1 000 | 2 500 |
| | | | 60～79 岁 | 1 254 | 1 003 | 200 | 500 | 500 | 1 000 | 2 500 |
| | | | 80 岁及以上 | 70 | 772 | 125 | 500 | 500 | 1 000 | 2 000 |
| | | 男 | 小计 | 2 718 | 1 108 | 250 | 500 | 1 000 | 1 500 | 2 500 |
| | | | 18～44 岁 | 1 121 | 1 072 | 250 | 500 | 800 | 1 500 | 2 500 |
| | | | 45～59 岁 | 930 | 1 160 | 250 | 500 | 1 000 | 1 500 | 3 000 |
| | | | 60～79 岁 | 627 | 1 170 | 200 | 500 | 600 | 1 500 | 3 000 |
| | | | 80 岁及以上 | 40 | 922 | 100 | 500 | 500 | 1 000 | 2 000 |
| | | 女 | 小计 | 3 099 | 883 | 200 | 500 | 500 | 1 000 | 2 000 |
| | | | 18～44 岁 | 1 205 | 915 | 200 | 500 | 500 | 1 000 | 2 000 |
| | | | 45～59 岁 | 1 237 | 864 | 200 | 500 | 500 | 1 000 | 2 000 |
| | | | 60～79 岁 | 627 | 836 | 125 | 500 | 500 | 1 000 | 2 000 |
| | | | 80 岁及以上 | 30 | 621 | 125 | 500 | 500 | 500 | 1 250 |
| 西南 | 城乡 | 小计 | 小计 | 13 381 | 1 070 | 125 | 500 | 750 | 1 125 | 3 000 |
| | | | 18～44 岁 | 6 413 | 1 145 | 150 | 500 | 1 000 | 1 250 | 3 000 |
| | | | 45～59 岁 | 4 250 | 1 076 | 125 | 500 | 750 | 1 000 | 3 000 |
| | | | 60～79 岁 | 2 546 | 849 | 100 | 350 | 500 | 1 000 | 2 250 |
| | | | 80 岁及以上 | 172 | 763 | 100 | 250 | 500 | 1 000 | 2 000 |
| | | 男 | 小计 | 6 109 | 1 153 | 150 | 500 | 1 000 | 1 500 | 3 000 |
| | | | 18～44 岁 | 2 976 | 1 206 | 200 | 500 | 1 000 | 1 500 | 3 000 |
| | | | 45～59 岁 | 1 869 | 1 193 | 150 | 500 | 1 000 | 1 500 | 3 000 |
| | | | 60～79 岁 | 1 175 | 935 | 125 | 500 | 500 | 1 000 | 2 500 |
| | | | 80 岁及以上 | 89 | 916 | 50 | 250 | 500 | 1 000 | 3 000 |
| | | 女 | 小计 | 7 272 | 986 | 125 | 500 | 500 | 1 000 | 3 000 |
| | | | 18～44 岁 | 3 437 | 1 081 | 125 | 500 | 750 | 1 000 | 3 000 |
| | | | 45～59 岁 | 2 381 | 957 | 125 | 500 | 500 | 1 000 | 2 250 |
| | | | 60～79 岁 | 1 371 | 769 | 100 | 250 | 500 | 1 000 | 2 000 |
| | | | 80 岁及以上 | 83 | 586 | 125 | 250 | 500 | 500 | 2 000 |
| | 城市 | 小计 | 小计 | 4 770 | 1 090 | 200 | 500 | 750 | 1 250 | 3 000 |
| | | | 18～44 岁 | 2 246 | 1 141 | 250 | 500 | 750 | 1 500 | 3 000 |
| | | | 45～59 岁 | 1 547 | 1 093 | 150 | 500 | 750 | 1 200 | 3 000 |
| | | | 60～79 岁 | 901 | 924 | 125 | 300 | 500 | 1 000 | 2 625 |
| | | | 80 岁及以上 | 76 | 962 | 125 | 250 | 500 | 1 000 | 3 000 |
| | | 男 | 小计 | 2 130 | 1 138 | 250 | 500 | 800 | 1 500 | 3 000 |
| | | | 18～44 岁 | 1 023 | 1 156 | 250 | 500 | 900 | 1 500 | 3 000 |
| | | | 45～59 岁 | 664 | 1 180 | 250 | 500 | 1 000 | 1 500 | 3 000 |
| | | | 60～79 岁 | 405 | 987 | 125 | 500 | 500 | 1 200 | 2 500 |
| | | | 80 岁及以上 | 38 | 1 238 | 200 | 400 | 1 000 | 1 500 | 4 500 |
| | | 女 | 小计 | 2 640 | 1 040 | 125 | 500 | 500 | 1 000 | 3 000 |
| | | | 18～44 岁 | 1 223 | 1 124 | 200 | 500 | 700 | 1 250 | 3 200 |
| | | | 45～59 岁 | 883 | 1 003 | 125 | 500 | 500 | 1 000 | 2 500 |
| | | | 60～79 岁 | 496 | 862 | 125 | 250 | 500 | 1 000 | 3 000 |
| | | | 80 岁及以上 | 38 | 662 | 100 | 250 | 500 | 500 | 2 000 |
| | 农村 | 小计 | 小计 | 8 611 | 1 057 | 125 | 500 | 750 | 1 000 | 3 000 |
| | | | 18～44 岁 | 4 167 | 1 148 | 125 | 500 | 1 000 | 1 250 | 3 000 |
| | | | 45～59 岁 | 2 703 | 1 063 | 125 | 500 | 750 | 1 000 | 3 000 |
| | | | 60～79 岁 | 1 645 | 806 | 100 | 400 | 500 | 1 000 | 2 000 |
| | | | 80 岁及以上 | 96 | 592 | 50 | 250 | 500 | 500 | 2 000 |
| | | 男 | 小计 | 3 979 | 1 163 | 125 | 500 | 1 000 | 1 500 | 3 000 |
| | | | 18～44 岁 | 1 953 | 1 238 | 150 | 500 | 1 000 | 1 500 | 3 000 |
| | | | 45～59 岁 | 1 205 | 1 202 | 125 | 500 | 1 000 | 1 500 | 4 000 |
| | | | 60～79 岁 | 770 | 904 | 100 | 500 | 500 | 1 000 | 2 500 |
| | | | 80 岁及以上 | 51 | 654 | 20 | 250 | 500 | 1 000 | 2 000 |
| | | 女 | 小计 | 4 632 | 951 | 125 | 500 | 500 | 1 000 | 2 750 |
| | | | 18～44 岁 | 2 214 | 1 054 | 125 | 500 | 750 | 1 000 | 3 000 |
| | | | 45～59 岁 | 1 498 | 925 | 125 | 500 | 500 | 1 000 | 2 000 |
| | | | 60～79 岁 | 875 | 718 | 100 | 250 | 500 | 1 000 | 2 000 |
| | | | 80 岁及以上 | 45 | 516 | 250 | 250 | 500 | 500 | 750 |

## 附表 3-21 中国人群分省（直辖市、自治区）、城乡、性别的全年日均直接饮水摄入量

| 地区 | 城乡 | 性别 | n | 全年日均直接饮水摄入量 / （ml/d） | | | | | | |
|---|---|---|---|---|---|---|---|---|---|---|
| | | | | Mean | P5 | P25 | P50 | P75 | P95 |
| 合计 | 城乡 | 小计 | 90 973 | 1 505 | 281 | 625 | 1 125 | 1 800 | 3 750 |
| | | 男 | 41 236 | 1 638 | 313 | 750 | 1 250 | 2 000 | 4 000 |
| | | 女 | 49 737 | 1 372 | 250 | 625 | 1 000 | 1 625 | 3 375 |
| | 城市 | 小计 | 41 773 | 1 670 | 313 | 750 | 1 250 | 2 000 | 4 250 |
| | | 男 | 18 433 | 1 768 | 400 | 813 | 1 275 | 2 000 | 4 500 |
| | | 女 | 23 340 | 1 573 | 313 | 625 | 1 125 | 1 875 | 4 000 |
| | 农村 | 小计 | 49 200 | 1 378 | 250 | 625 | 1 100 | 1 688 | 3 250 |
| | | 男 | 22 803 | 1 539 | 313 | 625 | 1 125 | 1 875 | 3 750 |
| | | 女 | 26 397 | 1 214 | 219 | 563 | 1 000 | 1 500 | 2 750 |
| 北京 | 城乡 | 小计 | 1 114 | 2 583 | 500 | 1 125 | 1 875 | 2 750 | 5 250 |
| | | 男 | 458 | 3 018 | 531 | 1 125 | 2 000 | 3 025 | 5 250 |
| | | 女 | 656 | 2 194 | 500 | 1 063 | 1 750 | 2 625 | 5 000 |
| | 城市 | 小计 | 840 | 2 550 | 500 | 1 125 | 1 875 | 3 000 | 5 250 |
| | | 男 | 354 | 2 884 | 500 | 1 125 | 2 000 | 3 125 | 5 500 |
| | | 女 | 486 | 2 239 | 500 | 1 063 | 1 750 | 2 750 | 5 063 |
| | 农村 | 小计 | 274 | 2 668 | 500 | 1 125 | 1 750 | 2 500 | 5 000 |
| | | 男 | 104 | 3 395 | 563 | 1 125 | 2 000 | 2 625 | 5 000 |
| | | 女 | 170 | 2 087 | 500 | 1 063 | 1 625 | 2 250 | 5 000 |
| 天津 | 城乡 | 小计 | 1 154 | 2 149 | 250 | 625 | 1 563 | 2 750 | 6 000 |
| | | 男 | 470 | 2 086 | 313 | 625 | 1 625 | 2 750 | 4 875 |
| | | 女 | 684 | 2 216 | 250 | 625 | 1 500 | 3 000 | 6 375 |
| | 城市 | 小计 | 865 | 2 321 | 438 | 700 | 1 750 | 2 750 | 6 375 |
| | | 男 | 336 | 2 184 | 450 | 750 | 1 625 | 2 750 | 5 063 |
| | | 女 | 529 | 2 459 | 438 | 625 | 1 750 | 3 125 | 8 000 |
| | 农村 | 小计 | 289 | 1 865 | 250 | 500 | 1 200 | 3 000 | 4 250 |
| | | 男 | 134 | 1 931 | 250 | 500 | 1 500 | 3 000 | 4 000 |
| | | 女 | 155 | 1 791 | 250 | 438 | 1 000 | 2 250 | 5 000 |
| 河北 | 城乡 | 小计 | 4 407 | 1 722 | 250 | 625 | 1 250 | 2 000 | 4 500 |
| | | 男 | 1 935 | 1 865 | 313 | 875 | 1 500 | 2 063 | 5 000 |
| | | 女 | 2 472 | 1 583 | 156 | 625 | 1 250 | 1 875 | 4 000 |
| | 城市 | 小计 | 1 830 | 2 138 | 313 | 1 000 | 1 625 | 2 250 | 5 250 |
| | | 男 | 829 | 2 210 | 438 | 1 000 | 1 700 | 2 500 | 5 250 |
| | | 女 | 1001 | 2 061 | 300 | 1 000 | 1 500 | 2 125 | 5 000 |
| | 农村 | 小计 | 2 577 | 1 354 | 156 | 625 | 1 125 | 1 750 | 2 875 |
| | | 男 | 1 106 | 1 530 | 250 | 625 | 1 250 | 1 750 | 3 250 |
| | | 女 | 1 471 | 1 196 | 125 | 563 | 1 000 | 1 625 | 2 500 |
| 山西 | 城乡 | 小计 | 3 438 | 1 511 | 0 | 500 | 1 125 | 1 875 | 3 750 |
| | | 男 | 1 563 | 1 737 | 0 | 625 | 1 250 | 2 000 | 4 500 |
| | | 女 | 1 875 | 1 294 | 0 | 500 | 1 000 | 1 625 | 3 250 |
| | 城市 | 小计 | 1 045 | 1 657 | 250 | 800 | 1 500 | 2 125 | 3 500 |
| | | 男 | 479 | 1 889 | 500 | 1 000 | 1 625 | 2 250 | 4 250 |
| | | 女 | 566 | 1 434 | 250 | 625 | 1 250 | 2 000 | 3 250 |
| | 农村 | 小计 | 2 393 | 1 449 | 0 | 500 | 1 000 | 1 688 | 4 000 |
| | | 男 | 1 084 | 1 672 | 0 | 563 | 1 125 | 1 875 | 4 750 |
| | | 女 | 1 309 | 1 235 | 0 | 469 | 875 | 1 500 | 3 150 |
| 内蒙古 | 城乡 | 小计 | 3 042 | 1 856 | 500 | 1 000 | 1 500 | 2 000 | 5 000 |
| | | 男 | 1 470 | 1 963 | 563 | 1 000 | 1 500 | 2 125 | 5 000 |
| | | 女 | 1 572 | 1 733 | 500 | 1 000 | 1 250 | 1 750 | 4 875 |
| | 城市 | 小计 | 1 191 | 1 737 | 500 | 1 000 | 1 488 | 2 063 | 4 500 |
| | | 男 | 554 | 1 903 | 563 | 1 000 | 1 500 | 2 250 | 4 875 |
| | | 女 | 637 | 1 555 | 500 | 813 | 1 250 | 1 750 | 3 500 |
| | 农村 | 小计 | 1 851 | 1 938 | 563 | 1 000 | 1 500 | 2 000 | 5 250 |
| | | 男 | 916 | 2 003 | 625 | 1 125 | 1 500 | 2 000 | 5 000 |
| | | 女 | 935 | 1 861 | 500 | 1 000 | 1 250 | 1 750 | 5 500 |
| 辽宁 | 城乡 | 小计 | 3 375 | 1 245 | 250 | 500 | 1 000 | 1 625 | 2 813 |
| | | 男 | 1 447 | 1 386 | 281 | 625 | 1 000 | 1 875 | 3 250 |

| 地区 | 城乡 | 性别 | n | 全年日均直接饮水摄入量 /（ml/d） | | | | | |
|---|---|---|---|---|---|---|---|---|---|
| | | | | Mean | P5 | P25 | P50 | P75 | P95 |
| 辽宁 | 农村 | 女 | 1 928 | 1 103 | 250 | 500 | 750 | 1 375 | 2 500 |
| | 城市 | 小计 | 1 195 | 1 292 | 250 | 625 | 1 000 | 1 625 | 3 188 |
| | | 男 | 526 | 1 373 | 313 | 625 | 1 125 | 1 875 | 3 375 |
| | | 女 | 669 | 1 202 | 250 | 500 | 813 | 1 500 | 3 000 |
| | 农村 | 小计 | 2 180 | 1 228 | 250 | 500 | 1 000 | 1 625 | 2 625 |
| | | 男 | 921 | 1 391 | 250 | 600 | 1 000 | 1 875 | 3 250 |
| | | 女 | 1 259 | 1 068 | 250 | 500 | 750 | 1 375 | 2 500 |
| 吉林 | 城乡 | 小计 | 2 737 | 1 036 | 313 | 625 | 750 | 1 250 | 2 250 |
| | | 男 | 1 302 | 1 096 | 500 | 625 | 875 | 1 250 | 2 250 |
| | | 女 | 1 435 | 971 | 281 | 625 | 750 | 1 125 | 2 250 |
| | 城市 | 小计 | 1 571 | 1 085 | 313 | 625 | 750 | 1 250 | 2 500 |
| | | 男 | 704 | 1 148 | 450 | 625 | 813 | 1 250 | 2 500 |
| | | 女 | 867 | 1 019 | 250 | 625 | 750 | 1 170 | 2 250 |
| | 农村 | 小计 | 1 166 | 990 | 438 | 625 | 750 | 1 250 | 2 250 |
| | | 男 | 598 | 1 048 | 500 | 625 | 875 | 1 250 | 2 250 |
| | | 女 | 568 | 925 | 313 | 625 | 750 | 1 125 | 2 000 |
| 黑龙江 | 城乡 | 小计 | 4 060 | 1 140 | 250 | 600 | 1 000 | 1 500 | 2 375 |
| | | 男 | 1 880 | 1 243 | 338 | 625 | 1 125 | 1 650 | 2 500 |
| | | 女 | 2 180 | 1 041 | 250 | 500 | 900 | 1 375 | 2 200 |
| | 城市 | 小计 | 1 589 | 1 169 | 313 | 625 | 1 125 | 1 625 | 2 300 |
| | | 男 | 681 | 1 245 | 438 | 625 | 1 125 | 1 625 | 2 500 |
| | | 女 | 908 | 1 102 | 313 | 600 | 1 000 | 1 500 | 2 250 |
| | 农村 | 小计 | 2 471 | 1 123 | 250 | 550 | 1 000 | 1 500 | 2 400 |
| | | 男 | 1 199 | 1 242 | 313 | 625 | 1 125 | 1 650 | 2 625 |
| | | 女 | 1 272 | 1 002 | 200 | 500 | 875 | 1 300 | 2 125 |
| 上海 | 城乡 | 小计 | 1 161 | 2 073 | 500 | 1000 | 1 625 | 2 500 | 5 000 |
| | | 男 | 540 | 2 314 | 500 | 1 125 | 1 750 | 2 625 | 8 000 |
| | | 女 | 621 | 1 817 | 450 | 1 000 | 1 500 | 2 250 | 4 125 |
| | 城市 | 小计 | 1 161 | 2 073 | 500 | 1 000 | 1 625 | 2 500 | 5 000 |
| | | 男 | 540 | 2 314 | 500 | 1 125 | 1 750 | 2 625 | 8 000 |
| | | 女 | 621 | 1 817 | 450 | 1 000 | 1 500 | 2 250 | 4 125 |
| 江苏 | 城乡 | 小计 | 3 465 | 1 502 | 250 | 625 | 1 125 | 1 875 | 3 875 |
| | | 男 | 1 583 | 1 692 | 300 | 750 | 1 250 | 2 125 | 4 250 |
| | | 女 | 1 882 | 1 313 | 200 | 563 | 1 000 | 1 625 | 3 250 |
| | 城市 | 小计 | 2 309 | 1 611 | 313 | 750 | 1 250 | 2 000 | 4 000 |
| | | 男 | 1 066 | 1 840 | 400 | 900 | 1 500 | 2 250 | 4 500 |
| | | 女 | 1 243 | 1 374 | 250 | 625 | 1 125 | 1 625 | 3 188 |
| | 农村 | 小计 | 1 156 | 1 271 | 125 | 500 | 875 | 1 625 | 3 750 |
| | | 男 | 517 | 1 358 | 156 | 550 | 1 000 | 1 725 | 4 000 |
| | | 女 | 639 | 1 191 | 100 | 438 | 750 | 1 500 | 3 750 |
| 浙江 | 城乡 | 小计 | 3 424 | 1 438 | 250 | 625 | 1 063 | 1 750 | 3 250 |
| | | 男 | 1 598 | 1 676 | 313 | 688 | 1 250 | 2 000 | 3 750 |
| | | 女 | 1 826 | 1 185 | 250 | 563 | 875 | 1 500 | 3 000 |
| | 城市 | 小计 | 1 184 | 1 430 | 281 | 625 | 1 250 | 2 000 | 3 125 |
| | | 男 | 536 | 1 538 | 400 | 750 | 1 375 | 2 000 | 3 250 |
| | | 女 | 648 | 1 319 | 250 | 625 | 1 125 | 1 750 | 3 125 |
| | 农村 | 小计 | 2 240 | 1 443 | 250 | 625 | 1 000 | 1 700 | 3 375 |
| | | 男 | 1 062 | 1 741 | 313 | 675 | 1 250 | 2 000 | 4 250 |
| | | 女 | 1 178 | 1 120 | 250 | 525 | 750 | 1 250 | 2 875 |
| 安徽 | 城乡 | 小计 | 3 495 | 1 693 | 275 | 625 | 1 125 | 2 000 | 5 000 |
| | | 男 | 1 545 | 1 850 | 313 | 750 | 1 438 | 2 250 | 5 250 |
| | | 女 | 1 950 | 1 538 | 250 | 613 | 1 000 | 1 750 | 4 500 |
| | 城市 | 小计 | 1 892 | 2 147 | 313 | 750 | 1 500 | 2 500 | 6 500 |
| | | 男 | 791 | 2 236 | 438 | 813 | 1 625 | 2 500 | 6 500 |
| | | 女 | 1 101 | 2 064 | 313 | 625 | 1 250 | 2 500 | 6 500 |
| | 农村 | 小计 | 1 603 | 1 415 | 250 | 625 | 1 063 | 1 813 | 3 500 |
| | | 男 | 754 | 1 624 | 250 | 688 | 1 250 | 2 125 | 4 500 |
| | | 女 | 849 | 1 202 | 194 | 563 | 900 | 1 500 | 3 250 |

| 地区 | 城乡 | 性别 | *n* | 全年日均直接饮水摄入量 /（ml/d） | | | | | |
|---|---|---|---|---|---|---|---|---|---|
| | | | | Mean | P5 | P25 | P50 | P75 | P95 |
| 福建 | 城乡 | 小计 | 2 897 | 1 154 | 250 | 563 | 938 | 1 500 | 2 500 |
| | | 男 | 1 291 | 1 262 | 263 | 625 | 1 000 | 1 531 | 2 750 |
| | | 女 | 1 606 | 1 051 | 244 | 500 | 825 | 1 375 | 2 500 |
| | 城市 | 小计 | 1 494 | 1 245 | 250 | 563 | 1 000 | 1 625 | 2 538 |
| | | 男 | 636 | 1 350 | 244 | 625 | 1 125 | 1 750 | 3 000 |
| | | 女 | 858 | 1 152 | 250 | 563 | 1 000 | 1 500 | 2 500 |
| | 农村 | 小计 | 1 403 | 1 063 | 250 | 525 | 813 | 1 250 | 2 500 |
| | | 男 | 655 | 1 180 | 313 | 600 | 900 | 1 500 | 2 500 |
| | | 女 | 748 | 944 | 219 | 500 | 750 | 1 125 | 2 250 |
| 江西 | 城乡 | 小计 | 2 914 | 1 697 | 375 | 750 | 1 125 | 1 625 | 4 500 |
| | | 男 | 1 376 | 2 020 | 438 | 844 | 1 188 | 1 875 | 5 250 |
| | | 女 | 1 538 | 1 359 | 375 | 625 | 1 000 | 1 500 | 3 375 |
| | 城市 | 小计 | 1 720 | 1 742 | 406 | 813 | 1 125 | 1 750 | 5 250 |
| | | 男 | 795 | 2 046 | 469 | 875 | 1 200 | 2 000 | 6 250 |
| | | 女 | 925 | 1 430 | 375 | 750 | 1 125 | 1 625 | 3 750 |
| | 农村 | 小计 | 1 194 | 1 649 | 375 | 719 | 1 063 | 1 563 | 3 563 |
| | | 男 | 581 | 1 992 | 438 | 750 | 1 150 | 1 750 | 4 125 |
| | | 女 | 613 | 1 281 | 344 | 625 | 938 | 1 375 | 2 750 |
| 山东 | 城乡 | 小计 | 5 588 | 1 956 | 500 | 1 063 | 1 625 | 2 250 | 4 000 |
| | | 男 | 2 493 | 2 081 | 500 | 1 125 | 1 750 | 2 500 | 4 000 |
| | | 女 | 3 095 | 1 833 | 450 | 1 000 | 1 500 | 2 125 | 3 750 |
| | 城市 | 小计 | 2 707 | 2 113 | 500 | 1 125 | 1 625 | 2 250 | 4 500 |
| | | 男 | 1 126 | 2 186 | 563 | 1 125 | 1 625 | 2 438 | 4 500 |
| | | 女 | 1 581 | 2 046 | 500 | 1 050 | 1 500 | 2 200 | 4 688 |
| | 农村 | 小计 | 2 881 | 1 778 | 500 | 1 000 | 1 625 | 2 250 | 3 500 |
| | | 男 | 1 367 | 1 970 | 500 | 1 125 | 1 750 | 2 500 | 3 750 |
| | | 女 | 1 514 | 1 578 | 400 | 875 | 1 400 | 2 000 | 3 000 |
| 河南 | 城乡 | 小计 | 4 894 | 1 371 | 250 | 625 | 1 125 | 2 000 | 3 000 |
| | | 男 | 2 086 | 1 535 | 313 | 750 | 1 200 | 2 000 | 3 250 |
| | | 女 | 2 808 | 1 220 | 225 | 600 | 1 000 | 1 625 | 2 750 |
| | 城市 | 小计 | 2 027 | 1 527 | 255 | 688 | 1 125 | 2 000 | 3 938 |
| | | 男 | 840 | 1 647 | 450 | 875 | 1 250 | 2 000 | 4 000 |
| | | 女 | 1 187 | 1 422 | 250 | 625 | 1 125 | 2 000 | 3 750 |
| | 农村 | 小计 | 2 867 | 1 310 | 250 | 625 | 1 125 | 1 875 | 2 750 |
| | | 男 | 1 246 | 1 493 | 313 | 750 | 1 125 | 2 000 | 3 000 |
| | | 女 | 1 621 | 1 137 | 200 | 500 | 1 000 | 1 500 | 2 250 |
| 湖北 | 城乡 | 小计 | 3 412 | 1 342 | 438 | 750 | 1 125 | 1 625 | 2 875 |
| | | 男 | 1 606 | 1 393 | 500 | 813 | 1 250 | 1 750 | 3 000 |
| | | 女 | 1 806 | 1 285 | 390 | 625 | 1 125 | 1 500 | 2 750 |
| | 城市 | 小计 | 2 385 | 1 485 | 500 | 875 | 1 250 | 1 750 | 3 125 |
| | | 男 | 1 129 | 1 534 | 500 | 1 000 | 1 250 | 1 913 | 3 250 |
| | | 女 | 1 256 | 1 428 | 500 | 800 | 1 250 | 1 625 | 3 000 |
| | 农村 | 小计 | 1 027 | 1 090 | 375 | 625 | 1 000 | 1 400 | 2 100 |
| | | 男 | 477 | 1 130 | 375 | 625 | 1 100 | 1 500 | 2 250 |
| | | 女 | 550 | 1 049 | 344 | 625 | 875 | 1 375 | 2 000 |
| 湖南 | 城乡 | 小计 | 4 057 | 1 460 | 438 | 750 | 1 125 | 1 750 | 3 450 |
| | | 男 | 1 848 | 1 611 | 495 | 875 | 1 250 | 1 875 | 4 025 |
| | | 女 | 2 209 | 1 292 | 438 | 688 | 1 063 | 1 500 | 3 000 |
| | 城市 | 小计 | 1 533 | 1 744 | 500 | 813 | 1 188 | 2 000 | 4 875 |
| | | 男 | 622 | 1 865 | 500 | 906 | 1 250 | 2 000 | 4 875 |
| | | 女 | 911 | 1 628 | 500 | 781 | 1 125 | 1 875 | 4 500 |
| | 农村 | 小计 | 2 524 | 1 348 | 438 | 750 | 1 125 | 1 625 | 2 875 |
| | | 男 | 1 226 | 1 520 | 438 | 813 | 1 250 | 1 800 | 3 250 |
| | | 女 | 1 298 | 1 143 | 388 | 625 | 1 000 | 1 300 | 2 500 |
| 广东 | 城乡 | 小计 | 3 247 | 1 470 | 413 | 813 | 1 188 | 1 625 | 3 000 |
| | | 男 | 1 460 | 1 482 | 400 | 813 | 1 250 | 1 656 | 2 875 |
| | | 女 | 1 787 | 1 459 | 425 | 813 | 1 138 | 1 625 | 3 150 |
| | 城市 | 小计 | 1 749 | 1 641 | 375 | 750 | 1 125 | 1 875 | 4 000 |

| 地区 | 城乡 | 性别 | $n$ | 全年日均直接饮水摄入量 /（ml/d） | | | | | |
|---|---|---|---|---|---|---|---|---|---|
| | | | | Mean | P5 | P25 | P50 | P75 | P95 |
| 广东 | 城市 | 男 | 777 | 1 624 | 375 | 750 | 1 125 | 1 875 | 4 000 |
| | | 女 | 972 | 1 656 | 375 | 750 | 1 125 | 1 900 | 4 000 |
| | 农村 | 小计 | 1 498 | 1 284 | 500 | 875 | 1 250 | 1 563 | 2 125 |
| | | 男 | 683 | 1 332 | 500 | 875 | 1 313 | 1 625 | 2 188 |
| | | 女 | 815 | 1 240 | 475 | 875 | 1 156 | 1 563 | 2 100 |
| 广西 | 城乡 | 小计 | 3362 | 1 478 | 225 | 625 | 1 125 | 1 800 | 3 438 |
| | | 男 | 1 585 | 1 615 | 250 | 750 | 1 188 | 2 000 | 4 063 |
| | | 女 | 1 777 | 1 330 | 200 | 625 | 1 063 | 1 625 | 3 000 |
| | 城市 | 小计 | 1 335 | 1 969 | 500 | 1 000 | 1 500 | 2 125 | 4 000 |
| | | 男 | 608 | 2 072 | 625 | 1 075 | 1 625 | 2 250 | 4 063 |
| | | 女 | 727 | 1 862 | 500 | 875 | 1 375 | 2 000 | 4 000 |
| | 农村 | 小计 | 2 027 | 1 292 | 163 | 625 | 1 000 | 1 625 | 3 125 |
| | | 男 | 977 | 1 446 | 188 | 625 | 1 125 | 1 750 | 3 750 |
| | | 女 | 1 050 | 1 125 | 156 | 563 | 938 | 1 425 | 2 625 |
| 海南 | 城乡 | 小计 | 1 083 | 894 | 250 | 500 | 625 | 1 125 | 2 000 |
| | | 男 | 515 | 995 | 313 | 625 | 750 | 1 125 | 2 000 |
| | | 女 | 568 | 786 | 250 | 500 | 625 | 1 000 | 1 750 |
| | 城市 | 小计 | 328 | 956 | 250 | 500 | 750 | 1 125 | 2 375 |
| | | 男 | 155 | 1 025 | 438 | 625 | 875 | 1 200 | 2 250 |
| | | 女 | 173 | 884 | 250 | 500 | 625 | 1 125 | 2 500 |
| | 农村 | 小计 | 755 | 869 | 250 | 500 | 625 | 1 031 | 2 000 |
| | | 男 | 360 | 983 | 313 | 625 | 750 | 1 125 | 2 000 |
| | | 女 | 395 | 745 | 250 | 500 | 625 | 875 | 1 750 |
| 重庆 | 城乡 | 小计 | 963 | 941 | 63 | 406 | 625 | 1 250 | 2 250 |
| | | 男 | 410 | 896 | 60 | 500 | 625 | 1 250 | 2 125 |
| | | 女 | 553 | 982 | 63 | 375 | 625 | 1 250 | 2 750 |
| | 城市 | 小计 | 475 | 1 020 | 250 | 563 | 625 | 1 125 | 2 625 |
| | | 男 | 223 | 929 | 281 | 625 | 625 | 1 125 | 2 250 |
| | | 女 | 252 | 1123 | 200 | 500 | 688 | 1 250 | 3 250 |
| | 农村 | 小计 | 488 | 858 | 38 | 313 | 625 | 1 250 | 2 000 |
| | | 男 | 187 | 853 | 11 | 313 | 625 | 1 250 | 2 000 |
| | | 女 | 301 | 862 | 43 | 313 | 625 | 1 250 | 2 125 |
| 四川 | 城乡 | 小计 | 4 578 | 1 507 | 219 | 625 | 1 125 | 1 625 | 4 500 |
| | | 男 | 2 095 | 1 569 | 281 | 688 | 1 250 | 1 750 | 4 500 |
| | | 女 | 2 483 | 1 447 | 188 | 625 | 1 000 | 1 500 | 4 500 |
| | 城市 | 小计 | 1 938 | 1 440 | 219 | 625 | 1 063 | 1 625 | 4 250 |
| | | 男 | 865 | 1 532 | 250 | 750 | 1 250 | 1 875 | 3 750 |
| | | 女 | 1 073 | 1 349 | 213 | 563 | 875 | 1 500 | 4 500 |
| | 农村 | 小计 | 2 640 | 1 546 | 219 | 625 | 1 125 | 1 625 | 4 875 |
| | | 男 | 1 230 | 1 590 | 313 | 625 | 1 250 | 1 750 | 4 875 |
| | | 女 | 1 410 | 1 503 | 188 | 625 | 1 125 | 1 625 | 4 500 |
| 贵州 | 城乡 | 小计 | 2 854 | 1 098 | 250 | 563 | 938 | 1 438 | 2 375 |
| | | 男 | 1 333 | 1 197 | 250 | 625 | 1 050 | 1 500 | 2 500 |
| | | 女 | 1 521 | 986 | 250 | 500 | 800 | 1 250 | 2 250 |
| | 城市 | 小计 | 1 062 | 1 145 | 250 | 500 | 900 | 1 500 | 2 750 |
| | | 男 | 498 | 1 237 | 250 | 600 | 1 050 | 1 600 | 2 750 |
| | | 女 | 564 | 1 036 | 250 | 500 | 750 | 1 313 | 2 563 |
| | 农村 | 小计 | 1 792 | 1 053 | 250 | 563 | 938 | 1 375 | 2 250 |
| | | 男 | 835 | 1 157 | 250 | 625 | 1 063 | 1 500 | 2 250 |
| | | 女 | 957 | 938 | 225 | 500 | 813 | 1 188 | 2 125 |
| 云南 | 城乡 | 小计 | 3 464 | 1 514 | 313 | 688 | 1 125 | 1 750 | 4 250 |
| | | 男 | 1 655 | 1 717 | 375 | 900 | 1 275 | 2 000 | 4 500 |
| | | 女 | 1 809 | 1 290 | 281 | 625 | 1 000 | 1 500 | 3 375 |
| | 城市 | 小计 | 911 | 1 646 | 300 | 688 | 1 125 | 2 000 | 4 875 |
| | | 男 | 418 | 1 811 | 375 | 900 | 1 250 | 2 125 | 4 875 |
| | | 女 | 493 | 1 488 | 219 | 563 | 1 000 | 1 650 | 4 531 |
| | 农村 | 小计 | 2 553 | 1 458 | 313 | 700 | 1 125 | 1 750 | 4 000 |
| | | 男 | 1 237 | 1 681 | 375 | 900 | 1 300 | 2 000 | 4 500 |

| 地区 | 城乡 | 性别 | *n* | 全年日均直接饮水摄入量 /（ml/d） | | | | | |
|---|---|---|---|---|---|---|---|---|---|
| | | | | Mean | P5 | P25 | P50 | P75 | P95 |
| 云南 | 农村 | 女 | 1 316 | 1 197 | 300 | 625 | 1 000 | 1 350 | 2 875 |
| 西藏 | 城乡 | 小计 | 1 521 | 4 427 | 0 | 750 | 2 250 | 6 000 | 15 625 |
| | | 男 | 615 | 4 646 | 0 | 1 000 | 2 250 | 6 000 | 16 000 |
| | | 女 | 906 | 4 238 | 0 | 500 | 2 125 | 6 000 | 15 000 |
| | 城市 | 小计 | 384 | 7 388 | 500 | 2 000 | 4 875 | 11 250 | 21 250 |
| | | 男 | 126 | 8 773 | 813 | 2 250 | 6 875 | 12 500 | 25 000 |
| | | 女 | 258 | 6 499 | 500 | 2 000 | 4 500 | 9 375 | 18 000 |
| | 农村 | 小计 | 1 137 | 3 568 | 0 | 438 | 2 000 | 4 500 | 12 500 |
| | | 男 | 489 | 3 681 | 0 | 500 | 2 000 | 4 500 | 12 500 |
| | | 女 | 648 | 3 462 | 0 | 245 | 2 000 | 4 500 | 12 500 |
| 陕西 | 城乡 | 小计 | 2 867 | 1 701 | 250 | 625 | 1 125 | 2 000 | 4 875 |
| | | 男 | 1 297 | 1 925 | 313 | 844 | 1 375 | 2 250 | 5 375 |
| | | 女 | 1 570 | 1 492 | 250 | 563 | 1 000 | 1 625 | 4 000 |
| | 城市 | 小计 | 1 331 | 1 509 | 300 | 625 | 1 125 | 1 875 | 3 750 |
| | | 男 | 587 | 1 688 | 350 | 750 | 1 250 | 2 000 | 3 750 |
| | | 女 | 744 | 1 347 | 250 | 625 | 1 125 | 1 625 | 3 250 |
| | 农村 | 小计 | 1 536 | 1 859 | 250 | 625 | 1 125 | 2 000 | 5 625 |
| | | 男 | 710 | 2 113 | 281 | 875 | 1 375 | 2 375 | 6 500 |
| | | 女 | 826 | 1 614 | 250 | 563 | 1 000 | 1 500 | 5 000 |
| 甘肃 | 城乡 | 小计 | 2 868 | 1 630 | 438 | 750 | 1 250 | 2 000 | 4 500 |
| | | 男 | 1 288 | 1 810 | 500 | 938 | 1 375 | 2 250 | 4 750 |
| | | 女 | 1 580 | 1 449 | 313 | 625 | 1 125 | 1 800 | 3 750 |
| | 城市 | 小计 | 799 | 1 290 | 188 | 625 | 1 125 | 1 625 | 3 000 |
| | | 男 | 365 | 1 339 | 250 | 625 | 1 125 | 1 625 | 3125 |
| | | 女 | 434 | 1 241 | 113 | 625 | 1 000 | 1 500 | 3 000 |
| | 农村 | 小计 | 2 069 | 1 742 | 500 | 825 | 1 250 | 2 000 | 4 750 |
| | | 男 | 923 | 1 967 | 500 | 1 000 | 1 500 | 2 250 | 5 250 |
| | | 女 | 1 146 | 1 518 | 375 | 625 | 1 200 | 2 000 | 4 125 |
| 青海 | 城乡 | 小计 | 1 592 | 1 393 | 0 | 563 | 1 200 | 1 750 | 3 250 |
| | | 男 | 691 | 1 539 | 0 | 813 | 1 375 | 2 000 | 3 500 |
| | | 女 | 901 | 1 246 | 0 | 500 | 1 125 | 1 625 | 2 800 |
| | 城市 | 小计 | 666 | 1 554 | 250 | 1 000 | 1 500 | 2 000 | 3 375 |
| | | 男 | 296 | 1 649 | 313 | 1 000 | 1 500 | 2 000 | 3 375 |
| | | 女 | 370 | 1 451 | 250 | 750 | 1 250 | 2 000 | 3 500 |
| | 农村 | 小计 | 926 | 1 029 | 0 | 250 | 788 | 1 300 | 2 500 |
| | | 男 | 395 | 1 260 | 0 | 350 | 1 000 | 1 375 | 4 000 |
| | | 女 | 531 | 831 | 0 | 0 | 625 | 1 250 | 2 125 |
| 宁夏 | 城乡 | 小计 | 1 137 | 1 700 | 488 | 875 | 1 375 | 2125 | 3 500 |
| | | 男 | 538 | 1 790 | 500 | 1 000 | 1 500 | 2 200 | 3 750 |
| | | 女 | 599 | 1 599 | 400 | 750 | 1 250 | 2 000 | 3 250 |
| | 城市 | 小计 | 1 039 | 1 735 | 438 | 900 | 1 375 | 2 125 | 3 500 |
| | | 男 | 488 | 1 829 | 500 | 1 000 | 1 500 | 2 250 | 3 938 |
| | | 女 | 551 | 1 632 | 375 | 750 | 1 313 | 2 000 | 3 250 |
| | 农村 | 小计 | 98 | 1 373 | 500 | 875 | 1 250 | 1 750 | 2 500 |
| | | 男 | 50 | 1 449 | 563 | 1 000 | 1 250 | 2 000 | 2 500 |
| | | 女 | 48 | 1 281 | 500 | 688 | 1 250 | 1 625 | 2 375 |
| 新疆 | 城乡 | 小计 | 2 803 | 1 454 | 200 | 500 | 800 | 1750 | 4 500 |
| | | 男 | 1 263 | 1 591 | 200 | 500 | 900 | 2 000 | 5 625 |
| | | 女 | 1 540 | 1 306 | 200 | 450 | 800 | 1 625 | 4 000 |
| | 城市 | 小计 | 1 218 | 1 690 | 313 | 750 | 1 250 | 2 000 | 4 500 |
| | | 男 | 483 | 1 697 | 400 | 700 | 1 250 | 2 100 | 4 500 |
| | | 女 | 735 | 1 683 | 200 | 750 | 1 250 | 2 000 | 4 500 |
| | 农村 | 小计 | 1 585 | 1 335 | 200 | 450 | 700 | 1 300 | 4 750 |
| | | 男 | 780 | 1 544 | 200 | 450 | 800 | 1 700 | 6 000 |
| | | 女 | 805 | 1 085 | 175 | 400 | 650 | 1 050 | 4 000 |

附表 3-22　中国人群分省（直辖市、自治区）、城乡、性别的春秋季日均直接饮水摄入量

| 地区 | 城乡 | 性别 | n | 春秋季日均直接饮水摄入量 /（ml/d） | | | | | |
|---|---|---|---|---|---|---|---|---|---|
| | | | | Mean | P5 | P25 | P50 | P75 | P95 |
| 合计 | 城乡 | 小计 | 90 978 | 1 388 | 250 | 500 | 1 000 | 1 600 | 3 500 |
| | | 男 | 41 236 | 1 510 | 250 | 500 | 1 000 | 2 000 | 4 000 |
| | | 女 | 49 742 | 1 265 | 250 | 500 | 1 000 | 1 500 | 3 000 |
| | 城市 | 小计 | 41 776 | 1 550 | 250 | 500 | 1 000 | 2 000 | 4 000 |
| | | 男 | 18 433 | 1 638 | 300 | 750 | 1 200 | 2 000 | 4 000 |
| | | 女 | 23 343 | 1 462 | 250 | 500 | 1 000 | 1 800 | 4 000 |
| | 农村 | 小计 | 49 202 | 1 264 | 250 | 500 | 1 000 | 1 500 | 3 000 |
| | | 男 | 22 803 | 1 413 | 250 | 500 | 1 000 | 1 750 | 3 500 |
| | | 女 | 26 399 | 1 112 | 200 | 500 | 1 000 | 1 500 | 2 500 |
| 北京 | 城乡 | 小计 | 1 114 | 2 472 | 500 | 1 000 | 1 750 | 2 500 | 5 000 |
| | | 男 | 458 | 2 901 | 500 | 1 000 | 2 000 | 3 000 | 5 000 |
| | | 女 | 656 | 2 090 | 500 | 1 000 | 1 500 | 2 500 | 5 000 |
| | 城市 | 小计 | 840 | 2 428 | 500 | 1 000 | 2 000 | 3 000 | 5 000 |
| | | 男 | 354 | 2 745 | 500 | 1 000 | 2 000 | 3 000 | 5 500 |
| | | 女 | 486 | 2 133 | 500 | 1 000 | 1 500 | 2 500 | 5 000 |
| | 农村 | 小计 | 274 | 2 586 | 500 | 1 000 | 1 500 | 2 500 | 5 000 |
| | | 男 | 104 | 3 340 | 500 | 1 000 | 2 000 | 2 500 | 5 000 |
| | | 女 | 170 | 1 984 | 500 | 1 000 | 1 500 | 2 000 | 5 000 |
| 天津 | 城乡 | 小计 | 1 154 | 2 008 | 250 | 500 | 1 500 | 2 500 | 6 000 |
| | | 男 | 470 | 1 915 | 250 | 500 | 1 500 | 2 500 | 5 000 |
| | | 女 | 684 | 2106 | 250 | 500 | 1 500 | 3 000 | 6 000 |
| | 城市 | 小计 | 865 | 2 175 | 250 | 500 | 1 500 | 2 500 | 6 000 |
| | | 男 | 336 | 2 020 | 250 | 500 | 1 500 | 2 500 | 5 000 |
| | | 女 | 529 | 2 332 | 250 | 500 | 1 500 | 3 000 | 8 000 |
| | 农村 | 小计 | 289 | 1 730 | 250 | 500 | 1 000 | 2 500 | 4 000 |
| | | 男 | 134 | 1 748 | 250 | 500 | 1 500 | 3 000 | 4 000 |
| | | 女 | 155 | 1 710 | 250 | 500 | 1 000 | 2 000 | 5 000 |
| 河北 | 城乡 | 小计 | 4 407 | 1 569 | 250 | 500 | 1 000 | 2 000 | 4 500 |
| | | 男 | 1 935 | 1 710 | 250 | 750 | 1 200 | 2 000 | 4 500 |
| | | 女 | 2 472 | 1 432 | 125 | 500 | 1 000 | 1 750 | 4 000 |
| | 城市 | 小计 | 1 830 | 1 961 | 250 | 1 000 | 1 500 | 2 000 | 5 000 |
| | | 男 | 829 | 2 047 | 300 | 1 000 | 1 500 | 2 000 | 5 000 |
| | | 女 | 1 001 | 1 868 | 250 | 1 000 | 1 500 | 2 000 | 4 500 |
| | 农村 | 小计 | 2 577 | 1 222 | 125 | 500 | 1 000 | 1 500 | 2 500 |
| | | 男 | 1 106 | 1 383 | 250 | 500 | 1 000 | 1 500 | 3 000 |
| | | 女 | 1 471 | 1 079 | 125 | 500 | 1 000 | 1 500 | 2 500 |
| 山西 | 城乡 | 小计 | 3 438 | 1 409 | 0 | 500 | 1 000 | 1 750 | 3 750 |
| | | 男 | 1 563 | 1 616 | 0 | 500 | 1 000 | 2 000 | 4 000 |
| | | 女 | 1 875 | 1 211 | 0 | 500 | 1 000 | 1 500 | 3 000 |
| | 城市 | 小计 | 1 045 | 1 562 | 250 | 750 | 1 500 | 2 000 | 3 500 |
| | | 男 | 479 | 1 780 | 500 | 1 000 | 1 500 | 2 000 | 4 000 |
| | | 女 | 566 | 1 352 | 250 | 500 | 1 050 | 2 000 | 3 000 |
| | 农村 | 小计 | 2 393 | 1 344 | 0 | 500 | 1 000 | 1 500 | 4 000 |
| | | 男 | 1 084 | 1 546 | 0 | 500 | 1 000 | 1 750 | 4 000 |
| | | 女 | 1 309 | 1 151 | 0 | 500 | 750 | 1 500 | 3 000 |
| 内蒙古 | 城乡 | 小计 | 3 043 | 1 710 | 500 | 1 000 | 1 250 | 2 000 | 4 500 |
| | | 男 | 1 470 | 1 822 | 500 | 1 000 | 1 500 | 2 000 | 4 500 |
| | | 女 | 1 573 | 1 581 | 500 | 1 000 | 1 000 | 1 600 | 4 000 |
| | 城市 | 小计 | 1 192 | 1 656 | 500 | 1 000 | 1 250 | 2 000 | 4 500 |
| | | 男 | 554 | 1 823 | 500 | 1 000 | 1 500 | 2 000 | 5 000 |
| | | 女 | 638 | 1 474 | 500 | 750 | 1 200 | 1 750 | 3 500 |
| | 农村 | 小计 | 1 851 | 1 747 | 500 | 1 000 | 1 250 | 2 000 | 4 500 |
| | | 男 | 916 | 1 822 | 500 | 1 000 | 1 500 | 2 000 | 4 500 |
| | | 女 | 935 | 1 659 | 500 | 1 000 | 1 000 | 1 500 | 4 500 |
| 辽宁 | 城乡 | 小计 | 3 375 | 1 168 | 250 | 500 | 1 000 | 1 500 | 3 000 |
| | | 男 | 1 447 | 1 298 | 250 | 500 | 1 000 | 2 000 | 3 000 |

| 地区 | 城乡 | 性别 | n | 春秋季日均直接饮水摄入量 / （ml/d） | | | | | |
| --- | --- | --- | --- | --- | --- | --- | --- | --- | --- |
| | | | | Mean | P5 | P25 | P50 | P75 | P95 |
| 辽宁 | 城乡 | 女 | 1 928 | 1 037 | 250 | 500 | 600 | 1 400 | 2 500 |
| | 城市 | 小计 | 1 195 | 1 195 | 250 | 500 | 1 000 | 1 500 | 3 000 |
| | | 男 | 526 | 1 264 | 250 | 500 | 1 000 | 2 000 | 3 000 |
| | | 女 | 669 | 1 119 | 250 | 500 | 750 | 1 500 | 2 500 |
| | 农村 | 小计 | 2 180 | 1 159 | 250 | 500 | 1 000 | 1 500 | 2 500 |
| | | 男 | 921 | 1 311 | 250 | 500 | 1 000 | 2 000 | 3 000 |
| | | 女 | 1 259 | 1 009 | 250 | 500 | 500 | 1 200 | 2 500 |
| 吉林 | 城乡 | 小计 | 2 737 | 924 | 250 | 500 | 500 | 1 000 | 2 000 |
| | | 男 | 1 302 | 982 | 500 | 500 | 750 | 1 000 | 2 000 |
| | | 女 | 1 435 | 862 | 250 | 500 | 500 | 1 000 | 2 000 |
| | 城市 | 小计 | 1 571 | 991 | 250 | 500 | 750 | 1 000 | 2 000 |
| | | 男 | 704 | 1 049 | 250 | 500 | 750 | 1 100 | 2 000 |
| | | 女 | 867 | 930 | 250 | 500 | 520 | 1 000 | 2 000 |
| | 农村 | 小计 | 1 166 | 860 | 500 | 500 | 500 | 1 000 | 2 000 |
| | | 男 | 598 | 919 | 500 | 500 | 1 000 | 1 000 | 2 000 |
| | | 女 | 568 | 795 | 250 | 500 | 500 | 1 000 | 2 000 |
| 黑龙江 | 城乡 | 小计 | 4 060 | 1 025 | 250 | 500 | 1 000 | 1 500 | 2 000 |
| | | 男 | 1 880 | 1 111 | 250 | 500 | 1 000 | 1 500 | 2 400 |
| | | 女 | 2 180 | 943 | 200 | 500 | 800 | 1 200 | 2 000 |
| | 城市 | 小计 | 1 589 | 1 079 | 250 | 500 | 1 000 | 1 500 | 2 100 |
| | | 男 | 681 | 1 144 | 400 | 500 | 1 000 | 1 500 | 2 400 |
| | | 女 | 908 | 1 021 | 250 | 500 | 1 000 | 1 500 | 2 000 |
| | 农村 | 小计 | 2 471 | 993 | 200 | 500 | 900 | 1 500 | 2 000 |
| | | 男 | 1 199 | 1 092 | 250 | 500 | 1 000 | 1 500 | 2 500 |
| | | 女 | 1 272 | 893 | 200 | 400 | 750 | 1 000 | 2 000 |
| 上海 | 城乡 | 小计 | 1 161 | 1 961 | 500 | 1 000 | 1 500 | 2 500 | 5 000 |
| | | 男 | 540 | 2 185 | 500 | 1 000 | 1 500 | 2 500 | 7 500 |
| | | 女 | 621 | 1 723 | 500 | 1 000 | 1 500 | 2 000 | 4 000 |
| | 城市 | 小计 | 1 161 | 1 961 | 500 | 1 000 | 1 500 | 2 500 | 5 000 |
| | | 男 | 540 | 2 185 | 500 | 1 000 | 1500 | 2 500 | 7 500 |
| | | 女 | 621 | 1 723 | 500 | 1 000 | 1 500 | 2 000 | 4 000 |
| 江苏 | 城乡 | 小计 | 3 465 | 1 389 | 250 | 500 | 1 000 | 1 600 | 3 750 |
| | | 男 | 1 583 | 1 555 | 250 | 600 | 1 050 | 2 000 | 4 000 |
| | | 女 | 1 882 | 1 225 | 125 | 500 | 1 000 | 1 500 | 3 000 |
| | 城市 | 小计 | 2 309 | 1 488 | 250 | 600 | 1 000 | 2 000 | 3 750 |
| | | 男 | 1 066 | 1 701 | 325 | 800 | 1 500 | 2 000 | 4 000 |
| | | 女 | 1 243 | 1 268 | 250 | 500 | 1 000 | 1 500 | 3 000 |
| | 农村 | 小计 | 1 156 | 1 181 | 100 | 500 | 750 | 1 500 | 4 000 |
| | | 男 | 517 | 1 226 | 125 | 500 | 1 000 | 1 500 | 4 000 |
| | | 女 | 639 | 1 140 | 50 | 300 | 600 | 1 500 | 3 000 |
| 浙江 | 城乡 | 小计 | 3 424 | 1 304 | 250 | 500 | 1 000 | 1 500 | 3 000 |
| | | 男 | 1 598 | 1 524 | 250 | 500 | 1 000 | 2 000 | 3 500 |
| | | 女 | 1 826 | 1 069 | 250 | 500 | 750 | 1 500 | 2 750 |
| | 城市 | 小计 | 1 184 | 1 313 | 250 | 500 | 1 000 | 2 000 | 3 000 |
| | | 男 | 536 | 1 410 | 250 | 750 | 1 250 | 2 000 | 3 000 |
| | | 女 | 648 | 1 213 | 250 | 500 | 1 000 | 1 600 | 3 000 |
| | 农村 | 小计 | 2 240 | 1 299 | 250 | 500 | 1 000 | 1 500 | 3 000 |
| | | 男 | 1 062 | 1 578 | 250 | 500 | 1000 | 2 000 | 4 500 |
| | | 女 | 1 178 | 998 | 200 | 500 | 750 | 1 000 | 2 500 |
| 安徽 | 城乡 | 小计 | 3 495 | 1 527 | 250 | 500 | 1 000 | 2 000 | 4 500 |
| | | 男 | 1 545 | 1 671 | 250 | 500 | 1 250 | 2 000 | 4 500 |
| | | 女 | 1 950 | 1 386 | 250 | 500 | 1 000 | 1 500 | 4 500 |
| | 城市 | 小计 | 1 892 | 1 947 | 250 | 500 | 1 500 | 2 000 | 6 000 |
| | | 男 | 791 | 2 026 | 375 | 750 | 1 500 | 2 000 | 6 000 |
| | | 女 | 1 101 | 1 874 | 250 | 500 | 1 000 | 2 000 | 6 000 |
| | 农村 | 小计 | 1 603 | 1 270 | 200 | 500 | 1 000 | 1 600 | 3 000 |
| | | 男 | 754 | 1 463 | 250 | 500 | 1 000 | 2 000 | 4 000 |
| | | 女 | 849 | 1 074 | 125 | 500 | 750 | 1 500 | 3 000 |

| 地区 | 城乡 | 性别 | $n$ | 春秋季日均直接饮水摄入量 /（ml/d） | | | | | |
|---|---|---|---|---|---|---|---|---|---|
| | | | | Mean | P5 | P25 | P50 | P75 | P95 |
| 福建 | 城乡 | 小计 | 2 897 | 1 040 | 200 | 500 | 800 | 1 500 | 2 500 |
| | | 男 | 1 291 | 1 147 | 250 | 500 | 1 000 | 1 500 | 2 500 |
| | | 女 | 1 606 | 938 | 150 | 500 | 750 | 1 125 | 2 000 |
| | 城市 | 小计 | 1 494 | 1 146 | 250 | 500 | 1 000 | 1 500 | 2 500 |
| | | 男 | 636 | 1 245 | 200 | 500 | 1 000 | 1 500 | 3 000 |
| | | 女 | 858 | 1 058 | 250 | 500 | 1 000 | 1 500 | 2 100 |
| | 农村 | 小计 | 1 403 | 934 | 200 | 500 | 750 | 1 000 | 2 000 |
| | | 男 | 655 | 1 056 | 250 | 500 | 800 | 1 500 | 2 500 |
| | | 女 | 748 | 811 | 150 | 375 | 500 | 1 000 | 2 000 |
| 江西 | 城乡 | 小计 | 2 914 | 1 563 | 250 | 625 | 1 000 | 1 500 | 4 500 |
| | | 男 | 1 376 | 1 862 | 300 | 750 | 1 000 | 1 600 | 4 500 |
| | | 女 | 1 538 | 1 250 | 250 | 500 | 1 000 | 1 500 | 3 000 |
| | 城市 | 小计 | 1 720 | 1 628 | 300 | 750 | 1 000 | 1 500 | 4 500 |
| | | 男 | 795 | 1 932 | 400 | 750 | 1 000 | 2 000 | 6 000 |
| | | 女 | 925 | 1 317 | 250 | 750 | 1 000 | 1 500 | 3 000 |
| | 农村 | 小计 | 1 194 | 1 493 | 250 | 500 | 1 000 | 1 500 | 4 000 |
| | | 男 | 581 | 1 788 | 250 | 750 | 1 000 | 1 500 | 4 000 |
| | | 女 | 613 | 1 177 | 250 | 500 | 750 | 1 250 | 3 000 |
| 山东 | 城乡 | 小计 | 5 589 | 1 820 | 500 | 1 000 | 1 500 | 2 000 | 4 000 |
| | | 男 | 2 493 | 1 929 | 500 | 1 000 | 1 500 | 2 125 | 4 000 |
| | | 女 | 3 096 | 1 715 | 400 | 1 000 | 1 500 | 2 000 | 4 000 |
| | 城市 | 小计 | 2 708 | 1 972 | 500 | 1 000 | 1 500 | 2 000 | 4 500 |
| | | 男 | 1 126 | 2 029 | 500 | 1 000 | 1 500 | 2 000 | 4 000 |
| | | 女 | 1 582 | 1 919 | 400 | 1 000 | 1 500 | 2 000 | 4 500 |
| | 农村 | 小计 | 2 881 | 1 650 | 500 | 1 000 | 1 500 | 2 000 | 3 200 |
| | | 男 | 1 367 | 1 823 | 500 | 1 000 | 1 500 | 2 400 | 3 500 |
| | | 女 | 1 514 | 1 470 | 300 | 750 | 1 250 | 2 000 | 3 000 |
| 河南 | 城乡 | 小计 | 4 894 | 1 266 | 250 | 500 | 1 000 | 2 000 | 3 000 |
| | | 男 | 2 086 | 1 418 | 250 | 500 | 1 000 | 2 000 | 3 000 |
| | | 女 | 2 808 | 1 125 | 200 | 500 | 1 000 | 1 500 | 2 500 |
| | 城市 | 小计 | 2 027 | 1 424 | 250 | 500 | 1 000 | 2 000 | 4 000 |
| | | 男 | 840 | 1 540 | 375 | 750 | 1 000 | 2 000 | 4 000 |
| | | 女 | 1 187 | 1 322 | 250 | 500 | 1 000 | 2 000 | 3 750 |
| | 农村 | 小计 | 2 867 | 1 203 | 250 | 500 | 1 000 | 1 800 | 2 500 |
| | | 男 | 1 246 | 1 371 | 250 | 500 | 1 000 | 2 000 | 3 000 |
| | | 女 | 1 621 | 1 044 | 150 | 500 | 1 000 | 1 250 | 2 000 |
| 湖北 | 城乡 | 小计 | 3 412 | 1 205 | 375 | 500 | 1 000 | 1 500 | 2 500 |
| | | 男 | 1 606 | 1 250 | 400 | 750 | 1 000 | 1 500 | 2 500 |
| | | 女 | 1 806 | 1 155 | 250 | 500 | 1 000 | 1 500 | 2 500 |
| | 城市 | 小计 | 2 385 | 1 351 | 500 | 750 | 1 000 | 1 500 | 3 000 |
| | | 男 | 1 129 | 1 393 | 500 | 1 000 | 1 000 | 2 000 | 3 000 |
| | | 女 | 1 256 | 1 302 | 500 | 750 | 1 000 | 1 500 | 3 000 |
| | 农村 | 小计 | 1 027 | 948 | 250 | 500 | 800 | 1 200 | 2 000 |
| | | 男 | 477 | 983 | 250 | 500 | 1 000 | 1 350 | 2 000 |
| | | 女 | 550 | 912 | 250 | 500 | 750 | 1 000 | 2 000 |
| 湖南 | 城乡 | 小计 | 4 057 | 1 328 | 400 | 600 | 1 000 | 1 500 | 3 000 |
| | | 男 | 1 848 | 1 466 | 450 | 750 | 1 000 | 1 500 | 4 000 |
| | | 女 | 2 209 | 1 174 | 300 | 500 | 1 000 | 1 500 | 2 500 |
| | 城市 | 小计 | 1 533 | 1 607 | 500 | 750 | 1 000 | 2 000 | 4 500 |
| | | 男 | 622 | 1 705 | 500 | 750 | 1 000 | 2 000 | 4 500 |
| | | 女 | 911 | 1 514 | 500 | 750 | 1 000 | 1 750 | 4 500 |
| | 农村 | 小计 | 2 524 | 1 218 | 300 | 500 | 1 000 | 1 500 | 3 000 |
| | | 男 | 1 226 | 1 381 | 400 | 750 | 1 000 | 1 500 | 3 000 |
| | | 女 | 1 298 | 1 024 | 250 | 500 | 1 000 | 1 200 | 2 000 |
| 广东 | 城乡 | 小计 | 3 248 | 1 422 | 375 | 750 | 1 200 | 1 500 | 3 000 |
| | | 男 | 1 460 | 1 439 | 375 | 750 | 1 250 | 1 500 | 3 000 |
| | | 女 | 1 788 | 1 407 | 375 | 750 | 1 050 | 1 500 | 3 000 |
| | 城市 | 小计 | 1 750 | 1 589 | 300 | 750 | 1 000 | 2 000 | 4 000 |

| 地区 | 城乡 | 性别 | *n* | 春秋季日均直接饮水摄入量 /（ml/d） | | | | | |
|---|---|---|---|---|---|---|---|---|---|
| | | | | Mean | P5 | P25 | P50 | P75 | P95 |
| 广东 | 城市 | 男 | 777 | 1 581 | 300 | 700 | 1 000 | 2 000 | 4 000 |
| | | 女 | 973 | 1 597 | 300 | 750 | 1 125 | 2 000 | 4 000 |
| | 农村 | 小计 | 1 498 | 1 241 | 400 | 800 | 1 250 | 1 500 | 2 000 |
| | | 男 | 683 | 1 289 | 400 | 900 | 1 250 | 1 500 | 2 400 |
| | | 女 | 815 | 1 198 | 400 | 800 | 1 000 | 1 500 | 2 000 |
| 广西 | 城乡 | 小计 | 3 362 | 1 347 | 200 | 500 | 1 000 | 1 500 | 3 000 |
| | | 男 | 1 585 | 1 473 | 250 | 600 | 1 000 | 2 000 | 4 000 |
| | | 女 | 1 777 | 1 212 | 125 | 500 | 1 000 | 1 500 | 3 000 |
| | 城市 | 小计 | 1 335 | 1 798 | 500 | 1 000 | 1 500 | 2 000 | 4 000 |
| | | 男 | 608 | 1 870 | 500 | 1 000 | 1 500 | 2 000 | 4 000 |
| | | 女 | 727 | 1 725 | 500 | 750 | 1 250 | 2 000 | 4 000 |
| | 农村 | 小计 | 2 027 | 1 177 | 125 | 500 | 1 000 | 1 500 | 3 000 |
| | | 男 | 977 | 1 327 | 150 | 500 | 1 000 | 1 500 | 4 000 |
| | | 女 | 1 050 | 1 015 | 125 | 500 | 800 | 1 250 | 2 500 |
| 海南 | 城乡 | 小计 | 1 083 | 854 | 250 | 500 | 500 | 1 000 | 2 000 |
| | | 男 | 515 | 955 | 250 | 500 | 750 | 1 000 | 2 000 |
| | | 女 | 568 | 746 | 250 | 500 | 500 | 1 000 | 2 000 |
| | 城市 | 小计 | 328 | 902 | 250 | 500 | 750 | 1 000 | 2 500 |
| | | 男 | 155 | 972 | 250 | 500 | 1 000 | 1 000 | 2 000 |
| | | 女 | 173 | 830 | 250 | 500 | 500 | 1 000 | 2 500 |
| | 农村 | 小计 | 755 | 835 | 250 | 500 | 500 | 1 000 | 2 000 |
| | | 男 | 360 | 948 | 250 | 500 | 500 | 1 000 | 2 000 |
| | | 女 | 395 | 711 | 250 | 500 | 500 | 1 000 | 2 000 |
| 重庆 | 城乡 | 小计 | 964 | 838 | 50 | 375 | 500 | 1 000 | 2 000 |
| | | 男 | 410 | 793 | 50 | 500 | 500 | 1 000 | 2 000 |
| | | 女 | 554 | 879 | 50 | 250 | 500 | 1 000 | 3 000 |
| | 城市 | 小计 | 475 | 880 | 250 | 500 | 500 | 1 000 | 2 500 |
| | | 男 | 223 | 805 | 250 | 500 | 500 | 1 000 | 2 000 |
| | | 女 | 252 | 965 | 150 | 500 | 500 | 1 000 | 3 000 |
| | 农村 | 小计 | 489 | 793 | 25 | 250 | 500 | 1 000 | 2 000 |
| | | 男 | 187 | 777 | 10 | 250 | 500 | 1 000 | 2 000 |
| | | 女 | 302 | 806 | 30 | 250 | 500 | 1 000 | 2 000 |
| 四川 | 城乡 | 小计 | 4 578 | 1 344 | 200 | 500 | 1 000 | 1 500 | 4 500 |
| | | 男 | 2 095 | 1 399 | 250 | 500 | 1 000 | 1 500 | 4 000 |
| | | 女 | 2 483 | 1 290 | 125 | 500 | 1 000 | 1 500 | 4 500 |
| | 城市 | 小计 | 1 938 | 1 306 | 200 | 500 | 1 000 | 1 500 | 4 000 |
| | | 男 | 865 | 1 377 | 200 | 500 | 1 000 | 1 600 | 3 500 |
| | | 女 | 1 073 | 1 235 | 125 | 500 | 750 | 1 500 | 4 500 |
| | 农村 | 小计 | 2 640 | 1 366 | 200 | 500 | 1 000 | 1 500 | 4 500 |
| | | 男 | 1 230 | 1 411 | 250 | 500 | 1 000 | 1 500 | 4 500 |
| | | 女 | 1 410 | 1 322 | 125 | 500 | 1 000 | 1 500 | 4 500 |
| 贵州 | 城乡 | 小计 | 2 854 | 1 007 | 250 | 500 | 800 | 1 250 | 2 250 |
| | | 男 | 1 333 | 1 096 | 250 | 500 | 1 000 | 1 500 | 2 500 |
| | | 女 | 1 521 | 905 | 250 | 500 | 750 | 1 000 | 2 000 |
| | 城市 | 小计 | 1 062 | 1 055 | 250 | 500 | 800 | 1 500 | 2 500 |
| | | 男 | 498 | 1 132 | 250 | 500 | 1 000 | 1 500 | 3 000 |
| | | 女 | 564 | 964 | 200 | 450 | 750 | 1 200 | 2 500 |
| | 农村 | 小计 | 1 792 | 960 | 250 | 500 | 1 000 | 1 250 | 2 000 |
| | | 男 | 835 | 1 061 | 250 | 500 | 1 000 | 1 500 | 2 000 |
| | | 女 | 957 | 849 | 250 | 500 | 750 | 1 000 | 2000 |
| 云南 | 城乡 | 小计 | 3 465 | 1 443 | 250 | 600 | 1 000 | 1 800 | 4 375 |
| | | 男 | 1 655 | 1 642 | 350 | 800 | 1 200 | 2 000 | 4 500 |
| | | 女 | 1 810 | 1 223 | 250 | 500 | 1 000 | 1 500 | 3 000 |
| | 城市 | 小计 | 911 | 1 544 | 250 | 500 | 1 000 | 2 000 | 4 500 |
| | | 男 | 418 | 1 683 | 300 | 800 | 1 200 | 2 000 | 4 500 |
| | | 女 | 493 | 1 411 | 250 | 500 | 1 000 | 1 500 | 4 500 |
| | 农村 | 小计 | 2 554 | 1 400 | 250 | 600 | 1 000 | 1 500 | 4 000 |
| | | 男 | 1 237 | 1 627 | 375 | 800 | 1 200 | 2 000 | 4 500 |

| 地区 | 城乡 | 性别 | n | 春秋季日均直接饮水摄入量 /（ml/d） | | | | | |
|---|---|---|---|---|---|---|---|---|---|
| | | | | Mean | P5 | P25 | P50 | P75 | P95 |
| 云南 | 农村 | 女 | 1 317 | 1 135 | 250 | 500 | 1 000 | 1 250 | 3 000 |
| 西藏 | 城乡 | 小计 | 1 521 | 4 324 | 0 | 600 | 2 000 | 5 250 | 16 000 |
| | | 男 | 615 | 4 493 | 0 | 1 000 | 2 000 | 6 000 | 16 000 |
| | | 女 | 906 | 4 178 | 0 | 500 | 2000 | 5 000 | 15 000 |
| | 城市 | 小计 | 384 | 7 126 | 500 | 2 000 | 4 500 | 10 000 | 22 500 |
| | | 男 | 126 | 8 200 | 600 | 2 000 | 5 000 | 12 000 | 25 000 |
| | | 女 | 258 | 6 436 | 500 | 2 000 | 4 000 | 9 000 | 21 000 |
| | 农村 | 小计 | 1 137 | 3 511 | 0 | 400 | 2 000 | 4 500 | 12 500 |
| | | 男 | 489 | 3 626 | 0 | 500 | 2 000 | 4 500 | 12 500 |
| | | 女 | 648 | 3 402 | 0 | 245 | 2 000 | 4 500 | 12 500 |
| 陕西 | 城乡 | 小计 | 2 867 | 1 569 | 250 | 500 | 1 000 | 2 000 | 4 500 |
| | | 男 | 1 297 | 1 774 | 250 | 750 | 1 050 | 2 000 | 5 000 |
| | | 女 | 1 570 | 1 377 | 250 | 500 | 1 000 | 1 500 | 4 000 |
| | 城市 | 小计 | 1 331 | 1 355 | 250 | 500 | 1 000 | 1 500 | 3 000 |
| | | 男 | 587 | 1 504 | 250 | 500 | 1 000 | 2 000 | 3 000 |
| | | 女 | 744 | 1 219 | 200 | 500 | 1 000 | 1 500 | 3 000 |
| | 农村 | 小计 | 1 536 | 1 745 | 250 | 500 | 1 000 | 2 000 | 6 000 |
| | | 男 | 710 | 1 989 | 250 | 1 000 | 1 200 | 2 000 | 6 000 |
| | | 女 | 826 | 1 509 | 250 | 500 | 1 000 | 1 500 | 5 000 |
| 甘肃 | 城乡 | 小计 | 2 868 | 1 510 | 300 | 500 | 1 000 | 2 000 | 4 000 |
| | | 男 | 1 288 | 1 668 | 500 | 1 000 | 1 125 | 2 000 | 4 500 |
| | | 女 | 1 580 | 1 352 | 250 | 500 | 1 000 | 1 600 | 3 750 |
| | 城市 | 小计 | 799 | 1 177 | 125 | 500 | 1 000 | 1 500 | 3 000 |
| | | 男 | 365 | 1 204 | 250 | 500 | 1 000 | 1 500 | 3 000 |
| | | 女 | 434 | 1 150 | 100 | 500 | 1 000 | 1 500 | 3 000 |
| | 农村 | 小计 | 2 069 | 1 620 | 500 | 750 | 1 000 | 2 000 | 4 500 |
| | | 男 | 923 | 1 822 | 500 | 1 000 | 1 500 | 2 000 | 5 000 |
| | | 女 | 1 146 | 1 418 | 300 | 500 | 1 000 | 2 000 | 4 000 |
| 青海 | 城乡 | 小计 | 1 592 | 1 331 | 0 | 500 | 1 000 | 1 500 | 3 000 |
| | | 男 | 691 | 1 473 | 0 | 750 | 1 500 | 2 000 | 3 500 |
| | | 女 | 901 | 1 189 | 0 | 500 | 1 000 | 1 500 | 2 500 |
| | 城市 | 小计 | 666 | 1 484 | 250 | 1 000 | 1 500 | 2 000 | 3 000 |
| | | 男 | 296 | 1 580 | 250 | 1 000 | 1 500 | 2 000 | 3 000 |
| | | 女 | 370 | 1 381 | 200 | 750 | 1 200 | 2 000 | 3 000 |
| | 农村 | 小计 | 926 | 986 | 0 | 250 | 750 | 1 250 | 2 500 |
| | | 男 | 395 | 1 200 | 0 | 350 | 1 000 | 1 500 | 4 000 |
| | | 女 | 531 | 802 | 0 | 0 | 500 | 1 050 | 2 000 |
| 宁夏 | 城乡 | 小计 | 1 137 | 1 617 | 500 | 1 000 | 1 500 | 2 000 | 3 200 |
| | | 男 | 538 | 1 690 | 500 | 1 000 | 1 500 | 2 000 | 3 750 |
| | | 女 | 599 | 1 536 | 375 | 750 | 1 250 | 2 000 | 3 000 |
| | 城市 | 小计 | 1 039 | 1 653 | 500 | 1 000 | 1 500 | 2 000 | 3 500 |
| | | 男 | 488 | 1 729 | 500 | 1 000 | 1 500 | 2 000 | 4 000 |
| | | 女 | 551 | 1 570 | 375 | 750 | 1 250 | 2 000 | 3 000 |
| | 农村 | 小计 | 98 | 1 277 | 500 | 750 | 1 000 | 1 800 | 2 500 |
| | | 男 | 50 | 1 344 | 500 | 750 | 1 000 | 2 000 | 2 500 |
| | | 女 | 48 | 1 195 | 400 | 600 | 1 000 | 1 500 | 2 500 |
| 新疆 | 城乡 | 小计 | 2 803 | 1 383 | 200 | 400 | 800 | 1 600 | 4 500 |
| | | 男 | 1 263 | 1 516 | 200 | 500 | 800 | 2 000 | 6 000 |
| | | 女 | 1 540 | 1 239 | 200 | 400 | 800 | 1 500 | 4 000 |
| | 城市 | 小计 | 1 218 | 1 597 | 250 | 600 | 1 200 | 2 000 | 4 500 |
| | | 男 | 483 | 1 605 | 400 | 600 | 1 200 | 2 000 | 4 500 |
| | | 女 | 735 | 1 589 | 200 | 750 | 1 000 | 2 000 | 4 500 |
| | 农村 | 小计 | 1 585 | 1 274 | 200 | 400 | 600 | 1 200 | 4 000 |
| | | 男 | 780 | 1 476 | 200 | 400 | 800 | 1 500 | 6 000 |
| | | 女 | 805 | 1 034 | 200 | 400 | 600 | 1 000 | 4 000 |

## 附表 3-23 中国人群分省（直辖市、自治区）、城乡、性别的夏季日均直接饮水摄入量

| 地区 | 城乡 | 性别 | $n$ | 夏季日均直接饮水摄入量 /（ml/d） | | | | | |
|---|---|---|---|---|---|---|---|---|---|
| | | | | Mean | P5 | P25 | P50 | P75 | P95 |
| 合计 | 城乡 | 小计 | 90 979 | 2 015 | 400 | 1 000 | 1 500 | 2 500 | 5 000 |
| | | 男 | 41 238 | 2 184 | 500 | 1 000 | 1 600 | 2 500 | 5 000 |
| | | 女 | 49 741 | 1 843 | 250 | 1 000 | 1 500 | 2 000 | 4 500 |
| | 城市 | 小计 | 41 777 | 2 184 | 500 | 1 000 | 1 500 | 2 500 | 5 000 |
| | | 男 | 18 434 | 2 312 | 500 | 1 000 | 1 875 | 2 500 | 5 250 |
| | | 女 | 23 343 | 2 057 | 450 | 1 000 | 1 500 | 2 500 | 5 000 |
| | 农村 | 小计 | 49 202 | 1 883 | 250 | 1 000 | 1 500 | 2 100 | 4 500 |
| | | 男 | 22 804 | 2 087 | 450 | 1 000 | 1 500 | 2 500 | 5 000 |
| | | 女 | 26 398 | 1 676 | 250 | 800 | 1 500 | 2 000 | 4 000 |
| 北京 | 城乡 | 小计 | 1 114 | 3 134 | 500 | 1 500 | 2 400 | 3 500 | 6 750 |
| | | 男 | 458 | 3 635 | 700 | 1 500 | 2 500 | 4 000 | 6 750 |
| | | 女 | 656 | 2 686 | 500 | 1 500 | 2 000 | 3 000 | 6 500 |
| | 城市 | 小计 | 840 | 3 097 | 500 | 1 500 | 2 400 | 3 500 | 7 000 |
| | | 男 | 354 | 3 460 | 700 | 1 500 | 2 500 | 4 000 | 6 750 |
| | | 女 | 486 | 2 758 | 500 | 1 500 | 2 000 | 3 375 | 7 500 |
| | 农村 | 小计 | 274 | 3 230 | 750 | 1 500 | 2 000 | 3 000 | 5 000 |
| | | 男 | 104 | 4 129 | 750 | 1 500 | 2 500 | 3 500 | 7 500 |
| | | 女 | 170 | 2 510 | 500 | 1 250 | 2 000 | 3 000 | 5 000 |
| 天津 | 城乡 | 小计 | 1 154 | 2 751 | 300 | 1 000 | 2 000 | 4 000 | 6 000 |
| | | 男 | 470 | 2 692 | 500 | 1 000 | 2 000 | 4 000 | 6 000 |
| | | 女 | 684 | 2 813 | 250 | 1 000 | 2 000 | 4 000 | 8 750 |
| | 城市 | 小计 | 865 | 2 950 | 500 | 1 000 | 2 000 | 3 750 | 8 000 |
| | | 男 | 336 | 2 779 | 500 | 1 200 | 2 000 | 3 500 | 6 000 |
| | | 女 | 529 | 3 123 | 500 | 1 000 | 2 250 | 4 000 | 10 000 |
| | 农村 | 小计 | 289 | 2 420 | 250 | 500 | 1 500 | 4 000 | 6 000 |
| | | 男 | 134 | 2 553 | 250 | 600 | 2 000 | 4 000 | 6 000 |
| | | 女 | 155 | 2 272 | 250 | 500 | 1 000 | 3 000 | 6 000 |
| 河北 | 城乡 | 小计 | 4 407 | 2 285 | 250 | 1 000 | 2 000 | 2 500 | 6 000 |
| | | 男 | 1 935 | 2 451 | 500 | 1 000 | 2 000 | 3 000 | 6 900 |
| | | 女 | 2 472 | 2 123 | 250 | 1 000 | 1 500 | 2 500 | 5 000 |
| | 城市 | 小计 | 1 830 | 2 804 | 500 | 1 250 | 2 000 | 3 000 | 7 500 |
| | | 男 | 829 | 2 857 | 500 | 1 500 | 2 000 | 3 000 | 8 000 |
| | | 女 | 1 001 | 2 747 | 500 | 1 000 | 2 000 | 2 800 | 6 000 |
| | 农村 | 小计 | 2 577 | 1 826 | 250 | 1 000 | 1 500 | 2 500 | 4 000 |
| | | 男 | 1 106 | 2 056 | 250 | 1 000 | 2 000 | 2 500 | 4 200 |
| | | 女 | 1 471 | 1 620 | 250 | 750 | 1 500 | 2 000 | 3 500 |
| 山西 | 城乡 | 小计 | 3 438 | 1 979 | 0 | 750 | 1 500 | 2 500 | 5 000 |
| | | 男 | 1 563 | 2 265 | 0 | 1 000 | 1 500 | 2 500 | 6 000 |
| | | 女 | 1 875 | 1 703 | 0 | 500 | 1 500 | 2 000 | 4 000 |
| | 城市 | 小计 | 1 045 | 2 037 | 400 | 1 000 | 1 800 | 2 500 | 4 500 |
| | | 男 | 479 | 2 322 | 500 | 1 250 | 2 000 | 3 000 | 5 000 |
| | | 女 | 566 | 1 763 | 250 | 900 | 1 500 | 2 400 | 4 000 |
| | 农村 | 小计 | 2 393 | 1 954 | 0 | 600 | 1 500 | 2 250 | 6 000 |
| | | 男 | 1 084 | 2 241 | 0 | 1 000 | 1 500 | 2 500 | 6 000 |
| | | 女 | 1 309 | 1 678 | 0 | 500 | 1 000 | 2 000 | 4 500 |
| 内蒙古 | 城乡 | 小计 | 3 045 | 2 366 | 600 | 1 200 | 1 800 | 2 500 | 6 125 |
| | | 男 | 1 470 | 2 481 | 750 | 1 500 | 2 000 | 2 500 | 6 125 |
| | | 女 | 1 575 | 2 236 | 500 | 1 000 | 1 500 | 2 400 | 6 000 |
| | 城市 | 小计 | 1 194 | 2 105 | 500 | 1 000 | 1 500 | 2 500 | 5 000 |
| | | 男 | 554 | 2 287 | 750 | 1 200 | 1 600 | 2 500 | 6 000 |
| | | 女 | 640 | 1 907 | 500 | 1 000 | 1 500 | 2 000 | 4 500 |
| | 农村 | 小计 | 1 851 | 2 549 | 750 | 1 250 | 2 000 | 2 500 | 7 500 |
| | | 男 | 916 | 2 611 | 1 000 | 1 500 | 2 000 | 2 500 | 7 500 |
| | | 女 | 935 | 2 476 | 500 | 1 000 | 1 600 | 2 400 | 8 000 |
| 辽宁 | 城乡 | 小计 | 3 375 | 1 491 | 250 | 500 | 1 000 | 2 000 | 3 500 |
| | | 男 | 1 447 | 1 659 | 375 | 1 000 | 1 200 | 2 000 | 4 000 |

| 地区 | 城乡 | 性别 | $n$ | 夏季日均直接饮水摄入量 /（ml/d） | | | | | |
|---|---|---|---|---|---|---|---|---|---|
| | | | | Mean | P5 | P25 | P50 | P75 | P95 |
| 辽宁 | 城乡 | 女 | 1 928 | 1 321 | 250 | 500 | 1 000 | 2 000 | 3 000 |
| | 城市 | 小计 | 1 195 | 1 642 | 250 | 800 | 1 250 | 2 000 | 4 000 |
| | | 男 | 526 | 1 769 | 500 | 1000 | 1 500 | 2 000 | 4 500 |
| | | 女 | 669 | 1 503 | 250 | 500 | 1 000 | 2 000 | 3 750 |
| | 农村 | 小计 | 2 180 | 1 436 | 250 | 500 | 1 000 | 2 000 | 3 000 |
| | | 男 | 921 | 1 617 | 250 | 750 | 1 000 | 2 000 | 4 000 |
| | | 女 | 1 259 | 1 258 | 250 | 500 | 1 000 | 2 000 | 3 000 |
| 吉林 | 城乡 | 小计 | 2 737 | 1 426 | 500 | 1 000 | 1 000 | 1 650 | 3 000 |
| | | 男 | 1 302 | 1 506 | 500 | 1 000 | 1 000 | 2 000 | 3 000 |
| | | 女 | 1 435 | 1 338 | 375 | 1 000 | 1 000 | 1 500 | 3 000 |
| | 城市 | 小计 | 1 571 | 1 418 | 500 | 750 | 1 000 | 1 500 | 3 000 |
| | | 男 | 704 | 1 491 | 500 | 750 | 1 000 | 1 650 | 3 000 |
| | | 女 | 867 | 1 341 | 250 | 750 | 1 000 | 1 500 | 3 000 |
| | 农村 | 小计 | 1 166 | 1 433 | 500 | 1 000 | 1 000 | 2 000 | 3 000 |
| | | 男 | 598 | 1 520 | 500 | 1 000 | 1 000 | 2 000 | 3 000 |
| | | 女 | 568 | 1 336 | 500 | 1 000 | 1 000 | 1 500 | 3 000 |
| 黑龙江 | 城乡 | 小计 | 4 060 | 1 593 | 400 | 800 | 1 500 | 2 000 | 4 000 |
| | | 男 | 1 880 | 1 755 | 450 | 1 000 | 1 500 | 2 400 | 4 000 |
| | | 女 | 2 180 | 1 437 | 300 | 750 | 1 200 | 2 000 | 3 150 |
| | 城市 | 小计 | 1 589 | 1 504 | 500 | 1 000 | 1 500 | 2 000 | 3 000 |
| | | 男 | 681 | 1 617 | 500 | 1 000 | 1 500 | 2 000 | 3 000 |
| | | 女 | 908 | 1 404 | 400 | 800 | 1 250 | 2 000 | 3 000 |
| | 农村 | 小计 | 2 471 | 1 647 | 300 | 800 | 1 500 | 2 000 | 4 000 |
| | | 男 | 1 199 | 1 832 | 400 | 1 000 | 1 500 | 2 400 | 4 000 |
| | | 女 | 1 272 | 1 459 | 250 | 750 | 1 200 | 2 000 | 3 750 |
| 上海 | 城乡 | 小计 | 1 161 | 2 611 | 500 | 1 250 | 2 000 | 3 000 | 6 000 |
| | | 男 | 540 | 2 882 | 500 | 1 500 | 2 000 | 3 250 | 8 000 |
| | | 女 | 621 | 2 323 | 500 | 1 200 | 2 000 | 3 000 | 5 000 |
| | 城市 | 小计 | 1 161 | 2 611 | 500 | 1 250 | 2 000 | 3 000 | 6 000 |
| | | 男 | 540 | 2 882 | 500 | 1 500 | 2 000 | 3 250 | 8 000 |
| | | 女 | 621 | 2 323 | 500 | 1 200 | 2 000 | 3 000 | 5 000 |
| 江苏 | 城乡 | 小计 | 3 465 | 1 983 | 250 | 1 000 | 1 500 | 2 500 | 5 000 |
| | | 男 | 1 583 | 2 242 | 400 | 1 000 | 1 750 | 3 000 | 5 000 |
| | | 女 | 1 882 | 1 725 | 250 | 750 | 1 500 | 2 000 | 4 000 |
| | 城市 | 小计 | 2 309 | 2 100 | 450 | 1 000 | 1 500 | 2 500 | 5 000 |
| | | 男 | 1 066 | 2 391 | 500 | 1 200 | 2 000 | 3 000 | 5 025 |
| | | 女 | 1 243 | 1 800 | 325 | 1 000 | 1 500 | 2 100 | 4 000 |
| | 农村 | 小计 | 1 156 | 1 733 | 200 | 600 | 1 200 | 2 000 | 5 000 |
| | | 男 | 517 | 1 906 | 250 | 900 | 1 500 | 2 500 | 5 000 |
| | | 女 | 639 | 1 575 | 125 | 500 | 1 000 | 2 000 | 5 000 |
| 浙江 | 城乡 | 小计 | 3 424 | 1 972 | 300 | 1 000 | 1 500 | 2 500 | 4 500 |
| | | 男 | 1 598 | 2 264 | 500 | 1 000 | 2 000 | 2 500 | 5 000 |
| | | 女 | 1 826 | 1 662 | 250 | 750 | 1 250 | 2 000 | 4 000 |
| | 城市 | 小计 | 1 184 | 1 924 | 300 | 1 000 | 1 500 | 2 500 | 4 000 |
| | | 男 | 536 | 2 044 | 500 | 1 000 | 2 000 | 2 500 | 4 000 |
| | | 女 | 648 | 1 801 | 250 | 1 000 | 1 500 | 2 500 | 4 000 |
| | 农村 | 小计 | 2 240 | 1 995 | 300 | 1 000 | 1 500 | 2 500 | 5 000 |
| | | 男 | 1 062 | 2 368 | 500 | 1 000 | 1 800 | 3 000 | 6 000 |
| | | 女 | 1178 | 1 593 | 250 | 750 | 1 200 | 2 000 | 4 000 |
| 安徽 | 城乡 | 小计 | 3 495 | 2 330 | 400 | 1 000 | 1 600 | 3 000 | 6 000 |
| | | 男 | 1 545 | 2 534 | 500 | 1 000 | 2 000 | 3 000 | 7 500 |
| | | 女 | 1 950 | 2 129 | 250 | 1 000 | 1 500 | 2 500 | 6 000 |
| | 城市 | 小计 | 1 892 | 2 916 | 500 | 1 000 | 2 000 | 3 500 | 8 000 |
| | | 男 | 791 | 3 029 | 500 | 1 000 | 2 250 | 4 000 | 8 000 |
| | | 女 | 1 101 | 2 811 | 500 | 1 000 | 2 000 | 3 000 | 9 000 |
| | 农村 | 小计 | 1 603 | 1 970 | 250 | 1 000 | 1 500 | 2 500 | 5 000 |
| | | 男 | 754 | 2 243 | 400 | 1 000 | 2 000 | 3 000 | 6 000 |
| | | 女 | 849 | 1 693 | 250 | 800 | 1 250 | 2 000 | 4 500 |

| 地区 | 城乡 | 性别 | *n* | 夏季日均直接饮水摄入量 /（ml/d） | | | | | |
|---|---|---|---|---|---|---|---|---|---|
| | | | | Mean | P5 | P25 | P50 | P75 | P95 |
| 福建 | 城乡 | 小计 | 2 897 | 1 579 | 375 | 750 | 1 500 | 2 000 | 4 000 |
| | | 男 | 1 291 | 1 715 | 450 | 1 000 | 1 500 | 2 000 | 4 000 |
| | | 女 | 1 606 | 1 451 | 300 | 750 | 1 200 | 2 000 | 3 500 |
| | 城市 | 小计 | 1 494 | 1 616 | 350 | 800 | 1 500 | 2 000 | 4 000 |
| | | 男 | 636 | 1 749 | 375 | 1 000 | 1 500 | 2 000 | 4 000 |
| | | 女 | 858 | 1 498 | 325 | 750 | 1 250 | 2 000 | 3 500 |
| | 农村 | 小计 | 1 403 | 1 542 | 400 | 750 | 1 250 | 2 000 | 4 000 |
| | | 男 | 655 | 1 683 | 500 | 1 000 | 1 500 | 2 000 | 4 000 |
| | | 女 | 748 | 1 401 | 250 | 750 | 1 000 | 1 750 | 3 200 |
| 江西 | 城乡 | 小计 | 2 914 | 2 418 | 600 | 1 000 | 1 500 | 2 500 | 6 000 |
| | | 男 | 1 376 | 2 853 | 750 | 1 200 | 1 600 | 2 500 | 7 500 |
| | | 女 | 1 538 | 1 962 | 500 | 1 000 | 1 500 | 2 000 | 5 000 |
| | 城市 | 小计 | 1 720 | 2 398 | 600 | 1 000 | 1 500 | 2 500 | 7 500 |
| | | 男 | 795 | 2 780 | 750 | 1 200 | 1 600 | 2 500 | 9 000 |
| | | 女 | 925 | 2 005 | 500 | 1 000 | 1 500 | 2 400 | 6 000 |
| | 农村 | 小计 | 1 194 | 2 440 | 500 | 1 000 | 1 500 | 2 250 | 5 000 |
| | | 男 | 581 | 2 930 | 750 | 1 200 | 1 750 | 2 500 | 6 000 |
| | | 女 | 613 | 1 915 | 500 | 1 000 | 1 500 | 2 000 | 4 000 |
| 山东 | 城乡 | 小计 | 5 588 | 2 560 | 500 | 1 500 | 2 000 | 3 000 | 5 000 |
| | | 男 | 2 493 | 2 736 | 750 | 1 500 | 2 400 | 3 000 | 5 000 |
| | | 女 | 3 095 | 2 389 | 500 | 1 250 | 2 000 | 2 800 | 5 000 |
| | 城市 | 小计 | 2 707 | 2 723 | 600 | 1 500 | 2 000 | 3 000 | 5 250 |
| | | 男 | 1 126 | 2 844 | 750 | 1 500 | 2 000 | 3 000 | 5 000 |
| | | 女 | 1 581 | 2 611 | 500 | 1 500 | 2 000 | 3 000 | 6 000 |
| | 农村 | 小计 | 2 881 | 2 377 | 500 | 1 500 | 2 000 | 3 000 | 4 800 |
| | | 男 | 1 367 | 2 620 | 750 | 1 500 | 2 500 | 3 000 | 5 000 |
| | | 女 | 1 514 | 2 124 | 500 | 1 200 | 2 000 | 2 500 | 4 000 |
| 河南 | 城乡 | 小计 | 4 894 | 1 793 | 300 | 1 000 | 1 500 | 2 000 | 4 000 |
| | | 男 | 2 086 | 1 988 | 500 | 1 000 | 1 500 | 2 500 | 4 500 |
| | | 女 | 2 808 | 1 614 | 250 | 900 | 1 500 | 2 000 | 4 000 |
| | 城市 | 小计 | 2 027 | 1 961 | 500 | 1 000 | 1 500 | 2 500 | 4 500 |
| | | 男 | 840 | 2 084 | 500 | 1 000 | 1 600 | 2 750 | 4 500 |
| | | 女 | 1 187 | 1 853 | 400 | 1 000 | 1 500 | 2 000 | 4 500 |
| | 农村 | 小计 | 2 867 | 1 727 | 300 | 1 000 | 1 500 | 2 000 | 4 000 |
| | | 男 | 1 246 | 1 951 | 500 | 1 000 | 1 500 | 2 400 | 4 000 |
| | | 女 | 1 621 | 1 516 | 250 | 750 | 1 250 | 2 000 | 3 200 |
| 湖北 | 城乡 | 小计 | 3 412 | 1 922 | 500 | 1 000 | 1 600 | 2 500 | 4 000 |
| | | 男 | 1 606 | 1 991 | 750 | 1 000 | 2 000 | 2 500 | 4 000 |
| | | 女 | 1 806 | 1 847 | 500 | 1 000 | 1 500 | 2 000 | 4 000 |
| | 城市 | 小计 | 2 385 | 2 068 | 500 | 1 250 | 2 000 | 2 500 | 4 000 |
| | | 男 | 1 129 | 2 132 | 750 | 1 400 | 2 000 | 2 500 | 4 500 |
| | | 女 | 1 256 | 1 995 | 500 | 1 000 | 1 800 | 2 400 | 4 000 |
| | 农村 | 小计 | 1 027 | 1 665 | 500 | 1 000 | 1 500 | 2 000 | 3 200 |
| | | 男 | 477 | 1 727 | 500 | 1 000 | 1 500 | 2 000 | 3 600 |
| | | 女 | 550 | 1 603 | 500 | 1 000 | 1 500 | 2 000 | 3 000 |
| 湖南 | 城乡 | 小计 | 4 057 | 2 052 | 500 | 1 000 | 1 500 | 2 500 | 4 500 |
| | | 男 | 1 848 | 2 257 | 660 | 1 250 | 2 000 | 2 500 | 5 000 |
| | | 女 | 2 209 | 1 823 | 500 | 1 000 | 1 500 | 2 000 | 4 000 |
| | 城市 | 小计 | 1 533 | 2 347 | 750 | 1 200 | 1 500 | 2 500 | 6 000 |
| | | 男 | 622 | 2 521 | 750 | 1 250 | 1 750 | 2 500 | 7 000 |
| | | 女 | 911 | 2 180 | 500 | 1 000 | 1 500 | 2 500 | 5 000 |
| | 农村 | 小计 | 2 524 | 1 936 | 500 | 1 000 | 1 500 | 2 400 | 4 000 |
| | | 男 | 1 226 | 2 163 | 600 | 1 250 | 2 000 | 2 500 | 4 800 |
| | | 女 | 1 298 | 1 665 | 500 | 1 000 | 1 500 | 2 000 | 3 000 |
| 广东 | 城乡 | 小计 | 3 248 | 1 787 | 500 | 1 000 | 1 500 | 2 000 | 3 500 |
| | | 男 | 1 461 | 1 800 | 500 | 1 000 | 1 500 | 2 000 | 3 200 |
| | | 女 | 1 787 | 1 776 | 500 | 1 000 | 1 500 | 2 000 | 4 000 |
| | 城市 | 小计 | 1 750 | 1 959 | 500 | 1 000 | 1 500 | 2 000 | 4 000 |

| 地区 | 城乡 | 性别 | *n* | 夏季日均直接饮水摄入量 /（ml/d） | | | | | |
|---|---|---|---|---|---|---|---|---|---|
| | | | | Mean | P5 | P25 | P50 | P75 | P95 |
| 广东 | 城市 | 男 | 778 | 1 943 | 500 | 1 000 | 1 500 | 2 000 | 4 000 |
| | | 女 | 972 | 1 974 | 500 | 1 000 | 1 500 | 2 000 | 4 200 |
| | 农村 | 小计 | 1 498 | 1 601 | 600 | 1 000 | 1 500 | 2 000 | 2 500 |
| | | 男 | 683 | 1 649 | 600 | 1 000 | 1 500 | 2 000 | 3 000 |
| | | 女 | 815 | 1 557 | 500 | 1 100 | 1 500 | 2 000 | 2 500 |
| 广西 | 城乡 | 小计 | 3 362 | 2 116 | 250 | 1 000 | 1 600 | 2 500 | 5 000 |
| | | 男 | 1 585 | 2 294 | 385 | 1 000 | 1 800 | 3 000 | 5 000 |
| | | 女 | 1 777 | 1 925 | 250 | 1 000 | 1 500 | 2 500 | 4 000 |
| | 城市 | 小计 | 1 335 | 2 704 | 750 | 1 500 | 2 000 | 3 000 | 5 000 |
| | | 男 | 608 | 2 874 | 800 | 1 500 | 2 400 | 3 000 | 5 000 |
| | | 女 | 727 | 2 529 | 500 | 1 200 | 2 000 | 3 000 | 5 000 |
| | 农村 | 小计 | 2 027 | 1 894 | 250 | 1 000 | 1 500 | 2 500 | 4 000 |
| | | 男 | 977 | 2 080 | 250 | 1 000 | 1 500 | 2 500 | 5 000 |
| | | 女 | 1 050 | 1 693 | 250 | 900 | 1 500 | 2 000 | 4 000 |
| 海南 | 城乡 | 小计 | 1 083 | 1 145 | 250 | 500 | 1 000 | 1 500 | 2 500 |
| | | 男 | 515 | 1 262 | 500 | 1 000 | 1 000 | 1 500 | 2 500 |
| | | 女 | 568 | 1 020 | 250 | 500 | 1 000 | 1 000 | 2 500 |
| | 城市 | 小计 | 328 | 1 209 | 250 | 500 | 1 000 | 1 500 | 2 500 |
| | | 男 | 155 | 1 297 | 500 | 1 000 | 1 000 | 1 500 | 3 000 |
| | | 女 | 173 | 1 118 | 250 | 500 | 1 000 | 1 500 | 2 500 |
| | 农村 | 小计 | 755 | 1 119 | 250 | 500 | 1 000 | 1 500 | 2 500 |
| | | 男 | 360 | 1 248 | 500 | 1 000 | 1 000 | 1 500 | 2 500 |
| | | 女 | 395 | 979 | 250 | 500 | 1 000 | 1 000 | 2 000 |
| 重庆 | 城乡 | 小计 | 963 | 1 356 | 100 | 500 | 1 000 | 2 000 | 3 000 |
| | | 男 | 410 | 1 285 | 100 | 500 | 1 000 | 2 000 | 3 000 |
| | | 女 | 553 | 1 423 | 100 | 500 | 1 000 | 2 000 | 4 000 |
| | 城市 | 小计 | 475 | 1 518 | 375 | 800 | 1 000 | 2 000 | 3 500 |
| | | 男 | 223 | 1 377 | 500 | 1 000 | 1 000 | 1 500 | 3 000 |
| | | 女 | 252 | 1 676 | 250 | 500 | 1 000 | 2 000 | 5 000 |
| | 农村 | 小计 | 488 | 1 189 | 70 | 500 | 1 000 | 2 000 | 3 000 |
| | | 男 | 187 | 1 169 | 20 | 500 | 1 000 | 2 000 | 3 000 |
| | | 女 | 301 | 1 205 | 90 | 500 | 1 000 | 2 000 | 3 000 |
| 四川 | 城乡 | 小计 | 4 578 | 2 221 | 250 | 1 000 | 1 600 | 2 500 | 6 000 |
| | | 男 | 2 095 | 2 283 | 500 | 1 000 | 2 000 | 2 500 | 6 000 |
| | | 女 | 2 483 | 2 159 | 250 | 1 000 | 1 500 | 2 000 | 6 000 |
| | 城市 | 小计 | 1 938 | 1 999 | 250 | 1 000 | 1 500 | 2 000 | 5 000 |
| | | 男 | 865 | 2 136 | 250 | 1 000 | 1 600 | 2 450 | 5 000 |
| | | 女 | 1 073 | 1 864 | 250 | 800 | 1 250 | 2 000 | 5 600 |
| | 农村 | 小计 | 2 640 | 2 347 | 300 | 1 000 | 2 000 | 2 500 | 7 500 |
| | | 男 | 1 230 | 2 368 | 500 | 1 000 | 2 000 | 2 500 | 7 500 |
| | | 女 | 1 410 | 2 327 | 250 | 1 000 | 1 500 | 2 400 | 7 500 |
| 贵州 | 城乡 | 小计 | 2 854 | 1 580 | 250 | 800 | 1 250 | 2 000 | 3 500 |
| | | 男 | 1 333 | 1 722 | 250 | 1 000 | 1 500 | 2 000 | 4 000 |
| | | 女 | 1 521 | 1 418 | 250 | 750 | 1 200 | 2 000 | 3 000 |
| | 城市 | 小计 | 1 062 | 1 604 | 250 | 750 | 1 250 | 2 000 | 4 000 |
| | | 男 | 498 | 1 744 | 250 | 875 | 1 500 | 2 000 | 4 000 |
| | | 女 | 564 | 1 440 | 250 | 600 | 1 050 | 2 000 | 3 600 |
| | 农村 | 小计 | 1 792 | 1 556 | 250 | 1 000 | 1 500 | 2 000 | 3 000 |
| | | 男 | 835 | 1 700 | 250 | 1 000 | 1 500 | 2 000 | 3 500 |
| | | 女 | 957 | 1 397 | 250 | 750 | 1 250 | 1 800 | 3 000 |
| 云南 | 城乡 | 小计 | 3 466 | 1 949 | 450 | 1 000 | 1 500 | 2 250 | 5 000 |
| | | 男 | 1 656 | 2 183 | 500 | 1 000 | 1 600 | 2 500 | 6 000 |
| | | 女 | 1 810 | 1 691 | 300 | 750 | 1 250 | 2 000 | 4 000 |
| | 城市 | 小计 | 911 | 2 183 | 400 | 1 000 | 1 500 | 2 500 | 6 000 |
| | | 男 | 418 | 2 427 | 500 | 1 000 | 2 000 | 3 000 | 6 000 |
| | | 女 | 493 | 1 950 | 250 | 750 | 1 500 | 2 000 | 6 000 |
| | 农村 | 小计 | 2 555 | 1 849 | 500 | 1 000 | 1 500 | 2 000 | 4 500 |
| | | 男 | 1 238 | 2 088 | 500 | 1 000 | 1 500 | 2 500 | 5 500 |

| 地区 | 城乡 | 性别 | *n* | 夏季日均直接饮水摄入量 /（ml/d） | | | | | |
|---|---|---|---|---|---|---|---|---|---|
| | | | | Mean | P5 | P25 | P50 | P75 | P95 |
| 云南 | 农村 | 女 | 1 317 | 1 569 | 375 | 800 | 1 200 | 1 875 | 3 750 |
| 西藏 | 城乡 | 小计 | 1 521 | 4 600 | 0 | 750 | 2 500 | 6 000 | 16 000 |
| | | 男 | 615 | 4 860 | 0 | 1 000 | 2 500 | 6 000 | 18 000 |
| | | 女 | 906 | 4 376 | 0 | 500 | 2 000 | 6 000 | 15 000 |
| | 城市 | 小计 | 384 | 7 917 | 500 | 2 000 | 6 000 | 12 000 | 24 000 |
| | | 男 | 126 | 9 719 | 900 | 3 000 | 7 500 | 14 000 | 25 000 |
| | | 女 | 258 | 6 760 | 500 | 2 000 | 4 500 | 10 000 | 18 000 |
| | 农村 | 小计 | 1 137 | 3 638 | 0 | 400 | 2 000 | 4 500 | 12 500 |
| | | 男 | 489 | 3 723 | 0 | 500 | 2 000 | 4 500 | 14 000 |
| | | 女 | 648 | 3 557 | 0 | 245 | 2 000 | 4 500 | 12 500 |
| 陕西 | 城乡 | 小计 | 2 867 | 2 312 | 300 | 1 000 | 1 500 | 2 500 | 6 000 |
| | | 男 | 1 297 | 2 609 | 500 | 1 000 | 2 000 | 3 000 | 8000 |
| | | 女 | 1 570 | 2 033 | 250 | 800 | 1 500 | 2 000 | 6 000 |
| | 城市 | 小计 | 1 331 | 2 100 | 400 | 1 000 | 1 500 | 2 500 | 6 000 |
| | | 男 | 587 | 2 375 | 500 | 1 000 | 2 000 | 3 000 | 6 000 |
| | | 女 | 744 | 1 850 | 250 | 900 | 1 500 | 2 000 | 5 000 |
| | 农村 | 小计 | 1 536 | 2 486 | 250 | 1 000 | 1 500 | 2 500 | 8 000 |
| | | 男 | 710 | 2 796 | 375 | 1 000 | 2 000 | 3 000 | 10 000 |
| | | 女 | 826 | 2 188 | 250 | 800 | 1 500 | 2 000 | 7 500 |
| 甘肃 | 城乡 | 小计 | 2 868 | 2 244 | 500 | 1 000 | 2 000 | 3 000 | 6 000 |
| | | 男 | 1 288 | 2 512 | 500 | 1 250 | 2 000 | 3 000 | 7 000 |
| | | 女 | 1 580 | 1 976 | 500 | 1 000 | 1 500 | 2 500 | 5 000 |
| | 城市 | 小计 | 799 | 1 786 | 250 | 1 000 | 1 500 | 2 000 | 4 500 |
| | | 男 | 365 | 1 880 | 250 | 1 000 | 1 500 | 2 000 | 5 000 |
| | | 女 | 434 | 1 692 | 150 | 1 000 | 1 500 | 2 000 | 4 000 |
| | 农村 | 小计 | 2 069 | 2 395 | 500 | 1 000 | 2 000 | 3 000 | 6 000 |
| | | 男 | 923 | 2 722 | 500 | 1 500 | 2 000 | 3 000 | 7 000 |
| | | 女 | 1 146 | 2 070 | 500 | 1 000 | 1 500 | 2 500 | 5 000 |
| 青海 | 城乡 | 小计 | 1 592 | 1 602 | 0 | 750 | 1 500 | 2 000 | 4 000 |
| | | 男 | 691 | 1 800 | 0 | 1 000 | 1 500 | 2 000 | 4 500 |
| | | 女 | 901 | 1 404 | 0 | 500 | 1 250 | 2 000 | 4 000 |
| | 城市 | 小计 | 666 | 1 771 | 250 | 1 000 | 1 500 | 2 000 | 4 500 |
| | | 男 | 296 | 1 916 | 500 | 1 000 | 1 500 | 2 000 | 4 500 |
| | | 女 | 370 | 1 617 | 200 | 750 | 1 500 | 2 000 | 4 000 |
| | 农村 | 小计 | 926 | 1 219 | 0 | 250 | 1 000 | 1 500 | 3 000 |
| | | 男 | 395 | 1 508 | 0 | 375 | 1 000 | 1 800 | 4 500 |
| | | 女 | 531 | 971 | 0 | 0 | 800 | 1 500 | 2 500 |
| 宁夏 | 城乡 | 小计 | 1 137 | 2 243 | 500 | 1 250 | 2 000 | 2 500 | 4 500 |
| | | 男 | 538 | 2 379 | 600 | 1 500 | 2 000 | 3 000 | 5 000 |
| | | 女 | 599 | 2 092 | 500 | 1 000 | 1 600 | 2 500 | 4 000 |
| | 城市 | 小计 | 1 039 | 2 256 | 500 | 1 200 | 2 000 | 2 750 | 4 800 |
| | | 男 | 488 | 2 391 | 500 | 1500 | 2 000 | 3 000 | 5 000 |
| | | 女 | 551 | 2 108 | 500 | 1 000 | 1 600 | 2 500 | 4 000 |
| | 农村 | 小计 | 98 | 2 123 | 750 | 1 250 | 2 000 | 2 500 | 4 000 |
| | | 男 | 50 | 2 273 | 1000 | 1 500 | 2 000 | 3 000 | 4 500 |
| | | 女 | 48 | 1 940 | 500 | 1 000 | 2 000 | 2 500 | 4 000 |
| 新疆 | 城乡 | 小计 | 2 803 | 1 837 | 200 | 600 | 1 000 | 2 000 | 6 000 |
| | | 男 | 1 263 | 2 009 | 200 | 600 | 1 200 | 2 500 | 6 600 |
| | | 女 | 1 540 | 1 651 | 200 | 600 | 1 000 | 2 000 | 5 000 |
| | 城市 | 小计 | 1 218 | 2 134 | 400 | 900 | 1 600 | 2 500 | 5 000 |
| | | 男 | 483 | 2 127 | 400 | 800 | 1 600 | 2 500 | 5 000 |
| | | 女 | 735 | 2 140 | 200 | 1 000 | 1 500 | 2 500 | 6 000 |
| | 农村 | 小计 | 1 585 | 1 687 | 200 | 600 | 800 | 1 800 | 6 000 |
| | | 男 | 780 | 1 957 | 200 | 600 | 800 | 2 000 | 8 000 |
| | | 女 | 805 | 1 365 | 200 | 500 | 800 | 1 500 | 5 000 |

## 附表 3-24 中国人群分省（直辖市、自治区）、城乡、性别的冬季日均直接饮水摄入量

| 地区 | 城乡 | 性别 | n | 冬季日均直接饮水摄入量 /（ml/d） | | | | | |
|---|---|---|---|---|---|---|---|---|---|
| | | | | Mean | P5 | P25 | P50 | P75 | P95 |
| 合计 | 城乡 | 小计 | 90 979 | 1 231 | 250 | 500 | 1 000 | 1 500 | 3 000 |
| | | 男 | 41 237 | 1 347 | 250 | 500 | 1 000 | 1 500 | 3 200 |
| | | 女 | 49 742 | 1 115 | 150 | 500 | 800 | 1 500 | 3 000 |
| | 城市 | 小计 | 41 778 | 1 398 | 250 | 500 | 1 000 | 1 500 | 4 000 |
| | | 男 | 18 433 | 1 485 | 250 | 500 | 1 000 | 2 000 | 4 000 |
| | | 女 | 23 345 | 1 312 | 250 | 500 | 1 000 | 1 500 | 3 500 |
| | 农村 | 小计 | 49 201 | 1 102 | 150 | 500 | 900 | 1 500 | 3 000 |
| | | 男 | 22 804 | 1 242 | 200 | 500 | 1 000 | 1 500 | 3 000 |
| | | 女 | 26 397 | 960 | 125 | 500 | 750 | 1 000 | 2 400 |
| 北京 | 城乡 | 小计 | 1 114 | 2 252 | 500 | 1 000 | 1 500 | 2 500 | 5 000 |
| | | 男 | 458 | 2 633 | 500 | 1 000 | 2 000 | 2 500 | 5 000 |
| | | 女 | 656 | 1 912 | 400 | 1 000 | 1 500 | 2 250 | 4 500 |
| | 城市 | 小计 | 840 | 2 246 | 500 | 1 000 | 1 500 | 2 500 | 5 000 |
| | | 男 | 354 | 2 585 | 500 | 1 000 | 2 000 | 3 000 | 5 000 |
| | | 女 | 486 | 1 930 | 400 | 1 000 | 1 500 | 2 400 | 4 500 |
| | 农村 | 小计 | 274 | 2 269 | 500 | 1 000 | 1 500 | 2 400 | 5 000 |
| | | 男 | 104 | 2 769 | 500 | 1 000 | 2 000 | 2 500 | 5 000 |
| | | 女 | 170 | 1 869 | 500 | 1 000 | 1 500 | 2 000 | 4 000 |
| 天津 | 城乡 | 小计 | 1 154 | 1 831 | 250 | 500 | 1 250 | 2 500 | 5 000 |
| | | 男 | 470 | 1 822 | 250 | 500 | 1 250 | 2 500 | 4 500 |
| | | 女 | 684 | 1 841 | 250 | 500 | 1 000 | 2 500 | 6 000 |
| | 城市 | 小计 | 865 | 1 983 | 250 | 500 | 1 500 | 2 500 | 6 000 |
| | | 男 | 336 | 1 916 | 400 | 500 | 1 500 | 2 400 | 5 000 |
| | | 女 | 529 | 2 051 | 250 | 500 | 1 500 | 2 500 | 6 000 |
| | 农村 | 小计 | 289 | 1 579 | 250 | 500 | 1 000 | 2 000 | 4 000 |
| | | 男 | 134 | 1 674 | 250 | 500 | 1 000 | 3 000 | 3 000 |
| | | 女 | 155 | 1 474 | 250 | 250 | 1 000 | 2 000 | 4 000 |
| 河北 | 城乡 | 小计 | 4 407 | 1 465 | 250 | 500 | 1 000 | 1 500 | 4 000 |
| | | 男 | 1 935 | 1 589 | 250 | 500 | 1 000 | 2 000 | 4 500 |
| | | 女 | 2 472 | 1 343 | 125 | 500 | 1 000 | 1 500 | 3 750 |
| | 城市 | 小计 | 1 830 | 1 828 | 250 | 800 | 1 500 | 2 000 | 5 000 |
| | | 男 | 829 | 1 888 | 400 | 1 000 | 1 500 | 2 000 | 5 000 |
| | | 女 | 1 001 | 1 762 | 250 | 750 | 1 200 | 2 000 | 4 500 |
| | 农村 | 小计 | 2 577 | 1 144 | 125 | 500 | 1 000 | 1 500 | 2 500 |
| | | 男 | 1 106 | 1 298 | 250 | 500 | 1 000 | 1 500 | 3 000 |
| | | 女 | 1 471 | 1 006 | 50 | 500 | 800 | 1 500 | 2 000 |
| 山西 | 城乡 | 小计 | 3 438 | 1 246 | 0 | 500 | 1 000 | 1 500 | 3 000 |
| | | 男 | 1 563 | 1 449 | 0 | 500 | 1 000 | 2 000 | 4 000 |
| | | 女 | 1 875 | 1 051 | 0 | 400 | 750 | 1 500 | 3 000 |
| | 城市 | 小计 | 1 045 | 1 467 | 250 | 500 | 1 200 | 2 000 | 3 500 |
| | | 男 | 479 | 1 673 | 450 | 800 | 1 500 | 2 000 | 4 000 |
| | | 女 | 566 | 1 267 | 0 | 500 | 1 000 | 1 600 | 3 000 |
| | 农村 | 小计 | 2 393 | 1 152 | 0 | 375 | 750 | 1 500 | 3 000 |
| | | 男 | 1 084 | 1 354 | 0 | 500 | 1 000 | 1 500 | 4 000 |
| | | 女 | 1 309 | 959 | 0 | 250 | 500 | 1 050 | 2 500 |
| 内蒙古 | 城乡 | 小计 | 3 046 | 1 640 | 500 | 1 000 | 1 200 | 2 000 | 4 500 |
| | | 男 | 1 470 | 1 727 | 500 | 1 000 | 1 500 | 2 000 | 4 500 |
| | | 女 | 1 576 | 1 541 | 500 | 750 | 1 000 | 1 500 | 4 375 |
| | 城市 | 小计 | 1 195 | 1 540 | 500 | 800 | 1 250 | 2 000 | 3 750 |
| | | 男 | 554 | 1 678 | 500 | 1 000 | 1 500 | 2 000 | 4 500 |
| | | 女 | 641 | 1 389 | 500 | 750 | 1 000 | 1 600 | 3 000 |
| | 农村 | 小计 | 1 851 | 1 710 | 500 | 1 000 | 1 200 | 1 750 | 4 500 |
| | | 男 | 916 | 1 759 | 500 | 1 000 | 1 500 | 2 000 | 4 500 |
| | | 女 | 935 | 1 651 | 500 | 800 | 1 000 | 1 500 | 6 000 |
| 辽宁 | 城乡 | 小计 | 3 375 | 1 152 | 250 | 500 | 1 000 | 1 500 | 2 500 |
| | | 男 | 1 447 | 1 287 | 250 | 500 | 1 000 | 2 000 | 3 000 |

| 地区 | 城乡 | 性别 | *n* | 冬季日均直接饮水摄入量 /（ml/d） | | | | | |
|---|---|---|---|---|---|---|---|---|---|
| | | | | Mean | P5 | P25 | P50 | P75 | P95 |
| 辽宁 | 城乡 | 女 | 1 928 | 1 016 | 250 | 500 | 500 | 1 250 | 2 500 |
| | 城市 | 小计 | 1 195 | 1 134 | 250 | 500 | 900 | 1 500 | 2 800 |
| | | 男 | 526 | 1 193 | 250 | 500 | 1 000 | 1 600 | 3 000 |
| | | 女 | 669 | 1 068 | 250 | 500 | 500 | 1 500 | 2 500 |
| | 农村 | 小计 | 2 180 | 1 159 | 250 | 500 | 1 000 | 1 500 | 2 500 |
| | | 男 | 921 | 1 323 | 250 | 500 | 1 000 | 2 000 | 3 000 |
| | | 女 | 1 259 | 998 | 250 | 500 | 500 | 1 000 | 2 500 |
| 吉林 | 城乡 | 小计 | 2 737 | 871 | 250 | 500 | 500 | 1 000 | 2 000 |
| | | 男 | 1 302 | 916 | 250 | 500 | 500 | 1 000 | 2 000 |
| | | 女 | 1 435 | 823 | 250 | 500 | 500 | 1 000 | 2 000 |
| | 城市 | 小计 | 1 571 | 940 | 250 | 500 | 550 | 1 000 | 2 000 |
| | | 男 | 704 | 1 003 | 250 | 500 | 750 | 1 000 | 2 000 |
| | | 女 | 867 | 874 | 250 | 500 | 500 | 1 000 | 2 000 |
| | 农村 | 小计 | 1 166 | 806 | 250 | 500 | 500 | 1 000 | 2 000 |
| | | 男 | 598 | 836 | 250 | 500 | 500 | 1 000 | 2 000 |
| | | 女 | 568 | 774 | 250 | 500 | 500 | 1 000 | 2 000 |
| 黑龙江 | 城乡 | 小计 | 4 060 | 917 | 200 | 500 | 750 | 1 050 | 2 000 |
| | | 男 | 1 880 | 997 | 250 | 500 | 900 | 1 500 | 2 000 |
| | | 女 | 2 180 | 841 | 200 | 400 | 600 | 1 000 | 2 000 |
| | 城市 | 小计 | 1 589 | 1 016 | 250 | 500 | 1 000 | 1 500 | 2 000 |
| | | 男 | 681 | 1 076 | 375 | 500 | 1 000 | 1 500 | 2 250 |
| | | 女 | 908 | 962 | 250 | 500 | 900 | 1 250 | 2 000 |
| | 农村 | 小计 | 2 471 | 858 | 200 | 400 | 600 | 1 000 | 2 000 |
| | | 男 | 1 199 | 953 | 200 | 500 | 800 | 1 200 | 2 000 |
| | | 女 | 1 272 | 762 | 200 | 400 | 500 | 1 000 | 2 000 |
| 上海 | 城乡 | 小计 | 1 161 | 1 760 | 300 | 800 | 1 500 | 2 000 | 4 500 |
| | | 男 | 540 | 2 005 | 500 | 1 000 | 1 500 | 2 000 | 6 000 |
| | | 女 | 621 | 1 499 | 250 | 750 | 1 000 | 2 000 | 4 000 |
| | 城市 | 小计 | 1 161 | 1 760 | 300 | 800 | 1 500 | 2 000 | 4 500 |
| | | 男 | 540 | 2 005 | 500 | 1 000 | 1 500 | 2 000 | 6 000 |
| | | 女 | 621 | 1 499 | 250 | 750 | 1 000 | 2 000 | 4 000 |
| 江苏 | 城乡 | 小计 | 3 465 | 1 246 | 150 | 500 | 1 000 | 1 500 | 3 000 |
| | | 男 | 1 583 | 1 415 | 250 | 500 | 1 000 | 2 000 | 4 000 |
| | | 女 | 1 882 | 1 078 | 125 | 500 | 750 | 1 500 | 3 000 |
| | 城市 | 小计 | 2 309 | 1 368 | 250 | 500 | 1 000 | 1 600 | 3 750 |
| | | 男 | 1 066 | 1 566 | 250 | 750 | 1 200 | 2 000 | 4 000 |
| | | 女 | 1 243 | 1 163 | 200 | 500 | 1 000 | 1 500 | 3 000 |
| | 农村 | 小计 | 1 156 | 988 | 50 | 300 | 500 | 1 000 | 3 000 |
| | | 男 | 517 | 1 073 | 50 | 500 | 750 | 1 500 | 3 000 |
| | | 女 | 639 | 910 | 5 | 250 | 500 | 1 000 | 2 500 |
| 浙江 | 城乡 | 小计 | 3 424 | 1 174 | 250 | 500 | 800 | 1 500 | 3 000 |
| | | 男 | 1 598 | 1 393 | 250 | 500 | 1 000 | 1 500 | 3 000 |
| | | 女 | 1 826 | 942 | 150 | 500 | 500 | 1 000 | 2 500 |
| | 城市 | 小计 | 1 184 | 1 169 | 250 | 500 | 1 000 | 1 500 | 3 000 |
| | | 男 | 536 | 1 287 | 375 | 500 | 1 000 | 1 750 | 3 000 |
| | | 女 | 648 | 1 049 | 250 | 500 | 1 000 | 1 500 | 2 500 |
| | 农村 | 小计 | 2 240 | 1 177 | 250 | 500 | 750 | 1 500 | 3 000 |
| | | 男 | 1 062 | 1 442 | 250 | 500 | 1 000 | 1 500 | 4 000 |
| | | 女 | 1 178 | 890 | 125 | 495 | 500 | 1 000 | 2 500 |
| 安徽 | 城乡 | 小计 | 3 495 | 1 387 | 250 | 500 | 1 000 | 1 500 | 4 500 |
| | | 男 | 1 545 | 1 524 | 250 | 500 | 1 000 | 2 000 | 4 500 |
| | | 女 | 1 950 | 1 251 | 125 | 500 | 800 | 1 500 | 4 000 |
| | 城市 | 小计 | 1 892 | 1 777 | 250 | 500 | 1 000 | 2 000 | 6 000 |
| | | 男 | 791 | 1 863 | 250 | 500 | 1 350 | 2 000 | 6 000 |
| | | 女 | 1 101 | 1 696 | 250 | 500 | 1 000 | 2 000 | 6 000 |
| | 农村 | 小计 | 1 603 | 1 148 | 125 | 500 | 900 | 1 500 | 3 000 |
| | | 男 | 754 | 1 326 | 200 | 500 | 1 000 | 1 600 | 4 000 |
| | | 女 | 849 | 967 | 125 | 500 | 600 | 1 000 | 3 000 |

| 地区 | 城乡 | 性别 | *n* | 冬季日均直接饮水摄入量 /（ml/d） | | | | | |
|---|---|---|---|---|---|---|---|---|---|
| | | | | Mean | P5 | P25 | P50 | P75 | P95 |
| 福建 | 城乡 | 小计 | 2 897 | 957 | 150 | 500 | 625 | 1 200 | 2 250 |
| | | 男 | 1 291 | 1 040 | 150 | 500 | 750 | 1 500 | 2 500 |
| | | 女 | 1 606 | 878 | 125 | 400 | 500 | 1 000 | 2 000 |
| | 城市 | 小计 | 1 494 | 1 074 | 150 | 500 | 900 | 1 500 | 2 500 |
| | | 男 | 636 | 1 163 | 150 | 500 | 1 000 | 1 500 | 2 500 |
| | | 女 | 858 | 996 | 200 | 500 | 750 | 1 500 | 2 500 |
| | 农村 | 小计 | 1 403 | 840 | 125 | 375 | 500 | 1 000 | 2 000 |
| | | 男 | 655 | 926 | 225 | 500 | 500 | 1 000 | 2 000 |
| | | 女 | 748 | 754 | 125 | 250 | 500 | 1 000 | 2 000 |
| 江西 | 城乡 | 小计 | 2 914 | 1 244 | 250 | 500 | 800 | 1 250 | 3 000 |
| | | 男 | 1 376 | 1 502 | 250 | 500 | 1 000 | 1 500 | 4 500 |
| | | 女 | 1 538 | 975 | 250 | 500 | 750 | 1 000 | 2 500 |
| | 城市 | 小计 | 1 720 | 1 315 | 250 | 500 | 1 000 | 1 500 | 4 500 |
| | | 男 | 795 | 1 542 | 250 | 500 | 1 000 | 1 500 | 4 500 |
| | | 女 | 925 | 1 082 | 250 | 500 | 1 000 | 1 250 | 3 000 |
| | 农村 | 小计 | 1 194 | 1 168 | 250 | 500 | 750 | 1 000 | 2 250 |
| | | 男 | 581 | 1 460 | 250 | 500 | 1 000 | 1 250 | 3 000 |
| | | 女 | 613 | 857 | 250 | 500 | 600 | 1 000 | 2 000 |
| 山东 | 城乡 | 小计 | 5 588 | 1 621 | 400 | 800 | 1 250 | 2 000 | 3 500 |
| | | 男 | 2 493 | 1 731 | 500 | 1 000 | 1 500 | 2 000 | 3 500 |
| | | 女 | 3 095 | 1 515 | 250 | 750 | 1 000 | 1 800 | 3 500 |
| | 城市 | 小计 | 2 707 | 1 787 | 400 | 1 000 | 1 250 | 2 000 | 4 000 |
| | | 男 | 1 126 | 1 842 | 500 | 1 000 | 1 500 | 2 000 | 3 900 |
| | | 女 | 1 581 | 1 736 | 400 | 800 | 1 200 | 2 000 | 4 000 |
| | 农村 | 小计 | 2 881 | 1 435 | 250 | 750 | 1 250 | 2 000 | 3 000 |
| | | 男 | 1 367 | 1 613 | 500 | 1 000 | 1 500 | 2 000 | 3 000 |
| | | 女 | 1 514 | 1 249 | 250 | 500 | 1 000 | 1 500 | 2 500 |
| 河南 | 城乡 | 小计 | 4 894 | 1 161 | 125 | 500 | 1 000 | 1 500 | 2 500 |
| | | 男 | 2 086 | 1 317 | 250 | 500 | 1 000 | 2 000 | 3 000 |
| | | 女 | 2 808 | 1 017 | 125 | 500 | 1000 | 1 200 | 2 250 |
| | 城市 | 小计 | 2 027 | 1 300 | 200 | 500 | 1 000 | 2 000 | 3 000 |
| | | 男 | 840 | 1 422 | 250 | 500 | 1 000 | 2 000 | 3 750 |
| | | 女 | 1 187 | 1 193 | 125 | 500 | 1 000 | 1 500 | 3 000 |
| | 农村 | 小计 | 2 867 | 1 106 | 125 | 500 | 1 000 | 1 500 | 2 000 |
| | | 男 | 1 246 | 1 278 | 250 | 500 | 1 000 | 2 000 | 2 500 |
| | | 女 | 1 621 | 945 | 100 | 500 | 750 | 1 000 | 2 000 |
| 湖北 | 城乡 | 小计 | 3 412 | 1 034 | 250 | 500 | 1 000 | 1 200 | 2 500 |
| | | 男 | 1 606 | 1 081 | 250 | 500 | 1 000 | 1 350 | 2 500 |
| | | 女 | 1 806 | 982 | 250 | 500 | 800 | 1 000 | 2 400 |
| | 城市 | 小计 | 2 385 | 1 169 | 280 | 500 | 1 000 | 1 500 | 2 800 |
| | | 男 | 1 129 | 1 218 | 375 | 500 | 1 000 | 1 500 | 3 000 |
| | | 女 | 1 256 | 1 112 | 250 | 500 | 1 000 | 1 250 | 2 500 |
| | 农村 | 小计 | 1 027 | 797 | 250 | 500 | 500 | 1 000 | 2000 |
| | | 男 | 477 | 825 | 250 | 500 | 700 | 1 000 | 1 800 |
| | | 女 | 550 | 768 | 250 | 500 | 500 | 1 000 | 2 000 |
| 湖南 | 城乡 | 小计 | 4 057 | 1 133 | 250 | 500 | 1 000 | 1 500 | 3 000 |
| | | 男 | 1 848 | 1 255 | 250 | 500 | 1000 | 1 500 | 3 000 |
| | | 女 | 2 209 | 996 | 250 | 500 | 750 | 1 000 | 2 500 |
| | 城市 | 小计 | 1 533 | 1 416 | 330 | 500 | 1 000 | 1 500 | 4 500 |
| | | 男 | 622 | 1 531 | 495 | 600 | 1 000 | 1 750 | 4 500 |
| | | 女 | 911 | 1 305 | 250 | 500 | 1 000 | 1 500 | 4 000 |
| | 农村 | 小计 | 2 524 | 1 021 | 250 | 500 | 750 | 1 000 | 2 500 |
| | | 男 | 1 226 | 1 157 | 250 | 500 | 1 000 | 1 500 | 3 000 |
| | | 女 | 1 298 | 859 | 250 | 500 | 750 | 1 000 | 2 000 |
| 广东 | 城乡 | 小计 | 3 248 | 1 247 | 300 | 625 | 1 000 | 1 500 | 2 800 |
| | | 男 | 1 460 | 1 250 | 300 | 700 | 1 000 | 1 500 | 2 500 |
| | | 女 | 1 788 | 1 244 | 300 | 600 | 1 000 | 1 500 | 3 000 |
| | 城市 | 小计 | 1 750 | 1 426 | 300 | 600 | 1 000 | 1 500 | 4 000 |

| 地区 | 城乡 | 性别 | $n$ | 冬季日均直接饮水摄入量 /（ml/d） | | | | | |
|---|---|---|---|---|---|---|---|---|---|
| | | | | Mean | P5 | P25 | P50 | P75 | P95 |
| 广东 | 城市 | 男 | 777 | 1 391 | 300 | 600 | 1 000 | 1 500 | 3 500 |
| | | 女 | 973 | 1 457 | 300 | 600 | 1 000 | 1 500 | 4 000 |
| | 农村 | 小计 | 1 498 | 1 053 | 300 | 750 | 1 000 | 1 250 | 1 800 |
| | | 男 | 683 | 1 101 | 375 | 750 | 1 000 | 1 500 | 2 000 |
| | | 女 | 815 | 1 008 | 300 | 750 | 1 000 | 1 250 | 1 800 |
| 广西 | 城乡 | 小计 | 3 362 | 1 100 | 125 | 500 | 750 | 1 250 | 3 000 |
| | | 男 | 1 585 | 1 220 | 125 | 500 | 1 000 | 1 500 | 3 000 |
| | | 女 | 1 777 | 972 | 125 | 450 | 750 | 1 000 | 2 500 |
| | 城市 | 小计 | 1 335 | 1 576 | 250 | 500 | 1 000 | 1 500 | 3 600 |
| | | 男 | 608 | 1 676 | 300 | 700 | 1 000 | 2 000 | 4 000 |
| | | 女 | 727 | 1 472 | 250 | 500 | 1 000 | 1 500 | 3 000 |
| | 农村 | 小计 | 2 027 | 921 | 125 | 400 | 600 | 1 000 | 2 500 |
| | | 男 | 977 | 1 052 | 125 | 500 | 750 | 1 250 | 3 000 |
| | | 女 | 1 050 | 779 | 70 | 300 | 500 | 1 000 | 2 000 |
| 海南 | 城乡 | 小计 | 1 083 | 723 | 250 | 500 | 500 | 1 000 | 1 600 |
| | | 男 | 515 | 809 | 250 | 500 | 500 | 1 000 | 2 000 |
| | | 女 | 568 | 631 | 150 | 400 | 500 | 500 | 1 500 |
| | 城市 | 小计 | 328 | 809 | 250 | 500 | 500 | 1 000 | 2 000 |
| | | 男 | 155 | 859 | 250 | 500 | 500 | 1 000 | 2 000 |
| | | 女 | 173 | 757 | 250 | 500 | 500 | 1 000 | 2 000 |
| | 农村 | 小计 | 755 | 689 | 250 | 500 | 500 | 1 000 | 1 500 |
| | | 男 | 360 | 789 | 250 | 500 | 500 | 1 000 | 1 875 |
| | | 女 | 395 | 579 | 150 | 375 | 500 | 500 | 1 250 |
| 重庆 | 城乡 | 小计 | 963 | 741 | 50 | 250 | 500 | 1 000 | 2 000 |
| | | 男 | 410 | 712 | 30 | 375 | 500 | 1 000 | 2 000 |
| | | 女 | 553 | 768 | 50 | 250 | 500 | 1 000 | 2 000 |
| | 城市 | 小计 | 475 | 803 | 150 | 500 | 500 | 1 000 | 2 000 |
| | | 男 | 223 | 730 | 150 | 500 | 500 | 1 000 | 2 000 |
| | | 女 | 252 | 885 | 125 | 500 | 500 | 1 000 | 3 000 |
| | 农村 | 小计 | 488 | 677 | 10 | 250 | 500 | 1 000 | 2 000 |
| | | 男 | 187 | 689 | 1 | 250 | 500 | 1 000 | 2 000 |
| | | 女 | 301 | 668 | 15 | 250 | 500 | 1 000 | 2 000 |
| 四川 | 城乡 | 小计 | 4 578 | 1 121 | 125 | 500 | 1000 | 1 000 | 3 000 |
| | | 男 | 2 095 | 1 194 | 200 | 500 | 1000 | 1 500 | 3 000 |
| | | 女 | 2 483 | 1 050 | 125 | 500 | 600 | 1 000 | 3 000 |
| | 城市 | 小计 | 1 938 | 1 150 | 125 | 500 | 800 | 1 500 | 3 000 |
| | | 男 | 865 | 1 237 | 200 | 500 | 1000 | 1 500 | 3 000 |
| | | 女 | 1 073 | 1 064 | 125 | 500 | 500 | 1 000 | 4 000 |
| | 农村 | 小计 | 2 640 | 1 105 | 125 | 500 | 1 000 | 1 000 | 3 000 |
| | | 男 | 1 230 | 1 169 | 125 | 500 | 1 000 | 1 000 | 3 000 |
| | | 女 | 1 410 | 1 042 | 125 | 500 | 750 | 1 000 | 3 000 |
| 贵州 | 城乡 | 小计 | 2 854 | 800 | 150 | 400 | 500 | 1 000 | 2 000 |
| | | 男 | 1 333 | 874 | 200 | 500 | 750 | 1 000 | 2 000 |
| | | 女 | 1 521 | 716 | 125 | 250 | 500 | 1 000 | 2 000 |
| | 城市 | 小计 | 1 062 | 866 | 200 | 400 | 600 | 1 200 | 2 000 |
| | | 男 | 498 | 941 | 200 | 500 | 800 | 1 200 | 2 000 |
| | | 女 | 564 | 777 | 200 | 300 | 500 | 1 000 | 2 000 |
| | 农村 | 小计 | 1 792 | 737 | 125 | 400 | 500 | 1 000 | 2 000 |
| | | 男 | 835 | 807 | 150 | 500 | 600 | 1 000 | 2 000 |
| | | 女 | 957 | 659 | 125 | 250 | 500 | 1 000 | 1 500 |
| 云南 | 城乡 | 小计 | 3 465 | 1 221 | 250 | 500 | 1 000 | 1 500 | 3 000 |
| | | 男 | 1 656 | 1 397 | 250 | 500 | 1 000 | 1 500 | 4 000 |
| | | 女 | 1 809 | 1 027 | 250 | 500 | 750 | 1 000 | 2 500 |
| | 城市 | 小计 | 911 | 1 313 | 250 | 500 | 1 000 | 1 500 | 4 500 |
| | | 男 | 418 | 1 452 | 250 | 500 | 1 000 | 2 000 | 4 500 |
| | | 女 | 493 | 1 179 | 125 | 500 | 750 | 1 500 | 3 750 |
| | 农村 | 小计 | 2 554 | 1 182 | 250 | 500 | 1 000 | 1 500 | 3 000 |
| | | 男 | 1 238 | 1 376 | 250 | 600 | 1 000 | 1 500 | 4 000 |

| 地区 | 城乡 | 性别 | n | 冬季日均直接饮水摄入量 /（ml/d） | | | | | |
|---|---|---|---|---|---|---|---|---|---|
| | | | | Mean | P5 | P25 | P50 | P75 | P95 |
| 云南 | 农村 | 女 | 1 316 | 955 | 250 | 500 | 750 | 1 000 | 2 400 |
| 西藏 | 城乡 | 小计 | 1 521 | 4 461 | 0 | 500 | 2 000 | 6 000 | 16 000 |
| | | 男 | 615 | 4 739 | 0 | 1 000 | 2 000 | 6 000 | 16 000 |
| | | 女 | 906 | 4 221 | 0 | 500 | 2 000 | 5 000 | 15 000 |
| | 城市 | 小计 | 384 | 7 384 | 500 | 2 000 | 4 500 | 12 000 | 24 000 |
| | | 男 | 126 | 8 971 | 1 000 | 2 000 | 6 000 | 12 500 | 25 000 |
| | | 女 | 258 | 6 365 | 500 | 1 500 | 4 000 | 10 000 | 18 000 |
| | 农村 | 小计 | 1 137 | 3 613 | 0 | 450 | 2 000 | 4 500 | 12 500 |
| | | 男 | 489 | 3 749 | 0 | 500 | 2 000 | 4 500 | 12 500 |
| | | 女 | 648 | 3 485 | 0 | 225 | 2 000 | 4 500 | 12 500 |
| 陕西 | 城乡 | 小计 | 2 867 | 1 355 | 250 | 500 | 1 000 | 1 500 | 4 000 |
| | | 男 | 1 297 | 1 541 | 250 | 500 | 1 000 | 2 000 | 4 500 |
| | | 女 | 1 570 | 1 181 | 200 | 500 | 800 | 1 500 | 3 000 |
| | 城市 | 小计 | 1 331 | 1 227 | 250 | 500 | 1 000 | 1 500 | 3 000 |
| | | 男 | 587 | 1 369 | 250 | 500 | 1 000 | 1 500 | 3000 |
| | | 女 | 744 | 1 097 | 200 | 500 | 1 000 | 1 500 | 2 500 |
| | 农村 | 小计 | 1 536 | 1 460 | 250 | 500 | 1 000 | 1 500 | 5 000 |
| | | 男 | 710 | 1 677 | 250 | 500 | 1 000 | 2 000 | 5 000 |
| | | 女 | 826 | 1 251 | 250 | 500 | 750 | 1 500 | 4 000 |
| 甘肃 | 城乡 | 小计 | 2 868 | 1 255 | 250 | 500 | 1 000 | 1 500 | 3 200 |
| | | 男 | 1 288 | 1 394 | 500 | 500 | 1 000 | 1 800 | 4 000 |
| | | 女 | 1 580 | 1 117 | 250 | 500 | 900 | 1 250 | 3 000 |
| | 城市 | 小计 | 799 | 1 020 | 100 | 500 | 1 000 | 1 000 | 2 500 |
| | | 男 | 365 | 1 069 | 250 | 500 | 1 000 | 1 000 | 2 500 |
| | | 女 | 434 | 972 | 50 | 500 | 500 | 1 000 | 2 500 |
| | 农村 | 小计 | 2 069 | 1 333 | 250 | 500 | 1 000 | 1 500 | 4 000 |
| | | 男 | 923 | 1 502 | 500 | 500 | 1 000 | 2 000 | 4 000 |
| | | 女 | 1 146 | 1 165 | 250 | 500 | 1 000 | 1 500 | 3 000 |
| 青海 | 城乡 | 小计 | 1 592 | 1 307 | 0 | 500 | 1 000 | 1 500 | 3 000 |
| | | 男 | 691 | 1 411 | 0 | 750 | 1 200 | 2 000 | 3 000 |
| | | 女 | 901 | 1 203 | 0 | 500 | 1 000 | 1 500 | 2 500 |
| | 城市 | 小计 | 666 | 1 476 | 250 | 1 000 | 1 500 | 2 000 | 3 000 |
| | | 男 | 296 | 1 521 | 250 | 1 000 | 1 500 | 2 000 | 3 000 |
| | | 女 | 370 | 1 427 | 200 | 750 | 1 000 | 2 000 | 3 000 |
| | 农村 | 小计 | 926 | 926 | 0 | 250 | 500 | 1 000 | 2 500 |
| | | 男 | 395 | 1 132 | 0 | 250 | 800 | 1 200 | 4 000 |
| | | 女 | 531 | 749 | 0 | 0 | 500 | 1 000 | 2 000 |
| 宁夏 | 城乡 | 小计 | 1 137 | 1 322 | 250 | 500 | 1 000 | 1 500 | 3 000 |
| | | 男 | 538 | 1 403 | 250 | 500 | 1 000 | 1 750 | 3 000 |
| | | 女 | 599 | 1 234 | 250 | 500 | 1 000 | 1 500 | 3 000 |
| | 城市 | 小计 | 1 039 | 1 377 | 250 | 500 | 1 000 | 1 750 | 3 000 |
| | | 男 | 488 | 1 467 | 250 | 500 | 1 000 | 2 000 | 3 000 |
| | | 女 | 551 | 1 279 | 250 | 500 | 1 000 | 1 500 | 3 000 |
| | 农村 | 小计 | 98 | 816 | 250 | 500 | 750 | 1 000 | 2 000 |
| | | 男 | 50 | 836 | 180 | 500 | 800 | 1 000 | 2 000 |
| | | 女 | 48 | 791 | 250 | 500 | 500 | 1 000 | 2 000 |
| 新疆 | 城乡 | 小计 | 2 803 | 1 214 | 200 | 400 | 800 | 1 500 | 4 000 |
| | | 男 | 1 263 | 1 325 | 200 | 400 | 800 | 1 500 | 4 000 |
| | | 女 | 1 540 | 1 094 | 120 | 400 | 800 | 1 500 | 4 000 |
| | 城市 | 小计 | 1 218 | 1 433 | 200 | 600 | 1 000 | 2 000 | 4 500 |
| | | 男 | 483 | 1 453 | 200 | 600 | 1 000 | 2 000 | 4 500 |
| | | 女 | 735 | 1 414 | 200 | 600 | 1 000 | 1 800 | 4 000 |
| | 农村 | 小计 | 1 585 | 1 104 | 200 | 400 | 600 | 1 200 | 4 000 |
| | | 男 | 780 | 1 269 | 200 | 400 | 600 | 1 200 | 4 000 |
| | | 女 | 805 | 907 | 100 | 300 | 600 | 1 000 | 3 200 |

## 附表 3-25 中国人群分东中西、城乡、性别、年龄的全年日均间接饮水摄入量

| 地区 | 城乡 | 性别 | 年龄 | n | 全年日均间接饮水摄入量 / (ml/d) | | | | | |
|---|---|---|---|---|---|---|---|---|---|---|
| | | | | | Mean | P5 | P25 | P50 | P75 | P95 |
| 合计 | 城乡 | 小计 | 小计 | 90 564 | 799 | 100 | 250 | 480 | 960 | 2 400 |
| | | | 18 ～ 44 岁 | 36 398 | 772 | 100 | 250 | 450 | 900 | 2 400 |
| | | | 45 ～ 59 岁 | 32 210 | 823 | 100 | 300 | 500 | 1 000 | 2 400 |
| | | | 60 ～ 79 岁 | 20 479 | 850 | 100 | 300 | 500 | 1 050 | 2 400 |
| | | | 80 岁及以上 | 1 477 | 692 | 100 | 250 | 450 | 800 | 1 950 |
| | | 男 | 小计 | 41 040 | 842 | 100 | 300 | 500 | 1 000 | 2 400 |
| | | | 18 ～ 44 岁 | 16 627 | 815 | 100 | 250 | 500 | 1 000 | 2 400 |
| | | | 45 ～ 59 岁 | 14 029 | 855 | 90 | 300 | 500 | 1 000 | 2 400 |
| | | | 60 ～ 79 岁 | 9 711 | 909 | 100 | 350 | 600 | 1 200 | 2 500 |
| | | | 80 岁及以上 | 673 | 765 | 100 | 320 | 500 | 900 | 2 400 |
| | | 女 | 小计 | 49 524 | 756 | 100 | 250 | 450 | 900 | 2 400 |
| | | | 18 ～ 44 岁 | 19 771 | 729 | 100 | 250 | 400 | 850 | 2 400 |
| | | | 45 ～ 59 岁 | 18 181 | 791 | 100 | 250 | 500 | 950 | 2 400 |
| | | | 60 ～ 79 岁 | 10 768 | 790 | 100 | 282 | 500 | 1 000 | 2 400 |
| | | | 80 岁及以上 | 804 | 636 | 50 | 225 | 400 | 800 | 1 800 |
| | 城市 | 小计 | 小计 | 41 668 | 687 | 100 | 250 | 400 | 800 | 2 000 |
| | | | 18 ～ 44 岁 | 16 580 | 681 | 100 | 250 | 400 | 800 | 2 200 |
| | | | 45 ～ 59 岁 | 14 690 | 689 | 90 | 250 | 400 | 800 | 2 000 |
| | | | 60 ～ 79 岁 | 9 657 | 713 | 100 | 250 | 450 | 800 | 2 000 |
| | | | 80 岁及以上 | 741 | 610 | 100 | 225 | 400 | 800 | 1 700 |
| | | 男 | 小计 | 18 387 | 724 | 100 | 250 | 400 | 800 | 2 400 |
| | | | 18 ～ 44 岁 | 7 509 | 710 | 100 | 250 | 400 | 800 | 2 400 |
| | | | 45 ～ 59 岁 | 6 248 | 723 | 80 | 250 | 450 | 800 | 2 000 |
| | | | 60 ～ 79 岁 | 4 308 | 768 | 100 | 300 | 450 | 800 | 2 400 |
| | | | 80 岁及以上 | 322 | 703 | 100 | 250 | 425 | 800 | 2 250 |
| | | 女 | 小计 | 23 281 | 651 | 100 | 250 | 400 | 800 | 1 800 |
| | | | 18 ～ 44 岁 | 9 071 | 651 | 100 | 225 | 400 | 800 | 1 800 |
| | | | 45 ～ 59 岁 | 8 442 | 654 | 100 | 250 | 400 | 800 | 1 920 |
| | | | 60 ～ 79 岁 | 5 349 | 662 | 50 | 250 | 400 | 800 | 1 800 |
| | | | 80 岁及以上 | 419 | 540 | 53 | 200 | 400 | 650 | 1 440 |
| | 农村 | 小计 | 小计 | 48 896 | 886 | 100 | 300 | 600 | 1 200 | 2 500 |
| | | | 18 ～ 44 岁 | 19 818 | 843 | 100 | 250 | 500 | 1 200 | 2 400 |
| | | | 45 ～ 59 岁 | 17 520 | 929 | 100 | 325 | 600 | 1 200 | 2 600 |
| | | | 60 ～ 79 岁 | 10 822 | 954 | 100 | 375 | 600 | 1 200 | 2 700 |
| | | | 80 岁及以上 | 736 | 766 | 100 | 300 | 500 | 1 100 | 2 400 |
| | | 男 | 小计 | 22 653 | 933 | 100 | 300 | 600 | 1 200 | 2 760 |
| | | | 18 ～ 44 岁 | 9 118 | 894 | 95 | 250 | 540 | 1200 | 2 700 |
| | | | 45 ～ 59 岁 | 7 781 | 961 | 100 | 350 | 600 | 1 200 | 2 700 |
| | | | 60 ～ 79 岁 | 5 403 | 1 012 | 100 | 400 | 675 | 1 200 | 2 925 |
| | | | 80 岁及以上 | 351 | 820 | 100 | 400 | 600 | 1 200 | 2 400 |
| | | 女 | 小计 | 26 243 | 838 | 100 | 250 | 500 | 1 200 | 2 400 |
| | | | 18 ～ 44 岁 | 10 700 | 789 | 100 | 250 | 450 | 1 000 | 2 400 |
| | | | 45 ～ 59 岁 | 9 739 | 898 | 100 | 300 | 600 | 1 200 | 2 400 |
| | | | 60 ～ 79 岁 | 5 419 | 894 | 100 | 325 | 600 | 1 200 | 2 400 |
| | | | 80 岁及以上 | 385 | 724 | 33 | 250 | 490 | 950 | 1 920 |
| 东部 | 城乡 | 小计 | 小计 | 30 901 | 767 | 100 | 300 | 450 | 800 | 2 400 |
| | | | 18 ～ 44 岁 | 10 514 | 747 | 150 | 300 | 450 | 800 | 2 400 |
| | | | 45 ～ 59 岁 | 11 784 | 779 | 100 | 320 | 460 | 800 | 2 400 |
| | | | 60 ～ 79 岁 | 7 926 | 814 | 90 | 350 | 500 | 900 | 2 400 |
| | | | 80 岁及以上 | 677 | 638 | 100 | 300 | 450 | 800 | 1 750 |
| | | 男 | 小计 | 13 777 | 794 | 100 | 350 | 500 | 850 | 2 400 |
| | | | 18 ～ 44 岁 | 4 643 | 773 | 125 | 350 | 450 | 800 | 2 400 |
| | | | 45 ～ 59 岁 | 5 027 | 795 | 100 | 350 | 500 | 850 | 2 400 |
| | | | 60 ～ 79 岁 | 3 805 | 856 | 100 | 375 | 500 | 900 | 2 400 |
| | | | 80 岁及以上 | 302 | 712 | 100 | 400 | 550 | 800 | 1 800 |
| | | 女 | 小计 | 17 124 | 740 | 100 | 300 | 450 | 800 | 2 400 |

| 地区 | 城乡 | 性别 | 年龄 | n | 全年日均间接饮水摄入量 /（ml/d） | | | | | |
|---|---|---|---|---|---|---|---|---|---|---|
| | | | | | Mean | P5 | P25 | P50 | P75 | P95 |
| 东部 | 城乡 | 女 | 18 ～ 44 岁 | 5 871 | 721 | 150 | 300 | 425 | 800 | 2 400 |
| | | | 45 ～ 59 岁 | 6 757 | 764 | 100 | 300 | 450 | 800 | 2 400 |
| | | | 60 ～ 79 岁 | 4 121 | 772 | 50 | 300 | 500 | 900 | 2 400 |
| | | | 80 岁及以上 | 375 | 584 | 16 | 225 | 400 | 800 | 1 600 |
| | 城市 | 小计 | 小计 | 15 652 | 716 | 100 | 300 | 450 | 800 | 2 400 |
| | | | 18 ～ 44 岁 | 5456 | 719 | 150 | 300 | 400 | 800 | 2 400 |
| | | | 45 ～ 59 岁 | 5 796 | 706 | 100 | 300 | 450 | 800 | 2 100 |
| | | | 60 ～ 79 岁 | 4 046 | 738 | 12 | 250 | 450 | 800 | 2 200 |
| | | | 80 岁及以上 | 354 | 592 | 100 | 200 | 400 | 800 | 1 600 |
| | | 男 | 小计 | 6 873 | 751 | 100 | 300 | 450 | 800 | 2 400 |
| | | | 18 ～ 44 岁 | 2 415 | 757 | 150 | 300 | 450 | 800 | 2 400 |
| | | | 45 ～ 59 岁 | 2 454 | 731 | 100 | 300 | 450 | 800 | 2 200 |
| | | | 60 ～ 79 岁 | 1 855 | 772 | 100 | 300 | 450 | 800 | 2 200 |
| | | | 80 岁及以上 | 149 | 712 | 100 | 300 | 484 | 900 | 2 000 |
| | | 女 | 小计 | 8 779 | 682 | 100 | 250 | 400 | 800 | 2 100 |
| | | | 18 ～ 44 岁 | 3 041 | 683 | 150 | 300 | 400 | 800 | 2 400 |
| | | | 45 ～ 59 岁 | 3 342 | 681 | 100 | 250 | 400 | 800 | 1 920 |
| | | | 60 ～ 79 岁 | 2 191 | 704 | 0 | 250 | 450 | 800 | 2 300 |
| | | | 80 岁及以上 | 205 | 511 | 0 | 200 | 400 | 600 | 1 300 |
| | 农村 | 小计 | 小计 | 15 249 | 819 | 125 | 350 | 500 | 900 | 2 400 |
| | | | 18 ～ 44 岁 | 5 058 | 774 | 125 | 350 | 450 | 800 | 2 400 |
| | | | 45 ～ 59 岁 | 5 988 | 854 | 100 | 360 | 500 | 900 | 2 400 |
| | | | 60 ～ 79 岁 | 3 880 | 896 | 100 | 400 | 600 | 1 020 | 2 400 |
| | | | 80 岁及以上 | 323 | 697 | 100 | 400 | 500 | 800 | 1 800 |
| | | 男 | 小计 | 6 904 | 838 | 100 | 400 | 500 | 900 | 2 400 |
| | | | 18 ～ 44 岁 | 2 228 | 789 | 125 | 350 | 500 | 800 | 2 400 |
| | | | 45 ～ 59 岁 | 2 573 | 863 | 100 | 400 | 540 | 900 | 2 400 |
| | | | 60 ～ 79 岁 | 1 950 | 941 | 100 | 400 | 600 | 1 100 | 2 550 |
| | | | 80 岁及以上 | 153 | 713 | 100 | 400 | 600 | 800 | 1 800 |
| | | 女 | 小计 | 8 345 | 801 | 125 | 350 | 500 | 850 | 2 400 |
| | | | 18 ～ 44 岁 | 2 830 | 760 | 150 | 300 | 450 | 800 | 2 400 |
| | | | 45 ～ 59 岁 | 3 415 | 845 | 100 | 350 | 500 | 900 | 2 400 |
| | | | 60 ～ 79 岁 | 1 930 | 848 | 100 | 400 | 600 | 1 000 | 2 400 |
| | | | 80 岁及以上 | 170 | 685 | 50 | 300 | 450 | 800 | 1 800 |
| 中部 | 城乡 | 小计 | 小计 | 28 928 | 829 | 50 | 200 | 480 | 1 200 | 2 400 |
| | | | 18 ～ 44 岁 | 12 046 | 774 | 25 | 200 | 400 | 1 000 | 2 400 |
| | | | 45 ～ 59 岁 | 10 175 | 858 | 50 | 250 | 500 | 1 200 | 2 400 |
| | | | 60 ～ 79 岁 | 6 309 | 971 | 100 | 300 | 600 | 1 200 | 2 800 |
| | | | 80 岁及以上 | 398 | 736 | 25 | 250 | 450 | 900 | 2 400 |
| | | 男 | 小计 | 13 175 | 869 | 50 | 240 | 500 | 1 200 | 2 700 |
| | | | 18 ～ 44 岁 | 5 587 | 806 | 0 | 200 | 450 | 1 050 | 2 400 |
| | | | 45 ～ 59 岁 | 4 447 | 893 | 50 | 250 | 500 | 1 200 | 2 700 |
| | | | 60 ～ 79 岁 | 2 971 | 1 044 | 100 | 350 | 650 | 1 500 | 3 075 |
| | | | 80 岁及以上 | 170 | 792 | 88 | 250 | 480 | 1 000 | 2 600 |
| | | 女 | 小计 | 15 753 | 789 | 50 | 200 | 450 | 1 100 | 2 400 |
| | | | 18 ～ 44 岁 | 6 459 | 741 | 50 | 200 | 400 | 900 | 2 400 |
| | | | 45 ～ 59 岁 | 5 728 | 823 | 50 | 225 | 500 | 1 200 | 2 400 |
| | | | 60 ～ 79 岁 | 3 338 | 896 | 84 | 300 | 600 | 1 200 | 2 400 |
| | | | 80 岁及以上 | 228 | 699 | 0 | 225 | 450 | 900 | 1 800 |
| | 城市 | 小计 | 小计 | 13 702 | 665 | 50 | 200 | 400 | 800 | 1 920 |
| | | | 18 ～ 44 岁 | 5 762 | 671 | 50 | 200 | 400 | 800 | 1 920 |
| | | | 45 ～ 59 岁 | 4 743 | 641 | 50 | 200 | 400 | 800 | 1 800 |
| | | | 60 ～ 79 岁 | 2 985 | 697 | 75 | 250 | 400 | 800 | 2 000 |
| | | | 80 岁及以上 | 212 | 544 | 50 | 200 | 400 | 676 | 1 600 |
| | | 男 | 小计 | 6 018 | 689 | 50 | 200 | 400 | 800 | 2 000 |
| | | | 18 ～ 44 岁 | 2 646 | 675 | 0 | 200 | 400 | 800 | 2 200 |
| | | | 45 ～ 59 岁 | 2 010 | 668 | 50 | 200 | 400 | 800 | 1 800 |
| | | | 60 ～ 79 岁 | 1 275 | 797 | 100 | 250 | 450 | 900 | 2 400 |

| 地区 | 城乡 | 性别 | 年龄 | n | 全年日均间接饮水摄入量 /（ml/d） | | | | | |
|---|---|---|---|---|---|---|---|---|---|---|
| | | | | | Mean | P5 | P25 | P50 | P75 | P95 |
| 中部 | 城市 | 男 | 80 岁及以上 | 87 | 585 | 0 | 200 | 400 | 800 | 2 400 |
| | | 女 | 小计 | 7 684 | 640 | 50 | 200 | 400 | 800 | 1 800 |
| | | | 18 ～ 44 岁 | 3 116 | 666 | 50 | 200 | 400 | 800 | 1 800 |
| | | | 45 ～ 59 岁 | 2 733 | 615 | 50 | 200 | 400 | 800 | 1 920 |
| | | | 60 ～ 79 岁 | 1710 | 608 | 50 | 225 | 400 | 800 | 1 600 |
| | | | 80 岁及以上 | 125 | 511 | 50 | 200 | 400 | 600 | 1 400 |
| | 农村 | 小计 | 小计 | 15 226 | 934 | 50 | 250 | 600 | 1 400 | 2 700 |
| | | | 18 ～ 44 岁 | 6 284 | 843 | 0 | 200 | 450 | 1 200 | 2 400 |
| | | | 45 ～ 59 岁 | 5 432 | 996 | 45 | 250 | 700 | 1 600 | 2 880 |
| | | | 60 ～ 79 岁 | 3 324 | 1 120 | 100 | 400 | 800 | 1 600 | 3 000 |
| | | | 80 岁及以上 | 186 | 849 | 0 | 250 | 600 | 1 200 | 2 600 |
| | | 男 | 小计 | 7 157 | 982 | 50 | 250 | 600 | 1 440 | 3 000 |
| | | | 18 ～ 44 岁 | 2 941 | 892 | 0 | 200 | 500 | 1 200 | 2 800 |
| | | | 45 ～ 59 岁 | 2 437 | 1 039 | 50 | 250 | 650 | 1 600 | 3 200 |
| | | | 60 ～ 79 岁 | 1 696 | 1 166 | 100 | 400 | 800 | 1 600 | 3 200 |
| | | | 80 岁及以上 | 83 | 937 | 100 | 250 | 750 | 1 440 | 2 880 |
| | | 女 | 小计 | 8 069 | 885 | 50 | 250 | 600 | 1 200 | 2 400 |
| | | | 18 ～ 44 岁 | 3 343 | 792 | 25 | 200 | 450 | 1 200 | 2 400 |
| | | | 45 ～ 59 岁 | 2 995 | 954 | 25 | 250 | 750 | 1 440 | 2 500 |
| | | | 60 ～ 79 岁 | 1 628 | 1 070 | 100 | 400 | 800 | 1 600 | 2 600 |
| | | | 80 岁及以上 | 103 | 797 | 0 | 250 | 600 | 1 200 | 2 400 |
| 西部 | 城乡 | 小计 | 小计 | 30 735 | 810 | 100 | 300 | 500 | 1 000 | 2 400 |
| | | | 18 ～ 44 岁 | 13 838 | 805 | 90 | 250 | 500 | 1 000 | 2 400 |
| | | | 45 ～ 59 岁 | 10 251 | 853 | 100 | 350 | 500 | 1 150 | 2 400 |
| | | | 60 ～ 79 岁 | 6 244 | 762 | 100 | 250 | 450 | 900 | 2 400 |
| | | | 80 岁及以上 | 402 | 748 | 113 | 300 | 425 | 900 | 2 400 |
| | | 男 | 小计 | 14 088 | 879 | 100 | 350 | 600 | 1 200 | 2 400 |
| | | | 18 ～ 44 岁 | 6 397 | 881 | 90 | 300 | 550 | 1 200 | 2 600 |
| | | | 45 ～ 59 岁 | 4 555 | 907 | 100 | 400 | 600 | 1 200 | 2 400 |
| | | | 60 ～ 79 岁 | 2 935 | 831 | 120 | 350 | 500 | 1 000 | 2 400 |
| | | | 80 岁及以上 | 201 | 829 | 160 | 400 | 500 | 1 200 | 2 400 |
| | | 女 | 小计 | 16 647 | 738 | 100 | 250 | 450 | 900 | 2 100 |
| | | | 18 ～ 44 岁 | 7 441 | 724 | 90 | 250 | 450 | 900 | 2 000 |
| | | | 45 ～ 59 岁 | 5 696 | 797 | 100 | 300 | 500 | 1 000 | 2 400 |
| | | | 60 ～ 79 岁 | 3 309 | 696 | 100 | 250 | 400 | 840 | 2 000 |
| | | | 80 岁及以上 | 201 | 664 | 100 | 250 | 400 | 800 | 2 100 |
| | 城市 | 小计 | 小计 | 12 314 | 660 | 100 | 250 | 400 | 800 | 1 800 |
| | | | 18 ～ 44 岁 | 5 362 | 627 | 80 | 250 | 400 | 800 | 1 700 |
| | | | 45 ～ 59 岁 | 4 151 | 710 | 100 | 252 | 400 | 800 | 2 000 |
| | | | 60 ～ 79 岁 | 2 626 | 679 | 100 | 300 | 400 | 800 | 1 800 |
| | | | 80 岁及以上 | 175 | 729 | 113 | 250 | 400 | 800 | 2 400 |
| | | 男 | 小计 | 5 496 | 715 | 100 | 300 | 450 | 800 | 2 000 |
| | | | 18 ～ 44 岁 | 2 448 | 678 | 50 | 250 | 425 | 800 | 2 000 |
| | | | 45 ～ 59 岁 | 1 784 | 776 | 80 | 300 | 450 | 850 | 2 000 |
| | | | 60 ～ 79 岁 | 1 178 | 728 | 132 | 350 | 450 | 850 | 2 100 |
| | | | 80 岁及以上 | 86 | 797 | 200 | 400 | 425 | 800 | 2 400 |
| | | 女 | 小计 | 6 818 | 604 | 100 | 250 | 400 | 800 | 1 600 |
| | | | 18 ～ 44 岁 | 2 914 | 572 | 88 | 200 | 400 | 800 | 1 600 |
| | | | 45 ～ 59 岁 | 2 367 | 643 | 100 | 250 | 400 | 800 | 1 920 |
| | | | 60 ～ 79 岁 | 1 448 | 633 | 100 | 250 | 400 | 800 | 1 600 |
| | | | 80 岁及以上 | 89 | 664 | 100 | 200 | 400 | 800 | 2 300 |
| | 农村 | 小计 | 小计 | 18 421 | 906 | 100 | 320 | 600 | 1 200 | 2 600 |
| | | | 18 ～ 44 岁 | 8 476 | 916 | 100 | 300 | 600 | 1 200 | 2 600 |
| | | | 45 ～ 59 岁 | 6 100 | 950 | 100 | 400 | 675 | 1 200 | 2 550 |
| | | | 60 ～ 79 岁 | 3 618 | 817 | 110 | 250 | 500 | 1 000 | 2 400 |
| | | | 80 岁及以上 | 227 | 762 | 125 | 320 | 500 | 1 100 | 2 400 |
| | | 男 | 小计 | 8 592 | 984 | 100 | 400 | 700 | 1 300 | 2 800 |
| | | | 18 ～ 44 岁 | 3 949 | 1 008 | 100 | 400 | 720 | 1 350 | 3 100 |

| 地区 | 城乡 | 性别 | 年龄 | n | 全年日均间接饮水摄入量 / （ml/d） | | | | | |
|---|---|---|---|---|---|---|---|---|---|---|
| | | | | | Mean | P5 | P25 | P50 | P75 | P95 |
| 西部 | 农村 | 男 | 45 ～ 59 岁 | 2 771 | 996 | 100 | 400 | 800 | 1 350 | 2 600 |
| | | | 60 ～ 79 岁 | 1 757 | 897 | 100 | 360 | 600 | 1 200 | 2 400 |
| | | | 80 岁及以上 | 115 | 852 | 100 | 400 | 600 | 1 200 | 2 400 |
| | | 女 | 小计 | 9 829 | 824 | 100 | 275 | 525 | 1 200 | 2 400 |
| | | | 18 ～ 44 岁 | 4 527 | 818 | 100 | 275 | 600 | 1 200 | 2 400 |
| | | | 45 ～ 59 岁 | 3 329 | 903 | 100 | 360 | 600 | 1 200 | 2 400 |
| | | | 60 ～ 79 岁 | 1 861 | 738 | 125 | 250 | 425 | 950 | 2 400 |
| | | | 80 岁及以上 | 112 | 663 | 175 | 250 | 425 | 800 | 2 100 |

附表 3-26　中国人群分东中西、城乡、性别、年龄的春秋季日均间接饮水摄入量

| 地区 | 城乡 | 性别 | 年龄 | n | 春秋季日均间接饮水摄入量 / （ml/d） | | | | | |
|---|---|---|---|---|---|---|---|---|---|---|
| | | | | | Mean | P5 | P25 | P50 | P75 | P95 |
| 合计 | 城乡 | 小计 | 小计 | 90 575 | 775 | 50 | 200 | 400 | 800 | 2 400 |
| | | | 18 ～ 44 岁 | 36 401 | 747 | 50 | 200 | 400 | 800 | 2 400 |
| | | | 45 ～ 59 岁 | 32 215 | 801 | 40 | 200 | 400 | 800 | 2 400 |
| | | | 60 ～ 79 岁 | 20 482 | 825 | 80 | 300 | 400 | 1 000 | 2 400 |
| | | | 80 岁及以上 | 1 477 | 676 | 80 | 200 | 400 | 800 | 1 800 |
| | | 男 | 小计 | 41 044 | 816 | 40 | 200 | 400 | 900 | 2 400 |
| | | | 18 ～ 44 岁 | 16 629 | 789 | 40 | 200 | 400 | 800 | 2 400 |
| | | | 45 ～ 59 岁 | 14 030 | 831 | 16 | 260 | 400 | 960 | 2 400 |
| | | | 60 ～ 79 岁 | 9 712 | 879 | 100 | 400 | 600 | 1 200 | 2 400 |
| | | | 80 岁及以上 | 673 | 748 | 100 | 300 | 400 | 800 | 2 400 |
| | | 女 | 小计 | 49 531 | 734 | 60 | 200 | 400 | 800 | 2 400 |
| | | | 18 ～ 44 岁 | 19 772 | 705 | 60 | 200 | 400 | 800 | 2 400 |
| | | | 45 ～ 59 岁 | 18 185 | 771 | 50 | 200 | 400 | 800 | 2 400 |
| | | | 60 ～ 79 岁 | 10 770 | 770 | 40 | 200 | 400 | 900 | 2 400 |
| | | | 80 岁及以上 | 804 | 620 | 30 | 200 | 400 | 800 | 1 600 |
| | 城市 | 小计 | 小计 | 41 672 | 666 | 50 | 200 | 400 | 800 | 2 000 |
| | | | 18 ～ 44 岁 | 16 581 | 662 | 60 | 200 | 400 | 800 | 2 160 |
| | | | 45 ～ 59 岁 | 14 691 | 668 | 40 | 200 | 400 | 800 | 1 800 |
| | | | 60 ～ 79 岁 | 9 659 | 684 | 40 | 200 | 400 | 800 | 2 000 |
| | | | 80 岁及以上 | 741 | 598 | 100 | 200 | 400 | 800 | 1 600 |
| | | 男 | 小计 | 18 389 | 700 | 40 | 200 | 400 | 800 | 2 400 |
| | | | 18 ～ 44 岁 | 7 510 | 690 | 20 | 200 | 400 | 800 | 2 400 |
| | | | 45 ～ 59 岁 | 6 248 | 701 | 12 | 200 | 400 | 800 | 2 000 |
| | | | 60 ～ 79 岁 | 4 309 | 730 | 100 | 240 | 400 | 800 | 2 400 |
| | | | 80 岁及以上 | 322 | 684 | 100 | 200 | 400 | 800 | 2 400 |
| | | 女 | 小计 | 23 283 | 633 | 80 | 200 | 400 | 800 | 1 800 |
| | | | 18 ～ 44 岁 | 9 071 | 634 | 100 | 200 | 400 | 800 | 1 800 |
| | | | 45 ～ 59 岁 | 8 443 | 635 | 50 | 200 | 400 | 800 | 1 800 |
| | | | 60 ～ 79 岁 | 5 350 | 641 | 0 | 200 | 400 | 800 | 1 800 |
| | | | 80 岁及以上 | 419 | 533 | 50 | 200 | 400 | 600 | 1 440 |
| | 农村 | 小计 | 小计 | 48 903 | 859 | 50 | 200 | 600 | 1 200 | 2 400 |
| | | | 18 ～ 44 岁 | 19 820 | 813 | 48 | 200 | 400 | 1 200 | 2 400 |
| | | | 45 ～ 59 岁 | 17 524 | 907 | 40 | 300 | 600 | 1 200 | 2 400 |
| | | | 60 ～ 79 岁 | 10 823 | 932 | 100 | 400 | 600 | 1 200 | 2 400 |
| | | | 80 岁及以上 | 736 | 747 | 80 | 300 | 400 | 1 200 | 2 400 |
| | | 男 | 小计 | 22 655 | 905 | 40 | 300 | 600 | 1 200 | 2 400 |
| | | | 18 ～ 44 岁 | 9 119 | 863 | 40 | 200 | 480 | 1 200 | 2 400 |
| | | | 45 ～ 59 岁 | 7 782 | 936 | 20 | 400 | 600 | 1 200 | 2 500 |
| | | | 60 ～ 79 岁 | 5 403 | 988 | 60 | 400 | 600 | 1 200 | 2 880 |
| | | | 80 岁及以上 | 351 | 806 | 100 | 400 | 600 | 1 200 | 2 400 |
| | | 女 | 小计 | 26 248 | 813 | 50 | 200 | 400 | 1 200 | 2 400 |
| | | | 18 ～ 44 岁 | 10 701 | 760 | 50 | 200 | 400 | 900 | 2 400 |

| 地区 | 城乡 | 性别 | 年龄 | n | 春秋季日均间接饮水摄入量 /（ml/d） | | | | | |
|---|---|---|---|---|---|---|---|---|---|---|
| | | | | | Mean | P5 | P25 | P50 | P75 | P95 |
| 合计 | 农村 | 女 | 45 ～ 59 岁 | 9 742 | 878 | 50 | 300 | 600 | 1 200 | 2 400 |
| | | | 60 ～ 79 岁 | 5 420 | 874 | 100 | 300 | 600 | 1 200 | 2 400 |
| | | | 80 岁及以上 | 385 | 701 | 16 | 200 | 400 | 1 000 | 1 800 |
| 东部 | 城乡 | 小计 | 小计 | 30 903 | 750 | 100 | 300 | 400 | 800 | 2 400 |
| | | | 18 ～ 44 岁 | 10 514 | 731 | 100 | 300 | 400 | 800 | 2 400 |
| | | | 45 ～ 59 岁 | 11 785 | 765 | 60 | 320 | 400 | 800 | 2 400 |
| | | | 60 ～ 79 岁 | 7 927 | 790 | 0 | 400 | 400 | 800 | 2 400 |
| | | | 80 岁及以上 | 677 | 628 | 50 | 200 | 400 | 800 | 1 600 |
| | | 男 | 小计 | 13 778 | 774 | 100 | 400 | 400 | 800 | 2 400 |
| | | | 18 ～ 44 岁 | 4 643 | 756 | 100 | 400 | 400 | 800 | 2 400 |
| | | | 45 ～ 59 岁 | 5 027 | 778 | 40 | 400 | 400 | 800 | 2 400 |
| | | | 60 ～ 79 岁 | 3 806 | 822 | 20 | 400 | 400 | 800 | 2 400 |
| | | | 80 岁及以上 | 302 | 706 | 100 | 400 | 576 | 800 | 1 920 |
| | | 女 | 小计 | 17 125 | 727 | 100 | 300 | 400 | 800 | 2 400 |
| | | | 18 ～ 44 岁 | 5 871 | 706 | 100 | 300 | 400 | 800 | 2 400 |
| | | | 45 ～ 59 岁 | 6 758 | 752 | 80 | 300 | 400 | 800 | 2 400 |
| | | | 60 ～ 79 岁 | 4 121 | 758 | 0 | 300 | 400 | 800 | 2 400 |
| | | | 80 岁及以上 | 375 | 572 | 0 | 200 | 400 | 800 | 1 600 |
| | 城市 | 小计 | 小计 | 15 653 | 698 | 100 | 280 | 400 | 800 | 2 400 |
| | | | 18 ～ 44 岁 | 5 456 | 707 | 100 | 300 | 400 | 800 | 2 400 |
| | | | 45 ～ 59 岁 | 5 796 | 690 | 60 | 300 | 400 | 800 | 2 000 |
| | | | 60 ～ 79 岁 | 4 047 | 704 | 0 | 200 | 400 | 800 | 2 400 |
| | | | 80 岁及以上 | 354 | 585 | 100 | 200 | 400 | 800 | 1 600 |
| | | 男 | 小计 | 6 874 | 728 | 100 | 300 | 400 | 800 | 2 400 |
| | | | 18 ～ 44 岁 | 2 415 | 743 | 100 | 300 | 400 | 800 | 2 400 |
| | | | 45 ～ 59 岁 | 2 454 | 712 | 50 | 300 | 400 | 800 | 2 400 |
| | | | 60 ～ 79 岁 | 1 856 | 720 | 40 | 300 | 400 | 800 | 2 400 |
| | | | 80 岁及以上 | 149 | 704 | 100 | 300 | 400 | 800 | 2 000 |
| | | 女 | 小计 | 8 779 | 669 | 100 | 200 | 400 | 800 | 2 000 |
| | | | 18 ～ 44 岁 | 3 041 | 672 | 100 | 240 | 400 | 800 | 2 400 |
| | | | 45 ～ 59 岁 | 3 342 | 667 | 60 | 200 | 400 | 800 | 1 920 |
| | | | 60 ～ 79 岁 | 2 191 | 687 | 0 | 200 | 400 | 800 | 2 400 |
| | | | 80 岁及以上 | 205 | 504 | 0 | 200 | 400 | 600 | 1 200 |
| | 农村 | 小计 | 小计 | 15 250 | 804 | 100 | 400 | 400 | 800 | 2 400 |
| | | | 18 ～ 44 岁 | 5 058 | 755 | 100 | 400 | 400 | 800 | 2 400 |
| | | | 45 ～ 59 岁 | 5 989 | 842 | 50 | 400 | 400 | 800 | 2 400 |
| | | | 60 ～ 79 岁 | 3 880 | 883 | 40 | 400 | 600 | 1 000 | 2 400 |
| | | | 80 岁及以上 | 323 | 685 | 30 | 400 | 400 | 800 | 1 600 |
| | | 男 | 小计 | 6 904 | 822 | 100 | 400 | 400 | 800 | 2 400 |
| | | | 18 ～ 44 岁 | 2 228 | 770 | 100 | 400 | 400 | 800 | 2 400 |
| | | | 45 ～ 59 岁 | 2 573 | 848 | 40 | 400 | 600 | 800 | 2 400 |
| | | | 60 ～ 79 岁 | 1 950 | 926 | 20 | 400 | 600 | 1 200 | 2 400 |
| | | | 80 岁及以上 | 153 | 708 | 100 | 400 | 600 | 800 | 1 800 |
| | | 女 | 小计 | 8 346 | 786 | 100 | 400 | 400 | 800 | 2 400 |
| | | | 18 ～ 44 岁 | 2 830 | 741 | 100 | 300 | 400 | 800 | 2 400 |
| | | | 45 ～ 59 岁 | 3 416 | 836 | 80 | 400 | 400 | 800 | 2 400 |
| | | | 60 ～ 79 岁 | 1 930 | 837 | 40 | 400 | 600 | 1 000 | 2 400 |
| | | | 80 岁及以上 | 170 | 666 | 16 | 200 | 400 | 800 | 1 600 |
| 中部 | 城乡 | 小计 | 小计 | 28 929 | 804 | 0 | 200 | 400 | 1 200 | 2 400 |
| | | | 18 ～ 44 岁 | 12 046 | 747 | 0 | 200 | 400 | 800 | 2 400 |
| | | | 45 ～ 59 岁 | 10 175 | 833 | 0 | 200 | 400 | 1 200 | 2 400 |
| | | | 60 ～ 79 岁 | 6 310 | 948 | 60 | 300 | 600 | 1 200 | 2 600 |
| | | | 80 岁及以上 | 398 | 720 | 0 | 200 | 400 | 900 | 2 400 |
| | | 男 | 小计 | 13 175 | 842 | 0 | 200 | 400 | 1 200 | 2 400 |
| | | | 18 ～ 44 岁 | 5 587 | 777 | 0 | 200 | 400 | 960 | 2 400 |
| | | | 45 ～ 59 岁 | 4 447 | 866 | 0 | 200 | 400 | 1 200 | 2 400 |
| | | | 60 ～ 79 岁 | 2 971 | 1 019 | 100 | 300 | 600 | 1 600 | 3 000 |
| | | | 80 岁及以上 | 170 | 776 | 20 | 200 | 400 | 1 000 | 2 400 |

| 地区 | 城乡 | 性别 | 年龄 | n | 春秋季日均间接饮水摄入量 /（ml/d） | | | | | |
|---|---|---|---|---|---|---|---|---|---|---|
| | | | | | Mean | P5 | P25 | P50 | P75 | P95 |
| 中部 | 城乡 | 女 | 小计 | 15 754 | 765 | 0 | 200 | 400 | 1 200 | 2 400 |
| | | | 18 ~ 44 岁 | 6 459 | 716 | 0 | 200 | 400 | 800 | 2 400 |
| | | | 45 ~ 59 岁 | 5 728 | 801 | 0 | 200 | 400 | 1 200 | 2 400 |
| | | | 60 ~ 79 岁 | 3 339 | 874 | 0 | 200 | 600 | 1 200 | 2 400 |
| | | | 80 岁及以上 | 228 | 683 | 0 | 200 | 400 | 800 | 1 800 |
| | 城市 | 小计 | 小计 | 13 703 | 642 | 0 | 200 | 400 | 800 | 1 800 |
| | | | 18 ~ 44 岁 | 5 762 | 649 | 0 | 200 | 400 | 800 | 1 800 |
| | | | 45 ~ 59 岁 | 4 743 | 618 | 0 | 200 | 400 | 800 | 1 800 |
| | | | 60 ~ 79 岁 | 2 986 | 672 | 0 | 200 | 400 | 800 | 1 920 |
| | | | 80 岁及以上 | 212 | 530 | 0 | 200 | 400 | 676 | 1 600 |
| | | 男 | 小计 | 6 018 | 667 | 0 | 200 | 400 | 800 | 2 000 |
| | | | 18 ~ 44 岁 | 2 646 | 653 | 0 | 200 | 400 | 800 | 2 000 |
| | | | 45 ~ 59 岁 | 2 010 | 644 | 0 | 200 | 400 | 800 | 1 800 |
| | | | 60 ~ 79 岁 | 1 275 | 773 | 100 | 200 | 400 | 800 | 2 400 |
| | | | 80 岁及以上 | 87 | 571 | 0 | 200 | 400 | 800 | 2 400 |
| | | 女 | 小计 | 7 685 | 617 | 0 | 200 | 400 | 800 | 1 800 |
| | | | 18 ~ 44 岁 | 3 116 | 644 | 0 | 200 | 400 | 800 | 1 800 |
| | | | 45 ~ 59 岁 | 2 733 | 592 | 0 | 200 | 400 | 800 | 1 800 |
| | | | 60 ~ 79 岁 | 1 711 | 582 | 0 | 200 | 400 | 800 | 1 600 |
| | | | 80 岁及以上 | 125 | 498 | 100 | 200 | 400 | 600 | 1 200 |
| | 农村 | 小计 | 小计 | 15 226 | 907 | 0 | 200 | 600 | 1 200 | 2 400 |
| | | | 18 ~ 44 岁 | 6 284 | 814 | 0 | 200 | 400 | 1 200 | 2 400 |
| | | | 45 ~ 59 岁 | 5 432 | 970 | 0 | 200 | 600 | 1 600 | 2 880 |
| | | | 60 ~ 79 岁 | 3 324 | 1 098 | 100 | 400 | 800 | 1 600 | 2 880 |
| | | | 80 岁及以上 | 186 | 831 | 0 | 200 | 600 | 1 200 | 2 400 |
| | | 男 | 小计 | 7 157 | 951 | 0 | 200 | 600 | 1 500 | 3 000 |
| | | | 18 ~ 44 岁 | 2 941 | 859 | 0 | 200 | 400 | 1 200 | 2 700 |
| | | | 45 ~ 59 岁 | 2 437 | 1 009 | 0 | 200 | 600 | 1 600 | 3 200 |
| | | | 60 ~ 79 岁 | 1 696 | 1 140 | 100 | 400 | 800 | 1 600 | 3 200 |
| | | | 80 岁及以上 | 83 | 918 | 100 | 200 | 800 | 1 440 | 2 880 |
| | | 女 | 小计 | 8 069 | 862 | 0 | 200 | 600 | 1 200 | 2 400 |
| | | | 18 ~ 44 岁 | 3 343 | 766 | 0 | 200 | 400 | 1 200 | 2 400 |
| | | | 45 ~ 59 岁 | 2 995 | 932 | 0 | 200 | 800 | 1 600 | 2 400 |
| | | | 60 ~ 79 岁 | 1 628 | 1051 | 100 | 400 | 800 | 1 600 | 2 400 |
| | | | 80 岁及以上 | 103 | 779 | 0 | 200 | 600 | 1 200 | 2 400 |
| 西部 | 城乡 | 小计 | 小计 | 30 743 | 776 | 80 | 200 | 400 | 800 | 2 400 |
| | | | 18 ~ 44 岁 | 13 841 | 769 | 48 | 200 | 400 | 800 | 2 400 |
| | | | 45 ~ 59 岁 | 10 255 | 822 | 80 | 400 | 400 | 1200 | 2 400 |
| | | | 60 ~ 79 岁 | 6 245 | 734 | 100 | 200 | 400 | 800 | 2 400 |
| | | | 80 岁及以上 | 402 | 719 | 100 | 300 | 400 | 800 | 2 400 |
| | | 男 | 小计 | 14 091 | 845 | 60 | 320 | 480 | 1 200 | 2 400 |
| | | | 18 ~ 44 岁 | 6 399 | 845 | 40 | 300 | 480 | 1 200 | 2 400 |
| | | | 45 ~ 59 岁 | 4 556 | 875 | 80 | 400 | 600 | 1 200 | 2 400 |
| | | | 60 ~ 79 岁 | 2 935 | 802 | 100 | 400 | 400 | 800 | 2 400 |
| | | | 80 岁及以上 | 201 | 796 | 100 | 400 | 400 | 1 200 | 2 400 |
| | | 女 | 小计 | 16 652 | 705 | 80 | 200 | 400 | 800 | 2 000 |
| | | | 18 ~ 44 岁 | 7 442 | 688 | 50 | 200 | 400 | 800 | 1 600 |
| | | | 45 ~ 59 岁 | 5 699 | 767 | 100 | 300 | 400 | 800 | 2 400 |
| | | | 60 ~ 79 岁 | 3 310 | 669 | 100 | 200 | 400 | 800 | 1 800 |
| | | | 80 岁及以上 | 201 | 640 | 100 | 200 | 400 | 800 | 2 000 |
| | 城市 | 小计 | 小计 | 12 316 | 635 | 80 | 200 | 400 | 800 | 1 600 |
| | | | 18 ~ 44 岁 | 5 363 | 602 | 40 | 200 | 400 | 800 | 1 600 |
| | | | 45 ~ 59 岁 | 4 152 | 682 | 80 | 200 | 400 | 800 | 1 600 |
| | | | 60 ~ 79 岁 | 2 626 | 655 | 100 | 200 | 400 | 800 | 1 600 |
| | | | 80 岁及以上 | 175 | 705 | 100 | 200 | 400 | 800 | 2 400 |
| | | 男 | 小计 | 5 497 | 687 | 40 | 200 | 400 | 800 | 1 800 |
| | | | 18 ~ 44 岁 | 2 449 | 651 | 0 | 200 | 400 | 800 | 1 800 |
| | | | 45 ~ 59 岁 | 1 784 | 746 | 40 | 240 | 400 | 800 | 1 800 |

| 地区 | 城乡 | 性别 | 年龄 | n | 春秋季日均间接饮水摄入量 /（ml/d） | | | | | |
|---|---|---|---|---|---|---|---|---|---|---|
| | | | | | Mean | P5 | P25 | P50 | P75 | P95 |
| 西部 | 城市 | 男 | 60～79岁 | 1 178 | 704 | 100 | 400 | 400 | 800 | 1 800 |
| | | | 80岁及以上 | 86 | 750 | 200 | 400 | 400 | 800 | 2 400 |
| | | 女 | 小计 | 6 819 | 581 | 80 | 200 | 400 | 800 | 1 600 |
| | | | 18～44岁 | 2 914 | 549 | 50 | 200 | 400 | 800 | 1 600 |
| | | | 45～59岁 | 2 368 | 617 | 100 | 200 | 400 | 800 | 1 600 |
| | | | 60～79岁 | 1 448 | 609 | 100 | 200 | 400 | 800 | 1 600 |
| | | | 80岁及以上 | 89 | 662 | 100 | 200 | 400 | 800 | 2 400 |
| | 农村 | 小计 | 小计 | 18 427 | 868 | 80 | 300 | 600 | 1 200 | 2 400 |
| | | | 18～44岁 | 8 478 | 874 | 50 | 300 | 600 | 1 200 | 2 400 |
| | | | 45～59岁 | 6 103 | 917 | 100 | 400 | 600 | 1 200 | 2 400 |
| | | | 60～79岁 | 3 619 | 786 | 100 | 200 | 400 | 800 | 2 400 |
| | | | 80岁及以上 | 227 | 729 | 100 | 300 | 400 | 1 200 | 2 400 |
| | | 男 | 小计 | 8 594 | 947 | 80 | 400 | 600 | 1 200 | 2 800 |
| | | | 18～44岁 | 3 950 | 967 | 50 | 400 | 800 | 1 200 | 3 200 |
| | | | 45～59岁 | 2 772 | 963 | 100 | 400 | 800 | 1 200 | 2 400 |
| | | | 60～79岁 | 1 757 | 865 | 100 | 400 | 600 | 1 200 | 2 400 |
| | | | 80岁及以上 | 115 | 828 | 100 | 400 | 600 | 1 200 | 2 400 |
| | | 女 | 小计 | 9 833 | 786 | 80 | 200 | 400 | 1 200 | 2 400 |
| | | | 18～44岁 | 4 528 | 774 | 50 | 200 | 480 | 1 200 | 2 400 |
| | | | 45～59岁 | 3 331 | 869 | 100 | 400 | 600 | 1 200 | 2 400 |
| | | | 60～79岁 | 1 862 | 709 | 100 | 200 | 400 | 800 | 2 400 |
| | | | 80岁及以上 | 112 | 621 | 100 | 200 | 400 | 800 | 1 600 |

## 附表 3-27 中国人群分东中西、城乡、性别、年龄的夏季日均间接饮水摄入量

| 地区 | 城乡 | 性别 | 年龄 | n | 夏季日均间接饮水摄入量 /（ml/d） | | | | | |
|---|---|---|---|---|---|---|---|---|---|---|
| | | | | | Mean | P5 | P25 | P50 | P75 | P95 |
| 合计 | 城乡 | 小计 | 小计 | 90 572 | 883 | 50 | 400 | 600 | 1 200 | 2 400 |
| | | | 18～44岁 | 36 402 | 858 | 60 | 400 | 600 | 1 200 | 2 400 |
| | | | 45～59岁 | 32 212 | 907 | 30 | 400 | 600 | 1 200 | 2 400 |
| | | | 60～79岁 | 20 481 | 931 | 100 | 400 | 600 | 1 200 | 2 400 |
| | | | 80岁及以上 | 1 477 | 747 | 100 | 400 | 500 | 900 | 2 400 |
| | | 男 | 小计 | 41 044 | 931 | 40 | 400 | 600 | 1 200 | 2 800 |
| | | | 18～44岁 | 16 630 | 905 | 40 | 400 | 600 | 1 200 | 2 800 |
| | | | 45～59岁 | 14 029 | 944 | 0 | 400 | 600 | 1 200 | 2 700 |
| | | | 60～79岁 | 9 712 | 998 | 100 | 400 | 600 | 1 200 | 2 880 |
| | | | 80岁及以上 | 673 | 815 | 100 | 400 | 600 | 1 200 | 2 400 |
| | | 女 | 小计 | 49 528 | 835 | 80 | 400 | 600 | 1 200 | 2 400 |
| | | | 18～44岁 | 19 772 | 811 | 100 | 300 | 400 | 1 080 | 2 400 |
| | | | 45～59岁 | 18 183 | 870 | 40 | 400 | 600 | 1 200 | 2 400 |
| | | | 60～79岁 | 10 769 | 864 | 50 | 400 | 600 | 1 200 | 2 400 |
| | | | 80岁及以上 | 804 | 694 | 100 | 300 | 400 | 800 | 1 920 |
| | 城市 | 小计 | 小计 | 41 674 | 755 | 80 | 300 | 400 | 800 | 2 400 |
| | | | 18～44岁 | 16 583 | 744 | 100 | 300 | 400 | 800 | 2 400 |
| | | | 45～59岁 | 14 692 | 763 | 40 | 320 | 400 | 800 | 2 400 |
| | | | 60～79岁 | 9 658 | 786 | 50 | 400 | 400 | 800 | 2 400 |
| | | | 80岁及以上 | 741 | 659 | 100 | 200 | 400 | 800 | 1 800 |
| | | 男 | 小计 | 18 390 | 796 | 50 | 400 | 400 | 800 | 2 400 |
| | | | 18～44岁 | 7 511 | 778 | 40 | 400 | 400 | 800 | 2 400 |
| | | | 45～59岁 | 6 248 | 801 | 0 | 400 | 400 | 960 | 2 400 |
| | | | 60～79岁 | 4 309 | 849 | 100 | 400 | 600 | 900 | 2 400 |
| | | | 80岁及以上 | 322 | 759 | 100 | 400 | 400 | 800 | 2 400 |
| | | 女 | 小计 | 23 284 | 714 | 100 | 200 | 400 | 800 | 2 400 |
| | | | 18～44岁 | 9 072 | 709 | 100 | 200 | 400 | 800 | 2 400 |
| | | | 45～59岁 | 8 444 | 725 | 80 | 300 | 400 | 800 | 2 400 |
| | | | 60～79岁 | 5 349 | 726 | 0 | 320 | 400 | 800 | 2 240 |
| | | | 80岁及以上 | 419 | 583 | 100 | 200 | 400 | 800 | 1 440 |

| 地区 | 城乡 | 性别 | 年龄 | $n$ | 夏季日均间接饮水摄入量 /（ml/d） | | | | | |
|---|---|---|---|---|---|---|---|---|---|---|
| | | | | | Mean | P5 | P25 | P50 | P75 | P95 |
| 合计 | 农村 | 小计 | 小计 | 48 898 | 982 | 40 | 400 | 600 | 1 200 | 2 904 |
| | | | 18 ～ 44 岁 | 19 819 | 946 | 40 | 400 | 600 | 1 200 | 2 880 |
| | | | 45 ～ 59 岁 | 17 520 | 1 021 | 10 | 400 | 800 | 1 200 | 3 200 |
| | | | 60 ～ 79 岁 | 10 823 | 1 042 | 100 | 400 | 800 | 1 200 | 3 000 |
| | | | 80 岁及以上 | 736 | 827 | 100 | 400 | 600 | 1 200 | 2 400 |
| | | 男 | 小计 | 22 654 | 1 034 | 40 | 400 | 800 | 1 200 | 3 200 |
| | | | 18 ～ 44 岁 | 9 119 | 1 000 | 0 | 400 | 600 | 1 200 | 3 200 |
| | | | 45 ～ 59 岁 | 7 781 | 1 059 | 0 | 400 | 800 | 1 440 | 3 200 |
| | | | 60 ～ 79 岁 | 5 403 | 1 105 | 100 | 400 | 800 | 1 600 | 3 200 |
| | | | 80 岁及以上 | 351 | 865 | 100 | 400 | 600 | 1 200 | 2 400 |
| | | 女 | 小计 | 26 244 | 929 | 60 | 400 | 600 | 1 200 | 2 400 |
| | | | 18 ～ 44 岁 | 10 700 | 889 | 60 | 400 | 600 | 1 200 | 2 400 |
| | | | 45 ～ 59 岁 | 9 739 | 983 | 40 | 400 | 800 | 1 200 | 2 800 |
| | | | 60 ～ 79 岁 | 5 420 | 975 | 100 | 400 | 800 | 1 200 | 2 400 |
| | | | 80 岁及以上 | 385 | 797 | 100 | 400 | 600 | 1 200 | 2 400 |
| 东部 | 城乡 | 小计 | 小计 | 30 902 | 817 | 40 | 400 | 600 | 900 | 2 400 |
| | | | 18 ～ 44 岁 | 10 514 | 794 | 100 | 400 | 400 | 800 | 2 400 |
| | | | 45 ～ 59 岁 | 11 784 | 831 | 0 | 400 | 600 | 960 | 2 400 |
| | | | 60 ～ 79 岁 | 7 927 | 872 | 0 | 400 | 600 | 1000 | 2 400 |
| | | | 80 岁及以上 | 677 | 675 | 16 | 300 | 400 | 800 | 1 920 |
| | | 男 | 小计 | 13 778 | 848 | 8 | 400 | 600 | 960 | 2 400 |
| | | | 18 ～ 44 岁 | 4 643 | 820 | 80 | 400 | 600 | 800 | 2 400 |
| | | | 45 ～ 59 岁 | 5 027 | 853 | 0 | 400 | 600 | 1 000 | 2 400 |
| | | | 60 ～ 79 岁 | 3 806 | 923 | 0 | 400 | 600 | 1 200 | 2 400 |
| | | | 80 岁及以上 | 302 | 741 | 50 | 400 | 600 | 800 | 2 160 |
| | | 女 | 小计 | 17 124 | 787 | 80 | 400 | 450 | 800 | 2 400 |
| | | | 18 ～ 44 岁 | 5 871 | 767 | 100 | 400 | 400 | 800 | 2 400 |
| | | | 45 ～ 59 岁 | 6 757 | 809 | 8 | 400 | 520 | 800 | 2 400 |
| | | | 60 ～ 79 岁 | 4 121 | 821 | 0 | 400 | 600 | 1 000 | 2 400 |
| | | | 80 岁及以上 | 375 | 627 | 0 | 200 | 400 | 800 | 1 600 |
| | 城市 | 小计 | 小计 | 15 653 | 760 | 80 | 320 | 400 | 800 | 2 400 |
| | | | 18 ～ 44 岁 | 5 456 | 755 | 100 | 400 | 400 | 800 | 2 400 |
| | | | 45 ～ 59 岁 | 5 796 | 757 | 0 | 320 | 400 | 800 | 2 400 |
| | | | 60 ～ 79 岁 | 4 047 | 797 | 0 | 300 | 480 | 800 | 2 400 |
| | | | 80 岁及以上 | 354 | 624 | 100 | 200 | 400 | 800 | 1 600 |
| | | 男 | 小计 | 6 874 | 802 | 60 | 400 | 400 | 800 | 2 400 |
| | | | 18 ～ 44 岁 | 2 415 | 796 | 100 | 400 | 400 | 800 | 2 400 |
| | | | 45 ～ 59 岁 | 2 454 | 786 | 0 | 400 | 400 | 900 | 2 400 |
| | | | 60 ～ 79 岁 | 1 856 | 850 | 0 | 400 | 600 | 800 | 2 400 |
| | | | 80 岁及以上 | 149 | 757 | 100 | 300 | 520 | 1 000 | 2 400 |
| | | 女 | 小计 | 8 779 | 719 | 100 | 300 | 400 | 800 | 2 400 |
| | | | 18 ～ 44 岁 | 3 041 | 714 | 150 | 300 | 400 | 800 | 2 400 |
| | | | 45 ～ 59 岁 | 3 342 | 727 | 0 | 300 | 400 | 800 | 2 000 |
| | | | 60 ～ 79 岁 | 2 191 | 746 | 0 | 300 | 400 | 800 | 2 400 |
| | | | 80 岁及以上 | 205 | 534 | 0 | 200 | 400 | 800 | 1 200 |
| | 农村 | 小计 | 小计 | 15 249 | 875 | 20 | 400 | 600 | 1 000 | 2 400 |
| | | | 18 ～ 44 岁 | 5 058 | 833 | 80 | 400 | 600 | 900 | 2 400 |
| | | | 45 ～ 59 岁 | 5 988 | 905 | 0 | 400 | 600 | 1 200 | 2 400 |
| | | | 60 ～ 79 岁 | 3 880 | 952 | 8 | 400 | 600 | 1 200 | 2 640 |
| | | | 80 岁及以上 | 323 | 740 | 0 | 400 | 600 | 800 | 2 000 |
| | | 男 | 小计 | 6 904 | 895 | 0 | 400 | 600 | 1 200 | 2 400 |
| | | | 18 ～ 44 岁 | 2 228 | 845 | 0 | 400 | 600 | 900 | 2 400 |
| | | | 45 ～ 59 岁 | 2 573 | 923 | 0 | 400 | 600 | 1 200 | 2 400 |
| | | | 60 ～ 79 岁 | 1 950 | 997 | 0 | 400 | 600 | 1 200 | 2 800 |
| | | | 80 岁及以上 | 153 | 722 | 0 | 400 | 600 | 800 | 2 000 |
| | | 女 | 小计 | 8 345 | 856 | 80 | 400 | 600 | 1 000 | 2 400 |
| | | | 18 ～ 44 岁 | 2 830 | 821 | 100 | 400 | 600 | 900 | 2 400 |
| | | | 45 ～ 59 岁 | 3 415 | 889 | 40 | 400 | 600 | 1 200 | 2 400 |

| 地区 | 城乡 | 性别 | 年龄 | n | 夏季日均间接饮水摄入量 /（ml/d） | | | | | |
|---|---|---|---|---|---|---|---|---|---|---|
| | | | | | Mean | P5 | P25 | P50 | P75 | P95 |
| 东部 | 农村 | 女 | 60 ～ 79 岁 | 1 930 | 905 | 16 | 400 | 600 | 1 200 | 2 400 |
| | | | 80 岁及以上 | 170 | 755 | 30 | 400 | 480 | 1 000 | 2 000 |
| 中部 | 城乡 | 小计 | 小计 | 28 928 | 913 | 0 | 200 | 600 | 1 200 | 2 400 |
| | | | 18 ～ 44 岁 | 12 046 | 860 | 0 | 200 | 400 | 1 200 | 2 400 |
| | | | 45 ～ 59 岁 | 10 175 | 943 | 0 | 300 | 600 | 1 200 | 2 700 |
| | | | 60 ～ 79 岁 | 6 309 | 1 050 | 100 | 400 | 800 | 1 600 | 3 000 |
| | | | 80 岁及以上 | 398 | 790 | 0 | 400 | 600 | 1 200 | 2 400 |
| | | 男 | 小计 | 13 175 | 961 | 0 | 300 | 600 | 1 200 | 3 000 |
| | | | 18 ～ 44 岁 | 5 587 | 900 | 0 | 200 | 600 | 1 200 | 2 880 |
| | | | 45 ～ 59 岁 | 4 447 | 987 | 0 | 300 | 600 | 1 200 | 3 200 |
| | | | 60 ～ 79 岁 | 2 971 | 1 129 | 100 | 400 | 800 | 1 600 | 3 200 |
| | | | 80 岁及以上 | 170 | 832 | 100 | 400 | 600 | 1 200 | 2 700 |
| | | 女 | 小计 | 15 753 | 865 | 0 | 200 | 600 | 1 200 | 2 400 |
| | | | 18 ～ 44 岁 | 6 459 | 818 | 0 | 200 | 400 | 1 200 | 2 400 |
| | | | 45 ～ 59 岁 | 5 728 | 900 | 0 | 240 | 600 | 1 200 | 2 400 |
| | | | 60 ～ 79 岁 | 3 338 | 969 | 100 | 400 | 800 | 1 200 | 2 400 |
| | | | 80 岁及以上 | 228 | 762 | 0 | 300 | 600 | 1 200 | 2 000 |
| | 城市 | 小计 | 小计 | 13 702 | 744 | 0 | 200 | 400 | 800 | 2 400 |
| | | | 18 ～ 44 岁 | 5 762 | 748 | 0 | 200 | 400 | 800 | 2 400 |
| | | | 45 ～ 59 岁 | 4 743 | 724 | 0 | 200 | 400 | 800 | 2 400 |
| | | | 60 ～ 79 岁 | 2 985 | 779 | 100 | 400 | 400 | 800 | 2 400 |
| | | | 80 岁及以上 | 212 | 605 | 0 | 200 | 400 | 676 | 2 000 |
| | | 男 | 小计 | 6 018 | 771 | 0 | 200 | 400 | 800 | 2 400 |
| | | | 18 ～ 44 岁 | 2 646 | 756 | 0 | 200 | 400 | 800 | 2 400 |
| | | | 45 ～ 59 岁 | 2 010 | 754 | 0 | 200 | 400 | 960 | 2 080 |
| | | | 60 ～ 79 岁 | 1 275 | 882 | 100 | 400 | 600 | 1 000 | 2 400 |
| | | | 80 岁及以上 | 87 | 608 | 0 | 200 | 400 | 800 | 2 400 |
| | | 女 | 小计 | 7 684 | 717 | 0 | 200 | 400 | 800 | 2 000 |
| | | | 18 ～ 44 岁 | 3 116 | 740 | 0 | 200 | 400 | 800 | 2 000 |
| | | | 45 ～ 59 岁 | 2 733 | 695 | 40 | 200 | 400 | 800 | 2 400 |
| | | | 60 ～ 79 岁 | 1 710 | 687 | 0 | 300 | 400 | 800 | 1 800 |
| | | | 80 岁及以上 | 125 | 602 | 100 | 200 | 400 | 600 | 2 000 |
| | 农村 | 小计 | 小计 | 15 226 | 1 021 | 0 | 300 | 800 | 1 600 | 3 000 |
| | | | 18 ～ 44 岁 | 6 284 | 935 | 0 | 200 | 600 | 1 200 | 2 800 |
| | | | 45 ～ 59 岁 | 5 432 | 1 082 | 0 | 400 | 800 | 1 600 | 3 200 |
| | | | 60 ～ 79 岁 | 3 324 | 1 197 | 100 | 400 | 800 | 1 600 | 3 200 |
| | | | 80 岁及以上 | 186 | 898 | 0 | 400 | 800 | 1 200 | 2 700 |
| | | 男 | 小计 | 7 157 | 1 079 | 0 | 300 | 800 | 1 600 | 3 200 |
| | | | 18 ～ 44 岁 | 2 941 | 995 | 0 | 200 | 600 | 1 600 | 3 200 |
| | | | 45 ～ 59 岁 | 2 437 | 1 137 | 0 | 400 | 800 | 1 600 | 3 360 |
| | | | 60 ～ 79 岁 | 1 696 | 1 250 | 100 | 400 | 800 | 1 600 | 3 600 |
| | | | 80 岁及以上 | 83 | 988 | 100 | 400 | 800 | 1 600 | 2 880 |
| | | 女 | 小计 | 8 069 | 961 | 0 | 240 | 800 | 1 440 | 2 400 |
| | | | 18 ～ 44 岁 | 3 343 | 872 | 0 | 200 | 600 | 1 200 | 2 400 |
| | | | 45 ～ 59 岁 | 2 995 | 1 029 | 0 | 400 | 800 | 1 600 | 2 800 |
| | | | 60 ～ 79 岁 | 1 628 | 1 139 | 100 | 400 | 800 | 1 600 | 2 800 |
| | | | 80 岁及以上 | 103 | 845 | 0 | 400 | 800 | 1 200 | 2 400 |
| 西部 | 城乡 | 小计 | 小计 | 30 742 | 944 | 100 | 400 | 600 | 1 200 | 2 800 |
| | | | 18 ～ 44 岁 | 13 842 | 942 | 100 | 400 | 600 | 1 200 | 3 200 |
| | | | 45 ～ 59 岁 | 10 253 | 992 | 100 | 400 | 800 | 1 200 | 3 000 |
| | | | 60 ～ 79 岁 | 6 245 | 883 | 160 | 400 | 600 | 1 200 | 2 400 |
| | | | 80 岁及以上 | 402 | 842 | 200 | 400 | 500 | 1 200 | 2 400 |
| | | 男 | 小计 | 14 091 | 1 013 | 100 | 400 | 800 | 1 200 | 3 200 |
| | | | 18 ～ 44 岁 | 6 400 | 1 017 | 100 | 400 | 800 | 1 200 | 3 200 |
| | | | 45 ～ 59 岁 | 4 555 | 1 044 | 100 | 400 | 800 | 1 500 | 3 200 |
| | | | 60 ～ 79 岁 | 2 935 | 960 | 200 | 400 | 800 | 1 200 | 2 400 |
| | | | 80 岁及以上 | 201 | 928 | 200 | 400 | 600 | 1 200 | 2 400 |
| | | 女 | 小计 | 16 651 | 871 | 100 | 400 | 600 | 1 200 | 2 400 |

| 地区 | 城乡 | 性别 | 年龄 | n | 夏季日均间接饮水摄入量 /（ml/d） | | | | | |
|---|---|---|---|---|---|---|---|---|---|---|
| | | | | | Mean | P5 | P25 | P50 | P75 | P95 |
| 西部 | 城乡 | 女 | 18 ～ 44 岁 | 7 442 | 862 | 100 | 400 | 600 | 1 200 | 2 400 |
| | | | 45 ～ 59 岁 | 5 698 | 939 | 100 | 400 | 600 | 1 200 | 2 800 |
| | | | 60 ～ 79 岁 | 3 310 | 808 | 100 | 400 | 400 | 1 200 | 2 400 |
| | | | 80 岁及以上 | 201 | 755 | 100 | 320 | 400 | 800 | 2 400 |
| | 城市 | 小计 | 小计 | 12 319 | 758 | 100 | 400 | 400 | 800 | 2 400 |
| | | | 18 ～ 44 岁 | 5 365 | 719 | 100 | 400 | 400 | 800 | 2 400 |
| | | | 45 ～ 59 岁 | 4 153 | 826 | 100 | 400 | 400 | 800 | 2 400 |
| | | | 60 ～ 79 岁 | 2 626 | 769 | 100 | 400 | 400 | 800 | 2 400 |
| | | | 80 岁及以上 | 175 | 810 | 200 | 400 | 400 | 900 | 2 400 |
| | | 男 | 小计 | 5 498 | 815 | 100 | 400 | 600 | 800 | 2 400 |
| | | | 18 ～ 44 岁 | 2 450 | 774 | 100 | 400 | 600 | 800 | 2 400 |
| | | | 45 ～ 59 岁 | 1 784 | 891 | 100 | 400 | 600 | 1 000 | 2 400 |
| | | | 60 ～ 79 岁 | 1 178 | 815 | 200 | 400 | 600 | 960 | 2 400 |
| | | | 80 岁及以上 | 86 | 912 | 200 | 400 | 400 | 900 | 2 400 |
| | | 女 | 小计 | 6 821 | 700 | 100 | 400 | 400 | 800 | 2 160 |
| | | | 18 ～ 44 岁 | 2 915 | 659 | 100 | 200 | 400 | 800 | 1 600 |
| | | | 45 ～ 59 岁 | 2 369 | 759 | 100 | 400 | 400 | 800 | 2 400 |
| | | | 60 ～ 79 岁 | 1 448 | 725 | 100 | 400 | 400 | 800 | 2 000 |
| | | | 80 岁及以上 | 89 | 715 | 100 | 300 | 400 | 800 | 2 400 |
| | 农村 | 小计 | 小计 | 18 423 | 1 063 | 100 | 400 | 800 | 1 600 | 3 200 |
| | | | 18 ～ 44 岁 | 8 477 | 1 082 | 100 | 400 | 800 | 1 600 | 3 200 |
| | | | 45 ～ 59 岁 | 6 100 | 1 104 | 120 | 400 | 800 | 1 600 | 3 200 |
| | | | 60 ～ 79 岁 | 3 619 | 958 | 200 | 400 | 600 | 1 200 | 2 400 |
| | | | 80 岁及以上 | 227 | 867 | 200 | 400 | 600 | 1 200 | 2 400 |
| | | 男 | 小计 | 8 593 | 1 141 | 100 | 400 | 800 | 1 600 | 3 200 |
| | | | 18 ～ 44 岁 | 3 950 | 1 170 | 100 | 400 | 800 | 1 600 | 3 600 |
| | | | 45 ～ 59 岁 | 2 771 | 1 146 | 120 | 400 | 800 | 1 600 | 3 200 |
| | | | 60 ～ 79 岁 | 1 757 | 1 054 | 200 | 400 | 800 | 1 200 | 3 200 |
| | | | 80 岁及以上 | 115 | 940 | 200 | 400 | 800 | 1 200 | 2 400 |
| | | 女 | 小计 | 9 830 | 982 | 100 | 400 | 600 | 1 200 | 3 200 |
| | | | 18 ～ 44 岁 | 4 527 | 987 | 100 | 400 | 640 | 1 200 | 3 200 |
| | | | 45 ～ 59 岁 | 3 329 | 1 061 | 120 | 400 | 800 | 1 600 | 3 200 |
| | | | 60 ～ 79 岁 | 1 862 | 864 | 200 | 400 | 600 | 1 200 | 2 400 |
| | | | 80 岁及以上 | 112 | 788 | 200 | 400 | 400 | 800 | 2 400 |

## 附表 3-28　中国人群分东中西、城乡、性别、年龄的冬季日均间接饮水摄入量

| 地区 | 城乡 | 性别 | 年龄 | n | 冬季日均间接饮水摄入量 /（ml/d） | | | | | |
|---|---|---|---|---|---|---|---|---|---|---|
| | | | | | Mean | P5 | P25 | P50 | P75 | P95 |
| 合计 | 城乡 | 小计 | 小计 | 90 568 | 763 | 40 | 200 | 400 | 800 | 2 400 |
| | | | 18 ～ 44 岁 | 36 400 | 737 | 40 | 200 | 400 | 800 | 2 400 |
| | | | 45 ～ 59 岁 | 32 212 | 783 | 20 | 200 | 400 | 800 | 2 400 |
| | | | 60 ～ 79 岁 | 20 479 | 818 | 50 | 200 | 400 | 900 | 2 400 |
| | | | 80 岁及以上 | 1 477 | 669 | 50 | 200 | 400 | 800 | 1 920 |
| | | 男 | 小计 | 41 040 | 806 | 20 | 200 | 400 | 800 | 2 400 |
| | | | 18 ～ 44 岁 | 16 627 | 778 | 0 | 200 | 400 | 800 | 2 400 |
| | | | 45 ～ 59 岁 | 14 029 | 813 | 0 | 200 | 400 | 800 | 2 400 |
| | | | 60 ～ 79 岁 | 9 711 | 880 | 80 | 320 | 400 | 1 000 | 2 400 |
| | | | 80 岁及以上 | 673 | 747 | 100 | 300 | 400 | 800 | 2 400 |
| | | 女 | 小计 | 49 528 | 720 | 40 | 200 | 400 | 800 | 2 400 |
| | | | 18 ～ 44 岁 | 19 773 | 694 | 40 | 200 | 400 | 800 | 2 400 |
| | | | 45 ～ 59 岁 | 18 183 | 752 | 40 | 200 | 400 | 800 | 2 400 |
| | | | 60 ～ 79 岁 | 10 768 | 757 | 16 | 200 | 400 | 800 | 2 400 |
| | | | 80 岁及以上 | 804 | 609 | 0 | 200 | 400 | 800 | 1 600 |
| | 城市 | 小计 | 小计 | 41 669 | 662 | 40 | 200 | 400 | 800 | 2 000 |
| | | | 18 ～ 44 岁 | 16 581 | 655 | 50 | 200 | 400 | 800 | 2 340 |

| 地区 | 城乡 | 性别 | 年龄 | $n$ | 冬季日均间接饮水摄入量 /（ml/d） | | | | | |
|---|---|---|---|---|---|---|---|---|---|---|
| | | | | | Mean | P5 | P25 | P50 | P75 | P95 |
| 合计 | 城市 | 小计 | 45 ～ 59 岁 | 14 690 | 656 | 20 | 200 | 400 | 800 | 1 800 |
| | | | 60 ～ 79 岁 | 9 657 | 699 | 8 | 200 | 400 | 800 | 2 000 |
| | | | 80 岁及以上 | 741 | 586 | 50 | 200 | 400 | 800 | 1 600 |
| | | 男 | 小计 | 18 387 | 699 | 20 | 200 | 400 | 800 | 2 400 |
| | | | 18 ～ 44 岁 | 7 509 | 683 | 0 | 200 | 400 | 800 | 2 400 |
| | | | 45 ～ 59 岁 | 6 248 | 691 | 12 | 200 | 400 | 800 | 2 000 |
| | | | 60 ～ 79 岁 | 4 308 | 762 | 80 | 200 | 400 | 800 | 2 400 |
| | | | 80 岁及以上 | 322 | 684 | 100 | 200 | 400 | 800 | 2 400 |
| | | 女 | 小计 | 23 282 | 625 | 50 | 200 | 400 | 800 | 1 800 |
| | | | 18 ～ 44 岁 | 9 072 | 626 | 80 | 200 | 400 | 800 | 1 800 |
| | | | 45 ～ 59 岁 | 8 442 | 621 | 40 | 200 | 400 | 800 | 1 800 |
| | | | 60 ～ 79 岁 | 5 349 | 639 | 0 | 200 | 400 | 800 | 1 800 |
| | | | 80 岁及以上 | 419 | 512 | 0 | 200 | 400 | 600 | 1 440 |
| | 农村 | 小计 | 小计 | 48 899 | 842 | 20 | 200 | 400 | 1 200 | 2 400 |
| | | | 18 ～ 44 岁 | 19 819 | 799 | 0 | 200 | 400 | 1 000 | 2 400 |
| | | | 45 ～ 59 岁 | 17 522 | 883 | 20 | 300 | 600 | 1 200 | 2 400 |
| | | | 60 ～ 79 岁 | 10 822 | 909 | 60 | 400 | 600 | 1 200 | 2 400 |
| | | | 80 岁及以上 | 736 | 744 | 40 | 200 | 400 | 1 200 | 2 400 |
| | | 男 | 小计 | 22 653 | 887 | 20 | 200 | 560 | 1 200 | 2 552 |
| | | | 18 ～ 44 岁 | 9 118 | 850 | 0 | 200 | 400 | 1 200 | 2 400 |
| | | | 45 ～ 59 岁 | 7 781 | 912 | 0 | 300 | 600 | 1 200 | 2 700 |
| | | | 60 ～ 79 岁 | 5 403 | 965 | 60 | 400 | 600 | 1 200 | 2 880 |
| | | | 80 岁及以上 | 351 | 804 | 100 | 400 | 600 | 1 200 | 2 400 |
| | | 女 | 小计 | 26 246 | 795 | 20 | 200 | 400 | 1 000 | 2 400 |
| | | | 18 ～ 44 岁 | 10 701 | 746 | 0 | 200 | 400 | 800 | 2 400 |
| | | | 45 ～ 59 岁 | 9 741 | 854 | 40 | 200 | 600 | 1 200 | 2 400 |
| | | | 60 ～ 79 岁 | 5 419 | 851 | 50 | 300 | 600 | 1 200 | 2 400 |
| | | | 80 岁及以上 | 385 | 698 | 0 | 200 | 400 | 800 | 1 800 |
| 东部 | 城乡 | 小计 | 小计 | 30 902 | 750 | 100 | 300 | 400 | 800 | 2 400 |
| | | | 18 ～ 44 岁 | 10 514 | 731 | 100 | 300 | 400 | 800 | 2 400 |
| | | | 45 ～ 59 岁 | 11 785 | 757 | 60 | 300 | 400 | 800 | 2 400 |
| | | | 60 ～ 79 岁 | 7 926 | 804 | 0 | 320 | 400 | 800 | 2 400 |
| | | | 80 岁及以上 | 677 | 621 | 50 | 200 | 400 | 800 | 1 600 |
| | | 男 | 小计 | 13 777 | 779 | 100 | 400 | 400 | 800 | 2 400 |
| | | | 18 ～ 44 岁 | 4 643 | 758 | 100 | 300 | 400 | 800 | 2 400 |
| | | | 45 ～ 59 岁 | 5 027 | 771 | 50 | 400 | 400 | 800 | 2 400 |
| | | | 60 ～ 79 岁 | 3 805 | 855 | 40 | 400 | 400 | 800 | 2400 |
| | | | 80 岁及以上 | 302 | 697 | 100 | 400 | 400 | 800 | 2 000 |
| | | 女 | 小计 | 17 125 | 722 | 100 | 240 | 400 | 800 | 2400 |
| | | | 18 ～ 44 岁 | 5 871 | 705 | 100 | 240 | 400 | 800 | 2 400 |
| | | | 45 ～ 59 岁 | 6 758 | 743 | 80 | 300 | 400 | 800 | 2 400 |
| | | | 60 ～ 79 岁 | 4 121 | 752 | 0 | 300 | 400 | 800 | 2 400 |
| | | | 80 岁及以上 | 375 | 566 | 0 | 200 | 400 | 800 | 1 600 |
| | 城市 | 小计 | 小计 | 15 652 | 706 | 100 | 200 | 400 | 800 | 2 400 |
| | | | 18 ～ 44 岁 | 5 456 | 709 | 120 | 280 | 400 | 800 | 2 400 |
| | | | 45 ～ 59 岁 | 5 796 | 688 | 80 | 200 | 400 | 800 | 2 000 |
| | | | 60 ～ 79 岁 | 4 046 | 746 | 0 | 200 | 400 | 800 | 2 400 |
| | | | 80 岁及以上 | 354 | 576 | 50 | 200 | 400 | 800 | 1 600 |
| | | 男 | 小计 | 6 873 | 744 | 100 | 300 | 400 | 800 | 2400 |
| | | | 18 ～ 44 岁 | 2 415 | 746 | 100 | 300 | 400 | 800 | 2 400 |
| | | | 45 ～ 59 岁 | 2 454 | 712 | 80 | 300 | 400 | 800 | 2 400 |
| | | | 60 ～ 79 岁 | 1 855 | 798 | 0 | 220 | 400 | 800 | 2 160 |
| | | | 80 岁及以上 | 149 | 683 | 100 | 300 | 400 | 800 | 2 000 |
| | | 女 | 小计 | 8 779 | 669 | 100 | 200 | 400 | 800 | 2 100 |
| | | | 18 ～ 44 岁 | 3 041 | 672 | 150 | 200 | 400 | 800 | 2 400 |
| | | | 45 ～ 59 岁 | 3 342 | 664 | 80 | 200 | 400 | 800 | 2 000 |
| | | | 60 ～ 79 岁 | 2 191 | 696 | 0 | 200 | 400 | 800 | 2 400 |
| | | | 80 岁及以上 | 205 | 503 | 0 | 200 | 400 | 600 | 1 440 |

| 地区 | 城乡 | 性别 | 年龄 | n | 冬季日均间接饮水摄入量 /（ml/d） | | | | | |
|---|---|---|---|---|---|---|---|---|---|---|
| | | | | | Mean | P5 | P25 | P50 | P75 | P95 |
| 东部 | 农村 | 小计 | 小计 | 15 250 | 796 | 100 | 400 | 400 | 800 | 2 400 |
| | | | 18 ～ 44 岁 | 5 058 | 754 | 100 | 300 | 400 | 800 | 2 400 |
| | | | 45 ～ 59 岁 | 5 989 | 827 | 50 | 400 | 400 | 800 | 2 400 |
| | | | 60 ～ 79 岁 | 3 880 | 866 | 40 | 400 | 600 | 960 | 2 400 |
| | | | 80 岁及以上 | 323 | 679 | 40 | 320 | 400 | 800 | 1 920 |
| | | 男 | 小计 | 6 904 | 816 | 80 | 400 | 400 | 800 | 2 400 |
| | | | 18 ～ 44 岁 | 2 228 | 771 | 100 | 400 | 400 | 800 | 2 400 |
| | | | 45 ～ 59 岁 | 2 573 | 833 | 24 | 400 | 480 | 800 | 2 400 |
| | | | 60 ～ 79 岁 | 1 950 | 914 | 40 | 400 | 600 | 960 | 2 400 |
| | | | 80 岁及以上 | 153 | 712 | 100 | 400 | 600 | 800 | 2 000 |
| | | 女 | 小计 | 8 346 | 776 | 100 | 300 | 400 | 800 | 2 400 |
| | | | 18 ～ 44 岁 | 2 830 | 738 | 100 | 300 | 400 | 800 | 2 400 |
| | | | 45 ～ 59 岁 | 3 416 | 821 | 100 | 400 | 400 | 800 | 2 400 |
| | | | 60 ～ 79 岁 | 1 930 | 815 | 40 | 400 | 500 | 900 | 2 400 |
| | | | 80 岁及以上 | 170 | 652 | 0 | 200 | 400 | 800 | 1 600 |
| 中部 | 城乡 | 小计 | 小计 | 28 928 | 796 | 0 | 200 | 400 | 1 200 | 2 400 |
| | | | 18 ～ 44 岁 | 12 046 | 741 | 0 | 200 | 400 | 800 | 2 400 |
| | | | 45 ～ 59 岁 | 10 175 | 822 | 0 | 200 | 400 | 1 200 | 2 400 |
| | | | 60 ～ 79 岁 | 6 309 | 940 | 50 | 200 | 600 | 1 200 | 2 700 |
| | | | 80 岁及以上 | 398 | 716 | 0 | 200 | 400 | 1 200 | 2 400 |
| | | 男 | 小计 | 13 175 | 832 | 0 | 200 | 400 | 1 200 | 2 640 |
| | | | 18 ～ 44 岁 | 5 587 | 769 | 0 | 200 | 400 | 800 | 2 400 |
| | | | 45 ～ 59 岁 | 4 447 | 853 | 0 | 200 | 400 | 1 200 | 2 880 |
| | | | 60 ～ 79 岁 | 2 971 | 1 010 | 100 | 280 | 600 | 1 440 | 3 200 |
| | | | 80 岁及以上 | 170 | 786 | 20 | 200 | 400 | 1 200 | 2 400 |
| | | 女 | 小计 | 15 753 | 759 | 0 | 200 | 400 | 960 | 2 400 |
| | | | 18 ～ 44 岁 | 6 459 | 712 | 0 | 200 | 400 | 800 | 2 400 |
| | | | 45 ～ 59 岁 | 5 728 | 791 | 0 | 200 | 400 | 1 200 | 2 400 |
| | | | 60 ～ 79 岁 | 3 338 | 867 | 0 | 200 | 600 | 1 200 | 2 400 |
| | | | 80 岁及以上 | 228 | 669 | 0 | 200 | 400 | 800 | 1 800 |
| | 城市 | 小计 | 小计 | 13 702 | 631 | 0 | 200 | 400 | 800 | 1 800 |
| | | | 18 ～ 44 岁 | 5 762 | 637 | 0 | 200 | 400 | 800 | 1 920 |
| | | | 45 ～ 59 岁 | 4 743 | 605 | 0 | 200 | 400 | 800 | 1 800 |
| | | | 60 ～ 79 岁 | 2 985 | 665 | 0 | 200 | 400 | 800 | 1 920 |
| | | | 80 岁及以上 | 212 | 511 | 0 | 200 | 400 | 600 | 1 600 |
| | | 男 | 小计 | 6 018 | 652 | 0 | 200 | 400 | 800 | 2 000 |
| | | | 18 ～ 44 岁 | 2 646 | 638 | 0 | 200 | 400 | 800 | 2 000 |
| | | | 45 ～ 59 岁 | 2 010 | 629 | 0 | 200 | 400 | 800 | 1 800 |
| | | | 60 ～ 79 岁 | 1 275 | 759 | 100 | 200 | 400 | 800 | 2 400 |
| | | | 80 岁及以上 | 87 | 591 | 0 | 200 | 400 | 800 | 2 400 |
| | | 女 | 小计 | 7 684 | 609 | 0 | 200 | 400 | 800 | 1 800 |
| | | | 18 ～ 44 岁 | 3 116 | 636 | 0 | 200 | 400 | 800 | 1 800 |
| | | | 45 ～ 59 岁 | 2 733 | 581 | 0 | 200 | 400 | 800 | 1 800 |
| | | | 60 ～ 79 岁 | 1 710 | 581 | 0 | 200 | 400 | 800 | 1 600 |
| | | | 80 岁及以上 | 125 | 447 | 0 | 200 | 400 | 400 | 1 200 |
| | 农村 | 小计 | 小计 | 15 226 | 901 | 0 | 200 | 480 | 1 200 | 2 800 |
| | | | 18 ～ 44 岁 | 6 284 | 811 | 0 | 200 | 400 | 1 200 | 2 400 |
| | | | 45 ～ 59 岁 | 5 432 | 960 | 0 | 200 | 600 | 1 600 | 3 000 |
| | | | 60 ～ 79 岁 | 3 324 | 1 089 | 80 | 400 | 800 | 1 600 | 3 000 |
| | | | 80 岁及以上 | 186 | 836 | 0 | 200 | 600 | 1 200 | 2 400 |
| | | 男 | 小计 | 7 157 | 945 | 0 | 200 | 480 | 1 440 | 3 000 |
| | | | 18 ～ 44 岁 | 2 941 | 855 | 0 | 200 | 400 | 1 200 | 2 880 |
| | | | 45 ～ 59 岁 | 2 437 | 998 | 0 | 200 | 600 | 1 600 | 3 200 |
| | | | 60 ～ 79 岁 | 1 696 | 1 134 | 100 | 400 | 800 | 1 600 | 3 200 |
| | | | 80 岁及以上 | 83 | 922 | 100 | 200 | 800 | 1 440 | 2 880 |
| | | 女 | 小计 | 8 069 | 856 | 0 | 200 | 480 | 1 200 | 2 400 |
| | | | 18 ～ 44 岁 | 3 343 | 764 | 0 | 200 | 400 | 1 200 | 2 400 |
| | | | 45 ～ 59 岁 | 2 995 | 922 | 0 | 200 | 600 | 1 440 | 2 700 |

| 地区 | 城乡 | 性别 | 年龄 | n | 冬季日均间接饮水摄入量 /（ml/d） | | | | | |
|---|---|---|---|---|---|---|---|---|---|---|
| | | | | | Mean | P5 | P25 | P50 | P75 | P95 |
| 中部 | 农村 | 女 | 60 ～ 79 岁 | 1 628 | 1 040 | 50 | 400 | 800 | 1 600 | 2 400 |
| | | | 80 岁及以上 | 103 | 785 | 0 | 200 | 600 | 1 200 | 2 400 |
| 西部 | 城乡 | 小计 | 小计 | 30 738 | 741 | 40 | 200 | 400 | 800 | 2 400 |
| | | | 18 ～ 44 岁 | 13 840 | 739 | 40 | 200 | 400 | 800 | 2 400 |
| | | | 45 ～ 59 岁 | 10 252 | 777 | 50 | 200 | 400 | 800 | 2 400 |
| | | | 60 ～ 79 岁 | 6 244 | 697 | 100 | 200 | 400 | 800 | 2 400 |
| | | | 80 岁及以上 | 402 | 710 | 100 | 200 | 400 | 800 | 2 400 |
| | | 男 | 小计 | 14 088 | 811 | 40 | 200 | 400 | 900 | 2 400 |
| | | | 18 ～ 44 岁 | 6 397 | 816 | 20 | 200 | 400 | 1 000 | 2 400 |
| | | | 45 ～ 59 岁 | 4 555 | 835 | 40 | 300 | 400 | 1 000 | 2 400 |
| | | | 60 ～ 79 岁 | 2 935 | 759 | 100 | 240 | 400 | 800 | 2 400 |
| | | | 80 岁及以上 | 201 | 797 | 100 | 400 | 500 | 1 200 | 2 400 |
| | | 女 | 小计 | 16 650 | 668 | 50 | 200 | 400 | 800 | 1 800 |
| | | | 18 ～ 44 岁 | 7 443 | 656 | 40 | 200 | 400 | 800 | 1 600 |
| | | | 45 ～ 59 岁 | 5 697 | 717 | 60 | 200 | 400 | 800 | 2 000 |
| | | | 60 ～ 79 岁 | 3 309 | 637 | 90 | 200 | 400 | 800 | 1 800 |
| | | | 80 岁及以上 | 201 | 620 | 100 | 200 | 400 | 800 | 1 600 |
| | 城市 | 小计 | 小计 | 12 315 | 614 | 50 | 200 | 400 | 800 | 1 600 |
| | | | 18 ～ 44 岁 | 5 363 | 585 | 20 | 200 | 400 | 800 | 1 600 |
| | | | 45 ～ 59 岁 | 4 151 | 650 | 80 | 200 | 400 | 800 | 1 600 |
| | | | 60 ～ 79 岁 | 2 626 | 636 | 100 | 200 | 400 | 800 | 1 600 |
| | | | 80 岁及以上 | 175 | 694 | 100 | 200 | 400 | 800 | 2 000 |
| | | 男 | 小计 | 5 496 | 671 | 20 | 200 | 400 | 800 | 1 800 |
| | | | 18 ～ 44 岁 | 2 448 | 637 | 0 | 200 | 400 | 800 | 1 800 |
| | | | 45 ～ 59 岁 | 1 784 | 721 | 40 | 200 | 400 | 800 | 1 600 |
| | | | 60 ～ 79 岁 | 1 178 | 687 | 100 | 200 | 400 | 800 | 2 000 |
| | | | 80 岁及以上 | 86 | 775 | 200 | 400 | 400 | 800 | 2 400 |
| | | 女 | 小计 | 6 819 | 555 | 60 | 200 | 400 | 800 | 1 600 |
| | | | 18 ～ 44 岁 | 2 915 | 529 | 40 | 200 | 400 | 800 | 1 600 |
| | | | 45 ～ 59 岁 | 2 367 | 577 | 80 | 200 | 400 | 800 | 1 600 |
| | | | 60 ～ 79 岁 | 1 448 | 588 | 100 | 200 | 400 | 800 | 1 600 |
| | | | 80 岁及以上 | 89 | 618 | 100 | 200 | 400 | 800 | 1 600 |
| | 农村 | 小计 | 小计 | 18 423 | 823 | 40 | 200 | 400 | 1 200 | 2 400 |
| | | | 18 ～ 44 岁 | 8 477 | 834 | 40 | 200 | 400 | 1 200 | 2 400 |
| | | | 45 ～ 59 岁 | 6 101 | 863 | 40 | 400 | 600 | 1 200 | 2 400 |
| | | | 60 ～ 79 岁 | 3 618 | 737 | 60 | 200 | 400 | 800 | 2 400 |
| | | | 80 岁及以上 | 227 | 722 | 100 | 300 | 400 | 800 | 2 400 |
| | | 男 | 小计 | 8 592 | 901 | 50 | 300 | 600 | 1 200 | 2 400 |
| | | | 18 ～ 44 岁 | 3 949 | 927 | 48 | 240 | 600 | 1 200 | 2 800 |
| | | | 45 ～ 59 岁 | 2 771 | 912 | 40 | 400 | 600 | 1 200 | 2 400 |
| | | | 60 ～ 79 岁 | 1 757 | 805 | 60 | 300 | 400 | 800 | 2 400 |
| | | | 80 岁及以上 | 115 | 813 | 80 | 400 | 600 | 1 200 | 2 400 |
| | | 女 | 小计 | 9 831 | 742 | 40 | 200 | 400 | 800 | 2 400 |
| | | | 18 ～ 44 岁 | 4 528 | 735 | 20 | 200 | 400 | 800 | 2 000 |
| | | | 45 ～ 59 岁 | 3 330 | 812 | 40 | 200 | 500 | 1 200 | 2 400 |
| | | | 60 ～ 79 岁 | 1 861 | 669 | 80 | 200 | 400 | 800 | 2 400 |
| | | | 80 岁及以上 | 112 | 622 | 100 | 200 | 400 | 800 | 2 000 |

## 附表 3-29 中国人群分片区、城乡、性别、年龄的全年日均间接饮水摄入量

| 地区 | 城乡 | 性别 | 年龄 | n | 全年日均间接饮水摄入量 / （ml/d） | | | | | |
|---|---|---|---|---|---|---|---|---|---|---|
| | | | | | Mean | P5 | P25 | P50 | P75 | P95 |
| 合计 | 城乡 | 小计 | 小计 | 90 564 | 799 | 100 | 250 | 480 | 960 | 2 400 |
| | | | 18 ～ 44 岁 | 36 398 | 772 | 100 | 250 | 450 | 900 | 2 400 |
| | | | 45 ～ 59 岁 | 32 210 | 823 | 100 | 300 | 500 | 1 000 | 2 400 |
| | | | 60 ～ 79 岁 | 20 479 | 850 | 100 | 300 | 500 | 1 050 | 2 400 |
| | | | 80 岁及以上 | 1477 | 692 | 100 | 250 | 450 | 800 | 1 950 |
| | | 男 | 小计 | 41 040 | 842 | 100 | 300 | 500 | 1 000 | 2 400 |
| | | | 18 ～ 44 岁 | 16 627 | 815 | 100 | 250 | 500 | 1 000 | 2 400 |
| | | | 45 ～ 59 岁 | 14 029 | 855 | 90 | 300 | 500 | 1 000 | 2 400 |
| | | | 60 ～ 79 岁 | 9 711 | 909 | 100 | 350 | 600 | 1 200 | 2 500 |
| | | | 80 岁及以上 | 673 | 765 | 100 | 320 | 500 | 900 | 2 400 |
| | | 女 | 小计 | 49 524 | 756 | 100 | 250 | 450 | 900 | 2 400 |
| | | | 18 ～ 44 岁 | 19 771 | 729 | 100 | 250 | 400 | 850 | 2 400 |
| | | | 45 ～ 59 岁 | 18 181 | 791 | 100 | 250 | 500 | 950 | 2 400 |
| | | | 60 ～ 79 岁 | 10 768 | 790 | 100 | 282 | 500 | 1 000 | 2 400 |
| | | | 80 岁及以上 | 804 | 636 | 50 | 225 | 400 | 800 | 1 800 |
| | 城市 | 小计 | 小计 | 41 668 | 687 | 100 | 250 | 400 | 800 | 2 000 |
| | | | 18 ～ 44 岁 | 16 580 | 681 | 100 | 250 | 400 | 800 | 2 200 |
| | | | 45 ～ 59 岁 | 14 690 | 689 | 90 | 250 | 400 | 800 | 2 000 |
| | | | 60 ～ 79 岁 | 9 657 | 713 | 100 | 250 | 450 | 800 | 2 000 |
| | | | 80 岁及以上 | 741 | 610 | 100 | 225 | 400 | 800 | 1 700 |
| | | 男 | 小计 | 18 387 | 724 | 100 | 250 | 400 | 800 | 2 400 |
| | | | 18 ～ 44 岁 | 7 509 | 710 | 100 | 250 | 400 | 800 | 2 400 |
| | | | 45 ～ 59 岁 | 6 248 | 723 | 80 | 250 | 450 | 800 | 2 000 |
| | | | 60 ～ 79 岁 | 4 308 | 768 | 100 | 300 | 450 | 800 | 2 400 |
| | | | 80 岁及以上 | 322 | 703 | 100 | 250 | 425 | 800 | 2 250 |
| | | 女 | 小计 | 23 281 | 651 | 100 | 250 | 400 | 800 | 1 800 |
| | | | 18 ～ 44 岁 | 9 071 | 651 | 100 | 225 | 400 | 800 | 1 800 |
| | | | 45 ～ 59 岁 | 8 442 | 654 | 100 | 250 | 400 | 800 | 1 920 |
| | | | 60 ～ 79 岁 | 5 349 | 662 | 50 | 250 | 400 | 800 | 1 800 |
| | | | 80 岁及以上 | 419 | 540 | 53 | 200 | 400 | 650 | 1 440 |
| | 农村 | 小计 | 小计 | 48 896 | 886 | 100 | 300 | 600 | 1 200 | 2 500 |
| | | | 18 ～ 44 岁 | 19 818 | 843 | 100 | 250 | 500 | 1 200 | 2 400 |
| | | | 45 ～ 59 岁 | 17 520 | 929 | 100 | 325 | 600 | 1 200 | 2 600 |
| | | | 60 ～ 79 岁 | 10 822 | 954 | 100 | 375 | 600 | 1 200 | 2 700 |
| | | | 80 岁及以上 | 736 | 766 | 100 | 300 | 500 | 1 100 | 2 400 |
| | | 男 | 小计 | 22 653 | 933 | 100 | 300 | 600 | 1 200 | 2 760 |
| | | | 18 ～ 44 岁 | 9 118 | 894 | 95 | 250 | 540 | 1 200 | 2 700 |
| | | | 45 ～ 59 岁 | 7 781 | 961 | 100 | 350 | 600 | 1 200 | 2 700 |
| | | | 60 ～ 79 岁 | 5 403 | 1 012 | 100 | 400 | 675 | 1 200 | 2 925 |
| | | | 80 岁及以上 | 351 | 820 | 100 | 400 | 600 | 1 200 | 2 400 |
| | | 女 | 小计 | 26 243 | 838 | 100 | 250 | 500 | 1 200 | 2 400 |
| | | | 18 ～ 44 岁 | 10 700 | 789 | 100 | 250 | 450 | 1 000 | 2 400 |
| | | | 45 ～ 59 岁 | 9 739 | 898 | 100 | 300 | 600 | 1 200 | 2 400 |
| | | | 60 ～ 79 岁 | 5 419 | 894 | 100 | 325 | 600 | 1 200 | 2 400 |
| | | | 80 岁及以上 | 385 | 724 | 33 | 250 | 490 | 950 | 1 920 |
| 华北 | 城乡 | 小计 | 小计 | 18 015 | 1 196 | 200 | 400 | 800 | 1 600 | 3 200 |
| | | | 18 ～ 44 岁 | 6 441 | 1 166 | 200 | 400 | 800 | 1 600 | 3 200 |
| | | | 45 ～ 59 岁 | 6 804 | 1 217 | 200 | 400 | 800 | 1 600 | 3 200 |
| | | | 60 ～ 79 岁 | 4 485 | 1 257 | 200 | 480 | 800 | 1 600 | 3 200 |
| | | | 80 岁及以上 | 285 | 967 | 200 | 400 | 800 | 1 200 | 2 400 |
| | | 男 | 小计 | 7 975 | 1 250 | 200 | 450 | 800 | 1 600 | 3 200 |
| | | | 18 ～ 44 岁 | 2 904 | 1 194 | 200 | 450 | 800 | 1 600 | 3 200 |
| | | | 45 ～ 59 岁 | 2 817 | 1 267 | 200 | 450 | 800 | 1 600 | 3 200 |
| | | | 60 ～ 79 岁 | 2 109 | 1 387 | 200 | 500 | 800 | 1 600 | 3 200 |
| | | | 80 岁及以上 | 145 | 953 | 200 | 400 | 800 | 1 320 | 2 160 |
| | | 女 | 小计 | 10 040 | 1 144 | 200 | 400 | 800 | 1 600 | 3 200 |
| | | | 18 ～ 44 岁 | 3 537 | 1 138 | 200 | 400 | 800 | 1 440 | 3 000 |

| 地区 | 城乡 | 性别 | 年龄 | n | 全年日均间接饮水摄入量 /（ml/d） | | | | | |
|---|---|---|---|---|---|---|---|---|---|---|
| | | | | | Mean | P5 | P25 | P50 | P75 | P95 |
| 华北 | 城乡 | 女 | 45～59岁 | 3 987 | 1 172 | 200 | 400 | 800 | 1 600 | 3 200 |
| | | | 60～79岁 | 2 376 | 1 128 | 200 | 450 | 800 | 1 560 | 3 000 |
| | | | 80岁及以上 | 140 | 981 | 200 | 400 | 800 | 1 200 | 2 800 |
| | 城市 | 小计 | 小计 | 7 805 | 903 | 200 | 400 | 600 | 1 050 | 2 400 |
| | | | 18～44岁 | 2 774 | 895 | 200 | 400 | 600 | 1 000 | 2 400 |
| | | | 45～59岁 | 2 786 | 888 | 200 | 400 | 600 | 1 200 | 2 400 |
| | | | 60～79岁 | 2 088 | 964 | 200 | 400 | 600 | 1 000 | 2 520 |
| | | | 80岁及以上 | 157 | 716 | 200 | 400 | 550 | 900 | 1 800 |
| | | 男 | 小计 | 3 395 | 936 | 200 | 400 | 700 | 1 200 | 2 520 |
| | | | 18～44岁 | 1 229 | 888 | 200 | 400 | 750 | 1 100 | 2 520 |
| | | | 45～59岁 | 1 161 | 917 | 200 | 400 | 700 | 1 200 | 2 400 |
| | | | 60～79岁 | 922 | 1 104 | 200 | 400 | 800 | 1 200 | 2 880 |
| | | | 80岁及以上 | 83 | 776 | 100 | 400 | 600 | 1 100 | 2 000 |
| | | 女 | 小计 | 4 410 | 870 | 200 | 400 | 600 | 1 000 | 2 400 |
| | | | 18～44岁 | 1 545 | 903 | 200 | 400 | 600 | 1 000 | 2 240 |
| | | | 45～59岁 | 1 625 | 859 | 200 | 400 | 600 | 1 000 | 2 400 |
| | | | 60～79岁 | 1 166 | 830 | 200 | 400 | 600 | 1 000 | 2 400 |
| | | | 80岁及以上 | 74 | 639 | 200 | 350 | 450 | 800 | 1 800 |
| | 农村 | 小计 | 小计 | 10 210 | 1 394 | 200 | 750 | 1 100 | 1 700 | 3 200 |
| | | | 18～44岁 | 3 667 | 1 351 | 200 | 800 | 1 000 | 1 650 | 3 200 |
| | | | 45～59岁 | 4 018 | 1 430 | 200 | 650 | 1 100 | 1 800 | 3 450 |
| | | | 60～79岁 | 2 397 | 1 452 | 350 | 800 | 1 200 | 1 800 | 3 200 |
| | | | 80岁及以上 | 128 | 1 203 | 200 | 600 | 1 000 | 1 600 | 3 200 |
| | | 男 | 小计 | 4 580 | 1 465 | 200 | 800 | 1 200 | 1 800 | 3 600 |
| | | | 18～44岁 | 1 675 | 1 400 | 200 | 800 | 1 200 | 1 800 | 3 400 |
| | | | 45～59岁 | 1 656 | 1 514 | 200 | 750 | 1 200 | 1 800 | 3 800 |
| | | | 60～79岁 | 1 187 | 1 567 | 300 | 800 | 1 200 | 1 800 | 3 600 |
| | | | 80岁及以上 | 62 | 1 165 | 400 | 800 | 1 150 | 1 600 | 2 400 |
| | | 女 | 小计 | 5 630 | 1 326 | 200 | 650 | 1 000 | 1 600 | 3 200 |
| | | | 18～44岁 | 1 992 | 1 302 | 200 | 600 | 1 000 | 1 600 | 3 200 |
| | | | 45～59岁 | 2 362 | 1 359 | 200 | 600 | 1 080 | 1 600 | 3 200 |
| | | | 60～79岁 | 1 210 | 1 334 | 350 | 800 | 1 200 | 1 600 | 3 200 |
| | | | 80岁及以上 | 66 | 1 233 | 200 | 500 | 900 | 1 440 | 3 600 |
| 华东 | 城乡 | 小计 | 小计 | 22 911 | 850 | 100 | 300 | 500 | 1 200 | 2 400 |
| | | | 18～44岁 | 8 525 | 830 | 125 | 300 | 500 | 1 040 | 2 400 |
| | | | 45～59岁 | 8 048 | 864 | 100 | 300 | 500 | 1 200 | 2 400 |
| | | | 60～79岁 | 5 823 | 908 | 50 | 350 | 600 | 1 200 | 2 400 |
| | | | 80岁及以上 | 515 | 665 | 25 | 250 | 450 | 800 | 1 920 |
| | | 男 | 小计 | 10 401 | 893 | 100 | 375 | 550 | 1 200 | 2 400 |
| | | | 18～44岁 | 3 787 | 884 | 125 | 375 | 500 | 1 200 | 2 400 |
| | | | 45～59岁 | 3 616 | 883 | 100 | 325 | 550 | 1 200 | 2 400 |
| | | | 60～79岁 | 2 794 | 940 | 80 | 400 | 600 | 1200 | 2 560 |
| | | | 80岁及以上 | 204 | 805 | 88 | 400 | 600 | 900 | 2 400 |
| | | 女 | 小计 | 12 510 | 807 | 100 | 300 | 500 | 1 000 | 2 400 |
| | | | 18～44岁 | 4 738 | 779 | 120 | 300 | 450 | 1 000 | 2 400 |
| | | | 45～59岁 | 4 432 | 843 | 100 | 300 | 500 | 1 100 | 2 400 |
| | | | 60～79岁 | 3 029 | 874 | 0 | 300 | 600 | 1 200 | 2 400 |
| | | | 80岁及以上 | 311 | 587 | 0 | 225 | 400 | 800 | 1 600 |
| | 城市 | 小计 | 小计 | 12 444 | 769 | 100 | 250 | 450 | 900 | 2 400 |
| | | | 18～44岁 | 4 761 | 798 | 125 | 300 | 450 | 900 | 2 400 |
| | | | 45～59岁 | 4 275 | 741 | 50 | 250 | 400 | 900 | 2 400 |
| | | | 60～79岁 | 3 140 | 747 | 0 | 250 | 450 | 900 | 2 400 |
| | | | 80岁及以上 | 268 | 596 | 0 | 200 | 400 | 800 | 1 600 |
| | | 男 | 小计 | 5 476 | 807 | 100 | 300 | 450 | 950 | 2 400 |
| | | | 18～44岁 | 2 106 | 849 | 125 | 350 | 500 | 1 000 | 2 400 |
| | | | 45～59岁 | 1 868 | 753 | 50 | 250 | 413 | 900 | 2 400 |
| | | | 60～79岁 | 1 401 | 775 | 0 | 250 | 450 | 900 | 2 400 |
| | | | 80岁及以上 | 101 | 783 | 60 | 400 | 550 | 1 200 | 2 400 |

| 地区 | 城乡 | 性别 | 年龄 | n | 全年日均间接饮水摄入量 /（ml/d） | | | | | |
|---|---|---|---|---|---|---|---|---|---|---|
| | | | | | Mean | P5 | P25 | P50 | P75 | P95 |
| 华东 | 城市 | 女 | 小计 | 6 968 | 732 | 100 | 250 | 400 | 900 | 2 400 |
| | | | 18 ~ 44 岁 | 2 655 | 750 | 125 | 250 | 400 | 900 | 2 400 |
| | | | 45 ~ 59 岁 | 2 407 | 728 | 40 | 200 | 400 | 800 | 2 400 |
| | | | 60 ~ 79 岁 | 1 739 | 721 | 0 | 200 | 450 | 900 | 2 400 |
| | | | 80 岁及以上 | 167 | 494 | 0 | 200 | 400 | 600 | 1 300 |
| | 农村 | 小计 | 小计 | 10 467 | 937 | 100 | 400 | 600 | 1 200 | 2 600 |
| | | | 18 ~ 44 岁 | 3 764 | 866 | 100 | 350 | 550 | 1 200 | 2 400 |
| | | | 45 ~ 59 岁 | 3 773 | 993 | 100 | 400 | 650 | 1 200 | 2 700 |
| | | | 60 ~ 79 岁 | 2 683 | 1 069 | 100 | 400 | 800 | 1 350 | 2 800 |
| | | | 80 岁及以上 | 247 | 733 | 33 | 320 | 450 | 900 | 2 400 |
| | | 男 | 小计 | 4 925 | 982 | 100 | 400 | 600 | 1 200 | 2 760 |
| | | | 18 ~ 44 岁 | 1 681 | 921 | 100 | 400 | 600 | 1 200 | 2 600 |
| | | | 45 ~ 59 岁 | 1 748 | 1 020 | 100 | 400 | 675 | 1 200 | 2 800 |
| | | | 60 ~ 79 岁 | 1 393 | 1 090 | 100 | 400 | 800 | 1 440 | 3 000 |
| | | | 80 岁及以上 | 103 | 827 | 100 | 400 | 600 | 850 | 2 880 |
| | | 女 | 小计 | 5 542 | 891 | 100 | 375 | 600 | 1 200 | 2 400 |
| | | | 18 ~ 44 岁 | 2 083 | 811 | 100 | 300 | 500 | 1 138 | 2 400 |
| | | | 45 ~ 59 岁 | 2 025 | 964 | 100 | 400 | 650 | 1 200 | 2 600 |
| | | | 60 ~ 79 岁 | 1 290 | 1 044 | 100 | 400 | 750 | 1 200 | 2 700 |
| | | | 80 岁及以上 | 144 | 680 | 25 | 300 | 450 | 1 200 | 1 800 |
| 华南 | 城乡 | 小计 | 小计 | 15 072 | 593 | 88 | 200 | 400 | 750 | 1 800 |
| | | | 18 ~ 44 岁 | 6 478 | 571 | 80 | 200 | 400 | 700 | 1 800 |
| | | | 45 ~ 59 岁 | 5 347 | 619 | 84 | 200 | 400 | 800 | 1 800 |
| | | | 60 ~ 79 岁 | 3 001 | 618 | 100 | 225 | 400 | 800 | 1 800 |
| | | | 80 岁及以上 | 246 | 597 | 100 | 200 | 400 | 800 | 2 100 |
| | | 男 | 小计 | 6 977 | 626 | 100 | 200 | 400 | 800 | 2 000 |
| | | | 18 ~ 44 岁 | 3 090 | 617 | 100 | 200 | 400 | 800 | 2 000 |
| | | | 45 ~ 59 岁 | 2 329 | 640 | 100 | 200 | 400 | 800 | 1 950 |
| | | | 60 ~ 79 岁 | 1 452 | 627 | 100 | 225 | 400 | 800 | 1 920 |
| | | | 80 岁及以上 | 106 | 654 | 100 | 200 | 400 | 800 | 2 400 |
| | | 女 | 小计 | 8 095 | 560 | 75 | 200 | 400 | 700 | 1 600 |
| | | | 18 ~ 44 岁 | 3 388 | 522 | 75 | 200 | 400 | 600 | 1 500 |
| | | | 45 ~ 59 岁 | 3 018 | 598 | 63 | 200 | 400 | 750 | 1 800 |
| | | | 60 ~ 79 岁 | 1 549 | 610 | 88 | 225 | 400 | 750 | 1 600 |
| | | | 80 岁及以上 | 140 | 552 | 50 | 200 | 400 | 600 | 1 440 |
| | 城市 | 小计 | 小计 | 7 265 | 533 | 100 | 200 | 400 | 600 | 1 425 |
| | | | 18 ~ 44 岁 | 3 121 | 506 | 80 | 200 | 400 | 600 | 1 425 |
| | | | 45 ~ 59 岁 | 2 562 | 573 | 100 | 250 | 400 | 700 | 1 500 |
| | | | 60 ~ 79 岁 | 1 455 | 541 | 100 | 250 | 400 | 600 | 1 400 |
| | | | 80 岁及以上 | 127 | 509 | 100 | 200 | 400 | 600 | 1 400 |
| | | 男 | 小计 | 3 265 | 565 | 100 | 200 | 400 | 700 | 1 600 |
| | | | 18 ~ 44 岁 | 1 500 | 549 | 75 | 200 | 400 | 650 | 1 600 |
| | | | 45 ~ 59 岁 | 1 053 | 607 | 100 | 250 | 450 | 800 | 1 600 |
| | | | 60 ~ 79 岁 | 664 | 547 | 100 | 250 | 400 | 600 | 1 400 |
| | | | 80 岁及以上 | 48 | 450 | 160 | 200 | 250 | 600 | 900 |
| | | 女 | 小计 | 4 000 | 501 | 100 | 200 | 400 | 600 | 1 350 |
| | | | 18 ~ 44 岁 | 1 621 | 459 | 85 | 200 | 400 | 500 | 1 200 |
| | | | 45 ~ 59 岁 | 1 509 | 541 | 100 | 250 | 400 | 650 | 1 450 |
| | | | 60 ~ 79 岁 | 791 | 535 | 100 | 250 | 400 | 650 | 1 400 |
| | | | 80 岁及以上 | 79 | 546 | 0 | 200 | 400 | 600 | 1 440 |
| | 农村 | 小计 | 小计 | 7 807 | 638 | 75 | 200 | 400 | 800 | 2 000 |
| | | | 18 ~ 44 岁 | 3 357 | 615 | 80 | 200 | 400 | 800 | 2 000 |
| | | | 45 ~ 59 岁 | 2 785 | 657 | 63 | 200 | 400 | 800 | 2 100 |
| | | | 60 ~ 79 岁 | 1 546 | 679 | 80 | 200 | 400 | 800 | 2 000 |
| | | | 80 岁及以上 | 119 | 689 | 100 | 200 | 490 | 950 | 2 400 |
| | | 男 | 小计 | 3 712 | 669 | 95 | 200 | 400 | 800 | 2 400 |
| | | | 18 ~ 44 岁 | 1 590 | 662 | 100 | 200 | 400 | 800 | 2 400 |
| | | | 45 ~ 59 岁 | 1 276 | 665 | 80 | 200 | 400 | 800 | 2 400 |

| 地区 | 城乡 | 性别 | 年龄 | n | 全年日均间接饮水摄入量 /（ml/d） | | | | | |
|---|---|---|---|---|---|---|---|---|---|---|
| | | | | | Mean | P5 | P25 | P50 | P75 | P95 |
| 华南 | 农村 | 男 | 60 ~ 79 岁 | 788 | 686 | 85 | 200 | 400 | 800 | 2 300 |
| | | | 80 岁及以上 | 58 | 820 | 100 | 325 | 600 | 1 200 | 2 400 |
| | | 女 | 小计 | 4 095 | 604 | 63 | 200 | 400 | 800 | 1 800 |
| | | | 18 ~ 44 岁 | 1 767 | 564 | 63 | 200 | 400 | 700 | 1 700 |
| | | | 45 ~ 59 岁 | 1 509 | 648 | 50 | 200 | 400 | 800 | 2 000 |
| | | | 60 ~ 79 岁 | 758 | 672 | 75 | 200 | 400 | 850 | 1 800 |
| | | | 80 岁及以上 | 61 | 560 | 65 | 200 | 400 | 650 | 1 800 |
| 西北 | 城乡 | 小计 | 小计 | 11 250 | 1 034 | 200 | 400 | 800 | 1 350 | 3 200 |
| | | | 18 ~ 44 岁 | 4 703 | 1 076 | 200 | 400 | 800 | 1 600 | 3 200 |
| | | | 45 ~ 59 岁 | 3 920 | 1 054 | 200 | 400 | 800 | 1 350 | 3 000 |
| | | | 60 ~ 79 岁 | 2 490 | 891 | 200 | 400 | 600 | 1 200 | 2 600 |
| | | | 80 岁及以上 | 137 | 789 | 200 | 400 | 600 | 1 200 | 1 600 |
| | | 男 | 小计 | 5 073 | 1 219 | 200 | 400 | 800 | 1 600 | 3 600 |
| | | | 18 ~ 44 岁 | 2 068 | 1 271 | 200 | 400 | 800 | 1 600 | 3 600 |
| | | | 45 ~ 59 岁 | 1 764 | 1 264 | 200 | 400 | 800 | 1 600 | 3 600 |
| | | | 60 ~ 79 岁 | 1 170 | 1 003 | 200 | 400 | 800 | 1 200 | 3 200 |
| | | | 80 岁及以上 | 71 | 835 | 200 | 400 | 600 | 1 200 | 2 250 |
| | | 女 | 小计 | 6 177 | 844 | 200 | 400 | 600 | 1 200 | 2 400 |
| | | | 18 ~ 44 岁 | 2 635 | 876 | 200 | 400 | 700 | 1 200 | 2 400 |
| | | | 45 ~ 59 岁 | 2 156 | 824 | 125 | 400 | 600 | 1 000 | 2 400 |
| | | | 60 ~ 79 岁 | 1 320 | 782 | 200 | 400 | 500 | 900 | 2 400 |
| | | | 80 岁及以上 | 66 | 748 | 200 | 375 | 600 | 1 000 | 1 600 |
| | 城市 | 小计 | 小计 | 5 044 | 788 | 200 | 400 | 500 | 800 | 2 000 |
| | | | 18 ~ 44 岁 | 2 031 | 786 | 175 | 400 | 500 | 900 | 2 400 |
| | | | 45 ~ 59 岁 | 1 794 | 857 | 140 | 400 | 500 | 800 | 2 000 |
| | | | 60 ~ 79 岁 | 1 161 | 691 | 200 | 400 | 400 | 800 | 1 800 |
| | | | 80 岁及以上 | 58 | 713 | 200 | 400 | 400 | 800 | 1 800 |
| | | 男 | 小计 | 2 217 | 923 | 200 | 400 | 700 | 1 100 | 2 400 |
| | | | 18 ~ 44 岁 | 891 | 893 | 175 | 400 | 800 | 1 200 | 2 400 |
| | | | 45 ~ 59 岁 | 774 | 1 075 | 200 | 400 | 600 | 1 200 | 2 700 |
| | | | 60 ~ 79 岁 | 519 | 776 | 200 | 400 | 600 | 900 | 1 800 |
| | | | 80 岁及以上 | 33 | 738 | 200 | 400 | 500 | 900 | 1 800 |
| | | 女 | 小计 | 2 827 | 654 | 150 | 400 | 400 | 800 | 1 600 |
| | | | 18 ~ 44 岁 | 1 140 | 681 | 150 | 400 | 400 | 800 | 1 800 |
| | | | 45 ~ 59 岁 | 1 020 | 632 | 100 | 400 | 400 | 800 | 1 600 |
| | | | 60 ~ 79 岁 | 642 | 613 | 200 | 400 | 400 | 800 | 1 600 |
| | | | 80 岁及以上 | 25 | 686 | 200 | 400 | 400 | 800 | 1 200 |
| | 农村 | 小计 | 小计 | 6 206 | 1 225 | 200 | 400 | 900 | 1 600 | 3 200 |
| | | | 18 ~ 44 岁 | 2 672 | 1 282 | 200 | 500 | 900 | 1 600 | 3 600 |
| | | | 45 ~ 59 岁 | 2 126 | 1 217 | 200 | 450 | 900 | 1 600 | 3 200 |
| | | | 60 ~ 79 岁 | 1 329 | 1 070 | 200 | 400 | 800 | 1 500 | 3 200 |
| | | | 80 岁及以上 | 79 | 845 | 200 | 400 | 640 | 1 350 | 1 600 |
| | | 男 | 小计 | 2 856 | 1 440 | 200 | 600 | 1 200 | 1 650 | 4 800 |
| | | | 18 ~ 44 岁 | 1 177 | 1 532 | 200 | 600 | 1 200 | 2 300 | 4 800 |
| | | | 45 ~ 59 岁 | 990 | 1 413 | 250 | 600 | 1 000 | 1 600 | 4 800 |
| | | | 60 ~ 79 岁 | 651 | 1 197 | 250 | 400 | 800 | 1 600 | 3 200 |
| | | | 80 岁及以上 | 38 | 921 | 250 | 400 | 600 | 1 600 | 2 400 |
| | | 女 | 小计 | 3 350 | 996 | 200 | 400 | 800 | 1 400 | 2 600 |
| | | | 18 ~ 44 岁 | 1 495 | 1 019 | 200 | 400 | 800 | 1 600 | 2 600 |
| | | | 45 ~ 59 岁 | 1136 | 992 | 200 | 400 | 800 | 1 350 | 2 550 |
| | | | 60 ~ 79 岁 | 678 | 942 | 200 | 400 | 750 | 1 200 | 3 200 |
| | | | 80 岁及以上 | 41 | 787 | 200 | 320 | 640 | 1 200 | 1 600 |
| 东北 | 城乡 | 小计 | 小计 | 10 173 | 391 | 0 | 200 | 350 | 450 | 900 |
| | | | 18 ~ 44 岁 | 3 985 | 364 | 0 | 200 | 300 | 400 | 800 |
| | | | 45 ~ 59 岁 | 3 899 | 411 | 0 | 200 | 400 | 500 | 1 000 |
| | | | 60 ~ 79 岁 | 2 164 | 441 | 0 | 200 | 400 | 500 | 1 200 |
| | | | 80 岁及以上 | 125 | 497 | 0 | 200 | 400 | 600 | 1 200 |
| | | 男 | 小计 | 4 630 | 408 | 0 | 200 | 400 | 450 | 1 000 |

| 地区 | 城乡 | 性别 | 年龄 | *n* | 全年日均间接饮水摄入量 /（ml/d） | | | | | |
|---|---|---|---|---|---|---|---|---|---|---|
| | | | | | Mean | P5 | P25 | P50 | P75 | P95 |
| 东北 | 城乡 | 男 | 18 ～ 44 岁 | 1 888 | 381 | 0 | 200 | 350 | 450 | 900 |
| | | | 45 ～ 59 岁 | 1 661 | 425 | 0 | 200 | 400 | 500 | 1 200 |
| | | | 60 ～ 79 岁 | 1 022 | 478 | 0 | 200 | 400 | 600 | 1 200 |
| | | | 80 岁及以上 | 59 | 458 | 0 | 250 | 400 | 600 | 1 200 |
| | | 女 | 小计 | 5 543 | 374 | 0 | 200 | 350 | 400 | 900 |
| | | | 18 ～ 44 岁 | 2 097 | 345 | 0 | 200 | 275 | 400 | 800 |
| | | | 45 ～ 59 岁 | 2 238 | 398 | 0 | 200 | 400 | 450 | 900 |
| | | | 60 ～ 79 岁 | 1 142 | 407 | 0 | 200 | 400 | 450 | 1 100 |
| | | | 80 岁及以上 | 66 | 530 | 0 | 200 | 400 | 600 | 960 |
| | 城市 | 小计 | 小计 | 4 354 | 391 | 0 | 200 | 350 | 450 | 900 |
| | | | 18 ～ 44 岁 | 1 658 | 364 | 0 | 200 | 250 | 400 | 900 |
| | | | 45 ～ 59 岁 | 1 731 | 411 | 0 | 200 | 400 | 450 | 1 000 |
| | | | 60 ～ 79 岁 | 910 | 430 | 0 | 200 | 400 | 500 | 1 200 |
| | | | 80 岁及以上 | 55 | 565 | 0 | 200 | 400 | 600 | 960 |
| | | 男 | 小计 | 1 910 | 403 | 0 | 200 | 400 | 450 | 1 000 |
| | | | 18 ～ 44 岁 | 766 | 376 | 0 | 200 | 300 | 400 | 900 |
| | | | 45 ～ 59 岁 | 730 | 426 | 0 | 200 | 400 | 500 | 1 200 |
| | | | 60 ～ 79 岁 | 395 | 464 | 63 | 200 | 400 | 550 | 1 200 |
| | | | 80 岁及以上 | 19 | 337 | 0 | 200 | 400 | 450 | 700 |
| | | 女 | 小计 | 2 444 | 378 | 0 | 200 | 300 | 400 | 900 |
| | | | 18 ～ 44 岁 | 892 | 350 | 0 | 200 | 250 | 400 | 810 |
| | | | 45 ～ 59 岁 | 1 001 | 395 | 8 | 200 | 350 | 400 | 900 |
| | | | 60 ～ 79 岁 | 515 | 401 | 0 | 200 | 400 | 450 | 1 000 |
| | | | 80 岁及以上 | 36 | 692 | 0 | 200 | 400 | 600 | 4 000 |
| | 农村 | 小计 | 小计 | 5 819 | 392 | 0 | 200 | 350 | 450 | 900 |
| | | | 18 ～ 44 岁 | 2 327 | 364 | 0 | 200 | 350 | 400 | 800 |
| | | | 45 ～ 59 岁 | 2 168 | 411 | 0 | 200 | 400 | 500 | 1 050 |
| | | | 60 ～ 79 岁 | 1 254 | 447 | 0 | 200 | 400 | 500 | 1 200 |
| | | | 80 岁及以上 | 70 | 467 | 0 | 200 | 400 | 700 | 1 200 |
| | | 男 | 小计 | 2 720 | 411 | 0 | 200 | 400 | 500 | 1 100 |
| | | | 18 ～ 44 岁 | 1 122 | 383 | 0 | 200 | 400 | 450 | 850 |
| | | | 45 ～ 59 岁 | 931 | 424 | 0 | 200 | 400 | 500 | 1 200 |
| | | | 60 ～ 79 岁 | 627 | 484 | 0 | 200 | 400 | 600 | 1 200 |
| | | | 80 岁及以上 | 40 | 495 | 200 | 250 | 400 | 700 | 1 200 |
| | | 女 | 小计 | 3 099 | 372 | 0 | 200 | 350 | 400 | 900 |
| | | | 18 ～ 44 岁 | 1 205 | 342 | 0 | 200 | 300 | 400 | 800 |
| | | | 45 ～ 59 岁 | 1 237 | 399 | 0 | 200 | 400 | 450 | 900 |
| | | | 60 ～ 79 岁 | 627 | 410 | 0 | 200 | 400 | 450 | 1 100 |
| | | | 80 岁及以上 | 30 | 439 | 0 | 200 | 450 | 600 | 800 |
| 西南 | 城乡 | 小计 | 小计 | 13 143 | 603 | 50 | 250 | 400 | 800 | 1 600 |
| | | | 18 ～ 44 岁 | 6 266 | 593 | 50 | 250 | 400 | 800 | 1 600 |
| | | | 45 ～ 59 岁 | 4 192 | 633 | 50 | 250 | 400 | 800 | 1 600 |
| | | | 60 ～ 79 岁 | 2 516 | 597 | 100 | 250 | 400 | 800 | 1 600 |
| | | | 80 岁及以上 | 169 | 561 | 100 | 225 | 400 | 600 | 1 800 |
| | | 男 | 小计 | 5 984 | 614 | 50 | 250 | 400 | 800 | 1 600 |
| | | | 18 ～ 44 岁 | 2 890 | 602 | 50 | 250 | 400 | 800 | 1 600 |
| | | | 45 ～ 59 岁 | 1 842 | 615 | 45 | 250 | 400 | 800 | 1 600 |
| | | | 60 ～ 79 岁 | 1 164 | 648 | 100 | 250 | 400 | 800 | 1 600 |
| | | | 80 岁及以上 | 88 | 680 | 125 | 250 | 400 | 800 | 2 400 |
| | | 女 | 小计 | 7 159 | 592 | 80 | 225 | 400 | 800 | 1 600 |
| | | | 18 ～ 44 岁 | 3 376 | 583 | 50 | 200 | 400 | 800 | 1 600 |
| | | | 45 ～ 59 岁 | 2 350 | 651 | 90 | 250 | 400 | 800 | 1 800 |
| | | | 60 ～ 79 岁 | 1 352 | 549 | 100 | 250 | 400 | 700 | 1 600 |
| | | | 80 岁及以上 | 81 | 424 | 100 | 200 | 400 | 500 | 840 |
| | 城市 | 小计 | 小计 | 4 756 | 533 | 50 | 225 | 400 | 700 | 1 400 |
| | | | 18 ～ 44 岁 | 2 235 | 495 | 50 | 200 | 400 | 600 | 1 200 |
| | | | 45 ～ 59 岁 | 1 542 | 553 | 50 | 225 | 400 | 700 | 1 450 |
| | | | 60 ～ 79 岁 | 903 | 617 | 100 | 250 | 400 | 800 | 1 600 |

| 地区 | 城乡 | 性别 | 年龄 | *n* | 全年日均间接饮水摄入量 /（ml/d） | | | | | |
|---|---|---|---|---|---|---|---|---|---|---|
| | | | | | Mean | P5 | P25 | P50 | P75 | P95 |
| 西南 | 城市 | 小计 | 80 岁及以上 | 76 | 632 | 100 | 200 | 400 | 600 | 1 800 |
| | | 男 | 小计 | 2 124 | 549 | 50 | 250 | 400 | 800 | 1 600 |
| | | | 18 ～ 44 岁 | 1 017 | 506 | 40 | 250 | 400 | 650 | 1 200 |
| | | | 45 ～ 59 岁 | 662 | 554 | 20 | 225 | 400 | 800 | 1 400 |
| | | | 60 ～ 79 岁 | 407 | 665 | 100 | 250 | 400 | 800 | 2 100 |
| | | | 80 岁及以上 | 38 | 798 | 200 | 400 | 425 | 800 | 2 400 |
| | | 女 | 小计 | 2 632 | 515 | 80 | 200 | 400 | 600 | 1 280 |
| | | | 18 ～ 44 岁 | 1 218 | 484 | 50 | 200 | 400 | 600 | 1 200 |
| | | | 45 ～ 59 岁 | 880 | 551 | 100 | 250 | 400 | 600 | 1 600 |
| | | | 60 ～ 79 岁 | 496 | 568 | 100 | 250 | 400 | 700 | 1 600 |
| | | | 80 岁及以上 | 38 | 452 | 100 | 200 | 400 | 600 | 840 |
| | 农村 | 小计 | 小计 | 8 387 | 650 | 55 | 250 | 400 | 800 | 1 800 |
| | | | 18 ～ 44 岁 | 4 031 | 657 | 50 | 250 | 400 | 800 | 2 000 |
| | | | 45 ～ 59 岁 | 2 650 | 690 | 60 | 250 | 400 | 800 | 1 600 |
| | | | 60 ～ 79 岁 | 1 613 | 585 | 100 | 250 | 400 | 800 | 1 600 |
| | | | 80 岁及以上 | 93 | 497 | 100 | 225 | 400 | 600 | 1 200 |
| | | 男 | 小计 | 3 860 | 658 | 50 | 250 | 400 | 800 | 1 600 |
| | | | 18 ～ 44 岁 | 1 873 | 666 | 50 | 250 | 400 | 800 | 1 800 |
| | | | 45 ～ 59 岁 | 1 180 | 659 | 50 | 250 | 400 | 800 | 1 600 |
| | | | 60 ～ 79 岁 | 757 | 637 | 95 | 250 | 400 | 800 | 1 600 |
| | | | 80 岁及以上 | 50 | 580 | 100 | 250 | 400 | 800 | 1 800 |
| | | 女 | 小计 | 4 527 | 642 | 80 | 250 | 400 | 800 | 1800 |
| | | | 18 ～ 44 岁 | 2 158 | 648 | 50 | 250 | 400 | 800 | 2 000 |
| | | | 45 ～ 59 岁 | 1 470 | 720 | 80 | 250 | 450 | 875 | 1 800 |
| | | | 60 ～ 79 岁 | 856 | 539 | 100 | 250 | 400 | 700 | 1 600 |
| | | | 80 岁及以上 | 43 | 398 | 125 | 225 | 400 | 500 | 800 |

## 附表 3-30　中国人群分片区、城乡、性别、年龄的春秋季日均间接饮水摄入量

| 地区 | 城乡 | 性别 | 年龄 | *n* | 春秋季日均间接饮水摄入量 /（ml/d） | | | | | |
|---|---|---|---|---|---|---|---|---|---|---|
| | | | | | Mean | P5 | P25 | P50 | P75 | P95 |
| 合计 | 城乡 | 小计 | 小计 | 90 575 | 775 | 50 | 200 | 400 | 800 | 2 400 |
| | | | 18 ～ 44 岁 | 36 401 | 747 | 50 | 200 | 400 | 800 | 2 400 |
| | | | 45 ～ 59 岁 | 32 215 | 801 | 40 | 200 | 400 | 800 | 2 400 |
| | | | 60 ～ 79 岁 | 20 482 | 825 | 80 | 300 | 400 | 1 000 | 2 400 |
| | | | 80 岁及以上 | 1 477 | 676 | 80 | 200 | 400 | 800 | 1 800 |
| | | 男 | 小计 | 41 044 | 816 | 40 | 200 | 400 | 900 | 2 400 |
| | | | 18 ～ 44 岁 | 16 629 | 789 | 40 | 200 | 400 | 800 | 2 400 |
| | | | 45 ～ 59 岁 | 14 030 | 831 | 16 | 260 | 400 | 960 | 2 400 |
| | | | 60 ～ 79 岁 | 9 712 | 879 | 100 | 400 | 600 | 1 200 | 2 400 |
| | | | 80 岁及以上 | 673 | 748 | 100 | 300 | 400 | 800 | 2 400 |
| | | 女 | 小计 | 49 531 | 734 | 60 | 200 | 400 | 800 | 2 400 |
| | | | 18 ～ 44 岁 | 19 772 | 705 | 60 | 200 | 400 | 800 | 2 400 |
| | | | 45 ～ 59 岁 | 18 185 | 771 | 50 | 200 | 400 | 800 | 2 400 |
| | | | 60 ～ 79 岁 | 10 770 | 770 | 40 | 200 | 400 | 900 | 2 400 |
| | | | 80 岁及以上 | 804 | 620 | 30 | 200 | 400 | 800 | 1 600 |
| | 城市 | 小计 | 小计 | 41 672 | 666 | 50 | 200 | 400 | 800 | 2 000 |
| | | | 18 ～ 44 岁 | 16 581 | 662 | 60 | 200 | 400 | 800 | 2 160 |
| | | | 45 ～ 59 岁 | 14 691 | 668 | 40 | 200 | 400 | 800 | 1 800 |
| | | | 60 ～ 79 岁 | 9 659 | 684 | 40 | 200 | 400 | 800 | 2 000 |
| | | | 80 岁及以上 | 741 | 598 | 100 | 200 | 400 | 800 | 1 600 |
| | | 男 | 小计 | 18 389 | 700 | 40 | 200 | 400 | 800 | 2 400 |
| | | | 18 ～ 44 岁 | 7 510 | 690 | 20 | 200 | 400 | 800 | 2 400 |
| | | | 45 ～ 59 岁 | 6 248 | 701 | 12 | 200 | 400 | 800 | 2 000 |
| | | | 60 ～ 79 岁 | 4 309 | 730 | 100 | 240 | 400 | 800 | 2 400 |
| | | | 80 岁及以上 | 322 | 684 | 100 | 200 | 400 | 800 | 2 400 |

| 地区 | 城乡 | 性别 | 年龄 | *n* | 春秋季日均间接饮水摄入量 /（ml/d） | | | | | |
|---|---|---|---|---|---|---|---|---|---|---|
| | | | | | Mean | P5 | P25 | P50 | P75 | P95 |
| 合计 | 城市 | 女 | 小计 | 23 283 | 633 | 80 | 200 | 400 | 800 | 1 800 |
| | | | 18 ～ 44 岁 | 9 071 | 634 | 100 | 200 | 400 | 800 | 1 800 |
| | | | 45 ～ 59 岁 | 8 443 | 635 | 50 | 200 | 400 | 800 | 1 800 |
| | | | 60 ～ 79 岁 | 5 350 | 641 | 0 | 200 | 400 | 800 | 1 800 |
| | | | 80 岁及以上 | 419 | 533 | 50 | 200 | 400 | 600 | 1 440 |
| | 农村 | 小计 | 小计 | 48 903 | 859 | 50 | 200 | 600 | 1 200 | 2 400 |
| | | | 18 ～ 44 岁 | 19 820 | 813 | 48 | 200 | 400 | 1 200 | 2 400 |
| | | | 45 ～ 59 岁 | 17 524 | 907 | 40 | 300 | 600 | 1 200 | 2 400 |
| | | | 60 ～ 79 岁 | 10 823 | 932 | 100 | 400 | 600 | 1 200 | 2 400 |
| | | | 80 岁及以上 | 736 | 747 | 80 | 300 | 400 | 1 200 | 2 400 |
| | | 男 | 小计 | 22 655 | 905 | 40 | 300 | 600 | 1 200 | 2 400 |
| | | | 18 ～ 44 岁 | 9 119 | 863 | 40 | 200 | 480 | 1 200 | 2 400 |
| | | | 45 ～ 59 岁 | 7 782 | 936 | 20 | 400 | 600 | 1 200 | 2 500 |
| | | | 60 ～ 79 岁 | 5 403 | 988 | 60 | 400 | 600 | 1 200 | 2 880 |
| | | | 80 岁及以上 | 351 | 806 | 100 | 400 | 600 | 1 200 | 2 400 |
| | | 女 | 小计 | 26 248 | 813 | 50 | 200 | 400 | 1 200 | 2 400 |
| | | | 18 ～ 44 岁 | 10 701 | 760 | 50 | 200 | 400 | 900 | 2 400 |
| | | | 45 ～ 59 岁 | 9 742 | 878 | 50 | 300 | 600 | 1 200 | 2 400 |
| | | | 60 ～ 79 岁 | 5 420 | 874 | 100 | 300 | 600 | 1 200 | 2 400 |
| | | | 80 岁及以上 | 385 | 701 | 16 | 200 | 400 | 1 000 | 1 800 |
| 华北 | 城乡 | 小计 | 小计 | 18 018 | 1 166 | 200 | 400 | 800 | 1 600 | 3 200 |
| | | | 18 ～ 44 岁 | 6 442 | 1 137 | 200 | 400 | 800 | 1 600 | 3 200 |
| | | | 45 ～ 59 岁 | 6 805 | 1 192 | 200 | 400 | 800 | 1 600 | 3 200 |
| | | | 60 ～ 79 岁 | 4 486 | 1 215 | 200 | 400 | 800 | 1 600 | 3 200 |
| | | | 80 岁及以上 | 285 | 942 | 200 | 400 | 800 | 1 200 | 2 400 |
| | | 男 | 小计 | 7 976 | 1 214 | 200 | 400 | 800 | 1 600 | 3 200 |
| | | | 18 ～ 44 岁 | 2 905 | 1 164 | 200 | 400 | 800 | 1600 | 3 200 |
| | | | 45 ～ 59 岁 | 2 817 | 1 238 | 200 | 400 | 800 | 1 600 | 3 200 |
| | | | 60 ～ 79 岁 | 2 109 | 1 325 | 200 | 400 | 800 | 1 600 | 3 200 |
| | | | 80 岁及以上 | 145 | 928 | 200 | 400 | 800 | 1 200 | 2 000 |
| | | 女 | 小计 | 10 042 | 1 119 | 200 | 400 | 800 | 1 600 | 3 200 |
| | | | 18 ～ 44 岁 | 3 537 | 1 110 | 200 | 400 | 800 | 1 440 | 3 000 |
| | | | 45 ～ 59 岁 | 3 988 | 1 150 | 200 | 400 | 800 | 1 600 | 3 200 |
| | | | 60 ～ 79 岁 | 2 377 | 1 105 | 200 | 400 | 800 | 1 600 | 3 200 |
| | | | 80 岁及以上 | 140 | 955 | 200 | 400 | 800 | 1200 | 2 400 |
| | 城市 | 小计 | 小计 | 7 808 | 875 | 200 | 400 | 600 | 1 000 | 2 400 |
| | | | 18 ～ 44 岁 | 2 775 | 880 | 200 | 400 | 600 | 960 | 2 400 |
| | | | 45 ～ 59 岁 | 2787 | 865 | 200 | 400 | 600 | 1 200 | 2 400 |
| | | | 60 ～ 79 岁 | 2 089 | 894 | 200 | 400 | 600 | 960 | 2 400 |
| | | | 80 岁及以上 | 157 | 708 | 200 | 400 | 600 | 800 | 1 800 |
| | | 男 | 小计 | 3 396 | 898 | 200 | 400 | 800 | 1 200 | 2 400 |
| | | | 18 ～ 44 岁 | 1 230 | 873 | 200 | 400 | 800 | 1 200 | 2 400 |
| | | | 45 ～ 59 岁 | 1 161 | 892 | 200 | 400 | 600 | 1 200 | 2 400 |
| | | | 60 ～ 79 岁 | 922 | 988 | 200 | 400 | 800 | 1 200 | 2 700 |
| | | | 80 岁及以上 | 83 | 765 | 100 | 400 | 600 | 800 | 2 000 |
| | | 女 | 小计 | 4 412 | 851 | 200 | 400 | 600 | 800 | 2 400 |
| | | | 18 ～ 44 岁 | 1 545 | 888 | 200 | 400 | 600 | 800 | 2 400 |
| | | | 45 ～ 59 岁 | 1 626 | 838 | 200 | 400 | 600 | 960 | 2 400 |
| | | | 60 ～ 79 岁 | 1 167 | 804 | 200 | 400 | 600 | 800 | 2 400 |
| | | | 80 岁及以上 | 74 | 635 | 200 | 400 | 400 | 800 | 1 800 |
| | 农村 | 小计 | 小计 | 10 210 | 1 362 | 200 | 800 | 1 000 | 1 600 | 3 200 |
| | | | 18 ～ 44 岁 | 3 667 | 1 313 | 200 | 800 | 960 | 1 600 | 3 200 |
| | | | 45 ～ 59 岁 | 4 018 | 1 403 | 200 | 600 | 1 000 | 1 600 | 3 600 |
| | | | 60 ～ 79 岁 | 2 397 | 1 429 | 300 | 800 | 1 200 | 1 600 | 3 200 |
| | | | 80 岁及以上 | 128 | 1 161 | 200 | 600 | 800 | 1600 | 2 700 |
| | | 男 | 小计 | 4 580 | 1 430 | 200 | 800 | 1 200 | 1 600 | 3 600 |
| | | | 18 ～ 44 岁 | 1 675 | 1 360 | 200 | 800 | 960 | 1600 | 3 200 |
| | | | 45 ～ 59 岁 | 1 656 | 1 483 | 200 | 800 | 1 200 | 1 600 | 3 600 |

| 地区 | 城乡 | 性别 | 年龄 | n | 春秋季日均间接饮水摄入量 /（ml/d） | | | | | |
|---|---|---|---|---|---|---|---|---|---|---|
| | | | | | Mean | P5 | P25 | P50 | P75 | P95 |
| 华北 | 农村 | 男 | 60 ～ 79 岁 | 1 187 | 1 539 | 300 | 800 | 1 200 | 1 800 | 3 600 |
| | | | 80 岁及以上 | 62 | 1 123 | 400 | 800 | 960 | 1 600 | 2 400 |
| | | 女 | 小计 | 5 630 | 1 297 | 200 | 600 | 960 | 1 600 | 3 200 |
| | | | 18 ～ 44 岁 | 1 992 | 1 265 | 200 | 600 | 800 | 1 600 | 3 200 |
| | | | 45 ～ 59 岁 | 2 362 | 1 336 | 200 | 600 | 960 | 1 600 | 3 200 |
| | | | 60 ～ 79 岁 | 1 210 | 1 314 | 300 | 800 | 1 200 | 1 600 | 3 200 |
| | | | 80 岁及以上 | 66 | 1 191 | 200 | 400 | 800 | 1 440 | 3 600 |
| 华东 | 城乡 | 小计 | 小计 | 22 912 | 829 | 100 | 300 | 400 | 1 200 | 2 400 |
| | | | 18 ～ 44 岁 | 8 525 | 807 | 100 | 300 | 400 | 1 000 | 2 400 |
| | | | 45 ～ 59 岁 | 8 048 | 843 | 12 | 300 | 450 | 1 200 | 2 400 |
| | | | 60 ～ 79 岁 | 5 824 | 890 | 0 | 400 | 600 | 1 200 | 2 400 |
| | | | 80 岁及以上 | 515 | 655 | 0 | 200 | 400 | 800 | 1 920 |
| | | 男 | 小计 | 10 402 | 870 | 100 | 400 | 480 | 1 200 | 2 400 |
| | | | 18 ～ 44 岁 | 3 787 | 858 | 100 | 400 | 400 | 1 200 | 2 400 |
| | | | 45 ～ 59 岁 | 3 616 | 862 | 0 | 300 | 480 | 1 200 | 2 400 |
| | | | 60 ～ 79 岁 | 2 795 | 922 | 0 | 400 | 600 | 1 200 | 2 400 |
| | | | 80 岁及以上 | 204 | 800 | 40 | 400 | 576 | 900 | 2 400 |
| | | 女 | 小计 | 12 510 | 788 | 100 | 200 | 400 | 1 000 | 2 400 |
| | | | 18 ～ 44 岁 | 4 738 | 758 | 100 | 200 | 400 | 900 | 2 400 |
| | | | 45 ～ 59 岁 | 4 432 | 823 | 40 | 200 | 400 | 1 200 | 2 400 |
| | | | 60 ～ 79 岁 | 3 029 | 857 | 0 | 300 | 600 | 1 200 | 2 400 |
| | | | 80 岁及以上 | 311 | 574 | 0 | 200 | 400 | 800 | 1 600 |
| | 城市 | 小计 | 小计 | 12 445 | 754 | 100 | 200 | 400 | 800 | 2 400 |
| | | | 18 ～ 44 岁 | 4 761 | 783 | 100 | 300 | 400 | 800 | 2 400 |
| | | | 45 ～ 59 岁 | 4 275 | 724 | 0 | 200 | 400 | 800 | 2 400 |
| | | | 60 ～ 79 岁 | 3 141 | 732 | 0 | 200 | 400 | 800 | 2 400 |
| | | | 80 岁及以上 | 268 | 587 | 0 | 200 | 400 | 800 | 1 600 |
| | | 男 | 小计 | 5 477 | 791 | 100 | 300 | 400 | 800 | 2 400 |
| | | | 18 ～ 44 岁 | 2 106 | 832 | 100 | 400 | 400 | 1 000 | 2 400 |
| | | | 45 ～ 59 岁 | 1 868 | 736 | 0 | 200 | 400 | 800 | 2 400 |
| | | | 60 ～ 79 岁 | 1 402 | 764 | 0 | 200 | 400 | 800 | 2 400 |
| | | | 80 岁及以上 | 101 | 774 | 40 | 400 | 484 | 1 200 | 2 400 |
| | | 女 | 小计 | 6 968 | 717 | 100 | 200 | 400 | 800 | 2 400 |
| | | | 18 ～ 44 岁 | 2 655 | 737 | 100 | 200 | 400 | 800 | 2 400 |
| | | | 45 ～ 59 岁 | 2 407 | 711 | 0 | 200 | 400 | 800 | 2 400 |
| | | | 60 ～ 79 岁 | 1 739 | 703 | 0 | 200 | 400 | 800 | 2 400 |
| | | | 80 岁及以上 | 167 | 485 | 0 | 200 | 400 | 600 | 1 200 |
| | 农村 | 小计 | 小计 | 10 467 | 909 | 100 | 400 | 600 | 1 200 | 2 400 |
| | | | 18 ～ 44 岁 | 3 764 | 833 | 100 | 400 | 450 | 1 200 | 2 400 |
| | | | 45 ～ 59 岁 | 3 773 | 970 | 50 | 400 | 600 | 1 200 | 2 400 |
| | | | 60 ～ 79 岁 | 2 683 | 1 048 | 100 | 400 | 800 | 1 200 | 2 800 |
| | | | 80 岁及以上 | 247 | 721 | 0 | 300 | 400 | 800 | 2 400 |
| | | 男 | 小计 | 4 925 | 952 | 80 | 400 | 600 | 1 200 | 2 600 |
| | | | 18 ～ 44 岁 | 1 681 | 885 | 100 | 400 | 576 | 1 200 | 2 400 |
| | | | 45 ～ 59 岁 | 1 748 | 997 | 16 | 400 | 600 | 1 200 | 2 700 |
| | | | 60 ～ 79 岁 | 1 393 | 1 066 | 100 | 400 | 800 | 1 440 | 3 000 |
| | | | 80 岁及以上 | 103 | 827 | 20 | 400 | 576 | 800 | 2 880 |
| | | 女 | 小计 | 5 542 | 865 | 100 | 400 | 600 | 1 200 | 2 400 |
| | | | 18 ～ 44 岁 | 2 083 | 782 | 100 | 300 | 400 | 1 200 | 2 400 |
| | | | 45 ～ 59 岁 | 2 025 | 941 | 100 | 400 | 600 | 1 200 | 2 400 |
| | | | 60 ～ 79 岁 | 1 290 | 1 028 | 100 | 400 | 800 | 1 200 | 2 600 |
| | | | 80 岁及以上 | 144 | 663 | 0 | 260 | 400 | 1 200 | 1 800 |
| 华南 | 城乡 | 小计 | 小计 | 15 075 | 566 | 40 | 200 | 400 | 800 | 1 600 |
| | | | 18 ～ 44 岁 | 6 479 | 543 | 40 | 200 | 400 | 600 | 1 600 |
| | | | 45 ～ 59 岁 | 5 349 | 593 | 40 | 200 | 400 | 800 | 1 800 |
| | | | 60 ～ 79 岁 | 3 001 | 593 | 40 | 200 | 400 | 800 | 1 600 |
| | | | 80 岁及以上 | 246 | 584 | 60 | 200 | 400 | 800 | 2 400 |
| | | 男 | 小计 | 6 977 | 596 | 48 | 200 | 400 | 800 | 1 800 |

| 地区 | 城乡 | 性别 | 年龄 | $n$ | 春秋季日均间接饮水摄入量 /（ml/d） | | | | | |
|---|---|---|---|---|---|---|---|---|---|---|
| | | | | | Mean | P5 | P25 | P50 | P75 | P95 |
| 华南 | 城乡 | 男 | 18 ～ 44 岁 | 3 090 | 585 | 40 | 200 | 400 | 800 | 1 800 |
| | | | 45 ～ 59 岁 | 2 329 | 611 | 50 | 200 | 400 | 800 | 1 800 |
| | | | 60 ～ 79 岁 | 1 452 | 599 | 40 | 200 | 400 | 800 | 1 800 |
| | | | 80 岁及以上 | 106 | 642 | 100 | 200 | 400 | 800 | 2 400 |
| | | 女 | 小计 | 8 098 | 536 | 40 | 200 | 400 | 600 | 1 600 |
| | | | 18 ～ 44 岁 | 3 389 | 497 | 12 | 200 | 400 | 600 | 1 600 |
| | | | 45 ～ 59 岁 | 3 020 | 575 | 40 | 200 | 400 | 800 | 1 600 |
| | | | 60 ～ 79 岁 | 1 549 | 587 | 40 | 200 | 400 | 800 | 1 600 |
| | | | 80 岁及以上 | 140 | 537 | 0 | 200 | 400 | 600 | 1 440 |
| | 城市 | 小计 | 小计 | 7 265 | 505 | 40 | 200 | 400 | 600 | 1 400 |
| | | | 18 ～ 44 岁 | 3 121 | 477 | 0 | 200 | 400 | 600 | 1 400 |
| | | | 45 ～ 59 岁 | 2 562 | 546 | 60 | 200 | 400 | 800 | 1 500 |
| | | | 60 ～ 79 岁 | 1 455 | 511 | 50 | 200 | 400 | 600 | 1 200 |
| | | | 80 岁及以上 | 127 | 494 | 50 | 200 | 400 | 600 | 1 200 |
| | | 男 | 小计 | 3 265 | 535 | 20 | 200 | 400 | 600 | 1 600 |
| | | | 18 ～ 44 岁 | 1 500 | 519 | 0 | 200 | 400 | 600 | 1 600 |
| | | | 45 ～ 59 岁 | 1 053 | 577 | 100 | 200 | 400 | 800 | 1 600 |
| | | | 60 ～ 79 岁 | 664 | 515 | 50 | 200 | 400 | 600 | 1 200 |
| | | | 80 岁及以上 | 48 | 435 | 160 | 200 | 240 | 600 | 1 000 |
| | | 女 | 小计 | 4 000 | 475 | 40 | 200 | 400 | 600 | 1 200 |
| | | | 18 ～ 44 岁 | 1 621 | 432 | 40 | 200 | 400 | 400 | 1 200 |
| | | | 45 ～ 59 岁 | 1 509 | 517 | 50 | 200 | 400 | 600 | 1 400 |
| | | | 60 ～ 79 岁 | 791 | 508 | 50 | 200 | 400 | 600 | 1 200 |
| | | | 80 岁及以上 | 79 | 532 | 0 | 200 | 400 | 600 | 1 440 |
| | 农村 | 小计 | 小计 | 7 810 | 611 | 40 | 200 | 400 | 800 | 2 000 |
| | | | 18 ～ 44 岁 | 3 358 | 586 | 50 | 200 | 400 | 800 | 1 800 |
| | | | 45 ～ 59 岁 | 2 787 | 632 | 40 | 200 | 400 | 800 | 2 400 |
| | | | 60 ～ 79 岁 | 1 546 | 657 | 40 | 200 | 400 | 800 | 2 000 |
| | | | 80 岁及以上 | 119 | 677 | 80 | 200 | 400 | 1 000 | 2 400 |
| | | 男 | 小计 | 3 712 | 639 | 50 | 200 | 400 | 800 | 2 400 |
| | | | 18 ～ 44 岁 | 1 590 | 630 | 50 | 200 | 400 | 800 | 2 400 |
| | | | 45 ～ 59 岁 | 1 276 | 637 | 40 | 200 | 400 | 800 | 2 400 |
| | | | 60 ～ 79 岁 | 788 | 660 | 40 | 200 | 400 | 800 | 2 400 |
| | | | 80 岁及以上 | 58 | 811 | 100 | 400 | 600 | 1 200 | 2 400 |
| | | 女 | 小计 | 4 098 | 581 | 20 | 200 | 400 | 800 | 1 800 |
| | | | 18 ～ 44 岁 | 1 768 | 540 | 0 | 200 | 400 | 600 | 1 600 |
| | | | 45 ～ 59 岁 | 1 511 | 625 | 40 | 200 | 400 | 800 | 2 000 |
| | | | 60 ～ 79 岁 | 758 | 653 | 16 | 200 | 400 | 800 | 2 000 |
| | | | 80 岁及以上 | 61 | 543 | 60 | 200 | 400 | 600 | 1 800 |
| 西北 | 城乡 | 小计 | 小计 | 11 250 | 1 013 | 200 | 400 | 800 | 1 200 | 3 200 |
| | | | 18 ～ 44 岁 | 4 703 | 1 054 | 200 | 400 | 800 | 1 600 | 3 200 |
| | | | 45 ～ 59 岁 | 3 920 | 1 033 | 200 | 400 | 800 | 1 200 | 3 200 |
| | | | 60 ～ 79 岁 | 2 490 | 869 | 200 | 400 | 600 | 1 200 | 2 400 |
| | | | 80 岁及以上 | 137 | 780 | 200 | 400 | 600 | 1 200 | 1 600 |
| | | 男 | 小计 | 5 073 | 1 197 | 200 | 400 | 800 | 1 600 | 3 600 |
| | | | 18 ～ 44 岁 | 2 068 | 1 249 | 200 | 400 | 800 | 1 600 | 3 600 |
| | | | 45 ～ 59 岁 | 1 764 | 1 241 | 200 | 400 | 800 | 1 600 | 3 600 |
| | | | 60 ～ 79 岁 | 1 170 | 981 | 200 | 400 | 800 | 1 200 | 3 200 |
| | | | 80 岁及以上 | 71 | 814 | 200 | 400 | 600 | 1 200 | 2 400 |
| | | 女 | 小计 | 6 177 | 824 | 200 | 400 | 600 | 1 200 | 2 400 |
| | | | 18 ～ 44 岁 | 2 635 | 855 | 200 | 400 | 640 | 1 200 | 2 400 |
| | | | 45 ～ 59 岁 | 2 156 | 806 | 100 | 400 | 600 | 900 | 2 400 |
| | | | 60 ～ 79 岁 | 1 320 | 761 | 200 | 400 | 400 | 800 | 2 400 |
| | | | 80 岁及以上 | 66 | 749 | 200 | 400 | 600 | 1 200 | 1 600 |
| | 城市 | 小计 | 小计 | 5 044 | 768 | 100 | 400 | 400 | 800 | 1 800 |
| | | | 18 ～ 44 岁 | 2 031 | 769 | 100 | 400 | 400 | 800 | 2 400 |
| | | | 45 ～ 59 岁 | 1 794 | 834 | 100 | 400 | 400 | 800 | 1 800 |
| | | | 60 ～ 79 岁 | 1 161 | 669 | 200 | 400 | 400 | 800 | 1 600 |

| 地区 | 城乡 | 性别 | 年龄 | *n* | 春秋季日均间接饮水摄入量 / (ml/d) | | | | | |
|---|---|---|---|---|---|---|---|---|---|---|
| | | | | | Mean | P5 | P25 | P50 | P75 | P95 |
| 西北 | | 小计 | 80 岁及以上 | 58 | 701 | 200 | 400 | 400 | 800 | 1 600 |
| | 城市 | 男 | 小计 | 2 217 | 901 | 200 | 400 | 600 | 960 | 2 400 |
| | | | 18 ~ 44 岁 | 891 | 875 | 120 | 400 | 800 | 1 200 | 2 400 |
| | | | 45 ~ 59 岁 | 774 | 1049 | 200 | 400 | 600 | 800 | 2 400 |
| | | | 60 ~ 79 岁 | 519 | 751 | 200 | 400 | 600 | 800 | 1 600 |
| | | | 80 岁及以上 | 33 | 723 | 200 | 400 | 400 | 800 | 1 600 |
| | | 女 | 小计 | 2 827 | 636 | 100 | 400 | 400 | 800 | 1 600 |
| | | | 18 ~ 44 岁 | 1 140 | 664 | 100 | 400 | 400 | 800 | 1 600 |
| | | | 45 ~ 59 岁 | 1 020 | 612 | 50 | 400 | 400 | 800 | 1 600 |
| | | | 60 ~ 79 岁 | 642 | 593 | 200 | 400 | 400 | 800 | 1 600 |
| | | | 80 岁及以上 | 25 | 677 | 200 | 400 | 400 | 800 | 1200 |
| | 农村 | 小计 | 小计 | 6 206 | 1 203 | 200 | 400 | 800 | 1 600 | 3 200 |
| | | | 18 ~ 44 岁 | 2 672 | 1 258 | 200 | 400 | 800 | 1 600 | 3 600 |
| | | | 45 ~ 59 岁 | 2 126 | 1 198 | 200 | 400 | 800 | 1 600 | 3 200 |
| | | | 60 ~ 79 岁 | 1 329 | 1 050 | 200 | 400 | 800 | 1 600 | 3 200 |
| | | | 80 岁及以上 | 79 | 839 | 200 | 400 | 640 | 1 200 | 1 600 |
| | | 男 | 小计 | 2 856 | 1 417 | 200 | 600 | 1 200 | 1 600 | 4 800 |
| | | | 18 ~ 44 岁 | 1 177 | 1 508 | 200 | 600 | 1 200 | 2 400 | 4 800 |
| | | | 45 ~ 59 岁 | 990 | 1 392 | 200 | 600 | 900 | 1 600 | 4 800 |
| | | | 60 ~ 79 岁 | 651 | 1 178 | 200 | 400 | 800 | 1 600 | 3 200 |
| | | | 80 岁及以上 | 38 | 895 | 200 | 400 | 600 | 1 600 | 2 400 |
| | | 女 | 小计 | 3350 | 975 | 200 | 400 | 800 | 1 500 | 2 400 |
| | | | 18 ~ 44 岁 | 1 495 | 995 | 200 | 400 | 800 | 1 600 | 2 400 |
| | | | 45 ~ 59 岁 | 1 136 | 976 | 200 | 400 | 800 | 1 200 | 2 400 |
| | | | 60 ~ 79 岁 | 678 | 919 | 200 | 400 | 800 | 1 200 | 3 200 |
| | | | 80 岁及以上 | 41 | 795 | 200 | 320 | 640 | 1 200 | 1 600 |
| 东北 | 城乡 | 小计 | 小计 | 10 173 | 385 | 0 | 200 | 400 | 400 | 800 |
| | | | 18 ~ 44 岁 | 3 985 | 359 | 0 | 200 | 400 | 400 | 800 |
| | | | 45 ~ 59 岁 | 3 899 | 404 | 0 | 200 | 400 | 400 | 1 200 |
| | | | 60 ~ 79 岁 | 2 164 | 433 | 0 | 200 | 400 | 400 | 1 200 |
| | | | 80 岁及以上 | 125 | 493 | 0 | 200 | 400 | 800 | 1 200 |
| | | 男 | 小计 | 4 630 | 401 | 0 | 200 | 400 | 400 | 1 000 |
| | | | 18 ~ 44 岁 | 1 888 | 376 | 0 | 200 | 400 | 400 | 800 |
| | | | 45 ~ 59 岁 | 1 661 | 414 | 0 | 200 | 400 | 400 | 1 200 |
| | | | 60 ~ 79 岁 | 1 022 | 468 | 0 | 200 | 400 | 600 | 1 200 |
| | | | 80 岁及以上 | 59 | 454 | 0 | 200 | 400 | 600 | 1 200 |
| | | 女 | 小计 | 5 543 | 369 | 0 | 200 | 400 | 400 | 800 |
| | | | 18 ~ 44 岁 | 2 097 | 340 | 0 | 200 | 200 | 400 | 800 |
| | | | 45 ~ 59 岁 | 2 238 | 395 | 0 | 200 | 400 | 400 | 800 |
| | | | 60 ~ 79 岁 | 1 142 | 399 | 0 | 200 | 400 | 400 | 1 200 |
| | | | 80 岁及以上 | 66 | 526 | 0 | 200 | 400 | 800 | 960 |
| | 城市 | 小计 | 小计 | 4 354 | 381 | 0 | 200 | 400 | 400 | 800 |
| | | | 18 ~ 44 岁 | 1 658 | 354 | 0 | 200 | 200 | 400 | 800 |
| | | | 45 ~ 59 岁 | 1 731 | 401 | 0 | 200 | 400 | 400 | 960 |
| | | | 60 ~ 79 岁 | 910 | 420 | 0 | 200 | 400 | 400 | 1 200 |
| | | | 80 岁及以上 | 55 | 567 | 0 | 200 | 400 | 600 | 960 |
| | | 男 | 小计 | 1 910 | 394 | 0 | 200 | 400 | 400 | 960 |
| | | | 18 ~ 44 岁 | 766 | 370 | 0 | 200 | 300 | 400 | 800 |
| | | | 45 ~ 59 岁 | 730 | 413 | 0 | 200 | 400 | 400 | 1 200 |
| | | | 60 ~ 79 岁 | 395 | 454 | 12 | 200 | 400 | 600 | 1 200 |
| | | | 80 岁及以上 | 19 | 336 | 0 | 200 | 400 | 400 | 800 |
| | | 女 | 小计 | 2 444 | 369 | 0 | 200 | 300 | 400 | 800 |
| | | | 18 ~ 44 岁 | 892 | 338 | 0 | 200 | 200 | 400 | 800 |
| | | | 45 ~ 59 岁 | 1 001 | 390 | 0 | 200 | 400 | 400 | 800 |
| | | | 60 ~ 79 岁 | 515 | 392 | 0 | 200 | 400 | 400 | 900 |
| | | | 80 岁及以上 | 36 | 696 | 0 | 200 | 400 | 600 | 4 000 |
| | 农村 | 小计 | 小计 | 5 819 | 388 | 0 | 200 | 400 | 400 | 800 |
| | | | 18 ~ 44 岁 | 2 327 | 361 | 0 | 200 | 400 | 400 | 800 |

| 地区 | 城乡 | 性别 | 年龄 | *n* | 春秋季日均间接饮水摄入量 /（ml/d） | | | | | |
|---|---|---|---|---|---|---|---|---|---|---|
| | | | | | Mean | P5 | P25 | P50 | P75 | P95 |
| 东北 | 农村 | 小计 | 45 ～ 59 岁 | 2 168 | 406 | 0 | 200 | 400 | 400 | 1 200 |
| | | | 60 ～ 79 岁 | 1 254 | 439 | 0 | 200 | 400 | 400 | 1 200 |
| | | | 80 岁及以上 | 70 | 460 | 0 | 200 | 400 | 800 | 1 200 |
| | | 男 | 小计 | 2 720 | 405 | 0 | 200 | 400 | 400 | 1 200 |
| | | | 18 ～ 44 岁 | 1 122 | 379 | 0 | 200 | 400 | 400 | 800 |
| | | | 45 ～ 59 岁 | 931 | 415 | 0 | 200 | 400 | 400 | 1 200 |
| | | | 60 ～ 79 岁 | 627 | 476 | 0 | 200 | 400 | 600 | 1 200 |
| | | | 80 岁及以上 | 40 | 491 | 0 | 200 | 400 | 800 | 1 600 |
| | | 女 | 小计 | 3 099 | 370 | 0 | 200 | 400 | 400 | 800 |
| | | | 18 ～ 44 岁 | 1 205 | 340 | 0 | 200 | 300 | 400 | 800 |
| | | | 45 ～ 59 岁 | 1 237 | 398 | 0 | 200 | 400 | 400 | 1 000 |
| | | | 60 ～ 79 岁 | 627 | 403 | 0 | 200 | 400 | 400 | 1 200 |
| | | | 80 岁及以上 | 30 | 430 | 0 | 200 | 400 | 800 | 800 |
| 西南 | 城乡 | 小计 | 小计 | 13 147 | 574 | 40 | 200 | 400 | 800 | 1 600 |
| | | | 18 ～ 44 岁 | 6 267 | 559 | 0 | 200 | 400 | 800 | 1 600 |
| | | | 45 ～ 59 岁 | 4 194 | 607 | 40 | 200 | 400 | 800 | 1 600 |
| | | | 60 ～ 79 岁 | 2 517 | 574 | 100 | 200 | 400 | 800 | 1 600 |
| | | | 80 岁及以上 | 169 | 529 | 100 | 200 | 400 | 600 | 1 600 |
| | | 男 | 小计 | 5 986 | 586 | 0 | 200 | 400 | 800 | 1 600 |
| | | | 18 ～ 44 岁 | 2 891 | 570 | 0 | 200 | 400 | 800 | 1 600 |
| | | | 45 ～ 59 岁 | 1 843 | 588 | 0 | 200 | 400 | 800 | 1 600 |
| | | | 60 ～ 79 岁 | 1 164 | 627 | 80 | 200 | 400 | 800 | 1 600 |
| | | | 80 岁及以上 | 88 | 642 | 100 | 200 | 400 | 800 | 2 400 |
| | | 女 | 小计 | 7 161 | 562 | 50 | 200 | 400 | 800 | 1 600 |
| | | | 18 ～ 44 岁 | 3 376 | 548 | 40 | 200 | 400 | 800 | 1 600 |
| | | | 45 ～ 59 岁 | 2 351 | 627 | 80 | 200 | 400 | 800 | 1 600 |
| | | | 60 ～ 79 岁 | 1 353 | 524 | 100 | 200 | 400 | 800 | 1 600 |
| | | | 80 岁及以上 | 81 | 399 | 100 | 200 | 400 | 400 | 800 |
| | 城市 | 小计 | 小计 | 4 756 | 509 | 40 | 200 | 400 | 600 | 1 280 |
| | | | 18 ～ 44 岁 | 2 235 | 471 | 0 | 200 | 400 | 600 | 1 200 |
| | | | 45 ～ 59 岁 | 1 542 | 528 | 40 | 200 | 400 | 800 | 1 600 |
| | | | 60 ～ 79 岁 | 903 | 601 | 100 | 200 | 400 | 800 | 1 600 |
| | | | 80 岁及以上 | 76 | 600 | 100 | 200 | 400 | 600 | 1 600 |
| | | 男 | 小计 | 2 124 | 523 | 0 | 200 | 400 | 800 | 1 600 |
| | | | 18 ～ 44 岁 | 1 017 | 478 | 0 | 200 | 400 | 600 | 1 200 |
| | | | 45 ～ 59 岁 | 662 | 527 | 0 | 200 | 400 | 800 | 1 440 |
| | | | 60 ～ 79 岁 | 407 | 651 | 100 | 200 | 400 | 800 | 2 400 |
| | | | 80 岁及以上 | 38 | 735 | 200 | 400 | 400 | 800 | 2 400 |
| | | 女 | 小计 | 2 632 | 495 | 80 | 200 | 400 | 600 | 1 200 |
| | | | 18 ～ 44 岁 | 1 218 | 463 | 40 | 200 | 400 | 600 | 1 200 |
| | | | 45 ～ 59 岁 | 880 | 528 | 100 | 200 | 400 | 600 | 1 600 |
| | | | 60 ～ 79 岁 | 496 | 551 | 100 | 200 | 400 | 800 | 1 600 |
| | | | 80 岁及以上 | 38 | 453 | 100 | 200 | 400 | 600 | 960 |
| | 农村 | 小计 | 小计 | 8 391 | 616 | 40 | 200 | 400 | 800 | 1 600 |
| | | | 18 ～ 44 岁 | 4 032 | 617 | 20 | 200 | 400 | 800 | 1 600 |
| | | | 45 ～ 59 岁 | 2 652 | 663 | 40 | 200 | 400 | 800 | 1 600 |
| | | | 60 ～ 79 岁 | 1 614 | 559 | 80 | 200 | 400 | 800 | 1 600 |
| | | | 80 岁及以上 | 93 | 465 | 100 | 200 | 400 | 600 | 1 200 |
| | | 男 | 小计 | 3 862 | 628 | 40 | 200 | 400 | 800 | 1 600 |
| | | | 18 ～ 44 岁 | 1 874 | 632 | 18 | 200 | 400 | 800 | 1 600 |
| | | | 45 ～ 59 岁 | 1 181 | 631 | 40 | 200 | 400 | 800 | 1 600 |
| | | | 60 ～ 79 岁 | 757 | 613 | 50 | 200 | 400 | 800 | 1 600 |
| | | | 80 岁及以上 | 50 | 562 | 80 | 200 | 400 | 800 | 1 600 |
| | | 女 | 小计 | 4 529 | 605 | 50 | 200 | 400 | 800 | 1 600 |
| | | | 18 ～ 44 岁 | 2 158 | 602 | 20 | 200 | 400 | 800 | 1 600 |
| | | | 45 ～ 59 岁 | 1 471 | 694 | 60 | 200 | 400 | 800 | 1 600 |
| | | | 60 ～ 79 岁 | 857 | 510 | 100 | 200 | 400 | 800 | 1 600 |
| | | | 80 岁及以上 | 43 | 348 | 100 | 200 | 400 | 400 | 800 |

## 附表 3-31 中国人群分片区、城乡、性别、年龄的夏季日均间接饮水摄入量

| 地区 | 城乡 | 性别 | 年龄 | *n* | 夏季日均间接饮水摄入量 /（ml/d） | | | | | |
|---|---|---|---|---|---|---|---|---|---|---|
| | | | | | Mean | P5 | P25 | P50 | P75 | P95 |
| 合计 | 城乡 | 小计 | 小计 | 90 572 | 883 | 50 | 400 | 600 | 1 200 | 2 400 |
| | | | 18 ～ 44 岁 | 36 402 | 858 | 60 | 400 | 600 | 1 200 | 2 400 |
| | | | 45 ～ 59 岁 | 32 212 | 907 | 30 | 400 | 600 | 1 200 | 2 400 |
| | | | 60 ～ 79 岁 | 20 481 | 931 | 100 | 400 | 600 | 1 200 | 2 400 |
| | | | 80 岁及以上 | 1 477 | 747 | 100 | 400 | 500 | 900 | 2 400 |
| | | 男 | 小计 | 41 044 | 931 | 40 | 400 | 600 | 1 200 | 2 800 |
| | | | 18 ～ 44 岁 | 16 630 | 905 | 40 | 400 | 600 | 1 200 | 2 800 |
| | | | 45 ～ 59 岁 | 14 029 | 944 | 0 | 400 | 600 | 1200 | 2 700 |
| | | | 60 ～ 79 岁 | 9 712 | 998 | 100 | 400 | 600 | 1 200 | 2 880 |
| | | | 80 岁及以上 | 673 | 815 | 100 | 400 | 600 | 1 200 | 2 400 |
| | | 女 | 小计 | 49 528 | 835 | 80 | 400 | 600 | 1 200 | 2 400 |
| | | | 18 ～ 44 岁 | 19772 | 811 | 100 | 300 | 400 | 1 080 | 2 400 |
| | | | 45 ～ 59 岁 | 18 183 | 870 | 40 | 400 | 600 | 1 200 | 2 400 |
| | | | 60 ～ 79 岁 | 10 769 | 864 | 50 | 400 | 600 | 1 200 | 2 400 |
| | | | 80 岁及以上 | 804 | 694 | 100 | 300 | 400 | 800 | 1 920 |
| | 城市 | 小计 | 小计 | 41 674 | 755 | 80 | 300 | 400 | 800 | 2 400 |
| | | | 18 ～ 44 岁 | 16 583 | 744 | 100 | 300 | 400 | 800 | 2 400 |
| | | | 45 ～ 59 岁 | 14 692 | 763 | 40 | 320 | 400 | 800 | 2 400 |
| | | | 60 ～ 79 岁 | 9 658 | 786 | 50 | 400 | 400 | 800 | 2 400 |
| | | | 80 岁及以上 | 741 | 659 | 100 | 200 | 400 | 800 | 1 800 |
| | | 男 | 小计 | 18 390 | 796 | 50 | 400 | 400 | 800 | 2 400 |
| | | | 18 ～ 44 岁 | 7 511 | 778 | 40 | 400 | 400 | 800 | 2 400 |
| | | | 45 ～ 59 岁 | 6 248 | 801 | 0 | 400 | 400 | 960 | 2 400 |
| | | | 60 ～ 79 岁 | 4 309 | 849 | 100 | 400 | 600 | 900 | 2 400 |
| | | | 80 岁及以上 | 322 | 759 | 100 | 400 | 400 | 800 | 2 400 |
| | | 女 | 小计 | 23 284 | 714 | 100 | 200 | 400 | 800 | 2 400 |
| | | | 18 ～ 44 岁 | 9 072 | 709 | 100 | 200 | 400 | 800 | 2 400 |
| | | | 45 ～ 59 岁 | 8 444 | 725 | 80 | 300 | 400 | 800 | 2 400 |
| | | | 60 ～ 79 岁 | 5 349 | 726 | 0 | 320 | 400 | 800 | 2 240 |
| | | | 80 岁及以上 | 419 | 583 | 100 | 200 | 400 | 800 | 1 440 |
| | 农村 | 小计 | 小计 | 48 898 | 982 | 40 | 400 | 600 | 1 200 | 2 904 |
| | | | 18 ～ 44 岁 | 19 819 | 946 | 40 | 400 | 600 | 1 200 | 2 880 |
| | | | 45 ～ 59 岁 | 17 520 | 1 021 | 10 | 400 | 800 | 1 200 | 3 200 |
| | | | 60 ～ 79 岁 | 10 823 | 1 042 | 100 | 400 | 800 | 1 200 | 3 000 |
| | | | 80 岁及以上 | 736 | 827 | 100 | 400 | 600 | 1 200 | 2 400 |
| | | 男 | 小计 | 22 654 | 1 034 | 40 | 400 | 800 | 1 200 | 3 200 |
| | | | 18 ～ 44 岁 | 9 119 | 1 000 | 0 | 400 | 600 | 1 200 | 3 200 |
| | | | 45 ～ 59 岁 | 7 781 | 1 059 | 0 | 400 | 800 | 1 440 | 3 200 |
| | | | 60 ～ 79 岁 | 5 403 | 1 105 | 100 | 400 | 800 | 1 600 | 3 200 |
| | | | 80 岁及以上 | 351 | 865 | 100 | 400 | 600 | 1 200 | 2 400 |
| | | 女 | 小计 | 26 244 | 929 | 60 | 400 | 600 | 1 200 | 2 400 |
| | | | 18 ～ 44 岁 | 10 700 | 889 | 60 | 400 | 600 | 1 200 | 2 400 |
| | | | 45 ～ 59 岁 | 9 739 | 983 | 40 | 400 | 800 | 1 200 | 2 800 |
| | | | 60 ～ 79 岁 | 5 420 | 975 | 100 | 400 | 800 | 1 200 | 2 400 |
| | | | 80 岁及以上 | 385 | 797 | 100 | 400 | 600 | 1 200 | 2 400 |
| 华北 | 城乡 | 小计 | 小计 | 18 020 | 1 283 | 200 | 400 | 800 | 1 600 | 3 200 |
| | | | 18 ～ 44 岁 | 6 444 | 1 254 | 200 | 400 | 800 | 1 600 | 3 200 |
| | | | 45 ～ 59 岁 | 6 806 | 1 302 | 200 | 400 | 800 | 1 600 | 3 200 |
| | | | 60 ～ 79 岁 | 4 485 | 1 346 | 200 | 400 | 800 | 1 600 | 3 200 |
| | | | 80 岁及以上 | 285 | 1 037 | 200 | 400 | 800 | 1 440 | 2 700 |
| | | 男 | 小计 | 7 977 | 1 345 | 200 | 400 | 800 | 1 600 | 3 200 |
| | | | 18 ～ 44 岁 | 2 906 | 1 282 | 200 | 400 | 800 | 1 600 | 3 200 |
| | | | 45 ～ 59 岁 | 2 817 | 1 362 | 200 | 400 | 800 | 1 600 | 3 600 |
| | | | 60 ～ 79 岁 | 2 109 | 1 499 | 200 | 600 | 800 | 1 600 | 3 300 |
| | | | 80 岁及以上 | 145 | 1 028 | 200 | 400 | 800 | 1 600 | 2 400 |
| | | 女 | 小计 | 10 043 | 1 223 | 200 | 400 | 800 | 1 600 | 3 200 |

| 地区 | 城乡 | 性别 | 年龄 | n | 夏季日均间接饮水摄入量 /（ml/d） | | | | | |
|---|---|---|---|---|---|---|---|---|---|---|
| | | | | | Mean | P5 | P25 | P50 | P75 | P95 |
| 华北 | 城乡 | 女 | 18 ～ 44 岁 | 3 538 | 1 224 | 200 | 400 | 800 | 1 600 | 3 200 |
| | | | 45 ～ 59 岁 | 3 989 | 1 248 | 200 | 400 | 800 | 1 600 | 3 200 |
| | | | 60 ～ 79 岁 | 2 376 | 1 193 | 200 | 400 | 800 | 1 600 | 3 200 |
| | | | 80 岁及以上 | 140 | 1 047 | 200 | 400 | 800 | 1 440 | 3 600 |
| | 城市 | 小计 | 小计 | 7 810 | 963 | 200 | 400 | 800 | 1 200 | 2 400 |
| | | | 18 ～ 44 岁 | 2 777 | 938 | 200 | 400 | 800 | 1 200 | 2 400 |
| | | | 45 ～ 59 岁 | 2 788 | 951 | 160 | 400 | 800 | 1 200 | 2 520 |
| | | | 60 ～ 79 岁 | 2 088 | 1 065 | 200 | 400 | 800 | 1 200 | 2 520 |
| | | | 80 岁及以上 | 157 | 761 | 100 | 400 | 600 | 1 200 | 1 800 |
| | | 男 | 小计 | 3 397 | 1 004 | 160 | 400 | 800 | 1 200 | 2 700 |
| | | | 18 ～ 44 岁 | 1 231 | 927 | 100 | 400 | 800 | 1 200 | 2 800 |
| | | | 45 ～ 59 岁 | 1 161 | 984 | 0 | 400 | 800 | 1 200 | 2 520 |
| | | | 60 ～ 79 岁 | 922 | 1 250 | 200 | 400 | 800 | 1 200 | 3 200 |
| | | | 80 岁及以上 | 83 | 836 | 100 | 400 | 600 | 1 200 | 3 000 |
| | | 女 | 小计 | 4 413 | 923 | 200 | 400 | 800 | 1 200 | 2 400 |
| | | | 18 ～ 44 岁 | 1 546 | 950 | 200 | 400 | 800 | 1 200 | 2 400 |
| | | | 45 ～ 59 岁 | 1 627 | 919 | 200 | 400 | 800 | 1 200 | 3 000 |
| | | | 60 ～ 79 岁 | 1 166 | 889 | 200 | 400 | 600 | 1 200 | 2 400 |
| | | | 80 岁及以上 | 74 | 665 | 200 | 400 | 400 | 800 | 1 800 |
| | 农村 | 小计 | 小计 | 10 210 | 1 498 | 200 | 800 | 1 200 | 1 800 | 3 600 |
| | | | 18 ～ 44 岁 | 3 667 | 1 469 | 200 | 800 | 1 200 | 1 800 | 3 200 |
| | | | 45 ～ 59 岁 | 4 018 | 1 529 | 200 | 800 | 1 200 | 1 920 | 3 600 |
| | | | 60 ～ 79 岁 | 2 397 | 1 533 | 400 | 800 | 1 200 | 1 800 | 3 600 |
| | | | 80 岁及以上 | 128 | 1 298 | 200 | 800 | 1 200 | 1 600 | 3 600 |
| | | 男 | 小计 | 4 580 | 1 578 | 200 | 800 | 1 200 | 2 000 | 3 600 |
| | | | 18 ～ 44 岁 | 1 675 | 1 522 | 200 | 800 | 1 200 | 2 000 | 3 600 |
| | | | 45 ～ 59 岁 | 1 656 | 1 631 | 200 | 800 | 1 200 | 2 400 | 4 000 |
| | | | 60 ～ 79 岁 | 1 187 | 1 658 | 400 | 800 | 1 200 | 2 000 | 3 600 |
| | | | 80 岁及以上 | 62 | 1 259 | 400 | 800 | 1 200 | 1 600 | 2 400 |
| | | 女 | 小计 | 5 630 | 1 421 | 200 | 800 | 1 200 | 1 800 | 3 200 |
| | | | 18 ～ 44 岁 | 1 992 | 1 416 | 200 | 800 | 1 200 | 1 800 | 3 200 |
| | | | 45 ～ 59 岁 | 2 362 | 1 444 | 200 | 800 | 1 200 | 1 800 | 3 200 |
| | | | 60 ～ 79 岁 | 1 210 | 1 404 | 400 | 800 | 1 200 | 1 800 | 3 200 |
| | | | 80 岁及以上 | 66 | 1 327 | 200 | 800 | 1 200 | 1 600 | 3 600 |
| 华东 | 城乡 | 小计 | 小计 | 22 912 | 911 | 100 | 400 | 600 | 1 200 | 2 400 |
| | | | 18 ～ 44 岁 | 8 525 | 895 | 100 | 400 | 600 | 1 200 | 2 400 |
| | | | 45 ～ 59 岁 | 8 048 | 923 | 0 | 400 | 600 | 1 200 | 2 400 |
| | | | 60 ～ 79 岁 | 5 824 | 965 | 0 | 400 | 600 | 1 200 | 2 400 |
| | | | 80 岁及以上 | 515 | 705 | 0 | 320 | 500 | 800 | 2 400 |
| | | 男 | 小计 | 10 402 | 959 | 100 | 400 | 600 | 1 200 | 2 700 |
| | | | 18 ～ 44 岁 | 3 787 | 957 | 100 | 400 | 600 | 1 200 | 2 700 |
| | | | 45 ～ 59 岁 | 3 616 | 945 | 0 | 400 | 600 | 1 200 | 2 400 |
| | | | 60 ～ 79 岁 | 2 795 | 998 | 0 | 400 | 640 | 1 200 | 2 800 |
| | | | 80 岁及以上 | 204 | 835 | 0 | 400 | 600 | 1 000 | 2 400 |
| | | 女 | 小计 | 12 510 | 864 | 100 | 400 | 600 | 1 200 | 2 400 |
| | | | 18 ～ 44 岁 | 4 738 | 836 | 100 | 400 | 600 | 1 200 | 2 400 |
| | | | 45 ～ 59 岁 | 4 432 | 900 | 0 | 400 | 600 | 1 200 | 2 400 |
| | | | 60 ～ 79 岁 | 3 029 | 932 | 0 | 400 | 600 | 1 200 | 2 400 |
| | | | 80 岁及以上 | 311 | 633 | 0 | 200 | 400 | 800 | 1 800 |
| | 城市 | 小计 | 小计 | 12 445 | 819 | 100 | 360 | 500 | 1 200 | 2 400 |
| | | | 18 ～ 44 岁 | 4 761 | 847 | 100 | 400 | 600 | 1 200 | 2 400 |
| | | | 45 ～ 59 岁 | 4 275 | 797 | 0 | 240 | 400 | 1 000 | 2 400 |
| | | | 60 ～ 79 岁 | 3 141 | 794 | 0 | 300 | 500 | 1 000 | 2 400 |
| | | | 80 岁及以上 | 268 | 634 | 0 | 200 | 400 | 800 | 2 000 |
| | | 男 | 小计 | 5 477 | 861 | 100 | 400 | 600 | 1 200 | 2 400 |
| | | | 18 ～ 44 岁 | 2 106 | 905 | 120 | 400 | 600 | 1 200 | 2 400 |
| | | | 45 ～ 59 岁 | 1 868 | 811 | 0 | 400 | 450 | 1 200 | 2 400 |
| | | | 60 ～ 79 岁 | 1 402 | 818 | 0 | 400 | 560 | 1 200 | 2 400 |

| 地区 | 城乡 | 性别 | 年龄 | n | 夏季日均间接饮水摄入量 / (ml/d) | | | | | |
| --- | --- | --- | --- | --- | --- | --- | --- | --- | --- | --- |
| | | | | | Mean | P5 | P25 | P50 | P75 | P95 |
| 华东 | 城市 | 男 | 80 岁及以上 | 101 | 829 | 100 | 400 | 800 | 1 200 | 2 400 |
| | | 女 | 小计 | 6 968 | 778 | 100 | 260 | 400 | 1 000 | 2 400 |
| | | | 18 ～ 44 岁 | 2 655 | 792 | 100 | 300 | 400 | 1 200 | 2 400 |
| | | | 45 ～ 59 岁 | 2 407 | 781 | 0 | 200 | 400 | 960 | 2 400 |
| | | | 60 ～ 79 岁 | 1 739 | 772 | 0 | 200 | 500 | 1 000 | 2 400 |
| | | | 80 岁及以上 | 167 | 527 | 0 | 200 | 400 | 800 | 1 600 |
| | 农村 | 小计 | 小计 | 10 467 | 1 010 | 100 | 400 | 800 | 1 200 | 2 800 |
| | | | 18 ～ 44 岁 | 3 764 | 949 | 100 | 400 | 600 | 1 200 | 2 400 |
| | | | 45 ～ 59 岁 | 3 773 | 1 057 | 40 | 400 | 800 | 1 200 | 2 880 |
| | | | 60 ～ 79 岁 | 2 683 | 1 136 | 100 | 400 | 800 | 1 600 | 3 200 |
| | | | 80 岁及以上 | 247 | 775 | 16 | 400 | 600 | 1 000 | 2 400 |
| | | 男 | 小计 | 4 925 | 1 061 | 80 | 400 | 800 | 1 200 | 3 000 |
| | | | 18 ～ 44 岁 | 1 681 | 1 014 | 80 | 400 | 600 | 1 200 | 3 000 |
| | | | 45 ～ 59 岁 | 1 748 | 1 087 | 0 | 400 | 800 | 1 200 | 3 000 |
| | | | 60 ～ 79 岁 | 1 393 | 1 161 | 100 | 400 | 800 | 1 600 | 3 200 |
| | | | 80 岁及以上 | 103 | 840 | 0 | 400 | 600 | 800 | 2 880 |
| | | 女 | 小计 | 5 542 | 958 | 100 | 400 | 600 | 1 200 | 2 400 |
| | | | 18 ～ 44 岁 | 2 083 | 884 | 100 | 400 | 600 | 1 200 | 2 400 |
| | | | 45 ～ 59 岁 | 2 025 | 1 024 | 100 | 400 | 800 | 1 200 | 2 800 |
| | | | 60 ～ 79 岁 | 1 290 | 1 108 | 100 | 400 | 800 | 1 200 | 2 880 |
| | | | 80 岁及以上 | 144 | 739 | 30 | 400 | 600 | 1 200 | 1 920 |
| 华南 | 城乡 | 小计 | 小计 | 15 072 | 717 | 100 | 200 | 400 | 800 | 2 400 |
| | | | 18 ～ 44 岁 | 6 478 | 695 | 100 | 200 | 400 | 800 | 2 400 |
| | | | 45 ～ 59 岁 | 5 347 | 748 | 100 | 200 | 400 | 800 | 2 400 |
| | | | 60 ～ 79 岁 | 3 001 | 736 | 100 | 300 | 400 | 800 | 2 400 |
| | | | 80 岁及以上 | 246 | 660 | 100 | 200 | 400 | 800 | 2 400 |
| | | 男 | 小计 | 6 977 | 755 | 100 | 200 | 400 | 800 | 2 400 |
| | | | 18 ～ 44 岁 | 3 090 | 750 | 100 | 200 | 400 | 800 | 2 400 |
| | | | 45 ～ 59 岁 | 2 329 | 775 | 100 | 300 | 500 | 1 000 | 2 400 |
| | | | 60 ～ 79 岁 | 1 452 | 742 | 100 | 300 | 400 | 800 | 2 400 |
| | | | 80 岁及以上 | 106 | 691 | 100 | 200 | 400 | 800 | 2 400 |
| | | 女 | 小计 | 8 095 | 677 | 100 | 200 | 400 | 800 | 2 000 |
| | | | 18 ～ 44 岁 | 3 388 | 636 | 100 | 200 | 400 | 800 | 1 800 |
| | | | 45 ～ 59 岁 | 3 018 | 722 | 100 | 200 | 400 | 800 | 2 400 |
| | | | 60 ～ 79 岁 | 1 549 | 730 | 100 | 300 | 400 | 800 | 2 000 |
| | | | 80 岁及以上 | 140 | 635 | 100 | 200 | 400 | 800 | 2 000 |
| | 城市 | 小计 | 小计 | 7 265 | 646 | 100 | 200 | 400 | 800 | 1 600 |
| | | | 18 ～ 44 岁 | 3 121 | 616 | 100 | 200 | 400 | 800 | 1 600 |
| | | | 45 ～ 59 岁 | 2 562 | 697 | 100 | 400 | 400 | 800 | 1 800 |
| | | | 60 ～ 79 岁 | 1 455 | 648 | 200 | 400 | 400 | 800 | 1 600 |
| | | | 80 岁及以上 | 127 | 560 | 100 | 200 | 400 | 600 | 1 440 |
| | | 男 | 小计 | 3 265 | 682 | 100 | 300 | 400 | 800 | 1 800 |
| | | | 18 ～ 44 岁 | 1 500 | 666 | 100 | 200 | 400 | 800 | 2 000 |
| | | | 45 ～ 59 岁 | 1 053 | 737 | 100 | 400 | 600 | 800 | 1 800 |
| | | | 60 ～ 79 岁 | 664 | 648 | 200 | 400 | 400 | 800 | 1 600 |
| | | | 80 岁及以上 | 48 | 462 | 200 | 200 | 400 | 400 | 1 280 |
| | | 女 | 小计 | 4 000 | 610 | 100 | 200 | 400 | 800 | 1 600 |
| | | | 18 ～ 44 岁 | 1 621 | 562 | 100 | 200 | 400 | 800 | 1 600 |
| | | | 45 ～ 59 岁 | 1 509 | 660 | 100 | 300 | 400 | 800 | 1 800 |
| | | | 60 ～ 79 岁 | 791 | 647 | 100 | 360 | 400 | 800 | 1 760 |
| | | | 80 岁及以上 | 79 | 623 | 0 | 200 | 400 | 800 | 1 440 |
| | 农村 | 小计 | 小计 | 7 807 | 769 | 100 | 200 | 400 | 1 000 | 2 400 |
| | | | 18 ～ 44 岁 | 3 357 | 748 | 100 | 200 | 400 | 960 | 2 400 |
| | | | 45 ～ 59 岁 | 2 785 | 790 | 100 | 200 | 400 | 1 000 | 2 400 |
| | | | 60 ～ 79 岁 | 1 546 | 806 | 100 | 200 | 500 | 1 200 | 2 400 |
| | | | 80 岁及以上 | 119 | 764 | 100 | 200 | 600 | 1 200 | 2 400 |
| | | 男 | 小计 | 3 712 | 807 | 100 | 200 | 400 | 1 120 | 2 400 |
| | | | 18 ～ 44 岁 | 1 590 | 806 | 100 | 200 | 400 | 1 000 | 2 800 |

| 地区 | 城乡 | 性别 | 年龄 | $n$ | 夏季日均间接饮水摄入量 /（ml/d） | | | | | |
|---|---|---|---|---|---|---|---|---|---|---|
| | | | | | Mean | P5 | P25 | P50 | P75 | P95 |
| 华南 | 农村 | 男 | 45 ～ 59 岁 | 1 276 | 804 | 100 | 200 | 400 | 1 200 | 2 400 |
| | | | 60 ～ 79 岁 | 788 | 812 | 100 | 200 | 400 | 1 200 | 2 400 |
| | | | 80 岁及以上 | 58 | 878 | 100 | 400 | 800 | 1 200 | 2 400 |
| | | 女 | 小计 | 4 095 | 728 | 100 | 200 | 400 | 1 000 | 2 400 |
| | | | 18 ～ 44 岁 | 1 767 | 685 | 100 | 200 | 400 | 800 | 2 400 |
| | | | 45 ～ 59 岁 | 1 509 | 775 | 60 | 200 | 400 | 1 000 | 2 400 |
| | | | 60 ～ 79 岁 | 758 | 800 | 100 | 300 | 600 | 1 200 | 2 400 |
| | | | 80 岁及以上 | 61 | 650 | 100 | 200 | 400 | 900 | 2 000 |
| 西北 | 城乡 | 小计 | 小计 | 11 250 | 1 119 | 200 | 400 | 800 | 1 600 | 3 200 |
| | | | 18 ～ 44 岁 | 4 703 | 1 154 | 200 | 400 | 800 | 1 600 | 3 200 |
| | | | 45 ～ 59 岁 | 3 920 | 1 158 | 200 | 400 | 800 | 1 600 | 3 200 |
| | | | 60 ～ 79 岁 | 2 490 | 969 | 200 | 400 | 800 | 1 200 | 3 200 |
| | | | 80 岁及以上 | 137 | 840 | 200 | 400 | 600 | 1 200 | 2 400 |
| | | 男 | 小计 | 5 073 | 1 308 | 200 | 400 | 800 | 1 600 | 3 600 |
| | | | 18 ～ 44 岁 | 2 068 | 1 348 | 200 | 400 | 900 | 1 600 | 3 600 |
| | | | 45 ～ 59 岁 | 1 764 | 1 378 | 200 | 400 | 800 | 1 600 | 3 600 |
| | | | 60 ～ 79 岁 | 1 170 | 1 092 | 200 | 400 | 800 | 1 600 | 3 200 |
| | | | 80 岁及以上 | 71 | 897 | 200 | 400 | 600 | 1 600 | 2 400 |
| | | 女 | 小计 | 6 177 | 924 | 200 | 400 | 800 | 1 200 | 2 400 |
| | | | 18 ～ 44 岁 | 2 635 | 956 | 200 | 400 | 800 | 1 200 | 2 400 |
| | | | 45 ～ 59 岁 | 2 156 | 918 | 200 | 400 | 800 | 1 200 | 2 400 |
| | | | 60 ～ 79 岁 | 1 320 | 848 | 200 | 400 | 600 | 1 200 | 2 400 |
| | | | 80 岁及以上 | 66 | 790 | 200 | 400 | 600 | 1 200 | 1 600 |
| | 城市 | 小计 | 小计 | 5 044 | 852 | 200 | 400 | 600 | 900 | 2 400 |
| | | | 18 ～ 44 岁 | 2 031 | 845 | 200 | 400 | 600 | 1 200 | 2 400 |
| | | | 45 ～ 59 岁 | 1 794 | 937 | 200 | 400 | 600 | 1 120 | 2 400 |
| | | | 60 ～ 79 岁 | 1 161 | 749 | 200 | 400 | 400 | 800 | 2 000 |
| | | | 80 岁及以上 | 58 | 757 | 200 | 400 | 400 | 800 | 2 400 |
| | | 男 | 小计 | 2 217 | 992 | 200 | 400 | 800 | 1 200 | 2 400 |
| | | | 18 ～ 44 岁 | 891 | 950 | 200 | 400 | 800 | 1 200 | 2 400 |
| | | | 45 ～ 59 岁 | 774 | 1 160 | 200 | 400 | 800 | 1 200 | 3 200 |
| | | | 60 ～ 79 岁 | 519 | 852 | 200 | 400 | 800 | 1 200 | 2 400 |
| | | | 80 岁及以上 | 33 | 801 | 200 | 400 | 600 | 1 200 | 2 400 |
| | | 女 | 小计 | 2 827 | 715 | 200 | 400 | 400 | 800 | 1 800 |
| | | | 18 ～ 44 岁 | 1 140 | 741 | 200 | 400 | 400 | 800 | 2 400 |
| | | | 45 ～ 59 岁 | 1 020 | 708 | 200 | 400 | 400 | 800 | 1 600 |
| | | | 60 ～ 79 岁 | 642 | 654 | 200 | 400 | 400 | 800 | 1 600 |
| | | | 80 岁及以上 | 25 | 709 | 200 | 400 | 400 | 800 | 1 200 |
| | 农村 | 小计 | 小计 | 6 206 | 1 326 | 200 | 400 | 960 | 1 600 | 3 600 |
| | | | 18 ～ 44 岁 | 2 672 | 1 375 | 200 | 600 | 1 200 | 1 600 | 3 600 |
| | | | 45 ～ 59 岁 | 2 126 | 1 341 | 200 | 600 | 1 200 | 1 600 | 3 600 |
| | | | 60 ～ 79 岁 | 1 329 | 1 165 | 200 | 400 | 800 | 1 600 | 3 200 |
| | | | 80 岁及以上 | 79 | 903 | 200 | 400 | 800 | 1 600 | 2 400 |
| | | 男 | 小计 | 2 856 | 1 545 | 200 | 600 | 1 200 | 2 000 | 4 800 |
| | | | 18 ～ 44 岁 | 1 177 | 1 624 | 200 | 640 | 1 200 | 2 400 | 4 800 |
| | | | 45 ～ 59 岁 | 990 | 1 550 | 320 | 800 | 1 200 | 1 800 | 4 800 |
| | | | 60 ～ 79 岁 | 651 | 1 298 | 200 | 400 | 800 | 1 600 | 3 200 |
| | | | 80 岁及以上 | 38 | 982 | 400 | 400 | 800 | 1 600 | 2 400 |
| | | 女 | 小计 | 3 350 | 1 092 | 200 | 400 | 800 | 1 600 | 3 200 |
| | | | 18 ～ 44 岁 | 1 495 | 1 113 | 200 | 400 | 800 | 1 600 | 3 200 |
| | | | 45 ～ 59 岁 | 1 136 | 1 102 | 200 | 400 | 800 | 1 600 | 3 200 |
| | | | 60 ～ 79 岁 | 678 | 1 030 | 200 | 400 | 800 | 1 600 | 3 200 |
| | | | 80 岁及以上 | 41 | 841 | 200 | 320 | 640 | 1 200 | 2 000 |
| 东北 | 城乡 | 小计 | 小计 | 10 173 | 401 | 0 | 200 | 400 | 400 | 1 200 |
| | | | 18 ～ 44 岁 | 3 985 | 372 | 0 | 200 | 400 | 400 | 800 |
| | | | 45 ～ 59 岁 | 3 899 | 422 | 0 | 200 | 400 | 480 | 1 200 |
| | | | 60 ～ 79 岁 | 2 164 | 454 | 0 | 200 | 400 | 600 | 1 200 |
| | | | 80 岁及以上 | 125 | 494 | 0 | 200 | 400 | 800 | 1 200 |

| 地区 | 城乡 | 性别 | 年龄 | n | 夏季日均间接饮水摄入量 /（ml/d） | | | | | |
|---|---|---|---|---|---|---|---|---|---|---|
| | | | | | Mean | P5 | P25 | P50 | P75 | P95 |
| 东北 | 城乡 | 男 | 小计 | 4 630 | 421 | 0 | 200 | 400 | 400 | 1 200 |
| | | | 18 ～ 44 岁 | 1 888 | 389 | 0 | 200 | 400 | 400 | 800 |
| | | | 45 ～ 59 岁 | 1 661 | 442 | 0 | 200 | 400 | 600 | 1 200 |
| | | | 60 ～ 79 岁 | 1 022 | 498 | 0 | 200 | 400 | 600 | 1 200 |
| | | | 80 岁及以上 | 59 | 441 | 0 | 200 | 400 | 600 | 1 200 |
| | | 女 | 小计 | 5 543 | 381 | 0 | 200 | 400 | 400 | 800 |
| | | | 18 ～ 44 岁 | 2 097 | 353 | 0 | 200 | 200 | 400 | 800 |
| | | | 45 ～ 59 岁 | 2 238 | 403 | 0 | 200 | 400 | 400 | 1 200 |
| | | | 60 ～ 79 岁 | 1 142 | 412 | 0 | 200 | 400 | 400 | 1 200 |
| | | | 80 岁及以上 | 66 | 539 | 0 | 200 | 400 | 800 | 1 200 |
| | 城市 | 小计 | 小计 | 4 354 | 410 | 0 | 200 | 400 | 400 | 1 200 |
| | | | 18 ～ 44 岁 | 1 658 | 383 | 0 | 200 | 300 | 400 | 900 |
| | | | 45 ～ 59 岁 | 1 731 | 432 | 0 | 200 | 400 | 600 | 1 200 |
| | | | 60 ～ 79 岁 | 910 | 446 | 0 | 200 | 400 | 600 | 1 200 |
| | | | 80 岁及以上 | 55 | 575 | 0 | 200 | 400 | 600 | 1 200 |
| | | 男 | 小计 | 1 910 | 426 | 0 | 200 | 400 | 600 | 1 200 |
| | | | 18 ～ 44 岁 | 766 | 396 | 0 | 200 | 400 | 400 | 1 200 |
| | | | 45 ～ 59 岁 | 730 | 453 | 0 | 200 | 400 | 600 | 1 200 |
| | | | 60 ～ 79 岁 | 395 | 488 | 0 | 200 | 400 | 600 | 1 200 |
| | | | 80 岁及以上 | 19 | 345 | 0 | 200 | 400 | 400 | 800 |
| | | 女 | 小计 | 2 444 | 394 | 0 | 200 | 400 | 400 | 1 080 |
| | | | 18 ～ 44 岁 | 892 | 369 | 0 | 200 | 280 | 400 | 800 |
| | | | 45 ～ 59 岁 | 1 001 | 411 | 0 | 200 | 400 | 400 | 1 200 |
| | | | 60 ～ 79 岁 | 515 | 411 | 0 | 200 | 400 | 500 | 1 200 |
| | | | 80 岁及以上 | 36 | 703 | 0 | 200 | 400 | 800 | 4 000 |
| | 农村 | 小计 | 小计 | 5 819 | 396 | 0 | 200 | 400 | 400 | 1 200 |
| | | | 18 ～ 44 岁 | 2 327 | 366 | 0 | 200 | 400 | 400 | 800 |
| | | | 45 ～ 59 岁 | 2 168 | 416 | 0 | 200 | 400 | 400 | 1 200 |
| | | | 60 ～ 79 岁 | 1 254 | 458 | 0 | 200 | 400 | 600 | 1 200 |
| | | | 80 岁及以上 | 70 | 459 | 0 | 200 | 400 | 800 | 1 200 |
| | | 男 | 小计 | 2 720 | 418 | 0 | 200 | 400 | 400 | 1 200 |
| | | | 18 ～ 44 岁 | 1 122 | 385 | 0 | 200 | 400 | 400 | 800 |
| | | | 45 ～ 59 岁 | 931 | 435 | 0 | 200 | 400 | 600 | 1 200 |
| | | | 60 ～ 79 岁 | 627 | 503 | 0 | 200 | 400 | 600 | 1 600 |
| | | | 80 岁及以上 | 40 | 470 | 0 | 200 | 400 | 600 | 1 200 |
| | | 女 | 小计 | 3 099 | 374 | 0 | 200 | 400 | 400 | 800 |
| | | | 18 ～ 44 岁 | 1 205 | 345 | 0 | 200 | 200 | 400 | 800 |
| | | | 45 ～ 59 岁 | 1 237 | 399 | 0 | 200 | 400 | 400 | 1 200 |
| | | | 60 ～ 79 岁 | 627 | 412 | 0 | 200 | 400 | 400 | 1 200 |
| | | | 80 岁及以上 | 30 | 447 | 0 | 200 | 400 | 800 | 800 |
| 西南 | 城乡 | 小计 | 小计 | 13 145 | 721 | 80 | 400 | 400 | 800 | 1 800 |
| | | | 18 ～ 44 岁 | 6 267 | 717 | 50 | 300 | 400 | 800 | 1 800 |
| | | | 45 ～ 59 岁 | 4 192 | 737 | 80 | 400 | 400 | 800 | 1 800 |
| | | | 60 ～ 79 岁 | 2 517 | 712 | 100 | 400 | 400 | 800 | 1 600 |
| | | | 80 岁及以上 | 169 | 658 | 100 | 300 | 400 | 800 | 1 800 |
| | | 男 | 小计 | 5 985 | 728 | 60 | 400 | 400 | 800 | 1 600 |
| | | | 18 ～ 44 岁 | 2 891 | 719 | 40 | 400 | 400 | 800 | 1 600 |
| | | | 45 ～ 59 岁 | 1 842 | 716 | 40 | 400 | 400 | 800 | 1 600 |
| | | | 60 ～ 79 岁 | 1 164 | 772 | 100 | 400 | 400 | 800 | 1 800 |
| | | | 80 岁及以上 | 88 | 780 | 200 | 400 | 400 | 800 | 2 400 |
| | | 女 | 小计 | 7 160 | 713 | 100 | 300 | 400 | 800 | 1 800 |
| | | | 18 ～ 44 岁 | 3 376 | 715 | 60 | 200 | 400 | 800 | 2 000 |
| | | | 45 ～ 59 岁 | 2 350 | 759 | 100 | 400 | 400 | 800 | 2 400 |
| | | | 60 ～ 79 岁 | 1 353 | 655 | 100 | 400 | 400 | 800 | 1 600 |
| | | | 80 岁及以上 | 81 | 520 | 100 | 200 | 400 | 800 | 1 200 |
| | 城市 | 小计 | 小计 | 4 756 | 618 | 80 | 300 | 400 | 800 | 1 600 |
| | | | 18 ～ 44 岁 | 2 235 | 579 | 40 | 200 | 400 | 800 | 1 600 |
| | | | 45 ～ 59 岁 | 1 542 | 640 | 60 | 300 | 400 | 800 | 1 600 |

| 地区 | 城乡 | 性别 | 年龄 | n | 夏季日均间接饮水摄入量 /（ml/d） | | | | | |
|---|---|---|---|---|---|---|---|---|---|---|
| | | | | | Mean | P5 | P25 | P50 | P75 | P95 |
| 西南 | 城市 | 小计 | 60 ～ 79 岁 | 903 | 702 | 100 | 400 | 400 | 800 | 2 000 |
| | | | 80 岁及以上 | 76 | 734 | 100 | 200 | 400 | 800 | 2 400 |
| | | 男 | 小计 | 2 124 | 639 | 50 | 400 | 400 | 800 | 1 600 |
| | | | 18 ～ 44 岁 | 1 017 | 595 | 40 | 400 | 400 | 800 | 1 600 |
| | | | 45 ～ 59 岁 | 662 | 643 | 0 | 300 | 400 | 800 | 1 600 |
| | | | 60 ～ 79 岁 | 407 | 753 | 100 | 400 | 400 | 800 | 2 400 |
| | | | 80 岁及以上 | 38 | 935 | 200 | 400 | 400 | 800 | 3 200 |
| | | 女 | 小计 | 2 632 | 596 | 100 | 200 | 400 | 800 | 1 600 |
| | | | 18 ～ 44 岁 | 1 218 | 561 | 40 | 200 | 400 | 800 | 1 200 |
| | | | 45 ～ 59 岁 | 880 | 637 | 100 | 300 | 400 | 800 | 2 000 |
| | | | 60 ～ 79 岁 | 496 | 651 | 100 | 400 | 400 | 800 | 1 600 |
| | | | 80 岁及以上 | 38 | 516 | 100 | 200 | 400 | 600 | 960 |
| | 农村 | 小计 | 小计 | 8 389 | 788 | 100 | 400 | 400 | 800 | 2 000 |
| | | | 18 ～ 44 岁 | 4 032 | 809 | 80 | 400 | 400 | 800 | 2 400 |
| | | | 45 ～ 59 岁 | 2 650 | 806 | 80 | 400 | 400 | 1 200 | 2 000 |
| | | | 60 ～ 79 岁 | 1 614 | 717 | 100 | 300 | 400 | 800 | 1 600 |
| | | | 80 岁及以上 | 93 | 591 | 100 | 300 | 400 | 800 | 1 800 |
| | | 男 | 小计 | 3 861 | 788 | 80 | 400 | 400 | 800 | 2 000 |
| | | | 18 ～ 44 岁 | 1 874 | 803 | 50 | 400 | 400 | 800 | 2 000 |
| | | | 45 ～ 59 岁 | 1 180 | 768 | 80 | 400 | 400 | 1 200 | 1 600 |
| | | | 60 ～ 79 岁 | 757 | 783 | 100 | 300 | 400 | 800 | 1 600 |
| | | | 80 岁及以上 | 50 | 648 | 100 | 400 | 400 | 800 | 2 400 |
| | | 女 | 小计 | 4 528 | 788 | 100 | 400 | 400 | 800 | 2 400 |
| | | | 18 ～ 44 岁 | 2 158 | 815 | 100 | 300 | 400 | 800 | 2 400 |
| | | | 45 ～ 59 岁 | 1 470 | 843 | 80 | 400 | 500 | 1 200 | 2 400 |
| | | | 60 ～ 79 岁 | 857 | 657 | 100 | 400 | 400 | 800 | 1 600 |
| | | | 80 岁及以上 | 43 | 523 | 200 | 300 | 400 | 800 | 1 200 |

## 附表 3-32　中国人群分片区、城乡、性别、年龄的冬季日均间接饮水摄入量

| 地区 | 城乡 | 性别 | 年龄 | n | 冬季日均间接饮水摄入量 /（ml/d） | | | | | |
|---|---|---|---|---|---|---|---|---|---|---|
| | | | | | Mean | P5 | P25 | P50 | P75 | P95 |
| 合计 | 城乡 | 小计 | 小计 | 90 568 | 763 | 40 | 200 | 400 | 800 | 2 400 |
| | | | 18 ～ 44 岁 | 36 400 | 737 | 40 | 200 | 400 | 800 | 2 400 |
| | | | 45 ～ 59 岁 | 32 212 | 783 | 20 | 200 | 400 | 800 | 2 400 |
| | | | 60 ～ 79 岁 | 20 479 | 818 | 50 | 200 | 400 | 900 | 2 400 |
| | | | 80 岁及以上 | 1 477 | 669 | 50 | 200 | 400 | 800 | 1 920 |
| | | 男 | 小计 | 41 040 | 806 | 20 | 200 | 400 | 800 | 2 400 |
| | | | 18 ～ 44 岁 | 16 627 | 778 | 0 | 200 | 400 | 800 | 2 400 |
| | | | 45 ～ 59 岁 | 14 029 | 813 | 0 | 200 | 400 | 800 | 2 400 |
| | | | 60 ～ 79 岁 | 9 711 | 880 | 80 | 320 | 400 | 1000 | 2 400 |
| | | | 80 岁及以上 | 673 | 747 | 100 | 300 | 400 | 800 | 2 400 |
| | | 女 | 小计 | 49 528 | 720 | 40 | 200 | 400 | 800 | 2 400 |
| | | | 18 ～ 44 岁 | 19 773 | 694 | 40 | 200 | 400 | 800 | 2 400 |
| | | | 45 ～ 59 岁 | 18 183 | 752 | 40 | 200 | 400 | 800 | 2 400 |
| | | | 60 ～ 79 岁 | 10 768 | 757 | 16 | 200 | 400 | 800 | 2 400 |
| | | | 80 岁及以上 | 804 | 609 | 0 | 200 | 400 | 800 | 1 600 |
| | 城市 | 小计 | 小计 | 41 669 | 662 | 40 | 200 | 400 | 800 | 2 000 |
| | | | 18 ～ 44 岁 | 16 581 | 655 | 50 | 200 | 400 | 800 | 2 340 |
| | | | 45 ～ 59 岁 | 14 690 | 656 | 20 | 200 | 400 | 800 | 1 800 |
| | | | 60 ～ 79 岁 | 9 657 | 699 | 8 | 200 | 400 | 800 | 2 000 |
| | | | 80 岁及以上 | 741 | 586 | 50 | 200 | 400 | 800 | 1 600 |
| | | 男 | 小计 | 18 387 | 699 | 20 | 200 | 400 | 800 | 2 400 |
| | | | 18 ～ 44 岁 | 7 509 | 683 | 0 | 200 | 400 | 800 | 2 400 |
| | | | 45 ～ 59 岁 | 6 248 | 691 | 12 | 200 | 400 | 800 | 2 000 |

| 地区 | 城乡 | 性别 | 年龄 | n | 冬季日均间接饮水摄入量 /（ml/d） | | | | | |
|---|---|---|---|---|---|---|---|---|---|---|
| | | | | | Mean | P5 | P25 | P50 | P75 | P95 |
| 合计 | 城市 | 男 | 60 ~ 79 岁 | 4 308 | 762 | 80 | 200 | 400 | 800 | 2 400 |
| | | | 80 岁及以上 | 322 | 684 | 100 | 200 | 400 | 800 | 2 400 |
| | | 女 | 小计 | 23 282 | 625 | 50 | 200 | 400 | 800 | 1 800 |
| | | | 18 ~ 44 岁 | 9 072 | 626 | 80 | 200 | 400 | 800 | 1 800 |
| | | | 45 ~ 59 岁 | 8 442 | 621 | 40 | 200 | 400 | 800 | 1 800 |
| | | | 60 ~ 79 岁 | 5 349 | 639 | 0 | 200 | 400 | 800 | 1 800 |
| | | | 80 岁及以上 | 419 | 512 | 0 | 200 | 400 | 600 | 1 440 |
| | 农村 | 小计 | 小计 | 48 899 | 842 | 20 | 200 | 400 | 1 200 | 2 400 |
| | | | 18 ~ 44 岁 | 19 819 | 799 | 0 | 200 | 400 | 1 000 | 2 400 |
| | | | 45 ~ 59 岁 | 17 522 | 883 | 20 | 300 | 600 | 1 200 | 2 400 |
| | | | 60 ~ 79 岁 | 10 822 | 909 | 60 | 400 | 600 | 1 200 | 2 400 |
| | | | 80 岁及以上 | 736 | 744 | 40 | 200 | 400 | 1 200 | 2 400 |
| | | 男 | 小计 | 22 653 | 887 | 20 | 200 | 560 | 1 200 | 2 552 |
| | | | 18 ~ 44 岁 | 9 118 | 850 | 0 | 200 | 400 | 1 200 | 2 400 |
| | | | 45 ~ 59 岁 | 7 781 | 912 | 0 | 300 | 600 | 1 200 | 2 700 |
| | | | 60 ~ 79 岁 | 5 403 | 965 | 60 | 400 | 600 | 1 200 | 2 880 |
| | | | 80 岁及以上 | 351 | 804 | 100 | 400 | 600 | 1 200 | 2 400 |
| | | 女 | 小计 | 26 246 | 795 | 20 | 200 | 400 | 1 000 | 2 400 |
| | | | 18 ~ 44 岁 | 10 701 | 746 | 0 | 200 | 400 | 800 | 2 400 |
| | | | 45 ~ 59 岁 | 9 741 | 854 | 40 | 200 | 600 | 1 200 | 2 400 |
| | | | 60 ~ 79 岁 | 5 419 | 851 | 50 | 300 | 600 | 1 200 | 2 400 |
| | | | 80 岁及以上 | 385 | 698 | 0 | 200 | 400 | 800 | 1 800 |
| 华北 | 城乡 | 小计 | 小计 | 18 016 | 1 170 | 200 | 400 | 800 | 1 600 | 3 200 |
| | | | 18 ~ 44 岁 | 6 442 | 1 136 | 200 | 400 | 800 | 1 600 | 3 200 |
| | | | 45 ~ 59 岁 | 6 804 | 1 182 | 200 | 400 | 800 | 1 600 | 3 200 |
| | | | 60 ~ 79 岁 | 4 485 | 1 252 | 200 | 400 | 800 | 1 600 | 3 200 |
| | | | 80 岁及以上 | 285 | 948 | 200 | 400 | 800 | 1 200 | 2 400 |
| | | 男 | 小计 | 7 975 | 1 226 | 200 | 400 | 800 | 1 600 | 3 200 |
| | | | 18 ~ 44 岁 | 2 904 | 1 165 | 200 | 400 | 800 | 1 600 | 3 200 |
| | | | 45 ~ 59 岁 | 2 817 | 1 228 | 200 | 400 | 800 | 1 600 | 3 200 |
| | | | 60 ~ 79 岁 | 2 109 | 1 398 | 200 | 400 | 800 | 1 600 | 3 200 |
| | | | 80 岁及以上 | 145 | 927 | 200 | 400 | 800 | 1 200 | 2 400 |
| | | 女 | 小计 | 10 041 | 1 115 | 200 | 400 | 800 | 1 600 | 3 200 |
| | | | 18 ~ 44 岁 | 3 538 | 1 107 | 200 | 400 | 800 | 1 440 | 3 000 |
| | | | 45 ~ 59 岁 | 3 987 | 1 140 | 200 | 400 | 800 | 1 600 | 3 200 |
| | | | 60 ~ 79 岁 | 2 376 | 1 106 | 200 | 400 | 800 | 1 500 | 3 000 |
| | | | 80 岁及以上 | 140 | 968 | 200 | 400 | 800 | 1 200 | 3 200 |
| | 城市 | 小计 | 小计 | 7 806 | 898 | 200 | 400 | 600 | 1 000 | 2 400 |
| | | | 18 ~ 44 岁 | 2 775 | 882 | 200 | 400 | 600 | 1 000 | 2 400 |
| | | | 45 ~ 59 岁 | 2 786 | 870 | 200 | 400 | 600 | 1 200 | 2 400 |
| | | | 60 ~ 79 岁 | 2 088 | 1 001 | 200 | 400 | 600 | 1 000 | 2 400 |
| | | | 80 岁及以上 | 157 | 686 | 200 | 400 | 520 | 800 | 1 800 |
| | | 男 | 小计 | 3 395 | 941 | 200 | 400 | 800 | 1 200 | 2 400 |
| | | | 18 ~ 44 岁 | 1 229 | 878 | 200 | 400 | 800 | 1 200 | 2 400 |
| | | | 45 ~ 59 岁 | 1 161 | 899 | 200 | 400 | 600 | 1 200 | 2 400 |
| | | | 60 ~ 79 岁 | 922 | 1 190 | 200 | 400 | 800 | 1 200 | 2 700 |
| | | | 80 岁及以上 | 83 | 738 | 100 | 400 | 600 | 800 | 1 800 |
| | | 女 | 小计 | 4 411 | 855 | 200 | 400 | 600 | 800 | 2 400 |
| | | | 18 ~ 44 岁 | 1 546 | 886 | 200 | 400 | 600 | 800 | 2 400 |
| | | | 45 ~ 59 岁 | 1 625 | 841 | 200 | 400 | 600 | 960 | 2 400 |
| | | | 60 ~ 79 岁 | 1 166 | 821 | 200 | 400 | 600 | 800 | 2 400 |
| | | | 80 岁及以上 | 74 | 621 | 200 | 300 | 400 | 800 | 1 800 |
| | 农村 | 小计 | 小计 | 10 210 | 1 353 | 200 | 600 | 960 | 1 600 | 3 200 |
| | | | 18 ~ 44 岁 | 3 667 | 1 310 | 200 | 600 | 900 | 1 600 | 3 200 |
| | | | 45 ~ 59 岁 | 4 018 | 1 383 | 200 | 600 | 900 | 1 600 | 3 600 |
| | | | 60 ~ 79 岁 | 2 397 | 1 419 | 400 | 800 | 1 200 | 1 600 | 3 200 |
| | | | 80 岁及以上 | 128 | 1 194 | 200 | 600 | 800 | 1 600 | 3 200 |
| | | 男 | 小计 | 4 580 | 1 421 | 200 | 800 | 960 | 1 600 | 3 600 |

| 地区 | 城乡 | 性别 | 年龄 | $n$ | 冬季日均间接饮水摄入量 /（ml/d） | | | | | |
|---|---|---|---|---|---|---|---|---|---|---|
| | | | | | Mean | P5 | P25 | P50 | P75 | P95 |
| 华北 | 农村 | 男 | 18 ～ 44 岁 | 1 675 | 1 357 | 200 | 800 | 960 | 1 600 | 3 200 |
| | | | 45 ～ 59 岁 | 1 656 | 1 461 | 200 | 800 | 960 | 1 600 | 3 840 |
| | | | 60 ～ 79 岁 | 1 187 | 1 531 | 400 | 800 | 960 | 1 800 | 3 600 |
| | | | 80 岁及以上 | 62 | 1 154 | 400 | 800 | 900 | 1 600 | 2 400 |
| | | 女 | 小计 | 5 630 | 1 287 | 200 | 600 | 800 | 1 600 | 3 200 |
| | | | 18 ～ 44 岁 | 1 992 | 1 260 | 200 | 480 | 800 | 1 600 | 3 200 |
| | | | 45 ～ 59 岁 | 2 362 | 1 318 | 200 | 600 | 800 | 1 600 | 3 200 |
| | | | 60 ～ 79 岁 | 1 210 | 1 304 | 400 | 800 | 1 200 | 1 600 | 3 200 |
| | | | 80 岁及以上 | 66 | 1 224 | 200 | 400 | 800 | 1 440 | 3 600 |
| 华东 | 城乡 | 小计 | 小计 | 22 911 | 831 | 100 | 300 | 400 | 1 200 | 2 400 |
| | | | 18 ～ 44 岁 | 8 525 | 812 | 100 | 300 | 400 | 1 000 | 2 400 |
| | | | 45 ～ 59 岁 | 8 048 | 844 | 40 | 240 | 400 | 1 200 | 2 400 |
| | | | 60 ～ 79 岁 | 5 823 | 886 | 0 | 320 | 600 | 1 200 | 2 400 |
| | | | 80 岁及以上 | 515 | 645 | 0 | 200 | 400 | 800 | 1 920 |
| | | 男 | 小计 | 10 401 | 871 | 100 | 400 | 400 | 1 200 | 2 400 |
| | | | 18 ～ 44 岁 | 3 787 | 863 | 100 | 400 | 400 | 1 200 | 2 400 |
| | | | 45 ～ 59 岁 | 3 616 | 861 | 40 | 300 | 400 | 1 200 | 2 400 |
| | | | 60 ～ 79 岁 | 2 794 | 919 | 18 | 400 | 600 | 1 200 | 2 400 |
| | | | 80 岁及以上 | 204 | 786 | 50 | 320 | 400 | 1 200 | 2 400 |
| | | 女 | 小计 | 12 510 | 790 | 100 | 200 | 400 | 1 000 | 2 400 |
| | | | 18 ～ 44 岁 | 4 738 | 763 | 100 | 200 | 400 | 800 | 2 400 |
| | | | 45 ～ 59 岁 | 4 432 | 826 | 40 | 200 | 400 | 1 200 | 2 400 |
| | | | 60 ～ 79 岁 | 3 029 | 853 | 0 | 240 | 600 | 1 200 | 2 400 |
| | | | 80 岁及以上 | 311 | 568 | 0 | 200 | 400 | 800 | 1 600 |
| | 城市 | 小计 | 小计 | 12 444 | 749 | 100 | 200 | 400 | 800 | 2 400 |
| | | | 18 ～ 44 岁 | 4 761 | 779 | 100 | 200 | 400 | 800 | 2 400 |
| | | | 45 ～ 59 岁 | 4 275 | 719 | 0 | 200 | 400 | 800 | 2 400 |
| | | | 60 ～ 79 岁 | 3 140 | 730 | 0 | 200 | 400 | 800 | 2 400 |
| | | | 80 岁及以上 | 268 | 576 | 0 | 200 | 400 | 800 | 1 600 |
| | | 男 | 小计 | 5 476 | 785 | 100 | 280 | 400 | 800 | 2 400 |
| | | | 18 ～ 44 岁 | 2 106 | 829 | 100 | 300 | 400 | 960 | 2 400 |
| | | | 45 ～ 59 岁 | 1 868 | 728 | 0 | 200 | 400 | 800 | 2 400 |
| | | | 60 ～ 79 岁 | 1 401 | 754 | 0 | 200 | 400 | 800 | 2 400 |
| | | | 80 岁及以上 | 101 | 755 | 50 | 400 | 400 | 1 200 | 2 400 |
| | | 女 | 小计 | 6 968 | 715 | 100 | 200 | 400 | 800 | 2 400 |
| | | | 18 ～ 44 岁 | 2 655 | 733 | 100 | 200 | 400 | 800 | 2 400 |
| | | | 45 ～ 59 岁 | 2 407 | 708 | 0 | 200 | 400 | 800 | 2 400 |
| | | | 60 ～ 79 岁 | 1 739 | 708 | 0 | 200 | 400 | 800 | 2 400 |
| | | | 80 岁及以上 | 167 | 478 | 0 | 200 | 400 | 600 | 1 600 |
| | 农村 | 小计 | 小计 | 10 467 | 918 | 100 | 400 | 600 | 1 200 | 2 400 |
| | | | 18 ～ 44 岁 | 3 764 | 848 | 100 | 300 | 400 | 1 200 | 2 400 |
| | | | 45 ～ 59 岁 | 3 773 | 976 | 100 | 400 | 600 | 1 200 | 2 880 |
| | | | 60 ～ 79 岁 | 2 683 | 1 043 | 80 | 400 | 800 | 1 200 | 2 880 |
| | | | 80 岁及以上 | 247 | 713 | 0 | 300 | 400 | 1 200 | 2 400 |
| | | 男 | 小计 | 4 925 | 961 | 100 | 400 | 600 | 1 200 | 2 880 |
| | | | 18 ～ 44 岁 | 1 681 | 900 | 80 | 400 | 480 | 1 200 | 2 880 |
| | | | 45 ～ 59 岁 | 1 748 | 1 001 | 100 | 400 | 600 | 1 200 | 3 000 |
| | | | 60 ～ 79 岁 | 1 393 | 1 068 | 100 | 400 | 800 | 1 440 | 3 200 |
| | | | 80 岁及以上 | 103 | 815 | 20 | 300 | 400 | 900 | 2 880 |
| | | 女 | 小计 | 5 542 | 873 | 80 | 320 | 600 | 1 200 | 2 400 |
| | | | 18 ～ 44 岁 | 2 083 | 797 | 100 | 240 | 400 | 1 200 | 2 400 |
| | | | 45 ～ 59 岁 | 2 025 | 949 | 100 | 400 | 600 | 1 200 | 2 880 |
| | | | 60 ～ 79 岁 | 1 290 | 1 014 | 40 | 400 | 720 | 1 200 | 2 400 |
| | | | 80 岁及以上 | 144 | 656 | 0 | 200 | 400 | 1 200 | 1 800 |
| 华南 | 城乡 | 小计 | 小计 | 15 075 | 524 | 0 | 200 | 400 | 600 | 1 600 |
| | | | 18 ～ 44 岁 | 6 479 | 505 | 0 | 200 | 400 | 600 | 1 600 |
| | | | 45 ～ 59 岁 | 5 349 | 541 | 0 | 200 | 400 | 600 | 1 600 |
| | | | 60 ～ 79 岁 | 3 001 | 552 | 0 | 200 | 400 | 600 | 1 600 |

| 地区 | 城乡 | 性别 | 年龄 | n | 冬季日均间接饮水摄入量 /（ml/d） | | | | | |
|---|---|---|---|---|---|---|---|---|---|---|
| | | | | | Mean | P5 | P25 | P50 | P75 | P95 |
| 华南 | 城乡 | 小计 | 80 岁及以上 | 246 | 562 | 0 | 200 | 400 | 800 | 2 000 |
| | | 男 | 小计 | 6 977 | 556 | 0 | 200 | 400 | 600 | 1 600 |
| | | | 18 ～ 44 岁 | 3 090 | 547 | 0 | 200 | 400 | 600 | 1 600 |
| | | | 45 ～ 59 岁 | 2 329 | 562 | 0 | 200 | 400 | 800 | 1 600 |
| | | | 60 ～ 79 岁 | 1 452 | 568 | 0 | 200 | 400 | 600 | 1 600 |
| | | | 80 岁及以上 | 106 | 640 | 100 | 200 | 400 | 800 | 2 400 |
| | | 女 | 小计 | 8 098 | 491 | 0 | 200 | 400 | 600 | 1 400 |
| | | | 18 ～ 44 岁 | 3 389 | 460 | 0 | 200 | 400 | 600 | 1 200 |
| | | | 45 ～ 59 岁 | 3 020 | 521 | 0 | 200 | 400 | 600 | 1 600 |
| | | | 60 ～ 79 岁 | 1 549 | 534 | 0 | 200 | 400 | 600 | 1 600 |
| | | | 80 岁及以上 | 140 | 500 | 0 | 200 | 400 | 600 | 1 200 |
| | 城市 | 小计 | 小计 | 7 265 | 476 | 0 | 200 | 400 | 600 | 1 200 |
| | | | 18 ～ 44 岁 | 3 121 | 453 | 0 | 200 | 400 | 400 | 1 200 |
| | | | 45 ～ 59 岁 | 2 562 | 502 | 40 | 200 | 400 | 600 | 1 200 |
| | | | 60 ～ 79 岁 | 1 455 | 493 | 20 | 200 | 400 | 600 | 1 200 |
| | | | 80 岁及以上 | 127 | 487 | 100 | 200 | 400 | 600 | 1 200 |
| | | 男 | 小计 | 3 265 | 508 | 0 | 200 | 400 | 600 | 1 400 |
| | | | 18 ～ 44 岁 | 1 500 | 491 | 0 | 200 | 400 | 600 | 1 600 |
| | | | 45 ～ 59 岁 | 1 053 | 538 | 50 | 200 | 400 | 800 | 1 200 |
| | | | 60 ～ 79 岁 | 664 | 509 | 50 | 200 | 400 | 600 | 1 200 |
| | | | 80 岁及以上 | 48 | 470 | 160 | 200 | 240 | 600 | 1 200 |
| | | 女 | 小计 | 4 000 | 443 | 0 | 200 | 400 | 480 | 1 200 |
| | | | 18 ～ 44 岁 | 1 621 | 411 | 0 | 200 | 400 | 400 | 1 200 |
| | | | 45 ～ 59 岁 | 1 509 | 470 | 40 | 200 | 400 | 600 | 1 200 |
| | | | 60 ～ 79 岁 | 791 | 476 | 0 | 200 | 400 | 600 | 1 200 |
| | | | 80 岁及以上 | 79 | 498 | 0 | 200 | 400 | 600 | 1 440 |
| | 农村 | 小计 | 小计 | 7 810 | 559 | 0 | 200 | 400 | 600 | 1 800 |
| | | | 18 ～ 44 岁 | 3 358 | 540 | 0 | 200 | 400 | 600 | 1 600 |
| | | | 45 ～ 59 岁 | 2 787 | 573 | 0 | 200 | 400 | 800 | 1 800 |
| | | | 60 ～ 79 岁 | 1 546 | 598 | 0 | 200 | 400 | 800 | 2 000 |
| | | | 80 岁及以上 | 119 | 640 | 0 | 200 | 400 | 800 | 2 000 |
| | | 男 | 小计 | 3 712 | 590 | 0 | 200 | 400 | 800 | 2 000 |
| | | | 18 ～ 44 岁 | 1 590 | 584 | 2 | 200 | 400 | 600 | 2 000 |
| | | | 45 ～ 59 岁 | 1 276 | 580 | 0 | 200 | 400 | 800 | 2 000 |
| | | | 60 ～ 79 岁 | 788 | 612 | 0 | 200 | 400 | 800 | 2 000 |
| | | | 80 岁及以上 | 58 | 778 | 100 | 200 | 600 | 1 200 | 2 400 |
| | | 女 | 小计 | 4 098 | 527 | 0 | 200 | 400 | 600 | 1 600 |
| | | | 18 ～ 44 岁 | 1 768 | 492 | 0 | 200 | 400 | 600 | 1 600 |
| | | | 45 ～ 59 岁 | 1 511 | 565 | 0 | 200 | 400 | 800 | 1 800 |
| | | | 60 ～ 79 岁 | 758 | 582 | 0 | 200 | 400 | 800 | 1 600 |
| | | | 80 岁及以上 | 61 | 503 | 0 | 200 | 400 | 600 | 1 200 |
| 西北 | 城乡 | 小计 | 小计 | 11 250 | 991 | 200 | 400 | 800 | 1 200 | 3 200 |
| | | | 18 ～ 44 岁 | 4 703 | 1 040 | 200 | 400 | 800 | 1 600 | 3 200 |
| | | | 45 ～ 59 岁 | 3 920 | 992 | 200 | 400 | 800 | 1 200 | 3 000 |
| | | | 60 ～ 79 岁 | 2 490 | 857 | 200 | 400 | 600 | 1 000 | 2 400 |
| | | | 80 岁及以上 | 137 | 755 | 200 | 400 | 600 | 1 200 | 1 600 |
| | | 男 | 小计 | 5 073 | 1 173 | 200 | 400 | 800 | 1 600 | 3 600 |
| | | | 18 ～ 44 岁 | 2 068 | 1 236 | 200 | 400 | 800 | 1 600 | 3 600 |
| | | | 45 ～ 59 岁 | 1 764 | 1 197 | 200 | 400 | 800 | 1 600 | 3 600 |
| | | | 60 ～ 79 岁 | 1 170 | 957 | 200 | 400 | 800 | 1 200 | 3 200 |
| | | | 80 岁及以上 | 71 | 813 | 200 | 400 | 600 | 1 200 | 1 800 |
| | | 女 | 小计 | 6 177 | 804 | 120 | 400 | 600 | 900 | 2 400 |
| | | | 18 ～ 44 岁 | 2 635 | 839 | 200 | 400 | 600 | 1 200 | 2 400 |
| | | | 45 ～ 59 岁 | 2 156 | 767 | 100 | 400 | 400 | 800 | 2 000 |
| | | | 60 ～ 79 岁 | 1 320 | 759 | 120 | 400 | 400 | 800 | 2 400 |
| | | | 80 岁及以上 | 66 | 704 | 200 | 400 | 400 | 1 000 | 1 600 |
| | 城市 | 小计 | 小计 | 5 044 | 763 | 100 | 400 | 400 | 800 | 2 000 |
| | | | 18 ～ 44 岁 | 2 031 | 763 | 100 | 400 | 400 | 800 | 2 400 |
| | | | 45 ～ 59 岁 | 1 794 | 822 | 100 | 400 | 400 | 800 | 1 800 |

| 地区 | 城乡 | 性别 | 年龄 | n | 冬季日均间接饮水摄入量 /（ml/d） | | | | | |
|---|---|---|---|---|---|---|---|---|---|---|
| | | | | | Mean | P5 | P25 | P50 | P75 | P95 |
| 西北 | 城市 | 小计 | 60～79岁 | 1 161 | 678 | 200 | 400 | 400 | 800 | 1 600 |
| | | | 80岁及以上 | 58 | 694 | 200 | 400 | 400 | 800 | 1 600 |
| | | 男 | 小计 | 2 217 | 896 | 200 | 400 | 600 | 960 | 2 400 |
| | | | 18～44岁 | 891 | 870 | 120 | 400 | 800 | 1 200 | 2 400 |
| | | | 45～59岁 | 774 | 1 041 | 200 | 400 | 600 | 800 | 3 200 |
| | | | 60～79岁 | 519 | 749 | 200 | 400 | 600 | 800 | 1 600 |
| | | | 80岁及以上 | 33 | 705 | 200 | 400 | 600 | 800 | 1 600 |
| | | 女 | 小计 | 2 827 | 631 | 100 | 400 | 400 | 800 | 1 600 |
| | | | 18～44岁 | 1 140 | 656 | 100 | 400 | 400 | 800 | 1 600 |
| | | | 45～59岁 | 1 020 | 596 | 80 | 400 | 400 | 800 | 1 600 |
| | | | 60～79岁 | 642 | 612 | 200 | 400 | 400 | 800 | 1 600 |
| | | | 80岁及以上 | 25 | 681 | 200 | 400 | 400 | 800 | 1 200 |
| | 农村 | 小计 | 小计 | 6 206 | 1 168 | 200 | 400 | 800 | 1 600 | 3 200 |
| | | | 18～44岁 | 2 672 | 1 237 | 200 | 400 | 800 | 1 600 | 3 600 |
| | | | 45～59岁 | 2 126 | 1 132 | 200 | 400 | 800 | 1 600 | 3 200 |
| | | | 60～79岁 | 1 329 | 1 017 | 200 | 400 | 800 | 1 200 | 3 200 |
| | | | 80岁及以上 | 79 | 802 | 200 | 400 | 600 | 1 200 | 1 600 |
| | | 男 | 小计 | 2 856 | 1 380 | 200 | 560 | 900 | 1 600 | 4 800 |
| | | | 18～44岁 | 1 177 | 1 489 | 200 | 600 | 1 200 | 2 000 | 4 800 |
| | | | 45～59岁 | 990 | 1 320 | 200 | 600 | 800 | 1 600 | 4 800 |
| | | | 60～79岁 | 651 | 1 135 | 200 | 400 | 800 | 1 600 | 3 200 |
| | | | 80岁及以上 | 38 | 910 | 200 | 400 | 800 | 1 600 | 2 400 |
| | | 女 | 小计 | 3 350 | 942 | 200 | 400 | 800 | 1 200 | 2 400 |
| | | | 18～44岁 | 1 495 | 973 | 200 | 400 | 800 | 1 200 | 2400 |
| | | | 45～59岁 | 1 136 | 916 | 100 | 400 | 800 | 1 200 | 2 400 |
| | | | 60～79岁 | 678 | 897 | 100 | 400 | 600 | 1 200 | 3 000 |
| | | | 80岁及以上 | 41 | 718 | 200 | 400 | 600 | 1 000 | 1 600 |
| 东北 | 城乡 | 小计 | 小计 | 10 173 | 394 | 0 | 200 | 400 | 400 | 800 |
| | | | 18～44岁 | 3 985 | 366 | 0 | 200 | 400 | 400 | 800 |
| | | | 45～59岁 | 3 899 | 413 | 0 | 200 | 400 | 400 | 1 200 |
| | | | 60～79岁 | 2 164 | 446 | 0 | 200 | 400 | 400 | 1 200 |
| | | | 80岁及以上 | 125 | 507 | 0 | 200 | 400 | 800 | 1 600 |
| | | 男 | 小计 | 4 630 | 411 | 0 | 200 | 400 | 400 | 1 200 |
| | | | 18～44岁 | 1 888 | 382 | 0 | 200 | 400 | 400 | 800 |
| | | | 45～59岁 | 1 661 | 430 | 0 | 200 | 400 | 400 | 1 200 |
| | | | 60～79岁 | 1 022 | 475 | 0 | 200 | 400 | 600 | 1 200 |
| | | | 80岁及以上 | 59 | 482 | 0 | 200 | 400 | 600 | 1 600 |
| | | 女 | 小计 | 5 543 | 377 | 0 | 200 | 400 | 400 | 800 |
| | | | 18～44岁 | 2 097 | 348 | 0 | 200 | 200 | 400 | 800 |
| | | | 45～59岁 | 2 238 | 397 | 0 | 200 | 400 | 400 | 800 |
| | | | 60～79岁 | 1 142 | 417 | 0 | 200 | 400 | 400 | 1 200 |
| | | | 80岁及以上 | 66 | 529 | 0 | 200 | 400 | 800 | 960 |
| | 城市 | 小计 | 小计 | 4 354 | 389 | 0 | 200 | 400 | 400 | 800 |
| | | | 18～44岁 | 1 658 | 362 | 0 | 200 | 200 | 400 | 800 |
| | | | 45～59岁 | 1 731 | 408 | 0 | 200 | 400 | 400 | 1 200 |
| | | | 60～79岁 | 910 | 433 | 0 | 200 | 400 | 400 | 1 200 |
| | | | 80岁及以上 | 55 | 549 | 0 | 200 | 400 | 600 | 960 |
| | | 男 | 小计 | 1 910 | 398 | 0 | 200 | 400 | 400 | 960 |
| | | | 18～44岁 | 766 | 368 | 0 | 200 | 300 | 400 | 800 |
| | | | 45～59岁 | 730 | 427 | 0 | 200 | 400 | 400 | 1 200 |
| | | | 60～79岁 | 395 | 459 | 80 | 200 | 400 | 600 | 1 200 |
| | | | 80岁及以上 | 19 | 329 | 0 | 200 | 400 | 400 | 600 |
| | | 女 | 小计 | 2 444 | 380 | 0 | 200 | 300 | 400 | 800 |
| | | | 18～44岁 | 892 | 356 | 0 | 200 | 200 | 400 | 800 |
| | | | 45～59岁 | 1 001 | 390 | 0 | 200 | 400 | 400 | 800 |
| | | | 60～79岁 | 515 | 410 | 0 | 200 | 400 | 400 | 1 200 |
| | | | 80岁及以上 | 36 | 672 | 0 | 200 | 400 | 600 | 4 000 |
| | 农村 | 小计 | 小计 | 5 819 | 397 | 0 | 200 | 400 | 400 | 800 |
| | | | 18～44岁 | 2 327 | 368 | 0 | 200 | 400 | 400 | 800 |

| 地区 | 城乡 | 性别 | 年龄 | n | 冬季日均间接饮水摄入量 /（ml/d） | | | | | |
|---|---|---|---|---|---|---|---|---|---|---|
| | | | | | Mean | P5 | P25 | P50 | P75 | P95 |
| 东北 | 农村 | 小计 | 45～59 岁 | 2 168 | 415 | 0 | 200 | 400 | 400 | 1 200 |
| | | | 60～79 岁 | 1 254 | 452 | 0 | 200 | 400 | 500 | 1 200 |
| | | | 80 岁及以上 | 70 | 489 | 0 | 200 | 400 | 800 | 1 600 |
| | | 男 | 小计 | 2 720 | 417 | 0 | 200 | 400 | 400 | 1 200 |
| | | | 18～44 岁 | 1 122 | 390 | 0 | 200 | 400 | 400 | 800 |
| | | | 45～59 岁 | 931 | 431 | 0 | 200 | 400 | 600 | 1 200 |
| | | | 60～79 岁 | 627 | 484 | 0 | 200 | 400 | 600 | 1 200 |
| | | | 80 岁及以上 | 40 | 529 | 0 | 200 | 400 | 800 | 1 600 |
| | | 女 | 小计 | 3 099 | 376 | 0 | 200 | 400 | 400 | 800 |
| | | | 18～44 岁 | 1 205 | 344 | 0 | 200 | 300 | 400 | 800 |
| | | | 45～59 岁 | 1 237 | 402 | 0 | 200 | 400 | 400 | 800 |
| | | | 60～79 岁 | 627 | 421 | 0 | 200 | 400 | 400 | 1 200 |
| | | | 80 岁及以上 | 30 | 448 | 0 | 200 | 400 | 800 | 800 |
| 西南 | 城乡 | 小计 | 小计 | 13 143 | 545 | 0 | 200 | 400 | 800 | 1 600 |
| | | | 18～44 岁 | 6 266 | 535 | 0 | 200 | 400 | 800 | 1 600 |
| | | | 45～59 岁 | 4 192 | 581 | 20 | 200 | 400 | 800 | 1 600 |
| | | | 60～79 岁 | 2 516 | 528 | 50 | 200 | 400 | 800 | 1 600 |
| | | | 80 岁及以上 | 169 | 527 | 80 | 200 | 400 | 600 | 1 200 |
| | | 男 | 小计 | 5 984 | 557 | 0 | 200 | 400 | 800 | 1 600 |
| | | | 18～44 岁 | 2 890 | 547 | 0 | 200 | 400 | 800 | 1 600 |
| | | | 45～59 岁 | 1 842 | 568 | 0 | 200 | 400 | 800 | 1 600 |
| | | | 60～79 岁 | 1 164 | 564 | 50 | 200 | 400 | 800 | 1 600 |
| | | | 80 岁及以上 | 88 | 656 | 80 | 200 | 400 | 800 | 2 400 |
| | | 女 | 小计 | 7 159 | 534 | 40 | 200 | 400 | 600 | 1 600 |
| | | | 18～44 岁 | 3 376 | 523 | 10 | 200 | 400 | 600 | 1 600 |
| | | | 45～59 岁 | 2 350 | 594 | 40 | 200 | 400 | 800 | 1 600 |
| | | | 60～79 岁 | 1 352 | 494 | 80 | 200 | 400 | 600 | 1 600 |
| | | | 80 岁及以上 | 81 | 380 | 100 | 200 | 400 | 400 | 800 |
| | 城市 | 小计 | 小计 | 4 756 | 494 | 20 | 200 | 400 | 600 | 1 200 |
| | | | 18～44 岁 | 2 235 | 460 | 0 | 200 | 400 | 600 | 1 200 |
| | | | 45～59 岁 | 1 542 | 515 | 20 | 200 | 400 | 600 | 1 600 |
| | | | 60～79 岁 | 903 | 564 | 80 | 200 | 400 | 800 | 1 600 |
| | | | 80 岁及以上 | 76 | 595 | 100 | 200 | 400 | 800 | 1 200 |
| | | 男 | 小计 | 2 124 | 512 | 0 | 200 | 400 | 800 | 1 600 |
| | | | 18～44 岁 | 1 017 | 473 | 0 | 200 | 400 | 600 | 1 200 |
| | | | 45～59 岁 | 662 | 518 | 0 | 200 | 400 | 800 | 1 200 |
| | | | 60～79 岁 | 407 | 607 | 80 | 200 | 400 | 800 | 1 800 |
| | | | 80 岁及以上 | 38 | 785 | 200 | 400 | 400 | 800 | 2 400 |
| | | 女 | 小计 | 2 632 | 475 | 40 | 200 | 400 | 600 | 1 200 |
| | | | 18～44 岁 | 1 218 | 446 | 40 | 200 | 400 | 600 | 1 200 |
| | | | 45～59 岁 | 880 | 512 | 60 | 200 | 400 | 600 | 1 600 |
| | | | 60～79 岁 | 496 | 521 | 80 | 200 | 400 | 600 | 1 600 |
| | | | 80 岁及以上 | 38 | 388 | 50 | 200 | 400 | 480 | 800 |
| | 农村 | 小计 | 小计 | 8 387 | 579 | 0 | 200 | 400 | 800 | 1 600 |
| | | | 18～44 岁 | 4 031 | 584 | 0 | 200 | 400 | 800 | 1 600 |
| | | | 45～59 岁 | 2 650 | 627 | 0 | 200 | 400 | 800 | 1 600 |
| | | | 60～79 岁 | 1 613 | 507 | 8 | 200 | 400 | 600 | 1 600 |
| | | | 80 岁及以上 | 93 | 467 | 80 | 200 | 400 | 600 | 1 200 |
| | | 男 | 小计 | 3 860 | 587 | 0 | 200 | 400 | 800 | 1 600 |
| | | | 18～44 岁 | 1 873 | 596 | 0 | 200 | 400 | 800 | 1 600 |
| | | | 45～59 岁 | 1 180 | 604 | 0 | 200 | 400 | 800 | 1 600 |
| | | | 60～79 岁 | 757 | 538 | 8 | 200 | 400 | 800 | 1 600 |
| | | | 80 岁及以上 | 50 | 546 | 0 | 200 | 400 | 800 | 1 600 |
| | | 女 | 小计 | 4 527 | 572 | 0 | 200 | 400 | 800 | 1 600 |
| | | | 18～44 岁 | 2 158 | 572 | 0 | 200 | 400 | 800 | 1 600 |
| | | | 45～59 岁 | 1 470 | 650 | 20 | 200 | 400 | 800 | 1 600 |
| | | | 60～79 岁 | 856 | 479 | 20 | 200 | 400 | 600 | 1 600 |
| | | | 80 岁及以上 | 43 | 374 | 100 | 200 | 400 | 400 | 800 |

## 附表 3-33 中国人群分省（直辖市、自治区）、城乡、性别的全年日均间接饮水摄入量

| 地区 | 城乡 | 性别 | *n* | 全年日均间接饮水摄入量 /（ml/d） | | | | | |
|---|---|---|---|---|---|---|---|---|---|
| | | | | Mean | P5 | P25 | P50 | P75 | P95 |
| 合计 | 城乡 | 小计 | 90 564 | 799 | 100 | 250 | 480 | 960 | 2 400 |
| | | 男 | 41 040 | 842 | 100 | 300 | 500 | 1 000 | 2 400 |
| | | 女 | 49 524 | 756 | 100 | 250 | 450 | 900 | 2 400 |
| | 城市 | 小计 | 41 668 | 687 | 100 | 250 | 400 | 800 | 2 000 |
| | | 男 | 18 387 | 724 | 100 | 250 | 400 | 800 | 2 400 |
| | | 女 | 23 281 | 651 | 100 | 250 | 400 | 800 | 1 800 |
| | 农村 | 小计 | 48 896 | 886 | 100 | 300 | 600 | 1 200 | 2 500 |
| | | 男 | 22 653 | 933 | 100 | 300 | 600 | 1 200 | 2 760 |
| | | 女 | 26 243 | 838 | 100 | 250 | 500 | 1 200 | 2 400 |
| 北京 | 城乡 | 小计 | 1 113 | 532 | 100 | 200 | 400 | 600 | 1 600 |
| | | 男 | 458 | 600 | 100 | 200 | 400 | 800 | 1 800 |
| | | 女 | 655 | 471 | 100 | 200 | 400 | 600 | 1 200 |
| | 城市 | 小计 | 839 | 531 | 100 | 200 | 400 | 660 | 1 600 |
| | | 男 | 354 | 611 | 100 | 200 | 400 | 800 | 1 800 |
| | | 女 | 485 | 457 | 50 | 200 | 400 | 600 | 1 200 |
| | 农村 | 小计 | 274 | 533 | 200 | 200 | 400 | 600 | 1 600 |
| | | 男 | 104 | 568 | 150 | 200 | 400 | 600 | 1 600 |
| | | 女 | 170 | 505 | 200 | 200 | 400 | 600 | 1 600 |
| 天津 | 城乡 | 小计 | 1 154 | 600 | 200 | 250 | 400 | 800 | 1 800 |
| | | 男 | 470 | 606 | 200 | 300 | 450 | 800 | 1 800 |
| | | 女 | 684 | 593 | 200 | 225 | 400 | 800 | 1 800 |
| | 城市 | 小计 | 865 | 548 | 125 | 300 | 400 | 700 | 1 300 |
| | | 男 | 336 | 538 | 150 | 320 | 400 | 700 | 1 200 |
| | | 女 | 529 | 558 | 125 | 250 | 400 | 675 | 1 800 |
| | 农村 | 小计 | 289 | 686 | 200 | 200 | 450 | 800 | 1 800 |
| | | 男 | 134 | 713 | 200 | 250 | 450 | 800 | 1 800 |
| | | 女 | 155 | 655 | 200 | 200 | 400 | 800 | 1 800 |
| 河北 | 城乡 | 小计 | 4 408 | 1 334 | 200 | 400 | 800 | 1 600 | 3 300 |
| | | 男 | 1 935 | 1 364 | 200 | 400 | 800 | 1 560 | 3 360 |
| | | 女 | 2 473 | 1 304 | 200 | 400 | 800 | 1 600 | 3 200 |
| | 城市 | 小计 | 1 830 | 974 | 200 | 400 | 600 | 1 200 | 2 880 |
| | | 男 | 829 | 1 024 | 200 | 400 | 600 | 1 200 | 2 880 |
| | | 女 | 1 001 | 920 | 200 | 400 | 600 | 1 200 | 3 000 |
| | 农村 | 小计 | 2 578 | 1 652 | 400 | 800 | 840 | 1 755 | 4 800 |
| | | 男 | 1 106 | 1 695 | 400 | 800 | 800 | 1 680 | 6 000 |
| | | 女 | 1 472 | 1 614 | 400 | 650 | 900 | 1 800 | 4 800 |
| 山西 | 城乡 | 小计 | 3 415 | 1 373 | 400 | 800 | 1 300 | 1 700 | 2 800 |
| | | 男 | 1 553 | 1 472 | 400 | 800 | 1 400 | 1 800 | 3 200 |
| | | 女 | 1 862 | 1 278 | 400 | 800 | 1 200 | 1 600 | 2 400 |
| | 城市 | 小计 | 1 046 | 1 092 | 400 | 500 | 900 | 1 600 | 2 400 |
| | | 男 | 479 | 1 177 | 400 | 600 | 1 000 | 1 600 | 2 550 |
| | | 女 | 567 | 1 011 | 400 | 400 | 800 | 1 600 | 1 950 |
| | 农村 | 小计 | 2 369 | 1 493 | 450 | 800 | 1 500 | 1 800 | 3 000 |
| | | 男 | 1 074 | 1 599 | 450 | 800 | 1 600 | 2 000 | 3 400 |
| | | 女 | 1 295 | 1 392 | 450 | 800 | 1 400 | 1 680 | 2 550 |
| 内蒙古 | 城乡 | 小计 | 3 002 | 613 | 0 | 250 | 400 | 800 | 1 600 |
| | | 男 | 1 457 | 659 | 0 | 400 | 500 | 800 | 1 600 |
| | | 女 | 1 545 | 561 | 0 | 250 | 400 | 700 | 1 560 |
| | 城市 | 小计 | 1 190 | 563 | 120 | 300 | 400 | 800 | 1 250 |
| | | 男 | 552 | 630 | 200 | 400 | 500 | 800 | 1 600 |
| | | 女 | 638 | 491 | 100 | 250 | 400 | 600 | 1 200 |
| | 农村 | 小计 | 1 812 | 649 | 0 | 250 | 400 | 800 | 1 800 |
| | | 男 | 905 | 679 | 0 | 300 | 500 | 800 | 1 600 |
| | | 女 | 907 | 613 | 0 | 250 | 400 | 800 | 1 800 |
| 辽宁 | 城乡 | 小计 | 3 375 | 422 | 50 | 200 | 400 | 500 | 800 |
| | | 男 | 1 447 | 444 | 50 | 200 | 400 | 500 | 960 |

| 地区 | 城乡 | 性别 | n | 全年日均间接饮水摄入量 /（ml/d） | | | | | |
|---|---|---|---|---|---|---|---|---|---|
| | | | | Mean | P5 | P25 | P50 | P75 | P95 |
| 辽宁 | 城乡 | 女 | 1 928 | 399 | 50 | 200 | 400 | 450 | 800 |
| | 城市 | 小计 | 1 194 | 411 | 75 | 200 | 400 | 450 | 900 |
| | | 男 | 525 | 430 | 75 | 200 | 400 | 500 | 1 000 |
| | | 女 | 669 | 390 | 75 | 200 | 350 | 400 | 800 |
| | 农村 | 小计 | 2 181 | 426 | 50 | 200 | 400 | 500 | 800 |
| | | 男 | 922 | 449 | 0 | 200 | 400 | 500 | 900 |
| | | 女 | 1 259 | 403 | 50 | 200 | 400 | 450 | 800 |
| 吉林 | 城乡 | 小计 | 2 737 | 320 | 0 | 160 | 250 | 400 | 800 |
| | | 男 | 1 302 | 326 | 0 | 150 | 250 | 400 | 900 |
| | | 女 | 1 435 | 313 | 0 | 200 | 250 | 400 | 800 |
| | 城市 | 小计 | 1 571 | 385 | 0 | 200 | 250 | 400 | 960 |
| | | 男 | 704 | 381 | 0 | 200 | 250 | 400 | 960 |
| | | 女 | 867 | 389 | 0 | 200 | 250 | 450 | 1 000 |
| | 农村 | 小计 | 1 166 | 259 | 0 | 0 | 250 | 400 | 800 |
| | | 男 | 598 | 275 | 0 | 0 | 250 | 400 | 800 |
| | | 女 | 568 | 240 | 0 | 0 | 200 | 400 | 700 |
| 黑龙江 | 城乡 | 小计 | 4 061 | 406 | 0 | 200 | 350 | 500 | 1 100 |
| | | 男 | 1 881 | 428 | 0 | 200 | 400 | 500 | 1 200 |
| | | 女 | 2 180 | 385 | 0 | 200 | 300 | 450 | 1 000 |
| | 城市 | 小计 | 1 589 | 377 | 0 | 200 | 300 | 500 | 900 |
| | | 男 | 681 | 399 | 0 | 200 | 375 | 600 | 1 000 |
| | | 女 | 908 | 358 | 0 | 200 | 300 | 450 | 900 |
| | 农村 | 小计 | 2 472 | 424 | 0 | 200 | 350 | 500 | 1 200 |
| | | 男 | 1 200 | 444 | 0 | 200 | 400 | 500 | 1 200 |
| | | 女 | 1 272 | 403 | 0 | 200 | 300 | 450 | 1 100 |
| 上海 | 城乡 | 小计 | 1 161 | 392 | 125 | 200 | 400 | 400 | 900 |
| | | 男 | 540 | 431 | 125 | 200 | 400 | 450 | 1 000 |
| | | 女 | 621 | 351 | 100 | 200 | 300 | 400 | 800 |
| | 城市 | 小计 | 1 161 | 392 | 125 | 200 | 400 | 400 | 900 |
| | | 男 | 540 | 431 | 125 | 200 | 400 | 450 | 1 000 |
| | | 女 | 621 | 351 | 100 | 200 | 300 | 400 | 800 |
| 江苏 | 城乡 | 小计 | 3 469 | 835 | 200 | 400 | 600 | 1 000 | 2 000 |
| | | 男 | 1 584 | 895 | 200 | 400 | 600 | 1 100 | 2 200 |
| | | 女 | 1 885 | 776 | 200 | 400 | 600 | 900 | 1 800 |
| | 城市 | 小计 | 2 313 | 689 | 200 | 400 | 500 | 850 | 1 600 |
| | | 男 | 1 068 | 754 | 200 | 400 | 585 | 900 | 2 000 |
| | | 女 | 1 245 | 621 | 200 | 325 | 450 | 800 | 1 500 |
| | 农村 | 小计 | 1 156 | 1 146 | 200 | 450 | 800 | 1 250 | 2 800 |
| | | 男 | 516 | 1 213 | 200 | 450 | 800 | 1 400 | 3 200 |
| | | 女 | 640 | 1 086 | 200 | 450 | 800 | 1 200 | 2 600 |
| 浙江 | 城乡 | 小计 | 3 421 | 510 | 100 | 200 | 400 | 600 | 1 200 |
| | | 男 | 1 595 | 555 | 100 | 225 | 400 | 700 | 1 350 |
| | | 女 | 1 826 | 462 | 100 | 200 | 400 | 500 | 1 200 |
| | 城市 | 小计 | 1 182 | 494 | 100 | 200 | 400 | 600 | 1 200 |
| | | 男 | 534 | 527 | 100 | 200 | 400 | 650 | 1 300 |
| | | 女 | 648 | 459 | 100 | 200 | 350 | 500 | 1 200 |
| | 农村 | 小计 | 2 239 | 518 | 100 | 200 | 400 | 600 | 1 200 |
| | | 男 | 1 061 | 569 | 100 | 225 | 400 | 700 | 1 400 |
| | | 女 | 1 178 | 463 | 100 | 200 | 400 | 500 | 1 200 |
| 安徽 | 城乡 | 小计 | 3 482 | 1 310 | 100 | 400 | 1 000 | 2 040 | 3 360 |
| | | 男 | 1 537 | 1 430 | 100 | 400 | 1 200 | 2 400 | 3 750 |
| | | 女 | 1 945 | 1 193 | 100 | 400 | 900 | 1 800 | 2 800 |
| | 城市 | 小计 | 1 879 | 1 021 | 100 | 250 | 600 | 1 200 | 2 700 |
| | | 男 | 783 | 1 113 | 100 | 300 | 700 | 1 300 | 3 600 |
| | | 女 | 1 096 | 935 | 100 | 250 | 500 | 1 200 | 2 700 |
| | 农村 | 小计 | 1 603 | 1 487 | 150 | 500 | 1 200 | 2 400 | 3 600 |
| | | 男 | 754 | 1 616 | 150 | 560 | 1 200 | 2 400 | 3 840 |
| | | 女 | 849 | 1 357 | 150 | 450 | 1 200 | 2 250 | 3 000 |

| 地区 | 城乡 | 性别 | $n$ | 全年日均间接饮水摄入量 /（ml/d） | | | | | |
|---|---|---|---|---|---|---|---|---|---|
| | | | | Mean | P5 | P25 | P50 | P75 | P95 |
| 福建 | 城乡 | 小计 | 2 894 | 1 286 | 200 | 400 | 800 | 1 920 | 3 600 |
| | | 男 | 1 290 | 1 313 | 200 | 400 | 800 | 2 000 | 3 840 |
| | | 女 | 1 604 | 1 261 | 200 | 400 | 800 | 1 920 | 3 600 |
| | 城市 | 小计 | 1 493 | 1 528 | 200 | 480 | 1 200 | 2 400 | 4 800 |
| | | 男 | 636 | 1 587 | 200 | 600 | 1 200 | 2 400 | 4 800 |
| | | 女 | 857 | 1 476 | 200 | 450 | 1 200 | 2 400 | 4 800 |
| | 农村 | 小计 | 1 401 | 1 045 | 125 | 400 | 700 | 1 200 | 2 600 |
| | | 男 | 654 | 1 057 | 165 | 400 | 800 | 1 200 | 2 400 |
| | | 女 | 747 | 1 033 | 125 | 400 | 600 | 1 200 | 2 800 |
| 江西 | 城乡 | 小计 | 2 904 | 399 | 50 | 200 | 300 | 450 | 1 000 |
| | | 男 | 1 368 | 426 | 50 | 200 | 375 | 500 | 1 050 |
| | | 女 | 1 536 | 370 | 100 | 200 | 300 | 400 | 900 |
| | 城市 | 小计 | 1 715 | 435 | 100 | 200 | 375 | 500 | 1 200 |
| | | 男 | 793 | 475 | 50 | 200 | 400 | 563 | 1 200 |
| | | 女 | 922 | 394 | 100 | 200 | 300 | 430 | 1 000 |
| | 农村 | 小计 | 1 189 | 359 | 25 | 200 | 300 | 400 | 800 |
| | | 男 | 575 | 374 | 50 | 200 | 300 | 450 | 800 |
| | | 女 | 614 | 342 | 0 | 200 | 275 | 400 | 800 |
| 山东 | 城乡 | 小计 | 5 580 | 675 | 0 | 400 | 500 | 800 | 1 600 |
| | | 男 | 2 487 | 685 | 0 | 400 | 500 | 800 | 1 700 |
| | | 女 | 3 093 | 665 | 0 | 400 | 500 | 800 | 1 600 |
| | 城市 | 小计 | 2 701 | 599 | 0 | 250 | 400 | 800 | 1 500 |
| | | 男 | 1 122 | 607 | 0 | 250 | 400 | 800 | 1 500 |
| | | 女 | 1 579 | 592 | 0 | 240 | 400 | 800 | 1 500 |
| | 农村 | 小计 | 2 879 | 760 | 100 | 400 | 650 | 900 | 1 800 |
| | | 男 | 1 365 | 766 | 100 | 400 | 600 | 900 | 1 900 |
| | | 女 | 1 514 | 753 | 100 | 400 | 675 | 960 | 1 700 |
| 河南 | 城乡 | 小计 | 4 923 | 1 433 | 400 | 800 | 1 200 | 1 800 | 3 200 |
| | | 男 | 2 102 | 1 521 | 400 | 800 | 1 200 | 1 800 | 3 600 |
| | | 女 | 2 821 | 1 352 | 400 | 800 | 1 200 | 1 600 | 3 000 |
| | 城市 | 小计 | 2 035 | 1 209 | 200 | 800 | 800 | 1 500 | 3 120 |
| | | 男 | 845 | 1 206 | 200 | 800 | 880 | 1 600 | 3 200 |
| | | 女 | 1 190 | 1 212 | 200 | 600 | 800 | 1 200 | 2 400 |
| | 农村 | 小计 | 2 888 | 1 522 | 400 | 800 | 1 300 | 1 800 | 3 200 |
| | | 男 | 1 257 | 1 641 | 400 | 900 | 1 440 | 2 000 | 3 600 |
| | | 女 | 1 631 | 1 410 | 400 | 800 | 1 200 | 1 800 | 3 000 |
| 湖北 | 城乡 | 小计 | 3 411 | 454 | 100 | 200 | 400 | 500 | 1 000 |
| | | 男 | 1 606 | 473 | 125 | 225 | 400 | 590 | 1 100 |
| | | 女 | 1 805 | 433 | 100 | 200 | 400 | 500 | 1 000 |
| | 城市 | 小计 | 2 385 | 433 | 75 | 200 | 400 | 500 | 1 000 |
| | | 男 | 1 129 | 465 | 100 | 250 | 400 | 500 | 1 000 |
| | | 女 | 1 256 | 397 | 55 | 200 | 400 | 500 | 800 |
| | 农村 | 小计 | 1 026 | 490 | 175 | 200 | 400 | 700 | 1 200 |
| | | 男 | 477 | 487 | 175 | 200 | 400 | 650 | 1 200 |
| | | 女 | 549 | 493 | 175 | 200 | 400 | 700 | 1 200 |
| 湖南 | 城乡 | 小计 | 3 995 | 330 | 50 | 200 | 200 | 400 | 900 |
| | | 男 | 1 826 | 354 | 50 | 200 | 225 | 400 | 1 000 |
| | | 女 | 2 169 | 302 | 25 | 175 | 200 | 400 | 800 |
| | 城市 | 小计 | 1 482 | 360 | 75 | 200 | 225 | 400 | 1 000 |
| | | 男 | 604 | 388 | 75 | 200 | 225 | 400 | 1 200 |
| | | 女 | 878 | 334 | 75 | 200 | 225 | 400 | 900 |
| | 农村 | 小计 | 2 513 | 318 | 16 | 125 | 200 | 400 | 850 |
| | | 男 | 1 222 | 342 | 50 | 175 | 225 | 425 | 900 |
| | | 女 | 1 291 | 289 | 0 | 125 | 200 | 400 | 750 |
| 广东 | 城乡 | 小计 | 3 243 | 488 | 40 | 250 | 400 | 600 | 1 200 |
| | | 男 | 1 456 | 505 | 40 | 225 | 400 | 600 | 1 200 |
| | | 女 | 1 787 | 474 | 50 | 250 | 400 | 600 | 1 100 |
| | 城市 | 小计 | 1 746 | 535 | 100 | 300 | 400 | 650 | 1 200 |

| 地区 | 城乡 | 性别 | n | 全年日均间接饮水摄入量 /（ml/d） | | | | | |
| --- | --- | --- | --- | --- | --- | --- | --- | --- | --- |
| | | | | Mean | P5 | P25 | P50 | P75 | P95 |
| 广东 | 城市 | 男 | 774 | 569 | 100 | 300 | 450 | 700 | 1 400 |
| | | 女 | 972 | 505 | 100 | 320 | 400 | 600 | 1 200 |
| | 农村 | 小计 | 1 497 | 438 | 40 | 200 | 400 | 550 | 1 000 |
| | | 男 | 682 | 437 | 25 | 200 | 400 | 600 | 1 000 |
| | | 女 | 815 | 439 | 40 | 225 | 400 | 500 | 1 000 |
| 广西 | 城乡 | 小计 | 3 340 | 1 312 | 200 | 550 | 1 200 | 1 800 | 2 800 |
| | | 男 | 1 574 | 1 400 | 200 | 550 | 1 200 | 2 000 | 3 200 |
| | | 女 | 1 766 | 1 218 | 200 | 563 | 1 200 | 1600 | 2 700 |
| | 城市 | 小计 | 1 324 | 1 097 | 200 | 400 | 900 | 1500 | 2 400 |
| | | 男 | 603 | 1 138 | 200 | 400 | 900 | 1 600 | 2 600 |
| | | 女 | 721 | 1 054 | 200 | 450 | 900 | 1 450 | 2 300 |
| | 农村 | 小计 | 2 016 | 1 393 | 200 | 680 | 1 200 | 1 800 | 3 100 |
| | | 男 | 971 | 1 496 | 200 | 700 | 1 200 | 2 100 | 3 300 |
| | | 女 | 1 045 | 1 281 | 200 | 650 | 1 200 | 1 600 | 2 800 |
| 海南 | 城乡 | 小计 | 1 083 | 700 | 200 | 400 | 600 | 950 | 1 550 |
| | | 男 | 515 | 726 | 200 | 400 | 600 | 950 | 1 600 |
| | | 女 | 568 | 673 | 200 | 400 | 500 | 950 | 1 400 |
| | 城市 | 小计 | 328 | 564 | 200 | 250 | 400 | 800 | 1 350 |
| | | 男 | 155 | 597 | 200 | 300 | 400 | 800 | 1 600 |
| | | 女 | 173 | 529 | 200 | 250 | 400 | 600 | 1 200 |
| | 农村 | 小计 | 755 | 755 | 200 | 400 | 600 | 1 050 | 1 600 |
| | | 男 | 360 | 777 | 200 | 400 | 600 | 1 100 | 1 600 |
| | | 女 | 395 | 732 | 200 | 400 | 600 | 1 050 | 1 800 |
| 重庆 | 城乡 | 小计 | 962 | 608 | 125 | 250 | 400 | 800 | 1 600 |
| | | 男 | 410 | 613 | 125 | 250 | 400 | 825 | 1 600 |
| | | 女 | 552 | 603 | 125 | 250 | 400 | 800 | 1 600 |
| | 城市 | 小计 | 474 | 582 | 125 | 250 | 400 | 700 | 1 600 |
| | | 男 | 224 | 571 | 200 | 250 | 400 | 800 | 1 600 |
| | | 女 | 250 | 595 | 125 | 250 | 400 | 700 | 2 000 |
| | 农村 | 小计 | 488 | 634 | 120 | 250 | 425 | 900 | 1 600 |
| | | 男 | 186 | 666 | 90 | 250 | 450 | 950 | 1 600 |
| | | 女 | 302 | 609 | 175 | 250 | 400 | 900 | 1 600 |
| 四川 | 城乡 | 小计 | 4 368 | 750 | 125 | 250 | 500 | 900 | 2 400 |
| | | 男 | 1 988 | 760 | 175 | 258 | 500 | 900 | 2 300 |
| | | 女 | 2 380 | 739 | 100 | 250 | 500 | 840 | 2 400 |
| | 城市 | 小计 | 1 930 | 653 | 80 | 320 | 500 | 800 | 1 600 |
| | | 男 | 860 | 705 | 80 | 400 | 500 | 800 | 1 800 |
| | | 女 | 1 070 | 602 | 80 | 250 | 450 | 800 | 1 600 |
| | 农村 | 小计 | 2 438 | 807 | 200 | 250 | 500 | 1 000 | 2 400 |
| | | 男 | 1 128 | 794 | 200 | 250 | 500 | 1 000 | 2 400 |
| | | 女 | 1 310 | 820 | 125 | 250 | 500 | 1 020 | 2 600 |
| 贵州 | 城乡 | 小计 | 2 851 | 364 | 0 | 200 | 250 | 450 | 900 |
| | | 男 | 1 332 | 378 | 0 | 200 | 300 | 500 | 900 |
| | | 女 | 1 519 | 348 | 0 | 175 | 250 | 400 | 900 |
| | 城市 | 小计 | 1 060 | 335 | 0 | 200 | 250 | 400 | 800 |
| | | 男 | 498 | 344 | 0 | 200 | 250 | 400 | 800 |
| | | 女 | 562 | 323 | 0 | 200 | 250 | 400 | 800 |
| | 农村 | 小计 | 1 791 | 392 | 0 | 175 | 300 | 500 | 1 000 |
| | | 男 | 834 | 411 | 0 | 200 | 400 | 500 | 1 000 |
| | | 女 | 957 | 371 | 0 | 135 | 250 | 500 | 1 000 |
| 云南 | 城乡 | 小计 | 3 439 | 509 | 50 | 200 | 400 | 750 | 1 300 |
| | | 男 | 1 636 | 529 | 50 | 200 | 400 | 800 | 1 600 |
| | | 女 | 1 803 | 488 | 100 | 200 | 400 | 600 | 1 200 |
| | 城市 | 小计 | 907 | 449 | 75 | 200 | 400 | 600 | 900 |
| | | 男 | 416 | 451 | 50 | 200 | 400 | 600 | 900 |
| | | 女 | 491 | 448 | 100 | 200 | 400 | 600 | 900 |
| | 农村 | 小计 | 2 532 | 535 | 50 | 200 | 400 | 800 | 1 600 |
| | | 男 | 1 220 | 560 | 40 | 200 | 400 | 800 | 1 600 |

| 地区 | 城乡 | 性别 | $n$ | 全年日均间接饮水摄入量 /（ml/d） | | | | | |
|---|---|---|---|---|---|---|---|---|---|
| | | | | Mean | P5 | P25 | P50 | P75 | P95 |
| 云南 | 农村 | 女 | 1 312 | 507 | 100 | 200 | 400 | 600 | 1 200 |
| 西藏 | 城乡 | 小计 | 1 523 | 1 139 | 0 | 400 | 800 | 1 600 | 3 200 |
| | | 男 | 618 | 1 377 | 0 | 400 | 800 | 1 600 | 3 600 |
| | | 女 | 905 | 932 | 0 | 360 | 700 | 1 200 | 2 600 |
| | 城市 | 小计 | 385 | 939 | 200 | 400 | 750 | 1 200 | 2 000 |
| | | 男 | 126 | 1 210 | 200 | 500 | 900 | 1 600 | 2 400 |
| | | 女 | 259 | 765 | 200 | 400 | 550 | 900 | 1 600 |
| | 农村 | 小计 | 1 138 | 1 198 | 0 | 400 | 800 | 1 600 | 3 600 |
| | | 男 | 492 | 1 416 | 0 | 400 | 800 | 1 600 | 3 600 |
| | | 女 | 646 | 990 | 0 | 200 | 800 | 1 200 | 3 000 |
| 陕西 | 城乡 | 小计 | 2 857 | 791 | 200 | 400 | 500 | 900 | 2 200 |
| | | 男 | 1 294 | 873 | 200 | 400 | 600 | 1 000 | 2 400 |
| | | 女 | 1 563 | 715 | 200 | 400 | 400 | 900 | 1 600 |
| | 城市 | 小计 | 1 329 | 712 | 200 | 400 | 450 | 900 | 1 600 |
| | | 男 | 586 | 781 | 200 | 400 | 500 | 900 | 2 000 |
| | | 女 | 743 | 649 | 200 | 400 | 400 | 800 | 1 600 |
| | 农村 | 小计 | 1 528 | 857 | 200 | 400 | 550 | 1 080 | 2 400 |
| | | 男 | 708 | 946 | 200 | 400 | 650 | 1 200 | 2 400 |
| | | 女 | 820 | 770 | 200 | 360 | 500 | 900 | 2 000 |
| 甘肃 | 城乡 | 小计 | 2 869 | 1 153 | 200 | 500 | 1 000 | 1 600 | 2 700 |
| | | 男 | 1 289 | 1 292 | 350 | 700 | 1 100 | 1 600 | 3 000 |
| | | 女 | 1 580 | 1 015 | 200 | 400 | 800 | 1 400 | 2 500 |
| | 城市 | 小计 | 799 | 915 | 200 | 400 | 800 | 1 300 | 2 000 |
| | | 男 | 365 | 1 000 | 200 | 400 | 800 | 1 600 | 2 000 |
| | | 女 | 434 | 831 | 100 | 400 | 500 | 1 200 | 2 200 |
| | 农村 | 小计 | 2 070 | 1 232 | 250 | 600 | 1 000 | 1 600 | 2 700 |
| | | 男 | 924 | 1 389 | 400 | 800 | 1 200 | 1 650 | 3 200 |
| | | 女 | 1 146 | 1 076 | 200 | 500 | 800 | 1 500 | 2 550 |
| 青海 | 城乡 | 小计 | 1 592 | 585 | 0 | 250 | 400 | 800 | 1 600 |
| | | 男 | 691 | 659 | 0 | 400 | 400 | 800 | 1 600 |
| | | 女 | 901 | 510 | 0 | 200 | 400 | 800 | 1 600 |
| | 城市 | 小计 | 666 | 592 | 0 | 400 | 400 | 800 | 1 600 |
| | | 男 | 296 | 649 | 0 | 400 | 400 | 800 | 1 600 |
| | | 女 | 370 | 531 | 0 | 300 | 400 | 600 | 1 600 |
| | 农村 | 小计 | 926 | 568 | 0 | 0 | 400 | 800 | 1 600 |
| | | 男 | 395 | 686 | 0 | 0 | 500 | 1 000 | 2 000 |
| | | 女 | 531 | 468 | 0 | 0 | 400 | 800 | 1 300 |
| 宁夏 | 城乡 | 小计 | 1 130 | 555 | 125 | 350 | 400 | 800 | 1 200 |
| | | 男 | 537 | 627 | 175 | 400 | 600 | 800 | 1 300 |
| | | 女 | 593 | 473 | 100 | 250 | 400 | 650 | 800 |
| | 城市 | 小计 | 1 032 | 549 | 105 | 325 | 400 | 800 | 1 200 |
| | | 男 | 487 | 624 | 132 | 400 | 600 | 800 | 1 400 |
| | | 女 | 545 | 466 | 100 | 240 | 400 | 600 | 800 |
| | 农村 | 小计 | 98 | 607 | 200 | 400 | 600 | 800 | 1 050 |
| | | 男 | 50 | 661 | 200 | 400 | 700 | 800 | 1 200 |
| | | 女 | 48 | 540 | 200 | 400 | 400 | 800 | 900 |
| 新疆 | 城乡 | 小计 | 2 802 | 1 345 | 240 | 400 | 900 | 1 600 | 3 600 |
| | | 男 | 1 262 | 1 664 | 360 | 600 | 1 200 | 2 400 | 4 800 |
| | | 女 | 1 540 | 1 000 | 200 | 400 | 800 | 1 350 | 3 200 |
| | 城市 | 小计 | 1 218 | 1 088 | 200 | 400 | 800 | 1 200 | 3 200 |
| | | 男 | 483 | 1 426 | 250 | 400 | 800 | 1 600 | 3 600 |
| | | 女 | 735 | 784 | 200 | 400 | 500 | 900 | 2 160 |
| | 农村 | 小计 | 1 584 | 1 476 | 350 | 600 | 1 200 | 1 600 | 4 800 |
| | | 男 | 779 | 1 769 | 400 | 750 | 1 350 | 2 400 | 4 800 |
| | | 女 | 805 | 1 127 | 250 | 400 | 800 | 1 600 | 3 200 |

## 附表 3-34　中国人群分省（直辖市、自治区）、城乡、性别的春秋季日均间接饮水摄入量

| 地区 | 城乡 | 性别 | n | 春秋季日均间接饮水摄入量 /（ml/d） | | | | | |
|---|---|---|---|---|---|---|---|---|---|
| | | | | Mean | P5 | P25 | P50 | P75 | P95 |
| 合计 | 城乡 | 小计 | 90 575 | 775 | 50 | 200 | 400 | 800 | 2 400 |
| | | 男 | 41 044 | 816 | 40 | 200 | 400 | 900 | 2 400 |
| | | 女 | 49 531 | 734 | 60 | 200 | 400 | 800 | 2 400 |
| | 城市 | 小计 | 41 672 | 666 | 50 | 200 | 400 | 800 | 2 000 |
| | | 男 | 18 389 | 700 | 40 | 200 | 400 | 800 | 2 400 |
| | | 女 | 23 283 | 633 | 80 | 200 | 400 | 800 | 1 800 |
| | 农村 | 小计 | 48 903 | 859 | 50 | 200 | 600 | 1 200 | 2 400 |
| | | 男 | 22 655 | 905 | 40 | 300 | 600 | 1 200 | 2 400 |
| | | 女 | 26 248 | 813 | 50 | 200 | 400 | 1 200 | 2 400 |
| 北京 | 城乡 | 小计 | 1 113 | 519 | 100 | 200 | 400 | 600 | 1 600 |
| | | 男 | 458 | 585 | 100 | 200 | 400 | 800 | 1 600 |
| | | 女 | 655 | 460 | 80 | 200 | 400 | 600 | 1 200 |
| | 城市 | 小计 | 839 | 514 | 50 | 200 | 400 | 800 | 1 600 |
| | | 男 | 354 | 591 | 100 | 200 | 400 | 800 | 1 600 |
| | | 女 | 485 | 443 | 18 | 200 | 400 | 600 | 1 200 |
| | 农村 | 小计 | 274 | 531 | 200 | 200 | 400 | 600 | 1 600 |
| | | 男 | 104 | 567 | 200 | 200 | 400 | 600 | 1 600 |
| | | 女 | 170 | 502 | 200 | 200 | 400 | 600 | 1 600 |
| 天津 | 城乡 | 小计 | 1 154 | 580 | 200 | 200 | 400 | 800 | 1 600 |
| | | 男 | 470 | 591 | 200 | 300 | 400 | 800 | 1 600 |
| | | 女 | 684 | 568 | 200 | 200 | 400 | 800 | 1 600 |
| | 城市 | 小计 | 865 | 536 | 200 | 300 | 400 | 600 | 1 500 |
| | | 男 | 336 | 530 | 200 | 400 | 400 | 600 | 1 200 |
| | | 女 | 529 | 541 | 100 | 200 | 400 | 600 | 1 600 |
| | 农村 | 小计 | 289 | 653 | 200 | 200 | 400 | 800 | 1 600 |
| | | 男 | 134 | 688 | 200 | 200 | 600 | 800 | 1 600 |
| | | 女 | 155 | 615 | 200 | 200 | 400 | 800 | 1 600 |
| 河北 | 城乡 | 小计 | 4 408 | 1 295 | 200 | 400 | 800 | 1 600 | 3 200 |
| | | 男 | 1 935 | 1 307 | 200 | 400 | 800 | 1 440 | 3 200 |
| | | 女 | 2 473 | 1 282 | 200 | 400 | 800 | 1 600 | 3 200 |
| | 城市 | 小计 | 1 830 | 922 | 200 | 400 | 600 | 1 200 | 2 880 |
| | | 男 | 829 | 943 | 200 | 400 | 600 | 1 200 | 2 880 |
| | | 女 | 1 001 | 899 | 200 | 400 | 600 | 1 200 | 3 200 |
| | 农村 | 小计 | 2 578 | 1 625 | 400 | 800 | 800 | 1 600 | 4 800 |
| | | 男 | 1 106 | 1 662 | 400 | 800 | 800 | 1 600 | 4 800 |
| | | 女 | 1 472 | 1 592 | 400 | 600 | 800 | 1 600 | 4 800 |
| 山西 | 城乡 | 小计 | 3 415 | 1 338 | 400 | 800 | 1 200 | 1 600 | 2 700 |
| | | 男 | 1 553 | 1 436 | 400 | 800 | 1 600 | 1 600 | 3 200 |
| | | 女 | 1 862 | 1 244 | 400 | 800 | 1 200 | 1 600 | 2 400 |
| | 城市 | 小计 | 1 046 | 1 065 | 400 | 400 | 800 | 1 600 | 2 400 |
| | | 男 | 479 | 1 152 | 400 | 600 | 800 | 1 600 | 2 400 |
| | | 女 | 567 | 981 | 400 | 400 | 800 | 1 600 | 1 920 |
| | 农村 | 小计 | 2 369 | 1 455 | 400 | 800 | 1 600 | 1 600 | 3 000 |
| | | 男 | 1 074 | 1 558 | 400 | 800 | 1 600 | 2 000 | 3 600 |
| | | 女 | 1 295 | 1 356 | 400 | 800 | 1 600 | 1 600 | 2 400 |
| 内蒙古 | 城乡 | 小计 | 3 004 | 576 | 0 | 200 | 400 | 800 | 1 600 |
| | | 男 | 1 458 | 626 | 0 | 400 | 400 | 800 | 1 600 |
| | | 女 | 1 546 | 519 | 0 | 200 | 400 | 800 | 1 600 |
| | 城市 | 小计 | 1 192 | 547 | 100 | 200 | 400 | 800 | 1 200 |
| | | 男 | 553 | 616 | 100 | 400 | 400 | 800 | 1 600 |
| | | 女 | 639 | 472 | 100 | 200 | 400 | 600 | 1 200 |
| | 农村 | 小计 | 1 812 | 597 | 0 | 200 | 400 | 800 | 1 600 |
| | | 男 | 905 | 633 | 0 | 300 | 400 | 800 | 1 600 |
| | | 女 | 907 | 554 | 0 | 200 | 400 | 800 | 1 600 |
| 辽宁 | 城乡 | 小计 | 3 375 | 423 | 0 | 200 | 400 | 400 | 800 |
| | | 男 | 1 447 | 443 | 0 | 200 | 400 | 400 | 960 |

| 地区 | 城乡 | 性别 | $n$ | 春秋季日均间接饮水摄入量 /（ml/d） | | | | | |
|---|---|---|---|---|---|---|---|---|---|
| | | | | Mean | P5 | P25 | P50 | P75 | P95 |
| 辽宁 | 城乡 | 女 | 1 928 | 401 | 0 | 200 | 400 | 400 | 800 |
| | 城市 | 小计 | 1 194 | 408 | 40 | 200 | 400 | 400 | 800 |
| | | 男 | 525 | 426 | 40 | 200 | 400 | 400 | 960 |
| | | 女 | 669 | 389 | 40 | 200 | 400 | 400 | 800 |
| | 农村 | 小计 | 2 181 | 428 | 0 | 200 | 400 | 400 | 800 |
| | | 男 | 922 | 450 | 0 | 200 | 400 | 400 | 900 |
| | | 女 | 1 259 | 406 | 0 | 200 | 400 | 400 | 800 |
| 吉林 | 城乡 | 小计 | 2 737 | 302 | 0 | 200 | 200 | 400 | 800 |
| | | 男 | 1 302 | 309 | 0 | 200 | 200 | 400 | 800 |
| | | 女 | 1 435 | 294 | 0 | 200 | 200 | 400 | 800 |
| | 城市 | 小计 | 1 571 | 365 | 0 | 200 | 200 | 400 | 800 |
| | | 男 | 704 | 364 | 0 | 200 | 200 | 400 | 800 |
| | | 女 | 867 | 366 | 0 | 200 | 200 | 400 | 800 |
| | 农村 | 小计 | 1 166 | 242 | 0 | 0 | 200 | 400 | 800 |
| | | 男 | 598 | 259 | 0 | 0 | 200 | 400 | 800 |
| | | 女 | 568 | 224 | 0 | 0 | 200 | 400 | 800 |
| 黑龙江 | 城乡 | 小计 | 4 061 | 400 | 0 | 200 | 400 | 400 | 1 200 |
| | | 男 | 1 881 | 419 | 0 | 200 | 400 | 480 | 1 200 |
| | | 女 | 2 180 | 382 | 0 | 200 | 300 | 400 | 1 200 |
| | 城市 | 小计 | 1 589 | 372 | 0 | 200 | 400 | 400 | 800 |
| | | 男 | 681 | 394 | 0 | 200 | 400 | 600 | 1 000 |
| | | 女 | 908 | 354 | 0 | 200 | 300 | 400 | 800 |
| | 农村 | 小计 | 2 472 | 417 | 0 | 200 | 400 | 400 | 1 200 |
| | | 男 | 1 200 | 433 | 0 | 200 | 400 | 400 | 1 200 |
| | | 女 | 1 272 | 400 | 0 | 200 | 300 | 400 | 1 200 |
| 上海 | 城乡 | 小计 | 1 161 | 383 | 100 | 200 | 400 | 400 | 800 |
| | | 男 | 540 | 419 | 100 | 200 | 400 | 400 | 1 000 |
| | | 女 | 621 | 344 | 100 | 200 | 200 | 400 | 800 |
| | 城市 | 小计 | 1 161 | 383 | 100 | 200 | 400 | 400 | 800 |
| | | 男 | 540 | 419 | 100 | 200 | 400 | 400 | 1 000 |
| | | 女 | 621 | 344 | 100 | 200 | 200 | 400 | 800 |
| 江苏 | 城乡 | 小计 | 3 469 | 822 | 200 | 400 | 600 | 1 000 | 2 000 |
| | | 男 | 1 584 | 879 | 200 | 400 | 600 | 1 200 | 2 000 |
| | | 女 | 1 885 | 764 | 200 | 400 | 600 | 800 | 1 800 |
| | 城市 | 小计 | 2 313 | 674 | 200 | 400 | 400 | 800 | 1 600 |
| | | 男 | 1 068 | 740 | 200 | 400 | 600 | 800 | 1 920 |
| | | 女 | 1 245 | 606 | 200 | 320 | 400 | 800 | 1 500 |
| | 农村 | 小计 | 1 156 | 1 134 | 200 | 400 | 800 | 1 200 | 3 200 |
| | | 男 | 516 | 1 195 | 200 | 400 | 800 | 1 440 | 3 200 |
| | | 女 | 640 | 1 079 | 200 | 400 | 800 | 1 200 | 2 800 |
| 浙江 | 城乡 | 小计 | 3 421 | 486 | 100 | 200 | 400 | 600 | 1 200 |
| | | 男 | 1 595 | 525 | 100 | 200 | 400 | 640 | 1 280 |
| | | 女 | 1 826 | 444 | 100 | 200 | 400 | 450 | 1 200 |
| | 城市 | 小计 | 1 182 | 470 | 100 | 200 | 400 | 600 | 1 200 |
| | | 男 | 534 | 501 | 100 | 200 | 400 | 600 | 1 200 |
| | | 女 | 648 | 438 | 100 | 200 | 320 | 400 | 1 200 |
| | 农村 | 小计 | 2 239 | 493 | 100 | 200 | 400 | 600 | 1 200 |
| | | 男 | 1 061 | 536 | 60 | 200 | 400 | 720 | 1 300 |
| | | 女 | 1 178 | 447 | 100 | 200 | 400 | 450 | 1 200 |
| 安徽 | 城乡 | 小计 | 3 482 | 1 264 | 100 | 400 | 800 | 1 920 | 3 360 |
| | | 男 | 1 537 | 1 384 | 100 | 400 | 1 200 | 2 400 | 3 600 |
| | | 女 | 1 945 | 1 147 | 100 | 400 | 800 | 1 800 | 2 800 |
| | 城市 | 小计 | 1 879 | 990 | 100 | 200 | 600 | 1 200 | 2 700 |
| | | 男 | 783 | 1 084 | 100 | 300 | 640 | 1 200 | 3 600 |
| | | 女 | 1 096 | 903 | 20 | 200 | 480 | 1 200 | 2 400 |
| | 农村 | 小计 | 1 603 | 1 431 | 100 | 400 | 1 200 | 2 400 | 3 600 |
| | | 男 | 754 | 1 558 | 50 | 560 | 1 200 | 2 400 | 3 600 |
| | | 女 | 849 | 1 302 | 100 | 400 | 1 200 | 1 920 | 2 880 |

| 地区 | 城乡 | 性别 | *n* | 春秋季日均间接饮水摄入量 /（ml/d） | | | | | |
| --- | --- | --- | --- | --- | --- | --- | --- | --- | --- |
| | | | | Mean | P5 | P25 | P50 | P75 | P95 |
| 福建 | 城乡 | 小计 | 2 894 | 1 272 | 200 | 400 | 800 | 1 920 | 3 840 |
| | | 男 | 1 290 | 1 299 | 200 | 400 | 800 | 2 000 | 3 840 |
| | | 女 | 1 604 | 1 246 | 200 | 400 | 800 | 1 920 | 3 600 |
| | 城市 | 小计 | 1 493 | 1 519 | 200 | 400 | 1 200 | 2 400 | 4 800 |
| | | 男 | 636 | 1 576 | 200 | 600 | 1 200 | 2 400 | 4 800 |
| | | 女 | 857 | 1 469 | 200 | 400 | 1 200 | 2 400 | 4 800 |
| | 农村 | 小计 | 1 401 | 1 026 | 100 | 400 | 600 | 1 200 | 2 400 |
| | | 男 | 654 | 1 041 | 100 | 400 | 800 | 1 200 | 2 400 |
| | | 女 | 747 | 1 011 | 100 | 400 | 600 | 1 200 | 2 800 |
| 江西 | 城乡 | 小计 | 2 904 | 370 | 0 | 200 | 300 | 400 | 800 |
| | | 男 | 1 368 | 391 | 0 | 200 | 400 | 400 | 1 000 |
| | | 女 | 1 536 | 348 | 40 | 200 | 200 | 400 | 800 |
| | 城市 | 小计 | 1 715 | 411 | 60 | 200 | 400 | 400 | 1 200 |
| | | 男 | 793 | 448 | 0 | 200 | 400 | 400 | 1 200 |
| | | 女 | 922 | 374 | 100 | 200 | 300 | 400 | 800 |
| | 农村 | 小计 | 1 189 | 326 | 0 | 200 | 200 | 400 | 800 |
| | | 男 | 575 | 330 | 0 | 200 | 200 | 400 | 800 |
| | | 女 | 614 | 321 | 0 | 200 | 200 | 400 | 800 |
| 山东 | 城乡 | 小计 | 5 581 | 664 | 0 | 400 | 400 | 800 | 1 600 |
| | | 男 | 2 488 | 675 | 0 | 400 | 400 | 800 | 1 600 |
| | | 女 | 3 093 | 654 | 0 | 400 | 400 | 800 | 1 600 |
| | 城市 | 小计 | 2 702 | 591 | 0 | 200 | 400 | 800 | 1 600 |
| | | 男 | 1 123 | 599 | 0 | 200 | 400 | 800 | 1 600 |
| | | 女 | 1 579 | 584 | 0 | 200 | 400 | 800 | 1 600 |
| | 农村 | 小计 | 2 879 | 746 | 0 | 400 | 600 | 800 | 1 800 |
| | | 男 | 1 365 | 756 | 0 | 400 | 600 | 800 | 2 000 |
| | | 女 | 1 514 | 737 | 0 | 400 | 600 | 800 | 1 600 |
| 河南 | 城乡 | 小计 | 4 924 | 1 408 | 400 | 800 | 1 200 | 1 600 | 3 200 |
| | | 男 | 2 102 | 1 492 | 400 | 800 | 1 200 | 1 800 | 3 600 |
| | | 女 | 2 822 | 1 331 | 400 | 800 | 1 200 | 1 600 | 3 000 |
| | 城市 | 小计 | 2 036 | 1 192 | 200 | 800 | 800 | 1 600 | 3 120 |
| | | 男 | 845 | 1 188 | 200 | 800 | 800 | 1 600 | 3 200 |
| | | 女 | 1 191 | 1 197 | 200 | 600 | 800 | 1 200 | 2 400 |
| | 农村 | 小计 | 2 888 | 1 494 | 400 | 800 | 1 200 | 1 800 | 3 200 |
| | | 男 | 1 257 | 1 608 | 400 | 800 | 1 440 | 2 000 | 3 600 |
| | | 女 | 1 631 | 1 386 | 400 | 800 | 1 200 | 1 800 | 3 000 |
| 湖北 | 城乡 | 小计 | 3 411 | 429 | 100 | 200 | 400 | 400 | 1 000 |
| | | 男 | 1 606 | 446 | 100 | 200 | 400 | 480 | 1 200 |
| | | 女 | 1 805 | 410 | 100 | 200 | 400 | 400 | 800 |
| | 城市 | 小计 | 2 385 | 404 | 0 | 200 | 400 | 400 | 800 |
| | | 男 | 1 129 | 437 | 0 | 200 | 400 | 400 | 1 000 |
| | | 女 | 1 256 | 366 | 0 | 200 | 400 | 400 | 800 |
| | 农村 | 小计 | 1 026 | 473 | 200 | 200 | 400 | 600 | 1 200 |
| | | 男 | 477 | 464 | 200 | 200 | 400 | 600 | 1 200 |
| | | 女 | 549 | 482 | 200 | 200 | 400 | 600 | 1 200 |
| 湖南 | 城乡 | 小计 | 3 995 | 315 | 0 | 200 | 200 | 400 | 800 |
| | | 男 | 1 826 | 337 | 0 | 200 | 200 | 400 | 1 000 |
| | | 女 | 2 169 | 290 | 0 | 200 | 200 | 400 | 800 |
| | 城市 | 小计 | 1 482 | 341 | 0 | 200 | 200 | 400 | 800 |
| | | 男 | 604 | 367 | 0 | 200 | 200 | 400 | 1 200 |
| | | 女 | 878 | 315 | 0 | 200 | 200 | 400 | 800 |
| | 农村 | 小计 | 2 513 | 305 | 0 | 100 | 200 | 400 | 800 |
| | | 男 | 1 222 | 327 | 0 | 200 | 200 | 400 | 800 |
| | | 女 | 1 291 | 279 | 0 | 100 | 200 | 400 | 800 |
| 广东 | 城乡 | 小计 | 3 244 | 465 | 0 | 200 | 400 | 600 | 1 200 |
| | | 男 | 1 456 | 480 | 0 | 200 | 400 | 600 | 1 200 |
| | | 女 | 1 788 | 451 | 0 | 200 | 400 | 600 | 1 000 |
| | 城市 | 小计 | 1 746 | 514 | 60 | 300 | 400 | 600 | 1 200 |

| 地区 | 城乡 | 性别 | n | 春秋季日均间接饮水摄入量 / (ml/d) | | | | | |
| --- | --- | --- | --- | --- | --- | --- | --- | --- | --- |
| | | | | Mean | P5 | P25 | P50 | P75 | P95 |
| 广东 | 城市 | 男 | 774 | 543 | 40 | 240 | 400 | 600 | 1 200 |
| | | 女 | 972 | 487 | 100 | 300 | 400 | 600 | 1 200 |
| | 农村 | 小计 | 1 498 | 412 | 0 | 200 | 400 | 420 | 1 000 |
| | | 男 | 682 | 413 | 0 | 200 | 400 | 600 | 1 000 |
| | | 女 | 816 | 411 | 0 | 200 | 400 | 400 | 1 000 |
| 广西 | 城乡 | 小计 | 3 342 | 1 244 | 200 | 400 | 1 200 | 1 600 | 2 800 |
| | | 男 | 1 574 | 1 324 | 200 | 400 | 1 200 | 1 800 | 3 200 |
| | | 女 | 1 768 | 1 159 | 200 | 400 | 1 200 | 1 600 | 2 400 |
| | 城市 | 小计 | 1 324 | 1 031 | 200 | 400 | 800 | 1 440 | 2 400 |
| | | 男 | 603 | 1 067 | 200 | 400 | 800 | 1 600 | 2 400 |
| | | 女 | 721 | 993 | 200 | 400 | 800 | 1 400 | 2 400 |
| | 农村 | 小计 | 2 018 | 1 325 | 200 | 600 | 1 200 | 1 600 | 3 200 |
| | | 男 | 971 | 1 419 | 200 | 600 | 1 200 | 2 000 | 3 200 |
| | | 女 | 1 047 | 1 223 | 200 | 600 | 1 200 | 1 600 | 2 800 |
| 海南 | 城乡 | 小计 | 1 083 | 707 | 200 | 400 | 600 | 1 000 | 1 600 |
| | | 男 | 515 | 729 | 200 | 400 | 600 | 1 000 | 1 600 |
| | | 女 | 568 | 683 | 200 | 400 | 400 | 1 000 | 1 600 |
| | 城市 | 小计 | 328 | 565 | 200 | 200 | 400 | 800 | 1200 |
| | | 男 | 155 | 586 | 200 | 200 | 400 | 800 | 1 200 |
| | | 女 | 173 | 543 | 200 | 200 | 400 | 600 | 1 500 |
| | 农村 | 小计 | 755 | 765 | 200 | 400 | 600 | 1 200 | 1 600 |
| | | 男 | 360 | 786 | 200 | 400 | 600 | 1 200 | 1 600 |
| | | 女 | 395 | 741 | 200 | 400 | 600 | 1 200 | 1 800 |
| 重庆 | 城乡 | 小计 | 963 | 574 | 100 | 200 | 400 | 800 | 1 600 |
| | | 男 | 410 | 581 | 100 | 200 | 400 | 800 | 1 600 |
| | | 女 | 553 | 569 | 100 | 200 | 400 | 800 | 1 600 |
| | 城市 | 小计 | 474 | 553 | 100 | 200 | 400 | 800 | 1 600 |
| | | 男 | 224 | 537 | 200 | 200 | 400 | 800 | 1 600 |
| | | 女 | 250 | 571 | 100 | 200 | 400 | 800 | 1 800 |
| | 农村 | 小计 | 489 | 596 | 100 | 200 | 400 | 800 | 1 600 |
| | | 男 | 186 | 635 | 80 | 200 | 400 | 800 | 1 600 |
| | | 女 | 303 | 567 | 100 | 200 | 400 | 800 | 1 600 |
| 四川 | 城乡 | 小计 | 4 370 | 698 | 100 | 200 | 400 | 800 | 1 600 |
| | | 男 | 1 990 | 710 | 160 | 200 | 400 | 800 | 1 600 |
| | | 女 | 2 380 | 687 | 100 | 200 | 400 | 800 | 1 600 |
| | 城市 | 小计 | 1 930 | 619 | 50 | 320 | 400 | 800 | 1 600 |
| | | 男 | 860 | 666 | 40 | 400 | 400 | 800 | 1 600 |
| | | 女 | 1 070 | 572 | 80 | 200 | 400 | 800 | 1 600 |
| | 农村 | 小计 | 2 440 | 746 | 200 | 200 | 400 | 800 | 1 800 |
| | | 男 | 1 130 | 737 | 200 | 200 | 400 | 900 | 1 600 |
| | | 女 | 1 310 | 754 | 100 | 200 | 400 | 800 | 2 000 |
| 贵州 | 城乡 | 小计 | 2 851 | 347 | 0 | 200 | 200 | 400 | 800 |
| | | 男 | 1 332 | 361 | 0 | 200 | 200 | 400 | 800 |
| | | 女 | 1 519 | 332 | 0 | 200 | 200 | 400 | 800 |
| | 城市 | 小计 | 1 060 | 322 | 0 | 200 | 200 | 400 | 800 |
| | | 男 | 498 | 330 | 0 | 200 | 200 | 400 | 800 |
| | | 女 | 562 | 312 | 0 | 200 | 200 | 400 | 800 |
| | 农村 | 小计 | 1 791 | 372 | 0 | 200 | 300 | 400 | 800 |
| | | 男 | 834 | 392 | 0 | 200 | 400 | 400 | 800 |
| | | 女 | 957 | 350 | 0 | 100 | 200 | 400 | 800 |
| 云南 | 城乡 | 小计 | 3 439 | 507 | 50 | 200 | 400 | 800 | 1 200 |
| | | 男 | 1 636 | 526 | 20 | 200 | 400 | 800 | 1 600 |
| | | 女 | 1 803 | 485 | 100 | 200 | 400 | 600 | 1 200 |
| | 城市 | 小计 | 907 | 445 | 50 | 200 | 400 | 600 | 800 |
| | | 男 | 416 | 446 | 40 | 200 | 400 | 600 | 900 |
| | | 女 | 491 | 444 | 100 | 200 | 400 | 600 | 800 |
| | 农村 | 小计 | 2 532 | 533 | 50 | 200 | 400 | 800 | 1 600 |
| | | 男 | 1 220 | 558 | 8 | 200 | 400 | 800 | 1 600 |

| 地区 | 城乡 | 性别 | n | 春秋季日均间接饮水摄入量 /（ml/d） | | | | | |
|---|---|---|---|---|---|---|---|---|---|
| | | | | Mean | P5 | P25 | P50 | P75 | P95 |
| 云南 | 农村 | 女 | 1 312 | 505 | 100 | 200 | 400 | 800 | 1 200 |
| 西藏 | 城乡 | 小计 | 1 524 | 1 110 | 0 | 400 | 800 | 1 600 | 3 200 |
| | | 男 | 618 | 1 347 | 0 | 400 | 800 | 1 600 | 3 600 |
| | | 女 | 906 | 904 | 0 | 360 | 600 | 1 200 | 2 400 |
| | 城市 | 小计 | 385 | 863 | 200 | 400 | 600 | 1 200 | 1 600 |
| | | 男 | 126 | 1 118 | 200 | 400 | 800 | 1 600 | 2 400 |
| | | 女 | 259 | 699 | 200 | 400 | 400 | 800 | 1 600 |
| | 农村 | 小计 | 1 139 | 1 182 | 0 | 400 | 800 | 1 600 | 3 600 |
| | | 男 | 492 | 1 400 | 0 | 400 | 800 | 1 600 | 3 600 |
| | | 女 | 647 | 974 | 0 | 200 | 800 | 1 200 | 2 400 |
| 陕西 | 城乡 | 小计 | 2 857 | 778 | 200 | 400 | 400 | 800 | 2 400 |
| | | 男 | 1294 | 858 | 200 | 400 | 600 | 1 200 | 2 400 |
| | | 女 | 1 563 | 703 | 200 | 400 | 400 | 800 | 1 600 |
| | 城市 | 小计 | 1 329 | 686 | 200 | 400 | 400 | 800 | 1 600 |
| | | 男 | 586 | 751 | 200 | 400 | 400 | 800 | 1 800 |
| | | 女 | 743 | 628 | 200 | 400 | 400 | 800 | 1 600 |
| | 农村 | 小计 | 1 528 | 854 | 200 | 400 | 480 | 1 200 | 2 400 |
| | | 男 | 708 | 943 | 200 | 400 | 600 | 1 200 | 2 400 |
| | | 女 | 820 | 767 | 200 | 400 | 400 | 800 | 1 800 |
| 甘肃 | 城乡 | 小计 | 2 869 | 1 115 | 200 | 400 | 800 | 1 600 | 2400 |
| | | 男 | 1 289 | 1 246 | 400 | 600 | 1 000 | 1 600 | 3 000 |
| | | 女 | 1 580 | 985 | 200 | 400 | 800 | 1 600 | 2 400 |
| | 城市 | 小计 | 799 | 876 | 200 | 400 | 800 | 1 200 | 2 000 |
| | | 男 | 365 | 954 | 200 | 400 | 800 | 1 600 | 1 800 |
| | | 女 | 434 | 797 | 80 | 400 | 400 | 1 200 | 2 400 |
| | 农村 | 小计 | 2070 | 1 195 | 200 | 600 | 800 | 1 600 | 2 400 |
| | | 男 | 924 | 1 343 | 400 | 800 | 1 200 | 1 600 | 3 200 |
| | | 女 | 1 146 | 1 047 | 200 | 400 | 800 | 1 600 | 2 400 |
| 青海 | 城乡 | 小计 | 1 592 | 571 | 0 | 200 | 400 | 800 | 1 600 |
| | | 男 | 691 | 643 | 0 | 400 | 400 | 800 | 1 600 |
| | | 女 | 901 | 499 | 0 | 200 | 400 | 800 | 1 600 |
| | 城市 | 小计 | 666 | 582 | 0 | 400 | 400 | 800 | 1 600 |
| | | 男 | 296 | 635 | 0 | 400 | 400 | 800 | 1 600 |
| | | 女 | 370 | 525 | 0 | 300 | 400 | 600 | 1 600 |
| | 农村 | 小计 | 926 | 546 | 0 | 0 | 400 | 800 | 1600 |
| | | 男 | 395 | 662 | 0 | 0 | 400 | 800 | 1 920 |
| | | 女 | 531 | 446 | 0 | 0 | 400 | 800 | 1 200 |
| 宁夏 | 城乡 | 小计 | 1 130 | 543 | 100 | 400 | 400 | 800 | 1 200 |
| | | 男 | 537 | 617 | 200 | 400 | 600 | 800 | 1 200 |
| | | 女 | 593 | 461 | 100 | 200 | 400 | 600 | 800 |
| | 城市 | 小计 | 1 032 | 539 | 100 | 300 | 400 | 800 | 1 200 |
| | | 男 | 487 | 616 | 144 | 400 | 600 | 800 | 1 200 |
| | | 女 | 545 | 453 | 100 | 200 | 400 | 600 | 800 |
| | 农村 | 小计 | 98 | 586 | 200 | 400 | 600 | 800 | 1 000 |
| | | 男 | 50 | 630 | 200 | 400 | 600 | 800 | 1 200 |
| | | 女 | 48 | 532 | 200 | 400 | 400 | 800 | 800 |
| 新疆 | 城乡 | 小计 | 2 802 | 1 327 | 200 | 400 | 800 | 1 600 | 3 600 |
| | | 男 | 1 262 | 1 649 | 300 | 600 | 1 200 | 2 400 | 4 800 |
| | | 女 | 1 540 | 978 | 200 | 400 | 800 | 1 200 | 3 200 |
| | 城市 | 小计 | 1 218 | 1 068 | 200 | 400 | 800 | 1 200 | 3 200 |
| | | 男 | 483 | 1 406 | 200 | 400 | 800 | 1 600 | 3 600 |
| | | 女 | 735 | 763 | 200 | 400 | 440 | 800 | 2 160 |
| | 农村 | 小计 | 1 584 | 1 459 | 240 | 600 | 1 200 | 1 600 | 4 800 |
| | | 男 | 779 | 1 757 | 400 | 800 | 1 600 | 2 400 | 4 800 |
| | | 女 | 805 | 1 104 | 200 | 400 | 800 | 1 600 | 3 200 |

## 附表 3-35 中国人群分省（直辖市、自治区）、城乡、性别的夏季日均间接饮水摄入量

| 地区 | 城乡 | 性别 | *n* | 夏季日均间接饮水摄入量 /（ml/d） | | | | | |
|---|---|---|---|---|---|---|---|---|---|
| | | | | Mean | P5 | P25 | P50 | P75 | P95 |
| 合计 | 城乡 | 小计 | 90 572 | 883 | 50 | 400 | 600 | 1 200 | 2 400 |
| | | 男 | 41 044 | 931 | 40 | 400 | 600 | 1 200 | 2 800 |
| | | 女 | 49 528 | 835 | 80 | 400 | 600 | 1 200 | 2 400 |
| | 城市 | 小计 | 41 674 | 755 | 80 | 300 | 400 | 800 | 2 400 |
| | | 男 | 18 390 | 796 | 50 | 400 | 400 | 800 | 2 400 |
| | | 女 | 23 284 | 714 | 100 | 200 | 400 | 800 | 2 400 |
| | 农村 | 小计 | 48 898 | 982 | 40 | 400 | 600 | 1 200 | 2 904 |
| | | 男 | 22 654 | 1 034 | 40 | 400 | 800 | 1 200 | 3 200 |
| | | 女 | 26 244 | 930 | 60 | 400 | 600 | 1 200 | 2 400 |
| 北京 | 城乡 | 小计 | 1 113 | 563 | 0 | 200 | 400 | 800 | 1 600 |
| | | 男 | 458 | 646 | 0 | 200 | 400 | 800 | 1 800 |
| | | 女 | 655 | 490 | 0 | 200 | 400 | 600 | 1 200 |
| | 城市 | 小计 | 839 | 578 | 0 | 200 | 400 | 800 | 1 600 |
| | | 男 | 354 | 675 | 0 | 200 | 400 | 800 | 2 400 |
| | | 女 | 485 | 488 | 0 | 200 | 400 | 600 | 1 200 |
| | 农村 | 小计 | 274 | 526 | 0 | 200 | 400 | 600 | 1 600 |
| | | 男 | 104 | 564 | 0 | 200 | 400 | 600 | 1 600 |
| | | 女 | 170 | 495 | 200 | 200 | 400 | 600 | 1 600 |
| 天津 | 城乡 | 小计 | 1 154 | 606 | 0 | 200 | 400 | 800 | 2 400 |
| | | 男 | 470 | 577 | 0 | 200 | 400 | 800 | 2 400 |
| | | 女 | 684 | 637 | 0 | 200 | 400 | 800 | 2 400 |
| | 城市 | 小计 | 865 | 534 | 0 | 200 | 400 | 800 | 1 500 |
| | | 男 | 336 | 484 | 0 | 200 | 400 | 600 | 1 200 |
| | | 女 | 529 | 584 | 100 | 200 | 400 | 800 | 1 800 |
| | 农村 | 小计 | 289 | 727 | 0 | 200 | 400 | 800 | 2 400 |
| | | 男 | 134 | 724 | 0 | 200 | 300 | 800 | 2 400 |
| | | 女 | 155 | 731 | 0 | 200 | 400 | 1 200 | 2 400 |
| 河北 | 城乡 | 小计 | 4 408 | 1 413 | 200 | 400 | 800 | 1 600 | 3 600 |
| | | 男 | 1 935 | 1 460 | 200 | 400 | 800 | 1 600 | 3 600 |
| | | 女 | 2 473 | 1 366 | 200 | 400 | 800 | 1 600 | 3 600 |
| | 城市 | 小计 | 1 830 | 1 055 | 200 | 400 | 600 | 1 200 | 3 200 |
| | | 男 | 829 | 1 137 | 200 | 400 | 600 | 1 200 | 3 000 |
| | | 女 | 1 001 | 967 | 200 | 400 | 600 | 1 200 | 3 200 |
| | 农村 | 小计 | 2 578 | 1 729 | 400 | 800 | 960 | 1 920 | 4 800 |
| | | 男 | 1 106 | 1 774 | 400 | 800 | 800 | 1 920 | 6 400 |
| | | 女 | 1 472 | 1 688 | 400 | 800 | 960 | 1 920 | 4 800 |
| 山西 | 城乡 | 小计 | 3 415 | 1 567 | 400 | 800 | 1 600 | 2 000 | 3 200 |
| | | 男 | 1 553 | 1 679 | 400 | 800 | 1 600 | 2 400 | 3 600 |
| | | 女 | 1 862 | 1 459 | 400 | 800 | 1 600 | 1 800 | 3 000 |
| | 城市 | 小计 | 1 046 | 1 205 | 400 | 600 | 960 | 1 600 | 2 800 |
| | | 男 | 479 | 1 293 | 400 | 600 | 1 200 | 1 600 | 3 000 |
| | | 女 | 567 | 1 121 | 400 | 400 | 800 | 1 600 | 2 400 |
| | 农村 | 小计 | 2 369 | 1 722 | 600 | 1 000 | 1 600 | 2 400 | 3 600 |
| | | 男 | 1 074 | 1 844 | 600 | 1 000 | 1 600 | 2 400 | 4 000 |
| | | 女 | 1 295 | 1 604 | 400 | 1 000 | 1 600 | 2 000 | 3 000 |
| 内蒙古 | 城乡 | 小计 | 3 007 | 712 | 0 | 400 | 400 | 800 | 1 920 |
| | | 男 | 1 459 | 751 | 0 | 400 | 600 | 800 | 1 920 |
| | | 女 | 1 548 | 666 | 0 | 320 | 400 | 800 | 1 920 |
| | 城市 | 小计 | 1 195 | 621 | 200 | 400 | 400 | 800 | 1 600 |
| | | 男 | 554 | 681 | 200 | 400 | 600 | 800 | 1 600 |
| | | 女 | 641 | 556 | 200 | 300 | 400 | 800 | 1 200 |
| | 农村 | 小计 | 1 812 | 777 | 0 | 400 | 400 | 800 | 2 400 |
| | | 男 | 905 | 800 | 0 | 400 | 800 | 1 000 | 2 000 |
| | | 女 | 907 | 749 | 0 | 400 | 400 | 800 | 2 400 |
| 辽宁 | 城乡 | 小计 | 3 375 | 409 | 0 | 200 | 400 | 400 | 800 |
| | | 男 | 1 447 | 432 | 0 | 200 | 400 | 400 | 1 080 |

| 地区 | 城乡 | 性别 | *n* | 夏季日均间接饮水摄入量 /（ml/d） | | | | | |
|---|---|---|---|---|---|---|---|---|---|
| | | | | Mean | P5 | P25 | P50 | P75 | P95 |
| 辽宁 | 城乡 | 女 | 1 928 | 386 | 0 | 200 | 400 | 400 | 800 |
| | 城市 | 小计 | 1 194 | 409 | 0 | 200 | 400 | 400 | 880 |
| | | 男 | 525 | 431 | 0 | 200 | 400 | 450 | 1 200 |
| | | 女 | 669 | 385 | 0 | 200 | 400 | 400 | 800 |
| | 农村 | 小计 | 2 181 | 409 | 0 | 200 | 400 | 400 | 800 |
| | | 男 | 922 | 432 | 0 | 200 | 400 | 400 | 1 000 |
| | | 女 | 1 259 | 386 | 0 | 200 | 400 | 400 | 800 |
| 吉林 | 城乡 | 小计 | 2 737 | 369 | 0 | 80 | 400 | 400 | 1 200 |
| | | 男 | 1 302 | 377 | 0 | 0 | 400 | 400 | 1 200 |
| | | 女 | 1 435 | 362 | 0 | 200 | 400 | 400 | 900 |
| | 城市 | 小计 | 1 571 | 427 | 0 | 200 | 400 | 400 | 1 200 |
| | | 男 | 704 | 422 | 0 | 200 | 400 | 400 | 1 200 |
| | | 女 | 867 | 433 | 0 | 200 | 400 | 400 | 1 200 |
| | 农村 | 小计 | 1 166 | 314 | 0 | 0 | 400 | 400 | 800 |
| | | 男 | 598 | 334 | 0 | 0 | 400 | 400 | 800 |
| | | 女 | 568 | 292 | 0 | 0 | 200 | 400 | 800 |
| 黑龙江 | 城乡 | 小计 | 4 061 | 415 | 0 | 200 | 400 | 600 | 1 200 |
| | | 男 | 1 881 | 442 | 0 | 200 | 400 | 600 | 1 200 |
| | | 女 | 2 180 | 389 | 0 | 200 | 200 | 400 | 1 200 |
| | 城市 | 小计 | 1 589 | 393 | 0 | 200 | 400 | 600 | 1 200 |
| | | 男 | 681 | 423 | 0 | 200 | 400 | 600 | 1 200 |
| | | 女 | 908 | 367 | 0 | 200 | 300 | 400 | 800 |
| | 农村 | 小计 | 2 472 | 428 | 0 | 200 | 360 | 600 | 1 200 |
| | | 男 | 1 200 | 453 | 0 | 200 | 400 | 600 | 1200 |
| | | 女 | 1 272 | 403 | 0 | 200 | 200 | 600 | 1 200 |
| 上海 | 城乡 | 小计 | 1 161 | 413 | 100 | 200 | 400 | 400 | 1 000 |
| | | 男 | 540 | 456 | 150 | 200 | 400 | 400 | 1 200 |
| | | 女 | 621 | 368 | 100 | 200 | 300 | 400 | 800 |
| | 城市 | 小计 | 1 161 | 413 | 100 | 200 | 400 | 400 | 1 000 |
| | | 男 | 540 | 456 | 150 | 200 | 400 | 400 | 1 200 |
| | | 女 | 621 | 368 | 100 | 200 | 300 | 400 | 800 |
| 江苏 | 城乡 | 小计 | 3 469 | 901 | 200 | 400 | 600 | 1 200 | 2 000 |
| | | 男 | 1 584 | 966 | 200 | 400 | 800 | 1 200 | 2 400 |
| | | 女 | 1 885 | 837 | 200 | 400 | 600 | 1 200 | 2 000 |
| | 城市 | 小计 | 2 313 | 738 | 200 | 400 | 600 | 900 | 1 800 |
| | | 男 | 1 068 | 806 | 200 | 400 | 600 | 1 000 | 2 000 |
| | | 女 | 1 245 | 668 | 200 | 400 | 600 | 800 | 1 600 |
| | 农村 | 小计 | 1 156 | 1 246 | 200 | 500 | 800 | 1 400 | 2 400 |
| | | 男 | 516 | 1 328 | 200 | 600 | 800 | 1 600 | 2 400 |
| | | 女 | 640 | 1 172 | 200 | 500 | 800 | 1 200 | 2 400 |
| 浙江 | 城乡 | 小计 | 3 421 | 600 | 100 | 200 | 400 | 800 | 1 600 |
| | | 男 | 1 595 | 660 | 100 | 200 | 400 | 800 | 1 600 |
| | | 女 | 1 826 | 536 | 100 | 200 | 400 | 700 | 1 200 |
| | 城市 | 小计 | 1 182 | 591 | 100 | 200 | 400 | 800 | 1 600 |
| | | 男 | 534 | 631 | 100 | 200 | 400 | 800 | 1 600 |
| | | 女 | 648 | 550 | 100 | 200 | 400 | 800 | 1 200 |
| | 农村 | 小计 | 2 239 | 604 | 100 | 200 | 400 | 800 | 1 400 |
| | | 男 | 1 061 | 674 | 100 | 300 | 400 | 800 | 1 600 |
| | | 女 | 1 178 | 529 | 100 | 200 | 400 | 600 | 1 200 |
| 安徽 | 城乡 | 小计 | 3 482 | 1 413 | 100 | 400 | 1 200 | 2 400 | 3 600 |
| | | 男 | 1 537 | 1 532 | 100 | 400 | 1 200 | 2 400 | 4 000 |
| | | 女 | 1 945 | 1 296 | 100 | 400 | 1 200 | 2 000 | 3 200 |
| | 城市 | 小计 | 1 879 | 1 119 | 100 | 400 | 800 | 1 440 | 3 200 |
| | | 男 | 783 | 1 204 | 100 | 400 | 800 | 1 600 | 3 600 |
| | | 女 | 1 096 | 1 040 | 100 | 400 | 800 | 1 200 | 3 000 |
| | 农村 | 小计 | 1 603 | 1 592 | 200 | 600 | 1 200 | 2 400 | 3 600 |
| | | 男 | 754 | 1 723 | 200 | 800 | 1 440 | 2 400 | 4 200 |
| | | 女 | 849 | 1 459 | 200 | 600 | 1 200 | 2 400 | 3 600 |

| 地区 | 城乡 | 性别 | *n* | 夏季日均间接饮水摄入量 /（ml/d） | | | | | |
|---|---|---|---|---|---|---|---|---|---|
| | | | | Mean | P5 | P25 | P50 | P75 | P95 |
| 福建 | 城乡 | 小计 | 2 894 | 1 341 | 200 | 400 | 1 000 | 2 000 | 3 600 |
| | | 男 | 1 290 | 1 374 | 200 | 480 | 1 200 | 2 000 | 3 840 |
| | | 女 | 1 604 | 1 310 | 200 | 400 | 800 | 1 920 | 3 600 |
| | 城市 | 小计 | 1 493 | 1 565 | 200 | 600 | 1 200 | 2 400 | 4 800 |
| | | 男 | 636 | 1 632 | 200 | 600 | 1 200 | 2 400 | 4 800 |
| | | 女 | 857 | 1 506 | 200 | 600 | 1 200 | 2 400 | 4 800 |
| | 农村 | 小计 | 1 401 | 1 118 | 200 | 400 | 800 | 1 440 | 2 800 |
| | | 男 | 654 | 1 134 | 200 | 400 | 800 | 1 600 | 2 400 |
| | | 女 | 747 | 1 103 | 200 | 400 | 800 | 1 200 | 2 880 |
| 江西 | 城乡 | 小计 | 2 904 | 515 | 100 | 200 | 400 | 600 | 1 200 |
| | | 男 | 1 368 | 563 | 80 | 200 | 400 | 800 | 1 600 |
| | | 女 | 1 536 | 465 | 100 | 200 | 400 | 600 | 1 200 |
| | 城市 | 小计 | 1 715 | 540 | 100 | 200 | 400 | 600 | 1 600 |
| | | 男 | 793 | 596 | 80 | 200 | 400 | 800 | 1 600 |
| | | 女 | 922 | 483 | 100 | 200 | 400 | 600 | 1 200 |
| | 农村 | 小计 | 1 189 | 487 | 50 | 200 | 400 | 600 | 1 200 |
| | | 男 | 575 | 527 | 100 | 200 | 400 | 600 | 1 200 |
| | | 女 | 614 | 445 | 0 | 200 | 400 | 600 | 1 200 |
| 山东 | 城乡 | 小计 | 5 581 | 683 | 0 | 400 | 400 | 800 | 1 800 |
| | | 男 | 2 488 | 690 | 0 | 400 | 400 | 800 | 2 000 |
| | | 女 | 3 093 | 677 | 0 | 400 | 400 | 800 | 1 600 |
| | 城市 | 小计 | 2 702 | 611 | 0 | 200 | 400 | 800 | 1 600 |
| | | 男 | 1 123 | 619 | 0 | 200 | 400 | 800 | 1 600 |
| | | 女 | 1 579 | 602 | 0 | 200 | 400 | 800 | 1 600 |
| | 农村 | 小计 | 2 879 | 765 | 0 | 400 | 600 | 1 200 | 2 000 |
| | | 男 | 1 365 | 764 | 0 | 400 | 600 | 960 | 2 400 |
| | | 女 | 1 514 | 766 | 0 | 400 | 800 | 1 200 | 2 000 |
| 河南 | 城乡 | 小计 | 4 923 | 1 507 | 400 | 800 | 1 200 | 1 800 | 3 200 |
| | | 男 | 2 102 | 1 609 | 400 | 800 | 1 600 | 2 000 | 3 600 |
| | | 女 | 2 821 | 1 413 | 400 | 800 | 1 200 | 1 600 | 3 120 |
| | 城市 | 小计 | 2 035 | 1 267 | 200 | 800 | 800 | 1 600 | 3 200 |
| | | 男 | 845 | 1 269 | 200 | 800 | 800 | 1 600 | 3 200 |
| | | 女 | 1 190 | 1 266 | 200 | 600 | 800 | 1 600 | 2 880 |
| | 农村 | 小计 | 2 888 | 1 602 | 400 | 800 | 1 440 | 1 920 | 3 600 |
| | | 男 | 1 257 | 1 739 | 400 | 800 | 1 600 | 2 400 | 3 600 |
| | | 女 | 1 631 | 1 473 | 400 | 800 | 1 200 | 1 800 | 3 200 |
| 湖北 | 城乡 | 小计 | 3 411 | 556 | 200 | 200 | 400 | 800 | 1 200 |
| | | 男 | 1 606 | 579 | 200 | 400 | 400 | 800 | 1 200 |
| | | 女 | 1 805 | 529 | 200 | 200 | 400 | 800 | 1 200 |
| | 城市 | 小计 | 2 385 | 547 | 100 | 200 | 400 | 800 | 1 200 |
| | | 男 | 1 129 | 574 | 100 | 400 | 400 | 800 | 1 600 |
| | | 女 | 1 256 | 516 | 100 | 200 | 400 | 800 | 1 200 |
| | 农村 | 小计 | 1 026 | 570 | 200 | 200 | 400 | 800 | 1 200 |
| | | 男 | 477 | 589 | 200 | 200 | 400 | 800 | 1 200 |
| | | 女 | 549 | 551 | 200 | 200 | 400 | 800 | 1 200 |
| 湖南 | 城乡 | 小计 | 3 995 | 382 | 50 | 200 | 200 | 400 | 1 200 |
| | | 男 | 1 826 | 414 | 60 | 200 | 200 | 400 | 1 200 |
| | | 女 | 2 169 | 347 | 0 | 200 | 200 | 400 | 800 |
| | 城市 | 小计 | 1 482 | 414 | 100 | 200 | 300 | 400 | 1 200 |
| | | 男 | 604 | 448 | 100 | 200 | 300 | 600 | 1 200 |
| | | 女 | 878 | 381 | 100 | 200 | 300 | 400 | 800 |
| | 农村 | 小计 | 2 513 | 370 | 0 | 200 | 200 | 400 | 1 200 |
| | | 男 | 1 222 | 402 | 50 | 200 | 200 | 400 | 1 200 |
| | | 女 | 1 291 | 332 | 0 | 180 | 200 | 400 | 800 |
| 广东 | 城乡 | 小计 | 3 243 | 592 | 40 | 400 | 400 | 800 | 1 600 |
| | | 男 | 1 456 | 613 | 40 | 300 | 400 | 800 | 1 600 |
| | | 女 | 1 787 | 573 | 80 | 400 | 400 | 800 | 1 600 |
| | 城市 | 小计 | 1 746 | 621 | 100 | 400 | 600 | 800 | 1 600 |

| 地区 | 城乡 | 性别 | n | 夏季日均间接饮水摄入量 /（ml/d） | | | | | |
| --- | --- | --- | --- | --- | --- | --- | --- | --- | --- |
| | | | | Mean | P5 | P25 | P50 | P75 | P95 |
| 广东 | 城市 | 男 | 774 | 669 | 100 | 400 | 600 | 800 | 1 600 |
| | | 女 | 972 | 578 | 100 | 400 | 450 | 800 | 1 500 |
| | 农村 | 小计 | 1 497 | 561 | 40 | 300 | 400 | 800 | 1 600 |
| | | 男 | 682 | 553 | 40 | 300 | 400 | 800 | 1 500 |
| | | 女 | 815 | 568 | 40 | 300 | 400 | 600 | 1 600 |
| 广西 | 城乡 | 小计 | 3 340 | 1 628 | 200 | 800 | 1 200 | 2 400 | 3 200 |
| | | 男 | 1 574 | 1 723 | 200 | 800 | 1 400 | 2 400 | 3 600 |
| | | 女 | 1 766 | 1 527 | 200 | 800 | 1 200 | 2 000 | 3 200 |
| | 城市 | 小计 | 1 324 | 1 406 | 200 | 600 | 1 200 | 2 000 | 3 200 |
| | | 男 | 603 | 1 432 | 200 | 600 | 1 200 | 2 400 | 3 600 |
| | | 女 | 721 | 1 378 | 200 | 600 | 1 200 | 2 000 | 3 200 |
| | 农村 | 小计 | 2 016 | 1 712 | 200 | 800 | 1 400 | 2 400 | 3 600 |
| | | 男 | 971 | 1 831 | 200 | 900 | 1 600 | 2 400 | 3 600 |
| | | 女 | 1 045 | 1 584 | 200 | 800 | 1 200 | 2 000 | 3 200 |
| 海南 | 城乡 | 小计 | 1 083 | 765 | 200 | 400 | 600 | 1 200 | 1 600 |
| | | 男 | 515 | 799 | 200 | 400 | 600 | 1 200 | 1 600 |
| | | 女 | 568 | 728 | 200 | 400 | 600 | 1 200 | 1 600 |
| | 城市 | 小计 | 328 | 616 | 200 | 200 | 400 | 800 | 1 600 |
| | | 男 | 155 | 665 | 200 | 400 | 400 | 800 | 1 600 |
| | | 女 | 173 | 565 | 200 | 200 | 400 | 800 | 1 200 |
| | 农村 | 小计 | 755 | 825 | 200 | 400 | 600 | 1 200 | 1 800 |
| | | 男 | 360 | 853 | 200 | 400 | 800 | 1 200 | 1 800 |
| | | 女 | 395 | 796 | 200 | 400 | 600 | 1 200 | 1 800 |
| 重庆 | 城乡 | 小计 | 962 | 762 | 200 | 400 | 400 | 800 | 1 600 |
| | | 男 | 410 | 780 | 200 | 400 | 400 | 1 000 | 1 600 |
| | | 女 | 552 | 745 | 180 | 400 | 400 | 800 | 2 000 |
| | 城市 | 小计 | 474 | 692 | 200 | 400 | 400 | 800 | 2 400 |
| | | 男 | 224 | 692 | 200 | 400 | 400 | 800 | 1 600 |
| | | 女 | 250 | 692 | 160 | 400 | 400 | 800 | 2 400 |
| | 农村 | 小计 | 488 | 834 | 180 | 400 | 400 | 1 600 | 1 600 |
| | | 男 | 186 | 892 | 160 | 400 | 400 | 1 600 | 1 600 |
| | | 女 | 302 | 790 | 200 | 400 | 400 | 1 600 | 1 600 |
| 四川 | 城乡 | 小计 | 4 369 | 928 | 200 | 400 | 600 | 1 200 | 2 400 |
| | | 男 | 1 989 | 930 | 200 | 400 | 800 | 1 200 | 2 400 |
| | | 女 | 2 380 | 926 | 200 | 400 | 600 | 1 200 | 3 200 |
| | 城市 | 小计 | 1 930 | 769 | 80 | 400 | 600 | 800 | 1 800 |
| | | 男 | 860 | 829 | 80 | 400 | 600 | 800 | 2 400 |
| | | 女 | 1 070 | 710 | 80 | 400 | 600 | 800 | 1 600 |
| | 农村 | 小计 | 2 439 | 1 022 | 200 | 400 | 600 | 1 200 | 3 200 |
| | | 男 | 1 129 | 991 | 200 | 400 | 800 | 1 200 | 2 400 |
| | | 女 | 1 310 | 1 053 | 200 | 400 | 600 | 1 200 | 3 600 |
| 贵州 | 城乡 | 小计 | 2 851 | 448 | 0 | 200 | 400 | 600 | 1 200 |
| | | 男 | 1 332 | 463 | 0 | 200 | 400 | 600 | 1 200 |
| | | 女 | 1 519 | 430 | 0 | 200 | 400 | 600 | 1 200 |
| | 城市 | 小计 | 1 060 | 394 | 0 | 200 | 400 | 400 | 1 200 |
| | | 男 | 498 | 402 | 0 | 200 | 400 | 500 | 1 200 |
| | | 女 | 562 | 383 | 0 | 200 | 400 | 400 | 1 200 |
| | 农村 | 小计 | 1 791 | 501 | 0 | 200 | 400 | 800 | 1 600 |
| | | 男 | 834 | 524 | 0 | 200 | 400 | 800 | 1 600 |
| | | 女 | 957 | 474 | 0 | 200 | 400 | 750 | 1 600 |
| 云南 | 城乡 | 小计 | 3 439 | 534 | 80 | 200 | 400 | 800 | 1 600 |
| | | 男 | 1 636 | 553 | 40 | 200 | 400 | 800 | 1 600 |
| | | 女 | 1 803 | 514 | 100 | 200 | 400 | 600 | 1 200 |
| | 城市 | 小计 | 907 | 479 | 100 | 200 | 400 | 600 | 1 200 |
| | | 男 | 416 | 477 | 80 | 200 | 400 | 600 | 1 200 |
| | | 女 | 491 | 480 | 100 | 200 | 400 | 600 | 1 200 |
| | 农村 | 小计 | 2 532 | 558 | 50 | 200 | 400 | 800 | 1 600 |
| | | 男 | 1 220 | 583 | 8 | 200 | 400 | 800 | 1 600 |

| 地区 | 城乡 | 性别 | *n* | 夏季日均间接饮水摄入量 /（ml/d） | | | | | |
| --- | --- | --- | --- | --- | --- | --- | --- | --- | --- |
| | | | | Mean | P5 | P25 | P50 | P75 | P95 |
| 云南 | 农村 | 女 | 1 312 | 530 | 100 | 200 | 400 | 800 | 1 200 |
| 西藏 | 城乡 | 小计 | 1 524 | 1 128 | 0 | 400 | 800 | 1 600 | 3 200 |
| | | 男 | 618 | 1 354 | 0 | 400 | 800 | 1 600 | 3 200 |
| | | 女 | 906 | 931 | 0 | 360 | 800 | 1 200 | 2 400 |
| | 城市 | 小计 | 385 | 918 | 200 | 400 | 800 | 1 200 | 2 400 |
| | | 男 | 126 | 1 147 | 200 | 400 | 800 | 1 600 | 2 400 |
| | | 女 | 259 | 772 | 200 | 400 | 400 | 800 | 1 800 |
| | 农村 | 小计 | 1 139 | 1 189 | 0 | 400 | 800 | 1 600 | 3 200 |
| | | 男 | 492 | 1 402 | 0 | 400 | 800 | 1 600 | 3 600 |
| | | 女 | 647 | 986 | 0 | 200 | 800 | 1 200 | 3 200 |
| 陕西 | 城乡 | 小计 | 2 857 | 903 | 200 | 400 | 600 | 1 200 | 2 400 |
| | | 男 | 1 294 | 994 | 200 | 400 | 800 | 1 200 | 2 400 |
| | | 女 | 1 563 | 818 | 200 | 400 | 400 | 1 200 | 2 000 |
| | 城市 | 小计 | 1 329 | 812 | 200 | 400 | 600 | 1 200 | 2 000 |
| | | 男 | 586 | 894 | 200 | 400 | 800 | 1 200 | 2 400 |
| | | 女 | 743 | 737 | 200 | 400 | 400 | 800 | 1 600 |
| | 农村 | 小计 | 1 528 | 978 | 200 | 400 | 800 | 1 200 | 2 400 |
| | | 男 | 708 | 1 073 | 200 | 400 | 800 | 1 600 | 2 400 |
| | | 女 | 820 | 886 | 200 | 400 | 600 | 1 200 | 2 400 |
| 甘肃 | 城乡 | 小计 | 2 869 | 1 319 | 200 | 600 | 1 200 | 1 600 | 3 200 |
| | | 男 | 1 289 | 1 480 | 400 | 800 | 1 200 | 1 600 | 3 600 |
| | | 女 | 1 580 | 1 157 | 200 | 400 | 800 | 1 600 | 3 200 |
| | 城市 | 小计 | 799 | 1 050 | 200 | 400 | 800 | 1 600 | 2 400 |
| | | 男 | 365 | 1 157 | 200 | 400 | 800 | 1 600 | 2 400 |
| | | 女 | 434 | 943 | 120 | 400 | 800 | 1 200 | 2 400 |
| | 农村 | 小计 | 2 070 | 1 408 | 300 | 800 | 1 200 | 1 600 | 3 600 |
| | | 男 | 924 | 1 588 | 400 | 800 | 1 320 | 2 000 | 3 600 |
| | | 女 | 1 146 | 1 228 | 200 | 600 | 1 000 | 1 600 | 3 200 |
| 青海 | 城乡 | 小计 | 1 592 | 612 | 0 | 400 | 400 | 800 | 1 600 |
| | | 男 | 691 | 683 | 0 | 400 | 400 | 800 | 1 600 |
| | | 女 | 901 | 540 | 0 | 200 | 400 | 800 | 1 600 |
| | 城市 | 小计 | 666 | 604 | 0 | 400 | 400 | 800 | 1 600 |
| | | 男 | 296 | 658 | 0 | 400 | 400 | 800 | 1 600 |
| | | 女 | 370 | 547 | 0 | 400 | 400 | 800 | 1 600 |
| | 农村 | 小计 | 926 | 628 | 0 | 0 | 400 | 800 | 1 600 |
| | | 男 | 395 | 747 | 0 | 0 | 800 | 1 200 | 2 000 |
| | | 女 | 531 | 527 | 0 | 0 | 400 | 800 | 1 600 |
| 宁夏 | 城乡 | 小计 | 1 130 | 596 | 200 | 400 | 400 | 800 | 1 200 |
| | | 男 | 537 | 670 | 200 | 400 | 600 | 800 | 1 600 |
| | | 女 | 593 | 514 | 200 | 300 | 400 | 800 | 900 |
| | 城市 | 小计 | 1 032 | 587 | 200 | 400 | 400 | 800 | 1 200 |
| | | 男 | 487 | 659 | 200 | 400 | 600 | 800 | 1 600 |
| | | 女 | 545 | 507 | 200 | 300 | 400 | 800 | 800 |
| | 农村 | 小计 | 98 | 682 | 200 | 400 | 600 | 800 | 1 600 |
| | | 男 | 50 | 764 | 200 | 400 | 800 | 1 000 | 1 600 |
| | | 女 | 48 | 582 | 200 | 400 | 400 | 800 | 1 200 |
| 新疆 | 城乡 | 小计 | 2 802 | 1 393 | 200 | 400 | 900 | 1 600 | 3 600 |
| | | 男 | 1 262 | 1 708 | 400 | 600 | 1 200 | 2 400 | 4 800 |
| | | 女 | 1 540 | 1 052 | 200 | 400 | 800 | 1 600 | 3 200 |
| | 城市 | 小计 | 1 218 | 1 149 | 200 | 400 | 800 | 1 440 | 3 200 |
| | | 男 | 483 | 1 490 | 200 | 400 | 800 | 1 600 | 3 600 |
| | | 女 | 735 | 841 | 200 | 400 | 600 | 1 200 | 2 400 |
| | 农村 | 小计 | 1 584 | 1 518 | 360 | 600 | 1 200 | 1 800 | 4 800 |
| | | 男 | 779 | 1 805 | 400 | 800 | 1 600 | 2 400 | 4 800 |
| | | 女 | 805 | 1 176 | 200 | 480 | 800 | 1 600 | 3 200 |

## 附表 3-36 中国人群分省（直辖市、自治区）、城乡、性别的冬季日均间接饮水摄入量

| 地区 | 城乡 | 性别 | n | 冬季日均间接饮水摄入量 /（ml/d） | | | | | |
|---|---|---|---|---|---|---|---|---|---|
| | | | | Mean | P5 | P25 | P50 | P75 | P95 |
| 合计 | 城乡 | 小计 | 90 568 | 763 | 40 | 200 | 400 | 800 | 2 400 |
| | | 男 | 41 040 | 806 | 20 | 200 | 400 | 800 | 2 400 |
| | | 女 | 49 528 | 720 | 40 | 200 | 400 | 800 | 2 400 |
| | 城市 | 小计 | 41 669 | 662 | 40 | 200 | 400 | 800 | 2 000 |
| | | 男 | 18 387 | 699 | 20 | 200 | 400 | 800 | 2 400 |
| | | 女 | 23 282 | 625 | 50 | 200 | 400 | 800 | 1 800 |
| | 农村 | 小计 | 48 899 | 842 | 20 | 200 | 400 | 1 200 | 2 400 |
| | | 男 | 22 653 | 888 | 20 | 200 | 560 | 1 200 | 2 552 |
| | | 女 | 26 246 | 795 | 20 | 200 | 400 | 1 000 | 2 400 |
| 北京 | 城乡 | 小计 | 1 113 | 525 | 100 | 200 | 400 | 600 | 1 600 |
| | | 男 | 458 | 584 | 100 | 200 | 400 | 800 | 1 600 |
| | | 女 | 655 | 473 | 100 | 200 | 400 | 600 | 1 200 |
| | 城市 | 小计 | 839 | 518 | 100 | 200 | 400 | 600 | 1 600 |
| | | 男 | 354 | 587 | 100 | 200 | 400 | 800 | 1 600 |
| | | 女 | 485 | 453 | 80 | 200 | 400 | 600 | 1 200 |
| | 农村 | 小计 | 274 | 545 | 200 | 200 | 400 | 600 | 1 600 |
| | | 男 | 104 | 574 | 200 | 200 | 400 | 600 | 1 600 |
| | | 女 | 170 | 522 | 200 | 200 | 400 | 600 | 1 600 |
| 天津 | 城乡 | 小计 | 1 154 | 632 | 200 | 200 | 400 | 800 | 1 600 |
| | | 男 | 470 | 663 | 200 | 300 | 400 | 900 | 1 600 |
| | | 女 | 684 | 600 | 160 | 200 | 400 | 800 | 1 600 |
| | 城市 | 小计 | 865 | 586 | 100 | 300 | 400 | 800 | 1 600 |
| | | 男 | 336 | 606 | 160 | 320 | 400 | 800 | 1600 |
| | | 女 | 529 | 565 | 88 | 200 | 400 | 800 | 1 600 |
| | 农村 | 小计 | 289 | 709 | 200 | 200 | 600 | 900 | 1 600 |
| | | 男 | 134 | 753 | 200 | 200 | 600 | 1 200 | 1 600 |
| | | 女 | 155 | 660 | 200 | 200 | 400 | 900 | 1 600 |
| 河北 | 城乡 | 小计 | 4 408 | 1 333 | 200 | 400 | 800 | 1 560 | 3 360 |
| | | 男 | 1 935 | 1 381 | 200 | 400 | 800 | 1 440 | 3 360 |
| | | 女 | 2 473 | 1 285 | 200 | 400 | 800 | 1 600 | 3 200 |
| | 城市 | 小计 | 1 830 | 996 | 200 | 400 | 600 | 1 200 | 2 880 |
| | | 男 | 829 | 1 072 | 200 | 400 | 600 | 1 200 | 2 880 |
| | | 女 | 1 001 | 915 | 200 | 400 | 600 | 1 200 | 3 200 |
| | 农村 | 小计 | 2 578 | 1 630 | 400 | 800 | 800 | 1 600 | 4 800 |
| | | 男 | 1 106 | 1 681 | 400 | 800 | 800 | 1 600 | 6 400 |
| | | 女 | 1 472 | 1 584 | 400 | 600 | 800 | 1 600 | 4 800 |
| 山西 | 城乡 | 小计 | 3 415 | 1 249 | 400 | 800 | 1 200 | 1 600 | 2 400 |
| | | 男 | 1 553 | 1 338 | 400 | 800 | 1 200 | 1 600 | 3 200 |
| | | 女 | 1 862 | 1 164 | 400 | 800 | 960 | 1 600 | 2 400 |
| | 城市 | 小计 | 1 046 | 1 034 | 400 | 400 | 800 | 1 600 | 2 400 |
| | | 男 | 479 | 1 110 | 400 | 480 | 800 | 1 600 | 2 400 |
| | | 女 | 567 | 960 | 400 | 400 | 800 | 1 600 | 1 800 |
| | 农村 | 小计 | 2 369 | 1 342 | 400 | 800 | 1 200 | 1 600 | 2 552 |
| | | 男 | 1 074 | 1 435 | 200 | 800 | 1 440 | 1 600 | 3 200 |
| | | 女 | 1 295 | 1 251 | 400 | 800 | 1 200 | 1 600 | 2 400 |
| 内蒙古 | 城乡 | 小计 | 3 003 | 587 | 0 | 200 | 400 | 800 | 1 600 |
| | | 男 | 1 457 | 630 | 0 | 400 | 400 | 800 | 1 600 |
| | | 女 | 1 546 | 538 | 0 | 200 | 400 | 640 | 1 440 |
| | 城市 | 小计 | 1 191 | 534 | 100 | 200 | 400 | 800 | 1 200 |
| | | 男 | 552 | 601 | 100 | 400 | 400 | 800 | 1 600 |
| | | 女 | 639 | 461 | 100 | 200 | 400 | 600 | 1 000 |
| | 农村 | 小计 | 1 812 | 626 | 0 | 240 | 400 | 800 | 1 600 |
| | | 男 | 905 | 650 | 0 | 400 | 400 | 800 | 1 600 |
| | | 女 | 907 | 596 | 0 | 200 | 400 | 800 | 1 600 |
| 辽宁 | 城乡 | 小计 | 3 375 | 433 | 0 | 200 | 400 | 480 | 800 |
| | | 男 | 1 447 | 456 | 0 | 200 | 400 | 600 | 960 |

| 地区 | 城乡 | 性别 | $n$ | 冬季日均间接饮水摄入量 /（ml/d） | | | | | |
|---|---|---|---|---|---|---|---|---|---|
| | | | | Mean | P5 | P25 | P50 | P75 | P95 |
| 辽宁 | 城乡 | 女 | 1 928 | 409 | 0 | 200 | 400 | 400 | 800 |
| | 城市 | 小计 | 1 194 | 417 | 12 | 200 | 400 | 400 | 880 |
| | | 男 | 525 | 437 | 12 | 200 | 400 | 400 | 1 080 |
| | | 女 | 669 | 395 | 40 | 200 | 400 | 400 | 800 |
| | 农村 | 小计 | 2 181 | 439 | 0 | 200 | 400 | 600 | 800 |
| | | 男 | 922 | 464 | 0 | 200 | 400 | 600 | 900 |
| | | 女 | 1 259 | 414 | 0 | 200 | 400 | 400 | 800 |
| 吉林 | 城乡 | 小计 | 2 737 | 307 | 0 | 200 | 200 | 400 | 800 |
| | | 男 | 1 302 | 309 | 0 | 200 | 200 | 400 | 800 |
| | | 女 | 1 435 | 304 | 0 | 200 | 200 | 400 | 800 |
| | 城市 | 小计 | 1 571 | 381 | 0 | 200 | 200 | 400 | 900 |
| | | 男 | 704 | 372 | 0 | 200 | 200 | 400 | 800 |
| | | 女 | 867 | 391 | 0 | 200 | 200 | 400 | 1 000 |
| | 农村 | 小计 | 1 166 | 236 | 0 | 0 | 200 | 400 | 800 |
| | | 男 | 598 | 250 | 0 | 0 | 200 | 400 | 800 |
| | | 女 | 568 | 220 | 0 | 0 | 200 | 400 | 800 |
| 黑龙江 | 城乡 | 小计 | 4 061 | 409 | 0 | 200 | 400 | 400 | 1 200 |
| | | 男 | 1 881 | 431 | 0 | 200 | 400 | 600 | 1 200 |
| | | 女 | 2 180 | 388 | 0 | 200 | 360 | 400 | 1 200 |
| | 城市 | 小计 | 1 589 | 371 | 0 | 200 | 400 | 400 | 800 |
| | | 男 | 681 | 386 | 0 | 200 | 400 | 480 | 960 |
| | | 女 | 908 | 357 | 0 | 200 | 300 | 400 | 800 |
| | 农村 | 小计 | 2 472 | 432 | 0 | 200 | 400 | 500 | 1 200 |
| | | 男 | 1 200 | 456 | 0 | 200 | 400 | 600 | 1 200 |
| | | 女 | 1 272 | 408 | 0 | 200 | 400 | 400 | 1 200 |
| 上海 | 城乡 | 小计 | 1 161 | 388 | 100 | 200 | 400 | 400 | 900 |
| | | 男 | 540 | 428 | 100 | 200 | 400 | 400 | 1 000 |
| | | 女 | 621 | 347 | 100 | 200 | 300 | 400 | 800 |
| | 城市 | 小计 | 1 161 | 388 | 100 | 200 | 400 | 400 | 900 |
| | | 男 | 540 | 428 | 100 | 200 | 400 | 400 | 1 000 |
| | | 女 | 621 | 347 | 100 | 200 | 300 | 400 | 800 |
| 江苏 | 城乡 | 小计 | 3 469 | 798 | 200 | 400 | 600 | 900 | 2 000 |
| | | 男 | 1 584 | 855 | 200 | 400 | 600 | 1 000 | 2 400 |
| | | 女 | 1 885 | 741 | 200 | 400 | 600 | 800 | 1 800 |
| | 城市 | 小计 | 2 313 | 669 | 200 | 400 | 400 | 800 | 1 600 |
| | | 男 | 1 068 | 731 | 200 | 400 | 450 | 800 | 2 000 |
| | | 女 | 1 245 | 605 | 200 | 320 | 400 | 800 | 1 600 |
| | 农村 | 小计 | 1 156 | 1 071 | 200 | 400 | 800 | 1 200 | 2 400 |
| | | 男 | 516 | 1 135 | 200 | 400 | 800 | 1 200 | 2 400 |
| | | 女 | 640 | 1 012 | 200 | 400 | 800 | 1 200 | 2 400 |
| 浙江 | 城乡 | 小计 | 3 421 | 468 | 100 | 200 | 400 | 600 | 1 200 |
| | | 男 | 1 595 | 511 | 40 | 200 | 400 | 600 | 1 300 |
| | | 女 | 1 826 | 424 | 100 | 200 | 400 | 400 | 1 200 |
| | 城市 | 小计 | 1 182 | 444 | 40 | 200 | 400 | 400 | 1 200 |
| | | 男 | 534 | 475 | 50 | 200 | 400 | 600 | 1 200 |
| | | 女 | 648 | 412 | 40 | 200 | 300 | 400 | 1 200 |
| | 农村 | 小计 | 2 239 | 480 | 100 | 200 | 400 | 600 | 1 200 |
| | | 男 | 1 061 | 527 | 40 | 200 | 400 | 600 | 1 600 |
| | | 女 | 1 178 | 430 | 100 | 200 | 400 | 400 | 1 200 |
| 安徽 | 城乡 | 小计 | 3 482 | 1 301 | 0 | 400 | 800 | 2 080 | 3 600 |
| | | 男 | 1 537 | 1 422 | 50 | 400 | 1 200 | 2 400 | 3 600 |
| | | 女 | 1 945 | 1 182 | 0 | 400 | 800 | 1 800 | 3 200 |
| | 城市 | 小计 | 1 879 | 984 | 0 | 200 | 400 | 1 200 | 3 000 |
| | | 男 | 783 | 1 080 | 100 | 200 | 480 | 1 200 | 3 600 |
| | | 女 | 1 096 | 895 | 0 | 200 | 400 | 1 200 | 3 000 |
| | 农村 | 小计 | 1 603 | 1 494 | 0 | 400 | 1 200 | 2 400 | 3 600 |
| | | 男 | 754 | 1 622 | 0 | 400 | 1 200 | 2 400 | 4 000 |
| | | 女 | 849 | 1 365 | 0 | 400 | 1 200 | 2 400 | 3 200 |

| 地区 | 城乡 | 性别 | n | 冬季日均间接饮水摄入量 /（ml/d） | | | | | |
|---|---|---|---|---|---|---|---|---|---|
| | | | | Mean | P5 | P25 | P50 | P75 | P95 |
| 福建 | 城乡 | 小计 | 2 894 | 1 259 | 160 | 400 | 800 | 1 920 | 3 840 |
| | | 男 | 1 290 | 1 280 | 120 | 400 | 800 | 2 000 | 3 840 |
| | | 女 | 1 604 | 1 240 | 200 | 400 | 800 | 1 920 | 3 600 |
| | 城市 | 小计 | 1 493 | 1 510 | 200 | 400 | 1 200 | 2 400 | 4 800 |
| | | 男 | 636 | 1 564 | 200 | 400 | 1 200 | 2 400 | 4 800 |
| | | 女 | 857 | 1 462 | 200 | 400 | 1 200 | 2 400 | 4 800 |
| | 农村 | 小计 | 1 401 | 1 010 | 100 | 400 | 600 | 1 200 | 2 400 |
| | | 男 | 654 | 1 015 | 100 | 400 | 600 | 1 200 | 2 400 |
| | | 女 | 747 | 1 006 | 100 | 400 | 600 | 1 200 | 2 400 |
| 江西 | 城乡 | 小计 | 2 904 | 339 | 0 | 200 | 200 | 400 | 800 |
| | | 男 | 1 368 | 361 | 0 | 200 | 240 | 400 | 800 |
| | | 女 | 1 536 | 317 | 0 | 200 | 200 | 400 | 800 |
| | 城市 | 小计 | 1 715 | 378 | 0 | 200 | 300 | 400 | 800 |
| | | 男 | 793 | 408 | 0 | 200 | 400 | 400 | 1 200 |
| | | 女 | 922 | 348 | 60 | 200 | 200 | 400 | 800 |
| | 农村 | 小计 | 1 189 | 297 | 0 | 100 | 200 | 400 | 800 |
| | | 男 | 575 | 311 | 0 | 100 | 200 | 400 | 800 |
| | | 女 | 614 | 283 | 0 | 100 | 200 | 400 | 800 |
| 山东 | 城乡 | 小计 | 5 580 | 688 | 0 | 400 | 480 | 800 | 1 600 |
| | | 男 | 2 487 | 698 | 0 | 400 | 600 | 800 | 1 600 |
| | | 女 | 3 093 | 677 | 0 | 400 | 480 | 800 | 1 600 |
| | 城市 | 小计 | 2 701 | 605 | 0 | 280 | 400 | 800 | 1 600 |
| | | 男 | 1 122 | 611 | 0 | 320 | 400 | 800 | 1 600 |
| | | 女 | 1 579 | 599 | 0 | 200 | 400 | 800 | 1 600 |
| | 农村 | 小计 | 2 879 | 781 | 80 | 400 | 800 | 1 000 | 1 800 |
| | | 男 | 1 365 | 790 | 80 | 400 | 800 | 1 200 | 2 000 |
| | | 女 | 1 514 | 771 | 40 | 400 | 800 | 960 | 1 800 |
| 河南 | 城乡 | 小计 | 4 923 | 1 410 | 400 | 800 | 1 200 | 1 600 | 3 200 |
| | | 男 | 2 102 | 1 491 | 400 | 800 | 1 200 | 1 800 | 3 600 |
| | | 女 | 2 821 | 1 334 | 400 | 800 | 1 200 | 1 600 | 3 000 |
| | 城市 | 小计 | 2 035 | 1 184 | 200 | 800 | 800 | 1 440 | 3 120 |
| | | 男 | 845 | 1 178 | 200 | 800 | 800 | 1 600 | 3 200 |
| | | 女 | 1 190 | 1 190 | 200 | 600 | 800 | 1 200 | 2 400 |
| | 农村 | 小计 | 2 888 | 1 499 | 400 | 800 | 1 200 | 1 800 | 3 200 |
| | | 男 | 1 257 | 1 611 | 400 | 800 | 1 600 | 2 000 | 3 600 |
| | | 女 | 1 631 | 1 394 | 400 | 800 | 1 200 | 1 800 | 3 000 |
| 湖北 | 城乡 | 小计 | 3 411 | 402 | 80 | 200 | 400 | 400 | 1 000 |
| | | 男 | 1 606 | 419 | 50 | 200 | 400 | 400 | 1 200 |
| | | 女 | 1 805 | 384 | 80 | 200 | 300 | 400 | 800 |
| | 城市 | 小计 | 2 385 | 379 | 0 | 200 | 400 | 400 | 800 |
| | | 男 | 1 129 | 412 | 0 | 200 | 400 | 400 | 1 000 |
| | | 女 | 1 256 | 340 | 0 | 200 | 240 | 400 | 800 |
| | 农村 | 小计 | 1 026 | 444 | 100 | 200 | 320 | 600 | 1 200 |
| | | 男 | 477 | 432 | 100 | 200 | 200 | 400 | 1 200 |
| | | 女 | 549 | 456 | 100 | 200 | 400 | 600 | 1 200 |
| 湖南 | 城乡 | 小计 | 3 995 | 306 | 0 | 200 | 200 | 400 | 800 |
| | | 男 | 1 826 | 327 | 0 | 200 | 200 | 400 | 800 |
| | | 女 | 2 169 | 283 | 0 | 100 | 200 | 400 | 800 |
| | 城市 | 小计 | 1 482 | 346 | 0 | 200 | 200 | 400 | 800 |
| | | 男 | 604 | 369 | 0 | 200 | 200 | 400 | 1 200 |
| | | 女 | 878 | 324 | 0 | 200 | 200 | 400 | 800 |
| | 农村 | 小计 | 2 513 | 291 | 0 | 100 | 200 | 400 | 800 |
| | | 男 | 1 222 | 312 | 0 | 100 | 200 | 400 | 800 |
| | | 女 | 1 291 | 265 | 0 | 100 | 200 | 400 | 800 |
| 广东 | 城乡 | 小计 | 3 244 | 432 | 0 | 200 | 400 | 600 | 1 200 |
| | | 男 | 1 456 | 446 | 0 | 200 | 400 | 600 | 1 200 |
| | | 女 | 1 788 | 420 | 0 | 200 | 400 | 600 | 1 000 |
| | 城市 | 小计 | 1 746 | 492 | 40 | 200 | 400 | 600 | 1 200 |

| 地区 | 城乡 | 性别 | n | 冬季日均间接饮水摄入量 / (ml/d) | | | | | |
|---|---|---|---|---|---|---|---|---|---|
| | | | | Mean | P5 | P25 | P50 | P75 | P95 |
| 广东 | 城市 | 男 | 774 | 518 | 40 | 200 | 400 | 600 | 1 200 |
| | | 女 | 972 | 468 | 40 | 200 | 400 | 600 | 1 200 |
| | 农村 | 小计 | 1 498 | 368 | 0 | 200 | 400 | 400 | 800 |
| | | 男 | 682 | 369 | 0 | 200 | 400 | 400 | 800 |
| | | 女 | 816 | 367 | 0 | 200 | 400 | 400 | 800 |
| 广西 | 城乡 | 小计 | 3 342 | 1 129 | 120 | 400 | 800 | 1 600 | 2800 |
| | | 男 | 1 574 | 1 227 | 120 | 400 | 1 000 | 1 600 | 3 000 |
| | | 女 | 1 768 | 1 024 | 132 | 400 | 800 | 1 200 | 2 400 |
| | 城市 | 小计 | 1 324 | 920 | 160 | 400 | 800 | 1 200 | 2 400 |
| | | 男 | 603 | 985 | 200 | 400 | 800 | 1 200 | 2 400 |
| | | 女 | 721 | 853 | 100 | 400 | 800 | 1 200 | 2 000 |
| | 农村 | 小计 | 2 018 | 1 207 | 120 | 400 | 1 000 | 1 600 | 2 800 |
| | | 男 | 971 | 1 316 | 120 | 400 | 1 200 | 1 600 | 3 200 |
| | | 女 | 1 047 | 1 090 | 144 | 400 | 800 | 1 200 | 2 400 |
| 海南 | 城乡 | 小计 | 1 083 | 622 | 200 | 400 | 400 | 800 | 1 200 |
| | | 男 | 515 | 646 | 200 | 400 | 400 | 800 | 1 200 |
| | | 女 | 568 | 596 | 200 | 400 | 400 | 800 | 1 200 |
| | 城市 | 小计 | 328 | 510 | 200 | 200 | 400 | 600 | 1 200 |
| | | 男 | 155 | 552 | 200 | 200 | 400 | 600 | 1 600 |
| | | 女 | 173 | 466 | 100 | 200 | 400 | 600 | 1 200 |
| | 农村 | 小计 | 755 | 667 | 200 | 400 | 600 | 800 | 1 200 |
| | | 男 | 360 | 683 | 200 | 400 | 600 | 800 | 1 200 |
| | | 女 | 395 | 650 | 200 | 400 | 400 | 800 | 1 400 |
| 重庆 | 城乡 | 小计 | 962 | 519 | 100 | 200 | 400 | 600 | 1 600 |
| | | 男 | 410 | 510 | 100 | 200 | 400 | 800 | 1 600 |
| | | 女 | 552 | 528 | 100 | 200 | 400 | 600 | 1 600 |
| | 城市 | 小计 | 474 | 530 | 100 | 200 | 400 | 600 | 1 600 |
| | | 男 | 224 | 518 | 100 | 200 | 400 | 800 | 1 400 |
| | | 女 | 250 | 544 | 100 | 200 | 400 | 600 | 1 800 |
| | 农村 | 小计 | 488 | 508 | 40 | 200 | 400 | 800 | 1 600 |
| | | 男 | 186 | 500 | 40 | 200 | 400 | 800 | 1 600 |
| | | 女 | 302 | 514 | 80 | 200 | 400 | 600 | 1 600 |
| 四川 | 城乡 | 小计 | 4 368 | 673 | 100 | 200 | 400 | 800 | 1 600 |
| | | 男 | 1 988 | 690 | 100 | 200 | 400 | 800 | 1 600 |
| | | 女 | 2 380 | 657 | 100 | 200 | 400 | 800 | 1 600 |
| | 城市 | 小计 | 1 930 | 606 | 40 | 200 | 400 | 800 | 1 600 |
| | | 男 | 860 | 657 | 0 | 400 | 400 | 800 | 2 000 |
| | | 女 | 1 070 | 554 | 80 | 200 | 400 | 800 | 1 600 |
| | 农村 | 小计 | 2 438 | 713 | 100 | 200 | 400 | 800 | 1 600 |
| | | 男 | 1 128 | 709 | 160 | 200 | 400 | 800 | 1 600 |
| | | 女 | 1 310 | 718 | 100 | 200 | 400 | 800 | 1 800 |
| 贵州 | 城乡 | 小计 | 2 851 | 312 | 0 | 100 | 200 | 400 | 800 |
| | | 男 | 1 332 | 325 | 0 | 100 | 200 | 400 | 800 |
| | | 女 | 1 519 | 297 | 0 | 100 | 200 | 400 | 800 |
| | 城市 | 小计 | 1 060 | 301 | 0 | 180 | 200 | 400 | 800 |
| | | 男 | 498 | 314 | 0 | 100 | 200 | 400 | 800 |
| | | 女 | 562 | 285 | 0 | 200 | 200 | 400 | 800 |
| | 农村 | 小计 | 1 791 | 323 | 0 | 100 | 200 | 400 | 800 |
| | | 男 | 834 | 337 | 0 | 100 | 200 | 400 | 800 |
| | | 女 | 957 | 308 | 0 | 100 | 200 | 400 | 800 |
| 云南 | 城乡 | 小计 | 3 439 | 490 | 50 | 200 | 400 | 600 | 1 200 |
| | | 男 | 1 636 | 511 | 4 | 200 | 400 | 800 | 1 600 |
| | | 女 | 1 803 | 467 | 100 | 200 | 400 | 600 | 1 200 |
| | 城市 | 小计 | 907 | 429 | 20 | 200 | 400 | 600 | 800 |
| | | 男 | 416 | 434 | 0 | 200 | 400 | 600 | 800 |
| | | 女 | 491 | 425 | 100 | 200 | 400 | 400 | 800 |
| | 农村 | 小计 | 2 532 | 516 | 50 | 200 | 400 | 800 | 1 600 |
| | | 男 | 1 220 | 541 | 4 | 200 | 400 | 800 | 1 600 |

| 地区 | 城乡 | 性别 | *n* | 冬季日均间接饮水摄入量 /（ml/d） | | | | | |
|---|---|---|---|---|---|---|---|---|---|
| | | | | Mean | P5 | P25 | P50 | P75 | P95 |
| 云南 | 农村 | 女 | 1 312 | 488 | 100 | 200 | 400 | 600 | 1 200 |
| 西藏 | 城乡 | 小计 | 1 523 | 1 208 | 0 | 400 | 800 | 1 600 | 3 200 |
| | | 男 | 618 | 1 460 | 0 | 400 | 800 | 1 600 | 3 600 |
| | | 女 | 905 | 989 | 0 | 400 | 800 | 1 200 | 3 200 |
| | 城市 | 小计 | 385 | 1 112 | 200 | 400 | 800 | 1 600 | 2 400 |
| | | 男 | 126 | 1 456 | 200 | 800 | 1200 | 1 600 | 3 200 |
| | | 女 | 259 | 891 | 200 | 400 | 800 | 1 200 | 1 800 |
| | 农村 | 小计 | 1 138 | 1 237 | 0 | 400 | 800 | 1 600 | 3 600 |
| | | 男 | 492 | 1 461 | 0 | 400 | 800 | 1 600 | 3 600 |
| | | 女 | 646 | 1 023 | 0 | 200 | 800 | 1 200 | 3 200 |
| 陕西 | 城乡 | 小计 | 2 857 | 706 | 200 | 400 | 400 | 800 | 1 800 |
| | | 男 | 1 294 | 782 | 200 | 400 | 400 | 800 | 2 400 |
| | | 女 | 1 563 | 635 | 200 | 300 | 400 | 800 | 1 600 |
| | 城市 | 小计 | 1 329 | 663 | 200 | 400 | 400 | 800 | 1 600 |
| | | 男 | 586 | 727 | 200 | 400 | 400 | 800 | 1 800 |
| | | 女 | 743 | 604 | 200 | 400 | 400 | 800 | 1 600 |
| | 农村 | 小计 | 1 528 | 742 | 100 | 400 | 400 | 800 | 2 400 |
| | | 男 | 708 | 825 | 200 | 400 | 400 | 800 | 2 400 |
| | | 女 | 820 | 662 | 50 | 200 | 400 | 800 | 1 600 |
| 甘肃 | 城乡 | 小计 | 2 869 | 1 064 | 200 | 400 | 800 | 1 600 | 2 400 |
| | | 男 | 1 289 | 1 194 | 200 | 600 | 800 | 1 600 | 3 000 |
| | | 女 | 1 580 | 933 | 200 | 400 | 800 | 1 200 | 2 400 |
| | 城市 | 小计 | 799 | 860 | 120 | 400 | 800 | 1 200 | 2 400 |
| | | 男 | 365 | 934 | 200 | 400 | 800 | 1 600 | 1 800 |
| | | 女 | 434 | 786 | 80 | 400 | 400 | 1 200 | 2 400 |
| | 农村 | 小计 | 2 070 | 1 131 | 200 | 400 | 800 | 1 600 | 2 700 |
| | | 男 | 924 | 1 281 | 300 | 800 | 960 | 1 600 | 3 200 |
| | | 女 | 1 146 | 982 | 200 | 400 | 800 | 1 200 | 2 400 |
| 青海 | 城乡 | 小计 | 1 592 | 586 | 0 | 200 | 400 | 800 | 1 600 |
| | | 男 | 691 | 670 | 0 | 400 | 400 | 800 | 1 600 |
| | | 女 | 901 | 503 | 0 | 200 | 400 | 800 | 1 600 |
| | 城市 | 小计 | 666 | 601 | 0 | 400 | 400 | 800 | 1 600 |
| | | 男 | 296 | 669 | 0 | 400 | 400 | 800 | 1 600 |
| | | 女 | 370 | 528 | 0 | 300 | 400 | 600 | 1 600 |
| | 农村 | 小计 | 926 | 554 | 0 | 0 | 400 | 800 | 1 600 |
| | | 男 | 395 | 672 | 0 | 0 | 400 | 800 | 2 000 |
| | | 女 | 531 | 453 | 0 | 0 | 400 | 800 | 1 320 |
| 宁夏 | 城乡 | 小计 | 1 130 | 536 | 100 | 300 | 400 | 800 | 1 200 |
| | | 男 | 537 | 606 | 120 | 400 | 600 | 800 | 1 200 |
| | | 女 | 593 | 458 | 100 | 200 | 400 | 600 | 800 |
| | 城市 | 小计 | 1 032 | 532 | 100 | 300 | 400 | 800 | 1 200 |
| | | 男 | 487 | 604 | 100 | 400 | 600 | 800 | 1 200 |
| | | 女 | 545 | 452 | 100 | 200 | 400 | 600 | 800 |
| | 农村 | 小计 | 98 | 573 | 200 | 400 | 400 | 800 | 1 200 |
| | | 男 | 50 | 621 | 200 | 400 | 600 | 800 | 1 200 |
| | | 女 | 48 | 514 | 200 | 400 | 400 | 800 | 800 |
| 新疆 | 城乡 | 小计 | 2 802 | 1 334 | 200 | 400 | 800 | 1 600 | 3 600 |
| | | 男 | 1 262 | 1 649 | 400 | 600 | 1 200 | 2 400 | 4 800 |
| | | 女 | 1 540 | 992 | 200 | 400 | 800 | 1 200 | 3 200 |
| | 城市 | 小计 | 1 218 | 1 068 | 200 | 400 | 800 | 1 200 | 3 200 |
| | | 男 | 483 | 1 401 | 200 | 400 | 800 | 1 600 | 3 600 |
| | | 女 | 735 | 767 | 200 | 400 | 400 | 800 | 2 160 |
| | 农村 | 小计 | 1 584 | 1 469 | 400 | 600 | 1 200 | 1 600 | 4 800 |
| | | 男 | 779 | 1 759 | 400 | 800 | 1 200 | 2 400 | 4 800 |
| | | 女 | 805 | 1 124 | 200 | 400 | 800 | 1 600 | 3 200 |

# 4 饮食摄入量 Food Intake




本章作者 聂 静 曹素珍 郑婵娟 孙云娜 董 婷 黄 楠 段小丽 等

## 4.1 参数说明

饮食摄入量（Food Intake）指人每天摄入食物的总量（g/d）。根据食物种类，可分为粮食、蔬菜、禽畜肉类及可食用鱼虾类、水果、奶类、蛋类等。饮食摄入量受年龄、性别、地域、季节、气候、经济状况、生活习惯及生理状况等的影响（USEPA，2011）。调查方法包括居民膳食调查和问卷调查。

在健康风险评价中，人体经口对食物中污染物的日均暴露剂量计算方法见公式（4-1）。

$$ADD=\frac{C\times IR\times EF\times ED}{BW\times AT} \tag{4-1}$$

式中：*ADD*——污染物的日平均暴露量，mg/(kg·d)；

*C* ——饮食中污染物的浓度，mg/kg；

*IR*——饮食摄入量，kg/d；

*EF*——暴露频率，d/a；

*ED*——暴露持续时间，a；

*BW*——体重，kg；

*AT*——平均暴露时间，d。

## 4.2 资料与数据来源

### 4.2.1 核心研究：中国居民营养与健康状况调查

卫生部分别于1959年、1982年、1992年和2002年组织开展了四次全国性的营养调查。2002年由卫生部、科技部与国家统计局在我国27万余名受试者中组织开展的中国居民营养与健康状况调查，覆盖全国31个省（直辖市、自治区），具有全国代表性。此次调查采用多阶段分层整群随机抽样，共抽取71 971户（城市24 034户、农村47 937户）243 479人（城市68 656人、农村174 823人）（李立明等，2005）。调查了中国人群对不同种类饮食的摄入量（王陇德，2005）。见附表。

### 4.2.2 核心研究：中国人群环境暴露行为模式研究

环境保护部科技标准司于2011—2012年委托中国环境科学研究院在我国31个省、自治区、直辖市（不包括香港、澳门特别行政区和台湾地区）的159个县/区针对18岁及以上常住居民91 527人（有效样本量为91 121人）开展中国人群环境暴露行为模式研究。调查过程中采用面对面的问卷调查形式，调查了我国成人在日常生活中食用自产食物的情况，包括自产大米、小麦、蔬菜、水果等食物的摄入信息。见附表。

### 4.2.3 相关研究：中国健康与营养调查

中国疾病预防控制中心（原中国预防医学研究院）于1989—2004年与美国北卡罗来纳大学合作进行了一项人群纵向追踪研究——中国健康与营养调查，至今已完成了1989年、1991年、1993年、1997年、2000年、2004年、2006年、2009年的调查，对黑龙江、辽宁、江苏、山东、河南、湖北、湖南、广西、贵州9省区居民开展了膳食和营养状况调查。

这些调查中的资料可作为居民饮食摄入量参数的基础数据来源（翟凤英，2007）。1991—2004年中国健康与营养调查数据见附表。

## 4.3 饮食摄入量推荐值

表4-1 中国人群饮食总摄入量推荐值

| | | 饮食摄入量/（g/d） | | |
|---|---|---|---|---|
| | | 城乡 | 城市 | 农村 |
| 总摄入量 | | 1 056.6 | 1 117.7 | 1 033.0 |
| 粮食类 | 米及其制品 | 238.3 | 217.8 | 246.2 |
| | 面及其制品 | 140.2 | 131.9 | 143.5 |
| | 其他谷类 | 23.6 | 16.3 | 26.4 |
| 蔬菜类 | 薯类 | 49.1 | 31.9 | 55.7 |
| | 深色蔬菜 | 90.8 | 88.1 | 91.8 |
| | 浅色蔬菜 | 185.4 | 163.8 | 193.8 |
| 水果类 | | 45.0 | 69.4 | 35.6 |
| 肉类 | 猪肉 | 50.8 | 60.3 | 47.2 |
| | 其他畜肉 | 9.2 | 15.5 | 6.8 |
| | 禽肉 | 13.9 | 22.6 | 10.6 |
| 鱼虾类 | | 29.6 | 44.9 | 23.7 |
| 奶及其制品 | | 26.5 | 65.8 | 11.4 |
| 蛋及其制品 | | 23.7 | 33.2 | 20.0 |

数据来源：2002年中国居民营养与健康状况调查。

表4-2 中国人群食用自产食物比例的推荐值

| | 食用自产食物比例/% | | |
|---|---|---|---|
| | 城乡 | 城市 | 农村 |
| 合计 | 97.8 | 97.1 | 98 |
| 粮食类：大米 | 39.4 | 37.5 | 39.9 |
| 粮食类：小麦 | 31.4 | 30.6 | 31.6 |
| 蔬菜类 | 88 | 81.5 | 89.6 |
| 水果类 | 25 | 20.4 | 26.2 |

注：调查针对自己种植食物的人群中食用的自产食物占全部饮食的比例。
数据来源：中国人群环境暴露行为活动模式研究。

需要说明的是，饮食结构随着时间而有所不同，在开展饮食中污染物的暴露和健康风险评估时，尽量参考最新的饮食结构调查结果。近年来，我国卫生部门在全国各地开展了营养与健康状况监测，但由于在本《手册》编写之时尚未发布，请各位读者在健康评价时参考最新调查结果。

## 4.4 与国外的比较

与美国（USEPA，2011）、日本（NIAIST，2007）、韩国（Jang J Y，et al，2007）的比较见表 4-3。

表 4-3 与国外的比较

| 食物摄入量 /（g/d） | 中国 | 美国 | 日本 | 韩国 |
| --- | --- | --- | --- | --- |
| 总食物 | 1 056.6 | 1 045.0 | 1 161.7 | — |
| 奶制品 | 12.2 | 203.5 | 117.8 | — |
| 肉类 | 93.1 | 134.5 | 85.6 | 101.7 |
| 鱼类 | 30.1 | 12.0 | 96.4 | 96.1 |
| 鸡蛋 | 25.9 | 20.0 | 41.4 | — |
| 谷类 | 463.8 | 134.0 | 268.4 | 879.2 |
| 蔬菜 | 402.0 | 301.5 | 284.6 | — |
| 水果 | 25.6 | 156.0 | 115.7 | — |
| 油脂 | 37.8 | 66.0 | 17.1 | — |

### 本章参考文献


李立明，饶克勤，孔灵芝，等 . 2005. 中国居民 2002 年营养与健康状况调查 [J]. 中华流行病学杂志，26（7）：479-480.

王陇德．2005. 中国居民营养与健康状况调查报告之一：2002 综合报告 [M]．北京：人民卫生出版社，19-20，25-28.

翟凤英．2007. 中国居民膳食结构与营养状况变迁的追踪研究 [M]．北京：科学出版社，131-144.

Jang J Y, Jo S N, Kim S, et al. 2007. Korean exposure factors handbook[S]. Seoul, Korea: Ministry of Environment.

National Institute of Advanced Industrial Science and Technology（NIAIST）. 2007. Japanese exposure factors handbook[S]. http://unit.aist.go.jp/riss/crm/exposurefactors/english_summary.html[2013-06-01].

USEPA.2011.Exposure Factors Handbook[S]. EPA/600/R-09/052F. Washington DC: U.S.EPA.

## 附表 4-1　2002 年中国人群各类食物总摄入量

单位：g/d

| 食物类别 | 18 ～ 29 岁 | | 30 ～ 44 岁 | | 45 ～ 59 岁 | | 60 ～ 69 岁 | | 70 岁及以上 | |
|---|---|---|---|---|---|---|---|---|---|---|
| | 男 | 女 | 男 | 女 | 男 | 女 | 男 | 女 | 男 | 女 |
| 米及其制品 | 266.9 | 224.9 | 272.6 | 240.2 | 271.5 | 235.2 | 236.2 | 209.4 | 222.7 | 192.7 |
| 面及其制品 | 175.5 | 133.1 | 166.8 | 136.7 | 159.2 | 133.5 | 151.5 | 122.7 | 123.6 | 95.4 |
| 其他谷类 | 22.6 | 19.5 | 26.2 | 24.5 | 26.1 | 24.9 | 29.8 | 25.1 | 23.4 | 22.0 |
| 薯类 | 55.5 | 50.6 | 52.8 | 50.3 | 51.4 | 48.7 | 48.2 | 44.7 | 45.5 | 33.6 |
| 干豆类 | 4.2 | 3.6 | 4.3 | 3.9 | 4.9 | 4.1 | 4.9 | 4.2 | 5.0 | 4.8 |
| 豆制品 | 12.3 | 10.4 | 14.1 | 11.8 | 12.5 | 11.4 | 13.2 | 12.1 | 12.1 | 9.5 |
| 深色蔬菜 | 92.1 | 84.5 | 93.7 | 91.3 | 99.5 | 94.7 | 97.7 | 93.2 | 88.6 | 75.3 |
| 浅色蔬菜 | 202.2 | 186.2 | 206.5 | 192.8 | 211.4 | 194.9 | 187.7 | 170.8 | 172.2 | 151.7 |
| 腌菜 | 9.5 | 9.3 | 11.1 | 11.0 | 11.1 | 10.7 | 9.9 | 9.6 | 9.7 | 10.4 |
| 水果 | 41.8 | 52.9 | 35.9 | 45.4 | 32.1 | 37.3 | 33.8 | 34.8 | 27.0 | 21.7 |
| 坚果 | 3.4 | 3.3 | 4.6 | 3.8 | 4.4 | 3.4 | 3.9 | 3.3 | 3.0 | 2.2 |
| 猪肉 | 57.4 | 48.4 | 59.2 | 46.6 | 56.6 | 46.5 | 53.4 | 43.7 | 42.6 | 38.6 |
| 其他畜肉 | 13.6 | 9.8 | 12.2 | 8.6 | 9.4 | 7.4 | 9.2 | 6.2 | 6.8 | 5.3 |
| 禽肉 | 15.5 | 15.9 | 17.5 | 13.3 | 14.7 | 11.4 | 11.7 | 9.9 | 10.3 | 7.5 |
| 奶及其制品 | 24.7 | 21.1 | 15.4 | 16.7 | 20.2 | 23.0 | 32.1 | 28.0 | 32.9 | 26.7 |
| 蛋及其制品 | 23.2 | 22.5 | 24.9 | 22.4 | 23.2 | 21.0 | 23.5 | 20.8 | 22.5 | 19.9 |
| 鱼虾类 | 32.7 | 29.2 | 34.4 | 28.0 | 33.7 | 28.6 | 29.7 | 25.7 | 24.5 | 20.8 |
| 植物油 | 37.3 | 31.9 | 38 | 32.4 | 36.3 | 32.4 | 35.3 | 30.5 | 30.2 | 24.4 |
| 动物油 | 9.0 | 8.5 | 9.5 | 8.7 | 10.99 | 9.1 | 16.3 | 7.0 | 13.5 | 6.7 |
| 总摄入量 | 1 164.9 | 1 025.5 | 1 165.5 | 1 043.9 | 1 149.29 | 1 031.3 | 1 085.2 | 948.9 | 968.7 | 811.7 |

数据来源：中国居民营养与健康状况调查。

## 附表 4-2　2002 年城乡居民粮食摄入量

单位：g/d

| 食物类别 | 合计 | 城市小计 | 农村小计 | 大城市 | 中小城市 | 一类农村 | 二类农村 | 三类农村 | 四类农村 |
|---|---|---|---|---|---|---|---|---|---|
| 米及其制品 | 238.3 | 217.8 | 246.2 | 194.5 | 227 | 291.4 | 250.7 | 118.6 | 261.7 |
| 面及其制品 | 140.2 | 131.9 | 143.5 | 124.2 | 135 | 85.5 | 140.6 | 307.7 | 114 |
| 其他谷类 | 23.6 | 16.3 | 26.4 | 15.2 | 16.7 | 10.3 | 26.1 | 61.6 | 24.1 |

数据来源：中国居民营养与健康状况调查。

## 附表 4-3　2002 年不同年龄组城乡居民粮食摄入量

单位：g/d

| | 食品类别 | 男性 | | | | | 女性 | | | | |
|---|---|---|---|---|---|---|---|---|---|---|---|
| | | 18~29 岁 | 30~44 岁 | 45~59 岁 | 60~69 岁 | 70 岁及以上 | 18~29 岁 | 30~44 岁 | 45~59 岁 | 60~69 岁 | 70 岁及以上 |
| 合计 | 米及其制品 | 266.9 | 272.6 | 271.5 | 236.2 | 222.7 | 224.9 | 210.2 | 235.2 | 209.4 | 192.7 |
| | 面及其制品 | 175.5 | 166.8 | 159.2 | 151.5 | 123.6 | 133.1 | 136.7 | 133.5 | 122.7 | 95.4 |
| | 其他谷类 | 22.6 | 26.2 | 26.1 | 29.8 | 23.4 | 19.5 | 24.5 | 24.9 | 25.1 | 22 |
| 城市 | 米及其制品 | 237.5 | 240.9 | 233.9 | 197.2 | 185.1 | 183.6 | 197.4 | 192.6 | 168.4 | 154.4 |
| | 面及其制品 | 144.9 | 145.6 | 141.2 | 132.5 | 122.1 | 112.4 | 116.6 | 115.8 | 117.5 | 100.9 |
| | 其他谷类 | 14.4 | 12.1 | 14.5 | 21.5 | 15.6 | 13.7 | 13.5 | 16 | 17.9 | 15.2 |
| 农村 | 米及其制品 | 280.5 | 286.2 | 285.6 | 250.9 | 236.3 | 244.2 | 257.7 | 251.6 | 225.6 | 205.9 |
| | 面及其制品 | 189.6 | 175.9 | 166 | 158.6 | 124.1 | 142.7 | 144.9 | 140.3 | 124.8 | 93.5 |
| | 其他谷类 | 26.4 | 32.2 | 30.4 | 33 | 26.3 | 22.1 | 29 | 28.3 | 27.9 | 24.3 |

数据来源：中国居民营养与健康状况调查。

## 附表 4-4　1991—2004 年不同年龄段居民（18 ～ 45 岁）粮食摄入量

单位：g/d

| 年份 | 食物类别 | 男性 | | | | | 女性 | | | | |
|---|---|---|---|---|---|---|---|---|---|---|---|
| | | 18~24 岁 | 25~29 岁 | 30~34 岁 | 35~39 岁 | 40~45 岁 | 18~24 岁 | 25~29 岁 | 30~34 岁 | 35~39 岁 | 40~45 岁 |
| 1991 | 米及其制品 | 353.0 | 324.9 | 322.1 | 340.8 | 346.7 | 336.6 | 323.5 | 296.1 | 356.4 | 333.6 |
| | 面及其制品 | 203.0 | 212.3 | 190.9 | 183.5 | 185.1 | 203.3 | 204.1 | 197 | 181.4 | 190.9 |
| | 其他谷类 | 30.1 | 27.5 | 42.4 | 32.5 | 31.9 | 35.4 | 36.8 | 53.1 | 31.9 | 35.0 |
| 1993 | 米及其制品 | 351.6 | 350.5 | 321.5 | 318.3 | 347.5 | 289.2 | 306.9 | 273.0 | 312.1 | 312.0 |
| | 面及其制品 | 215.8 | 216.3 | 225.4 | 234.5 | 199.6 | 196.2 | 174.7 | 200.8 | 169.2 | 171.3 |
| | 其他谷类 | 31.8 | 38.1 | 32.2 | 31.9 | 24.8 | 31.3 | 30.9 | 34.8 | 29.6 | 28.3 |
| 1997 | 米及其制品 | 323.1 | 335.6 | 327.5 | 310.4 | 313 | 277.6 | 279.4 | 286.5 | 270.9 | 287.0 |
| | 面及其制品 | 212.6 | 191.6 | 206.3 | 203.8 | 202.7 | 160.1 | 157.2 | 163.1 | 170.9 | 163.3 |
| | 其他谷类 | 31.0 | 28.4 | 25.2 | 25.9 | 29.6 | 29.8 | 21.2 | 20.8 | 25.9 | 27.9 |
| 2000 | 米及其制品 | 309.0 | 300.3 | 310.8 | 290.4 | 297.5 | 226.9 | 243.7 | 265.1 | 257.9 | 263.5 |
| | 面及其制品 | 170.7 | 169.8 | 159.0 | 176.1 | 157.9 | 148.9 | 138.9 | 125.7 | 142.2 | 134.9 |
| | 其他谷类 | 20.9 | 19.0 | 19.9 | 22.1 | 22.5 | 20.5 | 17.3 | 15.7 | 17.9 | 19.5 |
| 2004 | 米及其制品 | 290.9 | 298.6 | 303.4 | 308.8 | 300.4 | 217.5 | 245.7 | 265.7 | 276.1 | 263.1 |
| | 面及其制品 | 193.5 | 188.9 | 195.8 | 179.4 | 179.6 | 150.4 | 156.9 | 157.3 | 136.0 | 154.7 |
| | 其他谷类 | 13.1 | 19.5 | 18.1 | 18.7 | 16.6 | 18.3 | 15.6 | 15.6 | 15.7 | 16.8 |

数据来源：中国健康与营养调查。

## 附表 4-5　1991—2004 年城乡青壮年居民（18 ～ 45 岁）粮食摄入量

单位：g/d

| 地区 | 年份 | 食物类别 | 合计 | 男性 | 女性 |
|---|---|---|---|---|---|
| 城市 | 1991 | 米及其制品 | 316.5 | 315.6 | 317.5 |
| | | 面及其制品 | 186.5 | 189.1 | 183.9 |
| | | 其他谷类 | 15.7 | 16.1 | 15.4 |
| | 1993 | 米及其制品 | 257.7 | 277.9 | 238.7 |
| | | 面及其制品 | 145.6 | 168.0 | 124.6 |
| | | 其他谷类 | 11.9 | 14.4 | 9.5 |
| | 1997 | 米及其制品 | 248.7 | 271.5 | 228.9 |
| | | 面及其制品 | 143.4 | 164.9 | 124.7 |
| | | 其他谷类 | 10.4 | 10.4 | 10.4 |
| | 2000 | 米及其制品 | 219.7 | 236.1 | 204.9 |
| | | 面及其制品 | 136.6 | 160.1 | 115.5 |
| | | 其他谷类 | 12.2 | 14.1 | 10.5 |
| | 2004 | 米及其制品 | 220.9 | 241.4 | 202.5 |
| | | 面及其制品 | 152.6 | 180.5 | 127.7 |
| | | 其他谷类 | 13.4 | 13.9 | 13.0 |
| 郊区 | 1991 | 米及制品 | 350.6 | 355.4 | 345.7 |
| | | 面及其制品 | 191.8 | 193.7 | 189.9 |
| | | 其他谷类 | 22.9 | 20.9 | 24.9 |
| | 1993 | 米及其制品 | 320.6 | 343.2 | 298.5 |
| | | 面及其制品 | 156.2 | 174.5 | 138.3 |
| | | 其他谷类 | 19.1 | 19.1 | 19.1 |
| | 1997 | 米及其制品 | 318.2 | 339.0 | 296.9 |
| | | 面及其制品 | 150.5 | 169.5 | 130.9 |
| | | 其他谷类 | 21.5 | 22.4 | 20.5 |

| 地区 | 年份 | 食物类别 | 合计 | 男性 | 女性 |
| --- | --- | --- | --- | --- | --- |
| 郊区 | 2000 | 米及其制品 | 308 | 336.2 | 279.1 |
| | | 面及其制品 | 115.4 | 128.1 | 102.3 |
| | | 其他谷类 | 11 | 11.7 | 10.3 |
| | 2004 | 米及其制品 | 281.6 | 304.8 | 258.5 |
| | | 面及制品 | 131 | 149.3 | 112.9 |
| | | 其他谷类 | 14.7 | 14.4 | 14.9 |
| 县城 | 1991 | 米及其制品 | 350.5 | 348.9 | 352.2 |
| | | 面及其制品 | 198.4 | 194.2 | 202.7 |
| | | 其他谷类 | 40.1 | 38.1 | 42.1 |
| | 1993 | 米及其制品 | 304.3 | 319.2 | 290.1 |
| | | 面及其制品 | 189.7 | 204.1 | 176.1 |
| | | 其他谷类 | 10.4 | 11.8 | 9.1 |
| | 1997 | 米及其制品 | 282.8 | 288.0 | 267.3 |
| | | 面及其制品 | 163.8 | 184.6 | 143.8 |
| | | 其他谷类 | 13.3 | 10.6 | 15.9 |
| | 2000 | 米及其制品 | 252.5 | 273.8 | 231.7 |
| | | 面及其制品 | 154 | 171.1 | 137.2 |
| | | 其他谷类 | 15.7 | 16.4 | 14.9 |
| | 2004 | 米及其制品 | 262.7 | 285.2 | 242.0 |
| | | 面及制品 | 152.8 | 166.5 | 140.2 |
| | | 其他谷类 | 12.8 | 11.7 | 13.8 |
| 农村 | 1991 | 米及其制品 | 331.3 | 338.1 | 324.3 |
| | | 面及其制品 | 198.9 | 198.9 | 198.9 |
| | | 其他谷类 | 41.9 | 37.9 | 46.1 |
| | 1993 | 米及其制品 | 335.8 | 358.4 | 315.0 |
| | | 面及制品 | 228.4 | 247.3 | 211.2 |
| | | 其他谷类 | 15.5 | 45.4 | 45.5 |
| | 1997 | 米及其制品 | 314.9 | 335.4 | 294.7 |
| | | 面及其制品 | 211.5 | 232.0 | 191.1 |
| | | 其他谷类 | 37.2 | 40.3 | 34.1 |
| | 2000 | 米及其制品 | 286.8 | 310.7 | 263.0 |
| | | 面及其制品 | 168.8 | 180.9 | 156.7 |
| | | 其他谷类 | 25.8 | 27.6 | 24.1 |
| | 2004 | 米及其制品 | 298.9 | 319.8 | 279.1 |
| | | 面及其制品 | 191 | 208.7 | 174.4 |
| | | 其他谷类 | 19.7 | 20.9 | 18.5 |

数据来源：中国健康与营养调查。

## 附表 4-6　1991—2004 年不同年龄段中老年居民（>45 岁）粮食摄入量

单位：g/d

| 年份 | 食物类别 | 合计 | | | | 男性 | | | | 女性 | | | |
| --- | --- | --- | --- | --- | --- | --- | --- | --- | --- | --- | --- | --- | --- |
| | | 45~54 岁 | 55~64 岁 | 65~74 岁 | ≥75 岁 | 45~54 岁 | 55~64 岁 | 65~74 岁 | ≥75 岁 | 45~54 岁 | 55~64 岁 | 65~74 岁 | ≥75 岁 |
| 1991 | 米及其制品 | 320.0 | 284.4 | 253.7 | 214.0 | 328.6 | 294.3 | 267.6 | 229.9 | 311.6 | 274.1 | 239.9 | 198.2 |
| | 面及其制品 | 194.0 | 175.8 | 162.0 | 157.7 | 187.5 | 169.6 | 153.9 | 152.5 | 200.3 | 182.5 | 170.0 | 162.9 |
| | 其他谷类 | 32.1 | 24.8 | 25.1 | 26.0 | 32.5 | 24.9 | 26.5 | 19.9 | 31.8 | 24.6 | 23.8 | 32.0 |
| 1993 | 米及其制品 | 311.8 | 276.6 | 257.2 | 200.1 | 334.0 | 282.1 | 263.2 | 203.3 | 289.4 | 271.5 | 251.8 | 197.9 |
| | 面及其制品 | 186.8 | 180.3 | 148.0 | 159.0 | 200.1 | 203.1 | 158.2 | 164.5 | 173.4 | 159.6 | 138.6 | 155.2 |
| | 其他谷类 | 34.6 | 24.9 | 23.6 | 28.8 | 32.7 | 27.9 | 24.4 | 26.4 | 36.6 | 22.2 | 23.0 | 30.4 |

| 年份 | 食物类别 | 合计 | | | | 男性 | | | | 女性 | | | |
|---|---|---|---|---|---|---|---|---|---|---|---|---|---|
| | | 45~54 岁 | 55~64 岁 | 65~74 岁 | ≥75 岁 | 45~54 岁 | 55~64 岁 | 65~74 岁 | ≥75 岁 | 45~54 岁 | 55~64 岁 | 65~74 岁 | ≥75 岁 |
| 1997 | 米及其制品 | 295.5 | 257.4 | 228.3 | 190.0 | 316.6 | 272.1 | 237.7 | 200.1 | 274.5 | 243.9 | 219.2 | 182.4 |
| | 面及其制品 | 180.4 | 164.9 | 142.5 | 146.6 | 194.0 | 182.9 | 154.6 | 154.1 | 166.8 | 148.4 | 130.9 | 141.1 |
| | 其他谷类 | 27.1 | 27.6 | 27.6 | 21.9 | 27.1 | 28.1 | 31.2 | 26.0 | 27.1 | 27.2 | 24.0 | 18.9 |
| 2000 | 米及其制品 | 276.2 | 245.6 | 211.8 | 177.8 | 293.6 | 260.5 | 220.3 | 191.6 | 260.0 | 230.8 | 203.5 | 168.8 |
| | 面及其制品 | 150.1 | 142.2 | 125.3 | 114.6 | 164.4 | 156.9 | 137.2 | 126.0 | 136.8 | 127.5 | 113.6 | 107.2 |
| | 其他谷类 | 19.2 | 23.2 | 17.1 | 18.5 | 19.9 | 25.1 | 17.7 | 18.9 | 18.5 | 21.4 | 16.6 | 18.1 |
| 2004 | 米及其制品 | 273.1 | 261.9 | 228.8 | 216.7 | 292.6 | 277.4 | 246.2 | 233.7 | 255.2 | 246.7 | 213.1 | 202.8 |
| | 面及其制品 | 160.9 | 156.5 | 140.0 | 119.4 | 178.3 | 169.1 | 151.1 | 128.6 | 144.9 | 144.2 | 129.9 | 111.8 |
| | 其他谷类 | 19.0 | 22.4 | 19.8 | 12.5 | 20.2 | 21.8 | 22.9 | 12.1 | 17.8 | 23.1 | 17.0 | 12.9 |

数据来源：中国健康与营养调查。

## 附表 4-7　1991—2004 年城乡中老年居民（>45 岁）粮食摄入量

单位：g/d

| 地区 | 年份 | 食物类别 | 合计 | 男性 | 女性 |
|---|---|---|---|---|---|
| 城市 | 1991 | 米及其制品 | 273.4 | 273.4 | 311.6 |
| | | 面及其制品 | 169.0 | 169.0 | 200.3 |
| | | 其他谷类 | 17.3 | 17.3 | 31.8 |
| | 1993 | 米及其制品 | 226.6 | 226.6 | 289.4 |
| | | 面及其制品 | 143.7 | 143.7 | 173.4 |
| | | 其他谷类 | 13.1 | 13.1 | 36.6 |
| | 1997 | 米及其制品 | 214.8 | 214.8 | 274.5 |
| | | 面及其制品 | 130.5 | 130.5 | 166.8 |
| | | 其他谷类 | 12.6 | 12.6 | 27.1 |
| | 2000 | 米及其制品 | 197.2 | 197.2 | 260.0 |
| | | 面及其制品 | 126.4 | 126.4 | 136.8 |
| | | 其他谷类 | 10.8 | 10.8 | 18.5 |
| | 2004 | 米及其制品 | 204.2 | 204.2 | 255.2 |
| | | 面及其制品 | 132.9 | 132.9 | 144.9 |
| | | 其他谷类 | 11.7 | 11.7 | 17.8 |
| 郊区 | 1991 | 米及其制品 | 279.4 | 279.4 | 274.1 |
| | | 面及其制品 | 194.5 | 194.5 | 182.5 |
| | | 其他谷类 | 35.2 | 35.2 | 24.6 |
| | 1993 | 米及其制品 | 257.2 | 257.2 | 271.5 |
| | | 面及其制品 | 167.2 | 167.2 | 159.6 |
| | | 其他谷类 | 24.8 | 24.8 | 22.2 |
| | 1997 | 米及其制品 | 272.1 | 272.1 | 243.9 |
| | | 面及其制品 | 140.4 | 140.4 | 148.4 |
| | | 其他谷类 | 26.4 | 26.4 | 27.2 |
| | 2000 | 米及其制品 | 264.0 | 264.0 | 230.8 |
| | | 面及其制品 | 118.3 | 118.3 | 127.5 |
| | | 其他谷类 | 16.7 | 16.7 | 21.4 |
| | 2004 | 米及其制品 | 264.6 | 264.6 | 246.7 |
| | | 面及其制品 | 131.6 | 131.6 | 144.2 |
| | | 其他谷类 | 22.6 | 22.6 | 23.1 |

| 地区 | 年份 | 食物类别 | 合计 | 男性 | 女性 |
| --- | --- | --- | --- | --- | --- |
| 县城 | 1991 | 米及其制品 | 326.3 | 326.3 | 239.9 |
| | | 面及其制品 | 179.2 | 179.2 | 170.0 |
| | | 其他谷类 | 18.0 | 18.0 | 23.8 |
| | 1993 | 米及其制品 | 265.7 | 265.7 | 251.8 |
| | | 面及其制品 | 169.0 | 169.0 | 138.6 |
| | | 其他谷类 | 10.2 | 10.2 | 23.0 |
| | 1997 | 米及其制品 | 237.8 | 237.8 | 219.2 |
| | | 面及其制品 | 155.7 | 155.7 | 130.9 |
| | | 其他谷类 | 23.1 | 23.1 | 24.0 |
| | 2000 | 米及其制品 | 227.9 | 227.9 | 203.5 |
| | | 面及其制品 | 136.0 | 136.0 | 113.6 |
| | | 其他谷类 | 12.0 | 12.0 | 16.6 |
| | 2004 | 米及其制品 | 234.0 | 234.0 | 213.1 |
| | | 面及其制品 | 144.6 | 144.6 | 129.9 |
| | | 其他谷类 | 13.3 | 13.3 | 17.0 |
| 农村 | 1991 | 米及其制品 | 285.0 | 285.0 | 17.0 |
| | | 面及其制品 | 178.4 | 178.4 | 162.9 |
| | | 其他谷类 | 31.8 | 31.8 | 32.0 |
| | 1993 | 米及其制品 | 315.0 | 315.0 | 197.9 |
| | | 面及其制品 | 192.0 | 192.0 | 155.2 |
| | | 其他谷类 | 43.2 | 43.2 | 30.4 |
| | 1997 | 米及其制品 | 287.6 | 287.6 | 182.4 |
| | | 面及其制品 | 192.2 | 192.2 | 141.1 |
| | | 其他谷类 | 33.8 | 33.8 | 18.9 |
| | 2000 | 米及其制品 | 268.1 | 268.1 | 168.8 |
| | | 面及其制品 | 155.6 | 155.6 | 107.2 |
| | | 其他谷类 | 27.0 | 27.0 | 18.1 |
| | 2004 | 米及其制品 | 279.6 | 279.6 | 202.8 |
| | | 面及其制品 | 169.0 | 169.0 | 111.8 |
| | | 其他谷类 | 23.4 | 23.4 | 12.9 |

数据来源：中国健康与营养调查。

## 附表 4-8 2002 年各省（直辖市、自治区）人群粮食摄入量

单位：g/d

| 地区 | 米及其制品 | 面及其制品 | 其他谷类 | 地区 | 米及其制品 | 面及其制品 | 其他谷类 |
| --- | --- | --- | --- | --- | --- | --- | --- |
| 安徽 | 431.15 | 55.50 | 2.60 | 山西 | 57.02 | 292.30 | 107.00 |
| 北京 | 133.13 | 192.90 | 35.10 | 陕西 | 64.99 | 320.40 | 38.50 |
| 福建 | 336.67 | 30.70 | 2.37 | 上海 | 266.93 | 58.70 | 12.20 |
| 甘肃 | 31.50 | 359.70 | 5.83 | 四川 | 251.77 | 107.20 | 5.57 |
| 广东 | 348.44 | 23.49 | 4.43 | 天津 | 110.70 | 240.40 | 14.30 |
| 广西 | 362.60 | 22.13 | 64.70 | 新疆 | 80.90 | 456.30 | 9.25 |
| 贵州 | 334.40 | 55.96 | 14.20 | 西藏 | 145.80 | 145.80 | 146.00 |
| 海南 | 266.10 | 44.90 | 5.60 | 云南 | 291.58 | 28.64 | 25.60 |
| 河北 | 112.18 | 286.80 | 46.00 | 浙江 | 303.25 | 57.38 | 6.98 |
| 河南 | 134.00 | 307.60 | 37.10 | 重庆 | 293.93 | 76.03 | 1.93 |
| 黑龙江 | 217.30 | 106.90 | 15.20 | 辽宁 | 227.67 | 117.00 | 45.60 |

| 地区 | 米及其制品 | 面及其制品 | 其他谷类 | 地区 | 米及其制品 | 面及其制品 | 其他谷类 |
|---|---|---|---|---|---|---|---|
| 湖北 | 307.45 | 51.30 | 6.57 | 内蒙古 | 151.50 | 201.10 | 96.10 |
| 湖南 | 370.82 | 32.86 | 2.74 | 宁夏 | 137.25 | 236.00 | 6.75 |
| 吉林 | 318.95 | 67.60 | 7.85 | 青海 | 52.80 | 308.30 | 5.50 |
| 江苏 | 253.04 | 115.90 | 29.20 | 山东 | 61.83 | 267.70 | 34.80 |
| 江西 | 410.13 | 17.83 | 0.67 | | | | |

数据来源：中国居民营养与健康状况调查。

## 附表 4-9　2002 年不同片区人群粮食摄入量

单位：g/d

| 地区 | 米及其制品 | 面及其制品 | 其他谷类 |
|---|---|---|---|
| 华东 | 294.71 | 86.24 | 12.70 |
| 东北 | 254.64 | 97.18 | 22.86 |
| 华北 | 116.42 | 253.51 | 55.95 |
| 华南 | 331.08 | 34.94 | 16.81 |
| 西北 | 73.49 | 336.13 | 13.16 |
| 西南 | 263.50 | 82.73 | 38.61 |
| 合计 | 221.48 | 151.14 | 26.97 |

数据来源：中国居民营养与健康状况调查。

## 附表 4-10　2002 年东中西部人群粮食摄入量

单位：g/d

| 地区 | 米及其制品 | 面及其制品 | 其他谷类 |
|---|---|---|---|
| 东部 | 219.99 | 130.53 | 21.51 |
| 中部 | 280.85 | 116.49 | 22.48 |
| 西部 | 183.25 | 193.13 | 34.98 |
| 合计 | 221.48 | 151.14 | 26.97 |

数据来源：中国居民营养与健康状况调查。

## 附表 4-11　2002 年城乡居民蔬菜摄入量

单位：g/d

| 食物类别 | 合计 | 城市小计 | 农村小计 | 大城市 | 中小城市 | 一类农村 | 二类农村 | 三类农村 | 四类农村 |
|---|---|---|---|---|---|---|---|---|---|
| 深色蔬菜 | 90.8 | 88.1 | 91.8 | 102.8 | 82.3 | 100.1 | 89.7 | 77.9 | 97.6 |
| 浅色蔬菜 | 185.4 | 163.8 | 193.8 | 173.9 | 159.8 | 163.9 | 209.4 | 175.9 | 193.5 |
| 薯类 | 49.1 | 31.9 | 55.7 | 26.9 | 33.8 | 42.4 | 52.3 | 62.9 | 79.1 |
| 腌菜 | 10.2 | 8.4 | 10.9 | 7.8 | 8.7 | 18 | 8.7 | 9 | 10.4 |

数据来源：中国居民营养与健康状况调查。

## 附表 4-12　2002 年不同年龄组居民蔬菜摄入量

单位：g/d

| 食物类别 | | 男性 | | | | | 女性 | | | | |
|---|---|---|---|---|---|---|---|---|---|---|---|
| | | 18~29 岁 | 30~44 岁 | 45~59 岁 | 60~69 岁 | 70 岁及以上 | 18~29 岁 | 30~44 岁 | 45~59 岁 | 60~69 岁 | 70 岁及以上 |
| 合计 | 深色蔬菜 | 92.1 | 93.7 | 99.5 | 97.7 | 88.6 | 84.5 | 91.3 | 94.7 | 93.2 | 75.3 |
| | 浅色蔬菜 | 202.2 | 206.5 | 211.4 | 187.7 | 172.2 | 186.2 | 192.8 | 194.9 | 170.8 | 151.7 |
| | 薯类 | 55.5 | 52.8 | 51.4 | 48.2 | 45.5 | 50.6 | 50.3 | 48.7 | 44.7 | 33.6 |
| | 腌菜 | 9.5 | 11.1 | 11.1 | 9.9 | 9.7 | 9.3 | 11 | 10.7 | 9.6 | 10.4 |
| 城市 | 深色蔬菜 | 80.4 | 84.5 | 89.6 | 89.2 | 88.6 | 72.7 | 85.1 | 85.1 | 84.8 | 70.4 |
| | 浅色蔬菜 | 163.2 | 166.8 | 173.6 | 159.4 | 131.8 | 147.4 | 152.2 | 156.9 | 140.4 | 120.1 |
| | 薯类 | 34 | 31.1 | 29.3 | 27.9 | 26.7 | 30.3 | 28.8 | 29.8 | 27.4 | 22.9 |
| | 腌菜 | 7.4 | 8.5 | 9.7 | 7.6 | 7.1 | 6.9 | 8 | 8.7 | 8 | 6.7 |
| 农村 | 深色蔬菜 | 97.4 | 97.6 | 103.1 | 100.8 | 88.6 | 90 | 95.9 | 98.4 | 96.5 | 76.9 |
| | 浅色蔬菜 | 220.2 | 223.5 | 225.5 | 198.4 | 186.7 | 204.2 | 209.4 | 209.6 | 182.8 | 162.5 |
| | 薯类 | 65.5 | 62 | 59.6 | 55.8 | 52.4 | 60 | 59.1 | 55.9 | 51.5 | 37.3 |
| | 腌菜 | 10.4 | 12.2 | 11.7 | 10.8 | 10.6 | 10.3 | 12.2 | 11.5 | 10.2 | 11.6 |

数据来源：中国居民营养与健康状况调查。

## 附表 4-13　1991—2004 年不同年龄段居民 (18 ~ 45 岁 ) 蔬菜摄入量

单位：g/d

| 年份 | 食物类别 | 男性 | | | | | 女性 | | | | |
|---|---|---|---|---|---|---|---|---|---|---|---|
| | | 18~24 岁 | 25~29 岁 | 30~34 岁 | 35~39 岁 | 40~45 岁 | 18~24 岁 | 25~29 岁 | 30~34 岁 | 35~39 岁 | 40~45 岁 |
| 1993 | 深色蔬菜 | 81.1 | 73.3 | 66.6 | 75.4 | 73 | 65.8 | 66.5 | 67.2 | 79.7 | 68.9 |
| | 浅色蔬菜 | 282.2 | 293.7 | 295.2 | 286.7 | 283.8 | 258.8 | 269.7 | 257.5 | 273.3 | 276.7 |
| | 薯类 | 44.5 | 46.1 | 33 | 38.4 | 45.4 | 45.4 | 39.7 | 37.8 | 48.4 | 40.5 |
| | 腌菜 | 29.1 | 27.3 | 23.3 | 24.4 | 28.2 | 29.1 | 24.8 | 21.1 | 29.6 | 24.1 |
| 1997 | 深色蔬菜 | 93.7 | 98.3 | 86.6 | 85.6 | 98.4 | 84.5 | 89 | 86.8 | 87.8 | 102 |
| | 浅色蔬菜 | 261.1 | 249.6 | 257.7 | 242.7 | 244.4 | 242.4 | 216.8 | 230 | 239.6 | 229.7 |
| | 薯类 | 47.6 | 53.2 | 38.2 | 37.9 | 41.2 | 41.4 | 41.8 | 37.5 | 36.7 | 42.1 |
| | 腌菜 | 9.6 | 11.3 | 9.7 | 12 | 9.9 | 7.4 | 12.3 | 9.7 | 11 | 11.7 |
| 2000 | 深色蔬菜 | 95.8 | 97.5 | 84.6 | 81.9 | 94.8 | 72.8 | 87.5 | 84.1 | 82.3 | 92.5 |
| | 浅色蔬菜 | 257.9 | 250.3 | 249.5 | 267.5 | 262.3 | 230.2 | 219.5 | 231.3 | 243 | 244.4 |
| | 薯类 | 36.1 | 32.7 | 39.9 | 37.9 | 42.4 | 37.3 | 30 | 45.5 | 31.5 | 42.3 |
| | 腌菜 | 7.3 | 9.1 | 8.3 | 7.6 | 7.4 | 7.3 | 8 | 8 | 7.9 | 8.6 |
| 2004 | 深色蔬菜 | 87.7 | 97.7 | 86.6 | 92.2 | 100.7 | 73.1 | 87.2 | 88.7 | 94.3 | 99.6 |
| | 浅色蔬菜 | 276.3 | 257.1 | 267.9 | 274.6 | 287.8 | 250.7 | 232.8 | 243.2 | 251.8 | 266.3 |
| | 薯类 | 44.8 | 40.1 | 44 | 49.5 | 39.5 | 39.4 | 39.5 | 44.1 | 43.5 | 35.9 |
| | 腌菜 | 6.6 | 4 | 4.9 | 4.7 | 7 | 3.2 | 4.3 | 5.2 | 4.1 | 5.4 |

数据来源：中国健康与营养调查。

## 附表 4-14　1991—2004 年城乡青壮年居民（18 ~ 45 岁）蔬菜摄入量

单位：g/d

| 地区 | 年份 | 食物类别 | 合计 | 男性 | 女性 |
|---|---|---|---|---|---|
| 城市 | 1991 | 深色蔬菜 | 68.8 | 68.3 | 69.3 |
| | | 浅色蔬菜 | 262.9 | 264.3 | 261.6 |
| | | 薯类 | 42 | 44.2 | 39.8 |
| | | 腌菜 | 6.7 | 6.4 | 7.1 |
| | 1993 | 深色蔬菜 | 78.3 | 83.1 | 73.8 |
| | | 浅色蔬菜 | 206.9 | 221.1 | 193.5 |
| | | 薯类 | 19.2 | 19.7 | 18.8 |
| | | 腌菜 | 10.6 | 12.0 | 9.3 |
| | 1997 | 深色蔬菜 | 97.8 | 100.2 | 95.7 |
| | | 浅色蔬菜 | 208.6 | 215.2 | 202.9 |
| | | 薯类 | 22.1 | 23.6 | 20.8 |
| | | 腌菜 | 6.1 | 5.8 | 6.3 |
| | 2000 | 深色蔬菜 | 100.3 | 103.2 | 97.7 |
| | | 浅色蔬菜 | 203.7 | 214.4 | 194.2 |
| | | 薯类 | 24.2 | 23.5 | 24.8 |
| | | 腌菜 | 5 | 5.5 | 4.7 |
| | 2004 | 深色蔬菜 | 92.4 | 92.1 | 92.7 |
| | | 浅色蔬菜 | 206.1 | 222.7 | 191.1 |
| | | 薯类 | 25.9 | 27.0 | 24.9 |
| | | 腌菜 | 2.9 | 3.4 | 2.4 |
| 郊区 | 1991 | 深色蔬菜 | 73.1 | 74.4 | 71.8 |
| | | 浅色蔬菜 | 250.7 | 247.0 | 254.4 |
| | | 薯类 | 83 | 84.2 | 81.7 |
| | | 腌菜 | 7.5 | 7.6 | 7.5 |
| | 1993 | 深色蔬菜 | 102.8 | 106.7 | 99.0 |
| | | 浅色蔬菜 | 255.3 | 260.5 | 250.3 |
| | | 薯类 | 30 | 31.6 | 28.5 |
| | | 腌菜 | 20.1 | 20.3 | 19.8 |
| | 1997 | 深色蔬菜 | 132.5 | 134.9 | 130.0 |
| | | 浅色蔬菜 | 236.6 | 244.6 | 228.5 |
| | | 薯类 | 33 | 33.9 | 32.1 |
| | | 腌菜 | 6.9 | 6.9 | 6.8 |
| | 2000 | 深色蔬菜 | 110.3 | 116.5 | 104.1 |
| | | 浅色蔬菜 | 232.8 | 241.3 | 224.1 |
| | | 薯类 | 30.6 | 31.6 | 29.5 |
| | | 腌菜 | 7.9 | 7.5 | 8.3 |
| | 2004 | 深色蔬菜 | 105.5 | 107.8 | 103.3 |
| | | 浅色蔬菜 | 217.8 | 221.1 | 214.6 |
| | | 薯类 | 26.5 | 28.8 | 24.2 |
| | | 腌菜 | 6.5 | 6.5 | 6.4 |
| 县城 | 1991 | 深色蔬菜 | 69.9 | 68.7 | 71.0 |
| | | 浅色蔬菜 | 269.7 | 266.1 | 273.3 |
| | | 薯类 | 53.8 | 49.9 | 57.8 |
| | | 腌菜 | 9.1 | 9.2 | 9.1 |
| | 1993 | 深色蔬菜 | 64.1 | 47.0 | 61.4 |
| | | 浅色蔬菜 | 236.1 | 243.1 | 229.5 |
| | | 薯类 | 29.2 | 28.4 | 30.0 |
| | | 腌菜 | 20.8 | 20.2 | 21.4 |

| 地区 | 年份 | 食物类别 | 合计 | 男性 | 女性 |
| --- | --- | --- | --- | --- | --- |
| 县城 | 1997 | 深色蔬菜 | 77.7 | 82.5 | 73.1 |
| | | 浅色蔬菜 | 228.3 | 235.6 | 221.3 |
| | | 薯类 | 29.7 | 32.0 | 27.6 |
| | | 腌菜 | 10.8 | 11.4 | 10.3 |
| | 2000 | 深色蔬菜 | 73.6 | 77.5 | 69.8 |
| | | 浅色蔬菜 | 207.1 | 217.5 | 197.0 |
| | | 薯类 | 26.2 | 26.8 | 25.6 |
| | | 腌菜 | 8.2 | 8.0 | 8.4 |
| | 2004 | 深色蔬菜 | 86.2 | 85.7 | 86.8 |
| | | 浅色蔬菜 | 232.7 | 240.2 | 225.8 |
| | | 薯类 | 32.4 | 32.3 | 32.5 |
| | | 腌菜 | 4.1 | 4.3 | 3.9 |
| 农村 | 1991 | 深色蔬菜 | 69.2 | 69.1 | 69.2 |
| | | 浅色蔬菜 | 266.2 | 272.0 | 260.1 |
| | | 薯类 | 55.1 | 53.4 | 56.9 |
| | | 腌菜 | 17.7 | 14.8 | 20.8 |
| | 1993 | 深色蔬菜 | 63.1 | 64.3 | 62.1 |
| | | 浅色蔬菜 | 311.9 | 325.2 | 299.8 |
| | | 薯类 | 55.4 | 54.6 | 56.2 |
| | | 腌菜 | 33.6 | 34.2 | 33.1 |
| | 1997 | 深色蔬菜 | 79.8 | 78.8 | 80.7 |
| | | 浅色蔬菜 | 256.1 | 268.1 | 244.3 |
| | | 薯类 | 54.2 | 56.1 | 52.3 |
| | | 腌菜 | 12.7 | 12.5 | 12.9 |
| | 2000 | 深色蔬菜 | 81.2 | 83.1 | 79.2 |
| | | 浅色蔬菜 | 273.9 | 287.0 | 260.9 |
| | | 薯类 | 47.5 | 47.3 | 47.7 |
| | | 腌菜 | 8.6 | 8.5 | 8.6 |
| | 2004 | 深色蔬菜 | 88.8 | 90.6 | 87.1 |
| | | 浅色蔬菜 | 304.7 | 320.3 | 290.0 |
| | | 薯类 | 55.1 | 57.0 | 53.2 |
| | | 腌菜 | 5.4 | 6.1 | 4.7 |

数据来源：中国健康与营养调查。

## 附表 4-15　1991—2004 年不同年龄段中老年居民 (>45 岁 ) 蔬菜摄入量

单位：g/d

| 年份 | 食物类别 | 合计 | | | | 男性 | | | | 女性 | | | |
| --- | --- | --- | --- | --- | --- | --- | --- | --- | --- | --- | --- | --- | --- |
| | | 45~54 岁 | 55~64 岁 | 65~74 岁 | ≥75 岁 | 45~54 岁 | 55~64 岁 | 65~74 岁 | ≥75 岁 | 45~54 岁 | 55~64 岁 | 65~74 岁 | ≥75 岁 |
| 1991 | 深色蔬菜 | 73.6 | 75.8 | 73.0 | 71.0 | 72.4 | 75.9 | 76.1 | 57.7 | 74.8 | 75.7 | 70.0 | 84.2 |
| | 浅色蔬菜 | 257.8 | 239.5 | 215.2 | 199.8 | 263.0 | 241.7 | 216.3 | 201.8 | 252.7 | 237.0 | 214.1 | 197.9 |
| | 薯类 | 64.7 | 42.9 | 35.3 | 39.1 | 57.5 | 45.3 | 34.5 | 57.5 | 71.7 | 40.5 | 36.0 | 20.9 |
| | 腌菜 | 13.5 | 10.7 | 9.0 | 18.6 | 13.6 | 9.6 | 7.2 | 20.9 | 13.4 | 11.9 | 10.8 | 16.2 |
| 1993 | 深色蔬菜 | 71.2 | 70.2 | 59.8 | 57.4 | 73.4 | 68.6 | 60.4 | 61.0 | 69.0 | 71.7 | 59.2 | 55.0 |
| | 浅色蔬菜 | 297.5 | 261.9 | 226.0 | 200.3 | 286.2 | 279.1 | 234.1 | 200.4 | 272.8 | 246.2 | 218.5 | 200.3 |
| | 薯类 | 45.8 | 37.4 | 30.9 | 29.3 | 44.5 | 43.0 | 32.1 | 36.0 | 47.1 | 32.4 | 29.8 | 24.7 |
| | 腌菜 | 25.9 | 22.0 | 18.8 | 20.8 | 25.9 | 25.5 | 18.4 | 20.4 | 25.9 | 18.9 | 19.1 | 21.1 |

| 年份 | 食物类别 | 合计 | | | | 男性 | | | | 女性 | | | |
|---|---|---|---|---|---|---|---|---|---|---|---|---|---|
| | | 45~54岁 | 55~64岁 | 65~74岁 | ≥75岁 | 45~54岁 | 55~64岁 | 65~74岁 | ≥75岁 | 45~54岁 | 55~64岁 | 65~74岁 | ≥75岁 |
| 1997 | 深色蔬菜 | 101.4 | 94.5 | 95.5 | 75.1 | 107.3 | 95.7 | 95.9 | 84.1 | 95.4 | 93.3 | 95.5 | 78.9 |
| | 浅色蔬菜 | 246.2 | 227.1 | 193.7 | 190.2 | 254.9 | 233.1 | 199.5 | 220.7 | 237.6 | 221.6 | 188.1 | 170.5 |
| | 薯类 | 44.6 | 39.0 | 25.6 | 21.1 | 44.0 | 45.0 | 27.1 | 25.2 | 45.1 | 33.6 | 24.1 | 18.1 |
| | 腌菜 | 12.2 | 8.5 | 9.1 | 7.4 | 13.0 | 7.8 | 7.7 | 7.5 | 11.5 | 9.1 | 10.4 | 3.4 |
| 2000 | 深色蔬菜 | 91.7 | 88.7 | 88.5 | 74.6 | 97.2 | 90.8 | 86.8 | 68.0 | 86.5 | 86.6 | 90.2 | 78.9 |
| | 浅色蔬菜 | 261.3 | 258.0 | 207.7 | 193.8 | 264.1 | 267.3 | 226.4 | 204.2 | 258.8 | 248.7 | 189.6 | 170.5 |
| | 薯类 | 35.7 | 34.8 | 27.0 | 26.8 | 35.0 | 38.0 | 30.9 | 35.7 | 36.3 | 31.7 | 23.3 | 21.0 |
| | 腌菜 | 7.7 | 7.5 | 7.6 | 3.8 | 7.4 | 8.1 | 7.9 | 4.3 | 7.9 | 7.0 | 7.4 | 3.4 |
| 2004 | 深色蔬菜 | 104.7 | 103.7 | 99.0 | 89.7 | 108.3 | 109.2 | 100.1 | 100.2 | 101.3 | 98.3 | 98.1 | 81.2 |
| | 浅色蔬菜 | 279.0 | 269.4 | 246.4 | 213.2 | 291.8 | 274.6 | 263.2 | 232.2 | 267.3 | 264.3 | 231.4 | 197.8 |
| | 薯类 | 40.6 | 38.6 | 29.9 | 29.2 | 41.6 | 40.5 | 32.3 | 34.2 | 39.6 | 36.7 | 27.8 | 25.1 |
| | 腌菜 | 5.4 | 5.2 | 4.5 | 3.3 | 5.6 | 5.0 | 4.7 | 3.3 | 5.3 | 5.4 | 4.3 | 3.2 |

数据来源：中国健康与营养调查。

## 附表 4-16　1991—2004 年城乡中老年居民（>45 岁）蔬菜摄入量

单位：g/d

| 地区 | 年份 | 食物类别 | 合计 | 男性 | 女性 |
|---|---|---|---|---|---|
| 城市 | 1991 | 深色蔬菜 | 71.8 | 71.8 | 74.8 |
| | | 浅色蔬菜 | 227.8 | 227.8 | 252.7 |
| | | 薯类 | 43.0 | 43.0 | 71.7 |
| | | 腌菜 | 5.6 | 5.6 | 13.4 |
| | 1993 | 深色蔬菜 | 68.5 | 68.5 | 69.0 |
| | | 浅色蔬菜 | 202.8 | 202.8 | 69.0 |
| | | 薯类 | 15.2 | 15.2 | 47.1 |
| | | 腌菜 | 11.7 | 11.7 | 25.9 |
| | 1997 | 深色蔬菜 | 104.3 | 104.3 | 95.4 |
| | | 浅色蔬菜 | 196.6 | 196.6 | 237.6 |
| | | 薯类 | 16.9 | 16.9 | 45.1 |
| | | 腌菜 | 6.5 | 6.5 | 11.5 |
| | 2000 | 深色蔬菜 | 100.6 | 100.6 | 86.5 |
| | | 浅色蔬菜 | 219.6 | 219.6 | 258.8 |
| | | 薯类 | 21.7 | 21.7 | 36.3 |
| | | 腌菜 | 5.5 | 5.5 | 7.9 |
| | 2004 | 深色蔬菜 | 104.4 | 104.4 | 101.3 |
| | | 浅色蔬菜 | 212.5 | 212.5 | 267.3 |
| | | 薯类 | 20.7 | 20.7 | 39.6 |
| | | 腌菜 | 3.7 | 3.7 | 5.3 |
| 郊区 | 1991 | 深色蔬菜 | 72.5 | 72.5 | 75.7 |
| | | 浅色蔬菜 | 250.8 | 250.8 | 237.0 |
| | | 薯类 | 82.6 | 82.6 | 40.5 |
| | | 腌菜 | 8.8 | 8.8 | 11.9 |
| | 1993 | 深色蔬菜 | 84.7 | 84.7 | 71.7 |
| | | 浅色蔬菜 | 245.1 | 245.1 | 246.2 |
| | | 薯类 | 26.4 | 26.4 | 32.4 |
| | | 腌菜 | 15.6 | 15.6 | 8.9 |
| | 1997 | 深色蔬菜 | 125.2 | 125.2 | 93.3 |
| | | 浅色蔬菜 | 234.7 | 234.7 | 221.6 |
| | | 薯类 | 28.1 | 28.1 | 33.6 |
| | | 腌菜 | 8.4 | 8.4 | 9.1 |

| 地区 | 年份 | 食物类别 | 合计 | 男性 | 女性 |
|---|---|---|---|---|---|
| 郊区 | 2000 | 深色蔬菜 | 101.7 | 101.7 | 86.6 |
| | | 浅色蔬菜 | 230.2 | 230.2 | 248.7 |
| | | 薯类 | 29.6 | 29.6 | 31.7 |
| | | 腌菜 | 6.2 | 6.2 | 7.0 |
| | 2004 | 深色蔬菜 | 110.7 | 110.7 | 98.3 |
| | | 浅色蔬菜 | 228.0 | 228.0 | 264.3 |
| | | 薯类 | 29.7 | 29.7 | 36.7 |
| | | 腌菜 | 5.6 | 5.6 | 5.4 |
| 县城 | 1991 | 深色蔬菜 | 62.6 | 62.6 | 70.0 |
| | | 浅色蔬菜 | 257.9 | 257.9 | 214.1 |
| | | 薯类 | 31.1 | 31.1 | 36.0 |
| | | 腌菜 | 12.0 | 12.0 | 10.8 |
| | 1993 | 深色蔬菜 | 59.9 | 59.9 | 59.2 |
| | | 浅色蔬菜 | 225.1 | 225.1 | 218.5 |
| | | 薯类 | 27.9 | 27.9 | 29.8 |
| | | 腌菜 | 15.8 | 15.8 | 19.1 |
| | 1997 | 深色蔬菜 | 82.5 | 82.5 | 95.5 |
| | | 浅色蔬菜 | 211.3 | 211.3 | 188.1 |
| | | 薯类 | 21.8 | 21.8 | 24.1 |
| | | 腌菜 | 11.2 | 11.2 | 10.4 |
| | 2000 | 深色蔬菜 | 69.7 | 69.7 | 90.2 |
| | | 浅色蔬菜 | 202.3 | 202.3 | 189.6 |
| | | 薯类 | 27.3 | 27.3 | 23.3 |
| | | 腌菜 | 7.8 | 7.8 | 7.4 |
| | 2004 | 深色蔬菜 | 88.3 | 88.3 | 98.1 |
| | | 浅色蔬菜 | 244.2 | 244.2 | 231.4 |
| | | 薯类 | 34.2 | 34.2 | 27.8 |
| | | 腌菜 | 5.2 | 5.2 | 4.3 |
| 农村 | 1991 | 深色蔬菜 | 78.3 | 78.3 | 84.2 |
| | | 浅色蔬菜 | 235.1 | 235.1 | 197.9 |
| | | 薯类 | 48.1 | 48.1 | 20.9 |
| | | 腌菜 | 15.2 | 15.2 | 16.2 |
| | 1993 | 深色蔬菜 | 65.3 | 65.3 | 55.0 |
| | | 浅色蔬菜 | 294.3 | 294.3 | 272.8 |
| | | 薯类 | 55.9 | 55.9 | 200.3 |
| | | 腌菜 | 32.0 | 32.0 | 21.1 |
| | 1997 | 深色蔬菜 | 87.6 | 87.6 | 68.3 |
| | | 浅色蔬菜 | 239.8 | 239.8 | 167.4 |
| | | 薯类 | 54.0 | 54.0 | 18.1 |
| | | 腌菜 | 11.8 | 11.8 | 7.3 |
| | 2000 | 深色蔬菜 | 87.4 | 87.4 | 78.9 |
| | | 浅色蔬菜 | 272.3 | 272.3 | 170.5 |
| | | 薯类 | 40.3 | 40.3 | 21.0 |
| | | 腌菜 | 8.3 | 8.3 | 3.4 |
| | 2004 | 深色蔬菜 | 102.3 | 102.3 | 81.2 |
| | | 浅色蔬菜 | 303.2 | 303.2 | 197.8 |
| | | 薯类 | 46.5 | 46.5 | 25.1 |
| | | 腌菜 | 5.2 | 5.2 | 3.2 |

数据来源：中国健康与营养调查。

## 附表 4-17　2002 年各省（直辖市、自治区）人群蔬菜摄入量

单位：g/d

| 地区 | 薯类 | 深色蔬菜 | 浅色蔬菜 | 腌菜 | 地区 | 薯类 | 深色蔬菜 | 浅色蔬菜 | 腌菜 |
|---|---|---|---|---|---|---|---|---|---|
| 安徽 | 36.85 | 86.10 | 225.5 | 22.30 | 山西 | 107.35 | 55.97 | 143.2 | 18.05 |
| 北京 | 42.40 | 92.73 | 226.0 | 6.57 | 陕西 | 76.03 | 100.40 | 135.3 | 9.83 |
| 福建 | 28.63 | 113.60 | 204.2 | 35.63 | 上海 | 22.53 | 153.30 | 161.0 | 10.70 |
| 甘肃 | 94.97 | 52.50 | 115.9 | 0.33 | 四川 | 69.77 | 89.85 | 169.2 | 8.87 |
| 广东 | 22.04 | 167.20 | 115.8 | 11.64 | 天津 | 39.90 | 54.50 | 172.1 | 3.55 |
| 广西 | 4.30 | 106.30 | 206.6 | 2.53 | 新疆 | 53.25 | 61.85 | 140.0 | 2.65 |
| 贵州 | 48.96 | 60.18 | 211.0 | 33.50 | 云南 | 79.72 | 175.70 | 186.9 | 3.12 |
| 海南 | 7.50 | 152.10 | 123.7 | 7.50 | 浙江 | 23.33 | 90.23 | 158.1 | 31.08 |
| 河北 | 53.35 | 71.57 | 151.2 | 6.33 | 重庆 | 40.25 | 131.70 | 232.4 | 5.28 |
| 河南 | 26.19 | 99.85 | 186.6 | 2.69 | 西藏 | 145.80 | 145.80 | 145.8 | 145.80 |
| 黑龙江 | 89.27 | 24.83 | 179.3 | 8.20 | 吉林 | 107.05 | 20.80 | 240.2 | 5.55 |
| 湖北 | 28.95 | 83.53 | 287.9 | 10.77 | 江苏 | 30.36 | 115.90 | 154.4 | 15.66 |
| 湖南 | 27.74 | 107.30 | 250.0 | 7.20 | 江西 | 27.60 | 70.47 | 226.5 | 11.33 |
| 青海 | 80.90 | 70.15 | 150.8 | 1.60 | 辽宁 | 70.34 | 34.77 | 216.3 | 7.29 |
| 内蒙古 | 80.05 | 87.85 | 240.3 | 10.95 | 宁夏 | 47.85 | 111.90 | 155.6 | 2.90 |
| 山东 | 48.73 | 47.21 | 156.7 | 4.86 |  |  |  |  |  |

数据来源：中国居民营养与健康状况调查。

## 附表 4-18　2002 年不同片区人群各类蔬菜平均摄入量

单位：g/d

| 地区 | 薯类 | 深色蔬菜 | 浅色蔬菜 | 腌菜 |
|---|---|---|---|---|
| 华东 | 31.15 | 96.70 | 183.77 | 18.80 |
| 东北 | 88.89 | 26.80 | 211.92 | 7.01 |
| 华北 | 58.21 | 77.08 | 186.53 | 8.02 |
| 华南 | 18.11 | 123.28 | 196.80 | 7.93 |
| 西北 | 70.60 | 79.37 | 139.51 | 3.46 |
| 西南 | 76.90 | 120.64 | 189.04 | 39.31 |
| 合计 | 53.61 | 91.49 | 182.84 | 14.65 |

数据来源：中国居民营养与健康状况调查。

## 附表 4-19 2002 年东中西部人群蔬菜摄入量

单位：g/d

| 地区 | 薯类 | 深色蔬菜 | 浅色蔬菜 | 腌菜 |
|---|---|---|---|---|
| 东部 | 35.37 | 99.39 | 167.21 | 12.80 |
| 中部 | 56.38 | 68.60 | 217.38 | 10.76 |
| 西部 | 68.49 | 99.51 | 174.14 | 18.95 |
| 合计 | 53.61 | 91.49 | 182.84 | 14.65 |

数据来源：中国居民营养与健康状况调查。

## 附表 4-20 2002 年城乡居民水果摄入量

单位：g/d

| | 合计 | 城市小计 | 农村小计 | 大城市 | 中小城市 | 一类农村 | 二类农村 | 三类农村 | 四类农村 |
|---|---|---|---|---|---|---|---|---|---|
| 摄入量 | 45 | 69.4 | 35.6 | 82.9 | 64 | 57.9 | 31.6 | 36.8 | 19.1 |

数据来源：中国居民营养与健康状况调查。

## 附表 4-21 2002 年不同年龄组居民水果摄入量

单位：g/d

| 地区 | 男性 | | | | | 女性 | | | | |
|---|---|---|---|---|---|---|---|---|---|---|
| | 18~29 岁 | 30~44 岁 | 45~59 岁 | 60~69 岁 | 70 岁及以上 | 18~29 岁 | 30~44 岁 | 45~59 岁 | 60~69 岁 | 70 岁及以上 |
| 合计 | 41.8 | 35.9 | 32.1 | 33.8 | 27.0 | 52.9 | 15.4 | 37.3 | 34.8 | 21.7 |
| 城市 | 50.1 | 48.5 | 51.5 | 59.3 | 61.3 | 73.0 | 70.0 | 62.8 | 64.7 | 47.6 |
| 农村 | 38.0 | 30.6 | 24.8 | 24.2 | 14.6 | 43.6 | 35.5 | 27.5 | 23.0 | 12.8 |

数据来源：中国居民营养与健康状况调查。

## 附表 4-22 1991—2004 年不同年龄段居民 (18 ~ 45 岁 ) 水果摄入量

单位：g/d

| 年份 | 男性 | | | | | 女性 | | | | |
|---|---|---|---|---|---|---|---|---|---|---|
| | 18~24 岁 | 25~29 岁 | 30~34 岁 | 35~39 岁 | 40~45 岁 | 18~24 岁 | 25~29 岁 | 30~34 岁 | 35~39 岁 | 40~45 岁 |
| 1991 | 8.4 | 10.6 | 15.0 | 8.7 | 8.9 | 8.8 | 16.7 | 8.1 | 7.8 | 5.7 |
| 1993 | 10.8 | 12.7 | 16.8 | 9.8 | 10.5 | 12.1 | 17.9 | 17.0 | 11.6 | 10.7 |
| 1997 | 13.2 | 15.4 | 18.9 | 15.1 | 22.5 | 18.6 | 21.6 | 22.5 | 21.6 | 19.8 |
| 2000 | 14.9 | 15.1 | 13.5 | 15.6 | 15.2 | 17.4 | 16.2 | 22.1 | 18.2 | 13.5 |
| 2004 | 26.3 | 16.8 | 15.3 | 20.3 | 20.1 | 40.8 | 33.5 | 31.5 | 27.8 | 28.7 |

数据来源：中国健康与营养调查。

## 附表 4-23　1991—2004 年城乡青壮年居民（18 ~ 45 岁）水果摄入量

单位：g/d

| 地区 | 年份 | 合计 | 男性 | 女性 |
|---|---|---|---|---|
| 城市 | 1991 | 16.1 | 16.2 | 16.0 |
| | 1993 | 24.2 | 22.3 | 26.1 |
| | 1997 | 51.9 | 48.2 | 55.2 |
| | 2000 | 38.4 | 33.7 | 42.6 |
| | 2004 | 49.5 | 36.3 | 61.4 |
| 郊区 | 1991 | 8.2 | 10.0 | 6.4 |
| | 1993 | 21.4 | 18.3 | 24.5 |
| | 1997 | 41.7 | 38.3 | 45.1 |
| | 2000 | 17.6 | 15.6 | 19.7 |
| | 2004 | 39.3 | 33.5 | 45.1 |
| 县城 | 1991 | 10.3 | 8.6 | 12.0 |
| | 1993 | 10.2 | 10.6 | 9.9 |
| | 1997 | 14.2 | 10.7 | 17.4 |
| | 2000 | 14.7 | 14.8 | 14.7 |
| | 2004 | 22.3 | 14.6 | 29.3 |
| 农村 | 1991 | 8.2 | 8.7 | 7.8 |
| | 1993 | 8.1 | 7.7 | 8.4 |
| | 1997 | 3.2 | 3.3 | 3.0 |
| | 2000 | 11.1 | 10.7 | 11.4 |
| | 2004 | 14.8 | 11.2 | 18.2 |

数据来源：中国健康与营养调查。

## 附表 4-24　1991—2004 年不同年龄段居民（>45 岁）水果摄入量

单位：g/d

| 年份 | 合计 | | | | 男性 | | | | 女性 | | | |
|---|---|---|---|---|---|---|---|---|---|---|---|---|
| | 45~54 岁 | 55~64 岁 | 65~74 岁 | ≥ 75 岁 | 45~54 岁 | 55~64 岁 | 65~74 岁 | ≥ 75 岁 | 45~54 岁 | 55~64 岁 | 65~74 岁 | ≥ 75 岁 |
| 1991 | 8.2 | 9.1 | 7.0 | 4.9 | 7.9 | 9.4 | 8.8 | 2.6 | 8.4 | 8.8 | 5.3 | 7.2 |
| 1993 | 11.8 | 10.7 | 8.4 | 4.7 | 10.6 | 12.2 | 9.7 | 3.6 | 13.0 | 9.3 | 7.3 | 5.5 |
| 1997 | 16.2 | 14.5 | 15.0 | 13.2 | 15.3 | 13.9 | 13.3 | 15.1 | 17.2 | 15.1 | 16.6 | 11.8 |
| 2000 | 16.8 | 18.0 | 17.6 | 16.3 | 15.7 | 14.8 | 19.7 | 10.1 | 17.7 | 21.3 | 15.6 | 20.4 |
| 2004 | 24.5 | 27.8 | 25.6 | 21.6 | 17.9 | 28.2 | 24.9 | 27.7 | 30.5 | 27.5 | 26.2 | 16.6 |

数据来源：中国健康与营养调查 。

## 附表 4-25　1991—2004 年城乡中老年居民（>45 岁）水果摄入量

单位：g/d

| 地区 | 年份 | 合计 | 男性 | 女性 |
|---|---|---|---|---|
| 城市 | 1991 | 17.5 | 17.5 | 8.4 |
| | 1993 | 24.6 | 24.6 | 13.0 |
| | 1997 | 36.5 | 36.5 | 17.2 |
| | 2000 | 42.3 | 42.3 | 17.7 |
| | 2004 | 58.4 | 58.4 | 30.5 |

| 地区 | 年份 | 合计 | 男性 | 女性 |
|---|---|---|---|---|
| 郊区 | 1991 | 4.6 | 4.6 | 8.8 |
| | 1993 | 14.3 | 14.3 | 9.3 |
| | 1997 | 31.3 | 31.3 | 15.1 |
| | 2000 | 15.7 | 15.7 | 21.3 |
| | 2004 | 41.1 | 41.1 | 27.5 |
| 县城 | 1991 | 9.4 | 9.4 | 5.3 |
| | 1993 | 9.9 | 9.9 | 7.3 |
| | 1997 | 8.2 | 8.2 | 16.6 |
| | 2000 | 13.0 | 13.0 | 15.6 |
| | 2004 | 20.3 | 20.3 | 26.2 |
| 农村 | 1991 | 5.7 | 5.7 | 7.2 |
| | 1993 | 3.7 | 3.7 | 5.5 |
| | 1997 | 4.0 | 4.0 | 11.8 |
| | 2000 | 10.7 | 10.7 | 20.4 |
| | 2004 | 9.3 | 9.3 | 16.6 |

数据来源：中国健康与营养调查。

## 附表 4-26　2002 年各省（直辖市、自治区）人群水果摄入量

单位：g/d

| 地区 | 水果摄入量 | 地区 | 水果摄入量 |
|---|---|---|---|
| 安徽 | 27.7 | 黑龙江 | 31.0 |
| 北京 | 105.0 | 湖北 | 15.8 |
| 福建 | 55.8 | 湖南 | 26.8 |
| 甘肃 | 19.2 | 吉林 | 80.3 |
| 广东 | 56.0 | 江苏 | 49.8 |
| 广西 | 15.7 | 江西 | 25.8 |
| 贵州 | 16.2 | 辽宁 | 95.0 |
| 海南 | 54.7 | 内蒙古 | 61.4 |
| 河北 | 39.3 | 宁夏 | 105.0 |
| 河南 | 45.6 | 青海 | 26.1 |
| 陕西 | 50.7 | 山东 | 54.3 |
| 上海 | 109 | 山西 | 40.1 |
| 四川 | 40.5 | 云南 | 19.3 |
| 天津 | 73.9 | 浙江 | 116.0 |
| 西藏 | 146.0 | 重庆 | 23.3 |
| 新疆 | 31.1 | | |

数据来源：中国居民营养与健康状况调查。

## 附表 4-27　不同片区人群水果摄入量

单位：g/d

| | 华东 | 东北 | 华北 | 华南 | 西北 | 西南 | 合计 |
|---|---|---|---|---|---|---|---|
| 水果摄入量 | 62.53 | 68.77 | 60.80 | 33.80 | 46.32 | 49.02 | 53.37 |

数据来源：中国居民营养与健康状况调查。

## 附表 4-28　东中西部人群水果摄入量

单位：g/d

| | 东部 | 中部 | 西部 | 合计 |
|---|---|---|---|---|
| 水果摄入量 | 73.43 | 36.63 | 46.14 | 53.37 |

数据来源：中国居民营养与健康状况调查。

## 附表 4-29　2002 年城乡居民肉类平均摄入量

单位：g/d

| | 合计 | 城市小计 | 农村小计 | 大城市 | 中小城市 | 一类农村 | 二类农村 | 三类农村 | 四类农村 |
|---|---|---|---|---|---|---|---|---|---|
| 猪肉 | 50.8 | 60.3 | 47.2 | 65.2 | 58.3 | 57.9 | 46.0 | 20.3 | 55.9 |
| 其他畜肉 | 9.2 | 15.5 | 6.8 | 14.3 | 16.0 | 3.7 | 6.0 | 8.6 | 12.3 |
| 禽肉 | 13.9 | 22.6 | 10.6 | 25 | 21.6 | 18.0 | 10.2 | 2.6 | 7.9 |

数据来源：中国居民营养与健康状况调查。

## 附表 4-30　2002 年不同年龄组居民肉类平均摄入量

单位：g/d

| 食物类别 | | 男性 | | | | | 女性 | | | | |
|---|---|---|---|---|---|---|---|---|---|---|---|
| | | 18~29 岁 | 30~44 岁 | 45~59 岁 | 60~69 岁 | 70 岁及以上 | 18~29 岁 | 30~44 岁 | 45~59 岁 | 60~69 岁 | 70 岁及以上 |
| 合计 | 猪肉 | 57.4 | 59.2 | 56.6 | 53.4 | 42.6 | 18.4 | 46.6 | 46.5 | 43.7 | 38.6 |
| | 其他畜肉 | 13.6 | 12.2 | 9.4 | 9.2 | 6.8 | 9.8 | 8.6 | 7.4 | 6.2 | 5.3 |
| | 禽肉 | 15.5 | 17.5 | 14.7 | 11.7 | 10.3 | 15.9 | 13.3 | 11.4 | 9.9 | 7.5 |
| 城市 | 猪肉 | 65.5 | 64.7 | 60.9 | 57.6 | 54.8 | 51 | 51.7 | 50.2 | 48.1 | 43.2 |
| | 其他畜肉 | 19.5 | 19.3 | 15.2 | 16.2 | 13.2 | 13.1 | 14 | 12.5 | 10.2 | 9.5 |
| | 禽肉 | 23.2 | 26.4 | 21 | 18.6 | 19.7 | 21.4 | 20.8 | 16.5 | 16.1 | 12.9 |
| 农村 | 猪肉 | 53.7 | 56.9 | 55 | 51.8 | 38.1 | 47.1 | 44.6 | 45 | 42 | 37 |
| | 其他畜肉 | 10.8 | 9.1 | 7.2 | 6.5 | 4.6 | 8.3 | 6.4 | 5.4 | 4.6 | 3.9 |
| | 禽肉 | 11.9 | 13.6 | 12.3 | 9.1 | 6.9 | 13.3 | 10.2 | 9.5 | 7.4 | 5.6 |

数据来源：中国居民营养与健康状况调查。

## 附表 4-31　1991—2004 年不同年龄段居民（18 ～ 45 岁）肉类摄入量

单位：g/d

| 年份 | 食物类别 | 男性 | | | | | 女性 | | | | |
|---|---|---|---|---|---|---|---|---|---|---|---|
| | | 18~24 岁 | 25~29 岁 | 30~34 岁 | 35~39 岁 | 40~45 岁 | 18~24 岁 | 25~29 岁 | 30~34 岁 | 35~39 岁 | 40~45 岁 |
| 1991 | 猪肉 | 58.3 | 55.1 | 60.9 | 55.1 | 55.5 | 50.1 | 58.1 | 53.5 | 57.6 | 50.6 |
| | 其他畜肉 | 3.1 | 4.4 | 5.3 | 5.1 | 4.6 | 3.5 | 4.2 | 6.6 | 3.6 | 3.8 |
| | 禽肉 | 7.9 | 9.0 | 9.0 | 7.4 | 6.0 | 5.0 | 7.2 | 7.1 | 6.9 | 7.6 |
| 1993 | 猪肉 | 67.1 | 61.3 | 70.0 | 66.8 | 62.5 | 51.4 | 55.3 | 52.9 | 56.4 | 48 |
| | 其他畜肉 | 8.1 | 7.2 | 8.0 | 9.5 | 9.2 | 4.0 | 5.3 | 6.0 | 6.7 | 5.9 |
| | 禽肉 | 9.5 | 7.8 | 12.0 | 8.6 | 11.1 | 6.2 | 7.9 | 7.0 | 8.3 | 8.4 |
| 1997 | 猪肉 | 56.1 | 61.5 | 63.1 | 63.0 | 64.3 | 48.6 | 48.9 | 52.9 | 55.6 | 53.3 |
| | 其他畜肉 | 8.0 | 8.8 | 9.0 | 12.4 | 9.3 | 7.2 | 6.3 | 8.9 | 7.3 | 6.3 |
| | 禽肉 | 10.6 | 13.0 | 13.7 | 18.0 | 11.0 | 10.0 | 13 | 13.6 | 12.0 | 10.9 |
| 2000 | 猪肉 | 72.1 | 68.7 | 73.3 | 71.3 | 69.5 | 55.5 | 57.7 | 63.6 | 59.7 | 59.9 |
| | 其他畜肉 | 7.9 | 6.7 | 8.7 | 12.4 | 11.1 | 5.0 | 4.7 | 7.8 | 8.9 | 6.4 |
| | 禽肉 | 12.8 | 15.2 | 16.2 | 16.4 | 14.1 | 15.2 | 13.2 | 15.1 | 13.7 | 11.2 |
| 2004 | 猪肉 | 69.4 | 65.8 | 64.8 | 65.1 | 72.4 | 55.7 | 59.7 | 51.4 | 58.7 | 58.2 |
| | 其他畜肉 | 11.4 | 13.9 | 10.7 | 11.9 | 12.7 | 8.5 | 10.5 | 8.7 | 8.5 | 10.8 |
| | 禽肉 | 18.0 | 14.4 | 16.0 | 13.9 | 17.5 | 13.1 | 16.9 | 10.3 | 15.8 | 13.6 |

数据来源：中国健康与营养调查。

## 附表 4-32　1991—2004 年城乡青壮年居民（18 ～ 45 岁）肉类摄入量

单位：g/d

| 地区 | 年份 | 食物类别 | 合计 | 男性 | 女性 |
|---|---|---|---|---|---|
| 城市 | 1991 | 猪肉 | 62.1 | 60.2 | 63.9 |
| | | 其他畜肉 | 6.8 | 6.1 | 7.4 |
| | | 禽肉 | 7.7 | 8.2 | 7.1 |
| | 1993 | 猪肉 | 91.9 | 99.8 | 84.5 |
| | | 其他畜肉 | 14.7 | 17.7 | 11.8 |
| | | 禽肉 | 16.4 | 18.8 | 14.1 |
| | 1997 | 猪肉 | 93.4 | 99.2 | 88.3 |
| | | 其他畜肉 | 19.4 | 23.3 | 16.0 |
| | | 禽肉 | 19.7 | 19.3 | 20.0 |
| | 2000 | 猪肉 | 100 | 108.4 | 92.5 |
| | | 其他畜肉 | 20.3 | 23.3 | 17.7 |
| | | 禽肉 | 23.1 | 24.9 | 21.5 |
| | 2004 | 猪肉 | 88.8 | 100.8 | 78.1 |
| | | 其他畜肉 | 18.7 | 22.1 | 15.8 |
| | | 禽肉 | 27.5 | 28.5 | 26.6 |
| 郊区 | 1991 | 猪肉 | 55.6 | 58.3 | 52.8 |
| | | 其他畜肉 | 5.7 | 5.0 | 6.5 |
| | | 禽肉 | 7.3 | 7.8 | 6.8 |
| | 1993 | 猪肉 | 76.5 | 84.0 | 69.2 |
| | | 其他畜肉 | 9.2 | 12.4 | 6.0 |
| | | 禽肉 | 11.1 | 13.4 | 8.9 |

| 地区 | 年份 | 食物类别 | 合计 | 男性 | 女性 |
| --- | --- | --- | --- | --- | --- |
| 郊区 | 1997 | 猪肉 | 71.5 | 78.3 | 64.5 |
| | | 其他畜肉 | 8.5 | 10.3 | 6.5 |
| | | 禽肉 | 15.8 | 17.7 | 13.9 |
| | 2000 | 猪肉 | 87.5 | 96.1 | 78.7 |
| | | 其他畜肉 | 12.2 | 13.9 | 10.4 |
| | | 禽肉 | 18.2 | 19.0 | 17.4 |
| | 2004 | 猪肉 | 77.7 | 85.0 | 70.4 |
| | | 其他畜肉 | 10.1 | 12.1 | 8.0 |
| | | 禽肉 | 19 | 20.3 | 17.7 |
| 县城 | 1991 | 猪肉 | 49.7 | 53.6 | 45.8 |
| | | 其他畜肉 | 3.3 | 4.2 | 2.4 |
| | | 禽肉 | 7.6 | 7.9 | 7.4 |
| | 1993 | 猪肉 | 75.1 | 84.5 | 66.2 |
| | | 其他畜肉 | 8.6 | 9.9 | 7.4 |
| | | 禽肉 | 12.2 | 13.1 | 11.3 |
| | 1997 | 猪肉 | 67.2 | 73.0 | 61.6 |
| | | 其他畜肉 | 11.2 | 12.7 | 9.8 |
| | | 禽肉 | 14.9 | 16.2 | 13.6 |
| | 2000 | 猪肉 | 76.7 | 83.4 | 70.1 |
| | | 其他畜肉 | 10.7 | 13.6 | 8.0 |
| | | 禽肉 | 16.3 | 16.9 | 15.8 |
| | 2004 | 猪肉 | 74 | 78.7 | 69.7 |
| | | 其他畜肉 | 17.6 | 20.3 | 15.1 |
| | | 禽肉 | 12.8 | 13.5 | 12.2 |
| 农村 | 1991 | 猪肉 | 55.1 | 56.5 | 53.6 |
| | | 其他畜肉 | 3.5 | 3.8 | 3.1 |
| | | 禽肉 | 6.9 | 7.6 | 6.1 |
| | 1993 | 猪肉 | 40.9 | 45.7 | 36.5 |
| | | 其他畜肉 | 3.9 | 4.5 | 3.4 |
| | | 禽肉 | 5 | 5.5 | 4.5 |
| | 1997 | 猪肉 | 38 | 42.1 | 33.9 |
| | | 其他畜肉 | 4.2 | 4.4 | 4.0 |
| | | 禽肉 | 8.3 | 8.5 | 8.2 |
| | 2000 | 猪肉 | 44.9 | 49.1 | 40.8 |
| | | 其他畜肉 | 3 | 3.7 | 2.4 |
| | | 禽肉 | 10.1 | 10.6 | 9.5 |
| | 2004 | 猪肉 | 45.4 | 49.1 | 41.8 |
| | | 其他畜肉 | 6.8 | 7.1 | 6.6 |
| | | 禽肉 | 10.6 | 11.8 | 9.4 |

数据来源：中国健康与营养调查。

## 附表 4-33　1991—2004 年不同年龄段居民（>45 岁）肉类摄入量

单位：g/d

| 年份 | 食物类别 | 合计 | | | | 男性 | | | | 女性 | | | |
|---|---|---|---|---|---|---|---|---|---|---|---|---|---|
| | | 45~54 岁 | 55~64 岁 | 65~74 岁 | ≥ 75 岁 | 45~54 岁 | 55~64 岁 | 65~74 岁 | ≥ 75 岁 | 45~54 岁 | 55~64 岁 | 65~74 岁 | ≥ 75 岁 |
| 1991 | 猪肉 | 51.0 | 51.6 | 48.8 | 41.3 | 54.2 | 51.8 | 47.0 | 45.5 | 47.9 | 51.5 | 50.6 | 37.1 |
| | 其他畜肉 | 4.2 | 3.8 | 2.4 | 1.8 | 4.6 | 3.9 | 2.5 | 2.1 | 3.8 | 3.6 | 2.2 | 1.4 |
| | 禽肉 | 8.0 | 5.9 | 6.0 | 3.2 | 7.5 | 5.1 | 6.2 | 4.3 | 8.6 | 6.7 | 5.7 | 2.0 |
| 1993 | 猪肉 | 58.2 | 56.1 | 56.3 | 42.1 | 62.6 | 57.8 | 59.7 | 48.6 | 53.7 | 54.7 | 53.2 | 37.7 |
| | 其他畜肉 | 6.3 | 6.1 | 5.8 | 3.5 | 7.5 | 7.1 | 6.2 | 2.3 | 5.1 | 5.2 | 5.4 | 4.4 |
| | 禽肉 | 9.5 | 5.6 | 11.7 | 7.2 | 10.4 | 6.4 | 10.6 | 7.5 | 8.5 | 4.8 | 12.8 | 7.0 |
| 1997 | 猪肉 | 54.1 | 53.2 | 53.3 | 46.5 | 59.1 | 54.2 | 59.6 | 51.3 | 49.1 | 52.4 | 47.3 | 43.0 |
| | 其他畜肉 | 6.4 | 5.6 | 5.6 | 7.5 | 7.6 | 6.7 | 6.4 | 12.1 | 5.2 | 4.5 | 4.8 | 4.0 |
| | 禽肉 | 12.5 | 10.5 | 8.9 | 9.3 | 13.6 | 11.8 | 9.4 | 11.4 | 11.4 | 9.4 | 8.5 | 7.8 |
| 2000 | 猪肉 | 60.4 | 58.5 | 58.3 | 55.1 | 65.1 | 61.4 | 59.7 | 60.3 | 56.1 | 55.6 | 57.0 | 51.8 |
| | 其他畜肉 | 6.6 | 6.3 | 5.5 | 6.5 | 7.9 | 6.5 | 6.5 | 7.1 | 5.4 | 6.2 | 4.5 | 6.2 |
| | 禽肉 | 12.1 | 13.3 | 10.3 | 9.5 | 13.0 | 12.8 | 13.2 | 8.8 | 11.2 | 13.8 | 7.4 | 9.9 |
| 2004 | 猪肉 | 59.5 | 56.2 | 52.0 | 50.6 | 65.1 | 61.0 | 55.0 | 55.1 | 54.4 | 51.6 | 49.3 | 46.9 |
| | 其他畜肉 | 9.5 | 7.0 | 5.7 | 5.1 | 11.4 | 7.7 | 6.5 | 5.2 | 7.8 | 6.3 | 4.9 | 5.0 |
| | 禽肉 | 13.8 | 12.1 | 9.8 | 10.1 | 16.4 | 12.7 | 12.3 | 12.0 | 11.5 | 11.5 | 7.6 | 8.6 |

数据来源：中国健康与营养调查。

## 附表 4-34　1991—2004 年城乡中老年居民（>45 岁）肉类摄入量

单位：g/d

| 地区 | 年份 | 食物类别 | 合计 | 男性 | 女性 |
|---|---|---|---|---|---|
| 城市 | 1991 | 猪肉 | 50.6 | 50.6 | 47.9 |
| | | 其他畜肉 | 7.0 | 7.0 | 3.8 |
| | | 禽肉 | 6.5 | 6.5 | 8.6 |
| | 1993 | 猪肉 | 81.3 | 81.3 | 53.7 |
| | | 其他畜肉 | 9.4 | 9.4 | 5.1 |
| | | 禽肉 | 12.1 | 12.1 | 8.5 |
| | 1997 | 猪肉 | 85.9 | 85.9 | 49.1 |
| | | 其他畜肉 | 10.9 | 10.9 | 5.2 |
| | | 禽肉 | 18.3 | 18.3 | 11.4 |
| | 2000 | 猪肉 | 85.9 | 85.9 | 56.1 |
| | | 其他畜肉 | 14.2 | 14.2 | 5.4 |
| | | 禽肉 | 19.8 | 19.8 | 11.2 |
| | 2004 | 猪肉 | 77.9 | 77.9 | 54.4 |
| | | 其他畜肉 | 12.2 | 12.2 | 7.8 |
| | | 禽肉 | 19.3 | 19.3 | 11.5 |
| 郊区 | 1991 | 猪肉 | 49.5 | 49.5 | 51.5 |
| | | 其他畜肉 | 3.8 | 3.8 | 3.6 |
| | | 禽肉 | 5.9 | 5.9 | 6.7 |
| | 1993 | 猪肉 | 64.9 | 64.9 | 54.7 |
| | | 其他畜肉 | 7.5 | 7.5 | 5.2 |
| | | 禽肉 | 9.6 | 9.6 | 4.8 |
| | 1997 | 猪肉 | 62.7 | 62.7 | 52.4 |
| | | 其他畜肉 | 6.3 | 6.3 | 4.5 |
| | | 禽肉 | 12.4 | 12.4 | 9.4 |
| | 2000 | 猪肉 | 71.0 | 71.0 | 55.6 |
| | | 其他畜肉 | 5.9 | 5.9 | 6.2 |
| | | 禽肉 | 14.6 | 14.6 | 13.8 |
| | 2004 | 猪肉 | 62.2 | 62.2 | 51.6 |
| | | 其他畜肉 | 6.1 | 6.1 | 6.3 |
| | | 禽肉 | 13.3 | 13.3 | 11.5 |

| 地区 | 年份 | 食物类别 | 合计 | 男性 | 女性 |
|---|---|---|---|---|---|
| 县城 | 1991 | 猪肉 | 49.1 | 49.1 | 50.6 |
| | | 其他畜肉 | 2.8 | 2.8 | 2.2 |
| | | 禽肉 | 4.9 | 4.9 | 5.7 |
| | 1993 | 猪肉 | 66.9 | 66.9 | 53.2 |
| | | 其他畜肉 | 5.5 | 5.5 | 5.4 |
| | | 禽肉 | 10.4 | 10.4 | 12.8 |
| | 1997 | 猪肉 | 59.8 | 59.8 | 47.3 |
| | | 其他畜肉 | 7.4 | 7.4 | 4.8 |
| | | 禽肉 | 10.9 | 10.9 | 8.5 |
| | 2000 | 猪肉 | 70.1 | 70.1 | 57.0 |
| | | 其他畜肉 | 7.7 | 7.7 | 4.5 |
| | | 禽肉 | 14.9 | 14.9 | 7.4 |
| | 2004 | 猪肉 | 62.4 | 62.4 | 49.3 |
| | | 其他畜肉 | 9.0 | 9.0 | 4.9 |
| | | 禽肉 | 13.9 | 13.9 | 7.6 |
| 农村 | 1991 | 猪肉 | 50.4 | 50.4 | 37.1 |
| | | 其他畜肉 | 2.6 | 2.6 | 1.4 |
| | | 禽肉 | 7.2 | 7.2 | 2.0 |
| | 1993 | 猪肉 | 39.5 | 39.5 | 37.7 |
| | | 其他畜肉 | 4.3 | 4.3 | 4.4 |
| | | 禽肉 | 6.0 | 6.0 | 7.0 |
| | 1997 | 猪肉 | 35.1 | 35.1 | 43.0 |
| | | 其他畜肉 | 3.8 | 3.8 | 4.0 |
| | | 禽肉 | 7.8 | 7.8 | 7.8 |
| | 2000 | 猪肉 | 41.2 | 41.2 | 51.8 |
| | | 其他畜肉 | 3.2 | 3.2 | 6.2 |
| | | 禽肉 | 7.2 | 7.2 | 9.9 |
| | 2004 | 猪肉 | 44.5 | 44.5 | 46.9 |
| | | 其他畜肉 | 6.2 | 6.2 | 5.0 |
| | | 禽肉 | 8.8 | 8.8 | 8.6 |

数据来源：中国健康与营养调查。

## 附表 4-35　2002 年各省（直辖市、自治区）人群肉类平均摄入量

单位：g/d

| 地区 | 猪肉 | 其他畜肉 | 禽肉 | 地区 | 猪肉 | 其他畜肉 | 禽肉 |
|---|---|---|---|---|---|---|---|
| 安徽 | 57 | 8.35 | 15.0 | 河北 | 25 | 0.70 | 3.7 |
| 北京 | 63 | 21.47 | 20.0 | 河南 | 28 | 5.01 | 7.7 |
| 福建 | 58 | 10.73 | 19.0 | 黑龙江 | 34 | 5.57 | 7.6 |
| 甘肃 | 26 | 6.13 | 2.0 | 湖北 | 52 | 8.75 | 9.0 |
| 广东 | 82 | 5.43 | 31.0 | 湖南 | 76 | 9.96 | 21.0 |
| 广西 | 128 | 3.63 | 21.0 | 吉林 | 48 | 15.05 | 12.0 |
| 贵州 | 71 | 4.06 | 5.5 | 江苏 | 51 | 6.75 | 25.0 |
| 海南 | 94 | 12.80 | 66.0 | 江西 | 61 | 0.83 | 14.0 |
| 辽宁 | 39 | 7.44 | 9.9 | 青海 | 34 | 16.95 | 5.6 |
| 内蒙古 | 22 | 4.35 | 4.2 | 山东 | 45 | 3.14 | 12.0 |
| 宁夏 | 22 | 38.15 | 21.0 | 山西 | 23 | 2.92 | 1.9 |
| 西藏 | 146 | 145.80 | 146.0 | 陕西 | 21 | 2.84 | 2.6 |
| 新疆 | 5 | 85.95 | 9.0 | 上海 | 77 | 10.30 | 45.0 |
| 云南 | 59 | 16.16 | 9.7 | 四川 | 58 | 16.83 | 15.0 |
| 浙江 | 73 | 6.68 | 21.0 | 天津 | 42 | 10.20 | 9.4 |
| 重庆 | 72 | 12.40 | 18.0 | | | | |

数据来源：中国居民营养与健康状况调查。

## 附表 4-36　不同片区人群肉类摄入量

单位：g/d

| 地区 | 猪肉 | 其他畜肉 | 禽肉 |
| --- | --- | --- | --- |
| 华东 | 60.26 | 6.68 | 21.54 |
| 东北 | 40.33 | 9.35 | 9.89 |
| 华北 | 33.86 | 7.44 | 7.87 |
| 华南 | 86.55 | 8.11 | 29.46 |
| 西北 | 21.71 | 30.00 | 7.94 |
| 西南 | 81.02 | 39.05 | 38.75 |
| 合计 | 54.59 | 16.30 | 19.63 |

数据来源：中国居民营养与健康状况调查。

## 附表 4-37　东中西部人群肉类摄入量

单位：g/d

| 地区 | 猪肉 | 其他畜肉 | 禽肉 |
| --- | --- | --- | --- |
| 东部 | 58.85 | 8.69 | 23.80 |
| 中部 | 47.58 | 7.06 | 11.06 |
| 西部 | 55.37 | 29.44 | 21.52 |
| 合计 | 54.60 | 16.30 | 19.63 |

数据来源：中国居民营养与健康状况调查。

## 附表 4-38　2002 年城乡居民奶及其制品摄入量

单位：g/d

| | 合计 | 城市小计 | 农村小计 | 大城市 | 中小城市 | 一类农村 | 二类农村 | 三类农村 | 四类农村 |
| --- | --- | --- | --- | --- | --- | --- | --- | --- | --- |
| 奶及其制品 | 26.5 | 65.8 | 11.4 | 90.9 | 55.9 | 11 | 12.5 | 18.1 | 3.7 |

数据来源：中国居民营养与健康状况调查。

## 附表 4-39　2002 年不同年龄组居民奶及其制品摄入量

单位：g/d

| 地区 | 男性 | | | | | 女性 | | | | |
| --- | --- | --- | --- | --- | --- | --- | --- | --- | --- | --- |
| | 18~29 岁 | 30~44 岁 | 45~59 岁 | 60~69 岁 | 70 岁及以上 | 18~29 岁 | 30~44 岁 | 45~59 岁 | 60~69 岁 | 70 岁及以上 |
| 合计 | 24.7 | 15.4 | 20.2 | 32.1 | 32.9 | 21.1 | 16.7 | 23 | 28 | 26.7 |
| 城市 | 46.5 | 34.9 | 53.2 | 81.6 | 90.5 | 43.7 | 39.2 | 57.8 | 69.7 | 74.3 |
| 农村 | 14.6 | 7.1 | 7.8 | 13.4 | 12.1 | 10.6 | 7.5 | 9.7 | 11.4 | 10.3 |

数据来源：中国居民营养与健康状况调查。

## 附表 4-40　1991—2004 年不同年龄段居民 (18 ～ 45 岁 ) 奶及其制品摄入量

单位：g/d

| 年份 | 男性 | | | | | 女性 | | | | |
|---|---|---|---|---|---|---|---|---|---|---|
| | 18~24 岁 | 25~29 岁 | 30~34 岁 | 35~39 岁 | 40~45 岁 | 18~24 岁 | 25~29 岁 | 30~34 岁 | 35~39 岁 | 40~45 岁 |
| 1991 | 2.6 | 4.0 | 3.2 | 4.8 | 5.3 | 2.5 | 2.3 | 3.7 | 2.4 | 4.0 |
| 1993 | 1.1 | 2.8 | 3.8 | 2.6 | 4.2 | 3.6 | 3.0 | 2.6 | 3.1 | 2.4 |
| 1997 | 2.5 | 4.8 | 4.2 | 3.7 | 3.0 | 5.9 | 3.4 | 2.0 | 2.4 | 3.2 |
| 2000 | 4.7 | 6.1 | 3.1 | 5.1 | 6.6 | 5.7 | 7.4 | 9.6 | 7.2 | 6.8 |
| 2004 | 17.1 | 8.1 | 9.3 | 10.0 | 10.1 | 24.6 | 12.6 | 13.7 | 9.7 | 13.0 |

数据来源：中国健康与营养调查。

## 附表 4-41　1991—2004 年城乡青壮年居民 ( 18 ～ 45 岁 ) 奶及其制品摄入量

单位：g/d

| 地区 | 年份 | 合计 | 男性 | 女性 |
|---|---|---|---|---|
| 城市 | 1991 | 6.4 | 6.2 | 6.6 |
| | 1993 | 13.4 | 12.9 | 13.9 |
| | 1997 | 17.3 | 18.4 | 16.4 |
| | 2000 | 30 | 23.2 | 36.1 |
| | 2004 | 39.7 | 34.9 | 44.0 |
| 郊区 | 1991 | 3.2 | 5.4 | 1.1 |
| | 1993 | 5.1 | 4.4 | 5.7 |
| | 1997 | 2.6 | 3.5 | 1.7 |
| | 2000 | 7.3 | 6.8 | 7.9 |
| | 2004 | 19.3 | 15.1 | 23.5 |
| 县城 | 1991 | 3.9 | 4.7 | 3.1 |
| | 1993 | 1.8 | 2.3 | 1.4 |
| | 1997 | 2.5 | 2.3 | 2.8 |
| | 2000 | 7.2 | 7.0 | 7.4 |
| | 2004 | 13.7 | 11.6 | 15.6 |
| 农村 | 1991 | 2.5 | 2.6 | 2.3 |
| | 1993 | 0.1 | 0.0 | 0.1 |
| | 1997 | 0.3 | 0.2 | 0.4 |
| | 2000 | 0.2 | 0.2 | 0.2 |
| | 2004 | 1.7 | 2.3 | 1.1 |

数据来源：中国健康与营养调查。

## 附表 4-42　1991—2004 年不同年龄段居民 ( >45 岁 ) 奶及其制品摄入量

单位：g/d

| 年份 | 合计 | | | | 男性 | | | | 女性 | | | |
|---|---|---|---|---|---|---|---|---|---|---|---|---|
| | 45~54 岁 | 55~64 岁 | 65~74 岁 | ≥ 75 岁 | 45~54 岁 | 55~64 岁 | 65~74 岁 | ≥ 75 岁 | 45~54 岁 | 55~64 岁 | 65~74 岁 | ≥ 75 岁 |
| 1991 | 4.2 | 6.3 | 8.3 | 4.4 | 3.9 | 5.0 | 5.1 | 3.2 | 4.5 | 7.7 | 11.5 | 5.6 |
| 1993 | 3.8 | 7.7 | 7.1 | 9.0 | 4.5 | 7.5 | 10.1 | 12.9 | 3.1 | 7.9 | 4.4 | 6.3 |
| 1997 | 3.5 | 6.3 | 4.1 | 7.1 | 2.7 | 7.2 | 4.3 | 8.3 | 4.3 | 5.5 | 4.0 | 6.3 |
| 2000 | 7.5 | 13.0 | 16.3 | 19.6 | 5.9 | 13.8 | 17.2 | 26.1 | 9.0 | 12.2 | 15.4 | 15.3 |
| 2004 | 15.7 | 18.4 | 24.7 | 27.9 | 13.4 | 18.4 | 22.2 | 36.3 | 17.9 | 18.3 | 26.9 | 21.0 |

数据来源：中国健康与营养调查。

## 附表 4-43　1991—2004 年城乡中老年居民（>45 岁）奶及其制品摄入量

单位：g/d

| 地区 | 年份 | 合计 | 男性 | 女性 |
|---|---|---|---|---|
| 城市 | 1991 | 10.4 | 10.4 | 4.5 |
| | 1993 | 20.4 | 20.4 | 3.1 |
| | 1997 | 18.8 | 18.8 | 4.3 |
| | 2000 | 46.3 | 46.3 | 9.0 |
| | 2004 | 54.1 | 54.1 | 17.9 |
| 郊区 | 1991 | 6.8 | 6.8 | 7.7 |
| | 1993 | 10.2 | 10.2 | 7.9 |
| | 1997 | 4.5 | 4.5 | 5.5 |
| | 2000 | 13.5 | 13.5 | 12.2 |
| | 2004 | 31.4 | 31.4 | 18.3 |
| 县城 | 1991 | 5.2 | 5.2 | 11.5 |
| | 1993 | 1.9 | 1.9 | 4.4 |
| | 1997 | 2.8 | 2.8 | 4.0 |
| | 2000 | 5.4 | 5.4 | 15.4 |
| | 2004 | 17.0 | 17.0 | 26.9 |
| 农村 | 1991 | 3.9 | 3.9 | 5.6 |
| | 1993 | 1.1 | 1.1 | 6.3 |
| | 1997 | 0.2 | 0.2 | 6.3 |
| | 2000 | 0.9 | 0.9 | 15.3 |
| | 2004 | 2.9 | 2.9 | 21.0 |

数据来源：中国健康与营养调查。

## 附表 4-44　2002 年各省（直辖市、自治区）人群奶及其制品摄入量

单位：g/d

| 地区 | 奶及其制品 | 地区 | 奶及其制品 |
|---|---|---|---|
| 安徽 | 19.70 | 贵州 | 10.38 |
| 北京 | 113.27 | 海南 | 50.30 |
| 福建 | 34.33 | 河北 | 7.02 |
| 甘肃 | 25.13 | 河南 | 20.99 |
| 广东 | 15.49 | 黑龙江 | 13.53 |
| 广西 | 3.03 | 湖北 | 11.87 |
| 吉林 | 41.40 | 湖南 | 18.60 |
| 江苏 | 21.79 | 山东 | 37.41 |
| 江西 | 0.73 | 山西 | 35.18 |
| 辽宁 | 42.49 | 陕西 | 33.44 |
| 内蒙古 | 1.60 | 上海 | 101.93 |
| 宁夏 | 72.80 | 四川 | 47.82 |
| 青海 | 53.30 | 云南 | 5.18 |
| 天津 | 57.95 | 浙江 | 28.80 |
| 西藏 | 145.80 | 重庆 | 31.63 |
| 新疆 | 158.55 | | |

数据来源：中国居民营养与健康状况调查。

## 附表 4-45　不同片区人群奶及其制品摄入量

单位：g/d

| | 华东 | 东北 | 华北 | 华南 | 西北 | 西南 | 合计 |
|---|---|---|---|---|---|---|---|
| 奶及其制品 | 34.96 | 32.47 | 39.34 | 19.86 | 68.64 | 48.16 | 40.69 |

数据来源：中国居民营养与健康状况调查。

## 附表 4-46　东中西部人群奶及其制品摄入量

单位：g/d

| | 东部 | 中部 | 西部 | 合计 |
|---|---|---|---|---|
| 奶及其制品 | 46.44 | 20.25 | 49.06 | 40.69 |

数据来源：中国居民营养与健康状况调查。

## 附表 4-47　2002 年城乡居民鱼虾类摄入量

单位：g/d

| | 合计 | 城市小计 | 农村小计 | 大城市 | 中小城市 | 一类农村 | 二类农村 | 三类农村 | 四类农村 |
|---|---|---|---|---|---|---|---|---|---|
| 鱼虾类 | 29.6 | 44.9 | 23.7 | 62.3 | 38 | 58.9 | 18.1 | 6.1 | 8.7 |

数据来源：中国居民营养与健康状况调查。

## 附表 4-48　2002 年不同年龄组居民鱼虾类摄入量

单位：g/d

| 地区 | 男性 | | | | | 女性 | | | | |
|---|---|---|---|---|---|---|---|---|---|---|
| | 18~29 岁 | 30~44 岁 | 45~59 岁 | 60~69 岁 | 70 岁及以上 | 18~29 岁 | 30~44 岁 | 45~59 岁 | 60~69 岁 | 70 岁及以上 |
| 合计 | 32.7 | 34.4 | 33.7 | 29.7 | 24.5 | 29.2 | 28 | 28.6 | 25.7 | 20.8 |
| 城市 | 44.5 | 46.1 | 48.3 | 42.1 | 39.4 | 39.6 | 38.3 | 40.6 | 36.4 | 33.9 |
| 农村 | 27.2 | 29.4 | 28.2 | 25 | 19.1 | 24.3 | 23.8 | 24 | 21.5 | 16.3 |

数据来源：中国居民营养与健康状况调查。

## 附表 4-49　1991—2004 年不同年龄段居民 (18 ~ 45 岁 ) 鱼虾类摄入量

单位：g/d

| 年份 | 男性 | | | | | 女性 | | | | |
|---|---|---|---|---|---|---|---|---|---|---|
| | 18~24 岁 | 25~29 岁 | 30~34 岁 | 35~39 岁 | 40~45 岁 | 18~24 岁 | 25~29 岁 | 30~34 岁 | 35~39 岁 | 40~45 岁 |
| 1991 | 19.1 | 22.1 | 24.0 | 22.5 | 19.5 | 17.1 | 23.9 | 24.6 | 19.7 | 16.8 |
| 1993 | 23.1 | 19.5 | 24.1 | 26.2 | 27.0 | 18.9 | 18.6 | 19.3 | 22.3 | 22.4 |
| 1997 | 21.2 | 30.3 | 30.2 | 29.5 | 33.1 | 23.8 | 26.0 | 27.3 | 27.4 | 25.5 |
| 2000 | 22.9 | 24.7 | 29.8 | 28.4 | 29.5 | 21.4 | 24.3 | 28.1 | 25.5 | 24.2 |
| 2004 | 29.3 | 29.6 | 28.6 | 32.5 | 36.5 | 26.0 | 29.3 | 28.9 | 26.0 | 30.7 |

数据来源：中国健康与营养调查。

## 附表 4-50　1991—2004 年城乡青壮年居民（18 ~ 45 岁）鱼虾类摄入量

单位：g/d

| 地区 | 年份 | 合计 | 男性 | 女性 |
|---|---|---|---|---|
| 城市 | 1991 | 24.5 | 27.8 | 21.2 |
| | 1993 | 30.2 | 33.3 | 27.2 |
| | 1997 | 38.7 | 42.4 | 35.4 |
| | 2000 | 31.5 | 32.9 | 30.2 |
| | 2004 | 39.8 | 40.0 | 39.7 |
| 郊区 | 1991 | 19.1 | 18.7 | 19.6 |
| | 1993 | 30.3 | 32.6 | 28.0 |
| | 1997 | 35.2 | 35.7 | 24.7 |
| | 2000 | 38.8 | 38.5 | 39.2 |
| | 2004 | 39 | 43.0 | 35.1 |
| 县城 | 1991 | 18.8 | 18.4 | 19.2 |
| | 1993 | 25.8 | 27.8 | 26.8 |
| | 1997 | 30 | 32.8 | 27.4 |
| | 2000 | 28.6 | 31.3 | 26.0 |
| | 2004 | 30.7 | 32.7 | 28.8 |
| 农村 | 1991 | 20.5 | 20.9 | 20.0 |
| | 1993 | 16.6 | 18.0 | 15.4 |
| | 1997 | 20.6 | 21.5 | 19.6 |
| | 2000 | 19.3 | 20.6 | 18.1 |
| | 2004 | 23.8 | 25.1 | 22.6 |

数据来源：中国健康与营养调查 。

## 附表 4-51　1991—2004 年不同年龄段居民（>45 岁）鱼虾类摄入量

单位：g/d

| 年份 | 合计 | | | | 男性 | | | | 女性 | | | |
|---|---|---|---|---|---|---|---|---|---|---|---|---|
| | 45~54 岁 | 55~64 岁 | 65~74 岁 | ≥ 75 岁 | 45~54 岁 | 55~64 岁 | 65~74 岁 | ≥ 75 岁 | 45~54 岁 | 55~64 岁 | 65~74 岁 | ≥ 75 岁 |
| 1991 | 18.8 | 21.9 | 16.9 | 12.3 | 21.4 | 49.6 | 19.2 | 14.3 | 16.2 | 24.3 | 14.5 | 10.2 |
| 1993 | 21.7 | 21.0 | 20.6 | 14.6 | 25.4 | 21.9 | 22.0 | 17.9 | 18.0 | 20.2 | 19.2 | 12.3 |
| 1997 | 24.9 | 25.3 | 24.0 | 21.5 | 26.6 | 27.8 | 22.9 | 23.7 | 23.3 | 22.9 | 25.1 | 19.9 |
| 2000 | 27.6 | 24.0 | 20.0 | 19.7 | 29.6 | 25.2 | 21.5 | 23.0 | 25.9 | 22.8 | 18.6 | 17.5 |
| 2004 | 32.0 | 30.8 | 28.4 | 23.9 | 35.1 | 33.6 | 32.4 | 29.7 | 29.3 | 28.0 | 24.8 | 19.1 |

数据来源：中国健康与营养调查。

## 附表 4-52　1991—2004 年城乡中老年居民（>45 岁）鱼虾类摄入量

单位：g/d

| 地区 | 年份 | 合计 | 男性 | 女性 |
|---|---|---|---|---|
| 城市 | 1991 | 19.1 | 19.1 | 16.2 |
| | 1993 | 24.2 | 24.2 | 18.0 |
| | 1997 | 37.6 | 37.6 | 23.3 |
| | 2000 | 31.2 | 31.2 | 25.9 |
| | 2004 | 36.8 | 36.8 | 29.3 |

| 地区 | 年份 | 合计 | 男性 | 女性 |
|---|---|---|---|---|
| 郊区 | 1991 | 16.4 | 16.4 | 24.3 |
| | 1993 | 26.9 | 26.9 | 20.2 |
| | 1997 | 29.3 | 29.3 | 22.9 |
| | 2000 | 38.3 | 38.3 | 22.8 |
| | 2004 | 41.0 | 41.0 | 28.0 |
| 县城 | 1991 | 20.0 | 20.0 | 14.5 |
| | 1993 | 25.4 | 25.4 | 19.2 |
| | 1997 | 24.3 | 24.3 | 25.1 |
| | 2000 | 25.3 | 25.3 | 18.6 |
| | 2004 | 31.5 | 31.5 | 24.8 |
| 农村 | 1991 | 19.5 | 19.5 | 10.2 |
| | 1993 | 15.8 | 15.8 | 12.3 |
| | 1997 | 18.1 | 18.1 | 19.9 |
| | 2000 | 17.6 | 17.6 | 17.5 |
| | 2004 | 23.6 | 23.6 | 19.1 |

数据来源：中国健康与营养调查。

## 附表 4-53　2002 年各省（直辖市、自治区）居民鱼虾类摄入量

单位：g/d

| 地区 | 鱼虾类 | 地区 | 鱼虾类 |
|---|---|---|---|
| 安徽 | 33.70 | 贵州 | 8.94 |
| 北京 | 26.23 | 海南 | 103.80 |
| 福建 | 77.23 | 河北 | 13.62 |
| 甘肃 | 1.03 | 河南 | 11.10 |
| 广东 | 56.86 | 黑龙江 | 35.30 |
| 广西 | 15.80 | 湖北 | 54.33 |
| 江西 | 26.27 | 湖南 | 36.56 |
| 辽宁 | 38.17 | 吉林 | 23.60 |
| 内蒙古 | 11.65 | 江苏 | 55.81 |
| 宁夏 | 17.70 | 天津 | 46.40 |
| 青海 | 7.85 | 西藏 | 145.80 |
| 山东 | 41.00 | 新疆 | 5.10 |
| 山西 | 1.95 | 云南 | 4.98 |
| 陕西 | 2.29 | 浙江 | 120.70 |
| 上海 | 132.80 | 重庆 | 20.95 |
| 四川 | 10.02 | | |

数据来源：中国居民营养与健康状况调查。

## 附表 4-54　不同片区人群鱼虾类摄入量

单位：g/d

| | 华东 | 东北 | 华北 | 华南 | 西北 | 西南 | 合计 |
|---|---|---|---|---|---|---|---|
| 鱼虾类 | 69.64 | 32.36 | 18.49 | 53.47 | 6.79 | 38.14 | 38.31 |

数据来源：中国居民营养与健康状况调查。

## 附表 4-55　东中西部人群鱼虾类摄入量

单位：g/d

| | 东部 | 中部 | 西部 | 合计 |
|---|---|---|---|---|
| 鱼虾类 | 64.78 | 27.85 | 21.01 | 38.31 |

数据来源：中国居民营养与健康状况调查。

## 附表 4-56　2002 年城乡居民油类摄入量

单位：g/d

| | 合计 | 城市小计 | 农村小计 | 大城市 | 中小城市 | 一类农村 | 二类农村 | 三类农村 | 四类农村 |
|---|---|---|---|---|---|---|---|---|---|
| 植物油 | 32.9 | 40.2 | 30.1 | 45.2 | 38.2 | 32.9 | 31.8 | 30.3 | 20.9 |
| 动物油 | 8.7 | 3.8 | 10.6 | 0.8 | 5 | 7.4 | 9.7 | 8.3 | 19.2 |

数据来源：中国居民营养与健康状况调查。

## 附表 4-57　2002 年不同年龄组居民油类摄入量

单位：g/d

| 年份 | 食物类别 | 男性 | | | | | 女性 | | | | |
|---|---|---|---|---|---|---|---|---|---|---|---|
| | | 18~29 岁 | 30~44 岁 | 45~59 岁 | 60~69 岁 | 70 岁及以上 | 18~29 岁 | 30~44 岁 | 45~59 岁 | 60~69 岁 | 70 岁及以上 |
| 合计 | 植物油 | 37.3 | 38 | 36.3 | 35.3 | 30.2 | 31.9 | 32.4 | 32.4 | 30.5 | 24.4 |
| | 动物油 | 9 | 9.5 | 10.9 | 9.1 | 7.1 | 8.5 | 8.7 | 9.1 | 7 | 6.7 |
| 城市 | 植物油 | 3.9 | 4.5 | 4.3 | 3.1 | 2.4 | 34.9 | 34.3 | 35.9 | 37.2 | 31.5 |
| | 动物油 | 144.9 | 145.6 | 141.2 | 132.5 | 122.1 | 3.5 | 3.6 | 3.9 | 2.4 | 1.8 |
| 农村 | 植物油 | 35.6 | 37.1 | 34.6 | 33 | 27.8 | 30.5 | 31.6 | 31.1 | 27.9 | 21.9 |
| | 动物油 | 11.4 | 11.6 | 13.4 | 11.4 | 8.8 | 10.8 | 10.9 | 11.1 | 8.8 | 8.3 |

数据来源：中国居民营养与健康状况调查。

## 附表 4-58　1991—2004 年不同年龄段居民（18 ~ 45 岁）油类摄入量

单位：g/d

| 年份 | 食物类别 | 男性 | | | | | 女性 | | | | |
|---|---|---|---|---|---|---|---|---|---|---|---|
| | | 18~24 岁 | 25~29 岁 | 30~34 岁 | 35~39 岁 | 40~45 岁 | 18~24 岁 | 25~29 岁 | 30~34 岁 | 35~39 岁 | 40~45 岁 |
| 1991 | 植物油 | 18.5 | 26 | 22.5 | 22.7 | 19.5 | 19.9 | 22.9 | 27 | 21.9 | 20.1 |
| | 动物油 | 15.5 | 12.3 | 13.4 | 11.4 | 14.1 | 13.4 | 14.2 | 11.5 | 12.8 | 11.6 |
| 1993 | 植物油 | 21.2 | 25.1 | 26 | 24 | 24.6 | 19.4 | 21.3 | 20.9 | 21.4 | 21.1 |
| | 动物油 | 11.4 | 11.1 | 9.6 | 10.6 | 9.7 | 9.1 | 10.7 | 9.5 | 9.2 | 9.9 |
| 1997 | 植物油 | 29.1 | 36.8 | 34.6 | 35.6 | 34.3 | 28.8 | 29.8 | 30 | 31.4 | 28 |
| | 动物油 | 10.4 | 8.4 | 7.6 | 6.5 | 9 | 8.6 | 5.9 | 6.2 | 4.7 | 8.8 |
| 2000 | 植物油 | 34.2 | 32.9 | 36.2 | 36.5 | 35.3 | 26.4 | 30.1 | 31.6 | 31.5 | 31.5 |
| | 动物油 | 9.4 | 10.8 | 9.4 | 8.1 | 10.5 | 8.4 | 7.5 | 8.1 | 7.7 | 7.5 |
| 2004 | 植物油 | 32.4 | 30.4 | 35.1 | 36.3 | 34.6 | 29 | 27.4 | 30 | 28.5 | 31.8 |
| | 动物油 | 7.6 | 6.2 | 5.2 | 7.3 | 6.3 | 4.4 | 6.2 | 4.8 | 6.1 | 5.4 |

数据来源：中国健康与营养调查。

## 附表 4-59　1991—2004 年城乡青壮年居民（18 ~ 45 岁）油类摄入量

单位：g/d

| 地区 | 年份 | 食物类别 | 合计 | 男性 | 女性 |
|---|---|---|---|---|---|
| 城市 | 1991 | 植物油 | 21.4 | 21.4 | 21.5 |
| | | 动物油 | 11.3 | 11.3 | 11.3 |
| | 1993 | 植物油 | 29.7 | 29.7 | 27.3 |
| | | 动物油 | 7.9 | 7.9 | 8.3 |
| | 1997 | 植物油 | 40.3 | 40.3 | 37.2 |
| | | 动物油 | 5.8 | 5.8 | 5.0 |
| | 2000 | 植物油 | 37.6 | 37.6 | 35.4 |
| | | 动物油 | 3.7 | 3.7 | 3.3 |
| | 2004 | 植物油 | 38.9 | 38.9 | 35.0 |
| | | 动物油 | 2.6 | 2.6 | 2.5 |
| 郊区 | 1991 | 植物油 | 20.5 | 20.5 | 20.2 |
| | | 动物油 | 14.0 | 14.0 | 13.7 |
| | 1993 | 植物油 | 24.4 | 24.4 | 22.6 |
| | | 动物油 | 14.5 | 14.5 | 13.6 |
| | 1997 | 植物油 | 34.1 | 34.1 | 32.1 |
| | | 动物油 | 13.1 | 13.1 | 11.7 |
| | 2000 | 植物油 | 35.5 | 35.5 | 32.8 |
| | | 动物油 | 9.4 | 9.4 | 7.9 |
| | 2004 | 植物油 | 32.5 | 32.5 | 30.0 |
| | | 动物油 | 5.3 | 5.3 | 4.7 |
| 县城 | 1991 | 植物油 | 23.3 | 23.3 | 24.1 |
| | | 动物油 | 12.8 | 12.8 | 12.9 |
| | 1993 | 植物油 | 22.4 | 22.4 | 21.0 |
| | | 动物油 | 8.7 | 8.7 | 8.5 |
| | 1997 | 植物油 | 30.9 | 30.9 | 28.9 |
| | | 动物油 | 6.3 | 6.3 | 6.5 |
| | 2000 | 植物油 | 32.8 | 32.8 | 29.7 |
| | | 动物油 | 7.2 | 7.2 | 9.7 |
| | 2004 | 植物油 | 32.6 | 32.6 | 30.7 |
| | | 动物油 | 5.3 | 5.3 | 4.6 |
| 农村 | 1991 | 植物油 | 21.8 | 21.8 | 22.0 |
| | | 动物油 | 13.5 | 13.5 | 12.9 |
| | 1993 | 植物油 | 19.9 | 19.9 | 18.6 |
| | | 动物油 | 9.6 | 9.6 | 9.0 |
| | 1997 | 植物油 | 28.5 | 28.5 | 26.4 |
| | | 动物油 | 6.8 | 6.8 | 6.1 |
| | 2000 | 植物油 | 30.6 | 30.6 | 28.6 |
| | | 动物油 | 10.0 | 10.0 | 9.1 |
| | 2004 | 植物油 | 29.4 | 29.4 | 27.8 |
| | | 动物油 | 7.3 | 7.3 | 6.9 |

数据来源：中国健康与营养调查。

## 附表 4-60 1991—2004 年不同年龄段居民（>45 岁）油类摄入量

单位：g/d

| 年份 | 食物类别 | 合计 | | | | 男性 | | | | 女性 | | | |
|---|---|---|---|---|---|---|---|---|---|---|---|---|---|
| | | 45~54岁 | 55~64岁 | 65~74岁 | ≥75岁 | 45~54岁 | 55~64岁 | 65~74岁 | ≥75岁 | 45~54岁 | 55~64岁 | 65~74岁 | ≥75岁 |
| 1991 | 植物油 | 21.3 | 23.2 | 20.2 | 20.6 | 21.9 | 23.3 | 22.0 | 17.9 | 20.6 | 23.2 | 18.5 | 23.3 |
| | 动物油 | 11.9 | 11.5 | 11.1 | 8.6 | 12.9 | 11.2 | 9.6 | 9.5 | 10.9 | 11.8 | 12.5 | 7.8 |
| 1993 | 植物油 | 22.4 | 23.4 | 23.0 | 17.2 | 23.4 | 23.4 | 24.9 | 18.7 | 21.3 | 23.5 | 21.3 | 16.2 |
| | 动物油 | 9.2 | 9.3 | 9.1 | 6.8 | 10.3 | 10.5 | 9.5 | 8.0 | 8.1 | 8.3 | 8.7 | 5.9 |
| 1997 | 植物油 | 32.4 | 32.3 | 28.5 | 24.7 | 33.9 | 34.7 | 30.7 | 25.9 | 30.8 | 30.1 | 26.3 | 23.9 |
| | 动物油 | 8.7 | 9.1 | 7.3 | 5.5 | 9.0 | 9.4 | 7.9 | 6.2 | 8.5 | 8.8 | 6.6 | 4.9 |
| 2000 | 植物油 | 33.8 | 31.7 | 32.4 | 27.7 | 36.1 | 34.6 | 33.9 | 29.5 | 31.6 | 28.9 | 30.9 | 26.5 |
| | 动物油 | 9.5 | 9.1 | 7.1 | 7.5 | 9.8 | 10.3 | 7.8 | 8.3 | 9.3 | 8.0 | 6.4 | 7.0 |
| 2004 | 植物油 | 34.4 | 32.1 | 31.9 | 29.7 | 36.8 | 33.6 | 32.4 | 32.5 | 32.3 | 30.7 | 31.5 | 27.5 |
| | 动物油 | 6.3 | 6.3 | 5.2 | 5.4 | 6.8 | 6.7 | 5.4 | 6.5 | 5.8 | 5.9 | 4.9 | 4.5 |

数据来源：中国健康与营养调查。

## 附表 4-61 1991—2004 年城乡中老年居民（>45 岁）油类摄入量

单位：g/d

| 地区 | 年份 | 食物类别 | 合计 | 男性 | 女性 |
|---|---|---|---|---|---|
| 城市 | 1991 | 植物油 | 22.0 | 22.0 | 20.6 |
| | | 动物油 | 10.6 | 10.6 | 10.9 |
| | 1993 | 植物油 | 30.8 | 30.8 | 21.3 |
| | | 动物油 | 7.1 | 7.1 | 8.1 |
| | 1997 | 植物油 | 39.5 | 39.5 | 30.8 |
| | | 动物油 | 5.6 | 5.6 | 8.5 |
| | 2000 | 植物油 | 36.0 | 36.0 | 31.6 |
| | | 动物油 | 3.5 | 3.5 | 9.3 |
| | 2004 | 植物油 | 38.1 | 38.1 | 32.3 |
| | | 动物油 | 2.1 | 2.1 | 5.8 |
| 郊区 | 1991 | 植物油 | 19.8 | 19.8 | 23.2 |
| | | 动物油 | 10.4 | 10.4 | 11.8 |
| | 1993 | 植物油 | 24.0 | 24.0 | 23.5 |
| | | 动物油 | 12.7 | 12.7 | 8.3 |
| | 1997 | 植物油 | 32.7 | 32.7 | 30.1 |
| | | 动物油 | 12.1 | 12.1 | 8.8 |
| | 2000 | 植物油 | 36.3 | 36.3 | 28.9 |
| | | 动物油 | 10.1 | 10.1 | 8.0 |
| | 2004 | 植物油 | 39.1 | 39.1 | 30.7 |
| | | 动物油 | 5.5 | 5.5 | 5.9 |

| 地区 | 年份 | 食物类别 | 合计 | 男性 | 女性 |
|---|---|---|---|---|---|
| 县城 | 1991 | 植物油 | 20.8 | 20.8 | 18.5 |
| | | 动物油 | 13.9 | 13.9 | 12.5 |
| | 1993 | 植物油 | 24.0 | 24.0 | 21.3 |
| | | 动物油 | 7.8 | 7.8 | 8.7 |
| | 1997 | 植物油 | 30.8 | 30.8 | 26.3 |
| | | 动物油 | 6.1 | 6.1 | 6.6 |
| | 2000 | 植物油 | 32.4 | 32.4 | 30.9 |
| | | 动物油 | 7.9 | 7.9 | 6.4 |
| | 2004 | 植物油 | 32.9 | 32.9 | 31.5 |
| | | 动物油 | 5.4 | 5.4 | 4.9 |
| 农村 | 1991 | 植物油 | 22.4 | 22.4 | 23.3 |
| | | 动物油 | 11.2 | 11.2 | 7.8 |
| | 1993 | 植物油 | 18.3 | 18.3 | 16.2 |
| | | 动物油 | 9.1 | 9.1 | 5.9 |
| | 1997 | 植物油 | 27.3 | 27.3 | 23.9 |
| | | 动物油 | 8.7 | 8.7 | 4.9 |
| | 2000 | 植物油 | 30.0 | 30.0 | 26.5 |
| | | 动物油 | 10.4 | 10.4 | 7.0 |
| | 2004 | 植物油 | 28.7 | 28.7 | 27.5 |
| | | 动物油 | 7.7 | 7.7 | 4.5 |

数据来源：中国居民营养与健康状况调查。

## 附表 4-62　2002 年各省（直辖市、自治区）人群油类摄入量

单位：g/d

| 地区 | 植物油 | 动物油 | 地区 | 植物油 | 动物油 |
|---|---|---|---|---|---|
| 安徽 | 29.43 | 12.25 | 海南 | 36.00 | 2.00 |
| 北京 | 47.47 | 0.13 | 河北 | 29.10 | 4.87 |
| 福建 | 21.37 | 11.8 | 河南 | 33.75 | 5.95 |
| 甘肃 | 29.10 | 3.77 | 黑龙江 | 36.13 | 0.63 |
| 广东 | 22.73 | 10.41 | 内蒙古 | 9.55 | 30.15 |
| 广西 | 3.03 | 21.30 | 宁夏 | 39.30 | 3.15 |
| 贵州 | 16.26 | 23.50 | 青海 | 38.75 | 1.25 |
| 湖北 | 49.42 | 4.35 | 山东 | 45.84 | 0.81 |
| 湖南 | 40.68 | 13.52 | 山西 | 24.17 | 4.37 |
| 吉林 | 32.75 | 5.10 | 陕西 | 44.98 | 2.54 |
| 江苏 | 41.19 | 0.23 | 上海 | 49.40 | 0.03 |
| 江西 | 26.40 | 12.43 | 四川 | 35.38 | 9.33 |
| 辽宁 | 31.73 | 10.37 | 天津 | 43.40 | 0.30 |
| 新疆 | 54.20 | 0.65 | 西藏 | 145.80 | 145.80 |
| 云南 | 15.06 | 28.42 | 重庆 | 38.80 | 28.40 |
| 浙江 | 40.53 | 4.38 | | | |

数据来源：中国居民营养与健康状况调查。

## 附表 4-63 不同片区人群油类摄入量

单位：g/d

| | 华东 | 东北 | 华北 | 华南 | 西北 | 西南 | 合计 |
|---|---|---|---|---|---|---|---|
| 植物油 | 36.31 | 33.54 | 31.24 | 30.37 | 41.27 | 50.26 | 37.15 |
| 动物油 | 5.99 | 5.37 | 7.63 | 10.32 | 2.27 | 47.09 | 12.97 |

数据来源：中国居民营养与健康状况调查。

## 附表 4-64 东中西部人群油类摄入量

单位：g/d

| | 东部 | 中部 | 西部 | 合计 |
|---|---|---|---|---|
| 植物油 | 37.16 | 34.09 | 39.18 | 37.15 |
| 动物油 | 4.12 | 7.33 | 24.86 | 12.97 |

数据来源：中国居民营养与健康状况调查。

## 附表 4-65 东中西、城乡居民食用自产食物的比例（总）

| 地区 | 城乡 | | 城市 | | 农村 | |
|---|---|---|---|---|---|---|
| | 人数 / 人 | 比例 / % | 人数 / 人 | 比例 / % | 人数 / 人 | 比例 / % |
| 合计 | 47 832 | 97.8 | 9 773 | 97.1 | 38 059 | 98.0 |
| 东部 | 14 268 | 97.4 | 3 714 | 96.9 | 10 554 | 97.5 |
| 中部 | 14 213 | 98.0 | 2 292 | 96.8 | 11 921 | 98.5 |
| 西部 | 19 351 | 97.4 | 3 767 | 97.4 | 15 584 | 98.0 |

数据来源：中国人群环境暴露行为模式研究。

## 附表 4-66 中国人群分东中西、城乡居民食用自产粮食的比例

| 地区 | 城乡 | 大米 | | 小麦 | |
|---|---|---|---|---|---|
| | | 人数 / 人 | 比例 / % | 人数 / 人 | 比例 / % |
| 合计 | 城乡 | 18 051 | 39.44 | 14 366 | 31.39 |
| | 城市 | 3 498 | 37.5 | 2 858 | 30.64 |
| | 农村 | 14 553 | 39.94 | 11 508 | 31.58 |
| 东部 | 城乡 | 4 954 | 35.58 | 3 808 | 27.35 |
| | 城市 | 952 | 26.49 | 1 095 | 30.47 |
| | 农村 | 4 002 | 38.74 | 2 713 | 26.26 |
| 中部 | 城乡 | 5 456 | 40.06 | 3 247 | 23.84 |
| | 城市 | 762 | 36.42 | 499 | 23.85 |
| | 农村 | 4 694 | 40.72 | 2 748 | 23.84 |
| 西部 | 城乡 | 7 641 | 41.94 | 7 311 | 40.12 |
| | 城市 | 1 784 | 49 | 1 264 | 34.72 |
| | 农村 | 5 857 | 40.17 | 6 047 | 41.47 |

数据来源：中国人群环境暴露行为模式研究。

## 附表 4-67　中国人群分东中西、城乡居民食用自产蔬菜的比例

| 地区 | 城乡 | 蔬菜 | |
|---|---|---|---|
| | | 人数 / 人 | 比例 / % |
| 合计 | 城乡 | 40 253 | 87.96 |
| | 城市 | 7 599 | 81.47 |
| | 农村 | 32 654 | 89.62 |
| 东部 | 城乡 | 11 706 | 84.06 |
| | 城市 | 2 654 | 73.85 |
| | 农村 | 9 052 | 87.62 |
| 中部 | 城乡 | 12 487 | 91.69 |
| | 城市 | 1 844 | 88.15 |
| | 农村 | 10 643 | 92.33 |
| 西部 | 城乡 | 16 060 | 88.14 |
| | 城市 | 3 101 | 85.17 |
| | 农村 | 12 959 | 88.88 |

数据来源：中国人群环境暴露行为模式研究。

## 附表 4-68　中国人群分东中西、城乡居民食用自产水果的比例

| 地区 | 城乡 | 水果 | |
|---|---|---|---|
| | | 人数 / 人 | 比例 / % |
| 合计 | 城乡 | 11 457 | 25.03 |
| | 城市 | 1 906 | 20.44 |
| | 农村 | 9 551 | 26.21 |
| 东部 | 城乡 | 2 629 | 18.88 |
| | 城市 | 531 | 14.77 |
| | 农村 | 2 098 | 20.31 |
| 中部 | 城乡 | 2 146 | 15.76 |
| | 城市 | 192 | 9.18 |
| | 农村 | 1 954 | 16.95 |
| 西部 | 城乡 | 6 682 | 36.67 |
| | 城市 | 1 183 | 32.49 |
| | 农村 | 5 499 | 37.72 |

数据来源：中国人群环境暴露行为模式研究。

## 附表 4-69　中国人群分片区、城乡居民食用自产食物的比例（总）

| 地区 | 城乡 | 人数 / 人 | 比例 / % |
|---|---|---|---|
| 合计 | 城乡 | 47 832 | 97.84 |
| | 城市 | 9 773 | 97.06 |
| | 农村 | 38 059 | 98.04 |
| 华北 | 城乡 | 9 195 | 97.98 |
| | 城市 | 1 565 | 96.78 |
| | 农村 | 7 630 | 98.22 |

| 地区 | 城乡 | 人数/人 | 比例/% |
|---|---|---|---|
| 华东 | 城乡 | 10 014 | 97.14 |
| | 城市 | 2 878 | 97.59 |
| | 农村 | 7 136 | 96.96 |
| 华南 | 城乡 | 7 228 | 98.68 |
| | 城市 | 1 161 | 96.91 |
| | 农村 | 6 067 | 99.02 |
| 西北 | 城乡 | 6 891 | 97.73 |
| | 城市 | 1 454 | 97.91 |
| | 农村 | 5 437 | 97.68 |
| 东北 | 城乡 | 5 377 | 97.37 |
| | 城市 | 814 | 93.24 |
| | 农村 | 4 563 | 98.15 |
| 西南 | 城乡 | 9 127 | 98.16 |
| | 城市 | 1 901 | 97.64 |
| | 农村 | 7 226 | 98.3 |

数据来源：中国人群环境暴露行为模式研究。

## 附表 4-70 中国人群分片区、城乡居民食用自产粮食的比例

| 地区 | 城乡 | 大米 | | 小麦 | |
|---|---|---|---|---|---|
| | | 人数/人 | 比例/% | 人数/人 | 比例/% |
| 合计 | 城乡 | 18 051 | 39.44 | 14 366 | 31.39 |
| | 城市 | 3 498 | 37.5 | 2 858 | 30.64 |
| | 农村 | 14 553 | 39.94 | 11 508 | 31.58 |
| 华北 | 城乡 | 293 | 3.36 | 3 744 | 42.99 |
| | 城市 | 78 | 5.35 | 682 | 46.78 |
| | 农村 | 215 | 2.96 | 3 062 | 42.22 |
| 华东 | 城乡 | 4 628 | 46.98 | 3 371 | 34.22 |
| | 城市 | 839 | 30.58 | 867 | 31.6 |
| | 农村 | 3 789 | 53.31 | 2 504 | 35.23 |
| 华南 | 城乡 | 5 592 | 86.58 | 350 | 5.42 |
| | 城市 | 762 | 73.55 | 87 | 8.4 |
| | 农村 | 4 830 | 89.07 | 263 | 4.85 |
| 西北 | 城乡 | 979 | 14.21 | 4 392 | 63.76 |
| | 城市 | 263 | 18.09 | 983 | 67.61 |
| | 农村 | 716 | 13.18 | 3 409 | 62.73 |
| 东北 | 城乡 | 1 248 | 23.21 | 54 | 1 |
| | 城市 | 218 | 26.78 | 11 | 1.35 |
| | 农村 | 1 030 | 22.57 | 43 | 0.94 |
| 西南 | 城乡 | 5 311 | 62.63 | 2 455 | 28.95 |
| | 城市 | 1 338 | 73.48 | 228 | 12.52 |
| | 农村 | 3 973 | 59.66 | 2 227 | 33.44 |

数据来源：中国人群环境暴露行为模式研究。

## 附表 4-71　中国人群分片区、城乡居民食用自产蔬菜的比例

| 地区 | 城乡 | 蔬菜 | |
|---|---|---|---|
| | | 人数 / 人 | 比例 / % |
| 合计 | 城乡 | 40 253 | 87.96 |
| | 城市 | 7 599 | 81.47 |
| | 农村 | 32 654 | 89.62 |
| 华北 | 城乡 | 7 182 | 82.46 |
| | 城市 | 1 182 | 81.07 |
| | 农村 | 6 000 | 82.74 |
| 华东 | 城乡 | 8 331 | 84.57 |
| | 城市 | 1 901 | 69.28 |
| | 农村 | 6 430 | 90.47 |
| 华南 | 城乡 | 6 127 | 94.86 |
| | 城市 | 959 | 92.57 |
| | 农村 | 5 168 | 95.3 |
| 西北 | 城乡 | 5 691 | 82.62 |
| | 城市 | 1 050 | 72.21 |
| | 农村 | 4 641 | 85.41 |
| 东北 | 城乡 | 5 219 | 97.06 |
| | 城市 | 792 | 97.3 |
| | 农村 | 4 427 | 97.02 |
| 西南 | 城乡 | 7 703 | 90.84 |
| | 城市 | 1 715 | 94.18 |
| | 农村 | 5 988 | 89.92 |

数据来源：中国人群环境暴露行为模式研究。

## 附表 4-72　中国人群分片区、城乡居民食用自产水果的比例

| 地区 | 城乡 | 水果 | |
|---|---|---|---|
| | | 人数 / 人 | 比例 / % |
| 合计 | 城乡 | 11 457 | 25.03 |
| | 城市 | 1 906 | 20.44 |
| | 农村 | 9 551 | 26.21 |
| 华北 | 城乡 | 1 292 | 14.83 |
| | 城市 | 244 | 16.74 |
| | 农村 | 1 048 | 14.45 |
| 华东 | 城乡 | 1 879 | 19.07 |
| | 城市 | 302 | 11.01 |
| | 农村 | 1 577 | 22.19 |
| 华南 | 城乡 | 1 335 | 20.67 |
| | 城市 | 128 | 12.36 |
| | 农村 | 1 207 | 22.26 |
| 西北 | 城乡 | 2 987 | 43.37 |
| | 城市 | 595 | 40.92 |
| | 农村 | 2 392 | 44.02 |
| 东北 | 城乡 | 771 | 14.34 |
| | 城市 | 108 | 13.27 |
| | 农村 | 663 | 14.53 |
| 西南 | 城乡 | 3 193 | 37.65 |
| | 城市 | 529 | 29.05 |
| | 农村 | 2 664 | 40.01 |

数据来源：中国人群环境暴露行为模式研究。

## 附表 4-73 中国人群分省（直辖市、自治区）、城乡居民食用自产食物的比例（总）

| 地区 | 城乡 | | 城市 | | 农村 | |
|---|---|---|---|---|---|---|
| | 人数 / 人 | 比例 / % | 人数 / 人 | 比例 / % | 人数 / 人 | 比例 / % |
| 合计 | 47 832 | 97.84 | 9 773 | 97.06 | 38 059 | 98.04 |
| 北京 | 162 | 82.23 | 44 | 73.33 | 118 | 86.13 |
| 天津 | 424 | 99.07 | 213 | 98.16 | 211 | 100 |
| 河北 | 2 259 | 97.75 | 504 | 98.63 | 1 755 | 97.5 |
| 山西 | 2 427 | 99.02 | 309 | 98.41 | 2 118 | 99.11 |
| 内蒙古 | 1 323 | 96.85 | 144 | 94.74 | 1 179 | 97.12 |
| 辽宁 | 2 121 | 96.81 | 316 | 89.01 | 1 805 | 98.31 |
| 吉林 | 1 188 | 98.67 | 283 | 98.26 | 905 | 98.8 |
| 黑龙江 | 2 068 | 97.23 | 215 | 93.48 | 1 853 | 97.68 |
| 上海 | 589 | 100 | 589 | 100 | | |
| 江苏 | 1 310 | 98.5 | 474 | 98.14 | 836 | 98.7 |
| 安徽 | 1 542 | 95.84 | 358 | 93.96 | 1 184 | 96.42 |
| 浙江 | 1 516 | 94.93 | 174 | 97.21 | 1 342 | 94.64 |
| 福建 | 1 039 | 96.29 | 269 | 93.73 | 770 | 97.22 |
| 江西 | 1 198 | 98.84 | 318 | 98.45 | 880 | 98.99 |
| 山东 | 2 820 | 97.48 | 696 | 98.44 | 2 124 | 97.16 |
| 河南 | 2 600 | 98.78 | 351 | 96.69 | 2 249 | 99.12 |
| 湖北 | 988 | 98.6 | 264 | 97.78 | 724 | 98.91 |
| 湖南 | 2 202 | 98.66 | 194 | 97 | 2 008 | 98.82 |
| 广东 | 1 416 | 99.86 | 367 | 99.46 | 1 049 | 100 |
| 广西 | 2 010 | 98.1 | 268 | 94.37 | 1 742 | 98.7 |
| 海南 | 612 | 98.08 | 68 | 90.67 | 544 | 99.09 |
| 重庆 | 496 | 99.8 | 124 | 99.2 | 372 | 100 |
| 四川 | 3 054 | 98.8 | 887 | 97.26 | 2 167 | 99.45 |
| 贵州 | 1 822 | 98.75 | 298 | 97.39 | 1 524 | 99.03 |
| 云南 | 2 614 | 96.1 | 554 | 97.88 | 2 060 | 95.64 |
| 西藏 | 1 141 | 99.65 | 38 | 100 | 1 103 | 99.64 |
| 陕西 | 1 777 | 98.45 | 435 | 98.19 | 1 342 | 98.53 |
| 甘肃 | 2 244 | 95.9 | 439 | 99.32 | 1 805 | 95.1 |
| 新疆 | 1 631 | 98.25 | 275 | 94.83 | 1 356 | 98.98 |
| 宁夏 | 276 | 98.57 | 195 | 98.98 | 81 | 97.59 |
| 青海 | 963 | 99.69 | 110 | 97.35 | 853 | 100 |

数据来源：中国人群环境暴露行为模式研究。

## 附表 4-74　中国人群分省（直辖市、自治区）、城乡居民食用自产粮食的比例

| 地区 | 城乡 | 大米 | | 小麦 | |
| --- | --- | --- | --- | --- | --- |
| | | 人数 / 人 | 比例 / % | 人数 / 人 | 比例 / % |
| 合计 | 城乡 | 18 051 | 39.44 | 14 366 | 31.39 |
| | 城市 | 3 498 | 37.5 | 2 858 | 30.64 |
| | 农村 | 14 553 | 39.94 | 11 508 | 31.58 |
| 北京 | 城乡 | 11 | 6.79 | 86 | 53.09 |
| | 城市 | 7 | 15.91 | 19 | 43.18 |
| | 农村 | 4 | 3.39 | 67 | 56.78 |
| 天津 | 城乡 | 2 | 0.47 | 247 | 58.25 |
| | 城市 | — | — | 150 | 70.42 |
| | 农村 | 2 | 0.95 | 97 | 45.97 |
| 河北 | 城乡 | 91 | 4.03 | 792 | 35.06 |
| | 城市 | 35 | 6.94 | 187 | 37.1 |
| | 农村 | 56 | 3.19 | 605 | 34.47 |
| 山西 | 城乡 | 27 | 1.39 | 77 | 3.96 |
| | 城市 | — | — | — | — |
| | 农村 | 27 | 1.55 | 77 | 4.42 |
| 内蒙古 | 城乡 | 14 | 1.06 | 457 | 34.54 |
| | 城市 | 2 | 1.39 | 50 | 34.72 |
| | 农村 | 12 | 1.02 | 407 | 34.52 |
| 辽宁 | 城乡 | 479 | 22.58 | 14 | 0.66 |
| | 城市 | 99 | 31.33 | 9 | 2.85 |
| | 农村 | 380 | 21.05 | 5 | 0.28 |
| 吉林 | 城乡 | 599 | 50.42 | 1 | 0.08 |
| | 城市 | 113 | 39.93 | 1 | 0.35 |
| | 农村 | 486 | 53.7 | — | — |
| 黑龙江 | 城乡 | 170 | 8.22 | 39 | 1.89 |
| | 城市 | 6 | 2.79 | 1 | 0.47 |
| | 农村 | 164 | 8.85 | 38 | 2.05 |
| 上海 | 城乡 | 1 | 0.17 | — | — |
| | 城市 | 1 | 0.17 | — | — |
| 江苏 | 城乡 | 822 | 64.83 | 648 | 51.1 |
| | 城市 | 150 | 33.41 | 156 | 34.74 |
| | 农村 | 672 | 82.05 | 492 | 60.07 |
| 浙江 | 城乡 | 954 | 62.97 | 22 | 1.45 |
| | 城市 | 110 | 63.22 | 2 | 1.15 |
| | 农村 | 844 | 62.94 | 20 | 1.49 |
| 安徽 | 城乡 | 895 | 61.85 | 712 | 49.21 |
| | 城市 | 116 | 43.77 | 137 | 51.7 |
| | 农村 | 779 | 65.91 | 575 | 48.65 |
| 福建 | 城乡 | 846 | 81.42 | 54 | 5.2 |
| | 城市 | 185 | 68.77 | 6 | 2.23 |
| | 农村 | 661 | 85.84 | 48 | 6.23 |
| 江西 | 城乡 | 955 | 79.72 | 2 | 0.17 |
| | 城市 | 223 | 70.13 | 1 | 0.31 |
| | 农村 | 732 | 83.18 | 1 | 0.11 |
| 山东 | 城乡 | 155 | 5.55 | 1 933 | 69.16 |
| | 城市 | 54 | 7.94 | 565 | 83.09 |
| | 农村 | 101 | 4.78 | 1 368 | 64.68 |
| 河南 | 城乡 | 148 | 5.69 | 2 085 | 80.22 |
| | 城市 | 34 | 9.69 | 276 | 78.63 |
| | 农村 | 114 | 5.07 | 1 809 | 80.47 |
| 湖北 | 城乡 | 687 | 70.53 | 321 | 32.96 |
| | 城市 | 151 | 57.2 | 83 | 31.44 |
| | 农村 | 536 | 75.49 | 238 | 33.52 |

| 地区 | 城乡 | 大米 | | 小麦 | |
|---|---|---|---|---|---|
| | | 人数 / 人 | 比例 / % | 人数 / 人 | 比例 / % |
| 湖南 | 城乡 | 1 975 | 89.69 | 10 | 0.45 |
| | 城市 | 119 | 61.34 | — | — |
| | 农村 | 1 856 | 92.43 | 10 | 0.5 |
| 广东 | 城乡 | 1 046 | 91.67 | 3 | 0.26 |
| | 城市 | 252 | 87.5 | — | — |
| | 农村 | 794 | 93.08 | 3 | 0.35 |
| 广西 | 城乡 | 1 337 | 87.39 | 7 | 0.46 |
| | 城市 | 181 | 81.53 | 3 | 1.35 |
| | 农村 | 1 156 | 88.38 | 4 | 0.31 |
| 海南 | 城乡 | 547 | 89.38 | 9 | 1.47 |
| | 城市 | 59 | 86.76 | 1 | 1.47 |
| | 农村 | 488 | 89.71 | 8 | 1.47 |
| 重庆 | 城乡 | 463 | 93.35 | 211 | 42.54 |
| | 城市 | 116 | 93.55 | 54 | 43.55 |
| | 农村 | 347 | 93.28 | 157 | 42.2 |
| 四川 | 城乡 | 1 823 | 75.52 | 483 | 20.01 |
| | 城市 | 677 | 83.89 | 52 | 6.44 |
| | 农村 | 1 146 | 71.31 | 431 | 26.82 |
| 贵州 | 城乡 | 1 723 | 94.67 | 140 | 7.69 |
| | 城市 | 272 | 91.28 | 21 | 7.05 |
| | 农村 | 1 451 | 95.34 | 119 | 7.82 |
| 云南 | 城乡 | 1 296 | 49.66 | 549 | 21.03 |
| | 城市 | 273 | 49.28 | 63 | 11.37 |
| | 农村 | 1 023 | 49.76 | 486 | 23.64 |
| 西藏 | 城乡 | 6 | 0.53 | 1 072 | 94.04 |
| | 城市 | — | — | 38 | 100 |
| | 农村 | 6 | 0.54 | 1 034 | 93.83 |
| 陕西 | 城乡 | 388 | 21.88 | 807 | 45.52 |
| | 城市 | 57 | 13.13 | 356 | 82.03 |
| | 农村 | 331 | 24.72 | 451 | 33.68 |
| 甘肃 | 城乡 | 25 | 1.11 | 1 485 | 66.18 |
| | 城市 | 5 | 1.14 | 293 | 66.74 |
| | 农村 | 20 | 1.11 | 1 192 | 66.04 |
| 青海 | 城乡 | — | — | 507 | 52.65 |
| | 城市 | — | — | 24 | 21.82 |
| | 农村 | — | — | 483 | 56.62 |
| 宁夏 | 城乡 | 229 | 82.67 | 171 | 61.73 |
| | 城市 | 157 | 80.1 | 115 | 58.67 |
| | 农村 | 72 | 88.89 | 56 | 69.14 |
| 新疆 | 城乡 | 337 | 20.66 | 1 422 | 87.19 |
| | 城市 | 44 | 16 | 195 | 70.91 |
| | 农村 | 293 | 21.61 | 1 227 | 90.49 |

数据来源：中国人群环境暴露行为模式研究。

## 附表 4-75　中国人群分省（直辖市、自治区）、城乡居民食用自产蔬菜的比例

| 地区 | 城乡 | | 城市 | | 农村 | |
|---|---|---|---|---|---|---|
| | 人数 / 人 | 比例 / % | 人数 / 人 | 比例 / % | 人数 / 人 | 比例 / % |
| 合计 | 40 253 | 87.96 | 7 599 | 81.47 | 32 654 | 89.62 |
| 北京 | 123 | 75.93 | 26 | 59.09 | 97 | 82.2 |
| 天津 | 421 | 99.29 | 211 | 99.06 | 210 | 99.53 |
| 河北 | 1 625 | 71.93 | 405 | 80.36 | 1 220 | 69.52 |
| 内蒙古 | 1 218 | 92.06 | 132 | 91.67 | 1 086 | 92.11 |
| 辽宁 | 2 057 | 96.98 | 306 | 96.84 | 1 751 | 97.01 |
| 吉林 | 1 129 | 95.03 | 280 | 98.94 | 849 | 93.81 |
| 黑龙江 | 2 033 | 98.31 | 206 | 95.81 | 1 827 | 98.6 |
| 上海 | 43 | 7.3 | 43 | 7.3 | — | — |
| 江苏 | 1 210 | 95.43 | 407 | 90.65 | 803 | 98.05 |
| 山西 | 1 760 | 90.58 | 135 | 66.83 | 1 625 | 93.34 |
| 浙江 | 1 433 | 94.59 | 162 | 93.1 | 1 271 | 94.78 |
| 安徽 | 1 305 | 90.19 | 226 | 85.28 | 1 079 | 91.29 |
| 福建 | 933 | 89.8 | 240 | 89.22 | 693 | 90 |
| 江西 | 1 146 | 95.66 | 298 | 93.71 | 848 | 96.36 |
| 广东 | 1 124 | 98.51 | 281 | 97.57 | 1 244 | 95.11 |
| 陕西 | 1 502 | 84.72 | 318 | 73.27 | 1 184 | 88.42 |
| 甘肃 | 1 957 | 87.21 | 370 | 84.28 | 1 587 | 87.92 |
| 青海 | 938 | 97.4 | 100 | 90.91 | 838 | 98.24 |
| 宁夏 | 48 | 17.33 | 36 | 18.37 | 12 | 14.81 |
| 新疆 | 1 246 | 76.39 | 226 | 82.18 | 1 020 | 75.22 |
| 山东 | 2 261 | 80.89 | 525 | 77.21 | 1 736 | 82.08 |
| 广西 | 1 244 | 95.11 | 204 | 91.89 | 1 244 | 95.11 |
| 重庆 | 488 | 98.39 | 124 | 100 | 364 | 97.85 |
| 河南 | 2 035 | 78.3 | 273 | 77.78 | 1 762 | 78.38 |
| 贵州 | 1 741 | 95.66 | 285 | 95.64 | 1 456 | 95.66 |
| 四川 | 2 357 | 97.64 | 775 | 96.03 | 1 582 | 98.44 |
| 湖北 | 931 | 95.59 | 254 | 96.21 | 677 | 95.35 |
| 海南 | 476 | 77.78 | 48 | 70.59 | 428 | 78.68 |
| 云南 | 2 499 | 95.75 | 524 | 94.58 | 1 975 | 96.06 |
| 湖南 | 2 148 | 97.55 | 172 | 88.66 | 1 976 | 98.41 |
| 西藏 | 618 | 54.21 | 7 | 18.42 | 611 | 55.44 |

数据来源：中国人群环境暴露行为模式研究。

## 附表 4-76　中国人群分省（直辖市、自治区）、城乡居民食用自产水果的比例

| 地区 | 城乡 | | 城市 | | 农村 | |
|---|---|---|---|---|---|---|
| | 人数 / 人 | 比例 / % | 人数 / 人 | 比例 / % | 人数 / 人 | 比例 / % |
| 合计 | 11 457 | 25.03 | 1 906 | 20.44 | 9 551 | 26.21 |
| 北京 | 11 | 6.79 | 6 | 13.64 | 5 | 4.24 |
| 天津 | 198 | 46.7 | 101 | 47.42 | 97 | 45.97 |
| 河北 | 342 | 15.14 | 76 | 15.08 | 266 | 15.16 |
| 内蒙古 | 172 | 13 | 33 | 22.92 | 139 | 11.79 |
| 辽宁 | 307 | 14.47 | 39 | 12.34 | 268 | 14.85 |
| 吉林 | 145 | 12.21 | 30 | 10.6 | 115 | 12.71 |
| 黑龙江 | 319 | 15.43 | 39 | 18.14 | 280 | 15.11 |
| 上海 | 2 | 0.34 | 2 | 0.34 | — | — |
| 江苏 | 203 | 16.01 | 33 | 7.35 | 170 | 20.76 |
| 山西 | 285 | 14.67 | 3 | 1.49 | 282 | 16.2 |
| 浙江 | 402 | 26.53 | 57 | 32.76 | 345 | 25.73 |
| 安徽 | 184 | 12.72 | 20 | 7.55 | 164 | 13.87 |
| 福建 | 346 | 33.3 | 97 | 36.06 | 249 | 32.34 |
| 江西 | 154 | 12.85 | 29 | 9.12 | 125 | 14.2 |
| 广东 | 205 | 17.97 | 54 | 18.75 | 151 | 17.7 |
| 陕西 | 778 | 43.88 | 148 | 34.1 | 630 | 47.05 |
| 甘肃 | 943 | 42.02 | 230 | 52.39 | 713 | 39.5 |
| 青海 | 130 | 13.5 | 12 | 10.91 | 118 | 13.83 |
| 宁夏 | 20 | 7.22 | 17 | 8.67 | 3 | 3.7 |
| 新疆 | 1 116 | 68.42 | 188 | 68.36 | 928 | 68.44 |
| 山东 | 588 | 21.04 | 64 | 9.41 | 524 | 24.78 |
| 广西 | 330 | 21.57 | 26 | 11.71 | 304 | 23.24 |
| 重庆 | 120 | 24.19 | 40 | 32.26 | 80 | 21.51 |
| 河南 | 284 | 10.93 | 25 | 7.12 | 259 | 11.52 |
| 贵州 | 330 | 18.13 | 53 | 17.79 | 277 | 18.2 |
| 四川 | 1 547 | 64.08 | 271 | 33.58 | 1 276 | 79.4 |
| 湖北 | 42 | 4.31 | 27 | 10.23 | 15 | 2.11 |
| 海南 | 25 | 4.08 | 2 | 2.94 | 23 | 4.23 |
| 云南 | 1 065 | 40.8 | 157 | 28.34 | 908 | 44.16 |
| 湖南 | 733 | 33.29 | 19 | 9.79 | 714 | 35.56 |
| 西藏 | 131 | 11.49 | 8 | 21.05 | 123 | 11.16 |

数据来源：中国人群环境暴露行为模式研究。

# 5 土壤/尘摄入量 Soil and Dust Ingestion



本章作者 曹素珍 黄 楠 王贝贝 马 瑾 吉贵祥 聂 静 段小丽 等

# 5.1 土壤 / 尘摄入量

## 5.1.1 参数说明

土壤 / 尘摄入量（Soil and Dust Ingestion）是指人群每天摄入土壤 / 尘的量（mg/d）。其中，土壤主要包括室外地表没有完全固化的土地，室内用于种植的土壤；尘主要包括附着在室内家具、地板、地毯上的灰尘，以及经干 / 湿沉降附着在室外地表的灰尘。由于人在室外主要暴露于土壤中的污染物，在室内可能接触尘，因此，在暴露评价及风险研究中往往将二者结合起来，统称为土壤 / 尘暴露。土壤 / 尘摄入量主要受土壤覆盖率、气候与气象、生活方式等地理特征和文化条件等因素的影响。

土壤 / 尘摄入量的调查方法主要包括：

（1）元素示踪法

元素示踪法是使用较多的测定土壤 / 尘摄入量的方法，通过分析土壤、尘以及人体排泄物中各类示踪元素的含量来确定人体对土壤 / 尘的摄入量。用于示踪的元素主要包括铝、硅、钛等，此类元素通常不容易被人体胃肠道吸收，也不会被转化为其他物质，从而可以通过测定排泄物中的元素的含量来推断摄入量。在采用该种方法时，研究者首先测定受试者粪便及尿液等排泄物中示踪元素的量（mg），然后减去食物及药品等非土壤 / 尘摄入物中的示踪元素的量（mg），再除以土壤 / 尘中该示踪元素的含量（mg/g），即得到受试者的土壤 / 尘摄入量（g）（Calabrese，1989）。

（2）生物动力学模型对照法

生物动力学模型对照法是通过首先测得生物代谢物中污染物的生物标志物的量，再利用生物动力学模型推测土壤 / 尘摄入量的方法，然后建立二者之间的关系。例如有研究者利用儿童血铅水平和生物动力学总体暴露模型（Integrated Exposure and Uptake Biokinetic，IEUBK）来推算儿童的土壤 / 尘摄入量。该方法假定可以通过血铅水平反推土壤 / 尘的摄入量（Hogan, 1998），利用此方法推得的摄入量可能比实际摄入量稍大，因为在使用血铅浓度进行反推所得到的铅暴露量不仅包括经土壤 / 尘摄入途径，同时还包括食物、药物摄入等其他暴露途径。

（3）问卷调查

早期的研究中有些研究者使用问卷调查的形式来获得受试者的土壤 / 尘摄入量信息。在问卷调查过程中，研究人员主要采用面谈或邮件的方式对成年人、儿童监护人以及儿童本人进行采访，以获取与摄入行为有关的信息（Vermeer，1979）。值得注意的是，由于问卷设计、受试者对问题的理解有异等各种原因，问卷调查结果可能与实际摄入量有一定的出入。

在健康风险评价中，人体对土壤 / 尘中污染物的暴露以经口暴露途径为主，其日均暴露剂量的计算方法见公式（5-1）。

$$ADD=\frac{C\times IR\times EF\times ED}{BW\times AT} \tag{5-1}$$

式中：$ADD$—— 污染物的日平均暴露量，mg/(kg·d)；

$C$ —— 土壤 / 尘中污染物的浓度，mg/kg；

$IR$—— 土壤 / 尘日均摄入量，mg/d；

$EF$—— 暴露土壤 / 尘的频率，d/a；

$ED$—— 暴露持续时间，a；

$AT$—— 平均暴露时间，d；

$BW$—— 体重，kg。

### 5.1.2 资料和数据来源

目前我国尚无土壤 / 尘摄入量的研究，不能得出基于我国人群特征的土壤 / 尘摄入量推荐值。但是，国外关于土壤 / 尘摄入量的研究较多，为了让从事环境健康风险评估的科研人员能够在土壤风险评估中有数可用，关于土壤 / 尘摄入量的推荐值，暂时选用国外研究中的数据。

### 5.1.3 土壤 / 尘摄入量推荐值

我国目前还没有关于土壤 / 尘摄入量的推荐值，美国暴露参数手册（USEPA，2011）数据见表 5-1。

表 5-1 土壤 / 尘摄入量推荐值

| | 土壤 / 尘摄入量 * /（mg/d） | |
|---|---|---|
| | 普通人群 | 食土癖 |
| 成年人 | 50 | 50 000 |

注：* 包括土壤 / 尘及源于室外的尘土。

## 5.2 土壤 / 尘—皮肤黏附系数

### 5.2.1 参数说明

土壤 / 尘—皮肤黏附系数，指单位皮肤面积吸附土壤 / 尘的质量（$mg/cm^2$）。土壤 / 尘摄入量主要受人种、人体部位、行为方式、土壤类型等因素的影响（USEPA，1997）。土壤 / 尘—皮肤黏附系数的调查方法主要包括直接测量和间接计算的方式。

美国环保局关于特定情境下加权后土壤 / 尘—皮肤黏附系数的计算见公式（5-2）（USEPA, 1997）：

$$AT_{\mathrm{wtd}} = \frac{(AF_1)(SA_1)+(AF_2)(SA_2)+\cdots+(AF_i)(SA_i)}{SA_1+SA_2+\cdots+SA_i} \tag{5-2}$$

式中：$AF_{wtd}$—— 加权黏附系数，mg/cm$^2$；

$AF$—— 黏附系数，mg/cm$^2$；

$SA$——皮肤表面积，cm$^2$。

在进行实际计算时，美国环保局假设脸部占头部表面积的 33%，前臂占整个手臂表面积的 45%，小腿占整个腿部表面积的 40%。

在健康风险评价中，人体经皮肤对土壤 / 尘中的污染物的日均暴露剂量计算方法见公式（5-3）。

$$ADD=\frac{C\times SA\times AF\times ABS\times EF\times ED}{BW\times AT} \quad (5\text{-}3)$$

式中：$ADD$——污染物的日平均暴露量，mg/(kg·d)；

$C$ ——土壤 / 尘中污染物的浓度，mg/kg；

$SA$——皮肤表面积，cm$^2$；

$AF$——土壤 / 尘—皮肤黏附系数，mg/cm$^2$；

$ABS$——皮肤吸收系数，cm/h；

$EF$——暴露土壤 / 尘的频率，d/a；

$ED$——暴露持续时间，a；

$AT$——平均暴露时间，d；

$BW$——体重，kg。

### 5.2.2 资料和数据来源

目前我国尚无关于土壤 / 尘—皮肤黏附系数的研究。国外相关研究较多，例如 1996 年 Kissel 等（Kissel，1996）对受试人群体表的土壤 / 尘吸附率进行了直接测量；1999 年 Holmes（Holmes，1999）采集了运动前和运动后黏附在身体不同部位的土壤 / 尘样本，研究了不同场景下身体不同部位对尘土的吸附系数。为了让从事环境健康风险评估的科研人员能够在土壤风险评估中有数可用，关于土壤 / 尘摄入量的推荐值，暂时选用国外研究中的数据。

### 5.2.3 土壤 / 尘—皮肤黏附系数推荐值

土壤 / 尘—皮肤黏附系数的推荐值，参考美国暴露参数手册（USEPA，2011）数据。

表 5-2 不同场所土壤 / 尘在身体不同部位的黏附系数推荐值

| | 土壤 / 尘—皮肤黏附系数 / （mg/cm$^2$） | | | | |
|---|---|---|---|---|---|
| | 脸部 | 手臂 | 手 | 腿 | 脚 |
| 户外运动 | 0.031 4 | 0.087 2 | 0.133 6 | 0.122 3 | — |
| 涉土活动 | 0.024 0 | 0.037 9 | 0.159 5 | 0.018 9 | 0.139 3 |
| 修葺房屋 | 0.098 2 | 0.185 9 | 0.276 3 | 0.066 0 | — |

## 本章参考文献


Calabrese E, Barnes R, Stanek E. 1989. How much soil do young children ingest: an epidemiologic study. Regulatory toxicology and pharmacology, 10: 123-137.

Holmes K. 1999.Field measurement of dermal soil loadings in occupational and recreational activities[J] . Environmental Research, 80(2): 148-157.

Hogan K, et al. 1998. Integrated exposure uptake biokinetic model for lead in children: empirical comparisons with epidemiologic data. Environmental health perspectives, 106(Suppl 6): 1557.

Kissel J C， Richter K， Fenske R. 1996. Field measurements of dermal soil loading attributable to various activities: Implications for exposure assessment. Risk Anal : 16(1):116-125.

USEPA. 1997. Exposure factors handbook. EPA/600/P-95/002F. Washington, DC: Environmental Protection Agency, Office of Research and Development.

USEPA. 2011.Exposure Factors Handbook [S]. EPA /600/R-09/052F. Washington DC: U.S.EPA.

Vermeer D E，Frate D A. 1979. Geophagia in rural Mississippi: environmental and cultural contexts and nutritional implications. Am J Clin Nutr: 32:2129-2135.

# 时间活动模式参数

# 6 与空气暴露相关的时间活动模式参数

# Time-Activity Factors Related to Air Exposure




本章作者　王贝贝　陈奕汀　郭　庶　范德龙　曹素珍　赵秀阁　王宗爽　段小丽　等

## 6.1 参数说明

与空气暴露相关的时间活动模式参数（Time-Activity Factors Related to Air Exposure）包括室内外活动时间、交通工具时间等。受文化水平、经济水平、性别、年龄、季节、兴趣爱好及个人习惯的影响。实时获取精确的活动信息比较困难，对成人活动模式参数的调查一般是通过问卷调查的方式获得。通常采用的问卷调查为 24 小时回顾日志法，该方法是要求受访者记录前一天在所有活动和地点中花费的时间。

室外活动时间指除在家中、工作单位、商场、娱乐场所等封闭室内空间停留的时间之外的时间，包括户外健身（如散步、跑步、器械运动等）、休闲（如逛公园等）或者从事务农、商业活动、室外工作等生产、生活活动等。

室内活动时间指在家中、工作单位、商场、娱乐场所等封闭室内空间停留的时间。

交通出行方式指交通出行采用的交通方式，主要包括步行、自行车、电动自行车、摩托车、小轿车、公交车、轨道交通、水上交通以及其他交通工具。

交通出行时间指每天使用各种交通工具的累计时间。

活动模式参数在健康风险评价中具有非常重要的作用，直接影响它们对环境污染物的暴露频次、暴露时间及暴露程度，呼吸暴露空气中污染物剂量的计算方法见公式（6-1）。

$$ADD=\frac{C\times IR\times ET\times EF\times ED}{BW\times AT} \tag{6-1}$$

式中：$ADD$——呼吸暴露空气污染物的日均暴露剂量，mg/(kg·d)；

$C$——空气中污染物的浓度，mg/m$^3$；

$IR$——呼吸速率，m$^3$/d；

$ET$——暴露时间，h/d；

$EF$——暴露频率，d/a；

$ED$——暴露持续时间，a；

$BW$——体重，kg；

$AT$——平均暴露时间，h。

## 6.2 资料与数据来源

当前我国关于人群活动模式的调查数据主要有：中国人群环境暴露行为模式研究和中国居民营养与健康状况调查报告（2002）之行为和生活方式调查（马冠生等，2006），除此之外，还有一些典型地区的活动模式调查，包括北京市居民时间利用情况调查（北京市统计局，2009）、太原市居民时间—活动模式调查（王贝贝等，2010）、浙江沿海地区居民涉气活动参数调查（杨彦等，2012），以及一些室内外微环境职业人群行为模式调查（李湉湉等，2008）等。

### 6.2.1　核心研究：中国人群环境暴露行为模式研究

环境保护部科技标准司于2011—2012年委托中国环境科学研究院在我国31个省、自治区、直辖市（不包括香港、澳门特别行政区和台湾地区）的159个县/区针对18岁及以上常住居民91 527人（有效样本量为91 121人）开展中国人群环境暴露行为模式研究。该研究调查了人群的室内、室外活动时间和各种交通工具的使用时间。调查结果见附表6-1～附表6-57。

### 6.2.2　相关研究：中国居民营养与健康状况调查之行为和生活方式调查

中国居民营养与健康状况调查之行为和生活方式调查（马冠生等，2006）是在卫生部、科技部和国家统计局的共同领导下于2002年8～12月在全国范围内开展的。该调查获取了我国居民每天上、下班（学）往返的时间，见附表6-58。

## 6.3　时间活动模式参数推荐值

表6-1　中国人群室外活动时间推荐值

| | | 室外活动时间/（min/d） | | | | | | | | |
|---|---|---|---|---|---|---|---|---|---|---|
| | | 城乡 | | | 城市 | | | 农村 | | |
| | | 小计 | 男 | 女 | 小计 | 男 | 女 | 小计 | 男 | 女 |
| 成人（≥18岁） | | 221 | 236 | 209 | 180 | 185 | 172 | 255 | 276 | 240 |
| 分年龄段 | 18～44岁 | 219 | 231 | 208 | 173 | 180 | 167 | 259 | 280 | 245 |
| | 45～59岁 | 235 | 248 | 223 | 188 | 195 | 180 | 270 | 295 | 251 |
| | 60～79岁 | 210 | 233 | 195 | 180 | 195 | 180 | 238 | 257 | 211 |
| | 80岁及以上 | 150 | 180 | 130 | 140 | 180 | 120 | 155 | 180 | 141 |

表6-2　中国人群室内活动时间推荐值

| | | 室内活动时间/（min/d） | | | | | | | | |
|---|---|---|---|---|---|---|---|---|---|---|
| | | 城乡 | | | 城市 | | | 农村 | | |
| | | 小计 | 男 | 女 | 小计 | 男 | 女 | 小计 | 男 | 女 |
| 成人（≥18岁） | | 1 200 | 1 185 | 1 215 | 1 239 | 1 229 | 1 246 | 1 165 | 1 144 | 1 183 |
| 分年龄段 | 18～44岁 | 1 201 | 1 188 | 1 216 | 1 245 | 1 234 | 1 251 | 1 161 | 1 144 | 1 179 |
| | 45～59岁 | 1 185 | 1 172 | 1 200 | 1 228 | 1 217 | 1 236 | 1 153 | 1 128 | 1 170 |
| | 60～79岁 | 1 203 | 1 187 | 1 223 | 1 230 | 1 218 | 1 243 | 1 183 | 1 160 | 1 206 |
| | 80岁及以上 | 1 260 | 1 230 | 1 270 | 1 270 | 1 235 | 1 290 | 1 245 | 1 228 | 1 254 |

## 6.4　与国外的比较

与美国（USEPA，2011）、日本（NIAIST，2007）、韩国（Jang J Y，et al，2007）的比较见表6-3。

表 6-3 与国外的比较

| | 中国 | 美国 | 韩国 | 日本 |
|---|---|---|---|---|
| 室外活动时间 /（min/d） | 221 | 281 | 78 | 72 |
| 室内活动时间 /（min/d） | 1 200 | 1 159 | 1 284 | 948 |

## 本章参考文献


北京市统计局，国家统计局北京调查总队 .2009. 北京市居民时间利用情况调查报告 [S].

李湉湉，颜敏，刘金风 .2008. 北京市公共交通工具微环境空气质量综合评价 [J]. 环境与健康杂志 , 6:514-516.

马冠生，孔灵芝 .2006. 中国居民营养与健康状况调查报告之九 2002 行为和生活方式 [M]. 北京：人民卫生出版社 .

王贝贝，段小丽，蒋秋静，等 . 2010. 我国北方典型地区呼吸暴露参数研究 [J]. 环境科学研究， 23(11):1421-1427.

杨彦，于云江，杨洁 . 2012. 浙江沿海地区居民环境健康风险评价中涉水和涉气活动的皮肤暴露参数研究 [J]. 环境与健康杂志，4（9）:324-328.

Jang J Y, Jo S N, Kim S, et al. 2007. Korean exposure factors handbook[S]. Ministry of Environment, Seoul, Korea.

NIAIST. 2007. Japanese exposure factors handbook[S]. http://unit.aist.go.jp/riss/crm/exposurefactors/english_summary.html. 2011-10-12.

USEPA. 2011. Exposure factors handbook 2011 edition (final)[S]. /600/R-09/052F.Washington DC:U.S. EPA.

## 附表 6-1 中国人群分东中西、城乡、性别、年龄的非交通出行室外活动时间

| 地区 | 城乡 | 性别 | 年龄 | *n* | 非交通出行室外活动时间 / (min/d) | | | | | |
|---|---|---|---|---|---|---|---|---|---|---|
| | | | | | Mean | P5 | P25 | P50 | P75 | P95 |
| 合计 | 城乡 | 小计 | 小计 | 90 852 | 207 | 30 | 96 | 178 | 300 | 480 |
| | | | 18～44 岁 | 36 584 | 208 | 30 | 94 | 175 | 300 | 480 |
| | | | 45～59 岁 | 32 282 | 217 | 30 | 105 | 185 | 315 | 480 |
| | | | 60～79 岁 | 20 509 | 196 | 30 | 90 | 165 | 270 | 480 |
| | | | 80 岁及以上 | 1 477 | 145 | 5 | 60 | 120 | 201 | 390 |
| | | 男 | 小计 | 41 189 | 219 | 30 | 103 | 185 | 319 | 493 |
| | | | 18～44 岁 | 16 726 | 218 | 30 | 98 | 182 | 319 | 494 |
| | | | 45～59 岁 | 14 057 | 230 | 30 | 105 | 195 | 343 | 500 |
| | | | 60～79 岁 | 9 732 | 210 | 30 | 105 | 180 | 300 | 480 |
| | | | 80 岁及以上 | 674 | 158 | 13 | 64 | 131 | 216 | 390 |
| | | 女 | 小计 | 49 663 | 196 | 30 | 90 | 165 | 270 | 480 |
| | | | 18～44 岁 | 19 858 | 197 | 30 | 91 | 165 | 274 | 480 |
| | | | 45～59 岁 | 18 225 | 205 | 30 | 100 | 180 | 286 | 480 |
| | | | 60～79 岁 | 10 777 | 183 | 25 | 83 | 150 | 249 | 450 |
| | | | 80 岁及以上 | 803 | 135 | 0 | 53 | 105 | 180 | 390 |
| | 城市 | 小计 | 小计 | 41 672 | 175 | 21 | 75 | 135 | 240 | 469 |
| | | | 18～44 岁 | 16 589 | 174 | 21 | 75 | 135 | 240 | 480 |
| | | | 45～59 岁 | 14 688 | 183 | 25 | 75 | 141 | 255 | 480 |
| | | | 60～79 岁 | 9 653 | 168 | 21 | 73 | 135 | 228 | 433 |
| | | | 80 岁及以上 | 742 | 136 | 8 | 50 | 105 | 188 | 390 |
| | | 男 | 小计 | 18 386 | 184 | 21 | 75 | 141 | 255 | 480 |
| | | | 18～44 岁 | 7 509 | 184 | 21 | 75 | 138 | 257 | 480 |
| | | | 45～59 岁 | 6 245 | 191 | 26 | 75 | 150 | 272 | 480 |
| | | | 60～79 岁 | 4 310 | 176 | 21 | 75 | 139 | 240 | 450 |
| | | | 80 岁及以上 | 322 | 153 | 10 | 60 | 120 | 216 | 413 |
| | | 女 | 小计 | 23 286 | 166 | 21 | 73 | 129 | 225 | 444 |
| | | | 18～44 岁 | 9 080 | 164 | 20 | 73 | 128 | 218 | 450 |
| | | | 45～59 岁 | 8 443 | 175 | 24 | 75 | 135 | 240 | 463 |
| | | | 60～79 岁 | 5 343 | 160 | 21 | 69 | 128 | 225 | 396 |
| | | | 80 岁及以上 | 420 | 123 | 0 | 45 | 90 | 180 | 360 |
| | 农村 | 小计 | 小计 | 49 180 | 233 | 38 | 120 | 210 | 330 | 493 |
| | | | 18～44 岁 | 19 995 | 233 | 39 | 120 | 210 | 330 | 495 |
| | | | 45～59 岁 | 17 594 | 244 | 45 | 129 | 225 | 345 | 497 |
| | | | 60～79 岁 | 10 856 | 218 | 30 | 113 | 195 | 308 | 480 |
| | | | 80 岁及以上 | 735 | 153 | 0 | 60 | 128 | 210 | 405 |
| | | 男 | 小计 | 22 803 | 246 | 40 | 121 | 225 | 354 | 500 |
| | | | 18～44 岁 | 9 217 | 244 | 39 | 120 | 223 | 351 | 500 |
| | | | 45～59 岁 | 7 812 | 260 | 48 | 135 | 240 | 366 | 510 |
| | | | 60～79 岁 | 5 422 | 234 | 39 | 120 | 210 | 332 | 495 |
| | | | 80 岁及以上 | 352 | 163 | 25 | 80 | 135 | 215 | 390 |
| | | 女 | 小计 | 26 377 | 219 | 34 | 118 | 195 | 304 | 480 |
| | | | 18～44 岁 | 10 778 | 222 | 39 | 120 | 195 | 311 | 480 |
| | | | 45～59 岁 | 9 782 | 229 | 43 | 120 | 210 | 315 | 480 |
| | | | 60～79 岁 | 5 434 | 202 | 28 | 105 | 178 | 276 | 480 |
| | | | 80 岁及以上 | 383 | 146 | 0 | 57 | 120 | 201 | 420 |
| 东部 | 城乡 | 小计 | 小计 | 30 874 | 187 | 21 | 77 | 145 | 260 | 480 |
| | | | 18～44 岁 | 10 507 | 184 | 21 | 75 | 139 | 255 | 480 |
| | | | 45～59 岁 | 11 775 | 198 | 25 | 83 | 155 | 285 | 480 |
| | | | 60～79 岁 | 7 916 | 182 | 21 | 78 | 150 | 244 | 450 |
| | | | 80 岁及以上 | 676 | 133 | 0 | 44 | 109 | 180 | 345 |
| | | 男 | 小计 | 13 775 | 199 | 23 | 81 | 152 | 291 | 480 |
| | | | 18～44 岁 | 4 642 | 195 | 21 | 77 | 146 | 285 | 480 |
| | | | 45～59 岁 | 5 025 | 212 | 26 | 86 | 167 | 317 | 510 |
| | | | 60～79 岁 | 3 806 | 194 | 21 | 86 | 158 | 270 | 480 |
| | | | 80 岁及以上 | 302 | 145 | 9 | 53 | 120 | 205 | 360 |
| | | 女 | 小计 | 17 099 | 175 | 21 | 75 | 135 | 240 | 450 |

| 地区 | 城乡 | 性别 | 年龄 | n | 非交通出行室外活动时间 /（min/d） | | | | | |
|---|---|---|---|---|---|---|---|---|---|---|
| | | | | | Mean | P5 | P25 | P50 | P75 | P95 |
| 东部 | 城乡 | 女 | 18～44 岁 | 5 865 | 173 | 21 | 75 | 135 | 236 | 463 |
| | | | 45～59 岁 | 6 750 | 185 | 24 | 78 | 146 | 255 | 465 |
| | | | 60～79 岁 | 4 110 | 169 | 20 | 75 | 135 | 236 | 420 |
| | | | 80 岁及以上 | 374 | 124 | 0 | 39 | 98 | 180 | 321 |
| | 城市 | 小计 | 小计 | 15 626 | 159 | 17 | 64 | 120 | 210 | 446 |
| | | | 18～44 岁 | 5 449 | 156 | 17 | 64 | 120 | 203 | 450 |
| | | | 45～59 岁 | 5 787 | 168 | 21 | 68 | 128 | 226 | 474 |
| | | | 60～79 岁 | 4 037 | 155 | 16 | 60 | 120 | 210 | 405 |
| | | | 80 岁及以上 | 353 | 123 | 0 | 38 | 90 | 180 | 345 |
| | | 男 | 小计 | 6 867 | 169 | 17 | 66 | 124 | 231 | 480 |
| | | | 18～44 岁 | 2 413 | 166 | 17 | 65 | 120 | 225 | 480 |
| | | | 45～59 岁 | 2 450 | 177 | 21 | 68 | 135 | 244 | 480 |
| | | | 60～79 岁 | 1 855 | 165 | 15 | 65 | 128 | 225 | 444 |
| | | | 80 岁及以上 | 149 | 134 | 9 | 40 | 105 | 195 | 360 |
| | | 女 | 小计 | 8 759 | 149 | 17 | 60 | 120 | 195 | 407 |
| | | | 18～44 岁 | 3 036 | 147 | 17 | 60 | 116 | 186 | 420 |
| | | | 45～59 岁 | 3 337 | 159 | 21 | 64 | 120 | 210 | 429 |
| | | | 60～79 岁 | 2 182 | 146 | 17 | 60 | 120 | 195 | 362 |
| | | | 80 岁及以上 | 204 | 115 | 0 | 32 | 90 | 165 | 291 |
| | 农村 | 小计 | 小计 | 15 248 | 216 | 30 | 103 | 180 | 315 | 480 |
| | | | 18～44 岁 | 5 058 | 211 | 30 | 96 | 169 | 309 | 480 |
| | | | 45～59 岁 | 5 988 | 229 | 30 | 110 | 195 | 339 | 497 |
| | | | 60～79 岁 | 3 879 | 210 | 28 | 105 | 180 | 300 | 480 |
| | | | 80 岁及以上 | 323 | 145 | 0 | 60 | 120 | 206 | 351 |
| | | 男 | 小计 | 6 908 | 230 | 30 | 107 | 195 | 345 | 508 |
| | | | 18～44 岁 | 2 229 | 222 | 30 | 103 | 180 | 330 | 495 |
| | | | 45～59 岁 | 2 575 | 250 | 30 | 120 | 218 | 368 | 525 |
| | | | 60～79 岁 | 1 951 | 224 | 30 | 118 | 195 | 330 | 480 |
| | | | 80 岁及以上 | 153 | 158 | 14 | 73 | 128 | 210 | 370 |
| | | 女 | 小计 | 8 340 | 201 | 28 | 96 | 165 | 285 | 480 |
| | | | 18～44 岁 | 2 829 | 200 | 30 | 94 | 161 | 285 | 480 |
| | | | 45～59 岁 | 3 413 | 210 | 30 | 105 | 180 | 300 | 480 |
| | | | 60～79 岁 | 1 928 | 196 | 23 | 94 | 165 | 270 | 450 |
| | | | 80 岁及以上 | 170 | 136 | 0 | 53 | 120 | 189 | 328 |
| 中部 | 城乡 | 小计 | 小计 | 28 996 | 215 | 34 | 105 | 182 | 300 | 485 |
| | | | 18～44 岁 | 12 080 | 210 | 34 | 103 | 180 | 298 | 480 |
| | | | 45～59 岁 | 10 191 | 227 | 35 | 120 | 199 | 317 | 491 |
| | | | 60～79 岁 | 6 325 | 215 | 31 | 105 | 188 | 300 | 495 |
| | | | 80 岁及以上 | 400 | 160 | 10 | 60 | 120 | 212 | 429 |
| | | 男 | 小计 | 13 203 | 227 | 36 | 110 | 195 | 330 | 495 |
| | | | 18～44 岁 | 5 598 | 222 | 35 | 106 | 189 | 324 | 490 |
| | | | 45～59 岁 | 4 453 | 240 | 39 | 120 | 210 | 351 | 500 |
| | | | 60～79 岁 | 2 981 | 229 | 38 | 120 | 204 | 330 | 500 |
| | | | 80 岁及以上 | 171 | 176 | 10 | 75 | 135 | 246 | 480 |
| | | 女 | 小计 | 15 793 | 202 | 30 | 103 | 176 | 274 | 480 |
| | | | 18～44 岁 | 6 482 | 197 | 30 | 99 | 167 | 270 | 478 |
| | | | 45～59 岁 | 5 738 | 215 | 34 | 117 | 194 | 291 | 480 |
| | | | 60～79 岁 | 3 344 | 200 | 30 | 98 | 171 | 270 | 480 |
| | | | 80 岁及以上 | 229 | 149 | 10 | 60 | 120 | 186 | 429 |
| | 城市 | 小计 | 小计 | 13 738 | 176 | 21 | 75 | 135 | 240 | 480 |
| | | | 18～44 岁 | 5 771 | 172 | 21 | 75 | 131 | 231 | 480 |
| | | | 45～59 岁 | 4 756 | 187 | 26 | 79 | 150 | 255 | 480 |
| | | | 60～79 岁 | 2 996 | 174 | 23 | 75 | 139 | 231 | 450 |
| | | | 80 岁及以上 | 215 | 153 | 10 | 60 | 107 | 207 | 420 |
| | | 男 | 小计 | 6 031 | 187 | 26 | 79 | 146 | 257 | 480 |
| | | | 18～44 岁 | 2 646 | 182 | 25 | 77 | 137 | 255 | 480 |
| | | | 45～59 岁 | 2 015 | 199 | 28 | 86 | 163 | 283 | 480 |
| | | | 60～79 岁 | 1 282 | 187 | 28 | 85 | 165 | 246 | 480 |

| 地区 | 城乡 | 性别 | 年龄 | *n* | 非交通出行室外活动时间 / （min/d） | | | | | |
|---|---|---|---|---|---|---|---|---|---|---|
| | | | | | Mean | P5 | P25 | P50 | P75 | P95 |
| 中部 | 城市 | 男 | 80 岁及以上 | 88 | 177 | 10 | 60 | 120 | 270 | 420 |
| | | 女 | 小计 | 7 707 | 165 | 20 | 75 | 130 | 225 | 450 |
| | | | 18 ～ 44 岁 | 3 125 | 163 | 20 | 75 | 126 | 211 | 448 |
| | | | 45 ～ 59 岁 | 2 741 | 174 | 21 | 75 | 137 | 240 | 463 |
| | | | 60 ～ 79 岁 | 1 714 | 163 | 20 | 70 | 131 | 225 | 408 |
| | | | 80 岁及以上 | 127 | 134 | 17 | 60 | 98 | 180 | 390 |
| | 农村 | 小计 | 小计 | 15 258 | 239 | 48 | 129 | 218 | 330 | 497 |
| | | | 18 ～ 44 岁 | 6 309 | 235 | 50 | 124 | 212 | 330 | 490 |
| | | | 45 ～ 59 岁 | 5 435 | 253 | 58 | 146 | 234 | 345 | 500 |
| | | | 60 ～ 79 岁 | 3 329 | 237 | 43 | 121 | 212 | 330 | 500 |
| | | | 80 岁及以上 | 185 | 164 | 0 | 60 | 130 | 231 | 472 |
| | | 男 | 小计 | 7 172 | 253 | 51 | 135 | 231 | 360 | 500 |
| | | | 18 ～ 44 岁 | 2 952 | 249 | 51 | 129 | 225 | 354 | 495 |
| | | | 45 ～ 59 岁 | 2 438 | 266 | 60 | 150 | 251 | 373 | 510 |
| | | | 60 ～ 79 岁 | 1 699 | 250 | 47 | 131 | 228 | 349 | 500 |
| | | | 80 岁及以上 | 83 | 175 | 30 | 90 | 137 | 239 | 480 |
| | | 女 | 小计 | 8 086 | 225 | 45 | 123 | 204 | 300 | 484 |
| | | | 18 ～ 44 岁 | 3 357 | 221 | 48 | 120 | 197 | 300 | 480 |
| | | | 45 ～ 59 岁 | 2 997 | 240 | 57 | 146 | 225 | 315 | 489 |
| | | | 60 ～ 79 岁 | 1 630 | 223 | 39 | 120 | 195 | 308 | 500 |
| | | | 80 岁及以上 | 102 | 158 | 0 | 60 | 121 | 212 | 472 |
| 西部 | 城乡 | 小计 | 小计 | 30 982 | 229 | 34 | 120 | 210 | 330 | 480 |
| | | | 18 ～ 44 岁 | 13 997 | 237 | 34 | 120 | 219 | 339 | 495 |
| | | | 45 ～ 59 岁 | 10 316 | 237 | 43 | 120 | 219 | 341 | 480 |
| | | | 60 ～ 79 岁 | 6 268 | 198 | 30 | 99 | 174 | 278 | 450 |
| | | | 80 岁及以上 | 401 | 151 | 18 | 60 | 135 | 206 | 390 |
| | | 男 | 小计 | 14 211 | 238 | 34 | 120 | 221 | 343 | 495 |
| | | | 18 ～ 44 岁 | 6 486 | 244 | 30 | 122 | 227 | 345 | 507 |
| | | | 45 ～ 59 岁 | 4 579 | 246 | 43 | 128 | 226 | 356 | 495 |
| | | | 60 ～ 79 岁 | 2 945 | 211 | 35 | 107 | 193 | 300 | 458 |
| | | | 80 岁及以上 | 201 | 162 | 28 | 86 | 150 | 212 | 390 |
| | | 女 | 小计 | 16 771 | 220 | 34 | 114 | 195 | 313 | 480 |
| | | | 18 ～ 44 岁 | 7 511 | 230 | 38 | 120 | 210 | 328 | 482 |
| | | | 45 ～ 59 岁 | 5 737 | 229 | 43 | 120 | 210 | 321 | 480 |
| | | | 60 ～ 79 岁 | 3 323 | 185 | 29 | 89 | 158 | 255 | 420 |
| | | | 80 岁及以上 | 200 | 140 | 0 | 56 | 105 | 188 | 394 |
| | 城市 | 小计 | 小计 | 12 308 | 205 | 30 | 91 | 174 | 291 | 480 |
| | | | 18 ～ 44 岁 | 5 369 | 208 | 30 | 96 | 180 | 300 | 480 |
| | | | 45 ～ 59 岁 | 4 145 | 212 | 33 | 92 | 180 | 313 | 480 |
| | | | 60 ～ 79 岁 | 2 620 | 188 | 31 | 83 | 150 | 268 | 450 |
| | | | 80 岁及以上 | 174 | 151 | 18 | 60 | 120 | 210 | 407 |
| | | 男 | 小计 | 5 488 | 211 | 30 | 95 | 180 | 302 | 480 |
| | | | 18 ～ 44 岁 | 2 450 | 217 | 30 | 104 | 188 | 313 | 489 |
| | | | 45 ～ 59 岁 | 1 780 | 214 | 33 | 90 | 180 | 317 | 480 |
| | | | 60 ～ 79 岁 | 1 173 | 190 | 33 | 78 | 161 | 270 | 450 |
| | | | 80 岁及以上 | 85 | 170 | 22 | 90 | 150 | 240 | 407 |
| | | 女 | 小计 | 6 820 | 198 | 30 | 90 | 165 | 276 | 471 |
| | | | 18 ～ 44 岁 | 2 919 | 199 | 30 | 90 | 165 | 274 | 480 |
| | | | 45 ～ 59 岁 | 2 365 | 210 | 33 | 94 | 180 | 300 | 480 |
| | | | 60 ～ 79 岁 | 1 447 | 186 | 30 | 86 | 150 | 257 | 420 |
| | | | 80 岁及以上 | 89 | 134 | 14 | 56 | 93 | 180 | 360 |
| | 农村 | 小计 | 小计 | 18 674 | 245 | 40 | 133 | 229 | 343 | 495 |
| | | | 18 ～ 44 岁 | 8 628 | 255 | 40 | 139 | 240 | 358 | 504 |
| | | | 45 ～ 59 岁 | 6 171 | 254 | 55 | 150 | 240 | 351 | 482 |
| | | | 60 ～ 79 岁 | 3 648 | 204 | 30 | 105 | 180 | 285 | 450 |
| | | | 80 岁及以上 | 227 | 151 | 19 | 60 | 135 | 195 | 390 |
| | | 男 | 小计 | 8 723 | 255 | 40 | 139 | 240 | 356 | 501 |
| | | | 18 ～ 44 岁 | 4 036 | 261 | 30 | 146 | 255 | 360 | 510 |

| 地区 | 城乡 | 性别 | 年龄 | n | 非交通出行室外活动时间 /（min/d） | | | | | |
|---|---|---|---|---|---|---|---|---|---|---|
| | | | | | Mean | P5 | P25 | P50 | P75 | P95 |
| 西部 | 农村 | 男 | 45 ~ 59 岁 | 2 799 | 267 | 60 | 161 | 255 | 360 | 501 |
| | | | 60 ~ 79 岁 | 1 772 | 224 | 38 | 120 | 210 | 311 | 465 |
| | | | 80 岁及以上 | 116 | 157 | 28 | 86 | 150 | 210 | 341 |
| | | 女 | 小计 | 9 951 | 234 | 40 | 122 | 216 | 330 | 480 |
| | | | 18 ~ 44 岁 | 4 592 | 249 | 51 | 135 | 231 | 345 | 495 |
| | | | 45 ~ 59 岁 | 3 372 | 242 | 50 | 135 | 227 | 330 | 480 |
| | | | 60 ~ 79 岁 | 1 876 | 185 | 23 | 90 | 163 | 255 | 420 |
| | | | 80 岁及以上 | 111 | 145 | 0 | 60 | 120 | 189 | 420 |

附表 6-2　中国人群分东中西、城乡、性别、年龄的春秋季非交通出行室外活动时间

| 地区 | 城乡 | 性别 | 年龄 | n | 春秋季非交通出行室外活动时间 /（min/d） | | | | | |
|---|---|---|---|---|---|---|---|---|---|---|
| | | | | | Mean | P5 | P25 | P50 | P75 | P95 |
| 合计 | 城乡 | 小计 | 小计 | 90 881 | 213 | 30 | 91 | 180 | 300 | 480 |
| | | | 18 ~ 44 岁 | 36 588 | 213 | 30 | 94 | 180 | 300 | 480 |
| | | | 45 ~ 59 岁 | 32 295 | 224 | 30 | 103 | 180 | 343 | 497 |
| | | | 60 ~ 79 岁 | 20 518 | 202 | 30 | 86 | 180 | 297 | 480 |
| | | | 80 岁及以上 | 1 480 | 147 | 0 | 60 | 120 | 193 | 420 |
| | | 男 | 小计 | 41 198 | 225 | 30 | 103 | 180 | 343 | 500 |
| | | | 18 ~ 44 岁 | 16 729 | 223 | 30 | 94 | 180 | 343 | 500 |
| | | | 45 ~ 59 岁 | 14 059 | 236 | 30 | 103 | 197 | 360 | 514 |
| | | | 60 ~ 79 岁 | 9 736 | 216 | 30 | 103 | 180 | 300 | 483 |
| | | | 80 岁及以上 | 674 | 161 | 12 | 60 | 120 | 240 | 411 |
| | | 女 | 小计 | 49 683 | 202 | 30 | 86 | 171 | 291 | 480 |
| | | | 18 ~ 44 岁 | 19 859 | 203 | 30 | 87 | 171 | 296 | 480 |
| | | | 45 ~ 59 岁 | 18 236 | 212 | 30 | 99 | 180 | 300 | 480 |
| | | | 60 ~ 79 岁 | 10 782 | 188 | 21 | 77 | 150 | 240 | 480 |
| | | | 80 岁及以上 | 806 | 137 | 0 | 51 | 120 | 180 | 420 |
| | 城市 | 小计 | 小计 | 41 694 | 178 | 20 | 60 | 129 | 240 | 480 |
| | | | 18 ~ 44 岁 | 16 593 | 177 | 20 | 69 | 129 | 240 | 480 |
| | | | 45 ~ 59 岁 | 14 699 | 186 | 21 | 60 | 137 | 249 | 480 |
| | | | 60 ~ 79 岁 | 9 659 | 171 | 20 | 60 | 120 | 240 | 480 |
| | | | 80 岁及以上 | 743 | 139 | 7 | 50 | 120 | 180 | 411 |
| | | 男 | 小计 | 18 393 | 187 | 20 | 69 | 137 | 257 | 480 |
| | | | 18 ~ 44 岁 | 7 512 | 186 | 20 | 76 | 137 | 257 | 480 |
| | | | 45 ~ 59 岁 | 6 247 | 194 | 23 | 69 | 146 | 291 | 480 |
| | | | 60 ~ 79 岁 | 4 312 | 179 | 20 | 60 | 129 | 240 | 480 |
| | | | 80 岁及以上 | 322 | 155 | 10 | 60 | 120 | 240 | 420 |
| | | 女 | 小计 | 23 301 | 169 | 20 | 60 | 120 | 240 | 480 |
| | | | 18 ~ 44 岁 | 9 081 | 167 | 17 | 60 | 120 | 231 | 480 |
| | | | 45 ~ 59 岁 | 8 452 | 178 | 21 | 60 | 129 | 240 | 480 |
| | | | 60 ~ 79 岁 | 5 347 | 162 | 20 | 60 | 120 | 240 | 429 |
| | | | 80 岁及以上 | 421 | 126 | 0 | 40 | 86 | 180 | 360 |
| | 农村 | 小计 | 小计 | 49 187 | 241 | 34 | 120 | 210 | 360 | 500 |
| | | | 18 ~ 44 岁 | 19 995 | 241 | 39 | 120 | 210 | 360 | 510 |
| | | | 45 ~ 59 岁 | 17 596 | 254 | 43 | 120 | 240 | 360 | 523 |
| | | | 60 ~ 79 岁 | 10 859 | 226 | 30 | 120 | 180 | 326 | 497 |
| | | | 80 岁及以上 | 737 | 155 | 0 | 60 | 120 | 206 | 420 |
| | | 男 | 小计 | 22 805 | 253 | 40 | 120 | 240 | 360 | 531 |
| | | | 18 ~ 44 岁 | 9 217 | 251 | 40 | 120 | 226 | 360 | 531 |
| | | | 45 ~ 59 岁 | 7 812 | 270 | 43 | 120 | 240 | 390 | 540 |
| | | | 60 ~ 79 岁 | 5 424 | 243 | 34 | 120 | 214 | 360 | 500 |
| | | | 80 岁及以上 | 352 | 165 | 30 | 60 | 120 | 240 | 360 |
| | | 女 | 小计 | 26 382 | 228 | 30 | 120 | 189 | 326 | 490 |
| | | | 18 ~ 44 岁 | 10 778 | 231 | 39 | 120 | 191 | 343 | 490 |

| 地区 | 城乡 | 性别 | 年龄 | n | 春秋季非交通出行室外活动时间 /（min/d） | | | | | |
|---|---|---|---|---|---|---|---|---|---|---|
| | | | | | Mean | P5 | P25 | P50 | P75 | P95 |
| 合计 | 农村 | 女 | 45 ～ 59 岁 | 9 784 | 238 | 39 | 120 | 214 | 351 | 500 |
| | | | 60 ～ 79 岁 | 5 435 | 209 | 30 | 103 | 180 | 300 | 480 |
| | | | 80 岁及以上 | 385 | 146 | 0 | 60 | 120 | 183 | 480 |
| 东部 | 城乡 | 小计 | 小计 | 30 881 | 192 | 20 | 69 | 137 | 270 | 480 |
| | | | 18 ～ 44 岁 | 10 508 | 189 | 21 | 69 | 137 | 257 | 480 |
| | | | 45 ～ 59 岁 | 11 778 | 205 | 23 | 77 | 163 | 300 | 480 |
| | | | 60 ～ 79 岁 | 7 919 | 188 | 20 | 60 | 141 | 240 | 480 |
| | | | 80 岁及以上 | 676 | 135 | 0 | 43 | 120 | 180 | 360 |
| | | 男 | 小计 | 13 776 | 205 | 21 | 77 | 154 | 300 | 480 |
| | | | 18 ～ 44 岁 | 4 642 | 199 | 21 | 73 | 146 | 300 | 480 |
| | | | 45 ～ 59 岁 | 5 025 | 219 | 26 | 77 | 180 | 343 | 531 |
| | | | 60 ～ 79 岁 | 3 807 | 201 | 20 | 77 | 170 | 300 | 480 |
| | | | 80 岁及以上 | 302 | 147 | 9 | 60 | 120 | 189 | 360 |
| | | 女 | 小计 | 17 105 | 181 | 20 | 60 | 129 | 240 | 480 |
| | | | 18 ～ 44 岁 | 5 866 | 179 | 21 | 64 | 120 | 240 | 480 |
| | | | 45 ～ 59 岁 | 6 753 | 192 | 23 | 66 | 146 | 263 | 480 |
| | | | 60 ～ 79 岁 | 4 112 | 174 | 20 | 60 | 120 | 240 | 480 |
| | | | 80 岁及以上 | 374 | 126 | 0 | 34 | 103 | 180 | 360 |
| | 城市 | 小计 | 小计 | 15 631 | 161 | 17 | 60 | 120 | 223 | 480 |
| | | | 18 ～ 44 岁 | 5 450 | 158 | 17 | 60 | 120 | 206 | 480 |
| | | | 45 ～ 59 岁 | 5 789 | 170 | 20 | 60 | 120 | 240 | 480 |
| | | | 60 ～ 79 岁 | 4 039 | 157 | 16 | 60 | 120 | 223 | 437 |
| | | | 80 岁及以上 | 353 | 125 | 0 | 34 | 90 | 180 | 360 |
| | | 男 | 小计 | 6 868 | 170 | 17 | 60 | 120 | 240 | 480 |
| | | | 18 ～ 44 岁 | 2 413 | 167 | 17 | 60 | 120 | 231 | 480 |
| | | | 45 ～ 59 岁 | 2 450 | 179 | 20 | 60 | 120 | 241 | 480 |
| | | | 60 ～ 79 岁 | 1 856 | 167 | 14 | 60 | 120 | 240 | 480 |
| | | | 80 岁及以上 | 149 | 135 | 9 | 39 | 110 | 180 | 360 |
| | | 女 | 小计 | 8 763 | 152 | 17 | 60 | 120 | 197 | 429 |
| | | | 18 ～ 44 岁 | 3 037 | 149 | 17 | 60 | 120 | 189 | 429 |
| | | | 45 ～ 59 岁 | 3 339 | 162 | 20 | 60 | 120 | 231 | 480 |
| | | | 60 ～ 79 岁 | 2 183 | 148 | 17 | 60 | 120 | 183 | 360 |
| | | | 80 岁及以上 | 204 | 118 | 0 | 30 | 74 | 163 | 360 |
| | 农村 | 小计 | 小计 | 15 250 | 225 | 30 | 103 | 180 | 351 | 510 |
| | | | 18 ～ 44 岁 | 5 058 | 219 | 30 | 94 | 180 | 330 | 506 |
| | | | 45 ～ 59 岁 | 5 989 | 241 | 30 | 120 | 189 | 360 | 540 |
| | | | 60 ～ 79 岁 | 3 880 | 220 | 30 | 120 | 180 | 315 | 480 |
| | | | 80 岁及以上 | 323 | 147 | 0 | 60 | 120 | 180 | 360 |
| | | 男 | 小计 | 6 908 | 239 | 30 | 120 | 189 | 360 | 540 |
| | | | 18 ～ 44 岁 | 2 229 | 230 | 30 | 103 | 180 | 360 | 514 |
| | | | 45 ～ 59 岁 | 2 575 | 261 | 30 | 120 | 240 | 394 | 600 |
| | | | 60 ～ 79 岁 | 1 951 | 236 | 30 | 120 | 180 | 360 | 497 |
| | | | 80 岁及以上 | 153 | 160 | 17 | 60 | 120 | 214 | 360 |
| | | 女 | 小计 | 8 342 | 210 | 24 | 94 | 180 | 300 | 480 |
| | | | 18 ～ 44 岁 | 2 829 | 209 | 30 | 94 | 180 | 300 | 480 |
| | | | 45 ～ 59 岁 | 3 414 | 222 | 30 | 103 | 180 | 334 | 480 |
| | | | 60 ～ 79 岁 | 1 929 | 204 | 20 | 86 | 180 | 291 | 480 |
| | | | 80 岁及以上 | 170 | 137 | 0 | 51 | 120 | 180 | 360 |
| 中部 | 城乡 | 小计 | 小计 | 29 000 | 222 | 30 | 107 | 180 | 326 | 497 |
| | | | 18 ～ 44 岁 | 12 081 | 217 | 30 | 103 | 180 | 309 | 490 |
| | | | 45 ～ 59 岁 | 10 191 | 235 | 34 | 120 | 201 | 360 | 500 |
| | | | 60 ～ 79 岁 | 6 327 | 222 | 30 | 120 | 180 | 300 | 500 |
| | | | 80 岁及以上 | 401 | 163 | 10 | 60 | 120 | 240 | 480 |
| | | 男 | 小计 | 13 204 | 235 | 34 | 120 | 197 | 360 | 500 |
| | | | 18 ～ 44 岁 | 5 599 | 229 | 34 | 107 | 189 | 343 | 500 |
| | | | 45 ～ 59 岁 | 4 453 | 248 | 34 | 120 | 214 | 360 | 514 |
| | | | 60 ～ 79 岁 | 2 981 | 237 | 33 | 120 | 206 | 360 | 500 |
| | | | 80 岁及以上 | 171 | 180 | 10 | 60 | 120 | 291 | 480 |

| 地区 | 城乡 | 性别 | 年龄 | n | 春秋季非交通出行室外活动时间 /（min/d） | | | | | |
|---|---|---|---|---|---|---|---|---|---|---|
| | | | | | Mean | P5 | P25 | P50 | P75 | P95 |
| 东部 | 城乡 | 女 | 小计 | 15 796 | 209 | 30 | 103 | 180 | 300 | 480 |
| | | | 18 ～ 44 岁 | 6 482 | 205 | 30 | 99 | 180 | 291 | 480 |
| | | | 45 ～ 59 岁 | 5 738 | 222 | 30 | 120 | 180 | 300 | 490 |
| | | | 60 ～ 79 岁 | 3 346 | 206 | 30 | 90 | 180 | 297 | 500 |
| | | | 80 岁及以上 | 230 | 152 | 10 | 60 | 120 | 197 | 480 |
| | 城市 | 小计 | 小计 | 13 741 | 181 | 20 | 73 | 137 | 240 | 480 |
| | | | 18 ～ 44 岁 | 5 772 | 176 | 20 | 77 | 129 | 240 | 480 |
| | | | 45 ～ 59 岁 | 4 756 | 192 | 21 | 77 | 154 | 257 | 480 |
| | | | 60 ～ 79 岁 | 2 998 | 179 | 20 | 60 | 137 | 240 | 480 |
| | | | 80 岁及以上 | 215 | 159 | 10 | 60 | 120 | 240 | 450 |
| | | 男 | 小计 | 6 032 | 192 | 26 | 77 | 146 | 266 | 480 |
| | | | 18 ～ 44 岁 | 2 647 | 186 | 26 | 77 | 137 | 257 | 480 |
| | | | 45 ～ 59 岁 | 2 015 | 204 | 26 | 77 | 171 | 300 | 480 |
| | | | 60 ～ 79 岁 | 1 282 | 192 | 26 | 79 | 180 | 240 | 480 |
| | | | 80 岁及以上 | 88 | 181 | 10 | 60 | 120 | 300 | 420 |
| | | 女 | 小计 | 7 709 | 170 | 17 | 60 | 120 | 240 | 480 |
| | | | 18 ～ 44 岁 | 3 125 | 167 | 17 | 69 | 120 | 236 | 480 |
| | | | 45 ～ 59 岁 | 2 741 | 179 | 20 | 60 | 137 | 240 | 480 |
| | | | 60 ～ 79 岁 | 1 716 | 167 | 20 | 60 | 120 | 240 | 463 |
| | | | 80 岁及以上 | 127 | 142 | 17 | 60 | 103 | 180 | 450 |
| | 农村 | 小计 | 小计 | 15 259 | 248 | 43 | 120 | 223 | 360 | 500 |
| | | | 18 ～ 44 岁 | 6 309 | 244 | 43 | 120 | 220 | 360 | 500 |
| | | | 45 ～ 59 岁 | 5 435 | 263 | 51 | 129 | 240 | 360 | 514 |
| | | | 60 ～ 79 岁 | 3 329 | 245 | 34 | 120 | 223 | 360 | 500 |
| | | | 80 岁及以上 | 186 | 165 | 0 | 60 | 120 | 240 | 483 |
| | | 男 | 小计 | 7 172 | 262 | 43 | 120 | 240 | 377 | 523 |
| | | | 18 ～ 44 岁 | 2 952 | 257 | 43 | 120 | 240 | 360 | 514 |
| | | | 45 ～ 59 岁 | 2 438 | 276 | 51 | 137 | 243 | 411 | 540 |
| | | | 60 ～ 79 岁 | 1 699 | 259 | 43 | 120 | 240 | 360 | 500 |
| | | | 80 岁及以上 | 83 | 180 | 30 | 90 | 120 | 257 | 480 |
| | | 女 | 小计 | 8 087 | 235 | 43 | 120 | 206 | 330 | 500 |
| | | | 18 ～ 44 岁 | 3 357 | 231 | 43 | 120 | 197 | 326 | 490 |
| | | | 45 ～ 59 岁 | 2 997 | 249 | 51 | 129 | 240 | 360 | 500 |
| | | | 60 ～ 79 岁 | 1 630 | 230 | 30 | 120 | 197 | 326 | 510 |
| | | | 80 岁及以上 | 103 | 157 | 0 | 60 | 120 | 197 | 510 |
| 西部 | 城乡 | 小计 | 小计 | 31 000 | 233 | 36 | 120 | 206 | 349 | 480 |
| | | | 18 ～ 44 岁 | 13 999 | 241 | 40 | 120 | 216 | 360 | 514 |
| | | | 45 ～ 59 岁 | 10 326 | 242 | 40 | 120 | 223 | 360 | 480 |
| | | | 60 ～ 79 岁 | 6 272 | 202 | 30 | 90 | 180 | 300 | 480 |
| | | | 80 岁及以上 | 403 | 152 | 17 | 60 | 120 | 214 | 407 |
| | | 男 | 小计 | 14 218 | 242 | 40 | 120 | 223 | 360 | 500 |
| | | | 18 ～ 44 岁 | 6 488 | 247 | 40 | 120 | 231 | 360 | 514 |
| | | | 45 ～ 59 岁 | 4 581 | 251 | 40 | 120 | 240 | 360 | 498 |
| | | | 60 ～ 79 岁 | 2 948 | 215 | 34 | 117 | 180 | 300 | 480 |
| | | | 80 岁及以上 | 201 | 165 | 30 | 77 | 131 | 223 | 407 |
| | | 女 | 小计 | 16 782 | 225 | 34 | 120 | 189 | 321 | 480 |
| | | | 18 ～ 44 岁 | 7 511 | 235 | 39 | 120 | 206 | 351 | 489 |
| | | | 45 ～ 59 岁 | 5 745 | 234 | 40 | 120 | 206 | 343 | 480 |
| | | | 60 ～ 79 岁 | 3 324 | 189 | 30 | 77 | 154 | 244 | 480 |
| | | | 80 岁及以上 | 202 | 139 | 0 | 60 | 120 | 180 | 420 |
| | 城市 | 小计 | 小计 | 12 322 | 207 | 30 | 86 | 180 | 300 | 480 |
| | | | 18 ～ 44 岁 | 5 371 | 210 | 30 | 94 | 180 | 300 | 480 |
| | | | 45 ～ 59 岁 | 4 154 | 214 | 30 | 86 | 180 | 309 | 480 |
| | | | 60 ～ 79 岁 | 2 622 | 190 | 30 | 70 | 150 | 257 | 480 |
| | | | 80 岁及以上 | 175 | 153 | 20 | 60 | 120 | 214 | 411 |
| | | 男 | 小计 | 5 493 | 213 | 30 | 90 | 180 | 309 | 480 |
| | | | 18 ～ 44 岁 | 2 452 | 218 | 30 | 103 | 180 | 317 | 480 |
| | | | 45 ～ 59 岁 | 1 782 | 216 | 30 | 86 | 180 | 334 | 489 |

| 地区 | 城乡 | 性别 | 年龄 | n | 春秋季非交通出行室外活动时间 / (min/d) | | | | | |
|---|---|---|---|---|---|---|---|---|---|---|
| | | | | | Mean | P5 | P25 | P50 | P75 | P95 |
| 西部 | 城市 | 男 | 60 ～ 79 岁 | 1 174 | 192 | 30 | 69 | 171 | 283 | 480 |
| | | | 80 岁及以上 | 85 | 175 | 21 | 60 | 137 | 240 | 411 |
| | | 女 | 小计 | 6 829 | 201 | 30 | 86 | 171 | 291 | 480 |
| | | | 18 ～ 44 岁 | 2 919 | 201 | 30 | 86 | 171 | 288 | 480 |
| | | | 45 ～ 59 岁 | 2 372 | 213 | 30 | 90 | 180 | 300 | 480 |
| | | | 60 ～ 79 岁 | 1 448 | 187 | 30 | 77 | 129 | 257 | 463 |
| | | | 80 岁及以上 | 90 | 134 | 0 | 60 | 103 | 180 | 360 |
| | 农村 | 小计 | 小计 | 18 678 | 250 | 40 | 120 | 240 | 360 | 514 |
| | | | 18 ～ 44 岁 | 8 628 | 260 | 40 | 129 | 240 | 360 | 536 |
| | | | 45 ～ 59 岁 | 6 172 | 261 | 60 | 134 | 240 | 360 | 510 |
| | | | 60 ～ 79 岁 | 3 650 | 210 | 30 | 111 | 180 | 300 | 480 |
| | | | 80 岁及以上 | 228 | 152 | 17 | 60 | 120 | 206 | 360 |
| | | 男 | 小计 | 8 725 | 260 | 40 | 129 | 240 | 360 | 514 |
| | | | 18 ～ 44 岁 | 4 036 | 265 | 40 | 137 | 240 | 360 | 540 |
| | | | 45 ～ 59 岁 | 2 799 | 274 | 60 | 154 | 249 | 370 | 514 |
| | | | 60 ～ 79 岁 | 1 774 | 230 | 40 | 120 | 206 | 326 | 480 |
| | | | 80 岁及以上 | 116 | 158 | 30 | 77 | 131 | 214 | 360 |
| | | 女 | 小计 | 9 953 | 240 | 40 | 120 | 223 | 360 | 486 |
| | | | 18 ～ 44 岁 | 4 592 | 256 | 43 | 129 | 240 | 360 | 514 |
| | | | 45 ～ 59 岁 | 3 373 | 248 | 50 | 120 | 240 | 360 | 486 |
| | | | 60 ～ 79 岁 | 1 876 | 190 | 27 | 80 | 163 | 240 | 480 |
| | | | 80 岁及以上 | 112 | 144 | 0 | 60 | 120 | 180 | 420 |

## 附表 6-3 中国人群分东中西、城乡、性别、年龄的夏季非交通出行室外活动时间

| 地区 | 城乡 | 性别 | 年龄 | n | 夏季非交通出行室外活动时间 / (min/d) | | | | | |
|---|---|---|---|---|---|---|---|---|---|---|
| | | | | | Mean | P5 | P25 | P50 | P75 | P95 |
| 合计 | 城乡 | 小计 | 小计 | 90 877 | 250 | 30 | 120 | 221 | 360 | 600 |
| | | | 18 ～ 44 岁 | 36 589 | 249 | 30 | 120 | 214 | 360 | 581 |
| | | | 45 ～ 59 岁 | 32 291 | 263 | 30 | 120 | 240 | 377 | 600 |
| | | | 60 ～ 79 岁 | 20 515 | 241 | 30 | 120 | 206 | 360 | 540 |
| | | | 80 岁及以上 | 1 482 | 177 | 0 | 60 | 120 | 240 | 480 |
| | | 男 | 小计 | 41 200 | 262 | 30 | 120 | 240 | 377 | 600 |
| | | | 18 ～ 44 岁 | 16 730 | 260 | 30 | 120 | 240 | 377 | 600 |
| | | | 45 ～ 59 岁 | 14 059 | 275 | 30 | 120 | 240 | 411 | 600 |
| | | | 60 ～ 79 岁 | 9 736 | 254 | 30 | 120 | 240 | 360 | 580 |
| | | | 80 岁及以上 | 675 | 194 | 11 | 60 | 150 | 300 | 480 |
| | | 女 | 小计 | 49 677 | 238 | 30 | 120 | 197 | 360 | 540 |
| | | | 18 ～ 44 岁 | 19 859 | 237 | 30 | 119 | 189 | 360 | 540 |
| | | | 45 ～ 59 岁 | 18 232 | 251 | 30 | 120 | 231 | 360 | 566 |
| | | | 60 ～ 79 岁 | 10 779 | 228 | 30 | 120 | 180 | 313 | 523 |
| | | | 80 岁及以上 | 807 | 164 | 0 | 60 | 120 | 240 | 480 |
| | 城市 | 小计 | 小计 | 41 690 | 207 | 21 | 86 | 171 | 300 | 506 |
| | | | 18 ～ 44 岁 | 16 593 | 205 | 21 | 86 | 163 | 300 | 506 |
| | | | 45 ～ 59 岁 | 14 697 | 217 | 27 | 90 | 180 | 300 | 531 |
| | | | 60 ～ 79 岁 | 9 656 | 204 | 26 | 86 | 180 | 300 | 480 |
| | | | 80 岁及以上 | 744 | 162 | 6 | 60 | 120 | 240 | 450 |
| | | 男 | 小计 | 18 395 | 217 | 24 | 90 | 180 | 309 | 536 |
| | | | 18 ～ 44 岁 | 7 513 | 216 | 24 | 86 | 180 | 309 | 531 |
| | | | 45 ～ 59 岁 | 6 247 | 225 | 26 | 91 | 180 | 343 | 549 |
| | | | 60 ～ 79 岁 | 4 312 | 212 | 26 | 90 | 180 | 300 | 480 |
| | | | 80 岁及以上 | 323 | 185 | 10 | 60 | 120 | 300 | 540 |
| | | 女 | 小计 | 23 295 | 197 | 21 | 81 | 154 | 274 | 480 |
| | | | 18 ～ 44 岁 | 9 080 | 194 | 21 | 77 | 154 | 257 | 480 |

| 地区 | 城乡 | 性别 | 年龄 | n | 夏季非交通出行室外活动时间 /（min/d） | | | | | |
| --- | --- | --- | --- | --- | --- | --- | --- | --- | --- | --- |
| | | | | | Mean | P5 | P25 | P50 | P75 | P95 |
| 合计 | 城市 | 女 | 45～59 岁 | 8 450 | 208 | 29 | 90 | 180 | 300 | 480 |
| | | | 60～79 岁 | 5 344 | 197 | 23 | 86 | 171 | 274 | 480 |
| | | | 80 岁及以上 | 421 | 144 | 0 | 60 | 120 | 180 | 360 |
| | 农村 | 小计 | 小计 | 49 187 | 283 | 40 | 136 | 257 | 411 | 600 |
| | | | 18～44 岁 | 19 996 | 282 | 40 | 129 | 257 | 411 | 600 |
| | | | 45～59 岁 | 17 594 | 299 | 51 | 163 | 291 | 429 | 600 |
| | | | 60～79 岁 | 10 859 | 269 | 33 | 120 | 240 | 377 | 600 |
| | | | 80 岁及以上 | 738 | 190 | 0 | 60 | 154 | 270 | 480 |
| | | 男 | 小计 | 22 805 | 296 | 43 | 146 | 283 | 429 | 600 |
| | | | 18～44 岁 | 9 217 | 293 | 43 | 137 | 283 | 420 | 600 |
| | | | 45～59 岁 | 7 812 | 315 | 54 | 171 | 300 | 480 | 600 |
| | | | 60～79 岁 | 5 424 | 284 | 40 | 137 | 249 | 420 | 600 |
| | | | 80 岁及以上 | 352 | 201 | 30 | 90 | 180 | 300 | 480 |
| | | 女 | 小计 | 26 382 | 270 | 34 | 120 | 240 | 377 | 600 |
| | | | 18～44 岁 | 10 779 | 271 | 39 | 120 | 240 | 377 | 600 |
| | | | 45～59 岁 | 9 782 | 284 | 49 | 146 | 257 | 403 | 600 |
| | | | 60～79 岁 | 5 435 | 254 | 30 | 120 | 240 | 360 | 570 |
| | | | 80 岁及以上 | 386 | 182 | 0 | 60 | 130 | 240 | 483 |
| 东部 | 城乡 | 小计 | 小计 | 30 877 | 225 | 21 | 94 | 180 | 326 | 600 |
| | | | 18～44 岁 | 10 507 | 218 | 21 | 87 | 180 | 300 | 549 |
| | | | 45～59 岁 | 11 776 | 240 | 27 | 103 | 180 | 360 | 600 |
| | | | 60～79 岁 | 7 918 | 226 | 21 | 103 | 180 | 317 | 540 |
| | | | 80 岁及以上 | 676 | 162 | 0 | 50 | 120 | 240 | 480 |
| | | 男 | 小计 | 13 777 | 237 | 23 | 103 | 180 | 360 | 600 |
| | | | 18～44 岁 | 4 642 | 228 | 23 | 94 | 180 | 343 | 600 |
| | | | 45～59 岁 | 5 026 | 254 | 26 | 103 | 206 | 369 | 600 |
| | | | 60～79 岁 | 3 807 | 239 | 23 | 120 | 180 | 360 | 600 |
| | | | 80 岁及以上 | 302 | 181 | 11 | 60 | 120 | 257 | 480 |
| | | 女 | 小计 | 17 100 | 213 | 21 | 86 | 180 | 300 | 540 |
| | | | 18～44 岁 | 5 865 | 209 | 21 | 86 | 165 | 300 | 540 |
| | | | 45～59 岁 | 6 750 | 226 | 30 | 103 | 180 | 326 | 549 |
| | | | 60～79 岁 | 4 111 | 213 | 20 | 90 | 180 | 300 | 497 |
| | | | 80 岁及以上 | 374 | 148 | 0 | 49 | 120 | 193 | 420 |
| | 城市 | 小计 | 小计 | 15 628 | 189 | 17 | 69 | 137 | 249 | 480 |
| | | | 18～44 岁 | 5 449 | 183 | 17 | 69 | 137 | 240 | 480 |
| | | | 45～59 岁 | 5 788 | 200 | 20 | 77 | 154 | 274 | 523 |
| | | | 60～79 岁 | 4 038 | 191 | 17 | 60 | 150 | 240 | 480 |
| | | | 80 岁及以上 | 353 | 149 | 0 | 40 | 120 | 223 | 420 |
| | | 男 | 小计 | 6 869 | 199 | 17 | 76 | 154 | 274 | 514 |
| | | | 18～44 岁 | 2 413 | 193 | 17 | 77 | 137 | 263 | 480 |
| | | | 45～59 岁 | 2 451 | 209 | 20 | 77 | 163 | 300 | 549 |
| | | | 60～79 岁 | 1 856 | 200 | 17 | 69 | 171 | 270 | 480 |
| | | | 80 岁及以上 | 149 | 171 | 11 | 40 | 120 | 240 | 480 |
| | | 女 | 小计 | 8 759 | 179 | 19 | 60 | 129 | 240 | 480 |
| | | | 18～44 岁 | 3 036 | 174 | 20 | 60 | 120 | 240 | 480 |
| | | | 45～59 岁 | 3 337 | 190 | 20 | 69 | 137 | 257 | 480 |
| | | | 60～79 岁 | 2 182 | 182 | 20 | 60 | 129 | 240 | 480 |
| | | | 80 岁及以上 | 204 | 134 | 0 | 34 | 120 | 180 | 360 |
| | 农村 | 小计 | 小计 | 15 249 | 262 | 30 | 120 | 231 | 369 | 600 |
| | | | 18～44 岁 | 5 058 | 254 | 30 | 120 | 206 | 360 | 600 |
| | | | 45～59 岁 | 5 988 | 280 | 30 | 120 | 240 | 420 | 600 |
| | | | 60～79 岁 | 3 880 | 263 | 30 | 120 | 240 | 360 | 600 |
| | | | 80 岁及以上 | 323 | 178 | 0 | 60 | 129 | 240 | 480 |
| | | 男 | 小计 | 6 908 | 276 | 30 | 120 | 240 | 411 | 600 |
| | | | 18～44 岁 | 2 229 | 263 | 30 | 120 | 223 | 377 | 600 |
| | | | 45～59 岁 | 2 575 | 301 | 30 | 137 | 266 | 463 | 600 |
| | | | 60～79 岁 | 1 951 | 278 | 30 | 120 | 240 | 411 | 600 |
| | | | 80 岁及以上 | 153 | 194 | 10 | 60 | 163 | 300 | 480 |

| 地区 | 城乡 | 性别 | 年龄 | *n* | 夏季非交通出行室外活动时间 /（min/d） | | | | | |
|---|---|---|---|---|---|---|---|---|---|---|
| | | | | | Mean | P5 | P25 | P50 | P75 | P95 |
| 东部 | 农村 | 女 | 小计 | 8 341 | 248 | 30 | 120 | 206 | 360 | 600 |
| | | | 18～44 岁 | 2 829 | 244 | 30 | 120 | 180 | 360 | 600 |
| | | | 45～59 岁 | 3 413 | 261 | 30 | 120 | 240 | 360 | 600 |
| | | | 60～79 岁 | 1 929 | 248 | 26 | 120 | 214 | 360 | 549 |
| | | | 80 岁及以上 | 170 | 166 | 0 | 50 | 120 | 240 | 497 |
| 中部 | 城乡 | 小计 | 小计 | 28 998 | 259 | 34 | 120 | 240 | 360 | 566 |
| | | | 18～44 岁 | 12 081 | 251 | 34 | 120 | 223 | 360 | 549 |
| | | | 45～59 岁 | 10 191 | 276 | 39 | 129 | 240 | 394 | 600 |
| | | | 60～79 岁 | 6 325 | 261 | 34 | 120 | 240 | 360 | 566 |
| | | | 80 岁及以上 | 401 | 194 | 9 | 60 | 137 | 291 | 500 |
| | | 男 | 小计 | 13 204 | 271 | 40 | 120 | 240 | 394 | 600 |
| | | | 18～44 岁 | 5 599 | 265 | 39 | 120 | 240 | 394 | 600 |
| | | | 45～59 岁 | 4 453 | 286 | 43 | 130 | 257 | 420 | 600 |
| | | | 60～79 岁 | 2 981 | 273 | 40 | 120 | 240 | 400 | 560 |
| | | | 80 岁及以上 | 171 | 213 | 10 | 103 | 180 | 300 | 540 |
| | | 女 | 小计 | 15 794 | 246 | 30 | 120 | 214 | 360 | 540 |
| | | | 18～44 岁 | 6 482 | 238 | 30 | 120 | 197 | 351 | 540 |
| | | | 45～59 岁 | 5 738 | 265 | 34 | 120 | 240 | 360 | 557 |
| | | | 60～79 岁 | 3 344 | 249 | 30 | 120 | 236 | 360 | 566 |
| | | | 80 岁及以上 | 230 | 182 | 0 | 60 | 120 | 240 | 480 |
| | 城市 | 小计 | 小计 | 13 739 | 206 | 24 | 90 | 171 | 300 | 497 |
| | | | 18～44 岁 | 5 772 | 200 | 24 | 86 | 154 | 283 | 490 |
| | | | 45～59 岁 | 4 756 | 218 | 30 | 103 | 180 | 300 | 510 |
| | | | 60～79 岁 | 2 996 | 208 | 20 | 91 | 180 | 300 | 480 |
| | | | 80 岁及以上 | 215 | 180 | 10 | 60 | 120 | 240 | 540 |
| | | 男 | 小计 | 6 032 | 217 | 30 | 94 | 180 | 300 | 526 |
| | | | 18～44 岁 | 2 647 | 211 | 30 | 86 | 163 | 300 | 514 |
| | | | 45～59 岁 | 2 015 | 229 | 30 | 103 | 180 | 334 | 549 |
| | | | 60～79 岁 | 1 282 | 221 | 27 | 120 | 180 | 300 | 497 |
| | | | 80 岁及以上 | 88 | 210 | 9 | 60 | 137 | 300 | 600 |
| | | 女 | 小计 | 7 707 | 194 | 20 | 86 | 154 | 270 | 480 |
| | | | 18～44 岁 | 3 125 | 188 | 17 | 86 | 146 | 249 | 480 |
| | | | 45～59 岁 | 2 741 | 207 | 26 | 94 | 180 | 300 | 480 |
| | | | 60～79 岁 | 1 714 | 197 | 20 | 86 | 180 | 300 | 480 |
| | | | 80 岁及以上 | 127 | 156 | 17 | 60 | 120 | 200 | 360 |
| | 农村 | 小计 | 小计 | 15 259 | 293 | 60 | 163 | 274 | 420 | 600 |
| | | | 18～44 岁 | 6 309 | 286 | 57 | 146 | 257 | 411 | 600 |
| | | | 45～59 岁 | 5 435 | 312 | 60 | 180 | 300 | 446 | 600 |
| | | | 60～79 岁 | 3 329 | 290 | 51 | 163 | 266 | 420 | 600 |
| | | | 80 岁及以上 | 186 | 203 | 0 | 90 | 154 | 291 | 500 |
| | | 男 | 小计 | 7 172 | 305 | 60 | 163 | 300 | 440 | 600 |
| | | | 18～44 岁 | 2 952 | 300 | 60 | 150 | 291 | 429 | 600 |
| | | | 45～59 岁 | 2 438 | 323 | 60 | 180 | 309 | 480 | 600 |
| | | | 60～79 岁 | 1 699 | 299 | 54 | 171 | 283 | 440 | 600 |
| | | | 80 岁及以上 | 83 | 215 | 34 | 120 | 223 | 300 | 500 |
| | | 女 | 小计 | 8 087 | 280 | 51 | 154 | 249 | 386 | 600 |
| | | | 18～44 岁 | 3 357 | 271 | 51 | 137 | 240 | 369 | 583 |
| | | | 45～59 岁 | 2 997 | 301 | 60 | 180 | 291 | 420 | 600 |
| | | | 60～79 岁 | 1 630 | 280 | 49 | 146 | 249 | 377 | 600 |
| | | | 80 岁及以上 | 103 | 195 | 0 | 60 | 137 | 265 | 540 |
| 西部 | 城乡 | 小计 | 小计 | 31 002 | 277 | 40 | 129 | 257 | 386 | 600 |
| | | | 18～44 岁 | 14 001 | 286 | 37 | 137 | 274 | 403 | 600 |
| | | | 45～59 岁 | 10 324 | 287 | 51 | 141 | 274 | 403 | 600 |
| | | | 60～79 岁 | 6 272 | 242 | 34 | 120 | 226 | 360 | 531 |
| | | | 80 岁及以上 | 405 | 185 | 20 | 60 | 171 | 257 | 480 |
| | | 男 | 小计 | 14 219 | 287 | 40 | 137 | 274 | 408 | 600 |
| | | | 18～44 岁 | 6 489 | 294 | 34 | 154 | 291 | 420 | 600 |
| | | | 45～59 岁 | 4 580 | 296 | 51 | 154 | 291 | 420 | 600 |

| 地区 | 城乡 | 性别 | 年龄 | n | 夏季非交通出行室外活动时间 /（min/d） | | | | | |
|---|---|---|---|---|---|---|---|---|---|---|
| | | | | | Mean | P5 | P25 | P50 | P75 | P95 |
| 西部 | 城乡 | 男 | 60 ～ 79 岁 | 2 948 | 256 | 43 | 120 | 240 | 360 | 540 |
| | | | 80 岁及以上 | 202 | 196 | 30 | 86 | 180 | 300 | 463 |
| | | 女 | 小计 | 16 783 | 266 | 39 | 120 | 240 | 366 | 566 |
| | | | 18 ～ 44 岁 | 7 512 | 276 | 39 | 129 | 257 | 390 | 600 |
| | | | 45 ～ 59 岁 | 5 744 | 277 | 50 | 129 | 257 | 377 | 591 |
| | | | 60 ～ 79 岁 | 3 324 | 228 | 30 | 120 | 197 | 309 | 480 |
| | | | 80 岁及以上 | 203 | 175 | 0 | 60 | 120 | 240 | 480 |
| | 城市 | 小计 | 小计 | 12 323 | 245 | 34 | 120 | 214 | 360 | 540 |
| | | | 18 ～ 44 岁 | 5 372 | 248 | 34 | 120 | 223 | 360 | 540 |
| | | | 45 ～ 59 岁 | 4 153 | 252 | 40 | 120 | 231 | 360 | 550 |
| | | | 60 ～ 79 岁 | 2 622 | 228 | 40 | 120 | 189 | 309 | 480 |
| | | | 80 岁及以上 | 176 | 177 | 20 | 60 | 120 | 240 | 420 |
| | | 男 | 小计 | 5 494 | 252 | 34 | 120 | 231 | 360 | 546 |
| | | | 18 ～ 44 岁 | 2 453 | 259 | 34 | 120 | 240 | 360 | 549 |
| | | | 45 ～ 59 岁 | 1 781 | 255 | 34 | 120 | 231 | 377 | 557 |
| | | | 60 ～ 79 岁 | 1 174 | 229 | 40 | 120 | 189 | 317 | 510 |
| | | | 80 岁及以上 | 86 | 194 | 15 | 103 | 150 | 300 | 446 |
| | | 女 | 小计 | 6 829 | 237 | 34 | 120 | 197 | 360 | 523 |
| | | | 18 ～ 44 岁 | 2 919 | 237 | 34 | 120 | 197 | 360 | 531 |
| | | | 45 ～ 59 岁 | 2 372 | 249 | 43 | 120 | 227 | 360 | 540 |
| | | | 60 ～ 79 岁 | 1 448 | 228 | 40 | 120 | 186 | 300 | 480 |
| | | | 80 岁及以上 | 90 | 160 | 20 | 60 | 120 | 240 | 420 |
| | 农村 | 小计 | 小计 | 18 679 | 297 | 43 | 171 | 300 | 420 | 600 |
| | | | 18 ～ 44 岁 | 8 629 | 308 | 41 | 180 | 300 | 429 | 600 |
| | | | 45 ～ 59 岁 | 6 171 | 310 | 60 | 180 | 300 | 426 | 600 |
| | | | 60 ～ 79 岁 | 3 650 | 251 | 33 | 120 | 240 | 360 | 540 |
| | | | 80 岁及以上 | 229 | 192 | 21 | 60 | 180 | 257 | 480 |
| | | 男 | 小计 | 8 725 | 309 | 43 | 180 | 300 | 429 | 600 |
| | | | 18 ～ 44 岁 | 4 036 | 316 | 30 | 180 | 317 | 446 | 600 |
| | | | 45 ～ 59 岁 | 2 799 | 324 | 60 | 190 | 309 | 463 | 600 |
| | | | 60 ～ 79 岁 | 1774 | 274 | 43 | 137 | 240 | 386 | 566 |
| | | | 80 岁及以上 | 116 | 197 | 30 | 77 | 180 | 270 | 480 |
| | | 女 | 小计 | 9 954 | 285 | 43 | 146 | 274 | 403 | 600 |
| | | | 18 ～ 44 岁 | 4 593 | 301 | 51 | 171 | 300 | 420 | 600 |
| | | | 45 ～ 59 岁 | 3 372 | 296 | 60 | 180 | 300 | 411 | 600 |
| | | | 60 ～ 79 岁 | 1 876 | 229 | 30 | 111 | 206 | 309 | 514 |
| | | | 80 岁及以上 | 113 | 187 | 0 | 60 | 180 | 257 | 480 |

## 附表 6-4 中国人群分东中西、城乡、性别、年龄的冬季非交通出行室外活动时间

| 地区 | 城乡 | 性别 | 年龄 | n | 冬季非交通出行室外活动时间 /（min/d） | | | | | |
|---|---|---|---|---|---|---|---|---|---|---|
| | | | | | Mean | P5 | P25 | P50 | P75 | P95 |
| 合计 | 城乡 | 小计 | 小计 | 90 856 | 153 | 9 | 60 | 120 | 214 | 476 |
| | | | 18 ～ 44 岁 | 36 584 | 156 | 9 | 60 | 120 | 223 | 480 |
| | | | 45 ～ 59 岁 | 32 284 | 158 | 9 | 60 | 120 | 237 | 480 |
| | | | 60 ～ 79 岁 | 20 510 | 140 | 2 | 60 | 120 | 180 | 420 |
| | | | 80 岁及以上 | 1 478 | 109 | 0 | 30 | 60 | 146 | 330 |
| | | 男 | 小计 | 41 192 | 165 | 10 | 60 | 120 | 240 | 480 |
| | | | 18 ～ 44 岁 | 16 726 | 167 | 10 | 60 | 120 | 240 | 480 |
| | | | 45 ～ 59 岁 | 14 059 | 171 | 10 | 60 | 120 | 240 | 480 |
| | | | 60 ～ 79 岁 | 9 732 | 151 | 7 | 60 | 120 | 214 | 480 |
| | | | 80 岁及以上 | 675 | 117 | 0 | 34 | 86 | 180 | 360 |
| | | 女 | 小计 | 49 664 | 141 | 7 | 60 | 111 | 180 | 420 |

| 地区 | 城乡 | 性别 | 年龄 | n | 冬季非交通出行室外活动时间 /（min/d） | | | | | |
|---|---|---|---|---|---|---|---|---|---|---|
| | | | | | Mean | P5 | P25 | P50 | P75 | P95 |
| 合计 | 城乡 | 女 | 18 ～ 44 岁 | 19 858 | 145 | 9 | 60 | 119 | 189 | 429 |
| | | | 45 ～ 59 岁 | 18 225 | 145 | 9 | 60 | 120 | 193 | 429 |
| | | | 60 ～ 79 岁 | 10 778 | 129 | 0 | 51 | 94 | 180 | 360 |
| | | | 80 岁及以上 | 803 | 103 | 0 | 30 | 60 | 129 | 330 |
| | 城市 | 小计 | 小计 | 41 676 | 137 | 7 | 51 | 94 | 180 | 429 |
| | | | 18 ～ 44 岁 | 16 589 | 139 | 6 | 51 | 94 | 180 | 437 |
| | | | 45 ～ 59 岁 | 14 690 | 143 | 9 | 56 | 103 | 180 | 461 |
| | | | 60 ～ 79 岁 | 9 654 | 126 | 3 | 51 | 90 | 180 | 360 |
| | | | 80 岁及以上 | 743 | 103 | 0 | 30 | 60 | 137 | 300 |
| | | 男 | 小计 | 18 389 | 146 | 9 | 56 | 103 | 189 | 471 |
| | | | 18 ～ 44 岁 | 7 509 | 148 | 9 | 54 | 103 | 197 | 480 |
| | | | 45 ～ 59 岁 | 6 247 | 152 | 9 | 60 | 111 | 206 | 480 |
| | | | 60 ～ 79 岁 | 4 310 | 134 | 5 | 56 | 103 | 180 | 420 |
| | | | 80 岁及以上 | 323 | 113 | 7 | 30 | 69 | 180 | 360 |
| | | 女 | 小计 | 23 287 | 128 | 5 | 50 | 86 | 180 | 403 |
| | | | 18 ～ 44 岁 | 9 080 | 129 | 3 | 51 | 86 | 171 | 411 |
| | | | 45 ～ 59 岁 | 8 443 | 134 | 9 | 51 | 94 | 180 | 420 |
| | | | 60 ～ 79 岁 | 5 344 | 118 | 2 | 43 | 86 | 150 | 360 |
| | | | 80 岁及以上 | 420 | 95 | 0 | 30 | 60 | 120 | 300 |
| | 农村 | 小计 | 小计 | 49 180 | 165 | 10 | 60 | 120 | 240 | 480 |
| | | | 18 ～ 44 岁 | 19 995 | 170 | 14 | 60 | 120 | 240 | 480 |
| | | | 45 ～ 59 岁 | 17 594 | 170 | 10 | 60 | 120 | 240 | 480 |
| | | | 60 ～ 79 岁 | 10 856 | 151 | 1 | 60 | 120 | 223 | 480 |
| | | | 80 岁及以上 | 735 | 114 | 0 | 30 | 77 | 159 | 360 |
| | | 男 | 小计 | 22 803 | 179 | 10 | 60 | 120 | 257 | 480 |
| | | | 18 ～ 44 岁 | 9 217 | 182 | 17 | 60 | 129 | 266 | 480 |
| | | | 45 ～ 59 岁 | 7 812 | 186 | 11 | 60 | 129 | 291 | 480 |
| | | | 60 ～ 79 岁 | 5 422 | 164 | 9 | 60 | 120 | 240 | 480 |
| | | | 80 岁及以上 | 352 | 119 | 0 | 36 | 103 | 180 | 360 |
| | | 女 | 小计 | 26 377 | 152 | 9 | 60 | 120 | 214 | 430 |
| | | | 18 ～ 44 岁 | 10 778 | 157 | 10 | 60 | 120 | 229 | 446 |
| | | | 45 ～ 59 岁 | 9 782 | 154 | 9 | 60 | 120 | 223 | 429 |
| | | | 60 ～ 79 岁 | 5 434 | 137 | 0 | 57 | 116 | 180 | 411 |
| | | | 80 岁及以上 | 383 | 110 | 0 | 30 | 60 | 129 | 360 |
| 东部 | 城乡 | 小计 | 小计 | 30 875 | 137 | 9 | 51 | 94 | 180 | 429 |
| | | | 18 ～ 44 岁 | 10 507 | 140 | 10 | 56 | 94 | 180 | 429 |
| | | | 45 ～ 59 岁 | 11 776 | 143 | 9 | 51 | 103 | 180 | 446 |
| | | | 60 ～ 79 岁 | 7 916 | 125 | 0 | 43 | 90 | 180 | 370 |
| | | | 80 岁及以上 | 676 | 100 | 0 | 30 | 60 | 120 | 300 |
| | | 男 | 小计 | 13 776 | 150 | 9 | 60 | 111 | 206 | 480 |
| | | | 18 ～ 44 岁 | 4 642 | 152 | 10 | 60 | 110 | 223 | 480 |
| | | | 45 ～ 59 岁 | 5 026 | 158 | 9 | 60 | 120 | 240 | 480 |
| | | | 60 ～ 79 岁 | 3 806 | 135 | 0 | 51 | 103 | 180 | 420 |
| | | | 80 岁及以上 | 302 | 106 | 0 | 30 | 69 | 163 | 300 |
| | | 女 | 小计 | 17 099 | 125 | 7 | 43 | 86 | 171 | 377 |
| | | | 18 ～ 44 岁 | 5 865 | 128 | 9 | 51 | 86 | 171 | 403 |
| | | | 45 ～ 59 岁 | 6 750 | 128 | 9 | 43 | 87 | 180 | 402 |
| | | | 60 ～ 79 岁 | 4 110 | 116 | 0 | 40 | 80 | 150 | 360 |
| | | | 80 岁及以上 | 374 | 96 | 0 | 30 | 60 | 120 | 264 |
| | 城市 | 小计 | 小计 | 15 627 | 125 | 7 | 44 | 77 | 154 | 411 |
| | | | 18 ～ 44 岁 | 5 449 | 126 | 9 | 45 | 77 | 154 | 420 |
| | | | 45 ～ 59 岁 | 5 788 | 131 | 9 | 50 | 83 | 180 | 429 |
| | | | 60 ～ 79 岁 | 4 037 | 114 | 0 | 43 | 79 | 129 | 360 |
| | | | 80 岁及以上 | 353 | 94 | 0 | 30 | 60 | 120 | 264 |
| | | 男 | 小计 | 6 868 | 135 | 9 | 51 | 87 | 180 | 446 |
| | | | 18 ～ 44 岁 | 2 413 | 138 | 9 | 49 | 90 | 180 | 446 |
| | | | 45 ～ 59 岁 | 2 451 | 140 | 9 | 51 | 86 | 180 | 480 |
| | | | 60 ～ 79 岁 | 1 855 | 124 | 0 | 50 | 90 | 154 | 377 |

| 地区 | 城乡 | 性别 | 年龄 | *n* | 冬季非交通出行室外活动时间 /（min/d） | | | | | |
|---|---|---|---|---|---|---|---|---|---|---|
| | | | | | Mean | P5 | P25 | P50 | P75 | P95 |
| 东部 | 城市 | 男 | 80 岁及以上 | 149 | 96 | 6 | 30 | 60 | 120 | 300 |
| | | 女 | 小计 | 8 759 | 115 | 6 | 43 | 77 | 137 | 360 |
| | | | 18 ～ 44 岁 | 3 036 | 115 | 7 | 43 | 77 | 137 | 360 |
| | | | 45 ～ 59 岁 | 3 337 | 122 | 9 | 43 | 77 | 154 | 377 |
| | | | 60 ～ 79 岁 | 2 182 | 105 | 0 | 43 | 61 | 120 | 300 |
| | | | 80 岁及以上 | 204 | 92 | 0 | 30 | 60 | 120 | 264 |
| | 农村 | 小计 | 小计 | 15 248 | 150 | 9 | 60 | 120 | 223 | 446 |
| | | | 18 ～ 44 岁 | 5 058 | 154 | 14 | 60 | 120 | 231 | 454 |
| | | | 45 ～ 59 岁 | 5 988 | 155 | 9 | 51 | 120 | 240 | 480 |
| | | | 60 ～ 79 岁 | 3 879 | 138 | 0 | 46 | 103 | 180 | 420 |
| | | | 80 岁及以上 | 323 | 109 | 0 | 30 | 69 | 146 | 349 |
| | | 男 | 小计 | 6 908 | 165 | 10 | 60 | 120 | 240 | 480 |
| | | | 18 ～ 44 岁 | 2 229 | 167 | 14 | 60 | 120 | 240 | 480 |
| | | | 45 ～ 59 岁 | 2 575 | 176 | 9 | 60 | 120 | 266 | 480 |
| | | | 60 ～ 79 岁 | 1 951 | 147 | 0 | 53 | 120 | 180 | 480 |
| | | | 80 岁及以上 | 153 | 118 | 0 | 34 | 103 | 180 | 351 |
| | | 女 | 小计 | 8 340 | 136 | 9 | 51 | 103 | 180 | 420 |
| | | | 18 ～ 44 岁 | 2 829 | 141 | 10 | 60 | 103 | 180 | 420 |
| | | | 45 ～ 59 岁 | 3 413 | 135 | 0 | 43 | 103 | 180 | 420 |
| | | | 60 ～ 79 岁 | 1 928 | 128 | 0 | 36 | 90 | 180 | 360 |
| | | | 80 岁及以上 | 170 | 102 | 0 | 30 | 60 | 129 | 300 |
| 中部 | 城乡 | 小计 | 小计 | 28 998 | 156 | 0 | 60 | 120 | 223 | 480 |
| | | | 18 ～ 44 岁 | 12 080 | 153 | 3 | 60 | 120 | 210 | 473 |
| | | | 45 ～ 59 岁 | 10 192 | 163 | 3 | 60 | 120 | 240 | 480 |
| | | | 60 ～ 79 岁 | 6 326 | 155 | 0 | 60 | 120 | 240 | 480 |
| | | | 80 岁及以上 | 400 | 120 | 0 | 30 | 60 | 180 | 360 |
| | | 男 | 小计 | 13 204 | 169 | 3 | 60 | 120 | 240 | 480 |
| | | | 18 ～ 44 岁 | 5 598 | 166 | 4 | 60 | 120 | 240 | 480 |
| | | | 45 ～ 59 岁 | 4 454 | 176 | 6 | 60 | 120 | 249 | 480 |
| | | | 60 ～ 79 岁 | 2 981 | 170 | 5 | 60 | 120 | 240 | 486 |
| | | | 80 岁及以上 | 171 | 130 | 0 | 30 | 103 | 180 | 360 |
| | | 女 | 小计 | 15 794 | 142 | 0 | 60 | 120 | 180 | 437 |
| | | | 18 ～ 44 岁 | 6 482 | 140 | 0 | 60 | 111 | 180 | 420 |
| | | | 45 ～ 59 岁 | 5 738 | 149 | 0 | 60 | 120 | 206 | 463 |
| | | | 60 ～ 79 岁 | 3 345 | 140 | 0 | 54 | 120 | 186 | 463 |
| | | | 80 岁及以上 | 229 | 113 | 0 | 30 | 60 | 163 | 330 |
| | 城市 | 小计 | 小计 | 13 740 | 137 | 0 | 51 | 99 | 180 | 443 |
| | | | 18 ～ 44 岁 | 5 771 | 136 | 0 | 50 | 94 | 180 | 446 |
| | | | 45 ～ 59 岁 | 4 757 | 145 | 3 | 53 | 111 | 197 | 480 |
| | | | 60 ～ 79 岁 | 2 997 | 132 | 0 | 50 | 103 | 180 | 377 |
| | | | 80 岁及以上 | 215 | 112 | 6 | 30 | 60 | 180 | 330 |
| | | 男 | 小计 | 6 032 | 147 | 0 | 51 | 107 | 197 | 480 |
| | | | 18 ～ 44 岁 | 2 646 | 144 | 0 | 51 | 103 | 189 | 480 |
| | | | 45 ～ 59 岁 | 2 016 | 157 | 6 | 60 | 120 | 223 | 480 |
| | | | 60 ～ 79 岁 | 1 282 | 142 | 0 | 60 | 120 | 180 | 480 |
| | | | 80 岁及以上 | 88 | 135 | 9 | 40 | 69 | 180 | 360 |
| | | 女 | 小计 | 7 708 | 127 | 0 | 43 | 89 | 180 | 394 |
| | | | 18 ～ 44 岁 | 3 125 | 127 | 0 | 46 | 86 | 171 | 411 |
| | | | 45 ～ 59 岁 | 2 741 | 132 | 0 | 47 | 99 | 180 | 420 |
| | | | 60 ～ 79 岁 | 1 715 | 122 | 0 | 40 | 90 | 180 | 360 |
| | | | 80 岁及以上 | 127 | 94 | 0 | 30 | 60 | 120 | 330 |
| | 农村 | 小计 | 小计 | 15 258 | 167 | 3 | 60 | 120 | 240 | 480 |
| | | | 18 ～ 44 岁 | 6 309 | 165 | 3 | 60 | 120 | 240 | 480 |
| | | | 45 ～ 59 岁 | 5 435 | 174 | 3 | 60 | 120 | 240 | 480 |
| | | | 60 ～ 79 岁 | 3 329 | 168 | 0 | 60 | 120 | 240 | 483 |
| | | | 80 岁及以上 | 185 | 125 | 0 | 30 | 86 | 180 | 440 |
| | | 男 | 小计 | 7 172 | 182 | 6 | 60 | 129 | 271 | 480 |
| | | | 18 ～ 44 岁 | 2 952 | 180 | 6 | 60 | 124 | 257 | 480 |

| 地区 | 城乡 | 性别 | 年龄 | *n* | 冬季非交通出行室外活动时间 /（min/d） | | | | | |
|---|---|---|---|---|---|---|---|---|---|---|
| | | | | | Mean | P5 | P25 | P50 | P75 | P95 |
| 中部 | 农村 | 男 | 45 ～ 59 岁 | 2 438 | 188 | 6 | 60 | 129 | 300 | 490 |
| | | | 60 ～ 79 岁 | 1 699 | 184 | 6 | 60 | 129 | 266 | 500 |
| | | | 80 岁及以上 | 83 | 126 | 0 | 30 | 120 | 180 | 360 |
| | | 女 | 小计 | 8 086 | 152 | 0 | 60 | 120 | 206 | 454 |
| | | | 18 ～ 44 岁 | 3 357 | 149 | 3 | 60 | 120 | 197 | 430 |
| | | | 45 ～ 59 岁 | 2 997 | 160 | 3 | 60 | 120 | 223 | 480 |
| | | | 60 ～ 79 岁 | 1 630 | 151 | 0 | 60 | 120 | 231 | 480 |
| | | | 80 岁及以上 | 102 | 123 | 0 | 30 | 78 | 180 | 440 |
| 西部 | 城乡 | 小计 | 小计 | 30 983 | 173 | 20 | 60 | 120 | 240 | 480 |
| | | | 18 ～ 44 岁 | 13 997 | 181 | 20 | 60 | 137 | 257 | 480 |
| | | | 45 ～ 59 岁 | 10 316 | 178 | 20 | 60 | 120 | 240 | 480 |
| | | | 60 ～ 79 岁 | 6 268 | 145 | 17 | 60 | 120 | 206 | 386 |
| | | | 80 岁及以上 | 402 | 113 | 0 | 43 | 69 | 141 | 360 |
| | | 男 | 小计 | 14 212 | 181 | 20 | 60 | 134 | 257 | 480 |
| | | | 18 ～ 44 岁 | 6 486 | 188 | 20 | 60 | 146 | 283 | 480 |
| | | | 45 ～ 59 岁 | 4 579 | 186 | 20 | 60 | 137 | 274 | 480 |
| | | | 60 ～ 79 岁 | 2 945 | 156 | 20 | 60 | 120 | 240 | 420 |
| | | | 80 岁及以上 | 202 | 121 | 14 | 60 | 103 | 180 | 343 |
| | | 女 | 小计 | 16 771 | 165 | 17 | 60 | 120 | 240 | 446 |
| | | | 18 ～ 44 岁 | 7 511 | 174 | 20 | 60 | 121 | 240 | 480 |
| | | | 45 ～ 59 岁 | 5 737 | 169 | 20 | 60 | 120 | 240 | 446 |
| | | | 60 ～ 79 岁 | 3 323 | 135 | 14 | 60 | 120 | 180 | 360 |
| | | | 80 岁及以上 | 200 | 104 | 0 | 30 | 60 | 120 | 360 |
| | 城市 | 小计 | 小计 | 12 309 | 160 | 14 | 60 | 120 | 240 | 463 |
| | | | 18 ～ 44 岁 | 5 369 | 164 | 14 | 60 | 120 | 240 | 480 |
| | | | 45 ～ 59 岁 | 4 145 | 166 | 14 | 60 | 120 | 240 | 480 |
| | | | 60 ～ 79 岁 | 2 620 | 144 | 11 | 60 | 120 | 180 | 420 |
| | | | 80 岁及以上 | 175 | 118 | 0 | 43 | 69 | 180 | 360 |
| | | 男 | 小计 | 5 489 | 166 | 14 | 60 | 120 | 240 | 480 |
| | | | 18 ～ 44 岁 | 2 450 | 171 | 14 | 60 | 120 | 240 | 480 |
| | | | 45 ～ 59 岁 | 1 780 | 170 | 10 | 60 | 120 | 240 | 480 |
| | | | 60 ～ 79 岁 | 1 173 | 146 | 17 | 60 | 120 | 206 | 420 |
| | | | 80 岁及以上 | 86 | 131 | 14 | 60 | 120 | 180 | 360 |
| | | 女 | 小计 | 6 820 | 154 | 11 | 60 | 120 | 214 | 446 |
| | | | 18 ～ 44 岁 | 2 919 | 157 | 14 | 60 | 120 | 214 | 446 |
| | | | 45 ～ 59 岁 | 2 365 | 162 | 14 | 60 | 120 | 240 | 480 |
| | | | 60 ～ 79 岁 | 1 447 | 141 | 9 | 60 | 120 | 180 | 403 |
| | | | 80 岁及以上 | 89 | 105 | 0 | 30 | 60 | 180 | 360 |
| | 农村 | 小计 | 小计 | 18 674 | 181 | 20 | 60 | 137 | 257 | 480 |
| | | | 18 ～ 44 岁 | 8 628 | 192 | 20 | 77 | 154 | 283 | 480 |
| | | | 45 ～ 59 岁 | 6 171 | 185 | 30 | 77 | 146 | 260 | 480 |
| | | | 60 ～ 79 岁 | 3 648 | 147 | 20 | 60 | 120 | 210 | 360 |
| | | | 80 岁及以上 | 227 | 108 | 0 | 43 | 65 | 120 | 360 |
| | | 男 | 小计 | 8 723 | 191 | 20 | 77 | 154 | 283 | 480 |
| | | | 18 ～ 44 岁 | 4 036 | 199 | 20 | 86 | 170 | 300 | 480 |
| | | | 45 ～ 59 岁 | 2 799 | 196 | 30 | 86 | 163 | 300 | 480 |
| | | | 60 ～ 79 岁 | 1 772 | 161 | 20 | 60 | 120 | 240 | 403 |
| | | | 80 岁及以上 | 116 | 114 | 20 | 51 | 86 | 140 | 343 |
| | | 女 | 小计 | 9 951 | 171 | 20 | 60 | 120 | 240 | 446 |
| | | | 18 ～ 44 岁 | 4 592 | 184 | 21 | 73 | 137 | 261 | 480 |
| | | | 45 ～ 59 岁 | 3 372 | 174 | 27 | 60 | 122 | 240 | 420 |
| | | | 60 ～ 79 岁 | 1 876 | 132 | 17 | 60 | 120 | 180 | 360 |
| | | | 80 岁及以上 | 111 | 102 | 0 | 30 | 60 | 120 | 376 |

## 附表 6-5　中国人群分东中西、城乡、性别、年龄的室外活动时间

| 地区 | 城乡 | 性别 | 年龄 | n | 室外活动时间 /（min/d） | | | | | |
|---|---|---|---|---|---|---|---|---|---|---|
| | | | | | Mean | P5 | P25 | P50 | P75 | P95 |
| 合计 | 城乡 | 小计 | 小计 | 90 985 | 253 | 51 | 129 | 221 | 354 | 545 |
| | | | 18 ～ 44 岁 | 36 628 | 253 | 53 | 128 | 219 | 356 | 548 |
| | | | 45 ～ 59 岁 | 32 335 | 264 | 56 | 136 | 235 | 369 | 559 |
| | | | 60 ～ 79 岁 | 20 540 | 241 | 48 | 124 | 210 | 330 | 530 |
| | | | 80 岁及以上 | 1 482 | 180 | 19 | 80 | 150 | 240 | 463 |
| | | 男 | 小计 | 41 241 | 267 | 53 | 135 | 236 | 377 | 561 |
| | | | 18 ～ 44 岁 | 16 747 | 265 | 53 | 135 | 231 | 377 | 559 |
| | | | 45 ～ 59 岁 | 14 074 | 279 | 60 | 142 | 248 | 394 | 580 |
| | | | 60 ～ 79 岁 | 9 745 | 258 | 53 | 135 | 233 | 360 | 544 |
| | | | 80 岁及以上 | 675 | 200 | 30 | 98 | 180 | 260 | 471 |
| | | 女 | 小计 | 49 744 | 239 | 50 | 121 | 209 | 330 | 525 |
| | | | 18 ～ 44 岁 | 19 881 | 241 | 53 | 122 | 208 | 331 | 530 |
| | | | 45 ～ 59 岁 | 18 261 | 250 | 54 | 135 | 223 | 343 | 539 |
| | | | 60 ～ 79 岁 | 10 795 | 224 | 43 | 120 | 195 | 300 | 500 |
| | | | 80 岁及以上 | 807 | 165 | 10 | 63 | 130 | 225 | 450 |
| | 城市 | 小计 | 小计 | 41 746 | 219 | 42 | 106 | 180 | 298 | 523 |
| | | | 18 ～ 44 岁 | 16 612 | 216 | 43 | 105 | 173 | 290 | 525 |
| | | | 45 ～ 59 岁 | 14 720 | 231 | 45 | 115 | 188 | 315 | 540 |
| | | | 60 ～ 79 岁 | 9 670 | 215 | 40 | 110 | 180 | 285 | 495 |
| | | | 80 岁及以上 | 744 | 176 | 20 | 75 | 140 | 240 | 465 |
| | | 男 | 小计 | 18 416 | 230 | 43 | 110 | 185 | 315 | 540 |
| | | | 18 ～ 44 岁 | 7 521 | 226 | 43 | 106 | 180 | 310 | 540 |
| | | | 45 ～ 59 岁 | 6 255 | 240 | 45 | 116 | 195 | 336 | 557 |
| | | | 60 ～ 79 岁 | 4 317 | 226 | 45 | 118 | 195 | 300 | 519 |
| | | | 80 岁及以上 | 323 | 198 | 20 | 90 | 180 | 270 | 465 |
| | | 女 | 小计 | 23 330 | 209 | 40 | 105 | 172 | 277 | 500 |
| | | | 18 ～ 44 岁 | 9 091 | 205 | 42 | 103 | 167 | 270 | 507 |
| | | | 45 ～ 59 岁 | 8 465 | 221 | 45 | 113 | 180 | 300 | 510 |
| | | | 60 ～ 79 岁 | 5 353 | 205 | 39 | 105 | 180 | 270 | 480 |
| | | | 80 岁及以上 | 421 | 159 | 19 | 68 | 120 | 210 | 450 |
| | 农村 | 小计 | 小计 | 49 239 | 279 | 60 | 150 | 255 | 385 | 555 |
| | | | 18 ～ 44 岁 | 20 016 | 281 | 60 | 153 | 259 | 390 | 555 |
| | | | 45 ～ 59 岁 | 17 615 | 291 | 65 | 165 | 270 | 396 | 570 |
| | | | 60 ～ 79 岁 | 10 870 | 260 | 53 | 139 | 238 | 360 | 540 |
| | | | 80 岁及以上 | 738 | 184 | 15 | 83 | 155 | 245 | 450 |
| | | 男 | 小计 | 22 825 | 295 | 60 | 165 | 276 | 409 | 570 |
| | | | 18 ～ 44 岁 | 9 226 | 294 | 60 | 164 | 280 | 407 | 570 |
| | | | 45 ～ 59 岁 | 7 819 | 311 | 70 | 180 | 295 | 429 | 595 |
| | | | 60 ～ 79 岁 | 5 428 | 280 | 60 | 150 | 257 | 390 | 550 |
| | | | 80 岁及以上 | 352 | 201 | 30 | 105 | 180 | 255 | 471 |
| | | 女 | 小计 | 26 414 | 262 | 60 | 143 | 240 | 360 | 540 |
| | | | 18 ～ 44 岁 | 10 790 | 268 | 60 | 146 | 245 | 365 | 540 |
| | | | 45 ～ 59 岁 | 9 796 | 272 | 60 | 155 | 251 | 365 | 545 |
| | | | 60 ～ 79 岁 | 5 442 | 239 | 45 | 125 | 211 | 329 | 520 |
| | | | 80 岁及以上 | 386 | 170 | 0 | 60 | 141 | 240 | 447 |
| 东部 | 城乡 | 小计 | 小计 | 30 906 | 230 | 44 | 113 | 185 | 315 | 540 |
| | | | 18 ～ 44 岁 | 10 512 | 226 | 45 | 110 | 180 | 303 | 540 |
| | | | 45 ～ 59 岁 | 11 790 | 243 | 49 | 120 | 197 | 341 | 565 |
| | | | 60 ～ 79 岁 | 7 927 | 225 | 40 | 115 | 189 | 300 | 515 |
| | | | 80 岁及以上 | 677 | 167 | 15 | 70 | 135 | 240 | 405 |
| | | 男 | 小计 | 13 785 | 244 | 45 | 120 | 197 | 343 | 566 |
| | | | 18 ～ 44 岁 | 4 643 | 237 | 44 | 116 | 188 | 330 | 554 |
| | | | 45 ～ 59 岁 | 5 030 | 260 | 50 | 120 | 213 | 375 | 596 |
| | | | 60 ～ 79 岁 | 3 810 | 240 | 45 | 120 | 205 | 330 | 540 |
| | | | 80 岁及以上 | 302 | 183 | 30 | 86 | 156 | 240 | 411 |
| | | 女 | 小计 | 17 121 | 216 | 44 | 107 | 180 | 287 | 510 |

| 地区 | 城乡 | 性别 | 年龄 | n | 室外活动时间 / (min/d) | | | | | |
|---|---|---|---|---|---|---|---|---|---|---|
| | | | | | Mean | P5 | P25 | P50 | P75 | P95 |
| 东部 | 城乡 | 女 | 18 ～ 44 岁 | 5 869 | 215 | 45 | 107 | 175 | 285 | 510 |
| | | | 45 ～ 59 岁 | 6 760 | 227 | 49 | 116 | 185 | 310 | 525 |
| | | | 60 ～ 79 岁 | 4 117 | 210 | 39 | 105 | 180 | 275 | 484 |
| | | | 80 岁及以上 | 375 | 156 | 5 | 60 | 120 | 210 | 395 |
| | 城市 | 小计 | 小计 | 15 648 | 203 | 39 | 98 | 163 | 263 | 510 |
| | | | 18 ～ 44 岁 | 5 452 | 198 | 39 | 94 | 155 | 252 | 510 |
| | | | 45 ～ 59 岁 | 5 797 | 214 | 40 | 104 | 171 | 285 | 529 |
| | | | 60 ～ 79 岁 | 4 045 | 201 | 38 | 102 | 169 | 261 | 484 |
| | | | 80 岁及以上 | 354 | 161 | 20 | 68 | 120 | 225 | 405 |
| | | 男 | 小计 | 6 873 | 213 | 39 | 100 | 168 | 285 | 540 |
| | | | 18 ～ 44 岁 | 2 413 | 208 | 39 | 95 | 160 | 270 | 540 |
| | | | 45 ～ 59 岁 | 2 453 | 224 | 42 | 104 | 176 | 311 | 555 |
| | | | 60 ～ 79 岁 | 1 858 | 213 | 38 | 106 | 180 | 275 | 510 |
| | | | 80 岁及以上 | 149 | 175 | 20 | 75 | 150 | 240 | 405 |
| | | 女 | 小计 | 8 775 | 192 | 39 | 95 | 156 | 249 | 480 |
| | | | 18 ～ 44 岁 | 3 039 | 188 | 40 | 92 | 150 | 239 | 489 |
| | | | 45 ～ 59 岁 | 3 344 | 204 | 40 | 104 | 165 | 270 | 499 |
| | | | 60 ～ 79 岁 | 2 187 | 189 | 38 | 98 | 162 | 253 | 440 |
| | | | 80 岁及以上 | 205 | 152 | 18 | 60 | 116 | 195 | 395 |
| | 农村 | 小计 | 小计 | 15 258 | 258 | 53 | 133 | 220 | 360 | 557 |
| | | | 18 ～ 44 岁 | 5 060 | 253 | 56 | 132 | 212 | 353 | 542 |
| | | | 45 ～ 59 岁 | 5 993 | 274 | 58 | 139 | 237 | 386 | 585 |
| | | | 60 ～ 79 岁 | 3 882 | 251 | 49 | 128 | 220 | 345 | 540 |
| | | | 80 岁及以上 | 323 | 175 | 10 | 83 | 143 | 245 | 410 |
| | | 男 | 小计 | 6 912 | 275 | 56 | 140 | 237 | 390 | 580 |
| | | | 18 ～ 44 岁 | 2 230 | 265 | 56 | 138 | 223 | 375 | 568 |
| | | | 45 ～ 59 岁 | 2 577 | 298 | 59 | 150 | 268 | 420 | 630 |
| | | | 60 ～ 79 岁 | 1 952 | 269 | 53 | 140 | 240 | 386 | 563 |
| | | | 80 岁及以上 | 153 | 193 | 30 | 104 | 176 | 250 | 420 |
| | | 女 | 小计 | 8 346 | 241 | 53 | 124 | 204 | 332 | 536 |
| | | | 18 ～ 44 岁 | 2 830 | 241 | 58 | 125 | 204 | 335 | 536 |
| | | | 45 ～ 59 岁 | 3 416 | 250 | 56 | 130 | 212 | 350 | 540 |
| | | | 60 ～ 79 岁 | 1 930 | 232 | 42 | 119 | 201 | 309 | 510 |
| | | | 80 岁及以上 | 170 | 161 | 0 | 60 | 139 | 244 | 405 |
| 中部 | 城乡 | 小计 | 小计 | 29 033 | 258 | 54 | 135 | 230 | 358 | 540 |
| | | | 18 ～ 44 岁 | 12 094 | 251 | 54 | 131 | 221 | 348 | 540 |
| | | | 45 ～ 59 岁 | 10 207 | 273 | 60 | 150 | 250 | 374 | 550 |
| | | | 60 ～ 79 岁 | 6 331 | 260 | 51 | 137 | 240 | 360 | 540 |
| | | | 80 岁及以上 | 401 | 192 | 20 | 83 | 155 | 270 | 502 |
| | | 男 | 小计 | 13 217 | 273 | 60 | 143 | 244 | 384 | 552 |
| | | | 18 ～ 44 岁 | 5 606 | 265 | 56 | 136 | 234 | 375 | 550 |
| | | | 45 ～ 59 岁 | 4 458 | 288 | 60 | 157 | 261 | 405 | 563 |
| | | | 60 ～ 79 岁 | 2 982 | 279 | 60 | 150 | 255 | 390 | 550 |
| | | | 80 岁及以上 | 171 | 218 | 22 | 100 | 199 | 300 | 520 |
| | | 女 | 小计 | 15 816 | 242 | 51 | 131 | 218 | 330 | 525 |
| | | | 18 ～ 44 岁 | 6 488 | 237 | 53 | 127 | 210 | 325 | 520 |
| | | | 45 ～ 59 岁 | 5 749 | 258 | 58 | 149 | 240 | 345 | 530 |
| | | | 60 ～ 79 岁 | 3 349 | 240 | 43 | 125 | 215 | 329 | 525 |
| | | | 80 岁及以上 | 230 | 175 | 13 | 60 | 141 | 239 | 470 |
| | 城市 | 小计 | 小计 | 13 763 | 219 | 40 | 109 | 180 | 300 | 523 |
| | | | 18 ～ 44 岁 | 5 781 | 211 | 40 | 105 | 169 | 280 | 516 |
| | | | 45 ～ 59 岁 | 4 765 | 234 | 44 | 120 | 195 | 321 | 531 |
| | | | 60 ～ 79 岁 | 3 002 | 224 | 40 | 115 | 197 | 300 | 510 |
| | | | 80 岁及以上 | 215 | 192 | 20 | 90 | 147 | 285 | 470 |
| | | 男 | 小计 | 6 041 | 231 | 43 | 114 | 188 | 321 | 540 |
| | | | 18 ～ 44 岁 | 2 652 | 221 | 41 | 106 | 174 | 301 | 534 |
| | | | 45 ～ 59 岁 | 2 018 | 247 | 45 | 120 | 207 | 343 | 551 |
| | | | 60 ～ 79 岁 | 1 283 | 241 | 56 | 128 | 220 | 325 | 530 |

| 地区 | 城乡 | 性别 | 年龄 | n | 室外活动时间 / （min/d） | | | | | |
|---|---|---|---|---|---|---|---|---|---|---|
| | | | | | Mean | P5 | P25 | P50 | P75 | P95 |
| 中部 | 城市 | 男 | 80 岁及以上 | 88 | 222 | 20 | 103 | 165 | 330 | 518 |
| | | 女 | 小计 | 7 722 | 207 | 39 | 105 | 170 | 279 | 501 |
| | | | 18 ～ 44 岁 | 3 129 | 201 | 39 | 104 | 164 | 266 | 500 |
| | | | 45 ～ 59 岁 | 2 747 | 222 | 44 | 118 | 184 | 303 | 510 |
| | | | 60 ～ 79 岁 | 1 719 | 209 | 34 | 105 | 180 | 280 | 484 |
| | | | 80 岁及以上 | 127 | 168 | 20 | 88 | 120 | 210 | 470 |
| | 农村 | 小计 | 小计 | 15 270 | 282 | 60 | 165 | 264 | 384 | 550 |
| | | | 18 ～ 44 岁 | 6 313 | 278 | 63 | 161 | 257 | 377 | 546 |
| | | | 45 ～ 59 岁 | 5 442 | 297 | 70 | 181 | 281 | 398 | 555 |
| | | | 60 ～ 79 岁 | 3 329 | 279 | 60 | 154 | 257 | 388 | 550 |
| | | | 80 岁及以上 | 186 | 192 | 13 | 78 | 160 | 255 | 510 |
| | | 男 | 小计 | 7 176 | 299 | 69 | 176 | 285 | 411 | 560 |
| | | | 18 ～ 44 岁 | 2 954 | 294 | 64 | 173 | 280 | 401 | 557 |
| | | | 45 ～ 59 岁 | 2 440 | 314 | 75 | 190 | 301 | 430 | 570 |
| | | | 60 ～ 79 岁 | 1 699 | 298 | 67 | 169 | 281 | 419 | 550 |
| | | | 80 岁及以上 | 83 | 215 | 38 | 100 | 212 | 278 | 520 |
| | | 女 | 小计 | 8 094 | 265 | 60 | 155 | 249 | 353 | 530 |
| | | | 18 ～ 44 岁 | 3 359 | 262 | 60 | 150 | 244 | 349 | 525 |
| | | | 45 ～ 59 岁 | 3 002 | 280 | 68 | 180 | 266 | 360 | 540 |
| | | | 60 ～ 79 岁 | 1 630 | 259 | 48 | 145 | 240 | 354 | 540 |
| | | | 80 岁及以上 | 103 | 178 | 0 | 60 | 151 | 240 | 502 |
| 西部 | 城乡 | 小计 | 小计 | 31 046 | 281 | 60 | 153 | 260 | 390 | 560 |
| | | | 18 ～ 44 岁 | 14 022 | 291 | 60 | 161 | 276 | 401 | 570 |
| | | | 45 ～ 59 岁 | 10 338 | 290 | 62 | 165 | 270 | 395 | 570 |
| | | | 60 ～ 79 岁 | 6 282 | 243 | 50 | 135 | 223 | 333 | 510 |
| | | | 80 岁及以上 | 404 | 191 | 30 | 93 | 179 | 240 | 465 |
| | | 男 | 小计 | 14 239 | 293 | 60 | 164 | 276 | 402 | 570 |
| | | | 18 ～ 44 岁 | 6 498 | 301 | 60 | 168 | 291 | 414 | 583 |
| | | | 45 ～ 59 岁 | 4 586 | 302 | 69 | 175 | 283 | 413 | 585 |
| | | | 60 ～ 79 岁 | 2 953 | 259 | 54 | 145 | 240 | 360 | 525 |
| | | | 80 岁及以上 | 202 | 209 | 42 | 120 | 195 | 255 | 491 |
| | | 女 | 小计 | 16 807 | 269 | 60 | 146 | 245 | 372 | 548 |
| | | | 18 ～ 44 岁 | 7 524 | 281 | 60 | 153 | 261 | 390 | 558 |
| | | | 45 ～ 59 岁 | 5 752 | 278 | 60 | 156 | 257 | 379 | 553 |
| | | | 60 ～ 79 岁 | 3 329 | 227 | 48 | 120 | 201 | 310 | 480 |
| | | | 80 岁及以上 | 202 | 172 | 18 | 80 | 135 | 229 | 435 |
| | 城市 | 小计 | 小计 | 12 335 | 251 | 54 | 131 | 220 | 350 | 540 |
| | | | 18 ～ 44 岁 | 5 379 | 253 | 56 | 133 | 220 | 354 | 544 |
| | | | 45 ～ 59 岁 | 4 158 | 262 | 58 | 135 | 227 | 372 | 555 |
| | | | 60 ～ 79 岁 | 2 623 | 236 | 51 | 128 | 210 | 319 | 495 |
| | | | 80 岁及以上 | 175 | 197 | 26 | 95 | 180 | 250 | 470 |
| | | 男 | 小计 | 5 502 | 259 | 54 | 135 | 229 | 360 | 553 |
| | | | 18 ～ 44 岁 | 2 456 | 263 | 56 | 137 | 233 | 366 | 565 |
| | | | 45 ～ 59 岁 | 1 784 | 266 | 54 | 135 | 229 | 377 | 566 |
| | | | 60 ～ 79 岁 | 1 176 | 240 | 50 | 128 | 216 | 329 | 510 |
| | | | 80 岁及以上 | 86 | 224 | 42 | 135 | 206 | 270 | 487 |
| | | 女 | 小计 | 6 833 | 243 | 55 | 128 | 210 | 335 | 526 |
| | | | 18 ～ 44 岁 | 2 923 | 242 | 55 | 124 | 210 | 334 | 529 |
| | | | 45 ～ 59 岁 | 2 374 | 258 | 60 | 135 | 227 | 360 | 544 |
| | | | 60 ～ 79 岁 | 1 447 | 232 | 55 | 128 | 205 | 315 | 481 |
| | | | 80 岁及以上 | 89 | 172 | 18 | 80 | 154 | 229 | 390 |
| | 农村 | 小计 | 小计 | 18 711 | 300 | 60 | 179 | 287 | 405 | 571 |
| | | | 18 ～ 44 岁 | 8 643 | 315 | 60 | 195 | 310 | 421 | 590 |
| | | | 45 ～ 59 岁 | 6 180 | 309 | 80 | 195 | 293 | 410 | 578 |
| | | | 60 ～ 79 岁 | 3 659 | 247 | 50 | 135 | 227 | 345 | 515 |
| | | | 80 岁及以上 | 229 | 186 | 30 | 90 | 158 | 240 | 450 |
| | | 男 | 小计 | 8 737 | 314 | 60 | 191 | 306 | 420 | 585 |
| | | | 18 ～ 44 岁 | 4 042 | 324 | 60 | 200 | 325 | 435 | 600 |

| 地区 | 城乡 | 性别 | 年龄 | *n* | 室外活动时间 /（min/d） | | | | | |
|---|---|---|---|---|---|---|---|---|---|---|
| | | | | | Mean | P5 | P25 | P50 | P75 | P95 |
| 西部 | 农村 | 男 | 45 ～ 59 岁 | 2 802 | 326 | 90 | 210 | 313 | 435 | 594 |
| | | | 60 ～ 79 岁 | 1 777 | 271 | 58 | 150 | 255 | 371 | 540 |
| | | | 80 岁及以上 | 116 | 198 | 38 | 115 | 180 | 245 | 491 |
| | | 女 | 小计 | 9 974 | 285 | 60 | 165 | 270 | 390 | 558 |
| | | | 18 ～ 44 岁 | 4 601 | 305 | 71 | 185 | 295 | 410 | 585 |
| | | | 45 ～ 59 岁 | 3 378 | 292 | 68 | 180 | 275 | 390 | 555 |
| | | | 60 ～ 79 岁 | 1 882 | 224 | 43 | 120 | 198 | 305 | 480 |
| | | | 80 岁及以上 | 113 | 172 | 19 | 70 | 135 | 225 | 447 |

## 附表 6-6 中国人群分东中西、城乡、性别、年龄的春秋季室外活动时间

| 地区 | 城乡 | 性别 | 年龄 | *n* | 春秋季室外活动时间 /（min/d） | | | | | |
|---|---|---|---|---|---|---|---|---|---|---|
| | | | | | Mean | P5 | P25 | P50 | P75 | P95 |
| 合计 | 城乡 | 小计 | 小计 | 90 989 | 259 | 50 | 120 | 223 | 361 | 570 |
| | | | 18 ～ 44 岁 | 36 630 | 258 | 51 | 123 | 220 | 364 | 567 |
| | | | 45 ～ 59 岁 | 32 335 | 271 | 53 | 133 | 240 | 387 | 590 |
| | | | 60 ～ 79 岁 | 20 541 | 246 | 44 | 120 | 210 | 343 | 540 |
| | | | 80 岁及以上 | 1 483 | 182 | 20 | 71 | 150 | 240 | 493 |
| | | 男 | 小计 | 41 244 | 272 | 51 | 130 | 240 | 390 | 596 |
| | | | 18 ～ 44 岁 | 16 749 | 270 | 51 | 130 | 236 | 390 | 583 |
| | | | 45 ～ 59 岁 | 14 074 | 286 | 57 | 140 | 248 | 413 | 600 |
| | | | 60 ～ 79 岁 | 9 746 | 264 | 51 | 129 | 240 | 363 | 560 |
| | | | 80 岁及以上 | 675 | 202 | 30 | 90 | 180 | 270 | 491 |
| | | 女 | 小计 | 49 745 | 245 | 49 | 120 | 210 | 340 | 540 |
| | | | 18 ～ 44 岁 | 19 881 | 247 | 51 | 120 | 210 | 344 | 544 |
| | | | 45 ～ 59 岁 | 18 261 | 256 | 51 | 128 | 225 | 360 | 550 |
| | | | 60 ～ 79 岁 | 10 795 | 228 | 40 | 120 | 193 | 304 | 530 |
| | | | 80 岁及以上 | 808 | 167 | 10 | 60 | 129 | 234 | 495 |
| | 城市 | 小计 | 小计 | 41 755 | 222 | 40 | 105 | 180 | 300 | 540 |
| | | | 18 ～ 44 岁 | 16 615 | 218 | 40 | 103 | 176 | 300 | 540 |
| | | | 45 ～ 59 岁 | 14 722 | 234 | 43 | 111 | 187 | 326 | 540 |
| | | | 60 ～ 79 岁 | 9 673 | 218 | 40 | 110 | 180 | 300 | 511 |
| | | | 80 岁及以上 | 745 | 179 | 20 | 69 | 140 | 240 | 480 |
| | | 男 | 小计 | 18 420 | 232 | 40 | 107 | 183 | 323 | 549 |
| | | | 18 ～ 44 岁 | 7 523 | 229 | 40 | 106 | 180 | 317 | 549 |
| | | | 45 ～ 59 岁 | 6 56 | 243 | 43 | 114 | 195 | 349 | 570 |
| | | | 60 ～ 79 岁 | 4 318 | 230 | 40 | 119 | 197 | 304 | 540 |
| | | | 80 岁及以上 | 323 | 200 | 20 | 90 | 163 | 283 | 491 |
| | | 女 | 小计 | 23 335 | 212 | 40 | 101 | 177 | 286 | 515 |
| | | | 18 ～ 44 岁 | 9 092 | 208 | 40 | 100 | 169 | 279 | 514 |
| | | | 45 ～ 59 岁 | 8 466 | 224 | 43 | 110 | 180 | 300 | 530 |
| | | | 60 ～ 79 岁 | 5 355 | 207 | 35 | 100 | 180 | 279 | 497 |
| | | | 80 岁及以上 | 422 | 162 | 20 | 60 | 120 | 210 | 480 |
| | 农村 | 小计 | 小计 | 49 234 | 287 | 60 | 150 | 260 | 401 | 600 |
| | | | 18 ～ 44 岁 | 20 015 | 289 | 60 | 150 | 266 | 407 | 600 |
| | | | 45 ～ 59 岁 | 17 613 | 301 | 60 | 160 | 274 | 420 | 600 |
| | | | 60 ～ 79 岁 | 10 868 | 268 | 50 | 135 | 240 | 377 | 566 |
| | | | 80 岁及以上 | 738 | 185 | 17 | 80 | 150 | 244 | 500 |
| | | 男 | 小计 | 22 824 | 303 | 60 | 160 | 280 | 424 | 600 |
| | | | 18 ～ 44 岁 | 9 226 | 301 | 60 | 160 | 280 | 420 | 600 |
| | | | 45 ～ 59 岁 | 7 818 | 321 | 63 | 180 | 300 | 454 | 630 |
| | | | 60 ～ 79 岁 | 5 428 | 289 | 60 | 150 | 263 | 411 | 586 |
| | | | 80 岁及以上 | 352 | 204 | 30 | 111 | 180 | 257 | 510 |
| | | 女 | 小计 | 26 410 | 270 | 60 | 140 | 240 | 377 | 570 |

| 地区 | 城乡 | 性别 | 年龄 | n | 春秋季室外活动时间 / (min/d) | | | | | |
|---|---|---|---|---|---|---|---|---|---|---|
| | | | | | Mean | P5 | P25 | P50 | P75 | P95 |
| 合计 | 农村 | 女 | 18～44岁 | 10 789 | 276 | 60 | 145 | 244 | 386 | 570 |
| | | | 45～59岁 | 9 795 | 281 | 60 | 150 | 254 | 390 | 571 |
| | | | 60～79岁 | 5 440 | 245 | 40 | 120 | 210 | 340 | 540 |
| | | | 80岁及以上 | 386 | 171 | 0 | 60 | 133 | 240 | 500 |
| 东部 | 城乡 | 小计 | 小计 | 30 904 | 235 | 43 | 112 | 183 | 325 | 560 |
| | | | 18～44岁 | 10 512 | 230 | 44 | 108 | 180 | 314 | 549 |
| | | | 45～59岁 | 11 789 | 250 | 45 | 120 | 200 | 360 | 600 |
| | | | 60～79岁 | 7 926 | 231 | 40 | 120 | 189 | 310 | 540 |
| | | | 80岁及以上 | 677 | 169 | 17 | 60 | 133 | 240 | 420 |
| | | 男 | 小计 | 13 784 | 249 | 43 | 120 | 200 | 360 | 600 |
| | | | 18～44岁 | 4 643 | 241 | 43 | 116 | 187 | 340 | 570 |
| | | | 45～59岁 | 5 029 | 266 | 45 | 120 | 210 | 390 | 613 |
| | | | 60～79岁 | 3 810 | 248 | 43 | 120 | 206 | 350 | 570 |
| | | | 80岁及以上 | 302 | 185 | 30 | 90 | 150 | 240 | 420 |
| | | 女 | 小计 | 17 120 | 222 | 41 | 107 | 180 | 300 | 540 |
| | | | 18～44岁 | 5 869 | 219 | 46 | 104 | 178 | 298 | 540 |
| | | | 45～59岁 | 6 760 | 235 | 45 | 120 | 189 | 320 | 544 |
| | | | 60～79岁 | 4 116 | 214 | 35 | 103 | 180 | 287 | 510 |
| | | | 80岁及以上 | 375 | 158 | 6 | 60 | 120 | 211 | 416 |
| | 城市 | 小计 | 小计 | 15 651 | 205 | 37 | 90 | 160 | 270 | 523 |
| | | | 18～44岁 | 5 453 | 200 | 39 | 90 | 154 | 257 | 529 |
| | | | 45～59岁 | 5 798 | 216 | 40 | 99 | 174 | 297 | 540 |
| | | | 60～79岁 | 4 046 | 204 | 30 | 94 | 176 | 270 | 510 |
| | | | 80岁及以上 | 354 | 163 | 20 | 60 | 120 | 220 | 450 |
| | | 男 | 小计 | 6 873 | 215 | 37 | 94 | 167 | 291 | 540 |
| | | | 18～44岁 | 2 413 | 209 | 37 | 91 | 157 | 270 | 540 |
| | | | 45～59岁 | 2 453 | 226 | 40 | 100 | 177 | 312 | 574 |
| | | | 60～79岁 | 1 858 | 216 | 30 | 103 | 180 | 290 | 536 |
| | | | 80岁及以上 | 149 | 176 | 20 | 70 | 150 | 240 | 450 |
| | | 女 | 小计 | 8 778 | 195 | 37 | 90 | 156 | 254 | 500 |
| | | | 18～44岁 | 3 040 | 190 | 39 | 90 | 150 | 243 | 500 |
| | | | 45～59岁 | 3 345 | 207 | 39 | 99 | 170 | 272 | 510 |
| | | | 60～79岁 | 2 188 | 191 | 30 | 90 | 160 | 249 | 480 |
| | | | 80岁及以上 | 205 | 154 | 17 | 60 | 120 | 195 | 450 |
| | 农村 | 小计 | 小计 | 15 253 | 266 | 51 | 129 | 223 | 380 | 600 |
| | | | 18～44岁 | 5 059 | 261 | 59 | 127 | 210 | 373 | 574 |
| | | | 45～59岁 | 5 991 | 285 | 60 | 139 | 240 | 411 | 620 |
| | | | 60～79岁 | 3 880 | 260 | 44 | 120 | 220 | 360 | 580 |
| | | | 80岁及以上 | 323 | 177 | 10 | 77 | 149 | 240 | 416 |
| | | 男 | 小计 | 6 911 | 284 | 54 | 140 | 240 | 411 | 610 |
| | | | 18～44岁 | 2 230 | 272 | 55 | 135 | 230 | 390 | 600 |
| | | | 45～59岁 | 2 576 | 309 | 60 | 150 | 274 | 450 | 640 |
| | | | 60～79岁 | 1 952 | 281 | 51 | 140 | 240 | 407 | 600 |
| | | | 80岁及以上 | 153 | 195 | 30 | 100 | 180 | 257 | 410 |
| | | 女 | 小计 | 8 342 | 249 | 51 | 120 | 210 | 351 | 570 |
| | | | 18～44岁 | 2 829 | 249 | 60 | 121 | 206 | 350 | 563 |
| | | | 45～59岁 | 3 415 | 262 | 60 | 129 | 214 | 375 | 580 |
| | | | 60～79岁 | 1 928 | 239 | 40 | 120 | 200 | 320 | 540 |
| | | | 80岁及以上 | 170 | 163 | 0 | 60 | 133 | 240 | 416 |
| 中部 | 城乡 | 小计 | 小计 | 29 034 | 265 | 51 | 133 | 240 | 374 | 550 |
| | | | 18～44岁 | 12 094 | 259 | 51 | 129 | 227 | 363 | 550 |
| | | | 45～59岁 | 10 207 | 281 | 60 | 150 | 248 | 394 | 566 |
| | | | 60～79岁 | 6 332 | 267 | 50 | 131 | 240 | 375 | 550 |
| | | | 80岁及以上 | 401 | 195 | 20 | 75 | 150 | 270 | 530 |
| | | 男 | 小计 | 13 217 | 280 | 57 | 140 | 246 | 403 | 570 |
| | | | 18～44岁 | 5 606 | 271 | 54 | 135 | 240 | 390 | 569 |
| | | | 45～59岁 | 4 458 | 296 | 60 | 154 | 266 | 420 | 591 |
| | | | 60～79岁 | 2 982 | 287 | 60 | 150 | 260 | 409 | 560 |

| 地区 | 城乡 | 性别 | 年龄 | n | 春秋季室外活动时间 / (min/d) | | | | | |
|---|---|---|---|---|---|---|---|---|---|---|
| | | | | | Mean | P5 | P25 | P50 | P75 | P95 |
| 中部 | 城乡 | 男 | 80 岁及以上 | 171 | 222 | 27 | 100 | 180 | 315 | 520 |
| | | 女 | 小计 | 15 817 | 250 | 50 | 125 | 220 | 351 | 540 |
| | | | 18 ～ 44 岁 | 6 488 | 245 | 51 | 124 | 210 | 343 | 540 |
| | | | 45 ～ 59 岁 | 5 749 | 265 | 55 | 143 | 240 | 360 | 540 |
| | | | 60 ～ 79 岁 | 3 350 | 246 | 38 | 120 | 215 | 336 | 540 |
| | | | 80 岁及以上 | 230 | 177 | 20 | 60 | 130 | 240 | 530 |
| | 城市 | 小计 | 小计 | 13 764 | 224 | 39 | 107 | 180 | 304 | 530 |
| | | | 18 ～ 44 岁 | 5 781 | 215 | 39 | 104 | 171 | 296 | 530 |
| | | | 45 ～ 59 岁 | 4 765 | 240 | 43 | 120 | 200 | 339 | 540 |
| | | | 60 ～ 79 岁 | 3 003 | 228 | 39 | 119 | 200 | 304 | 527 |
| | | | 80 岁及以上 | 215 | 199 | 20 | 80 | 146 | 300 | 530 |
| | | 男 | 小计 | 6 041 | 236 | 40 | 111 | 189 | 337 | 540 |
| | | | 18 ～ 44 岁 | 2 652 | 225 | 39 | 107 | 180 | 317 | 536 |
| | | | 45 ～ 59 岁 | 2 018 | 252 | 43 | 120 | 210 | 360 | 570 |
| | | | 60 ～ 79 岁 | 1 283 | 246 | 51 | 120 | 223 | 340 | 540 |
| | | | 80 岁及以上 | 88 | 227 | 20 | 90 | 165 | 360 | 480 |
| | | 女 | 小计 | 7 723 | 212 | 39 | 103 | 176 | 291 | 520 |
| | | | 18 ～ 44 岁 | 3 129 | 206 | 39 | 103 | 167 | 275 | 510 |
| | | | 45 ～ 59 岁 | 2 747 | 227 | 41 | 116 | 183 | 317 | 527 |
| | | | 60 ～ 79 岁 | 1 720 | 212 | 32 | 100 | 180 | 290 | 510 |
| | | | 80 岁及以上 | 127 | 177 | 20 | 80 | 120 | 210 | 530 |
| | 农村 | 小计 | 小计 | 15 270 | 291 | 60 | 160 | 270 | 407 | 570 |
| | | | 18 ～ 44 岁 | 6 313 | 287 | 60 | 159 | 267 | 400 | 566 |
| | | | 45 ～ 59 岁 | 5 442 | 307 | 60 | 180 | 290 | 420 | 576 |
| | | | 60 ～ 79 岁 | 3 329 | 288 | 53 | 150 | 260 | 403 | 580 |
| | | | 80 岁及以上 | 186 | 193 | 20 | 60 | 154 | 250 | 520 |
| | | 男 | 小计 | 7 176 | 308 | 60 | 176 | 291 | 432 | 596 |
| | | | 18 ～ 44 岁 | 2 954 | 302 | 60 | 170 | 284 | 420 | 596 |
| | | | 45 ～ 59 岁 | 2 440 | 324 | 63 | 180 | 311 | 460 | 600 |
| | | | 60 ～ 79 岁 | 1 699 | 307 | 60 | 174 | 291 | 429 | 580 |
| | | | 80 岁及以上 | 83 | 219 | 30 | 120 | 180 | 300 | 520 |
| | | 女 | 小计 | 8 094 | 274 | 60 | 150 | 248 | 377 | 550 |
| | | | 18 ～ 44 岁 | 3 359 | 272 | 60 | 150 | 244 | 373 | 549 |
| | | | 45 ～ 59 岁 | 3 002 | 289 | 60 | 180 | 270 | 390 | 550 |
| | | | 60 ～ 79 岁 | 1 630 | 266 | 45 | 140 | 240 | 366 | 570 |
| | | | 80 岁及以上 | 103 | 178 | 0 | 60 | 149 | 240 | 513 |
| 西部 | 城乡 | 小计 | 小计 | 31 051 | 285 | 60 | 150 | 260 | 400 | 600 |
| | | | 18 ～ 44 岁 | 14 024 | 295 | 60 | 157 | 274 | 411 | 600 |
| | | | 45 ～ 59 岁 | 10 339 | 295 | 60 | 160 | 270 | 410 | 600 |
| | | | 60 ～ 79 岁 | 6 283 | 247 | 50 | 120 | 220 | 343 | 540 |
| | | | 80 岁及以上 | 405 | 192 | 30 | 90 | 180 | 243 | 491 |
| | | 男 | 小计 | 14 243 | 297 | 60 | 159 | 274 | 415 | 600 |
| | | | 18 ～ 44 岁 | 6 500 | 304 | 60 | 163 | 290 | 420 | 609 |
| | | | 45 ～ 59 岁 | 4 587 | 307 | 66 | 169 | 283 | 420 | 610 |
| | | | 60 ～ 79 岁 | 2 954 | 263 | 53 | 140 | 240 | 360 | 543 |
| | | | 80 岁及以上 | 202 | 212 | 43 | 120 | 190 | 255 | 540 |
| | | 女 | 小计 | 16 808 | 273 | 60 | 140 | 241 | 381 | 570 |
| | | | 18 ～ 44 岁 | 7 524 | 286 | 60 | 150 | 260 | 397 | 600 |
| | | | 45 ～ 59 岁 | 5 752 | 283 | 60 | 150 | 257 | 390 | 575 |
| | | | 60 ～ 79 岁 | 3 329 | 230 | 47 | 120 | 197 | 320 | 516 |
| | | | 80 岁及以上 | 203 | 171 | 17 | 80 | 133 | 240 | 440 |
| | 城市 | 小计 | 小计 | 12 340 | 253 | 51 | 123 | 220 | 360 | 549 |
| | | | 18 ～ 44 岁 | 5 381 | 255 | 53 | 127 | 220 | 360 | 564 |
| | | | 45 ～ 59 岁 | 4 159 | 263 | 54 | 129 | 233 | 380 | 561 |
| | | | 60 ～ 79 岁 | 2 624 | 237 | 50 | 120 | 210 | 326 | 519 |
| | | | 80 岁及以上 | 176 | 199 | 20 | 90 | 180 | 240 | 495 |
| | | 男 | 小计 | 5 506 | 261 | 51 | 129 | 230 | 364 | 567 |
| | | | 18 ～ 44 岁 | 2 458 | 265 | 56 | 133 | 231 | 370 | 571 |

| 地区 | 城乡 | 性别 | 年龄 | n | 春秋季室外活动时间 /（min/d） | | | | | |
|---|---|---|---|---|---|---|---|---|---|---|
| | | | | | Mean | P5 | P25 | P50 | P75 | P95 |
| 西部 | 城市 | 男 | 45 ～ 59 岁 | 1 785 | 268 | 50 | 129 | 233 | 390 | 591 |
| | | | 60 ～ 79 岁 | 1 177 | 242 | 49 | 120 | 219 | 330 | 530 |
| | | | 80 岁及以上 | 86 | 229 | 41 | 130 | 206 | 280 | 540 |
| | | 女 | 小计 | 6 834 | 245 | 51 | 120 | 210 | 340 | 540 |
| | | | 18 ～ 44 岁 | 2 923 | 244 | 51 | 120 | 210 | 335 | 540 |
| | | | 45 ～ 59 岁 | 2 374 | 259 | 60 | 129 | 230 | 369 | 544 |
| | | | 60 ～ 79 岁 | 1 447 | 233 | 51 | 120 | 200 | 317 | 510 |
| | | | 80 岁及以上 | 90 | 171 | 17 | 80 | 150 | 240 | 370 |
| | 农村 | 小计 | 小计 | 18 711 | 306 | 60 | 177 | 290 | 420 | 600 |
| | | | 18 ～ 44 岁 | 8 643 | 320 | 62 | 186 | 309 | 434 | 617 |
| | | | 45 ～ 59 岁 | 6 180 | 316 | 80 | 190 | 297 | 420 | 609 |
| | | | 60 ～ 79 岁 | 3 659 | 253 | 50 | 130 | 231 | 360 | 540 |
| | | | 80 岁及以上 | 229 | 186 | 30 | 90 | 165 | 244 | 480 |
| | | 男 | 小计 | 8 737 | 319 | 63 | 183 | 300 | 433 | 620 |
| | | | 18 ～ 44 岁 | 4 042 | 328 | 60 | 195 | 326 | 450 | 630 |
| | | | 45 ～ 59 岁 | 2 802 | 333 | 90 | 200 | 310 | 450 | 626 |
| | | | 60 ～ 79 岁 | 1 777 | 277 | 60 | 150 | 260 | 380 | 566 |
| | | | 80 岁及以上 | 116 | 200 | 43 | 120 | 180 | 250 | 480 |
| | | 女 | 小计 | 9 974 | 291 | 60 | 160 | 270 | 400 | 600 |
| | | | 18 ～ 44 岁 | 4 601 | 311 | 67 | 180 | 299 | 420 | 600 |
| | | | 45 ～ 59 岁 | 3 378 | 299 | 60 | 180 | 277 | 400 | 600 |
| | | | 60 ～ 79 岁 | 1 882 | 229 | 40 | 120 | 195 | 320 | 527 |
| | | | 80 岁及以上 | 113 | 171 | 17 | 75 | 120 | 234 | 446 |

## 附表 6-7　中国人群分东中西、城乡、性别、年龄的夏季室外活动时间

| 地区 | 城乡 | 性别 | 年龄 | n | 夏季室外活动时间 /（min/d） | | | | | |
|---|---|---|---|---|---|---|---|---|---|---|
| | | | | | Mean | P5 | P25 | P50 | P75 | P95 |
| 合计 | 城乡 | 小计 | 小计 | 90 949 | 295 | 55 | 150 | 260 | 420 | 630 |
| | | | 18 ～ 44 岁 | 36 617 | 294 | 54 | 146 | 257 | 420 | 630 |
| | | | 45 ～ 59 岁 | 32 318 | 309 | 60 | 154 | 280 | 435 | 647 |
| | | | 60 ～ 79 岁 | 20 532 | 285 | 51 | 143 | 253 | 390 | 610 |
| | | | 80 岁及以上 | 1 482 | 211 | 20 | 90 | 180 | 300 | 530 |
| | | 男 | 小计 | 41 228 | 309 | 60 | 152 | 277 | 441 | 645 |
| | | | 18 ～ 44 岁 | 16 743 | 306 | 54 | 150 | 271 | 437 | 640 |
| | | | 45 ～ 59 岁 | 14 068 | 324 | 60 | 161 | 300 | 470 | 660 |
| | | | 60 ～ 79 岁 | 9 743 | 302 | 60 | 156 | 270 | 420 | 630 |
| | | | 80 岁及以上 | 674 | 234 | 30 | 120 | 200 | 322 | 557 |
| | | 女 | 小计 | 49 721 | 281 | 53 | 140 | 240 | 390 | 610 |
| | | | 18 ～ 44 岁 | 19 874 | 280 | 54 | 140 | 240 | 394 | 620 |
| | | | 45 ～ 59 岁 | 18 250 | 294 | 60 | 150 | 267 | 411 | 620 |
| | | | 60 ～ 79 岁 | 10 789 | 268 | 46 | 130 | 240 | 364 | 600 |
| | | | 80 岁及以上 | 808 | 194 | 10 | 75 | 150 | 265 | 510 |
| | 城市 | 小计 | 小计 | 41 734 | 251 | 47 | 120 | 210 | 351 | 583 |
| | | | 18 ～ 44 岁 | 16 608 | 246 | 47 | 120 | 201 | 339 | 580 |
| | | | 45 ～ 59 岁 | 14 715 | 263 | 50 | 123 | 223 | 370 | 600 |
| | | | 60 ～ 79 岁 | 9 667 | 251 | 50 | 120 | 220 | 347 | 557 |
| | | | 80 岁及以上 | 744 | 201 | 20 | 80 | 159 | 270 | 526 |
| | | 男 | 小计 | 18 415 | 262 | 48 | 120 | 220 | 364 | 600 |
| | | | 18 ～ 44 岁 | 7 520 | 257 | 47 | 120 | 211 | 360 | 600 |
| | | | 45 ～ 59 岁 | 6 256 | 273 | 50 | 124 | 231 | 390 | 630 |
| | | | 60 ～ 79 岁 | 4 317 | 262 | 51 | 126 | 236 | 360 | 590 |
| | | | 80 岁及以上 | 322 | 229 | 30 | 90 | 189 | 320 | 570 |
| | | 女 | 小计 | 23 319 | 240 | 45 | 120 | 197 | 330 | 550 |
| | | | 18 ～ 44 岁 | 9 088 | 234 | 46 | 117 | 190 | 317 | 553 |

| 地区 | 城乡 | 性别 | 年龄 | n | 夏季室外活动时间 / （min/d） | | | | | |
|---|---|---|---|---|---|---|---|---|---|---|
| | | | | | Mean | P5 | P25 | P50 | P75 | P95 |
| 合计 | 城市 | 女 | 45 ～ 59 岁 | 8 459 | 253 | 50 | 120 | 210 | 360 | 564 |
| | | | 60 ～ 79 岁 | 5 350 | 241 | 41 | 120 | 210 | 330 | 540 |
| | | | 80 岁及以上 | 422 | 180 | 20 | 80 | 140 | 240 | 450 |
| | 农村 | 小计 | 小计 | 49 215 | 329 | 60 | 180 | 306 | 469 | 660 |
| | | | 18 ～ 44 岁 | 20 009 | 330 | 60 | 180 | 310 | 469 | 651 |
| | | | 45 ～ 59 岁 | 17 603 | 345 | 70 | 193 | 329 | 480 | 660 |
| | | | 60 ～ 79 岁 | 10 865 | 310 | 60 | 167 | 286 | 431 | 630 |
| | | | 80 岁及以上 | 738 | 221 | 15 | 90 | 186 | 310 | 540 |
| | | 男 | 小计 | 22 813 | 345 | 61 | 187 | 330 | 481 | 660 |
| | | | 18 ～ 44 岁 | 9 223 | 343 | 60 | 180 | 330 | 480 | 660 |
| | | | 45 ～ 59 岁 | 7 812 | 365 | 80 | 210 | 360 | 510 | 700 |
| | | | 60 ～ 79 岁 | 5 426 | 330 | 60 | 180 | 306 | 480 | 645 |
| | | | 80 岁及以上 | 352 | 239 | 30 | 120 | 210 | 322 | 530 |
| | | 女 | 小计 | 26 402 | 312 | 60 | 167 | 291 | 433 | 634 |
| | | | 18 ～ 44 岁 | 10 786 | 316 | 60 | 169 | 299 | 440 | 640 |
| | | | 45 ～ 59 岁 | 9 791 | 326 | 64 | 180 | 300 | 454 | 640 |
| | | | 60 ～ 79 岁 | 5 439 | 289 | 50 | 150 | 260 | 399 | 620 |
| | | | 80 岁及以上 | 386 | 207 | 0 | 65 | 167 | 287 | 540 |
| 东部 | 城乡 | 小计 | 小计 | 30 879 | 267 | 45 | 120 | 220 | 376 | 630 |
| | | | 18 ～ 44 岁 | 10 507 | 260 | 47 | 120 | 210 | 360 | 620 |
| | | | 45 ～ 59 岁 | 11 776 | 283 | 50 | 132 | 240 | 403 | 640 |
| | | | 60 ～ 79 岁 | 7 920 | 268 | 43 | 124 | 236 | 370 | 620 |
| | | | 80 岁及以上 | 676 | 195 | 17 | 74 | 150 | 270 | 514 |
| | | 男 | 小计 | 13 774 | 281 | 47 | 129 | 240 | 395 | 640 |
| | | | 18 ～ 44 岁 | 4 640 | 270 | 46 | 124 | 223 | 380 | 630 |
| | | | 45 ～ 59 岁 | 5 025 | 300 | 50 | 136 | 253 | 430 | 660 |
| | | | 60 ～ 79 岁 | 3 808 | 284 | 50 | 140 | 240 | 390 | 630 |
| | | | 80 岁及以上 | 301 | 216 | 30 | 90 | 180 | 300 | 530 |
| | | 女 | 小计 | 17 105 | 254 | 44 | 120 | 209 | 351 | 600 |
| | | | 18 ～ 44 岁 | 5 867 | 250 | 49 | 120 | 200 | 340 | 609 |
| | | | 45 ～ 59 岁 | 6 751 | 267 | 50 | 130 | 220 | 374 | 606 |
| | | | 60 ～ 79 岁 | 4 112 | 252 | 40 | 120 | 210 | 350 | 580 |
| | | | 80 岁及以上 | 375 | 180 | 7 | 60 | 133 | 240 | 480 |
| | 城市 | 小计 | 小计 | 15 638 | 232 | 40 | 110 | 180 | 307 | 570 |
| | | | 18 ～ 44 岁 | 5 451 | 225 | 40 | 105 | 180 | 297 | 564 |
| | | | 45 ～ 59 岁 | 5 792 | 245 | 41 | 120 | 197 | 340 | 600 |
| | | | 60 ～ 79 岁 | 4 042 | 236 | 40 | 120 | 193 | 310 | 566 |
| | | | 80 岁及以上 | 353 | 185 | 20 | 69 | 133 | 249 | 500 |
| | | 男 | 小计 | 6 870 | 243 | 40 | 116 | 197 | 330 | 600 |
| | | | 18 ～ 44 岁 | 2 412 | 234 | 40 | 107 | 189 | 309 | 596 |
| | | | 45 ～ 59 岁 | 2 453 | 256 | 43 | 120 | 210 | 364 | 619 |
| | | | 60 ～ 79 岁 | 1 857 | 248 | 43 | 120 | 210 | 330 | 600 |
| | | | 80 岁及以上 | 148 | 206 | 30 | 80 | 150 | 300 | 520 |
| | | 女 | 小计 | 8 768 | 221 | 40 | 106 | 180 | 299 | 540 |
| | | | 18 ～ 44 岁 | 3 039 | 215 | 40 | 103 | 171 | 274 | 540 |
| | | | 45 ～ 59 岁 | 3 339 | 233 | 40 | 120 | 184 | 313 | 544 |
| | | | 60 ～ 79 岁 | 2 185 | 225 | 39 | 110 | 180 | 300 | 531 |
| | | | 80 岁及以上 | 205 | 170 | 20 | 60 | 120 | 223 | 480 |
| | 农村 | 小计 | 小计 | 15 241 | 303 | 56 | 150 | 261 | 424 | 659 |
| | | | 18 ～ 44 岁 | 5 056 | 295 | 60 | 150 | 250 | 411 | 650 |
| | | | 45 ～ 59 岁 | 5 984 | 323 | 60 | 159 | 286 | 470 | 660 |
| | | | 60 ～ 79 岁 | 3 878 | 302 | 50 | 150 | 270 | 420 | 640 |
| | | | 80 岁及以上 | 323 | 208 | 10 | 80 | 180 | 300 | 540 |
| | | 男 | 小计 | 6 904 | 319 | 60 | 163 | 280 | 460 | 660 |
| | | | 18 ～ 44 岁 | 2 228 | 305 | 57 | 159 | 269 | 429 | 660 |
| | | | 45 ～ 59 岁 | 2 572 | 347 | 60 | 170 | 320 | 500 | 720 |
| | | | 60 ～ 79 岁 | 1 951 | 321 | 60 | 164 | 293 | 471 | 660 |
| | | | 80 岁及以上 | 153 | 229 | 30 | 120 | 193 | 320 | 540 |

| 地区 | 城乡 | 性别 | 年龄 | n | 夏季室外活动时间 /（min/d） | | | | | |
|---|---|---|---|---|---|---|---|---|---|---|
| | | | | | Mean | P5 | P25 | P50 | P75 | P95 |
| 东部 | 农村 | 女 | 小计 | 8 337 | 287 | 53 | 140 | 240 | 400 | 630 |
| | | | 18 ～ 44 岁 | 2 828 | 284 | 60 | 140 | 240 | 390 | 640 |
| | | | 45 ～ 59 岁 | 3 412 | 300 | 60 | 150 | 260 | 420 | 630 |
| | | | 60 ～ 79 岁 | 1 927 | 281 | 40 | 140 | 243 | 390 | 620 |
| | | | 80 岁及以上 | 170 | 192 | 0 | 60 | 150 | 270 | 540 |
| 中部 | 城乡 | 小计 | 小计 | 29 022 | 301 | 60 | 154 | 270 | 423 | 620 |
| | | | 18 ～ 44 岁 | 12 088 | 293 | 60 | 150 | 257 | 420 | 613 |
| | | | 45 ～ 59 岁 | 10 204 | 321 | 60 | 180 | 300 | 451 | 630 |
| | | | 60 ～ 79 岁 | 6 329 | 306 | 60 | 163 | 286 | 422 | 620 |
| | | | 80 岁及以上 | 401 | 227 | 20 | 114 | 180 | 320 | 570 |
| | | 男 | 小计 | 13 213 | 317 | 60 | 163 | 293 | 459 | 630 |
| | | | 18 ～ 44 岁 | 5 604 | 307 | 60 | 152 | 274 | 449 | 630 |
| | | | 45 ～ 59 岁 | 4 457 | 334 | 63 | 180 | 306 | 480 | 660 |
| | | | 60 ～ 79 岁 | 2 981 | 323 | 60 | 180 | 300 | 461 | 620 |
| | | | 80 岁及以上 | 171 | 255 | 20 | 120 | 231 | 350 | 570 |
| | | 女 | 小计 | 15 809 | 286 | 60 | 150 | 257 | 400 | 600 |
| | | | 18 ～ 44 岁 | 6 484 | 277 | 59 | 141 | 240 | 390 | 590 |
| | | | 45 ～ 59 岁 | 5 747 | 308 | 60 | 172 | 290 | 420 | 609 |
| | | | 60 ～ 79 岁 | 3 348 | 288 | 50 | 146 | 266 | 394 | 615 |
| | | | 80 岁及以上 | 230 | 208 | 9 | 90 | 171 | 265 | 513 |
| | 城市 | 小计 | 小计 | 13 757 | 248 | 44 | 120 | 210 | 347 | 560 |
| | | | 18 ～ 44 岁 | 5 777 | 238 | 43 | 120 | 193 | 330 | 550 |
| | | | 45 ～ 59 岁 | 4 764 | 266 | 50 | 130 | 231 | 366 | 589 |
| | | | 60 ～ 79 岁 | 3 001 | 258 | 47 | 120 | 234 | 360 | 550 |
| | | | 80 岁及以上 | 215 | 219 | 20 | 110 | 180 | 323 | 570 |
| | | 男 | 小计 | 6 040 | 261 | 48 | 121 | 219 | 360 | 600 |
| | | | 18 ～ 44 岁 | 2 651 | 250 | 45 | 120 | 200 | 351 | 591 |
| | | | 45 ～ 59 岁 | 2 018 | 277 | 51 | 140 | 240 | 390 | 620 |
| | | | 60 ～ 79 岁 | 1 283 | 276 | 60 | 144 | 240 | 380 | 557 |
| | | | 80 岁及以上 | 88 | 255 | 20 | 120 | 180 | 420 | 620 |
| | | 女 | 小计 | 7 717 | 236 | 40 | 120 | 197 | 330 | 540 |
| | | | 18 ～ 44 岁 | 3 126 | 226 | 40 | 116 | 184 | 309 | 531 |
| | | | 45 ～ 59 岁 | 2 746 | 254 | 50 | 126 | 222 | 360 | 549 |
| | | | 60 ～ 79 岁 | 1 718 | 242 | 34 | 120 | 210 | 340 | 540 |
| | | | 80 岁及以上 | 127 | 191 | 20 | 100 | 150 | 230 | 420 |
| | 农村 | 小计 | 小计 | 15 265 | 335 | 70 | 189 | 320 | 480 | 639 |
| | | | 18 ～ 44 岁 | 6 311 | 329 | 70 | 180 | 309 | 467 | 630 |
| | | | 45 ～ 59 岁 | 5 440 | 356 | 81 | 220 | 343 | 490 | 660 |
| | | | 60 ～ 79 岁 | 3 328 | 332 | 60 | 183 | 313 | 480 | 634 |
| | | | 80 岁及以上 | 186 | 231 | 9 | 116 | 207 | 320 | 557 |
| | | 男 | 小计 | 7 173 | 351 | 81 | 200 | 343 | 491 | 650 |
| | | | 18 ～ 44 岁 | 2 953 | 345 | 80 | 190 | 334 | 480 | 639 |
| | | | 45 ～ 59 岁 | 2 439 | 370 | 90 | 230 | 360 | 510 | 670 |
| | | | 60 ～ 79 岁 | 1 698 | 346 | 81 | 201 | 331 | 489 | 630 |
| | | | 80 岁及以上 | 83 | 255 | 40 | 120 | 277 | 323 | 557 |
| | | 女 | 小计 | 8 092 | 319 | 60 | 180 | 300 | 440 | 630 |
| | | | 18 ～ 44 岁 | 3 358 | 312 | 68 | 180 | 296 | 424 | 620 |
| | | | 45 ～ 59 岁 | 3 001 | 341 | 79 | 214 | 324 | 470 | 630 |
| | | | 60 ～ 79 岁 | 1 630 | 316 | 60 | 180 | 300 | 435 | 640 |
| | | | 80 岁及以上 | 103 | 216 | 0 | 70 | 174 | 300 | 600 |
| 西部 | 城乡 | 小计 | 小计 | 31 048 | 328 | 60 | 180 | 314 | 459 | 650 |
| | | | 18 ～ 44 岁 | 14 022 | 339 | 60 | 186 | 330 | 480 | 660 |
| | | | 45 ～ 59 岁 | 10 338 | 339 | 70 | 187 | 320 | 470 | 660 |
| | | | 60 ～ 79 岁 | 6 283 | 287 | 60 | 150 | 260 | 390 | 600 |
| | | | 80 岁及以上 | 405 | 226 | 30 | 101 | 197 | 309 | 526 |
| | | 男 | 小计 | 14 241 | 342 | 60 | 189 | 330 | 480 | 660 |
| | | | 18 ～ 44 岁 | 6 499 | 351 | 60 | 200 | 349 | 480 | 666 |
| | | | 45 ～ 59 岁 | 4 586 | 352 | 74 | 200 | 340 | 480 | 680 |

| 地区 | 城乡 | 性别 | 年龄 | n | 夏季室外活动时间 /（min/d） | | | | | |
|---|---|---|---|---|---|---|---|---|---|---|
| | | | | | Mean | P5 | P25 | P50 | P75 | P95 |
| 西部 | 城乡 | 男 | 60 ～ 79 岁 | 2 954 | 304 | 60 | 171 | 281 | 420 | 620 |
| | | | 80 岁及以上 | 202 | 244 | 45 | 138 | 210 | 330 | 526 |
| | | 女 | 小计 | 16 807 | 315 | 60 | 170 | 300 | 437 | 630 |
| | | | 18 ～ 44 岁 | 7 523 | 327 | 60 | 180 | 313 | 459 | 640 |
| | | | 45 ～ 59 岁 | 5 752 | 326 | 64 | 180 | 314 | 446 | 640 |
| | | | 60 ～ 79 岁 | 3 329 | 270 | 53 | 140 | 240 | 361 | 583 |
| | | | 80 岁及以上 | 203 | 207 | 20 | 90 | 180 | 300 | 540 |
| | 城市 | 小计 | 小计 | 12 339 | 291 | 60 | 150 | 260 | 403 | 600 |
| | | | 18 ～ 44 岁 | 5 380 | 292 | 60 | 154 | 260 | 406 | 600 |
| | | | 45 ～ 59 岁 | 4 159 | 301 | 60 | 155 | 270 | 420 | 630 |
| | | | 60 ～ 79 岁 | 2 624 | 276 | 60 | 150 | 249 | 380 | 570 |
| | | | 80 岁及以上 | 176 | 225 | 30 | 114 | 197 | 309 | 526 |
| | | 男 | 小计 | 5 505 | 300 | 60 | 160 | 271 | 420 | 626 |
| | | | 18 ～ 44 岁 | 2 457 | 304 | 60 | 163 | 279 | 420 | 630 |
| | | | 45 ～ 59 岁 | 1 785 | 306 | 60 | 160 | 280 | 434 | 635 |
| | | | 60 ～ 79 岁 | 1 177 | 279 | 60 | 150 | 250 | 390 | 590 |
| | | | 80 岁及以上 | 86 | 253 | 50 | 140 | 220 | 320 | 530 |
| | | 女 | 小计 | 6 834 | 281 | 60 | 150 | 245 | 390 | 591 |
| | | | 18 ～ 44 岁 | 2 923 | 279 | 60 | 150 | 240 | 390 | 590 |
| | | | 45 ～ 59 岁 | 2 374 | 296 | 60 | 151 | 267 | 413 | 610 |
| | | | 60 ～ 79 岁 | 1 447 | 273 | 60 | 149 | 240 | 360 | 555 |
| | | | 80 岁及以上 | 90 | 197 | 20 | 94 | 163 | 300 | 420 |
| | 农村 | 小计 | 小计 | 18 709 | 352 | 60 | 206 | 350 | 480 | 660 |
| | | | 18 ～ 44 岁 | 8 642 | 368 | 60 | 223 | 369 | 500 | 670 |
| | | | 45 ～ 59 岁 | 6 179 | 365 | 81 | 224 | 360 | 489 | 677 |
| | | | 60 ～ 79 岁 | 3 659 | 294 | 55 | 150 | 270 | 403 | 626 |
| | | | 80 岁及以上 | 229 | 227 | 30 | 96 | 190 | 309 | 540 |
| | | 男 | 小计 | 8 736 | 368 | 63 | 223 | 363 | 500 | 680 |
| | | | 18 ～ 44 岁 | 4 042 | 379 | 60 | 240 | 386 | 510 | 690 |
| | | | 45 ～ 59 岁 | 2 801 | 383 | 91 | 240 | 369 | 510 | 720 |
| | | | 60 ～ 79 岁 | 1 777 | 321 | 60 | 180 | 300 | 441 | 640 |
| | | | 80 岁及以上 | 116 | 238 | 43 | 120 | 210 | 351 | 493 |
| | | 女 | 小计 | 9 973 | 336 | 60 | 189 | 326 | 469 | 650 |
| | | | 18 ～ 44 岁 | 4 600 | 356 | 60 | 210 | 356 | 480 | 660 |
| | | | 45 ～ 59 岁 | 3 378 | 346 | 70 | 209 | 334 | 470 | 651 |
| | | | 60 ～ 79 岁 | 1 882 | 267 | 50 | 130 | 240 | 363 | 600 |
| | | | 80 岁及以上 | 113 | 215 | 26 | 81 | 180 | 287 | 600 |

## 附表 6-8　中国人群分东中西、城乡、性别、年龄的冬季室外活动时间

| 地区 | 城乡 | 性别 | 年龄 | n | 冬季室外活动时间 /（min/d） | | | | | |
|---|---|---|---|---|---|---|---|---|---|---|
| | | | | | Mean | P5 | P25 | P50 | P75 | P95 |
| 合计 | 城乡 | 小计 | 小计 | 90 987 | 199 | 30 | 87 | 152 | 274 | 510 |
| | | | 18 ～ 44 岁 | 36 629 | 201 | 30 | 90 | 157 | 280 | 510 |
| | | | 45 ～ 59 岁 | 32 335 | 205 | 30 | 90 | 160 | 287 | 520 |
| | | | 60 ～ 79 岁 | 20 541 | 184 | 21 | 80 | 150 | 246 | 490 |
| | | | 80 岁及以上 | 1 482 | 144 | 0 | 60 | 116 | 200 | 390 |
| | | 男 | 小计 | 41 242 | 213 | 30 | 90 | 169 | 300 | 531 |
| | | | 18 ～ 44 岁 | 16 747 | 214 | 30 | 90 | 170 | 301 | 530 |
| | | | 45 ～ 59 岁 | 14 075 | 221 | 30 | 90 | 176 | 315 | 540 |
| | | | 60 ～ 79 岁 | 9 745 | 200 | 30 | 90 | 160 | 276 | 520 |
| | | | 80 岁及以上 | 675 | 159 | 10 | 60 | 129 | 210 | 420 |
| | | 女 | 小计 | 49 745 | 184 | 30 | 80 | 150 | 244 | 483 |
| | | | 18 ～ 44 岁 | 19 882 | 188 | 30 | 85 | 150 | 253 | 490 |

| 地区 | 城乡 | 性别 | 年龄 | n | 冬季室外活动时间 /（min/d） | | | | | |
|---|---|---|---|---|---|---|---|---|---|---|
| | | | | | Mean | P5 | P25 | P50 | P75 | P95 |
| 合计 | 城乡 | 女 | 45 ～ 59 岁 | 18 260 | 190 | 30 | 84 | 150 | 260 | 497 |
| | | | 60 ～ 79 岁 | 10 796 | 169 | 20 | 70 | 133 | 236 | 450 |
| | | | 80 岁及以上 | 807 | 133 | 0 | 47 | 90 | 180 | 380 |
| | 城市 | 小计 | 小计 | 41 747 | 181 | 29 | 77 | 137 | 240 | 497 |
| | | | 18 ～ 44 岁 | 16 612 | 180 | 27 | 77 | 135 | 240 | 500 |
| | | | 45 ～ 59 岁 | 14 720 | 190 | 30 | 80 | 146 | 260 | 510 |
| | | | 60 ～ 79 岁 | 9 671 | 173 | 29 | 80 | 135 | 240 | 450 |
| | | | 80 岁及以上 | 744 | 143 | 10 | 60 | 110 | 201 | 385 |
| | | 男 | 小计 | 18 417 | 192 | 30 | 80 | 144 | 260 | 510 |
| | | | 18 ～ 44 岁 | 7 521 | 191 | 27 | 80 | 140 | 257 | 514 |
| | | | 45 ～ 59 岁 | 6 256 | 200 | 30 | 81 | 150 | 280 | 526 |
| | | | 60 ～ 79 岁 | 4 317 | 184 | 30 | 83 | 150 | 240 | 480 |
| | | | 80 岁及以上 | 323 | 160 | 13 | 60 | 129 | 220 | 390 |
| | | 女 | 小计 | 23 330 | 171 | 27 | 76 | 129 | 224 | 469 |
| | | | 18 ～ 44 岁 | 9 091 | 170 | 27 | 77 | 129 | 220 | 472 |
| | | | 45 ～ 59 岁 | 8 464 | 180 | 30 | 80 | 140 | 240 | 490 |
| | | | 60 ～ 79 岁 | 5 354 | 163 | 25 | 70 | 120 | 211 | 420 |
| | | | 80 岁及以上 | 421 | 131 | 0 | 60 | 90 | 180 | 370 |
| | 农村 | 小计 | 小计 | 49 240 | 212 | 30 | 90 | 174 | 300 | 520 |
| | | | 18 ～ 44 岁 | 20 017 | 217 | 31 | 100 | 180 | 303 | 520 |
| | | | 45 ～ 59 岁 | 17 615 | 217 | 30 | 91 | 180 | 301 | 530 |
| | | | 60 ～ 79 岁 | 10 870 | 193 | 20 | 80 | 150 | 270 | 510 |
| | | | 80 岁及以上 | 738 | 145 | 0 | 51 | 120 | 200 | 399 |
| | | 男 | 小计 | 22 825 | 229 | 30 | 100 | 186 | 330 | 540 |
| | | | 18 ～ 44 岁 | 9 226 | 232 | 34 | 105 | 194 | 335 | 540 |
| | | | 45 ～ 59 岁 | 7 819 | 237 | 36 | 103 | 195 | 349 | 547 |
| | | | 60 ～ 79 岁 | 5 428 | 211 | 30 | 90 | 175 | 300 | 531 |
| | | | 80 岁及以上 | 352 | 158 | 9 | 60 | 129 | 206 | 420 |
| | | 女 | 小计 | 26 415 | 195 | 30 | 90 | 156 | 270 | 500 |
| | | | 18 ～ 44 岁 | 10 791 | 203 | 30 | 90 | 163 | 279 | 500 |
| | | | 45 ～ 59 岁 | 9 796 | 197 | 30 | 90 | 160 | 270 | 500 |
| | | | 60 ～ 79 岁 | 5 442 | 174 | 20 | 70 | 140 | 240 | 474 |
| | | | 80 岁及以上 | 386 | 134 | 0 | 40 | 100 | 180 | 394 |
| 东部 | 城乡 | 小计 | 小计 | 30 907 | 180 | 30 | 77 | 133 | 240 | 496 |
| | | | 18 ～ 44 岁 | 10 513 | 182 | 30 | 80 | 134 | 240 | 500 |
| | | | 45 ～ 59 岁 | 11 790 | 188 | 30 | 77 | 140 | 257 | 510 |
| | | | 60 ～ 79 岁 | 7 927 | 169 | 21 | 70 | 123 | 220 | 466 |
| | | | 80 岁及以上 | 677 | 135 | 0 | 60 | 100 | 188 | 360 |
| | | 男 | 小计 | 13 786 | 195 | 30 | 80 | 144 | 270 | 514 |
| | | | 18 ～ 44 岁 | 4 643 | 195 | 30 | 80 | 143 | 270 | 514 |
| | | | 45 ～ 59 岁 | 5 031 | 206 | 30 | 81 | 150 | 296 | 540 |
| | | | 60 ～ 79 岁 | 3 810 | 182 | 30 | 80 | 137 | 240 | 500 |
| | | | 80 岁及以上 | 302 | 145 | 10 | 60 | 120 | 210 | 380 |
| | | 女 | 小计 | 17 121 | 166 | 29 | 70 | 120 | 214 | 456 |
| | | | 18 ～ 44 岁 | 5 870 | 169 | 30 | 77 | 123 | 219 | 471 |
| | | | 45 ～ 59 岁 | 6 759 | 171 | 30 | 70 | 123 | 226 | 476 |
| | | | 60 ～ 79 岁 | 4 117 | 156 | 20 | 60 | 120 | 210 | 420 |
| | | | 80 岁及以上 | 375 | 128 | 0 | 50 | 90 | 170 | 360 |
| | 城市 | 小计 | 小计 | 15 648 | 169 | 30 | 73 | 120 | 211 | 480 |
| | | | 18 ～ 44 岁 | 5 452 | 168 | 29 | 73 | 120 | 210 | 490 |
| | | | 45 ～ 59 岁 | 5 797 | 177 | 30 | 76 | 128 | 236 | 500 |
| | | | 60 ～ 79 岁 | 4 045 | 160 | 30 | 71 | 120 | 210 | 420 |
| | | | 80 岁及以上 | 354 | 132 | 6 | 60 | 94 | 180 | 360 |
| | | 男 | 小计 | 6 874 | 180 | 30 | 77 | 129 | 240 | 510 |
| | | | 18 ～ 44 岁 | 2 413 | 180 | 27 | 76 | 127 | 236 | 510 |
| | | | 45 ～ 59 岁 | 2 454 | 188 | 30 | 77 | 133 | 250 | 516 |
| | | | 60 ～ 79 岁 | 1 858 | 172 | 30 | 80 | 129 | 220 | 460 |
| | | | 80 岁及以上 | 149 | 137 | 10 | 60 | 107 | 209 | 367 |

| 地区 | 城乡 | 性别 | 年龄 | *n* | 冬季室外活动时间 /（min/d） | | | | | |
|---|---|---|---|---|---|---|---|---|---|---|
| | | | | | Mean | P5 | P25 | P50 | P75 | P95 |
| 东部 | 城市 | 女 | 小计 | 8 774 | 157 | 30 | 70 | 120 | 197 | 430 |
| | | | 18 ～ 44 岁 | 3 039 | 157 | 30 | 70 | 120 | 193 | 440 |
| | | | 45 ～ 59 岁 | 3 343 | 166 | 30 | 70 | 120 | 210 | 460 |
| | | | 60 ～ 79 岁 | 2 187 | 149 | 29 | 70 | 120 | 181 | 379 |
| | | | 80 岁及以上 | 205 | 128 | 0 | 60 | 90 | 180 | 360 |
| | 农村 | 小计 | 小计 | 15 259 | 193 | 30 | 80 | 150 | 270 | 510 |
| | | | 18 ～ 44 岁 | 5 061 | 196 | 30 | 85 | 150 | 270 | 510 |
| | | | 45 ～ 59 岁 | 5 993 | 199 | 30 | 80 | 150 | 285 | 510 |
| | | | 60 ～ 79 岁 | 3 882 | 178 | 20 | 69 | 137 | 240 | 480 |
| | | | 80 岁及以上 | 323 | 139 | 0 | 50 | 110 | 200 | 370 |
| | | 男 | 小计 | 6 912 | 210 | 30 | 90 | 160 | 300 | 520 |
| | | | 18 ～ 44 岁 | 2 230 | 210 | 30 | 90 | 160 | 300 | 517 |
| | | | 45 ～ 59 岁 | 2 577 | 224 | 30 | 90 | 170 | 330 | 540 |
| | | | 60 ～ 79 岁 | 1 952 | 191 | 30 | 80 | 149 | 270 | 510 |
| | | | 80 岁及以上 | 153 | 153 | 20 | 60 | 120 | 210 | 389 |
| | | 女 | 小计 | 8 347 | 176 | 29 | 70 | 133 | 240 | 480 |
| | | | 18 ～ 44 岁 | 2 831 | 182 | 30 | 80 | 140 | 240 | 480 |
| | | | 45 ～ 59 岁 | 3 416 | 176 | 26 | 70 | 130 | 240 | 480 |
| | | | 60 ～ 79 岁 | 1 930 | 164 | 20 | 60 | 120 | 227 | 450 |
| | | | 80 岁及以上 | 170 | 128 | 0 | 43 | 90 | 169 | 360 |
| 中部 | 城乡 | 小计 | 小计 | 29 034 | 199 | 20 | 86 | 159 | 274 | 520 |
| | | | 18 ～ 44 岁 | 12 094 | 195 | 21 | 86 | 150 | 267 | 510 |
| | | | 45 ～ 59 岁 | 10207 | 208 | 26 | 90 | 170 | 290 | 530 |
| | | | 60 ～ 79 岁 | 6 332 | 200 | 16 | 85 | 163 | 282 | 530 |
| | | | 80 岁及以上 | 401 | 152 | 0 | 43 | 118 | 210 | 420 |
| | | 男 | 小计 | 13 217 | 214 | 21 | 90 | 170 | 300 | 540 |
| | | | 18 ～ 44 岁 | 5 606 | 209 | 22 | 90 | 161 | 300 | 533 |
| | | | 45 ～ 59 岁 | 4 458 | 224 | 30 | 90 | 180 | 326 | 540 |
| | | | 60 ～ 79 岁 | 2 982 | 220 | 20 | 94 | 180 | 310 | 540 |
| | | | 80 岁及以上 | 171 | 172 | 0 | 60 | 140 | 255 | 480 |
| | | 女 | 小计 | 15 817 | 183 | 20 | 80 | 150 | 243 | 490 |
| | | | 18 ～ 44 岁 | 6 488 | 180 | 20 | 80 | 149 | 240 | 480 |
| | | | 45 ～ 59 岁 | 5 749 | 192 | 21 | 90 | 160 | 261 | 504 |
| | | | 60 ～ 79 岁 | 3 350 | 180 | 10 | 71 | 150 | 246 | 495 |
| | | | 80 岁及以上 | 230 | 139 | 0 | 39 | 90 | 193 | 410 |
| | 城市 | 小计 | 小计 | 13 764 | 180 | 20 | 77 | 140 | 240 | 500 |
| | | | 18 ～ 44 岁 | 5 781 | 175 | 20 | 74 | 131 | 231 | 500 |
| | | | 45 ～ 59 岁 | 4 765 | 192 | 20 | 81 | 150 | 270 | 510 |
| | | | 60 ～ 79 岁 | 3 003 | 181 | 20 | 80 | 150 | 243 | 480 |
| | | | 80 岁及以上 | 215 | 151 | 10 | 60 | 100 | 210 | 410 |
| | | 男 | 小计 | 6 041 | 191 | 20 | 80 | 148 | 266 | 510 |
| | | | 18 ～ 44 岁 | 2 652 | 184 | 20 | 75 | 137 | 240 | 510 |
| | | | 45 ～ 59 岁 | 2 018 | 205 | 21 | 86 | 160 | 289 | 526 |
| | | | 60 ～ 79 岁 | 1 283 | 197 | 20 | 90 | 171 | 270 | 520 |
| | | | 80 岁及以上 | 88 | 180 | 14 | 77 | 129 | 300 | 420 |
| | | 女 | 小计 | 7 723 | 169 | 20 | 75 | 130 | 230 | 471 |
| | | | 18 ～ 44 岁 | 3 129 | 166 | 20 | 73 | 126 | 217 | 470 |
| | | | 45 ～ 59 岁 | 2 747 | 180 | 20 | 80 | 144 | 240 | 490 |
| | | | 60 ～ 79 岁 | 1 720 | 168 | 17 | 71 | 135 | 240 | 429 |
| | | | 80 岁及以上 | 127 | 128 | 10 | 57 | 80 | 193 | 410 |
| | 农村 | 小计 | 小计 | 15 270 | 211 | 21 | 91 | 177 | 300 | 530 |
| | | | 18 ～ 44 岁 | 6 313 | 208 | 29 | 94 | 171 | 291 | 520 |
| | | | 45 ～ 59 岁 | 5 442 | 218 | 30 | 100 | 180 | 300 | 540 |
| | | | 60 ～ 79 岁 | 3 329 | 210 | 13 | 90 | 180 | 300 | 540 |
| | | | 80 岁及以上 | 186 | 152 | 0 | 34 | 120 | 206 | 470 |
| | | 男 | 小计 | 7 176 | 229 | 30 | 100 | 186 | 330 | 540 |
| | | | 18 ～ 44 岁 | 2 954 | 225 | 30 | 103 | 183 | 320 | 540 |
| | | | 45 ～ 59 岁 | 2 440 | 236 | 30 | 100 | 189 | 358 | 550 |

| 地区 | 城乡 | 性别 | 年龄 | n | 冬季室外活动时间 /（min/d） | | | | | |
|---|---|---|---|---|---|---|---|---|---|---|
| | | | | | Mean | P5 | P25 | P50 | P75 | P95 |
| 中部 | 农村 | 男 | 60 ～ 79 岁 | 1 699 | 232 | 20 | 101 | 193 | 330 | 540 |
| | | | 80 岁及以上 | 83 | 166 | 0 | 43 | 150 | 219 | 510 |
| | | 女 | 小计 | 8 094 | 192 | 20 | 89 | 160 | 260 | 500 |
| | | | 18 ～ 44 岁 | 3 359 | 190 | 21 | 90 | 159 | 260 | 484 |
| | | | 45 ～ 59 岁 | 3 002 | 200 | 26 | 95 | 170 | 270 | 520 |
| | | | 60 ～ 79 岁 | 1 630 | 187 | 10 | 73 | 150 | 260 | 520 |
| | | | 80 岁及以上 | 103 | 144 | 0 | 34 | 109 | 193 | 470 |
| 西部 | 城乡 | 小计 | 小计 | 31 046 | 225 | 40 | 110 | 187 | 313 | 520 |
| | | | 18 ～ 44 岁 | 14 022 | 235 | 43 | 120 | 200 | 330 | 530 |
| | | | 45 ～ 59 岁 | 10 338 | 231 | 43 | 117 | 190 | 326 | 530 |
| | | | 60 ～ 79 岁 | 6 282 | 190 | 30 | 90 | 150 | 260 | 470 |
| | | | 80 岁及以上 | 404 | 153 | 15 | 60 | 120 | 201 | 425 |
| | | 男 | 小计 | 14 239 | 236 | 40 | 119 | 201 | 334 | 539 |
| | | | 18 ～ 44 岁 | 6 498 | 245 | 40 | 120 | 212 | 350 | 540 |
| | | | 45 ～ 59 岁 | 4 586 | 242 | 45 | 120 | 201 | 347 | 540 |
| | | | 60 ～ 79 岁 | 2 953 | 204 | 40 | 94 | 176 | 285 | 480 |
| | | | 80 岁及以上 | 202 | 170 | 25 | 75 | 150 | 220 | 440 |
| | | 女 | 小计 | 16 807 | 213 | 40 | 101 | 180 | 300 | 510 |
| | | | 18 ～ 44 岁 | 7 524 | 225 | 45 | 113 | 186 | 310 | 511 |
| | | | 45 ～ 59 岁 | 5 752 | 219 | 43 | 109 | 180 | 300 | 511 |
| | | | 60 ～ 79 岁 | 3 329 | 177 | 30 | 80 | 143 | 240 | 440 |
| | | | 80 岁及以上 | 202 | 136 | 10 | 53 | 111 | 180 | 375 |
| | 城市 | 小计 | 小计 | 12 335 | 207 | 33 | 90 | 165 | 290 | 510 |
| | | | 18 ～ 44 岁 | 5 379 | 209 | 34 | 90 | 167 | 291 | 514 |
| | | | 45 ～ 59 岁 | 4 158 | 217 | 36 | 91 | 176 | 300 | 527 |
| | | | 60 ～ 79 岁 | 2 623 | 192 | 30 | 90 | 150 | 260 | 480 |
| | | | 80 岁及以上 | 175 | 166 | 10 | 77 | 138 | 240 | 440 |
| | | 男 | 小计 | 5 502 | 215 | 34 | 94 | 180 | 300 | 520 |
| | | | 18 ～ 44 岁 | 2 456 | 218 | 34 | 97 | 180 | 300 | 525 |
| | | | 45 ～ 59 岁 | 1 784 | 222 | 37 | 97 | 180 | 317 | 531 |
| | | | 60 ～ 79 岁 | 1 176 | 196 | 30 | 90 | 160 | 280 | 500 |
| | | | 80 岁及以上 | 86 | 190 | 30 | 90 | 180 | 240 | 440 |
| | | 女 | 小计 | 6 833 | 199 | 31 | 90 | 157 | 270 | 500 |
| | | | 18 ～ 44 岁 | 2 923 | 200 | 34 | 90 | 159 | 270 | 497 |
| | | | 45 ～ 59 岁 | 2 374 | 211 | 34 | 90 | 169 | 300 | 520 |
| | | | 60 ～ 79 岁 | 1 447 | 187 | 30 | 90 | 150 | 240 | 470 |
| | | | 80 岁及以上 | 89 | 143 | 10 | 60 | 120 | 206 | 370 |
| | 农村 | 小计 | 小计 | 18 711 | 237 | 50 | 120 | 206 | 330 | 527 |
| | | | 18 ～ 44 岁 | 8 643 | 252 | 50 | 130 | 225 | 351 | 540 |
| | | | 45 ～ 59 岁 | 6 180 | 240 | 59 | 120 | 210 | 339 | 530 |
| | | | 60 ～ 79 岁 | 3 659 | 190 | 39 | 90 | 154 | 260 | 458 |
| | | | 80 岁及以上 | 229 | 143 | 21 | 60 | 120 | 180 | 425 |
| | | 男 | 小计 | 8 737 | 250 | 50 | 124 | 223 | 351 | 540 |
| | | | 18 ～ 44 岁 | 4 042 | 262 | 50 | 137 | 240 | 363 | 540 |
| | | | 45 ～ 59 岁 | 2 802 | 256 | 60 | 136 | 224 | 360 | 540 |
| | | | 60 ～ 79 岁 | 1 777 | 209 | 40 | 103 | 180 | 287 | 480 |
| | | | 80 岁及以上 | 116 | 155 | 21 | 60 | 130 | 190 | 480 |
| | | 女 | 小计 | 9 974 | 222 | 47 | 118 | 183 | 303 | 510 |
| | | | 18 ～ 44 岁 | 4 601 | 240 | 57 | 120 | 210 | 330 | 520 |
| | | | 45 ～ 59 岁 | 3 378 | 225 | 50 | 120 | 189 | 303 | 510 |
| | | | 60 ～ 79 岁 | 1 882 | 171 | 30 | 80 | 140 | 240 | 416 |
| | | | 80 岁及以上 | 113 | 129 | 15 | 53 | 90 | 159 | 420 |

# 附表 6-9　中国人群分片区、城乡、性别、年龄的非交通出行室外活动时间

| 地区 | 城乡 | 性别 | 年龄 | n | 非交通出行室外活动时间 / (min/d) | | | | | |
|---|---|---|---|---|---|---|---|---|---|---|
| | | | | | Mean | P5 | P25 | P50 | P75 | P95 |
| 合计 | 城乡 | 小计 | 小计 | 90 852 | 207 | 30 | 96 | 178 | 300 | 480 |
| | | | 18～44 岁 | 36 584 | 208 | 30 | 94 | 175 | 300 | 480 |
| | | | 45～59 岁 | 32 282 | 217 | 30 | 105 | 185 | 315 | 480 |
| | | | 60～79 岁 | 20 509 | 196 | 30 | 90 | 165 | 270 | 480 |
| | | | 80 岁及以上 | 1 477 | 145 | 5 | 60 | 120 | 201 | 390 |
| | | 男 | 小计 | 41 189 | 219 | 30 | 103 | 185 | 319 | 493 |
| | | | 18～44 岁 | 16 726 | 218 | 30 | 98 | 182 | 319 | 494 |
| | | | 45～59 岁 | 14 057 | 230 | 30 | 105 | 195 | 343 | 500 |
| | | | 60～79 岁 | 9 732 | 210 | 30 | 105 | 180 | 300 | 480 |
| | | | 80 岁及以上 | 674 | 158 | 13 | 64 | 131 | 216 | 390 |
| | | 女 | 小计 | 49 663 | 196 | 30 | 90 | 165 | 270 | 480 |
| | | | 18～44 岁 | 19 858 | 197 | 30 | 91 | 165 | 274 | 480 |
| | | | 45～59 岁 | 18 225 | 205 | 30 | 100 | 180 | 286 | 480 |
| | | | 60～79 岁 | 10 777 | 183 | 25 | 83 | 150 | 249 | 450 |
| | | | 80 岁及以上 | 803 | 135 | 0 | 53 | 105 | 180 | 390 |
| | 城市 | 小计 | 小计 | 41 672 | 175 | 21 | 75 | 135 | 240 | 469 |
| | | | 18～44 岁 | 16 589 | 174 | 21 | 75 | 135 | 240 | 480 |
| | | | 45～59 岁 | 14 688 | 183 | 25 | 75 | 141 | 255 | 480 |
| | | | 60～79 岁 | 9 653 | 168 | 21 | 73 | 135 | 228 | 433 |
| | | | 80 岁及以上 | 742 | 136 | 8 | 50 | 105 | 188 | 390 |
| | | 男 | 小计 | 18 386 | 184 | 21 | 75 | 141 | 255 | 480 |
| | | | 18～44 岁 | 7 509 | 184 | 21 | 75 | 138 | 257 | 480 |
| | | | 45～59 岁 | 6 245 | 191 | 26 | 75 | 150 | 272 | 480 |
| | | | 60～79 岁 | 4 310 | 176 | 21 | 75 | 139 | 240 | 450 |
| | | | 80 岁及以上 | 322 | 153 | 10 | 60 | 120 | 216 | 413 |
| | | 女 | 小计 | 23 286 | 166 | 21 | 73 | 129 | 225 | 444 |
| | | | 18～44 岁 | 9 080 | 164 | 20 | 73 | 128 | 218 | 450 |
| | | | 45～59 岁 | 8 443 | 175 | 24 | 75 | 135 | 240 | 463 |
| | | | 60～79 岁 | 5 343 | 160 | 21 | 69 | 128 | 225 | 396 |
| | | | 80 岁及以上 | 420 | 123 | 0 | 45 | 90 | 180 | 360 |
| | 农村 | 小计 | 小计 | 49 180 | 233 | 38 | 120 | 210 | 330 | 493 |
| | | | 18～44 岁 | 19 995 | 233 | 39 | 120 | 210 | 330 | 495 |
| | | | 45～59 岁 | 17 594 | 244 | 45 | 129 | 225 | 345 | 497 |
| | | | 60～79 岁 | 10 856 | 218 | 30 | 113 | 195 | 308 | 480 |
| | | | 80 岁及以上 | 735 | 153 | 0 | 60 | 128 | 210 | 405 |
| | | 男 | 小计 | 22 803 | 246 | 40 | 121 | 225 | 354 | 500 |
| | | | 18～44 岁 | 9 217 | 244 | 39 | 120 | 223 | 351 | 500 |
| | | | 45～59 岁 | 7 812 | 260 | 48 | 135 | 240 | 366 | 510 |
| | | | 60～79 岁 | 5 422 | 234 | 39 | 120 | 210 | 332 | 495 |
| | | | 80 岁及以上 | 352 | 163 | 25 | 80 | 135 | 215 | 390 |
| | | 女 | 小计 | 26 377 | 219 | 34 | 118 | 195 | 304 | 480 |
| | | | 18～44 岁 | 10 778 | 222 | 39 | 120 | 195 | 311 | 480 |
| | | | 45～59 岁 | 9 782 | 229 | 43 | 120 | 210 | 315 | 480 |
| | | | 60～79 岁 | 5 434 | 202 | 28 | 105 | 178 | 276 | 480 |
| | | | 80 岁及以上 | 383 | 146 | 0 | 57 | 120 | 201 | 420 |
| 华北 | 城乡 | 小计 | 小计 | 18 035 | 224 | 42 | 117 | 184 | 315 | 500 |
| | | | 18～44 岁 | 6 463 | 226 | 47 | 120 | 182 | 317 | 500 |
| | | | 45～59 岁 | 6 801 | 230 | 43 | 120 | 195 | 328 | 500 |
| | | | 60～79 岁 | 4 488 | 218 | 35 | 105 | 180 | 311 | 500 |
| | | | 80 岁及以上 | 283 | 146 | 9 | 60 | 120 | 195 | 405 |
| | | 男 | 小计 | 7 974 | 237 | 43 | 120 | 195 | 351 | 500 |
| | | | 18～44 岁 | 2 907 | 236 | 49 | 120 | 184 | 349 | 504 |
| | | | 45～59 岁 | 2 812 | 244 | 45 | 120 | 210 | 360 | 510 |
| | | | 60～79 岁 | 2 110 | 236 | 35 | 115 | 204 | 351 | 500 |
| | | | 80 岁及以上 | 145 | 157 | 15 | 60 | 123 | 210 | 420 |
| | | 女 | 小计 | 10 061 | 212 | 39 | 114 | 180 | 285 | 484 |

| 地区 | 城乡 | 性别 | 年龄 | n | 非交通出行室外活动时间 /（min/d） | | | | | |
|---|---|---|---|---|---|---|---|---|---|---|
| | | | | | Mean | P5 | P25 | P50 | P75 | P95 |
| 华北 | 城乡 | 女 | 18～44 岁 | 3 556 | 217 | 45 | 120 | 182 | 294 | 485 |
| | | | 45～59 岁 | 3 989 | 218 | 40 | 120 | 193 | 300 | 480 |
| | | | 60～79 岁 | 2 378 | 200 | 35 | 103 | 165 | 270 | 486 |
| | | | 80 岁及以上 | 138 | 136 | 0 | 59 | 111 | 180 | 405 |
| | 城市 | 小计 | 小计 | 7 766 | 182 | 28 | 83 | 141 | 240 | 480 |
| | | | 18～44 岁 | 2 765 | 187 | 30 | 88 | 146 | 244 | 486 |
| | | | 45～59 岁 | 2 766 | 189 | 30 | 89 | 150 | 255 | 480 |
| | | | 60～79 岁 | 2 080 | 168 | 22 | 75 | 135 | 225 | 465 |
| | | | 80 岁及以上 | 155 | 119 | 9 | 30 | 68 | 165 | 345 |
| | | 男 | 小计 | 3 378 | 192 | 30 | 83 | 146 | 263 | 500 |
| | | | 18～44 岁 | 1 222 | 195 | 32 | 88 | 146 | 259 | 500 |
| | | | 45～59 岁 | 1 154 | 204 | 30 | 92 | 154 | 285 | 510 |
| | | | 60～79 岁 | 919 | 176 | 20 | 69 | 135 | 240 | 480 |
| | | | 80 岁及以上 | 83 | 126 | 9 | 30 | 75 | 180 | 390 |
| | | 女 | 小计 | 4 388 | 173 | 25 | 83 | 139 | 231 | 474 |
| | | | 18～44 岁 | 1 543 | 179 | 24 | 90 | 149 | 240 | 480 |
| | | | 45～59 岁 | 1 612 | 174 | 28 | 81 | 139 | 240 | 470 |
| | | | 60～79 岁 | 1 161 | 160 | 26 | 75 | 135 | 210 | 420 |
| | | | 80 岁及以上 | 72 | 109 | 0 | 32 | 63 | 135 | 315 |
| | 农村 | 小计 | 小计 | 10 269 | 253 | 64 | 135 | 225 | 358 | 500 |
| | | | 18～44 岁 | 3 698 | 253 | 68 | 135 | 223 | 358 | 500 |
| | | | 45～59 岁 | 4 035 | 257 | 68 | 140 | 233 | 356 | 500 |
| | | | 60～79 岁 | 2 408 | 251 | 55 | 131 | 225 | 360 | 500 |
| | | | 80 岁及以上 | 128 | 172 | 43 | 96 | 150 | 212 | 420 |
| | | 男 | 小计 | 4 596 | 267 | 68 | 139 | 240 | 384 | 510 |
| | | | 18～44 岁 | 1 685 | 263 | 70 | 135 | 229 | 381 | 510 |
| | | | 45～59 岁 | 1 658 | 273 | 68 | 144 | 255 | 386 | 512 |
| | | | 60～79 岁 | 1 191 | 273 | 60 | 145 | 257 | 390 | 500 |
| | | | 80 岁及以上 | 62 | 194 | 88 | 105 | 152 | 227 | 495 |
| | | 女 | 小计 | 5 673 | 239 | 60 | 135 | 210 | 321 | 500 |
| | | | 18～44 岁 | 2 013 | 242 | 68 | 135 | 214 | 324 | 500 |
| | | | 45～59 岁 | 2 377 | 244 | 65 | 135 | 223 | 328 | 500 |
| | | | 60～79 岁 | 1 217 | 228 | 50 | 120 | 195 | 315 | 500 |
| | | | 80 岁及以上 | 66 | 155 | 0 | 69 | 135 | 212 | 405 |
| 华东 | 城乡 | 小计 | 小计 | 22 908 | 180 | 20 | 75 | 135 | 257 | 465 |
| | | | 18～44 岁 | 8 521 | 172 | 20 | 73 | 129 | 240 | 451 |
| | | | 45～59 岁 | 8 049 | 197 | 20 | 75 | 154 | 300 | 480 |
| | | | 60～79 岁 | 5 820 | 183 | 20 | 75 | 150 | 259 | 450 |
| | | | 80 岁及以上 | 518 | 138 | 0 | 45 | 118 | 206 | 345 |
| | | 男 | 小计 | 10 410 | 195 | 21 | 77 | 150 | 291 | 480 |
| | | | 18～44 岁 | 3 786 | 185 | 20 | 75 | 137 | 270 | 476 |
| | | | 45～59 岁 | 3 622 | 214 | 21 | 79 | 171 | 330 | 497 |
| | | | 60～79 岁 | 2 797 | 198 | 21 | 86 | 165 | 281 | 480 |
| | | | 80 岁及以上 | 205 | 162 | 8 | 75 | 150 | 234 | 360 |
| | | 女 | 小计 | 12 498 | 165 | 17 | 69 | 128 | 231 | 435 |
| | | | 18～44 岁 | 4 735 | 160 | 21 | 69 | 120 | 210 | 435 |
| | | | 45～59 岁 | 4 427 | 179 | 20 | 75 | 137 | 255 | 450 |
| | | | 60～79 岁 | 3 023 | 168 | 17 | 68 | 135 | 240 | 413 |
| | | | 80 岁及以上 | 313 | 125 | 0 | 34 | 90 | 180 | 315 |
| | 城市 | 小计 | 小计 | 12 441 | 151 | 16 | 60 | 119 | 197 | 420 |
| | | | 18～44 岁 | 4 754 | 147 | 16 | 60 | 109 | 185 | 420 |
| | | | 45～59 岁 | 4 278 | 162 | 17 | 60 | 120 | 225 | 450 |
| | | | 60～79 岁 | 3 138 | 153 | 15 | 60 | 120 | 210 | 390 |
| | | | 80 岁及以上 | 271 | 127 | 0 | 39 | 103 | 180 | 345 |
| | | 男 | 小计 | 5 477 | 164 | 17 | 63 | 120 | 225 | 448 |
| | | | 18～44 岁 | 2 101 | 159 | 17 | 63 | 120 | 213 | 446 |
| | | | 45～59 岁 | 1 871 | 173 | 17 | 62 | 126 | 249 | 480 |
| | | | 60～79 岁 | 1 403 | 164 | 15 | 60 | 129 | 225 | 433 |

| 地区 | 城乡 | 性别 | 年龄 | n | 非交通出行室外活动时间 /（min/d） | | | | | |
|---|---|---|---|---|---|---|---|---|---|---|
| | | | | | Mean | P5 | P25 | P50 | P75 | P95 |
| 华东 | 城市 | 男 | 80 岁及以上 | 102 | 149 | 8 | 75 | 120 | 195 | 360 |
| | | 女 | 小计 | 6 964 | 140 | 15 | 60 | 107 | 180 | 381 |
| | | | 18 ～ 44 岁 | 2 653 | 136 | 15 | 60 | 105 | 169 | 377 |
| | | | 45 ～ 59 岁 | 2 407 | 149 | 17 | 60 | 114 | 197 | 407 |
| | | | 60 ～ 79 岁 | 1 735 | 142 | 15 | 60 | 120 | 195 | 362 |
| | | | 80 岁及以上 | 169 | 116 | 0 | 30 | 75 | 165 | 291 |
| | 农村 | 小计 | 小计 | 10 467 | 211 | 26 | 94 | 180 | 314 | 480 |
| | | | 18 ～ 44 岁 | 3 767 | 200 | 30 | 88 | 161 | 300 | 480 |
| | | | 45 ～ 59 岁 | 3 771 | 234 | 27 | 107 | 210 | 354 | 495 |
| | | | 60 ～ 79 岁 | 2 682 | 214 | 25 | 105 | 193 | 310 | 480 |
| | | | 80 岁及以上 | 247 | 149 | 0 | 54 | 140 | 234 | 351 |
| | | 男 | 小计 | 4 933 | 228 | 30 | 104 | 195 | 345 | 493 |
| | | | 18 ～ 44 岁 | 1 685 | 214 | 30 | 90 | 180 | 330 | 480 |
| | | | 45 ～ 59 岁 | 1 751 | 256 | 30 | 120 | 234 | 377 | 514 |
| | | | 60 ～ 79 岁 | 1 394 | 230 | 30 | 116 | 210 | 330 | 495 |
| | | | 80 岁及以上 | 103 | 175 | 0 | 75 | 180 | 243 | 360 |
| | | 女 | 小计 | 5 534 | 194 | 21 | 89 | 161 | 279 | 459 |
| | | | 18 ～ 44 岁 | 2 082 | 187 | 27 | 86 | 150 | 269 | 459 |
| | | | 45 ～ 59 岁 | 2 020 | 211 | 25 | 101 | 182 | 309 | 480 |
| | | | 60 ～ 79 岁 | 1 288 | 196 | 20 | 94 | 178 | 283 | 433 |
| | | | 80 岁及以上 | 144 | 134 | 0 | 43 | 120 | 210 | 328 |
| 华南 | 城乡 | 小计 | 小计 | 15 119 | 220 | 34 | 116 | 195 | 300 | 480 |
| | | | 18 ～ 44 岁 | 6 504 | 221 | 34 | 114 | 195 | 304 | 480 |
| | | | 45 ～ 59 岁 | 5 363 | 228 | 38 | 120 | 204 | 311 | 489 |
| | | | 60 ～ 79 岁 | 3 006 | 208 | 33 | 109 | 180 | 270 | 465 |
| | | | 80 岁及以上 | 246 | 152 | 20 | 60 | 120 | 195 | 390 |
| | | 男 | 小计 | 6 996 | 230 | 38 | 120 | 206 | 321 | 480 |
| | | | 18 ～ 44 岁 | 3 102 | 233 | 39 | 120 | 210 | 326 | 493 |
| | | | 45 ～ 59 岁 | 2 332 | 236 | 38 | 120 | 210 | 339 | 495 |
| | | | 60 ～ 79 岁 | 1 456 | 214 | 35 | 120 | 195 | 283 | 471 |
| | | | 80 岁及以上 | 106 | 169 | 10 | 64 | 126 | 239 | 465 |
| | | 女 | 小计 | 8 123 | 210 | 30 | 109 | 180 | 285 | 480 |
| | | | 18 ～ 44 岁 | 3 402 | 209 | 30 | 107 | 180 | 285 | 480 |
| | | | 45 ～ 59 岁 | 3 031 | 221 | 38 | 120 | 195 | 291 | 480 |
| | | | 60 ～ 79 岁 | 1 550 | 202 | 30 | 105 | 180 | 267 | 465 |
| | | | 80 岁及以上 | 140 | 137 | 30 | 60 | 120 | 180 | 390 |
| | 城市 | 小计 | 小计 | 7 296 | 196 | 30 | 88 | 163 | 262 | 480 |
| | | | 18 ～ 44 岁 | 3 136 | 198 | 30 | 86 | 159 | 270 | 480 |
| | | | 45 ～ 59 岁 | 2 571 | 204 | 30 | 92 | 171 | 270 | 480 |
| | | | 60 ～ 79 岁 | 1 461 | 182 | 30 | 84 | 154 | 240 | 450 |
| | | | 80 岁及以上 | 128 | 153 | 15 | 60 | 120 | 207 | 420 |
| | | 男 | 小计 | 3 276 | 204 | 30 | 90 | 171 | 283 | 480 |
| | | | 18 ～ 44 岁 | 1 506 | 207 | 32 | 91 | 169 | 291 | 493 |
| | | | 45 ～ 59 岁 | 1 054 | 207 | 30 | 90 | 180 | 285 | 480 |
| | | | 60 ～ 79 岁 | 668 | 190 | 30 | 90 | 169 | 241 | 480 |
| | | | 80 岁及以上 | 48 | 186 | 10 | 64 | 139 | 300 | 480 |
| | | 女 | 小计 | 4 020 | 189 | 30 | 86 | 150 | 243 | 480 |
| | | | 18 ～ 44 岁 | 1 630 | 187 | 26 | 86 | 150 | 249 | 480 |
| | | | 45 ～ 59 岁 | 1 517 | 201 | 30 | 94 | 167 | 255 | 480 |
| | | | 60 ～ 79 岁 | 793 | 175 | 26 | 75 | 147 | 225 | 408 |
| | | | 80 岁及以上 | 80 | 132 | 30 | 60 | 120 | 180 | 390 |
| | 农村 | 小计 | 小计 | 7 823 | 237 | 43 | 129 | 219 | 321 | 480 |
| | | | 18 ～ 44 岁 | 3 368 | 237 | 43 | 126 | 223 | 324 | 480 |
| | | | 45 ～ 59 岁 | 2 792 | 248 | 54 | 137 | 227 | 334 | 495 |
| | | | 60 ～ 79 岁 | 1 545 | 228 | 43 | 129 | 204 | 302 | 480 |
| | | | 80 岁及以上 | 118 | 150 | 30 | 60 | 120 | 180 | 360 |
| | | 男 | 小计 | 3 720 | 248 | 50 | 135 | 231 | 343 | 491 |
| | | | 18 ～ 44 岁 | 1 596 | 250 | 43 | 135 | 240 | 343 | 493 |

| 地区 | 城乡 | 性别 | 年龄 | n | 非交通出行室外活动时间 / (min/d) | | | | | |
|---|---|---|---|---|---|---|---|---|---|---|
| | | | | | Mean | P5 | P25 | P50 | P75 | P95 |
| 华南 | 农村 | 男 | 45 ~ 59 岁 | 1 278 | 258 | 54 | 138 | 240 | 360 | 501 |
| | | | 60 ~ 79 岁 | 788 | 232 | 53 | 137 | 210 | 315 | 471 |
| | | | 80 岁及以上 | 58 | 156 | 20 | 60 | 120 | 231 | 360 |
| | | 女 | 小计 | 4 103 | 226 | 43 | 120 | 208 | 300 | 480 |
| | | | 18 ~ 44 岁 | 1 772 | 223 | 40 | 120 | 204 | 300 | 480 |
| | | | 45 ~ 59 岁 | 1 514 | 237 | 54 | 135 | 220 | 309 | 480 |
| | | | 60 ~ 79 岁 | 757 | 224 | 39 | 120 | 195 | 300 | 480 |
| | | | 80 岁及以上 | 60 | 144 | 30 | 60 | 129 | 180 | 360 |
| 西北 | 城乡 | 小计 | 小计 | 11 254 | 222 | 45 | 120 | 199 | 300 | 480 |
| | | | 18 ~ 44 岁 | 4 703 | 229 | 48 | 124 | 210 | 311 | 480 |
| | | | 45 ~ 59 岁 | 3 923 | 229 | 48 | 122 | 204 | 315 | 480 |
| | | | 60 ~ 79 岁 | 2 490 | 192 | 38 | 105 | 165 | 255 | 423 |
| | | | 80 岁及以上 | 138 | 158 | 19 | 90 | 139 | 207 | 341 |
| | | 男 | 小计 | 5 073 | 235 | 50 | 124 | 216 | 326 | 480 |
| | | | 18 ~ 44 岁 | 2 068 | 239 | 52 | 129 | 225 | 326 | 480 |
| | | | 45 ~ 59 岁 | 1 763 | 242 | 53 | 133 | 223 | 343 | 483 |
| | | | 60 ~ 79 岁 | 1 171 | 215 | 45 | 120 | 195 | 300 | 451 |
| | | | 80 岁及以上 | 71 | 163 | 29 | 113 | 141 | 203 | 360 |
| | | 女 | 小计 | 6 181 | 208 | 43 | 117 | 185 | 281 | 450 |
| | | | 18 ~ 44 岁 | 2 635 | 219 | 45 | 120 | 201 | 299 | 465 |
| | | | 45 ~ 59 岁 | 2 160 | 214 | 46 | 120 | 189 | 285 | 469 |
| | | | 60 ~ 79 岁 | 1 319 | 169 | 34 | 90 | 146 | 220 | 390 |
| | | | 80 岁及以上 | 67 | 153 | 0 | 78 | 139 | 210 | 300 |
| | 城市 | 小计 | 小计 | 5 048 | 184 | 33 | 90 | 150 | 251 | 435 |
| | | | 18 ~ 44 岁 | 2 032 | 188 | 34 | 89 | 150 | 255 | 450 |
| | | | 45 ~ 59 岁 | 1 796 | 191 | 34 | 94 | 163 | 259 | 450 |
| | | | 60 ~ 79 岁 | 1 161 | 168 | 30 | 90 | 143 | 225 | 375 |
| | | | 80 岁及以上 | 59 | 129 | 0 | 62 | 120 | 193 | 345 |
| | | 男 | 小计 | 2 215 | 195 | 35 | 94 | 163 | 270 | 451 |
| | | | 18 ~ 44 岁 | 891 | 197 | 35 | 92 | 161 | 278 | 459 |
| | | | 45 ~ 59 岁 | 773 | 201 | 34 | 94 | 170 | 274 | 476 |
| | | | 60 ~ 79 岁 | 518 | 184 | 38 | 105 | 165 | 248 | 390 |
| | | | 80 岁及以上 | 33 | 150 | 19 | 62 | 135 | 195 | 385 |
| | | 女 | 小计 | 2 833 | 173 | 30 | 88 | 141 | 230 | 411 |
| | | | 18 ~ 44 岁 | 1 141 | 179 | 32 | 87 | 144 | 240 | 429 |
| | | | 45 ~ 59 岁 | 1 023 | 180 | 33 | 93 | 153 | 240 | 426 |
| | | | 60 ~ 79 岁 | 643 | 153 | 30 | 83 | 134 | 195 | 349 |
| | | | 80 岁及以上 | 26 | 107 | 0 | 60 | 90 | 135 | 255 |
| | 农村 | 小计 | 小计 | 6 206 | 251 | 69 | 153 | 231 | 334 | 486 |
| | | | 18 ~ 44 岁 | 2 671 | 259 | 81 | 171 | 242 | 339 | 495 |
| | | | 45 ~ 59 岁 | 2 127 | 260 | 75 | 156 | 240 | 358 | 495 |
| | | | 60 ~ 79 岁 | 1 329 | 213 | 49 | 120 | 189 | 294 | 465 |
| | | | 80 岁及以上 | 79 | 180 | 56 | 113 | 174 | 221 | 341 |
| | | 男 | 小计 | 2 858 | 264 | 75 | 171 | 248 | 354 | 495 |
| | | | 18 ~ 44 岁 | 1 177 | 268 | 81 | 182 | 253 | 346 | 501 |
| | | | 45 ~ 59 岁 | 990 | 273 | 83 | 176 | 253 | 375 | 510 |
| | | | 60 ~ 79 岁 | 653 | 241 | 60 | 135 | 221 | 336 | 480 |
| | | | 80 岁及以上 | 38 | 176 | 68 | 113 | 174 | 206 | 360 |
| | | 女 | 小计 | 3 348 | 236 | 61 | 141 | 215 | 315 | 480 |
| | | | 18 ~ 44 岁 | 1 494 | 249 | 84 | 163 | 227 | 330 | 480 |
| | | | 45 ~ 59 岁 | 1 137 | 244 | 60 | 146 | 223 | 330 | 495 |
| | | | 60 ~ 79 岁 | 676 | 185 | 43 | 104 | 161 | 240 | 420 |
| | | | 80 岁及以上 | 41 | 183 | 56 | 94 | 171 | 233 | 330 |
| 东北 | 城乡 | 小计 | 小计 | 10 168 | 182 | 23 | 79 | 150 | 255 | 444 |
| | | | 18 ~ 44 岁 | 3 985 | 186 | 23 | 80 | 152 | 270 | 451 |
| | | | 45 ~ 59 岁 | 3 896 | 187 | 26 | 86 | 158 | 270 | 429 |
| | | | 60 ~ 79 岁 | 2 163 | 160 | 18 | 75 | 133 | 212 | 405 |
| | | | 80 岁及以上 | 124 | 135 | 21 | 45 | 80 | 143 | 600 |

| 地区 | 城乡 | 性别 | 年龄 | *n* | 非交通出行室外活动时间 /（min/d） | | | | | |
|---|---|---|---|---|---|---|---|---|---|---|
| | | | | | Mean | P5 | P25 | P50 | P75 | P95 |
| 东北 | 城乡 | 男 | 小计 | 4 629 | 191 | 25 | 86 | 161 | 274 | 454 |
| | | | 18 ～ 44 岁 | 1 889 | 194 | 25 | 87 | 165 | 276 | 459 |
| | | | 45 ～ 59 岁 | 1 659 | 200 | 30 | 90 | 169 | 300 | 459 |
| | | | 60 ～ 79 岁 | 1 022 | 170 | 18 | 78 | 135 | 240 | 418 |
| | | | 80 岁及以上 | 59 | 103 | 14 | 43 | 83 | 131 | 270 |
| | | 女 | 小计 | 5 539 | 172 | 21 | 75 | 140 | 240 | 420 |
| | | | 18 ～ 44 岁 | 2 096 | 177 | 23 | 75 | 142 | 253 | 437 |
| | | | 45 ～ 59 岁 | 2 237 | 175 | 23 | 81 | 148 | 246 | 405 |
| | | | 60 ～ 79 岁 | 1 141 | 150 | 18 | 69 | 128 | 195 | 378 |
| | | | 80 岁及以上 | 65 | 163 | 23 | 53 | 73 | 185 | 600 |
| | 城市 | 小计 | 小计 | 4 351 | 128 | 15 | 60 | 101 | 173 | 343 |
| | | | 18 ～ 44 岁 | 1 658 | 123 | 13 | 56 | 95 | 163 | 345 |
| | | | 45 ～ 59 岁 | 1 730 | 135 | 17 | 60 | 111 | 180 | 345 |
| | | | 60 ～ 79 岁 | 909 | 133 | 13 | 63 | 117 | 180 | 330 |
| | | | 80 岁及以上 | 54 | 124 | 10 | 53 | 83 | 165 | 488 |
| | | 男 | 小计 | 1 910 | 135 | 16 | 60 | 105 | 184 | 360 |
| | | | 18 ～ 44 岁 | 767 | 129 | 15 | 60 | 99 | 180 | 360 |
| | | | 45 ～ 59 岁 | 729 | 141 | 18 | 61 | 116 | 193 | 364 |
| | | | 60 ～ 79 岁 | 395 | 146 | 13 | 68 | 120 | 203 | 360 |
| | | | 80 岁及以上 | 19 | 123 | 0 | 40 | 73 | 177 | 488 |
| | | 女 | 小计 | 2 441 | 122 | 14 | 60 | 98 | 159 | 330 |
| | | | 18 ～ 44 岁 | 891 | 117 | 11 | 52 | 88 | 150 | 343 |
| | | | 45 ～ 59 岁 | 1 001 | 129 | 16 | 60 | 105 | 167 | 330 |
| | | | 60 ～ 79 岁 | 514 | 122 | 15 | 60 | 105 | 163 | 300 |
| | | | 80 岁及以上 | 35 | 124 | 13 | 53 | 98 | 150 | 495 |
| | 农村 | 小计 | 小计 | 5 817 | 211 | 33 | 107 | 187 | 302 | 465 |
| | | | 18 ～ 44 岁 | 2 327 | 220 | 35 | 118 | 197 | 315 | 480 |
| | | | 45 ～ 59 岁 | 2 166 | 218 | 38 | 111 | 195 | 315 | 464 |
| | | | 60 ～ 79 岁 | 1 254 | 174 | 20 | 80 | 150 | 236 | 420 |
| | | | 80 岁及以上 | 70 | 140 | 28 | 43 | 80 | 135 | 600 |
| | | 男 | 小计 | 2 719 | 222 | 33 | 113 | 195 | 317 | 480 |
| | | | 18 ～ 44 岁 | 1 122 | 228 | 33 | 120 | 210 | 319 | 480 |
| | | | 45 ～ 59 岁 | 930 | 238 | 45 | 124 | 212 | 339 | 482 |
| | | | 60 ～ 79 岁 | 627 | 182 | 20 | 88 | 150 | 269 | 420 |
| | | | 80 岁及以上 | 40 | 97 | 25 | 43 | 88 | 129 | 215 |
| | | 女 | 小计 | 3 098 | 200 | 33 | 105 | 176 | 276 | 451 |
| | | | 18 ～ 44 岁 | 1 205 | 210 | 45 | 110 | 189 | 300 | 459 |
| | | | 45 ～ 59 岁 | 1 236 | 201 | 30 | 105 | 180 | 285 | 424 |
| | | | 60 ～ 79 岁 | 627 | 166 | 20 | 78 | 143 | 210 | 420 |
| | | | 80 岁及以上 | 30 | 184 | 28 | 38 | 60 | 225 | 600 |
| 西南 | 城乡 | 小计 | 小计 | 13 368 | 231 | 30 | 111 | 208 | 343 | 495 |
| | | | 18 ～ 44 岁 | 6 408 | 239 | 30 | 114 | 217 | 354 | 510 |
| | | | 45 ～ 59 岁 | 4 250 | 239 | 39 | 120 | 217 | 351 | 489 |
| | | | 60 ～ 79 岁 | 2 542 | 199 | 30 | 90 | 180 | 285 | 450 |
| | | | 80 岁及以上 | 168 | 154 | 18 | 56 | 135 | 212 | 407 |
| | | 男 | 小计 | 6 107 | 238 | 30 | 118 | 214 | 351 | 510 |
| | | | 18 ～ 44 岁 | 2 974 | 245 | 30 | 118 | 225 | 360 | 519 |
| | | | 45 ～ 59 岁 | 1 869 | 247 | 39 | 120 | 225 | 360 | 510 |
| | | | 60 ～ 79 岁 | 1 176 | 206 | 33 | 103 | 182 | 300 | 465 |
| | | | 80 岁及以上 | 88 | 161 | 28 | 75 | 150 | 236 | 390 |
| | | 女 | 小计 | 7 261 | 224 | 30 | 105 | 195 | 330 | 480 |
| | | | 18 ～ 44 岁 | 3 434 | 233 | 30 | 112 | 210 | 344 | 495 |
| | | | 45 ～ 59 岁 | 2 381 | 231 | 39 | 120 | 210 | 331 | 480 |
| | | | 60 ～ 79 岁 | 1 366 | 193 | 23 | 84 | 165 | 270 | 444 |
| | | | 80 岁及以上 | 80 | 145 | 0 | 53 | 116 | 180 | 450 |
| | 城市 | 小计 | 小计 | 4 770 | 217 | 30 | 98 | 182 | 315 | 488 |
| | | | 18 ～ 44 岁 | 2 244 | 218 | 30 | 101 | 189 | 312 | 495 |
| | | | 45 ～ 59 岁 | 1 547 | 224 | 33 | 94 | 184 | 345 | 484 |

| 地区 | 城乡 | 性别 | 年龄 | n | 非交通出行室外活动时间 /（min/d） | | | | | |
|---|---|---|---|---|---|---|---|---|---|---|
| | | | | | Mean | P5 | P25 | P50 | P75 | P95 |
| 西南 | 城市 | 小计 | 60 ～ 79 岁 | 904 | 209 | 31 | 99 | 180 | 300 | 461 |
| | | | 80 岁及以上 | 75 | 168 | 18 | 60 | 150 | 240 | 435 |
| | | 男 | 小计 | 2 130 | 221 | 30 | 99 | 189 | 330 | 495 |
| | | | 18 ～ 44 岁 | 1 022 | 225 | 30 | 105 | 195 | 330 | 510 |
| | | | 45 ～ 59 岁 | 664 | 225 | 32 | 90 | 182 | 358 | 501 |
| | | | 60 ～ 79 岁 | 407 | 202 | 31 | 75 | 169 | 300 | 480 |
| | | | 80 岁及以上 | 37 | 175 | 22 | 90 | 150 | 240 | 407 |
| | | 女 | 小计 | 2 640 | 214 | 30 | 98 | 180 | 306 | 480 |
| | | | 18 ～ 44 岁 | 1 222 | 210 | 30 | 96 | 180 | 296 | 489 |
| | | | 45 ～ 59 岁 | 883 | 224 | 33 | 99 | 191 | 343 | 480 |
| | | | 60 ～ 79 岁 | 497 | 216 | 31 | 118 | 182 | 300 | 450 |
| | | | 80 岁及以上 | 38 | 161 | 18 | 54 | 165 | 240 | 450 |
| | 农村 | 小计 | 小计 | 8 598 | 240 | 30 | 120 | 225 | 347 | 508 |
| | | | 18 ～ 44 岁 | 4 164 | 253 | 30 | 120 | 240 | 366 | 514 |
| | | | 45 ～ 59 岁 | 2 703 | 249 | 43 | 129 | 240 | 357 | 493 |
| | | | 60 ～ 79 岁 | 1 638 | 194 | 25 | 90 | 171 | 274 | 420 |
| | | | 80 岁及以上 | 93 | 142 | 0 | 48 | 120 | 195 | 390 |
| | | 男 | 小计 | 3 977 | 249 | 30 | 120 | 236 | 360 | 510 |
| | | | 18 ～ 44 岁 | 1 952 | 258 | 30 | 120 | 249 | 375 | 525 |
| | | | 45 ～ 59 岁 | 1 205 | 263 | 45 | 139 | 249 | 360 | 510 |
| | | | 60 ～ 79 岁 | 769 | 209 | 33 | 107 | 195 | 300 | 435 |
| | | | 80 岁及以上 | 51 | 151 | 28 | 60 | 150 | 212 | 390 |
| | | 女 | 小计 | 4 621 | 231 | 30 | 114 | 210 | 334 | 482 |
| | | | 18 ～ 44 岁 | 2 212 | 248 | 30 | 120 | 229 | 360 | 508 |
| | | | 45 ～ 59 岁 | 1 498 | 236 | 43 | 120 | 225 | 330 | 480 |
| | | | 60 ～ 79 岁 | 869 | 180 | 23 | 70 | 150 | 255 | 420 |
| | | | 80 岁及以上 | 42 | 130 | 0 | 35 | 105 | 180 | 480 |

## 附表 6-10　中国人群分片区、城乡、性别、年龄的春秋季非交通出行室外活动时间

| 地区 | 城乡 | 性别 | 年龄 | n | 春秋季非交通出行室外活动时间 /（min/d） | | | | | |
|---|---|---|---|---|---|---|---|---|---|---|
| | | | | | Mean | P5 | P25 | P50 | P75 | P95 |
| 合计 | 城乡 | 小计 | 小计 | 90 881 | 213 | 30 | 91 | 180 | 300 | 480 |
| | | | 18 ～ 44 岁 | 36 588 | 213 | 30 | 94 | 180 | 300 | 480 |
| | | | 45 ～ 59 岁 | 32 295 | 224 | 30 | 103 | 180 | 343 | 497 |
| | | | 60 ～ 79 岁 | 20 518 | 202 | 30 | 86 | 180 | 297 | 480 |
| | | | 80 岁及以上 | 1 480 | 147 | 0 | 60 | 120 | 193 | 420 |
| | | 男 | 小计 | 41 198 | 225 | 30 | 103 | 180 | 343 | 500 |
| | | | 18 ～ 44 岁 | 16 729 | 223 | 30 | 94 | 180 | 343 | 500 |
| | | | 45 ～ 59 岁 | 14 059 | 236 | 30 | 103 | 197 | 360 | 514 |
| | | | 60 ～ 79 岁 | 9 736 | 216 | 30 | 103 | 180 | 300 | 483 |
| | | | 80 岁及以上 | 674 | 161 | 12 | 60 | 120 | 240 | 411 |
| | | 女 | 小计 | 49 683 | 202 | 30 | 86 | 171 | 291 | 480 |
| | | | 18 ～ 44 岁 | 19 859 | 203 | 30 | 87 | 171 | 296 | 480 |
| | | | 45 ～ 59 岁 | 18 236 | 212 | 30 | 99 | 180 | 300 | 480 |
| | | | 60 ～ 79 岁 | 10 782 | 188 | 21 | 77 | 150 | 240 | 480 |
| | | | 80 岁及以上 | 806 | 137 | 0 | 51 | 120 | 180 | 420 |
| | 城市 | 小计 | 小计 | 41 694 | 178 | 20 | 60 | 129 | 240 | 480 |
| | | | 18 ～ 44 岁 | 16 593 | 177 | 20 | 69 | 129 | 240 | 480 |
| | | | 45 ～ 59 岁 | 14 699 | 186 | 21 | 60 | 137 | 249 | 480 |
| | | | 60 ～ 79 岁 | 9 659 | 171 | 20 | 60 | 120 | 240 | 480 |
| | | | 80 岁及以上 | 743 | 139 | 7 | 50 | 120 | 180 | 411 |
| | | 男 | 小计 | 18 393 | 187 | 20 | 69 | 137 | 257 | 480 |

| 地区 | 城乡 | 性别 | 年龄 | n | 春秋季非交通出行室外活动时间 /（min/d） | | | | | |
|---|---|---|---|---|---|---|---|---|---|---|
| | | | | | Mean | P5 | P25 | P50 | P75 | P95 |
| 合计 | 城市 | 男 | 18～44岁 | 7 512 | 186 | 20 | 76 | 137 | 257 | 480 |
| | | | 45～59岁 | 6 247 | 194 | 23 | 69 | 146 | 291 | 480 |
| | | | 60～79岁 | 4 312 | 179 | 20 | 60 | 129 | 240 | 480 |
| | | | 80岁及以上 | 322 | 155 | 10 | 60 | 120 | 240 | 420 |
| | | 女 | 小计 | 23 301 | 169 | 20 | 60 | 120 | 240 | 480 |
| | | | 18～44岁 | 9 081 | 167 | 17 | 60 | 120 | 231 | 480 |
| | | | 45～59岁 | 8 452 | 178 | 21 | 60 | 129 | 240 | 480 |
| | | | 60～79岁 | 5 347 | 162 | 20 | 60 | 120 | 240 | 429 |
| | | | 80岁及以上 | 421 | 126 | 0 | 40 | 86 | 180 | 360 |
| | 农村 | 小计 | 小计 | 49 187 | 241 | 34 | 120 | 210 | 360 | 500 |
| | | | 18～44岁 | 19 995 | 241 | 39 | 120 | 210 | 360 | 510 |
| | | | 45～59岁 | 17 596 | 254 | 43 | 120 | 240 | 360 | 523 |
| | | | 60～79岁 | 10 859 | 226 | 30 | 120 | 180 | 326 | 497 |
| | | | 80岁及以上 | 737 | 155 | 0 | 60 | 120 | 206 | 420 |
| | | 男 | 小计 | 22 805 | 253 | 40 | 120 | 240 | 360 | 531 |
| | | | 18～44岁 | 9 217 | 251 | 40 | 120 | 226 | 360 | 531 |
| | | | 45～59岁 | 7 812 | 270 | 43 | 120 | 240 | 390 | 540 |
| | | | 60～79岁 | 5 424 | 243 | 34 | 120 | 214 | 360 | 500 |
| | | | 80岁及以上 | 352 | 165 | 30 | 60 | 120 | 240 | 360 |
| | | 女 | 小计 | 26 382 | 228 | 30 | 120 | 189 | 326 | 490 |
| | | | 18～44岁 | 10 778 | 231 | 39 | 120 | 191 | 343 | 490 |
| | | | 45～59岁 | 9 784 | 238 | 39 | 120 | 214 | 351 | 500 |
| | | | 60～79岁 | 5 435 | 209 | 30 | 103 | 180 | 300 | 480 |
| | | | 80岁及以上 | 385 | 146 | 0 | 60 | 120 | 183 | 480 |
| 华北 | 城乡 | 小计 | 小计 | 18 049 | 228 | 34 | 120 | 180 | 351 | 500 |
| | | | 18～44岁 | 6 465 | 229 | 41 | 120 | 180 | 351 | 500 |
| | | | 45～59岁 | 6 809 | 235 | 39 | 120 | 180 | 360 | 500 |
| | | | 60～79岁 | 4 491 | 221 | 30 | 111 | 180 | 317 | 500 |
| | | | 80岁及以上 | 284 | 143 | 9 | 60 | 120 | 180 | 480 |
| | | 男 | 小计 | 7 979 | 240 | 39 | 120 | 180 | 360 | 514 |
| | | | 18～44岁 | 2 909 | 238 | 43 | 120 | 180 | 360 | 514 |
| | | | 45～59岁 | 2 813 | 250 | 40 | 120 | 206 | 360 | 540 |
| | | | 60～79岁 | 2 112 | 239 | 30 | 120 | 189 | 360 | 500 |
| | | | 80岁及以上 | 145 | 153 | 10 | 60 | 120 | 189 | 480 |
| | | 女 | 小计 | 10 070 | 216 | 34 | 120 | 180 | 300 | 497 |
| | | | 18～44岁 | 3 556 | 221 | 39 | 120 | 180 | 300 | 497 |
| | | | 45～59岁 | 3 996 | 221 | 34 | 120 | 180 | 300 | 490 |
| | | | 60～79岁 | 2 379 | 203 | 30 | 99 | 180 | 280 | 500 |
| | | | 80岁及以上 | 139 | 133 | 0 | 60 | 120 | 180 | 480 |
| | 城市 | 小计 | 小计 | 7 779 | 182 | 26 | 70 | 130 | 240 | 480 |
| | | | 18～44岁 | 2 767 | 187 | 30 | 77 | 137 | 240 | 480 |
| | | | 45～59岁 | 2 774 | 189 | 30 | 77 | 137 | 240 | 480 |
| | | | 60～79岁 | 2 082 | 166 | 20 | 60 | 120 | 240 | 480 |
| | | | 80岁及以上 | 156 | 115 | 9 | 30 | 60 | 150 | 360 |
| | | 男 | 小计 | 3 382 | 191 | 27 | 69 | 137 | 257 | 490 |
| | | | 18～44岁 | 1 224 | 194 | 30 | 77 | 137 | 253 | 500 |
| | | | 45～59岁 | 1 155 | 204 | 30 | 80 | 150 | 300 | 500 |
| | | | 60～79岁 | 920 | 174 | 20 | 60 | 120 | 240 | 480 |
| | | | 80岁及以上 | 83 | 121 | 9 | 30 | 60 | 180 | 360 |
| | | 女 | 小计 | 4 397 | 172 | 23 | 70 | 129 | 240 | 480 |
| | | | 18～44岁 | 1 543 | 179 | 23 | 77 | 137 | 240 | 480 |
| | | | 45～59岁 | 1 619 | 174 | 26 | 60 | 129 | 240 | 480 |
| | | | 60～79岁 | 1 162 | 158 | 23 | 60 | 120 | 210 | 449 |
| | | | 80岁及以上 | 73 | 108 | 0 | 30 | 60 | 137 | 360 |
| | 农村 | 小计 | 小计 | 10 270 | 259 | 60 | 120 | 231 | 360 | 514 |
| | | | 18～44岁 | 3 698 | 258 | 60 | 120 | 223 | 360 | 500 |
| | | | 45～59岁 | 4 035 | 264 | 60 | 120 | 240 | 360 | 540 |
| | | | 60～79岁 | 2 409 | 258 | 60 | 120 | 240 | 360 | 500 |

| 地区 | 城乡 | 性别 | 年龄 | $n$ | 春秋季非交通出行室外活动时间 /（min/d） | | | | | |
|---|---|---|---|---|---|---|---|---|---|---|
| | | | | | Mean | P5 | P25 | P50 | P75 | P95 |
| 华北 | 农村 | 小计 | 80 岁及以上 | 128 | 169 | 35 | 77 | 120 | 197 | 480 |
| | | 男 | 小计 | 4 597 | 273 | 60 | 120 | 240 | 420 | 540 |
| | | | 18 ～ 44 岁 | 1 685 | 267 | 60 | 120 | 231 | 403 | 540 |
| | | | 45 ～ 59 岁 | 1 658 | 283 | 60 | 120 | 240 | 420 | 600 |
| | | | 60 ～ 79 岁 | 1 192 | 280 | 60 | 120 | 249 | 420 | 500 |
| | | | 80 岁及以上 | 62 | 192 | 60 | 120 | 120 | 206 | 500 |
| | | 女 | 小计 | 5 673 | 245 | 60 | 120 | 206 | 360 | 500 |
| | | | 18 ～ 44 岁 | 2 013 | 249 | 60 | 120 | 214 | 360 | 500 |
| | | | 45 ～ 59 岁 | 2 377 | 249 | 60 | 120 | 223 | 360 | 500 |
| | | | 60 ～ 79 岁 | 1 217 | 234 | 49 | 120 | 180 | 360 | 500 |
| | | | 80 岁及以上 | 66 | 152 | 0 | 60 | 120 | 180 | 480 |
| 华东 | 城乡 | 小计 | 小计 | 22 916 | 185 | 17 | 60 | 133 | 267 | 480 |
| | | | 18 ～ 44 岁 | 8 523 | 176 | 17 | 60 | 120 | 240 | 480 |
| | | | 45 ～ 59 岁 | 8 051 | 203 | 20 | 63 | 163 | 309 | 480 |
| | | | 60 ～ 79 岁 | 5 824 | 190 | 17 | 60 | 146 | 274 | 480 |
| | | | 80 岁及以上 | 518 | 142 | 0 | 43 | 120 | 214 | 360 |
| | | 男 | 小计 | 10 412 | 200 | 20 | 73 | 146 | 300 | 480 |
| | | | 18 ～ 44 岁 | 3 787 | 188 | 18 | 69 | 137 | 274 | 480 |
| | | | 45 ～ 59 岁 | 3 622 | 218 | 20 | 77 | 180 | 360 | 510 |
| | | | 60 ～ 79 岁 | 2 798 | 206 | 20 | 86 | 180 | 300 | 480 |
| | | | 80 岁及以上 | 205 | 169 | 7 | 69 | 129 | 240 | 360 |
| | | 女 | 小计 | 12 504 | 171 | 17 | 60 | 120 | 240 | 480 |
| | | | 18 ～ 44 岁 | 4 736 | 164 | 17 | 60 | 120 | 224 | 463 |
| | | | 45 ～ 59 岁 | 4 429 | 186 | 17 | 60 | 137 | 279 | 480 |
| | | | 60 ～ 79 岁 | 3 026 | 174 | 17 | 60 | 120 | 240 | 471 |
| | | | 80 岁及以上 | 313 | 128 | 0 | 30 | 86 | 180 | 360 |
| | 城市 | 小计 | 小计 | 12 447 | 155 | 17 | 60 | 120 | 206 | 443 |
| | | | 18 ～ 44 岁 | 4 756 | 149 | 17 | 60 | 120 | 189 | 429 |
| | | | 45 ～ 59 岁 | 4 279 | 165 | 17 | 60 | 120 | 240 | 480 |
| | | | 60 ～ 79 岁 | 3 141 | 157 | 14 | 60 | 120 | 240 | 420 |
| | | | 80 岁及以上 | 271 | 132 | 0 | 34 | 103 | 180 | 360 |
| | | 男 | 小计 | 5 479 | 166 | 17 | 60 | 120 | 240 | 463 |
| | | | 18 ～ 44 岁 | 2 102 | 160 | 17 | 60 | 120 | 223 | 446 |
| | | | 45 ～ 59 岁 | 1 871 | 176 | 17 | 60 | 120 | 257 | 480 |
| | | | 60 ～ 79 岁 | 1 404 | 168 | 15 | 60 | 120 | 240 | 463 |
| | | | 80 岁及以上 | 102 | 156 | 7 | 69 | 120 | 240 | 394 |
| | | 女 | 小计 | 6 968 | 143 | 14 | 60 | 120 | 180 | 411 |
| | | | 18 ～ 44 岁 | 2 654 | 139 | 14 | 60 | 111 | 180 | 386 |
| | | | 45 ～ 59 岁 | 2 408 | 154 | 17 | 60 | 120 | 206 | 463 |
| | | | 60 ～ 79 岁 | 1 737 | 147 | 11 | 60 | 120 | 197 | 411 |
| | | | 80 岁及以上 | 169 | 119 | 0 | 30 | 60 | 180 | 360 |
| | 农村 | 小计 | 小计 | 10 469 | 218 | 21 | 90 | 180 | 334 | 480 |
| | | | 18 ～ 44 岁 | 3 767 | 205 | 30 | 86 | 163 | 300 | 480 |
| | | | 45 ～ 59 岁 | 3 772 | 242 | 23 | 120 | 214 | 360 | 514 |
| | | | 60 ～ 79 岁 | 2 683 | 224 | 21 | 103 | 180 | 334 | 480 |
| | | | 80 岁及以上 | 247 | 152 | 0 | 60 | 120 | 240 | 360 |
| | | 男 | 小计 | 4 933 | 234 | 30 | 103 | 189 | 360 | 510 |
| | | | 18 ～ 44 岁 | 1 685 | 217 | 30 | 86 | 180 | 343 | 480 |
| | | | 45 ～ 59 岁 | 1 751 | 262 | 27 | 120 | 240 | 394 | 540 |
| | | | 60 ～ 79 岁 | 1 394 | 241 | 30 | 120 | 223 | 360 | 514 |
| | | | 80 岁及以上 | 103 | 181 | 0 | 69 | 180 | 300 | 360 |
| | | 女 | 小计 | 5 536 | 201 | 21 | 86 | 171 | 300 | 480 |
| | | | 18 ～ 44 岁 | 2 082 | 193 | 23 | 81 | 147 | 283 | 480 |
| | | | 45 ～ 59 岁 | 2 021 | 221 | 21 | 94 | 180 | 343 | 480 |
| | | | 60 ～ 79 岁 | 1 289 | 204 | 17 | 86 | 180 | 300 | 480 |
| | | | 80 岁及以上 | 144 | 136 | 0 | 43 | 120 | 206 | 360 |
| 华南 | 城乡 | 小计 | 小计 | 15 122 | 223 | 33 | 120 | 189 | 300 | 480 |
| | | | 18 ～ 44 岁 | 6 504 | 224 | 34 | 120 | 189 | 309 | 480 |

| 地区 | 城乡 | 性别 | 年龄 | n | 春秋季非交通出行室外活动时间 /（min/d） | | | | | |
|---|---|---|---|---|---|---|---|---|---|---|
| | | | | | Mean | P5 | P25 | P50 | P75 | P95 |
| 华南 | 城乡 | 小计 | 45 ～ 59 岁 | 5 364 | 232 | 34 | 120 | 206 | 326 | 490 |
| | | | 60 ～ 79 岁 | 3 007 | 212 | 30 | 120 | 180 | 288 | 480 |
| | | | 80 岁及以上 | 247 | 155 | 20 | 60 | 120 | 180 | 450 |
| | | 男 | 小计 | 6 996 | 233 | 34 | 120 | 206 | 343 | 480 |
| | | | 18 ～ 44 岁 | 3 102 | 235 | 34 | 120 | 210 | 343 | 480 |
| | | | 45 ～ 59 岁 | 2 332 | 240 | 34 | 120 | 214 | 360 | 497 |
| | | | 60 ～ 79 岁 | 1 456 | 219 | 34 | 120 | 180 | 300 | 480 |
| | | | 80 岁及以上 | 106 | 170 | 10 | 60 | 120 | 250 | 480 |
| | | 女 | 小计 | 8 126 | 213 | 30 | 120 | 180 | 300 | 480 |
| | | | 18 ～ 44 岁 | 3 402 | 212 | 30 | 120 | 180 | 300 | 480 |
| | | | 45 ～ 59 岁 | 3 032 | 224 | 34 | 120 | 180 | 300 | 486 |
| | | | 60 ～ 79 岁 | 1 551 | 205 | 30 | 103 | 180 | 274 | 480 |
| | | | 80 岁及以上 | 141 | 142 | 30 | 60 | 120 | 180 | 450 |
| | 城市 | 小计 | 小计 | 7 298 | 199 | 30 | 86 | 171 | 257 | 480 |
| | | | 18 ～ 44 岁 | 3 136 | 200 | 30 | 86 | 163 | 274 | 480 |
| | | | 45 ～ 59 岁 | 2 572 | 207 | 30 | 94 | 180 | 270 | 489 |
| | | | 60 ～ 79 岁 | 1 462 | 185 | 30 | 86 | 171 | 240 | 480 |
| | | | 80 岁及以上 | 128 | 158 | 17 | 60 | 120 | 206 | 450 |
| | | 男 | 小计 | 3 276 | 207 | 30 | 90 | 180 | 291 | 480 |
| | | | 18 ～ 44 岁 | 1 506 | 210 | 30 | 90 | 180 | 300 | 480 |
| | | | 45 ～ 59 岁 | 1 054 | 211 | 30 | 94 | 180 | 300 | 480 |
| | | | 60 ～ 79 岁 | 668 | 194 | 30 | 90 | 180 | 240 | 480 |
| | | | 80 岁及以上 | 48 | 185 | 10 | 60 | 120 | 300 | 480 |
| | | 女 | 小计 | 4 022 | 191 | 30 | 86 | 154 | 240 | 480 |
| | | | 18 ～ 44 岁 | 1 630 | 190 | 24 | 86 | 154 | 240 | 480 |
| | | | 45 ～ 59 岁 | 1 518 | 203 | 30 | 103 | 180 | 244 | 493 |
| | | | 60 ～ 79 岁 | 794 | 176 | 26 | 69 | 137 | 240 | 480 |
| | | | 80 岁及以上 | 80 | 140 | 30 | 60 | 120 | 180 | 450 |
| | 农村 | 小计 | 小计 | 7 824 | 241 | 43 | 120 | 214 | 343 | 480 |
| | | | 18 ～ 44 岁 | 3 368 | 240 | 43 | 120 | 214 | 343 | 480 |
| | | | 45 ～ 59 岁 | 2 792 | 252 | 43 | 129 | 240 | 360 | 497 |
| | | | 60 ～ 79 岁 | 1 545 | 233 | 43 | 120 | 206 | 303 | 480 |
| | | | 80 岁及以上 | 119 | 151 | 30 | 60 | 120 | 180 | 360 |
| | | 男 | 小计 | 3 720 | 251 | 43 | 129 | 240 | 360 | 489 |
| | | | 18 ～ 44 岁 | 1 596 | 252 | 43 | 129 | 240 | 360 | 480 |
| | | | 45 ～ 59 岁 | 1 278 | 261 | 43 | 137 | 240 | 360 | 510 |
| | | | 60 ～ 79 岁 | 788 | 237 | 51 | 137 | 210 | 326 | 480 |
| | | | 80 岁及以上 | 58 | 157 | 20 | 60 | 120 | 240 | 360 |
| | | 女 | 小计 | 4 104 | 230 | 39 | 120 | 206 | 300 | 480 |
| | | | 18 ～ 44 岁 | 1 772 | 226 | 34 | 120 | 193 | 300 | 480 |
| | | | 45 ～ 59 岁 | 1 514 | 243 | 49 | 129 | 223 | 317 | 480 |
| | | | 60 ～ 79 岁 | 757 | 229 | 30 | 120 | 189 | 300 | 480 |
| | | | 80 岁及以上 | 61 | 145 | 30 | 69 | 129 | 180 | 360 |
| 西北 | 城乡 | 小计 | 小计 | 11 255 | 227 | 40 | 120 | 200 | 317 | 480 |
| | | | 18 ～ 44 岁 | 4 703 | 235 | 43 | 120 | 206 | 330 | 480 |
| | | | 45 ～ 59 岁 | 3 924 | 235 | 40 | 120 | 206 | 343 | 480 |
| | | | 60 ～ 79 岁 | 2 490 | 198 | 30 | 99 | 176 | 257 | 480 |
| | | | 80 岁及以上 | 138 | 159 | 0 | 86 | 120 | 214 | 360 |
| | | 男 | 小计 | 5 074 | 240 | 43 | 120 | 214 | 344 | 480 |
| | | | 18 ～ 44 岁 | 2 068 | 244 | 46 | 120 | 223 | 343 | 510 |
| | | | 45 ～ 59 岁 | 1 764 | 247 | 43 | 120 | 223 | 360 | 506 |
| | | | 60 ～ 79 岁 | 1 171 | 222 | 39 | 120 | 189 | 309 | 480 |
| | | | 80 岁及以上 | 71 | 166 | 29 | 107 | 131 | 223 | 440 |
| | | 女 | 小计 | 6 181 | 214 | 34 | 120 | 180 | 300 | 480 |
| | | | 18 ～ 44 岁 | 2 635 | 226 | 42 | 120 | 201 | 304 | 480 |
| | | | 45 ～ 59 岁 | 2 160 | 221 | 39 | 120 | 180 | 303 | 480 |
| | | | 60 ～ 79 岁 | 1 319 | 174 | 30 | 81 | 120 | 240 | 459 |
| | | | 80 岁及以上 | 67 | 154 | 0 | 64 | 120 | 214 | 330 |

| 地区 | 城乡 | 性别 | 年龄 | n | 春秋季非交通出行室外活动时间 /（min/d） | | | | | |
|---|---|---|---|---|---|---|---|---|---|---|
| | | | | | Mean | P5 | P25 | P50 | P75 | P95 |
| 西北 | 城市 | 小计 | 小计 | 5 049 | 186 | 30 | 79 | 141 | 240 | 480 |
| | | | 18 ～ 44 岁 | 2 032 | 189 | 30 | 77 | 146 | 253 | 480 |
| | | | 45 ～ 59 岁 | 1 797 | 193 | 30 | 86 | 154 | 271 | 480 |
| | | | 60 ～ 79 岁 | 1 161 | 171 | 30 | 77 | 120 | 240 | 420 |
| | | | 80 岁及以上 | 59 | 129 | 0 | 60 | 120 | 180 | 330 |
| | | 男 | 小计 | 2 216 | 197 | 30 | 86 | 163 | 274 | 480 |
| | | | 18 ～ 44 岁 | 891 | 197 | 33 | 86 | 154 | 274 | 480 |
| | | | 45 ～ 59 岁 | 774 | 203 | 30 | 81 | 171 | 291 | 480 |
| | | | 60 ～ 79 岁 | 518 | 187 | 30 | 90 | 171 | 240 | 420 |
| | | | 80 岁及以上 | 33 | 154 | 15 | 60 | 120 | 180 | 480 |
| | | 女 | 小计 | 2 833 | 175 | 30 | 77 | 129 | 240 | 459 |
| | | | 18 ～ 44 岁 | 1 141 | 180 | 30 | 77 | 137 | 240 | 480 |
| | | | 45 ～ 59 岁 | 1 023 | 183 | 30 | 86 | 140 | 240 | 480 |
| | | | 60 ～ 79 岁 | 643 | 156 | 30 | 60 | 120 | 214 | 360 |
| | | | 80 岁及以上 | 26 | 103 | 0 | 60 | 120 | 120 | 240 |
| | 农村 | 小计 | 小计 | 6 206 | 260 | 60 | 146 | 240 | 360 | 540 |
| | | | 18 ～ 44 岁 | 2 671 | 268 | 60 | 171 | 240 | 360 | 540 |
| | | | 45 ～ 59 岁 | 2 127 | 269 | 60 | 150 | 240 | 360 | 540 |
| | | | 60 ～ 79 岁 | 1 329 | 222 | 43 | 120 | 180 | 309 | 480 |
| | | | 80 岁及以上 | 79 | 182 | 60 | 120 | 171 | 240 | 360 |
| | | 男 | 小计 | 2 858 | 273 | 60 | 163 | 240 | 360 | 540 |
| | | | 18 ～ 44 岁 | 1 177 | 276 | 60 | 180 | 240 | 360 | 540 |
| | | | 45 ～ 59 岁 | 990 | 282 | 60 | 163 | 240 | 386 | 540 |
| | | | 60 ～ 79 岁 | 653 | 252 | 60 | 120 | 223 | 360 | 480 |
| | | | 80 岁及以上 | 38 | 177 | 60 | 120 | 140 | 240 | 360 |
| | | 女 | 小计 | 3 348 | 246 | 60 | 129 | 223 | 357 | 540 |
| | | | 18 ～ 44 岁 | 1 494 | 259 | 60 | 163 | 240 | 360 | 540 |
| | | | 45 ～ 59 岁 | 1 137 | 255 | 60 | 133 | 240 | 360 | 540 |
| | | | 60 ～ 79 岁 | 676 | 190 | 34 | 90 | 163 | 240 | 480 |
| | | | 80 岁及以上 | 41 | 186 | 60 | 120 | 177 | 240 | 360 |
| 东北 | 城乡 | 小计 | 小计 | 10 168 | 202 | 21 | 64 | 154 | 300 | 480 |
| | | | 18 ～ 44 岁 | 3 985 | 207 | 23 | 77 | 171 | 300 | 480 |
| | | | 45 ～ 59 岁 | 3 896 | 210 | 24 | 77 | 180 | 300 | 480 |
| | | | 60 ～ 79 岁 | 2 163 | 175 | 17 | 60 | 120 | 240 | 480 |
| | | | 80 岁及以上 | 124 | 134 | 20 | 40 | 60 | 129 | 570 |
| | | 男 | 小计 | 4 629 | 212 | 26 | 77 | 180 | 326 | 497 |
| | | | 18 ～ 44 岁 | 1 889 | 214 | 27 | 77 | 180 | 326 | 497 |
| | | | 45 ～ 59 岁 | 1 659 | 224 | 30 | 77 | 180 | 360 | 514 |
| | | | 60 ～ 79 岁 | 1 022 | 190 | 17 | 60 | 120 | 274 | 480 |
| | | | 80 岁及以上 | 59 | 106 | 17 | 39 | 60 | 120 | 360 |
| | | 女 | 小计 | 5 539 | 192 | 20 | 60 | 137 | 266 | 480 |
| | | | 18 ～ 44 岁 | 2 096 | 199 | 21 | 69 | 146 | 300 | 480 |
| | | | 45 ～ 59 岁 | 2 237 | 197 | 20 | 64 | 154 | 291 | 480 |
| | | | 60 ～ 79 岁 | 1 141 | 161 | 17 | 60 | 120 | 214 | 480 |
| | | | 80 岁及以上 | 65 | 159 | 23 | 40 | 60 | 180 | 570 |
| | 城市 | 小计 | 小计 | 4 351 | 138 | 14 | 60 | 103 | 180 | 377 |
| | | | 18 ～ 44 岁 | 1 658 | 133 | 10 | 60 | 94 | 180 | 364 |
| | | | 45 ～ 59 岁 | 1 730 | 145 | 17 | 60 | 120 | 197 | 403 |
| | | | 60 ～ 79 岁 | 909 | 142 | 10 | 60 | 120 | 180 | 377 |
| | | | 80 岁及以上 | 54 | 129 | 10 | 30 | 60 | 146 | 620 |
| | | 男 | 小计 | 1 910 | 145 | 14 | 60 | 110 | 189 | 420 |
| | | | 18 ～ 44 岁 | 767 | 139 | 11 | 60 | 103 | 180 | 390 |
| | | | 45 ～ 59 岁 | 729 | 150 | 17 | 60 | 120 | 214 | 420 |
| | | | 60 ～ 79 岁 | 395 | 157 | 9 | 60 | 120 | 223 | 420 |
| | | | 80 岁及以上 | 19 | 132 | 0 | 39 | 60 | 146 | 620 |
| | | 女 | 小计 | 2 441 | 131 | 14 | 60 | 99 | 180 | 364 |
| | | | 18 ～ 44 岁 | 891 | 127 | 10 | 56 | 90 | 171 | 364 |
| | | | 45 ～ 59 岁 | 1 001 | 139 | 15 | 60 | 120 | 189 | 364 |

| 地区 | 城乡 | 性别 | 年龄 | n | 春秋季非交通出行室外活动时间 /（min/d） | | | | | |
|---|---|---|---|---|---|---|---|---|---|---|
| | | | | | Mean | P5 | P25 | P50 | P75 | P95 |
| 东北 | 城市 | 女 | 60～79 岁 | 514 | 128 | 10 | 60 | 120 | 180 | 334 |
| | | | 80 岁及以上 | 35 | 127 | 10 | 30 | 86 | 120 | 630 |
| | 农村 | 小计 | 小计 | 5 817 | 237 | 30 | 120 | 189 | 360 | 549 |
| | | | 18～44 岁 | 2 327 | 247 | 34 | 120 | 223 | 360 | 600 |
| | | | 45～59 岁 | 2 166 | 249 | 34 | 120 | 214 | 360 | 570 |
| | | | 60～79 岁 | 1 254 | 193 | 20 | 60 | 129 | 257 | 480 |
| | | | 80 岁及以上 | 70 | 136 | 30 | 40 | 60 | 120 | 570 |
| | | 男 | 小计 | 2 719 | 249 | 30 | 120 | 211 | 360 | 600 |
| | | | 18～44 岁 | 1 122 | 255 | 30 | 120 | 240 | 360 | 600 |
| | | | 45～59 岁 | 930 | 270 | 43 | 120 | 240 | 420 | 600 |
| | | | 60～79 岁 | 627 | 206 | 20 | 60 | 133 | 300 | 480 |
| | | | 80 岁及以上 | 40 | 97 | 30 | 34 | 60 | 120 | 223 |
| | | 女 | 小计 | 3 098 | 225 | 30 | 103 | 180 | 343 | 510 |
| | | | 18～44 岁 | 1 205 | 238 | 40 | 120 | 206 | 360 | 540 |
| | | | 45～59 岁 | 1 236 | 230 | 30 | 120 | 189 | 360 | 500 |
| | | | 60～79 岁 | 627 | 179 | 20 | 60 | 129 | 240 | 510 |
| | | | 80 岁及以上 | 30 | 176 | 30 | 40 | 60 | 180 | 570 |
| 西南 | 城乡 | 小计 | 小计 | 13 371 | 236 | 30 | 120 | 214 | 360 | 506 |
| | | | 18～44 岁 | 6 408 | 244 | 34 | 120 | 223 | 360 | 523 |
| | | | 45～59 岁 | 4 251 | 245 | 39 | 120 | 240 | 360 | 490 |
| | | | 60～79 岁 | 2 543 | 203 | 30 | 86 | 180 | 300 | 480 |
| | | | 80 岁及以上 | 169 | 157 | 20 | 60 | 120 | 240 | 411 |
| | | 男 | 小计 | 6 108 | 242 | 34 | 120 | 223 | 360 | 514 |
| | | | 18～44 岁 | 2 974 | 249 | 34 | 120 | 231 | 360 | 540 |
| | | | 45～59 岁 | 1 869 | 253 | 39 | 120 | 240 | 360 | 514 |
| | | | 60～79 岁 | 1 177 | 211 | 30 | 103 | 180 | 300 | 480 |
| | | | 80 岁及以上 | 88 | 167 | 30 | 60 | 137 | 240 | 411 |
| | | 女 | 小计 | 7 263 | 230 | 30 | 120 | 197 | 351 | 480 |
| | | | 18～44 岁 | 3 434 | 239 | 34 | 120 | 214 | 360 | 514 |
| | | | 45～59 岁 | 2 382 | 238 | 39 | 120 | 223 | 360 | 480 |
| | | | 60～79 岁 | 1 366 | 196 | 23 | 77 | 171 | 266 | 480 |
| | | | 80 岁及以上 | 81 | 146 | 0 | 43 | 120 | 180 | 480 |
| | 城市 | 小计 | 小计 | 4 770 | 220 | 30 | 94 | 180 | 320 | 480 |
| | | | 18～44 岁 | 2 244 | 221 | 30 | 103 | 183 | 309 | 480 |
| | | | 45～59 岁 | 1 547 | 228 | 34 | 94 | 180 | 360 | 480 |
| | | | 60～79 岁 | 904 | 212 | 30 | 90 | 180 | 300 | 480 |
| | | | 80 岁及以上 | 75 | 171 | 20 | 60 | 150 | 240 | 480 |
| | | 男 | 小计 | 2 130 | 223 | 30 | 94 | 180 | 343 | 489 |
| | | | 18～44 岁 | 1 022 | 228 | 30 | 111 | 189 | 343 | 506 |
| | | | 45～59 岁 | 664 | 227 | 34 | 88 | 180 | 360 | 510 |
| | | | 60～79 岁 | 407 | 206 | 30 | 69 | 180 | 300 | 480 |
| | | | 80 岁及以上 | 37 | 181 | 21 | 90 | 150 | 240 | 411 |
| | | 女 | 小计 | 2 640 | 217 | 30 | 94 | 180 | 300 | 480 |
| | | | 18～44 岁 | 1 222 | 213 | 30 | 94 | 180 | 300 | 480 |
| | | | 45～59 岁 | 883 | 229 | 34 | 103 | 180 | 360 | 480 |
| | | | 60～79 岁 | 497 | 218 | 30 | 120 | 180 | 300 | 480 |
| | | | 80 岁及以上 | 38 | 162 | 20 | 60 | 171 | 240 | 480 |
| | 农村 | 小计 | 小计 | 8 601 | 246 | 34 | 120 | 240 | 360 | 514 |
| | | | 18～44 岁 | 4 164 | 260 | 40 | 120 | 240 | 377 | 540 |
| | | | 45～59 岁 | 2 704 | 258 | 43 | 120 | 240 | 360 | 510 |
| | | | 60～79 岁 | 1 639 | 198 | 27 | 86 | 180 | 274 | 480 |
| | | | 80 岁及以上 | 94 | 145 | 0 | 47 | 120 | 214 | 390 |
| | | 男 | 小计 | 3 978 | 255 | 39 | 120 | 240 | 360 | 540 |
| | | | 18～44 岁 | 1 952 | 263 | 39 | 120 | 249 | 381 | 549 |
| | | | 45～59 岁 | 1 205 | 272 | 51 | 130 | 257 | 377 | 514 |
| | | | 60～79 岁 | 770 | 214 | 34 | 120 | 180 | 300 | 480 |
| | | | 80 岁及以上 | 51 | 156 | 30 | 60 | 137 | 214 | 360 |
| | | 女 | 小计 | 4 623 | 238 | 30 | 120 | 223 | 360 | 506 |

| 地区 | 城乡 | 性别 | 年龄 | n | 春秋季非交通出行室外活动时间 /（min/d） | | | | | |
|---|---|---|---|---|---|---|---|---|---|---|
| | | | | | Mean | P5 | P25 | P50 | P75 | P95 |
| 西南 | 农村 | 女 | 18 ～ 44 岁 | 2 212 | 256 | 40 | 120 | 240 | 369 | 531 |
| | | | 45 ～ 59 岁 | 1 499 | 243 | 40 | 120 | 240 | 360 | 493 |
| | | | 60 ～ 79 岁 | 869 | 184 | 20 | 60 | 163 | 240 | 480 |
| | | | 80 岁及以上 | 43 | 131 | 0 | 30 | 103 | 180 | 480 |

## 附表 6-11　中国人群分片区、城乡、性别、年龄的夏季非交通出行室外活动时间

| 地区 | 城乡 | 性别 | 年龄 | n | 夏季非交通出行室外活动时间 /（min/d） | | | | | |
|---|---|---|---|---|---|---|---|---|---|---|
| | | | | | Mean | P5 | P25 | P50 | P75 | P95 |
| 合计 | 城乡 | 小计 | 小计 | 90 877 | 250 | 30 | 120 | 221 | 360 | 600 |
| | | | 18 ～ 44 岁 | 36 589 | 249 | 30 | 120 | 214 | 360 | 581 |
| | | | 45 ～ 59 岁 | 32 291 | 263 | 30 | 120 | 240 | 377 | 600 |
| | | | 60 ～ 79 岁 | 20 515 | 241 | 30 | 120 | 206 | 360 | 540 |
| | | | 80 岁及以上 | 1 482 | 177 | 0 | 60 | 120 | 240 | 480 |
| | | 男 | 小计 | 41 200 | 262 | 30 | 120 | 240 | 377 | 600 |
| | | | 18 ～ 44 岁 | 16 730 | 260 | 30 | 120 | 240 | 377 | 600 |
| | | | 45 ～ 59 岁 | 14 059 | 275 | 30 | 120 | 240 | 411 | 600 |
| | | | 60 ～ 79 岁 | 9 736 | 254 | 30 | 120 | 240 | 360 | 580 |
| | | | 80 岁及以上 | 675 | 194 | 11 | 60 | 150 | 300 | 480 |
| | | 女 | 小计 | 49 677 | 238 | 30 | 120 | 197 | 360 | 540 |
| | | | 18 ～ 44 岁 | 19 859 | 237 | 30 | 119 | 189 | 360 | 540 |
| | | | 45 ～ 59 岁 | 18 232 | 251 | 30 | 120 | 231 | 360 | 566 |
| | | | 60 ～ 79 岁 | 10 779 | 228 | 30 | 120 | 180 | 313 | 523 |
| | | | 80 岁及以上 | 807 | 164 | 0 | 60 | 120 | 240 | 480 |
| | 城市 | 小计 | 小计 | 41 690 | 207 | 21 | 86 | 171 | 300 | 506 |
| | | | 18 ～ 44 岁 | 16 593 | 205 | 21 | 86 | 163 | 300 | 506 |
| | | | 45 ～ 59 岁 | 14 697 | 217 | 27 | 90 | 180 | 300 | 531 |
| | | | 60 ～ 79 岁 | 9 656 | 204 | 26 | 86 | 180 | 300 | 480 |
| | | | 80 岁及以上 | 744 | 162 | 6 | 60 | 120 | 240 | 450 |
| | | 男 | 小计 | 18 395 | 217 | 24 | 90 | 180 | 309 | 536 |
| | | | 18 ～ 44 岁 | 7 513 | 216 | 24 | 86 | 180 | 309 | 531 |
| | | | 45 ～ 59 岁 | 6 247 | 225 | 26 | 91 | 180 | 343 | 549 |
| | | | 60 ～ 79 岁 | 4 312 | 212 | 26 | 90 | 180 | 300 | 480 |
| | | | 80 岁及以上 | 323 | 185 | 10 | 60 | 120 | 300 | 540 |
| | | 女 | 小计 | 23 295 | 197 | 21 | 81 | 154 | 274 | 480 |
| | | | 18 ～ 44 岁 | 9 080 | 194 | 21 | 77 | 154 | 257 | 480 |
| | | | 45 ～ 59 岁 | 8 450 | 208 | 29 | 90 | 180 | 300 | 480 |
| | | | 60 ～ 79 岁 | 5 344 | 197 | 23 | 86 | 171 | 274 | 480 |
| | | | 80 岁及以上 | 421 | 144 | 0 | 60 | 120 | 180 | 360 |
| | 农村 | 小计 | 小计 | 49 187 | 283 | 40 | 136 | 257 | 411 | 600 |
| | | | 18 ～ 44 岁 | 19 996 | 282 | 40 | 129 | 257 | 411 | 600 |
| | | | 45 ～ 59 岁 | 17 594 | 299 | 51 | 163 | 291 | 429 | 600 |
| | | | 60 ～ 79 岁 | 10 859 | 269 | 33 | 120 | 240 | 377 | 600 |
| | | | 80 岁及以上 | 738 | 190 | 0 | 60 | 154 | 270 | 480 |
| | | 男 | 小计 | 22 805 | 296 | 43 | 146 | 283 | 429 | 600 |
| | | | 18 ～ 44 岁 | 9 217 | 293 | 43 | 137 | 283 | 420 | 600 |
| | | | 45 ～ 59 岁 | 7 812 | 315 | 54 | 171 | 300 | 480 | 600 |
| | | | 60 ～ 79 岁 | 5 424 | 284 | 40 | 137 | 249 | 420 | 600 |
| | | | 80 岁及以上 | 352 | 201 | 30 | 90 | 180 | 300 | 480 |
| | | 女 | 小计 | 26 382 | 270 | 34 | 120 | 240 | 377 | 600 |
| | | | 18 ～ 44 岁 | 10 779 | 271 | 39 | 120 | 240 | 377 | 600 |
| | | | 45 ～ 59 岁 | 9 782 | 284 | 49 | 146 | 257 | 403 | 600 |
| | | | 60 ～ 79 岁 | 5 435 | 254 | 30 | 120 | 240 | 360 | 570 |
| | | | 80 岁及以上 | 386 | 182 | 0 | 60 | 130 | 240 | 483 |

| 地区 | 城乡 | 性别 | 年龄 | n | 夏季非交通出行室外活动时间 /（min/d） | | | | | |
|---|---|---|---|---|---|---|---|---|---|---|
| | | | | | Mean | P5 | P25 | P50 | P75 | P95 |
| 华北 | 城乡 | 小计 | 小计 | 18 050 | 291 | 51 | 137 | 240 | 429 | 600 |
| | | | 18 ～ 44 岁 | 6 466 | 288 | 60 | 137 | 240 | 429 | 600 |
| | | | 45 ～ 59 岁 | 6 809 | 304 | 51 | 154 | 274 | 480 | 600 |
| | | | 60 ～ 79 岁 | 4 491 | 283 | 43 | 120 | 240 | 420 | 600 |
| | | | 80 岁及以上 | 284 | 203 | 9 | 60 | 150 | 300 | 500 |
| | | 男 | 小计 | 7 980 | 302 | 51 | 146 | 257 | 480 | 600 |
| | | | 18 ～ 44 岁 | 2 910 | 296 | 60 | 140 | 240 | 463 | 600 |
| | | | 45 ～ 59 岁 | 2 813 | 316 | 51 | 154 | 300 | 480 | 600 |
| | | | 60 ～ 79 岁 | 2 112 | 302 | 43 | 146 | 266 | 480 | 600 |
| | | | 80 岁及以上 | 145 | 225 | 14 | 60 | 180 | 330 | 600 |
| | | 女 | 小计 | 10 070 | 280 | 50 | 137 | 240 | 411 | 600 |
| | | | 18 ～ 44 岁 | 3 556 | 280 | 57 | 137 | 240 | 411 | 600 |
| | | | 45 ～ 59 岁 | 3 996 | 293 | 50 | 154 | 257 | 420 | 600 |
| | | | 60 ～ 79 岁 | 2 379 | 265 | 43 | 120 | 240 | 360 | 600 |
| | | | 80 岁及以上 | 139 | 182 | 0 | 60 | 129 | 240 | 480 |
| | 城市 | 小计 | 小计 | 7 780 | 235 | 30 | 120 | 180 | 343 | 600 |
| | | | 18 ～ 44 岁 | 2 768 | 236 | 30 | 120 | 180 | 343 | 600 |
| | | | 45 ～ 59 岁 | 2 774 | 245 | 30 | 120 | 197 | 360 | 600 |
| | | | 60 ～ 79 岁 | 2 082 | 227 | 30 | 120 | 180 | 300 | 566 |
| | | | 80 岁及以上 | 156 | 167 | 9 | 39 | 120 | 240 | 480 |
| | | 男 | 小计 | 3 383 | 244 | 30 | 120 | 180 | 360 | 600 |
| | | | 18 ～ 44 岁 | 1 225 | 242 | 34 | 120 | 180 | 343 | 600 |
| | | | 45 ～ 59 岁 | 1 155 | 260 | 34 | 120 | 206 | 360 | 600 |
| | | | 60 ～ 79 岁 | 920 | 233 | 30 | 111 | 180 | 334 | 600 |
| | | | 80 岁及以上 | 83 | 186 | 9 | 39 | 90 | 300 | 600 |
| | | 女 | 小计 | 4 397 | 226 | 30 | 120 | 180 | 300 | 531 |
| | | | 18 ～ 44 岁 | 1 543 | 230 | 30 | 120 | 180 | 320 | 540 |
| | | | 45 ～ 59 岁 | 1 619 | 230 | 30 | 120 | 180 | 334 | 523 |
| | | | 60 ～ 79 岁 | 1 162 | 221 | 30 | 120 | 180 | 300 | 514 |
| | | | 80 岁及以上 | 73 | 142 | 0 | 50 | 120 | 223 | 360 |
| | 农村 | 小计 | 小计 | 10 270 | 327 | 75 | 180 | 300 | 480 | 600 |
| | | | 18 ～ 44 岁 | 3 698 | 324 | 94 | 180 | 300 | 480 | 600 |
| | | | 45 ～ 59 岁 | 4 035 | 342 | 77 | 180 | 334 | 480 | 600 |
| | | | 60 ～ 79 岁 | 2 409 | 321 | 60 | 180 | 300 | 480 | 600 |
| | | | 80 岁及以上 | 128 | 237 | 30 | 120 | 206 | 300 | 510 |
| | | 男 | 小计 | 4 597 | 340 | 81 | 180 | 343 | 480 | 600 |
| | | | 18 ～ 44 岁 | 1 685 | 332 | 86 | 180 | 309 | 480 | 600 |
| | | | 45 ～ 59 岁 | 1 658 | 355 | 86 | 180 | 360 | 480 | 600 |
| | | | 60 ～ 79 岁 | 1 192 | 345 | 60 | 189 | 360 | 480 | 600 |
| | | | 80 岁及以上 | 62 | 272 | 80 | 163 | 240 | 360 | 600 |
| | | 女 | 小计 | 5 673 | 315 | 67 | 180 | 300 | 473 | 600 |
| | | | 18 ～ 44 岁 | 2 013 | 315 | 94 | 180 | 300 | 463 | 600 |
| | | | 45 ～ 59 岁 | 2 377 | 331 | 77 | 180 | 300 | 480 | 600 |
| | | | 60 ～ 79 岁 | 1 217 | 296 | 60 | 163 | 270 | 420 | 600 |
| | | | 80 岁及以上 | 66 | 211 | 0 | 103 | 154 | 270 | 483 |
| 华东 | 城乡 | 小计 | 小计 | 22 912 | 207 | 20 | 77 | 167 | 300 | 514 |
| | | | 18 ～ 44 岁 | 8 522 | 195 | 20 | 77 | 146 | 274 | 480 |
| | | | 45 ～ 59 岁 | 8 050 | 225 | 20 | 86 | 180 | 351 | 549 |
| | | | 60 ～ 79 岁 | 5 822 | 216 | 20 | 86 | 180 | 300 | 531 |
| | | | 80 岁及以上 | 518 | 157 | 0 | 60 | 120 | 240 | 411 |
| | | 男 | 小计 | 10 413 | 222 | 20 | 86 | 180 | 343 | 537 |
| | | | 18 ～ 44 岁 | 3 787 | 208 | 20 | 77 | 171 | 300 | 489 |
| | | | 45 ～ 59 岁 | 3 623 | 242 | 20 | 90 | 197 | 360 | 600 |
| | | | 60 ～ 79 岁 | 2 798 | 230 | 21 | 99 | 180 | 360 | 540 |
| | | | 80 岁及以上 | 205 | 181 | 11 | 60 | 140 | 300 | 420 |
| | | 女 | 小计 | 12 499 | 192 | 17 | 69 | 137 | 266 | 480 |
| | | | 18 ～ 44 岁 | 4 735 | 183 | 20 | 69 | 129 | 240 | 480 |
| | | | 45 ～ 59 岁 | 4 427 | 207 | 20 | 77 | 171 | 300 | 510 |

| 地区 | 城乡 | 性别 | 年龄 | *n* | 夏季非交通出行室外活动时间 /（min/d） | | | | | |
|---|---|---|---|---|---|---|---|---|---|---|
| | | | | | Mean | P5 | P25 | P50 | P75 | P95 |
| 华东 | 城乡 | 女 | 60 ～ 79 岁 | 3 024 | 201 | 17 | 77 | 171 | 300 | 480 |
| | | | 80 岁及以上 | 313 | 144 | 0 | 34 | 120 | 214 | 360 |
| | 城市 | 小计 | 小计 | 12 444 | 173 | 17 | 60 | 120 | 240 | 480 |
| | | | 18 ～ 44 岁 | 4 755 | 166 | 17 | 60 | 120 | 223 | 480 |
| | | | 45 ～ 59 岁 | 4 279 | 183 | 17 | 60 | 120 | 257 | 480 |
| | | | 60 ～ 79 岁 | 3 139 | 178 | 15 | 60 | 120 | 240 | 480 |
| | | | 80 岁及以上 | 271 | 145 | 0 | 60 | 120 | 180 | 360 |
| | | 男 | 小计 | 5 480 | 185 | 17 | 60 | 129 | 257 | 480 |
| | | | 18 ～ 44 岁 | 2 102 | 178 | 17 | 63 | 129 | 240 | 480 |
| | | | 45 ～ 59 岁 | 1 872 | 195 | 17 | 60 | 137 | 291 | 494 |
| | | | 60 ～ 79 岁 | 1 404 | 190 | 15 | 60 | 150 | 257 | 480 |
| | | | 80 岁及以上 | 102 | 170 | 11 | 60 | 137 | 240 | 480 |
| | | 女 | 小计 | 6 964 | 160 | 15 | 60 | 120 | 214 | 463 |
| | | | 18 ～ 44 岁 | 2 653 | 155 | 17 | 60 | 120 | 197 | 429 |
| | | | 45 ～ 59 岁 | 2 407 | 171 | 17 | 60 | 120 | 240 | 480 |
| | | | 60 ～ 79 岁 | 1 735 | 168 | 17 | 60 | 120 | 240 | 480 |
| | | | 80 岁及以上 | 169 | 131 | 0 | 30 | 110 | 180 | 360 |
| | 农村 | 小计 | 小计 | 10 468 | 243 | 27 | 111 | 206 | 360 | 554 |
| | | | 18 ～ 44 岁 | 3 767 | 227 | 30 | 103 | 180 | 343 | 540 |
| | | | 45 ～ 59 岁 | 3 771 | 270 | 30 | 120 | 240 | 394 | 600 |
| | | | 60 ～ 79 岁 | 2 683 | 254 | 24 | 120 | 231 | 360 | 600 |
| | | | 80 岁及以上 | 247 | 169 | 0 | 50 | 130 | 266 | 429 |
| | | 男 | 小计 | 4 933 | 260 | 30 | 120 | 240 | 377 | 600 |
| | | | 18 ～ 44 岁 | 1 685 | 240 | 30 | 120 | 197 | 360 | 523 |
| | | | 45 ～ 59 岁 | 1 751 | 293 | 30 | 129 | 274 | 429 | 600 |
| | | | 60 ～ 79 岁 | 1 394 | 267 | 30 | 120 | 240 | 394 | 600 |
| | | | 80 岁及以上 | 103 | 191 | 0 | 60 | 171 | 300 | 411 |
| | | 女 | 小计 | 5 535 | 226 | 21 | 94 | 180 | 343 | 540 |
| | | | 18 ～ 44 岁 | 2 082 | 215 | 23 | 90 | 171 | 300 | 540 |
| | | | 45 ～ 59 岁 | 2 020 | 246 | 23 | 120 | 214 | 360 | 566 |
| | | | 60 ～ 79 岁 | 1 289 | 238 | 20 | 120 | 197 | 360 | 540 |
| | | | 80 岁及以上 | 144 | 157 | 0 | 34 | 120 | 240 | 446 |
| 华南 | 城乡 | 小计 | 小计 | 15 120 | 251 | 34 | 120 | 240 | 360 | 540 |
| | | | 18 ～ 44 岁 | 6 504 | 252 | 34 | 120 | 236 | 360 | 540 |
| | | | 45 ～ 59 岁 | 5 363 | 259 | 40 | 120 | 240 | 360 | 549 |
| | | | 60 ～ 79 岁 | 3 006 | 241 | 30 | 120 | 221 | 343 | 490 |
| | | | 80 岁及以上 | 247 | 169 | 20 | 60 | 120 | 240 | 450 |
| | | 男 | 小计 | 6 996 | 261 | 39 | 120 | 240 | 360 | 549 |
| | | | 18 ～ 44 岁 | 3 102 | 264 | 43 | 120 | 240 | 369 | 566 |
| | | | 45 ～ 59 岁 | 2 332 | 266 | 40 | 120 | 240 | 377 | 566 |
| | | | 60 ～ 79 岁 | 1 456 | 246 | 34 | 120 | 240 | 343 | 500 |
| | | | 80 岁及以上 | 106 | 192 | 10 | 60 | 129 | 300 | 540 |
| | | 女 | 小计 | 8 124 | 242 | 30 | 120 | 214 | 343 | 540 |
| | | | 18 ～ 44 岁 | 3 402 | 240 | 30 | 120 | 214 | 343 | 540 |
| | | | 45 ～ 59 岁 | 3 031 | 252 | 40 | 120 | 240 | 360 | 540 |
| | | | 60 ～ 79 岁 | 1 550 | 237 | 30 | 120 | 206 | 317 | 480 |
| | | | 80 岁及以上 | 141 | 152 | 30 | 60 | 120 | 197 | 343 |
| | 城市 | 小计 | 小计 | 7 296 | 219 | 30 | 94 | 180 | 300 | 531 |
| | | | 18 ～ 44 岁 | 3 136 | 220 | 30 | 91 | 180 | 309 | 531 |
| | | | 45 ～ 59 岁 | 2 571 | 227 | 30 | 103 | 180 | 300 | 540 |
| | | | 60 ～ 79 岁 | 1 461 | 207 | 26 | 91 | 180 | 300 | 480 |
| | | | 80 岁及以上 | 128 | 165 | 15 | 60 | 120 | 223 | 450 |
| | | 男 | 小计 | 3 276 | 227 | 30 | 99 | 180 | 317 | 540 |
| | | | 18 ～ 44 岁 | 1 506 | 230 | 34 | 103 | 180 | 343 | 539 |
| | | | 45 ～ 59 岁 | 1 054 | 229 | 30 | 103 | 197 | 317 | 549 |
| | | | 60 ～ 79 岁 | 668 | 214 | 30 | 103 | 180 | 300 | 480 |
| | | | 80 岁及以上 | 48 | 214 | 10 | 60 | 180 | 300 | 600 |
| | | 女 | 小计 | 4 020 | 211 | 30 | 90 | 180 | 300 | 510 |

| 地区 | 城乡 | 性别 | 年龄 | *n* | 夏季非交通出行室外活动时间 /（min/d） | | | | | |
|---|---|---|---|---|---|---|---|---|---|---|
| | | | | | Mean | P5 | P25 | P50 | P75 | P95 |
| 华南 | 城市 | 女 | 18 ～ 44 岁 | 1 630 | 208 | 27 | 86 | 171 | 291 | 523 |
| | | | 45 ～ 59 岁 | 1 517 | 225 | 30 | 111 | 180 | 300 | 540 |
| | | | 60 ～ 79 岁 | 793 | 200 | 20 | 86 | 180 | 300 | 480 |
| | | | 80 岁及以上 | 80 | 133 | 30 | 60 | 120 | 180 | 330 |
| | 农村 | 小计 | 小计 | 7 824 | 275 | 51 | 146 | 257 | 377 | 540 |
| | | | 18 ～ 44 岁 | 3 368 | 274 | 43 | 146 | 257 | 377 | 549 |
| | | | 45 ～ 59 岁 | 2 792 | 285 | 60 | 163 | 266 | 386 | 549 |
| | | | 60 ～ 79 岁 | 1 545 | 268 | 43 | 163 | 240 | 360 | 540 |
| | | | 80 岁及以上 | 119 | 174 | 30 | 60 | 129 | 257 | 434 |
| | | 男 | 小计 | 3 720 | 285 | 60 | 150 | 270 | 386 | 566 |
| | | | 18 ～ 44 岁 | 1 596 | 287 | 60 | 150 | 283 | 386 | 600 |
| | | | 45 ～ 59 岁 | 1 278 | 295 | 60 | 163 | 291 | 420 | 600 |
| | | | 60 ～ 79 岁 | 788 | 270 | 51 | 170 | 240 | 360 | 500 |
| | | | 80 岁及以上 | 58 | 173 | 20 | 60 | 129 | 257 | 434 |
| | | 女 | 小计 | 4 104 | 265 | 43 | 137 | 240 | 360 | 540 |
| | | | 18 ～ 44 岁 | 1 772 | 261 | 43 | 129 | 240 | 360 | 540 |
| | | | 45 ～ 59 岁 | 1 514 | 276 | 60 | 163 | 257 | 360 | 540 |
| | | | 60 ～ 79 岁 | 757 | 267 | 43 | 146 | 240 | 360 | 540 |
| | | | 80 岁及以上 | 61 | 175 | 30 | 60 | 180 | 257 | 394 |
| 西北 | 城乡 | 小计 | 小计 | 11 254 | 295 | 60 | 163 | 274 | 409 | 600 |
| | | | 18 ～ 44 岁 | 4 703 | 305 | 60 | 171 | 291 | 420 | 600 |
| | | | 45 ～ 59 岁 | 3 923 | 303 | 60 | 173 | 283 | 420 | 600 |
| | | | 60 ～ 79 岁 | 2 490 | 257 | 46 | 120 | 240 | 360 | 540 |
| | | | 80 岁及以上 | 138 | 219 | 30 | 120 | 206 | 309 | 440 |
| | | 男 | 小计 | 5 073 | 311 | 60 | 180 | 296 | 429 | 600 |
| | | | 18 ～ 44 岁 | 2 068 | 318 | 60 | 180 | 304 | 446 | 600 |
| | | | 45 ～ 59 岁 | 1 763 | 318 | 60 | 180 | 300 | 463 | 600 |
| | | | 60 ～ 79 岁 | 1 171 | 283 | 60 | 163 | 240 | 390 | 600 |
| | | | 80 岁及以上 | 71 | 224 | 43 | 120 | 207 | 300 | 440 |
| | | 女 | 小计 | 6 181 | 279 | 60 | 154 | 249 | 377 | 600 |
| | | | 18 ～ 44 岁 | 2 635 | 292 | 60 | 163 | 274 | 390 | 600 |
| | | | 45 ～ 59 岁 | 2 160 | 287 | 60 | 163 | 249 | 386 | 600 |
| | | | 60 ～ 79 岁 | 1 319 | 231 | 40 | 120 | 206 | 300 | 480 |
| | | | 80 岁及以上 | 67 | 215 | 0 | 120 | 197 | 309 | 480 |
| | 城市 | 小计 | 小计 | 5 048 | 243 | 43 | 120 | 214 | 351 | 540 |
| | | | 18 ～ 44 岁 | 2 032 | 245 | 43 | 120 | 206 | 360 | 549 |
| | | | 45 ～ 59 岁 | 1 796 | 253 | 43 | 120 | 240 | 360 | 574 |
| | | | 60 ～ 79 岁 | 1 161 | 227 | 40 | 120 | 206 | 300 | 480 |
| | | | 80 岁及以上 | 59 | 192 | 0 | 120 | 180 | 300 | 420 |
| | | 男 | 小计 | 2 215 | 256 | 46 | 120 | 240 | 360 | 566 |
| | | | 18 ～ 44 岁 | 891 | 257 | 46 | 120 | 223 | 360 | 566 |
| | | | 45 ～ 59 岁 | 773 | 264 | 43 | 120 | 240 | 377 | 600 |
| | | | 60 ～ 79 岁 | 518 | 244 | 60 | 120 | 240 | 343 | 480 |
| | | | 80 岁及以上 | 33 | 217 | 40 | 120 | 180 | 300 | 540 |
| | | 女 | 小计 | 2 833 | 231 | 40 | 120 | 197 | 309 | 497 |
| | | | 18 ～ 44 岁 | 1 141 | 233 | 40 | 120 | 189 | 326 | 514 |
| | | | 45 ～ 59 岁 | 1 023 | 243 | 51 | 120 | 223 | 351 | 531 |
| | | | 60 ～ 79 岁 | 643 | 212 | 34 | 120 | 180 | 300 | 480 |
| | | | 80 岁及以上 | 26 | 166 | 0 | 120 | 120 | 240 | 420 |
| | 农村 | 小计 | 小计 | 6 206 | 335 | 80 | 206 | 323 | 480 | 600 |
| | | | 18 ～ 44 岁 | 2 671 | 349 | 94 | 231 | 351 | 480 | 600 |
| | | | 45 ～ 59 岁 | 2 127 | 344 | 86 | 214 | 330 | 480 | 600 |
| | | | 60 ～ 79 岁 | 1 329 | 283 | 60 | 163 | 240 | 394 | 600 |
| | | | 80 岁及以上 | 79 | 240 | 60 | 129 | 240 | 360 | 440 |
| | | 男 | 小计 | 2 858 | 352 | 94 | 231 | 360 | 480 | 600 |
| | | | 18 ～ 44 岁 | 1 177 | 361 | 94 | 240 | 360 | 480 | 600 |
| | | | 45 ～ 59 岁 | 990 | 360 | 103 | 236 | 360 | 480 | 610 |
| | | | 60 ～ 79 岁 | 653 | 316 | 60 | 180 | 300 | 463 | 600 |

| 地区 | 城乡 | 性别 | 年龄 | n | 夏季非交通出行室外活动时间 /（min/d） | | | | | |
|---|---|---|---|---|---|---|---|---|---|---|
| | | | | | Mean | P5 | P25 | P50 | P75 | P95 |
| 西北 | 农村 | 男 | 80 岁及以上 | 38 | 231 | 73 | 163 | 207 | 249 | 440 |
| | | 女 | 小计 | 3 348 | 318 | 60 | 194 | 300 | 420 | 600 |
| | | | 18 ～ 44 岁 | 1 494 | 336 | 94 | 223 | 324 | 463 | 600 |
| | | | 45 ～ 59 岁 | 1 137 | 325 | 60 | 197 | 300 | 480 | 600 |
| | | | 60 ～ 79 岁 | 676 | 250 | 60 | 120 | 223 | 360 | 540 |
| | | | 80 岁及以上 | 41 | 247 | 60 | 120 | 240 | 360 | 480 |
| 东北 | 城乡 | 小计 | 小计 | 10 168 | 251 | 30 | 120 | 214 | 360 | 600 |
| | | | 18 ～ 44 岁 | 3 985 | 256 | 30 | 120 | 231 | 360 | 600 |
| | | | 45 ～ 59 岁 | 3 896 | 255 | 30 | 120 | 227 | 360 | 600 |
| | | | 60 ～ 79 岁 | 2 163 | 231 | 21 | 120 | 180 | 300 | 600 |
| | | | 80 岁及以上 | 124 | 201 | 20 | 60 | 120 | 240 | 630 |
| | | 男 | 小计 | 4 629 | 265 | 30 | 120 | 240 | 369 | 600 |
| | | | 18 ～ 44 岁 | 1 889 | 269 | 31 | 120 | 240 | 377 | 600 |
| | | | 45 ～ 59 岁 | 1 659 | 273 | 34 | 120 | 240 | 403 | 600 |
| | | | 60 ～ 79 岁 | 1 022 | 242 | 21 | 120 | 206 | 360 | 600 |
| | | | 80 岁及以上 | 59 | 161 | 17 | 60 | 120 | 214 | 394 |
| | | 女 | 小计 | 5 539 | 237 | 30 | 120 | 186 | 360 | 600 |
| | | | 18 ～ 44 岁 | 2 096 | 242 | 30 | 119 | 197 | 360 | 600 |
| | | | 45 ～ 59 岁 | 2 237 | 239 | 30 | 120 | 189 | 360 | 600 |
| | | | 60 ～ 79 岁 | 1 141 | 221 | 20 | 120 | 180 | 300 | 540 |
| | | | 80 岁及以上 | 65 | 234 | 30 | 60 | 120 | 360 | 690 |
| | 城市 | 小计 | 小计 | 4 351 | 175 | 17 | 73 | 137 | 240 | 480 |
| | | | 18 ～ 44 岁 | 1 658 | 167 | 16 | 60 | 120 | 240 | 480 |
| | | | 45 ～ 59 岁 | 1 730 | 182 | 17 | 77 | 146 | 240 | 480 |
| | | | 60 ～ 79 岁 | 909 | 191 | 20 | 93 | 154 | 257 | 480 |
| | | | 80 岁及以上 | 54 | 196 | 0 | 60 | 180 | 274 | 690 |
| | | 男 | 小计 | 1 910 | 185 | 17 | 77 | 146 | 240 | 480 |
| | | | 18 ～ 44 岁 | 767 | 178 | 17 | 73 | 137 | 240 | 480 |
| | | | 45 ～ 59 岁 | 729 | 189 | 17 | 84 | 154 | 240 | 480 |
| | | | 60 ～ 79 岁 | 395 | 207 | 20 | 100 | 180 | 300 | 480 |
| | | | 80 岁及以上 | 19 | 168 | 0 | 30 | 120 | 180 | 690 |
| | | 女 | 小计 | 2 441 | 166 | 17 | 60 | 120 | 240 | 429 |
| | | | 18 ～ 44 岁 | 891 | 155 | 14 | 60 | 120 | 197 | 394 |
| | | | 45 ～ 59 岁 | 1 001 | 175 | 17 | 77 | 137 | 240 | 446 |
| | | | 60 ～ 79 岁 | 514 | 177 | 20 | 86 | 120 | 240 | 420 |
| | | | 80 岁及以上 | 35 | 213 | 20 | 60 | 180 | 360 | 690 |
| | 农村 | 小计 | 小计 | 5 817 | 293 | 40 | 129 | 257 | 420 | 600 |
| | | | 18 ～ 44 岁 | 2 327 | 304 | 49 | 137 | 300 | 463 | 600 |
| | | | 45 ～ 59 岁 | 2 166 | 299 | 43 | 137 | 274 | 459 | 600 |
| | | | 60 ～ 79 岁 | 1 254 | 252 | 30 | 120 | 240 | 360 | 600 |
| | | | 80 岁及以上 | 70 | 202 | 30 | 60 | 120 | 240 | 630 |
| | | 男 | 小计 | 2 719 | 309 | 40 | 137 | 300 | 480 | 600 |
| | | | 18 ～ 44 岁 | 1 122 | 317 | 40 | 146 | 300 | 480 | 600 |
| | | | 45 ～ 59 岁 | 930 | 327 | 57 | 171 | 300 | 480 | 660 |
| | | | 60 ～ 79 岁 | 627 | 259 | 30 | 120 | 240 | 360 | 600 |
| | | | 80 岁及以上 | 40 | 159 | 30 | 90 | 120 | 214 | 360 |
| | | 女 | 小计 | 3 098 | 277 | 40 | 120 | 240 | 386 | 600 |
| | | | 18 ～ 44 岁 | 1 205 | 289 | 51 | 129 | 249 | 420 | 600 |
| | | | 45 ～ 59 岁 | 1 236 | 275 | 34 | 120 | 240 | 394 | 600 |
| | | | 60 ～ 79 岁 | 627 | 246 | 30 | 120 | 214 | 343 | 600 |
| | | | 80 岁及以上 | 30 | 246 | 30 | 60 | 120 | 446 | 690 |
| 西南 | 城乡 | 小计 | 小计 | 13 373 | 259 | 30 | 120 | 240 | 360 | 557 |
| | | | 18 ～ 44 岁 | 6 409 | 267 | 21 | 120 | 249 | 386 | 583 |
| | | | 45 ～ 59 岁 | 4 250 | 268 | 43 | 120 | 240 | 369 | 566 |
| | | | 60 ～ 79 岁 | 2 543 | 227 | 30 | 103 | 197 | 320 | 489 |
| | | | 80 岁及以上 | 171 | 175 | 0 | 60 | 120 | 240 | 480 |
| | | 男 | 小计 | 6 109 | 267 | 30 | 120 | 240 | 377 | 583 |
| | | | 18 ～ 44 岁 | 2 974 | 274 | 20 | 120 | 266 | 394 | 600 |

| 地区 | 城乡 | 性别 | 年龄 | n | 夏季非交通出行室外活动时间 / (min/d) | | | | | |
|---|---|---|---|---|---|---|---|---|---|---|
| | | | | | Mean | P5 | P25 | P50 | P75 | P95 |
| 西南 | 城乡 | 男 | 45 ～ 59 岁 | 1 869 | 277 | 40 | 122 | 257 | 394 | 566 |
| | | | 60 ～ 79 岁 | 1 177 | 234 | 37 | 120 | 214 | 343 | 496 |
| | | | 80 岁及以上 | 89 | 182 | 20 | 60 | 120 | 300 | 446 |
| | | 女 | 小计 | 7 264 | 251 | 30 | 120 | 240 | 360 | 540 |
| | | | 18 ～ 44 岁 | 3 435 | 259 | 30 | 120 | 240 | 369 | 549 |
| | | | 45 ～ 59 岁 | 2 381 | 259 | 43 | 120 | 240 | 360 | 540 |
| | | | 60 ～ 79 岁 | 1 366 | 221 | 30 | 86 | 180 | 300 | 480 |
| | | | 80 岁及以上 | 82 | 167 | 0 | 60 | 120 | 240 | 480 |
| | 城市 | 小计 | 小计 | 4 771 | 242 | 34 | 120 | 223 | 360 | 531 |
| | | | 18 ～ 44 岁 | 2 244 | 245 | 30 | 120 | 223 | 360 | 540 |
| | | | 45 ～ 59 岁 | 1 547 | 248 | 34 | 120 | 223 | 360 | 531 |
| | | | 60 ～ 79 岁 | 904 | 232 | 39 | 120 | 206 | 334 | 489 |
| | | | 80 岁及以上 | 76 | 178 | 20 | 60 | 120 | 257 | 446 |
| | | 男 | 小计 | 2 131 | 247 | 30 | 120 | 223 | 360 | 540 |
| | | | 18 ～ 44 岁 | 1 022 | 255 | 30 | 120 | 240 | 360 | 540 |
| | | | 45 ～ 59 岁 | 664 | 251 | 34 | 120 | 223 | 377 | 540 |
| | | | 60 ～ 79 岁 | 407 | 223 | 34 | 86 | 180 | 317 | 514 |
| | | | 80 岁及以上 | 38 | 174 | 0 | 69 | 120 | 240 | 446 |
| | | 女 | 小计 | 2 640 | 237 | 34 | 120 | 206 | 360 | 514 |
| | | | 18 ～ 44 岁 | 1 222 | 234 | 30 | 111 | 197 | 360 | 523 |
| | | | 45 ～ 59 岁 | 883 | 245 | 43 | 120 | 231 | 360 | 514 |
| | | | 60 ～ 79 岁 | 497 | 241 | 42 | 120 | 240 | 334 | 480 |
| | | | 80 岁及以上 | 38 | 183 | 20 | 60 | 180 | 300 | 420 |
| | 农村 | 小计 | 小计 | 8 602 | 270 | 27 | 120 | 257 | 386 | 600 |
| | | | 18 ～ 44 岁 | 4 165 | 282 | 20 | 120 | 274 | 420 | 600 |
| | | | 45 ～ 59 岁 | 2 703 | 281 | 50 | 129 | 283 | 377 | 600 |
| | | | 60 ～ 79 岁 | 1 639 | 224 | 30 | 91 | 190 | 313 | 489 |
| | | | 80 岁及以上 | 95 | 172 | 0 | 60 | 120 | 240 | 480 |
| | | 男 | 小计 | 3 978 | 279 | 20 | 120 | 274 | 403 | 600 |
| | | | 18 ～ 44 岁 | 1 952 | 287 | 20 | 122 | 291 | 420 | 600 |
| | | | 45 ～ 59 岁 | 1 205 | 295 | 51 | 171 | 300 | 411 | 600 |
| | | | 60 ～ 79 岁 | 770 | 240 | 40 | 120 | 231 | 343 | 490 |
| | | | 80 岁及以上 | 51 | 189 | 30 | 60 | 180 | 300 | 480 |
| | | 女 | 小计 | 4 624 | 260 | 30 | 120 | 240 | 360 | 557 |
| | | | 18 ～ 44 岁 | 2 213 | 276 | 30 | 120 | 266 | 410 | 600 |
| | | | 45 ～ 59 岁 | 1 498 | 268 | 50 | 120 | 260 | 360 | 540 |
| | | | 60 ～ 79 岁 | 869 | 210 | 20 | 60 | 180 | 300 | 480 |
| | | | 80 岁及以上 | 44 | 153 | 0 | 37 | 90 | 240 | 480 |

## 附表 6-12　中国人群分片区、城乡、性别、年龄的冬季非交通出行室外活动时间

| 地区 | 城乡 | 性别 | 年龄 | n | 冬季非交通出行室外活动时间 / (min/d) | | | | | |
|---|---|---|---|---|---|---|---|---|---|---|
| | | | | | Mean | P5 | P25 | P50 | P75 | P95 |
| 合计 | 城乡 | 小计 | 小计 | 90 856 | 153 | 9 | 60 | 120 | 214 | 476 |
| | | | 18 ～ 44 岁 | 36 584 | 156 | 9 | 60 | 120 | 223 | 480 |
| | | | 45 ～ 59 岁 | 32 284 | 158 | 9 | 60 | 120 | 237 | 480 |
| | | | 60 ～ 79 岁 | 20 510 | 140 | 2 | 60 | 120 | 180 | 420 |
| | | | 80 岁及以上 | 1 478 | 109 | 0 | 30 | 60 | 146 | 330 |
| | | 男 | 小计 | 41 192 | 165 | 10 | 60 | 120 | 240 | 480 |
| | | | 18 ～ 44 岁 | 16 726 | 167 | 10 | 60 | 120 | 240 | 480 |
| | | | 45 ～ 59 岁 | 14 059 | 171 | 10 | 60 | 120 | 240 | 480 |
| | | | 60 ～ 79 岁 | 9 732 | 151 | 7 | 60 | 120 | 214 | 480 |
| | | | 80 岁及以上 | 675 | 117 | 0 | 34 | 86 | 180 | 360 |
| | | 女 | 小计 | 49 664 | 141 | 7 | 60 | 111 | 180 | 420 |
| | | | 18 ～ 44 岁 | 19 858 | 145 | 9 | 60 | 119 | 189 | 429 |

| 地区 | 城乡 | 性别 | 年龄 | *n* | 冬季非交通出行室外活动时间 /（min/d） | | | | | |
|---|---|---|---|---|---|---|---|---|---|---|
| | | | | | Mean | P5 | P25 | P50 | P75 | P95 |
| 合计 | 城乡 | 女 | 45 ～ 59 岁 | 18 225 | 145 | 9 | 60 | 120 | 193 | 429 |
| | | | 60 ～ 79 岁 | 10 778 | 129 | 0 | 51 | 94 | 180 | 360 |
| | | | 80 岁及以上 | 803 | 103 | 0 | 30 | 60 | 129 | 330 |
| | 城市 | 小计 | 小计 | 41 676 | 137 | 7 | 51 | 94 | 180 | 429 |
| | | | 18 ～ 44 岁 | 16 589 | 139 | 6 | 51 | 94 | 180 | 437 |
| | | | 45 ～ 59 岁 | 14 690 | 143 | 9 | 56 | 103 | 180 | 461 |
| | | | 60 ～ 79 岁 | 9 654 | 126 | 3 | 51 | 90 | 180 | 360 |
| | | | 80 岁及以上 | 743 | 103 | 0 | 30 | 60 | 137 | 300 |
| | | 男 | 小计 | 18 389 | 146 | 9 | 56 | 103 | 189 | 471 |
| | | | 18 ～ 44 岁 | 7 509 | 148 | 9 | 54 | 103 | 197 | 480 |
| | | | 45 ～ 59 岁 | 6 247 | 152 | 9 | 60 | 111 | 206 | 480 |
| | | | 60 ～ 79 岁 | 4 310 | 134 | 5 | 56 | 103 | 180 | 420 |
| | | | 80 岁及以上 | 323 | 113 | 7 | 30 | 69 | 180 | 360 |
| | | 女 | 小计 | 23 287 | 128 | 5 | 50 | 86 | 180 | 403 |
| | | | 18 ～ 44 岁 | 9 080 | 129 | 3 | 51 | 86 | 171 | 411 |
| | | | 45 ～ 59 岁 | 8 443 | 134 | 9 | 51 | 94 | 180 | 420 |
| | | | 60 ～ 79 岁 | 5 344 | 118 | 2 | 43 | 86 | 150 | 360 |
| | | | 80 岁及以上 | 420 | 95 | 0 | 30 | 60 | 120 | 300 |
| | 农村 | 小计 | 小计 | 49 180 | 165 | 10 | 60 | 120 | 240 | 480 |
| | | | 18 ～ 44 岁 | 19 995 | 170 | 14 | 60 | 120 | 240 | 480 |
| | | | 45 ～ 59 岁 | 17 594 | 170 | 10 | 60 | 120 | 240 | 480 |
| | | | 60 ～ 79 岁 | 10 856 | 151 | 1 | 60 | 120 | 223 | 480 |
| | | | 80 岁及以上 | 735 | 114 | 0 | 30 | 77 | 159 | 360 |
| | | 男 | 小计 | 22 803 | 179 | 10 | 60 | 120 | 257 | 480 |
| | | | 18 ～ 44 岁 | 9 217 | 182 | 17 | 60 | 129 | 266 | 480 |
| | | | 45 ～ 59 岁 | 7 812 | 186 | 11 | 60 | 129 | 291 | 480 |
| | | | 60 ～ 79 岁 | 5 422 | 164 | 9 | 60 | 120 | 240 | 480 |
| | | | 80 岁及以上 | 352 | 119 | 0 | 36 | 103 | 180 | 360 |
| | | 女 | 小计 | 26 377 | 152 | 9 | 60 | 120 | 214 | 430 |
| | | | 18 ～ 44 岁 | 10 778 | 157 | 10 | 60 | 120 | 229 | 446 |
| | | | 45 ～ 59 岁 | 9 782 | 154 | 9 | 60 | 120 | 223 | 429 |
| | | | 60 ～ 79 岁 | 5 434 | 137 | 0 | 57 | 116 | 180 | 411 |
| | | | 80 岁及以上 | 383 | 110 | 0 | 30 | 60 | 129 | 360 |
| 华北 | 城乡 | 小计 | 小计 | 18 035 | 151 | 17 | 60 | 120 | 180 | 480 |
| | | | 18 ～ 44 岁 | 6 463 | 158 | 20 | 60 | 120 | 206 | 480 |
| | | | 45 ～ 59 岁 | 6 801 | 148 | 17 | 60 | 104 | 180 | 480 |
| | | | 60 ～ 79 岁 | 4 488 | 146 | 9 | 60 | 107 | 180 | 480 |
| | | | 80 岁及以上 | 283 | 95 | 0 | 30 | 60 | 120 | 249 |
| | | 男 | 小计 | 7 974 | 165 | 20 | 60 | 120 | 240 | 490 |
| | | | 18 ～ 44 岁 | 2 907 | 172 | 21 | 60 | 120 | 240 | 490 |
| | | | 45 ～ 59 岁 | 2 812 | 161 | 18 | 60 | 120 | 223 | 490 |
| | | | 60 ～ 79 岁 | 2 110 | 163 | 10 | 60 | 120 | 240 | 500 |
| | | | 80 岁及以上 | 145 | 97 | 9 | 30 | 60 | 120 | 300 |
| | | 女 | 小计 | 10 061 | 138 | 17 | 60 | 103 | 180 | 480 |
| | | | 18 ～ 44 岁 | 3 556 | 145 | 20 | 60 | 120 | 180 | 480 |
| | | | 45 ～ 59 岁 | 3 989 | 136 | 17 | 60 | 103 | 180 | 480 |
| | | | 60 ～ 79 岁 | 2 378 | 129 | 0 | 60 | 90 | 171 | 480 |
| | | | 80 岁及以上 | 138 | 93 | 0 | 30 | 60 | 120 | 249 |
| | 城市 | 小计 | 小计 | 7 766 | 131 | 13 | 51 | 90 | 163 | 480 |
| | | | 18 ～ 44 岁 | 2 765 | 139 | 17 | 60 | 100 | 171 | 480 |
| | | | 45 ～ 59 岁 | 2 766 | 132 | 17 | 51 | 86 | 171 | 480 |
| | | | 60 ～ 79 岁 | 2 080 | 115 | 9 | 50 | 60 | 120 | 360 |
| | | | 80 岁及以上 | 155 | 75 | 0 | 21 | 60 | 90 | 223 |
| | | 男 | 小计 | 3 378 | 142 | 14 | 60 | 99 | 180 | 480 |
| | | | 18 ～ 44 岁 | 1 222 | 149 | 19 | 60 | 103 | 180 | 480 |
| | | | 45 ～ 59 岁 | 1 154 | 147 | 17 | 60 | 103 | 180 | 480 |
| | | | 60 ～ 79 岁 | 919 | 124 | 9 | 51 | 70 | 150 | 480 |
| | | | 80 岁及以上 | 83 | 76 | 7 | 20 | 60 | 120 | 223 |

| 地区 | 城乡 | 性别 | 年龄 | *n* | 冬季非交通出行室外活动时间 /（min/d） | | | | | |
| --- | --- | --- | --- | --- | --- | --- | --- | --- | --- | --- |
| | | | | | Mean | P5 | P25 | P50 | P75 | P95 |
| 华北 | 城市 | 女 | 小计 | 4 388 | 120 | 11 | 51 | 77 | 141 | 411 |
| | | | 18 ～ 44 岁 | 1 543 | 130 | 14 | 60 | 91 | 154 | 480 |
| | | | 45 ～ 59 岁 | 1 612 | 117 | 17 | 49 | 77 | 134 | 377 |
| | | | 60 ～ 79 岁 | 1 161 | 105 | 9 | 45 | 60 | 120 | 300 |
| | | | 80 岁及以上 | 72 | 74 | 0 | 21 | 60 | 60 | 180 |
| | 农村 | 小计 | 小计 | 10 269 | 165 | 20 | 60 | 120 | 240 | 490 |
| | | | 18 ～ 44 岁 | 3 698 | 171 | 26 | 60 | 120 | 240 | 490 |
| | | | 45 ～ 59 岁 | 4 035 | 157 | 20 | 60 | 120 | 209 | 483 |
| | | | 60 ～ 79 岁 | 2 408 | 167 | 7 | 60 | 120 | 240 | 500 |
| | | | 80 岁及以上 | 128 | 113 | 0 | 56 | 69 | 163 | 300 |
| | | 男 | 小计 | 4 596 | 181 | 20 | 60 | 120 | 271 | 500 |
| | | | 18 ～ 44 岁 | 1 685 | 187 | 26 | 60 | 120 | 300 | 490 |
| | | | 45 ～ 59 岁 | 1 658 | 170 | 20 | 60 | 120 | 240 | 500 |
| | | | 60 ～ 79 岁 | 1 191 | 188 | 17 | 60 | 120 | 300 | 500 |
| | | | 80 岁及以上 | 62 | 121 | 10 | 60 | 77 | 146 | 360 |
| | | 女 | 小计 | 5 673 | 150 | 20 | 60 | 120 | 180 | 480 |
| | | | 18 ～ 44 岁 | 2 013 | 155 | 25 | 60 | 120 | 194 | 480 |
| | | | 45 ～ 59 岁 | 2 377 | 147 | 20 | 60 | 120 | 180 | 480 |
| | | | 60 ～ 79 岁 | 1 217 | 146 | 0 | 60 | 120 | 189 | 480 |
| | | | 80 岁及以上 | 66 | 107 | 0 | 40 | 69 | 163 | 249 |
| 华东 | 城乡 | 小计 | 小计 | 22 910 | 145 | 10 | 60 | 103 | 189 | 420 |
| | | | 18 ～ 44 岁 | 8 521 | 142 | 11 | 60 | 103 | 180 | 420 |
| | | | 45 ～ 59 岁 | 8 050 | 157 | 10 | 60 | 120 | 240 | 480 |
| | | | 60 ～ 79 岁 | 5 821 | 137 | 9 | 60 | 111 | 180 | 377 |
| | | | 80 岁及以上 | 518 | 111 | 0 | 30 | 69 | 171 | 300 |
| | | 男 | 小计 | 10 411 | 161 | 14 | 60 | 120 | 240 | 476 |
| | | | 18 ～ 44 岁 | 3 786 | 157 | 17 | 60 | 120 | 236 | 446 |
| | | | 45 ～ 59 岁 | 3 623 | 176 | 10 | 60 | 120 | 257 | 480 |
| | | | 60 ～ 79 岁 | 2 797 | 151 | 9 | 60 | 120 | 210 | 420 |
| | | | 80 岁及以上 | 205 | 129 | 0 | 60 | 120 | 180 | 360 |
| | | 女 | 小计 | 12 499 | 129 | 9 | 56 | 90 | 180 | 377 |
| | | | 18 ～ 44 岁 | 4 735 | 128 | 9 | 60 | 86 | 171 | 377 |
| | | | 45 ～ 59 岁 | 4 427 | 138 | 9 | 60 | 103 | 180 | 403 |
| | | | 60 ～ 79 岁 | 3 024 | 123 | 7 | 51 | 90 | 180 | 360 |
| | | | 80 岁及以上 | 313 | 100 | 0 | 30 | 60 | 129 | 300 |
| | 城市 | 小计 | 小计 | 12 443 | 124 | 6 | 49 | 81 | 154 | 381 |
| | | | 18 ～ 44 岁 | 4 754 | 123 | 7 | 50 | 77 | 150 | 390 |
| | | | 45 ～ 59 岁 | 4 279 | 133 | 9 | 51 | 86 | 180 | 420 |
| | | | 60 ～ 79 岁 | 3 139 | 118 | 0 | 51 | 86 | 146 | 360 |
| | | | 80 岁及以上 | 271 | 99 | 0 | 30 | 60 | 120 | 266 |
| | | 男 | 小计 | 5 478 | 137 | 9 | 56 | 94 | 180 | 429 |
| | | | 18 ～ 44 岁 | 2 101 | 136 | 9 | 51 | 90 | 180 | 429 |
| | | | 45 ～ 59 岁 | 1 872 | 146 | 9 | 60 | 91 | 197 | 480 |
| | | | 60 ～ 79 岁 | 1 403 | 129 | 0 | 60 | 103 | 180 | 377 |
| | | | 80 岁及以上 | 102 | 111 | 6 | 60 | 77 | 180 | 300 |
| | | 女 | 小计 | 6 965 | 111 | 5 | 43 | 73 | 129 | 360 |
| | | | 18 ～ 44 岁 | 2 653 | 110 | 4 | 43 | 73 | 129 | 360 |
| | | | 45 ～ 59 岁 | 2 407 | 118 | 9 | 43 | 77 | 146 | 360 |
| | | | 60 ～ 79 岁 | 1 736 | 107 | 6 | 43 | 70 | 120 | 300 |
| | | | 80 岁及以上 | 169 | 93 | 0 | 25 | 60 | 120 | 266 |
| | 农村 | 小计 | 小计 | 10 467 | 167 | 17 | 60 | 120 | 240 | 446 |
| | | | 18 ～ 44 岁 | 3 767 | 164 | 20 | 60 | 120 | 240 | 429 |
| | | | 45 ～ 59 岁 | 3 771 | 183 | 16 | 60 | 120 | 283 | 480 |
| | | | 60 ～ 79 岁 | 2 682 | 156 | 10 | 60 | 120 | 240 | 420 |
| | | | 80 岁及以上 | 247 | 122 | 0 | 40 | 120 | 180 | 360 |
| | | 男 | 小计 | 4 933 | 186 | 20 | 60 | 129 | 283 | 480 |
| | | | 18 ～ 44 岁 | 1 685 | 181 | 21 | 60 | 120 | 266 | 480 |
| | | | 45 ～ 59 岁 | 1 751 | 207 | 17 | 60 | 180 | 309 | 480 |

| 地区 | 城乡 | 性别 | 年龄 | n | 冬季非交通出行室外活动时间 /（min/d） | | | | | |
|---|---|---|---|---|---|---|---|---|---|---|
| | | | | | Mean | P5 | P25 | P50 | P75 | P95 |
| 华东 | 农村 | 男 | 60 ～ 79 岁 | 1 394 | 170 | 17 | 60 | 120 | 240 | 480 |
| | | | 80 岁及以上 | 103 | 147 | 0 | 60 | 129 | 214 | 360 |
| | | 女 | 小计 | 5 534 | 148 | 10 | 60 | 120 | 206 | 411 |
| | | | 18 ～ 44 岁 | 2 082 | 147 | 17 | 60 | 120 | 197 | 416 |
| | | | 45 ～ 59 岁 | 2 020 | 158 | 10 | 60 | 120 | 240 | 420 |
| | | | 60 ～ 79 岁 | 1 288 | 140 | 7 | 60 | 120 | 202 | 360 |
| | | | 80 岁及以上 | 144 | 108 | 0 | 34 | 69 | 143 | 300 |
| 华南 | 城乡 | 小计 | 小计 | 15 120 | 182 | 30 | 77 | 146 | 240 | 480 |
| | | | 18 ～ 44 岁 | 6 504 | 184 | 30 | 77 | 146 | 249 | 480 |
| | | | 45 ～ 59 岁 | 5 364 | 189 | 30 | 86 | 163 | 240 | 480 |
| | | | 60 ～ 79 岁 | 3 006 | 167 | 30 | 64 | 120 | 240 | 420 |
| | | | 80 岁及以上 | 246 | 129 | 17 | 50 | 91 | 180 | 343 |
| | | 男 | 小计 | 6 997 | 192 | 30 | 86 | 163 | 266 | 480 |
| | | | 18 ～ 44 岁 | 3 102 | 196 | 30 | 86 | 163 | 274 | 480 |
| | | | 45 ～ 59 岁 | 2 333 | 198 | 30 | 86 | 171 | 274 | 480 |
| | | | 60 ～ 79 岁 | 1 456 | 172 | 30 | 86 | 129 | 240 | 420 |
| | | | 80 岁及以上 | 106 | 146 | 10 | 43 | 120 | 206 | 360 |
| | | 女 | 小计 | 8 123 | 172 | 30 | 77 | 129 | 240 | 446 |
| | | | 18 ～ 44 岁 | 3 402 | 171 | 25 | 77 | 129 | 240 | 446 |
| | | | 45 ～ 59 岁 | 3 031 | 181 | 30 | 86 | 146 | 240 | 480 |
| | | | 60 ～ 79 岁 | 1 550 | 161 | 25 | 60 | 120 | 231 | 420 |
| | | | 80 岁及以上 | 140 | 115 | 17 | 51 | 86 | 137 | 330 |
| | 城市 | 小计 | 小计 | 7 297 | 168 | 20 | 60 | 120 | 240 | 480 |
| | | | 18 ～ 44 岁 | 3 136 | 170 | 21 | 60 | 120 | 240 | 480 |
| | | | 45 ～ 59 岁 | 2 572 | 175 | 21 | 60 | 129 | 240 | 480 |
| | | | 60 ～ 79 岁 | 1 461 | 153 | 17 | 60 | 120 | 206 | 394 |
| | | | 80 岁及以上 | 128 | 132 | 15 | 51 | 90 | 180 | 330 |
| | | 男 | 小计 | 3 277 | 174 | 21 | 60 | 120 | 240 | 480 |
| | | | 18 ～ 44 岁 | 1 506 | 179 | 27 | 60 | 129 | 240 | 480 |
| | | | 45 ～ 59 岁 | 1 055 | 176 | 20 | 60 | 133 | 240 | 480 |
| | | | 60 ～ 79 岁 | 668 | 157 | 21 | 60 | 120 | 206 | 463 |
| | | | 80 岁及以上 | 48 | 157 | 10 | 46 | 120 | 300 | 360 |
| | | 女 | 小计 | 4 020 | 161 | 17 | 60 | 120 | 223 | 446 |
| | | | 18 ～ 44 岁 | 1 630 | 159 | 17 | 60 | 120 | 223 | 446 |
| | | | 45 ～ 59 岁 | 1 517 | 173 | 26 | 60 | 120 | 240 | 480 |
| | | | 60 ～ 79 岁 | 793 | 149 | 17 | 60 | 120 | 197 | 360 |
| | | | 80 岁及以上 | 80 | 116 | 17 | 60 | 86 | 163 | 330 |
| | 农村 | 小计 | 小计 | 7 823 | 193 | 30 | 103 | 163 | 257 | 480 |
| | | | 18 ～ 44 岁 | 3 368 | 194 | 30 | 103 | 171 | 266 | 480 |
| | | | 45 ～ 59 岁 | 2 792 | 201 | 39 | 103 | 180 | 274 | 480 |
| | | | 60 ～ 79 岁 | 1 545 | 178 | 30 | 90 | 146 | 240 | 420 |
| | | | 80 岁及以上 | 118 | 125 | 17 | 43 | 103 | 146 | 360 |
| | | 男 | 小计 | 3 720 | 205 | 34 | 103 | 180 | 300 | 480 |
| | | | 18 ～ 44 岁 | 1 596 | 208 | 43 | 111 | 180 | 300 | 480 |
| | | | 45 ～ 59 岁 | 1 278 | 214 | 39 | 103 | 180 | 300 | 480 |
| | | | 60 ～ 79 岁 | 788 | 184 | 30 | 103 | 154 | 240 | 420 |
| | | | 80 岁及以上 | 58 | 137 | 20 | 43 | 120 | 180 | 360 |
| | | 女 | 小计 | 4 103 | 179 | 30 | 86 | 146 | 240 | 437 |
| | | | 18 ～ 44 岁 | 1 772 | 179 | 30 | 86 | 146 | 240 | 446 |
| | | | 45 ～ 59 岁 | 1 514 | 187 | 34 | 103 | 171 | 240 | 429 |
| | | | 60 ～ 79 岁 | 757 | 172 | 30 | 80 | 129 | 240 | 426 |
| | | | 80 岁及以上 | 60 | 113 | 17 | 51 | 89 | 129 | 360 |
| 西北 | 城乡 | 小计 | 小计 | 11 254 | 136 | 17 | 60 | 120 | 180 | 360 |
| | | | 18 ～ 44 岁 | 4 703 | 141 | 20 | 60 | 120 | 180 | 377 |
| | | | 45 ～ 59 岁 | 3 923 | 142 | 17 | 60 | 120 | 180 | 377 |
| | | | 60 ～ 79 岁 | 2 490 | 114 | 0 | 51 | 90 | 137 | 351 |
| | | | 80 岁及以上 | 138 | 93 | 0 | 30 | 60 | 120 | 240 |
| | | 男 | 小计 | 5 073 | 147 | 17 | 60 | 120 | 180 | 390 |

| 地区 | 城乡 | 性别 | 年龄 | n | 冬季非交通出行室外活动时间 /（min/d） | | | | | |
|---|---|---|---|---|---|---|---|---|---|---|
| | | | | | Mean | P5 | P25 | P50 | P75 | P95 |
| 西北 | 城乡 | 男 | 18～44岁 | 2 068 | 149 | 21 | 60 | 120 | 180 | 394 |
| | | | 45～59岁 | 1 763 | 155 | 20 | 60 | 120 | 206 | 397 |
| | | | 60～79岁 | 1 171 | 131 | 6 | 60 | 120 | 180 | 360 |
| | | | 80岁及以上 | 71 | 97 | 9 | 39 | 60 | 120 | 240 |
| | | 女 | 小计 | 6 181 | 125 | 16 | 60 | 103 | 163 | 360 |
| | | | 18～44岁 | 2 635 | 133 | 19 | 60 | 117 | 180 | 360 |
| | | | 45～59岁 | 2 160 | 128 | 16 | 60 | 103 | 171 | 360 |
| | | | 60～79岁 | 1 319 | 98 | 0 | 40 | 66 | 120 | 256 |
| | | | 80岁及以上 | 67 | 89 | 0 | 30 | 60 | 120 | 240 |
| | 城市 | 小计 | 小计 | 5 048 | 121 | 6 | 50 | 86 | 154 | 360 |
| | | | 18～44岁 | 2 032 | 128 | 11 | 51 | 90 | 163 | 360 |
| | | | 45～59岁 | 1 796 | 125 | 9 | 51 | 86 | 171 | 360 |
| | | | 60～79岁 | 1 161 | 101 | 0 | 30 | 60 | 120 | 300 |
| | | | 80岁及以上 | 59 | 64 | 0 | 10 | 60 | 60 | 180 |
| | | 男 | 小计 | 2 215 | 131 | 10 | 51 | 97 | 180 | 360 |
| | | | 18～44岁 | 891 | 135 | 14 | 51 | 99 | 180 | 377 |
| | | | 45～59岁 | 773 | 136 | 10 | 51 | 103 | 180 | 386 |
| | | | 60～79岁 | 518 | 116 | 0 | 47 | 86 | 150 | 343 |
| | | | 80岁及以上 | 33 | 74 | 0 | 30 | 60 | 120 | 227 |
| | | 女 | 小计 | 2 833 | 111 | 0 | 43 | 77 | 137 | 351 |
| | | | 18～44岁 | 1 141 | 121 | 7 | 51 | 86 | 152 | 360 |
| | | | 45～59岁 | 1 023 | 113 | 9 | 49 | 77 | 140 | 351 |
| | | | 60～79岁 | 643 | 87 | 0 | 30 | 60 | 120 | 240 |
| | | | 80岁及以上 | 26 | 55 | 0 | 0 | 43 | 60 | 137 |
| | 农村 | 小计 | 小计 | 6 206 | 148 | 30 | 60 | 120 | 180 | 370 |
| | | | 18～44岁 | 2 671 | 150 | 30 | 72 | 120 | 180 | 377 |
| | | | 45～59岁 | 2 127 | 157 | 30 | 69 | 120 | 206 | 394 |
| | | | 60～79岁 | 1 329 | 126 | 14 | 60 | 107 | 163 | 360 |
| | | | 80岁及以上 | 79 | 114 | 20 | 51 | 90 | 129 | 283 |
| | | 男 | 小计 | 2 858 | 159 | 30 | 77 | 120 | 194 | 403 |
| | | | 18～44岁 | 1 177 | 158 | 34 | 80 | 120 | 180 | 417 |
| | | | 45～59岁 | 990 | 169 | 30 | 86 | 120 | 223 | 420 |
| | | | 60～79岁 | 653 | 143 | 10 | 60 | 120 | 189 | 360 |
| | | | 80岁及以上 | 38 | 118 | 30 | 51 | 111 | 140 | 283 |
| | | 女 | 小计 | 3 348 | 136 | 20 | 60 | 120 | 180 | 360 |
| | | | 18～44岁 | 1 494 | 142 | 30 | 60 | 120 | 180 | 360 |
| | | | 45～59岁 | 1 137 | 142 | 20 | 60 | 120 | 180 | 360 |
| | | | 60～79岁 | 676 | 108 | 14 | 51 | 90 | 120 | 291 |
| | | | 80岁及以上 | 41 | 111 | 20 | 43 | 64 | 129 | 274 |
| 东北 | 城乡 | 小计 | 小计 | 10 168 | 71 | 0 | 10 | 40 | 77 | 263 |
| | | | 18～44岁 | 3 985 | 74 | 0 | 10 | 44 | 86 | 300 |
| | | | 45～59岁 | 3 896 | 73 | 0 | 17 | 47 | 86 | 240 |
| | | | 60～79岁 | 2 163 | 59 | 0 | 9 | 30 | 60 | 180 |
| | | | 80岁及以上 | 124 | 72 | 0 | 0 | 30 | 51 | 630 |
| | | 男 | 小计 | 4 629 | 75 | 0 | 10 | 46 | 94 | 300 |
| | | | 18～44岁 | 1 889 | 78 | 0 | 10 | 49 | 103 | 317 |
| | | | 45～59岁 | 1 659 | 80 | 0 | 17 | 51 | 103 | 300 |
| | | | 60～79岁 | 1 022 | 60 | 0 | 9 | 34 | 60 | 206 |
| | | | 80岁及以上 | 59 | 40 | 0 | 5 | 30 | 51 | 120 |
| | | 女 | 小计 | 5 539 | 67 | 0 | 10 | 39 | 60 | 240 |
| | | | 18～44岁 | 2 096 | 70 | 0 | 10 | 43 | 69 | 300 |
| | | | 45～59岁 | 2 237 | 66 | 0 | 14 | 39 | 60 | 240 |
| | | | 60～79岁 | 1 141 | 57 | 0 | 10 | 30 | 60 | 180 |
| | | | 80岁及以上 | 65 | 99 | 0 | 0 | 20 | 51 | 630 |
| | 城市 | 小计 | 小计 | 4 351 | 62 | 0 | 10 | 39 | 60 | 231 |
| | | | 18～44岁 | 1 658 | 61 | 0 | 9 | 34 | 60 | 231 |
| | | | 45～59岁 | 1 730 | 67 | 0 | 17 | 45 | 70 | 240 |
| | | | 60～79岁 | 909 | 58 | 0 | 17 | 39 | 60 | 180 |

| 地区 | 城乡 | 性别 | 年龄 | $n$ | 冬季非交通出行室外活动时间 /（min/d） | | | | | |
|---|---|---|---|---|---|---|---|---|---|---|
| | | | | | Mean | P5 | P25 | P50 | P75 | P95 |
| 东北 | | 小计 | 80 岁及以上 | 54 | 40 | 0 | 10 | 30 | 30 | 214 |
| | 城市 | 男 | 小计 | 1 910 | 65 | 0 | 10 | 39 | 77 | 240 |
| | | | 18 ～ 44 岁 | 767 | 61 | 0 | 9 | 31 | 77 | 240 |
| | | | 45 ～ 59 岁 | 729 | 72 | 0 | 20 | 51 | 90 | 240 |
| | | | 60 ～ 79 岁 | 395 | 64 | 0 | 15 | 43 | 80 | 180 |
| | | | 80 岁及以上 | 19 | 62 | 0 | 14 | 30 | 51 | 360 |
| | | 女 | 小计 | 2 441 | 59 | 0 | 10 | 39 | 60 | 197 |
| | | | 18 ～ 44 岁 | 891 | 61 | 0 | 9 | 39 | 60 | 223 |
| | | | 45 ～ 59 岁 | 1 001 | 62 | 0 | 17 | 40 | 60 | 240 |
| | | | 60 ～ 79 岁 | 514 | 54 | 0 | 20 | 30 | 60 | 135 |
| | | | 80 岁及以上 | 35 | 27 | 0 | 10 | 30 | 30 | 60 |
| | 农村 | 小计 | 小计 | 5 817 | 77 | 0 | 10 | 51 | 94 | 300 |
| | | | 18 ～ 44 岁 | 2 327 | 81 | 0 | 10 | 60 | 107 | 360 |
| | | | 45 ～ 59 岁 | 2 166 | 76 | 0 | 11 | 51 | 94 | 300 |
| | | | 60 ～ 79 岁 | 1 254 | 59 | 0 | 6 | 30 | 60 | 231 |
| | | | 80 岁及以上 | 70 | 85 | 0 | 0 | 30 | 60 | 630 |
| | | 男 | 小计 | 2 719 | 81 | 0 | 10 | 51 | 107 | 343 |
| | | | 18 ～ 44 岁 | 1 122 | 87 | 0 | 14 | 60 | 120 | 360 |
| | | | 45 ～ 59 岁 | 930 | 85 | 0 | 16 | 51 | 111 | 326 |
| | | | 60 ～ 79 岁 | 627 | 58 | 0 | 6 | 30 | 60 | 240 |
| | | | 80 岁及以上 | 40 | 33 | 0 | 0 | 30 | 30 | 120 |
| | | 女 | 小计 | 3 098 | 72 | 0 | 10 | 39 | 69 | 300 |
| | | | 18 ～ 44 岁 | 1 205 | 76 | 0 | 10 | 51 | 86 | 360 |
| | | | 45 ～ 59 岁 | 1 236 | 69 | 0 | 10 | 34 | 73 | 240 |
| | | | 60 ～ 79 岁 | 627 | 59 | 0 | 6 | 30 | 60 | 189 |
| | | | 80 岁及以上 | 30 | 138 | 0 | 0 | 3 | 76 | 630 |
| 西南 | 城乡 | 小计 | 小计 | 13 369 | 193 | 20 | 60 | 154 | 300 | 480 |
| | | | 18 ～ 44 岁 | 6 408 | 202 | 20 | 63 | 171 | 300 | 480 |
| | | | 45 ～ 59 岁 | 4 250 | 198 | 20 | 69 | 163 | 300 | 480 |
| | | | 60 ～ 79 岁 | 2 542 | 163 | 20 | 60 | 120 | 240 | 420 |
| | | | 80 岁及以上 | 169 | 122 | 0 | 43 | 86 | 180 | 360 |
| | | 男 | 小计 | 6 108 | 200 | 20 | 60 | 163 | 300 | 480 |
| | | | 18 ～ 44 岁 | 2 974 | 208 | 17 | 69 | 180 | 317 | 480 |
| | | | 45 ～ 59 岁 | 1 869 | 206 | 20 | 77 | 171 | 317 | 480 |
| | | | 60 ～ 79 岁 | 1 176 | 170 | 20 | 60 | 120 | 240 | 429 |
| | | | 80 岁及以上 | 89 | 126 | 14 | 60 | 120 | 180 | 360 |
| | | 女 | 小计 | 7 261 | 186 | 20 | 60 | 143 | 266 | 480 |
| | | | 18 ～ 44 岁 | 3 434 | 195 | 20 | 61 | 163 | 300 | 480 |
| | | | 45 ～ 59 岁 | 2 381 | 190 | 20 | 60 | 154 | 291 | 480 |
| | | | 60 ～ 79 岁 | 1 366 | 157 | 17 | 60 | 120 | 240 | 420 |
| | | | 80 岁及以上 | 80 | 118 | 0 | 30 | 60 | 180 | 390 |
| | 城市 | 小计 | 小计 | 4 771 | 186 | 16 | 60 | 129 | 274 | 480 |
| | | | 18 ～ 44 岁 | 2 244 | 185 | 14 | 60 | 137 | 266 | 480 |
| | | | 45 ～ 59 岁 | 1 547 | 194 | 14 | 60 | 137 | 300 | 480 |
| | | | 60 ～ 79 岁 | 904 | 180 | 20 | 60 | 120 | 240 | 480 |
| | | | 80 岁及以上 | 76 | 145 | 10 | 60 | 120 | 189 | 360 |
| | | 男 | 小计 | 2 131 | 189 | 14 | 60 | 137 | 300 | 480 |
| | | | 18 ～ 44 岁 | 1 022 | 191 | 14 | 60 | 137 | 300 | 480 |
| | | | 45 ～ 59 岁 | 664 | 196 | 14 | 60 | 137 | 326 | 480 |
| | | | 60 ～ 79 岁 | 407 | 173 | 20 | 60 | 120 | 249 | 480 |
| | | | 80 岁及以上 | 38 | 154 | 14 | 69 | 120 | 240 | 360 |
| | | 女 | 小计 | 2 640 | 183 | 16 | 60 | 129 | 253 | 480 |
| | | | 18 ～ 44 岁 | 1 222 | 179 | 17 | 60 | 129 | 245 | 480 |
| | | | 45 ～ 59 岁 | 883 | 191 | 15 | 60 | 137 | 300 | 480 |
| | | | 60 ～ 79 岁 | 497 | 187 | 20 | 60 | 120 | 240 | 480 |
| | | | 80 岁及以上 | 38 | 136 | 7 | 43 | 120 | 180 | 360 |
| | 农村 | 小计 | 小计 | 8 598 | 197 | 20 | 60 | 171 | 300 | 480 |
| | | | 18 ～ 44 岁 | 4 164 | 212 | 20 | 77 | 180 | 314 | 480 |

| 地区 | 城乡 | 性别 | 年龄 | n | 冬季非交通出行室外活动时间 /（min/d） | | | | | |
|---|---|---|---|---|---|---|---|---|---|---|
| | | | | | Mean | P5 | P25 | P50 | P75 | P95 |
| 西南 | 农村 | 小计 | 45 ～ 59 岁 | 2 703 | 201 | 30 | 86 | 180 | 300 | 480 |
| | | | 60 ～ 79 岁 | 1 638 | 154 | 20 | 60 | 120 | 240 | 360 |
| | | | 80 岁及以上 | 93 | 102 | 0 | 30 | 60 | 120 | 360 |
| | | 男 | 小计 | 3 977 | 207 | 20 | 69 | 180 | 300 | 480 |
| | | | 18 ～ 44 岁 | 1 952 | 219 | 20 | 77 | 189 | 343 | 480 |
| | | | 45 ～ 59 岁 | 1 205 | 213 | 30 | 97 | 180 | 317 | 480 |
| | | | 60 ～ 79 岁 | 769 | 168 | 20 | 60 | 129 | 240 | 394 |
| | | | 80 岁及以上 | 51 | 102 | 0 | 37 | 70 | 129 | 309 |
| | | 女 | 小计 | 4 621 | 188 | 20 | 60 | 150 | 274 | 480 |
| | | | 18 ～ 44 岁 | 2 212 | 206 | 20 | 77 | 180 | 300 | 480 |
| | | | 45 ～ 59 岁 | 1 498 | 189 | 30 | 77 | 171 | 291 | 437 |
| | | | 60 ～ 79 岁 | 869 | 141 | 17 | 60 | 120 | 206 | 360 |
| | | | 80 岁及以上 | 42 | 101 | 0 | 27 | 60 | 120 | 480 |

## 附表 6-13　中国人群分片区、城乡、性别、年龄的室外活动时间

| 地区 | 城乡 | 性别 | 年龄 | n | 室外活动时间 /（min/d） | | | | | |
|---|---|---|---|---|---|---|---|---|---|---|
| | | | | | Mean | P5 | P25 | P50 | P75 | P95 |
| 合计 | 城乡 | 小计 | 小计 | 90 985 | 253 | 51 | 129 | 221 | 354 | 545 |
| | | | 18 ～ 44 岁 | 36 628 | 253 | 53 | 128 | 219 | 356 | 548 |
| | | | 45 ～ 59 岁 | 32 335 | 264 | 56 | 136 | 235 | 369 | 559 |
| | | | 60 ～ 79 岁 | 20 540 | 241 | 48 | 124 | 210 | 330 | 530 |
| | | | 80 岁及以上 | 1 482 | 180 | 19 | 80 | 150 | 240 | 463 |
| | | 男 | 小计 | 41 241 | 267 | 53 | 135 | 236 | 377 | 561 |
| | | | 18 ～ 44 岁 | 16 747 | 265 | 53 | 135 | 231 | 377 | 559 |
| | | | 45 ～ 59 岁 | 14 074 | 279 | 60 | 142 | 248 | 394 | 580 |
| | | | 60 ～ 79 岁 | 9 745 | 258 | 53 | 135 | 233 | 360 | 544 |
| | | | 80 岁及以上 | 675 | 200 | 30 | 98 | 180 | 260 | 471 |
| | | 女 | 小计 | 49 744 | 239 | 50 | 121 | 209 | 330 | 525 |
| | | | 18 ～ 44 岁 | 19 881 | 241 | 53 | 122 | 208 | 331 | 530 |
| | | | 45 ～ 59 岁 | 18 261 | 250 | 54 | 135 | 223 | 343 | 539 |
| | | | 60 ～ 79 岁 | 10 795 | 224 | 43 | 120 | 195 | 300 | 500 |
| | | | 80 岁及以上 | 807 | 165 | 10 | 63 | 130 | 225 | 450 |
| | 城市 | 小计 | 小计 | 41 746 | 219 | 42 | 106 | 180 | 298 | 523 |
| | | | 18 ～ 44 岁 | 16 612 | 216 | 43 | 105 | 173 | 290 | 525 |
| | | | 45 ～ 59 岁 | 14 720 | 231 | 45 | 115 | 188 | 315 | 540 |
| | | | 60 ～ 79 岁 | 9 670 | 215 | 40 | 110 | 180 | 285 | 495 |
| | | | 80 岁及以上 | 744 | 176 | 20 | 75 | 140 | 240 | 465 |
| | | 男 | 小计 | 18 416 | 230 | 43 | 110 | 185 | 315 | 540 |
| | | | 18 ～ 44 岁 | 7 521 | 226 | 43 | 106 | 180 | 310 | 540 |
| | | | 45 ～ 59 岁 | 6 255 | 240 | 45 | 116 | 195 | 336 | 557 |
| | | | 60 ～ 79 岁 | 4 317 | 226 | 45 | 118 | 195 | 300 | 519 |
| | | | 80 岁及以上 | 323 | 198 | 20 | 90 | 180 | 270 | 465 |
| | | 女 | 小计 | 23 330 | 209 | 40 | 105 | 172 | 277 | 500 |
| | | | 18 ～ 44 岁 | 9 091 | 205 | 42 | 103 | 167 | 270 | 507 |
| | | | 45 ～ 59 岁 | 8 465 | 221 | 45 | 113 | 180 | 300 | 510 |
| | | | 60 ～ 79 岁 | 5 353 | 205 | 39 | 105 | 180 | 270 | 480 |
| | | | 80 岁及以上 | 421 | 159 | 19 | 68 | 120 | 210 | 450 |
| | 农村 | 小计 | 小计 | 49 239 | 279 | 60 | 150 | 255 | 385 | 555 |
| | | | 18 ～ 44 岁 | 20 016 | 281 | 60 | 153 | 259 | 390 | 555 |
| | | | 45 ～ 59 岁 | 17 615 | 291 | 65 | 165 | 270 | 396 | 570 |
| | | | 60 ～ 79 岁 | 10 870 | 260 | 53 | 139 | 238 | 360 | 540 |
| | | | 80 岁及以上 | 738 | 184 | 15 | 83 | 155 | 245 | 450 |
| | | 男 | 小计 | 22 825 | 295 | 60 | 165 | 276 | 409 | 570 |

| 地区 | 城乡 | 性别 | 年龄 | n | 室外活动时间 /（min/d） | | | | | |
|---|---|---|---|---|---|---|---|---|---|---|
| | | | | | Mean | P5 | P25 | P50 | P75 | P95 |
| 合计 | 农村 | 男 | 18 ～ 44 岁 | 9 226 | 294 | 60 | 164 | 280 | 407 | 570 |
| | | | 45 ～ 59 岁 | 7 819 | 311 | 70 | 180 | 295 | 429 | 595 |
| | | | 60 ～ 79 岁 | 5 428 | 280 | 60 | 150 | 257 | 390 | 550 |
| | | | 80 岁及以上 | 352 | 201 | 30 | 105 | 180 | 255 | 471 |
| | | 女 | 小计 | 26 414 | 262 | 60 | 143 | 240 | 360 | 540 |
| | | | 18 ～ 44 岁 | 10 790 | 268 | 60 | 146 | 245 | 365 | 540 |
| | | | 45 ～ 59 岁 | 9 796 | 272 | 60 | 155 | 251 | 365 | 545 |
| | | | 60 ～ 79 岁 | 5 442 | 239 | 45 | 125 | 211 | 329 | 520 |
| | | | 80 岁及以上 | 386 | 170 | 0 | 60 | 141 | 240 | 447 |
| 华北 | 城乡 | 小计 | 小计 | 18 066 | 269 | 64 | 147 | 231 | 371 | 550 |
| | | | 18 ～ 44 岁 | 6 471 | 271 | 70 | 150 | 230 | 375 | 550 |
| | | | 45 ～ 59 岁 | 6 818 | 276 | 69 | 150 | 244 | 377 | 565 |
| | | | 60 ～ 79 岁 | 4 493 | 261 | 60 | 135 | 225 | 360 | 550 |
| | | | 80 岁及以上 | 284 | 187 | 30 | 90 | 150 | 250 | 470 |
| | | 男 | 小计 | 7 981 | 283 | 64 | 150 | 240 | 405 | 570 |
| | | | 18 ～ 44 岁 | 2 910 | 281 | 66 | 150 | 234 | 400 | 572 |
| | | | 45 ～ 59 岁 | 2 815 | 292 | 69 | 156 | 255 | 411 | 585 |
| | | | 60 ～ 79 岁 | 2 111 | 283 | 60 | 145 | 253 | 415 | 560 |
| | | | 80 岁及以上 | 145 | 206 | 39 | 98 | 180 | 283 | 520 |
| | | 女 | 小计 | 10 085 | 255 | 63 | 143 | 225 | 344 | 540 |
| | | | 18 ～ 44 岁 | 3 561 | 260 | 72 | 150 | 225 | 349 | 535 |
| | | | 45 ～ 59 岁 | 4 003 | 261 | 68 | 150 | 240 | 349 | 544 |
| | | | 60 ～ 79 岁 | 2 382 | 238 | 60 | 125 | 210 | 317 | 530 |
| | | | 80 岁及以上 | 139 | 168 | 30 | 80 | 138 | 200 | 425 |
| | 城市 | 小计 | 小计 | 7 792 | 230 | 52 | 120 | 184 | 300 | 545 |
| | | | 18 ～ 44 岁 | 2 770 | 233 | 54 | 123 | 181 | 300 | 550 |
| | | | 45 ～ 59 岁 | 2 781 | 239 | 53 | 121 | 195 | 323 | 549 |
| | | | 60 ～ 79 岁 | 2 085 | 218 | 45 | 115 | 180 | 280 | 530 |
| | | | 80 岁及以上 | 156 | 164 | 30 | 70 | 120 | 225 | 435 |
| | | 男 | 小计 | 3 382 | 241 | 53 | 120 | 185 | 321 | 570 |
| | | | 18 ～ 44 岁 | 1 223 | 239 | 54 | 120 | 180 | 313 | 583 |
| | | | 45 ～ 59 岁 | 1 156 | 255 | 60 | 128 | 203 | 357 | 585 |
| | | | 60 ～ 79 岁 | 920 | 230 | 53 | 115 | 184 | 300 | 550 |
| | | | 80 岁及以上 | 83 | 179 | 20 | 77 | 134 | 274 | 435 |
| | | 女 | 小计 | 4 410 | 220 | 50 | 120 | 181 | 285 | 525 |
| | | | 18 ～ 44 岁 | 1 547 | 226 | 53 | 125 | 185 | 287 | 530 |
| | | | 45 ～ 59 岁 | 1 625 | 224 | 50 | 120 | 190 | 300 | 520 |
| | | | 60 ～ 79 岁 | 1 165 | 206 | 41 | 115 | 180 | 268 | 489 |
| | | | 80 岁及以上 | 73 | 145 | 30 | 70 | 105 | 165 | 435 |
| | 农村 | 小计 | 小计 | 10 274 | 294 | 85 | 170 | 270 | 405 | 559 |
| | | | 18 ～ 44 岁 | 3 701 | 296 | 96 | 173 | 270 | 405 | 555 |
| | | | 45 ～ 59 岁 | 4 037 | 299 | 84 | 175 | 278 | 404 | 570 |
| | | | 60 ～ 79 岁 | 2 408 | 289 | 74 | 155 | 260 | 410 | 550 |
| | | | 80 岁及以上 | 128 | 209 | 53 | 120 | 180 | 270 | 502 |
| | | 男 | 小计 | 4 599 | 312 | 90 | 178 | 290 | 436 | 572 |
| | | | 18 ～ 44 岁 | 1 687 | 308 | 90 | 176 | 285 | 431 | 570 |
| | | | 45 ～ 59 岁 | 1 659 | 318 | 88 | 180 | 300 | 440 | 585 |
| | | | 60 ～ 79 岁 | 1 191 | 316 | 83 | 180 | 300 | 450 | 568 |
| | | | 80 岁及以上 | 62 | 240 | 98 | 128 | 212 | 306 | 525 |
| | | 女 | 小计 | 5 675 | 278 | 83 | 164 | 255 | 368 | 540 |
| | | | 18 ～ 44 岁 | 2 014 | 284 | 98 | 170 | 262 | 375 | 536 |
| | | | 45 ～ 59 岁 | 2 378 | 284 | 83 | 170 | 261 | 373 | 550 |
| | | | 60 ～ 79 岁 | 1 217 | 260 | 67 | 140 | 227 | 354 | 540 |
| | | | 80 岁及以上 | 66 | 184 | 20 | 96 | 155 | 255 | 425 |
| 华东 | 城乡 | 小计 | 小计 | 22 935 | 225 | 40 | 109 | 183 | 311 | 520 |
| | | | 18 ～ 44 岁 | 8 530 | 215 | 43 | 105 | 175 | 293 | 510 |
| | | | 45 ～ 59 岁 | 8 061 | 245 | 41 | 117 | 203 | 351 | 541 |
| | | | 60 ～ 79 岁 | 5 826 | 231 | 40 | 119 | 200 | 315 | 512 |

| 地区 | 城乡 | 性别 | 年龄 | n | 室外活动时间 /（min/d） | | | | | |
|---|---|---|---|---|---|---|---|---|---|---|
| | | | | | Mean | P5 | P25 | P50 | P75 | P95 |
| 华东 | 城乡 | 小计 | 80 岁及以上 | 518 | 172 | 0 | 68 | 150 | 240 | 420 |
| | | 男 | 小计 | 10 421 | 242 | 43 | 120 | 200 | 345 | 540 |
| | | | 18 ～ 44 岁 | 3 791 | 229 | 43 | 113 | 182 | 321 | 518 |
| | | | 45 ～ 59 岁 | 3 625 | 263 | 43 | 120 | 223 | 384 | 574 |
| | | | 60 ～ 79 岁 | 2 800 | 250 | 47 | 125 | 222 | 345 | 545 |
| | | | 80 岁及以上 | 205 | 202 | 20 | 113 | 197 | 270 | 426 |
| | | 女 | 小计 | 12 514 | 208 | 40 | 103 | 172 | 280 | 490 |
| | | | 18 ～ 44 岁 | 4 739 | 202 | 44 | 101 | 165 | 263 | 490 |
| | | | 45 ～ 59 岁 | 4 436 | 225 | 40 | 110 | 188 | 315 | 510 |
| | | | 60 ～ 79 岁 | 3 026 | 210 | 33 | 105 | 180 | 286 | 472 |
| | | | 80 岁及以上 | 313 | 156 | 0 | 60 | 124 | 240 | 395 |
| | 城市 | 小计 | 小计 | 12 454 | 194 | 38 | 93 | 155 | 255 | 484 |
| | | | 18 ～ 44 岁 | 4 760 | 187 | 39 | 90 | 150 | 240 | 480 |
| | | | 45 ～ 59 岁 | 4 282 | 206 | 38 | 97 | 163 | 279 | 504 |
| | | | 60 ～ 79 岁 | 3 141 | 198 | 35 | 99 | 170 | 265 | 465 |
| | | | 80 岁及以上 | 271 | 165 | 10 | 68 | 135 | 225 | 443 |
| | | 男 | 小计 | 5 483 | 207 | 38 | 97 | 165 | 281 | 508 |
| | | | 18 ～ 44 岁 | 2 105 | 200 | 38 | 93 | 156 | 266 | 500 |
| | | | 45 ～ 59 岁 | 1 871 | 219 | 38 | 99 | 171 | 306 | 521 |
| | | | 60 ～ 79 岁 | 1 405 | 211 | 38 | 105 | 180 | 281 | 491 |
| | | | 80 岁及以上 | 102 | 186 | 16 | 90 | 165 | 240 | 405 |
| | | 女 | 小计 | 6 971 | 180 | 37 | 90 | 150 | 236 | 448 |
| | | | 18 ～ 44 岁 | 2 655 | 175 | 40 | 90 | 144 | 223 | 437 |
| | | | 45 ～ 59 岁 | 2 411 | 191 | 37 | 95 | 154 | 255 | 465 |
| | | | 60 ～ 79 岁 | 1 736 | 185 | 30 | 90 | 160 | 255 | 420 |
| | | | 80 岁及以上 | 169 | 154 | 7 | 60 | 108 | 195 | 450 |
| | 农村 | 小计 | 小计 | 10 481 | 259 | 50 | 134 | 229 | 365 | 545 |
| | | | 18 ～ 44 岁 | 3 770 | 247 | 54 | 129 | 210 | 345 | 525 |
| | | | 45 ～ 59 岁 | 3 779 | 286 | 53 | 148 | 255 | 407 | 574 |
| | | | 60 ～ 79 岁 | 2 685 | 263 | 44 | 136 | 240 | 365 | 549 |
| | | | 80 岁及以上 | 247 | 179 | 0 | 68 | 176 | 255 | 420 |
| | | 男 | 小计 | 4 938 | 279 | 55 | 145 | 250 | 399 | 570 |
| | | | 18 ～ 44 岁 | 1 686 | 261 | 54 | 137 | 225 | 373 | 540 |
| | | | 45 ～ 59 岁 | 1 754 | 310 | 56 | 164 | 287 | 444 | 611 |
| | | | 60 ～ 79 岁 | 1 395 | 285 | 60 | 150 | 260 | 403 | 585 |
| | | | 80 岁及以上 | 103 | 218 | 23 | 120 | 219 | 296 | 440 |
| | | 女 | 小计 | 5 543 | 239 | 45 | 123 | 210 | 331 | 523 |
| | | | 18 ～ 44 岁 | 2 084 | 233 | 53 | 120 | 195 | 319 | 525 |
| | | | 45 ～ 59 岁 | 2 025 | 259 | 53 | 135 | 233 | 365 | 540 |
| | | | 60 ～ 79 岁 | 1 290 | 238 | 34 | 125 | 223 | 330 | 499 |
| | | | 80 岁及以上 | 144 | 157 | 0 | 43 | 150 | 241 | 375 |
| 华南 | 城乡 | 小计 | 小计 | 15 157 | 268 | 60 | 148 | 241 | 360 | 554 |
| | | | 18 ～ 44 岁 | 6 517 | 267 | 60 | 142 | 240 | 360 | 550 |
| | | | 45 ～ 59 岁 | 5 376 | 278 | 60 | 155 | 257 | 375 | 570 |
| | | | 60 ～ 79 岁 | 3 017 | 258 | 54 | 150 | 240 | 345 | 539 |
| | | | 80 岁及以上 | 247 | 188 | 30 | 90 | 150 | 240 | 470 |
| | | 男 | 小计 | 7 013 | 279 | 60 | 150 | 255 | 380 | 564 |
| | | | 18 ～ 44 岁 | 3 108 | 280 | 60 | 150 | 257 | 380 | 558 |
| | | | 45 ～ 59 岁 | 2 339 | 288 | 60 | 155 | 266 | 394 | 590 |
| | | | 60 ～ 79 岁 | 1 460 | 267 | 60 | 158 | 245 | 360 | 540 |
| | | | 80 岁及以上 | 106 | 209 | 30 | 83 | 166 | 300 | 510 |
| | | 女 | 小计 | 8 144 | 255 | 54 | 140 | 230 | 340 | 540 |
| | | | 18 ～ 44 岁 | 3 409 | 252 | 54 | 135 | 225 | 341 | 540 |
| | | | 45 ～ 59 岁 | 3 037 | 269 | 60 | 155 | 250 | 350 | 555 |
| | | | 60 ～ 79 岁 | 1 557 | 249 | 50 | 137 | 225 | 328 | 533 |
| | | | 80 岁及以上 | 141 | 172 | 34 | 90 | 139 | 210 | 470 |
| | 城市 | 小计 | 小计 | 7 324 | 247 | 50 | 120 | 210 | 338 | 555 |
| | | | 18 ～ 44 岁 | 3 146 | 244 | 47 | 120 | 197 | 339 | 553 |

| 地区 | 城乡 | 性别 | 年龄 | n | 室外活动时间 /（min/d） | | | | | |
|---|---|---|---|---|---|---|---|---|---|---|
| | | | | | Mean | P5 | P25 | P50 | P75 | P95 |
| 华南 | 城市 | 小计 | 45 ～ 59 岁 | 2 581 | 259 | 59 | 135 | 227 | 345 | 576 |
| | | | 60 ～ 79 岁 | 1 469 | 238 | 50 | 124 | 215 | 315 | 514 |
| | | | 80 岁及以上 | 128 | 193 | 32 | 90 | 150 | 260 | 470 |
| | | 男 | 小计 | 3 289 | 256 | 51 | 124 | 219 | 351 | 571 |
| | | | 18 ～ 44 岁 | 1 511 | 256 | 51 | 122 | 210 | 354 | 581 |
| | | | 45 ～ 59 岁 | 1 060 | 261 | 60 | 130 | 229 | 355 | 590 |
| | | | 60 ～ 79 岁 | 670 | 249 | 55 | 135 | 234 | 330 | 550 |
| | | | 80 岁及以上 | 48 | 223 | 20 | 92 | 190 | 360 | 510 |
| | | 女 | 小计 | 4 035 | 237 | 48 | 120 | 197 | 317 | 540 |
| | | | 18 ～ 44 岁 | 1 635 | 230 | 44 | 115 | 188 | 316 | 540 |
| | | | 45 ～ 59 岁 | 1 521 | 256 | 57 | 140 | 225 | 335 | 568 |
| | | | 60 ～ 79 岁 | 799 | 227 | 48 | 120 | 200 | 296 | 495 |
| | | | 80 岁及以上 | 80 | 174 | 60 | 90 | 134 | 210 | 470 |
| | 农村 | 小计 | 小计 | 7 833 | 283 | 60 | 167 | 268 | 375 | 552 |
| | | | 18 ～ 44 岁 | 3 371 | 282 | 60 | 165 | 270 | 375 | 546 |
| | | | 45 ～ 59 岁 | 2 795 | 294 | 64 | 179 | 275 | 390 | 570 |
| | | | 60 ～ 79 岁 | 1 548 | 274 | 60 | 165 | 253 | 360 | 540 |
| | | | 80 岁及以上 | 119 | 183 | 30 | 86 | 151 | 239 | 450 |
| | | 男 | 小计 | 3 724 | 296 | 64 | 180 | 285 | 395 | 559 |
| | | | 18 ～ 44 岁 | 1 597 | 297 | 63 | 180 | 287 | 394 | 555 |
| | | | 45 ～ 59 岁 | 1 279 | 308 | 69 | 187 | 290 | 415 | 590 |
| | | | 60 ～ 79 岁 | 790 | 280 | 64 | 178 | 260 | 376 | 530 |
| | | | 80 岁及以上 | 58 | 198 | 30 | 83 | 160 | 239 | 579 |
| | | 女 | 小计 | 4 109 | 269 | 60 | 159 | 253 | 349 | 540 |
| | | | 18 ～ 44 岁 | 1 774 | 267 | 60 | 156 | 250 | 347 | 540 |
| | | | 45 ～ 59 岁 | 1 516 | 280 | 60 | 170 | 264 | 360 | 541 |
| | | | 60 ～ 79 岁 | 758 | 267 | 54 | 160 | 244 | 345 | 550 |
| | | | 80 岁及以上 | 61 | 169 | 30 | 90 | 141 | 207 | 405 |
| 西北 | 城乡 | 小计 | 小计 | 11 265 | 290 | 70 | 169 | 270 | 390 | 570 |
| | | | 18 ～ 44 岁 | 4 706 | 303 | 73 | 184 | 294 | 405 | 570 |
| | | | 45 ～ 59 岁 | 3 927 | 296 | 72 | 175 | 268 | 396 | 594 |
| | | | 60 ～ 79 岁 | 2 494 | 247 | 60 | 144 | 225 | 330 | 500 |
| | | | 80 岁及以上 | 138 | 196 | 26 | 114 | 180 | 245 | 447 |
| | | 男 | 小计 | 5 078 | 310 | 72 | 186 | 295 | 414 | 600 |
| | | | 18 ～ 44 岁 | 2 069 | 321 | 73 | 197 | 312 | 424 | 606 |
| | | | 45 ～ 59 岁 | 1 765 | 314 | 75 | 184 | 290 | 420 | 606 |
| | | | 60 ～ 79 岁 | 1 173 | 277 | 67 | 170 | 258 | 370 | 540 |
| | | | 80 岁及以上 | 71 | 206 | 42 | 129 | 195 | 256 | 420 |
| | | 女 | 小计 | 6 187 | 270 | 65 | 155 | 248 | 360 | 540 |
| | | | 18 ～ 44 岁 | 2 637 | 286 | 73 | 170 | 270 | 386 | 541 |
| | | | 45 ～ 59 岁 | 2 162 | 276 | 70 | 163 | 250 | 370 | 570 |
| | | | 60 ～ 79 岁 | 1 321 | 217 | 50 | 120 | 195 | 285 | 456 |
| | | | 80 岁及以上 | 67 | 188 | 10 | 105 | 158 | 240 | 447 |
| | 城市 | 小计 | 小计 | 5 052 | 238 | 53 | 127 | 206 | 330 | 521 |
| | | | 18 ～ 44 岁 | 2 032 | 241 | 53 | 125 | 207 | 343 | 525 |
| | | | 45 ～ 59 岁 | 1 798 | 248 | 55 | 135 | 213 | 338 | 555 |
| | | | 60 ～ 79 岁 | 1 163 | 219 | 52 | 124 | 195 | 300 | 445 |
| | | | 80 岁及以上 | 59 | 165 | 10 | 93 | 150 | 219 | 390 |
| | | 男 | 小计 | 2 219 | 252 | 55 | 130 | 218 | 354 | 545 |
| | | | 18 ～ 44 岁 | 891 | 251 | 55 | 123 | 214 | 360 | 540 |
| | | | 45 ～ 59 岁 | 775 | 262 | 55 | 135 | 225 | 360 | 596 |
| | | | 60 ～ 79 岁 | 520 | 242 | 60 | 143 | 225 | 326 | 473 |
| | | | 80 岁及以上 | 33 | 193 | 29 | 93 | 180 | 225 | 465 |
| | | 女 | 小计 | 2 833 | 225 | 50 | 123 | 193 | 305 | 490 |
| | | | 18 ～ 44 岁 | 1 141 | 231 | 51 | 125 | 197 | 320 | 510 |
| | | | 45 ～ 59 岁 | 1 023 | 235 | 58 | 133 | 205 | 315 | 510 |
| | | | 60 ～ 79 岁 | 643 | 198 | 45 | 113 | 176 | 257 | 420 |
| | | | 80 岁及以上 | 26 | 136 | 10 | 70 | 125 | 213 | 315 |

| 地区 | 城乡 | 性别 | 年龄 | n | 室外活动时间 /（min/d） | | | | | |
| --- | --- | --- | --- | --- | --- | --- | --- | --- | --- | --- |
| | | | | | Mean | P5 | P25 | P50 | P75 | P95 |
| 西北 | 农村 | 小计 | 小计 | 6 213 | 330 | 106 | 222 | 315 | 424 | 594 |
| | | | 18 ～ 44 岁 | 2 674 | 348 | 128 | 245 | 336 | 435 | 604 |
| | | | 45 ～ 59 岁 | 2 129 | 335 | 114 | 223 | 313 | 435 | 612 |
| | | | 60 ～ 79 岁 | 1 331 | 272 | 75 | 163 | 249 | 365 | 534 |
| | | | 80 岁及以上 | 79 | 220 | 83 | 128 | 210 | 280 | 447 |
| | | 男 | 小计 | 2 859 | 353 | 128 | 244 | 339 | 450 | 615 |
| | | | 18 ～ 44 岁 | 1 178 | 369 | 138 | 268 | 351 | 460 | 630 |
| | | | 45 ～ 59 岁 | 990 | 355 | 137 | 240 | 336 | 460 | 615 |
| | | | 60 ～ 79 岁 | 653 | 307 | 83 | 198 | 285 | 405 | 555 |
| | | | 80 岁及以上 | 38 | 217 | 88 | 143 | 213 | 280 | 390 |
| | | 女 | 小计 | 3 354 | 306 | 94 | 204 | 287 | 399 | 570 |
| | | | 18 ～ 44 岁 | 1 496 | 326 | 124 | 225 | 316 | 418 | 570 |
| | | | 45 ～ 59 岁 | 1 139 | 313 | 95 | 210 | 285 | 405 | 600 |
| | | | 60 ～ 79 岁 | 678 | 236 | 70 | 141 | 213 | 310 | 480 |
| | | | 80 岁及以上 | 41 | 222 | 76 | 114 | 208 | 300 | 447 |
| 东北 | 城乡 | 小计 | 小计 | 10 169 | 213 | 39 | 105 | 180 | 300 | 490 |
| | | | 18 ～ 44 岁 | 3 985 | 218 | 39 | 105 | 180 | 307 | 495 |
| | | | 45 ～ 59 岁 | 3 897 | 220 | 45 | 111 | 187 | 309 | 493 |
| | | | 60 ～ 79 岁 | 2 163 | 187 | 28 | 93 | 160 | 248 | 450 |
| | | | 80 岁及以上 | 124 | 153 | 21 | 60 | 90 | 173 | 620 |
| | | 男 | 小计 | 4 629 | 225 | 39 | 112 | 189 | 321 | 510 |
| | | | 18 ～ 44 岁 | 1 889 | 227 | 39 | 113 | 195 | 324 | 511 |
| | | | 45 ～ 59 岁 | 1 659 | 238 | 47 | 120 | 197 | 339 | 530 |
| | | | 60 ～ 79 岁 | 1 022 | 200 | 30 | 105 | 165 | 272 | 465 |
| | | | 80 岁及以上 | 59 | 126 | 14 | 61 | 90 | 158 | 315 |
| | | 女 | 小计 | 5 540 | 201 | 38 | 100 | 167 | 278 | 480 |
| | | | 18 ～ 44 岁 | 2 096 | 208 | 40 | 105 | 171 | 287 | 480 |
| | | | 45 ～ 59 岁 | 2 238 | 204 | 40 | 105 | 176 | 280 | 460 |
| | | | 60 ～ 79 岁 | 1 141 | 175 | 24 | 89 | 153 | 229 | 419 |
| | | | 80 岁及以上 | 65 | 176 | 23 | 60 | 94 | 197 | 620 |
| | 城市 | 小计 | 小计 | 4 351 | 156 | 29 | 78 | 129 | 203 | 377 |
| | | | 18 ～ 44 岁 | 1 658 | 149 | 29 | 73 | 120 | 189 | 364 |
| | | | 45 ～ 59 岁 | 1 730 | 166 | 30 | 85 | 139 | 210 | 390 |
| | | | 60 ～ 79 岁 | 909 | 162 | 25 | 84 | 143 | 214 | 383 |
| | | | 80 岁及以上 | 54 | 146 | 13 | 60 | 105 | 184 | 518 |
| | | 男 | 小计 | 1 910 | 163 | 29 | 81 | 131 | 210 | 390 |
| | | | 18 ～ 44 岁 | 767 | 153 | 29 | 77 | 123 | 197 | 366 |
| | | | 45 ～ 59 岁 | 729 | 173 | 30 | 87 | 141 | 225 | 411 |
| | | | 60 ～ 79 岁 | 395 | 177 | 28 | 98 | 158 | 227 | 405 |
| | | | 80 岁及以上 | 19 | 154 | 0 | 43 | 103 | 184 | 518 |
| | | 女 | 小计 | 2 441 | 150 | 29 | 75 | 125 | 191 | 364 |
| | | | 18 ～ 44 岁 | 891 | 144 | 29 | 72 | 119 | 181 | 364 |
| | | | 45 ～ 59 岁 | 1 001 | 158 | 33 | 83 | 137 | 205 | 369 |
| | | | 60 ～ 79 岁 | 514 | 150 | 18 | 75 | 130 | 195 | 368 |
| | | | 80 岁及以上 | 35 | 141 | 20 | 60 | 109 | 180 | 525 |
| | 农村 | 小计 | 小计 | 5 818 | 244 | 50 | 126 | 215 | 343 | 519 |
| | | | 18 ～ 44 岁 | 2 327 | 255 | 60 | 135 | 226 | 354 | 526 |
| | | | 45 ～ 59 岁 | 2 167 | 253 | 55 | 135 | 225 | 355 | 524 |
| | | | 60 ～ 79 岁 | 1 254 | 200 | 30 | 103 | 169 | 276 | 480 |
| | | | 80 岁及以上 | 70 | 156 | 28 | 60 | 88 | 173 | 620 |
| | | 男 | 小计 | 2 719 | 259 | 53 | 135 | 226 | 360 | 540 |
| | | | 18 ～ 44 岁 | 1 122 | 266 | 59 | 141 | 240 | 368 | 540 |
| | | | 45 ～ 59 岁 | 930 | 280 | 62 | 154 | 252 | 381 | 566 |
| | | | 60 ～ 79 岁 | 627 | 211 | 30 | 106 | 179 | 307 | 480 |
| | | | 80 岁及以上 | 40 | 118 | 25 | 65 | 90 | 158 | 235 |
| | | 女 | 小计 | 3 099 | 229 | 49 | 120 | 201 | 315 | 495 |
| | | | 18 ～ 44 岁 | 1 205 | 242 | 60 | 123 | 220 | 339 | 495 |
| | | | 45 ～ 59 岁 | 1 237 | 230 | 50 | 120 | 206 | 315 | 485 |

| 地区 | 城乡 | 性别 | 年龄 | n | 室外活动时间 /（min/d） | | | | | |
|---|---|---|---|---|---|---|---|---|---|---|
| | | | | | Mean | P5 | P25 | P50 | P75 | P95 |
| 东北 | 农村 | 女 | 60～79岁 | 627 | 189 | 30 | 95 | 165 | 246 | 485 |
| | | | 80岁及以上 | 30 | 194 | 28 | 43 | 88 | 225 | 620 |
| 西南 | 城乡 | 小计 | 小计 | 13 393 | 274 | 53 | 138 | 249 | 390 | 566 |
| | | | 18～44岁 | 6 419 | 283 | 58 | 142 | 261 | 404 | 583 |
| | | | 45～59岁 | 4 256 | 284 | 60 | 150 | 260 | 400 | 570 |
| | | | 60～79岁 | 2 547 | 238 | 47 | 120 | 210 | 334 | 511 |
| | | | 80岁及以上 | 171 | 188 | 19 | 75 | 165 | 255 | 487 |
| | | 男 | 小计 | 6 119 | 283 | 53 | 146 | 260 | 401 | 570 |
| | | | 18～44岁 | 2 980 | 290 | 53 | 148 | 270 | 419 | 583 |
| | | | 45～59岁 | 1 871 | 295 | 61 | 158 | 273 | 416 | 574 |
| | | | 60～79岁 | 1 179 | 246 | 50 | 127 | 225 | 345 | 523 |
| | | | 80岁及以上 | 89 | 205 | 38 | 111 | 180 | 257 | 540 |
| | | 女 | 小计 | 7 274 | 265 | 53 | 133 | 240 | 375 | 555 |
| | | | 18～44岁 | 3 439 | 276 | 60 | 136 | 250 | 390 | 585 |
| | | | 45～59岁 | 2 385 | 273 | 60 | 140 | 248 | 390 | 555 |
| | | | 60～79岁 | 1 368 | 230 | 43 | 117 | 200 | 325 | 495 |
| | | | 80岁及以上 | 82 | 167 | 9 | 56 | 125 | 240 | 465 |
| | 城市 | 小计 | 小计 | 4 773 | 258 | 54 | 135 | 227 | 362 | 547 |
| | | | 18～44岁 | 2 246 | 254 | 56 | 133 | 225 | 356 | 551 |
| | | | 45～59岁 | 1 548 | 270 | 58 | 135 | 237 | 394 | 560 |
| | | | 60～79岁 | 903 | 255 | 51 | 135 | 239 | 360 | 523 |
| | | | 80岁及以上 | 76 | 213 | 30 | 90 | 200 | 283 | 487 |
| | | 男 | 小计 | 2 133 | 262 | 53 | 135 | 233 | 373 | 559 |
| | | | 18～44岁 | 1 024 | 262 | 59 | 138 | 234 | 367 | 565 |
| | | | 45～59岁 | 664 | 272 | 51 | 135 | 233 | 401 | 566 |
| | | | 60～79岁 | 407 | 247 | 45 | 120 | 225 | 356 | 524 |
| | | | 80岁及以上 | 38 | 237 | 42 | 138 | 236 | 280 | 540 |
| | | 女 | 小计 | 2 640 | 254 | 56 | 131 | 225 | 360 | 541 |
| | | | 18～44岁 | 1 222 | 246 | 55 | 123 | 215 | 343 | 540 |
| | | | 45～59岁 | 884 | 268 | 60 | 135 | 240 | 390 | 553 |
| | | | 60～79岁 | 496 | 263 | 60 | 140 | 240 | 360 | 510 |
| | | | 80岁及以上 | 38 | 187 | 18 | 64 | 180 | 309 | 465 |
| | 农村 | 小计 | 小计 | 8 620 | 285 | 53 | 144 | 268 | 405 | 579 |
| | | | 18～44岁 | 4 173 | 302 | 60 | 152 | 295 | 430 | 600 |
| | | | 45～59岁 | 2 708 | 294 | 60 | 165 | 280 | 405 | 574 |
| | | | 60～79岁 | 1 644 | 228 | 43 | 114 | 198 | 320 | 495 |
| | | | 80岁及以上 | 95 | 166 | 19 | 63 | 140 | 240 | 540 |
| | | 男 | 小计 | 3 986 | 296 | 53 | 152 | 287 | 420 | 583 |
| | | | 18～44岁 | 1 956 | 309 | 43 | 158 | 308 | 440 | 600 |
| | | | 45～59岁 | 1 207 | 311 | 80 | 180 | 299 | 420 | 585 |
| | | | 60～79岁 | 772 | 245 | 50 | 130 | 225 | 345 | 511 |
| | | | 80岁及以上 | 51 | 180 | 30 | 93 | 154 | 255 | 390 |
| | | 女 | 小计 | 4 634 | 273 | 53 | 135 | 250 | 390 | 570 |
| | | | 18～44岁 | 2 217 | 295 | 60 | 150 | 279 | 420 | 598 |
| | | | 45～59岁 | 1 501 | 277 | 60 | 150 | 260 | 386 | 555 |
| | | | 60～79岁 | 872 | 211 | 38 | 96 | 180 | 300 | 480 |
| | | | 80岁及以上 | 44 | 150 | 0 | 55 | 90 | 210 | 540 |

## 附表 6-14 中国人群分片区、城乡、性别、年龄的春秋季室外活动时间

| 地区 | 城乡 | 性别 | 年龄 | n | 春秋季室外活动时间 /（min/d） | | | | | |
|---|---|---|---|---|---|---|---|---|---|---|
| | | | | | Mean | P5 | P25 | P50 | P75 | P95 |
| 合计 | 城乡 | 小计 | 小计 | 90 989 | 259 | 50 | 120 | 223 | 361 | 570 |
| | | | 18 ~ 44 岁 | 36 630 | 258 | 51 | 123 | 220 | 364 | 567 |
| | | | 45 ~ 59 岁 | 32 335 | 271 | 53 | 133 | 240 | 387 | 590 |
| | | | 60 ~ 79 岁 | 20 541 | 246 | 44 | 120 | 210 | 343 | 540 |
| | | | 80 岁及以上 | 1 483 | 182 | 20 | 71 | 150 | 240 | 493 |
| | | 男 | 小计 | 41 244 | 272 | 51 | 130 | 240 | 390 | 596 |
| | | | 18 ~ 44 岁 | 16 749 | 270 | 51 | 130 | 236 | 390 | 583 |
| | | | 45 ~ 59 岁 | 14 074 | 286 | 57 | 140 | 248 | 413 | 600 |
| | | | 60 ~ 79 岁 | 9 746 | 264 | 51 | 129 | 240 | 363 | 560 |
| | | | 80 岁及以上 | 675 | 202 | 30 | 90 | 180 | 270 | 491 |
| | | 女 | 小计 | 49 745 | 245 | 49 | 120 | 210 | 340 | 540 |
| | | | 18 ~ 44 岁 | 19 881 | 247 | 51 | 120 | 210 | 344 | 544 |
| | | | 45 ~ 59 岁 | 18 261 | 256 | 51 | 128 | 225 | 360 | 550 |
| | | | 60 ~ 79 岁 | 10 795 | 228 | 40 | 120 | 193 | 304 | 530 |
| | | | 80 岁及以上 | 808 | 167 | 10 | 60 | 129 | 234 | 495 |
| | 城市 | 小计 | 小计 | 41 755 | 222 | 40 | 105 | 180 | 300 | 540 |
| | | | 18 ~ 44 岁 | 16 615 | 218 | 40 | 103 | 176 | 300 | 540 |
| | | | 45 ~ 59 岁 | 14 722 | 234 | 43 | 111 | 187 | 326 | 540 |
| | | | 60 ~ 79 岁 | 9 673 | 218 | 40 | 110 | 180 | 300 | 511 |
| | | | 80 岁及以上 | 745 | 179 | 20 | 69 | 140 | 240 | 480 |
| | | 男 | 小计 | 18 420 | 232 | 40 | 107 | 183 | 323 | 549 |
| | | | 18 ~ 44 岁 | 7 523 | 229 | 40 | 106 | 180 | 317 | 549 |
| | | | 45 ~ 59 岁 | 6 256 | 243 | 43 | 114 | 195 | 349 | 570 |
| | | | 60 ~ 79 岁 | 4 318 | 230 | 40 | 119 | 197 | 304 | 540 |
| | | | 80 岁及以上 | 323 | 200 | 20 | 90 | 163 | 283 | 491 |
| | | 女 | 小计 | 23 335 | 212 | 40 | 101 | 177 | 286 | 515 |
| | | | 18 ~ 44 岁 | 9 092 | 208 | 40 | 100 | 169 | 279 | 514 |
| | | | 45 ~ 59 岁 | 8 466 | 224 | 43 | 110 | 180 | 300 | 530 |
| | | | 60 ~ 79 岁 | 5 355 | 207 | 35 | 100 | 180 | 279 | 497 |
| | | | 80 岁及以上 | 422 | 162 | 20 | 60 | 120 | 210 | 480 |
| | 农村 | 小计 | 小计 | 49 234 | 287 | 60 | 150 | 260 | 401 | 600 |
| | | | 18 ~ 44 岁 | 20 015 | 289 | 60 | 150 | 266 | 407 | 600 |
| | | | 45 ~ 59 岁 | 17 613 | 301 | 60 | 160 | 274 | 420 | 600 |
| | | | 60 ~ 79 岁 | 10 868 | 268 | 50 | 135 | 240 | 377 | 566 |
| | | | 80 岁及以上 | 738 | 185 | 17 | 80 | 150 | 244 | 500 |
| | | 男 | 小计 | 22 824 | 303 | 60 | 160 | 280 | 424 | 600 |
| | | | 18 ~ 44 岁 | 9 226 | 301 | 60 | 160 | 280 | 420 | 600 |
| | | | 45 ~ 59 岁 | 7 818 | 321 | 63 | 180 | 300 | 454 | 630 |
| | | | 60 ~ 79 岁 | 5 428 | 289 | 60 | 150 | 263 | 411 | 586 |
| | | | 80 岁及以上 | 352 | 204 | 30 | 111 | 180 | 257 | 510 |
| | | 女 | 小计 | 26 410 | 270 | 60 | 140 | 240 | 377 | 570 |
| | | | 18 ~ 44 岁 | 10 789 | 276 | 60 | 145 | 244 | 386 | 570 |
| | | | 45 ~ 59 岁 | 9 795 | 281 | 60 | 150 | 254 | 390 | 571 |
| | | | 60 ~ 79 岁 | 5 440 | 245 | 40 | 120 | 210 | 340 | 540 |
| | | | 80 岁及以上 | 386 | 171 | 0 | 60 | 133 | 240 | 500 |
| 华北 | 城乡 | 小计 | 小计 | 18 075 | 272 | 60 | 140 | 231 | 390 | 570 |
| | | | 18 ~ 44 岁 | 6 473 | 274 | 60 | 143 | 230 | 390 | 570 |
| | | | 45 ~ 59 岁 | 6 821 | 280 | 60 | 141 | 240 | 393 | 591 |
| | | | 60 ~ 79 岁 | 4 496 | 264 | 60 | 123 | 227 | 374 | 550 |
| | | | 80 岁及以上 | 285 | 184 | 30 | 86 | 150 | 240 | 500 |
| | | 男 | 小计 | 7 986 | 286 | 60 | 141 | 240 | 420 | 600 |
| | | | 18 ~ 44 岁 | 2 912 | 283 | 60 | 143 | 236 | 411 | 600 |
| | | | 45 ~ 59 岁 | 2 816 | 298 | 60 | 150 | 250 | 441 | 630 |
| | | | 60 ~ 79 岁 | 2 113 | 286 | 60 | 140 | 246 | 420 | 570 |
| | | | 80 岁及以上 | 145 | 203 | 35 | 90 | 180 | 253 | 520 |

| 地区 | 城乡 | 性别 | 年龄 | n | 春秋季室外活动时间 /（min/d） | | | | | |
|---|---|---|---|---|---|---|---|---|---|---|
| | | | | | Mean | P5 | P25 | P50 | P75 | P95 |
| 华北 | 城乡 | 女 | 小计 | 10 089 | 258 | 60 | 140 | 220 | 360 | 550 |
| | | | 18 ～ 44 岁 | 3 561 | 264 | 60 | 146 | 223 | 360 | 550 |
| | | | 45 ～ 59 岁 | 4 005 | 265 | 60 | 140 | 236 | 360 | 550 |
| | | | 60 ～ 79 岁 | 2 383 | 241 | 60 | 120 | 200 | 320 | 540 |
| | | | 80 岁及以上 | 140 | 165 | 30 | 70 | 133 | 193 | 500 |
| | 城市 | 小计 | 小计 | 7 800 | 229 | 46 | 120 | 180 | 300 | 549 |
| | | | 18 ～ 44 岁 | 2 772 | 232 | 51 | 120 | 180 | 300 | 550 |
| | | | 45 ～ 59 岁 | 2 784 | 239 | 47 | 120 | 192 | 324 | 550 |
| | | | 60 ～ 79 岁 | 2 087 | 215 | 40 | 110 | 180 | 283 | 530 |
| | | | 80 岁及以上 | 157 | 161 | 30 | 64 | 120 | 210 | 420 |
| | | 男 | 小计 | 3 386 | 240 | 47 | 120 | 180 | 326 | 580 |
| | | | 18 ～ 44 岁 | 1 225 | 238 | 50 | 120 | 180 | 317 | 600 |
| | | | 45 ～ 59 岁 | 1 157 | 255 | 47 | 120 | 200 | 360 | 600 |
| | | | 60 ～ 79 岁 | 921 | 228 | 45 | 110 | 180 | 300 | 540 |
| | | | 80 岁及以上 | 83 | 174 | 20 | 69 | 120 | 260 | 420 |
| | | 女 | 小计 | 4 414 | 219 | 45 | 120 | 180 | 287 | 530 |
| | | | 18 ～ 44 岁 | 1 547 | 226 | 51 | 120 | 180 | 287 | 540 |
| | | | 45 ～ 59 岁 | 1 627 | 224 | 47 | 120 | 180 | 300 | 530 |
| | | | 60 ～ 79 岁 | 1 166 | 204 | 40 | 110 | 180 | 270 | 500 |
| | | | 80 岁及以上 | 74 | 144 | 30 | 60 | 110 | 163 | 480 |
| | 农村 | 小计 | 小计 | 10 275 | 301 | 80 | 163 | 266 | 420 | 590 |
| | | | 18 ～ 44 岁 | 3 701 | 302 | 86 | 170 | 268 | 429 | 580 |
| | | | 45 ～ 59 岁 | 4 037 | 307 | 80 | 170 | 270 | 429 | 600 |
| | | | 60 ～ 79 岁 | 2 409 | 296 | 60 | 150 | 260 | 420 | 589 |
| | | | 80 岁及以上 | 128 | 206 | 53 | 120 | 180 | 246 | 513 |
| | | 男 | 小计 | 4 600 | 318 | 80 | 180 | 290 | 472 | 600 |
| | | | 18 ～ 44 岁 | 1 687 | 312 | 80 | 180 | 280 | 454 | 600 |
| | | | 45 ～ 59 岁 | 1 659 | 329 | 80 | 180 | 300 | 480 | 630 |
| | | | 60 ～ 79 岁 | 1 192 | 323 | 73 | 180 | 309 | 480 | 600 |
| | | | 80 岁及以上 | 62 | 238 | 70 | 120 | 190 | 253 | 600 |
| | | 女 | 小计 | 5 675 | 284 | 74 | 153 | 249 | 390 | 557 |
| | | | 18 ～ 44 岁 | 2 014 | 291 | 90 | 166 | 260 | 400 | 550 |
| | | | 45 ～ 59 岁 | 2 378 | 289 | 71 | 160 | 259 | 390 | 570 |
| | | | 60 ～ 79 岁 | 1 217 | 267 | 60 | 133 | 240 | 374 | 555 |
| | | | 80 岁及以上 | 66 | 181 | 20 | 83 | 154 | 210 | 500 |
| 华东 | 城乡 | 小计 | 小计 | 22 934 | 230 | 40 | 107 | 180 | 320 | 540 |
| | | | 18 ～ 44 岁 | 8 530 | 219 | 43 | 103 | 176 | 300 | 520 |
| | | | 45 ～ 59 岁 | 8 060 | 250 | 40 | 116 | 206 | 369 | 561 |
| | | | 60 ～ 79 岁 | 5 826 | 237 | 39 | 120 | 200 | 330 | 540 |
| | | | 80 岁及以上 | 518 | 176 | 0 | 60 | 150 | 240 | 450 |
| | | 男 | 小计 | 10 420 | 246 | 41 | 120 | 200 | 360 | 557 |
| | | | 18 ～ 44 岁 | 3 791 | 232 | 40 | 110 | 180 | 330 | 537 |
| | | | 45 ～ 59 岁 | 3 624 | 267 | 43 | 120 | 226 | 397 | 600 |
| | | | 60 ～ 79 岁 | 2 800 | 258 | 47 | 120 | 224 | 360 | 575 |
| | | | 80 岁及以上 | 205 | 209 | 20 | 120 | 189 | 300 | 460 |
| | | 女 | 小计 | 12 514 | 213 | 39 | 100 | 176 | 296 | 510 |
| | | | 18 ～ 44 岁 | 4 739 | 206 | 43 | 100 | 165 | 274 | 510 |
| | | | 45 ～ 59 岁 | 4 436 | 231 | 40 | 107 | 190 | 330 | 530 |
| | | | 60 ～ 79 岁 | 3 026 | 216 | 30 | 100 | 180 | 300 | 510 |
| | | | 80 岁及以上 | 313 | 158 | 0 | 60 | 120 | 240 | 434 |
| | 城市 | 小计 | 小计 | 12 458 | 197 | 35 | 90 | 154 | 262 | 498 |
| | | | 18 ～ 44 岁 | 4 761 | 189 | 37 | 90 | 150 | 243 | 483 |
| | | | 45 ～ 59 岁 | 4 283 | 209 | 36 | 90 | 164 | 291 | 515 |
| | | | 60 ～ 79 岁 | 3 143 | 203 | 30 | 90 | 176 | 270 | 500 |
| | | | 80 岁及以上 | 271 | 170 | 9 | 60 | 137 | 240 | 454 |
| | | 男 | 小计 | 5 483 | 210 | 37 | 94 | 167 | 290 | 510 |
| | | | 18 ～ 44 岁 | 2 105 | 202 | 36 | 90 | 156 | 270 | 500 |
| | | | 45 ～ 59 岁 | 1 871 | 221 | 37 | 94 | 172 | 317 | 530 |

| 地区 | 城乡 | 性别 | 年龄 | n | 春秋季室外活动时间 /（min/d） | | | | | |
|---|---|---|---|---|---|---|---|---|---|---|
| | | | | | Mean | P5 | P25 | P50 | P75 | P95 |
| 华东 | 城市 | 男 | 60 ～ 79 岁 | 1 405 | 216 | 37 | 100 | 180 | 290 | 510 |
| | | | 80 岁及以上 | 102 | 194 | 17 | 90 | 163 | 250 | 460 |
| | | 女 | 小计 | 6 975 | 184 | 34 | 90 | 150 | 240 | 477 |
| | | | 18 ～ 44 岁 | 2 656 | 178 | 39 | 90 | 146 | 227 | 450 |
| | | | 45 ～ 59 岁 | 2 412 | 196 | 34 | 90 | 159 | 266 | 506 |
| | | | 60 ～ 79 岁 | 1 738 | 190 | 30 | 90 | 153 | 259 | 476 |
| | | | 80 岁及以上 | 169 | 158 | 7 | 60 | 120 | 210 | 454 |
| | 农村 | 小计 | 小计 | 10 476 | 265 | 50 | 130 | 236 | 386 | 570 |
| | | | 18 ～ 44 岁 | 3 769 | 251 | 51 | 124 | 210 | 360 | 540 |
| | | | 45 ～ 59 岁 | 3 777 | 293 | 51 | 143 | 264 | 420 | 600 |
| | | | 60 ～ 79 岁 | 2 683 | 272 | 44 | 135 | 244 | 390 | 583 |
| | | | 80 岁及以上 | 247 | 182 | 0 | 60 | 180 | 253 | 420 |
| | | 男 | 小计 | 4 937 | 285 | 51 | 144 | 251 | 416 | 599 |
| | | | 18 ～ 44 岁 | 1 686 | 264 | 51 | 134 | 230 | 386 | 554 |
| | | | 45 ～ 59 岁 | 1 753 | 316 | 51 | 160 | 300 | 454 | 634 |
| | | | 60 ～ 79 岁 | 1 395 | 296 | 58 | 150 | 270 | 420 | 600 |
| | | | 80 岁及以上 | 103 | 224 | 25 | 120 | 200 | 317 | 471 |
| | | 女 | 小计 | 5 539 | 245 | 44 | 120 | 210 | 350 | 540 |
| | | | 18 ～ 44 岁 | 2 083 | 238 | 51 | 120 | 197 | 330 | 540 |
| | | | 45 ～ 59 岁 | 2 024 | 268 | 50 | 130 | 240 | 390 | 570 |
| | | | 60 ～ 79 岁 | 1 288 | 244 | 34 | 120 | 220 | 350 | 529 |
| | | | 80 岁及以上 | 144 | 159 | 0 | 43 | 139 | 240 | 416 |
| 华南 | 城乡 | 小计 | 小计 | 15 153 | 271 | 58 | 147 | 240 | 366 | 570 |
| | | | 18 ～ 44 岁 | 6 517 | 270 | 58 | 143 | 240 | 369 | 566 |
| | | | 45 ～ 59 岁 | 5 374 | 282 | 60 | 150 | 257 | 381 | 591 |
| | | | 60 ～ 79 岁 | 3 015 | 262 | 51 | 146 | 240 | 351 | 541 |
| | | | 80 岁及以上 | 247 | 192 | 30 | 90 | 150 | 250 | 510 |
| | | 男 | 小计 | 7 012 | 283 | 60 | 150 | 257 | 390 | 591 |
| | | | 18 ～ 44 岁 | 3 108 | 283 | 60 | 150 | 259 | 390 | 574 |
| | | | 45 ～ 59 岁 | 2 339 | 292 | 60 | 152 | 270 | 400 | 600 |
| | | | 60 ～ 79 岁 | 1 459 | 271 | 60 | 150 | 243 | 360 | 560 |
| | | | 80 岁及以上 | 106 | 209 | 30 | 90 | 170 | 300 | 510 |
| | | 女 | 小计 | 8 141 | 258 | 54 | 140 | 234 | 350 | 550 |
| | | | 18 ～ 44 岁 | 3 409 | 255 | 53 | 134 | 227 | 350 | 550 |
| | | | 45 ～ 59 岁 | 3 035 | 272 | 60 | 150 | 245 | 360 | 570 |
| | | | 60 ～ 79 岁 | 1 556 | 252 | 44 | 135 | 220 | 331 | 540 |
| | | | 80 岁及以上 | 141 | 177 | 34 | 96 | 139 | 210 | 530 |
| | 城市 | 小计 | 小计 | 7 321 | 249 | 49 | 120 | 210 | 341 | 570 |
| | | | 18 ～ 44 岁 | 3 146 | 247 | 47 | 120 | 201 | 343 | 570 |
| | | | 45 ～ 59 岁 | 2 579 | 260 | 54 | 130 | 225 | 360 | 600 |
| | | | 60 ～ 79 岁 | 1 468 | 240 | 50 | 120 | 215 | 321 | 540 |
| | | | 80 岁及以上 | 128 | 198 | 34 | 90 | 150 | 260 | 530 |
| | | 男 | 小计 | 3 289 | 259 | 50 | 124 | 220 | 360 | 600 |
| | | | 18 ～ 44 岁 | 1 511 | 259 | 50 | 124 | 214 | 360 | 604 |
| | | | 45 ～ 59 岁 | 1 060 | 266 | 53 | 129 | 230 | 365 | 600 |
| | | | 60 ～ 79 岁 | 670 | 253 | 50 | 128 | 240 | 340 | 600 |
| | | | 80 岁及以上 | 48 | 223 | 20 | 90 | 190 | 360 | 510 |
| | | 女 | 小计 | 4 032 | 239 | 47 | 120 | 200 | 323 | 549 |
| | | | 18 ～ 44 岁 | 1 635 | 234 | 43 | 118 | 193 | 323 | 549 |
| | | | 45 ～ 59 岁 | 1 519 | 256 | 54 | 137 | 223 | 340 | 570 |
| | | | 60 ～ 79 岁 | 798 | 227 | 44 | 120 | 200 | 300 | 510 |
| | | | 80 岁及以上 | 80 | 181 | 60 | 94 | 139 | 210 | 530 |
| | 农村 | 小计 | 小计 | 7 832 | 287 | 60 | 166 | 270 | 384 | 570 |
| | | | 18 ～ 44 岁 | 3 371 | 285 | 60 | 160 | 270 | 381 | 560 |
| | | | 45 ～ 59 岁 | 2 795 | 299 | 60 | 180 | 283 | 400 | 583 |
| | | | 60 ～ 79 岁 | 1 547 | 278 | 60 | 169 | 254 | 360 | 554 |
| | | | 80 岁及以上 | 119 | 185 | 30 | 90 | 150 | 240 | 471 |
| | | 男 | 小计 | 3 723 | 299 | 60 | 180 | 284 | 402 | 570 |

| 地区 | 城乡 | 性别 | 年龄 | n | 春秋季室外活动时间 /（min/d） | | | | | |
|---|---|---|---|---|---|---|---|---|---|---|
| | | | | | Mean | P5 | P25 | P50 | P75 | P95 |
| 华南 | 农村 | 男 | 18～44 岁 | 1 597 | 299 | 60 | 180 | 289 | 403 | 566 |
| | | | 45～59 岁 | 1 279 | 311 | 60 | 180 | 300 | 420 | 600 |
| | | | 60～79 岁 | 789 | 284 | 60 | 180 | 264 | 383 | 549 |
| | | | 80 岁及以上 | 58 | 198 | 30 | 90 | 160 | 250 | 600 |
| | | 女 | 小计 | 4 109 | 273 | 60 | 154 | 249 | 360 | 560 |
| | | | 18～44 岁 | 1 774 | 270 | 60 | 150 | 244 | 360 | 555 |
| | | | 45～59 岁 | 1 516 | 285 | 60 | 171 | 267 | 369 | 570 |
| | | | 60～79 岁 | 758 | 272 | 43 | 150 | 243 | 357 | 580 |
| | | | 80 岁及以上 | 61 | 173 | 30 | 108 | 135 | 201 | 420 |
| 西北 | 城乡 | 小计 | 小计 | 11 265 | 296 | 60 | 161 | 270 | 400 | 610 |
| | | | 18～44 岁 | 4 706 | 309 | 65 | 180 | 296 | 420 | 620 |
| | | | 45～59 岁 | 3 927 | 302 | 69 | 167 | 270 | 411 | 630 |
| | | | 60～79 岁 | 2 494 | 253 | 60 | 137 | 231 | 349 | 540 |
| | | | 80 岁及以上 | 138 | 198 | 17 | 114 | 160 | 250 | 446 |
| | | 男 | 小计 | 5 078 | 316 | 69 | 180 | 296 | 424 | 631 |
| | | | 18～44 岁 | 2 069 | 326 | 69 | 188 | 311 | 437 | 649 |
| | | | 45～59 岁 | 1 765 | 320 | 76 | 180 | 294 | 437 | 631 |
| | | | 60～79 岁 | 1 173 | 285 | 60 | 163 | 261 | 390 | 560 |
| | | | 80 岁及以上 | 71 | 209 | 39 | 120 | 160 | 260 | 460 |
| | | 女 | 小计 | 6 187 | 276 | 60 | 150 | 244 | 371 | 596 |
| | | | 18～44 岁 | 2 637 | 292 | 60 | 167 | 270 | 390 | 600 |
| | | | 45～59 岁 | 2 162 | 283 | 60 | 153 | 251 | 381 | 600 |
| | | | 60～79 岁 | 1 321 | 222 | 51 | 120 | 186 | 300 | 510 |
| | | | 80 岁及以上 | 67 | 189 | 10 | 106 | 180 | 240 | 446 |
| | 城市 | 小计 | 小计 | 5 052 | 240 | 47 | 120 | 200 | 334 | 540 |
| | | | 18～44 岁 | 2 032 | 243 | 47 | 120 | 201 | 343 | 540 |
| | | | 45～59 岁 | 1 798 | 251 | 49 | 120 | 210 | 343 | 570 |
| | | | 60～79 岁 | 1 163 | 222 | 50 | 120 | 180 | 300 | 480 |
| | | | 80 岁及以上 | 59 | 166 | 10 | 70 | 150 | 210 | 390 |
| | | 男 | 小计 | 2 219 | 254 | 53 | 120 | 214 | 360 | 561 |
| | | | 18～44 岁 | 891 | 252 | 51 | 120 | 210 | 360 | 540 |
| | | | 45～59 岁 | 775 | 264 | 51 | 126 | 223 | 370 | 626 |
| | | | 60～79 岁 | 520 | 245 | 60 | 137 | 231 | 340 | 491 |
| | | | 80 岁及以上 | 33 | 198 | 25 | 100 | 150 | 210 | 600 |
| | | 女 | 小计 | 2 833 | 227 | 43 | 120 | 187 | 306 | 523 |
| | | | 18～44 岁 | 1 141 | 233 | 44 | 120 | 197 | 317 | 540 |
| | | | 45～59 岁 | 1 023 | 237 | 49 | 120 | 199 | 328 | 540 |
| | | | 60～79 岁 | 643 | 201 | 40 | 120 | 180 | 270 | 446 |
| | | | 80 岁及以上 | 26 | 133 | 10 | 60 | 140 | 180 | 300 |
| | 农村 | 小计 | 小计 | 6 213 | 339 | 100 | 217 | 323 | 446 | 640 |
| | | | 18～44 岁 | 2 674 | 357 | 120 | 240 | 343 | 460 | 651 |
| | | | 45～59 岁 | 2 129 | 345 | 107 | 217 | 316 | 459 | 660 |
| | | | 60～79 岁 | 1 331 | 280 | 66 | 154 | 252 | 383 | 566 |
| | | | 80 岁及以上 | 79 | 223 | 60 | 120 | 210 | 273 | 446 |
| | | 男 | 小计 | 2 859 | 362 | 120 | 240 | 350 | 474 | 660 |
| | | | 18～44 岁 | 1 178 | 377 | 134 | 263 | 360 | 480 | 671 |
| | | | 45～59 岁 | 990 | 363 | 120 | 239 | 351 | 480 | 660 |
| | | | 60～79 岁 | 653 | 318 | 80 | 189 | 290 | 430 | 610 |
| | | | 80 岁及以上 | 38 | 218 | 60 | 150 | 210 | 273 | 400 |
| | | 女 | 小计 | 3 354 | 315 | 90 | 197 | 297 | 410 | 613 |
| | | | 18～44 岁 | 1 496 | 336 | 110 | 223 | 326 | 424 | 620 |
| | | | 45～59 岁 | 1 139 | 323 | 90 | 203 | 283 | 420 | 660 |
| | | | 60～79 岁 | 678 | 241 | 60 | 124 | 211 | 320 | 540 |
| | | | 80 岁及以上 | 41 | 226 | 90 | 120 | 210 | 330 | 446 |
| 东北 | 城乡 | 小计 | 小计 | 10 169 | 233 | 34 | 103 | 180 | 339 | 566 |
| | | | 18～44 岁 | 3 985 | 239 | 39 | 106 | 190 | 347 | 570 |
| | | | 45～59 岁 | 3 897 | 243 | 43 | 117 | 200 | 360 | 600 |
| | | | 60～79 岁 | 2 163 | 202 | 30 | 90 | 160 | 274 | 514 |

| 地区 | 城乡 | 性别 | 年龄 | n | 春秋季室外活动时间 /（min/d） | | | | | |
|---|---|---|---|---|---|---|---|---|---|---|
| | | | | | Mean | P5 | P25 | P50 | P75 | P95 |
| 东北 | 城乡 | 小计 | 80 岁及以上 | 124 | 152 | 20 | 60 | 90 | 180 | 590 |
| | | 男 | 小计 | 4 629 | 246 | 37 | 110 | 197 | 360 | 600 |
| | | | 18 ～ 44 岁 | 1 889 | 247 | 37 | 110 | 200 | 360 | 600 |
| | | | 45 ～ 59 岁 | 1 659 | 262 | 47 | 120 | 210 | 389 | 600 |
| | | | 60 ～ 79 岁 | 1 022 | 219 | 30 | 90 | 173 | 309 | 540 |
| | | | 80 岁及以上 | 59 | 129 | 17 | 60 | 94 | 150 | 360 |
| | | 女 | 小计 | 5 540 | 220 | 34 | 97 | 180 | 300 | 540 |
| | | | 18 ～ 44 岁 | 2 096 | 229 | 40 | 101 | 180 | 330 | 540 |
| | | | 45 ～ 59 岁 | 2 238 | 226 | 39 | 103 | 180 | 320 | 540 |
| | | | 60 ～ 79 岁 | 1 141 | 186 | 20 | 80 | 151 | 249 | 510 |
| | | | 80 岁及以上 | 65 | 172 | 23 | 60 | 80 | 184 | 590 |
| | 城市 | 小计 | 小计 | 4 351 | 166 | 29 | 77 | 123 | 223 | 430 |
| | | | 18 ～ 44 岁 | 1 658 | 159 | 29 | 69 | 120 | 206 | 420 |
| | | | 45 ～ 59 岁 | 1 730 | 176 | 30 | 80 | 137 | 240 | 435 |
| | | | 60 ～ 79 岁 | 909 | 171 | 20 | 77 | 137 | 240 | 437 |
| | | | 80 岁及以上 | 54 | 151 | 10 | 43 | 90 | 176 | 650 |
| | | 男 | 小计 | 1 910 | 172 | 29 | 77 | 129 | 240 | 457 |
| | | | 18 ～ 44 岁 | 767 | 163 | 27 | 77 | 120 | 211 | 434 |
| | | | 45 ～ 59 岁 | 729 | 183 | 30 | 80 | 145 | 249 | 461 |
| | | | 60 ～ 79 岁 | 395 | 188 | 30 | 90 | 150 | 247 | 471 |
| | | | 80 岁及以上 | 19 | 162 | 0 | 40 | 90 | 176 | 650 |
| | | 女 | 小计 | 2 441 | 159 | 30 | 70 | 120 | 210 | 394 |
| | | | 18 ～ 44 岁 | 891 | 154 | 29 | 66 | 120 | 206 | 377 |
| | | | 45 ～ 59 岁 | 1 001 | 168 | 30 | 80 | 137 | 226 | 407 |
| | | | 60 ～ 79 岁 | 514 | 156 | 20 | 64 | 120 | 210 | 383 |
| | | | 80 岁及以上 | 35 | 145 | 20 | 60 | 120 | 180 | 660 |
| | 农村 | 小计 | 小计 | 5 818 | 271 | 50 | 120 | 240 | 390 | 600 |
| | | | 18 ～ 44 岁 | 2 327 | 282 | 60 | 123 | 250 | 400 | 620 |
| | | | 45 ～ 59 岁 | 2 167 | 283 | 57 | 133 | 240 | 417 | 600 |
| | | | 60 ～ 79 岁 | 1 254 | 219 | 30 | 92 | 180 | 300 | 540 |
| | | | 80 岁及以上 | 70 | 152 | 30 | 60 | 90 | 180 | 590 |
| | | 男 | 小计 | 2 719 | 286 | 51 | 129 | 249 | 420 | 625 |
| | | | 18 ～ 44 岁 | 1 122 | 292 | 59 | 140 | 260 | 420 | 630 |
| | | | 45 ～ 59 岁 | 930 | 312 | 60 | 151 | 270 | 450 | 630 |
| | | | 60 ～ 79 岁 | 627 | 235 | 30 | 106 | 180 | 350 | 540 |
| | | | 80 岁及以上 | 40 | 118 | 30 | 60 | 120 | 150 | 243 |
| | | 女 | 小计 | 3 099 | 255 | 43 | 120 | 221 | 360 | 580 |
| | | | 18 ～ 44 岁 | 1 205 | 270 | 60 | 120 | 240 | 390 | 581 |
| | | | 45 ～ 59 岁 | 1 237 | 259 | 49 | 120 | 231 | 363 | 570 |
| | | | 60 ～ 79 岁 | 627 | 203 | 30 | 90 | 180 | 270 | 536 |
| | | | 80 岁及以上 | 30 | 186 | 30 | 40 | 80 | 210 | 590 |
| 西南 | 城乡 | 小计 | 小计 | 13 393 | 279 | 53 | 137 | 250 | 403 | 583 |
| | | | 18 ～ 44 岁 | 6 419 | 288 | 59 | 140 | 266 | 420 | 600 |
| | | | 45 ～ 59 岁 | 4 256 | 290 | 60 | 150 | 266 | 420 | 600 |
| | | | 60 ～ 79 岁 | 2 547 | 242 | 47 | 120 | 210 | 343 | 534 |
| | | | 80 岁及以上 | 171 | 192 | 20 | 67 | 180 | 255 | 500 |
| | | 男 | 小计 | 6 119 | 287 | 53 | 140 | 266 | 420 | 596 |
| | | | 18 ～ 44 岁 | 2 980 | 294 | 53 | 146 | 274 | 424 | 600 |
| | | | 45 ～ 59 岁 | 1 871 | 301 | 60 | 151 | 280 | 429 | 600 |
| | | | 60 ～ 79 岁 | 1 179 | 250 | 50 | 120 | 231 | 360 | 540 |
| | | | 80 岁及以上 | 89 | 211 | 41 | 120 | 200 | 255 | 540 |
| | | 女 | 小计 | 7 274 | 271 | 53 | 129 | 240 | 390 | 574 |
| | | | 18 ～ 44 岁 | 3 439 | 282 | 60 | 135 | 253 | 403 | 600 |
| | | | 45 ～ 59 岁 | 2 385 | 280 | 60 | 140 | 253 | 400 | 566 |
| | | | 60 ～ 79 岁 | 1 368 | 233 | 40 | 120 | 200 | 330 | 516 |
| | | | 80 岁及以上 | 82 | 169 | 9 | 53 | 120 | 240 | 495 |
| | 城市 | 小计 | 小计 | 4 773 | 261 | 54 | 130 | 233 | 369 | 553 |
| | | | 18 ～ 44 岁 | 2 246 | 257 | 59 | 129 | 227 | 360 | 566 |

| 地区 | 城乡 | 性别 | 年龄 | n | 春秋季室外活动时间 /（min/d） | | | | | |
|---|---|---|---|---|---|---|---|---|---|---|
| | | | | | Mean | P5 | P25 | P50 | P75 | P95 |
| 西南 | 城市 | 小计 | 45 ～ 59 岁 | 1 548 | 273 | 59 | 133 | 240 | 403 | 560 |
| | | | 60 ～ 79 岁 | 903 | 258 | 50 | 124 | 240 | 360 | 540 |
| | | | 80 岁及以上 | 76 | 217 | 30 | 90 | 200 | 296 | 500 |
| | | 男 | 小计 | 2 133 | 264 | 53 | 130 | 233 | 380 | 566 |
| | | | 18 ～ 44 岁 | 1 024 | 265 | 60 | 137 | 233 | 375 | 570 |
| | | | 45 ～ 59 岁 | 664 | 273 | 51 | 130 | 234 | 406 | 570 |
| | | | 60 ～ 79 岁 | 407 | 251 | 41 | 120 | 227 | 360 | 540 |
| | | | 80 岁及以上 | 38 | 243 | 41 | 138 | 240 | 283 | 540 |
| | | 女 | 小计 | 2 640 | 257 | 57 | 124 | 233 | 360 | 540 |
| | | | 18 ～ 44 岁 | 1 222 | 249 | 53 | 120 | 220 | 350 | 541 |
| | | | 45 ～ 59 岁 | 884 | 273 | 60 | 137 | 240 | 403 | 549 |
| | | | 60 ～ 79 岁 | 496 | 265 | 60 | 140 | 240 | 360 | 540 |
| | | | 80 岁及以上 | 38 | 188 | 20 | 60 | 180 | 300 | 495 |
| | 农村 | 小计 | 小计 | 8 620 | 291 | 51 | 140 | 270 | 420 | 600 |
| | | | 18 ～ 44 岁 | 4 173 | 308 | 58 | 150 | 300 | 449 | 610 |
| | | | 45 ～ 59 岁 | 2 708 | 302 | 60 | 160 | 286 | 420 | 600 |
| | | | 60 ～ 79 岁 | 1 644 | 232 | 40 | 116 | 200 | 330 | 520 |
| | | | 80 岁及以上 | 95 | 170 | 17 | 60 | 140 | 244 | 540 |
| | | 男 | 小计 | 3 986 | 302 | 53 | 150 | 291 | 433 | 600 |
| | | | 18 ～ 44 岁 | 1 956 | 313 | 44 | 154 | 312 | 454 | 620 |
| | | | 45 ～ 59 岁 | 1 207 | 320 | 77 | 180 | 300 | 450 | 600 |
| | | | 60 ～ 79 岁 | 772 | 250 | 50 | 127 | 240 | 352 | 540 |
| | | | 80 岁及以上 | 51 | 185 | 30 | 84 | 180 | 249 | 420 |
| | | 女 | 小计 | 4 634 | 280 | 50 | 130 | 253 | 401 | 600 |
| | | | 18 ～ 44 岁 | 2 217 | 302 | 60 | 150 | 284 | 434 | 605 |
| | | | 45 ～ 59 岁 | 1 501 | 285 | 60 | 146 | 261 | 400 | 600 |
| | | | 60 ～ 79 岁 | 872 | 216 | 35 | 90 | 180 | 314 | 510 |
| | | | 80 岁及以上 | 44 | 152 | 0 | 50 | 101 | 210 | 540 |

## 附表 6-15　中国人群分片区、城乡、性别、年龄的夏季室外活动时间

| 地区 | 城乡 | 性别 | 年龄 | n | 夏季室外活动时间 /（min/d） | | | | | |
|---|---|---|---|---|---|---|---|---|---|---|
| | | | | | Mean | P5 | P25 | P50 | P75 | P95 |
| 合计 | 城乡 | 小计 | 小计 | 90 949 | 295 | 55 | 150 | 260 | 420 | 630 |
| | | | 18 ～ 44 岁 | 36 617 | 294 | 54 | 146 | 257 | 420 | 630 |
| | | | 45 ～ 59 岁 | 32 318 | 309 | 60 | 154 | 280 | 435 | 647 |
| | | | 60 ～ 79 岁 | 20 532 | 285 | 51 | 143 | 253 | 390 | 610 |
| | | | 80 岁及以上 | 1 482 | 211 | 20 | 90 | 180 | 300 | 530 |
| | | 男 | 小计 | 41 228 | 309 | 60 | 152 | 277 | 441 | 645 |
| | | | 18 ～ 44 岁 | 16 743 | 306 | 54 | 150 | 271 | 437 | 640 |
| | | | 45 ～ 59 岁 | 14 068 | 324 | 60 | 161 | 300 | 470 | 660 |
| | | | 60 ～ 79 岁 | 9 743 | 302 | 60 | 156 | 270 | 420 | 630 |
| | | | 80 岁及以上 | 674 | 234 | 30 | 120 | 200 | 322 | 557 |
| | | 女 | 小计 | 49 721 | 281 | 53 | 140 | 240 | 390 | 610 |
| | | | 18 ～ 44 岁 | 19 874 | 280 | 54 | 140 | 240 | 394 | 620 |
| | | | 45 ～ 59 岁 | 18 250 | 294 | 60 | 150 | 267 | 411 | 620 |
| | | | 60 ～ 79 岁 | 10 789 | 268 | 46 | 130 | 240 | 364 | 600 |
| | | | 80 岁及以上 | 808 | 194 | 10 | 75 | 150 | 265 | 510 |
| | 城市 | 小计 | 小计 | 41 734 | 251 | 47 | 120 | 210 | 351 | 583 |
| | | | 18 ～ 44 岁 | 16 608 | 246 | 47 | 120 | 201 | 339 | 580 |
| | | | 45 ～ 59 岁 | 14 715 | 263 | 50 | 123 | 223 | 370 | 600 |
| | | | 60 ～ 79 岁 | 9 667 | 251 | 50 | 120 | 220 | 347 | 557 |
| | | | 80 岁及以上 | 744 | 201 | 20 | 80 | 159 | 270 | 526 |
| | | 男 | 小计 | 18 415 | 262 | 48 | 120 | 220 | 364 | 600 |
| | | | 18 ～ 44 岁 | 7 520 | 257 | 47 | 120 | 211 | 360 | 600 |

| 地区 | 城乡 | 性别 | 年龄 | n | 夏季室外活动时间 /（min/d） | | | | | |
| --- | --- | --- | --- | --- | --- | --- | --- | --- | --- | --- |
| | | | | | Mean | P5 | P25 | P50 | P75 | P95 |
| 合计 | 城市 | 男 | 45～59岁 | 6 256 | 273 | 50 | 124 | 231 | 390 | 630 |
| | | | 60～79岁 | 4 317 | 262 | 51 | 126 | 236 | 360 | 590 |
| | | | 80岁及以上 | 322 | 229 | 30 | 90 | 189 | 320 | 570 |
| | | 女 | 小计 | 23 319 | 240 | 45 | 120 | 197 | 330 | 550 |
| | | | 18～44岁 | 9 088 | 234 | 46 | 117 | 190 | 317 | 553 |
| | | | 45～59岁 | 8 459 | 253 | 50 | 120 | 210 | 360 | 564 |
| | | | 60～79岁 | 5 350 | 241 | 41 | 120 | 210 | 330 | 540 |
| | | | 80岁及以上 | 422 | 180 | 20 | 80 | 140 | 240 | 450 |
| | 农村 | 小计 | 小计 | 49 215 | 329 | 60 | 180 | 306 | 469 | 660 |
| | | | 18～44岁 | 20 009 | 330 | 60 | 180 | 310 | 469 | 651 |
| | | | 45～59岁 | 17 603 | 345 | 70 | 193 | 329 | 480 | 660 |
| | | | 60～79岁 | 10 865 | 310 | 60 | 167 | 286 | 431 | 630 |
| | | | 80岁及以上 | 738 | 221 | 15 | 90 | 186 | 310 | 540 |
| | | 男 | 小计 | 22 813 | 345 | 61 | 187 | 330 | 481 | 660 |
| | | | 18～44岁 | 9 223 | 343 | 60 | 180 | 330 | 480 | 660 |
| | | | 45～59岁 | 7 812 | 365 | 80 | 210 | 360 | 510 | 700 |
| | | | 60～79岁 | 5 426 | 330 | 60 | 180 | 306 | 480 | 645 |
| | | | 80岁及以上 | 352 | 239 | 30 | 120 | 210 | 322 | 530 |
| | | 女 | 小计 | 26 402 | 312 | 60 | 167 | 291 | 433 | 634 |
| | | | 18～44岁 | 10 786 | 316 | 60 | 169 | 299 | 440 | 640 |
| | | | 45～59岁 | 9 791 | 326 | 64 | 180 | 300 | 454 | 640 |
| | | | 60～79岁 | 5 439 | 289 | 50 | 150 | 260 | 399 | 620 |
| | | | 80岁及以上 | 386 | 207 | 0 | 65 | 167 | 287 | 540 |
| 华北 | 城乡 | 小计 | 小计 | 18 060 | 334 | 70 | 180 | 300 | 480 | 660 |
| | | | 18～44岁 | 6 473 | 332 | 77 | 180 | 300 | 480 | 650 |
| | | | 45～59岁 | 6 812 | 348 | 70 | 180 | 320 | 500 | 660 |
| | | | 60～79岁 | 4 491 | 324 | 60 | 173 | 300 | 480 | 650 |
| | | | 80岁及以上 | 284 | 241 | 30 | 110 | 180 | 340 | 600 |
| | | 男 | 小计 | 7 981 | 347 | 70 | 180 | 310 | 510 | 664 |
| | | | 18～44岁 | 2 912 | 340 | 75 | 180 | 300 | 500 | 660 |
| | | | 45～59岁 | 2 815 | 363 | 70 | 182 | 336 | 530 | 700 |
| | | | 60～79岁 | 2 110 | 346 | 69 | 180 | 320 | 510 | 660 |
| | | | 80岁及以上 | 144 | 268 | 39 | 120 | 240 | 381 | 600 |
| | | 女 | 小计 | 10 079 | 321 | 70 | 180 | 294 | 460 | 633 |
| | | | 18～44岁 | 3 561 | 324 | 80 | 180 | 296 | 466 | 640 |
| | | | 45～59岁 | 3 997 | 334 | 70 | 180 | 300 | 480 | 640 |
| | | | 60～79岁 | 2 381 | 302 | 60 | 154 | 270 | 420 | 615 |
| | | | 80岁及以上 | 140 | 214 | 30 | 90 | 167 | 300 | 513 |
| | 城市 | 小计 | 小计 | 7 790 | 281 | 60 | 140 | 234 | 386 | 640 |
| | | | 18～44岁 | 2 772 | 280 | 60 | 146 | 227 | 380 | 640 |
| | | | 45～59岁 | 2 778 | 293 | 60 | 150 | 240 | 407 | 660 |
| | | | 60～79岁 | 2 084 | 274 | 60 | 137 | 240 | 360 | 600 |
| | | | 80岁及以上 | 156 | 205 | 30 | 80 | 140 | 310 | 570 |
| | | 男 | 小计 | 3 383 | 291 | 60 | 141 | 239 | 397 | 660 |
| | | | 18～44岁 | 1 225 | 284 | 60 | 147 | 223 | 380 | 660 |
| | | | 45～59岁 | 1 156 | 310 | 60 | 150 | 254 | 434 | 686 |
| | | | 60～79岁 | 920 | 285 | 60 | 140 | 240 | 380 | 660 |
| | | | 80岁及以上 | 82 | 227 | 30 | 77 | 150 | 381 | 600 |
| | | 女 | 小计 | 4 407 | 272 | 60 | 140 | 231 | 370 | 600 |
| | | | 18～44岁 | 1 547 | 277 | 60 | 140 | 229 | 380 | 630 |
| | | | 45～59岁 | 1 622 | 276 | 60 | 144 | 240 | 390 | 589 |
| | | | 60～79岁 | 1 164 | 264 | 53 | 129 | 231 | 360 | 584 |
| | | | 80岁及以上 | 74 | 178 | 30 | 80 | 135 | 223 | 510 |
| | 农村 | 小计 | 小计 | 10 270 | 369 | 109 | 211 | 360 | 517 | 660 |
| | | | 18～44岁 | 3 701 | 367 | 120 | 210 | 360 | 510 | 650 |
| | | | 45～59岁 | 4 034 | 383 | 111 | 231 | 377 | 530 | 680 |
| | | | 60～79岁 | 2 407 | 358 | 86 | 210 | 351 | 510 | 660 |
| | | | 80岁及以上 | 128 | 274 | 53 | 140 | 240 | 360 | 630 |

| 地区 | 城乡 | 性别 | 年龄 | n | 夏季室外活动时间 /（min/d） | | | | | |
| --- | --- | --- | --- | --- | --- | --- | --- | --- | --- | --- |
| | | | | | Mean | P5 | P25 | P50 | P75 | P95 |
| 华北 | 农村 | 男 | 小计 | 4 598 | 385 | 120 | 229 | 381 | 539 | 670 |
| | | | 18 ～ 44 岁 | 1 687 | 377 | 120 | 219 | 371 | 530 | 660 |
| | | | 45 ～ 59 岁 | 1 659 | 400 | 116 | 240 | 400 | 543 | 716 |
| | | | 60 ～ 79 岁 | 1 190 | 386 | 100 | 240 | 390 | 530 | 660 |
| | | | 80 岁及以上 | 62 | 318 | 120 | 190 | 283 | 380 | 720 |
| | | 女 | 小计 | 5 672 | 354 | 101 | 206 | 331 | 500 | 650 |
| | | | 18 ～ 44 岁 | 2 014 | 357 | 120 | 206 | 340 | 495 | 650 |
| | | | 45 ～ 59 岁 | 2 375 | 369 | 109 | 223 | 356 | 510 | 660 |
| | | | 60 ～ 79 岁 | 1 217 | 329 | 75 | 180 | 309 | 480 | 637 |
| | | | 80 岁及以上 | 66 | 240 | 30 | 120 | 180 | 326 | 513 |
| 华东 | 城乡 | 小计 | 小计 | 22 925 | 251 | 40 | 120 | 210 | 360 | 591 |
| | | | 18 ～ 44 岁 | 8 527 | 238 | 44 | 116 | 193 | 330 | 561 |
| | | | 45 ～ 59 岁 | 8 057 | 272 | 43 | 120 | 231 | 390 | 625 |
| | | | 60 ～ 79 岁 | 5 823 | 263 | 40 | 120 | 227 | 369 | 600 |
| | | | 80 岁及以上 | 518 | 191 | 0 | 73 | 150 | 270 | 480 |
| | | 男 | 小计 | 10 417 | 268 | 44 | 120 | 227 | 388 | 600 |
| | | | 18 ～ 44 岁 | 3 790 | 252 | 44 | 120 | 210 | 360 | 574 |
| | | | 45 ～ 59 岁 | 3 622 | 291 | 44 | 130 | 249 | 423 | 647 |
| | | | 60 ～ 79 岁 | 2 800 | 282 | 50 | 135 | 240 | 390 | 630 |
| | | | 80 岁及以上 | 205 | 221 | 17 | 120 | 200 | 310 | 501 |
| | | 女 | 小计 | 12 508 | 234 | 40 | 111 | 189 | 320 | 560 |
| | | | 18 ～ 44 岁 | 4 737 | 225 | 44 | 109 | 180 | 300 | 540 |
| | | | 45 ～ 59 岁 | 4 435 | 252 | 40 | 120 | 210 | 360 | 583 |
| | | | 60 ～ 79 岁 | 3 023 | 243 | 34 | 120 | 210 | 334 | 570 |
| | | | 80 岁及以上 | 313 | 175 | 0 | 60 | 139 | 240 | 480 |
| | 城市 | 小计 | 小计 | 12 454 | 215 | 37 | 100 | 176 | 290 | 520 |
| | | | 18 ～ 44 岁 | 4 760 | 207 | 39 | 99 | 164 | 270 | 512 |
| | | | 45 ～ 59 岁 | 4 283 | 227 | 37 | 106 | 180 | 315 | 540 |
| | | | 60 ～ 79 岁 | 3 140 | 223 | 37 | 107 | 180 | 300 | 520 |
| | | | 80 岁及以上 | 271 | 183 | 17 | 75 | 140 | 240 | 480 |
| | | 男 | 小计 | 5 484 | 229 | 39 | 103 | 181 | 312 | 540 |
| | | | 18 ～ 44 岁 | 2 105 | 220 | 39 | 100 | 178 | 300 | 540 |
| | | | 45 ～ 59 岁 | 1 872 | 240 | 37 | 109 | 197 | 349 | 570 |
| | | | 60 ～ 79 岁 | 1 405 | 237 | 43 | 120 | 200 | 330 | 527 |
| | | | 80 岁及以上 | 102 | 208 | 17 | 90 | 180 | 270 | 500 |
| | | 女 | 小计 | 6 970 | 201 | 37 | 97 | 160 | 263 | 500 |
| | | | 18 ～ 44 岁 | 2 655 | 194 | 39 | 96 | 154 | 249 | 493 |
| | | | 45 ～ 59 岁 | 2 411 | 213 | 39 | 103 | 171 | 291 | 525 |
| | | | 60 ～ 79 岁 | 1 735 | 211 | 34 | 99 | 180 | 280 | 510 |
| | | | 80 岁及以上 | 169 | 170 | 7 | 60 | 130 | 223 | 450 |
| | 农村 | 小计 | 小计 | 10 471 | 290 | 50 | 140 | 256 | 410 | 630 |
| | | | 18 ～ 44 岁 | 3 767 | 273 | 53 | 136 | 237 | 383 | 600 |
| | | | 45 ～ 59 岁 | 3 774 | 320 | 54 | 160 | 300 | 456 | 660 |
| | | | 60 ～ 79 岁 | 2 683 | 302 | 50 | 150 | 274 | 420 | 640 |
| | | | 80 岁及以上 | 247 | 199 | 0 | 63 | 180 | 300 | 500 |
| | | 男 | 小计 | 4 933 | 309 | 56 | 153 | 282 | 440 | 646 |
| | | | 18 ～ 44 岁 | 1 685 | 286 | 55 | 149 | 253 | 404 | 600 |
| | | | 45 ～ 59 岁 | 1 750 | 344 | 60 | 180 | 330 | 486 | 690 |
| | | | 60 ～ 79 岁 | 1 395 | 323 | 60 | 167 | 300 | 467 | 660 |
| | | | 80 岁及以上 | 103 | 233 | 20 | 120 | 231 | 320 | 501 |
| | | 女 | 小计 | 5 538 | 270 | 44 | 129 | 236 | 380 | 610 |
| | | | 18 ～ 44 岁 | 2 082 | 260 | 53 | 120 | 220 | 360 | 609 |
| | | | 45 ～ 59 岁 | 2 024 | 293 | 52 | 145 | 270 | 413 | 630 |
| | | | 60 ～ 79 岁 | 1 288 | 278 | 40 | 135 | 254 | 390 | 620 |
| | | | 80 岁及以上 | 144 | 180 | 0 | 43 | 160 | 250 | 500 |
| 华南 | 城乡 | 小计 | 小计 | 15 143 | 298 | 60 | 156 | 272 | 411 | 610 |
| | | | 18 ～ 44 岁 | 6 511 | 298 | 60 | 150 | 270 | 414 | 610 |
| | | | 45 ～ 59 岁 | 5 371 | 308 | 60 | 167 | 287 | 420 | 626 |

| 地区 | 城乡 | 性别 | 年龄 | n | 夏季室外活动时间 /（min/d） | | | | | |
|---|---|---|---|---|---|---|---|---|---|---|
| | | | | | Mean | P5 | P25 | P50 | P75 | P95 |
| 华南 | 城乡 | 小计 | 60～79岁 | 3 014 | 290 | 60 | 160 | 270 | 390 | 600 |
| | | | 80岁及以上 | 247 | 206 | 30 | 100 | 171 | 270 | 530 |
| | | 男 | 小计 | 7 009 | 310 | 60 | 163 | 290 | 424 | 623 |
| | | | 18～44岁 | 3 106 | 311 | 60 | 163 | 290 | 427 | 623 |
| | | | 45～59岁 | 2 338 | 318 | 60 | 166 | 300 | 433 | 630 |
| | | | 60～79岁 | 1 459 | 298 | 60 | 176 | 275 | 403 | 600 |
| | | | 80岁及以上 | 106 | 231 | 30 | 113 | 186 | 330 | 570 |
| | | 女 | 小计 | 8 134 | 286 | 60 | 150 | 260 | 391 | 600 |
| | | | 18～44岁 | 3 405 | 283 | 56 | 146 | 253 | 394 | 600 |
| | | | 45～59岁 | 3 033 | 299 | 60 | 167 | 274 | 400 | 600 |
| | | | 60～79岁 | 1 555 | 281 | 50 | 150 | 250 | 380 | 580 |
| | | | 80岁及以上 | 141 | 187 | 34 | 94 | 163 | 260 | 410 |
| | 城市 | 小计 | 小计 | 7 316 | 268 | 50 | 129 | 231 | 375 | 600 |
| | | | 18～44岁 | 3 142 | 265 | 49 | 124 | 219 | 380 | 604 |
| | | | 45～59岁 | 2 578 | 280 | 60 | 143 | 240 | 387 | 617 |
| | | | 60～79岁 | 1 468 | 262 | 50 | 133 | 240 | 360 | 560 |
| | | | 80岁及以上 | 128 | 205 | 30 | 103 | 163 | 240 | 530 |
| | | 男 | 小计 | 3 288 | 279 | 54 | 133 | 240 | 390 | 615 |
| | | | 18～44岁 | 1 510 | 278 | 51 | 130 | 236 | 395 | 610 |
| | | | 45～59岁 | 1 060 | 283 | 59 | 140 | 242 | 390 | 630 |
| | | | 60～79岁 | 670 | 273 | 60 | 141 | 240 | 363 | 600 |
| | | | 80岁及以上 | 48 | 251 | 20 | 100 | 206 | 385 | 620 |
| | | 女 | 小计 | 4 028 | 257 | 50 | 125 | 220 | 360 | 576 |
| | | | 18～44岁 | 1 632 | 251 | 43 | 120 | 210 | 351 | 570 |
| | | | 45～59岁 | 1 518 | 277 | 60 | 150 | 240 | 380 | 600 |
| | | | 60～79岁 | 798 | 251 | 47 | 129 | 220 | 356 | 540 |
| | | | 80岁及以上 | 80 | 174 | 47 | 103 | 150 | 229 | 410 |
| | 农村 | 小计 | 小计 | 7 827 | 320 | 60 | 180 | 303 | 430 | 620 |
| | | | 18～44岁 | 3 369 | 319 | 60 | 180 | 304 | 430 | 623 |
| | | | 45～59岁 | 2 793 | 331 | 80 | 193 | 320 | 447 | 630 |
| | | | 60～79岁 | 1 546 | 312 | 60 | 181 | 296 | 420 | 600 |
| | | | 80岁及以上 | 119 | 208 | 30 | 100 | 180 | 300 | 480 |
| | | 男 | 小计 | 3 721 | 332 | 70 | 191 | 326 | 450 | 630 |
| | | | 18～44岁 | 1 596 | 333 | 69 | 193 | 329 | 450 | 630 |
| | | | 45～59岁 | 1 278 | 344 | 80 | 201 | 340 | 476 | 640 |
| | | | 60～79岁 | 789 | 317 | 71 | 190 | 300 | 433 | 600 |
| | | | 80岁及以上 | 58 | 215 | 30 | 113 | 171 | 304 | 480 |
| | | 女 | 小计 | 4 106 | 307 | 60 | 180 | 290 | 411 | 610 |
| | | | 18～44岁 | 1 773 | 305 | 60 | 176 | 289 | 411 | 611 |
| | | | 45～59岁 | 1 515 | 318 | 79 | 189 | 300 | 420 | 600 |
| | | | 60～79岁 | 757 | 307 | 60 | 180 | 285 | 410 | 620 |
| | | | 80岁及以上 | 61 | 202 | 30 | 86 | 180 | 265 | 480 |
| 西北 | 城乡 | 小计 | 小计 | 11 261 | 363 | 86 | 211 | 343 | 491 | 720 |
| | | | 18～44岁 | 4 703 | 379 | 87 | 226 | 361 | 510 | 720 |
| | | | 45～59岁 | 3 926 | 370 | 90 | 220 | 343 | 500 | 720 |
| | | | 60～79岁 | 2 494 | 312 | 70 | 180 | 289 | 420 | 630 |
| | | | 80岁及以上 | 138 | 258 | 40 | 140 | 240 | 339 | 540 |
| | | 男 | 小计 | 5 075 | 386 | 90 | 240 | 363 | 520 | 740 |
| | | | 18～44岁 | 2 067 | 400 | 90 | 240 | 390 | 540 | 757 |
| | | | 45～59岁 | 1 764 | 389 | 94 | 240 | 360 | 527 | 749 |
| | | | 60～79岁 | 1 173 | 345 | 83 | 211 | 329 | 468 | 660 |
| | | | 80岁及以上 | 71 | 267 | 53 | 173 | 227 | 387 | 500 |
| | | 女 | 小计 | 6 186 | 340 | 80 | 197 | 320 | 463 | 670 |
| | | | 18～44岁 | 2 636 | 358 | 86 | 210 | 342 | 480 | 720 |
| | | | 45～59岁 | 2 162 | 349 | 90 | 206 | 326 | 471 | 681 |
| | | | 60～79岁 | 1 321 | 279 | 60 | 150 | 253 | 360 | 600 |
| | | | 80岁及以上 | 67 | 250 | 10 | 130 | 240 | 320 | 600 |
| | 城市 | 小计 | 小计 | 5 050 | 297 | 60 | 160 | 263 | 411 | 630 |
| | | | 18～44岁 | 2 030 | 298 | 60 | 157 | 260 | 420 | 630 |

| 地区 | 城乡 | 性别 | 年龄 | n | 夏季室外活动时间 / （min/d） | | | | | |
|---|---|---|---|---|---|---|---|---|---|---|
| | | | | | Mean | P5 | P25 | P50 | P75 | P95 |
| 西北 | 城市 | 小计 | 45 ～ 59 岁 | 1 798 | 311 | 70 | 169 | 274 | 420 | 660 |
| | | | 60 ～ 79 岁 | 1 163 | 279 | 60 | 159 | 260 | 360 | 560 |
| | | | 80 岁及以上 | 59 | 228 | 10 | 130 | 210 | 309 | 480 |
| | | 男 | 小计 | 2 217 | 312 | 63 | 167 | 276 | 435 | 651 |
| | | | 18 ～ 44 岁 | 889 | 310 | 60 | 159 | 274 | 441 | 651 |
| | | | 45 ～ 59 岁 | 775 | 324 | 69 | 171 | 283 | 454 | 664 |
| | | | 60 ～ 79 岁 | 520 | 302 | 70 | 180 | 287 | 406 | 600 |
| | | | 80 岁及以上 | 33 | 260 | 43 | 171 | 220 | 320 | 650 |
| | | 女 | 小计 | 2 833 | 282 | 60 | 154 | 247 | 386 | 600 |
| | | | 18 ～ 44 岁 | 1 141 | 286 | 60 | 157 | 247 | 394 | 600 |
| | | | 45 ～ 59 岁 | 1 023 | 298 | 80 | 166 | 266 | 411 | 626 |
| | | | 60 ～ 79 岁 | 643 | 257 | 60 | 140 | 240 | 334 | 520 |
| | | | 80 岁及以上 | 26 | 195 | 10 | 130 | 160 | 280 | 450 |
| | 农村 | 小计 | 小计 | 6 211 | 415 | 120 | 270 | 399 | 540 | 745 |
| | | | 18 ～ 44 岁 | 2 673 | 437 | 146 | 306 | 424 | 557 | 750 |
| | | | 45 ～ 59 岁 | 2 128 | 418 | 135 | 270 | 390 | 540 | 760 |
| | | | 60 ～ 79 岁 | 1 331 | 341 | 86 | 203 | 320 | 471 | 660 |
| | | | 80 岁及以上 | 79 | 280 | 69 | 173 | 270 | 390 | 600 |
| | | 男 | 小计 | 2 858 | 441 | 150 | 300 | 430 | 570 | 770 |
| | | | 18 ～ 44 岁 | 1 178 | 462 | 174 | 330 | 455 | 583 | 780 |
| | | | 45 ～ 59 岁 | 989 | 440 | 150 | 281 | 420 | 580 | 760 |
| | | | 60 ～ 79 岁 | 653 | 381 | 90 | 240 | 360 | 510 | 680 |
| | | | 80 岁及以上 | 38 | 273 | 87 | 173 | 260 | 400 | 500 |
| | | 女 | 小计 | 3 353 | 387 | 113 | 249 | 364 | 510 | 720 |
| | | | 18 ～ 44 岁 | 1 495 | 412 | 140 | 283 | 394 | 531 | 720 |
| | | | 45 ～ 59 岁 | 1 139 | 393 | 110 | 255 | 364 | 525 | 750 |
| | | | 60 ～ 79 岁 | 678 | 301 | 75 | 173 | 277 | 390 | 630 |
| | | | 80 岁及以上 | 41 | 286 | 60 | 120 | 276 | 380 | 600 |
| 东北 | 城乡 | 小计 | 小计 | 10 167 | 282 | 49 | 125 | 240 | 397 | 650 |
| | | | 18 ～ 44 岁 | 3 984 | 287 | 51 | 127 | 240 | 406 | 660 |
| | | | 45 ～ 59 岁 | 3 896 | 288 | 54 | 137 | 244 | 414 | 660 |
| | | | 60 ～ 79 岁 | 2 163 | 258 | 30 | 120 | 231 | 360 | 620 |
| | | | 80 岁及以上 | 124 | 218 | 30 | 90 | 150 | 279 | 650 |
| | | 男 | 小计 | 4 627 | 298 | 51 | 137 | 255 | 420 | 660 |
| | | | 18 ～ 44 岁 | 1 888 | 300 | 51 | 137 | 255 | 427 | 677 |
| | | | 45 ～ 59 岁 | 1 658 | 311 | 60 | 147 | 270 | 444 | 690 |
| | | | 60 ～ 79 岁 | 1 022 | 271 | 40 | 120 | 240 | 380 | 625 |
| | | | 80 岁及以上 | 59 | 184 | 20 | 92 | 150 | 240 | 446 |
| | | 女 | 小计 | 5 540 | 266 | 43 | 120 | 230 | 370 | 630 |
| | | | 18 ～ 44 岁 | 2 096 | 272 | 51 | 120 | 234 | 386 | 630 |
| | | | 45 ～ 59 岁 | 2 238 | 268 | 43 | 130 | 239 | 370 | 617 |
| | | | 60 ～ 79 岁 | 1 141 | 246 | 30 | 120 | 210 | 330 | 600 |
| | | | 80 岁及以上 | 65 | 248 | 30 | 60 | 140 | 370 | 710 |
| | 城市 | 小计 | 小计 | 4 351 | 203 | 33 | 100 | 170 | 270 | 499 |
| | | | 18 ～ 44 岁 | 1 658 | 192 | 32 | 90 | 157 | 250 | 489 |
| | | | 45 ～ 59 岁 | 1 730 | 213 | 37 | 111 | 180 | 296 | 500 |
| | | | 60 ～ 79 岁 | 909 | 220 | 30 | 120 | 180 | 300 | 510 |
| | | | 80 岁及以上 | 54 | 219 | 20 | 70 | 180 | 304 | 720 |
| | | 男 | 小计 | 1 910 | 213 | 34 | 103 | 180 | 293 | 520 |
| | | | 18 ～ 44 岁 | 767 | 202 | 31 | 100 | 167 | 270 | 503 |
| | | | 45 ～ 59 岁 | 729 | 222 | 37 | 116 | 183 | 300 | 540 |
| | | | 60 ～ 79 岁 | 395 | 238 | 40 | 120 | 210 | 320 | 540 |
| | | | 80 岁及以上 | 19 | 198 | 0 | 70 | 120 | 210 | 720 |
| | | 女 | 小计 | 2 441 | 193 | 31 | 94 | 160 | 260 | 480 |
| | | | 18 ～ 44 岁 | 891 | 182 | 33 | 85 | 150 | 240 | 437 |
| | | | 45 ～ 59 岁 | 1 001 | 204 | 39 | 106 | 180 | 280 | 480 |
| | | | 60 ～ 79 岁 | 514 | 205 | 30 | 120 | 165 | 286 | 480 |
| | | | 80 岁及以上 | 35 | 231 | 20 | 60 | 180 | 360 | 720 |
| | 农村 | 小计 | 小计 | 5 816 | 326 | 60 | 163 | 300 | 480 | 686 |

| 地区 | 城乡 | 性别 | 年龄 | n | 夏季室外活动时间 /（min/d） | | | | | |
|---|---|---|---|---|---|---|---|---|---|---|
| | | | | | Mean | P5 | P25 | P50 | P75 | P95 |
| 东北 | 农村 | 小计 | 18 ～ 44 岁 | 2 326 | 338 | 60 | 177 | 311 | 480 | 690 |
| | | | 45 ～ 59 岁 | 2 166 | 333 | 61 | 170 | 300 | 480 | 690 |
| | | | 60 ～ 79 岁 | 1 254 | 279 | 34 | 140 | 240 | 385 | 630 |
| | | | 80 岁及以上 | 70 | 218 | 30 | 92 | 120 | 277 | 650 |
| | | 男 | 小计 | 2 717 | 344 | 60 | 180 | 317 | 495 | 720 |
| | | | 18 ～ 44 岁 | 1 121 | 353 | 60 | 180 | 330 | 500 | 720 |
| | | | 45 ～ 59 岁 | 929 | 367 | 79 | 200 | 340 | 520 | 720 |
| | | | 60 ～ 79 岁 | 627 | 288 | 40 | 143 | 253 | 411 | 630 |
| | | | 80 岁及以上 | 40 | 180 | 30 | 103 | 163 | 240 | 360 |
| | | 女 | 小计 | 3 099 | 307 | 60 | 150 | 274 | 429 | 660 |
| | | | 18 ～ 44 岁 | 1 205 | 321 | 60 | 160 | 300 | 454 | 660 |
| | | | 45 ～ 59 岁 | 1 237 | 304 | 60 | 150 | 276 | 429 | 650 |
| | | | 60 ～ 79 岁 | 627 | 269 | 34 | 133 | 240 | 360 | 630 |
| | | | 80 岁及以上 | 30 | 257 | 30 | 60 | 120 | 476 | 710 |
| 西南 | 城乡 | 小计 | 小计 | 13 393 | 302 | 51 | 150 | 287 | 420 | 626 |
| | | | 18 ～ 44 岁 | 6 419 | 311 | 50 | 157 | 300 | 443 | 630 |
| | | | 45 ～ 59 岁 | 4 256 | 313 | 60 | 163 | 300 | 435 | 630 |
| | | | 60 ～ 79 岁 | 2 547 | 265 | 50 | 130 | 240 | 369 | 583 |
| | | | 80 岁及以上 | 171 | 212 | 20 | 80 | 180 | 300 | 540 |
| | | 男 | 小计 | 6 119 | 312 | 51 | 160 | 300 | 440 | 630 |
| | | | 18 ～ 44 岁 | 2 980 | 320 | 50 | 166 | 314 | 454 | 640 |
| | | | 45 ～ 59 岁 | 1 871 | 324 | 60 | 178 | 315 | 454 | 640 |
| | | | 60 ～ 79 岁 | 1 179 | 273 | 53 | 140 | 240 | 383 | 590 |
| | | | 80 岁及以上 | 89 | 230 | 43 | 90 | 190 | 309 | 600 |
| | | 女 | 小计 | 7 274 | 292 | 53 | 145 | 270 | 414 | 609 |
| | | | 18 ～ 44 岁 | 3 439 | 302 | 55 | 150 | 280 | 430 | 617 |
| | | | 45 ～ 59 岁 | 2 385 | 301 | 60 | 152 | 296 | 420 | 620 |
| | | | 60 ～ 79 岁 | 1 368 | 258 | 45 | 120 | 240 | 360 | 581 |
| | | | 80 岁及以上 | 82 | 191 | 11 | 60 | 140 | 300 | 495 |
| | 城市 | 小计 | 小计 | 4 773 | 283 | 60 | 150 | 255 | 397 | 583 |
| | | | 18 ～ 44 岁 | 2 246 | 281 | 60 | 150 | 251 | 390 | 583 |
| | | | 45 ～ 59 岁 | 1 548 | 294 | 60 | 150 | 270 | 420 | 600 |
| | | | 60 ～ 79 岁 | 903 | 278 | 60 | 150 | 251 | 390 | 571 |
| | | | 80 岁及以上 | 76 | 227 | 30 | 90 | 200 | 330 | 526 |
| | | 男 | 小计 | 2 133 | 289 | 60 | 154 | 266 | 406 | 590 |
| | | | 18 ～ 44 岁 | 1 024 | 292 | 60 | 160 | 271 | 397 | 590 |
| | | | 45 ～ 59 岁 | 664 | 298 | 54 | 154 | 270 | 433 | 597 |
| | | | 60 ～ 79 岁 | 407 | 268 | 51 | 135 | 240 | 393 | 570 |
| | | | 80 岁及以上 | 38 | 244 | 50 | 138 | 240 | 309 | 600 |
| | | 女 | 小计 | 2 640 | 277 | 60 | 141 | 240 | 390 | 574 |
| | | | 18 ～ 44 岁 | 1 222 | 270 | 60 | 137 | 240 | 390 | 574 |
| | | | 45 ～ 59 岁 | 884 | 290 | 60 | 146 | 266 | 411 | 600 |
| | | | 60 ～ 79 岁 | 496 | 288 | 60 | 150 | 279 | 390 | 594 |
| | | | 80 岁及以上 | 38 | 209 | 20 | 80 | 197 | 360 | 420 |
| | 农村 | 小计 | 小计 | 8 620 | 314 | 50 | 154 | 300 | 450 | 640 |
| | | | 18 ～ 44 岁 | 4 173 | 330 | 50 | 169 | 334 | 480 | 640 |
| | | | 45 ～ 59 岁 | 2 708 | 325 | 60 | 180 | 320 | 449 | 640 |
| | | | 60 ～ 79 岁 | 1 644 | 258 | 45 | 120 | 240 | 360 | 586 |
| | | | 80 岁及以上 | 95 | 198 | 20 | 63 | 150 | 285 | 540 |
| | | 男 | 小计 | 3 986 | 327 | 50 | 170 | 323 | 470 | 640 |
| | | | 18 ～ 44 岁 | 1 956 | 338 | 44 | 172 | 354 | 480 | 640 |
| | | | 45 ～ 59 岁 | 1 207 | 342 | 77 | 197 | 339 | 480 | 660 |
| | | | 60 ～ 79 岁 | 772 | 277 | 57 | 150 | 250 | 380 | 600 |
| | | | 80 岁及以上 | 51 | 218 | 30 | 80 | 180 | 360 | 480 |
| | | 女 | 小计 | 4 634 | 302 | 50 | 146 | 291 | 429 | 630 |
| | | | 18 ～ 44 岁 | 2 217 | 323 | 50 | 163 | 315 | 463 | 630 |
| | | | 45 ～ 59 岁 | 1 501 | 309 | 60 | 160 | 304 | 420 | 630 |
| | | | 60 ～ 79 岁 | 872 | 241 | 40 | 90 | 210 | 343 | 581 |
| | | | 80 岁及以上 | 44 | 175 | 0 | 60 | 103 | 250 | 540 |

附表 6-16　中国人群分片区、城乡、性别、年龄的冬季室外活动时间

| 地区 | 城乡 | 性别 | 年龄 | n | 冬季室外活动时间 /（min/d） | | | | | |
|---|---|---|---|---|---|---|---|---|---|---|
| | | | | | Mean | P5 | P25 | P50 | P75 | P95 |
| 合计 | 城乡 | 小计 | 小计 | 90 987 | 199 | 30 | 87 | 152 | 274 | 510 |
| | | | 18 ～ 44 岁 | 36 629 | 201 | 30 | 90 | 157 | 280 | 510 |
| | | | 45 ～ 59 岁 | 32 335 | 205 | 30 | 90 | 160 | 287 | 520 |
| | | | 60 ～ 79 岁 | 20 541 | 184 | 21 | 80 | 150 | 246 | 490 |
| | | | 80 岁及以上 | 1 482 | 144 | 0 | 60 | 116 | 200 | 390 |
| | | 男 | 小计 | 41 242 | 213 | 30 | 90 | 169 | 300 | 531 |
| | | | 18 ～ 44 岁 | 16 747 | 214 | 30 | 90 | 170 | 301 | 530 |
| | | | 45 ～ 59 岁 | 14 075 | 221 | 30 | 90 | 176 | 315 | 540 |
| | | | 60 ～ 79 岁 | 9 745 | 200 | 30 | 90 | 160 | 276 | 520 |
| | | | 80 岁及以上 | 675 | 159 | 10 | 60 | 129 | 210 | 420 |
| | | 女 | 小计 | 49 745 | 184 | 30 | 80 | 150 | 244 | 483 |
| | | | 18 ～ 44 岁 | 19 882 | 188 | 30 | 85 | 150 | 253 | 490 |
| | | | 45 ～ 59 岁 | 18 260 | 190 | 30 | 84 | 150 | 260 | 497 |
| | | | 60 ～ 79 岁 | 10 796 | 169 | 20 | 70 | 133 | 236 | 450 |
| | | | 80 岁及以上 | 807 | 133 | 0 | 47 | 90 | 180 | 380 |
| | 城市 | 小计 | 小计 | 41 747 | 181 | 29 | 77 | 137 | 240 | 497 |
| | | | 18 ～ 44 岁 | 16 612 | 180 | 27 | 77 | 135 | 240 | 500 |
| | | | 45 ～ 59 岁 | 14 720 | 190 | 30 | 80 | 146 | 260 | 510 |
| | | | 60 ～ 79 岁 | 9 671 | 173 | 29 | 80 | 135 | 240 | 450 |
| | | | 80 岁及以上 | 744 | 143 | 10 | 60 | 110 | 201 | 385 |
| | | 男 | 小计 | 18 417 | 192 | 30 | 80 | 144 | 260 | 510 |
| | | | 18 ～ 44 岁 | 7 521 | 191 | 27 | 80 | 140 | 257 | 514 |
| | | | 45 ～ 59 岁 | 6 256 | 200 | 30 | 81 | 150 | 280 | 526 |
| | | | 60 ～ 79 岁 | 4 317 | 184 | 30 | 83 | 150 | 240 | 480 |
| | | | 80 岁及以上 | 323 | 160 | 13 | 60 | 129 | 220 | 390 |
| | | 女 | 小计 | 23 330 | 171 | 27 | 76 | 129 | 224 | 469 |
| | | | 18 ～ 44 岁 | 9 091 | 170 | 27 | 77 | 129 | 220 | 472 |
| | | | 45 ～ 59 岁 | 8 464 | 180 | 30 | 80 | 140 | 240 | 490 |
| | | | 60 ～ 79 岁 | 5 354 | 163 | 25 | 70 | 120 | 211 | 420 |
| | | | 80 岁及以上 | 421 | 131 | 0 | 60 | 90 | 180 | 370 |
| | 农村 | 小计 | 小计 | 49 240 | 212 | 30 | 90 | 174 | 300 | 520 |
| | | | 18 ～ 44 岁 | 20 017 | 217 | 31 | 100 | 180 | 303 | 520 |
| | | | 45 ～ 59 岁 | 17 615 | 217 | 30 | 91 | 180 | 301 | 530 |
| | | | 60 ～ 79 岁 | 10 870 | 193 | 20 | 80 | 150 | 270 | 510 |
| | | | 80 岁及以上 | 738 | 145 | 0 | 51 | 120 | 200 | 399 |
| | | 男 | 小计 | 22 825 | 229 | 30 | 100 | 186 | 330 | 540 |
| | | | 18 ～ 44 岁 | 9 226 | 232 | 34 | 105 | 194 | 335 | 540 |
| | | | 45 ～ 59 岁 | 7 819 | 237 | 36 | 103 | 195 | 349 | 547 |
| | | | 60 ～ 79 岁 | 5 428 | 211 | 30 | 90 | 175 | 300 | 531 |
| | | | 80 岁及以上 | 352 | 158 | 9 | 60 | 129 | 206 | 420 |
| | | 女 | 小计 | 26 415 | 195 | 30 | 90 | 156 | 270 | 500 |
| | | | 18 ～ 44 岁 | 10 791 | 203 | 30 | 90 | 163 | 279 | 500 |
| | | | 45 ～ 59 岁 | 9 796 | 197 | 30 | 90 | 160 | 270 | 500 |
| | | | 60 ～ 79 岁 | 5 442 | 174 | 20 | 70 | 140 | 240 | 474 |
| | | | 80 岁及以上 | 386 | 134 | 0 | 40 | 100 | 180 | 394 |
| 华北 | 城乡 | 小计 | 小计 | 18 066 | 196 | 33 | 89 | 149 | 253 | 540 |
| | | | 18 ～ 44 岁 | 6 471 | 203 | 40 | 90 | 150 | 260 | 540 |
| | | | 45 ～ 59 岁 | 6 818 | 193 | 40 | 87 | 140 | 240 | 540 |
| | | | 60 ～ 79 岁 | 4 493 | 189 | 30 | 80 | 140 | 246 | 540 |
| | | | 80 岁及以上 | 284 | 136 | 15 | 60 | 100 | 180 | 369 |
| | | 男 | 小计 | 7 981 | 212 | 40 | 90 | 150 | 300 | 550 |
| | | | 18 ～ 44 岁 | 2 910 | 216 | 40 | 91 | 153 | 300 | 550 |
| | | | 45 ～ 59 岁 | 2 815 | 209 | 40 | 90 | 150 | 290 | 550 |
| | | | 60 ～ 79 岁 | 2 111 | 210 | 30 | 90 | 153 | 300 | 543 |
| | | | 80 岁及以上 | 145 | 146 | 20 | 60 | 111 | 180 | 390 |
| | | 女 | 小计 | 10 085 | 181 | 30 | 80 | 140 | 237 | 510 |

| 地区 | 城乡 | 性别 | 年龄 | n | 冬季室外活动时间 /（min/d） | | | | | |
|---|---|---|---|---|---|---|---|---|---|---|
| | | | | | Mean | P5 | P25 | P50 | P75 | P95 |
| 华北 | 城乡 | 女 | 18 ～ 44 岁 | 3 561 | 189 | 40 | 90 | 150 | 240 | 514 |
| | | | 45 ～ 59 岁 | 4 003 | 180 | 37 | 80 | 140 | 236 | 520 |
| | | | 60 ～ 79 岁 | 2 382 | 168 | 25 | 70 | 120 | 220 | 500 |
| | | | 80 岁及以上 | 139 | 125 | 15 | 60 | 90 | 177 | 369 |
| | 城市 | 小计 | 小计 | 7 792 | 179 | 30 | 80 | 131 | 220 | 526 |
| | | | 18 ～ 44 岁 | 2 770 | 185 | 31 | 80 | 137 | 223 | 540 |
| | | | 45 ～ 59 岁 | 2 781 | 183 | 37 | 80 | 134 | 230 | 520 |
| | | | 60 ～ 79 岁 | 2 085 | 164 | 30 | 74 | 120 | 210 | 480 |
| | | | 80 岁及以上 | 156 | 121 | 15 | 60 | 90 | 150 | 367 |
| | | 男 | 小计 | 3 382 | 190 | 30 | 81 | 137 | 240 | 540 |
| | | | 18 ～ 44 岁 | 1 223 | 193 | 31 | 80 | 140 | 240 | 550 |
| | | | 45 ～ 59 岁 | 1 156 | 199 | 39 | 89 | 140 | 240 | 540 |
| | | | 60 ～ 79 岁 | 920 | 178 | 30 | 80 | 120 | 229 | 530 |
| | | | 80 岁及以上 | 83 | 129 | 10 | 60 | 90 | 180 | 367 |
| | | 女 | 小计 | 4 410 | 167 | 30 | 80 | 124 | 210 | 490 |
| | | | 18 ～ 44 岁 | 1 547 | 177 | 31 | 81 | 134 | 210 | 530 |
| | | | 45 ～ 59 岁 | 1 625 | 167 | 37 | 80 | 120 | 210 | 490 |
| | | | 60 ～ 79 岁 | 1 165 | 151 | 30 | 70 | 120 | 193 | 380 |
| | | | 80 岁及以上 | 73 | 111 | 15 | 40 | 80 | 120 | 360 |
| | 农村 | 小计 | 小计 | 10 274 | 207 | 40 | 90 | 150 | 280 | 540 |
| | | | 18 ～ 44 岁 | 3 701 | 215 | 44 | 99 | 160 | 293 | 540 |
| | | | 45 ～ 59 岁 | 4 037 | 200 | 40 | 90 | 150 | 266 | 540 |
| | | | 60 ～ 79 岁 | 2 408 | 205 | 30 | 80 | 150 | 300 | 540 |
| | | | 80 岁及以上 | 128 | 149 | 20 | 60 | 120 | 193 | 369 |
| | | 男 | 小计 | 4 599 | 226 | 40 | 94 | 167 | 334 | 550 |
| | | | 18 ～ 44 岁 | 1 687 | 232 | 44 | 103 | 179 | 351 | 550 |
| | | | 45 ～ 59 岁 | 1 659 | 216 | 43 | 90 | 150 | 300 | 550 |
| | | | 60 ～ 79 岁 | 1 191 | 231 | 40 | 90 | 177 | 340 | 550 |
| | | | 80 岁及以上 | 62 | 167 | 30 | 70 | 120 | 206 | 520 |
| | | 女 | 小计 | 5 675 | 189 | 30 | 87 | 150 | 243 | 520 |
| | | | 18 ～ 44 岁 | 2 014 | 197 | 45 | 90 | 150 | 259 | 510 |
| | | | 45 ～ 59 岁 | 2 378 | 187 | 37 | 86 | 143 | 240 | 530 |
| | | | 60 ～ 79 岁 | 1 217 | 179 | 20 | 70 | 120 | 240 | 530 |
| | | | 80 岁及以上 | 66 | 136 | 10 | 60 | 105 | 193 | 369 |
| 华东 | 城乡 | 小计 | 小计 | 22 937 | 190 | 30 | 87 | 150 | 253 | 481 |
| | | | 18 ～ 44 岁 | 8 531 | 186 | 32 | 87 | 143 | 243 | 480 |
| | | | 45 ～ 59 岁 | 8 061 | 205 | 33 | 90 | 157 | 286 | 510 |
| | | | 60 ～ 79 岁 | 5 827 | 184 | 30 | 86 | 150 | 240 | 471 |
| | | | 80 岁及以上 | 518 | 144 | 0 | 60 | 120 | 205 | 380 |
| | | 男 | 小计 | 10 422 | 208 | 34 | 90 | 160 | 296 | 510 |
| | | | 18 ～ 44 岁 | 3 791 | 202 | 34 | 90 | 154 | 283 | 493 |
| | | | 45 ～ 59 岁 | 3 626 | 225 | 34 | 90 | 176 | 326 | 540 |
| | | | 60 ～ 79 岁 | 2 800 | 203 | 30 | 90 | 160 | 270 | 510 |
| | | | 80 岁及以上 | 205 | 170 | 13 | 86 | 150 | 220 | 386 |
| | | 女 | 小计 | 12 515 | 171 | 30 | 80 | 133 | 226 | 440 |
| | | | 18 ～ 44 岁 | 4 740 | 170 | 30 | 81 | 130 | 220 | 446 |
| | | | 45 ～ 59 岁 | 4 435 | 183 | 30 | 86 | 144 | 240 | 469 |
| | | | 60 ～ 79 岁 | 3 027 | 165 | 26 | 75 | 130 | 223 | 411 |
| | | | 80 岁及以上 | 313 | 131 | 0 | 40 | 100 | 180 | 360 |
| | 城市 | 小计 | 小计 | 12 455 | 166 | 30 | 77 | 120 | 210 | 455 |
| | | | 18 ～ 44 岁 | 4 760 | 163 | 30 | 76 | 120 | 206 | 459 |
| | | | 45 ～ 59 岁 | 4 282 | 176 | 30 | 79 | 130 | 236 | 486 |
| | | | 60 ～ 79 岁 | 3 142 | 163 | 30 | 77 | 124 | 210 | 420 |
| | | | 80 岁及以上 | 271 | 137 | 0 | 60 | 111 | 193 | 360 |
| | | 男 | 小计 | 5 484 | 181 | 30 | 80 | 134 | 240 | 484 |
| | | | 18 ～ 44 岁 | 2 105 | 178 | 30 | 77 | 130 | 236 | 480 |
| | | | 45 ～ 59 岁 | 1 872 | 192 | 30 | 80 | 140 | 266 | 510 |
| | | | 60 ～ 79 岁 | 1 405 | 177 | 30 | 86 | 140 | 240 | 441 |

| 地区 | 城乡 | 性别 | 年龄 | $n$ | 冬季室外活动时间 /（min/d） | | | | | |
| --- | --- | --- | --- | --- | --- | --- | --- | --- | --- | --- |
| | | | | | Mean | P5 | P25 | P50 | P75 | P95 |
| 华东 | 城市 | 男 | 80 岁及以上 | 102 | 148 | 10 | 60 | 137 | 210 | 360 |
| | | 女 | 小计 | 6 971 | 152 | 30 | 71 | 120 | 189 | 409 |
| | | | 18 ～ 44 岁 | 2 655 | 149 | 30 | 73 | 118 | 180 | 411 |
| | | | 45 ～ 59 岁 | 2 410 | 160 | 30 | 75 | 120 | 203 | 420 |
| | | | 60 ～ 79 岁 | 1 737 | 149 | 30 | 70 | 120 | 186 | 380 |
| | | | 80 岁及以上 | 169 | 131 | 0 | 50 | 90 | 180 | 360 |
| | 农村 | 小计 | 小计 | 10 482 | 215 | 39 | 100 | 175 | 300 | 510 |
| | | | 18 ～ 44 岁 | 3 771 | 210 | 44 | 100 | 169 | 291 | 486 |
| | | | 45 ～ 59 岁 | 3 779 | 234 | 40 | 104 | 185 | 340 | 531 |
| | | | 60 ～ 79 岁 | 2 685 | 205 | 30 | 90 | 163 | 289 | 510 |
| | | | 80 岁及以上 | 247 | 152 | 0 | 53 | 130 | 229 | 386 |
| | | 男 | 小计 | 4 938 | 236 | 43 | 111 | 193 | 340 | 527 |
| | | | 18 ～ 44 岁 | 1 686 | 228 | 47 | 110 | 180 | 330 | 510 |
| | | | 45 ～ 59 岁 | 1 754 | 261 | 41 | 120 | 223 | 386 | 560 |
| | | | 60 ～ 79 岁 | 1 395 | 226 | 40 | 106 | 180 | 319 | 540 |
| | | | 80 岁及以上 | 103 | 190 | 17 | 100 | 197 | 240 | 410 |
| | | 女 | 小计 | 5 544 | 193 | 31 | 90 | 150 | 260 | 470 |
| | | | 18 ～ 44 岁 | 2 085 | 193 | 41 | 91 | 150 | 255 | 459 |
| | | | 45 ～ 59 岁 | 2 025 | 206 | 39 | 92 | 167 | 290 | 494 |
| | | | 60 ～ 79 岁 | 1 290 | 182 | 22 | 80 | 150 | 257 | 439 |
| | | | 80 岁及以上 | 144 | 130 | 0 | 34 | 109 | 180 | 373 |
| 华南 | 城乡 | 小计 | 小计 | 15 157 | 230 | 47 | 120 | 194 | 309 | 523 |
| | | | 18 ～ 44 岁 | 6 517 | 230 | 47 | 120 | 193 | 313 | 530 |
| | | | 45 ～ 59 岁 | 5 376 | 239 | 51 | 121 | 210 | 320 | 537 |
| | | | 60 ～ 79 岁 | 3 017 | 217 | 43 | 120 | 180 | 291 | 480 |
| | | | 80 岁及以上 | 247 | 166 | 30 | 60 | 120 | 210 | 410 |
| | | 男 | 小计 | 7 013 | 242 | 50 | 120 | 210 | 331 | 540 |
| | | | 18 ～ 44 岁 | 3 108 | 244 | 51 | 120 | 210 | 339 | 540 |
| | | | 45 ～ 59 岁 | 2 339 | 250 | 51 | 123 | 219 | 343 | 540 |
| | | | 60 ～ 79 岁 | 1 460 | 225 | 49 | 120 | 197 | 300 | 480 |
| | | | 80 岁及以上 | 106 | 186 | 26 | 70 | 146 | 250 | 471 |
| | | 女 | 小计 | 8 144 | 217 | 44 | 118 | 180 | 291 | 510 |
| | | | 18 ～ 44 岁 | 3 409 | 215 | 43 | 111 | 180 | 291 | 510 |
| | | | 45 ～ 59 岁 | 3 037 | 229 | 51 | 120 | 197 | 300 | 517 |
| | | | 60 ～ 79 岁 | 1 557 | 208 | 40 | 114 | 180 | 275 | 480 |
| | | | 80 岁及以上 | 141 | 149 | 30 | 60 | 118 | 180 | 410 |
| | 城市 | 小计 | 小计 | 7 324 | 218 | 40 | 101 | 180 | 300 | 531 |
| | | | 18 ～ 44 岁 | 3 146 | 216 | 39 | 96 | 167 | 297 | 536 |
| | | | 45 ～ 59 岁 | 2 581 | 229 | 46 | 114 | 187 | 300 | 540 |
| | | | 60 ～ 79 岁 | 1 469 | 208 | 39 | 105 | 180 | 280 | 480 |
| | | | 80 岁及以上 | 128 | 172 | 30 | 60 | 129 | 240 | 410 |
| | | 男 | 小计 | 3 289 | 226 | 40 | 106 | 180 | 300 | 540 |
| | | | 18 ～ 44 岁 | 1 511 | 228 | 43 | 100 | 180 | 313 | 549 |
| | | | 45 ～ 59 岁 | 1 060 | 231 | 46 | 111 | 189 | 309 | 540 |
| | | | 60 ～ 79 岁 | 670 | 216 | 46 | 110 | 180 | 293 | 520 |
| | | | 80 岁及以上 | 48 | 195 | 20 | 70 | 180 | 330 | 390 |
| | | 女 | 小计 | 4 035 | 210 | 40 | 99 | 170 | 280 | 510 |
| | | | 18 ～ 44 岁 | 1 635 | 203 | 37 | 90 | 154 | 274 | 510 |
| | | | 45 ～ 59 岁 | 1 521 | 228 | 47 | 117 | 186 | 300 | 530 |
| | | | 60 ～ 79 岁 | 799 | 201 | 34 | 100 | 170 | 270 | 480 |
| | | | 80 岁及以上 | 80 | 157 | 45 | 60 | 120 | 210 | 410 |
| | 农村 | 小计 | 小计 | 7 833 | 238 | 53 | 130 | 210 | 320 | 520 |
| | | | 18 ～ 44 岁 | 3 371 | 239 | 56 | 131 | 210 | 321 | 519 |
| | | | 45 ～ 59 岁 | 2 795 | 248 | 60 | 140 | 219 | 330 | 523 |
| | | | 60 ～ 79 岁 | 1 548 | 224 | 43 | 120 | 193 | 300 | 480 |
| | | | 80 岁及以上 | 119 | 159 | 30 | 60 | 120 | 200 | 420 |
| | | 男 | 小计 | 3 724 | 253 | 60 | 140 | 224 | 350 | 530 |
| | | | 18 ～ 44 岁 | 1 597 | 255 | 60 | 140 | 227 | 351 | 530 |

| 地区 | 城乡 | 性别 | 年龄 | $n$ | 冬季室外活动时间 /（min/d） | | | | | |
|---|---|---|---|---|---|---|---|---|---|---|
| | | | | | Mean | P5 | P25 | P50 | P75 | P95 |
| 华南 | 农村 | 男 | 45 ～ 59 岁 | 1 279 | 264 | 60 | 149 | 240 | 360 | 540 |
| | | | 60 ～ 79 岁 | 790 | 232 | 51 | 127 | 203 | 316 | 480 |
| | | | 80 岁及以上 | 58 | 179 | 30 | 90 | 135 | 210 | 570 |
| | | 女 | 小计 | 4 109 | 223 | 50 | 120 | 190 | 294 | 510 |
| | | | 18 ～ 44 岁 | 1 774 | 223 | 51 | 120 | 189 | 300 | 510 |
| | | | 45 ～ 59 岁 | 1 516 | 230 | 60 | 137 | 206 | 294 | 510 |
| | | | 60 ～ 79 岁 | 758 | 214 | 43 | 120 | 180 | 282 | 510 |
| | | | 80 岁及以上 | 61 | 139 | 30 | 60 | 108 | 159 | 380 |
| 西北 | 城乡 | 小计 | 小计 | 11 265 | 205 | 39 | 106 | 180 | 270 | 477 |
| | | | 18 ～ 44 岁 | 4 706 | 215 | 43 | 117 | 195 | 291 | 480 |
| | | | 45 ～ 59 岁 | 3 927 | 209 | 40 | 107 | 178 | 280 | 490 |
| | | | 60 ～ 79 岁 | 2 494 | 169 | 30 | 90 | 150 | 226 | 420 |
| | | | 80 岁及以上 | 138 | 132 | 10 | 60 | 114 | 177 | 323 |
| | | 男 | 小计 | 5 078 | 222 | 43 | 120 | 195 | 300 | 500 |
| | | | 18 ～ 44 岁 | 2 069 | 231 | 44 | 120 | 210 | 303 | 510 |
| | | | 45 ～ 59 岁 | 1 765 | 227 | 43 | 120 | 184 | 300 | 510 |
| | | | 60 ～ 79 岁 | 1 173 | 193 | 36 | 107 | 160 | 254 | 450 |
| | | | 80 岁及以上 | 71 | 140 | 10 | 69 | 120 | 189 | 360 |
| | | 女 | 小计 | 6 187 | 186 | 33 | 94 | 160 | 240 | 426 |
| | | | 18 ～ 44 岁 | 2 637 | 200 | 43 | 110 | 180 | 257 | 430 |
| | | | 45 ～ 59 岁 | 2 162 | 190 | 31 | 97 | 159 | 240 | 470 |
| | | | 60 ～ 79 岁 | 1 321 | 146 | 20 | 70 | 126 | 180 | 360 |
| | | | 80 岁及以上 | 67 | 124 | 10 | 40 | 90 | 150 | 300 |
| | 城市 | 小计 | 小计 | 5 052 | 175 | 30 | 77 | 140 | 240 | 444 |
| | | | 18 ～ 44 岁 | 2 032 | 181 | 30 | 77 | 146 | 240 | 450 |
| | | | 45 ～ 59 岁 | 1 798 | 182 | 30 | 81 | 146 | 240 | 466 |
| | | | 60 ～ 79 岁 | 1 163 | 153 | 20 | 70 | 120 | 200 | 390 |
| | | | 80 岁及以上 | 59 | 101 | 0 | 34 | 83 | 140 | 240 |
| | | 男 | 小计 | 2 219 | 188 | 30 | 80 | 150 | 253 | 471 |
| | | | 18 ～ 44 岁 | 891 | 190 | 30 | 77 | 150 | 257 | 480 |
| | | | 45 ～ 59 岁 | 775 | 197 | 30 | 90 | 150 | 266 | 480 |
| | | | 60 ～ 79 岁 | 520 | 175 | 30 | 90 | 150 | 240 | 420 |
| | | | 80 岁及以上 | 33 | 117 | 0 | 60 | 90 | 150 | 267 |
| | | 女 | 小计 | 2 833 | 163 | 29 | 73 | 131 | 210 | 420 |
| | | | 18 ～ 44 岁 | 1 141 | 173 | 30 | 77 | 143 | 234 | 429 |
| | | | 45 ～ 59 岁 | 1 023 | 167 | 29 | 80 | 130 | 220 | 420 |
| | | | 60 ～ 79 岁 | 643 | 132 | 15 | 60 | 120 | 180 | 310 |
| | | | 80 岁及以上 | 26 | 84 | 0 | 15 | 70 | 120 | 240 |
| | 农村 | 小计 | 小计 | 6 213 | 228 | 60 | 133 | 201 | 300 | 480 |
| | | | 18 ～ 44 岁 | 2 674 | 240 | 71 | 150 | 220 | 300 | 480 |
| | | | 45 ～ 59 岁 | 2 129 | 232 | 60 | 134 | 197 | 300 | 510 |
| | | | 60 ～ 79 岁 | 1 331 | 184 | 40 | 101 | 159 | 240 | 430 |
| | | | 80 岁及以上 | 79 | 155 | 30 | 62 | 120 | 210 | 323 |
| | | 男 | 小计 | 2 859 | 248 | 69 | 150 | 227 | 317 | 510 |
| | | | 18 ～ 44 岁 | 1 178 | 260 | 77 | 163 | 240 | 330 | 530 |
| | | | 45 ～ 59 岁 | 990 | 251 | 80 | 147 | 220 | 321 | 520 |
| | | | 60 ～ 79 岁 | 653 | 209 | 51 | 120 | 180 | 263 | 489 |
| | | | 80 岁及以上 | 38 | 160 | 50 | 80 | 150 | 210 | 360 |
| | | 女 | 小计 | 3 354 | 206 | 51 | 120 | 180 | 260 | 440 |
| | | | 18 ～ 44 岁 | 1 496 | 219 | 64 | 137 | 197 | 274 | 437 |
| | | | 45 ～ 59 岁 | 1 139 | 211 | 50 | 120 | 180 | 270 | 500 |
| | | | 60 ～ 79 岁 | 678 | 159 | 27 | 90 | 141 | 201 | 360 |
| | | | 80 岁及以上 | 41 | 151 | 30 | 60 | 114 | 200 | 304 |
| 东北 | 城乡 | 小计 | 小计 | 10 169 | 103 | 0 | 30 | 66 | 120 | 360 |
| | | | 18 ～ 44 岁 | 3 985 | 106 | 0 | 31 | 70 | 124 | 360 |
| | | | 45 ～ 59 岁 | 3 897 | 106 | 0 | 33 | 70 | 130 | 360 |
| | | | 60 ～ 79 岁 | 2 163 | 86 | 0 | 26 | 60 | 120 | 260 |
| | | | 80 岁及以上 | 124 | 90 | 0 | 0 | 30 | 80 | 650 |

| 地区 | 城乡 | 性别 | 年龄 | n | 冬季室外活动时间 /（min/d） | | | | | |
|---|---|---|---|---|---|---|---|---|---|---|
| | | | | | Mean | P5 | P25 | P50 | P75 | P95 |
| 东北 | 城乡 | 男 | 小计 | 4 629 | 109 | 0 | 30 | 71 | 133 | 360 |
| | | | 18～44 岁 | 1 889 | 110 | 0 | 34 | 74 | 134 | 360 |
| | | | 45～59 岁 | 1 659 | 118 | 0 | 39 | 80 | 150 | 390 |
| | | | 60～79 岁 | 1 022 | 90 | 0 | 26 | 60 | 120 | 300 |
| | | | 80 岁及以上 | 59 | 63 | 0 | 10 | 30 | 81 | 220 |
| | | 女 | 小计 | 5 540 | 96 | 0 | 30 | 60 | 120 | 334 |
| | | | 18～44 岁 | 2 096 | 101 | 0 | 30 | 67 | 120 | 360 |
| | | | 45～59 岁 | 2 238 | 95 | 0 | 30 | 60 | 120 | 320 |
| | | | 60～79 岁 | 1 141 | 83 | 0 | 23 | 60 | 120 | 240 |
| | | | 80 岁及以上 | 65 | 112 | 0 | 0 | 20 | 68 | 650 |
| | 城市 | 小计 | 小计 | 4 351 | 90 | 0 | 30 | 60 | 120 | 274 |
| | | | 18～44 岁 | 1 658 | 86 | 0 | 25 | 60 | 110 | 270 |
| | | | 45～59 岁 | 1 730 | 98 | 0 | 34 | 70 | 120 | 300 |
| | | | 60～79 岁 | 909 | 88 | 0 | 30 | 60 | 120 | 240 |
| | | | 80 岁及以上 | 54 | 63 | 0 | 20 | 50 | 67 | 274 |
| | | 男 | 小计 | 1 910 | 93 | 0 | 30 | 60 | 120 | 300 |
| | | | 18～44 岁 | 767 | 85 | 0 | 21 | 60 | 111 | 287 |
| | | | 45～59 岁 | 729 | 105 | 0 | 39 | 77 | 130 | 343 |
| | | | 60～79 岁 | 395 | 94 | 0 | 30 | 70 | 120 | 261 |
| | | | 80 岁及以上 | 19 | 93 | 0 | 20 | 50 | 81 | 480 |
| | | 女 | 小计 | 2 441 | 87 | 0 | 30 | 60 | 111 | 243 |
| | | | 18～44 岁 | 891 | 88 | 0 | 29 | 60 | 110 | 251 |
| | | | 45～59 岁 | 1 001 | 91 | 0 | 32 | 65 | 120 | 270 |
| | | | 60～79 岁 | 514 | 82 | 0 | 30 | 60 | 120 | 240 |
| | | | 80 岁及以上 | 35 | 45 | 0 | 20 | 40 | 60 | 90 |
| | 农村 | 小计 | 小计 | 5 818 | 110 | 0 | 30 | 70 | 135 | 360 |
| | | | 18～44 岁 | 2 327 | 116 | 0 | 40 | 77 | 146 | 390 |
| | | | 45～59 岁 | 2 167 | 111 | 0 | 30 | 70 | 140 | 360 |
| | | | 60～79 岁 | 1 254 | 85 | 0 | 20 | 60 | 120 | 270 |
| | | | 80 岁及以上 | 70 | 101 | 0 | 0 | 30 | 94 | 650 |
| | | 男 | 小计 | 2 719 | 118 | 0 | 36 | 77 | 150 | 390 |
| | | | 18～44 岁 | 1 122 | 124 | 0 | 44 | 81 | 159 | 390 |
| | | | 45～59 岁 | 930 | 127 | 0 | 40 | 80 | 163 | 420 |
| | | | 60～79 岁 | 627 | 87 | 0 | 20 | 60 | 120 | 300 |
| | | | 80 岁及以上 | 40 | 54 | 0 | 6 | 30 | 81 | 160 |
| | | 女 | 小计 | 3 099 | 101 | 0 | 30 | 60 | 120 | 360 |
| | | | 18～44 岁 | 1 205 | 108 | 0 | 34 | 70 | 129 | 390 |
| | | | 45～59 岁 | 1 237 | 98 | 0 | 30 | 60 | 120 | 350 |
| | | | 60～79 岁 | 627 | 83 | 0 | 20 | 60 | 120 | 260 |
| | | | 80 岁及以上 | 30 | 149 | 0 | 0 | 12 | 111 | 650 |
| 西南 | 城乡 | 小计 | 小计 | 13 393 | 236 | 39 | 107 | 197 | 350 | 540 |
| | | | 18～44 岁 | 6 419 | 246 | 39 | 116 | 210 | 360 | 540 |
| | | | 45～59 岁 | 4 256 | 243 | 43 | 120 | 206 | 360 | 540 |
| | | | 60～79 岁 | 2 547 | 202 | 35 | 90 | 164 | 290 | 493 |
| | | | 80 岁及以上 | 171 | 158 | 17 | 58 | 120 | 220 | 480 |
| | | 男 | 小计 | 6 119 | 245 | 37 | 113 | 206 | 360 | 540 |
| | | | 18～44 岁 | 2 980 | 253 | 34 | 118 | 217 | 377 | 541 |
| | | | 45～59 岁 | 1 871 | 254 | 43 | 120 | 213 | 369 | 560 |
| | | | 60～79 岁 | 1 179 | 209 | 40 | 90 | 180 | 300 | 510 |
| | | | 80 岁及以上 | 89 | 173 | 21 | 60 | 140 | 240 | 480 |
| | | 女 | 小计 | 7 274 | 227 | 40 | 103 | 183 | 330 | 530 |
| | | | 18～44 岁 | 3 439 | 238 | 43 | 113 | 200 | 350 | 540 |
| | | | 45～59 岁 | 2 385 | 232 | 40 | 114 | 193 | 343 | 530 |
| | | | 60～79 岁 | 1 368 | 194 | 30 | 80 | 150 | 270 | 480 |
| | | | 80 岁及以上 | 82 | 141 | 6 | 40 | 90 | 200 | 425 |
| | 城市 | 小计 | 小计 | 4 773 | 227 | 37 | 104 | 180 | 320 | 540 |
| | | | 18～44 岁 | 2 246 | 222 | 37 | 103 | 180 | 310 | 534 |
| | | | 45～59 岁 | 1 548 | 239 | 40 | 104 | 189 | 360 | 544 |

| 地区 | 城乡 | 性别 | 年龄 | n | 冬季室外活动时间 /（min/d） | | | | | |
|---|---|---|---|---|---|---|---|---|---|---|
| | | | | | Mean | P5 | P25 | P50 | P75 | P95 |
| 西南 | 城市 | 小计 | 60 ～ 79 岁 | 903 | 226 | 40 | 109 | 180 | 300 | 540 |
| | | | 80 岁及以上 | 76 | 195 | 17 | 80 | 180 | 283 | 480 |
| | | 男 | 小计 | 2 133 | 230 | 37 | 106 | 180 | 330 | 540 |
| | | | 18 ～ 44 岁 | 1 024 | 228 | 37 | 107 | 180 | 330 | 535 |
| | | | 45 ～ 59 岁 | 664 | 243 | 37 | 105 | 189 | 377 | 551 |
| | | | 60 ～ 79 岁 | 407 | 218 | 34 | 90 | 180 | 300 | 540 |
| | | | 80 岁及以上 | 38 | 225 | 34 | 120 | 220 | 304 | 480 |
| | | 女 | 小计 | 2 640 | 223 | 39 | 103 | 180 | 309 | 540 |
| | | | 18 ～ 44 岁 | 1 222 | 215 | 36 | 100 | 178 | 300 | 530 |
| | | | 45 ～ 59 岁 | 884 | 236 | 44 | 103 | 190 | 360 | 540 |
| | | | 60 ～ 79 岁 | 496 | 235 | 40 | 120 | 180 | 320 | 540 |
| | | | 80 岁及以上 | 38 | 162 | 10 | 53 | 120 | 240 | 375 |
| | 农村 | 小计 | 小计 | 8 620 | 242 | 40 | 111 | 214 | 360 | 540 |
| | | | 18 ～ 44 岁 | 4 173 | 261 | 40 | 120 | 240 | 381 | 544 |
| | | | 45 ～ 59 岁 | 2 708 | 246 | 50 | 120 | 219 | 360 | 540 |
| | | | 60 ～ 79 岁 | 1 644 | 188 | 30 | 80 | 150 | 268 | 454 |
| | | | 80 岁及以上 | 95 | 127 | 6 | 50 | 90 | 159 | 540 |
| | | 男 | 小计 | 3 986 | 254 | 40 | 120 | 230 | 369 | 540 |
| | | | 18 ～ 44 岁 | 1 956 | 270 | 30 | 120 | 254 | 400 | 544 |
| | | | 45 ～ 59 岁 | 1 207 | 261 | 60 | 129 | 236 | 361 | 570 |
| | | | 60 ～ 79 岁 | 772 | 204 | 40 | 90 | 180 | 291 | 473 |
| | | | 80 岁及以上 | 51 | 132 | 21 | 57 | 105 | 180 | 309 |
| | | 女 | 小计 | 4 634 | 230 | 40 | 103 | 197 | 339 | 527 |
| | | | 18 ～ 44 岁 | 2 217 | 252 | 50 | 120 | 231 | 364 | 540 |
| | | | 45 ～ 59 岁 | 1 501 | 230 | 40 | 120 | 197 | 340 | 510 |
| | | | 60 ～ 79 岁 | 872 | 172 | 30 | 70 | 135 | 240 | 420 |
| | | | 80 岁及以上 | 44 | 121 | 0 | 37 | 70 | 150 | 540 |

## 附表 6-17　中国人群分省（直辖市、自治区）、城乡、性别的非交通出行室外活动时间

| 地区 | 城乡 | 性别 | n | 非交通出行室外活动时间 /（min/d） | | | | | |
|---|---|---|---|---|---|---|---|---|---|
| | | | | Mean | P5 | P25 | P50 | P75 | P95 |
| 合计 | 城乡 | 小计 | 90 852 | 207 | 30 | 96 | 178 | 300 | 480 |
| | | 男 | 41 189 | 219 | 30 | 103 | 185 | 319 | 493 |
| | | 女 | 49 663 | 196 | 30 | 90 | 165 | 270 | 480 |
| | 城市 | 小计 | 41 672 | 175 | 21 | 75 | 135 | 240 | 469 |
| | | 男 | 18 386 | 184 | 21 | 75 | 141 | 255 | 480 |
| | | 女 | 23 286 | 166 | 21 | 73 | 129 | 225 | 444 |
| | 农村 | 小计 | 49 180 | 233 | 38 | 120 | 210 | 330 | 493 |
| | | 男 | 22 803 | 246 | 40 | 121 | 225 | 354 | 500 |
| | | 女 | 26 377 | 219 | 34 | 118 | 195 | 304 | 480 |
| 北京 | 城乡 | 小计 | 1 112 | 170 | 21 | 77 | 135 | 225 | 420 |
| | | 男 | 456 | 190 | 23 | 90 | 154 | 255 | 465 |
| | | 女 | 656 | 152 | 21 | 75 | 124 | 203 | 381 |
| | 城市 | 小计 | 838 | 159 | 21 | 75 | 135 | 212 | 386 |
| | | 男 | 352 | 179 | 30 | 85 | 143 | 240 | 429 |
| | | 女 | 486 | 140 | 21 | 70 | 120 | 184 | 330 |
| | 农村 | 小计 | 274 | 199 | 21 | 98 | 154 | 272 | 480 |
| | | 男 | 104 | 221 | 21 | 118 | 195 | 309 | 480 |
| | | 女 | 170 | 181 | 20 | 77 | 135 | 240 | 452 |
| 天津 | 城乡 | 小计 | 1 143 | 210 | 30 | 90 | 150 | 315 | 514 |
| | | 男 | 468 | 237 | 32 | 107 | 171 | 375 | 540 |
| | | 女 | 675 | 182 | 30 | 83 | 135 | 248 | 480 |
| | 城市 | 小计 | 854 | 189 | 25 | 80 | 150 | 263 | 480 |

| 地区 | 城乡 | 性别 | *n* | 非交通出行室外活动时间 /（min/d） | | | | | |
|---|---|---|---|---|---|---|---|---|---|
| | | | | Mean | P5 | P25 | P50 | P75 | P95 |
| 天津 | 城市 | 男 | 334 | 217 | 30 | 90 | 165 | 343 | 514 |
| | | 女 | 520 | 161 | 21 | 73 | 135 | 215 | 450 |
| | 农村 | 小计 | 289 | 245 | 45 | 107 | 195 | 381 | 540 |
| | | 男 | 134 | 268 | 45 | 107 | 255 | 405 | 540 |
| | | 女 | 155 | 219 | 53 | 107 | 155 | 315 | 536 |
| 河北 | 城乡 | 小计 | 4 408 | 190 | 39 | 105 | 150 | 249 | 463 |
| | | 男 | 1 935 | 201 | 39 | 105 | 150 | 270 | 480 |
| | | 女 | 2 473 | 180 | 39 | 105 | 150 | 240 | 420 |
| | 城市 | 小计 | 1 830 | 163 | 30 | 75 | 131 | 203 | 435 |
| | | 男 | 829 | 168 | 30 | 75 | 129 | 210 | 480 |
| | | 女 | 1 001 | 157 | 30 | 78 | 135 | 195 | 394 |
| | 农村 | 小计 | 2 578 | 215 | 66 | 120 | 180 | 300 | 480 |
| | | 男 | 1 106 | 232 | 68 | 125 | 180 | 338 | 480 |
| | | 女 | 1 472 | 199 | 65 | 120 | 165 | 270 | 420 |
| 山西 | 城乡 | 小计 | 3 435 | 202 | 35 | 111 | 184 | 285 | 390 |
| | | 男 | 1 562 | 210 | 43 | 111 | 189 | 300 | 405 |
| | | 女 | 1 873 | 194 | 30 | 113 | 180 | 270 | 375 |
| | 城市 | 小计 | 1 043 | 157 | 2 | 70 | 135 | 233 | 375 |
| | | 男 | 479 | 167 | 16 | 75 | 139 | 240 | 390 |
| | | 女 | 564 | 147 | 0 | 61 | 123 | 225 | 360 |
| | 农村 | 小计 | 2 392 | 221 | 60 | 135 | 214 | 300 | 398 |
| | | 男 | 1 083 | 228 | 63 | 129 | 223 | 315 | 409 |
| | | 女 | 1 309 | 214 | 60 | 135 | 210 | 285 | 383 |
| 内蒙古 | 城乡 | 小计 | 3 014 | 202 | 38 | 109 | 195 | 285 | 402 |
| | | 男 | 1 455 | 210 | 43 | 115 | 204 | 296 | 412 |
| | | 女 | 1 559 | 192 | 35 | 101 | 184 | 270 | 375 |
| | 城市 | 小计 | 1 164 | 156 | 25 | 64 | 129 | 220 | 369 |
| | | 男 | 540 | 162 | 25 | 68 | 135 | 225 | 369 |
| | | 女 | 624 | 150 | 26 | 60 | 120 | 210 | 365 |
| | 农村 | 小计 | 1 850 | 233 | 70 | 150 | 234 | 302 | 405 |
| | | 男 | 915 | 242 | 75 | 153 | 240 | 315 | 435 |
| | | 女 | 935 | 222 | 60 | 146 | 227 | 291 | 375 |
| 辽宁 | 城乡 | 小计 | 3 376 | 191 | 30 | 88 | 154 | 270 | 452 |
| | | 男 | 1 448 | 200 | 30 | 89 | 161 | 300 | 480 |
| | | 女 | 1 928 | 181 | 33 | 87 | 150 | 253 | 420 |
| | 城市 | 小计 | 1 195 | 142 | 30 | 63 | 119 | 180 | 349 |
| | | 男 | 526 | 145 | 26 | 60 | 116 | 189 | 360 |
| | | 女 | 669 | 139 | 35 | 68 | 120 | 180 | 343 |
| | 农村 | 小计 | 2 181 | 208 | 30 | 105 | 178 | 304 | 480 |
| | | 男 | 922 | 222 | 30 | 108 | 195 | 326 | 480 |
| | | 女 | 1 259 | 195 | 33 | 98 | 165 | 278 | 422 |
| 吉林 | 城乡 | 小计 | 2 732 | 141 | 21 | 68 | 120 | 195 | 315 |
| | | 男 | 1 300 | 149 | 21 | 75 | 131 | 206 | 338 |
| | | 女 | 1 432 | 132 | 20 | 68 | 118 | 184 | 296 |
| | 城市 | 小计 | 1 567 | 115 | 10 | 60 | 98 | 159 | 268 |
| | | 男 | 703 | 124 | 13 | 61 | 107 | 180 | 293 |
| | | 女 | 864 | 104 | 9 | 53 | 89 | 141 | 242 |
| | 农村 | 小计 | 1 165 | 165 | 38 | 90 | 163 | 225 | 336 |
| | | 男 | 597 | 172 | 33 | 99 | 178 | 225 | 360 |
| | | 女 | 568 | 158 | 39 | 89 | 150 | 210 | 311 |
| 黑龙江 | 城乡 | 小计 | 4 060 | 201 | 20 | 81 | 176 | 304 | 465 |
| | | 男 | 1 881 | 213 | 20 | 90 | 193 | 329 | 465 |
| | | 女 | 2 179 | 190 | 19 | 75 | 153 | 279 | 465 |
| | 城市 | 小计 | 1 589 | 129 | 11 | 45 | 94 | 178 | 364 |
| | | 男 | 681 | 136 | 11 | 45 | 99 | 195 | 380 |
| | | 女 | 908 | 123 | 11 | 43 | 90 | 156 | 364 |
| | 农村 | 小计 | 2 471 | 245 | 35 | 128 | 227 | 345 | 482 |
| | | 男 | 1 200 | 256 | 40 | 139 | 251 | 360 | 480 |

| 地区 | 城乡 | 性别 | n | 非交通出行室外活动时间 /（min/d） | | | | | |
|---|---|---|---|---|---|---|---|---|---|
| | | | | Mean | P5 | P25 | P50 | P75 | P95 |
| 黑龙江 | 农村 | 女 | 1 271 | 233 | 30 | 120 | 214 | 324 | 493 |
| 上海 | 城乡 | 小计 | 1 161 | 139 | 24 | 64 | 120 | 180 | 345 |
| | | 男 | 540 | 141 | 25 | 61 | 120 | 180 | 360 |
| | | 女 | 621 | 137 | 21 | 66 | 120 | 167 | 345 |
| | 城市 | 小计 | 1 161 | 139 | 24 | 64 | 120 | 180 | 345 |
| | | 男 | 540 | 141 | 25 | 61 | 120 | 180 | 360 |
| | | 女 | 621 | 137 | 21 | 66 | 120 | 167 | 345 |
| 江苏 | 城乡 | 小计 | 3 463 | 173 | 18 | 64 | 128 | 240 | 465 |
| | | 男 | 1 582 | 188 | 20 | 68 | 137 | 279 | 480 |
| | | 女 | 1 881 | 159 | 17 | 61 | 120 | 218 | 420 |
| | 城市 | 小计 | 2 304 | 153 | 17 | 60 | 114 | 210 | 433 |
| | | 男 | 1 063 | 168 | 17 | 60 | 120 | 240 | 480 |
| | | 女 | 1 241 | 137 | 11 | 59 | 107 | 180 | 377 |
| | 农村 | 小计 | 1 159 | 217 | 38 | 101 | 180 | 315 | 480 |
| | | 男 | 519 | 233 | 53 | 111 | 199 | 338 | 497 |
| | | 女 | 640 | 203 | 30 | 98 | 165 | 296 | 465 |
| 浙江 | 城乡 | 小计 | 3 417 | 194 | 21 | 75 | 150 | 289 | 480 |
| | | 男 | 1 595 | 217 | 23 | 86 | 177 | 343 | 489 |
| | | 女 | 1 822 | 169 | 20 | 67 | 131 | 236 | 450 |
| | 城市 | 小计 | 1 182 | 157 | 26 | 69 | 120 | 208 | 420 |
| | | 男 | 535 | 172 | 30 | 77 | 129 | 240 | 441 |
| | | 女 | 647 | 141 | 21 | 60 | 109 | 180 | 403 |
| | 农村 | 小计 | 2 235 | 212 | 17 | 81 | 169 | 328 | 484 |
| | | 男 | 1 060 | 238 | 21 | 91 | 206 | 373 | 506 |
| | | 女 | 1 175 | 183 | 17 | 75 | 144 | 270 | 463 |
| 安徽 | 城乡 | 小计 | 3 478 | 202 | 34 | 94 | 154 | 300 | 480 |
| | | 男 | 1 538 | 219 | 39 | 98 | 171 | 336 | 484 |
| | | 女 | 1 940 | 185 | 34 | 89 | 143 | 261 | 450 |
| | 城市 | 小计 | 1 880 | 168 | 30 | 75 | 120 | 221 | 446 |
| | | 男 | 785 | 186 | 30 | 86 | 131 | 271 | 450 |
| | | 女 | 1 095 | 151 | 30 | 64 | 118 | 180 | 411 |
| | 农村 | 小计 | 1 598 | 222 | 39 | 107 | 184 | 324 | 484 |
| | | 男 | 753 | 238 | 39 | 107 | 204 | 360 | 510 |
| | | 女 | 845 | 206 | 43 | 105 | 180 | 285 | 452 |
| 福建 | 城乡 | 小计 | 2 895 | 160 | 10 | 60 | 120 | 225 | 435 |
| | | 男 | 1 290 | 180 | 10 | 60 | 139 | 261 | 463 |
| | | 女 | 1 605 | 141 | 9 | 60 | 107 | 180 | 394 |
| | 城市 | 小计 | 1 493 | 141 | 0 | 60 | 105 | 180 | 424 |
| | | 男 | 635 | 160 | 0 | 60 | 120 | 234 | 454 |
| | | 女 | 858 | 124 | 0 | 60 | 103 | 155 | 360 |
| | 农村 | 小计 | 1 402 | 179 | 15 | 60 | 137 | 259 | 450 |
| | | 男 | 655 | 198 | 16 | 71 | 165 | 300 | 480 |
| | | 女 | 747 | 159 | 10 | 58 | 120 | 225 | 435 |
| 江西 | 城乡 | 小计 | 2 916 | 214 | 30 | 103 | 180 | 300 | 480 |
| | | 男 | 1 376 | 230 | 38 | 118 | 195 | 343 | 497 |
| | | 女 | 1 540 | 197 | 30 | 90 | 159 | 270 | 480 |
| | 城市 | 小计 | 1 719 | 188 | 30 | 77 | 147 | 259 | 480 |
| | | 男 | 795 | 199 | 30 | 77 | 152 | 285 | 480 |
| | | 女 | 924 | 178 | 25 | 79 | 135 | 240 | 480 |
| | 农村 | 小计 | 1 197 | 241 | 51 | 120 | 223 | 345 | 480 |
| | | 男 | 581 | 264 | 60 | 135 | 240 | 375 | 510 |
| | | 女 | 616 | 218 | 43 | 118 | 186 | 300 | 480 |
| 山东 | 城乡 | 小计 | 5 578 | 171 | 5 | 73 | 133 | 242 | 435 |
| | | 男 | 2 489 | 179 | 5 | 75 | 135 | 263 | 450 |
| | | 女 | 3 089 | 163 | 5 | 68 | 124 | 236 | 420 |
| | 城市 | 小计 | 2 702 | 138 | 0 | 60 | 103 | 188 | 384 |
| | | 男 | 1 124 | 143 | 0 | 60 | 107 | 195 | 403 |
| | | 女 | 1 578 | 133 | 0 | 60 | 98 | 180 | 360 |

| 地区 | 城乡 | 性别 | n | 非交通出行室外活动时间 /（min/d） | | | | | |
|---|---|---|---|---|---|---|---|---|---|
| | | | | Mean | P5 | P25 | P50 | P75 | P95 |
| 山东 | 农村 | 小计 | 2 876 | 208 | 18 | 94 | 188 | 309 | 465 |
| | | 男 | 1 365 | 217 | 20 | 104 | 195 | 328 | 480 |
| | | 女 | 1 511 | 198 | 17 | 90 | 180 | 285 | 450 |
| 河南 | 城乡 | 小计 | 4 923 | 278 | 60 | 144 | 240 | 429 | 515 |
| | | 男 | 2 098 | 292 | 60 | 144 | 270 | 454 | 540 |
| | | 女 | 2 825 | 265 | 60 | 144 | 227 | 390 | 500 |
| | 城市 | 小计 | 2 037 | 235 | 33 | 114 | 180 | 356 | 500 |
| | | 男 | 844 | 243 | 34 | 105 | 180 | 405 | 540 |
| | | 女 | 1 193 | 227 | 33 | 120 | 182 | 315 | 500 |
| | 农村 | 小计 | 2 886 | 296 | 75 | 165 | 270 | 441 | 527 |
| | | 男 | 1 254 | 311 | 75 | 165 | 309 | 475 | 540 |
| | | 女 | 1 632 | 281 | 69 | 164 | 240 | 405 | 510 |
| 湖北 | 城乡 | 小计 | 3 406 | 209 | 35 | 120 | 197 | 280 | 420 |
| | | 男 | 1 604 | 216 | 35 | 120 | 210 | 296 | 435 |
| | | 女 | 1 802 | 201 | 37 | 120 | 189 | 261 | 405 |
| | 城市 | 小计 | 2 380 | 187 | 30 | 90 | 165 | 240 | 420 |
| | | 男 | 1 127 | 195 | 30 | 90 | 171 | 270 | 436 |
| | | 女 | 1 253 | 176 | 30 | 90 | 156 | 225 | 403 |
| | 农村 | 小计 | 1 026 | 248 | 103 | 178 | 240 | 304 | 418 |
| | | 男 | 477 | 255 | 94 | 184 | 251 | 315 | 422 |
| | | 女 | 549 | 241 | 105 | 174 | 231 | 300 | 407 |
| 湖南 | 城乡 | 小计 | 4 046 | 199 | 32 | 103 | 180 | 279 | 446 |
| | | 男 | 1 844 | 219 | 39 | 113 | 195 | 311 | 480 |
| | | 女 | 2 202 | 176 | 30 | 86 | 156 | 246 | 377 |
| | 城市 | 小计 | 1 523 | 174 | 26 | 81 | 139 | 225 | 435 |
| | | 男 | 617 | 190 | 32 | 92 | 150 | 249 | 450 |
| | | 女 | 906 | 159 | 17 | 75 | 133 | 204 | 381 |
| | 农村 | 小计 | 2 523 | 208 | 34 | 107 | 193 | 289 | 450 |
| | | 男 | 1 227 | 229 | 43 | 120 | 219 | 321 | 480 |
| | | 女 | 1 296 | 184 | 30 | 102 | 171 | 257 | 375 |
| 广东 | 城乡 | 小计 | 3 238 | 209 | 30 | 90 | 171 | 285 | 514 |
| | | 男 | 1 457 | 211 | 30 | 83 | 169 | 300 | 523 |
| | | 女 | 1 781 | 208 | 30 | 96 | 174 | 271 | 510 |
| | 城市 | 小计 | 1 739 | 198 | 30 | 83 | 154 | 257 | 529 |
| | | 男 | 774 | 201 | 30 | 75 | 152 | 270 | 540 |
| | | 女 | 965 | 196 | 30 | 90 | 156 | 249 | 529 |
| | 农村 | 小计 | 1 499 | 221 | 32 | 105 | 180 | 315 | 510 |
| | | 男 | 683 | 222 | 30 | 102 | 180 | 341 | 510 |
| | | 女 | 816 | 221 | 38 | 116 | 184 | 300 | 495 |
| 广西 | 城乡 | 小计 | 3 346 | 252 | 60 | 139 | 236 | 345 | 487 |
| | | 男 | 1 576 | 259 | 64 | 150 | 246 | 351 | 493 |
| | | 女 | 1 770 | 243 | 56 | 132 | 225 | 339 | 480 |
| | 城市 | 小计 | 1 326 | 235 | 43 | 107 | 206 | 330 | 500 |
| | | 男 | 603 | 243 | 52 | 129 | 225 | 330 | 510 |
| | | 女 | 723 | 227 | 39 | 90 | 192 | 332 | 489 |
| | 农村 | 小计 | 2 020 | 258 | 71 | 151 | 240 | 351 | 480 |
| | | 男 | 973 | 265 | 73 | 171 | 257 | 360 | 480 |
| | | 女 | 1 047 | 250 | 60 | 141 | 231 | 343 | 480 |
| 海南 | 城乡 | 小计 | 1 083 | 312 | 60 | 149 | 285 | 460 | 705 |
| | | 男 | 515 | 318 | 60 | 161 | 298 | 450 | 720 |
| | | 女 | 568 | 306 | 46 | 131 | 274 | 467 | 705 |
| | 城市 | 小计 | 328 | 254 | 30 | 115 | 184 | 360 | 600 |
| | | 男 | 155 | 254 | 60 | 120 | 195 | 360 | 600 |
| | | 女 | 173 | 254 | 30 | 60 | 180 | 425 | 690 |
| | 农村 | 小计 | 755 | 336 | 73 | 180 | 300 | 480 | 716 |
| | | 男 | 360 | 343 | 90 | 180 | 300 | 465 | 733 |
| | | 女 | 395 | 328 | 60 | 180 | 287 | 480 | 705 |
| 重庆 | 城乡 | 小计 | 964 | 193 | 30 | 86 | 180 | 268 | 465 |

| 地区 | 城乡 | 性别 | $n$ | 非交通出行室外活动时间 /（min/d） | | | | | |
|---|---|---|---|---|---|---|---|---|---|
| | | | | Mean | P5 | P25 | P50 | P75 | P95 |
| 重庆 | 城乡 | 男 | 411 | 197 | 33 | 86 | 180 | 276 | 480 |
| | | 女 | 553 | 190 | 28 | 81 | 180 | 266 | 465 |
| | 城市 | 小计 | 475 | 190 | 32 | 84 | 180 | 255 | 420 |
| | | 男 | 223 | 188 | 34 | 77 | 180 | 255 | 429 |
| | | 女 | 252 | 192 | 30 | 90 | 180 | 255 | 420 |
| | 农村 | 小计 | 489 | 196 | 23 | 86 | 180 | 289 | 480 |
| | | 男 | 188 | 207 | 30 | 90 | 182 | 311 | 480 |
| | | 女 | 301 | 188 | 23 | 63 | 180 | 268 | 480 |
| 四川 | 城乡 | 小计 | 4 558 | 228 | 30 | 118 | 201 | 330 | 491 |
| | | 男 | 2 088 | 236 | 30 | 120 | 212 | 345 | 514 |
| | | 女 | 2 470 | 221 | 43 | 116 | 195 | 315 | 480 |
| | 城市 | 小计 | 1 938 | 246 | 60 | 130 | 214 | 360 | 514 |
| | | 男 | 865 | 257 | 57 | 135 | 219 | 390 | 544 |
| | | 女 | 1 073 | 236 | 60 | 126 | 208 | 330 | 480 |
| | 农村 | 小计 | 2 620 | 218 | 30 | 105 | 195 | 315 | 480 |
| | | 男 | 1 223 | 223 | 30 | 105 | 210 | 319 | 495 |
| | | 女 | 1 397 | 213 | 30 | 105 | 180 | 311 | 471 |
| 贵州 | 城乡 | 小计 | 2 855 | 202 | 9 | 86 | 184 | 300 | 480 |
| | | 男 | 1 334 | 207 | 9 | 90 | 191 | 306 | 461 |
| | | 女 | 1 521 | 197 | 17 | 81 | 174 | 279 | 480 |
| | 城市 | 小计 | 1 062 | 161 | 8 | 57 | 124 | 236 | 416 |
| | | 男 | 498 | 163 | 0 | 60 | 134 | 240 | 407 |
| | | 女 | 564 | 159 | 14 | 54 | 120 | 234 | 429 |
| | 农村 | 小计 | 1 793 | 242 | 21 | 133 | 231 | 330 | 514 |
| | | 男 | 836 | 250 | 21 | 135 | 240 | 343 | 510 |
| | | 女 | 957 | 234 | 23 | 126 | 225 | 313 | 540 |
| 云南 | 城乡 | 小计 | 3 466 | 281 | 39 | 139 | 272 | 405 | 540 |
| | | 男 | 1 657 | 289 | 33 | 145 | 298 | 420 | 549 |
| | | 女 | 1 809 | 272 | 43 | 135 | 255 | 390 | 510 |
| | 城市 | 小计 | 910 | 258 | 47 | 120 | 240 | 386 | 510 |
| | | 男 | 418 | 263 | 45 | 120 | 245 | 407 | 514 |
| | | 女 | 492 | 254 | 54 | 120 | 240 | 361 | 510 |
| | 农村 | 小计 | 2 556 | 290 | 33 | 158 | 291 | 420 | 540 |
| | | 男 | 1 239 | 299 | 30 | 165 | 300 | 428 | 570 |
| | | 女 | 1 317 | 280 | 39 | 152 | 266 | 403 | 510 |
| 西藏 | 城乡 | 小计 | 1 525 | 247 | 4 | 141 | 250 | 349 | 471 |
| | | 男 | 617 | 261 | 35 | 152 | 263 | 360 | 480 |
| | | 女 | 908 | 235 | 0 | 129 | 240 | 334 | 446 |
| | 城市 | 小计 | 385 | 171 | 0 | 43 | 137 | 257 | 411 |
| | | 男 | 126 | 189 | 0 | 58 | 167 | 300 | 411 |
| | | 女 | 259 | 160 | 0 | 34 | 132 | 240 | 405 |
| | 农村 | 小计 | 1 140 | 269 | 58 | 182 | 272 | 360 | 474 |
| | | 男 | 491 | 277 | 69 | 184 | 281 | 373 | 482 |
| | | 女 | 649 | 260 | 31 | 180 | 270 | 354 | 454 |
| 陕西 | 城乡 | 小计 | 2 854 | 242 | 60 | 135 | 210 | 334 | 489 |
| | | 男 | 1 292 | 257 | 60 | 146 | 225 | 362 | 497 |
| | | 女 | 1 562 | 229 | 60 | 133 | 201 | 315 | 465 |
| | 城市 | 小计 | 1 326 | 201 | 60 | 115 | 169 | 270 | 450 |
| | | 男 | 583 | 213 | 60 | 120 | 180 | 281 | 469 |
| | | 女 | 743 | 191 | 60 | 105 | 159 | 255 | 435 |
| | 农村 | 小计 | 1 528 | 276 | 80 | 180 | 255 | 366 | 510 |
| | | 男 | 709 | 291 | 83 | 188 | 270 | 390 | 510 |
| | | 女 | 819 | 261 | 75 | 169 | 240 | 345 | 495 |
| 甘肃 | 城乡 | 小计 | 2 869 | 279 | 70 | 171 | 263 | 375 | 525 |
| | | 男 | 1 289 | 298 | 81 | 195 | 283 | 390 | 540 |
| | | 女 | 1 580 | 260 | 60 | 150 | 240 | 360 | 510 |
| | 城市 | 小计 | 799 | 254 | 60 | 162 | 240 | 330 | 497 |
| | | 男 | 365 | 268 | 73 | 180 | 255 | 345 | 480 |

| 地区 | 城乡 | 性别 | n | 非交通出行室外活动时间 / (min/d) | | | | | |
|---|---|---|---|---|---|---|---|---|---|
| | | | | Mean | P5 | P25 | P50 | P75 | P95 |
| 甘肃 | 城市 | 女 | 434 | 240 | 59 | 139 | 210 | 315 | 510 |
| | 农村 | 小计 | 2 070 | 287 | 75 | 180 | 270 | 390 | 525 |
| | | 男 | 924 | 308 | 86 | 208 | 296 | 405 | 555 |
| | | 女 | 1 146 | 267 | 64 | 158 | 249 | 360 | 525 |
| 青海 | 城乡 | 小计 | 1 592 | 180 | 45 | 88 | 146 | 229 | 448 |
| | | 男 | 691 | 180 | 48 | 88 | 146 | 230 | 459 |
| | | 女 | 901 | 180 | 43 | 90 | 146 | 227 | 420 |
| | 城市 | 小计 | 666 | 148 | 43 | 77 | 120 | 186 | 364 |
| | | 男 | 296 | 148 | 47 | 73 | 117 | 184 | 364 |
| | | 女 | 370 | 148 | 39 | 79 | 128 | 186 | 354 |
| | 农村 | 小计 | 926 | 253 | 70 | 135 | 221 | 360 | 510 |
| | | 男 | 395 | 261 | 75 | 150 | 229 | 360 | 510 |
| | | 女 | 531 | 246 | 69 | 129 | 210 | 360 | 501 |
| 宁夏 | 城乡 | 小计 | 1 137 | 165 | 21 | 75 | 124 | 225 | 446 |
| | | 男 | 538 | 174 | 20 | 75 | 135 | 240 | 446 |
| | | 女 | 599 | 157 | 23 | 75 | 120 | 195 | 437 |
| | 城市 | 小计 | 1 039 | 160 | 20 | 73 | 120 | 210 | 435 |
| | | 男 | 488 | 169 | 17 | 71 | 129 | 227 | 433 |
| | | 女 | 551 | 150 | 21 | 75 | 120 | 180 | 435 |
| | 农村 | 小计 | 98 | 217 | 38 | 111 | 189 | 315 | 480 |
| | | 男 | 50 | 211 | 27 | 107 | 178 | 330 | 450 |
| | | 女 | 48 | 224 | 53 | 116 | 189 | 300 | 525 |
| 新疆 | 城乡 | 小计 | 2 802 | 202 | 40 | 120 | 195 | 270 | 390 |
| | | 男 | 1 263 | 218 | 49 | 128 | 212 | 283 | 411 |
| | | 女 | 1 539 | 185 | 33 | 114 | 180 | 240 | 375 |
| | 城市 | 小计 | 1 218 | 180 | 21 | 88 | 158 | 253 | 390 |
| | | 男 | 483 | 199 | 26 | 101 | 186 | 281 | 449 |
| | | 女 | 735 | 163 | 17 | 83 | 145 | 225 | 360 |
| | 农村 | 小计 | 1 584 | 214 | 68 | 137 | 208 | 270 | 390 |
| | | 男 | 780 | 226 | 75 | 152 | 221 | 285 | 405 |
| | | 女 | 804 | 198 | 53 | 126 | 193 | 253 | 380 |

## 附表 6-18 中国人群分省（直辖市、自治区）、城乡、性别的春秋季非交通出行室外活动时间

| 地区 | 城乡 | 性别 | n | 春秋季非交通出行室外活动时间 / (min/d) | | | | | |
|---|---|---|---|---|---|---|---|---|---|
| | | | | Mean | P5 | P25 | P50 | P75 | P95 |
| 合计 | 城乡 | 小计 | 90 852 | 213 | 30 | 91 | 180 | 300 | 480 |
| | | 男 | 41 189 | 225 | 30 | 103 | 180 | 343 | 500 |
| | | 女 | 49 663 | 202 | 30 | 86 | 171 | 291 | 480 |
| | 城市 | 小计 | 41 672 | 178 | 20 | 60 | 129 | 240 | 480 |
| | | 男 | 18 386 | 187 | 20 | 69 | 137 | 257 | 480 |
| | | 女 | 23 286 | 169 | 20 | 60 | 120 | 240 | 480 |
| | 农村 | 小计 | 49 180 | 241 | 34 | 120 | 210 | 360 | 500 |
| | | 男 | 22 803 | 254 | 40 | 120 | 240 | 360 | 531 |
| | | 女 | 26 377 | 228 | 30 | 120 | 189 | 326 | 490 |
| 北京 | 城乡 | 小计 | 1 112 | 171 | 20 | 74 | 129 | 240 | 463 |
| | | 男 | 456 | 190 | 20 | 91 | 159 | 240 | 480 |
| | | 女 | 656 | 155 | 20 | 60 | 120 | 214 | 369 |
| | 城市 | 小计 | 838 | 160 | 21 | 70 | 124 | 223 | 377 |
| | | 男 | 352 | 178 | 20 | 77 | 137 | 240 | 411 |
| | | 女 | 486 | 144 | 21 | 60 | 120 | 197 | 360 |
| | 农村 | 小计 | 274 | 200 | 20 | 77 | 163 | 249 | 480 |
| | | 男 | 104 | 223 | 20 | 120 | 180 | 300 | 480 |
| | | 女 | 170 | 181 | 20 | 60 | 120 | 240 | 480 |

| 地区 | 城乡 | 性别 | n | 春秋季非交通出行室外活动时间 /（min/d） | | | | | |
|---|---|---|---|---|---|---|---|---|---|
| | | | | Mean | P5 | P25 | P50 | P75 | P95 |
| 天津 | 城乡 | 小计 | 1 143 | 207 | 30 | 90 | 137 | 300 | 540 |
| | | 男 | 468 | 235 | 34 | 103 | 180 | 360 | 600 |
| | | 女 | 675 | 177 | 30 | 70 | 120 | 240 | 480 |
| | 城市 | 小计 | 854 | 186 | 26 | 77 | 134 | 240 | 514 |
| | | 男 | 334 | 216 | 30 | 90 | 171 | 343 | 514 |
| | | 女 | 520 | 157 | 21 | 60 | 120 | 223 | 454 |
| | 农村 | 小计 | 289 | 240 | 60 | 103 | 163 | 360 | 600 |
| | | 男 | 134 | 264 | 43 | 103 | 180 | 394 | 600 |
| | | 女 | 155 | 213 | 60 | 103 | 120 | 300 | 600 |
| 河北 | 城乡 | 小计 | 4 408 | 193 | 30 | 103 | 150 | 240 | 480 |
| | | 男 | 1 935 | 204 | 30 | 94 | 154 | 283 | 480 |
| | | 女 | 2 473 | 182 | 30 | 103 | 150 | 240 | 480 |
| | 城市 | 小计 | 1 830 | 158 | 30 | 60 | 120 | 197 | 480 |
| | | 男 | 829 | 164 | 27 | 60 | 120 | 197 | 480 |
| | | 女 | 1 001 | 152 | 30 | 60 | 120 | 189 | 369 |
| | 农村 | 小计 | 2 578 | 224 | 60 | 120 | 180 | 300 | 480 |
| | | 男 | 1 106 | 243 | 60 | 120 | 180 | 360 | 480 |
| | | 女 | 1 472 | 207 | 60 | 120 | 180 | 291 | 480 |
| 山西 | 城乡 | 小计 | 3 435 | 214 | 30 | 111 | 180 | 300 | 480 |
| | | 男 | 1 562 | 226 | 39 | 111 | 190 | 360 | 480 |
| | | 女 | 1 873 | 204 | 30 | 111 | 180 | 300 | 480 |
| | 城市 | 小计 | 1 043 | 158 | 0 | 60 | 120 | 240 | 463 |
| | | 男 | 479 | 168 | 9 | 60 | 120 | 240 | 480 |
| | | 女 | 564 | 149 | 0 | 60 | 120 | 221 | 420 |
| | 农村 | 小计 | 2 392 | 238 | 50 | 120 | 223 | 360 | 480 |
| | | 男 | 1 083 | 250 | 60 | 120 | 240 | 360 | 480 |
| | | 女 | 1 309 | 227 | 50 | 120 | 217 | 300 | 480 |
| 内蒙古 | 城乡 | 小计 | 3 014 | 203 | 30 | 90 | 180 | 291 | 480 |
| | | 男 | 1 455 | 213 | 34 | 103 | 180 | 300 | 480 |
| | | 女 | 1 559 | 193 | 30 | 86 | 171 | 274 | 480 |
| | 城市 | 小计 | 1 164 | 156 | 17 | 60 | 120 | 206 | 437 |
| | | 男 | 540 | 164 | 20 | 60 | 120 | 217 | 471 |
| | | 女 | 624 | 148 | 17 | 60 | 120 | 180 | 437 |
| | 农村 | 小计 | 1 850 | 236 | 57 | 120 | 223 | 351 | 480 |
| | | 男 | 915 | 246 | 60 | 120 | 231 | 360 | 530 |
| | | 女 | 935 | 225 | 51 | 120 | 206 | 300 | 480 |
| 辽宁 | 城乡 | 小计 | 3 376 | 213 | 30 | 77 | 180 | 309 | 480 |
| | | 男 | 1 448 | 222 | 30 | 77 | 180 | 360 | 480 |
| | | 女 | 1 928 | 203 | 30 | 86 | 180 | 300 | 480 |
| | 城市 | 小计 | 1 195 | 152 | 30 | 60 | 120 | 214 | 394 |
| | | 男 | 526 | 152 | 30 | 60 | 120 | 206 | 429 |
| | | 女 | 669 | 151 | 31 | 60 | 120 | 223 | 360 |
| | 农村 | 小计 | 2 181 | 235 | 30 | 120 | 197 | 360 | 480 |
| | | 男 | 922 | 249 | 30 | 120 | 214 | 360 | 540 |
| | | 女 | 1 259 | 221 | 30 | 103 | 180 | 343 | 480 |
| 吉林 | 城乡 | 小计 | 2 732 | 153 | 17 | 60 | 120 | 223 | 377 |
| | | 男 | 1 300 | 162 | 20 | 60 | 120 | 240 | 420 |
| | | 女 | 1 432 | 144 | 17 | 60 | 120 | 206 | 377 |
| | 城市 | 小计 | 1 567 | 124 | 9 | 60 | 90 | 180 | 360 |
| | | 男 | 703 | 134 | 9 | 60 | 103 | 180 | 360 |
| | | 女 | 864 | 112 | 9 | 60 | 77 | 150 | 300 |
| | 农村 | 小计 | 1 165 | 181 | 30 | 77 | 163 | 240 | 429 |
| | | 男 | 597 | 187 | 30 | 94 | 180 | 249 | 480 |
| | | 女 | 568 | 175 | 34 | 77 | 137 | 240 | 386 |
| 黑龙江 | 城乡 | 小计 | 4 060 | 226 | 17 | 77 | 180 | 360 | 600 |
| | | 男 | 1 881 | 240 | 17 | 86 | 180 | 364 | 600 |
| | | 女 | 2 179 | 212 | 17 | 60 | 154 | 343 | 600 |
| | 城市 | 小计 | 1 589 | 140 | 9 | 40 | 99 | 180 | 420 |

| 地区 | 城乡 | 性别 | $n$ | 春秋季非交通出行室外活动时间 /（min/d） | | | | | |
|---|---|---|---|---|---|---|---|---|---|
| | | | | Mean | P5 | P25 | P50 | P75 | P95 |
| 黑龙江 | 城市 | 男 | 681 | 148 | 9 | 40 | 103 | 214 | 420 |
| | | 女 | 908 | 132 | 9 | 40 | 94 | 171 | 394 |
| | 农村 | 小计 | 2 471 | 278 | 30 | 120 | 240 | 420 | 600 |
| | | 男 | 1 200 | 292 | 30 | 120 | 266 | 420 | 600 |
| | | 女 | 1 271 | 263 | 30 | 120 | 240 | 390 | 600 |
| 上海 | 城乡 | 小计 | 1 161 | 144 | 26 | 60 | 120 | 180 | 360 |
| | | 男 | 540 | 146 | 26 | 60 | 120 | 180 | 360 |
| | | 女 | 621 | 143 | 26 | 60 | 120 | 180 | 351 |
| | 城市 | 小计 | 1 161 | 144 | 26 | 60 | 120 | 180 | 360 |
| | | 男 | 540 | 146 | 26 | 60 | 120 | 180 | 360 |
| | | 女 | 621 | 143 | 26 | 60 | 120 | 180 | 351 |
| 江苏 | 城乡 | 小计 | 3 463 | 182 | 17 | 60 | 129 | 257 | 480 |
| | | 男 | 1 582 | 195 | 17 | 60 | 146 | 300 | 480 |
| | | 女 | 1 881 | 169 | 17 | 60 | 120 | 240 | 480 |
| | 城市 | 小计 | 2 304 | 159 | 17 | 60 | 120 | 240 | 463 |
| | | 男 | 1 063 | 172 | 17 | 60 | 120 | 240 | 480 |
| | | 女 | 1 241 | 144 | 10 | 60 | 120 | 189 | 386 |
| | 农村 | 小计 | 1 159 | 232 | 34 | 114 | 189 | 360 | 494 |
| | | 男 | 519 | 246 | 43 | 120 | 206 | 360 | 524 |
| | | 女 | 640 | 218 | 30 | 103 | 180 | 317 | 480 |
| 浙江 | 城乡 | 小计 | 3 417 | 202 | 20 | 77 | 151 | 300 | 487 |
| | | 男 | 1 595 | 225 | 23 | 86 | 180 | 360 | 514 |
| | | 女 | 1 822 | 177 | 17 | 60 | 120 | 240 | 480 |
| | 城市 | 小计 | 1 182 | 165 | 26 | 64 | 120 | 231 | 446 |
| | | 男 | 535 | 181 | 30 | 77 | 129 | 240 | 463 |
| | | 女 | 647 | 150 | 21 | 60 | 120 | 197 | 394 |
| | 农村 | 小计 | 2 235 | 219 | 17 | 81 | 180 | 351 | 514 |
| | | 男 | 1 060 | 245 | 20 | 90 | 214 | 377 | 531 |
| | | 女 | 1 175 | 190 | 17 | 72 | 137 | 274 | 480 |
| 安徽 | 城乡 | 小计 | 3 478 | 204 | 34 | 86 | 160 | 300 | 480 |
| | | 男 | 1 538 | 220 | 34 | 99 | 171 | 351 | 480 |
| | | 女 | 1 940 | 187 | 34 | 86 | 137 | 266 | 463 |
| | 城市 | 小计 | 1 880 | 169 | 30 | 73 | 120 | 240 | 446 |
| | | 男 | 785 | 185 | 30 | 86 | 129 | 257 | 446 |
| | | 女 | 1 095 | 153 | 30 | 60 | 120 | 180 | 420 |
| | 农村 | 小计 | 1 598 | 225 | 34 | 103 | 180 | 343 | 480 |
| | | 男 | 753 | 241 | 34 | 110 | 197 | 360 | 540 |
| | | 女 | 845 | 209 | 34 | 103 | 180 | 300 | 480 |
| 福建 | 城乡 | 小计 | 2 895 | 159 | 9 | 60 | 120 | 223 | 446 |
| | | 男 | 1 290 | 178 | 10 | 60 | 129 | 270 | 480 |
| | | 女 | 1 605 | 140 | 7 | 60 | 103 | 180 | 394 |
| | 城市 | 小计 | 1 493 | 139 | 0 | 60 | 103 | 180 | 420 |
| | | 男 | 635 | 158 | 0 | 60 | 120 | 223 | 446 |
| | | 女 | 858 | 122 | 0 | 60 | 94 | 163 | 360 |
| | 农村 | 小计 | 1 402 | 178 | 14 | 60 | 120 | 257 | 480 |
| | | 男 | 655 | 198 | 15 | 60 | 171 | 300 | 480 |
| | | 女 | 747 | 159 | 9 | 49 | 120 | 214 | 446 |
| 江西 | 城乡 | 小计 | 2 916 | 218 | 30 | 103 | 180 | 309 | 480 |
| | | 男 | 1 376 | 233 | 34 | 120 | 197 | 360 | 480 |
| | | 女 | 1 540 | 202 | 30 | 90 | 154 | 300 | 480 |
| | 城市 | 小计 | 1 719 | 190 | 30 | 77 | 137 | 274 | 480 |
| | | 男 | 795 | 200 | 30 | 77 | 146 | 300 | 480 |
| | | 女 | 924 | 181 | 25 | 77 | 120 | 240 | 480 |
| | 农村 | 小计 | 1 197 | 248 | 51 | 120 | 240 | 360 | 497 |
| | | 男 | 581 | 269 | 60 | 120 | 240 | 386 | 514 |
| | | 女 | 616 | 226 | 40 | 120 | 180 | 300 | 480 |
| 山东 | 城乡 | 小计 | 5 578 | 177 | 0 | 60 | 120 | 250 | 480 |
| | | 男 | 2 489 | 185 | 0 | 60 | 124 | 274 | 480 |

| 地区 | 城乡 | 性别 | n | 春秋季非交通出行室外活动时间 /（min/d） | | | | | |
|---|---|---|---|---|---|---|---|---|---|
| | | | | Mean | P5 | P25 | P50 | P75 | P95 |
| 山东 | 城乡 | 女 | 3 089 | 170 | 0 | 60 | 120 | 240 | 480 |
| | 城市 | 小计 | 2 702 | 141 | 0 | 60 | 103 | 180 | 429 |
| | | 男 | 1 124 | 146 | 0 | 60 | 109 | 197 | 437 |
| | | 女 | 1 578 | 136 | 0 | 60 | 94 | 180 | 420 |
| | 农村 | 小计 | 2 876 | 218 | 17 | 86 | 180 | 360 | 480 |
| | | 男 | 1 365 | 226 | 17 | 103 | 184 | 360 | 480 |
| | | 女 | 1 511 | 209 | 9 | 77 | 180 | 326 | 480 |
| 河南 | 城乡 | 小计 | 4 923 | 281 | 60 | 129 | 240 | 437 | 540 |
| | | 男 | 2 098 | 293 | 60 | 129 | 266 | 470 | 566 |
| | | 女 | 2 825 | 270 | 60 | 129 | 240 | 394 | 506 |
| | 城市 | 小计 | 2 037 | 238 | 33 | 120 | 180 | 360 | 500 |
| | | 男 | 844 | 246 | 31 | 103 | 180 | 403 | 531 |
| | | 女 | 1 193 | 232 | 34 | 120 | 180 | 343 | 500 |
| | 农村 | 小计 | 2 886 | 298 | 60 | 163 | 274 | 463 | 549 |
| | | 男 | 1 254 | 311 | 60 | 169 | 300 | 480 | 566 |
| | | 女 | 1 632 | 285 | 60 | 159 | 240 | 433 | 540 |
| 湖北 | 城乡 | 小计 | 3 406 | 215 | 34 | 120 | 189 | 291 | 454 |
| | | 男 | 1 604 | 222 | 34 | 120 | 206 | 300 | 480 |
| | | 女 | 1 802 | 207 | 34 | 120 | 180 | 274 | 446 |
| | 城市 | 小计 | 2 380 | 193 | 30 | 90 | 180 | 240 | 480 |
| | | 男 | 1 127 | 202 | 30 | 90 | 180 | 274 | 480 |
| | | 女 | 1 253 | 182 | 30 | 86 | 171 | 240 | 450 |
| | 农村 | 小计 | 1 026 | 255 | 103 | 180 | 240 | 317 | 420 |
| | | 男 | 477 | 260 | 96 | 180 | 249 | 334 | 429 |
| | | 女 | 549 | 249 | 116 | 171 | 231 | 304 | 420 |
| 湖南 | 城乡 | 小计 | 4 046 | 205 | 30 | 103 | 180 | 300 | 463 |
| | | 男 | 1 844 | 225 | 34 | 120 | 206 | 343 | 480 |
| | | 女 | 2 202 | 182 | 24 | 86 | 171 | 257 | 394 |
| | 城市 | 小计 | 1 523 | 178 | 21 | 77 | 137 | 240 | 429 |
| | | 男 | 617 | 194 | 30 | 86 | 163 | 257 | 446 |
| | | 女 | 906 | 163 | 17 | 69 | 129 | 214 | 394 |
| | 农村 | 小计 | 2 523 | 216 | 30 | 120 | 206 | 300 | 480 |
| | | 男 | 1 227 | 236 | 43 | 120 | 223 | 343 | 480 |
| | | 女 | 1 296 | 191 | 30 | 103 | 180 | 266 | 394 |
| 广东 | 城乡 | 小计 | 3 238 | 210 | 30 | 90 | 180 | 291 | 540 |
| | | 男 | 1 457 | 212 | 30 | 86 | 171 | 300 | 540 |
| | | 女 | 1 781 | 208 | 30 | 99 | 180 | 274 | 540 |
| | 城市 | 小计 | 1 739 | 199 | 30 | 77 | 146 | 249 | 540 |
| | | 男 | 774 | 202 | 26 | 77 | 146 | 274 | 549 |
| | | 女 | 965 | 196 | 30 | 90 | 154 | 240 | 540 |
| | 农村 | 小计 | 1 499 | 222 | 30 | 120 | 180 | 309 | 540 |
| | | 男 | 683 | 224 | 30 | 103 | 180 | 343 | 540 |
| | | 女 | 816 | 221 | 30 | 120 | 180 | 300 | 549 |
| 广西 | 城乡 | 小计 | 3 346 | 250 | 60 | 129 | 236 | 356 | 480 |
| | | 男 | 1 576 | 257 | 60 | 150 | 240 | 360 | 480 |
| | | 女 | 1 770 | 243 | 51 | 129 | 214 | 351 | 480 |
| | 城市 | 小计 | 1 326 | 234 | 39 | 111 | 206 | 330 | 514 |
| | | 男 | 603 | 242 | 43 | 120 | 214 | 343 | 523 |
| | | 女 | 723 | 226 | 34 | 99 | 180 | 317 | 500 |
| | 农村 | 小计 | 2 020 | 256 | 60 | 154 | 240 | 360 | 480 |
| | | 男 | 973 | 262 | 60 | 163 | 240 | 360 | 480 |
| | | 女 | 1 047 | 250 | 60 | 137 | 230 | 360 | 480 |
| 海南 | 城乡 | 小计 | 1 083 | 317 | 60 | 150 | 270 | 480 | 720 |
| | | 男 | 515 | 322 | 60 | 163 | 300 | 480 | 720 |
| | | 女 | 568 | 311 | 49 | 129 | 266 | 480 | 720 |
| | 城市 | 小计 | 328 | 256 | 30 | 120 | 180 | 360 | 600 |
| | | 男 | 155 | 254 | 60 | 120 | 189 | 360 | 600 |
| | | 女 | 173 | 258 | 30 | 60 | 180 | 430 | 720 |

| 地区 | 城乡 | 性别 | *n* | 春秋季非交通出行室外活动时间 /（min/d） | | | | | |
|---|---|---|---|---|---|---|---|---|---|
| | | | | Mean | P5 | P25 | P50 | P75 | P95 |
| 海南 | 农村 | 小计 | 755 | 341 | 60 | 180 | 300 | 480 | 720 |
| | | 男 | 360 | 349 | 90 | 180 | 306 | 480 | 763 |
| | | 女 | 395 | 334 | 60 | 180 | 300 | 480 | 720 |
| 重庆 | 城乡 | 小计 | 964 | 197 | 30 | 86 | 180 | 257 | 480 |
| | | 男 | 411 | 200 | 30 | 86 | 180 | 274 | 480 |
| | | 女 | 553 | 194 | 30 | 86 | 180 | 257 | 480 |
| | 城市 | 小计 | 475 | 195 | 34 | 86 | 180 | 249 | 480 |
| | | 男 | 223 | 192 | 40 | 80 | 180 | 240 | 480 |
| | | 女 | 252 | 199 | 30 | 90 | 180 | 266 | 446 |
| | 农村 | 小计 | 489 | 199 | 20 | 86 | 180 | 300 | 480 |
| | | 男 | 188 | 210 | 30 | 90 | 180 | 300 | 480 |
| | | 女 | 301 | 190 | 20 | 60 | 180 | 257 | 480 |
| 四川 | 城乡 | 小计 | 4 558 | 233 | 40 | 120 | 206 | 351 | 514 |
| | | 男 | 2 088 | 240 | 40 | 120 | 223 | 360 | 514 |
| | | 女 | 2 470 | 227 | 40 | 120 | 189 | 330 | 480 |
| | 城市 | 小计 | 1 938 | 248 | 60 | 120 | 214 | 360 | 514 |
| | | 男 | 865 | 258 | 60 | 120 | 231 | 394 | 549 |
| | | 女 | 1 073 | 238 | 60 | 120 | 214 | 360 | 480 |
| | 农村 | 小计 | 2 620 | 225 | 40 | 103 | 197 | 326 | 497 |
| | | 男 | 1 223 | 229 | 40 | 103 | 206 | 343 | 497 |
| | | 女 | 1 397 | 221 | 40 | 103 | 180 | 309 | 480 |
| 贵州 | 城乡 | 小计 | 2 855 | 210 | 9 | 86 | 180 | 300 | 480 |
| | | 男 | 1 334 | 214 | 0 | 86 | 189 | 326 | 480 |
| | | 女 | 1 521 | 205 | 11 | 77 | 180 | 300 | 480 |
| | 城市 | 小计 | 1 062 | 165 | 0 | 60 | 120 | 240 | 429 |
| | | 男 | 498 | 166 | 0 | 60 | 120 | 240 | 420 |
| | | 女 | 564 | 163 | 9 | 56 | 120 | 240 | 429 |
| | 农村 | 小计 | 1 793 | 254 | 20 | 129 | 240 | 360 | 600 |
| | | 男 | 836 | 263 | 17 | 137 | 249 | 360 | 600 |
| | | 女 | 957 | 245 | 30 | 120 | 231 | 331 | 600 |
| 云南 | 城乡 | 小计 | 3 466 | 284 | 34 | 130 | 291 | 420 | 549 |
| | | 男 | 1 657 | 292 | 34 | 137 | 300 | 420 | 570 |
| | | 女 | 1 809 | 276 | 39 | 120 | 266 | 394 | 531 |
| | 城市 | 小计 | 910 | 261 | 47 | 120 | 240 | 386 | 513 |
| | | 男 | 418 | 267 | 45 | 120 | 240 | 420 | 513 |
| | | 女 | 492 | 256 | 51 | 120 | 240 | 360 | 510 |
| | 农村 | 小计 | 2 556 | 294 | 34 | 154 | 300 | 420 | 560 |
| | | 男 | 1 239 | 302 | 34 | 159 | 300 | 420 | 600 |
| | | 女 | 1 317 | 285 | 34 | 150 | 286 | 420 | 540 |
| 西藏 | 城乡 | 小计 | 1 525 | 271 | 0 | 137 | 266 | 390 | 540 |
| | | 男 | 617 | 282 | 20 | 137 | 286 | 394 | 549 |
| | | 女 | 908 | 260 | 0 | 120 | 249 | 381 | 540 |
| | 城市 | 小计 | 385 | 175 | 0 | 43 | 137 | 258 | 446 |
| | | 男 | 126 | 194 | 0 | 60 | 154 | 309 | 446 |
| | | 女 | 259 | 162 | 0 | 34 | 129 | 240 | 446 |
| | 农村 | 小计 | 1 140 | 298 | 30 | 180 | 300 | 403 | 566 |
| | | 男 | 491 | 303 | 60 | 180 | 300 | 411 | 570 |
| | | 女 | 649 | 294 | 30 | 180 | 300 | 399 | 566 |
| 陕西 | 城乡 | 小计 | 2 854 | 252 | 60 | 120 | 223 | 360 | 480 |
| | | 男 | 1 292 | 267 | 60 | 129 | 240 | 377 | 540 |
| | | 女 | 1 562 | 238 | 60 | 120 | 214 | 351 | 480 |
| | 城市 | 小计 | 1 326 | 203 | 56 | 120 | 169 | 291 | 480 |
| | | 男 | 583 | 215 | 47 | 120 | 180 | 306 | 480 |
| | | 女 | 743 | 192 | 60 | 120 | 146 | 240 | 463 |
| | 农村 | 小计 | 1 528 | 293 | 60 | 180 | 283 | 394 | 570 |
| | | 男 | 709 | 308 | 60 | 199 | 300 | 420 | 600 |
| | | 女 | 819 | 277 | 60 | 180 | 240 | 360 | 540 |
| 甘肃 | 城乡 | 小计 | 2 869 | 289 | 60 | 171 | 249 | 420 | 600 |

| 地区 | 城乡 | 性别 | *n* | 春秋季非交通出行室外活动时间 /（min/d） | | | | | |
|---|---|---|---|---|---|---|---|---|---|
| | | | | Mean | P5 | P25 | P50 | P75 | P95 |
| 甘肃 | 城乡 | 男 | 1 289 | 309 | 69 | 180 | 300 | 420 | 600 |
| | | 女 | 1 580 | 270 | 60 | 129 | 240 | 360 | 600 |
| | 城市 | 小计 | 799 | 254 | 60 | 141 | 240 | 360 | 480 |
| | | 男 | 365 | 269 | 60 | 171 | 240 | 360 | 480 |
| | | 女 | 434 | 239 | 43 | 120 | 210 | 321 | 540 |
| | 农村 | 小计 | 2 070 | 301 | 60 | 180 | 283 | 420 | 600 |
| | | 男 | 924 | 322 | 77 | 180 | 300 | 480 | 600 |
| | | 女 | 1 146 | 280 | 60 | 146 | 240 | 386 | 600 |
| 青海 | 城乡 | 小计 | 1 592 | 175 | 34 | 77 | 120 | 231 | 480 |
| | | 男 | 691 | 176 | 34 | 77 | 120 | 231 | 480 |
| | | 女 | 901 | 175 | 33 | 77 | 120 | 231 | 480 |
| | 城市 | 小计 | 666 | 142 | 33 | 77 | 120 | 180 | 360 |
| | | 男 | 296 | 142 | 34 | 77 | 120 | 180 | 377 |
| | | 女 | 370 | 141 | 30 | 77 | 120 | 180 | 360 |
| | 农村 | 小计 | 926 | 251 | 60 | 120 | 219 | 360 | 540 |
| | | 男 | 395 | 260 | 60 | 120 | 231 | 360 | 540 |
| | | 女 | 531 | 244 | 60 | 120 | 206 | 360 | 540 |
| 宁夏 | 城乡 | 小计 | 1 137 | 170 | 20 | 69 | 120 | 240 | 480 |
| | | 男 | 538 | 178 | 20 | 69 | 129 | 240 | 480 |
| | | 女 | 599 | 161 | 20 | 60 | 120 | 180 | 480 |
| | 城市 | 小计 | 1 039 | 164 | 17 | 60 | 120 | 206 | 480 |
| | | 男 | 488 | 174 | 17 | 69 | 129 | 240 | 480 |
| | | 女 | 551 | 153 | 17 | 60 | 120 | 180 | 480 |
| | 农村 | 小计 | 98 | 226 | 30 | 120 | 180 | 343 | 540 |
| | | 男 | 50 | 214 | 21 | 86 | 180 | 343 | 480 |
| | | 女 | 48 | 240 | 43 | 120 | 180 | 360 | 600 |
| 新疆 | 城乡 | 小计 | 2 802 | 206 | 39 | 119 | 200 | 266 | 459 |
| | | 男 | 1 263 | 221 | 47 | 120 | 206 | 291 | 480 |
| | | 女 | 1 539 | 190 | 30 | 103 | 180 | 240 | 437 |
| | 城市 | 小计 | 1 218 | 185 | 17 | 77 | 163 | 249 | 459 |
| | | 男 | 483 | 202 | 21 | 86 | 180 | 291 | 463 |
| | | 女 | 735 | 170 | 9 | 77 | 137 | 240 | 420 |
| | 农村 | 小计 | 1 584 | 217 | 60 | 133 | 206 | 266 | 459 |
| | | 男 | 780 | 230 | 60 | 146 | 221 | 291 | 480 |
| | | 女 | 804 | 202 | 51 | 120 | 206 | 240 | 440 |

## 附表 6-19　中国人群分省（直辖市、自治区）、城乡、性别的夏季非交通出行室外活动时间

| 地区 | 城乡 | 性别 | *n* | 夏季非交通出行室外活动时间 /（min/d） | | | | | |
|---|---|---|---|---|---|---|---|---|---|
| | | | | Mean | P5 | P25 | P50 | P75 | P95 |
| 合计 | 城乡 | 小计 | 90 877 | 250 | 30 | 120 | 221 | 360 | 600 |
| | | 男 | 41 200 | 262 | 30 | 120 | 240 | 377 | 600 |
| | | 女 | 49 677 | 238 | 30 | 120 | 197 | 360 | 540 |
| | 城市 | 小计 | 41 690 | 207 | 21 | 86 | 171 | 300 | 506 |
| | | 男 | 18 395 | 217 | 24 | 90 | 180 | 309 | 536 |
| | | 女 | 23 295 | 197 | 21 | 81 | 154 | 274 | 480 |
| | 农村 | 小计 | 49 187 | 283 | 40 | 136 | 257 | 411 | 600 |
| | | 男 | 22 805 | 296 | 43 | 146 | 283 | 429 | 600 |
| | | 女 | 26 382 | 270 | 34 | 120 | 240 | 377 | 600 |
| 北京 | 城乡 | 小计 | 1 112 | 217 | 29 | 94 | 180 | 300 | 549 |
| | | 男 | 456 | 240 | 30 | 111 | 197 | 351 | 600 |
| | | 女 | 656 | 196 | 21 | 86 | 154 | 240 | 487 |
| | 城市 | 小计 | 838 | 199 | 30 | 86 | 171 | 266 | 480 |

| 地区 | 城乡 | 性别 | $n$ | 夏季非交通出行室外活动时间 /（min/d） | | | | | |
|---|---|---|---|---|---|---|---|---|---|
| | | | | Mean | P5 | P25 | P50 | P75 | P95 |
| 北京 | 城市 | 男 | 352 | 225 | 34 | 94 | 180 | 300 | 531 |
| | | 女 | 486 | 174 | 21 | 77 | 150 | 240 | 420 |
| | 农村 | 小计 | 274 | 264 | 20 | 120 | 189 | 360 | 600 |
| | | 男 | 104 | 282 | 21 | 120 | 240 | 480 | 600 |
| | | 女 | 170 | 250 | 20 | 120 | 180 | 360 | 720 |
| 天津 | 城乡 | 小计 | 1 143 | 289 | 30 | 120 | 240 | 480 | 600 |
| | | 男 | 468 | 309 | 30 | 120 | 240 | 480 | 600 |
| | | 女 | 675 | 269 | 30 | 120 | 180 | 360 | 600 |
| | 城市 | 小计 | 854 | 247 | 30 | 90 | 180 | 360 | 600 |
| | | 男 | 334 | 266 | 30 | 120 | 214 | 411 | 600 |
| | | 女 | 520 | 228 | 30 | 77 | 180 | 360 | 540 |
| | 农村 | 小计 | 289 | 359 | 30 | 163 | 343 | 600 | 720 |
| | | 男 | 134 | 377 | 30 | 163 | 429 | 600 | 603 |
| | | 女 | 155 | 338 | 60 | 163 | 240 | 600 | 720 |
| 河北 | 城乡 | 小计 | 4 408 | 269 | 60 | 120 | 223 | 360 | 600 |
| | | 男 | 1 935 | 278 | 53 | 129 | 231 | 386 | 600 |
| | | 女 | 2 473 | 259 | 60 | 120 | 210 | 360 | 600 |
| | 城市 | 小计 | 1 830 | 231 | 30 | 120 | 180 | 300 | 600 |
| | | 男 | 829 | 236 | 31 | 120 | 180 | 300 | 600 |
| | | 女 | 1 001 | 224 | 30 | 120 | 180 | 300 | 566 |
| | 农村 | 小计 | 2 578 | 302 | 90 | 180 | 240 | 420 | 600 |
| | | 男 | 1 106 | 319 | 120 | 180 | 257 | 480 | 600 |
| | | 女 | 1 472 | 287 | 90 | 180 | 240 | 386 | 600 |
| 山西 | 城乡 | 小计 | 3 435 | 277 | 43 | 146 | 249 | 403 | 540 |
| | | 男 | 1 562 | 282 | 60 | 143 | 256 | 420 | 540 |
| | | 女 | 1 873 | 272 | 34 | 150 | 249 | 360 | 540 |
| | 城市 | 小计 | 1 043 | 205 | 0 | 94 | 171 | 300 | 480 |
| | | 男 | 479 | 215 | 21 | 120 | 180 | 300 | 480 |
| | | 女 | 564 | 197 | 0 | 86 | 154 | 300 | 480 |
| | 农村 | 小计 | 2 392 | 308 | 86 | 180 | 300 | 420 | 540 |
| | | 男 | 1 083 | 311 | 86 | 180 | 300 | 429 | 540 |
| | | 女 | 1 309 | 305 | 90 | 196 | 300 | 420 | 540 |
| 内蒙古 | 城乡 | 小计 | 3 029 | 303 | 43 | 171 | 300 | 429 | 600 |
| | | 男 | 1 461 | 309 | 46 | 180 | 300 | 437 | 600 |
| | | 女 | 1 568 | 295 | 43 | 154 | 300 | 420 | 600 |
| | 城市 | 小计 | 1 178 | 225 | 30 | 94 | 180 | 309 | 566 |
| | | 男 | 545 | 226 | 34 | 103 | 180 | 309 | 549 |
| | | 女 | 633 | 224 | 30 | 86 | 180 | 317 | 583 |
| | 农村 | 小计 | 1 851 | 356 | 111 | 240 | 360 | 480 | 600 |
| | | 男 | 916 | 364 | 120 | 240 | 360 | 480 | 600 |
| | | 女 | 935 | 346 | 86 | 240 | 360 | 480 | 600 |
| 辽宁 | 城乡 | 小计 | 3 376 | 241 | 34 | 120 | 189 | 360 | 557 |
| | | 男 | 1 448 | 255 | 34 | 120 | 214 | 360 | 600 |
| | | 女 | 1 928 | 227 | 34 | 120 | 180 | 343 | 480 |
| | 城市 | 小计 | 1 195 | 185 | 39 | 77 | 137 | 240 | 480 |
| | | 男 | 526 | 192 | 34 | 86 | 150 | 240 | 480 |
| | | 女 | 669 | 176 | 39 | 77 | 137 | 240 | 446 |
| | 农村 | 小计 | 2 181 | 262 | 34 | 120 | 240 | 360 | 600 |
| | | 男 | 922 | 279 | 34 | 120 | 240 | 429 | 600 |
| | | 女 | 1 259 | 245 | 34 | 120 | 214 | 360 | 497 |
| 吉林 | 城乡 | 小计 | 2 732 | 209 | 21 | 120 | 180 | 300 | 463 |
| | | 男 | 1 300 | 222 | 21 | 120 | 223 | 300 | 480 |
| | | 女 | 1 432 | 194 | 20 | 111 | 180 | 274 | 420 |
| | 城市 | 小计 | 1 567 | 166 | 10 | 77 | 120 | 240 | 394 |
| | | 男 | 703 | 181 | 10 | 86 | 150 | 240 | 463 |
| | | 女 | 864 | 149 | 10 | 60 | 120 | 206 | 360 |
| | 农村 | 小计 | 1 165 | 249 | 57 | 141 | 240 | 360 | 480 |
| | | 男 | 597 | 260 | 44 | 154 | 257 | 360 | 480 |

| 地区 | 城乡 | 性别 | *n* | 夏季非交通出行室外活动时间 /（min/d） | | | | | |
|---|---|---|---|---|---|---|---|---|---|
| | | | | Mean | P5 | P25 | P50 | P75 | P95 |
| 吉林 | 农村 | 女 | 568 | 237 | 60 | 120 | 240 | 309 | 463 |
| 黑龙江 | 城乡 | 小计 | 4 060 | 298 | 27 | 120 | 249 | 480 | 660 |
| | | 男 | 1 881 | 313 | 30 | 120 | 300 | 480 | 660 |
| | | 女 | 2 179 | 283 | 21 | 120 | 240 | 440 | 660 |
| | 城市 | 小计 | 1 589 | 176 | 14 | 60 | 133 | 240 | 493 |
| | | 男 | 681 | 182 | 17 | 60 | 137 | 240 | 510 |
| | | 女 | 908 | 172 | 14 | 60 | 120 | 240 | 480 |
| | 农村 | 小计 | 2 471 | 371 | 54 | 193 | 360 | 540 | 690 |
| | | 男 | 1 200 | 387 | 60 | 240 | 411 | 540 | 720 |
| | | 女 | 1 271 | 356 | 43 | 180 | 360 | 480 | 690 |
| 上海 | 城乡 | 小计 | 1 161 | 154 | 17 | 60 | 120 | 197 | 360 |
| | | 男 | 540 | 157 | 20 | 60 | 120 | 214 | 377 |
| | | 女 | 621 | 150 | 17 | 60 | 120 | 180 | 360 |
| | 城市 | 小计 | 1 161 | 154 | 17 | 60 | 120 | 197 | 360 |
| | | 男 | 540 | 157 | 20 | 60 | 120 | 214 | 377 |
| | | 女 | 621 | 150 | 17 | 60 | 120 | 180 | 360 |
| 江苏 | 城乡 | 小计 | 3 463 | 186 | 17 | 60 | 120 | 263 | 497 |
| | | 男 | 1 582 | 201 | 17 | 60 | 150 | 300 | 549 |
| | | 女 | 1 881 | 171 | 15 | 60 | 120 | 240 | 480 |
| | 城市 | 小计 | 2 304 | 160 | 16 | 60 | 120 | 231 | 480 |
| | | 男 | 1 063 | 175 | 17 | 60 | 120 | 240 | 480 |
| | | 女 | 1 241 | 145 | 10 | 60 | 120 | 180 | 411 |
| | 农村 | 小计 | 1 159 | 240 | 30 | 103 | 200 | 360 | 583 |
| | | 男 | 519 | 260 | 34 | 120 | 231 | 360 | 600 |
| | | 女 | 640 | 221 | 24 | 77 | 180 | 351 | 540 |
| 浙江 | 城乡 | 小计 | 3 417 | 203 | 17 | 64 | 146 | 300 | 497 |
| | | 男 | 1 595 | 227 | 20 | 86 | 180 | 360 | 531 |
| | | 女 | 1 822 | 176 | 17 | 60 | 120 | 240 | 480 |
| | 城市 | 小计 | 1 182 | 161 | 21 | 60 | 120 | 223 | 446 |
| | | 男 | 535 | 176 | 23 | 73 | 120 | 240 | 446 |
| | | 女 | 647 | 145 | 20 | 51 | 103 | 180 | 480 |
| | 农村 | 小计 | 2 235 | 223 | 17 | 77 | 180 | 360 | 531 |
| | | 男 | 1 060 | 252 | 17 | 103 | 223 | 394 | 549 |
| | | 女 | 1 175 | 192 | 10 | 60 | 137 | 291 | 480 |
| 安徽 | 城乡 | 小计 | 3 479 | 230 | 34 | 99 | 171 | 351 | 566 |
| | | 男 | 1 539 | 247 | 34 | 103 | 184 | 386 | 591 |
| | | 女 | 1 940 | 214 | 30 | 90 | 171 | 300 | 566 |
| | 城市 | 小计 | 1 881 | 190 | 30 | 73 | 129 | 257 | 480 |
| | | 男 | 786 | 211 | 30 | 90 | 137 | 343 | 514 |
| | | 女 | 1 095 | 169 | 30 | 60 | 120 | 197 | 480 |
| | 农村 | 小计 | 1 598 | 255 | 43 | 120 | 214 | 360 | 600 |
| | | 男 | 753 | 267 | 49 | 120 | 240 | 411 | 600 |
| | | 女 | 845 | 243 | 43 | 120 | 189 | 343 | 600 |
| 福建 | 城乡 | 小计 | 2 896 | 177 | 10 | 60 | 137 | 240 | 480 |
| | | 男 | 1 291 | 196 | 10 | 60 | 171 | 300 | 480 |
| | | 女 | 1 605 | 159 | 9 | 60 | 120 | 210 | 429 |
| | 城市 | 小计 | 1 494 | 158 | 0 | 60 | 120 | 214 | 429 |
| | | 男 | 636 | 176 | 0 | 60 | 129 | 249 | 480 |
| | | 女 | 858 | 142 | 0 | 60 | 120 | 180 | 377 |
| | 农村 | 小计 | 1 402 | 195 | 14 | 60 | 163 | 300 | 480 |
| | | 男 | 655 | 214 | 20 | 77 | 180 | 343 | 480 |
| | | 女 | 747 | 177 | 10 | 60 | 129 | 240 | 480 |
| 江西 | 城乡 | 小计 | 2 916 | 237 | 34 | 120 | 197 | 360 | 540 |
| | | 男 | 1 376 | 255 | 39 | 120 | 240 | 367 | 540 |
| | | 女 | 1 540 | 218 | 30 | 116 | 180 | 300 | 489 |
| | 城市 | 小计 | 1 719 | 210 | 30 | 90 | 180 | 300 | 480 |
| | | 男 | 795 | 222 | 30 | 90 | 180 | 343 | 497 |
| | | 女 | 924 | 198 | 30 | 90 | 154 | 260 | 480 |

| 地区 | 城乡 | 性别 | *n* | 夏季非交通出行室外活动时间 /（min/d） | | | | | |
|---|---|---|---|---|---|---|---|---|---|
| | | | | Mean | P5 | P25 | P50 | P75 | P95 |
| 江西 | 农村 | 小计 | 1 197 | 265 | 51 | 120 | 240 | 377 | 540 |
| | | 男 | 581 | 290 | 60 | 137 | 257 | 420 | 549 |
| | | 女 | 616 | 239 | 39 | 120 | 206 | 360 | 540 |
| 山东 | 城乡 | 小计 | 5 580 | 221 | 6 | 94 | 180 | 326 | 540 |
| | | 男 | 2 490 | 228 | 0 | 94 | 189 | 351 | 540 |
| | | 女 | 3 090 | 214 | 6 | 86 | 180 | 300 | 540 |
| | 城市 | 小计 | 2 703 | 179 | 0 | 73 | 120 | 240 | 480 |
| | | 男 | 1 125 | 184 | 0 | 74 | 131 | 251 | 480 |
| | | 女 | 1 578 | 174 | 0 | 60 | 120 | 240 | 480 |
| | 农村 | 小计 | 2 877 | 268 | 21 | 120 | 240 | 377 | 600 |
| | | 男 | 1 365 | 275 | 29 | 120 | 240 | 394 | 600 |
| | | 女 | 1 512 | 261 | 21 | 120 | 240 | 360 | 600 |
| 河南 | 城乡 | 小计 | 4 923 | 321 | 60 | 180 | 300 | 480 | 600 |
| | | 男 | 2 098 | 333 | 60 | 180 | 343 | 480 | 600 |
| | | 女 | 2 825 | 310 | 60 | 180 | 300 | 480 | 600 |
| | 城市 | 小计 | 2 037 | 267 | 33 | 120 | 240 | 420 | 566 |
| | | 男 | 844 | 273 | 34 | 120 | 223 | 463 | 600 |
| | | 女 | 1 193 | 261 | 33 | 120 | 240 | 369 | 540 |
| | 农村 | 小计 | 2 886 | 343 | 77 | 180 | 360 | 480 | 600 |
| | | 男 | 1 254 | 356 | 90 | 197 | 377 | 487 | 600 |
| | | 女 | 1 632 | 331 | 77 | 180 | 300 | 480 | 600 |
| 湖北 | 城乡 | 小计 | 3 406 | 238 | 34 | 120 | 231 | 334 | 480 |
| | | 男 | 1 604 | 246 | 34 | 120 | 240 | 360 | 489 |
| | | 女 | 1 802 | 230 | 34 | 120 | 223 | 300 | 480 |
| | 城市 | 小计 | 2 380 | 206 | 30 | 91 | 180 | 300 | 480 |
| | | 男 | 1 127 | 215 | 30 | 89 | 180 | 300 | 497 |
| | | 女 | 1 253 | 197 | 26 | 94 | 180 | 274 | 460 |
| | 农村 | 小计 | 1 026 | 294 | 81 | 197 | 291 | 386 | 487 |
| | | 男 | 477 | 304 | 66 | 206 | 309 | 394 | 489 |
| | | 女 | 549 | 285 | 91 | 182 | 274 | 369 | 480 |
| 湖南 | 城乡 | 小计 | 4 047 | 226 | 34 | 120 | 206 | 317 | 480 |
| | | 男 | 1 844 | 246 | 43 | 120 | 240 | 343 | 497 |
| | | 女 | 2 203 | 203 | 30 | 103 | 180 | 291 | 429 |
| | 城市 | 小计 | 1 523 | 196 | 30 | 86 | 163 | 257 | 480 |
| | | 男 | 617 | 214 | 34 | 111 | 180 | 300 | 480 |
| | | 女 | 906 | 178 | 17 | 86 | 154 | 240 | 411 |
| | 农村 | 小计 | 2 524 | 238 | 34 | 120 | 240 | 343 | 480 |
| | | 男 | 1 227 | 258 | 43 | 129 | 240 | 360 | 514 |
| | | 女 | 1 297 | 214 | 30 | 120 | 197 | 300 | 429 |
| 广东 | 城乡 | 小计 | 3 238 | 238 | 30 | 111 | 189 | 343 | 583 |
| | | 男 | 1 457 | 238 | 30 | 103 | 189 | 360 | 600 |
| | | 女 | 1 781 | 239 | 30 | 120 | 181 | 326 | 549 |
| | 城市 | 小计 | 1 739 | 219 | 30 | 94 | 180 | 300 | 549 |
| | | 男 | 774 | 221 | 30 | 90 | 180 | 300 | 549 |
| | | 女 | 965 | 216 | 30 | 103 | 180 | 291 | 549 |
| | 农村 | 小计 | 1 499 | 260 | 30 | 120 | 240 | 360 | 600 |
| | | 男 | 683 | 255 | 30 | 120 | 210 | 377 | 600 |
| | | 女 | 816 | 264 | 40 | 120 | 240 | 360 | 566 |
| 广西 | 城乡 | 小计 | 3 346 | 300 | 60 | 180 | 300 | 411 | 570 |
| | | 男 | 1 576 | 308 | 69 | 180 | 300 | 420 | 600 |
| | | 女 | 1 770 | 291 | 60 | 171 | 279 | 411 | 566 |
| | 城市 | 小计 | 1 326 | 277 | 51 | 120 | 240 | 394 | 570 |
| | | 男 | 603 | 286 | 60 | 137 | 257 | 386 | 570 |
| | | 女 | 723 | 268 | 49 | 103 | 227 | 394 | 570 |
| | 农村 | 小计 | 2 020 | 309 | 77 | 180 | 300 | 420 | 566 |
| | | 男 | 973 | 317 | 86 | 206 | 309 | 420 | 600 |
| | | 女 | 1 047 | 300 | 60 | 180 | 300 | 411 | 540 |

| 地区 | 城乡 | 性别 | *n* | 夏季非交通出行室外活动时间 /（min/d） | | | | | |
|---|---|---|---|---|---|---|---|---|---|
| | | | | Mean | P5 | P25 | P50 | P75 | P95 |
| 海南 | 城乡 | 小计 | 1 083 | 332 | 60 | 163 | 300 | 480 | 730 |
| | | 男 | 515 | 338 | 60 | 180 | 343 | 480 | 780 |
| | | 女 | 568 | 325 | 51 | 133 | 300 | 480 | 720 |
| | 城市 | 小计 | 328 | 268 | 30 | 120 | 180 | 390 | 609 |
| | | 男 | 155 | 268 | 60 | 120 | 240 | 360 | 600 |
| | | 女 | 173 | 267 | 30 | 60 | 180 | 480 | 780 |
| | 农村 | 小计 | 755 | 358 | 90 | 180 | 351 | 480 | 780 |
| | | 男 | 360 | 366 | 91 | 189 | 351 | 480 | 823 |
| | | 女 | 395 | 348 | 69 | 180 | 317 | 480 | 720 |
| 重庆 | 城乡 | 小计 | 965 | 224 | 30 | 90 | 197 | 326 | 480 |
| | | 男 | 412 | 229 | 30 | 99 | 223 | 343 | 480 |
| | | 女 | 553 | 219 | 30 | 86 | 180 | 300 | 480 |
| | 城市 | 小计 | 476 | 215 | 30 | 90 | 180 | 300 | 480 |
| | | 男 | 224 | 216 | 34 | 86 | 206 | 300 | 480 |
| | | 女 | 252 | 213 | 30 | 94 | 180 | 300 | 480 |
| | 农村 | 小计 | 489 | 233 | 30 | 86 | 240 | 360 | 480 |
| | | 男 | 188 | 245 | 30 | 120 | 240 | 360 | 480 |
| | | 女 | 301 | 224 | 30 | 80 | 206 | 343 | 480 |
| 四川 | 城乡 | 小计 | 4 561 | 248 | 27 | 120 | 240 | 360 | 540 |
| | | 男 | 2 089 | 257 | 20 | 120 | 240 | 360 | 544 |
| | | 女 | 2 472 | 240 | 30 | 120 | 223 | 351 | 514 |
| | 城市 | 小计 | 1 938 | 267 | 60 | 137 | 240 | 360 | 546 |
| | | 男 | 865 | 279 | 60 | 137 | 240 | 394 | 583 |
| | | 女 | 1 073 | 255 | 60 | 137 | 240 | 360 | 514 |
| | 农村 | 小计 | 2 623 | 237 | 20 | 103 | 223 | 343 | 514 |
| | | 男 | 1 224 | 244 | 20 | 111 | 240 | 351 | 540 |
| | | 女 | 1 399 | 231 | 20 | 103 | 189 | 343 | 506 |
| 贵州 | 城乡 | 小计 | 2 855 | 248 | 14 | 120 | 231 | 360 | 550 |
| | | 男 | 1 334 | 252 | 10 | 120 | 240 | 360 | 540 |
| | | 女 | 1 521 | 243 | 20 | 107 | 226 | 360 | 583 |
| | 城市 | 小计 | 1 062 | 197 | 10 | 77 | 180 | 300 | 480 |
| | | 男 | 498 | 200 | 0 | 77 | 180 | 300 | 480 |
| | | 女 | 564 | 194 | 17 | 77 | 171 | 291 | 489 |
| | 农村 | 小计 | 1 793 | 298 | 30 | 180 | 291 | 403 | 600 |
| | | 男 | 836 | 304 | 34 | 180 | 300 | 403 | 600 |
| | | 女 | 957 | 290 | 30 | 163 | 274 | 394 | 600 |
| 云南 | 城乡 | 小计 | 3 466 | 309 | 43 | 163 | 300 | 463 | 600 |
| | | 男 | 1 657 | 316 | 40 | 166 | 309 | 480 | 600 |
| | | 女 | 1 809 | 300 | 43 | 154 | 300 | 437 | 600 |
| | 城市 | 小计 | 910 | 281 | 51 | 120 | 270 | 420 | 549 |
| | | 男 | 418 | 286 | 40 | 120 | 283 | 437 | 540 |
| | | 女 | 492 | 277 | 60 | 120 | 266 | 400 | 600 |
| | 农村 | 小计 | 2 556 | 320 | 40 | 180 | 317 | 480 | 600 |
| | | 男 | 1 239 | 328 | 40 | 180 | 334 | 480 | 600 |
| | | 女 | 1 317 | 311 | 39 | 180 | 300 | 480 | 600 |
| 西藏 | 城乡 | 小计 | 1 526 | 253 | 0 | 144 | 250 | 360 | 480 |
| | | 男 | 617 | 270 | 17 | 159 | 278 | 360 | 480 |
| | | 女 | 909 | 239 | 0 | 120 | 239 | 351 | 463 |
| | 城市 | 小计 | 385 | 186 | 0 | 43 | 154 | 300 | 463 |
| | | 男 | 126 | 208 | 0 | 60 | 189 | 330 | 446 |
| | | 女 | 259 | 172 | 0 | 34 | 146 | 257 | 463 |
| | 农村 | 小计 | 1 141 | 273 | 39 | 180 | 280 | 360 | 480 |
| | | 男 | 491 | 284 | 60 | 180 | 291 | 377 | 480 |
| | | 女 | 650 | 262 | 30 | 171 | 266 | 360 | 463 |
| 陕西 | 城乡 | 小计 | 2 854 | 295 | 60 | 180 | 249 | 420 | 600 |
| | | 男 | 1 292 | 309 | 60 | 180 | 257 | 446 | 600 |
| | | 女 | 1 562 | 283 | 60 | 163 | 240 | 360 | 600 |
| | 城市 | 小计 | 1 326 | 256 | 60 | 137 | 240 | 360 | 540 |

| 地区 | 城乡 | 性别 | *n* | 夏季非交通出行室外活动时间 /（min/d） | | | | | |
|---|---|---|---|---|---|---|---|---|---|
| | | | | Mean | P5 | P25 | P50 | P75 | P95 |
| 陕西 | 城市 | 男 | 583 | 269 | 60 | 163 | 240 | 360 | 600 |
| | | 女 | 743 | 245 | 60 | 129 | 240 | 343 | 480 |
| | 农村 | 小计 | 1 528 | 327 | 70 | 206 | 300 | 480 | 600 |
| | | 男 | 709 | 340 | 77 | 206 | 309 | 480 | 600 |
| | | 女 | 819 | 315 | 69 | 193 | 300 | 429 | 600 |
| 甘肃 | 城乡 | 小计 | 2 869 | 377 | 86 | 240 | 360 | 480 | 720 |
| | | 男 | 1 289 | 400 | 120 | 257 | 390 | 489 | 720 |
| | | 女 | 1 580 | 354 | 86 | 231 | 360 | 480 | 664 |
| | 城市 | 小计 | 799 | 350 | 86 | 240 | 360 | 480 | 620 |
| | | 男 | 365 | 364 | 86 | 249 | 360 | 480 | 600 |
| | | 女 | 434 | 335 | 86 | 201 | 317 | 450 | 620 |
| | 农村 | 小计 | 2 070 | 386 | 94 | 240 | 369 | 480 | 720 |
| | | 男 | 924 | 412 | 120 | 274 | 420 | 540 | 720 |
| | | 女 | 1 146 | 361 | 86 | 240 | 360 | 480 | 720 |
| 青海 | 城乡 | 小计 | 1 592 | 243 | 60 | 120 | 206 | 317 | 566 |
| | | 男 | 691 | 242 | 60 | 120 | 206 | 326 | 566 |
| | | 女 | 901 | 243 | 60 | 129 | 214 | 309 | 566 |
| | 城市 | 小计 | 666 | 205 | 60 | 116 | 180 | 266 | 480 |
| | | 男 | 296 | 203 | 60 | 111 | 171 | 274 | 480 |
| | | 女 | 370 | 207 | 60 | 120 | 189 | 266 | 480 |
| | 农村 | 小计 | 926 | 328 | 60 | 206 | 317 | 463 | 651 |
| | | 男 | 395 | 341 | 69 | 231 | 351 | 471 | 600 |
| | | 女 | 531 | 318 | 60 | 180 | 300 | 429 | 720 |
| 宁夏 | 城乡 | 小计 | 1 137 | 204 | 30 | 94 | 171 | 300 | 480 |
| | | 男 | 538 | 211 | 29 | 90 | 180 | 300 | 480 |
| | | 女 | 599 | 195 | 30 | 94 | 154 | 257 | 480 |
| | 城市 | 小计 | 1 039 | 197 | 23 | 86 | 154 | 257 | 480 |
| | | 男 | 488 | 207 | 21 | 86 | 171 | 300 | 480 |
| | | 女 | 551 | 186 | 29 | 90 | 146 | 240 | 480 |
| | 农村 | 小计 | 98 | 264 | 50 | 120 | 240 | 360 | 600 |
| | | 男 | 50 | 248 | 43 | 120 | 240 | 360 | 480 |
| | | 女 | 48 | 284 | 60 | 137 | 300 | 360 | 600 |
| 新疆 | 城乡 | 小计 | 2 802 | 283 | 51 | 171 | 279 | 377 | 540 |
| | | 男 | 1 263 | 304 | 60 | 189 | 293 | 403 | 571 |
| | | 女 | 1 539 | 260 | 40 | 154 | 240 | 360 | 489 |
| | 城市 | 小计 | 1 218 | 243 | 30 | 120 | 223 | 360 | 531 |
| | | 男 | 483 | 269 | 34 | 137 | 240 | 389 | 600 |
| | | 女 | 735 | 220 | 30 | 120 | 189 | 300 | 480 |
| | 农村 | 小计 | 1 584 | 303 | 77 | 206 | 291 | 390 | 549 |
| | | 男 | 780 | 319 | 94 | 223 | 317 | 409 | 566 |
| | | 女 | 804 | 283 | 60 | 186 | 277 | 360 | 514 |

## 附表 6-20　中国人群分省（直辖市、自治区）、城乡、性别的冬季非交通出行室外活动时间

| 地区 | 城乡 | 性别 | *n* | 冬季非交通出行室外活动时间 /（min/d） | | | | | |
|---|---|---|---|---|---|---|---|---|---|
| | | | | Mean | P5 | P25 | P50 | P75 | P95 |
| 合计 | 城乡 | 小计 | 90 856 | 153 | 9 | 60 | 120 | 214 | 476 |
| | | 男 | 41 192 | 165 | 10 | 60 | 120 | 240 | 480 |
| | | 女 | 49 664 | 141 | 7 | 60 | 111 | 180 | 420 |
| | 城市 | 小计 | 41 676 | 137 | 7 | 51 | 94 | 180 | 429 |
| | | 男 | 18 389 | 146 | 9 | 56 | 103 | 189 | 471 |
| | | 女 | 23 287 | 128 | 5 | 50 | 86 | 180 | 403 |
| | 农村 | 小计 | 49 180 | 166 | 10 | 60 | 120 | 240 | 480 |
| | | 男 | 22 803 | 179 | 10 | 60 | 120 | 257 | 480 |
| | | 女 | 26 377 | 152 | 9 | 60 | 120 | 214 | 430 |

| 地区 | 城乡 | 性别 | *n* | 冬季非交通出行室外活动时间 /（min/d） | | | | | |
|---|---|---|---|---|---|---|---|---|---|
| | | | | Mean | P5 | P25 | P50 | P75 | P95 |
| 北京 | 城乡 | 小计 | 1 112 | 120 | 11 | 56 | 91 | 137 | 360 |
| | | 男 | 456 | 140 | 17 | 60 | 111 | 180 | 403 |
| | | 女 | 656 | 102 | 9 | 46 | 77 | 120 | 274 |
| | 城市 | 小计 | 838 | 116 | 11 | 51 | 86 | 137 | 360 |
| | | 男 | 352 | 134 | 16 | 60 | 103 | 171 | 377 |
| | | 女 | 486 | 98 | 9 | 43 | 70 | 120 | 269 |
| | 农村 | 小计 | 274 | 132 | 11 | 60 | 120 | 180 | 360 |
| | | 男 | 104 | 155 | 20 | 60 | 120 | 180 | 480 |
| | | 女 | 170 | 113 | 0 | 60 | 120 | 120 | 300 |
| 天津 | 城乡 | 小计 | 1 143 | 139 | 17 | 43 | 79 | 180 | 429 |
| | | 男 | 468 | 170 | 20 | 60 | 120 | 257 | 480 |
| | | 女 | 675 | 106 | 17 | 30 | 60 | 120 | 360 |
| | 城市 | 小计 | 854 | 137 | 10 | 43 | 77 | 180 | 480 |
| | | 男 | 334 | 172 | 10 | 60 | 120 | 291 | 514 |
| | | 女 | 520 | 102 | 10 | 30 | 60 | 120 | 357 |
| | 农村 | 小计 | 289 | 142 | 30 | 50 | 103 | 189 | 377 |
| | | 男 | 134 | 167 | 21 | 60 | 120 | 257 | 420 |
| | | 女 | 155 | 113 | 30 | 40 | 60 | 120 | 360 |
| 河北 | 城乡 | 小计 | 4 408 | 107 | 10 | 39 | 60 | 120 | 320 |
| | | 男 | 1 935 | 117 | 9 | 40 | 60 | 120 | 480 |
| | | 女 | 2 473 | 97 | 10 | 34 | 60 | 120 | 240 |
| | 城市 | 小计 | 1 830 | 106 | 16 | 45 | 66 | 120 | 300 |
| | | 男 | 829 | 110 | 13 | 45 | 60 | 120 | 360 |
| | | 女 | 1 001 | 100 | 20 | 46 | 69 | 120 | 240 |
| | 农村 | 小计 | 2 578 | 108 | 0 | 30 | 60 | 120 | 360 |
| | | 男 | 1 106 | 124 | 0 | 31 | 60 | 163 | 480 |
| | | 女 | 1 472 | 93 | 0 | 30 | 60 | 120 | 240 |
| 山西 | 城乡 | 小计 | 3 435 | 101 | 17 | 51 | 73 | 120 | 257 |
| | | 男 | 1 562 | 106 | 17 | 46 | 69 | 120 | 334 |
| | | 女 | 1 873 | 97 | 10 | 54 | 77 | 120 | 240 |
| | 城市 | 小计 | 1 043 | 106 | 0 | 51 | 77 | 137 | 300 |
| | | 男 | 479 | 117 | 0 | 54 | 81 | 163 | 343 |
| | | 女 | 564 | 96 | 0 | 40 | 60 | 120 | 240 |
| | 农村 | 小计 | 2 392 | 99 | 20 | 50 | 70 | 120 | 240 |
| | | 男 | 1 083 | 101 | 21 | 43 | 64 | 120 | 317 |
| | | 女 | 1 309 | 97 | 17 | 60 | 90 | 120 | 231 |
| 内蒙古 | 城乡 | 小计 | 3 014 | 95 | 9 | 40 | 60 | 120 | 249 |
| | | 男 | 1 455 | 103 | 9 | 40 | 60 | 134 | 300 |
| | | 女 | 1 559 | 86 | 3 | 40 | 60 | 120 | 240 |
| | 城市 | 小计 | 1 164 | 84 | 3 | 30 | 60 | 120 | 240 |
| | | 男 | 540 | 91 | 6 | 30 | 60 | 120 | 300 |
| | | 女 | 624 | 77 | 3 | 30 | 60 | 120 | 197 |
| | 农村 | 小计 | 1 850 | 103 | 9 | 49 | 60 | 129 | 274 |
| | | 男 | 915 | 111 | 17 | 51 | 86 | 150 | 300 |
| | | 女 | 935 | 93 | 3 | 40 | 60 | 120 | 240 |
| 辽宁 | 城乡 | 小计 | 3 376 | 96 | 0 | 30 | 60 | 120 | 360 |
| | | 男 | 1 448 | 102 | 0 | 30 | 60 | 120 | 360 |
| | | 女 | 1 928 | 91 | 0 | 30 | 60 | 120 | 360 |
| | 城市 | 小计 | 1 195 | 80 | 0 | 30 | 60 | 103 | 249 |
| | | 男 | 526 | 83 | 0 | 30 | 60 | 103 | 291 |
| | | 女 | 669 | 77 | 0 | 30 | 60 | 90 | 240 |
| | 农村 | 小计 | 2 181 | 102 | 0 | 30 | 60 | 120 | 360 |
| | | 男 | 922 | 110 | 2 | 30 | 60 | 120 | 360 |
| | | 女 | 1 259 | 95 | 0 | 30 | 60 | 120 | 360 |
| 吉林 | 城乡 | 小计 | 2 732 | 48 | 0 | 0 | 30 | 60 | 129 |
| | | 男 | 1 300 | 50 | 0 | 0 | 34 | 60 | 146 |
| | | 女 | 1 432 | 45 | 0 | 0 | 30 | 60 | 120 |
| | 城市 | 小计 | 1 567 | 45 | 0 | 0 | 30 | 60 | 129 |

| 地区 | 城乡 | 性别 | $n$ | 冬季非交通出行室外活动时间 /（min/d） | | | | | |
|---|---|---|---|---|---|---|---|---|---|
| | | | | Mean | P5 | P25 | P50 | P75 | P95 |
| 吉林 | 城市 | 男 | 703 | 46 | 0 | 0 | 30 | 60 | 146 |
| | | 女 | 864 | 45 | 0 | 3 | 30 | 60 | 129 |
| | 农村 | 小计 | 1 165 | 50 | 0 | 0 | 51 | 60 | 129 |
| | | 男 | 597 | 54 | 0 | 0 | 60 | 60 | 146 |
| | | 女 | 568 | 45 | 0 | 0 | 39 | 60 | 120 |
| 黑龙江 | 城乡 | 小计 | 4 060 | 56 | 0 | 6 | 23 | 60 | 223 |
| | | 男 | 1 881 | 59 | 0 | 6 | 23 | 60 | 240 |
| | | 女 | 2 179 | 53 | 0 | 4 | 21 | 60 | 180 |
| | 城市 | 小计 | 1 589 | 62 | 0 | 9 | 30 | 60 | 240 |
| | | 男 | 681 | 66 | 0 | 9 | 30 | 91 | 257 |
| | | 女 | 908 | 58 | 0 | 6 | 30 | 60 | 189 |
| | 农村 | 小计 | 2 471 | 52 | 0 | 4 | 17 | 51 | 189 |
| | | 男 | 1 200 | 54 | 0 | 6 | 17 | 51 | 240 |
| | | 女 | 1 271 | 50 | 0 | 3 | 20 | 51 | 180 |
| 上海 | 城乡 | 小计 | 1 161 | 115 | 10 | 60 | 90 | 133 | 334 |
| | | 男 | 540 | 117 | 9 | 60 | 90 | 146 | 343 |
| | | 女 | 621 | 113 | 10 | 60 | 90 | 120 | 326 |
| | 城市 | 小计 | 1 161 | 115 | 10 | 60 | 90 | 133 | 334 |
| | | 男 | 540 | 117 | 9 | 60 | 90 | 146 | 343 |
| | | 女 | 621 | 113 | 10 | 60 | 90 | 120 | 326 |
| 江苏 | 城乡 | 小计 | 3 463 | 144 | 14 | 60 | 103 | 180 | 429 |
| | | 男 | 1 582 | 160 | 17 | 60 | 120 | 240 | 480 |
| | | 女 | 1 881 | 128 | 10 | 56 | 90 | 170 | 377 |
| | 城市 | 小计 | 2 304 | 133 | 10 | 43 | 86 | 180 | 429 |
| | | 男 | 1 063 | 151 | 15 | 51 | 90 | 206 | 480 |
| | | 女 | 1 241 | 115 | 7 | 43 | 77 | 134 | 360 |
| | 农村 | 小计 | 1 159 | 166 | 30 | 60 | 120 | 240 | 480 |
| | | 男 | 519 | 179 | 34 | 60 | 120 | 259 | 480 |
| | | 女 | 640 | 154 | 29 | 60 | 104 | 223 | 429 |
| 浙江 | 城乡 | 小计 | 3 417 | 170 | 17 | 60 | 120 | 240 | 446 |
| | | 男 | 1 595 | 191 | 17 | 60 | 137 | 300 | 480 |
| | | 女 | 1 822 | 148 | 17 | 60 | 120 | 206 | 411 |
| | 城市 | 小计 | 1 182 | 137 | 20 | 60 | 94 | 180 | 377 |
| | | 男 | 535 | 151 | 21 | 60 | 120 | 197 | 399 |
| | | 女 | 647 | 122 | 20 | 56 | 86 | 137 | 377 |
| | 农村 | 小计 | 2 235 | 186 | 10 | 60 | 137 | 283 | 480 |
| | | 男 | 1 060 | 210 | 14 | 64 | 180 | 309 | 480 |
| | | 女 | 1 175 | 160 | 10 | 60 | 120 | 240 | 434 |
| 安徽 | 城乡 | 小计 | 3 478 | 168 | 30 | 60 | 120 | 240 | 429 |
| | | 男 | 1 538 | 187 | 30 | 69 | 129 | 291 | 480 |
| | | 女 | 1 940 | 149 | 30 | 60 | 120 | 180 | 377 |
| | 城市 | 小计 | 1 880 | 143 | 20 | 60 | 103 | 180 | 420 |
| | | 男 | 785 | 161 | 24 | 60 | 120 | 231 | 443 |
| | | 女 | 1 095 | 127 | 17 | 59 | 86 | 171 | 377 |
| | 农村 | 小计 | 1 598 | 183 | 34 | 86 | 137 | 257 | 437 |
| | | 男 | 753 | 202 | 34 | 86 | 163 | 309 | 480 |
| | | 女 | 845 | 164 | 34 | 81 | 120 | 231 | 377 |
| 福建 | 城乡 | 小计 | 2 895 | 146 | 9 | 60 | 103 | 197 | 420 |
| | | 男 | 1 290 | 167 | 10 | 60 | 120 | 240 | 463 |
| | | 女 | 1 605 | 127 | 5 | 43 | 86 | 171 | 377 |
| | 城市 | 小计 | 1 493 | 129 | 0 | 60 | 86 | 176 | 403 |
| | | 男 | 635 | 150 | 0 | 60 | 120 | 219 | 429 |
| | | 女 | 858 | 111 | 0 | 49 | 77 | 129 | 343 |
| | 农村 | 小计 | 1 402 | 163 | 14 | 60 | 120 | 240 | 429 |
| | | 男 | 655 | 182 | 14 | 60 | 120 | 291 | 480 |
| | | 女 | 747 | 143 | 10 | 43 | 120 | 189 | 411 |
| 江西 | 城乡 | 小计 | 2 917 | 183 | 30 | 60 | 130 | 240 | 480 |
| | | 男 | 1 376 | 199 | 30 | 77 | 159 | 283 | 480 |

| 地区 | 城乡 | 性别 | *n* | 冬季非交通出行室外活动时间 /（min/d） | | | | | |
|---|---|---|---|---|---|---|---|---|---|
| | | | | Mean | P5 | P25 | P50 | P75 | P95 |
| 江西 | 城乡 | 女 | 1 541 | 166 | 30 | 60 | 120 | 240 | 454 |
| | 城市 | 小计 | 1 720 | 163 | 21 | 60 | 120 | 240 | 480 |
| | | 男 | 795 | 172 | 24 | 60 | 120 | 240 | 480 |
| | | 女 | 925 | 153 | 20 | 60 | 120 | 197 | 454 |
| | 农村 | 小计 | 1 197 | 204 | 39 | 103 | 180 | 274 | 480 |
| | | 男 | 581 | 228 | 60 | 120 | 180 | 317 | 480 |
| | | 女 | 616 | 179 | 30 | 77 | 137 | 240 | 463 |
| 山东 | 城乡 | 小计 | 5 579 | 108 | 0 | 34 | 60 | 120 | 360 |
| | | 男 | 2 490 | 119 | 0 | 43 | 73 | 154 | 377 |
| | | 女 | 3 089 | 97 | 0 | 30 | 60 | 120 | 300 |
| | 城市 | 小计 | 2 703 | 90 | 0 | 30 | 60 | 120 | 274 |
| | | 男 | 1 125 | 97 | 0 | 33 | 60 | 120 | 326 |
| | | 女 | 1 578 | 84 | 0 | 30 | 60 | 103 | 249 |
| | 农村 | 小计 | 2 876 | 129 | 0 | 46 | 77 | 180 | 386 |
| | | 男 | 1 365 | 143 | 0 | 60 | 103 | 201 | 420 |
| | | 女 | 1 511 | 113 | 0 | 34 | 60 | 154 | 360 |
| 河南 | 城乡 | 小计 | 4 923 | 230 | 30 | 94 | 180 | 360 | 500 |
| | | 男 | 2 098 | 250 | 34 | 111 | 197 | 420 | 500 |
| | | 女 | 2 825 | 211 | 30 | 80 | 163 | 309 | 500 |
| | 城市 | 小计 | 2 037 | 195 | 30 | 60 | 120 | 291 | 500 |
| | | 男 | 844 | 208 | 30 | 69 | 129 | 360 | 500 |
| | | 女 | 1 193 | 185 | 30 | 60 | 120 | 240 | 500 |
| | 农村 | 小计 | 2 886 | 244 | 34 | 111 | 197 | 377 | 500 |
| | | 男 | 1 254 | 267 | 56 | 120 | 240 | 437 | 500 |
| | | 女 | 1 632 | 222 | 30 | 94 | 180 | 343 | 500 |
| 湖北 | 城乡 | 小计 | 3 406 | 167 | 30 | 77 | 146 | 240 | 361 |
| | | 男 | 1 604 | 174 | 30 | 77 | 154 | 240 | 394 |
| | | 女 | 1 802 | 158 | 30 | 77 | 129 | 231 | 360 |
| | 城市 | 小计 | 2 380 | 154 | 21 | 60 | 120 | 223 | 369 |
| | | 男 | 1 127 | 162 | 23 | 60 | 120 | 240 | 399 |
| | | 女 | 1 253 | 144 | 20 | 60 | 120 | 197 | 357 |
| | 农村 | 小计 | 1 026 | 190 | 60 | 120 | 180 | 240 | 360 |
| | | 男 | 477 | 197 | 60 | 120 | 180 | 257 | 377 |
| | | 女 | 549 | 182 | 60 | 120 | 164 | 231 | 360 |
| 湖南 | 城乡 | 小计 | 4 047 | 159 | 21 | 60 | 120 | 214 | 411 |
| | | 男 | 1 845 | 179 | 30 | 77 | 137 | 240 | 446 |
| | | 女 | 2 202 | 136 | 17 | 60 | 120 | 180 | 360 |
| | 城市 | 小计 | 1 524 | 144 | 17 | 60 | 111 | 180 | 411 |
| | | 男 | 618 | 159 | 17 | 60 | 120 | 206 | 446 |
| | | 女 | 906 | 130 | 17 | 60 | 103 | 163 | 369 |
| | 农村 | 小计 | 2 523 | 165 | 30 | 60 | 129 | 231 | 411 |
| | | 男 | 1 227 | 187 | 30 | 86 | 163 | 257 | 471 |
| | | 女 | 1 296 | 139 | 21 | 60 | 120 | 180 | 300 |
| 广东 | 城乡 | 小计 | 3 238 | 179 | 30 | 60 | 129 | 240 | 480 |
| | | 男 | 1 457 | 182 | 23 | 60 | 137 | 240 | 480 |
| | | 女 | 1 781 | 177 | 30 | 77 | 129 | 240 | 480 |
| | 城市 | 小计 | 1 739 | 178 | 20 | 60 | 120 | 240 | 480 |
| | | 男 | 774 | 178 | 20 | 60 | 120 | 240 | 480 |
| | | 女 | 965 | 177 | 24 | 60 | 120 | 236 | 480 |
| | 农村 | 小计 | 1 499 | 181 | 30 | 86 | 137 | 240 | 480 |
| | | 男 | 683 | 186 | 30 | 77 | 137 | 266 | 480 |
| | | 女 | 816 | 177 | 30 | 90 | 129 | 240 | 420 |
| 广西 | 城乡 | 小计 | 3 346 | 206 | 40 | 103 | 180 | 300 | 480 |
| | | 男 | 1 576 | 216 | 43 | 120 | 180 | 300 | 480 |
| | | 女 | 1 770 | 196 | 34 | 86 | 171 | 279 | 480 |
| | 城市 | 小计 | 1 326 | 195 | 33 | 77 | 167 | 260 | 480 |
| | | 男 | 603 | 202 | 34 | 90 | 171 | 263 | 480 |
| | | 女 | 723 | 187 | 30 | 60 | 153 | 260 | 463 |

| 地区 | 城乡 | 性别 | $n$ | 冬季非交通出行室外活动时间 /（min/d） | | | | | |
|---|---|---|---|---|---|---|---|---|---|
| | | | | Mean | P5 | P25 | P50 | P75 | P95 |
| 广西 | 农村 | 小计 | 2 020 | 211 | 43 | 111 | 180 | 300 | 480 |
| | | 男 | 973 | 221 | 43 | 120 | 197 | 309 | 480 |
| | | 女 | 1 047 | 200 | 43 | 103 | 180 | 283 | 480 |
| 海南 | 城乡 | 小计 | 1 083 | 283 | 40 | 134 | 240 | 390 | 600 |
| | | 男 | 515 | 289 | 60 | 146 | 266 | 390 | 600 |
| | | 女 | 568 | 277 | 30 | 120 | 240 | 390 | 600 |
| | 城市 | 小计 | 328 | 236 | 30 | 103 | 180 | 360 | 600 |
| | | 男 | 155 | 240 | 60 | 120 | 180 | 360 | 600 |
| | | 女 | 173 | 232 | 30 | 60 | 180 | 326 | 609 |
| | 农村 | 小计 | 755 | 302 | 60 | 176 | 266 | 420 | 600 |
| | | 男 | 360 | 309 | 60 | 180 | 300 | 420 | 686 |
| | | 女 | 395 | 296 | 51 | 163 | 249 | 420 | 600 |
| 重庆 | 城乡 | 小计 | 965 | 154 | 20 | 54 | 120 | 206 | 429 |
| | | 男 | 412 | 156 | 20 | 60 | 120 | 189 | 480 |
| | | 女 | 553 | 153 | 20 | 44 | 120 | 206 | 420 |
| | 城市 | 小计 | 476 | 155 | 20 | 60 | 120 | 189 | 411 |
| | | 男 | 224 | 151 | 21 | 60 | 120 | 180 | 394 |
| | | 女 | 252 | 159 | 17 | 60 | 120 | 206 | 411 |
| | 农村 | 小计 | 489 | 154 | 20 | 43 | 120 | 214 | 480 |
| | | 男 | 188 | 163 | 20 | 60 | 120 | 214 | 480 |
| | | 女 | 301 | 147 | 20 | 43 | 120 | 214 | 420 |
| 四川 | 城乡 | 小计 | 4 558 | 199 | 23 | 61 | 163 | 300 | 480 |
| | | 男 | 2 088 | 206 | 20 | 60 | 171 | 300 | 500 |
| | | 女 | 2 470 | 192 | 30 | 69 | 163 | 283 | 480 |
| | 城市 | 小计 | 1 938 | 222 | 40 | 103 | 180 | 339 | 510 |
| | | 男 | 865 | 233 | 43 | 99 | 180 | 360 | 540 |
| | | 女 | 1 073 | 211 | 39 | 103 | 180 | 300 | 480 |
| | 农村 | 小计 | 2 620 | 186 | 20 | 60 | 150 | 283 | 480 |
| | | 男 | 1 223 | 191 | 20 | 60 | 163 | 300 | 480 |
| | | 女 | 1 397 | 181 | 20 | 60 | 137 | 266 | 429 |
| 贵州 | 城乡 | 小计 | 2 855 | 142 | 0 | 43 | 111 | 189 | 420 |
| | | 男 | 1 334 | 147 | 0 | 51 | 120 | 206 | 386 |
| | | 女 | 1 521 | 136 | 0 | 39 | 103 | 189 | 429 |
| | 城市 | 小计 | 1 062 | 120 | 0 | 30 | 77 | 171 | 377 |
| | | 男 | 498 | 122 | 0 | 34 | 86 | 180 | 360 |
| | | 女 | 564 | 117 | 0 | 30 | 60 | 129 | 429 |
| | 农村 | 小计 | 1 793 | 163 | 0 | 60 | 129 | 231 | 471 |
| | | 男 | 836 | 171 | 0 | 60 | 146 | 240 | 446 |
| | | 女 | 957 | 155 | 0 | 60 | 120 | 206 | 480 |
| 云南 | 城乡 | 小计 | 3 466 | 246 | 30 | 120 | 240 | 360 | 480 |
| | | 男 | 1 657 | 255 | 30 | 120 | 240 | 360 | 480 |
| | | 女 | 1 809 | 235 | 30 | 120 | 223 | 360 | 480 |
| | 城市 | 小计 | 910 | 230 | 30 | 94 | 189 | 360 | 480 |
| | | 男 | 418 | 234 | 30 | 120 | 195 | 360 | 480 |
| | | 女 | 492 | 226 | 33 | 90 | 189 | 343 | 480 |
| | 农村 | 小计 | 2 556 | 252 | 30 | 120 | 240 | 360 | 480 |
| | | 男 | 1 239 | 263 | 30 | 120 | 240 | 364 | 480 |
| | | 女 | 1 317 | 240 | 30 | 120 | 240 | 360 | 480 |
| 西藏 | 城乡 | 小计 | 1 525 | 192 | 0 | 86 | 180 | 283 | 420 |
| | | 男 | 617 | 208 | 0 | 111 | 197 | 291 | 437 |
| | | 女 | 908 | 179 | 0 | 60 | 176 | 274 | 420 |
| | 城市 | 小计 | 385 | 150 | 0 | 43 | 120 | 225 | 377 |
| | | 男 | 126 | 160 | 0 | 51 | 120 | 249 | 360 |
| | | 女 | 259 | 144 | 0 | 30 | 120 | 206 | 420 |
| | 农村 | 小计 | 1 140 | 205 | 0 | 111 | 197 | 291 | 420 |
| | | 男 | 491 | 219 | 26 | 120 | 209 | 300 | 444 |
| | | 女 | 649 | 191 | 0 | 86 | 180 | 288 | 420 |

| 地区 | 城乡 | 性别 | n | 冬季非交通出行室外活动时间 / （min/d） | | | | | |
|---|---|---|---|---|---|---|---|---|---|
| | | | | Mean | P5 | P25 | P50 | P75 | P95 |
| 陕西 | 城乡 | 小计 | 2 854 | 169 | 30 | 60 | 120 | 240 | 394 |
| | | 男 | 1 292 | 184 | 30 | 77 | 163 | 240 | 420 |
| | | 女 | 1 562 | 156 | 30 | 60 | 120 | 223 | 360 |
| | 城市 | 小计 | 1 326 | 144 | 30 | 60 | 120 | 189 | 377 |
| | | 男 | 583 | 154 | 30 | 60 | 120 | 211 | 386 |
| | | 女 | 743 | 134 | 30 | 60 | 111 | 180 | 360 |
| | 农村 | 小计 | 1 528 | 191 | 30 | 120 | 180 | 240 | 420 |
| | | 男 | 709 | 208 | 30 | 120 | 180 | 300 | 471 |
| | | 女 | 819 | 174 | 30 | 103 | 163 | 240 | 377 |
| 甘肃 | 城乡 | 小计 | 2 869 | 159 | 21 | 60 | 120 | 206 | 420 |
| | | 男 | 1 289 | 174 | 30 | 80 | 120 | 240 | 480 |
| | | 女 | 1 580 | 145 | 20 | 60 | 120 | 180 | 360 |
| | 城市 | 小计 | 799 | 157 | 26 | 60 | 120 | 214 | 420 |
| | | 男 | 365 | 170 | 26 | 62 | 120 | 240 | 446 |
| | | 女 | 434 | 145 | 27 | 60 | 120 | 180 | 377 |
| | 农村 | 小计 | 2 070 | 160 | 21 | 60 | 120 | 206 | 420 |
| | | 男 | 924 | 175 | 30 | 86 | 120 | 240 | 480 |
| | | 女 | 1 146 | 145 | 20 | 60 | 120 | 180 | 360 |
| 青海 | 城乡 | 小计 | 1 592 | 127 | 17 | 51 | 86 | 154 | 360 |
| | | 男 | 691 | 126 | 20 | 51 | 86 | 154 | 360 |
| | | 女 | 901 | 128 | 17 | 51 | 86 | 154 | 377 |
| | 城市 | 小计 | 666 | 103 | 17 | 39 | 77 | 120 | 300 |
| | | 男 | 296 | 104 | 20 | 39 | 77 | 120 | 300 |
| | | 女 | 370 | 102 | 10 | 39 | 77 | 120 | 300 |
| | 农村 | 小计 | 926 | 181 | 24 | 60 | 120 | 240 | 480 |
| | | 男 | 395 | 183 | 24 | 60 | 120 | 240 | 480 |
| | | 女 | 531 | 180 | 27 | 60 | 120 | 240 | 720 |
| 宁夏 | 城乡 | 小计 | 1 137 | 118 | 0 | 40 | 77 | 137 | 360 |
| | | 男 | 538 | 126 | 0 | 43 | 86 | 163 | 360 |
| | | 女 | 599 | 108 | 0 | 34 | 60 | 120 | 360 |
| | 城市 | 小计 | 1 039 | 114 | 0 | 39 | 60 | 137 | 360 |
| | | 男 | 488 | 122 | 0 | 40 | 77 | 146 | 360 |
| | | 女 | 551 | 105 | 0 | 30 | 60 | 120 | 360 |
| | 农村 | 小计 | 98 | 152 | 20 | 60 | 120 | 180 | 480 |
| | | 男 | 50 | 168 | 15 | 86 | 120 | 240 | 480 |
| | | 女 | 48 | 133 | 30 | 60 | 120 | 150 | 360 |
| 新疆 | 城乡 | 小计 | 2 802 | 113 | 10 | 60 | 103 | 137 | 291 |
| | | 男 | 1 263 | 125 | 17 | 60 | 114 | 163 | 349 |
| | | 女 | 1 539 | 100 | 3 | 54 | 77 | 120 | 240 |
| | 城市 | 小计 | 1 218 | 105 | 0 | 40 | 77 | 129 | 349 |
| | | 男 | 483 | 122 | 0 | 44 | 90 | 154 | 360 |
| | | 女 | 735 | 90 | 0 | 34 | 60 | 120 | 240 |
| | 农村 | 小计 | 1 584 | 117 | 30 | 60 | 111 | 143 | 240 |
| | | 男 | 780 | 127 | 30 | 69 | 120 | 163 | 283 |
| | | 女 | 804 | 105 | 17 | 60 | 94 | 124 | 240 |

# 附表 6-21 中国人群分省（直辖市、自治区）、城乡、性别的室外活动时间

| 地区 | 城乡 | 性别 | $n$ | 室外活动时间 / （min/d） | | | | | |
|---|---|---|---|---|---|---|---|---|---|
| | | | | Mean | P5 | P25 | P50 | P75 | P95 |
| 合计 | 城乡 | 小计 | 90 934 | 253 | 51 | 129 | 221 | 355 | 545 |
| | | 男 | 41 222 | 267 | 53 | 135 | 236 | 377 | 561 |
| | | 女 | 49 712 | 239 | 50 | 121 | 209 | 330 | 525 |
| | 城市 | 小计 | 41 719 | 219 | 42 | 107 | 180 | 298 | 523 |
| | | 男 | 18 407 | 230 | 43 | 110 | 185 | 315 | 540 |
| | | 女 | 23 312 | 209 | 40 | 105 | 172 | 277 | 500 |
| | 农村 | 小计 | 49 215 | 279 | 60 | 150 | 255 | 386 | 555 |
| | | 男 | 22 815 | 295 | 60 | 165 | 276 | 409 | 570 |
| | | 女 | 26 400 | 262 | 60 | 143 | 240 | 360 | 540 |
| 北京 | 城乡 | 小计 | 1 113 | 232 | 51 | 120 | 195 | 300 | 533 |
| | | 男 | 457 | 254 | 51 | 129 | 216 | 345 | 570 |
| | | 女 | 656 | 212 | 50 | 115 | 183 | 266 | 463 |
| | 城市 | 小计 | 839 | 224 | 51 | 120 | 191 | 287 | 500 |
| | | 男 | 353 | 246 | 56 | 121 | 201 | 330 | 544 |
| | | 女 | 486 | 204 | 51 | 114 | 183 | 256 | 420 |
| | 农村 | 小计 | 274 | 252 | 40 | 125 | 210 | 338 | 632 |
| | | 男 | 104 | 276 | 40 | 140 | 255 | 375 | 655 |
| | | 女 | 170 | 232 | 40 | 120 | 185 | 305 | 632 |
| 天津 | 城乡 | 小计 | 1 146 | 248 | 50 | 110 | 188 | 356 | 610 |
| | | 男 | 469 | 276 | 53 | 118 | 214 | 420 | 660 |
| | | 女 | 677 | 220 | 45 | 107 | 169 | 290 | 570 |
| | 城市 | 小计 | 857 | 234 | 48 | 116 | 180 | 315 | 601 |
| | | 男 | 335 | 260 | 54 | 120 | 195 | 416 | 630 |
| | | 女 | 522 | 206 | 41 | 106 | 167 | 270 | 498 |
| | 农村 | 小计 | 289 | 273 | 53 | 107 | 221 | 395 | 615 |
| | | 男 | 134 | 300 | 45 | 118 | 275 | 445 | 660 |
| | | 女 | 155 | 243 | 53 | 107 | 185 | 348 | 600 |
| 河北 | 城乡 | 小计 | 4 408 | 231 | 60 | 133 | 182 | 293 | 525 |
| | | 男 | 1 935 | 244 | 60 | 133 | 189 | 319 | 570 |
| | | 女 | 2 473 | 219 | 68 | 131 | 180 | 275 | 510 |
| | 城市 | 小计 | 1 830 | 211 | 53 | 115 | 165 | 255 | 555 |
| | | 男 | 829 | 216 | 49 | 110 | 165 | 255 | 585 |
| | | 女 | 1 001 | 206 | 53 | 120 | 170 | 255 | 510 |
| | 农村 | 小计 | 2 578 | 249 | 85 | 145 | 205 | 332 | 520 |
| | | 男 | 1 106 | 270 | 88 | 154 | 220 | 390 | 560 |
| | | 女 | 1 472 | 230 | 82 | 135 | 193 | 300 | 503 |
| 山西 | 城乡 | 小计 | 3 438 | 240 | 60 | 144 | 225 | 330 | 447 |
| | | 男 | 1 563 | 249 | 62 | 147 | 231 | 349 | 469 |
| | | 女 | 1 875 | 232 | 52 | 141 | 223 | 320 | 430 |
| | 城市 | 小计 | 1 044 | 197 | 30 | 103 | 174 | 270 | 434 |
| | | 男 | 479 | 208 | 41 | 114 | 180 | 280 | 470 |
| | | 女 | 565 | 187 | 20 | 94 | 165 | 263 | 415 |
| | 农村 | 小计 | 2 394 | 259 | 75 | 165 | 255 | 345 | 450 |
| | | 男 | 1 084 | 267 | 80 | 165 | 263 | 364 | 467 |
| | | 女 | 1 310 | 251 | 71 | 165 | 249 | 331 | 435 |
| 内蒙古 | 城乡 | 小计 | 3 024 | 253 | 60 | 151 | 250 | 345 | 474 |
| | | 男 | 1 456 | 264 | 60 | 158 | 257 | 360 | 490 |
| | | 女 | 1 568 | 241 | 60 | 142 | 237 | 328 | 452 |
| | 城市 | 小计 | 1 174 | 203 | 43 | 103 | 180 | 275 | 437 |
| | | 男 | 541 | 209 | 34 | 102 | 189 | 299 | 435 |
| | | 女 | 633 | 197 | 45 | 103 | 180 | 255 | 448 |
| | 农村 | 小计 | 1 850 | 288 | 99 | 198 | 285 | 365 | 490 |
| | | 男 | 915 | 300 | 105 | 205 | 305 | 379 | 495 |
| | | 女 | 935 | 273 | 96 | 192 | 275 | 349 | 460 |
| 辽宁 | 城乡 | 小计 | 3 376 | 226 | 47 | 115 | 185 | 312 | 525 |
| | | 男 | 1 448 | 239 | 49 | 120 | 195 | 334 | 563 |
| | | 女 | 1 928 | 212 | 45 | 110 | 180 | 287 | 480 |

| 地区 | 城乡 | 性别 | *n* | 室外活动时间 /（min/d） | | | | | |
|---|---|---|---|---|---|---|---|---|---|
| | | | | Mean | P5 | P25 | P50 | P75 | P95 |
| 辽宁 | 城市 | 小计 | 1 195 | 172 | 39 | 90 | 139 | 213 | 415 |
| | | 男 | 526 | 179 | 39 | 90 | 143 | 225 | 439 |
| | | 女 | 669 | 165 | 39 | 90 | 137 | 206 | 377 |
| | 农村 | 小计 | 2 181 | 245 | 51 | 123 | 209 | 345 | 540 |
| | | 男 | 922 | 263 | 56 | 135 | 224 | 375 | 570 |
| | | 女 | 1 259 | 228 | 50 | 120 | 197 | 317 | 495 |
| 吉林 | 城乡 | 小计 | 2 732 | 163 | 37 | 86 | 146 | 219 | 349 |
| | | 男 | 1 300 | 173 | 38 | 90 | 158 | 225 | 372 |
| | | 女 | 1 432 | 153 | 34 | 77 | 135 | 210 | 319 |
| | 城市 | 小计 | 1 567 | 139 | 29 | 75 | 123 | 186 | 308 |
| | | 男 | 703 | 148 | 30 | 78 | 130 | 196 | 338 |
| | | 女 | 864 | 129 | 20 | 71 | 116 | 174 | 279 |
| | 农村 | 小计 | 1 165 | 186 | 45 | 105 | 180 | 251 | 375 |
| | | 男 | 597 | 195 | 45 | 107 | 184 | 266 | 390 |
| | | 女 | 568 | 176 | 49 | 105 | 165 | 240 | 338 |
| 黑龙江 | 城乡 | 小计 | 4 061 | 234 | 33 | 110 | 210 | 345 | 510 |
| | | 男 | 1 881 | 248 | 34 | 117 | 226 | 360 | 512 |
| | | 女 | 2 180 | 221 | 33 | 103 | 188 | 320 | 495 |
| | 城市 | 小计 | 1 589 | 158 | 21 | 68 | 123 | 223 | 390 |
| | | 男 | 681 | 161 | 21 | 66 | 122 | 233 | 390 |
| | | 女 | 908 | 155 | 21 | 68 | 124 | 213 | 389 |
| | 农村 | 小计 | 2 472 | 280 | 53 | 156 | 272 | 385 | 534 |
| | | 男 | 1 200 | 297 | 61 | 175 | 305 | 400 | 531 |
| | | 女 | 1 272 | 264 | 47 | 140 | 251 | 368 | 534 |
| 上海 | 城乡 | 小计 | 1 161 | 181 | 45 | 97 | 155 | 225 | 397 |
| | | 男 | 540 | 186 | 42 | 98 | 163 | 240 | 457 |
| | | 女 | 621 | 175 | 50 | 95 | 150 | 210 | 394 |
| | 城市 | 小计 | 1 161 | 181 | 45 | 97 | 155 | 225 | 397 |
| | | 男 | 540 | 186 | 42 | 98 | 163 | 240 | 457 |
| | | 女 | 621 | 175 | 50 | 95 | 150 | 210 | 394 |
| 江苏 | 城乡 | 小计 | 3 467 | 214 | 38 | 97 | 170 | 287 | 514 |
| | | 男 | 1 583 | 229 | 38 | 99 | 185 | 318 | 540 |
| | | 女 | 1 884 | 199 | 37 | 95 | 164 | 260 | 490 |
| | 城市 | 小计 | 2 307 | 190 | 30 | 83 | 150 | 254 | 497 |
| | | 男 | 1 064 | 205 | 30 | 86 | 152 | 284 | 514 |
| | | 女 | 1 243 | 174 | 30 | 83 | 144 | 223 | 452 |
| | 农村 | 小计 | 1 160 | 263 | 60 | 136 | 229 | 364 | 565 |
| | | 男 | 519 | 281 | 66 | 150 | 243 | 386 | 570 |
| | | 女 | 641 | 246 | 60 | 130 | 215 | 336 | 540 |
| 浙江 | 城乡 | 小计 | 3 420 | 235 | 39 | 108 | 192 | 337 | 536 |
| | | 男 | 1 596 | 258 | 43 | 120 | 216 | 383 | 555 |
| | | 女 | 1 824 | 210 | 35 | 99 | 169 | 285 | 510 |
| | 城市 | 小计 | 1 182 | 199 | 45 | 100 | 161 | 257 | 477 |
| | | 男 | 535 | 214 | 52 | 115 | 169 | 300 | 490 |
| | | 女 | 647 | 183 | 40 | 90 | 154 | 240 | 450 |
| | 农村 | 小计 | 2 238 | 252 | 34 | 116 | 211 | 373 | 560 |
| | | 男 | 1 061 | 279 | 39 | 123 | 255 | 418 | 574 |
| | | 女 | 1 177 | 223 | 32 | 105 | 180 | 320 | 537 |
| 安徽 | 城乡 | 小计 | 3 487 | 251 | 56 | 129 | 206 | 360 | 544 |
| | | 男 | 1 540 | 272 | 60 | 136 | 227 | 401 | 570 |
| | | 女 | 1 947 | 231 | 54 | 122 | 195 | 316 | 523 |
| | 城市 | 小计 | 1 885 | 211 | 53 | 107 | 163 | 280 | 512 |
| | | 男 | 786 | 231 | 54 | 120 | 176 | 334 | 525 |
| | | 女 | 1 099 | 192 | 50 | 100 | 154 | 240 | 490 |
| | 农村 | 小计 | 1 602 | 276 | 60 | 148 | 240 | 390 | 570 |
| | | 男 | 754 | 296 | 67 | 150 | 257 | 429 | 600 |
| | | 女 | 848 | 255 | 60 | 141 | 235 | 351 | 525 |

| 地区 | 城乡 | 性别 | n | 室外活动时间 /（min/d） | | | | | |
|---|---|---|---|---|---|---|---|---|---|
| | | | | Mean | P5 | P25 | P50 | P75 | P95 |
| 福建 | 城乡 | 小计 | 2 895 | 220 | 41 | 111 | 186 | 295 | 500 |
| | | 男 | 1 291 | 243 | 44 | 120 | 210 | 334 | 531 |
| | | 女 | 1 604 | 198 | 41 | 103 | 170 | 256 | 455 |
| | 城市 | 小计 | 1 494 | 204 | 43 | 106 | 176 | 255 | 489 |
| | | 男 | 636 | 227 | 40 | 117 | 195 | 301 | 520 |
| | | 女 | 858 | 184 | 49 | 103 | 158 | 233 | 429 |
| | 农村 | 小计 | 1 401 | 237 | 41 | 120 | 205 | 330 | 510 |
| | | 男 | 655 | 259 | 47 | 138 | 236 | 360 | 535 |
| | | 女 | 746 | 214 | 40 | 103 | 180 | 285 | 483 |
| 江西 | 城乡 | 小计 | 2 916 | 259 | 60 | 137 | 227 | 360 | 540 |
| | | 男 | 1 376 | 278 | 60 | 150 | 255 | 390 | 550 |
| | | 女 | 1 540 | 239 | 60 | 129 | 205 | 330 | 520 |
| | 城市 | 小计 | 1 719 | 235 | 51 | 120 | 195 | 321 | 530 |
| | | 男 | 795 | 247 | 51 | 120 | 207 | 349 | 549 |
| | | 女 | 924 | 223 | 55 | 120 | 180 | 300 | 510 |
| | 农村 | 小计 | 1 197 | 284 | 60 | 159 | 268 | 390 | 540 |
| | | 男 | 581 | 310 | 80 | 181 | 300 | 421 | 550 |
| | | 女 | 616 | 256 | 60 | 139 | 240 | 345 | 526 |
| 山东 | 城乡 | 小计 | 5 580 | 209 | 30 | 97 | 169 | 291 | 495 |
| | | 男 | 2 489 | 220 | 35 | 105 | 178 | 311 | 510 |
| | | 女 | 3 091 | 198 | 30 | 90 | 160 | 273 | 475 |
| | 城市 | 小计 | 2 702 | 171 | 28 | 78 | 135 | 236 | 430 |
| | | 男 | 1 124 | 178 | 30 | 80 | 141 | 240 | 448 |
| | | 女 | 1 578 | 164 | 23 | 76 | 131 | 229 | 408 |
| | 农村 | 小计 | 2 878 | 252 | 45 | 130 | 225 | 360 | 540 |
| | | 男 | 1 365 | 264 | 54 | 138 | 234 | 373 | 555 |
| | | 女 | 1 513 | 239 | 41 | 120 | 218 | 340 | 510 |
| 河南 | 城乡 | 小计 | 4 926 | 324 | 90 | 184 | 300 | 477 | 576 |
| | | 男 | 2 100 | 341 | 90 | 186 | 320 | 505 | 595 |
| | | 女 | 2 826 | 309 | 93 | 180 | 281 | 429 | 550 |
| | 城市 | 小计 | 2 037 | 281 | 73 | 150 | 240 | 405 | 560 |
| | | 男 | 844 | 290 | 73 | 150 | 238 | 461 | 595 |
| | | 女 | 1 193 | 272 | 70 | 150 | 240 | 375 | 540 |
| | 农村 | 小计 | 2 889 | 341 | 105 | 205 | 325 | 490 | 584 |
| | | 男 | 1 256 | 360 | 105 | 211 | 360 | 516 | 600 |
| | | 女 | 1 633 | 324 | 105 | 200 | 300 | 452 | 560 |
| 湖北 | 城乡 | 小计 | 3 411 | 274 | 60 | 163 | 265 | 363 | 520 |
| | | 男 | 1 606 | 283 | 60 | 165 | 271 | 385 | 531 |
| | | 女 | 1 805 | 264 | 60 | 157 | 260 | 345 | 497 |
| | 城市 | 小计 | 2 385 | 243 | 49 | 121 | 217 | 330 | 513 |
| | | 男 | 1 129 | 253 | 51 | 121 | 225 | 349 | 536 |
| | | 女 | 1 256 | 232 | 48 | 122 | 207 | 310 | 485 |
| | 农村 | 小计 | 1 026 | 328 | 140 | 250 | 324 | 403 | 525 |
| | | 男 | 477 | 339 | 145 | 257 | 338 | 411 | 527 |
| | | 女 | 549 | 316 | 139 | 240 | 306 | 375 | 512 |
| 湖南 | 城乡 | 小计 | 4 055 | 230 | 43 | 120 | 210 | 313 | 480 |
| | | 男 | 1 847 | 253 | 60 | 135 | 238 | 343 | 523 |
| | | 女 | 2 208 | 203 | 39 | 113 | 186 | 276 | 417 |
| | 城市 | 小计 | 1 530 | 210 | 39 | 107 | 176 | 271 | 480 |
| | | 男 | 620 | 228 | 42 | 117 | 191 | 294 | 536 |
| | | 女 | 910 | 193 | 39 | 103 | 163 | 244 | 430 |
| | 农村 | 小计 | 2 525 | 238 | 50 | 133 | 225 | 320 | 480 |
| | | 男 | 1 227 | 262 | 60 | 148 | 253 | 350 | 521 |
| | | 女 | 1 298 | 208 | 40 | 120 | 199 | 285 | 403 |
| 广东 | 城乡 | 小计 | 3 242 | 254 | 53 | 124 | 210 | 350 | 576 |
| | | 男 | 1 458 | 255 | 50 | 120 | 210 | 364 | 595 |
| | | 女 | 1 784 | 253 | 55 | 132 | 210 | 340 | 570 |

| 地区 | 城乡 | 性别 | n | 室外活动时间 / （min/d） | | | | | |
|---|---|---|---|---|---|---|---|---|---|
| | | | | Mean | P5 | P25 | P50 | P75 | P95 |
| 广东 | 城市 | 小计 | 1 743 | 248 | 50 | 120 | 198 | 342 | 596 |
| | | 男 | 775 | 250 | 43 | 120 | 202 | 350 | 600 |
| | | 女 | 968 | 247 | 53 | 120 | 197 | 331 | 576 |
| | 农村 | 小计 | 1 499 | 260 | 54 | 135 | 219 | 365 | 560 |
| | | 男 | 683 | 260 | 53 | 123 | 215 | 390 | 570 |
| | | 女 | 816 | 260 | 60 | 148 | 225 | 347 | 559 |
| 广西 | 城乡 | 小计 | 3 354 | 308 | 99 | 195 | 290 | 399 | 568 |
| | | 男 | 1 581 | 318 | 104 | 206 | 306 | 410 | 585 |
| | | 女 | 1 773 | 297 | 90 | 181 | 275 | 390 | 550 |
| | 城市 | 小计 | 1 331 | 294 | 81 | 159 | 266 | 381 | 587 |
| | | 男 | 607 | 309 | 88 | 180 | 285 | 390 | 654 |
| | | 女 | 724 | 279 | 75 | 146 | 243 | 380 | 558 |
| | 农村 | 小计 | 2 023 | 313 | 105 | 205 | 298 | 403 | 556 |
| | | 男 | 974 | 322 | 105 | 213 | 312 | 420 | 570 |
| | | 女 | 1 049 | 304 | 105 | 197 | 283 | 394 | 545 |
| 海南 | 城乡 | 小计 | 1 083 | 360 | 80 | 186 | 334 | 504 | 750 |
| | | 男 | 515 | 370 | 90 | 203 | 345 | 510 | 760 |
| | | 女 | 568 | 349 | 75 | 180 | 316 | 500 | 735 |
| | 城市 | 小计 | 328 | 296 | 60 | 135 | 225 | 450 | 665 |
| | | 男 | 155 | 301 | 65 | 150 | 240 | 420 | 660 |
| | | 女 | 173 | 290 | 45 | 120 | 210 | 455 | 840 |
| | 农村 | 小计 | 755 | 385 | 116 | 225 | 360 | 519 | 773 |
| | | 男 | 360 | 397 | 120 | 240 | 370 | 518 | 780 |
| | | 女 | 395 | 373 | 107 | 210 | 340 | 519 | 735 |
| 重庆 | 城乡 | 小计 | 967 | 221 | 49 | 111 | 207 | 300 | 480 |
| | | 男 | 413 | 224 | 50 | 120 | 210 | 306 | 480 |
| | | 女 | 554 | 218 | 48 | 106 | 201 | 300 | 480 |
| | 城市 | 小计 | 476 | 224 | 54 | 120 | 210 | 300 | 480 |
| | | 男 | 224 | 219 | 54 | 111 | 215 | 285 | 480 |
| | | 女 | 252 | 231 | 54 | 124 | 210 | 302 | 485 |
| | 农村 | 小计 | 491 | 217 | 43 | 105 | 195 | 315 | 480 |
| | | 男 | 189 | 230 | 50 | 125 | 195 | 341 | 480 |
| | | 女 | 302 | 208 | 41 | 90 | 195 | 287 | 480 |
| 四川 | 城乡 | 小计 | 4 567 | 279 | 60 | 139 | 249 | 399 | 576 |
| | | 男 | 2 092 | 289 | 60 | 140 | 264 | 416 | 583 |
| | | 女 | 2 475 | 270 | 60 | 137 | 240 | 381 | 561 |
| | 城市 | 小计 | 1 938 | 286 | 70 | 157 | 250 | 405 | 570 |
| | | 男 | 865 | 297 | 60 | 165 | 257 | 426 | 600 |
| | | 女 | 1 073 | 276 | 80 | 152 | 247 | 375 | 540 |
| | 农村 | 小计 | 2 629 | 275 | 60 | 125 | 249 | 396 | 585 |
| | | 男 | 1 227 | 284 | 53 | 134 | 266 | 407 | 574 |
| | | 女 | 1 402 | 267 | 60 | 120 | 236 | 387 | 596 |
| 贵州 | 城乡 | 小计 | 2 854 | 245 | 37 | 120 | 229 | 344 | 540 |
| | | 男 | 1 334 | 254 | 36 | 133 | 240 | 357 | 540 |
| | | 女 | 1 520 | 235 | 38 | 111 | 210 | 327 | 541 |
| | 城市 | 小计 | 1 062 | 207 | 34 | 90 | 172 | 297 | 495 |
| | | 男 | 498 | 215 | 34 | 96 | 184 | 307 | 495 |
| | | 女 | 564 | 198 | 39 | 83 | 159 | 270 | 493 |
| | 农村 | 小计 | 1 792 | 282 | 39 | 165 | 276 | 370 | 580 |
| | | 男 | 836 | 292 | 40 | 180 | 285 | 380 | 570 |
| | | 女 | 956 | 270 | 35 | 154 | 266 | 355 | 585 |
| 云南 | 城乡 | 小计 | 3 467 | 320 | 60 | 172 | 320 | 455 | 590 |
| | | 男 | 1 658 | 328 | 60 | 177 | 334 | 470 | 600 |
| | | 女 | 1 809 | 311 | 60 | 165 | 304 | 437 | 580 |
| | 城市 | 小计 | 911 | 299 | 60 | 149 | 285 | 435 | 570 |
| | | 男 | 419 | 304 | 60 | 150 | 291 | 450 | 569 |
| | | 女 | 492 | 295 | 60 | 140 | 274 | 411 | 589 |

| 地区 | 城乡 | 性别 | *n* | 室外活动时间 /（min/d） | | | | | |
|---|---|---|---|---|---|---|---|---|---|
| | | | | Mean | P5 | P25 | P50 | P75 | P95 |
| 云南 | 农村 | 小计 | 2 556 | 328 | 60 | 188 | 337 | 465 | 595 |
| | | 男 | 1 239 | 337 | 60 | 199 | 349 | 477 | 600 |
| | | 女 | 1 317 | 318 | 60 | 180 | 326 | 446 | 580 |
| 西藏 | 城乡 | 小计 | 1 526 | 353 | 77 | 214 | 339 | 461 | 681 |
| | | 男 | 618 | 378 | 90 | 240 | 366 | 495 | 735 |
| | | 女 | 908 | 331 | 60 | 206 | 319 | 434 | 630 |
| | 城市 | 小计 | 383 | 270 | 30 | 129 | 240 | 370 | 596 |
| | | 男 | 126 | 296 | 30 | 150 | 259 | 410 | 647 |
| | | 女 | 257 | 252 | 39 | 120 | 220 | 340 | 540 |
| | 农村 | 小计 | 1 143 | 377 | 116 | 259 | 364 | 480 | 690 |
| | | 男 | 492 | 397 | 118 | 270 | 381 | 514 | 735 |
| | | 女 | 651 | 357 | 101 | 255 | 345 | 450 | 647 |
| 陕西 | 城乡 | 小计 | 2 858 | 297 | 91 | 188 | 270 | 391 | 555 |
| | | 男 | 1 295 | 309 | 91 | 195 | 283 | 409 | 570 |
| | | 女 | 1 563 | 286 | 92 | 180 | 259 | 380 | 535 |
| | 城市 | 小计 | 1 329 | 261 | 78 | 160 | 225 | 348 | 530 |
| | | 男 | 586 | 269 | 73 | 165 | 232 | 369 | 545 |
| | | 女 | 743 | 253 | 87 | 150 | 225 | 334 | 510 |
| | 农村 | 小计 | 1 529 | 327 | 109 | 225 | 317 | 420 | 570 |
| | | 男 | 709 | 342 | 113 | 236 | 330 | 445 | 600 |
| | | 女 | 820 | 313 | 105 | 215 | 300 | 400 | 540 |
| 甘肃 | 城乡 | 小计 | 2 868 | 348 | 109 | 232 | 330 | 450 | 640 |
| | | 男 | 1 289 | 370 | 120 | 260 | 358 | 475 | 650 |
| | | 女 | 1 579 | 327 | 98 | 210 | 310 | 425 | 630 |
| | 城市 | 小计 | 798 | 312 | 86 | 205 | 300 | 390 | 600 |
| | | 男 | 365 | 324 | 105 | 234 | 308 | 400 | 585 |
| | | 女 | 433 | 299 | 75 | 179 | 285 | 385 | 604 |
| | 农村 | 小计 | 2 070 | 361 | 118 | 240 | 345 | 465 | 648 |
| | | 男 | 924 | 385 | 135 | 270 | 380 | 495 | 660 |
| | | 女 | 1 146 | 337 | 105 | 219 | 317 | 435 | 630 |
| 青海 | 城乡 | 小计 | 1 592 | 213 | 59 | 105 | 169 | 270 | 520 |
| | | 男 | 691 | 217 | 63 | 103 | 169 | 275 | 540 |
| | | 女 | 901 | 208 | 56 | 109 | 171 | 266 | 486 |
| | 城市 | 小计 | 666 | 170 | 56 | 96 | 139 | 215 | 392 |
| | | 男 | 296 | 173 | 59 | 92 | 136 | 210 | 425 |
| | | 女 | 370 | 167 | 47 | 98 | 141 | 216 | 385 |
| | 农村 | 小计 | 926 | 309 | 75 | 195 | 285 | 410 | 580 |
| | | 男 | 395 | 329 | 90 | 225 | 309 | 434 | 583 |
| | | 女 | 531 | 291 | 75 | 165 | 268 | 399 | 570 |
| 宁夏 | 城乡 | 小计 | 1 137 | 205 | 40 | 105 | 165 | 280 | 480 |
| | | 男 | 538 | 215 | 43 | 108 | 180 | 310 | 480 |
| | | 女 | 599 | 193 | 39 | 100 | 157 | 255 | 480 |
| | 城市 | 小计 | 1 039 | 201 | 39 | 103 | 163 | 270 | 480 |
| | | 男 | 488 | 213 | 42 | 107 | 171 | 300 | 480 |
| | | 女 | 551 | 188 | 38 | 98 | 153 | 240 | 466 |
| | 农村 | 小计 | 98 | 243 | 63 | 135 | 215 | 340 | 510 |
| | | 男 | 50 | 239 | 55 | 135 | 205 | 350 | 480 |
| | | 女 | 48 | 248 | 68 | 141 | 240 | 318 | 544 |
| 新疆 | 城乡 | 小计 | 2 803 | 296 | 74 | 192 | 285 | 390 | 542 |
| | | 男 | 1 263 | 327 | 88 | 215 | 313 | 418 | 604 |
| | | 女 | 1 540 | 263 | 63 | 165 | 251 | 347 | 480 |
| | 城市 | 小计 | 1 218 | 259 | 43 | 143 | 235 | 355 | 540 |
| | | 男 | 483 | 290 | 38 | 165 | 269 | 399 | 613 |
| | | 女 | 735 | 231 | 45 | 133 | 210 | 315 | 450 |
| | 农村 | 小计 | 1 585 | 315 | 109 | 218 | 300 | 403 | 542 |
| | | 男 | 780 | 343 | 139 | 240 | 332 | 420 | 585 |
| | | 女 | 805 | 281 | 93 | 190 | 270 | 362 | 497 |

## 附表 6-22　中国人群分省（直辖市、自治区）、城乡、性别的春秋季室外活动时间

| 地区 | 城乡 | 性别 | n | 春秋季室外活动时间 /（min/d） | | | | | |
|---|---|---|---|---|---|---|---|---|---|
| | | | | Mean | P5 | P25 | P50 | P75 | P95 |
| 合计 | 城乡 | 小计 | 90 989 | 259 | 50 | 120 | 223 | 361 | 570 |
| | | 男 | 41 244 | 272 | 51 | 130 | 240 | 390 | 596 |
| | | 女 | 49 745 | 245 | 49 | 120 | 210 | 340 | 540 |
| | 城市 | 小计 | 41 755 | 222 | 40 | 105 | 180 | 300 | 540 |
| | | 男 | 18 420 | 232 | 40 | 107 | 183 | 323 | 549 |
| | | 女 | 23 335 | 212 | 40 | 101 | 177 | 286 | 515 |
| | 农村 | 小计 | 49 234 | 287 | 60 | 150 | 260 | 401 | 600 |
| | | 男 | 22 824 | 303 | 60 | 160 | 280 | 424 | 600 |
| | | 女 | 26 410 | 270 | 60 | 140 | 240 | 377 | 570 |
| 北京 | 城乡 | 小计 | 1 113 | 233 | 50 | 120 | 197 | 300 | 540 |
| | | 男 | 457 | 254 | 50 | 123 | 210 | 341 | 600 |
| | | 女 | 656 | 215 | 50 | 120 | 180 | 280 | 480 |
| | 城市 | 小计 | 839 | 226 | 51 | 120 | 191 | 291 | 514 |
| | | 男 | 353 | 245 | 51 | 120 | 201 | 331 | 556 |
| | | 女 | 486 | 208 | 50 | 120 | 187 | 270 | 420 |
| | 农村 | 小计 | 274 | 253 | 40 | 120 | 210 | 330 | 625 |
| | | 男 | 104 | 278 | 40 | 140 | 240 | 380 | 643 |
| | | 女 | 170 | 232 | 40 | 120 | 180 | 300 | 614 |
| 天津 | 城乡 | 小计 | 1 153 | 244 | 53 | 103 | 180 | 340 | 629 |
| | | 男 | 469 | 273 | 60 | 120 | 200 | 420 | 660 |
| | | 女 | 684 | 214 | 45 | 103 | 170 | 290 | 600 |
| | 城市 | 小计 | 864 | 230 | 43 | 120 | 180 | 300 | 600 |
| | | 男 | 335 | 259 | 51 | 120 | 200 | 390 | 611 |
| | | 女 | 529 | 201 | 40 | 107 | 170 | 270 | 489 |
| | 农村 | 小计 | 289 | 268 | 60 | 103 | 180 | 394 | 660 |
| | | 男 | 134 | 296 | 60 | 103 | 214 | 460 | 720 |
| | | 女 | 155 | 236 | 60 | 103 | 163 | 340 | 655 |
| 河北 | 城乡 | 小计 | 4 408 | 234 | 60 | 120 | 180 | 300 | 550 |
| | | 男 | 1 935 | 247 | 60 | 120 | 190 | 320 | 596 |
| | | 女 | 2 473 | 221 | 60 | 120 | 180 | 280 | 510 |
| | 城市 | 小计 | 1 830 | 206 | 43 | 103 | 160 | 249 | 540 |
| | | 男 | 829 | 211 | 40 | 94 | 154 | 257 | 590 |
| | | 女 | 1 001 | 201 | 50 | 113 | 163 | 240 | 510 |
| | 农村 | 小计 | 2 578 | 258 | 80 | 140 | 210 | 360 | 560 |
| | | 男 | 1 106 | 281 | 80 | 150 | 225 | 400 | 600 |
| | | 女 | 1 472 | 238 | 77 | 140 | 195 | 300 | 520 |
| 山西 | 城乡 | 小计 | 3 440 | 253 | 51 | 137 | 230 | 360 | 520 |
| | | 男 | 1 563 | 265 | 60 | 140 | 240 | 389 | 540 |
| | | 女 | 1 877 | 241 | 40 | 133 | 226 | 340 | 510 |
| | 城市 | 小计 | 1 046 | 198 | 30 | 94 | 167 | 270 | 480 |
| | | 男 | 479 | 209 | 39 | 106 | 176 | 274 | 499 |
| | | 女 | 567 | 188 | 17 | 90 | 163 | 260 | 460 |
| | 农村 | 小计 | 2 394 | 276 | 60 | 160 | 260 | 390 | 530 |
| | | 男 | 1 084 | 289 | 67 | 160 | 270 | 400 | 540 |
| | | 女 | 1 310 | 264 | 60 | 160 | 253 | 360 | 510 |
| 内蒙古 | 城乡 | 小计 | 3 035 | 255 | 60 | 137 | 226 | 354 | 540 |
| | | 男 | 1 462 | 266 | 54 | 141 | 240 | 373 | 570 |
| | | 女 | 1 573 | 242 | 60 | 126 | 210 | 330 | 540 |
| | 城市 | 小计 | 1 184 | 203 | 35 | 93 | 179 | 270 | 510 |
| | | 男 | 546 | 210 | 30 | 91 | 180 | 300 | 517 |
| | | 女 | 638 | 195 | 43 | 94 | 166 | 243 | 500 |
| | 农村 | 小计 | 1 851 | 291 | 84 | 171 | 270 | 390 | 580 |
| | | 男 | 916 | 304 | 86 | 180 | 280 | 407 | 600 |
| | | 女 | 935 | 276 | 80 | 160 | 261 | 371 | 540 |
| 辽宁 | 城乡 | 小计 | 3 376 | 248 | 49 | 120 | 201 | 360 | 570 |
| | | 男 | 1 448 | 261 | 50 | 120 | 210 | 377 | 611 |

| 地区 | 城乡 | 性别 | *n* | 春秋季室外活动时间 / (min/d) | | | | | |
|---|---|---|---|---|---|---|---|---|---|
| | | | | Mean | P5 | P25 | P50 | P75 | P95 |
| 辽宁 | 城乡 | 女 | 1 928 | 234 | 43 | 120 | 197 | 330 | 531 |
| | 城市 | 小计 | 1 195 | 182 | 39 | 90 | 140 | 240 | 459 |
| | | 男 | 526 | 186 | 34 | 90 | 141 | 240 | 489 |
| | | 女 | 669 | 177 | 43 | 90 | 137 | 240 | 429 |
| | 农村 | 小计 | 2 181 | 272 | 56 | 120 | 240 | 390 | 600 |
| | | 男 | 922 | 290 | 60 | 129 | 248 | 420 | 630 |
| | | 女 | 1 259 | 254 | 50 | 120 | 226 | 360 | 540 |
| 吉林 | 城乡 | 小计 | 2 732 | 176 | 30 | 80 | 133 | 240 | 421 |
| | | 男 | 1 300 | 185 | 34 | 90 | 150 | 246 | 463 |
| | | 女 | 1 432 | 165 | 30 | 75 | 120 | 240 | 377 |
| | 城市 | 小计 | 1 567 | 148 | 30 | 66 | 120 | 197 | 360 |
| | | 男 | 703 | 158 | 30 | 77 | 120 | 213 | 420 |
| | | 女 | 864 | 137 | 20 | 60 | 120 | 183 | 349 |
| | 农村 | 小计 | 1 165 | 202 | 46 | 107 | 180 | 291 | 463 |
| | | 男 | 597 | 210 | 40 | 120 | 180 | 300 | 480 |
| | | 女 | 568 | 192 | 59 | 91 | 180 | 263 | 420 |
| 黑龙江 | 城乡 | 小计 | 4 061 | 259 | 30 | 109 | 210 | 390 | 620 |
| | | 男 | 1 881 | 275 | 30 | 120 | 240 | 420 | 625 |
| | | 女 | 2 180 | 243 | 30 | 100 | 190 | 364 | 620 |
| | 城市 | 小计 | 1 589 | 168 | 20 | 61 | 126 | 231 | 440 |
| | | 男 | 681 | 173 | 20 | 64 | 124 | 240 | 461 |
| | | 女 | 908 | 164 | 21 | 61 | 130 | 213 | 433 |
| | 农村 | 小计 | 2 472 | 313 | 43 | 150 | 285 | 460 | 635 |
| | | 男 | 1 200 | 332 | 50 | 180 | 320 | 480 | 650 |
| | | 女 | 1 272 | 294 | 37 | 140 | 250 | 434 | 630 |
| 上海 | 城乡 | 小计 | 1 161 | 186 | 47 | 97 | 154 | 240 | 420 |
| | | 男 | 540 | 190 | 40 | 96 | 163 | 244 | 460 |
| | | 女 | 621 | 181 | 54 | 97 | 150 | 219 | 390 |
| | 城市 | 小计 | 1 161 | 186 | 47 | 97 | 154 | 240 | 420 |
| | | 男 | 540 | 190 | 40 | 96 | 163 | 244 | 460 |
| | | 女 | 621 | 181 | 54 | 97 | 150 | 219 | 390 |
| 江苏 | 城乡 | 小计 | 3 467 | 222 | 37 | 94 | 180 | 304 | 540 |
| | | 男 | 1 583 | 236 | 37 | 98 | 190 | 339 | 560 |
| | | 女 | 1 884 | 208 | 37 | 93 | 169 | 283 | 513 |
| | 城市 | 小计 | 2 307 | 196 | 30 | 81 | 150 | 270 | 500 |
| | | 男 | 1 064 | 210 | 30 | 83 | 160 | 300 | 540 |
| | | 女 | 1 243 | 182 | 30 | 81 | 150 | 240 | 466 |
| | 农村 | 小计 | 1 160 | 277 | 60 | 143 | 240 | 390 | 580 |
| | | 男 | 519 | 294 | 60 | 160 | 253 | 420 | 600 |
| | | 女 | 641 | 262 | 60 | 133 | 225 | 363 | 570 |
| 浙江 | 城乡 | 小计 | 3 422 | 242 | 39 | 110 | 197 | 351 | 560 |
| | | 男 | 1 597 | 266 | 43 | 120 | 223 | 397 | 574 |
| | | 女 | 1 825 | 217 | 34 | 99 | 177 | 300 | 531 |
| | 城市 | 小计 | 1 182 | 207 | 47 | 100 | 170 | 274 | 489 |
| | | 男 | 535 | 223 | 58 | 116 | 180 | 310 | 519 |
| | | 女 | 647 | 192 | 39 | 90 | 160 | 250 | 460 |
| | 农村 | 小计 | 2 240 | 259 | 34 | 117 | 210 | 387 | 596 |
| | | 男 | 1 062 | 286 | 39 | 120 | 260 | 432 | 600 |
| | | 女 | 1 178 | 229 | 31 | 103 | 180 | 330 | 540 |
| 安徽 | 城乡 | 小计 | 3 491 | 253 | 51 | 126 | 206 | 363 | 566 |
| | | 男 | 1 543 | 274 | 59 | 134 | 230 | 400 | 591 |
| | | 女 | 1 948 | 234 | 51 | 120 | 197 | 321 | 514 |
| | 城市 | 小计 | 1 889 | 212 | 50 | 109 | 167 | 291 | 510 |
| | | 男 | 789 | 230 | 57 | 120 | 176 | 326 | 510 |
| | | 女 | 1 100 | 195 | 50 | 103 | 159 | 240 | 500 |
| | 农村 | 小计 | 1 602 | 279 | 54 | 150 | 240 | 400 | 586 |
| | | 男 | 754 | 299 | 59 | 154 | 257 | 437 | 610 |
| | | 女 | 848 | 258 | 51 | 141 | 230 | 360 | 540 |

| 地区 | 城乡 | 性别 | n | 春秋季室外活动时间 /（min/d） | | | | | |
|---|---|---|---|---|---|---|---|---|---|
| | | | | Mean | P5 | P25 | P50 | P75 | P95 |
| 福建 | 城乡 | 小计 | 2 891 | 217 | 40 | 109 | 180 | 300 | 510 |
| | | 男 | 1 290 | 241 | 43 | 120 | 206 | 334 | 531 |
| | | 女 | 1 601 | 195 | 40 | 97 | 164 | 257 | 454 |
| | 城市 | 小计 | 1 494 | 202 | 43 | 103 | 171 | 253 | 489 |
| | | 男 | 636 | 224 | 40 | 116 | 189 | 309 | 520 |
| | | 女 | 858 | 181 | 49 | 97 | 157 | 233 | 429 |
| | 农村 | 小计 | 1 397 | 233 | 40 | 120 | 200 | 330 | 520 |
| | | 男 | 654 | 257 | 45 | 120 | 229 | 360 | 531 |
| | | 女 | 743 | 210 | 37 | 100 | 180 | 300 | 485 |
| 江西 | 城乡 | 小计 | 2 917 | 263 | 60 | 137 | 234 | 373 | 540 |
| | | 男 | 1 376 | 281 | 60 | 150 | 244 | 407 | 565 |
| | | 女 | 1 541 | 244 | 60 | 120 | 210 | 338 | 540 |
| | 城市 | 小计 | 1 720 | 237 | 49 | 120 | 190 | 330 | 540 |
| | | 男 | 795 | 248 | 49 | 120 | 200 | 360 | 549 |
| | | 女 | 925 | 226 | 50 | 120 | 180 | 300 | 530 |
| | 农村 | 小计 | 1 197 | 291 | 60 | 150 | 270 | 417 | 556 |
| | | 男 | 581 | 315 | 75 | 180 | 300 | 439 | 566 |
| | | 女 | 616 | 264 | 60 | 140 | 240 | 360 | 540 |
| 山东 | 城乡 | 小计 | 5 585 | 215 | 30 | 90 | 164 | 300 | 530 |
| | | 男 | 2 491 | 225 | 33 | 94 | 177 | 330 | 540 |
| | | 女 | 3 094 | 205 | 30 | 89 | 154 | 290 | 520 |
| | 城市 | 小计 | 2 705 | 174 | 28 | 74 | 131 | 240 | 480 |
| | | 男 | 1 124 | 181 | 30 | 77 | 137 | 244 | 480 |
| | | 女 | 1 581 | 168 | 20 | 70 | 124 | 229 | 480 |
| | 农村 | 小计 | 2 880 | 261 | 43 | 120 | 232 | 390 | 560 |
| | | 男 | 1 367 | 272 | 51 | 133 | 240 | 397 | 580 |
| | | 女 | 1 513 | 250 | 40 | 120 | 219 | 365 | 550 |
| 河南 | 城乡 | 小计 | 4 926 | 327 | 85 | 180 | 300 | 490 | 600 |
| | | 男 | 2 100 | 341 | 85 | 180 | 320 | 503 | 600 |
| | | 女 | 2 826 | 313 | 83 | 180 | 283 | 457 | 566 |
| | 城市 | 小计 | 2 037 | 284 | 70 | 150 | 240 | 410 | 560 |
| | | 男 | 844 | 293 | 73 | 150 | 240 | 467 | 600 |
| | | 女 | 1 193 | 276 | 70 | 150 | 240 | 390 | 550 |
| | 农村 | 小计 | 2 889 | 344 | 90 | 200 | 326 | 500 | 600 |
| | | 男 | 1 256 | 360 | 90 | 210 | 360 | 521 | 601 |
| | | 女 | 1 633 | 329 | 90 | 193 | 300 | 480 | 589 |
| 湖北 | 城乡 | 小计 | 3 411 | 280 | 57 | 163 | 270 | 366 | 543 |
| | | 男 | 1 606 | 289 | 59 | 167 | 280 | 388 | 551 |
| | | 女 | 1 805 | 270 | 56 | 160 | 254 | 357 | 530 |
| | 城市 | 小计 | 2 385 | 250 | 49 | 120 | 220 | 341 | 541 |
| | | 男 | 1 129 | 260 | 50 | 124 | 227 | 360 | 574 |
| | | 女 | 1 256 | 238 | 47 | 120 | 210 | 320 | 527 |
| | 农村 | 小计 | 1 026 | 334 | 150 | 253 | 325 | 412 | 544 |
| | | 男 | 477 | 344 | 151 | 263 | 333 | 420 | 544 |
| | | 女 | 549 | 324 | 143 | 240 | 310 | 384 | 540 |
| 湖南 | 城乡 | 小计 | 4 056 | 236 | 43 | 120 | 220 | 330 | 490 |
| | | 男 | 1 848 | 259 | 51 | 129 | 240 | 360 | 540 |
| | | 女 | 2 208 | 209 | 39 | 120 | 190 | 297 | 430 |
| | 城市 | 小计 | 1531 | 214 | 39 | 107 | 180 | 283 | 489 |
| | | 男 | 621 | 232 | 39 | 120 | 199 | 300 | 536 |
| | | 女 | 910 | 197 | 37 | 100 | 167 | 254 | 437 |
| | 农村 | 小计 | 2 525 | 245 | 43 | 126 | 240 | 343 | 490 |
| | | 男 | 1 227 | 269 | 60 | 143 | 254 | 373 | 540 |
| | | 女 | 1 298 | 215 | 40 | 120 | 201 | 300 | 420 |
| 广东 | 城乡 | 小计 | 3 245 | 254 | 50 | 120 | 210 | 358 | 600 |
| | | 男 | 1 459 | 256 | 43 | 120 | 210 | 366 | 600 |
| | | 女 | 1 786 | 253 | 58 | 124 | 210 | 340 | 584 |
| | 城市 | 小计 | 1 746 | 248 | 50 | 120 | 197 | 340 | 600 |

| 地区 | 城乡 | 性别 | n | 春秋季室外活动时间 / （min/d） | | | | | |
|---|---|---|---|---|---|---|---|---|---|
| | | | | Mean | P5 | P25 | P50 | P75 | P95 |
| 广东 | 城市 | 男 | 776 | 251 | 39 | 120 | 194 | 351 | 604 |
| | | 女 | 970 | 246 | 54 | 120 | 200 | 329 | 579 |
| | 农村 | 小计 | 1 499 | 261 | 50 | 133 | 210 | 366 | 600 |
| | | 男 | 683 | 262 | 43 | 120 | 210 | 386 | 600 |
| | | 女 | 816 | 260 | 60 | 140 | 210 | 358 | 604 |
| 广西 | 城乡 | 小计 | 3 358 | 305 | 94 | 189 | 280 | 400 | 574 |
| | | 男 | 1 584 | 315 | 103 | 204 | 297 | 403 | 600 |
| | | 女 | 1 774 | 294 | 90 | 180 | 270 | 390 | 566 |
| | 城市 | 小计 | 1 331 | 289 | 71 | 163 | 255 | 386 | 600 |
| | | 男 | 608 | 308 | 86 | 180 | 271 | 403 | 686 |
| | | 女 | 723 | 269 | 64 | 150 | 240 | 380 | 544 |
| | 农村 | 小计 | 2 027 | 311 | 111 | 200 | 291 | 403 | 570 |
| | | 男 | 976 | 317 | 107 | 210 | 300 | 403 | 590 |
| | | 女 | 1 051 | 304 | 113 | 189 | 280 | 400 | 566 |
| 海南 | 城乡 | 小计 | 1 083 | 364 | 80 | 183 | 330 | 510 | 760 |
| | | 男 | 515 | 374 | 90 | 199 | 349 | 519 | 780 |
| | | 女 | 568 | 354 | 70 | 180 | 319 | 510 | 750 |
| | 城市 | 小计 | 328 | 298 | 54 | 130 | 231 | 440 | 690 |
| | | 男 | 155 | 300 | 60 | 150 | 240 | 420 | 690 |
| | | 女 | 173 | 295 | 40 | 120 | 210 | 480 | 840 |
| | 农村 | 小计 | 755 | 391 | 120 | 212 | 360 | 540 | 780 |
| | | 男 | 360 | 403 | 120 | 240 | 380 | 540 | 813 |
| | | 女 | 395 | 379 | 107 | 206 | 340 | 540 | 750 |
| 重庆 | 城乡 | 小计 | 967 | 225 | 50 | 116 | 200 | 300 | 480 |
| | | 男 | 413 | 228 | 50 | 120 | 200 | 309 | 480 |
| | | 女 | 554 | 222 | 47 | 106 | 195 | 300 | 480 |
| | 城市 | 小计 | 476 | 230 | 56 | 120 | 200 | 300 | 480 |
| | | 男 | 224 | 223 | 55 | 120 | 200 | 300 | 480 |
| | | 女 | 252 | 237 | 60 | 126 | 206 | 300 | 500 |
| | 农村 | 小计 | 491 | 220 | 40 | 106 | 195 | 300 | 480 |
| | | 男 | 189 | 233 | 50 | 120 | 195 | 352 | 490 |
| | | 女 | 302 | 210 | 40 | 100 | 190 | 297 | 480 |
| 四川 | 城乡 | 小计 | 4 578 | 284 | 60 | 137 | 253 | 411 | 600 |
| | | 男 | 2 096 | 292 | 60 | 140 | 270 | 420 | 600 |
| | | 女 | 2 482 | 275 | 60 | 126 | 240 | 390 | 600 |
| | 城市 | 小计 | 1 940 | 288 | 64 | 150 | 251 | 410 | 574 |
| | | 男 | 866 | 298 | 60 | 150 | 260 | 427 | 602 |
| | | 女 | 1 074 | 278 | 77 | 150 | 241 | 389 | 544 |
| | 农村 | 小计 | 2 638 | 281 | 60 | 120 | 253 | 411 | 600 |
| | | 男 | 1 230 | 289 | 60 | 126 | 270 | 420 | 600 |
| | | 女 | 1 408 | 273 | 60 | 120 | 240 | 394 | 600 |
| 贵州 | 城乡 | 小计 | 2 854 | 252 | 34 | 120 | 239 | 360 | 579 |
| | | 男 | 1 334 | 261 | 34 | 124 | 240 | 360 | 580 |
| | | 女 | 1 520 | 243 | 34 | 107 | 222 | 343 | 579 |
| | 城市 | 小计 | 1 062 | 210 | 30 | 90 | 171 | 300 | 510 |
| | | 男 | 498 | 218 | 30 | 94 | 180 | 311 | 510 |
| | | 女 | 564 | 201 | 33 | 81 | 159 | 287 | 510 |
| | 农村 | 小计 | 1 792 | 293 | 38 | 173 | 283 | 390 | 600 |
| | | 男 | 836 | 304 | 40 | 180 | 297 | 409 | 600 |
| | | 女 | 956 | 281 | 34 | 167 | 269 | 370 | 600 |
| 云南 | 城乡 | 小计 | 3 468 | 323 | 60 | 172 | 326 | 464 | 600 |
| | | 男 | 1 658 | 331 | 60 | 179 | 332 | 480 | 620 |
| | | 女 | 1 810 | 315 | 60 | 166 | 310 | 450 | 600 |
| | 城市 | 小计 | 912 | 302 | 60 | 150 | 280 | 440 | 586 |
| | | 男 | 419 | 307 | 60 | 150 | 300 | 460 | 570 |
| | | 女 | 493 | 297 | 60 | 140 | 274 | 420 | 600 |
| | 农村 | 小计 | 2 556 | 332 | 60 | 180 | 341 | 480 | 609 |
| | | 男 | 1 239 | 340 | 60 | 200 | 350 | 480 | 630 |

| 地区 | 城乡 | 性别 | n | 春秋季室外活动时间 /（min/d） | | | | | |
|---|---|---|---|---|---|---|---|---|---|
| | | | | Mean | P5 | P25 | P50 | P75 | P95 |
| 云南 | 农村 | 女 | 1 317 | 323 | 57 | 180 | 330 | 460 | 600 |
| 西藏 | 城乡 | 小计 | 1 526 | 376 | 69 | 214 | 360 | 506 | 740 |
| | | 男 | 618 | 400 | 86 | 240 | 390 | 551 | 789 |
| | | 女 | 908 | 356 | 60 | 201 | 340 | 479 | 720 |
| | 城市 | 小计 | 383 | 273 | 30 | 120 | 240 | 370 | 609 |
| | | 男 | 126 | 301 | 30 | 140 | 287 | 429 | 694 |
| | | 女 | 257 | 254 | 40 | 120 | 214 | 356 | 540 |
| | 农村 | 小计 | 1 143 | 406 | 97 | 260 | 407 | 540 | 749 |
| | | 男 | 492 | 422 | 99 | 274 | 420 | 560 | 801 |
| | | 女 | 651 | 391 | 90 | 257 | 399 | 506 | 730 |
| 陕西 | 城乡 | 小计 | 2 865 | 307 | 86 | 180 | 283 | 420 | 600 |
| | | 男 | 1 297 | 320 | 84 | 180 | 300 | 437 | 610 |
| | | 女 | 1 568 | 295 | 86 | 176 | 266 | 403 | 570 |
| | 城市 | 小计 | 1 331 | 262 | 70 | 150 | 223 | 360 | 540 |
| | | 男 | 587 | 271 | 60 | 150 | 240 | 386 | 557 |
| | | 女 | 744 | 254 | 76 | 150 | 214 | 341 | 531 |
| | 农村 | 小计 | 1 534 | 344 | 103 | 236 | 340 | 450 | 630 |
| | | 男 | 710 | 359 | 120 | 240 | 356 | 476 | 630 |
| | | 女 | 824 | 329 | 100 | 220 | 326 | 424 | 600 |
| 甘肃 | 城乡 | 小计 | 2 868 | 359 | 100 | 225 | 330 | 481 | 680 |
| | | 男 | 1 289 | 381 | 120 | 250 | 360 | 510 | 680 |
| | | 女 | 1 579 | 338 | 90 | 200 | 300 | 450 | 680 |
| | 城市 | 小计 | 798 | 312 | 80 | 193 | 300 | 400 | 630 |
| | | 男 | 365 | 325 | 91 | 231 | 306 | 403 | 620 |
| | | 女 | 433 | 299 | 70 | 170 | 270 | 390 | 634 |
| | 农村 | 小计 | 2 070 | 375 | 116 | 240 | 360 | 510 | 700 |
| | | 男 | 924 | 399 | 127 | 270 | 390 | 534 | 710 |
| | | 女 | 1 146 | 350 | 96 | 210 | 323 | 471 | 690 |
| 青海 | 城乡 | 小计 | 1 592 | 208 | 48 | 106 | 154 | 257 | 540 |
| | | 男 | 691 | 213 | 56 | 103 | 154 | 257 | 569 |
| | | 女 | 901 | 203 | 40 | 107 | 154 | 260 | 520 |
| | 城市 | 小计 | 666 | 164 | 39 | 86 | 127 | 210 | 397 |
| | | 男 | 296 | 167 | 47 | 87 | 129 | 206 | 420 |
| | | 女 | 370 | 161 | 39 | 86 | 127 | 214 | 364 |
| | 农村 | 小计 | 926 | 307 | 60 | 180 | 280 | 420 | 630 |
| | | 男 | 395 | 329 | 60 | 200 | 304 | 440 | 640 |
| | | 女 | 531 | 288 | 60 | 154 | 251 | 394 | 600 |
| 宁夏 | 城乡 | 小计 | 1 137 | 210 | 40 | 104 | 171 | 280 | 510 |
| | | 男 | 538 | 220 | 40 | 116 | 177 | 330 | 510 |
| | | 女 | 599 | 198 | 38 | 97 | 160 | 250 | 510 |
| | 城市 | 小计 | 1 039 | 205 | 38 | 103 | 167 | 270 | 509 |
| | | 男 | 488 | 218 | 40 | 109 | 171 | 310 | 510 |
| | | 女 | 551 | 191 | 37 | 94 | 152 | 240 | 500 |
| | 农村 | 小计 | 98 | 252 | 51 | 135 | 201 | 373 | 560 |
| | | 男 | 50 | 242 | 51 | 135 | 200 | 373 | 500 |
| | | 女 | 48 | 264 | 50 | 137 | 201 | 373 | 615 |
| 新疆 | 城乡 | 小计 | 2 803 | 300 | 70 | 180 | 286 | 386 | 589 |
| | | 男 | 1 263 | 330 | 84 | 209 | 314 | 420 | 634 |
| | | 女 | 1 540 | 268 | 60 | 160 | 257 | 360 | 519 |
| | 城市 | 小计 | 1 218 | 264 | 30 | 140 | 240 | 360 | 561 |
| | | 男 | 483 | 293 | 37 | 160 | 269 | 411 | 631 |
| | | 女 | 735 | 238 | 30 | 133 | 210 | 330 | 499 |
| | 农村 | 小计 | 1 585 | 319 | 104 | 211 | 300 | 399 | 591 |
| | | 男 | 780 | 347 | 127 | 240 | 333 | 420 | 646 |
| | | 女 | 805 | 285 | 91 | 191 | 280 | 360 | 519 |

附表 6-23　中国人群分省（直辖市、自治区）、城乡、性别的夏季室外活动时间

| 地区 | 城乡 | 性别 | *n* | 夏季室外活动时间 /（min/d） | | | | | |
|---|---|---|---|---|---|---|---|---|---|
| | | | | Mean | P5 | P25 | P50 | P75 | P95 |
| 合计 | 城乡 | 小计 | 90 949 | 295 | 55 | 150 | 260 | 420 | 630 |
| | | 男 | 41 228 | 309 | 60 | 152 | 277 | 441 | 645 |
| | | 女 | 49 721 | 281 | 53 | 140 | 240 | 390 | 610 |
| | 城市 | 小计 | 41 734 | 251 | 47 | 120 | 210 | 351 | 583 |
| | | 男 | 18 415 | 262 | 48 | 120 | 220 | 364 | 600 |
| | | 女 | 23 319 | 240 | 45 | 120 | 197 | 330 | 550 |
| | 农村 | 小计 | 49 215 | 329 | 60 | 180 | 306 | 469 | 660 |
| | | 男 | 22 813 | 345 | 61 | 187 | 330 | 481 | 660 |
| | | 女 | 26 402 | 312 | 60 | 167 | 291 | 433 | 634 |
| 北京 | 城乡 | 小计 | 1 110 | 275 | 51 | 137 | 240 | 361 | 634 |
| | | 男 | 456 | 300 | 59 | 141 | 259 | 410 | 690 |
| | | 女 | 654 | 252 | 51 | 133 | 217 | 330 | 600 |
| | 城市 | 小计 | 838 | 262 | 56 | 136 | 234 | 350 | 600 |
| | | 男 | 352 | 287 | 60 | 137 | 249 | 386 | 651 |
| | | 女 | 486 | 238 | 51 | 133 | 211 | 315 | 500 |
| | 农村 | 小计 | 272 | 308 | 40 | 140 | 240 | 420 | 750 |
| | | 男 | 104 | 337 | 40 | 180 | 300 | 502 | 761 |
| | | 女 | 168 | 285 | 60 | 130 | 230 | 410 | 700 |
| 天津 | 城乡 | 小计 | 1 143 | 320 | 43 | 133 | 244 | 510 | 720 |
| | | 男 | 466 | 342 | 43 | 149 | 290 | 570 | 720 |
| | | 女 | 677 | 296 | 51 | 120 | 223 | 420 | 720 |
| | 城市 | 小计 | 855 | 281 | 51 | 120 | 231 | 420 | 660 |
| | | 男 | 333 | 304 | 54 | 120 | 240 | 480 | 674 |
| | | 女 | 522 | 258 | 50 | 120 | 210 | 373 | 620 |
| | 农村 | 小计 | 288 | 383 | 34 | 163 | 360 | 600 | 740 |
| | | 男 | 133 | 402 | 30 | 163 | 429 | 603 | 720 |
| | | 女 | 155 | 361 | 60 | 163 | 277 | 600 | 770 |
| 河北 | 城乡 | 小计 | 4 407 | 309 | 73 | 170 | 245 | 416 | 690 |
| | | 男 | 1 934 | 320 | 67 | 171 | 257 | 437 | 720 |
| | | 女 | 2 473 | 298 | 80 | 163 | 240 | 390 | 660 |
| | 城市 | 小计 | 1 829 | 278 | 60 | 140 | 211 | 347 | 730 |
| | | 男 | 828 | 282 | 60 | 140 | 210 | 345 | 780 |
| | | 女 | 1 001 | 273 | 60 | 140 | 219 | 347 | 660 |
| | 农村 | 小计 | 2 578 | 337 | 120 | 190 | 282 | 480 | 680 |
| | | 男 | 1 106 | 357 | 123 | 200 | 300 | 510 | 690 |
| | | 女 | 1 472 | 318 | 120 | 180 | 270 | 440 | 650 |
| 山西 | 城乡 | 小计 | 3 440 | 316 | 60 | 180 | 300 | 450 | 600 |
| | | 男 | 1 563 | 322 | 70 | 183 | 300 | 460 | 600 |
| | | 女 | 1 877 | 310 | 60 | 180 | 300 | 429 | 580 |
| | 城市 | 小计 | 1 046 | 245 | 30 | 123 | 213 | 360 | 540 |
| | | 男 | 479 | 255 | 43 | 135 | 219 | 360 | 590 |
| | | 女 | 567 | 236 | 21 | 120 | 209 | 340 | 520 |
| | 农村 | 小计 | 2 394 | 346 | 103 | 226 | 340 | 480 | 600 |
| | | 男 | 1 084 | 350 | 106 | 216 | 343 | 480 | 600 |
| | | 女 | 1 310 | 342 | 103 | 238 | 340 | 460 | 590 |
| 内蒙古 | 城乡 | 小计 | 3 036 | 354 | 60 | 206 | 350 | 489 | 660 |
| | | 男 | 1 463 | 362 | 60 | 212 | 360 | 496 | 660 |
| | | 女 | 1 573 | 344 | 60 | 197 | 335 | 480 | 647 |
| | 城市 | 小计 | 1 185 | 271 | 46 | 134 | 237 | 380 | 629 |
| | | 男 | 547 | 272 | 43 | 137 | 240 | 380 | 629 |
| | | 女 | 638 | 270 | 60 | 126 | 231 | 380 | 630 |
| | 农村 | 小计 | 1 851 | 411 | 129 | 297 | 400 | 530 | 670 |
| | | 男 | 916 | 422 | 149 | 300 | 410 | 540 | 677 |
| | | 女 | 935 | 397 | 129 | 280 | 392 | 520 | 660 |
| 辽宁 | 城乡 | 小计 | 3 374 | 275 | 57 | 126 | 240 | 390 | 600 |
| | | 男 | 1 446 | 292 | 60 | 137 | 243 | 420 | 660 |

| 地区 | 城乡 | 性别 | n | 夏季室外活动时间 / (min/d) | | | | | |
|---|---|---|---|---|---|---|---|---|---|
| | | | | Mean | P5 | P25 | P50 | P75 | P95 |
| 辽宁 | 城乡 | 女 | 1 928 | 258 | 51 | 120 | 217 | 360 | 580 |
| | 城市 | 小计 | 1 195 | 215 | 50 | 103 | 177 | 280 | 524 |
| | | 男 | 526 | 226 | 51 | 114 | 180 | 300 | 564 |
| | | 女 | 669 | 202 | 50 | 103 | 169 | 269 | 489 |
| | 农村 | 小计 | 2 179 | 297 | 60 | 146 | 260 | 420 | 630 |
| | | 男 | 920 | 318 | 60 | 154 | 270 | 476 | 720 |
| | | 女 | 1 259 | 278 | 60 | 137 | 240 | 390 | 600 |
| 吉林 | 城乡 | 小计 | 2 732 | 231 | 40 | 120 | 220 | 310 | 480 |
| | | 男 | 1 300 | 246 | 47 | 120 | 240 | 351 | 506 |
| | | 女 | 1 432 | 215 | 39 | 120 | 189 | 300 | 463 |
| | 城市 | 小计 | 1 567 | 190 | 30 | 103 | 160 | 260 | 431 |
| | | 男 | 703 | 205 | 31 | 120 | 180 | 290 | 480 |
| | | 女 | 864 | 174 | 20 | 96 | 150 | 240 | 396 |
| | 农村 | 小计 | 1 165 | 270 | 60 | 167 | 266 | 360 | 503 |
| | | 男 | 597 | 283 | 60 | 180 | 296 | 360 | 540 |
| | | 女 | 568 | 255 | 73 | 154 | 240 | 360 | 480 |
| 黑龙江 | 城乡 | 小计 | 4 061 | 331 | 43 | 148 | 300 | 500 | 720 |
| | | 男 | 1 881 | 348 | 46 | 154 | 320 | 520 | 720 |
| | | 女 | 2 180 | 314 | 40 | 140 | 270 | 480 | 690 |
| | 城市 | 小计 | 1 589 | 205 | 29 | 90 | 170 | 280 | 520 |
| | | 男 | 681 | 207 | 29 | 94 | 167 | 290 | 520 |
| | | 女 | 908 | 204 | 30 | 86 | 171 | 279 | 520 |
| | 农村 | 小计 | 2 472 | 407 | 70 | 240 | 410 | 600 | 740 |
| | | 男 | 1 200 | 428 | 95 | 252 | 431 | 610 | 750 |
| | | 女 | 1 272 | 386 | 60 | 210 | 380 | 555 | 720 |
| 上海 | 城乡 | 小计 | 1 161 | 195 | 40 | 100 | 169 | 260 | 429 |
| | | 男 | 540 | 201 | 40 | 100 | 176 | 270 | 450 |
| | | 女 | 621 | 188 | 41 | 100 | 160 | 240 | 403 |
| | 城市 | 小计 | 1 161 | 195 | 40 | 100 | 169 | 260 | 429 |
| | | 男 | 540 | 201 | 40 | 100 | 176 | 270 | 450 |
| | | 女 | 621 | 188 | 41 | 100 | 160 | 240 | 403 |
| 江苏 | 城乡 | 小计 | 3 467 | 226 | 34 | 91 | 180 | 310 | 570 |
| | | 男 | 1 583 | 242 | 37 | 99 | 199 | 333 | 616 |
| | | 女 | 1 884 | 210 | 31 | 90 | 160 | 280 | 539 |
| | 城市 | 小计 | 2 307 | 198 | 30 | 84 | 150 | 263 | 514 |
| | | 男 | 1 064 | 213 | 30 | 90 | 156 | 300 | 550 |
| | | 女 | 1 243 | 182 | 30 | 80 | 146 | 240 | 480 |
| | 农村 | 小计 | 1 160 | 286 | 53 | 140 | 240 | 394 | 647 |
| | | 男 | 519 | 308 | 60 | 160 | 270 | 420 | 660 |
| | | 女 | 641 | 265 | 44 | 117 | 219 | 382 | 600 |
| 浙江 | 城乡 | 小计 | 3 423 | 244 | 37 | 107 | 190 | 360 | 574 |
| | | 男 | 1 597 | 269 | 40 | 120 | 214 | 403 | 600 |
| | | 女 | 1 826 | 217 | 34 | 94 | 167 | 300 | 540 |
| | 城市 | 小计 | 1 182 | 202 | 39 | 94 | 159 | 270 | 506 |
| | | 男 | 535 | 218 | 47 | 111 | 167 | 309 | 516 |
| | | 女 | 647 | 187 | 37 | 80 | 150 | 241 | 500 |
| | 农村 | 小计 | 2 241 | 263 | 33 | 120 | 214 | 390 | 600 |
| | | 男 | 1 062 | 293 | 38 | 129 | 263 | 446 | 630 |
| | | 女 | 1 179 | 232 | 30 | 104 | 180 | 330 | 570 |
| 安徽 | 城乡 | 小计 | 3 490 | 280 | 59 | 133 | 231 | 405 | 630 |
| | | 男 | 1 543 | 300 | 60 | 143 | 244 | 446 | 660 |
| | | 女 | 1 947 | 260 | 59 | 124 | 210 | 360 | 630 |
| | 城市 | 小计 | 1 888 | 233 | 51 | 111 | 180 | 319 | 566 |
| | | 男 | 789 | 256 | 50 | 120 | 189 | 401 | 600 |
| | | 女 | 1 099 | 210 | 51 | 104 | 163 | 253 | 510 |
| | 农村 | 小计 | 1 602 | 309 | 70 | 150 | 270 | 433 | 660 |
| | | 男 | 754 | 326 | 73 | 153 | 300 | 480 | 680 |
| | | 女 | 848 | 292 | 64 | 150 | 256 | 400 | 634 |

| 地区 | 城乡 | 性别 | n | 夏季室外活动时间 /（min/d） | | | | | |
|---|---|---|---|---|---|---|---|---|---|
| | | | | Mean | P5 | P25 | P50 | P75 | P95 |
| 福建 | 城乡 | 小计 | 2 891 | 235 | 41 | 120 | 209 | 313 | 519 |
| | | 男 | 1 290 | 258 | 41 | 126 | 230 | 360 | 540 |
| | | 女 | 1 601 | 214 | 40 | 107 | 186 | 291 | 490 |
| | 城市 | 小计 | 1 494 | 220 | 41 | 116 | 193 | 291 | 500 |
| | | 男 | 636 | 243 | 40 | 120 | 210 | 317 | 540 |
| | | 女 | 858 | 201 | 49 | 109 | 180 | 261 | 459 |
| | 农村 | 小计 | 1 397 | 250 | 40 | 120 | 223 | 350 | 534 |
| | | 男 | 654 | 273 | 47 | 140 | 249 | 380 | 570 |
| | | 女 | 743 | 227 | 39 | 106 | 200 | 310 | 500 |
| 江西 | 城乡 | 小计 | 2 916 | 282 | 60 | 150 | 249 | 390 | 591 |
| | | 男 | 1 376 | 303 | 60 | 157 | 274 | 424 | 613 |
| | | 女 | 1 540 | 260 | 60 | 137 | 230 | 360 | 560 |
| | 城市 | 小计 | 1 719 | 257 | 57 | 130 | 220 | 360 | 560 |
| | | 男 | 795 | 271 | 54 | 137 | 237 | 386 | 600 |
| | | 女 | 924 | 243 | 60 | 124 | 210 | 330 | 540 |
| | 农村 | 小计 | 1 197 | 308 | 65 | 167 | 291 | 422 | 606 |
| | | 男 | 581 | 336 | 80 | 200 | 320 | 476 | 617 |
| | | 女 | 616 | 278 | 60 | 140 | 250 | 366 | 590 |
| 山东 | 城乡 | 小计 | 5 577 | 258 | 35 | 120 | 219 | 366 | 600 |
| | | 男 | 2 488 | 268 | 40 | 120 | 231 | 380 | 610 |
| | | 女 | 3 089 | 249 | 34 | 120 | 206 | 356 | 600 |
| | 城市 | 小计 | 2 703 | 212 | 30 | 96 | 171 | 289 | 520 |
| | | 男 | 1 125 | 219 | 30 | 94 | 180 | 300 | 520 |
| | | 女 | 1 578 | 206 | 30 | 97 | 160 | 274 | 525 |
| | 农村 | 小计 | 2 874 | 310 | 51 | 160 | 280 | 430 | 640 |
| | | 男 | 1 363 | 319 | 60 | 173 | 296 | 450 | 643 |
| | | 女 | 1 511 | 301 | 43 | 150 | 271 | 420 | 630 |
| 河南 | 城乡 | 小计 | 4 924 | 367 | 99 | 210 | 360 | 520 | 640 |
| | | 男 | 2 099 | 381 | 100 | 210 | 384 | 540 | 660 |
| | | 女 | 2 825 | 354 | 97 | 206 | 334 | 507 | 620 |
| | 城市 | 小计 | 2 037 | 313 | 77 | 163 | 270 | 480 | 609 |
| | | 男 | 844 | 320 | 80 | 166 | 270 | 495 | 643 |
| | | 女 | 1 193 | 306 | 70 | 163 | 280 | 440 | 579 |
| | 农村 | 小计 | 2 887 | 388 | 120 | 240 | 390 | 530 | 660 |
| | | 男 | 1 255 | 404 | 120 | 240 | 430 | 542 | 663 |
| | | 女 | 1 632 | 373 | 111 | 231 | 360 | 520 | 639 |
| 湖北 | 城乡 | 小计 | 3 411 | 303 | 60 | 160 | 300 | 420 | 600 |
| | | 男 | 1 606 | 312 | 60 | 163 | 300 | 446 | 607 |
| | | 女 | 1 805 | 293 | 60 | 160 | 286 | 397 | 589 |
| | 城市 | 小计 | 2 385 | 263 | 47 | 123 | 236 | 360 | 600 |
| | | 男 | 1 129 | 272 | 50 | 120 | 240 | 386 | 607 |
| | | 女 | 1 256 | 253 | 40 | 126 | 230 | 346 | 557 |
| | 农村 | 小计 | 1 026 | 374 | 116 | 270 | 370 | 480 | 607 |
| | | 男 | 477 | 387 | 116 | 287 | 401 | 499 | 607 |
| | | 女 | 549 | 360 | 114 | 260 | 360 | 450 | 604 |
| 湖南 | 城乡 | 小计 | 4 048 | 256 | 49 | 133 | 240 | 356 | 530 |
| | | 男 | 1 845 | 280 | 60 | 152 | 257 | 381 | 570 |
| | | 女 | 2 203 | 228 | 40 | 123 | 210 | 313 | 469 |
| | 城市 | 小计 | 1 526 | 229 | 43 | 120 | 203 | 307 | 525 |
| | | 男 | 620 | 250 | 43 | 129 | 210 | 343 | 574 |
| | | 女 | 906 | 208 | 40 | 111 | 189 | 277 | 454 |
| | 农村 | 小计 | 2 522 | 266 | 54 | 150 | 250 | 360 | 531 |
| | | 男 | 1 225 | 290 | 60 | 180 | 277 | 392 | 566 |
| | | 女 | 1 297 | 237 | 41 | 130 | 231 | 330 | 471 |
| 广东 | 城乡 | 小计 | 3 243 | 282 | 56 | 137 | 240 | 399 | 620 |
| | | 男 | 1 459 | 281 | 50 | 127 | 240 | 405 | 630 |
| | | 女 | 1 784 | 283 | 60 | 140 | 240 | 390 | 610 |
| | 城市 | 小计 | 1 746 | 268 | 51 | 126 | 231 | 375 | 601 |

| 地区 | 城乡 | 性别 | $n$ | 夏季室外活动时间 /（min/d） | | | | | |
|---|---|---|---|---|---|---|---|---|---|
| | | | | Mean | P5 | P25 | P50 | P75 | P95 |
| 广东 | 城市 | 男 | 776 | 270 | 50 | 123 | 237 | 380 | 604 |
| | | 女 | 970 | 266 | 54 | 133 | 230 | 373 | 600 |
| | 农村 | 小计 | 1 497 | 297 | 60 | 150 | 268 | 427 | 630 |
| | | 男 | 683 | 293 | 50 | 133 | 260 | 440 | 630 |
| | | 女 | 814 | 301 | 60 | 150 | 270 | 420 | 629 |
| 广西 | 城乡 | 小计 | 3 358 | 355 | 106 | 220 | 349 | 469 | 647 |
| | | 男 | 1 584 | 367 | 116 | 240 | 360 | 480 | 670 |
| | | 女 | 1 774 | 342 | 91 | 210 | 331 | 457 | 630 |
| | 城市 | 小计 | 1 331 | 332 | 90 | 180 | 304 | 457 | 643 |
| | | 男 | 608 | 351 | 106 | 206 | 330 | 477 | 711 |
| | | 女 | 723 | 312 | 80 | 163 | 271 | 446 | 630 |
| | 农村 | 小计 | 2 027 | 363 | 116 | 240 | 360 | 475 | 647 |
| | | 男 | 976 | 372 | 116 | 257 | 373 | 480 | 660 |
| | | 女 | 1 051 | 354 | 111 | 230 | 341 | 460 | 630 |
| 海南 | 城乡 | 小计 | 1 083 | 379 | 81 | 195 | 360 | 537 | 810 |
| | | 男 | 515 | 390 | 97 | 210 | 377 | 540 | 820 |
| | | 女 | 568 | 367 | 79 | 180 | 330 | 520 | 810 |
| | 城市 | 小计 | 328 | 309 | 60 | 128 | 240 | 471 | 690 |
| | | 男 | 155 | 314 | 70 | 150 | 257 | 424 | 690 |
| | | 女 | 173 | 304 | 50 | 120 | 210 | 480 | 900 |
| | 农村 | 小计 | 755 | 407 | 120 | 227 | 386 | 540 | 830 |
| | | 男 | 360 | 420 | 121 | 240 | 395 | 540 | 880 |
| | | 女 | 395 | 394 | 120 | 219 | 370 | 540 | 780 |
| 重庆 | 城乡 | 小计 | 967 | 252 | 51 | 120 | 240 | 358 | 523 |
| | | 男 | 413 | 256 | 51 | 128 | 250 | 360 | 511 |
| | | 女 | 554 | 247 | 51 | 116 | 240 | 351 | 540 |
| | 城市 | 小计 | 476 | 249 | 53 | 123 | 240 | 340 | 511 |
| | | 男 | 224 | 247 | 51 | 126 | 240 | 334 | 495 |
| | | 女 | 252 | 251 | 59 | 121 | 229 | 351 | 554 |
| | 农村 | 小计 | 491 | 254 | 50 | 116 | 250 | 360 | 531 |
| | | 男 | 189 | 268 | 55 | 135 | 255 | 360 | 531 |
| | | 女 | 302 | 244 | 47 | 97 | 240 | 359 | 511 |
| 四川 | 城乡 | 小计 | 4 578 | 298 | 50 | 150 | 270 | 420 | 610 |
| | | 男 | 2 096 | 310 | 50 | 154 | 283 | 441 | 634 |
| | | 女 | 2 482 | 287 | 59 | 144 | 260 | 400 | 600 |
| | 城市 | 小计 | 1 940 | 307 | 71 | 180 | 279 | 420 | 600 |
| | | 男 | 866 | 320 | 60 | 180 | 283 | 441 | 640 |
| | | 女 | 1 074 | 295 | 82 | 177 | 274 | 394 | 560 |
| | 农村 | 小计 | 2 638 | 293 | 50 | 130 | 260 | 420 | 626 |
| | | 男 | 1 230 | 304 | 50 | 149 | 280 | 440 | 630 |
| | | 女 | 1 408 | 283 | 50 | 120 | 244 | 403 | 620 |
| 贵州 | 城乡 | 小计 | 2 854 | 291 | 44 | 150 | 271 | 403 | 609 |
| | | 男 | 1 334 | 299 | 44 | 163 | 291 | 411 | 600 |
| | | 女 | 1 520 | 281 | 43 | 137 | 251 | 390 | 610 |
| | 城市 | 小计 | 1 062 | 243 | 44 | 111 | 210 | 356 | 544 |
| | | 男 | 498 | 252 | 44 | 119 | 221 | 360 | 560 |
| | | 女 | 564 | 232 | 46 | 101 | 193 | 340 | 543 |
| | 农村 | 小计 | 1 792 | 337 | 44 | 206 | 343 | 444 | 660 |
| | | 男 | 836 | 346 | 51 | 217 | 360 | 450 | 660 |
| | | 女 | 956 | 327 | 39 | 189 | 331 | 430 | 660 |
| 云南 | 城乡 | 小计 | 3 468 | 348 | 60 | 193 | 360 | 493 | 640 |
| | | 男 | 1 658 | 355 | 60 | 197 | 360 | 500 | 640 |
| | | 女 | 1 810 | 339 | 60 | 189 | 343 | 480 | 630 |
| | 城市 | 小计 | 912 | 322 | 60 | 160 | 309 | 480 | 611 |
| | | 男 | 419 | 326 | 60 | 167 | 320 | 486 | 600 |
| | | 女 | 493 | 319 | 65 | 150 | 301 | 454 | 640 |
| | 农村 | 小计 | 2 556 | 358 | 60 | 210 | 364 | 500 | 640 |
| | | 男 | 1 239 | 366 | 60 | 214 | 373 | 503 | 650 |

| 地区 | 城乡 | 性别 | *n* | 夏季室外活动时间 /（min/d） | | | | | |
|---|---|---|---|---|---|---|---|---|---|
| | | | | Mean | P5 | P25 | P50 | P75 | P95 |
| 云南 | 农村 | 女 | 1 317 | 349 | 60 | 210 | 360 | 497 | 630 |
| 西藏 | 城乡 | 小计 | 1 526 | 359 | 73 | 227 | 350 | 480 | 690 |
| | | 男 | 618 | 387 | 90 | 240 | 379 | 509 | 720 |
| | | 女 | 908 | 335 | 60 | 197 | 326 | 441 | 647 |
| | 城市 | 小计 | 383 | 284 | 30 | 140 | 244 | 390 | 640 |
| | | 男 | 126 | 315 | 30 | 151 | 274 | 436 | 720 |
| | | 女 | 257 | 264 | 30 | 120 | 240 | 360 | 570 |
| | 农村 | 小计 | 1 143 | 381 | 105 | 249 | 370 | 490 | 690 |
| | | 男 | 492 | 404 | 120 | 261 | 398 | 514 | 720 |
| | | 女 | 651 | 359 | 99 | 240 | 349 | 463 | 660 |
| 陕西 | 城乡 | 小计 | 2 863 | 349 | 100 | 223 | 326 | 471 | 660 |
| | | 男 | 1 296 | 360 | 103 | 240 | 331 | 480 | 680 |
| | | 女 | 1 567 | 338 | 99 | 213 | 310 | 450 | 640 |
| | 城市 | 小计 | 1 331 | 315 | 90 | 197 | 296 | 420 | 620 |
| | | 男 | 587 | 325 | 90 | 210 | 300 | 429 | 647 |
| | | 女 | 744 | 306 | 90 | 180 | 284 | 420 | 570 |
| | 农村 | 小计 | 1 532 | 376 | 120 | 247 | 360 | 500 | 690 |
| | | 男 | 709 | 388 | 130 | 253 | 360 | 520 | 690 |
| | | 女 | 823 | 365 | 120 | 240 | 360 | 480 | 660 |
| 甘肃 | 城乡 | 小计 | 2 867 | 447 | 130 | 300 | 429 | 580 | 780 |
| | | 男 | 1 288 | 471 | 150 | 330 | 480 | 600 | 800 |
| | | 女 | 1 579 | 422 | 120 | 270 | 399 | 550 | 780 |
| | 城市 | 小计 | 797 | 407 | 120 | 280 | 400 | 520 | 741 |
| | | 男 | 364 | 418 | 137 | 297 | 420 | 520 | 703 |
| | | 女 | 433 | 395 | 90 | 244 | 390 | 510 | 750 |
| | 农村 | 小计 | 2 070 | 460 | 140 | 310 | 450 | 600 | 790 |
| | | 男 | 924 | 489 | 150 | 349 | 497 | 630 | 820 |
| | | 女 | 1 146 | 431 | 126 | 283 | 403 | 570 | 780 |
| 青海 | 城乡 | 小计 | 1 592 | 275 | 75 | 141 | 240 | 360 | 630 |
| | | 男 | 691 | 280 | 75 | 137 | 240 | 360 | 640 |
| | | 女 | 901 | 271 | 75 | 150 | 240 | 354 | 606 |
| | 城市 | 小计 | 666 | 227 | 75 | 133 | 197 | 291 | 510 |
| | | 男 | 296 | 228 | 74 | 124 | 197 | 291 | 550 |
| | | 女 | 370 | 226 | 75 | 137 | 200 | 296 | 480 |
| | 农村 | 小计 | 926 | 384 | 81 | 240 | 360 | 520 | 740 |
| | | 男 | 395 | 409 | 120 | 266 | 390 | 540 | 703 |
| | | 女 | 531 | 362 | 76 | 214 | 351 | 480 | 740 |
| 宁夏 | 城乡 | 小计 | 1 136 | 242 | 51 | 129 | 201 | 343 | 540 |
| | | 男 | 537 | 251 | 53 | 129 | 210 | 360 | 540 |
| | | 女 | 599 | 232 | 49 | 129 | 190 | 330 | 544 |
| | 城市 | 小计 | 1 038 | 237 | 50 | 123 | 197 | 330 | 520 |
| | | 男 | 487 | 248 | 51 | 129 | 210 | 360 | 540 |
| | | 女 | 551 | 224 | 47 | 120 | 184 | 300 | 520 |
| | 农村 | 小计 | 98 | 291 | 80 | 154 | 270 | 390 | 610 |
| | | 男 | 50 | 276 | 73 | 137 | 257 | 390 | 540 |
| | | 女 | 48 | 308 | 86 | 160 | 320 | 380 | 620 |
| 新疆 | 城乡 | 小计 | 2 803 | 377 | 90 | 240 | 360 | 497 | 720 |
| | | 男 | 1 263 | 413 | 103 | 274 | 403 | 536 | 757 |
| | | 女 | 1 540 | 337 | 80 | 210 | 326 | 454 | 660 |
| | 城市 | 小计 | 1 218 | 322 | 53 | 180 | 300 | 450 | 686 |
| | | 男 | 483 | 360 | 56 | 206 | 350 | 497 | 749 |
| | | 女 | 735 | 288 | 51 | 163 | 270 | 390 | 576 |
| | 农村 | 小计 | 1 585 | 404 | 129 | 279 | 390 | 514 | 720 |
| | | 男 | 780 | 436 | 177 | 307 | 424 | 546 | 757 |
| | | 女 | 805 | 366 | 113 | 244 | 351 | 480 | 660 |

## 附表 6-24 中国人群分省（直辖市、自治区）、城乡、性别的冬季室外活动时间

| 地区 | 城乡 | 性别 | *n* | 冬季室外活动时间 /（min/d） | | | | | |
|---|---|---|---|---|---|---|---|---|---|
| | | | | Mean | P5 | P25 | P50 | P75 | P95 |
| 合计 | 城乡 | 小计 | 90 987 | 199 | 30 | 87 | 152 | 274 | 510 |
| | | 男 | 41 242 | 213 | 30 | 90 | 169 | 300 | 531 |
| | | 女 | 49 745 | 184 | 30 | 80 | 150 | 244 | 483 |
| | 城市 | 小计 | 41 747 | 181 | 29 | 77 | 137 | 240 | 497 |
| | | 男 | 18 417 | 192 | 30 | 80 | 144 | 260 | 510 |
| | | 女 | 23 330 | 171 | 27 | 76 | 129 | 224 | 469 |
| | 农村 | 小计 | 49 240 | 212 | 30 | 90 | 174 | 300 | 520 |
| | | 男 | 22 825 | 229 | 30 | 100 | 186 | 330 | 540 |
| | | 女 | 26 415 | 195 | 30 | 90 | 156 | 270 | 500 |
| 北京 | 城乡 | 小计 | 1 113 | 182 | 39 | 90 | 143 | 234 | 480 |
| | | 男 | 457 | 204 | 40 | 93 | 150 | 270 | 540 |
| | | 女 | 656 | 162 | 36 | 83 | 137 | 203 | 377 |
| | 城市 | 小计 | 839 | 181 | 40 | 90 | 140 | 227 | 471 |
| | | 男 | 353 | 202 | 43 | 93 | 150 | 259 | 523 |
| | | 女 | 486 | 162 | 39 | 80 | 134 | 210 | 377 |
| | 农村 | 小计 | 274 | 184 | 30 | 90 | 150 | 240 | 500 |
| | | 男 | 104 | 210 | 30 | 94 | 160 | 290 | 583 |
| | | 女 | 170 | 164 | 20 | 90 | 140 | 197 | 387 |
| 天津 | 城乡 | 小计 | 1 153 | 177 | 30 | 60 | 120 | 230 | 514 |
| | | 男 | 469 | 209 | 30 | 70 | 145 | 310 | 540 |
| | | 女 | 684 | 143 | 30 | 60 | 94 | 170 | 450 |
| | 城市 | 小计 | 864 | 181 | 30 | 69 | 120 | 220 | 540 |
| | | 男 | 335 | 215 | 30 | 77 | 150 | 330 | 600 |
| | | 女 | 529 | 147 | 30 | 60 | 110 | 180 | 433 |
| | 农村 | 小计 | 289 | 169 | 30 | 60 | 103 | 240 | 480 |
| | | 男 | 134 | 199 | 21 | 60 | 129 | 300 | 517 |
| | | 女 | 155 | 137 | 30 | 60 | 80 | 140 | 450 |
| 河北 | 城乡 | 小计 | 4 408 | 148 | 30 | 60 | 120 | 180 | 420 |
| | | 男 | 1 935 | 160 | 30 | 60 | 120 | 180 | 480 |
| | | 女 | 2 473 | 136 | 30 | 60 | 111 | 180 | 337 |
| | 城市 | 小计 | 1 830 | 154 | 30 | 69 | 120 | 180 | 440 |
| | | 男 | 829 | 158 | 30 | 65 | 120 | 180 | 500 |
| | | 女 | 1 001 | 150 | 30 | 70 | 120 | 180 | 397 |
| | 农村 | 小计 | 2 578 | 142 | 30 | 60 | 120 | 180 | 420 |
| | | 男 | 1 106 | 162 | 30 | 60 | 120 | 193 | 480 |
| | | 女 | 1 472 | 125 | 30 | 60 | 100 | 160 | 300 |
| 山西 | 城乡 | 小计 | 3 440 | 140 | 30 | 75 | 120 | 180 | 360 |
| | | 男 | 1 563 | 145 | 40 | 74 | 114 | 180 | 389 |
| | | 女 | 1 877 | 134 | 30 | 75 | 120 | 177 | 300 |
| | 城市 | 小计 | 1 046 | 146 | 20 | 70 | 120 | 189 | 380 |
| | | 男 | 479 | 158 | 30 | 77 | 123 | 200 | 420 |
| | | 女 | 567 | 135 | 10 | 60 | 120 | 180 | 317 |
| | 农村 | 小计 | 2 394 | 137 | 36 | 77 | 120 | 170 | 340 |
| | | 男 | 1 084 | 140 | 43 | 74 | 110 | 162 | 373 |
| | | 女 | 1 310 | 134 | 30 | 80 | 120 | 170 | 283 |
| 内蒙古 | 城乡 | 小计 | 3 026 | 147 | 30 | 80 | 126 | 190 | 339 |
| | | 男 | 1 457 | 157 | 34 | 80 | 134 | 210 | 360 |
| | | 女 | 1 569 | 136 | 30 | 77 | 120 | 180 | 289 |
| | 城市 | 小计 | 1 176 | 132 | 26 | 60 | 110 | 180 | 326 |
| | | 男 | 542 | 138 | 26 | 60 | 117 | 181 | 351 |
| | | 女 | 634 | 125 | 29 | 60 | 110 | 163 | 270 |
| | 农村 | 小计 | 1 850 | 158 | 45 | 90 | 136 | 203 | 340 |
| | | 男 | 915 | 170 | 52 | 100 | 150 | 219 | 369 |
| | | 女 | 935 | 144 | 39 | 88 | 130 | 180 | 300 |
| 辽宁 | 城乡 | 小计 | 3 376 | 131 | 3 | 50 | 90 | 160 | 420 |
| | | 男 | 1 448 | 141 | 9 | 59 | 90 | 180 | 440 |

| 地区 | 城乡 | 性别 | $n$ | 冬季室外活动时间 /（min/d） | | | | | |
| --- | --- | --- | --- | --- | --- | --- | --- | --- | --- |
| | | | | Mean | P5 | P25 | P50 | P75 | P95 |
| 辽宁 | 城乡 | 女 | 1 928 | 122 | 0 | 45 | 81 | 150 | 390 |
| | 城市 | 小计 | 1 195 | 110 | 0 | 49 | 80 | 129 | 360 |
| | | 男 | 526 | 117 | 0 | 50 | 85 | 137 | 365 |
| | | 女 | 669 | 103 | 0 | 47 | 80 | 120 | 300 |
| | 农村 | 小计 | 2 181 | 139 | 9 | 50 | 90 | 180 | 429 |
| | | 男 | 922 | 150 | 13 | 60 | 100 | 200 | 480 |
| | | 女 | 1 259 | 128 | 3 | 45 | 86 | 154 | 420 |
| 吉林 | 城乡 | 小计 | 2 732 | 70 | 0 | 17 | 60 | 100 | 204 |
| | | 男 | 1 300 | 74 | 0 | 20 | 60 | 111 | 220 |
| | | 女 | 1 432 | 66 | 0 | 15 | 60 | 90 | 180 |
| | 城市 | 小计 | 1 567 | 70 | 0 | 20 | 60 | 92 | 210 |
| | | 男 | 703 | 70 | 0 | 20 | 60 | 100 | 211 |
| | | 女 | 864 | 69 | 0 | 20 | 60 | 90 | 196 |
| | 农村 | 小计 | 1 165 | 71 | 0 | 9 | 60 | 111 | 200 |
| | | 男 | 597 | 77 | 0 | 20 | 60 | 120 | 240 |
| | | 女 | 568 | 63 | 0 | 0 | 60 | 90 | 180 |
| 黑龙江 | 城乡 | 小计 | 4 061 | 89 | 0 | 29 | 57 | 110 | 277 |
| | | 男 | 1 881 | 93 | 5 | 30 | 60 | 120 | 300 |
| | | 女 | 2 180 | 84 | 0 | 26 | 51 | 100 | 243 |
| | 城市 | 小计 | 1 589 | 90 | 6 | 29 | 60 | 120 | 286 |
| | | 男 | 681 | 91 | 9 | 29 | 60 | 120 | 291 |
| | | 女 | 908 | 90 | 5 | 30 | 60 | 120 | 270 |
| | 农村 | 小计 | 2 472 | 88 | 0 | 27 | 54 | 103 | 270 |
| | | 男 | 1 200 | 95 | 3 | 30 | 60 | 120 | 300 |
| | | 女 | 1 272 | 81 | 0 | 23 | 50 | 94 | 240 |
| 上海 | 城乡 | 小计 | 1 161 | 156 | 37 | 80 | 122 | 181 | 390 |
| | | 男 | 540 | 161 | 30 | 80 | 123 | 197 | 460 |
| | | 女 | 621 | 151 | 39 | 80 | 120 | 180 | 380 |
| | 城市 | 小计 | 1 161 | 156 | 37 | 80 | 122 | 181 | 390 |
| | | 男 | 540 | 161 | 30 | 80 | 123 | 197 | 460 |
| | | 女 | 621 | 151 | 39 | 80 | 120 | 180 | 380 |
| 江苏 | 城乡 | 小计 | 3 467 | 184 | 30 | 80 | 137 | 240 | 500 |
| | | 男 | 1 583 | 200 | 32 | 84 | 150 | 270 | 526 |
| | | 女 | 1 884 | 168 | 30 | 80 | 129 | 210 | 450 |
| | 城市 | 小计 | 2 307 | 171 | 30 | 74 | 120 | 214 | 489 |
| | | 男 | 1 064 | 188 | 30 | 77 | 130 | 259 | 514 |
| | | 女 | 1 243 | 152 | 26 | 70 | 120 | 186 | 420 |
| | 农村 | 小计 | 1 160 | 212 | 50 | 100 | 160 | 289 | 520 |
| | | 男 | 519 | 227 | 60 | 106 | 170 | 303 | 540 |
| | | 女 | 641 | 198 | 44 | 90 | 150 | 253 | 500 |
| 浙江 | 城乡 | 小计 | 3 423 | 211 | 34 | 90 | 166 | 300 | 510 |
| | | 男 | 1 597 | 232 | 39 | 100 | 189 | 345 | 510 |
| | | 女 | 1 826 | 188 | 33 | 90 | 150 | 250 | 484 |
| | 城市 | 小计 | 1 182 | 179 | 37 | 87 | 140 | 231 | 450 |
| | | 男 | 535 | 193 | 42 | 97 | 150 | 260 | 471 |
| | | 女 | 647 | 164 | 37 | 80 | 130 | 210 | 420 |
| | 农村 | 小计 | 2 241 | 226 | 30 | 96 | 180 | 330 | 527 |
| | | 男 | 1 062 | 251 | 38 | 107 | 220 | 369 | 540 |
| | | 女 | 1 179 | 200 | 30 | 90 | 157 | 270 | 510 |
| 安徽 | 城乡 | 小计 | 3 491 | 218 | 50 | 108 | 179 | 300 | 506 |
| | | 男 | 1 543 | 240 | 51 | 120 | 184 | 356 | 531 |
| | | 女 | 1 948 | 195 | 43 | 100 | 163 | 260 | 450 |
| | 城市 | 小计 | 1 889 | 187 | 40 | 90 | 146 | 240 | 480 |
| | | 男 | 789 | 206 | 43 | 99 | 150 | 291 | 491 |
| | | 女 | 1 100 | 168 | 39 | 86 | 126 | 201 | 450 |
| | 农村 | 小计 | 1 602 | 237 | 51 | 123 | 193 | 329 | 510 |
| | | 男 | 754 | 260 | 54 | 130 | 217 | 386 | 547 |
| | | 女 | 848 | 213 | 51 | 120 | 180 | 289 | 450 |

| 地区 | 城乡 | 性别 | n | 冬季室外活动时间 /（min/d） | | | | | |
|---|---|---|---|---|---|---|---|---|---|
| | | | | Mean | P5 | P25 | P50 | P75 | P95 |
| 福建 | 城乡 | 小计 | 2 895 | 206 | 40 | 97 | 173 | 280 | 489 |
| | | 男 | 1 291 | 230 | 40 | 116 | 194 | 321 | 519 |
| | | 女 | 1 604 | 184 | 40 | 90 | 150 | 240 | 437 |
| | 城市 | 小计 | 1 493 | 191 | 40 | 90 | 159 | 246 | 466 |
| | | 男 | 636 | 217 | 40 | 106 | 181 | 300 | 510 |
| | | 女 | 857 | 169 | 40 | 90 | 143 | 223 | 409 |
| | 农村 | 小计 | 1 402 | 221 | 40 | 109 | 180 | 309 | 503 |
| | | 男 | 655 | 243 | 45 | 120 | 210 | 340 | 520 |
| | | 女 | 747 | 199 | 35 | 90 | 159 | 270 | 471 |
| 江西 | 城乡 | 小计 | 2 917 | 227 | 50 | 120 | 189 | 300 | 510 |
| | | 男 | 1 376 | 246 | 58 | 123 | 210 | 340 | 530 |
| | | 女 | 1 541 | 208 | 50 | 110 | 180 | 270 | 498 |
| | 城市 | 小计 | 1 720 | 209 | 45 | 100 | 177 | 280 | 510 |
| | | 男 | 795 | 220 | 45 | 100 | 180 | 300 | 530 |
| | | 女 | 925 | 198 | 43 | 100 | 165 | 257 | 500 |
| | 农村 | 小计 | 1 197 | 247 | 60 | 133 | 224 | 336 | 510 |
| | | 男 | 581 | 274 | 61 | 159 | 247 | 375 | 530 |
| | | 女 | 616 | 218 | 51 | 117 | 180 | 300 | 484 |
| 山东 | 城乡 | 小计 | 5 583 | 146 | 19 | 60 | 110 | 180 | 411 |
| | | 男 | 2 492 | 160 | 21 | 66 | 120 | 210 | 449 |
| | | 女 | 3 091 | 133 | 15 | 60 | 99 | 167 | 374 |
| | 城市 | 小计 | 2 703 | 123 | 9 | 60 | 90 | 150 | 343 |
| | | 男 | 1 125 | 132 | 16 | 60 | 99 | 163 | 381 |
| | | 女 | 1 578 | 115 | 0 | 57 | 90 | 141 | 303 |
| | 农村 | 小计 | 2 880 | 172 | 30 | 73 | 124 | 236 | 460 |
| | | 男 | 1 367 | 190 | 30 | 88 | 141 | 261 | 480 |
| | | 女 | 1 513 | 154 | 21 | 61 | 120 | 208 | 420 |
| 河南 | 城乡 | 小计 | 4 926 | 276 | 60 | 134 | 230 | 420 | 550 |
| | | 男 | 2 100 | 299 | 60 | 140 | 257 | 479 | 560 |
| | | 女 | 2 826 | 255 | 60 | 121 | 210 | 360 | 550 |
| | 城市 | 小计 | 2 037 | 241 | 60 | 120 | 180 | 349 | 550 |
| | | 男 | 844 | 255 | 60 | 120 | 180 | 390 | 550 |
| | | 女 | 1 193 | 229 | 60 | 117 | 180 | 300 | 540 |
| | 农村 | 小计 | 2 889 | 290 | 60 | 143 | 246 | 441 | 560 |
| | | 男 | 1 256 | 316 | 69 | 150 | 300 | 497 | 561 |
| | | 女 | 1 633 | 265 | 60 | 133 | 224 | 380 | 550 |
| 湖北 | 城乡 | 小计 | 3 411 | 232 | 51 | 127 | 219 | 306 | 480 |
| | | 男 | 1 606 | 241 | 51 | 130 | 227 | 326 | 500 |
| | | 女 | 1 805 | 222 | 51 | 120 | 210 | 291 | 447 |
| | 城市 | 小计 | 2 385 | 211 | 40 | 100 | 180 | 296 | 480 |
| | | 男 | 1 129 | 220 | 43 | 100 | 184 | 300 | 510 |
| | | 女 | 1 256 | 200 | 39 | 100 | 163 | 280 | 456 |
| | 农村 | 小计 | 1 026 | 269 | 109 | 189 | 261 | 334 | 480 |
| | | 男 | 477 | 281 | 120 | 200 | 271 | 356 | 493 |
| | | 女 | 549 | 257 | 103 | 180 | 250 | 317 | 430 |
| 湖南 | 城乡 | 小计 | 4 056 | 190 | 39 | 97 | 160 | 244 | 450 |
| | | 男 | 1 848 | 214 | 43 | 113 | 180 | 286 | 497 |
| | | 女 | 2 208 | 164 | 30 | 83 | 146 | 210 | 382 |
| | 城市 | 小计 | 1 531 | 181 | 34 | 86 | 143 | 226 | 466 |
| | | 男 | 621 | 197 | 36 | 90 | 150 | 257 | 536 |
| | | 女 | 910 | 165 | 32 | 80 | 137 | 203 | 414 |
| | 农村 | 小计 | 2 525 | 194 | 41 | 107 | 176 | 251 | 446 |
| | | 男 | 1 227 | 220 | 43 | 120 | 193 | 300 | 480 |
| | | 女 | 1 298 | 163 | 30 | 86 | 150 | 219 | 354 |
| 广东 | 城乡 | 小计 | 3 245 | 224 | 43 | 111 | 180 | 309 | 540 |
| | | 男 | 1 459 | 226 | 39 | 106 | 180 | 321 | 540 |
| | | 女 | 1 786 | 222 | 50 | 120 | 180 | 300 | 540 |
| | 城市 | 小计 | 1 746 | 227 | 40 | 107 | 180 | 309 | 549 |

| 地区 | 城乡 | 性别 | *n* | 冬季室外活动时间 /（min/d） | | | | | |
| --- | --- | --- | --- | --- | --- | --- | --- | --- | --- |
| | | | | Mean | P5 | P25 | P50 | P75 | P95 |
| 广东 | 城市 | 男 | 776 | 227 | 36 | 100 | 177 | 316 | 581 |
| | | 女 | 970 | 227 | 47 | 111 | 180 | 306 | 549 |
| | 农村 | 小计 | 1 499 | 220 | 43 | 120 | 180 | 307 | 510 |
| | | 男 | 683 | 224 | 43 | 110 | 180 | 321 | 510 |
| | | 女 | 816 | 216 | 51 | 120 | 180 | 283 | 510 |
| 广西 | 城乡 | 小计 | 3 362 | 263 | 73 | 150 | 231 | 360 | 540 |
| | | 男 | 1 585 | 275 | 75 | 159 | 244 | 370 | 540 |
| | | 女 | 1 777 | 250 | 71 | 140 | 216 | 340 | 523 |
| | 城市 | 小计 | 1 334 | 254 | 63 | 129 | 217 | 343 | 540 |
| | | 男 | 608 | 268 | 63 | 150 | 231 | 343 | 574 |
| | | 女 | 726 | 239 | 60 | 119 | 200 | 339 | 510 |
| | 农村 | 小计 | 2 028 | 266 | 80 | 154 | 240 | 360 | 530 |
| | | 男 | 977 | 278 | 80 | 163 | 257 | 373 | 540 |
| | | 女 | 1 051 | 254 | 77 | 150 | 220 | 340 | 530 |
| 海南 | 城乡 | 小计 | 1 083 | 331 | 75 | 180 | 300 | 450 | 660 |
| | | 男 | 515 | 341 | 90 | 189 | 323 | 459 | 690 |
| | | 女 | 568 | 319 | 60 | 171 | 280 | 450 | 660 |
| | 城市 | 小计 | 328 | 278 | 51 | 124 | 211 | 394 | 660 |
| | | 男 | 155 | 287 | 60 | 150 | 240 | 399 | 640 |
| | | 女 | 173 | 268 | 40 | 93 | 210 | 386 | 690 |
| | 农村 | 小计 | 755 | 352 | 90 | 203 | 330 | 476 | 690 |
| | | 男 | 360 | 362 | 110 | 210 | 340 | 471 | 740 |
| | | 女 | 395 | 341 | 80 | 195 | 300 | 480 | 660 |
| 重庆 | 城乡 | 小计 | 967 | 182 | 37 | 70 | 140 | 240 | 480 |
| | | 男 | 413 | 184 | 39 | 73 | 140 | 240 | 480 |
| | | 女 | 554 | 181 | 35 | 68 | 140 | 241 | 480 |
| | 城市 | 小计 | 476 | 190 | 40 | 77 | 156 | 244 | 480 |
| | | 男 | 224 | 183 | 37 | 77 | 156 | 240 | 480 |
| | | 女 | 252 | 197 | 40 | 80 | 154 | 270 | 485 |
| | 农村 | 小计 | 491 | 175 | 35 | 63 | 135 | 240 | 480 |
| | | 男 | 189 | 186 | 39 | 70 | 140 | 266 | 480 |
| | | 女 | 302 | 167 | 30 | 60 | 135 | 214 | 420 |
| 四川 | 城乡 | 小计 | 4 578 | 249 | 50 | 120 | 214 | 360 | 550 |
| | | 男 | 2 096 | 259 | 50 | 119 | 227 | 380 | 570 |
| | | 女 | 2 482 | 240 | 57 | 120 | 203 | 343 | 540 |
| | 城市 | 小计 | 1 940 | 262 | 60 | 123 | 210 | 380 | 569 |
| | | 男 | 866 | 274 | 60 | 120 | 220 | 414 | 591 |
| | | 女 | 1 074 | 251 | 60 | 127 | 210 | 360 | 544 |
| | 农村 | 小计 | 2 638 | 242 | 50 | 103 | 217 | 351 | 540 |
| | | 男 | 1 230 | 251 | 50 | 100 | 227 | 360 | 559 |
| | | 女 | 1 408 | 234 | 50 | 104 | 201 | 340 | 540 |
| 贵州 | 城乡 | 小计 | 2 854 | 184 | 17 | 73 | 150 | 249 | 480 |
| | | 男 | 1 334 | 193 | 17 | 86 | 166 | 267 | 480 |
| | | 女 | 1 520 | 174 | 17 | 63 | 133 | 240 | 500 |
| | 城市 | 小计 | 1 062 | 165 | 11 | 60 | 120 | 230 | 451 |
| | | 男 | 498 | 174 | 17 | 64 | 140 | 240 | 437 |
| | | 女 | 564 | 155 | 10 | 60 | 116 | 194 | 476 |
| | 农村 | 小计 | 1 792 | 203 | 20 | 94 | 180 | 271 | 510 |
| | | 男 | 836 | 213 | 20 | 107 | 189 | 291 | 514 |
| | | 女 | 956 | 191 | 20 | 89 | 163 | 254 | 510 |
| 云南 | 城乡 | 小计 | 3 468 | 285 | 53 | 150 | 270 | 403 | 540 |
| | | 男 | 1 658 | 294 | 53 | 150 | 290 | 420 | 540 |
| | | 女 | 1 810 | 274 | 54 | 140 | 260 | 390 | 540 |
| | 城市 | 小计 | 912 | 271 | 56 | 126 | 240 | 394 | 545 |
| | | 男 | 419 | 275 | 53 | 130 | 246 | 403 | 540 |
| | | 女 | 493 | 268 | 60 | 123 | 240 | 390 | 552 |
| | 农村 | 小计 | 2 556 | 291 | 51 | 150 | 283 | 410 | 540 |
| | | 男 | 1 239 | 302 | 51 | 163 | 300 | 420 | 540 |

| 地区 | 城乡 | 性别 | *n* | 冬季室外活动时间 /（min/d） | | | | | |
|---|---|---|---|---|---|---|---|---|---|
| | | | | Mean | P5 | P25 | P50 | P75 | P95 |
| 云南 | 农村 | 女 | 1 317 | 278 | 51 | 150 | 265 | 390 | 530 |
| 西藏 | 城乡 | 小计 | 1 526 | 298 | 47 | 160 | 283 | 399 | 634 |
| | | 男 | 618 | 325 | 60 | 180 | 300 | 434 | 690 |
| | | 女 | 908 | 275 | 40 | 141 | 260 | 377 | 574 |
| | 城市 | 小计 | 383 | 248 | 30 | 111 | 210 | 333 | 574 |
| | | 男 | 126 | 268 | 30 | 120 | 240 | 351 | 594 |
| | | 女 | 257 | 236 | 30 | 111 | 206 | 313 | 501 |
| | 农村 | 小计 | 1 143 | 313 | 60 | 180 | 300 | 416 | 643 |
| | | 男 | 492 | 339 | 75 | 191 | 311 | 450 | 694 |
| | | 女 | 651 | 288 | 44 | 161 | 282 | 391 | 600 |
| 陕西 | 城乡 | 小计 | 2 865 | 224 | 60 | 120 | 190 | 300 | 480 |
| | | 男 | 1 297 | 237 | 60 | 133 | 201 | 319 | 510 |
| | | 女 | 1 568 | 212 | 60 | 120 | 180 | 283 | 450 |
| | 城市 | 小计 | 1 331 | 203 | 50 | 119 | 170 | 270 | 450 |
| | | 男 | 587 | 211 | 50 | 120 | 180 | 280 | 450 |
| | | 女 | 744 | 196 | 54 | 109 | 163 | 256 | 437 |
| | 农村 | 小计 | 1 534 | 242 | 63 | 150 | 223 | 311 | 493 |
| | | 男 | 710 | 258 | 70 | 150 | 240 | 346 | 540 |
| | | 女 | 824 | 226 | 60 | 139 | 210 | 300 | 460 |
| 甘肃 | 城乡 | 小计 | 2 868 | 229 | 53 | 120 | 197 | 300 | 520 |
| | | 男 | 1 289 | 245 | 60 | 140 | 210 | 310 | 540 |
| | | 女 | 1 579 | 212 | 50 | 120 | 180 | 286 | 480 |
| | 城市 | 小计 | 798 | 215 | 43 | 113 | 180 | 300 | 520 |
| | | 男 | 365 | 226 | 44 | 120 | 189 | 300 | 525 |
| | | 女 | 433 | 204 | 43 | 91 | 160 | 280 | 510 |
| | 农村 | 小计 | 2 070 | 233 | 60 | 130 | 203 | 300 | 520 |
| | | 男 | 924 | 252 | 64 | 140 | 220 | 317 | 540 |
| | | 女 | 1 146 | 215 | 51 | 120 | 180 | 290 | 480 |
| 青海 | 城乡 | 小计 | 1 592 | 159 | 30 | 60 | 120 | 200 | 447 |
| | | 男 | 691 | 163 | 30 | 66 | 120 | 210 | 463 |
| | | 女 | 901 | 156 | 30 | 60 | 120 | 184 | 429 |
| | 城市 | 小计 | 666 | 125 | 30 | 60 | 94 | 150 | 360 |
| | | 男 | 296 | 129 | 30 | 60 | 90 | 150 | 360 |
| | | 女 | 370 | 122 | 30 | 60 | 97 | 150 | 360 |
| | 农村 | 小计 | 926 | 236 | 40 | 120 | 181 | 300 | 600 |
| | | 男 | 395 | 251 | 60 | 140 | 220 | 330 | 560 |
| | | 女 | 531 | 224 | 34 | 107 | 180 | 270 | 740 |
| 宁夏 | 城乡 | 小计 | 1 137 | 157 | 20 | 63 | 120 | 206 | 431 |
| | | 男 | 538 | 168 | 21 | 70 | 120 | 240 | 441 |
| | | 女 | 599 | 145 | 17 | 60 | 120 | 183 | 420 |
| | 城市 | 小计 | 1 039 | 155 | 20 | 60 | 120 | 206 | 429 |
| | | 男 | 488 | 165 | 20 | 70 | 120 | 240 | 437 |
| | | 女 | 551 | 143 | 13 | 60 | 111 | 184 | 420 |
| | 农村 | 小计 | 98 | 179 | 45 | 96 | 140 | 200 | 500 |
| | | 男 | 50 | 196 | 44 | 106 | 150 | 257 | 510 |
| | | 女 | 48 | 157 | 60 | 86 | 130 | 180 | 400 |
| 新疆 | 城乡 | 小计 | 2 803 | 207 | 40 | 120 | 187 | 270 | 444 |
| | | 男 | 1 263 | 234 | 50 | 137 | 217 | 300 | 480 |
| | | 女 | 1 540 | 177 | 30 | 99 | 170 | 240 | 360 |
| | 城市 | 小计 | 1 218 | 184 | 20 | 85 | 150 | 240 | 454 |
| | | 男 | 483 | 213 | 21 | 97 | 180 | 274 | 514 |
| | | 女 | 735 | 159 | 15 | 77 | 137 | 210 | 377 |
| | 农村 | 小计 | 1 585 | 219 | 60 | 137 | 199 | 280 | 431 |
| | | 男 | 780 | 244 | 74 | 154 | 231 | 303 | 471 |
| | | 女 | 805 | 188 | 57 | 120 | 180 | 240 | 360 |

附表 6-25　中国人群分东中西、城乡、性别、年龄的交通工具累计使用时间

| 地区 | 城乡 | 性别 | 年龄 | n | 交通工具累计使用时间 /（min/d） | | | | | |
|---|---|---|---|---|---|---|---|---|---|---|
| | | | | | Mean | P5 | P 25 | P50 | P 75 | P95 |
| 合计 | 城乡 | 小计 | 小计 | 91 121 | 63 | 15 | 30 | 45 | 70 | 180 |
| | | | 18 ～ 44 岁 | 36 682 | 64 | 15 | 30 | 50 | 75 | 180 |
| | | | 45 ～ 59 岁 | 32 374 | 64 | 15 | 30 | 50 | 75 | 180 |
| | | | 60 ～ 79 岁 | 20 579 | 59 | 10 | 30 | 40 | 65 | 160 |
| | | | 80 岁及以上 | 1 486 | 54 | 10 | 20 | 30 | 60 | 160 |
| | | 男 | 小计 | 41 296 | 68 | 15 | 30 | 50 | 80 | 180 |
| | | | 18 ～ 44 岁 | 16 771 | 69 | 15 | 30 | 50 | 80 | 180 |
| | | | 45 ～ 59 岁 | 14 092 | 68 | 15 | 30 | 50 | 80 | 180 |
| | | | 60 ～ 79 岁 | 9 758 | 63 | 15 | 30 | 50 | 75 | 180 |
| | | | 80 岁及以上 | 675 | 61 | 10 | 30 | 40 | 60 | 180 |
| | | 女 | 小计 | 49 825 | 58 | 10 | 30 | 40 | 60 | 150 |
| | | | 18 ～ 44 岁 | 19 911 | 59 | 15 | 30 | 40 | 65 | 155 |
| | | | 45 ～ 59 岁 | 18 282 | 60 | 15 | 30 | 40 | 70 | 160 |
| | | | 60 ～ 79 岁 | 10 821 | 56 | 10 | 30 | 40 | 60 | 150 |
| | | | 80 岁及以上 | 811 | 49 | 10 | 20 | 30 | 60 | 120 |
| | 城市 | 小计 | 小计 | 41 826 | 66 | 15 | 30 | 50 | 80 | 180 |
| | | | 18 ～ 44 岁 | 16 636 | 66 | 15 | 30 | 50 | 80 | 180 |
| | | | 45 ～ 59 岁 | 14 746 | 68 | 15 | 30 | 50 | 85 | 180 |
| | | | 60 ～ 79 岁 | 9 698 | 65 | 15 | 30 | 50 | 80 | 180 |
| | | | 80 岁及以上 | 746 | 60 | 10 | 30 | 45 | 70 | 180 |
| | | 男 | 小计 | 18 455 | 71 | 15 | 30 | 50 | 90 | 180 |
| | | | 18 ～ 44 岁 | 7 538 | 71 | 14 | 30 | 50 | 90 | 180 |
| | | | 45 ～ 59 岁 | 6 267 | 71 | 15 | 30 | 55 | 90 | 180 |
| | | | 60 ～ 79 岁 | 4 327 | 68 | 15 | 30 | 60 | 90 | 180 |
| | | | 80 岁及以上 | 323 | 65 | 15 | 30 | 60 | 80 | 180 |
| | | 女 | 小计 | 23 371 | 61 | 15 | 30 | 45 | 70 | 160 |
| | | | 18 ～ 44 岁 | 9 098 | 60 | 15 | 30 | 40 | 70 | 160 |
| | | | 45 ～ 59 岁 | 8 479 | 64 | 15 | 30 | 50 | 80 | 180 |
| | | | 60 ～ 79 岁 | 5 371 | 62 | 10 | 30 | 50 | 75 | 160 |
| | | | 80 岁及以上 | 423 | 56 | 10 | 20 | 30 | 60 | 150 |
| | 农村 | 小计 | 小计 | 49 295 | 61 | 15 | 30 | 40 | 65 | 180 |
| | | | 18 ～ 44 岁 | 20 046 | 63 | 15 | 30 | 45 | 70 | 180 |
| | | | 45 ～ 59 岁 | 17 628 | 60 | 15 | 30 | 40 | 60 | 175 |
| | | | 60 ～ 79 岁 | 10 881 | 55 | 10 | 30 | 40 | 60 | 150 |
| | | | 80 岁及以上 | 740 | 48 | 10 | 20 | 30 | 60 | 130 |
| | | 男 | 小计 | 22 841 | 65 | 15 | 30 | 50 | 75 | 180 |
| | | | 18 ～ 44 岁 | 9 233 | 68 | 15 | 30 | 50 | 80 | 180 |
| | | | 45 ～ 59 岁 | 7 825 | 65 | 15 | 30 | 50 | 70 | 180 |
| | | | 60 ～ 79 岁 | 5 431 | 59 | 10 | 30 | 40 | 60 | 180 |
| | | | 80 岁及以上 | 352 | 56 | 10 | 20 | 30 | 60 | 153 |
| | | 女 | 小计 | 26 454 | 56 | 10 | 30 | 40 | 60 | 150 |
| | | | 18 ～ 44 岁 | 10 813 | 58 | 12 | 30 | 40 | 60 | 150 |
| | | | 45 ～ 59 岁 | 9 803 | 55 | 10 | 30 | 40 | 60 | 140 |
| | | | 60 ～ 79 岁 | 5 450 | 50 | 10 | 30 | 30 | 60 | 130 |
| | | | 80 岁及以上 | 388 | 41 | 10 | 20 | 30 | 40 | 120 |
| 东部 | 城乡 | 小计 | 小计 | 30 940 | 62 | 10 | 30 | 40 | 70 | 180 |
| | | | 18 ～ 44 岁 | 10 522 | 62 | 10 | 30 | 40 | 70 | 180 |
| | | | 45 ～ 59 岁 | 11 799 | 63 | 10 | 30 | 40 | 70 | 180 |
| | | | 60 ～ 79 岁 | 7 942 | 60 | 10 | 30 | 40 | 69 | 170 |
| | | | 80 岁及以上 | 677 | 56 | 10 | 30 | 30 | 60 | 180 |
| | | 男 | 小计 | 13 800 | 67 | 15 | 30 | 50 | 80 | 180 |
| | | | 18 ～ 44 岁 | 4 647 | 68 | 12 | 30 | 50 | 80 | 180 |
| | | | 45 ～ 59 岁 | 5 035 | 67 | 15 | 30 | 50 | 80 | 180 |
| | | | 60 ～ 79 岁 | 3 816 | 64 | 15 | 30 | 45 | 75 | 180 |
| | | | 80 岁及以上 | 302 | 60 | 10 | 30 | 45 | 60 | 170 |
| | | 女 | 小计 | 17 140 | 57 | 10 | 30 | 40 | 60 | 160 |

| 地区 | 城乡 | 性别 | 年龄 | n | 交通工具累计使用时间 /（min/d） | | | | | |
|---|---|---|---|---|---|---|---|---|---|---|
| | | | | | Mean | P5 | P 25 | P50 | P 75 | P95 |
| 东部 | 城乡 | 女 | 18 ～ 44 岁 | 5 875 | 56 | 10 | 30 | 40 | 60 | 150 |
| | | | 45 ～ 59 岁 | 6 764 | 59 | 10 | 30 | 40 | 65 | 170 |
| | | | 60 ～ 79 岁 | 4 126 | 56 | 10 | 30 | 40 | 60 | 150 |
| | | | 80 岁及以上 | 375 | 53 | 10 | 20 | 30 | 60 | 180 |
| | 城市 | 小计 | 小计 | 15 673 | 68 | 10 | 30 | 50 | 80 | 180 |
| | | | 18 ～ 44 岁 | 5 459 | 68 | 10 | 30 | 50 | 80 | 180 |
| | | | 45 ～ 59 岁 | 5 804 | 69 | 15 | 30 | 50 | 90 | 180 |
| | | | 60 ～ 79 岁 | 4 056 | 66 | 15 | 30 | 50 | 85 | 180 |
| | | | 80 岁及以上 | 354 | 62 | 10 | 30 | 45 | 60 | 180 |
| | | 男 | 小计 | 6 886 | 73 | 12 | 30 | 60 | 90 | 200 |
| | | | 18 ～ 44 岁 | 2 417 | 74 | 10 | 30 | 50 | 90 | 220 |
| | | | 45 ～ 59 岁 | 2 457 | 72 | 10 | 30 | 60 | 90 | 200 |
| | | | 60 ～ 79 岁 | 1 863 | 70 | 20 | 30 | 60 | 90 | 180 |
| | | | 80 岁及以上 | 149 | 66 | 15 | 30 | 60 | 80 | 180 |
| | | 女 | 小计 | 8 787 | 63 | 10 | 30 | 45 | 80 | 180 |
| | | | 18 ～ 44 岁 | 3 042 | 62 | 10 | 30 | 40 | 70 | 180 |
| | | | 45 ～ 59 岁 | 3 347 | 66 | 15 | 30 | 50 | 85 | 180 |
| | | | 60 ～ 79 岁 | 2 193 | 62 | 10 | 30 | 45 | 75 | 160 |
| | | | 80 岁及以上 | 205 | 59 | 10 | 20 | 30 | 60 | 180 |
| | 农村 | 小计 | 小计 | 15 267 | 56 | 10 | 30 | 40 | 60 | 150 |
| | | | 18 ～ 44 岁 | 5 063 | 56 | 14 | 30 | 40 | 60 | 150 |
| | | | 45 ～ 59 岁 | 5 995 | 57 | 10 | 30 | 40 | 60 | 160 |
| | | | 60 ～ 79 岁 | 3 886 | 53 | 10 | 30 | 30 | 60 | 150 |
| | | | 80 岁及以上 | 323 | 48 | 10 | 20 | 30 | 60 | 120 |
| | | 男 | 小计 | 6 914 | 61 | 15 | 30 | 40 | 60 | 180 |
| | | | 18 ～ 44 岁 | 2 230 | 62 | 15 | 30 | 40 | 60 | 160 |
| | | | 45 ～ 59 岁 | 2 578 | 62 | 15 | 30 | 40 | 60 | 180 |
| | | | 60 ～ 79 岁 | 1 953 | 56 | 10 | 30 | 40 | 60 | 180 |
| | | | 80 岁及以上 | 153 | 52 | 10 | 30 | 30 | 60 | 120 |
| | | 女 | 小计 | 8 353 | 51 | 10 | 30 | 30 | 60 | 130 |
| | | | 18 ～ 44 岁 | 2 833 | 51 | 10 | 30 | 38 | 60 | 120 |
| | | | 45 ～ 59 岁 | 3 417 | 52 | 10 | 30 | 30 | 60 | 130 |
| | | | 60 ～ 79 岁 | 1 933 | 49 | 10 | 20 | 30 | 60 | 120 |
| | | | 80 岁及以上 | 170 | 43 | 10 | 20 | 30 | 40 | 120 |
| 中部 | 城乡 | 小计 | 小计 | 29 057 | 60 | 15 | 30 | 50 | 70 | 150 |
| | | | 18 ～ 44 岁 | 12 100 | 60 | 15 | 30 | 50 | 70 | 160 |
| | | | 45 ～ 59 岁 | 10 218 | 61 | 15 | 30 | 50 | 70 | 150 |
| | | | 60 ～ 79 岁 | 6 337 | 59 | 15 | 30 | 45 | 60 | 150 |
| | | | 80 岁及以上 | 402 | 51 | 10 | 20 | 30 | 60 | 120 |
| | | 男 | 小计 | 13 228 | 65 | 15 | 30 | 50 | 80 | 180 |
| | | | 18 ～ 44 岁 | 5 610 | 65 | 15 | 30 | 50 | 80 | 180 |
| | | | 45 ～ 59 岁 | 4 464 | 64 | 15 | 30 | 50 | 80 | 180 |
| | | | 60 ～ 79 岁 | 2 983 | 63 | 15 | 30 | 50 | 70 | 180 |
| | | | 80 岁及以上 | 171 | 58 | 10 | 30 | 40 | 60 | 120 |
| | | 女 | 小计 | 15 829 | 56 | 15 | 30 | 40 | 60 | 140 |
| | | | 18 ～ 44 岁 | 6 490 | 55 | 15 | 30 | 40 | 60 | 140 |
| | | | 45 ～ 59 岁 | 5 754 | 57 | 15 | 30 | 45 | 60 | 140 |
| | | | 60 ～ 79 岁 | 3 354 | 55 | 12 | 30 | 40 | 60 | 130 |
| | | | 80 岁及以上 | 231 | 45 | 10 | 20 | 30 | 60 | 120 |
| | 城市 | 小计 | 小计 | 13 781 | 62 | 15 | 30 | 50 | 75 | 150 |
| | | | 18 ～ 44 岁 | 5 785 | 60 | 15 | 30 | 50 | 70 | 150 |
| | | | 45 ～ 59 岁 | 4 773 | 66 | 20 | 30 | 50 | 80 | 180 |
| | | | 60 ～ 79 岁 | 3 007 | 64 | 20 | 30 | 55 | 80 | 150 |
| | | | 80 岁及以上 | 216 | 53 | 10 | 30 | 40 | 70 | 120 |
| | | 男 | 小计 | 6 049 | 66 | 15 | 30 | 50 | 80 | 180 |
| | | | 18 ～ 44 岁 | 2 655 | 66 | 15 | 30 | 50 | 80 | 170 |
| | | | 45 ～ 59 岁 | 2 022 | 68 | 20 | 30 | 60 | 80 | 180 |
| | | | 60 ～ 79 岁 | 1 284 | 66 | 20 | 30 | 60 | 90 | 150 |

| 地区 | 城乡 | 性别 | 年龄 | $n$ | 交通工具累计使用时间 /（min/d） | | | | | |
|---|---|---|---|---|---|---|---|---|---|---|
| | | | | | Mean | P5 | P 25 | P50 | P 75 | P95 |
| 中部 | 城市 | 男 | 80 岁及以上 | 88 | 56 | 10 | 30 | 60 | 70 | 120 |
| | | 女 | 小计 | 7 732 | 58 | 15 | 30 | 50 | 70 | 140 |
| | | | 18 ～ 44 岁 | 3 130 | 55 | 15 | 30 | 40 | 60 | 130 |
| | | | 45 ～ 59 岁 | 2 751 | 63 | 20 | 30 | 50 | 80 | 160 |
| | | | 60 ～ 79 岁 | 1 723 | 62 | 20 | 30 | 50 | 80 | 160 |
| | | | 80 岁及以上 | 128 | 50 | 10 | 30 | 30 | 70 | 120 |
| | 农村 | 小计 | 小计 | 15 276 | 59 | 15 | 30 | 40 | 60 | 150 |
| | | | 18 ～ 44 岁 | 6 315 | 60 | 15 | 30 | 40 | 70 | 160 |
| | | | 45 ～ 59 岁 | 5 445 | 58 | 15 | 30 | 40 | 60 | 150 |
| | | | 60 ～ 79 岁 | 3 330 | 56 | 10 | 30 | 40 | 60 | 150 |
| | | | 80 岁及以上 | 186 | 49 | 10 | 20 | 30 | 60 | 120 |
| | | 男 | 小计 | 7 179 | 63 | 15 | 30 | 50 | 70 | 180 |
| | | | 18 ～ 44 岁 | 2 955 | 65 | 15 | 30 | 50 | 75 | 180 |
| | | | 45 ～ 59 岁 | 2 442 | 62 | 15 | 30 | 50 | 70 | 170 |
| | | | 60 ～ 79 岁 | 1 699 | 61 | 15 | 30 | 50 | 65 | 180 |
| | | | 80 岁及以上 | 83 | 59 | 10 | 20 | 40 | 60 | 150 |
| | | 女 | 小计 | 8 097 | 54 | 10 | 30 | 40 | 60 | 140 |
| | | | 18 ～ 44 岁 | 3 360 | 55 | 10 | 30 | 40 | 60 | 150 |
| | | | 45 ～ 59 岁 | 3 003 | 53 | 15 | 30 | 40 | 60 | 130 |
| | | | 60 ～ 79 岁 | 1 631 | 51 | 10 | 30 | 40 | 60 | 130 |
| | | | 80 岁及以上 | 103 | 41 | 10 | 20 | 30 | 30 | 120 |
| 西部 | 城乡 | 小计 | 小计 | 31 124 | 68 | 15 | 30 | 50 | 90 | 180 |
| | | | 18 ～ 44 岁 | 14 060 | 71 | 15 | 30 | 60 | 90 | 180 |
| | | | 45 ～ 59 岁 | 10 357 | 68 | 15 | 30 | 50 | 85 | 180 |
| | | | 60 ～ 79 岁 | 6 300 | 59 | 10 | 30 | 40 | 60 | 160 |
| | | | 80 岁及以上 | 407 | 55 | 10 | 20 | 30 | 60 | 180 |
| | | 男 | 小计 | 14 268 | 73 | 15 | 30 | 55 | 90 | 195 |
| | | | 18 ～ 44 岁 | 6 514 | 76 | 15 | 30 | 60 | 90 | 210 |
| | | | 45 ～ 59 岁 | 4 593 | 72 | 15 | 30 | 50 | 90 | 200 |
| | | | 60 ～ 79 岁 | 2 959 | 62 | 10 | 30 | 40 | 80 | 180 |
| | | | 80 岁及以上 | 202 | 64 | 10 | 30 | 40 | 70 | 195 |
| | | 女 | 小计 | 16 856 | 63 | 15 | 30 | 50 | 80 | 180 |
| | | | 18 ～ 44 岁 | 7 546 | 66 | 15 | 30 | 50 | 90 | 180 |
| | | | 45 ～ 59 岁 | 5 764 | 63 | 15 | 30 | 50 | 80 | 180 |
| | | | 60 ～ 79 岁 | 3 341 | 56 | 10 | 30 | 40 | 60 | 150 |
| | | | 80 岁及以上 | 205 | 45 | 10 | 20 | 30 | 60 | 120 |
| | 城市 | 小计 | 小计 | 12 372 | 67 | 10 | 30 | 50 | 80 | 180 |
| | | | 18 ～ 44 岁 | 5 392 | 68 | 10 | 30 | 50 | 80 | 180 |
| | | | 45 ～ 59 岁 | 4 169 | 67 | 10 | 30 | 50 | 80 | 180 |
| | | | 60 ～ 79 岁 | 2 635 | 65 | 10 | 30 | 50 | 90 | 180 |
| | | | 80 岁及以上 | 176 | 63 | 10 | 20 | 50 | 80 | 180 |
| | | 男 | 小计 | 5 520 | 72 | 10 | 30 | 50 | 90 | 180 |
| | | | 18 ～ 44 岁 | 2 466 | 73 | 10 | 30 | 50 | 90 | 200 |
| | | | 45 ～ 59 岁 | 1 788 | 71 | 10 | 30 | 50 | 90 | 200 |
| | | | 60 ～ 79 岁 | 1 180 | 67 | 10 | 30 | 50 | 90 | 180 |
| | | | 80 岁及以上 | 86 | 73 | 18 | 30 | 60 | 80 | 240 |
| | | 女 | 小计 | 6 852 | 62 | 10 | 30 | 45 | 80 | 162 |
| | | | 18 ～ 44 岁 | 2 926 | 61 | 12 | 30 | 50 | 75 | 160 |
| | | | 45 ～ 59 岁 | 2 381 | 63 | 12 | 30 | 45 | 80 | 170 |
| | | | 60 ～ 79 岁 | 1 455 | 63 | 10 | 30 | 45 | 75 | 180 |
| | | | 80 岁及以上 | 90 | 52 | 10 | 20 | 30 | 60 | 120 |
| | 农村 | 小计 | 小计 | 18 752 | 69 | 15 | 30 | 50 | 90 | 180 |
| | | | 18 ～ 44 岁 | 8 668 | 74 | 15 | 30 | 60 | 90 | 190 |
| | | | 45 ～ 59 岁 | 6 188 | 68 | 15 | 30 | 50 | 90 | 180 |
| | | | 60 ～ 79 岁 | 3 665 | 55 | 10 | 30 | 40 | 60 | 150 |
| | | | 80 岁及以上 | 231 | 49 | 10 | 20 | 30 | 60 | 160 |
| | | 男 | 小计 | 8 748 | 73 | 15 | 30 | 60 | 90 | 200 |
| | | | 18 ～ 44 岁 | 4 048 | 78 | 15 | 30 | 60 | 95 | 210 |

| 地区 | 城乡 | 性别 | 年龄 | n | 交通工具累计使用时间 /（min/d） | | | | | |
|---|---|---|---|---|---|---|---|---|---|---|
| | | | | | Mean | P5 | P25 | P50 | P75 | P95 |
| 西部 | 农村 | 男 | 45 ～ 59 岁 | 2 805 | 73 | 20 | 30 | 56 | 90 | 200 |
| | | | 60 ～ 79 岁 | 1 779 | 59 | 10 | 30 | 40 | 60 | 180 |
| | | | 80 岁及以上 | 116 | 56 | 10 | 20 | 30 | 60 | 180 |
| | | 女 | 小计 | 10 004 | 64 | 15 | 30 | 50 | 80 | 180 |
| | | | 18 ～ 44 岁 | 4 620 | 69 | 15 | 30 | 50 | 90 | 180 |
| | | | 45 ～ 59 岁 | 3 383 | 64 | 15 | 30 | 50 | 80 | 180 |
| | | | 60 ～ 79 岁 | 1 886 | 51 | 10 | 23 | 30 | 60 | 120 |
| | | | 80 岁及以上 | 115 | 39 | 10 | 20 | 30 | 60 | 60 |

## 附表 6-26　中国人群分东中西、城乡、性别、年龄的步行累计时间

| 地区 | 城乡 | 性别 | 年龄 | n | 步行累计时间 /（min/d） | | | | | |
|---|---|---|---|---|---|---|---|---|---|---|
| | | | | | Mean | P5 | P25 | P50 | P75 | P95 |
| 合计 | 城乡 | 小计 | 小计 | 51 530 | 52 | 10 | 30 | 30 | 60 | 120 |
| | | | 18 ～ 44 岁 | 18 578 | 50 | 10 | 20 | 30 | 60 | 120 |
| | | | 45 ～ 59 岁 | 18 298 | 54 | 10 | 30 | 40 | 60 | 120 |
| | | | 60 ～ 79 岁 | 13 638 | 54 | 10 | 30 | 40 | 60 | 120 |
| | | | 80 岁及以上 | 1 016 | 49 | 10 | 20 | 30 | 60 | 120 |
| | | 男 | 小计 | 21 267 | 53 | 10 | 30 | 30 | 60 | 120 |
| | | | 18 ～ 44 岁 | 7 664 | 50 | 10 | 20 | 30 | 60 | 120 |
| | | | 45 ～ 59 岁 | 7 008 | 55 | 10 | 30 | 40 | 60 | 120 |
| | | | 60 ～ 79 岁 | 6 129 | 56 | 10 | 30 | 40 | 60 | 130 |
| | | | 80 岁及以上 | 466 | 54 | 10 | 30 | 40 | 60 | 120 |
| | | 女 | 小计 | 30 263 | 51 | 10 | 30 | 30 | 60 | 120 |
| | | | 18 ～ 44 岁 | 10 914 | 50 | 10 | 20 | 30 | 60 | 120 |
| | | | 45 ～ 59 岁 | 11 290 | 53 | 10 | 30 | 40 | 60 | 120 |
| | | | 60 ～ 79 岁 | 7 509 | 52 | 10 | 30 | 30 | 60 | 120 |
| | | | 80 岁及以上 | 550 | 45 | 10 | 20 | 30 | 60 | 120 |
| | 城市 | 小计 | 小计 | 23 453 | 52 | 10 | 30 | 30 | 60 | 120 |
| | | | 18 ～ 44 岁 | 8 012 | 47 | 10 | 20 | 30 | 60 | 120 |
| | | | 45 ～ 59 岁 | 8 265 | 55 | 10 | 30 | 40 | 60 | 120 |
| | | | 60 ～ 79 岁 | 6 620 | 57 | 10 | 30 | 40 | 60 | 120 |
| | | | 80 岁及以上 | 556 | 52 | 10 | 20 | 30 | 60 | 120 |
| | | 男 | 小计 | 9 298 | 52 | 10 | 25 | 30 | 60 | 120 |
| | | | 18 ～ 44 岁 | 3 271 | 46 | 10 | 20 | 30 | 60 | 120 |
| | | | 45 ～ 59 岁 | 2 998 | 55 | 10 | 30 | 40 | 60 | 120 |
| | | | 60 ～ 79 岁 | 2 788 | 58 | 15 | 30 | 45 | 60 | 120 |
| | | | 80 岁及以上 | 241 | 57 | 10 | 30 | 40 | 60 | 120 |
| | | 女 | 小计 | 14 155 | 52 | 10 | 30 | 30 | 60 | 120 |
| | | | 18 ～ 44 岁 | 4 741 | 47 | 10 | 20 | 30 | 60 | 120 |
| | | | 45 ～ 59 岁 | 5 267 | 55 | 12 | 30 | 40 | 60 | 120 |
| | | | 60 ～ 79 岁 | 3 832 | 57 | 10 | 30 | 40 | 60 | 120 |
| | | | 80 岁及以上 | 315 | 49 | 10 | 20 | 30 | 60 | 120 |
| | 农村 | 小计 | 小计 | 28 077 | 52 | 10 | 30 | 30 | 60 | 120 |
| | | | 18 ～ 44 岁 | 10 566 | 53 | 10 | 20 | 30 | 60 | 120 |
| | | | 45 ～ 59 岁 | 10 033 | 53 | 10 | 30 | 36 | 60 | 120 |
| | | | 60 ～ 79 岁 | 7 018 | 51 | 10 | 30 | 30 | 60 | 120 |
| | | | 80 岁及以上 | 460 | 45 | 10 | 20 | 30 | 60 | 120 |
| | | 男 | 小计 | 11 969 | 54 | 10 | 30 | 30 | 60 | 140 |
| | | | 18 ～ 44 岁 | 4 393 | 53 | 10 | 20 | 30 | 60 | 140 |
| | | | 45 ～ 59 岁 | 4 010 | 55 | 10 | 30 | 40 | 60 | 140 |
| | | | 60 ～ 79 岁 | 3 341 | 54 | 10 | 30 | 40 | 60 | 140 |
| | | | 80 岁及以上 | 225 | 50 | 10 | 20 | 30 | 60 | 120 |

| 地区 | 城乡 | 性别 | 年龄 | *n* | 步行累计时间 /（min/d） | | | | | |
|---|---|---|---|---|---|---|---|---|---|---|
| | | | | | Mean | P5 | P 25 | P50 | P 75 | P95 |
| 合计 | 农村 | 女 | 小计 | 16 108 | 51 | 10 | 25 | 30 | 60 | 120 |
| | | | 18 ~ 44 岁 | 6 173 | 52 | 10 | 25 | 30 | 60 | 120 |
| | | | 45 ~ 59 岁 | 6 023 | 52 | 10 | 30 | 35 | 60 | 120 |
| | | | 60 ~ 79 岁 | 3 677 | 48 | 10 | 20 | 30 | 60 | 120 |
| | | | 80 岁及以上 | 235 | 40 | 10 | 20 | 30 | 40 | 120 |
| 东部 | 城乡 | 小计 | 小计 | 14 528 | 49 | 10 | 20 | 30 | 60 | 120 |
| | | | 18 ~ 44 岁 | 4 057 | 45 | 10 | 20 | 30 | 60 | 120 |
| | | | 45 ~ 59 岁 | 5 385 | 51 | 10 | 30 | 30 | 60 | 120 |
| | | | 60 ~ 79 岁 | 4 648 | 52 | 10 | 30 | 30 | 60 | 120 |
| | | | 80 岁及以上 | 438 | 50 | 10 | 20 | 30 | 60 | 120 |
| | | 男 | 小计 | 5 697 | 49 | 10 | 20 | 30 | 60 | 120 |
| | | | 18 ~ 44 岁 | 1 551 | 46 | 10 | 20 | 30 | 60 | 120 |
| | | | 45 ~ 59 岁 | 1 905 | 50 | 10 | 20 | 30 | 60 | 120 |
| | | | 60 ~ 79 岁 | 2 047 | 54 | 10 | 30 | 40 | 60 | 120 |
| | | | 80 岁及以上 | 194 | 54 | 10 | 30 | 30 | 60 | 120 |
| | | 女 | 小计 | 8 831 | 49 | 10 | 20 | 30 | 60 | 120 |
| | | | 18 ~ 44 岁 | 2 506 | 45 | 10 | 20 | 30 | 60 | 120 |
| | | | 45 ~ 59 岁 | 3 480 | 51 | 10 | 30 | 30 | 60 | 120 |
| | | | 60 ~ 79 岁 | 2 601 | 51 | 10 | 20 | 30 | 60 | 120 |
| | | | 80 岁及以上 | 244 | 48 | 10 | 20 | 30 | 60 | 180 |
| | 城市 | 小计 | 小计 | 7 826 | 51 | 10 | 20 | 30 | 60 | 120 |
| | | | 18 ~ 44 岁 | 2 274 | 47 | 10 | 20 | 30 | 60 | 120 |
| | | | 45 ~ 59 岁 | 2 746 | 53 | 10 | 30 | 40 | 60 | 120 |
| | | | 60 ~ 79 岁 | 2 546 | 56 | 10 | 30 | 40 | 60 | 120 |
| | | | 80 岁及以上 | 260 | 51 | 10 | 20 | 30 | 60 | 120 |
| | | 男 | 小计 | 3 061 | 52 | 10 | 25 | 30 | 60 | 120 |
| | | | 18 ~ 44 岁 | 905 | 48 | 10 | 20 | 30 | 60 | 120 |
| | | | 45 ~ 59 岁 | 964 | 52 | 10 | 30 | 35 | 60 | 120 |
| | | | 60 ~ 79 岁 | 1 084 | 57 | 10 | 30 | 40 | 60 | 120 |
| | | | 80 岁及以上 | 108 | 54 | 10 | 30 | 30 | 60 | 120 |
| | | 女 | 小计 | 4 765 | 51 | 10 | 20 | 30 | 60 | 120 |
| | | | 18 ~ 44 岁 | 1 369 | 46 | 10 | 20 | 30 | 60 | 120 |
| | | | 45 ~ 59 岁 | 1 782 | 54 | 10 | 30 | 40 | 60 | 120 |
| | | | 60 ~ 79 岁 | 1 462 | 55 | 10 | 30 | 40 | 60 | 120 |
| | | | 80 岁及以上 | 152 | 49 | 10 | 20 | 30 | 60 | 180 |
| | 农村 | 小计 | 小计 | 6 702 | 46 | 10 | 20 | 30 | 60 | 120 |
| | | | 18 ~ 44 岁 | 1 783 | 43 | 10 | 20 | 30 | 60 | 120 |
| | | | 45 ~ 59 岁 | 2 639 | 48 | 10 | 20 | 30 | 60 | 120 |
| | | | 60 ~ 79 岁 | 2 102 | 48 | 10 | 20 | 30 | 60 | 120 |
| | | | 80 岁及以上 | 178 | 49 | 10 | 20 | 30 | 60 | 120 |
| | | 男 | 小计 | 2 636 | 46 | 10 | 20 | 30 | 60 | 120 |
| | | | 18 ~ 44 岁 | 646 | 42 | 10 | 20 | 30 | 60 | 120 |
| | | | 45 ~ 59 岁 | 941 | 48 | 10 | 20 | 30 | 60 | 120 |
| | | | 60 ~ 79 岁 | 963 | 50 | 10 | 20 | 30 | 60 | 120 |
| | | | 80 岁及以上 | 86 | 54 | 10 | 30 | 30 | 60 | 120 |
| | | 女 | 小计 | 4 066 | 46 | 10 | 20 | 30 | 60 | 120 |
| | | | 18 ~ 44 岁 | 1 137 | 44 | 10 | 20 | 30 | 60 | 120 |
| | | | 45 ~ 59 岁 | 1 698 | 48 | 10 | 25 | 30 | 60 | 120 |
| | | | 60 ~ 79 岁 | 1 139 | 47 | 10 | 20 | 30 | 60 | 120 |
| | | | 80 岁及以上 | 92 | 45 | 10 | 20 | 30 | 45 | 180 |
| 中部 | 城乡 | 小计 | 小计 | 16 097 | 48 | 10 | 20 | 30 | 60 | 120 |
| | | | 18 ~ 44 岁 | 5 823 | 43 | 10 | 20 | 30 | 60 | 120 |
| | | | 45 ~ 59 岁 | 5 750 | 50 | 10 | 30 | 40 | 60 | 120 |
| | | | 60 ~ 79 岁 | 4 243 | 55 | 10 | 30 | 40 | 60 | 120 |
| | | | 80 岁及以上 | 281 | 45 | 10 | 20 | 30 | 60 | 120 |
| | | 男 | 小计 | 6 707 | 48 | 10 | 20 | 30 | 60 | 120 |
| | | | 18 ~ 44 岁 | 2 460 | 42 | 10 | 20 | 30 | 60 | 120 |
| | | | 45 ~ 59 岁 | 2 202 | 51 | 10 | 30 | 40 | 60 | 120 |

| 地区 | 城乡 | 性别 | 年龄 | n | 步行累计时间 /（min/d） | | | | | |
|---|---|---|---|---|---|---|---|---|---|---|
| | | | | | Mean | P5 | P 25 | P50 | P 75 | P95 |
| 中部 | 城乡 | 男 | 60 ~ 79 岁 | 1 921 | 58 | 10 | 30 | 40 | 60 | 130 |
| | | | 80 岁及以上 | 124 | 49 | 10 | 20 | 40 | 60 | 120 |
| | | 女 | 小计 | 9 390 | 47 | 10 | 25 | 30 | 60 | 120 |
| | | | 18 ~ 44 岁 | 3 363 | 44 | 10 | 20 | 30 | 60 | 120 |
| | | | 45 ~ 59 岁 | 3 548 | 50 | 10 | 30 | 40 | 60 | 120 |
| | | | 60 ~ 79 岁 | 2 322 | 53 | 10 | 30 | 40 | 60 | 120 |
| | | | 80 岁及以上 | 157 | 43 | 10 | 20 | 30 | 40 | 120 |
| | 城市 | 小计 | 小计 | 7 872 | 49 | 10 | 30 | 30 | 60 | 120 |
| | | | 18 ~ 44 岁 | 2 788 | 42 | 10 | 20 | 30 | 60 | 120 |
| | | | 45 ~ 59 岁 | 2 786 | 53 | 15 | 30 | 40 | 60 | 120 |
| | | | 60 ~ 79 岁 | 2 136 | 60 | 20 | 30 | 50 | 60 | 120 |
| | | | 80 岁及以上 | 162 | 48 | 10 | 30 | 30 | 60 | 120 |
| | | 男 | 小计 | 3 115 | 48 | 10 | 25 | 30 | 60 | 120 |
| | | | 18 ~ 44 岁 | 1 173 | 40 | 10 | 20 | 30 | 50 | 120 |
| | | | 45 ~ 59 岁 | 1 006 | 53 | 10 | 30 | 40 | 60 | 120 |
| | | | 60 ~ 79 岁 | 869 | 61 | 20 | 30 | 50 | 80 | 120 |
| | | | 80 岁及以上 | 67 | 50 | 10 | 30 | 40 | 60 | 120 |
| | | 女 | 小计 | 4 757 | 50 | 14 | 30 | 40 | 60 | 120 |
| | | | 18 ~ 44 岁 | 1 615 | 44 | 10 | 20 | 30 | 60 | 120 |
| | | | 45 ~ 59 岁 | 1 780 | 54 | 15 | 30 | 40 | 60 | 120 |
| | | | 60 ~ 79 岁 | 1 267 | 59 | 20 | 30 | 50 | 60 | 120 |
| | | | 80 岁及以上 | 95 | 47 | 10 | 20 | 30 | 60 | 120 |
| | 农村 | 小计 | 小计 | 8 225 | 47 | 10 | 20 | 30 | 60 | 120 |
| | | | 18 ~ 44 岁 | 3 035 | 44 | 10 | 20 | 30 | 60 | 120 |
| | | | 45 ~ 59 岁 | 2 964 | 48 | 10 | 30 | 40 | 60 | 120 |
| | | | 60 ~ 79 岁 | 2 107 | 52 | 10 | 30 | 40 | 60 | 120 |
| | | | 80 岁及以上 | 119 | 43 | 10 | 20 | 30 | 50 | 120 |
| | | 男 | 小计 | 3 592 | 49 | 10 | 20 | 30 | 60 | 120 |
| | | | 18 ~ 44 岁 | 1 287 | 44 | 10 | 20 | 30 | 60 | 120 |
| | | | 45 ~ 59 岁 | 1 196 | 50 | 10 | 30 | 40 | 60 | 120 |
| | | | 60 ~ 79 岁 | 1 052 | 56 | 10 | 30 | 40 | 60 | 140 |
| | | | 80 岁及以上 | 57 | 47 | 10 | 20 | 30 | 60 | 120 |
| | | 女 | 小计 | 4 633 | 46 | 10 | 20 | 30 | 60 | 120 |
| | | | 18 ~ 44 岁 | 1 748 | 44 | 10 | 20 | 30 | 60 | 120 |
| | | | 45 ~ 59 岁 | 1 768 | 47 | 10 | 25 | 35 | 60 | 120 |
| | | | 60 ~ 79 岁 | 1 055 | 48 | 10 | 30 | 35 | 60 | 120 |
| | | | 80 岁及以上 | 62 | 40 | 10 | 20 | 30 | 30 | 120 |
| 西部 | 城乡 | 小计 | 小计 | 20 905 | 59 | 10 | 30 | 40 | 60 | 180 |
| | | | 18 ~ 44 岁 | 8 698 | 60 | 10 | 30 | 40 | 60 | 180 |
| | | | 45 ~ 59 岁 | 7 163 | 60 | 15 | 30 | 40 | 60 | 180 |
| | | | 60 ~ 79 岁 | 4 747 | 54 | 10 | 30 | 40 | 60 | 120 |
| | | | 80 岁及以上 | 297 | 50 | 10 | 20 | 30 | 60 | 150 |
| | | 男 | 小计 | 8 863 | 60 | 10 | 30 | 40 | 60 | 180 |
| | | | 18 ~ 44 岁 | 3 653 | 61 | 10 | 30 | 40 | 60 | 180 |
| | | | 45 ~ 59 岁 | 2 901 | 62 | 15 | 30 | 40 | 60 | 180 |
| | | | 60 ~ 79 岁 | 2 161 | 56 | 15 | 30 | 40 | 60 | 150 |
| | | | 80 岁及以上 | 148 | 57 | 10 | 20 | 40 | 60 | 180 |
| | | 女 | 小计 | 12 042 | 57 | 10 | 30 | 40 | 60 | 150 |
| | | | 18 ~ 44 岁 | 5 045 | 60 | 11 | 30 | 40 | 60 | 160 |
| | | | 45 ~ 59 岁 | 4 262 | 59 | 15 | 30 | 40 | 60 | 160 |
| | | | 60 ~ 79 岁 | 2 586 | 52 | 10 | 30 | 30 | 60 | 120 |
| | | | 80 岁及以上 | 149 | 42 | 10 | 20 | 30 | 60 | 120 |
| | 城市 | 小计 | 小计 | 7 755 | 55 | 10 | 30 | 40 | 60 | 130 |
| | | | 18 ~ 44 岁 | 2 950 | 51 | 10 | 20 | 30 | 60 | 120 |
| | | | 45 ~ 59 岁 | 2 733 | 58 | 10 | 30 | 40 | 60 | 180 |
| | | | 60 ~ 79 岁 | 1 938 | 58 | 10 | 30 | 40 | 60 | 150 |
| | | | 80 岁及以上 | 134 | 60 | 10 | 20 | 50 | 70 | 180 |
| | | 男 | 小计 | 3 122 | 55 | 10 | 25 | 40 | 60 | 150 |

| 地区 | 城乡 | 性别 | 年龄 | *n* | 步行累计时间 /（min/d） | | | | | |
|---|---|---|---|---|---|---|---|---|---|---|
| | | | | | Mean | P5 | P 25 | P50 | P 75 | P95 |
| 西部 | 城市 | 男 | 18 ～ 44 岁 | 1 193 | 50 | 10 | 20 | 30 | 60 | 120 |
| | | | 45 ～ 59 岁 | 1 028 | 60 | 10 | 30 | 40 | 60 | 180 |
| | | | 60 ～ 79 岁 | 835 | 58 | 15 | 30 | 40 | 60 | 150 |
| | | | 80 岁及以上 | 66 | 68 | 18 | 30 | 60 | 90 | 180 |
| | | 女 | 小计 | 4 633 | 54 | 10 | 30 | 40 | 60 | 120 |
| | | | 18 ～ 44 岁 | 1 757 | 51 | 10 | 30 | 40 | 60 | 120 |
| | | | 45 ～ 59 岁 | 1 705 | 57 | 10 | 30 | 40 | 60 | 150 |
| | | | 60 ～ 79 岁 | 1 103 | 58 | 10 | 30 | 40 | 60 | 140 |
| | | | 80 岁及以上 | 68 | 51 | 10 | 20 | 40 | 60 | 120 |
| | 农村 | 小计 | 小计 | 13 150 | 61 | 15 | 30 | 40 | 60 | 180 |
| | | | 18 ～ 44 岁 | 5 748 | 65 | 15 | 30 | 40 | 90 | 180 |
| | | | 45 ～ 59 岁 | 4 430 | 62 | 15 | 30 | 40 | 60 | 180 |
| | | | 60 ～ 79 岁 | 2 809 | 52 | 10 | 30 | 30 | 60 | 120 |
| | | | 80 岁及以上 | 163 | 42 | 10 | 20 | 30 | 60 | 120 |
| | | 男 | 小计 | 5 741 | 63 | 15 | 30 | 40 | 60 | 180 |
| | | | 18 ～ 44 岁 | 2 460 | 67 | 15 | 30 | 40 | 90 | 180 |
| | | | 45 ～ 59 岁 | 1 873 | 63 | 15 | 30 | 40 | 60 | 180 |
| | | | 60 ～ 79 岁 | 1 326 | 55 | 15 | 30 | 40 | 60 | 170 |
| | | | 80 岁及以上 | 82 | 49 | 10 | 20 | 30 | 60 | 180 |
| | | 女 | 小计 | 7 409 | 59 | 15 | 30 | 40 | 60 | 180 |
| | | | 18 ～ 44 岁 | 3 288 | 64 | 15 | 30 | 40 | 90 | 180 |
| | | | 45 ～ 59 岁 | 2 557 | 60 | 15 | 30 | 40 | 60 | 180 |
| | | | 60 ～ 79 岁 | 1 483 | 49 | 10 | 20 | 30 | 60 | 120 |
| | | | 80 岁及以上 | 81 | 35 | 10 | 20 | 30 | 60 | 60 |

## 附表 6-27　中国人群分东中西、城乡、性别、年龄的自行车累计使用时间

| 地区 | 城乡 | 性别 | 年龄 | *n* | 自行车累计使用时间 /（min/d） | | | | | |
|---|---|---|---|---|---|---|---|---|---|---|
| | | | | | Mean | P5 | P25 | P50 | P75 | P95 |
| 合计 | 城乡 | 小计 | 小计 | 91 121 | 41 | 10 | 20 | 30 | 60 | 120 |
| | | | 18 ～ 44 岁 | 36 682 | 40 | 10 | 20 | 30 | 60 | 120 |
| | | | 45 ～ 59 岁 | 32 374 | 42 | 10 | 20 | 30 | 60 | 120 |
| | | | 60 ～ 79 岁 | 20 579 | 40 | 10 | 20 | 30 | 50 | 120 |
| | | | 80 岁及以上 | 1 486 | 38 | 10 | 30 | 30 | 40 | 80 |
| | | 男 | 小计 | 41 296 | 45 | 10 | 20 | 30 | 60 | 120 |
| | | | 18 ～ 44 岁 | 16 771 | 43 | 10 | 20 | 30 | 60 | 120 |
| | | | 45 ～ 59 岁 | 14 092 | 48 | 10 | 20 | 30 | 60 | 120 |
| | | | 60 ～ 79 岁 | 9 758 | 42 | 10 | 20 | 30 | 60 | 120 |
| | | | 80 岁及以上 | 675 | 41 | 20 | 30 | 30 | 45 | 120 |
| | | 女 | 小计 | 49 825 | 38 | 10 | 20 | 30 | 50 | 90 |
| | | | 18 ～ 44 岁 | 19 911 | 38 | 10 | 20 | 30 | 50 | 90 |
| | | | 45 ～ 59 岁 | 18 282 | 38 | 10 | 20 | 30 | 50 | 100 |
| | | | 60 ～ 79 岁 | 10 821 | 36 | 5 | 20 | 30 | 45 | 100 |
| | | | 80 岁及以上 | 811 | 32 | 5 | 20 | 30 | 40 | 60 |
| | 城市 | 小计 | 小计 | 41 826 | 43 | 10 | 20 | 30 | 60 | 120 |
| | | | 18 ～ 44 岁 | 16 636 | 44 | 10 | 20 | 30 | 60 | 120 |
| | | | 45 ～ 59 岁 | 14 746 | 45 | 10 | 20 | 30 | 60 | 120 |
| | | | 60 ～ 79 岁 | 9 698 | 39 | 2 | 20 | 30 | 60 | 120 |
| | | | 80 岁及以上 | 746 | 41 | 10 | 30 | 30 | 55 | 80 |
| | | 男 | 小计 | 18 455 | 48 | 10 | 20 | 30 | 60 | 120 |
| | | | 18 ～ 44 岁 | 7 538 | 49 | 10 | 25 | 30 | 60 | 120 |
| | | | 45 ～ 59 岁 | 6 267 | 50 | 10 | 20 | 30 | 60 | 120 |
| | | | 60 ～ 79 岁 | 4 327 | 42 | 10 | 20 | 30 | 60 | 120 |
| | | | 80 岁及以上 | 323 | 43 | 20 | 30 | 30 | 50 | 120 |

| 地区 | 城乡 | 性别 | 年龄 | n | 自行车累计使用时间 /（min/d） | | | | | |
|---|---|---|---|---|---|---|---|---|---|---|
| | | | | | Mean | P5 | P25 | P50 | P75 | P95 |
| 合计 | 城市 | 女 | 小计 | 23 371 | 39 | 10 | 20 | 30 | 60 | 120 |
| | | | 18 ～ 44 岁 | 9 098 | 40 | 10 | 20 | 30 | 60 | 120 |
| | | | 45 ～ 59 岁 | 8 479 | 40 | 10 | 20 | 30 | 50 | 120 |
| | | | 60 ～ 79 岁 | 5 371 | 35 | 0 | 20 | 30 | 45 | 100 |
| | | | 80 岁及以上 | 423 | 37 | 0 | 30 | 30 | 60 | 60 |
| | 农村 | 小计 | 小计 | 49 295 | 38 | 10 | 20 | 30 | 50 | 100 |
| | | | 18 ～ 44 岁 | 20 046 | 36 | 10 | 20 | 30 | 40 | 80 |
| | | | 45 ～ 59 岁 | 17 628 | 40 | 10 | 20 | 30 | 50 | 120 |
| | | | 60 ～ 79 岁 | 10 881 | 40 | 10 | 20 | 30 | 50 | 120 |
| | | | 80 岁及以上 | 740 | 36 | 10 | 20 | 30 | 40 | 120 |
| | | 男 | 小计 | 22 841 | 42 | 10 | 20 | 30 | 50 | 120 |
| | | | 18 ～ 44 岁 | 9 233 | 37 | 10 | 20 | 30 | 40 | 100 |
| | | | 45 ～ 59 岁 | 7 825 | 46 | 10 | 20 | 30 | 60 | 120 |
| | | | 60 ～ 79 岁 | 5 431 | 42 | 10 | 20 | 30 | 50 | 120 |
| | | | 80 岁及以上 | 352 | 40 | 15 | 30 | 30 | 40 | 120 |
| | | 女 | 小计 | 26 454 | 36 | 10 | 20 | 30 | 45 | 80 |
| | | | 18 ～ 44 岁 | 10 813 | 35 | 10 | 20 | 30 | 40 | 60 |
| | | | 45 ～ 59 岁 | 9 803 | 36 | 10 | 20 | 30 | 50 | 80 |
| | | | 60 ～ 79 岁 | 5 450 | 38 | 10 | 20 | 30 | 50 | 120 |
| | | | 80 岁及以上 | 388 | 22 | 5 | 10 | 25 | 30 | 40 |
| 东部 | 城乡 | 小计 | 小计 | 30 940 | 40 | 10 | 20 | 30 | 50 | 120 |
| | | | 18 ～ 44 岁 | 10 522 | 39 | 10 | 20 | 30 | 60 | 120 |
| | | | 45 ～ 59 岁 | 11 799 | 41 | 10 | 20 | 30 | 60 | 120 |
| | | | 60 ～ 79 岁 | 7 942 | 38 | 5 | 20 | 30 | 50 | 120 |
| | | | 80 岁及以上 | 677 | 36 | 10 | 30 | 30 | 40 | 60 |
| | | 男 | 小计 | 13 800 | 43 | 10 | 20 | 30 | 60 | 120 |
| | | | 18 ～ 44 岁 | 4 647 | 41 | 10 | 20 | 30 | 60 | 120 |
| | | | 45 ～ 59 岁 | 5 035 | 48 | 10 | 20 | 30 | 60 | 120 |
| | | | 60 ～ 79 岁 | 3 816 | 40 | 10 | 20 | 30 | 60 | 120 |
| | | | 80 岁及以上 | 302 | 38 | 20 | 30 | 30 | 40 | 80 |
| | | 女 | 小计 | 17 140 | 37 | 10 | 20 | 30 | 40 | 90 |
| | | | 18 ～ 44 岁 | 5 875 | 38 | 10 | 20 | 30 | 50 | 90 |
| | | | 45 ～ 59 岁 | 6 764 | 36 | 10 | 20 | 30 | 40 | 100 |
| | | | 60 ～ 79 岁 | 4 126 | 35 | 0 | 20 | 30 | 40 | 90 |
| | | | 80 岁及以上 | 375 | 33 | 5 | 25 | 30 | 40 | 60 |
| | 城市 | 小计 | 小计 | 15 673 | 42 | 10 | 20 | 30 | 60 | 120 |
| | | | 18 ～ 44 岁 | 5 459 | 43 | 10 | 20 | 30 | 60 | 120 |
| | | | 45 ～ 59 岁 | 5 804 | 43 | 10 | 20 | 30 | 60 | 120 |
| | | | 60 ～ 79 岁 | 4 056 | 37 | 0 | 20 | 30 | 50 | 120 |
| | | | 80 岁及以上 | 354 | 39 | 10 | 30 | 30 | 50 | 80 |
| | | 男 | 小计 | 6 886 | 46 | 10 | 20 | 30 | 60 | 120 |
| | | | 18 ～ 44 岁 | 2 417 | 46 | 5 | 20 | 30 | 60 | 120 |
| | | | 45 ～ 59 岁 | 2 457 | 49 | 10 | 20 | 30 | 60 | 120 |
| | | | 60 ～ 79 岁 | 1 863 | 41 | 0 | 20 | 30 | 60 | 120 |
| | | | 80 岁及以上 | 149 | 41 | 20 | 30 | 30 | 30 | 150 |
| | | 女 | 小计 | 8 787 | 38 | 7 | 20 | 30 | 50 | 120 |
| | | | 18 ～ 44 岁 | 3 042 | 41 | 10 | 20 | 30 | 60 | 120 |
| | | | 45 ～ 59 岁 | 3 347 | 38 | 10 | 20 | 30 | 45 | 120 |
| | | | 60 ～ 79 岁 | 2 193 | 33 | 0 | 15 | 30 | 40 | 90 |
| | | | 80 岁及以上 | 205 | 37 | 0 | 30 | 30 | 60 | 60 |
| | 农村 | 小计 | 小计 | 15 267 | 37 | 10 | 20 | 30 | 40 | 100 |
| | | | 18 ～ 44 岁 | 5 063 | 34 | 10 | 20 | 30 | 40 | 80 |
| | | | 45 ～ 59 岁 | 5 995 | 38 | 10 | 20 | 30 | 40 | 120 |
| | | | 60 ～ 79 岁 | 3 886 | 39 | 10 | 20 | 30 | 50 | 120 |
| | | | 80 岁及以上 | 323 | 33 | 10 | 20 | 30 | 40 | 60 |
| | | 男 | 小计 | 6 914 | 40 | 10 | 20 | 30 | 45 | 120 |
| | | | 18 ～ 44 岁 | 2 230 | 35 | 10 | 20 | 30 | 40 | 100 |
| | | | 45 ～ 59 岁 | 2 578 | 44 | 10 | 20 | 30 | 50 | 120 |

| 地区 | 城乡 | 性别 | 年龄 | n | 自行车累计使用时间 /（min/d） | | | | | |
|---|---|---|---|---|---|---|---|---|---|---|
| | | | | | Mean | P5 | P25 | P50 | P75 | P95 |
| 东部 | 农村 | 男 | 60～79岁 | 1 953 | 39 | 10 | 20 | 30 | 50 | 120 |
| | | | 80岁及以上 | 153 | 35 | 10 | 20 | 30 | 40 | 60 |
| | | 女 | 小计 | 8 353 | 35 | 10 | 20 | 30 | 40 | 65 |
| | | | 18～44岁 | 2 833 | 34 | 10 | 20 | 30 | 40 | 60 |
| | | | 45～59岁 | 3 417 | 34 | 10 | 20 | 30 | 40 | 70 |
| | | | 60～79岁 | 1 933 | 37 | 10 | 20 | 30 | 40 | 90 |
| | | | 80岁及以上 | 170 | 25 | 5 | 20 | 30 | 30 | 40 |
| 中部 | 城乡 | 小计 | 小计 | 29 057 | 43 | 10 | 20 | 30 | 60 | 120 |
| | | | 18～44岁 | 12 100 | 42 | 10 | 20 | 30 | 60 | 100 |
| | | | 45～59岁 | 10 218 | 45 | 10 | 20 | 30 | 60 | 120 |
| | | | 60～79岁 | 6 337 | 44 | 10 | 20 | 30 | 60 | 120 |
| | | | 80岁及以上 | 402 | 29 | 10 | 30 | 30 | 30 | 60 |
| | | 男 | 小计 | 13 228 | 48 | 10 | 20 | 30 | 60 | 120 |
| | | | 18～44岁 | 5 610 | 48 | 10 | 20 | 30 | 60 | 120 |
| | | | 45～59岁 | 4 464 | 50 | 10 | 30 | 40 | 60 | 120 |
| | | | 60～79岁 | 2 983 | 46 | 10 | 20 | 30 | 60 | 120 |
| | | | 80岁及以上 | 171 | 33 | 20 | 30 | 30 | 30 | 60 |
| | | 女 | 小计 | 15 829 | 40 | 10 | 20 | 30 | 60 | 90 |
| | | | 18～44岁 | 6 490 | 38 | 10 | 20 | 30 | 60 | 80 |
| | | | 45～59岁 | 5 754 | 42 | 10 | 20 | 30 | 60 | 120 |
| | | | 60～79岁 | 3 354 | 41 | 10 | 20 | 30 | 50 | 120 |
| | | | 80岁及以上 | 231 | 19 | 10 | 10 | 20 | 20 | 30 |
| | 城市 | 小计 | 小计 | 13 781 | 47 | 10 | 30 | 30 | 60 | 120 |
| | | | 18～44岁 | 5 785 | 46 | 10 | 30 | 30 | 60 | 120 |
| | | | 45～59岁 | 4 773 | 49 | 10 | 30 | 30 | 60 | 120 |
| | | | 60～79岁 | 3 007 | 44 | 10 | 20 | 30 | 60 | 120 |
| | | | 80岁及以上 | 216 | 37 | 30 | 30 | 30 | 45 | 60 |
| | | 男 | 小计 | 6 049 | 51 | 10 | 30 | 40 | 60 | 120 |
| | | | 18～44岁 | 2 655 | 53 | 15 | 30 | 40 | 60 | 120 |
| | | | 45～59岁 | 2 022 | 52 | 10 | 30 | 40 | 60 | 120 |
| | | | 60～79岁 | 1 284 | 45 | 10 | 20 | 30 | 60 | 120 |
| | | | 80岁及以上 | 88 | 38 | 30 | 30 | 30 | 45 | 60 |
| | | 女 | 小计 | 7 732 | 43 | 10 | 20 | 30 | 60 | 120 |
| | | | 18～44岁 | 3 130 | 40 | 10 | 20 | 30 | 60 | 80 |
| | | | 45～59岁 | 2 751 | 47 | 10 | 30 | 30 | 60 | 120 |
| | | | 60～79岁 | 1 723 | 41 | 10 | 20 | 30 | 60 | 120 |
| | | | 80岁及以上 | 128 | 30 | 30 | 30 | 30 | 30 | 30 |
| | 农村 | 小计 | 小计 | 15 276 | 41 | 10 | 20 | 30 | 60 | 120 |
| | | | 18～44岁 | 6 315 | 39 | 10 | 20 | 30 | 50 | 80 |
| | | | 45～59岁 | 5 445 | 42 | 10 | 20 | 30 | 60 | 120 |
| | | | 60～79岁 | 3 330 | 44 | 10 | 20 | 30 | 60 | 120 |
| | | | 80岁及以上 | 186 | 25 | 10 | 20 | 30 | 30 | 30 |
| | | 男 | 小计 | 7 179 | 46 | 10 | 20 | 30 | 60 | 120 |
| | | | 18～44岁 | 2 955 | 43 | 10 | 20 | 30 | 40 | 120 |
| | | | 45～59岁 | 2 442 | 48 | 10 | 20 | 40 | 60 | 120 |
| | | | 60～79岁 | 1 699 | 46 | 10 | 20 | 30 | 60 | 120 |
| | | | 80岁及以上 | 83 | 29 | 20 | 30 | 30 | 30 | 30 |
| | | 女 | 小计 | 8 097 | 38 | 10 | 20 | 30 | 50 | 80 |
| | | | 18～44岁 | 3 360 | 37 | 10 | 20 | 30 | 50 | 70 |
| | | | 45～59岁 | 3 003 | 39 | 10 | 20 | 30 | 60 | 80 |
| | | | 60～79岁 | 1 631 | 41 | 10 | 20 | 30 | 50 | 120 |
| | | | 80岁及以上 | 103 | 16 | 10 | 10 | 20 | 20 | 20 |
| 西部 | 城乡 | 小计 | 小计 | 31 124 | 40 | 10 | 20 | 30 | 50 | 120 |
| | | | 18～44岁 | 14 060 | 39 | 10 | 20 | 30 | 40 | 120 |
| | | | 45～59岁 | 10 357 | 42 | 10 | 20 | 30 | 60 | 120 |
| | | | 60～79岁 | 6 300 | 39 | 10 | 20 | 30 | 50 | 120 |
| | | | 80岁及以上 | 407 | 66 | 15 | 30 | 60 | 120 | 120 |
| | | 男 | 小计 | 14 268 | 44 | 10 | 20 | 30 | 60 | 120 |

| 地区 | 城乡 | 性别 | 年龄 | *n* | 自行车累计使用时间 / （min/d） | | | | | |
|---|---|---|---|---|---|---|---|---|---|---|
| | | | | | Mean | P5 | P25 | P50 | P75 | P95 |
| 西部 | 城乡 | 男 | 18 ～ 44 岁 | 6 514 | 41 | 10 | 20 | 30 | 50 | 120 |
| | | | 45 ～ 59 岁 | 4 593 | 49 | 10 | 20 | 30 | 60 | 120 |
| | | | 60 ～ 79 岁 | 2 959 | 41 | 10 | 20 | 30 | 60 | 120 |
| | | | 80 岁及以上 | 202 | 72 | 30 | 40 | 60 | 120 | 120 |
| | | 女 | 小计 | 16 856 | 36 | 10 | 20 | 30 | 40 | 100 |
| | | | 18 ～ 44 岁 | 7 546 | 37 | 10 | 20 | 30 | 40 | 100 |
| | | | 45 ～ 59 岁 | 5 764 | 36 | 10 | 20 | 30 | 40 | 100 |
| | | | 60 ～ 79 岁 | 3 341 | 34 | 10 | 20 | 30 | 40 | 80 |
| | | | 80 岁及以上 | 205 | 32 | 0 | 20 | 20 | 60 | 60 |
| | 城市 | 小计 | 小计 | 12 372 | 43 | 10 | 20 | 30 | 60 | 120 |
| | | | 18 ～ 44 岁 | 5 392 | 44 | 10 | 20 | 30 | 60 | 120 |
| | | | 45 ～ 59 岁 | 4 169 | 43 | 10 | 20 | 30 | 60 | 120 |
| | | | 60 ～ 79 岁 | 2 635 | 40 | 10 | 20 | 30 | 60 | 120 |
| | | | 80 岁及以上 | 176 | 58 | 20 | 30 | 60 | 60 | 120 |
| | | 男 | 小计 | 5 520 | 49 | 10 | 20 | 30 | 60 | 120 |
| | | | 18 ～ 44 岁 | 2 466 | 50 | 10 | 20 | 30 | 60 | 140 |
| | | | 45 ～ 59 岁 | 1 788 | 51 | 10 | 20 | 40 | 60 | 120 |
| | | | 60 ～ 79 岁 | 1 180 | 42 | 10 | 20 | 30 | 60 | 120 |
| | | | 80 岁及以上 | 86 | 66 | 30 | 30 | 60 | 120 | 120 |
| | | 女 | 小计 | 6 852 | 38 | 10 | 20 | 30 | 50 | 120 |
| | | | 18 ～ 44 岁 | 2 926 | 40 | 10 | 20 | 30 | 50 | 120 |
| | | | 45 ～ 59 岁 | 2 381 | 37 | 10 | 20 | 30 | 40 | 100 |
| | | | 60 ～ 79 岁 | 1 455 | 38 | 10 | 20 | 30 | 50 | 120 |
| | | | 80 岁及以上 | 90 | 37 | 20 | 20 | 20 | 60 | 60 |
| | 农村 | 小计 | 小计 | 18 752 | 36 | 0 | 20 | 30 | 40 | 100 |
| | | | 18 ～ 44 岁 | 8 668 | 34 | 0 | 20 | 30 | 40 | 60 |
| | | | 45 ～ 59 岁 | 6 188 | 40 | 6 | 20 | 30 | 50 | 120 |
| | | | 60 ～ 79 岁 | 3 665 | 37 | 2 | 20 | 30 | 40 | 120 |
| | | | 80 岁及以上 | 231 | 73 | 15 | 40 | 40 | 120 | 120 |
| | | 男 | 小计 | 8 748 | 39 | 5 | 20 | 30 | 40 | 120 |
| | | | 18 ～ 44 岁 | 4 048 | 32 | 0 | 20 | 30 | 40 | 60 |
| | | | 45 ～ 59 岁 | 2 805 | 46 | 10 | 20 | 30 | 60 | 120 |
| | | | 60 ～ 79 岁 | 1 779 | 40 | 10 | 20 | 30 | 40 | 120 |
| | | | 80 岁及以上 | 116 | 76 | 15 | 40 | 40 | 120 | 120 |
| | | 女 | 小计 | 10 004 | 34 | 0 | 20 | 30 | 40 | 80 |
| | | | 18 ～ 44 岁 | 4 620 | 35 | 2 | 20 | 30 | 40 | 75 |
| | | | 45 ～ 59 岁 | 3 383 | 34 | 0 | 20 | 30 | 40 | 90 |
| | | | 60 ～ 79 岁 | 1 886 | 29 | 0 | 20 | 30 | 30 | 60 |
| | | | 80 岁及以上 | 115 | 0 | 0 | 0 | 0 | 0 | 0 |

附表 6-28　中国人群分东中西、城乡、性别、年龄的电动自行车累计使用时间

| 地区 | 城乡 | 性别 | 年龄 | n | 电动自行车累计使用时间 /（min/d） | | | | | |
|---|---|---|---|---|---|---|---|---|---|---|
| | | | | | Mean | P5 | P25 | P50 | P75 | P95 |
| 合计 | 城乡 | 小计 | 小计 | 10 670 | 43 | 10 | 20 | 30 | 60 | 120 |
| | | | 18 ～ 44 岁 | 5 577 | 43 | 10 | 20 | 30 | 60 | 120 |
| | | | 45 ～ 59 岁 | 3 719 | 44 | 10 | 20 | 30 | 60 | 120 |
| | | | 60 ～ 79 岁 | 1 359 | 43 | 0 | 20 | 30 | 60 | 120 |
| | | | 80 岁及以上 | 15 | 80 | 0 | 20 | 30 | 80 | 480 |
| | | 男 | 小计 | 4 421 | 45 | 10 | 20 | 30 | 60 | 120 |
| | | | 18 ～ 44 岁 | 1 806 | 44 | 10 | 20 | 30 | 60 | 120 |
| | | | 45 ～ 59 岁 | 1 637 | 47 | 10 | 26 | 30 | 60 | 120 |
| | | | 60 ～ 79 岁 | 968 | 46 | 10 | 20 | 30 | 60 | 120 |
| | | | 80 岁及以上 | 10 | 99 | 20 | 20 | 40 | 80 | 480 |
| | | 女 | 小计 | 6 249 | 41 | 10 | 20 | 30 | 60 | 100 |
| | | | 18 ～ 44 岁 | 3 771 | 42 | 10 | 20 | 30 | 60 | 110 |
| | | | 45 ～ 59 岁 | 2 082 | 40 | 10 | 20 | 30 | 50 | 100 |
| | | | 60 ～ 79 岁 | 391 | 35 | 0 | 20 | 30 | 50 | 100 |
| | | | 80 岁及以上 | 5 | 22 | 0 | 0 | 30 | 30 | 30 |
| | 城市 | 小计 | 小计 | 5 306 | 43 | 10 | 20 | 30 | 60 | 120 |
| | | | 18 ～ 44 岁 | 2 917 | 43 | 10 | 20 | 30 | 60 | 120 |
| | | | 45 ～ 59 岁 | 1 765 | 44 | 10 | 20 | 30 | 60 | 120 |
| | | | 60 ～ 79 岁 | 616 | 41 | 0 | 20 | 30 | 60 | 120 |
| | | | 80 岁及以上 | 8 | 40 | 0 | 20 | 30 | 80 | 80 |
| | | 男 | 小计 | 2 301 | 46 | 10 | 25 | 30 | 60 | 120 |
| | | | 18 ～ 44 岁 | 1 051 | 46 | 10 | 20 | 30 | 60 | 120 |
| | | | 45 ～ 59 岁 | 822 | 48 | 10 | 30 | 30 | 60 | 120 |
| | | | 60 ～ 79 岁 | 423 | 43 | 0 | 25 | 30 | 60 | 120 |
| | | | 80 岁及以上 | 5 | 48 | 20 | 20 | 30 | 80 | 80 |
| | | 女 | 小计 | 3 005 | 40 | 10 | 20 | 30 | 60 | 100 |
| | | | 18 ～ 44 岁 | 1 866 | 41 | 10 | 20 | 30 | 60 | 100 |
| | | | 45 ～ 59 岁 | 943 | 40 | 10 | 20 | 30 | 45 | 100 |
| | | | 60 ～ 79 岁 | 193 | 34 | 0 | 15 | 30 | 45 | 100 |
| | | | 80 岁及以上 | 3 | 22 | 0 | 0 | 30 | 30 | 30 |
| | 农村 | 小计 | 小计 | 5 364 | 43 | 10 | 20 | 30 | 60 | 120 |
| | | | 18 ～ 44 岁 | 2 660 | 42 | 10 | 30 | 30 | 60 | 120 |
| | | | 45 ～ 59 岁 | 1 954 | 43 | 10 | 20 | 30 | 60 | 120 |
| | | | 60 ～ 79 岁 | 743 | 45 | 10 | 20 | 30 | 60 | 120 |
| | | | 80 岁及以上 | 7 | 175 | 20 | 30 | 40 | 480 | 480 |
| | | 男 | 小计 | 2 120 | 45 | 10 | 20 | 30 | 60 | 120 |
| | | | 18 ～ 44 岁 | 755 | 42 | 10 | 20 | 30 | 60 | 100 |
| | | | 45 ～ 59 岁 | 815 | 47 | 10 | 20 | 30 | 60 | 120 |
| | | | 60 ～ 79 岁 | 545 | 47 | 10 | 20 | 30 | 60 | 120 |
| | | | 80 岁及以上 | 5 | 189 | 20 | 30 | 60 | 480 | 480 |
| | | 女 | 小计 | 3 244 | 42 | 10 | 20 | 30 | 60 | 120 |
| | | | 18 ～ 44 岁 | 1 905 | 42 | 10 | 30 | 30 | 60 | 120 |
| | | | 45 ～ 59 岁 | 1 139 | 40 | 10 | 20 | 30 | 60 | 100 |
| | | | 60 ～ 79 岁 | 198 | 37 | 5 | 20 | 30 | 50 | 100 |
| | | | 80 岁及以上 | 2 | 17 | 0 | 0 | 30 | 30 | 30 |
| 东部 | 城乡 | 小计 | 小计 | 4 915 | 41 | 10 | 20 | 30 | 60 | 120 |
| | | | 18 ～ 44 岁 | 2 224 | 42 | 10 | 20 | 30 | 60 | 120 |
| | | | 45 ～ 59 岁 | 1 925 | 40 | 10 | 20 | 30 | 50 | 120 |
| | | | 60 ～ 79 岁 | 758 | 41 | 0 | 20 | 30 | 60 | 120 |
| | | | 80 岁及以上 | 8 | 28 | 0 | 20 | 30 | 30 | 60 |
| | | 男 | 小计 | 2 106 | 44 | 10 | 20 | 30 | 60 | 120 |
| | | | 18 ～ 44 岁 | 703 | 44 | 10 | 20 | 30 | 60 | 120 |
| | | | 45 ～ 59 岁 | 859 | 45 | 10 | 20 | 30 | 60 | 120 |
| | | | 60 ～ 79 岁 | 539 | 43 | 0 | 20 | 30 | 60 | 120 |
| | | | 80 岁及以上 | 5 | 32 | 20 | 20 | 30 | 40 | 60 |
| | | 女 | 小计 | 2 809 | 39 | 10 | 20 | 30 | 50 | 100 |

| 地区 | 城乡 | 性别 | 年龄 | n | 电动自行车累计使用时间 /（min/d） | | | | | |
|---|---|---|---|---|---|---|---|---|---|---|
| | | | | | Mean | P5 | P25 | P50 | P75 | P95 |
| 东部 | 城乡 | 女 | 18 ～ 44 岁 | 1 521 | 41 | 10 | 20 | 30 | 50 | 120 |
| | | | 45 ～ 59 岁 | 1 066 | 36 | 10 | 20 | 30 | 40 | 80 |
| | | | 60 ～ 79 岁 | 219 | 35 | 0 | 15 | 30 | 50 | 120 |
| | | | 80 岁及以上 | 3 | 22 | 0 | 0 | 30 | 30 | 30 |
| | 城市 | 小计 | 小计 | 2 446 | 41 | 10 | 20 | 30 | 50 | 120 |
| | | | 18 ～ 44 岁 | 1 165 | 42 | 10 | 20 | 30 | 60 | 120 |
| | | | 45 ～ 59 岁 | 909 | 41 | 10 | 20 | 30 | 50 | 120 |
| | | | 60 ～ 79 岁 | 367 | 36 | 0 | 20 | 30 | 50 | 120 |
| | | | 80 岁及以上 | 5 | 23 | 0 | 20 | 30 | 30 | 30 |
| | | 男 | 小计 | 1 095 | 44 | 10 | 20 | 30 | 60 | 120 |
| | | | 18 ～ 44 岁 | 416 | 44 | 10 | 20 | 30 | 60 | 120 |
| | | | 45 ～ 59 岁 | 429 | 46 | 10 | 20 | 30 | 60 | 120 |
| | | | 60 ～ 79 岁 | 248 | 38 | 0 | 20 | 30 | 60 | 120 |
| | | | 80 岁及以上 | 2 | 24 | 20 | 20 | 20 | 30 | 30 |
| | | 女 | 小计 | 1 351 | 38 | 10 | 20 | 30 | 45 | 100 |
| | | | 18 ～ 44 岁 | 749 | 41 | 10 | 20 | 30 | 60 | 110 |
| | | | 45 ～ 59 岁 | 480 | 35 | 10 | 20 | 30 | 40 | 80 |
| | | | 60 ～ 79 岁 | 119 | 29 | 0 | 0 | 20 | 40 | 120 |
| | | | 80 岁及以上 | 3 | 22 | 0 | 0 | 30 | 30 | 30 |
| | 农村 | 小计 | 小计 | 2 469 | 41 | 10 | 20 | 30 | 60 | 120 |
| | | | 18 ～ 44 岁 | 1 059 | 41 | 10 | 25 | 30 | 60 | 120 |
| | | | 45 ～ 59 岁 | 1 016 | 40 | 10 | 20 | 30 | 60 | 120 |
| | | | 60 ～ 79 岁 | 391 | 45 | 10 | 20 | 30 | 60 | 120 |
| | | | 80 岁及以上 | 3 | 40 | 20 | 20 | 40 | 60 | 60 |
| | | 男 | 小计 | 1 011 | 44 | 10 | 20 | 30 | 60 | 120 |
| | | | 18 ～ 44 岁 | 287 | 43 | 10 | 30 | 30 | 60 | 120 |
| | | | 45 ～ 59 岁 | 430 | 44 | 10 | 20 | 30 | 60 | 120 |
| | | | 60 ～ 79 岁 | 291 | 47 | 10 | 20 | 30 | 60 | 120 |
| | | | 80 岁及以上 | 3 | 40 | 20 | 20 | 40 | 60 | 60 |
| | | 女 | 小计 | 1 458 | 40 | 10 | 20 | 30 | 50 | 120 |
| | | | 18 ～ 44 岁 | 772 | 40 | 10 | 20 | 30 | 50 | 120 |
| | | | 45 ～ 59 岁 | 586 | 37 | 10 | 20 | 30 | 40 | 90 |
| | | | 60 ～ 79 岁 | 100 | 42 | 10 | 25 | 30 | 60 | 120 |
| | | | 80 岁及以上 | 0 | 0 | 0 | 0 | 0 | 0 | 0 |
| 中部 | 城乡 | 小计 | 小计 | 3 333 | 46 | 10 | 30 | 40 | 60 | 120 |
| | | | 18 ～ 44 岁 | 1 895 | 44 | 10 | 30 | 30 | 60 | 120 |
| | | | 45 ～ 59 岁 | 1 077 | 50 | 14 | 30 | 40 | 60 | 120 |
| | | | 60 ～ 79 岁 | 357 | 49 | 10 | 25 | 30 | 60 | 120 |
| | | | 80 岁及以上 | 4 | 154 | 10 | 80 | 80 | 80 | 480 |
| | | 男 | 小计 | 1 326 | 48 | 15 | 30 | 40 | 60 | 120 |
| | | | 18 ～ 44 岁 | 580 | 43 | 15 | 20 | 30 | 60 | 120 |
| | | | 45 ～ 59 岁 | 485 | 51 | 15 | 30 | 40 | 60 | 120 |
| | | | 60 ～ 79 岁 | 257 | 53 | 10 | 30 | 35 | 60 | 130 |
| | | | 80 岁及以上 | 4 | 154 | 10 | 80 | 80 | 80 | 480 |
| | | 女 | 小计 | 2 007 | 45 | 10 | 30 | 40 | 60 | 120 |
| | | | 18 ～ 44 岁 | 1 315 | 44 | 10 | 30 | 30 | 60 | 120 |
| | | | 45 ～ 59 岁 | 592 | 48 | 10 | 30 | 40 | 60 | 120 |
| | | | 60 ～ 79 岁 | 100 | 39 | 10 | 20 | 30 | 60 | 100 |
| | | | 80 岁及以上 | 0 | 0 | 0 | 0 | 0 | 0 | 0 |
| | 城市 | 小计 | 小计 | 1 685 | 46 | 10 | 30 | 40 | 60 | 120 |
| | | | 18 ～ 44 岁 | 1 006 | 44 | 10 | 30 | 30 | 60 | 120 |
| | | | 45 ～ 59 岁 | 517 | 49 | 15 | 30 | 40 | 60 | 120 |
| | | | 60 ～ 79 岁 | 159 | 51 | 10 | 30 | 40 | 60 | 120 |
| | | | 80 岁及以上 | 3 | 60 | 10 | 20 | 80 | 80 | 80 |
| | | 男 | 小计 | 708 | 49 | 15 | 30 | 40 | 60 | 120 |
| | | | 18 ～ 44 岁 | 339 | 48 | 15 | 30 | 40 | 60 | 120 |
| | | | 45 ～ 59 岁 | 260 | 48 | 15 | 30 | 40 | 60 | 120 |
| | | | 60 ～ 79 岁 | 106 | 55 | 20 | 30 | 40 | 60 | 120 |

| 地区 | 城乡 | 性别 | 年龄 | *n* | 电动自行车累计使用时间 /（min/d） | | | | | |
|---|---|---|---|---|---|---|---|---|---|---|
| | | | | | Mean | P5 | P25 | P50 | P75 | P95 |
| 中部 | 城市 | 男 | 80 岁及以上 | 3 | 60 | 10 | 20 | 80 | 80 | 80 |
| | | 女 | 小计 | 977 | 44 | 10 | 30 | 30 | 60 | 100 |
| | | | 18 ～ 44 岁 | 667 | 42 | 10 | 25 | 30 | 60 | 100 |
| | | | 45 ～ 59 岁 | 257 | 50 | 15 | 30 | 40 | 60 | 120 |
| | | | 60 ～ 79 岁 | 53 | 43 | 10 | 30 | 35 | 60 | 100 |
| | | | 80 岁及以上 | 0 | 0 | 0 | 0 | 0 | 0 | 0 |
| | 农村 | 小计 | 小计 | 1 648 | 46 | 10 | 30 | 40 | 60 | 120 |
| | | | 18 ～ 44 岁 | 889 | 44 | 12 | 25 | 35 | 60 | 120 |
| | | | 45 ～ 59 岁 | 560 | 50 | 10 | 30 | 40 | 60 | 120 |
| | | | 60 ～ 79 岁 | 198 | 48 | 10 | 20 | 30 | 60 | 160 |
| | | | 80 岁及以上 | 1 | 480 | 480 | 480 | 480 | 480 | 480 |
| | | 男 | 小计 | 618 | 47 | 12 | 20 | 35 | 60 | 120 |
| | | | 18 ～ 44 岁 | 241 | 40 | 15 | 20 | 30 | 60 | 80 |
| | | | 45 ～ 59 岁 | 225 | 54 | 10 | 30 | 50 | 60 | 120 |
| | | | 60 ～ 79 岁 | 151 | 51 | 10 | 30 | 30 | 60 | 180 |
| | | | 80 岁及以上 | 1 | 480 | 480 | 480 | 480 | 480 | 480 |
| | | 女 | 小计 | 1 030 | 46 | 10 | 30 | 40 | 60 | 120 |
| | | | 18 ～ 44 岁 | 648 | 46 | 10 | 30 | 40 | 60 | 120 |
| | | | 45 ～ 59 岁 | 335 | 47 | 10 | 30 | 40 | 60 | 120 |
| | | | 60 ～ 79 岁 | 47 | 33 | 2 | 15 | 20 | 50 | 80 |
| | | | 80 岁及以上 | 0 | 0 | 0 | 0 | 0 | 0 | 0 |
| 西部 | 城乡 | 小计 | 小计 | 2 422 | 42 | 10 | 20 | 30 | 60 | 120 |
| | | | 18 ～ 44 岁 | 1 458 | 43 | 10 | 25 | 30 | 60 | 120 |
| | | | 45 ～ 59 岁 | 717 | 41 | 10 | 20 | 30 | 50 | 120 |
| | | | 60 ～ 79 岁 | 244 | 35 | 0 | 20 | 30 | 40 | 100 |
| | | | 80 岁及以上 | 3 | 22 | 0 | 0 | 30 | 30 | 30 |
| | | 男 | 小计 | 989 | 45 | 10 | 25 | 30 | 60 | 120 |
| | | | 18 ～ 44 岁 | 523 | 46 | 10 | 29 | 30 | 60 | 120 |
| | | | 45 ～ 59 岁 | 293 | 46 | 10 | 20 | 30 | 60 | 120 |
| | | | 60 ～ 79 岁 | 172 | 39 | 10 | 20 | 30 | 55 | 100 |
| | | | 80 岁及以上 | 1 | 30 | 30 | 30 | 30 | 30 | 30 |
| | | 女 | 小计 | 1 433 | 39 | 10 | 20 | 30 | 50 | 90 |
| | | | 18 ～ 44 岁 | 935 | 40 | 10 | 24 | 30 | 50 | 100 |
| | | | 45 ～ 59 岁 | 424 | 36 | 10 | 20 | 30 | 40 | 80 |
| | | | 60 ～ 79 岁 | 72 | 20 | 0 | 10 | 20 | 30 | 45 |
| | | | 80 岁及以上 | 2 | 17 | 0 | 0 | 30 | 30 | 30 |
| | 城市 | 小计 | 小计 | 1 175 | 45 | 10 | 20 | 30 | 60 | 120 |
| | | | 18 ～ 44 岁 | 746 | 44 | 10 | 20 | 30 | 60 | 120 |
| | | | 45 ～ 59 岁 | 339 | 48 | 15 | 20 | 30 | 60 | 120 |
| | | | 60 ～ 79 岁 | 90 | 38 | 10 | 30 | 30 | 40 | 90 |
| | | | 80 岁及以上 | 0 | 0 | 0 | 0 | 0 | 0 | 0 |
| | | 男 | 小计 | 498 | 51 | 10 | 30 | 40 | 60 | 120 |
| | | | 18 ～ 44 岁 | 296 | 49 | 10 | 25 | 40 | 60 | 120 |
| | | | 45 ～ 59 岁 | 133 | 60 | 20 | 30 | 40 | 60 | 140 |
| | | | 60 ～ 79 岁 | 69 | 41 | 10 | 30 | 30 | 60 | 100 |
| | | | 80 岁及以上 | 0 | 0 | 0 | 0 | 0 | 0 | 0 |
| | | 女 | 小计 | 677 | 40 | 12 | 20 | 30 | 60 | 100 |
| | | | 18 ～ 44 岁 | 450 | 41 | 10 | 20 | 30 | 60 | 100 |
| | | | 45 ～ 59 岁 | 206 | 38 | 15 | 20 | 30 | 50 | 80 |
| | | | 60 ～ 79 岁 | 21 | 26 | 8 | 20 | 30 | 30 | 60 |
| | | | 80 岁及以上 | 0 | 0 | 0 | 0 | 0 | 0 | 0 |
| | 农村 | 小计 | 小计 | 1 247 | 39 | 0 | 20 | 30 | 45 | 90 |
| | | | 18 ～ 44 岁 | 712 | 41 | 10 | 30 | 30 | 50 | 90 |
| | | | 45 ～ 59 岁 | 378 | 35 | 0 | 20 | 30 | 40 | 80 |
| | | | 60 ～ 79 岁 | 154 | 34 | 0 | 20 | 30 | 40 | 100 |
| | | | 80 岁及以上 | 3 | 22 | 0 | 0 | 30 | 30 | 30 |
| | | 男 | 小计 | 491 | 41 | 0 | 20 | 30 | 50 | 100 |
| | | | 18 ～ 44 岁 | 227 | 44 | 5 | 30 | 30 | 60 | 120 |

| 地区 | 城乡 | 性别 | 年龄 | n | 电动自行车累计使用时间 /（min/d） | | | | | |
|---|---|---|---|---|---|---|---|---|---|---|
| | | | | | Mean | P5 | P25 | P50 | P75 | P95 |
| 西部 | 农村 | 男 | 45 ～ 59 岁 | 160 | 35 | 0 | 20 | 30 | 40 | 60 |
| | | | 60 ～ 79 岁 | 103 | 38 | 0 | 20 | 30 | 55 | 100 |
| | | | 80 岁及以上 | 1 | 30 | 30 | 30 | 30 | 30 | 30 |
| | | 女 | 小计 | 756 | 38 | 0 | 25 | 30 | 40 | 90 |
| | | | 18 ～ 44 岁 | 485 | 39 | 10 | 30 | 30 | 50 | 90 |
| | | | 45 ～ 59 岁 | 218 | 35 | 0 | 20 | 30 | 40 | 80 |
| | | | 60 ～ 79 岁 | 51 | 15 | 0 | 0 | 10 | 30 | 40 |
| | | | 80 岁及以上 | 2 | 17 | 0 | 0 | 30 | 30 | 30 |

## 附表 6-29　中国人群分东中西、城乡、性别、年龄的摩托车累计使用时间

| 地区 | 城乡 | 性别 | 年龄 | n | 摩托车累计使用时间 /（min/d） | | | | | |
|---|---|---|---|---|---|---|---|---|---|---|
| | | | | | Mean | P5 | P25 | P50 | P75 | P95 |
| 合计 | 城乡 | 小计 | 小计 | 14 960 | 46 | 10 | 20 | 30 | 60 | 120 |
| | | | 18 ～ 44 岁 | 8 889 | 46 | 10 | 20 | 30 | 60 | 120 |
| | | | 45 ～ 59 岁 | 5 037 | 46 | 10 | 20 | 30 | 60 | 120 |
| | | | 60 ～ 79 岁 | 1 011 | 36 | 0 | 20 | 30 | 40 | 110 |
| | | | 80 岁及以上 | 23 | 43 | 0 | 20 | 30 | 60 | 120 |
| | | 男 | 小计 | 10 449 | 49 | 10 | 25 | 30 | 60 | 120 |
| | | | 18 ～ 44 岁 | 6 017 | 49 | 10 | 30 | 40 | 60 | 120 |
| | | | 45 ～ 59 岁 | 3 728 | 49 | 10 | 20 | 30 | 60 | 120 |
| | | | 60 ～ 79 岁 | 689 | 41 | 2 | 20 | 30 | 45 | 120 |
| | | | 80 岁及以上 | 15 | 43 | 15 | 20 | 30 | 60 | 120 |
| | | 女 | 小计 | 4 511 | 37 | 10 | 20 | 30 | 40 | 100 |
| | | | 18 ～ 44 岁 | 2 872 | 38 | 10 | 20 | 30 | 45 | 100 |
| | | | 45 ～ 59 岁 | 1 309 | 36 | 5 | 20 | 30 | 40 | 100 |
| | | | 60 ～ 79 岁 | 322 | 26 | 0 | 10 | 20 | 30 | 60 |
| | | | 80 岁及以上 | 8 | 44 | 0 | 5 | 10 | 120 | 120 |
| | 城市 | 小计 | 小计 | 4 080 | 49 | 10 | 20 | 30 | 60 | 120 |
| | | | 18 ～ 44 岁 | 2 398 | 49 | 10 | 20 | 30 | 60 | 120 |
| | | | 45 ～ 59 岁 | 1 384 | 50 | 10 | 20 | 30 | 60 | 120 |
| | | | 60 ～ 79 岁 | 295 | 33 | 0 | 10 | 30 | 40 | 120 |
| | | | 80 岁及以上 | 3 | 31 | 0 | 20 | 20 | 60 | 60 |
| | | 男 | 小计 | 2 908 | 53 | 10 | 30 | 30 | 60 | 120 |
| | | | 18 ～ 44 岁 | 1 649 | 53 | 10 | 30 | 40 | 60 | 120 |
| | | | 45 ～ 59 岁 | 1 057 | 53 | 10 | 25 | 30 | 60 | 150 |
| | | | 60 ～ 79 岁 | 200 | 39 | 0 | 15 | 30 | 50 | 120 |
| | | | 80 岁及以上 | 2 | 37 | 20 | 20 | 20 | 60 | 60 |
| | | 女 | 小计 | 1 172 | 38 | 10 | 20 | 30 | 40 | 90 |
| | | | 18 ～ 44 岁 | 749 | 40 | 10 | 20 | 30 | 50 | 90 |
| | | | 45 ～ 59 岁 | 327 | 38 | 5 | 20 | 30 | 40 | 100 |
| | | | 60 ～ 79 岁 | 95 | 17 | 0 | 0 | 10 | 30 | 60 |
| | | | 80 岁及以上 | 1 | 0 | 0 | 0 | 0 | 0 | 0 |
| | 农村 | 小计 | 小计 | 10 880 | 44 | 10 | 20 | 30 | 60 | 120 |
| | | | 18 ～ 44 岁 | 6 491 | 45 | 10 | 20 | 30 | 60 | 120 |
| | | | 45 ～ 59 岁 | 3 653 | 44 | 10 | 20 | 30 | 60 | 120 |
| | | | 60 ～ 79 岁 | 716 | 38 | 10 | 20 | 30 | 40 | 100 |
| | | | 80 岁及以上 | 20 | 48 | 10 | 15 | 30 | 60 | 120 |
| | | 男 | 小计 | 7 541 | 47 | 10 | 25 | 30 | 60 | 120 |
| | | | 18 ～ 44 岁 | 4 368 | 48 | 10 | 30 | 40 | 60 | 120 |
| | | | 45 ～ 59 岁 | 2 671 | 47 | 10 | 20 | 30 | 60 | 120 |
| | | | 60 ～ 79 岁 | 489 | 41 | 10 | 20 | 30 | 40 | 120 |
| | | | 80 岁及以上 | 13 | 45 | 15 | 20 | 30 | 40 | 120 |
| | | 女 | 小计 | 3 339 | 37 | 10 | 20 | 30 | 40 | 100 |
| | | | 18 ～ 44 岁 | 2 123 | 38 | 10 | 20 | 30 | 40 | 100 |

| 地区 | 城乡 | 性别 | 年龄 | $n$ | 摩托车累计使用时间 /（min/d） | | | | | |
| --- | --- | --- | --- | --- | --- | --- | --- | --- | --- | --- |
| | | | | | Mean | P5 | P25 | P50 | P75 | P95 |
| 合计 | 农村 | 女 | 45 ～ 59 岁 | 982 | 36 | 10 | 20 | 30 | 40 | 90 |
| | | | 60 ～ 79 岁 | 227 | 30 | 5 | 15 | 30 | 30 | 80 |
| | | | 80 岁及以上 | 7 | 53 | 5 | 10 | 10 | 120 | 120 |
| 东部 | 城乡 | 小计 | 小计 | 4 830 | 43 | 10 | 20 | 30 | 60 | 120 |
| | | | 18 ～ 44 岁 | 2 473 | 43 | 10 | 20 | 30 | 60 | 120 |
| | | | 45 ～ 59 岁 | 1 896 | 46 | 10 | 20 | 30 | 60 | 120 |
| | | | 60 ～ 79 岁 | 454 | 34 | 0 | 15 | 30 | 40 | 90 |
| | | | 80 岁及以上 | 7 | 35 | 0 | 10 | 20 | 40 | 120 |
| | | 男 | 小计 | 3 303 | 47 | 10 | 20 | 30 | 60 | 120 |
| | | | 18 ～ 44 岁 | 1 596 | 46 | 10 | 25 | 30 | 60 | 120 |
| | | | 45 ～ 59 岁 | 1 395 | 49 | 10 | 20 | 30 | 60 | 120 |
| | | | 60 ～ 79 岁 | 307 | 39 | 0 | 20 | 30 | 45 | 120 |
| | | | 80 岁及以上 | 5 | 51 | 20 | 20 | 30 | 120 | 120 |
| | | 女 | 小计 | 1 527 | 37 | 10 | 20 | 30 | 40 | 90 |
| | | | 18 ～ 44 岁 | 877 | 38 | 10 | 20 | 30 | 40 | 100 |
| | | | 45 ～ 59 岁 | 501 | 34 | 5 | 20 | 30 | 40 | 60 |
| | | | 60 ～ 79 岁 | 147 | 23 | 0 | 2 | 20 | 30 | 60 |
| | | | 80 岁及以上 | 2 | 6 | 0 | 0 | 10 | 10 | 10 |
| | 城市 | 小计 | 小计 | 1 648 | 45 | 10 | 20 | 30 | 60 | 120 |
| | | | 18 ～ 44 岁 | 843 | 47 | 10 | 20 | 30 | 60 | 120 |
| | | | 45 ～ 59 岁 | 617 | 46 | 10 | 20 | 30 | 60 | 120 |
| | | | 60 ～ 79 岁 | 187 | 25 | 0 | 0 | 20 | 35 | 60 |
| | | | 80 岁及以上 | 1 | 0 | 0 | 0 | 0 | 0 | 0 |
| | | 男 | 小计 | 1 085 | 49 | 10 | 20 | 30 | 60 | 120 |
| | | | 18 ～ 44 岁 | 529 | 49 | 10 | 30 | 30 | 60 | 120 |
| | | | 45 ～ 59 岁 | 438 | 51 | 10 | 30 | 30 | 60 | 120 |
| | | | 60 ～ 79 岁 | 118 | 30 | 0 | 10 | 30 | 40 | 60 |
| | | | 80 岁及以上 | 0 | 0 | 0 | 0 | 0 | 0 | 0 |
| | | 女 | 小计 | 563 | 38 | 0 | 20 | 30 | 40 | 80 |
| | | | 18 ～ 44 岁 | 314 | 42 | 10 | 20 | 30 | 50 | 90 |
| | | | 45 ～ 59 岁 | 179 | 35 | 0 | 20 | 30 | 40 | 60 |
| | | | 60 ～ 79 岁 | 69 | 13 | 0 | 0 | 0 | 30 | 60 |
| | | | 80 岁及以上 | 1 | 0 | 0 | 0 | 0 | 0 | 0 |
| | 农村 | 小计 | 小计 | 3 182 | 43 | 10 | 20 | 30 | 60 | 120 |
| | | | 18 ～ 44 岁 | 1 630 | 42 | 10 | 20 | 30 | 60 | 120 |
| | | | 45 ～ 59 岁 | 1 279 | 45 | 10 | 20 | 30 | 60 | 120 |
| | | | 60 ～ 79 岁 | 267 | 41 | 10 | 20 | 30 | 40 | 120 |
| | | | 80 岁及以上 | 6 | 42 | 10 | 20 | 20 | 40 | 120 |
| | | 男 | 小计 | 2 218 | 46 | 10 | 20 | 30 | 60 | 120 |
| | | | 18 ～ 44 岁 | 1 067 | 45 | 10 | 20 | 30 | 60 | 120 |
| | | | 45 ～ 59 岁 | 957 | 48 | 10 | 20 | 30 | 60 | 120 |
| | | | 60 ～ 79 岁 | 189 | 45 | 10 | 20 | 30 | 50 | 120 |
| | | | 80 岁及以上 | 5 | 51 | 20 | 20 | 30 | 120 | 120 |
| | | 女 | 小计 | 964 | 35 | 10 | 20 | 30 | 40 | 100 |
| | | | 18 ～ 44 岁 | 563 | 36 | 10 | 20 | 30 | 40 | 100 |
| | | | 45 ～ 59 岁 | 322 | 34 | 5 | 20 | 30 | 40 | 80 |
| | | | 60 ～ 79 岁 | 78 | 32 | 5 | 20 | 30 | 30 | 60 |
| | | | 80 岁及以上 | 1 | 10 | 10 | 10 | 10 | 10 | 10 |
| 中部 | 城乡 | 小计 | 小计 | 4 105 | 48 | 10 | 25 | 30 | 60 | 120 |
| | | | 18 ～ 44 岁 | 2 554 | 48 | 10 | 30 | 40 | 60 | 120 |
| | | | 45 ～ 59 岁 | 1 338 | 48 | 10 | 20 | 30 | 60 | 120 |
| | | | 60 ～ 79 岁 | 210 | 42 | 10 | 20 | 30 | 40 | 120 |
| | | | 80 岁及以上 | 3 | 30 | 20 | 20 | 30 | 40 | 40 |
| | | 男 | 小计 | 3 015 | 51 | 10 | 30 | 40 | 60 | 120 |
| | | | 18 ～ 44 岁 | 1 831 | 51 | 10 | 30 | 40 | 60 | 120 |
| | | | 45 ～ 59 岁 | 1 029 | 50 | 10 | 30 | 35 | 60 | 120 |
| | | | 60 ～ 79 岁 | 153 | 47 | 10 | 20 | 30 | 60 | 120 |
| | | | 80 岁及以上 | 2 | 29 | 20 | 20 | 20 | 40 | 40 |

| 地区 | 城乡 | 性别 | 年龄 | *n* | 摩托车累计使用时间 /（min/d） | | | | | |
|---|---|---|---|---|---|---|---|---|---|---|
| | | | | | Mean | P5 | P25 | P50 | P75 | P95 |
| 中部 | 城乡 | 女 | 小计 | 1 090 | 38 | 10 | 20 | 30 | 40 | 100 |
| | | | 18 ～ 44 岁 | 723 | 38 | 10 | 20 | 30 | 40 | 100 |
| | | | 45 ～ 59 岁 | 309 | 39 | 10 | 20 | 30 | 40 | 120 |
| | | | 60 ～ 79 岁 | 57 | 31 | 10 | 20 | 30 | 30 | 70 |
| | | | 80 岁及以上 | 1 | 30 | 30 | 30 | 30 | 30 | 30 |
| | 城市 | 小计 | 小计 | 1 119 | 53 | 15 | 30 | 40 | 60 | 130 |
| | | | 18 ～ 44 岁 | 712 | 51 | 15 | 30 | 38 | 60 | 130 |
| | | | 45 ～ 59 岁 | 361 | 56 | 10 | 25 | 35 | 60 | 180 |
| | | | 60 ～ 79 岁 | 46 | 63 | 20 | 30 | 40 | 60 | 150 |
| | | | 80 岁及以上 | 0 | 0 | 0 | 0 | 0 | 0 | 0 |
| | | 男 | 小计 | 844 | 56 | 15 | 30 | 40 | 60 | 150 |
| | | | 18 ～ 44 岁 | 520 | 55 | 15 | 30 | 40 | 60 | 130 |
| | | | 45 ～ 59 岁 | 287 | 57 | 10 | 30 | 35 | 60 | 180 |
| | | | 60 ～ 79 岁 | 37 | 69 | 20 | 30 | 60 | 60 | 240 |
| | | | 80 岁及以上 | 0 | 0 | 0 | 0 | 0 | 0 | 0 |
| | | 女 | 小计 | 275 | 42 | 10 | 20 | 30 | 50 | 120 |
| | | | 18 ～ 44 岁 | 192 | 40 | 15 | 20 | 30 | 40 | 120 |
| | | | 45 ～ 59 岁 | 74 | 50 | 10 | 20 | 30 | 80 | 120 |
| | | | 60 ～ 79 岁 | 9 | 32 | 20 | 20 | 30 | 40 | 40 |
| | | | 80 岁及以上 | 0 | 0 | 0 | 0 | 0 | 0 | 0 |
| | 农村 | 小计 | 小计 | 2 986 | 46 | 10 | 20 | 30 | 60 | 120 |
| | | | 18 ～ 44 岁 | 1 842 | 47 | 10 | 25 | 40 | 60 | 120 |
| | | | 45 ～ 59 岁 | 977 | 45 | 10 | 20 | 30 | 60 | 120 |
| | | | 60 ～ 79 岁 | 164 | 37 | 10 | 20 | 30 | 40 | 100 |
| | | | 80 岁及以上 | 3 | 30 | 20 | 20 | 30 | 40 | 40 |
| | | 男 | 小计 | 2 171 | 49 | 10 | 30 | 40 | 60 | 120 |
| | | | 18 ～ 44 岁 | 1 311 | 50 | 10 | 30 | 40 | 60 | 120 |
| | | | 45 ～ 59 岁 | 742 | 47 | 10 | 30 | 35 | 60 | 120 |
| | | | 60 ～ 79 岁 | 116 | 40 | 10 | 20 | 30 | 40 | 120 |
| | | | 80 岁及以上 | 2 | 29 | 20 | 20 | 20 | 40 | 40 |
| | | 女 | 小计 | 815 | 37 | 10 | 20 | 30 | 40 | 90 |
| | | | 18 ～ 44 岁 | 531 | 38 | 10 | 20 | 30 | 50 | 100 |
| | | | 45 ～ 59 岁 | 235 | 36 | 10 | 20 | 30 | 40 | 70 |
| | | | 60 ～ 79 岁 | 48 | 30 | 10 | 20 | 30 | 30 | 70 |
| | | | 80 岁及以上 | 1 | 30 | 30 | 30 | 30 | 30 | 30 |
| 西部 | 城乡 | 小计 | 小计 | 6 025 | 46 | 10 | 20 | 30 | 60 | 120 |
| | | | 18 ～ 44 岁 | 3 862 | 48 | 10 | 20 | 30 | 60 | 120 |
| | | | 45 ～ 59 岁 | 1 803 | 44 | 10 | 20 | 30 | 60 | 120 |
| | | | 60 ～ 79 岁 | 347 | 35 | 5 | 20 | 30 | 40 | 100 |
| | | | 80 岁及以上 | 13 | 49 | 10 | 20 | 30 | 60 | 120 |
| | | 男 | 小计 | 4 131 | 49 | 10 | 20 | 30 | 60 | 120 |
| | | | 18 ～ 44 岁 | 2 590 | 51 | 10 | 30 | 40 | 60 | 120 |
| | | | 45 ～ 59 岁 | 1 304 | 46 | 10 | 20 | 30 | 60 | 120 |
| | | | 60 ～ 79 岁 | 229 | 38 | 10 | 20 | 30 | 40 | 120 |
| | | | 80 岁及以上 | 8 | 42 | 15 | 20 | 30 | 60 | 60 |
| | | 女 | 小计 | 1 894 | 38 | 8 | 20 | 30 | 50 | 120 |
| | | | 18 ～ 44 岁 | 1 272 | 39 | 10 | 20 | 30 | 60 | 120 |
| | | | 45 ～ 59 岁 | 499 | 38 | 5 | 20 | 30 | 40 | 120 |
| | | | 60 ～ 79 岁 | 118 | 28 | 0 | 10 | 20 | 30 | 80 |
| | | | 80 岁及以上 | 5 | 72 | 0 | 10 | 120 | 120 | 120 |
| | 城市 | 小计 | 小计 | 1 313 | 51 | 10 | 20 | 30 | 60 | 120 |
| | | | 18 ～ 44 岁 | 843 | 53 | 10 | 20 | 30 | 60 | 120 |
| | | | 45 ～ 59 岁 | 406 | 50 | 10 | 20 | 30 | 60 | 180 |
| | | | 60 ～ 79 岁 | 62 | 41 | 10 | 15 | 30 | 40 | 120 |
| | | | 80 岁及以上 | 2 | 37 | 20 | 20 | 20 | 60 | 60 |
| | | 男 | 小计 | 979 | 56 | 10 | 20 | 30 | 60 | 180 |
| | | | 18 ～ 44 岁 | 600 | 58 | 10 | 25 | 40 | 60 | 180 |
| | | | 45 ～ 59 岁 | 332 | 52 | 10 | 20 | 30 | 60 | 180 |

| 地区 | 城乡 | 性别 | 年龄 | n | 摩托车累计使用时间 /（min/d） | | | | | |
|---|---|---|---|---|---|---|---|---|---|---|
| | | | | | Mean | P5 | P25 | P50 | P75 | P95 |
| 西部 | 城市 | 男 | 60 ~ 79 岁 | 45 | 45 | 10 | 10 | 30 | 50 | 120 |
| | | | 80 岁及以上 | 2 | 37 | 20 | 20 | 20 | 60 | 60 |
| | | 女 | 小计 | 334 | 35 | 10 | 20 | 30 | 40 | 80 |
| | | | 18 ~ 44 岁 | 243 | 36 | 10 | 20 | 30 | 50 | 90 |
| | | | 45 ~ 59 岁 | 74 | 35 | 10 | 10 | 20 | 40 | 60 |
| | | | 60 ~ 79 岁 | 17 | 29 | 10 | 15 | 30 | 40 | 60 |
| | | | 80 岁及以上 | 0 | 0 | 0 | 0 | 0 | 0 | 0 |
| | 农村 | 小计 | 小计 | 4 712 | 45 | 10 | 20 | 30 | 60 | 120 |
| | | | 18 ~ 44 岁 | 3 019 | 46 | 10 | 20 | 30 | 60 | 120 |
| | | | 45 ~ 59 岁 | 1 397 | 43 | 10 | 20 | 30 | 60 | 120 |
| | | | 60 ~ 79 岁 | 285 | 34 | 2 | 20 | 30 | 40 | 90 |
| | | | 80 岁及以上 | 11 | 57 | 5 | 15 | 40 | 120 | 180 |
| | | 男 | 小计 | 3 152 | 47 | 10 | 25 | 30 | 60 | 120 |
| | | | 18 ~ 44 岁 | 1 990 | 48 | 10 | 30 | 40 | 60 | 120 |
| | | | 45 ~ 59 岁 | 972 | 44 | 10 | 20 | 30 | 60 | 120 |
| | | | 60 ~ 79 岁 | 184 | 36 | 5 | 20 | 30 | 40 | 110 |
| | | | 80 岁及以上 | 6 | 48 | 15 | 15 | 30 | 60 | 180 |
| | | 女 | 小计 | 1 560 | 39 | 6 | 20 | 30 | 50 | 120 |
| | | | 18 ~ 44 岁 | 1 029 | 39 | 8 | 20 | 30 | 60 | 120 |
| | | | 45 ~ 59 岁 | 425 | 39 | 5 | 20 | 30 | 50 | 120 |
| | | | 60 ~ 79 岁 | 101 | 28 | 0 | 10 | 20 | 30 | 80 |
| | | | 80 岁及以上 | 5 | 72 | 0 | 10 | 120 | 120 | 120 |

## 附表 6-30　中国人群分东中西、城乡、性别、年龄的小轿车累计使用时间

| 地区 | 城乡 | 性别 | 年龄 | n | 小轿车累计使用时间 /（min/d） | | | | | |
|---|---|---|---|---|---|---|---|---|---|---|
| | | | | | Mean | P5 | P 25 | P50 | P 75 | P95 |
| 合计 | 城乡 | 小计 | 小计 | 4 348 | 71 | 10 | 30 | 40 | 60 | 240 |
| | | | 18 ~ 44 岁 | 2 731 | 73 | 10 | 30 | 40 | 70 | 240 |
| | | | 45 ~ 59 岁 | 1 343 | 68 | 10 | 30 | 40 | 80 | 180 |
| | | | 60 ~ 79 岁 | 261 | 52 | 10 | 20 | 30 | 60 | 180 |
| | | | 80 岁及以上 | 13 | 35 | 10 | 30 | 40 | 40 | 60 |
| | | 男 | 小计 | 2 819 | 81 | 10 | 30 | 60 | 100 | 240 |
| | | | 18 ~ 44 岁 | 1 756 | 84 | 10 | 30 | 60 | 120 | 300 |
| | | | 45 ~ 59 岁 | 917 | 75 | 10 | 30 | 50 | 100 | 240 |
| | | | 60 ~ 79 岁 | 138 | 65 | 10 | 20 | 30 | 60 | 260 |
| | | | 80 岁及以上 | 8 | 37 | 10 | 30 | 40 | 40 | 60 |
| | | 女 | 小计 | 1 529 | 47 | 10 | 20 | 30 | 60 | 120 |
| | | | 18 ~ 44 岁 | 975 | 48 | 10 | 20 | 30 | 60 | 120 |
| | | | 45 ~ 59 岁 | 426 | 45 | 10 | 20 | 30 | 60 | 120 |
| | | | 60 ~ 79 岁 | 123 | 33 | 5 | 20 | 30 | 40 | 90 |
| | | | 80 岁及以上 | 5 | 31 | 10 | 20 | 40 | 40 | 40 |
| | 城市 | 小计 | 小计 | 2 782 | 69 | 10 | 30 | 40 | 60 | 200 |
| | | | 18 ~ 44 岁 | 1 752 | 70 | 10 | 30 | 40 | 60 | 240 |
| | | | 45 ~ 59 岁 | 859 | 69 | 10 | 30 | 40 | 80 | 180 |
| | | | 60 ~ 79 岁 | 160 | 55 | 10 | 20 | 30 | 50 | 240 |
| | | | 80 岁及以上 | 11 | 35 | 10 | 30 | 40 | 40 | 60 |
| | | 男 | 小计 | 1 802 | 80 | 10 | 30 | 50 | 100 | 240 |
| | | | 18 ~ 44 岁 | 1 113 | 82 | 10 | 30 | 60 | 100 | 300 |
| | | | 45 ~ 59 岁 | 598 | 75 | 10 | 30 | 60 | 100 | 180 |
| | | | 60 ~ 79 岁 | 85 | 69 | 10 | 20 | 30 | 60 | 260 |
| | | | 80 岁及以上 | 6 | 37 | 10 | 30 | 40 | 40 | 60 |
| | | 女 | 小计 | 980 | 46 | 10 | 20 | 30 | 60 | 120 |

| 地区 | 城乡 | 性别 | 年龄 | *n* | 小轿车累计使用时间 /（min/d） | | | | | |
|---|---|---|---|---|---|---|---|---|---|---|
| | | | | | Mean | P5 | P 25 | P50 | P 75 | P95 |
| 合计 | 城市 | 女 | 18 ～ 44 岁 | 639 | 47 | 10 | 20 | 30 | 60 | 120 |
| | | | 45 ～ 59 岁 | 261 | 44 | 10 | 20 | 30 | 60 | 120 |
| | | | 60 ～ 79 岁 | 75 | 33 | 5 | 20 | 30 | 35 | 90 |
| | | | 80 岁及以上 | 5 | 31 | 10 | 20 | 40 | 40 | 40 |
| | 农村 | 小计 | 小计 | 1 566 | 74 | 10 | 30 | 45 | 80 | 240 |
| | | | 18 ～ 44 岁 | 979 | 77 | 10 | 30 | 50 | 90 | 240 |
| | | | 45 ～ 59 岁 | 484 | 66 | 10 | 25 | 40 | 60 | 240 |
| | | | 60 ～ 79 岁 | 101 | 46 | 2 | 20 | 30 | 60 | 120 |
| | | | 80 岁及以上 | 2 | 35 | 10 | 10 | 10 | 60 | 60 |
| | | 男 | 小计 | 1 017 | 83 | 10 | 30 | 60 | 100 | 240 |
| | | | 18 ～ 44 岁 | 643 | 86 | 10 | 30 | 60 | 120 | 250 |
| | | | 45 ～ 59 岁 | 319 | 73 | 10 | 30 | 40 | 90 | 240 |
| | | | 60 ～ 79 岁 | 53 | 55 | 2 | 25 | 30 | 90 | 180 |
| | | | 80 岁及以上 | 2 | 35 | 10 | 10 | 10 | 60 | 60 |
| | | 女 | 小计 | 549 | 50 | 10 | 20 | 30 | 60 | 120 |
| | | | 18 ～ 44 岁 | 336 | 52 | 10 | 20 | 30 | 60 | 120 |
| | | | 45 ～ 59 岁 | 165 | 45 | 10 | 20 | 30 | 60 | 120 |
| | | | 60 ～ 79 岁 | 48 | 35 | 2 | 20 | 30 | 50 | 90 |
| | | | 80 岁及以上 | 0 | 0 | 0 | 0 | 0 | 0 | 0 |
| 东部 | 城乡 | 小计 | 小计 | 1 825 | 69 | 10 | 30 | 40 | 60 | 200 |
| | | | 18 ～ 44 岁 | 1 143 | 69 | 10 | 30 | 40 | 60 | 200 |
| | | | 45 ～ 59 岁 | 571 | 70 | 10 | 30 | 40 | 60 | 180 |
| | | | 60 ～ 79 岁 | 107 | 56 | 10 | 20 | 30 | 50 | 260 |
| | | | 80 岁及以上 | 4 | 36 | 10 | 40 | 40 | 40 | 40 |
| | | 男 | 小计 | 1 201 | 79 | 10 | 30 | 50 | 100 | 240 |
| | | | 18 ～ 44 岁 | 728 | 80 | 12 | 30 | 60 | 100 | 250 |
| | | | 45 ～ 59 岁 | 411 | 77 | 10 | 30 | 60 | 100 | 240 |
| | | | 60 ～ 79 岁 | 60 | 69 | 10 | 20 | 30 | 60 | 400 |
| | | | 80 岁及以上 | 2 | 35 | 10 | 40 | 40 | 40 | 40 |
| | | 女 | 小计 | 624 | 46 | 10 | 25 | 30 | 60 | 120 |
| | | | 18 ～ 44 岁 | 415 | 47 | 10 | 30 | 40 | 60 | 120 |
| | | | 45 ～ 59 岁 | 160 | 44 | 10 | 20 | 30 | 50 | 120 |
| | | | 60 ～ 79 岁 | 47 | 33 | 10 | 20 | 20 | 40 | 60 |
| | | | 80 岁及以上 | 2 | 40 | 40 | 40 | 40 | 40 | 40 |
| | 城市 | 小计 | 小计 | 1 242 | 67 | 10 | 30 | 40 | 60 | 180 |
| | | | 18 ～ 44 岁 | 766 | 66 | 10 | 30 | 40 | 60 | 180 |
| | | | 45 ～ 59 岁 | 397 | 71 | 10 | 30 | 40 | 80 | 180 |
| | | | 60 ～ 79 岁 | 75 | 63 | 10 | 20 | 30 | 50 | 260 |
| | | | 80 岁及以上 | 4 | 36 | 10 | 40 | 40 | 40 | 40 |
| | | 男 | 小计 | 800 | 77 | 10 | 30 | 50 | 90 | 240 |
| | | | 18 ～ 44 岁 | 475 | 77 | 10 | 30 | 50 | 90 | 300 |
| | | | 45 ～ 59 岁 | 281 | 78 | 10 | 30 | 60 | 100 | 220 |
| | | | 60 ～ 79 岁 | 42 | 76 | 10 | 20 | 30 | 60 | 400 |
| | | | 80 岁及以上 | 2 | 35 | 10 | 40 | 40 | 40 | 40 |
| | | 女 | 小计 | 442 | 47 | 10 | 30 | 30 | 60 | 120 |
| | | | 18 ～ 44 岁 | 291 | 48 | 10 | 30 | 40 | 60 | 120 |
| | | | 45 ～ 59 岁 | 116 | 44 | 10 | 30 | 30 | 60 | 120 |
| | | | 60 ～ 79 岁 | 33 | 36 | 10 | 20 | 30 | 40 | 60 |
| | | | 80 岁及以上 | 2 | 40 | 40 | 40 | 40 | 40 | 40 |
| | 农村 | 小计 | 小计 | 583 | 71 | 10 | 30 | 45 | 60 | 240 |
| | | | 18 ～ 44 岁 | 377 | 74 | 10 | 30 | 50 | 65 | 240 |
| | | | 45 ～ 59 岁 | 174 | 67 | 10 | 20 | 30 | 60 | 240 |
| | | | 60 ～ 79 岁 | 32 | 38 | 10 | 20 | 30 | 60 | 120 |
| | | | 80 岁及以上 | 0 | 0 | 0 | 0 | 0 | 0 | 0 |
| | | 男 | 小计 | 401 | 82 | 10 | 30 | 60 | 100 | 240 |
| | | | 18 ～ 44 岁 | 253 | 86 | 20 | 30 | 60 | 100 | 250 |
| | | | 45 ～ 59 岁 | 130 | 73 | 10 | 30 | 40 | 60 | 240 |
| | | | 60 ～ 79 岁 | 18 | 48 | 10 | 25 | 30 | 60 | 120 |

| 地区 | 城乡 | 性别 | 年龄 | n | 小轿车累计使用时间 /（min/d） | | | | | |
|---|---|---|---|---|---|---|---|---|---|---|
| | | | | | Mean | P5 | P 25 | P50 | P 75 | P95 |
| 东部 | 农村 | 男 | 80 岁及以上 | 0 | 0 | 0 | 0 | 0 | 0 | 0 |
| | | 女 | 小计 | 182 | 43 | 10 | 20 | 30 | 60 | 120 |
| | | | 18 ～ 44 岁 | 124 | 44 | 10 | 20 | 30 | 60 | 120 |
| | | | 45 ～ 59 岁 | 44 | 44 | 7 | 20 | 30 | 50 | 180 |
| | | | 60 ～ 79 岁 | 14 | 28 | 8 | 20 | 20 | 30 | 60 |
| | | | 80 岁及以上 | 0 | 0 | 0 | 0 | 0 | 0 | 0 |
| 中部 | 城乡 | 小计 | 小计 | 1 066 | 72 | 10 | 30 | 40 | 90 | 240 |
| | | | 18 ～ 44 岁 | 692 | 75 | 10 | 30 | 40 | 90 | 240 |
| | | | 45 ～ 59 岁 | 328 | 65 | 15 | 30 | 40 | 90 | 180 |
| | | | 60 ～ 79 岁 | 40 | 39 | 2 | 10 | 30 | 50 | 100 |
| | | | 80 岁及以上 | 6 | 33 | 10 | 20 | 30 | 40 | 60 |
| | | 男 | 小计 | 729 | 83 | 15 | 30 | 60 | 120 | 240 |
| | | | 18 ～ 44 岁 | 474 | 88 | 15 | 30 | 60 | 120 | 300 |
| | | | 45 ～ 59 岁 | 235 | 70 | 20 | 30 | 60 | 100 | 180 |
| | | | 60 ～ 79 岁 | 17 | 50 | 2 | 20 | 30 | 60 | 180 |
| | | | 80 岁及以上 | 3 | 39 | 30 | 30 | 30 | 40 | 60 |
| | | 女 | 小计 | 337 | 44 | 10 | 20 | 30 | 60 | 120 |
| | | | 18 ～ 44 岁 | 218 | 43 | 10 | 20 | 30 | 60 | 120 |
| | | | 45 ～ 59 岁 | 93 | 51 | 10 | 20 | 40 | 60 | 120 |
| | | | 60 ～ 79 岁 | 23 | 30 | 2 | 10 | 30 | 50 | 90 |
| | | | 80 岁及以上 | 3 | 24 | 10 | 10 | 20 | 40 | 40 |
| | 城市 | 小计 | 小计 | 741 | 67 | 10 | 30 | 40 | 60 | 180 |
| | | | 18 ～ 44 岁 | 469 | 68 | 10 | 30 | 40 | 60 | 180 |
| | | | 45 ～ 59 岁 | 234 | 68 | 15 | 30 | 45 | 90 | 180 |
| | | | 60 ～ 79 岁 | 32 | 32 | 2 | 15 | 30 | 40 | 90 |
| | | | 80 岁及以上 | 6 | 33 | 10 | 20 | 30 | 40 | 60 |
| | | 男 | 小计 | 491 | 78 | 15 | 30 | 60 | 100 | 240 |
| | | | 18 ～ 44 岁 | 306 | 82 | 15 | 30 | 60 | 100 | 300 |
| | | | 45 ～ 59 岁 | 170 | 71 | 20 | 30 | 60 | 100 | 180 |
| | | | 60 ～ 79 岁 | 12 | 31 | 20 | 20 | 30 | 30 | 60 |
| | | | 80 岁及以上 | 3 | 39 | 30 | 30 | 30 | 40 | 60 |
| | | 女 | 小计 | 250 | 42 | 10 | 20 | 30 | 60 | 120 |
| | | | 18 ～ 44 岁 | 163 | 40 | 10 | 20 | 30 | 60 | 120 |
| | | | 45 ～ 59 岁 | 64 | 55 | 10 | 25 | 40 | 60 | 120 |
| | | | 60 ～ 79 岁 | 20 | 32 | 2 | 10 | 30 | 50 | 90 |
| | | | 80 岁及以上 | 3 | 24 | 10 | 10 | 20 | 40 | 40 |
| | 农村 | 小计 | 小计 | 325 | 80 | 10 | 30 | 50 | 100 | 240 |
| | | | 18 ～ 44 岁 | 223 | 86 | 10 | 30 | 55 | 120 | 300 |
| | | | 45 ～ 59 岁 | 94 | 61 | 10 | 30 | 40 | 60 | 180 |
| | | | 60 ～ 79 岁 | 8 | 53 | 2 | 2 | 30 | 90 | 180 |
| | | | 80 岁及以上 | 0 | 0 | 0 | 0 | 0 | 0 | 0 |
| | | 男 | 小计 | 238 | 89 | 20 | 30 | 60 | 120 | 240 |
| | | | 18 ～ 44 岁 | 168 | 95 | 20 | 30 | 60 | 120 | 300 |
| | | | 45 ～ 59 岁 | 65 | 67 | 20 | 30 | 50 | 90 | 180 |
| | | | 60 ～ 79 岁 | 5 | 66 | 2 | 2 | 30 | 90 | 180 |
| | | | 80 岁及以上 | 0 | 0 | 0 | 0 | 0 | 0 | 0 |
| | | 女 | 小计 | 87 | 47 | 10 | 20 | 30 | 60 | 120 |
| | | | 18 ～ 44 岁 | 55 | 49 | 10 | 20 | 30 | 60 | 120 |
| | | | 45 ～ 59 岁 | 29 | 45 | 10 | 20 | 30 | 60 | 120 |
| | | | 60 ～ 79 岁 | 3 | 23 | 2 | 2 | 2 | 50 | 50 |
| | | | 80 岁及以上 | 0 | 0 | 0 | 0 | 0 | 0 | 0 |
| 西部 | 城乡 | 小计 | 小计 | 1 457 | 74 | 10 | 30 | 40 | 80 | 240 |
| | | | 18 ～ 44 岁 | 896 | 79 | 10 | 30 | 45 | 90 | 240 |
| | | | 45 ～ 59 岁 | 444 | 65 | 10 | 28 | 40 | 80 | 240 |
| | | | 60 ～ 79 岁 | 114 | 52 | 10 | 20 | 30 | 80 | 180 |
| | | | 80 岁及以上 | 3 | 37 | 10 | 10 | 40 | 60 | 60 |
| | | 男 | 小计 | 889 | 84 | 10 | 30 | 60 | 100 | 300 |
| | | | 18 ～ 44 岁 | 554 | 88 | 10 | 30 | 60 | 120 | 360 |

| 地区 | 城乡 | 性别 | 年龄 | n | 小轿车累计使用时间 /（min/d） | | | | | |
|---|---|---|---|---|---|---|---|---|---|---|
| | | | | | Mean | P5 | P 25 | P50 | P 75 | P95 |
| 西部 | 城乡 | 男 | 45～59 岁 | 271 | 74 | 10 | 30 | 40 | 90 | 240 |
| | | | 60～79 岁 | 61 | 61 | 10 | 20 | 30 | 90 | 200 |
| | | | 80 岁及以上 | 3 | 37 | 10 | 10 | 40 | 60 | 60 |
| | | 女 | 小计 | 568 | 54 | 10 | 20 | 30 | 60 | 180 |
| | | | 18～44 岁 | 342 | 58 | 10 | 20 | 30 | 60 | 180 |
| | | | 45～59 岁 | 173 | 39 | 10 | 20 | 30 | 45 | 120 |
| | | | 60～79 岁 | 53 | 38 | 10 | 20 | 30 | 50 | 90 |
| | | | 80 岁及以上 | 0 | 0 | 0 | 0 | 0 | 0 | 0 |
| | 城市 | 小计 | 小计 | 799 | 77 | 10 | 30 | 40 | 90 | 240 |
| | | | 18～44 岁 | 517 | 83 | 10 | 30 | 50 | 100 | 240 |
| | | | 45～59 岁 | 228 | 60 | 10 | 30 | 40 | 60 | 180 |
| | | | 60～79 岁 | 53 | 49 | 10 | 20 | 30 | 50 | 200 |
| | | | 80 岁及以上 | 1 | 40 | 40 | 40 | 40 | 40 | 40 |
| | | 男 | 小计 | 511 | 90 | 10 | 30 | 60 | 120 | 300 |
| | | | 18～44 岁 | 332 | 97 | 10 | 30 | 60 | 120 | 360 |
| | | | 45～59 岁 | 147 | 69 | 10 | 30 | 40 | 98 | 240 |
| | | | 60～79 岁 | 31 | 62 | 10 | 20 | 30 | 80 | 200 |
| | | | 80 岁及以上 | 1 | 40 | 40 | 40 | 40 | 40 | 40 |
| | | 女 | 小计 | 288 | 47 | 10 | 20 | 30 | 60 | 160 |
| | | | 18～44 岁 | 185 | 52 | 10 | 20 | 30 | 60 | 180 |
| | | | 45～59 岁 | 81 | 33 | 10 | 15 | 30 | 30 | 102 |
| | | | 60～79 岁 | 22 | 23 | 10 | 10 | 30 | 30 | 50 |
| | | | 80 岁及以上 | 0 | 0 | 0 | 0 | 0 | 0 | 0 |
| | 农村 | 小计 | 小计 | 658 | 70 | 10 | 25 | 40 | 60 | 240 |
| | | | 18～44 岁 | 379 | 71 | 10 | 28 | 40 | 60 | 240 |
| | | | 45～59 岁 | 216 | 71 | 10 | 21 | 40 | 90 | 300 |
| | | | 60～79 岁 | 61 | 56 | 10 | 30 | 30 | 90 | 100 |
| | | | 80 岁及以上 | 2 | 35 | 10 | 10 | 10 | 60 | 60 |
| | | 男 | 小计 | 378 | 74 | 10 | 30 | 45 | 90 | 240 |
| | | | 18～44 岁 | 222 | 72 | 10 | 30 | 45 | 60 | 210 |
| | | | 45～59 岁 | 124 | 81 | 10 | 30 | 40 | 90 | 300 |
| | | | 60～79 岁 | 30 | 61 | 10 | 30 | 60 | 90 | 180 |
| | | | 80 岁及以上 | 2 | 35 | 10 | 10 | 10 | 60 | 60 |
| | | 女 | 小计 | 280 | 63 | 10 | 20 | 30 | 60 | 300 |
| | | | 18～44 岁 | 157 | 69 | 10 | 20 | 30 | 60 | 360 |
| | | | 45～59 岁 | 92 | 47 | 10 | 20 | 30 | 60 | 120 |
| | | | 60～79 岁 | 31 | 52 | 10 | 20 | 30 | 90 | 100 |
| | | | 80 岁及以上 | 0 | 0 | 0 | 0 | 0 | 0 | 0 |

## 附表 6-31　中国人群分东中西、城乡、性别、年龄的公交车累计使用时间

| 地区 | 城乡 | 性别 | 年龄 | n | 公交车累计使用时间 /（min/d） | | | | | |
|---|---|---|---|---|---|---|---|---|---|---|
| | | | | | Mean | P5 | P 25 | P50 | P 75 | P95 |
| 合计 | 城乡 | 小计 | 小计 | 13 144 | 43 | 10 | 20 | 30 | 60 | 120 |
| | | | 18～44 岁 | 6 111 | 45 | 10 | 20 | 30 | 60 | 120 |
| | | | 45～59 岁 | 4 435 | 43 | 10 | 20 | 30 | 60 | 120 |
| | | | 60～79 岁 | 2 478 | 37 | 10 | 20 | 30 | 45 | 90 |
| | | | 80 岁及以上 | 120 | 44 | 10 | 20 | 30 | 60 | 100 |
| | | 男 | 小计 | 5 313 | 45 | 10 | 20 | 30 | 60 | 120 |
| | | | 18～44 岁 | 2 535 | 47 | 10 | 20 | 30 | 60 | 120 |
| | | | 45～59 岁 | 1 663 | 43 | 10 | 20 | 30 | 60 | 120 |
| | | | 60～79 岁 | 1 058 | 39 | 10 | 20 | 30 | 60 | 120 |
| | | | 80 岁及以上 | 57 | 51 | 10 | 20 | 45 | 60 | 120 |
| | | 女 | 小计 | 7 831 | 42 | 10 | 20 | 30 | 60 | 120 |

| 地区 | 城乡 | 性别 | 年龄 | *n* | 公交车累计使用时间 /（min/d） | | | | | |
|---|---|---|---|---|---|---|---|---|---|---|
| | | | | | Mean | P5 | P 25 | P50 | P 75 | P95 |
| 合计 | 城乡 | 女 | 18 ～ 44 岁 | 3 576 | 43 | 10 | 20 | 30 | 60 | 120 |
| | | | 45 ～ 59 岁 | 2 772 | 43 | 10 | 20 | 30 | 60 | 120 |
| | | | 60 ～ 79 岁 | 1 420 | 34 | 10 | 20 | 30 | 40 | 90 |
| | | | 80 岁及以上 | 63 | 38 | 8 | 15 | 30 | 60 | 70 |
| | 城市 | 小计 | 小计 | 8 663 | 45 | 10 | 20 | 30 | 60 | 120 |
| | | | 18 ～ 44 岁 | 3 950 | 47 | 10 | 20 | 35 | 60 | 120 |
| | | | 45 ～ 59 岁 | 2 905 | 45 | 10 | 20 | 30 | 60 | 120 |
| | | | 60 ～ 79 岁 | 1 718 | 40 | 10 | 20 | 30 | 60 | 120 |
| | | | 80 岁及以上 | 90 | 49 | 10 | 30 | 45 | 60 | 120 |
| | | 男 | 小计 | 3 468 | 46 | 10 | 20 | 30 | 60 | 120 |
| | | | 18 ～ 44 岁 | 1 654 | 48 | 10 | 28 | 38 | 60 | 120 |
| | | | 45 ～ 59 岁 | 1 071 | 43 | 10 | 20 | 30 | 60 | 120 |
| | | | 60 ～ 79 岁 | 704 | 43 | 10 | 20 | 30 | 60 | 120 |
| | | | 80 岁及以上 | 39 | 55 | 10 | 20 | 60 | 60 | 180 |
| | | 女 | 小计 | 5 195 | 45 | 10 | 20 | 30 | 60 | 120 |
| | | | 18 ～ 44 岁 | 2 296 | 46 | 10 | 20 | 30 | 60 | 120 |
| | | | 45 ～ 59 岁 | 1 834 | 46 | 10 | 20 | 30 | 60 | 120 |
| | | | 60 ～ 79 岁 | 1 014 | 37 | 10 | 20 | 30 | 45 | 90 |
| | | | 80 岁及以上 | 51 | 45 | 10 | 30 | 40 | 60 | 100 |
| | 农村 | 小计 | 小计 | 4 481 | 38 | 10 | 20 | 30 | 40 | 120 |
| | | | 18 ～ 44 岁 | 2 161 | 40 | 10 | 20 | 30 | 50 | 120 |
| | | | 45 ～ 59 岁 | 1 530 | 39 | 10 | 20 | 30 | 40 | 120 |
| | | | 60 ～ 79 岁 | 760 | 30 | 5 | 10 | 30 | 30 | 60 |
| | | | 80 岁及以上 | 30 | 27 | 8 | 10 | 30 | 30 | 100 |
| | | 男 | 小计 | 1 845 | 42 | 10 | 20 | 30 | 50 | 120 |
| | | | 18 ～ 44 岁 | 881 | 44 | 10 | 20 | 30 | 60 | 120 |
| | | | 45 ～ 59 岁 | 592 | 43 | 10 | 20 | 30 | 50 | 120 |
| | | | 60 ～ 79 岁 | 354 | 31 | 5 | 10 | 30 | 40 | 60 |
| | | | 80 岁及以上 | 18 | 40 | 10 | 20 | 30 | 60 | 100 |
| | | 女 | 小计 | 2 636 | 36 | 10 | 20 | 30 | 40 | 100 |
| | | | 18 ～ 44 岁 | 1 280 | 37 | 10 | 20 | 30 | 40 | 100 |
| | | | 45 ～ 59 岁 | 938 | 36 | 10 | 20 | 30 | 40 | 100 |
| | | | 60 ～ 79 岁 | 406 | 28 | 5 | 10 | 30 | 30 | 60 |
| | | | 80 岁及以上 | 12 | 17 | 5 | 10 | 15 | 30 | 30 |
| 东部 | 城乡 | 小计 | 小计 | 4 282 | 48 | 10 | 20 | 30 | 60 | 120 |
| | | | 18 ～ 44 岁 | 1 705 | 49 | 10 | 20 | 30 | 60 | 120 |
| | | | 45 ～ 59 岁 | 1 572 | 48 | 10 | 20 | 34 | 60 | 120 |
| | | | 60 ～ 79 岁 | 951 | 41 | 10 | 20 | 30 | 60 | 120 |
| | | | 80 岁及以上 | 54 | 57 | 10 | 30 | 60 | 60 | 120 |
| | | 男 | 小计 | 1 681 | 50 | 10 | 20 | 30 | 60 | 120 |
| | | | 18 ～ 44 岁 | 702 | 52 | 10 | 20 | 30 | 60 | 120 |
| | | | 45 ～ 59 岁 | 543 | 47 | 10 | 20 | 40 | 60 | 120 |
| | | | 60 ～ 79 岁 | 412 | 47 | 10 | 20 | 30 | 60 | 120 |
| | | | 80 岁及以上 | 24 | 68 | 10 | 30 | 60 | 80 | 180 |
| | | 女 | 小计 | 2 601 | 46 | 10 | 20 | 30 | 60 | 120 |
| | | | 18 ～ 44 岁 | 1 003 | 47 | 10 | 25 | 30 | 60 | 120 |
| | | | 45 ～ 59 岁 | 1 029 | 50 | 10 | 25 | 30 | 60 | 120 |
| | | | 60 ～ 79 岁 | 539 | 37 | 10 | 20 | 30 | 45 | 90 |
| | | | 80 岁及以上 | 30 | 49 | 10 | 30 | 60 | 60 | 100 |
| | 城市 | 小计 | 小计 | 3 285 | 50 | 10 | 30 | 40 | 60 | 120 |
| | | | 18 ～ 44 岁 | 1 267 | 52 | 10 | 30 | 40 | 60 | 120 |
| | | | 45 ～ 59 岁 | 1 186 | 50 | 10 | 30 | 40 | 60 | 120 |
| | | | 60 ～ 79 岁 | 784 | 43 | 10 | 20 | 30 | 60 | 120 |
| | | | 80 岁及以上 | 48 | 60 | 10 | 40 | 60 | 60 | 150 |
| | | 男 | 小计 | 1 276 | 51 | 10 | 30 | 40 | 60 | 120 |
| | | | 18 ～ 44 岁 | 519 | 54 | 10 | 30 | 40 | 60 | 120 |
| | | | 45 ～ 59 岁 | 405 | 48 | 10 | 30 | 40 | 60 | 120 |
| | | | 60 ～ 79 岁 | 331 | 48 | 10 | 20 | 30 | 60 | 120 |

| 地区 | 城乡 | 性别 | 年龄 | n | 公交车累计使用时间 /（min/d） | | | | | |
|---|---|---|---|---|---|---|---|---|---|---|
| | | | | | Mean | P5 | P 25 | P50 | P 75 | P95 |
| 东部 | 城市 | 男 | 80 岁及以上 | 21 | 69 | 10 | 45 | 60 | 80 | 180 |
| | | 女 | 小计 | 2 009 | 49 | 10 | 30 | 40 | 60 | 120 |
| | | | 18 ～ 44 岁 | 748 | 50 | 10 | 30 | 40 | 60 | 120 |
| | | | 45 ～ 59 岁 | 781 | 52 | 10 | 30 | 40 | 60 | 120 |
| | | | 60 ～ 79 岁 | 453 | 38 | 10 | 20 | 30 | 50 | 90 |
| | | | 80 岁及以上 | 27 | 52 | 20 | 30 | 60 | 60 | 100 |
| | 农村 | 小计 | 小计 | 997 | 40 | 10 | 20 | 30 | 50 | 120 |
| | | | 18 ～ 44 岁 | 438 | 41 | 10 | 20 | 30 | 40 | 100 |
| | | | 45 ～ 59 岁 | 386 | 42 | 10 | 20 | 30 | 60 | 120 |
| | | | 60 ～ 79 岁 | 167 | 35 | 5 | 20 | 30 | 40 | 120 |
| | | | 80 岁及以上 | 6 | 25 | 5 | 20 | 30 | 30 | 30 |
| | | 男 | 小计 | 405 | 44 | 10 | 20 | 30 | 60 | 120 |
| | | | 18 ～ 44 岁 | 183 | 46 | 10 | 20 | 30 | 50 | 101 |
| | | | 45 ～ 59 岁 | 138 | 44 | 10 | 20 | 30 | 60 | 120 |
| | | | 60 ～ 79 岁 | 81 | 40 | 5 | 20 | 30 | 50 | 120 |
| | | | 80 岁及以上 | 3 | 31 | 20 | 20 | 20 | 30 | 60 |
| | | 女 | 小计 | 592 | 37 | 10 | 20 | 30 | 40 | 100 |
| | | | 18 ～ 44 岁 | 255 | 36 | 10 | 20 | 30 | 40 | 80 |
| | | | 45 ～ 59 岁 | 248 | 41 | 10 | 20 | 30 | 60 | 120 |
| | | | 60 ～ 79 岁 | 86 | 31 | 5 | 20 | 30 | 30 | 60 |
| | | | 80 岁及以上 | 3 | 24 | 5 | 5 | 30 | 30 | 30 |
| 中部 | 城乡 | 小计 | 小计 | 4 007 | 42 | 10 | 20 | 30 | 60 | 120 |
| | | | 18 ～ 44 岁 | 2 043 | 44 | 10 | 20 | 30 | 60 | 120 |
| | | | 45 ～ 59 岁 | 1 259 | 41 | 10 | 20 | 30 | 60 | 120 |
| | | | 60 ～ 79 岁 | 677 | 33 | 10 | 20 | 30 | 40 | 70 |
| | | | 80 岁及以上 | 28 | 30 | 10 | 20 | 30 | 33 | 60 |
| | | 男 | 小计 | 1 701 | 44 | 10 | 20 | 30 | 60 | 120 |
| | | | 18 ～ 44 岁 | 923 | 46 | 10 | 20 | 35 | 60 | 120 |
| | | | 45 ～ 59 岁 | 494 | 44 | 10 | 20 | 30 | 60 | 120 |
| | | | 60 ～ 79 岁 | 270 | 32 | 5 | 20 | 30 | 40 | 60 |
| | | | 80 岁及以上 | 14 | 35 | 10 | 20 | 30 | 60 | 60 |
| | | 女 | 小计 | 2 306 | 40 | 10 | 20 | 30 | 60 | 120 |
| | | | 18 ～ 44 岁 | 1 120 | 42 | 10 | 20 | 30 | 60 | 120 |
| | | | 45 ～ 59 岁 | 765 | 39 | 10 | 20 | 30 | 50 | 100 |
| | | | 60 ～ 79 岁 | 407 | 33 | 10 | 20 | 30 | 40 | 90 |
| | | | 80 岁及以上 | 14 | 26 | 10 | 20 | 30 | 30 | 40 |
| | 城市 | 小计 | 小计 | 2 837 | 42 | 10 | 20 | 30 | 60 | 120 |
| | | | 18 ～ 44 岁 | 1 477 | 44 | 10 | 20 | 30 | 60 | 120 |
| | | | 45 ～ 59 岁 | 886 | 41 | 10 | 20 | 30 | 60 | 120 |
| | | | 60 ～ 79 岁 | 452 | 35 | 10 | 20 | 30 | 40 | 70 |
| | | | 80 岁及以上 | 22 | 28 | 10 | 20 | 30 | 30 | 60 |
| | | 男 | 小计 | 1 196 | 43 | 10 | 20 | 30 | 60 | 120 |
| | | | 18 ～ 44 岁 | 670 | 44 | 10 | 20 | 30 | 60 | 120 |
| | | | 45 ～ 59 岁 | 346 | 42 | 10 | 20 | 30 | 60 | 120 |
| | | | 60 ～ 79 岁 | 170 | 35 | 10 | 20 | 30 | 40 | 70 |
| | | | 80 岁及以上 | 10 | 28 | 10 | 15 | 30 | 30 | 60 |
| | | 女 | 小计 | 1 641 | 42 | 10 | 20 | 30 | 60 | 120 |
| | | | 18 ～ 44 岁 | 807 | 43 | 10 | 20 | 30 | 60 | 120 |
| | | | 45 ～ 59 岁 | 540 | 41 | 10 | 20 | 30 | 60 | 100 |
| | | | 60 ～ 79 岁 | 282 | 35 | 10 | 20 | 30 | 50 | 80 |
| | | | 80 岁及以上 | 12 | 29 | 10 | 20 | 30 | 35 | 40 |
| | 农村 | 小计 | 小计 | 1 170 | 42 | 10 | 20 | 30 | 60 | 120 |
| | | | 18 ～ 44 岁 | 566 | 45 | 10 | 20 | 30 | 60 | 120 |
| | | | 45 ～ 59 岁 | 373 | 40 | 10 | 20 | 30 | 40 | 120 |
| | | | 60 ～ 79 岁 | 225 | 30 | 5 | 20 | 30 | 30 | 60 |
| | | | 80 岁及以上 | 6 | 34 | 10 | 30 | 30 | 33 | 60 |
| | | 男 | 小计 | 505 | 46 | 10 | 20 | 30 | 60 | 120 |
| | | | 18 ～ 44 岁 | 253 | 50 | 10 | 20 | 40 | 60 | 120 |

| 地区 | 城乡 | 性别 | 年龄 | n | 公交车累计使用时间 / (min/d) | | | | | |
|---|---|---|---|---|---|---|---|---|---|---|
| | | | | | Mean | P5 | P 25 | P50 | P 75 | P95 |
| 中部 | 农村 | 男 | 45 ～ 59 岁 | 148 | 47 | 5 | 20 | 30 | 50 | 120 |
| | | | 60 ～ 79 岁 | 100 | 28 | 2 | 10 | 30 | 30 | 60 |
| | | | 80 岁及以上 | 4 | 43 | 30 | 30 | 33 | 60 | 60 |
| | | 女 | 小计 | 665 | 38 | 10 | 20 | 30 | 45 | 105 |
| | | | 18 ～ 44 岁 | 313 | 41 | 10 | 20 | 30 | 60 | 120 |
| | | | 45 ～ 59 岁 | 225 | 35 | 10 | 20 | 30 | 40 | 100 |
| | | | 60 ～ 79 岁 | 125 | 32 | 10 | 20 | 30 | 30 | 90 |
| | | | 80 岁及以上 | 2 | 20 | 10 | 10 | 10 | 30 | 30 |
| 西部 | 城乡 | 小计 | 小计 | 4 855 | 38 | 10 | 20 | 30 | 40 | 120 |
| | | | 18 ～ 44 岁 | 2 363 | 40 | 10 | 20 | 30 | 40 | 120 |
| | | | 45 ～ 59 岁 | 1 604 | 36 | 10 | 20 | 30 | 40 | 100 |
| | | | 60 ～ 79 岁 | 850 | 33 | 9 | 11 | 30 | 40 | 90 |
| | | | 80 岁及以上 | 38 | 28 | 8 | 10 | 15 | 30 | 100 |
| | | 男 | 小计 | 1 931 | 39 | 10 | 20 | 30 | 40 | 120 |
| | | | 18 ～ 44 岁 | 910 | 41 | 10 | 20 | 30 | 50 | 120 |
| | | | 45 ～ 59 岁 | 626 | 38 | 10 | 20 | 30 | 40 | 120 |
| | | | 60 ～ 79 岁 | 376 | 34 | 6 | 10 | 30 | 40 | 120 |
| | | | 80 岁及以上 | 19 | 33 | 10 | 10 | 20 | 50 | 100 |
| | | 女 | 小计 | 2 924 | 36 | 10 | 20 | 30 | 40 | 120 |
| | | | 18 ～ 44 岁 | 1 453 | 39 | 10 | 20 | 30 | 40 | 120 |
| | | | 45 ～ 59 岁 | 978 | 34 | 10 | 20 | 30 | 40 | 80 |
| | | | 60 ～ 79 岁 | 474 | 31 | 10 | 15 | 30 | 40 | 60 |
| | | | 80 岁及以上 | 19 | 23 | 8 | 10 | 15 | 30 | 70 |
| | 城市 | 小计 | 小计 | 2 541 | 40 | 10 | 20 | 30 | 60 | 120 |
| | | | 18 ～ 44 岁 | 1 206 | 43 | 10 | 20 | 30 | 60 | 120 |
| | | | 45 ～ 59 岁 | 833 | 36 | 10 | 20 | 30 | 40 | 110 |
| | | | 60 ～ 79 岁 | 482 | 37 | 10 | 20 | 30 | 50 | 120 |
| | | | 80 岁及以上 | 20 | 31 | 10 | 10 | 20 | 60 | 70 |
| | | 男 | 小计 | 996 | 41 | 10 | 20 | 30 | 60 | 120 |
| | | | 18 ～ 44 岁 | 465 | 45 | 10 | 20 | 30 | 60 | 120 |
| | | | 45 ～ 59 岁 | 320 | 37 | 10 | 15 | 30 | 50 | 120 |
| | | | 60 ～ 79 岁 | 203 | 38 | 10 | 15 | 30 | 60 | 120 |
| | | | 80 岁及以上 | 8 | 28 | 10 | 10 | 20 | 60 | 60 |
| | | 女 | 小计 | 1 545 | 39 | 10 | 20 | 30 | 50 | 120 |
| | | | 18 ～ 44 岁 | 741 | 42 | 10 | 20 | 30 | 60 | 120 |
| | | | 45 ～ 59 岁 | 513 | 35 | 10 | 20 | 30 | 40 | 100 |
| | | | 60 ～ 79 岁 | 279 | 36 | 10 | 20 | 30 | 40 | 80 |
| | | | 80 岁及以上 | 12 | 33 | 10 | 10 | 20 | 60 | 70 |
| | 农村 | 小计 | 小计 | 2 314 | 35 | 10 | 20 | 30 | 40 | 90 |
| | | | 18 ～ 44 岁 | 1 157 | 36 | 10 | 20 | 30 | 40 | 120 |
| | | | 45 ～ 59 岁 | 771 | 36 | 10 | 20 | 30 | 40 | 100 |
| | | | 60 ～ 79 岁 | 368 | 26 | 5 | 10 | 20 | 30 | 60 |
| | | | 80 岁及以上 | 18 | 25 | 8 | 10 | 15 | 30 | 100 |
| | | 男 | 小计 | 935 | 36 | 10 | 20 | 30 | 40 | 100 |
| | | | 18 ～ 44 岁 | 445 | 37 | 10 | 20 | 30 | 30 | 100 |
| | | | 45 ～ 59 岁 | 306 | 39 | 10 | 20 | 30 | 40 | 120 |
| | | | 60 ～ 79 岁 | 173 | 28 | 5 | 10 | 30 | 35 | 60 |
| | | | 80 岁及以上 | 11 | 39 | 10 | 10 | 30 | 50 | 100 |
| | | 女 | 小计 | 1 379 | 33 | 10 | 20 | 30 | 35 | 90 |
| | | | 18 ～ 44 岁 | 712 | 35 | 10 | 20 | 30 | 40 | 120 |
| | | | 45 ～ 59 岁 | 465 | 33 | 10 | 15 | 30 | 40 | 60 |
| | | | 60 ～ 79 岁 | 195 | 24 | 5 | 10 | 20 | 30 | 60 |
| | | | 80 岁及以上 | 7 | 14 | 8 | 10 | 10 | 15 | 30 |

## 附表 6-32　中国人群分东中西、城乡、性别、年龄的轨道交通工具累计使用时间

| 地区 | 城乡 | 性别 | 年龄 | n | 轨道交通工具累计使用时间 /（min/d） | | | | | |
|---|---|---|---|---|---|---|---|---|---|---|
| | | | | | Mean | P5 | P 25 | P50 | P 75 | P95 |
| 合计 | 城乡 | 小计 | 小计 | 275 | 40 | 5 | 20 | 30 | 50 | 120 |
| | | | 18～44 岁 | 123 | 47 | 5 | 20 | 30 | 50 | 180 |
| | | | 45～59 岁 | 100 | 31 | 5 | 15 | 30 | 30 | 60 |
| | | | 60～79 岁 | 47 | 38 | 5 | 20 | 30 | 30 | 120 |
| | | | 80 岁及以上 | 5 | 32 | 10 | 20 | 30 | 30 | 60 |
| | | 男 | 小计 | 106 | 43 | 5 | 20 | 30 | 50 | 180 |
| | | | 18～44 岁 | 54 | 49 | 3 | 30 | 30 | 50 | 180 |
| | | | 45～59 岁 | 27 | 31 | 5 | 15 | 20 | 40 | 60 |
| | | | 60～79 岁 | 23 | 38 | 5 | 20 | 30 | 30 | 120 |
| | | | 80 岁及以上 | 2 | 44 | 30 | 30 | 30 | 60 | 60 |
| | | 女 | 小计 | 169 | 38 | 8 | 20 | 30 | 40 | 120 |
| | | | 18～44 岁 | 69 | 45 | 8 | 20 | 30 | 50 | 120 |
| | | | 45～59 岁 | 73 | 30 | 5 | 20 | 30 | 30 | 60 |
| | | | 60～79 岁 | 24 | 38 | 5 | 10 | 30 | 30 | 120 |
| | | | 80 岁及以上 | 3 | 23 | 10 | 20 | 20 | 30 | 30 |
| | 城市 | 小计 | 小计 | 266 | 39 | 5 | 20 | 30 | 50 | 120 |
| | | | 18～44 岁 | 118 | 45 | 5 | 20 | 30 | 50 | 120 |
| | | | 45～59 岁 | 96 | 30 | 5 | 15 | 30 | 30 | 60 |
| | | | 60～79 岁 | 47 | 38 | 5 | 20 | 30 | 30 | 120 |
| | | | 80 岁及以上 | 5 | 32 | 10 | 20 | 30 | 30 | 60 |
| | | 男 | 小计 | 102 | 39 | 5 | 20 | 30 | 50 | 120 |
| | | | 18～44 岁 | 51 | 44 | 3 | 20 | 30 | 50 | 180 |
| | | | 45～59 岁 | 26 | 28 | 5 | 15 | 20 | 30 | 60 |
| | | | 60～79 岁 | 23 | 38 | 5 | 20 | 30 | 30 | 120 |
| | | | 80 岁及以上 | 2 | 44 | 30 | 30 | 30 | 60 | 60 |
| | | 女 | 小计 | 164 | 38 | 8 | 20 | 30 | 40 | 120 |
| | | | 18～44 岁 | 67 | 46 | 8 | 20 | 30 | 60 | 120 |
| | | | 45～59 岁 | 70 | 31 | 6 | 20 | 30 | 30 | 60 |
| | | | 60～79 岁 | 24 | 38 | 5 | 10 | 30 | 30 | 120 |
| | | | 80 岁及以上 | 3 | 23 | 10 | 20 | 20 | 30 | 30 |
| | 农村 | 小计 | 小计 | 9 | 66 | 20 | 20 | 30 | 120 | 180 |
| | | | 18～44 岁 | 5 | 67 | 20 | 20 | 30 | 180 | 180 |
| | | | 45～59 岁 | 4 | 60 | 5 | 20 | 60 | 120 | 120 |
| | | | 60～79 岁 | 0 | 0 | 0 | 0 | 0 | 0 | 0 |
| | | | 80 岁及以上 | 0 | 0 | 0 | 0 | 0 | 0 | 0 |
| | | 男 | 小计 | 4 | 89 | 30 | 30 | 30 | 180 | 180 |
| | | | 18～44 岁 | 3 | 86 | 30 | 30 | 30 | 180 | 180 |
| | | | 45～59 岁 | 1 | 120 | 120 | 120 | 120 | 120 | 120 |
| | | | 60～79 岁 | 0 | 0 | 0 | 0 | 0 | 0 | 0 |
| | | | 80 岁及以上 | 0 | 0 | 0 | 0 | 0 | 0 | 0 |
| | | 女 | 小计 | 5 | 23 | 5 | 20 | 20 | 20 | 60 |
| | | | 18～44 岁 | 2 | 20 | 20 | 20 | 20 | 20 | 20 |
| | | | 45～59 岁 | 3 | 30 | 5 | 5 | 20 | 60 | 60 |
| | | | 60～79 岁 | 0 | 0 | 0 | 0 | 0 | 0 | 0 |
| | | | 80 岁及以上 | 0 | 0 | 0 | 0 | 0 | 0 | 0 |
| 东部 | 城乡 | 小计 | 小计 | 243 | 37 | 5 | 20 | 30 | 50 | 120 |
| | | | 18～44 岁 | 102 | 42 | 7 | 20 | 30 | 50 | 120 |
| | | | 45～59 岁 | 90 | 30 | 5 | 15 | 30 | 30 | 60 |
| | | | 60～79 岁 | 46 | 38 | 5 | 20 | 30 | 30 | 120 |
| | | | 80 岁及以上 | 5 | 32 | 10 | 20 | 30 | 30 | 60 |
| | | 男 | 小计 | 91 | 38 | 5 | 20 | 30 | 50 | 120 |
| | | | 18～44 岁 | 44 | 42 | 3 | 20 | 30 | 50 | 120 |
| | | | 45～59 岁 | 23 | 29 | 5 | 15 | 20 | 30 | 60 |
| | | | 60～79 岁 | 22 | 38 | 5 | 20 | 30 | 30 | 120 |
| | | | 80 岁及以上 | 2 | 44 | 30 | 30 | 30 | 60 | 60 |
| | | 女 | 小计 | 152 | 37 | 8 | 20 | 30 | 40 | 120 |
| | | | 18～44 岁 | 58 | 43 | 8 | 20 | 30 | 40 | 120 |

| 地区 | 城乡 | 性别 | 年龄 | *n* | 轨道交通工具累计使用时间 /（min/d） | | | | | |
|---|---|---|---|---|---|---|---|---|---|---|
| | | | | | Mean | P5 | P 25 | P50 | P 75 | P95 |
| 东部 | 城乡 | 女 | 45 ~ 59 岁 | 67 | 31 | 5 | 15 | 30 | 30 | 60 |
| | | | 60 ~ 79 岁 | 24 | 38 | 5 | 10 | 30 | 30 | 120 |
| | | | 80 岁及以上 | 3 | 23 | 10 | 20 | 20 | 30 | 30 |
| | 城市 | 小计 | 小计 | 239 | 37 | 5 | 20 | 30 | 45 | 120 |
| | | | 18 ~ 44 岁 | 100 | 42 | 5 | 20 | 30 | 50 | 120 |
| | | | 45 ~ 59 岁 | 88 | 30 | 5 | 15 | 30 | 30 | 60 |
| | | | 60 ~ 79 岁 | 46 | 38 | 5 | 20 | 30 | 30 | 120 |
| | | | 80 岁及以上 | 5 | 32 | 10 | 20 | 30 | 30 | 60 |
| | | 男 | 小计 | 90 | 37 | 5 | 20 | 30 | 50 | 90 |
| | | | 18 ~ 44 岁 | 43 | 39 | 3 | 20 | 30 | 50 | 120 |
| | | | 45 ~ 59 岁 | 23 | 29 | 5 | 15 | 20 | 30 | 60 |
| | | | 60 ~ 79 岁 | 22 | 38 | 5 | 20 | 30 | 30 | 120 |
| | | | 80 岁及以上 | 2 | 44 | 30 | 30 | 30 | 60 | 60 |
| | | 女 | 小计 | 149 | 37 | 8 | 20 | 30 | 40 | 120 |
| | | | 18 ~ 44 岁 | 57 | 43 | 8 | 20 | 30 | 45 | 120 |
| | | | 45 ~ 59 岁 | 65 | 30 | 6 | 20 | 30 | 30 | 60 |
| | | | 60 ~ 79 岁 | 24 | 38 | 5 | 10 | 30 | 30 | 120 |
| | | | 80 岁及以上 | 3 | 23 | 10 | 20 | 20 | 30 | 30 |
| | 农村 | 小计 | 小计 | 4 | 60 | 5 | 20 | 20 | 60 | 180 |
| | | | 18 ~ 44 岁 | 2 | 70 | 20 | 20 | 20 | 180 | 180 |
| | | | 45 ~ 59 岁 | 2 | 33 | 5 | 5 | 60 | 60 | 60 |
| | | | 60 ~ 79 岁 | 0 | 0 | 0 | 0 | 0 | 0 | 0 |
| | | | 80 岁及以上 | 0 | 0 | 0 | 0 | 0 | 0 | 0 |
| | | 男 | 小计 | 1 | 180 | 180 | 180 | 180 | 180 | 180 |
| | | | 18 ~ 44 岁 | 1 | 180 | 180 | 180 | 180 | 180 | 180 |
| | | | 45 ~ 59 岁 | 0 | 0 | 0 | 0 | 0 | 0 | 0 |
| | | | 60 ~ 79 岁 | 0 | 0 | 0 | 0 | 0 | 0 | 0 |
| | | | 80 岁及以上 | 0 | 0 | 0 | 0 | 0 | 0 | 0 |
| | | 女 | 小计 | 3 | 25 | 5 | 20 | 20 | 20 | 60 |
| | | | 18 ~ 44 岁 | 1 | 20 | 20 | 20 | 20 | 20 | 20 |
| | | | 45 ~ 59 岁 | 2 | 33 | 5 | 5 | 60 | 60 | 60 |
| | | | 60 ~ 79 岁 | 0 | 0 | 0 | 0 | 0 | 0 | 0 |
| | | | 80 岁及以上 | 0 | 0 | 0 | 0 | 0 | 0 | 0 |
| 中部 | 城乡 | 小计 | 小计 | 15 | 71 | 20 | 30 | 30 | 180 | 180 |
| | | | 18 ~ 44 岁 | 10 | 76 | 20 | 30 | 30 | 180 | 180 |
| | | | 45 ~ 59 岁 | 5 | 31 | 10 | 20 | 20 | 40 | 80 |
| | | | 60 ~ 79 岁 | 0 | 0 | 0 | 0 | 0 | 0 | 0 |
| | | | 80 岁及以上 | 0 | 0 | 0 | 0 | 0 | 0 | 0 |
| | | 男 | 小计 | 7 | 84 | 25 | 30 | 30 | 180 | 180 |
| | | | 18 ~ 44 岁 | 5 | 89 | 25 | 30 | 30 | 180 | 180 |
| | | | 45 ~ 59 岁 | 2 | 25 | 10 | 10 | 40 | 40 | 40 |
| | | | 60 ~ 79 岁 | 0 | 0 | 0 | 0 | 0 | 0 | 0 |
| | | | 80 岁及以上 | 0 | 0 | 0 | 0 | 0 | 0 | 0 |
| | | 女 | 小计 | 8 | 35 | 20 | 20 | 30 | 60 | 80 |
| | | | 18 ~ 44 岁 | 5 | 35 | 20 | 30 | 30 | 60 | 60 |
| | | | 45 ~ 59 岁 | 3 | 36 | 20 | 20 | 20 | 80 | 80 |
| | | | 60 ~ 79 岁 | 0 | 0 | 0 | 0 | 0 | 0 | 0 |
| | | | 80 岁及以上 | 0 | 0 | 0 | 0 | 0 | 0 | 0 |
| | 城市 | 小计 | 小计 | 11 | 78 | 10 | 30 | 30 | 180 | 180 |
| | | | 18 ~ 44 岁 | 7 | 86 | 25 | 30 | 30 | 180 | 180 |
| | | | 45 ~ 59 岁 | 4 | 35 | 10 | 10 | 40 | 40 | 80 |
| | | | 60 ~ 79 岁 | 0 | 0 | 0 | 0 | 0 | 0 | 0 |
| | | | 80 岁及以上 | 0 | 0 | 0 | 0 | 0 | 0 | 0 |
| | | 男 | 小计 | 5 | 101 | 10 | 30 | 40 | 180 | 180 |
| | | | 18 ~ 44 岁 | 3 | 114 | 25 | 30 | 180 | 180 | 180 |
| | | | 45 ~ 59 岁 | 2 | 25 | 10 | 10 | 40 | 40 | 40 |
| | | | 60 ~ 79 岁 | 0 | 0 | 0 | 0 | 0 | 0 | 0 |
| | | | 80 岁及以上 | 0 | 0 | 0 | 0 | 0 | 0 | 0 |

| 地区 | 城乡 | 性别 | 年龄 | n | 轨道交通工具累计使用时间 / （min/d） | | | | | |
|---|---|---|---|---|---|---|---|---|---|---|
| | | | | | Mean | P5 | P 25 | P50 | P 75 | P95 |
| 中部 | 城市 | 女 | 小计 | 6 | 41 | 20 | 30 | 30 | 60 | 80 |
| | | | 18 ～ 44 岁 | 4 | 39 | 30 | 30 | 30 | 60 | 60 |
| | | | 45 ～ 59 岁 | 2 | 50 | 20 | 20 | 50 | 80 | 80 |
| | | | 60 ～ 79 岁 | 0 | 0 | 0 | 0 | 0 | 0 | 0 |
| | | | 80 岁及以上 | 0 | 0 | 0 | 0 | 0 | 0 | 0 |
| | 农村 | 小计 | 小计 | 4 | 63 | 20 | 30 | 30 | 30 | 180 |
| | | | 18 ～ 44 岁 | 3 | 66 | 20 | 30 | 30 | 30 | 180 |
| | | | 45 ～ 59 岁 | 1 | 20 | 20 | 20 | 20 | 20 | 20 |
| | | | 60 ～ 79 岁 | 0 | 0 | 0 | 0 | 0 | 0 | 0 |
| | | | 80 岁及以上 | 0 | 0 | 0 | 0 | 0 | 0 | 0 |
| | | 男 | 小计 | 2 | 71 | 30 | 30 | 30 | 180 | 180 |
| | | | 18 ～ 44 岁 | 2 | 71 | 30 | 30 | 30 | 180 | 180 |
| | | | 45 ～ 59 岁 | 0 | 0 | 0 | 0 | 0 | 0 | 0 |
| | | | 60 ～ 79 岁 | 0 | 0 | 0 | 0 | 0 | 0 | 0 |
| | | | 80 岁及以上 | 0 | 0 | 0 | 0 | 0 | 0 | 0 |
| | | 女 | 小计 | 2 | 20 | 20 | 20 | 20 | 20 | 20 |
| | | | 18 ～ 44 岁 | 1 | 20 | 20 | 20 | 20 | 20 | 20 |
| | | | 45 ～ 59 岁 | 1 | 20 | 20 | 20 | 20 | 20 | 20 |
| | | | 60 ～ 79 岁 | 0 | 0 | 0 | 0 | 0 | 0 | 0 |
| | | | 80 岁及以上 | 0 | 0 | 0 | 0 | 0 | 0 | 0 |
| 西部 | 城乡 | 小计 | 小计 | 17 | 70 | 1 | 10 | 30 | 120 | 280 |
| | | | 18 ～ 44 岁 | 11 | 78 | 1 | 5 | 15 | 120 | 360 |
| | | | 45 ～ 59 岁 | 5 | 58 | 10 | 10 | 30 | 120 | 120 |
| | | | 60 ～ 79 岁 | 1 | 2 | 2 | 2 | 2 | 2 | 2 |
| | | | 80 岁及以上 | 0 | 0 | 0 | 0 | 0 | 0 | 0 |
| | | 男 | 小计 | 8 | 38 | 1 | 5 | 15 | 40 | 120 |
| | | | 18 ～ 44 岁 | 5 | 17 | 1 | 1 | 15 | 40 | 40 |
| | | | 45 ～ 59 岁 | 2 | 80 | 10 | 10 | 120 | 120 | 120 |
| | | | 60 ～ 79 岁 | 1 | 2 | 2 | 2 | 2 | 2 | 2 |
| | | | 80 岁及以上 | 0 | 0 | 0 | 0 | 0 | 0 | 0 |
| | | 女 | 小计 | 9 | 121 | 10 | 30 | 60 | 280 | 360 |
| | | | 18 ～ 44 岁 | 6 | 178 | 10 | 60 | 120 | 280 | 360 |
| | | | 45 ～ 59 岁 | 3 | 23 | 10 | 10 | 30 | 30 | 30 |
| | | | 60 ～ 79 岁 | 0 | 0 | 0 | 0 | 0 | 0 | 0 |
| | | | 80 岁及以上 | 0 | 0 | 0 | 0 | 0 | 0 | 0 |
| | 城市 | 小计 | 小计 | 16 | 61 | 1 | 10 | 15 | 40 | 280 |
| | | | 18 ～ 44 岁 | 11 | 78 | 1 | 5 | 15 | 120 | 360 |
| | | | 45 ～ 59 岁 | 4 | 18 | 10 | 10 | 10 | 30 | 30 |
| | | | 60 ～ 79 岁 | 1 | 2 | 2 | 2 | 2 | 2 | 2 |
| | | | 80 岁及以上 | 0 | 0 | 0 | 0 | 0 | 0 | 0 |
| | | 男 | 小计 | 7 | 15 | 1 | 1 | 10 | 15 | 40 |
| | | | 18 ～ 44 岁 | 5 | 17 | 1 | 1 | 15 | 40 | 40 |
| | | | 45 ～ 59 岁 | 1 | 10 | 10 | 10 | 10 | 10 | 10 |
| | | | 60 ～ 79 岁 | 1 | 2 | 2 | 2 | 2 | 2 | 2 |
| | | | 80 岁及以上 | 0 | 0 | 0 | 0 | 0 | 0 | 0 |
| | | 女 | 小计 | 9 | 121 | 10 | 30 | 60 | 280 | 360 |
| | | | 18 ～ 44 岁 | 6 | 178 | 10 | 60 | 120 | 280 | 360 |
| | | | 45 ～ 59 岁 | 3 | 23 | 10 | 10 | 30 | 30 | 30 |
| | | | 60 ～ 79 岁 | 0 | 0 | 0 | 0 | 0 | 0 | 0 |
| | | | 80 岁及以上 | 0 | 0 | 0 | 0 | 0 | 0 | 0 |
| | 农村 | 小计 | 小计 | 1 | 120 | 120 | 120 | 120 | 120 | 120 |
| | | | 18 ～ 44 岁 | 0 | 0 | 0 | 0 | 0 | 0 | 0 |
| | | | 45 ～ 59 岁 | 1 | 120 | 120 | 120 | 120 | 120 | 120 |
| | | | 60 ～ 79 岁 | 0 | 0 | 0 | 0 | 0 | 0 | 0 |
| | | | 80 岁及以上 | 0 | 0 | 0 | 0 | 0 | 0 | 0 |
| | | 男 | 小计 | 1 | 120 | 120 | 120 | 120 | 120 | 120 |
| | | | 18 ～ 44 岁 | 0 | 0 | 0 | 0 | 0 | 0 | 0 |
| | | | 45 ～ 59 岁 | 1 | 120 | 120 | 120 | 120 | 120 | 120 |

| 地区 | 城乡 | 性别 | 年龄 | n | 轨道交通工具累计使用时间 /（min/d） | | | | | |
|---|---|---|---|---|---|---|---|---|---|---|
| | | | | | Mean | P5 | P 25 | P50 | P 75 | P95 |
| 西部 | 农村 | 男 | 60 ～ 79 岁 | 0 | 0 | 0 | 0 | 0 | 0 | 0 |
| | | | 80 岁及以上 | 0 | 0 | 0 | 0 | 0 | 0 | 0 |
| | | 女 | 小计 | 0 | 0 | 0 | 0 | 0 | 0 | 0 |
| | | | 18 ～ 44 岁 | 0 | 0 | 0 | 0 | 0 | 0 | 0 |
| | | | 45 ～ 59 岁 | 0 | 0 | 0 | 0 | 0 | 0 | 0 |
| | | | 60 ～ 79 岁 | 0 | 0 | 0 | 0 | 0 | 0 | 0 |
| | | | 80 岁及以上 | 0 | 0 | 0 | 0 | 0 | 0 | 0 |

## 附表 6-33　中国人群分东中西、城乡、性别、年龄的水上交通工具累计使用时间

| 地区 | 城乡 | 性别 | 年龄 | n | 水上交通工具累计使用时间 /（min/d） | | | | | |
|---|---|---|---|---|---|---|---|---|---|---|
| | | | | | Mean | P5 | P 25 | P50 | P 75 | P95 |
| 合计 | 城乡 | 小计 | 小计 | 15 | 17 | 1 | 10 | 15 | 30 | 40 |
| | | | 18 ～ 44 岁 | 5 | 23 | 1 | 10 | 30 | 40 | 40 |
| | | | 45 ～ 59 岁 | 6 | 11 | 0 | 5 | 10 | 15 | 20 |
| | | | 60 ～ 79 岁 | 4 | 11 | 1 | 10 | 15 | 15 | 15 |
| | | | 80 岁及以上 | 0 | 0 | 0 | 0 | 0 | 0 | 0 |
| | | 男 | 小计 | 5 | 19 | 1 | 10 | 15 | 40 | 40 |
| | | | 18 ～ 44 岁 | 3 | 22 | 1 | 10 | 10 | 40 | 40 |
| | | | 45 ～ 59 岁 | 1 | 0 | 0 | 0 | 0 | 0 | 0 |
| | | | 60 ～ 79 岁 | 1 | 15 | 15 | 15 | 15 | 15 | 15 |
| | | | 80 岁及以上 | 0 | 0 | 0 | 0 | 0 | 0 | 0 |
| | | 女 | 小计 | 10 | 15 | 1 | 10 | 15 | 20 | 30 |
| | | | 18 ～ 44 岁 | 2 | 27 | 15 | 30 | 30 | 30 | 30 |
| | | | 45 ～ 59 岁 | 5 | 12 | 5 | 10 | 10 | 15 | 20 |
| | | | 60 ～ 79 岁 | 3 | 4 | 1 | 1 | 1 | 10 | 10 |
| | | | 80 岁及以上 | 0 | 0 | 0 | 0 | 0 | 0 | 0 |
| | 城市 | 小计 | 小计 | 10 | 16 | 1 | 10 | 10 | 15 | 40 |
| | | | 18 ～ 44 岁 | 3 | 22 | 1 | 10 | 10 | 40 | 40 |
| | | | 45 ～ 59 岁 | 4 | 11 | 5 | 10 | 10 | 15 | 20 |
| | | | 60 ～ 79 岁 | 3 | 11 | 1 | 1 | 15 | 15 | 15 |
| | | | 80 岁及以上 | 0 | 0 | 0 | 0 | 0 | 0 | 0 |
| | | 男 | 小计 | 4 | 20 | 1 | 10 | 15 | 40 | 40 |
| | | | 18 ～ 44 岁 | 3 | 22 | 1 | 10 | 10 | 40 | 40 |
| | | | 45 ～ 59 岁 | 0 | 0 | 0 | 0 | 0 | 0 | 0 |
| | | | 60 ～ 79 岁 | 1 | 15 | 15 | 15 | 15 | 15 | 15 |
| | | | 80 岁及以上 | 0 | 0 | 0 | 0 | 0 | 0 | 0 |
| | | 女 | 小计 | 6 | 10 | 1 | 5 | 10 | 15 | 20 |
| | | | 18 ～ 44 岁 | 0 | 0 | 0 | 0 | 0 | 0 | 0 |
| | | | 45 ～ 59 岁 | 4 | 11 | 5 | 10 | 10 | 15 | 20 |
| | | | 60 ～ 79 岁 | 2 | 1 | 1 | 1 | 1 | 1 | 1 |
| | | | 80 岁及以上 | 0 | 0 | 0 | 0 | 0 | 0 | 0 |
| | 农村 | 小计 | 小计 | 5 | 21 | 0 | 15 | 20 | 30 | 30 |
| | | | 18 ～ 44 岁 | 2 | 27 | 15 | 30 | 30 | 30 | 30 |
| | | | 45 ～ 59 岁 | 2 | 13 | 0 | 0 | 20 | 20 | 20 |
| | | | 60 ～ 79 岁 | 1 | 10 | 10 | 10 | 10 | 10 | 10 |
| | | | 80 岁及以上 | 0 | 0 | 0 | 0 | 0 | 0 | 0 |
| | | 男 | 小计 | 1 | 0 | 0 | 0 | 0 | 0 | 0 |
| | | | 18 ～ 44 岁 | 0 | 0 | 0 | 0 | 0 | 0 | 0 |
| | | | 45 ～ 59 岁 | 1 | 0 | 0 | 0 | 0 | 0 | 0 |
| | | | 60 ～ 79 岁 | 0 | 0 | 0 | 0 | 0 | 0 | 0 |
| | | | 80 岁及以上 | 0 | 0 | 0 | 0 | 0 | 0 | 0 |
| | | 女 | 小计 | 4 | 24 | 10 | 20 | 30 | 30 | 30 |
| | | | 18 ～ 44 岁 | 2 | 27 | 15 | 30 | 30 | 30 | 30 |

| 地区 | 城乡 | 性别 | 年龄 | *n* | 水上交通工具累计使用时间 /（min/d） | | | | | |
|---|---|---|---|---|---|---|---|---|---|---|
| | | | | | Mean | P5 | P 25 | P50 | P 75 | P95 |
| 合计 | 农村 | 女 | 45 ～ 59 岁 | 1 | 20 | 20 | 20 | 20 | 20 | 20 |
| | | | 60 ～ 79 岁 | 1 | 10 | 10 | 10 | 10 | 10 | 10 |
| | | | 80 岁及以上 | 0 | 0 | 0 | 0 | 0 | 0 | 0 |
| 东部 | 城乡 | 小计 | 小计 | 9 | 15 | 1 | 10 | 15 | 15 | 30 |
| | | | 18 ～ 44 岁 | 2 | 27 | 15 | 30 | 30 | 30 | 30 |
| | | | 45 ～ 59 岁 | 4 | 12 | 5 | 10 | 10 | 15 | 20 |
| | | | 60 ～ 79 岁 | 3 | 11 | 1 | 1 | 15 | 15 | 15 |
| | | | 80 岁及以上 | 0 | 0 | 0 | 0 | 0 | 0 | 0 |
| | | 男 | 小计 | 1 | 15 | 15 | 15 | 15 | 15 | 15 |
| | | | 18 ～ 44 岁 | 0 | 0 | 0 | 0 | 0 | 0 | 0 |
| | | | 45 ～ 59 岁 | 0 | 0 | 0 | 0 | 0 | 0 | 0 |
| | | | 60 ～ 79 岁 | 1 | 15 | 15 | 15 | 15 | 15 | 15 |
| | | | 80 岁及以上 | 0 | 0 | 0 | 0 | 0 | 0 | 0 |
| | | 女 | 小计 | 8 | 14 | 1 | 10 | 15 | 20 | 30 |
| | | | 18 ～ 44 岁 | 2 | 27 | 15 | 30 | 30 | 30 | 30 |
| | | | 45 ～ 59 岁 | 4 | 12 | 5 | 10 | 10 | 15 | 20 |
| | | | 60 ～ 79 岁 | 2 | 1 | 1 | 1 | 1 | 1 | 1 |
| | | | 80 岁及以上 | 0 | 0 | 0 | 0 | 0 | 0 | 0 |
| | 城市 | 小计 | 小计 | 6 | 11 | 1 | 5 | 10 | 15 | 15 |
| | | | 18 ～ 44 岁 | 0 | 0 | 0 | 0 | 0 | 0 | 0 |
| | | | 45 ～ 59 岁 | 3 | 10 | 5 | 5 | 10 | 15 | 15 |
| | | | 60 ～ 79 岁 | 3 | 11 | 1 | 1 | 15 | 15 | 15 |
| | | | 80 岁及以上 | 0 | 0 | 0 | 0 | 0 | 0 | 0 |
| | | 男 | 小计 | 1 | 15 | 15 | 15 | 15 | 15 | 15 |
| | | | 18 ～ 44 岁 | 0 | 0 | 0 | 0 | 0 | 0 | 0 |
| | | | 45 ～ 59 岁 | 0 | 0 | 0 | 0 | 0 | 0 | 0 |
| | | | 60 ～ 79 岁 | 1 | 15 | 15 | 15 | 15 | 15 | 15 |
| | | | 80 岁及以上 | 0 | 0 | 0 | 0 | 0 | 0 | 0 |
| | | 女 | 小计 | 5 | 9 | 1 | 5 | 10 | 15 | 15 |
| | | | 18 ～ 44 岁 | 0 | 0 | 0 | 0 | 0 | 0 | 0 |
| | | | 45 ～ 59 岁 | 3 | 10 | 5 | 5 | 10 | 15 | 15 |
| | | | 60 ～ 79 岁 | 2 | 1 | 1 | 1 | 1 | 1 | 1 |
| | | | 80 岁及以上 | 0 | 0 | 0 | 0 | 0 | 0 | 0 |
| | 农村 | 小计 | 小计 | 3 | 25 | 15 | 20 | 30 | 30 | 30 |
| | | | 18 ～ 44 岁 | 2 | 27 | 15 | 30 | 30 | 30 | 30 |
| | | | 45 ～ 59 岁 | 1 | 20 | 20 | 20 | 20 | 20 | 20 |
| | | | 60 ～ 79 岁 | 0 | 0 | 0 | 0 | 0 | 0 | 0 |
| | | | 80 岁及以上 | 0 | 0 | 0 | 0 | 0 | 0 | 0 |
| | | 男 | 小计 | 0 | 0 | 0 | 0 | 0 | 0 | 0 |
| | | | 18 ～ 44 岁 | 0 | 0 | 0 | 0 | 0 | 0 | 0 |
| | | | 45 ～ 59 岁 | 0 | 0 | 0 | 0 | 0 | 0 | 0 |
| | | | 60 ～ 79 岁 | 0 | 0 | 0 | 0 | 0 | 0 | 0 |
| | | | 80 岁及以上 | 0 | 0 | 0 | 0 | 0 | 0 | 0 |
| | | 女 | 小计 | 3 | 25 | 15 | 20 | 30 | 30 | 30 |
| | | | 18 ～ 44 岁 | 2 | 27 | 15 | 30 | 30 | 30 | 30 |
| | | | 45 ～ 59 岁 | 1 | 20 | 20 | 20 | 20 | 20 | 20 |
| | | | 60 ～ 79 岁 | 0 | 0 | 0 | 0 | 0 | 0 | 0 |
| | | | 80 岁及以上 | 0 | 0 | 0 | 0 | 0 | 0 | 0 |
| 中部 | 城乡 | 小计 | 小计 | 2 | 11 | 10 | 10 | 10 | 10 | 20 |
| | | | 18 ～ 44 岁 | 1 | 10 | 10 | 10 | 10 | 10 | 10 |
| | | | 45 ～ 59 岁 | 1 | 20 | 20 | 20 | 20 | 20 | 20 |
| | | | 60 ～ 79 岁 | 0 | 0 | 0 | 0 | 0 | 0 | 0 |
| | | | 80 岁及以上 | 0 | 0 | 0 | 0 | 0 | 0 | 0 |
| | | 男 | 小计 | 1 | 10 | 10 | 10 | 10 | 10 | 10 |
| | | | 18 ～ 44 岁 | 1 | 10 | 10 | 10 | 10 | 10 | 10 |
| | | | 45 ～ 59 岁 | 0 | 0 | 0 | 0 | 0 | 0 | 0 |
| | | | 60 ～ 79 岁 | 0 | 0 | 0 | 0 | 0 | 0 | 0 |
| | | | 80 岁及以上 | 0 | 0 | 0 | 0 | 0 | 0 | 0 |

| 地区 | 城乡 | 性别 | 年龄 | *n* | 水上交通工具累计使用时间 /（min/d） | | | | | |
|---|---|---|---|---|---|---|---|---|---|---|
| | | | | | Mean | P5 | P 25 | P50 | P 75 | P95 |
| 中部 | 城乡 | 女 | 小计 | 1 | 20 | 20 | 20 | 20 | 20 | 20 |
| | | | 18 ～ 44 岁 | 0 | 0 | 0 | 0 | 0 | 0 | 0 |
| | | | 45 ～ 59 岁 | 1 | 20 | 20 | 20 | 20 | 20 | 20 |
| | | | 60 ～ 79 岁 | 0 | 0 | 0 | 0 | 0 | 0 | 0 |
| | | | 80 岁及以上 | 0 | 0 | 0 | 0 | 0 | 0 | 0 |
| | 城市 | 小计 | 小计 | 2 | 11 | 10 | 10 | 10 | 10 | 20 |
| | | | 18 ～ 44 岁 | 1 | 10 | 10 | 10 | 10 | 10 | 10 |
| | | | 45 ～ 59 岁 | 1 | 20 | 20 | 20 | 20 | 20 | 20 |
| | | | 60 ～ 79 岁 | 0 | 0 | 0 | 0 | 0 | 0 | 0 |
| | | | 80 岁及以上 | 0 | 0 | 0 | 0 | 0 | 0 | 0 |
| | | 男 | 小计 | 1 | 10 | 10 | 10 | 10 | 10 | 10 |
| | | | 18 ～ 44 岁 | 1 | 10 | 10 | 10 | 10 | 10 | 10 |
| | | | 45 ～ 59 岁 | 0 | 0 | 0 | 0 | 0 | 0 | 0 |
| | | | 60 ～ 79 岁 | 0 | 0 | 0 | 0 | 0 | 0 | 0 |
| | | | 80 岁及以上 | 0 | 0 | 0 | 0 | 0 | 0 | 0 |
| | | 女 | 小计 | 1 | 20 | 20 | 20 | 20 | 20 | 20 |
| | | | 18 ～ 44 岁 | 0 | 0 | 0 | 0 | 0 | 0 | 0 |
| | | | 45 ～ 59 岁 | 1 | 20 | 20 | 20 | 20 | 20 | 20 |
| | | | 60 ～ 79 岁 | 0 | 0 | 0 | 0 | 0 | 0 | 0 |
| | | | 80 岁及以上 | 0 | 0 | 0 | 0 | 0 | 0 | 0 |
| | 农村 | 小计 | 小计 | 0 | 0 | 0 | 0 | 0 | 0 | 0 |
| | | | 18 ～ 44 岁 | 0 | 0 | 0 | 0 | 0 | 0 | 0 |
| | | | 45 ～ 59 岁 | 0 | 0 | 0 | 0 | 0 | 0 | 0 |
| | | | 60 ～ 79 岁 | 0 | 0 | 0 | 0 | 0 | 0 | 0 |
| | | | 80 岁及以上 | 0 | 0 | 0 | 0 | 0 | 0 | 0 |
| | | 男 | 小计 | 0 | 0 | 0 | 0 | 0 | 0 | 0 |
| | | | 18 ～ 44 岁 | 0 | 0 | 0 | 0 | 0 | 0 | 0 |
| | | | 45 ～ 59 岁 | 0 | 0 | 0 | 0 | 0 | 0 | 0 |
| | | | 60 ～ 79 岁 | 0 | 0 | 0 | 0 | 0 | 0 | 0 |
| | | | 80 岁及以上 | 0 | 0 | 0 | 0 | 0 | 0 | 0 |
| | | 女 | 小计 | 0 | 0 | 0 | 0 | 0 | 0 | 0 |
| | | | 18 ～ 44 岁 | 0 | 0 | 0 | 0 | 0 | 0 | 0 |
| | | | 45 ～ 59 岁 | 0 | 0 | 0 | 0 | 0 | 0 | 0 |
| | | | 60 ～ 79 岁 | 0 | 0 | 0 | 0 | 0 | 0 | 0 |
| | | | 80 岁及以上 | 0 | 0 | 0 | 0 | 0 | 0 | 0 |
| 西部 | 城乡 | 小计 | 小计 | 4 | 27 | 0 | 1 | 40 | 40 | 40 |
| | | | 18 ～ 44 岁 | 2 | 31 | 1 | 40 | 40 | 40 | 40 |
| | | | 45 ～ 59 岁 | 1 | 0 | 0 | 0 | 0 | 0 | 0 |
| | | | 60 ～ 79 岁 | 1 | 10 | 10 | 10 | 10 | 10 | 10 |
| | | | 80 岁及以上 | 0 | 0 | 0 | 0 | 0 | 0 | 0 |
| | | 男 | 小计 | 3 | 28 | 0 | 1 | 40 | 40 | 40 |
| | | | 18 ～ 44 岁 | 2 | 31 | 1 | 40 | 40 | 40 | 40 |
| | | | 45 ～ 59 岁 | 1 | 0 | 0 | 0 | 0 | 0 | 0 |
| | | | 60 ～ 79 岁 | 0 | 0 | 0 | 0 | 0 | 0 | 0 |
| | | | 80 岁及以上 | 0 | 0 | 0 | 0 | 0 | 0 | 0 |
| | | 女 | 小计 | 1 | 10 | 10 | 10 | 10 | 10 | 10 |
| | | | 18 ～ 44 岁 | 0 | 0 | 0 | 0 | 0 | 0 | 0 |
| | | | 45 ～ 59 岁 | 0 | 0 | 0 | 0 | 0 | 0 | 0 |
| | | | 60 ～ 79 岁 | 1 | 10 | 10 | 10 | 10 | 10 | 10 |
| | | | 80 岁及以上 | 0 | 0 | 0 | 0 | 0 | 0 | 0 |
| | 城市 | 小计 | 小计 | 2 | 31 | 1 | 40 | 40 | 40 | 40 |
| | | | 18 ～ 44 岁 | 2 | 31 | 1 | 40 | 40 | 40 | 40 |
| | | | 45 ～ 59 岁 | 0 | 0 | 0 | 0 | 0 | 0 | 0 |
| | | | 60 ～ 79 岁 | 0 | 0 | 0 | 0 | 0 | 0 | 0 |
| | | | 80 岁及以上 | 0 | 0 | 0 | 0 | 0 | 0 | 0 |
| | | 男 | 小计 | 2 | 31 | 1 | 40 | 40 | 40 | 40 |
| | | | 18 ～ 44 岁 | 2 | 31 | 1 | 40 | 40 | 40 | 40 |
| | | | 45 ～ 59 岁 | 0 | 0 | 0 | 0 | 0 | 0 | 0 |

| 地区 | 城乡 | 性别 | 年龄 | n | 水上交通工具累计使用时间 /（min/d） | | | | | |
|---|---|---|---|---|---|---|---|---|---|---|
| | | | | | Mean | P5 | P 25 | P50 | P 75 | P95 |
| 西部 | 城市 | 男 | 60 ～ 79 岁 | 0 | 0 | 0 | 0 | 0 | 0 | 0 |
| | | | 80 岁及以上 | 0 | 0 | 0 | 0 | 0 | 0 | 0 |
| | | 女 | 小计 | 0 | 0 | 0 | 0 | 0 | 0 | 0 |
| | | | 18 ～ 44 岁 | 0 | 0 | 0 | 0 | 0 | 0 | 0 |
| | | | 45 ～ 59 岁 | 0 | 0 | 0 | 0 | 0 | 0 | 0 |
| | | | 60 ～ 79 岁 | 0 | 0 | 0 | 0 | 0 | 0 | 0 |
| | | | 80 岁及以上 | 0 | 0 | 0 | 0 | 0 | 0 | 0 |
| | 农村 | 小计 | 小计 | 2 | 4 | 0 | 0 | 0 | 10 | 10 |
| | | | 18 ～ 44 岁 | 0 | 0 | 0 | 0 | 0 | 0 | 0 |
| | | | 45 ～ 59 岁 | 1 | 0 | 0 | 0 | 0 | 0 | 0 |
| | | | 60 ～ 79 岁 | 1 | 10 | 10 | 10 | 10 | 10 | 10 |
| | | | 80 岁及以上 | 0 | 0 | 0 | 0 | 0 | 0 | 0 |
| | | 男 | 小计 | 1 | 0 | 0 | 0 | 0 | 0 | 0 |
| | | | 18 ～ 44 岁 | 0 | 0 | 0 | 0 | 0 | 0 | 0 |
| | | | 45 ～ 59 岁 | 1 | 0 | 0 | 0 | 0 | 0 | 0 |
| | | | 60 ～ 79 岁 | 0 | 0 | 0 | 0 | 0 | 0 | 0 |
| | | | 80 岁及以上 | 0 | 0 | 0 | 0 | 0 | 0 | 0 |
| | | 女 | 小计 | 1 | 10 | 10 | 10 | 10 | 10 | 10 |
| | | | 18 ～ 44 岁 | 0 | 0 | 0 | 0 | 0 | 0 | 0 |
| | | | 45 ～ 59 岁 | 0 | 0 | 0 | 0 | 0 | 0 | 0 |
| | | | 60 ～ 79 岁 | 1 | 10 | 10 | 10 | 10 | 10 | 10 |
| | | | 80 岁及以上 | 0 | 0 | 0 | 0 | 0 | 0 | 0 |

## 附表 6-34 中国人群分东中西、城乡、性别、年龄的其他交通工具累计使用时间

| 地区 | 城乡 | 性别 | 年龄 | n | 其他交通工具累计使用时间 /（min/d） | | | | | |
|---|---|---|---|---|---|---|---|---|---|---|
| | | | | | Mean | P5 | P25 | P50 | P75 | P95 |
| 合计 | 城乡 | 小计 | 小计 | 789 | 129 | 15 | 30 | 60 | 180 | 480 |
| | | | 18 ～ 44 岁 | 420 | 142 | 15 | 30 | 60 | 240 | 480 |
| | | | 45 ～ 59 岁 | 276 | 128 | 20 | 30 | 60 | 180 | 480 |
| | | | 60 ～ 79 岁 | 86 | 51 | 5 | 20 | 30 | 60 | 120 |
| | | | 80 岁及以上 | 7 | 33 | 1 | 2 | 15 | 60 | 60 |
| | | 男 | 小计 | 488 | 147 | 15 | 40 | 80 | 240 | 480 |
| | | | 18 ～ 44 岁 | 267 | 157 | 15 | 40 | 90 | 240 | 480 |
| | | | 45 ～ 59 岁 | 167 | 149 | 20 | 50 | 120 | 180 | 480 |
| | | | 60 ～ 79 岁 | 48 | 60 | 15 | 20 | 40 | 90 | 180 |
| | | | 80 岁及以上 | 6 | 32 | 1 | 2 | 15 | 60 | 60 |
| | | 女 | 小计 | 301 | 74 | 10 | 30 | 40 | 90 | 240 |
| | | | 18 ～ 44 岁 | 153 | 85 | 10 | 30 | 50 | 120 | 240 |
| | | | 45 ～ 59 岁 | 109 | 71 | 10 | 30 | 50 | 120 | 180 |
| | | | 60 ～ 79 岁 | 38 | 39 | 2 | 15 | 30 | 60 | 120 |
| | | | 80 岁及以上 | 1 | 60 | 60 | 60 | 60 | 60 | 60 |
| | 城市 | 小计 | 小计 | 202 | 158 | 20 | 40 | 100 | 240 | 480 |
| | | | 18 ～ 44 岁 | 112 | 163 | 20 | 40 | 90 | 250 | 600 |
| | | | 45 ～ 59 岁 | 77 | 160 | 20 | 60 | 120 | 200 | 480 |
| | | | 60 ～ 79 岁 | 12 | 78 | 20 | 30 | 60 | 90 | 180 |
| | | | 80 岁及以上 | 1 | 1 | 1 | 1 | 1 | 1 | 1 |
| | | 男 | 小计 | 143 | 176 | 20 | 60 | 120 | 300 | 480 |
| | | | 18 ～ 44 岁 | 80 | 182 | 20 | 40 | 120 | 300 | 600 |
| | | | 45 ～ 59 岁 | 53 | 180 | 20 | 60 | 120 | 240 | 480 |
| | | | 60 ～ 79 岁 | 9 | 79 | 20 | 20 | 60 | 90 | 180 |
| | | | 80 岁及以上 | 1 | 1 | 1 | 1 | 1 | 1 | 1 |
| | | 女 | 小计 | 59 | 67 | 20 | 30 | 60 | 90 | 180 |
| | | | 18 ～ 44 岁 | 32 | 68 | 20 | 30 | 50 | 90 | 180 |

| 地区 | 城乡 | 性别 | 年龄 | n | 其他交通工具累计使用时间 / (min/d) | | | | | |
|---|---|---|---|---|---|---|---|---|---|---|
| | | | | | Mean | P5 | P25 | P50 | P75 | P95 |
| 合计 | 城市 | 女 | 45～59岁 | 24 | 66 | 20 | 30 | 60 | 100 | 180 |
| | | | 60～79岁 | 3 | 64 | 60 | 60 | 60 | 60 | 90 |
| | | | 80岁及以上 | 0 | 0 | 0 | 0 | 0 | 0 | 0 |
| | 农村 | 小计 | 小计 | 587 | 115 | 10 | 30 | 60 | 120 | 420 |
| | | | 18～44岁 | 308 | 130 | 12 | 30 | 60 | 180 | 420 |
| | | | 45～59岁 | 199 | 112 | 20 | 30 | 60 | 120 | 360 |
| | | | 60～79岁 | 74 | 46 | 5 | 20 | 30 | 60 | 120 |
| | | | 80岁及以上 | 6 | 37 | 2 | 15 | 60 | 60 | 60 |
| | | 男 | 小计 | 345 | 131 | 15 | 30 | 60 | 180 | 420 |
| | | | 18～44岁 | 187 | 143 | 15 | 40 | 60 | 240 | 480 |
| | | | 45～59岁 | 114 | 130 | 20 | 30 | 60 | 180 | 360 |
| | | | 60～79岁 | 39 | 52 | 15 | 20 | 30 | 60 | 120 |
| | | | 80岁及以上 | 5 | 36 | 2 | 15 | 60 | 60 | 60 |
| | | 女 | 小计 | 242 | 76 | 10 | 25 | 40 | 120 | 240 |
| | | | 18～44岁 | 121 | 91 | 10 | 30 | 40 | 120 | 300 |
| | | | 45～59岁 | 85 | 72 | 10 | 30 | 40 | 120 | 180 |
| | | | 60～79岁 | 35 | 39 | 2 | 15 | 30 | 60 | 120 |
| | | | 80岁及以上 | 1 | 60 | 60 | 60 | 60 | 60 | 60 |
| 东部 | 城乡 | 小计 | 小计 | 189 | 147 | 20 | 40 | 90 | 240 | 480 |
| | | | 18～44岁 | 79 | 166 | 20 | 30 | 90 | 300 | 480 |
| | | | 45～59岁 | 73 | 150 | 30 | 60 | 120 | 180 | 480 |
| | | | 60～79岁 | 33 | 61 | 10 | 30 | 60 | 90 | 180 |
| | | | 80岁及以上 | 4 | 36 | 2 | 15 | 60 | 60 | 60 |
| | | 男 | 小计 | 146 | 161 | 20 | 40 | 100 | 240 | 480 |
| | | | 18～44岁 | 64 | 181 | 20 | 40 | 120 | 300 | 480 |
| | | | 45～59岁 | 56 | 163 | 30 | 60 | 120 | 240 | 480 |
| | | | 60～79岁 | 22 | 64 | 15 | 30 | 40 | 90 | 180 |
| | | | 80岁及以上 | 4 | 36 | 2 | 15 | 60 | 60 | 60 |
| | | 女 | 小计 | 43 | 69 | 5 | 30 | 60 | 120 | 180 |
| | | | 18～44岁 | 15 | 69 | 5 | 12 | 30 | 120 | 240 |
| | | | 45～59岁 | 17 | 80 | 4 | 30 | 60 | 120 | 180 |
| | | | 60～79岁 | 11 | 52 | 5 | 30 | 60 | 60 | 120 |
| | | | 80岁及以上 | 0 | 0 | 0 | 0 | 0 | 0 | 0 |
| | 城市 | 小计 | 小计 | 59 | 189 | 20 | 60 | 140 | 300 | 600 |
| | | | 18～44岁 | 31 | 203 | 20 | 30 | 150 | 300 | 600 |
| | | | 45～59岁 | 21 | 181 | 60 | 100 | 140 | 200 | 480 |
| | | | 60～79岁 | 7 | 94 | 20 | 60 | 90 | 90 | 180 |
| | | | 80岁及以上 | 0 | 0 | 0 | 0 | 0 | 0 | 0 |
| | | 男 | 小计 | 54 | 194 | 20 | 60 | 150 | 300 | 600 |
| | | | 18～44岁 | 29 | 209 | 20 | 30 | 240 | 300 | 600 |
| | | | 45～59岁 | 19 | 185 | 60 | 120 | 140 | 240 | 480 |
| | | | 60～79岁 | 6 | 94 | 20 | 60 | 90 | 90 | 180 |
| | | | 80岁及以上 | 0 | 0 | 0 | 0 | 0 | 0 | 0 |
| | | 女 | 小计 | 5 | 68 | 2 | 70 | 70 | 100 | 100 |
| | | | 18～44岁 | 2 | 57 | 2 | 70 | 70 | 70 | 70 |
| | | | 45～59岁 | 2 | 94 | 30 | 100 | 100 | 100 | 100 |
| | | | 60～79岁 | 1 | 0 | 0 | 0 | 0 | 0 | 0 |
| | | | 80岁及以上 | 0 | 0 | 0 | 0 | 0 | 0 | 0 |
| | 农村 | 小计 | 小计 | 130 | 120 | 15 | 30 | 60 | 180 | 420 |
| | | | 18～44岁 | 48 | 136 | 12 | 40 | 60 | 240 | 480 |
| | | | 45～59岁 | 52 | 134 | 20 | 40 | 60 | 130 | 420 |
| | | | 60～79岁 | 26 | 50 | 10 | 30 | 40 | 60 | 120 |
| | | | 80岁及以上 | 4 | 36 | 2 | 15 | 60 | 60 | 60 |
| | | 男 | 小计 | 92 | 135 | 25 | 40 | 60 | 180 | 480 |
| | | | 18～44岁 | 35 | 153 | 30 | 60 | 80 | 240 | 480 |
| | | | 45～59岁 | 37 | 150 | 30 | 40 | 90 | 180 | 480 |
| | | | 60～79岁 | 16 | 49 | 10 | 30 | 30 | 60 | 120 |
| | | | 80岁及以上 | 4 | 36 | 2 | 15 | 60 | 60 | 60 |

| 地区 | 城乡 | 性别 | 年龄 | n | 其他交通工具累计使用时间 /（min/d） | | | | | |
|---|---|---|---|---|---|---|---|---|---|---|
| | | | | | Mean | P5 | P25 | P50 | P75 | P95 |
| 东部 | 农村 | 女 | 小计 | 38 | 69 | 5 | 30 | 60 | 120 | 180 |
| | | | 18 ～ 44 岁 | 13 | 71 | 5 | 12 | 30 | 120 | 240 |
| | | | 45 ～ 59 岁 | 15 | 78 | 4 | 30 | 60 | 120 | 180 |
| | | | 60 ～ 79 岁 | 10 | 52 | 5 | 30 | 60 | 60 | 120 |
| | | | 80 岁及以上 | 0 | 0 | 0 | 0 | 0 | 0 | 0 |
| 中部 | 城乡 | 小计 | 小计 | 286 | 121 | 10 | 30 | 60 | 180 | 420 |
| | | | 18 ～ 44 岁 | 166 | 123 | 15 | 40 | 60 | 180 | 420 |
| | | | 45 ～ 59 岁 | 105 | 130 | 10 | 30 | 60 | 180 | 480 |
| | | | 60 ～ 79 岁 | 15 | 38 | 10 | 20 | 20 | 60 | 90 |
| | | | 80 岁及以上 | 0 | 0 | 0 | 0 | 0 | 0 | 0 |
| | | 男 | 小计 | 169 | 136 | 10 | 40 | 80 | 180 | 420 |
| | | | 18 ～ 44 岁 | 97 | 138 | 15 | 40 | 80 | 180 | 420 |
| | | | 45 ～ 59 岁 | 63 | 144 | 10 | 40 | 120 | 180 | 480 |
| | | | 60 ～ 79 岁 | 9 | 39 | 20 | 20 | 20 | 30 | 60 |
| | | | 80 岁及以上 | 0 | 0 | 0 | 0 | 0 | 0 | 0 |
| | | 女 | 小计 | 117 | 82 | 10 | 30 | 50 | 120 | 240 |
| | | | 18 ～ 44 岁 | 69 | 82 | 20 | 30 | 60 | 100 | 240 |
| | | | 45 ～ 59 岁 | 42 | 91 | 10 | 20 | 40 | 120 | 240 |
| | | | 60 ～ 79 岁 | 6 | 37 | 10 | 15 | 15 | 60 | 90 |
| | | | 80 岁及以上 | 0 | 0 | 0 | 0 | 0 | 0 | 0 |
| | 城市 | 小计 | 小计 | 83 | 128 | 10 | 30 | 60 | 180 | 480 |
| | | | 18 ～ 44 岁 | 43 | 113 | 15 | 30 | 60 | 180 | 300 |
| | | | 45 ～ 59 岁 | 37 | 155 | 6 | 30 | 60 | 240 | 480 |
| | | | 60 ～ 79 岁 | 3 | 51 | 30 | 30 | 60 | 60 | 90 |
| | | | 80 岁及以上 | 0 | 0 | 0 | 0 | 0 | 0 | 0 |
| | | 男 | 小计 | 49 | 149 | 10 | 30 | 80 | 240 | 480 |
| | | | 18 ～ 44 岁 | 24 | 133 | 10 | 20 | 80 | 240 | 360 |
| | | | 45 ～ 59 岁 | 23 | 177 | 6 | 30 | 120 | 240 | 480 |
| | | | 60 ～ 79 岁 | 2 | 47 | 30 | 30 | 60 | 60 | 60 |
| | | | 80 岁及以上 | 0 | 0 | 0 | 0 | 0 | 0 | 0 |
| | | 女 | 小计 | 34 | 77 | 20 | 30 | 60 | 100 | 180 |
| | | | 18 ～ 44 岁 | 19 | 77 | 20 | 30 | 60 | 90 | 180 |
| | | | 45 ～ 59 岁 | 14 | 75 | 20 | 20 | 30 | 120 | 240 |
| | | | 60 ～ 79 岁 | 1 | 90 | 90 | 90 | 90 | 90 | 90 |
| | | | 80 岁及以上 | 0 | 0 | 0 | 0 | 0 | 0 | 0 |
| | 农村 | 小计 | 小计 | 203 | 119 | 10 | 30 | 60 | 180 | 420 |
| | | | 18 ～ 44 岁 | 123 | 126 | 20 | 40 | 60 | 180 | 420 |
| | | | 45 ～ 59 岁 | 68 | 118 | 10 | 40 | 60 | 180 | 360 |
| | | | 60 ～ 79 岁 | 12 | 36 | 10 | 15 | 20 | 30 | 180 |
| | | | 80 岁及以上 | 0 | 0 | 0 | 0 | 0 | 0 | 0 |
| | | 男 | 小计 | 120 | 131 | 20 | 40 | 80 | 180 | 420 |
| | | | 18 ～ 44 岁 | 73 | 139 | 20 | 40 | 80 | 180 | 420 |
| | | | 45 ～ 59 岁 | 40 | 126 | 10 | 50 | 120 | 180 | 360 |
| | | | 60 ～ 79 岁 | 7 | 37 | 20 | 20 | 20 | 20 | 240 |
| | | | 80 岁及以上 | 0 | 0 | 0 | 0 | 0 | 0 | 0 |
| | | 女 | 小计 | 83 | 84 | 10 | 30 | 40 | 120 | 240 |
| | | | 18 ～ 44 岁 | 50 | 85 | 20 | 30 | 40 | 120 | 240 |
| | | | 45 ～ 59 岁 | 28 | 97 | 10 | 30 | 40 | 120 | 240 |
| | | | 60 ～ 79 岁 | 5 | 36 | 10 | 15 | 15 | 60 | 180 |
| | | | 80 岁及以上 | 0 | 0 | 0 | 0 | 0 | 0 | 0 |
| 西部 | 城乡 | 小计 | 小计 | 314 | 116 | 10 | 30 | 60 | 120 | 420 |
| | | | 18 ～ 44 岁 | 175 | 135 | 10 | 30 | 60 | 180 | 420 |
| | | | 45 ～ 59 岁 | 98 | 92 | 20 | 30 | 60 | 80 | 480 |
| | | | 60 ～ 79 岁 | 38 | 44 | 2 | 20 | 30 | 60 | 120 |
| | | | 80 岁及以上 | 3 | 18 | 1 | 1 | 1 | 60 | 60 |
| | | 男 | 小计 | 173 | 138 | 10 | 30 | 60 | 180 | 480 |
| | | | 18 ～ 44 岁 | 106 | 149 | 10 | 40 | 60 | 240 | 420 |
| | | | 45 ～ 59 岁 | 48 | 122 | 20 | 30 | 60 | 120 | 600 |

| 地区 | 城乡 | 性别 | 年龄 | n | 其他交通工具累计使用时间 /（min/d） | | | | | |
|---|---|---|---|---|---|---|---|---|---|---|
| | | | | | Mean | P5 | P25 | P50 | P75 | P95 |
| 西部 | 城乡 | 男 | 60 ～ 79 岁 | 17 | 63 | 20 | 20 | 30 | 120 | 120 |
| | | | 80 岁及以上 | 2 | 1 | 1 | 1 | 1 | 1 | 1 |
| | | 女 | 小计 | 141 | 71 | 10 | 30 | 40 | 60 | 180 |
| | | | 18 ～ 44 岁 | 69 | 95 | 20 | 30 | 50 | 120 | 420 |
| | | | 45 ～ 59 岁 | 50 | 53 | 20 | 30 | 40 | 60 | 120 |
| | | | 60 ～ 79 岁 | 21 | 31 | 2 | 10 | 30 | 30 | 60 |
| | | | 80 岁及以上 | 1 | 60 | 60 | 60 | 60 | 60 | 60 |
| | 城市 | 小计 | 小计 | 60 | 137 | 20 | 40 | 60 | 120 | 420 |
| | | | 18 ～ 44 岁 | 38 | 145 | 20 | 50 | 90 | 180 | 420 |
| | | | 45 ～ 59 岁 | 19 | 129 | 30 | 60 | 60 | 80 | 600 |
| | | | 60 ～ 79 岁 | 2 | 32 | 20 | 20 | 20 | 60 | 60 |
| | | | 80 岁及以上 | 1 | 1 | 1 | 1 | 1 | 1 | 1 |
| | | 男 | 小计 | 40 | 164 | 20 | 60 | 90 | 300 | 480 |
| | | | 18 ～ 44 岁 | 27 | 168 | 20 | 60 | 120 | 300 | 420 |
| | | | 45 ～ 59 岁 | 11 | 174 | 50 | 60 | 60 | 120 | 600 |
| | | | 60 ～ 79 岁 | 1 | 20 | 20 | 20 | 20 | 20 | 20 |
| | | | 80 岁及以上 | 1 | 1 | 1 | 1 | 1 | 1 | 1 |
| | | 女 | 小计 | 20 | 57 | 20 | 30 | 50 | 60 | 120 |
| | | | 18 ～ 44 岁 | 11 | 58 | 20 | 30 | 50 | 90 | 120 |
| | | | 45 ～ 59 岁 | 8 | 54 | 30 | 30 | 60 | 60 | 120 |
| | | | 60 ～ 79 岁 | 1 | 60 | 60 | 60 | 60 | 60 | 60 |
| | | | 80 岁及以上 | 0 | 0 | 0 | 0 | 0 | 0 | 0 |
| | 农村 | 小计 | 小计 | 254 | 106 | 10 | 30 | 60 | 120 | 380 |
| | | | 18 ～ 44 岁 | 137 | 130 | 10 | 30 | 60 | 180 | 480 |
| | | | 45 ～ 59 岁 | 79 | 75 | 20 | 25 | 30 | 60 | 200 |
| | | | 60 ～ 79 岁 | 36 | 45 | 2 | 20 | 30 | 60 | 120 |
| | | | 80 岁及以上 | 2 | 60 | 60 | 60 | 60 | 60 | 60 |
| | | 男 | 小计 | 133 | 124 | 10 | 30 | 60 | 120 | 420 |
| | | | 18 ～ 44 岁 | 79 | 138 | 10 | 30 | 60 | 180 | 480 |
| | | | 45 ～ 59 岁 | 37 | 95 | 20 | 20 | 45 | 120 | 310 |
| | | | 60 ～ 79 岁 | 16 | 73 | 20 | 20 | 60 | 120 | 120 |
| | | | 80 岁及以上 | 1 | 0 | 0 | 0 | 0 | 0 | 0 |
| | | 女 | 小计 | 121 | 75 | 10 | 20 | 30 | 60 | 300 |
| | | | 18 ～ 44 岁 | 58 | 110 | 20 | 20 | 40 | 120 | 600 |
| | | | 45 ～ 59 岁 | 42 | 52 | 20 | 25 | 30 | 60 | 120 |
| | | | 60 ～ 79 岁 | 20 | 30 | 2 | 10 | 30 | 30 | 60 |
| | | | 80 岁及以上 | 1 | 60 | 60 | 60 | 60 | 60 | 60 |

## 附表 6-35　中国人群分片区、城乡、性别、年龄的交通工具累计使用时间

| 地区 | 城乡 | 性别 | 年龄 | n | 交通工具累计使用时间 /（min/d） | | | | | |
|---|---|---|---|---|---|---|---|---|---|---|
| | | | | | Mean | P5 | P25 | P50 | P75 | P95 |
| 合计 | 城乡 | 小计 | 小计 | 91 121 | 63 | 15 | 30 | 45 | 70 | 180 |
| | | | 18 ～ 44 岁 | 36 682 | 64 | 15 | 30 | 50 | 75 | 180 |
| | | | 45 ～ 59 岁 | 32 374 | 64 | 15 | 30 | 50 | 75 | 180 |
| | | | 60 ～ 79 岁 | 20 579 | 59 | 10 | 30 | 40 | 65 | 160 |
| | | | 80 岁及以上 | 1 486 | 54 | 10 | 20 | 30 | 60 | 160 |
| | | 男 | 小计 | 41 296 | 68 | 15 | 30 | 50 | 80 | 180 |
| | | | 18 ～ 44 岁 | 16 771 | 69 | 15 | 30 | 50 | 80 | 180 |
| | | | 45 ～ 59 岁 | 14 092 | 68 | 15 | 30 | 50 | 80 | 180 |
| | | | 60 ～ 79 岁 | 9 758 | 63 | 15 | 30 | 50 | 75 | 180 |
| | | | 80 岁及以上 | 675 | 61 | 10 | 30 | 40 | 60 | 180 |
| | | 女 | 小计 | 49 825 | 58 | 10 | 30 | 40 | 60 | 150 |
| | | | 18 ～ 44 岁 | 19 911 | 59 | 15 | 30 | 40 | 65 | 155 |

| 地区 | 城乡 | 性别 | 年龄 | n | 交通工具累计使用时间 /（min/d） | | | | | |
|---|---|---|---|---|---|---|---|---|---|---|
| | | | | | Mean | P5 | P25 | P50 | P75 | P95 |
| 合计 | 城乡 | 女 | 45～59岁 | 18 282 | 60 | 15 | 30 | 40 | 70 | 160 |
| | | | 60～79岁 | 10 821 | 56 | 10 | 30 | 40 | 60 | 150 |
| | | | 80岁及以上 | 811 | 49 | 10 | 20 | 30 | 60 | 120 |
| | 城市 | 小计 | 小计 | 41 826 | 66 | 15 | 30 | 50 | 80 | 180 |
| | | | 18～44岁 | 16 636 | 66 | 15 | 30 | 50 | 80 | 180 |
| | | | 45～59岁 | 14 746 | 68 | 15 | 30 | 50 | 85 | 180 |
| | | | 60～79岁 | 9 698 | 65 | 15 | 30 | 50 | 80 | 180 |
| | | | 80岁及以上 | 746 | 60 | 10 | 30 | 45 | 70 | 180 |
| | | 男 | 小计 | 18 455 | 71 | 15 | 30 | 50 | 90 | 180 |
| | | | 18～44岁 | 7 538 | 71 | 14 | 30 | 50 | 90 | 180 |
| | | | 45～59岁 | 6 267 | 71 | 15 | 30 | 55 | 90 | 180 |
| | | | 60～79岁 | 4 327 | 68 | 15 | 30 | 60 | 90 | 180 |
| | | | 80岁及以上 | 323 | 65 | 15 | 30 | 60 | 80 | 180 |
| | | 女 | 小计 | 23 371 | 61 | 15 | 30 | 45 | 70 | 160 |
| | | | 18～44岁 | 9 098 | 60 | 15 | 30 | 40 | 70 | 160 |
| | | | 45～59岁 | 8 479 | 64 | 15 | 30 | 50 | 80 | 180 |
| | | | 60～79岁 | 5 371 | 62 | 10 | 30 | 50 | 75 | 160 |
| | | | 80岁及以上 | 423 | 56 | 10 | 20 | 30 | 60 | 150 |
| | 农村 | 小计 | 小计 | 49 295 | 61 | 15 | 30 | 40 | 65 | 180 |
| | | | 18～44岁 | 20 046 | 63 | 15 | 30 | 45 | 70 | 180 |
| | | | 45～59岁 | 17 628 | 60 | 15 | 30 | 40 | 60 | 175 |
| | | | 60～79岁 | 10 881 | 55 | 10 | 30 | 40 | 60 | 150 |
| | | | 80岁及以上 | 740 | 48 | 10 | 20 | 30 | 60 | 130 |
| | | 男 | 小计 | 22 841 | 65 | 15 | 30 | 50 | 75 | 180 |
| | | | 18～44岁 | 9 233 | 68 | 15 | 30 | 50 | 80 | 180 |
| | | | 45～59岁 | 7 825 | 65 | 15 | 30 | 50 | 70 | 180 |
| | | | 60～79岁 | 5 431 | 59 | 10 | 30 | 40 | 60 | 180 |
| | | | 80岁及以上 | 352 | 56 | 10 | 20 | 30 | 60 | 153 |
| | | 女 | 小计 | 26 454 | 56 | 10 | 30 | 40 | 60 | 150 |
| | | | 18～44岁 | 10 813 | 58 | 12 | 30 | 40 | 60 | 150 |
| | | | 45～59岁 | 9 803 | 55 | 10 | 30 | 40 | 60 | 140 |
| | | | 60～79岁 | 5 450 | 50 | 10 | 30 | 30 | 60 | 130 |
| | | | 80岁及以上 | 388 | 41 | 10 | 20 | 30 | 40 | 120 |
| 华北 | 城乡 | 小计 | 小计 | 18 097 | 61 | 20 | 30 | 50 | 70 | 160 |
| | | | 18～44岁 | 6 484 | 62 | 20 | 30 | 50 | 70 | 160 |
| | | | 45～59岁 | 6 828 | 62 | 20 | 30 | 50 | 70 | 160 |
| | | | 60～79岁 | 4 500 | 58 | 15 | 30 | 40 | 60 | 150 |
| | | | 80岁及以上 | 285 | 58 | 15 | 30 | 35 | 60 | 120 |
| | | 男 | 小计 | 8 002 | 66 | 20 | 30 | 50 | 70 | 180 |
| | | | 18～44岁 | 2 921 | 66 | 20 | 30 | 50 | 80 | 180 |
| | | | 45～59岁 | 2 821 | 67 | 20 | 30 | 50 | 80 | 180 |
| | | | 60～79岁 | 2 115 | 61 | 15 | 30 | 50 | 60 | 180 |
| | | | 80岁及以上 | 145 | 69 | 15 | 30 | 60 | 80 | 140 |
| | | 女 | 小计 | 10 095 | 57 | 20 | 30 | 40 | 60 | 140 |
| | | | 18～44岁 | 3 563 | 58 | 20 | 30 | 40 | 60 | 150 |
| | | | 45～59岁 | 4 007 | 58 | 20 | 30 | 50 | 60 | 140 |
| | | | 60～79岁 | 2 385 | 55 | 12 | 30 | 40 | 60 | 130 |
| | | | 80岁及以上 | 140 | 46 | 15 | 20 | 30 | 60 | 120 |
| | 城市 | 小计 | 小计 | 7 819 | 72 | 20 | 30 | 60 | 90 | 180 |
| | | | 18～44岁 | 2 780 | 71 | 20 | 30 | 60 | 80 | 180 |
| | | | 45～59岁 | 2 791 | 74 | 20 | 30 | 60 | 90 | 180 |
| | | | 60～79岁 | 2 091 | 69 | 20 | 30 | 60 | 90 | 180 |
| | | | 80岁及以上 | 157 | 65 | 15 | 30 | 60 | 60 | 180 |
| | | 男 | 小计 | 3 400 | 77 | 20 | 30 | 60 | 90 | 200 |
| | | | 18～44岁 | 1 232 | 77 | 20 | 30 | 60 | 90 | 180 |
| | | | 45～59岁 | 1 162 | 79 | 20 | 30 | 60 | 90 | 220 |
| | | | 60～79岁 | 923 | 72 | 20 | 30 | 60 | 90 | 180 |
| | | | 80岁及以上 | 83 | 72 | 20 | 30 | 60 | 90 | 180 |

| 地区 | 城乡 | 性别 | 年龄 | n | 交通工具累计使用时间 /（min/d） | | | | | |
|---|---|---|---|---|---|---|---|---|---|---|
| | | | | | Mean | P5 | P25 | P50 | P75 | P95 |
| 华北 | 城市 | 女 | 小计 | 4 419 | 67 | 20 | 30 | 55 | 80 | 180 |
| | | | 18 ～ 44 岁 | 1 548 | 66 | 20 | 30 | 50 | 80 | 180 |
| | | | 45 ～ 59 岁 | 1 629 | 69 | 20 | 30 | 60 | 80 | 180 |
| | | | 60 ～ 79 岁 | 1 168 | 66 | 20 | 30 | 60 | 80 | 160 |
| | | | 80 岁及以上 | 74 | 56 | 15 | 30 | 30 | 60 | 180 |
| | 农村 | 小计 | 小计 | 10 278 | 54 | 15 | 30 | 40 | 60 | 130 |
| | | | 18 ～ 44 岁 | 3 704 | 55 | 20 | 30 | 40 | 60 | 130 |
| | | | 45 ～ 59 岁 | 4 037 | 55 | 20 | 30 | 40 | 60 | 120 |
| | | | 60 ～ 79 岁 | 2 409 | 51 | 10 | 30 | 40 | 60 | 120 |
| | | | 80 岁及以上 | 128 | 51 | 10 | 20 | 30 | 60 | 120 |
| | | 男 | 小计 | 4 602 | 58 | 16 | 30 | 45 | 60 | 140 |
| | | | 18 ～ 44 岁 | 1 689 | 59 | 15 | 30 | 50 | 70 | 150 |
| | | | 45 ～ 59 岁 | 1 659 | 59 | 20 | 30 | 50 | 65 | 130 |
| | | | 60 ～ 79 岁 | 1 192 | 54 | 15 | 30 | 40 | 60 | 140 |
| | | | 80 岁及以上 | 62 | 66 | 10 | 30 | 40 | 60 | 130 |
| | | 女 | 小计 | 5 676 | 51 | 15 | 30 | 40 | 60 | 120 |
| | | | 18 ～ 44 岁 | 2 015 | 52 | 20 | 30 | 40 | 60 | 120 |
| | | | 45 ～ 59 岁 | 2 378 | 51 | 20 | 30 | 40 | 60 | 120 |
| | | | 60 ～ 79 岁 | 1 217 | 47 | 10 | 21 | 35 | 60 | 120 |
| | | | 80 岁及以上 | 66 | 39 | 10 | 20 | 30 | 30 | 120 |
| 华东 | 城乡 | 小计 | 小计 | 22 965 | 61 | 10 | 30 | 40 | 65 | 180 |
| | | | 18 ～ 44 岁 | 8 539 | 62 | 10 | 30 | 40 | 70 | 180 |
| | | | 45 ～ 59 岁 | 8 067 | 61 | 10 | 30 | 40 | 65 | 180 |
| | | | 60 ～ 79 岁 | 5 841 | 60 | 10 | 30 | 40 | 67 | 170 |
| | | | 80 岁及以上 | 518 | 52 | 10 | 20 | 30 | 60 | 180 |
| | | 男 | 小计 | 10 432 | 67 | 15 | 30 | 50 | 80 | 180 |
| | | | 18 ～ 44 岁 | 3 795 | 69 | 13 | 30 | 50 | 80 | 180 |
| | | | 45 ～ 59 岁 | 3 627 | 66 | 12 | 30 | 50 | 70 | 180 |
| | | | 60 ～ 79 岁 | 2 805 | 64 | 15 | 30 | 50 | 75 | 180 |
| | | | 80 岁及以上 | 205 | 53 | 10 | 30 | 30 | 60 | 160 |
| | | 女 | 小计 | 12 533 | 55 | 10 | 30 | 40 | 60 | 150 |
| | | | 18 ～ 44 岁 | 4 744 | 55 | 10 | 30 | 40 | 60 | 150 |
| | | | 45 ～ 59 岁 | 4 440 | 56 | 10 | 30 | 40 | 60 | 150 |
| | | | 60 ～ 79 岁 | 3 036 | 55 | 10 | 30 | 40 | 60 | 140 |
| | | | 80 岁及以上 | 313 | 52 | 10 | 20 | 30 | 60 | 180 |
| | 城市 | 小计 | 小计 | 12 477 | 61 | 10 | 30 | 40 | 70 | 180 |
| | | | 18 ～ 44 岁 | 4 766 | 62 | 10 | 30 | 40 | 70 | 180 |
| | | | 45 ～ 59 岁 | 4 287 | 61 | 10 | 30 | 40 | 70 | 170 |
| | | | 60 ～ 79 岁 | 3 153 | 60 | 12 | 30 | 45 | 70 | 150 |
| | | | 80 岁及以上 | 271 | 56 | 10 | 20 | 30 | 60 | 180 |
| | | 男 | 小计 | 5 493 | 67 | 10 | 30 | 50 | 80 | 180 |
| | | | 18 ～ 44 岁 | 2 109 | 70 | 10 | 30 | 50 | 80 | 180 |
| | | | 45 ～ 59 岁 | 1 873 | 65 | 10 | 30 | 45 | 80 | 180 |
| | | | 60 ～ 79 岁 | 1 409 | 64 | 20 | 30 | 50 | 80 | 160 |
| | | | 80 岁及以上 | 102 | 53 | 10 | 30 | 40 | 60 | 160 |
| | | 女 | 小计 | 6 984 | 56 | 10 | 30 | 40 | 60 | 150 |
| | | | 18 ～ 44 岁 | 2 657 | 55 | 10 | 30 | 40 | 60 | 150 |
| | | | 45 ～ 59 岁 | 2 414 | 56 | 15 | 30 | 40 | 60 | 145 |
| | | | 60 ～ 79 岁 | 1 744 | 56 | 10 | 30 | 40 | 60 | 130 |
| | | | 80 岁及以上 | 169 | 57 | 10 | 20 | 30 | 60 | 180 |
| | 农村 | 小计 | 小计 | 10 488 | 61 | 10 | 30 | 40 | 60 | 180 |
| | | | 18 ～ 44 岁 | 3 773 | 61 | 15 | 30 | 40 | 60 | 180 |
| | | | 45 ～ 59 岁 | 3 780 | 61 | 10 | 30 | 40 | 60 | 180 |
| | | | 60 ～ 79 岁 | 2 688 | 59 | 10 | 30 | 40 | 60 | 180 |
| | | | 80 岁及以上 | 247 | 49 | 10 | 20 | 30 | 60 | 153 |
| | | 男 | 小计 | 4 939 | 66 | 15 | 30 | 50 | 70 | 180 |
| | | | 18 ～ 44 岁 | 1 686 | 67 | 15 | 30 | 50 | 70 | 180 |
| | | | 45 ～ 59 岁 | 1 754 | 66 | 15 | 30 | 50 | 70 | 180 |

| 地区 | 城乡 | 性别 | 年龄 | n | 交通工具累计使用时间 /（min/d） | | | | | |
|---|---|---|---|---|---|---|---|---|---|---|
| | | | | | Mean | P5 | P25 | P50 | P75 | P95 |
| 华东 | 农村 | 男 | 60 ～ 79 岁 | 1 396 | 65 | 15 | 30 | 50 | 75 | 180 |
| | | | 80 岁及以上 | 103 | 54 | 10 | 20 | 30 | 60 | 153 |
| | | 女 | 小计 | 5 549 | 55 | 10 | 30 | 40 | 60 | 150 |
| | | | 18 ～ 44 岁 | 2 087 | 55 | 10 | 30 | 40 | 60 | 150 |
| | | | 45 ～ 59 岁 | 2 026 | 56 | 10 | 30 | 40 | 60 | 150 |
| | | | 60 ～ 79 岁 | 1 292 | 53 | 10 | 30 | 40 | 60 | 150 |
| | | | 80 岁及以上 | 144 | 45 | 10 | 20 | 30 | 40 | 150 |
| 华南 | 城乡 | 小计 | 小计 | 15 184 | 64 | 15 | 30 | 50 | 80 | 180 |
| | | | 18 ～ 44 岁 | 6 526 | 63 | 15 | 30 | 45 | 70 | 180 |
| | | | 45 ～ 59 岁 | 5 388 | 65 | 15 | 30 | 50 | 80 | 180 |
| | | | 60 ～ 79 岁 | 3 023 | 65 | 20 | 30 | 50 | 90 | 170 |
| | | | 80 岁及以上 | 247 | 63 | 10 | 30 | 55 | 80 | 150 |
| | | 男 | 小计 | 7 025 | 67 | 15 | 30 | 50 | 80 | 180 |
| | | | 18 ～ 44 岁 | 3 114 | 67 | 15 | 30 | 50 | 80 | 180 |
| | | | 45 ～ 59 岁 | 2 343 | 67 | 15 | 30 | 50 | 85 | 180 |
| | | | 60 ～ 79 岁 | 1 462 | 68 | 20 | 30 | 60 | 90 | 170 |
| | | | 80 岁及以上 | 106 | 66 | 10 | 30 | 50 | 80 | 170 |
| | | 女 | 小计 | 8 159 | 61 | 15 | 30 | 40 | 70 | 160 |
| | | | 18 ～ 44 岁 | 3 412 | 58 | 10 | 30 | 40 | 70 | 160 |
| | | | 45 ～ 59 岁 | 3 045 | 64 | 15 | 30 | 50 | 80 | 180 |
| | | | 60 ～ 79 岁 | 1 561 | 62 | 20 | 30 | 45 | 80 | 160 |
| | | | 80 岁及以上 | 141 | 60 | 15 | 30 | 60 | 80 | 120 |
| | 城市 | 小计 | 小计 | 7 342 | 71 | 15 | 30 | 60 | 90 | 180 |
| | | | 18 ～ 44 岁 | 3 150 | 69 | 15 | 30 | 50 | 80 | 180 |
| | | | 45 ～ 59 岁 | 2 590 | 74 | 20 | 30 | 60 | 100 | 180 |
| | | | 60 ～ 79 岁 | 1 474 | 73 | 20 | 30 | 60 | 100 | 180 |
| | | | 80 岁及以上 | 128 | 66 | 15 | 30 | 60 | 85 | 150 |
| | | 男 | 小计 | 3 296 | 74 | 15 | 30 | 60 | 90 | 180 |
| | | | 18 ～ 44 岁 | 1 514 | 73 | 15 | 30 | 50 | 90 | 190 |
| | | | 45 ～ 59 岁 | 1 062 | 73 | 15 | 30 | 60 | 90 | 180 |
| | | | 60 ～ 79 岁 | 672 | 77 | 20 | 35 | 60 | 120 | 180 |
| | | | 80 岁及以上 | 48 | 67 | 10 | 30 | 60 | 85 | 170 |
| | | 女 | 小计 | 4 046 | 68 | 15 | 30 | 50 | 90 | 180 |
| | | | 18 ～ 44 岁 | 1 636 | 64 | 15 | 30 | 50 | 80 | 170 |
| | | | 45 ～ 59 岁 | 1 528 | 75 | 20 | 30 | 60 | 100 | 180 |
| | | | 60 ～ 79 岁 | 802 | 69 | 20 | 30 | 60 | 90 | 180 |
| | | | 80 岁及以上 | 80 | 66 | 20 | 30 | 60 | 90 | 120 |
| | 农村 | 小计 | 小计 | 7 842 | 58 | 15 | 30 | 40 | 60 | 155 |
| | | | 18 ～ 44 岁 | 3 376 | 59 | 12 | 30 | 40 | 60 | 160 |
| | | | 45 ～ 59 岁 | 2 798 | 58 | 15 | 30 | 40 | 60 | 155 |
| | | | 60 ～ 79 岁 | 1 549 | 58 | 15 | 30 | 40 | 60 | 150 |
| | | | 80 岁及以上 | 119 | 58 | 10 | 30 | 30 | 60 | 180 |
| | | 男 | 小计 | 3 729 | 62 | 15 | 30 | 40 | 70 | 170 |
| | | | 18 ～ 44 岁 | 1 600 | 63 | 15 | 30 | 50 | 70 | 180 |
| | | | 45 ～ 59 岁 | 1 281 | 61 | 15 | 30 | 40 | 70 | 180 |
| | | | 60 ～ 79 岁 | 790 | 61 | 15 | 30 | 40 | 70 | 170 |
| | | | 80 岁及以上 | 58 | 65 | 20 | 30 | 50 | 75 | 160 |
| | | 女 | 小计 | 4 113 | 54 | 10 | 30 | 40 | 60 | 140 |
| | | | 18 ～ 44 岁 | 1 776 | 54 | 10 | 30 | 40 | 60 | 150 |
| | | | 45 ～ 59 岁 | 1 517 | 54 | 15 | 30 | 40 | 60 | 130 |
| | | | 60 ～ 79 岁 | 759 | 56 | 15 | 30 | 40 | 60 | 135 |
| | | | 80 岁及以上 | 61 | 48 | 10 | 25 | 30 | 60 | 180 |
| 西北 | 城乡 | 小计 | 小计 | 11 271 | 84 | 20 | 30 | 60 | 120 | 200 |
| | | | 18 ～ 44 岁 | 4 706 | 91 | 20 | 40 | 60 | 120 | 220 |
| | | | 45 ～ 59 岁 | 3 928 | 81 | 20 | 30 | 60 | 120 | 200 |
| | | | 60 ～ 79 岁 | 2 499 | 67 | 15 | 30 | 60 | 90 | 180 |
| | | | 80 岁及以上 | 138 | 50 | 10 | 20 | 30 | 60 | 180 |
| | | 男 | 小计 | 5 080 | 92 | 20 | 40 | 60 | 120 | 240 |

| 地区 | 城乡 | 性别 | 年龄 | *n* | 交通工具累计使用时间 /（min/d） | | | | | |
|---|---|---|---|---|---|---|---|---|---|---|
| | | | | | Mean | P5 | P25 | P50 | P75 | P95 |
| 西北 | 城乡 | 男 | 18 ～ 44 岁 | 2 069 | 102 | 20 | 40 | 80 | 120 | 240 |
| | | | 45 ～ 59 岁 | 1 765 | 87 | 20 | 30 | 60 | 120 | 240 |
| | | | 60 ～ 79 岁 | 1 175 | 73 | 20 | 30 | 60 | 100 | 180 |
| | | | 80 岁及以上 | 71 | 54 | 10 | 30 | 30 | 60 | 180 |
| | | 女 | 小计 | 6 191 | 75 | 20 | 30 | 60 | 120 | 180 |
| | | | 18 ～ 44 岁 | 2 637 | 80 | 20 | 35 | 60 | 120 | 180 |
| | | | 45 ～ 59 岁 | 2 163 | 74 | 15 | 30 | 60 | 115 | 180 |
| | | | 60 ～ 79 岁 | 1 324 | 61 | 10 | 30 | 45 | 80 | 150 |
| | | | 80 岁及以上 | 67 | 47 | 10 | 20 | 30 | 60 | 120 |
| | 城市 | 小计 | 小计 | 5 055 | 77 | 15 | 30 | 60 | 100 | 180 |
| | | | 18 ～ 44 岁 | 2 032 | 80 | 15 | 30 | 60 | 120 | 180 |
| | | | 45 ～ 59 岁 | 1 798 | 77 | 16 | 30 | 60 | 100 | 180 |
| | | | 60 ～ 79 岁 | 1 166 | 68 | 10 | 30 | 60 | 90 | 180 |
| | | | 80 岁及以上 | 59 | 51 | 10 | 20 | 40 | 60 | 120 |
| | | 男 | 小计 | 2 220 | 84 | 20 | 30 | 60 | 120 | 240 |
| | | | 18 ～ 44 岁 | 891 | 89 | 20 | 30 | 60 | 120 | 240 |
| | | | 45 ～ 59 岁 | 775 | 82 | 20 | 30 | 60 | 100 | 240 |
| | | | 60 ～ 79 岁 | 521 | 74 | 15 | 30 | 60 | 120 | 180 |
| | | | 80 岁及以上 | 33 | 59 | 10 | 30 | 50 | 60 | 180 |
| | | 女 | 小计 | 2 835 | 69 | 15 | 30 | 60 | 90 | 180 |
| | | | 18 ～ 44 岁 | 1 141 | 72 | 15 | 30 | 60 | 100 | 180 |
| | | | 45 ～ 59 岁 | 1 023 | 70 | 15 | 30 | 60 | 100 | 180 |
| | | | 60 ～ 79 岁 | 645 | 62 | 10 | 30 | 50 | 80 | 180 |
| | | | 80 岁及以上 | 26 | 42 | 10 | 20 | 30 | 60 | 120 |
| | 农村 | 小计 | 小计 | 6 216 | 89 | 20 | 40 | 60 | 120 | 210 |
| | | | 18 ～ 44 岁 | 2 674 | 99 | 20 | 40 | 90 | 120 | 240 |
| | | | 45 ～ 59 岁 | 2 130 | 84 | 20 | 30 | 60 | 120 | 210 |
| | | | 60 ～ 79 岁 | 1 333 | 66 | 20 | 30 | 60 | 90 | 180 |
| | | | 80 岁及以上 | 79 | 50 | 10 | 20 | 30 | 60 | 240 |
| | | 男 | 小计 | 2 860 | 98 | 20 | 40 | 70 | 120 | 240 |
| | | | 18 ～ 44 岁 | 1 178 | 111 | 20 | 55 | 90 | 150 | 270 |
| | | | 45 ～ 59 岁 | 990 | 90 | 20 | 40 | 60 | 120 | 240 |
| | | | 60 ～ 79 岁 | 654 | 73 | 20 | 30 | 60 | 100 | 180 |
| | | | 80 岁及以上 | 38 | 50 | 10 | 30 | 30 | 60 | 180 |
| | | 女 | 小计 | 3 356 | 80 | 20 | 30 | 60 | 120 | 180 |
| | | | 18 ～ 44 岁 | 1 496 | 87 | 20 | 40 | 70 | 120 | 180 |
| | | | 45 ～ 59 岁 | 1 140 | 78 | 20 | 30 | 60 | 120 | 180 |
| | | | 60 ～ 79 岁 | 679 | 59 | 10 | 30 | 40 | 80 | 130 |
| | | | 80 岁及以上 | 41 | 50 | 10 | 20 | 30 | 60 | 240 |
| 东北 | 城乡 | 小计 | 小计 | 10 179 | 57 | 10 | 30 | 40 | 60 | 150 |
| | | | 18 ～ 44 岁 | 3 986 | 58 | 10 | 30 | 40 | 60 | 150 |
| | | | 45 ～ 59 岁 | 3 903 | 60 | 10 | 30 | 40 | 70 | 180 |
| | | | 60 ～ 79 岁 | 2 165 | 50 | 10 | 20 | 30 | 60 | 120 |
| | | | 80 岁及以上 | 125 | 37 | 8 | 20 | 30 | 50 | 120 |
| | | 男 | 小计 | 4 634 | 62 | 10 | 30 | 40 | 70 | 160 |
| | | | 18 ～ 44 岁 | 1 889 | 62 | 15 | 30 | 40 | 75 | 150 |
| | | | 45 ～ 59 岁 | 1 664 | 66 | 10 | 30 | 40 | 80 | 180 |
| | | | 60 ～ 79 岁 | 1 022 | 53 | 10 | 25 | 35 | 60 | 120 |
| | | | 80 岁及以上 | 59 | 48 | 10 | 30 | 30 | 60 | 120 |
| | | 女 | 小计 | 5 545 | 52 | 10 | 30 | 40 | 60 | 130 |
| | | | 18 ～ 44 岁 | 2 097 | 53 | 10 | 30 | 40 | 60 | 130 |
| | | | 45 ～ 59 岁 | 2 239 | 54 | 10 | 25 | 40 | 60 | 140 |
| | | | 60 ～ 79 岁 | 1 143 | 47 | 10 | 20 | 30 | 60 | 120 |
| | | | 80 岁及以上 | 66 | 28 | 8 | 20 | 20 | 30 | 60 |
| | 城市 | 小计 | 小计 | 4 356 | 60 | 10 | 30 | 42 | 70 | 150 |
| | | | 18 ～ 44 岁 | 1 659 | 58 | 10 | 30 | 40 | 70 | 140 |
| | | | 45 ～ 59 岁 | 1 732 | 65 | 10 | 30 | 50 | 80 | 180 |
| | | | 60 ～ 79 岁 | 910 | 56 | 10 | 30 | 40 | 60 | 130 |

| 地区 | 城乡 | 性别 | 年龄 | n | 交通工具累计使用时间 /（min/d） | | | | | |
|---|---|---|---|---|---|---|---|---|---|---|
| | | | | | Mean | P5 | P25 | P50 | P75 | P95 |
| 东北 | 城市 | 小计 | 80 岁及以上 | 55 | 39 | 8 | 10 | 30 | 60 | 120 |
| | | 男 | 小计 | 1 912 | 62 | 10 | 30 | 48 | 80 | 150 |
| | | | 18 ～ 44 岁 | 767 | 60 | 15 | 30 | 40 | 70 | 140 |
| | | | 45 ～ 59 岁 | 731 | 68 | 10 | 30 | 50 | 90 | 180 |
| | | | 60 ～ 79 岁 | 395 | 58 | 10 | 30 | 45 | 70 | 120 |
| | | | 80 岁及以上 | 19 | 52 | 10 | 30 | 30 | 60 | 120 |
| | | 女 | 小计 | 2 444 | 57 | 10 | 30 | 40 | 70 | 150 |
| | | | 18 ～ 44 岁 | 892 | 56 | 10 | 30 | 40 | 70 | 130 |
| | | | 45 ～ 59 岁 | 1 001 | 61 | 10 | 30 | 50 | 80 | 160 |
| | | | 60 ～ 79 岁 | 515 | 55 | 10 | 30 | 40 | 60 | 140 |
| | | | 80 岁及以上 | 36 | 33 | 8 | 10 | 30 | 50 | 60 |
| | 农村 | 小计 | 小计 | 5 823 | 56 | 10 | 30 | 40 | 60 | 150 |
| | | | 18 ～ 44 岁 | 2 327 | 57 | 10 | 30 | 40 | 60 | 150 |
| | | | 45 ～ 59 岁 | 2 171 | 57 | 10 | 30 | 40 | 60 | 160 |
| | | | 60 ～ 79 岁 | 1 255 | 47 | 10 | 20 | 30 | 60 | 120 |
| | | | 80 岁及以上 | 70 | 36 | 6 | 20 | 30 | 30 | 100 |
| | | 男 | 小计 | 2 722 | 61 | 10 | 30 | 40 | 70 | 180 |
| | | | 18 ～ 44 岁 | 1 122 | 63 | 12 | 30 | 40 | 80 | 180 |
| | | | 45 ～ 59 岁 | 933 | 64 | 10 | 30 | 40 | 70 | 180 |
| | | | 60 ～ 79 岁 | 627 | 51 | 10 | 20 | 30 | 60 | 120 |
| | | | 80 岁及以上 | 40 | 46 | 10 | 30 | 30 | 60 | 120 |
| | | 女 | 小计 | 3 101 | 50 | 10 | 30 | 30 | 60 | 120 |
| | | | 18 ～ 44 岁 | 1 205 | 51 | 10 | 30 | 40 | 60 | 120 |
| | | | 45 ～ 59 岁 | 1 238 | 50 | 10 | 20 | 30 | 60 | 120 |
| | | | 60 ～ 79 岁 | 628 | 43 | 10 | 20 | 30 | 60 | 120 |
| | | | 80 岁及以上 | 30 | 24 | 5 | 20 | 20 | 30 | 60 |
| 西南 | 城乡 | 小计 | 小计 | 13 425 | 61 | 10 | 30 | 40 | 60 | 180 |
| | | | 18 ～ 44 岁 | 6 441 | 63 | 10 | 30 | 40 | 70 | 180 |
| | | | 45 ～ 59 岁 | 4 260 | 62 | 10 | 30 | 40 | 70 | 180 |
| | | | 60 ～ 79 岁 | 2 551 | 53 | 10 | 20 | 30 | 60 | 150 |
| | | | 80 岁及以上 | 173 | 51 | 10 | 20 | 30 | 60 | 180 |
| | | 男 | 小计 | 6 123 | 64 | 10 | 30 | 40 | 70 | 180 |
| | | | 18 ～ 44 岁 | 2 983 | 66 | 10 | 30 | 45 | 70 | 180 |
| | | | 45 ～ 59 岁 | 1 872 | 65 | 10 | 30 | 40 | 70 | 190 |
| | | | 60 ～ 79 岁 | 1 179 | 55 | 10 | 24 | 30 | 60 | 150 |
| | | | 80 岁及以上 | 89 | 63 | 10 | 20 | 40 | 70 | 240 |
| | | 女 | 小计 | 7 302 | 58 | 10 | 30 | 40 | 60 | 180 |
| | | | 18 ～ 44 岁 | 3 458 | 59 | 10 | 30 | 40 | 60 | 180 |
| | | | 45 ～ 59 岁 | 2 388 | 58 | 10 | 30 | 40 | 60 | 180 |
| | | | 60 ～ 79 岁 | 1 372 | 52 | 10 | 20 | 30 | 60 | 150 |
| | | | 80 岁及以上 | 84 | 36 | 10 | 15 | 20 | 40 | 120 |
| | 城市 | 小计 | 小计 | 4 777 | 60 | 10 | 30 | 40 | 60 | 180 |
| | | | 18 ～ 44 岁 | 2 249 | 58 | 10 | 30 | 40 | 60 | 160 |
| | | | 45 ～ 59 岁 | 1 548 | 62 | 10 | 25 | 40 | 70 | 180 |
| | | | 60 ～ 79 岁 | 904 | 64 | 10 | 30 | 40 | 80 | 180 |
| | | | 80 岁及以上 | 76 | 64 | 10 | 20 | 40 | 80 | 240 |
| | | 男 | 小计 | 2 134 | 64 | 10 | 30 | 40 | 70 | 180 |
| | | | 18 ～ 44 岁 | 1 025 | 62 | 10 | 30 | 40 | 65 | 180 |
| | | | 45 ～ 59 岁 | 664 | 65 | 10 | 20 | 40 | 70 | 200 |
| | | | 60 ～ 79 岁 | 407 | 63 | 10 | 30 | 45 | 80 | 160 |
| | | | 80 岁及以上 | 38 | 82 | 18 | 30 | 60 | 120 | 260 |
| | | 女 | 小计 | 2 643 | 56 | 10 | 30 | 40 | 60 | 150 |
| | | | 18 ～ 44 岁 | 1 224 | 53 | 10 | 30 | 40 | 60 | 125 |
| | | | 45 ～ 59 岁 | 884 | 58 | 10 | 25 | 40 | 60 | 160 |
| | | | 60 ～ 79 岁 | 497 | 65 | 10 | 30 | 40 | 78 | 180 |
| | | | 80 岁及以上 | 38 | 40 | 10 | 10 | 20 | 60 | 130 |
| | 农村 | 小计 | 小计 | 8 648 | 62 | 10 | 30 | 40 | 60 | 180 |
| | | | 18 ～ 44 岁 | 4 192 | 67 | 12 | 30 | 50 | 80 | 190 |

| 地区 | 城乡 | 性别 | 年龄 | *n* | 交通工具累计使用时间 /（min/d） | | | | | |
|---|---|---|---|---|---|---|---|---|---|---|
| | | | | | Mean | P5 | P25 | P50 | P75 | P95 |
| 西南 | 农村 | 小计 | 45～59岁 | 2 712 | 62 | 15 | 30 | 40 | 70 | 180 |
| | | | 60～79岁 | 1 647 | 47 | 10 | 20 | 30 | 60 | 120 |
| | | | 80岁及以上 | 97 | 38 | 10 | 20 | 30 | 60 | 90 |
| | | 男 | 小计 | 3 989 | 65 | 15 | 30 | 40 | 70 | 180 |
| | | | 18～44岁 | 1 958 | 69 | 15 | 30 | 50 | 80 | 200 |
| | | | 45～59岁 | 1 208 | 65 | 15 | 30 | 40 | 70 | 180 |
| | | | 60～79岁 | 772 | 50 | 10 | 20 | 30 | 60 | 140 |
| | | | 80岁及以上 | 51 | 44 | 10 | 20 | 30 | 60 | 180 |
| | | 女 | 小计 | 4 659 | 59 | 10 | 30 | 40 | 60 | 180 |
| | | | 18～44岁 | 2 234 | 64 | 10 | 30 | 40 | 70 | 180 |
| | | | 45～59岁 | 1 504 | 59 | 10 | 30 | 40 | 60 | 180 |
| | | | 60～79岁 | 875 | 44 | 10 | 20 | 30 | 60 | 120 |
| | | | 80岁及以上 | 46 | 32 | 10 | 18 | 30 | 40 | 60 |

## 附表 6-36　中国人群分片区、城乡、性别、年龄的步行累计时间

| 地区 | 城乡 | 性别 | 年龄 | *n* | 步行累计时间 /（min/d） | | | | | |
|---|---|---|---|---|---|---|---|---|---|---|
| | | | | | Mean | P5 | P25 | P50 | P75 | P95 |
| 合计 | 城乡 | 小计 | 小计 | 51 530 | 52 | 10 | 30 | 30 | 60 | 120 |
| | | | 18～44岁 | 18 578 | 50 | 10 | 20 | 30 | 60 | 120 |
| | | | 45～59岁 | 18 298 | 54 | 10 | 30 | 40 | 60 | 120 |
| | | | 60～79岁 | 13 638 | 54 | 10 | 30 | 40 | 60 | 120 |
| | | | 80岁及以上 | 1 016 | 49 | 10 | 20 | 30 | 60 | 120 |
| | | 男 | 小计 | 21 267 | 53 | 10 | 30 | 30 | 60 | 120 |
| | | | 18～44岁 | 7 664 | 50 | 10 | 20 | 30 | 60 | 120 |
| | | | 45～59岁 | 7 008 | 55 | 10 | 30 | 40 | 60 | 120 |
| | | | 60～79岁 | 6 129 | 56 | 10 | 30 | 40 | 60 | 130 |
| | | | 80岁及以上 | 466 | 54 | 10 | 30 | 40 | 60 | 120 |
| | | 女 | 小计 | 30 263 | 51 | 10 | 30 | 30 | 60 | 120 |
| | | | 18～44岁 | 10 914 | 50 | 10 | 20 | 30 | 60 | 120 |
| | | | 45～59岁 | 11 290 | 53 | 10 | 30 | 40 | 60 | 120 |
| | | | 60～79岁 | 7 509 | 52 | 10 | 30 | 30 | 60 | 120 |
| | | | 80岁及以上 | 550 | 45 | 10 | 20 | 30 | 60 | 120 |
| | 城市 | 小计 | 小计 | 23 453 | 52 | 10 | 30 | 30 | 60 | 120 |
| | | | 18～44岁 | 8 012 | 47 | 10 | 20 | 30 | 60 | 120 |
| | | | 45～59岁 | 8 265 | 55 | 10 | 30 | 40 | 60 | 120 |
| | | | 60～79岁 | 6 620 | 57 | 10 | 30 | 40 | 60 | 120 |
| | | | 80岁及以上 | 556 | 52 | 10 | 20 | 30 | 60 | 120 |
| | | 男 | 小计 | 9 298 | 52 | 10 | 25 | 30 | 60 | 120 |
| | | | 18～44岁 | 3 271 | 46 | 10 | 20 | 30 | 60 | 120 |
| | | | 45～59岁 | 2 998 | 55 | 10 | 30 | 40 | 60 | 120 |
| | | | 60～79岁 | 2 788 | 58 | 15 | 30 | 45 | 60 | 120 |
| | | | 80岁及以上 | 241 | 57 | 10 | 30 | 40 | 60 | 120 |
| | | 女 | 小计 | 14 155 | 52 | 10 | 30 | 30 | 60 | 120 |
| | | | 18～44岁 | 4 741 | 47 | 10 | 20 | 30 | 60 | 120 |
| | | | 45～59岁 | 5 267 | 55 | 12 | 30 | 40 | 60 | 120 |
| | | | 60～79岁 | 3 832 | 57 | 10 | 30 | 40 | 60 | 120 |
| | | | 80岁及以上 | 315 | 49 | 10 | 20 | 30 | 60 | 120 |
| | 农村 | 小计 | 小计 | 28 077 | 52 | 10 | 30 | 30 | 60 | 120 |
| | | | 18～44岁 | 10 566 | 53 | 10 | 20 | 30 | 60 | 120 |
| | | | 45～59岁 | 10 033 | 53 | 10 | 30 | 36 | 60 | 120 |
| | | | 60～79岁 | 7 018 | 51 | 10 | 30 | 30 | 60 | 120 |
| | | | 80岁及以上 | 460 | 45 | 10 | 20 | 30 | 60 | 120 |
| | | 男 | 小计 | 11 969 | 54 | 10 | 30 | 30 | 60 | 140 |

| 地区 | 城乡 | 性别 | 年龄 | n | 步行累计时间 / （min/d） | | | | | |
|---|---|---|---|---|---|---|---|---|---|---|
| | | | | | Mean | P5 | P25 | P50 | P75 | P95 |
| 合计 | 农村 | 男 | 18 ～ 44 岁 | 4 393 | 53 | 10 | 20 | 30 | 60 | 140 |
| | | | 45 ～ 59 岁 | 4 010 | 55 | 10 | 30 | 40 | 60 | 140 |
| | | | 60 ～ 79 岁 | 3 341 | 54 | 10 | 30 | 40 | 60 | 140 |
| | | | 80 岁及以上 | 225 | 50 | 10 | 20 | 30 | 60 | 120 |
| | | 女 | 小计 | 1 6108 | 51 | 10 | 25 | 30 | 60 | 120 |
| | | | 18 ～ 44 岁 | 6 173 | 52 | 10 | 25 | 30 | 60 | 120 |
| | | | 45 ～ 59 岁 | 6 023 | 52 | 10 | 30 | 35 | 60 | 120 |
| | | | 60 ～ 79 岁 | 3 677 | 48 | 10 | 20 | 30 | 60 | 120 |
| | | | 80 岁及以上 | 235 | 40 | 10 | 20 | 30 | 40 | 120 |
| 华北 | 城乡 | 小计 | 小计 | 8 794 | 48 | 10 | 30 | 30 | 60 | 120 |
| | | | 18 ～ 44 岁 | 2 518 | 45 | 10 | 20 | 30 | 60 | 120 |
| | | | 45 ～ 59 岁 | 3 333 | 50 | 15 | 30 | 40 | 60 | 120 |
| | | | 60 ～ 79 岁 | 2 749 | 52 | 10 | 30 | 40 | 60 | 120 |
| | | | 80 岁及以上 | 194 | 50 | 10 | 30 | 30 | 60 | 120 |
| | | 男 | 小计 | 3 521 | 49 | 10 | 30 | 30 | 60 | 120 |
| | | | 18 ～ 44 岁 | 1 004 | 45 | 10 | 20 | 30 | 60 | 120 |
| | | | 45 ～ 59 岁 | 1 185 | 50 | 15 | 30 | 35 | 60 | 120 |
| | | | 60 ～ 79 岁 | 1 238 | 54 | 10 | 30 | 40 | 60 | 120 |
| | | | 80 岁及以上 | 94 | 60 | 10 | 30 | 45 | 60 | 130 |
| | | 女 | 小计 | 5 273 | 48 | 12 | 30 | 30 | 60 | 120 |
| | | | 18 ～ 44 岁 | 1 514 | 45 | 10 | 25 | 30 | 60 | 120 |
| | | | 45 ～ 59 岁 | 2 148 | 49 | 15 | 30 | 40 | 60 | 120 |
| | | | 60 ～ 79 岁 | 1 511 | 50 | 10 | 30 | 40 | 60 | 120 |
| | | | 80 岁及以上 | 100 | 42 | 10 | 20 | 30 | 45 | 120 |
| | 城市 | 小计 | 小计 | 3 810 | 54 | 15 | 30 | 40 | 60 | 120 |
| | | | 18 ～ 44 岁 | 1 033 | 48 | 15 | 25 | 30 | 60 | 120 |
| | | | 45 ～ 59 岁 | 1 338 | 55 | 20 | 30 | 40 | 60 | 120 |
| | | | 60 ～ 79 岁 | 1 324 | 59 | 20 | 30 | 40 | 60 | 120 |
| | | | 80 岁及以上 | 115 | 58 | 15 | 30 | 30 | 60 | 180 |
| | | 男 | 小计 | 1 484 | 54 | 20 | 30 | 40 | 60 | 120 |
| | | | 18 ～ 44 岁 | 413 | 48 | 20 | 20 | 30 | 60 | 120 |
| | | | 45 ～ 59 岁 | 459 | 55 | 20 | 30 | 40 | 60 | 120 |
| | | | 60 ～ 79 岁 | 551 | 62 | 20 | 30 | 50 | 60 | 150 |
| | | | 80 岁及以上 | 61 | 67 | 20 | 30 | 60 | 60 | 180 |
| | | 女 | 小计 | 2 326 | 53 | 15 | 30 | 40 | 60 | 120 |
| | | | 18 ～ 44 岁 | 620 | 48 | 10 | 30 | 30 | 60 | 120 |
| | | | 45 ～ 59 岁 | 879 | 55 | 20 | 30 | 40 | 60 | 120 |
| | | | 60 ～ 79 岁 | 773 | 58 | 20 | 30 | 40 | 60 | 120 |
| | | | 80 岁及以上 | 54 | 47 | 15 | 20 | 30 | 60 | 120 |
| | 农村 | 小计 | 小计 | 4 984 | 45 | 10 | 20 | 30 | 60 | 120 |
| | | | 18 ～ 44 岁 | 1 485 | 43 | 10 | 20 | 30 | 60 | 120 |
| | | | 45 ～ 59 岁 | 1 995 | 46 | 15 | 30 | 30 | 60 | 120 |
| | | | 60 ～ 79 岁 | 1 425 | 46 | 10 | 30 | 30 | 60 | 120 |
| | | | 80 岁及以上 | 79 | 43 | 10 | 20 | 30 | 60 | 120 |
| | | 男 | 小计 | 2 037 | 46 | 10 | 25 | 30 | 60 | 120 |
| | | | 18 ～ 44 岁 | 591 | 43 | 10 | 20 | 30 | 60 | 120 |
| | | | 45 ～ 59 岁 | 726 | 47 | 15 | 30 | 30 | 60 | 120 |
| | | | 60 ～ 79 岁 | 687 | 49 | 10 | 30 | 40 | 60 | 120 |
| | | | 80 岁及以上 | 33 | 49 | 10 | 20 | 40 | 60 | 120 |
| | | 女 | 小计 | 2 947 | 44 | 10 | 20 | 30 | 60 | 120 |
| | | | 18 ～ 44 岁 | 894 | 43 | 15 | 20 | 30 | 60 | 120 |
| | | | 45 ～ 59 岁 | 1 269 | 46 | 10 | 30 | 30 | 60 | 120 |
| | | | 60 ～ 79 岁 | 738 | 44 | 10 | 20 | 30 | 60 | 120 |
| | | | 80 岁及以上 | 46 | 39 | 10 | 20 | 30 | 30 | 120 |
| 华东 | 城乡 | 小计 | 小计 | 11 260 | 50 | 10 | 20 | 30 | 60 | 120 |
| | | | 18 ～ 44 岁 | 3 371 | 46 | 10 | 20 | 30 | 60 | 120 |
| | | | 45 ～ 59 岁 | 3 822 | 53 | 10 | 30 | 35 | 60 | 120 |
| | | | 60 ～ 79 岁 | 3 716 | 54 | 10 | 30 | 40 | 60 | 120 |

| 地区 | 城乡 | 性别 | 年龄 | n | 步行累计时间 /（min/d） | | | | | |
|---|---|---|---|---|---|---|---|---|---|---|
| | | | | | Mean | P5 | P25 | P50 | P75 | P95 |
| 华东 | 城乡 | 小计 | 80 岁及以上 | 351 | 49 | 10 | 20 | 30 | 60 | 180 |
| | | 男 | 小计 | 4 496 | 51 | 10 | 20 | 30 | 60 | 120 |
| | | | 18 ～ 44 岁 | 1 312 | 45 | 10 | 20 | 30 | 60 | 120 |
| | | | 45 ～ 59 岁 | 1 402 | 53 | 10 | 25 | 30 | 60 | 150 |
| | | | 60 ～ 79 岁 | 1 639 | 57 | 10 | 30 | 40 | 60 | 140 |
| | | | 80 岁及以上 | 143 | 51 | 10 | 20 | 30 | 60 | 120 |
| | | 女 | 小计 | 6 764 | 50 | 10 | 20 | 30 | 60 | 120 |
| | | | 18 ～ 44 岁 | 2 059 | 46 | 10 | 20 | 30 | 60 | 120 |
| | | | 45 ～ 59 岁 | 2 420 | 53 | 10 | 30 | 40 | 60 | 120 |
| | | | 60 ～ 79 岁 | 2 077 | 52 | 10 | 30 | 30 | 60 | 120 |
| | | | 80 岁及以上 | 208 | 49 | 10 | 20 | 30 | 60 | 180 |
| | 城市 | 小计 | 小计 | 6 245 | 49 | 10 | 20 | 30 | 60 | 120 |
| | | | 18 ～ 44 岁 | 1 864 | 44 | 10 | 20 | 30 | 60 | 120 |
| | | | 45 ～ 59 岁 | 2 050 | 52 | 10 | 30 | 40 | 60 | 120 |
| | | | 60 ～ 79 岁 | 2 125 | 54 | 10 | 30 | 40 | 60 | 120 |
| | | | 80 岁及以上 | 206 | 49 | 10 | 20 | 30 | 60 | 180 |
| | | 男 | 小计 | 2 405 | 49 | 10 | 20 | 30 | 60 | 120 |
| | | | 18 ～ 44 岁 | 736 | 45 | 10 | 20 | 30 | 60 | 120 |
| | | | 45 ～ 59 岁 | 720 | 53 | 10 | 20 | 35 | 60 | 120 |
| | | | 60 ～ 79 岁 | 874 | 54 | 10 | 30 | 40 | 60 | 120 |
| | | | 80 岁及以上 | 75 | 46 | 10 | 30 | 30 | 60 | 120 |
| | | 女 | 小计 | 3 840 | 49 | 10 | 20 | 30 | 60 | 120 |
| | | | 18 ～ 44 岁 | 1 128 | 44 | 10 | 20 | 30 | 60 | 120 |
| | | | 45 ～ 59 岁 | 1 330 | 52 | 10 | 30 | 40 | 60 | 120 |
| | | | 60 ～ 79 岁 | 1 251 | 53 | 10 | 30 | 35 | 60 | 120 |
| | | | 80 岁及以上 | 131 | 51 | 10 | 20 | 30 | 60 | 180 |
| | 农村 | 小计 | 小计 | 5 015 | 51 | 10 | 20 | 30 | 60 | 120 |
| | | | 18 ～ 44 岁 | 1 507 | 47 | 10 | 20 | 30 | 60 | 120 |
| | | | 45 ～ 59 岁 | 1 772 | 54 | 10 | 30 | 30 | 60 | 150 |
| | | | 60 ～ 79 岁 | 1 591 | 55 | 10 | 30 | 40 | 60 | 150 |
| | | | 80 岁及以上 | 145 | 49 | 10 | 20 | 30 | 60 | 180 |
| | | 男 | 小计 | 2 091 | 52 | 10 | 20 | 30 | 60 | 140 |
| | | | 18 ～ 44 岁 | 576 | 46 | 10 | 20 | 30 | 60 | 120 |
| | | | 45 ～ 59 岁 | 682 | 53 | 10 | 30 | 30 | 60 | 150 |
| | | | 60 ～ 79 岁 | 765 | 59 | 10 | 30 | 40 | 60 | 180 |
| | | | 80 岁及以上 | 68 | 55 | 10 | 20 | 30 | 60 | 180 |
| | | 女 | 小计 | 2 924 | 51 | 10 | 20 | 30 | 60 | 120 |
| | | | 18 ～ 44 岁 | 931 | 48 | 10 | 20 | 30 | 60 | 120 |
| | | | 45 ～ 59 岁 | 1 090 | 54 | 10 | 30 | 40 | 60 | 150 |
| | | | 60 ～ 79 岁 | 826 | 51 | 10 | 30 | 30 | 60 | 120 |
| | | | 80 岁及以上 | 77 | 45 | 10 | 20 | 30 | 40 | 180 |
| 华南 | 城乡 | 小计 | 小计 | 8 863 | 50 | 10 | 30 | 30 | 60 | 120 |
| | | | 18 ～ 44 岁 | 3 372 | 45 | 10 | 20 | 30 | 60 | 120 |
| | | | 45 ～ 59 岁 | 3 231 | 52 | 10 | 30 | 40 | 60 | 120 |
| | | | 60 ～ 79 岁 | 2 086 | 58 | 15 | 30 | 40 | 60 | 120 |
| | | | 80 岁及以上 | 174 | 53 | 10 | 30 | 40 | 60 | 120 |
| | | 男 | 小计 | 3 634 | 50 | 10 | 30 | 30 | 60 | 120 |
| | | | 18 ～ 44 岁 | 1 429 | 45 | 10 | 20 | 30 | 60 | 120 |
| | | | 45 ～ 59 岁 | 1 192 | 51 | 10 | 30 | 40 | 60 | 120 |
| | | | 60 ～ 79 岁 | 936 | 59 | 20 | 30 | 45 | 70 | 120 |
| | | | 80 岁及以上 | 77 | 51 | 10 | 30 | 40 | 60 | 120 |
| | | 女 | 小计 | 5 229 | 51 | 10 | 30 | 30 | 60 | 120 |
| | | | 18 ～ 44 岁 | 1 943 | 46 | 10 | 20 | 30 | 60 | 120 |
| | | | 45 ～ 59 岁 | 2 039 | 53 | 15 | 30 | 40 | 60 | 120 |
| | | | 60 ～ 79 岁 | 1 150 | 57 | 15 | 30 | 40 | 60 | 120 |
| | | | 80 岁及以上 | 97 | 54 | 15 | 30 | 30 | 70 | 120 |
| | 城市 | 小计 | 小计 | 4 383 | 54 | 10 | 30 | 40 | 60 | 120 |
| | | | 18 ～ 44 岁 | 1 635 | 48 | 10 | 20 | 30 | 60 | 120 |

| 地区 | 城乡 | 性别 | 年龄 | n | 步行累计时间 /（min/d） | | | | | |
|---|---|---|---|---|---|---|---|---|---|---|
| | | | | | Mean | P5 | P25 | P50 | P75 | P95 |
| 华南 | 城市 | 小计 | 45 ～ 59 岁 | 1 568 | 56 | 15 | 30 | 40 | 60 | 120 |
| | | | 60 ～ 79 岁 | 1 080 | 62 | 15 | 30 | 60 | 80 | 120 |
| | | | 80 岁及以上 | 100 | 52 | 10 | 30 | 40 | 60 | 120 |
| | | 男 | 小计 | 1 744 | 52 | 10 | 30 | 40 | 60 | 120 |
| | | | 18 ～ 44 岁 | 711 | 48 | 10 | 20 | 30 | 60 | 120 |
| | | | 45 ～ 59 岁 | 536 | 52 | 10 | 30 | 40 | 60 | 120 |
| | | | 60 ～ 79 岁 | 460 | 63 | 15 | 30 | 60 | 80 | 120 |
| | | | 80 岁及以上 | 37 | 46 | 10 | 30 | 40 | 60 | 120 |
| | | 女 | 小计 | 2 639 | 55 | 12 | 30 | 40 | 60 | 120 |
| | | | 18 ～ 44 岁 | 924 | 49 | 10 | 20 | 30 | 60 | 120 |
| | | | 45 ～ 59 岁 | 1 032 | 59 | 15 | 30 | 40 | 60 | 130 |
| | | | 60 ～ 79 岁 | 620 | 61 | 15 | 30 | 45 | 70 | 135 |
| | | | 80 岁及以上 | 63 | 56 | 20 | 30 | 45 | 80 | 120 |
| | 农村 | 小计 | 小计 | 4 480 | 47 | 10 | 20 | 30 | 60 | 120 |
| | | | 18 ～ 44 岁 | 1 737 | 43 | 10 | 20 | 30 | 60 | 120 |
| | | | 45 ～ 59 岁 | 1 663 | 49 | 10 | 30 | 30 | 60 | 120 |
| | | | 60 ～ 79 岁 | 1 006 | 54 | 18 | 30 | 40 | 60 | 120 |
| | | | 80 岁及以上 | 74 | 53 | 10 | 30 | 30 | 60 | 180 |
| | | 男 | 小计 | 1 890 | 48 | 10 | 24 | 30 | 60 | 120 |
| | | | 18 ～ 44 岁 | 718 | 42 | 10 | 20 | 30 | 60 | 120 |
| | | | 45 ～ 59 岁 | 656 | 50 | 10 | 30 | 30 | 60 | 120 |
| | | | 60 ～ 79 岁 | 476 | 55 | 20 | 30 | 40 | 60 | 120 |
| | | | 80 岁及以上 | 40 | 56 | 20 | 30 | 40 | 60 | 120 |
| | | 女 | 小计 | 2 590 | 47 | 10 | 20 | 30 | 60 | 120 |
| | | | 18 ～ 44 岁 | 1 019 | 44 | 10 | 20 | 30 | 60 | 120 |
| | | | 45 ～ 59 岁 | 1 007 | 48 | 10 | 30 | 30 | 60 | 120 |
| | | | 60 ～ 79 岁 | 530 | 53 | 15 | 30 | 30 | 60 | 120 |
| | | | 80 岁及以上 | 34 | 50 | 10 | 30 | 30 | 60 | 180 |
| 西北 | 城乡 | 小计 | 小计 | 7 896 | 70 | 20 | 30 | 60 | 120 | 180 |
| | | | 18 ～ 44 岁 | 3 076 | 75 | 20 | 30 | 60 | 120 | 180 |
| | | | 45 ～ 59 岁 | 2 778 | 69 | 15 | 30 | 60 | 100 | 180 |
| | | | 60 ～ 79 岁 | 1 931 | 61 | 12 | 30 | 50 | 80 | 140 |
| | | | 80 岁及以上 | 111 | 42 | 10 | 20 | 30 | 60 | 120 |
| | | 男 | 小计 | 3 374 | 74 | 20 | 30 | 60 | 120 | 180 |
| | | | 18 ～ 44 岁 | 1 268 | 79 | 20 | 30 | 60 | 120 | 180 |
| | | | 45 ～ 59 岁 | 1 159 | 72 | 20 | 30 | 60 | 100 | 180 |
| | | | 60 ～ 79 岁 | 888 | 66 | 20 | 30 | 60 | 90 | 180 |
| | | | 80 岁及以上 | 59 | 47 | 10 | 30 | 30 | 60 | 120 |
| | | 女 | 小计 | 4 522 | 67 | 15 | 30 | 60 | 110 | 150 |
| | | | 18 ～ 44 岁 | 1 808 | 71 | 20 | 30 | 60 | 120 | 150 |
| | | | 45 ～ 59 岁 | 1 619 | 67 | 15 | 30 | 60 | 90 | 180 |
| | | | 60 ～ 79 岁 | 1 043 | 57 | 10 | 30 | 40 | 60 | 120 |
| | | | 80 岁及以上 | 52 | 37 | 10 | 20 | 30 | 40 | 120 |
| | 城市 | 小计 | 小计 | 3 251 | 64 | 15 | 30 | 50 | 90 | 180 |
| | | | 18 ～ 44 岁 | 1 145 | 64 | 15 | 30 | 50 | 90 | 150 |
| | | | 45 ～ 59 岁 | 1 200 | 66 | 15 | 30 | 60 | 80 | 180 |
| | | | 60 ～ 79 岁 | 860 | 62 | 10 | 30 | 60 | 80 | 150 |
| | | | 80 岁及以上 | 46 | 46 | 10 | 20 | 30 | 60 | 120 |
| | | 男 | 小计 | 1 316 | 67 | 15 | 30 | 60 | 90 | 180 |
| | | | 18 ～ 44 岁 | 443 | 67 | 15 | 30 | 60 | 100 | 180 |
| | | | 45 ～ 59 岁 | 474 | 67 | 20 | 30 | 60 | 60 | 180 |
| | | | 60 ～ 79 岁 | 373 | 67 | 15 | 30 | 60 | 100 | 180 |
| | | | 80 岁及以上 | 26 | 55 | 10 | 30 | 40 | 60 | 120 |
| | | 女 | 小计 | 1 935 | 61 | 12 | 30 | 50 | 60 | 140 |
| | | | 18 ～ 44 岁 | 702 | 62 | 15 | 30 | 50 | 60 | 126 |
| | | | 45 ～ 59 岁 | 726 | 64 | 15 | 30 | 50 | 90 | 180 |
| | | | 60 ～ 79 岁 | 487 | 58 | 10 | 30 | 40 | 60 | 120 |
| | | | 80 岁及以上 | 20 | 36 | 10 | 15 | 30 | 60 | 90 |

| 地区 | 城乡 | 性别 | 年龄 | *n* | 步行累计时间 /（min/d） | | | | | |
|---|---|---|---|---|---|---|---|---|---|---|
| | | | | | Mean | P5 | P25 | P50 | P75 | P95 |
| 西北 | 农村 | 小计 | 小计 | 4 645 | 74 | 20 | 30 | 60 | 120 | 180 |
| | | | 18 ～ 44 岁 | 1 931 | 80 | 20 | 40 | 60 | 120 | 180 |
| | | | 45 ～ 59 岁 | 1 578 | 72 | 20 | 30 | 60 | 120 | 180 |
| | | | 60 ～ 79 岁 | 1 071 | 61 | 15 | 30 | 40 | 80 | 140 |
| | | | 80 岁及以上 | 65 | 39 | 10 | 20 | 30 | 50 | 120 |
| | | 男 | 小计 | 2 058 | 78 | 20 | 30 | 60 | 120 | 180 |
| | | | 18 ～ 44 岁 | 825 | 84 | 20 | 40 | 60 | 120 | 180 |
| | | | 45 ～ 59 岁 | 685 | 75 | 20 | 30 | 60 | 120 | 180 |
| | | | 60 ～ 79 岁 | 515 | 66 | 20 | 30 | 60 | 90 | 180 |
| | | | 80 岁及以上 | 33 | 41 | 10 | 30 | 30 | 60 | 90 |
| | | 女 | 小计 | 2 587 | 70 | 20 | 30 | 60 | 120 | 150 |
| | | | 18 ～ 44 岁 | 1 106 | 76 | 20 | 40 | 60 | 120 | 160 |
| | | | 45 ～ 59 岁 | 893 | 69 | 15 | 30 | 60 | 120 | 170 |
| | | | 60 ～ 79 岁 | 556 | 56 | 10 | 30 | 40 | 60 | 120 |
| | | | 80 岁及以上 | 32 | 38 | 10 | 20 | 30 | 40 | 120 |
| 东北 | 城乡 | 小计 | 小计 | 5 213 | 43 | 10 | 20 | 30 | 60 | 120 |
| | | | 18 ～ 44 岁 | 1 926 | 40 | 10 | 20 | 30 | 50 | 120 |
| | | | 45 ～ 59 岁 | 2 016 | 46 | 10 | 20 | 30 | 60 | 120 |
| | | | 60 ～ 79 岁 | 1 203 | 46 | 10 | 20 | 30 | 60 | 120 |
| | | | 80 岁及以上 | 68 | 33 | 10 | 20 | 30 | 30 | 120 |
| | | 男 | 小计 | 2 213 | 44 | 10 | 20 | 30 | 60 | 120 |
| | | | 18 ～ 44 岁 | 844 | 40 | 10 | 20 | 30 | 40 | 120 |
| | | | 45 ～ 59 岁 | 792 | 48 | 10 | 20 | 30 | 60 | 120 |
| | | | 60 ～ 79 岁 | 544 | 48 | 10 | 20 | 30 | 60 | 120 |
| | | | 80 岁及以上 | 33 | 41 | 10 | 30 | 30 | 60 | 120 |
| | | 女 | 小计 | 3 000 | 42 | 10 | 20 | 30 | 60 | 120 |
| | | | 18 ～ 44 岁 | 1 082 | 40 | 10 | 20 | 30 | 50 | 120 |
| | | | 45 ～ 59 岁 | 1 224 | 44 | 10 | 20 | 30 | 60 | 120 |
| | | | 60 ～ 79 岁 | 659 | 44 | 10 | 20 | 30 | 60 | 120 |
| | | | 80 岁及以上 | 35 | 26 | 10 | 20 | 20 | 30 | 60 |
| | 城市 | 小计 | 小计 | 2 532 | 43 | 10 | 20 | 30 | 60 | 120 |
| | | | 18 ～ 44 岁 | 949 | 38 | 10 | 20 | 30 | 50 | 90 |
| | | | 45 ～ 59 岁 | 1 009 | 47 | 10 | 20 | 40 | 60 | 120 |
| | | | 60 ～ 79 岁 | 542 | 51 | 10 | 30 | 40 | 60 | 120 |
| | | | 80 岁及以上 | 32 | 35 | 8 | 10 | 30 | 30 | 120 |
| | | 男 | 小计 | 1 032 | 43 | 10 | 20 | 30 | 60 | 120 |
| | | | 18 ～ 44 岁 | 398 | 37 | 10 | 20 | 30 | 40 | 90 |
| | | | 45 ～ 59 岁 | 396 | 48 | 10 | 20 | 40 | 60 | 120 |
| | | | 60 ～ 79 岁 | 227 | 53 | 10 | 30 | 40 | 60 | 120 |
| | | | 80 岁及以上 | 11 | 49 | 10 | 30 | 30 | 60 | 120 |
| | | 女 | 小计 | 1 500 | 43 | 10 | 20 | 30 | 60 | 120 |
| | | | 18 ～ 44 岁 | 551 | 40 | 10 | 20 | 30 | 50 | 100 |
| | | | 45 ～ 59 岁 | 613 | 47 | 10 | 20 | 40 | 60 | 120 |
| | | | 60 ～ 79 岁 | 315 | 50 | 10 | 30 | 40 | 60 | 120 |
| | | | 80 岁及以上 | 21 | 28 | 8 | 10 | 30 | 30 | 60 |
| | 农村 | 小计 | 小计 | 2 681 | 43 | 10 | 20 | 30 | 60 | 120 |
| | | | 18 ～ 44 岁 | 977 | 41 | 10 | 20 | 30 | 50 | 120 |
| | | | 45 ～ 59 岁 | 1 007 | 44 | 10 | 20 | 30 | 60 | 120 |
| | | | 60 ～ 79 岁 | 661 | 43 | 10 | 20 | 30 | 60 | 120 |
| | | | 80 岁及以上 | 36 | 32 | 10 | 20 | 30 | 30 | 60 |
| | | 男 | 小计 | 1 181 | 44 | 10 | 20 | 30 | 60 | 120 |
| | | | 18 ～ 44 岁 | 446 | 42 | 10 | 20 | 30 | 40 | 120 |
| | | | 45 ～ 59 岁 | 396 | 48 | 10 | 20 | 30 | 60 | 120 |
| | | | 60 ～ 79 岁 | 317 | 45 | 10 | 20 | 30 | 60 | 120 |
| | | | 80 岁及以上 | 22 | 38 | 6 | 20 | 30 | 30 | 120 |
| | | 女 | 小计 | 1 500 | 41 | 10 | 20 | 30 | 60 | 120 |
| | | | 18 ～ 44 岁 | 531 | 41 | 10 | 20 | 30 | 60 | 120 |
| | | | 45 ～ 59 岁 | 611 | 42 | 10 | 20 | 30 | 50 | 120 |

| 地区 | 城乡 | 性别 | 年龄 | *n* | 步行累计时间 /（min/d） | | | | | |
|---|---|---|---|---|---|---|---|---|---|---|
| | | | | | Mean | P5 | P25 | P50 | P75 | P95 |
| 东北 | 农村 | 女 | 60 ～ 79 岁 | 344 | 41 | 10 | 20 | 30 | 60 | 120 |
| | | | 80 岁及以上 | 14 | 25 | 10 | 20 | 20 | 30 | 60 |
| 西南 | 城乡 | 小计 | 小计 | 9 504 | 54 | 10 | 20 | 30 | 60 | 180 |
| | | | 18 ～ 44 岁 | 4 315 | 54 | 10 | 30 | 30 | 60 | 180 |
| | | | 45 ～ 59 岁 | 3 118 | 57 | 10 | 20 | 35 | 60 | 180 |
| | | | 60 ～ 79 岁 | 1 953 | 50 | 10 | 20 | 30 | 60 | 120 |
| | | | 80 岁及以上 | 118 | 49 | 10 | 20 | 30 | 60 | 180 |
| | | 男 | 小计 | 4 029 | 55 | 10 | 20 | 30 | 60 | 180 |
| | | | 18 ～ 44 岁 | 1 807 | 54 | 10 | 20 | 30 | 60 | 180 |
| | | | 45 ～ 59 岁 | 1 278 | 59 | 15 | 20 | 30 | 60 | 180 |
| | | | 60 ～ 79 岁 | 884 | 51 | 10 | 20 | 30 | 60 | 150 |
| | | | 80 岁及以上 | 60 | 60 | 10 | 20 | 40 | 60 | 180 |
| | | 女 | 小计 | 5 475 | 54 | 10 | 25 | 30 | 60 | 180 |
| | | | 18 ～ 44 岁 | 2 508 | 55 | 10 | 30 | 30 | 60 | 180 |
| | | | 45 ～ 59 岁 | 1 840 | 56 | 10 | 20 | 40 | 60 | 180 |
| | | | 60 ～ 79 岁 | 1 069 | 50 | 10 | 20 | 30 | 60 | 120 |
| | | | 80 岁及以上 | 58 | 35 | 10 | 10 | 20 | 60 | 120 |
| | 城市 | 小计 | 小计 | 3 232 | 50 | 10 | 20 | 30 | 60 | 120 |
| | | | 18 ～ 44 岁 | 1 386 | 44 | 10 | 20 | 30 | 60 | 120 |
| | | | 45 ～ 59 岁 | 1 100 | 55 | 10 | 20 | 30 | 60 | 180 |
| | | | 60 ～ 79 岁 | 689 | 57 | 10 | 20 | 40 | 60 | 160 |
| | | | 80 岁及以上 | 57 | 61 | 10 | 20 | 40 | 70 | 180 |
| | | 男 | 小计 | 1 317 | 49 | 10 | 20 | 30 | 60 | 120 |
| | | | 18 ～ 44 岁 | 570 | 41 | 10 | 20 | 30 | 60 | 120 |
| | | | 45 ～ 59 岁 | 413 | 58 | 10 | 20 | 30 | 60 | 180 |
| | | | 60 ～ 79 岁 | 303 | 54 | 10 | 30 | 40 | 60 | 150 |
| | | | 80 岁及以上 | 31 | 74 | 18 | 30 | 60 | 90 | 240 |
| | | 女 | 小计 | 1 915 | 51 | 10 | 20 | 30 | 60 | 120 |
| | | | 18 ～ 44 岁 | 816 | 46 | 10 | 20 | 30 | 60 | 120 |
| | | | 45 ～ 59 岁 | 687 | 53 | 10 | 20 | 30 | 60 | 130 |
| | | | 60 ～ 79 岁 | 386 | 60 | 10 | 20 | 40 | 60 | 180 |
| | | | 80 岁及以上 | 26 | 41 | 10 | 15 | 20 | 60 | 120 |
| | 农村 | 小计 | 小计 | 6 272 | 57 | 10 | 30 | 30 | 60 | 180 |
| | | | 18 ～ 44 岁 | 2 929 | 61 | 10 | 30 | 40 | 60 | 180 |
| | | | 45 ～ 59 岁 | 2 018 | 59 | 15 | 30 | 40 | 60 | 180 |
| | | | 60 ～ 79 岁 | 1 264 | 46 | 10 | 20 | 30 | 60 | 120 |
| | | | 80 岁及以上 | 61 | 37 | 10 | 15 | 30 | 60 | 90 |
| | | 男 | 小计 | 2 712 | 58 | 10 | 30 | 30 | 60 | 180 |
| | | | 18 ～ 44 岁 | 1 237 | 61 | 10 | 30 | 35 | 60 | 180 |
| | | | 45 ～ 59 岁 | 865 | 59 | 15 | 25 | 40 | 60 | 180 |
| | | | 60 ～ 79 岁 | 581 | 50 | 10 | 20 | 30 | 60 | 150 |
| | | | 80 岁及以上 | 29 | 44 | 10 | 20 | 30 | 60 | 180 |
| | | 女 | 小计 | 3 560 | 56 | 10 | 30 | 30 | 60 | 180 |
| | | | 18 ～ 44 岁 | 1 692 | 60 | 10 | 30 | 40 | 60 | 180 |
| | | | 45 ～ 59 岁 | 1 153 | 58 | 15 | 30 | 40 | 60 | 180 |
| | | | 60 ～ 79 岁 | 683 | 44 | 10 | 20 | 30 | 60 | 120 |
| | | | 80 岁及以上 | 32 | 30 | 10 | 10 | 30 | 30 | 60 |

## 附表 6-37 中国人群分片区、城乡、性别、年龄的自行车累计使用时间

| 地区 | 城乡 | 性别 | 年龄 | n | 自行车累计使用时间 /（min/d） | | | | | |
|---|---|---|---|---|---|---|---|---|---|---|
| | | | | | Mean | P5 | P25 | P50 | P75 | P95 |
| 合计 | 城乡 | 小计 | 小计 | 11 729 | 41 | 10 | 20 | 30 | 60 | 120 |
| | | | 18 ～ 44 岁 | 3 947 | 40 | 10 | 20 | 30 | 60 | 120 |
| | | | 45 ～ 59 岁 | 4 872 | 42 | 10 | 20 | 30 | 60 | 120 |
| | | | 60 ～ 79 岁 | 2 839 | 40 | 10 | 20 | 30 | 50 | 120 |
| | | | 80 岁及以上 | 71 | 38 | 10 | 30 | 30 | 40 | 80 |
| | | 男 | 小计 | 4 960 | 45 | 10 | 20 | 30 | 60 | 120 |
| | | | 18 ～ 44 岁 | 1 373 | 43 | 10 | 20 | 30 | 60 | 120 |
| | | | 45 ～ 59 岁 | 1 877 | 48 | 10 | 20 | 30 | 60 | 120 |
| | | | 60 ～ 79 岁 | 1 659 | 42 | 10 | 20 | 30 | 60 | 120 |
| | | | 80 岁及以上 | 51 | 41 | 20 | 30 | 30 | 45 | 120 |
| | | 女 | 小计 | 6 769 | 38 | 10 | 20 | 30 | 50 | 90 |
| | | | 18 ～ 44 岁 | 2 574 | 38 | 10 | 20 | 30 | 50 | 90 |
| | | | 45 ～ 59 岁 | 2 995 | 38 | 10 | 20 | 30 | 50 | 100 |
| | | | 60 ～ 79 岁 | 1 180 | 36 | 5 | 20 | 30 | 45 | 100 |
| | | | 80 岁及以上 | 20 | 32 | 5 | 20 | 30 | 40 | 60 |
| | 城市 | 小计 | 小计 | 6 084 | 43 | 10 | 20 | 30 | 60 | 120 |
| | | | 18 ～ 44 岁 | 2 020 | 44 | 10 | 20 | 30 | 60 | 120 |
| | | | 45 ～ 59 岁 | 2 569 | 45 | 10 | 20 | 30 | 60 | 120 |
| | | | 60 ～ 79 岁 | 1 456 | 39 | 2 | 20 | 30 | 60 | 120 |
| | | | 80 岁及以上 | 39 | 41 | 10 | 30 | 30 | 55 | 80 |
| | | 男 | 小计 | 2 625 | 48 | 10 | 20 | 30 | 60 | 120 |
| | | | 18 ～ 44 岁 | 770 | 49 | 10 | 25 | 30 | 60 | 120 |
| | | | 45 ～ 59 岁 | 1 009 | 50 | 10 | 20 | 30 | 60 | 120 |
| | | | 60 ～ 79 岁 | 819 | 42 | 10 | 20 | 30 | 60 | 120 |
| | | | 80 岁及以上 | 27 | 43 | 20 | 30 | 30 | 50 | 120 |
| | | 女 | 小计 | 3 459 | 39 | 10 | 20 | 30 | 60 | 120 |
| | | | 18 ～ 44 岁 | 1 250 | 40 | 10 | 20 | 30 | 60 | 120 |
| | | | 45 ～ 59 岁 | 1 560 | 40 | 10 | 20 | 30 | 50 | 120 |
| | | | 60 ～ 79 岁 | 637 | 35 | 0 | 20 | 30 | 45 | 100 |
| | | | 80 岁及以上 | 12 | 37 | 0 | 30 | 30 | 60 | 60 |
| | 农村 | 小计 | 小计 | 5 645 | 38 | 10 | 20 | 30 | 50 | 100 |
| | | | 18 ～ 44 岁 | 1 927 | 36 | 10 | 20 | 30 | 40 | 80 |
| | | | 45 ～ 59 岁 | 2 303 | 40 | 10 | 20 | 30 | 50 | 120 |
| | | | 60 ～ 79 岁 | 1 383 | 40 | 10 | 20 | 30 | 50 | 120 |
| | | | 80 岁及以上 | 32 | 36 | 10 | 20 | 30 | 40 | 120 |
| | | 男 | 小计 | 2 335 | 42 | 10 | 20 | 30 | 50 | 120 |
| | | | 18 ～ 44 岁 | 603 | 37 | 10 | 20 | 30 | 40 | 100 |
| | | | 45 ～ 59 岁 | 868 | 46 | 10 | 20 | 30 | 60 | 120 |
| | | | 60 ～ 79 岁 | 840 | 42 | 10 | 20 | 30 | 50 | 120 |
| | | | 80 岁及以上 | 24 | 40 | 15 | 30 | 30 | 40 | 120 |
| | | 女 | 小计 | 3 310 | 36 | 10 | 20 | 30 | 45 | 80 |
| | | | 18 ～ 44 岁 | 1 324 | 35 | 10 | 20 | 30 | 40 | 60 |
| | | | 45 ～ 59 岁 | 1 435 | 36 | 10 | 20 | 30 | 50 | 80 |
| | | | 60 ～ 79 岁 | 543 | 38 | 10 | 20 | 30 | 50 | 120 |
| | | | 80 岁及以上 | 8 | 22 | 5 | 10 | 25 | 30 | 40 |
| 华北 | 城乡 | 小计 | 小计 | 3 699 | 43 | 10 | 20 | 30 | 60 | 120 |
| | | | 18 ～ 44 岁 | 1 140 | 44 | 10 | 20 | 30 | 60 | 120 |
| | | | 45 ～ 59 岁 | 1 640 | 44 | 10 | 20 | 30 | 60 | 120 |
| | | | 60 ～ 79 岁 | 891 | 40 | 10 | 20 | 30 | 50 | 120 |
| | | | 80 岁及以上 | 28 | 37 | 10 | 30 | 30 | 40 | 60 |
| | | 男 | 小计 | 1 500 | 48 | 10 | 20 | 30 | 60 | 120 |
| | | | 18 ～ 44 岁 | 374 | 51 | 10 | 20 | 30 | 60 | 120 |
| | | | 45 ～ 59 岁 | 600 | 50 | 15 | 30 | 40 | 60 | 120 |
| | | | 60 ～ 79 岁 | 507 | 42 | 10 | 20 | 30 | 50 | 120 |
| | | | 80 岁及以上 | 19 | 39 | 10 | 30 | 30 | 50 | 80 |
| | | 女 | 小计 | 2 199 | 40 | 10 | 20 | 30 | 50 | 90 |

| 地区 | 城乡 | 性别 | 年龄 | n | 自行车累计使用时间 /（min/d） | | | | | |
|---|---|---|---|---|---|---|---|---|---|---|
| | | | | | Mean | P5 | P25 | P50 | P75 | P95 |
| 华北 | 城乡 | 女 | 18～44 岁 | 766 | 40 | 10 | 20 | 30 | 60 | 100 |
| | | | 45～59 岁 | 1 040 | 39 | 10 | 20 | 30 | 50 | 90 |
| | | | 60～79 岁 | 384 | 38 | 10 | 20 | 30 | 50 | 90 |
| | | | 80 岁及以上 | 9 | 33 | 10 | 30 | 30 | 40 | 60 |
| | 城市 | 小计 | 小计 | 1 966 | 50 | 15 | 30 | 40 | 60 | 120 |
| | | | 18～44 岁 | 619 | 51 | 10 | 30 | 40 | 60 | 120 |
| | | | 45～59 岁 | 860 | 51 | 15 | 30 | 40 | 60 | 120 |
| | | | 60～79 岁 | 468 | 45 | 10 | 20 | 30 | 60 | 120 |
| | | | 80 岁及以上 | 19 | 40 | 30 | 30 | 30 | 55 | 80 |
| | | 男 | 小计 | 832 | 55 | 15 | 30 | 40 | 60 | 130 |
| | | | 18～44 岁 | 220 | 59 | 15 | 30 | 50 | 60 | 140 |
| | | | 45～59 岁 | 337 | 56 | 20 | 30 | 45 | 60 | 140 |
| | | | 60～79 岁 | 262 | 46 | 10 | 20 | 30 | 60 | 120 |
| | | | 80 岁及以上 | 13 | 41 | 30 | 30 | 30 | 60 | 80 |
| | | 女 | 小计 | 1 134 | 46 | 10 | 30 | 30 | 60 | 120 |
| | | | 18～44 岁 | 399 | 46 | 10 | 30 | 40 | 60 | 120 |
| | | | 45～59 岁 | 523 | 46 | 15 | 30 | 30 | 60 | 120 |
| | | | 60～79 岁 | 206 | 43 | 10 | 20 | 30 | 60 | 120 |
| | | | 80 岁及以上 | 6 | 37 | 30 | 30 | 30 | 55 | 60 |
| | 农村 | 小计 | 小计 | 1 733 | 37 | 10 | 20 | 30 | 40 | 80 |
| | | | 18～44 岁 | 521 | 37 | 10 | 20 | 30 | 40 | 90 |
| | | | 45～59 岁 | 780 | 37 | 10 | 20 | 30 | 50 | 80 |
| | | | 60～79 岁 | 423 | 36 | 10 | 20 | 30 | 40 | 80 |
| | | | 80 岁及以上 | 9 | 31 | 10 | 20 | 30 | 40 | 60 |
| | | 男 | 小计 | 668 | 40 | 10 | 20 | 30 | 50 | 100 |
| | | | 18～44 岁 | 154 | 41 | 10 | 20 | 30 | 40 | 100 |
| | | | 45～59 岁 | 263 | 42 | 15 | 20 | 30 | 60 | 120 |
| | | | 60～79 岁 | 245 | 38 | 10 | 20 | 30 | 40 | 90 |
| | | | 80 岁及以上 | 6 | 34 | 10 | 20 | 30 | 40 | 60 |
| | | 女 | 小计 | 1 065 | 34 | 10 | 20 | 30 | 40 | 60 |
| | | | 18～44 岁 | 367 | 35 | 10 | 20 | 30 | 40 | 80 |
| | | | 45～59 岁 | 517 | 33 | 10 | 20 | 30 | 40 | 60 |
| | | | 60～79 岁 | 178 | 33 | 10 | 20 | 30 | 40 | 80 |
| | | | 80 岁及以上 | 3 | 23 | 10 | 10 | 20 | 40 | 40 |
| 华东 | 城乡 | 小计 | 小计 | 3 415 | 37 | 10 | 20 | 30 | 45 | 100 |
| | | | 18～44 岁 | 858 | 37 | 10 | 20 | 30 | 50 | 100 |
| | | | 45～59 岁 | 1 375 | 38 | 10 | 20 | 30 | 40 | 100 |
| | | | 60～79 岁 | 1 150 | 36 | 0 | 20 | 30 | 40 | 120 |
| | | | 80 岁及以上 | 32 | 36 | 10 | 20 | 30 | 40 | 60 |
| | | 男 | 小计 | 1 466 | 40 | 10 | 20 | 30 | 60 | 120 |
| | | | 18～44 岁 | 296 | 39 | 10 | 20 | 30 | 60 | 120 |
| | | | 45～59 岁 | 510 | 43 | 10 | 20 | 30 | 60 | 120 |
| | | | 60～79 岁 | 635 | 40 | 5 | 20 | 30 | 50 | 120 |
| | | | 80 岁及以上 | 25 | 37 | 20 | 20 | 30 | 30 | 60 |
| | | 女 | 小计 | 1 949 | 34 | 7 | 20 | 30 | 40 | 70 |
| | | | 18～44 岁 | 562 | 35 | 10 | 20 | 30 | 50 | 60 |
| | | | 45～59 岁 | 865 | 35 | 10 | 20 | 30 | 40 | 80 |
| | | | 60～79 岁 | 515 | 32 | 0 | 15 | 30 | 40 | 66 |
| | | | 80 岁及以上 | 7 | 33 | 0 | 20 | 30 | 40 | 60 |
| | 城市 | 小计 | 小计 | 1 974 | 37 | 5 | 20 | 30 | 50 | 100 |
| | | | 18～44 岁 | 518 | 39 | 5 | 20 | 30 | 60 | 100 |
| | | | 45～59 岁 | 820 | 37 | 10 | 20 | 30 | 40 | 90 |
| | | | 60～79 岁 | 620 | 34 | 0 | 15 | 30 | 40 | 120 |
| | | | 80 岁及以上 | 16 | 39 | 10 | 20 | 30 | 60 | 150 |
| | | 男 | 小计 | 841 | 40 | 5 | 20 | 30 | 60 | 120 |
| | | | 18～44 岁 | 195 | 39 | 5 | 20 | 30 | 60 | 100 |
| | | | 45～59 岁 | 314 | 43 | 10 | 20 | 30 | 60 | 120 |
| | | | 60～79 岁 | 320 | 39 | 0 | 20 | 30 | 60 | 120 |

| 地区 | 城乡 | 性别 | 年龄 | n | 自行车累计使用时间 /（min/d） | | | | | |
|---|---|---|---|---|---|---|---|---|---|---|
| | | | | | Mean | P5 | P25 | P50 | P75 | P95 |
| 华东 | 城市 | 男 | 80 岁及以上 | 12 | 41 | 20 | 20 | 30 | 30 | 150 |
| | | 女 | 小计 | 1 133 | 34 | 5 | 20 | 30 | 40 | 80 |
| | | | 18 ～ 44 岁 | 323 | 38 | 10 | 20 | 30 | 50 | 100 |
| | | | 45 ～ 59 岁 | 506 | 33 | 5 | 20 | 30 | 40 | 70 |
| | | | 60 ～ 79 岁 | 300 | 28 | 0 | 10 | 20 | 30 | 60 |
| | | | 80 岁及以上 | 4 | 36 | 0 | 10 | 40 | 60 | 60 |
| | 农村 | 小计 | 小计 | 1 441 | 37 | 10 | 20 | 30 | 40 | 100 |
| | | | 18 ～ 44 岁 | 340 | 34 | 10 | 20 | 30 | 40 | 60 |
| | | | 45 ～ 59 岁 | 555 | 39 | 10 | 20 | 30 | 40 | 120 |
| | | | 60 ～ 79 岁 | 530 | 40 | 10 | 20 | 30 | 50 | 120 |
| | | | 80 岁及以上 | 16 | 32 | 20 | 25 | 30 | 30 | 60 |
| | | 男 | 小计 | 625 | 41 | 10 | 20 | 30 | 50 | 120 |
| | | | 18 ～ 44 岁 | 101 | 39 | 10 | 20 | 30 | 60 | 120 |
| | | | 45 ～ 59 岁 | 196 | 43 | 10 | 20 | 30 | 50 | 120 |
| | | | 60 ～ 79 岁 | 315 | 40 | 10 | 20 | 30 | 50 | 120 |
| | | | 80 岁及以上 | 13 | 34 | 20 | 30 | 30 | 30 | 60 |
| | | 女 | 小计 | 816 | 35 | 10 | 20 | 30 | 40 | 70 |
| | | | 18 ～ 44 岁 | 239 | 32 | 10 | 15 | 30 | 40 | 60 |
| | | | 45 ～ 59 岁 | 359 | 37 | 10 | 20 | 30 | 40 | 90 |
| | | | 60 ～ 79 岁 | 215 | 38 | 10 | 20 | 30 | 50 | 120 |
| | | | 80 岁及以上 | 3 | 27 | 20 | 25 | 30 | 30 | 30 |
| 华南 | 城乡 | 小计 | 小计 | 1 480 | 45 | 10 | 20 | 30 | 60 | 120 |
| | | | 18 ～ 44 岁 | 549 | 41 | 10 | 20 | 30 | 60 | 90 |
| | | | 45 ～ 59 岁 | 623 | 48 | 10 | 20 | 30 | 60 | 120 |
| | | | 60 ～ 79 岁 | 304 | 49 | 10 | 30 | 35 | 60 | 120 |
| | | | 80 岁及以上 | 4 | 69 | 30 | 40 | 40 | 120 | 120 |
| | | 男 | 小计 | 619 | 51 | 10 | 25 | 30 | 60 | 120 |
| | | | 18 ～ 44 岁 | 194 | 45 | 10 | 20 | 30 | 60 | 120 |
| | | | 45 ～ 59 岁 | 231 | 55 | 10 | 20 | 30 | 60 | 120 |
| | | | 60 ～ 79 岁 | 191 | 51 | 20 | 30 | 40 | 60 | 120 |
| | | | 80 岁及以上 | 3 | 70 | 30 | 40 | 40 | 120 | 120 |
| | | 女 | 小计 | 861 | 41 | 10 | 20 | 30 | 60 | 120 |
| | | | 18 ～ 44 岁 | 355 | 39 | 10 | 20 | 30 | 60 | 90 |
| | | | 45 ～ 59 岁 | 392 | 43 | 10 | 20 | 30 | 60 | 120 |
| | | | 60 ～ 79 岁 | 113 | 45 | 10 | 20 | 30 | 60 | 120 |
| | | | 80 岁及以上 | 1 | 60 | 60 | 60 | 60 | 60 | 60 |
| | 城市 | 小计 | 小计 | 766 | 46 | 10 | 20 | 30 | 60 | 120 |
| | | | 18 ～ 44 岁 | 285 | 43 | 10 | 20 | 30 | 60 | 120 |
| | | | 45 ～ 59 岁 | 341 | 49 | 10 | 20 | 30 | 60 | 120 |
| | | | 60 ～ 79 岁 | 139 | 43 | 15 | 25 | 30 | 60 | 120 |
| | | | 80 岁及以上 | 1 | 60 | 60 | 60 | 60 | 60 | 60 |
| | | 男 | 小计 | 345 | 50 | 10 | 20 | 30 | 60 | 120 |
| | | | 18 ～ 44 岁 | 130 | 53 | 10 | 20 | 40 | 60 | 180 |
| | | | 45 ～ 59 岁 | 128 | 52 | 10 | 20 | 30 | 60 | 150 |
| | | | 60 ～ 79 岁 | 87 | 43 | 20 | 30 | 30 | 60 | 120 |
| | | | 80 岁及以上 | 0 | 0 | 0 | 0 | 0 | 0 | 0 |
| | | 女 | 小计 | 421 | 41 | 10 | 20 | 30 | 60 | 120 |
| | | | 18 ～ 44 岁 | 155 | 36 | 10 | 20 | 30 | 40 | 90 |
| | | | 45 ～ 59 岁 | 213 | 46 | 10 | 20 | 30 | 60 | 120 |
| | | | 60 ～ 79 岁 | 52 | 44 | 10 | 20 | 30 | 50 | 120 |
| | | | 80 岁及以上 | 1 | 60 | 60 | 60 | 60 | 60 | 60 |
| | 农村 | 小计 | 小计 | 714 | 45 | 10 | 30 | 30 | 60 | 120 |
| | | | 18 ～ 44 岁 | 264 | 40 | 10 | 30 | 30 | 60 | 75 |
| | | | 45 ～ 59 岁 | 282 | 47 | 10 | 20 | 30 | 60 | 120 |
| | | | 60 ～ 79 岁 | 165 | 53 | 10 | 30 | 40 | 60 | 130 |
| | | | 80 岁及以上 | 3 | 70 | 30 | 40 | 40 | 120 | 120 |
| | | 男 | 小计 | 274 | 51 | 10 | 30 | 30 | 60 | 120 |
| | | | 18 ～ 44 岁 | 64 | 37 | 10 | 20 | 30 | 50 | 60 |

| 地区 | 城乡 | 性别 | 年龄 | n | 自行车累计使用时间 / (min/d) | | | | | |
|---|---|---|---|---|---|---|---|---|---|---|
| | | | | | Mean | P5 | P25 | P50 | P75 | P95 |
| 华南 | 农村 | 男 | 45～59岁 | 103 | 57 | 10 | 30 | 40 | 80 | 120 |
| | | | 60～79岁 | 104 | 58 | 20 | 30 | 40 | 60 | 150 |
| | | | 80岁及以上 | 3 | 70 | 30 | 40 | 40 | 120 | 120 |
| | | 女 | 小计 | 440 | 41 | 10 | 30 | 30 | 60 | 90 |
| | | | 18～44岁 | 200 | 41 | 10 | 30 | 30 | 60 | 75 |
| | | | 45～59岁 | 179 | 41 | 10 | 20 | 30 | 60 | 90 |
| | | | 60～79岁 | 61 | 46 | 10 | 20 | 30 | 60 | 120 |
| | | | 80岁及以上 | 0 | 0 | 0 | 0 | 0 | 0 | 0 |
| 西北 | 城乡 | 小计 | 小计 | 1 426 | 43 | 10 | 20 | 30 | 60 | 120 |
| | | | 18～44岁 | 585 | 44 | 10 | 20 | 30 | 60 | 120 |
| | | | 45～59岁 | 589 | 41 | 10 | 20 | 30 | 60 | 120 |
| | | | 60～79岁 | 250 | 40 | 10 | 20 | 30 | 60 | 120 |
| | | | 80岁及以上 | 2 | 18 | 15 | 15 | 20 | 20 | 20 |
| | | 男 | 小计 | 610 | 45 | 10 | 20 | 30 | 60 | 120 |
| | | | 18～44岁 | 194 | 48 | 10 | 20 | 30 | 60 | 120 |
| | | | 45～59岁 | 245 | 44 | 10 | 20 | 30 | 60 | 120 |
| | | | 60～79岁 | 170 | 42 | 10 | 20 | 30 | 60 | 120 |
| | | | 80岁及以上 | 1 | 15 | 15 | 15 | 15 | 15 | 15 |
| | | 女 | 小计 | 816 | 41 | 10 | 20 | 30 | 60 | 120 |
| | | | 18～44岁 | 391 | 42 | 10 | 20 | 30 | 60 | 120 |
| | | | 45～59岁 | 344 | 39 | 10 | 20 | 30 | 50 | 120 |
| | | | 60～79岁 | 80 | 37 | 5 | 20 | 30 | 40 | 120 |
| | | | 80岁及以上 | 1 | 20 | 20 | 20 | 20 | 20 | 20 |
| | 城市 | 小计 | 小计 | 769 | 45 | 10 | 20 | 30 | 60 | 120 |
| | | | 18～44岁 | 327 | 47 | 10 | 20 | 30 | 60 | 120 |
| | | | 45～59岁 | 302 | 43 | 10 | 20 | 30 | 60 | 120 |
| | | | 60～79岁 | 139 | 42 | 10 | 20 | 30 | 60 | 120 |
| | | | 80岁及以上 | 1 | 20 | 20 | 20 | 20 | 20 | 20 |
| | | 男 | 小计 | 334 | 50 | 10 | 20 | 30 | 60 | 120 |
| | | | 18～44岁 | 116 | 55 | 10 | 20 | 30 | 60 | 240 |
| | | | 45～59岁 | 125 | 47 | 20 | 30 | 40 | 60 | 120 |
| | | | 60～79岁 | 93 | 43 | 10 | 20 | 30 | 60 | 120 |
| | | | 80岁及以上 | 0 | 0 | 0 | 0 | 0 | 0 | 0 |
| | | 女 | 小计 | 435 | 41 | 10 | 20 | 30 | 50 | 120 |
| | | | 18～44岁 | 211 | 42 | 10 | 20 | 30 | 50 | 120 |
| | | | 45～59岁 | 177 | 39 | 10 | 20 | 30 | 40 | 120 |
| | | | 60～79岁 | 46 | 40 | 5 | 20 | 30 | 60 | 120 |
| | | | 80岁及以上 | 1 | 20 | 20 | 20 | 20 | 20 | 20 |
| | 农村 | 小计 | 小计 | 657 | 40 | 10 | 20 | 30 | 60 | 120 |
| | | | 18～44岁 | 258 | 40 | 10 | 20 | 30 | 60 | 120 |
| | | | 45～59岁 | 287 | 40 | 10 | 20 | 30 | 60 | 120 |
| | | | 60～79岁 | 111 | 39 | 10 | 20 | 30 | 40 | 120 |
| | | | 80岁及以上 | 1 | 15 | 15 | 15 | 15 | 15 | 15 |
| | | 男 | 小计 | 276 | 39 | 10 | 20 | 30 | 50 | 120 |
| | | | 18～44岁 | 78 | 37 | 10 | 20 | 30 | 40 | 120 |
| | | | 45～59岁 | 120 | 40 | 10 | 20 | 30 | 60 | 120 |
| | | | 60～79岁 | 77 | 41 | 10 | 20 | 30 | 60 | 120 |
| | | | 80岁及以上 | 1 | 15 | 15 | 15 | 15 | 15 | 15 |
| | | 女 | 小计 | 381 | 40 | 10 | 20 | 30 | 60 | 120 |
| | | | 18～44岁 | 180 | 41 | 10 | 20 | 30 | 60 | 120 |
| | | | 45～59岁 | 167 | 39 | 10 | 20 | 30 | 60 | 120 |
| | | | 60～79岁 | 34 | 32 | 0 | 20 | 20 | 30 | 120 |
| | | | 80岁及以上 | 0 | 0 | 0 | 0 | 0 | 0 | 0 |
| 东北 | 城乡 | 小计 | 小计 | 920 | 39 | 10 | 20 | 30 | 40 | 120 |
| | | | 18～44岁 | 390 | 36 | 10 | 20 | 30 | 40 | 70 |
| | | | 45～59岁 | 397 | 43 | 10 | 20 | 30 | 40 | 120 |
| | | | 60～79岁 | 130 | 39 | 10 | 20 | 30 | 60 | 120 |
| | | | 80岁及以上 | 3 | 23 | 5 | 5 | 30 | 40 | 40 |

| 地区 | 城乡 | 性别 | 年龄 | $n$ | 自行车累计使用时间 /（min/d） | | | | | |
| --- | --- | --- | --- | --- | --- | --- | --- | --- | --- | --- |
| | | | | | Mean | P5 | P25 | P50 | P75 | P95 |
| 东北 | 城乡 | 男 | 小计 | 435 | 43 | 10 | 20 | 30 | 40 | 120 |
| | | | 18～44岁 | 160 | 34 | 10 | 20 | 30 | 40 | 70 |
| | | | 45～59岁 | 183 | 53 | 10 | 20 | 30 | 60 | 180 |
| | | | 60～79岁 | 90 | 38 | 10 | 20 | 30 | 60 | 120 |
| | | | 80岁及以上 | 2 | 36 | 30 | 30 | 40 | 40 | 40 |
| | | 女 | 小计 | 485 | 36 | 10 | 20 | 30 | 40 | 120 |
| | | | 18～44岁 | 230 | 37 | 10 | 20 | 30 | 50 | 60 |
| | | | 45～59岁 | 214 | 33 | 10 | 20 | 20 | 30 | 120 |
| | | | 60～79岁 | 40 | 40 | 10 | 20 | 30 | 60 | 120 |
| | | | 80岁及以上 | 1 | 5 | 5 | 5 | 5 | 5 | 5 |
| | 城市 | 小计 | 小计 | 321 | 39 | 10 | 20 | 30 | 40 | 90 |
| | | | 18～44岁 | 137 | 38 | 10 | 20 | 30 | 50 | 65 |
| | | | 45～59岁 | 148 | 40 | 10 | 20 | 30 | 40 | 120 |
| | | | 60～79岁 | 35 | 36 | 10 | 20 | 30 | 40 | 120 |
| | | | 80岁及以上 | 1 | 30 | 30 | 30 | 30 | 30 | 30 |
| | | 男 | 小计 | 150 | 46 | 10 | 20 | 30 | 60 | 120 |
| | | | 18～44岁 | 59 | 42 | 15 | 20 | 30 | 50 | 65 |
| | | | 45～59岁 | 68 | 51 | 10 | 20 | 30 | 60 | 180 |
| | | | 60～79岁 | 22 | 37 | 5 | 20 | 30 | 60 | 80 |
| | | | 80岁及以上 | 1 | 30 | 30 | 30 | 30 | 30 | 30 |
| | | 女 | 小计 | 171 | 32 | 10 | 20 | 30 | 40 | 60 |
| | | | 18～44岁 | 78 | 35 | 10 | 20 | 30 | 40 | 60 |
| | | | 45～59岁 | 80 | 29 | 10 | 20 | 20 | 40 | 60 |
| | | | 60～79岁 | 13 | 34 | 10 | 10 | 20 | 30 | 120 |
| | | | 80岁及以上 | 0 | 0 | 0 | 0 | 0 | 0 | 0 |
| | 农村 | 小计 | 小计 | 599 | 39 | 10 | 20 | 30 | 40 | 120 |
| | | | 18～44岁 | 253 | 35 | 10 | 20 | 30 | 40 | 70 |
| | | | 45～59岁 | 249 | 44 | 10 | 20 | 30 | 40 | 120 |
| | | | 60～79岁 | 95 | 40 | 10 | 20 | 30 | 60 | 120 |
| | | | 80岁及以上 | 2 | 21 | 5 | 5 | 5 | 40 | 40 |
| | | 男 | 小计 | 285 | 41 | 10 | 20 | 30 | 40 | 120 |
| | | | 18～44岁 | 101 | 32 | 10 | 20 | 30 | 40 | 70 |
| | | | 45～59岁 | 115 | 53 | 10 | 20 | 30 | 50 | 180 |
| | | | 60～79岁 | 68 | 39 | 10 | 20 | 30 | 50 | 120 |
| | | | 80岁及以上 | 1 | 40 | 40 | 40 | 40 | 40 | 40 |
| | | 女 | 小计 | 314 | 37 | 10 | 20 | 30 | 45 | 120 |
| | | | 18～44岁 | 152 | 38 | 10 | 20 | 30 | 50 | 70 |
| | | | 45～59岁 | 134 | 35 | 10 | 20 | 20 | 30 | 120 |
| | | | 60～79岁 | 27 | 42 | 10 | 30 | 30 | 60 | 60 |
| | | | 80岁及以上 | 1 | 5 | 5 | 5 | 5 | 5 | 5 |
| 西南 | 城乡 | 小计 | 小计 | 789 | 33 | 0 | 15 | 30 | 40 | 80 |
| | | | 18～44岁 | 425 | 31 | 0 | 16 | 30 | 40 | 60 |
| | | | 45～59岁 | 248 | 37 | 0 | 10 | 30 | 40 | 100 |
| | | | 60～79岁 | 114 | 35 | 0 | 15 | 30 | 60 | 80 |
| | | | 80岁及以上 | 2 | 97 | 0 | 120 | 120 | 120 | 120 |
| | | 男 | 小计 | 330 | 37 | 0 | 20 | 30 | 40 | 100 |
| | | | 18～44岁 | 155 | 33 | 0 | 20 | 30 | 30 | 60 |
| | | | 45～59岁 | 108 | 49 | 0 | 12 | 30 | 60 | 120 |
| | | | 60～79岁 | 66 | 34 | 0 | 20 | 30 | 60 | 60 |
| | | | 80岁及以上 | 1 | 120 | 120 | 120 | 120 | 120 | 120 |
| | | 女 | 小计 | 459 | 29 | 0 | 10 | 30 | 40 | 60 |
| | | | 18～44岁 | 270 | 29 | 0 | 15 | 30 | 40 | 60 |
| | | | 45～59岁 | 140 | 28 | 0 | 10 | 20 | 40 | 60 |
| | | | 60～79岁 | 48 | 35 | 0 | 10 | 30 | 50 | 120 |
| | | | 80岁及以上 | 1 | 0 | 0 | 0 | 0 | 0 | 0 |
| | 城市 | 小计 | 小计 | 288 | 39 | 10 | 20 | 30 | 45 | 95 |
| | | | 18～44岁 | 134 | 36 | 10 | 20 | 30 | 40 | 85 |
| | | | 45～59岁 | 98 | 43 | 10 | 15 | 30 | 60 | 100 |

| 地区 | 城乡 | 性别 | 年龄 | n | 自行车累计使用时间 /（min/d） | | | | | |
|---|---|---|---|---|---|---|---|---|---|---|
| | | | | | Mean | P5 | P25 | P50 | P75 | P95 |
| 西南 | 城市 | 小计 | 60 ～ 79 岁 | 55 | 43 | 10 | 30 | 30 | 60 | 120 |
| | | | 80 岁及以上 | 1 | 120 | 120 | 120 | 120 | 120 | 120 |
| | | 男 | 小计 | 123 | 45 | 10 | 20 | 30 | 60 | 120 |
| | | | 18 ～ 44 岁 | 50 | 39 | 10 | 20 | 30 | 40 | 90 |
| | | | 45 ～ 59 岁 | 37 | 62 | 2 | 20 | 40 | 70 | 180 |
| | | | 60 ～ 79 岁 | 35 | 44 | 10 | 30 | 40 | 60 | 60 |
| | | | 80 岁及以上 | 1 | 120 | 120 | 120 | 120 | 120 | 120 |
| | | 女 | 小计 | 165 | 34 | 10 | 15 | 30 | 40 | 85 |
| | | | 18 ～ 44 岁 | 84 | 33 | 10 | 20 | 30 | 40 | 60 |
| | | | 45 ～ 59 岁 | 61 | 32 | 10 | 10 | 30 | 40 | 90 |
| | | | 60 ～ 79 岁 | 20 | 41 | 10 | 20 | 30 | 60 | 120 |
| | | | 80 岁及以上 | 0 | 0 | 0 | 0 | 0 | 0 | 0 |
| | 农村 | 小计 | 小计 | 501 | 27 | 0 | 10 | 30 | 30 | 60 |
| | | | 18 ～ 44 岁 | 291 | 27 | 0 | 15 | 30 | 30 | 60 |
| | | | 45 ～ 59 岁 | 150 | 29 | 0 | 10 | 20 | 40 | 100 |
| | | | 60 ～ 79 岁 | 59 | 15 | 0 | 0 | 15 | 20 | 36 |
| | | | 80 岁及以上 | 1 | 0 | 0 | 0 | 0 | 0 | 0 |
| | | 男 | 小计 | 207 | 28 | 0 | 15 | 30 | 30 | 60 |
| | | | 18 ～ 44 岁 | 105 | 28 | 0 | 15 | 30 | 30 | 60 |
| | | | 45 ～ 59 岁 | 71 | 36 | 0 | 10 | 30 | 60 | 100 |
| | | | 60 ～ 79 岁 | 31 | 15 | 0 | 10 | 15 | 20 | 36 |
| | | | 80 岁及以上 | 0 | 0 | 0 | 0 | 0 | 0 | 0 |
| | | 女 | 小计 | 294 | 26 | 0 | 10 | 30 | 30 | 60 |
| | | | 18 ～ 44 岁 | 186 | 27 | 0 | 10 | 30 | 30 | 60 |
| | | | 45 ～ 59 岁 | 79 | 21 | 0 | 6 | 20 | 30 | 60 |
| | | | 60 ～ 79 岁 | 28 | 15 | 0 | 0 | 0 | 20 | 120 |
| | | | 80 岁及以上 | 1 | 0 | 0 | 0 | 0 | 0 | 0 |

## 附表 6-38　中国人群分片区、城乡、性别、年龄的电动自行车累计使用时间

| 地区 | 城乡 | 性别 | 年龄 | n | 电动自行车累计使用时间 /（min/d） | | | | | |
|---|---|---|---|---|---|---|---|---|---|---|
| | | | | | Mean | P5 | P25 | P50 | P75 | P95 |
| 合计 | 城乡 | 小计 | 小计 | 10 670 | 43 | 10 | 20 | 30 | 60 | 120 |
| | | | 18 ～ 44 岁 | 5 577 | 43 | 10 | 20 | 30 | 60 | 120 |
| | | | 45 ～ 59 岁 | 3 719 | 44 | 10 | 20 | 30 | 60 | 120 |
| | | | 60 ～ 79 岁 | 1 359 | 43 | 0 | 20 | 30 | 60 | 120 |
| | | | 80 岁及以上 | 15 | 80 | 0 | 20 | 30 | 80 | 480 |
| | | 男 | 小计 | 4 421 | 45 | 10 | 20 | 30 | 60 | 120 |
| | | | 18 ～ 44 岁 | 1 806 | 44 | 10 | 20 | 30 | 60 | 120 |
| | | | 45 ～ 59 岁 | 1 637 | 47 | 10 | 26 | 30 | 60 | 120 |
| | | | 60 ～ 79 岁 | 968 | 46 | 10 | 20 | 30 | 60 | 120 |
| | | | 80 岁及以上 | 10 | 99 | 20 | 20 | 40 | 80 | 480 |
| | | 女 | 小计 | 6 249 | 41 | 10 | 20 | 30 | 60 | 100 |
| | | | 18 ～ 44 岁 | 3 771 | 42 | 10 | 20 | 30 | 60 | 110 |
| | | | 45 ～ 59 岁 | 2 082 | 40 | 10 | 20 | 30 | 50 | 100 |
| | | | 60 ～ 79 岁 | 391 | 35 | 0 | 20 | 30 | 50 | 100 |
| | | | 80 岁及以上 | 5 | 22 | 0 | 0 | 30 | 30 | 30 |
| | 城市 | 小计 | 小计 | 5 306 | 43 | 10 | 20 | 30 | 60 | 120 |
| | | | 18 ～ 44 岁 | 2 917 | 43 | 10 | 20 | 30 | 60 | 120 |
| | | | 45 ～ 59 岁 | 1 765 | 44 | 10 | 20 | 30 | 60 | 120 |
| | | | 60 ～ 79 岁 | 616 | 41 | 0 | 20 | 30 | 60 | 120 |
| | | | 80 岁及以上 | 8 | 40 | 0 | 20 | 30 | 80 | 80 |
| | | 男 | 小计 | 2 301 | 46 | 10 | 25 | 30 | 60 | 120 |
| | | | 18 ～ 44 岁 | 1 051 | 46 | 10 | 20 | 30 | 60 | 120 |
| | | | 45 ～ 59 岁 | 822 | 48 | 10 | 30 | 30 | 60 | 120 |

| 地区 | 城乡 | 性别 | 年龄 | n | 电动自行车累计使用时间 /（min/d） | | | | | |
|---|---|---|---|---|---|---|---|---|---|---|
| | | | | | Mean | P5 | P25 | P50 | P75 | P95 |
| 合计 | 城市 | 男 | 60～79 岁 | 423 | 43 | 0 | 25 | 30 | 60 | 120 |
| | | | 80 岁及以上 | 5 | 48 | 20 | 20 | 30 | 80 | 80 |
| | | 女 | 小计 | 3 005 | 40 | 10 | 20 | 30 | 60 | 100 |
| | | | 18～44 岁 | 1 866 | 41 | 10 | 20 | 30 | 60 | 100 |
| | | | 45～59 岁 | 943 | 40 | 10 | 20 | 30 | 45 | 100 |
| | | | 60～79 岁 | 193 | 34 | 0 | 15 | 30 | 45 | 100 |
| | | | 80 岁及以上 | 3 | 22 | 0 | 0 | 30 | 30 | 30 |
| | 农村 | 小计 | 小计 | 5 364 | 43 | 10 | 20 | 30 | 60 | 120 |
| | | | 18～44 岁 | 2 660 | 42 | 10 | 30 | 30 | 60 | 120 |
| | | | 45～59 岁 | 1 954 | 43 | 10 | 20 | 30 | 60 | 120 |
| | | | 60～79 岁 | 743 | 45 | 10 | 20 | 30 | 60 | 120 |
| | | | 80 岁及以上 | 7 | 175 | 20 | 30 | 40 | 480 | 480 |
| | | 男 | 小计 | 2 120 | 45 | 10 | 20 | 30 | 60 | 120 |
| | | | 18～44 岁 | 755 | 42 | 10 | 20 | 30 | 60 | 100 |
| | | | 45～59 岁 | 815 | 47 | 10 | 20 | 30 | 60 | 120 |
| | | | 60～79 岁 | 545 | 47 | 10 | 20 | 30 | 60 | 120 |
| | | | 80 岁及以上 | 5 | 189 | 20 | 30 | 60 | 480 | 480 |
| | | 女 | 小计 | 3 244 | 42 | 10 | 20 | 30 | 60 | 120 |
| | | | 18～44 岁 | 1 905 | 42 | 10 | 30 | 30 | 60 | 120 |
| | | | 45～59 岁 | 1 139 | 40 | 10 | 20 | 30 | 60 | 100 |
| | | | 60～79 岁 | 198 | 37 | 5 | 20 | 30 | 50 | 100 |
| | | | 80 岁及以上 | 2 | 17 | 0 | 0 | 30 | 30 | 30 |
| 华北 | 城乡 | 小计 | 小计 | 2 739 | 45 | 10 | 20 | 35 | 60 | 120 |
| | | | 18～44 岁 | 1 482 | 45 | 10 | 20 | 30 | 60 | 120 |
| | | | 45～59 岁 | 951 | 46 | 10 | 30 | 40 | 60 | 120 |
| | | | 60～79 岁 | 302 | 45 | 10 | 20 | 30 | 60 | 120 |
| | | | 80 岁及以上 | 4 | 198 | 10 | 20 | 60 | 480 | 480 |
| | | 男 | 小计 | 1 057 | 47 | 10 | 20 | 30 | 60 | 120 |
| | | | 18～44 岁 | 463 | 45 | 10 | 20 | 30 | 60 | 120 |
| | | | 45～59 岁 | 374 | 50 | 10 | 30 | 40 | 60 | 120 |
| | | | 60～79 岁 | 216 | 47 | 10 | 20 | 30 | 60 | 120 |
| | | | 80 岁及以上 | 4 | 198 | 10 | 20 | 60 | 480 | 480 |
| | | 女 | 小计 | 1 682 | 44 | 15 | 25 | 40 | 60 | 100 |
| | | | 18～44 岁 | 1 019 | 45 | 15 | 30 | 40 | 60 | 100 |
| | | | 45～59 岁 | 577 | 42 | 10 | 20 | 30 | 60 | 100 |
| | | | 60～79 岁 | 86 | 40 | 10 | 20 | 30 | 60 | 80 |
| | | | 80 岁及以上 | 0 | 0 | 0 | 0 | 0 | 0 | 0 |
| | 城市 | 小计 | 小计 | 1 176 | 50 | 15 | 30 | 40 | 60 | 120 |
| | | | 18～44 岁 | 666 | 51 | 10 | 30 | 40 | 60 | 120 |
| | | | 45～59 岁 | 388 | 49 | 15 | 30 | 40 | 60 | 120 |
| | | | 60～79 岁 | 120 | 46 | 15 | 30 | 40 | 60 | 120 |
| | | | 80 岁及以上 | 2 | 18 | 10 | 20 | 20 | 20 | 20 |
| | | 男 | 小计 | 491 | 51 | 15 | 25 | 40 | 60 | 120 |
| | | | 18～44 岁 | 231 | 50 | 10 | 20 | 30 | 60 | 120 |
| | | | 45～59 岁 | 176 | 54 | 20 | 30 | 50 | 60 | 120 |
| | | | 60～79 岁 | 82 | 48 | 15 | 30 | 40 | 60 | 120 |
| | | | 80 岁及以上 | 2 | 18 | 10 | 20 | 20 | 20 | 20 |
| | | 女 | 小计 | 685 | 49 | 15 | 30 | 40 | 60 | 120 |
| | | | 18～44 岁 | 435 | 51 | 15 | 30 | 40 | 60 | 120 |
| | | | 45～59 岁 | 212 | 44 | 10 | 20 | 30 | 60 | 120 |
| | | | 60～79 岁 | 38 | 40 | 10 | 20 | 30 | 60 | 80 |
| | | | 80 岁及以上 | 0 | 0 | 0 | 0 | 0 | 0 | 0 |
| | 农村 | 小计 | 小计 | 1 563 | 43 | 10 | 20 | 30 | 60 | 100 |
| | | | 18～44 岁 | 816 | 41 | 10 | 20 | 30 | 50 | 90 |
| | | | 45～59 岁 | 563 | 44 | 10 | 20 | 40 | 60 | 120 |
| | | | 60～79 岁 | 182 | 45 | 10 | 20 | 30 | 60 | 120 |
| | | | 80 岁及以上 | 2 | 325 | 60 | 60 | 480 | 480 | 480 |
| | | 男 | 小计 | 566 | 45 | 10 | 20 | 30 | 60 | 120 |

| 地区 | 城乡 | 性别 | 年龄 | n | 电动自行车累计使用时间 /（min/d） | | | | | |
|---|---|---|---|---|---|---|---|---|---|---|
| | | | | | Mean | P5 | P25 | P50 | P75 | P95 |
| 华北 | 农村 | 男 | 18～44岁 | 232 | 41 | 10 | 20 | 30 | 60 | 120 |
| | | | 45～59岁 | 198 | 47 | 10 | 30 | 40 | 60 | 120 |
| | | | 60～79岁 | 134 | 47 | 10 | 20 | 30 | 60 | 120 |
| | | | 80岁及以上 | 2 | 325 | 60 | 60 | 480 | 480 | 480 |
| | | 女 | 小计 | 997 | 41 | 10 | 20 | 30 | 50 | 80 |
| | | | 18～44岁 | 584 | 41 | 15 | 23 | 30 | 50 | 80 |
| | | | 45～59岁 | 365 | 41 | 10 | 20 | 35 | 60 | 100 |
| | | | 60～79岁 | 48 | 39 | 10 | 20 | 30 | 60 | 80 |
| | | | 80岁及以上 | 0 | 0 | 0 | 0 | 0 | 0 | 0 |
| 华东 | 城乡 | 小计 | 小计 | 4 785 | 40 | 10 | 20 | 30 | 60 | 120 |
| | | | 18～44岁 | 2 298 | 40 | 10 | 20 | 30 | 60 | 100 |
| | | | 45～59岁 | 1 775 | 40 | 10 | 20 | 30 | 50 | 120 |
| | | | 60～79岁 | 707 | 41 | 0 | 20 | 30 | 60 | 120 |
| | | | 80岁及以上 | 5 | 23 | 0 | 20 | 20 | 30 | 40 |
| | | 男 | 小计 | 2 039 | 42 | 10 | 20 | 30 | 60 | 120 |
| | | | 18～44岁 | 705 | 41 | 10 | 20 | 30 | 60 | 90 |
| | | | 45～59岁 | 820 | 43 | 10 | 20 | 30 | 60 | 120 |
| | | | 60～79岁 | 511 | 44 | 2 | 20 | 30 | 60 | 120 |
| | | | 80岁及以上 | 3 | 28 | 20 | 20 | 30 | 40 | 40 |
| | | 女 | 小计 | 2 746 | 38 | 10 | 20 | 30 | 45 | 100 |
| | | | 18～44岁 | 1 593 | 39 | 10 | 20 | 30 | 50 | 100 |
| | | | 45～59岁 | 955 | 36 | 10 | 20 | 30 | 40 | 80 |
| | | | 60～79岁 | 196 | 32 | 0 | 10 | 25 | 40 | 120 |
| | | | 80岁及以上 | 2 | 12 | 0 | 0 | 0 | 30 | 30 |
| | 城市 | 小计 | 小计 | 2 517 | 38 | 10 | 20 | 30 | 45 | 90 |
| | | | 18～44岁 | 1 307 | 39 | 10 | 20 | 30 | 50 | 90 |
| | | | 45～59岁 | 873 | 38 | 10 | 20 | 30 | 40 | 100 |
| | | | 60～79岁 | 333 | 34 | 0 | 12 | 30 | 40 | 120 |
| | | | 80岁及以上 | 4 | 19 | 0 | 20 | 20 | 30 | 30 |
| | | 男 | 小计 | 1 099 | 41 | 10 | 20 | 30 | 60 | 120 |
| | | | 18～44岁 | 448 | 43 | 10 | 20 | 30 | 60 | 120 |
| | | | 45～59岁 | 423 | 42 | 10 | 20 | 30 | 50 | 120 |
| | | | 60～79岁 | 226 | 37 | 0 | 20 | 30 | 40 | 120 |
| | | | 80岁及以上 | 2 | 24 | 20 | 20 | 20 | 30 | 30 |
| | | 女 | 小计 | 1 418 | 36 | 10 | 20 | 30 | 40 | 60 |
| | | | 18～44岁 | 859 | 37 | 10 | 20 | 30 | 40 | 60 |
| | | | 45～59岁 | 450 | 34 | 10 | 20 | 30 | 40 | 60 |
| | | | 60～79岁 | 107 | 26 | 0 | 0 | 20 | 30 | 120 |
| | | | 80岁及以上 | 2 | 12 | 0 | 0 | 0 | 30 | 30 |
| | 农村 | 小计 | 小计 | 2 268 | 41 | 10 | 20 | 30 | 60 | 120 |
| | | | 18～44岁 | 991 | 41 | 10 | 20 | 30 | 60 | 120 |
| | | | 45～59岁 | 902 | 41 | 10 | 20 | 30 | 60 | 120 |
| | | | 60～79岁 | 374 | 47 | 10 | 20 | 30 | 60 | 120 |
| | | | 80岁及以上 | 1 | 40 | 40 | 40 | 40 | 40 | 40 |
| | | 男 | 小计 | 940 | 43 | 10 | 25 | 30 | 60 | 120 |
| | | | 18～44岁 | 257 | 39 | 10 | 30 | 30 | 60 | 60 |
| | | | 45～59岁 | 397 | 45 | 10 | 20 | 30 | 60 | 120 |
| | | | 60～79岁 | 285 | 49 | 10 | 25 | 30 | 60 | 150 |
| | | | 80岁及以上 | 1 | 40 | 40 | 40 | 40 | 40 | 40 |
| | | 女 | 小计 | 1 328 | 40 | 10 | 20 | 30 | 60 | 120 |
| | | | 18～44岁 | 734 | 41 | 10 | 20 | 30 | 60 | 120 |
| | | | 45～59岁 | 505 | 38 | 10 | 20 | 30 | 50 | 90 |
| | | | 60～79岁 | 89 | 37 | 10 | 20 | 30 | 60 | 120 |
| | | | 80岁及以上 | 0 | 0 | 0 | 0 | 0 | 0 | 0 |
| 华南 | 城乡 | 小计 | 小计 | 1 574 | 48 | 15 | 30 | 40 | 60 | 120 |
| | | | 18～44岁 | 892 | 48 | 20 | 30 | 40 | 60 | 120 |
| | | | 45～59岁 | 527 | 49 | 15 | 30 | 40 | 60 | 120 |
| | | | 60～79岁 | 153 | 50 | 10 | 30 | 40 | 60 | 120 |

| 地区 | 城乡 | 性别 | 年龄 | $n$ | 电动自行车累计使用时间 /（min/d） | | | | | |
|---|---|---|---|---|---|---|---|---|---|---|
| | | | | | Mean | P5 | P25 | P50 | P75 | P95 |
| 华南 | 城乡 | 小计 | 80 岁及以上 | 2 | 62 | 30 | 30 | 80 | 80 | 80 |
| | | 男 | 小计 | 700 | 50 | 15 | 30 | 40 | 60 | 120 |
| | | | 18 ～ 44 岁 | 352 | 50 | 20 | 30 | 40 | 60 | 120 |
| | | | 45 ～ 59 岁 | 239 | 50 | 15 | 30 | 40 | 60 | 120 |
| | | | 60 ～ 79 岁 | 108 | 54 | 10 | 30 | 40 | 60 | 120 |
| | | | 80 岁及以上 | 1 | 80 | 80 | 80 | 80 | 80 | 80 |
| | | 女 | 小计 | 874 | 47 | 20 | 30 | 40 | 60 | 120 |
| | | | 18 ～ 44 岁 | 540 | 47 | 20 | 30 | 40 | 60 | 120 |
| | | | 45 ～ 59 岁 | 288 | 47 | 15 | 30 | 40 | 60 | 100 |
| | | | 60 ～ 79 岁 | 45 | 44 | 10 | 30 | 35 | 60 | 120 |
| | | | 80 岁及以上 | 1 | 30 | 30 | 30 | 30 | 30 | 30 |
| | 城市 | 小计 | 小计 | 939 | 49 | 15 | 30 | 40 | 60 | 120 |
| | | | 18 ～ 44 岁 | 529 | 47 | 10 | 30 | 40 | 60 | 120 |
| | | | 45 ～ 59 岁 | 315 | 51 | 15 | 30 | 40 | 60 | 120 |
| | | | 60 ～ 79 岁 | 93 | 54 | 20 | 30 | 40 | 60 | 120 |
| | | | 80 岁及以上 | 2 | 62 | 30 | 30 | 80 | 80 | 80 |
| | | 男 | 小计 | 444 | 53 | 15 | 30 | 40 | 60 | 120 |
| | | | 18 ～ 44 岁 | 239 | 50 | 15 | 30 | 40 | 60 | 120 |
| | | | 45 ～ 59 岁 | 143 | 52 | 15 | 30 | 40 | 60 | 120 |
| | | | 60 ～ 79 岁 | 61 | 61 | 20 | 30 | 60 | 100 | 120 |
| | | | 80 岁及以上 | 1 | 80 | 80 | 80 | 80 | 80 | 80 |
| | | 女 | 小计 | 495 | 47 | 12 | 30 | 40 | 60 | 120 |
| | | | 18 ～ 44 岁 | 290 | 45 | 10 | 30 | 40 | 60 | 120 |
| | | | 45 ～ 59 岁 | 172 | 50 | 20 | 30 | 40 | 60 | 120 |
| | | | 60 ～ 79 岁 | 32 | 45 | 10 | 30 | 35 | 60 | 100 |
| | | | 80 岁及以上 | 1 | 30 | 30 | 30 | 30 | 30 | 30 |
| | 农村 | 小计 | 小计 | 635 | 47 | 20 | 30 | 40 | 60 | 120 |
| | | | 18 ～ 44 岁 | 363 | 48 | 20 | 30 | 40 | 60 | 120 |
| | | | 45 ～ 59 岁 | 212 | 46 | 15 | 30 | 40 | 60 | 110 |
| | | | 60 ～ 79 岁 | 60 | 43 | 10 | 20 | 30 | 60 | 120 |
| | | | 80 岁及以上 | 0 | 0 | 0 | 0 | 0 | 0 | 0 |
| | | 男 | 小计 | 256 | 48 | 15 | 30 | 40 | 60 | 120 |
| | | | 18 ～ 44 岁 | 113 | 49 | 20 | 30 | 40 | 60 | 120 |
| | | | 45 ～ 59 岁 | 96 | 47 | 15 | 30 | 40 | 60 | 120 |
| | | | 60 ～ 79 岁 | 47 | 43 | 10 | 20 | 30 | 60 | 120 |
| | | | 80 岁及以上 | 0 | 0 | 0 | 0 | 0 | 0 | 0 |
| | | 女 | 小计 | 379 | 47 | 20 | 30 | 40 | 60 | 120 |
| | | | 18 ～ 44 岁 | 250 | 48 | 20 | 30 | 40 | 60 | 120 |
| | | | 45 ～ 59 岁 | 116 | 44 | 15 | 30 | 40 | 60 | 100 |
| | | | 60 ～ 79 岁 | 13 | 42 | 10 | 20 | 30 | 60 | 120 |
| | | | 80 岁及以上 | 0 | 0 | 0 | 0 | 0 | 0 | 0 |
| 西北 | 城乡 | 小计 | 小计 | 735 | 46 | 10 | 20 | 30 | 60 | 120 |
| | | | 18 ～ 44 岁 | 420 | 45 | 10 | 20 | 30 | 60 | 120 |
| | | | 45 ～ 59 岁 | 214 | 57 | 10 | 20 | 30 | 60 | 180 |
| | | | 60 ～ 79 岁 | 99 | 36 | 1 | 20 | 30 | 40 | 120 |
| | | | 80 岁及以上 | 2 | 30 | 30 | 30 | 30 | 30 | 30 |
| | | 男 | 小计 | 266 | 57 | 10 | 30 | 30 | 60 | 180 |
| | | | 18 ～ 44 岁 | 108 | 56 | 10 | 30 | 30 | 60 | 180 |
| | | | 45 ～ 59 岁 | 84 | 70 | 10 | 30 | 30 | 60 | 180 |
| | | | 60 ～ 79 岁 | 73 | 39 | 5 | 20 | 30 | 60 | 120 |
| | | | 80 岁及以上 | 1 | 30 | 30 | 30 | 30 | 30 | 30 |
| | | 女 | 小计 | 469 | 40 | 10 | 20 | 30 | 60 | 120 |
| | | | 18 ～ 44 岁 | 312 | 39 | 10 | 20 | 30 | 60 | 100 |
| | | | 45 ～ 59 岁 | 130 | 44 | 10 | 20 | 30 | 60 | 120 |
| | | | 60 ～ 79 岁 | 26 | 21 | 0 | 10 | 20 | 30 | 45 |
| | | | 80 岁及以上 | 1 | 30 | 30 | 30 | 30 | 30 | 30 |
| | 城市 | 小计 | 小计 | 351 | 47 | 12 | 20 | 30 | 60 | 120 |
| | | | 18 ～ 44 岁 | 211 | 41 | 10 | 20 | 30 | 50 | 120 |

| 地区 | 城乡 | 性别 | 年龄 | n | 电动自行车累计使用时间 /（min/d） | | | | | |
|---|---|---|---|---|---|---|---|---|---|---|
| | | | | | Mean | P5 | P25 | P50 | P75 | P95 |
| 西北 | 城市 | 小计 | 45 ～ 59 岁 | 101 | 70 | 18 | 30 | 40 | 60 | 180 |
| | | | 60 ～ 79 岁 | 39 | 39 | 10 | 30 | 30 | 60 | 120 |
| | | | 80 岁及以上 | 0 | 0 | 0 | 0 | 0 | 0 | 0 |
| | | 男 | 小计 | 127 | 59 | 20 | 30 | 40 | 60 | 180 |
| | | | 18 ～ 44 岁 | 56 | 42 | 20 | 30 | 40 | 40 | 120 |
| | | | 45 ～ 59 岁 | 38 | 97 | 20 | 30 | 60 | 120 | 480 |
| | | | 60 ～ 79 岁 | 33 | 41 | 10 | 30 | 30 | 60 | 120 |
| | | | 80 岁及以上 | 0 | 0 | 0 | 0 | 0 | 0 | 0 |
| | | 女 | 小计 | 224 | 40 | 10 | 20 | 30 | 60 | 120 |
| | | | 18 ～ 44 岁 | 155 | 40 | 10 | 20 | 30 | 60 | 120 |
| | | | 45 ～ 59 岁 | 63 | 43 | 10 | 20 | 30 | 60 | 120 |
| | | | 60 ～ 79 岁 | 6 | 27 | 20 | 20 | 30 | 30 | 30 |
| | | | 80 岁及以上 | 0 | 0 | 0 | 0 | 0 | 0 | 0 |
| | 农村 | 小计 | 小计 | 384 | 46 | 10 | 20 | 30 | 60 | 120 |
| | | | 18 ～ 44 岁 | 209 | 49 | 10 | 20 | 30 | 60 | 120 |
| | | | 45 ～ 59 岁 | 113 | 43 | 0 | 20 | 30 | 60 | 120 |
| | | | 60 ～ 79 岁 | 60 | 33 | 0 | 10 | 30 | 40 | 120 |
| | | | 80 岁及以上 | 2 | 30 | 30 | 30 | 30 | 30 | 30 |
| | | 男 | 小计 | 139 | 55 | 8 | 20 | 30 | 60 | 300 |
| | | | 18 ～ 44 岁 | 52 | 65 | 8 | 30 | 30 | 60 | 300 |
| | | | 45 ～ 59 岁 | 46 | 41 | 10 | 18 | 30 | 60 | 120 |
| | | | 60 ～ 79 岁 | 40 | 37 | 5 | 20 | 30 | 40 | 120 |
| | | | 80 岁及以上 | 1 | 30 | 30 | 30 | 30 | 30 | 30 |
| | | 女 | 小计 | 245 | 39 | 10 | 20 | 30 | 60 | 90 |
| | | | 18 ～ 44 岁 | 157 | 39 | 10 | 20 | 30 | 60 | 90 |
| | | | 45 ～ 59 岁 | 67 | 44 | 0 | 20 | 30 | 60 | 120 |
| | | | 60 ～ 79 岁 | 20 | 20 | 0 | 10 | 20 | 30 | 45 |
| | | | 80 岁及以上 | 1 | 30 | 30 | 30 | 30 | 30 | 30 |
| 东北 | 城乡 | 小计 | 小计 | 209 | 54 | 10 | 30 | 30 | 60 | 120 |
| | | | 18 ～ 44 岁 | 103 | 49 | 10 | 30 | 30 | 60 | 120 |
| | | | 45 ～ 59 岁 | 75 | 71 | 10 | 20 | 40 | 120 | 180 |
| | | | 60 ～ 79 岁 | 30 | 45 | 10 | 20 | 30 | 60 | 120 |
| | | | 80 岁及以上 | 1 | 20 | 20 | 20 | 20 | 20 | 20 |
| | | 男 | 小计 | 98 | 56 | 10 | 20 | 30 | 60 | 120 |
| | | | 18 ～ 44 岁 | 34 | 44 | 10 | 20 | 30 | 60 | 60 |
| | | | 45 ～ 59 岁 | 41 | 80 | 10 | 30 | 60 | 120 | 180 |
| | | | 60 ～ 79 岁 | 22 | 48 | 10 | 30 | 30 | 60 | 120 |
| | | | 80 岁及以上 | 1 | 20 | 20 | 20 | 20 | 20 | 20 |
| | | 女 | 小计 | 111 | 53 | 10 | 30 | 40 | 60 | 120 |
| | | | 18 ～ 44 岁 | 69 | 52 | 10 | 30 | 40 | 60 | 120 |
| | | | 45 ～ 59 岁 | 34 | 59 | 10 | 15 | 30 | 90 | 240 |
| | | | 60 ～ 79 岁 | 8 | 32 | 10 | 20 | 30 | 40 | 90 |
| | | | 80 岁及以上 | 0 | 0 | 0 | 0 | 0 | 0 | 0 |
| | 城市 | 小计 | 小计 | 62 | 51 | 10 | 20 | 30 | 40 | 180 |
| | | | 18 ～ 44 岁 | 28 | 57 | 10 | 20 | 30 | 40 | 300 |
| | | | 45 ～ 59 岁 | 20 | 54 | 10 | 20 | 30 | 40 | 180 |
| | | | 60 ～ 79 岁 | 14 | 36 | 10 | 10 | 30 | 60 | 90 |
| | | | 80 岁及以上 | 0 | 0 | 0 | 0 | 0 | 0 | 0 |
| | | 男 | 小计 | 34 | 62 | 10 | 30 | 30 | 60 | 300 |
| | | | 18 ～ 44 岁 | 12 | 77 | 5 | 30 | 30 | 50 | 300 |
| | | | 45 ～ 59 岁 | 13 | 68 | 20 | 20 | 40 | 60 | 180 |
| | | | 60 ～ 79 岁 | 9 | 38 | 10 | 10 | 30 | 60 | 60 |
| | | | 80 岁及以上 | 0 | 0 | 0 | 0 | 0 | 0 | 0 |
| | | 女 | 小计 | 28 | 33 | 10 | 15 | 20 | 30 | 180 |
| | | | 18 ～ 44 岁 | 16 | 38 | 10 | 15 | 28 | 30 | 180 |
| | | | 45 ～ 59 岁 | 7 | 21 | 10 | 10 | 15 | 30 | 40 |
| | | | 60 ～ 79 岁 | 5 | 32 | 10 | 10 | 20 | 60 | 90 |
| | | | 80 岁及以上 | 0 | 0 | 0 | 0 | 0 | 0 | 0 |
| | 农村 | 小计 | 小计 | 147 | 55 | 10 | 30 | 40 | 60 | 120 |

| 地区 | 城乡 | 性别 | 年龄 | *n* | 电动自行车累计使用时间 /（min/d） | | | | | |
|---|---|---|---|---|---|---|---|---|---|---|
| | | | | | Mean | P5 | P25 | P50 | P75 | P95 |
| 东北 | 农村 | 小计 | 18～44 岁 | 75 | 48 | 10 | 30 | 40 | 60 | 120 |
| | | | 45～59 岁 | 55 | 74 | 10 | 20 | 60 | 120 | 180 |
| | | | 60～79 岁 | 16 | 50 | 10 | 30 | 40 | 60 | 120 |
| | | | 80 岁及以上 | 1 | 20 | 20 | 20 | 20 | 20 | 20 |
| | | 男 | 小计 | 64 | 54 | 10 | 20 | 30 | 60 | 120 |
| | | | 18～44 岁 | 22 | 38 | 10 | 20 | 30 | 60 | 60 |
| | | | 45～59 岁 | 28 | 83 | 10 | 30 | 60 | 120 | 180 |
| | | | 60～79 岁 | 13 | 53 | 10 | 30 | 60 | 60 | 120 |
| | | | 80 岁及以上 | 1 | 20 | 20 | 20 | 20 | 20 | 20 |
| | | 女 | 小计 | 83 | 55 | 10 | 30 | 50 | 60 | 120 |
| | | | 18～44 岁 | 53 | 53 | 10 | 30 | 50 | 60 | 120 |
| | | | 45～59 岁 | 27 | 64 | 5 | 20 | 50 | 90 | 240 |
| | | | 60～79 岁 | 3 | 32 | 20 | 20 | 30 | 40 | 40 |
| | | | 80 岁及以上 | 0 | 0 | 0 | 0 | 0 | 0 | 0 |
| 西南 | 城乡 | 小计 | 小计 | 628 | 35 | 0 | 20 | 30 | 45 | 60 |
| | | | 18～44 岁 | 382 | 36 | 0 | 20 | 30 | 45 | 60 |
| | | | 45～59 岁 | 177 | 32 | 0 | 20 | 30 | 50 | 80 |
| | | | 60～79 岁 | 68 | 28 | 0 | 10 | 30 | 40 | 60 |
| | | | 80 岁及以上 | 1 | 0 | 0 | 0 | 0 | 0 | 0 |
| | | 男 | 小计 | 261 | 40 | 0 | 20 | 30 | 60 | 90 |
| | | | 18～44 岁 | 144 | 42 | 0 | 20 | 40 | 60 | 120 |
| | | | 45～59 岁 | 79 | 36 | 0 | 20 | 30 | 60 | 80 |
| | | | 60～79 岁 | 38 | 33 | 0 | 15 | 30 | 60 | 60 |
| | | | 80 岁及以上 | 0 | 0 | 0 | 0 | 0 | 0 | 0 |
| | | 女 | 小计 | 367 | 30 | 0 | 20 | 30 | 40 | 60 |
| | | | 18～44 岁 | 238 | 31 | 0 | 20 | 30 | 40 | 60 |
| | | | 45～59 岁 | 98 | 29 | 0 | 20 | 20 | 36 | 60 |
| | | | 60～79 岁 | 30 | 14 | 0 | 0 | 8 | 30 | 60 |
| | | | 80 岁及以上 | 1 | 0 | 0 | 0 | 0 | 0 | 0 |
| | 城市 | 小计 | 小计 | 261 | 38 | 10 | 20 | 30 | 50 | 60 |
| | | | 18～44 岁 | 176 | 38 | 10 | 20 | 30 | 45 | 60 |
| | | | 45～59 岁 | 68 | 39 | 10 | 20 | 30 | 60 | 80 |
| | | | 60～79 岁 | 17 | 35 | 8 | 30 | 30 | 60 | 60 |
| | | | 80 岁及以上 | 0 | 0 | 0 | 0 | 0 | 0 | 0 |
| | | 男 | 小计 | 106 | 44 | 10 | 30 | 40 | 60 | 120 |
| | | | 18～44 岁 | 65 | 44 | 6 | 20 | 40 | 60 | 120 |
| | | | 45～59 岁 | 29 | 46 | 10 | 30 | 40 | 60 | 90 |
| | | | 60～79 岁 | 12 | 38 | 15 | 30 | 30 | 60 | 60 |
| | | | 80 岁及以上 | 0 | 0 | 0 | 0 | 0 | 0 | 0 |
| | | 女 | 小计 | 155 | 33 | 10 | 20 | 30 | 40 | 60 |
| | | | 18～44 岁 | 111 | 33 | 10 | 20 | 30 | 40 | 60 |
| | | | 45～59 岁 | 39 | 34 | 10 | 20 | 30 | 40 | 60 |
| | | | 60～79 岁 | 5 | 26 | 8 | 15 | 30 | 30 | 60 |
| | | | 80 岁及以上 | 0 | 0 | 0 | 0 | 0 | 0 | 0 |
| | 农村 | 小计 | 小计 | 367 | 29 | 0 | 0 | 30 | 40 | 60 |
| | | | 18～44 岁 | 206 | 32 | 0 | 10 | 30 | 60 | 80 |
| | | | 45～59 岁 | 109 | 15 | 0 | 0 | 0 | 30 | 60 |
| | | | 60～79 岁 | 51 | 22 | 0 | 0 | 10 | 20 | 60 |
| | | | 80 岁及以上 | 1 | 0 | 0 | 0 | 0 | 0 | 0 |
| | | 男 | 小计 | 155 | 34 | 0 | 10 | 30 | 60 | 80 |
| | | | 18～44 岁 | 79 | 38 | 0 | 20 | 30 | 60 | 80 |
| | | | 45～59 岁 | 50 | 19 | 0 | 0 | 15 | 30 | 60 |
| | | | 60～79 岁 | 26 | 29 | 0 | 10 | 20 | 60 | 120 |
| | | | 80 岁及以上 | 0 | 0 | 0 | 0 | 0 | 0 | 0 |
| | | 女 | 小计 | 212 | 22 | 0 | 0 | 20 | 30 | 60 |
| | | | 18～44 岁 | 127 | 26 | 0 | 0 | 30 | 40 | 60 |
| | | | 45～59 岁 | 59 | 11 | 0 | 0 | 0 | 20 | 80 |
| | | | 60～79 岁 | 25 | 2 | 0 | 0 | 0 | 0 | 10 |
| | | | 80 岁及以上 | 1 | 0 | 0 | 0 | 0 | 0 | 0 |

## 附表 6-39　中国人群分片区、城乡、性别、年龄的摩托车累计使用时间

| 地区 | 城乡 | 性别 | 年龄 | n | 摩托车累计使用时间 / (min/d) | | | | | |
|---|---|---|---|---|---|---|---|---|---|---|
| | | | | | Mean | P5 | P 25 | P50 | P 75 | P95 |
| 合计 | 城乡 | 小计 | 小计 | 14 594 | 46 | 10 | 20 | 30 | 60 | 120 |
| | | | 18 ～ 44 岁 | 8 768 | 46 | 10 | 20 | 30 | 60 | 120 |
| | | | 45 ～ 59 岁 | 4 920 | 46 | 10 | 20 | 30 | 60 | 120 |
| | | | 60 ～ 79 岁 | 885 | 39 | 10 | 20 | 30 | 40 | 120 |
| | | | 80 岁及以上 | 21 | 45 | 10 | 20 | 30 | 60 | 120 |
| | | 男 | 小计 | 10 327 | 49 | 10 | 27 | 30 | 60 | 120 |
| | | | 18 ～ 44 岁 | 5 986 | 49 | 10 | 30 | 40 | 60 | 120 |
| | | | 45 ～ 59 岁 | 3 691 | 49 | 10 | 20 | 30 | 60 | 120 |
| | | | 60 ～ 79 岁 | 635 | 43 | 10 | 20 | 30 | 50 | 120 |
| | | | 80 岁及以上 | 15 | 43 | 15 | 20 | 30 | 60 | 120 |
| | | 女 | 小计 | 4 267 | 38 | 10 | 20 | 30 | 40 | 100 |
| | | | 18 ～ 44 岁 | 2 782 | 38 | 10 | 20 | 30 | 45 | 100 |
| | | | 45 ～ 59 岁 | 1 229 | 37 | 10 | 20 | 30 | 40 | 100 |
| | | | 60 ～ 79 岁 | 250 | 31 | 8 | 20 | 30 | 40 | 65 |
| | | | 80 岁及以上 | 6 | 55 | 5 | 10 | 30 | 120 | 120 |
| | 城市 | 小计 | 小计 | 3 985 | 49 | 10 | 20 | 30 | 60 | 120 |
| | | | 18 ～ 44 岁 | 2 393 | 50 | 10 | 20 | 30 | 60 | 120 |
| | | | 45 ～ 59 岁 | 1 366 | 50 | 10 | 20 | 30 | 60 | 120 |
| | | | 60 ～ 79 岁 | 224 | 42 | 10 | 20 | 30 | 50 | 120 |
| | | | 80 岁及以上 | 2 | 37 | 20 | 20 | 20 | 60 | 60 |
| | | 男 | 小计 | 2 875 | 53 | 10 | 30 | 35 | 60 | 120 |
| | | | 18 ～ 44 岁 | 1 649 | 54 | 10 | 30 | 40 | 60 | 120 |
| | | | 45 ～ 59 岁 | 1 053 | 53 | 10 | 25 | 30 | 60 | 150 |
| | | | 60 ～ 79 岁 | 171 | 45 | 10 | 20 | 30 | 60 | 120 |
| | | | 80 岁及以上 | 2 | 37 | 20 | 20 | 20 | 60 | 60 |
| | | 女 | 小计 | 1 110 | 40 | 10 | 20 | 30 | 50 | 90 |
| | | | 18 ～ 44 岁 | 744 | 40 | 10 | 20 | 30 | 50 | 90 |
| | | | 45 ～ 59 岁 | 313 | 39 | 10 | 20 | 30 | 40 | 100 |
| | | | 60 ～ 79 岁 | 53 | 29 | 5 | 15 | 30 | 40 | 60 |
| | | | 80 岁及以上 | 0 | 0 | 0 | 0 | 0 | 0 | 0 |
| | 农村 | 小计 | 小计 | 10 609 | 45 | 10 | 20 | 30 | 60 | 120 |
| | | | 18 ～ 44 岁 | 6 375 | 45 | 10 | 20 | 30 | 60 | 120 |
| | | | 45 ～ 59 岁 | 3 554 | 45 | 10 | 20 | 30 | 60 | 120 |
| | | | 60 ～ 79 岁 | 661 | 39 | 10 | 20 | 30 | 40 | 100 |
| | | | 80 岁及以上 | 19 | 48 | 10 | 20 | 30 | 60 | 120 |
| | | 男 | 小计 | 7 452 | 47 | 10 | 25 | 30 | 60 | 120 |
| | | | 18 ～ 44 岁 | 4 337 | 48 | 10 | 30 | 40 | 60 | 120 |
| | | | 45 ～ 59 岁 | 2 638 | 47 | 10 | 20 | 30 | 60 | 120 |
| | | | 60 ～ 79 岁 | 464 | 42 | 10 | 20 | 30 | 40 | 120 |
| | | | 80 岁及以上 | 13 | 45 | 15 | 20 | 30 | 40 | 120 |
| | | 女 | 小计 | 3 157 | 37 | 10 | 20 | 30 | 40 | 100 |
| | | | 18 ～ 44 岁 | 2 038 | 38 | 10 | 20 | 30 | 40 | 100 |
| | | | 45 ～ 59 岁 | 916 | 36 | 10 | 20 | 30 | 40 | 100 |
| | | | 60 ～ 79 岁 | 197 | 31 | 10 | 20 | 30 | 30 | 80 |
| | | | 80 岁及以上 | 6 | 55 | 5 | 10 | 30 | 120 | 120 |
| 华北 | 城乡 | 小计 | 小计 | 2 634 | 43 | 10 | 20 | 30 | 60 | 120 |
| | | | 18 ～ 44 岁 | 1 563 | 44 | 10 | 20 | 30 | 60 | 110 |
| | | | 45 ～ 59 岁 | 907 | 42 | 10 | 20 | 30 | 55 | 120 |
| | | | 60 ～ 79 岁 | 161 | 38 | 10 | 20 | 30 | 40 | 90 |
| | | | 80 岁及以上 | 3 | 79 | 30 | 60 | 60 | 120 | 120 |
| | | 男 | 小计 | 1 936 | 45 | 10 | 29 | 30 | 60 | 120 |
| | | | 18 ～ 44 岁 | 1 125 | 45 | 15 | 30 | 40 | 60 | 110 |
| | | | 45 ～ 59 岁 | 685 | 44 | 10 | 20 | 30 | 60 | 120 |
| | | | 60 ～ 79 岁 | 124 | 40 | 10 | 20 | 30 | 40 | 100 |
| | | | 80 岁及以上 | 2 | 86 | 60 | 60 | 60 | 120 | 120 |
| | | 女 | 小计 | 698 | 36 | 10 | 20 | 30 | 40 | 80 |

| 地区 | 城乡 | 性别 | 年龄 | n | 摩托车累计使用时间 /（min/d） | | | | | |
|---|---|---|---|---|---|---|---|---|---|---|
| | | | | | Mean | P5 | P 25 | P50 | P 75 | P95 |
| 华北 | 城乡 | 女 | 18 ～ 44 岁 | 438 | 37 | 10 | 20 | 30 | 40 | 100 |
| | | | 45 ～ 59 岁 | 222 | 34 | 10 | 20 | 30 | 40 | 60 |
| | | | 60 ～ 79 岁 | 37 | 31 | 10 | 20 | 30 | 40 | 60 |
| | | | 80 岁及以上 | 1 | 30 | 30 | 30 | 30 | 30 | 30 |
| | 城市 | 小计 | 小计 | 480 | 46 | 10 | 30 | 30 | 60 | 100 |
| | | | 18 ～ 44 岁 | 281 | 45 | 15 | 30 | 30 | 60 | 100 |
| | | | 45 ～ 59 岁 | 162 | 47 | 10 | 30 | 30 | 60 | 120 |
| | | | 60 ～ 79 岁 | 37 | 54 | 10 | 20 | 30 | 60 | 120 |
| | | | 80 岁及以上 | 0 | 0 | 0 | 0 | 0 | 0 | 0 |
| | | 男 | 小计 | 378 | 48 | 15 | 30 | 30 | 60 | 120 |
| | | | 18 ～ 44 岁 | 215 | 47 | 15 | 30 | 40 | 60 | 100 |
| | | | 45 ～ 59 岁 | 132 | 49 | 15 | 30 | 30 | 60 | 120 |
| | | | 60 ～ 79 岁 | 31 | 57 | 10 | 30 | 30 | 60 | 320 |
| | | | 80 岁及以上 | 0 | 0 | 0 | 0 | 0 | 0 | 0 |
| | | 女 | 小计 | 102 | 37 | 10 | 20 | 30 | 50 | 70 |
| | | | 18 ～ 44 岁 | 66 | 38 | 10 | 20 | 30 | 60 | 70 |
| | | | 45 ～ 59 岁 | 30 | 35 | 10 | 20 | 30 | 50 | 60 |
| | | | 60 ～ 79 岁 | 6 | 30 | 20 | 20 | 20 | 30 | 60 |
| | | | 80 岁及以上 | 0 | 0 | 0 | 0 | 0 | 0 | 0 |
| | 农村 | 小计 | 小计 | 2 154 | 42 | 10 | 20 | 30 | 60 | 120 |
| | | | 18 ～ 44 岁 | 1 282 | 43 | 10 | 20 | 30 | 60 | 120 |
| | | | 45 ～ 59 岁 | 745 | 41 | 10 | 20 | 30 | 50 | 120 |
| | | | 60 ～ 79 岁 | 124 | 32 | 10 | 20 | 30 | 30 | 60 |
| | | | 80 岁及以上 | 3 | 79 | 30 | 60 | 60 | 120 | 120 |
| | | 男 | 小计 | 1 558 | 44 | 10 | 25 | 30 | 60 | 120 |
| | | | 18 ～ 44 岁 | 910 | 45 | 12 | 30 | 40 | 60 | 120 |
| | | | 45 ～ 59 岁 | 553 | 43 | 10 | 20 | 30 | 60 | 120 |
| | | | 60 ～ 79 岁 | 93 | 33 | 10 | 20 | 30 | 30 | 60 |
| | | | 80 岁及以上 | 2 | 86 | 60 | 60 | 60 | 120 | 120 |
| | | 女 | 小计 | 596 | 36 | 10 | 20 | 30 | 40 | 80 |
| | | | 18 ～ 44 岁 | 372 | 37 | 10 | 20 | 30 | 40 | 110 |
| | | | 45 ～ 59 岁 | 192 | 34 | 10 | 20 | 30 | 30 | 60 |
| | | | 60 ～ 79 岁 | 31 | 31 | 10 | 20 | 30 | 40 | 60 |
| | | | 80 岁及以上 | 1 | 30 | 30 | 30 | 30 | 30 | 30 |
| 华东 | 城乡 | 小计 | 小计 | 3 366 | 47 | 10 | 20 | 30 | 60 | 120 |
| | | | 18 ～ 44 岁 | 1 876 | 47 | 10 | 25 | 30 | 60 | 120 |
| | | | 45 ～ 59 岁 | 1 294 | 48 | 10 | 20 | 30 | 60 | 120 |
| | | | 60 ～ 79 岁 | 196 | 45 | 10 | 20 | 30 | 60 | 120 |
| | | | 80 岁及以上 | 0 | 0 | 0 | 0 | 0 | 0 | 0 |
| | | 男 | 小计 | 2 449 | 50 | 10 | 30 | 30 | 60 | 120 |
| | | | 18 ～ 44 岁 | 1 280 | 50 | 10 | 30 | 35 | 60 | 120 |
| | | | 45 ～ 59 岁 | 1 019 | 51 | 10 | 20 | 30 | 60 | 120 |
| | | | 60 ～ 79 岁 | 150 | 48 | 10 | 20 | 30 | 60 | 160 |
| | | | 80 岁及以上 | 0 | 0 | 0 | 0 | 0 | 0 | 0 |
| | | 女 | 小计 | 917 | 39 | 10 | 20 | 30 | 40 | 120 |
| | | | 18 ～ 44 岁 | 596 | 40 | 10 | 20 | 30 | 40 | 120 |
| | | | 45 ～ 59 岁 | 275 | 35 | 5 | 15 | 30 | 40 | 70 |
| | | | 60 ～ 79 岁 | 46 | 34 | 5 | 10 | 30 | 40 | 100 |
| | | | 80 岁及以上 | 0 | 0 | 0 | 0 | 0 | 0 | 0 |
| | 城市 | 小计 | 小计 | 1 268 | 49 | 10 | 20 | 30 | 60 | 120 |
| | | | 18 ～ 44 岁 | 752 | 50 | 10 | 20 | 30 | 60 | 120 |
| | | | 45 ～ 59 岁 | 458 | 48 | 10 | 20 | 30 | 60 | 120 |
| | | | 60 ～ 79 岁 | 58 | 41 | 5 | 15 | 30 | 60 | 120 |
| | | | 80 岁及以上 | 0 | 0 | 0 | 0 | 0 | 0 | 0 |
| | | 男 | 小计 | 888 | 52 | 10 | 25 | 30 | 60 | 120 |
| | | | 18 ～ 44 岁 | 495 | 53 | 10 | 30 | 35 | 60 | 120 |
| | | | 45 ～ 59 岁 | 351 | 50 | 10 | 20 | 30 | 60 | 120 |
| | | | 60 ～ 79 岁 | 42 | 47 | 10 | 30 | 30 | 60 | 120 |

| 地区 | 城乡 | 性别 | 年龄 | n | 摩托车累计使用时间 / (min/d) | | | | | |
|---|---|---|---|---|---|---|---|---|---|---|
| | | | | | Mean | P5 | P25 | P50 | P75 | P95 |
| 华东 | 城市 | 男 | 80 岁及以上 | 0 | 0 | 0 | 0 | 0 | 0 | 0 |
| | | 女 | 小计 | 380 | 42 | 10 | 20 | 30 | 40 | 120 |
| | | | 18 ~ 44 岁 | 257 | 43 | 10 | 20 | 30 | 40 | 120 |
| | | | 45 ~ 59 岁 | 107 | 40 | 5 | 15 | 30 | 40 | 120 |
| | | | 60 ~ 79 岁 | 16 | 21 | 2 | 6 | 10 | 30 | 60 |
| | | | 80 岁及以上 | 0 | 0 | 0 | 0 | 0 | 0 | 0 |
| | 农村 | 小计 | 小计 | 2 098 | 46 | 10 | 25 | 30 | 60 | 120 |
| | | | 18 ~ 44 岁 | 1 124 | 45 | 10 | 30 | 30 | 60 | 120 |
| | | | 45 ~ 59 岁 | 836 | 48 | 10 | 20 | 30 | 60 | 120 |
| | | | 60 ~ 79 岁 | 138 | 47 | 10 | 20 | 30 | 40 | 160 |
| | | | 80 岁及以上 | 0 | 0 | 0 | 0 | 0 | 0 | 0 |
| | | 男 | 小计 | 1 561 | 49 | 10 | 30 | 30 | 60 | 120 |
| | | | 18 ~ 44 岁 | 785 | 48 | 10 | 30 | 40 | 60 | 120 |
| | | | 45 ~ 59 岁 | 668 | 51 | 10 | 20 | 30 | 60 | 120 |
| | | | 60 ~ 79 岁 | 108 | 49 | 10 | 20 | 30 | 40 | 180 |
| | | | 80 岁及以上 | 0 | 0 | 0 | 0 | 0 | 0 | 0 |
| | | 女 | 小计 | 537 | 37 | 10 | 20 | 30 | 40 | 100 |
| | | | 18 ~ 44 岁 | 339 | 38 | 10 | 20 | 30 | 40 | 100 |
| | | | 45 ~ 59 岁 | 168 | 32 | 5 | 15 | 30 | 40 | 60 |
| | | | 60 ~ 79 岁 | 30 | 39 | 5 | 20 | 30 | 60 | 100 |
| | | | 80 岁及以上 | 0 | 0 | 0 | 0 | 0 | 0 | 0 |
| 华南 | 城乡 | 小计 | 小计 | 3 278 | 46 | 10 | 30 | 30 | 60 | 120 |
| | | | 18 ~ 44 岁 | 1 890 | 46 | 10 | 30 | 30 | 60 | 120 |
| | | | 45 ~ 59 岁 | 1 120 | 46 | 10 | 30 | 30 | 60 | 120 |
| | | | 60 ~ 79 岁 | 262 | 38 | 10 | 20 | 30 | 40 | 80 |
| | | | 80 岁及以上 | 6 | 20 | 10 | 15 | 20 | 20 | 40 |
| | | 男 | 小计 | 2 178 | 50 | 10 | 30 | 40 | 60 | 120 |
| | | | 18 ~ 44 岁 | 1 228 | 51 | 10 | 30 | 40 | 60 | 120 |
| | | | 45 ~ 59 岁 | 776 | 49 | 12 | 30 | 40 | 60 | 120 |
| | | | 60 ~ 79 岁 | 169 | 41 | 10 | 20 | 30 | 45 | 120 |
| | | | 80 岁及以上 | 5 | 23 | 15 | 15 | 20 | 30 | 40 |
| | | 女 | 小计 | 1 100 | 36 | 10 | 20 | 30 | 45 | 80 |
| | | | 18 ~ 44 岁 | 662 | 37 | 10 | 20 | 30 | 50 | 80 |
| | | | 45 ~ 59 岁 | 344 | 37 | 10 | 20 | 30 | 50 | 90 |
| | | | 60 ~ 79 岁 | 93 | 31 | 10 | 20 | 30 | 40 | 60 |
| | | | 80 岁及以上 | 1 | 10 | 10 | 10 | 10 | 10 | 10 |
| | 城市 | 小计 | 小计 | 1 000 | 52 | 10 | 30 | 40 | 60 | 120 |
| | | | 18 ~ 44 岁 | 578 | 52 | 10 | 30 | 40 | 60 | 130 |
| | | | 45 ~ 59 岁 | 350 | 53 | 10 | 30 | 40 | 60 | 130 |
| | | | 60 ~ 79 岁 | 72 | 41 | 10 | 30 | 30 | 40 | 120 |
| | | | 80 岁及以上 | 0 | 0 | 0 | 0 | 0 | 0 | 0 |
| | | 男 | 小计 | 688 | 56 | 10 | 30 | 40 | 60 | 150 |
| | | | 18 ~ 44 岁 | 388 | 57 | 10 | 30 | 40 | 60 | 150 |
| | | | 45 ~ 59 岁 | 247 | 57 | 15 | 30 | 40 | 60 | 180 |
| | | | 60 ~ 79 岁 | 53 | 44 | 10 | 25 | 30 | 50 | 120 |
| | | | 80 岁及以上 | 0 | 0 | 0 | 0 | 0 | 0 | 0 |
| | | 女 | 小计 | 312 | 40 | 10 | 20 | 30 | 50 | 90 |
| | | | 18 ~ 44 岁 | 190 | 41 | 15 | 20 | 30 | 50 | 80 |
| | | | 45 ~ 59 岁 | 103 | 40 | 10 | 20 | 30 | 50 | 100 |
| | | | 60 ~ 79 岁 | 19 | 34 | 10 | 30 | 30 | 40 | 60 |
| | | | 80 岁及以上 | 0 | 0 | 0 | 0 | 0 | 0 | 0 |
| | 农村 | 小计 | 小计 | 2 278 | 43 | 10 | 20 | 30 | 60 | 120 |
| | | | 18 ~ 44 岁 | 1 312 | 44 | 10 | 20 | 30 | 60 | 120 |
| | | | 45 ~ 59 岁 | 770 | 43 | 10 | 30 | 30 | 60 | 120 |
| | | | 60 ~ 79 岁 | 190 | 36 | 10 | 20 | 30 | 40 | 70 |
| | | | 80 岁及以上 | 6 | 20 | 10 | 15 | 20 | 20 | 40 |
| | | 男 | 小计 | 1 490 | 47 | 10 | 30 | 40 | 60 | 120 |
| | | | 18 ~ 44 岁 | 840 | 48 | 10 | 30 | 40 | 60 | 120 |

| 地区 | 城乡 | 性别 | 年龄 | n | 摩托车累计使用时间 /（min/d） | | | | | |
|---|---|---|---|---|---|---|---|---|---|---|
| | | | | | Mean | P5 | P25 | P50 | P75 | P95 |
| 华南 | 农村 | 男 | 45 ～ 59 岁 | 529 | 45 | 12 | 30 | 30 | 60 | 120 |
| | | | 60 ～ 79 岁 | 116 | 40 | 10 | 20 | 30 | 40 | 80 |
| | | | 80 岁及以上 | 5 | 23 | 15 | 15 | 20 | 30 | 40 |
| | | 女 | 小计 | 788 | 35 | 10 | 20 | 30 | 40 | 80 |
| | | | 18 ～ 44 岁 | 472 | 35 | 10 | 20 | 30 | 40 | 80 |
| | | | 45 ～ 59 岁 | 241 | 35 | 10 | 20 | 30 | 50 | 70 |
| | | | 60 ～ 79 岁 | 74 | 30 | 10 | 20 | 30 | 30 | 65 |
| | | | 80 岁及以上 | 1 | 10 | 10 | 10 | 10 | 10 | 10 |
| 西北 | 城乡 | 小计 | 小计 | 2 002 | 53 | 10 | 28 | 30 | 60 | 120 |
| | | | 18 ～ 44 岁 | 1 205 | 54 | 10 | 30 | 40 | 60 | 120 |
| | | | 45 ～ 59 岁 | 668 | 51 | 10 | 20 | 30 | 60 | 120 |
| | | | 60 ～ 79 岁 | 123 | 41 | 10 | 20 | 30 | 45 | 120 |
| | | | 80 岁及以上 | 6 | 88 | 10 | 30 | 120 | 120 | 180 |
| | | 男 | 小计 | 1 473 | 55 | 10 | 30 | 40 | 60 | 120 |
| | | | 18 ～ 44 岁 | 844 | 57 | 10 | 30 | 40 | 60 | 120 |
| | | | 45 ～ 59 岁 | 529 | 52 | 10 | 20 | 30 | 60 | 120 |
| | | | 60 ～ 79 岁 | 97 | 44 | 10 | 20 | 30 | 60 | 120 |
| | | | 80 岁及以上 | 3 | 88 | 20 | 30 | 30 | 180 | 180 |
| | | 女 | 小计 | 529 | 45 | 10 | 20 | 30 | 60 | 120 |
| | | | 18 ～ 44 岁 | 361 | 44 | 10 | 20 | 30 | 60 | 120 |
| | | | 45 ～ 59 岁 | 139 | 47 | 10 | 20 | 30 | 60 | 120 |
| | | | 60 ～ 79 岁 | 26 | 25 | 10 | 15 | 30 | 30 | 30 |
| | | | 80 岁及以上 | 3 | 88 | 10 | 40 | 120 | 120 | 120 |
| | 城市 | 小计 | 小计 | 501 | 52 | 10 | 20 | 30 | 60 | 120 |
| | | | 18 ～ 44 岁 | 293 | 53 | 10 | 20 | 40 | 60 | 120 |
| | | | 45 ～ 59 岁 | 181 | 51 | 10 | 20 | 30 | 60 | 120 |
| | | | 60 ～ 79 岁 | 27 | 39 | 10 | 20 | 30 | 60 | 120 |
| | | | 80 岁及以上 | 0 | 0 | 0 | 0 | 0 | 0 | 0 |
| | | 男 | 小计 | 387 | 55 | 10 | 27 | 40 | 60 | 120 |
| | | | 18 ～ 44 岁 | 215 | 56 | 10 | 30 | 40 | 60 | 120 |
| | | | 45 ～ 59 岁 | 151 | 53 | 10 | 27 | 30 | 60 | 120 |
| | | | 60 ～ 79 岁 | 21 | 42 | 3 | 20 | 30 | 60 | 120 |
| | | | 80 岁及以上 | 0 | 0 | 0 | 0 | 0 | 0 | 0 |
| | | 女 | 小计 | 114 | 41 | 10 | 20 | 30 | 60 | 120 |
| | | | 18 ～ 44 岁 | 78 | 42 | 15 | 20 | 30 | 60 | 120 |
| | | | 45 ～ 59 岁 | 30 | 36 | 10 | 20 | 30 | 40 | 120 |
| | | | 60 ～ 79 岁 | 6 | 25 | 10 | 20 | 30 | 30 | 30 |
| | | | 80 岁及以上 | 0 | 0 | 0 | 0 | 0 | 0 | 0 |
| | 农村 | 小计 | 小计 | 1 501 | 53 | 10 | 30 | 40 | 60 | 120 |
| | | | 18 ～ 44 岁 | 912 | 54 | 10 | 30 | 40 | 60 | 120 |
| | | | 45 ～ 59 岁 | 487 | 51 | 10 | 20 | 30 | 60 | 120 |
| | | | 60 ～ 79 岁 | 96 | 41 | 10 | 20 | 30 | 45 | 120 |
| | | | 80 岁及以上 | 6 | 88 | 10 | 30 | 120 | 120 | 180 |
| | | 男 | 小计 | 1 086 | 56 | 10 | 30 | 40 | 60 | 120 |
| | | | 18 ～ 44 岁 | 629 | 58 | 10 | 30 | 40 | 60 | 120 |
| | | | 45 ～ 59 岁 | 378 | 52 | 10 | 20 | 30 | 60 | 120 |
| | | | 60 ～ 79 岁 | 76 | 45 | 15 | 20 | 30 | 50 | 120 |
| | | | 80 岁及以上 | 3 | 88 | 20 | 30 | 30 | 180 | 180 |
| | | 女 | 小计 | 415 | 46 | 10 | 20 | 30 | 60 | 120 |
| | | | 18 ～ 44 岁 | 283 | 45 | 10 | 20 | 30 | 60 | 120 |
| | | | 45 ～ 59 岁 | 109 | 50 | 10 | 20 | 30 | 60 | 120 |
| | | | 60 ～ 79 岁 | 20 | 25 | 10 | 10 | 20 | 30 | 60 |
| | | | 80 岁及以上 | 3 | 88 | 10 | 40 | 120 | 120 | 120 |
| 东北 | 城乡 | 小计 | 小计 | 1 254 | 44 | 10 | 20 | 30 | 60 | 120 |
| | | | 18 ～ 44 岁 | 788 | 44 | 10 | 20 | 30 | 60 | 120 |
| | | | 45 ～ 59 岁 | 403 | 47 | 10 | 20 | 30 | 60 | 120 |
| | | | 60 ～ 79 岁 | 61 | 41 | 10 | 20 | 30 | 60 | 120 |
| | | | 80 岁及以上 | 2 | 29 | 20 | 20 | 20 | 40 | 40 |

| 地区 | 城乡 | 性别 | 年龄 | n | 摩托车累计使用时间 /（min/d） | | | | | |
|---|---|---|---|---|---|---|---|---|---|---|
| | | | | | Mean | P5 | P25 | P50 | P75 | P95 |
| 东北 | 城乡 | 男 | 小计 | 871 | 46 | 10 | 20 | 30 | 60 | 120 |
| | | | 18～44 岁 | 527 | 46 | 10 | 20 | 30 | 60 | 120 |
| | | | 45～59 岁 | 295 | 50 | 10 | 20 | 30 | 60 | 130 |
| | | | 60～79 岁 | 47 | 43 | 10 | 20 | 30 | 60 | 120 |
| | | | 80 岁及以上 | 2 | 29 | 20 | 20 | 20 | 40 | 40 |
| | | 女 | 小计 | 383 | 40 | 10 | 20 | 30 | 60 | 120 |
| | | | 18～44 岁 | 261 | 40 | 10 | 20 | 30 | 60 | 120 |
| | | | 45～59 岁 | 108 | 41 | 10 | 20 | 30 | 60 | 120 |
| | | | 60～79 岁 | 14 | 35 | 10 | 10 | 25 | 60 | 120 |
| | | | 80 岁及以上 | 0 | 0 | 0 | 0 | 0 | 0 | 0 |
| | 城市 | 小计 | 小计 | 190 | 46 | 10 | 20 | 30 | 40 | 120 |
| | | | 18～44 岁 | 107 | 42 | 10 | 20 | 30 | 40 | 70 |
| | | | 45～59 岁 | 70 | 59 | 10 | 20 | 30 | 40 | 300 |
| | | | 60～79 岁 | 13 | 35 | 10 | 15 | 30 | 40 | 150 |
| | | | 80 岁及以上 | 0 | 0 | 0 | 0 | 0 | 0 | 0 |
| | | 男 | 小计 | 147 | 50 | 10 | 20 | 30 | 40 | 120 |
| | | | 18～44 岁 | 81 | 45 | 10 | 20 | 30 | 40 | 120 |
| | | | 45～59 岁 | 55 | 63 | 10 | 20 | 30 | 40 | 480 |
| | | | 60～79 岁 | 11 | 37 | 10 | 15 | 30 | 40 | 150 |
| | | | 80 岁及以上 | 0 | 0 | 0 | 0 | 0 | 0 | 0 |
| | | 女 | 小计 | 43 | 34 | 10 | 20 | 30 | 60 | 60 |
| | | | 18～44 岁 | 26 | 34 | 10 | 20 | 30 | 60 | 60 |
| | | | 45～59 岁 | 15 | 37 | 2 | 15 | 30 | 40 | 120 |
| | | | 60～79 岁 | 2 | 25 | 10 | 10 | 10 | 60 | 60 |
| | | | 80 岁及以上 | 0 | 0 | 0 | 0 | 0 | 0 | 0 |
| | 农村 | 小计 | 小计 | 1 064 | 44 | 10 | 20 | 30 | 60 | 120 |
| | | | 18～44 岁 | 681 | 44 | 10 | 20 | 30 | 60 | 120 |
| | | | 45～59 岁 | 333 | 45 | 10 | 20 | 30 | 60 | 120 |
| | | | 60～79 岁 | 48 | 42 | 10 | 20 | 30 | 60 | 120 |
| | | | 80 岁及以上 | 2 | 29 | 20 | 20 | 20 | 40 | 40 |
| | | 男 | 小计 | 724 | 46 | 10 | 20 | 30 | 60 | 120 |
| | | | 18～44 岁 | 446 | 46 | 10 | 20 | 30 | 60 | 120 |
| | | | 45～59 岁 | 240 | 47 | 10 | 20 | 30 | 60 | 120 |
| | | | 60～79 岁 | 36 | 44 | 10 | 25 | 30 | 60 | 120 |
| | | | 80 岁及以上 | 2 | 29 | 20 | 20 | 20 | 40 | 40 |
| | | 女 | 小计 | 340 | 41 | 10 | 20 | 30 | 60 | 120 |
| | | | 18～44 岁 | 235 | 41 | 10 | 20 | 30 | 60 | 120 |
| | | | 45～59 岁 | 93 | 41 | 10 | 20 | 30 | 60 | 120 |
| | | | 60～79 岁 | 12 | 36 | 10 | 10 | 25 | 60 | 120 |
| | | | 80 岁及以上 | 0 | 0 | 0 | 0 | 0 | 0 | 0 |
| 西南 | 城乡 | 小计 | 小计 | 2 060 | 44 | 10 | 20 | 30 | 60 | 120 |
| | | | 18～44 岁 | 1 446 | 45 | 10 | 20 | 30 | 60 | 120 |
| | | | 45～59 岁 | 528 | 45 | 8 | 20 | 30 | 60 | 120 |
| | | | 60～79 岁 | 82 | 31 | 8 | 10 | 25 | 40 | 90 |
| | | | 80 岁及以上 | 4 | 35 | 5 | 20 | 20 | 60 | 60 |
| | | 男 | 小计 | 1 420 | 47 | 10 | 20 | 30 | 60 | 120 |
| | | | 18～44 岁 | 982 | 48 | 10 | 20 | 30 | 60 | 120 |
| | | | 45～59 岁 | 387 | 46 | 8 | 20 | 30 | 60 | 120 |
| | | | 60～79 岁 | 48 | 34 | 10 | 20 | 30 | 45 | 100 |
| | | | 80 岁及以上 | 3 | 37 | 20 | 20 | 20 | 60 | 60 |
| | | 女 | 小计 | 640 | 36 | 8 | 20 | 30 | 40 | 80 |
| | | | 18～44 岁 | 464 | 36 | 7 | 20 | 30 | 40 | 80 |
| | | | 45～59 岁 | 141 | 39 | 10 | 11 | 30 | 40 | 120 |
| | | | 60～79 岁 | 34 | 24 | 8 | 10 | 15 | 30 | 60 |
| | | | 80 岁及以上 | 1 | 5 | 5 | 5 | 5 | 5 | 5 |
| | 城市 | 小计 | 小计 | 546 | 47 | 10 | 20 | 30 | 60 | 150 |
| | | | 18～44 岁 | 382 | 47 | 10 | 20 | 30 | 60 | 120 |
| | | | 45～59 岁 | 145 | 50 | 10 | 15 | 30 | 60 | 240 |

| 地区 | 城乡 | 性别 | 年龄 | n | 摩托车累计使用时间 /（min/d） | | | | | |
|---|---|---|---|---|---|---|---|---|---|---|
| | | | | | Mean | P5 | P 25 | P50 | P 75 | P95 |
| 西南 | 城市 | 小计 | 60 ~ 79 岁 | 17 | 33 | 10 | 10 | 30 | 40 | 120 |
| | | | 80 岁及以上 | 2 | 37 | 20 | 20 | 20 | 60 | 60 |
| | | 男 | 小计 | 387 | 52 | 10 | 20 | 30 | 60 | 180 |
| | | | 18 ~ 44 岁 | 255 | 53 | 10 | 20 | 30 | 60 | 180 |
| | | | 45 ~ 59 岁 | 117 | 52 | 10 | 20 | 30 | 60 | 240 |
| | | | 60 ~ 79 岁 | 13 | 34 | 10 | 10 | 20 | 50 | 120 |
| | | | 80 岁及以上 | 2 | 37 | 20 | 20 | 20 | 60 | 60 |
| | | 女 | 小计 | 159 | 33 | 10 | 15 | 30 | 40 | 70 |
| | | | 18 ~ 44 岁 | 127 | 32 | 10 | 20 | 30 | 40 | 70 |
| | | | 45 ~ 59 岁 | 28 | 39 | 8 | 10 | 15 | 40 | 120 |
| | | | 60 ~ 79 岁 | 4 | 31 | 20 | 20 | 30 | 40 | 40 |
| | | | 80 岁及以上 | 0 | 0 | 0 | 0 | 0 | 0 | 0 |
| | 农村 | 小计 | 小计 | 1 514 | 43 | 10 | 20 | 30 | 60 | 120 |
| | | | 18 ~ 44 岁 | 1 064 | 43 | 10 | 20 | 30 | 60 | 120 |
| | | | 45 ~ 59 岁 | 383 | 41 | 8 | 20 | 30 | 60 | 120 |
| | | | 60 ~ 79 岁 | 65 | 30 | 8 | 14 | 20 | 30 | 90 |
| | | | 80 岁及以上 | 2 | 27 | 5 | 5 | 40 | 40 | 40 |
| | | 男 | 小计 | 1 033 | 44 | 10 | 20 | 30 | 60 | 120 |
| | | | 18 ~ 44 岁 | 727 | 45 | 10 | 20 | 30 | 60 | 120 |
| | | | 45 ~ 59 岁 | 270 | 42 | 8 | 20 | 30 | 60 | 120 |
| | | | 60 ~ 79 岁 | 35 | 35 | 15 | 20 | 30 | 30 | 90 |
| | | | 80 岁及以上 | 1 | 40 | 40 | 40 | 40 | 40 | 40 |
| | | 女 | 小计 | 481 | 38 | 6 | 20 | 30 | 40 | 120 |
| | | | 18 ~ 44 岁 | 337 | 38 | 6 | 20 | 30 | 50 | 120 |
| | | | 45 ~ 59 岁 | 113 | 39 | 10 | 20 | 30 | 40 | 120 |
| | | | 60 ~ 79 岁 | 30 | 22 | 8 | 10 | 10 | 30 | 60 |
| | | | 80 岁及以上 | 1 | 5 | 5 | 5 | 5 | 5 | 5 |

## 附表 6-40 中国人群分片区、城乡、性别、年龄的小轿车累计使用时间

| 地区 | 城乡 | 性别 | 年龄 | n | 小轿车累计使用时间 /（min/d） | | | | | |
|---|---|---|---|---|---|---|---|---|---|---|
| | | | | | Mean | P5 | P 25 | P50 | P 75 | P95 |
| 合计 | 城乡 | 小计 | 小计 | 4 348 | 71 | 10 | 30 | 40 | 60 | 240 |
| | | | 18 ~ 44 岁 | 2 731 | 73 | 10 | 30 | 40 | 70 | 240 |
| | | | 45 ~ 59 岁 | 1 343 | 68 | 10 | 30 | 40 | 80 | 180 |
| | | | 60 ~ 79 岁 | 261 | 52 | 10 | 20 | 30 | 60 | 180 |
| | | | 80 岁及以上 | 13 | 35 | 10 | 30 | 40 | 40 | 60 |
| | | 男 | 小计 | 2 819 | 81 | 10 | 30 | 60 | 100 | 240 |
| | | | 18 ~ 44 岁 | 1 756 | 84 | 10 | 30 | 60 | 120 | 300 |
| | | | 45 ~ 59 岁 | 917 | 75 | 10 | 30 | 50 | 100 | 240 |
| | | | 60 ~ 79 岁 | 138 | 65 | 10 | 20 | 30 | 60 | 260 |
| | | | 80 岁及以上 | 8 | 37 | 10 | 30 | 40 | 40 | 60 |
| | | 女 | 小计 | 1 529 | 47 | 10 | 20 | 30 | 60 | 120 |
| | | | 18 ~ 44 岁 | 975 | 48 | 10 | 20 | 30 | 60 | 120 |
| | | | 45 ~ 59 岁 | 426 | 45 | 10 | 20 | 30 | 60 | 120 |
| | | | 60 ~ 79 岁 | 123 | 33 | 5 | 20 | 30 | 40 | 90 |
| | | | 80 岁及以上 | 5 | 31 | 10 | 20 | 40 | 40 | 40 |
| | 城市 | 小计 | 小计 | 2 782 | 69 | 10 | 30 | 40 | 60 | 200 |
| | | | 18 ~ 44 岁 | 1 752 | 70 | 10 | 30 | 40 | 60 | 240 |
| | | | 45 ~ 59 岁 | 859 | 69 | 10 | 30 | 40 | 80 | 180 |
| | | | 60 ~ 79 岁 | 160 | 55 | 10 | 20 | 30 | 50 | 240 |
| | | | 80 岁及以上 | 11 | 35 | 10 | 30 | 40 | 40 | 60 |
| | | 男 | 小计 | 1 802 | 80 | 10 | 30 | 50 | 100 | 240 |
| | | | 18 ~ 44 岁 | 1 113 | 82 | 10 | 30 | 60 | 100 | 300 |

| 地区 | 城乡 | 性别 | 年龄 | n | 小轿车累计使用时间 / (min/d) | | | | | |
|---|---|---|---|---|---|---|---|---|---|---|
| | | | | | Mean | P5 | P 25 | P50 | P 75 | P95 |
| 合计 | 城市 | 男 | 45～59岁 | 598 | 75 | 10 | 30 | 60 | 100 | 180 |
| | | | 60～79岁 | 85 | 69 | 10 | 20 | 30 | 60 | 260 |
| | | | 80岁及以上 | 6 | 37 | 10 | 30 | 40 | 40 | 60 |
| | | 女 | 小计 | 980 | 46 | 10 | 20 | 30 | 60 | 120 |
| | | | 18～44岁 | 639 | 47 | 10 | 20 | 30 | 60 | 120 |
| | | | 45～59岁 | 261 | 44 | 10 | 20 | 30 | 60 | 120 |
| | | | 60～79岁 | 75 | 33 | 5 | 20 | 30 | 35 | 90 |
| | | | 80岁及以上 | 5 | 31 | 10 | 20 | 40 | 40 | 40 |
| | 农村 | 小计 | 小计 | 1 566 | 74 | 10 | 30 | 45 | 80 | 240 |
| | | | 18～44岁 | 979 | 77 | 10 | 30 | 50 | 90 | 240 |
| | | | 45～59岁 | 484 | 66 | 10 | 25 | 40 | 60 | 240 |
| | | | 60～79岁 | 101 | 46 | 2 | 20 | 30 | 60 | 120 |
| | | | 80岁及以上 | 2 | 35 | 10 | 10 | 10 | 60 | 60 |
| | | 男 | 小计 | 1 017 | 83 | 10 | 30 | 60 | 100 | 240 |
| | | | 18～44岁 | 643 | 86 | 10 | 30 | 60 | 120 | 250 |
| | | | 45～59岁 | 319 | 73 | 10 | 30 | 40 | 90 | 240 |
| | | | 60～79岁 | 53 | 55 | 2 | 25 | 30 | 90 | 180 |
| | | | 80岁及以上 | 2 | 35 | 10 | 10 | 10 | 60 | 60 |
| | | 女 | 小计 | 549 | 50 | 10 | 20 | 30 | 60 | 120 |
| | | | 18～44岁 | 336 | 52 | 10 | 20 | 30 | 60 | 120 |
| | | | 45～59岁 | 165 | 45 | 10 | 20 | 30 | 60 | 120 |
| | | | 60～79岁 | 48 | 35 | 2 | 20 | 30 | 50 | 90 |
| | | | 80岁及以上 | 0 | 0 | 0 | 0 | 0 | 0 | 0 |
| 华北 | 城乡 | 小计 | 小计 | 856 | 72 | 10 | 30 | 40 | 60 | 200 |
| | | | 18～44岁 | 525 | 70 | 10 | 30 | 50 | 60 | 200 |
| | | | 45～59岁 | 278 | 80 | 15 | 30 | 40 | 80 | 240 |
| | | | 60～79岁 | 49 | 55 | 8 | 20 | 30 | 60 | 260 |
| | | | 80岁及以上 | 4 | 39 | 30 | 30 | 30 | 40 | 60 |
| | | 男 | 小计 | 588 | 79 | 15 | 30 | 50 | 90 | 240 |
| | | | 18～44岁 | 353 | 77 | 15 | 30 | 60 | 80 | 240 |
| | | | 45～59岁 | 204 | 87 | 15 | 30 | 40 | 100 | 300 |
| | | | 60～79岁 | 28 | 58 | 5 | 20 | 30 | 40 | 260 |
| | | | 80岁及以上 | 3 | 39 | 30 | 30 | 30 | 40 | 60 |
| | | 女 | 小计 | 268 | 52 | 10 | 20 | 40 | 60 | 120 |
| | | | 18～44岁 | 172 | 53 | 10 | 20 | 40 | 60 | 120 |
| | | | 45～59岁 | 74 | 48 | 15 | 20 | 32 | 60 | 120 |
| | | | 60～79岁 | 21 | 48 | 8 | 25 | 40 | 60 | 200 |
| | | | 80岁及以上 | 1 | 0 | 0 | 0 | 0 | 0 | 0 |
| | 城市 | 小计 | 小计 | 614 | 71 | 10 | 30 | 40 | 60 | 180 |
| | | | 18～44岁 | 373 | 70 | 10 | 30 | 50 | 70 | 180 |
| | | | 45～59岁 | 198 | 78 | 15 | 30 | 40 | 78 | 240 |
| | | | 60～79岁 | 39 | 58 | 10 | 20 | 30 | 60 | 260 |
| | | | 80岁及以上 | 4 | 39 | 30 | 30 | 30 | 40 | 60 |
| | | 男 | 小计 | 414 | 78 | 15 | 30 | 50 | 90 | 240 |
| | | | 18～44岁 | 242 | 77 | 15 | 30 | 60 | 90 | 180 |
| | | | 45～59岁 | 146 | 84 | 10 | 30 | 40 | 90 | 300 |
| | | | 60～79岁 | 23 | 57 | 5 | 20 | 20 | 40 | 260 |
| | | | 80岁及以上 | 3 | 39 | 30 | 30 | 30 | 40 | 60 |
| | | 女 | 小计 | 200 | 54 | 10 | 25 | 40 | 60 | 130 |
| | | | 18～44岁 | 131 | 54 | 10 | 20 | 40 | 60 | 120 |
| | | | 45～59岁 | 52 | 54 | 15 | 30 | 50 | 60 | 120 |
| | | | 60～79岁 | 16 | 58 | 10 | 30 | 50 | 60 | 200 |
| | | | 80岁及以上 | 1 | 0 | 0 | 0 | 0 | 0 | 0 |
| | 农村 | 小计 | 小计 | 242 | 73 | 15 | 30 | 50 | 60 | 240 |
| | | | 18～44岁 | 152 | 71 | 15 | 30 | 60 | 60 | 240 |
| | | | 45～59岁 | 80 | 84 | 15 | 30 | 50 | 120 | 300 |
| | | | 60～79岁 | 10 | 39 | 8 | 20 | 30 | 30 | 120 |
| | | | 80岁及以上 | 0 | 0 | 0 | 0 | 0 | 0 | 0 |

| 地区 | 城乡 | 性别 | 年龄 | $n$ | 小轿车累计使用时间 / (min/d) | | | | | |
| --- | --- | --- | --- | --- | --- | --- | --- | --- | --- | --- |
| | | | | | Mean | P5 | P 25 | P50 | P 75 | P95 |
| 华北 | 农村 | 男 | 小计 | 174 | 82 | 15 | 30 | 60 | 90 | 300 |
| | | | 18～44 岁 | 111 | 78 | 15 | 30 | 60 | 60 | 240 |
| | | | 45～59 岁 | 58 | 98 | 15 | 30 | 60 | 120 | 360 |
| | | | 60～79 岁 | 5 | 61 | 20 | 30 | 30 | 120 | 120 |
| | | | 80 岁及以上 | 0 | 0 | 0 | 0 | 0 | 0 | 0 |
| | | 女 | 小计 | 68 | 44 | 15 | 20 | 40 | 60 | 120 |
| | | | 18～44 岁 | 41 | 49 | 20 | 30 | 50 | 60 | 120 |
| | | | 45～59 岁 | 22 | 32 | 15 | 20 | 20 | 40 | 60 |
| | | | 60～79 岁 | 5 | 20 | 8 | 8 | 20 | 30 | 30 |
| | | | 80 岁及以上 | 0 | 0 | 0 | 0 | 0 | 0 | 0 |
| 华东 | 城乡 | 小计 | 小计 | 1 335 | 71 | 10 | 30 | 50 | 80 | 240 |
| | | | 18～44 岁 | 885 | 73 | 15 | 30 | 50 | 80 | 240 |
| | | | 45～59 岁 | 390 | 67 | 10 | 30 | 45 | 80 | 180 |
| | | | 60～79 岁 | 56 | 65 | 10 | 20 | 30 | 50 | 400 |
| | | | 80 岁及以上 | 4 | 37 | 10 | 40 | 40 | 40 | 40 |
| | | 男 | 小计 | 911 | 81 | 15 | 30 | 60 | 120 | 240 |
| | | | 18～44 岁 | 590 | 84 | 15 | 30 | 60 | 120 | 300 |
| | | | 45～59 岁 | 291 | 74 | 10 | 30 | 60 | 100 | 180 |
| | | | 60～79 岁 | 28 | 91 | 10 | 20 | 30 | 60 | 400 |
| | | | 80 岁及以上 | 2 | 35 | 10 | 40 | 40 | 40 | 40 |
| | | 女 | 小计 | 424 | 46 | 10 | 30 | 30 | 60 | 120 |
| | | | 18～44 岁 | 295 | 48 | 10 | 30 | 40 | 60 | 120 |
| | | | 45～59 岁 | 99 | 41 | 10 | 20 | 30 | 40 | 120 |
| | | | 60～79 岁 | 28 | 26 | 10 | 20 | 20 | 30 | 50 |
| | | | 80 岁及以上 | 2 | 40 | 40 | 40 | 40 | 40 | 40 |
| | 城市 | 小计 | 小计 | 908 | 69 | 15 | 30 | 40 | 60 | 180 |
| | | | 18～44 岁 | 578 | 69 | 15 | 30 | 45 | 60 | 200 |
| | | | 45～59 岁 | 280 | 70 | 10 | 30 | 50 | 100 | 180 |
| | | | 60～79 岁 | 46 | 67 | 10 | 20 | 30 | 50 | 400 |
| | | | 80 岁及以上 | 4 | 37 | 10 | 40 | 40 | 40 | 40 |
| | | 男 | 小计 | 602 | 80 | 12 | 30 | 60 | 120 | 300 |
| | | | 18～44 岁 | 371 | 80 | 15 | 30 | 60 | 120 | 300 |
| | | | 45～59 岁 | 205 | 77 | 10 | 30 | 60 | 120 | 220 |
| | | | 60～79 岁 | 24 | 93 | 10 | 30 | 30 | 60 | 400 |
| | | | 80 岁及以上 | 2 | 35 | 10 | 40 | 40 | 40 | 40 |
| | | 女 | 小计 | 306 | 45 | 15 | 30 | 30 | 60 | 120 |
| | | | 18～44 岁 | 207 | 47 | 15 | 30 | 40 | 60 | 120 |
| | | | 45～59 岁 | 75 | 42 | 15 | 30 | 30 | 45 | 120 |
| | | | 60～79 岁 | 22 | 26 | 10 | 20 | 20 | 30 | 60 |
| | | | 80 岁及以上 | 2 | 40 | 40 | 40 | 40 | 40 | 40 |
| | 农村 | 小计 | 小计 | 427 | 76 | 10 | 30 | 60 | 90 | 240 |
| | | | 18～44 岁 | 307 | 79 | 20 | 30 | 60 | 90 | 240 |
| | | | 45～59 岁 | 110 | 58 | 10 | 30 | 32 | 60 | 150 |
| | | | 60～79 岁 | 10 | 50 | 10 | 10 | 30 | 40 | 180 |
| | | | 80 岁及以上 | 0 | 0 | 0 | 0 | 0 | 0 | 0 |
| | | 男 | 小计 | 309 | 84 | 20 | 30 | 60 | 120 | 240 |
| | | | 18～44 岁 | 219 | 89 | 20 | 30 | 60 | 120 | 240 |
| | | | 45～59 岁 | 86 | 63 | 10 | 30 | 45 | 60 | 150 |
| | | | 60～79 岁 | 4 | 76 | 10 | 10 | 15 | 180 | 180 |
| | | | 80 岁及以上 | 0 | 0 | 0 | 0 | 0 | 0 | 0 |
| | | 女 | 小计 | 118 | 48 | 10 | 30 | 30 | 60 | 120 |
| | | | 18～44 岁 | 88 | 50 | 10 | 30 | 30 | 60 | 120 |
| | | | 45～59 岁 | 24 | 37 | 7 | 20 | 30 | 30 | 60 |
| | | | 60～79 岁 | 6 | 25 | 10 | 10 | 30 | 30 | 40 |
| | | | 80 岁及以上 | 0 | 0 | 0 | 0 | 0 | 0 | 0 |
| 华南 | 城乡 | 小计 | 小计 | 604 | 68 | 10 | 30 | 40 | 60 | 240 |
| | | | 18～44 岁 | 371 | 71 | 10 | 30 | 40 | 60 | 300 |
| | | | 45～59 岁 | 189 | 63 | 10 | 30 | 45 | 60 | 180 |

| 地区 | 城乡 | 性别 | 年龄 | n | 小轿车累计使用时间 /（min/d） | | | | | |
|---|---|---|---|---|---|---|---|---|---|---|
| | | | | | Mean | P5 | P25 | P50 | P75 | P95 |
| 华南 | 城乡 | 小计 | 60～79岁 | 41 | 40 | 2 | 10 | 30 | 90 | 90 |
| | | | 80岁及以上 | 3 | 31 | 10 | 10 | 20 | 60 | 60 |
| | | 男 | 小计 | 369 | 82 | 10 | 30 | 45 | 90 | 300 |
| | | | 18～44岁 | 232 | 87 | 10 | 30 | 40 | 100 | 360 |
| | | | 45～59岁 | 116 | 71 | 15 | 30 | 60 | 90 | 180 |
| | | | 60～79岁 | 20 | 46 | 2 | 30 | 30 | 90 | 120 |
| | | | 80岁及以上 | 1 | 60 | 60 | 60 | 60 | 60 | 60 |
| | | 女 | 小计 | 235 | 40 | 10 | 20 | 30 | 60 | 120 |
| | | | 18～44岁 | 139 | 39 | 10 | 20 | 30 | 60 | 120 |
| | | | 45～59岁 | 73 | 46 | 10 | 20 | 40 | 60 | 120 |
| | | | 60～79岁 | 21 | 32 | 2 | 5 | 20 | 60 | 90 |
| | | | 80岁及以上 | 2 | 16 | 10 | 10 | 20 | 20 | 20 |
| | 城市 | 小计 | 小计 | 427 | 63 | 10 | 30 | 40 | 60 | 180 |
| | | | 18～44岁 | 270 | 64 | 10 | 25 | 30 | 60 | 200 |
| | | | 45～59岁 | 133 | 65 | 10 | 30 | 50 | 60 | 180 |
| | | | 60～79岁 | 22 | 24 | 2 | 10 | 20 | 30 | 90 |
| | | | 80岁及以上 | 2 | 16 | 10 | 10 | 20 | 20 | 20 |
| | | 男 | 小计 | 248 | 77 | 15 | 30 | 40 | 90 | 240 |
| | | | 18～44岁 | 159 | 80 | 10 | 30 | 40 | 80 | 360 |
| | | | 45～59岁 | 80 | 73 | 20 | 30 | 60 | 100 | 180 |
| | | | 60～79岁 | 9 | 28 | 10 | 20 | 30 | 30 | 50 |
| | | | 80岁及以上 | 0 | 0 | 0 | 0 | 0 | 0 | 0 |
| | | 女 | 小计 | 179 | 40 | 10 | 20 | 30 | 60 | 120 |
| | | | 18～44岁 | 111 | 40 | 10 | 20 | 30 | 60 | 120 |
| | | | 45～59岁 | 53 | 46 | 5 | 20 | 30 | 60 | 120 |
| | | | 60～79岁 | 13 | 22 | 2 | 10 | 15 | 20 | 90 |
| | | | 80岁及以上 | 2 | 16 | 10 | 10 | 20 | 20 | 20 |
| | 农村 | 小计 | 小计 | 177 | 76 | 10 | 30 | 45 | 90 | 300 |
| | | | 18～44岁 | 101 | 83 | 10 | 30 | 50 | 80 | 300 |
| | | | 45～59岁 | 56 | 61 | 10 | 30 | 40 | 60 | 180 |
| | | | 60～79岁 | 19 | 55 | 2 | 2 | 60 | 90 | 120 |
| | | | 80岁及以上 | 1 | 60 | 60 | 60 | 60 | 60 | 60 |
| | | 男 | 小计 | 121 | 88 | 10 | 30 | 50 | 90 | 300 |
| | | | 18～44岁 | 73 | 96 | 10 | 30 | 50 | 120 | 340 |
| | | | 45～59岁 | 36 | 67 | 10 | 30 | 40 | 90 | 180 |
| | | | 60～79岁 | 11 | 56 | 2 | 30 | 60 | 90 | 120 |
| | | | 80岁及以上 | 1 | 60 | 60 | 60 | 60 | 60 | 60 |
| | | 女 | 小计 | 56 | 41 | 5 | 20 | 30 | 60 | 90 |
| | | | 18～44岁 | 28 | 37 | 5 | 20 | 30 | 60 | 80 |
| | | | 45～59岁 | 20 | 46 | 10 | 20 | 40 | 60 | 120 |
| | | | 60～79岁 | 8 | 53 | 2 | 2 | 90 | 90 | 90 |
| | | | 80岁及以上 | 0 | 0 | 0 | 0 | 0 | 0 | 0 |
| 西北 | 城乡 | 小计 | 小计 | 658 | 78 | 10 | 20 | 40 | 80 | 330 |
| | | | 18～44岁 | 378 | 89 | 10 | 20 | 40 | 100 | 450 |
| | | | 45～59岁 | 210 | 56 | 10 | 20 | 30 | 60 | 180 |
| | | | 60～79岁 | 69 | 38 | 10 | 15 | 30 | 30 | 180 |
| | | | 80岁及以上 | 1 | 40 | 40 | 40 | 40 | 40 | 40 |
| | | 男 | 小计 | 388 | 92 | 10 | 30 | 50 | 120 | 360 |
| | | | 18～44岁 | 233 | 103 | 10 | 30 | 60 | 120 | 480 |
| | | | 45～59岁 | 117 | 65 | 10 | 30 | 40 | 70 | 180 |
| | | | 60～79岁 | 37 | 46 | 10 | 15 | 30 | 30 | 240 |
| | | | 80岁及以上 | 1 | 40 | 40 | 40 | 40 | 40 | 40 |
| | | 女 | 小计 | 270 | 49 | 10 | 20 | 30 | 40 | 180 |
| | | | 18～44岁 | 145 | 55 | 10 | 20 | 30 | 50 | 180 |
| | | | 45～59岁 | 93 | 39 | 10 | 15 | 30 | 40 | 180 |
| | | | 60～79岁 | 32 | 26 | 10 | 10 | 30 | 30 | 30 |
| | | | 80岁及以上 | 0 | 0 | 0 | 0 | 0 | 0 | 0 |
| | 城市 | 小计 | 小计 | 338 | 86 | 10 | 20 | 40 | 120 | 360 |

| 地区 | 城乡 | 性别 | 年龄 | n | 小轿车累计使用时间 /（min/d） | | | | | |
|---|---|---|---|---|---|---|---|---|---|---|
| | | | | | Mean | P5 | P 25 | P50 | P 75 | P95 |
| 西北 | 城市 | 小计 | 18～44 岁 | 210 | 99 | 10 | 20 | 60 | 120 | 420 |
| | | | 45～59 岁 | 96 | 57 | 10 | 20 | 40 | 60 | 180 |
| | | | 60～79 岁 | 31 | 36 | 10 | 15 | 30 | 30 | 240 |
| | | | 80 岁及以上 | 1 | 40 | 40 | 40 | 40 | 40 | 40 |
| | | 男 | 小计 | 223 | 103 | 10 | 30 | 60 | 120 | 420 |
| | | | 18～44 岁 | 145 | 116 | 10 | 30 | 60 | 160 | 480 |
| | | | 45～59 岁 | 60 | 68 | 10 | 30 | 40 | 90 | 180 |
| | | | 60～79 岁 | 17 | 43 | 10 | 15 | 30 | 30 | 240 |
| | | | 80 岁及以上 | 1 | 40 | 40 | 40 | 40 | 40 | 40 |
| | | 女 | 小计 | 115 | 40 | 10 | 20 | 30 | 50 | 180 |
| | | | 18～44 岁 | 65 | 44 | 10 | 20 | 30 | 60 | 180 |
| | | | 45～59 岁 | 36 | 34 | 8 | 15 | 20 | 30 | 120 |
| | | | 60～79 岁 | 14 | 23 | 10 | 10 | 30 | 30 | 30 |
| | | | 80 岁及以上 | 0 | 0 | 0 | 0 | 0 | 0 | 0 |
| | 农村 | 小计 | 小计 | 320 | 65 | 10 | 20 | 30 | 60 | 240 |
| | | | 18～44 岁 | 168 | 72 | 10 | 20 | 30 | 60 | 480 |
| | | | 45～59 岁 | 114 | 55 | 10 | 20 | 30 | 60 | 150 |
| | | | 60～79 岁 | 38 | 40 | 10 | 20 | 30 | 30 | 120 |
| | | | 80 岁及以上 | 0 | 0 | 0 | 0 | 0 | 0 | 0 |
| | | 男 | 小计 | 165 | 70 | 10 | 30 | 40 | 60 | 180 |
| | | | 18～44 岁 | 88 | 75 | 10 | 20 | 45 | 60 | 300 |
| | | | 45～59 岁 | 57 | 61 | 10 | 30 | 40 | 70 | 150 |
| | | | 60～79 岁 | 20 | 51 | 10 | 20 | 30 | 80 | 180 |
| | | | 80 岁及以上 | 0 | 0 | 0 | 0 | 0 | 0 | 0 |
| | | 女 | 小计 | 155 | 59 | 10 | 20 | 30 | 40 | 480 |
| | | | 18～44 岁 | 80 | 68 | 10 | 20 | 30 | 40 | 480 |
| | | | 45～59 岁 | 57 | 45 | 10 | 20 | 30 | 60 | 180 |
| | | | 60～79 岁 | 18 | 28 | 10 | 20 | 20 | 30 | 120 |
| | | | 80 岁及以上 | 0 | 0 | 0 | 0 | 0 | 0 | 0 |
| 东北 | 城乡 | 小计 | 小计 | 412 | 63 | 10 | 20 | 40 | 80 | 180 |
| | | | 18～44 岁 | 254 | 66 | 10 | 30 | 40 | 100 | 200 |
| | | | 45～59 岁 | 137 | 61 | 10 | 20 | 40 | 60 | 180 |
| | | | 60～79 岁 | 21 | 40 | 20 | 20 | 30 | 60 | 100 |
| | | | 80 岁及以上 | 0 | 0 | 0 | 0 | 0 | 0 | 0 |
| | | 男 | 小计 | 262 | 72 | 10 | 30 | 60 | 100 | 200 |
| | | | 18～44 岁 | 156 | 78 | 10 | 30 | 60 | 120 | 240 |
| | | | 45～59 岁 | 94 | 62 | 10 | 20 | 40 | 80 | 180 |
| | | | 60～79 岁 | 12 | 44 | 10 | 25 | 30 | 60 | 120 |
| | | | 80 岁及以上 | 0 | 0 | 0 | 0 | 0 | 0 | 0 |
| | | 女 | 小计 | 150 | 46 | 10 | 20 | 30 | 60 | 120 |
| | | | 18～44 岁 | 98 | 43 | 10 | 20 | 30 | 60 | 120 |
| | | | 45～59 岁 | 43 | 59 | 10 | 25 | 30 | 60 | 180 |
| | | | 60～79 岁 | 9 | 36 | 20 | 20 | 20 | 60 | 60 |
| | | | 80 岁及以上 | 0 | 0 | 0 | 0 | 0 | 0 | 0 |
| | 城市 | 小计 | 小计 | 247 | 56 | 10 | 20 | 40 | 60 | 120 |
| | | | 18～44 岁 | 155 | 57 | 10 | 20 | 40 | 60 | 120 |
| | | | 45～59 岁 | 84 | 55 | 10 | 20 | 30 | 80 | 120 |
| | | | 60～79 岁 | 8 | 37 | 20 | 20 | 30 | 30 | 100 |
| | | | 80 岁及以上 | 0 | 0 | 0 | 0 | 0 | 0 | 0 |
| | | 男 | 小计 | 160 | 62 | 10 | 20 | 40 | 80 | 150 |
| | | | 18～44 岁 | 96 | 64 | 10 | 25 | 40 | 60 | 150 |
| | | | 45～59 岁 | 60 | 56 | 10 | 20 | 40 | 80 | 120 |
| | | | 60～79 岁 | 4 | 34 | 20 | 20 | 30 | 60 | 60 |
| | | | 80 岁及以上 | 0 | 0 | 0 | 0 | 0 | 0 | 0 |
| | | 女 | 小计 | 87 | 45 | 5 | 20 | 30 | 60 | 120 |
| | | | 18～44 岁 | 59 | 43 | 10 | 20 | 40 | 60 | 120 |
| | | | 45～59 岁 | 24 | 54 | 5 | 30 | 30 | 80 | 180 |
| | | | 60～79 岁 | 4 | 41 | 20 | 20 | 30 | 30 | 100 |

| 地区 | 城乡 | 性别 | 年龄 | n | 小轿车累计使用时间 /（min/d） | | | | | |
|---|---|---|---|---|---|---|---|---|---|---|
| | | | | | Mean | P5 | P 25 | P50 | P 75 | P95 |
| 东北 | 城市 | 女 | 80 岁及以上 | 0 | 0 | 0 | 0 | 0 | 0 | 0 |
| | 农村 | 小计 | 小计 | 165 | 70 | 10 | 30 | 50 | 100 | 240 |
| | | | 18 ~ 44 岁 | 99 | 75 | 10 | 30 | 60 | 120 | 240 |
| | | | 45 ~ 59 岁 | 53 | 67 | 10 | 20 | 40 | 60 | 180 |
| | | | 60 ~ 79 岁 | 13 | 40 | 10 | 20 | 30 | 60 | 60 |
| | | | 80 岁及以上 | 0 | 0 | 0 | 0 | 0 | 0 | 0 |
| | | 男 | 小计 | 102 | 85 | 10 | 30 | 60 | 120 | 240 |
| | | | 18 ~ 44 岁 | 60 | 94 | 10 | 40 | 60 | 120 | 240 |
| | | | 45 ~ 59 岁 | 34 | 70 | 10 | 20 | 40 | 60 | 300 |
| | | | 60 ~ 79 岁 | 8 | 46 | 10 | 25 | 50 | 60 | 120 |
| | | | 80 岁及以上 | 0 | 0 | 0 | 0 | 0 | 0 | 0 |
| | | 女 | 小计 | 63 | 46 | 20 | 20 | 30 | 60 | 120 |
| | | | 18 ~ 44 岁 | 39 | 43 | 20 | 20 | 30 | 60 | 120 |
| | | | 45 ~ 59 岁 | 19 | 62 | 20 | 25 | 30 | 60 | 180 |
| | | | 60 ~ 79 岁 | 5 | 35 | 20 | 20 | 20 | 60 | 60 |
| | | | 80 岁及以上 | 0 | 0 | 0 | 0 | 0 | 0 | 0 |
| 西南 | 城乡 | 小计 | 小计 | 483 | 73 | 10 | 20 | 40 | 80 | 240 |
| | | | 18 ~ 44 岁 | 318 | 75 | 10 | 20 | 40 | 80 | 240 |
| | | | 45 ~ 59 岁 | 139 | 67 | 10 | 20 | 30 | 80 | 240 |
| | | | 60 ~ 79 岁 | 25 | 63 | 10 | 30 | 40 | 80 | 200 |
| | | | 80 岁及以上 | 1 | 10 | 10 | 10 | 10 | 10 | 10 |
| | | 男 | 小计 | 301 | 82 | 10 | 30 | 45 | 100 | 240 |
| | | | 18 ~ 44 岁 | 192 | 84 | 10 | 30 | 60 | 100 | 240 |
| | | | 45 ~ 59 岁 | 95 | 76 | 10 | 21 | 40 | 100 | 240 |
| | | | 60 ~ 79 岁 | 13 | 81 | 20 | 30 | 80 | 120 | 200 |
| | | | 80 岁及以上 | 1 | 10 | 10 | 10 | 10 | 10 | 10 |
| | | 女 | 小计 | 182 | 54 | 10 | 20 | 30 | 60 | 180 |
| | | | 18 ~ 44 岁 | 126 | 57 | 10 | 20 | 30 | 60 | 240 |
| | | | 45 ~ 59 岁 | 44 | 36 | 10 | 20 | 30 | 40 | 120 |
| | | | 60 ~ 79 岁 | 12 | 36 | 10 | 20 | 30 | 50 | 100 |
| | | | 80 岁及以上 | 0 | 0 | 0 | 0 | 0 | 0 | 0 |
| | 城市 | 小计 | 小计 | 248 | 73 | 10 | 20 | 40 | 80 | 240 |
| | | | 18 ~ 44 岁 | 166 | 77 | 10 | 20 | 40 | 80 | 240 |
| | | | 45 ~ 59 岁 | 68 | 57 | 10 | 20 | 40 | 60 | 180 |
| | | | 60 ~ 79 岁 | 14 | 65 | 10 | 20 | 40 | 120 | 200 |
| | | | 80 岁及以上 | 0 | 0 | 0 | 0 | 0 | 0 | 0 |
| | | 男 | 小计 | 155 | 86 | 10 | 30 | 60 | 120 | 240 |
| | | | 18 ~ 44 岁 | 100 | 92 | 10 | 30 | 60 | 120 | 240 |
| | | | 45 ~ 59 岁 | 47 | 65 | 10 | 30 | 40 | 98 | 240 |
| | | | 60 ~ 79 岁 | 8 | 84 | 20 | 30 | 80 | 120 | 200 |
| | | | 80 岁及以上 | 0 | 0 | 0 | 0 | 0 | 0 | 0 |
| | | 女 | 小计 | 93 | 45 | 10 | 20 | 30 | 50 | 130 |
| | | | 18 ~ 44 岁 | 66 | 48 | 10 | 20 | 30 | 60 | 160 |
| | | | 45 ~ 59 岁 | 21 | 30 | 10 | 10 | 30 | 30 | 80 |
| | | | 60 ~ 79 岁 | 6 | 25 | 10 | 20 | 20 | 30 | 50 |
| | | | 80 岁及以上 | 0 | 0 | 0 | 0 | 0 | 0 | 0 |
| | 农村 | 小计 | 小计 | 235 | 74 | 10 | 20 | 40 | 80 | 360 |
| | | | 18 ~ 44 岁 | 152 | 73 | 10 | 20 | 40 | 60 | 360 |
| | | | 45 ~ 59 岁 | 71 | 80 | 10 | 20 | 30 | 100 | 360 |
| | | | 60 ~ 79 岁 | 11 | 56 | 20 | 30 | 60 | 80 | 100 |
| | | | 80 岁及以上 | 1 | 10 | 10 | 10 | 10 | 10 | 10 |
| | | 男 | 小计 | 146 | 76 | 10 | 20 | 40 | 90 | 300 |
| | | | 18 ~ 44 岁 | 92 | 72 | 2 | 20 | 40 | 60 | 240 |
| | | | 45 ~ 59 岁 | 48 | 91 | 10 | 20 | 30 | 120 | 360 |
| | | | 60 ~ 79 岁 | 5 | 57 | 30 | 40 | 60 | 80 | 80 |
| | | | 80 岁及以上 | 1 | 10 | 10 | 10 | 10 | 10 | 10 |
| | | 女 | 小计 | 89 | 69 | 10 | 20 | 40 | 60 | 360 |
| | | | 18 ~ 44 岁 | 60 | 74 | 10 | 30 | 40 | 60 | 360 |

| 地区 | 城乡 | 性别 | 年龄 | n | 小轿车累计使用时间 /（min/d） | | | | | |
|---|---|---|---|---|---|---|---|---|---|---|
| | | | | | Mean | P5 | P 25 | P50 | P 75 | P95 |
| 西南 | 农村 | 女 | 45 ～ 59 岁 | 23 | 44 | 10 | 20 | 30 | 60 | 120 |
| | | | 60 ～ 79 岁 | 6 | 55 | 4 | 30 | 40 | 100 | 100 |
| | | | 80 岁及以上 | 0 | 0 | 0 | 0 | 0 | 0 | 0 |

## 附表 6-41　中国人群分片区、城乡、性别、年龄的公交车累计使用时间

| 地区 | 城乡 | 性别 | 年龄 | n | 公交车累计使用时间 /（min/d） | | | | | |
|---|---|---|---|---|---|---|---|---|---|---|
| | | | | | Mean | P5 | P 25 | P50 | P 75 | P95 |
| 合计 | 城乡 | 小计 | 小计 | 13 144 | 43 | 10 | 20 | 30 | 60 | 120 |
| | | | 18 ～ 44 岁 | 6 111 | 45 | 10 | 20 | 30 | 60 | 120 |
| | | | 45 ～ 59 岁 | 4 435 | 43 | 10 | 20 | 30 | 60 | 120 |
| | | | 60 ～ 79 岁 | 2 478 | 37 | 10 | 20 | 30 | 45 | 90 |
| | | | 80 岁及以上 | 120 | 44 | 10 | 20 | 30 | 60 | 100 |
| | | 男 | 小计 | 5 313 | 45 | 10 | 20 | 30 | 60 | 120 |
| | | | 18 ～ 44 岁 | 2 535 | 47 | 10 | 20 | 30 | 60 | 120 |
| | | | 45 ～ 59 岁 | 1 663 | 43 | 10 | 20 | 30 | 60 | 120 |
| | | | 60 ～ 79 岁 | 1 058 | 39 | 10 | 20 | 30 | 60 | 120 |
| | | | 80 岁及以上 | 57 | 51 | 10 | 20 | 45 | 60 | 120 |
| | | 女 | 小计 | 7 831 | 42 | 10 | 20 | 30 | 60 | 120 |
| | | | 18 ～ 44 岁 | 3 576 | 43 | 10 | 20 | 30 | 60 | 120 |
| | | | 45 ～ 59 岁 | 2 772 | 43 | 10 | 20 | 30 | 60 | 120 |
| | | | 60 ～ 79 岁 | 1 420 | 34 | 10 | 20 | 30 | 40 | 90 |
| | | | 80 岁及以上 | 63 | 38 | 8 | 15 | 30 | 60 | 70 |
| | 城市 | 小计 | 小计 | 8 663 | 45 | 10 | 20 | 30 | 60 | 120 |
| | | | 18 ～ 44 岁 | 3 950 | 47 | 10 | 20 | 35 | 60 | 120 |
| | | | 45 ～ 59 岁 | 2 905 | 45 | 10 | 20 | 30 | 60 | 120 |
| | | | 60 ～ 79 岁 | 1 718 | 40 | 10 | 20 | 30 | 60 | 120 |
| | | | 80 岁及以上 | 90 | 49 | 10 | 30 | 45 | 60 | 120 |
| | | 男 | 小计 | 3 468 | 46 | 10 | 20 | 30 | 60 | 120 |
| | | | 18 ～ 44 岁 | 1 654 | 48 | 10 | 28 | 38 | 60 | 120 |
| | | | 45 ～ 59 岁 | 1 071 | 43 | 10 | 20 | 30 | 60 | 120 |
| | | | 60 ～ 79 岁 | 704 | 43 | 10 | 20 | 30 | 60 | 120 |
| | | | 80 岁及以上 | 39 | 55 | 10 | 20 | 60 | 60 | 180 |
| | | 女 | 小计 | 5 195 | 45 | 10 | 20 | 30 | 60 | 120 |
| | | | 18 ～ 44 岁 | 2 296 | 46 | 10 | 20 | 30 | 60 | 120 |
| | | | 45 ～ 59 岁 | 1 834 | 46 | 10 | 20 | 30 | 60 | 120 |
| | | | 60 ～ 79 岁 | 1 014 | 37 | 10 | 20 | 30 | 45 | 90 |
| | | | 80 岁及以上 | 51 | 45 | 10 | 30 | 40 | 60 | 100 |
| | 农村 | 小计 | 小计 | 4 481 | 38 | 10 | 20 | 30 | 40 | 120 |
| | | | 18 ～ 44 岁 | 2 161 | 40 | 10 | 20 | 30 | 50 | 120 |
| | | | 45 ～ 59 岁 | 1 530 | 39 | 10 | 20 | 30 | 40 | 120 |
| | | | 60 ～ 79 岁 | 760 | 30 | 5 | 10 | 30 | 30 | 60 |
| | | | 80 岁及以上 | 30 | 27 | 8 | 10 | 30 | 30 | 100 |
| | | 男 | 小计 | 1 845 | 42 | 10 | 20 | 30 | 50 | 120 |
| | | | 18 ～ 44 岁 | 881 | 44 | 10 | 20 | 30 | 60 | 120 |
| | | | 45 ～ 59 岁 | 592 | 43 | 10 | 20 | 30 | 50 | 120 |
| | | | 60 ～ 79 岁 | 354 | 31 | 5 | 10 | 30 | 40 | 60 |
| | | | 80 岁及以上 | 18 | 40 | 10 | 20 | 30 | 60 | 100 |
| | | 女 | 小计 | 2 636 | 36 | 10 | 20 | 30 | 40 | 100 |
| | | | 18 ～ 44 岁 | 1 280 | 37 | 10 | 20 | 30 | 40 | 100 |
| | | | 45 ～ 59 岁 | 938 | 36 | 10 | 20 | 30 | 40 | 100 |
| | | | 60 ～ 79 岁 | 406 | 28 | 5 | 10 | 30 | 30 | 60 |
| | | | 80 岁及以上 | 12 | 17 | 5 | 10 | 15 | 30 | 30 |

| 地区 | 城乡 | 性别 | 年龄 | n | 公交车累计使用时间 / (min/d) | | | | | |
|---|---|---|---|---|---|---|---|---|---|---|
| | | | | | Mean | P5 | P 25 | P50 | P 75 | P95 |
| 华北 | 城乡 | 小计 | 小计 | 1 712 | 47 | 10 | 20 | 30 | 60 | 120 |
| | | | 18 ～ 44 岁 | 720 | 51 | 10 | 25 | 40 | 60 | 120 |
| | | | 45 ～ 59 岁 | 612 | 43 | 10 | 20 | 30 | 60 | 120 |
| | | | 60 ～ 79 岁 | 367 | 41 | 10 | 20 | 30 | 60 | 120 |
| | | | 80 岁及以上 | 13 | 54 | 10 | 30 | 60 | 60 | 150 |
| | | 男 | 小计 | 689 | 49 | 10 | 25 | 35 | 60 | 120 |
| | | | 18 ～ 44 岁 | 294 | 54 | 10 | 20 | 40 | 60 | 150 |
| | | | 45 ～ 59 岁 | 220 | 45 | 10 | 30 | 30 | 60 | 120 |
| | | | 60 ～ 79 岁 | 166 | 40 | 10 | 20 | 30 | 60 | 120 |
| | | | 80 岁及以上 | 9 | 42 | 10 | 20 | 60 | 60 | 60 |
| | | 女 | 小计 | 1 023 | 46 | 10 | 20 | 30 | 60 | 120 |
| | | | 18 ～ 44 岁 | 426 | 48 | 10 | 30 | 40 | 60 | 120 |
| | | | 45 ～ 59 岁 | 392 | 42 | 10 | 20 | 30 | 60 | 120 |
| | | | 60 ～ 79 岁 | 201 | 42 | 10 | 20 | 30 | 60 | 120 |
| | | | 80 岁及以上 | 4 | 83 | 30 | 30 | 60 | 150 | 150 |
| | 城市 | 小计 | 小计 | 1 153 | 51 | 10 | 30 | 40 | 60 | 130 |
| | | | 18 ～ 44 岁 | 481 | 56 | 10 | 30 | 40 | 60 | 150 |
| | | | 45 ～ 59 岁 | 391 | 47 | 10 | 30 | 40 | 60 | 120 |
| | | | 60 ～ 79 岁 | 269 | 43 | 10 | 20 | 30 | 60 | 120 |
| | | | 80 岁及以上 | 12 | 57 | 10 | 30 | 60 | 60 | 150 |
| | | 男 | 小计 | 459 | 53 | 10 | 30 | 40 | 60 | 150 |
| | | | 18 ～ 44 岁 | 193 | 60 | 10 | 25 | 40 | 60 | 180 |
| | | | 45 ～ 59 岁 | 140 | 48 | 15 | 30 | 40 | 60 | 120 |
| | | | 60 ～ 79 岁 | 118 | 41 | 10 | 25 | 30 | 50 | 70 |
| | | | 80 岁及以上 | 8 | 45 | 10 | 30 | 60 | 60 | 60 |
| | | 女 | 小计 | 694 | 50 | 10 | 30 | 40 | 60 | 120 |
| | | | 18 ～ 44 岁 | 288 | 53 | 10 | 30 | 40 | 60 | 150 |
| | | | 45 ～ 59 岁 | 251 | 46 | 10 | 20 | 35 | 60 | 120 |
| | | | 60 ～ 79 岁 | 151 | 44 | 10 | 20 | 30 | 60 | 120 |
| | | | 80 岁及以上 | 4 | 83 | 30 | 30 | 60 | 150 | 150 |
| | 农村 | 小计 | 小计 | 559 | 38 | 10 | 20 | 30 | 60 | 90 |
| | | | 18 ～ 44 岁 | 239 | 40 | 10 | 20 | 30 | 60 | 100 |
| | | | 45 ～ 59 岁 | 221 | 36 | 10 | 20 | 30 | 40 | 80 |
| | | | 60 ～ 79 岁 | 98 | 38 | 10 | 20 | 30 | 60 | 120 |
| | | | 80 岁及以上 | 1 | 20 | 20 | 20 | 20 | 20 | 20 |
| | | 男 | 小计 | 230 | 40 | 10 | 20 | 30 | 60 | 100 |
| | | | 18 ～ 44 岁 | 101 | 40 | 10 | 20 | 30 | 60 | 100 |
| | | | 45 ～ 59 岁 | 80 | 38 | 10 | 20 | 30 | 50 | 60 |
| | | | 60 ～ 79 岁 | 48 | 39 | 10 | 20 | 30 | 60 | 120 |
| | | | 80 岁及以上 | 1 | 20 | 20 | 20 | 20 | 20 | 20 |
| | | 女 | 小计 | 329 | 37 | 10 | 20 | 30 | 60 | 80 |
| | | | 18 ～ 44 岁 | 138 | 39 | 10 | 20 | 30 | 60 | 80 |
| | | | 45 ～ 59 岁 | 141 | 35 | 10 | 20 | 30 | 40 | 80 |
| | | | 60 ～ 79 岁 | 50 | 37 | 10 | 20 | 30 | 60 | 80 |
| | | | 80 岁及以上 | 0 | 0 | 0 | 0 | 0 | 0 | 0 |
| 华东 | 城乡 | 小计 | 小计 | 2 902 | 42 | 10 | 20 | 30 | 60 | 120 |
| | | | 18 ～ 44 岁 | 1 273 | 45 | 10 | 20 | 30 | 60 | 120 |
| | | | 45 ～ 59 岁 | 874 | 42 | 10 | 20 | 30 | 60 | 120 |
| | | | 60 ～ 79 岁 | 715 | 34 | 5 | 20 | 30 | 40 | 80 |
| | | | 80 岁及以上 | 40 | 37 | 5 | 20 | 30 | 45 | 100 |
| | | 男 | 小计 | 1 126 | 45 | 10 | 20 | 30 | 60 | 120 |
| | | | 18 ～ 44 岁 | 499 | 48 | 10 | 20 | 30 | 60 | 120 |
| | | | 45 ～ 59 岁 | 315 | 46 | 10 | 20 | 30 | 60 | 120 |
| | | | 60 ～ 79 岁 | 295 | 37 | 5 | 20 | 30 | 50 | 120 |
| | | | 80 岁及以上 | 17 | 42 | 5 | 30 | 30 | 60 | 90 |
| | | 女 | 小计 | 1 776 | 40 | 10 | 20 | 30 | 60 | 120 |
| | | | 18 ～ 44 岁 | 774 | 42 | 10 | 20 | 30 | 60 | 120 |
| | | | 45 ～ 59 岁 | 559 | 39 | 10 | 20 | 30 | 60 | 120 |

| 地区 | 城乡 | 性别 | 年龄 | n | 公交车累计使用时间 /（min/d） | | | | | |
|---|---|---|---|---|---|---|---|---|---|---|
| | | | | | Mean | P5 | P 25 | P50 | P 75 | P95 |
| 华东 | 城乡 | 女 | 60～79 岁 | 420 | 33 | 5 | 20 | 30 | 40 | 60 |
| | | | 80 岁及以上 | 23 | 35 | 5 | 20 | 30 | 40 | 100 |
| | 城市 | 小计 | 小计 | 2 241 | 44 | 10 | 20 | 30 | 60 | 120 |
| | | | 18～44 岁 | 953 | 47 | 10 | 25 | 40 | 60 | 120 |
| | | | 45～59 岁 | 679 | 41 | 10 | 20 | 30 | 60 | 120 |
| | | | 60～79 岁 | 577 | 37 | 10 | 20 | 30 | 50 | 90 |
| | | | 80 岁及以上 | 32 | 42 | 10 | 30 | 30 | 60 | 100 |
| | | 男 | 小计 | 844 | 46 | 10 | 20 | 30 | 60 | 120 |
| | | | 18～44 岁 | 379 | 49 | 10 | 20 | 35 | 60 | 120 |
| | | | 45～59 岁 | 229 | 41 | 10 | 20 | 30 | 60 | 120 |
| | | | 60～79 岁 | 223 | 40 | 10 | 20 | 30 | 60 | 120 |
| | | | 80 岁及以上 | 13 | 44 | 5 | 30 | 30 | 60 | 100 |
| | | 女 | 小计 | 1 397 | 42 | 10 | 20 | 30 | 60 | 120 |
| | | | 18～44 岁 | 574 | 45 | 10 | 25 | 40 | 60 | 120 |
| | | | 45～59 岁 | 450 | 41 | 10 | 20 | 30 | 60 | 120 |
| | | | 60～79 岁 | 354 | 34 | 10 | 20 | 30 | 40 | 60 |
| | | | 80 岁及以上 | 19 | 40 | 10 | 20 | 30 | 40 | 100 |
| | 农村 | 小计 | 小计 | 661 | 38 | 5 | 15 | 30 | 40 | 120 |
| | | | 18～44 岁 | 320 | 38 | 10 | 15 | 30 | 50 | 120 |
| | | | 45～59 岁 | 195 | 47 | 5 | 10 | 30 | 50 | 120 |
| | | | 60～79 岁 | 138 | 26 | 2 | 10 | 20 | 30 | 60 |
| | | | 80 岁及以上 | 8 | 24 | 5 | 10 | 30 | 30 | 33 |
| | | 男 | 小计 | 282 | 44 | 5 | 15 | 30 | 60 | 120 |
| | | | 18～44 岁 | 120 | 43 | 10 | 15 | 30 | 60 | 120 |
| | | | 45～59 岁 | 86 | 61 | 5 | 15 | 30 | 60 | 240 |
| | | | 60～79 岁 | 72 | 25 | 2 | 5 | 20 | 30 | 60 |
| | | | 80 岁及以上 | 4 | 34 | 30 | 30 | 30 | 33 | 60 |
| | | 女 | 小计 | 379 | 32 | 5 | 12 | 20 | 40 | 105 |
| | | | 18～44 岁 | 200 | 34 | 10 | 15 | 30 | 40 | 120 |
| | | | 45～59 岁 | 109 | 32 | 3 | 10 | 20 | 40 | 120 |
| | | | 60～79 岁 | 66 | 26 | 2 | 10 | 20 | 30 | 60 |
| | | | 80 岁及以上 | 4 | 20 | 5 | 10 | 30 | 30 | 30 |
| 华南 | 城乡 | 小计 | 小计 | 2 495 | 47 | 10 | 20 | 30 | 60 | 120 |
| | | | 18～44 岁 | 1 293 | 46 | 10 | 20 | 30 | 60 | 120 |
| | | | 45～59 岁 | 774 | 50 | 10 | 20 | 40 | 60 | 120 |
| | | | 60～79 岁 | 397 | 43 | 10 | 20 | 30 | 60 | 90 |
| | | | 80 岁及以上 | 31 | 64 | 20 | 40 | 60 | 60 | 180 |
| | | 男 | 小计 | 1 068 | 47 | 10 | 25 | 35 | 60 | 120 |
| | | | 18～44 岁 | 607 | 47 | 10 | 30 | 35 | 60 | 120 |
| | | | 45～59 岁 | 287 | 44 | 10 | 20 | 30 | 60 | 120 |
| | | | 60～79 岁 | 160 | 52 | 10 | 20 | 30 | 60 | 120 |
| | | | 80 岁及以上 | 14 | 79 | 15 | 60 | 60 | 100 | 180 |
| | | 女 | 小计 | 1 427 | 47 | 10 | 20 | 30 | 60 | 120 |
| | | | 18～44 岁 | 686 | 46 | 10 | 20 | 30 | 60 | 120 |
| | | | 45～59 岁 | 487 | 54 | 10 | 25 | 40 | 60 | 180 |
| | | | 60～79 岁 | 237 | 36 | 10 | 20 | 30 | 45 | 90 |
| | | | 80 岁及以上 | 17 | 52 | 20 | 40 | 60 | 60 | 60 |
| | 城市 | 小计 | 小计 | 2 007 | 47 | 10 | 20 | 30 | 60 | 120 |
| | | | 18～44 岁 | 1 031 | 45 | 10 | 20 | 30 | 60 | 120 |
| | | | 45～59 岁 | 623 | 51 | 10 | 20 | 40 | 60 | 120 |
| | | | 60～79 岁 | 326 | 44 | 10 | 20 | 30 | 60 | 100 |
| | | | 80 岁及以上 | 27 | 64 | 20 | 60 | 60 | 60 | 180 |
| | | 男 | 小计 | 844 | 46 | 10 | 20 | 35 | 60 | 120 |
| | | | 18～44 岁 | 491 | 44 | 10 | 25 | 30 | 60 | 120 |
| | | | 45～59 岁 | 218 | 46 | 10 | 20 | 30 | 60 | 120 |
| | | | 60～79 岁 | 124 | 55 | 10 | 20 | 40 | 60 | 120 |
| | | | 80 岁及以上 | 11 | 79 | 15 | 60 | 60 | 120 | 180 |
| | | 女 | 小计 | 1 163 | 48 | 10 | 20 | 30 | 60 | 120 |

| 地区 | 城乡 | 性别 | 年龄 | n | 公交车累计使用时间 /（min/d） | | | | | |
|---|---|---|---|---|---|---|---|---|---|---|
| | | | | | Mean | P5 | P 25 | P50 | P 75 | P95 |
| 华南 | 城市 | 女 | 18 ～ 44 岁 | 540 | 47 | 10 | 20 | 30 | 60 | 120 |
| | | | 45 ～ 59 岁 | 405 | 55 | 10 | 30 | 40 | 60 | 180 |
| | | | 60 ～ 79 岁 | 202 | 36 | 10 | 20 | 30 | 45 | 90 |
| | | | 80 岁及以上 | 16 | 53 | 20 | 40 | 60 | 60 | 60 |
| | 农村 | 小计 | 小计 | 488 | 47 | 10 | 30 | 30 | 60 | 120 |
| | | | 18 ～ 44 岁 | 262 | 49 | 15 | 30 | 35 | 60 | 120 |
| | | | 45 ～ 59 岁 | 151 | 43 | 10 | 20 | 30 | 50 | 120 |
| | | | 60 ～ 79 岁 | 71 | 35 | 10 | 20 | 30 | 40 | 80 |
| | | | 80 岁及以上 | 4 | 66 | 30 | 40 | 50 | 100 | 100 |
| | | 男 | 小计 | 224 | 50 | 10 | 30 | 40 | 60 | 120 |
| | | | 18 ～ 44 岁 | 116 | 56 | 15 | 30 | 40 | 60 | 120 |
| | | | 45 ～ 59 岁 | 69 | 40 | 10 | 20 | 30 | 50 | 120 |
| | | | 60 ～ 79 岁 | 36 | 33 | 10 | 20 | 30 | 40 | 60 |
| | | | 80 岁及以上 | 3 | 75 | 40 | 50 | 100 | 100 | 100 |
| | | 女 | 小计 | 264 | 43 | 10 | 20 | 30 | 60 | 120 |
| | | | 18 ～ 44 岁 | 146 | 43 | 15 | 30 | 30 | 60 | 100 |
| | | | 45 ～ 59 岁 | 82 | 46 | 10 | 20 | 40 | 50 | 120 |
| | | | 60 ～ 79 岁 | 35 | 37 | 10 | 20 | 30 | 50 | 120 |
| | | | 80 岁及以上 | 1 | 30 | 30 | 30 | 30 | 30 | 30 |
| 西北 | 城乡 | 小计 | 小计 | 1 985 | 43 | 10 | 20 | 30 | 60 | 120 |
| | | | 18 ～ 44 岁 | 931 | 44 | 10 | 20 | 30 | 60 | 120 |
| | | | 45 ～ 59 岁 | 682 | 42 | 10 | 20 | 30 | 60 | 120 |
| | | | 60 ～ 79 岁 | 356 | 37 | 10 | 20 | 30 | 45 | 120 |
| | | | 80 岁及以上 | 16 | 34 | 10 | 20 | 30 | 60 | 60 |
| | | 男 | 小计 | 815 | 44 | 10 | 20 | 30 | 60 | 120 |
| | | | 18 ～ 44 岁 | 371 | 45 | 10 | 25 | 30 | 60 | 120 |
| | | | 45 ～ 59 岁 | 282 | 46 | 10 | 20 | 30 | 60 | 120 |
| | | | 60 ～ 79 岁 | 154 | 40 | 10 | 20 | 30 | 60 | 120 |
| | | | 80 岁及以上 | 8 | 38 | 10 | 15 | 30 | 60 | 60 |
| | | 女 | 小计 | 1 170 | 41 | 10 | 20 | 30 | 50 | 120 |
| | | | 18 ～ 44 岁 | 560 | 44 | 10 | 20 | 30 | 60 | 120 |
| | | | 45 ～ 59 岁 | 400 | 39 | 10 | 20 | 30 | 40 | 120 |
| | | | 60 ～ 79 岁 | 202 | 35 | 10 | 20 | 30 | 40 | 60 |
| | | | 80 岁及以上 | 8 | 31 | 10 | 20 | 30 | 30 | 60 |
| | 城市 | 小计 | 小计 | 1 271 | 44 | 10 | 20 | 30 | 60 | 120 |
| | | | 18 ～ 44 岁 | 594 | 46 | 10 | 25 | 30 | 60 | 120 |
| | | | 45 ～ 59 岁 | 430 | 42 | 10 | 20 | 30 | 60 | 120 |
| | | | 60 ～ 79 岁 | 237 | 40 | 10 | 20 | 30 | 60 | 120 |
| | | | 80 岁及以上 | 10 | 36 | 10 | 20 | 30 | 60 | 60 |
| | | 男 | 小计 | 523 | 45 | 10 | 25 | 30 | 60 | 120 |
| | | | 18 ～ 44 岁 | 240 | 45 | 10 | 30 | 40 | 60 | 120 |
| | | | 45 ～ 59 岁 | 182 | 45 | 10 | 20 | 30 | 60 | 120 |
| | | | 60 ～ 79 岁 | 97 | 44 | 10 | 20 | 30 | 60 | 120 |
| | | | 80 岁及以上 | 4 | 43 | 15 | 15 | 60 | 60 | 60 |
| | | 女 | 小计 | 748 | 43 | 10 | 20 | 30 | 60 | 120 |
| | | | 18 ～ 44 岁 | 354 | 46 | 10 | 20 | 30 | 60 | 120 |
| | | | 45 ～ 59 岁 | 248 | 39 | 10 | 20 | 30 | 40 | 100 |
| | | | 60 ～ 79 岁 | 140 | 37 | 10 | 20 | 30 | 50 | 80 |
| | | | 80 岁及以上 | 6 | 32 | 10 | 20 | 30 | 30 | 60 |
| | 农村 | 小计 | 小计 | 714 | 40 | 10 | 20 | 30 | 40 | 180 |
| | | | 18 ～ 44 岁 | 337 | 42 | 10 | 20 | 30 | 40 | 180 |
| | | | 45 ～ 59 岁 | 252 | 42 | 10 | 15 | 30 | 40 | 180 |
| | | | 60 ～ 79 岁 | 119 | 28 | 10 | 10 | 30 | 30 | 60 |
| | | | 80 岁及以上 | 6 | 26 | 10 | 30 | 30 | 30 | 40 |
| | | 男 | 小计 | 292 | 43 | 10 | 20 | 30 | 40 | 180 |
| | | | 18 ～ 44 岁 | 131 | 44 | 10 | 20 | 30 | 40 | 200 |
| | | | 45 ～ 59 岁 | 100 | 47 | 10 | 20 | 30 | 60 | 180 |
| | | | 60 ～ 79 岁 | 57 | 29 | 10 | 15 | 30 | 30 | 60 |

| 地区 | 城乡 | 性别 | 年龄 | *n* | 公交车累计使用时间 /（min/d） | | | | | |
|---|---|---|---|---|---|---|---|---|---|---|
| | | | | | Mean | P5 | P 25 | P50 | P 75 | P95 |
| 西北 | 农村 | 男 | 80 岁及以上 | 4 | 27 | 10 | 30 | 30 | 30 | 40 |
| | | 女 | 小计 | 422 | 38 | 10 | 15 | 30 | 40 | 150 |
| | | | 18 ～ 44 岁 | 206 | 40 | 10 | 20 | 30 | 40 | 150 |
| | | | 45 ～ 59 岁 | 152 | 37 | 10 | 10 | 30 | 40 | 180 |
| | | | 60 ～ 79 岁 | 62 | 28 | 10 | 10 | 20 | 30 | 60 |
| | | | 80 岁及以上 | 2 | 25 | 10 | 30 | 30 | 30 | 30 |
| 东北 | 城乡 | 小计 | 小计 | 1 840 | 46 | 10 | 30 | 30 | 60 | 120 |
| | | | 18 ～ 44 岁 | 814 | 47 | 10 | 30 | 30 | 60 | 120 |
| | | | 45 ～ 59 岁 | 751 | 46 | 10 | 30 | 30 | 60 | 120 |
| | | | 60 ～ 79 岁 | 268 | 38 | 10 | 20 | 30 | 50 | 100 |
| | | | 80 岁及以上 | 7 | 37 | 20 | 30 | 30 | 60 | 60 |
| | | 男 | 小计 | 767 | 47 | 10 | 30 | 30 | 60 | 120 |
| | | | 18 ～ 44 岁 | 367 | 49 | 10 | 30 | 30 | 60 | 120 |
| | | | 45 ～ 59 岁 | 286 | 46 | 10 | 30 | 40 | 60 | 120 |
| | | | 60 ～ 79 岁 | 112 | 42 | 10 | 20 | 30 | 60 | 120 |
| | | | 80 岁及以上 | 2 | 49 | 30 | 30 | 60 | 60 | 60 |
| | | 女 | 小计 | 1 073 | 44 | 10 | 30 | 30 | 60 | 120 |
| | | | 18 ～ 44 岁 | 447 | 45 | 15 | 30 | 30 | 60 | 120 |
| | | | 45 ～ 59 岁 | 465 | 46 | 10 | 25 | 30 | 60 | 120 |
| | | | 60 ～ 79 岁 | 156 | 36 | 10 | 20 | 30 | 40 | 80 |
| | | | 80 岁及以上 | 5 | 29 | 20 | 30 | 30 | 30 | 30 |
| | 城市 | 小计 | 小计 | 1 128 | 49 | 15 | 30 | 40 | 60 | 120 |
| | | | 18 ～ 44 岁 | 494 | 48 | 15 | 30 | 40 | 60 | 120 |
| | | | 45 ～ 59 岁 | 484 | 51 | 10 | 30 | 40 | 60 | 120 |
| | | | 60 ～ 79 岁 | 146 | 44 | 10 | 20 | 30 | 60 | 120 |
| | | | 80 岁及以上 | 4 | 29 | 20 | 30 | 30 | 30 | 30 |
| | | 男 | 小计 | 475 | 49 | 15 | 30 | 40 | 60 | 120 |
| | | | 18 ～ 44 岁 | 211 | 49 | 20 | 30 | 40 | 60 | 120 |
| | | | 45 ～ 59 岁 | 198 | 50 | 10 | 30 | 40 | 60 | 120 |
| | | | 60 ～ 79 岁 | 66 | 45 | 10 | 20 | 30 | 60 | 120 |
| | | | 80 岁及以上 | 0 | 0 | 0 | 0 | 0 | 0 | 0 |
| | | 女 | 小计 | 653 | 49 | 15 | 30 | 40 | 60 | 120 |
| | | | 18 ～ 44 岁 | 283 | 48 | 15 | 25 | 30 | 60 | 120 |
| | | | 45 ～ 59 岁 | 286 | 53 | 10 | 30 | 40 | 60 | 120 |
| | | | 60 ～ 79 岁 | 80 | 42 | 10 | 30 | 40 | 60 | 80 |
| | | | 80 岁及以上 | 4 | 29 | 20 | 30 | 30 | 30 | 30 |
| | 农村 | 小计 | 小计 | 712 | 42 | 10 | 30 | 30 | 60 | 120 |
| | | | 18 ～ 44 岁 | 320 | 45 | 10 | 30 | 30 | 60 | 120 |
| | | | 45 ～ 59 岁 | 267 | 40 | 10 | 20 | 30 | 50 | 120 |
| | | | 60 ～ 79 岁 | 122 | 35 | 10 | 25 | 30 | 30 | 90 |
| | | | 80 岁及以上 | 3 | 43 | 30 | 30 | 30 | 60 | 60 |
| | | 男 | 小计 | 292 | 45 | 10 | 30 | 30 | 60 | 120 |
| | | | 18 ～ 44 岁 | 156 | 48 | 10 | 30 | 30 | 60 | 120 |
| | | | 45 ～ 59 岁 | 88 | 40 | 10 | 25 | 30 | 60 | 80 |
| | | | 60 ～ 79 岁 | 46 | 39 | 10 | 30 | 30 | 40 | 120 |
| | | | 80 岁及以上 | 2 | 49 | 30 | 30 | 60 | 60 | 60 |
| | | 女 | 小计 | 420 | 39 | 10 | 30 | 30 | 40 | 120 |
| | | | 18 ～ 44 岁 | 164 | 41 | 15 | 30 | 30 | 50 | 100 |
| | | | 45 ～ 59 岁 | 179 | 40 | 10 | 20 | 30 | 40 | 120 |
| | | | 60 ～ 79 岁 | 76 | 33 | 10 | 20 | 30 | 30 | 90 |
| | | | 80 岁及以上 | 1 | 30 | 30 | 30 | 30 | 30 | 30 |
| 西南 | 城乡 | 小计 | 小计 | 2 210 | 34 | 10 | 15 | 30 | 40 | 100 |
| | | | 18 ～ 44 岁 | 1 080 | 36 | 10 | 20 | 30 | 40 | 100 |
| | | | 45 ～ 59 岁 | 742 | 32 | 10 | 15 | 30 | 30 | 70 |
| | | | 60 ～ 79 岁 | 375 | 30 | 5 | 10 | 20 | 35 | 90 |
| | | | 80 岁及以上 | 13 | 16 | 8 | 10 | 10 | 15 | 60 |
| | | 男 | 小计 | 848 | 36 | 10 | 20 | 30 | 40 | 100 |
| | | | 18 ～ 44 岁 | 397 | 39 | 10 | 20 | 30 | 40 | 100 |

| 地区 | 城乡 | 性别 | 年龄 | n | 公交车累计使用时间 /（min/d） | | | | | |
|---|---|---|---|---|---|---|---|---|---|---|
| | | | | | Mean | P5 | P 25 | P50 | P 75 | P95 |
| 西南 | 城乡 | 男 | 45 ～ 59 岁 | 273 | 32 | 8 | 10 | 30 | 40 | 80 |
| | | | 60 ～ 79 岁 | 171 | 32 | 5 | 10 | 20 | 40 | 120 |
| | | | 80 岁及以上 | 7 | 18 | 10 | 10 | 10 | 20 | 60 |
| | | 女 | 小计 | 1 362 | 32 | 10 | 15 | 30 | 40 | 90 |
| | | | 18 ～ 44 岁 | 683 | 34 | 10 | 20 | 30 | 40 | 120 |
| | | | 45 ～ 59 岁 | 469 | 31 | 10 | 15 | 30 | 30 | 60 |
| | | | 60 ～ 79 岁 | 204 | 28 | 8 | 10 | 20 | 30 | 60 |
| | | | 80 岁及以上 | 6 | 15 | 8 | 10 | 10 | 15 | 70 |
| | 城市 | 小计 | 小计 | 863 | 36 | 10 | 15 | 30 | 40 | 120 |
| | | | 18 ～ 44 岁 | 397 | 40 | 10 | 20 | 30 | 50 | 120 |
| | | | 45 ～ 59 岁 | 298 | 31 | 10 | 10 | 25 | 40 | 70 |
| | | | 60 ～ 79 岁 | 163 | 35 | 10 | 10 | 20 | 40 | 120 |
| | | | 80 岁及以上 | 5 | 22 | 10 | 10 | 10 | 20 | 70 |
| | | 男 | 小计 | 323 | 38 | 10 | 15 | 30 | 60 | 120 |
| | | | 18 ～ 44 岁 | 140 | 44 | 10 | 20 | 30 | 60 | 120 |
| | | | 45 ～ 59 岁 | 104 | 30 | 5 | 10 | 22 | 40 | 60 |
| | | | 60 ～ 79 岁 | 76 | 36 | 10 | 10 | 20 | 60 | 120 |
| | | | 80 岁及以上 | 3 | 21 | 10 | 10 | 20 | 20 | 60 |
| | | 女 | 小计 | 540 | 35 | 10 | 15 | 30 | 40 | 90 |
| | | | 18 ～ 44 岁 | 257 | 36 | 10 | 15 | 30 | 44 | 90 |
| | | | 45 ～ 59 岁 | 194 | 32 | 10 | 15 | 25 | 30 | 80 |
| | | | 60 ～ 79 岁 | 87 | 34 | 10 | 18 | 30 | 40 | 70 |
| | | | 80 岁及以上 | 2 | 24 | 10 | 10 | 10 | 10 | 70 |
| | 农村 | 小计 | 小计 | 1 347 | 32 | 10 | 20 | 30 | 30 | 70 |
| | | | 18 ～ 44 岁 | 683 | 34 | 10 | 20 | 25 | 30 | 90 |
| | | | 45 ～ 59 岁 | 444 | 33 | 7 | 15 | 30 | 30 | 60 |
| | | | 60 ～ 79 岁 | 212 | 24 | 3 | 10 | 20 | 30 | 60 |
| | | | 80 岁及以上 | 8 | 12 | 8 | 10 | 10 | 15 | 20 |
| | | 男 | 小计 | 525 | 33 | 10 | 20 | 20 | 30 | 80 |
| | | | 18 ～ 44 岁 | 257 | 34 | 10 | 20 | 20 | 30 | 80 |
| | | | 45 ～ 59 岁 | 169 | 36 | 8 | 10 | 30 | 30 | 100 |
| | | | 60 ～ 79 岁 | 95 | 27 | 5 | 10 | 20 | 35 | 60 |
| | | | 80 岁及以上 | 4 | 13 | 10 | 10 | 10 | 20 | 20 |
| | | 女 | 小计 | 822 | 31 | 8 | 15 | 30 | 30 | 60 |
| | | | 18 ～ 44 岁 | 426 | 33 | 10 | 20 | 30 | 30 | 120 |
| | | | 45 ～ 59 岁 | 275 | 31 | 5 | 15 | 30 | 30 | 60 |
| | | | 60 ～ 79 岁 | 117 | 22 | 3 | 10 | 20 | 30 | 40 |
| | | | 80 岁及以上 | 4 | 11 | 8 | 8 | 10 | 15 | 15 |

## 附表 6-42　中国人群分片区、城乡、性别、年龄的轨道交通工具累计使用时间

| 地区 | 城乡 | 性别 | 年龄 | n | 轨道交通工具累计使用时间 /（min/d） | | | | | |
|---|---|---|---|---|---|---|---|---|---|---|
| | | | | | Mean | P5 | P 25 | P50 | P 75 | P95 |
| 合计 | 城乡 | 小计 | 小计 | 275 | 40 | 5 | 20 | 30 | 50 | 120 |
| | | | 18 ～ 44 岁 | 123 | 47 | 5 | 20 | 30 | 50 | 180 |
| | | | 45 ～ 59 岁 | 100 | 31 | 5 | 15 | 30 | 30 | 60 |
| | | | 60 ～ 79 岁 | 47 | 38 | 5 | 20 | 30 | 30 | 120 |
| | | | 80 岁及以上 | 5 | 32 | 10 | 20 | 30 | 30 | 60 |
| | | 男 | 小计 | 106 | 43 | 5 | 20 | 30 | 50 | 180 |
| | | | 18 ～ 44 岁 | 54 | 49 | 3 | 30 | 30 | 50 | 180 |
| | | | 45 ～ 59 岁 | 27 | 31 | 5 | 15 | 20 | 40 | 60 |
| | | | 60 ～ 79 岁 | 23 | 38 | 5 | 20 | 30 | 30 | 120 |
| | | | 80 岁及以上 | 2 | 44 | 30 | 30 | 30 | 60 | 60 |
| | | 女 | 小计 | 169 | 38 | 8 | 20 | 30 | 40 | 120 |

| 地区 | 城乡 | 性别 | 年龄 | n | 轨道交通工具累计使用时间 / (min/d) | | | | | |
|---|---|---|---|---|---|---|---|---|---|---|
| | | | | | Mean | P5 | P 25 | P50 | P 75 | P95 |
| 合计 | 城乡 | 女 | 18～44 岁 | 69 | 45 | 8 | 20 | 30 | 50 | 120 |
| | | | 45～59 岁 | 73 | 30 | 5 | 20 | 30 | 30 | 60 |
| | | | 60～79 岁 | 24 | 38 | 5 | 10 | 30 | 30 | 120 |
| | | | 80 岁及以上 | 3 | 23 | 10 | 20 | 20 | 30 | 30 |
| | 城市 | 小计 | 小计 | 266 | 39 | 5 | 20 | 30 | 50 | 120 |
| | | | 18～44 岁 | 118 | 45 | 5 | 20 | 30 | 50 | 120 |
| | | | 45～59 岁 | 96 | 30 | 5 | 15 | 30 | 30 | 60 |
| | | | 60～79 岁 | 47 | 38 | 5 | 20 | 30 | 30 | 120 |
| | | | 80 岁及以上 | 5 | 32 | 10 | 20 | 30 | 30 | 60 |
| | | 男 | 小计 | 102 | 39 | 5 | 20 | 30 | 50 | 120 |
| | | | 18～44 岁 | 51 | 44 | 3 | 20 | 30 | 50 | 180 |
| | | | 45～59 岁 | 26 | 28 | 5 | 15 | 20 | 30 | 60 |
| | | | 60～79 岁 | 23 | 38 | 5 | 20 | 30 | 30 | 120 |
| | | | 80 岁及以上 | 2 | 44 | 30 | 30 | 30 | 60 | 60 |
| | | 女 | 小计 | 164 | 38 | 8 | 20 | 30 | 40 | 120 |
| | | | 18～44 岁 | 67 | 46 | 8 | 20 | 30 | 60 | 120 |
| | | | 45～59 岁 | 70 | 31 | 6 | 20 | 30 | 30 | 60 |
| | | | 60～79 岁 | 24 | 38 | 5 | 10 | 30 | 30 | 120 |
| | | | 80 岁及以上 | 3 | 23 | 10 | 20 | 20 | 30 | 30 |
| | 农村 | 小计 | 小计 | 9 | 66 | 20 | 20 | 30 | 120 | 180 |
| | | | 18～44 岁 | 5 | 67 | 20 | 20 | 30 | 180 | 180 |
| | | | 45～59 岁 | 4 | 60 | 5 | 20 | 60 | 120 | 120 |
| | | | 60～79 岁 | 0 | 0 | 0 | 0 | 0 | 0 | 0 |
| | | | 80 岁及以上 | 0 | 0 | 0 | 0 | 0 | 0 | 0 |
| | | 男 | 小计 | 4 | 89 | 30 | 30 | 30 | 180 | 180 |
| | | | 18～44 岁 | 3 | 86 | 30 | 30 | 30 | 180 | 180 |
| | | | 45～59 岁 | 1 | 120 | 120 | 120 | 120 | 120 | 120 |
| | | | 60～79 岁 | 0 | 0 | 0 | 0 | 0 | 0 | 0 |
| | | | 80 岁及以上 | 0 | 0 | 0 | 0 | 0 | 0 | 0 |
| | | 女 | 小计 | 5 | 23 | 5 | 20 | 20 | 20 | 60 |
| | | | 18～44 岁 | 2 | 20 | 20 | 20 | 20 | 20 | 20 |
| | | | 45～59 岁 | 3 | 30 | 5 | 5 | 20 | 60 | 60 |
| | | | 60～79 岁 | 0 | 0 | 0 | 0 | 0 | 0 | 0 |
| | | | 80 岁及以上 | 0 | 0 | 0 | 0 | 0 | 0 | 0 |
| 华北 | 城乡 | 小计 | 小计 | 74 | 41 | 7 | 20 | 30 | 40 | 120 |
| | | | 18～44 岁 | 25 | 43 | 3 | 20 | 30 | 40 | 120 |
| | | | 45～59 岁 | 34 | 39 | 10 | 20 | 30 | 40 | 120 |
| | | | 60～79 岁 | 15 | 39 | 10 | 20 | 30 | 30 | 180 |
| | | | 80 岁及以上 | 0 | 0 | 0 | 0 | 0 | 0 | 0 |
| | | 男 | 小计 | 28 | 34 | 3 | 20 | 30 | 30 | 120 |
| | | | 18～44 岁 | 10 | 36 | 3 | 20 | 30 | 30 | 120 |
| | | | 45～59 岁 | 13 | 35 | 20 | 20 | 30 | 40 | 60 |
| | | | 60～79 岁 | 5 | 26 | 20 | 20 | 30 | 30 | 30 |
| | | | 80 岁及以上 | 0 | 0 | 0 | 0 | 0 | 0 | 0 |
| | | 女 | 小计 | 46 | 46 | 10 | 20 | 30 | 40 | 150 |
| | | | 18～44 岁 | 15 | 50 | 7 | 30 | 30 | 40 | 240 |
| | | | 45～59 岁 | 21 | 42 | 10 | 20 | 30 | 30 | 150 |
| | | | 60～79 岁 | 10 | 48 | 10 | 30 | 30 | 30 | 180 |
| | | | 80 岁及以上 | 0 | 0 | 0 | 0 | 0 | 0 | 0 |
| | 城市 | 小计 | 小计 | 71 | 41 | 5 | 20 | 30 | 40 | 120 |
| | | | 18～44 岁 | 24 | 44 | 3 | 20 | 30 | 40 | 120 |
| | | | 45～59 岁 | 32 | 38 | 10 | 20 | 30 | 40 | 120 |
| | | | 60～79 岁 | 15 | 39 | 10 | 20 | 30 | 30 | 180 |
| | | | 80 岁及以上 | 0 | 0 | 0 | 0 | 0 | 0 | 0 |
| | | 男 | 小计 | 28 | 34 | 3 | 20 | 30 | 30 | 120 |
| | | | 18～44 岁 | 10 | 36 | 3 | 20 | 30 | 30 | 120 |
| | | | 45～59 岁 | 13 | 35 | 20 | 20 | 30 | 40 | 60 |
| | | | 60～79 岁 | 5 | 26 | 20 | 20 | 30 | 30 | 30 |

| 地区 | 城乡 | 性别 | 年龄 | n | 轨道交通工具累计使用时间 /（min/d） | | | | | |
| --- | --- | --- | --- | --- | --- | --- | --- | --- | --- | --- |
| | | | | | Mean | P5 | P 25 | P50 | P 75 | P95 |
| 华北 | 城市 | 男 | 80 岁及以上 | 0 | 0 | 0 | 0 | 0 | 0 | 0 |
| | | 女 | 小计 | 43 | 47 | 10 | 20 | 30 | 40 | 180 |
| | | | 18 ～ 44 岁 | 14 | 51 | 7 | 30 | 30 | 40 | 240 |
| | | | 45 ～ 59 岁 | 19 | 42 | 10 | 20 | 30 | 30 | 150 |
| | | | 60 ～ 79 岁 | 10 | 48 | 10 | 30 | 30 | 30 | 180 |
| | | | 80 岁及以上 | 0 | 0 | 0 | 0 | 0 | 0 | 0 |
| | 农村 | 小计 | 小计 | 3 | 34 | 20 | 20 | 20 | 60 | 60 |
| | | | 18 ～ 44 岁 | 1 | 20 | 20 | 20 | 20 | 20 | 20 |
| | | | 45 ～ 59 岁 | 2 | 43 | 20 | 20 | 60 | 60 | 60 |
| | | | 60 ～ 79 岁 | 0 | 0 | 0 | 0 | 0 | 0 | 0 |
| | | | 80 岁及以上 | 0 | 0 | 0 | 0 | 0 | 0 | 0 |
| | | 男 | 小计 | 0 | 0 | 0 | 0 | 0 | 0 | 0 |
| | | | 18 ～ 44 岁 | 0 | 0 | 0 | 0 | 0 | 0 | 0 |
| | | | 45 ～ 59 岁 | 0 | 0 | 0 | 0 | 0 | 0 | 0 |
| | | | 60 ～ 79 岁 | 0 | 0 | 0 | 0 | 0 | 0 | 0 |
| | | | 80 岁及以上 | 0 | 0 | 0 | 0 | 0 | 0 | 0 |
| | | 女 | 小计 | 3 | 34 | 20 | 20 | 20 | 60 | 60 |
| | | | 18 ～ 44 岁 | 1 | 20 | 20 | 20 | 20 | 20 | 20 |
| | | | 45 ～ 59 岁 | 2 | 43 | 20 | 20 | 60 | 60 | 60 |
| | | | 60 ～ 79 岁 | 0 | 0 | 0 | 0 | 0 | 0 | 0 |
| | | | 80 岁及以上 | 0 | 0 | 0 | 0 | 0 | 0 | 0 |
| 华东 | 城乡 | 小计 | 小计 | 88 | 53 | 5 | 20 | 30 | 60 | 180 |
| | | | 18 ～ 44 岁 | 57 | 53 | 5 | 20 | 30 | 60 | 180 |
| | | | 45 ～ 59 岁 | 16 | 36 | 5 | 10 | 30 | 60 | 90 |
| | | | 60 ～ 79 岁 | 14 | 74 | 5 | 30 | 60 | 120 | 180 |
| | | | 80 岁及以上 | 1 | 10 | 10 | 10 | 10 | 10 | 10 |
| | | 男 | 小计 | 42 | 59 | 5 | 20 | 30 | 60 | 180 |
| | | | 18 ～ 44 岁 | 29 | 56 | 2 | 15 | 30 | 60 | 180 |
| | | | 45 ～ 59 岁 | 4 | 58 | 30 | 30 | 60 | 60 | 90 |
| | | | 60 ～ 79 岁 | 9 | 79 | 15 | 30 | 60 | 120 | 180 |
| | | | 80 岁及以上 | 0 | 0 | 0 | 0 | 0 | 0 | 0 |
| | | 女 | 小计 | 46 | 45 | 8 | 20 | 30 | 60 | 120 |
| | | | 18 ～ 44 岁 | 28 | 49 | 8 | 20 | 30 | 60 | 120 |
| | | | 45 ～ 59 岁 | 12 | 28 | 5 | 10 | 15 | 30 | 80 |
| | | | 60 ～ 79 岁 | 5 | 64 | 5 | 15 | 80 | 120 | 120 |
| | | | 80 岁及以上 | 1 | 10 | 10 | 10 | 10 | 10 | 10 |
| | 城市 | 小计 | 小计 | 85 | 51 | 5 | 20 | 30 | 60 | 180 |
| | | | 18 ～ 44 岁 | 55 | 50 | 5 | 20 | 30 | 60 | 180 |
| | | | 45 ～ 59 岁 | 15 | 38 | 5 | 15 | 30 | 60 | 90 |
| | | | 60 ～ 79 岁 | 14 | 74 | 5 | 30 | 60 | 120 | 180 |
| | | | 80 岁及以上 | 1 | 10 | 10 | 10 | 10 | 10 | 10 |
| | | 男 | 小计 | 41 | 53 | 5 | 20 | 30 | 60 | 180 |
| | | | 18 ～ 44 岁 | 28 | 49 | 2 | 15 | 30 | 60 | 180 |
| | | | 45 ～ 59 岁 | 4 | 58 | 30 | 30 | 60 | 60 | 90 |
| | | | 60 ～ 79 岁 | 9 | 79 | 15 | 30 | 60 | 120 | 180 |
| | | | 80 岁及以上 | 0 | 0 | 0 | 0 | 0 | 0 | 0 |
| | | 女 | 小计 | 44 | 48 | 8 | 20 | 30 | 60 | 120 |
| | | | 18 ～ 44 岁 | 27 | 52 | 8 | 30 | 40 | 60 | 180 |
| | | | 45 ～ 59 岁 | 11 | 30 | 5 | 10 | 20 | 30 | 80 |
| | | | 60 ～ 79 岁 | 5 | 64 | 5 | 15 | 80 | 120 | 120 |
| | | | 80 岁及以上 | 1 | 10 | 10 | 10 | 10 | 10 | 10 |
| | 农村 | 小计 | 小计 | 3 | 78 | 5 | 20 | 20 | 180 | 180 |
| | | | 18 ～ 44 岁 | 2 | 89 | 20 | 20 | 20 | 180 | 180 |
| | | | 45 ～ 59 岁 | 1 | 5 | 5 | 5 | 5 | 5 | 5 |
| | | | 60 ～ 79 岁 | 0 | 0 | 0 | 0 | 0 | 0 | 0 |
| | | | 80 岁及以上 | 0 | 0 | 0 | 0 | 0 | 0 | 0 |
| | | 男 | 小计 | 1 | 180 | 180 | 180 | 180 | 180 | 180 |
| | | | 18 ～ 44 岁 | 1 | 180 | 180 | 180 | 180 | 180 | 180 |

| 地区 | 城乡 | 性别 | 年龄 | n | 轨道交通工具累计使用时间 /（min/d） | | | | | |
|---|---|---|---|---|---|---|---|---|---|---|
| | | | | | Mean | P5 | P 25 | P50 | P 75 | P95 |
| 华东 | 农村 | 男 | 45 ~ 59 岁 | 0 | 0 | 0 | 0 | 0 | 0 | 0 |
| | | | 60 ~ 79 岁 | 0 | 0 | 0 | 0 | 0 | 0 | 0 |
| | | | 80 岁及以上 | 0 | 0 | 0 | 0 | 0 | 0 | 0 |
| | | 女 | 小计 | 2 | 17 | 5 | 20 | 20 | 20 | 20 |
| | | | 18 ~ 44 岁 | 1 | 20 | 20 | 20 | 20 | 20 | 20 |
| | | | 45 ~ 59 岁 | 1 | 5 | 5 | 5 | 5 | 5 | 5 |
| | | | 60 ~ 79 岁 | 0 | 0 | 0 | 0 | 0 | 0 | 0 |
| | | | 80 岁及以上 | 0 | 0 | 0 | 0 | 0 | 0 | 0 |
| 华南 | 城乡 | 小计 | 小计 | 102 | 33 | 8 | 20 | 30 | 40 | 60 |
| | | | 18 ~ 44 岁 | 38 | 41 | 10 | 30 | 30 | 50 | 120 |
| | | | 45 ~ 59 岁 | 43 | 26 | 5 | 15 | 20 | 30 | 60 |
| | | | 60 ~ 79 岁 | 17 | 27 | 5 | 10 | 20 | 30 | 80 |
| | | | 80 岁及以上 | 4 | 34 | 20 | 20 | 30 | 30 | 60 |
| | | 男 | 小计 | 29 | 32 | 5 | 20 | 30 | 50 | 60 |
| | | | 18 ~ 44 岁 | 12 | 40 | 30 | 30 | 40 | 50 | 60 |
| | | | 45 ~ 59 岁 | 7 | 21 | 5 | 10 | 15 | 20 | 60 |
| | | | 60 ~ 79 岁 | 8 | 26 | 5 | 10 | 30 | 30 | 60 |
| | | | 80 岁及以上 | 2 | 44 | 30 | 30 | 30 | 60 | 60 |
| | | 女 | 小计 | 73 | 34 | 8 | 15 | 30 | 30 | 80 |
| | | | 18 ~ 44 岁 | 26 | 42 | 10 | 20 | 30 | 40 | 120 |
| | | | 45 ~ 59 岁 | 36 | 28 | 6 | 20 | 30 | 30 | 60 |
| | | | 60 ~ 79 岁 | 9 | 29 | 5 | 10 | 20 | 30 | 80 |
| | | | 80 岁及以上 | 2 | 25 | 20 | 20 | 20 | 30 | 30 |
| | 城市 | 小计 | 小计 | 101 | 33 | 6 | 15 | 30 | 40 | 60 |
| | | | 18 ~ 44 岁 | 37 | 42 | 10 | 20 | 30 | 50 | 120 |
| | | | 45 ~ 59 岁 | 43 | 26 | 5 | 15 | 20 | 30 | 60 |
| | | | 60 ~ 79 岁 | 17 | 27 | 5 | 10 | 20 | 30 | 80 |
| | | | 80 岁及以上 | 4 | 34 | 20 | 20 | 30 | 30 | 60 |
| | | 男 | 小计 | 28 | 32 | 5 | 15 | 30 | 50 | 60 |
| | | | 18 ~ 44 岁 | 11 | 43 | 25 | 30 | 50 | 50 | 60 |
| | | | 45 ~ 59 岁 | 7 | 21 | 5 | 10 | 15 | 20 | 60 |
| | | | 60 ~ 79 岁 | 8 | 26 | 5 | 10 | 30 | 30 | 60 |
| | | | 80 岁及以上 | 2 | 44 | 30 | 30 | 30 | 60 | 60 |
| | | 女 | 小计 | 73 | 34 | 8 | 15 | 30 | 30 | 80 |
| | | | 18 ~ 44 岁 | 26 | 42 | 10 | 20 | 30 | 40 | 120 |
| | | | 45 ~ 59 岁 | 36 | 28 | 6 | 20 | 30 | 30 | 60 |
| | | | 60 ~ 79 岁 | 9 | 29 | 5 | 10 | 20 | 30 | 80 |
| | | | 80 岁及以上 | 2 | 25 | 20 | 20 | 20 | 30 | 30 |
| | 农村 | 小计 | 小计 | 1 | 30 | 30 | 30 | 30 | 30 | 30 |
| | | | 18 ~ 44 岁 | 1 | 30 | 30 | 30 | 30 | 30 | 30 |
| | | | 45 ~ 59 岁 | 0 | 0 | 0 | 0 | 0 | 0 | 0 |
| | | | 60 ~ 79 岁 | 0 | 0 | 0 | 0 | 0 | 0 | 0 |
| | | | 80 岁及以上 | 0 | 0 | 0 | 0 | 0 | 0 | 0 |
| | | 男 | 小计 | 1 | 30 | 30 | 30 | 30 | 30 | 30 |
| | | | 18 ~ 44 岁 | 1 | 30 | 30 | 30 | 30 | 30 | 30 |
| | | | 45 ~ 59 岁 | 0 | 0 | 0 | 0 | 0 | 0 | 0 |
| | | | 60 ~ 79 岁 | 0 | 0 | 0 | 0 | 0 | 0 | 0 |
| | | | 80 岁及以上 | 0 | 0 | 0 | 0 | 0 | 0 | 0 |
| | | 女 | 小计 | 0 | 0 | 0 | 0 | 0 | 0 | 0 |
| | | | 18 ~ 44 岁 | 0 | 0 | 0 | 0 | 0 | 0 | 0 |
| | | | 45 ~ 59 岁 | 0 | 0 | 0 | 0 | 0 | 0 | 0 |
| | | | 60 ~ 79 岁 | 0 | 0 | 0 | 0 | 0 | 0 | 0 |
| | | | 80 岁及以上 | 0 | 0 | 0 | 0 | 0 | 0 | 0 |
| 西北 | 城乡 | 小计 | 小计 | 3 | 59 | 1 | 1 | 2 | 120 | 120 |
| | | | 18 ~ 44 岁 | 1 | 1 | 1 | 1 | 1 | 1 | 1 |
| | | | 45 ~ 59 岁 | 1 | 120 | 120 | 120 | 120 | 120 | 120 |
| | | | 60 ~ 79 岁 | 1 | 2 | 2 | 2 | 2 | 2 | 2 |
| | | | 80 岁及以上 | 0 | 0 | 0 | 0 | 0 | 0 | 0 |

| 地区 | 城乡 | 性别 | 年龄 | n | 轨道交通工具累计使用时间 /（min/d） | | | | | |
|---|---|---|---|---|---|---|---|---|---|---|
| | | | | | Mean | P5 | P25 | P50 | P75 | P95 |
| 西北 | 城乡 | 男 | 小计 | 3 | 59 | 1 | 1 | 2 | 120 | 120 |
| | | | 18 ～ 44 岁 | 1 | 1 | 1 | 1 | 1 | 1 | 1 |
| | | | 45 ～ 59 岁 | 1 | 120 | 120 | 120 | 120 | 120 | 120 |
| | | | 60 ～ 79 岁 | 1 | 2 | 2 | 2 | 2 | 2 | 2 |
| | | | 80 岁及以上 | 0 | 0 | 0 | 0 | 0 | 0 | 0 |
| | | 女 | 小计 | 0 | 0 | 0 | 0 | 0 | 0 | 0 |
| | | | 18 ～ 44 岁 | 0 | 0 | 0 | 0 | 0 | 0 | 0 |
| | | | 45 ～ 59 岁 | 0 | 0 | 0 | 0 | 0 | 0 | 0 |
| | | | 60 ～ 79 岁 | 0 | 0 | 0 | 0 | 0 | 0 | 0 |
| | | | 80 岁及以上 | 0 | 0 | 0 | 0 | 0 | 0 | 0 |
| | 城市 | 小计 | 小计 | 2 | 1 | 1 | 1 | 1 | 1 | 2 |
| | | | 18 ～ 44 岁 | 1 | 1 | 1 | 1 | 1 | 1 | 1 |
| | | | 45 ～ 59 岁 | 0 | 0 | 0 | 0 | 0 | 0 | 0 |
| | | | 60 ～ 79 岁 | 1 | 2 | 2 | 2 | 2 | 2 | 2 |
| | | | 80 岁及以上 | 0 | 0 | 0 | 0 | 0 | 0 | 0 |
| | | 男 | 小计 | 2 | 1 | 1 | 1 | 1 | 1 | 2 |
| | | | 18 ～ 44 岁 | 1 | 1 | 1 | 1 | 1 | 1 | 1 |
| | | | 45 ～ 59 岁 | 0 | 0 | 0 | 0 | 0 | 0 | 0 |
| | | | 60 ～ 79 岁 | 1 | 2 | 2 | 2 | 2 | 2 | 2 |
| | | | 80 岁及以上 | 0 | 0 | 0 | 0 | 0 | 0 | 0 |
| | | 女 | 小计 | 0 | 0 | 0 | 0 | 0 | 0 | 0 |
| | | | 18 ～ 44 岁 | 0 | 0 | 0 | 0 | 0 | 0 | 0 |
| | | | 45 ～ 59 岁 | 0 | 0 | 0 | 0 | 0 | 0 | 0 |
| | | | 60 ～ 79 岁 | 0 | 0 | 0 | 0 | 0 | 0 | 0 |
| | | | 80 岁及以上 | 0 | 0 | 0 | 0 | 0 | 0 | 0 |
| | 农村 | 小计 | 小计 | 1 | 120 | 120 | 120 | 120 | 120 | 120 |
| | | | 18 ～ 44 岁 | 0 | 0 | 0 | 0 | 0 | 0 | 0 |
| | | | 45 ～ 59 岁 | 1 | 120 | 120 | 120 | 120 | 120 | 120 |
| | | | 60 ～ 79 岁 | 0 | 0 | 0 | 0 | 0 | 0 | 0 |
| | | | 80 岁及以上 | 0 | 0 | 0 | 0 | 0 | 0 | 0 |
| | | 男 | 小计 | 1 | 120 | 120 | 120 | 120 | 120 | 120 |
| | | | 18 ～ 44 岁 | 0 | 0 | 0 | 0 | 0 | 0 | 0 |
| | | | 45 ～ 59 岁 | 1 | 120 | 120 | 120 | 120 | 120 | 120 |
| | | | 60 ～ 79 岁 | 0 | 0 | 0 | 0 | 0 | 0 | 0 |
| | | | 80 岁及以上 | 0 | 0 | 0 | 0 | 0 | 0 | 0 |
| | | 女 | 小计 | 0 | 0 | 0 | 0 | 0 | 0 | 0 |
| | | | 18 ～ 44 岁 | 0 | 0 | 0 | 0 | 0 | 0 | 0 |
| | | | 45 ～ 59 岁 | 0 | 0 | 0 | 0 | 0 | 0 | 0 |
| | | | 60 ～ 79 岁 | 0 | 0 | 0 | 0 | 0 | 0 | 0 |
| | | | 80 岁及以上 | 0 | 0 | 0 | 0 | 0 | 0 | 0 |
| 东北 | 城乡 | 小计 | 小计 | 5 | 93 | 1 | 20 | 80 | 180 | 180 |
| | | | 18 ～ 44 岁 | 1 | 180 | 180 | 180 | 180 | 180 | 180 |
| | | | 45 ～ 59 岁 | 4 | 31 | 1 | 1 | 20 | 40 | 80 |
| | | | 60 ～ 79 岁 | 0 | 0 | 0 | 0 | 0 | 0 | 0 |
| | | | 80 岁及以上 | 0 | 0 | 0 | 0 | 0 | 0 | 0 |
| | | 男 | 小计 | 2 | 141 | 40 | 40 | 180 | 180 | 180 |
| | | | 18 ～ 44 岁 | 1 | 180 | 180 | 180 | 180 | 180 | 180 |
| | | | 45 ～ 59 岁 | 1 | 40 | 40 | 40 | 40 | 40 | 40 |
| | | | 60 ～ 79 岁 | 0 | 0 | 0 | 0 | 0 | 0 | 0 |
| | | | 80 岁及以上 | 0 | 0 | 0 | 0 | 0 | 0 | 0 |
| | | 女 | 小计 | 3 | 27 | 1 | 1 | 20 | 80 | 80 |
| | | | 18 ～ 44 岁 | 0 | 0 | 0 | 0 | 0 | 0 | 0 |
| | | | 45 ～ 59 岁 | 3 | 27 | 1 | 1 | 20 | 80 | 80 |
| | | | 60 ～ 79 岁 | 0 | 0 | 0 | 0 | 0 | 0 | 0 |
| | | | 80 岁及以上 | 0 | 0 | 0 | 0 | 0 | 0 | 0 |
| | 城市 | 小计 | 小计 | 4 | 31 | 1 | 1 | 20 | 40 | 80 |
| | | | 18 ～ 44 岁 | 0 | 0 | 0 | 0 | 0 | 0 | 0 |
| | | | 45 ～ 59 岁 | 4 | 31 | 1 | 1 | 20 | 40 | 80 |

| 地区 | 城乡 | 性别 | 年龄 | n | 轨道交通工具累计使用时间 /（min/d） | | | | | |
|---|---|---|---|---|---|---|---|---|---|---|
| | | | | | Mean | P5 | P 25 | P50 | P 75 | P95 |
| 东北 | 城市 | 小计 | 60 ～ 79 岁 | 0 | 0 | 0 | 0 | 0 | 0 | 0 |
| | | | 80 岁及以上 | 0 | 0 | 0 | 0 | 0 | 0 | 0 |
| | | 男 | 小计 | 1 | 40 | 40 | 40 | 40 | 40 | 40 |
| | | | 18 ～ 44 岁 | 0 | 0 | 0 | 0 | 0 | 0 | 0 |
| | | | 45 ～ 59 岁 | 1 | 40 | 40 | 40 | 40 | 40 | 40 |
| | | | 60 ～ 79 岁 | 0 | 0 | 0 | 0 | 0 | 0 | 0 |
| | | | 80 岁及以上 | 0 | 0 | 0 | 0 | 0 | 0 | 0 |
| | | 女 | 小计 | 3 | 27 | 1 | 1 | 20 | 80 | 80 |
| | | | 18 ～ 44 岁 | 0 | 0 | 0 | 0 | 0 | 0 | 0 |
| | | | 45 ～ 59 岁 | 3 | 27 | 1 | 1 | 20 | 80 | 80 |
| | | | 60 ～ 79 岁 | 0 | 0 | 0 | 0 | 0 | 0 | 0 |
| | | | 80 岁及以上 | 0 | 0 | 0 | 0 | 0 | 0 | 0 |
| | 农村 | 小计 | 小计 | 1 | 180 | 180 | 180 | 180 | 180 | 180 |
| | | | 18 ～ 44 岁 | 1 | 180 | 180 | 180 | 180 | 180 | 180 |
| | | | 45 ～ 59 岁 | 0 | 0 | 0 | 0 | 0 | 0 | 0 |
| | | | 60 ～ 79 岁 | 0 | 0 | 0 | 0 | 0 | 0 | 0 |
| | | | 80 岁及以上 | 0 | 0 | 0 | 0 | 0 | 0 | 0 |
| | | 男 | 小计 | 1 | 180 | 180 | 180 | 180 | 180 | 180 |
| | | | 18 ～ 44 岁 | 1 | 180 | 180 | 180 | 180 | 180 | 180 |
| | | | 45 ～ 59 岁 | 0 | 0 | 0 | 0 | 0 | 0 | 0 |
| | | | 60 ～ 79 岁 | 0 | 0 | 0 | 0 | 0 | 0 | 0 |
| | | | 80 岁及以上 | 0 | 0 | 0 | 0 | 0 | 0 | 0 |
| | | 女 | 小计 | 0 | 0 | 0 | 0 | 0 | 0 | 0 |
| | | | 18 ～ 44 岁 | 0 | 0 | 0 | 0 | 0 | 0 | 0 |
| | | | 45 ～ 59 岁 | 0 | 0 | 0 | 0 | 0 | 0 | 0 |
| | | | 60 ～ 79 岁 | 0 | 0 | 0 | 0 | 0 | 0 | 0 |
| | | | 80 岁及以上 | 0 | 0 | 0 | 0 | 0 | 0 | 0 |
| 西南 | 城乡 | 小计 | 小计 | 3 | 18 | 10 | 10 | 15 | 30 | 30 |
| | | | 18 ～ 44 岁 | 1 | 15 | 15 | 15 | 15 | 15 | 15 |
| | | | 45 ～ 59 岁 | 2 | 20 | 10 | 10 | 30 | 30 | 30 |
| | | | 60 ～ 79 岁 | 0 | 0 | 0 | 0 | 0 | 0 | 0 |
| | | | 80 岁及以上 | 0 | 0 | 0 | 0 | 0 | 0 | 0 |
| | | 男 | 小计 | 2 | 13 | 10 | 10 | 15 | 15 | 15 |
| | | | 18 ～ 44 岁 | 1 | 15 | 15 | 15 | 15 | 15 | 15 |
| | | | 45 ～ 59 岁 | 1 | 10 | 10 | 10 | 10 | 10 | 10 |
| | | | 60 ～ 79 岁 | 0 | 0 | 0 | 0 | 0 | 0 | 0 |
| | | | 80 岁及以上 | 0 | 0 | 0 | 0 | 0 | 0 | 0 |
| | | 女 | 小计 | 1 | 30 | 30 | 30 | 30 | 30 | 30 |
| | | | 18 ～ 44 岁 | 0 | 0 | 0 | 0 | 0 | 0 | 0 |
| | | | 45 ～ 59 岁 | 1 | 30 | 30 | 30 | 30 | 30 | 30 |
| | | | 60 ～ 79 岁 | 0 | 0 | 0 | 0 | 0 | 0 | 0 |
| | | | 80 岁及以上 | 0 | 0 | 0 | 0 | 0 | 0 | 0 |
| | 城市 | 小计 | 小计 | 3 | 18 | 10 | 10 | 15 | 30 | 30 |
| | | | 18 ～ 44 岁 | 1 | 15 | 15 | 15 | 15 | 15 | 15 |
| | | | 45 ～ 59 岁 | 2 | 20 | 10 | 10 | 30 | 30 | 30 |
| | | | 60 ～ 79 岁 | 0 | 0 | 0 | 0 | 0 | 0 | 0 |
| | | | 80 岁及以上 | 0 | 0 | 0 | 0 | 0 | 0 | 0 |
| | | 男 | 小计 | 2 | 13 | 10 | 10 | 15 | 15 | 15 |
| | | | 18 ～ 44 岁 | 1 | 15 | 15 | 15 | 15 | 15 | 15 |
| | | | 45 ～ 59 岁 | 1 | 10 | 10 | 10 | 10 | 10 | 10 |
| | | | 60 ～ 79 岁 | 0 | 0 | 0 | 0 | 0 | 0 | 0 |
| | | | 80 岁及以上 | 0 | 0 | 0 | 0 | 0 | 0 | 0 |
| | | 女 | 小计 | 1 | 30 | 30 | 30 | 30 | 30 | 30 |
| | | | 18 ～ 44 岁 | 0 | 0 | 0 | 0 | 0 | 0 | 0 |
| | | | 45 ～ 59 岁 | 1 | 30 | 30 | 30 | 30 | 30 | 30 |
| | | | 60 ～ 79 岁 | 0 | 0 | 0 | 0 | 0 | 0 | 0 |
| | | | 80 岁及以上 | 0 | 0 | 0 | 0 | 0 | 0 | 0 |
| | 农村 | 小计 | 小计 | 0 | 0 | 0 | 0 | 0 | 0 | 0 |

| 地区 | 城乡 | 性别 | 年龄 | n | 轨道交通工具累计使用时间 / (min/d) | | | | | |
|---|---|---|---|---|---|---|---|---|---|---|
| | | | | | Mean | P5 | P 25 | P50 | P 75 | P95 |
| 西南 | 农村 | 小计 | 18 ~ 44 岁 | 0 | 0 | 0 | 0 | 0 | 0 | 0 |
| | | | 45 ~ 59 岁 | 0 | 0 | 0 | 0 | 0 | 0 | 0 |
| | | | 60 ~ 79 岁 | 0 | 0 | 0 | 0 | 0 | 0 | 0 |
| | | | 80 岁及以上 | 0 | 0 | 0 | 0 | 0 | 0 | 0 |
| | | 男 | 小计 | 0 | 0 | 0 | 0 | 0 | 0 | 0 |
| | | | 18 ~ 44 岁 | 0 | 0 | 0 | 0 | 0 | 0 | 0 |
| | | | 45 ~ 59 岁 | 0 | 0 | 0 | 0 | 0 | 0 | 0 |
| | | | 60 ~ 79 岁 | 0 | 0 | 0 | 0 | 0 | 0 | 0 |
| | | | 80 岁及以上 | 0 | 0 | 0 | 0 | 0 | 0 | 0 |
| | | 女 | 小计 | 0 | 0 | 0 | 0 | 0 | 0 | 0 |
| | | | 18 ~ 44 岁 | 0 | 0 | 0 | 0 | 0 | 0 | 0 |
| | | | 45 ~ 59 岁 | 0 | 0 | 0 | 0 | 0 | 0 | 0 |
| | | | 60 ~ 79 岁 | 0 | 0 | 0 | 0 | 0 | 0 | 0 |
| | | | 80 岁及以上 | 0 | 0 | 0 | 0 | 0 | 0 | 0 |

## 附表 6-43　中国人群分片区、城乡、性别、年龄的水上交通工具累计使用时间

| 地区 | 城乡 | 性别 | 年龄 | n | 水上交通工具累计使用时间 / (min/d) | | | | | |
|---|---|---|---|---|---|---|---|---|---|---|
| | | | | | Mean | P5 | P 25 | P50 | P 75 | P95 |
| 合计 | 城乡 | 小计 | 小计 | 15 | 17 | 1 | 10 | 15 | 30 | 40 |
| | | | 18 ~ 44 岁 | 5 | 23 | 1 | 10 | 30 | 40 | 40 |
| | | | 45 ~ 59 岁 | 6 | 11 | 0 | 5 | 10 | 15 | 20 |
| | | | 60 ~ 79 岁 | 4 | 11 | 1 | 10 | 15 | 15 | 15 |
| | | | 80 岁及以上 | 0 | 0 | 0 | 0 | 0 | 0 | 0 |
| | | 男 | 小计 | 5 | 19 | 1 | 10 | 15 | 40 | 40 |
| | | | 18 ~ 44 岁 | 3 | 22 | 1 | 10 | 10 | 40 | 40 |
| | | | 45 ~ 59 岁 | 1 | 0 | 0 | 0 | 0 | 0 | 0 |
| | | | 60 ~ 79 岁 | 1 | 15 | 15 | 15 | 15 | 15 | 15 |
| | | | 80 岁及以上 | 0 | 0 | 0 | 0 | 0 | 0 | 0 |
| | | 女 | 小计 | 10 | 15 | 1 | 10 | 15 | 20 | 30 |
| | | | 18 ~ 44 岁 | 2 | 27 | 15 | 30 | 30 | 30 | 30 |
| | | | 45 ~ 59 岁 | 5 | 12 | 5 | 10 | 10 | 15 | 20 |
| | | | 60 ~ 79 岁 | 3 | 4 | 1 | 1 | 1 | 10 | 10 |
| | | | 80 岁及以上 | 0 | 0 | 0 | 0 | 0 | 0 | 0 |
| | 城市 | 小计 | 小计 | 10 | 16 | 1 | 10 | 10 | 15 | 40 |
| | | | 18 ~ 44 岁 | 3 | 22 | 1 | 10 | 10 | 40 | 40 |
| | | | 45 ~ 59 岁 | 4 | 11 | 5 | 10 | 10 | 15 | 20 |
| | | | 60 ~ 79 岁 | 3 | 11 | 1 | 1 | 15 | 15 | 15 |
| | | | 80 岁及以上 | 0 | 0 | 0 | 0 | 0 | 0 | 0 |
| | | 男 | 小计 | 4 | 20 | 1 | 10 | 15 | 40 | 40 |
| | | | 18 ~ 44 岁 | 3 | 22 | 1 | 10 | 10 | 40 | 40 |
| | | | 45 ~ 59 岁 | 0 | 0 | 0 | 0 | 0 | 0 | 0 |
| | | | 60 ~ 79 岁 | 1 | 15 | 15 | 15 | 15 | 15 | 15 |
| | | | 80 岁及以上 | 0 | 0 | 0 | 0 | 0 | 0 | 0 |
| | | 女 | 小计 | 6 | 10 | 1 | 5 | 10 | 15 | 20 |
| | | | 18 ~ 44 岁 | 0 | 0 | 0 | 0 | 0 | 0 | 0 |
| | | | 45 ~ 59 岁 | 4 | 11 | 5 | 10 | 10 | 15 | 20 |
| | | | 60 ~ 79 岁 | 2 | 1 | 1 | 1 | 1 | 1 | 1 |
| | | | 80 岁及以上 | 0 | 0 | 0 | 0 | 0 | 0 | 0 |
| | 农村 | 小计 | 小计 | 5 | 21 | 0 | 15 | 20 | 30 | 30 |
| | | | 18 ~ 44 岁 | 2 | 27 | 15 | 30 | 30 | 30 | 30 |
| | | | 45 ~ 59 岁 | 2 | 13 | 0 | 0 | 20 | 20 | 20 |
| | | | 60 ~ 79 岁 | 1 | 10 | 10 | 10 | 10 | 10 | 10 |
| | | | 80 岁及以上 | 0 | 0 | 0 | 0 | 0 | 0 | 0 |

| 地区 | 城乡 | 性别 | 年龄 | *n* | 水上交通工具累计使用时间 / (min/d) | | | | | |
|---|---|---|---|---|---|---|---|---|---|---|
| | | | | | Mean | P5 | P 25 | P50 | P 75 | P95 |
| 合计 | 农村 | 男 | 小计 | 1 | 0 | 0 | 0 | 0 | 0 | 0 |
| | | | 18 ~ 44 岁 | 0 | 0 | 0 | 0 | 0 | 0 | 0 |
| | | | 45 ~ 59 岁 | 1 | 0 | 0 | 0 | 0 | 0 | 0 |
| | | | 60 ~ 79 岁 | 0 | 0 | 0 | 0 | 0 | 0 | 0 |
| | | | 80 岁及以上 | 0 | 0 | 0 | 0 | 0 | 0 | 0 |
| | | 女 | 小计 | 4 | 24 | 10 | 20 | 30 | 30 | 30 |
| | | | 18 ~ 44 岁 | 2 | 27 | 15 | 30 | 30 | 30 | 30 |
| | | | 45 ~ 59 岁 | 1 | 20 | 20 | 20 | 20 | 20 | 20 |
| | | | 60 ~ 79 岁 | 1 | 10 | 10 | 10 | 10 | 10 | 10 |
| | | | 80 岁及以上 | 0 | 0 | 0 | 0 | 0 | 0 | 0 |
| 华北 | 城乡 | 小计 | 小计 | 1 | 0 | 0 | 0 | 0 | 0 | 0 |
| | | | 18 ~ 44 岁 | 0 | 0 | 0 | 0 | 0 | 0 | 0 |
| | | | 45 ~ 59 岁 | 0 | 0 | 0 | 0 | 0 | 0 | 0 |
| | | | 60 ~ 79 岁 | 1 | 0 | 0 | 0 | 0 | 0 | 0 |
| | | | 80 岁及以上 | 0 | 0 | 0 | 0 | 0 | 0 | 0 |
| | | 男 | 小计 | 0 | 0 | 0 | 0 | 0 | 0 | 0 |
| | | | 18 ~ 44 岁 | 0 | 0 | 0 | 0 | 0 | 0 | 0 |
| | | | 45 ~ 59 岁 | 0 | 0 | 0 | 0 | 0 | 0 | 0 |
| | | | 60 ~ 79 岁 | 0 | 0 | 0 | 0 | 0 | 0 | 0 |
| | | | 80 岁及以上 | 0 | 0 | 0 | 0 | 0 | 0 | 0 |
| | | 女 | 小计 | 1 | 0 | 0 | 0 | 0 | 0 | 0 |
| | | | 18 ~ 44 岁 | 0 | 0 | 0 | 0 | 0 | 0 | 0 |
| | | | 45 ~ 59 岁 | 0 | 0 | 0 | 0 | 0 | 0 | 0 |
| | | | 60 ~ 79 岁 | 1 | 0 | 0 | 0 | 0 | 0 | 0 |
| | | | 80 岁及以上 | 0 | 0 | 0 | 0 | 0 | 0 | 0 |
| | 城市 | 小计 | 小计 | 1 | 0 | 0 | 0 | 0 | 0 | 0 |
| | | | 18 ~ 44 岁 | 0 | 0 | 0 | 0 | 0 | 0 | 0 |
| | | | 45 ~ 59 岁 | 0 | 0 | 0 | 0 | 0 | 0 | 0 |
| | | | 60 ~ 79 岁 | 1 | 0 | 0 | 0 | 0 | 0 | 0 |
| | | | 80 岁及以上 | 0 | 0 | 0 | 0 | 0 | 0 | 0 |
| | | 男 | 小计 | 0 | 0 | 0 | 0 | 0 | 0 | 0 |
| | | | 18 ~ 44 岁 | 0 | 0 | 0 | 0 | 0 | 0 | 0 |
| | | | 45 ~ 59 岁 | 0 | 0 | 0 | 0 | 0 | 0 | 0 |
| | | | 60 ~ 79 岁 | 0 | 0 | 0 | 0 | 0 | 0 | 0 |
| | | | 80 岁及以上 | 0 | 0 | 0 | 0 | 0 | 0 | 0 |
| | | 女 | 小计 | 1 | 0 | 0 | 0 | 0 | 0 | 0 |
| | | | 18 ~ 44 岁 | 0 | 0 | 0 | 0 | 0 | 0 | 0 |
| | | | 45 ~ 59 岁 | 0 | 0 | 0 | 0 | 0 | 0 | 0 |
| | | | 60 ~ 79 岁 | 1 | 0 | 0 | 0 | 0 | 0 | 0 |
| | | | 80 岁及以上 | 0 | 0 | 0 | 0 | 0 | 0 | 0 |
| | 农村 | 小计 | 小计 | 0 | 0 | 0 | 0 | 0 | 0 | 0 |
| | | | 18 ~ 44 岁 | 0 | 0 | 0 | 0 | 0 | 0 | 0 |
| | | | 45 ~ 59 岁 | 0 | 0 | 0 | 0 | 0 | 0 | 0 |
| | | | 60 ~ 79 岁 | 0 | 0 | 0 | 0 | 0 | 0 | 0 |
| | | | 80 岁及以上 | 0 | 0 | 0 | 0 | 0 | 0 | 0 |
| | | 男 | 小计 | 0 | 0 | 0 | 0 | 0 | 0 | 0 |
| | | | 18 ~ 44 岁 | 0 | 0 | 0 | 0 | 0 | 0 | 0 |
| | | | 45 ~ 59 岁 | 0 | 0 | 0 | 0 | 0 | 0 | 0 |
| | | | 60 ~ 79 岁 | 0 | 0 | 0 | 0 | 0 | 0 | 0 |
| | | | 80 岁及以上 | 0 | 0 | 0 | 0 | 0 | 0 | 0 |
| | | 女 | 小计 | 0 | 0 | 0 | 0 | 0 | 0 | 0 |
| | | | 18 ~ 44 岁 | 0 | 0 | 0 | 0 | 0 | 0 | 0 |
| | | | 45 ~ 59 岁 | 0 | 0 | 0 | 0 | 0 | 0 | 0 |
| | | | 60 ~ 79 岁 | 0 | 0 | 0 | 0 | 0 | 0 | 0 |
| | | | 80 岁及以上 | 0 | 0 | 0 | 0 | 0 | 0 | 0 |
| 华东 | 城乡 | 小计 | 小计 | 3 | 25 | 15 | 20 | 30 | 30 | 30 |
| | | | 18 ~ 44 岁 | 2 | 27 | 15 | 30 | 30 | 30 | 30 |
| | | | 45 ~ 59 岁 | 1 | 20 | 20 | 20 | 20 | 20 | 20 |

| 地区 | 城乡 | 性别 | 年龄 | n | 水上交通工具累计使用时间 / (min/d) | | | | | |
|---|---|---|---|---|---|---|---|---|---|---|
| | | | | | Mean | P5 | P 25 | P50 | P 75 | P95 |
| 华东 | 城乡 | 小计 | 60 ~ 79 岁 | 0 | 0 | 0 | 0 | 0 | 0 | 0 |
| | | | 80 岁及以上 | 0 | 0 | 0 | 0 | 0 | 0 | 0 |
| | | 男 | 小计 | 0 | 0 | 0 | 0 | 0 | 0 | 0 |
| | | | 18 ~ 44 岁 | 0 | 0 | 0 | 0 | 0 | 0 | 0 |
| | | | 45 ~ 59 岁 | 0 | 0 | 0 | 0 | 0 | 0 | 0 |
| | | | 60 ~ 79 岁 | 0 | 0 | 0 | 0 | 0 | 0 | 0 |
| | | | 80 岁及以上 | 0 | 0 | 0 | 0 | 0 | 0 | 0 |
| | | 女 | 小计 | 3 | 25 | 15 | 20 | 30 | 30 | 30 |
| | | | 18 ~ 44 岁 | 2 | 27 | 15 | 30 | 30 | 30 | 30 |
| | | | 45 ~ 59 岁 | 1 | 20 | 20 | 20 | 20 | 20 | 20 |
| | | | 60 ~ 79 岁 | 0 | 0 | 0 | 0 | 0 | 0 | 0 |
| | | | 80 岁及以上 | 0 | 0 | 0 | 0 | 0 | 0 | 0 |
| | 城市 | 小计 | 小计 | 0 | 0 | 0 | 0 | 0 | 0 | 0 |
| | | | 18 ~ 44 岁 | 0 | 0 | 0 | 0 | 0 | 0 | 0 |
| | | | 45 ~ 59 岁 | 0 | 0 | 0 | 0 | 0 | 0 | 0 |
| | | | 60 ~ 79 岁 | 0 | 0 | 0 | 0 | 0 | 0 | 0 |
| | | | 80 岁及以上 | 0 | 0 | 0 | 0 | 0 | 0 | 0 |
| | | 男 | 小计 | 0 | 0 | 0 | 0 | 0 | 0 | 0 |
| | | | 18 ~ 44 岁 | 0 | 0 | 0 | 0 | 0 | 0 | 0 |
| | | | 45 ~ 59 岁 | 0 | 0 | 0 | 0 | 0 | 0 | 0 |
| | | | 60 ~ 79 岁 | 0 | 0 | 0 | 0 | 0 | 0 | 0 |
| | | | 80 岁及以上 | 0 | 0 | 0 | 0 | 0 | 0 | 0 |
| | | 女 | 小计 | 0 | 0 | 0 | 0 | 0 | 0 | 0 |
| | | | 18 ~ 44 岁 | 0 | 0 | 0 | 0 | 0 | 0 | 0 |
| | | | 45 ~ 59 岁 | 0 | 0 | 0 | 0 | 0 | 0 | 0 |
| | | | 60 ~ 79 岁 | 0 | 0 | 0 | 0 | 0 | 0 | 0 |
| | | | 80 岁及以上 | 0 | 0 | 0 | 0 | 0 | 0 | 0 |
| | 农村 | 小计 | 小计 | 3 | 25 | 15 | 20 | 30 | 30 | 30 |
| | | | 18 ~ 44 岁 | 2 | 27 | 15 | 30 | 30 | 30 | 30 |
| | | | 45 ~ 59 岁 | 1 | 20 | 20 | 20 | 20 | 20 | 20 |
| | | | 60 ~ 79 岁 | 0 | 0 | 0 | 0 | 0 | 0 | 0 |
| | | | 80 岁及以上 | 0 | 0 | 0 | 0 | 0 | 0 | 0 |
| | | 男 | 小计 | 0 | 0 | 0 | 0 | 0 | 0 | 0 |
| | | | 18 ~ 44 岁 | 0 | 0 | 0 | 0 | 0 | 0 | 0 |
| | | | 45 ~ 59 岁 | 0 | 0 | 0 | 0 | 0 | 0 | 0 |
| | | | 60 ~ 79 岁 | 0 | 0 | 0 | 0 | 0 | 0 | 0 |
| | | | 80 岁及以上 | 0 | 0 | 0 | 0 | 0 | 0 | 0 |
| | | 女 | 小计 | 3 | 25 | 15 | 20 | 30 | 30 | 30 |
| | | | 18 ~ 44 岁 | 2 | 27 | 15 | 30 | 30 | 30 | 30 |
| | | | 45 ~ 59 岁 | 1 | 20 | 20 | 20 | 20 | 20 | 20 |
| | | | 60 ~ 79 岁 | 0 | 0 | 0 | 0 | 0 | 0 | 0 |
| | | | 80 岁及以上 | 0 | 0 | 0 | 0 | 0 | 0 | 0 |
| 华南 | 城乡 | 小计 | 小计 | 6 | 11 | 5 | 10 | 10 | 15 | 15 |
| | | | 18 ~ 44 岁 | 1 | 10 | 10 | 10 | 10 | 10 | 10 |
| | | | 45 ~ 59 岁 | 4 | 10 | 0 | 5 | 10 | 15 | 15 |
| | | | 60 ~ 79 岁 | 1 | 15 | 15 | 15 | 15 | 15 | 15 |
| | | | 80 岁及以上 | 0 | 0 | 0 | 0 | 0 | 0 | 0 |
| | | 男 | 小计 | 3 | 11 | 0 | 10 | 10 | 15 | 15 |
| | | | 18 ~ 44 岁 | 1 | 10 | 10 | 10 | 10 | 10 | 10 |
| | | | 45 ~ 59 岁 | 1 | 0 | 0 | 0 | 0 | 0 | 0 |
| | | | 60 ~ 79 岁 | 1 | 15 | 15 | 15 | 15 | 15 | 15 |
| | | | 80 岁及以上 | 0 | 0 | 0 | 0 | 0 | 0 | 0 |
| | | 女 | 小计 | 3 | 10 | 5 | 5 | 10 | 15 | 15 |
| | | | 18 ~ 44 岁 | 0 | 0 | 0 | 0 | 0 | 0 | 0 |
| | | | 45 ~ 59 岁 | 3 | 10 | 5 | 5 | 10 | 15 | 15 |
| | | | 60 ~ 79 岁 | 0 | 0 | 0 | 0 | 0 | 0 | 0 |
| | | | 80 岁及以上 | 0 | 0 | 0 | 0 | 0 | 0 | 0 |
| | 城市 | 小计 | 小计 | 5 | 11 | 5 | 10 | 10 | 15 | 15 |

| 地区 | 城乡 | 性别 | 年龄 | n | 水上交通工具累计使用时间 / (min/d) | | | | | |
|---|---|---|---|---|---|---|---|---|---|---|
| | | | | | Mean | P5 | P 25 | P50 | P 75 | P95 |
| 华南 | 城市 | 小计 | 18 ～ 44 岁 | 1 | 10 | 10 | 10 | 10 | 10 | 10 |
| | | | 45 ～ 59 岁 | 3 | 10 | 5 | 5 | 10 | 15 | 15 |
| | | | 60 ～ 79 岁 | 1 | 15 | 15 | 15 | 15 | 15 | 15 |
| | | | 80 岁及以上 | 0 | 0 | 0 | 0 | 0 | 0 | 0 |
| | | 男 | 小计 | 2 | 12 | 10 | 10 | 10 | 15 | 15 |
| | | | 18 ～ 44 岁 | 1 | 10 | 10 | 10 | 10 | 10 | 10 |
| | | | 45 ～ 59 岁 | 0 | 0 | 0 | 0 | 0 | 0 | 0 |
| | | | 60 ～ 79 岁 | 1 | 15 | 15 | 15 | 15 | 15 | 15 |
| | | | 80 岁及以上 | 0 | 0 | 0 | 0 | 0 | 0 | 0 |
| | | 女 | 小计 | 3 | 10 | 5 | 5 | 10 | 15 | 15 |
| | | | 18 ～ 44 岁 | 0 | 0 | 0 | 0 | 0 | 0 | 0 |
| | | | 45 ～ 59 岁 | 3 | 10 | 5 | 5 | 10 | 15 | 15 |
| | | | 60 ～ 79 岁 | 0 | 0 | 0 | 0 | 0 | 0 | 0 |
| | | | 80 岁及以上 | 0 | 0 | 0 | 0 | 0 | 0 | 0 |
| | 农村 | 小计 | 小计 | 1 | 0 | 0 | 0 | 0 | 0 | 0 |
| | | | 18 ～ 44 岁 | 0 | 0 | 0 | 0 | 0 | 0 | 0 |
| | | | 45 ～ 59 岁 | 1 | 0 | 0 | 0 | 0 | 0 | 0 |
| | | | 60 ～ 79 岁 | 0 | 0 | 0 | 0 | 0 | 0 | 0 |
| | | | 80 岁及以上 | 0 | 0 | 0 | 0 | 0 | 0 | 0 |
| | | 男 | 小计 | 1 | 0 | 0 | 0 | 0 | 0 | 0 |
| | | | 18 ～ 44 岁 | 0 | 0 | 0 | 0 | 0 | 0 | 0 |
| | | | 45 ～ 59 岁 | 1 | 0 | 0 | 0 | 0 | 0 | 0 |
| | | | 60 ～ 79 岁 | 0 | 0 | 0 | 0 | 0 | 0 | 0 |
| | | | 80 岁及以上 | 0 | 0 | 0 | 0 | 0 | 0 | 0 |
| | | 女 | 小计 | 0 | 0 | 0 | 0 | 0 | 0 | 0 |
| | | | 18 ～ 44 岁 | 0 | 0 | 0 | 0 | 0 | 0 | 0 |
| | | | 45 ～ 59 岁 | 0 | 0 | 0 | 0 | 0 | 0 | 0 |
| | | | 60 ～ 79 岁 | 0 | 0 | 0 | 0 | 0 | 0 | 0 |
| | | | 80 岁及以上 | 0 | 0 | 0 | 0 | 0 | 0 | 0 |
| 西北 | 城乡 | 小计 | 小计 | 1 | 1 | 1 | 1 | 1 | 1 | 1 |
| | | | 18 ～ 44 岁 | 1 | 1 | 1 | 1 | 1 | 1 | 1 |
| | | | 45 ～ 59 岁 | 0 | 0 | 0 | 0 | 0 | 0 | 0 |
| | | | 60 ～ 79 岁 | 0 | 0 | 0 | 0 | 0 | 0 | 0 |
| | | | 80 岁及以上 | 0 | 0 | 0 | 0 | 0 | 0 | 0 |
| | | 男 | 小计 | 1 | 1 | 1 | 1 | 1 | 1 | 1 |
| | | | 18 ～ 44 岁 | 1 | 1 | 1 | 1 | 1 | 1 | 1 |
| | | | 45 ～ 59 岁 | 0 | 0 | 0 | 0 | 0 | 0 | 0 |
| | | | 60 ～ 79 岁 | 0 | 0 | 0 | 0 | 0 | 0 | 0 |
| | | | 80 岁及以上 | 0 | 0 | 0 | 0 | 0 | 0 | 0 |
| | | 女 | 小计 | 0 | 0 | 0 | 0 | 0 | 0 | 0 |
| | | | 18 ～ 44 岁 | 0 | 0 | 0 | 0 | 0 | 0 | 0 |
| | | | 45 ～ 59 岁 | 0 | 0 | 0 | 0 | 0 | 0 | 0 |
| | | | 60 ～ 79 岁 | 0 | 0 | 0 | 0 | 0 | 0 | 0 |
| | | | 80 岁及以上 | 0 | 0 | 0 | 0 | 0 | 0 | 0 |
| | 城市 | 小计 | 小计 | 1 | 1 | 1 | 1 | 1 | 1 | 1 |
| | | | 18 ～ 44 岁 | 1 | 1 | 1 | 1 | 1 | 1 | 1 |
| | | | 45 ～ 59 岁 | 0 | 0 | 0 | 0 | 0 | 0 | 0 |
| | | | 60 ～ 79 岁 | 0 | 0 | 0 | 0 | 0 | 0 | 0 |
| | | | 80 岁及以上 | 0 | 0 | 0 | 0 | 0 | 0 | 0 |
| | | 男 | 小计 | 1 | 1 | 1 | 1 | 1 | 1 | 1 |
| | | | 18 ～ 44 岁 | 1 | 1 | 1 | 1 | 1 | 1 | 1 |
| | | | 45 ～ 59 岁 | 0 | 0 | 0 | 0 | 0 | 0 | 0 |
| | | | 60 ～ 79 岁 | 0 | 0 | 0 | 0 | 0 | 0 | 0 |
| | | | 80 岁及以上 | 0 | 0 | 0 | 0 | 0 | 0 | 0 |
| | | 女 | 小计 | 0 | 0 | 0 | 0 | 0 | 0 | 0 |
| | | | 18 ～ 44 岁 | 0 | 0 | 0 | 0 | 0 | 0 | 0 |
| | | | 45 ～ 59 岁 | 0 | 0 | 0 | 0 | 0 | 0 | 0 |
| | | | 60 ～ 79 岁 | 0 | 0 | 0 | 0 | 0 | 0 | 0 |

| 地区 | 城乡 | 性别 | 年龄 | $n$ | 水上交通工具累计使用时间 / (min/d) | | | | | |
|---|---|---|---|---|---|---|---|---|---|---|
| | | | | | Mean | P5 | P 25 | P50 | P 75 | P95 |
| 西北 | 城市 | 女 | 80 岁及以上 | 0 | 0 | 0 | 0 | 0 | 0 | 0 |
| | 农村 | 小计 | 小计 | 0 | 0 | 0 | 0 | 0 | 0 | 0 |
| | | | 18 ～ 44 岁 | 0 | 0 | 0 | 0 | 0 | 0 | 0 |
| | | | 45 ～ 59 岁 | 0 | 0 | 0 | 0 | 0 | 0 | 0 |
| | | | 60 ～ 79 岁 | 0 | 0 | 0 | 0 | 0 | 0 | 0 |
| | | | 80 岁及以上 | 0 | 0 | 0 | 0 | 0 | 0 | 0 |
| | | 男 | 小计 | 0 | 0 | 0 | 0 | 0 | 0 | 0 |
| | | | 18 ～ 44 岁 | 0 | 0 | 0 | 0 | 0 | 0 | 0 |
| | | | 45 ～ 59 岁 | 0 | 0 | 0 | 0 | 0 | 0 | 0 |
| | | | 60 ～ 79 岁 | 0 | 0 | 0 | 0 | 0 | 0 | 0 |
| | | | 80 岁及以上 | 0 | 0 | 0 | 0 | 0 | 0 | 0 |
| | | 女 | 小计 | 0 | 0 | 0 | 0 | 0 | 0 | 0 |
| | | | 18 ～ 44 岁 | 0 | 0 | 0 | 0 | 0 | 0 | 0 |
| | | | 45 ～ 59 岁 | 0 | 0 | 0 | 0 | 0 | 0 | 0 |
| | | | 60 ～ 79 岁 | 0 | 0 | 0 | 0 | 0 | 0 | 0 |
| | | | 80 岁及以上 | 0 | 0 | 0 | 0 | 0 | 0 | 0 |
| 东北 | 城乡 | 小计 | 小计 | 2 | 9 | 1 | 1 | 1 | 20 | 20 |
| | | | 18 ～ 44 岁 | 0 | 0 | 0 | 0 | 0 | 0 | 0 |
| | | | 45 ～ 59 岁 | 1 | 20 | 20 | 20 | 20 | 20 | 20 |
| | | | 60 ～ 79 岁 | 1 | 1 | 1 | 1 | 1 | 1 | 1 |
| | | | 80 岁及以上 | 0 | 0 | 0 | 0 | 0 | 0 | 0 |
| | | 男 | 小计 | 0 | 0 | 0 | 0 | 0 | 0 | 0 |
| | | | 18 ～ 44 岁 | 0 | 0 | 0 | 0 | 0 | 0 | 0 |
| | | | 45 ～ 59 岁 | 0 | 0 | 0 | 0 | 0 | 0 | 0 |
| | | | 60 ～ 79 岁 | 0 | 0 | 0 | 0 | 0 | 0 | 0 |
| | | | 80 岁及以上 | 0 | 0 | 0 | 0 | 0 | 0 | 0 |
| | | 女 | 小计 | 2 | 9 | 1 | 1 | 1 | 20 | 20 |
| | | | 18 ～ 44 岁 | 0 | 0 | 0 | 0 | 0 | 0 | 0 |
| | | | 45 ～ 59 岁 | 1 | 20 | 20 | 20 | 20 | 20 | 20 |
| | | | 60 ～ 79 岁 | 1 | 1 | 1 | 1 | 1 | 1 | 1 |
| | | | 80 岁及以上 | 0 | 0 | 0 | 0 | 0 | 0 | 0 |
| | 城市 | 小计 | 小计 | 2 | 9 | 1 | 1 | 1 | 20 | 20 |
| | | | 18 ～ 44 岁 | 0 | 0 | 0 | 0 | 0 | 0 | 0 |
| | | | 45 ～ 59 岁 | 1 | 20 | 20 | 20 | 20 | 20 | 20 |
| | | | 60 ～ 79 岁 | 1 | 1 | 1 | 1 | 1 | 1 | 1 |
| | | | 80 岁及以上 | 0 | 0 | 0 | 0 | 0 | 0 | 0 |
| | | 男 | 小计 | 0 | 0 | 0 | 0 | 0 | 0 | 0 |
| | | | 18 ～ 44 岁 | 0 | 0 | 0 | 0 | 0 | 0 | 0 |
| | | | 45 ～ 59 岁 | 0 | 0 | 0 | 0 | 0 | 0 | 0 |
| | | | 60 ～ 79 岁 | 0 | 0 | 0 | 0 | 0 | 0 | 0 |
| | | | 80 岁及以上 | 0 | 0 | 0 | 0 | 0 | 0 | 0 |
| | | 女 | 小计 | 2 | 9 | 1 | 1 | 1 | 20 | 20 |
| | | | 18 ～ 44 岁 | 0 | 0 | 0 | 0 | 0 | 0 | 0 |
| | | | 45 ～ 59 岁 | 1 | 20 | 20 | 20 | 20 | 20 | 20 |
| | | | 60 ～ 79 岁 | 1 | 1 | 1 | 1 | 1 | 1 | 1 |
| | | | 80 岁及以上 | 0 | 0 | 0 | 0 | 0 | 0 | 0 |
| | 农村 | 小计 | 小计 | 0 | 0 | 0 | 0 | 0 | 0 | 0 |
| | | | 18 ～ 44 岁 | 0 | 0 | 0 | 0 | 0 | 0 | 0 |
| | | | 45 ～ 59 岁 | 0 | 0 | 0 | 0 | 0 | 0 | 0 |
| | | | 60 ～ 79 岁 | 0 | 0 | 0 | 0 | 0 | 0 | 0 |
| | | | 80 岁及以上 | 0 | 0 | 0 | 0 | 0 | 0 | 0 |
| | | 男 | 小计 | 0 | 0 | 0 | 0 | 0 | 0 | 0 |
| | | | 18 ～ 44 岁 | 0 | 0 | 0 | 0 | 0 | 0 | 0 |
| | | | 45 ～ 59 岁 | 0 | 0 | 0 | 0 | 0 | 0 | 0 |
| | | | 60 ～ 79 岁 | 0 | 0 | 0 | 0 | 0 | 0 | 0 |
| | | | 80 岁及以上 | 0 | 0 | 0 | 0 | 0 | 0 | 0 |
| | | 女 | 小计 | 0 | 0 | 0 | 0 | 0 | 0 | 0 |
| | | | 18 ～ 44 岁 | 0 | 0 | 0 | 0 | 0 | 0 | 0 |

| 地区 | 城乡 | 性别 | 年龄 | *n* | 水上交通工具累计使用时间 / (min/d) | | | | | |
|---|---|---|---|---|---|---|---|---|---|---|
| | | | | | Mean | P5 | P 25 | P50 | P 75 | P95 |
| 东北 | 农村 | 女 | 45 ～ 59 岁 | 0 | 0 | 0 | 0 | 0 | 0 | 0 |
| | | | 60 ～ 79 岁 | 0 | 0 | 0 | 0 | 0 | 0 | 0 |
| | | | 80 岁及以上 | 0 | 0 | 0 | 0 | 0 | 0 | 0 |
| 西南 | 城乡 | 小计 | 小计 | 2 | 37 | 10 | 40 | 40 | 40 | 40 |
| | | | 18 ～ 44 岁 | 1 | 40 | 40 | 40 | 40 | 40 | 40 |
| | | | 45 ～ 59 岁 | 0 | 0 | 0 | 0 | 0 | 0 | 0 |
| | | | 60 ～ 79 岁 | 1 | 10 | 10 | 10 | 10 | 10 | 10 |
| | | | 80 岁及以上 | 0 | 0 | 0 | 0 | 0 | 0 | 0 |
| | | 男 | 小计 | 1 | 40 | 40 | 40 | 40 | 40 | 40 |
| | | | 18 ～ 44 岁 | 1 | 40 | 40 | 40 | 40 | 40 | 40 |
| | | | 45 ～ 59 岁 | 0 | 0 | 0 | 0 | 0 | 0 | 0 |
| | | | 60 ～ 79 岁 | 0 | 0 | 0 | 0 | 0 | 0 | 0 |
| | | | 80 岁及以上 | 0 | 0 | 0 | 0 | 0 | 0 | 0 |
| | | 女 | 小计 | 1 | 10 | 10 | 10 | 10 | 10 | 10 |
| | | | 18 ～ 44 岁 | 0 | 0 | 0 | 0 | 0 | 0 | 0 |
| | | | 45 ～ 59 岁 | 0 | 0 | 0 | 0 | 0 | 0 | 0 |
| | | | 60 ～ 79 岁 | 1 | 10 | 10 | 10 | 10 | 10 | 10 |
| | | | 80 岁及以上 | 0 | 0 | 0 | 0 | 0 | 0 | 0 |
| | 城市 | 小计 | 小计 | 1 | 40 | 40 | 40 | 40 | 40 | 40 |
| | | | 18 ～ 44 岁 | 1 | 40 | 40 | 40 | 40 | 40 | 40 |
| | | | 45 ～ 59 岁 | 0 | 0 | 0 | 0 | 0 | 0 | 0 |
| | | | 60 ～ 79 岁 | 0 | 0 | 0 | 0 | 0 | 0 | 0 |
| | | | 80 岁及以上 | 0 | 0 | 0 | 0 | 0 | 0 | 0 |
| | | 男 | 小计 | 1 | 40 | 40 | 40 | 40 | 40 | 40 |
| | | | 18 ～ 44 岁 | 1 | 40 | 40 | 40 | 40 | 40 | 40 |
| | | | 45 ～ 59 岁 | 0 | 0 | 0 | 0 | 0 | 0 | 0 |
| | | | 60 ～ 79 岁 | 0 | 0 | 0 | 0 | 0 | 0 | 0 |
| | | | 80 岁及以上 | 0 | 0 | 0 | 0 | 0 | 0 | 0 |
| | | 女 | 小计 | 0 | 0 | 0 | 0 | 0 | 0 | 0 |
| | | | 18 ～ 44 岁 | 0 | 0 | 0 | 0 | 0 | 0 | 0 |
| | | | 45 ～ 59 岁 | 0 | 0 | 0 | 0 | 0 | 0 | 0 |
| | | | 60 ～ 79 岁 | 0 | 0 | 0 | 0 | 0 | 0 | 0 |
| | | | 80 岁及以上 | 0 | 0 | 0 | 0 | 0 | 0 | 0 |
| | 农村 | 小计 | 小计 | 1 | 10 | 10 | 10 | 10 | 10 | 10 |
| | | | 18 ～ 44 岁 | 0 | 0 | 0 | 0 | 0 | 0 | 0 |
| | | | 45 ～ 59 岁 | 0 | 0 | 0 | 0 | 0 | 0 | 0 |
| | | | 60 ～ 79 岁 | 1 | 10 | 10 | 10 | 10 | 10 | 10 |
| | | | 80 岁及以上 | 0 | 0 | 0 | 0 | 0 | 0 | 0 |
| | | 男 | 小计 | 0 | 0 | 0 | 0 | 0 | 0 | 0 |
| | | | 18 ～ 44 岁 | 0 | 0 | 0 | 0 | 0 | 0 | 0 |
| | | | 45 ～ 59 岁 | 0 | 0 | 0 | 0 | 0 | 0 | 0 |
| | | | 60 ～ 79 岁 | 0 | 0 | 0 | 0 | 0 | 0 | 0 |
| | | | 80 岁及以上 | 0 | 0 | 0 | 0 | 0 | 0 | 0 |
| | | 女 | 合计 | 1 | 10 | 10 | 10 | 10 | 10 | 10 |
| | | | 18 ～ 44 岁 | 0 | 0 | 0 | 0 | 0 | 0 | 0 |
| | | | 45 ～ 59 岁 | 0 | 0 | 0 | 0 | 0 | 0 | 0 |
| | | | 60 ～ 79 岁 | 1 | 10 | 10 | 10 | 10 | 10 | 10 |
| | | | 80 岁及以上 | 0 | 0 | 0 | 0 | 0 | 0 | 0 |

## 附表 6-44　中国人群分片区、城乡、性别、年龄的其他交通工具累计使用时间

| 地区 | 城乡 | 性别 | 年龄 | n | 其他交通工具累计使用时间 / （min/d） | | | | | |
|---|---|---|---|---|---|---|---|---|---|---|
| | | | | | Mean | P5 | P 25 | P50 | P 75 | P95 |
| 合计 | 城乡 | 小计 | 小计 | 789 | 129 | 15 | 30 | 60 | 180 | 480 |
| | | | 18 ～ 44 岁 | 420 | 142 | 15 | 30 | 60 | 240 | 480 |
| | | | 45 ～ 59 岁 | 276 | 128 | 20 | 30 | 60 | 180 | 480 |
| | | | 60 ～ 79 岁 | 86 | 51 | 5 | 20 | 30 | 60 | 120 |
| | | | 80 岁及以上 | 7 | 33 | 1 | 2 | 15 | 60 | 60 |
| | | 男 | 小计 | 488 | 147 | 15 | 40 | 80 | 240 | 480 |
| | | | 18 ～ 44 岁 | 267 | 157 | 15 | 40 | 90 | 240 | 480 |
| | | | 45 ～ 59 岁 | 167 | 149 | 20 | 50 | 120 | 180 | 480 |
| | | | 60 ～ 79 岁 | 48 | 60 | 15 | 20 | 40 | 90 | 180 |
| | | | 80 岁及以上 | 6 | 32 | 1 | 2 | 15 | 60 | 60 |
| | | 女 | 小计 | 301 | 74 | 10 | 30 | 40 | 90 | 240 |
| | | | 18 ～ 44 岁 | 153 | 85 | 10 | 30 | 50 | 120 | 240 |
| | | | 45 ～ 59 岁 | 109 | 71 | 10 | 30 | 50 | 120 | 180 |
| | | | 60 ～ 79 岁 | 38 | 39 | 2 | 15 | 30 | 60 | 120 |
| | | | 80 岁及以上 | 1 | 60 | 60 | 60 | 60 | 60 | 60 |
| | 城市 | 小计 | 小计 | 202 | 158 | 20 | 40 | 100 | 240 | 480 |
| | | | 18 ～ 44 岁 | 112 | 163 | 20 | 40 | 90 | 250 | 600 |
| | | | 45 ～ 59 岁 | 77 | 160 | 20 | 60 | 120 | 200 | 480 |
| | | | 60 ～ 79 岁 | 12 | 78 | 20 | 30 | 60 | 90 | 180 |
| | | | 80 岁及以上 | 1 | 1 | 1 | 1 | 1 | 1 | 1 |
| | | 男 | 小计 | 143 | 176 | 20 | 60 | 120 | 300 | 480 |
| | | | 18 ～ 44 岁 | 80 | 182 | 20 | 40 | 120 | 300 | 600 |
| | | | 45 ～ 59 岁 | 53 | 180 | 20 | 60 | 120 | 240 | 480 |
| | | | 60 ～ 79 岁 | 9 | 79 | 20 | 20 | 60 | 90 | 180 |
| | | | 80 岁及以上 | 1 | 1 | 1 | 1 | 1 | 1 | 1 |
| | | 女 | 小计 | 59 | 67 | 20 | 30 | 60 | 90 | 180 |
| | | | 18 ～ 44 岁 | 32 | 68 | 20 | 30 | 50 | 90 | 180 |
| | | | 45 ～ 59 岁 | 24 | 66 | 20 | 30 | 60 | 100 | 180 |
| | | | 60 ～ 79 岁 | 3 | 64 | 60 | 60 | 60 | 60 | 90 |
| | | | 80 岁及以上 | 0 | 0 | 0 | 0 | 0 | 0 | 0 |
| | 农村 | 小计 | 小计 | 587 | 115 | 10 | 30 | 60 | 120 | 420 |
| | | | 18 ～ 44 岁 | 308 | 130 | 12 | 30 | 60 | 180 | 420 |
| | | | 45 ～ 59 岁 | 199 | 112 | 20 | 30 | 60 | 120 | 360 |
| | | | 60 ～ 79 岁 | 74 | 46 | 5 | 20 | 30 | 60 | 120 |
| | | | 80 岁及以上 | 6 | 37 | 2 | 15 | 60 | 60 | 60 |
| | | 男 | 小计 | 345 | 131 | 15 | 30 | 60 | 180 | 420 |
| | | | 18 ～ 44 岁 | 187 | 143 | 15 | 40 | 60 | 240 | 480 |
| | | | 45 ～ 59 岁 | 114 | 130 | 20 | 30 | 60 | 180 | 360 |
| | | | 60 ～ 79 岁 | 39 | 52 | 15 | 20 | 30 | 60 | 120 |
| | | | 80 岁及以上 | 5 | 36 | 2 | 15 | 60 | 60 | 60 |
| | | 女 | 小计 | 242 | 76 | 10 | 25 | 40 | 120 | 240 |
| | | | 18 ～ 44 岁 | 121 | 91 | 10 | 30 | 40 | 120 | 300 |
| | | | 45 ～ 59 岁 | 85 | 72 | 10 | 30 | 40 | 120 | 180 |
| | | | 60 ～ 79 岁 | 35 | 39 | 2 | 15 | 30 | 60 | 120 |
| | | | 80 岁及以上 | 1 | 60 | 60 | 60 | 60 | 60 | 60 |
| 华北 | 城乡 | 小计 | 小计 | 65 | 140 | 20 | 60 | 120 | 160 | 480 |
| | | | 18 ～ 44 岁 | 22 | 170 | 20 | 60 | 120 | 240 | 600 |
| | | | 45 ～ 59 岁 | 26 | 143 | 30 | 60 | 120 | 140 | 480 |
| | | | 60 ～ 79 岁 | 16 | 53 | 5 | 30 | 60 | 60 | 120 |
| | | | 80 岁及以上 | 1 | 60 | 60 | 60 | 60 | 60 | 60 |
| | | 男 | 小计 | 41 | 160 | 20 | 60 | 120 | 240 | 480 |
| | | | 18 ～ 44 岁 | 19 | 176 | 20 | 60 | 120 | 240 | 600 |
| | | | 45 ～ 59 岁 | 15 | 166 | 30 | 120 | 120 | 160 | 480 |
| | | | 60 ～ 79 岁 | 6 | 67 | 40 | 60 | 60 | 60 | 120 |
| | | | 80 岁及以上 | 1 | 60 | 60 | 60 | 60 | 60 | 60 |
| | | 女 | 小计 | 24 | 73 | 5 | 30 | 60 | 120 | 120 |

| 地区 | 城乡 | 性别 | 年龄 | $n$ | 其他交通工具累计使用时间 /（min/d） | | | | | |
| --- | --- | --- | --- | --- | --- | --- | --- | --- | --- | --- |
| | | | | | Mean | P5 | P 25 | P50 | P 75 | P95 |
| 华北 | 城乡 | 女 | 18 ～ 44 岁 | 3 | 120 | 120 | 120 | 120 | 120 | 120 |
| | | | 45 ～ 59 岁 | 11 | 79 | 4 | 50 | 60 | 120 | 180 |
| | | | 60 ～ 79 岁 | 10 | 44 | 5 | 30 | 60 | 60 | 60 |
| | | | 80 岁及以上 | 0 | 0 | 0 | 0 | 0 | 0 | 0 |
| | 城市 | 小计 | 小计 | 23 | 214 | 20 | 80 | 160 | 300 | 600 |
| | | | 18 ～ 44 岁 | 11 | 231 | 20 | 80 | 240 | 240 | 600 |
| | | | 45 ～ 59 岁 | 7 | 216 | 30 | 140 | 160 | 300 | 480 |
| | | | 60 ～ 79 岁 | 5 | 61 | 60 | 60 | 60 | 60 | 60 |
| | | | 80 岁及以上 | 0 | 0 | 0 | 0 | 0 | 0 | 0 |
| | | 男 | 小计 | 20 | 214 | 20 | 80 | 160 | 300 | 600 |
| | | | 18 ～ 44 岁 | 10 | 231 | 20 | 80 | 240 | 240 | 600 |
| | | | 45 ～ 59 岁 | 7 | 216 | 30 | 140 | 160 | 300 | 480 |
| | | | 60 ～ 79 岁 | 3 | 60 | 60 | 60 | 60 | 60 | 60 |
| | | | 80 岁及以上 | 0 | 0 | 0 | 0 | 0 | 0 | 0 |
| | | 女 | 小计 | 3 | 90 | 90 | 90 | 90 | 90 | 90 |
| | | | 18 ～ 44 岁 | 1 | 0 | 0 | 0 | 0 | 0 | 0 |
| | | | 45 ～ 59 岁 | 0 | 0 | 0 | 0 | 0 | 0 | 0 |
| | | | 60 ～ 79 岁 | 2 | 90 | 90 | 90 | 90 | 90 | 90 |
| | | | 80 岁及以上 | 0 | 0 | 0 | 0 | 0 | 0 | 0 |
| | 农村 | 小计 | 小计 | 42 | 89 | 5 | 60 | 60 | 120 | 180 |
| | | | 18 ～ 44 岁 | 11 | 107 | 1 | 60 | 90 | 120 | 180 |
| | | | 45 ～ 59 岁 | 19 | 95 | 25 | 60 | 120 | 120 | 130 |
| | | | 60 ～ 79 岁 | 11 | 51 | 5 | 30 | 60 | 60 | 120 |
| | | | 80 岁及以上 | 1 | 60 | 60 | 60 | 60 | 60 | 60 |
| | | 男 | 小计 | 21 | 100 | 30 | 60 | 90 | 120 | 180 |
| | | | 18 ～ 44 岁 | 9 | 104 | 1 | 60 | 60 | 120 | 480 |
| | | | 45 ～ 59 岁 | 8 | 107 | 30 | 120 | 120 | 120 | 130 |
| | | | 60 ～ 79 岁 | 3 | 72 | 40 | 40 | 60 | 120 | 120 |
| | | | 80 岁及以上 | 1 | 60 | 60 | 60 | 60 | 60 | 60 |
| | | 女 | 小计 | 21 | 73 | 5 | 30 | 60 | 120 | 120 |
| | | | 18 ～ 44 岁 | 2 | 120 | 120 | 120 | 120 | 120 | 120 |
| | | | 45 ～ 59 岁 | 11 | 79 | 4 | 50 | 60 | 120 | 180 |
| | | | 60 ～ 79 岁 | 8 | 43 | 5 | 30 | 60 | 60 | 60 |
| | | | 80 岁及以上 | 0 | 0 | 0 | 0 | 0 | 0 | 0 |
| 华东 | 城乡 | 小计 | 小计 | 149 | 145 | 20 | 40 | 80 | 240 | 480 |
| | | | 18 ～ 44 岁 | 69 | 175 | 20 | 40 | 100 | 300 | 600 |
| | | | 45 ～ 59 岁 | 62 | 118 | 20 | 40 | 60 | 180 | 360 |
| | | | 60 ～ 79 岁 | 17 | 66 | 15 | 20 | 40 | 90 | 180 |
| | | | 80 岁及以上 | 1 | 2 | 2 | 2 | 2 | 2 | 2 |
| | | 男 | 小计 | 111 | 159 | 20 | 40 | 100 | 240 | 480 |
| | | | 18 ～ 44 岁 | 50 | 191 | 20 | 60 | 120 | 300 | 600 |
| | | | 45 ～ 59 岁 | 47 | 128 | 20 | 40 | 90 | 180 | 420 |
| | | | 60 ～ 79 岁 | 13 | 68 | 15 | 20 | 40 | 90 | 180 |
| | | | 80 岁及以上 | 1 | 2 | 2 | 2 | 2 | 2 | 2 |
| | | 女 | 小计 | 38 | 53 | 12 | 20 | 40 | 60 | 120 |
| | | | 18 ～ 44 岁 | 19 | 47 | 12 | 20 | 40 | 60 | 120 |
| | | | 45 ～ 59 岁 | 15 | 60 | 20 | 30 | 40 | 60 | 180 |
| | | | 60 ～ 79 岁 | 4 | 57 | 15 | 15 | 60 | 60 | 120 |
| | | | 80 岁及以上 | 0 | 0 | 0 | 0 | 0 | 0 | 0 |
| | 城市 | 小计 | 小计 | 65 | 171 | 20 | 40 | 120 | 300 | 600 |
| | | | 18 ～ 44 岁 | 37 | 197 | 20 | 30 | 120 | 300 | 600 |
| | | | 45 ～ 59 岁 | 24 | 120 | 20 | 60 | 120 | 180 | 300 |
| | | | 60 ～ 79 岁 | 4 | 99 | 20 | 30 | 90 | 180 | 180 |
| | | | 80 岁及以上 | 0 | 0 | 0 | 0 | 0 | 0 | 0 |
| | | 男 | 小计 | 44 | 191 | 20 | 60 | 120 | 300 | 600 |
| | | | 18 ～ 44 岁 | 23 | 227 | 20 | 30 | 240 | 300 | 600 |
| | | | 45 ～ 59 岁 | 17 | 128 | 10 | 60 | 120 | 200 | 300 |
| | | | 60 ～ 79 岁 | 4 | 99 | 20 | 30 | 90 | 180 | 180 |

| 地区 | 城乡 | 性别 | 年龄 | n | 其他交通工具累计使用时间 /（min/d） | | | | | |
|---|---|---|---|---|---|---|---|---|---|---|
| | | | | | Mean | P5 | P 25 | P50 | P 75 | P95 |
| 华东 | 城市 | 男 | 80 岁及以上 | 0 | 0 | 0 | 0 | 0 | 0 | 0 |
| | | 女 | 小计 | 21 | 51 | 20 | 30 | 50 | 60 | 120 |
| | | | 18 ～ 44 岁 | 14 | 53 | 2 | 30 | 50 | 60 | 120 |
| | | | 45 ～ 59 岁 | 7 | 43 | 20 | 20 | 30 | 30 | 120 |
| | | | 60 ～ 79 岁 | 0 | 0 | 0 | 0 | 0 | 0 | 0 |
| | | | 80 岁及以上 | 0 | 0 | 0 | 0 | 0 | 0 | 0 |
| | 农村 | 小计 | 小计 | 84 | 125 | 20 | 40 | 60 | 180 | 480 |
| | | | 18 ～ 44 岁 | 32 | 152 | 30 | 40 | 80 | 240 | 480 |
| | | | 45 ～ 59 岁 | 38 | 117 | 20 | 30 | 60 | 120 | 420 |
| | | | 60 ～ 79 岁 | 13 | 51 | 15 | 20 | 30 | 60 | 120 |
| | | | 80 岁及以上 | 1 | 2 | 2 | 2 | 2 | 2 | 2 |
| | | 男 | 小计 | 67 | 135 | 20 | 40 | 60 | 240 | 480 |
| | | | 18 ～ 44 岁 | 27 | 159 | 30 | 60 | 80 | 240 | 480 |
| | | | 45 ～ 59 岁 | 30 | 128 | 20 | 30 | 60 | 180 | 420 |
| | | | 60 ～ 79 岁 | 9 | 49 | 15 | 20 | 30 | 60 | 120 |
| | | | 80 岁及以上 | 1 | 2 | 2 | 2 | 2 | 2 | 2 |
| | | 女 | 小计 | 17 | 55 | 12 | 20 | 40 | 60 | 180 |
| | | | 18 ～ 44 岁 | 5 | 29 | 12 | 12 | 12 | 30 | 80 |
| | | | 45 ～ 59 岁 | 8 | 65 | 20 | 30 | 40 | 60 | 180 |
| | | | 60 ～ 79 岁 | 4 | 57 | 15 | 15 | 60 | 60 | 120 |
| | | | 80 岁及以上 | 0 | 0 | 0 | 0 | 0 | 0 | 0 |
| 华南 | 城乡 | 小计 | 小计 | 57 | 157 | 10 | 30 | 90 | 300 | 420 |
| | | | 18 ～ 44 岁 | 33 | 175 | 15 | 40 | 90 | 300 | 420 |
| | | | 45 ～ 59 岁 | 14 | 157 | 6 | 30 | 120 | 200 | 480 |
| | | | 60 ～ 79 岁 | 8 | 25 | 0 | 25 | 30 | 30 | 40 |
| | | | 80 岁及以上 | 2 | 36 | 15 | 15 | 15 | 60 | 60 |
| | | 男 | 小计 | 43 | 176 | 10 | 40 | 120 | 300 | 420 |
| | | | 18 ～ 44 岁 | 25 | 194 | 30 | 60 | 120 | 300 | 420 |
| | | | 45 ～ 59 岁 | 11 | 172 | 6 | 60 | 180 | 360 | 480 |
| | | | 60 ～ 79 岁 | 5 | 26 | 10 | 25 | 30 | 30 | 40 |
| | | | 80 岁及以上 | 2 | 36 | 15 | 15 | 15 | 60 | 60 |
| | | 女 | 小计 | 14 | 45 | 10 | 30 | 30 | 30 | 180 |
| | | | 18 ～ 44 岁 | 8 | 52 | 10 | 30 | 30 | 60 | 180 |
| | | | 45 ～ 59 岁 | 3 | 37 | 30 | 30 | 30 | 30 | 60 |
| | | | 60 ～ 79 岁 | 3 | 23 | 0 | 30 | 30 | 30 | 30 |
| | | | 80 岁及以上 | 0 | 0 | 0 | 0 | 0 | 0 | 0 |
| | 城市 | 小计 | 小计 | 15 | 208 | 6 | 60 | 180 | 300 | 480 |
| | | | 18 ～ 44 岁 | 9 | 229 | 15 | 40 | 240 | 420 | 420 |
| | | | 45 ～ 59 岁 | 6 | 157 | 6 | 60 | 120 | 180 | 480 |
| | | | 60 ～ 79 岁 | 0 | 0 | 0 | 0 | 0 | 0 | 0 |
| | | | 80 岁及以上 | 0 | 0 | 0 | 0 | 0 | 0 | 0 |
| | | 男 | 小计 | 12 | 217 | 6 | 40 | 240 | 420 | 480 |
| | | | 18 ～ 44 岁 | 7 | 239 | 15 | 40 | 240 | 420 | 420 |
| | | | 45 ～ 59 岁 | 5 | 165 | 6 | 60 | 120 | 180 | 480 |
| | | | 60 ～ 79 岁 | 0 | 0 | 0 | 0 | 0 | 0 | 0 |
| | | | 80 岁及以上 | 0 | 0 | 0 | 0 | 0 | 0 | 0 |
| | | 女 | 小计 | 3 | 126 | 10 | 60 | 180 | 180 | 180 |
| | | | 18 ～ 44 岁 | 2 | 145 | 10 | 180 | 180 | 180 | 180 |
| | | | 45 ～ 59 岁 | 1 | 60 | 60 | 60 | 60 | 60 | 60 |
| | | | 60 ～ 79 岁 | 0 | 0 | 0 | 0 | 0 | 0 | 0 |
| | | | 80 岁及以上 | 0 | 0 | 0 | 0 | 0 | 0 | 0 |
| | 农村 | 小计 | 小计 | 42 | 142 | 10 | 30 | 60 | 180 | 420 |
| | | | 18 ～ 44 岁 | 24 | 158 | 30 | 40 | 90 | 300 | 420 |
| | | | 45 ～ 59 岁 | 8 | 157 | 10 | 30 | 60 | 360 | 360 |
| | | | 60 ～ 79 岁 | 8 | 25 | 0 | 25 | 30 | 30 | 40 |
| | | | 80 岁及以上 | 2 | 36 | 15 | 15 | 15 | 60 | 60 |
| | | 男 | 小计 | 31 | 162 | 10 | 40 | 90 | 300 | 420 |
| | | | 18 ～ 44 岁 | 18 | 179 | 30 | 60 | 120 | 300 | 420 |

| 地区 | 城乡 | 性别 | 年龄 | n | 其他交通工具累计使用时间 /（min/d） | | | | | |
| --- | --- | --- | --- | --- | --- | --- | --- | --- | --- | --- |
| | | | | | Mean | P5 | P 25 | P50 | P 75 | P95 |
| 华南 | 农村 | 男 | 45～59岁 | 6 | 177 | 10 | 60 | 180 | 360 | 360 |
| | | | 60～79岁 | 5 | 26 | 10 | 25 | 30 | 30 | 40 |
| | | | 80岁及以上 | 2 | 36 | 15 | 15 | 15 | 60 | 60 |
| | | 女 | 小计 | 11 | 30 | 10 | 30 | 30 | 30 | 60 |
| | | | 18～44岁 | 6 | 32 | 10 | 30 | 30 | 30 | 60 |
| | | | 45～59岁 | 2 | 30 | 30 | 30 | 30 | 30 | 30 |
| | | | 60～79岁 | 3 | 23 | 0 | 30 | 30 | 30 | 30 |
| | | | 80岁及以上 | 0 | 0 | 0 | 0 | 0 | 0 | 0 |
| 西北 | 城乡 | 小计 | 小计 | 70 | 80 | 10 | 30 | 60 | 60 | 240 |
| | | | 18～44岁 | 33 | 89 | 10 | 30 | 60 | 120 | 180 |
| | | | 45～59岁 | 28 | 83 | 20 | 30 | 45 | 60 | 480 |
| | | | 60～79岁 | 8 | 53 | 10 | 30 | 30 | 60 | 120 |
| | | | 80岁及以上 | 1 | 1 | 1 | 1 | 1 | 1 | 1 |
| | | 男 | 小计 | 37 | 104 | 2 | 30 | 60 | 80 | 480 |
| | | | 18～44岁 | 20 | 102 | 2 | 30 | 60 | 120 | 720 |
| | | | 45～59岁 | 13 | 119 | 20 | 30 | 60 | 60 | 600 |
| | | | 60～79岁 | 3 | 81 | 20 | 20 | 120 | 120 | 120 |
| | | | 80岁及以上 | 1 | 1 | 1 | 1 | 1 | 1 | 1 |
| | | 女 | 小计 | 33 | 51 | 20 | 20 | 30 | 60 | 120 |
| | | | 18～44岁 | 13 | 60 | 20 | 20 | 30 | 120 | 120 |
| | | | 45～59岁 | 15 | 51 | 20 | 30 | 30 | 60 | 120 |
| | | | 60～79岁 | 5 | 38 | 10 | 30 | 30 | 30 | 60 |
| | | | 80岁及以上 | 0 | 0 | 0 | 0 | 0 | 0 | 0 |
| | 城市 | 小计 | 小计 | 24 | 147 | 2 | 30 | 60 | 120 | 720 |
| | | | 18～44岁 | 11 | 148 | 2 | 30 | 60 | 120 | 720 |
| | | | 45～59岁 | 11 | 163 | 30 | 50 | 60 | 120 | 600 |
| | | | 60～79岁 | 1 | 60 | 60 | 60 | 60 | 60 | 60 |
| | | | 80岁及以上 | 1 | 1 | 1 | 1 | 1 | 1 | 1 |
| | | 男 | 小计 | 16 | 179 | 2 | 30 | 60 | 180 | 720 |
| | | | 18～44岁 | 8 | 169 | 2 | 30 | 60 | 180 | 720 |
| | | | 45～59岁 | 7 | 210 | 50 | 60 | 60 | 480 | 600 |
| | | | 60～79岁 | 0 | 0 | 0 | 0 | 0 | 0 | 0 |
| | | | 80岁及以上 | 1 | 1 | 1 | 1 | 1 | 1 | 1 |
| | | 女 | 小计 | 8 | 56 | 20 | 30 | 30 | 90 | 120 |
| | | | 18～44岁 | 3 | 54 | 20 | 30 | 30 | 90 | 90 |
| | | | 45～59岁 | 4 | 57 | 30 | 30 | 30 | 120 | 120 |
| | | | 60～79岁 | 1 | 60 | 60 | 60 | 60 | 60 | 60 |
| | | | 80岁及以上 | 0 | 0 | 0 | 0 | 0 | 0 | 0 |
| | 农村 | 小计 | 小计 | 46 | 55 | 10 | 30 | 40 | 60 | 120 |
| | | | 18～44岁 | 22 | 64 | 10 | 20 | 60 | 60 | 120 |
| | | | 45～59岁 | 17 | 46 | 20 | 30 | 30 | 60 | 120 |
| | | | 60～79岁 | 7 | 53 | 10 | 30 | 30 | 60 | 120 |
| | | | 80岁及以上 | 0 | 0 | 0 | 0 | 0 | 0 | 0 |
| | | 男 | 小计 | 21 | 60 | 10 | 30 | 60 | 60 | 120 |
| | | | 18～44岁 | 12 | 65 | 10 | 60 | 60 | 60 | 120 |
| | | | 45～59岁 | 6 | 40 | 20 | 30 | 30 | 60 | 60 |
| | | | 60～79岁 | 3 | 81 | 20 | 20 | 120 | 120 | 120 |
| | | | 80岁及以上 | 0 | 0 | 0 | 0 | 0 | 0 | 0 |
| | | 女 | 小计 | 25 | 50 | 20 | 20 | 30 | 60 | 120 |
| | | | 18～44岁 | 10 | 61 | 20 | 20 | 20 | 120 | 120 |
| | | | 45～59岁 | 11 | 49 | 20 | 20 | 30 | 60 | 120 |
| | | | 60～79岁 | 4 | 36 | 10 | 30 | 30 | 30 | 30 |
| | | | 80岁及以上 | 0 | 0 | 0 | 0 | 0 | 0 | 0 |
| 东北 | 城乡 | 小计 | 小计 | 221 | 110 | 10 | 30 | 60 | 160 | 300 |
| | | | 18～44岁 | 130 | 91 | 10 | 30 | 60 | 120 | 300 |
| | | | 45～59岁 | 82 | 162 | 20 | 60 | 120 | 240 | 480 |
| | | | 60～79岁 | 9 | 53 | 10 | 20 | 20 | 90 | 240 |
| | | | 80岁及以上 | 0 | 0 | 0 | 0 | 0 | 0 | 0 |

| 地区 | 城乡 | 性别 | 年龄 | n | 其他交通工具累计使用时间 /（min/d） | | | | | |
|---|---|---|---|---|---|---|---|---|---|---|
| | | | | | Mean | P5 | P 25 | P50 | P 75 | P95 |
| 东北 | 城乡 | 男 | 小计 | 128 | 119 | 20 | 30 | 60 | 180 | 300 |
| | | | 18 ～ 44 岁 | 73 | 91 | 20 | 30 | 60 | 120 | 300 |
| | | | 45 ～ 59 岁 | 48 | 186 | 20 | 60 | 120 | 240 | 480 |
| | | | 60 ～ 79 岁 | 7 | 56 | 20 | 20 | 20 | 90 | 240 |
| | | | 80 岁及以上 | 0 | 0 | 0 | 0 | 0 | 0 | 0 |
| | | 女 | 小计 | 93 | 94 | 10 | 20 | 60 | 120 | 240 |
| | | | 18 ～ 44 岁 | 57 | 90 | 10 | 30 | 60 | 120 | 240 |
| | | | 45 ～ 59 岁 | 34 | 107 | 10 | 20 | 60 | 160 | 240 |
| | | | 60 ～ 79 岁 | 2 | 43 | 10 | 10 | 10 | 10 | 180 |
| | | | 80 岁及以上 | 0 | 0 | 0 | 0 | 0 | 0 | 0 |
| | 城市 | 小计 | 小计 | 44 | 117 | 20 | 30 | 70 | 180 | 480 |
| | | | 18 ～ 44 岁 | 22 | 69 | 10 | 20 | 30 | 80 | 240 |
| | | | 45 ～ 59 岁 | 21 | 210 | 20 | 100 | 180 | 240 | 480 |
| | | | 60 ～ 79 岁 | 1 | 90 | 90 | 90 | 90 | 90 | 90 |
| | | | 80 岁及以上 | 0 | 0 | 0 | 0 | 0 | 0 | 0 |
| | | 男 | 小计 | 30 | 126 | 20 | 20 | 60 | 180 | 480 |
| | | | 18 ～ 44 岁 | 16 | 65 | 10 | 20 | 30 | 60 | 240 |
| | | | 45 ～ 59 岁 | 13 | 251 | 60 | 120 | 240 | 480 | 480 |
| | | | 60 ～ 79 岁 | 1 | 90 | 90 | 90 | 90 | 90 | 90 |
| | | | 80 岁及以上 | 0 | 0 | 0 | 0 | 0 | 0 | 0 |
| | | 女 | 小计 | 14 | 90 | 20 | 60 | 70 | 100 | 300 |
| | | | 18 ～ 44 岁 | 6 | 83 | 20 | 70 | 70 | 80 | 300 |
| | | | 45 ～ 59 岁 | 8 | 102 | 20 | 60 | 100 | 120 | 240 |
| | | | 60 ～ 79 岁 | 0 | 0 | 0 | 0 | 0 | 0 | 0 |
| | | | 80 岁及以上 | 0 | 0 | 0 | 0 | 0 | 0 | 0 |
| | 农村 | 小计 | 小计 | 177 | 108 | 10 | 30 | 60 | 160 | 300 |
| | | | 18 ～ 44 岁 | 108 | 97 | 10 | 30 | 60 | 120 | 300 |
| | | | 45 ～ 59 岁 | 61 | 143 | 10 | 50 | 120 | 180 | 600 |
| | | | 60 ～ 79 岁 | 8 | 45 | 10 | 20 | 20 | 20 | 240 |
| | | | 80 岁及以上 | 0 | 0 | 0 | 0 | 0 | 0 | 0 |
| | | 男 | 小计 | 98 | 116 | 20 | 30 | 60 | 160 | 300 |
| | | | 18 ～ 44 岁 | 57 | 101 | 20 | 30 | 60 | 120 | 300 |
| | | | 45 ～ 59 岁 | 35 | 158 | 20 | 60 | 120 | 180 | 720 |
| | | | 60 ～ 79 岁 | 6 | 46 | 20 | 20 | 20 | 60 | 240 |
| | | | 80 岁及以上 | 0 | 0 | 0 | 0 | 0 | 0 | 0 |
| | | 女 | 小计 | 79 | 94 | 10 | 20 | 40 | 130 | 240 |
| | | | 18 ～ 44 岁 | 51 | 92 | 5 | 20 | 40 | 120 | 240 |
| | | | 45 ～ 59 岁 | 26 | 109 | 10 | 20 | 60 | 160 | 300 |
| | | | 60 ～ 79 岁 | 2 | 43 | 10 | 10 | 10 | 10 | 180 |
| | | | 80 岁及以上 | 0 | 0 | 0 | 0 | 0 | 0 | 0 |
| 西南 | 城乡 | 小计 | 小计 | 227 | 125 | 10 | 30 | 60 | 150 | 420 |
| | | | 18 ～ 44 岁 | 133 | 139 | 15 | 30 | 60 | 180 | 480 |
| | | | 45 ～ 59 岁 | 64 | 100 | 20 | 30 | 60 | 120 | 310 |
| | | | 60 ～ 79 岁 | 28 | 37 | 2 | 10 | 20 | 60 | 90 |
| | | | 80 岁及以上 | 2 | 60 | 60 | 60 | 60 | 60 | 60 |
| | | 男 | 小计 | 128 | 140 | 15 | 30 | 60 | 180 | 480 |
| | | | 18 ～ 44 岁 | 80 | 149 | 10 | 30 | 67 | 300 | 420 |
| | | | 45 ～ 59 岁 | 33 | 120 | 20 | 20 | 60 | 120 | 700 |
| | | | 60 ～ 79 岁 | 14 | 48 | 20 | 20 | 20 | 60 | 90 |
| | | | 80 岁及以上 | 1 | 0 | 0 | 0 | 0 | 0 | 0 |
| | | 女 | 小计 | 99 | 90 | 10 | 30 | 50 | 60 | 420 |
| | | | 18 ～ 44 岁 | 53 | 110 | 20 | 30 | 50 | 120 | 600 |
| | | | 45 ～ 59 岁 | 31 | 60 | 20 | 30 | 60 | 60 | 180 |
| | | | 60 ～ 79 岁 | 14 | 27 | 2 | 2 | 10 | 30 | 60 |
| | | | 80 岁及以上 | 1 | 60 | 60 | 60 | 60 | 60 | 60 |
| | 城市 | 小计 | 小计 | 31 | 107 | 20 | 50 | 60 | 120 | 350 |
| | | | 18 ～ 44 岁 | 22 | 112 | 21 | 50 | 60 | 120 | 350 |
| | | | 45 ～ 59 岁 | 8 | 99 | 40 | 60 | 60 | 60 | 700 |

| 地区 | 城乡 | 性别 | 年龄 | n | 其他交通工具累计使用时间 /（min/d） | | | | | |
|---|---|---|---|---|---|---|---|---|---|---|
| | | | | | Mean | P5 | P 25 | P50 | P 75 | P95 |
| 西南 | 城市 | 小计 | 60 ～ 79 岁 | 1 | 20 | 20 | 20 | 20 | 20 | 20 |
| | | | 80 岁及以上 | 0 | 0 | 0 | 0 | 0 | 0 | 0 |
| | | 男 | 小计 | 21 | 125 | 20 | 60 | 60 | 150 | 350 |
| | | | 18 ～ 44 岁 | 16 | 128 | 21 | 60 | 90 | 150 | 350 |
| | | | 45 ～ 59 岁 | 4 | 135 | 60 | 60 | 60 | 120 | 700 |
| | | | 60 ～ 79 岁 | 1 | 20 | 20 | 20 | 20 | 20 | 20 |
| | | | 80 岁及以上 | 0 | 0 | 0 | 0 | 0 | 0 | 0 |
| | | 女 | 小计 | 10 | 58 | 30 | 40 | 50 | 60 | 120 |
| | | | 18 ～ 44 岁 | 6 | 61 | 20 | 50 | 50 | 50 | 120 |
| | | | 45 ～ 59 岁 | 4 | 53 | 40 | 40 | 60 | 60 | 60 |
| | | | 60 ～ 79 岁 | 0 | 0 | 0 | 0 | 0 | 0 | 0 |
| | | | 80 岁及以上 | 0 | 0 | 0 | 0 | 0 | 0 | 0 |
| | 农村 | 小计 | 小计 | 196 | 135 | 10 | 20 | 60 | 180 | 480 |
| | | | 18 ～ 44 岁 | 111 | 153 | 10 | 30 | 60 | 300 | 480 |
| | | | 45 ～ 59 岁 | 56 | 100 | 15 | 20 | 60 | 120 | 310 |
| | | | 60 ～ 79 岁 | 27 | 41 | 2 | 2 | 20 | 60 | 90 |
| | | | 80 岁及以上 | 2 | 60 | 60 | 60 | 60 | 60 | 60 |
| | | 男 | 小计 | 107 | 148 | 10 | 30 | 60 | 300 | 480 |
| | | | 18 ～ 44 岁 | 64 | 160 | 10 | 30 | 60 | 300 | 480 |
| | | | 45 ～ 59 岁 | 29 | 113 | 15 | 20 | 60 | 120 | 840 |
| | | | 60 ～ 79 岁 | 13 | 64 | 20 | 20 | 30 | 60 | 420 |
| | | | 80 岁及以上 | 1 | 0 | 0 | 0 | 0 | 0 | 0 |
| | | 女 | 小计 | 89 | 104 | 2 | 20 | 40 | 80 | 600 |
| | | | 18 ～ 44 岁 | 47 | 133 | 20 | 30 | 40 | 180 | 600 |
| | | | 45 ～ 59 岁 | 27 | 66 | 15 | 30 | 30 | 60 | 240 |
| | | | 60 ～ 79 岁 | 14 | 27 | 2 | 2 | 10 | 30 | 60 |
| | | | 80 岁及以上 | 1 | 60 | 60 | 60 | 60 | 60 | 60 |

## 附表 6-45　中国人群分省（直辖市、自治区）、城乡、性别的交通工具累计使用时间

| 地区 | 城乡 | 性别 | n | 交通工具累计使用时间 /（min/d） | | | | | |
|---|---|---|---|---|---|---|---|---|---|
| | | | | Mean | P5 | P 25 | P50 | P 75 | P 95 |
| 合计 | 城乡 | 小计 | 91 121 | 63 | 15 | 30 | 45 | 70 | 180 |
| | | 男 | 41 296 | 68 | 15 | 30 | 50 | 80 | 180 |
| | | 女 | 49 825 | 58 | 10 | 30 | 40 | 60 | 150 |
| | 城市 | 小计 | 41 826 | 66 | 15 | 30 | 50 | 80 | 180 |
| | | 男 | 18 455 | 71 | 15 | 30 | 50 | 90 | 180 |
| | | 女 | 23 371 | 61 | 15 | 30 | 45 | 70 | 160 |
| | 农村 | 小计 | 49 295 | 61 | 15 | 30 | 40 | 65 | 180 |
| | | 男 | 22 841 | 65 | 15 | 30 | 50 | 75 | 180 |
| | | 女 | 26 454 | 56 | 10 | 30 | 40 | 60 | 150 |
| 北京 | 城乡 | 小计 | 1 114 | 87 | 15 | 30 | 60 | 120 | 240 |
| | | 男 | 458 | 93 | 10 | 30 | 60 | 120 | 260 |
| | | 女 | 656 | 82 | 15 | 30 | 60 | 120 | 210 |
| | 城市 | 小计 | 840 | 94 | 20 | 30 | 60 | 120 | 240 |
| | | 男 | 354 | 98 | 20 | 40 | 60 | 120 | 240 |
| | | 女 | 486 | 91 | 20 | 30 | 60 | 120 | 220 |
| | 农村 | 小计 | 274 | 67 | 10 | 30 | 40 | 70 | 200 |
| | | 男 | 104 | 77 | 10 | 30 | 60 | 90 | 300 |
| | | 女 | 170 | 60 | 10 | 30 | 40 | 60 | 180 |
| 天津 | 城乡 | 小计 | 1 154 | 72 | 20 | 30 | 60 | 90 | 200 |
| | | 男 | 470 | 83 | 20 | 30 | 60 | 100 | 240 |
| | | 女 | 684 | 61 | 20 | 30 | 50 | 80 | 130 |

| 地区 | 城乡 | 性别 | n | 交通工具累计使用时间 /（min/d） | | | | | |
|---|---|---|---|---|---|---|---|---|---|
| | | | | Mean | P5 | P 25 | P50 | P 75 | P 95 |
| 天津 | 城市 | 小计 | 865 | 76 | 20 | 30 | 60 | 90 | 240 |
| | | 男 | 336 | 88 | 20 | 30 | 60 | 100 | 270 |
| | | 女 | 529 | 65 | 20 | 30 | 50 | 90 | 150 |
| | 农村 | 小计 | 289 | 62 | 10 | 30 | 55 | 80 | 120 |
| | | 男 | 134 | 72 | 20 | 40 | 60 | 100 | 180 |
| | | 女 | 155 | 49 | 10 | 20 | 40 | 60 | 120 |
| 河北 | 城乡 | 小计 | 4 409 | 63 | 20 | 30 | 40 | 70 | 180 |
| | | 男 | 1 936 | 68 | 20 | 30 | 50 | 80 | 180 |
| | | 女 | 2 473 | 59 | 20 | 30 | 40 | 60 | 160 |
| | 城市 | 小计 | 1 831 | 77 | 20 | 30 | 60 | 90 | 220 |
| | | 男 | 830 | 82 | 20 | 30 | 60 | 90 | 270 |
| | | 女 | 1 001 | 72 | 20 | 30 | 60 | 80 | 210 |
| | 农村 | 小计 | 2 578 | 50 | 20 | 30 | 30 | 60 | 120 |
| | | 男 | 1 106 | 53 | 20 | 30 | 40 | 60 | 120 |
| | | 女 | 1 472 | 46 | 20 | 20 | 30 | 60 | 120 |
| 山西 | 城乡 | 小计 | 3 441 | 54 | 16 | 30 | 40 | 60 | 140 |
| | | 男 | 1 564 | 57 | 20 | 30 | 40 | 60 | 150 |
| | | 女 | 1 877 | 51 | 15 | 30 | 40 | 60 | 120 |
| | 城市 | 小计 | 1 047 | 61 | 15 | 30 | 50 | 70 | 160 |
| | | 男 | 480 | 64 | 15 | 30 | 60 | 80 | 180 |
| | | 女 | 567 | 58 | 20 | 30 | 50 | 60 | 125 |
| | 农村 | 小计 | 2 394 | 51 | 20 | 30 | 40 | 60 | 130 |
| | | 男 | 1 084 | 54 | 20 | 30 | 40 | 60 | 150 |
| | | 女 | 1 310 | 48 | 15 | 30 | 40 | 60 | 120 |
| 内蒙古 | 城乡 | 小计 | 3 048 | 63 | 20 | 30 | 60 | 70 | 138 |
| | | 男 | 1 471 | 65 | 20 | 30 | 60 | 80 | 150 |
| | | 女 | 1 577 | 60 | 20 | 30 | 50 | 70 | 120 |
| | 城市 | 小计 | 1 196 | 69 | 20 | 40 | 60 | 90 | 150 |
| | | 男 | 554 | 69 | 20 | 40 | 60 | 90 | 160 |
| | | 女 | 642 | 68 | 20 | 40 | 60 | 80 | 140 |
| | 农村 | 小计 | 1 852 | 59 | 20 | 30 | 50 | 70 | 130 |
| | | 男 | 917 | 63 | 20 | 30 | 60 | 70 | 138 |
| | | 女 | 935 | 55 | 20 | 30 | 50 | 60 | 120 |
| 辽宁 | 城乡 | 小计 | 3 379 | 59 | 10 | 30 | 40 | 60 | 160 |
| | | 男 | 1 449 | 65 | 10 | 30 | 40 | 80 | 180 |
| | | 女 | 1 930 | 53 | 10 | 25 | 35 | 60 | 150 |
| | 城市 | 小计 | 1 195 | 69 | 10 | 30 | 60 | 90 | 180 |
| | | 男 | 526 | 74 | 10 | 30 | 60 | 90 | 180 |
| | | 女 | 669 | 62 | 10 | 20 | 45 | 90 | 180 |
| | 农村 | 小计 | 2 184 | 56 | 10 | 30 | 40 | 60 | 150 |
| | | 男 | 923 | 61 | 10 | 30 | 40 | 60 | 160 |
| | | 女 | 1 261 | 50 | 10 | 25 | 30 | 60 | 130 |
| 吉林 | 城乡 | 小计 | 2 738 | 58 | 15 | 30 | 45 | 70 | 130 |
| | | 男 | 1 303 | 59 | 15 | 30 | 40 | 70 | 150 |
| | | 女 | 1 435 | 57 | 15 | 30 | 50 | 65 | 120 |
| | 城市 | 小计 | 1 572 | 58 | 15 | 30 | 50 | 70 | 150 |
| | | 男 | 705 | 57 | 15 | 30 | 45 | 65 | 150 |
| | | 女 | 867 | 58 | 10 | 30 | 50 | 70 | 140 |
| | 农村 | 小计 | 1 166 | 59 | 20 | 30 | 40 | 80 | 120 |
| | | 男 | 598 | 61 | 15 | 30 | 40 | 80 | 120 |
| | | 女 | 568 | 55 | 20 | 30 | 50 | 60 | 120 |
| 黑龙江 | 城乡 | 小计 | 4 062 | 54 | 10 | 30 | 40 | 60 | 140 |
| | | 男 | 1 882 | 59 | 10 | 30 | 40 | 70 | 170 |
| | | 女 | 2 180 | 49 | 10 | 30 | 40 | 60 | 120 |
| | 城市 | 小计 | 1 589 | 53 | 15 | 30 | 40 | 60 | 120 |
| | | 男 | 681 | 55 | 15 | 30 | 40 | 60 | 130 |
| | | 女 | 908 | 52 | 10 | 30 | 40 | 60 | 120 |
| | 农村 | 小计 | 2 473 | 54 | 10 | 30 | 40 | 60 | 150 |

| 地区 | 城乡 | 性别 | n | 交通工具累计使用时间 / （min/d） | | | | | |
|---|---|---|---|---|---|---|---|---|---|
| | | | | Mean | P5 | P 25 | P50 | P 75 | P 95 |
| 黑龙江 | 农村 | 男 | 1 201 | 61 | 10 | 30 | 40 | 70 | 180 |
| | | 女 | 1 272 | 47 | 10 | 20 | 30 | 60 | 120 |
| 上海 | 城乡 | 小计 | 1 161 | 59 | 10 | 30 | 40 | 70 | 160 |
| | | 男 | 540 | 63 | 10 | 30 | 40 | 80 | 180 |
| | | 女 | 621 | 55 | 10 | 30 | 40 | 60 | 150 |
| | 城市 | 小计 | 1 161 | 59 | 10 | 30 | 40 | 70 | 160 |
| | | 男 | 540 | 63 | 10 | 30 | 40 | 80 | 180 |
| | | 女 | 621 | 55 | 10 | 30 | 40 | 60 | 150 |
| | 农村 | 小计 | 0 | 0 | 0 | 0 | 0 | 0 | 0 |
| | | 男 | 0 | 0 | 0 | 0 | 0 | 0 | 0 |
| | | 女 | 0 | 0 | 0 | 0 | 0 | 0 | 0 |
| 江苏 | 城乡 | 小计 | 3 473 | 55 | 10 | 25 | 40 | 60 | 150 |
| | | 男 | 1 587 | 60 | 10 | 30 | 40 | 60 | 180 |
| | | 女 | 1 886 | 49 | 10 | 20 | 30 | 60 | 120 |
| | 城市 | 小计 | 2 313 | 55 | 10 | 20 | 35 | 60 | 152 |
| | | 男 | 1 068 | 61 | 10 | 30 | 40 | 60 | 180 |
| | | 女 | 1 245 | 49 | 10 | 20 | 30 | 60 | 120 |
| | 农村 | 小计 | 1 160 | 54 | 10 | 30 | 40 | 60 | 150 |
| | | 男 | 519 | 59 | 15 | 30 | 40 | 60 | 160 |
| | | 女 | 641 | 50 | 10 | 25 | 30 | 60 | 120 |
| 浙江 | 城乡 | 小计 | 3 428 | 59 | 10 | 30 | 40 | 60 | 160 |
| | | 男 | 1 599 | 64 | 10 | 30 | 45 | 70 | 180 |
| | | 女 | 1 829 | 54 | 10 | 30 | 40 | 60 | 140 |
| | 城市 | 小计 | 1 184 | 63 | 15 | 30 | 50 | 80 | 160 |
| | | 男 | 536 | 66 | 15 | 30 | 50 | 80 | 160 |
| | | 女 | 648 | 60 | 10 | 30 | 50 | 75 | 150 |
| | 农村 | 小计 | 2 244 | 57 | 10 | 30 | 40 | 60 | 160 |
| | | 男 | 1 063 | 63 | 10 | 30 | 45 | 60 | 180 |
| | | 女 | 1 181 | 50 | 10 | 20 | 35 | 60 | 120 |
| 安徽 | 城乡 | 小计 | 3 497 | 65 | 20 | 30 | 60 | 70 | 180 |
| | | 男 | 1 545 | 70 | 20 | 30 | 60 | 80 | 180 |
| | | 女 | 1 952 | 59 | 20 | 30 | 50 | 60 | 150 |
| | 城市 | 小计 | 1 894 | 58 | 20 | 30 | 40 | 60 | 127 |
| | | 男 | 791 | 63 | 20 | 30 | 50 | 70 | 150 |
| | | 女 | 1 103 | 54 | 20 | 30 | 40 | 60 | 120 |
| | 农村 | 小计 | 1 603 | 68 | 20 | 30 | 60 | 80 | 180 |
| | | 男 | 754 | 74 | 20 | 30 | 60 | 80 | 200 |
| | | 女 | 849 | 62 | 20 | 30 | 50 | 70 | 180 |
| 福建 | 城乡 | 小计 | 2 898 | 74 | 15 | 30 | 50 | 90 | 210 |
| | | 男 | 1 291 | 82 | 15 | 30 | 60 | 110 | 240 |
| | | 女 | 1 607 | 66 | 15 | 30 | 40 | 80 | 180 |
| | 城市 | 小计 | 1 495 | 80 | 15 | 30 | 50 | 90 | 250 |
| | | 男 | 636 | 92 | 15 | 30 | 60 | 120 | 330 |
| | | 女 | 859 | 68 | 15 | 30 | 40 | 80 | 210 |
| | 农村 | 小计 | 1 403 | 68 | 15 | 30 | 50 | 90 | 180 |
| | | 男 | 655 | 73 | 15 | 30 | 60 | 90 | 190 |
| | | 女 | 748 | 63 | 15 | 30 | 40 | 75 | 180 |
| 江西 | 城乡 | 小计 | 2 917 | 60 | 16 | 30 | 50 | 70 | 150 |
| | | 男 | 1 376 | 64 | 15 | 30 | 50 | 80 | 160 |
| | | 女 | 1 541 | 56 | 20 | 30 | 45 | 60 | 150 |
| | 城市 | 小计 | 1 720 | 64 | 20 | 30 | 60 | 80 | 150 |
| | | 男 | 795 | 69 | 15 | 30 | 60 | 80 | 180 |
| | | 女 | 925 | 58 | 20 | 30 | 50 | 70 | 150 |
| | 农村 | 小计 | 1 197 | 57 | 15 | 30 | 40 | 70 | 150 |
| | | 男 | 581 | 59 | 15 | 30 | 40 | 80 | 150 |
| | | 女 | 616 | 54 | 15 | 30 | 40 | 60 | 150 |
| 山东 | 城乡 | 小计 | 5 591 | 57 | 10 | 30 | 40 | 60 | 150 |
| | | 男 | 2 494 | 63 | 10 | 30 | 40 | 70 | 180 |

| 地区 | 城乡 | 性别 | *n* | 交通工具累计使用时间 /（min/d） | | | | | |
|---|---|---|---|---|---|---|---|---|---|
| | | | | Mean | P5 | P 25 | P50 | P 75 | P 95 |
| 山东 | 城乡 | 女 | 3 097 | 50 | 10 | 30 | 40 | 60 | 120 |
| | 城市 | 小计 | 2 710 | 58 | 10 | 30 | 40 | 60 | 150 |
| | | 男 | 1 127 | 63 | 10 | 30 | 45 | 70 | 180 |
| | | 女 | 1 583 | 53 | 10 | 30 | 40 | 60 | 120 |
| | 农村 | 小计 | 2 881 | 55 | 10 | 30 | 40 | 60 | 150 |
| | | 男 | 1 367 | 63 | 10 | 30 | 40 | 60 | 180 |
| | | 女 | 1 514 | 48 | 10 | 25 | 30 | 60 | 120 |
| 河南 | 城乡 | 小计 | 4 931 | 56 | 15 | 30 | 50 | 60 | 130 |
| | | 男 | 2 103 | 59 | 15 | 30 | 50 | 70 | 150 |
| | | 女 | 2 828 | 53 | 15 | 30 | 40 | 60 | 120 |
| | 城市 | 小计 | 2 040 | 59 | 20 | 30 | 50 | 60 | 140 |
| | | 男 | 846 | 63 | 20 | 30 | 50 | 70 | 150 |
| | | 女 | 1 194 | 55 | 15 | 30 | 50 | 60 | 120 |
| | 农村 | 小计 | 2 891 | 55 | 15 | 30 | 45 | 60 | 130 |
| | | 男 | 1 257 | 58 | 15 | 30 | 50 | 70 | 150 |
| | | 女 | 1 634 | 52 | 15 | 30 | 40 | 60 | 130 |
| 湖北 | 城乡 | 小计 | 3 412 | 79 | 20 | 40 | 60 | 100 | 180 |
| | | 男 | 1 606 | 82 | 20 | 40 | 60 | 115 | 190 |
| | | 女 | 1 806 | 76 | 20 | 40 | 60 | 100 | 180 |
| | 城市 | 小计 | 2 385 | 75 | 20 | 35 | 60 | 100 | 180 |
| | | 男 | 1 129 | 76 | 20 | 40 | 60 | 100 | 180 |
| | | 女 | 1 256 | 73 | 20 | 35 | 60 | 90 | 180 |
| | 农村 | 小计 | 1 027 | 87 | 20 | 50 | 60 | 120 | 190 |
| | | 男 | 477 | 91 | 25 | 50 | 70 | 120 | 210 |
| | | 女 | 550 | 82 | 20 | 45 | 60 | 110 | 180 |
| 湖南 | 城乡 | 小计 | 4 059 | 51 | 10 | 20 | 35 | 60 | 120 |
| | | 男 | 1 849 | 58 | 10 | 30 | 40 | 60 | 160 |
| | | 女 | 2 210 | 42 | 10 | 20 | 30 | 55 | 120 |
| | 城市 | 小计 | 1 534 | 56 | 12 | 30 | 40 | 60 | 150 |
| | | 男 | 622 | 63 | 15 | 30 | 40 | 60 | 180 |
| | | 女 | 912 | 49 | 10 | 30 | 40 | 60 | 120 |
| | 农村 | 小计 | 2 525 | 48 | 10 | 20 | 30 | 60 | 120 |
| | | 男 | 1 227 | 56 | 10 | 30 | 40 | 60 | 150 |
| | | 女 | 1 298 | 38 | 10 | 20 | 30 | 50 | 100 |
| 广东 | 城乡 | 小计 | 3 250 | 64 | 20 | 30 | 40 | 80 | 180 |
| | | 男 | 1 461 | 63 | 20 | 30 | 40 | 75 | 180 |
| | | 女 | 1 789 | 66 | 20 | 30 | 45 | 80 | 180 |
| | 城市 | 小计 | 1 751 | 78 | 20 | 30 | 60 | 100 | 190 |
| | | 男 | 778 | 76 | 15 | 30 | 60 | 100 | 190 |
| | | 女 | 973 | 80 | 20 | 30 | 60 | 110 | 200 |
| | 农村 | 小计 | 1 499 | 48 | 20 | 30 | 30 | 55 | 130 |
| | | 男 | 683 | 49 | 20 | 30 | 30 | 60 | 130 |
| | | 女 | 816 | 48 | 20 | 30 | 30 | 50 | 140 |
| 广西 | 城乡 | 小计 | 3 380 | 66 | 20 | 30 | 50 | 80 | 180 |
| | | 男 | 1 594 | 69 | 20 | 30 | 55 | 80 | 180 |
| | | 女 | 1 786 | 63 | 20 | 30 | 50 | 80 | 160 |
| | 城市 | 小计 | 1 344 | 74 | 20 | 30 | 50 | 90 | 180 |
| | | 男 | 612 | 83 | 20 | 30 | 55 | 90 | 240 |
| | | 女 | 732 | 64 | 20 | 30 | 50 | 80 | 170 |
| | 农村 | 小计 | 2 036 | 64 | 20 | 30 | 50 | 80 | 160 |
| | | 男 | 982 | 64 | 20 | 30 | 55 | 75 | 160 |
| | | 女 | 1 054 | 63 | 20 | 30 | 50 | 80 | 150 |
| 海南 | 城乡 | 小计 | 1 083 | 53 | 10 | 30 | 40 | 60 | 120 |
| | | 男 | 515 | 59 | 10 | 30 | 40 | 60 | 160 |
| | | 女 | 568 | 46 | 10 | 30 | 30 | 60 | 120 |
| | 城市 | 小计 | 328 | 51 | 10 | 20 | 30 | 60 | 130 |
| | | 男 | 155 | 61 | 10 | 30 | 40 | 60 | 180 |
| | | 女 | 173 | 41 | 10 | 20 | 30 | 60 | 120 |

| 地区 | 城乡 | 性别 | n | 交通工具累计使用时间 /（min/d） | | | | | |
|---|---|---|---|---|---|---|---|---|---|
| | | | | Mean | P5 | P 25 | P50 | P 75 | P 95 |
| 海南 | 农村 | 小计 | 755 | 54 | 10 | 30 | 40 | 60 | 120 |
| | | 男 | 360 | 59 | 10 | 30 | 50 | 60 | 150 |
| | | 女 | 395 | 48 | 10 | 30 | 30 | 60 | 120 |
| 重庆 | 城乡 | 小计 | 969 | 43 | 10 | 15 | 30 | 50 | 130 |
| | | 男 | 413 | 42 | 10 | 15 | 20 | 40 | 140 |
| | | 女 | 556 | 44 | 10 | 20 | 30 | 50 | 130 |
| | 城市 | 小计 | 476 | 53 | 10 | 15 | 30 | 60 | 180 |
| | | 男 | 224 | 49 | 10 | 15 | 20 | 60 | 180 |
| | | 女 | 252 | 57 | 10 | 20 | 36 | 70 | 180 |
| | 农村 | 小计 | 493 | 31 | 10 | 15 | 20 | 38 | 70 |
| | | 男 | 189 | 33 | 10 | 15 | 20 | 30 | 70 |
| | | 女 | 304 | 30 | 10 | 15 | 20 | 38 | 70 |
| 四川 | 城乡 | 小计 | 4 581 | 66 | 20 | 30 | 40 | 80 | 180 |
| | | 男 | 2 096 | 70 | 20 | 30 | 50 | 90 | 180 |
| | | 女 | 2 485 | 63 | 15 | 30 | 40 | 70 | 180 |
| | 城市 | 小计 | 1 940 | 57 | 15 | 30 | 40 | 60 | 160 |
| | | 男 | 866 | 61 | 20 | 30 | 40 | 60 | 180 |
| | | 女 | 1 074 | 54 | 10 | 30 | 40 | 60 | 150 |
| | 农村 | 小计 | 2 641 | 72 | 20 | 30 | 50 | 90 | 200 |
| | | 男 | 1 230 | 75 | 20 | 30 | 50 | 120 | 200 |
| | | 女 | 1 411 | 68 | 20 | 30 | 40 | 90 | 200 |
| 贵州 | 城乡 | 小计 | 2 855 | 68 | 10 | 30 | 60 | 80 | 180 |
| | | 男 | 1 334 | 78 | 15 | 30 | 60 | 90 | 240 |
| | | 女 | 1 521 | 57 | 10 | 30 | 50 | 70 | 140 |
| | 城市 | 小计 | 1 062 | 75 | 15 | 30 | 60 | 90 | 180 |
| | | 男 | 498 | 89 | 20 | 30 | 60 | 100 | 240 |
| | | 女 | 564 | 58 | 10 | 30 | 50 | 66 | 140 |
| | 农村 | 小计 | 1 793 | 61 | 10 | 30 | 50 | 70 | 160 |
| | | 男 | 836 | 65 | 15 | 30 | 60 | 70 | 180 |
| | | 女 | 957 | 56 | 10 | 30 | 50 | 70 | 150 |
| 云南 | 城乡 | 小计 | 3 491 | 54 | 10 | 25 | 40 | 60 | 130 |
| | | 男 | 1 662 | 55 | 10 | 30 | 40 | 60 | 140 |
| | | 女 | 1 829 | 52 | 10 | 25 | 40 | 60 | 130 |
| | 城市 | 小计 | 914 | 53 | 10 | 20 | 40 | 60 | 140 |
| | | 男 | 420 | 54 | 10 | 30 | 40 | 60 | 130 |
| | | 女 | 494 | 52 | 12 | 20 | 40 | 60 | 150 |
| | 农村 | 小计 | 2 577 | 54 | 10 | 30 | 40 | 60 | 130 |
| | | 男 | 1 242 | 56 | 12 | 30 | 40 | 60 | 140 |
| | | 女 | 1 335 | 52 | 10 | 27 | 40 | 60 | 125 |
| 西藏 | 城乡 | 小计 | 1 529 | 147 | 20 | 60 | 90 | 180 | 480 |
| | | 男 | 618 | 157 | 20 | 60 | 90 | 180 | 480 |
| | | 女 | 911 | 139 | 15 | 50 | 90 | 180 | 420 |
| | 城市 | 小计 | 385 | 121 | 15 | 30 | 70 | 150 | 420 |
| | | 男 | 126 | 118 | 15 | 30 | 70 | 140 | 420 |
| | | 女 | 259 | 122 | 15 | 30 | 65 | 150 | 405 |
| | 农村 | 小计 | 1 144 | 155 | 20 | 60 | 90 | 180 | 480 |
| | | 男 | 492 | 166 | 20 | 60 | 99 | 200 | 480 |
| | | 女 | 652 | 145 | 15 | 60 | 90 | 180 | 420 |
| 陕西 | 城乡 | 小计 | 2 868 | 65 | 20 | 30 | 60 | 90 | 150 |
| | | 男 | 1 298 | 63 | 15 | 30 | 60 | 90 | 140 |
| | | 女 | 1 570 | 66 | 20 | 30 | 60 | 90 | 160 |
| | 城市 | 小计 | 1 331 | 69 | 20 | 30 | 60 | 100 | 170 |
| | | 男 | 587 | 68 | 12 | 30 | 60 | 100 | 160 |
| | | 女 | 744 | 70 | 20 | 30 | 60 | 110 | 180 |
| | 农村 | 小计 | 1 537 | 61 | 20 | 30 | 50 | 80 | 120 |
| | | 男 | 711 | 59 | 20 | 30 | 50 | 70 | 120 |
| | | 女 | 826 | 63 | 20 | 30 | 60 | 90 | 150 |
| 甘肃 | 城乡 | 小计 | 2 869 | 80 | 20 | 30 | 60 | 120 | 190 |

| 地区 | 城乡 | 性别 | n | 交通工具累计使用时间 / （min/d） | | | | | |
|---|---|---|---|---|---|---|---|---|---|
| | | | | Mean | P5 | P 25 | P50 | P 75 | P 95 |
| 甘肃 | 城乡 | 男 | 1 289 | 83 | 20 | 30 | 60 | 120 | 210 |
| | | 女 | 1 580 | 76 | 20 | 30 | 60 | 120 | 180 |
| | 城市 | 小计 | 799 | 72 | 20 | 30 | 60 | 100 | 160 |
| | | 男 | 365 | 71 | 20 | 30 | 60 | 90 | 160 |
| | | 女 | 434 | 72 | 20 | 30 | 60 | 100 | 170 |
| | 农村 | 小计 | 2 070 | 82 | 20 | 30 | 60 | 120 | 200 |
| | | 男 | 924 | 87 | 20 | 30 | 60 | 120 | 210 |
| | | 女 | 1 146 | 78 | 20 | 30 | 60 | 120 | 180 |
| 青海 | 城乡 | 小计 | 1 592 | 68 | 20 | 30 | 50 | 80 | 180 |
| | | 男 | 691 | 75 | 20 | 30 | 50 | 90 | 200 |
| | | 女 | 901 | 59 | 20 | 30 | 40 | 70 | 140 |
| | 城市 | 小计 | 666 | 62 | 20 | 30 | 40 | 70 | 180 |
| | | 男 | 296 | 69 | 20 | 30 | 40 | 70 | 200 |
| | | 女 | 370 | 54 | 15 | 30 | 40 | 60 | 120 |
| | 农村 | 小计 | 926 | 83 | 20 | 40 | 60 | 120 | 200 |
| | | 男 | 395 | 92 | 20 | 45 | 70 | 120 | 210 |
| | | 女 | 531 | 74 | 20 | 40 | 60 | 90 | 180 |
| 宁夏 | 城乡 | 小计 | 1 138 | 64 | 10 | 30 | 40 | 70 | 180 |
| | | 男 | 538 | 75 | 10 | 30 | 60 | 90 | 240 |
| | | 女 | 600 | 52 | 10 | 20 | 40 | 60 | 120 |
| | 城市 | 小计 | 1 040 | 66 | 10 | 30 | 50 | 80 | 180 |
| | | 男 | 488 | 77 | 10 | 30 | 60 | 90 | 240 |
| | | 女 | 552 | 54 | 10 | 20 | 40 | 60 | 125 |
| | 农村 | 小计 | 98 | 45 | 10 | 20 | 30 | 60 | 90 |
| | | 男 | 50 | 54 | 10 | 20 | 30 | 60 | 180 |
| | | 女 | 48 | 35 | 10 | 20 | 30 | 40 | 60 |
| 新疆 | 城乡 | 小计 | 2 804 | 106 | 20 | 60 | 90 | 120 | 240 |
| | | 男 | 1 264 | 121 | 20 | 60 | 105 | 160 | 300 |
| | | 女 | 1 540 | 89 | 20 | 40 | 75 | 120 | 180 |
| | 城市 | 小计 | 1 219 | 101 | 20 | 50 | 80 | 120 | 240 |
| | | 男 | 484 | 116 | 20 | 60 | 90 | 150 | 300 |
| | | 女 | 735 | 87 | 15 | 40 | 60 | 120 | 180 |
| | 农村 | 小计 | 1 585 | 108 | 20 | 60 | 90 | 120 | 240 |
| | | 男 | 780 | 123 | 30 | 60 | 120 | 180 | 300 |
| | | 女 | 805 | 91 | 20 | 40 | 90 | 120 | 180 |

## 附表 6-46 中国人群分省（直辖市、自治区）、城乡、性别的步行累计时间

| 地区 | 城乡 | 性别 | n | 步行累计时间 / （min/d） | | | | | |
|---|---|---|---|---|---|---|---|---|---|
| | | | | Mean | P5 | P 25 | P50 | P 75 | P 95 |
| 合计 | 城乡 | 小计 | 51 467 | 52 | 10 | 30 | 30 | 60 | 120 |
| | | 男 | 21 225 | 53 | 10 | 30 | 30 | 60 | 120 |
| | | 女 | 30 242 | 51 | 10 | 30 | 30 | 60 | 120 |
| | 城市 | 小计 | 23 479 | 52 | 10 | 30 | 30 | 60 | 120 |
| | | 男 | 9 308 | 52 | 10 | 25 | 30 | 60 | 120 |
| | | 女 | 14 171 | 52 | 10 | 30 | 30 | 60 | 120 |
| | 农村 | 小计 | 27 988 | 52 | 10 | 30 | 30 | 60 | 120 |
| | | 男 | 11 917 | 54 | 10 | 30 | 30 | 60 | 140 |
| | | 女 | 16 071 | 51 | 10 | 25 | 30 | 60 | 120 |
| 北京 | 城乡 | 小计 | 542 | 64 | 10 | 30 | 50 | 80 | 140 |
| | | 男 | 205 | 67 | 15 | 30 | 60 | 80 | 120 |
| | | 女 | 337 | 62 | 10 | 30 | 40 | 80 | 160 |
| | 城市 | 小计 | 465 | 66 | 10 | 30 | 60 | 80 | 150 |
| | | 男 | 181 | 70 | 20 | 30 | 60 | 80 | 150 |

| 地区 | 城乡 | 性别 | n | 步行累计时间 /（min/d） | | | | | |
|---|---|---|---|---|---|---|---|---|---|
| | | | | Mean | P5 | P 25 | P50 | P 75 | P 95 |
| 北京 | 城市 | 女 | 284 | 63 | 10 | 30 | 40 | 80 | 150 |
| | 农村 | 小计 | 77 | 56 | 10 | 20 | 30 | 80 | 120 |
| | | 男 | 24 | 53 | 10 | 20 | 40 | 80 | 120 |
| | | 女 | 53 | 57 | 10 | 30 | 30 | 60 | 160 |
| 天津 | 城乡 | 小计 | 408 | 58 | 20 | 30 | 50 | 60 | 120 |
| | | 男 | 142 | 65 | 20 | 30 | 60 | 100 | 120 |
| | | 女 | 266 | 53 | 10 | 30 | 30 | 60 | 120 |
| | 城市 | 小计 | 348 | 52 | 20 | 30 | 40 | 60 | 120 |
| | | 男 | 113 | 53 | 20 | 30 | 45 | 60 | 120 |
| | | 女 | 235 | 51 | 20 | 30 | 30 | 60 | 120 |
| | 农村 | 小计 | 60 | 75 | 10 | 30 | 60 | 120 | 120 |
| | | 男 | 29 | 93 | 20 | 60 | 100 | 120 | 180 |
| | | 女 | 31 | 59 | 10 | 20 | 60 | 90 | 120 |
| 河北 | 城乡 | 小计 | 2 101 | 48 | 20 | 20 | 30 | 60 | 120 |
| | | 男 | 847 | 49 | 15 | 20 | 30 | 60 | 120 |
| | | 女 | 1 254 | 47 | 20 | 25 | 30 | 60 | 120 |
| | 城市 | 小计 | 928 | 56 | 20 | 30 | 40 | 60 | 120 |
| | | 男 | 394 | 58 | 20 | 30 | 40 | 60 | 120 |
| | | 女 | 534 | 55 | 20 | 30 | 40 | 60 | 120 |
| | 农村 | 小计 | 1 173 | 40 | 15 | 20 | 30 | 50 | 100 |
| | | 男 | 453 | 39 | 15 | 20 | 30 | 45 | 120 |
| | | 女 | 720 | 41 | 20 | 20 | 30 | 50 | 100 |
| 山西 | 城乡 | 小计 | 1 579 | 44 | 10 | 30 | 35 | 60 | 120 |
| | | 男 | 632 | 44 | 10 | 30 | 30 | 60 | 120 |
| | | 女 | 947 | 44 | 10 | 30 | 40 | 60 | 120 |
| | 城市 | 小计 | 494 | 49 | 15 | 30 | 40 | 60 | 120 |
| | | 男 | 209 | 48 | 10 | 30 | 40 | 60 | 120 |
| | | 女 | 285 | 49 | 15 | 30 | 40 | 60 | 120 |
| | 农村 | 小计 | 1 085 | 42 | 10 | 25 | 30 | 50 | 120 |
| | | 男 | 423 | 42 | 10 | 30 | 30 | 50 | 120 |
| | | 女 | 662 | 42 | 10 | 20 | 30 | 50 | 115 |
| 内蒙古 | 城乡 | 小计 | 1 560 | 44 | 20 | 30 | 30 | 50 | 120 |
| | | 男 | 644 | 44 | 20 | 30 | 30 | 50 | 120 |
| | | 女 | 916 | 45 | 20 | 30 | 30 | 60 | 120 |
| | 城市 | 小计 | 479 | 50 | 20 | 30 | 40 | 60 | 120 |
| | | 男 | 167 | 46 | 20 | 30 | 30 | 60 | 120 |
| | | 女 | 312 | 52 | 20 | 30 | 40 | 60 | 120 |
| | 农村 | 小计 | 1 081 | 42 | 20 | 30 | 30 | 40 | 110 |
| | | 男 | 477 | 43 | 15 | 30 | 30 | 40 | 120 |
| | | 女 | 604 | 41 | 20 | 30 | 30 | 40 | 90 |
| 辽宁 | 城乡 | 小计 | 1 412 | 43 | 10 | 20 | 30 | 60 | 120 |
| | | 男 | 548 | 45 | 10 | 20 | 30 | 60 | 120 |
| | | 女 | 864 | 41 | 10 | 20 | 30 | 50 | 120 |
| | 城市 | 小计 | 567 | 45 | 10 | 20 | 30 | 60 | 120 |
| | | 男 | 232 | 48 | 10 | 20 | 30 | 60 | 120 |
| | | 女 | 335 | 42 | 10 | 20 | 30 | 60 | 120 |
| | 农村 | 小计 | 845 | 41 | 10 | 20 | 30 | 50 | 120 |
| | | 男 | 316 | 42 | 10 | 20 | 30 | 40 | 120 |
| | | 女 | 529 | 40 | 10 | 20 | 30 | 50 | 120 |
| 吉林 | 城乡 | 小计 | 1 278 | 47 | 10 | 30 | 40 | 60 | 120 |
| | | 男 | 555 | 45 | 10 | 30 | 30 | 60 | 120 |
| | | 女 | 723 | 48 | 15 | 30 | 40 | 60 | 120 |
| | 城市 | 小计 | 869 | 46 | 10 | 30 | 40 | 60 | 120 |
| | | 男 | 363 | 45 | 15 | 30 | 30 | 60 | 120 |
| | | 女 | 506 | 46 | 10 | 25 | 40 | 60 | 120 |
| | 农村 | 小计 | 409 | 48 | 15 | 30 | 40 | 60 | 120 |
| | | 男 | 192 | 46 | 10 | 30 | 30 | 60 | 120 |
| | | 女 | 217 | 51 | 20 | 30 | 50 | 60 | 120 |

| 地区 | 城乡 | 性别 | n | 步行累计时间 /（min/d） | | | | | |
|---|---|---|---|---|---|---|---|---|---|
| | | | | Mean | P5 | P 25 | P50 | P 75 | P 95 |
| 黑龙江 | 城乡 | 小计 | 2 519 | 41 | 10 | 20 | 30 | 50 | 120 |
| | | 男 | 1 107 | 42 | 10 | 20 | 30 | 60 | 120 |
| | | 女 | 1 412 | 40 | 10 | 20 | 30 | 50 | 120 |
| | 城市 | 小计 | 1 096 | 40 | 10 | 20 | 30 | 50 | 120 |
| | | 男 | 437 | 36 | 10 | 20 | 30 | 45 | 90 |
| | | 女 | 659 | 42 | 10 | 20 | 30 | 50 | 120 |
| | 农村 | 小计 | 1 423 | 42 | 10 | 20 | 30 | 60 | 120 |
| | | 男 | 670 | 45 | 10 | 20 | 30 | 60 | 120 |
| | | 女 | 753 | 39 | 10 | 20 | 30 | 40 | 120 |
| 上海 | 城乡 | 小计 | 603 | 48 | 10 | 20 | 30 | 60 | 120 |
| | | 男 | 236 | 50 | 10 | 25 | 30 | 60 | 150 |
| | | 女 | 367 | 46 | 10 | 20 | 30 | 60 | 120 |
| | 城市 | 小计 | 603 | 48 | 10 | 20 | 30 | 60 | 120 |
| | | 男 | 236 | 50 | 10 | 25 | 30 | 60 | 150 |
| | | 女 | 367 | 46 | 10 | 20 | 30 | 60 | 120 |
| 江苏 | 城乡 | 小计 | 1 118 | 49 | 10 | 20 | 30 | 60 | 120 |
| | | 男 | 419 | 48 | 10 | 20 | 30 | 60 | 120 |
| | | 女 | 699 | 49 | 10 | 20 | 30 | 60 | 120 |
| | 城市 | 小计 | 694 | 49 | 10 | 20 | 30 | 60 | 120 |
| | | 男 | 261 | 49 | 10 | 20 | 30 | 60 | 120 |
| | | 女 | 433 | 49 | 10 | 20 | 30 | 60 | 120 |
| | 农村 | 小计 | 424 | 48 | 10 | 20 | 30 | 60 | 120 |
| | | 男 | 158 | 48 | 10 | 20 | 30 | 60 | 120 |
| | | 女 | 266 | 48 | 10 | 20 | 30 | 60 | 120 |
| 浙江 | 城乡 | 小计 | 1 624 | 47 | 10 | 20 | 30 | 60 | 120 |
| | | 男 | 686 | 46 | 10 | 20 | 30 | 60 | 120 |
| | | 女 | 938 | 48 | 10 | 20 | 30 | 60 | 120 |
| | 城市 | 小计 | 659 | 42 | 10 | 20 | 30 | 60 | 120 |
| | | 男 | 267 | 40 | 10 | 20 | 30 | 60 | 120 |
| | | 女 | 392 | 44 | 10 | 20 | 30 | 60 | 120 |
| | 农村 | 小计 | 965 | 50 | 10 | 20 | 30 | 60 | 120 |
| | | 男 | 419 | 49 | 10 | 20 | 30 | 60 | 120 |
| | | 女 | 546 | 51 | 10 | 20 | 30 | 60 | 120 |
| 安徽 | 城乡 | 小计 | 1 755 | 56 | 15 | 30 | 40 | 60 | 140 |
| | | 男 | 687 | 58 | 10 | 30 | 40 | 60 | 180 |
| | | 女 | 1 068 | 55 | 20 | 30 | 40 | 60 | 120 |
| | 城市 | 小计 | 921 | 52 | 15 | 30 | 40 | 60 | 120 |
| | | 男 | 333 | 50 | 5 | 20 | 40 | 60 | 120 |
| | | 女 | 588 | 54 | 20 | 30 | 40 | 60 | 120 |
| | 农村 | 小计 | 834 | 59 | 15 | 30 | 40 | 60 | 180 |
| | | 男 | 354 | 62 | 10 | 30 | 40 | 60 | 180 |
| | | 女 | 480 | 56 | 20 | 30 | 40 | 60 | 140 |
| 福建 | 城乡 | 小计 | 1 779 | 56 | 10 | 30 | 30 | 60 | 160 |
| | | 男 | 657 | 55 | 12 | 30 | 30 | 60 | 130 |
| | | 女 | 1 122 | 57 | 10 | 20 | 30 | 60 | 180 |
| | 城市 | 小计 | 943 | 57 | 10 | 20 | 30 | 60 | 180 |
| | | 男 | 354 | 57 | 12 | 30 | 40 | 60 | 130 |
| | | 女 | 589 | 57 | 10 | 20 | 30 | 60 | 180 |
| | 农村 | 小计 | 836 | 54 | 10 | 30 | 30 | 60 | 160 |
| | | 男 | 303 | 51 | 10 | 30 | 30 | 60 | 120 |
| | | 女 | 533 | 56 | 10 | 30 | 30 | 60 | 180 |
| 江西 | 城乡 | 小计 | 1 564 | 49 | 10 | 30 | 30 | 60 | 120 |
| | | 男 | 658 | 49 | 10 | 20 | 30 | 60 | 120 |
| | | 女 | 906 | 49 | 10 | 30 | 30 | 60 | 120 |
| | 城市 | 小计 | 884 | 50 | 15 | 30 | 40 | 60 | 120 |
| | | 男 | 350 | 49 | 10 | 30 | 30 | 60 | 120 |
| | | 女 | 534 | 50 | 15 | 30 | 40 | 60 | 120 |

| 地区 | 城乡 | 性别 | *n* | 步行累计时间 /（min/d） | | | | | |
|---|---|---|---|---|---|---|---|---|---|
| | | | | Mean | P5 | P 25 | P50 | P 75 | P 95 |
| 江西 | 农村 | 小计 | 680 | 48 | 10 | 20 | 30 | 60 | 120 |
| | | 男 | 308 | 49 | 10 | 20 | 30 | 60 | 120 |
| | | 女 | 372 | 47 | 10 | 30 | 30 | 60 | 120 |
| 山东 | 城乡 | 小计 | 2 819 | 45 | 10 | 20 | 30 | 60 | 120 |
| | | 男 | 1 154 | 48 | 10 | 20 | 30 | 60 | 120 |
| | | 女 | 1 665 | 43 | 10 | 20 | 30 | 60 | 120 |
| | 城市 | 小计 | 1 547 | 44 | 10 | 20 | 30 | 60 | 120 |
| | | 男 | 606 | 46 | 10 | 20 | 30 | 60 | 120 |
| | | 女 | 941 | 43 | 10 | 20 | 30 | 60 | 120 |
| | 农村 | 小计 | 1 272 | 46 | 10 | 20 | 30 | 60 | 120 |
| | | 男 | 548 | 49 | 10 | 20 | 30 | 60 | 120 |
| | | 女 | 724 | 43 | 10 | 20 | 30 | 60 | 120 |
| 河南 | 城乡 | 小计 | 2616 | 48 | 10 | 20 | 30 | 60 | 120 |
| | | 男 | 1 055 | 49 | 10 | 20 | 40 | 60 | 120 |
| | | 女 | 1 561 | 47 | 10 | 20 | 30 | 60 | 120 |
| | 城市 | 小计 | 1 098 | 49 | 15 | 25 | 30 | 60 | 120 |
| | | 男 | 421 | 49 | 20 | 20 | 30 | 60 | 120 |
| | | 女 | 677 | 48 | 10 | 30 | 30 | 60 | 120 |
| | 农村 | 小计 | 1 518 | 48 | 10 | 20 | 40 | 60 | 120 |
| | | 男 | 634 | 49 | 10 | 20 | 40 | 60 | 120 |
| | | 女 | 884 | 47 | 10 | 20 | 30 | 60 | 120 |
| 湖北 | 城乡 | 小计 | 2 113 | 58 | 15 | 30 | 40 | 70 | 120 |
| | | 男 | 942 | 55 | 15 | 30 | 40 | 60 | 120 |
| | | 女 | 1 171 | 62 | 20 | 30 | 50 | 80 | 130 |
| | 城市 | 小计 | 1 556 | 56 | 15 | 30 | 40 | 60 | 120 |
| | | 男 | 692 | 52 | 10 | 30 | 40 | 60 | 120 |
| | | 女 | 864 | 61 | 15 | 30 | 40 | 80 | 130 |
| | 农村 | 小计 | 557 | 61 | 20 | 30 | 60 | 80 | 120 |
| | | 男 | 250 | 60 | 20 | 30 | 60 | 80 | 120 |
| | | 女 | 307 | 63 | 20 | 30 | 60 | 80 | 120 |
| 湖南 | 城乡 | 小计 | 2 693 | 39 | 10 | 20 | 30 | 45 | 120 |
| | | 男 | 1 075 | 41 | 10 | 20 | 30 | 60 | 120 |
| | | 女 | 1 618 | 37 | 10 | 20 | 30 | 40 | 100 |
| | 城市 | 小计 | 964 | 43 | 10 | 30 | 30 | 50 | 120 |
| | | 男 | 312 | 48 | 10 | 30 | 30 | 60 | 120 |
| | | 女 | 652 | 41 | 15 | 30 | 30 | 50 | 120 |
| | 农村 | 小计 | 1 729 | 37 | 10 | 20 | 30 | 40 | 100 |
| | | 男 | 763 | 39 | 10 | 20 | 30 | 50 | 120 |
| | | 女 | 966 | 34 | 10 | 20 | 30 | 40 | 90 |
| 广东 | 城乡 | 小计 | 1 689 | 51 | 10 | 30 | 30 | 60 | 120 |
| | | 男 | 658 | 47 | 10 | 20 | 30 | 60 | 120 |
| | | 女 | 1 031 | 53 | 10 | 30 | 30 | 60 | 130 |
| | 城市 | 小计 | 931 | 58 | 12 | 30 | 40 | 60 | 120 |
| | | 男 | 369 | 53 | 15 | 30 | 40 | 60 | 120 |
| | | 女 | 562 | 61 | 12 | 30 | 40 | 60 | 180 |
| | 农村 | 小计 | 758 | 42 | 10 | 20 | 30 | 40 | 120 |
| | | 男 | 289 | 40 | 10 | 20 | 30 | 40 | 120 |
| | | 女 | 469 | 44 | 10 | 20 | 30 | 40 | 120 |
| 广西 | 城乡 | 小计 | 1 944 | 60 | 20 | 30 | 40 | 60 | 150 |
| | | 男 | 816 | 60 | 20 | 30 | 40 | 60 | 180 |
| | | 女 | 1 128 | 59 | 20 | 30 | 40 | 60 | 130 |
| | 城市 | 小计 | 799 | 59 | 15 | 30 | 50 | 60 | 120 |
| | | 男 | 324 | 61 | 10 | 30 | 50 | 70 | 120 |
| | | 女 | 475 | 57 | 15 | 30 | 50 | 60 | 120 |
| | 农村 | 小计 | 1 145 | 60 | 20 | 30 | 40 | 60 | 160 |
| | | 男 | 492 | 60 | 20 | 30 | 40 | 60 | 180 |
| | | 女 | 653 | 60 | 20 | 30 | 40 | 60 | 140 |

| 地区 | 城乡 | 性别 | *n* | 步行累计时间 /（min/d） | | | | | |
|---|---|---|---|---|---|---|---|---|---|
| | | | | Mean | P5 | P 25 | P50 | P 75 | P 95 |
| 海南 | 城乡 | 小计 | 430 | 44 | 10 | 20 | 30 | 60 | 120 |
| | | 男 | 146 | 48 | 10 | 20 | 30 | 60 | 120 |
| | | 女 | 284 | 42 | 10 | 20 | 30 | 60 | 120 |
| | 城市 | 小计 | 144 | 42 | 10 | 15 | 30 | 60 | 120 |
| | | 男 | 52 | 49 | 10 | 15 | 30 | 60 | 300 |
| | | 女 | 92 | 37 | 10 | 20 | 30 | 40 | 120 |
| | 农村 | 小计 | 286 | 45 | 10 | 30 | 30 | 60 | 120 |
| | | 男 | 94 | 47 | 5 | 20 | 30 | 60 | 120 |
| | | 女 | 192 | 44 | 10 | 30 | 30 | 60 | 120 |
| 重庆 | 城乡 | 小计 | 653 | 39 | 10 | 15 | 20 | 40 | 120 |
| | | 男 | 270 | 38 | 10 | 15 | 20 | 30 | 120 |
| | | 女 | 383 | 40 | 10 | 18 | 20 | 40 | 120 |
| | 城市 | 小计 | 329 | 48 | 10 | 15 | 20 | 60 | 180 |
| | | 男 | 154 | 43 | 10 | 15 | 20 | 50 | 120 |
| | | 女 | 175 | 54 | 10 | 20 | 30 | 60 | 180 |
| | 农村 | 小计 | 324 | 28 | 10 | 15 | 20 | 30 | 60 |
| | | 男 | 116 | 29 | 10 | 15 | 20 | 30 | 50 |
| | | 女 | 208 | 28 | 10 | 15 | 20 | 30 | 60 |
| 四川 | 城乡 | 小计 | 3 376 | 64 | 20 | 30 | 40 | 70 | 180 |
| | | 男 | 1 464 | 66 | 20 | 30 | 40 | 80 | 180 |
| | | 女 | 1 912 | 63 | 16 | 30 | 40 | 65 | 180 |
| | 城市 | 小计 | 1 281 | 46 | 10 | 30 | 30 | 60 | 120 |
| | | 男 | 516 | 46 | 12 | 30 | 30 | 60 | 120 |
| | | 女 | 765 | 46 | 10 | 20 | 30 | 60 | 120 |
| | 农村 | 小计 | 2 095 | 73 | 20 | 30 | 50 | 100 | 200 |
| | | 男 | 948 | 74 | 20 | 30 | 50 | 120 | 200 |
| | | 女 | 1 147 | 72 | 20 | 30 | 60 | 100 | 200 |
| 贵州 | 城乡 | 小计 | 1 937 | 53 | 10 | 30 | 40 | 60 | 120 |
| | | 男 | 842 | 55 | 10 | 30 | 40 | 60 | 150 |
| | | 女 | 1 095 | 50 | 10 | 30 | 40 | 60 | 120 |
| | 城市 | 小计 | 777 | 54 | 10 | 30 | 40 | 60 | 130 |
| | | 男 | 346 | 58 | 10 | 30 | 40 | 60 | 180 |
| | | 女 | 431 | 49 | 10 | 30 | 40 | 60 | 120 |
| | 农村 | 小计 | 1 160 | 51 | 10 | 30 | 40 | 60 | 120 |
| | | 男 | 496 | 52 | 15 | 30 | 40 | 60 | 120 |
| | | 女 | 664 | 50 | 10 | 30 | 40 | 60 | 120 |
| 云南 | 城乡 | 小计 | 2 189 | 46 | 10 | 20 | 30 | 60 | 120 |
| | | 男 | 922 | 45 | 10 | 20 | 30 | 60 | 120 |
| | | 女 | 1 267 | 48 | 10 | 25 | 30 | 60 | 120 |
| | 城市 | 小计 | 523 | 50 | 10 | 20 | 30 | 60 | 150 |
| | | 男 | 198 | 49 | 10 | 28 | 40 | 60 | 120 |
| | | 女 | 325 | 51 | 10 | 20 | 30 | 60 | 150 |
| | 农村 | 小计 | 1 666 | 45 | 10 | 20 | 30 | 60 | 120 |
| | | 男 | 724 | 44 | 10 | 20 | 30 | 50 | 120 |
| | | 女 | 942 | 46 | 10 | 25 | 30 | 60 | 120 |
| 西藏 | 城乡 | 小计 | 1 267 | 111 | 15 | 30 | 60 | 120 | 360 |
| | | 男 | 484 | 116 | 15 | 30 | 60 | 130 | 360 |
| | | 女 | 783 | 106 | 15 | 30 | 60 | 120 | 360 |
| | 城市 | 小计 | 326 | 121 | 15 | 30 | 60 | 130 | 450 |
| | | 男 | 105 | 118 | 20 | 30 | 60 | 180 | 450 |
| | | 女 | 221 | 122 | 15 | 30 | 60 | 120 | 450 |
| | 农村 | 小计 | 941 | 107 | 15 | 30 | 60 | 120 | 360 |
| | | 男 | 379 | 116 | 15 | 30 | 60 | 120 | 360 |
| | | 女 | 562 | 101 | 16 | 30 | 60 | 120 | 300 |
| 陕西 | 城乡 | 小计 | 1 816 | 61 | 20 | 30 | 60 | 70 | 120 |
| | | 男 | 727 | 57 | 15 | 30 | 50 | 60 | 120 |
| | | 女 | 1 089 | 63 | 20 | 30 | 60 | 90 | 130 |

| 地区 | 城乡 | 性别 | n | 步行累计时间 /（min/d） | | | | | |
|---|---|---|---|---|---|---|---|---|---|
| | | | | Mean | P5 | P 25 | P50 | P 75 | P 95 |
| 陕西 | 城市 | 小计 | 958 | 63 | 20 | 30 | 60 | 90 | 130 |
| | | 男 | 382 | 60 | 20 | 30 | 60 | 60 | 130 |
| | | 女 | 576 | 66 | 20 | 30 | 60 | 90 | 150 |
| | 农村 | 小计 | 858 | 58 | 15 | 30 | 45 | 60 | 120 |
| | | 男 | 345 | 54 | 10 | 30 | 40 | 60 | 120 |
| | | 女 | 513 | 61 | 20 | 30 | 50 | 70 | 120 |
| 甘肃 | 城乡 | 小计 | 2 222 | 68 | 20 | 30 | 60 | 100 | 180 |
| | | 男 | 944 | 70 | 20 | 30 | 60 | 120 | 180 |
| | | 女 | 1 278 | 66 | 20 | 30 | 60 | 100 | 160 |
| | 城市 | 小计 | 532 | 59 | 20 | 30 | 40 | 60 | 120 |
| | | 男 | 224 | 55 | 20 | 30 | 40 | 60 | 120 |
| | | 女 | 308 | 62 | 15 | 30 | 40 | 60 | 150 |
| | 农村 | 小计 | 1 690 | 71 | 20 | 30 | 60 | 120 | 180 |
| | | 男 | 720 | 74 | 20 | 30 | 60 | 120 | 180 |
| | | 女 | 970 | 67 | 20 | 30 | 60 | 100 | 160 |
| 青海 | 城乡 | 小计 | 943 | 50 | 15 | 20 | 30 | 60 | 120 |
| | | 男 | 425 | 52 | 10 | 30 | 30 | 60 | 130 |
| | | 女 | 518 | 48 | 15 | 20 | 30 | 60 | 120 |
| | 城市 | 小计 | 306 | 45 | 10 | 20 | 30 | 50 | 120 |
| | | 男 | 138 | 46 | 10 | 20 | 30 | 60 | 120 |
| | | 女 | 168 | 43 | 15 | 20 | 30 | 50 | 120 |
| | 农村 | 小计 | 637 | 58 | 20 | 30 | 40 | 60 | 120 |
| | | 男 | 287 | 61 | 20 | 30 | 40 | 60 | 160 |
| | | 女 | 350 | 55 | 20 | 30 | 40 | 60 | 120 |
| 宁夏 | 城乡 | 小计 | 499 | 52 | 10 | 25 | 40 | 60 | 120 |
| | | 男 | 205 | 57 | 10 | 30 | 40 | 60 | 120 |
| | | 女 | 294 | 49 | 10 | 20 | 30 | 60 | 120 |
| | 城市 | 小计 | 478 | 53 | 10 | 30 | 40 | 60 | 120 |
| | | 男 | 198 | 58 | 10 | 30 | 40 | 60 | 180 |
| | | 女 | 280 | 50 | 10 | 20 | 40 | 60 | 120 |
| | 农村 | 小计 | 21 | 30 | 15 | 20 | 30 | 30 | 60 |
| | | 男 | 7 | 25 | 15 | 20 | 30 | 30 | 30 |
| | | 女 | 14 | 33 | 10 | 20 | 30 | 30 | 90 |
| 新疆 | 城乡 | 小计 | 2 419 | 81 | 20 | 40 | 60 | 120 | 180 |
| | | 男 | 1 073 | 87 | 20 | 40 | 60 | 120 | 200 |
| | | 女 | 1 346 | 74 | 15 | 30 | 60 | 120 | 160 |
| | 城市 | 小计 | 980 | 77 | 15 | 30 | 60 | 120 | 180 |
| | | 男 | 374 | 86 | 20 | 40 | 60 | 120 | 240 |
| | | 女 | 606 | 69 | 15 | 30 | 60 | 100 | 180 |
| | 农村 | 小计 | 1 439 | 83 | 20 | 40 | 60 | 120 | 180 |
| | | 男 | 699 | 87 | 20 | 40 | 60 | 120 | 180 |
| | | 女 | 740 | 77 | 20 | 40 | 60 | 120 | 130 |

## 附表 6-47　中国人群分省（直辖市、自治区）、城乡、性别的自行车累计使用时间

| 地区 | 城乡 | 性别 | n | 自行车累计使用时间 /（min/d） | | | | | |
|---|---|---|---|---|---|---|---|---|---|
| | | | | Mean | P5 | P 25 | P50 | P75 | P95 |
| 合计 | 城乡 | 小计 | 11 244 | 41 | 10 | 20 | 30 | 60 | 120 |
| | | 男 | 4 777 | 45 | 10 | 20 | 30 | 60 | 120 |
| | | 女 | 6 467 | 38 | 10 | 20 | 30 | 50 | 90 |
| | 城市 | 小计 | 5 954 | 44 | 10 | 20 | 30 | 60 | 120 |
| | | 男 | 2 575 | 48 | 10 | 24 | 30 | 60 | 120 |
| | | 女 | 3 379 | 40 | 10 | 20 | 30 | 60 | 120 |
| | 农村 | 小计 | 5 290 | 39 | 10 | 20 | 30 | 50 | 100 |
| | | 男 | 2 202 | 42 | 10 | 20 | 30 | 50 | 120 |

| 地区 | 城乡 | 性别 | *n* | 自行车累计使用时间 /（min/d） | | | | | |
| --- | --- | --- | --- | --- | --- | --- | --- | --- | --- |
| | | | | Mean | P5 | P 25 | P50 | P 75 | P 95 |
| 合计 | 农村 | 女 | 3 088 | 36 | 10 | 20 | 30 | 45 | 80 |
| 北京 | 城乡 | 小计 | 507 | 52 | 10 | 30 | 30 | 60 | 120 |
| | | 男 | 206 | 59 | 10 | 30 | 40 | 60 | 180 |
| | | 女 | 301 | 46 | 10 | 30 | 30 | 60 | 120 |
| | 城市 | 小计 | 415 | 52 | 10 | 30 | 40 | 60 | 120 |
| | | 男 | 168 | 58 | 10 | 30 | 40 | 60 | 180 |
| | | 女 | 247 | 46 | 15 | 30 | 30 | 60 | 120 |
| | 农村 | 小计 | 92 | 53 | 10 | 20 | 30 | 60 | 180 |
| | | 男 | 38 | 60 | 10 | 20 | 30 | 60 | 180 |
| | | 女 | 54 | 47 | 10 | 20 | 30 | 60 | 120 |
| 天津 | 城乡 | 小计 | 319 | 44 | 15 | 20 | 30 | 50 | 150 |
| | | 男 | 121 | 48 | 15 | 20 | 30 | 56 | 160 |
| | | 女 | 198 | 42 | 15 | 20 | 30 | 45 | 120 |
| | 城市 | 小计 | 284 | 49 | 20 | 30 | 30 | 60 | 160 |
| | | 男 | 107 | 53 | 20 | 30 | 30 | 60 | 240 |
| | | 女 | 177 | 46 | 10 | 30 | 30 | 60 | 120 |
| | 农村 | 小计 | 35 | 24 | 15 | 20 | 20 | 30 | 40 |
| | | 男 | 14 | 24 | 10 | 20 | 20 | 30 | 60 |
| | | 女 | 21 | 23 | 15 | 20 | 20 | 30 | 40 |
| 河北 | 城乡 | 小计 | 737 | 46 | 15 | 30 | 40 | 60 | 120 |
| | | 男 | 299 | 49 | 15 | 30 | 40 | 60 | 120 |
| | | 女 | 438 | 42 | 15 | 25 | 30 | 60 | 90 |
| | 城市 | 小计 | 347 | 53 | 20 | 30 | 60 | 60 | 120 |
| | | 男 | 149 | 56 | 20 | 30 | 60 | 60 | 120 |
| | | 女 | 198 | 50 | 20 | 30 | 50 | 60 | 120 |
| | 农村 | 小计 | 390 | 35 | 10 | 20 | 30 | 40 | 60 |
| | | 男 | 150 | 38 | 10 | 20 | 30 | 60 | 90 |
| | | 女 | 240 | 33 | 10 | 20 | 30 | 40 | 60 |
| 山西 | 城乡 | 小计 | 498 | 47 | 10 | 25 | 30 | 60 | 120 |
| | | 男 | 218 | 49 | 10 | 20 | 30 | 60 | 120 |
| | | 女 | 280 | 45 | 15 | 30 | 35 | 60 | 120 |
| | 城市 | 小计 | 158 | 59 | 10 | 30 | 60 | 60 | 160 |
| | | 男 | 82 | 62 | 20 | 30 | 60 | 70 | 160 |
| | | 女 | 76 | 56 | 10 | 30 | 60 | 60 | 120 |
| | 农村 | 小计 | 340 | 39 | 10 | 20 | 30 | 50 | 100 |
| | | 男 | 136 | 38 | 10 | 20 | 30 | 40 | 100 |
| | | 女 | 204 | 40 | 15 | 20 | 30 | 50 | 100 |
| 内蒙古 | 城乡 | 小计 | 472 | 43 | 15 | 20 | 30 | 60 | 120 |
| | | 男 | 201 | 49 | 15 | 30 | 30 | 60 | 130 |
| | | 女 | 271 | 39 | 15 | 20 | 30 | 40 | 120 |
| | 城市 | 小计 | 281 | 51 | 15 | 30 | 40 | 60 | 130 |
| | | 男 | 122 | 59 | 15 | 30 | 40 | 80 | 140 |
| | | 女 | 159 | 43 | 15 | 20 | 30 | 60 | 120 |
| | 农村 | 小计 | 191 | 35 | 15 | 20 | 30 | 40 | 60 |
| | | 男 | 79 | 37 | 15 | 20 | 30 | 40 | 100 |
| | | 女 | 112 | 33 | 20 | 20 | 30 | 40 | 60 |
| 辽宁 | 城乡 | 小计 | 417 | 38 | 10 | 20 | 30 | 40 | 120 |
| | | 男 | 185 | 40 | 10 | 20 | 30 | 40 | 120 |
| | | 女 | 232 | 36 | 10 | 20 | 30 | 40 | 120 |
| | 城市 | 小计 | 104 | 31 | 10 | 20 | 30 | 40 | 60 |
| | | 男 | 42 | 33 | 10 | 20 | 30 | 40 | 60 |
| | | 女 | 62 | 30 | 10 | 10 | 20 | 30 | 60 |
| | 农村 | 小计 | 313 | 40 | 10 | 20 | 30 | 40 | 120 |
| | | 男 | 143 | 42 | 10 | 20 | 30 | 40 | 120 |
| | | 女 | 170 | 38 | 10 | 20 | 30 | 60 | 120 |
| 吉林 | 城乡 | 小计 | 189 | 45 | 10 | 20 | 30 | 50 | 120 |
| | | 男 | 89 | 51 | 10 | 20 | 30 | 60 | 240 |
| | | 女 | 100 | 38 | 10 | 20 | 30 | 40 | 120 |

| 地区 | 城乡 | 性别 | n | 自行车累计使用时间 /（min/d） | | | | | |
|---|---|---|---|---|---|---|---|---|---|
| | | | | Mean | P5 | P 25 | P50 | P 75 | P 95 |
| 吉林 | 城市 | 小计 | 108 | 44 | 10 | 20 | 30 | 50 | 120 |
| | | 男 | 51 | 54 | 10 | 20 | 30 | 60 | 240 |
| | | 女 | 57 | 32 | 10 | 20 | 30 | 40 | 60 |
| | 农村 | 小计 | 81 | 46 | 10 | 20 | 30 | 50 | 120 |
| | | 男 | 38 | 48 | 10 | 20 | 30 | 50 | 240 |
| | | 女 | 43 | 43 | 10 | 20 | 30 | 60 | 120 |
| 黑龙江 | 城乡 | 小计 | 306 | 37 | 10 | 20 | 30 | 40 | 60 |
| | | 男 | 156 | 42 | 10 | 20 | 30 | 50 | 120 |
| | | 女 | 150 | 33 | 10 | 20 | 30 | 40 | 60 |
| | 城市 | 小计 | 106 | 44 | 10 | 30 | 35 | 50 | 120 |
| | | 男 | 55 | 52 | 10 | 30 | 40 | 60 | 180 |
| | | 女 | 51 | 36 | 10 | 24 | 30 | 40 | 60 |
| | 农村 | 小计 | 200 | 34 | 10 | 20 | 30 | 40 | 60 |
| | | 男 | 101 | 37 | 10 | 20 | 30 | 50 | 120 |
| | | 女 | 99 | 31 | 10 | 20 | 30 | 40 | 60 |
| 上海 | 城乡 | 小计 | 233 | 47 | 10 | 30 | 30 | 60 | 120 |
| | | 男 | 132 | 52 | 15 | 30 | 40 | 60 | 120 |
| | | 女 | 101 | 36 | 10 | 20 | 30 | 40 | 120 |
| | 城市 | 小计 | 233 | 47 | 10 | 30 | 30 | 60 | 120 |
| | | 男 | 132 | 52 | 15 | 30 | 40 | 60 | 120 |
| | | 女 | 101 | 36 | 10 | 20 | 30 | 40 | 120 |
| 江苏 | 城乡 | 小计 | 704 | 39 | 10 | 20 | 30 | 50 | 120 |
| | | 男 | 277 | 42 | 10 | 20 | 30 | 60 | 120 |
| | | 女 | 427 | 37 | 10 | 20 | 30 | 40 | 120 |
| | 城市 | 小计 | 477 | 38 | 10 | 20 | 30 | 45 | 120 |
| | | 男 | 181 | 41 | 10 | 20 | 30 | 60 | 120 |
| | | 女 | 296 | 36 | 10 | 20 | 30 | 40 | 120 |
| | 农村 | 小计 | 227 | 41 | 10 | 20 | 30 | 50 | 100 |
| | | 男 | 96 | 44 | 10 | 20 | 30 | 60 | 120 |
| | | 女 | 131 | 38 | 10 | 20 | 30 | 40 | 90 |
| 浙江 | 城乡 | 小计 | 581 | 34 | 10 | 20 | 30 | 40 | 70 |
| | | 男 | 239 | 37 | 10 | 20 | 30 | 40 | 70 |
| | | 女 | 342 | 32 | 10 | 20 | 30 | 40 | 80 |
| | 城市 | 小计 | 256 | 36 | 10 | 20 | 30 | 40 | 80 |
| | | 男 | 110 | 38 | 10 | 20 | 30 | 40 | 70 |
| | | 女 | 146 | 34 | 10 | 20 | 30 | 40 | 80 |
| | 农村 | 小计 | 325 | 33 | 10 | 15 | 30 | 40 | 60 |
| | | 男 | 129 | 36 | 10 | 20 | 30 | 40 | 60 |
| | | 女 | 196 | 30 | 10 | 15 | 25 | 30 | 60 |
| 安徽 | 城乡 | 小计 | 452 | 42 | 10 | 30 | 30 | 60 | 100 |
| | | 男 | 197 | 46 | 10 | 30 | 30 | 60 | 120 |
| | | 女 | 255 | 38 | 10 | 20 | 30 | 60 | 60 |
| | 城市 | 小计 | 284 | 43 | 10 | 30 | 30 | 60 | 90 |
| | | 男 | 131 | 45 | 10 | 30 | 30 | 60 | 100 |
| | | 女 | 153 | 41 | 10 | 30 | 35 | 60 | 70 |
| | 农村 | 小计 | 168 | 41 | 10 | 20 | 30 | 60 | 120 |
| | | 男 | 66 | 47 | 10 | 30 | 30 | 50 | 120 |
| | | 女 | 102 | 37 | 10 | 20 | 30 | 60 | 60 |
| 福建 | 城乡 | 小计 | 222 | 40 | 10 | 20 | 30 | 50 | 120 |
| | | 男 | 96 | 44 | 10 | 20 | 30 | 60 | 120 |
| | | 女 | 126 | 36 | 10 | 20 | 30 | 40 | 60 |
| | 城市 | 小计 | 110 | 36 | 10 | 15 | 30 | 40 | 80 |
| | | 男 | 37 | 34 | 10 | 10 | 20 | 30 | 120 |
| | | 女 | 73 | 36 | 10 | 20 | 30 | 40 | 60 |
| | 农村 | 小计 | 112 | 43 | 10 | 20 | 30 | 60 | 120 |
| | | 男 | 59 | 50 | 10 | 20 | 30 | 60 | 120 |
| | | 女 | 53 | 35 | 10 | 30 | 30 | 40 | 60 |

| 地区 | 城乡 | 性别 | *n* | 自行车累计使用时间 /（min/d） | | | | | |
|---|---|---|---|---|---|---|---|---|---|
| | | | | Mean | P5 | P 25 | P50 | P 75 | P 95 |
| 江西 | 城乡 | 小计 | 294 | 40 | 10 | 20 | 30 | 60 | 90 |
| | | 男 | 138 | 43 | 10 | 20 | 30 | 60 | 90 |
| | | 女 | 156 | 37 | 10 | 20 | 30 | 50 | 80 |
| | 城市 | 小计 | 210 | 44 | 10 | 20 | 30 | 60 | 120 |
| | | 男 | 101 | 49 | 10 | 30 | 30 | 60 | 120 |
| | | 女 | 109 | 40 | 10 | 20 | 30 | 60 | 80 |
| | 农村 | 小计 | 84 | 34 | 10 | 20 | 30 | 40 | 60 |
| | | 男 | 37 | 34 | 10 | 20 | 30 | 40 | 90 |
| | | 女 | 47 | 33 | 10 | 20 | 30 | 40 | 60 |
| 山东 | 城乡 | 小计 | 825 | 34 | 10 | 20 | 30 | 40 | 60 |
| | | 男 | 351 | 35 | 10 | 20 | 30 | 40 | 100 |
| | | 女 | 474 | 33 | 10 | 20 | 30 | 40 | 60 |
| | 城市 | 小计 | 302 | 33 | 5 | 20 | 30 | 40 | 60 |
| | | 男 | 112 | 35 | 5 | 20 | 30 | 40 | 60 |
| | | 女 | 190 | 31 | 5 | 15 | 30 | 40 | 60 |
| | 农村 | 小计 | 523 | 35 | 10 | 20 | 30 | 40 | 90 |
| | | 男 | 239 | 36 | 10 | 20 | 30 | 40 | 120 |
| | | 女 | 284 | 34 | 10 | 20 | 30 | 40 | 70 |
| 河南 | 城乡 | 小计 | 1 148 | 37 | 10 | 20 | 30 | 50 | 80 |
| | | 男 | 448 | 42 | 10 | 20 | 30 | 50 | 120 |
| | | 女 | 700 | 34 | 10 | 20 | 30 | 40 | 70 |
| | 城市 | 小计 | 472 | 41 | 10 | 20 | 30 | 60 | 100 |
| | | 男 | 201 | 45 | 10 | 20 | 30 | 60 | 120 |
| | | 女 | 271 | 39 | 10 | 20 | 30 | 60 | 80 |
| | 农村 | 小计 | 676 | 36 | 10 | 20 | 30 | 40 | 80 |
| | | 男 | 247 | 41 | 10 | 20 | 30 | 50 | 120 |
| | | 女 | 429 | 33 | 10 | 20 | 30 | 40 | 70 |
| 湖北 | 城乡 | 小计 | 490 | 57 | 15 | 30 | 50 | 60 | 130 |
| | | 男 | 199 | 60 | 15 | 30 | 50 | 70 | 160 |
| | | 女 | 291 | 54 | 20 | 30 | 50 | 60 | 130 |
| | 城市 | 小计 | 238 | 56 | 10 | 30 | 40 | 60 | 180 |
| | | 男 | 110 | 57 | 10 | 30 | 40 | 60 | 180 |
| | | 女 | 128 | 55 | 10 | 30 | 30 | 60 | 140 |
| | 农村 | 小计 | 252 | 58 | 20 | 30 | 60 | 60 | 120 |
| | | 男 | 89 | 65 | 20 | 30 | 60 | 90 | 120 |
| | | 女 | 163 | 54 | 20 | 30 | 60 | 60 | 120 |
| 湖南 | 城乡 | 小计 | 101 | 46 | 10 | 25 | 30 | 60 | 120 |
| | | 男 | 44 | 56 | 10 | 30 | 40 | 60 | 180 |
| | | 女 | 57 | 35 | 10 | 25 | 30 | 40 | 60 |
| | 城市 | 小计 | 72 | 42 | 15 | 20 | 30 | 50 | 90 |
| | | 男 | 26 | 54 | 15 | 25 | 40 | 60 | 120 |
| | | 女 | 46 | 33 | 10 | 20 | 30 | 40 | 60 |
| | 农村 | 小计 | 29 | 50 | 10 | 30 | 40 | 60 | 180 |
| | | 男 | 18 | 57 | 10 | 30 | 40 | 60 | 180 |
| | | 女 | 11 | 39 | 5 | 30 | 30 | 60 | 60 |
| 广东 | 城乡 | 小计 | 364 | 38 | 10 | 20 | 30 | 40 | 90 |
| | | 男 | 145 | 42 | 10 | 20 | 30 | 50 | 120 |
| | | 女 | 219 | 34 | 10 | 20 | 30 | 40 | 65 |
| | 城市 | 小计 | 201 | 44 | 10 | 20 | 30 | 60 | 120 |
| | | 男 | 86 | 51 | 15 | 20 | 30 | 60 | 150 |
| | | 女 | 115 | 38 | 10 | 20 | 30 | 40 | 120 |
| | 农村 | 小计 | 163 | 31 | 10 | 20 | 30 | 30 | 60 |
| | | 男 | 59 | 32 | 10 | 15 | 30 | 40 | 90 |
| | | 女 | 104 | 31 | 10 | 20 | 30 | 30 | 60 |
| 广西 | 城乡 | 小计 | 385 | 41 | 10 | 20 | 30 | 50 | 90 |
| | | 男 | 173 | 47 | 10 | 20 | 30 | 60 | 120 |
| | | 女 | 212 | 36 | 10 | 20 | 30 | 50 | 75 |
| | 城市 | 小计 | 205 | 36 | 10 | 20 | 30 | 60 | 70 |

| 地区 | 城乡 | 性别 | $n$ | 自行车累计使用时间 /（min/d） | | | | | |
|---|---|---|---|---|---|---|---|---|---|
| | | | | Mean | P5 | P 25 | P50 | P 75 | P 95 |
| 广西 | 城市 | 男 | 102 | 38 | 10 | 20 | 30 | 60 | 70 |
| | | 女 | 103 | 35 | 10 | 20 | 30 | 50 | 70 |
| | 农村 | 小计 | 180 | 44 | 10 | 20 | 30 | 50 | 90 |
| | | 男 | 71 | 54 | 15 | 30 | 30 | 60 | 180 |
| | | 女 | 109 | 36 | 10 | 20 | 30 | 50 | 75 |
| 海南 | 城乡 | 小计 | 107 | 44 | 10 | 25 | 30 | 60 | 120 |
| | | 男 | 44 | 50 | 10 | 30 | 30 | 60 | 120 |
| | | 女 | 63 | 40 | 8 | 20 | 30 | 60 | 90 |
| | 城市 | 小计 | 44 | 37 | 5 | 20 | 30 | 40 | 120 |
| | | 男 | 19 | 45 | 10 | 30 | 35 | 60 | 120 |
| | | 女 | 25 | 32 | 5 | 15 | 30 | 30 | 65 |
| | 农村 | 小计 | 63 | 50 | 10 | 30 | 30 | 60 | 120 |
| | | 男 | 25 | 53 | 15 | 30 | 30 | 60 | 150 |
| | | 女 | 38 | 47 | 10 | 30 | 30 | 60 | 90 |
| 重庆 | 城乡 | 小计 | 15 | 19 | 10 | 10 | 10 | 30 | 40 |
| | | 男 | 6 | 18 | 10 | 10 | 10 | 30 | 30 |
| | | 女 | 9 | 20 | 10 | 10 | 10 | 40 | 40 |
| | 城市 | 小计 | 6 | 10 | 10 | 10 | 10 | 10 | 10 |
| | | 男 | 0 | 0 | 0 | 0 | 0 | 0 | 0 |
| | | 女 | 6 | 10 | 10 | 10 | 10 | 10 | 10 |
| | 农村 | 小计 | 9 | 24 | 10 | 10 | 30 | 40 | 40 |
| | | 男 | 6 | 18 | 10 | 10 | 10 | 30 | 30 |
| | | 女 | 3 | 40 | 40 | 40 | 40 | 40 | 40 |
| 四川 | 城乡 | 小计 | 220 | 37 | 10 | 30 | 30 | 40 | 90 |
| | | 男 | 93 | 40 | 15 | 30 | 30 | 60 | 100 |
| | | 女 | 127 | 35 | 10 | 30 | 30 | 40 | 60 |
| | 城市 | 小计 | 157 | 39 | 10 | 30 | 30 | 60 | 90 |
| | | 男 | 64 | 42 | 10 | 30 | 30 | 60 | 100 |
| | | 女 | 93 | 37 | 10 | 25 | 30 | 40 | 80 |
| | 农村 | 小计 | 63 | 35 | 10 | 25 | 30 | 40 | 100 |
| | | 男 | 29 | 38 | 20 | 25 | 30 | 40 | 100 |
| | | 女 | 34 | 33 | 10 | 30 | 30 | 40 | 60 |
| 贵州 | 城乡 | 小计 | 40 | 48 | 6 | 30 | 35 | 60 | 120 |
| | | 男 | 17 | 42 | 20 | 30 | 30 | 60 | 95 |
| | | 女 | 23 | 57 | 6 | 30 | 40 | 90 | 140 |
| | 城市 | 小计 | 25 | 57 | 20 | 30 | 40 | 80 | 120 |
| | | 男 | 12 | 47 | 20 | 30 | 40 | 60 | 95 |
| | | 女 | 13 | 75 | 35 | 40 | 85 | 95 | 140 |
| | 农村 | 小计 | 15 | 25 | 6 | 20 | 20 | 30 | 40 |
| | | 男 | 5 | 23 | 20 | 20 | 20 | 30 | 30 |
| | | 女 | 10 | 25 | 5 | 6 | 20 | 30 | 120 |
| 云南 | 城乡 | 小计 | 187 | 31 | 10 | 15 | 25 | 35 | 60 |
| | | 男 | 76 | 39 | 9 | 15 | 30 | 40 | 70 |
| | | 女 | 111 | 26 | 10 | 10 | 20 | 30 | 60 |
| | 城市 | 小计 | 88 | 37 | 10 | 15 | 25 | 40 | 68 |
| | | 男 | 38 | 47 | 8 | 15 | 20 | 60 | 80 |
| | | 女 | 50 | 29 | 10 | 15 | 30 | 40 | 50 |
| | 农村 | 小计 | 99 | 27 | 10 | 12 | 20 | 30 | 60 |
| | | 男 | 38 | 31 | 10 | 15 | 30 | 30 | 60 |
| | | 女 | 61 | 25 | 10 | 10 | 20 | 30 | 60 |
| 西藏 | 城乡 | 小计 | 60 | 39 | 10 | 15 | 30 | 60 | 69 |
| | | 男 | 36 | 32 | 10 | 20 | 30 | 40 | 69 |
| | | 女 | 24 | 51 | 7 | 10 | 30 | 60 | 60 |
| | 城市 | 小计 | 10 | 36 | 15 | 20 | 30 | 60 | 60 |
| | | 男 | 7 | 33 | 20 | 20 | 30 | 60 | 60 |
| | | 女 | 3 | 42 | 15 | 15 | 60 | 60 | 60 |
| | 农村 | 小计 | 50 | 39 | 10 | 15 | 30 | 50 | 69 |
| | | 男 | 29 | 32 | 10 | 15 | 30 | 40 | 69 |

| 地区 | 城乡 | 性别 | n | 自行车累计使用时间 / （min/d） | | | | | |
|---|---|---|---|---|---|---|---|---|---|
| | | | | Mean | P5 | P 25 | P50 | P 75 | P 95 |
| 西藏 | 农村 | 女 | 21 | 52 | 7 | 10 | 30 | 60 | 420 |
| 陕西 | 城乡 | 小计 | 324 | 50 | 10 | 30 | 40 | 60 | 120 |
| | | 男 | 130 | 52 | 10 | 30 | 40 | 60 | 120 |
| | | 女 | 194 | 49 | 10 | 30 | 40 | 60 | 120 |
| | 城市 | 小计 | 175 | 51 | 15 | 30 | 40 | 60 | 120 |
| | | 男 | 75 | 52 | 15 | 25 | 40 | 60 | 120 |
| | | 女 | 100 | 49 | 15 | 30 | 30 | 60 | 120 |
| | 农村 | 小计 | 149 | 49 | 10 | 30 | 40 | 60 | 120 |
| | | 男 | 55 | 50 | 10 | 30 | 30 | 60 | 120 |
| | | 女 | 94 | 49 | 10 | 30 | 40 | 60 | 120 |
| 甘肃 | 城乡 | 小计 | 529 | 39 | 10 | 20 | 30 | 50 | 120 |
| | | 男 | 236 | 38 | 10 | 20 | 30 | 60 | 120 |
| | | 女 | 293 | 39 | 10 | 20 | 30 | 40 | 120 |
| | 城市 | 小计 | 191 | 39 | 10 | 20 | 30 | 40 | 120 |
| | | 男 | 86 | 37 | 10 | 20 | 30 | 40 | 120 |
| | | 女 | 105 | 41 | 10 | 20 | 30 | 40 | 120 |
| | 农村 | 小计 | 338 | 39 | 10 | 20 | 30 | 60 | 120 |
| | | 男 | 150 | 39 | 10 | 20 | 30 | 60 | 120 |
| | | 女 | 188 | 38 | 10 | 20 | 30 | 50 | 120 |
| 青海 | 城乡 | 小计 | 35 | 57 | 20 | 20 | 30 | 60 | 180 |
| | | 男 | 16 | 43 | 20 | 20 | 20 | 40 | 120 |
| | | 女 | 19 | 69 | 20 | 20 | 30 | 140 | 180 |
| | 城市 | 小计 | 17 | 58 | 20 | 20 | 20 | 80 | 180 |
| | | 男 | 7 | 39 | 20 | 20 | 20 | 40 | 120 |
| | | 女 | 10 | 74 | 10 | 20 | 30 | 180 | 180 |
| | 农村 | 小计 | 18 | 55 | 20 | 20 | 30 | 60 | 180 |
| | | 男 | 9 | 48 | 20 | 20 | 20 | 120 | 120 |
| | | 女 | 9 | 62 | 20 | 20 | 40 | 60 | 180 |
| 宁夏 | 城乡 | 小计 | 261 | 40 | 10 | 20 | 30 | 60 | 120 |
| | | 男 | 113 | 44 | 10 | 20 | 30 | 60 | 120 |
| | | 女 | 148 | 36 | 10 | 20 | 30 | 40 | 120 |
| | 城市 | 小计 | 233 | 41 | 10 | 20 | 30 | 60 | 120 |
| | | 男 | 101 | 46 | 10 | 20 | 40 | 60 | 120 |
| | | 女 | 132 | 37 | 10 | 20 | 30 | 40 | 120 |
| | 农村 | 小计 | 28 | 29 | 10 | 20 | 30 | 30 | 60 |
| | | 男 | 12 | 31 | 10 | 20 | 30 | 30 | 60 |
| | | 女 | 16 | 27 | 10 | 10 | 20 | 30 | 60 |
| 新疆 | 城乡 | 小计 | 222 | 42 | 15 | 20 | 30 | 60 | 120 |
| | | 男 | 96 | 41 | 15 | 20 | 30 | 40 | 120 |
| | | 女 | 126 | 42 | 15 | 20 | 35 | 60 | 60 |
| | 城市 | 小计 | 145 | 42 | 20 | 20 | 30 | 60 | 120 |
| | | 男 | 61 | 44 | 20 | 20 | 30 | 45 | 120 |
| | | 女 | 84 | 40 | 20 | 20 | 30 | 60 | 60 |
| | 农村 | 小计 | 77 | 41 | 10 | 30 | 30 | 60 | 120 |
| | | 男 | 35 | 34 | 15 | 30 | 30 | 30 | 120 |
| | | 女 | 42 | 45 | 10 | 30 | 40 | 60 | 70 |

附表 6-48　中国人群分省（直辖市、自治区）、城乡、性别的电动自行车累计使用时间

| 地区 | 城乡 | 性别 | n | 电动自行车累计使用时间 /（min/d） | | | | | |
|---|---|---|---|---|---|---|---|---|---|
| | | | | Mean | P5 | P 25 | P50 | P 75 | P 95 |
| 合计 | 城乡 | 小计 | 10 230 | 43 | 10 | 20 | 30 | 60 | 120 |
| | | 男 | 4 258 | 46 | 10 | 25 | 30 | 60 | 120 |
| | | 女 | 5 972 | 42 | 10 | 20 | 30 | 60 | 100 |
| | 城市 | 小计 | 5 202 | 44 | 10 | 20 | 30 | 60 | 120 |
| | | 男 | 2 265 | 47 | 10 | 30 | 30 | 60 | 120 |
| | | 女 | 2 937 | 41 | 10 | 20 | 30 | 60 | 100 |
| | 农村 | 小计 | 5 028 | 43 | 10 | 20 | 30 | 60 | 120 |
| | | 男 | 1 993 | 45 | 10 | 20 | 30 | 60 | 120 |
| | | 女 | 3 035 | 42 | 10 | 25 | 30 | 60 | 120 |
| 北京 | 城乡 | 小计 | 177 | 53 | 10 | 20 | 40 | 60 | 130 |
| | | 男 | 73 | 58 | 10 | 20 | 35 | 60 | 180 |
| | | 女 | 104 | 49 | 20 | 30 | 40 | 60 | 120 |
| | 城市 | 小计 | 74 | 61 | 20 | 30 | 40 | 90 | 180 |
| | | 男 | 35 | 65 | 20 | 30 | 50 | 120 | 180 |
| | | 女 | 39 | 58 | 20 | 30 | 40 | 60 | 160 |
| | 农村 | 小计 | 103 | 48 | 10 | 20 | 40 | 60 | 120 |
| | | 男 | 38 | 53 | 10 | 20 | 30 | 60 | 130 |
| | | 女 | 65 | 44 | 15 | 30 | 40 | 60 | 60 |
| 天津 | 城乡 | 小计 | 159 | 49 | 20 | 30 | 40 | 60 | 120 |
| | | 男 | 60 | 52 | 20 | 30 | 50 | 60 | 120 |
| | | 女 | 99 | 46 | 20 | 30 | 40 | 60 | 130 |
| | 城市 | 小计 | 123 | 50 | 20 | 30 | 40 | 60 | 130 |
| | | 男 | 46 | 48 | 20 | 30 | 30 | 60 | 120 |
| | | 女 | 77 | 51 | 20 | 30 | 40 | 60 | 160 |
| | 农村 | 小计 | 36 | 46 | 10 | 30 | 40 | 60 | 80 |
| | | 男 | 14 | 59 | 10 | 50 | 60 | 80 | 100 |
| | | 女 | 22 | 37 | 5 | 30 | 40 | 50 | 60 |
| 河北 | 城乡 | 小计 | 549 | 56 | 10 | 30 | 40 | 80 | 120 |
| | | 男 | 226 | 62 | 10 | 30 | 50 | 100 | 130 |
| | | 女 | 323 | 51 | 10 | 30 | 40 | 60 | 120 |
| | 城市 | 小计 | 287 | 59 | 10 | 30 | 50 | 80 | 120 |
| | | 男 | 128 | 59 | 15 | 30 | 50 | 80 | 120 |
| | | 女 | 159 | 58 | 10 | 30 | 45 | 80 | 120 |
| | 农村 | 小计 | 262 | 52 | 10 | 30 | 40 | 60 | 120 |
| | | 男 | 98 | 67 | 10 | 30 | 60 | 100 | 130 |
| | | 女 | 164 | 43 | 10 | 20 | 30 | 60 | 120 |
| 山西 | 城乡 | 小计 | 415 | 41 | 10 | 25 | 30 | 50 | 100 |
| | | 男 | 117 | 40 | 10 | 20 | 30 | 50 | 100 |
| | | 女 | 298 | 41 | 10 | 25 | 30 | 50 | 100 |
| | 城市 | 小计 | 130 | 45 | 10 | 20 | 30 | 60 | 120 |
| | | 男 | 47 | 44 | 10 | 30 | 30 | 60 | 100 |
| | | 女 | 83 | 45 | 10 | 20 | 30 | 60 | 120 |
| | 农村 | 小计 | 285 | 38 | 10 | 25 | 30 | 40 | 90 |
| | | 男 | 70 | 37 | 10 | 20 | 30 | 50 | 80 |
| | | 女 | 215 | 39 | 10 | 30 | 30 | 40 | 90 |
| 内蒙古 | 城乡 | 小计 | 413 | 43 | 20 | 25 | 30 | 60 | 120 |
| | | 男 | 175 | 44 | 15 | 20 | 30 | 60 | 100 |
| | | 女 | 238 | 43 | 20 | 30 | 30 | 60 | 120 |
| | 城市 | 小计 | 180 | 51 | 15 | 30 | 40 | 60 | 120 |
| | | 男 | 83 | 52 | 15 | 30 | 40 | 60 | 120 |
| | | 女 | 97 | 51 | 20 | 30 | 40 | 60 | 120 |
| | 农村 | 小计 | 233 | 38 | 20 | 20 | 30 | 40 | 100 |
| | | 男 | 92 | 37 | 15 | 20 | 30 | 40 | 100 |
| | | 女 | 141 | 39 | 20 | 20 | 30 | 40 | 120 |
| 辽宁 | 城乡 | 小计 | 147 | 59 | 10 | 30 | 50 | 60 | 120 |
| | | 男 | 73 | 61 | 10 | 30 | 40 | 60 | 180 |

| 地区 | 城乡 | 性别 | $n$ | 电动自行车累计使用时间 / (min/d) | | | | | |
|---|---|---|---|---|---|---|---|---|---|
| | | | | Mean | P5 | P 25 | P50 | P 75 | P 95 |
| 辽宁 | 城乡 | 女 | 74 | 57 | 10 | 30 | 50 | 60 | 120 |
| | 城市 | 小计 | 28 | 68 | 10 | 20 | 30 | 60 | 300 |
| | | 男 | 19 | 78 | 10 | 30 | 40 | 60 | 300 |
| | | 女 | 9 | 41 | 10 | 10 | 15 | 30 | 180 |
| | 农村 | 小计 | 119 | 58 | 10 | 30 | 50 | 60 | 120 |
| | | 男 | 54 | 58 | 10 | 30 | 50 | 60 | 120 |
| | | 女 | 65 | 58 | 10 | 30 | 60 | 60 | 120 |
| 吉林 | 城乡 | 小计 | 19 | 32 | 10 | 16 | 20 | 40 | 60 |
| | | 男 | 10 | 25 | 5 | 20 | 20 | 20 | 60 |
| | | 女 | 9 | 46 | 10 | 15 | 16 | 40 | 300 |
| | 城市 | 小计 | 15 | 31 | 5 | 15 | 20 | 50 | 60 |
| | | 男 | 7 | 33 | 5 | 20 | 20 | 50 | 60 |
| | | 女 | 8 | 29 | 10 | 15 | 16 | 40 | 90 |
| | 农村 | 小计 | 4 | 34 | 10 | 20 | 20 | 20 | 300 |
| | | 男 | 3 | 18 | 10 | 20 | 20 | 20 | 20 |
| | | 女 | 1 | 300 | 300 | 300 | 300 | 300 | 300 |
| 黑龙江 | 城乡 | 小计 | 40 | 22 | 10 | 10 | 20 | 30 | 40 |
| | | 男 | 14 | 28 | 10 | 20 | 20 | 40 | 60 |
| | | 女 | 26 | 19 | 5 | 10 | 20 | 30 | 30 |
| | 城市 | 小计 | 18 | 29 | 15 | 20 | 30 | 30 | 40 |
| | | 男 | 8 | 32 | 10 | 20 | 30 | 40 | 40 |
| | | 女 | 10 | 27 | 15 | 20 | 30 | 30 | 30 |
| | 农村 | 小计 | 22 | 18 | 5 | 10 | 15 | 20 | 30 |
| | | 男 | 6 | 24 | 10 | 20 | 20 | 20 | 60 |
| | | 女 | 16 | 17 | 5 | 10 | 10 | 20 | 30 |
| 上海 | 城乡 | 小计 | 259 | 35 | 10 | 20 | 30 | 40 | 60 |
| | | 男 | 132 | 36 | 10 | 20 | 30 | 40 | 60 |
| | | 女 | 127 | 34 | 10 | 20 | 30 | 40 | 60 |
| | 城市 | 小计 | 259 | 35 | 10 | 20 | 30 | 40 | 60 |
| | | 男 | 132 | 36 | 10 | 20 | 30 | 40 | 60 |
| | | 女 | 127 | 34 | 10 | 20 | 30 | 40 | 60 |
| 江苏 | 城乡 | 小计 | 1 238 | 40 | 10 | 20 | 30 | 40 | 110 |
| | | 男 | 561 | 42 | 10 | 20 | 30 | 50 | 120 |
| | | 女 | 677 | 37 | 10 | 20 | 30 | 40 | 100 |
| | 城市 | 小计 | 782 | 39 | 10 | 20 | 30 | 40 | 100 |
| | | 男 | 363 | 43 | 10 | 20 | 30 | 50 | 120 |
| | | 女 | 419 | 36 | 10 | 20 | 30 | 40 | 90 |
| | 农村 | 小计 | 456 | 41 | 10 | 20 | 30 | 40 | 120 |
| | | 男 | 198 | 41 | 10 | 20 | 30 | 50 | 90 |
| | | 女 | 258 | 40 | 10 | 20 | 30 | 40 | 120 |
| 浙江 | 城乡 | 小计 | 1 015 | 36 | 10 | 20 | 30 | 40 | 60 |
| | | 男 | 460 | 39 | 10 | 20 | 30 | 60 | 90 |
| | | 女 | 555 | 34 | 10 | 20 | 30 | 40 | 60 |
| | 城市 | 小计 | 299 | 38 | 10 | 20 | 30 | 50 | 80 |
| | | 男 | 153 | 40 | 10 | 20 | 30 | 60 | 120 |
| | | 女 | 146 | 36 | 10 | 20 | 30 | 40 | 60 |
| | 农村 | 小计 | 716 | 36 | 10 | 20 | 30 | 40 | 60 |
| | | 男 | 307 | 39 | 10 | 20 | 30 | 50 | 90 |
| | | 女 | 409 | 33 | 10 | 20 | 30 | 40 | 60 |
| 安徽 | 城乡 | 小计 | 752 | 48 | 10 | 30 | 40 | 60 | 120 |
| | | 男 | 308 | 51 | 20 | 30 | 40 | 60 | 120 |
| | | 女 | 444 | 45 | 10 | 30 | 35 | 60 | 120 |
| | 城市 | 小计 | 361 | 41 | 10 | 30 | 30 | 60 | 90 |
| | | 男 | 136 | 47 | 20 | 30 | 30 | 60 | 120 |
| | | 女 | 225 | 38 | 10 | 25 | 30 | 60 | 60 |
| | 农村 | 小计 | 391 | 51 | 12 | 30 | 40 | 60 | 120 |
| | | 男 | 172 | 53 | 20 | 30 | 40 | 60 | 120 |
| | | 女 | 219 | 50 | 10 | 30 | 40 | 60 | 120 |

| 地区 | 城乡 | 性别 | *n* | 电动自行车累计使用时间 /（min/d） | | | | | |
|---|---|---|---|---|---|---|---|---|---|
| | | | | Mean | P5 | P 25 | P50 | P 75 | P 95 |
| 福建 | 城乡 | 小计 | 144 | 37 | 10 | 20 | 30 | 40 | 90 |
| | | 男 | 47 | 38 | 10 | 20 | 30 | 40 | 90 |
| | | 女 | 97 | 36 | 15 | 20 | 30 | 40 | 80 |
| | 城市 | 小计 | 86 | 35 | 10 | 20 | 30 | 40 | 60 |
| | | 男 | 28 | 36 | 10 | 20 | 20 | 40 | 90 |
| | | 女 | 58 | 34 | 20 | 20 | 30 | 40 | 60 |
| | 农村 | 小计 | 58 | 39 | 10 | 20 | 30 | 40 | 120 |
| | | 男 | 19 | 40 | 10 | 20 | 30 | 40 | 120 |
| | | 女 | 39 | 39 | 10 | 20 | 30 | 40 | 120 |
| 江西 | 城乡 | 小计 | 500 | 44 | 10 | 20 | 30 | 60 | 120 |
| | | 男 | 198 | 47 | 10 | 30 | 40 | 60 | 120 |
| | | 女 | 302 | 41 | 10 | 20 | 30 | 60 | 120 |
| | 城市 | 小计 | 382 | 46 | 15 | 30 | 40 | 60 | 120 |
| | | 男 | 155 | 49 | 10 | 30 | 40 | 60 | 120 |
| | | 女 | 227 | 43 | 15 | 25 | 30 | 60 | 120 |
| | 农村 | 小计 | 118 | 38 | 10 | 20 | 30 | 40 | 120 |
| | | 男 | 43 | 41 | 10 | 20 | 30 | 40 | 120 |
| | | 女 | 75 | 36 | 10 | 20 | 30 | 40 | 120 |
| 山东 | 城乡 | 小计 | 782 | 37 | 10 | 20 | 30 | 40 | 80 |
| | | 男 | 301 | 39 | 10 | 20 | 30 | 40 | 100 |
| | | 女 | 481 | 36 | 10 | 20 | 30 | 40 | 60 |
| | 城市 | 小计 | 253 | 38 | 10 | 20 | 30 | 40 | 120 |
| | | 男 | 100 | 43 | 10 | 20 | 30 | 50 | 120 |
| | | 女 | 153 | 35 | 10 | 20 | 30 | 40 | 60 |
| | 农村 | 小计 | 529 | 37 | 10 | 20 | 30 | 40 | 60 |
| | | 男 | 201 | 37 | 10 | 20 | 30 | 40 | 60 |
| | | 女 | 328 | 37 | 10 | 20 | 30 | 40 | 60 |
| 河南 | 城乡 | 小计 | 1 018 | 41 | 10 | 20 | 30 | 50 | 80 |
| | | 男 | 404 | 41 | 10 | 20 | 30 | 60 | 100 |
| | | 女 | 614 | 42 | 10 | 20 | 35 | 50 | 80 |
| | 城市 | 小计 | 378 | 42 | 10 | 20 | 30 | 60 | 90 |
| | | 男 | 152 | 41 | 10 | 20 | 30 | 60 | 120 |
| | | 女 | 226 | 42 | 15 | 25 | 30 | 60 | 90 |
| | 农村 | 小计 | 640 | 41 | 10 | 20 | 30 | 50 | 80 |
| | | 男 | 252 | 40 | 10 | 20 | 30 | 60 | 100 |
| | | 女 | 388 | 42 | 10 | 20 | 40 | 50 | 70 |
| 湖北 | 城乡 | 小计 | 446 | 58 | 20 | 30 | 50 | 80 | 120 |
| | | 男 | 194 | 61 | 30 | 35 | 60 | 80 | 120 |
| | | 女 | 252 | 56 | 20 | 30 | 45 | 70 | 120 |
| | 城市 | 小计 | 264 | 57 | 20 | 30 | 40 | 80 | 120 |
| | | 男 | 123 | 61 | 30 | 30 | 50 | 80 | 120 |
| | | 女 | 141 | 54 | 10 | 30 | 40 | 60 | 120 |
| | 农村 | 小计 | 182 | 60 | 20 | 40 | 60 | 70 | 120 |
| | | 男 | 71 | 62 | 30 | 40 | 60 | 80 | 120 |
| | | 女 | 111 | 59 | 20 | 30 | 60 | 70 | 120 |
| 湖南 | 城乡 | 小计 | 140 | 39 | 10 | 20 | 30 | 50 | 120 |
| | | 男 | 82 | 39 | 10 | 20 | 30 | 50 | 120 |
| | | 女 | 58 | 40 | 10 | 20 | 30 | 50 | 100 |
| | 城市 | 小计 | 136 | 39 | 10 | 20 | 30 | 50 | 120 |
| | | 男 | 81 | 39 | 15 | 20 | 30 | 50 | 120 |
| | | 女 | 55 | 39 | 10 | 20 | 30 | 60 | 100 |
| | 农村 | 小计 | 4 | 35 | 10 | 10 | 40 | 40 | 40 |
| | | 男 | 1 | 10 | 10 | 10 | 10 | 10 | 10 |
| | | 女 | 3 | 44 | 40 | 40 | 40 | 40 | 100 |
| 广东 | 城乡 | 小计 | 135 | 32 | 10 | 20 | 30 | 40 | 60 |
| | | 男 | 36 | 30 | 2 | 20 | 30 | 30 | 60 |
| | | 女 | 99 | 33 | 20 | 25 | 30 | 40 | 50 |
| | 城市 | 小计 | 75 | 33 | 15 | 20 | 30 | 40 | 60 |

| 地区 | 城乡 | 性别 | *n* | 电动自行车累计使用时间 / （min/d） | | | | | |
|---|---|---|---|---|---|---|---|---|---|
| | | | | Mean | P5 | P 25 | P50 | P 75 | P 95 |
| 广东 | 城市 | 男 | 19 | 34 | 2 | 20 | 30 | 40 | 80 |
| | | 女 | 56 | 32 | 20 | 20 | 30 | 40 | 45 |
| | 农村 | 小计 | 60 | 31 | 10 | 20 | 30 | 40 | 50 |
| | | 男 | 17 | 26 | 10 | 20 | 26 | 30 | 60 |
| | | 女 | 43 | 33 | 15 | 30 | 30 | 40 | 50 |
| 广西 | 城乡 | 小计 | 623 | 43 | 20 | 30 | 30 | 60 | 90 |
| | | 男 | 276 | 45 | 10 | 30 | 30 | 60 | 120 |
| | | 女 | 347 | 41 | 20 | 30 | 30 | 50 | 90 |
| | 城市 | 小计 | 381 | 46 | 10 | 30 | 40 | 60 | 120 |
| | | 男 | 181 | 51 | 10 | 25 | 40 | 60 | 120 |
| | | 女 | 200 | 41 | 15 | 30 | 40 | 60 | 90 |
| | 农村 | 小计 | 242 | 41 | 20 | 30 | 30 | 50 | 70 |
| | | 男 | 95 | 40 | 20 | 30 | 30 | 40 | 60 |
| | | 女 | 147 | 41 | 20 | 30 | 30 | 50 | 80 |
| 海南 | 城乡 | 小计 | 207 | 49 | 10 | 30 | 30 | 60 | 120 |
| | | 男 | 101 | 51 | 15 | 30 | 60 | 60 | 120 |
| | | 女 | 106 | 46 | 10 | 30 | 30 | 60 | 120 |
| | 城市 | 小计 | 82 | 46 | 15 | 30 | 30 | 60 | 120 |
| | | 男 | 39 | 47 | 15 | 30 | 40 | 60 | 90 |
| | | 女 | 43 | 44 | 10 | 20 | 30 | 60 | 120 |
| | 农村 | 小计 | 125 | 50 | 10 | 30 | 30 | 60 | 120 |
| | | 男 | 62 | 53 | 15 | 30 | 60 | 60 | 120 |
| | | 女 | 63 | 47 | 10 | 30 | 30 | 60 | 120 |
| 重庆 | 城乡 | 小计 | 6 | 47 | 10 | 30 | 60 | 60 | 60 |
| | | 男 | 3 | 44 | 10 | 10 | 60 | 60 | 60 |
| | | 女 | 3 | 50 | 30 | 30 | 60 | 60 | 60 |
| | 城市 | 小计 | 2 | 60 | 60 | 60 | 60 | 60 | 60 |
| | | 男 | 1 | 60 | 60 | 60 | 60 | 60 | 60 |
| | | 女 | 1 | 60 | 60 | 60 | 60 | 60 | 60 |
| | 农村 | 小计 | 4 | 40 | 10 | 30 | 30 | 60 | 60 |
| | | 男 | 2 | 34 | 10 | 10 | 10 | 60 | 60 |
| | | 女 | 2 | 45 | 30 | 30 | 45 | 60 | 60 |
| 四川 | 城乡 | 小计 | 184 | 41 | 15 | 30 | 30 | 60 | 80 |
| | | 男 | 81 | 48 | 15 | 30 | 40 | 60 | 120 |
| | | 女 | 103 | 34 | 10 | 20 | 30 | 40 | 60 |
| | 城市 | 小计 | 172 | 41 | 15 | 25 | 30 | 60 | 90 |
| | | 男 | 74 | 48 | 15 | 30 | 40 | 60 | 120 |
| | | 女 | 98 | 34 | 10 | 20 | 30 | 40 | 60 |
| | 农村 | 小计 | 12 | 42 | 20 | 40 | 40 | 60 | 60 |
| | | 男 | 7 | 46 | 2 | 30 | 60 | 60 | 60 |
| | | 女 | 5 | 37 | 20 | 40 | 40 | 40 | 40 |
| 贵州 | 城乡 | 小计 | 17 | 48 | 15 | 20 | 30 | 60 | 120 |
| | | 男 | 14 | 49 | 15 | 20 | 30 | 60 | 120 |
| | | 女 | 3 | 36 | 10 | 10 | 30 | 85 | 85 |
| | 城市 | 小计 | 7 | 27 | 10 | 15 | 15 | 30 | 85 |
| | | 男 | 5 | 24 | 15 | 15 | 15 | 30 | 60 |
| | | 女 | 2 | 39 | 10 | 10 | 10 | 85 | 85 |
| | 农村 | 小计 | 10 | 58 | 15 | 30 | 30 | 120 | 120 |
| | | 男 | 9 | 60 | 15 | 20 | 60 | 120 | 120 |
| | | 女 | 1 | 30 | 30 | 30 | 30 | 30 | 30 |
| 云南 | 城乡 | 小计 | 115 | 34 | 8 | 20 | 30 | 40 | 60 |
| | | 男 | 43 | 36 | 8 | 20 | 30 | 60 | 60 |
| | | 女 | 72 | 32 | 10 | 20 | 30 | 40 | 60 |
| | 城市 | 小计 | 58 | 31 | 6 | 20 | 30 | 40 | 60 |
| | | 男 | 18 | 30 | 6 | 20 | 30 | 40 | 60 |
| | | 女 | 40 | 31 | 8 | 20 | 30 | 40 | 60 |
| | 农村 | 小计 | 57 | 38 | 10 | 20 | 30 | 60 | 80 |
| | | 男 | 25 | 40 | 20 | 30 | 30 | 60 | 60 |

| 地区 | 城乡 | 性别 | n | 电动自行车累计使用时间 /（min/d） | | | | | |
|---|---|---|---|---|---|---|---|---|---|
| | | | | Mean | P5 | P 25 | P50 | P 75 | P 95 |
| 云南 | 农村 | 女 | 32 | 34 | 10 | 20 | 30 | 40 | 80 |
| 西藏 | 城乡 | 小计 | 36 | 34 | 12 | 20 | 30 | 30 | 60 |
| | | 男 | 17 | 37 | 15 | 20 | 30 | 30 | 120 |
| | | 女 | 19 | 30 | 10 | 15 | 30 | 30 | 60 |
| | 城市 | 小计 | 23 | 36 | 12 | 20 | 30 | 30 | 120 |
| | | 男 | 9 | 42 | 15 | 20 | 29 | 60 | 120 |
| | | 女 | 14 | 31 | 10 | 15 | 30 | 30 | 60 |
| | 农村 | 小计 | 13 | 30 | 13 | 20 | 30 | 30 | 60 |
| | | 男 | 8 | 31 | 10 | 20 | 30 | 30 | 60 |
| | | 女 | 5 | 28 | 13 | 15 | 20 | 50 | 50 |
| 陕西 | 城乡 | 小计 | 164 | 43 | 10 | 20 | 30 | 60 | 120 |
| | | 男 | 57 | 47 | 10 | 20 | 30 | 60 | 120 |
| | | 女 | 107 | 40 | 10 | 20 | 30 | 50 | 120 |
| | 城市 | 小计 | 75 | 43 | 10 | 20 | 30 | 60 | 120 |
| | | 男 | 27 | 47 | 20 | 20 | 40 | 60 | 120 |
| | | 女 | 48 | 41 | 10 | 20 | 30 | 60 | 120 |
| | 农村 | 小计 | 89 | 42 | 10 | 20 | 30 | 60 | 120 |
| | | 男 | 30 | 47 | 10 | 20 | 30 | 60 | 120 |
| | | 女 | 59 | 39 | 10 | 20 | 30 | 45 | 120 |
| 甘肃 | 城乡 | 小计 | 218 | 39 | 10 | 20 | 30 | 45 | 120 |
| | | 男 | 79 | 35 | 8 | 20 | 30 | 40 | 90 |
| | | 女 | 139 | 41 | 10 | 24 | 30 | 60 | 120 |
| | 城市 | 小计 | 79 | 39 | 20 | 30 | 30 | 40 | 90 |
| | | 男 | 26 | 44 | 20 | 30 | 40 | 60 | 90 |
| | | 女 | 53 | 37 | 20 | 20 | 30 | 40 | 90 |
| | 农村 | 小计 | 139 | 39 | 10 | 20 | 30 | 45 | 120 |
| | | 男 | 53 | 31 | 8 | 10 | 20 | 30 | 90 |
| | | 女 | 86 | 44 | 10 | 25 | 30 | 60 | 120 |
| 青海 | 城乡 | 小计 | 8 | 28 | 10 | 15 | 15 | 30 | 120 |
| | | 男 | 3 | 62 | 30 | 30 | 30 | 120 | 120 |
| | | 女 | 5 | 18 | 10 | 15 | 15 | 20 | 30 |
| | 城市 | 小计 | 4 | 19 | 15 | 15 | 15 | 20 | 30 |
| | | 男 | 1 | 30 | 30 | 30 | 30 | 30 | 30 |
| | | 女 | 3 | 18 | 15 | 15 | 15 | 15 | 30 |
| | 农村 | 小计 | 4 | 52 | 10 | 30 | 30 | 120 | 120 |
| | | 男 | 2 | 82 | 30 | 30 | 120 | 120 | 120 |
| | | 女 | 2 | 22 | 10 | 10 | 30 | 30 | 30 |
| 宁夏 | 城乡 | 小计 | 105 | 37 | 10 | 20 | 30 | 40 | 100 |
| | | 男 | 46 | 42 | 20 | 30 | 30 | 50 | 100 |
| | | 女 | 59 | 33 | 10 | 20 | 30 | 30 | 80 |
| | 城市 | 小计 | 85 | 38 | 10 | 20 | 30 | 40 | 100 |
| | | 男 | 34 | 45 | 20 | 30 | 40 | 60 | 120 |
| | | 女 | 51 | 34 | 10 | 20 | 30 | 30 | 100 |
| | 农村 | 小计 | 20 | 29 | 15 | 20 | 30 | 30 | 60 |
| | | 男 | 12 | 32 | 15 | 30 | 30 | 30 | 60 |
| | | 女 | 8 | 26 | 10 | 20 | 30 | 30 | 40 |
| 新疆 | 城乡 | 小计 | 199 | 61 | 15 | 30 | 40 | 60 | 180 |
| | | 男 | 67 | 87 | 20 | 30 | 60 | 120 | 300 |
| | | 女 | 132 | 44 | 10 | 20 | 30 | 60 | 120 |
| | 城市 | 小计 | 104 | 64 | 20 | 30 | 40 | 60 | 180 |
| | | 男 | 35 | 95 | 20 | 30 | 40 | 120 | 480 |
| | | 女 | 69 | 49 | 20 | 20 | 30 | 60 | 120 |
| | 农村 | 小计 | 95 | 59 | 10 | 30 | 30 | 60 | 180 |
| | | 男 | 32 | 83 | 20 | 30 | 60 | 120 | 300 |
| | | 女 | 63 | 40 | 10 | 20 | 30 | 60 | 90 |

## 附表 6-49　中国人群分省（直辖市、自治区）、城乡、性别的摩托车累计使用时间

| 地区 | 城乡 | 性别 | $n$ | 摩托车累计使用时间 /（min/d） | | | | | |
|---|---|---|---|---|---|---|---|---|---|
| | | | | Mean | P5 | P 25 | P50 | P 75 | P 95 |
| 合计 | 城乡 | 小计 | 14 594 | 46 | 10 | 20 | 30 | 60 | 120 |
| | | 男 | 10 327 | 49 | 10 | 27 | 30 | 60 | 120 |
| | | 女 | 4 267 | 38 | 10 | 20 | 30 | 40 | 100 |
| | 城市 | 小计 | 3 985 | 49 | 10 | 20 | 30 | 60 | 120 |
| | | 男 | 2 875 | 53 | 10 | 30 | 35 | 60 | 120 |
| | | 女 | 1 110 | 40 | 10 | 20 | 30 | 50 | 90 |
| | 农村 | 小计 | 10 609 | 45 | 10 | 20 | 30 | 60 | 120 |
| | | 男 | 7 452 | 47 | 10 | 25 | 30 | 60 | 120 |
| | | 女 | 3 157 | 37 | 10 | 20 | 30 | 40 | 100 |
| 北京 | 城乡 | 小计 | 19 | 70 | 15 | 20 | 50 | 120 | 240 |
| | | 男 | 14 | 76 | 15 | 20 | 60 | 120 | 240 |
| | | 女 | 5 | 52 | 20 | 30 | 30 | 80 | 120 |
| | 城市 | 小计 | 12 | 65 | 10 | 20 | 60 | 120 | 120 |
| | | 男 | 10 | 66 | 10 | 20 | 60 | 120 | 120 |
| | | 女 | 2 | 62 | 20 | 20 | 20 | 120 | 120 |
| | 农村 | 小计 | 7 | 76 | 20 | 30 | 40 | 120 | 240 |
| | | 男 | 4 | 94 | 20 | 20 | 40 | 120 | 240 |
| | | 女 | 3 | 46 | 30 | 30 | 30 | 80 | 80 |
| 天津 | 城乡 | 小计 | 60 | 45 | 10 | 30 | 30 | 60 | 120 |
| | | 男 | 50 | 48 | 10 | 30 | 30 | 60 | 120 |
| | | 女 | 10 | 25 | 10 | 10 | 30 | 30 | 30 |
| | 城市 | 小计 | 45 | 47 | 30 | 30 | 30 | 60 | 120 |
| | | 男 | 37 | 50 | 30 | 30 | 30 | 60 | 120 |
| | | 女 | 8 | 28 | 10 | 30 | 30 | 30 | 30 |
| | 农村 | 小计 | 15 | 40 | 10 | 20 | 40 | 60 | 120 |
| | | 男 | 13 | 43 | 5 | 20 | 40 | 60 | 120 |
| | | 女 | 2 | 17 | 10 | 10 | 10 | 25 | 25 |
| 河北 | 城乡 | 小计 | 455 | 40 | 15 | 20 | 30 | 50 | 100 |
| | | 男 | 361 | 42 | 15 | 20 | 30 | 60 | 100 |
| | | 女 | 94 | 33 | 10 | 20 | 20 | 40 | 60 |
| | 城市 | 小计 | 92 | 41 | 10 | 20 | 30 | 60 | 80 |
| | | 男 | 73 | 42 | 10 | 20 | 30 | 60 | 80 |
| | | 女 | 19 | 36 | 10 | 20 | 40 | 50 | 60 |
| | 农村 | 小计 | 363 | 40 | 15 | 20 | 30 | 50 | 110 |
| | | 男 | 288 | 42 | 20 | 20 | 30 | 60 | 120 |
| | | 女 | 75 | 33 | 10 | 20 | 20 | 40 | 100 |
| 山西 | 城乡 | 小计 | 528 | 42 | 10 | 20 | 30 | 60 | 120 |
| | | 男 | 432 | 43 | 10 | 20 | 30 | 60 | 120 |
| | | 女 | 96 | 33 | 10 | 20 | 30 | 30 | 120 |
| | 城市 | 小计 | 81 | 41 | 15 | 20 | 30 | 60 | 80 |
| | | 男 | 67 | 43 | 15 | 30 | 40 | 60 | 80 |
| | | 女 | 14 | 29 | 10 | 20 | 30 | 30 | 90 |
| | 农村 | 小计 | 447 | 42 | 10 | 20 | 30 | 50 | 120 |
| | | 男 | 365 | 43 | 10 | 20 | 30 | 60 | 120 |
| | | 女 | 82 | 34 | 10 | 20 | 30 | 30 | 120 |
| 内蒙古 | 城乡 | 小计 | 916 | 42 | 10 | 30 | 30 | 50 | 120 |
| | | 男 | 622 | 43 | 10 | 30 | 30 | 50 | 120 |
| | | 女 | 294 | 38 | 10 | 20 | 30 | 40 | 100 |
| | 城市 | 小计 | 131 | 52 | 10 | 30 | 40 | 60 | 150 |
| | | 男 | 99 | 52 | 10 | 30 | 35 | 60 | 180 |
| | | 女 | 32 | 53 | 20 | 30 | 60 | 60 | 120 |
| | 农村 | 小计 | 785 | 40 | 10 | 30 | 30 | 40 | 100 |
| | | 男 | 523 | 41 | 10 | 30 | 30 | 40 | 100 |
| | | 女 | 262 | 37 | 10 | 20 | 30 | 40 | 100 |
| 辽宁 | 城乡 | 小计 | 446 | 51 | 10 | 20 | 30 | 60 | 120 |
| | | 男 | 303 | 53 | 10 | 25 | 30 | 60 | 120 |

| 地区 | 城乡 | 性别 | *n* | 摩托车累计使用时间 /（min/d） | | | | | |
| --- | --- | --- | --- | --- | --- | --- | --- | --- | --- |
| | | | | Mean | P5 | P 25 | P50 | P 75 | P 95 |
| 辽宁 | 城乡 | 女 | 143 | 46 | 10 | 20 | 30 | 60 | 120 |
| | 城市 | 小计 | 49 | 76 | 10 | 20 | 30 | 60 | 500 |
| | | 男 | 44 | 81 | 10 | 20 | 30 | 60 | 500 |
| | | 女 | 5 | 17 | 10 | 10 | 10 | 10 | 40 |
| | 农村 | 小计 | 397 | 49 | 10 | 20 | 30 | 60 | 120 |
| | | 男 | 259 | 51 | 10 | 25 | 30 | 60 | 120 |
| | | 女 | 138 | 46 | 10 | 20 | 30 | 60 | 120 |
| 吉林 | 城乡 | 小计 | 228 | 48 | 15 | 30 | 30 | 60 | 120 |
| | | 男 | 176 | 50 | 15 | 30 | 30 | 60 | 120 |
| | | 女 | 52 | 40 | 2 | 20 | 30 | 60 | 90 |
| | 城市 | 小计 | 80 | 40 | 2 | 20 | 30 | 60 | 70 |
| | | 男 | 56 | 41 | 10 | 30 | 30 | 40 | 70 |
| | | 女 | 24 | 36 | 2 | 15 | 30 | 60 | 70 |
| | 农村 | 小计 | 148 | 52 | 20 | 30 | 30 | 60 | 120 |
| | | 男 | 120 | 54 | 20 | 30 | 30 | 60 | 120 |
| | | 女 | 28 | 42 | 20 | 20 | 30 | 60 | 90 |
| 黑龙江 | 城乡 | 小计 | 580 | 34 | 10 | 20 | 30 | 40 | 60 |
| | | 男 | 392 | 35 | 10 | 20 | 30 | 40 | 90 |
| | | 女 | 188 | 32 | 10 | 20 | 30 | 40 | 60 |
| | 城市 | 小计 | 61 | 32 | 10 | 20 | 25 | 40 | 60 |
| | | 男 | 47 | 30 | 10 | 20 | 25 | 30 | 60 |
| | | 女 | 14 | 36 | 10 | 20 | 30 | 60 | 60 |
| | 农村 | 小计 | 519 | 34 | 10 | 20 | 30 | 40 | 80 |
| | | 男 | 345 | 36 | 10 | 20 | 30 | 40 | 90 |
| | | 女 | 174 | 31 | 10 | 20 | 30 | 40 | 60 |
| 上海 | 城乡 | 小计 | 45 | 55 | 10 | 20 | 30 | 60 | 120 |
| | | 男 | 42 | 57 | 10 | 30 | 30 | 60 | 120 |
| | | 女 | 3 | 20 | 10 | 10 | 20 | 30 | 30 |
| | 城市 | 小计 | 45 | 55 | 10 | 20 | 30 | 60 | 120 |
| | | 男 | 42 | 57 | 10 | 30 | 30 | 60 | 120 |
| | | 女 | 3 | 20 | 10 | 10 | 20 | 30 | 30 |
| 江苏 | 城乡 | 小计 | 290 | 47 | 10 | 20 | 30 | 60 | 120 |
| | | 男 | 245 | 47 | 10 | 20 | 30 | 60 | 120 |
| | | 女 | 45 | 47 | 10 | 20 | 30 | 50 | 95 |
| | 城市 | 小计 | 148 | 44 | 10 | 20 | 30 | 60 | 120 |
| | | 男 | 121 | 42 | 10 | 20 | 30 | 60 | 120 |
| | | 女 | 27 | 63 | 15 | 30 | 40 | 60 | 402 |
| | 农村 | 小计 | 142 | 51 | 10 | 30 | 30 | 60 | 150 |
| | | 男 | 124 | 54 | 20 | 30 | 30 | 60 | 150 |
| | | 女 | 18 | 29 | 10 | 15 | 30 | 30 | 60 |
| 浙江 | 城乡 | 小计 | 348 | 37 | 10 | 20 | 30 | 45 | 90 |
| | | 男 | 274 | 40 | 10 | 20 | 30 | 60 | 90 |
| | | 女 | 74 | 26 | 10 | 20 | 20 | 30 | 60 |
| | 城市 | 小计 | 63 | 39 | 12 | 20 | 30 | 40 | 120 |
| | | 男 | 48 | 42 | 12 | 20 | 30 | 50 | 130 |
| | | 女 | 15 | 26 | 5 | 20 | 20 | 30 | 60 |
| | 农村 | 小计 | 285 | 37 | 10 | 20 | 30 | 45 | 60 |
| | | 男 | 226 | 40 | 10 | 20 | 30 | 60 | 90 |
| | | 女 | 59 | 26 | 10 | 18 | 20 | 30 | 60 |
| 安徽 | 城乡 | 小计 | 469 | 55 | 20 | 30 | 40 | 60 | 120 |
| | | 男 | 369 | 57 | 20 | 30 | 50 | 60 | 120 |
| | | 女 | 100 | 46 | 20 | 30 | 30 | 60 | 120 |
| | 城市 | 小计 | 173 | 56 | 20 | 30 | 35 | 60 | 150 |
| | | 男 | 140 | 57 | 20 | 30 | 35 | 60 | 120 |
| | | 女 | 33 | 51 | 30 | 30 | 40 | 40 | 150 |
| | 农村 | 小计 | 296 | 54 | 20 | 30 | 50 | 60 | 120 |
| | | 男 | 229 | 57 | 20 | 30 | 60 | 60 | 120 |
| | | 女 | 67 | 45 | 20 | 30 | 30 | 60 | 120 |

| 地区 | 城乡 | 性别 | *n* | 摩托车累计使用时间 /（min/d） | | | | | |
|---|---|---|---|---|---|---|---|---|---|
| | | | | Mean | P5 | P 25 | P50 | P 75 | P 95 |
| 福建 | 城乡 | 小计 | 973 | 50 | 10 | 20 | 30 | 60 | 120 |
| | | 男 | 603 | 56 | 10 | 30 | 40 | 60 | 180 |
| | | 女 | 370 | 40 | 10 | 20 | 30 | 40 | 120 |
| | 城市 | 小计 | 446 | 51 | 10 | 20 | 30 | 60 | 120 |
| | | 男 | 246 | 59 | 10 | 30 | 40 | 60 | 180 |
| | | 女 | 200 | 42 | 10 | 20 | 30 | 40 | 120 |
| | 农村 | 小计 | 527 | 48 | 10 | 25 | 30 | 60 | 120 |
| | | 男 | 357 | 54 | 15 | 30 | 30 | 60 | 160 |
| | | 女 | 170 | 36 | 8 | 20 | 30 | 40 | 120 |
| 江西 | 城乡 | 小计 | 578 | 43 | 10 | 20 | 30 | 60 | 120 |
| | | 男 | 419 | 46 | 10 | 28 | 30 | 60 | 120 |
| | | 女 | 159 | 36 | 10 | 20 | 30 | 40 | 90 |
| | 城市 | 小计 | 257 | 48 | 10 | 20 | 30 | 60 | 120 |
| | | 男 | 182 | 52 | 10 | 30 | 30 | 60 | 120 |
| | | 女 | 75 | 36 | 15 | 20 | 30 | 40 | 80 |
| | 农村 | 小计 | 321 | 40 | 10 | 20 | 30 | 40 | 120 |
| | | 男 | 237 | 41 | 10 | 20 | 30 | 50 | 120 |
| | | 女 | 84 | 36 | 10 | 20 | 30 | 40 | 100 |
| 山东 | 城乡 | 小计 | 663 | 43 | 10 | 20 | 30 | 60 | 120 |
| | | 男 | 497 | 44 | 10 | 30 | 30 | 60 | 120 |
| | | 女 | 166 | 37 | 5 | 20 | 30 | 40 | 60 |
| | 城市 | 小计 | 136 | 41 | 10 | 20 | 30 | 60 | 100 |
| | | 男 | 109 | 42 | 10 | 20 | 30 | 60 | 100 |
| | | 女 | 27 | 35 | 10 | 20 | 30 | 50 | 60 |
| | 农村 | 小计 | 527 | 43 | 10 | 20 | 30 | 60 | 120 |
| | | 男 | 388 | 45 | 10 | 30 | 30 | 60 | 120 |
| | | 女 | 139 | 38 | 5 | 20 | 30 | 40 | 60 |
| 河南 | 城乡 | 小计 | 656 | 45 | 10 | 20 | 40 | 60 | 100 |
| | | 男 | 457 | 48 | 10 | 30 | 40 | 60 | 100 |
| | | 女 | 199 | 37 | 10 | 20 | 30 | 40 | 70 |
| | 城市 | 小计 | 119 | 47 | 15 | 20 | 40 | 60 | 100 |
| | | 男 | 92 | 50 | 15 | 30 | 50 | 60 | 100 |
| | | 女 | 27 | 37 | 10 | 20 | 30 | 50 | 70 |
| | 农村 | 小计 | 537 | 45 | 10 | 20 | 40 | 60 | 100 |
| | | 男 | 365 | 47 | 10 | 30 | 40 | 60 | 120 |
| | | 女 | 172 | 37 | 10 | 20 | 30 | 40 | 70 |
| 湖北 | 城乡 | 小计 | 451 | 68 | 20 | 30 | 60 | 100 | 180 |
| | | 男 | 341 | 70 | 20 | 30 | 60 | 110 | 180 |
| | | 女 | 110 | 59 | 15 | 30 | 60 | 80 | 130 |
| | 城市 | 小计 | 188 | 69 | 20 | 30 | 60 | 120 | 180 |
| | | 男 | 150 | 70 | 20 | 30 | 60 | 120 | 180 |
| | | 女 | 38 | 64 | 20 | 30 | 40 | 90 | 160 |
| | 农村 | 小计 | 263 | 67 | 20 | 40 | 60 | 80 | 120 |
| | | 男 | 191 | 71 | 20 | 40 | 60 | 90 | 126 |
| | | 女 | 72 | 55 | 15 | 30 | 60 | 70 | 120 |
| 湖南 | 城乡 | 小计 | 612 | 43 | 10 | 20 | 30 | 60 | 120 |
| | | 男 | 429 | 47 | 10 | 25 | 30 | 60 | 120 |
| | | 女 | 183 | 30 | 10 | 20 | 30 | 40 | 60 |
| | 城市 | 小计 | 162 | 45 | 10 | 20 | 30 | 40 | 120 |
| | | 男 | 111 | 50 | 15 | 20 | 30 | 50 | 150 |
| | | 女 | 51 | 26 | 10 | 15 | 30 | 30 | 50 |
| | 农村 | 小计 | 450 | 42 | 10 | 20 | 30 | 60 | 120 |
| | | 男 | 318 | 46 | 10 | 25 | 30 | 60 | 120 |
| | | 女 | 132 | 31 | 10 | 20 | 30 | 40 | 60 |
| 广东 | 城乡 | 小计 | 1 053 | 36 | 10 | 20 | 30 | 40 | 60 |
| | | 男 | 629 | 39 | 10 | 20 | 30 | 50 | 80 |
| | | 女 | 424 | 33 | 10 | 20 | 30 | 40 | 60 |

| 地区 | 城乡 | 性别 | $n$ | 摩托车累计使用时间 /（min/d） | | | | | |
|---|---|---|---|---|---|---|---|---|---|
| | | | | Mean | P5 | P 25 | P50 | P 75 | P 95 |
| 广东 | 城市 | 小计 | 466 | 42 | 10 | 30 | 35 | 50 | 80 |
| | | 男 | 283 | 43 | 10 | 30 | 35 | 60 | 80 |
| | | 女 | 183 | 39 | 20 | 30 | 40 | 50 | 60 |
| | 农村 | 小计 | 587 | 33 | 10 | 20 | 30 | 40 | 60 |
| | | 男 | 346 | 36 | 10 | 20 | 30 | 40 | 60 |
| | | 女 | 241 | 28 | 10 | 20 | 30 | 30 | 60 |
| 广西 | 城乡 | 小计 | 796 | 46 | 10 | 30 | 38 | 60 | 95 |
| | | 男 | 540 | 50 | 15 | 30 | 40 | 60 | 120 |
| | | 女 | 256 | 38 | 10 | 20 | 30 | 60 | 90 |
| | 城市 | 小计 | 136 | 66 | 10 | 30 | 40 | 60 | 300 |
| | | 男 | 107 | 74 | 15 | 30 | 40 | 60 | 300 |
| | | 女 | 29 | 35 | 10 | 10 | 20 | 50 | 120 |
| | 农村 | 小计 | 660 | 42 | 10 | 30 | 30 | 60 | 90 |
| | | 男 | 433 | 44 | 15 | 30 | 40 | 60 | 90 |
| | | 女 | 227 | 39 | 10 | 20 | 30 | 60 | 90 |
| 海南 | 城乡 | 小计 | 366 | 48 | 10 | 30 | 30 | 60 | 120 |
| | | 男 | 239 | 52 | 10 | 30 | 40 | 60 | 120 |
| | | 女 | 127 | 39 | 10 | 20 | 30 | 60 | 90 |
| | 城市 | 小计 | 48 | 53 | 15 | 30 | 30 | 60 | 130 |
| | | 男 | 37 | 57 | 17 | 30 | 40 | 60 | 130 |
| | | 女 | 11 | 34 | 12 | 30 | 30 | 30 | 60 |
| | 农村 | 小计 | 318 | 47 | 10 | 26 | 30 | 60 | 120 |
| | | 男 | 202 | 51 | 10 | 30 | 40 | 60 | 120 |
| | | 女 | 116 | 40 | 10 | 20 | 30 | 60 | 90 |
| 重庆 | 城乡 | 小计 | 70 | 26 | 5 | 10 | 20 | 40 | 60 |
| | | 男 | 49 | 27 | 5 | 10 | 20 | 40 | 60 |
| | | 女 | 21 | 24 | 5 | 10 | 20 | 40 | 60 |
| | 城市 | 小计 | 26 | 19 | 5 | 10 | 10 | 30 | 60 |
| | | 男 | 20 | 18 | 5 | 10 | 10 | 20 | 60 |
| | | 女 | 6 | 23 | 5 | 10 | 30 | 40 | 40 |
| | 农村 | 小计 | 44 | 30 | 7 | 15 | 30 | 40 | 60 |
| | | 男 | 29 | 32 | 10 | 20 | 30 | 40 | 60 |
| | | 女 | 15 | 25 | 5 | 10 | 20 | 40 | 60 |
| 四川 | 城乡 | 小计 | 464 | 50 | 10 | 20 | 30 | 60 | 120 |
| | | 男 | 338 | 53 | 15 | 20 | 30 | 60 | 120 |
| | | 女 | 126 | 41 | 10 | 20 | 30 | 60 | 120 |
| | 城市 | 小计 | 163 | 52 | 10 | 20 | 30 | 60 | 180 |
| | | 男 | 119 | 57 | 10 | 30 | 30 | 60 | 180 |
| | | 女 | 44 | 37 | 10 | 20 | 30 | 40 | 80 |
| | 农村 | 小计 | 301 | 50 | 15 | 20 | 30 | 60 | 120 |
| | | 男 | 219 | 51 | 15 | 20 | 30 | 60 | 120 |
| | | 女 | 82 | 45 | 15 | 30 | 30 | 60 | 120 |
| 贵州 | 城乡 | 小计 | 319 | 57 | 10 | 30 | 30 | 60 | 180 |
| | | 男 | 227 | 62 | 15 | 30 | 40 | 60 | 200 |
| | | 女 | 92 | 38 | 10 | 20 | 30 | 40 | 100 |
| | 城市 | 小计 | 86 | 83 | 10 | 30 | 50 | 65 | 300 |
| | | 男 | 67 | 93 | 20 | 30 | 60 | 90 | 300 |
| | | 女 | 19 | 28 | 10 | 15 | 20 | 30 | 60 |
| | 农村 | 小计 | 233 | 45 | 15 | 25 | 30 | 60 | 120 |
| | | 男 | 160 | 47 | 15 | 25 | 30 | 60 | 120 |
| | | 女 | 73 | 40 | 10 | 28 | 30 | 60 | 100 |
| 云南 | 城乡 | 小计 | 938 | 38 | 10 | 20 | 30 | 60 | 100 |
| | | 男 | 601 | 40 | 10 | 20 | 30 | 60 | 120 |
| | | 女 | 337 | 33 | 6 | 15 | 26 | 40 | 70 |
| | 城市 | 小计 | 255 | 39 | 10 | 20 | 30 | 60 | 120 |
| | | 男 | 167 | 43 | 10 | 20 | 30 | 60 | 120 |
| | | 女 | 88 | 32 | 10 | 15 | 30 | 40 | 70 |

| 地区 | 城乡 | 性别 | n | 摩托车累计使用时间 /（min/d） | | | | | |
| --- | --- | --- | --- | --- | --- | --- | --- | --- | --- |
| | | | | Mean | P5 | P 25 | P50 | P 75 | P 95 |
| 云南 | 农村 | 小计 | 683 | 37 | 8 | 20 | 30 | 60 | 90 |
| | | 男 | 434 | 39 | 10 | 20 | 30 | 60 | 100 |
| | | 女 | 249 | 33 | 5 | 15 | 26 | 40 | 80 |
| 西藏 | 城乡 | 小计 | 269 | 75 | 10 | 30 | 50 | 69 | 300 |
| | | 男 | 205 | 71 | 10 | 30 | 50 | 60 | 240 |
| | | 女 | 64 | 92 | 5 | 20 | 60 | 120 | 320 |
| | 城市 | 小计 | 16 | 51 | 10 | 30 | 30 | 40 | 240 |
| | | 男 | 14 | 54 | 10 | 30 | 30 | 40 | 240 |
| | | 女 | 2 | 26 | 20 | 20 | 30 | 30 | 30 |
| | 农村 | 小计 | 253 | 77 | 10 | 30 | 59 | 80 | 300 |
| | | 男 | 191 | 72 | 10 | 30 | 50 | 60 | 240 |
| | | 女 | 62 | 94 | 5 | 20 | 60 | 120 | 320 |
| 陕西 | 城乡 | 小计 | 458 | 45 | 10 | 30 | 30 | 60 | 120 |
| | | 男 | 342 | 48 | 10 | 30 | 30 | 60 | 120 |
| | | 女 | 116 | 37 | 10 | 20 | 30 | 50 | 90 |
| | 城市 | 小计 | 101 | 44 | 10 | 30 | 30 | 50 | 120 |
| | | 男 | 92 | 46 | 10 | 30 | 30 | 60 | 120 |
| | | 女 | 9 | 26 | 15 | 20 | 30 | 30 | 30 |
| | 农村 | 小计 | 357 | 46 | 10 | 30 | 30 | 60 | 120 |
| | | 男 | 250 | 49 | 10 | 30 | 30 | 60 | 120 |
| | | 女 | 107 | 38 | 10 | 30 | 30 | 60 | 90 |
| 甘肃 | 城乡 | 小计 | 626 | 38 | 10 | 20 | 30 | 40 | 100 |
| | | 男 | 445 | 38 | 10 | 20 | 30 | 40 | 100 |
| | | 女 | 181 | 37 | 10 | 20 | 30 | 40 | 100 |
| | 城市 | 小计 | 167 | 38 | 10 | 20 | 30 | 40 | 80 |
| | | 男 | 121 | 37 | 10 | 20 | 30 | 40 | 60 |
| | | 女 | 46 | 39 | 15 | 20 | 30 | 50 | 120 |
| | 农村 | 小计 | 459 | 38 | 10 | 20 | 30 | 40 | 100 |
| | | 男 | 324 | 38 | 10 | 20 | 30 | 40 | 120 |
| | | 女 | 135 | 36 | 10 | 20 | 30 | 40 | 100 |
| 青海 | 城乡 | 小计 | 239 | 65 | 10 | 20 | 30 | 60 | 180 |
| | | 男 | 168 | 70 | 10 | 30 | 40 | 80 | 180 |
| | | 女 | 71 | 53 | 10 | 20 | 30 | 60 | 180 |
| | 城市 | 小计 | 31 | 104 | 10 | 20 | 30 | 40 | 700 |
| | | 男 | 22 | 125 | 10 | 20 | 30 | 40 | 700 |
| | | 女 | 9 | 34 | 10 | 10 | 30 | 40 | 120 |
| | 农村 | 小计 | 208 | 57 | 15 | 30 | 40 | 60 | 120 |
| | | 男 | 146 | 57 | 10 | 30 | 40 | 80 | 120 |
| | | 女 | 62 | 57 | 15 | 20 | 30 | 60 | 180 |
| 宁夏 | 城乡 | 小计 | 102 | 52 | 10 | 20 | 30 | 60 | 120 |
| | | 男 | 84 | 54 | 10 | 20 | 30 | 60 | 120 |
| | | 女 | 18 | 40 | 10 | 30 | 30 | 60 | 120 |
| | 城市 | 小计 | 80 | 59 | 10 | 30 | 40 | 60 | 120 |
| | | 男 | 67 | 60 | 10 | 25 | 40 | 70 | 180 |
| | | 女 | 13 | 47 | 15 | 30 | 40 | 60 | 120 |
| | 农村 | 小计 | 22 | 29 | 10 | 20 | 30 | 30 | 60 |
| | | 男 | 17 | 29 | 10 | 20 | 30 | 30 | 60 |
| | | 女 | 5 | 27 | 10 | 20 | 30 | 30 | 40 |
| 新疆 | 城乡 | 小计 | 577 | 65 | 10 | 30 | 60 | 100 | 120 |
| | | 男 | 434 | 67 | 10 | 30 | 60 | 120 | 150 |
| | | 女 | 143 | 54 | 10 | 30 | 30 | 60 | 120 |
| | 城市 | 小计 | 122 | 60 | 10 | 30 | 60 | 60 | 180 |
| | | 男 | 85 | 66 | 10 | 30 | 60 | 60 | 180 |
| | | 女 | 37 | 42 | 10 | 20 | 30 | 60 | 120 |
| | 农村 | 小计 | 455 | 65 | 10 | 30 | 60 | 120 | 120 |
| | | 男 | 349 | 67 | 10 | 30 | 60 | 120 | 120 |
| | | 女 | 106 | 57 | 10 | 30 | 40 | 90 | 120 |

附表 6-50　中国人群分省（直辖市、自治区）、城乡、性别的小轿车累计使用时间

| 地区 | 城乡 | 性别 | n | 小轿车累计使用时间 /（min/d） | | | | | |
|---|---|---|---|---|---|---|---|---|---|
| | | | | Mean | P5 | P 25 | P50 | P 75 | P 95 |
| 合计 | 城乡 | 小计 | 4 348 | 71 | 10 | 30 | 40 | 60 | 240 |
| | | 男 | 2 819 | 81 | 10 | 30 | 60 | 100 | 240 |
| | | 女 | 1 529 | 47 | 10 | 20 | 30 | 60 | 120 |
| | 城市 | 小计 | 2 782 | 69 | 10 | 30 | 40 | 60 | 200 |
| | | 男 | 1 802 | 80 | 10 | 30 | 50 | 100 | 240 |
| | | 女 | 980 | 46 | 10 | 20 | 30 | 60 | 120 |
| | 农村 | 小计 | 1 566 | 74 | 10 | 30 | 45 | 80 | 240 |
| | | 男 | 1 017 | 83 | 10 | 30 | 60 | 100 | 240 |
| | | 女 | 549 | 50 | 10 | 20 | 30 | 60 | 120 |
| 北京 | 城乡 | 小计 | 77 | 94 | 10 | 30 | 60 | 120 | 360 |
| | | 男 | 51 | 87 | 10 | 30 | 60 | 120 | 360 |
| | | 女 | 26 | 111 | 15 | 30 | 60 | 120 | 420 |
| | 城市 | 小计 | 71 | 89 | 10 | 30 | 60 | 120 | 360 |
| | | 男 | 46 | 78 | 10 | 20 | 60 | 120 | 240 |
| | | 女 | 25 | 115 | 20 | 30 | 60 | 120 | 420 |
| | 农村 | 小计 | 6 | 141 | 8 | 30 | 60 | 300 | 360 |
| | | 男 | 5 | 160 | 30 | 60 | 60 | 300 | 360 |
| | | 女 | 1 | 8 | 8 | 8 | 8 | 8 | 8 |
| 天津 | 城乡 | 小计 | 73 | 78 | 20 | 30 | 60 | 80 | 200 |
| | | 男 | 48 | 85 | 20 | 30 | 60 | 80 | 240 |
| | | 女 | 25 | 53 | 20 | 20 | 35 | 60 | 120 |
| | 城市 | 小计 | 62 | 83 | 20 | 30 | 60 | 80 | 240 |
| | | 男 | 38 | 95 | 30 | 30 | 60 | 120 | 350 |
| | | 女 | 24 | 56 | 20 | 20 | 50 | 60 | 180 |
| | 农村 | 小计 | 11 | 64 | 20 | 20 | 60 | 60 | 200 |
| | | 男 | 10 | 67 | 20 | 20 | 60 | 60 | 200 |
| | | 女 | 1 | 20 | 20 | 20 | 20 | 20 | 20 |
| 河北 | 城乡 | 小计 | 276 | 66 | 10 | 30 | 40 | 60 | 180 |
| | | 男 | 179 | 77 | 15 | 30 | 40 | 60 | 260 |
| | | 女 | 97 | 41 | 10 | 20 | 40 | 60 | 90 |
| | 城市 | 小计 | 197 | 65 | 10 | 30 | 40 | 60 | 180 |
| | | 男 | 134 | 75 | 10 | 30 | 40 | 60 | 180 |
| | | 女 | 63 | 39 | 10 | 20 | 30 | 50 | 90 |
| | 农村 | 小计 | 79 | 72 | 20 | 30 | 50 | 60 | 240 |
| | | 男 | 45 | 90 | 20 | 30 | 50 | 60 | 360 |
| | | 女 | 34 | 46 | 15 | 20 | 40 | 60 | 80 |
| 山西 | 城乡 | 小计 | 127 | 82 | 15 | 30 | 60 | 120 | 240 |
| | | 男 | 94 | 90 | 20 | 30 | 60 | 120 | 300 |
| | | 女 | 33 | 51 | 10 | 20 | 40 | 60 | 120 |
| | 城市 | 小计 | 70 | 81 | 15 | 40 | 60 | 120 | 240 |
| | | 男 | 49 | 88 | 15 | 40 | 60 | 120 | 240 |
| | | 女 | 21 | 58 | 20 | 30 | 60 | 80 | 120 |
| | 农村 | 小计 | 57 | 83 | 15 | 30 | 30 | 80 | 300 |
| | | 男 | 45 | 92 | 20 | 30 | 30 | 120 | 300 |
| | | 女 | 12 | 37 | 10 | 15 | 20 | 50 | 120 |
| 内蒙古 | 城乡 | 小计 | 151 | 72 | 15 | 40 | 60 | 100 | 180 |
| | | 男 | 108 | 73 | 10 | 40 | 60 | 100 | 180 |
| | | 女 | 43 | 68 | 20 | 32 | 50 | 120 | 130 |
| | 城市 | 小计 | 107 | 75 | 20 | 40 | 60 | 120 | 180 |
| | | 男 | 75 | 76 | 15 | 40 | 60 | 100 | 180 |
| | | 女 | 32 | 73 | 20 | 30 | 60 | 120 | 180 |
| | 农村 | 小计 | 44 | 62 | 10 | 30 | 60 | 60 | 120 |
| | | 男 | 33 | 66 | 10 | 30 | 60 | 90 | 150 |
| | | 女 | 11 | 51 | 20 | 32 | 40 | 60 | 120 |
| 辽宁 | 城乡 | 小计 | 169 | 63 | 10 | 30 | 50 | 70 | 180 |
| | | 男 | 110 | 72 | 10 | 30 | 60 | 100 | 240 |

| 地区 | 城乡 | 性别 | *n* | 小轿车累计使用时间 / （min/d） | | | | | |
|---|---|---|---|---|---|---|---|---|---|
| | | | | Mean | P5 | P 25 | P50 | P 75 | P 95 |
| 辽宁 | 城乡 | 女 | 59 | 47 | 10 | 20 | 30 | 60 | 120 |
| | 城市 | 小计 | 89 | 58 | 5 | 30 | 40 | 60 | 120 |
| | | 男 | 58 | 65 | 10 | 30 | 40 | 60 | 120 |
| | | 女 | 31 | 44 | 5 | 30 | 30 | 60 | 120 |
| | 农村 | 小计 | 80 | 66 | 10 | 25 | 60 | 100 | 180 |
| | | 男 | 52 | 76 | 10 | 30 | 60 | 100 | 240 |
| | | 女 | 28 | 48 | 20 | 20 | 30 | 60 | 120 |
| 吉林 | 城乡 | 小计 | 113 | 68 | 10 | 20 | 40 | 100 | 200 |
| | | 男 | 61 | 85 | 10 | 30 | 60 | 120 | 240 |
| | | 女 | 52 | 45 | 10 | 20 | 30 | 50 | 120 |
| | 城市 | 小计 | 79 | 58 | 10 | 20 | 40 | 80 | 180 |
| | | 男 | 47 | 66 | 10 | 30 | 48 | 120 | 180 |
| | | 女 | 32 | 43 | 10 | 20 | 30 | 50 | 120 |
| | 农村 | 小计 | 34 | 83 | 10 | 20 | 30 | 120 | 240 |
| | | 男 | 14 | 132 | 5 | 40 | 120 | 200 | 240 |
| | | 女 | 20 | 47 | 15 | 20 | 30 | 50 | 180 |
| 黑龙江 | 城乡 | 小计 | 130 | 61 | 10 | 20 | 40 | 60 | 180 |
| | | 男 | 91 | 67 | 10 | 25 | 40 | 120 | 200 |
| | | 女 | 39 | 44 | 10 | 20 | 30 | 60 | 120 |
| | 城市 | 小计 | 79 | 53 | 10 | 20 | 40 | 60 | 120 |
| | | 男 | 55 | 56 | 10 | 20 | 40 | 60 | 150 |
| | | 女 | 24 | 48 | 10 | 20 | 40 | 60 | 120 |
| | 农村 | 小计 | 51 | 74 | 20 | 30 | 40 | 120 | 240 |
| | | 男 | 36 | 86 | 20 | 30 | 60 | 120 | 240 |
| | | 女 | 15 | 38 | 10 | 20 | 30 | 30 | 120 |
| 上海 | 城乡 | 小计 | 77 | 40 | 3 | 15 | 30 | 60 | 120 |
| | | 男 | 51 | 43 | 2 | 15 | 30 | 60 | 120 |
| | | 女 | 26 | 35 | 10 | 20 | 30 | 50 | 60 |
| | 城市 | 小计 | 77 | 40 | 3 | 15 | 30 | 60 | 120 |
| | | 男 | 51 | 43 | 2 | 15 | 30 | 60 | 120 |
| | | 女 | 26 | 35 | 10 | 20 | 30 | 50 | 60 |
| 江苏 | 城乡 | 小计 | 256 | 67 | 15 | 30 | 45 | 90 | 180 |
| | | 男 | 177 | 76 | 15 | 30 | 60 | 120 | 200 |
| | | 女 | 79 | 47 | 15 | 30 | 40 | 50 | 120 |
| | 城市 | 小计 | 219 | 66 | 15 | 30 | 40 | 60 | 180 |
| | | 男 | 148 | 76 | 15 | 30 | 60 | 120 | 240 |
| | | 女 | 71 | 47 | 20 | 30 | 40 | 50 | 120 |
| | 农村 | 小计 | 37 | 69 | 20 | 30 | 50 | 120 | 180 |
| | | 男 | 29 | 72 | 20 | 30 | 60 | 120 | 180 |
| | | 女 | 8 | 54 | 10 | 30 | 50 | 50 | 120 |
| 浙江 | 城乡 | 小计 | 315 | 62 | 10 | 30 | 40 | 60 | 180 |
| | | 男 | 198 | 73 | 20 | 30 | 50 | 60 | 240 |
| | | 女 | 117 | 41 | 10 | 20 | 30 | 60 | 90 |
| | 城市 | 小计 | 128 | 65 | 10 | 30 | 40 | 60 | 180 |
| | | 男 | 73 | 81 | 20 | 30 | 50 | 90 | 360 |
| | | 女 | 55 | 40 | 10 | 20 | 30 | 50 | 120 |
| | 农村 | 小计 | 187 | 61 | 10 | 30 | 40 | 60 | 180 |
| | | 男 | 125 | 69 | 15 | 30 | 60 | 60 | 240 |
| | | 女 | 62 | 41 | 10 | 30 | 30 | 60 | 90 |
| 安徽 | 城乡 | 小计 | 98 | 86 | 25 | 40 | 60 | 120 | 180 |
| | | 男 | 79 | 87 | 30 | 60 | 60 | 120 | 180 |
| | | 女 | 19 | 77 | 20 | 30 | 30 | 60 | 360 |
| | 城市 | 小计 | 51 | 88 | 30 | 40 | 60 | 120 | 180 |
| | | 男 | 42 | 93 | 30 | 40 | 60 | 120 | 300 |
| | | 女 | 9 | 41 | 30 | 30 | 30 | 60 | 60 |
| | 农村 | 小计 | 47 | 85 | 25 | 30 | 60 | 120 | 180 |
| | | 男 | 37 | 84 | 25 | 60 | 60 | 120 | 180 |
| | | 女 | 10 | 91 | 20 | 30 | 30 | 90 | 360 |

| 地区 | 城乡 | 性别 | n | 小轿车累计使用时间 /（min/d） | | | | | |
|---|---|---|---|---|---|---|---|---|---|
| | | | | Mean | P5 | P 25 | P50 | P 75 | P 95 |
| 福建 | 城乡 | 小计 | 161 | 97 | 15 | 30 | 60 | 120 | 300 |
| | | 男 | 107 | 116 | 20 | 30 | 60 | 120 | 300 |
| | | 女 | 54 | 48 | 10 | 20 | 30 | 60 | 120 |
| | 城市 | 小计 | 114 | 99 | 20 | 30 | 60 | 120 | 300 |
| | | 男 | 75 | 116 | 20 | 40 | 60 | 120 | 300 |
| | | 女 | 39 | 54 | 15 | 30 | 30 | 60 | 120 |
| | 农村 | 小计 | 47 | 91 | 7 | 30 | 60 | 90 | 400 |
| | | 男 | 32 | 116 | 5 | 30 | 60 | 120 | 600 |
| | | 女 | 15 | 35 | 7 | 10 | 30 | 40 | 120 |
| 江西 | 城乡 | 小计 | 128 | 79 | 10 | 30 | 60 | 90 | 240 |
| | | 男 | 99 | 86 | 15 | 30 | 60 | 120 | 280 |
| | | 女 | 29 | 47 | 10 | 24 | 30 | 60 | 120 |
| | 城市 | 小计 | 113 | 78 | 15 | 30 | 60 | 90 | 240 |
| | | 男 | 85 | 86 | 20 | 30 | 60 | 120 | 300 |
| | | 女 | 28 | 48 | 10 | 24 | 30 | 60 | 120 |
| | 农村 | 小计 | 15 | 82 | 10 | 30 | 50 | 120 | 240 |
| | | 男 | 14 | 84 | 10 | 30 | 50 | 120 | 240 |
| | | 女 | 1 | 20 | 20 | 20 | 20 | 20 | 20 |
| 山东 | 城乡 | 小计 | 300 | 67 | 15 | 30 | 40 | 60 | 180 |
| | | 男 | 200 | 76 | 10 | 30 | 40 | 80 | 240 |
| | | 女 | 100 | 44 | 15 | 30 | 40 | 60 | 120 |
| | 城市 | 小计 | 206 | 60 | 15 | 30 | 40 | 60 | 150 |
| | | 男 | 128 | 67 | 10 | 30 | 40 | 60 | 180 |
| | | 女 | 78 | 43 | 15 | 30 | 40 | 60 | 120 |
| | 农村 | 小计 | 94 | 88 | 20 | 30 | 40 | 60 | 350 |
| | | 男 | 72 | 99 | 20 | 30 | 60 | 100 | 500 |
| | | 女 | 22 | 49 | 10 | 30 | 40 | 60 | 120 |
| 河南 | 城乡 | 小计 | 152 | 63 | 10 | 30 | 40 | 60 | 180 |
| | | 男 | 108 | 69 | 10 | 30 | 60 | 80 | 220 |
| | | 女 | 44 | 39 | 10 | 20 | 30 | 60 | 120 |
| | 城市 | 小计 | 107 | 58 | 10 | 20 | 40 | 60 | 180 |
| | | 男 | 72 | 67 | 10 | 30 | 40 | 60 | 180 |
| | | 女 | 35 | 37 | 2 | 10 | 30 | 60 | 120 |
| | 农村 | 小计 | 45 | 69 | 2 | 30 | 60 | 90 | 240 |
| | | 男 | 36 | 73 | 2 | 30 | 60 | 100 | 240 |
| | | 女 | 9 | 47 | 20 | 30 | 50 | 50 | 60 |
| 湖北 | 城乡 | 小计 | 97 | 96 | 10 | 30 | 40 | 120 | 360 |
| | | 男 | 61 | 124 | 15 | 30 | 60 | 120 | 500 |
| | | 女 | 36 | 41 | 5 | 20 | 30 | 40 | 80 |
| | 城市 | 小计 | 85 | 81 | 10 | 30 | 40 | 100 | 360 |
| | | 男 | 52 | 102 | 10 | 30 | 60 | 120 | 360 |
| | | 女 | 33 | 39 | 5 | 20 | 30 | 40 | 60 |
| | 农村 | 小计 | 12 | 176 | 25 | 40 | 80 | 240 | 600 |
| | | 男 | 9 | 232 | 30 | 60 | 120 | 240 | 600 |
| | | 女 | 3 | 49 | 25 | 25 | 25 | 80 | 80 |
| 湖南 | 城乡 | 小计 | 221 | 64 | 10 | 30 | 40 | 60 | 240 |
| | | 男 | 136 | 77 | 20 | 30 | 40 | 60 | 300 |
| | | 女 | 85 | 38 | 8 | 15 | 30 | 60 | 100 |
| | 城市 | 小计 | 157 | 59 | 10 | 25 | 30 | 60 | 180 |
| | | 男 | 89 | 72 | 20 | 30 | 40 | 60 | 300 |
| | | 女 | 68 | 39 | 10 | 20 | 30 | 60 | 130 |
| | 农村 | 小计 | 64 | 71 | 10 | 30 | 40 | 60 | 300 |
| | | 男 | 47 | 82 | 20 | 30 | 50 | 90 | 300 |
| | | 女 | 17 | 35 | 5 | 10 | 30 | 60 | 60 |
| 广东 | 城乡 | 小计 | 103 | 52 | 5 | 20 | 30 | 60 | 180 |
| | | 男 | 65 | 59 | 5 | 20 | 30 | 60 | 200 |
| | | 女 | 38 | 38 | 5 | 20 | 30 | 50 | 120 |
| | 城市 | 小计 | 66 | 52 | 10 | 20 | 30 | 60 | 180 |

| 地区 | 城乡 | 性别 | n | 小轿车累计使用时间 /（min/d） | | | | | |
|---|---|---|---|---|---|---|---|---|---|
| | | | | Mean | P5 | P 25 | P50 | P 75 | P 95 |
| | 城市 | 男 | 39 | 59 | 10 | 20 | 30 | 60 | 200 |
| | | 女 | 27 | 41 | 10 | 20 | 30 | 50 | 120 |
| 广东 | | 小计 | 37 | 52 | 2 | 20 | 30 | 50 | 180 |
| | 农村 | 男 | 26 | 58 | 2 | 20 | 30 | 60 | 250 |
| | | 女 | 11 | 22 | 5 | 15 | 20 | 30 | 50 |
| 广西 | 城乡 | 小计 | 165 | 70 | 20 | 40 | 60 | 90 | 180 |
| | | 男 | 92 | 76 | 30 | 40 | 60 | 90 | 180 |
| | | 女 | 73 | 58 | 20 | 30 | 45 | 90 | 120 |
| | 城市 | 小计 | 106 | 64 | 20 | 30 | 60 | 60 | 180 |
| | | 男 | 58 | 69 | 30 | 40 | 60 | 60 | 180 |
| | | 女 | 48 | 54 | 5 | 20 | 30 | 60 | 180 |
| | 农村 | 小计 | 59 | 75 | 20 | 40 | 60 | 90 | 120 |
| | | 男 | 34 | 84 | 30 | 60 | 60 | 90 | 300 |
| | | 女 | 25 | 62 | 20 | 40 | 60 | 90 | 120 |
| 海南 | 城乡 | 小计 | 18 | 103 | 20 | 30 | 60 | 180 | 340 |
| | | 男 | 15 | 115 | 20 | 40 | 60 | 180 | 340 |
| | | 女 | 3 | 27 | 20 | 20 | 30 | 30 | 30 |
| | 城市 | 小计 | 13 | 90 | 20 | 20 | 60 | 180 | 240 |
| | | 男 | 10 | 104 | 20 | 20 | 60 | 180 | 240 |
| | | 女 | 3 | 27 | 20 | 20 | 30 | 30 | 30 |
| | 农村 | 小计 | 5 | 138 | 20 | 50 | 90 | 340 | 340 |
| | | 男 | 5 | 138 | 20 | 50 | 90 | 340 | 340 |
| | | 女 | 0 | 0 | 0 | 0 | 0 | 0 | 0 |
| 重庆 | 城乡 | 小计 | 15 | 47 | 2 | 10 | 40 | 60 | 120 |
| | | 男 | 8 | 57 | 2 | 30 | 40 | 100 | 120 |
| | | 女 | 7 | 32 | 7 | 10 | 30 | 60 | 60 |
| | 城市 | 小计 | 13 | 52 | 7 | 10 | 40 | 60 | 120 |
| | | 男 | 6 | 72 | 10 | 30 | 60 | 120 | 120 |
| | | 女 | 7 | 32 | 7 | 10 | 30 | 60 | 60 |
| | 农村 | 小计 | 2 | 24 | 2 | 2 | 40 | 40 | 40 |
| | | 男 | 2 | 24 | 2 | 2 | 40 | 40 | 40 |
| | | 女 | 0 | 0 | 0 | 0 | 0 | 0 | 0 |
| 四川 | 城乡 | 小计 | 116 | 86 | 15 | 30 | 60 | 100 | 240 |
| | | 男 | 76 | 87 | 15 | 30 | 60 | 120 | 240 |
| | | 女 | 40 | 83 | 10 | 30 | 50 | 90 | 360 |
| | 城市 | 小计 | 90 | 84 | 15 | 30 | 60 | 120 | 240 |
| | | 男 | 58 | 89 | 20 | 30 | 60 | 120 | 240 |
| | | 女 | 32 | 73 | 10 | 30 | 40 | 80 | 240 |
| | 农村 | 小计 | 26 | 90 | 10 | 30 | 60 | 100 | 360 |
| | | 男 | 18 | 82 | 10 | 30 | 60 | 100 | 480 |
| | | 女 | 8 | 114 | 20 | 30 | 90 | 90 | 360 |
| 贵州 | 城乡 | 小计 | 82 | 109 | 10 | 30 | 40 | 120 | 480 |
| | | 男 | 52 | 145 | 10 | 30 | 60 | 240 | 600 |
| | | 女 | 30 | 34 | 10 | 20 | 30 | 40 | 80 |
| | 城市 | 小计 | 59 | 100 | 10 | 30 | 40 | 120 | 600 |
| | | 男 | 37 | 137 | 20 | 30 | 60 | 180 | 600 |
| | | 女 | 22 | 31 | 10 | 20 | 30 | 40 | 80 |
| | 农村 | 小计 | 23 | 142 | 10 | 30 | 100 | 240 | 480 |
| | | 男 | 15 | 169 | 10 | 30 | 120 | 240 | 480 |
| | | 女 | 8 | 52 | 10 | 30 | 60 | 80 | 100 |
| 云南 | 城乡 | 小计 | 229 | 53 | 10 | 20 | 30 | 60 | 150 |
| | | 男 | 137 | 55 | 10 | 20 | 30 | 60 | 150 |
| | | 女 | 92 | 51 | 10 | 20 | 30 | 50 | 120 |
| | 城市 | 小计 | 76 | 42 | 10 | 20 | 30 | 60 | 120 |
| | | 男 | 49 | 46 | 10 | 20 | 40 | 60 | 120 |
| | | 女 | 27 | 33 | 10 | 20 | 30 | 30 | 90 |
| | 农村 | 小计 | 153 | 61 | 10 | 20 | 30 | 60 | 180 |
| | | 男 | 88 | 61 | 10 | 20 | 30 | 60 | 180 |

| 地区 | 城乡 | 性别 | $n$ | 小轿车累计使用时间 /（min/d） | | | | | |
|---|---|---|---|---|---|---|---|---|---|
| | | | | Mean | P5 | P 25 | P50 | P 75 | P 95 |
| 云南 | 农村 | 女 | 65 | 61 | 10 | 20 | 30 | 60 | 180 |
| 西藏 | 城乡 | 小计 | 41 | 62 | 5 | 20 | 30 | 60 | 360 |
| | | 男 | 28 | 76 | 20 | 20 | 30 | 80 | 360 |
| | | 女 | 13 | 27 | 4 | 15 | 20 | 30 | 60 |
| | 城市 | 小计 | 10 | 28 | 7 | 20 | 20 | 30 | 80 |
| | | 男 | 5 | 33 | 7 | 20 | 30 | 30 | 80 |
| | | 女 | 5 | 22 | 15 | 20 | 20 | 30 | 30 |
| | 农村 | 小计 | 31 | 72 | 5 | 20 | 30 | 60 | 360 |
| | | 男 | 23 | 87 | 20 | 20 | 30 | 90 | 360 |
| | | 女 | 8 | 29 | 4 | 5 | 30 | 60 | 60 |
| 陕西 | 城乡 | 小计 | 136 | 46 | 10 | 20 | 30 | 60 | 120 |
| | | 男 | 81 | 52 | 10 | 20 | 30 | 60 | 140 |
| | | 女 | 55 | 36 | 10 | 10 | 25 | 30 | 120 |
| | 城市 | 小计 | 64 | 50 | 10 | 20 | 30 | 60 | 160 |
| | | 男 | 40 | 60 | 10 | 20 | 40 | 62 | 180 |
| | | 女 | 24 | 30 | 10 | 10 | 20 | 30 | 120 |
| | 农村 | 小计 | 72 | 44 | 10 | 20 | 30 | 50 | 120 |
| | | 男 | 41 | 46 | 10 | 20 | 30 | 60 | 120 |
| | | 女 | 31 | 40 | 10 | 20 | 30 | 40 | 120 |
| 甘肃 | 城乡 | 小计 | 95 | 54 | 10 | 20 | 30 | 60 | 150 |
| | | 男 | 63 | 64 | 10 | 20 | 40 | 60 | 150 |
| | | 女 | 32 | 32 | 10 | 20 | 30 | 30 | 60 |
| | 城市 | 小计 | 42 | 45 | 10 | 20 | 30 | 60 | 180 |
| | | 男 | 30 | 46 | 10 | 20 | 30 | 60 | 180 |
| | | 女 | 12 | 41 | 10 | 10 | 20 | 30 | 180 |
| | 农村 | 小计 | 53 | 57 | 10 | 20 | 30 | 60 | 130 |
| | | 男 | 33 | 71 | 5 | 20 | 50 | 90 | 150 |
| | | 女 | 20 | 29 | 12 | 20 | 30 | 30 | 60 |
| 青海 | 城乡 | 小计 | 205 | 72 | 10 | 20 | 30 | 60 | 240 |
| | | 男 | 99 | 90 | 20 | 30 | 40 | 120 | 450 |
| | | 女 | 106 | 40 | 10 | 20 | 30 | 30 | 180 |
| | 城市 | 小计 | 51 | 97 | 20 | 30 | 50 | 120 | 450 |
| | | 男 | 37 | 109 | 20 | 40 | 60 | 120 | 480 |
| | | 女 | 14 | 57 | 10 | 20 | 30 | 50 | 180 |
| | 农村 | 小计 | 154 | 35 | 10 | 20 | 30 | 30 | 120 |
| | | 男 | 62 | 41 | 10 | 20 | 30 | 30 | 120 |
| | | 女 | 92 | 30 | 10 | 20 | 30 | 30 | 60 |
| 宁夏 | 城乡 | 小计 | 128 | 101 | 10 | 30 | 60 | 120 | 420 |
| | | 男 | 84 | 124 | 5 | 30 | 60 | 160 | 480 |
| | | 女 | 44 | 37 | 10 | 20 | 30 | 60 | 100 |
| | 城市 | 小计 | 123 | 94 | 10 | 30 | 60 | 120 | 360 |
| | | 男 | 81 | 115 | 5 | 30 | 60 | 150 | 420 |
| | | 女 | 42 | 34 | 10 | 20 | 30 | 60 | 60 |
| | 农村 | 小计 | 5 | 246 | 30 | 180 | 180 | 480 | 480 |
| | | 男 | 3 | 326 | 180 | 180 | 300 | 480 | 480 |
| | | 女 | 2 | 85 | 30 | 30 | 30 | 180 | 180 |
| 新疆 | 城乡 | 小计 | 94 | 100 | 10 | 30 | 60 | 120 | 480 |
| | | 男 | 61 | 101 | 10 | 30 | 60 | 120 | 480 |
| | | 女 | 33 | 100 | 10 | 20 | 35 | 60 | 480 |
| | 城市 | 小计 | 58 | 95 | 10 | 20 | 40 | 120 | 300 |
| | | 男 | 35 | 116 | 10 | 30 | 40 | 180 | 500 |
| | | 女 | 23 | 44 | 10 | 15 | 30 | 60 | 120 |
| | 农村 | 小计 | 36 | 108 | 15 | 40 | 60 | 60 | 480 |
| | | 男 | 26 | 77 | 20 | 40 | 60 | 60 | 180 |
| | | 女 | 10 | 177 | 15 | 30 | 60 | 480 | 480 |

## 附表 6-51　中国人群分省（直辖市、自治区）、城乡、性别的公交车累计使用时间

| 地区 | 城乡 | 性别 | n | 公交车累计使用时间 / (min/d) | | | | | |
|---|---|---|---|---|---|---|---|---|---|
| | | | | Mean | P5 | P 25 | P50 | P 75 | P 95 |
| 合计 | 城乡 | 小计 | 13 144 | 43 | 10 | 20 | 30 | 60 | 120 |
| | | 男 | 5 313 | 45 | 10 | 20 | 30 | 60 | 120 |
| | | 女 | 7 831 | 42 | 10 | 20 | 30 | 60 | 120 |
| | 城市 | 小计 | 8 663 | 45 | 10 | 20 | 30 | 60 | 120 |
| | | 男 | 3 468 | 46 | 10 | 20 | 30 | 60 | 120 |
| | | 女 | 5 195 | 45 | 10 | 20 | 30 | 60 | 120 |
| | 农村 | 小计 | 4 481 | 38 | 10 | 20 | 30 | 40 | 120 |
| | | 男 | 1 845 | 42 | 10 | 20 | 30 | 50 | 120 |
| | | 女 | 2 636 | 36 | 10 | 20 | 30 | 40 | 100 |
| 北京 | 城乡 | 小计 | 217 | 59 | 10 | 20 | 40 | 80 | 180 |
| | | 男 | 78 | 64 | 10 | 30 | 60 | 80 | 180 |
| | | 女 | 139 | 55 | 10 | 20 | 30 | 60 | 180 |
| | 城市 | 小计 | 204 | 58 | 10 | 20 | 40 | 80 | 180 |
| | | 男 | 74 | 64 | 10 | 30 | 60 | 80 | 180 |
| | | 女 | 130 | 55 | 10 | 20 | 30 | 60 | 180 |
| | 农村 | 小计 | 13 | 66 | 5 | 10 | 20 | 80 | 300 |
| | | 男 | 4 | 74 | 10 | 10 | 60 | 180 | 180 |
| | | 女 | 9 | 61 | 5 | 10 | 20 | 60 | 300 |
| 天津 | 城乡 | 小计 | 78 | 84 | 20 | 30 | 60 | 120 | 240 |
| | | 男 | 26 | 118 | 20 | 30 | 120 | 210 | 240 |
| | | 女 | 52 | 56 | 20 | 30 | 60 | 60 | 160 |
| | 城市 | 小计 | 71 | 92 | 20 | 30 | 60 | 150 | 240 |
| | | 男 | 22 | 137 | 20 | 60 | 150 | 210 | 240 |
| | | 女 | 49 | 58 | 20 | 30 | 60 | 60 | 180 |
| | 农村 | 小计 | 7 | 38 | 20 | 20 | 30 | 60 | 80 |
| | | 男 | 4 | 35 | 20 | 20 | 25 | 60 | 60 |
| | | 女 | 3 | 43 | 30 | 30 | 30 | 40 | 80 |
| 河北 | 城乡 | 小计 | 461 | 45 | 15 | 30 | 40 | 60 | 100 |
| | | 男 | 195 | 41 | 15 | 30 | 35 | 60 | 60 |
| | | 女 | 266 | 49 | 15 | 30 | 40 | 60 | 120 |
| | 城市 | 小计 | 371 | 44 | 15 | 30 | 40 | 60 | 100 |
| | | 男 | 166 | 41 | 10 | 30 | 35 | 60 | 60 |
| | | 女 | 205 | 49 | 20 | 30 | 40 | 60 | 120 |
| | 农村 | 小计 | 90 | 50 | 15 | 30 | 60 | 60 | 100 |
| | | 男 | 29 | 49 | 20 | 30 | 52 | 60 | 100 |
| | | 女 | 61 | 51 | 10 | 30 | 60 | 70 | 100 |
| 山西 | 城乡 | 小计 | 280 | 50 | 10 | 30 | 40 | 60 | 120 |
| | | 男 | 128 | 52 | 10 | 30 | 40 | 60 | 120 |
| | | 女 | 152 | 48 | 10 | 30 | 40 | 60 | 120 |
| | 城市 | 小计 | 80 | 68 | 15 | 30 | 60 | 90 | 120 |
| | | 男 | 29 | 73 | 15 | 30 | 60 | 60 | 120 |
| | | 女 | 51 | 64 | 20 | 30 | 60 | 90 | 120 |
| | 农村 | 小计 | 200 | 42 | 10 | 30 | 30 | 60 | 100 |
| | | 男 | 99 | 46 | 10 | 30 | 40 | 60 | 120 |
| | | 女 | 101 | 38 | 10 | 20 | 30 | 60 | 80 |
| 内蒙古 | 城乡 | 小计 | 107 | 54 | 10 | 30 | 40 | 60 | 120 |
| | | 男 | 37 | 50 | 10 | 20 | 40 | 60 | 120 |
| | | 女 | 70 | 56 | 10 | 30 | 40 | 80 | 130 |
| | 城市 | 小计 | 89 | 62 | 20 | 30 | 40 | 80 | 130 |
| | | 男 | 27 | 61 | 15 | 30 | 40 | 60 | 120 |
| | | 女 | 62 | 63 | 20 | 30 | 50 | 80 | 160 |
| | 农村 | 小计 | 18 | 25 | 10 | 10 | 15 | 40 | 60 |
| | | 男 | 10 | 30 | 10 | 10 | 30 | 40 | 60 |
| | | 女 | 8 | 18 | 10 | 10 | 15 | 30 | 40 |
| 辽宁 | 城乡 | 小计 | 798 | 46 | 10 | 30 | 30 | 60 | 120 |
| | | 男 | 319 | 47 | 10 | 30 | 30 | 60 | 120 |

| 地区 | 城乡 | 性别 | *n* | 公交车累计使用时间 /（min/d） | | | | | |
|---|---|---|---|---|---|---|---|---|---|
| | | | | Mean | P5 | P 25 | P50 | P 75 | P 95 |
| | 城乡 | 女 | 479 | 45 | 10 | 30 | 30 | 60 | 120 |
| | | 小计 | 404 | 52 | 10 | 30 | 40 | 60 | 120 |
| | 城市 | 男 | 172 | 50 | 10 | 30 | 40 | 60 | 120 |
| 辽宁 | | 女 | 232 | 54 | 10 | 30 | 40 | 60 | 120 |
| | | 小计 | 394 | 42 | 10 | 30 | 30 | 50 | 120 |
| | 农村 | 男 | 147 | 45 | 10 | 25 | 30 | 60 | 100 |
| | | 女 | 247 | 39 | 10 | 30 | 30 | 40 | 120 |
| | | 小计 | 577 | 50 | 15 | 30 | 40 | 60 | 120 |
| | 城乡 | 男 | 237 | 48 | 15 | 30 | 40 | 60 | 120 |
| | | 女 | 340 | 50 | 15 | 30 | 40 | 60 | 120 |
| | | 小计 | 447 | 51 | 15 | 30 | 40 | 60 | 120 |
| 吉林 | 城市 | 男 | 178 | 48 | 15 | 30 | 40 | 60 | 120 |
| | | 女 | 269 | 54 | 15 | 30 | 40 | 60 | 120 |
| | | 小计 | 130 | 46 | 15 | 30 | 40 | 60 | 100 |
| | 农村 | 男 | 59 | 50 | 15 | 30 | 40 | 60 | 120 |
| | | 女 | 71 | 44 | 20 | 20 | 30 | 60 | 100 |
| | | 小计 | 465 | 42 | 15 | 25 | 30 | 60 | 120 |
| | 城乡 | 男 | 211 | 47 | 15 | 30 | 30 | 60 | 120 |
| | | 女 | 254 | 38 | 15 | 25 | 30 | 40 | 90 |
| | | 小计 | 277 | 44 | 15 | 25 | 30 | 60 | 120 |
| 黑龙江 | 城市 | 男 | 125 | 48 | 15 | 30 | 30 | 60 | 120 |
| | | 女 | 152 | 40 | 15 | 20 | 30 | 60 | 100 |
| | | 小计 | 188 | 40 | 10 | 30 | 30 | 30 | 120 |
| | 农村 | 男 | 86 | 45 | 10 | 30 | 30 | 50 | 120 |
| | | 女 | 102 | 36 | 10 | 30 | 30 | 30 | 60 |
| | | 小计 | 240 | 48 | 8 | 20 | 30 | 60 | 120 |
| | 城乡 | 男 | 105 | 50 | 5 | 20 | 30 | 60 | 120 |
| | | 女 | 135 | 45 | 10 | 30 | 30 | 60 | 120 |
| 上海 | | 小计 | 240 | 48 | 8 | 20 | 30 | 60 | 120 |
| | 城市 | 男 | 105 | 50 | 5 | 20 | 30 | 60 | 120 |
| | | 女 | 135 | 45 | 10 | 30 | 30 | 60 | 120 |
| | | 小计 | 257 | 47 | 10 | 20 | 30 | 60 | 120 |
| | 城乡 | 男 | 123 | 55 | 10 | 20 | 30 | 60 | 150 |
| | | 女 | 134 | 39 | 10 | 20 | 30 | 60 | 60 |
| | | 小计 | 236 | 48 | 10 | 20 | 30 | 60 | 120 |
| 江苏 | 城市 | 男 | 112 | 56 | 10 | 20 | 30 | 60 | 150 |
| | | 女 | 124 | 39 | 10 | 20 | 30 | 60 | 60 |
| | | 小计 | 21 | 44 | 10 | 10 | 30 | 60 | 120 |
| | 农村 | 男 | 11 | 43 | 10 | 10 | 10 | 35 | 120 |
| | | 女 | 10 | 45 | 15 | 30 | 40 | 60 | 60 |
| | | 小计 | 446 | 38 | 10 | 15 | 30 | 60 | 120 |
| | 城乡 | 男 | 183 | 38 | 10 | 15 | 30 | 50 | 120 |
| | | 女 | 263 | 39 | 10 | 15 | 30 | 60 | 100 |
| | | 小计 | 218 | 53 | 10 | 30 | 40 | 60 | 120 |
| 浙江 | 城市 | 男 | 77 | 53 | 10 | 30 | 40 | 60 | 120 |
| | | 女 | 141 | 52 | 10 | 30 | 40 | 60 | 120 |
| | | 小计 | 228 | 26 | 8 | 10 | 20 | 30 | 70 |
| | 农村 | 男 | 106 | 26 | 10 | 15 | 20 | 30 | 90 |
| | | 女 | 122 | 25 | 5 | 10 | 20 | 30 | 70 |
| | | 小计 | 351 | 48 | 5 | 20 | 30 | 60 | 120 |
| | 城乡 | 男 | 122 | 58 | 5 | 20 | 40 | 60 | 180 |
| | | 女 | 229 | 40 | 5 | 20 | 30 | 60 | 120 |
| | | 小计 | 231 | 50 | 10 | 30 | 40 | 60 | 120 |
| 安徽 | 城市 | 男 | 72 | 57 | 10 | 30 | 50 | 60 | 180 |
| | | 女 | 159 | 46 | 10 | 30 | 40 | 60 | 120 |
| | | 小计 | 120 | 45 | 2 | 10 | 30 | 60 | 120 |
| | 农村 | 男 | 50 | 60 | 2 | 20 | 30 | 60 | 120 |
| | | 女 | 70 | 31 | 2 | 10 | 20 | 40 | 100 |

| 地区 | 城乡 | 性别 | n | 公交车累计使用时间 /（min/d） | | | | | |
|---|---|---|---|---|---|---|---|---|---|
| | | | | Mean | P5 | P 25 | P50 | P 75 | P 95 |
| 福建 | 城乡 | 小计 | 354 | 30 | 5 | 10 | 20 | 30 | 100 |
| | | 男 | 134 | 33 | 5 | 20 | 20 | 30 | 60 |
| | | 女 | 220 | 28 | 5 | 10 | 20 | 30 | 100 |
| | 城市 | 小计 | 249 | 26 | 5 | 10 | 20 | 30 | 60 |
| | | 男 | 93 | 26 | 10 | 20 | 20 | 30 | 60 |
| | | 女 | 156 | 26 | 5 | 10 | 20 | 30 | 100 |
| | 农村 | 小计 | 105 | 35 | 5 | 20 | 30 | 30 | 120 |
| | | 男 | 41 | 41 | 5 | 20 | 20 | 30 | 240 |
| | | 女 | 64 | 31 | 5 | 20 | 30 | 30 | 120 |
| 江西 | 城乡 | 小计 | 272 | 40 | 10 | 20 | 30 | 60 | 120 |
| | | 男 | 101 | 42 | 10 | 20 | 30 | 60 | 120 |
| | | 女 | 171 | 40 | 10 | 20 | 30 | 60 | 120 |
| | 城市 | 小计 | 172 | 39 | 10 | 30 | 30 | 60 | 80 |
| | | 男 | 69 | 41 | 10 | 30 | 30 | 60 | 60 |
| | | 女 | 103 | 37 | 10 | 20 | 30 | 60 | 80 |
| | 农村 | 小计 | 100 | 43 | 10 | 20 | 30 | 60 | 120 |
| | | 男 | 32 | 43 | 10 | 20 | 30 | 60 | 120 |
| | | 女 | 68 | 42 | 10 | 20 | 30 | 60 | 120 |
| 山东 | 城乡 | 小计 | 982 | 43 | 10 | 20 | 30 | 60 | 120 |
| | | 男 | 358 | 43 | 10 | 20 | 30 | 60 | 120 |
| | | 女 | 624 | 42 | 10 | 20 | 30 | 60 | 120 |
| | 城市 | 小计 | 895 | 42 | 10 | 25 | 30 | 60 | 120 |
| | | 男 | 316 | 41 | 10 | 20 | 30 | 60 | 90 |
| | | 女 | 579 | 43 | 10 | 30 | 30 | 60 | 120 |
| | 农村 | 小计 | 87 | 48 | 5 | 20 | 30 | 60 | 120 |
| | | 男 | 42 | 60 | 5 | 20 | 30 | 60 | 160 |
| | | 女 | 45 | 35 | 5 | 20 | 30 | 60 | 90 |
| 河南 | 城乡 | 小计 | 569 | 36 | 10 | 20 | 30 | 40 | 110 |
| | | 男 | 225 | 38 | 10 | 20 | 30 | 50 | 120 |
| | | 女 | 344 | 34 | 10 | 20 | 30 | 40 | 60 |
| | 城市 | 小计 | 338 | 39 | 10 | 20 | 30 | 50 | 120 |
| | | 男 | 141 | 43 | 10 | 20 | 30 | 50 | 120 |
| | | 女 | 197 | 35 | 10 | 20 | 30 | 45 | 60 |
| | 农村 | 小计 | 231 | 32 | 10 | 20 | 30 | 40 | 60 |
| | | 男 | 84 | 33 | 10 | 20 | 30 | 40 | 60 |
| | | 女 | 147 | 32 | 10 | 20 | 30 | 40 | 60 |
| 湖北 | 城乡 | 小计 | 964 | 38 | 10 | 20 | 30 | 40 | 90 |
| | | 男 | 468 | 36 | 10 | 20 | 30 | 40 | 80 |
| | | 女 | 496 | 40 | 10 | 20 | 30 | 45 | 110 |
| | 城市 | 小计 | 955 | 37 | 10 | 20 | 30 | 40 | 90 |
| | | 男 | 466 | 36 | 10 | 20 | 30 | 40 | 80 |
| | | 女 | 489 | 39 | 10 | 20 | 30 | 45 | 100 |
| | 农村 | 小计 | 9 | 66 | 10 | 15 | 30 | 60 | 300 |
| | | 男 | 2 | 37 | 30 | 30 | 30 | 30 | 60 |
| | | 女 | 7 | 83 | 10 | 15 | 15 | 60 | 300 |
| 湖南 | 城乡 | 小计 | 529 | 44 | 10 | 20 | 30 | 60 | 120 |
| | | 男 | 209 | 48 | 10 | 20 | 40 | 60 | 120 |
| | | 女 | 320 | 40 | 10 | 20 | 30 | 60 | 120 |
| | 城市 | 小计 | 337 | 41 | 10 | 20 | 30 | 60 | 120 |
| | | 男 | 116 | 43 | 10 | 20 | 30 | 60 | 120 |
| | | 女 | 221 | 39 | 10 | 20 | 30 | 60 | 90 |
| | 农村 | 小计 | 192 | 48 | 10 | 20 | 40 | 60 | 120 |
| | | 男 | 93 | 52 | 10 | 20 | 60 | 60 | 120 |
| | | 女 | 99 | 43 | 10 | 20 | 40 | 60 | 120 |
| 广东 | 城乡 | 小计 | 400 | 63 | 10 | 30 | 60 | 80 | 180 |
| | | 男 | 144 | 67 | 10 | 30 | 60 | 80 | 120 |
| | | 女 | 256 | 61 | 10 | 30 | 50 | 60 | 180 |
| | 城市 | 小计 | 370 | 63 | 10 | 30 | 60 | 80 | 130 |

| 地区 | 城乡 | 性别 | $n$ | 公交车累计使用时间 /（min/d） | | | | | |
|---|---|---|---|---|---|---|---|---|---|
| | | | | Mean | P5 | P 25 | P50 | P 75 | P 95 |
| 广东 | 城市 | 男 | 129 | 66 | 10 | 30 | 60 | 80 | 120 |
| | | 女 | 241 | 61 | 10 | 30 | 60 | 80 | 180 |
| | 农村 | 小计 | 30 | 67 | 10 | 20 | 30 | 60 | 400 |
| | | 男 | 15 | 87 | 10 | 20 | 30 | 35 | 400 |
| | | 女 | 15 | 38 | 10 | 20 | 30 | 60 | 60 |
| 广西 | 城乡 | 小计 | 553 | 42 | 10 | 30 | 30 | 50 | 120 |
| | | 男 | 231 | 41 | 10 | 30 | 30 | 50 | 120 |
| | | 女 | 322 | 43 | 10 | 30 | 30 | 60 | 120 |
| | 城市 | 小计 | 318 | 42 | 10 | 20 | 30 | 50 | 120 |
| | | 男 | 123 | 39 | 10 | 30 | 30 | 50 | 90 |
| | | 女 | 195 | 44 | 10 | 20 | 30 | 60 | 120 |
| | 农村 | 小计 | 235 | 42 | 15 | 30 | 30 | 50 | 120 |
| | | 男 | 108 | 43 | 20 | 30 | 30 | 50 | 120 |
| | | 女 | 127 | 42 | 15 | 30 | 30 | 60 | 90 |
| 海南 | 城乡 | 小计 | 49 | 37 | 10 | 20 | 30 | 60 | 60 |
| | | 男 | 16 | 44 | 10 | 20 | 30 | 60 | 120 |
| | | 女 | 33 | 33 | 15 | 20 | 30 | 40 | 60 |
| | 城市 | 小计 | 27 | 41 | 15 | 20 | 30 | 60 | 120 |
| | | 男 | 10 | 53 | 10 | 30 | 30 | 60 | 120 |
| | | 女 | 17 | 34 | 15 | 20 | 30 | 60 | 60 |
| | 农村 | 小计 | 22 | 33 | 10 | 20 | 30 | 40 | 60 |
| | | 男 | 6 | 33 | 10 | 15 | 30 | 60 | 60 |
| | | 女 | 16 | 32 | 15 | 20 | 30 | 30 | 60 |
| 重庆 | 城乡 | 小计 | 254 | 26 | 5 | 10 | 18 | 30 | 60 |
| | | 男 | 104 | 27 | 5 | 10 | 15 | 30 | 120 |
| | | 女 | 150 | 25 | 8 | 10 | 20 | 30 | 60 |
| | 城市 | 小计 | 194 | 29 | 10 | 10 | 20 | 35 | 90 |
| | | 男 | 83 | 30 | 5 | 10 | 20 | 40 | 120 |
| | | 女 | 111 | 27 | 10 | 10 | 20 | 30 | 60 |
| | 农村 | 小计 | 60 | 17 | 5 | 10 | 10 | 15 | 40 |
| | | 男 | 21 | 13 | 3 | 9 | 10 | 10 | 30 |
| | | 女 | 39 | 20 | 5 | 10 | 10 | 15 | 60 |
| 四川 | 城乡 | 小计 | 392 | 33 | 10 | 20 | 30 | 30 | 80 |
| | | 男 | 153 | 33 | 10 | 20 | 30 | 30 | 80 |
| | | 女 | 239 | 32 | 10 | 20 | 30 | 35 | 80 |
| | 城市 | 小计 | 169 | 44 | 10 | 20 | 30 | 60 | 120 |
| | | 男 | 65 | 40 | 10 | 20 | 30 | 40 | 120 |
| | | 女 | 104 | 48 | 10 | 20 | 30 | 60 | 120 |
| | 农村 | 小计 | 223 | 28 | 10 | 20 | 30 | 30 | 60 |
| | | 男 | 88 | 30 | 10 | 20 | 30 | 30 | 60 |
| | | 女 | 135 | 27 | 10 | 20 | 30 | 30 | 60 |
| 贵州 | 城乡 | 小计 | 463 | 42 | 10 | 20 | 30 | 60 | 120 |
| | | 男 | 198 | 44 | 10 | 20 | 30 | 60 | 100 |
| | | 女 | 265 | 39 | 10 | 20 | 30 | 50 | 120 |
| | 城市 | 小计 | 250 | 43 | 10 | 20 | 30 | 60 | 120 |
| | | 男 | 111 | 48 | 10 | 30 | 35 | 60 | 100 |
| | | 女 | 139 | 38 | 10 | 20 | 30 | 50 | 120 |
| | 农村 | 小计 | 213 | 38 | 10 | 20 | 30 | 40 | 120 |
| | | 男 | 87 | 36 | 10 | 20 | 30 | 45 | 80 |
| | | 女 | 126 | 40 | 10 | 20 | 30 | 40 | 120 |
| 云南 | 城乡 | 小计 | 438 | 32 | 10 | 20 | 20 | 30 | 65 |
| | | 男 | 174 | 36 | 10 | 20 | 20 | 30 | 120 |
| | | 女 | 264 | 29 | 10 | 15 | 30 | 30 | 60 |
| | 城市 | 小计 | 74 | 27 | 5 | 15 | 20 | 30 | 60 |
| | | 男 | 25 | 28 | 5 | 15 | 20 | 30 | 120 |
| | | 女 | 49 | 26 | 5 | 10 | 20 | 30 | 60 |
| | 农村 | 小计 | 364 | 33 | 10 | 20 | 30 | 30 | 90 |
| | | 男 | 149 | 38 | 10 | 20 | 24 | 30 | 120 |

| 地区 | 城乡 | 性别 | n | 公交车累计使用时间 /（min/d） | | | | | |
|---|---|---|---|---|---|---|---|---|---|
| | | | | Mean | P5 | P 25 | P50 | P 75 | P 95 |
| 云南 | 农村 | 女 | 215 | 30 | 10 | 20 | 30 | 30 | 60 |
| | 城乡 | 小计 | 663 | 72 | 15 | 30 | 40 | 60 | 320 |
| | | 男 | 219 | 86 | 12 | 30 | 40 | 60 | 360 |
| | | 女 | 444 | 64 | 15 | 30 | 40 | 60 | 240 |
| 西藏 | 城市 | 小计 | 176 | 30 | 10 | 20 | 30 | 40 | 60 |
| | | 男 | 39 | 32 | 10 | 20 | 30 | 30 | 60 |
| | | 女 | 137 | 30 | 10 | 20 | 30 | 40 | 60 |
| | 农村 | 小计 | 487 | 88 | 20 | 30 | 50 | 60 | 400 |
| | | 男 | 180 | 100 | 20 | 30 | 50 | 60 | 420 |
| | | 女 | 307 | 80 | 20 | 30 | 50 | 60 | 360 |
| | 城乡 | 小计 | 348 | 38 | 10 | 20 | 30 | 40 | 100 |
| | | 男 | 129 | 42 | 10 | 20 | 30 | 50 | 120 |
| | | 女 | 219 | 35 | 10 | 20 | 30 | 40 | 100 |
| 陕西 | 城市 | 小计 | 187 | 48 | 10 | 20 | 30 | 60 | 120 |
| | | 男 | 82 | 52 | 10 | 30 | 40 | 60 | 120 |
| | | 女 | 105 | 44 | 10 | 20 | 30 | 45 | 120 |
| | 农村 | 小计 | 161 | 30 | 10 | 15 | 30 | 30 | 60 |
| | | 男 | 47 | 30 | 10 | 20 | 30 | 30 | 60 |
| | | 女 | 114 | 30 | 10 | 10 | 30 | 30 | 60 |
| | 城乡 | 小计 | 439 | 39 | 10 | 20 | 30 | 40 | 120 |
| | | 男 | 188 | 44 | 10 | 20 | 30 | 40 | 180 |
| | | 女 | 251 | 35 | 10 | 20 | 30 | 40 | 60 |
| 甘肃 | 城市 | 小计 | 165 | 34 | 10 | 20 | 30 | 40 | 60 |
| | | 男 | 77 | 34 | 10 | 20 | 30 | 40 | 60 |
| | | 女 | 88 | 35 | 10 | 30 | 30 | 40 | 60 |
| | 农村 | 小计 | 274 | 42 | 10 | 15 | 30 | 60 | 180 |
| | | 男 | 111 | 52 | 10 | 20 | 30 | 60 | 200 |
| | | 女 | 163 | 35 | 10 | 10 | 30 | 45 | 60 |
| | 城乡 | 小计 | 461 | 42 | 10 | 30 | 30 | 40 | 120 |
| | | 男 | 195 | 43 | 15 | 30 | 40 | 50 | 120 |
| | | 女 | 266 | 41 | 10 | 20 | 30 | 40 | 120 |
| 青海 | 城市 | 小计 | 332 | 43 | 15 | 30 | 40 | 45 | 120 |
| | | 男 | 137 | 44 | 15 | 30 | 40 | 50 | 120 |
| | | 女 | 195 | 41 | 10 | 30 | 30 | 40 | 120 |
| | 农村 | 小计 | 129 | 33 | 10 | 20 | 30 | 40 | 80 |
| | | 男 | 58 | 34 | 10 | 20 | 30 | 40 | 80 |
| | | 女 | 71 | 33 | 10 | 20 | 30 | 40 | 80 |
| | 城乡 | 小计 | 233 | 41 | 9 | 20 | 30 | 60 | 120 |
| | | 男 | 97 | 41 | 10 | 20 | 30 | 60 | 90 |
| | | 女 | 136 | 40 | 7 | 15 | 30 | 40 | 120 |
| 宁夏 | 城市 | 小计 | 217 | 41 | 7 | 20 | 30 | 60 | 120 |
| | | 男 | 91 | 42 | 10 | 20 | 30 | 60 | 120 |
| | | 女 | 126 | 41 | 7 | 15 | 30 | 40 | 120 |
| | 农村 | 小计 | 16 | 32 | 10 | 30 | 30 | 30 | 60 |
| | | 男 | 6 | 34 | 30 | 30 | 30 | 30 | 60 |
| | | 女 | 10 | 30 | 10 | 20 | 30 | 40 | 60 |
| | 城乡 | 小计 | 504 | 49 | 10 | 20 | 30 | 60 | 120 |
| | | 男 | 206 | 48 | 10 | 20 | 30 | 60 | 120 |
| | | 女 | 298 | 50 | 10 | 20 | 30 | 60 | 120 |
| 新疆 | 城市 | 小计 | 370 | 50 | 10 | 20 | 40 | 60 | 120 |
| | | 男 | 136 | 52 | 10 | 20 | 40 | 60 | 120 |
| | | 女 | 234 | 48 | 10 | 20 | 30 | 60 | 120 |
| | 农村 | 小计 | 134 | 47 | 10 | 20 | 30 | 40 | 200 |
| | | 男 | 70 | 40 | 10 | 20 | 30 | 40 | 180 |
| | | 女 | 64 | 56 | 5 | 20 | 30 | 45 | 200 |

## 附表 6-52　中国人群分省（直辖市、自治区）、城乡、性别的轨道交通工具累计使用时间

| 地区 | 城乡 | 性别 | n | 轨道交通工具累计使用时间 /（min/d） | | | | | |
|---|---|---|---|---|---|---|---|---|---|
| | | | | Mean | P5 | P 25 | P50 | P 75 | P95 |
| 合计 | 城乡 | 小计 | 275 | 40 | 5 | 20 | 30 | 50 | 120 |
| | | 男 | 106 | 43 | 5 | 20 | 30 | 50 | 180 |
| | | 女 | 169 | 38 | 8 | 20 | 30 | 40 | 120 |
| | 城市 | 小计 | 266 | 39 | 5 | 20 | 30 | 50 | 120 |
| | | 男 | 102 | 39 | 5 | 20 | 30 | 50 | 120 |
| | | 女 | 164 | 38 | 8 | 20 | 30 | 40 | 120 |
| | 农村 | 小计 | 9 | 66 | 20 | 20 | 30 | 120 | 180 |
| | | 男 | 4 | 89 | 30 | 30 | 30 | 180 | 180 |
| | | 女 | 5 | 23 | 5 | 20 | 20 | 20 | 60 |
| 北京 | 城乡 | 小计 | 55 | 40 | 3 | 20 | 30 | 50 | 120 |
| | | 男 | 21 | 37 | 3 | 20 | 30 | 50 | 120 |
| | | 女 | 34 | 43 | 10 | 20 | 30 | 40 | 120 |
| | 城市 | 小计 | 54 | 40 | 3 | 20 | 30 | 40 | 120 |
| | | 男 | 21 | 37 | 3 | 20 | 30 | 50 | 120 |
| | | 女 | 33 | 43 | 10 | 20 | 30 | 40 | 150 |
| | 农村 | 小计 | 1 | 60 | 60 | 60 | 60 | 60 | 60 |
| | | 男 | 0 | 0 | 0 | 0 | 0 | 0 | 0 |
| | | 女 | 1 | 60 | 60 | 60 | 60 | 60 | 60 |
| 天津 | 城乡 | 小计 | 14 | 28 | 7 | 30 | 30 | 30 | 40 |
| | | 男 | 6 | 27 | 20 | 20 | 30 | 30 | 30 |
| | | 女 | 8 | 29 | 7 | 30 | 30 | 30 | 40 |
| | 城市 | 小计 | 14 | 28 | 7 | 30 | 30 | 30 | 40 |
| | | 男 | 6 | 27 | 20 | 20 | 30 | 30 | 30 |
| | | 女 | 8 | 29 | 7 | 30 | 30 | 30 | 40 |
| | 农村 | 小计 | 0 | 0 | 0 | 0 | 0 | 0 | 0 |
| | | 男 | 0 | 0 | 0 | 0 | 0 | 0 | 0 |
| | | 女 | 0 | 0 | 0 | 0 | 0 | 0 | 0 |
| 河北 | 城乡 | 小计 | 1 | 240 | 240 | 240 | 240 | 240 | 240 |
| | | 男 | 0 | 0 | 0 | 0 | 0 | 0 | 0 |
| | | 女 | 1 | 240 | 240 | 240 | 240 | 240 | 240 |
| | 城市 | 小计 | 1 | 240 | 240 | 240 | 240 | 240 | 240 |
| | | 男 | 0 | 0 | 0 | 0 | 0 | 0 | 0 |
| | | 女 | 1 | 240 | 240 | 240 | 240 | 240 | 240 |
| | 农村 | 小计 | 0 | 0 | 0 | 0 | 0 | 0 | 0 |
| | | 男 | 0 | 0 | 0 | 0 | 0 | 0 | 0 |
| | | 女 | 0 | 0 | 0 | 0 | 0 | 0 | 0 |
| 山西 | 城乡 | 小计 | 2 | 20 | 20 | 20 | 20 | 20 | 20 |
| | | 男 | 0 | 0 | 0 | 0 | 0 | 0 | 0 |
| | | 女 | 2 | 20 | 20 | 20 | 20 | 20 | 20 |
| | 城市 | 小计 | 0 | 0 | 0 | 0 | 0 | 0 | 0 |
| | | 男 | 0 | 0 | 0 | 0 | 0 | 0 | 0 |
| | | 女 | 0 | 0 | 0 | 0 | 0 | 0 | 0 |
| | 农村 | 小计 | 2 | 20 | 20 | 20 | 20 | 20 | 20 |
| | | 男 | 0 | 0 | 0 | 0 | 0 | 0 | 0 |
| | | 女 | 2 | 20 | 20 | 20 | 20 | 20 | 20 |
| 内蒙古 | 城乡 | 小计 | 0 | 0 | 0 | 0 | 0 | 0 | 0 |
| | | 男 | 0 | 0 | 0 | 0 | 0 | 0 | 0 |
| | | 女 | 0 | 0 | 0 | 0 | 0 | 0 | 0 |
| | 城市 | 小计 | 0 | 0 | 0 | 0 | 0 | 0 | 0 |
| | | 男 | 0 | 0 | 0 | 0 | 0 | 0 | 0 |
| | | 女 | 0 | 0 | 0 | 0 | 0 | 0 | 0 |
| | 农村 | 小计 | 0 | 0 | 0 | 0 | 0 | 0 | 0 |
| | | 男 | 0 | 0 | 0 | 0 | 0 | 0 | 0 |
| | | 女 | 0 | 0 | 0 | 0 | 0 | 0 | 0 |
| 辽宁 | 城乡 | 小计 | 2 | 123 | 1 | 1 | 180 | 180 | 180 |
| | | 男 | 1 | 180 | 180 | 180 | 180 | 180 | 180 |

| 地区 | 城乡 | 性别 | *n* | 轨道交通工具累计使用时间 /（min/d） | | | | | |
|---|---|---|---|---|---|---|---|---|---|
| | | | | Mean | P5 | P 25 | P50 | P 75 | P95 |
| 辽宁 | 城乡 | 女 | 1 | 1 | 1 | 1 | 1 | 1 | 1 |
| | 城市 | 小计 | 1 | 1 | 1 | 1 | 1 | 1 | 1 |
| | | 男 | 0 | 0 | 0 | 0 | 0 | 0 | 0 |
| | | 女 | 1 | 1 | 1 | 1 | 1 | 1 | 1 |
| | 农村 | 小计 | 1 | 180 | 180 | 180 | 180 | 180 | 180 |
| | | 男 | 1 | 180 | 180 | 180 | 180 | 180 | 180 |
| | | 女 | 0 | 0 | 0 | 0 | 0 | 0 | 0 |
| 吉林 | 城乡 | 小计 | 3 | 46 | 20 | 20 | 40 | 80 | 80 |
| | | 男 | 1 | 40 | 40 | 40 | 40 | 40 | 40 |
| | | 女 | 2 | 50 | 20 | 20 | 50 | 80 | 80 |
| | 城市 | 小计 | 3 | 46 | 20 | 20 | 40 | 80 | 80 |
| | | 男 | 1 | 40 | 40 | 40 | 40 | 40 | 40 |
| | | 女 | 2 | 50 | 20 | 20 | 50 | 80 | 80 |
| | 农村 | 小计 | 0 | 0 | 0 | 0 | 0 | 0 | 0 |
| | | 男 | 0 | 0 | 0 | 0 | 0 | 0 | 0 |
| | | 女 | 0 | 0 | 0 | 0 | 0 | 0 | 0 |
| 黑龙江 | 城乡 | 小计 | 0 | 0 | 0 | 0 | 0 | 0 | 0 |
| | | 男 | 0 | 0 | 0 | 0 | 0 | 0 | 0 |
| | | 女 | 0 | 0 | 0 | 0 | 0 | 0 | 0 |
| | 城市 | 小计 | 0 | 0 | 0 | 0 | 0 | 0 | 0 |
| | | 男 | 0 | 0 | 0 | 0 | 0 | 0 | 0 |
| | | 女 | 0 | 0 | 0 | 0 | 0 | 0 | 0 |
| | 农村 | 小计 | 0 | 0 | 0 | 0 | 0 | 0 | 0 |
| | | 男 | 0 | 0 | 0 | 0 | 0 | 0 | 0 |
| | | 女 | 0 | 0 | 0 | 0 | 0 | 0 | 0 |
| 上海 | 城乡 | 小计 | 81 | 47 | 5 | 15 | 30 | 60 | 120 |
| | | 男 | 37 | 46 | 2 | 15 | 30 | 60 | 180 |
| | | 女 | 44 | 48 | 8 | 20 | 30 | 60 | 120 |
| | 城市 | 小计 | 81 | 47 | 5 | 15 | 30 | 60 | 120 |
| | | 男 | 37 | 46 | 2 | 15 | 30 | 60 | 180 |
| | | 女 | 44 | 48 | 8 | 20 | 30 | 60 | 120 |
| 江苏 | 城乡 | 小计 | 2 | 42 | 30 | 30 | 30 | 60 | 60 |
| | | 男 | 2 | 42 | 30 | 30 | 30 | 60 | 60 |
| | | 女 | 0 | 0 | 0 | 0 | 0 | 0 | 0 |
| | 城市 | 小计 | 2 | 42 | 30 | 30 | 30 | 60 | 60 |
| | | 男 | 2 | 42 | 30 | 30 | 30 | 60 | 60 |
| | | 女 | 0 | 0 | 0 | 0 | 0 | 0 | 0 |
| | 农村 | 小计 | 0 | 0 | 0 | 0 | 0 | 0 | 0 |
| | | 男 | 0 | 0 | 0 | 0 | 0 | 0 | 0 |
| | | 女 | 0 | 0 | 0 | 0 | 0 | 0 | 0 |
| 浙江 | 城乡 | 小计 | 1 | 20 | 20 | 20 | 20 | 20 | 20 |
| | | 男 | 0 | 0 | 0 | 0 | 0 | 0 | 0 |
| | | 女 | 1 | 20 | 20 | 20 | 20 | 20 | 20 |
| | 城市 | 小计 | 0 | 0 | 0 | 0 | 0 | 0 | 0 |
| | | 男 | 0 | 0 | 0 | 0 | 0 | 0 | 0 |
| | | 女 | 0 | 0 | 0 | 0 | 0 | 0 | 0 |
| | 农村 | 小计 | 1 | 20 | 20 | 20 | 20 | 20 | 20 |
| | | 男 | 0 | 0 | 0 | 0 | 0 | 0 | 0 |
| | | 女 | 1 | 20 | 20 | 20 | 20 | 20 | 20 |
| 安徽 | 城乡 | 小计 | 2 | 180 | 180 | 180 | 180 | 180 | 180 |
| | | 男 | 2 | 180 | 180 | 180 | 180 | 180 | 180 |
| | | 女 | 0 | 0 | 0 | 0 | 0 | 0 | 0 |
| | 城市 | 小计 | 1 | 180 | 180 | 180 | 180 | 180 | 180 |
| | | 男 | 1 | 180 | 180 | 180 | 180 | 180 | 180 |
| | | 女 | 0 | 0 | 0 | 0 | 0 | 0 | 0 |
| | 农村 | 小计 | 1 | 180 | 180 | 180 | 180 | 180 | 180 |
| | | 男 | 1 | 180 | 180 | 180 | 180 | 180 | 180 |
| | | 女 | 0 | 0 | 0 | 0 | 0 | 0 | 0 |

| 地区 | 城乡 | 性别 | *n* | 轨道交通工具累计使用时间 /（min/d） | | | | | |
|---|---|---|---|---|---|---|---|---|---|
| | | | | Mean | P5 | P 25 | P50 | P 75 | P95 |
| 福建 | 城乡 | 小计 | 1 | 30 | 30 | 30 | 30 | 30 | 30 |
| | | 男 | 1 | 30 | 30 | 30 | 30 | 30 | 30 |
| | | 女 | 0 | 0 | 0 | 0 | 0 | 0 | 0 |
| | 城市 | 小计 | 1 | 30 | 30 | 30 | 30 | 30 | 30 |
| | | 男 | 1 | 30 | 30 | 30 | 30 | 30 | 30 |
| | | 女 | 0 | 0 | 0 | 0 | 0 | 0 | 0 |
| | 农村 | 小计 | 0 | 0 | 0 | 0 | 0 | 0 | 0 |
| | | 男 | 0 | 0 | 0 | 0 | 0 | 0 | 0 |
| | | 女 | 0 | 0 | 0 | 0 | 0 | 0 | 0 |
| 江西 | 城乡 | 小计 | 0 | 0 | 0 | 0 | 0 | 0 | 0 |
| | | 男 | 0 | 0 | 0 | 0 | 0 | 0 | 0 |
| | | 女 | 0 | 0 | 0 | 0 | 0 | 0 | 0 |
| | 城市 | 小计 | 0 | 0 | 0 | 0 | 0 | 0 | 0 |
| | | 男 | 0 | 0 | 0 | 0 | 0 | 0 | 0 |
| | | 女 | 0 | 0 | 0 | 0 | 0 | 0 | 0 |
| | 农村 | 小计 | 0 | 0 | 0 | 0 | 0 | 0 | 0 |
| | | 男 | 0 | 0 | 0 | 0 | 0 | 0 | 0 |
| | | 女 | 0 | 0 | 0 | 0 | 0 | 0 | 0 |
| 山东 | 城乡 | 小计 | 1 | 5 | 5 | 5 | 5 | 5 | 5 |
| | | 男 | 0 | 0 | 0 | 0 | 0 | 0 | 0 |
| | | 女 | 1 | 5 | 5 | 5 | 5 | 5 | 5 |
| | 城市 | 小计 | 0 | 0 | 0 | 0 | 0 | 0 | 0 |
| | | 男 | 0 | 0 | 0 | 0 | 0 | 0 | 0 |
| | | 女 | 0 | 0 | 0 | 0 | 0 | 0 | 0 |
| | 农村 | 小计 | 1 | 5 | 5 | 5 | 5 | 5 | 5 |
| | | 男 | 0 | 0 | 0 | 0 | 0 | 0 | 0 |
| | | 女 | 1 | 5 | 5 | 5 | 5 | 5 | 5 |
| 河南 | 城乡 | 小计 | 2 | 9 | 5 | 10 | 10 | 10 | 10 |
| | | 男 | 1 | 10 | 10 | 10 | 10 | 10 | 10 |
| | | 女 | 1 | 5 | 5 | 5 | 5 | 5 | 5 |
| | 城市 | 小计 | 2 | 9 | 5 | 10 | 10 | 10 | 10 |
| | | 男 | 1 | 10 | 10 | 10 | 10 | 10 | 10 |
| | | 女 | 1 | 5 | 5 | 5 | 5 | 5 | 5 |
| | 农村 | 小计 | 0 | 0 | 0 | 0 | 0 | 0 | 0 |
| | | 男 | 0 | 0 | 0 | 0 | 0 | 0 | 0 |
| | | 女 | 0 | 0 | 0 | 0 | 0 | 0 | 0 |
| 湖北 | 城乡 | 小计 | 5 | 35 | 25 | 30 | 30 | 30 | 60 |
| | | 男 | 2 | 28 | 25 | 25 | 30 | 30 | 30 |
| | | 女 | 3 | 40 | 30 | 30 | 30 | 60 | 60 |
| | 城市 | 小计 | 5 | 35 | 25 | 30 | 30 | 30 | 60 |
| | | 男 | 2 | 28 | 25 | 25 | 30 | 30 | 30 |
| | | 女 | 3 | 40 | 30 | 30 | 30 | 60 | 60 |
| | 农村 | 小计 | 0 | 0 | 0 | 0 | 0 | 0 | 0 |
| | | 男 | 0 | 0 | 0 | 0 | 0 | 0 | 0 |
| | | 女 | 0 | 0 | 0 | 0 | 0 | 0 | 0 |
| 湖南 | 城乡 | 小计 | 1 | 30 | 30 | 30 | 30 | 30 | 30 |
| | | 男 | 1 | 30 | 30 | 30 | 30 | 30 | 30 |
| | | 女 | 0 | 0 | 0 | 0 | 0 | 0 | 0 |
| | 城市 | 小计 | 0 | 0 | 0 | 0 | 0 | 0 | 0 |
| | | 男 | 0 | 0 | 0 | 0 | 0 | 0 | 0 |
| | | 女 | 0 | 0 | 0 | 0 | 0 | 0 | 0 |
| | 农村 | 小计 | 1 | 30 | 30 | 30 | 30 | 30 | 30 |
| | | 男 | 1 | 30 | 30 | 30 | 30 | 30 | 30 |
| | | 女 | 0 | 0 | 0 | 0 | 0 | 0 | 0 |
| 广东 | 城乡 | 小计 | 85 | 32 | 6 | 15 | 30 | 40 | 60 |
| | | 男 | 23 | 32 | 5 | 15 | 30 | 50 | 60 |
| | | 女 | 62 | 31 | 8 | 15 | 30 | 30 | 80 |
| | 城市 | 小计 | 85 | 32 | 6 | 15 | 30 | 40 | 60 |

| 地区 | 城乡 | 性别 | n | 轨道交通工具累计使用时间 / (min/d) | | | | | |
|---|---|---|---|---|---|---|---|---|---|
| | | | | Mean | P5 | P 25 | P50 | P 75 | P95 |
| | 城市 | 男 | 23 | 32 | 5 | 15 | 30 | 50 | 60 |
| | | 女 | 62 | 31 | 8 | 15 | 30 | 30 | 80 |
| 广东 | | 小计 | 0 | 0 | 0 | 0 | 0 | 0 | 0 |
| | 农村 | 男 | 0 | 0 | 0 | 0 | 0 | 0 | 0 |
| | | 女 | 0 | 0 | 0 | 0 | 0 | 0 | 0 |
| | | 小计 | 11 | 107 | 5 | 10 | 40 | 120 | 360 |
| | 城乡 | 男 | 3 | 30 | 5 | 5 | 40 | 40 | 40 |
| | | 女 | 8 | 149 | 10 | 10 | 120 | 280 | 360 |
| | | 小计 | 11 | 107 | 5 | 10 | 40 | 120 | 360 |
| 广西 | 城市 | 男 | 3 | 30 | 5 | 5 | 40 | 40 | 40 |
| | | 女 | 8 | 149 | 10 | 10 | 120 | 280 | 360 |
| | | 小计 | 0 | 0 | 0 | 0 | 0 | 0 | 0 |
| | 农村 | 男 | 0 | 0 | 0 | 0 | 0 | 0 | 0 |
| | | 女 | 0 | 0 | 0 | 0 | 0 | 0 | 0 |
| | | 小计 | 0 | 0 | 0 | 0 | 0 | 0 | 0 |
| | 城乡 | 男 | 0 | 0 | 0 | 0 | 0 | 0 | 0 |
| | | 女 | 0 | 0 | 0 | 0 | 0 | 0 | 0 |
| | | 小计 | 0 | 0 | 0 | 0 | 0 | 0 | 0 |
| 海南 | 城市 | 男 | 0 | 0 | 0 | 0 | 0 | 0 | 0 |
| | | 女 | 0 | 0 | 0 | 0 | 0 | 0 | 0 |
| | | 小计 | 0 | 0 | 0 | 0 | 0 | 0 | 0 |
| | 农村 | 男 | 0 | 0 | 0 | 0 | 0 | 0 | 0 |
| | | 女 | 0 | 0 | 0 | 0 | 0 | 0 | 0 |
| | | 小计 | 0 | 0 | 0 | 0 | 0 | 0 | 0 |
| | 城乡 | 男 | 0 | 0 | 0 | 0 | 0 | 0 | 0 |
| | | 女 | 0 | 0 | 0 | 0 | 0 | 0 | 0 |
| | | 小计 | 0 | 0 | 0 | 0 | 0 | 0 | 0 |
| 重庆 | 城市 | 男 | 0 | 0 | 0 | 0 | 0 | 0 | 0 |
| | | 女 | 0 | 0 | 0 | 0 | 0 | 0 | 0 |
| | | 小计 | 0 | 0 | 0 | 0 | 0 | 0 | 0 |
| | 农村 | 男 | 0 | 0 | 0 | 0 | 0 | 0 | 0 |
| | | 女 | 0 | 0 | 0 | 0 | 0 | 0 | 0 |
| | | 小计 | 3 | 18 | 10 | 10 | 15 | 30 | 30 |
| | 城乡 | 男 | 2 | 13 | 10 | 10 | 15 | 15 | 15 |
| | | 女 | 1 | 30 | 30 | 30 | 30 | 30 | 30 |
| | | 小计 | 3 | 18 | 10 | 10 | 15 | 30 | 30 |
| 四川 | 城市 | 男 | 2 | 13 | 10 | 10 | 15 | 15 | 15 |
| | | 女 | 1 | 30 | 30 | 30 | 30 | 30 | 30 |
| | | 小计 | 0 | 0 | 0 | 0 | 0 | 0 | 0 |
| | 农村 | 男 | 0 | 0 | 0 | 0 | 0 | 0 | 0 |
| | | 女 | 0 | 0 | 0 | 0 | 0 | 0 | 0 |
| | | 小计 | 0 | 0 | 0 | 0 | 0 | 0 | 0 |
| | 城乡 | 男 | 0 | 0 | 0 | 0 | 0 | 0 | 0 |
| | | 女 | 0 | 0 | 0 | 0 | 0 | 0 | 0 |
| | | 小计 | 0 | 0 | 0 | 0 | 0 | 0 | 0 |
| 贵州 | 城市 | 男 | 0 | 0 | 0 | 0 | 0 | 0 | 0 |
| | | 女 | 0 | 0 | 0 | 0 | 0 | 0 | 0 |
| | | 小计 | 0 | 0 | 0 | 0 | 0 | 0 | 0 |
| | 农村 | 男 | 0 | 0 | 0 | 0 | 0 | 0 | 0 |
| | | 女 | 0 | 0 | 0 | 0 | 0 | 0 | 0 |
| | | 小计 | 0 | 0 | 0 | 0 | 0 | 0 | 0 |
| | 城乡 | 男 | 0 | 0 | 0 | 0 | 0 | 0 | 0 |
| | | 女 | 0 | 0 | 0 | 0 | 0 | 0 | 0 |
| 云南 | | 小计 | 0 | 0 | 0 | 0 | 0 | 0 | 0 |
| | 城市 | 男 | 0 | 0 | 0 | 0 | 0 | 0 | 0 |
| | | 女 | 0 | 0 | 0 | 0 | 0 | 0 | 0 |
| | 农村 | 小计 | 0 | 0 | 0 | 0 | 0 | 0 | 0 |
| | | 男 | 0 | 0 | 0 | 0 | 0 | 0 | 0 |

| 地区 | 城乡 | 性别 | n | 轨道交通工具累计使用时间 /（min/d） | | | | | |
| --- | --- | --- | --- | --- | --- | --- | --- | --- | --- |
| | | | | Mean | P5 | P 25 | P50 | P 75 | P95 |
| 云南 | 农村 | 女 | 0 | 0 | 0 | 0 | 0 | 0 | 0 |
| 西藏 | 城乡 | 小计 | 0 | 0 | 0 | 0 | 0 | 0 | 0 |
| | | 男 | 0 | 0 | 0 | 0 | 0 | 0 | 0 |
| | | 女 | 0 | 0 | 0 | 0 | 0 | 0 | 0 |
| | 城市 | 小计 | 0 | 0 | 0 | 0 | 0 | 0 | 0 |
| | | 男 | 0 | 0 | 0 | 0 | 0 | 0 | 0 |
| | | 女 | 0 | 0 | 0 | 0 | 0 | 0 | 0 |
| | 农村 | 小计 | 0 | 0 | 0 | 0 | 0 | 0 | 0 |
| | | 男 | 0 | 0 | 0 | 0 | 0 | 0 | 0 |
| | | 女 | 0 | 0 | 0 | 0 | 0 | 0 | 0 |
| 陕西 | 城乡 | 小计 | 1 | 2 | 2 | 2 | 2 | 2 | 2 |
| | | 男 | 1 | 2 | 2 | 2 | 2 | 2 | 2 |
| | | 女 | 0 | 0 | 0 | 0 | 0 | 0 | 0 |
| | 城市 | 小计 | 1 | 2 | 2 | 2 | 2 | 2 | 2 |
| | | 男 | 1 | 2 | 2 | 2 | 2 | 2 | 2 |
| | | 女 | 0 | 0 | 0 | 0 | 0 | 0 | 0 |
| | 农村 | 小计 | 0 | 0 | 0 | 0 | 0 | 0 | 0 |
| | | 男 | 0 | 0 | 0 | 0 | 0 | 0 | 0 |
| | | 女 | 0 | 0 | 0 | 0 | 0 | 0 | 0 |
| 甘肃 | 城乡 | 小计 | 1 | 120 | 120 | 120 | 120 | 120 | 120 |
| | | 男 | 1 | 120 | 120 | 120 | 120 | 120 | 120 |
| | | 女 | 0 | 0 | 0 | 0 | 0 | 0 | 0 |
| | 城市 | 小计 | 0 | 0 | 0 | 0 | 0 | 0 | 0 |
| | | 男 | 0 | 0 | 0 | 0 | 0 | 0 | 0 |
| | | 女 | 0 | 0 | 0 | 0 | 0 | 0 | 0 |
| | 农村 | 小计 | 1 | 120 | 120 | 120 | 120 | 120 | 120 |
| | | 男 | 1 | 120 | 120 | 120 | 120 | 120 | 120 |
| | | 女 | 0 | 0 | 0 | 0 | 0 | 0 | 0 |
| 青海 | 城乡 | 小计 | 1 | 1 | 1 | 1 | 1 | 1 | 1 |
| | | 男 | 1 | 1 | 1 | 1 | 1 | 1 | 1 |
| | | 女 | 0 | 0 | 0 | 0 | 0 | 0 | 0 |
| | 城市 | 小计 | 1 | 1 | 1 | 1 | 1 | 1 | 1 |
| | | 男 | 1 | 1 | 1 | 1 | 1 | 1 | 1 |
| | | 女 | 0 | 0 | 0 | 0 | 0 | 0 | 0 |
| | 农村 | 小计 | 0 | 0 | 0 | 0 | 0 | 0 | 0 |
| | | 男 | 0 | 0 | 0 | 0 | 0 | 0 | 0 |
| | | 女 | 0 | 0 | 0 | 0 | 0 | 0 | 0 |
| 宁夏 | 城乡 | 小计 | 0 | 0 | 0 | 0 | 0 | 0 | 0 |
| | | 男 | 0 | 0 | 0 | 0 | 0 | 0 | 0 |
| | | 女 | 0 | 0 | 0 | 0 | 0 | 0 | 0 |
| | 城市 | 小计 | 0 | 0 | 0 | 0 | 0 | 0 | 0 |
| | | 男 | 0 | 0 | 0 | 0 | 0 | 0 | 0 |
| | | 女 | 0 | 0 | 0 | 0 | 0 | 0 | 0 |
| | 农村 | 小计 | 0 | 0 | 0 | 0 | 0 | 0 | 0 |
| | | 男 | 0 | 0 | 0 | 0 | 0 | 0 | 0 |
| | | 女 | 0 | 0 | 0 | 0 | 0 | 0 | 0 |
| 新疆 | 城乡 | 小计 | 0 | 0 | 0 | 0 | 0 | 0 | 0 |
| | | 男 | 0 | 0 | 0 | 0 | 0 | 0 | 0 |
| | | 女 | 0 | 0 | 0 | 0 | 0 | 0 | 0 |
| | 城市 | 小计 | 0 | 0 | 0 | 0 | 0 | 0 | 0 |
| | | 男 | 0 | 0 | 0 | 0 | 0 | 0 | 0 |
| | | 女 | 0 | 0 | 0 | 0 | 0 | 0 | 0 |
| | 农村 | 小计 | 0 | 0 | 0 | 0 | 0 | 0 | 0 |
| | | 男 | 0 | 0 | 0 | 0 | 0 | 0 | 0 |
| | | 女 | 0 | 0 | 0 | 0 | 0 | 0 | 0 |

附表 6-53　中国人群分省（直辖市、自治区）、城乡、性别的水上交通工具累计使用时间

| 地区 | 城乡 | 性别 | n | 水上交通工具累计使用时间 /（min/d） | | | | | |
|---|---|---|---|---|---|---|---|---|---|
| | | | | Mean | P5 | P 25 | P50 | P 75 | P95 |
| 合计 | 城乡 | 小计 | 15 | 17 | 1 | 10 | 15 | 30 | 40 |
| | | 男 | 5 | 19 | 1 | 10 | 15 | 40 | 40 |
| | | 女 | 10 | 15 | 1 | 10 | 15 | 20 | 30 |
| | 城市 | 小计 | 10 | 16 | 1 | 10 | 10 | 15 | 40 |
| | | 男 | 4 | 20 | 1 | 10 | 15 | 40 | 40 |
| | | 女 | 6 | 10 | 1 | 5 | 10 | 15 | 20 |
| | 农村 | 小计 | 5 | 21 | 0 | 15 | 20 | 30 | 30 |
| | | 男 | 1 | 0 | 0 | 0 | 0 | 0 | 0 |
| | | 女 | 4 | 24 | 10 | 20 | 30 | 30 | 30 |
| 北京 | 城乡 | 小计 | 0 | 0 | 0 | 0 | 0 | 0 | 0 |
| | | 男 | 0 | 0 | 0 | 0 | 0 | 0 | 0 |
| | | 女 | 0 | 0 | 0 | 0 | 0 | 0 | 0 |
| | 城市 | 小计 | 0 | 0 | 0 | 0 | 0 | 0 | 0 |
| | | 男 | 0 | 0 | 0 | 0 | 0 | 0 | 0 |
| | | 女 | 0 | 0 | 0 | 0 | 0 | 0 | 0 |
| | 农村 | 小计 | 0 | 0 | 0 | 0 | 0 | 0 | 0 |
| | | 男 | 0 | 0 | 0 | 0 | 0 | 0 | 0 |
| | | 女 | 0 | 0 | 0 | 0 | 0 | 0 | 0 |
| 天津 | 城乡 | 小计 | 1 | 0 | 0 | 0 | 0 | 0 | 0 |
| | | 男 | 0 | 0 | 0 | 0 | 0 | 0 | 0 |
| | | 女 | 1 | 0 | 0 | 0 | 0 | 0 | 0 |
| | 城市 | 小计 | 1 | 0 | 0 | 0 | 0 | 0 | 0 |
| | | 男 | 0 | 0 | 0 | 0 | 0 | 0 | 0 |
| | | 女 | 1 | 0 | 0 | 0 | 0 | 0 | 0 |
| | 农村 | 小计 | 0 | 0 | 0 | 0 | 0 | 0 | 0 |
| | | 男 | 0 | 0 | 0 | 0 | 0 | 0 | 0 |
| | | 女 | 0 | 0 | 0 | 0 | 0 | 0 | 0 |
| 河北 | 城乡 | 小计 | 0 | 0 | 0 | 0 | 0 | 0 | 0 |
| | | 男 | 0 | 0 | 0 | 0 | 0 | 0 | 0 |
| | | 女 | 0 | 0 | 0 | 0 | 0 | 0 | 0 |
| | 城市 | 小计 | 0 | 0 | 0 | 0 | 0 | 0 | 0 |
| | | 男 | 0 | 0 | 0 | 0 | 0 | 0 | 0 |
| | | 女 | 0 | 0 | 0 | 0 | 0 | 0 | 0 |
| | 农村 | 小计 | 0 | 0 | 0 | 0 | 0 | 0 | 0 |
| | | 男 | 0 | 0 | 0 | 0 | 0 | 0 | 0 |
| | | 女 | 0 | 0 | 0 | 0 | 0 | 0 | 0 |
| 山西 | 城乡 | 小计 | 0 | 0 | 0 | 0 | 0 | 0 | 0 |
| | | 男 | 0 | 0 | 0 | 0 | 0 | 0 | 0 |
| | | 女 | 0 | 0 | 0 | 0 | 0 | 0 | 0 |
| | 城市 | 小计 | 0 | 0 | 0 | 0 | 0 | 0 | 0 |
| | | 男 | 0 | 0 | 0 | 0 | 0 | 0 | 0 |
| | | 女 | 0 | 0 | 0 | 0 | 0 | 0 | 0 |
| | 农村 | 小计 | 0 | 0 | 0 | 0 | 0 | 0 | 0 |
| | | 男 | 0 | 0 | 0 | 0 | 0 | 0 | 0 |
| | | 女 | 0 | 0 | 0 | 0 | 0 | 0 | 0 |
| 内蒙古 | 城乡 | 小计 | 0 | 0 | 0 | 0 | 0 | 0 | 0 |
| | | 男 | 0 | 0 | 0 | 0 | 0 | 0 | 0 |
| | | 女 | 0 | 0 | 0 | 0 | 0 | 0 | 0 |
| | 城市 | 小计 | 0 | 0 | 0 | 0 | 0 | 0 | 0 |
| | | 男 | 0 | 0 | 0 | 0 | 0 | 0 | 0 |
| | | 女 | 0 | 0 | 0 | 0 | 0 | 0 | 0 |
| | 农村 | 小计 | 0 | 0 | 0 | 0 | 0 | 0 | 0 |
| | | 男 | 0 | 0 | 0 | 0 | 0 | 0 | 0 |
| | | 女 | 0 | 0 | 0 | 0 | 0 | 0 | 0 |
| 辽宁 | 城乡 | 小计 | 1 | 1 | 1 | 1 | 1 | 1 | 1 |
| | | 男 | 0 | 0 | 0 | 0 | 0 | 0 | 0 |

| 地区 | 城乡 | 性别 | $n$ | 水上交通工具累计使用时间 /（min/d） | | | | | |
| --- | --- | --- | --- | --- | --- | --- | --- | --- | --- |
| | | | | Mean | P5 | P25 | P50 | P75 | P95 |
| 辽宁 | 城乡 | 女 | 1 | 1 | 1 | 1 | 1 | 1 | 1 |
| | 城市 | 小计 | 1 | 1 | 1 | 1 | 1 | 1 | 1 |
| | | 男 | 0 | 0 | 0 | 0 | 0 | 0 | 0 |
| | | 女 | 1 | 1 | 1 | 1 | 1 | 1 | 1 |
| | 农村 | 小计 | 0 | 0 | 0 | 0 | 0 | 0 | 0 |
| | | 男 | 0 | 0 | 0 | 0 | 0 | 0 | 0 |
| | | 女 | 0 | 0 | 0 | 0 | 0 | 0 | 0 |
| 吉林 | 城乡 | 小计 | 1 | 20 | 20 | 20 | 20 | 20 | 20 |
| | | 男 | 0 | 0 | 0 | 0 | 0 | 0 | 0 |
| | | 女 | 1 | 20 | 20 | 20 | 20 | 20 | 20 |
| | 城市 | 小计 | 1 | 20 | 20 | 20 | 20 | 20 | 20 |
| | | 男 | 0 | 0 | 0 | 0 | 0 | 0 | 0 |
| | | 女 | 1 | 20 | 20 | 20 | 20 | 20 | 20 |
| | 农村 | 小计 | 0 | 0 | 0 | 0 | 0 | 0 | 0 |
| | | 男 | 0 | 0 | 0 | 0 | 0 | 0 | 0 |
| | | 女 | 0 | 0 | 0 | 0 | 0 | 0 | 0 |
| 黑龙江 | 城乡 | 小计 | 0 | 0 | 0 | 0 | 0 | 0 | 0 |
| | | 男 | 0 | 0 | 0 | 0 | 0 | 0 | 0 |
| | | 女 | 0 | 0 | 0 | 0 | 0 | 0 | 0 |
| | 城市 | 小计 | 0 | 0 | 0 | 0 | 0 | 0 | 0 |
| | | 男 | 0 | 0 | 0 | 0 | 0 | 0 | 0 |
| | | 女 | 0 | 0 | 0 | 0 | 0 | 0 | 0 |
| | 农村 | 小计 | 0 | 0 | 0 | 0 | 0 | 0 | 0 |
| | | 男 | 0 | 0 | 0 | 0 | 0 | 0 | 0 |
| | | 女 | 0 | 0 | 0 | 0 | 0 | 0 | 0 |
| 上海 | 城乡 | 小计 | 0 | 0 | 0 | 0 | 0 | 0 | 0 |
| | | 男 | 0 | 0 | 0 | 0 | 0 | 0 | 0 |
| | | 女 | 0 | 0 | 0 | 0 | 0 | 0 | 0 |
| | 城市 | 小计 | 0 | 0 | 0 | 0 | 0 | 0 | 0 |
| | | 男 | 0 | 0 | 0 | 0 | 0 | 0 | 0 |
| | | 女 | 0 | 0 | 0 | 0 | 0 | 0 | 0 |
| 江苏 | 城乡 | 小计 | 0 | 0 | 0 | 0 | 0 | 0 | 0 |
| | | 男 | 0 | 0 | 0 | 0 | 0 | 0 | 0 |
| | | 女 | 0 | 0 | 0 | 0 | 0 | 0 | 0 |
| | 城市 | 小计 | 0 | 0 | 0 | 0 | 0 | 0 | 0 |
| | | 男 | 0 | 0 | 0 | 0 | 0 | 0 | 0 |
| | | 女 | 0 | 0 | 0 | 0 | 0 | 0 | 0 |
| | 农村 | 小计 | 0 | 0 | 0 | 0 | 0 | 0 | 0 |
| | | 男 | 0 | 0 | 0 | 0 | 0 | 0 | 0 |
| | | 女 | 0 | 0 | 0 | 0 | 0 | 0 | 0 |
| 浙江 | 城乡 | 小计 | 1 | 15 | 15 | 15 | 15 | 15 | 15 |
| | | 男 | 0 | 0 | 0 | 0 | 0 | 0 | 0 |
| | | 女 | 1 | 15 | 15 | 15 | 15 | 15 | 15 |
| | 城市 | 小计 | 0 | 0 | 0 | 0 | 0 | 0 | 0 |
| | | 男 | 0 | 0 | 0 | 0 | 0 | 0 | 0 |
| | | 女 | 0 | 0 | 0 | 0 | 0 | 0 | 0 |
| | 农村 | 小计 | 1 | 15 | 15 | 15 | 15 | 15 | 15 |
| | | 男 | 0 | 0 | 0 | 0 | 0 | 0 | 0 |
| | | 女 | 1 | 15 | 15 | 15 | 15 | 15 | 15 |
| 安徽 | 城乡 | 小计 | 0 | 0 | 0 | 0 | 0 | 0 | 0 |
| | | 男 | 0 | 0 | 0 | 0 | 0 | 0 | 0 |
| | | 女 | 0 | 0 | 0 | 0 | 0 | 0 | 0 |
| | 城市 | 小计 | 0 | 0 | 0 | 0 | 0 | 0 | 0 |
| | | 男 | 0 | 0 | 0 | 0 | 0 | 0 | 0 |
| | | 女 | 0 | 0 | 0 | 0 | 0 | 0 | 0 |
| | 农村 | 小计 | 0 | 0 | 0 | 0 | 0 | 0 | 0 |
| | | 男 | 0 | 0 | 0 | 0 | 0 | 0 | 0 |
| | | 女 | 0 | 0 | 0 | 0 | 0 | 0 | 0 |

| 地区 | 城乡 | 性别 | n | 水上交通工具累计使用时间 / (min/d) | | | | | |
| --- | --- | --- | --- | --- | --- | --- | --- | --- | --- |
| | | | | Mean | P5 | P 25 | P50 | P 75 | P95 |
| 福建 | 城乡 | 小计 | 2 | 27 | 20 | 20 | 30 | 30 | 30 |
| | | 男 | 0 | 0 | 0 | 0 | 0 | 0 | 0 |
| | | 女 | 2 | 27 | 20 | 20 | 30 | 30 | 30 |
| | 城市 | 小计 | 0 | 0 | 0 | 0 | 0 | 0 | 0 |
| | | 男 | 0 | 0 | 0 | 0 | 0 | 0 | 0 |
| | | 女 | 0 | 0 | 0 | 0 | 0 | 0 | 0 |
| | 农村 | 小计 | 2 | 27 | 20 | 20 | 30 | 30 | 30 |
| | | 男 | 0 | 0 | 0 | 0 | 0 | 0 | 0 |
| | | 女 | 2 | 27 | 20 | 20 | 30 | 30 | 30 |
| 江西 | 城乡 | 小计 | 0 | 0 | 0 | 0 | 0 | 0 | 0 |
| | | 男 | 0 | 0 | 0 | 0 | 0 | 0 | 0 |
| | | 女 | 0 | 0 | 0 | 0 | 0 | 0 | 0 |
| | 城市 | 小计 | 0 | 0 | 0 | 0 | 0 | 0 | 0 |
| | | 男 | 0 | 0 | 0 | 0 | 0 | 0 | 0 |
| | | 女 | 0 | 0 | 0 | 0 | 0 | 0 | 0 |
| | 农村 | 小计 | 0 | 0 | 0 | 0 | 0 | 0 | 0 |
| | | 男 | 0 | 0 | 0 | 0 | 0 | 0 | 0 |
| | | 女 | 0 | 0 | 0 | 0 | 0 | 0 | 0 |
| 山东 | 城乡 | 小计 | 0 | 0 | 0 | 0 | 0 | 0 | 0 |
| | | 男 | 0 | 0 | 0 | 0 | 0 | 0 | 0 |
| | | 女 | 0 | 0 | 0 | 0 | 0 | 0 | 0 |
| | 城市 | 小计 | 0 | 0 | 0 | 0 | 0 | 0 | 0 |
| | | 男 | 0 | 0 | 0 | 0 | 0 | 0 | 0 |
| | | 女 | 0 | 0 | 0 | 0 | 0 | 0 | 0 |
| | 农村 | 小计 | 0 | 0 | 0 | 0 | 0 | 0 | 0 |
| | | 男 | 0 | 0 | 0 | 0 | 0 | 0 | 0 |
| | | 女 | 0 | 0 | 0 | 0 | 0 | 0 | 0 |
| 河南 | 城乡 | 小计 | 0 | 0 | 0 | 0 | 0 | 0 | 0 |
| | | 男 | 0 | 0 | 0 | 0 | 0 | 0 | 0 |
| | | 女 | 0 | 0 | 0 | 0 | 0 | 0 | 0 |
| | 城市 | 小计 | 0 | 0 | 0 | 0 | 0 | 0 | 0 |
| | | 男 | 0 | 0 | 0 | 0 | 0 | 0 | 0 |
| | | 女 | 0 | 0 | 0 | 0 | 0 | 0 | 0 |
| | 农村 | 小计 | 0 | 0 | 0 | 0 | 0 | 0 | 0 |
| | | 男 | 0 | 0 | 0 | 0 | 0 | 0 | 0 |
| | | 女 | 0 | 0 | 0 | 0 | 0 | 0 | 0 |
| 湖北 | 城乡 | 小计 | 1 | 10 | 10 | 10 | 10 | 10 | 10 |
| | | 男 | 1 | 10 | 10 | 10 | 10 | 10 | 10 |
| | | 女 | 0 | 0 | 0 | 0 | 0 | 0 | 0 |
| | 城市 | 小计 | 1 | 10 | 10 | 10 | 10 | 10 | 10 |
| | | 男 | 1 | 10 | 10 | 10 | 10 | 10 | 10 |
| | | 女 | 0 | 0 | 0 | 0 | 0 | 0 | 0 |
| | 农村 | 小计 | 0 | 0 | 0 | 0 | 0 | 0 | 0 |
| | | 男 | 0 | 0 | 0 | 0 | 0 | 0 | 0 |
| | | 女 | 0 | 0 | 0 | 0 | 0 | 0 | 0 |
| 湖南 | 城乡 | 小计 | 0 | 0 | 0 | 0 | 0 | 0 | 0 |
| | | 男 | 0 | 0 | 0 | 0 | 0 | 0 | 0 |
| | | 女 | 0 | 0 | 0 | 0 | 0 | 0 | 0 |
| | 城市 | 小计 | 0 | 0 | 0 | 0 | 0 | 0 | 0 |
| | | 男 | 0 | 0 | 0 | 0 | 0 | 0 | 0 |
| | | 女 | 0 | 0 | 0 | 0 | 0 | 0 | 0 |
| | 农村 | 小计 | 0 | 0 | 0 | 0 | 0 | 0 | 0 |
| | | 男 | 0 | 0 | 0 | 0 | 0 | 0 | 0 |
| | | 女 | 0 | 0 | 0 | 0 | 0 | 0 | 0 |
| 广东 | 城乡 | 小计 | 4 | 12 | 5 | 10 | 15 | 15 | 15 |
| | | 男 | 1 | 15 | 15 | 15 | 15 | 15 | 15 |
| | | 女 | 3 | 10 | 5 | 5 | 10 | 15 | 15 |
| | 城市 | 小计 | 4 | 12 | 5 | 10 | 15 | 15 | 15 |

| 地区 | 城乡 | 性别 | $n$ | 水上交通工具累计使用时间 /（min/d） | | | | | |
|---|---|---|---|---|---|---|---|---|---|
| | | | | Mean | P5 | P 25 | P50 | P 75 | P95 |
| 广东 | 城市 | 男 | 1 | 15 | 15 | 15 | 15 | 15 | 15 |
| | | 女 | 3 | 10 | 5 | 5 | 10 | 15 | 15 |
| | 农村 | 小计 | 0 | 0 | 0 | 0 | 0 | 0 | 0 |
| | | 男 | 0 | 0 | 0 | 0 | 0 | 0 | 0 |
| | | 女 | 0 | 0 | 0 | 0 | 0 | 0 | 0 |
| 广西 | 城乡 | 小计 | 1 | 0 | 0 | 0 | 0 | 0 | 0 |
| | | 男 | 1 | 0 | 0 | 0 | 0 | 0 | 0 |
| | | 女 | 0 | 0 | 0 | 0 | 0 | 0 | 0 |
| | 城市 | 小计 | 0 | 0 | 0 | 0 | 0 | 0 | 0 |
| | | 男 | 0 | 0 | 0 | 0 | 0 | 0 | 0 |
| | | 女 | 0 | 0 | 0 | 0 | 0 | 0 | 0 |
| | 农村 | 小计 | 1 | 0 | 0 | 0 | 0 | 0 | 0 |
| | | 男 | 1 | 0 | 0 | 0 | 0 | 0 | 0 |
| | | 女 | 0 | 0 | 0 | 0 | 0 | 0 | 0 |
| 海南 | 城乡 | 小计 | 0 | 0 | 0 | 0 | 0 | 0 | 0 |
| | | 男 | 0 | 0 | 0 | 0 | 0 | 0 | 0 |
| | | 女 | 0 | 0 | 0 | 0 | 0 | 0 | 0 |
| | 城市 | 小计 | 0 | 0 | 0 | 0 | 0 | 0 | 0 |
| | | 男 | 0 | 0 | 0 | 0 | 0 | 0 | 0 |
| | | 女 | 0 | 0 | 0 | 0 | 0 | 0 | 0 |
| | 农村 | 小计 | 0 | 0 | 0 | 0 | 0 | 0 | 0 |
| | | 男 | 0 | 0 | 0 | 0 | 0 | 0 | 0 |
| | | 女 | 0 | 0 | 0 | 0 | 0 | 0 | 0 |
| 重庆 | 城乡 | 小计 | 1 | 40 | 40 | 40 | 40 | 40 | 40 |
| | | 男 | 1 | 40 | 40 | 40 | 40 | 40 | 40 |
| | | 女 | 0 | 0 | 0 | 0 | 0 | 0 | 0 |
| | 城市 | 小计 | 1 | 40 | 40 | 40 | 40 | 40 | 40 |
| | | 男 | 1 | 40 | 40 | 40 | 40 | 40 | 40 |
| | | 女 | 0 | 0 | 0 | 0 | 0 | 0 | 0 |
| | 农村 | 小计 | 0 | 0 | 0 | 0 | 0 | 0 | 0 |
| | | 男 | 0 | 0 | 0 | 0 | 0 | 0 | 0 |
| | | 女 | 0 | 0 | 0 | 0 | 0 | 0 | 0 |
| 四川 | 城乡 | 小计 | 0 | 0 | 0 | 0 | 0 | 0 | 0 |
| | | 男 | 0 | 0 | 0 | 0 | 0 | 0 | 0 |
| | | 女 | 0 | 0 | 0 | 0 | 0 | 0 | 0 |
| | 城市 | 小计 | 0 | 0 | 0 | 0 | 0 | 0 | 0 |
| | | 男 | 0 | 0 | 0 | 0 | 0 | 0 | 0 |
| | | 女 | 0 | 0 | 0 | 0 | 0 | 0 | 0 |
| | 农村 | 小计 | 0 | 0 | 0 | 0 | 0 | 0 | 0 |
| | | 男 | 0 | 0 | 0 | 0 | 0 | 0 | 0 |
| | | 女 | 0 | 0 | 0 | 0 | 0 | 0 | 0 |
| 贵州 | 城乡 | 小计 | 1 | 10 | 10 | 10 | 10 | 10 | 10 |
| | | 男 | 0 | 0 | 0 | 0 | 0 | 0 | 0 |
| | | 女 | 1 | 10 | 10 | 10 | 10 | 10 | 10 |
| | 城市 | 小计 | 0 | 0 | 0 | 0 | 0 | 0 | 0 |
| | | 男 | 0 | 0 | 0 | 0 | 0 | 0 | 0 |
| | | 女 | 0 | 0 | 0 | 0 | 0 | 0 | 0 |
| | 农村 | 小计 | 1 | 10 | 10 | 10 | 10 | 10 | 10 |
| | | 男 | 0 | 0 | 0 | 0 | 0 | 0 | 0 |
| | | 女 | 1 | 10 | 10 | 10 | 10 | 10 | 10 |
| 云南 | 城乡 | 小计 | 0 | 0 | 0 | 0 | 0 | 0 | 0 |
| | | 男 | 0 | 0 | 0 | 0 | 0 | 0 | 0 |
| | | 女 | 0 | 0 | 0 | 0 | 0 | 0 | 0 |
| | 城市 | 小计 | 0 | 0 | 0 | 0 | 0 | 0 | 0 |
| | | 男 | 0 | 0 | 0 | 0 | 0 | 0 | 0 |
| | | 女 | 0 | 0 | 0 | 0 | 0 | 0 | 0 |
| | 农村 | 小计 | 0 | 0 | 0 | 0 | 0 | 0 | 0 |
| | | 男 | 0 | 0 | 0 | 0 | 0 | 0 | 0 |

| 地区 | 城乡 | 性别 | n | 水上交通工具累计使用时间 /（min/d） | | | | | |
|---|---|---|---|---|---|---|---|---|---|
| | | | | Mean | P5 | P 25 | P50 | P 75 | P95 |
| 云南 | 农村 | 女 | 0 | 0 | 0 | 0 | 0 | 0 | 0 |
| | | 小计 | 0 | 0 | 0 | 0 | 0 | 0 | 0 |
| | 城乡 | 男 | 0 | 0 | 0 | 0 | 0 | 0 | 0 |
| | | 女 | 0 | 0 | 0 | 0 | 0 | 0 | 0 |
| | | 小计 | 0 | 0 | 0 | 0 | 0 | 0 | 0 |
| 西藏 | 城市 | 男 | 0 | 0 | 0 | 0 | 0 | 0 | 0 |
| | | 女 | 0 | 0 | 0 | 0 | 0 | 0 | 0 |
| | | 小计 | 0 | 0 | 0 | 0 | 0 | 0 | 0 |
| | 农村 | 男 | 0 | 0 | 0 | 0 | 0 | 0 | 0 |
| | | 女 | 0 | 0 | 0 | 0 | 0 | 0 | 0 |
| | | 小计 | 0 | 0 | 0 | 0 | 0 | 0 | 0 |
| | 城乡 | 男 | 0 | 0 | 0 | 0 | 0 | 0 | 0 |
| | | 女 | 0 | 0 | 0 | 0 | 0 | 0 | 0 |
| | | 小计 | 0 | 0 | 0 | 0 | 0 | 0 | 0 |
| 陕西 | 城市 | 男 | 0 | 0 | 0 | 0 | 0 | 0 | 0 |
| | | 女 | 0 | 0 | 0 | 0 | 0 | 0 | 0 |
| | | 小计 | 0 | 0 | 0 | 0 | 0 | 0 | 0 |
| | 农村 | 男 | 0 | 0 | 0 | 0 | 0 | 0 | 0 |
| | | 女 | 0 | 0 | 0 | 0 | 0 | 0 | 0 |
| | | 小计 | 0 | 0 | 0 | 0 | 0 | 0 | 0 |
| | 城乡 | 男 | 0 | 0 | 0 | 0 | 0 | 0 | 0 |
| | | 女 | 0 | 0 | 0 | 0 | 0 | 0 | 0 |
| | | 小计 | 0 | 0 | 0 | 0 | 0 | 0 | 0 |
| 甘肃 | 城市 | 男 | 0 | 0 | 0 | 0 | 0 | 0 | 0 |
| | | 女 | 0 | 0 | 0 | 0 | 0 | 0 | 0 |
| | | 小计 | 0 | 0 | 0 | 0 | 0 | 0 | 0 |
| | 农村 | 男 | 0 | 0 | 0 | 0 | 0 | 0 | 0 |
| | | 女 | 0 | 0 | 0 | 0 | 0 | 0 | 0 |
| | | 小计 | 1 | 1 | 1 | 1 | 1 | 1 | 1 |
| | 城乡 | 男 | 1 | 1 | 1 | 1 | 1 | 1 | 1 |
| | | 女 | 0 | 0 | 0 | 0 | 0 | 0 | 0 |
| | | 小计 | 1 | 1 | 1 | 1 | 1 | 1 | 1 |
| 青海 | 城市 | 男 | 1 | 1 | 1 | 1 | 1 | 1 | 1 |
| | | 女 | 0 | 0 | 0 | 0 | 0 | 0 | 0 |
| | | 小计 | 0 | 0 | 0 | 0 | 0 | 0 | 0 |
| | 农村 | 男 | 0 | 0 | 0 | 0 | 0 | 0 | 0 |
| | | 女 | 0 | 0 | 0 | 0 | 0 | 0 | 0 |
| | | 小计 | 0 | 0 | 0 | 0 | 0 | 0 | 0 |
| | 城乡 | 男 | 0 | 0 | 0 | 0 | 0 | 0 | 0 |
| | | 女 | 0 | 0 | 0 | 0 | 0 | 0 | 0 |
| | | 小计 | 0 | 0 | 0 | 0 | 0 | 0 | 0 |
| 宁夏 | 城市 | 男 | 0 | 0 | 0 | 0 | 0 | 0 | 0 |
| | | 女 | 0 | 0 | 0 | 0 | 0 | 0 | 0 |
| | | 小计 | 0 | 0 | 0 | 0 | 0 | 0 | 0 |
| | 农村 | 男 | 0 | 0 | 0 | 0 | 0 | 0 | 0 |
| | | 女 | 0 | 0 | 0 | 0 | 0 | 0 | 0 |
| | | 小计 | 0 | 0 | 0 | 0 | 0 | 0 | 0 |
| | 城乡 | 男 | 0 | 0 | 0 | 0 | 0 | 0 | 0 |
| | | 女 | 0 | 0 | 0 | 0 | 0 | 0 | 0 |
| | | 小计 | 0 | 0 | 0 | 0 | 0 | 0 | 0 |
| 新疆 | 城市 | 男 | 0 | 0 | 0 | 0 | 0 | 0 | 0 |
| | | 女 | 0 | 0 | 0 | 0 | 0 | 0 | 0 |
| | | 小计 | 0 | 0 | 0 | 0 | 0 | 0 | 0 |
| | 农村 | 男 | 0 | 0 | 0 | 0 | 0 | 0 | 0 |
| | | 女 | 0 | 0 | 0 | 0 | 0 | 0 | 0 |

## 附表 6-54 中国人群分省（直辖市、自治区）、城乡、性别的其他交通工具累计使用时间

| 地区 | 城乡 | 性别 | n | 其他交通工具累计使用时间 /（min/d） | | | | | |
|---|---|---|---|---|---|---|---|---|---|
| | | | | Mean | P5 | P 25 | P50 | P 75 | P95 |
| 合计 | 城乡 | 小计 | 789 | 129 | 15 | 30 | 60 | 180 | 480 |
| | | 男 | 488 | 147 | 15 | 40 | 80 | 240 | 480 |
| | | 女 | 301 | 74 | 10 | 30 | 40 | 90 | 240 |
| | 城市 | 小计 | 202 | 158 | 20 | 40 | 100 | 240 | 480 |
| | | 男 | 143 | 176 | 20 | 60 | 120 | 300 | 480 |
| | | 女 | 59 | 67 | 20 | 30 | 60 | 90 | 180 |
| | 农村 | 小计 | 587 | 115 | 10 | 30 | 60 | 120 | 420 |
| | | 男 | 345 | 131 | 15 | 30 | 60 | 180 | 420 |
| | | 女 | 242 | 76 | 10 | 25 | 40 | 120 | 240 |
| 北京 | 城乡 | 小计 | 1 | 130 | 130 | 130 | 130 | 130 | 130 |
| | | 男 | 1 | 130 | 130 | 130 | 130 | 130 | 130 |
| | | 女 | 0 | 0 | 0 | 0 | 0 | 0 | 0 |
| | 城市 | 小计 | 0 | 0 | 0 | 0 | 0 | 0 | 0 |
| | | 男 | 0 | 0 | 0 | 0 | 0 | 0 | 0 |
| | | 女 | 0 | 0 | 0 | 0 | 0 | 0 | 0 |
| | 农村 | 小计 | 1 | 130 | 130 | 130 | 130 | 130 | 130 |
| | | 男 | 1 | 130 | 130 | 130 | 130 | 130 | 130 |
| | | 女 | 0 | 0 | 0 | 0 | 0 | 0 | 0 |
| 天津 | 城乡 | 小计 | 8 | 235 | 140 | 160 | 240 | 300 | 360 |
| | | 男 | 7 | 235 | 140 | 160 | 240 | 300 | 360 |
| | | 女 | 1 | 0 | 0 | 0 | 0 | 0 | 0 |
| | 城市 | 小计 | 8 | 235 | 140 | 160 | 240 | 300 | 360 |
| | | 男 | 7 | 235 | 140 | 160 | 240 | 300 | 360 |
| | | 女 | 1 | 0 | 0 | 0 | 0 | 0 | 0 |
| | 农村 | 小计 | 0 | 0 | 0 | 0 | 0 | 0 | 0 |
| | | 男 | 0 | 0 | 0 | 0 | 0 | 0 | 0 |
| | | 女 | 0 | 0 | 0 | 0 | 0 | 0 | 0 |
| 河北 | 城乡 | 小计 | 34 | 109 | 30 | 60 | 90 | 120 | 180 |
| | | 男 | 20 | 123 | 60 | 60 | 90 | 120 | 600 |
| | | 女 | 14 | 84 | 4 | 60 | 60 | 120 | 180 |
| | 城市 | 小计 | 5 | 233 | 60 | 60 | 60 | 600 | 600 |
| | | 男 | 5 | 233 | 60 | 60 | 60 | 600 | 600 |
| | | 女 | 0 | 0 | 0 | 0 | 0 | 0 | 0 |
| | 农村 | 小计 | 29 | 90 | 30 | 60 | 90 | 120 | 180 |
| | | 男 | 15 | 95 | 60 | 60 | 90 | 120 | 180 |
| | | 女 | 14 | 84 | 4 | 60 | 60 | 120 | 180 |
| 山西 | 城乡 | 小计 | 8 | 92 | 1 | 20 | 80 | 120 | 480 |
| | | 男 | 7 | 95 | 1 | 20 | 80 | 120 | 480 |
| | | 女 | 1 | 30 | 30 | 30 | 30 | 30 | 30 |
| | 城市 | 小计 | 4 | 60 | 20 | 20 | 30 | 80 | 120 |
| | | 男 | 4 | 60 | 20 | 20 | 30 | 80 | 120 |
| | | 女 | 0 | 0 | 0 | 0 | 0 | 0 | 0 |
| | 农村 | 小计 | 4 | 132 | 1 | 1 | 120 | 120 | 480 |
| | | 男 | 3 | 144 | 1 | 1 | 120 | 120 | 480 |
| | | 女 | 1 | 30 | 30 | 30 | 30 | 30 | 30 |
| 内蒙古 | 城乡 | 小计 | 9 | 63 | 25 | 30 | 50 | 60 | 240 |
| | | 男 | 3 | 91 | 30 | 30 | 60 | 60 | 240 |
| | | 女 | 6 | 38 | 25 | 25 | 30 | 50 | 60 |
| | 城市 | 小计 | 2 | 240 | 240 | 240 | 240 | 240 | 240 |
| | | 男 | 1 | 240 | 240 | 240 | 240 | 240 | 240 |
| | | 女 | 1 | 0 | 0 | 0 | 0 | 0 | 0 |
| | 农村 | 小计 | 7 | 42 | 25 | 30 | 30 | 60 | 60 |
| | | 男 | 2 | 47 | 30 | 30 | 60 | 60 | 60 |
| | | 女 | 5 | 38 | 25 | 25 | 30 | 50 | 60 |
| 辽宁 | 城乡 | 小计 | 21 | 151 | 5 | 30 | 60 | 240 | 480 |
| | | 男 | 15 | 170 | 20 | 30 | 60 | 300 | 720 |

| 地区 | 城乡 | 性别 | n | 其他交通工具累计使用时间 /（min/d） | | | | | |
|---|---|---|---|---|---|---|---|---|---|
| | | | | Mean | P5 | P 25 | P50 | P 75 | P95 |
| 辽宁 | 城乡 | 女 | 6 | 96 | 5 | 20 | 70 | 180 | 240 |
| | 城市 | 小计 | 12 | 115 | 20 | 30 | 60 | 100 | 480 |
| | | 男 | 10 | 122 | 20 | 20 | 30 | 120 | 480 |
| | | 女 | 2 | 80 | 70 | 70 | 70 | 100 | 100 |
| | 农村 | 小计 | 9 | 203 | 5 | 30 | 180 | 300 | 720 |
| | | 男 | 5 | 272 | 30 | 60 | 300 | 300 | 720 |
| | | 女 | 4 | 106 | 5 | 5 | 20 | 180 | 240 |
| 吉林 | 城乡 | 小计 | 11 | 63 | 10 | 20 | 60 | 120 | 120 |
| | | 男 | 9 | 57 | 10 | 20 | 20 | 120 | 120 |
| | | 女 | 2 | 95 | 80 | 80 | 80 | 120 | 120 |
| | 城市 | 小计 | 5 | 61 | 10 | 20 | 80 | 120 | 120 |
| | | 男 | 3 | 46 | 10 | 10 | 20 | 120 | 120 |
| | | 女 | 2 | 95 | 80 | 80 | 80 | 120 | 120 |
| | 农村 | 小计 | 6 | 64 | 20 | 20 | 60 | 120 | 120 |
| | | 男 | 6 | 64 | 20 | 20 | 60 | 120 | 120 |
| | | 女 | 0 | 0 | 0 | 0 | 0 | 0 | 0 |
| 黑龙江 | 城乡 | 小计 | 189 | 101 | 10 | 30 | 60 | 160 | 300 |
| | | 男 | 104 | 106 | 20 | 30 | 60 | 160 | 240 |
| | | 女 | 85 | 93 | 10 | 20 | 40 | 120 | 300 |
| | 城市 | 小计 | 27 | 137 | 20 | 40 | 130 | 240 | 300 |
| | | 男 | 17 | 157 | 10 | 60 | 180 | 240 | 300 |
| | | 女 | 10 | 97 | 20 | 20 | 60 | 180 | 300 |
| | 农村 | 小计 | 162 | 96 | 10 | 30 | 60 | 120 | 240 |
| | | 男 | 87 | 98 | 20 | 30 | 60 | 120 | 240 |
| | | 女 | 75 | 93 | 10 | 30 | 40 | 120 | 240 |
| 上海 | 城乡 | 小计 | 3 | 72 | 2 | 20 | 120 | 120 | 120 |
| | | 男 | 2 | 84 | 20 | 20 | 120 | 120 | 120 |
| | | 女 | 1 | 2 | 2 | 2 | 2 | 2 | 2 |
| | 城市 | 小计 | 3 | 72 | 2 | 20 | 120 | 120 | 120 |
| | | 男 | 2 | 84 | 20 | 20 | 120 | 120 | 120 |
| | | 女 | 1 | 2 | 2 | 2 | 2 | 2 | 2 |
| 江苏 | 城乡 | 小计 | 9 | 258 | 20 | 90 | 120 | 600 | 600 |
| | | 男 | 7 | 278 | 30 | 90 | 120 | 600 | 600 |
| | | 女 | 2 | 20 | 20 | 20 | 20 | 20 | 20 |
| | 城市 | 小计 | 6 | 299 | 30 | 100 | 120 | 600 | 600 |
| | | 男 | 6 | 299 | 30 | 100 | 120 | 600 | 600 |
| | | 女 | 0 | 0 | 0 | 0 | 0 | 0 | 0 |
| | 农村 | 小计 | 3 | 59 | 20 | 20 | 90 | 90 | 90 |
| | | 男 | 1 | 90 | 90 | 90 | 90 | 90 | 90 |
| | | 女 | 2 | 20 | 20 | 20 | 20 | 20 | 20 |
| 浙江 | 城乡 | 小计 | 45 | 106 | 15 | 30 | 60 | 180 | 360 |
| | | 男 | 42 | 109 | 20 | 30 | 60 | 180 | 360 |
| | | 女 | 3 | 29 | 12 | 12 | 12 | 80 | 80 |
| | 城市 | 小计 | 7 | 91 | 20 | 30 | 60 | 180 | 240 |
| | | 男 | 7 | 91 | 20 | 30 | 60 | 180 | 240 |
| | | 女 | 0 | 0 | 0 | 0 | 0 | 0 | 0 |
| | 农村 | 小计 | 38 | 109 | 12 | 30 | 60 | 120 | 480 |
| | | 男 | 35 | 112 | 20 | 30 | 60 | 180 | 480 |
| | | 女 | 3 | 29 | 12 | 12 | 12 | 80 | 80 |
| 安徽 | 城乡 | 小计 | 33 | 55 | 15 | 30 | 40 | 60 | 120 |
| | | 男 | 12 | 65 | 10 | 20 | 40 | 120 | 180 |
| | | 女 | 21 | 48 | 15 | 30 | 40 | 60 | 120 |
| | 城市 | 小计 | 28 | 54 | 10 | 30 | 50 | 60 | 120 |
| | | 男 | 9 | 54 | 10 | 30 | 40 | 60 | 180 |
| | | 女 | 19 | 53 | 20 | 30 | 50 | 60 | 120 |
| | 农村 | 小计 | 5 | 58 | 15 | 20 | 40 | 120 | 120 |
| | | 男 | 3 | 74 | 20 | 20 | 120 | 120 | 120 |
| | | 女 | 2 | 27 | 15 | 15 | 15 | 40 | 40 |

| 地区 | 城乡 | 性别 | $n$ | 其他交通工具累计使用时间 /（min/d） | | | | | |
| --- | --- | --- | --- | --- | --- | --- | --- | --- | --- |
| | | | | Mean | P5 | P 25 | P50 | P 75 | P95 |
| 福建 | 城乡 | 小计 | 8 | 258 | 40 | 240 | 300 | 300 | 480 |
| | | 男 | 5 | 307 | 240 | 240 | 300 | 300 | 480 |
| | | 女 | 3 | 48 | 40 | 40 | 40 | 60 | 60 |
| | 城市 | 小计 | 3 | 368 | 300 | 300 | 300 | 480 | 480 |
| | | 男 | 2 | 376 | 300 | 300 | 300 | 480 | 480 |
| | | 女 | 1 | 30 | 30 | 30 | 30 | 30 | 30 |
| | 农村 | 小计 | 5 | 208 | 40 | 60 | 240 | 300 | 300 |
| | | 男 | 3 | 266 | 240 | 240 | 240 | 300 | 300 |
| | | 女 | 2 | 49 | 40 | 40 | 40 | 60 | 60 |
| 江西 | 城乡 | 小计 | 13 | 189 | 30 | 60 | 120 | 300 | 600 |
| | | 男 | 10 | 214 | 60 | 60 | 240 | 300 | 600 |
| | | 女 | 3 | 30 | 30 | 30 | 30 | 30 | 30 |
| | 城市 | 小计 | 7 | 246 | 60 | 60 | 240 | 360 | 600 |
| | | 男 | 7 | 246 | 60 | 60 | 240 | 360 | 600 |
| | | 女 | 0 | 0 | 0 | 0 | 0 | 0 | 0 |
| | 农村 | 小计 | 6 | 114 | 30 | 30 | 60 | 300 | 300 |
| | | 男 | 3 | 152 | 60 | 60 | 60 | 300 | 300 |
| | | 女 | 3 | 30 | 30 | 30 | 30 | 30 | 30 |
| 山东 | 城乡 | 小计 | 38 | 159 | 20 | 40 | 120 | 300 | 420 |
| | | 男 | 33 | 162 | 20 | 40 | 120 | 300 | 480 |
| | | 女 | 5 | 114 | 60 | 60 | 120 | 120 | 180 |
| | 城市 | 小计 | 11 | 169 | 20 | 90 | 180 | 300 | 300 |
| | | 男 | 11 | 169 | 20 | 90 | 180 | 300 | 300 |
| | | 女 | 0 | 0 | 0 | 0 | 0 | 0 | 0 |
| | 农村 | 小计 | 27 | 150 | 30 | 40 | 60 | 180 | 480 |
| | | 男 | 22 | 155 | 30 | 40 | 60 | 300 | 480 |
| | | 女 | 5 | 114 | 60 | 60 | 120 | 120 | 180 |
| 河南 | 城乡 | 小计 | 5 | 253 | 60 | 60 | 80 | 480 | 480 |
| | | 男 | 3 | 303 | 60 | 80 | 480 | 480 | 480 |
| | | 女 | 2 | 62 | 60 | 60 | 60 | 60 | 90 |
| | 城市 | 小计 | 4 | 299 | 60 | 80 | 480 | 480 | 480 |
| | | 男 | 3 | 303 | 60 | 80 | 480 | 480 | 480 |
| | | 女 | 1 | 90 | 90 | 90 | 90 | 90 | 90 |
| | 农村 | 小计 | 1 | 60 | 60 | 60 | 60 | 60 | 60 |
| | | 男 | 0 | 0 | 0 | 0 | 0 | 0 | 0 |
| | | 女 | 1 | 60 | 60 | 60 | 60 | 60 | 60 |
| 湖北 | 城乡 | 小计 | 10 | 153 | 6 | 60 | 60 | 180 | 500 |
| | | 男 | 8 | 153 | 6 | 30 | 60 | 240 | 500 |
| | | 女 | 2 | 149 | 60 | 60 | 180 | 180 | 180 |
| | 城市 | 小计 | 6 | 201 | 6 | 60 | 180 | 240 | 480 |
| | | 男 | 4 | 218 | 6 | 6 | 240 | 240 | 480 |
| | | 女 | 2 | 149 | 60 | 60 | 180 | 180 | 180 |
| | 农村 | 小计 | 4 | 108 | 30 | 30 | 60 | 60 | 500 |
| | | 男 | 4 | 108 | 30 | 30 | 60 | 60 | 500 |
| | | 女 | 0 | 0 | 0 | 0 | 0 | 0 | 0 |
| 湖南 | 城乡 | 小计 | 17 | 180 | 10 | 60 | 90 | 360 | 420 |
| | | 男 | 16 | 184 | 10 | 60 | 90 | 360 | 420 |
| | | 女 | 1 | 60 | 60 | 60 | 60 | 60 | 60 |
| | 城市 | 小计 | 2 | 25 | 15 | 15 | 15 | 40 | 40 |
| | | 男 | 2 | 25 | 15 | 15 | 15 | 40 | 40 |
| | | 女 | 0 | 0 | 0 | 0 | 0 | 0 | 0 |
| | 农村 | 小计 | 15 | 196 | 10 | 60 | 120 | 360 | 420 |
| | | 男 | 14 | 201 | 10 | 60 | 180 | 360 | 420 |
| | | 女 | 1 | 60 | 60 | 60 | 60 | 60 | 60 |
| 广东 | 城乡 | 小计 | 5 | 167 | 30 | 30 | 60 | 300 | 300 |
| | | 男 | 3 | 206 | 30 | 60 | 300 | 300 | 300 |
| | | 女 | 2 | 30 | 30 | 30 | 30 | 30 | 30 |
| | 城市 | 小计 | 2 | 234 | 60 | 60 | 300 | 300 | 300 |

| 地区 | 城乡 | 性别 | *n* | 其他交通工具累计使用时间 /（min/d） | | | | | |
| --- | --- | --- | --- | --- | --- | --- | --- | --- | --- |
| | | | | Mean | P5 | P 25 | P50 | P 75 | P95 |
| 广东 | 城市 | 男 | 2 | 234 | 60 | 60 | 300 | 300 | 300 |
| | | 女 | 0 | 0 | 0 | 0 | 0 | 0 | 0 |
| | 农村 | 小计 | 3 | 30 | 30 | 30 | 30 | 30 | 30 |
| | | 男 | 1 | 30 | 30 | 30 | 30 | 30 | 30 |
| | | 女 | 2 | 30 | 30 | 30 | 30 | 30 | 30 |
| 广西 | 城乡 | 小计 | 8 | 222 | 10 | 120 | 200 | 420 | 420 |
| | | 男 | 5 | 254 | 90 | 120 | 200 | 420 | 420 |
| | | 女 | 3 | 16 | 0 | 0 | 10 | 30 | 30 |
| | 城市 | 小计 | 3 | 344 | 10 | 420 | 420 | 420 | 420 |
| | | 男 | 2 | 368 | 90 | 420 | 420 | 420 | 420 |
| | | 女 | 1 | 10 | 10 | 10 | 10 | 10 | 10 |
| | 农村 | 小计 | 5 | 124 | 0 | 120 | 120 | 200 | 200 |
| | | 男 | 3 | 148 | 120 | 120 | 120 | 200 | 200 |
| | | 女 | 2 | 17 | 0 | 0 | 30 | 30 | 30 |
| 海南 | 城乡 | 小计 | 17 | 81 | 10 | 30 | 30 | 60 | 420 |
| | | 男 | 11 | 109 | 10 | 30 | 40 | 120 | 420 |
| | | 女 | 6 | 27 | 10 | 30 | 30 | 30 | 30 |
| | 城市 | 小计 | 2 | 180 | 120 | 120 | 120 | 240 | 240 |
| | | 男 | 2 | 180 | 120 | 120 | 120 | 240 | 240 |
| | | 女 | 0 | 0 | 0 | 0 | 0 | 0 | 0 |
| | 农村 | 小计 | 15 | 70 | 10 | 30 | 30 | 40 | 420 |
| | | 男 | 9 | 96 | 10 | 25 | 30 | 60 | 420 |
| | | 女 | 6 | 27 | 10 | 30 | 30 | 30 | 30 |
| 重庆 | 城乡 | 小计 | 1 | 30 | 30 | 30 | 30 | 30 | 30 |
| | | 男 | 1 | 30 | 30 | 30 | 30 | 30 | 30 |
| | | 女 | 0 | 0 | 0 | 0 | 0 | 0 | 0 |
| | 城市 | 小计 | 0 | 0 | 0 | 0 | 0 | 0 | 0 |
| | | 男 | 0 | 0 | 0 | 0 | 0 | 0 | 0 |
| | | 女 | 0 | 0 | 0 | 0 | 0 | 0 | 0 |
| | 农村 | 小计 | 1 | 30 | 30 | 30 | 30 | 30 | 30 |
| | | 男 | 1 | 30 | 30 | 30 | 30 | 30 | 30 |
| | | 女 | 0 | 0 | 0 | 0 | 0 | 0 | 0 |
| 四川 | 城乡 | 小计 | 17 | 139 | 2 | 20 | 60 | 150 | 480 |
| | | 男 | 10 | 159 | 20 | 21 | 60 | 300 | 720 |
| | | 女 | 7 | 80 | 2 | 2 | 30 | 60 | 420 |
| | 城市 | 小计 | 7 | 138 | 21 | 60 | 120 | 300 | 300 |
| | | 男 | 5 | 152 | 21 | 60 | 150 | 300 | 300 |
| | | 女 | 2 | 48 | 20 | 20 | 60 | 60 | 60 |
| | 农村 | 小计 | 10 | 141 | 2 | 20 | 20 | 30 | 720 |
| | | 男 | 5 | 172 | 20 | 20 | 20 | 30 | 720 |
| | | 女 | 5 | 93 | 2 | 2 | 20 | 30 | 420 |
| 贵州 | 城乡 | 小计 | 31 | 109 | 15 | 40 | 60 | 120 | 350 |
| | | 男 | 21 | 129 | 10 | 40 | 90 | 180 | 360 |
| | | 女 | 10 | 66 | 30 | 40 | 50 | 60 | 180 |
| | 城市 | 小计 | 16 | 86 | 20 | 40 | 50 | 90 | 350 |
| | | 男 | 10 | 101 | 20 | 40 | 60 | 120 | 350 |
| | | 女 | 6 | 61 | 30 | 40 | 50 | 60 | 120 |
| | 农村 | 小计 | 15 | 142 | 10 | 40 | 120 | 300 | 360 |
| | | 男 | 11 | 160 | 10 | 40 | 120 | 300 | 360 |
| | | 女 | 4 | 80 | 30 | 40 | 40 | 180 | 180 |
| 云南 | 城乡 | 小计 | 44 | 170 | 10 | 30 | 67 | 300 | 600 |
| | | 男 | 34 | 180 | 10 | 40 | 120 | 310 | 480 |
| | | 女 | 10 | 127 | 10 | 20 | 30 | 60 | 600 |
| | 城市 | 小计 | 8 | 132 | 50 | 60 | 67 | 120 | 700 |
| | | 男 | 6 | 142 | 60 | 60 | 67 | 120 | 700 |
| | | 女 | 2 | 50 | 50 | 50 | 50 | 50 | 50 |
| | 农村 | 小计 | 36 | 178 | 10 | 20 | 60 | 330 | 600 |
| | | 男 | 28 | 189 | 10 | 30 | 120 | 360 | 480 |

| 地区 | 城乡 | 性别 | *n* | 其他交通工具累计使用时间 /（min/d） | | | | | |
|---|---|---|---|---|---|---|---|---|---|
| | | | | Mean | P5 | P 25 | P50 | P 75 | P95 |
| 云南 | 农村 | 女 | 8 | 135 | 10 | 20 | 30 | 120 | 600 |
| 西藏 | 城乡 | 小计 | 134 | 94 | 15 | 30 | 60 | 90 | 360 |
| | | 男 | 62 | 87 | 15 | 30 | 60 | 120 | 420 |
| | | 女 | 72 | 102 | 15 | 30 | 60 | 80 | 360 |
| | 城市 | 小计 | 0 | 0 | 0 | 0 | 0 | 0 | 0 |
| | | 男 | 0 | 0 | 0 | 0 | 0 | 0 | 0 |
| | | 女 | 0 | 0 | 0 | 0 | 0 | 0 | 0 |
| | 农村 | 小计 | 134 | 94 | 15 | 30 | 60 | 90 | 360 |
| | | 男 | 62 | 87 | 15 | 30 | 60 | 120 | 420 |
| | | 女 | 72 | 102 | 15 | 30 | 60 | 80 | 360 |
| 陕西 | 城乡 | 小计 | 3 | 60 | 1 | 1 | 30 | 120 | 120 |
| | | 男 | 3 | 60 | 1 | 1 | 30 | 120 | 120 |
| | | 女 | 0 | 0 | 0 | 0 | 0 | 0 | 0 |
| | 城市 | 小计 | 1 | 1 | 1 | 1 | 1 | 1 | 1 |
| | | 男 | 1 | 1 | 1 | 1 | 1 | 1 | 1 |
| | | 女 | 0 | 0 | 0 | 0 | 0 | 0 | 0 |
| | 农村 | 小计 | 2 | 90 | 30 | 30 | 120 | 120 | 120 |
| | | 男 | 2 | 90 | 30 | 30 | 120 | 120 | 120 |
| | | 女 | 0 | 0 | 0 | 0 | 0 | 0 | 0 |
| 甘肃 | 城乡 | 小计 | 12 | 105 | 10 | 20 | 20 | 20 | 600 |
| | | 男 | 4 | 295 | 20 | 20 | 480 | 480 | 600 |
| | | 女 | 8 | 19 | 10 | 20 | 20 | 20 | 20 |
| | 城市 | 小计 | 2 | 520 | 480 | 480 | 480 | 600 | 600 |
| | | 男 | 2 | 520 | 480 | 480 | 480 | 600 | 600 |
| | | 女 | 0 | 0 | 0 | 0 | 0 | 0 | 0 |
| | 农村 | 小计 | 10 | 19 | 10 | 20 | 20 | 20 | 20 |
| | | 男 | 2 | 20 | 20 | 20 | 20 | 20 | 20 |
| | | 女 | 8 | 19 | 10 | 20 | 20 | 20 | 20 |
| 青海 | 城乡 | 小计 | 29 | 60 | 2 | 30 | 40 | 60 | 180 |
| | | 男 | 15 | 57 | 2 | 20 | 40 | 60 | 180 |
| | | 女 | 14 | 64 | 10 | 30 | 60 | 60 | 180 |
| | 城市 | 小计 | 12 | 35 | 2 | 20 | 30 | 60 | 60 |
| | | 男 | 7 | 34 | 2 | 2 | 30 | 60 | 60 |
| | | 女 | 5 | 36 | 20 | 30 | 30 | 30 | 60 |
| | 农村 | 小计 | 17 | 100 | 10 | 40 | 60 | 180 | 300 |
| | | 男 | 8 | 101 | 20 | 30 | 60 | 120 | 300 |
| | | 女 | 9 | 99 | 10 | 60 | 60 | 180 | 240 |
| 宁夏 | 城乡 | 小计 | 6 | 206 | 30 | 50 | 120 | 120 | 720 |
| | | 男 | 4 | 249 | 50 | 60 | 120 | 720 | 720 |
| | | 女 | 2 | 79 | 30 | 30 | 120 | 120 | 120 |
| | 城市 | 小计 | 6 | 206 | 30 | 50 | 120 | 120 | 720 |
| | | 男 | 4 | 249 | 50 | 60 | 120 | 720 | 720 |
| | | 女 | 2 | 79 | 30 | 30 | 120 | 120 | 120 |
| | 农村 | 小计 | 0 | 0 | 0 | 0 | 0 | 0 | 0 |
| | | 男 | 0 | 0 | 0 | 0 | 0 | 0 | 0 |
| | | 女 | 0 | 0 | 0 | 0 | 0 | 0 | 0 |
| 新疆 | 城乡 | 小计 | 20 | 62 | 30 | 30 | 60 | 60 | 120 |
| | | 男 | 11 | 64 | 10 | 45 | 60 | 60 | 180 |
| | | 女 | 9 | 60 | 30 | 30 | 30 | 90 | 120 |
| | 城市 | 小计 | 3 | 125 | 80 | 80 | 90 | 180 | 180 |
| | | 男 | 2 | 137 | 80 | 80 | 180 | 180 | 180 |
| | | 女 | 1 | 90 | 90 | 90 | 90 | 90 | 90 |
| | 农村 | 小计 | 17 | 57 | 30 | 30 | 60 | 60 | 120 |
| | | 男 | 9 | 56 | 10 | 30 | 60 | 60 | 120 |
| | | 女 | 8 | 58 | 30 | 30 | 30 | 120 | 120 |

## 附表 6-55 中国人群分东中西、城乡、性别、年龄的总室内活动时间

| 地区 | 城乡 | 性别 | 年龄 | *n* | 总室内活动时间 /（min/d） | | | | | |
|---|---|---|---|---|---|---|---|---|---|---|
| | | | | | Mean | P5 | P25 | P50 | P75 | P95 |
| 合计 | 城乡 | 小计 | 小计 | 91 121 | 1 167 | 876 | 1 065 | 1 200 | 1 290 | 1 373 |
| | | | 18 ～ 44 岁 | 36 682 | 1 167 | 875 | 1 065 | 1 201 | 1 292 | 1 372 |
| | | | 45 ～ 59 岁 | 32 374 | 1 157 | 866 | 1 051 | 1 185 | 1 285 | 1 370 |
| | | | 60 ～ 79 岁 | 20 579 | 1 178 | 900 | 1 086 | 1 203 | 1 295 | 1 380 |
| | | | 80 岁及以上 | 1 486 | 1 228 | 945 | 1 164 | 1 260 | 1 331 | 1 398 |
| | | 男 | 小计 | 41 296 | 1 152 | 855 | 1 043 | 1 185 | 1 283 | 1 370 |
| | | | 18 ～ 44 岁 | 16 771 | 1 152 | 855 | 1 044 | 1 188 | 1 284 | 1 370 |
| | | | 45 ～ 59 岁 | 14 092 | 1 141 | 840 | 1 030 | 1 172 | 1 277 | 1 366 |
| | | | 60 ～ 79 岁 | 9 758 | 1 162 | 889 | 1 060 | 1 187 | 1 285 | 1 371 |
| | | | 80 岁及以上 | 675 | 1 213 | 923 | 1 140 | 1 230 | 1 320 | 1 392 |
| | | 女 | 小计 | 49 825 | 1 183 | 900 | 1 095 | 1 215 | 1 300 | 1 377 |
| | | | 18 ～ 44 岁 | 19 911 | 1 183 | 900 | 1 093 | 1 216 | 1 300 | 1 375 |
| | | | 45 ～ 59 岁 | 18 282 | 1 173 | 890 | 1 080 | 1 200 | 1 290 | 1 373 |
| | | | 60 ～ 79 岁 | 10 821 | 1 196 | 920 | 1 115 | 1 223 | 1 305 | 1 380 |
| | | | 80 岁及以上 | 811 | 1 240 | 970 | 1 180 | 1 270 | 1 340 | 1 406 |
| | 城市 | 小计 | 小计 | 41 826 | 1 198 | 900 | 1 120 | 1 239 | 1 313 | 1 380 |
| | | | 18 ～ 44 岁 | 16 636 | 1 201 | 895 | 1 125 | 1 245 | 1 314 | 1 380 |
| | | | 45 ～ 59 岁 | 14 746 | 1 188 | 885 | 1 105 | 1 228 | 1 307 | 1 379 |
| | | | 60 ～ 79 岁 | 9 698 | 1 202 | 930 | 1 130 | 1 230 | 1 310 | 1 380 |
| | | | 80 岁及以上 | 746 | 1 237 | 970 | 1 170 | 1 270 | 1 343 | 1 403 |
| | | 男 | 小计 | 18 455 | 1 184 | 870 | 1 097 | 1 229 | 1 305 | 1 379 |
| | | | 18 ～ 44 岁 | 7 538 | 1 186 | 864 | 1 097 | 1 234 | 1 307 | 1 379 |
| | | | 45 ～ 59 岁 | 6 267 | 1 177 | 856 | 1 082 | 1 217 | 1 303 | 1 376 |
| | | | 60 ～ 79 岁 | 4 327 | 1 191 | 903 | 1 114 | 1 218 | 1 303 | 1 380 |
| | | | 80 岁及以上 | 323 | 1 216 | 953 | 1 140 | 1 235 | 1 329 | 1 398 |
| | | 女 | 小计 | 23 371 | 1 212 | 926 | 1 140 | 1 246 | 1 319 | 1 381 |
| | | | 18 ～ 44 岁 | 9 098 | 1 216 | 925 | 1 150 | 1 251 | 1 320 | 1 381 |
| | | | 45 ～ 59 岁 | 8 479 | 1 200 | 910 | 1 123 | 1 236 | 1 311 | 1 380 |
| | | | 60 ～ 79 岁 | 5 371 | 1 213 | 950 | 1 141 | 1 243 | 1 315 | 1 381 |
| | | | 80 岁及以上 | 423 | 1 254 | 970 | 1 200 | 1 290 | 1 350 | 1 410 |
| | 农村 | 小计 | 小计 | 49 295 | 1 142 | 865 | 1 035 | 1 165 | 1 269 | 1 364 |
| | | | 18 ～ 44 岁 | 20 046 | 1 141 | 861 | 1 035 | 1 161 | 1 269 | 1 360 |
| | | | 45 ～ 59 岁 | 17 628 | 1 131 | 850 | 1 023 | 1 153 | 1 260 | 1 359 |
| | | | 60 ～ 79 岁 | 10 881 | 1 159 | 889 | 1 056 | 1 183 | 1 283 | 1 375 |
| | | | 80 岁及以上 | 740 | 1 217 | 920 | 1 161 | 1 245 | 1 320 | 1 393 |
| | | 男 | 小计 | 22 841 | 1 126 | 842 | 1 014 | 1 144 | 1 260 | 1 360 |
| | | | 18 ～ 44 岁 | 9 233 | 1 127 | 845 | 1 016 | 1 144 | 1 260 | 1 360 |
| | | | 45 ～ 59 岁 | 7 825 | 1 112 | 825 | 993 | 1 128 | 1 245 | 1 353 |
| | | | 60 ～ 79 岁 | 5 431 | 1 139 | 870 | 1 027 | 1 160 | 1 263 | 1 365 |
| | | | 80 岁及以上 | 352 | 1 209 | 920 | 1 153 | 1 228 | 1 308 | 1 387 |
| | | 女 | 小计 | 26 454 | 1 159 | 889 | 1 061 | 1 183 | 1 280 | 1 370 |
| | | | 18 ～ 44 岁 | 10 813 | 1 156 | 885 | 1 054 | 1 179 | 1 278 | 1 365 |
| | | | 45 ～ 59 岁 | 9 803 | 1 150 | 880 | 1 052 | 1 170 | 1 267 | 1 365 |
| | | | 60 ～ 79 岁 | 5 450 | 1 181 | 900 | 1 093 | 1 206 | 1 295 | 1 380 |
| | | | 80 岁及以上 | 388 | 1 225 | 930 | 1 161 | 1 254 | 1 324 | 1 398 |
| 东部 | 城乡 | 小计 | 小计 | 30 940 | 1 190 | 877 | 1 104 | 1 232 | 1 310 | 1 380 |
| | | | 18 ～ 44 岁 | 10 522 | 1 195 | 885 | 1 110 | 1 241 | 1 310 | 1 380 |
| | | | 45 ～ 59 岁 | 11 799 | 1 176 | 854 | 1 078 | 1 218 | 1 305 | 1 380 |
| | | | 60 ～ 79 岁 | 7 942 | 1 193 | 900 | 1 112 | 1 225 | 1 308 | 1 380 |
| | | | 80 岁及以上 | 677 | 1 242 | 990 | 1 180 | 1 260 | 1 341 | 1 400 |
| | | 男 | 小计 | 13 800 | 1 173 | 846 | 1 071 | 1 218 | 1 300 | 1 378 |
| | | | 18 ～ 44 岁 | 4 647 | 1 179 | 855 | 1 084 | 1 230 | 1 303 | 1 378 |
| | | | 45 ～ 59 岁 | 5 035 | 1 159 | 829 | 1 050 | 1 201 | 1 299 | 1 376 |
| | | | 60 ～ 79 岁 | 3 816 | 1 177 | 871 | 1 080 | 1 209 | 1 298 | 1 379 |
| | | | 80 岁及以上 | 302 | 1 229 | 980 | 1 170 | 1 243 | 1 335 | 1 392 |
| | | 女 | 小计 | 17 140 | 1 206 | 915 | 1 132 | 1 245 | 1 317 | 1 381 |

| 地区 | 城乡 | 性别 | 年龄 | n | 总室内活动时间 /（min/d） | | | | | |
|---|---|---|---|---|---|---|---|---|---|---|
| | | | | | Mean | P5 | P25 | P50 | P75 | P95 |
| 东部 | 城乡 | 女 | 18～44 岁 | 5 875 | 1 211 | 920 | 1 140 | 1 250 | 1 320 | 1 380 |
| | | | 45～59 岁 | 6 764 | 1 194 | 900 | 1 110 | 1 232 | 1 311 | 1 380 |
| | | | 60～79 岁 | 4 126 | 1 210 | 931 | 1 140 | 1 240 | 1 316 | 1 385 |
| | | | 80 岁及以上 | 375 | 1 252 | 990 | 1 185 | 1 275 | 1 350 | 1 410 |
| | 城市 | 小计 | 小计 | 15 673 | 1 213 | 900 | 1 145 | 1 255 | 1 320 | 1 382 |
| | | | 18～44 岁 | 5 459 | 1 217 | 900 | 1 154 | 1 260 | 1 324 | 1 382 |
| | | | 45～59 岁 | 5 804 | 1 202 | 891 | 1 126 | 1 245 | 1 319 | 1 380 |
| | | | 60～79 岁 | 4 056 | 1 216 | 940 | 1 151 | 1 247 | 1 320 | 1 381 |
| | | | 80 岁及以上 | 354 | 1 248 | 990 | 1 196 | 1 275 | 1 348 | 1 395 |
| | | 男 | 小计 | 6 886 | 1 199 | 866 | 1 125 | 1 246 | 1 316 | 1 380 |
| | | | 18～44 岁 | 2 417 | 1 202 | 861 | 1 130 | 1 253 | 1 319 | 1 382 |
| | | | 45～59 岁 | 2 457 | 1 190 | 859 | 1 106 | 1 237 | 1 313 | 1 380 |
| | | | 60～79 岁 | 1 863 | 1 202 | 900 | 1 133 | 1 234 | 1 313 | 1 380 |
| | | | 80 岁及以上 | 149 | 1 236 | 995 | 1 173 | 1 260 | 1 343 | 1 390 |
| | | 女 | 小计 | 8 787 | 1 227 | 943 | 1 170 | 1 260 | 1 328 | 1 387 |
| | | | 18～44 岁 | 3 042 | 1 232 | 943 | 1 184 | 1 266 | 1 330 | 1 383 |
| | | | 45～59 岁 | 3 347 | 1 215 | 918 | 1 145 | 1 253 | 1 320 | 1 388 |
| | | | 60～79 岁 | 2 193 | 1 230 | 966 | 1 170 | 1 260 | 1 324 | 1 388 |
| | | | 80 岁及以上 | 205 | 1 257 | 990 | 1 200 | 1 290 | 1 358 | 1 410 |
| | 农村 | 小计 | 小计 | 15 267 | 1 165 | 860 | 1 059 | 1 203 | 1 292 | 1 375 |
| | | | 18～44 岁 | 5 063 | 1 172 | 870 | 1 070 | 1 215 | 1 295 | 1 374 |
| | | | 45～59 岁 | 5 995 | 1 149 | 840 | 1 032 | 1 185 | 1 290 | 1 371 |
| | | | 60～79 岁 | 3 886 | 1 167 | 877 | 1 065 | 1 200 | 1 290 | 1 379 |
| | | | 80 岁及以上 | 323 | 1 232 | 1 000 | 1 168 | 1 249 | 1 328 | 1 410 |
| | | 男 | 小计 | 6 914 | 1 146 | 840 | 1 029 | 1 185 | 1 281 | 1 370 |
| | | | 18～44 岁 | 2 230 | 1 156 | 849 | 1 045 | 1 200 | 1 285 | 1 370 |
| | | | 45～59 岁 | 2 578 | 1 125 | 780 | 994 | 1 155 | 1 275 | 1 370 |
| | | | 60～79 岁 | 1 953 | 1 151 | 855 | 1 035 | 1 179 | 1 280 | 1 370 |
| | | | 80 岁及以上 | 153 | 1 219 | 975 | 1 144 | 1 230 | 1 320 | 1 410 |
| | | 女 | 小计 | 8 353 | 1 184 | 900 | 1 090 | 1 220 | 1 303 | 1 380 |
| | | | 18～44 岁 | 2 833 | 1 188 | 900 | 1 095 | 1 229 | 1 305 | 1 379 |
| | | | 45～59 岁 | 3 417 | 1 172 | 874 | 1 065 | 1 210 | 1 294 | 1 374 |
| | | | 60～79 岁 | 1 933 | 1 187 | 900 | 1 105 | 1 215 | 1 305 | 1 380 |
| | | | 80 岁及以上 | 170 | 1 245 | 1 000 | 1 172 | 1 258 | 1 333 | 1 420 |
| 中部 | 城乡 | 小计 | 小计 | 29 057 | 1 160 | 887 | 1 060 | 1 185 | 1 280 | 1 367 |
| | | | 18～44 岁 | 12 100 | 1 167 | 890 | 1 067 | 1 198 | 1 289 | 1 370 |
| | | | 45～59 岁 | 10 218 | 1 147 | 880 | 1 050 | 1 170 | 1 268 | 1 362 |
| | | | 60～79 岁 | 6 337 | 1 154 | 890 | 1 052 | 1 178 | 1 275 | 1 364 |
| | | | 80 岁及以上 | 402 | 1 199 | 915 | 1 110 | 1 243 | 1 320 | 1 375 |
| | | 男 | 小计 | 13 228 | 1 144 | 870 | 1 035 | 1 170 | 1 273 | 1 362 |
| | | | 18～44 岁 | 5 610 | 1 151 | 870 | 1 044 | 1 183 | 1 280 | 1 365 |
| | | | 45～59 岁 | 4 464 | 1 132 | 855 | 1 020 | 1 157 | 1 262 | 1 360 |
| | | | 60～79 岁 | 2 983 | 1 138 | 890 | 1 030 | 1 160 | 1 260 | 1 358 |
| | | | 80 岁及以上 | 171 | 1 187 | 920 | 1 090 | 1 216 | 1 290 | 1 410 |
| | | 女 | 小计 | 15 829 | 1 177 | 900 | 1 090 | 1 200 | 1 290 | 1 371 |
| | | | 18～44 岁 | 6 490 | 1 184 | 910 | 1 096 | 1 211 | 1 296 | 1 376 |
| | | | 45～59 岁 | 5 754 | 1 163 | 900 | 1 079 | 1 180 | 1 271 | 1 365 |
| | | | 60～79 岁 | 3 354 | 1 171 | 900 | 1 081 | 1 194 | 1 285 | 1 370 |
| | | | 80 岁及以上 | 231 | 1 210 | 825 | 1 110 | 1 265 | 1 324 | 1 360 |
| | 城市 | 小计 | 小计 | 13 781 | 1 200 | 900 | 1 120 | 1 239 | 1 311 | 1 380 |
| | | | 18～44 岁 | 5 785 | 1 207 | 900 | 1 135 | 1 250 | 1 315 | 1 382 |
| | | | 45～59 岁 | 4 773 | 1 186 | 900 | 1 105 | 1 220 | 1 303 | 1 377 |
| | | | 60～79 岁 | 3 007 | 1 193 | 920 | 1 116 | 1 215 | 1 303 | 1 378 |
| | | | 80 岁及以上 | 216 | 1 218 | 930 | 1 110 | 1 277 | 1 337 | 1 418 |
| | | 男 | 小计 | 6 049 | 1 186 | 881 | 1 100 | 1 230 | 1 305 | 1 379 |
| | | | 18～44 岁 | 2 655 | 1 193 | 880 | 1 110 | 1 243 | 1 312 | 1 380 |
| | | | 45～59 岁 | 2 022 | 1 172 | 870 | 1 080 | 1 209 | 1 296 | 1 376 |
| | | | 60～79 岁 | 1 284 | 1 182 | 900 | 1 104 | 1 200 | 1 290 | 1 373 |

| 地区 | 城乡 | 性别 | 年龄 | n | 总室内活动时间 / (min/d) | | | | | |
|---|---|---|---|---|---|---|---|---|---|---|
| | | | | | Mean | P5 | P25 | P50 | P75 | P95 |
| 中部 | 城市 | 男 | 80 岁及以上 | 88 | 1 191 | 900 | 1 080 | 1 234 | 1 313 | 1 420 |
| | | 女 | 小计 | 7 732 | 1 214 | 928 | 1 140 | 1 247 | 1 315 | 1 383 |
| | | | 18 ~ 44 岁 | 3 130 | 1 221 | 930 | 1 157 | 1 256 | 1 320 | 1 386 |
| | | | 45 ~ 59 岁 | 2 751 | 1 201 | 920 | 1 125 | 1 233 | 1 305 | 1 379 |
| | | | 60 ~ 79 岁 | 1 723 | 1 204 | 944 | 1 135 | 1 230 | 1 306 | 1 380 |
| | | | 80 岁及以上 | 128 | 1 242 | 970 | 1 185 | 1 300 | 1 345 | 1 380 |
| | 农村 | 小计 | 小计 | 15 276 | 1 132 | 880 | 1 031 | 1 151 | 1 249 | 1 349 |
| | | | 18 ~ 44 岁 | 6 315 | 1 138 | 881 | 1 036 | 1 155 | 1 255 | 1 349 |
| | | | 45 ~ 59 岁 | 5 445 | 1 121 | 870 | 1 020 | 1 140 | 1 234 | 1 340 |
| | | | 60 ~ 79 岁 | 3 330 | 1 130 | 880 | 1 020 | 1 150 | 1 247 | 1 350 |
| | | | 80 岁及以上 | 186 | 1 184 | 820 | 1 110 | 1 228 | 1 290 | 1 355 |
| | | 男 | 小计 | 7 179 | 1 117 | 860 | 1 007 | 1 131 | 1 241 | 1 341 |
| | | | 18 ~ 44 岁 | 2 955 | 1 122 | 860 | 1 016 | 1 138 | 1 245 | 1 345 |
| | | | 45 ~ 59 岁 | 2 442 | 1 105 | 855 | 993 | 1 114 | 1 230 | 1 337 |
| | | | 60 ~ 79 岁 | 1 699 | 1 115 | 870 | 996 | 1 135 | 1 230 | 1 343 |
| | | | 80 岁及以上 | 83 | 1 183 | 920 | 1 130 | 1 215 | 1 283 | 1 358 |
| | | 女 | 小计 | 8 097 | 1 150 | 890 | 1 060 | 1 167 | 1 260 | 1 350 |
| | | | 18 ~ 44 岁 | 3 360 | 1 156 | 900 | 1 065 | 1 174 | 1 266 | 1 351 |
| | | | 45 ~ 59 岁 | 3 003 | 1 137 | 890 | 1 050 | 1 154 | 1 239 | 1 343 |
| | | | 60 ~ 79 岁 | 1 631 | 1 149 | 886 | 1 060 | 1 165 | 1 260 | 1 362 |
| | | | 80 岁及以上 | 103 | 1 186 | 820 | 1 108 | 1 254 | 1 299 | 1 355 |
| 西部 | 城乡 | 小计 | 小计 | 31 124 | 1 142 | 857 | 1 037 | 1 164 | 1 268 | 1 368 |
| | | | 18 ~ 44 岁 | 14 060 | 1 131 | 842 | 1 025 | 1 149 | 1 260 | 1 363 |
| | | | 45 ~ 59 岁 | 10 357 | 1 134 | 855 | 1 030 | 1 157 | 1 260 | 1 360 |
| | | | 60 ~ 79 岁 | 6 300 | 1 183 | 915 | 1 090 | 1 205 | 1 295 | 1 380 |
| | | | 80 岁及以上 | 407 | 1 231 | 930 | 1 180 | 1 256 | 1 327 | 1 398 |
| | | 男 | 小计 | 14 268 | 1 129 | 842 | 1 020 | 1 149 | 1 260 | 1 363 |
| | | | 18 ~ 44 岁 | 6 514 | 1 120 | 839 | 1 010 | 1 134 | 1 253 | 1 363 |
| | | | 45 ~ 59 岁 | 4 593 | 1 122 | 840 | 1 013 | 1 145 | 1 249 | 1 353 |
| | | | 60 ~ 79 岁 | 2 959 | 1 165 | 897 | 1 067 | 1 185 | 1 282 | 1 380 |
| | | | 80 岁及以上 | 202 | 1 212 | 900 | 1 164 | 1 236 | 1 302 | 1 383 |
| | | 女 | 小计 | 16 856 | 1 155 | 879 | 1 051 | 1 179 | 1 278 | 1 370 |
| | | | 18 ~ 44 岁 | 7 546 | 1 143 | 855 | 1 040 | 1 164 | 1 267 | 1 363 |
| | | | 45 ~ 59 岁 | 5 764 | 1 147 | 872 | 1 048 | 1 170 | 1265 | 1 365 |
| | | | 60 ~ 79 岁 | 3 341 | 1 200 | 945 | 1 116 | 1 228 | 1 305 | 1 386 |
| | | | 80 岁及以上 | 205 | 1 251 | 975 | 1 200 | 1 270 | 1 350 | 1 410 |
| | 城市 | 小计 | 小计 | 12 372 | 1 167 | 879 | 1 067 | 1 200 | 1 290 | 1 371 |
| | | | 18 ~ 44 岁 | 5 392 | 1 164 | 870 | 1 065 | 1 199 | 1 286 | 1 369 |
| | | | 45 ~ 59 岁 | 4 169 | 1 158 | 870 | 1 050 | 1 190 | 1 287 | 1 368 |
| | | | 60 ~ 79 岁 | 2 635 | 1 185 | 930 | 1 097 | 1 211 | 1 295 | 1 378 |
| | | | 80 岁及以上 | 176 | 1 229 | 953 | 1 160 | 1 248 | 1 329 | 1 409 |
| | | 男 | 小计 | 5 520 | 1 156 | 860 | 1 053 | 1 191 | 1 279 | 1 369 |
| | | | 18 ~ 44 岁 | 2 466 | 1 149 | 840 | 1 048 | 1 187 | 1 275 | 1 366 |
| | | | 45 ~ 59 岁 | 1 788 | 1 152 | 845 | 1 040 | 1 185 | 1 283 | 1 366 |
| | | | 60 ~ 79 岁 | 1 180 | 1 181 | 917 | 1 089 | 1 205 | 1 290 | 1 380 |
| | | | 80 岁及以上 | 86 | 1 199 | 900 | 1 144 | 1 215 | 1 302 | 1 398 |
| | | 女 | 小计 | 6 852 | 1 178 | 900 | 1 082 | 1 211 | 1 295 | 1 373 |
| | | | 18 ~ 44 岁 | 2 926 | 1 179 | 899 | 1 089 | 1 215 | 1 295 | 1 372 |
| | | | 45 ~ 59 岁 | 2 381 | 1 165 | 885 | 1 060 | 1 196 | 1 290 | 1 370 |
| | | | 60 ~ 79 岁 | 1 455 | 1 189 | 945 | 1 110 | 1 215 | 1 300 | 1 375 |
| | | | 80 岁及以上 | 90 | 1 259 | 975 | 1 211 | 1 286 | 1 350 | 1 413 |
| | 农村 | 小计 | 小计 | 18 752 | 1 126 | 846 | 1 020 | 1 140 | 1 245 | 1 361 |
| | | | 18 ~ 44 岁 | 8 668 | 1 111 | 840 | 1 005 | 1 118 | 1 232 | 1 360 |
| | | | 45 ~ 59 岁 | 6 188 | 1 118 | 846 | 1 018 | 1 135 | 1 230 | 1 350 |
| | | | 60 ~ 79 岁 | 3 665 | 1 181 | 900 | 1 083 | 1 200 | 1 296 | 1 383 |
| | | | 80 岁及以上 | 231 | 1 232 | 900 | 1 190 | 1 260 | 1 325 | 1 393 |
| | | 男 | 小计 | 8 748 | 1 112 | 840 | 1 005 | 1 120 | 1 234 | 1 360 |
| | | | 18 ~ 44 岁 | 4 048 | 1 102 | 834 | 990 | 1 104 | 1 228 | 1 360 |

| 地区 | 城乡 | 性别 | 年龄 | n | 总室内活动时间 / （min/d） | | | | | |
|---|---|---|---|---|---|---|---|---|---|---|
| | | | | | Mean | P5 | P25 | P50 | P75 | P95 |
| 西部 | 农村 | 男 | 45 ～ 59 岁 | 2 805 | 1 102 | 833 | 992 | 1 116 | 1 224 | 1 341 |
| | | | 60 ～ 79 岁 | 1 779 | 1 155 | 887 | 1 058 | 1 172 | 1 275 | 1 380 |
| | | | 80 岁及以上 | 116 | 1 222 | 870 | 1 168 | 1 258 | 1 300 | 1 373 |
| | | 女 | 小计 | 10 004 | 1 140 | 860 | 1 039 | 1 157 | 1 260 | 1 367 |
| | | | 18 ～ 44 岁 | 4 620 | 1 121 | 840 | 1 020 | 1 133 | 1 239 | 1 356 |
| | | | 45 ～ 59 岁 | 3 383 | 1 135 | 866 | 1 039 | 1 153 | 1 241 | 1 359 |
| | | | 60 ～ 79 岁 | 1 886 | 1 208 | 945 | 1 125 | 1 234 | 1 315 | 1 390 |
| | | | 80 岁及以上 | 115 | 1 245 | 930 | 1 192 | 1 260 | 1 350 | 1 393 |

## 附表 6-56　中国人群分片区、城乡、性别、年龄的总室内活动时间

| 地区 | 城乡 | 性别 | 年龄 | n | 总室内活动时间 / （min/d） | | | | | |
|---|---|---|---|---|---|---|---|---|---|---|
| | | | | | Mean | P5 | P25 | P50 | P75 | P95 |
| 合计 | 城乡 | 小计 | 小计 | 91 121 | 1 167 | 876 | 1 065 | 1 200 | 1 290 | 1 373 |
| | | | 18 ～ 44 岁 | 36 682 | 1 167 | 875 | 1 065 | 1 201 | 1 292 | 1 372 |
| | | | 45 ～ 59 岁 | 32 374 | 1 157 | 866 | 1 051 | 1 185 | 1 285 | 1 370 |
| | | | 60 ～ 79 岁 | 20 579 | 1 178 | 900 | 1 086 | 1 203 | 1 295 | 1 380 |
| | | | 80 岁及以上 | 1 486 | 1 228 | 945 | 1 164 | 1 260 | 1 331 | 1 398 |
| | | 男 | 小计 | 41 296 | 1 152 | 855 | 1 043 | 1 185 | 1 283 | 1 370 |
| | | | 18 ～ 44 岁 | 16 771 | 1 152 | 855 | 1 044 | 1 188 | 1 284 | 1 370 |
| | | | 45 ～ 59 岁 | 14 092 | 1 141 | 840 | 1 030 | 1 172 | 1 277 | 1 366 |
| | | | 60 ～ 79 岁 | 9 758 | 1 162 | 889 | 1 060 | 1 187 | 1 285 | 1 371 |
| | | | 80 岁及以上 | 675 | 1 213 | 923 | 1 140 | 1 230 | 1 320 | 1 392 |
| | | 女 | 小计 | 49 825 | 1 183 | 900 | 1 095 | 1 215 | 1 300 | 1 377 |
| | | | 18 ～ 44 岁 | 19 911 | 1 183 | 900 | 1 093 | 1 216 | 1 300 | 1 375 |
| | | | 45 ～ 59 岁 | 18 282 | 1 173 | 890 | 1 080 | 1 200 | 1 290 | 1 373 |
| | | | 60 ～ 79 岁 | 10 821 | 1 196 | 920 | 1 115 | 1 223 | 1 305 | 1 380 |
| | | | 80 岁及以上 | 811 | 1 240 | 970 | 1 180 | 1 270 | 1 340 | 1 406 |
| | 城市 | 小计 | 小计 | 41 826 | 1 198 | 900 | 1 120 | 1 239 | 1 313 | 1 380 |
| | | | 18 ～ 44 岁 | 16 636 | 1 201 | 895 | 1 125 | 1 245 | 1 314 | 1 380 |
| | | | 45 ～ 59 岁 | 14 746 | 1 188 | 885 | 1 105 | 1 228 | 1 307 | 1 379 |
| | | | 60 ～ 79 岁 | 9 698 | 1 202 | 930 | 1 130 | 1 230 | 1 310 | 1 380 |
| | | | 80 岁及以上 | 746 | 1 237 | 970 | 1 170 | 1 270 | 1 343 | 1 403 |
| | | 男 | 小计 | 18 455 | 1 184 | 870 | 1 097 | 1 229 | 1 305 | 1 379 |
| | | | 18 ～ 44 岁 | 7 538 | 1 186 | 864 | 1 097 | 1 234 | 1 307 | 1 379 |
| | | | 45 ～ 59 岁 | 6 267 | 1 177 | 856 | 1 082 | 1 217 | 1 303 | 1 376 |
| | | | 60 ～ 79 岁 | 4 327 | 1 191 | 903 | 1 114 | 1 218 | 1 303 | 1 380 |
| | | | 80 岁及以上 | 323 | 1 216 | 953 | 1 140 | 1 235 | 1 329 | 1 398 |
| | | 女 | 小计 | 23 371 | 1 212 | 926 | 1 140 | 1 246 | 1 319 | 1 381 |
| | | | 18 ～ 44 岁 | 9 098 | 1 216 | 925 | 1 150 | 1 251 | 1 320 | 1 381 |
| | | | 45 ～ 59 岁 | 8 479 | 1 200 | 910 | 1 123 | 1 236 | 1 311 | 1 380 |
| | | | 60 ～ 79 岁 | 5 371 | 1 213 | 950 | 1 141 | 1 243 | 1 315 | 1 381 |
| | | | 80 岁及以上 | 423 | 1 254 | 970 | 1 200 | 1 290 | 1 350 | 1 410 |
| | 农村 | 小计 | 小计 | 49 295 | 1 142 | 865 | 1 035 | 1 165 | 1 269 | 1 364 |
| | | | 18 ～ 44 岁 | 20 046 | 1 141 | 861 | 1 035 | 1 161 | 1 269 | 1 360 |
| | | | 45 ～ 59 岁 | 17 628 | 1 131 | 850 | 1 023 | 1 153 | 1 260 | 1 359 |
| | | | 60 ～ 79 岁 | 10 881 | 1 159 | 889 | 1 056 | 1 183 | 1 283 | 1 375 |
| | | | 80 岁及以上 | 740 | 1 217 | 920 | 1 161 | 1 245 | 1 320 | 1 393 |
| | | 男 | 小计 | 22 841 | 1 126 | 842 | 1 014 | 1 144 | 1 260 | 1 360 |
| | | | 18 ～ 44 岁 | 9 233 | 1 127 | 845 | 1 016 | 1 144 | 1 260 | 1 360 |
| | | | 45 ～ 59 岁 | 7 825 | 1 112 | 825 | 993 | 1 128 | 1 245 | 1 353 |
| | | | 60 ～ 79 岁 | 5 431 | 1 139 | 870 | 1 027 | 1 160 | 1 263 | 1 365 |
| | | | 80 岁及以上 | 352 | 1 209 | 920 | 1 153 | 1 228 | 1 308 | 1 387 |
| | | 女 | 小计 | 26 454 | 1 159 | 889 | 1 061 | 1 183 | 1 280 | 1 370 |
| | | | 18 ～ 44 岁 | 10 813 | 1 156 | 885 | 1 054 | 1 179 | 1 278 | 1 365 |
| | | | 45 ～ 59 岁 | 9 803 | 1 150 | 880 | 1 052 | 1 170 | 1 267 | 1 365 |

| 地区 | 城乡 | 性别 | 年龄 | *n* | 总室内活动时间 / （min/d） | | | | | |
|---|---|---|---|---|---|---|---|---|---|---|
| | | | | | Mean | P5 | P25 | P50 | P75 | P95 |
| 合计 | 农村 | 女 | 60～79岁 | 5 450 | 1 181 | 900 | 1 093 | 1 206 | 1 295 | 1 380 |
| | | | 80岁及以上 | 388 | 1 225 | 930 | 1 161 | 1 254 | 1 324 | 1 398 |
| 华北 | 城乡 | 小计 | 小计 | 18 097 | 1 150 | 870 | 1 045 | 1 185 | 1 275 | 1 353 |
| | | | 18～44岁 | 6 484 | 1 150 | 876 | 1 044 | 1 190 | 1 275 | 1 350 |
| | | | 45～59岁 | 6 828 | 1 142 | 856 | 1 041 | 1 172 | 1 269 | 1 353 |
| | | | 60～79岁 | 4 500 | 1 154 | 890 | 1 040 | 1 185 | 1 285 | 1 365 |
| | | | 80岁及以上 | 285 | 1 228 | 930 | 1 158 | 1 260 | 1 326 | 1 381 |
| | | 男 | 小计 | 8 002 | 1 135 | 845 | 1 011 | 1 170 | 1 270 | 1 351 |
| | | | 18～44岁 | 2 921 | 1 138 | 845 | 1 017 | 1 184 | 1 271 | 1 350 |
| | | | 45～59岁 | 2 821 | 1 125 | 825 | 1 005 | 1 157 | 1 264 | 1 350 |
| | | | 60～79岁 | 2 115 | 1 135 | 863 | 1 005 | 1 159 | 1 275 | 1 360 |
| | | | 80岁及以上 | 145 | 1 207 | 915 | 1 134 | 1 228 | 1 320 | 1 376 |
| | | 女 | 小计 | 10 095 | 1 165 | 893 | 1 079 | 1 193 | 1 280 | 1 357 |
| | | | 18～44岁 | 3 563 | 1 163 | 900 | 1 075 | 1 194 | 1 276 | 1 349 |
| | | | 45～59岁 | 4 007 | 1 158 | 890 | 1 070 | 1 180 | 1 274 | 1 358 |
| | | | 60～79岁 | 2 385 | 1 176 | 900 | 1 090 | 1 206 | 1 290 | 1 370 |
| | | | 80岁及以上 | 140 | 1 249 | 1 015 | 1 185 | 1 286 | 1 338 | 1 410 |
| | 城市 | 小计 | 小计 | 7 819 | 1 183 | 880 | 1 110 | 1 230 | 1 300 | 1 368 |
| | | | 18～44岁 | 2 780 | 1 181 | 879 | 1 107 | 1 230 | 1 296 | 1 363 |
| | | | 45～59岁 | 2 791 | 1 176 | 865 | 1 100 | 1 217 | 1 296 | 1 367 |
| | | | 60～79岁 | 2 091 | 1 194 | 899 | 1 125 | 1 230 | 1 305 | 1 371 |
| | | | 80岁及以上 | 157 | 1 255 | 960 | 1 190 | 1 304 | 1 350 | 1 385 |
| | | 男 | 小计 | 3 400 | 1 169 | 840 | 1 078 | 1 223 | 1 294 | 1 365 |
| | | | 18～44岁 | 1 232 | 1 169 | 832 | 1 075 | 1 228 | 1 293 | 1 362 |
| | | | 45～59岁 | 1 162 | 1 157 | 823 | 1 063 | 1 215 | 1 287 | 1 366 |
| | | | 60～79岁 | 923 | 1 182 | 870 | 1 110 | 1 224 | 1 303 | 1 370 |
| | | | 80岁及以上 | 83 | 1 235 | 990 | 1 150 | 1 245 | 1 343 | 1 385 |
| | | 女 | 小计 | 4 419 | 1 197 | 910 | 1 128 | 1 232 | 1 303 | 1 370 |
| | | | 18～44岁 | 1 548 | 1 193 | 900 | 1 125 | 1 235 | 1 298 | 1 365 |
| | | | 45～59岁 | 1 629 | 1 195 | 910 | 1 120 | 1 225 | 1 305 | 1 370 |
| | | | 60～79岁 | 1 168 | 1 206 | 930 | 1 148 | 1 230 | 1 308 | 1 379 |
| | | | 80岁及以上 | 74 | 1 282 | 945 | 1 270 | 1 320 | 1 351 | 1 380 |
| | 农村 | 小计 | 小计 | 10 278 | 1 126 | 870 | 1 015 | 1 150 | 1 253 | 1 343 |
| | | | 18～44岁 | 3 704 | 1 128 | 875 | 1 016 | 1 152 | 1 254 | 1 333 |
| | | | 45～59岁 | 4 037 | 1 119 | 855 | 1 011 | 1 140 | 1 245 | 1 343 |
| | | | 60～79岁 | 2 409 | 1 126 | 875 | 999 | 1 149 | 1 260 | 1 353 |
| | | | 80岁及以上 | 128 | 1 202 | 920 | 1 120 | 1 239 | 1 299 | 1 380 |
| | | 男 | 小计 | 4 602 | 1 110 | 853 | 980 | 1 127 | 1 245 | 1 337 |
| | | | 18～44岁 | 1 689 | 1 116 | 855 | 986 | 1 136 | 1 250 | 1 332 |
| | | | 45～59岁 | 1 659 | 1 102 | 827 | 983 | 1 114 | 1 241 | 1 335 |
| | | | 60～79岁 | 1 192 | 1 104 | 861 | 969 | 1 117 | 1 233 | 1 346 |
| | | | 80岁及以上 | 62 | 1 169 | 900 | 1 125 | 1 215 | 1 260 | 1 340 |
| | | 女 | 小计 | 5 676 | 1 142 | 890 | 1 045 | 1 165 | 1 260 | 1 343 |
| | | | 18～44岁 | 2 015 | 1 141 | 894 | 1 041 | 1 162 | 1 256 | 1 333 |
| | | | 45～59岁 | 2 378 | 1 134 | 871 | 1 045 | 1 155 | 1 250 | 1 345 |
| | | | 60～79岁 | 1 217 | 1 153 | 890 | 1 050 | 1 180 | 1 275 | 1 363 |
| | | | 80岁及以上 | 66 | 1 226 | 1 015 | 1 110 | 1 254 | 1 308 | 1 410 |
| 华东 | 城乡 | 小计 | 小计 | 22 965 | 1 197 | 900 | 1 110 | 1 239 | 1 315 | 1 383 |
| | | | 18～44岁 | 8 539 | 1 207 | 915 | 1 128 | 1 249 | 1 319 | 1 383 |
| | | | 45～59岁 | 8 067 | 1 180 | 883 | 1 075 | 1 218 | 1 310 | 1 381 |
| | | | 60～79岁 | 5 841 | 1 192 | 910 | 1 109 | 1 218 | 1 305 | 1 380 |
| | | | 80岁及以上 | 518 | 1 234 | 990 | 1 170 | 1 260 | 1 335 | 1 403 |
| | | 男 | 小计 | 10 432 | 1 178 | 870 | 1 074 | 1 217 | 1 305 | 1 380 |
| | | | 18～44岁 | 3 795 | 1 188 | 885 | 1 092 | 1 234 | 1 308 | 1 380 |
| | | | 45～59岁 | 3 627 | 1 160 | 844 | 1 041 | 1 197 | 1 303 | 1 380 |
| | | | 60～79岁 | 2 805 | 1 171 | 875 | 1 075 | 1 200 | 1 292 | 1 379 |
| | | | 80岁及以上 | 205 | 1 219 | 998 | 1 144 | 1 230 | 1 313 | 1 392 |
| | | 女 | 小计 | 12 533 | 1 218 | 939 | 1 146 | 1 254 | 1 321 | 1 387 |

| 地区 | 城乡 | 性别 | 年龄 | *n* | 总室内活动时间 /（min/d） | | | | | |
|---|---|---|---|---|---|---|---|---|---|---|
| | | | | | Mean | P5 | P25 | P50 | P75 | P95 |
| 华东 | 城乡 | 女 | 18 ～ 44 岁 | 4 744 | 1 225 | 940 | 1 166 | 1 260 | 1 325 | 1 386 |
| | | | 45 ～ 59 岁 | 4 440 | 1 203 | 920 | 1 111 | 1 240 | 1 318 | 1 388 |
| | | | 60 ～ 79 岁 | 3 036 | 1 214 | 955 | 1 138 | 1 243 | 1 320 | 1 389 |
| | | | 80 岁及以上 | 313 | 1 245 | 971 | 1 185 | 1 275 | 1 345 | 1 410 |
| | 城市 | 小计 | 小计 | 12 477 | 1 227 | 939 | 1 164 | 1 264 | 1 329 | 1 390 |
| | | | 18 ～ 44 岁 | 4 766 | 1 232 | 934 | 1 180 | 1 270 | 1 331 | 1 389 |
| | | | 45 ～ 59 岁 | 4 287 | 1 217 | 924 | 1 144 | 1 260 | 1 325 | 1 390 |
| | | | 60 ～ 79 岁 | 3 153 | 1 224 | 960 | 1 156 | 1 253 | 1 321 | 1 388 |
| | | | 80 岁及以上 | 271 | 1 246 | 990 | 1 200 | 1 277 | 1 345 | 1 404 |
| | | 男 | 小计 | 5 493 | 1 209 | 905 | 1 131 | 1 253 | 1 320 | 1 387 |
| | | | 18 ～ 44 岁 | 2 109 | 1 213 | 900 | 1 135 | 1 260 | 1 320 | 1 389 |
| | | | 45 ～ 59 岁 | 1 873 | 1 201 | 891 | 1 111 | 1 245 | 1 321 | 1 383 |
| | | | 60 ～ 79 岁 | 1 409 | 1 209 | 934 | 1 140 | 1 235 | 1 318 | 1 380 |
| | | | 80 岁及以上 | 102 | 1 236 | 998 | 1 180 | 1 260 | 1 320 | 1 392 |
| | | 女 | 小计 | 6 984 | 1 244 | 975 | 1 190 | 1 275 | 1 335 | 1 390 |
| | | | 18 ～ 44 岁 | 2 657 | 1 250 | 990 | 1 203 | 1 279 | 1 336 | 1 388 |
| | | | 45 ～ 59 岁 | 2 414 | 1 235 | 960 | 1 170 | 1 270 | 1 333 | 1 390 |
| | | | 60 ～ 79 岁 | 1 744 | 1 239 | 1 000 | 1175 | 1 270 | 1 333 | 1 390 |
| | | | 80 岁及以上 | 169 | 1 251 | 971 | 1 200 | 1 298 | 1 358 | 1 413 |
| | 农村 | 小计 | 小计 | 10 488 | 1 165 | 874 | 1 056 | 1 199 | 1 293 | 1 378 |
| | | | 18 ～ 44 岁 | 3 773 | 1 179 | 895 | 1 078 | 1 216 | 1 301 | 1 379 |
| | | | 45 ～ 59 岁 | 3 780 | 1 141 | 846 | 1 020 | 1 170 | 1 278 | 1 374 |
| | | | 60 ～ 79 岁 | 2 688 | 1 158 | 870 | 1 054 | 1 180 | 1 285 | 1 375 |
| | | | 80 岁及以上 | 247 | 1 221 | 995 | 1 155 | 1 230 | 1 319 | 1 400 |
| | | 男 | 小计 | 4 939 | 1 144 | 850 | 1 025 | 1 176 | 1 280 | 1 370 |
| | | | 18 ～ 44 岁 | 1 686 | 1 161 | 870 | 1 050 | 1 197 | 1 290 | 1 370 |
| | | | 45 ～ 59 岁 | 1 754 | 1 117 | 801 | 983 | 1 140 | 1 265 | 1 371 |
| | | | 60 ～ 79 岁 | 1 396 | 1 137 | 848 | 1 020 | 1 163 | 1 266 | 1 363 |
| | | | 80 岁及以上 | 103 | 1 203 | 995 | 1 140 | 1 210 | 1 290 | 1 390 |
| | | 女 | 小计 | 5 549 | 1 188 | 903 | 1 094 | 1 218 | 1 305 | 1 380 |
| | | | 18 ～ 44 岁 | 2 087 | 1 197 | 913 | 1 110 | 1 234 | 1 310 | 1 380 |
| | | | 45 ～ 59 岁 | 2 026 | 1 169 | 890 | 1 059 | 1 197 | 1 290 | 1 379 |
| | | | 60 ～ 79 岁 | 1 292 | 1 184 | 925 | 1 094 | 1 200 | 1 300 | 1 381 |
| | | | 80 岁及以上 | 144 | 1 236 | 981 | 1 170 | 1 254 | 1 324 | 1 410 |
| 华南 | 城乡 | 小计 | 小计 | 15 184 | 1 152 | 864 | 1 060 | 1 176 | 1 273 | 1 364 |
| | | | 18 ～ 44 岁 | 6 526 | 1 154 | 870 | 1 061 | 1 180 | 1 275 | 1 366 |
| | | | 45 ～ 59 岁 | 5 388 | 1 144 | 849 | 1 050 | 1 170 | 1 264 | 1 360 |
| | | | 60 ～ 79 岁 | 3 023 | 1 159 | 890 | 1 079 | 1 185 | 1 266 | 1 360 |
| | | | 80 岁及以上 | 247 | 1 213 | 970 | 1 131 | 1 250 | 1 320 | 1 393 |
| | | 男 | 小计 | 7 025 | 1 140 | 846 | 1 045 | 1 165 | 1 262 | 1 357 |
| | | | 18 ～ 44 岁 | 3 114 | 1 138 | 840 | 1 042 | 1 161 | 1 263 | 1 355 |
| | | | 45 ～ 59 岁 | 2 343 | 1 136 | 840 | 1 035 | 1 162 | 1 260 | 1 360 |
| | | | 60 ～ 79 岁 | 1 462 | 1 152 | 890 | 1 065 | 1 174 | 1 260 | 1 353 |
| | | | 80 岁及以上 | 106 | 1 189 | 861 | 1 084 | 1 218 | 1 325 | 1 410 |
| | | 女 | 小计 | 8 159 | 1 165 | 883 | 1 083 | 1 189 | 1 279 | 1 371 |
| | | | 18 ～ 44 岁 | 3 412 | 1 170 | 885 | 1 086 | 1 196 | 1 284 | 1 375 |
| | | | 45 ～ 59 岁 | 3 045 | 1 152 | 870 | 1 067 | 1 175 | 1 270 | 1 365 |
| | | | 60 ～ 79 岁 | 1 561 | 1 166 | 890 | 1 090 | 1 192 | 1 278 | 1 365 |
| | | | 80 岁及以上 | 141 | 1 234 | 970 | 1 170 | 1 264 | 1 320 | 1 380 |
| | 城市 | 小计 | 小计 | 7 342 | 1 173 | 869 | 1 089 | 1 209 | 1 291 | 1 373 |
| | | | 18 ～ 44 岁 | 3 150 | 1 176 | 864 | 1 088 | 1 219 | 1 298 | 1 373 |
| | | | 45 ～ 59 岁 | 2 590 | 1 162 | 845 | 1 080 | 1 190 | 1 283 | 1 370 |
| | | | 60 ～ 79 岁 | 1 474 | 1 182 | 900 | 1 110 | 1 200 | 1 290 | 1 371 |
| | | | 80 岁及以上 | 128 | 1 215 | 970 | 1 140 | 1 250 | 1 320 | 1 395 |
| | | 男 | 小计 | 3 296 | 1 163 | 840 | 1 075 | 1 200 | 1 290 | 1 369 |
| | | | 18 ～ 44 岁 | 1 514 | 1 162 | 809 | 1 070 | 1 208 | 1 290 | 1 369 |
| | | | 45 ～ 59 岁 | 1 062 | 1 159 | 840 | 1 075 | 1 190 | 1 287 | 1 368 |
| | | | 60 ～ 79 岁 | 672 | 1 173 | 885 | 1 095 | 1 200 | 1 283 | 1 369 |

| 地区 | 城乡 | 性别 | 年龄 | n | 总室内活动时间 /（min/d） | | | | | |
|---|---|---|---|---|---|---|---|---|---|---|
| | | | | | Mean | P5 | P25 | P50 | P75 | P95 |
| 华南 | 城市 | 男 | 80 岁及以上 | 48 | 1 183 | 930 | 1 080 | 1 215 | 1 295 | 1 420 |
| | | 女 | 小计 | 4 046 | 1 183 | 890 | 1 104 | 1 215 | 1 297 | 1 380 |
| | | | 18 ～ 44 岁 | 1 636 | 1 192 | 900 | 1 111 | 1 229 | 1 306 | 1 380 |
| | | | 45 ～ 59 岁 | 1 528 | 1 164 | 849 | 1 084 | 1 190 | 1 281 | 1 373 |
| | | | 60 ～ 79 岁 | 802 | 1 191 | 930 | 1 116 | 1 207 | 1 303 | 1 376 |
| | | | 80 岁及以上 | 80 | 1 239 | 970 | 1 180 | 1 268 | 1 320 | 1 380 |
| | 农村 | 小计 | 小计 | 7 842 | 1 135 | 861 | 1 044 | 1 155 | 1 249 | 1 350 |
| | | | 18 ～ 44 岁 | 3 376 | 1 137 | 870 | 1 045 | 1 153 | 1 251 | 1 351 |
| | | | 45 ～ 59 岁 | 2 798 | 1 128 | 851 | 1 035 | 1 150 | 1 244 | 1 350 |
| | | | 60 ～ 79 岁 | 1 549 | 1 138 | 883 | 1 051 | 1 164 | 1 240 | 1 341 |
| | | | 80 岁及以上 | 119 | 1 209 | 861 | 1 108 | 1 250 | 1 324 | 1 393 |
| | | 男 | 小计 | 3 729 | 1 123 | 855 | 1 029 | 1 140 | 1 239 | 1 347 |
| | | | 18 ～ 44 岁 | 1 600 | 1 122 | 860 | 1 026 | 1 135 | 1 240 | 1 345 |
| | | | 45 ～ 59 岁 | 1 281 | 1 116 | 840 | 1 019 | 1 135 | 1 237 | 1 350 |
| | | | 60 ～ 79 岁 | 790 | 1 134 | 897 | 1 050 | 1 155 | 1 230 | 1 341 |
| | | | 80 岁及以上 | 58 | 1 197 | 861 | 1 100 | 1 238 | 1 325 | 1 410 |
| | | 女 | 小计 | 4 113 | 1 150 | 875 | 1 067 | 1 170 | 1 260 | 1 358 |
| | | | 18 ～ 44 岁 | 1 776 | 1 155 | 877 | 1 074 | 1 170 | 1 264 | 1 370 |
| | | | 45 ～ 59 岁 | 1 517 | 1 141 | 880 | 1 057 | 1 160 | 1 250 | 1 345 |
| | | | 60 ～ 79 岁 | 759 | 1 142 | 855 | 1 065 | 1 176 | 1 254 | 1 341 |
| | | | 80 岁及以上 | 61 | 1 225 | 1 000 | 1 131 | 1 254 | 1 307 | 1 385 |
| 西北 | 城乡 | 小计 | 小计 | 11 271 | 1 133 | 855 | 1 036 | 1 155 | 1 251 | 1 347 |
| | | | 18 ～ 44 岁 | 4 706 | 1 120 | 845 | 1 022 | 1 134 | 1 239 | 1 343 |
| | | | 45 ～ 59 岁 | 3 928 | 1 129 | 840 | 1 033 | 1 157 | 1 246 | 1 345 |
| | | | 60 ～ 79 岁 | 2 499 | 1 177 | 926 | 1 091 | 1 200 | 1 280 | 1 360 |
| | | | 80 岁及以上 | 138 | 1 226 | 993 | 1 170 | 1 233 | 1 315 | 1 398 |
| | | 男 | 小计 | 5 080 | 1 112 | 830 | 1 016 | 1 130 | 1 234 | 1 341 |
| | | | 18 ～ 44 岁 | 2 069 | 1 100 | 820 | 1 003 | 1 110 | 1 222 | 1 339 |
| | | | 45 ～ 59 岁 | 1 765 | 1 110 | 824 | 1 005 | 1 135 | 1 236 | 1 338 |
| | | | 60 ～ 79 岁 | 1 175 | 1 148 | 900 | 1 055 | 1 170 | 1 260 | 1 346 |
| | | | 80 岁及以上 | 71 | 1 214 | 915 | 1 160 | 1 228 | 1 298 | 1 371 |
| | | 女 | 小计 | 6 191 | 1 155 | 885 | 1 065 | 1 180 | 1 265 | 1 351 |
| | | | 18 ～ 44 岁 | 2 637 | 1 140 | 881 | 1 046 | 1 157 | 1 251 | 1 345 |
| | | | 45 ～ 59 岁 | 2 163 | 1 149 | 861 | 1 055 | 1 179 | 1 260 | 1 350 |
| | | | 60 ～ 79 岁 | 1 324 | 1 207 | 970 | 1 139 | 1 230 | 1 296 | 1 370 |
| | | | 80 岁及以上 | 67 | 1 236 | 993 | 1 170 | 1 253 | 1 326 | 1 430 |
| | 城市 | 小计 | 小计 | 5 055 | 1 177 | 896 | 1 085 | 1 211 | 1 290 | 1 366 |
| | | | 18 ～ 44 岁 | 2 032 | 1 172 | 889 | 1 080 | 1 207 | 1 288 | 1 366 |
| | | | 45 ～ 59 岁 | 1 798 | 1 170 | 871 | 1 080 | 1 202 | 1 289 | 1 363 |
| | | | 60 ～ 79 岁 | 1 166 | 1 199 | 978 | 1 121 | 1 220 | 1 290 | 1 365 |
| | | | 80 岁及以上 | 59 | 1 252 | 1 035 | 1 215 | 1 260 | 1 338 | 1 430 |
| | | 男 | 小计 | 2 220 | 1 159 | 870 | 1 065 | 1 190 | 1 280 | 1 360 |
| | | | 18 ～ 44 岁 | 891 | 1 154 | 855 | 1 056 | 1 185 | 1 280 | 1 360 |
| | | | 45 ～ 59 岁 | 775 | 1 154 | 836 | 1 055 | 1 194 | 1 281 | 1 360 |
| | | | 60 ～ 79 岁 | 521 | 1 179 | 950 | 1 090 | 1 200 | 1 275 | 1 358 |
| | | | 80 岁及以上 | 33 | 1 221 | 915 | 1 190 | 1 241 | 1 305 | 1 398 |
| | | 女 | 小计 | 2 835 | 1 195 | 930 | 1 116 | 1 224 | 1 295 | 1 371 |
| | | | 18 ～ 44 岁 | 1 141 | 1 189 | 915 | 1 107 | 1 221 | 1 294 | 1 373 |
| | | | 45 ～ 59 岁 | 1 023 | 1 186 | 912 | 1 095 | 1 215 | 1 290 | 1 365 |
| | | | 60 ～ 79 岁 | 645 | 1 219 | 1 016 | 1 155 | 1 238 | 1 300 | 1 370 |
| | | | 80 岁及以上 | 26 | 1 285 | 1 065 | 1 227 | 1 313 | 1 341 | 1 430 |
| | 农村 | 小计 | 小计 | 6 216 | 1 099 | 835 | 1 005 | 1 114 | 1 209 | 1 320 |
| | | | 18 ～ 44 岁 | 2 674 | 1 082 | 825 | 995 | 1 095 | 1 191 | 1 300 |
| | | | 45 ～ 59 岁 | 2 130 | 1 095 | 820 | 996 | 1 120 | 1 210 | 1 308 |
| | | | 60 ～ 79 岁 | 1 333 | 1 158 | 900 | 1 060 | 1 184 | 1 269 | 1 353 |
| | | | 80 岁及以上 | 79 | 1 205 | 993 | 1 129 | 1 215 | 1 298 | 1 350 |
| | | 男 | 小计 | 2 860 | 1 077 | 810 | 980 | 1 091 | 1 191 | 1 301 |
| | | | 18 ～ 44 岁 | 1 178 | 1 062 | 801 | 975 | 1 072 | 1 170 | 1 288 |

| 地区 | 城乡 | 性别 | 年龄 | n | 总室内活动时间 /（min/d） | | | | | |
|---|---|---|---|---|---|---|---|---|---|---|
| | | | | | Mean | P5 | P25 | P50 | P75 | P95 |
| 西北 | 农村 | 男 | 45 ～ 59 岁 | 990 | 1 076 | 810 | 970 | 1 091 | 1 196 | 1 295 |
| | | | 60 ～ 79 岁 | 654 | 1 122 | 870 | 1 023 | 1 149 | 1 230 | 1 330 |
| | | | 80 岁及以上 | 38 | 1 208 | 1 050 | 1 144 | 1 215 | 1 291 | 1 338 |
| | | 女 | 小计 | 3 356 | 1 123 | 863 | 1 032 | 1 140 | 1 227 | 1 332 |
| | | | 18 ～ 44 岁 | 1 496 | 1 104 | 860 | 1 020 | 1 114 | 1 203 | 1 303 |
| | | | 45 ～ 59 岁 | 1 140 | 1 117 | 828 | 1 023 | 1 145 | 1 219 | 1 335 |
| | | | 60 ～ 79 岁 | 679 | 1 196 | 955 | 1 118 | 1 218 | 1 294 | 1 365 |
| | | | 80 岁及以上 | 41 | 1 202 | 993 | 1 114 | 1 229 | 1 326 | 1 364 |
| 东北 | 城乡 | 小计 | 小计 | 10 179 | 1 196 | 910 | 1 103 | 1 230 | 1 310 | 1 380 |
| | | | 18 ～ 44 岁 | 3 986 | 1 193 | 900 | 1 100 | 1 227 | 1 310 | 1 381 |
| | | | 45 ～ 59 岁 | 3 903 | 1 191 | 910 | 1 094 | 1 226 | 1 305 | 1 379 |
| | | | 60 ～ 79 岁 | 2 165 | 1 220 | 940 | 1 155 | 1 250 | 1 318 | 1 381 |
| | | | 80 岁及以上 | 125 | 1 219 | 820 | 1 205 | 1 283 | 1 343 | 1 391 |
| | | 男 | 小计 | 4 634 | 1 182 | 885 | 1 085 | 1 219 | 1 302 | 1 380 |
| | | | 18 ～ 44 岁 | 1 889 | 1 182 | 885 | 1 089 | 1 215 | 1 302 | 1 380 |
| | | | 45 ～ 59 岁 | 1 664 | 1 169 | 870 | 1 065 | 1 210 | 1 294 | 1 373 |
| | | | 60 ～ 79 岁 | 1 022 | 1 209 | 940 | 1 125 | 1 245 | 1 316 | 1 380 |
| | | | 80 岁及以上 | 59 | 1 277 | 1 050 | 1 234 | 1 283 | 1 343 | 1 391 |
| | | 女 | 小计 | 5 545 | 1 210 | 945 | 1 132 | 1 242 | 1 318 | 1 384 |
| | | | 18 ～ 44 岁 | 2 097 | 1 205 | 945 | 1 115 | 1 239 | 1 319 | 1 384 |
| | | | 45 ～ 59 岁 | 2 239 | 1 212 | 954 | 1 135 | 1 243 | 1 314 | 1 383 |
| | | | 60 ～ 79 岁 | 1 143 | 1 229 | 941 | 1 171 | 1 253 | 1 320 | 1 383 |
| | | | 80 岁及以上 | 66 | 1 168 | 780 | 915 | 1 280 | 1 342 | 1 398 |
| | 城市 | 小计 | 小计 | 4 356 | 1 253 | 1 023 | 1 200 | 1 280 | 1 340 | 1 394 |
| | | | 18 ～ 44 岁 | 1 659 | 1 262 | 1 035 | 1 210 | 1 287 | 1 349 | 1 399 |
| | | | 45 ～ 59 岁 | 1 732 | 1 243 | 1 020 | 1 187 | 1 271 | 1 328 | 1 388 |
| | | | 60 ～ 79 岁 | 910 | 1 244 | 1 035 | 1 191 | 1 268 | 1 320 | 1 381 |
| | | | 80 岁及以上 | 55 | 1 245 | 915 | 1 125 | 1 313 | 1 342 | 1 398 |
| | | 男 | 小计 | 1 912 | 1 245 | 1 004 | 1 191 | 1 275 | 1 339 | 1 393 |
| | | | 18 ～ 44 岁 | 767 | 1 256 | 1 018 | 1 207 | 1 283 | 1 347 | 1 398 |
| | | | 45 ～ 59 岁 | 731 | 1 229 | 977 | 1 170 | 1 261 | 1 323 | 1 384 |
| | | | 60 ～ 79 岁 | 395 | 1 235 | 997 | 1 181 | 1 262 | 1 316 | 1 380 |
| | | | 80 岁及以上 | 19 | 1 213 | 923 | 1 074 | 1 256 | 1 330 | 1 398 |
| | | 女 | 小计 | 2 444 | 1 262 | 1 047 | 1 210 | 1 286 | 1 343 | 1 399 |
| | | | 18 ～ 44 岁 | 892 | 1 267 | 1 047 | 1 214 | 1 291 | 1 350 | 1 400 |
| | | | 45 ～ 59 岁 | 1 001 | 1 257 | 1 040 | 1 211 | 1 283 | 1 335 | 1 389 |
| | | | 60 ～ 79 岁 | 515 | 1 252 | 1 050 | 1 200 | 1 275 | 1 323 | 1 381 |
| | | | 80 岁及以上 | 36 | 1 262 | 915 | 1 223 | 1 323 | 1 346 | 1 420 |
| | 农村 | 小计 | 小计 | 5 823 | 1 164 | 885 | 1 063 | 1 193 | 1 290 | 1 370 |
| | | | 18 ～ 44 岁 | 2 327 | 1 156 | 885 | 1 055 | 1 179 | 1 281 | 1 365 |
| | | | 45 ～ 59 岁 | 2 171 | 1 159 | 883 | 1 058 | 1 188 | 1 281 | 1 371 |
| | | | 60 ～ 79 岁 | 1 255 | 1 207 | 925 | 1 135 | 1 237 | 1 314 | 1 383 |
| | | | 80 岁及以上 | 70 | 1 205 | 820 | 1 205 | 1 283 | 1 343 | 1 391 |
| | | 男 | 小计 | 2 722 | 1 148 | 855 | 1 048 | 1 173 | 1 278 | 1 369 |
| | | | 18 ～ 44 岁 | 1 122 | 1 143 | 845 | 1 046 | 1 166 | 1 275 | 1 368 |
| | | | 45 ～ 59 岁 | 933 | 1 131 | 840 | 1 025 | 1 140 | 1 269 | 1 360 |
| | | | 60 ～ 79 岁 | 627 | 1 197 | 926 | 1 103 | 1 238 | 1 315 | 1 380 |
| | | | 80 岁及以上 | 40 | 1 299 | 1 205 | 1 259 | 1 283 | 1 358 | 1 391 |
| | | 女 | 小计 | 3 101 | 1 181 | 915 | 1 081 | 1 206 | 1 295 | 1 371 |
| | | | 18 ～ 44 岁 | 1 205 | 1 170 | 915 | 1 067 | 1 194 | 1 290 | 1 363 |
| | | | 45 ～ 59 岁 | 1 238 | 1 186 | 930 | 1 088 | 1 211 | 1 298 | 1 380 |
| | | | 60 ～ 79 岁 | 628 | 1 218 | 915 | 1 155 | 1 237 | 1 313 | 1 385 |
| | | | 80 岁及以上 | 30 | 1 098 | 780 | 820 | 1 201 | 1 326 | 1 398 |
| 西南 | 城乡 | 小计 | 小计 | 13 425 | 1 148 | 846 | 1 030 | 1 174 | 1 290 | 1 379 |
| | | | 18 ～ 44 岁 | 6 441 | 1 138 | 840 | 1 016 | 1 164 | 1 280 | 1 374 |
| | | | 45 ～ 59 岁 | 4 260 | 1 140 | 850 | 1 020 | 1 167 | 1 275 | 1 370 |
| | | | 60 ～ 79 岁 | 2 551 | 1 191 | 904 | 1 089 | 1 218 | 1 313 | 1 388 |
| | | | 80 岁及以上 | 173 | 1 235 | 900 | 1 170 | 1 260 | 1 350 | 1 400 |

| 地区 | 城乡 | 性别 | 年龄 | n | 总室内活动时间 /（min/d） | | | | | |
|---|---|---|---|---|---|---|---|---|---|---|
| | | | | | Mean | P5 | P25 | P50 | P75 | P95 |
| 西南 | 城乡 | 男 | 小计 | 6 123 | 1 139 | 840 | 1 016 | 1 168 | 1 279 | 1 378 |
| | | | 18 ～ 44 岁 | 2 983 | 1 130 | 840 | 1 001 | 1 152 | 1 275 | 1 377 |
| | | | 45 ～ 59 岁 | 1 872 | 1 129 | 844 | 1 005 | 1 153 | 1 264 | 1 363 |
| | | | 60 ～ 79 岁 | 1 179 | 1 180 | 900 | 1 075 | 1 200 | 1 305 | 1 387 |
| | | | 80 岁及以上 | 89 | 1 217 | 900 | 1 168 | 1 243 | 1 315 | 1 393 |
| | | 女 | 小计 | 7 302 | 1 159 | 855 | 1 046 | 1 185 | 1 295 | 1 380 |
| | | | 18 ～ 44 岁 | 3 458 | 1 147 | 840 | 1 035 | 1 170 | 1 288 | 1 370 |
| | | | 45 ～ 59 岁 | 2 388 | 1 152 | 866 | 1 035 | 1 175 | 1 290 | 1 379 |
| | | | 60 ～ 79 岁 | 1 372 | 1 200 | 915 | 1 100 | 1 230 | 1 320 | 1 393 |
| | | | 80 岁及以上 | 84 | 1 258 | 970 | 1 200 | 1 310 | 1 372 | 1 410 |
| | 城市 | 小计 | 小计 | 4 777 | 1 162 | 870 | 1 050 | 1 198 | 1 290 | 1 376 |
| | | | 18 ～ 44 岁 | 2 249 | 1 164 | 863 | 1 061 | 1 200 | 1 288 | 1 373 |
| | | | 45 ～ 59 岁 | 1 548 | 1 152 | 863 | 1 023 | 1 186 | 1 290 | 1 371 |
| | | | 60 ～ 79 岁 | 904 | 1 168 | 900 | 1 056 | 1 200 | 1 295 | 1 385 |
| | | | 80 岁及以上 | 76 | 1 214 | 953 | 1 118 | 1 235 | 1 329 | 1 409 |
| | | 男 | 小计 | 2 134 | 1 155 | 857 | 1 040 | 1 195 | 1 281 | 1 376 |
| | | | 18 ～ 44 岁 | 1 025 | 1 153 | 849 | 1 040 | 1 192 | 1 277 | 1 371 |
| | | | 45 ～ 59 岁 | 664 | 1 147 | 845 | 1 019 | 1 183 | 1 286 | 1 370 |
| | | | 60 ～ 79 岁 | 407 | 1 177 | 900 | 1 056 | 1 200 | 1 307 | 1 387 |
| | | | 80 岁及以上 | 38 | 1 192 | 900 | 1 110 | 1 200 | 1 302 | 1 398 |
| | | 女 | 小计 | 2 643 | 1 169 | 888 | 1 065 | 1 200 | 1 296 | 1 377 |
| | | | 18 ～ 44 岁 | 1 224 | 1 176 | 889 | 1 080 | 1 208 | 1 297 | 1 374 |
| | | | 45 ～ 59 岁 | 884 | 1 157 | 880 | 1 030 | 1 190 | 1 290 | 1 379 |
| | | | 60 ～ 79 岁 | 497 | 1 158 | 904 | 1 056 | 1 180 | 1 290 | 1 379 |
| | | | 80 岁及以上 | 38 | 1 244 | 975 | 1 118 | 1 250 | 1 360 | 1 413 |
| | 农村 | 小计 | 小计 | 8 648 | 1 139 | 840 | 1 019 | 1 155 | 1 288 | 1 380 |
| | | | 18 ～ 44 岁 | 4 192 | 1 120 | 830 | 990 | 1 126 | 1 274 | 1 375 |
| | | | 45 ～ 59 岁 | 2 712 | 1 131 | 846 | 1 020 | 1 150 | 1 260 | 1 365 |
| | | | 60 ～ 79 岁 | 1 647 | 1 205 | 913 | 1 104 | 1 234 | 1 328 | 1 390 |
| | | | 80 岁及以上 | 97 | 1 255 | 900 | 1 200 | 1 285 | 1 350 | 1 393 |
| | | 男 | 小计 | 3 989 | 1 127 | 840 | 1 001 | 1 140 | 1 276 | 1 378 |
| | | | 18 ～ 44 岁 | 1 958 | 1 114 | 830 | 977 | 1 112 | 1 271 | 1 380 |
| | | | 45 ～ 59 岁 | 1 208 | 1 115 | 840 | 995 | 1 134 | 1 247 | 1 356 |
| | | | 60 ～ 79 岁 | 772 | 1 183 | 897 | 1 080 | 1 200 | 1 305 | 1 384 |
| | | | 80 岁及以上 | 51 | 1 243 | 870 | 1 195 | 1 275 | 1 326 | 1 393 |
| | | 女 | 小计 | 4 659 | 1 151 | 842 | 1 035 | 1 170 | 1 293 | 1 380 |
| | | | 18 ～ 44 岁 | 2 234 | 1 127 | 831 | 1 005 | 1 142 | 1 275 | 1 370 |
| | | | 45 ～ 59 岁 | 1 504 | 1 148 | 860 | 1 038 | 1 168 | 1 278 | 1 380 |
| | | | 60 ～ 79 岁 | 875 | 1 225 | 930 | 1 140 | 1 260 | 1 350 | 1 395 |
| | | | 80 岁及以上 | 46 | 1 269 | 900 | 1 215 | 1 310 | 1 377 | 1 393 |

## 附表 6-57 中国人群分省（直辖市、自治区）、城乡、性别的总室内活动时间

| 地区 | 城乡 | 性别 | n | 总室内活动时间 /（min/d） | | | | | |
|---|---|---|---|---|---|---|---|---|---|
| | | | | Mean | P5 | P25 | P50 | P75 | P95 |
| 合计 | 城乡 | 小计 | 91 121 | 1 167 | 876 | 1 065 | 1 200 | 1 290 | 1 373 |
| | | 男 | 41 296 | 1 152 | 855 | 1 043 | 1 185 | 1 283 | 1 370 |
| | | 女 | 49 825 | 1 183 | 900 | 1 095 | 1 215 | 1 300 | 1 377 |
| | 城市 | 小计 | 41 826 | 1 198 | 900 | 1 120 | 1 239 | 1 313 | 1 380 |
| | | 男 | 18 455 | 1 184 | 870 | 1 097 | 1 229 | 1 305 | 1 379 |
| | | 女 | 23 371 | 1 212 | 926 | 1 140 | 1 246 | 1 319 | 1 381 |
| | 农村 | 小计 | 49 295 | 1 142 | 865 | 1 035 | 1 165 | 1 269 | 1 364 |
| | | 男 | 22 841 | 1 126 | 842 | 1 014 | 1 144 | 1 260 | 1 360 |
| | | 女 | 26 454 | 1 159 | 889 | 1 061 | 1 183 | 1 280 | 1 370 |

| 地区 | 城乡 | 性别 | *n* | 总室内活动时间 / (min/d) | | | | | |
|---|---|---|---|---|---|---|---|---|---|
| | | | | Mean | P5 | P25 | P50 | P75 | P95 |
| 北京 | 城乡 | 小计 | 1 114 | 1 185 | 855 | 1 110 | 1 220 | 1 300 | 1 380 |
| | | 男 | 458 | 1 161 | 818 | 1 070 | 1 200 | 1 286 | 1 370 |
| | | 女 | 656 | 1 206 | 930 | 1 140 | 1 240 | 1 310 | 1 387 |
| | 城市 | 小计 | 840 | 1 188 | 900 | 1 119 | 1 220 | 1 296 | 1 373 |
| | | 男 | 354 | 1 165 | 829 | 1 076 | 1 209 | 1 286 | 1 366 |
| | | 女 | 486 | 1 209 | 977 | 1 148 | 1 235 | 1 304 | 1 384 |
| | 农村 | 小计 | 274 | 1 176 | 785 | 1 090 | 1 228 | 1 306 | 1 400 |
| | | 男 | 104 | 1 147 | 780 | 1 050 | 1 179 | 1 280 | 1 400 |
| | | 女 | 170 | 1 199 | 804 | 1 117 | 1 253 | 1 319 | 1 395 |
| 天津 | 城乡 | 小计 | 1 154 | 1 142 | 780 | 1 000 | 1 204 | 1 291 | 1 371 |
| | | 男 | 470 | 1 102 | 770 | 930 | 1 140 | 1 284 | 1 371 |
| | | 女 | 684 | 1 184 | 840 | 1 110 | 1 235 | 1 304 | 1 368 |
| | 城市 | 小计 | 865 | 1 167 | 780 | 1055 | 1 234 | 1 303 | 1 371 |
| | | 男 | 336 | 1 126 | 751 | 977 | 1 200 | 1 293 | 1 371 |
| | | 女 | 529 | 1 207 | 841 | 1 140 | 1 252 | 1 319 | 1 371 |
| | 农村 | 小计 | 289 | 1 076 | 780 | 910 | 1 093 | 1 245 | 1 350 |
| | | 男 | 134 | 1 044 | 780 | 870 | 1 025 | 1 219 | 1 350 |
| | | 女 | 155 | 1 117 | 840 | 971 | 1 120 | 1 273 | 1 329 |
| 河北 | 城乡 | 小计 | 4 409 | 1 187 | 883 | 1 120 | 1 233 | 1 295 | 1 355 |
| | | 男 | 1 936 | 1 173 | 831 | 1 097 | 1 229 | 1 290 | 1 353 |
| | | 女 | 2 473 | 1 201 | 925 | 1 140 | 1 239 | 1 301 | 1 358 |
| | 城市 | 小计 | 1 831 | 1 199 | 850 | 1 155 | 1 245 | 1 306 | 1 359 |
| | | 男 | 830 | 1 190 | 780 | 1 151 | 1 245 | 1 303 | 1 359 |
| | | 女 | 1 001 | 1 209 | 916 | 1 161 | 1 245 | 1 308 | 1 360 |
| | 农村 | 小计 | 2 578 | 1 175 | 900 | 1 084 | 1 220 | 1 286 | 1 353 |
| | | 男 | 1 106 | 1 156 | 855 | 1 031 | 1 210 | 1 278 | 1 345 |
| | | 女 | 1 472 | 1 193 | 927 | 1 110 | 1 230 | 1 293 | 1 353 |
| 山西 | 城乡 | 小计 | 3 441 | 1 181 | 984 | 1 095 | 1 190 | 1 275 | 1 360 |
| | | 男 | 1 564 | 1 173 | 960 | 1 077 | 1 189 | 1 277 | 1 355 |
| | | 女 | 1 877 | 1 188 | 1 005 | 1 110 | 1 191 | 1 273 | 1 361 |
| | 城市 | 小计 | 1 047 | 1 221 | 990 | 1 149 | 1 245 | 1 320 | 1 380 |
| | | 男 | 480 | 1 209 | 945 | 1 134 | 1 243 | 1 314 | 1 376 |
| | | 女 | 567 | 1 233 | 1 025 | 1 155 | 1 249 | 1 324 | 1 380 |
| | 农村 | 小计 | 2 394 | 1 164 | 980 | 1 080 | 1 165 | 1 254 | 1 330 |
| | | 男 | 1 084 | 1 158 | 961 | 1 067 | 1 155 | 1 263 | 1 331 |
| | | 女 | 1 310 | 1 170 | 1 001 | 1 095 | 1 172 | 1 246 | 1 330 |
| 内蒙古 | 城乡 | 小计 | 3 048 | 1 168 | 960 | 1 083 | 1 174 | 1 264 | 1 351 |
| | | 男 | 1 471 | 1 157 | 945 | 1 070 | 1 160 | 1 260 | 1 350 |
| | | 女 | 1 577 | 1 181 | 980 | 1 100 | 1 185 | 1 271 | 1 355 |
| | 城市 | 小计 | 1 196 | 1 207 | 990 | 1 129 | 1 230 | 1 303 | 1 368 |
| | | 男 | 554 | 1 199 | 993 | 1 110 | 1 224 | 1 300 | 1 364 |
| | | 女 | 642 | 1 216 | 988 | 1 150 | 1 236 | 1 308 | 1 371 |
| | 农村 | 小计 | 1 852 | 1 144 | 945 | 1 070 | 1 141 | 1 230 | 1 328 |
| | | 男 | 917 | 1 132 | 935 | 1 054 | 1 125 | 1 228 | 1 320 |
| | | 女 | 935 | 1 159 | 980 | 1 086 | 1 157 | 1 236 | 1 338 |
| 辽宁 | 城乡 | 小计 | 3 379 | 1 187 | 900 | 1 095 | 1 230 | 1 299 | 1 370 |
| | | 男 | 1 449 | 1 171 | 846 | 1 069 | 1 216 | 1 291 | 1 370 |
| | | 女 | 1 930 | 1 204 | 945 | 1 123 | 1 239 | 1 306 | 1 371 |
| | 城市 | 小计 | 1 195 | 1 230 | 979 | 1186 | 1 260 | 1 320 | 1 370 |
| | | 男 | 526 | 1 220 | 921 | 1170 | 1 258 | 1 315 | 1 368 |
| | | 女 | 669 | 1 242 | 1 013 | 1194 | 1 264 | 1 323 | 1 371 |
| | 农村 | 小计 | 2 184 | 1 172 | 885 | 1065 | 1 210 | 1 292 | 1 371 |
| | | 男 | 923 | 1 154 | 810 | 1050 | 1 196 | 1 288 | 1 370 |
| | | 女 | 1 261 | 1 191 | 930 | 1093 | 1 221 | 1 300 | 1 373 |
| 吉林 | 城乡 | 小计 | 2 738 | 1 253 | 1 048 | 1186 | 1 273 | 1 335 | 1 398 |
| | | 男 | 1 303 | 1 245 | 1 039 | 1170 | 1 264 | 1 335 | 1 395 |
| | | 女 | 1 435 | 1 261 | 1 071 | 1195 | 1 281 | 1 338 | 1 400 |
| | 城市 | 小计 | 1 572 | 1 276 | 1 080 | 1220 | 1 293 | 1 348 | 1 401 |

| 地区 | 城乡 | 性别 | $n$ | 总室内活动时间 / (min/d) | | | | | |
|---|---|---|---|---|---|---|---|---|---|
| | | | | Mean | P5 | P25 | P50 | P75 | P95 |
| 吉林 | 城市 | 男 | 705 | 1 268 | 1 050 | 1 214 | 1 285 | 1 345 | 1 400 |
| | | 女 | 867 | 1 284 | 1 119 | 1 230 | 1 298 | 1 350 | 1 405 |
| | 农村 | 小计 | 1 166 | 1 222 | 1 021 | 1 140 | 1 230 | 1 320 | 1 380 |
| | | 男 | 598 | 1 216 | 1 021 | 1 125 | 1 224 | 1 320 | 1 381 |
| | | 女 | 568 | 1 229 | 1 024 | 1 155 | 1 236 | 1 320 | 1 375 |
| 黑龙江 | 城乡 | 小计 | 4 062 | 1 179 | 899 | 1 076 | 1 202 | 1 308 | 1 385 |
| | | 男 | 1 882 | 1 164 | 894 | 1 056 | 1 179 | 1 296 | 1 381 |
| | | 女 | 2 180 | 1 194 | 906 | 1 095 | 1 223 | 1 320 | 1 389 |
| | 城市 | 小计 | 1 589 | 1 257 | 1 020 | 1 194 | 1 289 | 1 346 | 1 399 |
| | | 男 | 681 | 1 251 | 978 | 1 178 | 1 284 | 1 345 | 1 396 |
| | | 女 | 908 | 1 263 | 1 039 | 1 204 | 1 296 | 1 348 | 1 399 |
| | 农村 | 小计 | 2 473 | 1 129 | 869 | 1 026 | 1 133 | 1 249 | 1 360 |
| | | 男 | 1 201 | 1 112 | 856 | 1 017 | 1 106 | 1 232 | 1 350 |
| | | 女 | 1 272 | 1 146 | 870 | 1 045 | 1 162 | 1 270 | 1 365 |
| 上海 | 城乡 | 小计 | 1 161 | 1 241 | 1 016 | 1 187 | 1 264 | 1 320 | 1 380 |
| | | 男 | 540 | 1 235 | 980 | 1 170 | 1 261 | 1 320 | 1 380 |
| | | 女 | 621 | 1 248 | 1 043 | 1 200 | 1 270 | 1 325 | 1 380 |
| | 城市 | 小计 | 1 161 | 1 241 | 1 016 | 1 187 | 1 264 | 1 320 | 1 380 |
| | | 男 | 540 | 1 235 | 980 | 1 170 | 1 261 | 1 320 | 1 380 |
| | | 女 | 621 | 1 248 | 1 043 | 1 200 | 1 270 | 1 325 | 1 380 |
| | 农村 | 小计 | 0 | 0 | 0 | 0 | 0 | 0 | 0 |
| | | 男 | 0 | 0 | 0 | 0 | 0 | 0 | 0 |
| | | 女 | 0 | 0 | 0 | 0 | 0 | 0 | 0 |
| 江苏 | 城乡 | 小计 | 3 473 | 1 211 | 900 | 1 130 | 1 260 | 1 333 | 1 390 |
| | | 男 | 1 587 | 1 191 | 870 | 1 090 | 1 235 | 1 323 | 1 389 |
| | | 女 | 1 886 | 1 231 | 940 | 1 170 | 1 271 | 1 337 | 1 390 |
| | 城市 | 小计 | 2 313 | 1 232 | 931 | 1 165 | 1 276 | 1 345 | 1 393 |
| | | 男 | 1 068 | 1 211 | 880 | 1 124 | 1 266 | 1 340 | 1 391 |
| | | 女 | 1 245 | 1 255 | 971 | 1 200 | 1 290 | 1 350 | 1 395 |
| | 农村 | 小计 | 1 160 | 1 166 | 870 | 1 054 | 1 205 | 1 298 | 1 368 |
| | | 男 | 519 | 1 147 | 850 | 1 036 | 1 191 | 1 275 | 1 360 |
| | | 女 | 641 | 1 184 | 889 | 1 093 | 1 220 | 1 304 | 1 375 |
| 浙江 | 城乡 | 小计 | 3 428 | 1 190 | 894 | 1 085 | 1 230 | 1 315 | 1 390 |
| | | 男 | 1 599 | 1 165 | 870 | 1 044 | 1 201 | 1 303 | 1 380 |
| | | 女 | 1 829 | 1 217 | 919 | 1 140 | 1 256 | 1 325 | 1 396 |
| | 城市 | 小计 | 1 184 | 1 221 | 947 | 1 155 | 1 257 | 1 320 | 1 382 |
| | | 男 | 536 | 1 204 | 939 | 1 125 | 1 248 | 1 307 | 1 373 |
| | | 女 | 648 | 1 238 | 975 | 1 179 | 1 265 | 1 340 | 1 390 |
| | 农村 | 小计 | 2 244 | 1 174 | 865 | 1 057 | 1 215 | 1 313 | 1 395 |
| | | 男 | 1 063 | 1 145 | 845 | 1 017 | 1 172 | 1 295 | 1 388 |
| | | 女 | 1 181 | 1 206 | 900 | 1 110 | 1 246 | 1 320 | 1 400 |
| 安徽 | 城乡 | 小计 | 3 497 | 1 168 | 870 | 1 054 | 1 210 | 1 293 | 1 360 |
| | | 男 | 1 545 | 1 147 | 840 | 1 022 | 1 194 | 1 284 | 1 357 |
| | | 女 | 1 952 | 1 190 | 900 | 1 101 | 1 230 | 1 300 | 1 367 |
| | 城市 | 小计 | 1 894 | 1 209 | 900 | 1 138 | 1 260 | 1 314 | 1 376 |
| | | 男 | 791 | 1 185 | 872 | 1 084 | 1 240 | 1 304 | 1 368 |
| | | 女 | 1 103 | 1 232 | 934 | 1 185 | 1 275 | 1 321 | 1 380 |
| | 农村 | 小计 | 1 603 | 1 142 | 855 | 1 031 | 1 176 | 1 270 | 1 350 |
| | | 男 | 754 | 1 124 | 810 | 990 | 1 165 | 1 264 | 1 343 |
| | | 女 | 849 | 1 162 | 900 | 1 054 | 1 186 | 1 275 | 1 350 |
| 福建 | 城乡 | 小计 | 2 898 | 1 205 | 926 | 1 128 | 1 241 | 1 320 | 1 390 |
| | | 男 | 1 291 | 1 177 | 877 | 1 080 | 1 213 | 1 300 | 1 390 |
| | | 女 | 1 607 | 1 232 | 969 | 1 170 | 1 260 | 1 329 | 1 390 |
| | 城市 | 小计 | 1 495 | 1 219 | 930 | 1 155 | 1 251 | 1 320 | 1 390 |
| | | 男 | 636 | 1 188 | 869 | 1 110 | 1 230 | 1 303 | 1 395 |
| | | 女 | 859 | 1 247 | 990 | 1 200 | 1 270 | 1 329 | 1 390 |
| | 农村 | 小计 | 1 403 | 1 191 | 910 | 1 103 | 1 225 | 1 313 | 1 390 |
| | | 男 | 655 | 1 167 | 877 | 1 065 | 1 194 | 1 295 | 1 390 |

| 地区 | 城乡 | 性别 | n | 总室内活动时间 /（min/d） | | | | | |
|---|---|---|---|---|---|---|---|---|---|
| | | | | Mean | P5 | P25 | P50 | P75 | P95 |
| 福建 | 农村 | 女 | 748 | 1 216 | 940 | 1 153 | 1 250 | 1 329 | 1 391 |
| 江西 | 城乡 | 小计 | 2 917 | 1 165 | 887 | 1 065 | 1 196 | 1 290 | 1 360 |
| | | 男 | 1 376 | 1 147 | 866 | 1 040 | 1 172 | 1 275 | 1 361 |
| | | 女 | 1 541 | 1 185 | 909 | 1 100 | 1 217 | 1 297 | 1 360 |
| | 城市 | 小计 | 1 720 | 1 191 | 900 | 1 110 | 1 230 | 1 305 | 1 370 |
| | | 男 | 795 | 1 179 | 855 | 1 085 | 1 223 | 1 308 | 1 380 |
| | | 女 | 925 | 1 204 | 921 | 1 133 | 1 239 | 1 305 | 1 363 |
| | 农村 | 小计 | 1 197 | 1 136 | 885 | 1 026 | 1 157 | 1 260 | 1 350 |
| | | 男 | 581 | 1 112 | 872 | 1 000 | 1 126 | 1 238 | 1 338 |
| | | 女 | 616 | 1 163 | 900 | 1 065 | 1 181 | 1 275 | 1 358 |
| 山东 | 城乡 | 小计 | 5 591 | 1 210 | 925 | 1 130 | 1 247 | 1 320 | 1 385 |
| | | 男 | 2 494 | 1 197 | 900 | 1 108 | 1 236 | 1 311 | 1 382 |
| | | 女 | 3 097 | 1 224 | 960 | 1 153 | 1 259 | 1 329 | 1 387 |
| | 城市 | 小计 | 2 710 | 1 243 | 986 | 1 185 | 1 275 | 1 335 | 1 393 |
| | | 男 | 1 127 | 1 234 | 969 | 1 170 | 1 268 | 1 332 | 1 393 |
| | | 女 | 1 583 | 1 252 | 1 016 | 1 196 | 1 285 | 1 340 | 1 391 |
| | 农村 | 小计 | 2 881 | 1 173 | 886 | 1 065 | 1 200 | 1 299 | 1 379 |
| | | 男 | 1 367 | 1 157 | 860 | 1 046 | 1 189 | 1 285 | 1 371 |
| | | 女 | 1 514 | 1 189 | 915 | 1 086 | 1 210 | 1 311 | 1 380 |
| 河南 | 城乡 | 小计 | 4 931 | 1 102 | 852 | 946 | 1 125 | 1 244 | 1 338 |
| | | 男 | 2 103 | 1 086 | 840 | 924 | 1 100 | 1 241 | 1 338 |
| | | 女 | 2 828 | 1 117 | 880 | 980 | 1 142 | 1 245 | 1 338 |
| | 城市 | 小计 | 2 040 | 1 147 | 870 | 1 014 | 1 194 | 1 282 | 1 356 |
| | | 男 | 846 | 1 135 | 840 | 949 | 1 196 | 1 280 | 1 357 |
| | | 女 | 1 194 | 1 157 | 890 | 1 049 | 1 191 | 1 286 | 1 355 |
| | 农村 | 小计 | 2 891 | 1 083 | 846 | 935 | 1 091 | 1 221 | 1 325 |
| | | 男 | 1 257 | 1 066 | 838 | 918 | 1 060 | 1 215 | 1 320 |
| | | 女 | 1 634 | 1 100 | 864 | 965 | 1 120 | 1 225 | 1 326 |
| 湖北 | 城乡 | 小计 | 3 412 | 1 151 | 908 | 1 065 | 1 166 | 1 260 | 1 360 |
| | | 男 | 1 606 | 1 142 | 890 | 1 046 | 1 159 | 1 257 | 1 360 |
| | | 女 | 1 806 | 1 162 | 930 | 1 085 | 1 174 | 1 263 | 1362 |
| | 城市 | 小计 | 2 385 | 1 179 | 909 | 1 096 | 1 201 | 1 290 | 1 378 |
| | | 男 | 1 129 | 1 169 | 885 | 1 080 | 1 196 | 1 290 | 1 370 |
| | | 女 | 1 256 | 1 191 | 945 | 1 120 | 1 215 | 1 290 | 1 380 |
| | 农村 | 小计 | 1 027 | 1 102 | 900 | 1 031 | 1 111 | 1 180 | 1 280 |
| | | 男 | 477 | 1 092 | 899 | 1 019 | 1 096 | 1 176 | 1 276 |
| | | 女 | 550 | 1 114 | 928 | 1 046 | 1 123 | 1 185 | 1 286 |
| 湖南 | 城乡 | 小计 | 4 059 | 1 187 | 917 | 1 110 | 1 208 | 1 290 | 1 377 |
| | | 男 | 1 849 | 1 160 | 885 | 1 079 | 1 184 | 1 269 | 1 360 |
| | | 女 | 2 210 | 1 218 | 1 010 | 1 146 | 1 233 | 1 310 | 1 386 |
| | 城市 | 小计 | 1 534 | 1 210 | 919 | 1 150 | 1 243 | 1 314 | 1 381 |
| | | 男 | 622 | 1 187 | 855 | 1 125 | 1 230 | 1 302 | 1 371 |
| | | 女 | 912 | 1 231 | 1 000 | 1 170 | 1 260 | 1 320 | 1 391 |
| | 农村 | 小计 | 2 525 | 1 175 | 915 | 1 100 | 1 186 | 1 273 | 1 377 |
| | | 男 | 1 227 | 1 149 | 890 | 1 065 | 1 163 | 1 250 | 1 350 |
| | | 女 | 1 298 | 1 211 | 1 020 | 1 140 | 1 219 | 1 296 | 1 385 |
| 广东 | 城乡 | 小计 | 3250 | 1 163 | 840 | 1 066 | 1 200 | 1 290 | 1 370 |
| | | 男 | 1 461 | 1 163 | 839 | 1 055 | 1 208 | 1 290 | 1 370 |
| | | 女 | 1 789 | 1 163 | 850 | 1 080 | 1 200 | 1 290 | 1 370 |
| | 城市 | 小计 | 1 751 | 1 166 | 821 | 1 084 | 1 202 | 1 290 | 1 370 |
| | | 男 | 778 | 1 168 | 825 | 1 080 | 1 210 | 1 291 | 1 370 |
| | | 女 | 973 | 1 165 | 821 | 1 085 | 1 200 | 1 290 | 1 373 |
| | 农村 | 小计 | 1 499 | 1 159 | 865 | 1 046 | 1 200 | 1 290 | 1 367 |
| | | 男 | 683 | 1 157 | 840 | 1 035 | 1 203 | 1 285 | 1 365 |
| | | 女 | 816 | 1 161 | 870 | 1 063 | 1 200 | 1 290 | 1 367 |
| 广西 | 城乡 | 小计 | 3 380 | 1 120 | 861 | 1 030 | 1 140 | 1 234 | 1 334 |
| | | 男 | 1 594 | 1 110 | 844 | 1 020 | 1 125 | 1 224 | 1 326 |
| | | 女 | 1 786 | 1 132 | 883 | 1 040 | 1 160 | 1 244 | 1 339 |

| 地区 | 城乡 | 性别 | *n* | 总室内活动时间 /（min/d） | | | | | |
|---|---|---|---|---|---|---|---|---|---|
| | | | | Mean | P5 | P25 | P50 | P75 | P95 |
| 广西 | 城市 | 小计 | 1 344 | 1 130 | 810 | 1 040 | 1 165 | 1 260 | 1 350 |
| | | 男 | 612 | 1 113 | 763 | 1 030 | 1 139 | 1 247 | 1 327 |
| | | 女 | 732 | 1 149 | 870 | 1 050 | 1 187 | 1 286 | 1 355 |
| | 农村 | 小计 | 2 036 | 1 117 | 870 | 1 025 | 1 130 | 1 224 | 1 320 |
| | | 男 | 982 | 1 109 | 855 | 1 016 | 1 124 | 1 217 | 1 326 |
| | | 女 | 1 054 | 1 125 | 889 | 1 035 | 1 145 | 1 234 | 1 315 |
| 海南 | 城乡 | 小计 | 1 083 | 1 073 | 683 | 930 | 1 097 | 1 245 | 1 350 |
| | | 男 | 515 | 1 061 | 680 | 930 | 1 080 | 1 230 | 1 338 |
| | | 女 | 568 | 1 086 | 705 | 930 | 1 114 | 1 260 | 1 361 |
| | 城市 | 小计 | 328 | 1 132 | 720 | 985 | 1 200 | 1 294 | 1 380 |
| | | 男 | 155 | 1 120 | 770 | 975 | 1 160 | 1 271 | 1 350 |
| | | 女 | 173 | 1 144 | 600 | 985 | 1 230 | 1 320 | 1 393 |
| | 农村 | 小计 | 755 | 1 049 | 664 | 921 | 1 080 | 1 210 | 1 320 |
| | | 男 | 360 | 1 038 | 596 | 921 | 1 060 | 1 200 | 1 318 |
| | | 女 | 395 | 1 062 | 705 | 921 | 1 097 | 1 229 | 1 330 |
| 重庆 | 城乡 | 小计 | 969 | 1 220 | 955 | 1 151 | 1 235 | 1 324 | 1 390 |
| | | 男 | 413 | 1 213 | 951 | 1 140 | 1 230 | 1 315 | 1 387 |
| | | 女 | 556 | 1 226 | 956 | 1 155 | 1 242 | 1 333 | 1 393 |
| | 城市 | 小计 | 476 | 1 198 | 945 | 1 131 | 1 215 | 1 303 | 1 381 |
| | | 男 | 224 | 1 203 | 951 | 1 135 | 1 215 | 1 300 | 1 383 |
| | | 女 | 252 | 1 191 | 935 | 1 125 | 1 216 | 1 304 | 1 380 |
| | 农村 | 小计 | 493 | 1 247 | 1 010 | 1 195 | 1 260 | 1 350 | 1 395 |
| | | 男 | 189 | 1 228 | 957 | 1 164 | 1 250 | 1 324 | 1 390 |
| | | 女 | 304 | 1 261 | 1043 | 1 215 | 1 290 | 1 363 | 1 398 |
| 四川 | 城乡 | 小计 | 4 581 | 1 143 | 840 | 1 020 | 1 170 | 1 288 | 1 367 |
| | | 男 | 2 096 | 1 133 | 840 | 1 006 | 1 157 | 1 280 | 1 370 |
| | | 女 | 2 485 | 1 153 | 846 | 1 036 | 1 183 | 1 290 | 1 360 |
| | 城市 | 小计 | 1 940 | 1 135 | 853 | 1 012 | 1 170 | 1 265 | 1 350 |
| | | 男 | 866 | 1 121 | 814 | 986 | 1 170 | 1 264 | 1 350 |
| | | 女 | 1 074 | 1 148 | 896 | 1 040 | 1 173 | 1 269 | 1 350 |
| | 农村 | 小计 | 2 641 | 1 148 | 840 | 1 029 | 1 170 | 1 298 | 1 370 |
| | | 男 | 1 230 | 1 139 | 846 | 1 020 | 1 151 | 1 292 | 1 377 |
| | | 女 | 1 411 | 1 156 | 840 | 1 035 | 1 185 | 1 300 | 1 368 |
| 贵州 | 城乡 | 小计 | 2 855 | 1 170 | 849 | 1 074 | 1 195 | 1 296 | 1 381 |
| | | 男 | 1 334 | 1 156 | 840 | 1 060 | 1 183 | 1 286 | 1 380 |
| | | 女 | 1 521 | 1 186 | 855 | 1 099 | 1 213 | 1 311 | 1 384 |
| | 城市 | 小计 | 1 062 | 1 204 | 889 | 1 124 | 1 239 | 1 324 | 1 384 |
| | | 男 | 498 | 1 187 | 857 | 1 109 | 1 217 | 1 310 | 1 381 |
| | | 女 | 564 | 1 224 | 911 | 1 149 | 1 266 | 1 335 | 1 385 |
| | 农村 | 小计 | 1 793 | 1 133 | 800 | 1 050 | 1 150 | 1 249 | 1 377 |
| | | 男 | 836 | 1 122 | 797 | 1 030 | 1 138 | 1 243 | 1 370 |
| | | 女 | 957 | 1 146 | 800 | 1 068 | 1 161 | 1 260 | 1 380 |
| 云南 | 城乡 | 小计 | 3 491 | 1 101 | 840 | 961 | 1 095 | 1 245 | 1 366 |
| | | 男 | 1 662 | 1 095 | 833 | 958 | 1 086 | 1 245 | 1 364 |
| | | 女 | 1 829 | 1 108 | 850 | 978 | 1 108 | 1 243 | 1 370 |
| | 城市 | 小计 | 914 | 1 125 | 850 | 989 | 1 148 | 1 280 | 1 360 |
| | | 男 | 420 | 1 121 | 870 | 965 | 1 140 | 1 271 | 1 355 |
| | | 女 | 494 | 1 128 | 843 | 1007 | 1 150 | 1 283 | 1 360 |
| | 农村 | 小计 | 2 577 | 1 090 | 840 | 960 | 1 080 | 1 225 | 1 370 |
| | | 男 | 1 242 | 1 084 | 820 | 950 | 1 075 | 1 226 | 1 366 |
| | | 女 | 1 335 | 1 098 | 850 | 962 | 1 091 | 1 225 | 1 370 |
| 西藏 | 城乡 | 小计 | 1 529 | 1 046 | 665 | 939 | 1 067 | 1 198 | 1 350 |
| | | 男 | 618 | 1 022 | 646 | 900 | 1 047 | 1 183 | 1 330 |
| | | 女 | 911 | 1 066 | 714 | 966 | 1 084 | 1 206 | 1 360 |
| | 城市 | 小计 | 385 | 1 148 | 793 | 1 050 | 1 187 | 1 290 | 1 397 |
| | | 男 | 126 | 1 133 | 765 | 1 011 | 1 177 | 1 288 | 1 403 |
| | | 女 | 259 | 1 158 | 861 | 1 080 | 1 200 | 1 290 | 1 393 |
| | 农村 | 小计 | 1 144 | 1 016 | 660 | 910 | 1 036 | 1 147 | 1 307 |

| 地区 | 城乡 | 性别 | *n* | 总室内活动时间 /（min/d） | | | | | |
|---|---|---|---|---|---|---|---|---|---|
| | | | | Mean | P5 | P25 | P50 | P75 | P95 |
| 西藏 | 农村 | 男 | 492 | 997 | 645 | 881 | 1 020 | 1 142 | 1 303 |
| | | 女 | 652 | 1 034 | 694 | 944 | 1 047 | 1 151 | 1 315 |
| 陕西 | 城乡 | 小计 | 2 868 | 1 132 | 883 | 1 040 | 1 157 | 1 240 | 1 334 |
| | | 男 | 1 298 | 1 120 | 850 | 1 020 | 1 141 | 1 230 | 1 330 |
| | | 女 | 1 570 | 1 144 | 898 | 1 050 | 1 170 | 1 245 | 1 337 |
| | 城市 | 小计 | 1 331 | 1 167 | 900 | 1 080 | 1 200 | 1 267 | 1 342 |
| | | 男 | 587 | 1 156 | 885 | 1 066 | 1 185 | 1 260 | 1 342 |
| | | 女 | 744 | 1 178 | 924 | 1 099 | 1 209 | 1 275 | 1 342 |
| | 农村 | 小计 | 1 537 | 1 103 | 855 | 1 006 | 1 115 | 1 205 | 1 320 |
| | | 男 | 711 | 1 090 | 834 | 990 | 1 107 | 1 200 | 1 316 |
| | | 女 | 826 | 1 115 | 885 | 1 033 | 1 125 | 1 214 | 1 322 |
| 甘肃 | 城乡 | 小计 | 2 869 | 1 079 | 790 | 977 | 1 095 | 1 198 | 1 318 |
| | | 男 | 1 289 | 1 057 | 780 | 950 | 1 073 | 1 170 | 1 295 |
| | | 女 | 1 580 | 1 102 | 800 | 1 005 | 1 125 | 1 221 | 1 329 |
| | 城市 | 小计 | 799 | 1 111 | 830 | 1 040 | 1 125 | 1 223 | 1 333 |
| | | 男 | 365 | 1 098 | 840 | 1 025 | 1 110 | 1 194 | 1 322 |
| | | 女 | 434 | 1 123 | 820 | 1 050 | 1 140 | 1 243 | 1 345 |
| | 农村 | 小计 | 2 070 | 1 069 | 780 | 960 | 1 080 | 1 190 | 1 308 |
| | | 男 | 924 | 1 044 | 750 | 930 | 1 050 | 1 160 | 1 290 |
| | | 女 | 1 146 | 1 094 | 800 | 998 | 1 111 | 1 215 | 1 323 |
| 青海 | 城乡 | 小计 | 1 592 | 1 191 | 890 | 1 125 | 1 230 | 1 303 | 1 361 |
| | | 男 | 691 | 1 185 | 879 | 1 109 | 1 223 | 1 304 | 1 357 |
| | | 女 | 901 | 1 198 | 917 | 1 140 | 1 232 | 1 303 | 1 365 |
| | 城市 | 小计 | 666 | 1 231 | 1 000 | 1 190 | 1 262 | 1 312 | 1 364 |
| | | 男 | 296 | 1 224 | 930 | 1 187 | 1 265 | 1 311 | 1 358 |
| | | 女 | 370 | 1 238 | 1 029 | 1 194 | 1 259 | 1 313 | 1 371 |
| | 农村 | 小计 | 926 | 1 087 | 800 | 982 | 1 104 | 1 196 | 1 322 |
| | | 男 | 395 | 1 079 | 808 | 977 | 1 101 | 1 185 | 1 307 |
| | | 女 | 531 | 1 096 | 790 | 998 | 1 112 | 1 214 | 1 330 |
| 宁夏 | 城乡 | 小计 | 1 138 | 1 207 | 920 | 1 125 | 1 247 | 1 314 | 1 379 |
| | | 男 | 538 | 1 189 | 912 | 1 082 | 1 232 | 1 306 | 1 374 |
| | | 女 | 600 | 1 228 | 943 | 1 170 | 1 268 | 1 320 | 1 384 |
| | 城市 | 小计 | 1 040 | 1 211 | 920 | 1 138 | 1 250 | 1 316 | 1 380 |
| | | 男 | 488 | 1 191 | 906 | 1 087 | 1 233 | 1 310 | 1 374 |
| | | 女 | 552 | 1 233 | 950 | 1 185 | 1 271 | 1 323 | 1 385 |
| | 农村 | 小计 | 98 | 1 178 | 904 | 1 089 | 1 202 | 1 303 | 1 373 |
| | | 男 | 50 | 1 175 | 912 | 1 065 | 1 202 | 1 305 | 1 378 |
| | | 女 | 48 | 1 181 | 896 | 1 120 | 1 200 | 1 294 | 1 343 |
| 新疆 | 城乡 | 小计 | 2 804 | 1 131 | 885 | 1 039 | 1 145 | 1 238 | 1 345 |
| | | 男 | 1 264 | 1 101 | 836 | 1 019 | 1 113 | 1 213 | 1 324 |
| | | 女 | 1 540 | 1 164 | 945 | 1 080 | 1 176 | 1 260 | 1 350 |
| | 城市 | 小计 | 1 219 | 1 158 | 877 | 1 065 | 1 176 | 1 275 | 1 371 |
| | | 男 | 484 | 1 124 | 824 | 1 035 | 1 134 | 1 261 | 1 365 |
| | | 女 | 735 | 1 189 | 973 | 1 105 | 1 205 | 1 290 | 1 380 |
| | 农村 | 小计 | 1 585 | 1 118 | 886 | 1 035 | 1 134 | 1 219 | 1 320 |
| | | 男 | 780 | 1 091 | 851 | 1 011 | 1 106 | 1 197 | 1 296 |
| | | 女 | 805 | 1 150 | 930 | 1 067 | 1 164 | 1 245 | 1 338 |

## 附表 6-58　我国居民每天上、下班（学）往返的时间

单位：min/d

| | | 合计 | 城市小计 | 农村小计 | 大城市 | 中小城市 | 一类农村 | 二类农村 | 三类农村 | 四类农村 |
|---|---|---|---|---|---|---|---|---|---|---|
| 步行 | | | | | | | | | | |
| 合计 | 18～44岁 | 27.2 | 14.0 | 32.1 | 9.3 | 17.5 | 21.5 | 29.5 | 32.4 | 42.2 |
| | 45～59岁 | 31.4 | 16.3 | 35.8 | 10.6 | 21.9 | 27.1 | 32.9 | 35.9 | 47.2 |
| | ＞60岁 | 38.1 | 26.0 | 39.3 | 17.3 | 30.9 | 32.4 | 34.9 | 39.8 | 48.0 |
| 男性 | 18～44岁 | 25.6 | 12.9 | 30.4 | 8.0 | 16.5 | 19.3 | 28.1 | 30.9 | 41.2 |
| | 45～59岁 | 28.9 | 14.6 | 33.7 | 9.2 | 20.4 | 24.5 | 31.1 | 35.1 | 45.5 |
| | ＞60岁 | 38.1 | 24.8 | 39.6 | 15.1 | 30.3 | 32.3 | 33.5 | 41.3 | 50.0 |
| 女性 | 18～44岁 | 28.8 | 15.0 | 34.0 | 10.5 | 18.6 | 24.2 | 30.8 | 34.1 | 43.1 |
| | 45～59岁 | 34.9 | 19.5 | 38.6 | 13.6 | 24.3 | 31.3 | 35.1 | 37.0 | 49.0 |
| | ＞60岁 | 38.1 | 29.0 | 38.8 | 22.8 | 32.5 | 32.6 | 37.3 | 35.7 | 45.2 |
| 骑车 | | | | | | | | | | |
| 合计 | 18～44岁 | 11.7 | 16.6 | 9.9 | 18.1 | 15.4 | 15.8 | 11.0 | 11.2 | 3.4 |
| | 45～59岁 | 8.9 | 14.9 | 7.2 | 17.5 | 12.3 | 11.3 | 7.2 | 8.3 | 2.2 |
| | ＞60岁 | 4.2 | 10.6 | 3.6 | 11.4 | 10.2 | 6.3 | 3.4 | 4.8 | 0.7 |
| 男性 | 18～44岁 | 13.4 | 17.1 | 12.0 | 18.4 | 16.2 | 17.6 | 13.8 | 13.5 | 4.3 |
| | 45～59岁 | 11.1 | 16.9 | 9.1 | 20. 0 | 13.6 | 14.2 | 8.7 | 10.3 | 2.8 |
| | ＞60岁 | 5.6 | 12.5 | 4.8 | 13.8 | 11.8 | 8.1 | 4.7 | 5.8 | 0.9 |
| 女性 | 18～44岁 | 9.9 | 16.0 | 7.6 | 17.7 | 14.6 | 13.5 | 8.3 | 8.6 | 2.5 |
| | 45～59岁 | 5.8 | 11.0 | 4.6 | 12.0 | 10.2 | 6.6 | 5.5 | 5.2 | 1.6 |
| | ＞60岁 | 1.6 | 5.7 | 1.3 | 5.2 | 6.0 | 2.4 | 1.1 | 1.9 | 0.5 |
| 坐车 | | | | | | | | | | |
| 合计 | 18～44岁 | 6.4 | 15.8 | 2.9 | 24.7 | 9.0 | 4.4 | 2.9 | 3.2 | 1.4 |
| | 45～59岁 | 4.1 | 11.6 | 1.8 | 17.9 | 5.5 | 2.8 | 1.4 | 2.3 | 0.9 |
| | ＞60岁 | 1.2 | 5.4 | 0.8 | 8.3 | 3.8 | 1.1 | 0.5 | 1.4 | 0.2 |
| 男性 | 18～44岁 | 7.4 | 16.4 | 4.0 | 25.3 | 9.9 | 5.8 | 4.3 | 4.0 | 2.2 |
| | 45～59岁 | 5.2 | 13.4 | 2.4 | 19.6 | 6.9 | 3.7 | 1.9 | 2.3 | 1.5 |
| | ＞60岁 | 1.4 | 5.8 | 0.9 | 8.6 | 4.2 | 1.2 | 0.6 | 1.6 | 0.3 |
| 女性 | 18～44岁 | 5.3 | 15.1 | 1.7 | 24.1 | 8.1 | 2.7 | 1.5 | 2.2 | 0.7 |
| | 45～59岁 | 2.5 | 8.3 | 1.1 | 14.4 | 3.2 | 1.4 | 0.9 | 2.2 | 0.3 |
| | ＞60岁 | 0.7 | 4.4 | 0.4 | 7.4 | 2.6 | 0.9 | 0.2 | 1.0 | 0.0 |

数据来源：中国居民营养与健康状况调查。

# 7 与水暴露相关的时间活动模式参数

# Time-Activity Factors Related to Water Exposure




本章作者 赵秀阁 曹素珍 王贝贝 黄 楠 董 婷 段小丽 等

## 7.1　参数说明

与水暴露相关的时间活动模式参数（Time-Activity Factors Related to Water Exposure）主要指暴露人群身体各部位与水直接接触的活动时间，主要包括洗澡、游泳时间等。对成人活动模式参数的调查一般是通过问卷调查的方式获得。通常采用的调查为24小时回顾日志法。洗澡时间和游泳时间指洗澡或游泳时与水直接接触的时间，不包括各种准备活动耗费的时间。涉水活动模式参数在健康风险评价中的作用是非常重要的，因为人们的活动模式会影响他们的环境污染物暴露频次、暴露时间，以及暴露程度。以健康风险评价公式为例，皮肤对污染物的日平均吸收剂量（*DAD*）计算见公式（7-1）：

$$DAD=\frac{DA_{\text{event}}\times EV\times ED\times EF\times SA}{BW\times AT} \tag{7-1}$$

式中：*DAD*——皮肤对污染物的日平均吸收剂量，mg/(kg·d)；

$DA_{\text{event}}$——单次暴露吸收剂量，mg/(cm$^2$·次)；

*SA*——与污染介质接触的皮肤表面积，cm$^2$；

*EV*——日暴露次数，次/d；

*ED*——暴露时间，min/d；

*EF*——年暴露天数，d/a；

*BW*——体重，kg；

*AT*——平均暴露时间，d。

## 7.2　资料与数据来源

环境保护部科技标准司于2011—2012年委托中国环境科学研究院在我国31个省、自治区、直辖市（不包括香港、澳门特别行政区和台湾地区）的159个县/区针对18岁及以上常住居民91 527人（有效样本量为91 121人）开展中国人群环境暴露行为模式研究。我国居民的洗澡时间见附表7-1～附表7-12；游泳时间见附表7-13～附表7-24，附表中“*n*”表示会游泳的人数，“平均每月游泳时间”表示会游泳的人的游泳时间。

除此之外，还有中国居民营养与健康状况调查报告（2002）之行为和生活方式调查（马冠生等，2006），以及一些典型地区的活动模式调查，如河南省泌阳县居民涉水活动调查（段小丽等，2009），太湖饮用水水源地附近居民的涉水时间—活动模式调查（于云江等，2012），浙江温岭地区居民涉水和涉气活动的暴露参数调查（杨彦等，2012）等。本章中的数据主要来自于中国人群环境暴露行为模式研究。

## 7.3 时间活动模式参数推荐值

表 7-1　中国人群洗澡和游泳时间推荐值

| | 城乡 | | | 城市 | | | 农村 | | |
|---|---|---|---|---|---|---|---|---|---|
| | 小计 | 男 | 女 | 小计 | 男 | 女 | 小计 | 男 | 女 |
| 洗澡时间 /（min/d） | 7 | 7 | 7 | 8 | 8 | 8 | 6 | 6 | 6 |
| 会游泳人数比例 /% | 3.3 | 5.3 | 1.5 | 4.0 | 6.2 | 2.2 | 2.6 | 4.7 | 0.9 |
| 游泳时间 */(min/ 月） | 155 | 154 | 159 | 180 | 181 | 180 | 123 | 126 | 92 |

注：* 指会游泳的人的游泳时间。

## 7.4 与国外的比较

与美国（USEPA，2011）、日本（NIAIST，2007）、韩国（Jang J Y，et al，2007）的比较见表 7-2。

表 7-2　与国外的比较

| 时间 | 中国 | 美国 | 日本 | 韩国 |
|---|---|---|---|---|
| 洗澡时间 /（min/d） | 7 | 17 | 25.2 | 3.3 |
| 会游泳人数比例 / % | 3.3 | — | 7.5 | 7.1 |
| 游泳时间 /（min / 月） | 155 | 45 | 268.5 | 292.2 |

### 本章参考文献

段小丽 , 张文杰 , 王宗爽 , 等 . 2009. 我国北方某地区居民涉水活动的皮肤暴露参数 [J]. 环境科学研究， 23（1）：55-61.

马冠生 , 孔灵芝 . 2006. 中国居民营养与健康状况调查报告之九（2002）行为和生活方式 [M]. 北京：人民卫生出版社 .

于云江 , 李琴 , 向明灯 . 2012. 太湖饮用水源地附近成年居民的涉水时间—活动模式 [J]. 环境与健康杂志，3（29）：235-239.

杨彦 , 于云江 , 杨洁 . 2012. 浙江沿海地区居民环境健康风险评价中涉水和涉气活动的皮肤暴露参数研究 [J]. 环境与健康杂志，4（9）：324-328.

Jang J Y, Jo S N, Kim S, et al. 2007. Korean exposure factors handbook[S]. Ministry of Environment, Seoul, Korea.

NIAIST. 2007. Japanese exposure factors handbook[S]. http://unit.aist.go.jp/riss/crm/exposurefactors/english_summary.html. 2011-10-12.

USEPA.2011. Exposure factors handbook 2011 edition (final)[S]. EPA./600/R-09/052F. Washington DC:EPA.

附表 7-1　中国人群分东中西、城乡、性别、年龄的全年平均每天洗澡时间

| 地区 | 城乡 | 性别 | 年龄 | n | 平均每天洗澡时间 /（min/d） | | | | | |
|---|---|---|---|---|---|---|---|---|---|---|
| | | | | | Mean | P5 | P25 | P50 | P75 | P95 |
| 合计 | 城乡 | 小计 | 小计 | 90 247 | 8 | 1 | 4 | 7 | 10 | 18 |
| | | | 18～44 岁 | 36 341 | 9 | 2 | 5 | 8 | 11 | 19 |
| | | | 45～59 岁 | 32 070 | 8 | 1 | 4 | 7 | 10 | 18 |
| | | | 60～79 岁 | 20 366 | 7 | 1 | 3 | 6 | 9 | 15 |
| | | | 80 岁及以上 | 1 470 | 6 | 0 | 2 | 5 | 8 | 16 |
| | | 男 | 小计 | 40 883 | 8 | 1 | 4 | 7 | 10 | 18 |
| | | | 18～44 岁 | 16 623 | 8 | 2 | 5 | 8 | 11 | 18 |
| | | | 45～59 岁 | 13 944 | 8 | 1 | 4 | 7 | 10 | 17 |
| | | | 60～79 岁 | 9 648 | 7 | 1 | 3 | 6 | 9 | 15 |
| | | | 80 岁及以上 | 668 | 6 | 0 | 2 | 5 | 9 | 18 |
| | | 女 | 小计 | 49 364 | 8 | 1 | 4 | 7 | 11 | 19 |
| | | | 18～44 岁 | 19 718 | 9 | 2 | 5 | 8 | 11 | 20 |
| | | | 45～59 岁 | 18 126 | 8 | 1 | 4 | 7 | 10 | 18 |
| | | | 60～79 岁 | 10 718 | 7 | 1 | 3 | 6 | 9 | 16 |
| | | | 80 岁及以上 | 802 | 6 | 0 | 2 | 5 | 8 | 15 |
| | 城市 | 小计 | 小计 | 41 635 | 9 | 2 | 5 | 8 | 11 | 20 |
| | | | 18～44 岁 | 16 566 | 10 | 3 | 6 | 9 | 12 | 20 |
| | | | 45～59 岁 | 14 680 | 9 | 2 | 5 | 8 | 11 | 20 |
| | | | 60～79 岁 | 9 648 | 8 | 2 | 4 | 7 | 10 | 17 |
| | | | 80 岁及以上 | 741 | 7 | 1 | 3 | 6 | 10 | 18 |
| | | 男 | 小计 | 18 372 | 9 | 2 | 5 | 8 | 11 | 19 |
| | | | 18～44 岁 | 7 507 | 9 | 3 | 6 | 8 | 11 | 19 |
| | | | 45～59 岁 | 6 241 | 9 | 2 | 5 | 8 | 11 | 19 |
| | | | 60～79 岁 | 4 304 | 8 | 1 | 4 | 7 | 10 | 17 |
| | | | 80 岁及以上 | 320 | 7 | 1 | 3 | 6 | 10 | 19 |
| | | 女 | 小计 | 23 263 | 9 | 2 | 5 | 8 | 12 | 20 |
| | | | 18～44 岁 | 9 059 | 10 | 3 | 6 | 9 | 13 | 21 |
| | | | 45～59 岁 | 8 439 | 9 | 2 | 5 | 8 | 11 | 20 |
| | | | 60～79 岁 | 5 344 | 8 | 2 | 4 | 7 | 10 | 17 |
| | | | 80 岁及以上 | 421 | 7 | 1 | 3 | 6 | 10 | 17 |
| | 农村 | 小计 | 小计 | 48 612 | 7 | 1 | 4 | 6 | 10 | 16 |
| | | | 18～44 岁 | 19 775 | 8 | 2 | 4 | 7 | 10 | 18 |
| | | | 45～59 岁 | 17 390 | 7 | 1 | 3 | 6 | 10 | 15 |
| | | | 60～79 岁 | 10718 | 6 | 0 | 2 | 5 | 8 | 15 |
| | | | 80 岁及以上 | 729 | 5 | 0 | 2 | 4 | 7 | 14 |
| | | 男 | 小计 | 22 511 | 7 | 1 | 4 | 6 | 10 | 16 |
| | | | 18～44 岁 | 9 116 | 8 | 2 | 4 | 7 | 10 | 18 |
| | | | 45～59 岁 | 7 703 | 7 | 1 | 3 | 6 | 10 | 15 |
| | | | 60～79 岁 | 5 344 | 6 | 0 | 2 | 5 | 8 | 15 |
| | | | 80 岁及以上 | 348 | 5 | 0 | 2 | 4 | 7 | 16 |
| | | 女 | 小计 | 26 101 | 7 | 1 | 4 | 6 | 10 | 17 |
| | | | 18～44 岁 | 10 659 | 8 | 2 | 4 | 7 | 11 | 18 |
| | | | 45～59 岁 | 9 687 | 7 | 1 | 3 | 6 | 10 | 16 |
| | | | 60～79 岁 | 5 374 | 6 | 0 | 3 | 5 | 9 | 15 |
| | | | 80 岁及以上 | 381 | 5 | 0 | 2 | 4 | 7 | 13 |
| 东部 | 城乡 | 小计 | 小计 | 30 861 | 10 | 2 | 6 | 9 | 13 | 20 |
| | | | 18～44 岁 | 10 505 | 11 | 3 | 7 | 10 | 14 | 21 |
| | | | 45～59 岁 | 11 773 | 9 | 2 | 5 | 9 | 12 | 20 |
| | | | 60～79 岁 | 7 911 | 8 | 1 | 4 | 7 | 10 | 18 |
| | | | 80 岁及以上 | 672 | 7 | 0 | 3 | 6 | 10 | 18 |
| | | 男 | 小计 | 13 769 | 10 | 2 | 6 | 9 | 12 | 20 |
| | | | 18～44 岁 | 4 642 | 10 | 3 | 7 | 10 | 13 | 20 |
| | | | 45～59 岁 | 5 023 | 9 | 2 | 5 | 9 | 12 | 20 |
| | | | 60～79 岁 | 3 804 | 8 | 1 | 4 | 7 | 10 | 18 |
| | | | 80 岁及以上 | 300 | 7 | 0 | 3 | 6 | 10 | 19 |
| | | 女 | 小计 | 17 092 | 10 | 2 | 6 | 9 | 13 | 20 |

| 地区 | 城乡 | 性别 | 年龄 | *n* | 平均每天洗澡时间 /（min/d） | | | | | |
|---|---|---|---|---|---|---|---|---|---|---|
| | | | | | Mean | P5 | P25 | P50 | P75 | P95 |
| 东部 | 城乡 | 女 | 18 ～ 44 岁 | 5 863 | 11 | 3 | 7 | 10 | 14 | 23 |
| | | | 45 ～ 59 岁 | 6 750 | 9 | 2 | 6 | 9 | 12 | 20 |
| | | | 60 ～ 79 岁 | 4 107 | 8 | 1 | 5 | 7 | 11 | 18 |
| | | | 80 岁及以上 | 372 | 7 | 0 | 3 | 6 | 10 | 16 |
| | 城市 | 小计 | 小计 | 15 629 | 11 | 3 | 6 | 10 | 13 | 21 |
| | | | 18 ～ 44 岁 | 5 450 | 11 | 4 | 7 | 10 | 14 | 23 |
| | | | 45 ～ 59 岁 | 5 790 | 10 | 3 | 6 | 9 | 13 | 20 |
| | | | 60 ～ 79 岁 | 4 039 | 9 | 2 | 5 | 8 | 11 | 19 |
| | | | 80 岁及以上 | 350 | 8 | 1 | 4 | 7 | 11 | 19 |
| | | 男 | 小计 | 6 871 | 10 | 3 | 6 | 9 | 13 | 20 |
| | | | 18 ～ 44 岁 | 2 415 | 11 | 4 | 7 | 10 | 13 | 20 |
| | | | 45 ～ 59 岁 | 2 452 | 10 | 3 | 6 | 9 | 13 | 20 |
| | | | 60 ～ 79 岁 | 1 857 | 9 | 2 | 5 | 8 | 11 | 19 |
| | | | 80 岁及以上 | 147 | 9 | 1 | 4 | 8 | 11 | 19 |
| | | 女 | 小计 | 8 758 | 11 | 3 | 7 | 10 | 14 | 23 |
| | | | 18 ～ 44 岁 | 3 035 | 12 | 5 | 8 | 11 | 15 | 25 |
| | | | 45 ～ 59 岁 | 3 338 | 10 | 3 | 6 | 10 | 13 | 21 |
| | | | 60 ～ 79 岁 | 2 182 | 9 | 2 | 5 | 8 | 11 | 19 |
| | | | 80 岁及以上 | 203 | 8 | 1 | 4 | 7 | 10 | 18 |
| | 农村 | 小计 | 小计 | 15 232 | 9 | 2 | 5 | 9 | 12 | 20 |
| | | | 18 ～ 44 岁 | 5 055 | 10 | 2 | 6 | 9 | 13 | 20 |
| | | | 45 ～ 59 岁 | 5 983 | 9 | 2 | 5 | 8 | 11 | 18 |
| | | | 60 ～ 79 岁 | 3 872 | 7 | 0 | 3 | 6 | 10 | 17 |
| | | | 80 岁及以上 | 322 | 6 | 0 | 2 | 4 | 9 | 18 |
| | | 男 | 小计 | 6 898 | 9 | 2 | 5 | 9 | 11 | 19 |
| | | | 18 ～ 44 岁 | 2 227 | 10 | 2 | 6 | 9 | 13 | 20 |
| | | | 45 ～ 59 岁 | 2 571 | 9 | 2 | 5 | 8 | 11 | 18 |
| | | | 60 ～ 79 岁 | 1 947 | 7 | 0 | 3 | 6 | 10 | 17 |
| | | | 80 岁及以上 | 153 | 6 | 0 | 2 | 4 | 9 | 19 |
| | | 女 | 小计 | 8 334 | 9 | 2 | 5 | 9 | 12 | 20 |
| | | | 18 ～ 44 岁 | 2 828 | 10 | 3 | 6 | 10 | 13 | 20 |
| | | | 45 ～ 59 岁 | 3 412 | 9 | 2 | 5 | 8 | 11 | 19 |
| | | | 60 ～ 79 岁 | 1 925 | 7 | 0 | 4 | 6 | 10 | 16 |
| | | | 80 岁及以上 | 169 | 6 | 0 | 2 | 4 | 8 | 15 |
| 中部 | 城乡 | 小计 | 小计 | 28 951 | 7 | 1 | 4 | 7 | 10 | 16 |
| | | | 18 ～ 44 岁 | 12 081 | 8 | 2 | 5 | 7 | 10 | 17 |
| | | | 45 ～ 59 岁 | 10 171 | 7 | 1 | 4 | 6 | 9 | 15 |
| | | | 60 ～ 79 岁 | 6 299 | 6 | 1 | 3 | 6 | 8 | 14 |
| | | | 80 岁及以上 | 400 | 5 | 0 | 2 | 5 | 7 | 13 |
| | | 男 | 小计 | 13 175 | 7 | 2 | 4 | 7 | 10 | 16 |
| | | | 18 ～ 44 岁 | 5 602 | 8 | 2 | 5 | 7 | 10 | 16 |
| | | | 45 ～ 59 岁 | 4 440 | 7 | 1 | 4 | 6 | 9 | 15 |
| | | | 60 ～ 79 岁 | 2 964 | 6 | 1 | 3 | 5 | 8 | 14 |
| | | | 80 岁及以上 | 169 | 5 | 0 | 2 | 5 | 7 | 13 |
| | | 女 | 小计 | 15 776 | 8 | 1 | 4 | 7 | 10 | 16 |
| | | | 18 ～ 44 岁 | 6 479 | 8 | 2 | 5 | 8 | 11 | 18 |
| | | | 45 ～ 59 岁 | 5 731 | 7 | 1 | 4 | 6 | 9 | 15 |
| | | | 60 ～ 79 岁 | 3 335 | 6 | 1 | 3 | 6 | 9 | 14 |
| | | | 80 岁及以上 | 231 | 5 | 0 | 2 | 4 | 7 | 13 |
| | 城市 | 小计 | 小计 | 13 755 | 8 | 3 | 5 | 8 | 10 | 18 |
| | | | 18 ～ 44 岁 | 5 778 | 9 | 3 | 6 | 8 | 11 | 18 |
| | | | 45 ～ 59 岁 | 4 766 | 8 | 3 | 5 | 8 | 10 | 17 |
| | | | 60 ～ 79 岁 | 2 995 | 7 | 2 | 5 | 7 | 9 | 16 |
| | | | 80 岁及以上 | 216 | 7 | 2 | 4 | 6 | 8 | 15 |
| | | 男 | 小计 | 6 038 | 8 | 3 | 5 | 8 | 10 | 17 |
| | | | 18 ～ 44 岁 | 2 652 | 9 | 3 | 6 | 8 | 10 | 18 |
| | | | 45 ～ 59 岁 | 2 019 | 8 | 3 | 5 | 7 | 10 | 17 |
| | | | 60 ～ 79 岁 | 1 279 | 7 | 2 | 4 | 6 | 9 | 16 |

| 地区 | 城乡 | 性别 | 年龄 | $n$ | 平均每天洗澡时间 /（min/d） | | | | | |
|---|---|---|---|---|---|---|---|---|---|---|
| | | | | | Mean | P5 | P25 | P50 | P75 | P95 |
| 中部 | 城市 | 男 | 80 岁及以上 | 88 | 7 | 2 | 4 | 6 | 8 | 14 |
| | | 女 | 小计 | 7 717 | 9 | 3 | 6 | 8 | 11 | 18 |
| | | | 18 ～ 44 岁 | 3 126 | 9 | 3 | 6 | 9 | 12 | 19 |
| | | | 45 ～ 59 岁 | 2 747 | 8 | 3 | 5 | 8 | 10 | 17 |
| | | | 60 ～ 79 岁 | 1 716 | 7 | 2 | 5 | 7 | 9 | 15 |
| | | | 80 岁及以上 | 128 | 7 | 2 | 4 | 6 | 8 | 16 |
| | 农村 | 小计 | 小计 | 15 196 | 7 | 1 | 4 | 6 | 9 | 15 |
| | | | 18 ～ 44 岁 | 6 303 | 8 | 2 | 4 | 7 | 10 | 16 |
| | | | 45 ～ 59 岁 | 5 405 | 6 | 1 | 3 | 6 | 9 | 14 |
| | | | 60 ～ 79 岁 | 3 304 | 6 | 0 | 2 | 5 | 8 | 14 |
| | | | 80 岁及以上 | 184 | 4 | 0 | 2 | 3 | 6 | 12 |
| | | 男 | 小计 | 7 137 | 7 | 1 | 4 | 6 | 9 | 15 |
| | | | 18 ～ 44 岁 | 2 950 | 7 | 2 | 4 | 7 | 10 | 16 |
| | | | 45 ～ 59 岁 | 2 421 | 6 | 1 | 3 | 6 | 9 | 14 |
| | | | 60 ～ 79 岁 | 1 685 | 5 | 0 | 2 | 5 | 8 | 14 |
| | | | 80 岁及以上 | 81 | 4 | 0 | 2 | 4 | 5 | 9 |
| | | 女 | 小计 | 8 059 | 7 | 1 | 4 | 6 | 9 | 15 |
| | | | 18 ～ 44 岁 | 3 353 | 8 | 1 | 4 | 7 | 10 | 17 |
| | | | 45 ～ 59 岁 | 2 984 | 6 | 1 | 3 | 6 | 9 | 14 |
| | | | 60 ～ 79 岁 | 1 619 | 6 | 0 | 3 | 5 | 8 | 14 |
| | | | 80 岁及以上 | 103 | 4 | 0 | 2 | 3 | 6 | 12 |
| 西部 | 城乡 | 小计 | 小计 | 30 435 | 6 | 1 | 3 | 5 | 8 | 15 |
| | | | 18 ～ 44 岁 | 13 755 | 7 | 1 | 3 | 6 | 9 | 15 |
| | | | 45 ～ 59 岁 | 10 126 | 6 | 1 | 3 | 5 | 8 | 14 |
| | | | 60 ～ 79 岁 | 6 156 | 5 | 0 | 2 | 4 | 7 | 12 |
| | | | 80 岁及以上 | 398 | 4 | 0 | 2 | 4 | 6 | 13 |
| | | 男 | 小计 | 13 939 | 6 | 1 | 3 | 5 | 8 | 14 |
| | | | 18 ～ 44 岁 | 6 379 | 6 | 1 | 3 | 5 | 9 | 15 |
| | | | 45 ～ 59 岁 | 4 481 | 6 | 1 | 3 | 5 | 8 | 14 |
| | | | 60 ～ 79 岁 | 2 880 | 5 | 0 | 2 | 4 | 7 | 11 |
| | | | 80 岁及以上 | 199 | 5 | 0 | 2 | 4 | 6 | 13 |
| | | 女 | 小计 | 16 496 | 6 | 1 | 3 | 5 | 9 | 15 |
| | | | 18 ～ 44 岁 | 7 376 | 7 | 1 | 4 | 6 | 9 | 15 |
| | | | 45 ～ 59 岁 | 5 645 | 6 | 1 | 3 | 5 | 8 | 14 |
| | | | 60 ～ 79 岁 | 3 276 | 5 | 0 | 2 | 4 | 7 | 12 |
| | | | 80 岁及以上 | 199 | 4 | 0 | 2 | 3 | 5 | 11 |
| | 城市 | 小计 | 小计 | 12 251 | 7 | 2 | 4 | 6 | 9 | 15 |
| | | | 18 ～ 44 岁 | 5 338 | 7 | 2 | 4 | 6 | 9 | 16 |
| | | | 45 ～ 59 岁 | 4 124 | 7 | 2 | 4 | 6 | 9 | 15 |
| | | | 60 ～ 79 岁 | 2 614 | 6 | 1 | 3 | 5 | 8 | 13 |
| | | | 80 岁及以上 | 175 | 5 | 0 | 2 | 4 | 7 | 15 |
| | | 男 | 小计 | 5 463 | 6 | 1 | 4 | 5 | 8 | 15 |
| | | | 18 ～ 44 岁 | 2 440 | 7 | 2 | 4 | 6 | 9 | 15 |
| | | | 45 ～ 59 岁 | 1 770 | 6 | 2 | 4 | 5 | 8 | 14 |
| | | | 60 ～ 79 岁 | 1 168 | 5 | 1 | 3 | 4 | 7 | 11 |
| | | | 80 岁及以上 | 85 | 5 | 1 | 2 | 4 | 6 | 15 |
| | | 女 | 小计 | 6 788 | 7 | 2 | 4 | 6 | 9 | 16 |
| | | | 18 ～ 44 岁 | 2 898 | 8 | 2 | 4 | 7 | 10 | 17 |
| | | | 45 ～ 59 岁 | 2 354 | 7 | 2 | 4 | 6 | 9 | 16 |
| | | | 60 ～ 79 岁 | 1 446 | 6 | 1 | 3 | 5 | 8 | 14 |
| | | | 80 岁及以上 | 90 | 5 | 0 | 2 | 4 | 7 | 15 |
| | 农村 | 小计 | 小计 | 18 184 | 6 | 1 | 3 | 5 | 8 | 14 |
| | | | 18 ～ 44 岁 | 8 417 | 6 | 1 | 3 | 5 | 8 | 15 |
| | | | 45 ～ 59 岁 | 6 002 | 5 | 0 | 2 | 4 | 8 | 14 |
| | | | 60 ～ 79 岁 | 3 542 | 4 | 0 | 2 | 4 | 6 | 11 |
| | | | 80 岁及以上 | 223 | 4 | 0 | 1 | 4 | 5 | 11 |
| | | 男 | 小计 | 8 476 | 6 | 1 | 3 | 5 | 8 | 14 |
| | | | 18 ～ 44 岁 | 3 939 | 6 | 1 | 3 | 5 | 8 | 15 |

| 地区 | 城乡 | 性别 | 年龄 | n | 平均每天洗澡时间 /（min/d） | | | | | |
|---|---|---|---|---|---|---|---|---|---|---|
| | | | | | Mean | P5 | P25 | P50 | P75 | P95 |
| 西部 | 农村 | 男 | 45 ～ 59 岁 | 2 711 | 5 | 0 | 2 | 4 | 8 | 14 |
| | | | 60 ～ 79 岁 | 1 712 | 4 | 0 | 2 | 4 | 6 | 11 |
| | | | 80 岁及以上 | 114 | 4 | 0 | 2 | 4 | 7 | 11 |
| | | 女 | 小计 | 9 708 | 6 | 1 | 3 | 5 | 8 | 14 |
| | | | 18 ～ 44 岁 | 4 478 | 6 | 1 | 3 | 5 | 8 | 15 |
| | | | 45 ～ 59 岁 | 3 291 | 5 | 1 | 3 | 4 | 7 | 13 |
| | | | 60 ～ 79 岁 | 1 830 | 4 | 0 | 2 | 4 | 6 | 11 |
| | | | 80 岁及以上 | 109 | 3 | 0 | 1 | 3 | 4 | 9 |

## 附表 7-2　中国人群分东中西、城乡、性别和年龄的春秋季平均每天洗澡时间

| 地区 | 城乡 | 性别 | 年龄 | n | 春秋季平均每天洗澡时间 /（min/d） | | | | | |
|---|---|---|---|---|---|---|---|---|---|---|
| | | | | | Mean | P5 | P25 | P50 | P75 | P95 |
| 合计 | 城乡 | 小计 | 小计 | 90 310 | 7 | 1 | 3 | 5 | 10 | 20 |
| | | | 18 ～ 44 岁 | 36 367 | 8 | 1 | 3 | 6 | 10 | 20 |
| | | | 45 ～ 59 岁 | 32 092 | 7 | 1 | 3 | 5 | 10 | 17 |
| | | | 60 ～ 79 岁 | 20 380 | 6 | 0 | 2 | 4 | 8 | 15 |
| | | | 80 岁及以上 | 1 471 | 5 | 0 | 1 | 3 | 7 | 15 |
| | | 男 | 小计 | 40 906 | 7 | 1 | 3 | 5 | 10 | 17 |
| | | | 18 ～ 44 岁 | 16 629 | 7 | 1 | 3 | 6 | 10 | 20 |
| | | | 45 ～ 59 岁 | 13 953 | 7 | 1 | 3 | 5 | 10 | 16 |
| | | | 60 ～ 79 岁 | 9 656 | 5 | 0 | 2 | 4 | 8 | 15 |
| | | | 80 岁及以上 | 668 | 5 | 0 | 1 | 3 | 7 | 15 |
| | | 女 | 小计 | 49 404 | 7 | 1 | 3 | 5 | 10 | 20 |
| | | | 18 ～ 44 岁 | 19 738 | 8 | 1 | 4 | 7 | 10 | 20 |
| | | | 45 ～ 59 岁 | 18 139 | 7 | 1 | 3 | 5 | 10 | 18 |
| | | | 60 ～ 79 岁 | 10 724 | 6 | 0 | 2 | 4 | 8 | 15 |
| | | | 80 岁及以上 | 803 | 5 | 0 | 1 | 3 | 7 | 15 |
| | 城市 | 小计 | 小计 | 41 651 | 8 | 1 | 4 | 7 | 10 | 20 |
| | | | 18 ～ 44 岁 | 16 570 | 9 | 2 | 4 | 7 | 10 | 20 |
| | | | 45 ～ 59 岁 | 14 684 | 8 | 1 | 4 | 7 | 10 | 20 |
| | | | 60 ～ 79 岁 | 9 655 | 7 | 1 | 3 | 5 | 9 | 16 |
| | | | 80 岁及以上 | 742 | 6 | 0 | 2 | 5 | 9 | 17 |
| | | 男 | 小计 | 18 378 | 8 | 1 | 4 | 6 | 10 | 20 |
| | | | 18 ～ 44 岁 | 7 509 | 8 | 2 | 4 | 7 | 10 | 20 |
| | | | 45 ～ 59 岁 | 6 241 | 8 | 1 | 4 | 6 | 10 | 20 |
| | | | 60 ～ 79 岁 | 4 308 | 6 | 1 | 3 | 5 | 8 | 15 |
| | | | 80 岁及以上 | 320 | 6 | 0 | 2 | 5 | 8 | 17 |
| | | 女 | 小计 | 23 273 | 8 | 2 | 4 | 7 | 10 | 20 |
| | | | 18 ～ 44 岁 | 9 061 | 9 | 2 | 5 | 8 | 10 | 20 |
| | | | 45 ～ 59 岁 | 8 443 | 8 | 2 | 4 | 7 | 10 | 20 |
| | | | 60 ～ 79 岁 | 5 347 | 7 | 1 | 3 | 5 | 9 | 16 |
| | | | 80 岁及以上 | 422 | 6 | 0 | 2 | 5 | 10 | 16 |
| | 农村 | 小计 | 小计 | 48 659 | 6 | 1 | 2 | 5 | 8 | 15 |
| | | | 18 ～ 44 岁 | 19 797 | 7 | 1 | 3 | 5 | 10 | 18 |
| | | | 45 ～ 59 岁 | 17 408 | 6 | 0 | 2 | 4 | 8 | 15 |
| | | | 60 ～ 79 岁 | 10 725 | 5 | 0 | 1 | 3 | 7 | 15 |
| | | | 80 岁及以上 | 729 | 4 | 0 | 1 | 2 | 5 | 13 |
| | | 男 | 小计 | 22 528 | 6 | 1 | 2 | 5 | 8 | 15 |
| | | | 18 ～ 44 岁 | 9 120 | 7 | 1 | 3 | 5 | 10 | 17 |
| | | | 45 ～ 59 岁 | 7 712 | 6 | 0 | 2 | 4 | 8 | 15 |
| | | | 60 ～ 79 岁 | 5 348 | 5 | 0 | 1 | 3 | 7 | 15 |
| | | | 80 岁及以上 | 348 | 4 | 0 | 1 | 2 | 6 | 15 |
| | | 女 | 小计 | 26 131 | 6 | 1 | 2 | 5 | 8 | 15 |

| 地区 | 城乡 | 性别 | 年龄 | $n$ | 春秋季平均每天洗澡时间 /（min/d） | | | | | |
|---|---|---|---|---|---|---|---|---|---|---|
| | | | | | Mean | P5 | P25 | P50 | P75 | P95 |
| 合计 | 农村 | 女 | 18 ～ 44 岁 | 10 677 | 7 | 1 | 3 | 5 | 10 | 20 |
| | | | 45 ～ 59 岁 | 9 696 | 6 | 0 | 2 | 4 | 8 | 15 |
| | | | 60 ～ 79 岁 | 5 377 | 5 | 0 | 1 | 3 | 7 | 15 |
| | | | 80 岁及以上 | 381 | 4 | 0 | 1 | 2 | 5 | 11 |
| 东部 | 城乡 | 小计 | 小计 | 30 868 | 9 | 1 | 4 | 8 | 10 | 20 |
| | | | 18 ～ 44 岁 | 10 505 | 10 | 2 | 5 | 8 | 12 | 20 |
| | | | 45 ～ 59 岁 | 11 776 | 8 | 1 | 4 | 7 | 10 | 20 |
| | | | 60 ～ 79 岁 | 7 914 | 7 | 0 | 3 | 5 | 10 | 20 |
| | | | 80 岁及以上 | 673 | 6 | 0 | 1 | 5 | 10 | 17 |
| | | 男 | 小计 | 13 770 | 8 | 1 | 4 | 8 | 10 | 20 |
| | | | 18 ～ 44 岁 | 4 642 | 9 | 2 | 5 | 8 | 11 | 20 |
| | | | 45 ～ 59 岁 | 5 023 | 8 | 1 | 4 | 7 | 10 | 20 |
| | | | 60 ～ 79 岁 | 3 805 | 7 | 0 | 2 | 5 | 10 | 19 |
| | | | 80 岁及以上 | 300 | 6 | 0 | 1 | 4 | 10 | 20 |
| | | 女 | 小计 | 17 098 | 9 | 1 | 4 | 8 | 10 | 20 |
| | | | 18 ～ 44 岁 | 5 863 | 10 | 2 | 5 | 8 | 13 | 20 |
| | | | 45 ～ 59 岁 | 6 753 | 8 | 1 | 4 | 7 | 10 | 20 |
| | | | 60 ～ 79 岁 | 4 109 | 7 | 0 | 3 | 5 | 10 | 20 |
| | | | 80 岁及以上 | 373 | 6 | 0 | 1 | 5 | 10 | 15 |
| | 城市 | 小计 | 小计 | 15 634 | 9 | 2 | 5 | 8 | 12 | 20 |
| | | | 18 ～ 44 岁 | 5 450 | 10 | 3 | 5 | 10 | 13 | 20 |
| | | | 45 ～ 59 岁 | 5 792 | 9 | 2 | 5 | 8 | 11 | 20 |
| | | | 60 ～ 79 岁 | 4 041 | 8 | 1 | 4 | 6 | 10 | 20 |
| | | | 80 岁及以上 | 351 | 7 | 0 | 3 | 5 | 10 | 20 |
| | | 男 | 小计 | 6 872 | 9 | 2 | 5 | 8 | 10 | 20 |
| | | | 18 ～ 44 岁 | 2 415 | 10 | 2 | 5 | 8 | 12 | 20 |
| | | | 45 ～ 59 岁 | 2 452 | 9 | 2 | 5 | 8 | 10 | 20 |
| | | | 60 ～ 79 岁 | 1 858 | 8 | 1 | 3 | 6 | 10 | 20 |
| | | | 80 岁及以上 | 147 | 7 | 0 | 3 | 5 | 10 | 20 |
| | | 女 | 小计 | 8 762 | 10 | 2 | 5 | 8 | 13 | 20 |
| | | | 18 ～ 44 岁 | 3 035 | 11 | 3 | 6 | 10 | 15 | 25 |
| | | | 45 ～ 59 岁 | 3 340 | 9 | 2 | 5 | 8 | 12 | 20 |
| | | | 60 ～ 79 岁 | 2 183 | 8 | 1 | 4 | 7 | 10 | 20 |
| | | | 80 岁及以上 | 204 | 7 | 0 | 2 | 5 | 10 | 20 |
| | 农村 | 小计 | 小计 | 15 234 | 8 | 1 | 3 | 7 | 10 | 20 |
| | | | 18 ～ 44 岁 | 5 055 | 9 | 1 | 4 | 8 | 10 | 20 |
| | | | 45 ～ 59 岁 | 5 984 | 7 | 1 | 3 | 6 | 10 | 20 |
| | | | 60 ～ 79 岁 | 3 873 | 6 | 0 | 2 | 4 | 10 | 16 |
| | | | 80 岁及以上 | 322 | 5 | 0 | 1 | 3 | 7 | 15 |
| | | 男 | 小计 | 6 898 | 8 | 1 | 3 | 7 | 10 | 20 |
| | | | 18 ～ 44 岁 | 2 227 | 9 | 1 | 4 | 8 | 10 | 20 |
| | | | 45 ～ 59 岁 | 2 571 | 7 | 1 | 3 | 6 | 10 | 20 |
| | | | 60 ～ 79 岁 | 1 947 | 6 | 0 | 1 | 4 | 10 | 16 |
| | | | 80 岁及以上 | 153 | 5 | 0 | 1 | 3 | 8 | 20 |
| | | 女 | 小计 | 8 336 | 8 | 1 | 3 | 7 | 10 | 20 |
| | | | 18 ～ 44 岁 | 2 828 | 9 | 1 | 4 | 8 | 10 | 20 |
| | | | 45 ～ 59 岁 | 3 413 | 7 | 1 | 3 | 6 | 10 | 20 |
| | | | 60 ～ 79 岁 | 1 926 | 6 | 0 | 2 | 4 | 10 | 15 |
| | | | 80 岁及以上 | 169 | 4 | 0 | 1 | 3 | 7 | 13 |
| 中部 | 城乡 | 小计 | 小计 | 28 962 | 6 | 1 | 3 | 5 | 8 | 15 |
| | | | 18 ～ 44 岁 | 12 084 | 7 | 1 | 3 | 5 | 9 | 15 |
| | | | 45 ～ 59 岁 | 10 173 | 6 | 1 | 3 | 5 | 8 | 15 |
| | | | 60 ～ 79 岁 | 6 305 | 5 | 0 | 2 | 4 | 7 | 13 |
| | | | 80 岁及以上 | 400 | 4 | 0 | 1 | 3 | 5 | 13 |
| | | 男 | 小计 | 13 182 | 6 | 1 | 3 | 5 | 8 | 15 |
| | | | 18 ～ 44 岁 | 5 603 | 7 | 1 | 3 | 5 | 8 | 15 |
| | | | 45 ～ 59 岁 | 4 442 | 6 | 1 | 3 | 5 | 8 | 15 |
| | | | 60 ～ 79 岁 | 2 968 | 5 | 0 | 2 | 3 | 6 | 13 |

| 地区 | 城乡 | 性别 | 年龄 | *n* | 春秋季平均每天洗澡时间 /（min/d） | | | | | |
|---|---|---|---|---|---|---|---|---|---|---|
| | | | | | Mean | P5 | P25 | P50 | P75 | P95 |
| 中部 | 城乡 | 男 | 80 岁及以上 | 169 | 4 | 0 | 1 | 3 | 5 | 13 |
| | | 女 | 小计 | 15 780 | 6 | 1 | 3 | 5 | 8 | 15 |
| | | | 18 ～ 44 岁 | 6 481 | 7 | 1 | 3 | 5 | 10 | 16 |
| | | | 45 ～ 59 岁 | 5 731 | 6 | 1 | 3 | 5 | 8 | 15 |
| | | | 60 ～ 79 岁 | 3 337 | 5 | 0 | 2 | 4 | 7 | 13 |
| | | | 80 岁及以上 | 231 | 4 | 0 | 1 | 3 | 5 | 12 |
| | 城市 | 小计 | 小计 | 13 758 | 7 | 2 | 4 | 6 | 10 | 16 |
| | | | 18 ～ 44 岁 | 5778 | 8 | 2 | 4 | 7 | 10 | 20 |
| | | | 45 ～ 59 岁 | 4766 | 7 | 2 | 4 | 5 | 9 | 16 |
| | | | 60 ～ 79 岁 | 2 998 | 6 | 1 | 3 | 5 | 8 | 15 |
| | | | 80 岁及以上 | 216 | 6 | 1 | 3 | 5 | 8 | 15 |
| | | 男 | 小计 | 6 040 | 7 | 2 | 4 | 5 | 9 | 16 |
| | | | 18 ～ 44 岁 | 2 652 | 7 | 2 | 4 | 7 | 10 | 17 |
| | | | 45 ～ 59 岁 | 2 019 | 7 | 2 | 4 | 5 | 8 | 15 |
| | | | 60 ～ 79 岁 | 1 281 | 6 | 1 | 3 | 5 | 8 | 15 |
| | | | 80 岁及以上 | 88 | 5 | 1 | 3 | 5 | 7 | 15 |
| | | 女 | 小计 | 7 718 | 7 | 2 | 4 | 6 | 10 | 17 |
| | | | 18 ～ 44 岁 | 3 126 | 8 | 2 | 4 | 7 | 10 | 20 |
| | | | 45 ～ 59 岁 | 2 747 | 7 | 2 | 4 | 6 | 10 | 17 |
| | | | 60 ～ 79 岁 | 1 717 | 6 | 1 | 3 | 5 | 8 | 15 |
| | | | 80 岁及以上 | 128 | 6 | 1 | 3 | 5 | 8 | 15 |
| | 农村 | 小计 | 小计 | 15 204 | 5 | | 2 | 4 | 8 | 15 |
| | | | 18 ～ 44 岁 | 6 306 | 6 | 1 | 3 | 5 | 8 | 15 |
| | | | 45 ～ 59 岁 | 5 407 | 5 | 0 | 2 | 4 | 7 | 13 |
| | | | 60 ～ 79 岁 | 3 307 | 4 | 0 | 1 | 3 | 5 | 12 |
| | | | 80 岁及以上 | 184 | 3 | 0 | 0 | 2 | 4 | 10 |
| | | 男 | 小计 | 7 142 | 5 | 1 | 2 | 4 | 8 | 15 |
| | | | 18 ～ 44 岁 | 2 951 | 6 | 1 | 3 | 5 | 8 | 15 |
| | | | 45 ～ 59 岁 | 2 423 | 5 | 0 | 2 | 4 | 7 | 13 |
| | | | 60 ～ 79 岁 | 1 687 | 4 | 0 | 1 | 3 | 5 | 12 |
| | | | 80 岁及以上 | 81 | 3 | 0 | 0 | 2 | 4 | 10 |
| | | 女 | 小计 | 8 062 | 5 | 0 | 2 | 4 | 8 | 15 |
| | | | 18 ～ 44 岁 | 3 355 | 6 | 1 | 3 | 5 | 8 | 15 |
| | | | 45 ～ 59 岁 | 2 984 | 5 | 0 | 2 | 4 | 7 | 13 |
| | | | 60 ～ 79 岁 | 1 620 | 4 | 0 | 1 | 3 | 5 | 12 |
| | | | 80 岁及以上 | 103 | 3 | 0 | 0 | 2 | 4 | 12 |
| 西部 | 城乡 | 小计 | 小计 | 30 480 | 5 | 1 | 2 | 4 | 7 | 15 |
| | | | 18 ～ 44 岁 | 13 778 | 6 | 1 | 3 | 4 | 8 | 15 |
| | | | 45 ～ 59 岁 | 10 143 | 5 | 1 | 2 | 4 | 7 | 13 |
| | | | 60 ～ 79 岁 | 6 161 | 4 | 0 | 2 | 3 | 6 | 11 |
| | | | 80 岁及以上 | 398 | 4 | 0 | 1 | 3 | 5 | 11 |
| | | 男 | 小计 | 13 954 | 5 | 1 | 2 | 4 | 7 | 13 |
| | | | 18 ～ 44 岁 | 6 384 | 6 | 1 | 3 | 4 | 8 | 15 |
| | | | 45 ～ 59 岁 | 4 488 | 5 | 1 | 2 | 4 | 7 | 13 |
| | | | 60 ～ 79 岁 | 2 883 | 4 | 0 | 1 | 3 | 6 | 10 |
| | | | 80 岁及以上 | 199 | 4 | 0 | 1 | 3 | 6 | 13 |
| | | 女 | 小计 | 16 526 | 5 | 1 | 2 | 4 | 8 | 15 |
| | | | 18 ～ 44 岁 | 7 394 | 6 | 1 | 3 | 5 | 8 | 15 |
| | | | 45 ～ 59 岁 | 5 655 | 5 | 1 | 2 | 4 | 7 | 14 |
| | | | 60 ～ 79 岁 | 3 278 | 4 | 0 | 2 | 3 | 6 | 12 |
| | | | 80 岁及以上 | 199 | 4 | 0 | 1 | 2 | 5 | 10 |
| | 城市 | 小计 | 小计 | 12 259 | 6 | 1 | 3 | 5 | 8 | 15 |
| | | | 18 ～ 44 岁 | 5 342 | 6 | 2 | 3 | 5 | 8 | 15 |
| | | | 45 ～ 59 岁 | 4 126 | 6 | 1 | 3 | 4 | 8 | 15 |
| | | | 60 ～ 79 岁 | 2 616 | 5 | 1 | 2 | 4 | 7 | 12 |
| | | | 80 岁及以上 | 175 | 5 | 0 | 1 | 3 | 6 | 13 |
| | | 男 | 小计 | 5 466 | 6 | 1 | 3 | 4 | 7 | 15 |
| | | | 18 ～ 44 岁 | 2 442 | 6 | 2 | 3 | 5 | 8 | 15 |

| 地区 | 城乡 | 性别 | 年龄 | n | 春秋季平均每天洗澡时间 / (min/d) | | | | | |
|---|---|---|---|---|---|---|---|---|---|---|
| | | | | | Mean | P5 | P25 | P50 | P75 | P95 |
| 西部 | 城市 | 男 | 45～59岁 | 1 770 | 5 | 1 | 3 | 4 | 7 | 13 |
| | | | 60～79岁 | 1 169 | 5 | 0 | 2 | 4 | 6 | 10 |
| | | | 80岁及以上 | 85 | 4 | 0 | 1 | 3 | 5 | 11 |
| | | 女 | 小计 | 6 793 | 6 | 1 | 3 | 5 | 8 | 15 |
| | | | 18～44岁 | 2 900 | 7 | 2 | 3 | 5 | 9 | 16 |
| | | | 45～59岁 | 2 356 | 6 | 1 | 3 | 5 | 8 | 15 |
| | | | 60～79岁 | 1 447 | 5 | 1 | 2 | 4 | 7 | 13 |
| | | | 80岁及以上 | 90 | 5 | 0 | 1 | 3 | 7 | 15 |
| | 农村 | 小计 | 小计 | 18 221 | 5 | 0 | 2 | 4 | 7 | 13 |
| | | | 18～44岁 | 8 436 | 6 | 1 | 3 | 4 | 8 | 15 |
| | | | 45～59岁 | 6 017 | 5 | 0 | 2 | 3 | 7 | 13 |
| | | | 60～79岁 | 3 545 | 4 | 0 | 1 | 3 | 5 | 10 |
| | | | 80岁及以上 | 223 | 4 | 0 | 1 | 2 | 5 | 10 |
| | | 男 | 小计 | 8 488 | 5 | 0 | 2 | 4 | 7 | 13 |
| | | | 18～44岁 | 3 942 | 6 | 1 | 3 | 4 | 8 | 15 |
| | | | 45～59岁 | 2 718 | 5 | 0 | 2 | 3 | 7 | 13 |
| | | | 60～79岁 | 1 714 | 4 | 0 | 1 | 3 | 5 | 10 |
| | | | 80岁及以上 | 114 | 4 | 0 | 1 | 3 | 6 | 13 |
| | | 女 | 小计 | 9 733 | 5 | 0 | 2 | 4 | 7 | 13 |
| | | | 18～44岁 | 4 494 | 6 | 1 | 3 | 4 | 8 | 15 |
| | | | 45～59岁 | 3 299 | 5 | 0 | 2 | 3 | 7 | 13 |
| | | | 60～79岁 | 1 831 | 4 | 0 | 1 | 3 | 5 | 10 |
| | | | 80岁及以上 | 109 | 3 | 0 | 1 | 2 | 4 | 10 |

## 附表 7-3　中国人群分东中西、城乡、性别和年龄的夏季平均每天洗澡时间

| 地区 | 城乡 | 性别 | 年龄 | n | 夏季平均每天洗澡时间 / (min/d) | | | | | |
|---|---|---|---|---|---|---|---|---|---|---|
| | | | | | Mean | P5 | P25 | P50 | P75 | P95 |
| 合计 | 城乡 | 小计 | 小计 | 90 337 | 13 | 2 | 7 | 10 | 15 | 30 |
| | | | 18～44岁 | 36 375 | 13 | 3 | 8 | 10 | 17 | 30 |
| | | | 45～59岁 | 32 106 | 12 | 2 | 7 | 10 | 15 | 30 |
| | | | 60～79岁 | 20 383 | 11 | 1 | 5 | 10 | 15 | 30 |
| | | | 80岁及以上 | 1 473 | 10 | 0 | 4 | 10 | 14 | 30 |
| | | 男 | 小计 | 40 920 | 12 | 2 | 7 | 10 | 15 | 30 |
| | | | 18～44岁 | 16 631 | 13 | 3 | 8 | 10 | 15 | 30 |
| | | | 45～59岁 | 13 962 | 12 | 2 | 7 | 10 | 15 | 30 |
| | | | 60～79岁 | 9 658 | 11 | 1 | 5 | 10 | 15 | 30 |
| | | | 80岁及以上 | 669 | 10 | 0 | 4 | 10 | 15 | 30 |
| | | 女 | 小计 | 49 417 | 13 | 2 | 7 | 10 | 17 | 30 |
| | | | 18～44岁 | 19 744 | 14 | 3 | 8 | 10 | 20 | 30 |
| | | | 45～59岁 | 18 144 | 12 | 2 | 7 | 10 | 15 | 30 |
| | | | 60～79岁 | 10 725 | 12 | 1 | 5 | 10 | 15 | 30 |
| | | | 80岁及以上 | 804 | 10 | 0 | 4 | 10 | 13 | 30 |
| | 城市 | 小计 | 小计 | 41 660 | 13 | 3 | 8 | 10 | 17 | 30 |
| | | | 18～44岁 | 16 570 | 14 | 4 | 10 | 10 | 20 | 30 |
| | | | 45～59岁 | 14 687 | 13 | 3 | 8 | 10 | 16 | 30 |
| | | | 60～79岁 | 9 660 | 12 | 2 | 7 | 10 | 15 | 30 |
| | | | 80岁及以上 | 743 | 12 | 1 | 5 | 10 | 15 | 30 |
| | | 男 | 小计 | 18 387 | 13 | 3 | 8 | 10 | 15 | 30 |
| | | | 18～44岁 | 7 510 | 13 | 4 | 9 | 10 | 16 | 30 |
| | | | 45～59岁 | 6 244 | 13 | 3 | 8 | 10 | 15 | 30 |
| | | | 60～79岁 | 4 312 | 12 | 2 | 7 | 10 | 15 | 30 |
| | | | 80岁及以上 | 321 | 12 | 1 | 5 | 10 | 16 | 30 |
| | | 女 | 小计 | 23 273 | 14 | 3 | 9 | 10 | 20 | 30 |
| | | | 18～44岁 | 9 060 | 15 | 4 | 10 | 13 | 20 | 30 |

| 地区 | 城乡 | 性别 | 年龄 | n | 夏季平均每天洗澡时间 /（min/d） | | | | | |
|---|---|---|---|---|---|---|---|---|---|---|
| | | | | | Mean | P5 | P25 | P50 | P75 | P95 |
| 合计 | 城市 | 女 | 45～59岁 | 8 443 | 14 | 3 | 8 | 10 | 19 | 30 |
| | | | 60～79岁 | 5 348 | 13 | 2 | 7 | 10 | 15 | 30 |
| | | | 80岁及以上 | 422 | 11 | 1 | 5 | 10 | 15 | 30 |
| | 农村 | 小计 | 小计 | 48 677 | 12 | 1 | 6 | 10 | 15 | 30 |
| | | | 18～44岁 | 19 805 | 12 | 2 | 7 | 10 | 15 | 30 |
| | | | 45～59岁 | 17 419 | 11 | 1 | 5 | 10 | 15 | 30 |
| | | | 60～79岁 | 10 723 | 11 | 0 | 4 | 10 | 15 | 30 |
| | | | 80岁及以上 | 730 | 8 | 0 | 3 | 7 | 10 | 20 |
| | | 男 | 小计 | 22 533 | 12 | 1 | 6 | 10 | 15 | 30 |
| | | | 18～44岁 | 9 121 | 12 | 2 | 7 | 10 | 15 | 30 |
| | | | 45～59岁 | 7 718 | 11 | 1 | 5 | 10 | 15 | 30 |
| | | | 60～79岁 | 5 346 | 11 | 0 | 4 | 10 | 15 | 30 |
| | | | 80岁及以上 | 348 | 9 | 0 | 3 | 7 | 10 | 20 |
| | | 女 | 小计 | 26 144 | 12 | 1 | 6 | 10 | 15 | 30 |
| | | | 18～44岁 | 10 684 | 13 | 2 | 7 | 10 | 17 | 30 |
| | | | 45～59岁 | 9 701 | 12 | 1 | 5 | 10 | 15 | 30 |
| | | | 60～79岁 | 5 377 | 11 | 0 | 4 | 10 | 15 | 30 |
| | | | 80岁及以上 | 382 | 8 | 0 | 3 | 7 | 10 | 27 |
| 东部 | 城乡 | 小计 | 小计 | 30 868 | 15 | 3 | 10 | 13 | 20 | 30 |
| | | | 18～44岁 | 10 506 | 16 | 5 | 10 | 15 | 20 | 30 |
| | | | 45～59岁 | 11 775 | 14 | 3 | 10 | 12 | 20 | 30 |
| | | | 60～79岁 | 7 913 | 13 | 2 | 8 | 10 | 20 | 30 |
| | | | 80岁及以上 | 674 | 12 | 0 | 5 | 10 | 15 | 30 |
| | | 男 | 小计 | 13 771 | 14 | 3 | 10 | 12 | 20 | 30 |
| | | | 18～44岁 | 4 643 | 15 | 4 | 10 | 15 | 20 | 30 |
| | | | 45～59岁 | 5 023 | 14 | 3 | 10 | 10 | 20 | 30 |
| | | | 60～79岁 | 3 805 | 13 | 1 | 7 | 10 | 19 | 30 |
| | | | 80岁及以上 | 300 | 12 | 0 | 5 | 10 | 20 | 30 |
| | | 女 | 小计 | 17 097 | 15 | 3 | 10 | 15 | 20 | 30 |
| | | | 18～44岁 | 5 863 | 16 | 5 | 10 | 15 | 20 | 30 |
| | | | 45～59岁 | 6 752 | 15 | 3 | 10 | 13 | 20 | 30 |
| | | | 60～79岁 | 4 108 | 13 | 2 | 8 | 10 | 20 | 30 |
| | | | 80岁及以上 | 374 | 12 | 0 | 5 | 10 | 15 | 30 |
| | 城市 | 小计 | 小计 | 15 634 | 15 | 4 | 10 | 15 | 20 | 30 |
| | | | 18～44岁 | 5 450 | 16 | 5 | 10 | 15 | 20 | 30 |
| | | | 45～59岁 | 5 792 | 15 | 4 | 10 | 13 | 20 | 30 |
| | | | 60～79岁 | 4 041 | 14 | 3 | 10 | 10 | 20 | 30 |
| | | | 80岁及以上 | 351 | 13 | 2 | 7 | 10 | 20 | 30 |
| | | 男 | 小计 | 6 872 | 15 | 4 | 10 | 13 | 20 | 30 |
| | | | 18～44岁 | 2 415 | 15 | 5 | 10 | 15 | 20 | 30 |
| | | | 45～59岁 | 2 452 | 14 | 4 | 10 | 11 | 20 | 30 |
| | | | 60～79岁 | 1 858 | 14 | 3 | 8 | 10 | 20 | 30 |
| | | | 80岁及以上 | 147 | 14 | 2 | 7 | 10 | 20 | 35 |
| | | 女 | 小计 | 8 762 | 16 | 5 | 10 | 15 | 20 | 30 |
| | | | 18～44岁 | 3 035 | 17 | 6 | 10 | 15 | 20 | 30 |
| | | | 45～59岁 | 3 340 | 15 | 4 | 10 | 15 | 20 | 30 |
| | | | 60～79岁 | 2 183 | 14 | 3 | 10 | 12 | 20 | 30 |
| | | | 80岁及以上 | 204 | 13 | 2 | 7 | 10 | 16 | 30 |
| | 农村 | 小计 | 小计 | 15 234 | 14 | 3 | 10 | 12 | 20 | 30 |
| | | | 18～44岁 | 5 056 | 15 | 4 | 10 | 15 | 20 | 30 |
| | | | 45～59岁 | 5 983 | 14 | 3 | 9 | 10 | 20 | 30 |
| | | | 60～79岁 | 3 872 | 13 | 1 | 7 | 10 | 17 | 30 |
| | | | 80岁及以上 | 323 | 10 | 0 | 3 | 10 | 14 | 30 |
| | | 男 | 小计 | 6 899 | 14 | 3 | 10 | 12 | 20 | 30 |
| | | | 18～44岁 | 2 228 | 15 | 3 | 10 | 14 | 20 | 30 |
| | | | 45～59岁 | 2 571 | 14 | 3 | 9 | 10 | 20 | 30 |
| | | | 60～79岁 | 1 947 | 13 | | 7 | 10 | 17 | 30 |
| | | | 80岁及以上 | 153 | 10 | 0 | 3 | 10 | 15 | 25 |

| 地区 | 城乡 | 性别 | 年龄 | n | 夏季平均每天洗澡时间 /（min/d） | | | | | |
|---|---|---|---|---|---|---|---|---|---|---|
| | | | | | Mean | P5 | P25 | P50 | P75 | P95 |
| 东部 | 农村 | 女 | 小计 | 8 335 | 14 | 3 | 10 | 12 | 20 | 30 |
| | | | 18 ～ 44 岁 | 2 828 | 16 | 4 | 10 | 15 | 20 | 30 |
| | | | 45 ～ 59 岁 | 3 412 | 14 | 3 | 9 | 10 | 20 | 30 |
| | | | 60 ～ 79 岁 | 1 925 | 12 | 1 | 7 | 10 | 17 | 30 |
| | | | 80 岁及以上 | 170 | 10 | 0 | 3 | 10 | 13 | 30 |
| 中部 | 城乡 | 小计 | 小计 | 28 957 | 12 | 2 | 7 | 10 | 15 | 30 |
| | | | 18 ～ 44 岁 | 12 081 | 13 | 3 | 8 | 10 | 17 | 30 |
| | | | 45 ～ 59 岁 | 10 174 | 12 | 2 | 7 | 10 | 15 | 30 |
| | | | 60 ～ 79 岁 | 6 302 | 12 | 1 | 5 | 10 | 15 | 30 |
| | | | 80 岁及以上 | 400 | 9 | 0 | 4 | 8 | 12 | 20 |
| | | 男 | 小计 | 13 179 | 12 | 2 | 7 | 10 | 15 | 30 |
| | | | 18 ～ 44 岁 | 5 602 | 13 | 3 | 8 | 10 | 15 | 30 |
| | | | 45 ～ 59 岁 | 4 443 | 12 | 2 | 7 | 10 | 15 | 30 |
| | | | 60 ～ 79 岁 | 2 965 | 11 | 1 | 5 | 10 | 15 | 30 |
| | | | 80 岁及以上 | 169 | 10 | 0 | 4 | 8 | 15 | 20 |
| | | 女 | 小计 | 15 778 | 13 | 2 | 7 | 10 | 17 | 30 |
| | | | 18 ～ 44 岁 | 6 479 | 13 | 3 | 8 | 10 | 20 | 30 |
| | | | 45 ～ 59 岁 | 5 731 | 12 | 2 | 7 | 10 | 15 | 30 |
| | | | 60 ～ 79 岁 | 3 337 | 12 | 1 | 5 | 10 | 15 | 30 |
| | | | 80 岁及以上 | 231 | 9 | 0 | 4 | 9 | 10 | 27 |
| | 城市 | 小计 | 小计 | 13 757 | 13 | 4 | 9 | 10 | 15 | 30 |
| | | | 18 ～ 44 岁 | 5 778 | 13 | 4 | 9 | 10 | 16 | 30 |
| | | | 45 ～ 59 岁 | 4 766 | 13 | 4 | 9 | 10 | 15 | 30 |
| | | | 60 ～ 79 岁 | 2 997 | 13 | 3 | 8 | 10 | 15 | 30 |
| | | | 80 岁及以上 | 216 | 11 | 3 | 7 | 10 | 15 | 30 |
| | | 男 | 小计 | 6 039 | 13 | 4 | 8 | 10 | 15 | 30 |
| | | | 18 ～ 44 岁 | 2 652 | 13 | 4 | 9 | 10 | 15 | 30 |
| | | | 45 ～ 59 岁 | 2 019 | 13 | 4 | 8 | 10 | 15 | 30 |
| | | | 60 ～ 79 岁 | 1 280 | 13 | 3 | 8 | 10 | 15 | 30 |
| | | | 80 岁及以上 | 88 | 12 | 3 | 6 | 10 | 15 | 30 |
| | | 女 | 小计 | 7 718 | 14 | 4 | 9 | 10 | 17 | 30 |
| | | | 18 ～ 44 岁 | 3 126 | 14 | 4 | 10 | 10 | 20 | 30 |
| | | | 45 ～ 59 岁 | 2 747 | 13 | 4 | 10 | 10 | 17 | 30 |
| | | | 60 ～ 79 岁 | 1 717 | 13 | 3 | 8 | 10 | 15 | 30 |
| | | | 80 岁及以上 | 128 | 11 | 2 | 7 | 10 | 13 | 30 |
| | 农村 | 小计 | 小计 | 15 200 | 12 | 2 | 6 | 10 | 15 | 30 |
| | | | 18 ～ 44 岁 | 6 303 | 13 | 2 | 8 | 10 | 17 | 30 |
| | | | 45 ～ 59 岁 | 5 408 | 11 | 1 | 5 | 10 | 15 | 30 |
| | | | 60 ～ 79 岁 | 3 305 | 11 | 0 | 5 | 10 | 15 | 30 |
| | | | 80 岁及以上 | 184 | 8 | 0 | 3 | 7 | 10 | 20 |
| | | 男 | 小计 | 7 140 | 12 | 2 | 6 | 10 | 15 | 30 |
| | | | 18 ～ 44 岁 | 2 950 | 12 | 3 | 8 | 10 | 15 | 30 |
| | | | 45 ～ 59 岁 | 2 424 | 11 | 1 | 5 | 10 | 15 | 30 |
| | | | 60 ～ 79 岁 | 1 685 | 11 | 0 | 5 | 10 | 15 | 30 |
| | | | 80 岁及以上 | 81 | 8 | 0 | 2 | 7 | 10 | 20 |
| | | 女 | 小计 | 8 060 | 12 | 1 | 6 | 10 | 17 | 30 |
| | | | 18 ～ 44 岁 | 3 353 | 13 | 2 | 7 | 10 | 20 | 30 |
| | | | 45 ～ 59 岁 | 2 984 | 11 | 1 | 5 | 10 | 15 | 30 |
| | | | 60 ～ 79 岁 | 1 620 | 12 | 0 | 5 | 10 | 17 | 30 |
| | | | 80 岁及以上 | 103 | 8 | 0 | 3 | 7 | 10 | 20 |
| 西部 | 城乡 | 小计 | 小计 | 30 512 | 9 | 1 | 4 | 8 | 10 | 20 |
| | | | 18 ～ 44 岁 | 13 788 | 10 | 2 | 5 | 8 | 12 | 23 |
| | | | 45 ～ 59 岁 | 10 157 | 9 | 1 | 4 | 8 | 10 | 20 |
| | | | 60 ～ 79 岁 | 6 168 | 8 | 0 | 3 | 7 | 10 | 20 |
| | | | 80 岁及以上 | 399 | 7 | 0 | 3 | 5 | 10 | 20 |
| | | 男 | 小计 | 13 970 | 9 | 1 | 4 | 8 | 10 | 20 |
| | | | 18 ～ 44 岁 | 6 386 | 10 | 2 | 5 | 8 | 11 | 20 |
| | | | 45 ～ 59 岁 | 4 496 | 9 | 1 | 4 | 8 | 10 | 20 |

| 地区 | 城乡 | 性别 | 年龄 | n | 夏季平均每天洗澡时间 /（min/d） | | | | | |
|---|---|---|---|---|---|---|---|---|---|---|
| | | | | | Mean | P5 | P25 | P50 | P75 | P95 |
| 西部 | 城乡 | 男 | 60 ～ 79 岁 | 2 888 | 7 | 0 | 3 | 7 | 10 | 19 |
| | | | 80 岁及以上 | 200 | 7 | 0 | 3 | 5 | 10 | 20 |
| | | 女 | 小计 | 16 542 | 9 | 1 | 4 | 8 | 10 | 20 |
| | | | 18 ～ 44 岁 | 7 402 | 10 | 2 | 5 | 9 | 13 | 25 |
| | | | 45 ～ 59 岁 | 5 661 | 9 | 1 | 4 | 8 | 10 | 20 |
| | | | 60 ～ 79 岁 | 3 280 | 8 | 0 | 3 | 7 | 10 | 20 |
| | | | 80 岁及以上 | 199 | 6 | 0 | 2 | 6 | 10 | 15 |
| | 城市 | 小计 | 小计 | 12 269 | 10 | 2 | 5 | 10 | 13 | 25 |
| | | | 18 ～ 44 岁 | 5 342 | 11 | 3 | 6 | 10 | 15 | 30 |
| | | | 45 ～ 59 岁 | 4 129 | 10 | 2 | 5 | 9 | 12 | 20 |
| | | | 60 ～ 79 岁 | 2 622 | 9 | 1 | 4 | 8 | 10 | 20 |
| | | | 80 岁及以上 | 176 | 8 | 1 | 3 | 6 | 10 | 20 |
| | | 男 | 小计 | 5 476 | 10 | 2 | 5 | 9 | 12 | 20 |
| | | | 18 ～ 44 岁 | 2 443 | 11 | 3 | 5 | 10 | 13 | 25 |
| | | | 45 ～ 59 岁 | 1 773 | 10 | 2 | 5 | 8 | 12 | 20 |
| | | | 60 ～ 79 岁 | 1 174 | 8 | 1 | 4 | 7 | 10 | 20 |
| | | | 80 岁及以上 | 86 | 8 | 1 | 3 | 6 | 10 | 20 |
| | | 女 | 小计 | 6 793 | 11 | 2 | 5 | 10 | 13 | 28 |
| | | | 18 ～ 44 岁 | 2 899 | 11 | 3 | 6 | 10 | 15 | 30 |
| | | | 45 ～ 59 岁 | 2 356 | 10 | 2 | 5 | 10 | 12 | 25 |
| | | | 60 ～ 79 岁 | 1 448 | 9 | 1 | 4 | 8 | 10 | 20 |
| | | | 80 岁及以上 | 90 | 7 | 0 | 3 | 6 | 10 | 20 |
| | 农村 | 小计 | 小计 | 18 243 | 9 | 1 | 4 | 8 | 10 | 20 |
| | | | 18 ～ 44 岁 | 8 446 | 9 | 1 | 4 | 8 | 10 | 20 |
| | | | 45 ～ 59 岁 | 6 028 | 8 | 1 | 4 | 8 | 10 | 20 |
| | | | 60 ～ 79 岁 | 3 546 | 7 | 0 | 3 | 7 | 10 | 17 |
| | | | 80 岁及以上 | 223 | 6 | 0 | 2 | 5 | 10 | 15 |
| | | 男 | 小计 | 8 494 | 9 | 1 | 4 | 8 | 10 | 20 |
| | | | 18 ～ 44 岁 | 3 943 | 9 | 2 | 4 | 8 | 10 | 20 |
| | | | 45 ～ 59 岁 | 2 723 | 8 | 1 | 3 | 8 | 10 | 20 |
| | | | 60 ～ 79 岁 | 1 714 | 7 | 0 | 3 | 6 | 10 | 17 |
| | | | 80 岁及以上 | 114 | 6 | 0 | 3 | 5 | 10 | 15 |
| | | 女 | 小计 | 9 749 | 9 | 1 | 4 | 8 | 10 | 20 |
| | | | 18 ～ 44 岁 | 4 503 | 9 | 1 | 4 | 8 | 10 | 20 |
| | | | 45 ～ 59 岁 | 3 305 | 8 | 1 | 4 | 8 | 10 | 20 |
| | | | 60 ～ 79 岁 | 1 832 | 7 | 0 | 3 | 7 | 10 | 20 |
| | | | 80 岁及以上 | 109 | 6 | 0 | 2 | 5 | 10 | 11 |

## 附表 7-4　中国人群分东中西、城乡、性别和年龄的冬季平均每天洗澡时间

| 地区 | 城乡 | 性别 | 年龄 | n | 冬季平均每天洗澡时间 /（min/d） | | | | | |
|---|---|---|---|---|---|---|---|---|---|---|
| | | | | | Mean | P5 | P25 | P50 | P75 | P95 |
| 合计 | 城乡 | 小计 | 小计 | 90 256 | 6 | 0 | 2 | 4 | 8 | 15 |
| | | | 18 ～ 44 岁 | 36 344 | 6 | 1 | 3 | 5 | 8 | 15 |
| | | | 45 ～ 59 岁 | 32 072 | 5 | 0 | 2 | 4 | 8 | 15 |
| | | | 60 ～ 79 岁 | 20 370 | 4 | 0 | 1 | 3 | 5 | 13 |
| | | | 80 岁及以上 | 1 470 | 4 | 0 | 1 | 2 | 5 | 12 |
| | | 男 | 小计 | 40 886 | 6 | 0 | 2 | 4 | 8 | 15 |
| | | | 18 ～ 44 岁 | 16 623 | 6 | 1 | 3 | 5 | 8 | 15 |
| | | | 45 ～ 59 岁 | 13 945 | 5 | 0 | 2 | 4 | 8 | 15 |
| | | | 60 ～ 79 岁 | 9 650 | 4 | 0 | 1 | 3 | 5 | 13 |
| | | | 80 岁及以上 | 668 | 4 | 0 | 1 | 2 | 5 | 15 |
| | | 女 | 小计 | 49 370 | 6 | 0 | 2 | 4 | 8 | 15 |
| | | | 18 ～ 44 岁 | 19 721 | 7 | 1 | 3 | 5 | 10 | 16 |

| 地区 | 城乡 | 性别 | 年龄 | *n* | 冬季平均每天洗澡时间 /（min/d） | | | | | |
|---|---|---|---|---|---|---|---|---|---|---|
| | | | | | Mean | P5 | P25 | P50 | P75 | P95 |
| 合计 | 城乡 | 女 | 45 ～ 59 岁 | 18 127 | 5 | 0 | 2 | 4 | 8 | 15 |
| | | | 60 ～ 79 岁 | 10 720 | 4 | 0 | 1 | 3 | 6 | 13 |
| | | | 80 岁及以上 | 802 | 3 | 0 | 1 | 2 | 5 | 10 |
| | 城市 | 小计 | 小计 | 41 640 | 7 | 1 | 3 | 5 | 9 | 16 |
| | | | 18 ～ 44 岁 | 16 567 | 7 | 1 | 4 | 6 | 10 | 20 |
| | | | 45 ～ 59 岁 | 14 681 | 7 | 1 | 3 | 5 | 8 | 16 |
| | | | 60 ～ 79 岁 | 9 651 | 5 | 0 | 2 | 4 | 7 | 15 |
| | | | 80 岁及以上 | 741 | 5 | 0 | 1 | 3 | 6 | 15 |
| | | 男 | 小计 | 18 374 | 6 | 1 | 3 | 5 | 8 | 16 |
| | | | 18 ～ 44 岁 | 7 507 | 7 | 1 | 3 | 5 | 10 | 16 |
| | | | 45 ～ 59 岁 | 6 241 | 6 | 1 | 3 | 5 | 8 | 16 |
| | | | 60 ～ 79 岁 | 4 306 | 5 | 0 | 2 | 4 | 7 | 15 |
| | | | 80 岁及以上 | 320 | 5 | 0 | 1 | 3 | 7 | 16 |
| | | 女 | 小计 | 23 266 | 7 | 1 | 3 | 5 | 10 | 18 |
| | | | 18 ～ 44 岁 | 9 060 | 8 | 1 | 4 | 7 | 10 | 20 |
| | | | 45 ～ 59 岁 | 8 440 | 7 | 1 | 3 | 5 | 10 | 17 |
| | | | 60 ～ 79 岁 | 5 345 | 5 | 0 | 2 | 4 | 7 | 15 |
| | | | 80 岁及以上 | 421 | 5 | 0 | 1 | 3 | 5 | 12 |
| | 农村 | 小计 | 小计 | 48 616 | 5 | 0 | 2 | 4 | 7 | 15 |
| | | | 18 ～ 44 岁 | 19 777 | 6 | 1 | 2 | 4 | 8 | 15 |
| | | | 45 ～ 59 岁 | 17 391 | 5 | 0 | 1 | 3 | 7 | 13 |
| | | | 60 ～ 79 岁 | 10 719 | 4 | 0 | 1 | 2 | 5 | 11 |
| | | | 80 岁及以上 | 729 | 3 | 0 | 0 | 1 | 4 | 10 |
| | | 男 | 小计 | 22 512 | 5 | 0 | 2 | 4 | 7 | 15 |
| | | | 18 ～ 44 岁 | 9 116 | 6 | 1 | 2 | 4 | 8 | 15 |
| | | | 45 ～ 59 岁 | 7 704 | 5 | 0 | 1 | 3 | 7 | 13 |
| | | | 60 ～ 79 岁 | 5 344 | 4 | 0 | 1 | 2 | 5 | 11 |
| | | | 80 岁及以上 | 348 | 3 | 0 | 0 | 2 | 4 | 15 |
| | | 女 | 小计 | 26 104 | 5 | 0 | 2 | 4 | 7 | 15 |
| | | | 18 ～ 44 岁 | 10 661 | 6 | 1 | 2 | 4 | 8 | 15 |
| | | | 45 ～ 59 岁 | 9 687 | 4 | 0 | 1 | 3 | 6 | 13 |
| | | | 60 ～ 79 岁 | 5 375 | 3 | 0 | 1 | 2 | 5 | 10 |
| | | | 80 岁及以上 | 381 | 3 | 0 | 0 | 1 | 4 | 10 |
| 东部 | 城乡 | 小计 | 小计 | 30 863 | 7 | 1 | 3 | 5 | 10 | 20 |
| | | | 18 ～ 44 岁 | 10 505 | 8 | 1 | 4 | 7 | 10 | 20 |
| | | | 45 ～ 59 岁 | 11 774 | 7 | 1 | 3 | 5 | 10 | 17 |
| | | | 60 ～ 79 岁 | 7 912 | 5 | 0 | 2 | 4 | 8 | 15 |
| | | | 80 岁及以上 | 672 | 5 | 0 | 1 | 3 | 7 | 16 |
| | | 男 | 小计 | 13 769 | 7 | 1 | 3 | 5 | 10 | 18 |
| | | | 18 ～ 44 岁 | 4 642 | 8 | 1 | 4 | 7 | 10 | 20 |
| | | | 45 ～ 59 岁 | 5 023 | 7 | 1 | 3 | 5 | 10 | 18 |
| | | | 60 ～ 79 岁 | 3 804 | 5 | 0 | 2 | 4 | 8 | 15 |
| | | | 80 岁及以上 | 300 | 5 | 0 | 1 | 3 | 8 | 20 |
| | | 女 | 小计 | 17 094 | 7 | 1 | 3 | 5 | 10 | 20 |
| | | | 18 ～ 44 岁 | 5 863 | 8 | 1 | 4 | 8 | 10 | 20 |
| | | | 45 ～ 59 岁 | 6 751 | 7 | 1 | 3 | 5 | 10 | 17 |
| | | | 60 ～ 79 岁 | 4 108 | 5 | 0 | 2 | 4 | 8 | 15 |
| | | | 80 岁及以上 | 372 | 4 | 0 | 1 | 3 | 6 | 12 |
| | 城市 | 小计 | 小计 | 15 630 | 8 | 1 | 4 | 7 | 10 | 20 |
| | | | 18 ～ 44 岁 | 5 450 | 9 | 2 | 4 | 8 | 10 | 20 |
| | | | 45 ～ 59 岁 | 5 791 | 8 | 1 | 4 | 7 | 10 | 20 |
| | | | 60 ～ 79 岁 | 4 039 | 6 | 0 | 3 | 4 | 8 | 15 |
| | | | 80 岁及以上 | 350 | 5 | 0 | 2 | 4 | 8 | 16 |
| | | 男 | 小计 | 6 871 | 8 | 1 | 4 | 6 | 10 | 20 |
| | | | 18 ～ 44 岁 | 2 415 | 8 | 2 | 4 | 7 | 10 | 20 |
| | | | 45 ～ 59 岁 | 2 452 | 8 | 1 | 4 | 6 | 10 | 20 |
| | | | 60 ～ 79 岁 | 1 857 | 6 | 1 | 3 | 5 | 8 | 15 |
| | | | 80 岁及以上 | 147 | 6 | 0 | 2 | 4 | 8 | 16 |

| 地区 | 城乡 | 性别 | 年龄 | n | 冬季平均每天洗澡时间 /（min/d） | | | | | |
|---|---|---|---|---|---|---|---|---|---|---|
| | | | | | Mean | P5 | P25 | P50 | P75 | P95 |
| 东部 | 城市 | 女 | 小计 | 8 759 | 8 | 1 | 4 | 7 | 10 | 20 |
| | | | 18～44 岁 | 3 035 | 10 | 2 | 5 | 8 | 12 | 20 |
| | | | 45～59 岁 | 3 339 | 8 | 1 | 4 | 7 | 10 | 20 |
| | | | 60～79 岁 | 2 182 | 6 | 0 | 3 | 4 | 8 | 15 |
| | | | 80 岁及以上 | 203 | 5 | 0 | 2 | 4 | 7 | 15 |
| | 农村 | 小计 | 小计 | 15 233 | 6 | 0 | 2 | 5 | 10 | 15 |
| | | | 18～44 岁 | 5 055 | 7 | 1 | 3 | 6 | 10 | 20 |
| | | | 45～59 岁 | 5 983 | 6 | 0 | 2 | 4 | 9 | 15 |
| | | | 60～79 岁 | 3 873 | 5 | 0 | 1 | 3 | 7 | 15 |
| | | | 80 岁及以上 | 322 | 4 | 0 | 0 | 2 | 5 | 15 |
| | | 男 | 小计 | 6 898 | 6 | 0 | 2 | 4 | 10 | 15 |
| | | | 18～44 岁 | 2 227 | 7 | 1 | 3 | 5 | 10 | 16 |
| | | | 45～59 岁 | 2 571 | 6 | 0 | 2 | 4 | 10 | 15 |
| | | | 60～79 岁 | 1 947 | 5 | 0 | 1 | 3 | 7 | 15 |
| | | | 80 岁及以上 | 153 | 4 | 0 | 0 | 2 | 6 | 20 |
| | | 女 | 小计 | 8 335 | 6 | 0 | 2 | 5 | 10 | 15 |
| | | | 18～44 岁 | 2 828 | 7 | 1 | 3 | 6 | 10 | 20 |
| | | | 45～59 岁 | 3 412 | 6 | 0 | 2 | 4 | 8 | 15 |
| | | | 60～79 岁 | 1 926 | 5 | 0 | 1 | 3 | 7 | 15 |
| | | | 80 岁及以上 | 169 | 4 | 0 | 0 | 2 | 5 | 10 |
| 中部 | 城乡 | 小计 | 小计 | 28 953 | 5 | 0 | 2 | 4 | 7 | 14 |
| | | | 18～44 岁 | 12 081 | 6 | 1 | 3 | 5 | 8 | 15 |
| | | | 45～59 岁 | 10 172 | 5 | 0 | 2 | 4 | 6 | 12 |
| | | | 60～79 岁 | 6 300 | 4 | 0 | 1 | 3 | 5 | 10 |
| | | | 80 岁及以上 | 400 | 3 | 0 | 1 | 2 | 4 | 8 |
| | | 男 | 小计 | 13 177 | 5 | 0 | 2 | 4 | 7 | 13 |
| | | | 18～44 岁 | 5 602 | 6 | 1 | 3 | 5 | 8 | 15 |
| | | | 45～59 岁 | 4 441 | 5 | 0 | 2 | 4 | 7 | 12 |
| | | | 60～79 岁 | 2 965 | 4 | 0 | 1 | 3 | 5 | 10 |
| | | | 80 岁及以上 | 169 | 3 | 0 | 1 | 2 | 3 | 8 |
| | | 女 | 小计 | 15 776 | 5 | 0 | 2 | 4 | 8 | 15 |
| | | | 18～44 岁 | 6 479 | 6 | 1 | 3 | 5 | 8 | 15 |
| | | | 45～59 岁 | 5 731 | 5 | 0 | 2 | 4 | 6 | 12 |
| | | | 60～79 岁 | 3 335 | 4 | 0 | 1 | 3 | 5 | 10 |
| | | | 80 岁及以上 | 231 | 3 | 0 | 1 | 2 | 4 | 8 |
| | 城市 | 小计 | 小计 | 13 756 | 6 | 1 | 3 | 5 | 8 | 15 |
| | | | 18～44 岁 | 5 778 | 7 | 2 | 4 | 6 | 9 | 15 |
| | | | 45～59 岁 | 4 766 | 6 | 1 | 3 | 5 | 8 | 15 |
| | | | 60～79 岁 | 2 996 | 5 | 1 | 2 | 4 | 6 | 12 |
| | | | 80 岁及以上 | 216 | 4 | 1 | 2 | 3 | 5 | 10 |
| | | 男 | 小计 | 6 039 | 6 | 1 | 3 | 5 | 8 | 15 |
| | | | 18～44 岁 | 2 652 | 7 | 2 | 4 | 5 | 8 | 15 |
| | | | 45～59 岁 | 2 019 | 6 | 1 | 3 | 5 | 8 | 15 |
| | | | 60～79 岁 | 1 280 | 5 | 1 | 2 | 4 | 5 | 12 |
| | | | 80 岁及以上 | 88 | 4 | 1 | 2 | 3 | 4 | 12 |
| | | 女 | 小计 | 7 717 | 7 | 1 | 3 | 5 | 8 | 15 |
| | | | 18～44 岁 | 3 126 | 7 | 1 | 4 | 7 | 10 | 16 |
| | | | 45～59 岁 | 2 747 | 6 | 1 | 3 | 5 | 8 | 15 |
| | | | 60～79 岁 | 1 716 | 5 | 1 | 3 | 4 | 6 | 12 |
| | | | 80 岁及以上 | 128 | 4 | 1 | 2 | 3 | 5 | 10 |
| | 农村 | 小计 | 小计 | 15 197 | 4 | 0 | 2 | 3 | 6 | 12 |
| | | | 18～44 岁 | 6 303 | 5 | 1 | 2 | 4 | 8 | 13 |
| | | | 45～59 岁 | 5 406 | 4 | 0 | 1 | 3 | 5 | 10 |
| | | | 60～79 岁 | 3 304 | 3 | 0 | 1 | 2 | 4 | 10 |
| | | | 80 岁及以上 | 184 | 2 | 0 | 0 | 1 | 3 | 6 |
| | | 男 | 小计 | 7 138 | 5 | 0 | 2 | 3 | 6 | 12 |
| | | | 18～44 岁 | 2 950 | 5 | 1 | 2 | 4 | 8 | 14 |
| | | | 45～59 岁 | 2 422 | 4 | 0 | 2 | 3 | 5 | 10 |

| 地区 | 城乡 | 性别 | 年龄 | *n* | 冬季平均每天洗澡时间 /（min/d） | | | | | |
| --- | --- | --- | --- | --- | --- | --- | --- | --- | --- | --- |
| | | | | | Mean | P5 | P25 | P50 | P75 | P95 |
| 中部 | 农村 | 男 | 60～79岁 | 1 685 | 3 | 0 | 1 | 2 | 4 | 10 |
| | | | 80岁及以上 | 81 | 2 | 0 | 0 | 1 | 3 | 7 |
| | | 女 | 小计 | 8 059 | 4 | 0 | 1 | 3 | 6 | 12 |
| | | | 18～44岁 | 3 353 | 5 | 1 | 2 | 4 | 8 | 13 |
| | | | 45～59岁 | 2 984 | 4 | 0 | 1 | 3 | 5 | 10 |
| | | | 60～79岁 | 1 619 | 3 | 0 | 1 | 2 | 4 | 9 |
| | | | 80岁及以上 | 103 | 2 | 0 | 0 | 1 | 3 | 5 |
| 西部 | 城乡 | 小计 | 小计 | 30 440 | 4 | 0 | 1 | 3 | 5 | 12 |
| | | | 18～44岁 | 13 758 | 5 | 1 | 2 | 4 | 7 | 13 |
| | | | 45～59岁 | 10 126 | 4 | 0 | 1 | 3 | 5 | 11 |
| | | | 60～79岁 | 6 158 | 3 | 0 | 1 | 2 | 4 | 10 |
| | | | 80岁及以上 | 398 | 3 | 0 | 1 | 2 | 4 | 10 |
| | | 男 | 小计 | 13 940 | 4 | 0 | 1 | 3 | 5 | 11 |
| | | | 18～44岁 | 6 379 | 5 | 1 | 2 | 4 | 6 | 12 |
| | | | 45～59岁 | 4 481 | 4 | 0 | 1 | 3 | 5 | 10 |
| | | | 60～79岁 | 2 881 | 3 | 0 | 1 | 2 | 4 | 10 |
| | | | 80岁及以上 | 199 | 3 | 0 | 1 | 2 | 4 | 10 |
| | | 女 | 小计 | 16 500 | 4 | 0 | 1 | 3 | 6 | 12 |
| | | | 18～44岁 | 7 379 | 5 | 1 | 2 | 4 | 7 | 13 |
| | | | 45～59岁 | 5 645 | 4 | 0 | 1 | 3 | 5 | 11 |
| | | | 60～79岁 | 3 277 | 3 | 0 | 1 | 2 | 4 | 10 |
| | | | 80岁及以上 | 199 | 3 | 0 | 1 | 1 | 4 | 10 |
| | 城市 | 小计 | 小计 | 12 254 | 5 | 1 | 2 | 4 | 7 | 12 |
| | | | 18～44岁 | 5 339 | 5 | 1 | 3 | 4 | 7 | 13 |
| | | | 45～59岁 | 4 124 | 5 | 1 | 2 | 4 | 6 | 12 |
| | | | 60～79岁 | 2 616 | 4 | 0 | 1 | 3 | 5 | 10 |
| | | | 80岁及以上 | 175 | 3 | 0 | 1 | 2 | 5 | 10 |
| | | 男 | 小计 | 5 464 | 5 | 1 | 2 | 4 | 6 | 11 |
| | | | 18～44岁 | 2 440 | 5 | 1 | 3 | 4 | 7 | 12 |
| | | | 45～59岁 | 1 770 | 4 | 1 | 2 | 3 | 5 | 11 |
| | | | 60～79岁 | 1 169 | 3 | 0 | 1 | 3 | 4 | 10 |
| | | | 80岁及以上 | 85 | 3 | 0 | 1 | 2 | 4 | 10 |
| | | 女 | 小计 | 6 790 | 5 | 1 | 2 | 4 | 7 | 13 |
| | | | 18～44岁 | 2 899 | 6 | 1 | 3 | 4 | 8 | 15 |
| | | | 45～59岁 | 2 354 | 5 | 1 | 2 | 4 | 7 | 12 |
| | | | 60～79岁 | 1 447 | 4 | 0 | 2 | 3 | 5 | 11 |
| | | | 80岁及以上 | 90 | 4 | 0 | 1 | 3 | 5 | 12 |
| | 农村 | 小计 | 小计 | 18 186 | 4 | 0 | 1 | 3 | 5 | 11 |
| | | | 18～44岁 | 8 419 | 4 | 0 | 1 | 3 | 6 | 13 |
| | | | 45～59岁 | 6 002 | 4 | 0 | 1 | 3 | 5 | 10 |
| | | | 60～79岁 | 3 542 | 3 | 0 | 1 | 2 | 4 | 10 |
| | | | 80岁及以上 | 223 | 2 | 0 | 1 | 1 | 3 | 7 |
| | | 男 | 小计 | 8 476 | 4 | 0 | 1 | 3 | 5 | 11 |
| | | | 18～44岁 | 3 939 | 4 | 0 | 1 | 3 | 6 | 12 |
| | | | 45～59岁 | 2 711 | 4 | 0 | 1 | 3 | 5 | 10 |
| | | | 60～79岁 | 1 712 | 3 | 0 | 1 | 2 | 4 | 10 |
| | | | 80岁及以上 | 114 | 3 | 0 | 1 | 2 | 4 | 8 |
| | | 女 | 小计 | 9 710 | 4 | 0 | 1 | 3 | 5 | 11 |
| | | | 18～44岁 | 4 480 | 4 | 0 | 2 | 3 | 6 | 13 |
| | | | 45～59岁 | 3 291 | 4 | 0 | 1 | 3 | 5 | 10 |
| | | | 60～79岁 | 1 830 | 3 | 0 | 1 | 2 | 4 | 10 |
| | | | 80岁及以上 | 109 | 2 | 0 | | 1 | 3 | 5 |

附表 7-5　中国人群分片区、城乡、性别、年龄的全年平均每天洗澡时间

| 地区 | 城乡 | 性别 | 年龄 | n | 平均每天洗澡时间 /（min/d） | | | | | |
|---|---|---|---|---|---|---|---|---|---|---|
| | | | | | Mean | P5 | P25 | P50 | P75 | P95 |
| 合计 | 城乡 | 小计 | 小计 | 90 247 | 8 | 1 | 4 | 7 | 10 | 18 |
| | | | 18 ~ 44 岁 | 36 341 | 9 | 2 | 5 | 8 | 11 | 19 |
| | | | 45 ~ 59 岁 | 32 070 | 8 | 1 | 4 | 7 | 10 | 18 |
| | | | 60 ~ 79 岁 | 20 366 | 7 | 1 | 3 | 6 | 9 | 15 |
| | | | 80 岁及以上 | 1 470 | 6 | 0 | 2 | 5 | 8 | 16 |
| | | 男 | 小计 | 40 883 | 8 | 1 | 4 | 7 | 10 | 18 |
| | | | 18 ~ 44 岁 | 16 623 | 8 | 2 | 5 | 8 | 11 | 18 |
| | | | 45 ~ 59 岁 | 13 944 | 8 | 1 | 4 | 7 | 10 | 17 |
| | | | 60 ~ 79 岁 | 9 648 | 7 | 1 | 3 | 6 | 9 | 15 |
| | | | 80 岁及以上 | 668 | 6 | 0 | 2 | 5 | 9 | 18 |
| | | 女 | 小计 | 49 364 | 8 | 1 | 4 | 7 | 11 | 19 |
| | | | 18 ~ 44 岁 | 19 718 | 9 | 2 | 5 | 8 | 11 | 20 |
| | | | 45 ~ 59 岁 | 18 126 | 8 | 1 | 4 | 7 | 10 | 18 |
| | | | 60 ~ 79 岁 | 10 718 | 7 | 1 | 3 | 6 | 9 | 16 |
| | | | 80 岁及以上 | 802 | 6 | 0 | 2 | 5 | 8 | 15 |
| | 城市 | 小计 | 小计 | 41 635 | 9 | 2 | 5 | 8 | 11 | 20 |
| | | | 18 ~ 44 岁 | 16 566 | 10 | 3 | 6 | 9 | 12 | 20 |
| | | | 45 ~ 59 岁 | 14 680 | 9 | 2 | 5 | 8 | 11 | 20 |
| | | | 60 ~ 79 岁 | 9 648 | 8 | 2 | 4 | 7 | 10 | 17 |
| | | | 80 岁及以上 | 741 | 7 | 1 | 3 | 6 | 10 | 18 |
| | | 男 | 小计 | 18 372 | 9 | 2 | 5 | 8 | 11 | 19 |
| | | | 18 ~ 44 岁 | 7 507 | 9 | 3 | 6 | 8 | 11 | 19 |
| | | | 45 ~ 59 岁 | 6 241 | 9 | 2 | 5 | 8 | 11 | 19 |
| | | | 60 ~ 79 岁 | 4 304 | 8 | 1 | 4 | 7 | 10 | 17 |
| | | | 80 岁及以上 | 320 | 7 | 1 | 3 | 6 | 10 | 19 |
| | | 女 | 小计 | 23 263 | 9 | 2 | 5 | 8 | 12 | 20 |
| | | | 18 ~ 44 岁 | 9 059 | 10 | 3 | 6 | 9 | 13 | 21 |
| | | | 45 ~ 59 岁 | 8 439 | 9 | 2 | 5 | 8 | 11 | 20 |
| | | | 60 ~ 79 岁 | 5 344 | 8 | 2 | 4 | 7 | 10 | 17 |
| | | | 80 岁及以上 | 421 | 7 | 1 | 3 | 6 | 10 | 17 |
| | 农村 | 小计 | 小计 | 48 612 | 7 | 1 | 4 | 6 | 10 | 16 |
| | | | 18 ~ 44 岁 | 19 775 | 8 | 2 | 4 | 7 | 10 | 18 |
| | | | 45 ~ 59 岁 | 17 390 | 7 | 1 | 3 | 6 | 10 | 15 |
| | | | 60 ~ 79 岁 | 10 718 | 6 | 0 | 2 | 5 | 8 | 15 |
| | | | 80 岁及以上 | 729 | 5 | 0 | 2 | 4 | 7 | 14 |
| | | 男 | 小计 | 22 511 | 7 | 1 | 4 | 6 | 10 | 16 |
| | | | 18 ~ 44 岁 | 9 116 | 8 | 2 | 4 | 7 | 10 | 18 |
| | | | 45 ~ 59 岁 | 7 703 | 7 | 1 | 3 | 6 | 10 | 15 |
| | | | 60 ~ 79 岁 | 5 344 | 6 | 0 | 2 | 5 | 8 | 15 |
| | | | 80 岁及以上 | 348 | 5 | 0 | 2 | 4 | 7 | 16 |
| | | 女 | 小计 | 26 101 | 7 | 1 | 4 | 6 | 10 | 17 |
| | | | 18 ~ 44 岁 | 10 659 | 8 | 2 | 4 | 7 | 11 | 18 |
| | | | 45 ~ 59 岁 | 9 687 | 7 | 1 | 3 | 6 | 10 | 16 |
| | | | 60 ~ 79 岁 | 5 374 | 6 | 0 | 3 | 5 | 9 | 15 |
| | | | 80 岁及以上 | 381 | 5 | 0 | 2 | 4 | 7 | 13 |
| 华北 | 城乡 | 小计 | 小计 | 17 790 | 7 | 1 | 3 | 5 | 9 | 16 |
| | | | 18 ~ 44 岁 | 6 396 | 7 | 1 | 3 | 6 | 10 | 18 |
| | | | 45 ~ 59 岁 | 6 707 | 6 | 0 | 2 | 5 | 9 | 16 |
| | | | 60 ~ 79 岁 | 4 411 | 5 | 0 | 2 | 4 | 7 | 14 |
| | | | 80 岁及以上 | 276 | 4 | 0 | 1 | 3 | 7 | 15 |
| | | 男 | 小计 | 7 835 | 6 | 1 | 3 | 5 | 9 | 16 |
| | | | 18 ~ 44 岁 | 2 876 | 7 | 1 | 3 | 6 | 10 | 17 |
| | | | 45 ~ 59 岁 | 2 755 | 6 | 0 | 2 | 5 | 9 | 16 |
| | | | 60 ~ 79 岁 | 2 064 | 5 | 0 | 2 | 4 | 7 | 13 |
| | | | 80 岁及以上 | 140 | 5 | 0 | 2 | 3 | 8 | 16 |
| | | 女 | 小计 | 9 955 | 7 | 0 | 3 | 6 | 10 | 17 |

| 地区 | 城乡 | 性别 | 年龄 | n | 平均每天洗澡时间 /（min/d） | | | | | |
|---|---|---|---|---|---|---|---|---|---|---|
| | | | | | Mean | P5 | P25 | P50 | P75 | P95 |
| 华北 | 城乡 | 女 | 18～44 岁 | 3 520 | 8 | 1 | 4 | 7 | 11 | 18 |
| | | | 45～59 岁 | 3 952 | 6 | 0 | 3 | 5 | 9 | 16 |
| | | | 60～79 岁 | 2 347 | 6 | 0 | 2 | 4 | 8 | 15 |
| | | | 80 岁及以上 | 136 | 4 | 0 | 1 | 2 | 6 | 13 |
| | 城市 | 小计 | 小计 | 7 724 | 8 | 1 | 4 | 7 | 11 | 19 |
| | | | 18～44 岁 | 2 750 | 9 | 2 | 5 | 8 | 12 | 20 |
| | | | 45～59 岁 | 2 752 | 8 | 1 | 4 | 7 | 11 | 20 |
| | | | 60～79 岁 | 2 069 | 7 | 1 | 3 | 6 | 9 | 17 |
| | | | 80 岁及以上 | 153 | 7 | 1 | 3 | 6 | 10 | 16 |
| | | 男 | 小计 | 3 353 | 8 | 1 | 4 | 7 | 10 | 19 |
| | | | 18～44 岁 | 1 220 | 8 | 2 | 5 | 7 | 11 | 19 |
| | | | 45～59 岁 | 1 143 | 8 | 1 | 4 | 7 | 10 | 20 |
| | | | 60～79 岁 | 910 | 7 | 1 | 3 | 5 | 9 | 17 |
| | | | 80 岁及以上 | 80 | 7 | 1 | 2 | 6 | 10 | 19 |
| | | 女 | 小计 | 4 371 | 9 | 2 | 5 | 8 | 11 | 20 |
| | | | 18～44 岁 | 1 530 | 10 | 2 | 5 | 8 | 13 | 21 |
| | | | 45～59 岁 | 1 609 | 8 | 1 | 5 | 8 | 11 | 19 |
| | | | 60～79 岁 | 1 159 | 7 | 1 | 3 | 6 | 10 | 17 |
| | | | 80 岁及以上 | 73 | 7 | 1 | 3 | 6 | 9 | 16 |
| | 农村 | 小计 | 小计 | 10 066 | 5 | 0 | 2 | 4 | 8 | 15 |
| | | | 18～44 岁 | 3 646 | 6 | 1 | 3 | 5 | 9 | 16 |
| | | | 45～59 岁 | 3 955 | 5 | 0 | 2 | 4 | 7 | 14 |
| | | | 60～79 岁 | 2 342 | 4 | 0 | 1 | 3 | 5 | 12 |
| | | | 80 岁及以上 | 123 | 2 | 0 | 0 | 2 | 3 | 8 |
| | | 男 | 小计 | 4 482 | 5 | 0 | 2 | 4 | 7 | 15 |
| | | | 18～44 岁 | 1 656 | 6 | 1 | 3 | 5 | 9 | 16 |
| | | | 45～59 岁 | 1 612 | 5 | 0 | 2 | 3 | 7 | 14 |
| | | | 60～79 岁 | 1 154 | 4 | 0 | 1 | 3 | 5 | 11 |
| | | | 80 岁及以上 | 60 | 2 | 0 | 0 | 2 | 4 | 8 |
| | | 女 | 小计 | 5 584 | 5 | 0 | 2 | 4 | 8 | 15 |
| | | | 18～44 岁 | 1 990 | 6 | 1 | 3 | 5 | 9 | 16 |
| | | | 45～59 岁 | 2 343 | 5 | 0 | 2 | 4 | 7 | 14 |
| | | | 60～79 岁 | 1 188 | 4 | 0 | 1 | 3 | 6 | 13 |
| | | | 80 岁及以上 | 63 | 2 | 0 | 0 | 2 | 2 | 8 |
| 华东 | 城乡 | 小计 | 小计 | 22 908 | 10 | 3 | 6 | 9 | 12 | 20 |
| | | | 18～44 岁 | 8 523 | 11 | 4 | 7 | 10 | 13 | 21 |
| | | | 45～59 岁 | 8 049 | 9 | 3 | 6 | 8 | 11 | 19 |
| | | | 60～79 岁 | 5 820 | 8 | 2 | 5 | 7 | 10 | 17 |
| | | | 80 岁及以上 | 516 | 6 | 0 | 3 | 5 | 9 | 16 |
| | | 男 | 小计 | 10 410 | 9 | 3 | 6 | 9 | 11 | 20 |
| | | | 18～44 岁 | 3 790 | 10 | 4 | 7 | 9 | 12 | 20 |
| | | | 45～59 岁 | 3 618 | 9 | 3 | 6 | 8 | 11 | 19 |
| | | | 60～79 岁 | 2 797 | 8 | 2 | 5 | 7 | 10 | 18 |
| | | | 80 岁及以上 | 205 | 6 | 1 | 3 | 5 | 9 | 16 |
| | | 女 | 小计 | 12 498 | 10 | 3 | 6 | 9 | 12 | 20 |
| | | | 18～44 岁 | 4 733 | 11 | 4 | 7 | 10 | 13 | 23 |
| | | | 45～59 岁 | 4 431 | 9 | 3 | 6 | 8 | 11 | 19 |
| | | | 60～79 岁 | 3 023 | 8 | 2 | 5 | 7 | 10 | 17 |
| | | | 80 岁及以上 | 311 | 7 | 0 | 3 | 6 | 8 | 16 |
| | 城市 | 小计 | 小计 | 12 450 | 10 | 4 | 6 | 9 | 13 | 20 |
| | | | 18～44 岁 | 4 759 | 11 | 4 | 7 | 10 | 13 | 22 |
| | | | 45～59 岁 | 4 279 | 10 | 4 | 6 | 9 | 12 | 20 |
| | | | 60～79 岁 | 3 142 | 9 | 3 | 5 | 7 | 11 | 18 |
| | | | 80 岁及以上 | 270 | 7 | 1 | 4 | 6 | 10 | 18 |
| | | 男 | 小计 | 5 485 | 10 | 4 | 6 | 9 | 12 | 20 |
| | | | 18～44 岁 | 2 107 | 10 | 4 | 7 | 9 | 13 | 20 |
| | | | 45～59 岁 | 1 870 | 10 | 4 | 6 | 9 | 12 | 20 |
| | | | 60～79 岁 | 1 406 | 9 | 3 | 5 | 7 | 11 | 19 |

| 地区 | 城乡 | 性别 | 年龄 | n | 平均每天洗澡时间 /（min/d） | | | | | |
|---|---|---|---|---|---|---|---|---|---|---|
| | | | | | Mean | P5 | P25 | P50 | P75 | P95 |
| 华东 | 城市 | 男 | 80 岁及以上 | 102 | 7 | 1 | 4 | 6 | 11 | 18 |
| | | 女 | 小计 | 6 965 | 10 | 4 | 6 | 9 | 13 | 21 |
| | | | 18 ～ 44 岁 | 2 652 | 11 | 5 | 7 | 10 | 14 | 23 |
| | | | 45 ～ 59 岁 | 2 409 | 10 | 4 | 6 | 9 | 12 | 20 |
| | | | 60 ～ 79 岁 | 1 736 | 9 | 3 | 5 | 8 | 11 | 18 |
| | | | 80 岁及以上 | 168 | 7 | 1 | 4 | 6 | 9 | 18 |
| | 农村 | 小计 | 小计 | 10 458 | 9 | 3 | 6 | 8 | 11 | 19 |
| | | | 18 ～ 44 岁 | 3 764 | 10 | 4 | 7 | 9 | 12 | 21 |
| | | | 45 ～ 59 岁 | 3 770 | 9 | 3 | 5 | 8 | 11 | 18 |
| | | | 60 ～ 79 岁 | 2 678 | 7 | 1 | 4 | 7 | 10 | 16 |
| | | | 80 岁及以上 | 246 | 6 | 0 | 3 | 5 | 7 | 15 |
| | | 男 | 小计 | 4 925 | 9 | 3 | 6 | 8 | 11 | 19 |
| | | | 18 ～ 44 岁 | 1 683 | 10 | 4 | 6 | 9 | 12 | 20 |
| | | | 45 ～ 59 岁 | 1 748 | 9 | 3 | 6 | 8 | 11 | 17 |
| | | | 60 ～ 79 岁 | 1 391 | 7 | 1 | 4 | 6 | 10 | 15 |
| | | | 80 岁及以上 | 103 | 5 | 0 | 3 | 4 | 7 | 13 |
| | | 女 | 小计 | 5 533 | 9 | 3 | 6 | 8 | 11 | 20 |
| | | | 18 ～ 44 岁 | 2 081 | 10 | 4 | 7 | 9 | 13 | 21 |
| | | | 45 ～ 59 岁 | 2 022 | 9 | 3 | 5 | 8 | 11 | 18 |
| | | | 60 ～ 79 岁 | 1 287 | 7 | 2 | 5 | 7 | 10 | 16 |
| | | | 80 岁及以上 | 143 | 6 | 0 | 3 | 5 | 8 | 15 |
| 华南 | 城乡 | 小计 | 小计 | 15 109 | 10 | 4 | 7 | 10 | 13 | 20 |
| | | | 18 ～ 44 岁 | 6 495 | 11 | 5 | 7 | 10 | 13 | 20 |
| | | | 45 ～ 59 岁 | 5 360 | 10 | 4 | 7 | 10 | 12 | 20 |
| | | | 60 ～ 79 岁 | 3 007 | 10 | 4 | 6 | 9 | 12 | 19 |
| | | | 80 岁及以上 | 247 | 9 | 3 | 6 | 8 | 10 | 20 |
| | | 男 | 小计 | 6 994 | 10 | 4 | 7 | 10 | 12 | 20 |
| | | | 18 ～ 44 岁 | 3 097 | 10 | 5 | 7 | 10 | 13 | 20 |
| | | | 45 ～ 59 岁 | 2 333 | 10 | 4 | 7 | 10 | 12 | 19 |
| | | | 60 ～ 79 岁 | 1 458 | 10 | 4 | 6 | 9 | 12 | 19 |
| | | | 80 岁及以上 | 106 | 10 | 4 | 6 | 9 | 12 | 20 |
| | | 女 | 小计 | 8 115 | 11 | 4 | 7 | 10 | 13 | 20 |
| | | | 18 ～ 44 岁 | 3 398 | 11 | 5 | 7 | 10 | 13 | 20 |
| | | | 45 ～ 59 岁 | 3 027 | 10 | 4 | 7 | 10 | 13 | 20 |
| | | | 60 ～ 79 岁 | 1 549 | 10 | 4 | 6 | 9 | 12 | 19 |
| | | | 80 岁及以上 | 141 | 9 | 3 | 6 | 8 | 10 | 19 |
| | 城市 | 小计 | 小计 | 7 306 | 11 | 5 | 7 | 10 | 14 | 20 |
| | | | 18 ～ 44 岁 | 3 135 | 11 | 5 | 8 | 10 | 15 | 22 |
| | | | 45 ～ 59 岁 | 2 579 | 11 | 5 | 7 | 10 | 13 | 20 |
| | | | 60 ～ 79 岁 | 1 464 | 10 | 4 | 6 | 9 | 11 | 19 |
| | | | 80 岁及以上 | 128 | 10 | 4 | 6 | 9 | 10 | 20 |
| | | 男 | 小计 | 3 281 | 11 | 5 | 7 | 10 | 13 | 20 |
| | | | 18 ～ 44 岁 | 1 504 | 11 | 5 | 7 | 10 | 14 | 20 |
| | | | 45 ～ 59 岁 | 1 060 | 10 | 5 | 7 | 10 | 13 | 19 |
| | | | 60 ～ 79 岁 | 669 | 10 | 5 | 6 | 9 | 12 | 19 |
| | | | 80 岁及以上 | 48 | 10 | 4 | 6 | 8 | 12 | 25 |
| | | 女 | 小计 | 4 025 | 11 | 5 | 7 | 10 | 15 | 22 |
| | | | 18 ～ 44 岁 | 1 631 | 12 | 5 | 8 | 10 | 15 | 25 |
| | | | 45 ～ 59 岁 | 1 519 | 11 | 5 | 7 | 10 | 15 | 20 |
| | | | 60 ～ 79 岁 | 795 | 10 | 4 | 6 | 9 | 11 | 19 |
| | | | 80 岁及以上 | 80 | 10 | 4 | 6 | 9 | 10 | 20 |
| | 农村 | 小计 | 小计 | 7 803 | 10 | 4 | 7 | 10 | 12 | 20 |
| | | | 18 ～ 44 岁 | 3 360 | 10 | 4 | 7 | 10 | 12 | 20 |
| | | | 45 ～ 59 岁 | 2 781 | 10 | 4 | 6 | 10 | 11 | 19 |
| | | | 60 ～ 79 岁 | 1 543 | 10 | 3 | 6 | 9 | 12 | 19 |
| | | | 80 岁及以上 | 119 | 9 | 2 | 5 | 8 | 10 | 20 |
| | | 男 | 小计 | 3 713 | 10 | 4 | 7 | 10 | 12 | 20 |
| | | | 18 ～ 44 岁 | 1 593 | 10 | 4 | 7 | 10 | 12 | 20 |

| 地区 | 城乡 | 性别 | 年龄 | n | 平均每天洗澡时间 /（min/d） | | | | | |
|---|---|---|---|---|---|---|---|---|---|---|
| | | | | | Mean | P5 | P25 | P50 | P75 | P95 |
| 华南 | 农村 | 男 | 45 ～ 59 岁 | 1 273 | 10 | 4 | 6 | 10 | 11 | 18 |
| | | | 60 ～ 79 岁 | 789 | 10 | 3 | 6 | 9 | 12 | 19 |
| | | | 80 岁及以上 | 58 | 10 | 2 | 6 | 9 | 12 | 20 |
| | | 女 | 小计 | 4 090 | 10 | 4 | 7 | 10 | 12 | 20 |
| | | | 18 ～ 44 岁 | 1 767 | 10 | 4 | 7 | 10 | 13 | 20 |
| | | | 45 ～ 59 岁 | 1 508 | 10 | 4 | 7 | 10 | 12 | 19 |
| | | | 60 ～ 79 岁 | 754 | 10 | 3 | 6 | 9 | 12 | 18 |
| | | | 80 岁及以上 | 61 | 8 | 2 | 5 | 7 | 9 | 15 |
| 西北 | 城乡 | 小计 | 小计 | 11 238 | 5 | 0 | 2 | 4 | 6 | 12 |
| | | | 18 ～ 44 岁 | 4 692 | 5 | 1 | 3 | 4 | 6 | 12 |
| | | | 45 ～ 59 岁 | 3 916 | 4 | 0 | 2 | 4 | 6 | 12 |
| | | | 60 ～ 79 岁 | 2 492 | 4 | 0 | 1 | 3 | 5 | 10 |
| | | | 80 岁及以上 | 138 | 3 | 0 | 1 | 2 | 4 | 8 |
| | | 男 | 小计 | 5 064 | 4 | 0 | 2 | 4 | 6 | 10 |
| | | | 18 ～ 44 岁 | 2 063 | 5 | 1 | 3 | 4 | 6 | 11 |
| | | | 45 ～ 59 岁 | 1 758 | 4 | 0 | 2 | 3 | 5 | 10 |
| | | | 60 ～ 79 岁 | 1 172 | 3 | 0 | 1 | 3 | 5 | 9 |
| | | | 80 岁及以上 | 71 | 3 | 0 | 0 | 2 | 5 | 8 |
| | | 女 | 小计 | 6 174 | 5 | 0 | 2 | 4 | 6 | 13 |
| | | | 18 ～ 44 岁 | 2 629 | 5 | 1 | 3 | 4 | 7 | 13 |
| | | | 45 ～ 59 岁 | 2 158 | 5 | 0 | 2 | 4 | 7 | 14 |
| | | | 60 ～ 79 岁 | 1 320 | 4 | 0 | 1 | 3 | 5 | 10 |
| | | | 80 岁及以上 | 67 | 3 | 0 | 1 | 2 | 4 | 7 |
| | 城市 | 小计 | 小计 | 5 041 | 6 | 1 | 3 | 5 | 8 | 14 |
| | | | 18 ～ 44 岁 | 2 026 | 7 | 2 | 4 | 6 | 8 | 15 |
| | | | 45 ～ 59 岁 | 1 795 | 6 | 1 | 3 | 5 | 8 | 14 |
| | | | 60 ～ 79 岁 | 1 161 | 5 | 0 | 2 | 4 | 6 | 12 |
| | | | 80 岁及以上 | 59 | 4 | 0 | 2 | 3 | 5 | 10 |
| | | 男 | 小计 | 2 214 | 6 | 1 | 3 | 5 | 7 | 13 |
| | | | 18 ～ 44 岁 | 889 | 6 | 2 | 4 | 5 | 7 | 13 |
| | | | 45 ～ 59 岁 | 774 | 5 | 1 | 3 | 5 | 7 | 11 |
| | | | 60 ～ 79 岁 | 518 | 5 | 0 | 2 | 4 | 6 | 11 |
| | | | 80 岁及以上 | 33 | 4 | 0 | 2 | 4 | 5 | 10 |
| | | 女 | 小计 | 2 827 | 7 | 1 | 3 | 5 | 9 | 16 |
| | | | 18 ～ 44 岁 | 1 137 | 7 | 2 | 4 | 6 | 9 | 16 |
| | | | 45 ～ 59 岁 | 1 021 | 7 | 1 | 3 | 5 | 9 | 19 |
| | | | 60 ～ 79 岁 | 643 | 5 | 0 | 3 | 5 | 7 | 12 |
| | | | 80 岁及以上 | 26 | 3 | 0 | 2 | 3 | 5 | 9 |
| | 农村 | 小计 | 小计 | 6 197 | 3 | 0 | 2 | 3 | 4 | 8 |
| | | | 18 ～ 44 岁 | 2 666 | 4 | 0 | 2 | 3 | 5 | 8 |
| | | | 45 ～ 59 岁 | 2 121 | 3 | 0 | 1 | 2 | 4 | 8 |
| | | | 60 ～ 79 岁 | 1 331 | 2 | 0 | 0 | 2 | 3 | 7 |
| | | | 80 岁及以上 | 79 | 2 | 0 | 0 | 1 | 3 | 5 |
| | | 男 | 小计 | 2 850 | 3 | 0 | 2 | 3 | 5 | 8 |
| | | | 18 ～ 44 岁 | 1 174 | 4 | 1 | 2 | 3 | 5 | 8 |
| | | | 45 ～ 59 岁 | 984 | 3 | 0 | 1 | 2 | 4 | 8 |
| | | | 60 ～ 79 岁 | 654 | 2 | 0 | 1 | 2 | 3 | 7 |
| | | | 80 岁及以上 | 38 | 2 | 0 | 0 | 1 | 3 | 5 |
| | | 女 | 小计 | 3 347 | 3 | 0 | 1 | 3 | 4 | 8 |
| | | | 18 ～ 44 岁 | 1 492 | 4 | 0 | 2 | 3 | 5 | 9 |
| | | | 45 ～ 59 岁 | 1 137 | 3 | 0 | 1 | 3 | 4 | 9 |
| | | | 60 ～ 79 岁 | 677 | 2 | 0 | 0 | 2 | 3 | 7 |
| | | | 80 岁及以上 | 41 | 2 | 0 | 1 | 2 | 4 | 4 |
| 东北 | 城乡 | 小计 | 小计 | 10 167 | 7 | 1 | 3 | 6 | 9 | 16 |
| | | | 18 ～ 44 岁 | 3 986 | 7 | 2 | 4 | 6 | 9 | 16 |
| | | | 45 ～ 59 岁 | 3 894 | 7 | 1 | 3 | 6 | 9 | 15 |
| | | | 60 ～ 79 岁 | 2 162 | 5 | 1 | 2 | 4 | 7 | 13 |
| | | | 80 岁及以上 | 125 | 3 | 0 | 1 | 2 | 3 | 8 |

| 地区 | 城乡 | 性别 | 年龄 | n | 平均每天洗澡时间 /（min/d） | | | | | |
|---|---|---|---|---|---|---|---|---|---|---|
| | | | | | Mean | P5 | P25 | P50 | P75 | P95 |
| 东北 | 城乡 | 男 | 小计 | 4 628 | 6 | 1 | 3 | 5 | 9 | 15 |
| | | | 18 ～ 44 岁 | 1 889 | 7 | 2 | 4 | 6 | 9 | 16 |
| | | | 45 ～ 59 岁 | 1 659 | 6 | 1 | 3 | 5 | 8 | 14 |
| | | | 60 ～ 79 岁 | 1 021 | 5 | 0 | 2 | 4 | 7 | 13 |
| | | | 80 岁及以上 | 59 | 3 | 0 | 1 | 2 | 4 | 10 |
| | | 女 | 小计 | 5 539 | 7 | 1 | 3 | 6 | 9 | 16 |
| | | | 18 ～ 44 岁 | 2 097 | 7 | 2 | 4 | 7 | 9 | 17 |
| | | | 45 ～ 59 岁 | 2 235 | 7 | 1 | 4 | 6 | 9 | 16 |
| | | | 60 ～ 79 岁 | 1 141 | 5 | 1 | 2 | 4 | 7 | 13 |
| | | | 80 岁及以上 | 66 | 3 | 0 | 1 | 2 | 3 | 8 |
| | 城市 | 小计 | 小计 | 4 355 | 8 | 2 | 4 | 7 | 10 | 17 |
| | | | 18 ～ 44 岁 | 1 659 | 8 | 3 | 5 | 7 | 10 | 17 |
| | | | 45 ～ 59 岁 | 1 731 | 8 | 2 | 4 | 7 | 10 | 17 |
| | | | 60 ～ 79 岁 | 910 | 6 | 2 | 3 | 5 | 8 | 14 |
| | | | 80 岁及以上 | 55 | 4 | 1 | 2 | 4 | 7 | 11 |
| | | 男 | 小计 | 1 911 | 7 | 2 | 4 | 6 | 9 | 16 |
| | | | 18 ～ 44 岁 | 767 | 7 | 3 | 4 | 6 | 9 | 16 |
| | | | 45 ～ 59 岁 | 730 | 7 | 2 | 4 | 6 | 9 | 17 |
| | | | 60 ～ 79 岁 | 395 | 6 | 1 | 3 | 5 | 8 | 14 |
| | | | 80 岁及以上 | 19 | 5 | 1 | 3 | 4 | 7 | 11 |
| | | 女 | 小计 | 2 444 | 8 | 2 | 4 | 7 | 10 | 17 |
| | | | 18 ～ 44 岁 | 892 | 8 | 3 | 5 | 7 | 10 | 18 |
| | | | 45 ～ 59 岁 | 1 001 | 8 | 2 | 5 | 7 | 10 | 17 |
| | | | 60 ～ 79 岁 | 515 | 6 | 2 | 3 | 5 | 8 | 14 |
| | | | 80 岁及以上 | 36 | 4 | 1 | 2 | 3 | 7 | 11 |
| | 农村 | 小计 | 小计 | 5 812 | 6 | 1 | 3 | 5 | 9 | 15 |
| | | | 18 ～ 44 岁 | 2 327 | 7 | 2 | 3 | 6 | 9 | 16 |
| | | | 45 ～ 59 岁 | 2 163 | 6 | 1 | 3 | 5 | 8 | 14 |
| | | | 60 ～ 79 岁 | 1 252 | 4 | 0 | 2 | 3 | 6 | 11 |
| | | | 80 岁及以上 | 70 | 2 | 0 | 0 | 2 | 3 | 6 |
| | | 男 | 小计 | 2 717 | 6 | 1 | 3 | 5 | 8 | 14 |
| | | | 18 ～ 44 岁 | 1 122 | 7 | 2 | 3 | 6 | 9 | 15 |
| | | | 45 ～ 59 岁 | 929 | 5 | 1 | 3 | 4 | 8 | 13 |
| | | | 60 ～ 79 岁 | 626 | 4 | 0 | 2 | 3 | 6 | 11 |
| | | | 80 岁及以上 | 40 | 2 | 0 | 1 | 2 | 3 | 7 |
| | | 女 | 小计 | 3 095 | 6 | 1 | 3 | 5 | 9 | 16 |
| | | | 18 ～ 44 岁 | 1 205 | 7 | 2 | 3 | 6 | 9 | 16 |
| | | | 45 ～ 59 岁 | 1 234 | 6 | 1 | 3 | 5 | 9 | 15 |
| | | | 60 ～ 79 岁 | 626 | 4 | 0 | 2 | 3 | 6 | 11 |
| | | | 80 岁及以上 | 30 | 2 | 0 | 0 | 1 | 3 | 5 |
| 西南 | 城乡 | 小计 | 小计 | 13 035 | 6 | 1 | 4 | 5 | 8 | 14 |
| | | | 18 ～ 44 岁 | 6 249 | 7 | 2 | 4 | 6 | 8 | 15 |
| | | | 45 ～ 59 岁 | 4 144 | 6 | 1 | 3 | 5 | 7 | 13 |
| | | | 60 ～ 79 岁 | 2 474 | 5 | 1 | 3 | 4 | 6 | 11 |
| | | | 80 岁及以上 | 168 | 4 | 0 | 2 | 4 | 5 | 13 |
| | | 男 | 小计 | 5 952 | 6 | 1 | 4 | 5 | 8 | 14 |
| | | | 18 ～ 44 岁 | 2 908 | 6 | 2 | 4 | 6 | 8 | 14 |
| | | | 45 ～ 59 岁 | 1 821 | 6 | 1 | 4 | 5 | 8 | 14 |
| | | | 60 ～ 79 岁 | 1 136 | 5 | 1 | 3 | 4 | 6 | 11 |
| | | | 80 岁及以上 | 87 | 5 | 1 | 2 | 4 | 6 | 13 |
| | | 女 | 小计 | 7 083 | 6 | 1 | 4 | 5 | 8 | 15 |
| | | | 18 ～ 44 岁 | 3 341 | 7 | 2 | 4 | 6 | 9 | 15 |
| | | | 45 ～ 59 岁 | 2 323 | 6 | 1 | 3 | 5 | 7 | 13 |
| | | | 60 ～ 79 岁 | 1 338 | 5 | 1 | 3 | 4 | 6 | 11 |
| | | | 80 岁及以上 | 81 | 4 | 0 | 2 | 3 | 4 | 11 |
| | 城市 | 小计 | 小计 | 4 759 | 7 | 2 | 4 | 6 | 9 | 15 |
| | | | 18 ～ 44 岁 | 2 237 | 7 | 2 | 4 | 6 | 9 | 15 |
| | | | 45 ～ 59 岁 | 1 544 | 6 | 2 | 4 | 6 | 8 | 14 |

| 地区 | 城乡 | 性别 | 年龄 | n | 平均每天洗澡时间 /（min/d） | | | | | |
|---|---|---|---|---|---|---|---|---|---|---|
| | | | | | Mean | P5 | P25 | P50 | P75 | P95 |
| 西南 | 城市 | 小计 | 60 ～ 79 岁 | 902 | 6 | 1 | 3 | 5 | 7 | 12 |
| | | | 80 岁及以上 | 76 | 5 | 0 | 2 | 3 | 6 | 15 |
| | | 男 | 小计 | 2 128 | 6 | 2 | 4 | 6 | 8 | 14 |
| | | | 18 ～ 44 岁 | 1 020 | 7 | 2 | 4 | 6 | 9 | 14 |
| | | | 45 ～ 59 岁 | 664 | 6 | 2 | 4 | 6 | 8 | 15 |
| | | | 60 ～ 79 岁 | 406 | 5 | 1 | 3 | 4 | 7 | 11 |
| | | | 80 岁及以上 | 38 | 6 | 1 | 2 | 4 | 9 | 15 |
| | | 女 | 小计 | 2 631 | 7 | 2 | 4 | 6 | 9 | 15 |
| | | | 18 ～ 44 岁 | 1 217 | 8 | 2 | 5 | 7 | 10 | 17 |
| | | | 45 ～ 59 岁 | 880 | 7 | 2 | 4 | 6 | 8 | 14 |
| | | | 60 ～ 79 岁 | 496 | 6 | 1 | 4 | 5 | 8 | 14 |
| | | | 80 岁及以上 | 38 | 4 | 0 | 2 | 3 | 5 | 15 |
| | 农村 | 小计 | 小计 | 8 276 | 6 | 1 | 3 | 5 | 7 | 13 |
| | | | 18 ～ 44 岁 | 4 012 | 6 | 2 | 4 | 5 | 8 | 15 |
| | | | 45 ～ 59 岁 | 2 600 | 5 | 1 | 3 | 4 | 7 | 12 |
| | | | 60 ～ 79 岁 | 1 572 | 4 | 1 | 2 | 4 | 6 | 10 |
| | | | 80 岁及以上 | 92 | 4 | 0 | 2 | 4 | 4 | 8 |
| | | 男 | 小计 | 3 824 | 6 | 1 | 3 | 5 | 7 | 14 |
| | | | 18 ～ 44 岁 | 1 888 | 6 | 2 | 4 | 5 | 8 | 15 |
| | | | 45 ～ 59 岁 | 1 157 | 5 | 1 | 3 | 5 | 7 | 13 |
| | | | 60 ～ 79 岁 | 730 | 4 | 1 | 2 | 4 | 6 | 10 |
| | | | 80 岁及以上 | 49 | 4 | 0 | 2 | 4 | 6 | 11 |
| | | 女 | 小计 | 4 452 | 6 | 1 | 3 | 5 | 7 | 13 |
| | | | 18 ～ 44 岁 | 2 124 | 6 | 2 | 4 | 5 | 8 | 15 |
| | | | 45 ～ 59 岁 | 1 443 | 5 | 1 | 3 | 4 | 6 | 12 |
| | | | 60 ～ 79 岁 | 842 | 4 | 1 | 3 | 4 | 6 | 10 |
| | | | 80 岁及以上 | 43 | 3 | 0 | 2 | 4 | 4 | 6 |

## 附表 7-6　中国人群分片区、城乡、性别和年龄的春秋季平均每天洗澡时间

| 地区 | 城乡 | 性别 | 年龄 | n | 春秋季平均每天洗澡时间 /（min/d） | | | | | |
|---|---|---|---|---|---|---|---|---|---|---|
| | | | | | Mean | P5 | P25 | P50 | P75 | P95 |
| 合计 | 城乡 | 小计 | 小计 | 90 310 | 7 | 1 | 3 | 5 | 10 | 20 |
| | | | 18 ～ 44 岁 | 36 367 | 8 | 1 | 3 | 6 | 10 | 20 |
| | | | 45 ～ 59 岁 | 32 092 | 7 | 1 | 3 | 5 | 10 | 17 |
| | | | 60 ～ 79 岁 | 20 380 | 6 | 0 | 2 | 4 | 8 | 15 |
| | | | 80 岁及以上 | 1 471 | 5 | 0 | 1 | 3 | 7 | 15 |
| | | 男 | 小计 | 40 906 | 7 | 1 | 3 | 5 | 10 | 17 |
| | | | 18 ～ 44 岁 | 16 629 | 7 | 1 | 3 | 6 | 10 | 20 |
| | | | 45 ～ 59 岁 | 13 953 | 7 | 1 | 3 | 5 | 10 | 16 |
| | | | 60 ～ 79 岁 | 9 656 | 5 | 0 | 2 | 4 | 8 | 15 |
| | | | 80 岁及以上 | 668 | 5 | 0 | 1 | 3 | 7 | 15 |
| | | 女 | 小计 | 49 404 | 7 | 1 | 3 | 5 | 10 | 20 |
| | | | 18 ～ 44 岁 | 19 738 | 8 | 1 | 4 | 7 | 10 | 20 |
| | | | 45 ～ 59 岁 | 18 139 | 7 | 1 | 3 | 5 | 10 | 18 |
| | | | 60 ～ 79 岁 | 10 724 | 6 | 0 | 2 | 4 | 8 | 15 |
| | | | 80 岁及以上 | 803 | 5 | 0 | 1 | 3 | 7 | 15 |
| | 城市 | 小计 | 小计 | 41 651 | 8 | 1 | 4 | 7 | 10 | 20 |
| | | | 18 ～ 44 岁 | 16 570 | 9 | 2 | 4 | 7 | 10 | 20 |
| | | | 45 ～ 59 岁 | 14 684 | 8 | 1 | 4 | 7 | 10 | 20 |
| | | | 60 ～ 79 岁 | 9 655 | 7 | 1 | 3 | 5 | 9 | 16 |
| | | | 80 岁及以上 | 742 | 6 | 0 | 2 | 5 | 9 | 17 |
| | | 男 | 小计 | 18 378 | 8 | 1 | 4 | 6 | 10 | 20 |
| | | | 18 ～ 44 岁 | 7 509 | 8 | 2 | 4 | 7 | 10 | 20 |

| 地区 | 城乡 | 性别 | 年龄 | *n* | 春秋季平均每天洗澡时间 /（min/d） | | | | | |
|---|---|---|---|---|---|---|---|---|---|---|
| | | | | | Mean | P5 | P25 | P50 | P75 | P95 |
| 合计 | 城市 | 男 | 45～59 岁 | 6 241 | 8 | 1 | 4 | 6 | 10 | 20 |
| | | | 60～79 岁 | 4 308 | 6 | 1 | 3 | 5 | 8 | 15 |
| | | | 80 岁及以上 | 320 | 6 | 0 | 2 | 5 | 8 | 17 |
| | | 女 | 小计 | 23 273 | 8 | 2 | 4 | 7 | 10 | 20 |
| | | | 18～44 岁 | 9 061 | 9 | 2 | 5 | 8 | 10 | 20 |
| | | | 45～59 岁 | 8 443 | 8 | 2 | 4 | 7 | 10 | 20 |
| | | | 60～79 岁 | 5 347 | 7 | 1 | 3 | 5 | 9 | 16 |
| | | | 80 岁及以上 | 422 | 6 | 0 | 2 | 5 | 10 | 16 |
| | 农村 | 小计 | 小计 | 48 659 | 6 | 1 | 2 | 5 | 8 | 15 |
| | | | 18～44 岁 | 19 797 | 7 | 1 | 3 | 5 | 10 | 18 |
| | | | 45～59 岁 | 17 408 | 6 | 0 | 2 | 4 | 8 | 15 |
| | | | 60～79 岁 | 10 725 | 5 | 0 | 1 | 3 | 7 | 15 |
| | | | 80 岁及以上 | 729 | 4 | 0 | 1 | 2 | 5 | 13 |
| | | 男 | 小计 | 22 528 | 6 | 1 | 2 | 5 | 8 | 15 |
| | | | 18～44 岁 | 9 120 | 7 | 1 | 3 | 5 | 10 | 17 |
| | | | 45～59 岁 | 7 712 | 6 | 0 | 2 | 4 | 8 | 15 |
| | | | 60～79 岁 | 5 348 | 5 | 0 | 1 | 3 | 7 | 15 |
| | | | 80 岁及以上 | 348 | 4 | 0 | 1 | 2 | 6 | 15 |
| | | 女 | 小计 | 26 131 | 6 | 1 | 2 | 5 | 8 | 15 |
| | | | 18～44 岁 | 10 677 | 7 | 1 | 3 | 5 | 10 | 20 |
| | | | 45～59 岁 | 9 696 | 6 | 0 | 2 | 4 | 8 | 15 |
| | | | 60～79 岁 | 5 377 | 5 | 0 | 1 | 3 | 7 | 15 |
| | | | 80 岁及以上 | 381 | 4 | 0 | 1 | 2 | 5 | 11 |
| 华北 | 城乡 | 小计 | 小计 | 17 805 | 5 | 0 | 2 | 3 | 7 | 15 |
| | | | 18～44 岁 | 6 402 | 6 | 1 | 2 | 4 | 8 | 16 |
| | | | 45～59 岁 | 6 711 | 5 | 0 | 2 | 3 | 7 | 15 |
| | | | 60～79 岁 | 4 416 | 4 | 0 | 1 | 2 | 5 | 13 |
| | | | 80 岁及以上 | 276 | 4 | 0 | 0 | 2 | 5 | 11 |
| | | 男 | 小计 | 7 843 | 5 | 0 | 2 | 3 | 7 | 15 |
| | | | 18～44 岁 | 2 878 | 6 | 1 | 2 | 4 | 8 | 16 |
| | | | 45～59 岁 | 2 756 | 5 | 0 | 2 | 3 | 7 | 16 |
| | | | 60～79 岁 | 2 069 | 4 | 0 | 1 | 2 | 4 | 12 |
| | | | 80 岁及以上 | 140 | 4 | 0 | 1 | 3 | 5 | 12 |
| | | 女 | 小计 | 9 962 | 5 | 0 | 2 | 4 | 7 | 16 |
| | | | 18～44 岁 | 3 524 | 6 | 1 | 2 | 4 | 8 | 17 |
| | | | 45～59 岁 | 3 955 | 5 | 0 | 2 | 3 | 7 | 15 |
| | | | 60～79 岁 | 2 347 | 4 | 0 | 1 | 3 | 5 | 13 |
| | | | 80 岁及以上 | 136 | 3 | 0 | 0 | 1 | 4 | 11 |
| | 城市 | 小计 | 小计 | 7 731 | 7 | 1 | 3 | 5 | 8 | 20 |
| | | | 18～44 岁 | 2 752 | 8 | 1 | 4 | 6 | 10 | 20 |
| | | | 45～59 岁 | 2 754 | 7 | 1 | 3 | 5 | 8 | 20 |
| | | | 60～79 岁 | 2 072 | 6 | 0 | 2 | 4 | 8 | 15 |
| | | | 80 岁及以上 | 153 | 6 | 1 | 2 | 4 | 8 | 16 |
| | | 男 | 小计 | 3 357 | 7 | 1 | 3 | 5 | 8 | 20 |
| | | | 18～44 岁 | 1 221 | 7 | 1 | 3 | 5 | 8 | 20 |
| | | | 45～59 岁 | 1 143 | 7 | 1 | 3 | 5 | 8 | 20 |
| | | | 60～79 岁 | 913 | 6 | 0 | 2 | 4 | 7 | 15 |
| | | | 80 岁及以上 | 80 | 6 | 1 | 3 | 4 | 8 | 20 |
| | | 女 | 小计 | 4 374 | 7 | 1 | 3 | 6 | 9 | 20 |
| | | | 18～44 岁 | 1 531 | 8 | 2 | 4 | 7 | 10 | 20 |
| | | | 45～59 岁 | 1 611 | 7 | 1 | 3 | 5 | 9 | 20 |
| | | | 60～79 岁 | 1 159 | 6 | 0 | 2 | 4 | 8 | 15 |
| | | | 80 岁及以上 | 73 | 6 | 1 | 2 | 4 | 9 | 15 |
| | 农村 | 小计 | 小计 | 10 074 | 4 | 0 | 1 | 3 | 5 | 13 |
| | | | 18～44 岁 | 3 650 | 5 | 1 | 2 | 3 | 6 | 15 |
| | | | 45～59 岁 | 3 957 | 4 | 0 | 1 | 2 | 4 | 13 |
| | | | 60～79 岁 | 2 344 | 3 | 0 | 1 | 2 | 3 | 10 |
| | | | 80 岁及以上 | 123 | 1 | 0 | 0 | 1 | 2 | 5 |

| 地区 | 城乡 | 性别 | 年龄 | n | 春秋季平均每天洗澡时间 /（min/d） | | | | | |
|---|---|---|---|---|---|---|---|---|---|---|
| | | | | | Mean | P5 | P25 | P50 | P75 | P95 |
| 华北 | 农村 | 男 | 小计 | 4 486 | 4 | 0 | 1 | 2 | 5 | 13 |
| | | | 18 ~ 44 岁 | 1 657 | 5 | 1 | 2 | 3 | 7 | 15 |
| | | | 45 ~ 59 岁 | 1 613 | 4 | 0 | 1 | 2 | 4 | 13 |
| | | | 60 ~ 79 岁 | 1 156 | 2 | 0 | 1 | 2 | 3 | 10 |
| | | | 80 岁及以上 | 60 | 2 | 0 | 0 | 1 | 3 | 5 |
| | | 女 | 小计 | 5 588 | 4 | 0 | 1 | 3 | 5 | 13 |
| | | | 18 ~ 44 岁 | 1 993 | 5 | 1 | 2 | 3 | 6 | 15 |
| | | | 45 ~ 59 岁 | 2 344 | 4 | 0 | 1 | 2 | 4 | 13 |
| | | | 60 ~ 79 岁 | 1 188 | 3 | 0 | 1 | 2 | 3 | 10 |
| | | | 80 岁及以上 | 63 | 1 | 0 | 0 | 0 | 1 | 4 |
| 华东 | 城乡 | 小计 | 小计 | 22 914 | 8 | 1 | 4 | 7 | 10 | 20 |
| | | | 18 ~ 44 岁 | 8 523 | 9 | 2 | 5 | 8 | 10 | 20 |
| | | | 45 ~ 59 岁 | 8 051 | 8 | 1 | 4 | 7 | 10 | 20 |
| | | | 60 ~ 79 岁 | 5 823 | 6 | 1 | 3 | 5 | 8 | 16 |
| | | | 80 岁及以上 | 517 | 5 | 0 | 1 | 4 | 7 | 15 |
| | | 男 | 小计 | 10 411 | 8 | 1 | 4 | 7 | 10 | 20 |
| | | | 18 ~ 44 岁 | 3 790 | 9 | 2 | 5 | 8 | 10 | 20 |
| | | | 45 ~ 59 岁 | 3 618 | 8 | 1 | 4 | 7 | 10 | 20 |
| | | | 60 ~ 79 岁 | 2 798 | 6 | 1 | 3 | 5 | 8 | 16 |
| | | | 80 岁及以上 | 205 | 5 | 0 | 1 | 3 | 6 | 16 |
| | | 女 | 小计 | 12 503 | 8 | 1 | 4 | 7 | 10 | 20 |
| | | | 18 ~ 44 岁 | 4 733 | 9 | 2 | 5 | 8 | 12 | 20 |
| | | | 45 ~ 59 岁 | 4 433 | 8 | 1 | 4 | 6 | 10 | 20 |
| | | | 60 ~ 79 岁 | 3 025 | 6 | 1 | 3 | 5 | 8 | 16 |
| | | | 80 岁及以上 | 312 | 5 | 0 | 2 | 4 | 7 | 15 |
| | 城市 | 小计 | 小计 | 12 455 | 9 | 2 | 4 | 7 | 10 | 20 |
| | | | 18 ~ 44 岁 | 4 759 | 10 | 3 | 5 | 8 | 12 | 20 |
| | | | 45 ~ 59 岁 | 4 280 | 8 | 2 | 4 | 7 | 10 | 20 |
| | | | 60 ~ 79 岁 | 3 145 | 7 | 1 | 3 | 5 | 10 | 20 |
| | | | 80 岁及以上 | 271 | 6 | 0 | 2 | 5 | 8 | 17 |
| | | 男 | 小计 | 5 486 | 9 | 2 | 4 | 7 | 10 | 20 |
| | | | 18 ~ 44 岁 | 2 107 | 9 | 3 | 5 | 8 | 10 | 20 |
| | | | 45 ~ 59 岁 | 1 870 | 8 | 2 | 4 | 7 | 10 | 20 |
| | | | 60 ~ 79 岁 | 1 407 | 7 | 1 | 3 | 5 | 10 | 20 |
| | | | 80 岁及以上 | 102 | 6 | 0 | 2 | 4 | 8 | 16 |
| | | 女 | 小计 | 6 969 | 9 | 2 | 5 | 8 | 10 | 20 |
| | | | 18 ~ 44 岁 | 2 652 | 10 | 3 | 5 | 8 | 13 | 21 |
| | | | 45 ~ 59 岁 | 2 410 | 8 | 2 | 4 | 7 | 10 | 20 |
| | | | 60 ~ 79 岁 | 1 738 | 7 | 1 | 3 | 5 | 10 | 20 |
| | | | 80 岁及以上 | 169 | 6 | 0 | 2 | 5 | 8 | 20 |
| | 农村 | 小计 | 小计 | 10 459 | 7 | 1 | 3 | 6 | 10 | 20 |
| | | | 18 ~ 44 岁 | 3 764 | 9 | 2 | 4 | 8 | 10 | 20 |
| | | | 45 ~ 59 岁 | 3 771 | 7 | 1 | 3 | 5 | 10 | 17 |
| | | | 60 ~ 79 岁 | 2 678 | 6 | 0 | 2 | 4 | 8 | 15 |
| | | | 80 岁及以上 | 246 | 4 | 0 | 1 | 3 | 6 | 13 |
| | | 男 | 小计 | 4 925 | 7 | 1 | 3 | 6 | 10 | 20 |
| | | | 18 ~ 44 岁 | 1 683 | 9 | 2 | 5 | 7 | 10 | 20 |
| | | | 45 ~ 59 岁 | 1 748 | 7 | 1 | 3 | 6 | 10 | 17 |
| | | | 60 ~ 79 岁 | 1 391 | 5 | 0 | 2 | 4 | 7 | 15 |
| | | | 80 岁及以上 | 103 | 4 | 0 | 0 | 3 | 5 | 10 |
| | | 女 | 小计 | 5 534 | 8 | 1 | 3 | 6 | 10 | 20 |
| | | | 18 ~ 44 岁 | 2 081 | 9 | 2 | 4 | 8 | 10 | 20 |
| | | | 45 ~ 59 岁 | 2 023 | 7 | 1 | 3 | 5 | 10 | 18 |
| | | | 60 ~ 79 岁 | 1 287 | 6 | 0 | 2 | 4 | 8 | 15 |
| | | | 80 岁及以上 | 143 | 4 | 0 | 1 | 3 | 7 | 14 |
| 华南 | 城乡 | 小计 | 小计 | 15 112 | 10 | 3 | 6 | 10 | 12 | 20 |
| | | | 18 ~ 44 岁 | 6 497 | 10 | 3 | 6 | 10 | 13 | 20 |
| | | | 45 ~ 59 岁 | 5 360 | 10 | 3 | 5 | 10 | 11 | 20 |

| 地区 | 城乡 | 性别 | 年龄 | n | 春秋季平均每天洗澡时间 /（min/d） | | | | | |
|---|---|---|---|---|---|---|---|---|---|---|
| | | | | | Mean | P5 | P25 | P50 | P75 | P95 |
| 华南 | 城乡 | 小计 | 60～79岁 | 3 008 | 9 | 3 | 5 | 10 | 10 | 20 |
| | | | 80岁及以上 | 247 | 9 | 2 | 5 | 9 | 10 | 20 |
| | | 男 | 小计 | 6 994 | 10 | 3 | 5 | 10 | 11 | 20 |
| | | | 18～44岁 | 3 097 | 10 | 3 | 6 | 10 | 12 | 20 |
| | | | 45～59岁 | 2 333 | 9 | 3 | 5 | 10 | 10 | 20 |
| | | | 60～79岁 | 1 458 | 9 | 3 | 5 | 9 | 10 | 20 |
| | | | 80岁及以上 | 106 | 10 | 2 | 5 | 9 | 13 | 20 |
| | | 女 | 小计 | 8 118 | 10 | 3 | 6 | 10 | 13 | 20 |
| | | | 18～44岁 | 3 400 | 10 | 3 | 7 | 10 | 14 | 20 |
| | | | 45～59岁 | 3 027 | 10 | 3 | 5 | 10 | 12 | 20 |
| | | | 60～79岁 | 1 550 | 9 | 3 | 5 | 10 | 10 | 20 |
| | | | 80岁及以上 | 141 | 9 | 2 | 5 | 8 | 10 | 20 |
| | 城市 | 小计 | 小计 | 7 307 | 10 | 3 | 6 | 10 | 13 | 20 |
| | | | 18～44岁 | 3 136 | 11 | 4 | 7 | 10 | 15 | 20 |
| | | | 45～59岁 | 2 579 | 10 | 3 | 6 | 10 | 13 | 20 |
| | | | 60～79岁 | 1 464 | 9 | 3 | 5 | 8 | 10 | 20 |
| | | | 80岁及以上 | 128 | 10 | 2 | 5 | 10 | 10 | 20 |
| | | 男 | 小计 | 3 281 | 10 | 3 | 6 | 10 | 12 | 20 |
| | | | 18～44岁 | 1 504 | 10 | 3 | 7 | 10 | 13 | 20 |
| | | | 45～59岁 | 1 060 | 10 | 3 | 5 | 10 | 10 | 20 |
| | | | 60～79岁 | 669 | 9 | 3 | 5 | 8 | 10 | 20 |
| | | | 80岁及以上 | 48 | 10 | 3 | 5 | 7 | 13 | 20 |
| | | 女 | 小计 | 4 026 | 11 | 4 | 7 | 10 | 15 | 20 |
| | | | 18～44岁 | 1 632 | 11 | 4 | 7 | 10 | 15 | 25 |
| | | | 45～59岁 | 1 519 | 11 | 4 | 7 | 10 | 15 | 20 |
| | | | 60～79岁 | 795 | 9 | 3 | 5 | 8 | 10 | 20 |
| | | | 80岁及以上 | 80 | 9 | 2 | 5 | 10 | 10 | 20 |
| | 农村 | 小计 | 小计 | 7 805 | 9 | 3 | 5 | 10 | 10 | 20 |
| | | | 18～44岁 | 3 361 | 10 | 3 | 6 | 10 | 11 | 20 |
| | | | 45～59岁 | 2 781 | 9 | 2 | 5 | 10 | 10 | 20 |
| | | | 60～79岁 | 1 544 | 9 | 3 | 5 | 10 | 12 | 20 |
| | | | 80岁及以上 | 119 | 9 | 2 | 5 | 8 | 10 | 20 |
| | | 男 | 小计 | 3713 | 9 | 3 | 5 | 10 | 10 | 20 |
| | | | 18～44岁 | 1 593 | 10 | 3 | 6 | 10 | 10 | 20 |
| | | | 45～59岁 | 1273 | 9 | 3 | 5 | 10 | 10 | 20 |
| | | | 60～79岁 | 789 | 9 | 2 | 5 | 10 | 12 | 20 |
| | | | 80岁及以上 | 58 | 10 | 2 | 5 | 10 | 15 | 20 |
| | | 女 | 小计 | 4 092 | 10 | 3 | 6 | 10 | 10 | 20 |
| | | | 18～44岁 | 1 768 | 10 | 3 | 6 | 10 | 12 | 20 |
| | | | 45～59岁 | 1 508 | 9 | 2 | 5 | 10 | 10 | 20 |
| | | | 60～79岁 | 755 | 9 | 3 | 5 | 10 | 12 | 20 |
| | | | 80岁及以上 | 61 | 7 | 2 | 4 | 7 | 10 | 15 |
| 西北 | 城乡 | 小计 | 小计 | 11 240 | 4 | 0 | 2 | 3 | 5 | 10 |
| | | | 18～44岁 | 4 692 | 5 | 1 | 2 | 4 | 5 | 11 |
| | | | 45～59岁 | 3 918 | 4 | 0 | 1 | 3 | 5 | 10 |
| | | | 60～79岁 | 2 492 | 3 | 0 | 1 | 3 | 4 | 9 |
| | | | 80岁及以上 | 138 | 2 | 0 | | 2 | 4 | 8 |
| | | 男 | 小计 | 5 064 | 4 | 0 | 2 | 3 | 5 | 10 |
| | | | 18～44岁 | 2 063 | 4 | 1 | 2 | 4 | 5 | 10 |
| | | | 45～59岁 | 1 758 | 3 | 0 | 1 | 3 | 5 | 8 |
| | | | 60～79岁 | 1 172 | 3 | 0 | 1 | 2 | 4 | 8 |
| | | | 80岁及以上 | 71 | 2 | 0 | 0 | 2 | 4 | 10 |
| | | 女 | 小计 | 6 176 | 4 | 0 | 2 | 3 | 5 | 12 |
| | | | 18～44岁 | 2 629 | 5 | 1 | 2 | 4 | 6 | 12 |
| | | | 45～59岁 | 2 160 | 4 | 0 | 2 | 3 | 5 | 13 |
| | | | 60～79岁 | 1 320 | 3 | 0 | 1 | 3 | 4 | 10 |
| | | | 80岁及以上 | 67 | 2 | 0 | 1 | 2 | 4 | 5 |
| | 城市 | 小计 | 小计 | 5 042 | 6 | 1 | 3 | 4 | 7 | 13 |
| | | | 18～44岁 | 2 026 | 6 | 1 | 3 | 5 | 8 | 13 |

| 地区 | 城乡 | 性别 | 年龄 | n | 春秋季平均每天洗澡时间 /（min/d） | | | | | |
|---|---|---|---|---|---|---|---|---|---|---|
| | | | | | Mean | P5 | P25 | P50 | P75 | P95 |
| 西北 | 城市 | 小计 | 45～59岁 | 1 796 | 5 | 1 | 3 | 4 | 7 | 15 |
| | | | 60～79岁 | 1 161 | 5 | 0 | 2 | 4 | 6 | 11 |
| | | | 80岁及以上 | 59 | 3 | 0 | 2 | 3 | 4 | 10 |
| | | 男 | 小计 | 2 214 | 5 | 1 | 3 | 4 | 6 | 12 |
| | | | 18～44岁 | 889 | 6 | 2 | 3 | 4 | 7 | 12 |
| | | | 45～59岁 | 774 | 5 | 1 | 3 | 4 | 6 | 10 |
| | | | 60～79岁 | 518 | 5 | 0 | 2 | 4 | 5 | 10 |
| | | | 80岁及以上 | 33 | 4 | 0 | 1 | 3 | 4 | 11 |
| | | 女 | 小计 | 2 828 | 6 | 1 | 3 | 4 | 8 | 15 |
| | | | 18～44岁 | 1 137 | 7 | 1 | 4 | 5 | 8 | 15 |
| | | | 45～59岁 | 1 022 | 6 | 1 | 3 | 4 | 8 | 17 |
| | | | 60～79岁 | 643 | 5 | 0 | 2 | 4 | 7 | 12 |
| | | | 80岁及以上 | 26 | 3 | 0 | 2 | 3 | 4 | 8 |
| | 农村 | 小计 | 小计 | 6 198 | 3 | 0 | 1 | 3 | 4 | 8 |
| | | | 18～44岁 | 2 666 | 3 | 0 | 2 | 3 | 4 | 8 |
| | | | 45～59岁 | 2 122 | 3 | 0 | 1 | 2 | 4 | 7 |
| | | | 60～79岁 | 1 331 | 2 | 0 | 0 | 1 | 3 | 6 |
| | | | 80岁及以上 | 79 | 2 | 0 | 0 | 1 | 3 | 5 |
| | | 男 | 小计 | 2 850 | 3 | 0 | 1 | 3 | 4 | 8 |
| | | | 18～44岁 | 1 174 | 3 | 0 | 2 | 3 | 4 | 8 |
| | | | 45～59岁 | 984 | 3 | 0 | 1 | 2 | 4 | 7 |
| | | | 60～79岁 | 654 | 2 | 0 | 0 | 1 | 3 | 6 |
| | | | 80岁及以上 | 38 | 1 | 0 | 0 | 1 | 2 | 4 |
| | | 女 | 小计 | 3 348 | 3 | 0 | 1 | 3 | 4 | 8 |
| | | | 18～44岁 | 1 492 | 3 | 0 | 2 | 3 | 4 | 8 |
| | | | 45～59岁 | 1 138 | 3 | 0 | 1 | 2 | 4 | 7 |
| | | | 60～79岁 | 677 | 2 | 0 | 0 | 1 | 3 | 6 |
| | | | 80岁及以上 | 41 | 2 | 0 | 0 | 2 | 3 | 5 |
| 东北 | 城乡 | 小计 | 小计 | 10 169 | 5 | 1 | 2 | 4 | 8 | 13 |
| | | | 18～44岁 | 3 986 | 6 | 1 | 3 | 4 | 8 | 14 |
| | | | 45～59岁 | 3 895 | 5 | 1 | 2 | 4 | 7 | 13 |
| | | | 60～79岁 | 2 163 | 4 | 0 | 1 | 3 | 4 | 10 |
| | | | 80岁及以上 | 125 | 2 | 0 | 0 | 1 | 3 | 7 |
| | | 男 | 小计 | 4 629 | 5 | 1 | 2 | 4 | 7 | 12 |
| | | | 18～44岁 | 1 889 | 5 | 1 | 3 | 4 | 8 | 13 |
| | | | 45～59岁 | 1 660 | 5 | 1 | 2 | 4 | 6 | 13 |
| | | | 60～79岁 | 1 021 | 3 | 0 | 1 | 3 | 4 | 10 |
| | | | 80岁及以上 | 59 | 2 | 0 | 0 | 1 | 3 | 7 |
| | | 女 | 小计 | 5 540 | 5 | 1 | 2 | 4 | 8 | 13 |
| | | | 18～44岁 | 2 097 | 6 | 1 | 3 | 5 | 8 | 15 |
| | | | 45～59岁 | 2 235 | 5 | 1 | 2 | 4 | 8 | 13 |
| | | | 60～79岁 | 1 142 | 4 | 0 | 1 | 3 | 4 | 10 |
| | | | 80岁及以上 | 66 | 2 | 0 | 0 | 1 | 3 | 6 |
| | 城市 | 小计 | 小计 | 4 355 | 6 | 1 | 3 | 5 | 8 | 16 |
| | | | 18～44岁 | 1 659 | 7 | 2 | 4 | 5 | 8 | 16 |
| | | | 45～59岁 | 1 731 | 6 | 1 | 3 | 5 | 8 | 16 |
| | | | 60～79岁 | 910 | 5 | 1 | 2 | 4 | 7 | 12 |
| | | | 80岁及以上 | 55 | 3 | 0 | 1 | 2 | 5 | 9 |
| | | 男 | 小计 | 1 911 | 6 | 1 | 3 | 4 | 8 | 15 |
| | | | 18～44岁 | 767 | 6 | 2 | 3 | 5 | 8 | 15 |
| | | | 45～59岁 | 730 | 6 | 1 | 3 | 5 | 8 | 16 |
| | | | 60～79岁 | 395 | 5 | 1 | 2 | 4 | 7 | 12 |
| | | | 80岁及以上 | 19 | 4 | 1 | 2 | 4 | 7 | 9 |
| | | 女 | 小计 | 2 444 | 7 | 1 | 3 | 5 | 8 | 16 |
| | | | 18～44岁 | 892 | 7 | 2 | 4 | 6 | 8 | 16 |
| | | | 45～59岁 | 1 001 | 7 | 1 | 4 | 5 | 8 | 16 |
| | | | 60～79岁 | 515 | 5 | 1 | 2 | 4 | 7 | 12 |
| | | | 80岁及以上 | 36 | 3 | 0 | 1 | 2 | 4 | 8 |
| | 农村 | 小计 | 小计 | 5 814 | 4 | 1 | 2 | 3 | 6 | 11 |

| 地区 | 城乡 | 性别 | 年龄 | n | 春秋季平均每天洗澡时间 /（min/d） | | | | | |
|---|---|---|---|---|---|---|---|---|---|---|
| | | | | | Mean | P5 | P25 | P50 | P75 | P95 |
| 东北 | 农村 | 小计 | 18 ～ 44 岁 | 2 327 | 5 | 1 | 2 | 4 | 8 | 12 |
| | | | 45 ～ 59 岁 | 2 164 | 4 | 1 | 2 | 3 | 6 | 12 |
| | | | 60 ～ 79 岁 | 1 253 | 3 | 0 | 1 | 2 | 4 | 8 |
| | | | 80 岁及以上 | 70 | 1 | 0 | 0 | 1 | 2 | 5 |
| | | 男 | 小计 | 2 718 | 4 | 0 | 2 | 3 | 6 | 10 |
| | | | 18 ～ 44 岁 | 1 122 | 5 | 1 | 2 | 4 | 8 | 12 |
| | | | 45 ～ 59 岁 | 930 | 4 | 0 | 2 | 3 | 4 | 10 |
| | | | 60 ～ 79 岁 | 626 | 3 | 0 | 1 | 2 | 4 | 8 |
| | | | 80 岁及以上 | 40 | 1 | 0 | 0 | 1 | 2 | 5 |
| | | 女 | 小计 | 3 096 | 5 | 1 | 2 | 4 | 6 | 12 |
| | | | 18 ～ 44 岁 | 1 205 | 5 | 1 | 2 | 4 | 8 | 12 |
| | | | 45 ～ 59 岁 | 1 234 | 5 | 1 | 2 | 4 | 6 | 12 |
| | | | 60 ～ 79 岁 | 627 | 3 | 0 | 1 | 2 | 4 | 8 |
| | | | 80 岁及以上 | 30 | 1 | 0 | 0 | 1 | 3 | 5 |
| 西南 | 城乡 | 小计 | 小计 | 13 070 | 5 | 1 | 3 | 4 | 7 | 13 |
| | | | 18 ～ 44 岁 | 6 267 | 6 | 1 | 3 | 4 | 7 | 15 |
| | | | 45 ～ 59 岁 | 4 157 | 5 | 1 | 2 | 4 | 6 | 12 |
| | | | 60 ～ 79 岁 | 2 478 | 4 | 0 | 2 | 3 | 5 | 10 |
| | | | 80 岁及以上 | 168 | 4 | 0 | 1 | 2 | 4 | 13 |
| | | 男 | 小计 | 5 965 | 5 | 1 | 3 | 4 | 7 | 13 |
| | | | 18 ～ 44 岁 | 2 912 | 5 | 1 | 3 | 4 | 7 | 13 |
| | | | 45 ～ 59 岁 | 1 828 | 5 | 1 | 2 | 4 | 6 | 13 |
| | | | 60 ～ 79 岁 | 1 138 | 4 | 0 | 2 | 3 | 5 | 10 |
| | | | 80 岁及以上 | 87 | 4 | 0 | 1 | 3 | 5 | 13 |
| | | 女 | 小计 | 7 105 | 5 | 1 | 2 | 4 | 7 | 15 |
| | | | 18 ～ 44 岁 | 3 355 | 6 | 1 | 3 | 5 | 8 | 15 |
| | | | 45 ～ 59 岁 | 2 329 | 5 | 1 | 2 | 4 | 6 | 12 |
| | | | 60 ～ 79 岁 | 1 340 | 4 | 1 | 2 | 3 | 5 | 10 |
| | | | 80 岁及以上 | 81 | 3 | 0 | 1 | 2 | 4 | 10 |
| | 城市 | 小计 | 小计 | 4 761 | 6 | 1 | 3 | 5 | 7 | 15 |
| | | | 18 ～ 44 岁 | 2 238 | 6 | 2 | 3 | 5 | 8 | 15 |
| | | | 45 ～ 59 岁 | 1 544 | 5 | 1 | 3 | 4 | 7 | 13 |
| | | | 60 ～ 79 岁 | 903 | 5 | 1 | 2 | 4 | 6 | 11 |
| | | | 80 岁及以上 | 76 | 4 | 0 | 1 | 3 | 5 | 15 |
| | | 男 | 小计 | 2 129 | 5 | 1 | 3 | 4 | 7 | 13 |
| | | | 18 ～ 44 岁 | 1 021 | 6 | 1 | 3 | 5 | 7 | 13 |
| | | | 45 ～ 59 岁 | 664 | 5 | 1 | 3 | 4 | 7 | 13 |
| | | | 60 ～ 79 岁 | 406 | 4 | 0 | 2 | 3 | 5 | 10 |
| | | | 80 岁及以上 | 38 | 5 | 0 | 1 | 3 | 8 | 15 |
| | | 女 | 小计 | 2 632 | 6 | 1 | 3 | 5 | 8 | 15 |
| | | | 18 ～ 44 岁 | 1 217 | 7 | 2 | 3 | 5 | 8 | 15 |
| | | | 45 ～ 59 岁 | 880 | 6 | 1 | 3 | 4 | 7 | 13 |
| | | | 60 ～ 79 岁 | 497 | 5 | 1 | 2 | 4 | 7 | 13 |
| | | | 80 岁及以上 | 38 | 4 | 0 | 1 | 2 | 4 | 15 |
| | 农村 | 小计 | 小计 | 8 309 | 5 | 1 | 2 | 3 | 6 | 13 |
| | | | 18 ～ 44 岁 | 4 029 | 5 | 1 | 3 | 4 | 7 | 15 |
| | | | 45 ～ 59 岁 | 2 613 | 4 | 1 | 2 | 3 | 6 | 10 |
| | | | 60 ～ 79 岁 | 1 575 | 3 | 0 | 1 | 3 | 5 | 9 |
| | | | 80 岁及以上 | 92 | 3 | 0 | 1 | 2 | 4 | 9 |
| | | 男 | 小计 | 3 836 | 5 | 1 | 2 | 4 | 7 | 13 |
| | | | 18 ～ 44 岁 | 1 891 | 5 | 1 | 3 | 4 | 7 | 13 |
| | | | 45 ～ 59 岁 | 1 164 | 5 | 1 | 2 | 4 | 6 | 12 |
| | | | 60 ～ 79 岁 | 732 | 4 | 0 | 1 | 3 | 5 | 10 |
| | | | 80 岁及以上 | 49 | 4 | 0 | 1 | 3 | 5 | 13 |
| | | 女 | 小计 | 4 473 | 5 | 1 | 2 | 3 | 6 | 13 |
| | | | 18 ～ 44 岁 | 2 138 | 5 | 1 | 3 | 4 | 7 | 15 |
| | | | 45 ～ 59 岁 | 1 449 | 4 | 1 | 2 | 3 | 5 | 10 |
| | | | 60 ～ 79 岁 | 843 | 3 | 0 | 1 | 3 | 4 | 8 |
| | | | 80 岁及以上 | 43 | 2 | 0 | 1 | 2 | 3 | 5 |

## 附表 7-7 中国人群分片区、城乡、性别和年龄的夏季平均每天洗澡时间

| 地区 | 城乡 | 性别 | 年龄 | n | 夏季平均每天洗澡时间 /（min/d） | | | | | |
|---|---|---|---|---|---|---|---|---|---|---|
| | | | | | Mean | P5 | P25 | P50 | P75 | P95 |
| 合计 | 城乡 | 小计 | 小计 | 90 337 | 13 | 2 | 7 | 10 | 15 | 30 |
| | | | 18 ～ 44 岁 | 36 375 | 13 | 3 | 8 | 10 | 17 | 30 |
| | | | 45 ～ 59 岁 | 32 106 | 12 | 2 | 7 | 10 | 15 | 30 |
| | | | 60 ～ 79 岁 | 20 383 | 11 | 1 | 5 | 10 | 15 | 30 |
| | | | 80 岁及以上 | 1 473 | 10 | 0 | 4 | 10 | 14 | 30 |
| | | 男 | 小计 | 40 920 | 12 | 2 | 7 | 10 | 15 | 30 |
| | | | 18 ～ 44 岁 | 16 631 | 13 | 3 | 8 | 10 | 15 | 30 |
| | | | 45 ～ 59 岁 | 13 962 | 12 | 2 | 7 | 10 | 15 | 30 |
| | | | 60 ～ 79 岁 | 9 658 | 11 | 1 | 5 | 10 | 15 | 30 |
| | | | 80 岁及以上 | 669 | 10 | 0 | 4 | 10 | 15 | 30 |
| | | 女 | 小计 | 49 417 | 13 | 2 | 7 | 10 | 17 | 30 |
| | | | 18 ～ 44 岁 | 19 744 | 14 | 3 | 8 | 10 | 20 | 30 |
| | | | 45 ～ 59 岁 | 18 144 | 12 | 2 | 7 | 10 | 15 | 30 |
| | | | 60 ～ 79 岁 | 10 725 | 12 | 1 | 5 | 10 | 15 | 30 |
| | | | 80 岁及以上 | 804 | 10 | 0 | 4 | 10 | 13 | 30 |
| | 城市 | 小计 | 小计 | 41 660 | 13 | 3 | 8 | 10 | 17 | 30 |
| | | | 18 ～ 44 岁 | 16 570 | 14 | 4 | 10 | 10 | 20 | 30 |
| | | | 45 ～ 59 岁 | 14 687 | 13 | 3 | 8 | 10 | 16 | 30 |
| | | | 60 ～ 79 岁 | 9 660 | 12 | 2 | 7 | 10 | 15 | 30 |
| | | | 80 岁及以上 | 743 | 12 | 1 | 5 | 10 | 15 | 30 |
| | | 男 | 小计 | 18 387 | 13 | 3 | 8 | 10 | 15 | 30 |
| | | | 18 ～ 44 岁 | 7 510 | 13 | 4 | 9 | 10 | 16 | 30 |
| | | | 45 ～ 59 岁 | 6 244 | 13 | 3 | 8 | 10 | 15 | 30 |
| | | | 60 ～ 79 岁 | 4 312 | 12 | 2 | 7 | 10 | 15 | 30 |
| | | | 80 岁及以上 | 321 | 12 | 1 | 5 | 10 | 16 | 30 |
| | | 女 | 小计 | 23 273 | 14 | 3 | 9 | 10 | 20 | 30 |
| | | | 18 ～ 44 岁 | 9 060 | 15 | 4 | 10 | 13 | 20 | 30 |
| | | | 45 ～ 59 岁 | 8 443 | 14 | 3 | 8 | 10 | 19 | 30 |
| | | | 60 ～ 79 岁 | 5 348 | 13 | 2 | 7 | 10 | 15 | 30 |
| | | | 80 岁及以上 | 422 | 11 | 1 | 5 | 10 | 15 | 30 |
| | 农村 | 小计 | 小计 | 48 677 | 12 | 1 | 6 | 10 | 15 | 30 |
| | | | 18 ～ 44 岁 | 19 805 | 12 | 2 | 7 | 10 | 15 | 30 |
| | | | 45 ～ 59 岁 | 17 419 | 11 | 1 | 5 | 10 | 15 | 30 |
| | | | 60 ～ 79 岁 | 10 723 | 11 | 0 | 4 | 10 | 15 | 30 |
| | | | 80 岁及以上 | 730 | 8 | 0 | 3 | 7 | 10 | 20 |
| | | 男 | 小计 | 22 533 | 12 | 1 | 6 | 10 | 15 | 30 |
| | | | 18 ～ 44 岁 | 9 121 | 12 | 2 | 7 | 10 | 15 | 30 |
| | | | 45 ～ 59 岁 | 7 718 | 11 | 1 | 5 | 10 | 15 | 30 |
| | | | 60 ～ 79 岁 | 5 346 | 11 | 0 | 4 | 10 | 15 | 30 |
| | | | 80 岁及以上 | 348 | 9 | 0 | 3 | 7 | 10 | 20 |
| | | 女 | 小计 | 26 144 | 12 | 1 | 6 | 10 | 15 | 30 |
| | | | 18 ～ 44 岁 | 10 684 | 13 | 2 | 7 | 10 | 17 | 30 |
| | | | 45 ～ 59 岁 | 9 701 | 12 | 1 | 5 | 10 | 15 | 30 |
| | | | 60 ～ 79 岁 | 5 377 | 11 | 0 | 4 | 10 | 15 | 30 |
| | | | 80 岁及以上 | 382 | 8 | 0 | 3 | 7 | 10 | 27 |
| 华北 | 城乡 | 小计 | 小计 | 17 812 | 12 | 1 | 4 | 10 | 19 | 30 |
| | | | 18 ～ 44 岁 | 6 400 | 13 | 2 | 5 | 10 | 20 | 30 |
| | | | 45 ～ 59 岁 | 6 716 | 11 | 0 | 4 | 10 | 16 | 30 |
| | | | 60 ～ 79 岁 | 4 419 | 10 | 0 | 3 | 7 | 15 | 30 |
| | | | 80 岁及以上 | 277 | 8 | 0 | 2 | 5 | 10 | 25 |
| | | 男 | 小计 | 7 850 | 11 | 1 | 4 | 10 | 15 | 30 |
| | | | 18 ～ 44 岁 | 2 878 | 13 | 2 | 5 | 10 | 20 | 30 |
| | | | 45 ～ 59 岁 | 2 760 | 11 | 1 | 4 | 9 | 15 | 30 |
| | | | 60 ～ 79 岁 | 2 071 | 9 | 0 | 3 | 7 | 13 | 30 |
| | | | 80 岁及以上 | 141 | 8 | 0 | 2 | 5 | 10 | 30 |
| | | 女 | 小计 | 9 962 | 12 | 1 | 4 | 10 | 20 | 30 |

| 地区 | 城乡 | 性别 | 年龄 | *n* | 夏季平均每天洗澡时间 /（min/d） | | | | | |
|---|---|---|---|---|---|---|---|---|---|---|
| | | | | | Mean | P5 | P25 | P50 | P75 | P95 |
| 华北 | 城乡 | 女 | 18～44 岁 | 3 522 | 14 | 2 | 6 | 10 | 20 | 30 |
| | | | 45～59 岁 | 3 956 | 12 | 0 | 4 | 10 | 19 | 30 |
| | | | 60～79 岁 | 2 348 | 11 | 0 | 3 | 8 | 15 | 30 |
| | | | 80 岁及以上 | 136 | 7 | 0 | 2 | 5 | 10 | 20 |
| | 城市 | 小计 | 小计 | 7 742 | 13 | 2 | 6 | 10 | 20 | 30 |
| | | | 18～44 岁 | 2 753 | 14 | 3 | 7 | 11 | 20 | 30 |
| | | | 45～59 岁 | 2 758 | 13 | 2 | 6 | 10 | 20 | 30 |
| | | | 60～79 岁 | 2 077 | 12 | 1 | 5 | 10 | 17 | 30 |
| | | | 80 岁及以上 | 154 | 11 | 1 | 4 | 8 | 15 | 30 |
| | | 男 | 小计 | 3 366 | 13 | 2 | 5 | 10 | 20 | 30 |
| | | | 18～44 岁 | 1 222 | 14 | 2 | 6 | 10 | 20 | 30 |
| | | | 45～59 岁 | 1 146 | 13 | 2 | 6 | 10 | 19 | 30 |
| | | | 60～79 岁 | 917 | 11 | 1 | 4 | 9 | 15 | 30 |
| | | | 80 岁及以上 | 81 | 11 | 0 | 4 | 7 | 20 | 30 |
| | | 女 | 小计 | 4 376 | 14 | 2 | 7 | 10 | 20 | 30 |
| | | | 18～44 岁 | 1 531 | 15 | 3 | 7 | 13 | 20 | 30 |
| | | | 45～59 岁 | 1 612 | 14 | 2 | 7 | 10 | 20 | 30 |
| | | | 60～79 岁 | 1 160 | 12 | 1 | 5 | 10 | 20 | 30 |
| | | | 80 岁及以上 | 73 | 11 | 2 | 4 | 10 | 15 | 30 |
| | 农村 | 小计 | 小计 | 10 070 | 11 | 0 | 3 | 8 | 15 | 30 |
| | | | 18～44 岁 | 3 647 | 12 | 1 | 5 | 10 | 20 | 30 |
| | | | 45～59 岁 | 3 958 | 10 | 0 | 3 | 7 | 15 | 30 |
| | | | 60～79 岁 | 2 342 | 9 | 0 | 2 | 6 | 13 | 30 |
| | | | 80 岁及以上 | 123 | 5 | 0 | 1 | 3 | 7 | 17 |
| | | 男 | 小计 | 4 484 | 10 | 0 | 3 | 8 | 15 | 30 |
| | | | 18～44 岁 | 1 656 | 12 | 1 | 5 | 10 | 20 | 30 |
| | | | 45～59 岁 | 1 614 | 9 | 0 | 3 | 7 | 15 | 30 |
| | | | 60～79 岁 | 1 154 | 8 | 0 | 2 | 6 | 10 | 23 |
| | | | 80 岁及以上 | 60 | 5 | 0 | 1 | 3 | 7 | 20 |
| | | 女 | 小计 | 5 586 | 11 | 0 | 3 | 9 | 17 | 30 |
| | | | 18～44 岁 | 1 991 | 13 | 1 | 5 | 10 | 20 | 30 |
| | | | 45～59 岁 | 2 344 | 10 | 0 | 3 | 8 | 15 | 30 |
| | | | 60～79 岁 | 1 188 | 10 | 0 | 2 | 6 | 15 | 30 |
| | | | 80 岁及以上 | 63 | 4 | 0 | 0 | 3 | 7 | 12 |
| 华东 | 城乡 | 小计 | 小计 | 22 914 | 15 | 5 | 10 | 15 | 20 | 30 |
| | | | 18～44 岁 | 8 524 | 16 | 6 | 10 | 15 | 20 | 30 |
| | | | 45～59 岁 | 8 049 | 15 | 5 | 10 | 15 | 20 | 30 |
| | | | 60～79 岁 | 5 823 | 15 | 3 | 10 | 13 | 20 | 30 |
| | | | 80 岁及以上 | 518 | 13 | 1 | 7 | 10 | 20 | 30 |
| | | 男 | 小计 | 10 412 | 15 | 5 | 10 | 14 | 20 | 30 |
| | | | 18～44 岁 | 3 791 | 15 | 5 | 10 | 15 | 20 | 30 |
| | | | 45～59 岁 | 3 618 | 15 | 5 | 10 | 14 | 20 | 30 |
| | | | 60～79 岁 | 2 798 | 15 | 3 | 10 | 10 | 20 | 30 |
| | | | 80 岁及以上 | 205 | 13 | 1 | 7 | 10 | 20 | 30 |
| | | 女 | 小计 | 12 502 | 16 | 5 | 10 | 15 | 20 | 30 |
| | | | 18～44 岁 | 4 733 | 16 | 6 | 10 | 15 | 20 | 30 |
| | | | 45～59 岁 | 4 431 | 15 | 5 | 10 | 15 | 20 | 30 |
| | | | 60～79 岁 | 3 025 | 15 | 4 | 10 | 13 | 20 | 30 |
| | | | 80 岁及以上 | 313 | 13 | 0 | 6 | 10 | 15 | 30 |
| | 城市 | 小计 | 小计 | 12 454 | 15 | 5 | 10 | 15 | 20 | 30 |
| | | | 18～44 岁 | 4 759 | 16 | 6 | 10 | 15 | 20 | 30 |
| | | | 45～59 岁 | 4 279 | 15 | 5 | 10 | 14 | 20 | 30 |
| | | | 60～79 岁 | 3 145 | 15 | 5 | 10 | 13 | 20 | 30 |
| | | | 80 岁及以上 | 271 | 14 | 2 | 7 | 10 | 20 | 30 |
| | | 男 | 小计 | 5 486 | 15 | 5 | 10 | 13 | 20 | 30 |
| | | | 18～44 岁 | 2 107 | 15 | 6 | 10 | 15 | 20 | 30 |
| | | | 45～59 岁 | 1 870 | 15 | 5 | 10 | 13 | 20 | 30 |
| | | | 60～79 岁 | 1 407 | 15 | 5 | 10 | 11 | 20 | 30 |

| 地区 | 城乡 | 性别 | 年龄 | n | 夏季平均每天洗澡时间 /（min/d） | | | | | |
|---|---|---|---|---|---|---|---|---|---|---|
| | | | | | Mean | P5 | P25 | P50 | P75 | P95 |
| 华东 | 城市 | 男 | 80 岁及以上 | 102 | 14 | 3 | 9 | 10 | 20 | 35 |
| | | 女 | 小计 | 6 968 | 16 | 5 | 10 | 15 | 20 | 30 |
| | | | 18 ～ 44 岁 | 2 652 | 16 | 7 | 10 | 15 | 20 | 30 |
| | | | 45 ～ 59 岁 | 2 409 | 15 | 5 | 10 | 15 | 20 | 30 |
| | | | 60 ～ 79 岁 | 1 738 | 15 | 5 | 10 | 13 | 20 | 30 |
| | | | 80 岁及以上 | 169 | 14 | 2 | 7 | 10 | 20 | 30 |
| | 农村 | 小计 | 小计 | 10 460 | 15 | 5 | 10 | 15 | 20 | 30 |
| | | | 18 ～ 44 岁 | 3 765 | 16 | 6 | 10 | 15 | 20 | 30 |
| | | | 45 ～ 59 岁 | 3 770 | 15 | 5 | 10 | 15 | 20 | 30 |
| | | | 60 ～ 79 岁 | 2 678 | 15 | 3 | 10 | 13 | 20 | 30 |
| | | | 80 岁及以上 | 247 | 12 | 0 | 5 | 10 | 15 | 30 |
| | | 男 | 小计 | 4 926 | 15 | 5 | 10 | 15 | 20 | 30 |
| | | | 18 ～ 44 岁 | 1 684 | 15 | 5 | 10 | 15 | 20 | 30 |
| | | | 45 ～ 59 岁 | 1 748 | 15 | 5 | 10 | 15 | 20 | 30 |
| | | | 60 ～ 79 岁 | 1 391 | 15 | 3 | 10 | 10 | 20 | 30 |
| | | | 80 岁及以上 | 103 | 12 | 0 | 6 | 10 | 17 | 30 |
| | | 女 | 小计 | 5 534 | 16 | 5 | 10 | 15 | 20 | 30 |
| | | | 18 ～ 44 岁 | 2 081 | 17 | 6 | 10 | 15 | 20 | 30 |
| | | | 45 ～ 59 岁 | 2 022 | 15 | 5 | 10 | 13 | 20 | 30 |
| | | | 60 ～ 79 岁 | 1 287 | 15 | 3 | 10 | 13 | 20 | 30 |
| | | | 80 岁及以上 | 144 | 12 | 0 | 5 | 10 | 15 | 30 |
| 华南 | 城乡 | 小计 | 小计 | 15 110 | 13 | 5 | 10 | 10 | 15 | 27 |
| | | | 18 ～ 44 岁 | 6 495 | 13 | 5 | 10 | 10 | 15 | 30 |
| | | | 45 ～ 59 岁 | 5361 | 13 | 5 | 10 | 10 | 15 | 25 |
| | | | 60 ～ 79 岁 | 3 007 | 13 | 5 | 10 | 10 | 15 | 25 |
| | | | 80 岁及以上 | 247 | 12 | 5 | 10 | 10 | 15 | 24 |
| | | 男 | 小计 | 6 994 | 13 | 5 | 10 | 10 | 15 | 25 |
| | | | 18 ～ 44 岁 | 3 097 | 13 | 5 | 10 | 10 | 15 | 30 |
| | | | 45 ～ 59 岁 | 2 333 | 12 | 5 | 10 | 10 | 15 | 20 |
| | | | 60 ～ 79 岁 | 1 458 | 13 | 5 | 10 | 10 | 15 | 30 |
| | | | 80 岁及以上 | 106 | 13 | 5 | 10 | 10 | 15 | 25 |
| | | 女 | 小计 | 8 116 | 13 | 5 | 10 | 10 | 15 | 30 |
| | | | 18 ～ 44 岁 | 3 398 | 14 | 5 | 10 | 10 | 15 | 30 |
| | | | 45 ～ 59 岁 | 3 028 | 13 | 5 | 10 | 10 | 15 | 28 |
| | | | 60 ～ 79 岁 | 1 549 | 12 | 5 | 10 | 10 | 15 | 20 |
| | | | 80 岁及以上 | 141 | 11 | 4 | 10 | 10 | 10 | 20 |
| | 城市 | 小计 | 小计 | 7 307 | 14 | 5 | 10 | 10 | 15 | 30 |
| | | | 18 ～ 44 岁 | 3 135 | 14 | 5 | 10 | 12 | 15 | 30 |
| | | | 45 ～ 59 岁 | 2 580 | 13 | 5 | 10 | 10 | 15 | 30 |
| | | | 60 ～ 79 岁 | 1 464 | 13 | 5 | 10 | 10 | 15 | 30 |
| | | | 80 岁及以上 | 128 | 13 | 5 | 10 | 10 | 15 | 30 |
| | | 男 | 小计 | 3 281 | 14 | 5 | 10 | 10 | 15 | 30 |
| | | | 18 ～ 44 岁 | 1 504 | 14 | 5 | 10 | 10 | 15 | 30 |
| | | | 45 ～ 59 岁 | 1 060 | 13 | 5 | 10 | 10 | 15 | 25 |
| | | | 60 ～ 79 岁 | 669 | 13 | 5 | 10 | 10 | 15 | 30 |
| | | | 80 岁及以上 | 48 | 14 | 5 | 8 | 10 | 15 | 40 |
| | | 女 | 小计 | 4 026 | 14 | 5 | 10 | 10 | 15 | 30 |
| | | | 18 ～ 44 岁 | 1 631 | 15 | 5 | 10 | 13 | 20 | 30 |
| | | | 45 ～ 59 岁 | 1 520 | 14 | 5 | 10 | 12 | 15 | 30 |
| | | | 60 ～ 79 岁 | 795 | 13 | 5 | 10 | 10 | 15 | 25 |
| | | | 80 岁及以上 | 80 | 12 | 6 | 10 | 10 | 15 | 20 |
| | 农村 | 小计 | 小计 | 7 803 | 13 | 5 | 10 | 10 | 15 | 20 |
| | | | 18 ～ 44 岁 | 3 360 | 13 | 5 | 10 | 10 | 15 | 21 |
| | | | 45 ～ 59 岁 | 2 781 | 12 | 5 | 10 | 10 | 15 | 20 |
| | | | 60 ～ 79 岁 | 1 543 | 12 | 5 | 10 | 10 | 15 | 21 |
| | | | 80 岁及以上 | 119 | 11 | 3 | 9 | 10 | 11 | 20 |
| | | 男 | 小计 | 3 713 | 13 | 5 | 10 | 10 | 15 | 21 |
| | | | 18 ～ 44 岁 | 1 593 | 13 | 5 | 10 | 10 | 15 | 22 |

| 地区 | 城乡 | 性别 | 年龄 | $n$ | 夏季平均每天洗澡时间 /（min/d） | | | | | |
|---|---|---|---|---|---|---|---|---|---|---|
| | | | | | Mean | P5 | P25 | P50 | P75 | P95 |
| 华南 | 农村 | 男 | 45 ～ 59 岁 | 1 273 | 12 | 5 | 10 | 10 | 15 | 20 |
| | | | 60 ～ 79 岁 | 789 | 13 | 5 | 9 | 10 | 15 | 30 |
| | | | 80 岁及以上 | 58 | 12 | 5 | 10 | 10 | 15 | 20 |
| | | 女 | 小计 | 4 090 | 13 | 5 | 10 | 10 | 15 | 20 |
| | | | 18 ～ 44 岁 | 1 767 | 13 | 5 | 10 | 10 | 15 | 20 |
| | | | 45 ～ 59 岁 | 1508 | 12 | 5 | 10 | 10 | 15 | 23 |
| | | | 60 ～ 79 岁 | 754 | 12 | 5 | 10 | 10 | 15 | 20 |
| | | | 80 岁及以上 | 61 | 10 | 3 | 8 | 10 | 10 | 20 |
| 西北 | 城乡 | 小计 | 小计 | 11 240 | 7 | 0 | 3 | 5 | 8 | 20 |
| | | | 18 ～ 44 岁 | 4 692 | 7 | 1 | 4 | 5 | 9 | 20 |
| | | | 45 ～ 59 岁 | 3 918 | 7 | 0 | 3 | 5 | 9 | 20 |
| | | | 60 ～ 79 岁 | 2 492 | 5 | 0 | 2 | 4 | 8 | 15 |
| | | | 80 岁及以上 | 138 | 4 | 0 | 1 | 3 | 6 | 12 |
| | | 男 | 小计 | 5 065 | 6 | 0 | 3 | 5 | 8 | 16 |
| | | | 18 ～ 44 岁 | 2 063 | 7 | 1 | 4 | 5 | 8 | 17 |
| | | | 45 ～ 59 岁 | 1 759 | 6 | 0 | 3 | 5 | 8 | 17 |
| | | | 60 ～ 79 岁 | 1 172 | 5 | 0 | 2 | 4 | 7 | 15 |
| | | | 80 岁及以上 | 71 | 5 | 0 | 1 | 3 | 8 | 15 |
| | | 女 | 小计 | 6 175 | 7 | 0 | 3 | 5 | 10 | 20 |
| | | | 18 ～ 44 岁 | 2 629 | 8 | 1 | 3 | 5 | 10 | 20 |
| | | | 45 ～ 59 岁 | 2 159 | 8 | 0 | 3 | 5 | 10 | 22 |
| | | | 60 ～ 79 岁 | 1 320 | 6 | 0 | 2 | 4 | 8 | 16 |
| | | | 80 岁及以上 | 67 | 4 | 0 | 1 | 3 | 6 | 10 |
| | 城市 | 小计 | 小计 | 5 041 | 9 | 2 | 4 | 7 | 10 | 20 |
| | | | 18 ～ 44 岁 | 2 026 | 9 | 3 | 5 | 8 | 11 | 21 |
| | | | 45 ～ 59 岁 | 1 795 | 9 | 2 | 4 | 7 | 10 | 22 |
| | | | 60 ～ 79 岁 | 1 161 | 7 | 1 | 3 | 5 | 10 | 20 |
| | | | 80 岁及以上 | 59 | 6 | 0 | 2 | 4 | 10 | 15 |
| | | 男 | 小计 | 2 214 | 8 | 2 | 4 | 6 | 10 | 20 |
| | | | 18 ～ 44 岁 | 889 | 9 | 3 | 4 | 7 | 10 | 20 |
| | | | 45 ～ 59 岁 | 774 | 8 | 2 | 4 | 6 | 10 | 20 |
| | | | 60 ～ 79 岁 | 518 | 7 | 1 | 3 | 5 | 8 | 20 |
| | | | 80 岁及以上 | 33 | 7 | 0 | 2 | 6 | 10 | 17 |
| | | 女 | 小计 | 2 827 | 10 | 2 | 4 | 8 | 12 | 25 |
| | | | 18 ～ 44 岁 | 1 137 | 10 | 2 | 5 | 8 | 13 | 25 |
| | | | 45 ～ 59 岁 | 1 021 | 10 | 2 | 5 | 8 | 13 | 30 |
| | | | 60 ～ 79 岁 | 643 | 8 | 1 | 3 | 6 | 10 | 20 |
| | | | 80 岁及以上 | 26 | 5 | 0 | 2 | 4 | 10 | 12 |
| | 农村 | 小计 | 小计 | 6 199 | 5 | 0 | 2 | 4 | 7 | 15 |
| | | | 18 ～ 44 岁 | 2 666 | 6 | 1 | 3 | 4 | 7 | 15 |
| | | | 45 ～ 59 岁 | 2 123 | 5 | 0 | 2 | 4 | 7 | 15 |
| | | | 60 ～ 79 岁 | 1 331 | 4 | 0 | 1 | 3 | 5 | 12 |
| | | | 80 岁及以上 | 79 | 3 | 0 | 0 | 2 | 4 | 8 |
| | | 男 | 小计 | 2 851 | 5 | 0 | 2 | 4 | 7 | 13 |
| | | | 18 ～ 44 岁 | 1 174 | 5 | 1 | 3 | 4 | 7 | 13 |
| | | | 45 ～ 59 岁 | 985 | 5 | 0 | 2 | 4 | 7 | 15 |
| | | | 60 ～ 79 岁 | 654 | 4 | 0 | 1 | 3 | 5 | 12 |
| | | | 80 岁及以上 | 38 | 3 | 0 | 0 | 1 | 4 | 10 |
| | | 女 | 小计 | 3 348 | 5 | 0 | 2 | 4 | 7 | 15 |
| | | | 18 ～ 44 岁 | 1 492 | 6 | 0 | 3 | 4 | 7 | 15 |
| | | | 45 ～ 59 岁 | 1 138 | 5 | 0 | 2 | 4 | 7 | 17 |
| | | | 60 ～ 79 岁 | 677 | 4 | 0 | 1 | 2 | 5 | 12 |
| | | | 80 岁及以上 | 41 | 3 | 0 | 1 | 3 | 4 | 8 |
| 东北 | 城乡 | 小计 | 小计 | 10 169 | 12 | 2 | 5 | 10 | 15 | 30 |
| | | | 18 ～ 44 岁 | 3 986 | 13 | 3 | 5 | 10 | 16 | 30 |
| | | | 45 ～ 59 岁 | 3 895 | 12 | 2 | 5 | 10 | 15 | 30 |
| | | | 60 ～ 79 岁 | 2 163 | 10 | 1 | 3 | 7 | 13 | 30 |
| | | | 80 岁及以上 | 125 | 5 | 0 | 2 | 4 | 7 | 20 |

| 地区 | 城乡 | 性别 | 年龄 | *n* | 夏季平均每天洗澡时间 / (min/d) | | | | | |
|---|---|---|---|---|---|---|---|---|---|---|
| | | | | | Mean | P5 | P25 | P50 | P75 | P95 |
| 东北 | 城乡 | 男 | 小计 | 4 629 | 11 | 2 | 5 | 8 | 15 | 30 |
| | | | 18 ~ 44 岁 | 1 889 | 12 | 3 | 5 | 10 | 16 | 30 |
| | | | 45 ~ 59 岁 | 1 660 | 11 | 2 | 5 | 8 | 15 | 30 |
| | | | 60 ~ 79 岁 | 1 021 | 9 | 1 | 3 | 7 | 12 | 30 |
| | | | 80 岁及以上 | 59 | 6 | 0 | 2 | 4 | 8 | 20 |
| | | 女 | 小计 | 5 540 | 12 | 2 | 5 | 10 | 16 | 30 |
| | | | 18 ~ 44 岁 | 2 097 | 13 | 3 | 5 | 10 | 16 | 30 |
| | | | 45 ~ 59 岁 | 2 235 | 13 | 2 | 6 | 10 | 17 | 30 |
| | | | 60 ~ 79 岁 | 1 142 | 10 | 1 | 4 | 7 | 13 | 30 |
| | | | 80 岁及以上 | 66 | 5 | 0 | 1 | 4 | 7 | 20 |
| | 城市 | 小计 | 小计 | 4 355 | 12 | 3 | 6 | 10 | 15 | 30 |
| | | | 18 ~ 44 岁 | 1 659 | 12 | 3 | 6 | 10 | 15 | 30 |
| | | | 45 ~ 59 岁 | 1 731 | 12 | 3 | 6 | 10 | 16 | 30 |
| | | | 60 ~ 79 岁 | 910 | 10 | 2 | 4 | 8 | 13 | 30 |
| | | | 80 岁及以上 | 55 | 8 | 1 | 4 | 5 | 10 | 27 |
| | | 男 | 小计 | 1 911 | 11 | 3 | 5 | 10 | 15 | 30 |
| | | | 18 ~ 44 岁 | 767 | 11 | 3 | 6 | 10 | 15 | 30 |
| | | | 45 ~ 59 岁 | 730 | 11 | 3 | 5 | 9 | 15 | 30 |
| | | | 60 ~ 79 岁 | 395 | 9 | 2 | 4 | 8 | 12 | 30 |
| | | | 80 岁及以上 | 19 | 8 | 2 | 5 | 6 | 10 | 20 |
| | | 女 | 小计 | 2 444 | 13 | 3 | 6 | 10 | 16 | 30 |
| | | | 18 ~ 44 岁 | 892 | 13 | 4 | 7 | 10 | 16 | 30 |
| | | | 45 ~ 59 岁 | 1 001 | 13 | 3 | 7 | 10 | 20 | 30 |
| | | | 60 ~ 79 岁 | 515 | 11 | 2 | 4 | 8 | 15 | 30 |
| | | | 80 岁及以上 | 36 | 9 | 1 | 2 | 5 | 10 | 30 |
| | 农村 | 小计 | 小计 | 5 814 | 12 | 2 | 4 | 9 | 16 | 30 |
| | | | 18 ~ 44 岁 | 2 327 | 13 | 2 | 5 | 10 | 16 | 33 |
| | | | 45 ~ 59 岁 | 2 164 | 12 | 2 | 5 | 10 | 15 | 30 |
| | | | 60 ~ 79 岁 | 1 253 | 9 | 0 | 3 | 6 | 13 | 30 |
| | | | 80 岁及以上 | 70 | 4 | 0 | 1 | 2 | 7 | 13 |
| | | 男 | 小计 | 2 718 | 12 | 2 | 4 | 8 | 16 | 30 |
| | | | 18 ~ 44 岁 | 1 122 | 13 | 2 | 5 | 10 | 16 | 33 |
| | | | 45 ~ 59 岁 | 930 | 11 | 2 | 4 | 8 | 15 | 30 |
| | | | 60 ~ 79 岁 | 626 | 9 | 0 | 3 | 6 | 12 | 30 |
| | | | 80 岁及以上 | 40 | 5 | 0 | 1 | 2 | 7 | 13 |
| | | 女 | 小计 | 3 096 | 12 | 2 | 5 | 10 | 16 | 30 |
| | | | 18 ~ 44 岁 | 1 205 | 13 | 2 | 5 | 10 | 16 | 36 |
| | | | 45 ~ 59 岁 | 1 234 | 13 | 2 | 5 | 10 | 16 | 30 |
| | | | 60 ~ 79 岁 | 627 | 10 | 1 | 3 | 6 | 13 | 30 |
| | | | 80 岁及以上 | 30 | 3 | 0 | 0 | 2 | 4 | 10 |
| 西南 | 城乡 | 小计 | 小计 | 13 092 | 10 | 2 | 5 | 10 | 12 | 20 |
| | | | 18 ~ 44 岁 | 6 278 | 11 | 2 | 6 | 10 | 13 | 28 |
| | | | 45 ~ 59 岁 | 4 167 | 10 | 2 | 5 | 10 | 10 | 20 |
| | | | 60 ~ 79 岁 | 2 479 | 9 | 1 | 4 | 8 | 10 | 20 |
| | | | 80 岁及以上 | 168 | 7 | 1 | 3 | 6 | 10 | 20 |
| | | 男 | 小计 | 5 970 | 10 | 2 | 5 | 10 | 12 | 20 |
| | | | 18 ~ 44 岁 | 2 913 | 11 | 2 | 6 | 10 | 13 | 25 |
| | | | 45 ~ 59 岁 | 1 832 | 10 | 2 | 5 | 10 | 11 | 20 |
| | | | 60 ~ 79 岁 | 1 138 | 8 | 1 | 4 | 8 | 10 | 20 |
| | | | 80 岁及以上 | 87 | 8 | 1 | 3 | 7 | 10 | 20 |
| | | 女 | 小计 | 7 122 | 10 | 2 | 5 | 10 | 12 | 22 |
| | | | 18 ~ 44 岁 | 3 365 | 11 | 3 | 6 | 10 | 14 | 30 |
| | | | 45 ~ 59 岁 | 2 335 | 10 | 2 | 5 | 10 | 10 | 20 |
| | | | 60 ~ 79 岁 | 1 341 | 9 | 1 | 4 | 8 | 10 | 20 |
| | | | 80 岁及以上 | 81 | 6 | 0 | 3 | 6 | 10 | 15 |
| | 城市 | 小计 | 小计 | 4 761 | 11 | 3 | 7 | 10 | 15 | 30 |
| | | | 18 ~ 44 岁 | 2 238 | 12 | 3 | 8 | 10 | 15 | 30 |
| | | | 45 ~ 59 岁 | 1 544 | 11 | 3 | 7 | 10 | 13 | 23 |

| 地区 | 城乡 | 性别 | 年龄 | n | 夏季平均每天洗澡时间 /（min/d） | | | | | |
|---|---|---|---|---|---|---|---|---|---|---|
| | | | | | Mean | P5 | P25 | P50 | P75 | P95 |
| 西南 | 城市 | 小计 | 60 ~ 79 岁 | 903 | 10 | 1 | 5 | 10 | 12 | 20 |
| | | | 80 岁及以上 | 76 | 8 | 1 | 3 | 7 | 10 | 20 |
| | | 男 | 小计 | 2 129 | 11 | 3 | 7 | 10 | 14 | 24 |
| | | | 18 ~ 44 岁 | 1 021 | 11 | 3 | 7 | 10 | 15 | 30 |
| | | | 45 ~ 59 岁 | 664 | 11 | 3 | 7 | 10 | 15 | 21 |
| | | | 60 ~ 79 岁 | 406 | 9 | 1 | 5 | 10 | 10 | 20 |
| | | | 80 岁及以上 | 38 | 10 | 1 | 3 | 7 | 15 | 30 |
| | | 女 | 小计 | 2 632 | 12 | 3 | 7 | 10 | 15 | 30 |
| | | | 18 ~ 44 岁 | 1 217 | 13 | 3 | 8 | 10 | 15 | 30 |
| | | | 45 ~ 59 岁 | 880 | 11 | 3 | 7 | 10 | 13 | 24 |
| | | | 60 ~ 79 岁 | 497 | 10 | 2 | 5 | 10 | 13 | 25 |
| | | | 80 岁及以上 | 38 | 6 | 0 | 2 | 5 | 9 | 20 |
| | 农村 | 小计 | 小计 | 8 331 | 9 | 1 | 5 | 8 | 10 | 20 |
| | | | 18 ~ 44 岁 | 4 040 | 10 | 2 | 5 | 9 | 12 | 23 |
| | | | 45 ~ 59 岁 | 2 623 | 9 | 1 | 5 | 8 | 10 | 20 |
| | | | 60 ~ 79 岁 | 1 576 | 8 | 1 | 4 | 8 | 10 | 17 |
| | | | 80 岁及以上 | 92 | 6 | 1 | 3 | 6 | 10 | 15 |
| | | 男 | 小计 | 3 841 | 9 | 2 | 5 | 8 | 10 | 20 |
| | | | 18 ~ 44 岁 | 1 892 | 10 | 2 | 5 | 9 | 12 | 24 |
| | | | 45 ~ 59 岁 | 1 168 | 9 | 1 | 5 | 9 | 10 | 20 |
| | | | 60 ~ 79 岁 | 732 | 8 | 1 | 4 | 7 | 10 | 17 |
| | | | 80 岁及以上 | 49 | 6 | 1 | 3 | 5 | 10 | 15 |
| | | 女 | 小计 | 4 490 | 9 | 1 | 5 | 8 | 10 | 20 |
| | | | 18 ~ 44 岁 | 2 148 | 10 | 2 | 5 | 10 | 12 | 22 |
| | | | 45 ~ 59 岁 | 1 455 | 9 | 1 | 5 | 8 | 10 | 20 |
| | | | 60 ~ 79 岁 | 844 | 8 | 1 | 4 | 8 | 10 | 20 |
| | | | 80 岁及以上 | 43 | 7 | 1 | 3 | 7 | 10 | 15 |

## 附表 7-8 中国人群分片区、城乡、性别和年龄的冬季平均每天洗澡时间

| 地区 | 城乡 | 性别 | 年龄 | n | 冬季平均每天洗澡时间 /（min/d） | | | | | |
|---|---|---|---|---|---|---|---|---|---|---|
| | | | | | Mean | P5 | P 25 | P 50 | P 75 | P 95 |
| 合计 | 城乡 | 小计 | 小计 | 90 256 | 6 | 0 | 2 | 4 | 8 | 15 |
| | | | 18 ~ 44 岁 | 36 344 | 6 | 1 | 3 | 5 | 8 | 15 |
| | | | 45 ~ 59 岁 | 32 072 | 5 | 0 | 2 | 4 | 8 | 15 |
| | | | 60 ~ 79 岁 | 20 370 | 4 | 0 | 1 | 3 | 5 | 13 |
| | | | 80 岁及以上 | 1 470 | 4 | 0 | 1 | 2 | 5 | 12 |
| | | 男 | 小计 | 40 886 | 6 | 0 | 2 | 4 | 8 | 15 |
| | | | 18 ~ 44 岁 | 16 623 | 6 | 1 | 3 | 5 | 8 | 15 |
| | | | 45 ~ 59 岁 | 13 945 | 5 | 0 | 2 | 4 | 8 | 15 |
| | | | 60 ~ 79 岁 | 9 650 | 4 | 0 | 1 | 3 | 5 | 13 |
| | | | 80 岁及以上 | 668 | 4 | 0 | 1 | 2 | 5 | 15 |
| | | 女 | 小计 | 49 370 | 6 | 0 | 2 | 4 | 8 | 15 |
| | | | 18 ~ 44 岁 | 19 721 | 7 | 1 | 3 | 5 | 10 | 16 |
| | | | 45 ~ 59 岁 | 18 127 | 5 | 0 | 2 | 4 | 8 | 15 |
| | | | 60 ~ 79 岁 | 10 720 | 4 | 0 | 1 | 3 | 6 | 13 |
| | | | 80 岁及以上 | 802 | 3 | 0 | 1 | 2 | 5 | 10 |
| | 城市 | 小计 | 小计 | 41 640 | 7 | 1 | 3 | 5 | 9 | 16 |
| | | | 18 ~ 44 岁 | 16 567 | 7 | 1 | 4 | 6 | 10 | 20 |
| | | | 45 ~ 59 岁 | 14 681 | 7 | 1 | 3 | 5 | 8 | 16 |
| | | | 60 ~ 79 岁 | 9 651 | 5 | 0 | 2 | 4 | 7 | 15 |
| | | | 80 岁及以上 | 741 | 5 | 0 | 1 | 3 | 6 | 15 |
| | | 男 | 小计 | 18 374 | 6 | 1 | 3 | 5 | 8 | 16 |
| | | | 18 ~ 44 岁 | 7 507 | 7 | 1 | 3 | 5 | 10 | 16 |

| 地区 | 城乡 | 性别 | 年龄 | *n* | 冬季平均每天洗澡时间 /（min/d） | | | | | |
|---|---|---|---|---|---|---|---|---|---|---|
| | | | | | Mean | P5 | P 25 | P 50 | P 75 | P 95 |
| 合计 | 城市 | 男 | 45 ～ 59 岁 | 6 241 | 6 | 1 | 3 | 5 | 8 | 16 |
| | | | 60 ～ 79 岁 | 4 306 | 5 | 0 | 2 | 4 | 7 | 15 |
| | | | 80 岁及以上 | 320 | 5 | 0 | 1 | 3 | 7 | 16 |
| | | 女 | 小计 | 23 266 | 7 | 1 | 3 | 5 | 10 | 18 |
| | | | 18 ～ 44 岁 | 9 060 | 8 | 1 | 4 | 7 | 10 | 20 |
| | | | 45 ～ 59 岁 | 8 440 | 7 | 1 | 3 | 5 | 10 | 17 |
| | | | 60 ～ 79 岁 | 5 345 | 5 | 0 | 2 | 4 | 7 | 15 |
| | | | 80 岁及以上 | 421 | 5 | 0 | 1 | 3 | 5 | 12 |
| | 农村 | 小计 | 小计 | 48 616 | 5 | 0 | 2 | 4 | 7 | 15 |
| | | | 18 ～ 44 岁 | 19 777 | 6 | 1 | 2 | 4 | 8 | 15 |
| | | | 45 ～ 59 岁 | 17 391 | 5 | 0 | 1 | 3 | 7 | 13 |
| | | | 60 ～ 79 岁 | 10 719 | 4 | 0 | 1 | 2 | 5 | 11 |
| | | | 80 岁及以上 | 729 | 3 | 0 | 0 | 1 | 4 | 10 |
| | | 男 | 小计 | 22 512 | 5 | 0 | 2 | 4 | 7 | 15 |
| | | | 18 ～ 44 岁 | 9 116 | 6 | 1 | 2 | 4 | 8 | 15 |
| | | | 45 ～ 59 岁 | 7 704 | 5 | 0 | 1 | 3 | 7 | 13 |
| | | | 60 ～ 79 岁 | 5 344 | 4 | 0 | 1 | 2 | 5 | 11 |
| | | | 80 岁及以上 | 348 | 3 | 0 | 0 | 2 | 4 | 15 |
| | | 女 | 小计 | 26 104 | 5 | 0 | 2 | 4 | 7 | 15 |
| | | | 18 ～ 44 岁 | 10 661 | 6 | 1 | 2 | 4 | 8 | 15 |
| | | | 45 ～ 59 岁 | 9 687 | 4 | 0 | 1 | 3 | 6 | 13 |
| | | | 60 ～ 79 岁 | 5 375 | 3 | 0 | 1 | 2 | 5 | 10 |
| | | | 80 岁及以上 | 381 | 3 | 0 | 0 | 1 | 4 | 10 |
| 华北 | 城乡 | 小计 | 小计 | 17 794 | 4 | 0 | 1 | 3 | 5 | 12 |
| | | | 18 ～ 44 岁 | 6 397 | 5 | 1 | 2 | 4 | 7 | 12 |
| | | | 45 ～ 59 岁 | 6 708 | 4 | 0 | 1 | 2 | 5 | 12 |
| | | | 60 ～ 79 岁 | 4 413 | 3 | 0 | 0 | 2 | 4 | 10 |
| | | | 80 岁及以上 | 276 | 3 | 0 | 0 | 2 | 4 | 11 |
| | | 男 | 小计 | 7 837 | 4 | 0 | 1 | 3 | 5 | 11 |
| | | | 18 ～ 44 岁 | 2 876 | 5 | 1 | 2 | 4 | 6 | 12 |
| | | | 45 ～ 59 岁 | 2 756 | 4 | 0 | 1 | 2 | 5 | 11 |
| | | | 60 ～ 79 岁 | 2 065 | 3 | 0 | 1 | 2 | 4 | 10 |
| | | | 80 岁及以上 | 140 | 4 | 0 | 1 | 2 | 5 | 13 |
| | | 女 | 小计 | 9 957 | 4 | 0 | 1 | 3 | 5 | 12 |
| | | | 18 ～ 44 岁 | 3 521 | 5 | 1 | 2 | 4 | 7 | 13 |
| | | | 45 ～ 59 岁 | 3 952 | 4 | 0 | 1 | 2 | 5 | 12 |
| | | | 60 ～ 79 岁 | 2 348 | 3 | 0 | 0 | 2 | 4 | 10 |
| | | | 80 岁及以上 | 136 | 3 | 0 | 0 | 1 | 4 | 10 |
| | 城市 | 小计 | 小计 | 7 727 | 6 | 1 | 3 | 4 | 8 | 15 |
| | | | 18 ～ 44 岁 | 2 751 | 6 | 1 | 3 | 5 | 8 | 16 |
| | | | 45 ～ 59 岁 | 2 752 | 6 | 0 | 3 | 4 | 8 | 16 |
| | | | 60 ～ 79 岁 | 2 071 | 5 | 0 | 2 | 4 | 6 | 13 |
| | | | 80 岁及以上 | 153 | 5 | 0 | 2 | 3 | 8 | 16 |
| | | 男 | 小计 | 3 354 | 6 | 1 | 2 | 4 | 8 | 15 |
| | | | 18 ～ 44 岁 | 1 220 | 6 | 1 | 3 | 5 | 8 | 15 |
| | | | 45 ～ 59 岁 | 1 143 | 6 | 0 | 2 | 4 | 8 | 17 |
| | | | 60 ～ 79 岁 | 911 | 5 | 0 | 2 | 3 | 6 | 13 |
| | | | 80 岁及以上 | 80 | 5 | 0 | 2 | 3 | 8 | 16 |
| | | 女 | 小计 | 4 373 | 6 | 1 | 3 | 5 | 8 | 16 |
| | | | 18 ～ 44 岁 | 1 531 | 7 | 1 | 3 | 5 | 8 | 16 |
| | | | 45 ～ 59 岁 | 1 609 | 6 | 0 | 3 | 4 | 8 | 15 |
| | | | 60 ～ 79 岁 | 1 160 | 5 | 0 | 2 | 4 | 7 | 12 |
| | | | 80 岁及以上 | 73 | 5 | 0 | 2 | 3 | 7 | 11 |
| | 农村 | 小计 | 小计 | 10 067 | 3 | 0 | 1 | 2 | 4 | 8 |
| | | | 18 ～ 44 岁 | 3 646 | 4 | 0 | 1 | 2 | 4 | 10 |
| | | | 45 ～ 59 岁 | 3 956 | 2 | 0 | 1 | 2 | 3 | 8 |
| | | | 60 ～ 79 岁 | 2 342 | 2 | 0 | 0 | 1 | 2 | 5 |
| | | | 80 岁及以上 | 123 | 1 | 0 | 0 | 0 | 2 | 5 |

| 地区 | 城乡 | 性别 | 年龄 | n | 冬季平均每天洗澡时间 /（min/d） | | | | | |
|---|---|---|---|---|---|---|---|---|---|---|
| | | | | | Mean | P5 | P 25 | P 50 | P 75 | P 95 |
| 华北 | 农村 | 男 | 小计 | 4 483 | 3 | 0 | 1 | 2 | 4 | 8 |
| | | | 18 ~ 44 岁 | 1 656 | 4 | 0 | 1 | 2 | 4 | 10 |
| | | | 45 ~ 59 岁 | 1 613 | 2 | 0 | 1 | 2 | 3 | 8 |
| | | | 60 ~ 79 岁 | 1 154 | 1 | 0 | 0 | 1 | 2 | 4 |
| | | | 80 岁及以上 | 60 | 1 | 0 | 0 | 1 | 2 | 5 |
| | | 女 | 小计 | 5 584 | 3 | 0 | 1 | 2 | 4 | 8 |
| | | | 18 ~ 44 岁 | 1 990 | 4 | 0 | 1 | 2 | 4 | 11 |
| | | | 45 ~ 59 岁 | 2 343 | 2 | 0 | 1 | 2 | 3 | 8 |
| | | | 60 ~ 79 岁 | 1 188 | 2 | 0 | 0 | 1 | 2 | 7 |
| | | | 80 岁及以上 | 63 | 1 | 0 | 0 | 0 | 1 | 4 |
| 华东 | 城乡 | 小计 | 小计 | 22 908 | 7 | 1 | 3 | 5 | 8 | 17 |
| | | | 18 ~ 44 岁 | 8 523 | 8 | 2 | 4 | 7 | 10 | 20 |
| | | | 45 ~ 59 岁 | 8 049 | 6 | 1 | 3 | 5 | 8 | 15 |
| | | | 60 ~ 79 岁 | 5 820 | 5 | 0 | 2 | 4 | 6 | 13 |
| | | | 80 岁及以上 | 516 | 3 | 0 | 1 | 3 | 4 | 10 |
| | | 男 | 小计 | 10 410 | 7 | 1 | 3 | 5 | 8 | 17 |
| | | | 18 ~ 44 岁 | 3 790 | 8 | 2 | 4 | 7 | 10 | 20 |
| | | | 45 ~ 59 岁 | 3 618 | 6 | 1 | 3 | 5 | 8 | 16 |
| | | | 60 ~ 79 岁 | 2 797 | 5 | 0 | 2 | 4 | 6 | 13 |
| | | | 80 岁及以上 | 205 | 3 | 0 | 0 | 2 | 4 | 10 |
| | | 女 | 小计 | 12 498 | 7 | 1 | 3 | 5 | 9 | 17 |
| | | | 18 ~ 44 岁 | 4 733 | 8 | 2 | 4 | 7 | 10 | 20 |
| | | | 45 ~ 59 岁 | 4 431 | 6 | 1 | 3 | 5 | 8 | 15 |
| | | | 60 ~ 79 岁 | 3 023 | 5 | 0 | 2 | 4 | 6 | 13 |
| | | | 80 岁及以上 | 311 | 3 | 0 | 1 | 3 | 4 | 10 |
| | 城市 | 小计 | 小计 | 12 450 | 7 | 1 | 4 | 6 | 10 | 20 |
| | | | 18 ~ 44 岁 | 4 759 | 8 | 2 | 4 | 7 | 10 | 20 |
| | | | 45 ~ 59 岁 | 4 279 | 7 | 1 | 3 | 5 | 9 | 20 |
| | | | 60 ~ 79 岁 | 3 142 | 5 | 1 | 3 | 4 | 7 | 14 |
| | | | 80 岁及以上 | 270 | 4 | 0 | 1 | 3 | 5 | 10 |
| | | 男 | 小计 | 5 485 | 7 | 1 | 4 | 5 | 10 | 20 |
| | | | 18 ~ 44 岁 | 2 107 | 8 | 2 | 4 | 7 | 10 | 20 |
| | | | 45 ~ 59 岁 | 1 870 | 7 | 1 | 3 | 5 | 10 | 20 |
| | | | 60 ~ 79 岁 | 1 406 | 5 | 1 | 3 | 4 | 7 | 15 |
| | | | 80 岁及以上 | 102 | 4 | 0 | 1 | 3 | 5 | 13 |
| | | 女 | 小计 | 6 965 | 8 | 1 | 4 | 6 | 10 | 20 |
| | | | 18 ~ 44 岁 | 2 652 | 9 | 2 | 5 | 8 | 10 | 20 |
| | | | 45 ~ 59 岁 | 2 409 | 7 | 1 | 3 | 5 | 8 | 17 |
| | | | 60 ~ 79 岁 | 1 736 | 5 | 1 | 3 | 4 | 7 | 13 |
| | | | 80 岁及以上 | 168 | 4 | 0 | 1 | 3 | 5 | 10 |
| | 农村 | 小计 | 小计 | 10 458 | 6 | 1 | 3 | 5 | 8 | 15 |
| | | | 18 ~ 44 岁 | 3 764 | 7 | 1 | 4 | 6 | 10 | 20 |
| | | | 45 ~ 59 岁 | 3 770 | 5 | 0 | 2 | 4 | 8 | 15 |
| | | | 60 ~ 79 岁 | 2 678 | 4 | 0 | 1 | 3 | 5 | 12 |
| | | | 80 岁及以上 | 246 | 3 | 0 | 0 | 2 | 4 | 10 |
| | | 男 | 小计 | 4 925 | 6 | 1 | 3 | 5 | 8 | 15 |
| | | | 18 ~ 44 岁 | 1 683 | 7 | 1 | 3 | 6 | 10 | 17 |
| | | | 45 ~ 59 岁 | 1 748 | 6 | 1 | 2 | 5 | 8 | 15 |
| | | | 60 ~ 79 岁 | 1 391 | 4 | 0 | 1 | 3 | 5 | 12 |
| | | | 80 岁及以上 | 103 | 3 | 0 | 0 | 1 | 3 | 8 |
| | | 女 | 小计 | 5 533 | 6 | 1 | 3 | 5 | 8 | 15 |
| | | | 18 ~ 44 岁 | 2 081 | 7 | 1 | 4 | 6 | 10 | 20 |
| | | | 45 ~ 59 岁 | 2 022 | 5 | 0 | 2 | 4 | 7 | 15 |
| | | | 60 ~ 79 岁 | 1 287 | 4 | 0 | 1 | 3 | 5 | 11 |
| | | | 80 岁及以上 | 143 | 3 | 0 | 1 | 2 | 4 | 10 |
| 华南 | 城乡 | 小计 | 小计 | 15 112 | 9 | 2 | 5 | 8 | 10 | 20 |
| | | | 18 ~ 44 岁 | 6 496 | 9 | 2 | 5 | 8 | 10 | 20 |
| | | | 45 ~ 59 岁 | 5 361 | 8 | 2 | 5 | 8 | 10 | 19 |
| | | | 60 ~ 79 岁 | 3 008 | 8 | 2 | 4 | 7 | 10 | 15 |

| 地区 | 城乡 | 性别 | 年龄 | n | 冬季平均每天洗澡时间 /（min/d） | | | | | |
| --- | --- | --- | --- | --- | --- | --- | --- | --- | --- | --- |
| | | | | | Mean | P5 | P 25 | P 50 | P 75 | P 95 |
| 华南 | 城乡 | 小计 | 80 岁及以上 | 247 | 7 | 1 | 3 | 5 | 10 | 20 |
| | | 男 | 小计 | 6 994 | 8 | 2 | 5 | 8 | 10 | 20 |
| | | | 18 ～ 44 岁 | 3 097 | 9 | 2 | 5 | 8 | 10 | 20 |
| | | | 45 ～ 59 岁 | 2 333 | 8 | 2 | 5 | 8 | 10 | 15 |
| | | | 60 ～ 79 岁 | 1 458 | 8 | 1 | 3 | 7 | 10 | 15 |
| | | | 80 岁及以上 | 106 | 8 | 1 | 3 | 5 | 10 | 20 |
| | | 女 | 小计 | 8 118 | 9 | 2 | 5 | 8 | 10 | 20 |
| | | | 18 ～ 44 岁 | 3 399 | 9 | 2 | 5 | 10 | 12 | 20 |
| | | | 45 ～ 59 岁 | 3 028 | 9 | 2 | 5 | 8 | 10 | 20 |
| | | | 60 ～ 79 岁 | 1 550 | 8 | 2 | 4 | 7 | 10 | 17 |
| | | | 80 岁及以上 | 141 | 7 | 2 | 3 | 5 | 10 | 15 |
| | 城市 | 小计 | 小计 | 7 307 | 9 | 3 | 5 | 8 | 10 | 20 |
| | | | 18 ～ 44 岁 | 3 135 | 10 | 3 | 5 | 10 | 13 | 20 |
| | | | 45 ～ 59 岁 | 2 580 | 9 | 3 | 5 | 8 | 10 | 20 |
| | | | 60 ～ 79 岁 | 1 464 | 8 | 2 | 4 | 7 | 10 | 15 |
| | | | 80 岁及以上 | 128 | 8 | 2 | 3 | 6 | 10 | 20 |
| | | 男 | 小计 | 3 281 | 9 | 3 | 5 | 8 | 10 | 20 |
| | | | 18 ～ 44 岁 | 1 504 | 9 | 3 | 5 | 8 | 10 | 20 |
| | | | 45 ～ 59 岁 | 1 060 | 8 | 3 | 5 | 8 | 10 | 17 |
| | | | 60 ～ 79 岁 | 669 | 8 | 2 | 4 | 7 | 10 | 15 |
| | | | 80 岁及以上 | 48 | 8 | 1 | 3 | 5 | 15 | 20 |
| | | 女 | 小计 | 4 026 | 10 | 3 | 5 | 10 | 13 | 20 |
| | | | 18 ～ 44 岁 | 1 631 | 10 | 3 | 5 | 10 | 15 | 20 |
| | | | 45 ～ 59 岁 | 1 520 | 10 | 3 | 5 | 10 | 13 | 20 |
| | | | 60 ～ 79 岁 | 795 | 8 | 2 | 4 | 7 | 10 | 17 |
| | | | 80 岁及以上 | 80 | 8 | 2 | 3 | 6 | 10 | 20 |
| | 农村 | 小计 | 小计 | 7 805 | 8 | 2 | 5 | 8 | 10 | 19 |
| | | | 18 ～ 44 岁 | 3 361 | 9 | 2 | 5 | 8 | 10 | 20 |
| | | | 45 ～ 59 岁 | 2 781 | 8 | 2 | 4 | 8 | 10 | 15 |
| | | | 60 ～ 79 岁 | 1 544 | 8 | 1 | 4 | 7 | 10 | 15 |
| | | | 80 岁及以上 | 119 | 7 | 1 | 3 | 5 | 9 | 20 |
| | | 男 | 小计 | 3 713 | 8 | 2 | 5 | 8 | 10 | 16 |
| | | | 18 ～ 44 岁 | 1 593 | 9 | 2 | 5 | 8 | 10 | 20 |
| | | | 45 ～ 59 岁 | 1 273 | 8 | 2 | 4 | 8 | 10 | 15 |
| | | | 60 ～ 79 岁 | 789 | 7 | 1 | 3 | 7 | 10 | 15 |
| | | | 80 岁及以上 | 58 | 8 | 1 | 3 | 5 | 10 | 20 |
| | | 女 | 小计 | 4 092 | 8 | 2 | 5 | 8 | 10 | 20 |
| | | | 18 ～ 44 岁 | 1 768 | 9 | 2 | 5 | 8 | 10 | 20 |
| | | | 45 ～ 59 岁 | 1 508 | 8 | 1 | 4 | 8 | 10 | 15 |
| | | | 60 ～ 79 岁 | 755 | 8 | 2 | 4 | 7 | 10 | 18 |
| | | | 80 岁及以上 | 61 | 6 | 1 | 3 | 5 | 8 | 15 |
| 西北 | 城乡 | 小计 | 小计 | 11 238 | 3 | 0 | 1 | 2 | 4 | 8 |
| | | | 18 ～ 44 岁 | 4 692 | 3 | 0 | 1 | 3 | 4 | 8 |
| | | | 45 ～ 59 岁 | 3 916 | 3 | 0 | 1 | 2 | 4 | 8 |
| | | | 60 ～ 79 岁 | 2 492 | 2 | 0 | 0 | 1 | 3 | 8 |
| | | | 80 岁及以上 | 138 | 2 | 0 | 0 | 1 | 3 | 5 |
| | | 男 | 小计 | 5 064 | 3 | 0 | 1 | 2 | 4 | 8 |
| | | | 18 ～ 44 岁 | 2 063 | 3 | 0 | 1 | 3 | 4 | 8 |
| | | | 45 ～ 59 岁 | 1 758 | 3 | 0 | 1 | 2 | 4 | 8 |
| | | | 60 ～ 79 岁 | 1 172 | 2 | 0 | 0 | 1 | 3 | 8 |
| | | | 80 岁及以上 | 71 | 2 | 0 | 0 | 1 | 2 | 5 |
| | | 女 | 小计 | 6 174 | 3 | 0 | 1 | 2 | 4 | 9 |
| | | | 18 ～ 44 岁 | 2 629 | 4 | 0 | 1 | 3 | 5 | 10 |
| | | | 45 ～ 59 岁 | 2 158 | 3 | 0 | 1 | 2 | 4 | 10 |
| | | | 60 ～ 79 岁 | 1 320 | 2 | 0 | 0 | 2 | 4 | 8 |
| | | | 80 岁及以上 | 67 | 2 | 0 | 0 | 1 | 3 | 5 |
| | 城市 | 小计 | 小计 | 5 041 | 4 | 1 | 2 | 4 | 5 | 11 |
| | | | 18 ～ 44 岁 | 2 026 | 5 | 1 | 3 | 4 | 6 | 12 |
| | | | 45 ～ 59 岁 | 1 795 | 4 | 1 | 2 | 4 | 5 | 11 |

| 地区 | 城乡 | 性别 | 年龄 | n | 冬季平均每天洗澡时间 /（min/d） | | | | | |
|---|---|---|---|---|---|---|---|---|---|---|
| | | | | | Mean | P5 | P 25 | P 50 | P 75 | P 95 |
| 西北 | 城市 | 小计 | 60 ～ 79 岁 | 1 161 | 4 | 0 | 1 | 3 | 4 | 8 |
| | | | 80 岁及以上 | 59 | 3 | 0 | 1 | 2 | 4 | 6 |
| | | 男 | 小计 | 2 214 | 4 | 1 | 2 | 4 | 5 | 10 |
| | | | 18 ～ 44 岁 | 889 | 4 | 1 | 3 | 4 | 5 | 10 |
| | | | 45 ～ 59 岁 | 774 | 4 | 1 | 2 | 3 | 5 | 8 |
| | | | 60 ～ 79 岁 | 518 | 3 | 0 | 1 | 3 | 4 | 8 |
| | | | 80 岁及以上 | 33 | 2 | 0 | 1 | 2 | 4 | 5 |
| | | 女 | 小计 | 2 827 | 5 | 1 | 2 | 4 | 7 | 12 |
| | | | 18 ～ 44 岁 | 1 137 | 5 | 1 | 3 | 4 | 8 | 13 |
| | | | 45 ～ 59 岁 | 1 021 | 5 | 0 | 2 | 4 | 6 | 12 |
| | | | 60 ～ 79 岁 | 643 | 4 | 0 | 1 | 3 | 5 | 8 |
| | | | 80 岁及以上 | 26 | 3 | 0 | 1 | 2 | 4 | 8 |
| | 农村 | 小计 | 小计 | 6 197 | 2 | 0 | 1 | 1 | 3 | 6 |
| | | | 18 ～ 44 岁 | 2 666 | 2 | 0 | 1 | 2 | 3 | 6 |
| | | | 45 ～ 59 岁 | 2 121 | 2 | 0 | 1 | 1 | 3 | 5 |
| | | | 60 ～ 79 岁 | 1 331 | 1 | 0 | 0 | 1 | 2 | 4 |
| | | | 80 岁及以上 | 79 | 1 | 0 | 0 | 1 | 1 | 4 |
| | | 男 | 小计 | 2 850 | 2 | 0 | 1 | 1 | 3 | 5 |
| | | | 18 ～ 44 岁 | 1 174 | 2 | 0 | 1 | 2 | 3 | 5 |
| | | | 45 ～ 59 岁 | 984 | 2 | 0 | 1 | 1 | 3 | 5 |
| | | | 60 ～ 79 岁 | 654 | 1 | 0 | 0 | 1 | 2 | 4 |
| | | | 80 岁及以上 | 38 | 1 | 0 | 0 | 1 | 2 | 4 |
| | | 女 | 小计 | 3 347 | 2 | 0 | 1 | 1 | 3 | 6 |
| | | | 18 ～ 44 岁 | 1 492 | 2 | 0 | 1 | 2 | 3 | 7 |
| | | | 45 ～ 59 岁 | 1 137 | 2 | 0 | 1 | 1 | 3 | 6 |
| | | | 60 ～ 79 岁 | 677 | 1 | 0 | 0 | 1 | 2 | 5 |
| | | | 80 岁及以上 | 41 | 1 | 0 | 0 | 1 | 1 | 4 |
| 东北 | 城乡 | 小计 | 小计 | 10 167 | 4 | 0 | 2 | 3 | 6 | 10 |
| | | | 18 ～ 44 岁 | 3 986 | 5 | 1 | 2 | 4 | 7 | 11 |
| | | | 45 ～ 59 岁 | 3 894 | 4 | 0 | 2 | 3 | 6 | 12 |
| | | | 60 ～ 79 岁 | 2 162 | 3 | 0 | 1 | 2 | 4 | 8 |
| | | | 80 岁及以上 | 125 | 1 | 0 | 0 | 1 | 2 | 7 |
| | | 男 | 小计 | 4 628 | 4 | 0 | 2 | 3 | 5 | 10 |
| | | | 18 ～ 44 岁 | 1 889 | 5 | 1 | 2 | 4 | 7 | 10 |
| | | | 45 ～ 59 岁 | 1 659 | 4 | 0 | 2 | 3 | 5 | 10 |
| | | | 60 ～ 79 岁 | 1 021 | 3 | 0 | 1 | 2 | 4 | 8 |
| | | | 80 岁及以上 | 59 | 2 | 0 | 0 | 1 | 2 | 7 |
| | | 女 | 小计 | 5 539 | 4 | 0 | 2 | 4 | 6 | 12 |
| | | | 18 ～ 44 岁 | 2 097 | 5 | 1 | 2 | 4 | 8 | 12 |
| | | | 45 ～ 59 岁 | 2 235 | 4 | 1 | 2 | 4 | 6 | 12 |
| | | | 60 ～ 79 岁 | 1 141 | 3 | 0 | 1 | 2 | 4 | 8 |
| | | | 80 岁及以上 | 66 | 1 | 0 | 0 | 1 | 1 | 5 |
| | 城市 | 小计 | 小计 | 4 355 | 6 | 1 | 3 | 4 | 8 | 14 |
| | | | 18 ～ 44 岁 | 1 659 | 6 | 1 | 3 | 5 | 8 | 15 |
| | | | 45 ～ 59 岁 | 1 731 | 6 | 1 | 3 | 4 | 8 | 15 |
| | | | 60 ～ 79 岁 | 910 | 4 | 0 | 2 | 3 | 6 | 11 |
| | | | 80 岁及以上 | 55 | 3 | 0 | 1 | 2 | 4 | 8 |
| | | 男 | 小计 | 1 911 | 5 | 1 | 3 | 4 | 8 | 13 |
| | | | 18 ～ 44 岁 | 767 | 6 | 1 | 3 | 4 | 8 | 13 |
| | | | 45 ～ 59 岁 | 730 | 5 | 1 | 2 | 4 | 8 | 15 |
| | | | 60 ～ 79 岁 | 395 | 4 | 0 | 2 | 3 | 5 | 11 |
| | | | 80 岁及以上 | 19 | 3 | 1 | 2 | 2 | 6 | 8 |
| | | 女 | 小计 | 2 444 | 6 | 1 | 3 | 4 | 8 | 15 |
| | | | 18 ～ 44 岁 | 892 | 6 | 1 | 3 | 5 | 8 | 16 |
| | | | 45 ～ 59 岁 | 1 001 | 6 | 1 | 3 | 5 | 8 | 15 |
| | | | 60 ～ 79 岁 | 515 | 4 | 1 | 2 | 3 | 6 | 11 |
| | | | 80 岁及以上 | 36 | 3 | 0 | 0 | 1 | 3 | 8 |
| | 农村 | 小计 | 小计 | 5 812 | 3 | 0 | 1 | 3 | 4 | 8 |

| 地区 | 城乡 | 性别 | 年龄 | n | 冬季平均每天洗澡时间 /（min/d） | | | | | |
|---|---|---|---|---|---|---|---|---|---|---|
| | | | | | Mean | P5 | P 25 | P 50 | P 75 | P 95 |
| 东北 | 农村 | 小计 | 18 ～ 44 岁 | 2 327 | 4 | 1 | 2 | 3 | 6 | 8 |
| | | | 45 ～ 59 岁 | 2 163 | 3 | 0 | 1 | 2 | 4 | 8 |
| | | | 60 ～ 79 岁 | 1 252 | 2 | 0 | 1 | 2 | 3 | 8 |
| | | | 80 岁及以上 | 70 | 1 | 0 | 0 | 0 | 1 | 4 |
| | | 男 | 小计 | 2 717 | 3 | 0 | 1 | 3 | 4 | 8 |
| | | | 18 ～ 44 岁 | 1 122 | 4 | 1 | 2 | 3 | 6 | 8 |
| | | | 45 ～ 59 岁 | 929 | 3 | 0 | 1 | 2 | 4 | 8 |
| | | | 60 ～ 79 岁 | 626 | 2 | 0 | 1 | 2 | 3 | 7 |
| | | | 80 岁及以上 | 40 | 1 | 0 | 0 | 1 | 1 | 5 |
| | | 女 | 小计 | 3 095 | 4 | 0 | 1 | 3 | 5 | 8 |
| | | | 18 ～ 44 岁 | 1 205 | 4 | 1 | 2 | 3 | 6 | 9 |
| | | | 45 ～ 59 岁 | 1 234 | 4 | 0 | 1 | 3 | 4 | 8 |
| | | | 60 ～ 79 岁 | 626 | 2 | 0 | 1 | 1 | 3 | 8 |
| | | | 80 岁及以上 | 30 | 1 | 0 | 0 | 0 | 1 | 2 |
| 西南 | 城乡 | 小计 | 小计 | 13 037 | 4 | 1 | 2 | 3 | 5 | 10 |
| | | | 18 ～ 44 岁 | 6 250 | 5 | 1 | 2 | 4 | 6 | 11 |
| | | | 45 ～ 59 岁 | 4 144 | 4 | 1 | 1 | 3 | 5 | 10 |
| | | | 60 ～ 79 岁 | 2 475 | 3 | 0 | 1 | 2 | 4 | 8 |
| | | | 80 岁及以上 | 168 | 2 | 0 | 1 | 1 | 3 | 10 |
| | | 男 | 小计 | 5 953 | 4 | 1 | 2 | 3 | 5 | 10 |
| | | | 18 ～ 44 岁 | 2 908 | 4 | 1 | 2 | 3 | 5 | 10 |
| | | | 45 ～ 59 岁 | 1 821 | 4 | 1 | 1 | 3 | 5 | 10 |
| | | | 60 ～ 79 岁 | 1 137 | 3 | 0 | 1 | 2 | 4 | 8 |
| | | | 80 岁及以上 | 87 | 3 | 0 | 1 | 1 | 3 | 10 |
| | | 女 | 小计 | 7 084 | 4 | 1 | 2 | 3 | 5 | 10 |
| | | | 18 ～ 44 岁 | 3 342 | 5 | 1 | 2 | 4 | 6 | 12 |
| | | | 45 ～ 59 岁 | 2 323 | 4 | 1 | 1 | 3 | 4 | 10 |
| | | | 60 ～ 79 岁 | 1 338 | 3 | 0 | 1 | 2 | 4 | 8 |
| | | | 80 岁及以上 | 81 | 2 | 0 | 1 | 1 | 3 | 10 |
| | 城市 | 小计 | 小计 | 4 760 | 4 | 1 | 2 | 4 | 6 | 10 |
| | | | 18 ～ 44 岁 | 2 237 | 5 | 1 | 3 | 4 | 7 | 11 |
| | | | 45 ～ 59 岁 | 1 544 | 4 | 1 | 2 | 3 | 5 | 10 |
| | | | 60 ～ 79 岁 | 903 | 3 | 0 | 1 | 3 | 4 | 10 |
| | | | 80 岁及以上 | 76 | 3 | 0 | 1 | 2 | 4 | 10 |
| | | 男 | 小计 | 2 129 | 4 | 1 | 2 | 3 | 5 | 10 |
| | | | 18 ～ 44 岁 | 1 020 | 5 | 1 | 2 | 4 | 5 | 10 |
| | | | 45 ～ 59 岁 | 664 | 4 | 1 | 2 | 3 | 5 | 10 |
| | | | 60 ～ 79 岁 | 407 | 3 | 0 | 1 | 3 | 4 | 8 |
| | | | 80 岁及以上 | 38 | 3 | 0 | 1 | 2 | 4 | 10 |
| | | 女 | 小计 | 2 631 | 5 | 1 | 2 | 4 | 7 | 12 |
| | | | 18 ～ 44 岁 | 1 217 | 5 | 1 | 3 | 4 | 7 | 13 |
| | | | 45 ～ 59 岁 | 880 | 4 | 1 | 2 | 3 | 5 | 10 |
| | | | 60 ～ 79 岁 | 496 | 4 | 0 | 2 | 3 | 5 | 10 |
| | | | 80 岁及以上 | 38 | 3 | 0 | 1 | 2 | 4 | 12 |
| | 农村 | 小计 | 小计 | 8 277 | 4 | 0 | 1 | 3 | 5 | 10 |
| | | | 18 ～ 44 岁 | 4 013 | 4 | 1 | 2 | 3 | 5 | 10 |
| | | | 45 ～ 59 岁 | 2 600 | 3 | 0 | 1 | 3 | 4 | 10 |
| | | | 60 ～ 79 岁 | 1 572 | 2 | 0 | 1 | 2 | 3 | 7 |
| | | | 80 岁及以上 | 92 | 2 | 0 | 1 | 1 | 3 | 6 |
| | | 男 | 小计 | 3 824 | 4 | 0 | 1 | 3 | 5 | 10 |
| | | | 18 ～ 44 岁 | 1 888 | 4 | 1 | 2 | 3 | 5 | 10 |
| | | | 45 ～ 59 岁 | 1 157 | 4 | 0 | 1 | 3 | 4 | 10 |
| | | | 60 ～ 79 岁 | 730 | 3 | 0 | 1 | 2 | 3 | 7 |
| | | | 80 岁及以上 | 49 | 2 | 0 | 1 | 1 | 3 | 7 |
| | | 女 | 小计 | 4 453 | 4 | 0 | 1 | 3 | 5 | 10 |
| | | | 18 ～ 44 岁 | 2 125 | 4 | 1 | 2 | 3 | 5 | 11 |
| | | | 45 ～ 59 岁 | 1 443 | 3 | 0 | 1 | 3 | 4 | 9 |
| | | | 60 ～ 79 岁 | 842 | 2 | 0 | 1 | 2 | 3 | 7 |
| | | | 80 岁及以上 | 43 | 1 | 0 | 1 | 1 | 2 | 4 |

## 附表 7-9 中国人群分省（直辖市、自治区）、城乡、性别的全年平均每天洗澡时间

| 地区 | 城乡 | 性别 | $n$ | 全年平均每天洗澡时间 /（min/d） | | | | | |
|---|---|---|---|---|---|---|---|---|---|
| | | | | Mean | P5 | P25 | P50 | P75 | P95 |
| 合计 | 城乡 | 小计 | 90 247 | 8 | 1 | 4 | 7 | 10 | 18 |
| | | 男 | 40 883 | 8 | 1 | 4 | 7 | 10 | 18 |
| | | 女 | 49 364 | 8 | 1 | 4 | 7 | 11 | 19 |
| | 城市 | 小计 | 41 635 | 9 | 2 | 5 | 8 | 11 | 20 |
| | | 男 | 18 372 | 9 | 2 | 5 | 8 | 11 | 19 |
| | | 女 | 23 263 | 9 | 2 | 5 | 8 | 12 | 20 |
| | 农村 | 小计 | 48 612 | 7 | 1 | 4 | 6 | 10 | 16 |
| | | 男 | 22 511 | 7 | 1 | 4 | 6 | 10 | 16 |
| | | 女 | 26 101 | 7 | 1 | 4 | 6 | 10 | 17 |
| 北京 | 城乡 | 小计 | 1 112 | 10 | 3 | 6 | 9 | 13 | 20 |
| | | 男 | 458 | 10 | 3 | 6 | 9 | 12 | 20 |
| | | 女 | 654 | 11 | 3 | 7 | 10 | 14 | 22 |
| | 城市 | 小计 | 838 | 11 | 3 | 6 | 9 | 14 | 21 |
| | | 男 | 354 | 10 | 3 | 6 | 9 | 13 | 20 |
| | | 女 | 484 | 12 | 4 | 7 | 10 | 15 | 23 |
| | 农村 | 小计 | 274 | 10 | 3 | 6 | 9 | 12 | 17 |
| | | 男 | 104 | 9 | 3 | 6 | 9 | 12 | 14 |
| | | 女 | 170 | 10 | 3 | 7 | 9 | 12 | 18 |
| 天津 | 城乡 | 小计 | 1 143 | 9 | 2 | 6 | 9 | 13 | 19 |
| | | 男 | 466 | 9 | 2 | 6 | 9 | 13 | 19 |
| | | 女 | 677 | 9 | 2 | 6 | 8 | 13 | 19 |
| | 城市 | 小计 | 854 | 10 | 4 | 7 | 10 | 13 | 20 |
| | | 男 | 332 | 10 | 3 | 7 | 10 | 13 | 19 |
| | | 女 | 522 | 10 | 4 | 7 | 10 | 13 | 21 |
| | 农村 | 小计 | 289 | 8 | 2 | 3 | 6 | 12 | 16 |
| | | 男 | 134 | 8 | 2 | 3 | 7 | 12 | 16 |
| | | 女 | 155 | 7 | 2 | 3 | 6 | 10 | 16 |
| 河北 | 城乡 | 小计 | 4 408 | 7 | 1 | 2 | 6 | 10 | 18 |
| | | 男 | 1 935 | 7 | 0 | 2 | 5 | 9 | 17 |
| | | 女 | 2 473 | 7 | 1 | 3 | 6 | 10 | 18 |
| | 城市 | 小计 | 1 830 | 9 | 1 | 4 | 7 | 11 | 20 |
| | | 男 | 829 | 8 | 1 | 4 | 7 | 11 | 20 |
| | | 女 | 1 001 | 9 | 1 | 4 | 8 | 12 | 21 |
| | 农村 | 小计 | 2 578 | 6 | 0 | 2 | 4 | 8 | 15 |
| | | 男 | 1 106 | 5 | 0 | 2 | 3 | 8 | 14 |
| | | 女 | 1 472 | 6 | 0 | 2 | 4 | 9 | 16 |
| 山西 | 城乡 | 小计 | 3 426 | 4 | 0 | 1 | 3 | 6 | 13 |
| | | 男 | 1 557 | 4 | 0 | 1 | 3 | 6 | 13 |
| | | 女 | 1 869 | 4 | 0 | 1 | 2 | 6 | 13 |
| | 城市 | 小计 | 1 044 | 7 | 1 | 3 | 6 | 9 | 18 |
| | | 男 | 479 | 7 | 1 | 3 | 6 | 8 | 17 |
| | | 女 | 565 | 7 | 0 | 3 | 7 | 10 | 19 |
| | 农村 | 小计 | 2 382 | 3 | 0 | 1 | 2 | 4 | 10 |
| | | 男 | 1 078 | 3 | 0 | 1 | 2 | 5 | 10 |
| | | 女 | 1 304 | 3 | 0 | 0 | 1 | 4 | 9 |
| 内蒙古 | 城乡 | 小计 | 2 823 | 3 | 0 | 2 | 3 | 4 | 7 |
| | | 男 | 1 349 | 3 | 0 | 1 | 3 | 4 | 7 |
| | | 女 | 1 474 | 3 | 0 | 2 | 3 | 5 | 8 |
| | 城市 | 小计 | 1 130 | 4 | 1 | 2 | 4 | 5 | 8 |
| | | 男 | 520 | 4 | 1 | 2 | 4 | 5 | 8 |
| | | 女 | 610 | 4 | 1 | 3 | 4 | 5 | 8 |
| | 农村 | 小计 | 1 693 | 3 | 0 | 1 | 2 | 4 | 6 |
| | | 男 | 829 | 2 | 0 | 1 | 2 | 3 | 6 |
| | | 女 | 864 | 3 | 0 | 1 | 3 | 4 | 6 |
| 辽宁 | 城乡 | 小计 | 3 375 | 8 | 2 | 5 | 8 | 11 | 18 |
| | | 男 | 1 447 | 8 | 2 | 4 | 8 | 10 | 16 |
| | | 女 | 1 928 | 9 | 2 | 5 | 8 | 11 | 18 |

| 地区 | 城乡 | 性别 | n | 全年平均每天洗澡时间 / (min/d) | | | | | |
|---|---|---|---|---|---|---|---|---|---|
| | | | | Mean | P5 | P25 | P50 | P75 | P95 |
| 辽宁 | 城市 | 小计 | 1 195 | 9 | 3 | 6 | 8 | 11 | 20 |
| | | 男 | 526 | 9 | 3 | 5 | 8 | 11 | 20 |
| | | 女 | 669 | 10 | 3 | 7 | 9 | 13 | 20 |
| | 农村 | 小计 | 2 180 | 8 | 1 | 4 | 8 | 10 | 17 |
| | | 男 | 921 | 8 | 1 | 4 | 8 | 10 | 16 |
| | | 女 | 1 259 | 8 | 2 | 5 | 8 | 10 | 17 |
| 吉林 | 城乡 | 小计 | 2 733 | 6 | 2 | 3 | 5 | 8 | 14 |
| | | 男 | 1 301 | 6 | 1 | 3 | 5 | 8 | 13 |
| | | 女 | 1 432 | 6 | 2 | 3 | 5 | 9 | 15 |
| | 城市 | 小计 | 1 571 | 7 | 2 | 4 | 6 | 9 | 16 |
| | | 男 | 704 | 7 | 2 | 4 | 6 | 9 | 16 |
| | | 女 | 867 | 7 | 2 | 4 | 6 | 9 | 16 |
| | 农村 | 小计 | 1 162 | 5 | 1 | 3 | 4 | 7 | 12 |
| | | 男 | 597 | 5 | 1 | 3 | 4 | 6 | 11 |
| | | 女 | 565 | 5 | 1 | 3 | 4 | 7 | 14 |
| 黑龙江 | 城乡 | 小计 | 4 059 | 5 | 1 | 3 | 4 | 6 | 12 |
| | | 男 | 1 880 | 5 | 1 | 3 | 4 | 6 | 12 |
| | | 女 | 2 179 | 5 | 1 | 3 | 4 | 7 | 12 |
| | 城市 | 小计 | 1 589 | 7 | 2 | 4 | 6 | 8 | 15 |
| | | 男 | 681 | 6 | 2 | 4 | 5 | 8 | 15 |
| | | 女 | 908 | 7 | 2 | 4 | 6 | 8 | 15 |
| | 农村 | 小计 | 2 470 | 4 | 1 | 2 | 3 | 5 | 9 |
| | | 男 | 1 199 | 4 | 1 | 2 | 3 | 5 | 10 |
| | | 女 | 1 271 | 4 | 1 | 2 | 3 | 5 | 9 |
| 上海 | 城乡 | 小计 | 1 160 | 12 | 4 | 7 | 10 | 15 | 24 |
| | | 男 | 540 | 11 | 4 | 7 | 10 | 15 | 21 |
| | | 女 | 620 | 12 | 5 | 8 | 10 | 15 | 26 |
| | 城市 | 小计 | 1 160 | 12 | 4 | 7 | 10 | 15 | 24 |
| | | 男 | 540 | 11 | 4 | 7 | 10 | 15 | 21 |
| | | 女 | 620 | 12 | 5 | 8 | 10 | 15 | 26 |
| 江苏 | 城乡 | 小计 | 3 455 | 11 | 4 | 7 | 10 | 14 | 22 |
| | | 男 | 1 579 | 11 | 4 | 7 | 10 | 13 | 21 |
| | | 女 | 1 876 | 11 | 4 | 7 | 10 | 14 | 23 |
| | 城市 | 小计 | 2 307 | 11 | 5 | 7 | 10 | 13 | 22 |
| | | 男 | 1 064 | 11 | 4 | 7 | 10 | 13 | 22 |
| | | 女 | 1 243 | 11 | 5 | 7 | 10 | 14 | 23 |
| | 农村 | 小计 | 1 148 | 10 | 3 | 6 | 9 | 14 | 21 |
| | | 男 | 515 | 10 | 3 | 7 | 9 | 13 | 20 |
| | | 女 | 633 | 11 | 3 | 6 | 9 | 14 | 22 |
| 浙江 | 城乡 | 小计 | 3 414 | 10 | 4 | 6 | 9 | 12 | 20 |
| | | 男 | 1 591 | 10 | 4 | 6 | 9 | 12 | 20 |
| | | 女 | 1 823 | 10 | 4 | 6 | 9 | 12 | 20 |
| | 城市 | 小计 | 1 181 | 11 | 4 | 7 | 10 | 13 | 21 |
| | | 男 | 534 | 11 | 4 | 7 | 9 | 13 | 20 |
| | | 女 | 647 | 11 | 5 | 7 | 10 | 14 | 23 |
| | 农村 | 小计 | 2 233 | 9 | 4 | 6 | 8 | 11 | 18 |
| | | 男 | 1 057 | 10 | 4 | 6 | 8 | 11 | 18 |
| | | 女 | 1 176 | 9 | 4 | 6 | 8 | 11 | 18 |
| 安徽 | 城乡 | 小计 | 3 493 | 9 | 4 | 6 | 9 | 11 | 17 |
| | | 男 | 1 545 | 9 | 4 | 6 | 9 | 11 | 17 |
| | | 女 | 1 948 | 9 | 4 | 6 | 9 | 11 | 17 |
| | 城市 | 小计 | 1 891 | 9 | 4 | 6 | 8 | 11 | 18 |
| | | 男 | 791 | 9 | 4 | 6 | 8 | 11 | 18 |
| | | 女 | 1 100 | 9 | 5 | 6 | 8 | 11 | 17 |
| | 农村 | 小计 | 1 602 | 9 | 4 | 6 | 9 | 11 | 17 |
| | | 男 | 754 | 9 | 4 | 6 | 9 | 11 | 16 |
| | | 女 | 848 | 9 | 4 | 6 | 9 | 11 | 18 |
| 福建 | 城乡 | 小计 | 2 892 | 12 | 5 | 8 | 10 | 14 | 25 |

| 地区 | 城乡 | 性别 | *n* | 全年平均每天洗澡时间 /（min/d） | | | | | |
|---|---|---|---|---|---|---|---|---|---|
| | | | | Mean | P5 | P25 | P50 | P75 | P95 |
| 福建 | 城乡 | 男 | 1 289 | 11 | 5 | 8 | 10 | 14 | 25 |
| | | 女 | 1 603 | 12 | 5 | 8 | 10 | 15 | 24 |
| | 城市 | 小计 | 1 491 | 12 | 5 | 8 | 10 | 15 | 25 |
| | | 男 | 635 | 12 | 5 | 8 | 10 | 14 | 24 |
| | | 女 | 856 | 12 | 5 | 8 | 10 | 15 | 25 |
| | 农村 | 小计 | 1 401 | 11 | 5 | 8 | 10 | 14 | 23 |
| | | 男 | 654 | 11 | 5 | 8 | 10 | 13 | 25 |
| | | 女 | 747 | 11 | 5 | 8 | 10 | 14 | 23 |
| 江西 | 城乡 | 小计 | 2 917 | 8 | 4 | 5 | 8 | 10 | 15 |
| | | 男 | 1 376 | 8 | 4 | 5 | 7 | 10 | 15 |
| | | 女 | 1 541 | 8 | 4 | 6 | 8 | 10 | 15 |
| | 城市 | 小计 | 1 720 | 8 | 4 | 6 | 8 | 10 | 15 |
| | | 男 | 795 | 8 | 4 | 6 | 8 | 10 | 16 |
| | | 女 | 925 | 9 | 4 | 6 | 8 | 11 | 15 |
| | 农村 | 小计 | 1 197 | 8 | 4 | 5 | 7 | 10 | 15 |
| | | 男 | 581 | 8 | 4 | 5 | 7 | 9 | 14 |
| | | 女 | 616 | 8 | 4 | 5 | 8 | 10 | 15 |
| 山东 | 城乡 | 小计 | 5 577 | 8 | 2 | 4 | 7 | 10 | 19 |
| | | 男 | 2 490 | 8 | 2 | 4 | 7 | 10 | 18 |
| | | 女 | 3 087 | 8 | 2 | 5 | 7 | 11 | 19 |
| | 城市 | 小计 | 2 700 | 9 | 3 | 5 | 8 | 11 | 19 |
| | | 男 | 1 126 | 8 | 3 | 5 | 8 | 11 | 18 |
| | | 女 | 1 574 | 9 | 3 | 5 | 8 | 12 | 19 |
| | 农村 | 小计 | 2 877 | 7 | 1 | 4 | 6 | 10 | 19 |
| | | 男 | 1 364 | 7 | 1 | 4 | 6 | 10 | 18 |
| | | 女 | 1 513 | 7 | 1 | 4 | 6 | 10 | 19 |
| 河南 | 城乡 | 小计 | 4 878 | 7 | 2 | 4 | 6 | 9 | 16 |
| | | 男 | 2 070 | 7 | 2 | 3 | 6 | 9 | 16 |
| | | 女 | 2 808 | 7 | 2 | 4 | 6 | 10 | 16 |
| | 城市 | 小计 | 2 028 | 9 | 3 | 5 | 8 | 11 | 18 |
| | | 男 | 839 | 8 | 3 | 5 | 7 | 10 | 18 |
| | | 女 | 1 189 | 9 | 3 | 5 | 8 | 12 | 19 |
| | 农村 | 小计 | 2 850 | 6 | 2 | 3 | 5 | 9 | 15 |
| | | 男 | 1 231 | 6 | 2 | 3 | 5 | 8 | 15 |
| | | 女 | 1 619 | 6 | 2 | 3 | 5 | 9 | 15 |
| 湖北 | 城乡 | 小计 | 3 410 | 9 | 3 | 6 | 8 | 10 | 17 |
| | | 男 | 1 605 | 8 | 3 | 6 | 8 | 10 | 17 |
| | | 女 | 1 805 | 9 | 2 | 6 | 8 | 11 | 18 |
| | 城市 | 小计 | 2 385 | 10 | 4 | 6 | 9 | 11 | 18 |
| | | 男 | 1 129 | 9 | 4 | 6 | 8 | 11 | 18 |
| | | 女 | 1 256 | 10 | 5 | 7 | 9 | 12 | 19 |
| | 农村 | 小计 | 1 025 | 7 | 2 | 4 | 6 | 8 | 13 |
| | | 男 | 476 | 7 | 2 | 5 | 6 | 8 | 14 |
| | | 女 | 549 | 7 | 2 | 4 | 6 | 8 | 13 |
| 湖南 | 城乡 | 小计 | 4 035 | 9 | 4 | 6 | 8 | 11 | 18 |
| | | 男 | 1 841 | 9 | 4 | 6 | 8 | 10 | 18 |
| | | 女 | 2 194 | 10 | 4 | 6 | 9 | 11 | 19 |
| | 城市 | 小计 | 1 527 | 10 | 5 | 6 | 8 | 11 | 19 |
| | | 男 | 620 | 9 | 4 | 6 | 8 | 11 | 18 |
| | | 女 | 907 | 10 | 5 | 6 | 9 | 12 | 21 |
| | 农村 | 小计 | 2 508 | 9 | 4 | 6 | 8 | 11 | 18 |
| | | 男 | 1 221 | 9 | 4 | 6 | 8 | 10 | 18 |
| | | 女 | 1 287 | 9 | 4 | 6 | 9 | 11 | 18 |
| 广东 | 城乡 | 小计 | 3 243 | 12 | 5 | 10 | 10 | 15 | 20 |
| | | 男 | 1 459 | 12 | 5 | 10 | 10 | 15 | 20 |
| | | 女 | 1 784 | 12 | 5 | 10 | 10 | 15 | 21 |
| | 城市 | 小计 | 1 745 | 13 | 5 | 10 | 10 | 15 | 23 |
| | | 男 | 776 | 12 | 5 | 10 | 10 | 15 | 20 |

| 地区 | 城乡 | 性别 | $n$ | 全年平均每天洗澡时间 / (min/d) | | | | | |
|---|---|---|---|---|---|---|---|---|---|
| | | | | Mean | P5 | P25 | P50 | P75 | P95 |
| 广东 | 城市 | 女 | 969 | 13 | 5 | 10 | 11 | 15 | 25 |
| | 农村 | 小计 | 1 498 | 12 | 5 | 10 | 10 | 14 | 20 |
| | | 男 | 683 | 12 | 6 | 10 | 10 | 14 | 20 |
| | | 女 | 815 | 12 | 5 | 10 | 10 | 14 | 20 |
| 广西 | 城乡 | 小计 | 3 339 | 11 | 5 | 8 | 10 | 12 | 20 |
| | | 男 | 1 574 | 11 | 5 | 8 | 10 | 13 | 20 |
| | | 女 | 1 765 | 11 | 5 | 8 | 10 | 12 | 19 |
| | 城市 | 小计 | 1 321 | 11 | 5 | 8 | 10 | 13 | 21 |
| | | 男 | 601 | 11 | 5 | 8 | 10 | 14 | 23 |
| | | 女 | 720 | 11 | 4 | 8 | 10 | 12 | 20 |
| | 农村 | 小计 | 2 018 | 11 | 5 | 8 | 10 | 12 | 20 |
| | | 男 | 973 | 11 | 5 | 8 | 10 | 12 | 20 |
| | | 女 | 1 045 | 10 | 5 | 8 | 10 | 12 | 19 |
| 海南 | 城乡 | 小计 | 1 082 | 14 | 7 | 10 | 14 | 17 | 24 |
| | | 男 | 515 | 14 | 9 | 10 | 14 | 16 | 21 |
| | | 女 | 567 | 14 | 5 | 10 | 14 | 17 | 25 |
| | 城市 | 小计 | 328 | 16 | 9 | 10 | 15 | 19 | 30 |
| | | 男 | 155 | 15 | 9 | 10 | 14 | 17 | 20 |
| | | 女 | 173 | 17 | 10 | 10 | 15 | 20 | 30 |
| | 农村 | 小计 | 754 | 14 | 5 | 10 | 13 | 15 | 20 |
| | | 男 | 360 | 14 | 9 | 10 | 14 | 16 | 23 |
| | | 女 | 394 | 13 | 5 | 10 | 13 | 15 | 20 |
| 重庆 | 城乡 | 小计 | 963 | 5 | 2 | 4 | 4 | 6 | 10 |
| | | 男 | 411 | 5 | 2 | 4 | 4 | 6 | 10 |
| | | 女 | 552 | 5 | 2 | 4 | 4 | 6 | 11 |
| | 城市 | 小计 | 474 | 6 | 3 | 4 | 5 | 8 | 12 |
| | | 男 | 224 | 6 | 3 | 4 | 5 | 7 | 12 |
| | | 女 | 250 | 7 | 3 | 4 | 6 | 9 | 12 |
| | 农村 | 小计 | 489 | 4 | 2 | 4 | 4 | 5 | 7 |
| | | 男 | 187 | 4 | 2 | 4 | 4 | 5 | 6 |
| | | 女 | 302 | 4 | 2 | 4 | 4 | 5 | 7 |
| 四川 | 城乡 | 小计 | 4 378 | 6 | 2 | 4 | 6 | 8 | 13 |
| | | 男 | 1 999 | 6 | 2 | 4 | 6 | 8 | 13 |
| | | 女 | 2 379 | 6 | 2 | 4 | 6 | 8 | 13 |
| | 城市 | 小计 | 1 931 | 7 | 2 | 4 | 6 | 8 | 14 |
| | | 男 | 861 | 6 | 1 | 4 | 6 | 8 | 14 |
| | | 女 | 1 070 | 7 | 2 | 4 | 6 | 8 | 15 |
| | 农村 | 小计 | 2 447 | 6 | 2 | 4 | 6 | 8 | 13 |
| | | 男 | 1 138 | 6 | 2 | 4 | 6 | 8 | 13 |
| | | 女 | 1 309 | 6 | 2 | 4 | 6 | 7 | 13 |
| 贵州 | 城乡 | 小计 | 2 844 | 7 | 1 | 4 | 6 | 9 | 17 |
| | | 男 | 1 328 | 7 | 1 | 4 | 6 | 9 | 16 |
| | | 女 | 1 516 | 7 | 1 | 4 | 6 | 10 | 18 |
| | 城市 | 小计 | 1 062 | 8 | 2 | 5 | 7 | 10 | 17 |
| | | 男 | 498 | 7 | 2 | 4 | 6 | 9 | 14 |
| | | 女 | 564 | 9 | 2 | 5 | 8 | 11 | 19 |
| | 农村 | 小计 | 1 782 | 6 | 1 | 3 | 5 | 8 | 17 |
| | | 男 | 830 | 7 | 1 | 3 | 5 | 9 | 19 |
| | | 女 | 952 | 6 | 1 | 3 | 5 | 8 | 15 |
| 云南 | 城乡 | 小计 | 3 451 | 6 | 1 | 3 | 5 | 8 | 15 |
| | | 男 | 1 651 | 6 | 1 | 3 | 4 | 8 | 15 |
| | | 女 | 1 800 | 6 | 1 | 3 | 5 | 8 | 15 |
| | 城市 | 小计 | 907 | 7 | 1 | 3 | 5 | 9 | 15 |
| | | 男 | 419 | 6 | 1 | 4 | 5 | 9 | 15 |
| | | 女 | 488 | 7 | 1 | 3 | 6 | 9 | 15 |
| | 农村 | 小计 | 2 544 | 6 | 1 | 3 | 4 | 8 | 15 |
| | | 男 | 1 232 | 6 | 1 | 3 | 4 | 8 | 15 |
| | | 女 | 1 312 | 6 | 1 | 3 | 4 | 7 | 15 |

| 地区 | 城乡 | 性别 | *n* | 全年平均每天洗澡时间 /（min/d） | | | | | |
|---|---|---|---|---|---|---|---|---|---|
| | | | | Mean | P5 | P25 | P50 | P75 | P95 |
| 西藏 | 城乡 | 小计 | 1 399 | 1 | 0 | 0 | 0 | 2 | 5 |
| | | 男 | 563 | 1 | 0 | 0 | 0 | 2 | 4 |
| | | 女 | 836 | 1 | 0 | 0 | 0 | 2 | 5 |
| | 城市 | 小计 | 385 | 2 | 0 | 1 | 2 | 3 | 8 |
| | | 男 | 126 | 2 | 0 | 1 | 2 | 3 | 7 |
| | | 女 | 259 | 3 | 0 | 1 | 2 | 3 | 8 |
| | 农村 | 小计 | 1 014 | 1 | 0 | 0 | 0 | 1 | 4 |
| | | 男 | 437 | 1 | 0 | 0 | 0 | 1 | 4 |
| | | 女 | 577 | 1 | 0 | 0 | 0 | 1 | 4 |
| 陕西 | 城乡 | 小计 | 2 854 | 6 | 1 | 3 | 5 | 8 | 14 |
| | | 男 | 1 291 | 6 | 1 | 3 | 5 | 8 | 13 |
| | | 女 | 1 563 | 7 | 1 | 4 | 6 | 9 | 15 |
| | 城市 | 小计 | 1 327 | 8 | 2 | 5 | 7 | 10 | 16 |
| | | 男 | 586 | 7 | 2 | 4 | 6 | 9 | 14 |
| | | 女 | 741 | 8 | 2 | 5 | 7 | 10 | 17 |
| | 农村 | 小计 | 1 527 | 5 | 1 | 2 | 4 | 7 | 12 |
| | | 男 | 705 | 4 | 1 | 2 | 4 | 6 | 12 |
| | | 女 | 822 | 6 | 1 | 3 | 5 | 7 | 13 |
| 甘肃 | 城乡 | 小计 | 2 865 | 3 | 0 | 1 | 2 | 3 | 7 |
| | | 男 | 1 286 | 2 | 0 | 1 | 2 | 3 | 6 |
| | | 女 | 1579 | 3 | 0 | 1 | 2 | 4 | 8 |
| | 城市 | 小计 | 798 | 4 | 0 | 2 | 3 | 4 | 8 |
| | | 男 | 364 | 3 | 1 | 2 | 3 | 4 | 7 |
| | | 女 | 434 | 4 | 0 | 2 | 3 | 4 | 9 |
| | 农村 | 小计 | 2 067 | 2 | 0 | 1 | 2 | 3 | 6 |
| | | 男 | 922 | 2 | 0 | 1 | 2 | 3 | 5 |
| | | 女 | 1 145 | 2 | 0 | 1 | 2 | 3 | 7 |
| 青海 | 城乡 | 小计 | 1 589 | 4 | 0 | 2 | 4 | 6 | 9 |
| | | 男 | 690 | 4 | 0 | 2 | 4 | 6 | 8 |
| | | 女 | 899 | 4 | 0 | 2 | 4 | 7 | 11 |
| | 城市 | 小计 | 666 | 5 | 1 | 3 | 5 | 7 | 10 |
| | | 男 | 296 | 5 | 1 | 3 | 5 | 6 | 9 |
| | | 女 | 370 | 6 | 2 | 4 | 5 | 8 | 12 |
| | 农村 | 小计 | 923 | 1 | 0 | 0 | 1 | 2 | 5 |
| | | 男 | 394 | 1 | 0 | 0 | 1 | 2 | 5 |
| | | 女 | 529 | 2 | 0 | 0 | 1 | 2 | 5 |
| 宁夏 | 城乡 | 小计 | 1 130 | 7 | 2 | 4 | 6 | 9 | 16 |
| | | 男 | 535 | 6 | 1 | 4 | 5 | 8 | 14 |
| | | 女 | 595 | 8 | 2 | 4 | 7 | 10 | 18 |
| | 城市 | 小计 | 1 032 | 7 | 2 | 4 | 6 | 9 | 16 |
| | | 男 | 485 | 6 | 2 | 4 | 5 | 8 | 14 |
| | | 女 | 547 | 8 | 2 | 5 | 7 | 10 | 19 |
| | 农村 | 小计 | 98 | 6 | 1 | 3 | 5 | 7 | 14 |
| | | 男 | 50 | 5 | 1 | 2 | 5 | 8 | 16 |
| | | 女 | 48 | 6 | 1 | 3 | 5 | 7 | 14 |
| 新疆 | 城乡 | 小计 | 2 800 | 5 | 1 | 3 | 4 | 5 | 10 |
| | | 男 | 1 262 | 4 | 1 | 3 | 4 | 5 | 9 |
| | | 女 | 1 538 | 5 | 1 | 2 | 4 | 5 | 11 |
| | 城市 | 小计 | 1 218 | 6 | 2 | 3 | 5 | 7 | 15 |
| | | 男 | 483 | 6 | 2 | 3 | 5 | 7 | 13 |
| | | 女 | 735 | 7 | 2 | 3 | 5 | 8 | 18 |
| | 农村 | 小计 | 1 582 | 4 | 1 | 2 | 3 | 5 | 7 |
| | | 男 | 779 | 4 | 1 | 2 | 4 | 5 | 7 |
| | | 女 | 803 | 3 | 1 | 2 | 3 | 4 | 7 |

## 附表 7-10　中国人群分省（直辖市、自治区）、城乡、性别的春秋季平均每天洗澡时间

| 地区 | 城乡 | 性别 | n | 春秋季平均每天洗澡时间 /（min/d） | | | | | |
|---|---|---|---|---|---|---|---|---|---|
| | | | | Mean | P5 | P25 | P50 | P75 | P95 |
| 合计 | 城乡 | 小计 | 90 310 | 7 | 1 | 3 | 5 | 10 | 20 |
| | | 男 | 40 906 | 7 | 1 | 3 | 5 | 10 | 17 |
| | | 女 | 49 404 | 7 | 1 | 3 | 5 | 10 | 20 |
| | 城市 | 小计 | 41 651 | 8 | 1 | 4 | 7 | 10 | 20 |
| | | 男 | 18 378 | 8 | 1 | 4 | 6 | 10 | 20 |
| | | 女 | 23 273 | 8 | 2 | 4 | 7 | 10 | 20 |
| | 农村 | 小计 | 48 659 | 6 | 1 | 2 | 5 | 8 | 15 |
| | | 男 | 22 528 | 6 | 1 | 2 | 5 | 8 | 15 |
| | | 女 | 26 131 | 6 | 1 | 2 | 5 | 8 | 15 |
| 北京 | 城乡 | 小计 | 1 112 | 9 | 1 | 4 | 8 | 11 | 20 |
| | | 男 | 458 | 8 | 1 | 4 | 7 | 10 | 20 |
| | | 女 | 654 | 10 | 1 | 5 | 8 | 13 | 21 |
| | 城市 | 小计 | 838 | 9 | 2 | 5 | 8 | 13 | 20 |
| | | 男 | 354 | 8 | 2 | 4 | 8 | 10 | 20 |
| | | 女 | 484 | 10 | 2 | 5 | 9 | 13 | 25 |
| | 农村 | 小计 | 274 | 7 | 1 | 3 | 6 | 10 | 16 |
| | | 男 | 104 | 6 | 1 | 3 | 5 | 10 | 13 |
| | | 女 | 170 | 8 | 1 | 3 | 7 | 10 | 20 |
| 天津 | 城乡 | 小计 | 1 144 | 8 | 1 | 3 | 7 | 12 | 20 |
| | | 男 | 466 | 8 | 1 | 3 | 7 | 13 | 20 |
| | | 女 | 678 | 8 | 1 | 3 | 6 | 11 | 20 |
| | 城市 | 小计 | 855 | 9 | 2 | 5 | 7 | 12 | 20 |
| | | 男 | 332 | 9 | 2 | 5 | 7 | 11 | 20 |
| | | 女 | 523 | 9 | 2 | 5 | 8 | 13 | 20 |
| | 农村 | 小计 | 289 | 7 | 1 | 2 | 3 | 10 | 20 |
| | | 男 | 134 | 7 | 1 | 2 | 3 | 13 | 20 |
| | | 女 | 155 | 6 | 1 | 2 | 3 | 8 | 20 |
| 河北 | 城乡 | 小计 | 4 408 | 6 | 0 | 2 | 4 | 8 | 16 |
| | | 男 | 1 935 | 6 | 0 | 2 | 4 | 8 | 16 |
| | | 女 | 2 473 | 6 | 0 | 2 | 4 | 8 | 18 |
| | 城市 | 小计 | 1 830 | 7 | 1 | 3 | 5 | 8 | 20 |
| | | 男 | 829 | 7 | 1 | 3 | 5 | 8 | 20 |
| | | 女 | 1 001 | 8 | 1 | 3 | 6 | 8 | 18 |
| | 农村 | 小计 | 2 578 | 5 | 0 | 1 | 3 | 7 | 15 |
| | | 男 | 1 106 | 4 | 0 | 1 | 2 | 6 | 15 |
| | | 女 | 1 472 | 5 | 0 | 2 | 3 | 7 | 17 |
| 山西 | 城乡 | 小计 | 3 427 | 4 | 0 | 1 | 2 | 4 | 10 |
| | | 男 | 1 558 | 4 | 0 | 1 | 3 | 5 | 10 |
| | | 女 | 1 869 | 3 | 0 | 1 | 2 | 4 | 10 |
| | 城市 | 小计 | 1 044 | 6 | 1 | 3 | 4 | 8 | 16 |
| | | 男 | 479 | 6 | 1 | 3 | 4 | 8 | 16 |
| | | 女 | 565 | 6 | 0 | 2 | 5 | 8 | 16 |
| | 农村 | 小计 | 2 383 | 3 | 0 | 1 | 1 | 4 | 8 |
| | | 男 | 1 079 | 3 | 0 | 1 | 2 | 4 | 10 |
| | | 女 | 1 304 | 2 | 0 | 0 | 1 | 3 | 7 |
| 内蒙古 | 城乡 | 小计 | 2 829 | 3 | 0 | 1 | 2 | 4 | 7 |
| | | 男 | 1 351 | 3 | 0 | 1 | 2 | 4 | 6 |
| | | 女 | 1 478 | 3 | 0 | 1 | 3 | 4 | 7 |
| | 城市 | 小计 | 1 134 | 4 | 1 | 2 | 4 | 4 | 8 |
| | | 男 | 522 | 3 | 1 | 2 | 3 | 4 | 8 |
| | | 女 | 612 | 4 | 1 | 2 | 4 | 5 | 8 |
| | 农村 | 小计 | 1 695 | 2 | 0 | 1 | 2 | 3 | 5 |
| | | 男 | 829 | 2 | 0 | 1 | 1 | 3 | 4 |
| | | 女 | 866 | 2 | 0 | 1 | 2 | 3 | 5 |
| 辽宁 | 城乡 | 小计 | 3 375 | 6 | 1 | 3 | 5 | 8 | 16 |
| | | 男 | 1 447 | 6 | 1 | 3 | 5 | 8 | 16 |

| 地区 | 城乡 | 性别 | $n$ | 春秋季平均每天洗澡时间 /（min/d） | | | | | |
|---|---|---|---|---|---|---|---|---|---|
| | | | | Mean | P5 | P25 | P50 | P75 | P95 |
| 辽宁 | 城乡 | 女 | 1 928 | 6 | 1 | 3 | 6 | 8 | 16 |
| | 城市 | 小计 | 1 195 | 8 | 2 | 4 | 7 | 8 | 20 |
| | | 男 | 526 | 7 | 1 | 4 | 5 | 8 | 20 |
| | | 女 | 669 | 8 | 2 | 4 | 8 | 10 | 20 |
| | 农村 | 小计 | 2 180 | 6 | 1 | 2 | 5 | 8 | 13 |
| | | 男 | 921 | 6 | 1 | 2 | 4 | 8 | 15 |
| | | 女 | 1 259 | 6 | 1 | 2 | 5 | 8 | 13 |
| 吉林 | 城乡 | 小计 | 2 735 | 5 | 1 | 2 | 4 | 7 | 12 |
| | | 男 | 1 302 | 5 | 1 | 2 | 4 | 7 | 12 |
| | | 女 | 1 433 | 5 | 1 | 3 | 4 | 8 | 12 |
| | 城市 | 小计 | 1 571 | 6 | 1 | 3 | 5 | 8 | 16 |
| | | 男 | 704 | 6 | 1 | 3 | 5 | 8 | 16 |
| | | 女 | 867 | 6 | 1 | 3 | 5 | 8 | 16 |
| | 农村 | 小计 | 1 164 | 4 | 1 | 2 | 3 | 5 | 10 |
| | | 男 | 598 | 4 | 1 | 2 | 3 | 4 | 10 |
| | | 女 | 566 | 5 | 1 | 2 | 4 | 6 | 12 |
| 黑龙江 | 城乡 | 小计 | 4 059 | 4 | 1 | 1 | 3 | 4 | 10 |
| | | 男 | 1 880 | 4 | 1 | 1 | 3 | 4 | 10 |
| | | 女 | 2 179 | 4 | 1 | 1 | 3 | 5 | 10 |
| | 城市 | 小计 | 1 589 | 5 | 1 | 3 | 4 | 7 | 15 |
| | | 男 | 681 | 5 | 1 | 3 | 4 | 7 | 15 |
| | | 女 | 908 | 6 | 1 | 3 | 4 | 7 | 14 |
| | 农村 | 小计 | 2 470 | 3 | 0 | 1 | 2 | 3 | 7 |
| | | 男 | 1 199 | 3 | 0 | 1 | 2 | 3 | 7 |
| | | 女 | 1 271 | 3 | 0 | 1 | 2 | 3 | 7 |
| 上海 | 城乡 | 小计 | 1 160 | 11 | 2 | 5 | 10 | 15 | 30 |
| | | 男 | 540 | 10 | 2 | 5 | 10 | 15 | 20 |
| | | 女 | 620 | 12 | 3 | 6 | 10 | 15 | 30 |
| | 城市 | 小计 | 1 160 | 11 | 2 | 5 | 10 | 15 | 30 |
| | | 男 | 540 | 10 | 2 | 5 | 10 | 15 | 20 |
| | | 女 | 620 | 12 | 3 | 6 | 10 | 15 | 30 |
| 江苏 | 城乡 | 小计 | 3 457 | 10 | 2 | 5 | 8 | 13 | 25 |
| | | 男 | 1 580 | 9 | 2 | 5 | 8 | 12 | 21 |
| | | 女 | 1 877 | 10 | 2 | 5 | 8 | 13 | 25 |
| | 城市 | 小计 | 2 309 | 10 | 3 | 5 | 8 | 13 | 25 |
| | | 男 | 1 065 | 10 | 3 | 5 | 8 | 13 | 24 |
| | | 女 | 1 244 | 10 | 3 | 5 | 8 | 13 | 25 |
| | 农村 | 小计 | 1 148 | 9 | 1 | 4 | 7 | 12 | 21 |
| | | 男 | 515 | 9 | 2 | 4 | 7 | 12 | 20 |
| | | 女 | 633 | 9 | 1 | 4 | 7 | 12 | 27 |
| 浙江 | 城乡 | 小计 | 3 415 | 9 | 2 | 5 | 8 | 10 | 20 |
| | | 男 | 1 591 | 9 | 2 | 5 | 7 | 10 | 20 |
| | | 女 | 1 824 | 9 | 3 | 5 | 8 | 10 | 20 |
| | 城市 | 小计 | 1 181 | 10 | 3 | 5 | 10 | 13 | 20 |
| | | 男 | 534 | 10 | 3 | 5 | 10 | 13 | 20 |
| | | 女 | 647 | 10 | 3 | 5 | 10 | 13 | 20 |
| | 农村 | 小计 | 2 234 | 8 | 2 | 5 | 7 | 10 | 20 |
| | | 男 | 1 057 | 8 | 2 | 5 | 7 | 10 | 20 |
| | | 女 | 1 177 | 8 | 2 | 5 | 7 | 10 | 20 |
| 安徽 | 城乡 | 小计 | 3 494 | 7 | 2 | 4 | 5 | 8 | 15 |
| | | 男 | 1 545 | 7 | 2 | 4 | 5 | 8 | 15 |
| | | 女 | 1 949 | 7 | 2 | 4 | 5 | 8 | 15 |
| | 城市 | 小计 | 1 892 | 7 | 2 | 4 | 5 | 8 | 15 |
| | | 男 | 791 | 6 | 2 | 4 | 5 | 8 | 15 |
| | | 女 | 1 101 | 7 | 2 | 4 | 5 | 8 | 15 |
| | 农村 | 小计 | 1 602 | 7 | 1 | 4 | 6 | 8 | 15 |
| | | 男 | 754 | 7 | 1 | 3 | 5 | 8 | 15 |
| | | 女 | 848 | 7 | 1 | 4 | 6 | 8 | 15 |

| 地区 | 城乡 | 性别 | *n* | 春秋季平均每天洗澡时间 /（min/d） | | | | | |
|---|---|---|---|---|---|---|---|---|---|
| | | | | Mean | P5 | P25 | P50 | P75 | P95 |
| 福建 | 城乡 | 小计 | 2 892 | 11 | 3 | 7 | 10 | 15 | 25 |
| | | 男 | 1 289 | 11 | 3 | 7 | 10 | 13 | 30 |
| | | 女 | 1 603 | 11 | 3 | 7 | 10 | 15 | 20 |
| | 城市 | 小计 | 1 491 | 11 | 4 | 7 | 10 | 15 | 30 |
| | | 男 | 635 | 11 | 4 | 7 | 10 | 13 | 30 |
| | | 女 | 856 | 11 | 4 | 7 | 10 | 15 | 30 |
| | 农村 | 小计 | 1 401 | 11 | 3 | 7 | 10 | 13 | 20 |
| | | 男 | 654 | 11 | 3 | 7 | 10 | 13 | 30 |
| | | 女 | 747 | 11 | 3 | 7 | 10 | 13 | 20 |
| 江西 | 城乡 | 小计 | 2 917 | 8 | 3 | 4 | 7 | 10 | 15 |
| | | 男 | 1 376 | 7 | 3 | 4 | 7 | 10 | 15 |
| | | 女 | 1 541 | 8 | 3 | 5 | 7 | 10 | 15 |
| | 城市 | 小计 | 1 720 | 8 | 3 | 5 | 7 | 10 | 15 |
| | | 男 | 795 | 8 | 3 | 5 | 7 | 10 | 15 |
| | | 女 | 925 | 8 | 3 | 5 | 7 | 10 | 15 |
| | 农村 | 小计 | 1 197 | 7 | 2 | 4 | 7 | 10 | 15 |
| | | 男 | 581 | 7 | 2 | 4 | 6 | 10 | 15 |
| | | 女 | 616 | 8 | 3 | 4 | 7 | 10 | 15 |
| 山东 | 城乡 | 小计 | 5 579 | 6 | 0 | 2 | 4 | 8 | 20 |
| | | 男 | 2 490 | 6 | 0 | 2 | 4 | 8 | 17 |
| | | 女 | 3 089 | 6 | 1 | 2 | 4 | 8 | 20 |
| | 城市 | 小计 | 2 702 | 7 | 1 | 3 | 5 | 8 | 18 |
| | | 男 | 1 126 | 7 | 1 | 3 | 5 | 8 | 17 |
| | | 女 | 1 576 | 7 | 1 | 3 | 5 | 10 | 18 |
| | 农村 | 小计 | 2 877 | 5 | 0 | 2 | 3 | 6 | 20 |
| | | 男 | 1 364 | 5 | 0 | 2 | 3 | 6 | 20 |
| | | 女 | 1 513 | 5 | 0 | 2 | 3 | 6 | 20 |
| 河南 | 城乡 | 小计 | 4 885 | 5 | 1 | 2 | 3 | 6 | 13 |
| | | 男 | 2 075 | 5 | 1 | 2 | 3 | 6 | 13 |
| | | 女 | 2 810 | 5 | 1 | 2 | 3 | 6 | 13 |
| | 城市 | 小计 | 2 030 | 6 | 1 | 3 | 5 | 8 | 16 |
| | | 男 | 841 | 6 | 1 | 3 | 5 | 8 | 16 |
| | | 女 | 1 189 | 7 | 1 | 3 | 5 | 8 | 16 |
| | 农村 | 小计 | 2 855 | 4 | 0 | 2 | 3 | 5 | 12 |
| | | 男 | 1 234 | 4 | 0 | 2 | 3 | 5 | 12 |
| | | 女 | 1 621 | 4 | 0 | 2 | 3 | 5 | 11 |
| 湖北 | 城乡 | 小计 | 3 410 | 7 | 2 | 4 | 6 | 10 | 17 |
| | | 男 | 1 605 | 7 | 2 | 4 | 6 | 10 | 15 |
| | | 女 | 1 805 | 8 | 2 | 4 | 6 | 10 | 20 |
| | 城市 | 小计 | 2 385 | 9 | 3 | 5 | 7 | 10 | 20 |
| | | 男 | 1 129 | 8 | 3 | 5 | 7 | 10 | 17 |
| | | 女 | 1 256 | 9 | 3 | 5 | 8 | 10 | 20 |
| | 农村 | 小计 | 1 025 | 5 | 1 | 3 | 5 | 7 | 11 |
| | | 男 | 476 | 5 | 1 | 3 | 5 | 7 | 12 |
| | | 女 | 549 | 5 | 1 | 3 | 5 | 7 | 10 |
| 湖南 | 城乡 | 小计 | 4 035 | 9 | 3 | 5 | 8 | 10 | 20 |
| | | 男 | 1 841 | 8 | 3 | 5 | 7 | 10 | 20 |
| | | 女 | 2 194 | 9 | 3 | 5 | 8 | 10 | 20 |
| | 城市 | 小计 | 1 527 | 9 | 3 | 5 | 8 | 10 | 20 |
| | | 男 | 620 | 8 | 3 | 5 | 7 | 10 | 20 |
| | | 女 | 907 | 9 | 3 | 5 | 8 | 10 | 20 |
| | 农村 | 小计 | 2 508 | 9 | 3 | 5 | 7 | 10 | 20 |
| | | 男 | 1 221 | 8 | 3 | 5 | 7 | 10 | 20 |
| | | 女 | 1 287 | 9 | 3 | 5 | 8 | 10 | 20 |
| 广东 | 城乡 | 小计 | 3 244 | 12 | 5 | 10 | 10 | 15 | 20 |
| | | 男 | 1 459 | 12 | 5 | 10 | 10 | 15 | 20 |
| | | 女 | 1 785 | 12 | 5 | 10 | 10 | 15 | 20 |
| | 城市 | 小计 | 1 745 | 12 | 5 | 10 | 10 | 15 | 20 |

| 地区 | 城乡 | 性别 | *n* | 春秋季平均每天洗澡时间 /（min/d） | | | | | |
|---|---|---|---|---|---|---|---|---|---|
| | | | | Mean | P5 | P25 | P50 | P75 | P95 |
| 广东 | 城市 | 男 | 776 | 12 | 5 | 10 | 10 | 15 | 20 |
| | | 女 | 969 | 13 | 5 | 10 | 10 | 15 | 25 |
| | 农村 | 小计 | 1 499 | 12 | 5 | 10 | 10 | 15 | 20 |
| | | 男 | 683 | 12 | 5 | 10 | 10 | 15 | 20 |
| | | 女 | 816 | 12 | 5 | 10 | 10 | 15 | 20 |
| 广西 | 城乡 | 小计 | 3 341 | 10 | 5 | 8 | 10 | 11 | 20 |
| | | 男 | 1 574 | 11 | 5 | 8 | 10 | 12 | 20 |
| | | 女 | 1 767 | 10 | 4 | 8 | 10 | 10 | 20 |
| | 城市 | 小计 | 1 322 | 11 | 5 | 8 | 10 | 12 | 20 |
| | | 男 | 601 | 11 | 5 | 8 | 10 | 13 | 20 |
| | | 女 | 721 | 11 | 5 | 8 | 10 | 10 | 20 |
| | 农村 | 小计 | 2 019 | 10 | 5 | 8 | 10 | 10 | 20 |
| | | 男 | 973 | 10 | 5 | 8 | 10 | 10 | 20 |
| | | 女 | 1 046 | 10 | 4 | 8 | 10 | 10 | 20 |
| 海南 | 城乡 | 小计 | 1 082 | 14 | 6 | 10 | 13 | 15 | 20 |
| | | 男 | 515 | 14 | 8 | 10 | 10 | 15 | 20 |
| | | 女 | 567 | 14 | 5 | 10 | 15 | 15 | 25 |
| | 城市 | 小计 | 328 | 15 | 8 | 10 | 15 | 18 | 30 |
| | | 男 | 155 | 14 | 8 | 10 | 10 | 15 | 20 |
| | | 女 | 173 | 16 | 10 | 10 | 15 | 20 | 30 |
| | 农村 | 小计 | 754 | 13 | 5 | 10 | 10 | 15 | 20 |
| | | 男 | 360 | 13 | 8 | 10 | 10 | 15 | 20 |
| | | 女 | 394 | 13 | 5 | 10 | 10 | 15 | 20 |
| 重庆 | 城乡 | 小计 | 963 | 4 | 1 | 2 | 3 | 5 | 10 |
| | | 男 | 411 | 4 | 1 | 2 | 3 | 5 | 10 |
| | | 女 | 552 | 4 | 1 | 2 | 3 | 5 | 10 |
| | 城市 | 小计 | 474 | 5 | 2 | 3 | 4 | 6 | 12 |
| | | 男 | 224 | 5 | 2 | 3 | 3 | 5 | 10 |
| | | 女 | 250 | 5 | 2 | 3 | 4 | 7 | 12 |
| | 农村 | 小计 | 489 | 3 | 1 | 2 | 3 | 4 | 7 |
| | | 男 | 187 | 3 | 1 | 2 | 3 | 4 | 6 |
| | | 女 | 302 | 3 | 1 | 2 | 3 | 4 | 7 |
| 四川 | 城乡 | 小计 | 4 385 | 5 | 1 | 3 | 4 | 7 | 13 |
| | | 男 | 2 003 | 5 | 1 | 3 | 4 | 7 | 13 |
| | | 女 | 2 382 | 5 | 1 | 3 | 4 | 7 | 13 |
| | 城市 | 小计 | 1 932 | 6 | 1 | 3 | 5 | 7 | 13 |
| | | 男 | 862 | 5 | 1 | 3 | 5 | 7 | 12 |
| | | 女 | 1 070 | 6 | 1 | 3 | 5 | 7 | 15 |
| | 农村 | 小计 | 2 453 | 5 | 1 | 3 | 4 | 7 | 12 |
| | | 男 | 1 141 | 5 | 1 | 3 | 4 | 7 | 13 |
| | | 女 | 1 312 | 5 | 1 | 3 | 4 | 7 | 12 |
| 贵州 | 城乡 | 小计 | 2 844 | 6 | 1 | 3 | 4 | 7 | 15 |
| | | 男 | 1 328 | 5 | 1 | 3 | 4 | 7 | 13 |
| | | 女 | 1 516 | 6 | 1 | 3 | 4 | 8 | 16 |
| | 城市 | 小计 | 1 062 | 6 | 1 | 3 | 5 | 8 | 15 |
| | | 男 | 498 | 5 | 1 | 3 | 4 | 7 | 13 |
| | | 女 | 564 | 7 | 2 | 4 | 5 | 8 | 20 |
| | 农村 | 小计 | 1 782 | 5 | 1 | 2 | 3 | 6 | 13 |
| | | 男 | 830 | 5 | 1 | 2 | 3 | 7 | 13 |
| | | 女 | 952 | 5 | 1 | 2 | 3 | 5 | 13 |
| 云南 | 城乡 | 小计 | 3 453 | 6 | 1 | 3 | 4 | 8 | 15 |
| | | 男 | 1 651 | 6 | 1 | 3 | 4 | 8 | 15 |
| | | 女 | 1 802 | 6 | 1 | 3 | 4 | 8 | 15 |
| | 城市 | 小计 | 908 | 6 | 1 | 3 | 5 | 8 | 15 |
| | | 男 | 419 | 6 | 1 | 3 | 4 | 8 | 15 |
| | | 女 | 489 | 6 | 1 | 3 | 5 | 10 | 15 |
| | 农村 | 小计 | 2 545 | 6 | 1 | 3 | 4 | 7 | 15 |
| | | 男 | 1 232 | 6 | 1 | 3 | 4 | 8 | 15 |

| 地区 | 城乡 | 性别 | n | 春秋季平均每天洗澡时间 /（min/d） | | | | | |
|---|---|---|---|---|---|---|---|---|---|
| | | | | Mean | P5 | P25 | P50 | P75 | P95 |
| 云南 | 农村 | 女 | 1 313 | 6 | 1 | 3 | 4 | 7 | 15 |
| 西藏 | 城乡 | 小计 | 1 425 | 1 | 0 | 0 | 0 | 2 | 5 |
| | | 男 | 572 | 1 | 0 | 0 | 0 | 2 | 4 |
| | | 女 | 853 | 1 | 0 | 0 | 0 | 2 | 6 |
| | 城市 | 小计 | 385 | 2 | 0 | 1 | 2 | 3 | 8 |
| | | 男 | 126 | 2 | 0 | 1 | 1 | 3 | 6 |
| | | 女 | 259 | 3 | 0 | 1 | 2 | 4 | 8 |
| | 农村 | 小计 | 1 040 | 1 | 0 | 0 | 0 | 1 | 4 |
| | | 男 | 446 | 1 | 0 | 0 | 0 | 1 | 4 |
| | | 女 | 594 | 1 | 0 | 0 | 0 | 1 | 4 |
| 陕西 | 城乡 | 小计 | 2 854 | 5 | 1 | 2 | 4 | 7 | 13 |
| | | 男 | 1 291 | 5 | 1 | 2 | 4 | 6 | 12 |
| | | 女 | 1 563 | 5 | 1 | 2 | 4 | 8 | 13 |
| | 城市 | 小计 | 1 327 | 6 | 1 | 3 | 5 | 8 | 13 |
| | | 男 | 586 | 6 | 1 | 3 | 5 | 8 | 13 |
| | | 女 | 741 | 7 | 1 | 3 | 5 | 8 | 16 |
| | 农村 | 小计 | 1 527 | 4 | 0 | 2 | 3 | 5 | 11 |
| | | 男 | 705 | 4 | 0 | 2 | 3 | 4 | 10 |
| | | 女 | 822 | 4 | 1 | 2 | 3 | 5 | 11 |
| 甘肃 | 城乡 | 小计 | 2 865 | 2 | 0 | 1 | 2 | 3 | 6 |
| | | 男 | 1 286 | 2 | 0 | 1 | 2 | 3 | 5 |
| | | 女 | 1 579 | 2 | 0 | 1 | 2 | 3 | 7 |
| | 城市 | 小计 | 798 | 3 | 0 | 1 | 3 | 4 | 8 |
| | | 男 | 364 | 3 | 0 | 1 | 3 | 4 | 7 |
| | | 女 | 434 | 3 | 0 | 1 | 3 | 4 | 8 |
| | 农村 | 小计 | 2 067 | 2 | 0 | 1 | 2 | 3 | 5 |
| | | 男 | 922 | 2 | 0 | 1 | 1 | 3 | 5 |
| | | 女 | 1 145 | 2 | 0 | 1 | 2 | 3 | 6 |
| 青海 | 城乡 | 小计 | 1 590 | 4 | 0 | 1 | 3 | 5 | 9 |
| | | 男 | 690 | 4 | 0 | 1 | 3 | 5 | 8 |
| | | 女 | 900 | 4 | 0 | 2 | 4 | 6 | 11 |
| | 城市 | 小计 | 666 | 5 | 1 | 3 | 4 | 6 | 10 |
| | | 男 | 296 | 4 | 1 | 3 | 4 | 5 | 8 |
| | | 女 | 370 | 5 | 1 | 3 | 4 | 7 | 12 |
| | 农村 | 小计 | 924 | 1 | 0 | 0 | 1 | 2 | 5 |
| | | 男 | 394 | 1 | 0 | 0 | 1 | 2 | 4 |
| | | 女 | 530 | 2 | 0 | 0 | 1 | 2 | 6 |
| 宁夏 | 城乡 | 小计 | 1 131 | 6 | 1 | 4 | 5 | 8 | 15 |
| | | 男 | 535 | 6 | 1 | 3 | 5 | 8 | 13 |
| | | 女 | 596 | 7 | 2 | 4 | 6 | 8 | 16 |
| | 城市 | 小计 | 1 033 | 7 | 2 | 4 | 5 | 8 | 15 |
| | | 男 | 485 | 6 | 1 | 4 | 5 | 8 | 13 |
| | | 女 | 548 | 7 | 2 | 4 | 6 | 9 | 16 |
| | 农村 | 小计 | 98 | 5 | 1 | 3 | 4 | 7 | 12 |
| | | 男 | 50 | 5 | 1 | 2 | 4 | 8 | 20 |
| | | 女 | 48 | 5 | 1 | 3 | 4 | 6 | 12 |
| 新疆 | 城乡 | 小计 | 2 800 | 4 | 1 | 2 | 4 | 5 | 10 |
| | | 男 | 1 262 | 4 | 1 | 2 | 4 | 5 | 9 |
| | | 女 | 1 538 | 5 | 1 | 2 | 4 | 5 | 11 |
| | 城市 | 小计 | 1 218 | 6 | 2 | 3 | 4 | 7 | 15 |
| | | 男 | 483 | 5 | 2 | 3 | 4 | 6 | 12 |
| | | 女 | 735 | 7 | 2 | 3 | 4 | 8 | 20 |
| | 农村 | 小计 | 1 582 | 4 | 1 | 2 | 3 | 4 | 8 |
| | | 男 | 779 | 4 | 1 | 2 | 3 | 5 | 8 |
| | | 女 | 803 | 3 | 1 | 2 | 3 | 4 | 7 |

附表 7-11　中国人群分省（直辖市、自治区）、城乡、性别的夏季平均每天洗澡时间

| 地区 | 城乡 | 性别 | n | 夏季平均每天洗澡时间 /（min/d） | | | | | |
|---|---|---|---|---|---|---|---|---|---|
| | | | | Mean | P5 | P25 | P50 | P75 | P95 |
| 合计 | 城乡 | 小计 | 90 337 | 13 | 2 | 7 | 10 | 15 | 30 |
| | | 男 | 40 920 | 12 | 2 | 7 | 10 | 15 | 30 |
| | | 女 | 49 417 | 13 | 2 | 7 | 10 | 17 | 30 |
| | 城市 | 小计 | 41 660 | 13 | 3 | 8 | 10 | 17 | 30 |
| | | 男 | 18 387 | 13 | 3 | 8 | 10 | 15 | 30 |
| | | 女 | 23 273 | 14 | 3 | 9 | 10 | 20 | 30 |
| | 农村 | 小计 | 48 677 | 12 | 1 | 6 | 10 | 15 | 30 |
| | | 男 | 22 533 | 12 | 1 | 6 | 10 | 15 | 30 |
| | | 女 | 26 144 | 12 | 1 | 6 | 10 | 15 | 30 |
| 北京 | 城乡 | 小计 | 1 112 | 17 | 5 | 10 | 15 | 20 | 30 |
| | | 男 | 458 | 16 | 4 | 10 | 15 | 20 | 30 |
| | | 女 | 654 | 17 | 5 | 10 | 15 | 20 | 30 |
| | 城市 | 小计 | 838 | 16 | 5 | 10 | 15 | 20 | 30 |
| | | 男 | 354 | 15 | 4 | 10 | 12 | 20 | 30 |
| | | 女 | 484 | 16 | 6 | 10 | 15 | 20 | 30 |
| | 农村 | 小计 | 274 | 19 | 5 | 10 | 20 | 20 | 30 |
| | | 男 | 104 | 18 | 5 | 10 | 20 | 20 | 30 |
| | | 女 | 170 | 20 | 4 | 10 | 20 | 20 | 48 |
| 天津 | 城乡 | 小计 | 1 144 | 17 | 4 | 10 | 15 | 20 | 30 |
| | | 男 | 466 | 17 | 3 | 10 | 15 | 20 | 30 |
| | | 女 | 678 | 17 | 5 | 10 | 15 | 20 | 30 |
| | 城市 | 小计 | 855 | 17 | 5 | 10 | 15 | 20 | 30 |
| | | 男 | 332 | 18 | 5 | 10 | 15 | 26 | 30 |
| | | 女 | 523 | 17 | 5 | 10 | 15 | 20 | 30 |
| | 农村 | 小计 | 289 | 16 | 3 | 10 | 15 | 20 | 30 |
| | | 男 | 134 | 16 | 3 | 10 | 20 | 20 | 30 |
| | | 女 | 155 | 16 | 3 | 10 | 15 | 20 | 30 |
| 河北 | 城乡 | 小计 | 4 408 | 12 | 1 | 4 | 10 | 19 | 30 |
| | | 男 | 1 935 | 11 | 1 | 3 | 8 | 15 | 30 |
| | | 女 | 2 473 | 12 | 1 | 4 | 10 | 20 | 30 |
| | 城市 | 小计 | 1 830 | 14 | 2 | 5 | 10 | 20 | 30 |
| | | 男 | 829 | 13 | 2 | 5 | 10 | 20 | 30 |
| | | 女 | 1 001 | 14 | 2 | 5 | 10 | 20 | 32 |
| | 农村 | 小计 | 2 578 | 10 | 0 | 3 | 7 | 15 | 30 |
| | | 男 | 1 106 | 9 | 0 | 3 | 6 | 15 | 28 |
| | | 女 | 1 472 | 11 | 0 | 3 | 8 | 15 | 30 |
| 山西 | 城乡 | 小计 | 3 427 | 7 | 0 | 1 | 4 | 10 | 20 |
| | | 男 | 1 558 | 7 | 0 | 2 | 4 | 10 | 20 |
| | | 女 | 1 869 | 6 | 0 | 1 | 3 | 10 | 20 |
| | 城市 | 小计 | 1 044 | 10 | 1 | 3 | 8 | 14 | 25 |
| | | 男 | 479 | 9 | 1 | 3 | 8 | 13 | 20 |
| | | 女 | 565 | 11 | 0 | 3 | 8 | 15 | 30 |
| | 农村 | 小计 | 2 383 | 5 | 0 | 1 | 3 | 7 | 20 |
| | | 男 | 1 079 | 5 | 0 | 1 | 3 | 7 | 20 |
| | | 女 | 1 304 | 5 | 0 | 1 | 2 | 6 | 19 |
| 内蒙古 | 城乡 | 小计 | 2 841 | 5 | 0 | 2 | 4 | 7 | 13 |
| | | 男 | 1 361 | 5 | 0 | 2 | 4 | 6 | 12 |
| | | 女 | 1 480 | 5 | 0 | 3 | 4 | 7 | 15 |
| | 城市 | 小计 | 1 146 | 5 | 1 | 3 | 4 | 6 | 11 |
| | | 男 | 532 | 5 | 1 | 3 | 4 | 5 | 10 |
| | | 女 | 614 | 5 | 1 | 3 | 5 | 7 | 11 |
| | 农村 | 小计 | 1 695 | 5 | 0 | 2 | 4 | 7 | 15 |
| | | 男 | 829 | 5 | 0 | 2 | 3 | 7 | 13 |
| | | 女 | 866 | 5 | 0 | 2 | 4 | 7 | 15 |
| 辽宁 | 城乡 | 小计 | 3 375 | 16 | 2 | 8 | 13 | 20 | 40 |
| | | 男 | 1 447 | 15 | 2 | 7 | 12 | 20 | 40 |
| | | 女 | 1 928 | 16 | 3 | 8 | 13 | 20 | 40 |

| 地区 | 城乡 | 性别 | $n$ | 夏季平均每天洗澡时间 /（min/d） | | | | | |
| --- | --- | --- | --- | --- | --- | --- | --- | --- | --- |
| | | | | Mean | P5 | P25 | P50 | P75 | P95 |
| 辽宁 | 城市 | 小计 | 1 195 | 15 | 3 | 8 | 13 | 20 | 30 |
| | | 男 | 526 | 13 | 3 | 7 | 10 | 19 | 30 |
| | | 女 | 669 | 17 | 4 | 9 | 15 | 20 | 40 |
| | 农村 | 小计 | 2 180 | 16 | 2 | 7 | 13 | 20 | 40 |
| | | 男 | 921 | 16 | 2 | 7 | 13 | 20 | 40 |
| | | 女 | 1 259 | 16 | 2 | 8 | 12 | 20 | 40 |
| 吉林 | 城乡 | 小计 | 2 735 | 9 | 2 | 4 | 7 | 10 | 20 |
| | | 男 | 1 302 | 9 | 2 | 4 | 7 | 10 | 20 |
| | | 女 | 1 433 | 9 | 2 | 4 | 7 | 11 | 25 |
| | 城市 | 小计 | 1 571 | 10 | 3 | 5 | 8 | 12 | 24 |
| | | 男 | 704 | 9 | 3 | 5 | 8 | 12 | 20 |
| | | 女 | 867 | 10 | 2 | 5 | 8 | 13 | 24 |
| | 农村 | 小计 | 1 164 | 8 | 2 | 4 | 6 | 10 | 20 |
| | | 男 | 598 | 8 | 1 | 3 | 6 | 10 | 20 |
| | | 女 | 566 | 9 | 2 | 4 | 6 | 10 | 30 |
| 黑龙江 | 城乡 | 小计 | 4 059 | 9 | 2 | 4 | 8 | 10 | 20 |
| | | 男 | 1 880 | 9 | 2 | 4 | 7 | 10 | 20 |
| | | 女 | 2 179 | 9 | 1 | 4 | 8 | 11 | 20 |
| | 城市 | 小计 | 1 589 | 11 | 3 | 5 | 10 | 15 | 27 |
| | | 男 | 681 | 11 | 3 | 5 | 10 | 13 | 25 |
| | | 女 | 908 | 11 | 3 | 6 | 10 | 15 | 30 |
| | 农村 | 小计 | 2 470 | 8 | 1 | 3 | 6 | 10 | 20 |
| | | 男 | 1 199 | 8 | 1 | 3 | 6 | 10 | 20 |
| | | 女 | 1 271 | 8 | 1 | 3 | 7 | 10 | 20 |
| 上海 | 城乡 | 小计 | 1 160 | 15 | 5 | 10 | 15 | 20 | 30 |
| | | 男 | 540 | 14 | 5 | 10 | 10 | 20 | 30 |
| | | 女 | 620 | 16 | 5 | 10 | 15 | 20 | 30 |
| | 城市 | 小计 | 1 160 | 15 | 5 | 10 | 15 | 20 | 30 |
| | | 男 | 540 | 14 | 5 | 10 | 10 | 20 | 30 |
| | | 女 | 620 | 16 | 5 | 10 | 15 | 20 | 30 |
| 江苏 | 城乡 | 小计 | 3 457 | 16 | 8 | 10 | 15 | 20 | 30 |
| | | 男 | 1 580 | 15 | 8 | 10 | 15 | 20 | 30 |
| | | 女 | 1 877 | 16 | 7 | 10 | 15 | 20 | 30 |
| | 城市 | 小计 | 2 309 | 16 | 10 | 10 | 15 | 20 | 30 |
| | | 男 | 1 065 | 15 | 10 | 10 | 15 | 20 | 30 |
| | | 女 | 1 244 | 16 | 10 | 10 | 15 | 20 | 30 |
| | 农村 | 小计 | 1 148 | 16 | 5 | 10 | 15 | 20 | 30 |
| | | 男 | 515 | 16 | 5 | 10 | 15 | 20 | 30 |
| | | 女 | 633 | 17 | 5 | 10 | 15 | 20 | 30 |
| 浙江 | 城乡 | 小计 | 3 414 | 15 | 6 | 10 | 13 | 20 | 30 |
| | | 男 | 1 591 | 15 | 5 | 10 | 13 | 20 | 30 |
| | | 女 | 1 823 | 15 | 7 | 10 | 15 | 20 | 30 |
| | 城市 | 小计 | 1 181 | 16 | 6 | 10 | 15 | 20 | 30 |
| | | 男 | 534 | 15 | 5 | 10 | 15 | 20 | 30 |
| | | 女 | 647 | 17 | 7 | 10 | 15 | 20 | 30 |
| | 农村 | 小计 | 2 233 | 15 | 6 | 10 | 10 | 20 | 30 |
| | | 男 | 1 057 | 15 | 5 | 10 | 10 | 20 | 30 |
| | | 女 | 1 176 | 15 | 7 | 10 | 12 | 20 | 30 |
| 安徽 | 城乡 | 小计 | 3 494 | 17 | 7 | 10 | 15 | 20 | 30 |
| | | 男 | 1 545 | 17 | 7 | 10 | 15 | 20 | 30 |
| | | 女 | 1 949 | 17 | 7 | 10 | 15 | 20 | 30 |
| | 城市 | 小计 | 1 892 | 16 | 8 | 10 | 15 | 20 | 30 |
| | | 男 | 791 | 17 | 8 | 10 | 15 | 20 | 30 |
| | | 女 | 1 101 | 16 | 7 | 10 | 15 | 20 | 30 |
| | 农村 | 小计 | 1 602 | 17 | 7 | 10 | 19 | 20 | 30 |
| | | 男 | 754 | 17 | 6 | 10 | 15 | 20 | 30 |
| | | 女 | 848 | 18 | 7 | 10 | 20 | 20 | 30 |
| 福建 | 城乡 | 小计 | 2 892 | 16 | 6 | 10 | 15 | 20 | 30 |

| 地区 | 城乡 | 性别 | $n$ | 夏季平均每天洗澡时间 /（min/d） | | | | | |
|---|---|---|---|---|---|---|---|---|---|
| | | | | Mean | P5 | P25 | P50 | P75 | P95 |
| 福建 | 城乡 | 男 | 1 289 | 15 | 6 | 10 | 15 | 20 | 30 |
| | | 女 | 1 603 | 16 | 6 | 10 | 15 | 20 | 30 |
| | 城市 | 小计 | 1 491 | 16 | 7 | 10 | 15 | 20 | 30 |
| | | 男 | 635 | 15 | 7 | 10 | 15 | 20 | 30 |
| | | 女 | 856 | 16 | 7 | 10 | 15 | 20 | 30 |
| | 农村 | 小计 | 1 401 | 15 | 6 | 10 | 15 | 20 | 30 |
| | | 男 | 654 | 15 | 6 | 10 | 15 | 20 | 30 |
| | | 女 | 747 | 16 | 6 | 10 | 15 | 20 | 30 |
| 江西 | 城乡 | 小计 | 2 917 | 12 | 5 | 10 | 10 | 15 | 20 |
| | | 男 | 1 376 | 11 | 5 | 9 | 10 | 12 | 20 |
| | | 女 | 1 541 | 12 | 5 | 10 | 10 | 15 | 20 |
| | 城市 | 小计 | 1 720 | 12 | 5 | 10 | 10 | 15 | 20 |
| | | 男 | 795 | 11 | 5 | 8 | 10 | 15 | 20 |
| | | 女 | 925 | 12 | 5 | 10 | 10 | 15 | 20 |
| | 农村 | 小计 | 1 197 | 12 | 4 | 10 | 10 | 15 | 20 |
| | | 男 | 581 | 11 | 4 | 10 | 10 | 12 | 20 |
| | | 女 | 616 | 13 | 4 | 10 | 10 | 15 | 30 |
| 山东 | 城乡 | 小计 | 5 580 | 16 | 3 | 10 | 13 | 20 | 30 |
| | | 男 | 2 491 | 15 | 3 | 10 | 13 | 20 | 30 |
| | | 女 | 3 089 | 16 | 3 | 10 | 15 | 20 | 30 |
| | 城市 | 小计 | 2 701 | 16 | 4 | 10 | 14 | 20 | 30 |
| | | 男 | 1 126 | 15 | 5 | 10 | 13 | 20 | 30 |
| | | 女 | 1 575 | 16 | 3 | 10 | 15 | 20 | 30 |
| | 农村 | 小计 | 2 879 | 15 | 3 | 10 | 13 | 20 | 30 |
| | | 男 | 1 365 | 15 | 3 | 10 | 12 | 20 | 30 |
| | | 女 | 1 514 | 16 | 3 | 10 | 13 | 20 | 30 |
| 河南 | 城乡 | 小计 | 4 880 | 14 | 3 | 7 | 11 | 20 | 30 |
| | | 男 | 2 072 | 14 | 3 | 7 | 10 | 20 | 30 |
| | | 女 | 2 808 | 15 | 3 | 7 | 13 | 20 | 30 |
| | 城市 | 小计 | 2 029 | 16 | 4 | 9 | 13 | 20 | 30 |
| | | 男 | 840 | 14 | 4 | 8 | 13 | 20 | 30 |
| | | 女 | 1 189 | 17 | 5 | 10 | 15 | 20 | 30 |
| | 农村 | 小计 | 2 851 | 14 | 3 | 7 | 10 | 20 | 30 |
| | | 男 | 1 232 | 13 | 3 | 7 | 10 | 20 | 30 |
| | | 女 | 1 619 | 14 | 3 | 7 | 10 | 20 | 30 |
| 湖北 | 城乡 | 小计 | 3 410 | 13 | 5 | 10 | 10 | 15 | 30 |
| | | 男 | 1 605 | 13 | 5 | 10 | 10 | 15 | 30 |
| | | 女 | 1 805 | 14 | 5 | 10 | 10 | 15 | 30 |
| | 城市 | 小计 | 2 385 | 14 | 5 | 10 | 15 | 15 | 30 |
| | | 男 | 1 129 | 14 | 5 | 10 | 10 | 15 | 30 |
| | | 女 | 1 256 | 15 | 8 | 10 | 15 | 15 | 30 |
| | 农村 | 小计 | 1 025 | 12 | 5 | 8 | 10 | 15 | 24 |
| | | 男 | 476 | 12 | 5 | 9 | 10 | 15 | 20 |
| | | 女 | 549 | 12 | 5 | 8 | 10 | 15 | 30 |
| 湖南 | 城乡 | 小计 | 4 035 | 13 | 5 | 10 | 10 | 15 | 20 |
| | | 男 | 1 841 | 12 | 5 | 10 | 10 | 15 | 20 |
| | | 女 | 2 194 | 13 | 5 | 10 | 10 | 15 | 25 |
| | 城市 | 小计 | 1 527 | 13 | 5 | 10 | 10 | 15 | 25 |
| | | 男 | 620 | 12 | 5 | 10 | 10 | 15 | 21 |
| | | 女 | 907 | 13 | 5 | 10 | 10 | 15 | 30 |
| | 农村 | 小计 | 2 508 | 13 | 5 | 10 | 10 | 15 | 20 |
| | | 男 | 1 221 | 12 | 5 | 10 | 10 | 15 | 20 |
| | | 女 | 1 287 | 13 | 5 | 10 | 10 | 15 | 20 |
| 广东 | 城乡 | 小计 | 3 244 | 13 | 6 | 10 | 10 | 15 | 25 |
| | | 男 | 1 459 | 13 | 6 | 10 | 10 | 15 | 21 |
| | | 女 | 1 785 | 13 | 6 | 10 | 10 | 15 | 27 |
| | 城市 | 小计 | 1 746 | 14 | 5 | 10 | 10 | 15 | 30 |
| | | 男 | 776 | 13 | 5 | 10 | 10 | 15 | 27 |
| | | 女 | 970 | 14 | 6 | 10 | 12 | 16 | 30 |

| 地区 | 城乡 | 性别 | $n$ | 夏季平均每天洗澡时间 / (min/d) | | | | | |
|---|---|---|---|---|---|---|---|---|---|
| | | | | Mean | P5 | P25 | P50 | P75 | P95 |
| 广东 | 农村 | 小计 | 1 498 | 12 | 6 | 10 | 10 | 15 | 20 |
| | | 男 | 683 | 12 | 7 | 10 | 10 | 15 | 20 |
| | | 女 | 815 | 12 | 5 | 10 | 10 | 15 | 20 |
| 广西 | 城乡 | 小计 | 3 339 | 13 | 5 | 10 | 10 | 15 | 27 |
| | | 男 | 1 574 | 13 | 5 | 9 | 10 | 15 | 30 |
| | | 女 | 1 765 | 12 | 5 | 10 | 10 | 15 | 25 |
| | 城市 | 小计 | 1 321 | 13 | 5 | 10 | 10 | 15 | 30 |
| | | 男 | 601 | 14 | 5 | 10 | 10 | 15 | 33 |
| | | 女 | 720 | 12 | 5 | 10 | 10 | 15 | 25 |
| | 农村 | 小计 | 2 018 | 13 | 5 | 10 | 10 | 15 | 25 |
| | | 男 | 973 | 13 | 5 | 9 | 10 | 15 | 25 |
| | | 女 | 1 045 | 12 | 5 | 10 | 10 | 15 | 25 |
| 海南 | 城乡 | 小计 | 1 082 | 16 | 8 | 10 | 15 | 20 | 30 |
| | | 男 | 515 | 17 | 10 | 10 | 15 | 20 | 30 |
| | | 女 | 567 | 16 | 5 | 10 | 15 | 20 | 30 |
| | 城市 | 小计 | 328 | 18 | 10 | 10 | 15 | 20 | 40 |
| | | 男 | 155 | 18 | 10 | 10 | 15 | 20 | 30 |
| | | 女 | 173 | 19 | 10 | 10 | 18 | 20 | 40 |
| | 农村 | 小计 | 754 | 16 | 6 | 10 | 15 | 20 | 30 |
| | | 男 | 360 | 16 | 10 | 10 | 15 | 20 | 32 |
| | | 女 | 394 | 15 | 5 | 10 | 15 | 20 | 30 |
| 重庆 | 城乡 | 小计 | 963 | 10 | 4 | 8 | 10 | 10 | 20 |
| | | 男 | 411 | 10 | 5 | 8 | 10 | 10 | 20 |
| | | 女 | 552 | 10 | 4 | 7 | 10 | 10 | 20 |
| | 城市 | 小计 | 474 | 11 | 5 | 9 | 10 | 10 | 20 |
| | | 男 | 224 | 11 | 5 | 10 | 10 | 10 | 20 |
| | | 女 | 250 | 11 | 5 | 9 | 10 | 10 | 20 |
| | 农村 | 小计 | 489 | 9 | 4 | 7 | 10 | 10 | 15 |
| | | 男 | 187 | 9 | 4 | 7 | 10 | 10 | 13 |
| | | 女 | 302 | 9 | 3 | 7 | 9 | 10 | 15 |
| 四川 | 城乡 | 小计 | 4 399 | 10 | 3 | 7 | 10 | 13 | 20 |
| | | 男 | 2 005 | 10 | 2 | 7 | 10 | 13 | 20 |
| | | 女 | 2 394 | 10 | 3 | 7 | 10 | 13 | 20 |
| | 城市 | 小计 | 1 932 | 11 | 2 | 7 | 10 | 15 | 20 |
| | | 男 | 862 | 11 | 2 | 7 | 10 | 15 | 20 |
| | | 女 | 1 070 | 11 | 3 | 7 | 10 | 15 | 20 |
| | 农村 | 小计 | 2 467 | 10 | 3 | 7 | 10 | 11 | 20 |
| | | 男 | 1 143 | 10 | 3 | 7 | 10 | 10 | 20 |
| | | 女 | 1 324 | 10 | 3 | 7 | 10 | 12 | 20 |
| 贵州 | 城乡 | 小计 | 2 844 | 14 | 2 | 6 | 10 | 20 | 30 |
| | | 男 | 1 328 | 14 | 2 | 6 | 10 | 17 | 36 |
| | | 女 | 1 516 | 14 | 2 | 6 | 10 | 20 | 30 |
| | 城市 | 小计 | 1 062 | 14 | 3 | 8 | 10 | 20 | 30 |
| | | 男 | 498 | 13 | 3 | 7 | 10 | 15 | 30 |
| | | 女 | 564 | 16 | 3 | 10 | 13 | 20 | 30 |
| | 农村 | 小计 | 1 782 | 13 | 2 | 5 | 10 | 17 | 37 |
| | | 男 | 830 | 14 | 2 | 5 | 10 | 20 | 40 |
| | | 女 | 952 | 12 | 1 | 4 | 9 | 15 | 30 |
| 云南 | 城乡 | 小计 | 3 453 | 8 | 1 | 4 | 6 | 10 | 20 |
| | | 男 | 1 651 | 8 | 1 | 4 | 6 | 10 | 20 |
| | | 女 | 1 802 | 8 | 2 | 4 | 7 | 10 | 20 |
| | 城市 | 小计 | 908 | 9 | 2 | 4 | 7 | 10 | 20 |
| | | 男 | 419 | 9 | 1 | 4 | 7 | 10 | 20 |
| | | 女 | 489 | 9 | 2 | 4 | 8 | 11 | 20 |
| | 农村 | 小计 | 2 545 | 8 | 1 | 4 | 6 | 10 | 20 |
| | | 男 | 1 232 | 8 | 1 | 4 | 6 | 10 | 20 |
| | | 女 | 1 313 | 8 | 1 | 3 | 6 | 10 | 20 |
| 西藏 | 城乡 | 小计 | 1 433 | 2 | 0 | 0 | 0 | 2 | 6 |
| | | 男 | 575 | 2 | 0 | 0 | 0 | 2 | 6 |

| 地区 | 城乡 | 性别 | $n$ | 夏季平均每天洗澡时间 /（min/d） | | | | | |
|---|---|---|---|---|---|---|---|---|---|
| | | | | Mean | P5 | P25 | P50 | P75 | P95 |
| 西藏 | 城乡 | 女 | 858 | 2 | 0 | 0 | 0 | 2 | 6 |
| | 城市 | 小计 | 385 | 3 | 0 | 1 | 2 | 4 | 8 |
| | | 男 | 126 | 3 | 0 | 1 | 2 | 4 | 7 |
| | | 女 | 259 | 3 | 0 | 1 | 2 | 4 | 8 |
| | 农村 | 小计 | 1 048 | 1 | 0 | 0 | 0 | 1 | 4 |
| | | 男 | 449 | 1 | 0 | 0 | 0 | 1 | 6 |
| | | 女 | 599 | 1 | 0 | 0 | 0 | 1 | 4 |
| 陕西 | 城乡 | 小计 | 2 854 | 11 | 1 | 4 | 10 | 15 | 25 |
| | | 男 | 1 291 | 9 | 1 | 3 | 8 | 13 | 20 |
| | | 女 | 1 563 | 12 | 2 | 5 | 10 | 15 | 30 |
| | 城市 | 小计 | 1 327 | 12 | 3 | 7 | 10 | 15 | 27 |
| | | 男 | 586 | 11 | 3 | 7 | 10 | 15 | 24 |
| | | 女 | 741 | 13 | 3 | 8 | 10 | 16 | 30 |
| | 农村 | 小计 | 1 527 | 9 | 1 | 3 | 8 | 12 | 25 |
| | | 男 | 705 | 8 | 1 | 3 | 7 | 11 | 20 |
| | | 女 | 822 | 10 | 1 | 4 | 10 | 13 | 27 |
| 甘肃 | 城乡 | 小计 | 2 866 | 4 | 0 | 1 | 3 | 5 | 11 |
| | | 男 | 1 287 | 4 | 0 | 1 | 3 | 5 | 10 |
| | | 女 | 1 579 | 4 | 0 | 1 | 3 | 5 | 12 |
| | 城市 | 小计 | 798 | 5 | 1 | 3 | 4 | 6 | 14 |
| | | 男 | 364 | 5 | 1 | 3 | 4 | 5 | 13 |
| | | 女 | 434 | 6 | 0 | 3 | 4 | 6 | 15 |
| | 农村 | 小计 | 2 068 | 4 | 0 | 1 | 3 | 4 | 10 |
| | | 男 | 923 | 3 | 0 | 1 | 3 | 4 | 10 |
| | | 女 | 1 145 | 4 | 0 | 1 | 3 | 5 | 10 |
| 青海 | 城乡 | 小计 | 1 590 | 5 | 0 | 2 | 5 | 8 | 12 |
| | | 男 | 690 | 5 | 0 | 2 | 4 | 7 | 11 |
| | | 女 | 900 | 6 | 0 | 2 | 5 | 8 | 15 |
| | 城市 | 小计 | 666 | 7 | 2 | 4 | 7 | 8 | 15 |
| | | 男 | 296 | 6 | 1 | 4 | 5 | 8 | 12 |
| | | 女 | 370 | 7 | 2 | 5 | 8 | 8 | 16 |
| | 农村 | 小计 | 924 | 2 | 0 | 0 | 1 | 2 | 7 |
| | | 男 | 394 | 2 | 0 | 0 | 1 | 2 | 6 |
| | | 女 | 530 | 2 | 0 | 0 | 1 | 3 | 8 |
| 宁夏 | 城乡 | 小计 | 1 130 | 10 | 2 | 5 | 8 | 12 | 27 |
| | | 男 | 535 | 9 | 2 | 4 | 8 | 10 | 20 |
| | | 女 | 595 | 11 | 2 | 5 | 10 | 15 | 30 |
| | 城市 | 小计 | 1 032 | 10 | 2 | 5 | 8 | 13 | 30 |
| | | 男 | 485 | 9 | 2 | 4 | 8 | 10 | 20 |
| | | 女 | 547 | 12 | 2 | 6 | 10 | 15 | 30 |
| | 农村 | 小计 | 98 | 8 | 1 | 4 | 7 | 10 | 20 |
| | | 男 | 50 | 8 | 1 | 3 | 7 | 10 | 27 |
| | | 女 | 48 | 7 | 1 | 4 | 6 | 10 | 16 |
| 新疆 | 城乡 | 小计 | 2 800 | 6 | 2 | 4 | 5 | 8 | 15 |
| | | 男 | 1 262 | 6 | 2 | 4 | 5 | 8 | 13 |
| | | 女 | 1 538 | 7 | 1 | 3 | 5 | 8 | 18 |
| | 城市 | 小计 | 1 218 | 9 | 2 | 4 | 7 | 10 | 20 |
| | | 男 | 483 | 8 | 2 | 4 | 6 | 8 | 20 |
| | | 女 | 735 | 9 | 2 | 4 | 7 | 10 | 30 |
| | 农村 | 小计 | 1 582 | 5 | 1 | 3 | 4 | 7 | 10 |
| | | 男 | 779 | 5 | 2 | 4 | 5 | 7 | 10 |
| | | 女 | 803 | 5 | 1 | 3 | 4 | 6 | 10 |

## 附表 7-12　中国人群分省（直辖市、自治区）、城乡、性别的冬季平均每天洗澡时间

| 地区 | 城乡 | 性别 | n | 冬季平均每天洗澡时间 /（min/d） | | | | | |
|---|---|---|---|---|---|---|---|---|---|
| | | | | Mean | P5 | P25 | P50 | P75 | P95 |
| 合计 | 城乡 | 小计 | 90 256 | 6 | 0 | 2 | 4 | 8 | 15 |
| | | 男 | 40 886 | 6 | 0 | 2 | 4 | 8 | 15 |
| | | 女 | 49 370 | 6 | 0 | 2 | 4 | 8 | 15 |
| | 城市 | 小计 | 41 640 | 7 | 1 | 3 | 5 | 9 | 16 |
| | | 男 | 18 374 | 7 | 1 | 3 | 5 | 8 | 16 |
| | | 女 | 23 266 | 7 | 1 | 3 | 5 | 10 | 18 |
| | 农村 | 小计 | 48 616 | 5 | 0 | 2 | 4 | 7 | 15 |
| | | 男 | 22 512 | 5 | 0 | 2 | 4 | 7 | 15 |
| | | 女 | 26 104 | 5 | 0 | 2 | 4 | 7 | 15 |
| 北京 | 城乡 | 小计 | 1 112 | 7 | 1 | 3 | 5 | 10 | 20 |
| | | 男 | 458 | 6 | 1 | 3 | 5 | 8 | 16 |
| | | 女 | 654 | 8 | 1 | 4 | 7 | 10 | 20 |
| | 城市 | 小计 | 838 | 8 | 1 | 4 | 7 | 10 | 20 |
| | | 男 | 354 | 7 | 1 | 3 | 5 | 10 | 20 |
| | | 女 | 484 | 9 | 2 | 4 | 8 | 10 | 20 |
| | 农村 | 小计 | 274 | 5 | 1 | 2 | 4 | 7 | 10 |
| | | 男 | 104 | 4 | 1 | 2 | 4 | 5 | 8 |
| | | 女 | 170 | 5 | 1 | 3 | 4 | 8 | 11 |
| 天津 | 城乡 | 小计 | 1 143 | 4 | 0 | 1 | 3 | 6 | 13 |
| | | 男 | 466 | 4 | 0 | 1 | 3 | 5 | 11 |
| | | 女 | 677 | 5 | 0 | 1 | 3 | 7 | 14 |
| | 城市 | 小计 | 854 | 6 | 0 | 2 | 5 | 8 | 15 |
| | | 男 | 332 | 5 | 0 | 2 | 5 | 8 | 15 |
| | | 女 | 522 | 6 | 0 | 2 | 5 | 8 | 15 |
| | 农村 | 小计 | 289 | 2 | 0 | 1 | 1 | 3 | 5 |
| | | 男 | 134 | 2 | 0 | 1 | 1 | 3 | 5 |
| | | 女 | 155 | 2 | 0 | 1 | 1 | 3 | 5 |
| 河北 | 城乡 | 小计 | 4 408 | 4 | 0 | 1 | 3 | 6 | 12 |
| | | 男 | 1 935 | 4 | 0 | 1 | 3 | 6 | 12 |
| | | 女 | 2 473 | 4 | 0 | 1 | 3 | 6 | 12 |
| | 城市 | 小计 | 1 830 | 6 | 0 | 3 | 5 | 8 | 15 |
| | | 男 | 829 | 6 | 0 | 3 | 5 | 8 | 16 |
| | | 女 | 1 001 | 6 | 0 | 3 | 5 | 8 | 15 |
| | 农村 | 小计 | 2 578 | 3 | 0 | 1 | 2 | 4 | 9 |
| | | 男 | 1 106 | 3 | 0 | 1 | 2 | 4 | 8 |
| | | 女 | 1 472 | 3 | 0 | 1 | 2 | 4 | 10 |
| 山西 | 城乡 | 小计 | 3 426 | 3 | 0 | 0 | 2 | 4 | 10 |
| | | 男 | 1 557 | 3 | 0 | 1 | 2 | 4 | 9 |
| | | 女 | 1 869 | 3 | 0 | 0 | 1 | 4 | 10 |
| | 城市 | 小计 | 1 044 | 6 | 0 | 2 | 4 | 8 | 16 |
| | | 男 | 479 | 5 | 0 | 2 | 4 | 7 | 16 |
| | | 女 | 565 | 6 | 0 | 2 | 4 | 8 | 15 |
| | 农村 | 小计 | 2 382 | 2 | 0 | 0 | 1 | 3 | 6 |
| | | 男 | 1 078 | 2 | 0 | 0 | 1 | 3 | 6 |
| | | 女 | 1 304 | 2 | 0 | 0 | 1 | 2 | 6 |
| 内蒙古 | 城乡 | 小计 | 2 825 | 2 | 0 | 1 | 2 | 3 | 5 |
| | | 男 | 1 349 | 2 | 0 | 1 | 2 | 3 | 5 |
| | | 女 | 1 476 | 2 | 0 | 1 | 2 | 4 | 5 |
| | 城市 | 小计 | 1 132 | 3 | 1 | 2 | 3 | 4 | 8 |
| | | 男 | 520 | 3 | 1 | 2 | 3 | 4 | 8 |
| | | 女 | 612 | 4 | 1 | 2 | 3 | 4 | 8 |
| | 农村 | 小计 | 1 693 | 2 | 0 | 1 | 1 | 2 | 4 |
| | | 男 | 829 | 1 | 0 | 1 | 1 | 2 | 4 |
| | | 女 | 864 | 2 | 0 | 1 | 1 | 2 | 4 |
| 辽宁 | 城乡 | 小计 | 3 375 | 5 | 1 | 2 | 4 | 8 | 12 |
| | | 男 | 1 447 | 5 | 1 | 2 | 4 | 8 | 10 |

| 地区 | 城乡 | 性别 | n | 冬季平均每天洗澡时间 /（min/d） | | | | | |
|---|---|---|---|---|---|---|---|---|---|
| | | | | Mean | P5 | P25 | P50 | P75 | P95 |
| 辽宁 | 城乡 | 女 | 1 928 | 5 | 1 | 2 | 4 | 8 | 12 |
| | 城市 | 小计 | 1 195 | 7 | 1 | 4 | 6 | 8 | 16 |
| | | 男 | 526 | 7 | 1 | 3 | 5 | 8 | 16 |
| | | 女 | 669 | 7 | 1 | 4 | 7 | 8 | 16 |
| | 农村 | 小计 | 2 180 | 4 | 0 | 2 | 4 | 6 | 8 |
| | | 男 | 921 | 4 | 0 | 2 | 4 | 6 | 8 |
| | | 女 | 1 259 | 5 | 0 | 2 | 4 | 7 | 10 |
| 吉林 | 城乡 | 小计 | 2 733 | 5 | 0 | 2 | 3 | 6 | 12 |
| | | 男 | 1 301 | 4 | 0 | 2 | 3 | 6 | 11 |
| | | 女 | 1 432 | 5 | 1 | 2 | 4 | 7 | 12 |
| | 城市 | 小计 | 1 571 | 6 | 1 | 2 | 4 | 8 | 14 |
| | | 男 | 704 | 5 | 1 | 2 | 4 | 8 | 13 |
| | | 女 | 867 | 6 | 1 | 2 | 5 | 8 | 15 |
| | 农村 | 小计 | 1 162 | 3 | 0 | 2 | 3 | 4 | 10 |
| | | 男 | 597 | 3 | 0 | 2 | 2 | 4 | 8 |
| | | 女 | 565 | 4 | 0 | 2 | 3 | 5 | 10 |
| 黑龙江 | 城乡 | 小计 | 4 059 | 3 | 0 | 1 | 2 | 4 | 8 |
| | | 男 | 1 880 | 3 | 0 | 1 | 2 | 4 | 8 |
| | | 女 | 2 179 | 3 | 0 | 1 | 2 | 4 | 8 |
| | 城市 | 小计 | 1 589 | 5 | 1 | 2 | 4 | 5 | 10 |
| | | 男 | 681 | 5 | 1 | 2 | 4 | 5 | 10 |
| | | 女 | 908 | 5 | 1 | 2 | 4 | 6 | 11 |
| | 农村 | 小计 | 2 470 | 2 | 0 | 1 | 1 | 3 | 5 |
| | | 男 | 1 199 | 2 | 0 | 1 | 2 | 3 | 5 |
| | | 女 | 1 271 | 2 | 0 | 1 | 1 | 3 | 5 |
| 上海 | 城乡 | 小计 | 1 160 | 9 | 2 | 4 | 7 | 10 | 20 |
| | | 男 | 540 | 9 | 2 | 4 | 7 | 10 | 20 |
| | | 女 | 620 | 10 | 2 | 5 | 8 | 11 | 30 |
| | 城市 | 小计 | 1 160 | 9 | 2 | 4 | 7 | 10 | 20 |
| | | 男 | 540 | 9 | 2 | 4 | 7 | 10 | 20 |
| | | 女 | 620 | 10 | 2 | 5 | 8 | 11 | 30 |
| 江苏 | 城乡 | 小计 | 3 455 | 8 | 2 | 4 | 7 | 10 | 20 |
| | | 男 | 1 579 | 8 | 2 | 4 | 7 | 10 | 20 |
| | | 女 | 1 876 | 8 | 1 | 4 | 7 | 10 | 20 |
| | 城市 | 小计 | 2 307 | 8 | 2 | 4 | 7 | 10 | 20 |
| | | 男 | 1 064 | 8 | 2 | 4 | 7 | 10 | 20 |
| | | 女 | 1 243 | 8 | 2 | 4 | 7 | 10 | 20 |
| | 农村 | 小计 | 1 148 | 8 | 1 | 4 | 6 | 10 | 18 |
| | | 男 | 515 | 8 | 1 | 4 | 6 | 10 | 16 |
| | | 女 | 633 | 7 | 1 | 4 | 5 | 10 | 20 |
| 浙江 | 城乡 | 小计 | 3 414 | 7 | 1 | 3 | 5 | 9 | 17 |
| | | 男 | 1 591 | 7 | 1 | 3 | 5 | 10 | 18 |
| | | 女 | 1 823 | 7 | 1 | 3 | 5 | 8 | 15 |
| | 城市 | 小计 | 1 181 | 8 | 2 | 3 | 6 | 10 | 20 |
| | | 男 | 534 | 8 | 2 | 4 | 7 | 10 | 20 |
| | | 女 | 647 | 8 | 2 | 3 | 5 | 10 | 20 |
| | 农村 | 小计 | 2 233 | 6 | 1 | 3 | 5 | 8 | 15 |
| | | 男 | 1 057 | 7 | 1 | 3 | 5 | 8 | 15 |
| | | 女 | 1 176 | 6 | 1 | 3 | 5 | 8 | 15 |
| 安徽 | 城乡 | 小计 | 3 493 | 6 | 1 | 3 | 5 | 8 | 13 |
| | | 男 | 1 545 | 6 | 1 | 3 | 5 | 8 | 15 |
| | | 女 | 1 948 | 6 | 1 | 3 | 5 | 8 | 13 |
| | 城市 | 小计 | 1 891 | 7 | 2 | 4 | 5 | 8 | 14 |
| | | 男 | 791 | 7 | 2 | 4 | 5 | 8 | 15 |
| | | 女 | 1 100 | 7 | 2 | 4 | 5 | 8 | 13 |
| | 农村 | 小计 | 1 602 | 6 | 1 | 3 | 5 | 8 | 13 |
| | | 男 | 754 | 6 | 1 | 3 | 5 | 8 | 13 |
| | | 女 | 848 | 6 | 1 | 3 | 5 | 8 | 13 |

| 地区 | 城乡 | 性别 | n | 冬季平均每天洗澡时间 /（min/d） | | | | | |
|---|---|---|---|---|---|---|---|---|---|
| | | | | Mean | P5 | P25 | P50 | P75 | P95 |
| 福建 | 城乡 | 小计 | 2 892 | 9 | 3 | 5 | 8 | 10 | 20 |
| | | 男 | 1 289 | 9 | 3 | 5 | 8 | 10 | 20 |
| | | 女 | 1 603 | 9 | 3 | 5 | 8 | 10 | 20 |
| | 城市 | 小计 | 1 491 | 9 | 3 | 5 | 8 | 10 | 20 |
| | | 男 | 635 | 9 | 3 | 5 | 8 | 10 | 20 |
| | | 女 | 856 | 9 | 3 | 5 | 8 | 10 | 20 |
| | 农村 | 小计 | 1 401 | 9 | 3 | 5 | 8 | 10 | 20 |
| | | 男 | 654 | 8 | 3 | 5 | 7 | 10 | 20 |
| | | 女 | 747 | 9 | 3 | 5 | 8 | 10 | 20 |
| 江西 | 城乡 | 小计 | 2 917 | 6 | 1 | 3 | 5 | 8 | 15 |
| | | 男 | 1 376 | 6 | 1 | 3 | 5 | 8 | 15 |
| | | 女 | 1 541 | 6 | 1 | 3 | 5 | 8 | 15 |
| | 城市 | 小计 | 1 720 | 7 | 2 | 3 | 5 | 10 | 15 |
| | | 男 | 795 | 7 | 2 | 3 | 5 | 10 | 15 |
| | | 女 | 925 | 7 | 2 | 3 | 5 | 10 | 15 |
| | 农村 | 小计 | 1 197 | 6 | 1 | 3 | 5 | 8 | 11 |
| | | 男 | 581 | 5 | 1 | 3 | 5 | 7 | 10 |
| | | 女 | 616 | 6 | 1 | 3 | 5 | 8 | 13 |
| 山东 | 城乡 | 小计 | 5 577 | 5 | 0 | 1 | 4 | 6 | 15 |
| | | 男 | 2 490 | 5 | 0 | 1 | 3 | 6 | 13 |
| | | 女 | 3 087 | 5 | 0 | 1 | 4 | 7 | 16 |
| | 城市 | 小计 | 2 700 | 6 | 1 | 3 | 4 | 8 | 15 |
| | | 男 | 1 126 | 5 | 1 | 2 | 4 | 8 | 13 |
| | | 女 | 1 574 | 6 | 0 | 3 | 4 | 8 | 16 |
| | 农村 | 小计 | 2 877 | 4 | 0 | 1 | 2 | 4 | 15 |
| | | 男 | 1 364 | 4 | 0 | 1 | 2 | 4 | 14 |
| | | 女 | 1 513 | 4 | 0 | 1 | 2 | 4 | 20 |
| 河南 | 城乡 | 小计 | 4 880 | 4 | 0 | 1 | 3 | 5 | 12 |
| | | 男 | 2 072 | 4 | 0 | 1 | 3 | 5 | 12 |
| | | 女 | 2 808 | 4 | 0 | 1 | 3 | 5 | 12 |
| | 城市 | 小计 | 2 029 | 6 | 1 | 3 | 5 | 8 | 13 |
| | | 男 | 840 | 6 | 1 | 3 | 4 | 8 | 13 |
| | | 女 | 1 189 | 6 | 1 | 3 | 5 | 8 | 15 |
| | 农村 | 小计 | 2 851 | 3 | 0 | 1 | 2 | 4 | 10 |
| | | 男 | 1 232 | 4 | 0 | 1 | 2 | 4 | 10 |
| | | 女 | 1 619 | 3 | 0 | 1 | 2 | 4 | 10 |
| 湖北 | 城乡 | 小计 | 3 410 | 6 | 1 | 3 | 5 | 8 | 15 |
| | | 男 | 1 605 | 6 | 1 | 3 | 5 | 8 | 15 |
| | | 女 | 1 805 | 6 | 1 | 3 | 5 | 8 | 15 |
| | 城市 | 小计 | 2 385 | 7 | 2 | 3 | 5 | 10 | 15 |
| | | 男 | 1 129 | 7 | 1 | 3 | 5 | 8 | 15 |
| | | 女 | 1 256 | 7 | 2 | 3 | 5 | 10 | 17 |
| | 农村 | 小计 | 1 025 | 4 | 1 | 2 | 4 | 6 | 10 |
| | | 男 | 476 | 5 | 1 | 2 | 4 | 6 | 10 |
| | | 女 | 549 | 4 | 1 | 2 | 3 | 5 | 10 |
| 湖南 | 城乡 | 小计 | 4 035 | 7 | 2 | 4 | 5 | 9 | 15 |
| | | 男 | 1 841 | 7 | 2 | 4 | 5 | 8 | 15 |
| | | 女 | 2 194 | 7 | 2 | 4 | 6 | 10 | 15 |
| | 城市 | 小计 | 1 527 | 8 | 3 | 5 | 7 | 10 | 15 |
| | | 男 | 620 | 7 | 3 | 5 | 6 | 8 | 15 |
| | | 女 | 907 | 8 | 3 | 5 | 7 | 10 | 15 |
| | 农村 | 小计 | 2 508 | 7 | 2 | 4 | 5 | 8 | 15 |
| | | 男 | 1 221 | 7 | 2 | 4 | 5 | 8 | 15 |
| | | 女 | 1 287 | 7 | 2 | 4 | 5 | 9 | 15 |
| 广东 | 城乡 | 小计 | 3 245 | 11 | 4 | 8 | 10 | 15 | 20 |
| | | 男 | 1 459 | 11 | 4 | 8 | 10 | 15 | 20 |
| | | 女 | 1 786 | 12 | 4 | 9 | 10 | 15 | 20 |
| | 城市 | 小计 | 1 746 | 12 | 4 | 8 | 10 | 15 | 20 |

| 地区 | 城乡 | 性别 | *n* | 冬季平均每天洗澡时间 /（min/d） | | | | | |
|---|---|---|---|---|---|---|---|---|---|
| | | | | Mean | P5 | P25 | P50 | P75 | P95 |
| 广东 | 城市 | 男 | 776 | 11 | 4 | 8 | 10 | 15 | 20 |
| | | 女 | 970 | 12 | 4 | 8 | 10 | 15 | 25 |
| | 农村 | 小计 | 1 499 | 11 | 4 | 9 | 10 | 15 | 20 |
| | | 男 | 683 | 11 | 4 | 10 | 10 | 13 | 20 |
| | | 女 | 816 | 11 | 4 | 9 | 10 | 15 | 20 |
| 广西 | 城乡 | 小计 | 3 340 | 9 | 3 | 5 | 10 | 10 | 20 |
| | | 男 | 1 574 | 9 | 3 | 5 | 10 | 10 | 20 |
| | | 女 | 1 766 | 9 | 3 | 6 | 10 | 10 | 20 |
| | 城市 | 小计 | 1 321 | 10 | 3 | 5 | 10 | 10 | 20 |
| | | 男 | 601 | 10 | 3 | 5 | 10 | 12 | 20 |
| | | 女 | 720 | 10 | 3 | 5 | 10 | 10 | 20 |
| | 农村 | 小计 | 2 019 | 9 | 3 | 6 | 10 | 10 | 17 |
| | | 男 | 973 | 9 | 3 | 5 | 10 | 10 | 20 |
| | | 女 | 1 046 | 9 | 3 | 6 | 10 | 10 | 15 |
| 海南 | 城乡 | 小计 | 1 082 | 13 | 5 | 10 | 10 | 15 | 20 |
| | | 男 | 515 | 13 | 5 | 10 | 10 | 15 | 20 |
| | | 女 | 567 | 13 | 5 | 10 | 10 | 15 | 20 |
| | 城市 | 小计 | 328 | 14 | 7 | 10 | 12 | 15 | 30 |
| | | 男 | 155 | 13 | 7 | 10 | 10 | 15 | 20 |
| | | 女 | 173 | 15 | 7 | 10 | 15 | 20 | 30 |
| | 农村 | 小计 | 754 | 12 | 5 | 10 | 10 | 15 | 20 |
| | | 男 | 360 | 13 | 5 | 10 | 10 | 15 | 20 |
| | | 女 | 394 | 12 | 4 | 10 | 10 | 15 | 20 |
| 重庆 | 城乡 | 小计 | 963 | 3 | 1 | 1 | 2 | 4 | 10 |
| | | 男 | 411 | 3 | 1 | 1 | 2 | 4 | 8 |
| | | 女 | 552 | 3 | 1 | 1 | 2 | 4 | 10 |
| | 城市 | 小计 | 474 | 4 | 1 | 2 | 3 | 5 | 10 |
| | | 男 | 224 | 4 | 1 | 2 | 3 | 5 | 10 |
| | | 女 | 250 | 4 | 1 | 2 | 3 | 6 | 11 |
| | 农村 | 小计 | 489 | 2 | 1 | 1 | 1 | 3 | 5 |
| | | 男 | 187 | 2 | 1 | 1 | 2 | 3 | 4 |
| | | 女 | 302 | 2 | 1 | 1 | 1 | 3 | 5 |
| 四川 | 城乡 | 小计 | 4 379 | 4 | 1 | 2 | 3 | 5 | 10 |
| | | 男 | 2 000 | 4 | 1 | 2 | 3 | 5 | 10 |
| | | 女 | 2 379 | 4 | 1 | 2 | 3 | 5 | 10 |
| | 城市 | 小计 | 1 932 | 4 | 1 | 2 | 4 | 5 | 10 |
| | | 男 | 862 | 4 | 1 | 2 | 3 | 5 | 10 |
| | | 女 | 1 070 | 5 | 1 | 2 | 4 | 5 | 10 |
| | 农村 | 小计 | 2 447 | 4 | 1 | 2 | 3 | 5 | 10 |
| | | 男 | 1 138 | 4 | 1 | 2 | 3 | 5 | 10 |
| | | 女 | 1 309 | 4 | 1 | 2 | 3 | 5 | 10 |
| 贵州 | 城乡 | 小计 | 2 844 | 4 | 0 | 1 | 3 | 5 | 10 |
| | | 男 | 1 328 | 4 | 0 | 1 | 3 | 5 | 10 |
| | | 女 | 1 516 | 4 | 0 | 2 | 3 | 5 | 11 |
| | 城市 | 小计 | 1 062 | 5 | 1 | 3 | 4 | 6 | 12 |
| | | 男 | 498 | 4 | 1 | 2 | 3 | 5 | 10 |
| | | 女 | 564 | 6 | 1 | 3 | 4 | 8 | 13 |
| | 农村 | 小计 | 1 782 | 3 | 0 | 1 | 2 | 4 | 8 |
| | | 男 | 830 | 3 | 0 | 1 | 2 | 4 | 10 |
| | | 女 | 952 | 3 | 0 | 1 | 2 | 4 | 8 |
| 云南 | 城乡 | 小计 | 3 451 | 4 | 1 | 2 | 3 | 5 | 11 |
| | | 男 | 1 651 | 4 | 1 | 2 | 3 | 5 | 10 |
| | | 女 | 1 800 | 5 | 1 | 2 | 3 | 5 | 13 |
| | 城市 | 小计 | 907 | 5 | 1 | 2 | 4 | 7 | 11 |
| | | 男 | 419 | 5 | 1 | 2 | 4 | 6 | 10 |
| | | 女 | 488 | 5 | 1 | 2 | 4 | 7 | 12 |
| | 农村 | 小计 | 2 544 | 4 | 1 | 2 | 3 | 5 | 12 |
| | | 男 | 1 232 | 4 | 1 | 2 | 3 | 5 | 10 |

| 地区 | 城乡 | 性别 | *n* | 冬季平均每天洗澡时间 /（min/d） | | | | | |
|---|---|---|---|---|---|---|---|---|---|
| | | | | Mean | P5 | P25 | P50 | P75 | P95 |
| 云南 | 农村 | 女 | 1 312 | 4 | 1 | 2 | 3 | 5 | 15 |
| 西藏 | 城乡 | 小计 | 1 400 | 1 | 0 | 0 | 0 | 1 | 3 |
| | | 男 | 563 | 1 | 0 | 0 | 0 | 1 | 3 |
| | | 女 | 837 | 1 | 0 | 0 | 0 | 1 | 4 |
| | 城市 | 小计 | 385 | 2 | 0 | 0 | 1 | 2 | 7 |
| | | 男 | 126 | 2 | 0 | 0 | 1 | 2 | 5 |
| | | 女 | 259 | 2 | 0 | 0 | 2 | 2 | 8 |
| | 农村 | 小计 | 1 015 | 0 | 0 | 0 | 0 | 0 | 2 |
| | | 男 | 437 | 0 | 0 | 0 | 0 | 0 | 2 |
| | | 女 | 578 | 0 | 0 | 0 | 0 | 0 | 2 |
| 陕西 | 城乡 | 小计 | 2 854 | 4 | 0 | 1 | 3 | 6 | 12 |
| | | 男 | 1291 | 4 | 0 | 1 | 3 | 5 | 11 |
| | | 女 | 1 563 | 5 | 0 | 2 | 3 | 7 | 12 |
| | 城市 | 小计 | 1 327 | 6 | 1 | 2 | 4 | 8 | 13 |
| | | 男 | 586 | 5 | 1 | 2 | 4 | 8 | 12 |
| | | 女 | 741 | 6 | 1 | 3 | 5 | 8 | 14 |
| | 农村 | 小计 | 1 527 | 3 | 0 | 1 | 2 | 4 | 8 |
| | | 男 | 705 | 3 | 0 | 1 | 2 | 3 | 8 |
| | | 女 | 822 | 3 | 0 | 1 | 2 | 4 | 8 |
| 甘肃 | 城乡 | 小计 | 2 865 | 2 | 0 | 0 | 1 | 2 | 5 |
| | | 男 | 1 286 | 1 | 0 | 0 | 1 | 2 | 4 |
| | | 女 | 1 579 | 2 | 0 | 0 | 1 | 2 | 5 |
| | 城市 | 小计 | 798 | 2 | 0 | 1 | 2 | 3 | 6 |
| | | 男 | 364 | 2 | 0 | 1 | 2 | 3 | 5 |
| | | 女 | 434 | 2 | 0 | 1 | 2 | 3 | 8 |
| | 农村 | 小计 | 2 067 | 1 | 0 | 0 | 1 | 2 | 4 |
| | | 男 | 922 | 1 | 0 | 0 | 1 | 2 | 4 |
| | | 女 | 1 145 | 1 | 0 | 0 | 1 | 2 | 4 |
| 青海 | 城乡 | 小计 | 1 589 | 4 | 0 | 1 | 3 | 5 | 8 |
| | | 男 | 690 | 3 | 0 | 1 | 3 | 5 | 8 |
| | | 女 | 899 | 4 | 0 | 1 | 3 | 5 | 8 |
| | 城市 | 小计 | 666 | 5 | 1 | 3 | 4 | 6 | 8 |
| | | 男 | 296 | 4 | 1 | 3 | 4 | 5 | 8 |
| | | 女 | 370 | 5 | 1 | 3 | 4 | 7 | 11 |
| | 农村 | 小计 | 923 | 1 | 0 | 0 | 0 | 2 | 4 |
| | | 男 | 394 | 1 | 0 | 0 | 0 | 1 | 4 |
| | | 女 | 529 | 1 | 0 | 0 | 0 | 2 | 4 |
| 宁夏 | 城乡 | 小计 | 1 130 | 5 | 1 | 2 | 4 | 5 | 12 |
| | | 男 | 535 | 4 | 1 | 2 | 4 | 5 | 10 |
| | | 女 | 595 | 5 | 1 | 3 | 4 | 7 | 15 |
| | 城市 | 小计 | 1 032 | 5 | 1 | 2 | 4 | 6 | 12 |
| | | 男 | 485 | 4 | 1 | 2 | 4 | 5 | 10 |
| | | 女 | 547 | 5 | 1 | 3 | 4 | 8 | 15 |
| | 农村 | 小计 | 98 | 3 | 0 | 1 | 2 | 4 | 8 |
| | | 男 | 50 | 3 | 1 | 1 | 2 | 4 | 8 |
| | | 女 | 48 | 4 | 0 | 2 | 3 | 4 | 13 |
| 新疆 | 城乡 | 小计 | 2 800 | 3 | 1 | 1 | 3 | 4 | 8 |
| | | 男 | 1 262 | 3 | 1 | 1 | 3 | 4 | 7 |
| | | 女 | 1 538 | 3 | 1 | 1 | 3 | 4 | 8 |
| | 城市 | 小计 | 1 218 | 4 | 1 | 2 | 4 | 5 | 10 |
| | | 男 | 483 | 4 | 1 | 2 | 3 | 4 | 10 |
| | | 女 | 735 | 5 | 1 | 3 | 4 | 6 | 12 |
| | 农村 | 小计 | 1 582 | 2 | 0 | 1 | 2 | 3 | 5 |
| | | 男 | 779 | 2 | 0 | 1 | 2 | 3 | 5 |
| | | 女 | 803 | 2 | 0 | 1 | 2 | 3 | 5 |

## 附表 7-13 中国人群分东中西、城乡、性别的全年平均每月游泳时间

| 地区 | 城乡 | 性别 | 年龄 | n | 全年平均每月游泳时间 /（min/ 月） | | | | | |
|---|---|---|---|---|---|---|---|---|---|---|
| | | | | | Mean | P5 | P25 | P50 | P75 | P95 |
| 合计 | 城乡 | 小计 | 小计 | 2 816 | 155 | 8 | 30 | 75 | 180 | 593 |
| | | | 18 ～ 44 岁 | 1 918 | 148 | 8 | 30 | 75 | 170 | 510 |
| | | | 45 ～ 59 岁 | 693 | 181 | 0 | 30 | 75 | 210 | 750 |
| | | | 60 ～ 79 岁 | 200 | 169 | 0 | 30 | 75 | 150 | 720 |
| | | | 80 岁及以上 | 5 | 117 | 75 | 105 | 105 | 120 | 195 |
| | | 男 | 小计 | 2 104 | 154 | 8 | 30 | 75 | 173 | 550 |
| | | | 18 ～ 44 岁 | 1 457 | 152 | 8 | 30 | 75 | 173 | 540 |
| | | | 45 ～ 59 岁 | 485 | 165 | 3 | 30 | 63 | 188 | 600 |
| | | | 60 ～ 79 岁 | 159 | 149 | 0 | 23 | 68 | 125 | 450 |
| | | | 80 岁及以上 | 3 | 99 | 45 | 75 | 120 | 120 | 120 |
| | | 女 | 小计 | 712 | 159 | 0 | 30 | 80 | 185 | 630 |
| | | | 18 ～ 44 岁 | 461 | 130 | 0 | 30 | 75 | 163 | 480 |
| | | | 45 ～ 59 岁 | 208 | 248 | 0 | 30 | 120 | 300 | 900 |
| | | | 60 ～ 79 岁 | 41 | 280 | 8 | 38 | 120 | 300 | 1 200 |
| | | | 80 岁及以上 | 2 | 137 | 105 | 105 | 105 | 195 | 195 |
| | 城市 | 小计 | 小计 | 1 582 | 180 | 8 | 30 | 80 | 200 | 720 |
| | | | 18 ～ 44 岁 | 1 029 | 167 | 10 | 30 | 90 | 180 | 600 |
| | | | 45 ～ 59 岁 | 424 | 218 | 5 | 30 | 75 | 240 | 975 |
| | | | 60 ～ 79 岁 | 125 | 219 | 0 | 38 | 75 | 225 | 900 |
| | | | 80 岁及以上 | 4 | 127 | 105 | 105 | 120 | 120 | 195 |
| | | 男 | 小计 | 1 086 | 181 | 8 | 30 | 75 | 188 | 720 |
| | | | 18 ～ 44 岁 | 722 | 175 | 10 | 38 | 79 | 180 | 675 |
| | | | 45 ～ 59 岁 | 271 | 199 | 0 | 30 | 68 | 225 | 975 |
| | | | 60 ～ 79 岁 | 91 | 196 | 0 | 30 | 75 | 120 | 720 |
| | | | 80 岁及以上 | 2 | 112 | 45 | 120 | 120 | 120 | 120 |
| | | 女 | 小计 | 496 | 180 | 10 | 30 | 90 | 210 | 750 |
| | | | 18 ～ 44 岁 | 307 | 143 | 10 | 30 | 90 | 180 | 510 |
| | | | 45 ～ 59 岁 | 153 | 271 | 15 | 45 | 150 | 320 | 900 |
| | | | 60 ～ 79 岁 | 34 | 296 | 8 | 38 | 120 | 300 | 1 200 |
| | | | 80 岁及以上 | 2 | 137 | 105 | 105 | 105 | 195 | 195 |
| | 农村 | 小计 | 小计 | 1 234 | 123 | 5 | 23 | 60 | 150 | 450 |
| | | | 18 ～ 44 岁 | 889 | 127 | 5 | 23 | 63 | 150 | 450 |
| | | | 45 ～ 59 岁 | 269 | 110 | 0 | 23 | 60 | 150 | 370 |
| | | | 60 ～ 79 岁 | 75 | 81 | 5 | 20 | 45 | 120 | 225 |
| | | | 80 岁及以上 | 1 | 75 | 75 | 75 | 75 | 75 | 75 |
| | | 男 | 小计 | 1 018 | 126 | 5 | 25 | 68 | 150 | 450 |
| | | | 18 ～ 44 岁 | 735 | 130 | 8 | 28 | 73 | 150 | 450 |
| | | | 45 ～ 59 岁 | 214 | 112 | 3 | 30 | 60 | 150 | 360 |
| | | | 60 ～ 79 岁 | 68 | 82 | 5 | 20 | 45 | 125 | 225 |
| | | | 80 岁及以上 | 1 | 75 | 75 | 75 | 75 | 75 | 75 |
| | | 女 | 小计 | 216 | 92 | 0 | 15 | 40 | 113 | 383 |
| | | | 18 ～ 44 岁 | 154 | 95 | 0 | 15 | 45 | 125 | 383 |
| | | | 45 ～ 59 岁 | 55 | 69 | 0 | 0 | 10 | 60 | 450 |
| | | | 60 ～ 79 岁 | 7 | 54 | 0 | 38 | 60 | 75 | 75 |
| 东部 | 城乡 | 小计 | 小计 | 876 | 195 | 8 | 30 | 79 | 225 | 788 |
| | | | 18 ～ 44 岁 | 539 | 193 | 10 | 30 | 90 | 225 | 788 |
| | | | 45 ～ 59 岁 | 248 | 205 | 3 | 30 | 75 | 240 | 900 |
| | | | 60 ～ 79 岁 | 88 | 186 | 0 | 38 | 75 | 150 | 720 |
| | | | 80 岁及以上 | 1 | 105 | 105 | 105 | 105 | 105 | 105 |
| | | 男 | 小计 | 654 | 195 | 8 | 30 | 75 | 225 | 788 |
| | | | 18 ～ 44 岁 | 401 | 200 | 10 | 30 | 75 | 225 | 900 |
| | | | 45 ～ 59 岁 | 182 | 188 | 3 | 30 | 75 | 225 | 675 |
| | | | 60 ～ 79 岁 | 71 | 163 | 0 | 30 | 75 | 150 | 700 |
| | | 女 | 小计 | 222 | 195 | 0 | 30 | 90 | 225 | 810 |
| | | | 18 ～ 44 岁 | 138 | 163 | 0 | 30 | 90 | 210 | 600 |
| | | | 45 ～ 59 岁 | 66 | 271 | 0 | 30 | 113 | 360 | 900 |

| 地区 | 城乡 | 性别 | 年龄 | *n* | 全年平均每月游泳时间 /（min/ 月） | | | | | |
|---|---|---|---|---|---|---|---|---|---|---|
| | | | | | Mean | P5 | P25 | P50 | P75 | P95 |
| 东部 | 城乡 | 女 | 60 ～ 79 岁 | 17 | 304 | 8 | 38 | 100 | 300 | 1 200 |
| | | | 80 岁及以上 | 1 | 105 | 105 | 105 | 105 | 105 | 105 |
| | 城市 | 小计 | 小计 | 577 | 223 | 10 | 38 | 90 | 240 | 900 |
| | | | 18 ～ 44 岁 | 343 | 220 | 15 | 45 | 105 | 225 | 900 |
| | | | 45 ～ 59 岁 | 173 | 235 | 10 | 30 | 90 | 300 | 1 019 |
| | | | 60 ～ 79 岁 | 60 | 216 | 0 | 38 | 75 | 225 | 1 125 |
| | | | 80 岁及以上 | 1 | 105 | 105 | 105 | 105 | 105 | 105 |
| | | 男 | 小计 | 392 | 226 | 10 | 38 | 90 | 270 | 900 |
| | | | 18 ～ 44 岁 | 232 | 233 | 15 | 45 | 105 | 248 | 900 |
| | | | 45 ～ 59 岁 | 116 | 219 | 8 | 30 | 75 | 270 | 1 019 |
| | | | 60 ～ 79 岁 | 44 | 191 | 0 | 38 | 60 | 120 | 720 |
| | | 女 | 小计 | 185 | 214 | 15 | 38 | 113 | 225 | 900 |
| | | | 18 ～ 44 岁 | 111 | 181 | 10 | 30 | 105 | 225 | 680 |
| | | | 45 ～ 59 岁 | 57 | 282 | 15 | 60 | 150 | 420 | 1 050 |
| | | | 60 ～ 79 岁 | 16 | 308 | 8 | 38 | 100 | 300 | 1 200 |
| | | | 80 岁及以上 | 1 | 105 | 105 | 105 | 105 | 105 | 105 |
| | 农村 | 小计 | 小计 | 299 | 143 | 5 | 23 | 60 | 180 | 600 |
| | | | 18 ～ 44 岁 | 196 | 150 | 8 | 23 | 60 | 180 | 675 |
| | | | 45 ～ 59 岁 | 75 | 124 | 0 | 30 | 68 | 190 | 450 |
| | | | 60 ～ 79 岁 | 28 | 95 | 10 | 25 | 100 | 150 | 225 |
| | | 男 | 小计 | 262 | 148 | 5 | 23 | 60 | 180 | 675 |
| | | | 18 ～ 44 岁 | 169 | 156 | 10 | 23 | 60 | 180 | 675 |
| | | | 45 ～ 59 岁 | 66 | 123 | 0 | 30 | 75 | 190 | 390 |
| | | | 60 ～ 79 岁 | 27 | 96 | 10 | 25 | 100 | 150 | 225 |
| | | 女 | 小计 | 37 | 95 | 0 | 15 | 60 | 90 | 480 |
| | | | 18 ～ 44 岁 | 27 | 90 | 0 | 20 | 60 | 90 | 480 |
| | | | 45 ～ 59 岁 | 9 | 138 | 0 | 0 | 23 | 360 | 450 |
| | | | 60 ～ 79 岁 | 1 | 38 | 38 | 38 | 38 | 38 | 38 |
| 中部 | 城乡 | 小计 | 小计 | 729 | 124 | 8 | 30 | 75 | 150 | 400 |
| | | | 18 ～ 44 岁 | 505 | 120 | 8 | 30 | 75 | 150 | 383 |
| | | | 45 ～ 59 岁 | 176 | 144 | 8 | 30 | 70 | 150 | 450 |
| | | | 60 ～ 79 岁 | 47 | 123 | 0 | 8 | 45 | 180 | 450 |
| | | | 80 岁及以上 | 1 | 195 | 195 | 195 | 195 | 195 | 195 |
| | | 男 | 小计 | 569 | 122 | 8 | 30 | 75 | 150 | 375 |
| | | | 18 ～ 44 岁 | 398 | 122 | 8 | 33 | 75 | 150 | 438 |
| | | | 45 ～ 59 岁 | 134 | 122 | 5 | 30 | 60 | 150 | 360 |
| | | | 60 ～ 79 岁 | 37 | 109 | 0 | 8 | 45 | 163 | 300 |
| | | 女 | 小计 | 160 | 137 | 0 | 30 | 75 | 173 | 420 |
| | | | 18 ～ 44 岁 | 107 | 108 | 0 | 30 | 60 | 150 | 383 |
| | | | 45 ～ 59 岁 | 42 | 277 | 15 | 75 | 180 | 338 | 1 200 |
| | | | 60 ～ 79 岁 | 10 | 209 | 8 | 30 | 75 | 240 | 900 |
| | | | 80 岁及以上 | 1 | 195 | 195 | 195 | 195 | 195 | 195 |
| | 城市 | 小计 | 小计 | 452 | 136 | 8 | 30 | 75 | 160 | 400 |
| | | | 18 ～ 44 岁 | 308 | 122 | 8 | 30 | 75 | 150 | 315 |
| | | | 45 ～ 59 岁 | 117 | 187 | 15 | 30 | 75 | 185 | 700 |
| | | | 60 ～ 79 岁 | 26 | 193 | 0 | 8 | 60 | 240 | 900 |
| | | | 80 岁及以上 | 1 | 195 | 195 | 195 | 195 | 195 | 195 |
| | | 男 | 小计 | 313 | 133 | 8 | 30 | 75 | 150 | 360 |
| | | | 18 ～ 44 岁 | 219 | 127 | 11 | 38 | 80 | 150 | 300 |
| | | | 45 ～ 59 岁 | 76 | 155 | 10 | 30 | 60 | 150 | 450 |
| | | | 60 ～ 79 岁 | 18 | 174 | 0 | 0 | 45 | 180 | 1 013 |
| | | 女 | 小计 | 139 | 144 | 8 | 30 | 90 | 180 | 450 |
| | | | 18 ～ 44 岁 | 89 | 108 | 8 | 30 | 60 | 150 | 360 |
| | | | 45 ～ 59 岁 | 41 | 278 | 15 | 75 | 140 | 338 | 1 200 |
| | | | 60 ～ 79 岁 | 8 | 235 | 8 | 30 | 225 | 240 | 900 |
| | | | 80 岁及以上 | 1 | 195 | 195 | 195 | 195 | 195 | 195 |
| | 农村 | 小计 | 小计 | 277 | 112 | 5 | 30 | 70 | 150 | 435 |
| | | | 18 ～ 44 岁 | 197 | 118 | 4 | 30 | 75 | 150 | 450 |

| 地区 | 城乡 | 性别 | 年龄 | *n* | 全年平均每月游泳时间 /（min/ 月） | | | | | |
|---|---|---|---|---|---|---|---|---|---|---|
| | | | | | Mean | P5 | P25 | P50 | P75 | P95 |
| 中部 | 农村 | 小计 | 45 ～ 59 岁 | 59 | 91 | 5 | 30 | 60 | 150 | 250 |
| | | | 60 ～ 79 岁 | 21 | 82 | 5 | 23 | 45 | 113 | 225 |
| | | 男 | 小计 | 256 | 112 | 5 | 30 | 75 | 150 | 438 |
| | | | 18 ～ 44 岁 | 179 | 119 | 8 | 30 | 75 | 150 | 450 |
| | | | 45 ～ 59 岁 | 58 | 91 | 5 | 26 | 60 | 150 | 250 |
| | | | 60 ～ 79 岁 | 19 | 82 | 5 | 15 | 45 | 113 | 225 |
| | | 女 | 小计 | 21 | 110 | 0 | 10 | 30 | 150 | 383 |
| | | | 18 ～ 44 岁 | 18 | 110 | 0 | 10 | 30 | 150 | 383 |
| | | | 45 ～ 59 岁 | 1 | 225 | 225 | 225 | 225 | 225 | 225 |
| | | | 60 ～ 79 岁 | 2 | 68 | 40 | 75 | 75 | 75 | 75 |
| 西部 | 城乡 | 小计 | 小计 | 1 211 | 130 | 8 | 25 | 73 | 150 | 450 |
| | | | 18 ～ 44 岁 | 874 | 121 | 8 | 28 | 75 | 150 | 450 |
| | | | 45 ～ 59 岁 | 269 | 172 | 0 | 15 | 60 | 185 | 769 |
| | | | 60 ～ 79 岁 | 65 | 182 | 8 | 30 | 90 | 120 | 686 |
| | | | 80 岁及以上 | 3 | 99 | 45 | 75 | 120 | 120 | 120 |
| | | 男 | 小计 | 881 | 130 | 8 | 25 | 75 | 150 | 450 |
| | | | 18 ～ 44 岁 | 658 | 124 | 8 | 30 | 75 | 150 | 450 |
| | | | 45 ～ 59 岁 | 169 | 166 | 0 | 15 | 60 | 150 | 788 |
| | | | 60 ～ 79 岁 | 51 | 164 | 8 | 23 | 75 | 120 | 550 |
| | | | 80 岁及以上 | 3 | 99 | 45 | 75 | 120 | 120 | 120 |
| | | 女 | 小计 | 330 | 126 | 0 | 23 | 60 | 163 | 450 |
| | | | 18 ～ 44 岁 | 216 | 106 | 8 | 23 | 60 | 150 | 375 |
| | | | 45 ～ 59 岁 | 100 | 191 | 0 | 16 | 75 | 225 | 675 |
| | | | 60 ～ 79 岁 | 14 | 284 | 15 | 60 | 158 | 638 | 686 |
| | 城市 | 小计 | 小计 | 553 | 147 | 8 | 30 | 75 | 150 | 550 |
| | | | 18 ～ 44 岁 | 378 | 129 | 8 | 30 | 75 | 150 | 450 |
| | | | 45 ～ 59 岁 | 134 | 207 | 0 | 30 | 75 | 210 | 769 |
| | | | 60 ～ 79 岁 | 39 | 250 | 8 | 60 | 113 | 240 | 840 |
| | | | 80 岁及以上 | 2 | 112 | 45 | 120 | 120 | 120 | 120 |
| | | 男 | 小计 | 381 | 146 | 8 | 30 | 75 | 145 | 545 |
| | | | 18 ～ 44 岁 | 271 | 132 | 8 | 30 | 75 | 135 | 450 |
| | | | 45 ～ 59 岁 | 79 | 193 | 0 | 20 | 60 | 165 | 900 |
| | | | 60 ～ 79 岁 | 29 | 231 | 8 | 45 | 100 | 120 | 840 |
| | | | 80 岁及以上 | 2 | 112 | 45 | 120 | 120 | 120 | 120 |
| | | 女 | 小计 | 172 | 150 | 8 | 30 | 75 | 200 | 600 |
| | | | 18 ～ 44 岁 | 107 | 116 | 10 | 30 | 75 | 163 | 375 |
| | | | 45 ～ 59 岁 | 55 | 242 | 0 | 30 | 150 | 250 | 675 |
| | | | 60 ～ 79 岁 | 10 | 330 | 60 | 120 | 158 | 638 | 750 |
| | 农村 | 小计 | 小计 | 658 | 113 | 5 | 23 | 60 | 150 | 450 |
| | | | 18 ～ 44 岁 | 496 | 114 | 5 | 23 | 70 | 150 | 450 |
| | | | 45 ～ 59 岁 | 135 | 110 | 0 | 10 | 40 | 80 | 568 |
| | | | 60 ～ 79 岁 | 26 | 43 | 0 | 15 | 25 | 75 | 105 |
| | | | 80 岁及以上 | 1 | 75 | 75 | 75 | 75 | 75 | 75 |
| | | 男 | 小计 | 500 | 117 | 5 | 23 | 70 | 150 | 450 |
| | | | 18 ～ 44 岁 | 387 | 118 | 8 | 23 | 73 | 150 | 450 |
| | | | 45 ～ 59 岁 | 90 | 126 | 5 | 15 | 50 | 95 | 600 |
| | | | 60 ～ 79 岁 | 22 | 43 | 0 | 15 | 25 | 75 | 105 |
| | | | 80 岁及以上 | 1 | 75 | 75 | 75 | 75 | 75 | 75 |
| | | 女 | 小计 | 158 | 82 | 0 | 15 | 34 | 125 | 300 |
| | | | 18 ～ 44 岁 | 109 | 91 | 0 | 15 | 45 | 125 | 450 |
| | | | 45 ～ 59 岁 | 45 | 23 | 0 | 0 | 10 | 30 | 75 |
| | | | 60 ～ 79 岁 | 4 | 43 | 0 | 15 | 60 | 60 | 60 |

## 附表 7-14　中国人群分东中西、城乡、性别、年龄的春秋季平均每月游泳时间

| 地区 | 城乡 | 性别 | 年龄 | n | 春秋季平均每月游泳时间 /（min/ 月） | | | | | |
|---|---|---|---|---|---|---|---|---|---|---|
| | | | | | Mean | P5 | P25 | P50 | P75 | P95 |
| 合计 | 城乡 | 小计 | 小计 | 2 856 | 64 | 0 | 0 | 0 | 20 | 300 |
| | | | 18 ～ 44 岁 | 1 949 | 51 | 0 | 0 | 0 | 0 | 240 |
| | | | 45 ～ 59 岁 | 700 | 114 | 0 | 0 | 0 | 80 | 600 |
| | | | 60 ～ 79 岁 | 202 | 101 | 0 | 0 | 0 | 20 | 720 |
| | | | 80 岁及以上 | 5 | 85 | 0 | 60 | 60 | 120 | 180 |
| | | 男 | 小计 | 2 131 | 59 | 0 | 0 | 0 | 0 | 300 |
| | | | 18 ～ 44 岁 | 1 480 | 50 | 0 | 0 | 0 | 0 | 240 |
| | | | 45 ～ 59 岁 | 488 | 96 | 0 | 0 | 0 | 60 | 480 |
| | | | 60 ～ 79 岁 | 160 | 77 | 0 | 0 | 0 | 0 | 360 |
| | | | 80 岁及以上 | 3 | 68 | 0 | 0 | 120 | 120 | 120 |
| | | 女 | 小计 | 725 | 89 | 0 | 0 | 0 | 80 | 480 |
| | | | 18 ～ 44 岁 | 469 | 56 | 0 | 0 | 0 | 60 | 300 |
| | | | 45 ～ 59 岁 | 212 | 187 | 0 | 0 | 30 | 240 | 900 |
| | | | 60 ～ 79 岁 | 42 | 235 | 0 | 0 | 30 | 240 | 1 200 |
| | | | 80 岁及以上 | 2 | 103 | 60 | 60 | 60 | 180 | 180 |
| | 城市 | 小计 | 小计 | 1 602 | 85 | 0 | 0 | 0 | 40 | 480 |
| | | | 18 ～ 44 岁 | 1 044 | 63 | 0 | 0 | 0 | 0 | 300 |
| | | | 45 ～ 59 岁 | 428 | 149 | 0 | 0 | 0 | 120 | 800 |
| | | | 60 ～ 79 岁 | 126 | 153 | 0 | 0 | 0 | 60 | 900 |
| | | | 80 岁及以上 | 4 | 105 | 60 | 60 | 120 | 120 | 180 |
| | | 男 | 小计 | 1 102 | 80 | 0 | 0 | 0 | 10 | 450 |
| | | | 18 ～ 44 岁 | 735 | 64 | 0 | 0 | 0 | 0 | 300 |
| | | | 45 ～ 59 岁 | 273 | 129 | 0 | 0 | 0 | 90 | 750 |
| | | | 60 ～ 79 岁 | 92 | 125 | 0 | 0 | 0 | 0 | 720 |
| | | | 80 岁及以上 | 2 | 107 | 0 | 120 | 120 | 120 | 120 |
| | | 女 | 小计 | 500 | 103 | 0 | 0 | 0 | 120 | 600 |
| | | | 18 ～ 44 岁 | 309 | 62 | 0 | 0 | 0 | 60 | 300 |
| | | | 45 ～ 59 岁 | 155 | 203 | 0 | 0 | 60 | 240 | 900 |
| | | | 60 ～ 79 岁 | 34 | 252 | 0 | 0 | 40 | 240 | 1 200 |
| | | | 80 岁及以上 | 2 | 103 | 60 | 60 | 60 | 180 | 180 |
| | 农村 | 小计 | 小计 | 1 254 | 37 | 0 | 0 | 0 | 0 | 200 |
| | | | 18 ～ 44 岁 | 905 | 37 | 0 | 0 | 0 | 0 | 200 |
| | | | 45 ～ 59 岁 | 272 | 45 | 0 | 0 | 0 | 0 | 200 |
| | | | 60 ～ 79 岁 | 76 | 8 | 0 | 0 | 0 | 0 | 40 |
| | | | 80 岁及以上 | 1 | 0 | 0 | 0 | 0 | 0 | 0 |
| | | 男 | 小计 | 1 029 | 36 | 0 | 0 | 0 | 0 | 200 |
| | | | 18 ～ 44 岁 | 745 | 37 | 0 | 0 | 0 | 0 | 180 |
| | | | 45 ～ 59 岁 | 215 | 44 | 0 | 0 | 0 | 0 | 200 |
| | | | 60 ～ 79 岁 | 68 | 8 | 0 | 0 | 0 | 0 | 40 |
| | | | 80 岁及以上 | 1 | 0 | 0 | 0 | 0 | 0 | 0 |
| | | 女 | 小计 | 225 | 41 | 0 | 0 | 0 | 0 | 240 |
| | | | 18 ～ 44 岁 | 160 | 39 | 0 | 0 | 0 | 0 | 240 |
| | | | 45 ～ 59 岁 | 57 | 59 | 0 | 0 | 0 | 30 | 450 |
| | | | 60 ～ 79 岁 | 8 | 13 | 0 | 0 | 0 | 15 | 60 |
| 东部 | 城乡 | 小计 | 小计 | 882 | 85 | 0 | 0 | 0 | 20 | 480 |
| | | | 18 ～ 44 岁 | 541 | 72 | 0 | 0 | 0 | 0 | 360 |
| | | | 45 ～ 59 岁 | 251 | 124 | 0 | 0 | 0 | 120 | 720 |
| | | | 60 ～ 79 岁 | 89 | 109 | 0 | 0 | 0 | 0 | 720 |
| | | | 80 岁及以上 | 1 | 60 | 60 | 60 | 60 | 60 | 60 |
| | | 男 | 小计 | 657 | 78 | 0 | 0 | 0 | 0 | 450 |
| | | | 18 ～ 44 岁 | 402 | 71 | 0 | 0 | 0 | 0 | 360 |
| | | | 45 ～ 59 岁 | 183 | 102 | 0 | 0 | 0 | 80 | 600 |
| | | | 60 ～ 79 岁 | 72 | 83 | 0 | 0 | 0 | 0 | 720 |
| | | 女 | 小计 | 225 | 117 | 0 | 0 | 0 | 120 | 640 |
| | | | 18 ～ 44 岁 | 139 | 78 | 0 | 0 | 0 | 60 | 360 |
| | | | 45 ～ 59 岁 | 68 | 205 | 0 | 0 | 30 | 240 | 900 |

| 地区 | 城乡 | 性别 | 年龄 | *n* | 春秋季平均每月游泳时间 /（min/ 月） | | | | | |
|---|---|---|---|---|---|---|---|---|---|---|
| | | | | | Mean | P5 | P25 | P50 | P75 | P95 |
| 东部 | 城乡 | 女 | 60 ～ 79 岁 | 17 | 242 | 0 | 0 | 0 | 300 | 1 200 |
| | | | 80 岁及以上 | 1 | 60 | 60 | 60 | 60 | 60 | 60 |
| | 城市 | 小计 | 小计 | 582 | 111 | 0 | 0 | 0 | 60 | 600 |
| | | | 18 ～ 44 岁 | 344 | 92 | 0 | 0 | 0 | 60 | 600 |
| | | | 45 ～ 59 岁 | 176 | 158 | 0 | 0 | 0 | 180 | 750 |
| | | | 60 ～ 79 岁 | 61 | 143 | 0 | 0 | 0 | 0 | 900 |
| | | | 80 岁及以上 | 1 | 60 | 60 | 60 | 60 | 60 | 60 |
| | | 男 | 小计 | 394 | 105 | 0 | 0 | 0 | 30 | 600 |
| | | | 18 ～ 44 岁 | 232 | 92 | 0 | 0 | 0 | 20 | 600 |
| | | | 45 ～ 59 岁 | 117 | 139 | 0 | 0 | 0 | 180 | 750 |
| | | | 60 ～ 79 岁 | 45 | 116 | 0 | 0 | 0 | 0 | 720 |
| | | 女 | 小计 | 188 | 132 | 0 | 0 | 0 | 120 | 750 |
| | | | 18 ～ 44 岁 | 112 | 92 | 0 | 0 | 0 | 120 | 600 |
| | | | 45 ～ 59 岁 | 59 | 211 | 0 | 0 | 30 | 240 | 900 |
| | | | 60 ～ 79 岁 | 16 | 246 | 0 | 0 | 0 | 300 | 1 200 |
| | | | 80 岁及以上 | 1 | 60 | 60 | 60 | 60 | 60 | 60 |
| | 农村 | 小计 | 小计 | 300 | 37 | 0 | 0 | 0 | 0 | 225 |
| | | | 18 ～ 44 岁 | 197 | 40 | 0 | 0 | 0 | 0 | 240 |
| | | | 45 ～ 59 岁 | 75 | 31 | 0 | 0 | 0 | 0 | 200 |
| | | | 60 ～ 79 岁 | 28 | 5 | 0 | 0 | 0 | 0 | 40 |
| | | 男 | 小计 | 263 | 37 | 0 | 0 | 0 | 0 | 225 |
| | | | 18 ～ 44 岁 | 170 | 42 | 0 | 0 | 0 | 0 | 300 |
| | | | 45 ～ 59 岁 | 66 | 25 | 0 | 0 | 0 | 0 | 160 |
| | | | 60 ～ 79 岁 | 27 | 5 | 0 | 0 | 0 | 0 | 40 |
| | | 女 | 小计 | 37 | 36 | 0 | 0 | 0 | 0 | 360 |
| | | | 18 ～ 44 岁 | 27 | 24 | 0 | 0 | 0 | 0 | 150 |
| | | | 45 ～ 59 岁 | 9 | 129 | 0 | 0 | 0 | 360 | 450 |
| | | | 60 ～ 79 岁 | 1 | 0 | 0 | 0 | 0 | 0 | 0 |
| 中部 | 城乡 | 小计 | 小计 | 734 | 43 | 0 | 0 | 0 | 0 | 200 |
| | | | 18 ～ 44 岁 | 510 | 34 | 0 | 0 | 0 | 0 | 200 |
| | | | 45 ～ 59 岁 | 176 | 79 | 0 | 0 | 0 | 60 | 320 |
| | | | 60 ～ 79 岁 | 47 | 66 | 0 | 0 | 0 | 20 | 240 |
| | | | 80 岁及以上 | 1 | 180 | 180 | 180 | 180 | 180 | 180 |
| | | 男 | 小计 | 574 | 37 | 0 | 0 | 0 | 0 | 200 |
| | | | 18 ～ 44 岁 | 403 | 33 | 0 | 0 | 0 | 0 | 200 |
| | | | 45 ～ 59 岁 | 134 | 54 | 0 | 0 | 0 | 0 | 200 |
| | | | 60 ～ 79 岁 | 37 | 45 | 0 | 0 | 0 | 0 | 240 |
| | | 女 | 小计 | 160 | 72 | 0 | 0 | 0 | 80 | 320 |
| | | | 18 ～ 44 岁 | 107 | 38 | 0 | 0 | 0 | 0 | 240 |
| | | | 45 ～ 59 岁 | 42 | 229 | 0 | 0 | 120 | 240 | 1 200 |
| | | | 60 ～ 79 岁 | 10 | 202 | 0 | 0 | 120 | 240 | 900 |
| | | | 80 岁及以上 | 1 | 180 | 180 | 180 | 180 | 180 | 180 |
| | 城市 | 小计 | 小计 | 456 | 52 | 0 | 0 | 0 | 0 | 240 |
| | | | 18 ～ 44 岁 | 312 | 33 | 0 | 0 | 0 | 0 | 180 |
| | | | 45 ～ 59 岁 | 117 | 119 | 0 | 0 | 0 | 90 | 750 |
| | | | 60 ～ 79 岁 | 26 | 161 | 0 | 0 | 0 | 240 | 900 |
| | | | 80 岁及以上 | 1 | 180 | 180 | 180 | 180 | 180 | 180 |
| | | 男 | 小计 | 317 | 44 | 0 | 0 | 0 | 0 | 240 |
| | | | 18 ～ 44 岁 | 223 | 33 | 0 | 0 | 0 | 0 | 200 |
| | | | 45 ～ 59 岁 | 76 | 80 | 0 | 0 | 0 | 0 | 300 |
| | | | 60 ～ 79 岁 | 18 | 127 | 0 | 0 | 0 | 0 | 1 200 |
| | | 女 | 小计 | 139 | 77 | 0 | 0 | 0 | 100 | 360 |
| | | | 18 ～ 44 岁 | 89 | 32 | 0 | 0 | 0 | 0 | 120 |
| | | | 45 ～ 59 岁 | 41 | 233 | 0 | 0 | 120 | 240 | 1 200 |
| | | | 60 ～ 79 岁 | 8 | 239 | 0 | 0 | 240 | 240 | 900 |
| | | | 80 岁及以上 | 1 | 180 | 180 | 180 | 180 | 180 | 180 |
| | 农村 | 小计 | 小计 | 278 | 33 | 0 | 0 | 0 | 0 | 200 |
| | | | 18 ～ 44 岁 | 198 | 35 | 0 | 0 | 0 | 0 | 200 |

| 地区 | 城乡 | 性别 | 年龄 | n | 春秋季平均每月游泳时间 /（min/ 月） | | | | | |
|---|---|---|---|---|---|---|---|---|---|---|
| | | | | | Mean | P5 | P25 | P50 | P75 | P95 |
| 中部 | 农村 | 小计 | 45 ～ 59 岁 | 59 | 29 | 0 | 0 | 0 | 40 | 200 |
| | | | 60 ～ 79 岁 | 21 | 10 | 0 | 0 | 0 | 0 | 100 |
| | | 男 | 小计 | 257 | 31 | 0 | 0 | 0 | 0 | 200 |
| | | | 18 ～ 44 岁 | 180 | 33 | 0 | 0 | 0 | 0 | 200 |
| | | | 45 ～ 59 岁 | 58 | 30 | 0 | 0 | 0 | 40 | 200 |
| | | | 60 ～ 79 岁 | 19 | 10 | 0 | 0 | 0 | 0 | 100 |
| | | 女 | 小计 | 21 | 53 | 0 | 0 | 0 | 0 | 300 |
| | | | 18 ～ 44 岁 | 18 | 55 | 0 | 0 | 0 | 0 | 300 |
| | | | 45 ～ 59 岁 | 1 | 0 | 0 | 0 | 0 | 0 | 0 |
| | | | 60 ～ 79 岁 | 2 | 0 | 0 | 0 | 0 | 0 | 0 |
| 西部 | 城乡 | 小计 | 小计 | 1 240 | 55 | 0 | 0 | 0 | 30 | 240 |
| | | | 18 ～ 44 岁 | 898 | 41 | 0 | 0 | 0 | 15 | 180 |
| | | | 45 ～ 59 岁 | 273 | 129 | 0 | 0 | 0 | 60 | 900 |
| | | | 60 ～ 79 岁 | 66 | 126 | 0 | 0 | 0 | 90 | 600 |
| | | | 80 岁及以上 | 3 | 68 | 0 | 0 | 120 | 120 | 120 |
| | | 男 | 小计 | 900 | 54 | 0 | 0 | 0 | 30 | 240 |
| | | | 18 ～ 44 岁 | 675 | 41 | 0 | 0 | 0 | 10 | 180 |
| | | | 45 ～ 59 岁 | 171 | 129 | 0 | 0 | 0 | 60 | 900 |
| | | | 60 ～ 79 岁 | 51 | 104 | 0 | 0 | 0 | 60 | 360 |
| | | | 80 岁及以上 | 3 | 68 | 0 | 0 | 120 | 120 | 120 |
| | | 女 | 小计 | 340 | 63 | 0 | 0 | 0 | 60 | 240 |
| | | | 18 ～ 44 岁 | 223 | 42 | 0 | 0 | 0 | 60 | 180 |
| | | | 45 ～ 59 岁 | 102 | 130 | 0 | 0 | 0 | 120 | 900 |
| | | | 60 ～ 79 岁 | 15 | 250 | 0 | 60 | 105 | 450 | 900 |
| | 城市 | 小计 | 小计 | 564 | 71 | 0 | 0 | 0 | 30 | 360 |
| | | | 18 ～ 44 岁 | 388 | 48 | 0 | 0 | 0 | 0 | 240 |
| | | | 45 ～ 59 岁 | 135 | 155 | 0 | 0 | 0 | 90 | 900 |
| | | | 60 ～ 79 岁 | 39 | 184 | 0 | 0 | 30 | 120 | 900 |
| | | | 80 岁及以上 | 2 | 107 | 0 | 120 | 120 | 120 | 120 |
| | | 男 | 小计 | 391 | 69 | 0 | 0 | 0 | 30 | 360 |
| | | | 18 ～ 44 岁 | 280 | 49 | 0 | 0 | 0 | 0 | 240 |
| | | | 45 ～ 59 岁 | 80 | 151 | 0 | 0 | 0 | 60 | 900 |
| | | | 60 ～ 79 岁 | 29 | 157 | 0 | 0 | 0 | 120 | 400 |
| | | | 80 岁及以上 | 2 | 107 | 0 | 120 | 120 | 120 | 120 |
| | | 女 | 小计 | 173 | 77 | 0 | 0 | 0 | 80 | 375 |
| | | | 18 ～ 44 岁 | 108 | 43 | 0 | 0 | 0 | 60 | 180 |
| | | | 45 ～ 59 岁 | 55 | 163 | 0 | 0 | 0 | 120 | 900 |
| | | | 60 ～ 79 岁 | 10 | 295 | 0 | 105 | 120 | 600 | 900 |
| | 农村 | 小计 | 小计 | 676 | 40 | 0 | 0 | 0 | 30 | 180 |
| | | | 18 ～ 44 岁 | 510 | 35 | 0 | 0 | 0 | 30 | 180 |
| | | | 45 ～ 59 岁 | 138 | 84 | 0 | 0 | 0 | 40 | 600 |
| | | | 60 ～ 79 岁 | 27 | 10 | 0 | 0 | 0 | 0 | 60 |
| | | | 80 岁及以上 | 1 | 0 | 0 | 0 | 0 | 0 | 0 |
| | | 男 | 小计 | 509 | 40 | 0 | 0 | 0 | 20 | 180 |
| | | | 18 ～ 44 岁 | 395 | 35 | 0 | 0 | 0 | 20 | 180 |
| | | | 45 ～ 59 岁 | 91 | 95 | 0 | 0 | 0 | 40 | 900 |
| | | | 60 ～ 79 岁 | 22 | 8 | 0 | 0 | 0 | 0 | 40 |
| | | | 80 岁及以上 | 1 | 0 | 0 | 0 | 0 | 0 | 0 |
| | | 女 | 小计 | 167 | 38 | 0 | 0 | 0 | 30 | 180 |
| | | | 18 ～ 44 岁 | 115 | 40 | 0 | 0 | 0 | 50 | 180 |
| | | | 45 ～ 59 岁 | 47 | 22 | 0 | 0 | 0 | 25 | 120 |
| | | | 60 ～ 79 岁 | 5 | 32 | 0 | 0 | 30 | 60 | 60 |

## 附表 7-15 中国人群分东中西、城乡、性别、年龄的夏季平均每月游泳时间

| 地区 | 城乡 | 性别 | 年龄 | n | 夏季平均每月游泳时间 /（min/ 月） | | | | | |
|---|---|---|---|---|---|---|---|---|---|---|
| | | | | | Mean | P5 | P25 | P50 | P75 | P95 |
| 合计 | 城乡 | 小计 | 小计 | 2 935 | 459 | 15 | 100 | 240 | 600 | 1 800 |
| | | | 18 ～ 44 岁 | 2 003 | 466 | 20 | 120 | 240 | 600 | 1 800 |
| | | | 45 ～ 59 岁 | 719 | 437 | 0 | 90 | 240 | 600 | 1 800 |
| | | | 60 ～ 79 岁 | 208 | 415 | 0 | 80 | 240 | 480 | 1 500 |
| | | | 80 岁及以上 | 5 | 214 | 120 | 120 | 240 | 240 | 300 |
| | | 男 | 小计 | 2 177 | 470 | 20 | 100 | 240 | 600 | 1 800 |
| | | | 18 ～ 44 岁 | 1 511 | 484 | 30 | 120 | 240 | 600 | 1 800 |
| | | | 45 ～ 59 岁 | 498 | 424 | 0 | 90 | 200 | 600 | 1 800 |
| | | | 60 ～ 79 岁 | 165 | 406 | 0 | 60 | 240 | 480 | 1 500 |
| | | | 80 岁及以上 | 3 | 189 | 120 | 120 | 120 | 300 | 300 |
| | | 女 | 小计 | 758 | 407 | 0 | 90 | 240 | 480 | 1 530 |
| | | | 18 ～ 44 岁 | 492 | 384 | 0 | 90 | 240 | 480 | 1 350 |
| | | | 45 ～ 59 岁 | 221 | 488 | 0 | 90 | 240 | 600 | 1 800 |
| | | | 60 ～ 79 岁 | 43 | 465 | 0 | 120 | 240 | 900 | 1 800 |
| | | | 80 岁及以上 | 2 | 240 | 240 | 240 | 240 | 240 | 240 |
| | 城市 | 小计 | 小计 | 1 641 | 505 | 30 | 120 | 240 | 600 | 1 800 |
| | | | 18 ～ 44 岁 | 1 069 | 512 | 30 | 120 | 300 | 600 | 1 800 |
| | | | 45 ～ 59 岁 | 436 | 489 | 0 | 90 | 240 | 600 | 1 800 |
| | | | 60 ～ 79 岁 | 132 | 475 | 0 | 120 | 240 | 480 | 1 800 |
| | | | 80 岁及以上 | 4 | 194 | 120 | 120 | 240 | 240 | 240 |
| | | 男 | 小计 | 1 123 | 523 | 30 | 120 | 300 | 600 | 1 800 |
| | | | 18 ～ 44 岁 | 748 | 541 | 30 | 120 | 300 | 600 | 1 800 |
| | | | 45 ～ 59 岁 | 276 | 473 | 0 | 80 | 240 | 600 | 1 800 |
| | | | 60 ～ 79 岁 | 97 | 472 | 0 | 90 | 240 | 480 | 1 800 |
| | | | 80 岁及以上 | 2 | 126 | 120 | 120 | 120 | 120 | 180 |
| | | 女 | 小计 | 518 | 449 | 0 | 120 | 240 | 600 | 1 800 |
| | | | 18 ～ 44 岁 | 321 | 420 | 0 | 120 | 240 | 600 | 1 200 |
| | | | 45 ～ 59 岁 | 160 | 533 | 0 | 120 | 300 | 660 | 1 800 |
| | | | 60 ～ 79 岁 | 35 | 487 | 0 | 120 | 240 | 900 | 1 800 |
| | | | 80 岁及以上 | 2 | 240 | 240 | 240 | 240 | 240 | 240 |
| | 农村 | 小计 | 小计 | 1 294 | 399 | 0 | 90 | 200 | 480 | 1 680 |
| | | | 18 ～ 44 岁 | 934 | 414 | 10 | 90 | 200 | 480 | 1 800 |
| | | | 45 ～ 59 岁 | 283 | 335 | 0 | 80 | 180 | 400 | 1 050 |
| | | | 60 ～ 79 岁 | 76 | 305 | 0 | 60 | 180 | 450 | 900 |
| | | | 80 岁及以上 | 1 | 300 | 300 | 300 | 300 | 300 | 300 |
| | | 男 | 小计 | 1 054 | 413 | 15 | 90 | 200 | 540 | 1 800 |
| | | | 18 ～ 44 岁 | 763 | 429 | 20 | 90 | 210 | 600 | 1 800 |
| | | | 45 ～ 59 岁 | 222 | 349 | 0 | 90 | 200 | 450 | 1 050 |
| | | | 60 ～ 79 岁 | 68 | 309 | 0 | 60 | 180 | 450 | 900 |
| | | | 80 岁及以上 | 1 | 300 | 300 | 300 | 300 | 300 | 300 |
| | | 女 | 小计 | 240 | 271 | 0 | 40 | 120 | 300 | 1 530 |
| | | | 18 ～ 44 岁 | 171 | 287 | 0 | 60 | 120 | 300 | 1 530 |
| | | | 45 ～ 59 岁 | 61 | 140 | 0 | 0 | 40 | 120 | 900 |
| | | | 60 ～ 79 岁 | 8 | 173 | 0 | 60 | 160 | 300 | 300 |
| 东部 | 城乡 | 小计 | 小计 | 891 | 567 | 20 | 120 | 300 | 600 | 2 250 |
| | | | 18 ～ 44 岁 | 549 | 595 | 30 | 120 | 300 | 660 | 2 400 |
| | | | 45 ～ 59 岁 | 252 | 503 | 0 | 100 | 240 | 600 | 1 800 |
| | | | 60 ～ 79 岁 | 89 | 458 | 0 | 90 | 240 | 600 | 1 800 |
| | | | 80 岁及以上 | 1 | 240 | 240 | 240 | 240 | 240 | 240 |
| | | 男 | 小计 | 661 | 585 | 20 | 120 | 300 | 660 | 2 400 |
| | | | 18 ～ 44 岁 | 406 | 622 | 30 | 120 | 300 | 720 | 2 700 |
| | | | 45 ～ 59 岁 | 183 | 498 | 0 | 120 | 240 | 600 | 1 800 |
| | | | 60 ～ 79 岁 | 72 | 450 | 0 | 80 | 240 | 600 | 1 800 |
| | | 女 | 小计 | 230 | 487 | 0 | 90 | 270 | 600 | 1 800 |
| | | | 18 ～ 44 岁 | 143 | 476 | 0 | 120 | 300 | 600 | 1 800 |
| | | | 45 ～ 59 岁 | 69 | 522 | 0 | 90 | 240 | 600 | 1 800 |

| 地区 | 城乡 | 性别 | 年龄 | n | 夏季平均每月游泳时间 /（min/ 月） | | | | | |
|---|---|---|---|---|---|---|---|---|---|---|
| | | | | | Mean | P5 | P25 | P50 | P75 | P95 |
| 东部 | 城乡 | 女 | 60～79 岁 | 17 | 503 | 30 | 150 | 300 | 900 | 1 200 |
| | | | 80 岁及以上 | 1 | 240 | 240 | 240 | 240 | 240 | 240 |
| | 城市 | 小计 | 小计 | 588 | 612 | 30 | 120 | 300 | 750 | 2 400 |
| | | | 18～44 岁 | 349 | 653 | 30 | 120 | 300 | 840 | 2 400 |
| | | | 45～59 岁 | 177 | 532 | 20 | 90 | 240 | 600 | 1 800 |
| | | | 60～79 岁 | 61 | 487 | 0 | 90 | 240 | 540 | 1 800 |
| | | | 80 岁及以上 | 1 | 240 | 240 | 240 | 240 | 240 | 240 |
| | | 男 | 小计 | 396 | 641 | 30 | 120 | 300 | 750 | 2 400 |
| | | | 18～44 岁 | 234 | 696 | 45 | 150 | 300 | 900 | 2 700 |
| | | | 45～59 岁 | 117 | 527 | 20 | 90 | 240 | 600 | 1 800 |
| | | | 60～79 岁 | 45 | 482 | 0 | 60 | 240 | 480 | 1 800 |
| | | 女 | 小计 | 192 | 524 | 0 | 120 | 300 | 600 | 1 800 |
| | | | 18～44 岁 | 115 | 520 | 0 | 120 | 360 | 600 | 1 800 |
| | | | 45～59 岁 | 60 | 543 | 0 | 90 | 240 | 600 | 1 800 |
| | | | 60～79 岁 | 16 | 508 | 30 | 150 | 300 | 900 | 1 200 |
| | | | 80 岁及以上 | 1 | 240 | 240 | 240 | 240 | 240 | 240 |
| | 农村 | 小计 | 小计 | 303 | 483 | 10 | 90 | 240 | 600 | 1 800 |
| | | | 18～44 岁 | 200 | 501 | 15 | 90 | 210 | 600 | 2 250 |
| | | | 45～59 岁 | 75 | 425 | 0 | 120 | 240 | 600 | 1 440 |
| | | | 60～79 岁 | 28 | 370 | 10 | 90 | 400 | 600 | 900 |
| | | 男 | 小计 | 265 | 501 | 15 | 90 | 240 | 600 | 1 800 |
| | | | 18～44 岁 | 172 | 523 | 20 | 90 | 210 | 600 | 2 250 |
| | | | 45～59 岁 | 66 | 435 | 0 | 120 | 240 | 600 | 1 440 |
| | | | 60～79 岁 | 27 | 372 | 10 | 90 | 400 | 600 | 900 |
| | | 女 | 小计 | 38 | 294 | 0 | 60 | 200 | 360 | 900 |
| | | | 18～44 岁 | 28 | 299 | 0 | 80 | 200 | 360 | 600 |
| | | | 45～59 岁 | 9 | 259 | 0 | 0 | 90 | 360 | 900 |
| | | | 60～79 岁 | 1 | 150 | 150 | 150 | 150 | 150 | 150 |
| 中部 | 城乡 | 小计 | 小计 | 758 | 394 | 20 | 120 | 240 | 500 | 1 200 |
| | | | 18～44 岁 | 526 | 402 | 30 | 120 | 240 | 560 | 1 350 |
| | | | 45～59 岁 | 183 | 372 | 20 | 120 | 210 | 480 | 1 200 |
| | | | 60～79 岁 | 48 | 343 | 0 | 30 | 180 | 450 | 1 200 |
| | | | 80 岁及以上 | 1 | 240 | 240 | 240 | 240 | 240 | 240 |
| | | 男 | 小计 | 590 | 402 | 20 | 120 | 250 | 560 | 1 200 |
| | | | 18～44 岁 | 414 | 415 | 30 | 120 | 300 | 600 | 1 350 |
| | | | 45～59 岁 | 138 | 355 | 20 | 120 | 200 | 450 | 1 200 |
| | | | 60～79 岁 | 38 | 341 | 0 | 30 | 180 | 450 | 1 200 |
| | | 女 | 小计 | 168 | 355 | 0 | 120 | 240 | 420 | 1 350 |
| | | | 18～44 岁 | 112 | 335 | 0 | 100 | 200 | 400 | 1 350 |
| | | | 45～59 岁 | 45 | 468 | 60 | 120 | 300 | 750 | 1 200 |
| | | | 60～79 岁 | 10 | 355 | 0 | 0 | 240 | 240 | 1 800 |
| | | | 80 岁及以上 | 1 | 240 | 240 | 240 | 240 | 240 | 240 |
| | 城市 | 小计 | 小计 | 477 | 413 | 30 | 120 | 240 | 600 | 1 200 |
| | | | 18～44 岁 | 326 | 410 | 30 | 120 | 240 | 600 | 1 200 |
| | | | 45～59 岁 | 123 | 430 | 30 | 120 | 225 | 500 | 1 500 |
| | | | 60～79 岁 | 27 | 409 | 0 | 0 | 240 | 700 | 1 800 |
| | | | 80 岁及以上 | 1 | 240 | 240 | 240 | 240 | 240 | 240 |
| | | 男 | 小计 | 330 | 430 | 20 | 120 | 300 | 600 | 1 200 |
| | | | 18～44 岁 | 232 | 433 | 30 | 120 | 300 | 600 | 1 200 |
| | | | 45～59 岁 | 79 | 419 | 20 | 120 | 200 | 450 | 1 500 |
| | | | 60～79 岁 | 19 | 425 | 0 | 0 | 240 | 900 | 1 200 |
| | | 女 | 小计 | 147 | 365 | 30 | 120 | 240 | 480 | 1 200 |
| | | | 18～44 岁 | 94 | 342 | 30 | 120 | 240 | 420 | 960 |
| | | | 45～59 岁 | 44 | 461 | 60 | 120 | 300 | 750 | 1 200 |
| | | | 60～79 岁 | 8 | 370 | 0 | 0 | 240 | 240 | 1 800 |
| | | | 80 岁及以上 | 1 | 240 | 240 | 240 | 240 | 240 | 240 |
| | 农村 | 小计 | 小计 | 281 | 374 | 20 | 100 | 240 | 480 | 1 500 |
| | | | 18～44 岁 | 200 | 393 | 10 | 120 | 240 | 480 | 1 800 |

| 地区 | 城乡 | 性别 | 年龄 | n | 夏季平均每月游泳时间 /（min/ 月） | | | | | |
|---|---|---|---|---|---|---|---|---|---|---|
| | | | | | Mean | P5 | P25 | P50 | P75 | P95 |
| 中部 | 农村 | 小计 | 45 ~ 59 岁 | 60 | 298 | 20 | 90 | 200 | 440 | 880 |
| | | | 60 ~ 79 岁 | 21 | 302 | 20 | 90 | 180 | 450 | 900 |
| | | 男 | 小计 | 260 | 378 | 20 | 120 | 240 | 480 | 1 200 |
| | | | 18 ~ 44 岁 | 182 | 400 | 20 | 120 | 250 | 480 | 1 800 |
| | | | 45 ~ 59 岁 | 59 | 295 | 20 | 90 | 200 | 440 | 880 |
| | | | 60 ~ 79 岁 | 19 | 303 | 20 | 60 | 180 | 450 | 900 |
| | | 女 | 小计 | 21 | 319 | 0 | 40 | 100 | 300 | 1 530 |
| | | | 18 ~ 44 岁 | 18 | 314 | 0 | 40 | 100 | 300 | 1 530 |
| | | | 45 ~ 59 岁 | 1 | 900 | 900 | 900 | 900 | 900 | 900 |
| | | | 60 ~ 79 岁 | 2 | 271 | 160 | 300 | 300 | 300 | 300 |
| 西部 | 城乡 | 小计 | 小计 | 1 286 | 379 | 0 | 80 | 200 | 480 | 1 560 |
| | | | 18 ~ 44 岁 | 928 | 379 | 15 | 90 | 200 | 480 | 1 560 |
| | | | 45 ~ 59 岁 | 284 | 376 | 0 | 60 | 180 | 600 | 1 350 |
| | | | 60 ~ 79 岁 | 71 | 383 | 15 | 90 | 240 | 420 | 1 800 |
| | | | 80 岁及以上 | 3 | 189 | 120 | 120 | 120 | 300 | 300 |
| | | 男 | 小计 | 926 | 387 | 15 | 90 | 200 | 480 | 1 560 |
| | | | 18 ~ 44 岁 | 691 | 393 | 20 | 90 | 200 | 480 | 1 680 |
| | | | 45 ~ 59 岁 | 177 | 356 | 0 | 60 | 180 | 400 | 1 200 |
| | | | 60 ~ 79 岁 | 55 | 367 | 15 | 90 | 180 | 420 | 1 200 |
| | | | 80 岁及以上 | 3 | 189 | 120 | 120 | 120 | 300 | 300 |
| | | 女 | 小计 | 360 | 338 | 0 | 60 | 160 | 400 | 1 200 |
| | | | 18 ~ 44 岁 | 237 | 310 | 0 | 60 | 180 | 360 | 1 200 |
| | | | 45 ~ 59 岁 | 107 | 444 | 0 | 40 | 160 | 600 | 1 800 |
| | | | 60 ~ 79 岁 | 16 | 470 | 15 | 120 | 350 | 900 | 1 800 |
| | 城市 | 小计 | 小计 | 576 | 410 | 30 | 100 | 240 | 480 | 1 800 |
| | | | 18 ~ 44 岁 | 394 | 399 | 30 | 120 | 240 | 480 | 1 500 |
| | | | 45 ~ 59 岁 | 136 | 450 | 0 | 60 | 180 | 600 | 1 800 |
| | | | 60 ~ 79 岁 | 44 | 487 | 30 | 120 | 300 | 480 | 1 800 |
| | | | 80 岁及以上 | 2 | 126 | 120 | 120 | 120 | 120 | 180 |
| | | 男 | 小计 | 397 | 414 | 30 | 100 | 240 | 480 | 1 800 |
| | | | 18 ~ 44 岁 | 282 | 415 | 30 | 120 | 240 | 480 | 1 800 |
| | | | 45 ~ 59 岁 | 80 | 400 | 0 | 60 | 180 | 600 | 1 800 |
| | | | 60 ~ 79 岁 | 33 | 473 | 30 | 120 | 240 | 450 | 2 700 |
| | | | 80 岁及以上 | 2 | 126 | 120 | 120 | 120 | 120 | 180 |
| | | 女 | 小计 | 179 | 396 | 30 | 80 | 240 | 480 | 1 800 |
| | | | 18 ~ 44 岁 | 112 | 338 | 30 | 60 | 240 | 480 | 1 200 |
| | | | 45 ~ 59 岁 | 56 | 574 | 0 | 120 | 300 | 800 | 2 600 |
| | | | 60 ~ 79 岁 | 11 | 546 | 120 | 120 | 350 | 900 | 1 800 |
| | 农村 | 小计 | 小计 | 710 | 349 | 0 | 60 | 160 | 480 | 1 500 |
| | | | 18 ~ 44 岁 | 534 | 363 | 0 | 60 | 160 | 480 | 1 560 |
| | | | 45 ~ 59 岁 | 148 | 256 | 0 | 40 | 120 | 300 | 1 050 |
| | | | 60 ~ 79 岁 | 27 | 151 | 0 | 60 | 90 | 300 | 420 |
| | | | 80 岁及以上 | 1 | 300 | 300 | 300 | 300 | 300 | 300 |
| | | 男 | 小计 | 529 | 364 | 10 | 75 | 180 | 480 | 1 500 |
| | | | 18 ~ 44 岁 | 409 | 376 | 14 | 90 | 180 | 480 | 1 560 |
| | | | 45 ~ 59 岁 | 97 | 294 | 0 | 60 | 180 | 300 | 1 200 |
| | | | 60 ~ 79 岁 | 22 | 158 | 0 | 60 | 90 | 300 | 420 |
| | | | 80 岁及以上 | 1 | 300 | 300 | 300 | 300 | 300 | 300 |
| | | 女 | 小计 | 181 | 236 | 0 | 30 | 90 | 240 | 1 200 |
| | | | 18 ~ 44 岁 | 125 | 266 | 0 | 60 | 120 | 240 | 1 200 |
| | | | 45 ~ 59 岁 | 51 | 46 | 0 | 0 | 30 | 60 | 240 |
| | | | 60 ~ 79 岁 | 5 | 70 | 0 | 0 | 60 | 60 | 240 |

## 附表 7-16　中国人群分东中西、城乡、性别、年龄冬季平均每月游泳时间

| 地区 | 城乡 | 性别 | 年龄 | n | 冬季平均每月游泳时间 /（min/ 月） | | | | | |
|---|---|---|---|---|---|---|---|---|---|---|
| | | | | | Mean | P5 | P25 | P50 | P75 | P95 |
| 合计 | 城乡 | 小计 | 小计 | 2 829 | 30 | 0 | 0 | 0 | 0 | 150 |
| | | | 18 ～ 44 岁 | 1 927 | 22 | 0 | 0 | 0 | 0 | 120 |
| | | | 45 ～ 59 岁 | 696 | 58 | 0 | 0 | 0 | 0 | 320 |
| | | | 60 ～ 79 岁 | 201 | 60 | 0 | 0 | 0 | 0 | 360 |
| | | | 80 岁及以上 | 5 | 85 | 0 | 60 | 60 | 120 | 180 |
| | | 男 | 小计 | 2116 | 24 | 0 | 0 | 0 | 0 | 120 |
| | | | 18 ～ 44 岁 | 1466 | 20 | 0 | 0 | 0 | 0 | 90 |
| | | | 45 ～ 59 岁 | 487 | 39 | 0 | 0 | 0 | 0 | 240 |
| | | | 60 ～ 79 岁 | 160 | 38 | 0 | 0 | 0 | 0 | 180 |
| | | | 80 岁及以上 | 3 | 68 | 0 | 0 | 120 | 120 | 120 |
| | | 女 | 小计 | 713 | 59 | 0 | 0 | 0 | 0 | 360 |
| | | | 18 ～ 44 岁 | 461 | 33 | 0 | 0 | 0 | 0 | 240 |
| | | | 45 ～ 59 岁 | 209 | 135 | 0 | 0 | 0 | 120 | 750 |
| | | | 60 ～ 79 岁 | 41 | 182 | 0 | 0 | 0 | 180 | 1 200 |
| | | | 80 岁及以上 | 2 | 103 | 60 | 60 | 60 | 180 | 180 |
| | 城市 | 小计 | 小计 | 1 593 | 46 | 0 | 0 | 0 | 0 | 240 |
| | | | 18 ～ 44 岁 | 1 037 | 32 | 0 | 0 | 0 | 0 | 160 |
| | | | 45 ～ 59 岁 | 426 | 84 | 0 | 0 | 0 | 20 | 500 |
| | | | 60 ～ 79 岁 | 126 | 92 | 0 | 0 | 0 | 0 | 720 |
| | | | 80 岁及以上 | 4 | 105 | 60 | 60 | 120 | 120 | 180 |
| | | 男 | 小计 | 1 096 | 37 | 0 | 0 | 0 | 0 | 180 |
| | | | 18 ～ 44 岁 | 730 | 30 | 0 | 0 | 0 | 0 | 120 |
| | | | 45 ～ 59 岁 | 272 | 59 | 0 | 0 | 0 | 0 | 360 |
| | | | 60 ～ 79 岁 | 92 | 63 | 0 | 0 | 0 | 0 | 450 |
| | | | 80 岁及以上 | 2 | 107 | 0 | 120 | 120 | 120 | 120 |
| | | 女 | 小计 | 497 | 72 | 0 | 0 | 0 | 30 | 450 |
| | | | 18 ～ 44 岁 | 307 | 39 | 0 | 0 | 0 | 0 | 240 |
| | | | 45 ～ 59 岁 | 154 | 151 | 0 | 0 | 0 | 160 | 750 |
| | | | 60 ～ 79 岁 | 34 | 195 | 0 | 0 | 0 | 240 | 1 200 |
| | | | 80 岁及以上 | 2 | 103 | 60 | 60 | 60 | 180 | 180 |
| | 农村 | 小计 | 小计 | 1 236 | 10 | 0 | 0 | 0 | 0 | 40 |
| | | | 18 ～ 44 岁 | 890 | 11 | 0 | 0 | 0 | 0 | 40 |
| | | | 45 ～ 59 岁 | 270 | 9 | 0 | 0 | 0 | 0 | 60 |
| | | | 60 ～ 79 岁 | 75 | 2 | 0 | 0 | 0 | 0 | 20 |
| | | | 80 岁及以上 | 1 | 0 | 0 | 0 | 0 | 0 | 0 |
| | | 男 | 小计 | 1 020 | 10 | 0 | 0 | 0 | 0 | 40 |
| | | | 18 ～ 44 岁 | 736 | 10 | 0 | 0 | 0 | 0 | 40 |
| | | | 45 ～ 59 岁 | 215 | 9 | 0 | 0 | 0 | 0 | 50 |
| | | | 60 ～ 79 岁 | 68 | 2 | 0 | 0 | 0 | 0 | 20 |
| | | | 80 岁及以上 | 1 | 0 | 0 | 0 | 0 | 0 | 0 |
| | | 女 | 小计 | 216 | 16 | 0 | 0 | 0 | 0 | 120 |
| | | | 18 ～ 44 岁 | 154 | 16 | 0 | 0 | 0 | 0 | 120 |
| | | | 45 ～ 59 岁 | 55 | 15 | 0 | 0 | 0 | 0 | 60 |
| | | | 60 ～ 79 岁 | 7 | 11 | 0 | 0 | 0 | 0 | 60 |
| 东部 | 城乡 | 小计 | 小计 | 877 | 47 | 0 | 0 | 0 | 0 | 300 |
| | | | 18 ～ 44 岁 | 539 | 38 | 0 | 0 | 0 | 0 | 240 |
| | | | 45 ～ 59 岁 | 248 | 73 | 0 | 0 | 0 | 0 | 500 |
| | | | 60 ～ 79 岁 | 89 | 63 | 0 | 0 | 0 | 0 | 720 |
| | | | 80 岁及以上 | 1 | 60 | 60 | 60 | 60 | 60 | 60 |
| | | 男 | 小计 | 655 | 38 | 0 | 0 | 0 | 0 | 240 |
| | | | 18 ～ 44 岁 | 401 | 36 | 0 | 0 | 0 | 0 | 150 |
| | | | 45 ～ 59 岁 | 182 | 48 | 0 | 0 | 0 | 0 | 320 |
| | | | 60 ～ 79 岁 | 72 | 31 | 0 | 0 | 0 | 0 | 150 |
| | | 女 | 小计 | 222 | 83 | 0 | 0 | 0 | 30 | 600 |
| | | | 18 ～ 44 岁 | 138 | 45 | 0 | 0 | 0 | 0 | 270 |
| | | | 45 ～ 59 岁 | 66 | 168 | 0 | 0 | 0 | 160 | 750 |

| 地区 | 城乡 | 性别 | 年龄 | n | 冬季平均每月游泳时间 /（min/ 月） | | | | | |
|---|---|---|---|---|---|---|---|---|---|---|
| | | | | | Mean | P5 | P25 | P50 | P75 | P95 |
| 东部 | 城乡 | 女 | 60 ～ 79 岁 | 17 | 228 | 0 | 0 | 0 | 180 | 1200 |
| | | | 80 岁及以上 | 1 | 60 | 60 | 60 | 60 | 60 | 60 |
| | 城市 | 小计 | 小计 | 578 | 65 | 0 | 0 | 0 | 0 | 480 |
| | | | 18 ～ 44 岁 | 343 | 52 | 0 | 0 | 0 | 0 | 360 |
| | | | 45 ～ 59 岁 | 173 | 96 | 0 | 0 | 0 | 60 | 675 |
| | | | 60 ～ 79 岁 | 61 | 84 | 0 | 0 | 0 | 0 | 720 |
| | | | 80 岁及以上 | 1 | 60 | 60 | 60 | 60 | 60 | 60 |
| | | 男 | 小计 | 393 | 55 | 0 | 0 | 0 | 0 | 450 |
| | | | 18 ～ 44 岁 | 232 | 52 | 0 | 0 | 0 | 0 | 360 |
| | | | 45 ～ 59 岁 | 116 | 67 | 0 | 0 | 0 | 0 | 500 |
| | | | 60 ～ 79 岁 | 45 | 43 | 0 | 0 | 0 | 0 | 300 |
| | | 女 | 小计 | 185 | 96 | 0 | 0 | 0 | 60 | 600 |
| | | | 18 ～ 44 岁 | 111 | 53 | 0 | 0 | 0 | 0 | 300 |
| | | | 45 ～ 59 岁 | 57 | 179 | 0 | 0 | 0 | 240 | 750 |
| | | | 60 ～ 79 岁 | 16 | 231 | 0 | 0 | 0 | 180 | 1 200 |
| | | | 80 岁及以上 | 1 | 60 | 60 | 60 | 60 | 60 | 60 |
| | 农村 | 小计 | 小计 | 299 | 13 | 0 | 0 | 0 | 0 | 0 |
| | | | 18 ～ 44 岁 | 196 | 14 | 0 | 0 | 0 | 0 | 0 |
| | | | 45 ～ 59 岁 | 75 | 11 | 0 | 0 | 0 | 0 | 0 |
| | | | 60 ～ 79 岁 | 28 | 0 | 0 | 0 | 0 | 0 | 0 |
| | | 男 | 小计 | 262 | 12 | 0 | 0 | 0 | 0 | 0 |
| | | | 18 ～ 44 岁 | 169 | 14 | 0 | 0 | 0 | 0 | 0 |
| | | | 45 ～ 59 岁 | 66 | 9 | 0 | 0 | 0 | 0 | 0 |
| | | | 60 ～ 79 岁 | 27 | 0 | 0 | 0 | 0 | 0 | 0 |
| | | 女 | 小计 | 37 | 15 | 0 | 0 | 0 | 0 | 0 |
| | | | 18 ～ 44 岁 | 27 | 13 | 0 | 0 | 0 | 0 | 0 |
| | | | 45 ～ 59 岁 | 9 | 34 | 0 | 0 | 0 | 0 | 360 |
| | | | 60 ～ 79 岁 | 1 | 0 | 0 | 0 | 0 | 0 | 0 |
| 中部 | 城乡 | 小计 | 小计 | 733 | 17 | 0 | 0 | 0 | 0 | 100 |
| | | | 18 ～ 44 岁 | 508 | 11 | 0 | 0 | 0 | 0 | 60 |
| | | | 45 ～ 59 岁 | 177 | 46 | 0 | 0 | 0 | 0 | 200 |
| | | | 60 ～ 79 岁 | 47 | 30 | 0 | 0 | 0 | 0 | 240 |
| | | | 80 岁及以上 | 1 | 180 | 180 | 180 | 180 | 180 | 180 |
| | | 男 | 小计 | 573 | 12 | 0 | 0 | 0 | 0 | 50 |
| | | | 18 ～ 44 岁 | 401 | 9 | 0 | 0 | 0 | 0 | 40 |
| | | | 45 ～ 59 岁 | 135 | 22 | 0 | 0 | 0 | 0 | 60 |
| | | | 60 ～ 79 岁 | 37 | 23 | 0 | 0 | 0 | 0 | 50 |
| | | 女 | 小计 | 160 | 47 | 0 | 0 | 0 | 0 | 240 |
| | | | 18 ～ 44 岁 | 107 | 20 | 0 | 0 | 0 | 0 | 120 |
| | | | 45 ～ 59 岁 | 42 | 190 | 0 | 0 | 80 | 200 | 1 200 |
| | | | 60 ～ 79 岁 | 10 | 77 | 0 | 0 | 0 | 240 | 240 |
| | | | 80 岁及以上 | 1 | 180 | 180 | 180 | 180 | 180 | 180 |
| | 城市 | 小计 | 小计 | 454 | 28 | 0 | 0 | 0 | 0 | 120 |
| | | | 18 ～ 44 岁 | 310 | 16 | 0 | 0 | 0 | 0 | 120 |
| | | | 45 ～ 59 岁 | 117 | 77 | 0 | 0 | 0 | 0 | 320 |
| | | | 60 ～ 79 岁 | 26 | 74 | 0 | 0 | 0 | 30 | 450 |
| | | | 80 岁及以上 | 1 | 180 | 180 | 180 | 180 | 180 | 180 |
| | | 男 | 小计 | 315 | 19 | 0 | 0 | 0 | 0 | 100 |
| | | | 18 ～ 44 岁 | 221 | 14 | 0 | 0 | 0 | 0 | 90 |
| | | | 45 ～ 59 岁 | 76 | 36 | 0 | 0 | 0 | 0 | 100 |
| | | | 60 ～ 79 岁 | 18 | 66 | 0 | 0 | 0 | 0 | 450 |
| | | 女 | 小计 | 139 | 56 | 0 | 0 | 0 | 30 | 320 |
| | | | 18 ～ 44 岁 | 89 | 21 | 0 | 0 | 0 | 0 | 120 |
| | | | 45 ～ 59 岁 | 41 | 194 | 0 | 0 | 80 | 200 | 1 200 |
| | | | 60 ～ 79 岁 | 8 | 91 | 0 | 0 | 30 | 240 | 240 |
| | | | 80 岁及以上 | 1 | 180 | 180 | 180 | 180 | 180 | 180 |
| | 农村 | 小计 | 小计 | 279 | 6 | 0 | 0 | 0 | 0 | 20 |
| | | | 18 ～ 44 岁 | 198 | 6 | 0 | 0 | 0 | 0 | 0 |

| 地区 | 城乡 | 性别 | 年龄 | n | 冬季平均每月游泳时间 /（min/ 月） | | | | | |
|---|---|---|---|---|---|---|---|---|---|---|
| | | | | | Mean | P5 | P25 | P50 | P75 | P95 |
| 中部 | 农村 | 小计 | 45 ～ 59 岁 | 60 | 10 | 0 | 0 | 0 | 0 | 60 |
| | | | 60 ～ 79 岁 | 21 | 4 | 0 | 0 | 0 | 0 | 20 |
| | | 男 | 小计 | 258 | 5 | 0 | 0 | 0 | 0 | 20 |
| | | | 18 ～ 44 岁 | 180 | 5 | 0 | 0 | 0 | 0 | 0 |
| | | | 45 ～ 59 岁 | 59 | 10 | 0 | 0 | 0 | 0 | 60 |
| | | | 60 ～ 79 岁 | 19 | 5 | 0 | 0 | 0 | 0 | 20 |
| | | 女 | 小计 | 21 | 15 | 0 | 0 | 0 | 0 | 30 |
| | | | 18 ～ 44 岁 | 18 | 15 | 0 | 0 | 0 | 0 | 30 |
| | | | 45 ～ 59 岁 | 1 | 0 | 0 | 0 | 0 | 0 | 0 |
| | | | 60 ～ 79 岁 | 2 | 0 | 0 | 0 | 0 | 0 | 0 |
| 西部 | 城乡 | 小计 | 小计 | 1 219 | 20 | 0 | 0 | 0 | 0 | 120 |
| | | | 18 ～ 44 岁 | 880 | 14 | 0 | 0 | 0 | 0 | 90 |
| | | | 45 ～ 59 岁 | 271 | 43 | 0 | 0 | 0 | 0 | 160 |
| | | | 60 ～ 79 岁 | 65 | 94 | 0 | 0 | 0 | 60 | 360 |
| | | | 80 岁及以上 | 3 | 68 | 0 | 0 | 120 | 120 | 120 |
| | | 男 | 小计 | 888 | 17 | 0 | 0 | 0 | 0 | 80 |
| | | | 18 ～ 44 岁 | 664 | 12 | 0 | 0 | 0 | 0 | 80 |
| | | | 45 ～ 59 岁 | 170 | 41 | 0 | 0 | 0 | 0 | 100 |
| | | | 60 ～ 79 岁 | 51 | 84 | 0 | 0 | 0 | 0 | 360 |
| | | | 80 岁及以上 | 3 | 68 | 0 | 0 | 120 | 120 | 120 |
| | | 女 | 小计 | 331 | 35 | 0 | 0 | 0 | 0 | 240 |
| | | | 18 ～ 44 岁 | 216 | 28 | 0 | 0 | 0 | 0 | 160 |
| | | | 45 ～ 59 岁 | 101 | 49 | 0 | 0 | 0 | 0 | 300 |
| | | | 60 ～ 79 岁 | 14 | 151 | 0 | 45 | 70 | 240 | 450 |
| | 城市 | 小计 | 小计 | 561 | 29 | 0 | 0 | 0 | 0 | 120 |
| | | | 18 ～ 44 岁 | 384 | 17 | 0 | 0 | 0 | 0 | 120 |
| | | | 45 ～ 59 岁 | 136 | 63 | 0 | 0 | 0 | 0 | 240 |
| | | | 60 ～ 79 岁 | 39 | 139 | 0 | 0 | 0 | 120 | 450 |
| | | | 80 岁及以上 | 2 | 107 | 0 | 120 | 120 | 120 | 120 |
| | | 男 | 小计 | 388 | 24 | 0 | 0 | 0 | 0 | 120 |
| | | | 18 ～ 44 岁 | 277 | 12 | 0 | 0 | 0 | 0 | 80 |
| | | | 45 ～ 59 岁 | 80 | 63 | 0 | 0 | 0 | 0 | 180 |
| | | | 60 ～ 79 岁 | 29 | 131 | 0 | 0 | 0 | 60 | 360 |
| | | | 80 岁及以上 | 2 | 107 | 0 | 120 | 120 | 120 | 120 |
| | | 女 | 小计 | 173 | 44 | 0 | 0 | 0 | 0 | 300 |
| | | | 18 ～ 44 岁 | 107 | 34 | 0 | 0 | 0 | 0 | 200 |
| | | | 45 ～ 59 岁 | 56 | 62 | 0 | 0 | 0 | 0 | 300 |
| | | | 60 ～ 79 岁 | 10 | 175 | 0 | 45 | 120 | 240 | 450 |
| | 农村 | 小计 | 小计 | 658 | 12 | 0 | 0 | 0 | 0 | 60 |
| | | | 18 ～ 44 岁 | 496 | 13 | 0 | 0 | 0 | 0 | 80 |
| | | | 45 ～ 59 岁 | 135 | 7 | 0 | 0 | 0 | 0 | 60 |
| | | | 60 ～ 79 岁 | 26 | 2 | 0 | 0 | 0 | 0 | 0 |
| | | | 80 岁及以上 | 1 | 0 | 0 | 0 | 0 | 0 | 0 |
| | | 男 | 小计 | 500 | 11 | 0 | 0 | 0 | 0 | 60 |
| | | | 18 ～ 44 岁 | 387 | 12 | 0 | 0 | 0 | 0 | 60 |
| | | | 45 ～ 59 岁 | 90 | 8 | 0 | 0 | 0 | 0 | 60 |
| | | | 60 ～ 79 岁 | 22 | 0 | 0 | 0 | 0 | 0 | 0 |
| | | | 80 岁及以上 | 1 | 0 | 0 | 0 | 0 | 0 | 0 |
| | | 女 | 小计 | 158 | 17 | 0 | 0 | 0 | 0 | 120 |
| | | | 18 ～ 44 岁 | 109 | 19 | 0 | 0 | 0 | 0 | 120 |
| | | | 45 ～ 59 岁 | 45 | 4 | 0 | 0 | 0 | 0 | 60 |
| | | | 60 ～ 79 岁 | 4 | 29 | 0 | 0 | 0 | 60 | 60 |

## 附表 7-17　中国人群分片区、城乡、性别、年龄的全年平均每月游泳时间

| 地区 | 城乡 | 性别 | 年龄 | *n* | 全年平均每月游泳时间 /（min/ 月） | | | | | |
|---|---|---|---|---|---|---|---|---|---|---|
| | | | | | Mean | P5 | P25 | P50 | P75 | P95 |
| 合计 | 城乡 | 小计 | 小计 | 2 816 | 155 | 8 | 30 | 75 | 180 | 593 |
| | | | 18 ～ 44 岁 | 1 918 | 148 | 8 | 30 | 75 | 170 | 510 |
| | | | 45 ～ 59 岁 | 693 | 181 | 0 | 30 | 75 | 210 | 750 |
| | | | 60 ～ 79 岁 | 200 | 169 | 0 | 30 | 75 | 150 | 720 |
| | | | 80 岁及以上 | 5 | 117 | 75 | 105 | 105 | 120 | 195 |
| | | 男 | 小计 | 2 104 | 154 | 8 | 30 | 75 | 173 | 550 |
| | | | 18 ～ 44 岁 | 1 457 | 152 | 8 | 30 | 75 | 173 | 540 |
| | | | 45 ～ 59 岁 | 485 | 165 | 3 | 30 | 63 | 188 | 600 |
| | | | 60 ～ 79 岁 | 159 | 149 | 0 | 23 | 68 | 125 | 450 |
| | | | 80 岁及以上 | 3 | 99 | 45 | 75 | 120 | 120 | 120 |
| | | 女 | 小计 | 712 | 159 | 0 | 30 | 80 | 185 | 630 |
| | | | 18 ～ 44 岁 | 461 | 130 | 0 | 30 | 75 | 163 | 480 |
| | | | 45 ～ 59 岁 | 208 | 248 | 0 | 30 | 120 | 300 | 900 |
| | | | 60 ～ 79 岁 | 41 | 280 | 8 | 38 | 120 | 300 | 1 200 |
| | | | 80 岁及以上 | 2 | 137 | 105 | 105 | 105 | 195 | 195 |
| | 城市 | 小计 | 小计 | 1 582 | 180 | 8 | 30 | 80 | 200 | 720 |
| | | | 18 ～ 44 岁 | 1 029 | 167 | 10 | 30 | 90 | 180 | 600 |
| | | | 45 ～ 59 岁 | 424 | 218 | 5 | 30 | 75 | 240 | 975 |
| | | | 60 ～ 79 岁 | 125 | 219 | 0 | 38 | 75 | 225 | 900 |
| | | | 80 岁及以上 | 4 | 127 | 105 | 105 | 120 | 120 | 195 |
| | | 男 | 小计 | 1 086 | 181 | 8 | 30 | 75 | 188 | 720 |
| | | | 18 ～ 44 岁 | 722 | 175 | 10 | 38 | 79 | 180 | 675 |
| | | | 45 ～ 59 岁 | 271 | 199 | 0 | 30 | 68 | 225 | 975 |
| | | | 60 ～ 79 岁 | 91 | 196 | 0 | 30 | 75 | 120 | 720 |
| | | | 80 岁及以上 | 2 | 112 | 45 | 120 | 120 | 120 | 120 |
| | | 女 | 小计 | 496 | 180 | 10 | 30 | 90 | 210 | 750 |
| | | | 18 ～ 44 岁 | 307 | 143 | 10 | 30 | 90 | 180 | 510 |
| | | | 45 ～ 59 岁 | 153 | 271 | 15 | 45 | 150 | 320 | 900 |
| | | | 60 ～ 79 岁 | 34 | 296 | 8 | 38 | 120 | 300 | 1 200 |
| | | | 80 岁及以上 | 2 | 137 | 105 | 105 | 105 | 195 | 195 |
| | 农村 | 小计 | 小计 | 1 234 | 123 | 5 | 23 | 60 | 150 | 450 |
| | | | 18 ～ 44 岁 | 889 | 127 | 5 | 23 | 63 | 150 | 450 |
| | | | 45 ～ 59 岁 | 269 | 110 | 0 | 23 | 60 | 150 | 370 |
| | | | 60 ～ 79 岁 | 75 | 81 | 5 | 20 | 45 | 120 | 225 |
| | | | 80 岁及以上 | 1 | 75 | 75 | 75 | 75 | 75 | 75 |
| | | 男 | 小计 | 1 018 | 126 | 5 | 25 | 68 | 150 | 450 |
| | | | 18 ～ 44 岁 | 735 | 130 | 8 | 28 | 73 | 150 | 450 |
| | | | 45 ～ 59 岁 | 214 | 112 | 3 | 30 | 60 | 150 | 360 |
| | | | 60 ～ 79 岁 | 68 | 82 | 5 | 20 | 45 | 125 | 225 |
| | | | 80 岁及以上 | 1 | 75 | 75 | 75 | 75 | 75 | 75 |
| | | 女 | 小计 | 216 | 92 | 0 | 15 | 40 | 113 | 383 |
| | | | 18 ～ 44 岁 | 154 | 95 | 0 | 15 | 45 | 125 | 383 |
| | | | 45 ～ 59 岁 | 55 | 69 | 0 | 0 | 10 | 60 | 450 |
| | | | 60 ～ 79 岁 | 7 | 54 | 0 | 38 | 60 | 75 | 75 |
| 华北 | 城乡 | 小计 | 小计 | 253 | 143 | 8 | 30 | 60 | 165 | 600 |
| | | | 18 ～ 44 岁 | 140 | 144 | 3 | 20 | 60 | 150 | 600 |
| | | | 45 ～ 59 岁 | 77 | 152 | 8 | 30 | 63 | 210 | 473 |
| | | | 60 ～ 79 岁 | 35 | 119 | 0 | 40 | 50 | 90 | 375 |
| | | | 80 岁及以上 | 1 | 105 | 105 | 105 | 105 | 105 | 105 |
| | | 男 | 小计 | 176 | 130 | 3 | 25 | 53 | 135 | 540 |
| | | | 18 ～ 44 岁 | 97 | 135 | 3 | 15 | 53 | 135 | 600 |
| | | | 45 ～ 59 岁 | 52 | 135 | 8 | 30 | 60 | 200 | 473 |
| | | | 60 ～ 79 岁 | 27 | 98 | 0 | 40 | 50 | 90 | 375 |
| | | 女 | 小计 | 77 | 191 | 8 | 60 | 120 | 188 | 720 |
| | | | 18 ～ 44 岁 | 43 | 175 | 8 | 45 | 105 | 180 | 680 |
| | | | 45 ～ 59 岁 | 25 | 217 | 30 | 60 | 180 | 285 | 720 |
| | | | 60 ～ 79 岁 | 8 | 277 | 30 | 40 | 188 | 300 | 1 200 |

| 地区 | 城乡 | 性别 | 年龄 | n | 全年平均每月游泳时间 /（min/ 月） | | | | | |
|---|---|---|---|---|---|---|---|---|---|---|
| | | | | | Mean | P5 | P25 | P50 | P75 | P95 |
| 华北 | 城乡 | 女 | 80 岁及以上 | 1 | 105 | 105 | 105 | 105 | 105 | 105 |
| | 城市 | 小计 | 小计 | 178 | 192 | 8 | 45 | 105 | 210 | 700 |
| | | | 18 ~ 44 岁 | 89 | 205 | 8 | 60 | 120 | 210 | 900 |
| | | | 45 ~ 59 岁 | 60 | 191 | 8 | 30 | 120 | 285 | 720 |
| | | | 60 ~ 79 岁 | 28 | 141 | 0 | 40 | 50 | 150 | 700 |
| | | | 80 岁及以上 | 1 | 105 | 105 | 105 | 105 | 105 | 105 |
| | | 男 | 小计 | 105 | 188 | 3 | 40 | 90 | 210 | 700 |
| | | | 18 ~ 44 岁 | 50 | 218 | 8 | 60 | 120 | 210 | 1 200 |
| | | | 45 ~ 59 岁 | 35 | 179 | 0 | 30 | 68 | 300 | 473 |
| | | | 60 ~ 79 岁 | 20 | 112 | 0 | 45 | 50 | 60 | 700 |
| | | 女 | 小计 | 73 | 199 | 8 | 60 | 120 | 240 | 720 |
| | | | 18 ~ 44 岁 | 39 | 186 | 8 | 60 | 105 | 180 | 680 |
| | | | 45 ~ 59 岁 | 25 | 217 | 30 | 60 | 180 | 285 | 720 |
| | | | 60 ~ 79 岁 | 8 | 277 | 30 | 40 | 188 | 300 | 1 200 |
| | | | 80 岁及以上 | 1 | 105 | 105 | 105 | 105 | 105 | 105 |
| | 农村 | 小计 | 小计 | 75 | 78 | 8 | 15 | 38 | 63 | 200 |
| | | | 18 ~ 44 岁 | 51 | 79 | 0 | 15 | 30 | 60 | 180 |
| | | | 45 ~ 59 岁 | 17 | 77 | 10 | 30 | 56 | 70 | 200 |
| | | | 60 ~ 79 岁 | 7 | 78 | 8 | 40 | 45 | 90 | 225 |
| | | 男 | 小计 | 71 | 78 | 8 | 15 | 38 | 63 | 200 |
| | | | 18 ~ 44 岁 | 47 | 78 | 0 | 13 | 30 | 60 | 180 |
| | | | 45 ~ 59 岁 | 17 | 77 | 10 | 30 | 56 | 70 | 200 |
| | | | 60 ~ 79 岁 | 7 | 78 | 8 | 40 | 45 | 90 | 225 |
| | | 女 | 小计 | 4 | 92 | 25 | 25 | 30 | 165 | 175 |
| | | | 18 ~ 44 岁 | 4 | 92 | 25 | 25 | 30 | 165 | 175 |
| 华东 | 城乡 | 小计 | 小计 | 675 | 196 | 10 | 30 | 75 | 225 | 875 |
| | | | 18 ~ 44 岁 | 446 | 193 | 11 | 38 | 75 | 225 | 750 |
| | | | 45 ~ 59 岁 | 177 | 211 | 8 | 30 | 75 | 240 | 975 |
| | | | 60 ~ 79 岁 | 52 | 181 | 3 | 25 | 100 | 150 | 450 |
| | | 男 | 小计 | 545 | 197 | 10 | 33 | 75 | 225 | 900 |
| | | | 18 ~ 44 岁 | 350 | 199 | 10 | 38 | 75 | 225 | 900 |
| | | | 45 ~ 59 岁 | 149 | 194 | 8 | 30 | 75 | 225 | 975 |
| | | | 60 ~ 79 岁 | 46 | 175 | 0 | 25 | 100 | 150 | 450 |
| | | 女 | 小计 | 130 | 185 | 15 | 30 | 90 | 210 | 750 |
| | | | 18 ~ 44 岁 | 96 | 153 | 15 | 30 | 90 | 180 | 600 |
| | | | 45 ~ 59 岁 | 28 | 380 | 30 | 60 | 225 | 450 | 1 500 |
| | | | 60 ~ 79 岁 | 6 | 269 | 30 | 30 | 100 | 300 | 1 125 |
| | 城市 | 小计 | 小计 | 448 | 222 | 15 | 38 | 90 | 240 | 900 |
| | | | 18 ~ 44 岁 | 304 | 213 | 15 | 45 | 90 | 225 | 900 |
| | | | 45 ~ 59 岁 | 115 | 251 | 10 | 30 | 90 | 300 | 1 313 |
| | | | 60 ~ 79 岁 | 29 | 248 | 0 | 30 | 100 | 225 | 1 125 |
| | | 男 | 小计 | 343 | 224 | 10 | 38 | 90 | 240 | 900 |
| | | | 18 ~ 44 岁 | 227 | 222 | 15 | 45 | 90 | 240 | 900 |
| | | | 45 ~ 59 岁 | 92 | 229 | 10 | 30 | 75 | 270 | 1 313 |
| | | | 60 ~ 79 岁 | 24 | 243 | 0 | 15 | 100 | 150 | 450 |
| | | 女 | 小计 | 105 | 210 | 15 | 38 | 120 | 225 | 900 |
| | | | 18 ~ 44 岁 | 77 | 174 | 15 | 38 | 90 | 210 | 750 |
| | | | 45 ~ 59 岁 | 23 | 411 | 30 | 60 | 225 | 450 | 1 500 |
| | | | 60 ~ 79 岁 | 5 | 286 | 30 | 30 | 100 | 300 | 1 125 |
| | 农村 | 小计 | 小计 | 227 | 152 | 8 | 30 | 75 | 193 | 675 |
| | | | 18 ~ 44 岁 | 142 | 158 | 10 | 30 | 60 | 180 | 675 |
| | | | 45 ~ 59 岁 | 62 | 138 | 4 | 33 | 75 | 225 | 450 |
| | | | 60 ~ 79 岁 | 23 | 99 | 3 | 25 | 100 | 150 | 225 |
| | | 男 | 小计 | 202 | 156 | 8 | 30 | 75 | 225 | 675 |
| | | | 18 ~ 44 岁 | 123 | 165 | 8 | 30 | 60 | 225 | 750 |
| | | | 45 ~ 59 岁 | 57 | 136 | 5 | 33 | 75 | 225 | 480 |
| | | | 60 ~ 79 岁 | 22 | 99 | 3 | 25 | 100 | 150 | 225 |
| | | 女 | 小计 | 25 | 93 | 10 | 23 | 75 | 80 | 450 |

| 地区 | 城乡 | 性别 | 年龄 | n | 全年平均每月游泳时间 /（min/ 月） | | | | | |
|---|---|---|---|---|---|---|---|---|---|---|
| | | | | | Mean | P5 | P25 | P50 | P75 | P95 |
| 华东 | 农村 | 女 | 18 ～ 44 岁 | 19 | 84 | 10 | 23 | 75 | 80 | 600 |
| | | | 45 ～ 59 岁 | 5 | 192 | 0 | 0 | 50 | 450 | 450 |
| | | | 60 ～ 79 岁 | 1 | 38 | 38 | 38 | 38 | 38 | 38 |
| 华南 | 城乡 | 小计 | 小计 | 695 | 158 | 8 | 30 | 90 | 180 | 600 |
| | | | 18 ～ 44 岁 | 493 | 148 | 8 | 30 | 90 | 180 | 575 |
| | | | 45 ～ 59 岁 | 156 | 191 | 10 | 30 | 75 | 180 | 900 |
| | | | 60 ～ 79 岁 | 45 | 229 | 0 | 11 | 75 | 225 | 1 013 |
| | | | 80 岁及以上 | 1 | 45 | 45 | 45 | 45 | 45 | 45 |
| | | 男 | 小计 | 534 | 159 | 8 | 30 | 90 | 180 | 600 |
| | | | 18 ～ 44 岁 | 386 | 154 | 8 | 38 | 90 | 180 | 600 |
| | | | 45 ～ 59 岁 | 113 | 173 | 0 | 30 | 75 | 150 | 650 |
| | | | 60 ～ 79 岁 | 34 | 199 | 0 | 8 | 90 | 225 | 720 |
| | | | 80 岁及以上 | 1 | 45 | 45 | 45 | 45 | 45 | 45 |
| | | 女 | 小计 | 161 | 154 | 0 | 30 | 75 | 180 | 750 |
| | | | 18 ～ 44 岁 | 107 | 117 | 0 | 30 | 75 | 165 | 383 |
| | | | 45 ～ 59 岁 | 43 | 251 | 15 | 25 | 75 | 225 | 900 |
| | | | 60 ～ 79 岁 | 11 | 323 | 8 | 38 | 60 | 450 | 1 200 |
| | 城市 | 小计 | 小计 | 437 | 175 | 15 | 30 | 75 | 210 | 750 |
| | | | 18 ～ 44 岁 | 288 | 156 | 15 | 30 | 90 | 200 | 600 |
| | | | 45 ～ 59 岁 | 112 | 214 | 15 | 30 | 68 | 225 | 900 |
| | | | 60 ～ 79 岁 | 36 | 269 | 0 | 38 | 90 | 450 | 1 200 |
| | | | 80 岁及以上 | 1 | 45 | 45 | 45 | 45 | 45 | 45 |
| | | 男 | 小计 | 297 | 178 | 10 | 30 | 75 | 220 | 750 |
| | | | 18 ～ 44 岁 | 200 | 167 | 15 | 38 | 90 | 200 | 750 |
| | | | 45 ～ 59 岁 | 70 | 197 | 15 | 30 | 68 | 225 | 675 |
| | | | 60 ～ 79 岁 | 26 | 240 | 0 | 23 | 90 | 450 | 840 |
| | | | 80 岁及以上 | 1 | 45 | 45 | 45 | 45 | 45 | 45 |
| | | 女 | 小计 | 140 | 168 | 15 | 30 | 75 | 210 | 750 |
| | | | 18 ～ 44 岁 | 88 | 125 | 15 | 30 | 90 | 180 | 360 |
| | | | 45 ～ 59 岁 | 42 | 252 | 15 | 23 | 75 | 180 | 900 |
| | | | 60 ～ 79 岁 | 10 | 342 | 8 | 38 | 60 | 450 | 1 200 |
| | 农村 | 小计 | 小计 | 258 | 137 | 4 | 30 | 90 | 170 | 450 |
| | | | 18 ～ 44 岁 | 205 | 139 | 8 | 30 | 90 | 170 | 450 |
| | | | 45 ～ 59 岁 | 44 | 133 | 0 | 30 | 90 | 150 | 500 |
| | | | 60 ～ 79 岁 | 9 | 71 | 5 | 8 | 45 | 163 | 200 |
| | | 男 | 小计 | 237 | 141 | 8 | 30 | 90 | 170 | 475 |
| | | | 18 ～ 44 岁 | 186 | 144 | 8 | 38 | 94 | 170 | 475 |
| | | | 45 ～ 59 岁 | 43 | 133 | 0 | 30 | 90 | 150 | 500 |
| | | | 60 ～ 79 岁 | 8 | 71 | 5 | 5 | 45 | 163 | 200 |
| | | 女 | 小计 | 21 | 97 | 0 | 10 | 45 | 150 | 383 |
| | | | 18 ～ 44 岁 | 19 | 96 | 0 | 0 | 45 | 150 | 383 |
| | | | 45 ～ 59 岁 | 1 | 225 | 225 | 225 | 225 | 225 | 225 |
| | | | 60 ～ 79 岁 | 1 | 75 | 75 | 75 | 75 | 75 | 75 |
| 西北 | 城乡 | 小计 | 小计 | 242 | 75 | 8 | 15 | 40 | 90 | 240 |
| | | | 18 ～ 44 岁 | 178 | 67 | 15 | 15 | 40 | 90 | 180 |
| | | | 45 ～ 59 岁 | 45 | 91 | 5 | 10 | 20 | 90 | 300 |
| | | | 60 ～ 79 岁 | 17 | 207 | 5 | 15 | 68 | 120 | 360 |
| | | | 80 岁及以上 | 2 | 102 | 75 | 75 | 120 | 120 | 120 |
| | | 男 | 小计 | 203 | 71 | 8 | 15 | 40 | 90 | 188 |
| | | | 18 ～ 44 岁 | 154 | 66 | 15 | 15 | 40 | 90 | 180 |
| | | | 45 ～ 59 岁 | 32 | 62 | 5 | 10 | 20 | 75 | 300 |
| | | | 60 ～ 79 岁 | 15 | 213 | 0 | 15 | 68 | 100 | 360 |
| | | | 80 岁及以上 | 2 | 102 | 75 | 75 | 120 | 120 | 120 |
| | | 女 | 小计 | 39 | 105 | 5 | 15 | 40 | 120 | 288 |
| | | | 18 ～ 44 岁 | 24 | 77 | 15 | 23 | 30 | 120 | 270 |
| | | | 45 ～ 59 岁 | 13 | 176 | 0 | 10 | 40 | 120 | 1 800 |
| | | | 60 ～ 79 岁 | 2 | 148 | 60 | 60 | 60 | 240 | 240 |
| | 城市 | 小计 | 小计 | 127 | 113 | 5 | 30 | 60 | 120 | 360 |

| 地区 | 城乡 | 性别 | 年龄 | n | 全年平均每月游泳时间 /（min/ 月） | | | | | |
|---|---|---|---|---|---|---|---|---|---|---|
| | | | | | Mean | P5 | P25 | P50 | P75 | P95 |
| 西北 | 城市 | 小计 | 18 ～ 44 岁 | 84 | 93 | 8 | 30 | 60 | 120 | 300 |
| | | | 45 ～ 59 岁 | 30 | 138 | 0 | 20 | 45 | 120 | 600 |
| | | | 60 ～ 79 岁 | 12 | 286 | 8 | 60 | 90 | 240 | 2 700 |
| | | | 80 岁及以上 | 1 | 120 | 120 | 120 | 120 | 120 | 120 |
| | | 男 | 小计 | 94 | 105 | 8 | 30 | 60 | 120 | 360 |
| | | | 18 ～ 44 岁 | 65 | 90 | 8 | 30 | 60 | 113 | 360 |
| | | | 45 ～ 59 岁 | 18 | 95 | 0 | 20 | 30 | 113 | 300 |
| | | | 60 ～ 79 岁 | 10 | 306 | 8 | 45 | 90 | 120 | 2 700 |
| | | | 80 岁及以上 | 1 | 120 | 120 | 120 | 120 | 120 | 120 |
| | | 女 | 小计 | 33 | 151 | 0 | 45 | 90 | 130 | 288 |
| | | | 18 ～ 44 岁 | 19 | 115 | 15 | 60 | 90 | 135 | 288 |
| | | | 45 ～ 59 岁 | 12 | 232 | 0 | 25 | 60 | 120 | 1 800 |
| | | | 60 ～ 79 岁 | 2 | 148 | 60 | 60 | 60 | 240 | 240 |
| | 农村 | 小计 | 小计 | 115 | 51 | 10 | 15 | 30 | 75 | 120 |
| | | | 18 ～ 44 岁 | 94 | 54 | 15 | 15 | 30 | 75 | 120 |
| | | | 45 ～ 59 岁 | 15 | 20 | 5 | 10 | 10 | 23 | 50 |
| | | | 60 ～ 79 岁 | 5 | 22 | 0 | 5 | 15 | 15 | 90 |
| | | | 80 岁及以上 | 1 | 75 | 75 | 75 | 75 | 75 | 75 |
| | | 男 | 小计 | 109 | 53 | 10 | 15 | 30 | 75 | 120 |
| | | | 18 ～ 44 岁 | 89 | 55 | 15 | 15 | 38 | 75 | 135 |
| | | | 45 ～ 59 岁 | 14 | 22 | 5 | 8 | 15 | 23 | 95 |
| | | | 60 ～ 79 岁 | 5 | 22 | 0 | 5 | 15 | 15 | 90 |
| | | | 80 岁及以上 | 1 | 75 | 75 | 75 | 75 | 75 | 75 |
| | | 女 | 小计 | 6 | 20 | 5 | 15 | 23 | 30 | 30 |
| | | | 18 ～ 44 岁 | 5 | 23 | 5 | 15 | 23 | 30 | 30 |
| | | | 45 ～ 59 岁 | 1 | 10 | 10 | 10 | 10 | 10 | 10 |
| 东北 | 城乡 | 小计 | 小计 | 171 | 132 | 0 | 30 | 65 | 150 | 480 |
| | | | 18 ～ 44 岁 | 88 | 111 | 0 | 30 | 60 | 120 | 400 |
| | | | 45 ～ 59 岁 | 62 | 181 | 0 | 30 | 90 | 240 | 563 |
| | | | 60 ～ 79 岁 | 20 | 132 | 8 | 23 | 50 | 225 | 240 |
| | | | 80 岁及以上 | 1 | 195 | 195 | 195 | 195 | 195 | 195 |
| | | 男 | 小计 | 99 | 98 | 3 | 30 | 60 | 120 | 360 |
| | | | 18 ～ 44 岁 | 54 | 93 | 3 | 30 | 60 | 120 | 240 |
| | | | 45 ～ 59 岁 | 32 | 116 | 3 | 15 | 60 | 180 | 390 |
| | | | 60 ～ 79 岁 | 13 | 82 | 0 | 15 | 38 | 113 | 225 |
| | | 女 | 小计 | 72 | 198 | 0 | 30 | 90 | 240 | 900 |
| | | | 18 ～ 44 岁 | 34 | 149 | 0 | 30 | 75 | 165 | 560 |
| | | | 45 ～ 59 岁 | 30 | 276 | 0 | 60 | 180 | 338 | 1 200 |
| | | | 60 ～ 79 岁 | 7 | 250 | 8 | 60 | 120 | 240 | 900 |
| | | | 80 岁及以上 | 1 | 195 | 195 | 195 | 195 | 195 | 195 |
| | 城市 | 小计 | 小计 | 108 | 166 | 0 | 38 | 113 | 180 | 600 |
| | | | 18 ～ 44 岁 | 57 | 128 | 0 | 38 | 90 | 135 | 560 |
| | | | 45 ～ 59 岁 | 40 | 246 | 0 | 53 | 150 | 338 | 1 200 |
| | | | 60 ～ 79 岁 | 10 | 175 | 8 | 30 | 105 | 240 | 900 |
| | | | 80 岁及以上 | 1 | 195 | 195 | 195 | 195 | 195 | 195 |
| | | 男 | 小计 | 50 | 126 | 0 | 38 | 93 | 135 | 400 |
| | | | 18 ～ 44 岁 | 32 | 119 | 0 | 60 | 75 | 120 | 240 |
| | | | 45 ～ 59 岁 | 14 | 164 | 0 | 30 | 150 | 240 | 440 |
| | | | 60 ～ 79 岁 | 4 | 46 | 10 | 10 | 30 | 105 | 105 |
| | | 女 | 小计 | 58 | 211 | 0 | 38 | 120 | 240 | 900 |
| | | | 18 ～ 44 岁 | 25 | 143 | 0 | 30 | 90 | 195 | 560 |
| | | | 45 ～ 59 岁 | 26 | 303 | 0 | 75 | 185 | 338 | 1 200 |
| | | | 60 ～ 79 岁 | 6 | 258 | 8 | 60 | 240 | 240 | 900 |
| | | | 80 岁及以上 | 1 | 195 | 195 | 195 | 195 | 195 | 195 |
| | 农村 | 小计 | 小计 | 63 | 86 | 0 | 10 | 53 | 95 | 360 |
| | | | 18 ～ 44 岁 | 31 | 86 | 0 | 10 | 60 | 85 | 360 |
| | | | 45 ～ 59 岁 | 22 | 82 | 0 | 5 | 45 | 135 | 390 |
| | | | 60 ～ 79 岁 | 10 | 94 | 0 | 23 | 38 | 225 | 225 |

| 地区 | 城乡 | 性别 | 年龄 | n | 全年平均每月游泳时间 /（min/ 月） | | | | | |
|---|---|---|---|---|---|---|---|---|---|---|
| | | | | | Mean | P5 | P25 | P50 | P75 | P95 |
| 东北 | 农村 | 男 | 小计 | 49 | 73 | 3 | 15 | 50 | 95 | 225 |
| | | | 18 ～ 44 岁 | 22 | 63 | 3 | 10 | 60 | 85 | 150 |
| | | | 45 ～ 59 岁 | 18 | 82 | 3 | 8 | 45 | 135 | 390 |
| | | | 60 ～ 79 岁 | 9 | 95 | 0 | 15 | 38 | 225 | 225 |
| | | 女 | 小计 | 14 | 148 | 0 | 0 | 60 | 90 | 480 |
| | | | 18 ～ 44 岁 | 9 | 166 | 0 | 0 | 60 | 90 | 1 163 |
| | | | 45 ～ 59 岁 | 4 | 81 | 0 | 0 | 0 | 198 | 360 |
| | | | 60 ～ 79 岁 | 1 | 40 | 40 | 40 | 40 | 40 | 40 |
| 西南 | 城乡 | 小计 | 小计 | 780 | 134 | 5 | 30 | 75 | 175 | 450 |
| | | | 18 ～ 44 岁 | 573 | 130 | 8 | 30 | 75 | 175 | 450 |
| | | | 45 ～ 59 岁 | 176 | 161 | 0 | 21 | 60 | 185 | 650 |
| | | | 60 ～ 79 岁 | 31 | 114 | 8 | 38 | 75 | 120 | 375 |
| | | 男 | 小计 | 547 | 137 | 5 | 30 | 75 | 180 | 450 |
| | | | 18 ～ 44 岁 | 416 | 135 | 8 | 30 | 75 | 180 | 450 |
| | | | 45 ～ 59 岁 | 107 | 157 | 0 | 19 | 60 | 150 | 600 |
| | | | 60 ～ 79 岁 | 24 | 88 | 8 | 25 | 75 | 113 | 375 |
| | | 女 | 小计 | 233 | 121 | 0 | 20 | 60 | 163 | 450 |
| | | | 18 ～ 44 岁 | 157 | 107 | 8 | 15 | 60 | 150 | 450 |
| | | | 45 ～ 59 岁 | 69 | 173 | 0 | 30 | 75 | 240 | 650 |
| | | | 60 ～ 79 岁 | 7 | 227 | 15 | 60 | 158 | 158 | 638 |
| | 城市 | 小计 | 小计 | 284 | 136 | 8 | 30 | 75 | 150 | 450 |
| | | | 18 ～ 44 岁 | 207 | 122 | 8 | 30 | 75 | 143 | 450 |
| | | | 45 ～ 59 岁 | 67 | 195 | 0 | 30 | 63 | 210 | 675 |
| | | | 60 ～ 79 岁 | 10 | 160 | 8 | 75 | 113 | 158 | 638 |
| | | 男 | 小计 | 197 | 136 | 8 | 30 | 75 | 143 | 450 |
| | | | 18 ～ 44 岁 | 148 | 126 | 8 | 30 | 75 | 135 | 450 |
| | | | 45 ～ 59 岁 | 42 | 184 | 0 | 14 | 60 | 165 | 750 |
| | | | 60 ～ 79 岁 | 7 | 118 | 8 | 45 | 113 | 120 | 375 |
| | | 女 | 小计 | 87 | 138 | 8 | 30 | 75 | 200 | 600 |
| | | | 18 ～ 44 岁 | 59 | 111 | 10 | 23 | 60 | 150 | 375 |
| | | | 45 ～ 59 岁 | 25 | 224 | 0 | 30 | 185 | 250 | 675 |
| | | | 60 ～ 79 岁 | 3 | 291 | 120 | 120 | 158 | 638 | 638 |
| | 农村 | 小计 | 小计 | 496 | 131 | 0 | 30 | 75 | 188 | 450 |
| | | | 18 ～ 44 岁 | 366 | 137 | 0 | 30 | 90 | 195 | 450 |
| | | | 45 ～ 59 岁 | 109 | 98 | 0 | 15 | 60 | 80 | 405 |
| | | | 60 ～ 79 岁 | 21 | 53 | 10 | 23 | 38 | 94 | 105 |
| | | 男 | 小计 | 350 | 139 | 0 | 30 | 80 | 218 | 450 |
| | | | 18 ～ 44 岁 | 268 | 143 | 0 | 30 | 95 | 225 | 450 |
| | | | 45 ～ 59 岁 | 65 | 113 | 0 | 23 | 60 | 105 | 405 |
| | | | 60 ～ 79 岁 | 17 | 55 | 11 | 23 | 38 | 94 | 120 |
| | | 女 | 小计 | 146 | 89 | 0 | 15 | 45 | 140 | 450 |
| | | | 18 ～ 44 岁 | 98 | 99 | 0 | 15 | 53 | 145 | 450 |
| | | | 45 ～ 59 岁 | 44 | 27 | 0 | 0 | 11 | 60 | 113 |
| | | | 60 ～ 79 岁 | 4 | 43 | 0 | 15 | 60 | 60 | 60 |

## 附表 7-18　中国人群分片区、城乡、性别、年龄的春秋季平均每月游泳时间

| 地区 | 城乡 | 性别 | 年龄 | *n* | 春秋季平均每月游泳时间 /（min/ 月） | | | | | |
|---|---|---|---|---|---|---|---|---|---|---|
| | | | | | Mean | P5 | P25 | P50 | P75 | P95 |
| 合计 | 城乡 | 小计 | 小计 | 2 856 | 64 | 0 | 0 | 0 | 20 | 300 |
| | | | 18～44 岁 | 1 949 | 51 | 0 | 0 | 0 | 0 | 240 |
| | | | 45～59 岁 | 700 | 114 | 0 | 0 | 0 | 80 | 600 |
| | | | 60～79 岁 | 202 | 101 | 0 | 0 | 0 | 20 | 720 |
| | | | 80 岁及以上 | 5 | 85 | 0 | 60 | 60 | 120 | 180 |
| | | 男 | 小计 | 2 131 | 59 | 0 | 0 | 0 | 0 | 300 |
| | | | 18～44 岁 | 1 480 | 50 | 0 | 0 | 0 | 0 | 240 |
| | | | 45～59 岁 | 488 | 96 | 0 | 0 | 0 | 60 | 480 |
| | | | 60～79 岁 | 160 | 77 | 0 | 0 | 0 | 0 | 360 |
| | | | 80 岁及以上 | 3 | 68 | 0 | 0 | 120 | 120 | 120 |
| | | 女 | 小计 | 725 | 89 | 0 | 0 | 0 | 80 | 480 |
| | | | 18～44 岁 | 469 | 56 | 0 | 0 | 0 | 60 | 300 |
| | | | 45～59 岁 | 212 | 187 | 0 | 0 | 30 | 240 | 900 |
| | | | 60～79 岁 | 42 | 235 | 0 | 0 | 30 | 240 | 1 200 |
| | | | 80 岁及以上 | 2 | 103 | 60 | 60 | 60 | 180 | 180 |
| | 城市 | 小计 | 小计 | 1 602 | 85 | 0 | 0 | 0 | 40 | 480 |
| | | | 18～44 岁 | 1 044 | 63 | 0 | 0 | 0 | 0 | 300 |
| | | | 45～59 岁 | 428 | 149 | 0 | 0 | 0 | 120 | 800 |
| | | | 60～79 岁 | 126 | 153 | 0 | 0 | 0 | 60 | 900 |
| | | | 80 岁及以上 | 4 | 105 | 60 | 60 | 120 | 120 | 180 |
| | | 男 | 小计 | 1 102 | 80 | 0 | 0 | 0 | 10 | 450 |
| | | | 18～44 岁 | 735 | 64 | 0 | 0 | 0 | 0 | 300 |
| | | | 45～59 岁 | 273 | 129 | 0 | 0 | 0 | 90 | 750 |
| | | | 60～79 岁 | 92 | 125 | 0 | 0 | 0 | 0 | 720 |
| | | | 80 岁及以上 | 2 | 107 | 0 | 120 | 120 | 120 | 120 |
| | | 女 | 小计 | 500 | 103 | 0 | 0 | 0 | 120 | 600 |
| | | | 18～44 岁 | 309 | 62 | 0 | 0 | 0 | 60 | 300 |
| | | | 45～59 岁 | 155 | 203 | 0 | 0 | 60 | 240 | 900 |
| | | | 60～79 岁 | 34 | 252 | 0 | 0 | 40 | 240 | 1 200 |
| | | | 80 岁及以上 | 2 | 103 | 60 | 60 | 60 | 180 | 180 |
| | 农村 | 小计 | 小计 | 1 254 | 37 | 0 | 0 | 0 | 0 | 200 |
| | | | 18～44 岁 | 905 | 37 | 0 | 0 | 0 | 0 | 200 |
| | | | 45～59 岁 | 272 | 45 | 0 | 0 | 0 | 0 | 200 |
| | | | 60～79 岁 | 76 | 8 | 0 | 0 | 0 | 0 | 40 |
| | | | 80 岁及以上 | 1 | 0 | 0 | 0 | 0 | 0 | 0 |
| | | 男 | 小计 | 1 029 | 36 | 0 | 0 | 0 | 0 | 200 |
| | | | 18～44 岁 | 745 | 37 | 0 | 0 | 0 | 0 | 180 |
| | | | 45～59 岁 | 215 | 44 | 0 | 0 | 0 | 0 | 200 |
| | | | 60～79 岁 | 68 | 8 | 0 | 0 | 0 | 0 | 40 |
| | | | 80 岁及以上 | 1 | 0 | 0 | 0 | 0 | 0 | 0 |
| | | 女 | 小计 | 225 | 41 | 0 | 0 | 0 | 0 | 240 |
| | | | 18～44 岁 | 160 | 39 | 0 | 0 | 0 | 0 | 240 |
| | | | 45～59 岁 | 57 | 59 | 0 | 0 | 0 | 30 | 450 |
| | | | 60～79 岁 | 8 | 13 | 0 | 0 | 0 | 15 | 60 |
| 华北 | 城乡 | 小计 | 小计 | 261 | 88 | 0 | 0 | 0 | 90 | 360 |
| | | | 18～44 岁 | 146 | 87 | 0 | 0 | 0 | 80 | 360 |
| | | | 45～59 岁 | 78 | 108 | 0 | 0 | 40 | 120 | 480 |
| | | | 60～79 岁 | 36 | 56 | 0 | 0 | 0 | 20 | 360 |
| | | | 80 岁及以上 | 1 | 60 | 60 | 60 | 60 | 60 | 60 |
| | | 男 | 小计 | 182 | 68 | 0 | 0 | 0 | 60 | 360 |
| | | | 18～44 岁 | 101 | 67 | 0 | 0 | 0 | 60 | 300 |
| | | | 45～59 岁 | 53 | 91 | 0 | 0 | 0 | 100 | 360 |
| | | | 60～79 岁 | 28 | 33 | 0 | 0 | 0 | 0 | 240 |
| | | 女 | 小计 | 79 | 160 | 0 | 0 | 120 | 240 | 720 |
| | | | 18～44 岁 | 45 | 151 | 0 | 0 | 60 | 180 | 960 |
| | | | 45～59 岁 | 25 | 173 | 0 | 30 | 120 | 240 | 480 |

| 地区 | 城乡 | 性别 | 年龄 | n | 春秋季平均每月游泳时间 /（min/ 月） | | | | | |
|---|---|---|---|---|---|---|---|---|---|---|
| | | | | | Mean | P5 | P25 | P50 | P75 | P95 |
| 华北 | 城乡 | 女 | 60～79 岁 | 8 | 243 | 0 | 30 | 40 | 240 | 1 200 |
| | | | 80 岁及以上 | 1 | 60 | 60 | 60 | 60 | 60 | 60 |
| | 城市 | 小计 | 小计 | 186 | 123 | 0 | 0 | 60 | 180 | 480 |
| | | | 18～44 岁 | 95 | 120 | 0 | 0 | 60 | 180 | 480 |
| | | | 45～59 岁 | 61 | 149 | 0 | 0 | 60 | 240 | 480 |
| | | | 60～79 岁 | 29 | 82 | 0 | 0 | 0 | 30 | 700 |
| | | | 80 岁及以上 | 1 | 60 | 60 | 60 | 60 | 60 | 60 |
| | | 男 | 小计 | 111 | 101 | 0 | 0 | 0 | 120 | 480 |
| | | | 18～44 岁 | 54 | 96 | 0 | 0 | 60 | 120 | 480 |
| | | | 45～59 岁 | 36 | 139 | 0 | 0 | 40 | 240 | 480 |
| | | | 60～79 岁 | 21 | 50 | 0 | 0 | 0 | 0 | 700 |
| | | 女 | 小计 | 75 | 164 | 0 | 0 | 120 | 240 | 720 |
| | | | 18～44 岁 | 41 | 156 | 0 | 0 | 60 | 180 | 960 |
| | | | 45～59 岁 | 25 | 173 | 0 | 30 | 120 | 240 | 480 |
| | | | 60～79 岁 | 8 | 243 | 0 | 30 | 40 | 240 | 1 200 |
| | | | 80 岁及以上 | 1 | 60 | 60 | 60 | 60 | 60 | 60 |
| | 农村 | 小计 | 小计 | 75 | 40 | 0 | 0 | 0 | 0 | 120 |
| | | | 18～44 岁 | 51 | 49 | 0 | 0 | 0 | 0 | 150 |
| | | | 45～59 岁 | 17 | 26 | 0 | 0 | 0 | 40 | 100 |
| | | | 60～79 岁 | 7 | 6 | 0 | 0 | 0 | 20 | 20 |
| | | 男 | 小计 | 71 | 37 | 0 | 0 | 0 | 0 | 100 |
| | | | 18～44 岁 | 47 | 45 | 0 | 0 | 0 | 0 | 60 |
| | | | 45～59 岁 | 17 | 26 | 0 | 0 | 0 | 40 | 100 |
| | | | 60～79 岁 | 7 | 6 | 0 | 0 | 0 | 20 | 20 |
| | | 女 | 小计 | 4 | 109 | 0 | 0 | 0 | 300 | 300 |
| | | | 18～44 岁 | 4 | 109 | 0 | 0 | 0 | 300 | 300 |
| 华东 | 城乡 | 小计 | 小计 | 677 | 67 | 0 | 0 | 0 | 0 | 320 |
| | | | 18～44 岁 | 448 | 55 | 0 | 0 | 0 | 0 | 180 |
| | | | 45～59 岁 | 177 | 112 | 0 | 0 | 0 | 60 | 750 |
| | | | 60～79 岁 | 52 | 92 | 0 | 0 | 0 | 0 | 60 |
| | | 男 | 小计 | 547 | 65 | 0 | 0 | 0 | 0 | 300 |
| | | | 18～44 岁 | 352 | 57 | 0 | 0 | 0 | 0 | 180 |
| | | | 45～59 岁 | 149 | 94 | 0 | 0 | 0 | 30 | 600 |
| | | | 60～79 岁 | 46 | 84 | 0 | 0 | 0 | 0 | 40 |
| | | 女 | 小计 | 130 | 77 | 0 | 0 | 0 | 30 | 450 |
| | | | 18～44 岁 | 96 | 42 | 0 | 0 | 0 | 0 | 160 |
| | | | 45～59 岁 | 28 | 293 | 0 | 0 | 0 | 450 | 1 800 |
| | | | 60～79 岁 | 6 | 203 | 0 | 0 | 0 | 300 | 900 |
| | 城市 | 小计 | 小计 | 449 | 93 | 0 | 0 | 0 | 0 | 480 |
| | | | 18～44 岁 | 305 | 73 | 0 | 0 | 0 | 0 | 300 |
| | | | 45～59 岁 | 115 | 160 | 0 | 0 | 0 | 150 | 1 100 |
| | | | 60～79 岁 | 29 | 165 | 0 | 0 | 0 | 0 | 900 |
| | | 男 | 小计 | 344 | 93 | 0 | 0 | 0 | 0 | 480 |
| | | | 18～44 岁 | 228 | 77 | 0 | 0 | 0 | 0 | 360 |
| | | | 45～59 岁 | 92 | 139 | 0 | 0 | 0 | 120 | 1 100 |
| | | | 60～79 岁 | 24 | 159 | 0 | 0 | 0 | 0 | 60 |
| | | 女 | 小计 | 105 | 92 | 0 | 0 | 0 | 60 | 600 |
| | | | 18～44 岁 | 77 | 52 | 0 | 0 | 0 | 0 | 240 |
| | | | 45～59 岁 | 23 | 312 | 0 | 0 | 0 | 600 | 1 800 |
| | | | 60～79 岁 | 5 | 218 | 0 | 0 | 0 | 300 | 900 |
| | 农村 | 小计 | 小计 | 228 | 23 | 0 | 0 | 0 | 0 | 120 |
| | | | 18～44 岁 | 143 | 25 | 0 | 0 | 0 | 0 | 60 |
| | | | 45～59 岁 | 62 | 24 | 0 | 0 | 0 | 0 | 120 |
| | | | 60～79 岁 | 23 | 1 | 0 | 0 | 0 | 0 | 0 |
| | | 男 | 小计 | 203 | 24 | 0 | 0 | 0 | 0 | 120 |
| | | | 18～44 岁 | 124 | 26 | 0 | 0 | 0 | 0 | 120 |
| | | | 45～59 岁 | 57 | 18 | 0 | 0 | 0 | 0 | 120 |
| | | | 60～79 岁 | 22 | 2 | 0 | 0 | 0 | 0 | 0 |

| 地区 | 城乡 | 性别 | 年龄 | n | 春秋季平均每月游泳时间 /（min/ 月） | | | | | |
|---|---|---|---|---|---|---|---|---|---|---|
| | | | | | Mean | P5 | P25 | P50 | P75 | P95 |
| 华东 | 农村 | 女 | 小计 | 25 | 21 | 0 | 0 | 0 | 0 | 60 |
| | | | 18 ～ 44 岁 | 19 | 7 | 0 | 0 | 0 | 0 | 60 |
| | | | 45 ～ 59 岁 | 5 | 177 | 0 | 0 | 0 | 450 | 450 |
| | | | 60 ～ 79 岁 | 1 | 0 | 0 | 0 | 0 | 0 | 0 |
| 华南 | 城乡 | 小计 | 小计 | 707 | 69 | 0 | 0 | 0 | 0 | 400 |
| | | | 18 ～ 44 岁 | 503 | 53 | 0 | 0 | 0 | 0 | 300 |
| | | | 45 ～ 59 岁 | 158 | 126 | 0 | 0 | 0 | 60 | 750 |
| | | | 60 ～ 79 岁 | 45 | 156 | 0 | 0 | 0 | 60 | 1 200 |
| | | | 80 岁及以上 | 1 | 0 | 0 | 0 | 0 | 0 | 0 |
| | | 男 | 小计 | 544 | 68 | 0 | 0 | 0 | 10 | 400 |
| | | | 18 ～ 44 岁 | 396 | 58 | 0 | 0 | 0 | 0 | 350 |
| | | | 45 ～ 59 岁 | 113 | 109 | 0 | 0 | 0 | 10 | 600 |
| | | | 60 ～ 79 岁 | 34 | 123 | 0 | 0 | 0 | 60 | 720 |
| | | | 80 岁及以上 | 1 | 0 | 0 | 0 | 0 | 0 | 0 |
| | | 女 | 小计 | 163 | 72 | 0 | 0 | 0 | 0 | 600 |
| | | | 18 ～ 44 岁 | 107 | 31 | 0 | 0 | 0 | 0 | 180 |
| | | | 45 ～ 59 岁 | 45 | 179 | 0 | 0 | 0 | 150 | 1 200 |
| | | | 60 ～ 79 岁 | 11 | 258 | 0 | 0 | 0 | 0 | 1 200 |
| | 城市 | 小计 | 小计 | 446 | 79 | 0 | 0 | 0 | 0 | 600 |
| | | | 18 ～ 44 岁 | 295 | 52 | 0 | 0 | 0 | 0 | 400 |
| | | | 45 ～ 59 岁 | 114 | 141 | 0 | 0 | 0 | 30 | 750 |
| | | | 60 ～ 79 岁 | 36 | 188 | 0 | 0 | 0 | 160 | 1 200 |
| | | | 80 岁及以上 | 1 | 0 | 0 | 0 | 0 | 0 | 0 |
| | | 男 | 小计 | 304 | 78 | 0 | 0 | 0 | 0 | 600 |
| | | | 18 ～ 44 岁 | 207 | 60 | 0 | 0 | 0 | 0 | 600 |
| | | | 45 ～ 59 岁 | 70 | 122 | 0 | 0 | 0 | 0 | 750 |
| | | | 60 ～ 79 岁 | 26 | 151 | 0 | 0 | 0 | 160 | 720 |
| | | | 80 岁及以上 | 1 | 0 | 0 | 0 | 0 | 0 | 0 |
| | | 女 | 小计 | 142 | 81 | 0 | 0 | 0 | 0 | 600 |
| | | | 18 ～ 44 岁 | 88 | 29 | 0 | 0 | 0 | 0 | 300 |
| | | | 45 ～ 59 岁 | 44 | 181 | 0 | 0 | 0 | 240 | 1 200 |
| | | | 60 ～ 79 岁 | 10 | 277 | 0 | 0 | 0 | 0 | 1 200 |
| | 农村 | 小计 | 小计 | 261 | 57 | 0 | 0 | 0 | 40 | 300 |
| | | | 18 ～ 44 岁 | 208 | 54 | 0 | 0 | 0 | 34 | 300 |
| | | | 45 ～ 59 岁 | 44 | 86 | 0 | 0 | 0 | 80 | 400 |
| | | | 60 ～ 79 岁 | 9 | 32 | 0 | 0 | 0 | 60 | 150 |
| | | 男 | 小计 | 240 | 59 | 0 | 0 | 0 | 40 | 300 |
| | | | 18 ～ 44 岁 | 189 | 56 | 0 | 0 | 0 | 40 | 300 |
| | | | 45 ～ 59 岁 | 43 | 87 | 0 | 0 | 0 | 100 | 400 |
| | | | 60 ～ 79 岁 | 8 | 35 | 0 | 0 | 0 | 60 | 150 |
| | | 女 | 小计 | 21 | 35 | 0 | 0 | 0 | 0 | 180 |
| | | | 18 ～ 44 岁 | 19 | 36 | 0 | 0 | 0 | 0 | 180 |
| | | | 45 ～ 59 岁 | 1 | 0 | 0 | 0 | 0 | 0 | 0 |
| | | | 60 ～ 79 岁 | 1 | 0 | 0 | 0 | 0 | 0 | 0 |
| 西北 | 城乡 | 小计 | 小计 | 243 | 27 | 0 | 0 | 0 | 0 | 120 |
| | | | 18 ～ 44 岁 | 178 | 18 | 0 | 0 | 0 | 0 | 120 |
| | | | 45 ～ 59 岁 | 46 | 50 | 0 | 0 | 0 | 0 | 120 |
| | | | 60 ～ 79 岁 | 17 | 180 | 0 | 0 | 0 | 90 | 360 |
| | | | 80 岁及以上 | 2 | 73 | 0 | 0 | 120 | 120 | 120 |
| | | 男 | 小计 | 204 | 23 | 0 | 0 | 0 | 0 | 120 |
| | | | 18 ～ 44 岁 | 154 | 16 | 0 | 0 | 0 | 0 | 120 |
| | | | 45 ～ 59 岁 | 33 | 24 | 0 | 0 | 0 | 0 | 120 |
| | | | 60 ～ 79 岁 | 15 | 183 | 0 | 0 | 0 | 80 | 360 |
| | | | 80 岁及以上 | 2 | 73 | 0 | 0 | 120 | 120 | 120 |
| | | 女 | 小计 | 39 | 67 | 0 | 0 | 0 | 60 | 240 |
| | | | 18 ～ 44 岁 | 24 | 41 | 0 | 0 | 0 | 0 | 240 |
| | | | 45 ～ 59 岁 | 13 | 130 | 0 | 0 | 0 | 60 | 1 800 |
| | | | 60 ～ 79 岁 | 2 | 148 | 60 | 60 | 60 | 240 | 240 |

| 地区 | 城乡 | 性别 | 年龄 | $n$ | 春秋季平均每月游泳时间 /（min/ 月） | | | | | |
|---|---|---|---|---|---|---|---|---|---|---|
| | | | | | Mean | P5 | P25 | P50 | P75 | P95 |
| 西北 | 城市 | 小计 | 小计 | 128 | 67 | 0 | 0 | 0 | 60 | 360 |
| | | | 18～44 岁 | 84 | 47 | 0 | 0 | 0 | 45 | 360 |
| | | | 45～59 岁 | 31 | 82 | 0 | 0 | 0 | 60 | 480 |
| | | | 60～79 岁 | 12 | 258 | 0 | 0 | 60 | 240 | 2 700 |
| | | | 80 岁及以上 | 1 | 120 | 120 | 120 | 120 | 120 | 120 |
| | | 男 | 小计 | 95 | 59 | 0 | 0 | 0 | 50 | 360 |
| | | | 18～44 岁 | 65 | 44 | 0 | 0 | 0 | 30 | 240 |
| | | | 45～59 岁 | 19 | 42 | 0 | 0 | 0 | 30 | 240 |
| | | | 60～79 岁 | 10 | 273 | 0 | 0 | 60 | 90 | 2 700 |
| | | | 80 岁及以上 | 1 | 120 | 120 | 120 | 120 | 120 | 120 |
| | | 女 | 小计 | 33 | 104 | 0 | 0 | 0 | 120 | 375 |
| | | | 18～44 岁 | 19 | 70 | 0 | 0 | 0 | 120 | 375 |
| | | | 45～59 岁 | 12 | 173 | 0 | 0 | 20 | 120 | 1 800 |
| | | | 60～79 岁 | 2 | 148 | 60 | 60 | 60 | 240 | 240 |
| | 农村 | 小计 | 小计 | 115 | 3 | 0 | 0 | 0 | 0 | 0 |
| | | | 18～44 岁 | 94 | 3 | 0 | 0 | 0 | 0 | 0 |
| | | | 45～59 岁 | 15 | 2 | 0 | 0 | 0 | 0 | 0 |
| | | | 60～79 岁 | 5 | 0 | 0 | 0 | 0 | 0 | 0 |
| | | | 80 岁及以上 | 1 | 0 | 0 | 0 | 0 | 0 | 0 |
| | | 男 | 小计 | 109 | 3 | 0 | 0 | 0 | 0 | 0 |
| | | | 18～44 岁 | 89 | 3 | 0 | 0 | 0 | 0 | 0 |
| | | | 45～59 岁 | 14 | 2 | 0 | 0 | 0 | 0 | 40 |
| | | | 60～79 岁 | 5 | 0 | 0 | 0 | 0 | 0 | 0 |
| | | | 80 岁及以上 | 1 | 0 | 0 | 0 | 0 | 0 | 0 |
| | | 女 | 小计 | 6 | 0 | 0 | 0 | 0 | 0 | 0 |
| | | | 18～44 岁 | 5 | 0 | 0 | 0 | 0 | 0 | 0 |
| | | | 45～59 岁 | 1 | 0 | 0 | 0 | 0 | 0 | 0 |
| 东北 | 城乡 | 小计 | 小计 | 171 | 104 | 0 | 0 | 30 | 120 | 480 |
| | | | 18～44 岁 | 88 | 94 | 0 | 0 | 30 | 120 | 480 |
| | | | 45～59 岁 | 62 | 134 | 0 | 0 | 30 | 180 | 480 |
| | | | 60～79 岁 | 20 | 79 | 0 | 0 | 0 | 60 | 240 |
| | | | 80 岁及以上 | 1 | 180 | 180 | 180 | 180 | 180 | 180 |
| | | 男 | 小计 | 99 | 64 | 0 | 0 | 0 | 60 | 240 |
| | | | 18～44 岁 | 54 | 73 | 0 | 0 | 0 | 90 | 240 |
| | | | 45～59 岁 | 32 | 57 | 0 | 0 | 0 | 60 | 320 |
| | | | 60～79 岁 | 13 | 10 | 0 | 0 | 0 | 30 | 60 |
| | | 女 | 小计 | 72 | 181 | 0 | 0 | 90 | 240 | 800 |
| | | | 18～44 岁 | 34 | 137 | 0 | 0 | 60 | 150 | 600 |
| | | | 45～59 岁 | 30 | 248 | 0 | 60 | 160 | 240 | 1 200 |
| | | | 60～79 岁 | 7 | 239 | 0 | 0 | 120 | 240 | 900 |
| | | | 80 岁及以上 | 1 | 180 | 180 | 180 | 180 | 180 | 180 |
| | 城市 | 小计 | 小计 | 108 | 144 | 0 | 0 | 60 | 180 | 600 |
| | | | 18～44 岁 | 57 | 118 | 0 | 0 | 60 | 120 | 600 |
| | | | 45～59 岁 | 40 | 196 | 0 | 0 | 90 | 240 | 1 200 |
| | | | 60～79 岁 | 10 | 163 | 0 | 0 | 60 | 240 | 900 |
| | | | 80 岁及以上 | 1 | 180 | 180 | 180 | 180 | 180 | 180 |
| | | 男 | 小计 | 50 | 101 | 0 | 0 | 60 | 120 | 240 |
| | | | 18～44 岁 | 32 | 110 | 0 | 0 | 60 | 120 | 240 |
| | | | 45～59 岁 | 14 | 87 | 0 | 0 | 0 | 180 | 400 |
| | | | 60～79 岁 | 4 | 30 | 0 | 0 | 30 | 60 | 60 |
| | | 女 | 小计 | 58 | 193 | 0 | 30 | 120 | 240 | 800 |
| | | | 18～44 岁 | 25 | 131 | 0 | 0 | 90 | 120 | 600 |
| | | | 45～59 岁 | 26 | 271 | 0 | 60 | 160 | 240 | 1 200 |
| | | | 60～79 岁 | 6 | 249 | 0 | 0 | 240 | 240 | 900 |
| | | | 80 岁及以上 | 1 | 180 | 180 | 180 | 180 | 180 | 180 |
| | 农村 | 小计 | 小计 | 63 | 48 | 0 | 0 | 0 | 40 | 320 |
| | | | 18～44 岁 | 31 | 58 | 0 | 0 | 0 | 60 | 480 |
| | | | 45～59 岁 | 22 | 41 | 0 | 0 | 0 | 60 | 320 |

| 地区 | 城乡 | 性别 | 年龄 | n | 春秋季平均每月游泳时间 /（min/ 月） | | | | | |
|---|---|---|---|---|---|---|---|---|---|---|
| | | | | | Mean | P5 | P25 | P50 | P75 | P95 |
| 东北 | 农村 | 小计 | 60 ～ 79 岁 | 10 | 3 | 0 | 0 | 0 | 0 | 30 |
| | | 男 | 小计 | 49 | 30 | 0 | 0 | 0 | 40 | 120 |
| | | | 18 ～ 44 岁 | 22 | 32 | 0 | 0 | 0 | 40 | 120 |
| | | | 45 ～ 59 岁 | 18 | 35 | 0 | 0 | 0 | 60 | 320 |
| | | | 60 ～ 79 岁 | 9 | 3 | 0 | 0 | 0 | 0 | 30 |
| | | 女 | 小计 | 14 | 135 | 0 | 0 | 0 | 180 | 480 |
| | | | 18 ～ 44 岁 | 9 | 151 | 0 | 0 | 0 | 180 | 1 200 |
| | | | 45 ～ 59 岁 | 4 | 78 | 0 | 0 | 0 | 195 | 360 |
| | | | 60 ～ 79 岁 | 1 | 0 | 0 | 0 | 0 | 0 | 0 |
| 西南 | 城乡 | 小计 | 小计 | 797 | 48 | 0 | 0 | 0 | 30 | 200 |
| | | | 18 ～ 44 岁 | 586 | 36 | 0 | 0 | 0 | 30 | 180 |
| | | | 45 ～ 59 岁 | 179 | 112 | 0 | 0 | 0 | 60 | 600 |
| | | | 60 ～ 79 岁 | 32 | 73 | 0 | 0 | 0 | 105 | 360 |
| | | 男 | 小计 | 555 | 47 | 0 | 0 | 0 | 30 | 200 |
| | | | 18 ～ 44 岁 | 423 | 36 | 0 | 0 | 0 | 30 | 160 |
| | | | 45 ～ 59 岁 | 108 | 114 | 0 | 0 | 0 | 60 | 750 |
| | | | 60 ～ 79 岁 | 24 | 44 | 0 | 0 | 0 | 30 | 360 |
| | | 女 | 小计 | 242 | 51 | 0 | 0 | 0 | 60 | 240 |
| | | | 18 ～ 44 岁 | 163 | 36 | 0 | 0 | 0 | 30 | 180 |
| | | | 45 ～ 59 岁 | 71 | 105 | 0 | 0 | 0 | 120 | 600 |
| | | | 60 ～ 79 岁 | 8 | 198 | 0 | 60 | 105 | 120 | 600 |
| | 城市 | 小计 | 小计 | 285 | 55 | 0 | 0 | 0 | 0 | 240 |
| | | | 18 ～ 44 岁 | 208 | 34 | 0 | 0 | 0 | 0 | 160 |
| | | | 45 ～ 59 岁 | 67 | 140 | 0 | 0 | 0 | 90 | 750 |
| | | | 60 ～ 79 岁 | 10 | 119 | 0 | 0 | 30 | 120 | 600 |
| | | 男 | 小计 | 198 | 53 | 0 | 0 | 0 | 0 | 200 |
| | | | 18 ～ 44 岁 | 149 | 33 | 0 | 0 | 0 | 0 | 120 |
| | | | 45 ～ 59 岁 | 42 | 142 | 0 | 0 | 0 | 60 | 750 |
| | | | 60 ～ 79 岁 | 7 | 74 | 0 | 0 | 0 | 120 | 360 |
| | | 女 | 小计 | 87 | 61 | 0 | 0 | 0 | 60 | 300 |
| | | | 18 ～ 44 岁 | 59 | 37 | 0 | 0 | 0 | 0 | 180 |
| | | | 45 ～ 59 岁 | 25 | 132 | 0 | 0 | 0 | 120 | 900 |
| | | | 60 ～ 79 岁 | 3 | 260 | 105 | 105 | 120 | 600 | 600 |
| | 农村 | 小计 | 小计 | 512 | 40 | 0 | 0 | 0 | 60 | 180 |
| | | | 18 ～ 44 岁 | 378 | 38 | 0 | 0 | 0 | 60 | 180 |
| | | | 45 ～ 59 岁 | 112 | 60 | 0 | 0 | 0 | 40 | 360 |
| | | | 60 ～ 79 岁 | 22 | 14 | 0 | 0 | 0 | 15 | 60 |
| | | 男 | 小计 | 357 | 41 | 0 | 0 | 0 | 60 | 180 |
| | | | 18 ～ 44 岁 | 274 | 39 | 0 | 0 | 0 | 60 | 180 |
| | | | 45 ～ 59 岁 | 66 | 67 | 0 | 0 | 0 | 40 | 360 |
| | | | 60 ～ 79 岁 | 17 | 11 | 0 | 0 | 0 | 0 | 40 |
| | | 女 | 小计 | 155 | 33 | 0 | 0 | 0 | 30 | 180 |
| | | | 18 ～ 44 岁 | 104 | 34 | 0 | 0 | 0 | 30 | 240 |
| | | | 45 ～ 59 岁 | 46 | 28 | 0 | 0 | 0 | 60 | 150 |
| | | | 60 ～ 79 岁 | 5 | 32 | 0 | 0 | 30 | 60 | 60 |

## 附表 7-19 中国人群分片区、城乡、性别、年龄的夏季平均每月游泳时间

| 地区 | 城乡 | 性别 | 年龄 | n | 夏季平均每月游泳时间 /（min/ 月） | | | | | |
|---|---|---|---|---|---|---|---|---|---|---|
| | | | | | Mean | P5 | P25 | P50 | P75 | P95 |
| 合计 | 城乡 | 小计 | 小计 | 2 935 | 459 | 15 | 100 | 240 | 600 | 1 800 |
| | | | 18 ~ 44 岁 | 2 003 | 466 | 20 | 120 | 240 | 600 | 1 800 |
| | | | 45 ~ 59 岁 | 719 | 437 | 0 | 90 | 240 | 600 | 1 800 |
| | | | 60 ~ 79 岁 | 208 | 415 | 0 | 80 | 240 | 480 | 1 500 |
| | | | 80 岁及以上 | 5 | 214 | 120 | 120 | 240 | 240 | 300 |
| | | 男 | 小计 | 2 177 | 470 | 20 | 100 | 240 | 600 | 1 800 |
| | | | 18 ~ 44 岁 | 1 511 | 484 | 30 | 120 | 240 | 600 | 1 800 |
| | | | 45 ~ 59 岁 | 498 | 424 | 0 | 90 | 200 | 600 | 1 800 |
| | | | 60 ~ 79 岁 | 165 | 406 | 0 | 60 | 240 | 480 | 1 500 |
| | | | 80 岁及以上 | 3 | 189 | 120 | 120 | 120 | 300 | 300 |
| | | 女 | 小计 | 758 | 407 | 0 | 90 | 240 | 480 | 1 530 |
| | | | 18 ~ 44 岁 | 492 | 384 | 0 | 90 | 240 | 480 | 1 350 |
| | | | 45 ~ 59 岁 | 221 | 488 | 0 | 90 | 240 | 600 | 1 800 |
| | | | 60 ~ 79 岁 | 43 | 465 | 0 | 120 | 240 | 900 | 1 800 |
| | | | 80 岁及以上 | 2 | 240 | 240 | 240 | 240 | 240 | 240 |
| | 城市 | 小计 | 小计 | 1 641 | 505 | 30 | 120 | 240 | 600 | 1 800 |
| | | | 18 ~ 44 岁 | 1 069 | 512 | 30 | 120 | 300 | 600 | 1 800 |
| | | | 45 ~ 59 岁 | 436 | 489 | 0 | 90 | 240 | 600 | 1 800 |
| | | | 60 ~ 79 岁 | 132 | 475 | 0 | 120 | 240 | 480 | 1 800 |
| | | | 80 岁及以上 | 4 | 194 | 120 | 120 | 240 | 240 | 240 |
| | | 男 | 小计 | 1 123 | 523 | 30 | 120 | 300 | 600 | 1 800 |
| | | | 18 ~ 44 岁 | 748 | 541 | 30 | 120 | 300 | 600 | 1 800 |
| | | | 45 ~ 59 岁 | 276 | 473 | 0 | 80 | 240 | 600 | 1 800 |
| | | | 60 ~ 79 岁 | 97 | 472 | 0 | 90 | 240 | 480 | 1 800 |
| | | | 80 岁及以上 | 2 | 126 | 120 | 120 | 120 | 120 | 180 |
| | | 女 | 小计 | 518 | 449 | 0 | 120 | 240 | 600 | 1 800 |
| | | | 18 ~ 44 岁 | 321 | 420 | 0 | 120 | 240 | 600 | 1 200 |
| | | | 45 ~ 59 岁 | 160 | 533 | 0 | 120 | 300 | 660 | 1 800 |
| | | | 60 ~ 79 岁 | 35 | 487 | 0 | 120 | 240 | 900 | 1 800 |
| | | | 80 岁及以上 | 2 | 240 | 240 | 240 | 240 | 240 | 240 |
| | 农村 | 小计 | 小计 | 1 294 | 399 | 0 | 90 | 200 | 480 | 1 680 |
| | | | 18 ~ 44 岁 | 934 | 414 | 10 | 90 | 200 | 480 | 1 800 |
| | | | 45 ~ 59 岁 | 283 | 335 | 0 | 80 | 180 | 400 | 1 050 |
| | | | 60 ~ 79 岁 | 76 | 305 | 0 | 60 | 180 | 450 | 900 |
| | | | 80 岁及以上 | 1 | 300 | 300 | 300 | 300 | 300 | 300 |
| | | 男 | 小计 | 1 054 | 413 | 15 | 90 | 200 | 540 | 1 800 |
| | | | 18 ~ 44 岁 | 763 | 429 | 20 | 90 | 210 | 600 | 1 800 |
| | | | 45 ~ 59 岁 | 222 | 349 | 0 | 90 | 200 | 450 | 1 050 |
| | | | 60 ~ 79 岁 | 68 | 309 | 0 | 60 | 180 | 450 | 900 |
| | | | 80 岁及以上 | 1 | 300 | 300 | 300 | 300 | 300 | 300 |
| | | 女 | 小计 | 240 | 271 | 0 | 40 | 120 | 300 | 1530 |
| | | | 18 ~ 44 岁 | 171 | 287 | 0 | 60 | 120 | 300 | 1 530 |
| | | | 45 ~ 59 岁 | 61 | 140 | 0 | 0 | 40 | 120 | 900 |
| | | | 60 ~ 79 岁 | 8 | 173 | 0 | 60 | 160 | 300 | 300 |
| 华北 | 城乡 | 小计 | 小计 | 268 | 352 | 0 | 60 | 200 | 360 | 1 200 |
| | | | 18 ~ 44 岁 | 151 | 376 | 30 | 60 | 200 | 360 | 1 200 |
| | | | 45 ~ 59 岁 | 80 | 311 | 0 | 90 | 150 | 440 | 960 |
| | | | 60 ~ 79 岁 | 36 | 314 | 0 | 100 | 200 | 360 | 1 200 |
| | | | 80 岁及以上 | 1 | 240 | 240 | 240 | 240 | 240 | 240 |
| | | 男 | 小计 | 185 | 343 | 0 | 60 | 180 | 360 | 960 |
| | | | 18 ~ 44 岁 | 103 | 372 | 10 | 60 | 180 | 360 | 1 200 |
| | | | 45 ~ 59 岁 | 54 | 296 | 30 | 80 | 120 | 360 | 960 |
| | | | 60 ~ 79 岁 | 28 | 299 | 0 | 100 | 180 | 300 | 900 |
| | | 女 | 小计 | 83 | 386 | 30 | 120 | 240 | 420 | 1 200 |
| | | | 18 ~ 44 岁 | 48 | 390 | 30 | 120 | 240 | 400 | 1 200 |
| | | | 45 ~ 59 岁 | 26 | 370 | 0 | 120 | 240 | 480 | 1 080 |

| 地区 | 城乡 | 性别 | 年龄 | n | 夏季平均每月游泳时间 /（min/ 月） | | | | | |
|---|---|---|---|---|---|---|---|---|---|---|
| | | | | | Mean | P5 | P25 | P50 | P75 | P95 |
| 华北 | 城乡 | 女 | 60 ～ 79 岁 | 8 | 435 | 30 | 40 | 450 | 540 | 1 200 |
| | | | 80 岁及以上 | 1 | 240 | 240 | 240 | 240 | 240 | 240 |
| | 城市 | 小计 | 小计 | 192 | 444 | 0 | 120 | 240 | 450 | 1 200 |
| | | | 18 ～ 44 岁 | 99 | 518 | 30 | 120 | 240 | 450 | 1 200 |
| | | | 45 ～ 59 岁 | 63 | 351 | 0 | 60 | 200 | 480 | 1 200 |
| | | | 60 ～ 79 岁 | 29 | 325 | 0 | 40 | 200 | 300 | 1 500 |
| | | | 80 岁及以上 | 1 | 240 | 240 | 240 | 240 | 240 | 240 |
| | | 男 | 小计 | 113 | 465 | 0 | 120 | 240 | 450 | 1 500 |
| | | | 18 ～ 44 岁 | 55 | 587 | 30 | 160 | 300 | 480 | 4 800 |
| | | | 45 ～ 59 岁 | 37 | 342 | 0 | 60 | 120 | 400 | 1 200 |
| | | | 60 ～ 79 岁 | 21 | 302 | 0 | 120 | 200 | 240 | 1 500 |
| | | 女 | 小计 | 79 | 405 | 0 | 120 | 240 | 450 | 1 200 |
| | | | 18 ～ 44 岁 | 44 | 418 | 30 | 120 | 240 | 400 | 1 200 |
| | | | 45 ～ 59 岁 | 26 | 370 | 0 | 120 | 240 | 480 | 1 080 |
| | | | 60 ～ 79 岁 | 8 | 435 | 30 | 40 | 450 | 540 | 1 200 |
| | | | 80 岁及以上 | 1 | 240 | 240 | 240 | 240 | 240 | 240 |
| | 农村 | 小计 | 小计 | 76 | 224 | 30 | 60 | 120 | 240 | 720 |
| | | | 18 ～ 44 岁 | 52 | 212 | 0 | 50 | 90 | 240 | 720 |
| | | | 45 ～ 59 岁 | 17 | 232 | 40 | 120 | 150 | 240 | 600 |
| | | | 60 ～ 79 岁 | 7 | 294 | 30 | 100 | 180 | 360 | 900 |
| | | 男 | 小计 | 72 | 227 | 30 | 60 | 120 | 240 | 720 |
| | | | 18 ～ 44 岁 | 48 | 216 | 0 | 40 | 90 | 240 | 720 |
| | | | 45 ～ 59 岁 | 17 | 232 | 40 | 120 | 150 | 240 | 600 |
| | | | 60 ～ 79 岁 | 7 | 294 | 30 | 100 | 180 | 360 | 900 |
| | | 女 | 小计 | 4 | 151 | 60 | 60 | 100 | 120 | 400 |
| | | | 18 ～ 44 岁 | 4 | 151 | 60 | 60 | 100 | 120 | 400 |
| 华东 | 城乡 | 小计 | 小计 | 686 | 613 | 30 | 120 | 300 | 750 | 2 400 |
| | | | 18 ～ 44 岁 | 457 | 629 | 30 | 120 | 300 | 800 | 2 700 |
| | | | 45 ～ 59 岁 | 177 | 567 | 20 | 120 | 300 | 750 | 1 800 |
| | | | 60 ～ 79 岁 | 52 | 527 | 0 | 100 | 400 | 600 | 1 800 |
| | | 男 | 小计 | 553 | 622 | 30 | 120 | 300 | 800 | 2 400 |
| | | | 18 ～ 44 岁 | 358 | 646 | 30 | 120 | 300 | 840 | 2 700 |
| | | | 45 ～ 59 岁 | 149 | 549 | 20 | 120 | 240 | 750 | 1 800 |
| | | | 60 ～ 79 岁 | 46 | 531 | 0 | 90 | 400 | 600 | 1 800 |
| | | 女 | 小计 | 133 | 551 | 30 | 120 | 300 | 600 | 1 800 |
| | | | 18 ～ 44 岁 | 99 | 525 | 40 | 90 | 300 | 600 | 1 800 |
| | | | 45 ～ 59 岁 | 28 | 747 | 30 | 240 | 600 | 1200 | 1 800 |
| | | | 60 ～ 79 岁 | 6 | 469 | 120 | 120 | 300 | 400 | 1 800 |
| | 城市 | 小计 | 小计 | 453 | 654 | 30 | 120 | 300 | 840 | 2 400 |
| | | | 18 ～ 44 岁 | 309 | 666 | 30 | 150 | 360 | 900 | 2 400 |
| | | | 45 ～ 59 岁 | 115 | 605 | 30 | 120 | 240 | 750 | 1 800 |
| | | | 60 ～ 79 岁 | 29 | 635 | 0 | 60 | 300 | 600 | 1 800 |
| | | 男 | 小计 | 346 | 662 | 30 | 150 | 300 | 840 | 2 400 |
| | | | 18 ～ 44 岁 | 230 | 683 | 30 | 150 | 315 | 900 | 2 700 |
| | | | 45 ～ 59 岁 | 92 | 578 | 30 | 120 | 240 | 750 | 2 400 |
| | | | 60 ～ 79 岁 | 24 | 653 | 0 | 60 | 400 | 600 | 1 800 |
| | | 女 | 小计 | 107 | 613 | 30 | 120 | 360 | 800 | 1 800 |
| | | | 18 ～ 44 岁 | 79 | 586 | 0 | 120 | 360 | 600 | 1 800 |
| | | | 45 ～ 59 岁 | 23 | 803 | 30 | 240 | 600 | 1 200 | 1 800 |
| | | | 60 ～ 79 岁 | 5 | 493 | 120 | 120 | 300 | 400 | 1 800 |
| | 农村 | 小计 | 小计 | 233 | 546 | 30 | 120 | 300 | 720 | 2 400 |
| | | | 18 ～ 44 岁 | 148 | 566 | 40 | 120 | 240 | 720 | 2 700 |
| | | | 45 ～ 59 岁 | 62 | 497 | 15 | 120 | 300 | 900 | 1 440 |
| | | | 60 ～ 79 岁 | 23 | 392 | 10 | 100 | 400 | 600 | 900 |
| | | 男 | 小计 | 207 | 564 | 30 | 120 | 300 | 720 | 2 400 |
| | | | 18 ～ 44 岁 | 128 | 589 | 30 | 120 | 300 | 720 | 2 700 |
| | | | 45 ～ 59 岁 | 57 | 500 | 15 | 120 | 300 | 900 | 1 800 |
| | | | 60 ～ 79 岁 | 22 | 395 | 10 | 100 | 400 | 600 | 900 |

| 地区 | 城乡 | 性别 | 年龄 | n | 夏季平均每月游泳时间 /（min/ 月） | | | | | |
|---|---|---|---|---|---|---|---|---|---|---|
| | | | | | Mean | P5 | P25 | P50 | P75 | P95 |
| 华东 | 农村 | 女 | 小计 | 26 | 327 | 40 | 90 | 200 | 300 | 900 |
| | | | 18 ～ 44 岁 | 20 | 321 | 40 | 90 | 200 | 300 | 2 400 |
| | | | 45 ～ 59 岁 | 5 | 415 | 0 | 0 | 200 | 900 | 900 |
| | | | 60 ～ 79 岁 | 1 | 150 | 150 | 150 | 150 | 150 | 150 |
| 华南 | 城乡 | 小计 | 小计 | 738 | 470 | 20 | 120 | 300 | 600 | 1 800 |
| | | | 18 ～ 44 岁 | 520 | 470 | 30 | 120 | 300 | 600 | 1 800 |
| | | | 45 ～ 59 岁 | 167 | 466 | 20 | 120 | 240 | 600 | 1 800 |
| | | | 60 ～ 79 岁 | 50 | 502 | 0 | 60 | 240 | 800 | 1 800 |
| | | | 80 岁及以上 | 1 | 180 | 180 | 180 | 180 | 180 | 180 |
| | | 男 | 小计 | 563 | 479 | 30 | 120 | 300 | 600 | 1 800 |
| | | | 18 ～ 44 岁 | 406 | 487 | 30 | 120 | 300 | 600 | 1 800 |
| | | | 45 ～ 59 岁 | 118 | 439 | 0 | 120 | 240 | 600 | 1 800 |
| | | | 60 ～ 79 岁 | 38 | 487 | 0 | 20 | 240 | 720 | 1 800 |
| | | | 80 岁及以上 | 1 | 180 | 180 | 180 | 180 | 180 | 180 |
| | | 女 | 小计 | 175 | 434 | 0 | 120 | 240 | 600 | 1 350 |
| | | | 18 ～ 44 岁 | 114 | 394 | 0 | 120 | 240 | 600 | 1 350 |
| | | | 45 ～ 59 岁 | 49 | 552 | 30 | 90 | 240 | 600 | 3 600 |
| | | | 60 ～ 79 岁 | 12 | 548 | 30 | 150 | 240 | 900 | 1 200 |
| | 城市 | 小计 | 小计 | 473 | 509 | 30 | 120 | 300 | 600 | 1 800 |
| | | | 18 ～ 44 岁 | 310 | 503 | 60 | 120 | 300 | 600 | 1 800 |
| | | | 45 ～ 59 岁 | 121 | 514 | 30 | 90 | 240 | 600 | 1 800 |
| | | | 60 ～ 79 岁 | 41 | 568 | 0 | 120 | 360 | 900 | 1 800 |
| | | | 80 岁及以上 | 1 | 180 | 180 | 180 | 180 | 180 | 180 |
| | | 男 | 小计 | 320 | 530 | 30 | 120 | 300 | 600 | 1 800 |
| | | | 18 ～ 44 岁 | 216 | 536 | 60 | 120 | 300 | 720 | 1 800 |
| | | | 45 ～ 59 岁 | 73 | 497 | 40 | 120 | 240 | 600 | 1 800 |
| | | | 60 ～ 79 岁 | 30 | 570 | 0 | 90 | 360 | 900 | 1 800 |
| | | | 80 岁及以上 | 1 | 180 | 180 | 180 | 180 | 180 | 180 |
| | | 女 | 小计 | 153 | 457 | 30 | 120 | 270 | 600 | 1 200 |
| | | | 18 ～ 44 岁 | 94 | 414 | 30 | 120 | 270 | 600 | 1 200 |
| | | | 45 ～ 59 岁 | 48 | 549 | 30 | 90 | 240 | 600 | 3 600 |
| | | | 60 ～ 79 岁 | 11 | 566 | 30 | 150 | 240 | 900 | 1 200 |
| | 农村 | 小计 | 小计 | 265 | 421 | 15 | 120 | 300 | 600 | 1 530 |
| | | | 18 ～ 44 岁 | 210 | 434 | 15 | 120 | 300 | 600 | 1 800 |
| | | | 45 ～ 59 岁 | 46 | 349 | 0 | 120 | 300 | 400 | 1 000 |
| | | | 60 ～ 79 岁 | 9 | 217 | 15 | 20 | 60 | 450 | 800 |
| | | 男 | 小计 | 243 | 428 | 15 | 120 | 300 | 600 | 1 500 |
| | | | 18 ～ 44 岁 | 190 | 445 | 20 | 120 | 300 | 600 | 1 800 |
| | | | 45 ～ 59 岁 | 45 | 345 | 0 | 120 | 300 | 400 | 1 000 |
| | | | 60 ～ 79 岁 | 8 | 210 | 15 | 20 | 60 | 450 | 800 |
| | | 女 | 小计 | 22 | 338 | 0 | 40 | 180 | 450 | 1 530 |
| | | | 18 ～ 44 岁 | 20 | 333 | 0 | 40 | 180 | 450 | 1 530 |
| | | | 45 ～ 59 岁 | 1 | 900 | 900 | 900 | 900 | 900 | 900 |
| | | | 60 ～ 79 岁 | 1 | 300 | 300 | 300 | 300 | 300 | 300 |
| 西北 | 城乡 | 小计 | 小计 | 262 | 218 | 30 | 60 | 120 | 300 | 600 |
| | | | 18 ～ 44 岁 | 193 | 217 | 30 | 60 | 150 | 300 | 540 |
| | | | 45 ～ 59 岁 | 49 | 199 | 0 | 40 | 80 | 120 | 960 |
| | | | 60 ～ 79 岁 | 18 | 301 | 20 | 60 | 180 | 360 | 600 |
| | | | 80 岁及以上 | 2 | 190 | 120 | 120 | 120 | 300 | 300 |
| | | 男 | 小计 | 219 | 218 | 30 | 60 | 140 | 300 | 600 |
| | | | 18 ～ 44 岁 | 166 | 219 | 30 | 60 | 150 | 300 | 600 |
| | | | 45 ～ 59 岁 | 35 | 169 | 20 | 40 | 80 | 120 | 750 |
| | | | 60 ～ 79 岁 | 16 | 312 | 20 | 60 | 180 | 360 | 600 |
| | | | 80 岁及以上 | 2 | 190 | 120 | 120 | 120 | 300 | 300 |
| | | 女 | 小计 | 43 | 223 | 20 | 60 | 120 | 240 | 480 |
| | | | 18 ～ 44 岁 | 27 | 201 | 60 | 60 | 120 | 240 | 480 |
| | | | 45 ～ 59 岁 | 14 | 290 | 0 | 30 | 40 | 160 | 1 800 |
| | | | 60 ～ 79 岁 | 2 | 179 | 120 | 120 | 120 | 240 | 240 |

| 地区 | 城乡 | 性别 | 年龄 | n | 夏季平均每月游泳时间 /（min/ 月） | | | | | |
|---|---|---|---|---|---|---|---|---|---|---|
| | | | | | Mean | P5 | P25 | P50 | P75 | P95 |
| 西北 | 城市 | 小计 | 小计 | 129 | 270 | 0 | 120 | 180 | 350 | 750 |
| | | | 18 ～ 44 岁 | 85 | 257 | 0 | 120 | 180 | 360 | 720 |
| | | | 45 ～ 59 岁 | 30 | 296 | 0 | 60 | 100 | 300 | 1 200 |
| | | | 60 ～ 79 岁 | 13 | 386 | 30 | 120 | 240 | 360 | 2 700 |
| | | | 80 岁及以上 | 1 | 120 | 120 | 120 | 120 | 120 | 120 |
| | | 男 | 小计 | 96 | 260 | 0 | 120 | 180 | 360 | 720 |
| | | | 18 ～ 44 岁 | 66 | 250 | 0 | 120 | 180 | 360 | 720 |
| | | | 45 ～ 59 岁 | 18 | 252 | 0 | 80 | 100 | 350 | 960 |
| | | | 60 ～ 79 岁 | 11 | 413 | 30 | 120 | 240 | 480 | 2 700 |
| | | | 80 岁及以上 | 1 | 120 | 120 | 120 | 120 | 120 | 120 |
| | | 女 | 小计 | 33 | 320 | 0 | 90 | 240 | 300 | 1 000 |
| | | | 18 ～ 44 岁 | 19 | 298 | 60 | 180 | 240 | 480 | 480 |
| | | | 45 ～ 59 岁 | 12 | 390 | 0 | 20 | 120 | 160 | 2 700 |
| | | | 60 ～ 79 岁 | 2 | 179 | 120 | 120 | 120 | 240 | 240 |
| | 农村 | 小计 | 小计 | 133 | 187 | 40 | 60 | 120 | 240 | 480 |
| | | | 18 ～ 44 岁 | 108 | 198 | 60 | 60 | 120 | 300 | 480 |
| | | | 45 ～ 59 岁 | 19 | 76 | 20 | 40 | 60 | 90 | 200 |
| | | | 60 ～ 79 岁 | 5 | 87 | 0 | 20 | 60 | 60 | 360 |
| | | | 80 岁及以上 | 1 | 300 | 300 | 300 | 300 | 300 | 300 |
| | | 男 | 小计 | 123 | 195 | 30 | 60 | 120 | 300 | 480 |
| | | | 18 ～ 44 岁 | 100 | 205 | 60 | 60 | 120 | 300 | 480 |
| | | | 45 ～ 59 岁 | 17 | 82 | 20 | 40 | 60 | 90 | 200 |
| | | | 60 ～ 79 岁 | 5 | 87 | 0 | 20 | 60 | 60 | 360 |
| | | | 80 岁及以上 | 1 | 300 | 300 | 300 | 300 | 300 | 300 |
| | | 女 | 小计 | 10 | 79 | 40 | 60 | 60 | 120 | 120 |
| | | | 18 ～ 44 岁 | 8 | 86 | 20 | 60 | 90 | 120 | 120 |
| | | | 45 ～ 59 岁 | 2 | 47 | 40 | 40 | 40 | 40 | 80 |
| 东北 | 城乡 | 小计 | 小计 | 172 | 252 | 0 | 60 | 150 | 240 | 900 |
| | | | 18 ～ 44 岁 | 89 | 205 | 0 | 60 | 120 | 240 | 600 |
| | | | 45 ～ 59 岁 | 62 | 335 | 0 | 60 | 180 | 540 | 1200 |
| | | | 60 ～ 79 岁 | 20 | 340 | 0 | 30 | 150 | 480 | 900 |
| | | | 80 岁及以上 | 1 | 240 | 240 | 240 | 240 | 240 | 240 |
| | | 男 | 小计 | 100 | 235 | 0 | 60 | 150 | 240 | 600 |
| | | | 18 ～ 44 岁 | 55 | 197 | 0 | 60 | 120 | 240 | 600 |
| | | | 45 ～ 59 岁 | 32 | 312 | 10 | 60 | 180 | 540 | 900 |
| | | | 60 ～ 79 岁 | 13 | 299 | 0 | 30 | 150 | 450 | 900 |
| | | 女 | 小计 | 72 | 284 | 0 | 60 | 160 | 320 | 1 200 |
| | | | 18 ～ 44 岁 | 34 | 220 | 0 | 60 | 120 | 240 | 600 |
| | | | 45 ～ 59 岁 | 30 | 369 | 0 | 90 | 240 | 480 | 1 200 |
| | | | 60 ～ 79 岁 | 7 | 434 | 0 | 0 | 240 | 480 | 1 800 |
| | | | 80 岁及以上 | 1 | 240 | 240 | 240 | 240 | 240 | 240 |
| | 城市 | 小计 | 小计 | 109 | 275 | 0 | 120 | 180 | 240 | 1 200 |
| | | | 18 ～ 44 岁 | 58 | 212 | 0 | 120 | 160 | 240 | 600 |
| | | | 45 ～ 59 岁 | 40 | 411 | 0 | 120 | 240 | 600 | 1 200 |
| | | | 60 ～ 79 岁 | 10 | 308 | 0 | 30 | 240 | 240 | 1 800 |
| | | | 80 岁及以上 | 1 | 240 | 240 | 240 | 240 | 240 | 240 |
| | | 男 | 小计 | 51 | 255 | 0 | 120 | 180 | 240 | 1 000 |
| | | | 18 ～ 44 岁 | 33 | 218 | 0 | 120 | 180 | 240 | 480 |
| | | | 45 ～ 59 岁 | 14 | 419 | 0 | 120 | 480 | 600 | 1 500 |
| | | | 60 ～ 79 岁 | 4 | 94 | 30 | 30 | 40 | 240 | 240 |
| | | 女 | 小计 | 58 | 297 | 0 | 90 | 160 | 360 | 1 200 |
| | | | 18 ～ 44 岁 | 25 | 202 | 0 | 90 | 120 | 240 | 600 |
| | | | 45 ～ 59 岁 | 26 | 406 | 0 | 90 | 240 | 560 | 1 200 |
| | | | 60 ～ 79 岁 | 6 | 446 | 0 | 0 | 240 | 480 | 1 800 |
| | | | 80 岁及以上 | 1 | 240 | 240 | 240 | 240 | 240 | 240 |
| | 农村 | 小计 | 小计 | 63 | 218 | 0 | 20 | 120 | 300 | 600 |
| | | | 18 ～ 44 岁 | 31 | 193 | 0 | 20 | 120 | 240 | 600 |
| | | | 45 ～ 59 岁 | 22 | 221 | 0 | 20 | 180 | 300 | 600 |

| 地区 | 城乡 | 性别 | 年龄 | n | 夏季平均每月游泳时间 /（min/ 月） | | | | | |
|---|---|---|---|---|---|---|---|---|---|---|
| | | | | | Mean | P5 | P25 | P50 | P75 | P95 |
| 东北 | 农村 | 小计 | 60 ~ 79 岁 | 10 | 368 | 0 | 90 | 150 | 900 | 900 |
| | | 男 | 小计 | 49 | 216 | 0 | 40 | 120 | 300 | 600 |
| | | | 18 ~ 44 岁 | 22 | 173 | 0 | 40 | 120 | 200 | 600 |
| | | | 45 ~ 59 岁 | 18 | 238 | 10 | 30 | 180 | 540 | 600 |
| | | | 60 ~ 79 岁 | 9 | 372 | 0 | 60 | 150 | 900 | 900 |
| | | 女 | 小计 | 14 | 233 | 0 | 0 | 160 | 280 | 480 |
| | | | 18 ~ 44 岁 | 9 | 265 | 0 | 0 | 240 | 300 | 1 800 |
| | | | 45 ~ 59 岁 | 4 | 98 | 0 | 0 | 0 | 280 | 360 |
| | | | 60 ~ 79 岁 | 1 | 160 | 160 | 160 | 160 | 160 | 160 |
| 西南 | 城乡 | 小计 | 小计 | 809 | 414 | 0 | 60 | 240 | 600 | 1 800 |
| | | | 18 ~ 44 岁 | 593 | 425 | 0 | 90 | 240 | 600 | 1 800 |
| | | | 45 ~ 59 岁 | 184 | 375 | 0 | 60 | 180 | 600 | 1 200 |
| | | | 60 ~ 79 岁 | 32 | 248 | 0 | 90 | 150 | 420 | 450 |
| | | 男 | 小计 | 557 | 432 | 0 | 90 | 240 | 600 | 1 800 |
| | | | 18 ~ 44 岁 | 423 | 450 | 15 | 90 | 240 | 600 | 1 800 |
| | | | 45 ~ 59 岁 | 110 | 351 | 0 | 60 | 180 | 450 | 1 200 |
| | | | 60 ~ 79 岁 | 24 | 226 | 15 | 90 | 150 | 420 | 450 |
| | | 女 | 小计 | 252 | 338 | 0 | 60 | 150 | 400 | 1 800 |
| | | | 18 ~ 44 岁 | 170 | 313 | 0 | 60 | 150 | 360 | 1 200 |
| | | | 45 ~ 59 岁 | 74 | 450 | 0 | 40 | 180 | 600 | 1 800 |
| | | | 60 ~ 79 岁 | 8 | 341 | 0 | 120 | 240 | 350 | 900 |
| | 城市 | 小计 | 小计 | 285 | 408 | 30 | 80 | 240 | 480 | 1 800 |
| | | | 18 ~ 44 岁 | 208 | 404 | 30 | 90 | 240 | 480 | 1 680 |
| | | | 45 ~ 59 岁 | 67 | 436 | 0 | 60 | 240 | 600 | 1 800 |
| | | | 60 ~ 79 岁 | 10 | 299 | 30 | 120 | 300 | 420 | 900 |
| | | 男 | 小计 | 197 | 415 | 30 | 80 | 240 | 480 | 1 800 |
| | | | 18 ~ 44 岁 | 148 | 427 | 30 | 90 | 240 | 480 | 1 800 |
| | | | 45 ~ 59 岁 | 42 | 378 | 0 | 54 | 180 | 600 | 1 200 |
| | | | 60 ~ 79 岁 | 7 | 253 | 30 | 120 | 300 | 420 | 450 |
| | | 女 | 小计 | 88 | 384 | 30 | 60 | 240 | 480 | 1 200 |
| | | | 18 ~ 44 岁 | 60 | 325 | 30 | 60 | 200 | 400 | 1 200 |
| | | | 45 ~ 59 岁 | 25 | 600 | 0 | 120 | 480 | 900 | 2 600 |
| | | | 60 ~ 79 岁 | 3 | 442 | 120 | 120 | 350 | 900 | 900 |
| | 农村 | 小计 | 小计 | 524 | 422 | 0 | 60 | 200 | 600 | 1 800 |
| | | | 18 ~ 44 岁 | 385 | 446 | 0 | 80 | 200 | 600 | 1 800 |
| | | | 45 ~ 59 岁 | 117 | 261 | 0 | 36 | 120 | 300 | 900 |
| | | | 60 ~ 79 岁 | 22 | 180 | 0 | 60 | 150 | 300 | 420 |
| | | 男 | 小计 | 360 | 449 | 0 | 90 | 210 | 600 | 1 800 |
| | | | 18 ~ 44 岁 | 275 | 471 | 0 | 90 | 210 | 720 | 1 800 |
| | | | 45 ~ 59 岁 | 68 | 308 | 0 | 60 | 180 | 325 | 1050 |
| | | | 60 ~ 79 岁 | 17 | 195 | 0 | 90 | 150 | 375 | 420 |
| | | 女 | 小计 | 164 | 259 | 0 | 15 | 60 | 240 | 1 800 |
| | | | 18 ~ 44 岁 | 110 | 295 | 0 | 20 | 105 | 360 | 1 800 |
| | | | 45 ~ 59 岁 | 49 | 46 | 0 | 0 | 0 | 60 | 240 |
| | | | 60 ~ 79 岁 | 5 | 70 | 0 | 0 | 60 | 60 | 240 |

## 附表 7-20 中国人群分片区、城乡、性别、年龄的冬季平均每月游泳时间

| 地区 | 城乡 | 性别 | 年龄 | n | 冬季平均每月游泳时间 /（min/ 月） | | | | | |
|---|---|---|---|---|---|---|---|---|---|---|
| | | | | | Mean | P5 | P25 | P50 | P75 | P95 |
| 合计 | 城乡 | 小计 | 小计 | 2 829 | 30 | 0 | 0 | 0 | 0 | 150 |
| | | | 18 ～ 44 岁 | 1 927 | 22 | 0 | 0 | 0 | 0 | 120 |
| | | | 45 ～ 59 岁 | 696 | 58 | 0 | 0 | 0 | 0 | 320 |
| | | | 60 ～ 79 岁 | 201 | 60 | 0 | 0 | 0 | 0 | 360 |
| | | | 80 岁及以上 | 5 | 85 | 0 | 60 | 60 | 120 | 180 |
| | | 男 | 小计 | 2 116 | 24 | 0 | 0 | 0 | 0 | 120 |
| | | | 18 ～ 44 岁 | 1 466 | 20 | 0 | 0 | 0 | 0 | 90 |
| | | | 45 ～ 59 岁 | 487 | 39 | 0 | 0 | 0 | 0 | 240 |
| | | | 60 ～ 79 岁 | 160 | 38 | 0 | 0 | 0 | 0 | 180 |
| | | | 80 岁及以上 | 3 | 68 | 0 | 0 | 120 | 120 | 120 |
| | | 女 | 小计 | 713 | 59 | 0 | 0 | 0 | 0 | 360 |
| | | | 18 ～ 44 岁 | 461 | 33 | 0 | 0 | 0 | 0 | 240 |
| | | | 45 ～ 59 岁 | 209 | 135 | 0 | 0 | 0 | 120 | 750 |
| | | | 60 ～ 79 岁 | 41 | 182 | 0 | 0 | 0 | 180 | 1 200 |
| | | | 80 岁及以上 | 2 | 103 | 60 | 60 | 60 | 180 | 180 |
| | 城市 | 小计 | 小计 | 1 593 | 46 | 0 | 0 | 0 | 0 | 240 |
| | | | 18 ～ 44 岁 | 1 037 | 32 | 0 | 0 | 0 | 0 | 160 |
| | | | 45 ～ 59 岁 | 426 | 84 | 0 | 0 | 0 | 20 | 500 |
| | | | 60 ～ 79 岁 | 126 | 92 | 0 | 0 | 0 | 0 | 720 |
| | | | 80 岁及以上 | 4 | 105 | 60 | 60 | 120 | 120 | 180 |
| | | 男 | 小计 | 1 096 | 37 | 0 | 0 | 0 | 0 | 180 |
| | | | 18 ～ 44 岁 | 730 | 30 | 0 | 0 | 0 | 0 | 120 |
| | | | 45 ～ 59 岁 | 272 | 59 | 0 | 0 | 0 | 0 | 360 |
| | | | 60 ～ 79 岁 | 92 | 63 | 0 | 0 | 0 | 0 | 450 |
| | | | 80 岁及以上 | 2 | 107 | 0 | 120 | 120 | 120 | 120 |
| | | 女 | 小计 | 497 | 72 | 0 | 0 | 0 | 30 | 450 |
| | | | 18 ～ 44 岁 | 307 | 39 | 0 | 0 | 0 | 0 | 240 |
| | | | 45 ～ 59 岁 | 154 | 151 | 0 | 0 | 0 | 160 | 750 |
| | | | 60 ～ 79 岁 | 34 | 195 | 0 | 0 | 0 | 240 | 1 200 |
| | | | 80 岁及以上 | 2 | 103 | 60 | 60 | 60 | 180 | 180 |
| | 农村 | 小计 | 小计 | 1 236 | 10 | 0 | 0 | 0 | 0 | 40 |
| | | | 18 ～ 44 岁 | 890 | 11 | 0 | 0 | 0 | 0 | 40 |
| | | | 45 ～ 59 岁 | 270 | 9 | 0 | 0 | 0 | 0 | 60 |
| | | | 60 ～ 79 岁 | 75 | 2 | 0 | 0 | 0 | 0 | 20 |
| | | | 80 岁及以上 | 1 | 0 | 0 | 0 | 0 | 0 | 0 |
| | | 男 | 小计 | 1 020 | 10 | 0 | 0 | 0 | 0 | 40 |
| | | | 18 ～ 44 岁 | 736 | 10 | 0 | 0 | 0 | 0 | 40 |
| | | | 45 ～ 59 岁 | 215 | 9 | 0 | 0 | 0 | 0 | 50 |
| | | | 60 ～ 79 岁 | 68 | 2 | 0 | 0 | 0 | 0 | 20 |
| | | | 80 岁及以上 | 1 | 0 | 0 | 0 | 0 | 0 | 0 |
| | | 女 | 小计 | 216 | 16 | 0 | 0 | 0 | 0 | 120 |
| | | | 18 ～ 44 岁 | 154 | 16 | 0 | 0 | 0 | 0 | 120 |
| | | | 45 ～ 59 岁 | 55 | 15 | 0 | 0 | 0 | 0 | 60 |
| | | | 60 ～ 79 岁 | 7 | 11 | 0 | 0 | 0 | 0 | 60 |
| 华北 | 城乡 | 小计 | 小计 | 254 | 51 | 0 | 0 | 0 | 20 | 270 |
| | | | 18 ～ 44 岁 | 140 | 41 | 0 | 0 | 0 | 0 | 240 |
| | | | 45 ～ 59 岁 | 77 | 78 | 0 | 0 | 0 | 120 | 320 |
| | | | 60 ～ 79 岁 | 36 | 44 | 0 | 0 | 0 | 20 | 180 |
| | | | 80 岁及以上 | 1 | 60 | 60 | 60 | 60 | 60 | 60 |
| | | 男 | 小计 | 177 | 34 | 0 | 0 | 0 | 0 | 240 |
| | | | 18 ～ 44 岁 | 97 | 26 | 0 | 0 | 0 | 0 | 180 |
| | | | 45 ～ 59 岁 | 52 | 59 | 0 | 0 | 0 | 60 | 320 |
| | | | 60 ～ 79 岁 | 28 | 26 | 0 | 0 | 0 | 0 | 150 |
| | | 女 | 小计 | 77 | 110 | 0 | 0 | 0 | 120 | 720 |
| | | | 18 ～ 44 岁 | 43 | 90 | 0 | 0 | 0 | 60 | 480 |
| | | | 45 ～ 59 岁 | 25 | 148 | 0 | 0 | 120 | 240 | 480 |

| 地区 | 城乡 | 性别 | 年龄 | *n* | 冬季平均每月游泳时间 /（min/ 月） | | | | | |
|---|---|---|---|---|---|---|---|---|---|---|
| | | | | | Mean | P5 | P25 | P50 | P75 | P95 |
| 华北 | 城乡 | 女 | 60 ～ 79 岁 | 8 | 190 | 0 | 0 | 40 | 180 | 1 200 |
| | | | 80 岁及以上 | 1 | 60 | 60 | 60 | 60 | 60 | 60 |
| | 城市 | 小计 | 小计 | 179 | 82 | 0 | 0 | 0 | 75 | 480 |
| | | | 18 ～ 44 岁 | 89 | 75 | 0 | 0 | 0 | 60 | 480 |
| | | | 45 ～ 59 岁 | 60 | 107 | 0 | 0 | 40 | 160 | 360 |
| | | | 60 ～ 79 岁 | 29 | 64 | 0 | 0 | 0 | 30 | 300 |
| | | | 80 岁及以上 | 1 | 60 | 60 | 60 | 60 | 60 | 60 |
| | | 男 | 小计 | 106 | 63 | 0 | 0 | 0 | 60 | 300 |
| | | | 18 ～ 44 岁 | 50 | 56 | 0 | 0 | 0 | 60 | 480 |
| | | | 45 ～ 59 岁 | 35 | 88 | 0 | 0 | 0 | 120 | 360 |
| | | | 60 ～ 79 岁 | 21 | 38 | 0 | 0 | 0 | 0 | 300 |
| | | 女 | 小计 | 73 | 119 | 0 | 0 | 0 | 160 | 720 |
| | | | 18 ～ 44 岁 | 39 | 102 | 0 | 0 | 0 | 80 | 800 |
| | | | 45 ～ 59 岁 | 25 | 148 | 0 | 0 | 120 | 240 | 480 |
| | | | 60 ～ 79 岁 | 8 | 190 | 0 | 0 | 40 | 180 | 1 200 |
| | | | 80 岁及以上 | 1 | 60 | 60 | 60 | 60 | 60 | 60 |
| | 农村 | 小计 | 小计 | 75 | 9 | 0 | 0 | 0 | 0 | 40 |
| | | | 18 ～ 44 岁 | 51 | 5 | 0 | 0 | 0 | 0 | 0 |
| | | | 45 ～ 59 岁 | 17 | 22 | 0 | 0 | 0 | 0 | 60 |
| | | | 60 ～ 79 岁 | 7 | 6 | 0 | 0 | 0 | 20 | 20 |
| | | 男 | 小计 | 71 | 9 | 0 | 0 | 0 | 0 | 60 |
| | | | 18 ～ 44 岁 | 47 | 6 | 0 | 0 | 0 | 0 | 0 |
| | | | 45 ～ 59 岁 | 17 | 22 | 0 | 0 | 0 | 0 | 60 |
| | | | 60 ～ 79 岁 | 7 | 6 | 0 | 0 | 0 | 20 | 20 |
| | | 女 | 小计 | 4 | 0 | 0 | 0 | 0 | 0 | 0 |
| | | | 18 ～ 44 岁 | 4 | 0 | 0 | 0 | 0 | 0 | 0 |
| 华东 | 城乡 | 小计 | 小计 | 675 | 34 | 0 | 0 | 0 | 0 | 150 |
| | | | 18 ～ 44 岁 | 446 | 31 | 0 | 0 | 0 | 0 | 120 |
| | | | 45 ～ 59 岁 | 177 | 53 | 0 | 0 | 0 | 0 | 500 |
| | | | 60 ～ 79 岁 | 52 | 14 | 0 | 0 | 0 | 0 | 0 |
| | | 男 | 小计 | 545 | 34 | 0 | 0 | 0 | 0 | 120 |
| | | | 18 ～ 44 岁 | 350 | 34 | 0 | 0 | 0 | 0 | 120 |
| | | | 45 ～ 59 岁 | 149 | 40 | 0 | 0 | 0 | 0 | 300 |
| | | | 60 ～ 79 岁 | 46 | 0 | 0 | 0 | 0 | 0 | 0 |
| | | 女 | 小计 | 130 | 39 | 0 | 0 | 0 | 0 | 240 |
| | | | 18 ～ 44 岁 | 96 | 13 | 0 | 0 | 0 | 0 | 60 |
| | | | 45 ～ 59 岁 | 28 | 186 | 0 | 0 | 0 | 160 | 900 |
| | | | 60 ～ 79 岁 | 6 | 203 | 0 | 0 | 0 | 300 | 900 |
| | 城市 | 小计 | 小计 | 448 | 50 | 0 | 0 | 0 | 0 | 360 |
| | | | 18 ～ 44 岁 | 304 | 45 | 0 | 0 | 0 | 0 | 160 |
| | | | 45 ～ 59 岁 | 115 | 79 | 0 | 0 | 0 | 0 | 600 |
| | | | 60 ～ 79 岁 | 29 | 25 | 0 | 0 | 0 | 0 | 0 |
| | | 男 | 小计 | 343 | 50 | 0 | 0 | 0 | 0 | 360 |
| | | | 18 ～ 44 岁 | 227 | 50 | 0 | 0 | 0 | 0 | 360 |
| | | | 45 ～ 59 岁 | 92 | 60 | 0 | 0 | 0 | 0 | 500 |
| | | | 60 ～ 79 岁 | 24 | 0 | 0 | 0 | 0 | 0 | 0 |
| | | 女 | 小计 | 105 | 50 | 0 | 0 | 0 | 0 | 240 |
| | | | 18 ～ 44 岁 | 77 | 17 | 0 | 0 | 0 | 0 | 60 |
| | | | 45 ～ 59 岁 | 23 | 217 | 0 | 0 | 0 | 160 | 900 |
| | | | 60 ～ 79 岁 | 5 | 218 | 0 | 0 | 0 | 300 | 900 |
| | 农村 | 小计 | 小计 | 227 | 7 | 0 | 0 | 0 | 0 | 0 |
| | | | 18 ～ 44 岁 | 142 | 8 | 0 | 0 | 0 | 0 | 0 |
| | | | 45 ～ 59 岁 | 62 | 6 | 0 | 0 | 0 | 0 | 0 |
| | | | 60 ～ 79 岁 | 23 | 0 | 0 | 0 | 0 | 0 | 0 |
| | | 男 | 小计 | 202 | 8 | 0 | 0 | 0 | 0 | 0 |
| | | | 18 ～ 44 岁 | 123 | 9 | 0 | 0 | 0 | 0 | 0 |
| | | | 45 ～ 59 岁 | 57 | 6 | 0 | 0 | 0 | 0 | 0 |
| | | | 60 ～ 79 岁 | 22 | 0 | 0 | 0 | 0 | 0 | 0 |

| 地区 | 城乡 | 性别 | 年龄 | *n* | 冬季平均每月游泳时间 /（min/ 月） | | | | | |
|---|---|---|---|---|---|---|---|---|---|---|
| | | | | | Mean | P5 | P25 | P50 | P75 | P95 |
| 华东 | 农村 | 女 | 小计 | 25 | 0 | 0 | 0 | 0 | 0 | 0 |
| | | | 18 ～ 44 岁 | 19 | 0 | 0 | 0 | 0 | 0 | 0 |
| | | | 45 ～ 59 岁 | 5 | 0 | 0 | 0 | 0 | 0 | 0 |
| | | | 60 ～ 79 岁 | 1 | 0 | 0 | 0 | 0 | 0 | 0 |
| 华南 | 城乡 | 小计 | 小计 | 704 | 22 | 0 | 0 | 0 | 0 | 60 |
| | | | 18 ～ 44 岁 | 501 | 12 | 0 | 0 | 0 | 0 | 0 |
| | | | 45 ～ 59 岁 | 157 | 47 | 0 | 0 | 0 | 0 | 225 |
| | | | 60 ～ 79 岁 | 45 | 115 | 0 | 0 | 0 | 0 | 720 |
| | | | 80 岁及以上 | 1 | 0 | 0 | 0 | 0 | 0 | 0 |
| | | 男 | 小计 | 543 | 16 | 0 | 0 | 0 | 0 | 50 |
| | | | 18 ～ 44 岁 | 394 | 12 | 0 | 0 | 0 | 0 | 10 |
| | | | 45 ～ 59 岁 | 114 | 24 | 0 | 0 | 0 | 0 | 75 |
| | | | 60 ～ 79 岁 | 34 | 79 | 0 | 0 | 0 | 0 | 720 |
| | | | 80 岁及以上 | 1 | 0 | 0 | 0 | 0 | 0 | 0 |
| | | 女 | 小计 | 161 | 45 | 0 | 0 | 0 | 0 | 270 |
| | | | 18 ～ 44 岁 | 107 | 12 | 0 | 0 | 0 | 0 | 0 |
| | | | 45 ～ 59 岁 | 43 | 128 | 0 | 0 | 0 | 0 | 750 |
| | | | 60 ～ 79 岁 | 11 | 227 | 0 | 0 | 0 | 0 | 1 200 |
| | 城市 | 小计 | 小计 | 444 | 32 | 0 | 0 | 0 | 0 | 150 |
| | | | 18 ～ 44 岁 | 295 | 13 | 0 | 0 | 0 | 0 | 0 |
| | | | 45 ～ 59 岁 | 112 | 65 | 0 | 0 | 0 | 0 | 300 |
| | | | 60 ～ 79 岁 | 36 | 143 | 0 | 0 | 0 | 0 | 1 200 |
| | | | 80 岁及以上 | 1 | 0 | 0 | 0 | 0 | 0 | 0 |
| | | 男 | 小计 | 304 | 22 | 0 | 0 | 0 | 0 | 75 |
| | | | 18 ～ 44 岁 | 207 | 13 | 0 | 0 | 0 | 0 | 0 |
| | | | 45 ～ 59 岁 | 70 | 36 | 0 | 0 | 0 | 0 | 150 |
| | | | 60 ～ 79 岁 | 26 | 103 | 0 | 0 | 0 | 0 | 720 |
| | | | 80 岁及以上 | 1 | 0 | 0 | 0 | 0 | 0 | 0 |
| | | 女 | 小计 | 140 | 57 | 0 | 0 | 0 | 0 | 600 |
| | | | 18 ～ 44 岁 | 88 | 16 | 0 | 0 | 0 | 0 | 30 |
| | | | 45 ～ 59 岁 | 42 | 129 | 0 | 0 | 0 | 0 | 750 |
| | | | 60 ～ 79 岁 | 10 | 244 | 0 | 0 | 0 | 0 | 1 200 |
| | 农村 | 小计 | 小计 | 260 | 9 | 0 | 0 | 0 | 0 | 30 |
| | | | 18 ～ 44 岁 | 206 | 10 | 0 | 0 | 0 | 0 | 10 |
| | | | 45 ～ 59 岁 | 45 | 4 | 0 | 0 | 0 | 0 | 50 |
| | | | 60 ～ 79 岁 | 9 | 5 | 0 | 0 | 0 | 0 | 50 |
| | | 男 | 小计 | 239 | 10 | 0 | 0 | 0 | 0 | 40 |
| | | | 18 ～ 44 岁 | 187 | 11 | 0 | 0 | 0 | 0 | 10 |
| | | | 45 ～ 59 岁 | 44 | 4 | 0 | 0 | 0 | 0 | 50 |
| | | | 60 ～ 79 岁 | 8 | 5 | 0 | 0 | 0 | 0 | 50 |
| | | 女 | 小计 | 21 | 0 | 0 | 0 | 0 | 0 | 0 |
| | | | 18 ～ 44 岁 | 19 | 0 | 0 | 0 | 0 | 0 | 0 |
| | | | 45 ～ 59 岁 | 1 | 0 | 0 | 0 | 0 | 0 | 0 |
| | | | 60 ～ 79 岁 | 1 | 0 | 0 | 0 | 0 | 0 | 0 |
| 西北 | 城乡 | 小计 | 小计 | 243 | 19 | 0 | 0 | 0 | 0 | 120 |
| | | | 18 ～ 44 岁 | 178 | 9 | 0 | 0 | 0 | 0 | 60 |
| | | | 45 ～ 59 岁 | 46 | 52 | 0 | 0 | 0 | 0 | 240 |
| | | | 60 ～ 79 岁 | 17 | 163 | 0 | 0 | 0 | 60 | 360 |
| | | | 80 岁及以上 | 2 | 73 | 0 | 0 | 120 | 120 | 120 |
| | | 男 | 小计 | 204 | 16 | 0 | 0 | 0 | 0 | 100 |
| | | | 18 ～ 44 岁 | 154 | 9 | 0 | 0 | 0 | 0 | 60 |
| | | | 45 ～ 59 岁 | 33 | 22 | 0 | 0 | 0 | 0 | 120 |
| | | | 60 ～ 79 岁 | 15 | 167 | 0 | 0 | 0 | 60 | 360 |
| | | | 80 岁及以上 | 2 | 73 | 0 | 0 | 120 | 120 | 120 |
| | | 女 | 小计 | 39 | 49 | 0 | 0 | 0 | 0 | 120 |
| | | | 18 ～ 44 岁 | 24 | 12 | 0 | 0 | 0 | 0 | 120 |
| | | | 45 ～ 59 岁 | 13 | 143 | 0 | 0 | 0 | 120 | 1 800 |
| | | | 60 ～ 79 岁 | 2 | 117 | 0 | 0 | 0 | 240 | 240 |

| 地区 | 城乡 | 性别 | 年龄 | n | 冬季平均每月游泳时间 /（min/ 月） | | | | | |
|---|---|---|---|---|---|---|---|---|---|---|
| | | | | | Mean | P5 | P25 | P50 | P75 | P95 |
| 西北 | 城市 | 小计 | 小计 | 128 | 46 | 0 | 0 | 0 | 0 | 180 |
| | | | 18 ～ 44 岁 | 84 | 22 | 0 | 0 | 0 | 0 | 120 |
| | | | 45 ～ 59 岁 | 31 | 86 | 0 | 0 | 0 | 100 | 480 |
| | | | 60 ～ 79 岁 | 12 | 233 | 0 | 0 | 0 | 180 | 2 700 |
| | | | 80 岁及以上 | 1 | 120 | 120 | 120 | 120 | 120 | 120 |
| | | 男 | 小计 | 95 | 40 | 0 | 0 | 0 | 0 | 160 |
| | | | 18 ～ 44 岁 | 65 | 22 | 0 | 0 | 0 | 0 | 120 |
| | | | 45 ～ 59 岁 | 19 | 39 | 0 | 0 | 0 | 0 | 240 |
| | | | 60 ～ 79 岁 | 10 | 249 | 0 | 0 | 0 | 60 | 2 700 |
| | | | 80 岁及以上 | 1 | 120 | 120 | 120 | 120 | 120 | 120 |
| | | 女 | 小计 | 33 | 77 | 0 | 0 | 0 | 60 | 240 |
| | | | 18 ～ 44 岁 | 19 | 21 | 0 | 0 | 0 | 0 | 120 |
| | | | 45 ～ 59 岁 | 12 | 191 | 0 | 0 | 30 | 120 | 1 800 |
| | | | 60 ～ 79 岁 | 2 | 117 | 0 | 0 | 0 | 240 | 240 |
| | 农村 | 小计 | 小计 | 115 | 2 | 0 | 0 | 0 | 0 | 0 |
| | | | 18 ～ 44 岁 | 94 | 2 | 0 | 0 | 0 | 0 | 0 |
| | | | 45 ～ 59 岁 | 15 | 1 | 0 | 0 | 0 | 0 | 0 |
| | | | 60 ～ 79 岁 | 5 | 0 | 0 | 0 | 0 | 0 | 0 |
| | | | 80 岁及以上 | 1 | 0 | 0 | 0 | 0 | 0 | 0 |
| | | 男 | 小计 | 109 | 2 | 0 | 0 | 0 | 0 | 0 |
| | | | 18 ～ 44 岁 | 89 | 2 | 0 | 0 | 0 | 0 | 0 |
| | | | 45 ～ 59 岁 | 14 | 1 | 0 | 0 | 0 | 0 | 0 |
| | | | 60 ～ 79 岁 | 5 | 0 | 0 | 0 | 0 | 0 | 0 |
| | | | 80 岁及以上 | 1 | 0 | 0 | 0 | 0 | 0 | 0 |
| | | 女 | 小计 | 6 | 0 | 0 | 0 | 0 | 0 | 0 |
| | | | 18 ～ 44 岁 | 5 | 0 | 0 | 0 | 0 | 0 | 0 |
| | | | 45 ～ 59 岁 | 1 | 0 | 0 | 0 | 0 | 0 | 0 |
| 东北 | 城乡 | 小计 | 小计 | 171 | 69 | 0 | 0 | 0 | 60 | 360 |
| | | | 18 ～ 44 岁 | 88 | 52 | 0 | 0 | 0 | 60 | 240 |
| | | | 45 ～ 59 岁 | 62 | 119 | 0 | 0 | 0 | 120 | 480 |
| | | | 60 ～ 79 岁 | 20 | 31 | 0 | 0 | 0 | 30 | 240 |
| | | | 80 岁及以上 | 1 | 180 | 180 | 180 | 180 | 180 | 180 |
| | | 男 | 小计 | 99 | 28 | 0 | 0 | 0 | 0 | 240 |
| | | | 18 ～ 44 岁 | 54 | 27 | 0 | 0 | 0 | 0 | 240 |
| | | | 45 ～ 59 岁 | 32 | 38 | 0 | 0 | 0 | 0 | 320 |
| | | | 60 ～ 79 岁 | 13 | 8 | 0 | 0 | 0 | 0 | 60 |
| | | 女 | 小计 | 72 | 148 | 0 | 0 | 60 | 240 | 600 |
| | | | 18 ～ 44 岁 | 34 | 104 | 0 | 0 | 30 | 120 | 480 |
| | | | 45 ～ 59 岁 | 30 | 240 | 0 | 60 | 90 | 240 | 1 200 |
| | | | 60 ～ 79 岁 | 7 | 85 | 0 | 0 | 0 | 240 | 240 |
| | | | 80 岁及以上 | 1 | 180 | 180 | 180 | 180 | 180 | 180 |
| | 城市 | 小计 | 小计 | 108 | 99 | 0 | 0 | 20 | 120 | 450 |
| | | | 18 ～ 44 岁 | 57 | 64 | 0 | 0 | 0 | 100 | 320 |
| | | | 45 ～ 59 岁 | 40 | 182 | 0 | 0 | 60 | 240 | 1 200 |
| | | | 60 ～ 79 岁 | 10 | 66 | 0 | 0 | 30 | 60 | 240 |
| | | | 80 岁及以上 | 1 | 180 | 180 | 180 | 180 | 180 | 180 |
| | | 男 | 小计 | 50 | 42 | 0 | 0 | 0 | 60 | 240 |
| | | | 18 ～ 44 岁 | 32 | 36 | 0 | 0 | 0 | 60 | 240 |
| | | | 45 ～ 59 岁 | 14 | 64 | 0 | 0 | 0 | 30 | 480 |
| | | | 60 ～ 79 岁 | 4 | 30 | 0 | 0 | 30 | 60 | 60 |
| | | 女 | 小计 | 58 | 163 | 0 | 0 | 80 | 240 | 600 |
| | | | 18 ～ 44 岁 | 25 | 107 | 0 | 0 | 30 | 120 | 400 |
| | | | 45 ～ 59 岁 | 26 | 263 | 0 | 60 | 120 | 240 | 1 200 |
| | | | 60 ～ 79 岁 | 6 | 89 | 0 | 0 | 30 | 240 | 240 |
| | | | 80 岁及以上 | 1 | 180 | 180 | 180 | 180 | 180 | 180 |
| | 农村 | 小计 | 小计 | 63 | 28 | 0 | 0 | 0 | 0 | 240 |
| | | | 18 ～ 44 岁 | 31 | 34 | 0 | 0 | 0 | 0 | 240 |
| | | | 45 ～ 59 岁 | 22 | 26 | 0 | 0 | 0 | 0 | 320 |

| 地区 | 城乡 | 性别 | 年龄 | n | 冬季平均每月游泳时间 /（min/ 月） | | | | | |
|---|---|---|---|---|---|---|---|---|---|---|
| | | | | | Mean | P5 | P25 | P50 | P75 | P95 |
| 东北 | 农村 | 小计 | 60 ～ 79 岁 | 10 | 0 | 0 | 0 | 0 | 0 | 0 |
| | | 男 | 小计 | 49 | 15 | 0 | 0 | 0 | 0 | 200 |
| | | | 18 ～ 44 岁 | 22 | 16 | 0 | 0 | 0 | 0 | 240 |
| | | | 45 ～ 59 岁 | 18 | 20 | 0 | 0 | 0 | 0 | 320 |
| | | | 60 ～ 79 岁 | 9 | 0 | 0 | 0 | 0 | 0 | 0 |
| | | 女 | 小计 | 14 | 89 | 0 | 0 | 0 | 30 | 480 |
| | | | 18 ～ 44 岁 | 9 | 95 | 0 | 0 | 0 | 30 | 480 |
| | | | 45 ～ 59 岁 | 4 | 70 | 0 | 0 | 0 | 120 | 360 |
| | | | 60 ～ 79 岁 | 1 | 0 | 0 | 0 | 0 | 0 | 0 |
| 西南 | 城乡 | 小计 | 小计 | 782 | 22 | 0 | 0 | 0 | 0 | 120 |
| | | | 18 ～ 44 岁 | 574 | 17 | 0 | 0 | 0 | 0 | 90 |
| | | | 45 ～ 59 岁 | 177 | 43 | 0 | 0 | 0 | 0 | 120 |
| | | | 60 ～ 79 岁 | 31 | 60 | 0 | 0 | 0 | 70 | 360 |
| | | 男 | 小计 | 548 | 19 | 0 | 0 | 0 | 0 | 80 |
| | | | 18 ～ 44 岁 | 417 | 13 | 0 | 0 | 0 | 0 | 80 |
| | | | 45 ～ 59 岁 | 107 | 49 | 0 | 0 | 0 | 0 | 80 |
| | | | 60 ～ 79 岁 | 24 | 38 | 0 | 0 | 0 | 0 | 360 |
| | | 女 | 小计 | 234 | 35 | 0 | 0 | 0 | 0 | 240 |
| | | | 18 ～ 44 岁 | 157 | 34 | 0 | 0 | 0 | 0 | 240 |
| | | | 45 ～ 59 岁 | 70 | 24 | 0 | 0 | 0 | 0 | 240 |
| | | | 60 ～ 79 岁 | 7 | 157 | 0 | 60 | 70 | 120 | 450 |
| | 城市 | 小计 | 小计 | 286 | 26 | 0 | 0 | 0 | 0 | 120 |
| | | | 18 ～ 44 岁 | 208 | 16 | 0 | 0 | 0 | 0 | 80 |
| | | | 45 ～ 59 岁 | 68 | 62 | 0 | 0 | 0 | 0 | 180 |
| | | | 60 ～ 79 岁 | 10 | 103 | 0 | 0 | 0 | 120 | 450 |
| | | 男 | 小计 | 198 | 22 | 0 | 0 | 0 | 0 | 80 |
| | | | 18 ～ 44 岁 | 149 | 9 | 0 | 0 | 0 | 0 | 40 |
| | | | 45 ～ 59 岁 | 42 | 74 | 0 | 0 | 0 | 0 | 180 |
| | | | 60 ～ 79 岁 | 7 | 72 | 0 | 0 | 0 | 120 | 360 |
| | | 女 | 小计 | 88 | 41 | 0 | 0 | 0 | 0 | 300 |
| | | | 18 ～ 44 岁 | 59 | 40 | 0 | 0 | 0 | 0 | 300 |
| | | | 45 ～ 59 岁 | 26 | 30 | 0 | 0 | 0 | 0 | 300 |
| | | | 60 ～ 79 岁 | 3 | 201 | 70 | 70 | 120 | 450 | 450 |
| | 农村 | 小计 | 小计 | 496 | 16 | 0 | 0 | 0 | 0 | 90 |
| | | | 18 ～ 44 岁 | 366 | 18 | 0 | 0 | 0 | 0 | 120 |
| | | | 45 ～ 59 岁 | 109 | 8 | 0 | 0 | 0 | 0 | 60 |
| | | | 60 ～ 79 岁 | 21 | 3 | 0 | 0 | 0 | 0 | 60 |
| | | 男 | 小计 | 350 | 15 | 0 | 0 | 0 | 0 | 80 |
| | | | 18 ～ 44 岁 | 268 | 17 | 0 | 0 | 0 | 0 | 80 |
| | | | 45 ～ 59 岁 | 65 | 8 | 0 | 0 | 0 | 0 | 60 |
| | | | 60 ～ 79 岁 | 17 | 0 | 0 | 0 | 0 | 0 | 0 |
| | | 女 | 小计 | 146 | 23 | 0 | 0 | 0 | 0 | 135 |
| | | | 18 ～ 44 岁 | 98 | 25 | 0 | 0 | 0 | 20 | 135 |
| | | | 45 ～ 59 岁 | 44 | 5 | 0 | 0 | 0 | 0 | 60 |
| | | | 60 ～ 79 岁 | 4 | 29 | 0 | 0 | 0 | 60 | 60 |

附表 7-21　中国人群分省（直辖市、自治区）、城乡、性别的全年平均每月游泳时间

| 地区 | 城乡 | 性别 | *n* | 全年平均每月游泳时间 /（min/ 月） | | | | | |
|---|---|---|---|---|---|---|---|---|---|
| | | | | Mean | P5 | P25 | P50 | P75 | P95 |
| 合计 | 城乡 | 小计 | 2 816 | 155 | 8 | 30 | 75 | 180 | 593 |
| | | 男 | 2 104 | 154 | 8 | 30 | 75 | 173 | 550 |
| | | 女 | 712 | 159 | 0 | 30 | 80 | 185 | 630 |
| | 城市 | 小计 | 1 582 | 180 | 8 | 30 | 80 | 200 | 720 |
| | | 男 | 1 086 | 181 | 8 | 30 | 75 | 188 | 720 |
| | | 女 | 496 | 180 | 10 | 30 | 90 | 210 | 750 |
| | 农村 | 小计 | 1 234 | 123 | 5 | 23 | 60 | 150 | 450 |
| | | 男 | 1 018 | 126 | 5 | 25 | 68 | 150 | 450 |
| | | 女 | 216 | 92 | 0 | 15 | 40 | 113 | 383 |
| 北京 | 城乡 | 小计 | 43 | 275 | 3 | 60 | 180 | 420 | 900 |
| | | 男 | 22 | 220 | 3 | 38 | 120 | 300 | 700 |
| | | 女 | 21 | 348 | 30 | 180 | 240 | 420 | 900 |
| | 城市 | 小计 | 42 | 282 | 3 | 63 | 188 | 420 | 900 |
| | | 男 | 21 | 229 | 3 | 38 | 120 | 300 | 700 |
| | | 女 | 21 | 348 | 30 | 180 | 240 | 420 | 900 |
| | 农村 | 小计 | 1 | 60 | 60 | 60 | 60 | 60 | 60 |
| | | 男 | 1 | 60 | 60 | 60 | 60 | 60 | 60 |
| 天津 | 城乡 | 小计 | 7 | 197 | 0 | 75 | 225 | 300 | 360 |
| | | 男 | 4 | 143 | 0 | 75 | 225 | 225 | 225 |
| | | 女 | 3 | 319 | 300 | 300 | 300 | 360 | 360 |
| | 城市 | 小计 | 7 | 197 | 0 | 75 | 225 | 300 | 360 |
| | | 男 | 4 | 143 | 0 | 75 | 225 | 225 | 225 |
| | | 女 | 3 | 319 | 300 | 300 | 300 | 360 | 360 |
| 河北 | 城乡 | 小计 | 59 | 158 | 0 | 30 | 60 | 160 | 680 |
| | | 男 | 44 | 154 | 0 | 30 | 53 | 148 | 600 |
| | | 女 | 15 | 171 | 0 | 90 | 105 | 180 | 680 |
| | 城市 | 小计 | 38 | 220 | 0 | 50 | 105 | 180 | 1 200 |
| | | 男 | 24 | 243 | 0 | 50 | 68 | 375 | 1 200 |
| | | 女 | 14 | 171 | 0 | 60 | 105 | 180 | 680 |
| | 农村 | 小计 | 21 | 58 | 0 | 15 | 38 | 63 | 180 |
| | | 男 | 20 | 55 | 0 | 15 | 38 | 63 | 180 |
| | | 女 | 1 | 175 | 175 | 175 | 175 | 175 | 175 |
| 山西 | 城乡 | 小计 | 39 | 149 | 8 | 30 | 60 | 120 | 360 |
| | | 男 | 23 | 178 | 8 | 30 | 60 | 120 | 1 625 |
| | | 女 | 16 | 98 | 30 | 60 | 83 | 120 | 160 |
| | 城市 | 小计 | 29 | 104 | 8 | 45 | 83 | 135 | 315 |
| | | 男 | 13 | 110 | 0 | 45 | 75 | 210 | 315 |
| | | 女 | 16 | 98 | 30 | 60 | 83 | 120 | 160 |
| | 农村 | 小计 | 10 | 244 | 13 | 23 | 50 | 60 | 1 625 |
| | | 男 | 10 | 244 | 13 | 23 | 50 | 60 | 1 625 |
| 内蒙古 | 城乡 | 小计 | 11 | 126 | 0 | 38 | 100 | 120 | 769 |
| | | 男 | 9 | 121 | 0 | 15 | 100 | 120 | 769 |
| | | 女 | 2 | 174 | 100 | 100 | 100 | 285 | 285 |
| | 城市 | 小计 | 7 | 201 | 60 | 100 | 120 | 240 | 769 |
| | | 男 | 5 | 208 | 60 | 100 | 120 | 240 | 769 |
| | | 女 | 2 | 174 | 100 | 100 | 100 | 285 | 285 |
| | 农村 | 小计 | 4 | 49 | 0 | 15 | 38 | 120 | 120 |
| | | 男 | 4 | 49 | 0 | 15 | 38 | 120 | 120 |
| 辽宁 | 城乡 | 小计 | 73 | 100 | 0 | 30 | 60 | 130 | 440 |
| | | 男 | 45 | 87 | 0 | 30 | 60 | 120 | 375 |
| | | 女 | 28 | 128 | 0 | 0 | 60 | 130 | 560 |
| | 城市 | 小计 | 44 | 120 | 0 | 30 | 65 | 135 | 480 |
| | | 男 | 24 | 105 | 0 | 30 | 65 | 135 | 375 |
| | | 女 | 20 | 143 | 0 | 30 | 75 | 130 | 600 |
| | 农村 | 小计 | 29 | 76 | 0 | 10 | 50 | 68 | 390 |
| | | 男 | 21 | 70 | 3 | 15 | 50 | 68 | 190 |
| | | 女 | 8 | 97 | 0 | 0 | 60 | 60 | 480 |

| 地区 | 城乡 | 性别 | *n* | 全年平均每月游泳时间 /（min/ 月） | | | | | |
| --- | --- | --- | --- | --- | --- | --- | --- | --- | --- |
| | | | | Mean | P5 | P25 | P50 | P75 | P95 |
| 吉林 | 城乡 | 小计 | 39 | 108 | 3 | 15 | 50 | 113 | 360 |
| 吉林 | 城乡 | 男 | 26 | 66 | 3 | 13 | 38 | 113 | 200 |
| 吉林 | 城乡 | 女 | 13 | 255 | 15 | 53 | 75 | 240 | 1 163 |
| 吉林 | 城市 | 小计 | 20 | 108 | 13 | 30 | 53 | 93 | 275 |
| 吉林 | 城市 | 男 | 12 | 55 | 13 | 30 | 50 | 75 | 150 |
| 吉林 | 城市 | 女 | 8 | 231 | 15 | 60 | 185 | 275 | 900 |
| 吉林 | 农村 | 小计 | 19 | 108 | 3 | 5 | 38 | 113 | 360 |
| 吉林 | 农村 | 男 | 14 | 71 | 3 | 3 | 30 | 113 | 360 |
| 吉林 | 农村 | 女 | 5 | 279 | 30 | 53 | 75 | 240 | 1 163 |
| 黑龙江 | 城乡 | 小计 | 59 | 193 | 5 | 60 | 120 | 225 | 900 |
| 黑龙江 | 城乡 | 男 | 28 | 143 | 5 | 60 | 95 | 135 | 900 |
| 黑龙江 | 城乡 | 女 | 31 | 254 | 0 | 75 | 165 | 320 | 1 200 |
| 黑龙江 | 城市 | 小计 | 44 | 228 | 8 | 75 | 130 | 240 | 900 |
| 黑龙江 | 城市 | 男 | 14 | 188 | 60 | 75 | 120 | 135 | 900 |
| 黑龙江 | 城市 | 女 | 30 | 255 | 0 | 75 | 165 | 320 | 1 200 |
| 黑龙江 | 农村 | 小计 | 15 | 80 | 5 | 23 | 60 | 95 | 225 |
| 黑龙江 | 农村 | 男 | 14 | 81 | 5 | 23 | 60 | 95 | 225 |
| 黑龙江 | 农村 | 女 | 1 | 40 | 40 | 40 | 40 | 40 | 40 |
| 上海 | 城乡 | 小计 | 46 | 193 | 8 | 30 | 60 | 225 | 525 |
| 上海 | 城乡 | 男 | 30 | 177 | 8 | 30 | 60 | 225 | 510 |
| 上海 | 城乡 | 女 | 16 | 242 | 30 | 45 | 75 | 225 | 900 |
| 上海 | 城市 | 小计 | 46 | 193 | 8 | 30 | 60 | 225 | 525 |
| 上海 | 城市 | 男 | 30 | 177 | 8 | 30 | 60 | 225 | 510 |
| 上海 | 城市 | 女 | 16 | 242 | 30 | 45 | 75 | 225 | 900 |
| 江苏 | 城乡 | 小计 | 89 | 211 | 10 | 30 | 75 | 248 | 900 |
| 江苏 | 城乡 | 男 | 70 | 212 | 10 | 30 | 75 | 270 | 900 |
| 江苏 | 城乡 | 女 | 19 | 205 | 23 | 30 | 120 | 240 | 900 |
| 江苏 | 城市 | 小计 | 83 | 211 | 10 | 30 | 75 | 240 | 900 |
| 江苏 | 城市 | 男 | 64 | 212 | 10 | 30 | 75 | 240 | 900 |
| 江苏 | 城市 | 女 | 19 | 205 | 23 | 30 | 120 | 240 | 900 |
| 江苏 | 农村 | 小计 | 6 | 210 | 11 | 23 | 300 | 300 | 480 |
| 江苏 | 农村 | 男 | 6 | 210 | 11 | 23 | 300 | 300 | 480 |
| 浙江 | 城乡 | 小计 | 133 | 157 | 15 | 38 | 75 | 150 | 563 |
| 浙江 | 城乡 | 男 | 101 | 159 | 15 | 38 | 75 | 150 | 563 |
| 浙江 | 城乡 | 女 | 32 | 148 | 15 | 30 | 80 | 150 | 600 |
| 浙江 | 城市 | 小计 | 46 | 162 | 15 | 56 | 110 | 160 | 450 |
| 浙江 | 城市 | 男 | 33 | 121 | 15 | 38 | 75 | 150 | 420 |
| 浙江 | 城市 | 女 | 13 | 308 | 75 | 135 | 225 | 225 | 1500 |
| 浙江 | 农村 | 小计 | 87 | 155 | 15 | 38 | 75 | 150 | 900 |
| 浙江 | 农村 | 男 | 68 | 173 | 15 | 38 | 75 | 225 | 900 |
| 浙江 | 农村 | 女 | 19 | 57 | 15 | 23 | 75 | 80 | 150 |
| 安徽 | 城乡 | 小计 | 32 | 110 | 10 | 38 | 45 | 75 | 450 |
| 安徽 | 城乡 | 男 | 29 | 118 | 15 | 45 | 60 | 135 | 450 |
| 安徽 | 城乡 | 女 | 3 | 29 | 10 | 10 | 10 | 10 | 113 |
| 安徽 | 城市 | 小计 | 19 | 182 | 23 | 40 | 75 | 180 | 900 |
| 安徽 | 城市 | 男 | 17 | 190 | 23 | 40 | 75 | 240 | 900 |
| 安徽 | 城市 | 女 | 2 | 89 | 50 | 50 | 113 | 113 | 113 |
| 安徽 | 农村 | 小计 | 13 | 81 | 10 | 38 | 45 | 75 | 450 |
| 安徽 | 农村 | 男 | 12 | 88 | 15 | 45 | 45 | 75 | 450 |
| 安徽 | 农村 | 女 | 1 | 10 | 10 | 10 | 10 | 10 | 10 |
| 福建 | 城乡 | 小计 | 117 | 309 | 15 | 30 | 135 | 300 | 1 800 |
| 福建 | 城乡 | 男 | 86 | 321 | 15 | 30 | 135 | 300 | 1 800 |
| 福建 | 城乡 | 女 | 31 | 225 | 15 | 90 | 135 | 300 | 900 |
| 福建 | 城市 | 小计 | 89 | 344 | 15 | 38 | 113 | 300 | 2 175 |
| 福建 | 城市 | 男 | 62 | 368 | 15 | 23 | 113 | 300 | 2 175 |
| 福建 | 城市 | 女 | 27 | 211 | 15 | 90 | 150 | 240 | 900 |
| 福建 | 农村 | 小计 | 28 | 232 | 15 | 30 | 150 | 375 | 875 |
| 福建 | 农村 | 男 | 24 | 228 | 15 | 30 | 150 | 375 | 875 |
| 福建 | 农村 | 女 | 4 | 281 | 40 | 40 | 113 | 600 | 600 |

| 地区 | 城乡 | 性别 | n | 全年平均每月游泳时间 /（min/ 月） | | | | | |
|---|---|---|---|---|---|---|---|---|---|
| | | | | Mean | P5 | P25 | P50 | P75 | P95 |
| 江西 | 城乡 | 小计 | 99 | 113 | 0 | 30 | 75 | 150 | 338 |
| | | 男 | 86 | 116 | 0 | 30 | 75 | 150 | 450 |
| | | 女 | 13 | 87 | 30 | 30 | 60 | 90 | 180 |
| | 城市 | 小计 | 79 | 127 | 0 | 30 | 75 | 150 | 450 |
| | | 男 | 67 | 132 | 0 | 30 | 75 | 150 | 525 |
| | | 女 | 12 | 89 | 30 | 30 | 40 | 90 | 180 |
| | 农村 | 小计 | 20 | 76 | 0 | 30 | 50 | 113 | 225 |
| | | 男 | 19 | 76 | 0 | 23 | 50 | 113 | 225 |
| | | 女 | 1 | 75 | 75 | 75 | 75 | 75 | 75 |
| 山东 | 城乡 | 小计 | 159 | 172 | 10 | 30 | 75 | 225 | 630 |
| | | 男 | 143 | 170 | 8 | 38 | 75 | 225 | 600 |
| | | 女 | 16 | 197 | 15 | 23 | 60 | 218 | 750 |
| | 城市 | 小计 | 86 | 196 | 15 | 53 | 105 | 270 | 563 |
| | | 男 | 70 | 196 | 15 | 60 | 120 | 270 | 540 |
| | | 女 | 16 | 197 | 15 | 23 | 60 | 218 | 750 |
| | 农村 | 小计 | 73 | 135 | 5 | 23 | 75 | 225 | 630 |
| | | 男 | 73 | 135 | 5 | 23 | 75 | 225 | 630 |
| 河南 | 城乡 | 小计 | 94 | 81 | 8 | 15 | 40 | 90 | 270 |
| | | 男 | 74 | 81 | 8 | 15 | 40 | 90 | 290 |
| | | 女 | 20 | 74 | 8 | 20 | 30 | 150 | 240 |
| | 城市 | 小计 | 55 | 105 | 8 | 30 | 68 | 120 | 360 |
| | | 男 | 38 | 114 | 8 | 30 | 90 | 150 | 510 |
| | | 女 | 17 | 75 | 8 | 8 | 30 | 120 | 240 |
| | 农村 | 小计 | 39 | 68 | 8 | 10 | 38 | 70 | 225 |
| | | 男 | 36 | 67 | 8 | 10 | 38 | 70 | 225 |
| | | 女 | 3 | 73 | 25 | 25 | 30 | 165 | 165 |
| 湖北 | 城乡 | 小计 | 133 | 160 | 15 | 45 | 91 | 200 | 390 |
| | | 男 | 96 | 165 | 15 | 45 | 91 | 200 | 435 |
| | | 女 | 37 | 144 | 15 | 30 | 120 | 180 | 383 |
| | 城市 | 小计 | 115 | 159 | 15 | 45 | 91 | 200 | 375 |
| | | 男 | 80 | 166 | 15 | 45 | 91 | 200 | 375 |
| | | 女 | 35 | 135 | 15 | 45 | 120 | 180 | 390 |
| | 农村 | 小计 | 18 | 165 | 15 | 38 | 90 | 200 | 600 |
| | | 男 | 16 | 157 | 38 | 50 | 90 | 200 | 600 |
| | | 女 | 2 | 199 | 15 | 15 | 199 | 383 | 383 |
| 湖南 | 城乡 | 小计 | 234 | 111 | 0 | 30 | 75 | 150 | 338 |
| | | 男 | 207 | 115 | 8 | 30 | 75 | 163 | 300 |
| | | 女 | 27 | 72 | 0 | 15 | 30 | 60 | 338 |
| | 城市 | 小计 | 91 | 85 | 0 | 30 | 45 | 113 | 240 |
| | | 男 | 72 | 86 | 0 | 30 | 60 | 120 | 240 |
| | | 女 | 19 | 80 | 15 | 30 | 30 | 60 | 450 |
| | 农村 | 小计 | 143 | 122 | 5 | 38 | 88 | 170 | 450 |
| | | 男 | 135 | 126 | 8 | 45 | 95 | 170 | 450 |
| | | 女 | 8 | 61 | 0 | 0 | 45 | 75 | 300 |
| 广东 | 城乡 | 小计 | 121 | 188 | 0 | 30 | 90 | 210 | 788 |
| | | 男 | 82 | 188 | 8 | 30 | 113 | 225 | 750 |
| | | 女 | 39 | 187 | 0 | 30 | 90 | 210 | 900 |
| | 城市 | 小计 | 90 | 214 | 8 | 30 | 90 | 250 | 900 |
| | | 男 | 55 | 223 | 8 | 45 | 113 | 300 | 788 |
| | | 女 | 35 | 200 | 0 | 30 | 90 | 210 | 900 |
| | 农村 | 小计 | 31 | 98 | 0 | 23 | 90 | 150 | 263 |
| | | 男 | 27 | 103 | 0 | 23 | 90 | 150 | 450 |
| | | 女 | 4 | 63 | 0 | 0 | 15 | 150 | 150 |
| 广西 | 城乡 | 小计 | 178 | 266 | 8 | 45 | 125 | 300 | 975 |
| | | 男 | 122 | 288 | 8 | 43 | 150 | 450 | 1 050 |
| | | 女 | 56 | 193 | 15 | 60 | 125 | 210 | 780 |
| | 城市 | 小计 | 135 | 313 | 15 | 53 | 150 | 450 | 1 350 |
| | | 男 | 85 | 346 | 10 | 53 | 150 | 575 | 1 350 |

| 地区 | 城乡 | 性别 | *n* | 全年平均每月游泳时间 /（min/ 月） | | | | | |
|---|---|---|---|---|---|---|---|---|---|
| | | | | Mean | P5 | P25 | P50 | P75 | P95 |
| 广西 | 城市 | 女 | 50 | 232 | 15 | 45 | 150 | 300 | 800 |
| | 农村 | 小计 | 43 | 215 | 8 | 38 | 125 | 188 | 900 |
| | | 男 | 37 | 234 | 8 | 38 | 90 | 370 | 900 |
| | | 女 | 6 | 119 | 30 | 125 | 125 | 125 | 165 |
| 海南 | 城乡 | 小计 | 29 | 164 | 11 | 15 | 30 | 225 | 675 |
| | | 男 | 27 | 170 | 11 | 15 | 38 | 225 | 675 |
| | | 女 | 2 | 63 | 20 | 20 | 20 | 120 | 120 |
| | 城市 | 小计 | 6 | 38 | 10 | 15 | 20 | 40 | 120 |
| | | 男 | 5 | 25 | 10 | 15 | 20 | 38 | 40 |
| | | 女 | 1 | 120 | 120 | 120 | 120 | 120 | 120 |
| | 农村 | 小计 | 23 | 186 | 11 | 15 | 45 | 225 | 675 |
| | | 男 | 22 | 192 | 11 | 15 | 45 | 225 | 675 |
| | | 女 | 1 | 20 | 20 | 20 | 20 | 20 | 20 |
| 重庆 | 城乡 | 小计 | 6 | 30 | 8 | 15 | 15 | 60 | 60 |
| | | 男 | 5 | 23 | 8 | 15 | 15 | 30 | 60 |
| | | 女 | 1 | 60 | 60 | 60 | 60 | 60 | 60 |
| | 城市 | 小计 | 6 | 30 | 8 | 15 | 15 | 60 | 60 |
| | | 男 | 5 | 23 | 8 | 15 | 15 | 30 | 60 |
| | | 女 | 1 | 60 | 60 | 60 | 60 | 60 | 60 |
| 四川 | 城乡 | 小计 | 70 | 120 | 8 | 15 | 60 | 120 | 450 |
| | | 男 | 58 | 131 | 8 | 15 | 75 | 125 | 450 |
| | | 女 | 12 | 37 | 8 | 15 | 30 | 60 | 120 |
| | 城市 | 小计 | 51 | 99 | 8 | 15 | 45 | 90 | 300 |
| | | 男 | 42 | 108 | 8 | 15 | 60 | 100 | 450 |
| | | 女 | 9 | 39 | 8 | 15 | 30 | 60 | 120 |
| | 农村 | 小计 | 19 | 180 | 0 | 60 | 108 | 450 | 450 |
| | | 男 | 16 | 200 | 0 | 75 | 120 | 450 | 450 |
| | | 女 | 3 | 32 | 15 | 15 | 26 | 60 | 60 |
| 贵州 | 城乡 | 小计 | 235 | 165 | 10 | 50 | 120 | 225 | 450 |
| | | 男 | 188 | 163 | 10 | 50 | 120 | 225 | 450 |
| | | 女 | 47 | 174 | 10 | 30 | 113 | 240 | 600 |
| | 城市 | 小计 | 126 | 155 | 8 | 30 | 105 | 210 | 450 |
| | | 男 | 90 | 151 | 8 | 38 | 105 | 200 | 450 |
| | | 女 | 36 | 167 | 10 | 30 | 90 | 240 | 600 |
| | 农村 | 小计 | 109 | 178 | 15 | 53 | 150 | 250 | 450 |
| | | 男 | 98 | 176 | 15 | 53 | 150 | 250 | 450 |
| | | 女 | 11 | 206 | 25 | 90 | 140 | 450 | 488 |
| 云南 | 城乡 | 小计 | 219 | 119 | 0 | 25 | 60 | 135 | 375 |
| | | 男 | 154 | 123 | 0 | 30 | 60 | 120 | 450 |
| | | 女 | 65 | 105 | 0 | 15 | 60 | 158 | 278 |
| | 城市 | 小计 | 75 | 154 | 0 | 33 | 60 | 120 | 675 |
| | | 男 | 44 | 162 | 0 | 33 | 60 | 100 | 720 |
| | | 女 | 31 | 136 | 8 | 23 | 108 | 185 | 630 |
| | 农村 | 小计 | 144 | 99 | 0 | 23 | 68 | 135 | 300 |
| | | 男 | 110 | 104 | 0 | 28 | 73 | 135 | 335 |
| | | 女 | 34 | 72 | 0 | 15 | 40 | 145 | 240 |
| 西藏 | 城乡 | 小计 | 250 | 39 | 0 | 8 | 15 | 45 | 120 |
| | | 男 | 142 | 43 | 0 | 8 | 15 | 45 | 135 |
| | | 女 | 108 | 32 | 0 | 5 | 15 | 45 | 120 |
| | 城市 | 小计 | 26 | 92 | 0 | 8 | 30 | 80 | 420 |
| | | 男 | 16 | 106 | 5 | 11 | 38 | 80 | 675 |
| | | 女 | 10 | 62 | 0 | 8 | 30 | 68 | 420 |
| | 农村 | 小计 | 224 | 33 | 0 | 8 | 15 | 38 | 120 |
| | | 男 | 126 | 36 | 0 | 8 | 15 | 38 | 120 |
| | | 女 | 98 | 29 | 0 | 5 | 15 | 45 | 113 |
| 陕西 | 城乡 | 小计 | 21 | 165 | 0 | 90 | 135 | 250 | 315 |
| | | 男 | 16 | 135 | 0 | 90 | 135 | 188 | 315 |
| | | 女 | 5 | 258 | 60 | 60 | 250 | 288 | 675 |

| 地区 | 城乡 | 性别 | n | 全年平均每月游泳时间 /（min/ 月） | | | | | |
|---|---|---|---|---|---|---|---|---|---|
| | | | | Mean | P5 | P25 | P50 | P75 | P95 |
| 陕西 | 城市 | 小计 | 18 | 160 | 0 | 60 | 120 | 250 | 288 |
| | | 男 | 13 | 120 | 0 | 60 | 113 | 188 | 270 |
| | | 女 | 5 | 258 | 60 | 60 | 250 | 288 | 675 |
| | 农村 | 小计 | 3 | 194 | 135 | 135 | 150 | 315 | 315 |
| | | 男 | 3 | 194 | 135 | 135 | 150 | 315 | 315 |
| 甘肃 | 城乡 | 小计 | 15 | 93 | 0 | 15 | 45 | 190 | 240 |
| | | 男 | 15 | 93 | 0 | 15 | 45 | 190 | 240 |
| | 城市 | 小计 | 5 | 45 | 0 | 23 | 38 | 90 | 90 |
| | | 男 | 5 | 45 | 0 | 23 | 38 | 90 | 90 |
| | 农村 | 小计 | 10 | 118 | 15 | 15 | 50 | 240 | 390 |
| | | 男 | 10 | 118 | 15 | 15 | 50 | 240 | 390 |
| 青海 | 城乡 | 小计 | 15 | 159 | 25 | 75 | 90 | 125 | 445 |
| | | 男 | 11 | 169 | 25 | 45 | 90 | 300 | 445 |
| | | 女 | 4 | 98 | 75 | 75 | 120 | 120 | 120 |
| | 城市 | 小计 | 14 | 163 | 25 | 75 | 120 | 300 | 445 |
| | | 男 | 10 | 175 | 25 | 75 | 90 | 300 | 445 |
| | | 女 | 4 | 98 | 75 | 75 | 120 | 120 | 120 |
| | 农村 | 小计 | 1 | 8 | 8 | 8 | 8 | 8 | 8 |
| | | 男 | 1 | 8 | 8 | 8 | 8 | 8 | 8 |
| 宁夏 | 城乡 | 小计 | 50 | 159 | 0 | 25 | 90 | 150 | 480 |
| | | 男 | 38 | 148 | 0 | 25 | 90 | 150 | 360 |
| | | 女 | 12 | 215 | 0 | 60 | 120 | 135 | 1 800 |
| | 城市 | 小计 | 48 | 167 | 0 | 30 | 90 | 165 | 480 |
| | | 男 | 36 | 157 | 0 | 30 | 90 | 165 | 480 |
| | | 女 | 12 | 215 | 0 | 60 | 120 | 135 | 1 800 |
| | 农村 | 小计 | 2 | 26 | 23 | 23 | 26 | 30 | 30 |
| | | 男 | 2 | 26 | 23 | 23 | 26 | 30 | 30 |
| 新疆 | 城乡 | 小计 | 141 | 49 | 8 | 15 | 30 | 75 | 120 |
| | | 男 | 123 | 49 | 8 | 15 | 32 | 75 | 120 |
| | | 女 | 18 | 46 | 5 | 15 | 30 | 45 | 120 |
| | 城市 | 小计 | 42 | 53 | 8 | 30 | 38 | 75 | 120 |
| | | 男 | 30 | 48 | 8 | 30 | 38 | 68 | 120 |
| | | 女 | 12 | 79 | 0 | 23 | 60 | 120 | 270 |
| | 农村 | 小计 | 99 | 48 | 10 | 15 | 30 | 75 | 120 |
| | | 男 | 93 | 49 | 10 | 15 | 30 | 75 | 120 |
| | | 女 | 6 | 20 | 5 | 15 | 23 | 30 | 30 |

附表 7-22　中国人群分省（直辖市、自治区）、城乡、性别的春秋季平均每月游泳时间

| 地区 | 城乡 | 性别 | n | 春秋季平均每月游泳时间 /（min/ 月） | | | | | |
|---|---|---|---|---|---|---|---|---|---|
| | | | | Mean | P5 | P25 | P50 | P75 | P95 |
| 合计 | 城乡 | 小计 | 2 856 | 64 | 0 | 0 | 0 | 20 | 300 |
| | | 男 | 2 131 | 59 | 0 | 0 | 0 | 0 | 300 |
| | | 女 | 725 | 89 | 0 | 0 | 0 | 80 | 480 |
| | 城市 | 小计 | 1 602 | 85 | 0 | 0 | 0 | 40 | 480 |
| | | 男 | 1 102 | 80 | 0 | 0 | 0 | 10 | 450 |
| | | 女 | 500 | 103 | 0 | 0 | 0 | 120 | 600 |
| | 农村 | 小计 | 1 254 | 37 | 0 | 0 | 0 | 0 | 200 |
| | | 男 | 1 029 | 36 | 0 | 0 | 0 | 0 | 200 |
| | | 女 | 225 | 41 | 0 | 0 | 0 | 0 | 240 |

| 地区 | 城乡 | 性别 | $n$ | 春秋季平均每月游泳时间 /（min/ 月） | | | | | |
|---|---|---|---|---|---|---|---|---|---|
| | | | | Mean | P5 | P25 | P50 | P75 | P95 |
| 北京 | 城乡 | 小计 | 45 | 246 | 0 | 0 | 120 | 300 | 960 |
| | | 男 | 23 | 173 | 0 | 0 | 40 | 300 | 800 |
| | | 女 | 22 | 339 | 30 | 120 | 180 | 360 | 1 200 |
| | 城市 | 小计 | 44 | 253 | 0 | 30 | 120 | 300 | 960 |
| | | 男 | 22 | 183 | 0 | 0 | 60 | 300 | 800 |
| | | 女 | 22 | 339 | 30 | 120 | 180 | 360 | 1 200 |
| | 农村 | 小计 | 1 | 0 | 0 | 0 | 0 | 0 | 0 |
| | | 男 | 1 | 0 | 0 | 0 | 0 | 0 | 0 |
| 天津 | 城乡 | 小计 | 8 | 98 | 0 | 0 | 0 | 240 | 360 |
| | | 男 | 5 | 54 | 0 | 0 | 0 | 0 | 240 |
| | | 女 | 3 | 226 | 0 | 240 | 240 | 360 | 360 |
| | 城市 | 小计 | 8 | 98 | 0 | 0 | 0 | 240 | 360 |
| | | 男 | 5 | 54 | 0 | 0 | 0 | 0 | 240 |
| | | 女 | 3 | 226 | 0 | 240 | 240 | 360 | 360 |
| 河北 | 城乡 | 小计 | 59 | 57 | 0 | 0 | 0 | 60 | 360 |
| | | 男 | 44 | 46 | 0 | 0 | 0 | 40 | 300 |
| | | 女 | 15 | 101 | 0 | 0 | 60 | 160 | 360 |
| | 城市 | 小计 | 38 | 88 | 0 | 0 | 30 | 160 | 360 |
| | | 男 | 24 | 83 | 0 | 0 | 20 | 120 | 360 |
| | | 女 | 14 | 98 | 0 | 0 | 60 | 160 | 360 |
| | 农村 | 小计 | 21 | 8 | 0 | 0 | 0 | 0 | 120 |
| | | 男 | 20 | 5 | 0 | 0 | 0 | 0 | 40 |
| | | 女 | 1 | 150 | 150 | 150 | 150 | 150 | 150 |
| 山西 | 城乡 | 小计 | 39 | 143 | 0 | 0 | 40 | 120 | 480 |
| | | 男 | 23 | 181 | 0 | 0 | 30 | 100 | 1 950 |
| | | 女 | 16 | 75 | 0 | 0 | 120 | 120 | 120 |
| | 城市 | 小计 | 29 | 87 | 0 | 0 | 80 | 120 | 240 |
| | | 男 | 13 | 100 | 0 | 0 | 60 | 180 | 240 |
| | | 女 | 16 | 75 | 0 | 0 | 120 | 120 | 120 |
| | 农村 | 小计 | 10 | 260 | 0 | 0 | 0 | 60 | 1 950 |
| | | 男 | 10 | 260 | 0 | 0 | 0 | 60 | 1 950 |
| 内蒙古 | 城乡 | 小计 | 16 | 103 | 0 | 0 | 80 | 120 | 280 |
| | | 男 | 13 | 97 | 0 | 0 | 60 | 120 | 240 |
| | | 女 | 3 | 147 | 80 | 80 | 120 | 280 | 280 |
| | 城市 | 小计 | 12 | 159 | 0 | 80 | 120 | 120 | 900 |
| | | 男 | 9 | 162 | 0 | 90 | 120 | 120 | 900 |
| | | 女 | 3 | 147 | 80 | 80 | 120 | 280 | 280 |
| | 农村 | 小计 | 4 | 0 | 0 | 0 | 0 | 0 | 0 |
| | | 男 | 4 | 0 | 0 | 0 | 0 | 0 | 0 |
| 辽宁 | 城乡 | 小计 | 73 | 70 | 0 | 0 | 0 | 60 | 400 |
| | | 男 | 45 | 47 | 0 | 0 | 0 | 60 | 240 |
| | | 女 | 28 | 120 | 0 | 0 | 30 | 120 | 600 |
| | 城市 | 小计 | 44 | 91 | 0 | 0 | 30 | 120 | 480 |
| | | 男 | 24 | 62 | 0 | 0 | 0 | 120 | 240 |
| | | 女 | 20 | 137 | 0 | 0 | 60 | 120 | 600 |
| | 农村 | 小计 | 29 | 45 | 0 | 0 | 0 | 60 | 320 |
| | | 男 | 21 | 33 | 0 | 0 | 0 | 60 | 80 |
| | | 女 | 8 | 87 | 0 | 0 | 0 | 0 | 480 |
| 吉林 | 城乡 | 小计 | 39 | 76 | 0 | 0 | 0 | 60 | 480 |
| | | 男 | 26 | 31 | 0 | 0 | 0 | 0 | 200 |
| | | 女 | 13 | 232 | 0 | 0 | 90 | 240 | 1 200 |
| | 城市 | 小计 | 20 | 81 | 0 | 0 | 30 | 90 | 240 |
| | | 男 | 12 | 29 | 0 | 0 | 0 | 60 | 120 |
| | | 女 | 8 | 203 | 0 | 30 | 160 | 240 | 800 |
| | 农村 | 小计 | 19 | 73 | 0 | 0 | 0 | 0 | 480 |
| | | 男 | 14 | 32 | 0 | 0 | 0 | 0 | 480 |
| | | 女 | 5 | 261 | 0 | 0 | 60 | 240 | 1 200 |

| 地区 | 城乡 | 性别 | n | 春秋季平均每月游泳时间 /（min/ 月） | | | | | |
|---|---|---|---|---|---|---|---|---|---|
| | | | | Mean | P5 | P25 | P50 | P75 | P95 |
| 黑龙江 | 城乡 | 小计 | 59 | 168 | 0 | 0 | 90 | 180 | 1 080 |
| | | 男 | 28 | 119 | 0 | 0 | 60 | 120 | 1 080 |
| | | 女 | 31 | 228 | 0 | 80 | 120 | 240 | 1 200 |
| | 城市 | 小计 | 44 | 214 | 0 | 60 | 120 | 240 | 1 080 |
| | | 男 | 14 | 193 | 0 | 60 | 120 | 180 | 1 080 |
| | | 女 | 30 | 229 | 0 | 80 | 120 | 240 | 1 200 |
| | 农村 | 小计 | 15 | 19 | 0 | 0 | 0 | 40 | 120 |
| | | 男 | 14 | 19 | 0 | 0 | 0 | 40 | 120 |
| | | 女 | 1 | 0 | 0 | 0 | 0 | 0 | 0 |
| 上海 | 城乡 | 小计 | 46 | 106 | 0 | 0 | 0 | 60 | 600 |
| | | 男 | 30 | 83 | 0 | 0 | 0 | 0 | 480 |
| | | 女 | 16 | 179 | 0 | 0 | 30 | 90 | 900 |
| | 城市 | 小计 | 46 | 106 | 0 | 0 | 0 | 60 | 600 |
| | | 男 | 30 | 83 | 0 | 0 | 0 | 0 | 480 |
| | | 女 | 16 | 179 | 0 | 0 | 30 | 90 | 900 |
| 江苏 | 城乡 | 小计 | 90 | 58 | 0 | 0 | 0 | 20 | 300 |
| | | 男 | 71 | 45 | 0 | 0 | 0 | 20 | 300 |
| | | 女 | 19 | 124 | 0 | 0 | 0 | 0 | 1 200 |
| | 城市 | 小计 | 83 | 61 | 0 | 0 | 0 | 20 | 300 |
| | | 男 | 64 | 48 | 0 | 0 | 0 | 20 | 300 |
| | | 女 | 19 | 124 | 0 | 0 | 0 | 0 | 1 200 |
| | 农村 | 小计 | 7 | 10 | 0 | 0 | 0 | 0 | 60 |
| | | 男 | 7 | 10 | 0 | 0 | 0 | 0 | 60 |
| 浙江 | 城乡 | 小计 | 133 | 29 | 0 | 0 | 0 | 0 | 160 |
| | | 男 | 101 | 22 | 0 | 0 | 0 | 0 | 180 |
| | | 女 | 32 | 61 | 0 | 0 | 0 | 0 | 160 |
| | 城市 | 小计 | 46 | 58 | 0 | 0 | 0 | 60 | 240 |
| | | 男 | 33 | 32 | 0 | 0 | 0 | 0 | 240 |
| | | 女 | 13 | 152 | 0 | 0 | 0 | 120 | 1 800 |
| | 农村 | 小计 | 87 | 17 | 0 | 0 | 0 | 0 | 100 |
| | | 男 | 68 | 18 | 0 | 0 | 0 | 0 | 160 |
| | | 女 | 19 | 9 | 0 | 0 | 0 | 0 | 60 |
| 安徽 | 城乡 | 小计 | 32 | 17 | 0 | 0 | 0 | 0 | 0 |
| | | 男 | 29 | 19 | 0 | 0 | 0 | 0 | 0 |
| | | 女 | 3 | 0 | 0 | 0 | 0 | 0 | 0 |
| | 城市 | 小计 | 19 | 60 | 0 | 0 | 0 | 0 | 480 |
| | | 男 | 17 | 65 | 0 | 0 | 0 | 0 | 480 |
| | | 女 | 2 | 0 | 0 | 0 | 0 | 0 | 0 |
| | 农村 | 小计 | 13 | 0 | 0 | 0 | 0 | 0 | 0 |
| | | 男 | 12 | 0 | 0 | 0 | 0 | 0 | 0 |
| | | 女 | 1 | 0 | 0 | 0 | 0 | 0 | 0 |
| 福建 | 城乡 | 小计 | 117 | 149 | 0 | 0 | 0 | 0 | 1 500 |
| | | 男 | 86 | 168 | 0 | 0 | 0 | 0 | 1 500 |
| | | 女 | 31 | 22 | 0 | 0 | 0 | 0 | 120 |
| | 城市 | 小计 | 89 | 190 | 0 | 0 | 0 | 0 | 1 500 |
| | | 男 | 62 | 223 | 0 | 0 | 0 | 0 | 1 500 |
| | | 女 | 27 | 8 | 0 | 0 | 0 | 0 | 0 |
| | 农村 | 小计 | 28 | 62 | 0 | 0 | 0 | 0 | 450 |
| | | 男 | 24 | 60 | 0 | 0 | 0 | 0 | 120 |
| | | 女 | 4 | 83 | 0 | 0 | 0 | 0 | 450 |
| 江西 | 城乡 | 小计 | 100 | 28 | 0 | 0 | 0 | 0 | 180 |
| | | 男 | 87 | 31 | 0 | 0 | 0 | 0 | 180 |
| | | 女 | 13 | 0 | 0 | 0 | 0 | 0 | 0 |
| | 城市 | 小计 | 80 | 37 | 0 | 0 | 0 | 0 | 300 |
| | | 男 | 68 | 42 | 0 | 0 | 0 | 0 | 400 |
| | | 女 | 12 | 0 | 0 | 0 | 0 | 0 | 0 |
| | 农村 | 小计 | 20 | 4 | 0 | 0 | 0 | 0 | 0 |
| | | 男 | 19 | 4 | 0 | 0 | 0 | 0 | 0 |
| | | 女 | 1 | 0 | 0 | 0 | 0 | 0 | 0 |

| 地区 | 城乡 | 性别 | n | 春秋季平均每月游泳时间 / (min/ 月) | | | | | |
|---|---|---|---|---|---|---|---|---|---|
| | | | | Mean | P5 | P25 | P50 | P75 | P95 |
| 山东 | 城乡 | 小计 | 159 | 50 | 0 | 0 | 0 | 0 | 180 |
| | | 男 | 143 | 46 | 0 | 0 | 0 | 0 | 180 |
| | | 女 | 16 | 98 | 0 | 0 | 0 | 120 | 600 |
| | 城市 | 小计 | 86 | 69 | 0 | 0 | 0 | 0 | 360 |
| | | 男 | 70 | 65 | 0 | 0 | 0 | 0 | 225 |
| | | 女 | 16 | 98 | 0 | 0 | 0 | 120 | 600 |
| | 农村 | 小计 | 73 | 20 | 0 | 0 | 0 | 0 | 120 |
| | | 男 | 73 | 20 | 0 | 0 | 0 | 0 | 120 |
| 河南 | 城乡 | 小计 | 94 | 36 | 0 | 0 | 0 | 20 | 240 |
| | | 男 | 74 | 33 | 0 | 0 | 0 | 20 | 200 |
| | | 女 | 20 | 63 | 0 | 0 | 0 | 120 | 300 |
| | 城市 | 小计 | 55 | 51 | 0 | 0 | 0 | 0 | 240 |
| | | 男 | 38 | 52 | 0 | 0 | 0 | 0 | 600 |
| | | 女 | 17 | 45 | 0 | 0 | 0 | 120 | 240 |
| | 农村 | 小计 | 39 | 28 | 0 | 0 | 0 | 20 | 200 |
| | | 男 | 36 | 24 | 0 | 0 | 0 | 20 | 100 |
| | | 女 | 3 | 99 | 0 | 0 | 0 | 300 | 300 |
| 湖北 | 城乡 | 小计 | 133 | 32 | 0 | 0 | 0 | 0 | 120 |
| | | 男 | 96 | 35 | 0 | 0 | 0 | 0 | 60 |
| | | 女 | 37 | 21 | 0 | 0 | 0 | 0 | 120 |
| | 城市 | 小计 | 115 | 36 | 0 | 0 | 0 | 0 | 120 |
| | | 男 | 80 | 40 | 0 | 0 | 0 | 0 | 60 |
| | | 女 | 35 | 25 | 0 | 0 | 0 | 0 | 120 |
| | 农村 | 小计 | 18 | 10 | 0 | 0 | 0 | 0 | 120 |
| | | 男 | 16 | 12 | 0 | 0 | 0 | 0 | 120 |
| | | 女 | 2 | 0 | 0 | 0 | 0 | 0 | 0 |
| 湖南 | 城乡 | 小计 | 238 | 25 | 0 | 0 | 0 | 0 | 200 |
| | | 男 | 211 | 26 | 0 | 0 | 0 | 0 | 200 |
| | | 女 | 27 | 11 | 0 | 0 | 0 | 0 | 30 |
| | 城市 | 小计 | 94 | 10 | 0 | 0 | 0 | 0 | 60 |
| | | 男 | 75 | 12 | 0 | 0 | 0 | 0 | 60 |
| | | 女 | 19 | 1 | 0 | 0 | 0 | 0 | 0 |
| | 农村 | 小计 | 144 | 31 | 0 | 0 | 0 | 40 | 200 |
| | | 男 | 136 | 32 | 0 | 0 | 0 | 40 | 200 |
| | | 女 | 8 | 26 | 0 | 0 | 0 | 0 | 300 |
| 广东 | 城乡 | 小计 | 123 | 105 | 0 | 0 | 0 | 30 | 600 |
| | | 男 | 82 | 101 | 0 | 0 | 0 | 30 | 600 |
| | | 女 | 41 | 113 | 0 | 0 | 0 | 0 | 750 |
| | 城市 | 小计 | 92 | 132 | 0 | 0 | 0 | 160 | 750 |
| | | 男 | 55 | 137 | 0 | 0 | 0 | 180 | 720 |
| | | 女 | 37 | 124 | 0 | 0 | 0 | 30 | 750 |
| | 农村 | 小计 | 31 | 12 | 0 | 0 | 0 | 0 | 120 |
| | | 男 | 27 | 14 | 0 | 0 | 0 | 0 | 120 |
| | | 女 | 4 | 0 | 0 | 0 | 0 | 0 | 0 |
| 广西 | 城乡 | 小计 | 184 | 192 | 0 | 0 | 0 | 160 | 1 200 |
| | | 男 | 128 | 209 | 0 | 0 | 0 | 200 | 1 200 |
| | | 女 | 56 | 134 | 0 | 0 | 0 | 160 | 900 |
| | 城市 | 小计 | 139 | 195 | 0 | 0 | 0 | 120 | 1 200 |
| | | 男 | 89 | 217 | 0 | 0 | 0 | 150 | 1 800 |
| | | 女 | 50 | 136 | 0 | 0 | 0 | 0 | 900 |
| | 农村 | 小计 | 45 | 189 | 0 | 0 | 0 | 180 | 1 200 |
| | | 男 | 39 | 200 | 0 | 0 | 0 | 300 | 1 200 |
| | | 女 | 6 | 131 | 0 | 160 | 160 | 160 | 180 |
| 海南 | 城乡 | 小计 | 29 | 168 | 0 | 15 | 20 | 225 | 600 |
| | | 男 | 27 | 174 | 0 | 15 | 20 | 240 | 600 |
| | | 女 | 2 | 51 | 0 | 0 | 0 | 120 | 120 |
| | 城市 | 小计 | 6 | 30 | 0 | 10 | 20 | 30 | 120 |
| | | 男 | 5 | 16 | 0 | 10 | 20 | 20 | 30 |
| | | 女 | 1 | 120 | 120 | 120 | 120 | 120 | 120 |

| 地区 | 城乡 | 性别 | n | 春秋季平均每月游泳时间 /（min/ 月） | | | | | |
|---|---|---|---|---|---|---|---|---|---|
| | | | | Mean | P5 | P25 | P50 | P75 | P95 |
| 海南 | 农村 | 小计 | 23 | 192 | 0 | 15 | 34 | 240 | 600 |
| | | 男 | 22 | 198 | 0 | 15 | 34 | 240 | 600 |
| | | 女 | 1 | 0 | 0 | 0 | 0 | 0 | 0 |
| 重庆 | 城乡 | 小计 | 6 | 0 | 0 | 0 | 0 | 0 | 0 |
| | | 男 | 5 | 0 | 0 | 0 | 0 | 0 | 0 |
| | | 女 | 1 | 0 | 0 | 0 | 0 | 0 | 0 |
| | 城市 | 小计 | 6 | 0 | 0 | 0 | 0 | 0 | 0 |
| | | 男 | 5 | 0 | 0 | 0 | 0 | 0 | 0 |
| | | 女 | 1 | 0 | 0 | 0 | 0 | 0 | 0 |
| 四川 | 城乡 | 小计 | 70 | 21 | 0 | 0 | 0 | 0 | 60 |
| | | 男 | 58 | 23 | 0 | 0 | 0 | 0 | 60 |
| | | 女 | 12 | 0 | 0 | 0 | 0 | 0 | 0 |
| | 城市 | 小计 | 51 | 22 | 0 | 0 | 0 | 0 | 30 |
| | | 男 | 42 | 25 | 0 | 0 | 0 | 0 | 30 |
| | | 女 | 9 | 0 | 0 | 0 | 0 | 0 | 0 |
| | 农村 | 小计 | 19 | 17 | 0 | 0 | 0 | 0 | 120 |
| | | 男 | 16 | 19 | 0 | 0 | 0 | 0 | 120 |
| | | 女 | 3 | 0 | 0 | 0 | 0 | 0 | 0 |
| 贵州 | 城乡 | 小计 | 235 | 29 | 0 | 0 | 0 | 0 | 180 |
| | | 男 | 188 | 26 | 0 | 0 | 0 | 0 | 150 |
| | | 女 | 47 | 44 | 0 | 0 | 0 | 0 | 300 |
| | 城市 | 小计 | 126 | 39 | 0 | 0 | 0 | 0 | 240 |
| | | 男 | 90 | 35 | 0 | 0 | 0 | 0 | 200 |
| | | 女 | 36 | 52 | 0 | 0 | 0 | 0 | 300 |
| | 农村 | 小计 | 109 | 16 | 0 | 0 | 0 | 0 | 100 |
| | | 男 | 98 | 16 | 0 | 0 | 0 | 0 | 100 |
| | | 女 | 11 | 7 | 0 | 0 | 0 | 0 | 30 |
| 云南 | 城乡 | 小计 | 222 | 89 | 0 | 0 | 60 | 90 | 300 |
| | | 男 | 157 | 92 | 0 | 0 | 60 | 90 | 360 |
| | | 女 | 65 | 79 | 0 | 0 | 60 | 120 | 240 |
| | 城市 | 小计 | 76 | 131 | 0 | 0 | 60 | 100 | 480 |
| | | 男 | 45 | 141 | 0 | 0 | 40 | 90 | 480 |
| | | 女 | 31 | 108 | 0 | 0 | 80 | 140 | 600 |
| | 农村 | 小计 | 146 | 66 | 0 | 0 | 30 | 90 | 270 |
| | | 男 | 112 | 69 | 0 | 0 | 60 | 90 | 270 |
| | | 女 | 34 | 47 | 0 | 0 | 0 | 60 | 240 |
| 西藏 | 城乡 | 小计 | 264 | 44 | 0 | 0 | 15 | 30 | 180 |
| | | 男 | 147 | 48 | 0 | 0 | 15 | 40 | 180 |
| | | 女 | 117 | 37 | 0 | 0 | 15 | 30 | 180 |
| | 城市 | 小计 | 26 | 89 | 0 | 0 | 15 | 60 | 480 |
| | | 男 | 16 | 100 | 0 | 0 | 15 | 60 | 900 |
| | | 女 | 10 | 65 | 0 | 0 | 15 | 90 | 480 |
| | 农村 | 小计 | 238 | 39 | 0 | 0 | 15 | 30 | 150 |
| | | 男 | 131 | 42 | 0 | 0 | 15 | 30 | 120 |
| | | 女 | 107 | 34 | 0 | 0 | 15 | 30 | 180 |
| 陕西 | 城乡 | 小计 | 21 | 45 | 0 | 0 | 0 | 30 | 375 |
| | | 男 | 16 | 25 | 0 | 0 | 0 | 30 | 180 |
| | | 女 | 5 | 107 | 0 | 0 | 0 | 375 | 375 |
| | 城市 | 小计 | 18 | 44 | 0 | 0 | 0 | 30 | 375 |
| | | 男 | 13 | 18 | 0 | 0 | 0 | 0 | 120 |
| | | 女 | 5 | 107 | 0 | 0 | 0 | 375 | 375 |
| | 农村 | 小计 | 3 | 54 | 0 | 0 | 0 | 180 | 180 |
| | | 男 | 3 | 54 | 0 | 0 | 0 | 180 | 180 |
| 甘肃 | 城乡 | 小计 | 15 | 28 | 0 | 0 | 0 | 40 | 180 |
| | | 男 | 15 | 28 | 0 | 0 | 0 | 40 | 180 |
| | 城市 | 小计 | 5 | 29 | 0 | 0 | 30 | 60 | 60 |
| | | 男 | 5 | 29 | 0 | 0 | 30 | 60 | 60 |

| 地区 | 城乡 | 性别 | n | 春秋季平均每月游泳时间 /（min/ 月） | | | | | |
|---|---|---|---|---|---|---|---|---|---|
| | | | | Mean | P5 | P25 | P50 | P75 | P95 |
| 甘肃 | 农村 | 小计 | 10 | 28 | 0 | 0 | 0 | 0 | 180 |
| | | 男 | 10 | 28 | 0 | 0 | 0 | 0 | 180 |
| 青海 | 城乡 | 小计 | 15 | 101 | 0 | 0 | 60 | 120 | 360 |
| | | 男 | 11 | 107 | 0 | 0 | 60 | 240 | 360 |
| | | 女 | 4 | 62 | 0 | 0 | 120 | 120 | 120 |
| | 城市 | 小计 | 14 | 104 | 0 | 0 | 100 | 120 | 360 |
| | | 男 | 10 | 111 | 0 | 0 | 60 | 240 | 360 |
| | | 女 | 4 | 62 | 0 | 0 | 120 | 120 | 120 |
| | 农村 | 小计 | 1 | 0 | 0 | 0 | 0 | 0 | 0 |
| | | 男 | 1 | 0 | 0 | 0 | 0 | 0 | 0 |
| 宁夏 | 城乡 | 小计 | 51 | 122 | 0 | 0 | 0 | 120 | 480 |
| | | 男 | 39 | 108 | 0 | 0 | 0 | 120 | 480 |
| | | 女 | 12 | 197 | 0 | 0 | 120 | 120 | 1 800 |
| | 城市 | 小计 | 49 | 130 | 0 | 0 | 0 | 120 | 480 |
| | | 男 | 37 | 116 | 0 | 0 | 0 | 120 | 480 |
| | | 女 | 12 | 197 | 0 | 0 | 120 | 120 | 1 800 |
| | 农村 | 小计 | 2 | 0 | 0 | 0 | 0 | 0 | 0 |
| | | 男 | 2 | 0 | 0 | 0 | 0 | 0 | 0 |
| 新疆 | 城乡 | 小计 | 141 | 4 | 0 | 0 | 0 | 0 | 30 |
| | | 男 | 123 | 3 | 0 | 0 | 0 | 0 | 20 |
| | | 女 | 18 | 18 | 0 | 0 | 0 | 0 | 120 |
| | 城市 | 小计 | 42 | 15 | 0 | 0 | 0 | 0 | 100 |
| | | 男 | 30 | 10 | 0 | 0 | 0 | 0 | 80 |
| | | 女 | 12 | 41 | 0 | 0 | 0 | 60 | 240 |
| | 农村 | 小计 | 99 | 1 | 0 | 0 | 0 | 0 | 0 |
| | | 男 | 93 | 1 | 0 | 0 | 0 | 0 | 0 |
| | | 女 | 6 | 0 | 0 | 0 | 0 | 0 | 0 |

## 附表 7-23　中国人群分省（直辖市、自治区）、城乡、性别的夏季平均每月游泳时间

| 地区 | 城乡 | 性别 | n | 夏季平均每月游泳时间 /（min/ 月） | | | | | |
|---|---|---|---|---|---|---|---|---|---|
| | | | | Mean | P5 | P25 | P50 | P75 | P95 |
| 合计 | 城乡 | 小计 | 2 935 | 459 | 15 | 100 | 240 | 600 | 1 800 |
| | | 男 | 2 177 | 470 | 20 | 100 | 240 | 600 | 1 800 |
| | | 女 | 758 | 407 | 0 | 90 | 240 | 480 | 1 530 |
| | 城市 | 小计 | 1 641 | 505 | 30 | 120 | 240 | 600 | 1 800 |
| | | 男 | 1 123 | 523 | 30 | 120 | 300 | 600 | 1 800 |
| | | 女 | 518 | 449 | 0 | 120 | 240 | 600 | 1 800 |
| | 农村 | 小计 | 1 294 | 399 | 0 | 90 | 200 | 480 | 1 680 |
| | | 男 | 1 054 | 413 | 15 | 90 | 200 | 540 | 1 800 |
| | | 女 | 240 | 271 | 0 | 40 | 120 | 300 | 1 530 |
| 北京 | 城乡 | 小计 | 46 | 510 | 10 | 120 | 300 | 900 | 1 600 |
| | | 男 | 22 | 371 | 0 | 60 | 300 | 480 | 960 |
| | | 女 | 24 | 673 | 30 | 120 | 450 | 1 200 | 1 800 |
| | 城市 | 小计 | 45 | 518 | 10 | 120 | 300 | 900 | 1 600 |
| | | 男 | 21 | 379 | 0 | 40 | 300 | 480 | 960 |
| | | 女 | 24 | 673 | 30 | 120 | 450 | 1 200 | 1 800 |
| | 农村 | 小计 | 1 | 240 | 240 | 240 | 240 | 240 | 240 |
| | | 男 | 1 | 240 | 240 | 240 | 240 | 240 | 240 |
| 天津 | 城乡 | 小计 | 9 | 488 | 0 | 60 | 540 | 900 | 1 200 |
| | | 男 | 6 | 419 | 0 | 60 | 300 | 900 | 900 |
| | | 女 | 3 | 712 | 540 | 540 | 600 | 600 | 1 200 |

| 地区 | 城乡 | 性别 | *n* | 夏季平均每月游泳时间 /（min/ 月） | | | | | |
|---|---|---|---|---|---|---|---|---|---|
| | | | | Mean | P5 | P25 | P50 | P75 | P95 |
| 天津 | 城市 | 小计 | 9 | 488 | 0 | 60 | 540 | 900 | 1 200 |
| | | 男 | 6 | 419 | 0 | 60 | 300 | 900 | 900 |
| | | 女 | 3 | 712 | 540 | 540 | 600 | 600 | 1 200 |
| 河北 | 城乡 | 小计 | 59 | 465 | 0 | 120 | 210 | 360 | 1 500 |
| | | 男 | 44 | 496 | 0 | 120 | 200 | 360 | 1 500 |
| | | 女 | 15 | 348 | 0 | 240 | 240 | 360 | 1 200 |
| | 城市 | 小计 | 38 | 622 | 0 | 150 | 240 | 480 | 4 800 |
| | | 男 | 24 | 755 | 0 | 150 | 200 | 600 | 4 800 |
| | | 女 | 14 | 345 | 0 | 120 | 240 | 360 | 1 200 |
| | 农村 | 小计 | 21 | 214 | 0 | 60 | 150 | 250 | 720 |
| | | 男 | 20 | 209 | 0 | 60 | 150 | 250 | 720 |
| | | 女 | 1 | 400 | 400 | 400 | 400 | 400 | 400 |
| 山西 | 城乡 | 小计 | 40 | 295 | 30 | 60 | 180 | 240 | 900 |
| | | 男 | 24 | 333 | 30 | 50 | 120 | 240 | 2 600 |
| | | 女 | 16 | 224 | 60 | 120 | 240 | 240 | 400 |
| | 城市 | 小计 | 29 | 229 | 30 | 120 | 240 | 360 | 600 |
| | | 男 | 13 | 234 | 0 | 60 | 180 | 360 | 900 |
| | | 女 | 16 | 224 | 60 | 120 | 240 | 240 | 400 |
| | 农村 | 小计 | 11 | 423 | 30 | 50 | 90 | 240 | 2 600 |
| | | 男 | 11 | 423 | 30 | 50 | 90 | 240 | 2 600 |
| 内蒙古 | 城乡 | 小计 | 20 | 222 | 0 | 120 | 160 | 240 | 480 |
| | | 男 | 15 | 220 | 0 | 120 | 160 | 240 | 480 |
| | | 女 | 5 | 234 | 60 | 120 | 240 | 400 | 420 |
| | 城市 | 小计 | 16 | 234 | 60 | 120 | 200 | 240 | 420 |
| | | 男 | 11 | 234 | 60 | 120 | 200 | 240 | 1 200 |
| | | 女 | 5 | 234 | 60 | 120 | 240 | 400 | 420 |
| | 农村 | 小计 | 4 | 194 | 0 | 60 | 150 | 480 | 480 |
| | | 男 | 4 | 194 | 0 | 60 | 150 | 480 | 480 |
| 辽宁 | 城乡 | 小计 | 74 | 208 | 0 | 40 | 120 | 240 | 600 |
| | | 男 | 46 | 228 | 0 | 60 | 120 | 240 | 600 |
| | | 女 | 28 | 164 | 0 | 0 | 120 | 240 | 600 |
| | 城市 | 小计 | 45 | 224 | 0 | 60 | 120 | 240 | 600 |
| | | 男 | 25 | 255 | 0 | 120 | 180 | 400 | 600 |
| | | 女 | 20 | 174 | 0 | 40 | 120 | 240 | 600 |
| | 农村 | 小计 | 29 | 188 | 0 | 40 | 120 | 240 | 600 |
| | | 男 | 21 | 202 | 0 | 60 | 120 | 200 | 600 |
| | | 女 | 8 | 142 | 0 | 0 | 0 | 240 | 480 |
| 吉林 | 城乡 | 小计 | 39 | 236 | 10 | 50 | 150 | 300 | 600 |
| | | 男 | 26 | 188 | 10 | 20 | 120 | 360 | 600 |
| | | 女 | 13 | 400 | 60 | 90 | 240 | 300 | 1 800 |
| | 城市 | 小计 | 20 | 202 | 20 | 60 | 150 | 210 | 560 |
| | | 男 | 12 | 142 | 0 | 50 | 150 | 200 | 360 |
| | | 女 | 8 | 340 | 60 | 90 | 240 | 560 | 1 120 |
| | 农村 | 小计 | 19 | 256 | 10 | 20 | 120 | 450 | 600 |
| | | 男 | 14 | 212 | 10 | 10 | 120 | 450 | 600 |
| | | 女 | 5 | 461 | 60 | 120 | 240 | 300 | 1 800 |
| 黑龙江 | 城乡 | 小计 | 59 | 324 | 0 | 120 | 200 | 300 | 1 200 |
| | | 男 | 28 | 283 | 0 | 90 | 180 | 240 | 1 440 |
| | | 女 | 31 | 374 | 0 | 120 | 240 | 480 | 1 200 |
| | 城市 | 小计 | 44 | 347 | 0 | 120 | 240 | 320 | 1 440 |
| | | 男 | 14 | 308 | 60 | 120 | 180 | 240 | 1 440 |
| | | 女 | 30 | 375 | 0 | 120 | 240 | 480 | 1 200 |
| | 农村 | 小计 | 15 | 248 | 0 | 20 | 90 | 300 | 900 |
| | | 男 | 14 | 250 | 0 | 20 | 90 | 300 | 900 |
| | | 女 | 1 | 160 | 160 | 160 | 160 | 160 | 160 |
| 上海 | 城乡 | 小计 | 46 | 493 | 30 | 120 | 240 | 600 | 1 800 |
| | | 男 | 30 | 494 | 30 | 120 | 240 | 900 | 1 800 |
| | | 女 | 16 | 488 | 30 | 120 | 240 | 600 | 1 800 |

| 地区 | 城乡 | 性别 | *n* | 夏季平均每月游泳时间 /（min/ 月） | | | | | |
|---|---|---|---|---|---|---|---|---|---|
| | | | | Mean | P5 | P25 | P50 | P75 | P95 |
| 上海 | 城市 | 小计 | 46 | 493 | 30 | 120 | 240 | 600 | 1 800 |
| | | 男 | 30 | 494 | 30 | 120 | 240 | 900 | 1 800 |
| | | 女 | 16 | 488 | 30 | 120 | 240 | 600 | 1 800 |
| 江苏 | 城乡 | 小计 | 91 | 698 | 30 | 100 | 300 | 750 | 3 600 |
| | | 男 | 71 | 720 | 20 | 120 | 240 | 750 | 3 600 |
| | | 女 | 20 | 590 | 60 | 90 | 480 | 600 | 1 800 |
| | 城市 | 小计 | 84 | 694 | 20 | 120 | 240 | 600 | 3 600 |
| | | 男 | 64 | 717 | 20 | 120 | 240 | 600 | 3 600 |
| | | 女 | 20 | 590 | 60 | 90 | 480 | 600 | 1 800 |
| | 农村 | 小计 | 7 | 764 | 45 | 90 | 800 | 1 200 | 1 800 |
| | | 男 | 7 | 764 | 45 | 90 | 800 | 1 200 | 1800 |
| 浙江 | 城乡 | 小计 | 136 | 555 | 60 | 150 | 240 | 600 | 2 250 |
| | | 男 | 103 | 577 | 60 | 150 | 240 | 600 | 2 250 |
| | | 女 | 33 | 448 | 60 | 120 | 240 | 600 | 1 800 |
| | 城市 | 小计 | 46 | 515 | 60 | 160 | 240 | 600 | 1 800 |
| | | 男 | 33 | 415 | 60 | 150 | 225 | 600 | 1 680 |
| | | 女 | 13 | 871 | 160 | 240 | 900 | 900 | 2 400 |
| | 农村 | 小计 | 90 | 571 | 60 | 150 | 300 | 600 | 3 600 |
| | | 男 | 70 | 635 | 60 | 150 | 300 | 600 | 3 600 |
| | | 女 | 20 | 210 | 60 | 90 | 200 | 300 | 600 |
| 安徽 | 城乡 | 小计 | 33 | 403 | 40 | 150 | 180 | 300 | 1 800 |
| | | 男 | 29 | 435 | 60 | 180 | 240 | 320 | 1 800 |
| | | 女 | 4 | 131 | 40 | 40 | 40 | 240 | 450 |
| | 城市 | 小计 | 20 | 592 | 90 | 180 | 300 | 600 | 1 800 |
| | | 男 | 17 | 630 | 90 | 160 | 300 | 600 | 3 600 |
| | | 女 | 3 | 310 | 200 | 240 | 240 | 450 | 450 |
| | 农村 | 小计 | 13 | 322 | 40 | 150 | 180 | 300 | 1 800 |
| | | 男 | 12 | 354 | 60 | 180 | 180 | 300 | 1 800 |
| | | 女 | 1 | 40 | 40 | 40 | 40 | 40 | 40 |
| 福建 | 城乡 | 小计 | 117 | 862 | 60 | 120 | 360 | 1 200 | 3 600 |
| | | 男 | 86 | 864 | 60 | 120 | 360 | 1 200 | 3 500 |
| | | 女 | 31 | 848 | 60 | 360 | 450 | 960 | 3 600 |
| | 城市 | 小计 | 89 | 900 | 60 | 150 | 360 | 1 200 | 4 500 |
| | | 男 | 62 | 914 | 60 | 90 | 360 | 1 200 | 4 500 |
| | | 女 | 27 | 822 | 60 | 360 | 540 | 960 | 3 600 |
| | 农村 | 小计 | 28 | 779 | 60 | 120 | 600 | 1 200 | 3 000 |
| | | 男 | 24 | 764 | 60 | 120 | 600 | 1 200 | 3 000 |
| | | 女 | 4 | 957 | 160 | 160 | 450 | 2 400 | 2 400 |
| 江西 | 城乡 | 小计 | 104 | 399 | 0 | 90 | 300 | 500 | 1 350 |
| | | 男 | 91 | 404 | 0 | 90 | 300 | 500 | 1 350 |
| | | 女 | 13 | 345 | 100 | 120 | 240 | 360 | 720 |
| | 城市 | 小计 | 82 | 445 | 0 | 90 | 300 | 600 | 1 800 |
| | | 男 | 70 | 457 | 0 | 90 | 300 | 600 | 1 800 |
| | | 女 | 12 | 350 | 100 | 120 | 150 | 360 | 720 |
| | 农村 | 小计 | 22 | 286 | 0 | 90 | 200 | 380 | 900 |
| | | 男 | 21 | 285 | 0 | 90 | 200 | 400 | 900 |
| | | 女 | 1 | 300 | 300 | 300 | 300 | 300 | 300 |
| 山东 | 城乡 | 小计 | 159 | 559 | 20 | 120 | 300 | 840 | 1 800 |
| | | 男 | 143 | 563 | 30 | 120 | 300 | 840 | 1 800 |
| | | 女 | 16 | 508 | 0 | 90 | 240 | 800 | 1 800 |
| | 城市 | 小计 | 86 | 599 | 45 | 180 | 400 | 840 | 1 800 |
| | | 男 | 70 | 614 | 60 | 200 | 420 | 900 | 1 800 |
| | | 女 | 16 | 508 | 0 | 90 | 240 | 800 | 1 800 |
| | 农村 | 小计 | 73 | 495 | 20 | 90 | 300 | 600 | 2 400 |
| | | 男 | 73 | 495 | 20 | 90 | 300 | 600 | 2 400 |
| 河南 | 城乡 | 小计 | 94 | 230 | 30 | 60 | 120 | 360 | 720 |
| | | 男 | 74 | 241 | 30 | 60 | 120 | 360 | 720 |
| | | 女 | 20 | 145 | 30 | 60 | 100 | 120 | 400 |

| 地区 | 城乡 | 性别 | *n* | 夏季平均每月游泳时间 /（min/ 月） | | | | | |
|---|---|---|---|---|---|---|---|---|---|
| | | | | Mean | P5 | P25 | P50 | P75 | P95 |
| 河南 | 城市 | 小计 | 55 | 287 | 30 | 120 | 200 | 400 | 720 |
| | | 男 | 38 | 321 | 20 | 120 | 300 | 480 | 720 |
| | | 女 | 17 | 170 | 30 | 30 | 120 | 180 | 400 |
| | 农村 | 小计 | 39 | 200 | 30 | 40 | 100 | 240 | 600 |
| | | 男 | 36 | 207 | 30 | 40 | 100 | 240 | 900 |
| | | 女 | 3 | 93 | 60 | 60 | 100 | 120 | 120 |
| 湖北 | 城乡 | 小计 | 135 | 556 | 60 | 160 | 360 | 800 | 1 530 |
| | | 男 | 98 | 565 | 60 | 180 | 360 | 800 | 1 500 |
| | | 女 | 37 | 526 | 60 | 120 | 360 | 720 | 1 530 |
| | 城市 | 小计 | 117 | 538 | 60 | 180 | 360 | 720 | 1 350 |
| | | 男 | 82 | 556 | 60 | 180 | 300 | 800 | 1 350 |
| | | 女 | 35 | 481 | 60 | 180 | 360 | 600 | 960 |
| | 农村 | 小计 | 18 | 639 | 60 | 150 | 360 | 800 | 2 400 |
| | | 男 | 16 | 603 | 150 | 200 | 360 | 800 | 2 400 |
| | | 女 | 2 | 795 | 60 | 60 | 795 | 1 530 | 1 530 |
| 湖南 | 城乡 | 小计 | 254 | 391 | 15 | 120 | 300 | 500 | 1 260 |
| | | 男 | 220 | 405 | 30 | 120 | 300 | 560 | 1 260 |
| | | 女 | 34 | 276 | 0 | 90 | 120 | 300 | 1 350 |
| | 城市 | 小计 | 110 | 334 | 0 | 120 | 200 | 450 | 960 |
| | | 男 | 84 | 338 | 0 | 90 | 225 | 480 | 960 |
| | | 女 | 26 | 322 | 60 | 120 | 120 | 240 | 1 350 |
| | 农村 | 小计 | 144 | 421 | 20 | 150 | 300 | 560 | 1 800 |
| | | 男 | 136 | 434 | 30 | 150 | 300 | 560 | 1 800 |
| | | 女 | 8 | 192 | 0 | 0 | 180 | 300 | 600 |
| 广东 | 城乡 | 小计 | 125 | 506 | 0 | 120 | 300 | 600 | 1 800 |
| | | 男 | 83 | 536 | 30 | 120 | 300 | 600 | 1 800 |
| | | 女 | 42 | 445 | 0 | 90 | 300 | 600 | 1 200 |
| | 城市 | 小计 | 94 | 546 | 30 | 120 | 300 | 600 | 2 400 |
| | | 男 | 56 | 598 | 40 | 120 | 300 | 600 | 2 400 |
| | | 女 | 38 | 464 | 0 | 120 | 300 | 600 | 1 200 |
| | 农村 | 小计 | 31 | 369 | 0 | 90 | 300 | 600 | 800 |
| | | 男 | 27 | 386 | 0 | 90 | 300 | 600 | 1 800 |
| | | 女 | 4 | 254 | 0 | 0 | 60 | 600 | 600 |
| 广西 | 城乡 | 小计 | 195 | 599 | 30 | 120 | 360 | 900 | 1 800 |
| | | 男 | 135 | 623 | 30 | 120 | 360 | 900 | 1 800 |
| | | 女 | 60 | 512 | 60 | 180 | 300 | 840 | 1 800 |
| | 城市 | 小计 | 146 | 780 | 40 | 180 | 450 | 1 080 | 2 400 |
| | | 男 | 93 | 844 | 30 | 200 | 480 | 1 500 | 3 360 |
| | | 女 | 53 | 616 | 60 | 180 | 360 | 900 | 1 800 |
| | 农村 | 小计 | 49 | 415 | 30 | 100 | 200 | 600 | 1 200 |
| | | 男 | 42 | 432 | 30 | 90 | 300 | 600 | 1 200 |
| | | 女 | 7 | 322 | 120 | 180 | 180 | 300 | 1 200 |
| 海南 | 城乡 | 小计 | 29 | 260 | 15 | 20 | 90 | 300 | 900 |
| | | 男 | 27 | 268 | 15 | 20 | 90 | 300 | 900 |
| | | 女 | 2 | 97 | 80 | 80 | 80 | 120 | 120 |
| | 城市 | 小计 | 6 | 71 | 20 | 20 | 60 | 120 | 120 |
| | | 男 | 5 | 63 | 20 | 20 | 60 | 90 | 120 |
| | | 女 | 1 | 120 | 120 | 120 | 120 | 120 | 120 |
| | 农村 | 小计 | 23 | 292 | 15 | 20 | 120 | 400 | 900 |
| | | 男 | 22 | 300 | 15 | 20 | 120 | 400 | 900 |
| | | 女 | 1 | 80 | 80 | 80 | 80 | 80 | 80 |
| 重庆 | 城乡 | 小计 | 6 | 119 | 30 | 60 | 60 | 240 | 240 |
| | | 男 | 5 | 94 | 30 | 60 | 60 | 120 | 240 |
| | | 女 | 1 | 240 | 240 | 240 | 240 | 240 | 240 |
| | 城市 | 小计 | 6 | 119 | 30 | 60 | 60 | 240 | 240 |
| | | 男 | 5 | 94 | 30 | 60 | 60 | 120 | 240 |
| | | 女 | 1 | 240 | 240 | 240 | 240 | 240 | 240 |

| 地区 | 城乡 | 性别 | *n* | 夏季平均每月游泳时间 /（min/ 月） | | | | | |
|---|---|---|---|---|---|---|---|---|---|
| | | | | Mean | P5 | P25 | P50 | P75 | P95 |
| 四川 | 城乡 | 小计 | 70 | 437 | 30 | 60 | 240 | 480 | 1 800 |
| | | 男 | 58 | 476 | 30 | 60 | 240 | 500 | 1 800 |
| | | 女 | 12 | 148 | 30 | 60 | 120 | 240 | 480 |
| | 城市 | 小计 | 51 | 354 | 30 | 60 | 180 | 300 | 1 200 |
| | | 男 | 42 | 382 | 30 | 60 | 200 | 400 | 1 800 |
| | | 女 | 9 | 154 | 30 | 60 | 120 | 240 | 480 |
| | 农村 | 小计 | 19 | 686 | 0 | 160 | 300 | 1 800 | 1 800 |
| | | 男 | 16 | 759 | 0 | 240 | 480 | 1 800 | 1 800 |
| | | 女 | 3 | 126 | 60 | 60 | 105 | 240 | 240 |
| 贵州 | 城乡 | 小计 | 236 | 597 | 40 | 180 | 450 | 900 | 1 800 |
| | | 男 | 188 | 597 | 36 | 200 | 450 | 900 | 1 800 |
| | | 女 | 48 | 597 | 40 | 120 | 400 | 900 | 1 800 |
| | 城市 | 小计 | 126 | 539 | 30 | 120 | 360 | 720 | 1 800 |
| | | 男 | 90 | 534 | 30 | 150 | 360 | 660 | 1 800 |
| | | 女 | 36 | 554 | 40 | 120 | 360 | 900 | 1800 |
| | 农村 | 小计 | 110 | 679 | 60 | 200 | 600 | 900 | 1 800 |
| | | 男 | 98 | 670 | 60 | 200 | 600 | 900 | 1 800 |
| | | 女 | 12 | 784 | 80 | 360 | 400 | 1 800 | 1 950 |
| 云南 | 城乡 | 小计 | 222 | 231 | 0 | 60 | 150 | 240 | 900 |
| | | 男 | 156 | 246 | 0 | 60 | 150 | 240 | 960 |
| | | 女 | 66 | 175 | 0 | 60 | 120 | 240 | 720 |
| | 城市 | 小计 | 76 | 241 | 0 | 60 | 120 | 240 | 900 |
| | | 男 | 44 | 261 | 0 | 45 | 120 | 240 | 1 500 |
| | | 女 | 32 | 198 | 0 | 60 | 150 | 300 | 720 |
| | 农村 | 小计 | 146 | 225 | 0 | 60 | 150 | 240 | 900 |
| | | 男 | 112 | 239 | 0 | 60 | 150 | 240 | 900 |
| | | 女 | 34 | 149 | 0 | 0 | 60 | 200 | 720 |
| 西藏 | 城乡 | 小计 | 275 | 63 | 0 | 0 | 20 | 60 | 270 |
| | | 男 | 150 | 74 | 0 | 0 | 20 | 90 | 360 |
| | | 女 | 125 | 46 | 0 | 0 | 15 | 60 | 240 |
| | 城市 | 小计 | 26 | 182 | 0 | 15 | 60 | 180 | 900 |
| | | 男 | 16 | 222 | 0 | 20 | 60 | 180 | 900 |
| | | 女 | 10 | 91 | 0 | 0 | 90 | 120 | 480 |
| | 农村 | 小计 | 249 | 51 | 0 | 0 | 15 | 60 | 240 |
| | | 男 | 134 | 56 | 0 | 0 | 15 | 60 | 240 |
| | | 女 | 115 | 42 | 0 | 0 | 15 | 40 | 240 |
| 陕西 | 城乡 | 小计 | 21 | 556 | 0 | 280 | 480 | 720 | 1 000 |
| | | 男 | 16 | 481 | 0 | 350 | 540 | 720 | 900 |
| | | 女 | 5 | 785 | 240 | 240 | 280 | 1 000 | 2 700 |
| | 城市 | 小计 | 18 | 535 | 0 | 240 | 420 | 720 | 1 000 |
| | | 男 | 13 | 432 | 0 | 240 | 420 | 720 | 750 |
| | | 女 | 5 | 785 | 240 | 240 | 280 | 1 000 | 2 700 |
| | 农村 | 小计 | 3 | 668 | 540 | 540 | 600 | 900 | 900 |
| | | 男 | 3 | 668 | 540 | 540 | 600 | 900 | 900 |
| 甘肃 | 城乡 | 小计 | 15 | 271 | 0 | 60 | 120 | 400 | 720 |
| | | 男 | 15 | 271 | 0 | 60 | 120 | 400 | 720 |
| | 城市 | 小计 | 5 | 100 | 0 | 60 | 90 | 180 | 180 |
| | | 男 | 5 | 100 | 0 | 60 | 90 | 180 | 180 |
| | 农村 | 小计 | 10 | 360 | 60 | 60 | 200 | 720 | 1 200 |
| | | 男 | 10 | 360 | 60 | 60 | 200 | 720 | 1 200 |
| 青海 | 城乡 | 小计 | 15 | 352 | 0 | 180 | 240 | 300 | 900 |
| | | 男 | 11 | 373 | 0 | 180 | 200 | 480 | 900 |
| | | 女 | 4 | 226 | 120 | 120 | 240 | 300 | 300 |
| | 城市 | 小计 | 14 | 361 | 0 | 180 | 240 | 480 | 900 |
| | | 男 | 10 | 385 | 0 | 180 | 240 | 480 | 900 |
| | | 女 | 4 | 226 | 120 | 120 | 240 | 300 | 300 |
| | 农村 | 小计 | 1 | 30 | 30 | 30 | 30 | 30 | 30 |
| | | 男 | 1 | 30 | 30 | 30 | 30 | 30 | 30 |

| 地区 | 城乡 | 性别 | n | 夏季平均每月游泳时间 /（min/ 月） | | | | | |
|---|---|---|---|---|---|---|---|---|---|
| | | | | Mean | P5 | P25 | P50 | P75 | P95 |
| 宁夏 | 城乡 | 小计 | 52 | 307 | 0 | 100 | 240 | 360 | 720 |
| | | 男 | 40 | 305 | 0 | 100 | 240 | 360 | 720 |
| | | 女 | 12 | 317 | 0 | 120 | 240 | 240 | 1 800 |
| | 城市 | 小计 | 50 | 319 | 0 | 120 | 240 | 360 | 960 |
| | | 男 | 38 | 319 | 0 | 120 | 240 | 360 | 720 |
| | | 女 | 12 | 317 | 0 | 120 | 240 | 240 | 1 800 |
| | 农村 | 小计 | 2 | 105 | 90 | 90 | 105 | 120 | 120 |
| | | 男 | 2 | 105 | 90 | 90 | 105 | 120 | 120 |
| 新疆 | 城乡 | 小计 | 159 | 177 | 30 | 60 | 120 | 240 | 480 |
| | | 男 | 137 | 182 | 30 | 60 | 120 | 240 | 480 |
| | | 女 | 22 | 122 | 0 | 60 | 90 | 120 | 480 |
| | 城市 | 小计 | 42 | 168 | 20 | 80 | 120 | 240 | 480 |
| | | 男 | 30 | 163 | 30 | 80 | 120 | 200 | 480 |
| | | 女 | 12 | 192 | 0 | 30 | 160 | 240 | 480 |
| | 农村 | 小计 | 117 | 179 | 30 | 60 | 120 | 240 | 480 |
| | | 男 | 107 | 187 | 30 | 60 | 120 | 300 | 480 |
| | | 女 | 10 | 79 | 40 | 60 | 60 | 120 | 120 |

## 附表 7-24　中国人群分省（直辖市、自治区）、城乡、性别的冬季平均每月游泳时间

| 地区 | 城乡 | 性别 | n | 冬季平均每月游泳时间 /（min/ 月） | | | | | |
|---|---|---|---|---|---|---|---|---|---|
| | | | | Mean | P5 | P25 | P50 | P75 | P95 |
| 合计 | 城乡 | 小计 | 2 829 | 30 | 0 | 0 | 0 | 0 | 150 |
| | | 男 | 2 116 | 24 | 0 | 0 | 0 | 0 | 120 |
| | | 女 | 713 | 59 | 0 | 0 | 0 | 0 | 360 |
| | 城市 | 小计 | 1 593 | 46 | 0 | 0 | 0 | 0 | 240 |
| | | 男 | 1 096 | 37 | 0 | 0 | 0 | 0 | 180 |
| | | 女 | 497 | 72 | 0 | 0 | 0 | 30 | 450 |
| | 农村 | 小计 | 1 236 | 10 | 0 | 0 | 0 | 0 | 40 |
| | | 男 | 1 020 | 10 | 0 | 0 | 0 | 0 | 40 |
| | | 女 | 216 | 16 | 0 | 0 | 0 | 0 | 120 |
| 北京 | 城乡 | 小计 | 44 | 171 | 0 | 0 | 60 | 240 | 675 |
| | | 男 | 23 | 148 | 0 | 0 | 60 | 240 | 675 |
| | | 女 | 21 | 203 | 0 | 0 | 120 | 240 | 720 |
| | 城市 | 小计 | 43 | 176 | 0 | 0 | 60 | 240 | 675 |
| | | 男 | 22 | 156 | 0 | 0 | 60 | 240 | 675 |
| | | 女 | 21 | 203 | 0 | 0 | 120 | 240 | 720 |
| | 农村 | 小计 | 1 | 0 | 0 | 0 | 0 | 0 | 0 |
| | | 男 | 1 | 0 | 0 | 0 | 0 | 0 | 0 |
| 天津 | 城乡 | 小计 | 7 | 35 | 0 | 0 | 0 | 0 | 180 |
| | | 男 | 4 | 0 | 0 | 0 | 0 | 0 | 0 |
| | | 女 | 3 | 113 | 0 | 120 | 120 | 180 | 180 |
| | 城市 | 小计 | 7 | 35 | 0 | 0 | 0 | 0 | 180 |
| | | 男 | 4 | 0 | 0 | 0 | 0 | 0 | 0 |
| | | 女 | 3 | 113 | 0 | 120 | 120 | 180 | 180 |
| 河北 | 城乡 | 小计 | 59 | 51 | 0 | 0 | 0 | 0 | 270 |
| | | 男 | 44 | 28 | 0 | 0 | 0 | 0 | 240 |
| | | 女 | 15 | 136 | 0 | 0 | 0 | 160 | 800 |
| | 城市 | 小计 | 38 | 82 | 0 | 0 | 0 | 60 | 600 |
| | | 男 | 24 | 53 | 0 | 0 | 0 | 60 | 270 |
| | | 女 | 14 | 143 | 0 | 0 | 0 | 160 | 800 |
| | 农村 | 小计 | 21 | 0 | 0 | 0 | 0 | 0 | 0 |
| | | 男 | 20 | 0 | 0 | 0 | 0 | 0 | 0 |
| | | 女 | 1 | 0 | 0 | 0 | 0 | 0 | 0 |
| 山西 | 城乡 | 小计 | 39 | 11 | 0 | 0 | 0 | 0 | 60 |

| 地区 | 城乡 | 性别 | n | 冬季平均每月游泳时间 /（min/ 月） | | | | | |
|---|---|---|---|---|---|---|---|---|---|
| | | | | Mean | P5 | P25 | P50 | P75 | P95 |
| 山西 | 城乡 | 男 | 23 | 6 | 0 | 0 | 0 | 0 | 60 |
| | | 女 | 16 | 20 | 0 | 0 | 0 | 30 | 120 |
| | 城市 | 小计 | 29 | 13 | 0 | 0 | 0 | 0 | 120 |
| | | 男 | 13 | 5 | 0 | 0 | 0 | 0 | 40 |
| | | 女 | 16 | 20 | 0 | 0 | 0 | 30 | 120 |
| | 农村 | 小计 | 10 | 8 | 0 | 0 | 0 | 0 | 60 |
| | | 男 | 10 | 8 | 0 | 0 | 0 | 0 | 60 |
| 内蒙古 | 城乡 | 小计 | 11 | 31 | 0 | 0 | 0 | 0 | 240 |
| | | 男 | 9 | 27 | 0 | 0 | 0 | 0 | 240 |
| | | 女 | 2 | 64 | 0 | 0 | 0 | 160 | 160 |
| | 城市 | 小计 | 7 | 61 | 0 | 0 | 0 | 160 | 240 |
| | | 男 | 5 | 60 | 0 | 0 | 0 | 75 | 240 |
| | | 女 | 2 | 64 | 0 | 0 | 0 | 160 | 160 |
| | 农村 | 小计 | 4 | 0 | 0 | 0 | 0 | 0 | 0 |
| | | 男 | 4 | 0 | 0 | 0 | 0 | 0 | 0 |
| 辽宁 | 城乡 | 小计 | 73 | 50 | 0 | 0 | 0 | 30 | 320 |
| | | 男 | 45 | 24 | 0 | 0 | 0 | 0 | 180 |
| | | 女 | 28 | 107 | 0 | 0 | 30 | 120 | 480 |
| | 城市 | 小计 | 44 | 71 | 0 | 0 | 0 | 60 | 480 |
| | | 男 | 24 | 37 | 0 | 0 | 0 | 20 | 180 |
| | | 女 | 20 | 123 | 0 | 0 | 60 | 120 | 600 |
| | 农村 | 小计 | 29 | 25 | 0 | 0 | 0 | 0 | 320 |
| | | 男 | 21 | 11 | 0 | 0 | 0 | 0 | 0 |
| | | 女 | 8 | 73 | 0 | 0 | 0 | 0 | 480 |
| 吉林 | 城乡 | 小计 | 39 | 44 | 0 | 0 | 0 | 0 | 240 |
| | | 男 | 26 | 12 | 0 | 0 | 0 | 0 | 30 |
| | | 女 | 13 | 155 | 0 | 0 | 30 | 240 | 880 |
| | 城市 | 小计 | 20 | 67 | 0 | 0 | 0 | 30 | 240 |
| | | 男 | 12 | 20 | 0 | 0 | 0 | 0 | 240 |
| | | 女 | 8 | 177 | 0 | 0 | 60 | 180 | 880 |
| | 农村 | 小计 | 19 | 30 | 0 | 0 | 0 | 0 | 240 |
| | | 男 | 14 | 8 | 0 | 0 | 0 | 0 | 0 |
| | | 女 | 5 | 132 | 0 | 0 | 30 | 240 | 450 |
| 黑龙江 | 城乡 | 小计 | 59 | 111 | 0 | 0 | 30 | 120 | 400 |
| | | 男 | 28 | 49 | 0 | 0 | 0 | 90 | 240 |
| | | 女 | 31 | 187 | 0 | 0 | 100 | 240 | 1 200 |
| | 城市 | 小计 | 44 | 135 | 0 | 0 | 60 | 120 | 450 |
| | | 男 | 14 | 60 | 0 | 0 | 60 | 90 | 240 |
| | | 女 | 30 | 188 | 0 | 0 | 100 | 240 | 1 200 |
| | 农村 | 小计 | 15 | 33 | 0 | 0 | 0 | 0 | 240 |
| | | 男 | 14 | 34 | 0 | 0 | 0 | 0 | 240 |
| | | 女 | 1 | 0 | 0 | 0 | 0 | 0 | 0 |
| 上海 | 城乡 | 小计 | 46 | 67 | 0 | 0 | 0 | 0 | 120 |
| | | 男 | 30 | 49 | 0 | 0 | 0 | 0 | 120 |
| | | 女 | 16 | 122 | 0 | 0 | 0 | 30 | 900 |
| | 城市 | 小计 | 46 | 67 | 0 | 0 | 0 | 0 | 120 |
| | | 男 | 30 | 49 | 0 | 0 | 0 | 0 | 120 |
| | | 女 | 16 | 122 | 0 | 0 | 0 | 30 | 900 |
| 江苏 | 城乡 | 小计 | 89 | 32 | 0 | 0 | 0 | 0 | 240 |
| | | 男 | 70 | 33 | 0 | 0 | 0 | 0 | 120 |
| | | 女 | 19 | 27 | 0 | 0 | 0 | 0 | 240 |
| | 城市 | 小计 | 83 | 34 | 0 | 0 | 0 | 0 | 240 |
| | | 男 | 64 | 36 | 0 | 0 | 0 | 0 | 120 |
| | | 女 | 19 | 27 | 0 | 0 | 0 | 0 | 240 |
| | 农村 | 小计 | 6 | 0 | 0 | 0 | 0 | 0 | 0 |
| | | 男 | 6 | 0 | 0 | 0 | 0 | 0 | 0 |
| 浙江 | 城乡 | 小计 | 133 | 9 | 0 | 0 | 0 | 0 | 0 |
| | | 男 | 101 | 6 | 0 | 0 | 0 | 0 | 0 |

| 地区 | 城乡 | 性别 | $n$ | 冬季平均每月游泳时间 /（min/ 月） | | | | | |
|---|---|---|---|---|---|---|---|---|---|
| | | | | Mean | P5 | P25 | P50 | P75 | P95 |
| 浙江 | 城乡 | 女 | 32 | 21 | 0 | 0 | 0 | 0 | 160 |
| | 城市 | 小计 | 46 | 18 | 0 | 0 | 0 | 0 | 160 |
| | | 男 | 33 | 7 | 0 | 0 | 0 | 0 | 0 |
| | | 女 | 13 | 57 | 0 | 0 | 0 | 0 | 600 |
| | 农村 | 小计 | 87 | 5 | 0 | 0 | 0 | 0 | 0 |
| | | 男 | 68 | 6 | 0 | 0 | 0 | 0 | 0 |
| | | 女 | 19 | 0 | 0 | 0 | 0 | 0 | 0 |
| 安徽 | 城乡 | 小计 | 32 | 0 | 0 | 0 | 0 | 0 | 0 |
| | | 男 | 29 | 0 | 0 | 0 | 0 | 0 | 0 |
| | | 女 | 3 | 0 | 0 | 0 | 0 | 0 | 0 |
| | 城市 | 小计 | 19 | 0 | 0 | 0 | 0 | 0 | 0 |
| | | 男 | 17 | 0 | 0 | 0 | 0 | 0 | 0 |
| | | 女 | 2 | 0 | 0 | 0 | 0 | 0 | 0 |
| | 农村 | 小计 | 13 | 0 | 0 | 0 | 0 | 0 | 0 |
| | | 男 | 12 | 0 | 0 | 0 | 0 | 0 | 0 |
| | | 女 | 1 | 0 | 0 | 0 | 0 | 0 | 0 |
| 福建 | 城乡 | 小计 | 117 | 75 | 0 | 0 | 0 | 0 | 750 |
| | | 男 | 86 | 85 | 0 | 0 | 0 | 0 | 750 |
| | | 女 | 31 | 5 | 0 | 0 | 0 | 0 | 0 |
| | 城市 | 小计 | 89 | 98 | 0 | 0 | 0 | 0 | 1 200 |
| | | 男 | 62 | 114 | 0 | 0 | 0 | 0 | 1 200 |
| | | 女 | 27 | 6 | 0 | 0 | 0 | 0 | 0 |
| | 农村 | 小计 | 28 | 26 | 0 | 0 | 0 | 0 | 0 |
| | | 男 | 24 | 28 | 0 | 0 | 0 | 0 | 0 |
| | | 女 | 4 | 0 | 0 | 0 | 0 | 0 | 0 |
| 江西 | 城乡 | 小计 | 99 | 8 | 0 | 0 | 0 | 0 | 0 |
| | | 男 | 86 | 9 | 0 | 0 | 0 | 0 | 0 |
| | | 女 | 13 | 4 | 0 | 0 | 0 | 0 | 60 |
| | 城市 | 小计 | 79 | 12 | 0 | 0 | 0 | 0 | 30 |
| | | 男 | 67 | 12 | 0 | 0 | 0 | 0 | 30 |
| | | 女 | 12 | 5 | 0 | 0 | 0 | 0 | 60 |
| | 农村 | 小计 | 20 | 0 | 0 | 0 | 0 | 0 | 0 |
| | | 男 | 19 | 0 | 0 | 0 | 0 | 0 | 0 |
| | | 女 | 1 | 0 | 0 | 0 | 0 | 0 | 0 |
| 山东 | 城乡 | 小计 | 159 | 30 | 0 | 0 | 0 | 0 | 160 |
| | | 男 | 143 | 25 | 0 | 0 | 0 | 0 | 160 |
| | | 女 | 16 | 84 | 0 | 0 | 0 | 60 | 600 |
| | 城市 | 小计 | 86 | 47 | 0 | 0 | 0 | 0 | 480 |
| | | 男 | 70 | 41 | 0 | 0 | 0 | 0 | 360 |
| | | 女 | 16 | 84 | 0 | 0 | 0 | 60 | 600 |
| | 农村 | 小计 | 73 | 4 | 0 | 0 | 0 | 0 | 0 |
| | | 男 | 73 | 4 | 0 | 0 | 0 | 0 | 0 |
| 河南 | 城乡 | 小计 | 94 | 20 | 0 | 0 | 0 | 0 | 120 |
| | | 男 | 74 | 20 | 0 | 0 | 0 | 0 | 120 |
| | | 女 | 20 | 26 | 0 | 0 | 0 | 0 | 180 |
| | 城市 | 小计 | 55 | 33 | 0 | 0 | 0 | 0 | 200 |
| | | 男 | 38 | 32 | 0 | 0 | 0 | 0 | 150 |
| | | 女 | 17 | 38 | 0 | 0 | 0 | 80 | 240 |
| | 农村 | 小计 | 39 | 14 | 0 | 0 | 0 | 0 | 60 |
| | | 男 | 36 | 15 | 0 | 0 | 0 | 0 | 60 |
| | | 女 | 3 | 0 | 0 | 0 | 0 | 0 | 0 |
| 湖北 | 城乡 | 小计 | 133 | 19 | 0 | 0 | 0 | 0 | 0 |
| | | 男 | 96 | 22 | 0 | 0 | 0 | 0 | 0 |
| | | 女 | 37 | 7 | 0 | 0 | 0 | 0 | 30 |
| | 城市 | 小计 | 115 | 23 | 0 | 0 | 0 | 0 | 60 |
| | | 男 | 80 | 27 | 0 | 0 | 0 | 0 | 100 |
| | | 女 | 35 | 9 | 0 | 0 | 0 | 0 | 60 |
| | 农村 | 小计 | 18 | 0 | 0 | 0 | 0 | 0 | 0 |
| | | 男 | 16 | 0 | 0 | 0 | 0 | 0 | 0 |

| 地区 | 城乡 | 性别 | $n$ | 冬季平均每月游泳时间 /（min/ 月） | | | | | |
|---|---|---|---|---|---|---|---|---|---|
| | | | | Mean | P5 | P25 | P50 | P75 | P95 |
| 湖北 | 农村 | 女 | 2 | 0 | 0 | 0 | 0 | 0 | 0 |
| 湖南 | 城乡 | 小计 | 238 | 3 | 0 | 0 | 0 | 0 | 0 |
| | | 男 | 211 | 3 | 0 | 0 | 0 | 0 | 0 |
| | | 女 | 27 | 2 | 0 | 0 | 0 | 0 | 0 |
| | 城市 | 小计 | 93 | 5 | 0 | 0 | 0 | 0 | 0 |
| | | 男 | 74 | 5 | 0 | 0 | 0 | 0 | 0 |
| | | 女 | 19 | 3 | 0 | 0 | 0 | 0 | 0 |
| | 农村 | 小计 | 145 | 2 | 0 | 0 | 0 | 0 | 0 |
| | | 男 | 137 | 3 | 0 | 0 | 0 | 0 | 0 |
| | | 女 | 8 | 0 | 0 | 0 | 0 | 0 | 0 |
| 广东 | 城乡 | 小计 | 121 | 49 | 0 | 0 | 0 | 0 | 450 |
| | | 男 | 82 | 27 | 0 | 0 | 0 | 0 | 300 |
| | | 女 | 39 | 95 | 0 | 0 | 0 | 0 | 750 |
| | 城市 | 小计 | 90 | 64 | 0 | 0 | 0 | 0 | 600 |
| | | 男 | 55 | 39 | 0 | 0 | 0 | 0 | 300 |
| | | 女 | 35 | 105 | 0 | 0 | 0 | 0 | 750 |
| | 农村 | 小计 | 31 | 0 | 0 | 0 | 0 | 0 | 0 |
| | | 男 | 27 | 0 | 0 | 0 | 0 | 0 | 0 |
| | | 女 | 4 | 0 | 0 | 0 | 0 | 0 | 0 |
| 广西 | 城乡 | 小计 | 183 | 12 | 0 | 0 | 0 | 0 | 70 |
| | | 男 | 127 | 11 | 0 | 0 | 0 | 0 | 70 |
| | | 女 | 56 | 14 | 0 | 0 | 0 | 0 | 45 |
| | 城市 | 小计 | 140 | 8 | 0 | 0 | 0 | 0 | 0 |
| | | 男 | 90 | 3 | 0 | 0 | 0 | 0 | 0 |
| | | 女 | 50 | 21 | 0 | 0 | 0 | 0 | 160 |
| | 农村 | 小计 | 43 | 16 | 0 | 0 | 0 | 0 | 100 |
| | | 男 | 37 | 19 | 0 | 0 | 0 | 0 | 200 |
| | | 女 | 6 | 0 | 0 | 0 | 0 | 0 | 0 |
| 海南 | 城乡 | 小计 | 29 | 62 | 0 | 0 | 0 | 20 | 600 |
| | | 男 | 27 | 63 | 0 | 0 | 0 | 10 | 600 |
| | | 女 | 2 | 51 | 0 | 0 | 0 | 120 | 120 |
| | 城市 | 小计 | 6 | 21 | 0 | 0 | 0 | 20 | 120 |
| | | 男 | 5 | 4 | 0 | 0 | 0 | 0 | 20 |
| | | 女 | 1 | 120 | 120 | 120 | 120 | 120 | 120 |
| | 农村 | 小计 | 23 | 69 | 0 | 0 | 0 | 10 | 600 |
| | | 男 | 22 | 72 | 0 | 0 | 0 | 10 | 600 |
| | | 女 | 1 | 0 | 0 | 0 | 0 | 0 | 0 |
| 重庆 | 城乡 | 小计 | 6 | 0 | 0 | 0 | 0 | 0 | 0 |
| | | 男 | 5 | 0 | 0 | 0 | 0 | 0 | 0 |
| | | 女 | 1 | 0 | 0 | 0 | 0 | 0 | 0 |
| | 城市 | 小计 | 6 | 0 | 0 | 0 | 0 | 0 | 0 |
| | | 男 | 5 | 0 | 0 | 0 | 0 | 0 | 0 |
| | | 女 | 1 | 0 | 0 | 0 | 0 | 0 | 0 |
| 四川 | 城乡 | 小计 | 70 | 0 | 0 | 0 | 0 | 0 | 0 |
| | | 男 | 58 | 0 | 0 | 0 | 0 | 0 | 0 |
| | | 女 | 12 | 0 | 0 | 0 | 0 | 0 | 0 |
| | 城市 | 小计 | 51 | 0 | 0 | 0 | 0 | 0 | 0 |
| | | 男 | 42 | 0 | 0 | 0 | 0 | 0 | 0 |
| | | 女 | 9 | 0 | 0 | 0 | 0 | 0 | 0 |
| | 农村 | 小计 | 19 | 1 | 0 | 0 | 0 | 0 | 0 |
| | | 男 | 16 | 1 | 0 | 0 | 0 | 0 | 0 |
| | | 女 | 3 | 0 | 0 | 0 | 0 | 0 | 0 |
| 贵州 | 城乡 | 小计 | 235 | 3 | 0 | 0 | 0 | 0 | 0 |
| | | 男 | 188 | 2 | 0 | 0 | 0 | 0 | 0 |
| | | 女 | 47 | 7 | 0 | 0 | 0 | 0 | 120 |
| | 城市 | 小计 | 126 | 3 | 0 | 0 | 0 | 0 | 0 |
| | | 男 | 90 | 2 | 0 | 0 | 0 | 0 | 0 |
| | | 女 | 36 | 8 | 0 | 0 | 0 | 0 | 120 |
| | 农村 | 小计 | 109 | 2 | 0 | 0 | 0 | 0 | 0 |

| 地区 | 城乡 | 性别 | $n$ | 冬季平均每月游泳时间 /（min/ 月） | | | | | |
|---|---|---|---|---|---|---|---|---|---|
| | | | | Mean | P5 | P25 | P50 | P75 | P95 |
| 贵州 | 农村 | 男 | 98 | 2 | 0 | 0 | 0 | 0 | 0 |
| | | 女 | 11 | 0 | 0 | 0 | 0 | 0 | 0 |
| 云南 | 城乡 | 小计 | 221 | 63 | 0 | 0 | 0 | 60 | 300 |
| | | 男 | 155 | 57 | 0 | 0 | 0 | 40 | 300 |
| | | 女 | 66 | 84 | 0 | 0 | 20 | 120 | 450 |
| | 城市 | 小计 | 77 | 107 | 0 | 0 | 0 | 70 | 450 |
| | | 男 | 45 | 101 | 0 | 0 | 0 | 60 | 360 |
| | | 女 | 32 | 119 | 0 | 0 | 60 | 150 | 450 |
| | 农村 | 小计 | 144 | 36 | 0 | 0 | 0 | 30 | 240 |
| | | 男 | 110 | 34 | 0 | 0 | 0 | 30 | 300 |
| | | 女 | 34 | 45 | 0 | 0 | 0 | 60 | 240 |
| 西藏 | 城乡 | 小计 | 250 | 2 | 0 | 0 | 0 | 0 | 0 |
| | | 男 | 142 | 2 | 0 | 0 | 0 | 0 | 0 |
| | | 女 | 108 | 2 | 0 | 0 | 0 | 0 | 0 |
| | 城市 | 小计 | 26 | 10 | 0 | 0 | 0 | 0 | 20 |
| | | 男 | 16 | 2 | 0 | 0 | 0 | 0 | 20 |
| | | 女 | 10 | 28 | 0 | 0 | 0 | 0 | 240 |
| | 农村 | 小计 | 224 | 1 | 0 | 0 | 0 | 0 | 0 |
| | | 男 | 126 | 2 | 0 | 0 | 0 | 0 | 0 |
| | | 女 | 98 | 0 | 0 | 0 | 0 | 0 | 0 |
| 陕西 | 城乡 | 小计 | 21 | 15 | 0 | 0 | 0 | 0 | 120 |
| | | 男 | 16 | 9 | 0 | 0 | 0 | 0 | 120 |
| | | 女 | 5 | 34 | 0 | 0 | 0 | 120 | 120 |
| | 城市 | 小计 | 18 | 18 | 0 | 0 | 0 | 0 | 120 |
| | | 男 | 13 | 12 | 0 | 0 | 0 | 0 | 120 |
| | | 女 | 5 | 34 | 0 | 0 | 0 | 120 | 120 |
| | 农村 | 小计 | 3 | 0 | 0 | 0 | 0 | 0 | 0 |
| | | 男 | 3 | 0 | 0 | 0 | 0 | 0 | 0 |
| 甘肃 | 城乡 | 小计 | 15 | 45 | 0 | 0 | 0 | 60 | 240 |
| | | 男 | 15 | 45 | 0 | 0 | 0 | 60 | 240 |
| | 城市 | 小计 | 5 | 24 | 0 | 0 | 0 | 60 | 60 |
| | | 男 | 5 | 24 | 0 | 0 | 0 | 60 | 60 |
| | 农村 | 小计 | 10 | 55 | 0 | 0 | 0 | 40 | 240 |
| | | 男 | 10 | 55 | 0 | 0 | 0 | 40 | 240 |
| 青海 | 城乡 | 小计 | 15 | 83 | 0 | 0 | 100 | 120 | 240 |
| | | 男 | 11 | 89 | 0 | 0 | 100 | 160 | 240 |
| | | 女 | 4 | 43 | 0 | 0 | 0 | 120 | 120 |
| | 城市 | 小计 | 14 | 85 | 0 | 0 | 100 | 120 | 240 |
| | | 男 | 10 | 92 | 0 | 0 | 100 | 160 | 240 |
| | | 女 | 4 | 43 | 0 | 0 | 0 | 120 | 120 |
| | 农村 | 小计 | 1 | 0 | 0 | 0 | 0 | 0 | 0 |
| | | 男 | 1 | 0 | 0 | 0 | 0 | 0 | 0 |
| 宁夏 | 城乡 | 小计 | 51 | 81 | 0 | 0 | 0 | 0 | 480 |
| | | 男 | 39 | 67 | 0 | 0 | 0 | 0 | 360 |
| | | 女 | 12 | 149 | 0 | 0 | 0 | 20 | 1 800 |
| | 城市 | 小计 | 49 | 85 | 0 | 0 | 0 | 0 | 480 |
| | | 男 | 37 | 72 | 0 | 0 | 0 | 0 | 480 |
| | | 女 | 12 | 149 | 0 | 0 | 0 | 20 | 1 800 |
| | 农村 | 小计 | 2 | 0 | 0 | 0 | 0 | 0 | 0 |
| | | 男 | 2 | 0 | 0 | 0 | 0 | 0 | 0 |
| 新疆 | 城乡 | 小计 | 141 | 3 | 0 | 0 | 0 | 0 | 0 |
| | | 男 | 123 | 1 | 0 | 0 | 0 | 0 | 0 |
| | | 女 | 18 | 18 | 0 | 0 | 0 | 0 | 120 |
| | 城市 | 小计 | 42 | 12 | 0 | 0 | 0 | 0 | 120 |
| | | 男 | 30 | 7 | 0 | 0 | 0 | 0 | 60 |
| | | 女 | 12 | 42 | 0 | 0 | 0 | 60 | 240 |
| | 农村 | 小计 | 99 | 0 | 0 | 0 | 0 | 0 | 0 |
| | | 男 | 93 | 0 | 0 | 0 | 0 | 0 | 0 |
| | | 女 | 6 | 0 | 0 | 0 | 0 | 0 | 0 |

# 8 与土壤暴露相关的时间活动模式参数

# Time-Activity Factors Related to Soil Exposure



本章作者 曹素珍 黄 楠 王贝贝 马 瑾 赵秀阁 段小丽 等

## 8.1 参数说明

与土壤接触方式包括务农性接触、其他生产性接触、健身休闲性接触。

务农性接触指规律性农业生产活动中与土壤的接触行为，如田间劳动等，不包括在家中种植盆栽植物的行为。接触时间指务农期间平均每天的工作时间。

其他生产性接触指由于工作需要而接触土壤或扬尘，如建筑工人等。接触时间指平均每天的工作时间。

健身休闲性接触指在裸露土壤上进行跑步、健身等运动中有明显可见扬尘的情况。接触时间指平均每天在这些场所运动休闲的总时间。

与土壤接触的相关暴露参数受文化、种族、经济水平、性别、年龄、兴趣爱好及个人习惯的变化而不同，它在健康风险评价中的作用是非常重要的。

## 8.2 资料与数据来源

我国与土壤接触的活动模式调查数据主要来自中国人群环境暴露行为模式研究。环境保护部科技标准司于2011—2012年委托中国环境科学研究院在我国31个省、自治区、直辖市（不包括香港、澳门特别行政区和台湾地区）的159个县/区针对18岁及以上常住居民91 527人（有效样本量为91 121人）开展中国人群环境暴露行为模式研究。研究结果见附表8-1～附表8-14，附表中“*n*”表示具有土壤接触行为的人数，“土壤接触时间”表示具有土壤接触行为的人的土壤接触时间。

## 8.3 时间活动模式参数推荐值

表 8-1 中国人群与土壤接触时间推荐值

| | 土壤接触时间 | | | | | | | | |
|---|---|---|---|---|---|---|---|---|---|
| | 城乡 | | | 城市 | | | 农村 | | |
| | 小计 | 男 | 女 | 小计 | 男 | 女 | 小计 | 男 | 女 |
| 具有土壤接触行为的人的比例 /% | 47.1 | 48.5 | 46.0 | 21.6 | 22.5 | 20.8 | 68.7 | 69.4 | 68.1 |
| 土壤接触时间 */（min/d） | 204 | 212 | 195 | 168 | 172 | 164 | 214 | 223 | 204 |

注：* 指具有土壤接触行为的人的土壤接触时间。

## 附表 8-1 中国人群分东中西、城乡、性别、年龄的全年平均每天接触土壤的总时间

| 地区 | 城乡 | 性别 | 年龄 | n | 平均每天接触土壤的时间 / (min/d) | | | | | |
|---|---|---|---|---|---|---|---|---|---|---|
| | | | | | Mean | P5 | P25 | P50 | P75 | P95 |
| 合计 | 城乡 | 小计 | 小计 | 42 913 | 204 | 20 | 75 | 180 | 300 | 480 |
| | | | 18～44 岁 | 16 279 | 205 | 20 | 90 | 180 | 300 | 480 |
| | | | 45～59 岁 | 17 160 | 215 | 30 | 90 | 180 | 300 | 480 |
| | | | 60～79 岁 | 9 204 | 183 | 20 | 60 | 130 | 240 | 480 |
| | | | 80 岁及以上 | 270 | 112 | 10 | 30 | 60 | 180 | 360 |
| | | 男 | 小计 | 20 015 | 212 | 20 | 90 | 180 | 300 | 480 |
| | | | 18～44 岁 | 7 415 | 209 | 20 | 90 | 180 | 300 | 480 |
| | | | 45～59 岁 | 7 631 | 226 | 30 | 120 | 180 | 360 | 480 |
| | | | 60～79 岁 | 4 825 | 198 | 20 | 60 | 180 | 300 | 480 |
| | | | 80 岁及以上 | 144 | 136 | 15 | 60 | 120 | 180 | 420 |
| | | 女 | 小计 | 22 898 | 195 | 20 | 60 | 180 | 300 | 480 |
| | | | 18～44 岁 | 8 864 | 200 | 20 | 80 | 180 | 300 | 480 |
| | | | 45～59 岁 | 9 529 | 205 | 20 | 90 | 180 | 300 | 480 |
| | | | 60～79 岁 | 4 379 | 165 | 15 | 60 | 120 | 240 | 420 |
| | | | 80 岁及以上 | 126 | 87 | 10 | 20 | 60 | 120 | 270 |
| | 城市 | 小计 | 小计 | 9 027 | 168 | 10 | 60 | 120 | 240 | 480 |
| | | | 18～44 岁 | 3 053 | 167 | 10 | 60 | 120 | 240 | 480 |
| | | | 45～59 岁 | 3 666 | 181 | 15 | 60 | 120 | 240 | 480 |
| | | | 60～79 岁 | 2 248 | 149 | 10 | 40 | 120 | 240 | 420 |
| | | | 80 岁及以上 | 60 | 98 | 10 | 30 | 60 | 120 | 300 |
| | | 男 | 小计 | 4 155 | 172 | 10 | 60 | 120 | 240 | 480 |
| | | | 18～44 岁 | 1 410 | 165 | 10 | 60 | 120 | 240 | 480 |
| | | | 45～59 岁 | 1 587 | 190 | 20 | 60 | 120 | 300 | 480 |
| | | | 60～79 岁 | 1 131 | 158 | 10 | 60 | 120 | 240 | 480 |
| | | | 80 岁及以上 | 27 | 116 | 20 | 60 | 90 | 180 | 300 |
| | | 女 | 小计 | 4 872 | 164 | 10 | 60 | 120 | 240 | 480 |
| | | | 18～44 岁 | 1 643 | 170 | 10 | 60 | 120 | 240 | 480 |
| | | | 45～59 岁 | 2 079 | 172 | 10 | 60 | 120 | 240 | 480 |
| | | | 60～79 岁 | 1 117 | 139 | 10 | 30 | 120 | 205 | 390 |
| | | | 80 岁及以上 | 33 | 84 | 10 | 15 | 60 | 120 | 360 |
| | 农村 | 小计 | 小计 | 33 886 | 214 | 30 | 120 | 180 | 300 | 480 |
| | | | 18～44 岁 | 13 226 | 214 | 30 | 120 | 180 | 300 | 480 |
| | | | 45～59 岁 | 13 494 | 225 | 30 | 120 | 180 | 360 | 480 |
| | | | 60～79 岁 | 6 956 | 194 | 20 | 60 | 180 | 300 | 480 |
| | | | 80 岁及以上 | 210 | 116 | 10 | 30 | 60 | 180 | 360 |
| | | 男 | 小计 | 15 860 | 223 | 30 | 120 | 180 | 360 | 480 |
| | | | 18～44 岁 | 6 005 | 220 | 30 | 120 | 180 | 330 | 480 |
| | | | 45～59 岁 | 6 044 | 236 | 30 | 120 | 200 | 360 | 480 |
| | | | 60～79 岁 | 3 694 | 211 | 30 | 120 | 180 | 300 | 480 |
| | | | 80 岁及以上 | 117 | 140 | 10 | 60 | 120 | 180 | 420 |
| | | 女 | 小计 | 18 026 | 204 | 30 | 90 | 180 | 300 | 480 |
| | | | 18～44 岁 | 7 221 | 208 | 30 | 120 | 180 | 300 | 480 |
| | | | 45～59 岁 | 7 450 | 214 | 30 | 120 | 180 | 300 | 480 |
| | | | 60～79 岁 | 3 262 | 174 | 20 | 60 | 120 | 240 | 480 |
| | | | 80 岁及以上 | 93 | 88 | 10 | 20 | 60 | 120 | 270 |
| 东部 | 城乡 | 小计 | 小计 | 12 822 | 200 | 20 | 60 | 150 | 300 | 480 |
| | | | 18～44 岁 | 3 613 | 201 | 15 | 60 | 150 | 300 | 480 |
| | | | 45～59 岁 | 5 743 | 210 | 20 | 60 | 180 | 310 | 480 |
| | | | 60～79 岁 | 3 365 | 185 | 20 | 60 | 120 | 300 | 480 |
| | | | 80 岁及以上 | 101 | 105 | 10 | 20 | 60 | 180 | 360 |
| | | 男 | 小计 | 5 914 | 208 | 20 | 60 | 180 | 300 | 480 |
| | | | 18～44 岁 | 1 614 | 201 | 15 | 60 | 150 | 300 | 480 |
| | | | 45～59 岁 | 2 485 | 222 | 20 | 72 | 180 | 360 | 480 |
| | | | 60～79 岁 | 1759 | 198 | 20 | 60 | 150 | 300 | 480 |
| | | | 80 岁及以上 | 56 | 118 | 10 | 60 | 60 | 180 | 360 |
| | | 女 | 小计 | 6 908 | 193 | 20 | 60 | 150 | 300 | 480 |

| 地区 | 城乡 | 性别 | 年龄 | $n$ | 平均每天接触土壤的时间 /（min/d） | | | | | |
|---|---|---|---|---|---|---|---|---|---|---|
| | | | | | Mean | P5 | P25 | P50 | P75 | P95 |
| 东部 | 城乡 | 女 | 18 ~ 44 岁 | 1 999 | 201 | 20 | 60 | 150 | 300 | 480 |
| | | | 45 ~ 59 岁 | 3 258 | 198 | 20 | 60 | 150 | 300 | 480 |
| | | | 60 ~ 79 岁 | 1 606 | 169 | 15 | 60 | 120 | 240 | 420 |
| | | | 80 岁及以上 | 45 | 93 | 10 | 20 | 60 | 180 | 360 |
| | 城市 | 小计 | 小计 | 3 236 | 164 | 10 | 60 | 120 | 240 | 480 |
| | | | 18 ~ 44 岁 | 825 | 165 | 10 | 60 | 120 | 240 | 480 |
| | | | 45 ~ 59 岁 | 1 407 | 175 | 10 | 60 | 120 | 240 | 480 |
| | | | 60 ~ 79 岁 | 976 | 144 | 10 | 40 | 120 | 210 | 420 |
| | | | 80 岁及以上 | 28 | 128 | 10 | 30 | 90 | 180 | 360 |
| | | 男 | 小计 | 1 464 | 165 | 10 | 60 | 120 | 240 | 480 |
| | | | 18 ~ 44 岁 | 366 | 162 | 10 | 60 | 120 | 240 | 480 |
| | | | 45 ~ 59 岁 | 596 | 179 | 10 | 60 | 120 | 240 | 480 |
| | | | 60 ~ 79 岁 | 490 | 150 | 10 | 60 | 120 | 240 | 420 |
| | | | 80 岁及以上 | 12 | 150 | 10 | 60 | 120 | 240 | 420 |
| | | 女 | 小计 | 1 772 | 162 | 10 | 40 | 120 | 240 | 480 |
| | | | 18 ~ 44 岁 | 459 | 169 | 10 | 60 | 120 | 300 | 480 |
| | | | 45 ~ 59 岁 | 811 | 171 | 10 | 40 | 120 | 240 | 480 |
| | | | 60 ~ 79 岁 | 486 | 138 | 10 | 30 | 90 | 180 | 420 |
| | | | 80 岁及以上 | 16 | 115 | 15 | 30 | 90 | 180 | 360 |
| | 农村 | 小计 | 小计 | 9 586 | 213 | 20 | 70 | 180 | 360 | 480 |
| | | | 18 ~ 44 岁 | 2 788 | 212 | 20 | 60 | 180 | 360 | 480 |
| | | | 45 ~ 59 岁 | 4 336 | 221 | 30 | 90 | 180 | 360 | 480 |
| | | | 60 ~ 79 岁 | 2 389 | 202 | 20 | 60 | 180 | 300 | 480 |
| | | | 80 岁及以上 | 73 | 93 | 10 | 20 | 60 | 120 | 360 |
| | | 男 | 小计 | 4 450 | 222 | 20 | 90 | 180 | 360 | 480 |
| | | | 18 ~ 44 岁 | 1 248 | 214 | 15 | 60 | 180 | 360 | 480 |
| | | | 45 ~ 59 岁 | 1 889 | 237 | 30 | 120 | 180 | 360 | 480 |
| | | | 60 ~ 79 岁 | 1 269 | 218 | 30 | 90 | 180 | 360 | 480 |
| | | | 80 岁及以上 | 44 | 107 | 10 | 30 | 60 | 120 | 360 |
| | | 女 | 小计 | 5 136 | 204 | 20 | 60 | 180 | 300 | 480 |
| | | | 18 ~ 44 岁 | 1 540 | 210 | 20 | 60 | 180 | 360 | 480 |
| | | | 45 ~ 59 岁 | 2 447 | 207 | 30 | 80 | 180 | 300 | 480 |
| | | | 60 ~ 79 岁 | 1 120 | 183 | 20 | 60 | 150 | 240 | 480 |
| | | | 80 岁及以上 | 29 | 78 | 10 | 20 | 30 | 120 | 240 |
| 中部 | 城乡 | 小计 | 小计 | 13 011 | 196 | 20 | 70 | 180 | 300 | 480 |
| | | | 18 ~ 44 岁 | 4 916 | 187 | 20 | 60 | 120 | 270 | 480 |
| | | | 45 ~ 59 岁 | 5 237 | 214 | 30 | 120 | 180 | 300 | 480 |
| | | | 60 ~ 79 岁 | 2 784 | 191 | 30 | 60 | 180 | 250 | 480 |
| | | | 80 岁及以上 | 74 | 117 | 15 | 30 | 80 | 180 | 360 |
| | | 男 | 小计 | 6 186 | 207 | 30 | 90 | 180 | 300 | 480 |
| | | | 18 ~ 44 岁 | 2 273 | 194 | 30 | 60 | 150 | 300 | 480 |
| | | | 45 ~ 59 岁 | 2 361 | 225 | 30 | 120 | 180 | 350 | 480 |
| | | | 60 ~ 79 岁 | 1 514 | 208 | 30 | 90 | 180 | 300 | 480 |
| | | | 80 岁及以上 | 38 | 152 | 20 | 60 | 120 | 200 | 390 |
| | | 女 | 小计 | 6 825 | 185 | 20 | 60 | 150 | 240 | 480 |
| | | | 18 ~ 44 岁 | 2 643 | 180 | 20 | 60 | 120 | 240 | 480 |
| | | | 45 ~ 59 岁 | 2 876 | 202 | 30 | 120 | 180 | 300 | 480 |
| | | | 60 ~ 79 岁 | 1 270 | 170 | 20 | 60 | 120 | 240 | 480 |
| | | | 80 岁及以上 | 36 | 88 | 5 | 20 | 60 | 120 | 270 |
| | 城市 | 小计 | 小计 | 2 264 | 155 | 15 | 60 | 120 | 240 | 480 |
| | | | 18 ~ 44 岁 | 761 | 145 | 15 | 35 | 120 | 200 | 420 |
| | | | 45 ~ 59 岁 | 910 | 167 | 15 | 60 | 120 | 240 | 480 |
| | | | 60 ~ 79 岁 | 580 | 161 | 15 | 60 | 120 | 240 | 480 |
| | | | 80 岁及以上 | 13 | 59 | 20 | 30 | 60 | 60 | 120 |
| | | 男 | 小计 | 1 065 | 163 | 20 | 45 | 120 | 240 | 480 |
| | | | 18 ~ 44 岁 | 369 | 144 | 10 | 30 | 120 | 200 | 420 |
| | | | 45 ~ 59 岁 | 394 | 182 | 20 | 60 | 120 | 240 | 480 |
| | | | 60 ~ 79 岁 | 294 | 181 | 25 | 60 | 120 | 240 | 480 |

| 地区 | 城乡 | 性别 | 年龄 | *n* | 平均每天接触土壤的时间 /（min/d） | | | | | |
|---|---|---|---|---|---|---|---|---|---|---|
| | | | | | Mean | P5 | P25 | P50 | P75 | P95 |
| 中部 | 城市 | 男 | 80 岁及以上 | 8 | 68 | 20 | 30 | 60 | 120 | 120 |
| | | 女 | 小计 | 1 199 | 146 | 10 | 60 | 120 | 240 | 420 |
| | | | 18 ～ 44 岁 | 392 | 146 | 15 | 60 | 120 | 200 | 420 |
| | | | 45 ～ 59 岁 | 516 | 152 | 10 | 60 | 120 | 240 | 420 |
| | | | 60 ～ 79 岁 | 286 | 137 | 10 | 30 | 120 | 210 | 360 |
| | | | 80 岁及以上 | 5 | 49 | 20 | 30 | 60 | 60 | 60 |
| | 农村 | 小计 | 小计 | 10 747 | 205 | 30 | 90 | 180 | 300 | 480 |
| | | | 18 ～ 44 岁 | 4 155 | 195 | 30 | 90 | 180 | 300 | 480 |
| | | | 45 ～ 59 岁 | 4 327 | 223 | 30 | 120 | 180 | 300 | 480 |
| | | | 60 ～ 79 岁 | 2 204 | 198 | 30 | 90 | 180 | 270 | 480 |
| | | | 80 岁及以上 | 61 | 127 | 15 | 30 | 90 | 180 | 360 |
| | | 男 | 小计 | 5 121 | 215 | 30 | 120 | 180 | 300 | 480 |
| | | | 18 ～ 44 岁 | 1 904 | 205 | 30 | 90 | 180 | 300 | 480 |
| | | | 45 ～ 59 岁 | 1 967 | 233 | 30 | 120 | 180 | 360 | 500 |
| | | | 60 ～ 79 岁 | 1 220 | 214 | 30 | 120 | 180 | 300 | 480 |
| | | | 80 岁及以上 | 30 | 170 | 50 | 60 | 150 | 200 | 390 |
| | | 女 | 小计 | 5 626 | 193 | 30 | 90 | 180 | 270 | 480 |
| | | | 18 ～ 44 岁 | 2 251 | 186 | 20 | 60 | 150 | 240 | 480 |
| | | | 45 ～ 59 岁 | 2 360 | 213 | 30 | 120 | 180 | 300 | 480 |
| | | | 60 ～ 79 岁 | 984 | 177 | 30 | 60 | 120 | 240 | 480 |
| | | | 80 岁及以上 | 31 | 93 | 5 | 20 | 60 | 120 | 270 |
| 西部 | 城乡 | 小计 | 小计 | 17 080 | 216 | 30 | 120 | 180 | 300 | 480 |
| | | | 18 ～ 44 岁 | 7 750 | 225 | 30 | 120 | 190 | 300 | 480 |
| | | | 45 ～ 59 岁 | 6 180 | 225 | 30 | 120 | 180 | 315 | 480 |
| | | | 60 ～ 79 岁 | 3 055 | 171 | 15 | 60 | 120 | 240 | 420 |
| | | | 80 岁及以上 | 95 | 114 | 10 | 20 | 60 | 170 | 420 |
| | | 男 | 小计 | 7 915 | 223 | 30 | 120 | 180 | 300 | 480 |
| | | | 18 ～ 44 岁 | 3 528 | 229 | 30 | 120 | 210 | 330 | 480 |
| | | | 45 ～ 59 岁 | 2 785 | 233 | 30 | 120 | 230 | 360 | 480 |
| | | | 60 ～ 79 岁 | 1 552 | 186 | 20 | 60 | 160 | 240 | 480 |
| | | | 80 岁及以上 | 50 | 139 | 10 | 30 | 120 | 180 | 420 |
| | | 女 | 小计 | 9 165 | 208 | 20 | 120 | 180 | 300 | 480 |
| | | | 18 ～ 44 岁 | 4 222 | 220 | 30 | 120 | 180 | 300 | 480 |
| | | | 45 ～ 59 岁 | 3 395 | 217 | 30 | 120 | 180 | 300 | 480 |
| | | | 60 ～ 79 岁 | 1 503 | 155 | 10 | 60 | 120 | 240 | 390 |
| | | | 80 岁及以上 | 45 | 75 | 10 | 20 | 60 | 120 | 180 |
| | 城市 | 小计 | 小计 | 3 527 | 183 | 10 | 60 | 150 | 260 | 480 |
| | | | 18 ～ 44 岁 | 1 467 | 186 | 10 | 60 | 180 | 280 | 480 |
| | | | 45 ～ 59 岁 | 1 349 | 201 | 20 | 60 | 180 | 300 | 480 |
| | | | 60 ～ 79 岁 | 692 | 148 | 10 | 35 | 120 | 240 | 390 |
| | | | 80 岁及以上 | 19 | 64 | 10 | 10 | 30 | 120 | 180 |
| | | 男 | 小计 | 1 626 | 186 | 10 | 60 | 150 | 290 | 480 |
| | | | 18 ～ 44 岁 | 675 | 184 | 10 | 60 | 150 | 280 | 480 |
| | | | 45 ～ 59 岁 | 597 | 212 | 20 | 60 | 180 | 320 | 480 |
| | | | 60 ～ 79 岁 | 347 | 153 | 15 | 40 | 120 | 240 | 420 |
| | | | 80 岁及以上 | 7 | 104 | 30 | 90 | 90 | 120 | 180 |
| | | 女 | 小计 | 1 901 | 180 | 10 | 60 | 180 | 240 | 480 |
| | | | 18 ～ 44 岁 | 792 | 190 | 15 | 60 | 180 | 270 | 480 |
| | | | 45 ～ 59 岁 | 752 | 189 | 20 | 60 | 180 | 270 | 480 |
| | | | 60 ～ 79 岁 | 345 | 142 | 10 | 30 | 120 | 240 | 390 |
| | | | 80 岁及以上 | 12 | 34 | 10 | 10 | 10 | 60 | 120 |
| | 农村 | 小计 | 小计 | 13 553 | 225 | 30 | 120 | 180 | 300 | 480 |
| | | | 18 ～ 44 岁 | 6 283 | 235 | 35 | 120 | 240 | 330 | 480 |
| | | | 45 ～ 59 岁 | 4 831 | 233 | 30 | 120 | 240 | 360 | 480 |
| | | | 60 ～ 79 岁 | 2 363 | 179 | 20 | 60 | 130 | 240 | 440 |
| | | | 80 岁及以上 | 76 | 126 | 10 | 30 | 80 | 180 | 420 |
| | | 男 | 小计 | 6 289 | 233 | 30 | 120 | 240 | 330 | 480 |
| | | | 18 ～ 44 岁 | 2 853 | 242 | 30 | 120 | 240 | 360 | 480 |

| 地区 | 城乡 | 性别 | 年龄 | $n$ | 平均每天接触土壤的时间 /（min/d） | | | | | |
|---|---|---|---|---|---|---|---|---|---|---|
| | | | | | Mean | P5 | P25 | P50 | P75 | P95 |
| 西部 | 农村 | 男 | 45～59 岁 | 2 188 | 239 | 30 | 120 | 240 | 360 | 480 |
| | | | 60～79 岁 | 1 205 | 198 | 24 | 120 | 180 | 270 | 480 |
| | | | 80 岁及以上 | 43 | 145 | 10 | 30 | 120 | 240 | 420 |
| | | 女 | 小计 | 7 264 | 216 | 30 | 120 | 180 | 300 | 480 |
| | | | 18～44 岁 | 3 430 | 228 | 40 | 120 | 240 | 300 | 480 |
| | | | 45～59 岁 | 2 643 | 226 | 30 | 120 | 180 | 315 | 480 |
| | | | 60～79 岁 | 1 158 | 159 | 15 | 60 | 120 | 240 | 390 |
| | | | 80 岁及以上 | 33 | 92 | 15 | 20 | 60 | 150 | 240 |

附表 8-2　中国人群分东中西、城乡、性别、年龄的平均每天与土壤务农性接触时间

| 地区 | 城乡 | 性别 | 年龄 | $n$ | 平均每天与土壤务农性接触时间 /（min/d） | | | | | |
|---|---|---|---|---|---|---|---|---|---|---|
| | | | | | Mean | P5 | P25 | P50 | P75 | P95 |
| 合计 | 城乡 | 小计 | 小计 | 42 775 | 201 | 25 | 90 | 180 | 300 | 480 |
| | | | 18～44 岁 | 16 450 | 201 | 30 | 90 | 180 | 300 | 480 |
| | | | 45～59 岁 | 17 224 | 212 | 30 | 120 | 180 | 300 | 480 |
| | | | 60～79 岁 | 8 870 | 182 | 20 | 60 | 150 | 240 | 480 |
| | | | 80 岁及以上 | 231 | 115 | 10 | 30 | 60 | 180 | 360 |
| | | 男 | 小计 | 19 896 | 208 | 30 | 90 | 180 | 300 | 480 |
| | | | 18～44 岁 | 7 448 | 205 | 20 | 90 | 180 | 300 | 480 |
| | | | 45～59 岁 | 7 635 | 221 | 30 | 120 | 180 | 360 | 480 |
| | | | 60～79 岁 | 4 687 | 195 | 30 | 70 | 180 | 300 | 480 |
| | | | 80 岁及以上 | 126 | 142 | 10 | 60 | 120 | 200 | 420 |
| | | 女 | 小计 | 22 879 | 194 | 20 | 70 | 180 | 300 | 480 |
| | | | 18～44 岁 | 9 002 | 198 | 30 | 90 | 180 | 300 | 480 |
| | | | 45～59 岁 | 9 589 | 203 | 30 | 90 | 180 | 300 | 480 |
| | | | 60～79 岁 | 4 183 | 166 | 20 | 60 | 120 | 240 | 420 |
| | | | 80 岁及以上 | 105 | 87 | 10 | 20 | 60 | 120 | 360 |
| | 城市 | 小计 | 小计 | 8 245 | 173 | 20 | 60 | 120 | 240 | 480 |
| | | | 18～44 岁 | 2 831 | 174 | 20 | 60 | 120 | 240 | 480 |
| | | | 45～59 岁 | 3 436 | 185 | 20 | 60 | 150 | 240 | 480 |
| | | | 60～79 岁 | 1 934 | 155 | 20 | 60 | 120 | 240 | 420 |
| | | | 80 岁及以上 | 44 | 109 | 15 | 60 | 60 | 120 | 360 |
| | | 男 | 小计 | 3 806 | 176 | 20 | 60 | 120 | 240 | 480 |
| | | | 18～44 岁 | 1 297 | 171 | 15 | 60 | 120 | 240 | 480 |
| | | | 45～59 岁 | 1 490 | 192 | 20 | 60 | 150 | 300 | 480 |
| | | | 60～79 岁 | 999 | 162 | 20 | 60 | 120 | 240 | 480 |
| | | | 80 岁及以上 | 20 | 129 | 30 | 60 | 90 | 180 | 420 |
| | | 女 | 小计 | 4 439 | 171 | 20 | 60 | 120 | 240 | 480 |
| | | | 18～44 岁 | 1 534 | 177 | 20 | 60 | 140 | 240 | 480 |
| | | | 45～59 岁 | 1 946 | 177 | 20 | 60 | 120 | 240 | 480 |
| | | | 60～79 岁 | 935 | 147 | 15 | 60 | 120 | 240 | 390 |
| | | | 80 岁及以上 | 24 | 94 | 10 | 30 | 60 | 120 | 360 |
| | 农村 | 小计 | 小计 | 34 530 | 208 | 30 | 120 | 180 | 300 | 480 |
| | | | 18～44 岁 | 13 619 | 207 | 30 | 120 | 180 | 300 | 480 |
| | | | 45～59 岁 | 13 788 | 219 | 30 | 120 | 180 | 300 | 480 |
| | | | 60～79 岁 | 6 936 | 190 | 20 | 60 | 180 | 250 | 480 |
| | | | 80 岁及以上 | 187 | 117 | 10 | 30 | 60 | 180 | 360 |
| | | 男 | 小计 | 16 090 | 216 | 30 | 120 | 180 | 300 | 480 |
| | | | 18～44 岁 | 6 151 | 213 | 30 | 120 | 180 | 300 | 480 |
| | | | 45～59 岁 | 6 145 | 228 | 30 | 120 | 180 | 360 | 480 |
| | | | 60～79 岁 | 3 688 | 205 | 30 | 120 | 180 | 300 | 480 |
| | | | 80 岁及以上 | 106 | 144 | 10 | 60 | 120 | 200 | 420 |
| | | 女 | 小计 | 18 440 | 199 | 30 | 90 | 180 | 300 | 480 |

| 地区 | 城乡 | 性别 | 年龄 | n | 平均每天与土壤务农性接触时间 / (min/d) | | | | | |
|---|---|---|---|---|---|---|---|---|---|---|
| | | | | | Mean | P5 | P25 | P50 | P75 | P95 |
| 合计 | 农村 | 女 | 18 ~ 44 岁 | 7 468 | 202 | 30 | 100 | 180 | 300 | 480 |
| | | | 45 ~ 59 岁 | 7 643 | 210 | 30 | 120 | 180 | 300 | 480 |
| | | | 60 ~ 79 岁 | 3 248 | 171 | 20 | 60 | 120 | 240 | 480 |
| | | | 80 岁及以上 | 81 | 85 | 10 | 20 | 60 | 120 | 270 |
| 东部 | 城乡 | 小计 | 小计 | 12 434 | 198 | 20 | 60 | 180 | 300 | 480 |
| | | | 18 ~ 44 岁 | 3 478 | 199 | 20 | 60 | 150 | 300 | 480 |
| | | | 45 ~ 59 岁 | 5 656 | 206 | 20 | 60 | 180 | 300 | 480 |
| | | | 60 ~ 79 岁 | 3 213 | 184 | 20 | 60 | 135 | 300 | 480 |
| | | | 80 岁及以上 | 87 | 107 | 10 | 30 | 60 | 180 | 360 |
| | | 男 | 小计 | 5 685 | 205 | 20 | 60 | 180 | 300 | 480 |
| | | | 18 ~ 44 岁 | 1 524 | 198 | 20 | 60 | 150 | 300 | 480 |
| | | | 45 ~ 59 岁 | 2 428 | 217 | 20 | 90 | 180 | 360 | 480 |
| | | | 60 ~ 79 岁 | 1 686 | 197 | 20 | 60 | 165 | 300 | 480 |
| | | | 80 岁及以上 | 47 | 122 | 10 | 60 | 60 | 180 | 360 |
| | | 女 | 小计 | 6 749 | 192 | 20 | 60 | 150 | 300 | 480 |
| | | | 18 ~ 44 岁 | 1 954 | 200 | 20 | 60 | 160 | 300 | 480 |
| | | | 45 ~ 59 岁 | 3 228 | 197 | 20 | 60 | 150 | 300 | 480 |
| | | | 60 ~ 79 岁 | 1 527 | 169 | 20 | 60 | 120 | 240 | 420 |
| | | | 80 岁及以上 | 40 | 95 | 10 | 20 | 60 | 120 | 360 |
| | 城市 | 小计 | 小计 | 2 887 | 169 | 20 | 60 | 120 | 240 | 480 |
| | | | 18 ~ 44 岁 | 703 | 173 | 10 | 60 | 120 | 240 | 480 |
| | | | 45 ~ 59 岁 | 1 302 | 179 | 20 | 60 | 120 | 240 | 480 |
| | | | 60 ~ 79 岁 | 857 | 148 | 15 | 60 | 120 | 240 | 420 |
| | | | 80 岁及以上 | 25 | 130 | 15 | 60 | 90 | 180 | 360 |
| | | 男 | 小计 | 1 303 | 169 | 20 | 60 | 120 | 240 | 480 |
| | | | 18 ~ 44 岁 | 304 | 168 | 20 | 60 | 120 | 240 | 480 |
| | | | 45 ~ 59 岁 | 554 | 181 | 20 | 60 | 120 | 240 | 480 |
| | | | 60 ~ 79 岁 | 435 | 152 | 20 | 60 | 120 | 240 | 420 |
| | | | 80 岁及以上 | 10 | 167 | 30 | 60 | 180 | 240 | 420 |
| | | 女 | 小计 | 1 584 | 169 | 15 | 60 | 120 | 240 | 480 |
| | | | 18 ~ 44 岁 | 399 | 179 | 10 | 60 | 120 | 240 | 480 |
| | | | 45 ~ 59 岁 | 748 | 176 | 20 | 60 | 120 | 240 | 480 |
| | | | 60 ~ 79 岁 | 422 | 144 | 15 | 40 | 120 | 240 | 420 |
| | | | 80 岁及以上 | 15 | 110 | 0 | 30 | 90 | 150 | 360 |
| | 农村 | 小计 | 小计 | 9 547 | 207 | 20 | 66 | 180 | 300 | 480 |
| | | | 18 ~ 44 岁 | 2 775 | 206 | 20 | 60 | 180 | 300 | 480 |
| | | | 45 ~ 59 岁 | 4 354 | 215 | 30 | 90 | 180 | 360 | 480 |
| | | | 60 ~ 79 岁 | 2 356 | 198 | 20 | 60 | 180 | 300 | 480 |
| | | | 80 岁及以上 | 62 | 94 | 10 | 20 | 60 | 120 | 360 |
| | | 男 | 小计 | 4 382 | 215 | 20 | 90 | 180 | 360 | 480 |
| | | | 18 ~ 44 岁 | 1 220 | 206 | 20 | 60 | 180 | 360 | 480 |
| | | | 45 ~ 59 岁 | 1 874 | 228 | 30 | 120 | 180 | 360 | 480 |
| | | | 60 ~ 79 岁 | 1 251 | 214 | 30 | 90 | 180 | 360 | 480 |
| | | | 80 岁及以上 | 37 | 105 | 10 | 30 | 60 | 180 | 300 |
| | | 女 | 小计 | 5 165 | 199 | 20 | 60 | 180 | 300 | 480 |
| | | | 18 ~ 44 岁 | 1 555 | 205 | 25 | 60 | 180 | 300 | 480 |
| | | | 45 ~ 59 岁 | 2 480 | 203 | 30 | 80 | 180 | 300 | 480 |
| | | | 60 ~ 79 岁 | 1 105 | 179 | 20 | 60 | 150 | 240 | 480 |
| | | | 80 岁及以上 | 25 | 83 | 10 | 20 | 30 | 120 | 360 |
| 中部 | 城乡 | 小计 | 小计 | 12 877 | 192 | 30 | 80 | 180 | 260 | 480 |
| | | | 18 ~ 44 岁 | 4 954 | 182 | 20 | 60 | 120 | 240 | 480 |
| | | | 45 ~ 59 岁 | 5 234 | 209 | 30 | 120 | 180 | 300 | 480 |
| | | | 60 ~ 79 岁 | 2 629 | 189 | 30 | 70 | 180 | 240 | 480 |
| | | | 80 岁及以上 | 60 | 118 | 10 | 30 | 60 | 180 | 360 |
| | | 男 | 小计 | 6 124 | 200 | 30 | 90 | 180 | 300 | 480 |
| | | | 18 ~ 44 岁 | 2 291 | 187 | 30 | 60 | 150 | 270 | 480 |
| | | | 45 ~ 59 岁 | 2 357 | 219 | 30 | 120 | 180 | 300 | 480 |
| | | | 60 ~ 79 岁 | 1 445 | 204 | 30 | 120 | 180 | 300 | 480 |

| 地区 | 城乡 | 性别 | 年龄 | *n* | 平均每天与土壤务农性接触时间 /（min/d） | | | | | |
|---|---|---|---|---|---|---|---|---|---|---|
| | | | | | Mean | P5 | P25 | P50 | P75 | P95 |
| 中部 | 城乡 | 男 | 80 岁及以上 | 31 | 162 | 50 | 60 | 150 | 200 | 390 |
| | | 女 | 小计 | 6 753 | 183 | 20 | 60 | 150 | 240 | 480 |
| | | | 18 ～ 44 岁 | 2 663 | 176 | 20 | 60 | 120 | 240 | 480 |
| | | | 45 ～ 59 岁 | 2 877 | 200 | 30 | 120 | 180 | 270 | 480 |
| | | | 60 ～ 79 岁 | 1 184 | 169 | 20 | 60 | 120 | 240 | 480 |
| | | | 80 岁及以上 | 29 | 79 | 5 | 20 | 60 | 90 | 270 |
| | 城市 | 小计 | 小计 | 2 038 | 162 | 20 | 60 | 120 | 240 | 470 |
| | | | 18 ～ 44 岁 | 714 | 150 | 20 | 60 | 120 | 210 | 420 |
| | | | 45 ～ 59 岁 | 852 | 175 | 20 | 60 | 120 | 240 | 480 |
| | | | 60 ～ 79 岁 | 464 | 172 | 20 | 60 | 120 | 240 | 480 |
| | | | 80 岁及以上 | 8 | 59 | 30 | 60 | 60 | 60 | 120 |
| | | 男 | 小计 | 956 | 169 | 20 | 60 | 120 | 240 | 480 |
| | | | 18 ～ 44 岁 | 342 | 149 | 15 | 45 | 120 | 200 | 390 |
| | | | 45 ～ 59 岁 | 368 | 188 | 20 | 60 | 150 | 240 | 480 |
| | | | 60 ～ 79 岁 | 242 | 188 | 30 | 60 | 150 | 240 | 480 |
| | | | 80 岁及以上 | 4 | 66 | 60 | 60 | 60 | 60 | 120 |
| | | 女 | 小计 | 1 082 | 155 | 20 | 60 | 120 | 240 | 420 |
| | | | 18 ～ 44 岁 | 372 | 152 | 20 | 60 | 120 | 210 | 420 |
| | | | 45 ～ 59 岁 | 484 | 162 | 20 | 60 | 120 | 240 | 420 |
| | | | 60 ～ 79 岁 | 222 | 151 | 10 | 60 | 120 | 240 | 360 |
| | | | 80 岁及以上 | 4 | 53 | 30 | 30 | 60 | 60 | 60 |
| | 农村 | 小计 | 小计 | 10 839 | 197 | 30 | 90 | 180 | 300 | 480 |
| | | | 18 ～ 44 岁 | 4 240 | 188 | 30 | 80 | 150 | 240 | 480 |
| | | | 45 ～ 59 岁 | 4 382 | 216 | 30 | 120 | 180 | 300 | 480 |
| | | | 60 ～ 79 岁 | 2 165 | 192 | 30 | 90 | 180 | 240 | 480 |
| | | | 80 岁及以上 | 52 | 125 | 10 | 30 | 90 | 180 | 360 |
| | | 男 | 小计 | 5 168 | 206 | 30 | 120 | 180 | 300 | 480 |
| | | | 18 ～ 44 岁 | 1 949 | 194 | 30 | 90 | 180 | 300 | 480 |
| | | | 45 ～ 59 岁 | 1 989 | 224 | 30 | 120 | 180 | 350 | 480 |
| | | | 60 ～ 79 岁 | 1 203 | 207 | 30 | 120 | 180 | 300 | 480 |
| | | | 80 岁及以上 | 27 | 173 | 50 | 60 | 150 | 240 | 390 |
| | | 女 | 小计 | 5 671 | 188 | 30 | 90 | 180 | 240 | 480 |
| | | | 18 ～ 44 岁 | 2 291 | 181 | 20 | 60 | 120 | 240 | 480 |
| | | | 45 ～ 59 岁 | 2 393 | 207 | 30 | 120 | 180 | 300 | 480 |
| | | | 60 ～ 79 岁 | 962 | 172 | 30 | 60 | 120 | 240 | 480 |
| | | | 80 岁及以上 | 25 | 83 | 5 | 20 | 30 | 120 | 270 |
| 西部 | 城乡 | 小计 | 小计 | 17 464 | 213 | 30 | 120 | 180 | 300 | 480 |
| | | | 18 ～ 44 岁 | 8 018 | 221 | 30 | 120 | 180 | 300 | 480 |
| | | | 45 ～ 59 岁 | 6 334 | 221 | 30 | 120 | 180 | 300 | 480 |
| | | | 60 ～ 79 岁 | 3 028 | 172 | 20 | 60 | 120 | 240 | 420 |
| | | | 80 岁及以上 | 84 | 121 | 10 | 30 | 90 | 180 | 420 |
| | | 男 | 小计 | 8 087 | 219 | 30 | 120 | 180 | 300 | 480 |
| | | | 18 ～ 44 岁 | 3 633 | 226 | 30 | 120 | 210 | 300 | 480 |
| | | | 45 ～ 59 岁 | 2 850 | 228 | 30 | 120 | 210 | 340 | 480 |
| | | | 60 ～ 79 岁 | 1 556 | 183 | 20 | 60 | 160 | 240 | 480 |
| | | | 80 岁及以上 | 48 | 143 | 10 | 60 | 120 | 180 | 420 |
| | | 女 | 小计 | 9 377 | 206 | 30 | 120 | 180 | 300 | 480 |
| | | | 18 ～ 44 岁 | 4 385 | 216 | 30 | 120 | 180 | 300 | 480 |
| | | | 45 ～ 59 岁 | 3 484 | 214 | 30 | 120 | 180 | 300 | 480 |
| | | | 60 ～ 79 岁 | 1 472 | 159 | 15 | 60 | 120 | 240 | 390 |
| | | | 80 岁及以上 | 36 | 85 | 10 | 20 | 60 | 120 | 240 |
| | 城市 | 小计 | 小计 | 3 320 | 187 | 20 | 60 | 180 | 270 | 480 |
| | | | 18 ～ 44 岁 | 1 414 | 191 | 20 | 60 | 180 | 300 | 480 |
| | | | 45 ～ 59 岁 | 1 282 | 201 | 20 | 60 | 180 | 300 | 480 |
| | | | 60 ～ 79 岁 | 613 | 153 | 16 | 60 | 120 | 240 | 360 |
| | | | 80 岁及以上 | 11 | 84 | 10 | 30 | 90 | 120 | 180 |
| | | 男 | 小计 | 1 547 | 189 | 20 | 60 | 180 | 300 | 480 |
| | | | 18 ～ 44 岁 | 651 | 189 | 10 | 60 | 180 | 300 | 480 |

| 地区 | 城乡 | 性别 | 年龄 | n | 平均每天与土壤务农性接触时间 /（min/d） | | | | | |
|---|---|---|---|---|---|---|---|---|---|---|
| | | | | | Mean | P5 | P25 | P50 | P75 | P95 |
| 西部 | 城市 | 男 | 45 ~ 59 岁 | 568 | 211 | 20 | 60 | 180 | 340 | 480 |
| | | | 60 ~ 79 岁 | 322 | 154 | 20 | 60 | 120 | 240 | 360 |
| | | | 80 岁及以上 | 6 | 101 | 30 | 90 | 90 | 120 | 180 |
| | | 女 | 小计 | 1 773 | 186 | 20 | 60 | 180 | 240 | 480 |
| | | | 18 ~ 44 岁 | 763 | 194 | 20 | 90 | 180 | 300 | 450 |
| | | | 45 ~ 59 岁 | 714 | 191 | 20 | 60 | 180 | 260 | 480 |
| | | | 60 ~ 79 岁 | 291 | 151 | 15 | 60 | 120 | 240 | 360 |
| | | | 80 岁及以上 | 5 | 56 | 10 | 10 | 30 | 120 | 120 |
| | 农村 | 小计 | 小计 | 14 144 | 219 | 30 | 120 | 180 | 300 | 480 |
| | | | 18 ~ 44 岁 | 6 604 | 228 | 30 | 120 | 210 | 300 | 480 |
| | | | 45 ~ 59 岁 | 5 052 | 227 | 30 | 120 | 200 | 300 | 480 |
| | | | 60 ~ 79 岁 | 2 415 | 177 | 20 | 60 | 130 | 240 | 480 |
| | | | 80 岁及以上 | 73 | 127 | 10 | 40 | 80 | 180 | 420 |
| | | 男 | 小计 | 6 540 | 227 | 30 | 120 | 210 | 300 | 480 |
| | | | 18 ~ 44 岁 | 2 982 | 236 | 30 | 120 | 240 | 360 | 480 |
| | | | 45 ~ 59 岁 | 2 282 | 232 | 30 | 120 | 240 | 345 | 480 |
| | | | 60 ~ 79 岁 | 1 234 | 192 | 30 | 120 | 180 | 240 | 480 |
| | | | 80 岁及以上 | 42 | 149 | 10 | 60 | 120 | 240 | 420 |
| | | 女 | 小计 | 7 604 | 211 | 30 | 120 | 180 | 300 | 480 |
| | | | 18 ~ 44 岁 | 3 622 | 221 | 40 | 120 | 180 | 300 | 480 |
| | | | 45 ~ 59 岁 | 2 770 | 221 | 30 | 120 | 180 | 300 | 480 |
| | | | 60 ~ 79 岁 | 1 181 | 161 | 15 | 60 | 120 | 240 | 420 |
| | | | 80 岁及以上 | 31 | 89 | 10 | 20 | 60 | 120 | 240 |

附表 8-3　中国人群分东中西、城乡、性别、年龄的平均每天与土壤其他生产性接触时间

| 地区 | 城乡 | 性别 | 年龄 | n | 平均每天与土壤其他生产性接触时间 /（min/d） | | | | | |
|---|---|---|---|---|---|---|---|---|---|---|
| | | | | | Mean | P5 | P25 | P50 | P75 | P95 |
| 合计 | 城乡 | 小计 | 小计 | 2 672 | 140 | 10 | 60 | 90 | 180 | 480 |
| | | | 18 ~ 44 岁 | 1 116 | 155 | 10 | 60 | 120 | 180 | 480 |
| | | | 45 ~ 59 岁 | 981 | 137 | 15 | 60 | 90 | 121 | 480 |
| | | | 60 ~ 79 岁 | 561 | 112 | 10 | 40 | 60 | 120 | 420 |
| | | | 80 岁及以上 | 14 | 70 | 20 | 20 | 60 | 90 | 120 |
| | | 男 | 小计 | 1 362 | 163 | 15 | 60 | 120 | 240 | 480 |
| | | | 18 ~ 44 岁 | 568 | 178 | 15 | 60 | 120 | 240 | 480 |
| | | | 45 ~ 59 岁 | 491 | 161 | 20 | 60 | 120 | 180 | 480 |
| | | | 60 ~ 79 岁 | 297 | 129 | 10 | 60 | 60 | 138 | 480 |
| | | | 80 岁及以上 | 6 | 84 | 20 | 20 | 60 | 120 | 480 |
| | | 女 | 小计 | 1 310 | 111 | 10 | 60 | 60 | 120 | 360 |
| | | | 18 ~ 44 岁 | 548 | 125 | 10 | 60 | 60 | 121 | 480 |
| | | | 45 ~ 59 岁 | 490 | 103 | 10 | 60 | 60 | 120 | 300 |
| | | | 60 ~ 79 岁 | 264 | 91 | 2 | 30 | 60 | 120 | 240 |
| | | | 80 岁及以上 | 8 | 61 | 20 | 20 | 60 | 90 | 120 |
| | 城市 | 小计 | 小计 | 626 | 127 | 15 | 60 | 60 | 120 | 480 |
| | | | 18 ~ 44 岁 | 226 | 144 | 15 | 60 | 60 | 180 | 480 |
| | | | 45 ~ 59 岁 | 250 | 123 | 20 | 60 | 60 | 120 | 480 |
| | | | 60 ~ 79 岁 | 148 | 96 | 10 | 60 | 60 | 120 | 240 |
| | | | 80 岁及以上 | 2 | 50 | 20 | 60 | 60 | 60 | 60 |
| | | 男 | 小计 | 334 | 146 | 15 | 60 | 60 | 180 | 480 |
| | | | 18 ~ 44 岁 | 129 | 166 | 10 | 60 | 120 | 240 | 540 |
| | | | 45 ~ 59 岁 | 128 | 144 | 30 | 60 | 90 | 180 | 480 |
| | | | 60 ~ 79 岁 | 77 | 103 | 10 | 30 | 60 | 120 | 480 |
| | | | 80 岁及以上 | 0 | 0 | 0 | 0 | 0 | 0 | 0 |

| 地区 | 城乡 | 性别 | 年龄 | n | 平均每天与土壤其他生产性接触时间 /（min/d） | | | | | |
|---|---|---|---|---|---|---|---|---|---|---|
| | | | | | Mean | P5 | P25 | P50 | P75 | P95 |
| 合计 | 城市 | 女 | 小计 | 292 | 102 | 20 | 60 | 60 | 120 | 360 |
| | | | 18 ～ 44 岁 | 97 | 116 | 20 | 60 | 60 | 120 | 360 |
| | | | 45 ～ 59 岁 | 122 | 96 | 15 | 60 | 60 | 120 | 240 |
| | | | 60 ～ 79 岁 | 71 | 87 | 20 | 60 | 60 | 120 | 180 |
| | | | 80 岁及以上 | 2 | 50 | 20 | 60 | 60 | 60 | 60 |
| | 农村 | 小计 | 小计 | 2 046 | 146 | 10 | 60 | 120 | 180 | 480 |
| | | | 18 ～ 44 岁 | 890 | 159 | 10 | 60 | 120 | 240 | 480 |
| | | | 45 ～ 59 岁 | 731 | 143 | 15 | 60 | 120 | 140 | 480 |
| | | | 60 ～ 79 岁 | 413 | 120 | 10 | 40 | 60 | 120 | 450 |
| | | | 80 岁及以上 | 12 | 75 | 20 | 20 | 60 | 120 | 120 |
| | | 男 | 小计 | 1 028 | 170 | 15 | 60 | 120 | 240 | 480 |
| | | | 18 ～ 44 岁 | 439 | 182 | 15 | 60 | 120 | 300 | 480 |
| | | | 45 ～ 59 岁 | 363 | 169 | 15 | 60 | 120 | 240 | 600 |
| | | | 60 ～ 79 岁 | 220 | 141 | 20 | 60 | 120 | 180 | 480 |
| | | | 80 岁及以上 | 6 | 84 | 20 | 20 | 60 | 120 | 480 |
| | | 女 | 小计 | 1 018 | 115 | 0 | 60 | 60 | 120 | 420 |
| | | | 18 ～ 44 岁 | 451 | 128 | 0 | 60 | 70 | 122 | 480 |
| | | | 45 ～ 59 岁 | 368 | 107 | 10 | 60 | 60 | 120 | 360 |
| | | | 60 ～ 79 岁 | 193 | 93 | 0 | 30 | 60 | 120 | 300 |
| | | | 80 岁及以上 | 6 | 66 | 20 | 20 | 60 | 120 | 120 |
| 东部 | 城乡 | 小计 | 小计 | 733 | 144 | 15 | 60 | 60 | 180 | 480 |
| | | | 18 ～ 44 岁 | 252 | 164 | 10 | 60 | 90 | 240 | 480 |
| | | | 45 ～ 59 岁 | 288 | 136 | 20 | 60 | 60 | 120 | 480 |
| | | | 60 ～ 79 岁 | 186 | 118 | 10 | 60 | 60 | 120 | 480 |
| | | | 80 岁及以上 | 7 | 56 | 20 | 20 | 60 | 60 | 120 |
| | | 男 | 小计 | 393 | 161 | 15 | 60 | 120 | 180 | 480 |
| | | | 18 ～ 44 岁 | 136 | 181 | 15 | 60 | 120 | 300 | 480 |
| | | | 45 ～ 59 岁 | 155 | 159 | 30 | 60 | 120 | 180 | 540 |
| | | | 60 ～ 79 岁 | 99 | 126 | 10 | 60 | 60 | 120 | 480 |
| | | | 80 岁及以上 | 3 | 89 | 60 | 60 | 60 | 120 | 120 |
| | | 女 | 小计 | 340 | 122 | 10 | 60 | 60 | 120 | 480 |
| | | | 18 ～ 44 岁 | 116 | 144 | 10 | 60 | 60 | 180 | 480 |
| | | | 45 ～ 59 岁 | 133 | 103 | 10 | 60 | 60 | 120 | 300 |
| | | | 60 ～ 79 岁 | 87 | 107 | 10 | 60 | 60 | 120 | 360 |
| | | | 80 岁及以上 | 4 | 40 | 20 | 20 | 40 | 60 | 60 |
| | 城市 | 小计 | 小计 | 286 | 114 | 15 | 60 | 60 | 120 | 480 |
| | | | 18 ～ 44 岁 | 95 | 138 | 30 | 60 | 60 | 120 | 480 |
| | | | 45 ～ 59 岁 | 120 | 105 | 20 | 60 | 60 | 120 | 420 |
| | | | 60 ～ 79 岁 | 69 | 88 | 10 | 60 | 60 | 120 | 180 |
| | | | 80 岁及以上 | 2 | 50 | 20 | 60 | 60 | 60 | 60 |
| | | 男 | 小计 | 140 | 131 | 30 | 60 | 60 | 120 | 480 |
| | | | 18 ～ 44 岁 | 47 | 165 | 30 | 60 | 120 | 190 | 540 |
| | | | 45 ～ 59 岁 | 53 | 123 | 30 | 60 | 60 | 120 | 420 |
| | | | 60 ～ 79 岁 | 40 | 90 | 10 | 60 | 60 | 120 | 180 |
| | | | 80 岁及以上 | 0 | 0 | 0 | 0 | 0 | 0 | 0 |
| | | 女 | 小计 | 146 | 96 | 15 | 60 | 60 | 120 | 360 |
| | | | 18 ～ 44 岁 | 48 | 111 | 15 | 60 | 60 | 120 | 360 |
| | | | 45 ～ 59 岁 | 67 | 86 | 15 | 60 | 60 | 120 | 180 |
| | | | 60 ～ 79 岁 | 29 | 85 | 20 | 60 | 60 | 90 | 180 |
| | | | 80 岁及以上 | 2 | 50 | 20 | 60 | 60 | 60 | 60 |
| | 农村 | 小计 | 小计 | 447 | 168 | 15 | 60 | 120 | 240 | 480 |
| | | | 18 ～ 44 岁 | 157 | 182 | 10 | 60 | 120 | 300 | 480 |
| | | | 45 ～ 59 岁 | 168 | 165 | 30 | 60 | 120 | 180 | 600 |
| | | | 60 ～ 79 岁 | 117 | 144 | 10 | 60 | 60 | 180 | 480 |
| | | | 80 岁及以上 | 5 | 59 | 20 | 20 | 60 | 60 | 120 |
| | | 男 | 小计 | 253 | 183 | 15 | 60 | 120 | 300 | 540 |
| | | | 18 ～ 44 岁 | 89 | 190 | 15 | 60 | 120 | 300 | 480 |
| | | | 45 ～ 59 岁 | 102 | 187 | 30 | 60 | 120 | 300 | 600 |

| 地区 | 城乡 | 性别 | 年龄 | *n* | 平均每天与土壤其他生产性接触时间 /（min/d） | | | | | |
|---|---|---|---|---|---|---|---|---|---|---|
| | | | | | Mean | P5 | P25 | P50 | P75 | P95 |
| 东部 | 农村 | 男 | 60～79岁 | 59 | 165 | 20 | 60 | 120 | 180 | 480 |
| | | | 80岁及以上 | 3 | 89 | 60 | 60 | 60 | 120 | 120 |
| | | 女 | 小计 | 194 | 145 | 10 | 60 | 80 | 180 | 480 |
| | | | 18～44岁 | 68 | 170 | 10 | 60 | 90 | 240 | 480 |
| | | | 45～59岁 | 66 | 125 | 10 | 60 | 110 | 120 | 480 |
| | | | 60～79岁 | 58 | 123 | 2 | 60 | 60 | 180 | 480 |
| | | | 80岁及以上 | 2 | 28 | 20 | 20 | 20 | 40 | 40 |
| 中部 | 城乡 | 小计 | 小计 | 629 | 149 | 20 | 60 | 120 | 180 | 480 |
| | | | 18～44岁 | 245 | 154 | 20 | 60 | 120 | 180 | 480 |
| | | | 45～59岁 | 231 | 157 | 20 | 60 | 120 | 180 | 480 |
| | | | 60～79岁 | 150 | 126 | 20 | 60 | 120 | 120 | 480 |
| | | | 80岁及以上 | 3 | 91 | 60 | 60 | 120 | 120 | 120 |
| | | 男 | 小计 | 338 | 184 | 20 | 60 | 120 | 300 | 480 |
| | | | 18～44岁 | 132 | 191 | 20 | 60 | 120 | 360 | 480 |
| | | | 45～59岁 | 124 | 188 | 15 | 60 | 120 | 240 | 600 |
| | | | 60～79岁 | 81 | 159 | 20 | 60 | 120 | 180 | 480 |
| | | | 80岁及以上 | 1 | 60 | 60 | 60 | 60 | 60 | 60 |
| | | 女 | 小计 | 291 | 98 | 20 | 60 | 60 | 120 | 240 |
| | | | 18～44岁 | 113 | 97 | 20 | 40 | 60 | 120 | 240 |
| | | | 45～59岁 | 107 | 111 | 20 | 60 | 120 | 120 | 360 |
| | | | 60～79岁 | 69 | 80 | 30 | 60 | 60 | 120 | 122 |
| | | | 80岁及以上 | 2 | 101 | 60 | 60 | 120 | 120 | 120 |
| | 城市 | 小计 | 小计 | 145 | 141 | 15 | 60 | 90 | 120 | 480 |
| | | | 18～44岁 | 56 | 153 | 20 | 60 | 60 | 120 | 480 |
| | | | 45～59岁 | 47 | 142 | 30 | 60 | 120 | 180 | 480 |
| | | | 60～79岁 | 42 | 109 | 10 | 60 | 60 | 120 | 480 |
| | | | 80岁及以上 | 0 | 0 | 0 | 0 | 0 | 0 | 0 |
| | | 男 | 小计 | 85 | 171 | 30 | 60 | 120 | 240 | 480 |
| | | | 18～44岁 | 38 | 186 | 15 | 60 | 120 | 240 | 480 |
| | | | 45～59岁 | 28 | 158 | 30 | 60 | 120 | 180 | 480 |
| | | | 60～79岁 | 19 | 144 | 10 | 60 | 90 | 180 | 480 |
| | | | 80岁及以上 | 0 | 0 | 0 | 0 | 0 | 0 | 0 |
| | | 女 | 小计 | 60 | 79 | 15 | 30 | 60 | 120 | 180 |
| | | | 18～44岁 | 18 | 63 | 20 | 30 | 60 | 60 | 120 |
| | | | 45～59岁 | 19 | 110 | 0 | 30 | 90 | 120 | 480 |
| | | | 60～79岁 | 23 | 72 | 10 | 60 | 60 | 120 | 120 |
| | | | 80岁及以上 | 0 | 0 | 0 | 0 | 0 | 0 | 0 |
| | 农村 | 小计 | 小计 | 484 | 151 | 20 | 60 | 120 | 180 | 480 |
| | | | 18～44岁 | 189 | 154 | 20 | 60 | 120 | 240 | 480 |
| | | | 45～59岁 | 184 | 160 | 20 | 60 | 120 | 180 | 480 |
| | | | 60～79岁 | 108 | 130 | 20 | 60 | 120 | 120 | 420 |
| | | | 80岁及以上 | 3 | 91 | 60 | 60 | 120 | 120 | 120 |
| | | 男 | 小计 | 253 | 187 | 20 | 60 | 120 | 300 | 480 |
| | | | 18～44岁 | 94 | 193 | 30 | 60 | 120 | 360 | 480 |
| | | | 45～59岁 | 96 | 196 | 15 | 60 | 120 | 240 | 600 |
| | | | 60～79岁 | 62 | 162 | 20 | 60 | 120 | 180 | 480 |
| | | | 80岁及以上 | 1 | 60 | 60 | 60 | 60 | 60 | 60 |
| | | 女 | 小计 | 231 | 102 | 20 | 60 | 60 | 120 | 240 |
| | | | 18～44岁 | 95 | 102 | 20 | 60 | 60 | 120 | 240 |
| | | | 45～59岁 | 88 | 111 | 20 | 60 | 120 | 120 | 360 |
| | | | 60～79岁 | 46 | 83 | 30 | 60 | 60 | 120 | 180 |
| | | | 80岁及以上 | 2 | 101 | 60 | 60 | 120 | 120 | 120 |
| 西部 | 城乡 | 小计 | 小计 | 1310 | 127 | 0 | 40 | 60 | 150 | 480 |
| | | | 18～44岁 | 619 | 145 | 0 | 60 | 90 | 180 | 480 |
| | | | 45～59岁 | 462 | 116 | 0 | 60 | 60 | 120 | 360 |
| | | | 60～79岁 | 225 | 86 | 0 | 30 | 60 | 120 | 240 |
| | | | 80岁及以上 | 4 | 83 | 20 | 20 | 20 | 20 | 480 |
| | | 男 | 小计 | 631 | 142 | 0 | 60 | 90 | 180 | 480 |

| 地区 | 城乡 | 性别 | 年龄 | *n* | 平均每天与土壤其他生产性接触时间 /（min/d） | | | | | |
|---|---|---|---|---|---|---|---|---|---|---|
| | | | | | Mean | P5 | P25 | P50 | P75 | P95 |
| 西部 | 城乡 | 男 | 18 ～ 44 岁 | 300 | 162 | 0 | 60 | 120 | 240 | 480 |
| | | | 45 ～ 59 岁 | 212 | 133 | 0 | 60 | 90 | 180 | 420 |
| | | | 60 ～ 79 岁 | 117 | 96 | 10 | 30 | 60 | 120 | 240 |
| | | | 80 岁及以上 | 2 | 86 | 20 | 20 | 20 | 20 | 480 |
| | | 女 | 小计 | 679 | 108 | 0 | 30 | 60 | 120 | 360 |
| | | | 18 ～ 44 岁 | 319 | 125 | 0 | 60 | 80 | 150 | 390 |
| | | | 45 ～ 59 岁 | 250 | 96 | 0 | 30 | 60 | 120 | 300 |
| | | | 60 ～ 79 岁 | 108 | 73 | 0 | 20 | 60 | 120 | 240 |
| | | | 80 岁及以上 | 2 | 59 | 0 | 0 | 90 | 90 | 90 |
| | 城市 | 小计 | 小计 | 195 | 153 | 10 | 60 | 120 | 180 | 480 |
| | | | 18 ～ 44 岁 | 75 | 150 | 10 | 40 | 120 | 180 | 480 |
| | | | 45 ～ 59 岁 | 83 | 173 | 30 | 60 | 120 | 240 | 480 |
| | | | 60 ～ 79 岁 | 37 | 118 | 20 | 60 | 90 | 120 | 360 |
| | | | 80 岁及以上 | 0 | 0 | 0 | 0 | 0 | 0 | 0 |
| | | 男 | 小计 | 109 | 161 | 10 | 60 | 120 | 240 | 540 |
| | | | 18 ～ 44 岁 | 44 | 143 | 3 | 30 | 120 | 240 | 540 |
| | | | 45 ～ 59 岁 | 47 | 197 | 30 | 60 | 180 | 240 | 540 |
| | | | 60 ～ 79 岁 | 18 | 121 | 20 | 30 | 60 | 240 | 480 |
| | | | 80 岁及以上 | 0 | 0 | 0 | 0 | 0 | 0 | 0 |
| | | 女 | 小计 | 86 | 144 | 30 | 60 | 120 | 180 | 360 |
| | | | 18 ～ 44 岁 | 31 | 159 | 30 | 60 | 120 | 180 | 480 |
| | | | 45 ～ 59 岁 | 36 | 131 | 30 | 60 | 60 | 240 | 360 |
| | | | 60 ～ 79 岁 | 19 | 115 | 30 | 60 | 120 | 120 | 180 |
| | | | 80 岁及以上 | 0 | 0 | 0 | 0 | 0 | 0 | 0 |
| | 农村 | 小计 | 小计 | 1 115 | 121 | 0 | 30 | 60 | 140 | 480 |
| | | | 18 ～ 44 岁 | 544 | 144 | 0 | 60 | 90 | 180 | 480 |
| | | | 45 ～ 59 岁 | 379 | 101 | 0 | 30 | 60 | 120 | 300 |
| | | | 60 ～ 79 岁 | 188 | 79 | 0 | 30 | 60 | 120 | 240 |
| | | | 80 岁及以上 | 4 | 83 | 20 | 20 | 20 | 20 | 480 |
| | | 男 | 小计 | 522 | 138 | 0 | 60 | 60 | 180 | 480 |
| | | | 18 ～ 44 岁 | 256 | 166 | 0 | 60 | 120 | 240 | 480 |
| | | | 45 ～ 59 岁 | 165 | 112 | 0 | 60 | 60 | 120 | 360 |
| | | | 60 ～ 79 岁 | 99 | 92 | 10 | 30 | 60 | 120 | 240 |
| | | | 80 岁及以上 | 2 | 86 | 20 | 20 | 20 | 20 | 480 |
| | | 女 | 小计 | 593 | 100 | 0 | 30 | 60 | 120 | 300 |
| | | | 18 ～ 44 岁 | 288 | 117 | 0 | 30 | 60 | 150 | 360 |
| | | | 45 ～ 59 岁 | 214 | 89 | 0 | 30 | 60 | 120 | 240 |
| | | | 60 ～ 79 岁 | 89 | 62 | 0 | 10 | 30 | 120 | 240 |
| | | | 80 岁及以上 | 2 | 59 | 0 | 0 | 90 | 90 | 90 |

## 附表 8-4　中国人群分东中西、城乡、性别、年龄的平均每天与土壤健身休闲性接触时间

| 地区 | 城乡 | 性别 | 年龄 | *n* | 平均每天与土壤健身休闲性接触时间 /（min/d） | | | | | |
|---|---|---|---|---|---|---|---|---|---|---|
| | | | | | Mean | P5 | P25 | P50 | P75 | P95 |
| 合计 | 城乡 | 小计 | 小计 | 2 146 | 64 | 2 | 30 | 60 | 60 | 180 |
| | | | 18 ～ 44 岁 | 830 | 60 | 0 | 20 | 60 | 60 | 180 |
| | | | 45 ～ 59 岁 | 717 | 65 | 5 | 30 | 60 | 60 | 180 |
| | | | 60 ～ 79 岁 | 558 | 70 | 5 | 30 | 60 | 90 | 240 |
| | | | 80 岁及以上 | 41 | 55 | 0 | 10 | 30 | 60 | 180 |
| | | 男 | 小计 | 966 | 64 | 2 | 30 | 60 | 80 | 180 |
| | | | 18 ～ 44 岁 | 385 | 62 | 2 | 30 | 60 | 70 | 180 |
| | | | 45 ～ 59 岁 | 306 | 63 | 5 | 30 | 60 | 60 | 180 |
| | | | 60 ～ 79 岁 | 256 | 72 | 10 | 30 | 60 | 90 | 180 |
| | | | 80 岁及以上 | 19 | 55 | 0 | 20 | 30 | 60 | 240 |

| 地区 | 城乡 | 性别 | 年龄 | n | 平均每天与土壤健身休闲性接触时间 /（min/d） | | | | | |
|---|---|---|---|---|---|---|---|---|---|---|
| | | | | | Mean | P5 | P25 | P50 | P75 | P95 |
| 合计 | 城乡 | 女 | 小计 | 1 180 | 63 | 0 | 20 | 60 | 60 | 200 |
| | | | 18 ～ 44 岁 | 445 | 58 | 0 | 20 | 60 | 60 | 180 |
| | | | 45 ～ 59 岁 | 411 | 67 | 5 | 20 | 60 | 90 | 240 |
| | | | 60 ～ 79 岁 | 302 | 67 | 0 | 30 | 60 | 90 | 240 |
| | | | 80 岁及以上 | 22 | 56 | 10 | 10 | 20 | 60 | 180 |
| | 城市 | 小计 | 小计 | 849 | 50 | 5 | 20 | 30 | 60 | 120 |
| | | | 18 ～ 44 岁 | 273 | 43 | 3 | 10 | 30 | 60 | 120 |
| | | | 45 ～ 59 岁 | 307 | 56 | 10 | 20 | 30 | 60 | 180 |
| | | | 60 ～ 79 岁 | 255 | 58 | 10 | 20 | 30 | 60 | 180 |
| | | | 80 岁及以上 | 14 | 43 | 10 | 10 | 20 | 60 | 120 |
| | | 男 | 小计 | 375 | 48 | 5 | 20 | 30 | 60 | 120 |
| | | | 18 ～ 44 岁 | 120 | 40 | 2 | 10 | 30 | 60 | 120 |
| | | | 45 ～ 59 岁 | 131 | 51 | 5 | 20 | 30 | 60 | 120 |
| | | | 60 ～ 79 岁 | 117 | 61 | 10 | 30 | 60 | 60 | 180 |
| | | | 80 岁及以上 | 7 | 66 | 10 | 20 | 30 | 120 | 120 |
| | | 女 | 小计 | 474 | 52 | 5 | 15 | 30 | 60 | 180 |
| | | | 18 ～ 44 岁 | 153 | 47 | 5 | 15 | 30 | 60 | 120 |
| | | | 45 ～ 59 岁 | 176 | 61 | 10 | 20 | 30 | 60 | 180 |
| | | | 60 ～ 79 岁 | 138 | 56 | 10 | 20 | 30 | 60 | 180 |
| | | | 80 岁及以上 | 7 | 20 | 10 | 10 | 10 | 20 | 60 |
| | 农村 | 小计 | 小计 | 1297 | 74 | 0 | 30 | 60 | 120 | 240 |
| | | | 18 ～ 44 岁 | 557 | 73 | 0 | 30 | 60 | 120 | 180 |
| | | | 45 ～ 59 岁 | 410 | 75 | 0 | 30 | 60 | 90 | 240 |
| | | | 60 ～ 79 岁 | 303 | 79 | 0 | 30 | 60 | 120 | 240 |
| | | | 80 岁及以上 | 27 | 61 | 0 | 20 | 30 | 60 | 180 |
| | | 男 | 小计 | 591 | 76 | 0 | 30 | 60 | 120 | 180 |
| | | | 18 ～ 44 岁 | 265 | 75 | 0 | 30 | 60 | 120 | 180 |
| | | | 45 ～ 59 岁 | 175 | 76 | 0 | 30 | 60 | 90 | 240 |
| | | | 60 ～ 79 岁 | 139 | 82 | 10 | 30 | 60 | 120 | 240 |
| | | | 80 岁及以上 | 12 | 50 | 0 | 20 | 20 | 60 | 240 |
| | | 女 | 小计 | 706 | 72 | 0 | 30 | 60 | 90 | 240 |
| | | | 18 ～ 44 岁 | 292 | 70 | 0 | 30 | 60 | 60 | 240 |
| | | | 45 ～ 59 岁 | 235 | 74 | 0 | 30 | 60 | 90 | 240 |
| | | | 60 ～ 79 岁 | 164 | 76 | 0 | 30 | 60 | 120 | 240 |
| | | | 80 岁及以上 | 15 | 75 | 10 | 20 | 30 | 180 | 180 |
| 东部 | 城乡 | 小计 | 小计 | 493 | 60 | 5 | 30 | 60 | 70 | 180 |
| | | | 18 ～ 44 岁 | 168 | 54 | 3 | 30 | 60 | 60 | 120 |
| | | | 45 ～ 59 岁 | 181 | 63 | 10 | 30 | 60 | 90 | 123 |
| | | | 60 ～ 79 岁 | 135 | 72 | 5 | 30 | 60 | 120 | 180 |
| | | | 80 岁及以上 | 9 | 68 | 10 | 10 | 30 | 60 | 240 |
| | | 男 | 小计 | 233 | 59 | 5 | 30 | 60 | 80 | 122 |
| | | | 18 ～ 44 岁 | 84 | 56 | 2 | 30 | 60 | 60 | 120 |
| | | | 45 ～ 59 岁 | 81 | 60 | 10 | 30 | 60 | 90 | 120 |
| | | | 60 ～ 79 岁 | 62 | 68 | 5 | 30 | 60 | 90 | 180 |
| | | | 80 岁及以上 | 6 | 73 | 10 | 20 | 30 | 60 | 240 |
| | | 女 | 小计 | 260 | 61 | 5 | 20 | 60 | 60 | 180 |
| | | | 18 ～ 44 岁 | 84 | 51 | 5 | 20 | 40 | 60 | 120 |
| | | | 45 ～ 59 岁 | 100 | 66 | 10 | 30 | 60 | 90 | 180 |
| | | | 60 ～ 79 岁 | 73 | 77 | 2 | 30 | 60 | 120 | 180 |
| | | | 80 岁及以上 | 3 | 58 | 10 | 10 | 10 | 60 | 180 |
| | 城市 | 小计 | 小计 | 319 | 50 | 5 | 20 | 30 | 60 | 120 |
| | | | 18 ～ 44 岁 | 99 | 40 | 2 | 15 | 30 | 60 | 120 |
| | | | 45 ～ 59 岁 | 126 | 58 | 10 | 20 | 30 | 60 | 180 |
| | | | 60 ～ 79 岁 | 92 | 60 | 5 | 30 | 60 | 90 | 180 |
| | | | 80 岁及以上 | 2 | 21 | 10 | 10 | 30 | 30 | 30 |
| | | 男 | 小计 | 138 | 46 | 2 | 20 | 30 | 60 | 120 |
| | | | 18 ～ 44 岁 | 44 | 38 | 2 | 20 | 30 | 60 | 90 |
| | | | 45 ～ 59 岁 | 51 | 52 | 10 | 30 | 30 | 60 | 120 |

| 地区 | 城乡 | 性别 | 年龄 | $n$ | 平均每天与土壤健身休闲性接触时间 / (min/d) | | | | | |
|---|---|---|---|---|---|---|---|---|---|---|
| | | | | | Mean | P5 | P25 | P50 | P75 | P95 |
| 东部 | 城市 | 男 | 60～79岁 | 41 | 54 | 5 | 20 | 60 | 60 | 120 |
| | | | 80岁及以上 | 2 | 21 | 10 | 10 | 30 | 30 | 30 |
| | | 女 | 小计 | 181 | 53 | 5 | 20 | 30 | 60 | 180 |
| | | | 18～44岁 | 55 | 42 | 5 | 15 | 30 | 60 | 120 |
| | | | 45～59岁 | 75 | 64 | 10 | 20 | 30 | 60 | 180 |
| | | | 60～79岁 | 51 | 67 | 10 | 30 | 60 | 120 | 180 |
| | | | 80岁及以上 | 0 | 0 | 0 | 0 | 0 | 0 | 0 |
| | 农村 | 小计 | 小计 | 174 | 77 | 10 | 35 | 60 | 120 | 180 |
| | | | 18～44岁 | 69 | 74 | 10 | 35 | 60 | 120 | 180 |
| | | | 45～59岁 | 55 | 73 | 20 | 60 | 60 | 120 | 120 |
| | | | 60～79岁 | 43 | 92 | 0 | 60 | 70 | 120 | 240 |
| | | | 80岁及以上 | 7 | 78 | 10 | 20 | 60 | 60 | 240 |
| | | 男 | 小计 | 95 | 76 | 10 | 30 | 60 | 120 | 180 |
| | | | 18～44岁 | 40 | 73 | 10 | 30 | 60 | 120 | 180 |
| | | | 45～59岁 | 30 | 73 | 30 | 60 | 60 | 120 | 122 |
| | | | 60～79岁 | 21 | 92 | 20 | 40 | 80 | 120 | 180 |
| | | | 80岁及以上 | 4 | 92 | 20 | 20 | 60 | 240 | 240 |
| | | 女 | 小计 | 79 | 79 | 10 | 50 | 60 | 120 | 180 |
| | | | 18～44岁 | 29 | 76 | 15 | 60 | 60 | 100 | 240 |
| | | | 45～59岁 | 25 | 73 | 20 | 60 | 60 | 120 | 120 |
| | | | 60～79岁 | 22 | 93 | 0 | 60 | 60 | 120 | 240 |
| | | | 80岁及以上 | 3 | 59 | 10 | 10 | 10 | 60 | 180 |
| 中部 | 城乡 | 小计 | 小计 | 702 | 72 | 10 | 30 | 60 | 90 | 240 |
| | | | 18～44岁 | 245 | 66 | 10 | 30 | 60 | 90 | 180 |
| | | | 45～59岁 | 240 | 75 | 10 | 30 | 60 | 90 | 240 |
| | | | 60～79岁 | 200 | 80 | 15 | 30 | 60 | 80 | 240 |
| | | | 80岁及以上 | 17 | 74 | 20 | 20 | 60 | 120 | 180 |
| | | 男 | 小计 | 300 | 68 | 15 | 30 | 60 | 80 | 180 |
| | | | 18～44岁 | 120 | 65 | 15 | 30 | 60 | 90 | 180 |
| | | | 45～59岁 | 91 | 65 | 10 | 30 | 40 | 70 | 240 |
| | | | 60～79岁 | 81 | 82 | 30 | 60 | 60 | 90 | 240 |
| | | | 80岁及以上 | 8 | 65 | 20 | 30 | 60 | 60 | 120 |
| | | 女 | 小计 | 402 | 76 | 10 | 30 | 60 | 90 | 240 |
| | | | 18～44岁 | 125 | 67 | 5 | 30 | 60 | 60 | 240 |
| | | | 45～59岁 | 149 | 84 | 10 | 30 | 60 | 120 | 240 |
| | | | 60～79岁 | 119 | 79 | 10 | 30 | 60 | 70 | 240 |
| | | | 80岁及以上 | 9 | 82 | 20 | 20 | 30 | 180 | 180 |
| | 城市 | 小计 | 小计 | 280 | 55 | 10 | 20 | 30 | 60 | 150 |
| | | | 18～44岁 | 82 | 47 | 10 | 20 | 30 | 60 | 120 |
| | | | 45～59岁 | 101 | 56 | 10 | 20 | 30 | 80 | 180 |
| | | | 60～79岁 | 92 | 66 | 10 | 30 | 60 | 60 | 180 |
| | | | 80岁及以上 | 5 | 60 | 20 | 20 | 30 | 120 | 120 |
| | | 男 | 小计 | 122 | 56 | 10 | 20 | 30 | 60 | 180 |
| | | | 18～44岁 | 37 | 45 | 10 | 20 | 30 | 60 | 120 |
| | | | 45～59岁 | 43 | 50 | 5 | 20 | 30 | 60 | 180 |
| | | | 60～79岁 | 38 | 92 | 15 | 30 | 60 | 120 | 240 |
| | | | 80岁及以上 | 4 | 70 | 20 | 20 | 30 | 120 | 120 |
| | | 女 | 小计 | 158 | 53 | 10 | 20 | 30 | 60 | 130 |
| | | | 18～44岁 | 45 | 49 | 5 | 20 | 30 | 60 | 120 |
| | | | 45～59岁 | 58 | 63 | 10 | 20 | 40 | 120 | 180 |
| | | | 60～79岁 | 54 | 48 | 10 | 20 | 30 | 60 | 120 |
| | | | 80岁及以上 | 1 | 20 | 20 | 20 | 20 | 20 | 20 |
| | 农村 | 小计 | 小计 | 422 | 82 | 20 | 30 | 60 | 120 | 240 |
| | | | 18～44岁 | 163 | 75 | 15 | 30 | 60 | 120 | 240 |
| | | | 45～59岁 | 139 | 92 | 30 | 33 | 60 | 120 | 240 |
| | | | 60～79岁 | 108 | 90 | 30 | 60 | 60 | 90 | 240 |
| | | | 80岁及以上 | 12 | 80 | 20 | 30 | 60 | 180 | 180 |
| | | 男 | 小计 | 178 | 75 | 20 | 30 | 60 | 90 | 180 |

| 地区 | 城乡 | 性别 | 年龄 | *n* | 平均每天与土壤健身休闲性接触时间 /（min/d） | | | | | |
|---|---|---|---|---|---|---|---|---|---|---|
| | | | | | Mean | P5 | P25 | P50 | P75 | P95 |
| 中部 | 农村 | 男 | 18 ～ 44 岁 | 83 | 74 | 15 | 30 | 60 | 120 | 180 |
| | | | 45 ～ 59 岁 | 48 | 80 | 30 | 30 | 60 | 80 | 240 |
| | | | 60 ～ 79 岁 | 43 | 76 | 30 | 60 | 60 | 80 | 240 |
| | | | 80 岁及以上 | 4 | 60 | 60 | 60 | 60 | 60 | 60 |
| | | 女 | 小计 | 244 | 89 | 20 | 30 | 60 | 120 | 240 |
| | | | 18 ～ 44 岁 | 80 | 77 | 0 | 30 | 60 | 90 | 240 |
| | | | 45 ～ 59 岁 | 91 | 100 | 30 | 60 | 60 | 120 | 240 |
| | | | 60 ～ 79 岁 | 65 | 101 | 30 | 60 | 60 | 120 | 240 |
| | | | 80 岁及以上 | 8 | 89 | 20 | 20 | 30 | 180 | 180 |
| 西部 | 城乡 | 小计 | 小计 | 951 | 60 | 0 | 10 | 40 | 60 | 180 |
| | | | 18 ～ 44 岁 | 417 | 63 | 0 | 10 | 50 | 60 | 210 |
| | | | 45 ～ 59 岁 | 296 | 58 | 0 | 10 | 37 | 60 | 120 |
| | | | 60 ～ 79 岁 | 223 | 58 | 0 | 10 | 30 | 60 | 180 |
| | | | 80 岁及以上 | 15 | 28 | 0 | 10 | 10 | 30 | 120 |
| | | 男 | 小计 | 433 | 67 | 0 | 10 | 40 | 60 | 240 |
| | | | 18 ～ 44 岁 | 181 | 67 | 0 | 10 | 30 | 60 | 240 |
| | | | 45 ～ 59 岁 | 134 | 67 | 0 | 30 | 60 | 60 | 180 |
| | | | 60 ～ 79 岁 | 113 | 70 | 2 | 20 | 60 | 60 | 240 |
| | | | 80 岁及以上 | 5 | 33 | 0 | 0 | 20 | 20 | 120 |
| | | 女 | 小计 | 518 | 53 | 0 | 10 | 40 | 60 | 120 |
| | | | 18 ～ 44 岁 | 236 | 59 | 0 | 10 | 60 | 60 | 200 |
| | | | 45 ～ 59 岁 | 162 | 48 | 0 | 10 | 30 | 60 | 120 |
| | | | 60 ～ 79 岁 | 110 | 47 | 0 | 10 | 30 | 60 | 120 |
| | | | 80 岁及以上 | 10 | 23 | 5 | 10 | 10 | 30 | 60 |
| | 城市 | 小计 | 小计 | 250 | 47 | 5 | 10 | 30 | 60 | 120 |
| | | | 18 ～ 44 岁 | 92 | 46 | 5 | 10 | 25 | 60 | 200 |
| | | | 45 ～ 59 岁 | 80 | 50 | 5 | 10 | 30 | 60 | 120 |
| | | | 60 ～ 79 岁 | 71 | 47 | 5 | 10 | 30 | 60 | 120 |
| | | | 80 岁及以上 | 7 | 38 | 10 | 10 | 10 | 60 | 120 |
| | | 男 | 小计 | 115 | 43 | 5 | 10 | 30 | 60 | 120 |
| | | | 18 ～ 44 岁 | 39 | 38 | 3 | 10 | 12 | 60 | 120 |
| | | | 45 ～ 59 岁 | 37 | 48 | 0 | 10 | 60 | 60 | 120 |
| | | | 60 ～ 79 岁 | 38 | 43 | 10 | 10 | 30 | 60 | 120 |
| | | | 80 岁及以上 | 1 | 120 | 120 | 120 | 120 | 120 | 120 |
| | | 女 | 小计 | 135 | 51 | 5 | 10 | 30 | 60 | 210 |
| | | | 18 ～ 44 岁 | 53 | 53 | 5 | 10 | 30 | 60 | 300 |
| | | | 45 ～ 59 岁 | 43 | 53 | 5 | 10 | 30 | 60 | 120 |
| | | | 60 ～ 79 岁 | 33 | 51 | 5 | 10 | 30 | 80 | 120 |
| | | | 80 岁及以上 | 6 | 20 | 10 | 10 | 10 | 10 | 60 |
| | 农村 | 小计 | 小计 | 701 | 66 | 0 | 10 | 60 | 60 | 240 |
| | | | 18 ～ 44 岁 | 325 | 71 | 0 | 15 | 60 | 60 | 240 |
| | | | 45 ～ 59 岁 | 216 | 62 | 0 | 18 | 40 | 60 | 180 |
| | | | 60 ～ 79 岁 | 152 | 64 | 0 | 10 | 60 | 60 | 240 |
| | | | 80 岁及以上 | 8 | 21 | 0 | 0 | 20 | 20 | 120 |
| | | 男 | 小计 | 318 | 78 | 0 | 20 | 60 | 70 | 300 |
| | | | 18 ～ 44 岁 | 142 | 81 | 0 | 15 | 60 | 70 | 480 |
| | | | 45 ～ 59 岁 | 97 | 77 | 0 | 30 | 60 | 60 | 240 |
| | | | 60 ～ 79 岁 | 75 | 83 | 0 | 20 | 60 | 120 | 270 |
| | | | 80 岁及以上 | 4 | 19 | 0 | 0 | 20 | 20 | 120 |
| | | 女 | 小计 | 383 | 54 | 0 | 10 | 60 | 60 | 120 |
| | | | 18 ～ 44 岁 | 183 | 62 | 0 | 15 | 60 | 60 | 120 |
| | | | 45 ～ 59 岁 | 119 | 46 | 0 | 10 | 30 | 60 | 120 |
| | | | 60 ～ 79 岁 | 77 | 46 | 0 | 10 | 30 | 60 | 120 |
| | | | 80 岁及以上 | 4 | 34 | 0 | 30 | 30 | 60 | 60 |

## 附表 8-5 中国人群分东中西、城乡、性别、年龄的平均每天与土壤其他接触时间

| 地区 | 城乡 | 性别 | 年龄 | n | 平均每天与土壤其他接触时间 / （min/d） | | | | | |
|---|---|---|---|---|---|---|---|---|---|---|
| | | | | | Mean | P5 | P25 | P50 | P75 | P95 |
| 合计 | 城乡 | 小计 | 小计 | 536 | 108 | 0 | 3 | 20 | 120 | 480 |
| | | | 18～44 岁 | 212 | 139 | 0 | 0 | 30 | 210 | 600 |
| | | | 45～59 岁 | 182 | 122 | 0 | 5 | 20 | 240 | 480 |
| | | | 60～79 岁 | 138 | 59 | 0 | 10 | 15 | 30 | 360 |
| | | | 80 岁及以上 | 4 | 67 | 0 | 15 | 15 | 15 | 360 |
| | | 男 | 小计 | 238 | 158 | 0 | 10 | 40 | 300 | 600 |
| | | | 18～44 岁 | 96 | 191 | 0 | 2 | 60 | 480 | 600 |
| | | | 45～59 岁 | 86 | 175 | 0 | 5 | 60 | 360 | 480 |
| | | | 60～79 岁 | 54 | 79 | 0 | 10 | 30 | 60 | 420 |
| | | | 80 岁及以上 | 2 | 80 | 15 | 15 | 15 | 15 | 360 |
| | | 女 | 小计 | 298 | 50 | 0 | 0 | 10 | 30 | 350 |
| | | | 18～44 岁 | 116 | 57 | 0 | 0 | 10 | 30 | 350 |
| | | | 45～59 岁 | 96 | 46 | 0 | 5 | 10 | 30 | 240 |
| | | | 60～79 岁 | 84 | 47 | 0 | 8 | 10 | 30 | 360 |
| | | | 80 岁及以上 | 2 | 11 | 0 | 0 | 15 | 15 | 15 |
| | 城市 | 小计 | 小计 | 138 | 71 | 2 | 10 | 20 | 60 | 360 |
| | | | 18～44 岁 | 35 | 102 | 3 | 10 | 30 | 120 | 360 |
| | | | 45～59 岁 | 43 | 61 | 2 | 10 | 15 | 60 | 240 |
| | | | 60～79 岁 | 59 | 58 | 3 | 10 | 15 | 30 | 360 |
| | | | 80 岁及以上 | 1 | 15 | 15 | 15 | 15 | 15 | 15 |
| | | 男 | 小计 | 66 | 97 | 2 | 10 | 30 | 120 | 480 |
| | | | 18～44 岁 | 20 | 120 | 5 | 20 | 60 | 142 | 360 |
| | | | 45～59 岁 | 22 | 81 | 1 | 10 | 20 | 120 | 360 |
| | | | 60～79 岁 | 24 | 90 | 5 | 10 | 30 | 120 | 480 |
| | | | 80 岁及以上 | 0 | 0 | 0 | 0 | 0 | 0 | 0 |
| | | 女 | 小计 | 72 | 42 | 2 | 10 | 10 | 25 | 250 |
| | | | 18～44 岁 | 15 | 72 | 2 | 5 | 20 | 30 | 350 |
| | | | 45～59 岁 | 21 | 39 | 5 | 10 | 10 | 30 | 240 |
| | | | 60～79 岁 | 35 | 32 | 2 | 10 | 10 | 20 | 120 |
| | | | 80 岁及以上 | 1 | 15 | 15 | 15 | 15 | 15 | 15 |
| | 农村 | 小计 | 小计 | 398 | 136 | 0 | 0 | 30 | 240 | 600 |
| | | | 18～44 岁 | 177 | 154 | 0 | 0 | 30 | 300 | 600 |
| | | | 45～59 岁 | 139 | 183 | 0 | 0 | 60 | 480 | 480 |
| | | | 60～79 岁 | 79 | 60 | 0 | 0 | 10 | 30 | 360 |
| | | | 80 岁及以上 | 3 | 75 | 0 | 15 | 15 | 15 | 360 |
| | | 男 | 小计 | 172 | 203 | 0 | 0 | 60 | 480 | 600 |
| | | | 18～44 岁 | 76 | 222 | 0 | 0 | 60 | 480 | 600 |
| | | | 45～59 岁 | 64 | 252 | 0 | 0 | 300 | 480 | 480 |
| | | | 60～79 岁 | 30 | 60 | 0 | 0 | 30 | 60 | 300 |
| | | | 80 岁及以上 | 2 | 80 | 15 | 15 | 15 | 15 | 360 |
| | | 女 | 小计 | 226 | 56 | 0 | 0 | 10 | 30 | 380 |
| | | | 18～44 岁 | 101 | 51 | 0 | 0 | 0 | 30 | 300 |
| | | | 45～59 岁 | 75 | 56 | 0 | 0 | 0 | 60 | 420 |
| | | | 60～79 岁 | 49 | 60 | 0 | 0 | 10 | 30 | 360 |
| | | | 80 岁及以上 | 1 | 0 | 0 | 0 | 0 | 0 | 0 |
| 东部 | 城乡 | 小计 | 小计 | 101 | 141 | 0 | 10 | 30 | 300 | 480 |
| | | | 18～44 岁 | 19 | 198 | 3 | 30 | 120 | 480 | 600 |
| | | | 45～59 岁 | 46 | 153 | 0 | 10 | 30 | 300 | 480 |
| | | | 60～79 岁 | 35 | 62 | 0 | 10 | 15 | 30 | 390 |
| | | | 80 岁及以上 | 1 | 360 | 360 | 360 | 360 | 360 | 360 |
| | | 男 | 小计 | 54 | 217 | 1 | 20 | 120 | 480 | 480 |
| | | | 18～44 岁 | 12 | 310 | 5 | 120 | 360 | 480 | 600 |
| | | | 45～59 岁 | 26 | 217 | 0 | 10 | 120 | 480 | 480 |
| | | | 60～79 岁 | 15 | 94 | 5 | 10 | 30 | 40 | 420 |
| | | | 80 岁及以上 | 1 | 360 | 360 | 360 | 360 | 360 | 360 |
| | | 女 | 小计 | 47 | 49 | 0 | 10 | 15 | 30 | 390 |
| | | | 18～44 岁 | 7 | 50 | 2 | 30 | 30 | 30 | 210 |

| 地区 | 城乡 | 性别 | 年龄 | *n* | 平均每天与土壤其他接触时间 / (min/d) | | | | | |
|---|---|---|---|---|---|---|---|---|---|---|
| | | | | | Mean | P5 | P25 | P50 | P75 | P95 |
| 东部 | 城乡 | 女 | 45～59岁 | 20 | 60 | 5 | 10 | 10 | 30 | 420 |
| | | | 60～79岁 | 20 | 36 | 0 | 10 | 10 | 30 | 390 |
| | | | 80岁及以上 | 0 | 0 | 0 | 0 | 0 | 0 | 0 |
| | 城市 | 小计 | 小计 | 58 | 54 | 2 | 10 | 10 | 30 | 360 |
| | | | 18～44岁 | 9 | 101 | 2 | 5 | 30 | 120 | 360 |
| | | | 45～59岁 | 23 | 32 | 2 | 10 | 10 | 30 | 240 |
| | | | 60～79岁 | 26 | 57 | 3 | 10 | 10 | 30 | 390 |
| | | | 80岁及以上 | 0 | 0 | 0 | 0 | 0 | 0 | 0 |
| | | 男 | 小计 | 23 | 76 | 2 | 10 | 20 | 60 | 360 |
| | | | 18～44岁 | 4 | 155 | 5 | 30 | 120 | 360 | 360 |
| | | | 45～59岁 | 8 | 19 | 1 | 10 | 10 | 30 | 60 |
| | | | 60～79岁 | 11 | 90 | 5 | 10 | 20 | 40 | 480 |
| | | | 80岁及以上 | 0 | 0 | 0 | 0 | 0 | 0 | 0 |
| | | 女 | 小计 | 35 | 36 | 2 | 10 | 10 | 20 | 240 |
| | | | 18～44岁 | 5 | 37 | 2 | 2 | 10 | 30 | 210 |
| | | | 45～59岁 | 15 | 40 | 5 | 10 | 10 | 30 | 240 |
| | | | 60～79岁 | 15 | 30 | 0 | 10 | 10 | 15 | 60 |
| | | | 80岁及以上 | 0 | 0 | 0 | 0 | 0 | 0 | 0 |
| | 农村 | 小计 | 小计 | 43 | 246 | 0 | 30 | 180 | 480 | 540 |
| | | | 18～44岁 | 10 | 246 | 30 | 30 | 180 | 480 | 600 |
| | | | 45～59岁 | 23 | 303 | 0 | 60 | 420 | 480 | 480 |
| | | | 60～79岁 | 9 | 79 | 0 | 0 | 30 | 30 | 420 |
| | | | 80岁及以上 | 1 | 360 | 360 | 360 | 360 | 360 | 360 |
| | | 男 | 小计 | 31 | 325 | 0 | 120 | 420 | 480 | 600 |
| | | | 18～44岁 | 8 | 383 | 15 | 180 | 480 | 480 | 600 |
| | | | 45～59岁 | 18 | 334 | 0 | 240 | 480 | 480 | 480 |
| | | | 60～79岁 | 4 | 103 | 0 | 30 | 30 | 180 | 420 |
| | | | 80岁及以上 | 1 | 360 | 360 | 360 | 360 | 360 | 360 |
| | | 女 | 小计 | 12 | 76 | 0 | 30 | 30 | 30 | 420 |
| | | | 18～44岁 | 2 | 57 | 30 | 30 | 30 | 30 | 480 |
| | | | 45～59岁 | 5 | 148 | 0 | 15 | 60 | 420 | 420 |
| | | | 60～79岁 | 5 | 55 | 0 | 0 | 30 | 30 | 420 |
| | | | 80岁及以上 | 0 | 0 | 0 | 0 | 0 | 0 | 0 |
| 中部 | 城乡 | 小计 | 小计 | 52 | 213 | 0 | 30 | 120 | 360 | 600 |
| | | | 18～44岁 | 15 | 309 | 25 | 60 | 300 | 600 | 600 |
| | | | 45～59岁 | 11 | 141 | 0 | 10 | 30 | 300 | 480 |
| | | | 60～79岁 | 26 | 138 | 0 | 30 | 60 | 240 | 480 |
| | | | 80岁及以上 | 0 | 0 | 0 | 0 | 0 | 0 | 0 |
| | | 男 | 小计 | 30 | 236 | 5 | 60 | 120 | 480 | 600 |
| | | | 18～44岁 | 11 | 330 | 60 | 60 | 300 | 600 | 720 |
| | | | 45～59岁 | 6 | 201 | 0 | 8 | 10 | 480 | 480 |
| | | | 60～79岁 | 13 | 109 | 2 | 30 | 60 | 120 | 480 |
| | | | 80岁及以上 | 0 | 0 | 0 | 0 | 0 | 0 | 0 |
| | | 女 | 小计 | 22 | 166 | 0 | 20 | 120 | 300 | 420 |
| | | | 18～44岁 | 4 | 216 | 25 | 25 | 300 | 300 | 420 |
| | | | 45～59岁 | 5 | 72 | 20 | 20 | 30 | 30 | 420 |
| | | | 60～79岁 | 13 | 176 | 0 | 10 | 120 | 360 | 480 |
| | | | 80岁及以上 | 0 | 0 | 0 | 0 | 0 | 0 | 0 |
| | 城市 | 小计 | 小计 | 25 | 155 | 5 | 30 | 120 | 250 | 480 |
| | | | 18～44岁 | 8 | 169 | 25 | 60 | 120 | 300 | 480 |
| | | | 45～59岁 | 5 | 258 | 8 | 10 | 300 | 480 | 480 |
| | | | 60～79岁 | 12 | 115 | 2 | 30 | 60 | 120 | 480 |
| | | | 80岁及以上 | 0 | 0 | 0 | 0 | 0 | 0 | 0 |
| | | 男 | 小计 | 19 | 168 | 8 | 30 | 120 | 300 | 480 |
| | | | 18～44岁 | 6 | 197 | 60 | 60 | 120 | 300 | 480 |
| | | | 45～59岁 | 5 | 258 | 8 | 10 | 300 | 480 | 480 |
| | | | 60～79岁 | 8 | 115 | 5 | 30 | 60 | 120 | 480 |
| | | | 80岁及以上 | 0 | 0 | 0 | 0 | 0 | 0 | 0 |

| 地区 | 城乡 | 性别 | 年龄 | n | 平均每天与土壤其他接触时间 /（min/d） | | | | | |
|---|---|---|---|---|---|---|---|---|---|---|
| | | | | | Mean | P5 | P25 | P50 | P75 | P95 |
| 中部 | 城市 | 女 | 小计 | 6 | 101 | 2 | 25 | 25 | 120 | 300 |
| | | | 18～44 岁 | 2 | 85 | 25 | 25 | 25 | 25 | 300 |
| | | | 45～59 岁 | 0 | 0 | 0 | 0 | 0 | 0 | 0 |
| | | | 60～79 岁 | 4 | 115 | 2 | 10 | 120 | 250 | 250 |
| | | | 80 岁及以上 | 0 | 0 | 0 | 0 | 0 | 0 | 0 |
| | 农村 | 小计 | 小计 | 27 | 253 | 0 | 60 | 120 | 480 | 600 |
| | | | 18～44 岁 | 7 | 383 | 60 | 60 | 600 | 600 | 720 |
| | | | 45～59 岁 | 6 | 57 | 0 | 20 | 30 | 30 | 420 |
| | | | 60～79 岁 | 14 | 159 | 0 | 30 | 60 | 300 | 480 |
| | | | 80 岁及以上 | 0 | 0 | 0 | 0 | 0 | 0 | 0 |
| | | 男 | 小计 | 11 | 302 | 0 | 60 | 60 | 600 | 720 |
| | | | 18～44 岁 | 5 | 393 | 60 | 60 | 600 | 600 | 720 |
| | | | 45～59 岁 | 1 | 0 | 0 | 0 | 0 | 0 | 0 |
| | | | 60～79 岁 | 5 | 96 | 0 | 60 | 60 | 60 | 300 |
| | | | 80 岁及以上 | 0 | 0 | 0 | 0 | 0 | 0 | 0 |
| | | 女 | 小计 | 16 | 187 | 0 | 20 | 120 | 360 | 480 |
| | | | 18～44 岁 | 2 | 329 | 300 | 300 | 300 | 300 | 420 |
| | | | 45～59 岁 | 5 | 72 | 20 | 20 | 30 | 30 | 420 |
| | | | 60～79 岁 | 9 | 194 | 0 | 0 | 240 | 360 | 480 |
| | | | 80 岁及以上 | 0 | 0 | 0 | 0 | 0 | 0 | 0 |
| 西部 | 城乡 | 小计 | 小计 | 383 | 36 | 0 | 0 | 8 | 20 | 240 |
| | | | 18～44 岁 | 178 | 36 | 0 | 0 | 0 | 20 | 350 |
| | | | 45～59 岁 | 125 | 65 | 0 | 0 | 10 | 60 | 360 |
| | | | 60～79 岁 | 77 | 13 | 0 | 2 | 10 | 20 | 30 |
| | | | 80 岁及以上 | 3 | 14 | 0 | 15 | 15 | 15 | 15 |
| | | 男 | 小计 | 154 | 50 | 0 | 0 | 10 | 30 | 240 |
| | | | 18～44 岁 | 73 | 37 | 0 | 0 | 2 | 20 | 240 |
| | | | 45～59 岁 | 54 | 97 | 0 | 0 | 10 | 180 | 480 |
| | | | 60～79 岁 | 26 | 8 | 0 | 0 | 10 | 10 | 30 |
| | | | 80 岁及以上 | 1 | 15 | 15 | 15 | 15 | 15 | 15 |
| | | 女 | 小计 | 229 | 23 | 0 | 0 | 5 | 20 | 60 |
| | | | 18～44 岁 | 105 | 36 | 0 | 0 | 0 | 3 | 350 |
| | | | 45～59 岁 | 71 | 16 | 0 | 0 | 0 | 20 | 60 |
| | | | 60～79 岁 | 51 | 15 | 0 | 8 | 10 | 20 | 30 |
| | | | 80 岁及以上 | 2 | 11 | 0 | 0 | 15 | 15 | 15 |
| | 城市 | 小计 | 小计 | 55 | 58 | 5 | 10 | 15 | 60 | 240 |
| | | | 18～44 岁 | 18 | 70 | 5 | 10 | 20 | 60 | 350 |
| | | | 45～59 岁 | 15 | 86 | 3 | 10 | 60 | 120 | 240 |
| | | | 60～79 岁 | 21 | 16 | 5 | 10 | 15 | 20 | 30 |
| | | | 80 岁及以上 | 1 | 15 | 15 | 15 | 15 | 15 | 15 |
| | | 男 | 小计 | 24 | 71 | 5 | 10 | 20 | 120 | 240 |
| | | | 18～44 岁 | 10 | 51 | 10 | 10 | 20 | 60 | 240 |
| | | | 45～59 岁 | 9 | 106 | 0 | 10 | 60 | 240 | 240 |
| | | | 60～79 岁 | 5 | 17 | 10 | 10 | 15 | 15 | 30 |
| | | | 80 岁及以上 | 0 | 0 | 0 | 0 | 0 | 0 | 0 |
| | | 女 | 小计 | 31 | 42 | 3 | 10 | 15 | 20 | 350 |
| | | | 18～44 岁 | 8 | 102 | 3 | 10 | 20 | 350 | 350 |
| | | | 45～59 岁 | 6 | 29 | 3 | 5 | 15 | 60 | 60 |
| | | | 60～79 岁 | 16 | 16 | 5 | 8 | 15 | 20 | 30 |
| | | | 80 岁及以上 | 1 | 15 | 15 | 15 | 15 | 15 | 15 |
| | 农村 | 小计 | 小计 | 328 | 25 | 0 | 0 | 0 | 10 | 120 |
| | | | 18～44 岁 | 160 | 24 | 0 | 0 | 0 | 0 | 180 |
| | | | 45～59 岁 | 110 | 49 | 0 | 0 | 0 | 0 | 480 |
| | | | 60～79 岁 | 56 | 12 | 0 | 0 | 10 | 20 | 30 |
| | | | 80 岁及以上 | 2 | 14 | 0 | 15 | 15 | 15 | 15 |
| | | 男 | 小计 | 130 | 38 | 0 | 0 | 0 | 10 | 480 |
| | | | 18～44 岁 | 63 | 30 | 0 | 0 | 0 | 2 | 120 |
| | | | 45～59 岁 | 45 | 87 | 0 | 0 | 0 | 60 | 480 |

| 地区 | 城乡 | 性别 | 年龄 | $n$ | 平均每天与土壤其他接触时间 /（min/d） | | | | | |
|---|---|---|---|---|---|---|---|---|---|---|
| | | | | | Mean | P5 | P25 | P50 | P75 | P95 |
| 西部 | 农村 | 男 | 60 ～ 79 岁 | 21 | 5 | 0 | 0 | 5 | 10 | 10 |
| | | | 80 岁及以上 | 1 | 15 | 15 | 15 | 15 | 15 | 15 |
| | | 女 | 小计 | 198 | 15 | 0 | 0 | 0 | 10 | 60 |
| | | | 18 ～ 44 岁 | 97 | 17 | 0 | 0 | 0 | 0 | 180 |
| | | | 45 ～ 59 岁 | 65 | 11 | 0 | 0 | 0 | 0 | 60 |
| | | | 60 ～ 79 岁 | 35 | 14 | 0 | 0 | 10 | 30 | 30 |
| | | | 80 岁及以上 | 1 | 0 | 0 | 0 | 0 | 0 | 0 |

## 附表 8-6　中国人群分片区、城乡、性别、年龄的全年平均每天接触土壤的总时间

| 地区 | 城乡 | 性别 | 年龄 | $n$ | 全年平均每天接触土壤的总时间 /（min/d） | | | | | |
|---|---|---|---|---|---|---|---|---|---|---|
| | | | | | Mean | P 5 | P 25 | P50 | P 75 | P 95 |
| 合计 | 城乡 | 小计 | 小计 | 42 913 | 204 | 20 | 75 | 180 | 300 | 480 |
| | | | 18 ～ 44 岁 | 16 279 | 205 | 20 | 90 | 180 | 300 | 480 |
| | | | 45 ～ 59 岁 | 17 160 | 215 | 30 | 90 | 180 | 300 | 360 |
| | | | 60 ～ 79 岁 | 9 204 | 183 | 20 | 60 | 130 | 240 | 480 |
| | | | 80 岁及以上 | 270 | 112 | 10 | 30 | 60 | 180 | 480 |
| | | 男 | 小计 | 20 015 | 212 | 20 | 90 | 180 | 300 | 480 |
| | | | 18 ～ 44 岁 | 7 415 | 209 | 20 | 90 | 180 | 300 | 480 |
| | | | 45 ～ 59 岁 | 7 631 | 226 | 30 | 120 | 180 | 360 | 420 |
| | | | 60 ～ 79 岁 | 4 825 | 198 | 20 | 60 | 180 | 300 | 480 |
| | | | 80 岁及以上 | 144 | 136 | 15 | 60 | 120 | 180 | 480 |
| | | 女 | 小计 | 22 898 | 195 | 20 | 60 | 180 | 300 | 480 |
| | | | 18 ～ 44 岁 | 8 864 | 200 | 20 | 80 | 180 | 300 | 420 |
| | | | 45 ～ 59 岁 | 9 529 | 205 | 20 | 90 | 180 | 300 | 270 |
| | | | 60 ～ 79 岁 | 4 379 | 165 | 15 | 60 | 120 | 240 | 480 |
| | | | 80 岁及以上 | 126 | 87 | 10 | 20 | 60 | 120 | 480 |
| | 城市 | 小计 | 小计 | 9 027 | 168 | 10 | 60 | 120 | 240 | 480 |
| | | | 18 ～ 44 岁 | 3 053 | 167 | 10 | 60 | 120 | 240 | 420 |
| | | | 45 ～ 59 岁 | 3 666 | 181 | 15 | 60 | 120 | 240 | 300 |
| | | | 60 ～ 79 岁 | 2 248 | 149 | 10 | 40 | 120 | 240 | 480 |
| | | | 80 岁及以上 | 60 | 98 | 10 | 30 | 60 | 120 | 480 |
| | | 男 | 小计 | 4 155 | 172 | 10 | 60 | 120 | 240 | 480 |
| | | | 18 ～ 44 岁 | 1 410 | 165 | 10 | 60 | 120 | 240 | 480 |
| | | | 45 ～ 59 岁 | 1 587 | 190 | 20 | 60 | 120 | 300 | 300 |
| | | | 60 ～ 79 岁 | 1 131 | 158 | 10 | 60 | 120 | 240 | 480 |
| | | | 80 岁及以上 | 27 | 116 | 20 | 60 | 90 | 180 | 480 |
| | | 女 | 小计 | 4 872 | 164 | 10 | 60 | 120 | 240 | 480 |
| | | | 18 ～ 44 岁 | 1 643 | 170 | 10 | 60 | 120 | 240 | 390 |
| | | | 45 ～ 59 岁 | 2 079 | 172 | 10 | 60 | 120 | 240 | 360 |
| | | | 60 ～ 79 岁 | 1 117 | 139 | 10 | 30 | 120 | 205 | 480 |
| | | | 80 岁及以上 | 33 | 84 | 10 | 15 | 60 | 120 | 480 |
| | 农村 | 小计 | 小计 | 33 886 | 214 | 30 | 120 | 180 | 300 | 480 |
| | | | 18 ～ 44 岁 | 13 226 | 214 | 30 | 120 | 180 | 300 | 480 |
| | | | 45 ～ 59 岁 | 13 494 | 225 | 30 | 120 | 180 | 360 | 360 |
| | | | 60 ～ 79 岁 | 6 956 | 194 | 20 | 60 | 180 | 300 | 480 |
| | | | 80 岁及以上 | 210 | 116 | 10 | 30 | 60 | 180 | 480 |
| | | 男 | 小计 | 15 860 | 223 | 30 | 120 | 180 | 360 | 480 |
| | | | 18 ～ 44 岁 | 6 005 | 220 | 30 | 120 | 180 | 330 | 480 |
| | | | 45 ～ 59 岁 | 6 044 | 236 | 30 | 120 | 200 | 360 | 420 |
| | | | 60 ～ 79 岁 | 3 694 | 211 | 30 | 120 | 180 | 300 | 480 |
| | | | 80 岁及以上 | 117 | 140 | 10 | 60 | 120 | 180 | 480 |

| 地区 | 城乡 | 性别 | 年龄 | *n* | 全年平均每天接触土壤的总时间 /（min/d） | | | | | |
|---|---|---|---|---|---|---|---|---|---|---|
| | | | | | Mean | P 5 | P 25 | P50 | P 75 | P 95 |
| 合计 | 农村 | 女 | 小计 | 18 026 | 204 | 30 | 90 | 180 | 300 | 480 |
| | | | 18～44 岁 | 7 221 | 208 | 30 | 120 | 180 | 300 | 480 |
| | | | 45～59 岁 | 7 450 | 214 | 30 | 120 | 180 | 300 | 270 |
| | | | 60～79 岁 | 3 262 | 174 | 20 | 60 | 120 | 240 | 480 |
| | | | 80 岁及以上 | 93 | 88 | 10 | 20 | 60 | 120 | 480 |
| 华北 | 城乡 | 小计 | 小计 | 8 574 | 217 | 30 | 120 | 180 | 300 | 480 |
| | | | 18～44 岁 | 2 919 | 219 | 30 | 120 | 180 | 300 | 480 |
| | | | 45～59 岁 | 3 720 | 228 | 30 | 120 | 200 | 360 | 300 |
| | | | 60～79 岁 | 1 891 | 195 | 30 | 90 | 180 | 260 | 480 |
| | | | 80 岁及以上 | 44 | 126 | 10 | 30 | 120 | 180 | 480 |
| | | 男 | 小计 | 3 875 | 228 | 30 | 120 | 200 | 360 | 480 |
| | | | 18～44 岁 | 1 289 | 226 | 30 | 120 | 200 | 360 | 480 |
| | | | 45～59 岁 | 1 545 | 244 | 30 | 120 | 240 | 360 | 480 |
| | | | 60～79 岁 | 1 017 | 209 | 30 | 120 | 180 | 300 | 480 |
| | | | 80 岁及以上 | 24 | 157 | 10 | 60 | 150 | 200 | 480 |
| | | 女 | 小计 | 4 699 | 206 | 30 | 120 | 180 | 300 | 480 |
| | | | 18～44 岁 | 1 630 | 211 | 30 | 120 | 180 | 300 | 420 |
| | | | 45～59 岁 | 2 175 | 213 | 30 | 120 | 180 | 300 | 210 |
| | | | 60～79 岁 | 874 | 177 | 30 | 60 | 140 | 240 | 480 |
| | | | 80 岁及以上 | 20 | 89 | 15 | 20 | 80 | 150 | 480 |
| | 城市 | 小计 | 小计 | 1 625 | 179 | 20 | 60 | 120 | 240 | 480 |
| | | | 18～44 岁 | 497 | 183 | 20 | 60 | 135 | 240 | 420 |
| | | | 45～59 岁 | 694 | 191 | 20 | 60 | 120 | 240 | 300 |
| | | | 60～79 岁 | 425 | 151 | 20 | 60 | 120 | 240 | 480 |
| | | | 80 岁及以上 | 9 | 82 | 0 | 20 | 30 | 120 | 480 |
| | | 男 | 小计 | 747 | 184 | 20 | 60 | 120 | 240 | 480 |
| | | | 18～44 岁 | 216 | 186 | 20 | 60 | 135 | 270 | 480 |
| | | | 45～59 岁 | 299 | 197 | 20 | 60 | 150 | 300 | 300 |
| | | | 60～79 岁 | 227 | 161 | 30 | 60 | 120 | 240 | 480 |
| | | | 80 岁及以上 | 5 | 113 | 10 | 30 | 120 | 120 | 480 |
| | | 女 | 小计 | 878 | 174 | 20 | 60 | 120 | 240 | 480 |
| | | | 18～44 岁 | 281 | 179 | 20 | 60 | 150 | 240 | 390 |
| | | | 45～59 岁 | 395 | 184 | 10 | 60 | 120 | 240 | 150 |
| | | | 60～79 岁 | 198 | 137 | 20 | 30 | 90 | 180 | 480 |
| | | | 80 岁及以上 | 4 | 49 | 0 | 0 | 20 | 150 | 480 |
| | 农村 | 小计 | 小计 | 6 949 | 226 | 30 | 120 | 200 | 320 | 480 |
| | | | 18～44 岁 | 2 422 | 226 | 30 | 120 | 200 | 360 | 480 |
| | | | 45～59 岁 | 3 026 | 236 | 30 | 120 | 240 | 360 | 300 |
| | | | 60～79 岁 | 1 466 | 206 | 50 | 120 | 180 | 300 | 480 |
| | | | 80 岁及以上 | 35 | 135 | 20 | 60 | 150 | 180 | 480 |
| | | 男 | 小计 | 3 128 | 238 | 40 | 120 | 200 | 360 | 480 |
| | | | 18～44 岁 | 1 073 | 234 | 30 | 120 | 200 | 360 | 480 |
| | | | 45～59 岁 | 1 246 | 255 | 50 | 120 | 240 | 360 | 480 |
| | | | 60～79 岁 | 790 | 221 | 60 | 120 | 180 | 300 | 480 |
| | | | 80 岁及以上 | 19 | 165 | 20 | 120 | 180 | 200 | 480 |
| | | 女 | 小计 | 3 821 | 213 | 30 | 120 | 180 | 300 | 480 |
| | | | 18～44 岁 | 1 349 | 219 | 30 | 120 | 180 | 300 | 480 |
| | | | 45～59 岁 | 1 780 | 219 | 30 | 120 | 180 | 300 | 240 |
| | | | 60～79 岁 | 676 | 186 | 30 | 90 | 180 | 240 | 480 |
| | | | 80 岁及以上 | 16 | 98 | 20 | 30 | 90 | 180 | 480 |
| 华东 | 城乡 | 小计 | 小计 | 8 636 | 177 | 15 | 60 | 120 | 240 | 480 |
| | | | 18～44 岁 | 2 438 | 167 | 10 | 60 | 120 | 240 | 480 |
| | | | 45～59 岁 | 3 666 | 191 | 20 | 60 | 120 | 300 | 360 |
| | | | 60～79 岁 | 2 444 | 178 | 15 | 60 | 120 | 240 | 480 |
| | | | 80 岁及以上 | 88 | 101 | 10 | 30 | 60 | 180 | 480 |
| | | 男 | 小计 | 4 143 | 189 | 15 | 60 | 120 | 300 | 480 |
| | | | 18～44 岁 | 1 128 | 174 | 10 | 60 | 120 | 240 | 480 |
| | | | 45～59 岁 | 1 678 | 202 | 20 | 60 | 150 | 300 | 390 |

| 地区 | 城乡 | 性别 | 年龄 | *n* | 全年平均每天接触土壤的总时间 /（min/d） | | | | | |
|---|---|---|---|---|---|---|---|---|---|---|
| | | | | | Mean | P 5 | P 25 | P50 | P 75 | P 95 |
| 华东 | 城乡 | 男 | 60 ～ 79 岁 | 1 290 | 197 | 20 | 60 | 135 | 300 | 480 |
| | | | 80 岁及以上 | 47 | 119 | 20 | 60 | 60 | 180 | 480 |
| | | 女 | 小计 | 4 493 | 165 | 10 | 60 | 120 | 240 | 480 |
| | | | 18 ～ 44 岁 | 1 310 | 158 | 10 | 60 | 120 | 240 | 480 |
| | | | 45 ～ 59 岁 | 1 988 | 180 | 15 | 60 | 120 | 240 | 270 |
| | | | 60 ～ 79 岁 | 1 154 | 156 | 10 | 60 | 120 | 240 | 480 |
| | | | 80 岁及以上 | 41 | 86 | 10 | 20 | 30 | 120 | 480 |
| | 城市 | 小计 | 小计 | 2 198 | 144 | 10 | 30 | 120 | 190 | 480 |
| | | | 18 ～ 44 岁 | 606 | 138 | 10 | 30 | 120 | 180 | 480 |
| | | | 45 ～ 59 岁 | 899 | 154 | 10 | 30 | 120 | 240 | 360 |
| | | | 60 ～ 79 岁 | 671 | 143 | 10 | 30 | 80 | 210 | 480 |
| | | | 80 岁及以上 | 22 | 120 | 15 | 30 | 60 | 180 | 480 |
| | | 男 | 小计 | 976 | 154 | 10 | 40 | 120 | 240 | 480 |
| | | | 18 ～ 44 岁 | 273 | 146 | 10 | 60 | 120 | 180 | 480 |
| | | | 45 ～ 59 岁 | 374 | 164 | 10 | 30 | 120 | 240 | 420 |
| | | | 60 ～ 79 岁 | 317 | 155 | 10 | 40 | 120 | 240 | 420 |
| | | | 80 岁及以上 | 12 | 140 | 30 | 60 | 60 | 240 | 420 |
| | | 女 | 小计 | 1 222 | 135 | 10 | 30 | 60 | 180 | 480 |
| | | | 18 ～ 44 岁 | 333 | 129 | 10 | 30 | 60 | 180 | 400 |
| | | | 45 ～ 59 岁 | 525 | 146 | 10 | 30 | 90 | 240 | 360 |
| | | | 60 ～ 79 岁 | 354 | 131 | 10 | 30 | 60 | 180 | 480 |
| | | | 80 岁及以上 | 10 | 103 | 15 | 30 | 60 | 180 | 480 |
| | 农村 | 小计 | 小计 | 6 438 | 189 | 20 | 60 | 120 | 300 | 480 |
| | | | 18 ～ 44 岁 | 1 832 | 178 | 15 | 60 | 120 | 270 | 480 |
| | | | 45 ～ 59 岁 | 2 767 | 204 | 20 | 60 | 180 | 300 | 360 |
| | | | 60 ～ 79 岁 | 1 773 | 192 | 20 | 60 | 135 | 300 | 480 |
| | | | 80 岁及以上 | 66 | 93 | 10 | 20 | 60 | 120 | 480 |
| | | 男 | 小计 | 3 167 | 201 | 20 | 60 | 150 | 300 | 480 |
| | | | 18 ～ 44 岁 | 855 | 185 | 10 | 60 | 120 | 300 | 480 |
| | | | 45 ～ 59 岁 | 1 304 | 214 | 20 | 60 | 180 | 360 | 360 |
| | | | 60 ～ 79 岁 | 973 | 212 | 30 | 60 | 180 | 350 | 480 |
| | | | 80 岁及以上 | 35 | 110 | 10 | 50 | 60 | 180 | 480 |
| | | 女 | 小计 | 3271 | 176 | 15 | 60 | 120 | 240 | 480 |
| | | | 18 ～ 44 岁 | 977 | 169 | 15 | 60 | 120 | 240 | 480 |
| | | | 45 ～ 59 岁 | 1 463 | 193 | 20 | 60 | 150 | 300 | 270 |
| | | | 60 ～ 79 岁 | 800 | 167 | 15 | 60 | 120 | 240 | 480 |
| | | | 80 岁及以上 | 31 | 80 | 5 | 20 | 30 | 120 | 480 |
| 华南 | 城乡 | 小计 | 小计 | 6 295 | 199 | 30 | 90 | 180 | 300 | 480 |
| | | | 18 ～ 44 岁 | 2 465 | 190 | 20 | 80 | 180 | 270 | 480 |
| | | | 45 ～ 59 岁 | 2 521 | 214 | 30 | 120 | 180 | 300 | 360 |
| | | | 60 ～ 79 岁 | 1 272 | 195 | 30 | 90 | 180 | 300 | 480 |
| | | | 80 岁及以上 | 37 | 126 | 20 | 60 | 90 | 180 | 480 |
| | | 男 | 小计 | 2 914 | 201 | 30 | 90 | 180 | 300 | 480 |
| | | | 18 ～ 44 岁 | 1 112 | 190 | 30 | 60 | 180 | 300 | 480 |
| | | | 45 ～ 59 岁 | 1 137 | 217 | 30 | 120 | 180 | 300 | 420 |
| | | | 60 ～ 79 岁 | 648 | 198 | 30 | 90 | 180 | 300 | 480 |
| | | | 80 岁及以上 | 17 | 148 | 60 | 60 | 120 | 180 | 480 |
| | | 女 | 小计 | 3 381 | 197 | 30 | 110 | 180 | 300 | 480 |
| | | | 18 ～ 44 岁 | 1 353 | 190 | 20 | 90 | 180 | 240 | 480 |
| | | | 45 ～ 59 岁 | 1 384 | 212 | 30 | 120 | 180 | 300 | 360 |
| | | | 60 ～ 79 岁 | 624 | 192 | 30 | 90 | 180 | 300 | 420 |
| | | | 80 岁及以上 | 20 | 107 | 20 | 60 | 60 | 180 | 420 |
| | 城市 | 小计 | 小计 | 1204 | 179 | 15 | 60 | 150 | 270 | 420 |
| | | | 18 ～ 44 岁 | 430 | 173 | 15 | 60 | 120 | 300 | 420 |
| | | | 45 ～ 59 岁 | 465 | 190 | 20 | 60 | 180 | 300 | 180 |
| | | | 60 ～ 79 岁 | 301 | 170 | 10 | 60 | 120 | 240 | 420 |
| | | | 80 岁及以上 | 8 | 92 | 30 | 60 | 60 | 180 | 420 |
| | | 男 | 小计 | 569 | 174 | 20 | 60 | 120 | 240 | 470 |

| 地区 | 城乡 | 性别 | 年龄 | *n* | 全年平均每天接触土壤的总时间 /（min/d） | | | | | |
|---|---|---|---|---|---|---|---|---|---|---|
| | | | | | Mean | P5 | P25 | P50 | P75 | P95 |
| 华南 | 城市 | 男 | 18 ～ 44 岁 | 217 | 162 | 20 | 60 | 120 | 240 | 480 |
| | | | 45 ～ 59 岁 | 201 | 191 | 20 | 60 | 180 | 270 | 60 |
| | | | 60 ～ 79 岁 | 150 | 169 | 20 | 60 | 120 | 240 | 420 |
| | | | 80 岁及以上 | 1 | 60 | 60 | 60 | 60 | 60 | 420 |
| | | 女 | 小计 | 635 | 184 | 10 | 60 | 180 | 300 | 420 |
| | | | 18 ～ 44 岁 | 213 | 189 | 15 | 60 | 180 | 300 | 390 |
| | | | 45 ～ 59 岁 | 264 | 188 | 20 | 60 | 180 | 300 | 180 |
| | | | 60 ～ 79 岁 | 151 | 170 | 10 | 60 | 150 | 240 | 480 |
| | | | 80 岁及以上 | 7 | 99 | 30 | 60 | 60 | 180 | 480 |
| | 农村 | 小计 | 小计 | 5 091 | 204 | 30 | 120 | 180 | 300 | 480 |
| | | | 18 ～ 44 岁 | 2 035 | 193 | 30 | 90 | 180 | 270 | 480 |
| | | | 45 ～ 59 岁 | 2 056 | 221 | 30 | 120 | 180 | 320 | 420 |
| | | | 60 ～ 79 岁 | 971 | 203 | 30 | 100 | 180 | 300 | 480 |
| | | | 80 岁及以上 | 29 | 137 | 20 | 60 | 120 | 180 | 480 |
| | | 男 | 小计 | 2 345 | 208 | 30 | 120 | 180 | 300 | 480 |
| | | | 18 ～ 44 岁 | 895 | 196 | 30 | 90 | 180 | 300 | 480 |
| | | | 45 ～ 59 岁 | 936 | 223 | 30 | 120 | 180 | 330 | 420 |
| | | | 60 ～ 79 岁 | 498 | 207 | 30 | 120 | 180 | 300 | 480 |
| | | | 80 岁及以上 | 16 | 158 | 60 | 60 | 120 | 180 | 480 |
| | | 女 | 小计 | 2 746 | 200 | 30 | 120 | 180 | 300 | 480 |
| | | | 18 ～ 44 岁 | 1 140 | 190 | 30 | 90 | 180 | 240 | 480 |
| | | | 45 ～ 59 岁 | 1 120 | 218 | 30 | 120 | 180 | 300 | 360 |
| | | | 60 ～ 79 岁 | 473 | 199 | 30 | 90 | 180 | 300 | 480 |
| | | | 80 岁及以上 | 13 | 112 | 20 | 30 | 60 | 160 | 480 |
| 西北 | 城乡 | 小计 | 小计 | 6 429 | 230 | 30 | 120 | 190 | 300 | 500 |
| | | | 18 ～ 44 岁 | 2 757 | 234 | 60 | 120 | 210 | 300 | 480 |
| | | | 45 ～ 59 岁 | 2 405 | 244 | 30 | 120 | 240 | 360 | 360 |
| | | | 60 ～ 79 岁 | 1 228 | 194 | 20 | 80 | 180 | 240 | 492 |
| | | | 80 岁及以上 | 39 | 113 | 15 | 30 | 120 | 150 | 480 |
| | | 男 | 小计 | 3 024 | 243 | 30 | 120 | 240 | 330 | 600 |
| | | | 18 ～ 44 岁 | 1 239 | 240 | 60 | 120 | 240 | 300 | 540 |
| | | | 45 ～ 59 岁 | 1 115 | 264 | 40 | 140 | 240 | 360 | 435 |
| | | | 60 ～ 79 岁 | 651 | 222 | 30 | 120 | 180 | 310 | 480 |
| | | | 80 岁及以上 | 19 | 117 | 20 | 30 | 120 | 120 | 480 |
| | | 女 | 小计 | 3 405 | 216 | 30 | 120 | 180 | 300 | 480 |
| | | | 18 ～ 44 岁 | 1 518 | 227 | 60 | 120 | 180 | 300 | 420 |
| | | | 45 ～ 59 岁 | 1 290 | 221 | 30 | 120 | 180 | 300 | 180 |
| | | | 60 ～ 79 岁 | 577 | 161 | 15 | 60 | 120 | 240 | 480 |
| | | | 80 岁及以上 | 20 | 109 | 10 | 60 | 120 | 150 | 480 |
| | 城市 | 小计 | 小计 | 1 400 | 207 | 20 | 120 | 180 | 280 | 600 |
| | | | 18 ～ 44 岁 | 539 | 202 | 20 | 120 | 180 | 240 | 480 |
| | | | 45 ～ 59 岁 | 572 | 238 | 30 | 120 | 180 | 320 | 120 |
| | | | 60 ～ 79 岁 | 286 | 170 | 15 | 60 | 120 | 240 | 510 |
| | | | 80 岁及以上 | 3 | 65 | 15 | 15 | 15 | 120 | 480 |
| | | 男 | 小计 | 639 | 224 | 20 | 120 | 180 | 300 | 600 |
| | | | 18 ～ 44 岁 | 244 | 212 | 20 | 120 | 180 | 270 | 480 |
| | | | 45 ～ 59 岁 | 250 | 263 | 30 | 120 | 240 | 360 | 120 |
| | | | 60 ～ 79 岁 | 144 | 195 | 15 | 60 | 180 | 300 | 480 |
| | | | 80 岁及以上 | 1 | 120 | 120 | 120 | 120 | 120 | 480 |
| | | 女 | 小计 | 761 | 188 | 20 | 80 | 180 | 240 | 480 |
| | | | 18 ～ 44 岁 | 295 | 190 | 30 | 90 | 180 | 240 | 420 |
| | | | 45 ～ 59 岁 | 322 | 211 | 20 | 120 | 180 | 300 | 15 |
| | | | 60 ～ 79 岁 | 142 | 138 | 10 | 30 | 120 | 180 | 480 |
| | | | 80 岁及以上 | 2 | 15 | 15 | 15 | 15 | 15 | 480 |
| | 农村 | 小计 | 小计 | 5 029 | 237 | 40 | 120 | 220 | 300 | 480 |
| | | | 18 ～ 44 岁 | 2 218 | 242 | 60 | 120 | 240 | 300 | 480 |
| | | | 45 ～ 59 岁 | 1 833 | 246 | 60 | 120 | 240 | 360 | 375 |

| 地区 | 城乡 | 性别 | 年龄 | n | 全年平均每天接触土壤的总时间 / (min/d) | | | | | |
|---|---|---|---|---|---|---|---|---|---|---|
| | | | | | Mean | P 5 | P 25 | P50 | P 75 | P 95 |
| 西北 | 农村 | 小计 | 60 ~ 79 岁 | 942 | 203 | 30 | 90 | 180 | 270 | 490 |
| | | | 80 岁及以上 | 36 | 116 | 15 | 60 | 120 | 150 | 480 |
| | | 男 | 小计 | 2 385 | 249 | 60 | 130 | 240 | 360 | 540 |
| | | | 18 ~ 44 岁 | 995 | 247 | 60 | 150 | 240 | 300 | 540 |
| | | | 45 ~ 59 岁 | 865 | 264 | 60 | 150 | 240 | 360 | 435 |
| | | | 60 ~ 79 岁 | 507 | 231 | 30 | 120 | 180 | 330 | 480 |
| | | | 80 岁及以上 | 18 | 117 | 20 | 30 | 90 | 120 | 480 |
| | | 女 | 小计 | 2 644 | 223 | 40 | 120 | 180 | 300 | 480 |
| | | | 18 ~ 44 岁 | 1 223 | 237 | 60 | 120 | 210 | 330 | 420 |
| | | | 45 ~ 59 岁 | 968 | 225 | 40 | 120 | 180 | 300 | 180 |
| | | | 60 ~ 79 岁 | 435 | 168 | 20 | 60 | 120 | 240 | 600 |
| | | | 80 岁及以上 | 18 | 115 | 10 | 60 | 120 | 150 | 540 |
| 东北 | 城乡 | 小计 | 小计 | 5 132 | 229 | 30 | 60 | 180 | 360 | 600 |
| | | | 18 ~ 44 岁 | 2 009 | 231 | 30 | 90 | 180 | 360 | 480 |
| | | | 45 ~ 59 岁 | 2 127 | 240 | 30 | 60 | 180 | 360 | 360 |
| | | | 60 ~ 79 岁 | 976 | 195 | 20 | 60 | 120 | 300 | 600 |
| | | | 80 岁及以上 | 20 | 121 | 10 | 20 | 60 | 240 | 540 |
| | | 男 | 小计 | 2 520 | 236 | 30 | 90 | 180 | 360 | 600 |
| | | | 18 ~ 44 岁 | 1 001 | 230 | 30 | 90 | 180 | 360 | 540 |
| | | | 45 ~ 59 岁 | 953 | 256 | 30 | 120 | 180 | 420 | 360 |
| | | | 60 ~ 79 岁 | 553 | 217 | 30 | 60 | 180 | 360 | 540 |
| | | | 80 岁及以上 | 13 | 146 | 10 | 60 | 60 | 240 | 540 |
| | | 女 | 小计 | 2 612 | 220 | 30 | 60 | 122 | 360 | 540 |
| | | | 18 ~ 44 岁 | 1 008 | 231 | 30 | 90 | 150 | 360 | 480 |
| | | | 45 ~ 59 岁 | 1 174 | 226 | 30 | 60 | 180 | 360 | 360 |
| | | | 60 ~ 79 岁 | 423 | 165 | 20 | 60 | 120 | 240 | 480 |
| | | | 80 岁及以上 | 7 | 70 | 10 | 10 | 20 | 60 | 480 |
| | 城市 | 小计 | 小计 | 866 | 151 | 15 | 40 | 120 | 240 | 480 |
| | | | 18 ~ 44 岁 | 239 | 147 | 10 | 30 | 60 | 180 | 420 |
| | | | 45 ~ 59 岁 | 401 | 162 | 20 | 60 | 120 | 240 | 360 |
| | | | 60 ~ 79 岁 | 221 | 139 | 15 | 50 | 120 | 180 | 480 |
| | | | 80 岁及以上 | 5 | 113 | 20 | 20 | 20 | 120 | 480 |
| | | 男 | 小计 | 430 | 150 | 15 | 30 | 120 | 240 | 480 |
| | | | 18 ~ 44 岁 | 131 | 132 | 10 | 30 | 60 | 180 | 480 |
| | | | 45 ~ 59 岁 | 178 | 168 | 20 | 60 | 120 | 240 | 60 |
| | | | 60 ~ 79 岁 | 119 | 164 | 20 | 60 | 120 | 240 | 480 |
| | | | 80 岁及以上 | 2 | 37 | 20 | 20 | 20 | 60 | 600 |
| | | 女 | 小计 | 436 | 152 | 15 | 40 | 120 | 180 | 480 |
| | | | 18 ~ 44 岁 | 108 | 172 | 20 | 40 | 120 | 240 | 360 |
| | | | 45 ~ 59 岁 | 223 | 156 | 20 | 50 | 120 | 240 | 360 |
| | | | 60 ~ 79 岁 | 102 | 111 | 10 | 30 | 60 | 120 | 600 |
| | | | 80 岁及以上 | 3 | 171 | 20 | 20 | 120 | 360 | 540 |
| | 农村 | 小计 | 小计 | 4 266 | 241 | 30 | 120 | 180 | 360 | 600 |
| | | | 18 ~ 44 岁 | 1 770 | 241 | 30 | 120 | 180 | 360 | 540 |
| | | | 45 ~ 59 岁 | 1 726 | 255 | 30 | 120 | 180 | 420 | 360 |
| | | | 60 ~ 79 岁 | 755 | 209 | 30 | 60 | 120 | 300 | 600 |
| | | | 80 岁及以上 | 15 | 123 | 10 | 20 | 60 | 240 | 600 |
| | | 男 | 小计 | 2 090 | 251 | 30 | 120 | 180 | 360 | 600 |
| | | | 18 ~ 44 岁 | 870 | 245 | 30 | 120 | 180 | 360 | 540 |
| | | | 45 ~ 59 岁 | 775 | 274 | 30 | 120 | 240 | 480 | 360 |
| | | | 60 ~ 79 岁 | 434 | 230 | 30 | 90 | 180 | 360 | 540 |
| | | | 80 岁及以上 | 11 | 162 | 10 | 60 | 180 | 240 | 540 |
| | | 女 | 小计 | 2 176 | 231 | 30 | 90 | 180 | 360 | 600 |
| | | | 18 ~ 44 岁 | 900 | 237 | 30 | 90 | 180 | 360 | 480 |
| | | | 45 ~ 59 岁 | 951 | 238 | 30 | 80 | 180 | 380 | 60 |
| | | | 60 ~ 79 岁 | 321 | 181 | 20 | 60 | 120 | 240 | 480 |
| | | | 80 岁及以上 | 4 | 21 | 10 | 10 | 10 | 20 | 480 |

| 地区 | 城乡 | 性别 | 年龄 | *n* | 全年平均每天接触土壤的总时间 /（min/d） | | | | | |
|---|---|---|---|---|---|---|---|---|---|---|
| | | | | | Mean | P 5 | P 25 | P50 | P 75 | P 95 |
| 西南 | 城乡 | 小计 | 小计 | 7 847 | 198 | 20 | 60 | 180 | 300 | 480 |
| | | | 18 ～ 44 岁 | 3 691 | 212 | 20 | 120 | 180 | 300 | 360 |
| | | | 45 ～ 59 岁 | 2 721 | 204 | 20 | 60 | 180 | 300 | 420 |
| | | | 60 ～ 79 岁 | 1 393 | 151 | 10 | 60 | 120 | 240 | 480 |
| | | | 80 岁及以上 | 42 | 103 | 10 | 20 | 60 | 120 | 480 |
| | | 男 | 小计 | 3 539 | 202 | 20 | 60 | 180 | 300 | 480 |
| | | | 18 ～ 44 岁 | 1 646 | 213 | 15 | 120 | 180 | 300 | 390 |
| | | | 45 ～ 59 岁 | 1 203 | 210 | 30 | 60 | 180 | 300 | 420 |
| | | | 60 ～ 79 岁 | 666 | 161 | 20 | 60 | 120 | 240 | 450 |
| | | | 80 岁及以上 | 24 | 136 | 10 | 30 | 90 | 180 | 480 |
| | | 女 | 小计 | 4 308 | 194 | 20 | 60 | 180 | 300 | 480 |
| | | | 18 ～ 44 岁 | 2 045 | 210 | 30 | 120 | 180 | 300 | 360 |
| | | | 45 ～ 59 岁 | 1 518 | 198 | 20 | 60 | 180 | 300 | 240 |
| | | | 60 ～ 79 岁 | 727 | 142 | 10 | 30 | 120 | 210 | 480 |
| | | | 80 岁及以上 | 18 | 53 | 10 | 10 | 20 | 60 | 480 |
| | 城市 | 小计 | 小计 | 1 734 | 171 | 10 | 40 | 120 | 255 | 480 |
| | | | 18 ～ 44 岁 | 742 | 177 | 10 | 40 | 150 | 300 | 360 |
| | | | 45 ～ 59 岁 | 635 | 186 | 20 | 60 | 120 | 300 | 180 |
| | | | 60 ～ 79 岁 | 344 | 136 | 10 | 30 | 120 | 230 | 480 |
| | | | 80 岁及以上 | 13 | 66 | 10 | 10 | 60 | 120 | 480 |
| | | 男 | 小计 | 794 | 168 | 10 | 30 | 120 | 260 | 480 |
| | | | 18 ～ 44 岁 | 329 | 164 | 5 | 30 | 120 | 270 | 360 |
| | | | 45 ～ 59 岁 | 285 | 195 | 20 | 40 | 120 | 350 | 180 |
| | | | 60 ～ 79 岁 | 174 | 135 | 15 | 30 | 120 | 180 | 420 |
| | | | 80 岁及以上 | 6 | 103 | 30 | 90 | 90 | 120 | 450 |
| | | 女 | 小计 | 940 | 175 | 10 | 60 | 150 | 250 | 480 |
| | | | 18 ～ 44 岁 | 413 | 189 | 10 | 60 | 180 | 300 | 360 |
| | | | 45 ～ 59 岁 | 350 | 177 | 20 | 60 | 120 | 260 | 120 |
| | | | 60 ～ 79 岁 | 170 | 136 | 10 | 30 | 120 | 240 | 480 |
| | | | 80 岁及以上 | 7 | 37 | 10 | 10 | 10 | 60 | 480 |
| | 农村 | 小计 | 小计 | 6 113 | 207 | 20 | 120 | 180 | 300 | 480 |
| | | | 18 ～ 44 岁 | 2 949 | 223 | 30 | 120 | 220 | 300 | 360 |
| | | | 45 ～ 59 岁 | 2 086 | 211 | 30 | 120 | 180 | 300 | 420 |
| | | | 60 ～ 79 岁 | 1 049 | 157 | 15 | 60 | 120 | 240 | 480 |
| | | | 80 岁及以上 | 29 | 119 | 10 | 20 | 60 | 180 | 480 |
| | | 男 | 小计 | 2 745 | 215 | 30 | 120 | 180 | 300 | 480 |
| | | | 18 ～ 44 岁 | 1 317 | 230 | 30 | 120 | 205 | 330 | 410 |
| | | | 45 ～ 59 岁 | 918 | 216 | 30 | 120 | 180 | 300 | 420 |
| | | | 60 ～ 79 岁 | 492 | 173 | 20 | 60 | 120 | 240 | 470 |
| | | | 80 岁及以上 | 18 | 145 | 10 | 20 | 120 | 240 | 480 |
| | | 女 | 小计 | 3 368 | 200 | 20 | 120 | 180 | 300 | 480 |
| | | | 18 ～ 44 岁 | 1 632 | 217 | 30 | 120 | 240 | 300 | 360 |
| | | | 45 ～ 59 岁 | 1 168 | 205 | 20 | 120 | 180 | 300 | 240 |
| | | | 60 ～ 79 岁 | 557 | 143 | 10 | 30 | 120 | 210 | 360 |
| | | | 80 岁及以上 | 11 | 65 | 20 | 20 | 20 | 60 | 240 |

## 附表 8-7　中国人群分片区、城乡、性别、年龄的平均每天与土壤务农性接触时间

| 地区 | 城乡 | 性别 | 年龄 | *n* | 每天与土壤务农性接触时间 /（min/d） | | | | | |
|---|---|---|---|---|---|---|---|---|---|---|
| | | | | | Mean | P5 | P25 | P50 | P75 | P95 |
| 合计 | 城乡 | 小计 | 小计 | 42 775 | 201 | 25 | 90 | 180 | 300 | 480 |
| | | | 18 ～ 44 岁 | 16 450 | 202 | 30 | 90 | 180 | 300 | 480 |
| | | | 45 ～ 59 岁 | 17 224 | 212 | 30 | 120 | 180 | 300 | 480 |
| | | | 60 ～ 79 岁 | 8 870 | 182 | 20 | 60 | 150 | 240 | 480 |
| | | | 80 岁及以上 | 231 | 116 | 10 | 30 | 60 | 180 | 360 |
| | | 男 | 小计 | 19 896 | 208 | 30 | 90 | 180 | 300 | 480 |
| | | | 18 ～ 44 岁 | 7 448 | 205 | 20 | 90 | 180 | 300 | 480 |
| | | | 45 ～ 59 岁 | 7 635 | 221 | 30 | 120 | 180 | 360 | 480 |
| | | | 60 ～ 79 岁 | 4 687 | 196 | 30 | 70 | 180 | 300 | 480 |
| | | | 80 岁及以上 | 126 | 142 | 10 | 60 | 120 | 200 | 420 |
| | | 女 | 小计 | 22 879 | 194 | 20 | 70 | 180 | 300 | 480 |
| | | | 18 ～ 44 岁 | 9 002 | 198 | 30 | 90 | 180 | 300 | 480 |
| | | | 45 ～ 59 岁 | 9 589 | 203 | 30 | 90 | 180 | 300 | 480 |
| | | | 60 ～ 79 岁 | 4 183 | 166 | 20 | 60 | 120 | 240 | 420 |
| | | | 80 岁及以上 | 105 | 88 | 10 | 20 | 60 | 120 | 360 |
| | 城市 | 小计 | 小计 | 8 245 | 174 | 20 | 60 | 120 | 240 | 480 |
| | | | 18 ～ 44 岁 | 2 831 | 174 | 20 | 60 | 120 | 240 | 480 |
| | | | 45 ～ 59 岁 | 3 436 | 185 | 20 | 60 | 150 | 240 | 480 |
| | | | 60 ～ 79 岁 | 1 934 | 156 | 20 | 60 | 120 | 240 | 420 |
| | | | 80 岁及以上 | 44 | 109 | 15 | 60 | 60 | 120 | 360 |
| | | 男 | 小计 | 3 806 | 176 | 20 | 60 | 120 | 240 | 480 |
| | | | 18 ～ 44 岁 | 1 297 | 171 | 15 | 60 | 120 | 240 | 480 |
| | | | 45 ～ 59 岁 | 1 490 | 193 | 20 | 60 | 150 | 300 | 480 |
| | | | 60 ～ 79 岁 | 999 | 162 | 20 | 60 | 120 | 240 | 480 |
| | | | 80 岁及以上 | 20 | 130 | 30 | 60 | 90 | 180 | 420 |
| | | 女 | 小计 | 4 439 | 171 | 20 | 60 | 120 | 240 | 480 |
| | | | 18 ～ 44 岁 | 1 534 | 177 | 20 | 60 | 140 | 240 | 480 |
| | | | 45 ～ 59 岁 | 1 946 | 178 | 20 | 60 | 120 | 240 | 480 |
| | | | 60 ～ 79 岁 | 935 | 148 | 15 | 60 | 120 | 240 | 390 |
| | | | 80 岁及以上 | 24 | 95 | 10 | 30 | 60 | 120 | 360 |
| | 农村 | 小计 | 小计 | 34 530 | 208 | 30 | 120 | 180 | 300 | 480 |
| | | | 18 ～ 44 岁 | 13 619 | 208 | 30 | 120 | 180 | 300 | 480 |
| | | | 45 ～ 59 岁 | 13 788 | 219 | 30 | 120 | 180 | 300 | 480 |
| | | | 60 ～ 79 岁 | 6936 | 190 | 20 | 60 | 180 | 250 | 480 |
| | | | 80 岁及以上 | 187 | 117 | 10 | 30 | 60 | 180 | 360 |
| | | 男 | 小计 | 16 090 | 216 | 30 | 120 | 180 | 300 | 480 |
| | | | 18 ～ 44 岁 | 6 151 | 213 | 30 | 120 | 180 | 300 | 480 |
| | | | 45 ～ 59 岁 | 6 145 | 228 | 30 | 120 | 180 | 360 | 480 |
| | | | 60 ～ 79 岁 | 3 688 | 206 | 30 | 120 | 180 | 300 | 480 |
| | | | 80 岁及以上 | 106 | 145 | 10 | 60 | 120 | 200 | 420 |
| | | 女 | 小计 | 18 440 | 200 | 30 | 90 | 180 | 300 | 480 |
| | | | 18 ～ 44 岁 | 7 468 | 203 | 30 | 100 | 180 | 300 | 480 |
| | | | 45 ～ 59 岁 | 7 643 | 210 | 30 | 120 | 180 | 300 | 480 |
| | | | 60 ～ 79 岁 | 3 248 | 171 | 20 | 60 | 120 | 240 | 480 |
| | | | 80 岁及以上 | 81 | 85 | 10 | 20 | 60 | 120 | 270 |
| 华北 | 城乡 | 小计 | 小计 | 8 473 | 214 | 30 | 120 | 180 | 300 | 480 |
| | | | 18 ～ 44 岁 | 2 987 | 213 | 30 | 120 | 180 | 300 | 480 |
| | | | 45 ～ 59 岁 | 3 695 | 226 | 30 | 120 | 200 | 320 | 480 |
| | | | 60 ～ 79 岁 | 1 761 | 195 | 30 | 120 | 180 | 260 | 480 |
| | | | 80 岁及以上 | 30 | 141 | 10 | 60 | 150 | 180 | 300 |
| | | 男 | 小计 | 3 817 | 224 | 30 | 120 | 200 | 360 | 480 |
| | | | 18 ～ 44 岁 | 1 315 | 218 | 30 | 120 | 180 | 360 | 480 |
| | | | 45 ～ 59 岁 | 1 533 | 241 | 30 | 120 | 240 | 360 | 480 |
| | | | 60 ～ 79 岁 | 952 | 209 | 30 | 120 | 180 | 300 | 480 |
| | | | 80 岁及以上 | 17 | 181 | 20 | 150 | 180 | 200 | 480 |
| | | 女 | 小计 | 4 656 | 205 | 30 | 120 | 180 | 300 | 480 |

| 地区 | 城乡 | 性别 | 年龄 | *n* | 每天与土壤务农性接触时间 / (min/d) | | | | | |
|---|---|---|---|---|---|---|---|---|---|---|
| | | | | | Mean | P5 | P25 | P50 | P75 | P95 |
| 华北 | 城乡 | 女 | 18～44 岁 | 1 672 | 208 | 30 | 120 | 180 | 300 | 480 |
| | | | 45～59 岁 | 2 162 | 213 | 30 | 120 | 180 | 300 | 480 |
| | | | 60～79 岁 | 809 | 177 | 30 | 70 | 150 | 240 | 420 |
| | | | 80 岁及以上 | 13 | 82 | 0 | 30 | 90 | 90 | 240 |
| | 城市 | 小计 | 小计 | 1430 | 189 | 30 | 60 | 150 | 240 | 480 |
| | | | 18～44 岁 | 473 | 187 | 20 | 70 | 160 | 240 | 480 |
| | | | 45～59 岁 | 616 | 208 | 30 | 90 | 180 | 300 | 480 |
| | | | 60～79 岁 | 337 | 161 | 30 | 60 | 120 | 240 | 420 |
| | | | 80 岁及以上 | 4 | 106 | 0 | 0 | 30 | 150 | 300 |
| | | 男 | 小计 | 654 | 193 | 30 | 60 | 180 | 300 | 480 |
| | | | 18～44 岁 | 201 | 189 | 20 | 60 | 160 | 270 | 480 |
| | | | 45～59 岁 | 267 | 214 | 30 | 120 | 180 | 300 | 480 |
| | | | 60～79 岁 | 185 | 167 | 30 | 60 | 120 | 240 | 480 |
| | | | 80 岁及以上 | 1 | 300 | 300 | 300 | 300 | 300 | 300 |
| | | 女 | 小计 | 776 | 186 | 30 | 60 | 150 | 240 | 480 |
| | | | 18～44 岁 | 272 | 186 | 30 | 80 | 150 | 240 | 480 |
| | | | 45～59 岁 | 349 | 202 | 30 | 90 | 180 | 300 | 480 |
| | | | 60～79 岁 | 152 | 151 | 30 | 60 | 120 | 240 | 360 |
| | | | 80 岁及以上 | 3 | 58 | 0 | 0 | 30 | 150 | 150 |
| | 农村 | 小计 | 小计 | 7 043 | 219 | 30 | 120 | 180 | 300 | 480 |
| | | | 18～44 岁 | 2 514 | 218 | 30 | 120 | 180 | 320 | 480 |
| | | | 45～59 岁 | 3 079 | 230 | 30 | 120 | 200 | 350 | 480 |
| | | | 60～79 岁 | 1 424 | 203 | 40 | 120 | 180 | 270 | 480 |
| | | | 80 岁及以上 | 26 | 145 | 10 | 60 | 150 | 180 | 480 |
| | | 男 | 小计 | 3 163 | 230 | 40 | 120 | 200 | 360 | 480 |
| | | | 18～44 岁 | 1 114 | 223 | 30 | 120 | 195 | 360 | 480 |
| | | | 45～59 岁 | 1 266 | 247 | 45 | 120 | 240 | 360 | 480 |
| | | | 60～79 岁 | 767 | 218 | 60 | 120 | 180 | 300 | 480 |
| | | | 80 岁及以上 | 16 | 177 | 20 | 120 | 180 | 200 | 480 |
| | | 女 | 小计 | 3 880 | 209 | 30 | 120 | 180 | 300 | 480 |
| | | | 18～44 岁 | 1 400 | 213 | 30 | 120 | 180 | 300 | 480 |
| | | | 45～59 岁 | 1 813 | 215 | 30 | 120 | 180 | 300 | 480 |
| | | | 60～79 岁 | 657 | 182 | 30 | 90 | 180 | 240 | 420 |
| | | | 80 岁及以上 | 10 | 89 | 10 | 60 | 90 | 90 | 240 |
| 华东 | 城乡 | 小计 | 小计 | 8 304 | 175 | 15 | 60 | 120 | 240 | 480 |
| | | | 18～44 岁 | 2 282 | 164 | 15 | 60 | 120 | 240 | 480 |
| | | | 45～59 岁 | 3 596 | 186 | 20 | 60 | 120 | 300 | 480 |
| | | | 60～79 岁 | 2 346 | 177 | 20 | 60 | 120 | 240 | 480 |
| | | | 80 岁及以上 | 80 | 102 | 10 | 20 | 60 | 180 | 360 |
| | | 男 | 小计 | 3 958 | 184 | 20 | 60 | 120 | 300 | 480 |
| | | | 18～44 岁 | 1 037 | 171 | 15 | 60 | 120 | 240 | 480 |
| | | | 45～59 岁 | 1 633 | 193 | 20 | 60 | 140 | 300 | 480 |
| | | | 60～79 岁 | 1 246 | 194 | 20 | 60 | 140 | 300 | 480 |
| | | | 80 岁及以上 | 42 | 121 | 10 | 50 | 60 | 180 | 390 |
| | | 女 | 小计 | 4 346 | 165 | 15 | 60 | 120 | 240 | 480 |
| | | | 18～44 岁 | 1 245 | 157 | 10 | 60 | 120 | 240 | 480 |
| | | | 45～59 岁 | 1 963 | 180 | 20 | 60 | 120 | 240 | 480 |
| | | | 60～79 岁 | 1 100 | 157 | 10 | 60 | 120 | 240 | 480 |
| | | | 80 岁及以上 | 38 | 88 | 5 | 20 | 30 | 120 | 360 |
| | 城市 | 小计 | 小计 | 2 011 | 153 | 10 | 40 | 120 | 240 | 480 |
| | | | 18～44 岁 | 521 | 146 | 10 | 60 | 120 | 180 | 480 |
| | | | 45～59 岁 | 864 | 161 | 10 | 40 | 120 | 240 | 480 |
| | | | 60～79 岁 | 605 | 151 | 10 | 35 | 120 | 240 | 480 |
| | | | 80 岁及以上 | 21 | 123 | 15 | 30 | 60 | 180 | 360 |
| | | 男 | 小计 | 888 | 162 | 20 | 60 | 120 | 240 | 480 |
| | | | 18～44 岁 | 230 | 155 | 20 | 60 | 120 | 180 | 480 |
| | | | 45～59 岁 | 357 | 170 | 20 | 60 | 120 | 240 | 480 |
| | | | 60～79 岁 | 290 | 164 | 10 | 60 | 120 | 240 | 480 |

| 地区 | 城乡 | 性别 | 年龄 | n | 每天与土壤务农性接触时间 /（min/d） | | | | | |
|---|---|---|---|---|---|---|---|---|---|---|
| | | | | | Mean | P5 | P25 | P50 | P75 | P95 |
| 华东 | 城市 | 男 | 80 岁及以上 | 11 | 148 | 30 | 60 | 120 | 240 | 420 |
| | | 女 | 小计 | 1 123 | 143 | 10 | 30 | 105 | 240 | 420 |
| | | | 18 ～ 44 岁 | 291 | 137 | 10 | 30 | 90 | 180 | 420 |
| | | | 45 ～ 59 岁 | 507 | 153 | 10 | 30 | 120 | 240 | 480 |
| | | | 60 ～ 79 岁 | 315 | 138 | 10 | 30 | 80 | 180 | 420 |
| | | | 80 岁及以上 | 10 | 103 | 15 | 30 | 60 | 180 | 360 |
| | 农村 | 小计 | 小计 | 6 293 | 182 | 20 | 60 | 120 | 290 | 480 |
| | | | 18 ～ 44 岁 | 1 761 | 170 | 15 | 60 | 120 | 240 | 480 |
| | | | 45 ～ 59 岁 | 2 732 | 195 | 20 | 60 | 150 | 300 | 480 |
| | | | 60 ～ 79 岁 | 1 741 | 187 | 20 | 60 | 120 | 300 | 480 |
| | | | 80 岁及以上 | 59 | 93 | 10 | 20 | 50 | 180 | 360 |
| | | 男 | 小计 | 3 070 | 191 | 20 | 60 | 120 | 300 | 480 |
| | | | 18 ～ 44 岁 | 807 | 176 | 15 | 60 | 120 | 270 | 480 |
| | | | 45 ～ 59 岁 | 1 276 | 200 | 20 | 60 | 180 | 300 | 480 |
| | | | 60 ～ 79 岁 | 956 | 204 | 30 | 60 | 180 | 300 | 480 |
| | | | 80 岁及以上 | 31 | 108 | 10 | 30 | 60 | 180 | 360 |
| | | 女 | 小计 | 3 223 | 173 | 15 | 60 | 120 | 240 | 480 |
| | | | 18 ～ 44 岁 | 954 | 164 | 15 | 60 | 120 | 240 | 480 |
| | | | 45 ～ 59 岁 | 1 456 | 190 | 20 | 60 | 150 | 300 | 480 |
| | | | 60 ～ 79 岁 | 785 | 164 | 15 | 60 | 120 | 240 | 480 |
| | | | 80 岁及以上 | 28 | 82 | 5 | 20 | 30 | 120 | 270 |
| 华南 | 城乡 | 小计 | 小计 | 6 684 | 195 | 30 | 100 | 180 | 270 | 480 |
| | | | 18 ～ 44 岁 | 2 659 | 186 | 30 | 90 | 180 | 240 | 420 |
| | | | 45 ～ 59 岁 | 2 704 | 209 | 30 | 120 | 180 | 300 | 480 |
| | | | 60 ～ 79 岁 | 1 288 | 192 | 30 | 90 | 180 | 270 | 480 |
| | | | 80 岁及以上 | 33 | 120 | 20 | 60 | 90 | 120 | 360 |
| | | 男 | 小计 | 3 090 | 196 | 30 | 90 | 180 | 300 | 480 |
| | | | 18 ～ 44 岁 | 1 207 | 185 | 30 | 60 | 180 | 240 | 420 |
| | | | 45 ～ 59 岁 | 1 216 | 211 | 30 | 120 | 180 | 300 | 480 |
| | | | 60 ～ 79 岁 | 652 | 197 | 30 | 120 | 180 | 300 | 480 |
| | | | 80 岁及以上 | 15 | 154 | 60 | 60 | 120 | 180 | 420 |
| | | 女 | 小计 | 3 594 | 193 | 30 | 120 | 180 | 240 | 480 |
| | | | 18 ～ 44 岁 | 1 452 | 187 | 30 | 90 | 180 | 240 | 480 |
| | | | 45 ～ 59 岁 | 1 488 | 206 | 30 | 120 | 180 | 300 | 480 |
| | | | 60 ～ 79 岁 | 636 | 186 | 30 | 90 | 180 | 240 | 420 |
| | | | 80 岁及以上 | 18 | 94 | 20 | 30 | 60 | 120 | 360 |
| | 城市 | 小计 | 小计 | 1 069 | 181 | 30 | 60 | 180 | 240 | 420 |
| | | | 18 ～ 44 岁 | 389 | 180 | 30 | 60 | 180 | 240 | 360 |
| | | | 45 ～ 59 岁 | 444 | 187 | 30 | 80 | 180 | 240 | 420 |
| | | | 60 ～ 79 岁 | 230 | 176 | 30 | 60 | 180 | 240 | 420 |
| | | | 80 岁及以上 | 6 | 76 | 60 | 60 | 60 | 120 | 120 |
| | | 男 | 小计 | 514 | 176 | 20 | 60 | 150 | 240 | 420 |
| | | | 18 ～ 44 岁 | 201 | 168 | 20 | 60 | 120 | 260 | 360 |
| | | | 45 ～ 59 岁 | 198 | 185 | 29 | 75 | 180 | 240 | 470 |
| | | | 60 ～ 79 岁 | 114 | 175 | 30 | 60 | 130 | 240 | 480 |
| | | | 80 岁及以上 | 1 | 60 | 60 | 60 | 60 | 60 | 60 |
| | | 女 | 小计 | 555 | 187 | 30 | 90 | 180 | 240 | 420 |
| | | | 18 ～ 44 岁 | 188 | 196 | 30 | 120 | 180 | 240 | 480 |
| | | | 45 ～ 59 岁 | 246 | 188 | 30 | 90 | 180 | 240 | 420 |
| | | | 60 ～ 79 岁 | 116 | 178 | 30 | 90 | 180 | 240 | 360 |
| | | | 80 岁及以上 | 5 | 80 | 60 | 60 | 60 | 120 | 120 |
| | 农村 | 小计 | 小计 | 5 615 | 197 | 30 | 120 | 180 | 300 | 480 |
| | | | 18 ～ 44 岁 | 2 270 | 187 | 30 | 90 | 180 | 240 | 480 |
| | | | 45 ～ 59 岁 | 2 260 | 214 | 30 | 120 | 180 | 300 | 480 |
| | | | 60 ～ 79 岁 | 1 058 | 196 | 30 | 90 | 180 | 300 | 480 |
| | | | 80 岁及以上 | 27 | 134 | 20 | 60 | 120 | 180 | 420 |
| | | 男 | 小计 | 2 576 | 201 | 30 | 120 | 180 | 300 | 480 |
| | | | 18 ～ 44 岁 | 1 006 | 188 | 30 | 90 | 180 | 240 | 420 |

| 地区 | 城乡 | 性别 | 年龄 | n | 每天与土壤务农性接触时间 / (min/d) | | | | | |
|---|---|---|---|---|---|---|---|---|---|---|
| | | | | | Mean | P5 | P25 | P50 | P75 | P95 |
| 华南 | 农村 | 男 | 45～59 岁 | 1 018 | 217 | 30 | 120 | 180 | 310 | 480 |
| | | | 60～79 岁 | 538 | 203 | 30 | 120 | 180 | 300 | 480 |
| | | | 80 岁及以上 | 14 | 165 | 60 | 90 | 120 | 180 | 420 |
| | | 女 | 小计 | 3 039 | 194 | 30 | 120 | 180 | 240 | 480 |
| | | | 18～44 岁 | 1 264 | 186 | 30 | 90 | 180 | 240 | 480 |
| | | | 45～59 岁 | 1 242 | 210 | 30 | 120 | 180 | 300 | 480 |
| | | | 60～79 岁 | 520 | 188 | 30 | 90 | 180 | 270 | 420 |
| | | | 80 岁及以上 | 13 | 101 | 20 | 20 | 60 | 120 | 360 |
| 西北 | 城乡 | 小计 | 小计 | 6 209 | 229 | 60 | 120 | 180 | 300 | 480 |
| | | | 18～44 岁 | 2 693 | 231 | 60 | 120 | 210 | 300 | 480 |
| | | | 45～59 岁 | 2 351 | 239 | 60 | 120 | 240 | 330 | 480 |
| | | | 60～79 岁 | 1 132 | 201 | 30 | 120 | 180 | 240 | 480 |
| | | | 80 岁及以上 | 33 | 119 | 15 | 60 | 120 | 150 | 375 |
| | | 男 | 小计 | 2 926 | 241 | 60 | 120 | 240 | 300 | 480 |
| | | | 18～44 岁 | 1 204 | 238 | 60 | 130 | 240 | 300 | 480 |
| | | | 45～59 岁 | 1 095 | 256 | 60 | 150 | 240 | 360 | 480 |
| | | | 60～79 岁 | 609 | 226 | 40 | 120 | 180 | 330 | 480 |
| | | | 80 岁及以上 | 18 | 122 | 20 | 30 | 120 | 120 | 435 |
| | | 女 | 小计 | 3 283 | 215 | 40 | 120 | 180 | 270 | 480 |
| | | | 18～44 岁 | 1 489 | 223 | 60 | 120 | 180 | 300 | 480 |
| | | | 45～59 岁 | 1 256 | 220 | 40 | 120 | 180 | 300 | 480 |
| | | | 60～79 岁 | 523 | 169 | 20 | 60 | 120 | 240 | 420 |
| | | | 80 岁及以上 | 15 | 116 | 10 | 60 | 120 | 150 | 180 |
| | 城市 | 小计 | 小计 | 1 263 | 213 | 30 | 120 | 180 | 300 | 480 |
| | | | 18～44 岁 | 496 | 205 | 40 | 120 | 180 | 240 | 480 |
| | | | 45～59 岁 | 535 | 236 | 60 | 120 | 195 | 320 | 480 |
| | | | 60～79 岁 | 230 | 192 | 30 | 120 | 180 | 240 | 480 |
| | | | 80 岁及以上 | 2 | 90 | 15 | 15 | 120 | 120 | 120 |
| | | 男 | 小计 | 585 | 225 | 60 | 120 | 180 | 300 | 480 |
| | | | 18～44 岁 | 223 | 213 | 30 | 120 | 180 | 270 | 480 |
| | | | 45～59 岁 | 237 | 252 | 60 | 150 | 240 | 360 | 480 |
| | | | 60～79 岁 | 124 | 209 | 60 | 120 | 180 | 300 | 480 |
| | | | 80 岁及以上 | 1 | 120 | 120 | 120 | 120 | 120 | 120 |
| | | 女 | 小计 | 678 | 199 | 30 | 120 | 180 | 240 | 480 |
| | | | 18～44 岁 | 273 | 196 | 60 | 120 | 180 | 240 | 480 |
| | | | 45～59 岁 | 298 | 218 | 40 | 120 | 180 | 300 | 480 |
| | | | 60～79 岁 | 106 | 166 | 20 | 60 | 120 | 240 | 420 |
| | | | 80 岁及以上 | 1 | 15 | 15 | 15 | 15 | 15 | 15 |
| | 农村 | 小计 | 小计 | 4 946 | 233 | 60 | 120 | 210 | 300 | 480 |
| | | | 18～44 岁 | 2 197 | 237 | 60 | 120 | 240 | 300 | 480 |
| | | | 45～59 岁 | 1 816 | 240 | 60 | 120 | 240 | 360 | 480 |
| | | | 60～79 岁 | 902 | 203 | 30 | 120 | 180 | 270 | 480 |
| | | | 80 岁及以上 | 31 | 121 | 15 | 60 | 120 | 150 | 375 |
| | | 男 | 小计 | 2 341 | 245 | 60 | 135 | 240 | 330 | 480 |
| | | | 18～44 岁 | 981 | 244 | 60 | 150 | 240 | 300 | 480 |
| | | | 45～59 岁 | 858 | 256 | 60 | 140 | 240 | 360 | 480 |
| | | | 60～79 岁 | 485 | 231 | 40 | 120 | 200 | 330 | 480 |
| | | | 80 岁及以上 | 17 | 122 | 20 | 30 | 120 | 180 | 435 |
| | | 女 | 小计 | 2 605 | 219 | 50 | 120 | 180 | 300 | 480 |
| | | | 18～44 岁 | 1 216 | 230 | 60 | 120 | 180 | 300 | 480 |
| | | | 45～59 岁 | 958 | 221 | 40 | 120 | 180 | 300 | 480 |
| | | | 60～79 岁 | 417 | 170 | 20 | 70 | 120 | 240 | 420 |
| | | | 80 岁及以上 | 14 | 119 | 10 | 60 | 120 | 150 | 375 |
| 东北 | 城乡 | 小计 | 小计 | 4 978 | 230 | 30 | 90 | 180 | 360 | 600 |
| | | | 18～44 岁 | 1 970 | 231 | 30 | 90 | 180 | 360 | 540 |
| | | | 45～59 岁 | 2 064 | 243 | 30 | 90 | 180 | 360 | 600 |
| | | | 60～79 岁 | 926 | 198 | 20 | 60 | 120 | 300 | 540 |
| | | | 80 岁及以上 | 18 | 132 | 10 | 20 | 60 | 240 | 360 |

| 地区 | 城乡 | 性别 | 年龄 | n | 每天与土壤务农性接触时间 /（min/d） | | | | | |
|---|---|---|---|---|---|---|---|---|---|---|
| | | | | | Mean | P5 | P25 | P50 | P75 | P95 |
| 东北 | 城乡 | 男 | 小计 | 2 452 | 237 | 30 | 90 | 180 | 360 | 600 |
| | | | 18 ～ 44 岁 | 981 | 231 | 30 | 90 | 180 | 360 | 600 |
| | | | 45 ～ 59 岁 | 924 | 259 | 30 | 120 | 180 | 420 | 600 |
| | | | 60 ～ 79 岁 | 535 | 217 | 30 | 60 | 180 | 300 | 540 |
| | | | 80 岁及以上 | 12 | 156 | 10 | 60 | 60 | 240 | 360 |
| | | 女 | 小计 | 2 526 | 222 | 30 | 60 | 150 | 360 | 540 |
| | | | 18 ～ 44 岁 | 989 | 231 | 30 | 90 | 150 | 360 | 540 |
| | | | 45 ～ 59 岁 | 1 140 | 228 | 30 | 60 | 180 | 360 | 600 |
| | | | 60 ～ 79 岁 | 391 | 173 | 20 | 60 | 120 | 240 | 480 |
| | | | 80 岁及以上 | 6 | 79 | 10 | 10 | 20 | 60 | 360 |
| | 城市 | 小计 | 小计 | 778 | 156 | 20 | 40 | 120 | 240 | 480 |
| | | | 18 ～ 44 岁 | 219 | 150 | 20 | 30 | 60 | 240 | 510 |
| | | | 45 ～ 59 岁 | 362 | 168 | 20 | 60 | 120 | 240 | 480 |
| | | | 60 ～ 79 岁 | 194 | 142 | 20 | 60 | 120 | 180 | 420 |
| | | | 80 岁及以上 | 3 | 218 | 60 | 60 | 360 | 360 | 360 |
| | | 男 | 小计 | 387 | 152 | 20 | 30 | 120 | 240 | 480 |
| | | | 18 ～ 44 岁 | 118 | 136 | 15 | 30 | 60 | 180 | 480 |
| | | | 45 ～ 59 岁 | 158 | 174 | 20 | 60 | 120 | 240 | 480 |
| | | | 60 ～ 79 岁 | 110 | 156 | 20 | 60 | 120 | 240 | 480 |
| | | | 80 岁及以上 | 1 | 60 | 60 | 60 | 60 | 60 | 60 |
| | | 女 | 小计 | 391 | 160 | 20 | 50 | 120 | 240 | 480 |
| | | | 18 ～ 44 岁 | 101 | 174 | 20 | 40 | 120 | 240 | 600 |
| | | | 45 ～ 59 岁 | 204 | 163 | 20 | 60 | 120 | 240 | 480 |
| | | | 60 ～ 79 岁 | 84 | 124 | 10 | 40 | 120 | 120 | 360 |
| | | | 80 岁及以上 | 2 | 322 | 120 | 360 | 360 | 360 | 360 |
| | 农村 | 小计 | 小计 | 4 200 | 241 | 30 | 120 | 180 | 360 | 600 |
| | | | 18 ～ 44 岁 | 1 751 | 240 | 30 | 120 | 180 | 360 | 540 |
| | | | 45 ～ 59 岁 | 1 702 | 256 | 30 | 120 | 180 | 420 | 600 |
| | | | 60 ～ 79 岁 | 732 | 212 | 30 | 60 | 122 | 300 | 540 |
| | | | 80 岁及以上 | 15 | 123 | 10 | 20 | 60 | 240 | 360 |
| | | 男 | 小计 | 2 065 | 251 | 30 | 120 | 180 | 360 | 600 |
| | | | 18 ～ 44 岁 | 863 | 244 | 30 | 120 | 180 | 360 | 600 |
| | | | 45 ～ 59 岁 | 766 | 274 | 30 | 120 | 240 | 480 | 600 |
| | | | 60 ～ 79 岁 | 425 | 230 | 30 | 90 | 180 | 360 | 540 |
| | | | 80 岁及以上 | 11 | 162 | 10 | 60 | 180 | 240 | 360 |
| | | 女 | 小计 | 2 135 | 231 | 30 | 90 | 180 | 360 | 540 |
| | | | 18 ～ 44 岁 | 888 | 236 | 30 | 90 | 180 | 360 | 540 |
| | | | 45 ～ 59 岁 | 936 | 239 | 30 | 90 | 180 | 360 | 600 |
| | | | 60 ～ 79 岁 | 307 | 186 | 20 | 60 | 120 | 240 | 480 |
| | | | 80 岁及以上 | 4 | 21 | 10 | 10 | 10 | 20 | 60 |
| 西南 | 城乡 | 小计 | 小计 | 8 127 | 196 | 20 | 60 | 180 | 300 | 480 |
| | | | 18 ～ 44 岁 | 3 859 | 209 | 30 | 120 | 180 | 300 | 480 |
| | | | 45 ～ 59 岁 | 2 814 | 202 | 25 | 60 | 180 | 300 | 480 |
| | | | 60 ～ 79 岁 | 1 417 | 152 | 15 | 60 | 120 | 240 | 360 |
| | | | 80 岁及以上 | 37 | 111 | 10 | 30 | 60 | 120 | 420 |
| | | 男 | 小计 | 3 653 | 200 | 20 | 60 | 180 | 300 | 480 |
| | | | 18 ～ 44 岁 | 1 704 | 212 | 30 | 120 | 180 | 300 | 480 |
| | | | 45 ～ 59 岁 | 1 234 | 208 | 30 | 60 | 180 | 300 | 480 |
| | | | 60 ～ 79 岁 | 693 | 157 | 20 | 60 | 120 | 240 | 360 |
| | | | 80 岁及以上 | 22 | 137 | 10 | 60 | 90 | 180 | 420 |
| | | 女 | 小计 | 4 474 | 192 | 20 | 60 | 180 | 270 | 480 |
| | | | 18 ～ 44 岁 | 2 155 | 206 | 30 | 120 | 180 | 300 | 480 |
| | | | 45 ～ 59 岁 | 1 580 | 196 | 20 | 60 | 180 | 300 | 480 |
| | | | 60 ～ 79 岁 | 724 | 147 | 15 | 60 | 120 | 210 | 360 |
| | | | 80 岁及以上 | 15 | 62 | 10 | 20 | 20 | 60 | 240 |
| | 城市 | 小计 | 小计 | 1 694 | 174 | 10 | 60 | 120 | 260 | 480 |
| | | | 18 ～ 44 岁 | 733 | 182 | 10 | 60 | 180 | 300 | 420 |
| | | | 45 ～ 59 岁 | 615 | 186 | 20 | 60 | 120 | 300 | 480 |

| 地区 | 城乡 | 性别 | 年龄 | n | 每天与土壤务农性接触时间 /（min/d） | | | | | |
| --- | --- | --- | --- | --- | --- | --- | --- | --- | --- | --- |
| | | | | | Mean | P5 | P25 | P50 | P75 | P95 |
| 西南 | 城市 | 小计 | 60 ～ 79 岁 | 338 | 136 | 10 | 40 | 120 | 210 | 360 |
| | | | 80 岁及以上 | 8 | 86 | 10 | 30 | 90 | 120 | 180 |
| | | 男 | 小计 | 778 | 170 | 10 | 40 | 120 | 270 | 480 |
| | | | 18 ～ 44 岁 | 324 | 171 | 10 | 30 | 120 | 300 | 480 |
| | | | 45 ～ 59 岁 | 273 | 196 | 20 | 60 | 120 | 360 | 480 |
| | | | 60 ～ 79 岁 | 176 | 133 | 20 | 30 | 120 | 200 | 360 |
| | | | 80 岁及以上 | 5 | 99 | 30 | 90 | 90 | 120 | 180 |
| | | 女 | 小计 | 916 | 178 | 15 | 60 | 180 | 240 | 420 |
| | | | 18 ～ 44 岁 | 409 | 193 | 10 | 60 | 180 | 300 | 420 |
| | | | 45 ～ 59 岁 | 342 | 177 | 20 | 60 | 140 | 240 | 480 |
| | | | 60 ～ 79 岁 | 162 | 141 | 10 | 60 | 120 | 240 | 360 |
| | | | 80 岁及以上 | 3 | 64 | 10 | 10 | 30 | 120 | 120 |
| | 农村 | 小计 | 小计 | 6 433 | 203 | 30 | 120 | 180 | 300 | 480 |
| | | | 18 ～ 44 岁 | 3 126 | 216 | 30 | 120 | 180 | 300 | 480 |
| | | | 45 ～ 59 岁 | 2 199 | 208 | 30 | 120 | 180 | 300 | 480 |
| | | | 60 ～ 79 岁 | 1 079 | 158 | 15 | 60 | 120 | 240 | 360 |
| | | | 80 岁及以上 | 29 | 118 | 10 | 20 | 60 | 180 | 420 |
| | | 男 | 小计 | 2 875 | 210 | 30 | 120 | 180 | 300 | 480 |
| | | | 18 ～ 44 岁 | 1 380 | 224 | 30 | 120 | 180 | 300 | 480 |
| | | | 45 ～ 59 岁 | 961 | 212 | 30 | 120 | 180 | 300 | 480 |
| | | | 60 ～ 79 岁 | 517 | 167 | 20 | 60 | 120 | 240 | 390 |
| | | | 80 岁及以上 | 17 | 146 | 10 | 60 | 120 | 240 | 420 |
| | | 女 | 小计 | 3 558 | 196 | 20 | 120 | 180 | 300 | 480 |
| | | | 18 ～ 44 岁 | 1 746 | 209 | 30 | 120 | 180 | 300 | 480 |
| | | | 45 ～ 59 岁 | 1 238 | 203 | 30 | 120 | 180 | 300 | 480 |
| | | | 60 ～ 79 岁 | 562 | 148 | 15 | 40 | 120 | 210 | 360 |
| | | | 80 岁及以上 | 12 | 61 | 10 | 20 | 20 | 60 | 240 |

## 附表 8-8　中国人群分片区、城乡、性别、年龄的平均每天与土壤其他生产性接触时间

| 地区 | 城乡 | 性别 | 年龄 | n | 每天与土壤其他生产性接触时间 /（min/d） | | | | | |
| --- | --- | --- | --- | --- | --- | --- | --- | --- | --- | --- |
| | | | | | Mean | P5 | P25 | P50 | P75 | P95 |
| 合计 | 城乡 | 小计 | 小计 | 2 672 | 140 | 10 | 60 | 90 | 180 | 480 |
| | | | 18 ～ 44 岁 | 1 116 | 155 | 10 | 60 | 120 | 180 | 480 |
| | | | 45 ～ 59 岁 | 981 | 137 | 15 | 60 | 90 | 121 | 480 |
| | | | 60 ～ 79 岁 | 561 | 112 | 10 | 40 | 60 | 120 | 420 |
| | | | 80 岁及以上 | 14 | 70 | 20 | 20 | 60 | 90 | 120 |
| | | 男 | 小计 | 1 362 | 163 | 15 | 60 | 120 | 240 | 480 |
| | | | 18 ～ 44 岁 | 568 | 178 | 15 | 60 | 120 | 240 | 480 |
| | | | 45 ～ 59 岁 | 491 | 161 | 20 | 60 | 120 | 180 | 480 |
| | | | 60 ～ 79 岁 | 297 | 129 | 10 | 60 | 60 | 138 | 480 |
| | | | 80 岁及以上 | 6 | 84 | 20 | 20 | 60 | 120 | 480 |
| | | 女 | 小计 | 1 310 | 111 | 10 | 60 | 60 | 120 | 360 |
| | | | 18 ～ 44 岁 | 548 | 125 | 10 | 60 | 60 | 121 | 480 |
| | | | 45 ～ 59 岁 | 490 | 103 | 10 | 60 | 60 | 120 | 300 |
| | | | 60 ～ 79 岁 | 264 | 91 | 2 | 30 | 60 | 120 | 240 |
| | | | 80 岁及以上 | 8 | 61 | 20 | 20 | 60 | 90 | 120 |
| | 城市 | 小计 | 小计 | 626 | 127 | 15 | 60 | 60 | 120 | 480 |
| | | | 18 ～ 44 岁 | 226 | 144 | 15 | 60 | 60 | 180 | 480 |
| | | | 45 ～ 59 岁 | 250 | 123 | 20 | 60 | 60 | 120 | 480 |
| | | | 60 ～ 79 岁 | 148 | 96 | 10 | 60 | 60 | 120 | 240 |
| | | | 80 岁及以上 | 2 | 50 | 20 | 60 | 60 | 60 | 60 |
| | | 男 | 小计 | 334 | 146 | 15 | 60 | 60 | 180 | 480 |
| | | | 18 ～ 44 岁 | 129 | 166 | 10 | 60 | 120 | 240 | 540 |

| 地区 | 城乡 | 性别 | 年龄 | *n* | 每天与土壤其他生产性接触时间 /（min/d） | | | | | |
|---|---|---|---|---|---|---|---|---|---|---|
| | | | | | Mean | P5 | P25 | P50 | P75 | P95 |
| 合计 | 城市 | 小计 | 45～59岁 | 128 | 144 | 30 | 60 | 90 | 180 | 480 |
| | | | 60～79岁 | 77 | 103 | 10 | 30 | 60 | 120 | 480 |
| | | | 80岁及以上 | 0 | 0 | 0 | 0 | 0 | 0 | 0 |
| | | 女 | 小计 | 292 | 102 | 20 | 60 | 60 | 120 | 360 |
| | | | 18～44岁 | 97 | 116 | 20 | 60 | 60 | 120 | 360 |
| | | | 45～59岁 | 122 | 96 | 15 | 60 | 60 | 120 | 240 |
| | | | 60～79岁 | 71 | 87 | 20 | 60 | 60 | 120 | 180 |
| | | | 80岁及以上 | 2 | 50 | 20 | 60 | 60 | 60 | 60 |
| | 农村 | 小计 | 小计 | 2 046 | 146 | 10 | 60 | 120 | 180 | 480 |
| | | | 18～44岁 | 890 | 159 | 10 | 60 | 120 | 240 | 480 |
| | | | 45～59岁 | 731 | 143 | 15 | 60 | 120 | 140 | 480 |
| | | | 60～79岁 | 413 | 120 | 10 | 40 | 60 | 120 | 450 |
| | | | 80岁及以上 | 12 | 75 | 20 | 20 | 60 | 120 | 120 |
| | | 男 | 小计 | 1 028 | 170 | 15 | 60 | 120 | 240 | 480 |
| | | | 18～44岁 | 439 | 182 | 15 | 60 | 120 | 300 | 480 |
| | | | 45～59岁 | 363 | 169 | 15 | 60 | 120 | 240 | 600 |
| | | | 60～79岁 | 220 | 141 | 20 | 60 | 120 | 180 | 480 |
| | | | 80岁及以上 | 6 | 84 | 20 | 20 | 60 | 120 | 480 |
| | | 女 | 小计 | 1 018 | 115 | 0 | 60 | 60 | 120 | 420 |
| | | | 18～44岁 | 451 | 128 | 0 | 60 | 70 | 122 | 480 |
| | | | 45～59岁 | 368 | 107 | 10 | 60 | 60 | 120 | 360 |
| | | | 60～79岁 | 193 | 93 | 0 | 30 | 60 | 120 | 300 |
| | | | 80岁及以上 | 6 | 66 | 20 | 20 | 60 | 120 | 120 |
| 华北 | 城乡 | 小计 | 小计 | 389 | 185 | 15 | 60 | 120 | 300 | 480 |
| | | | 18～44岁 | 156 | 193 | 10 | 60 | 120 | 360 | 480 |
| | | | 45～59岁 | 135 | 186 | 30 | 60 | 120 | 240 | 600 |
| | | | 60～79岁 | 95 | 169 | 25 | 60 | 120 | 270 | 480 |
| | | | 80岁及以上 | 3 | 41 | 20 | 20 | 60 | 60 | 60 |
| | | 男 | 小计 | 206 | 231 | 20 | 60 | 180 | 360 | 540 |
| | | | 18～44岁 | 89 | 236 | 15 | 60 | 240 | 420 | 480 |
| | | | 45～59岁 | 65 | 237 | 30 | 60 | 150 | 360 | 630 |
| | | | 60～79岁 | 51 | 208 | 20 | 60 | 120 | 360 | 540 |
| | | | 80岁及以上 | 1 | 60 | 60 | 60 | 60 | 60 | 60 |
| | | 女 | 小计 | 183 | 111 | 10 | 60 | 60 | 120 | 360 |
| | | | 18～44岁 | 67 | 111 | 10 | 60 | 60 | 120 | 480 |
| | | | 45～59岁 | 70 | 113 | 20 | 60 | 60 | 120 | 360 |
| | | | 60～79岁 | 44 | 116 | 30 | 60 | 60 | 120 | 360 |
| | | | 80岁及以上 | 2 | 35 | 20 | 20 | 20 | 60 | 60 |
| | 城市 | 小计 | 小计 | 112 | 151 | 20 | 60 | 60 | 180 | 480 |
| | | | 18～44岁 | 41 | 182 | 10 | 60 | 60 | 300 | 780 |
| | | | 45～59岁 | 45 | 122 | 20 | 60 | 60 | 150 | 480 |
| | | | 60～79岁 | 26 | 123 | 25 | 30 | 60 | 120 | 540 |
| | | | 80岁及以上 | 0 | 0 | 0 | 0 | 0 | 0 | 0 |
| | | 男 | 小计 | 66 | 184 | 30 | 60 | 120 | 300 | 540 |
| | | | 18～44岁 | 27 | 217 | 30 | 60 | 120 | 300 | 780 |
| | | | 45～59岁 | 24 | 157 | 20 | 60 | 120 | 180 | 480 |
| | | | 60～79岁 | 15 | 139 | 30 | 30 | 60 | 120 | 540 |
| | | | 80岁及以上 | 0 | 0 | 0 | 0 | 0 | 0 | 0 |
| | | 女 | 小计 | 46 | 73 | 20 | 30 | 60 | 60 | 180 |
| | | | 18～44岁 | 14 | 88 | 10 | 45 | 60 | 60 | 360 |
| | | | 45～59岁 | 21 | 54 | 20 | 30 | 60 | 60 | 120 |
| | | | 60～79岁 | 11 | 78 | 25 | 25 | 60 | 120 | 120 |
| | | | 80岁及以上 | 0 | 0 | 0 | 0 | 0 | 0 | 0 |
| | 农村 | 小计 | 小计 | 277 | 196 | 15 | 60 | 120 | 360 | 480 |
| | | | 18～44岁 | 115 | 196 | 10 | 60 | 120 | 360 | 480 |
| | | | 45～59岁 | 90 | 216 | 40 | 60 | 120 | 360 | 600 |
| | | | 60～79岁 | 69 | 183 | 30 | 60 | 120 | 300 | 480 |
| | | | 80岁及以上 | 3 | 41 | 20 | 20 | 60 | 60 | 60 |

| 地区 | 城乡 | 性别 | 年龄 | $n$ | 每天与土壤其他生产性接触时间 /（min/d） | | | | | |
|---|---|---|---|---|---|---|---|---|---|---|
| | | | | | Mean | P5 | P25 | P50 | P75 | P95 |
| 华北 | 农村 | 男 | 小计 | 140 | 249 | 20 | 60 | 180 | 420 | 480 |
| | | | 18～44岁 | 62 | 242 | 15 | 60 | 240 | 420 | 480 |
| | | | 45～59岁 | 41 | 284 | 30 | 120 | 180 | 420 | 630 |
| | | | 60～79岁 | 36 | 234 | 20 | 120 | 180 | 360 | 480 |
| | | | 80岁及以上 | 1 | 60 | 60 | 60 | 60 | 60 | 60 |
| | | 女 | 小计 | 137 | 120 | 10 | 60 | 60 | 120 | 480 |
| | | | 18～44岁 | 53 | 116 | 10 | 60 | 60 | 120 | 480 |
| | | | 45～59岁 | 49 | 134 | 60 | 60 | 90 | 120 | 480 |
| | | | 60～79岁 | 33 | 122 | 30 | 60 | 60 | 121 | 360 |
| | | | 80岁及以上 | 2 | 35 | 20 | 20 | 20 | 60 | 60 |
| 华东 | 城乡 | 小计 | 小计 | 520 | 163 | 10 | 40 | 120 | 240 | 480 |
| | | | 18～44岁 | 193 | 171 | 15 | 60 | 120 | 240 | 480 |
| | | | 45～59岁 | 205 | 167 | 10 | 60 | 120 | 240 | 600 |
| | | | 60～79岁 | 118 | 139 | 10 | 30 | 60 | 180 | 480 |
| | | | 80岁及以上 | 4 | 94 | 40 | 60 | 120 | 120 | 120 |
| | | 男 | 小计 | 298 | 183 | 10 | 60 | 120 | 300 | 540 |
| | | | 18～44岁 | 114 | 187 | 15 | 60 | 120 | 240 | 480 |
| | | | 45～59岁 | 115 | 192 | 15 | 60 | 120 | 300 | 600 |
| | | | 60～79岁 | 67 | 160 | 10 | 30 | 120 | 180 | 480 |
| | | | 80岁及以上 | 2 | 94 | 60 | 60 | 120 | 120 | 120 |
| | | 女 | 小计 | 222 | 129 | 10 | 30 | 60 | 120 | 480 |
| | | | 18～44岁 | 79 | 144 | 10 | 30 | 60 | 180 | 480 |
| | | | 45～59岁 | 90 | 123 | 10 | 30 | 80 | 120 | 480 |
| | | | 60～79岁 | 51 | 108 | 2 | 30 | 60 | 120 | 480 |
| | | | 80岁及以上 | 2 | 94 | 40 | 40 | 120 | 120 | 120 |
| | 城市 | 小计 | 小计 | 141 | 153 | 10 | 30 | 120 | 180 | 540 |
| | | | 18～44岁 | 57 | 196 | 10 | 40 | 120 | 240 | 600 |
| | | | 45～59岁 | 53 | 125 | 5 | 30 | 60 | 180 | 480 |
| | | | 60～79岁 | 31 | 83 | 10 | 20 | 60 | 120 | 180 |
| | | | 80岁及以上 | 0 | 0 | 0 | 0 | 0 | 0 | 0 |
| | | 男 | 小计 | 69 | 179 | 10 | 60 | 120 | 240 | 540 |
| | | | 18～44岁 | 33 | 216 | 30 | 60 | 120 | 360 | 600 |
| | | | 45～59岁 | 23 | 148 | 5 | 60 | 90 | 240 | 480 |
| | | | 60～79岁 | 13 | 77 | 10 | 10 | 60 | 180 | 180 |
| | | | 80岁及以上 | 0 | 0 | 0 | 0 | 0 | 0 | 0 |
| | | 女 | 小计 | 72 | 118 | 10 | 20 | 60 | 180 | 480 |
| | | | 18～44岁 | 24 | 155 | 5 | 30 | 60 | 180 | 600 |
| | | | 45～59岁 | 30 | 102 | 10 | 20 | 60 | 120 | 480 |
| | | | 60～79岁 | 18 | 87 | 10 | 20 | 60 | 120 | 180 |
| | | | 80岁及以上 | 0 | 0 | 0 | 0 | 0 | 0 | 0 |
| | 农村 | 小计 | 小计 | 379 | 167 | 10 | 60 | 120 | 240 | 480 |
| | | | 18～44岁 | 136 | 162 | 15 | 60 | 120 | 240 | 480 |
| | | | 45～59岁 | 152 | 180 | 15 | 60 | 120 | 240 | 600 |
| | | | 60～79岁 | 87 | 159 | 2 | 30 | 90 | 240 | 480 |
| | | | 80岁及以上 | 4 | 94 | 40 | 60 | 120 | 120 | 120 |
| | | 男 | 小计 | 229 | 185 | 15 | 60 | 120 | 300 | 540 |
| | | | 18～44岁 | 81 | 174 | 10 | 60 | 120 | 240 | 480 |
| | | | 45～59岁 | 92 | 202 | 15 | 60 | 120 | 360 | 600 |
| | | | 60～79岁 | 54 | 180 | 10 | 60 | 120 | 360 | 480 |
| | | | 80岁及以上 | 2 | 94 | 60 | 60 | 120 | 120 | 120 |
| | | 女 | 小计 | 150 | 134 | 10 | 30 | 60 | 120 | 480 |
| | | | 18～44岁 | 55 | 140 | 15 | 30 | 60 | 120 | 480 |
| | | | 45～59岁 | 60 | 134 | 10 | 60 | 120 | 120 | 480 |
| | | | 60～79岁 | 33 | 120 | 0 | 30 | 60 | 120 | 480 |
| | | | 80岁及以上 | 2 | 94 | 40 | 40 | 120 | 120 | 120 |
| 华南 | 城乡 | 小计 | 小计 | 552 | 111 | 30 | 60 | 60 | 120 | 360 |
| | | | 18～44岁 | 215 | 123 | 30 | 60 | 60 | 120 | 480 |
| | | | 45～59岁 | 206 | 109 | 30 | 60 | 60 | 120 | 300 |

| 地区 | 城乡 | 性别 | 年龄 | n | 每天与土壤其他生产性接触时间 /（min/d） | | | | | |
|---|---|---|---|---|---|---|---|---|---|---|
| | | | | | Mean | P5 | P25 | P50 | P75 | P95 |
| 华南 | 城乡 | 小计 | 60 ～ 79 岁 | 129 | 91 | 30 | 60 | 60 | 120 | 180 |
| | | | 80 岁及以上 | 2 | 60 | 60 | 60 | 60 | 60 | 60 |
| | | 男 | 小计 | 280 | 117 | 30 | 60 | 90 | 120 | 420 |
| | | | 18 ～ 44 岁 | 108 | 132 | 15 | 60 | 120 | 120 | 480 |
| | | | 45 ～ 59 岁 | 108 | 117 | 30 | 60 | 60 | 120 | 420 |
| | | | 60 ～ 79 岁 | 63 | 91 | 30 | 60 | 60 | 120 | 180 |
| | | | 80 岁及以上 | 1 | 60 | 60 | 60 | 60 | 60 | 60 |
| | | 女 | 小计 | 272 | 104 | 30 | 60 | 60 | 120 | 240 |
| | | | 18 ～ 44 岁 | 107 | 114 | 30 | 60 | 60 | 120 | 480 |
| | | | 45 ～ 59 岁 | 98 | 98 | 30 | 60 | 60 | 120 | 240 |
| | | | 60 ～ 79 岁 | 66 | 91 | 30 | 60 | 60 | 120 | 240 |
| | | | 80 岁及以上 | 1 | 60 | 60 | 60 | 60 | 60 | 60 |
| | 城市 | 小计 | 小计 | 174 | 96 | 30 | 60 | 60 | 120 | 240 |
| | | | 18 ～ 44 岁 | 60 | 99 | 30 | 60 | 60 | 120 | 360 |
| | | | 45 ～ 59 岁 | 64 | 100 | 60 | 60 | 60 | 120 | 240 |
| | | | 60 ～ 79 岁 | 49 | 86 | 30 | 60 | 60 | 120 | 180 |
| | | | 80 岁及以上 | 1 | 60 | 60 | 60 | 60 | 60 | 60 |
| | | 男 | 小计 | 90 | 105 | 30 | 60 | 60 | 120 | 420 |
| | | | 18 ～ 44 岁 | 30 | 113 | 30 | 60 | 60 | 120 | 480 |
| | | | 45 ～ 59 岁 | 31 | 111 | 60 | 60 | 60 | 120 | 420 |
| | | | 60 ～ 79 岁 | 29 | 89 | 30 | 60 | 60 | 120 | 180 |
| | | | 80 岁及以上 | 0 | 0 | 0 | 0 | 0 | 0 | 0 |
| | | 女 | 小计 | 84 | 87 | 30 | 60 | 60 | 120 | 180 |
| | | | 18 ～ 44 岁 | 30 | 89 | 30 | 60 | 60 | 120 | 240 |
| | | | 45 ～ 59 岁 | 33 | 88 | 60 | 60 | 60 | 120 | 180 |
| | | | 60 ～ 79 岁 | 20 | 82 | 60 | 60 | 60 | 90 | 180 |
| | | | 80 岁及以上 | 1 | 60 | 60 | 60 | 60 | 60 | 60 |
| | 农村 | 小计 | 小计 | 378 | 121 | 30 | 60 | 120 | 120 | 480 |
| | | | 18 ～ 44 岁 | 155 | 137 | 30 | 60 | 120 | 120 | 480 |
| | | | 45 ～ 59 岁 | 142 | 116 | 30 | 60 | 120 | 120 | 300 |
| | | | 60 ～ 79 岁 | 80 | 94 | 30 | 60 | 60 | 120 | 240 |
| | | | 80 岁及以上 | 1 | 60 | 60 | 60 | 60 | 60 | 60 |
| | | 男 | 小计 | 190 | 125 | 20 | 60 | 120 | 120 | 360 |
| | | | 18 ～ 44 岁 | 78 | 141 | 15 | 60 | 120 | 120 | 480 |
| | | | 45 ～ 59 岁 | 77 | 122 | 20 | 60 | 120 | 120 | 480 |
| | | | 60 ～ 79 岁 | 34 | 93 | 20 | 60 | 120 | 120 | 180 |
| | | | 80 岁及以上 | 1 | 60 | 60 | 60 | 60 | 60 | 60 |
| | | 女 | 小计 | 188 | 116 | 30 | 60 | 60 | 120 | 480 |
| | | | 18 ～ 44 岁 | 77 | 133 | 60 | 60 | 90 | 120 | 480 |
| | | | 45 ～ 59 岁 | 65 | 106 | 30 | 60 | 120 | 120 | 240 |
| | | | 60 ～ 79 岁 | 46 | 96 | 30 | 60 | 60 | 120 | 240 |
| | | | 80 岁及以上 | 0 | 0 | 0 | 0 | 0 | 0 | 0 |
| 西北 | 城乡 | 小计 | 小计 | 511 | 123 | 30 | 60 | 90 | 150 | 360 |
| | | | 18 ～ 44 岁 | 212 | 134 | 30 | 60 | 90 | 150 | 360 |
| | | | 45 ～ 59 岁 | 200 | 119 | 30 | 60 | 90 | 120 | 300 |
| | | | 60 ～ 79 岁 | 99 | 98 | 20 | 30 | 60 | 120 | 240 |
| | | | 80 岁及以上 | 0 | 0 | 0 | 0 | 0 | 0 | 0 |
| | | 男 | 小计 | 258 | 137 | 30 | 60 | 90 | 240 | 360 |
| | | | 18 ～ 44 岁 | 103 | 139 | 30 | 60 | 90 | 180 | 360 |
| | | | 45 ～ 59 岁 | 96 | 150 | 30 | 60 | 120 | 240 | 480 |
| | | | 60 ～ 79 岁 | 59 | 109 | 30 | 30 | 60 | 122 | 240 |
| | | | 80 岁及以上 | 0 | 0 | 0 | 0 | 0 | 0 | 0 |
| | | 女 | 小计 | 253 | 107 | 30 | 60 | 60 | 120 | 240 |
| | | | 18 ～ 44 岁 | 109 | 128 | 30 | 60 | 60 | 150 | 360 |
| | | | 45 ～ 59 岁 | 104 | 85 | 0 | 30 | 60 | 120 | 240 |
| | | | 60 ～ 79 岁 | 40 | 82 | 10 | 30 | 60 | 120 | 240 |
| | | | 80 岁及以上 | 0 | 0 | 0 | 0 | 0 | 0 | 0 |
| | 城市 | 小计 | 小计 | 115 | 158 | 30 | 60 | 120 | 240 | 600 |

| 地区 | 城乡 | 性别 | 年龄 | $n$ | 每天与土壤其他生产性接触时间 /（min/d） | | | | | |
|---|---|---|---|---|---|---|---|---|---|---|
| | | | | | Mean | P5 | P25 | P50 | P75 | P95 |
| 西北 | 城市 | 小计 | 18 ～ 44 岁 | 33 | 204 | 20 | 60 | 120 | 240 | 600 |
| | | | 45 ～ 59 岁 | 55 | 145 | 30 | 60 | 90 | 240 | 240 |
| | | | 60 ～ 79 岁 | 27 | 94 | 30 | 40 | 60 | 120 | 240 |
| | | | 80 岁及以上 | 0 | 0 | 0 | 0 | 0 | 0 | 0 |
| | | 男 | 小计 | 62 | 171 | 20 | 60 | 120 | 240 | 600 |
| | | | 18 ～ 44 岁 | 20 | 188 | 5 | 60 | 120 | 240 | 600 |
| | | | 45 ～ 59 岁 | 29 | 184 | 30 | 60 | 180 | 240 | 630 |
| | | | 60 ～ 79 岁 | 13 | 96 | 30 | 30 | 60 | 240 | 240 |
| | | | 80 岁及以上 | 0 | 0 | 0 | 0 | 0 | 0 | 0 |
| | | 女 | 小计 | 53 | 139 | 30 | 60 | 60 | 120 | 360 |
| | | | 18 ～ 44 岁 | 13 | 240 | 30 | 60 | 160 | 240 | 1440 |
| | | | 45 ～ 59 岁 | 26 | 96 | 30 | 60 | 60 | 120 | 240 |
| | | | 60 ～ 79 岁 | 14 | 93 | 10 | 60 | 60 | 120 | 360 |
| | | | 80 岁及以上 | 0 | 0 | 0 | 0 | 0 | 0 | 0 |
| | 农村 | 小计 | 小计 | 396 | 111 | 30 | 60 | 90 | 120 | 300 |
| | | | 18 ～ 44 岁 | 179 | 116 | 30 | 60 | 90 | 150 | 360 |
| | | | 45 ～ 59 岁 | 145 | 107 | 10 | 60 | 90 | 120 | 300 |
| | | | 60 ～ 79 岁 | 72 | 100 | 10 | 30 | 80 | 120 | 240 |
| | | | 80 岁及以上 | 0 | 0 | 0 | 0 | 0 | 0 | 0 |
| | | 男 | 小计 | 196 | 123 | 30 | 60 | 90 | 140 | 360 |
| | | | 18 ～ 44 岁 | 83 | 121 | 30 | 60 | 90 | 140 | 360 |
| | | | 45 ～ 59 岁 | 67 | 133 | 30 | 60 | 90 | 240 | 360 |
| | | | 60 ～ 79 岁 | 46 | 113 | 20 | 30 | 90 | 122 | 240 |
| | | | 80 岁及以上 | 0 | 0 | 0 | 0 | 0 | 0 | 0 |
| | | 女 | 小计 | 200 | 97 | 0 | 60 | 60 | 120 | 240 |
| | | | 18 ～ 44 岁 | 96 | 111 | 30 | 60 | 60 | 150 | 240 |
| | | | 45 ～ 59 岁 | 78 | 81 | 0 | 30 | 60 | 120 | 120 |
| | | | 60 ～ 79 岁 | 26 | 75 | 0 | 30 | 60 | 120 | 240 |
| | | | 80 岁及以上 | 0 | 0 | 0 | 0 | 0 | 0 | 0 |
| 东北 | 城乡 | 小计 | 小计 | 94 | 117 | 30 | 60 | 120 | 120 | 360 |
| | | | 18 ～ 44 岁 | 28 | 105 | 30 | 60 | 120 | 120 | 150 |
| | | | 45 ～ 59 岁 | 38 | 143 | 30 | 60 | 120 | 180 | 480 |
| | | | 60 ～ 79 岁 | 27 | 104 | 30 | 60 | 60 | 120 | 480 |
| | | | 80 岁及以上 | 1 | 20 | 20 | 20 | 20 | 20 | 20 |
| | | 男 | 小计 | 44 | 136 | 30 | 60 | 120 | 120 | 480 |
| | | | 18 ～ 44 岁 | 11 | 106 | 10 | 60 | 120 | 120 | 120 |
| | | | 45 ～ 59 岁 | 19 | 174 | 30 | 60 | 120 | 180 | 480 |
| | | | 60 ～ 79 岁 | 14 | 136 | 30 | 60 | 120 | 120 | 480 |
| | | | 80 岁及以上 | 0 | 0 | 0 | 0 | 0 | 0 | 0 |
| | | 女 | 小计 | 50 | 98 | 30 | 60 | 120 | 120 | 180 |
| | | | 18 ～ 44 岁 | 17 | 103 | 30 | 60 | 120 | 120 | 240 |
| | | | 45 ～ 59 岁 | 19 | 111 | 60 | 60 | 120 | 120 | 180 |
| | | | 60 ～ 79 岁 | 13 | 63 | 10 | 30 | 60 | 60 | 120 |
| | | | 80 岁及以上 | 1 | 20 | 20 | 20 | 20 | 20 | 20 |
| | 城市 | 小计 | 小计 | 32 | 120 | 10 | 60 | 60 | 120 | 480 |
| | | | 18 ～ 44 岁 | 9 | 91 | 10 | 60 | 60 | 120 | 120 |
| | | | 45 ～ 59 岁 | 13 | 171 | 60 | 120 | 120 | 180 | 480 |
| | | | 60 ～ 79 岁 | 9 | 123 | 10 | 60 | 60 | 120 | 480 |
| | | | 80 岁及以上 | 1 | 20 | 20 | 20 | 20 | 20 | 20 |
| | | 男 | 小计 | 19 | 139 | 10 | 60 | 120 | 120 | 480 |
| | | | 18 ～ 44 岁 | 6 | 95 | 10 | 60 | 60 | 120 | 360 |
| | | | 45 ～ 59 岁 | 9 | 185 | 60 | 60 | 120 | 180 | 480 |
| | | | 60 ～ 79 岁 | 4 | 177 | 60 | 60 | 120 | 120 | 480 |
| | | | 80 岁及以上 | 0 | 0 | 0 | 0 | 0 | 0 | 0 |
| | | 女 | 小计 | 13 | 86 | 20 | 60 | 60 | 120 | 120 |
| | | | 18 ～ 44 岁 | 3 | 81 | 60 | 60 | 60 | 120 | 120 |
| | | | 45 ～ 59 岁 | 4 | 140 | 60 | 120 | 120 | 120 | 480 |
| | | | 60 ～ 79 岁 | 5 | 59 | 10 | 60 | 60 | 60 | 120 |

| 地区 | 城乡 | 性别 | 年龄 | n | 每天与土壤其他生产性接触时间 /（min/d） | | | | | |
|---|---|---|---|---|---|---|---|---|---|---|
| | | | | | Mean | P5 | P25 | P50 | P75 | P95 |
| 东北 | 城市 | 女 | 80 岁及以上 | 1 | 20 | 20 | 20 | 20 | 20 | 20 |
| | 农村 | 小计 | 小计 | 62 | 114 | 30 | 60 | 120 | 120 | 240 |
| | | | 18 ～ 44 岁 | 19 | 112 | 30 | 120 | 120 | 120 | 150 |
| | | | 45 ～ 59 岁 | 25 | 130 | 30 | 60 | 120 | 180 | 360 |
| | | | 60 ～ 79 岁 | 18 | 92 | 30 | 30 | 60 | 120 | 180 |
| | | | 80 岁及以上 | 0 | 0 | 0 | 0 | 0 | 0 | 0 |
| | | 男 | 小计 | 25 | 133 | 30 | 60 | 120 | 120 | 360 |
| | | | 18 ～ 44 岁 | 5 | 118 | 120 | 120 | 120 | 120 | 120 |
| | | | 45 ～ 59 岁 | 10 | 165 | 30 | 30 | 180 | 180 | 600 |
| | | | 60 ～ 79 岁 | 10 | 112 | 0 | 30 | 120 | 120 | 240 |
| | | | 80 岁及以上 | 0 | 0 | 0 | 0 | 0 | 0 | 0 |
| | | 女 | 小计 | 37 | 102 | 30 | 60 | 120 | 120 | 180 |
| | | | 18 ～ 44 岁 | 14 | 109 | 30 | 60 | 120 | 120 | 240 |
| | | | 45 ～ 59 岁 | 15 | 104 | 30 | 60 | 120 | 120 | 180 |
| | | | 60 ～ 79 岁 | 8 | 65 | 30 | 30 | 60 | 60 | 120 |
| | | | 80 岁及以上 | 0 | 0 | 0 | 0 | 0 | 0 | 0 |
| 西南 | 城乡 | 小计 | 小计 | 606 | 134 | 0 | 30 | 60 | 180 | 480 |
| | | | 18 ～ 44 岁 | 312 | 166 | 0 | 40 | 120 | 220 | 480 |
| | | | 45 ～ 59 岁 | 197 | 107 | 0 | 30 | 60 | 120 | 360 |
| | | | 60 ～ 79 岁 | 93 | 71 | 0 | 20 | 40 | 90 | 240 |
| | | | 80 岁及以上 | 4 | 83 | 20 | 20 | 20 | 20 | 480 |
| | | 男 | 小计 | 276 | 154 | 0 | 40 | 80 | 220 | 480 |
| | | | 18 ～ 44 岁 | 143 | 188 | 0 | 60 | 120 | 300 | 480 |
| | | | 45 ～ 59 岁 | 88 | 126 | 0 | 60 | 60 | 180 | 480 |
| | | | 60 ～ 79 岁 | 43 | 86 | 0 | 30 | 60 | 60 | 360 |
| | | | 80 岁及以上 | 2 | 86 | 20 | 20 | 20 | 20 | 480 |
| | | 女 | 小计 | 330 | 110 | 0 | 30 | 60 | 150 | 360 |
| | | | 18 ～ 44 岁 | 169 | 139 | 0 | 30 | 120 | 180 | 480 |
| | | | 45 ～ 59 岁 | 109 | 84 | 0 | 30 | 60 | 120 | 300 |
| | | | 60 ～ 79 岁 | 50 | 52 | 0 | 10 | 20 | 120 | 180 |
| | | | 80 岁及以上 | 2 | 59 | 0 | 0 | 90 | 90 | 90 |
| | 城市 | 小计 | 小计 | 52 | 155 | 10 | 60 | 120 | 180 | 480 |
| | | | 18 ～ 44 岁 | 26 | 132 | 10 | 40 | 120 | 180 | 480 |
| | | | 45 ～ 59 岁 | 20 | 204 | 60 | 60 | 180 | 300 | 540 |
| | | | 60 ～ 79 岁 | 6 | 160 | 20 | 90 | 120 | 180 | 480 |
| | | | 80 岁及以上 | 0 | 0 | 0 | 0 | 0 | 0 | 0 |
| | | 男 | 小计 | 28 | 156 | 10 | 30 | 120 | 180 | 480 |
| | | | 18 ～ 44 岁 | 13 | 116 | 3 | 30 | 60 | 140 | 480 |
| | | | 45 ～ 59 岁 | 12 | 208 | 30 | 60 | 180 | 240 | 540 |
| | | | 60 ～ 79 岁 | 3 | 200 | 20 | 20 | 120 | 480 | 480 |
| | | | 80 岁及以上 | 0 | 0 | 0 | 0 | 0 | 0 | 0 |
| | | 女 | 小计 | 24 | 154 | 40 | 90 | 120 | 180 | 480 |
| | | | 18 ～ 44 岁 | 13 | 147 | 30 | 60 | 120 | 180 | 600 |
| | | | 45 ～ 59 岁 | 8 | 195 | 60 | 60 | 90 | 300 | 480 |
| | | | 60 ～ 79 岁 | 3 | 140 | 90 | 120 | 120 | 180 | 180 |
| | | | 80 岁及以上 | 0 | 0 | 0 | 0 | 0 | 0 | 0 |
| | 农村 | 小计 | 小计 | 554 | 129 | 0 | 30 | 60 | 180 | 480 |
| | | | 18 ～ 44 岁 | 286 | 174 | 0 | 60 | 120 | 240 | 480 |
| | | | 45 ～ 59 岁 | 177 | 82 | 0 | 30 | 60 | 120 | 300 |
| | | | 60 ～ 79 岁 | 87 | 59 | 0 | 20 | 30 | 60 | 240 |
| | | | 80 岁及以上 | 4 | 83 | 20 | 20 | 20 | 20 | 480 |
| | | 男 | 小计 | 248 | 153 | 0 | 60 | 60 | 220 | 480 |
| | | | 18 ～ 44 岁 | 130 | 204 | 0 | 60 | 120 | 330 | 480 |
| | | | 45 ～ 59 岁 | 76 | 97 | 0 | 30 | 60 | 120 | 360 |
| | | | 60 ～ 79 岁 | 40 | 77 | 0 | 30 | 60 | 60 | 240 |
| | | | 80 岁及以上 | 2 | 86 | 20 | 20 | 20 | 20 | 480 |

| 地区 | 城乡 | 性别 | 年龄 | n | 每天与土壤其他生产性接触时间 / (min/d) | | | | | |
|---|---|---|---|---|---|---|---|---|---|---|
| | | | | | Mean | P5 | P25 | P50 | P75 | P95 |
| 西南 | 农村 | 女 | 小计 | 306 | 100 | 0 | 20 | 60 | 121 | 360 |
| | | | 18 ~ 44 岁 | 156 | 137 | 0 | 30 | 120 | 180 | 480 |
| | | | 45 ~ 59 岁 | 101 | 68 | 0 | 30 | 60 | 60 | 240 |
| | | | 60 ~ 79 岁 | 47 | 34 | 0 | 10 | 20 | 30 | 120 |
| | | | 80 岁及以上 | 2 | 59 | 0 | 0 | 90 | 90 | 90 |

附表 8-9 中国人群分片区、城乡、性别、年龄的平均每天与土壤健身休闲性接触时间

| 地区 | 城乡 | 性别 | 年龄 | n | 每天与土壤健身休闲性接触时间 / (min/d) | | | | | |
|---|---|---|---|---|---|---|---|---|---|---|
| | | | | | Mean | P5 | P25 | P50 | P75 | P95 |
| 合计 | 城乡 | 小计 | 小计 | 2 146 | 64 | 2 | 30 | 60 | 60 | 180 |
| | | | 18 ~ 44 岁 | 830 | 61 | 0 | 20 | 60 | 60 | 180 |
| | | | 45 ~ 59 岁 | 717 | 66 | 5 | 30 | 60 | 60 | 180 |
| | | | 60 ~ 79 岁 | 558 | 70 | 5 | 30 | 60 | 90 | 240 |
| | | | 80 岁及以上 | 41 | 56 | 0 | 10 | 30 | 60 | 180 |
| | | 男 | 小计 | 966 | 64 | 2 | 30 | 60 | 80 | 180 |
| | | | 18 ~ 44 岁 | 385 | 62 | 2 | 30 | 60 | 70 | 180 |
| | | | 45 ~ 59 岁 | 306 | 63 | 5 | 30 | 60 | 60 | 180 |
| | | | 60 ~ 79 岁 | 256 | 73 | 10 | 30 | 60 | 90 | 180 |
| | | | 80 岁及以上 | 19 | 55 | 0 | 20 | 30 | 60 | 240 |
| | | 女 | 小计 | 1 180 | 63 | 0 | 20 | 60 | 60 | 200 |
| | | | 18 ~ 44 岁 | 445 | 59 | 0 | 20 | 60 | 60 | 180 |
| | | | 45 ~ 59 岁 | 411 | 68 | 5 | 20 | 60 | 90 | 240 |
| | | | 60 ~ 79 岁 | 302 | 68 | 0 | 30 | 60 | 90 | 240 |
| | | | 80 岁及以上 | 22 | 57 | 10 | 10 | 20 | 60 | 180 |
| | 城市 | 小计 | 小计 | 849 | 51 | 5 | 20 | 30 | 60 | 120 |
| | | | 18 ~ 44 岁 | 273 | 44 | 3 | 10 | 30 | 60 | 120 |
| | | | 45 ~ 59 岁 | 307 | 56 | 10 | 20 | 30 | 60 | 180 |
| | | | 60 ~ 79 岁 | 255 | 59 | 10 | 20 | 30 | 60 | 180 |
| | | | 80 岁及以上 | 14 | 43 | 10 | 10 | 20 | 60 | 120 |
| | | 男 | 小计 | 375 | 48 | 5 | 20 | 30 | 60 | 120 |
| | | | 18 ~ 44 岁 | 120 | 40 | 2 | 10 | 30 | 60 | 120 |
| | | | 45 ~ 59 岁 | 131 | 51 | 5 | 20 | 30 | 60 | 120 |
| | | | 60 ~ 79 岁 | 117 | 61 | 10 | 30 | 60 | 60 | 180 |
| | | | 80 岁及以上 | 7 | 67 | 10 | 20 | 30 | 120 | 120 |
| | | 女 | 小计 | 474 | 53 | 5 | 15 | 30 | 60 | 180 |
| | | | 18 ~ 44 岁 | 153 | 47 | 5 | 15 | 30 | 60 | 120 |
| | | | 45 ~ 59 岁 | 176 | 62 | 10 | 20 | 30 | 60 | 180 |
| | | | 60 ~ 79 岁 | 138 | 57 | 10 | 20 | 30 | 60 | 180 |
| | | | 80 岁及以上 | 7 | 20 | 10 | 10 | 10 | 20 | 60 |
| | 农村 | 小计 | 小计 | 1 297 | 75 | 0 | 30 | 60 | 120 | 240 |
| | | | 18 ~ 44 岁 | 557 | 73 | 0 | 30 | 60 | 120 | 180 |
| | | | 45 ~ 59 岁 | 410 | 75 | 0 | 30 | 60 | 90 | 240 |
| | | | 60 ~ 79 岁 | 303 | 79 | 0 | 30 | 60 | 120 | 240 |
| | | | 80 岁及以上 | 27 | 62 | 0 | 20 | 30 | 60 | 180 |
| | | 男 | 小计 | 591 | 76 | 0 | 30 | 60 | 120 | 180 |
| | | | 18 ~ 44 岁 | 265 | 76 | 0 | 30 | 60 | 120 | 180 |
| | | | 45 ~ 59 岁 | 175 | 76 | 0 | 30 | 60 | 90 | 240 |
| | | | 60 ~ 79 岁 | 139 | 83 | 10 | 30 | 60 | 120 | 240 |
| | | | 80 岁及以上 | 12 | 50 | 0 | 20 | 20 | 60 | 240 |
| | | 女 | 小计 | 706 | 73 | 0 | 30 | 60 | 90 | 240 |
| | | | 18 ~ 44 岁 | 292 | 70 | 0 | 30 | 60 | 60 | 240 |
| | | | 45 ~ 59 岁 | 235 | 74 | 0 | 30 | 60 | 90 | 240 |
| | | | 60 ~ 79 岁 | 164 | 76 | 0 | 30 | 60 | 120 | 240 |

| 地区 | 城乡 | 性别 | 年龄 | n | 每天与土壤健身休闲性接触时间 /（min/d） | | | | | |
|---|---|---|---|---|---|---|---|---|---|---|
| | | | | | Mean | P5 | P25 | P50 | P75 | P95 |
| 合计 | 农村 | 女 | 80 岁及以上 | 15 | 76 | 10 | 20 | 30 | 180 | 180 |
| 华北 | 城乡 | 小计 | 小计 | 619 | 76 | 10 | 30 | 60 | 110 | 240 |
| | | | 18 ～ 44 岁 | 203 | 73 | 15 | 30 | 60 | 100 | 180 |
| | | | 45 ～ 59 岁 | 224 | 75 | 10 | 30 | 60 | 90 | 240 |
| | | | 60 ～ 79 岁 | 175 | 87 | 20 | 30 | 60 | 120 | 240 |
| | | | 80 岁及以上 | 17 | 70 | 20 | 20 | 30 | 120 | 180 |
| | | 男 | 小计 | 257 | 72 | 10 | 30 | 60 | 90 | 180 |
| | | | 18 ～ 44 岁 | 95 | 72 | 20 | 30 | 60 | 120 | 180 |
| | | | 45 ～ 59 岁 | 80 | 65 | 10 | 30 | 60 | 80 | 240 |
| | | | 60 ～ 79 岁 | 74 | 84 | 30 | 30 | 60 | 90 | 240 |
| | | | 80 岁及以上 | 8 | 55 | 10 | 20 | 60 | 60 | 120 |
| | | 女 | 小计 | 362 | 80 | 15 | 30 | 60 | 120 | 240 |
| | | | 18 ～ 44 岁 | 108 | 73 | 15 | 30 | 60 | 90 | 240 |
| | | | 45 ～ 59 岁 | 144 | 82 | 10 | 30 | 60 | 120 | 240 |
| | | | 60 ～ 79 岁 | 101 | 89 | 10 | 30 | 60 | 120 | 240 |
| | | | 80 岁及以上 | 9 | 82 | 20 | 20 | 30 | 180 | 180 |
| | 城市 | 小计 | 小计 | 217 | 53 | 10 | 20 | 30 | 60 | 150 |
| | | | 18 ～ 44 岁 | 47 | 44 | 10 | 20 | 30 | 60 | 120 |
| | | | 45 ～ 59 岁 | 90 | 50 | 10 | 20 | 30 | 60 | 130 |
| | | | 60 ～ 79 岁 | 75 | 68 | 10 | 30 | 30 | 90 | 180 |
| | | | 80 岁及以上 | 5 | 60 | 10 | 20 | 30 | 120 | 120 |
| | | 男 | 小计 | 95 | 49 | 10 | 20 | 30 | 60 | 180 |
| | | | 18 ～ 44 岁 | 20 | 37 | 5 | 20 | 30 | 30 | 120 |
| | | | 45 ～ 59 岁 | 34 | 38 | 5 | 20 | 30 | 30 | 120 |
| | | | 60 ～ 79 岁 | 37 | 79 | 10 | 30 | 30 | 120 | 240 |
| | | | 80 岁及以上 | 4 | 70 | 10 | 30 | 30 | 120 | 120 |
| | | 女 | 小计 | 122 | 57 | 10 | 20 | 40 | 60 | 130 |
| | | | 18 ～ 44 岁 | 27 | 52 | 10 | 30 | 40 | 60 | 120 |
| | | | 45 ～ 59 岁 | 56 | 60 | 10 | 30 | 60 | 90 | 130 |
| | | | 60 ～ 79 岁 | 38 | 58 | 10 | 20 | 30 | 90 | 180 |
| | | | 80 岁及以上 | 1 | 20 | 20 | 20 | 20 | 20 | 20 |
| | 农村 | 小计 | 小计 | 402 | 87 | 30 | 40 | 60 | 120 | 240 |
| | | | 18 ～ 44 岁 | 156 | 80 | 20 | 30 | 60 | 120 | 240 |
| | | | 45 ～ 59 岁 | 134 | 96 | 30 | 60 | 60 | 120 | 240 |
| | | | 60 ～ 79 岁 | 100 | 100 | 30 | 60 | 60 | 120 | 240 |
| | | | 80 岁及以上 | 12 | 73 | 20 | 20 | 30 | 180 | 180 |
| | | 男 | 小计 | 162 | 82 | 30 | 40 | 60 | 120 | 180 |
| | | | 18 ～ 44 岁 | 75 | 80 | 30 | 30 | 60 | 120 | 180 |
| | | | 45 ～ 59 岁 | 46 | 90 | 30 | 60 | 60 | 120 | 240 |
| | | | 60 ～ 79 岁 | 37 | 88 | 30 | 60 | 60 | 90 | 240 |
| | | | 80 岁及以上 | 4 | 43 | 20 | 20 | 60 | 60 | 60 |
| | | 女 | 小计 | 240 | 93 | 30 | 40 | 60 | 120 | 240 |
| | | | 18 ～ 44 岁 | 81 | 81 | 20 | 35 | 60 | 100 | 240 |
| | | | 45 ～ 59 岁 | 88 | 100 | 30 | 50 | 60 | 120 | 240 |
| | | | 60 ～ 79 岁 | 63 | 108 | 30 | 60 | 60 | 180 | 240 |
| | | | 80 岁及以上 | 8 | 89 | 20 | 20 | 30 | 180 | 180 |
| 华东 | 城乡 | 小计 | 小计 | 362 | 59 | 3 | 30 | 60 | 60 | 123 |
| | | | 18 ～ 44 岁 | 140 | 52 | 2 | 30 | 60 | 60 | 120 |
| | | | 45 ～ 59 岁 | 123 | 62 | 10 | 30 | 60 | 80 | 180 |
| | | | 60 ～ 79 岁 | 95 | 74 | 5 | 30 | 60 | 120 | 180 |
| | | | 80 岁及以上 | 4 | 80 | 10 | 10 | 30 | 60 | 240 |
| | | 男 | 小计 | 184 | 60 | 3 | 30 | 60 | 90 | 123 |
| | | | 18 ～ 44 岁 | 72 | 52 | 2 | 30 | 30 | 60 | 120 |
| | | | 45 ～ 59 岁 | 66 | 62 | 10 | 30 | 60 | 90 | 123 |
| | | | 60 ～ 79 岁 | 43 | 77 | 5 | 30 | 60 | 120 | 180 |
| | | | 80 岁及以上 | 3 | 120 | 30 | 30 | 60 | 240 | 240 |
| | | 女 | 小计 | 178 | 57 | 2 | 30 | 60 | 60 | 180 |
| | | | 18 ～ 44 岁 | 68 | 52 | 2 | 30 | 60 | 60 | 120 |

| 地区 | 城乡 | 性别 | 年龄 | *n* | 每天与土壤健身休闲性接触时间 /（min/d） | | | | | |
|---|---|---|---|---|---|---|---|---|---|---|
| | | | | | Mean | P5 | P25 | P50 | P75 | P95 |
| 华东 | 城乡 | 女 | 45～59 岁 | 57 | 62 | 10 | 20 | 60 | 60 | 180 |
| | | | 60～79 岁 | 52 | 70 | 0 | 30 | 60 | 90 | 240 |
| | | | 80 岁及以上 | 1 | 10 | 10 | 10 | 10 | 10 | 10 |
| | 城市 | 小计 | 小计 | 216 | 52 | 5 | 20 | 30 | 60 | 120 |
| | | | 18～44 岁 | 80 | 44 | 2 | 20 | 30 | 60 | 120 |
| | | | 45～59 岁 | 76 | 60 | 10 | 20 | 30 | 80 | 180 |
| | | | 60～79 岁 | 59 | 61 | 5 | 30 | 60 | 90 | 180 |
| | | | 80 岁及以上 | 1 | 30 | 30 | 30 | 30 | 30 | 30 |
| | | 男 | 小计 | 105 | 49 | 2 | 20 | 30 | 60 | 120 |
| | | | 18～44 岁 | 41 | 39 | 2 | 20 | 30 | 60 | 120 |
| | | | 45～59 岁 | 39 | 59 | 10 | 30 | 30 | 90 | 123 |
| | | | 60～79 岁 | 24 | 63 | 5 | 10 | 60 | 90 | 120 |
| | | | 80 岁及以上 | 1 | 30 | 30 | 30 | 30 | 30 | 30 |
| | | 女 | 小计 | 111 | 55 | 10 | 30 | 60 | 60 | 180 |
| | | | 18～44 岁 | 39 | 51 | 10 | 30 | 60 | 60 | 120 |
| | | | 45～59 岁 | 37 | 62 | 10 | 20 | 30 | 60 | 180 |
| | | | 60～79 岁 | 35 | 60 | 2 | 30 | 60 | 60 | 180 |
| | | | 80 岁及以上 | 0 | 0 | 0 | 0 | 0 | 0 | 0 |
| | 农村 | 小计 | 小计 | 146 | 70 | 0 | 30 | 60 | 120 | 180 |
| | | | 18～44 岁 | 60 | 65 | 0 | 30 | 60 | 120 | 120 |
| | | | 45～59 岁 | 47 | 65 | 1 | 30 | 60 | 90 | 120 |
| | | | 60～79 岁 | 36 | 91 | 0 | 40 | 60 | 120 | 240 |
| | | | 80 岁及以上 | 3 | 92 | 10 | 10 | 60 | 240 | 240 |
| | | 男 | 小计 | 79 | 76 | 3 | 30 | 60 | 120 | 180 |
| | | | 18～44 岁 | 31 | 71 | 3 | 30 | 60 | 120 | 180 |
| | | | 45～59 岁 | 27 | 68 | 30 | 30 | 60 | 120 | 122 |
| | | | 60～79 岁 | 19 | 96 | 30 | 60 | 60 | 120 | 180 |
| | | | 80 岁及以上 | 2 | 159 | 60 | 60 | 240 | 240 | 240 |
| | | 女 | 小计 | 67 | 61 | 0 | 30 | 60 | 60 | 120 |
| | | | 18～44 岁 | 29 | 55 | 0 | 30 | 60 | 60 | 120 |
| | | | 45～59 岁 | 20 | 61 | 0 | 30 | 60 | 90 | 120 |
| | | | 60～79 岁 | 17 | 85 | 0 | 30 | 60 | 120 | 240 |
| | | | 80 岁及以上 | 1 | 10 | 10 | 10 | 10 | 10 | 10 |
| 华南 | 城乡 | 小计 | 小计 | 232 | 52 | 5 | 20 | 30 | 60 | 180 |
| | | | 18～44 岁 | 97 | 43 | 5 | 15 | 30 | 60 | 120 |
| | | | 45～59 岁 | 66 | 67 | 5 | 30 | 40 | 60 | 240 |
| | | | 60～79 岁 | 63 | 53 | 0 | 20 | 60 | 60 | 120 |
| | | | 80 岁及以上 | 6 | 79 | 5 | 60 | 60 | 60 | 180 |
| | | 男 | 小计 | 105 | 48 | 0 | 20 | 30 | 60 | 120 |
| | | | 18～44 岁 | 49 | 48 | 0 | 20 | 30 | 60 | 120 |
| | | | 45～59 岁 | 25 | 50 | 5 | 30 | 30 | 60 | 240 |
| | | | 60～79 岁 | 29 | 44 | 5 | 20 | 60 | 60 | 90 |
| | | | 80 岁及以上 | 2 | 60 | 60 | 60 | 60 | 60 | 60 |
| | | 女 | 小计 | 127 | 56 | 5 | 15 | 30 | 60 | 180 |
| | | | 18～44 岁 | 48 | 37 | 5 | 10 | 20 | 30 | 150 |
| | | | 45～59 岁 | 41 | 81 | 10 | 30 | 60 | 90 | 360 |
| | | | 60～79 岁 | 34 | 62 | 0 | 30 | 60 | 60 | 120 |
| | | | 80 岁及以上 | 4 | 102 | 5 | 60 | 60 | 180 | 180 |
| | 城市 | 小计 | 小计 | 154 | 50 | 5 | 15 | 30 | 60 | 180 |
| | | | 18～44 岁 | 59 | 39 | 5 | 15 | 25 | 40 | 120 |
| | | | 45～59 岁 | 48 | 70 | 5 | 20 | 30 | 60 | 360 |
| | | | 60～79 岁 | 45 | 52 | 10 | 20 | 60 | 60 | 120 |
| | | | 80 岁及以上 | 2 | 5 | 5 | 5 | 5 | 5 | 5 |
| | | 男 | 小计 | 60 | 54 | 10 | 20 | 40 | 60 | 210 |
| | | | 18～44 岁 | 22 | 56 | 10 | 20 | 40 | 80 | 210 |
| | | | 45～59 岁 | 17 | 58 | 5 | 30 | 30 | 60 | 240 |
| | | | 60～79 岁 | 21 | 46 | 5 | 20 | 60 | 60 | 120 |
| | | | 80 岁及以上 | 0 | 0 | 0 | 0 | 0 | 0 | 0 |

| 地区 | 城乡 | 性别 | 年龄 | n | 每天与土壤健身休闲性接触时间 /（min/d） | | | | | |
|---|---|---|---|---|---|---|---|---|---|---|
| | | | | | Mean | P5 | P25 | P50 | P75 | P95 |
| 华南 | 城市 | 女 | 小计 | 94 | 46 | 5 | 10 | 25 | 30 | 180 |
| | | | 18～44 岁 | 37 | 28 | 5 | 10 | 20 | 30 | 120 |
| | | | 45～59 岁 | 31 | 81 | 5 | 20 | 30 | 60 | 360 |
| | | | 60～79 岁 | 24 | 60 | 10 | 30 | 30 | 75 | 240 |
| | | | 80 岁及以上 | 2 | 5 | 5 | 5 | 5 | 5 | 5 |
| | 农村 | 小计 | 小计 | 78 | 55 | 0 | 30 | 60 | 60 | 120 |
| | | | 18～44 岁 | 38 | 50 | 0 | 20 | 30 | 60 | 120 |
| | | | 45～59 岁 | 18 | 60 | 0 | 30 | 60 | 90 | 120 |
| | | | 60～79 岁 | 18 | 53 | 0 | 30 | 60 | 60 | 72 |
| | | | 80 岁及以上 | 4 | 85 | 60 | 60 | 60 | 60 | 180 |
| | | 男 | 小计 | 45 | 41 | 0 | 20 | 30 | 60 | 120 |
| | | | 18～44 岁 | 27 | 41 | 0 | 20 | 30 | 60 | 120 |
| | | | 45～59 岁 | 8 | 37 | 0 | 30 | 30 | 60 | 60 |
| | | | 60～79 岁 | 8 | 41 | 0 | 20 | 30 | 60 | 72 |
| | | | 80 岁及以上 | 2 | 60 | 60 | 60 | 60 | 60 | 60 |
| | | 女 | 小计 | 33 | 76 | 0 | 60 | 60 | 90 | 240 |
| | | | 18～44 岁 | 11 | 76 | 0 | 20 | 60 | 60 | 240 |
| | | | 45～59 岁 | 10 | 82 | 60 | 60 | 90 | 120 | 120 |
| | | | 60～79 岁 | 10 | 64 | 0 | 60 | 60 | 60 | 120 |
| | | | 80 岁及以上 | 2 | 120 | 60 | 60 | 120 | 180 | 180 |
| 西北 | 城乡 | 小计 | 小计 | 260 | 59 | 2 | 30 | 60 | 60 | 120 |
| | | | 18～44 岁 | 81 | 63 | 3 | 30 | 60 | 60 | 200 |
| | | | 45～59 岁 | 93 | 66 | 0 | 30 | 60 | 60 | 120 |
| | | | 60～79 岁 | 82 | 47 | 5 | 20 | 30 | 60 | 120 |
| | | | 80 岁及以上 | 4 | 32 | 20 | 20 | 30 | 30 | 60 |
| | | 男 | 小计 | 127 | 64 | 10 | 30 | 60 | 60 | 120 |
| | | | 18～44 岁 | 32 | 63 | 3 | 30 | 60 | 60 | 180 |
| | | | 45～59 岁 | 48 | 82 | 10 | 60 | 60 | 60 | 120 |
| | | | 60～79 岁 | 46 | 48 | 10 | 30 | 30 | 60 | 120 |
| | | | 80 岁及以上 | 1 | 20 | 20 | 20 | 20 | 20 | 20 |
| | | 女 | 小计 | 133 | 54 | 0 | 20 | 60 | 60 | 120 |
| | | | 18～44 岁 | 49 | 62 | 5 | 30 | 60 | 60 | 200 |
| | | | 45～59 岁 | 45 | 46 | 0 | 20 | 60 | 60 | 120 |
| | | | 60～79 岁 | 36 | 46 | 0 | 20 | 30 | 60 | 90 |
| | | | 80 岁及以上 | 3 | 39 | 30 | 30 | 30 | 60 | 60 |
| | 城市 | 小计 | 小计 | 116 | 55 | 10 | 30 | 60 | 60 | 120 |
| | | | 18～44 岁 | 38 | 61 | 5 | 20 | 60 | 60 | 200 |
| | | | 45～59 岁 | 41 | 53 | 10 | 30 | 60 | 60 | 120 |
| | | | 60～79 岁 | 37 | 46 | 10 | 30 | 30 | 60 | 120 |
| | | | 80 岁及以上 | 0 | 0 | 0 | 0 | 0 | 0 | 0 |
| | | 男 | 小计 | 55 | 54 | 10 | 30 | 60 | 60 | 120 |
| | | | 18～44 岁 | 16 | 61 | 3 | 20 | 60 | 80 | 180 |
| | | | 45～59 岁 | 19 | 53 | 10 | 60 | 60 | 60 | 60 |
| | | | 60～79 岁 | 20 | 47 | 10 | 30 | 30 | 60 | 120 |
| | | | 80 岁及以上 | 0 | 0 | 0 | 0 | 0 | 0 | 0 |
| | | 女 | 小计 | 61 | 55 | 5 | 20 | 30 | 60 | 200 |
| | | | 18～44 岁 | 22 | 62 | 5 | 20 | 60 | 60 | 200 |
| | | | 45～59 岁 | 22 | 54 | 15 | 30 | 60 | 60 | 120 |
| | | | 60～79 岁 | 17 | 45 | 5 | 10 | 30 | 60 | 300 |
| | | | 80 岁及以上 | 0 | 0 | 0 | 0 | 0 | 0 | 0 |
| | 农村 | 小计 | 小计 | 144 | 63 | 0 | 30 | 60 | 60 | 120 |
| | | | 18～44 岁 | 43 | 64 | 0 | 30 | 60 | 60 | 240 |
| | | | 45～59 岁 | 52 | 78 | 0 | 60 | 60 | 60 | 120 |
| | | | 60～79 岁 | 45 | 48 | 0 | 20 | 60 | 60 | 120 |
| | | | 80 岁及以上 | 4 | 32 | 20 | 20 | 30 | 30 | 60 |
| | | 男 | 小计 | 72 | 74 | 2 | 30 | 60 | 60 | 120 |
| | | | 18～44 岁 | 16 | 67 | 0 | 30 | 60 | 60 | 300 |
| | | | 45～59 岁 | 29 | 104 | 2 | 60 | 60 | 60 | 240 |

| 地区 | 城乡 | 性别 | 年龄 | *n* | 每天与土壤健身休闲性接触时间 /（min/d） | | | | | |
|---|---|---|---|---|---|---|---|---|---|---|
| | | | | | Mean | P5 | P25 | P50 | P75 | P95 |
| 西北 | 农村 | 男 | 60～79岁 | 26 | 48 | 2 | 20 | 60 | 60 | 120 |
| | | | 80岁及以上 | 1 | 20 | 20 | 20 | 20 | 20 | 20 |
| | | 女 | 小计 | 72 | 52 | 0 | 20 | 60 | 60 | 120 |
| | | | 18～44岁 | 27 | 63 | 0 | 30 | 60 | 60 | 240 |
| | | | 45～59岁 | 23 | 36 | 0 | 0 | 60 | 60 | 60 |
| | | | 60～79岁 | 19 | 47 | 0 | 20 | 60 | 60 | 90 |
| | | | 80岁及以上 | 3 | 39 | 30 | 30 | 30 | 60 | 60 |
| 东北 | 城乡 | 小计 | 小计 | 84 | 54 | 3 | 15 | 30 | 60 | 180 |
| | | | 18～44岁 | 21 | 54 | 2 | 15 | 40 | 60 | 120 |
| | | | 45～59岁 | 36 | 53 | 5 | 15 | 30 | 60 | 120 |
| | | | 60～79岁 | 26 | 57 | 10 | 20 | 30 | 60 | 240 |
| | | | 80岁及以上 | 1 | 20 | 20 | 20 | 20 | 20 | 20 |
| | | 男 | 小计 | 33 | 48 | 2 | 20 | 30 | 60 | 120 |
| | | | 18～44岁 | 11 | 38 | 2 | 10 | 30 | 60 | 120 |
| | | | 45～59岁 | 12 | 57 | 10 | 30 | 30 | 120 | 120 |
| | | | 60～79岁 | 9 | 58 | 0 | 20 | 30 | 60 | 240 |
| | | | 80岁及以上 | 1 | 20 | 20 | 20 | 20 | 20 | 20 |
| | | 女 | 小计 | 51 | 58 | 3 | 15 | 30 | 60 | 240 |
| | | | 18～44岁 | 10 | 70 | 3 | 15 | 60 | 120 | 240 |
| | | | 45～59岁 | 24 | 51 | 5 | 10 | 30 | 60 | 240 |
| | | | 60～79岁 | 17 | 56 | 10 | 20 | 30 | 60 | 180 |
| | | | 80岁及以上 | 0 | 0 | 0 | 0 | 0 | 0 | 0 |
| | 城市 | 小计 | 小计 | 64 | 48 | 3 | 15 | 30 | 60 | 120 |
| | | | 18～44岁 | 13 | 40 | 2 | 3 | 30 | 60 | 120 |
| | | | 45～59岁 | 29 | 51 | 5 | 15 | 30 | 60 | 120 |
| | | | 60～79岁 | 21 | 54 | 10 | 30 | 30 | 60 | 240 |
| | | | 80岁及以上 | 1 | 20 | 20 | 20 | 20 | 20 | 20 |
| | | 男 | 小计 | 25 | 47 | 2 | 15 | 30 | 60 | 120 |
| | | | 18～44岁 | 6 | 27 | 2 | 2 | 30 | 60 | 60 |
| | | | 45～59岁 | 11 | 55 | 10 | 30 | 30 | 90 | 120 |
| | | | 60～79岁 | 7 | 66 | 15 | 30 | 30 | 60 | 240 |
| | | | 80岁及以上 | 1 | 20 | 20 | 20 | 20 | 20 | 20 |
| | | 女 | 小计 | 39 | 49 | 3 | 15 | 30 | 60 | 120 |
| | | | 18～44岁 | 7 | 51 | 3 | 15 | 60 | 120 | 120 |
| | | | 45～59岁 | 18 | 48 | 3 | 10 | 30 | 60 | 240 |
| | | | 60～79岁 | 14 | 48 | 10 | 20 | 30 | 60 | 120 |
| | | | 80岁及以上 | 0 | 0 | 0 | 0 | 0 | 0 | 0 |
| | 农村 | 小计 | 小计 | 20 | 74 | 10 | 30 | 60 | 120 | 240 |
| | | | 18～44岁 | 8 | 81 | 30 | 30 | 60 | 120 | 240 |
| | | | 45～59岁 | 7 | 67 | 20 | 30 | 60 | 60 | 240 |
| | | | 60～79岁 | 5 | 67 | 0 | 10 | 20 | 120 | 180 |
| | | | 80岁及以上 | 0 | 0 | 0 | 0 | 0 | 0 | 0 |
| | | 男 | 小计 | 8 | 52 | 0 | 30 | 30 | 120 | 120 |
| | | | 18～44岁 | 5 | 55 | 30 | 30 | 30 | 60 | 120 |
| | | | 45～59岁 | 1 | 120 | 120 | 120 | 120 | 120 | 120 |
| | | | 60～79岁 | 2 | 8 | 0 | 0 | 0 | 20 | 20 |
| | | | 80岁及以上 | 0 | 0 | 0 | 0 | 0 | 0 | 0 |
| | | 女 | 小计 | 12 | 86 | 10 | 60 | 60 | 120 | 240 |
| | | | 18～44岁 | 3 | 120 | 60 | 60 | 60 | 240 | 240 |
| | | | 45～59岁 | 6 | 62 | 20 | 30 | 60 | 60 | 240 |
| | | | 60～79岁 | 3 | 86 | 10 | 10 | 120 | 120 | 180 |
| | | | 80岁及以上 | 0 | 0 | 0 | 0 | 0 | 0 | 0 |
| 西南 | 城乡 | 小计 | 小计 | 589 | 63 | 0 | 10 | 30 | 60 | 240 |
| | | | 18～44岁 | 288 | 67 | 0 | 10 | 50 | 60 | 300 |
| | | | 45～59岁 | 175 | 57 | 0 | 10 | 30 | 60 | 180 |
| | | | 60～79岁 | 117 | 66 | 0 | 10 | 60 | 120 | 240 |
| | | | 80岁及以上 | 9 | 28 | 0 | 0 | 10 | 20 | 120 |
| | | 男 | 小计 | 260 | 71 | 0 | 10 | 30 | 90 | 270 |

| 地区 | 城乡 | 性别 | 年龄 | *n* | 每天与土壤健身休闲性接触时间 /（min/d） | | | | | |
|---|---|---|---|---|---|---|---|---|---|---|
| | | | | | Mean | P5 | P25 | P50 | P75 | P95 |
| 西南 | 城乡 | 男 | 18 ～ 44 岁 | 126 | 72 | 0 | 10 | 30 | 60 | 480 |
| | | | 45 ～ 59 岁 | 75 | 63 | 0 | 30 | 30 | 60 | 180 |
| | | | 60 ～ 79 岁 | 55 | 86 | 10 | 20 | 60 | 120 | 270 |
| | | | 80 岁及以上 | 4 | 34 | 0 | 0 | 20 | 20 | 120 |
| | | 女 | 小计 | 329 | 55 | 0 | 10 | 30 | 60 | 120 |
| | | | 18 ～ 44 岁 | 162 | 61 | 0 | 10 | 60 | 60 | 210 |
| | | | 45 ～ 59 岁 | 100 | 51 | 0 | 10 | 30 | 60 | 180 |
| | | | 60 ～ 79 岁 | 62 | 50 | 0 | 10 | 30 | 80 | 120 |
| | | | 80 岁及以上 | 5 | 20 | 10 | 10 | 10 | 10 | 60 |
| | 城市 | 小计 | 小计 | 82 | 44 | 5 | 10 | 10 | 60 | 120 |
| | | | 18 ～ 44 岁 | 36 | 40 | 0 | 10 | 10 | 60 | 210 |
| | | | 45 ～ 59 岁 | 23 | 48 | 0 | 10 | 30 | 60 | 120 |
| | | | 60 ～ 79 岁 | 18 | 54 | 5 | 10 | 30 | 80 | 120 |
| | | | 80 岁及以上 | 5 | 39 | 10 | 10 | 10 | 60 | 120 |
| | | 男 | 小计 | 35 | 35 | 0 | 10 | 10 | 60 | 120 |
| | | | 18 ～ 44 岁 | 15 | 26 | 0 | 10 | 10 | 40 | 90 |
| | | | 45 ～ 59 岁 | 11 | 41 | 0 | 10 | 30 | 60 | 120 |
| | | | 60 ～ 79 岁 | 8 | 47 | 10 | 10 | 60 | 60 | 258 |
| | | | 80 岁及以上 | 1 | 120 | 120 | 120 | 120 | 120 | 120 |
| | | 女 | 小计 | 47 | 51 | 5 | 10 | 20 | 60 | 210 |
| | | | 18 ～ 44 岁 | 21 | 53 | 0 | 10 | 20 | 60 | 300 |
| | | | 45 ～ 59 岁 | 12 | 56 | 5 | 10 | 10 | 60 | 330 |
| | | | 60 ～ 79 岁 | 10 | 57 | 5 | 10 | 30 | 120 | 120 |
| | | | 80 岁及以上 | 4 | 21 | 10 | 10 | 10 | 10 | 60 |
| | 农村 | 小计 | 小计 | 507 | 71 | 0 | 10 | 60 | 80 | 240 |
| | | | 18 ～ 44 岁 | 252 | 78 | 0 | 10 | 60 | 120 | 480 |
| | | | 45 ～ 59 岁 | 152 | 61 | 0 | 10 | 30 | 60 | 180 |
| | | | 60 ～ 79 岁 | 99 | 70 | 0 | 10 | 60 | 120 | 240 |
| | | | 80 岁及以上 | 4 | 18 | 0 | 0 | 0 | 20 | 120 |
| | | 男 | 小计 | 225 | 83 | 0 | 20 | 60 | 120 | 480 |
| | | | 18 ～ 44 岁 | 111 | 89 | 0 | 15 | 60 | 120 | 480 |
| | | | 45 ～ 59 岁 | 64 | 72 | 0 | 30 | 30 | 90 | 240 |
| | | | 60 ～ 79 岁 | 47 | 95 | 0 | 20 | 60 | 120 | 270 |
| | | | 80 岁及以上 | 3 | 18 | 0 | 0 | 0 | 20 | 120 |
| | | 女 | 小计 | 282 | 57 | 0 | 10 | 60 | 60 | 120 |
| | | | 18 ～ 44 岁 | 141 | 65 | 0 | 10 | 60 | 60 | 120 |
| | | | 45 ～ 59 岁 | 88 | 50 | 0 | 10 | 30 | 60 | 120 |
| | | | 60 ～ 79 岁 | 52 | 47 | 0 | 10 | 30 | 60 | 120 |
| | | | 80 岁及以上 | 1 | 0 | 0 | 0 | 0 | 0 | 0 |

## 附表 8-10　中国人群分片区、城乡、性别、年龄的平均每天与土壤其他接触时间

| 地区 | 城乡 | 性别 | 年龄 | *n* | 每天与土壤其他接触时间 /（min/d） | | | | | |
|---|---|---|---|---|---|---|---|---|---|---|
| | | | | | Mean | P5 | P25 | P50 | P75 | P95 |
| 合计 | 城乡 | 小计 | 小计 | 536 | 108 | 0 | 3 | 20 | 120 | 480 |
| | | | 18 ～ 44 岁 | 212 | 139 | 0 | 0 | 30 | 210 | 600 |
| | | | 45 ～ 59 岁 | 182 | 122 | 0 | 5 | 20 | 240 | 480 |
| | | | 60 ～ 79 岁 | 138 | 59 | 0 | 10 | 15 | 30 | 360 |
| | | | 80 岁及以上 | 4 | 67 | 0 | 15 | 15 | 15 | 360 |
| | | 男 | 小计 | 238 | 158 | 0 | 10 | 40 | 300 | 600 |
| | | | 18 ～ 44 岁 | 96 | 191 | 0 | 2 | 60 | 480 | 600 |
| | | | 45 ～ 59 岁 | 86 | 175 | 0 | 5 | 60 | 360 | 480 |
| | | | 60 ～ 79 岁 | 54 | 79 | 0 | 10 | 30 | 60 | 420 |
| | | | 80 岁及以上 | 2 | 80 | 15 | 15 | 15 | 15 | 360 |
| | | 女 | 小计 | 298 | 50 | 0 | 0 | 10 | 30 | 350 |

| 地区 | 城乡 | 性别 | 年龄 | $n$ | 每天与土壤其他接触时间 /（min/d） | | | | | |
|---|---|---|---|---|---|---|---|---|---|---|
| | | | | | Mean | P5 | P25 | P50 | P75 | P95 |
| 合计 | 城乡 | 女 | 18 ～ 44 岁 | 116 | 57 | 0 | 0 | 10 | 30 | 350 |
| | | | 45 ～ 59 岁 | 96 | 46 | 0 | 5 | 10 | 30 | 240 |
| | | | 60 ～ 79 岁 | 84 | 47 | 0 | 8 | 10 | 30 | 360 |
| | | | 80 岁及以上 | 2 | 11 | 0 | 0 | 15 | 15 | 15 |
| | 城市 | 小计 | 小计 | 138 | 71 | 2 | 10 | 20 | 60 | 360 |
| | | | 18 ～ 44 岁 | 35 | 102 | 3 | 10 | 30 | 120 | 360 |
| | | | 45 ～ 59 岁 | 43 | 61 | 2 | 10 | 15 | 60 | 240 |
| | | | 60 ～ 79 岁 | 59 | 58 | 3 | 10 | 15 | 30 | 360 |
| | | | 80 岁及以上 | 1 | 15 | 15 | 15 | 15 | 15 | 15 |
| | | 男 | 小计 | 66 | 97 | 2 | 10 | 30 | 120 | 480 |
| | | | 18 ～ 44 岁 | 20 | 120 | 5 | 20 | 60 | 142 | 360 |
| | | | 45 ～ 59 岁 | 22 | 81 | 1 | 10 | 20 | 120 | 360 |
| | | | 60 ～ 79 岁 | 24 | 90 | 5 | 10 | 30 | 120 | 480 |
| | | | 80 岁及以上 | 0 | 0 | 0 | 0 | 0 | 0 | 0 |
| | | 女 | 小计 | 72 | 42 | 2 | 10 | 10 | 25 | 250 |
| | | | 18 ～ 44 岁 | 15 | 72 | 2 | 5 | 20 | 30 | 350 |
| | | | 45 ～ 59 岁 | 21 | 39 | 5 | 10 | 10 | 30 | 240 |
| | | | 60 ～ 79 岁 | 35 | 32 | 2 | 10 | 10 | 20 | 120 |
| | | | 80 岁及以上 | 1 | 15 | 15 | 15 | 15 | 15 | 15 |
| | 农村 | 小计 | 小计 | 398 | 136 | 0 | 0 | 30 | 240 | 600 |
| | | | 18 ～ 44 岁 | 177 | 154 | 0 | 0 | 30 | 300 | 600 |
| | | | 45 ～ 59 岁 | 139 | 183 | 0 | 0 | 60 | 480 | 480 |
| | | | 60 ～ 79 岁 | 79 | 60 | 0 | 0 | 10 | 30 | 360 |
| | | | 80 岁及以上 | 3 | 75 | 0 | 15 | 15 | 15 | 360 |
| | | 男 | 小计 | 172 | 203 | 0 | 0 | 60 | 480 | 600 |
| | | | 18 ～ 44 岁 | 76 | 222 | 0 | 0 | 60 | 480 | 600 |
| | | | 45 ～ 59 岁 | 64 | 252 | 0 | 0 | 300 | 480 | 480 |
| | | | 60 ～ 79 岁 | 30 | 60 | 0 | 0 | 30 | 60 | 300 |
| | | | 80 岁及以上 | 2 | 80 | 15 | 15 | 15 | 15 | 360 |
| | | 女 | 小计 | 226 | 56 | 0 | 0 | 10 | 30 | 380 |
| | | | 18 ～ 44 岁 | 101 | 51 | 0 | 0 | 0 | 30 | 300 |
| | | | 45 ～ 59 岁 | 75 | 56 | 0 | 0 | 0 | 60 | 420 |
| | | | 60 ～ 79 岁 | 49 | 60 | 0 | 0 | 10 | 30 | 360 |
| | | | 80 岁及以上 | 1 | 0 | 0 | 0 | 0 | 0 | 0 |
| 华北 | 城乡 | 小计 | 小计 | 27 | 267 | 10 | 20 | 240 | 480 | 600 |
| | | | 18 ～ 44 岁 | 8 | 426 | 10 | 300 | 480 | 600 | 600 |
| | | | 45 ～ 59 岁 | 11 | 190 | 0 | 10 | 30 | 480 | 480 |
| | | | 60 ～ 79 岁 | 8 | 218 | 40 | 60 | 240 | 360 | 480 |
| | | | 80 岁及以上 | 0 | 0 | 0 | 0 | 0 | 0 | 0 |
| | | 男 | 小计 | 17 | 328 | 10 | 60 | 480 | 480 | 600 |
| | | | 18 ～ 44 岁 | 6 | 516 | 300 | 480 | 600 | 600 | 600 |
| | | | 45 ～ 59 岁 | 6 | 277 | 0 | 10 | 480 | 480 | 480 |
| | | | 60 ～ 79 岁 | 5 | 150 | 40 | 40 | 60 | 300 | 480 |
| | | | 80 岁及以上 | 0 | 0 | 0 | 0 | 0 | 0 | 0 |
| | | 女 | 小计 | 10 | 147 | 10 | 10 | 60 | 240 | 390 |
| | | | 18 ～ 44 岁 | 2 | 80 | 10 | 10 | 10 | 210 | 210 |
| | | | 45 ～ 59 岁 | 5 | 71 | 10 | 10 | 20 | 60 | 240 |
| | | | 60 ～ 79 岁 | 3 | 351 | 240 | 360 | 360 | 360 | 390 |
| | | | 80 岁及以上 | 0 | 0 | 0 | 0 | 0 | 0 | 0 |
| | 城市 | 小计 | 小计 | 13 | 116 | 10 | 10 | 20 | 240 | 480 |
| | | | 18 ～ 44 岁 | 4 | 140 | 10 | 10 | 210 | 300 | 300 |
| | | | 45 ～ 59 岁 | 5 | 56 | 10 | 10 | 10 | 20 | 240 |
| | | | 60 ～ 79 岁 | 4 | 212 | 40 | 40 | 60 | 390 | 480 |
| | | | 80 岁及以上 | 0 | 0 | 0 | 0 | 0 | 0 | 0 |
| | | 男 | 小计 | 7 | 125 | 10 | 10 | 40 | 300 | 480 |
| | | | 18 ～ 44 岁 | 2 | 260 | 20 | 300 | 300 | 300 | 300 |
| | | | 45 ～ 59 岁 | 2 | 16 | 10 | 10 | 10 | 10 | 120 |
| | | | 60 ～ 79 岁 | 3 | 175 | 40 | 40 | 60 | 480 | 480 |

| 地区 | 城乡 | 性别 | 年龄 | *n* | 每天与土壤其他接触时间 /（min/d） | | | | | |
|---|---|---|---|---|---|---|---|---|---|---|
| | | | | | Mean | P5 | P25 | P50 | P75 | P95 |
| 华北 | 城市 | 男 | 80 岁及以上 | 0 | 0 | 0 | 0 | 0 | 0 | 0 |
| | | 女 | 小计 | 6 | 108 | 10 | 10 | 20 | 240 | 390 |
| | | | 18 ～ 44 岁 | 2 | 80 | 10 | 10 | 10 | 210 | 210 |
| | | | 45 ～ 59 岁 | 3 | 80 | 10 | 10 | 20 | 240 | 240 |
| | | | 60 ～ 79 岁 | 1 | 390 | 390 | 390 | 390 | 390 | 390 |
| | | | 80 岁及以上 | 0 | 0 | 0 | 0 | 0 | 0 | 0 |
| | 农村 | 小计 | 小计 | 14 | 382 | 30 | 240 | 480 | 480 | 600 |
| | | | 18 ～ 44 岁 | 4 | 553 | 480 | 480 | 600 | 600 | 600 |
| | | | 45 ～ 59 岁 | 6 | 328 | 0 | 60 | 480 | 480 | 480 |
| | | | 60 ～ 79 岁 | 4 | 224 | 60 | 60 | 300 | 360 | 360 |
| | | | 80 岁及以上 | 0 | 0 | 0 | 0 | 0 | 0 | 0 |
| | | 男 | 小计 | 10 | 423 | 0 | 480 | 480 | 600 | 600 |
| | | | 18 ～ 44 岁 | 4 | 553 | 480 | 480 | 600 | 600 | 600 |
| | | | 45 ～ 59 岁 | 4 | 403 | 0 | 480 | 480 | 480 | 480 |
| | | | 60 ～ 79 岁 | 2 | 117 | 60 | 60 | 60 | 60 | 300 |
| | | | 80 岁及以上 | 0 | 0 | 0 | 0 | 0 | 0 | 0 |
| | | 女 | 小计 | 4 | 222 | 30 | 60 | 240 | 360 | 360 |
| | | | 18 ～ 44 岁 | 0 | 0 | 0 | 0 | 0 | 0 | 0 |
| | | | 45 ～ 59 岁 | 2 | 45 | 30 | 30 | 30 | 60 | 60 |
| | | | 60 ～ 79 岁 | 2 | 340 | 240 | 360 | 360 | 360 | 360 |
| | | | 80 岁及以上 | 0 | 0 | 0 | 0 | 0 | 0 | 0 |
| 华东 | 城乡 | 小计 | 小计 | 70 | 182 | 0 | 10 | 120 | 360 | 480 |
| | | | 18 ～ 44 岁 | 14 | 262 | 15 | 30 | 180 | 480 | 720 |
| | | | 45 ～ 59 岁 | 31 | 206 | 0 | 10 | 120 | 420 | 480 |
| | | | 60 ～ 79 岁 | 25 | 69 | 0 | 5 | 30 | 120 | 300 |
| | | | 80 岁及以上 | 0 | 0 | 0 | 0 | 0 | 0 | 0 |
| | | 男 | 小计 | 42 | 247 | 1 | 60 | 240 | 480 | 540 |
| | | | 18 ～ 44 岁 | 10 | 302 | 15 | 120 | 240 | 480 | 720 |
| | | | 45 ～ 59 岁 | 21 | 263 | 0 | 20 | 300 | 480 | 480 |
| | | | 60 ～ 79 岁 | 11 | 117 | 0 | 15 | 120 | 180 | 360 |
| | | | 80 岁及以上 | 0 | 0 | 0 | 0 | 0 | 0 | 0 |
| | | 女 | 小计 | 28 | 53 | 0 | 3 | 15 | 30 | 420 |
| | | | 18 ～ 44 岁 | 4 | 93 | 3 | 25 | 25 | 30 | 480 |
| | | | 45 ～ 59 岁 | 10 | 69 | 0 | 10 | 15 | 20 | 420 |
| | | | 60 ～ 79 岁 | 14 | 28 | 0 | 0 | 10 | 30 | 250 |
| | | | 80 岁及以上 | 0 | 0 | 0 | 0 | 0 | 0 | 0 |
| | 城市 | 小计 | 小计 | 38 | 98 | 1 | 10 | 30 | 120 | 360 |
| | | | 18 ～ 44 岁 | 6 | 125 | 3 | 25 | 30 | 120 | 360 |
| | | | 45 ～ 59 岁 | 14 | 96 | 1 | 10 | 10 | 60 | 480 |
| | | | 60 ～ 79 岁 | 18 | 83 | 0 | 10 | 30 | 120 | 360 |
| | | | 80 岁及以上 | 0 | 0 | 0 | 0 | 0 | 0 | 0 |
| | | 男 | 小计 | 20 | 141 | 5 | 20 | 120 | 300 | 480 |
| | | | 18 ～ 44 岁 | 3 | 189 | 30 | 120 | 120 | 360 | 360 |
| | | | 45 ～ 59 岁 | 8 | 131 | 1 | 10 | 20 | 300 | 480 |
| | | | 60 ～ 79 岁 | 9 | 115 | 5 | 15 | 120 | 120 | 360 |
| | | | 80 岁及以上 | 0 | 0 | 0 | 0 | 0 | 0 | 0 |
| | | 女 | 小计 | 18 | 37 | 0 | 10 | 10 | 30 | 240 |
| | | | 18 ～ 44 岁 | 3 | 21 | 3 | 3 | 25 | 30 | 30 |
| | | | 45 ～ 59 岁 | 6 | 44 | 10 | 10 | 10 | 30 | 240 |
| | | | 60 ～ 79 岁 | 9 | 42 | 0 | 10 | 10 | 30 | 250 |
| | | | 80 岁及以上 | 0 | 0 | 0 | 0 | 0 | 0 | 0 |
| | 农村 | 小计 | 小计 | 32 | 259 | 0 | 20 | 240 | 480 | 540 |
| | | | 18 ～ 44 岁 | 8 | 364 | 15 | 180 | 480 | 480 | 720 |
| | | | 45 ～ 59 岁 | 17 | 275 | 0 | 20 | 300 | 480 | 480 |
| | | | 60 ～ 79 岁 | 7 | 39 | 0 | 0 | 0 | 30 | 180 |
| | | | 80 岁及以上 | 0 | 0 | 0 | 0 | 0 | 0 | 0 |
| | | 男 | 小计 | 22 | 327 | 0 | 180 | 360 | 480 | 540 |
| | | | 18 ～ 44 岁 | 7 | 357 | 15 | 180 | 480 | 480 | 720 |

| 地区 | 城乡 | 性别 | 年龄 | $n$ | 每天与土壤其他接触时间 /（min/d） | | | | | |
|---|---|---|---|---|---|---|---|---|---|---|
| | | | | | Mean | P5 | P25 | P50 | P75 | P95 |
| 华东 | 农村 | 男 | 45 ~ 59 岁 | 13 | 327 | 0 | 240 | 360 | 480 | 480 |
| | | | 60 ~ 79 岁 | 2 | 125 | 0 | 0 | 180 | 180 | 180 |
| | | | 80 岁及以上 | 0 | 0 | 0 | 0 | 0 | 0 | 0 |
| | | 女 | 小计 | 10 | 76 | 0 | 0 | 15 | 30 | 480 |
| | | | 18 ~ 44 岁 | 1 | 480 | 480 | 480 | 480 | 480 | 480 |
| | | | 45 ~ 59 岁 | 4 | 98 | 0 | 15 | 15 | 20 | 420 |
| | | | 60 ~ 79 岁 | 5 | 12 | 0 | 0 | 0 | 30 | 30 |
| | | | 80 岁及以上 | 0 | 0 | 0 | 0 | 0 | 0 | 0 |
| 华南 | 城乡 | 小计 | 小计 | 62 | 72 | 0 | 10 | 30 | 60 | 480 |
| | | | 18 ~ 44 岁 | 20 | 111 | 0 | 30 | 30 | 60 | 600 |
| | | | 45 ~ 59 岁 | 14 | 29 | 0 | 5 | 10 | 30 | 60 |
| | | | 60 ~ 79 岁 | 27 | 50 | 0 | 10 | 10 | 30 | 420 |
| | | | 80 岁及以上 | 1 | 360 | 360 | 360 | 360 | 360 | 360 |
| | | 男 | 小计 | 32 | 98 | 0 | 5 | 30 | 60 | 600 |
| | | | 18 ~ 44 岁 | 14 | 171 | 0 | 60 | 60 | 180 | 600 |
| | | | 45 ~ 59 岁 | 6 | 20 | 0 | 2 | 2 | 30 | 60 |
| | | | 60 ~ 79 岁 | 11 | 33 | 0 | 5 | 20 | 30 | 30 |
| | | | 80 岁及以上 | 1 | 360 | 360 | 360 | 360 | 360 | 360 |
| | | 女 | 小计 | 30 | 46 | 0 | 10 | 15 | 30 | 300 |
| | | | 18 ~ 44 岁 | 6 | 34 | 2 | 30 | 30 | 30 | 30 |
| | | | 45 ~ 59 岁 | 8 | 35 | 5 | 10 | 10 | 30 | 60 |
| | | | 60 ~ 79 岁 | 16 | 65 | 0 | 10 | 10 | 15 | 480 |
| | | | 80 岁及以上 | 0 | 0 | 0 | 0 | 0 | 0 | 0 |
| | 城市 | 小计 | 小计 | 35 | 32 | 2 | 10 | 10 | 30 | 120 |
| | | | 18 ~ 44 岁 | 11 | 90 | 2 | 20 | 60 | 120 | 240 |
| | | | 45 ~ 59 岁 | 8 | 17 | 2 | 5 | 10 | 30 | 60 |
| | | | 60 ~ 79 岁 | 16 | 17 | 3 | 10 | 10 | 20 | 30 |
| | | | 80 岁及以上 | 0 | 0 | 0 | 0 | 0 | 0 | 0 |
| | | 男 | 小计 | 15 | 45 | 2 | 10 | 30 | 60 | 180 |
| | | | 18 ~ 44 岁 | 7 | 107 | 20 | 60 | 120 | 120 | 240 |
| | | | 45 ~ 59 岁 | 2 | 17 | 2 | 2 | 30 | 30 | 30 |
| | | | 60 ~ 79 岁 | 6 | 16 | 5 | 5 | 20 | 20 | 30 |
| | | | 80 岁及以上 | 0 | 0 | 0 | 0 | 0 | 0 | 0 |
| | | 女 | 小计 | 20 | 22 | 2 | 10 | 10 | 15 | 120 |
| | | | 18 ~ 44 岁 | 4 | 53 | 2 | 2 | 2 | 30 | 300 |
| | | | 45 ~ 59 岁 | 6 | 18 | 5 | 10 | 10 | 15 | 60 |
| | | | 60 ~ 79 岁 | 10 | 18 | 3 | 10 | 10 | 10 | 120 |
| | | | 80 岁及以上 | 0 | 0 | 0 | 0 | 0 | 0 | 0 |
| | 农村 | 小计 | 小计 | 27 | 121 | 0 | 5 | 30 | 60 | 600 |
| | | | 18 ~ 44 岁 | 9 | 120 | 0 | 30 | 30 | 60 | 600 |
| | | | 45 ~ 59 岁 | 6 | 69 | 0 | 0 | 0 | 60 | 420 |
| | | | 60 ~ 79 岁 | 11 | 133 | 0 | 0 | 30 | 240 | 480 |
| | | | 80 岁及以上 | 1 | 360 | 360 | 360 | 360 | 360 | 360 |
| | | 男 | 小计 | 17 | 149 | 0 | 0 | 60 | 60 | 600 |
| | | | 18 ~ 44 岁 | 7 | 204 | 0 | 0 | 60 | 600 | 600 |
| | | | 45 ~ 59 岁 | 4 | 24 | 0 | 0 | 0 | 60 | 60 |
| | | | 60 ~ 79 岁 | 5 | 64 | 0 | 5 | 30 | 30 | 420 |
| | | | 80 岁及以上 | 1 | 360 | 360 | 360 | 360 | 360 | 360 |
| | | 女 | 小计 | 10 | 84 | 0 | 30 | 30 | 30 | 480 |
| | | | 18 ~ 44 岁 | 2 | 28 | 0 | 30 | 30 | 30 | 30 |
| | | | 45 ~ 59 岁 | 2 | 245 | 0 | 0 | 420 | 420 | 420 |
| | | | 60 ~ 79 岁 | 6 | 223 | 0 | 0 | 240 | 480 | 480 |
| | | | 80 岁及以上 | 0 | 0 | 0 | 0 | 0 | 0 | 0 |
| 西北 | 城乡 | 小计 | 小计 | 69 | 37 | 0 | 2 | 10 | 20 | 300 |
| | | | 18 ~ 44 岁 | 20 | 52 | 0 | 2 | 5 | 30 | 480 |
| | | | 45 ~ 59 岁 | 24 | 44 | 0 | 0 | 5 | 15 | 360 |
| | | | 60 ~ 79 岁 | 24 | 17 | 0 | 10 | 15 | 20 | 30 |
| | | | 80 岁及以上 | 1 | 15 | 15 | 15 | 15 | 15 | 15 |

| 地区 | 城乡 | 性别 | 年龄 | n | 每天与土壤其他接触时间 /（min/d） | | | | | |
|---|---|---|---|---|---|---|---|---|---|---|
| | | | | | Mean | P5 | P25 | P50 | P75 | P95 |
| 西北 | 城乡 | 男 | 小计 | 25 | 59 | 0 | 2 | 10 | 30 | 480 |
| | | | 18 ～ 44 岁 | 10 | 65 | 0 | 2 | 10 | 60 | 480 |
| | | | 45 ～ 59 岁 | 8 | 86 | 0 | 0 | 10 | 15 | 480 |
| | | | 60 ～ 79 岁 | 7 | 15 | 0 | 10 | 15 | 15 | 30 |
| | | | 80 岁及以上 | 0 | 0 | 0 | 0 | 0 | 0 | 0 |
| | | 女 | 小计 | 44 | 18 | 0 | 2 | 15 | 15 | 30 |
| | | | 18 ～ 44 岁 | 10 | 29 | 0 | 3 | 5 | 10 | 300 |
| | | | 45 ～ 59 岁 | 16 | 7 | 0 | 0 | 3 | 15 | 20 |
| | | | 60 ～ 79 岁 | 17 | 17 | 0 | 5 | 15 | 20 | 90 |
| | | | 80 岁及以上 | 1 | 15 | 15 | 15 | 15 | 15 | 15 |
| | 城市 | 小计 | 小计 | 34 | 25 | 2 | 10 | 15 | 20 | 60 |
| | | | 18 ～ 44 岁 | 7 | 20 | 3 | 5 | 10 | 30 | 60 |
| | | | 45 ～ 59 岁 | 9 | 42 | 0 | 5 | 10 | 15 | 360 |
| | | | 60 ～ 79 岁 | 17 | 19 | 5 | 15 | 15 | 20 | 30 |
| | | | 80 岁及以上 | 1 | 15 | 15 | 15 | 15 | 15 | 15 |
| | | 男 | 小计 | 12 | 38 | 0 | 10 | 10 | 30 | 360 |
| | | | 18 ～ 44 岁 | 3 | 31 | 10 | 10 | 20 | 60 | 60 |
| | | | 45 ～ 59 岁 | 4 | 71 | 0 | 5 | 5 | 10 | 360 |
| | | | 60 ～ 79 岁 | 5 | 17 | 10 | 10 | 15 | 15 | 30 |
| | | | 80 岁及以上 | 0 | 0 | 0 | 0 | 0 | 0 | 0 |
| | | 女 | 小计 | 22 | 16 | 3 | 5 | 15 | 20 | 30 |
| | | | 18 ～ 44 岁 | 4 | 11 | 3 | 3 | 10 | 10 | 30 |
| | | | 45 ～ 59 岁 | 5 | 12 | 3 | 5 | 15 | 15 | 20 |
| | | | 60 ～ 79 岁 | 12 | 20 | 2 | 15 | 15 | 20 | 90 |
| | | | 80 岁及以上 | 1 | 15 | 15 | 15 | 15 | 15 | 15 |
| | 农村 | 小计 | 小计 | 35 | 60 | 0 | 0 | 0 | 2 | 480 |
| | | | 18 ～ 44 岁 | 13 | 80 | 0 | 0 | 2 | 120 | 480 |
| | | | 45 ～ 59 岁 | 15 | 48 | 0 | 0 | 0 | 15 | 480 |
| | | | 60 ～ 79 岁 | 7 | 0 | 0 | 0 | 0 | 0 | 0 |
| | | | 80 岁及以上 | 0 | 0 | 0 | 0 | 0 | 0 | 0 |
| | | 男 | 小计 | 13 | 85 | 0 | 2 | 2 | 120 | 480 |
| | | | 18 ～ 44 岁 | 7 | 83 | 0 | 2 | 2 | 120 | 480 |
| | | | 45 ～ 59 岁 | 4 | 117 | 0 | 0 | 15 | 15 | 480 |
| | | | 60 ～ 79 岁 | 2 | 0 | 0 | 0 | 0 | 0 | 0 |
| | | | 80 岁及以上 | 0 | 0 | 0 | 0 | 0 | 0 | 0 |
| | | 女 | 小计 | 22 | 22 | 0 | 0 | 0 | 0 | 300 |
| | | | 18 ～ 44 岁 | 6 | 69 | 0 | 0 | 0 | 0 | 300 |
| | | | 45 ～ 59 岁 | 11 | 0 | 0 | 0 | 0 | 0 | 0 |
| | | | 60 ～ 79 岁 | 5 | 0 | 0 | 0 | 0 | 0 | 0 |
| | | | 80 岁及以上 | 0 | 0 | 0 | 0 | 0 | 0 | 0 |
| 东北 | 城乡 | 小计 | 小计 | 16 | 170 | 0 | 20 | 60 | 300 | 480 |
| | | | 18 ～ 44 岁 | 4 | 275 | 5 | 5 | 300 | 420 | 480 |
| | | | 45 ～ 59 岁 | 4 | 81 | 20 | 20 | 30 | 120 | 420 |
| | | | 60 ～ 79 岁 | 8 | 114 | 0 | 20 | 60 | 60 | 480 |
| | | | 80 岁及以上 | 0 | 0 | 0 | 0 | 0 | 0 | 0 |
| | | 男 | 小计 | 7 | 170 | 0 | 5 | 60 | 480 | 480 |
| | | | 18 ～ 44 岁 | 2 | 225 | 5 | 5 | 5 | 480 | 480 |
| | | | 45 ～ 59 岁 | 1 | 20 | 20 | 20 | 20 | 20 | 20 |
| | | | 60 ～ 79 岁 | 4 | 199 | 0 | 60 | 60 | 480 | 480 |
| | | | 80 岁及以上 | 0 | 0 | 0 | 0 | 0 | 0 | 0 |
| | | 女 | 小计 | 9 | 169 | 0 | 30 | 120 | 300 | 420 |
| | | | 18 ～ 44 岁 | 2 | 329 | 300 | 300 | 300 | 300 | 420 |
| | | | 45 ～ 59 岁 | 3 | 140 | 30 | 30 | 120 | 120 | 420 |
| | | | 60 ～ 79 岁 | 4 | 28 | 0 | 0 | 30 | 60 | 60 |
| | | | 80 岁及以上 | 0 | 0 | 0 | 0 | 0 | 0 | 0 |
| | 城市 | 小计 | 小计 | 4 | 208 | 5 | 5 | 20 | 480 | 480 |
| | | | 18 ～ 44 岁 | 2 | 225 | 5 | 5 | 5 | 480 | 480 |
| | | | 45 ～ 59 岁 | 1 | 20 | 20 | 20 | 20 | 20 | 20 |

| 地区 | 城乡 | 性别 | 年龄 | *n* | 每天与土壤其他接触时间 /（min/d） | | | | | |
|---|---|---|---|---|---|---|---|---|---|---|
| | | | | | Mean | P5 | P25 | P50 | P75 | P95 |
| 东北 | 城市 | 小计 | 60 ～ 79 岁 | 1 | 480 | 480 | 480 | 480 | 480 | 480 |
| | | | 80 岁及以上 | 0 | 0 | 0 | 0 | 0 | 0 | 0 |
| | | 男 | 小计 | 4 | 208 | 5 | 5 | 20 | 480 | 480 |
| | | | 18 ～ 44 岁 | 2 | 225 | 5 | 5 | 5 | 480 | 480 |
| | | | 45 ～ 59 岁 | 1 | 20 | 20 | 20 | 20 | 20 | 20 |
| | | | 60 ～ 79 岁 | 1 | 480 | 480 | 480 | 480 | 480 | 480 |
| | | | 80 岁及以上 | 0 | 0 | 0 | 0 | 0 | 0 | 0 |
| | | 女 | 小计 | 0 | 0 | 0 | 0 | 0 | 0 | 0 |
| | | | 18 ～ 44 岁 | 0 | 0 | 0 | 0 | 0 | 0 | 0 |
| | | | 45 ～ 59 岁 | 0 | 0 | 0 | 0 | 0 | 0 | 0 |
| | | | 60 ～ 79 岁 | 0 | 0 | 0 | 0 | 0 | 0 | 0 |
| | | | 80 岁及以上 | 0 | 0 | 0 | 0 | 0 | 0 | 0 |
| | 农村 | 小计 | 小计 | 12 | 146 | 0 | 30 | 60 | 300 | 420 |
| | | | 18 ～ 44 岁 | 2 | 329 | 300 | 300 | 300 | 300 | 420 |
| | | | 45 ～ 59 岁 | 3 | 140 | 30 | 30 | 120 | 120 | 420 |
| | | | 60 ～ 79 岁 | 7 | 40 | 0 | 0 | 30 | 60 | 120 |
| | | | 80 岁及以上 | 0 | 0 | 0 | 0 | 0 | 0 | 0 |
| | | 男 | 小计 | 3 | 58 | 0 | 60 | 60 | 60 | 120 |
| | | | 18 ～ 44 岁 | 0 | 0 | 0 | 0 | 0 | 0 | 0 |
| | | | 45 ～ 59 岁 | 0 | 0 | 0 | 0 | 0 | 0 | 0 |
| | | | 60 ～ 79 岁 | 3 | 58 | 0 | 60 | 60 | 60 | 120 |
| | | | 80 岁及以上 | 0 | 0 | 0 | 0 | 0 | 0 | 0 |
| | | 女 | 小计 | 9 | 169 | 0 | 30 | 120 | 300 | 420 |
| | | | 18 ～ 44 岁 | 2 | 329 | 300 | 300 | 300 | 300 | 420 |
| | | | 45 ～ 59 岁 | 3 | 140 | 30 | 30 | 120 | 120 | 420 |
| | | | 60 ～ 79 岁 | 4 | 28 | 0 | 0 | 30 | 60 | 60 |
| | | | 80 岁及以上 | 0 | 0 | 0 | 0 | 0 | 0 | 0 |
| 西南 | 城乡 | 小计 | 小计 | 292 | 36 | 0 | 0 | 8 | 20 | 240 |
| | | | 18 ～ 44 岁 | 146 | 31 | 0 | 0 | 0 | 10 | 350 |
| | | | 45 ～ 59 岁 | 98 | 74 | 0 | 0 | 10 | 120 | 240 |
| | | | 60 ～ 79 岁 | 46 | 13 | 0 | 8 | 10 | 20 | 30 |
| | | | 80 岁及以上 | 2 | 14 | 0 | 15 | 15 | 15 | 15 |
| | | 男 | 小计 | 115 | 50 | 0 | 0 | 10 | 30 | 240 |
| | | | 18 ～ 44 岁 | 54 | 24 | 0 | 0 | 0 | 20 | 142 |
| | | | 45 ～ 59 岁 | 44 | 106 | 0 | 0 | 60 | 180 | 480 |
| | | | 60 ～ 79 岁 | 16 | 6 | 0 | 0 | 10 | 10 | 10 |
| | | | 80 岁及以上 | 1 | 15 | 15 | 15 | 15 | 15 | 15 |
| | | 女 | 小计 | 177 | 25 | 0 | 0 | 0 | 20 | 60 |
| | | | 18 ～ 44 岁 | 92 | 38 | 0 | 0 | 0 | 0 | 350 |
| | | | 45 ～ 59 岁 | 54 | 20 | 0 | 0 | 0 | 60 | 60 |
| | | | 60 ～ 79 岁 | 30 | 15 | 0 | 8 | 10 | 20 | 30 |
| | | | 80 岁及以上 | 1 | 0 | 0 | 0 | 0 | 0 | 0 |
| | 城市 | 小计 | 小计 | 14 | 79 | 8 | 10 | 20 | 120 | 350 |
| | | | 18 ～ 44 岁 | 5 | 87 | 10 | 10 | 20 | 142 | 350 |
| | | | 45 ～ 59 岁 | 6 | 108 | 10 | 60 | 60 | 240 | 240 |
| | | | 60 ～ 79 岁 | 3 | 11 | 8 | 8 | 10 | 10 | 20 |
| | | | 80 岁及以上 | 0 | 0 | 0 | 0 | 0 | 0 | 0 |
| | | 男 | 小计 | 8 | 80 | 10 | 10 | 20 | 120 | 240 |
| | | | 18 ～ 44 岁 | 3 | 28 | 10 | 10 | 10 | 20 | 142 |
| | | | 45 ～ 59 岁 | 5 | 115 | 10 | 10 | 120 | 240 | 240 |
| | | | 60 ～ 79 岁 | 0 | 0 | 0 | 0 | 0 | 0 | 0 |
| | | | 80 岁及以上 | 0 | 0 | 0 | 0 | 0 | 0 | 0 |
| | | 女 | 小计 | 6 | 78 | 8 | 10 | 20 | 60 | 350 |
| | | | 18 ～ 44 岁 | 2 | 217 | 20 | 20 | 350 | 350 | 350 |
| | | | 45 ～ 59 岁 | 1 | 60 | 60 | 60 | 60 | 60 | 60 |
| | | | 60 ～ 79 岁 | 3 | 11 | 8 | 8 | 10 | 10 | 20 |
| | | | 80 岁及以上 | 0 | 0 | 0 | 0 | 0 | 0 | 0 |
| | 农村 | 小计 | 小计 | 278 | 23 | 0 | 0 | 0 | 10 | 60 |

| 地区 | 城乡 | 性别 | 年龄 | n | 每天与土壤其他接触时间 / (min/d) | | | | | |
|---|---|---|---|---|---|---|---|---|---|---|
| | | | | | Mean | P5 | P25 | P50 | P75 | P95 |
| 西南 | 农村 | 小计 | 18～44 岁 | 141 | 18 | 0 | 0 | 0 | 0 | 30 |
| | | | 45～59 岁 | 92 | 53 | 0 | 0 | 0 | 60 | 480 |
| | | | 60～79 岁 | 43 | 14 | 0 | 0 | 10 | 20 | 30 |
| | | | 80 岁及以上 | 2 | 14 | 0 | 15 | 15 | 15 | 15 |
| | | 男 | 小计 | 107 | 36 | 0 | 0 | 0 | 15 | 420 |
| | | | 18～44 岁 | 51 | 22 | 0 | 0 | 0 | 0 | 30 |
| | | | 45～59 岁 | 39 | 95 | 0 | 0 | 0 | 180 | 480 |
| | | | 60～79 岁 | 16 | 6 | 0 | 0 | 10 | 10 | 10 |
| | | | 80 岁及以上 | 1 | 15 | 15 | 15 | 15 | 15 | 15 |
| | | 女 | 小计 | 171 | 15 | 0 | 0 | 0 | 10 | 60 |
| | | | 18～44 岁 | 90 | 14 | 0 | 0 | 0 | 0 | 180 |
| | | | 45～59 岁 | 53 | 14 | 0 | 0 | 0 | 0 | 60 |
| | | | 60～79 岁 | 27 | 16 | 0 | 10 | 10 | 30 | 30 |
| | | | 80 岁及以上 | 1 | 0 | 0 | 0 | 0 | 0 | 0 |

附表 8-11 中国人群分省（直辖市、自治区）、城乡、性别的全年平均每天接触土壤的总时间

| 地区 | 城乡 | 性别 | n | 平均每天与土壤接触时间 / (min/d) | | | | | |
|---|---|---|---|---|---|---|---|---|---|
| | | | | Mean | P 5 | P 25 | P50 | P 75 | P 95 |
| 合计 | 城乡 | 小计 | 42 913 | 204 | 20 | 75 | 180 | 300 | 480 |
| | | 男 | 20 015 | 212 | 20 | 90 | 180 | 300 | 480 |
| | | 女 | 22 898 | 195 | 20 | 60 | 180 | 300 | 480 |
| | 城市 | 小计 | 9 027 | 168 | 10 | 60 | 120 | 240 | 480 |
| | | 男 | 4 155 | 172 | 10 | 60 | 120 | 240 | 480 |
| | | 女 | 4 872 | 164 | 10 | 60 | 120 | 240 | 480 |
| | 农村 | 小计 | 33 886 | 214 | 30 | 120 | 180 | 300 | 480 |
| | | 男 | 15 860 | 223 | 30 | 120 | 180 | 360 | 480 |
| | | 女 | 18 026 | 204 | 30 | 90 | 180 | 300 | 480 |
| 北京 | 城乡 | 小计 | 270 | 146 | 10 | 30 | 90 | 180 | 480 |
| | | 男 | 110 | 160 | 5 | 30 | 90 | 180 | 540 |
| | | 女 | 160 | 133 | 10 | 30 | 90 | 180 | 480 |
| | 城市 | 小计 | 136 | 89 | 5 | 30 | 60 | 100 | 360 |
| | | 男 | 57 | 95 | 5 | 30 | 60 | 100 | 480 |
| | | 女 | 79 | 84 | 2 | 30 | 60 | 120 | 220 |
| | 农村 | 小计 | 134 | 198 | 10 | 60 | 120 | 240 | 600 |
| | | 男 | 53 | 224 | 20 | 60 | 120 | 240 | 770 |
| | | 女 | 81 | 177 | 10 | 60 | 120 | 240 | 480 |
| 天津 | 城乡 | 小计 | 429 | 220 | 30 | 60 | 180 | 360 | 540 |
| | | 男 | 189 | 223 | 30 | 80 | 180 | 360 | 540 |
| | | 女 | 240 | 216 | 30 | 60 | 180 | 360 | 480 |
| | 城市 | 小计 | 211 | 225 | 30 | 60 | 120 | 360 | 600 |
| | | 男 | 85 | 221 | 30 | 60 | 120 | 300 | 600 |
| | | 女 | 126 | 229 | 30 | 60 | 180 | 360 | 540 |
| | 农村 | 小计 | 218 | 216 | 20 | 60 | 180 | 360 | 480 |
| | | 男 | 104 | 224 | 20 | 90 | 180 | 360 | 480 |
| | | 女 | 114 | 206 | 20 | 60 | 180 | 360 | 480 |
| 河北 | 城乡 | 小计 | 2 170 | 198 | 30 | 60 | 180 | 300 | 480 |
| | | 男 | 971 | 213 | 30 | 90 | 180 | 300 | 480 |
| | | 女 | 1199 | 185 | 30 | 60 | 135 | 290 | 480 |
| | 城市 | 小计 | 485 | 164 | 30 | 60 | 120 | 240 | 480 |
| | | 男 | 226 | 166 | 30 | 60 | 120 | 240 | 480 |
| | | 女 | 259 | 163 | 20 | 60 | 120 | 240 | 480 |
| | 农村 | 小计 | 1 685 | 207 | 30 | 80 | 180 | 300 | 480 |
| | | 男 | 745 | 226 | 20 | 120 | 180 | 360 | 480 |

| 地区 | 城乡 | 性别 | $n$ | 平均每天与土壤接触时间 /（min/d） | | | | | |
|---|---|---|---|---|---|---|---|---|---|
| | | | | Mean | P 5 | P 25 | P50 | P 75 | P 95 |
| 河北 | 农村 | 女 | 940 | 190 | 30 | 60 | 150 | 300 | 480 |
| 山西 | 城乡 | 小计 | 1 875 | 239 | 20 | 120 | 240 | 360 | 420 |
| | | 男 | 818 | 259 | 20 | 180 | 300 | 360 | 440 |
| | | 女 | 1 057 | 222 | 20 | 120 | 240 | 300 | 420 |
| | 城市 | 小计 | 199 | 228 | 10 | 90 | 240 | 360 | 420 |
| | | 男 | 79 | 219 | 5 | 30 | 240 | 360 | 420 |
| | | 女 | 120 | 234 | 10 | 120 | 240 | 360 | 420 |
| | 农村 | 小计 | 1676 | 241 | 20 | 180 | 240 | 350 | 420 |
| | | 男 | 739 | 263 | 20 | 180 | 300 | 360 | 450 |
| | | 女 | 937 | 220 | 20 | 120 | 240 | 300 | 420 |
| 内蒙古 | 城乡 | 小计 | 1 311 | 286 | 60 | 180 | 300 | 360 | 480 |
| | | 男 | 659 | 293 | 60 | 180 | 300 | 360 | 510 |
| | | 女 | 652 | 278 | 60 | 180 | 300 | 360 | 480 |
| | 城市 | 小计 | 146 | 232 | 60 | 120 | 240 | 300 | 430 |
| | | 男 | 81 | 239 | 60 | 180 | 240 | 300 | 480 |
| | | 女 | 65 | 221 | 60 | 120 | 180 | 300 | 420 |
| | 农村 | 小计 | 1 165 | 291 | 60 | 180 | 300 | 360 | 480 |
| | | 男 | 578 | 298 | 60 | 180 | 300 | 420 | 510 |
| | | 女 | 587 | 282 | 60 | 180 | 300 | 360 | 480 |
| 辽宁 | 城乡 | 小计 | 2 023 | 238 | 20 | 60 | 180 | 420 | 540 |
| | | 男 | 877 | 238 | 20 | 60 | 180 | 360 | 540 |
| | | 女 | 1 146 | 239 | 30 | 60 | 180 | 420 | 480 |
| | 城市 | 小计 | 368 | 127 | 10 | 40 | 60 | 180 | 420 |
| | | 男 | 158 | 119 | 10 | 40 | 60 | 122 | 480 |
| | | 女 | 210 | 134 | 10 | 40 | 60 | 180 | 420 |
| | 农村 | 小计 | 1 655 | 253 | 30 | 90 | 240 | 420 | 540 |
| | | 男 | 719 | 253 | 30 | 90 | 180 | 420 | 540 |
| | | 女 | 936 | 253 | 30 | 90 | 240 | 480 | 540 |
| 吉林 | 城乡 | 小计 | 1 074 | 160 | 20 | 60 | 120 | 240 | 420 |
| | | 男 | 581 | 170 | 20 | 60 | 120 | 240 | 420 |
| | | 女 | 493 | 147 | 20 | 60 | 120 | 180 | 360 |
| | 城市 | 小计 | 276 | 116 | 20 | 30 | 90 | 180 | 360 |
| | | 男 | 153 | 123 | 20 | 30 | 60 | 180 | 360 |
| | | 女 | 123 | 107 | 20 | 30 | 120 | 120 | 300 |
| | 农村 | 小计 | 798 | 176 | 30 | 60 | 120 | 240 | 480 |
| | | 男 | 428 | 189 | 30 | 120 | 180 | 240 | 480 |
| | | 女 | 370 | 160 | 30 | 60 | 120 | 240 | 420 |
| 黑龙江 | 城乡 | 小计 | 2 035 | 266 | 30 | 120 | 180 | 420 | 600 |
| | | 男 | 1 062 | 285 | 30 | 120 | 240 | 480 | 600 |
| | | 女 | 973 | 242 | 30 | 90 | 180 | 390 | 600 |
| | 城市 | 小计 | 222 | 294 | 15 | 120 | 300 | 480 | 600 |
| | | 男 | 119 | 277 | 15 | 120 | 240 | 420 | 600 |
| | | 女 | 103 | 319 | 15 | 120 | 300 | 480 | 600 |
| | 农村 | 小计 | 1 813 | 263 | 30 | 120 | 180 | 420 | 600 |
| | | 男 | 943 | 286 | 30 | 120 | 240 | 480 | 620 |
| | | 女 | 870 | 236 | 30 | 90 | 150 | 360 | 600 |
| 上海 | 城乡 | 小计 | 63 | 68 | 5 | 20 | 60 | 120 | 210 |
| | | 男 | 26 | 68 | 5 | 20 | 60 | 90 | 210 |
| | | 女 | 37 | 68 | 2 | 20 | 60 | 120 | 180 |
| | 城市 | 小计 | 63 | 68 | 5 | 20 | 60 | 120 | 210 |
| | | 男 | 26 | 68 | 5 | 20 | 60 | 90 | 210 |
| | | 女 | 37 | 68 | 2 | 20 | 60 | 120 | 180 |
| 江苏 | 城乡 | 小计 | 1 250 | 122 | 10 | 30 | 74 | 180 | 360 |
| | | 男 | 540 | 126 | 10 | 30 | 80 | 180 | 360 |
| | | 女 | 710 | 119 | 10 | 30 | 70 | 180 | 360 |
| | 城市 | 小计 | 480 | 81 | 10 | 20 | 40 | 120 | 300 |
| | | 男 | 207 | 85 | 10 | 20 | 60 | 120 | 300 |
| | | 女 | 273 | 77 | 10 | 20 | 40 | 120 | 240 |

| 地区 | 城乡 | 性别 | $n$ | 平均每天与土壤接触时间 / (min/d) | | | | | |
|---|---|---|---|---|---|---|---|---|---|
| | | | | Mean | P 5 | P 25 | P50 | P 75 | P 95 |
| 江苏 | 农村 | 小计 | 770 | 150 | 10 | 60 | 120 | 222 | 390 |
| | | 男 | 333 | 156 | 10 | 60 | 120 | 230 | 410 |
| | | 女 | 437 | 146 | 10 | 50 | 120 | 220 | 390 |
| 浙江 | 城乡 | 小计 | 1 315 | 148 | 15 | 60 | 120 | 180 | 480 |
| | | 男 | 708 | 162 | 15 | 60 | 120 | 240 | 480 |
| | | 女 | 607 | 126 | 15 | 30 | 60 | 180 | 480 |
| | 城市 | 小计 | 166 | 150 | 10 | 30 | 120 | 180 | 480 |
| | | 男 | 80 | 161 | 20 | 60 | 120 | 240 | 480 |
| | | 女 | 86 | 133 | 10 | 30 | 60 | 150 | 510 |
| | 农村 | 小计 | 1 149 | 148 | 15 | 60 | 120 | 180 | 480 |
| | | 男 | 628 | 162 | 15 | 60 | 120 | 240 | 480 |
| | | 女 | 521 | 125 | 15 | 30 | 60 | 180 | 420 |
| 安徽 | 城乡 | 小计 | 1 288 | 182 | 20 | 60 | 120 | 300 | 480 |
| | | 男 | 620 | 195 | 30 | 60 | 120 | 300 | 480 |
| | | 女 | 668 | 168 | 15 | 60 | 120 | 240 | 480 |
| | 城市 | 小计 | 245 | 126 | 10 | 60 | 120 | 180 | 420 |
| | | 男 | 117 | 147 | 30 | 60 | 120 | 180 | 480 |
| | | 女 | 128 | 105 | 10 | 30 | 60 | 120 | 360 |
| | 农村 | 小计 | 1 043 | 196 | 30 | 60 | 120 | 300 | 480 |
| | | 男 | 503 | 207 | 30 | 60 | 120 | 360 | 480 |
| | | 女 | 540 | 184 | 20 | 60 | 120 | 300 | 480 |
| 福建 | 城乡 | 小计 | 950 | 223 | 10 | 60 | 180 | 360 | 480 |
| | | 男 | 464 | 267 | 15 | 120 | 300 | 420 | 480 |
| | | 女 | 486 | 177 | 10 | 60 | 120 | 300 | 480 |
| | 城市 | 小计 | 256 | 212 | 10 | 60 | 180 | 360 | 480 |
| | | 男 | 119 | 266 | 30 | 120 | 240 | 420 | 480 |
| | | 女 | 137 | 155 | 5 | 30 | 120 | 240 | 420 |
| | 农村 | 小计 | 694 | 226 | 10 | 60 | 240 | 360 | 480 |
| | | 男 | 345 | 268 | 10 | 120 | 300 | 420 | 480 |
| | | 女 | 349 | 184 | 10 | 60 | 120 | 300 | 480 |
| 江西 | 城乡 | 小计 | 1 105 | 146 | 15 | 50 | 120 | 240 | 420 |
| | | 男 | 504 | 163 | 15 | 60 | 120 | 240 | 480 |
| | | 女 | 601 | 131 | 15 | 30 | 120 | 180 | 360 |
| | 城市 | 小计 | 305 | 142 | 20 | 60 | 120 | 240 | 360 |
| | | 男 | 117 | 153 | 10 | 60 | 120 | 240 | 480 |
| | | 女 | 188 | 134 | 20 | 40 | 120 | 180 | 360 |
| | 农村 | 小计 | 8 00 | 148 | 15 | 45 | 120 | 240 | 420 |
| | | 男 | 387 | 166 | 20 | 60 | 120 | 240 | 480 |
| | | 女 | 413 | 129 | 15 | 30 | 90 | 180 | 360 |
| 山东 | 城乡 | 小计 | 2 665 | 205 | 20 | 60 | 180 | 300 | 480 |
| | | 男 | 1 281 | 202 | 20 | 60 | 180 | 300 | 480 |
| | | 女 | 1 384 | 208 | 20 | 60 | 180 | 300 | 480 |
| | 城市 | 小计 | 683 | 177 | 10 | 60 | 120 | 240 | 480 |
| | | 男 | 310 | 166 | 10 | 60 | 120 | 240 | 480 |
| | | 女 | 373 | 190 | 20 | 60 | 120 | 300 | 480 |
| | 农村 | 小计 | 1 982 | 216 | 20 | 120 | 180 | 300 | 480 |
| | | 男 | 971 | 216 | 20 | 90 | 180 | 300 | 510 |
| | | 女 | 1 011 | 216 | 20 | 120 | 180 | 330 | 480 |
| 河南 | 城乡 | 小计 | 2 519 | 209 | 50 | 120 | 180 | 270 | 480 |
| | | 男 | 1 128 | 215 | 30 | 120 | 180 | 300 | 480 |
| | | 女 | 1 391 | 202 | 60 | 120 | 180 | 250 | 480 |
| | 城市 | 小计 | 448 | 166 | 20 | 60 | 120 | 240 | 480 |
| | | 男 | 219 | 184 | 20 | 60 | 180 | 240 | 480 |
| | | 女 | 229 | 148 | 20 | 60 | 120 | 200 | 360 |
| | 农村 | 小计 | 2 071 | 216 | 60 | 120 | 180 | 300 | 480 |
| | | 男 | 909 | 221 | 60 | 120 | 190 | 300 | 480 |
| | | 女 | 1 162 | 211 | 60 | 120 | 180 | 300 | 480 |

| 地区 | 城乡 | 性别 | *n* | 平均每天与土壤接触时间 /（min/d） | | | | | |
|---|---|---|---|---|---|---|---|---|---|
| | | | | Mean | P 5 | P 25 | P50 | P 75 | P 95 |
| 湖北 | 城乡 | 小计 | 993 | 193 | 30 | 90 | 180 | 240 | 480 |
| | | 男 | 441 | 191 | 30 | 60 | 180 | 240 | 480 |
| | | 女 | 552 | 195 | 30 | 120 | 180 | 240 | 480 |
| | 城市 | 小计 | 306 | 150 | 20 | 45 | 120 | 240 | 480 |
| | | 男 | 147 | 153 | 20 | 60 | 120 | 210 | 480 |
| | | 女 | 159 | 146 | 20 | 30 | 120 | 240 | 360 |
| | 农村 | 小计 | 687 | 214 | 60 | 120 | 180 | 300 | 500 |
| | | 男 | 294 | 214 | 60 | 120 | 180 | 300 | 520 |
| | | 女 | 393 | 213 | 60 | 120 | 180 | 300 | 500 |
| 湖南 | 城乡 | 小计 | 2 122 | 161 | 10 | 60 | 120 | 240 | 480 |
| | | 男 | 1 032 | 173 | 15 | 60 | 120 | 240 | 480 |
| | | 女 | 1 090 | 146 | 10 | 60 | 120 | 180 | 360 |
| | 城市 | 小计 | 263 | 125 | 10 | 30 | 60 | 180 | 360 |
| | | 男 | 114 | 133 | 10 | 30 | 60 | 240 | 480 |
| | | 女 | 149 | 114 | 10 | 30 | 60 | 180 | 360 |
| | 农村 | 小计 | 1 859 | 164 | 15 | 60 | 120 | 240 | 480 |
| | | 男 | 918 | 176 | 20 | 60 | 120 | 240 | 480 |
| | | 女 | 941 | 149 | 10 | 60 | 120 | 180 | 380 |
| 广东 | 城乡 | 小计 | 1 150 | 220 | 30 | 120 | 180 | 360 | 480 |
| | | 男 | 500 | 222 | 30 | 120 | 180 | 360 | 480 |
| | | 女 | 650 | 219 | 30 | 120 | 180 | 330 | 480 |
| | 城市 | 小计 | 319 | 215 | 15 | 90 | 180 | 360 | 420 |
| | | 男 | 157 | 206 | 20 | 60 | 180 | 360 | 420 |
| | | 女 | 162 | 222 | 10 | 120 | 240 | 360 | 420 |
| | 农村 | 小计 | 831 | 223 | 30 | 120 | 180 | 360 | 480 |
| | | 男 | 343 | 231 | 30 | 120 | 180 | 360 | 480 |
| | | 女 | 488 | 218 | 30 | 120 | 180 | 300 | 480 |
| 广西 | 城乡 | 小计 | 1493 | 219 | 30 | 120 | 180 | 300 | 480 |
| | | 男 | 693 | 216 | 30 | 120 | 180 | 300 | 480 |
| | | 女 | 800 | 221 | 35 | 120 | 180 | 300 | 480 |
| | 城市 | 小计 | 247 | 179 | 30 | 60 | 170 | 240 | 395 |
| | | 男 | 112 | 174 | 30 | 60 | 150 | 270 | 360 |
| | | 女 | 135 | 184 | 30 | 80 | 180 | 240 | 480 |
| | 农村 | 小计 | 1 246 | 226 | 40 | 120 | 180 | 300 | 480 |
| | | 男 | 581 | 224 | 35 | 120 | 180 | 300 | 480 |
| | | 女 | 665 | 228 | 55 | 120 | 180 | 300 | 480 |
| 海南 | 城乡 | 小计 | 537 | 234 | 60 | 120 | 190 | 360 | 480 |
| | | 男 | 248 | 242 | 60 | 120 | 240 | 360 | 480 |
| | | 女 | 289 | 226 | 30 | 120 | 180 | 360 | 480 |
| | 城市 | 小计 | 69 | 200 | 30 | 60 | 120 | 240 | 540 |
| | | 男 | 39 | 196 | 10 | 120 | 120 | 240 | 600 |
| | | 女 | 30 | 208 | 30 | 60 | 120 | 480 | 480 |
| | 农村 | 小计 | 468 | 239 | 60 | 120 | 210 | 360 | 480 |
| | | 男 | 209 | 251 | 60 | 120 | 240 | 360 | 480 |
| | | 女 | 259 | 228 | 60 | 120 | 180 | 360 | 480 |
| 重庆 | 城乡 | 小计 | 472 | 119 | 15 | 30 | 40 | 180 | 360 |
| | | 男 | 190 | 114 | 10 | 30 | 40 | 180 | 420 |
| | | 女 | 282 | 122 | 15 | 20 | 40 | 180 | 360 |
| | 城市 | 小计 | 121 | 58 | 10 | 30 | 30 | 60 | 180 |
| | | 男 | 63 | 55 | 10 | 30 | 30 | 60 | 135 |
| | | 女 | 58 | 63 | 15 | 20 | 40 | 80 | 180 |
| | 农村 | 小计 | 351 | 140 | 15 | 30 | 60 | 240 | 420 |
| | | 男 | 127 | 143 | 15 | 30 | 120 | 240 | 420 |
| | | 女 | 224 | 138 | 15 | 20 | 60 | 240 | 360 |
| 四川 | 城乡 | 小计 | 2 302 | 183 | 20 | 60 | 180 | 240 | 430 |
| | | 男 | 1 039 | 189 | 20 | 60 | 180 | 240 | 480 |
| | | 女 | 1 263 | 177 | 20 | 60 | 180 | 240 | 420 |

| 地区 | 城乡 | 性别 | *n* | 平均每天与土壤接触时间 / (min/d) | | | | | |
|---|---|---|---|---|---|---|---|---|---|
| | | | | Mean | P 5 | P 25 | P50 | P 75 | P 95 |
| 四川 | 城市 | 小计 | 762 | 158 | 10 | 30 | 120 | 240 | 430 |
| | | 男 | 343 | 160 | 10 | 30 | 120 | 240 | 480 |
| | | 女 | 419 | 156 | 10 | 60 | 120 | 240 | 390 |
| | 农村 | 小计 | 1 540 | 194 | 60 | 120 | 180 | 240 | 450 |
| | | 男 | 696 | 203 | 60 | 120 | 180 | 240 | 480 |
| | | 女 | 844 | 186 | 30 | 120 | 180 | 240 | 420 |
| 贵州 | 城乡 | 小计 | 1 772 | 209 | 30 | 120 | 180 | 300 | 480 |
| | | 男 | 811 | 211 | 30 | 120 | 180 | 300 | 480 |
| | | 女 | 961 | 207 | 30 | 120 | 180 | 300 | 480 |
| | 城市 | 小计 | 330 | 194 | 10 | 60 | 180 | 300 | 420 |
| | | 男 | 152 | 190 | 10 | 60 | 180 | 240 | 480 |
| | | 女 | 178 | 199 | 5 | 120 | 210 | 300 | 360 |
| | 农村 | 小计 | 1 442 | 214 | 60 | 120 | 180 | 300 | 480 |
| | | 男 | 659 | 218 | 60 | 120 | 180 | 300 | 480 |
| | | 女 | 783 | 209 | 60 | 120 | 180 | 300 | 480 |
| 云南 | 城乡 | 小计 | 2 443 | 246 | 30 | 120 | 240 | 360 | 480 |
| | | 男 | 1 130 | 248 | 30 | 120 | 240 | 360 | 480 |
| | | 女 | 1 313 | 243 | 30 | 120 | 240 | 330 | 480 |
| | 城市 | 小计 | 503 | 243 | 20 | 120 | 240 | 360 | 480 |
| | | 男 | 228 | 243 | 20 | 120 | 240 | 360 | 480 |
| | | 女 | 275 | 244 | 30 | 120 | 240 | 360 | 480 |
| | 农村 | 小计 | 1 940 | 246 | 30 | 120 | 240 | 360 | 480 |
| | | 男 | 902 | 249 | 30 | 120 | 240 | 360 | 480 |
| | | 女 | 1 038 | 243 | 30 | 120 | 240 | 315 | 480 |
| 西藏 | 城乡 | 小计 | 858 | 236 | 20 | 120 | 240 | 360 | 480 |
| | | 男 | 369 | 252 | 20 | 120 | 240 | 360 | 540 |
| | | 女 | 489 | 220 | 20 | 62 | 196 | 319 | 480 |
| | 城市 | 小计 | 18 | 234 | 30 | 180 | 196 | 309 | 480 |
| | | 男 | 8 | 217 | 30 | 40 | 180 | 317 | 480 |
| | | 女 | 10 | 251 | 50 | 180 | 256 | 309 | 480 |
| | 农村 | 小计 | 840 | 236 | 20 | 120 | 240 | 360 | 480 |
| | | 男 | 361 | 253 | 20 | 120 | 240 | 360 | 540 |
| | | 女 | 479 | 220 | 20 | 62 | 195 | 319 | 480 |
| 陕西 | 城乡 | 小计 | 1 684 | 264 | 40 | 120 | 240 | 360 | 602 |
| | | 男 | 796 | 300 | 60 | 180 | 240 | 390 | 660 |
| | | 女 | 888 | 227 | 30 | 120 | 180 | 300 | 540 |
| | 城市 | 小计 | 424 | 238 | 30 | 120 | 180 | 320 | 660 |
| | | 男 | 189 | 283 | 30 | 120 | 240 | 380 | 660 |
| | | 女 | 235 | 193 | 30 | 90 | 180 | 240 | 480 |
| | 农村 | 小计 | 1 260 | 274 | 60 | 120 | 240 | 360 | 600 |
| | | 男 | 607 | 307 | 60 | 180 | 240 | 390 | 660 |
| | | 女 | 653 | 240 | 40 | 120 | 240 | 330 | 540 |
| 甘肃 | 城乡 | 小计 | 2 273 | 271 | 60 | 150 | 240 | 360 | 540 |
| | | 男 | 1 039 | 287 | 60 | 180 | 240 | 390 | 600 |
| | | 女 | 1 234 | 255 | 40 | 120 | 240 | 360 | 510 |
| | 城市 | 小计 | 438 | 277 | 60 | 160 | 240 | 360 | 600 |
| | | 男 | 202 | 287 | 60 | 180 | 240 | 390 | 600 |
| | | 女 | 236 | 265 | 60 | 120 | 240 | 360 | 600 |
| | 农村 | 小计 | 1 835 | 270 | 40 | 150 | 240 | 360 | 540 |
| | | 男 | 837 | 287 | 60 | 180 | 240 | 390 | 540 |
| | | 女 | 998 | 252 | 40 | 120 | 240 | 360 | 480 |
| 青海 | 城乡 | 小计 | 883 | 227 | 60 | 120 | 180 | 300 | 510 |
| | | 男 | 374 | 245 | 60 | 120 | 240 | 360 | 540 |
| | | 女 | 509 | 210 | 60 | 120 | 180 | 240 | 480 |
| | 城市 | 小计 | 98 | 184 | 60 | 60 | 180 | 300 | 480 |
| | | 男 | 38 | 209 | 60 | 120 | 180 | 300 | 480 |
| | | 女 | 60 | 167 | 60 | 60 | 180 | 240 | 360 |

| 地区 | 城乡 | 性别 | n | 平均每天与土壤接触时间 /（min/d） | | | | | |
|---|---|---|---|---|---|---|---|---|---|
| | | | | Mean | P 5 | P 25 | P50 | P 75 | P 95 |
| 青海 | 农村 | 小计 | 785 | 233 | 60 | 120 | 180 | 300 | 540 |
| | | 男 | 336 | 250 | 60 | 120 | 240 | 360 | 540 |
| | | 女 | 449 | 217 | 60 | 120 | 180 | 240 | 510 |
| 宁夏 | 城乡 | 小计 | 299 | 162 | 30 | 60 | 120 | 240 | 360 |
| | | 男 | 144 | 155 | 30 | 60 | 120 | 180 | 360 |
| | | 女 | 155 | 172 | 20 | 60 | 180 | 240 | 360 |
| | 城市 | 小计 | 214 | 162 | 30 | 90 | 120 | 240 | 360 |
| | | 男 | 103 | 154 | 30 | 90 | 120 | 180 | 360 |
| | | 女 | 111 | 172 | 20 | 90 | 180 | 240 | 360 |
| | 农村 | 小计 | 85 | 163 | 30 | 60 | 120 | 240 | 360 |
| | | 男 | 41 | 156 | 30 | 60 | 120 | 240 | 360 |
| | | 女 | 44 | 171 | 12 | 60 | 120 | 240 | 360 |
| 新疆 | 城乡 | 小计 | 1 290 | 188 | 20 | 120 | 180 | 240 | 390 |
| | | 男 | 671 | 197 | 20 | 120 | 180 | 240 | 420 |
| | | 女 | 619 | 177 | 20 | 120 | 180 | 240 | 380 |
| | 城市 | 小计 | 226 | 149 | 15 | 60 | 120 | 180 | 360 |
| | | 男 | 107 | 173 | 15 | 90 | 180 | 240 | 420 |
| | | 女 | 119 | 118 | 10 | 30 | 120 | 180 | 300 |
| | 农村 | 小计 | 1 064 | 197 | 40 | 120 | 180 | 240 | 390 |
| | | 男 | 564 | 202 | 30 | 120 | 180 | 240 | 420 |
| | | 女 | 500 | 189 | 60 | 120 | 180 | 240 | 390 |

附表 8-12　中国人群分省（直辖市、自治区）、城乡、性别的平均每天与土壤务农性接触时间

| 地区 | 城乡 | 性别 | n | 每天与土壤务农性接触时间 /（min/d） | | | | | |
|---|---|---|---|---|---|---|---|---|---|
| | | | | Mean | P5 | P25 | P50 | P75 | P95 |
| 合计 | 城乡 | 小计 | 42 775 | 201 | 25 | 90 | 180 | 300 | 480 |
| | | 男 | 19 896 | 208 | 30 | 90 | 180 | 300 | 480 |
| | | 女 | 22 879 | 194 | 20 | 70 | 180 | 300 | 480 |
| | 城市 | 小计 | 8 245 | 174 | 20 | 60 | 120 | 240 | 480 |
| | | 男 | 3 806 | 176 | 20 | 60 | 120 | 240 | 480 |
| | | 女 | 4 439 | 171 | 20 | 60 | 120 | 240 | 480 |
| | 农村 | 小计 | 34 530 | 208 | 30 | 120 | 180 | 300 | 480 |
| | | 男 | 16 090 | 216 | 30 | 120 | 180 | 300 | 480 |
| | | 女 | 18 440 | 200 | 30 | 90 | 180 | 300 | 480 |
| 北京 | 城乡 | 小计 | 177 | 163 | 5 | 60 | 120 | 240 | 480 |
| | | 男 | 70 | 164 | 5 | 60 | 120 | 240 | 480 |
| | | 女 | 107 | 162 | 2 | 60 | 120 | 240 | 480 |
| | 城市 | 小计 | 52 | 114 | 1 | 30 | 80 | 122 | 480 |
| | | 男 | 24 | 114 | 1 | 60 | 90 | 120 | 480 |
| | | 女 | 28 | 113 | 2 | 30 | 80 | 150 | 360 |
| | 农村 | 小计 | 125 | 185 | 10 | 60 | 120 | 240 | 480 |
| | | 男 | 46 | 192 | 20 | 60 | 120 | 290 | 480 |
| | | 女 | 79 | 179 | 10 | 60 | 120 | 240 | 480 |
| 天津 | 城乡 | 小计 | 375 | 242 | 30 | 120 | 180 | 360 | 540 |
| | | 男 | 164 | 251 | 60 | 120 | 180 | 360 | 600 |
| | | 女 | 211 | 232 | 30 | 90 | 180 | 360 | 510 |
| | 城市 | 小计 | 192 | 227 | 30 | 60 | 120 | 360 | 540 |
| | | 男 | 81 | 218 | 60 | 80 | 120 | 300 | 600 |
| | | 女 | 111 | 236 | 30 | 60 | 180 | 360 | 540 |
| | 农村 | 小计 | 183 | 254 | 60 | 120 | 240 | 360 | 480 |
| | | 男 | 83 | 281 | 60 | 180 | 240 | 360 | 600 |
| | | 女 | 100 | 230 | 30 | 120 | 180 | 360 | 480 |

| 地区 | 城乡 | 性别 | *n* | 每天与土壤务农性接触时间 /（min/d） | | | | | |
|---|---|---|---|---|---|---|---|---|---|
| | | | | Mean | P5 | P25 | P50 | P75 | P95 |
| 河北 | 城乡 | 小计 | 2 132 | 194 | 30 | 60 | 160 | 300 | 480 |
| | | 男 | 951 | 206 | 30 | 90 | 180 | 300 | 480 |
| | | 女 | 1 181 | 183 | 30 | 60 | 135 | 270 | 480 |
| | 城市 | 小计 | 459 | 167 | 30 | 60 | 120 | 240 | 480 |
| | | 男 | 214 | 167 | 30 | 60 | 135 | 240 | 480 |
| | | 女 | 245 | 167 | 30 | 60 | 120 | 240 | 480 |
| | 农村 | 小计 | 1 673 | 200 | 30 | 75 | 180 | 300 | 480 |
| | | 男 | 737 | 216 | 20 | 120 | 180 | 360 | 480 |
| | | 女 | 936 | 186 | 30 | 60 | 150 | 300 | 480 |
| 山西 | 城乡 | 小计 | 2 241 | 228 | 20 | 120 | 240 | 300 | 420 |
| | | 男 | 997 | 245 | 20 | 120 | 240 | 360 | 420 |
| | | 女 | 1 244 | 213 | 20 | 120 | 180 | 300 | 420 |
| | 城市 | 小计 | 268 | 211 | 10 | 90 | 180 | 300 | 420 |
| | | 男 | 113 | 203 | 10 | 60 | 180 | 300 | 420 |
| | | 女 | 155 | 217 | 10 | 120 | 180 | 302 | 420 |
| | 农村 | 小计 | 1 973 | 231 | 20 | 120 | 240 | 300 | 420 |
| | | 男 | 884 | 251 | 20 | 180 | 270 | 360 | 420 |
| | | 女 | 1 089 | 212 | 25 | 120 | 180 | 300 | 420 |
| 内蒙古 | 城乡 | 小计 | 1 244 | 284 | 60 | 180 | 300 | 360 | 480 |
| | | 男 | 626 | 290 | 60 | 180 | 300 | 360 | 480 |
| | | 女 | 618 | 277 | 60 | 180 | 300 | 360 | 480 |
| | 城市 | 小计 | 128 | 237 | 60 | 180 | 240 | 300 | 420 |
| | | 男 | 70 | 244 | 120 | 180 | 240 | 300 | 430 |
| | | 女 | 58 | 225 | 60 | 120 | 180 | 300 | 420 |
| | 农村 | 小计 | 1 116 | 288 | 60 | 180 | 300 | 360 | 480 |
| | | 男 | 556 | 294 | 60 | 180 | 300 | 420 | 480 |
| | | 女 | 560 | 281 | 60 | 180 | 300 | 360 | 480 |
| 辽宁 | 城乡 | 小计 | 1 979 | 240 | 30 | 60 | 180 | 420 | 540 |
| | | 男 | 856 | 239 | 20 | 60 | 180 | 360 | 540 |
| | | 女 | 1 123 | 241 | 30 | 60 | 180 | 420 | 480 |
| | 城市 | 小计 | 338 | 128 | 10 | 50 | 60 | 180 | 420 |
| | | 男 | 143 | 117 | 10 | 50 | 60 | 120 | 360 |
| | | 女 | 195 | 139 | 20 | 40 | 60 | 180 | 420 |
| | 农村 | 小计 | 1 641 | 254 | 30 | 90 | 240 | 420 | 540 |
| | | 男 | 713 | 253 | 30 | 90 | 180 | 420 | 540 |
| | | 女 | 928 | 254 | 30 | 90 | 240 | 480 | 540 |
| 吉林 | 城乡 | 小计 | 1 015 | 157 | 20 | 60 | 120 | 240 | 360 |
| | | 男 | 554 | 168 | 20 | 60 | 120 | 240 | 390 |
| | | 女 | 461 | 142 | 20 | 60 | 120 | 180 | 360 |
| | 城市 | 小计 | 236 | 115 | 20 | 30 | 120 | 180 | 300 |
| | | 男 | 135 | 119 | 20 | 30 | 120 | 180 | 360 |
| | | 女 | 101 | 107 | 20 | 40 | 120 | 120 | 240 |
| | 农村 | 小计 | 779 | 171 | 30 | 60 | 120 | 240 | 420 |
| | | 男 | 419 | 186 | 30 | 120 | 180 | 240 | 480 |
| | | 女 | 360 | 152 | 30 | 60 | 120 | 240 | 390 |
| 黑龙江 | 城乡 | 小计 | 1 984 | 270 | 30 | 120 | 180 | 420 | 600 |
| | | 男 | 1 042 | 289 | 30 | 120 | 240 | 480 | 620 |
| | | 女 | 942 | 247 | 30 | 120 | 180 | 420 | 600 |
| | 城市 | 小计 | 204 | 336 | 30 | 180 | 360 | 480 | 600 |
| | | 男 | 109 | 321 | 30 | 120 | 300 | 480 | 600 |
| | | 女 | 95 | 357 | 30 | 180 | 360 | 510 | 600 |
| | 农村 | 小计 | 1 780 | 265 | 30 | 120 | 180 | 420 | 600 |
| | | 男 | 933 | 286 | 30 | 120 | 240 | 480 | 620 |
| | | 女 | 847 | 239 | 30 | 120 | 150 | 360 | 600 |
| 上海 | 城乡 | 小计 | 45 | 78 | 10 | 30 | 60 | 120 | 210 |
| | | 男 | 18 | 80 | 20 | 20 | 60 | 120 | 210 |
| | | 女 | 27 | 75 | 10 | 30 | 60 | 120 | 180 |
| | 城市 | 小计 | 45 | 78 | 10 | 30 | 60 | 120 | 210 |

| 地区 | 城乡 | 性别 | *n* | 每天与土壤务农性接触时间 /（min/d） | | | | | |
|---|---|---|---|---|---|---|---|---|---|
| | | | | Mean | P5 | P25 | P50 | P75 | P95 |
| 上海 | 城市 | 男 | 18 | 80 | 20 | 20 | 60 | 120 | 210 |
| | | 女 | 27 | 75 | 10 | 30 | 60 | 120 | 180 |
| 江苏 | 城乡 | 小计 | 1 190 | 123 | 10 | 30 | 83 | 180 | 360 |
| | | 男 | 510 | 125 | 10 | 30 | 83 | 180 | 360 |
| | | 女 | 680 | 121 | 10 | 30 | 80 | 180 | 360 |
| | 城市 | 小计 | 429 | 85 | 10 | 30 | 60 | 120 | 300 |
| | | 男 | 184 | 90 | 10 | 30 | 60 | 120 | 300 |
| | | 女 | 245 | 81 | 10 | 30 | 60 | 120 | 240 |
| | 农村 | 小计 | 761 | 146 | 10 | 60 | 120 | 220 | 360 |
| | | 男 | 326 | 148 | 10 | 60 | 120 | 220 | 360 |
| | | 女 | 435 | 145 | 10 | 60 | 120 | 220 | 369 |
| 浙江 | 城乡 | 小计 | 1 257 | 142 | 15 | 60 | 120 | 180 | 480 |
| | | 男 | 671 | 155 | 15 | 60 | 120 | 240 | 480 |
| | | 女 | 586 | 124 | 15 | 30 | 60 | 180 | 420 |
| | 城市 | 小计 | 149 | 136 | 10 | 30 | 120 | 180 | 480 |
| | | 男 | 74 | 144 | 15 | 60 | 120 | 180 | 480 |
| | | 女 | 75 | 123 | 10 | 30 | 60 | 180 | 480 |
| | 农村 | 小计 | 1 108 | 143 | 15 | 60 | 120 | 180 | 480 |
| | | 男 | 597 | 156 | 15 | 60 | 120 | 240 | 480 |
| | | 女 | 511 | 124 | 20 | 30 | 60 | 180 | 420 |
| 安徽 | 城乡 | 小计 | 1 332 | 178 | 20 | 60 | 120 | 260 | 480 |
| | | 男 | 645 | 188 | 30 | 60 | 120 | 300 | 480 |
| | | 女 | 687 | 168 | 15 | 60 | 120 | 240 | 480 |
| | 城市 | 小计 | 301 | 138 | 10 | 60 | 120 | 180 | 420 |
| | | 男 | 148 | 158 | 30 | 60 | 120 | 230 | 480 |
| | | 女 | 153 | 117 | 10 | 30 | 60 | 180 | 360 |
| | 农村 | 小计 | 1 031 | 190 | 30 | 60 | 120 | 300 | 480 |
| | | 男 | 497 | 197 | 30 | 60 | 120 | 300 | 480 |
| | | 女 | 534 | 183 | 20 | 60 | 120 | 300 | 480 |
| 福建 | 城乡 | 小计 | 884 | 220 | 10 | 60 | 180 | 360 | 480 |
| | | 男 | 423 | 265 | 15 | 120 | 300 | 420 | 480 |
| | | 女 | 461 | 177 | 10 | 60 | 120 | 300 | 480 |
| | 城市 | 小计 | 215 | 214 | 10 | 60 | 180 | 360 | 480 |
| | | 男 | 98 | 273 | 30 | 120 | 240 | 420 | 480 |
| | | 女 | 117 | 156 | 5 | 30 | 120 | 240 | 420 |
| | 农村 | 小计 | 669 | 222 | 10 | 60 | 190 | 360 | 480 |
| | | 男 | 325 | 263 | 10 | 120 | 300 | 360 | 480 |
| | | 女 | 344 | 184 | 10 | 60 | 120 | 300 | 480 |
| 江西 | 城乡 | 小计 | 1 036 | 140 | 15 | 50 | 120 | 200 | 360 |
| | | 男 | 466 | 152 | 20 | 60 | 120 | 240 | 420 |
| | | 女 | 570 | 128 | 15 | 30 | 120 | 180 | 360 |
| | 城市 | 小计 | 265 | 136 | 20 | 60 | 120 | 240 | 360 |
| | | 男 | 94 | 136 | 10 | 60 | 120 | 180 | 360 |
| | | 女 | 171 | 136 | 20 | 60 | 120 | 240 | 360 |
| | 农村 | 小计 | 771 | 141 | 15 | 40 | 120 | 190 | 420 |
| | | 男 | 372 | 156 | 20 | 60 | 120 | 240 | 420 |
| | | 女 | 399 | 125 | 10 | 30 | 90 | 180 | 360 |
| 山东 | 城乡 | 小计 | 2 560 | 203 | 20 | 60 | 180 | 300 | 480 |
| | | 男 | 1 225 | 198 | 20 | 60 | 180 | 300 | 480 |
| | | 女 | 1 335 | 208 | 20 | 90 | 180 | 300 | 480 |
| | 城市 | 小计 | 607 | 199 | 20 | 60 | 180 | 300 | 480 |
| | | 男 | 272 | 184 | 20 | 60 | 150 | 240 | 480 |
| | | 女 | 335 | 213 | 25 | 60 | 180 | 360 | 480 |
| | 农村 | 小计 | 1 953 | 204 | 20 | 80 | 180 | 300 | 480 |
| | | 男 | 953 | 203 | 20 | 60 | 180 | 300 | 480 |
| | | 女 | 1 000 | 206 | 20 | 120 | 180 | 300 | 480 |
| 河南 | 城乡 | 小计 | 2 304 | 202 | 60 | 120 | 180 | 240 | 480 |
| | | 男 | 1 009 | 205 | 50 | 120 | 180 | 240 | 480 |

| 地区 | 城乡 | 性别 | $n$ | 每天与土壤务农性接触时间 /（min/d） | | | | | |
| --- | --- | --- | --- | --- | --- | --- | --- | --- | --- |
| | | | | Mean | P5 | P25 | P50 | P75 | P95 |
| 河南 | 城乡 | 女 | 1 295 | 199 | 60 | 120 | 180 | 240 | 480 |
| | 城市 | 小计 | 331 | 180 | 30 | 90 | 180 | 240 | 480 |
| | | 男 | 152 | 200 | 30 | 90 | 180 | 240 | 480 |
| | | 女 | 179 | 161 | 30 | 90 | 150 | 200 | 360 |
| | 农村 | 小计 | 1 973 | 205 | 60 | 120 | 180 | 260 | 480 |
| | | 男 | 857 | 206 | 60 | 120 | 180 | 240 | 480 |
| | | 女 | 1 116 | 204 | 60 | 120 | 180 | 270 | 480 |
| 湖北 | 城乡 | 小计 | 944 | 192 | 30 | 120 | 180 | 240 | 480 |
| | | 男 | 424 | 190 | 30 | 90 | 180 | 240 | 480 |
| | | 女 | 520 | 194 | 30 | 120 | 180 | 240 | 420 |
| | 城市 | 小计 | 252 | 161 | 25 | 60 | 120 | 240 | 480 |
| | | 男 | 126 | 160 | 20 | 60 | 120 | 240 | 480 |
| | | 女 | 126 | 162 | 30 | 60 | 135 | 240 | 360 |
| | 农村 | 小计 | 692 | 205 | 60 | 120 | 180 | 300 | 480 |
| | | 男 | 298 | 206 | 60 | 120 | 180 | 300 | 480 |
| | | 女 | 394 | 204 | 60 | 120 | 180 | 270 | 480 |
| 湖南 | 城乡 | 小计 | 2 021 | 156 | 10 | 60 | 120 | 240 | 410 |
| | | 男 | 987 | 165 | 10 | 60 | 120 | 240 | 420 |
| | | 女 | 1 034 | 143 | 10 | 60 | 120 | 180 | 360 |
| | 城市 | 小计 | 181 | 132 | 10 | 30 | 60 | 180 | 360 |
| | | 男 | 79 | 135 | 10 | 30 | 60 | 240 | 360 |
| | | 女 | 102 | 127 | 10 | 30 | 60 | 180 | 360 |
| | 农村 | 小计 | 1840 | 157 | 15 | 60 | 120 | 240 | 420 |
| | | 男 | 908 | 167 | 15 | 60 | 120 | 240 | 420 |
| | | 女 | 932 | 144 | 10 | 60 | 120 | 180 | 360 |
| 广东 | 城乡 | 小计 | 1 311 | 205 | 30 | 120 | 180 | 300 | 420 |
| | | 男 | 556 | 206 | 30 | 120 | 180 | 300 | 420 |
| | | 女 | 755 | 204 | 30 | 120 | 180 | 300 | 420 |
| | 城市 | 小计 | 340 | 198 | 30 | 120 | 180 | 240 | 360 |
| | | 男 | 162 | 189 | 30 | 120 | 180 | 240 | 360 |
| | | 女 | 178 | 206 | 60 | 120 | 240 | 240 | 360 |
| | 农村 | 小计 | 971 | 207 | 30 | 120 | 180 | 300 | 480 |
| | | 男 | 394 | 213 | 30 | 120 | 180 | 330 | 480 |
| | | 女 | 577 | 203 | 30 | 120 | 180 | 300 | 480 |
| 广西 | 城乡 | 小计 | 1 884 | 218 | 30 | 120 | 180 | 300 | 480 |
| | | 男 | 882 | 216 | 30 | 120 | 180 | 300 | 480 |
| | | 女 | 1 002 | 219 | 30 | 120 | 180 | 300 | 480 |
| | 城市 | 小计 | 235 | 195 | 30 | 120 | 180 | 300 | 420 |
| | | 男 | 114 | 193 | 30 | 120 | 180 | 300 | 360 |
| | | 女 | 121 | 197 | 30 | 120 | 180 | 240 | 480 |
| | 农村 | 小计 | 1 649 | 222 | 30 | 120 | 180 | 300 | 480 |
| | | 男 | 768 | 221 | 30 | 120 | 180 | 300 | 480 |
| | | 女 | 881 | 222 | 30 | 120 | 180 | 300 | 480 |
| 海南 | 城乡 | 小计 | 524 | 234 | 60 | 120 | 190 | 360 | 480 |
| | | 男 | 241 | 241 | 60 | 120 | 240 | 360 | 480 |
| | | 女 | 283 | 228 | 30 | 120 | 180 | 360 | 480 |
| | 城市 | 小计 | 61 | 196 | 30 | 60 | 120 | 240 | 480 |
| | | 男 | 33 | 184 | 10 | 120 | 120 | 240 | 600 |
| | | 女 | 28 | 215 | 30 | 60 | 120 | 480 | 480 |
| | 农村 | 小计 | 463 | 239 | 60 | 120 | 210 | 360 | 480 |
| | | 男 | 208 | 250 | 60 | 120 | 240 | 360 | 480 |
| | | 女 | 255 | 229 | 30 | 120 | 180 | 360 | 480 |
| 重庆 | 城乡 | 小计 | 437 | 121 | 15 | 30 | 60 | 180 | 360 |
| | | 男 | 180 | 118 | 20 | 30 | 60 | 180 | 420 |
| | | 女 | 257 | 125 | 15 | 30 | 60 | 180 | 360 |
| | 城市 | 小计 | 114 | 60 | 20 | 30 | 40 | 60 | 180 |
| | | 男 | 60 | 57 | 20 | 30 | 35 | 60 | 180 |
| | | 女 | 54 | 65 | 20 | 30 | 40 | 90 | 180 |

| 地区 | 城乡 | 性别 | $n$ | 每天与土壤务农性接触时间 /（min/d） | | | | | |
|---|---|---|---|---|---|---|---|---|---|
| | | | | Mean | P5 | P25 | P50 | P75 | P95 |
| 重庆 | 农村 | 小计 | 323 | 143 | 15 | 30 | 90 | 240 | 420 |
| | | 男 | 120 | 146 | 20 | 30 | 120 | 240 | 420 |
| | | 女 | 203 | 140 | 15 | 30 | 60 | 240 | 360 |
| 四川 | 城乡 | 小计 | 2 807 | 181 | 30 | 60 | 180 | 240 | 480 |
| | | 男 | 1 280 | 185 | 20 | 60 | 180 | 240 | 480 |
| | | 女 | 1 527 | 176 | 30 | 60 | 180 | 240 | 420 |
| | 城市 | 小计 | 805 | 156 | 10 | 60 | 120 | 240 | 420 |
| | | 男 | 371 | 155 | 10 | 30 | 120 | 240 | 480 |
| | | 女 | 434 | 157 | 10 | 60 | 120 | 240 | 360 |
| | 农村 | 小计 | 2 002 | 190 | 50 | 120 | 180 | 240 | 480 |
| | | 男 | 909 | 197 | 60 | 120 | 180 | 240 | 480 |
| | | 女 | 1 093 | 182 | 40 | 120 | 180 | 240 | 480 |
| 贵州 | 城乡 | 小计 | 1 674 | 212 | 60 | 120 | 180 | 300 | 480 |
| | | 男 | 756 | 214 | 60 | 120 | 180 | 300 | 480 |
| | | 女 | 918 | 210 | 60 | 120 | 180 | 300 | 470 |
| | 城市 | 小计 | 286 | 223 | 30 | 120 | 240 | 300 | 480 |
| | | 男 | 128 | 222 | 30 | 120 | 180 | 300 | 480 |
| | | 女 | 158 | 224 | 60 | 120 | 240 | 300 | 360 |
| | 农村 | 小计 | 1 388 | 209 | 60 | 120 | 180 | 300 | 480 |
| | | 男 | 628 | 212 | 60 | 120 | 180 | 300 | 480 |
| | | 女 | 760 | 207 | 60 | 120 | 180 | 300 | 480 |
| 云南 | 城乡 | 小计 | 2 352 | 246 | 30 | 120 | 240 | 360 | 480 |
| | | 男 | 1 077 | 248 | 30 | 120 | 240 | 360 | 480 |
| | | 女 | 1 275 | 244 | 30 | 120 | 240 | 330 | 480 |
| | 城市 | 小计 | 471 | 250 | 20 | 120 | 240 | 360 | 480 |
| | | 男 | 211 | 254 | 20 | 150 | 240 | 360 | 480 |
| | | 女 | 260 | 247 | 30 | 120 | 240 | 360 | 480 |
| | 农村 | 小计 | 1 881 | 245 | 30 | 120 | 240 | 330 | 480 |
| | | 男 | 866 | 247 | 30 | 120 | 240 | 360 | 480 |
| | | 女 | 1 015 | 243 | 30 | 120 | 240 | 300 | 480 |
| 西藏 | 城乡 | 小计 | 857 | 211 | 0 | 60 | 180 | 319 | 480 |
| | | 男 | 360 | 232 | 10 | 90 | 210 | 360 | 480 |
| | | 女 | 497 | 193 | 0 | 45 | 180 | 300 | 420 |
| | 城市 | 小计 | 18 | 234 | 30 | 180 | 196 | 309 | 480 |
| | | 男 | 8 | 217 | 30 | 40 | 180 | 317 | 480 |
| | | 女 | 10 | 251 | 50 | 180 | 256 | 309 | 480 |
| | 农村 | 小计 | 839 | 211 | 0 | 60 | 180 | 319 | 480 |
| | | 男 | 352 | 232 | 10 | 90 | 210 | 360 | 480 |
| | | 女 | 487 | 192 | 0 | 33 | 180 | 300 | 420 |
| 陕西 | 城乡 | 小计 | 1 645 | 247 | 60 | 120 | 240 | 360 | 480 |
| | | 男 | 777 | 279 | 60 | 180 | 240 | 360 | 540 |
| | | 女 | 868 | 214 | 40 | 120 | 180 | 300 | 480 |
| | 城市 | 小计 | 393 | 221 | 60 | 120 | 180 | 300 | 480 |
| | | 男 | 174 | 259 | 60 | 150 | 240 | 360 | 480 |
| | | 女 | 219 | 183 | 60 | 120 | 180 | 240 | 480 |
| | 农村 | 小计 | 1 252 | 256 | 60 | 120 | 240 | 360 | 540 |
| | | 男 | 603 | 286 | 60 | 180 | 240 | 360 | 540 |
| | | 女 | 649 | 225 | 35 | 120 | 240 | 300 | 480 |
| 甘肃 | 城乡 | 小计 | 2 204 | 271 | 60 | 150 | 240 | 360 | 540 |
| | | 男 | 1 008 | 286 | 60 | 180 | 240 | 380 | 540 |
| | | 女 | 1 196 | 255 | 60 | 120 | 240 | 360 | 500 |
| | 城市 | 小计 | 415 | 282 | 80 | 180 | 240 | 380 | 600 |
| | | 男 | 193 | 289 | 90 | 180 | 240 | 390 | 600 |
| | | 女 | 222 | 275 | 80 | 150 | 240 | 360 | 600 |
| | 农村 | 小计 | 1 789 | 268 | 60 | 150 | 240 | 360 | 540 |
| | | 男 | 815 | 285 | 60 | 180 | 240 | 360 | 540 |
| | | 女 | 974 | 250 | 40 | 120 | 240 | 360 | 480 |
| 青海 | 城乡 | 小计 | 867 | 220 | 60 | 120 | 180 | 300 | 480 |

| 地区 | 城乡 | 性别 | n | 每天与土壤务农性接触时间 /（min/d） | | | | | |
|---|---|---|---|---|---|---|---|---|---|
| | | | | Mean | P5 | P25 | P50 | P75 | P95 |
| 青海 | 城乡 | 男 | 366 | 233 | 60 | 120 | 180 | 300 | 480 |
| | | 女 | 501 | 210 | 60 | 120 | 180 | 240 | 480 |
| | 城市 | 小计 | 94 | 188 | 60 | 60 | 180 | 300 | 480 |
| | | 男 | 38 | 209 | 60 | 120 | 180 | 300 | 480 |
| | | 女 | 56 | 173 | 60 | 60 | 180 | 240 | 360 |
| | 农村 | 小计 | 773 | 225 | 60 | 120 | 180 | 300 | 480 |
| | | 男 | 328 | 236 | 60 | 120 | 210 | 360 | 480 |
| | | 女 | 445 | 215 | 60 | 120 | 180 | 240 | 510 |
| 宁夏 | 城乡 | 小计 | 263 | 170 | 30 | 120 | 120 | 240 | 360 |
| | | 男 | 125 | 158 | 30 | 120 | 120 | 180 | 360 |
| | | 女 | 138 | 183 | 40 | 120 | 180 | 240 | 360 |
| | 城市 | 小计 | 183 | 170 | 30 | 120 | 120 | 240 | 360 |
| | | 男 | 87 | 156 | 30 | 120 | 120 | 180 | 360 |
| | | 女 | 96 | 185 | 60 | 120 | 180 | 240 | 360 |
| | 农村 | 小计 | 80 | 170 | 30 | 60 | 120 | 240 | 360 |
| | | 男 | 38 | 162 | 30 | 90 | 120 | 240 | 360 |
| | | 女 | 42 | 180 | 40 | 60 | 180 | 240 | 360 |
| 新疆 | 城乡 | 小计 | 1 230 | 191 | 30 | 120 | 180 | 240 | 390 |
| | | 男 | 650 | 199 | 30 | 120 | 180 | 240 | 420 |
| | | 女 | 580 | 179 | 30 | 120 | 180 | 240 | 375 |
| | 城市 | 小计 | 178 | 164 | 20 | 90 | 140 | 200 | 360 |
| | | 男 | 93 | 182 | 20 | 120 | 180 | 240 | 420 |
| | | 女 | 85 | 136 | 15 | 60 | 120 | 180 | 300 |
| | 农村 | 小计 | 1 052 | 196 | 40 | 120 | 180 | 240 | 390 |
| | | 男 | 557 | 202 | 30 | 120 | 180 | 240 | 420 |
| | | 女 | 495 | 186 | 60 | 120 | 180 | 240 | 375 |

附表 8-13　中国人群分省（直辖市、自治区）、城乡、性别的平均每天与土壤其他生产性接触时间

| 地区 | 城乡 | 性别 | n | 每天与土壤其他生产性接触时间 /（min/d） | | | | | |
|---|---|---|---|---|---|---|---|---|---|
| | | | | Mean | P5 | P25 | P50 | P75 | P95 |
| 合计 | 城乡 | 小计 | 2 672 | 140 | 10 | 60 | 90 | 180 | 480 |
| | | 男 | 1 362 | 163 | 15 | 60 | 120 | 240 | 480 |
| | | 女 | 1 310 | 111 | 10 | 60 | 60 | 120 | 360 |
| | 城市 | 小计 | 626 | 127 | 15 | 60 | 60 | 120 | 480 |
| | | 男 | 334 | 146 | 15 | 60 | 60 | 180 | 480 |
| | | 女 | 292 | 102 | 20 | 60 | 60 | 120 | 360 |
| | 农村 | 小计 | 2 046 | 146 | 10 | 60 | 120 | 180 | 480 |
| | | 男 | 1 028 | 170 | 15 | 60 | 120 | 240 | 480 |
| | | 女 | 1 018 | 115 | 0 | 60 | 60 | 120 | 420 |
| 北京 | 城乡 | 小计 | 16 | 236 | 0 | 60 | 120 | 450 | 630 |
| | | 男 | 15 | 244 | 0 | 30 | 120 | 450 | 630 |
| | | 女 | 1 | 60 | 60 | 60 | 60 | 60 | 60 |
| | 城市 | 小计 | 5 | 192 | 0 | 30 | 120 | 360 | 480 |
| | | 男 | 5 | 192 | 0 | 30 | 120 | 360 | 480 |
| | | 女 | 0 | 0 | 0 | 0 | 0 | 0 | 0 |
| | 农村 | 小计 | 11 | 258 | 20 | 120 | 180 | 450 | 630 |
| | | 男 | 10 | 273 | 20 | 120 | 180 | 450 | 630 |
| | | 女 | 1 | 60 | 60 | 60 | 60 | 60 | 60 |
| 天津 | 城乡 | 小计 | 57 | 70 | 10 | 20 | 60 | 60 | 300 |
| | | 男 | 18 | 78 | 15 | 15 | 30 | 120 | 300 |
| | | 女 | 39 | 64 | 10 | 20 | 60 | 60 | 180 |

| 地区 | 城乡 | 性别 | $n$ | 每天与土壤其他生产性接触时间 /（min/d） | | | | | |
|---|---|---|---|---|---|---|---|---|---|
| | | | | Mean | P5 | P25 | P50 | P75 | P95 |
| 天津 | 城市 | 小计 | 42 | 83 | 20 | 60 | 60 | 120 | 180 |
| | | 男 | 13 | 115 | 60 | 60 | 60 | 180 | 360 |
| | | 女 | 29 | 64 | 20 | 30 | 60 | 60 | 120 |
| | 农村 | 小计 | 15 | 61 | 10 | 15 | 20 | 60 | 300 |
| | | 男 | 5 | 58 | 15 | 15 | 20 | 30 | 300 |
| | | 女 | 10 | 64 | 10 | 10 | 30 | 60 | 180 |
| 河北 | 城乡 | 小计 | 64 | 178 | 20 | 60 | 120 | 300 | 480 |
| | | 男 | 38 | 208 | 30 | 60 | 150 | 360 | 480 |
| | | 女 | 26 | 133 | 0 | 45 | 62 | 180 | 360 |
| | 城市 | 小计 | 25 | 118 | 10 | 45 | 60 | 140 | 480 |
| | | 男 | 17 | 134 | 30 | 60 | 60 | 150 | 480 |
| | | 女 | 8 | 81 | 10 | 30 | 45 | 60 | 360 |
| | 农村 | 小计 | 39 | 219 | 30 | 85 | 180 | 360 | 480 |
| | | 男 | 21 | 273 | 50 | 150 | 300 | 360 | 480 |
| | | 女 | 18 | 157 | 0 | 60 | 85 | 240 | 480 |
| 山西 | 城乡 | 小计 | 27 | 214 | 30 | 90 | 120 | 360 | 480 |
| | | 男 | 17 | 231 | 30 | 120 | 120 | 360 | 480 |
| | | 女 | 10 | 158 | 60 | 60 | 120 | 300 | 480 |
| | 城市 | 小计 | 10 | 159 | 30 | 60 | 90 | 240 | 600 |
| | | 男 | 6 | 186 | 30 | 60 | 120 | 300 | 600 |
| | | 女 | 4 | 87 | 60 | 60 | 90 | 90 | 120 |
| | 农村 | 小计 | 17 | 234 | 40 | 120 | 120 | 360 | 480 |
| | | 男 | 11 | 247 | 40 | 120 | 180 | 360 | 480 |
| | | 女 | 6 | 189 | 60 | 60 | 120 | 300 | 480 |
| 内蒙古 | 城乡 | 小计 | 107 | 116 | 30 | 60 | 60 | 120 | 480 |
| | | 男 | 50 | 144 | 30 | 60 | 60 | 120 | 540 |
| | | 女 | 57 | 88 | 40 | 60 | 60 | 120 | 180 |
| | 城市 | 小计 | 8 | 207 | 20 | 120 | 120 | 240 | 540 |
| | | 男 | 7 | 202 | 20 | 120 | 120 | 240 | 540 |
| | | 女 | 1 | 300 | 300 | 300 | 300 | 300 | 300 |
| | 农村 | 小计 | 99 | 113 | 30 | 60 | 60 | 120 | 480 |
| | | 男 | 43 | 140 | 30 | 60 | 60 | 120 | 540 |
| | | 女 | 56 | 88 | 40 | 60 | 60 | 120 | 180 |
| 辽宁 | 城乡 | 小计 | 25 | 121 | 30 | 60 | 60 | 120 | 480 |
| | | 男 | 14 | 146 | 30 | 60 | 60 | 120 | 480 |
| | | 女 | 11 | 74 | 20 | 60 | 60 | 60 | 120 |
| | 城市 | 小计 | 12 | 149 | 20 | 60 | 60 | 120 | 480 |
| | | 男 | 7 | 178 | 60 | 60 | 60 | 240 | 480 |
| | | 女 | 5 | 91 | 20 | 20 | 60 | 60 | 480 |
| | 农村 | 小计 | 13 | 94 | 30 | 30 | 60 | 120 | 360 |
| | | 男 | 7 | 115 | 30 | 30 | 60 | 120 | 360 |
| | | 女 | 6 | 60 | 30 | 60 | 60 | 60 | 120 |
| 吉林 | 城乡 | 小计 | 44 | 119 | 60 | 60 | 120 | 120 | 180 |
| | | 男 | 18 | 132 | 30 | 60 | 120 | 120 | 480 |
| | | 女 | 26 | 111 | 60 | 60 | 120 | 120 | 180 |
| | 城市 | 小计 | 14 | 115 | 60 | 60 | 60 | 120 | 480 |
| | | 男 | 7 | 140 | 60 | 60 | 60 | 120 | 480 |
| | | 女 | 7 | 89 | 60 | 60 | 60 | 120 | 120 |
| | 农村 | 小计 | 30 | 121 | 60 | 120 | 120 | 120 | 180 |
| | | 男 | 11 | 128 | 30 | 120 | 120 | 120 | 180 |
| | | 女 | 19 | 117 | 60 | 60 | 120 | 120 | 180 |
| 黑龙江 | 城乡 | 小计 | 25 | 100 | 10 | 30 | 60 | 120 | 540 |
| | | 男 | 12 | 134 | 10 | 30 | 120 | 120 | 600 |
| | | 女 | 13 | 41 | 10 | 30 | 30 | 60 | 90 |
| | 城市 | 小计 | 6 | 100 | 10 | 10 | 120 | 120 | 180 |
| | | 男 | 5 | 106 | 10 | 60 | 120 | 120 | 180 |
| | | 女 | 1 | 10 | 10 | 10 | 10 | 10 | 10 |
| | 农村 | 小计 | 19 | 101 | 15 | 30 | 30 | 60 | 600 |

| 地区 | 城乡 | 性别 | *n* | 每天与土壤其他生产性接触时间 / （min/d） | | | | | |
|---|---|---|---|---|---|---|---|---|---|
| | | | | Mean | P5 | P25 | P50 | P75 | P95 |
| 黑龙江 | 农村 | 男 | 7 | 196 | 0 | 30 | 30 | 540 | 600 |
| | | 女 | 12 | 44 | 15 | 30 | 30 | 60 | 90 |
| 上海 | 城乡 | 小计 | 5 | 62 | 3 | 30 | 60 | 90 | 120 |
| | | 男 | 2 | 22 | 3 | 3 | 30 | 30 | 30 |
| | | 女 | 3 | 93 | 60 | 60 | 90 | 120 | 120 |
| | 城市 | 小计 | 5 | 62 | 3 | 30 | 60 | 90 | 120 |
| | | 男 | 2 | 22 | 3 | 3 | 30 | 30 | 30 |
| | | 女 | 3 | 93 | 60 | 60 | 90 | 120 | 120 |
| 江苏 | 城乡 | 小计 | 70 | 131 | 5 | 20 | 60 | 150 | 480 |
| | | 男 | 38 | 149 | 10 | 60 | 120 | 190 | 480 |
| | | 女 | 32 | 104 | 5 | 15 | 30 | 120 | 600 |
| | 城市 | 小计 | 35 | 83 | 2 | 10 | 20 | 120 | 480 |
| | | 男 | 15 | 105 | 2 | 10 | 60 | 180 | 480 |
| | | 女 | 20 | 58 | 1 | 10 | 20 | 30 | 480 |
| | 农村 | 小计 | 35 | 180 | 10 | 60 | 120 | 240 | 480 |
| | | 男 | 23 | 183 | 20 | 60 | 120 | 240 | 480 |
| | | 女 | 12 | 173 | 10 | 40 | 120 | 120 | 600 |
| 浙江 | 城乡 | 小计 | 82 | 155 | 5 | 30 | 61 | 240 | 480 |
| | | 男 | 56 | 163 | 20 | 60 | 90 | 240 | 480 |
| | | 女 | 26 | 127 | 0 | 10 | 30 | 120 | 600 |
| | 城市 | 小计 | 14 | 266 | 30 | 60 | 240 | 360 | 720 |
| | | 男 | 8 | 235 | 30 | 60 | 240 | 240 | 600 |
| | | 女 | 6 | 361 | 60 | 60 | 600 | 600 | 720 |
| | 农村 | 小计 | 68 | 138 | 2 | 30 | 61 | 180 | 480 |
| | | 男 | 48 | 153 | 20 | 60 | 90 | 240 | 480 |
| | | 女 | 20 | 83 | 0 | 2 | 20 | 120 | 480 |
| 安徽 | 城乡 | 小计 | 75 | 137 | 15 | 30 | 60 | 150 | 480 |
| | | 男 | 39 | 199 | 10 | 30 | 120 | 360 | 480 |
| | | 女 | 36 | 61 | 15 | 30 | 30 | 60 | 180 |
| | 城市 | 小计 | 23 | 91 | 20 | 30 | 60 | 120 | 300 |
| | | 男 | 10 | 130 | 30 | 90 | 120 | 120 | 300 |
| | | 女 | 13 | 60 | 20 | 30 | 40 | 60 | 180 |
| | 农村 | 小计 | 52 | 151 | 15 | 30 | 60 | 360 | 480 |
| | | 男 | 29 | 216 | 10 | 30 | 120 | 360 | 480 |
| | | 女 | 23 | 62 | 15 | 20 | 30 | 120 | 120 |
| 福建 | 城乡 | 小计 | 25 | 256 | 10 | 60 | 180 | 480 | 480 |
| | | 男 | 16 | 272 | 10 | 60 | 360 | 480 | 480 |
| | | 女 | 9 | 215 | 10 | 120 | 180 | 390 | 480 |
| | 城市 | 小计 | 9 | 266 | 10 | 60 | 180 | 480 | 480 |
| | | 男 | 5 | 284 | 10 | 60 | 480 | 480 | 480 |
| | | 女 | 4 | 235 | 20 | 180 | 180 | 390 | 390 |
| | 农村 | 小计 | 16 | 250 | 10 | 60 | 240 | 480 | 480 |
| | | 男 | 11 | 268 | 10 | 15 | 360 | 480 | 600 |
| | | 女 | 5 | 200 | 10 | 60 | 120 | 240 | 480 |
| 江西 | 城乡 | 小计 | 98 | 101 | 30 | 40 | 60 | 120 | 300 |
| | | 男 | 56 | 114 | 30 | 60 | 60 | 120 | 360 |
| | | 女 | 42 | 81 | 30 | 30 | 60 | 120 | 180 |
| | 城市 | 小计 | 26 | 128 | 30 | 40 | 60 | 120 | 480 |
| | | 男 | 16 | 150 | 30 | 60 | 90 | 180 | 480 |
| | | 女 | 10 | 64 | 0 | 30 | 60 | 120 | 120 |
| | 农村 | 小计 | 72 | 91 | 30 | 60 | 60 | 120 | 240 |
| | | 男 | 40 | 96 | 30 | 60 | 60 | 120 | 240 |
| | | 女 | 32 | 85 | 30 | 30 | 60 | 120 | 180 |
| 山东 | 城乡 | 小计 | 165 | 211 | 20 | 60 | 120 | 360 | 600 |
| | | 男 | 91 | 221 | 30 | 60 | 120 | 360 | 600 |
| | | 女 | 74 | 196 | 10 | 60 | 120 | 300 | 510 |
| | 城市 | 小计 | 29 | 222 | 20 | 120 | 180 | 360 | 600 |
| | | 男 | 13 | 256 | 30 | 120 | 180 | 480 | 600 |

| 地区 | 城乡 | 性别 | *n* | 每天与土壤其他生产性接触时间 /（min/d） | | | | | |
|---|---|---|---|---|---|---|---|---|---|
| | | | | Mean | P5 | P25 | P50 | P75 | P95 |
| 山东 | 城市 | 女 | 16 | 183 | 10 | 60 | 180 | 240 | 600 |
| | 农村 | 小计 | 136 | 208 | 30 | 60 | 120 | 360 | 600 |
| | | 男 | 78 | 213 | 30 | 60 | 120 | 300 | 600 |
| | | 女 | 58 | 200 | 40 | 60 | 120 | 360 | 510 |
| 河南 | 城乡 | 小计 | 118 | 265 | 30 | 60 | 240 | 420 | 480 |
| | | 男 | 68 | 312 | 30 | 120 | 360 | 480 | 600 |
| | | 女 | 50 | 151 | 30 | 60 | 60 | 240 | 480 |
| | 城市 | 小计 | 22 | 255 | 30 | 60 | 180 | 420 | 780 |
| | | 男 | 18 | 258 | 30 | 60 | 180 | 420 | 780 |
| | | 女 | 4 | 52 | 30 | 30 | 60 | 60 | 60 |
| | 农村 | 小计 | 96 | 267 | 30 | 60 | 240 | 420 | 480 |
| | | 男 | 50 | 328 | 30 | 180 | 360 | 480 | 600 |
| | | 女 | 46 | 151 | 30 | 60 | 60 | 240 | 480 |
| 湖北 | 城乡 | 小计 | 83 | 93 | 20 | 60 | 60 | 120 | 240 |
| | | 男 | 37 | 106 | 20 | 60 | 120 | 120 | 240 |
| | | 女 | 46 | 82 | 20 | 60 | 60 | 120 | 120 |
| | 城市 | 小计 | 12 | 104 | 15 | 30 | 60 | 60 | 480 |
| | | 男 | 6 | 107 | 15 | 30 | 50 | 90 | 480 |
| | | 女 | 6 | 102 | 15 | 30 | 60 | 60 | 480 |
| | 农村 | 小计 | 71 | 91 | 20 | 60 | 60 | 120 | 138 |
| | | 男 | 31 | 106 | 20 | 60 | 120 | 120 | 240 |
| | | 女 | 40 | 79 | 20 | 60 | 60 | 120 | 120 |
| 湖南 | 城乡 | 小计 | 159 | 128 | 30 | 60 | 120 | 120 | 300 |
| | | 男 | 91 | 137 | 30 | 60 | 120 | 120 | 480 |
| | | 女 | 68 | 113 | 30 | 60 | 120 | 120 | 240 |
| | 城市 | 小计 | 32 | 160 | 10 | 60 | 120 | 180 | 480 |
| | | 男 | 17 | 182 | 10 | 60 | 120 | 300 | 480 |
| | | 女 | 15 | 109 | 2 | 60 | 120 | 120 | 240 |
| | 农村 | 小计 | 127 | 125 | 30 | 60 | 120 | 120 | 300 |
| | | 男 | 74 | 131 | 30 | 60 | 120 | 120 | 480 |
| | | 女 | 53 | 113 | 30 | 60 | 120 | 120 | 240 |
| 广东 | 城乡 | 小计 | 213 | 105 | 30 | 60 | 60 | 120 | 360 |
| | | 男 | 98 | 107 | 30 | 60 | 60 | 120 | 360 |
| | | 女 | 115 | 104 | 60 | 60 | 60 | 120 | 360 |
| | 城市 | 小计 | 102 | 87 | 60 | 60 | 60 | 120 | 180 |
| | | 男 | 49 | 90 | 40 | 60 | 60 | 120 | 180 |
| | | 女 | 53 | 84 | 60 | 60 | 60 | 120 | 180 |
| | 农村 | 小计 | 111 | 135 | 30 | 60 | 90 | 120 | 480 |
| | | 男 | 49 | 137 | 20 | 60 | 120 | 120 | 480 |
| | | 女 | 62 | 133 | 60 | 60 | 60 | 120 | 480 |
| 广西 | 城乡 | 小计 | 86 | 112 | 0 | 60 | 60 | 150 | 360 |
| | | 男 | 47 | 103 | 0 | 30 | 60 | 150 | 240 |
| | | 女 | 39 | 127 | 0 | 60 | 60 | 180 | 480 |
| | 城市 | 小计 | 20 | 111 | 2 | 30 | 60 | 120 | 420 |
| | | 男 | 12 | 121 | 2 | 30 | 60 | 120 | 420 |
| | | 女 | 8 | 100 | 30 | 60 | 70 | 70 | 480 |
| | 农村 | 小计 | 66 | 112 | 0 | 60 | 60 | 180 | 240 |
| | | 男 | 35 | 100 | 0 | 30 | 60 | 150 | 240 |
| | | 女 | 31 | 136 | 0 | 60 | 60 | 240 | 480 |
| 海南 | 城乡 | 小计 | 11 | 250 | 15 | 120 | 180 | 480 | 540 |
| | | 男 | 7 | 305 | 15 | 120 | 240 | 480 | 540 |
| | | 女 | 4 | 135 | 60 | 60 | 120 | 180 | 240 |
| | 城市 | 小计 | 8 | 236 | 15 | 60 | 180 | 480 | 540 |
| | | 男 | 6 | 275 | 15 | 60 | 240 | 480 | 540 |
| | | 女 | 2 | 114 | 60 | 60 | 60 | 180 | 180 |
| | 农村 | 小计 | 3 | 289 | 120 | 120 | 240 | 480 | 480 |
| | | 男 | 1 | 480 | 480 | 480 | 480 | 480 | 480 |
| | | 女 | 2 | 161 | 120 | 120 | 120 | 240 | 240 |

| 地区 | 城乡 | 性别 | $n$ | 每天与土壤其他生产性接触时间 /（min/d） | | | | | |
|---|---|---|---|---|---|---|---|---|---|
| | | | | Mean | P5 | P25 | P50 | P75 | P95 |
| 重庆 | 城乡 | 小计 | 1 | 570 | 570 | 570 | 570 | 570 | 570 |
| | | 男 | 0 | 0 | 0 | 0 | 0 | 0 | 0 |
| | | 女 | 1 | 570 | 570 | 570 | 570 | 570 | 570 |
| | 城市 | 小计 | 0 | 0 | 0 | 0 | 0 | 0 | 0 |
| | | 男 | 0 | 0 | 0 | 0 | 0 | 0 | 0 |
| | | 女 | 0 | 0 | 0 | 0 | 0 | 0 | 0 |
| | 农村 | 小计 | 1 | 570 | 570 | 570 | 570 | 570 | 570 |
| | | 男 | 0 | 0 | 0 | 0 | 0 | 0 | 0 |
| | | 女 | 1 | 570 | 570 | 570 | 570 | 570 | 570 |
| 四川 | 城乡 | 小计 | 122 | 117 | 10 | 30 | 60 | 120 | 480 |
| | | 男 | 64 | 144 | 20 | 60 | 60 | 180 | 480 |
| | | 女 | 58 | 82 | 10 | 30 | 60 | 120 | 180 |
| | 城市 | 小计 | 17 | 187 | 20 | 60 | 150 | 240 | 600 |
| | | 男 | 11 | 189 | 20 | 60 | 140 | 240 | 540 |
| | | 女 | 6 | 184 | 30 | 90 | 150 | 180 | 600 |
| | 农村 | 小计 | 105 | 107 | 10 | 30 | 60 | 120 | 480 |
| | | 男 | 53 | 137 | 20 | 60 | 60 | 120 | 480 |
| | | 女 | 52 | 70 | 10 | 30 | 60 | 120 | 180 |
| 贵州 | 城乡 | 小计 | 143 | 134 | 5 | 60 | 120 | 160 | 480 |
| | | 男 | 69 | 159 | 3 | 60 | 120 | 180 | 480 |
| | | 女 | 74 | 103 | 20 | 60 | 120 | 121 | 200 |
| | 城市 | 小计 | 12 | 113 | 3 | 60 | 120 | 120 | 300 |
| | | 男 | 7 | 123 | 3 | 3 | 120 | 120 | 540 |
| | | 女 | 5 | 94 | 60 | 60 | 120 | 120 | 120 |
| | 农村 | 小计 | 131 | 138 | 20 | 60 | 120 | 180 | 480 |
| | | 男 | 62 | 165 | 10 | 60 | 120 | 180 | 480 |
| | | 女 | 69 | 104 | 20 | 60 | 120 | 121 | 210 |
| 云南 | 城乡 | 小计 | 65 | 202 | 10 | 120 | 180 | 300 | 480 |
| | | 男 | 37 | 205 | 10 | 60 | 120 | 240 | 480 |
| | | 女 | 28 | 198 | 40 | 120 | 180 | 300 | 480 |
| | 城市 | 小计 | 23 | 147 | 10 | 40 | 120 | 180 | 480 |
| | | 男 | 10 | 142 | 10 | 30 | 120 | 180 | 480 |
| | | 女 | 13 | 151 | 40 | 90 | 180 | 180 | 360 |
| | 农村 | 小计 | 42 | 248 | 30 | 120 | 240 | 360 | 480 |
| | | 男 | 27 | 241 | 60 | 120 | 220 | 300 | 600 |
| | | 女 | 15 | 262 | 5 | 180 | 300 | 360 | 480 |
| 西藏 | 城乡 | 小计 | 275 | 51 | 0 | 0 | 0 | 0 | 480 |
| | | 男 | 106 | 64 | 0 | 0 | 0 | 0 | 540 |
| | | 女 | 169 | 40 | 0 | 0 | 0 | 0 | 480 |
| | 城市 | 小计 | 0 | 0 | 0 | 0 | 0 | 0 | 0 |
| | | 男 | 0 | 0 | 0 | 0 | 0 | 0 | 0 |
| | | 女 | 0 | 0 | 0 | 0 | 0 | 0 | 0 |
| | 农村 | 小计 | 275 | 51 | 0 | 0 | 0 | 0 | 480 |
| | | 男 | 106 | 64 | 0 | 0 | 0 | 0 | 540 |
| | | 女 | 169 | 40 | 0 | 0 | 0 | 0 | 480 |
| 陕西 | 城乡 | 小计 | 214 | 144 | 30 | 60 | 120 | 240 | 240 |
| | | 男 | 119 | 147 | 30 | 60 | 120 | 240 | 240 |
| | | 女 | 95 | 139 | 30 | 60 | 120 | 240 | 240 |
| | 城市 | 小计 | 88 | 143 | 30 | 60 | 120 | 240 | 240 |
| | | 男 | 48 | 140 | 30 | 60 | 120 | 240 | 240 |
| | | 女 | 40 | 147 | 30 | 60 | 90 | 120 | 240 |
| | 农村 | 小计 | 126 | 144 | 30 | 60 | 120 | 240 | 300 |
| | | 男 | 71 | 152 | 30 | 60 | 120 | 240 | 360 |
| | | 女 | 55 | 133 | 30 | 60 | 120 | 240 | 240 |
| 甘肃 | 城乡 | 小计 | 217 | 90 | 30 | 60 | 60 | 90 | 360 |
| | | 男 | 101 | 102 | 30 | 60 | 60 | 90 | 360 |
| | | 女 | 116 | 77 | 30 | 30 | 60 | 90 | 122 |
| | 城市 | 小计 | 9 | 274 | 30 | 60 | 360 | 360 | 630 |

| 地区 | 城乡 | 性别 | *n* | 每天与土壤其他生产性接触时间 /（min/d） | | | | | |
|---|---|---|---|---|---|---|---|---|---|
| | | | | Mean | P5 | P25 | P50 | P75 | P95 |
| 甘肃 | 城市 | 男 | 4 | 420 | 360 | 360 | 360 | 370 | 630 |
| | | 女 | 5 | 109 | 30 | 30 | 60 | 90 | 360 |
| | 农村 | 小计 | 208 | 81 | 30 | 35 | 60 | 90 | 180 |
| | | 男 | 97 | 87 | 30 | 60 | 60 | 90 | 240 |
| | | 女 | 111 | 75 | 30 | 30 | 60 | 90 | 122 |
| 青海 | 城乡 | 小计 | 51 | 129 | 0 | 0 | 0 | 240 | 480 |
| | | 男 | 22 | 217 | 0 | 0 | 180 | 360 | 600 |
| | | 女 | 29 | 31 | 0 | 0 | 0 | 0 | 300 |
| | 城市 | 小计 | 2 | 60 | 60 | 60 | 60 | 60 | 60 |
| | | 男 | 0 | 0 | 0 | 0 | 0 | 0 | 0 |
| | | 女 | 2 | 60 | 60 | 60 | 60 | 60 | 60 |
| | 农村 | 小计 | 49 | 131 | 0 | 0 | 0 | 300 | 480 |
| | | 男 | 22 | 217 | 0 | 0 | 180 | 360 | 600 |
| | | 女 | 27 | 29 | 0 | 0 | 0 | 0 | 300 |
| 宁夏 | 城乡 | 小计 | 10 | 179 | 20 | 30 | 120 | 240 | 600 |
| | | 男 | 7 | 194 | 20 | 30 | 120 | 240 | 600 |
| | | 女 | 3 | 111 | 30 | 30 | 60 | 240 | 240 |
| | 城市 | 小计 | 9 | 189 | 20 | 30 | 120 | 240 | 600 |
| | | 男 | 6 | 208 | 20 | 30 | 120 | 240 | 600 |
| | | 女 | 3 | 111 | 30 | 30 | 60 | 240 | 240 |
| | 农村 | 小计 | 1 | 60 | 60 | 60 | 60 | 60 | 60 |
| | | 男 | 1 | 60 | 60 | 60 | 60 | 60 | 60 |
| | | 女 | 0 | 0 | 0 | 0 | 0 | 0 | 0 |
| 新疆 | 城乡 | 小计 | 19 | 138 | 10 | 120 | 140 | 150 | 330 |
| | | 男 | 9 | 151 | 5 | 20 | 140 | 140 | 720 |
| | | 女 | 10 | 131 | 30 | 120 | 120 | 150 | 150 |
| | 城市 | 小计 | 7 | 156 | 5 | 5 | 30 | 360 | 720 |
| | | 男 | 4 | 167 | 5 | 5 | 20 | 40 | 720 |
| | | 女 | 3 | 138 | 10 | 30 | 30 | 360 | 360 |
| | 农村 | 小计 | 12 | 134 | 20 | 120 | 140 | 150 | 150 |
| | | 男 | 5 | 145 | 10 | 122 | 140 | 140 | 330 |
| | | 女 | 7 | 130 | 60 | 120 | 120 | 150 | 150 |

## 附表 8-14　中国人群分省（直辖市、自治区）、城乡、性别的平均每天与土壤健身休闲性接触时间

| 地区 | 城乡 | 性别 | *n* | 每天与土壤健身休闲性接触时间 /（min/d） | | | | | |
|---|---|---|---|---|---|---|---|---|---|
| | | | | Mean | P5 | P25 | P50 | P75 | P95 |
| 合计 | 城乡 | 小计 | 2 146 | 64 | 2 | 30 | 60 | 60 | 180 |
| | | 男 | 966 | 64 | 2 | 30 | 60 | 80 | 180 |
| | | 女 | 1 180 | 63 | 0 | 20 | 60 | 60 | 200 |
| | 城市 | 小计 | 849 | 51 | 5 | 20 | 30 | 60 | 120 |
| | | 男 | 375 | 48 | 5 | 20 | 30 | 60 | 120 |
| | | 女 | 474 | 53 | 5 | 15 | 30 | 60 | 180 |
| | 农村 | 小计 | 1 297 | 75 | 0 | 30 | 60 | 120 | 240 |
| | | 男 | 591 | 76 | 0 | 30 | 60 | 120 | 180 |
| | | 女 | 706 | 73 | 0 | 30 | 60 | 90 | 240 |
| 北京 | 城乡 | 小计 | 81 | 52 | 10 | 20 | 30 | 60 | 180 |
| | | 男 | 32 | 44 | 5 | 10 | 30 | 60 | 120 |
| | | 女 | 49 | 57 | 10 | 30 | 50 | 60 | 180 |
| | 城市 | 小计 | 78 | 50 | 10 | 20 | 30 | 60 | 120 |
| | | 男 | 30 | 38 | 0 | 10 | 30 | 60 | 120 |
| | | 女 | 48 | 57 | 10 | 30 | 40 | 60 | 180 |

| 地区 | 城乡 | 性别 | *n* | 每天与土壤健身休闲性接触时间 /（min/d） | | | | | |
|---|---|---|---|---|---|---|---|---|---|
| | | | | Mean | P5 | P25 | P50 | P75 | P95 |
| 北京 | 农村 | 小计 | 3 | 88 | 50 | 50 | 60 | 180 | 180 |
| | | 男 | 2 | 106 | 60 | 60 | 60 | 180 | 180 |
| | | 女 | 1 | 50 | 50 | 50 | 50 | 50 | 50 |
| 天津 | 城乡 | 小计 | 33 | 71 | 20 | 30 | 60 | 120 | 120 |
| | | 男 | 18 | 75 | 20 | 60 | 60 | 120 | 120 |
| | | 女 | 15 | 59 | 20 | 30 | 60 | 90 | 120 |
| | 城市 | 小计 | 14 | 26 | 10 | 20 | 30 | 30 | 60 |
| | | 男 | 4 | 28 | 10 | 10 | 30 | 60 | 60 |
| | | 女 | 10 | 24 | 10 | 20 | 30 | 30 | 30 |
| | 农村 | 小计 | 19 | 79 | 30 | 60 | 60 | 120 | 120 |
| | | 男 | 14 | 78 | 30 | 60 | 60 | 120 | 120 |
| | | 女 | 5 | 85 | 60 | 60 | 60 | 120 | 120 |
| 河北 | 城乡 | 小计 | 24 | 80 | 30 | 35 | 80 | 100 | 180 |
| | | 男 | 10 | 90 | 30 | 30 | 90 | 120 | 180 |
| | | 女 | 14 | 70 | 30 | 35 | 60 | 100 | 122 |
| | 城市 | 小计 | 12 | 68 | 30 | 30 | 30 | 120 | 180 |
| | | 男 | 3 | 74 | 30 | 30 | 30 | 120 | 180 |
| | | 女 | 9 | 63 | 20 | 30 | 60 | 120 | 120 |
| | 农村 | 小计 | 12 | 86 | 30 | 40 | 90 | 100 | 180 |
| | | 男 | 7 | 99 | 30 | 80 | 90 | 90 | 180 |
| | | 女 | 5 | 74 | 35 | 40 | 100 | 100 | 122 |
| 山西 | 城乡 | 小计 | 21 | 59 | 20 | 30 | 60 | 80 | 90 |
| | | 男 | 13 | 61 | 1 | 30 | 60 | 80 | 120 |
| | | 女 | 8 | 55 | 20 | 20 | 60 | 60 | 90 |
| | 城市 | 小计 | 11 | 49 | 1 | 30 | 60 | 60 | 120 |
| | | 男 | 7 | 46 | 1 | 30 | 30 | 60 | 120 |
| | | 女 | 4 | 55 | 30 | 60 | 60 | 60 | 60 |
| | 农村 | 小计 | 10 | 67 | 20 | 60 | 80 | 90 | 90 |
| | | 男 | 6 | 74 | 60 | 60 | 80 | 90 | 90 |
| | | 女 | 4 | 55 | 20 | 20 | 60 | 90 | 90 |
| 内蒙古 | 城乡 | 小计 | 37 | 46 | 30 | 30 | 40 | 60 | 90 |
| | | 男 | 11 | 48 | 30 | 30 | 40 | 60 | 90 |
| | | 女 | 26 | 45 | 30 | 30 | 40 | 60 | 90 |
| | 城市 | 小计 | 7 | 56 | 20 | 30 | 60 | 60 | 120 |
| | | 男 | 4 | 62 | 20 | 30 | 60 | 120 | 120 |
| | | 女 | 3 | 43 | 20 | 20 | 60 | 60 | 60 |
| | 农村 | 小计 | 30 | 45 | 30 | 30 | 40 | 50 | 90 |
| | | 男 | 7 | 45 | 30 | 30 | 40 | 60 | 90 |
| | | 女 | 23 | 45 | 30 | 30 | 40 | 50 | 90 |
| 辽宁 | 城乡 | 小计 | 22 | 49 | 2 | 5 | 30 | 60 | 120 |
| | | 男 | 7 | 37 | 2 | 2 | 10 | 60 | 120 |
| | | 女 | 15 | 55 | 3 | 10 | 60 | 60 | 120 |
| | 城市 | 小计 | 19 | 41 | 2 | 3 | 15 | 60 | 120 |
| | | 男 | 7 | 37 | 2 | 2 | 10 | 60 | 120 |
| | | 女 | 12 | 44 | 3 | 3 | 15 | 60 | 120 |
| | 农村 | 小计 | 3 | 81 | 20 | 60 | 60 | 120 | 120 |
| | | 男 | 0 | 0 | 0 | 0 | 0 | 0 | 0 |
| | | 女 | 3 | 81 | 20 | 60 | 60 | 120 | 120 |
| 吉林 | 城乡 | 小计 | 43 | 59 | 10 | 30 | 40 | 60 | 120 |
| | | 男 | 18 | 56 | 30 | 30 | 40 | 60 | 120 |
| | | 女 | 25 | 61 | 10 | 30 | 60 | 60 | 240 |
| | 城市 | 小计 | 33 | 52 | 10 | 30 | 40 | 60 | 120 |
| | | 男 | 13 | 56 | 10 | 30 | 40 | 60 | 240 |
| | | 女 | 20 | 49 | 10 | 30 | 30 | 60 | 120 |
| | 农村 | 小计 | 10 | 79 | 30 | 30 | 60 | 120 | 240 |
| | | 男 | 5 | 55 | 30 | 30 | 30 | 60 | 120 |
| | | 女 | 5 | 108 | 60 | 60 | 60 | 240 | 240 |
| 黑龙江 | 城乡 | 小计 | 19 | 50 | 10 | 15 | 20 | 30 | 240 |

| 地区 | 城乡 | 性别 | $n$ | 每天与土壤健身休闲性接触时间 / (min/d) | | | | | |
|---|---|---|---|---|---|---|---|---|---|
| | | | | Mean | P5 | P25 | P50 | P75 | P95 |
| 黑龙江 | 城乡 | 男 | 8 | 43 | 0 | 15 | 20 | 30 | 120 |
| | | 女 | 11 | 56 | 10 | 10 | 30 | 30 | 240 |
| | 城市 | 小计 | 12 | 49 | 10 | 15 | 20 | 30 | 240 |
| | | 男 | 5 | 44 | 15 | 15 | 20 | 30 | 120 |
| | | 女 | 7 | 54 | 10 | 10 | 30 | 30 | 240 |
| | 农村 | 小计 | 7 | 53 | 0 | 10 | 20 | 30 | 240 |
| | | 男 | 3 | 39 | 0 | 0 | 20 | 120 | 120 |
| | | 女 | 4 | 61 | 10 | 10 | 30 | 30 | 240 |
| 上海 | 城乡 | 小计 | 12 | 26 | 2 | 2 | 10 | 30 | 120 |
| | | 男 | 6 | 38 | 5 | 10 | 30 | 30 | 120 |
| | | 女 | 6 | 11 | 2 | 2 | 2 | 10 | 60 |
| | 城市 | 小计 | 12 | 26 | 2 | 2 | 10 | 30 | 120 |
| | | 男 | 6 | 38 | 5 | 10 | 30 | 30 | 120 |
| | | 女 | 6 | 11 | 2 | 2 | 2 | 10 | 60 |
| 江苏 | 城乡 | 小计 | 57 | 40 | 5 | 10 | 20 | 30 | 180 |
| | | 男 | 24 | 45 | 1 | 10 | 20 | 30 | 180 |
| | | 女 | 33 | 37 | 10 | 10 | 20 | 60 | 120 |
| | 城市 | 小计 | 44 | 28 | 5 | 10 | 20 | 30 | 120 |
| | | 男 | 19 | 25 | 1 | 10 | 20 | 30 | 120 |
| | | 女 | 25 | 30 | 10 | 10 | 20 | 30 | 120 |
| | 农村 | 小计 | 13 | 104 | 15 | 20 | 90 | 180 | 300 |
| | | 男 | 5 | 155 | 30 | 30 | 180 | 180 | 300 |
| | | 女 | 8 | 67 | 15 | 20 | 60 | 90 | 180 |
| 浙江 | 城乡 | 小计 | 29 | 29 | 0 | 10 | 30 | 30 | 60 |
| | | 男 | 13 | 30 | 0 | 30 | 30 | 30 | 60 |
| | | 女 | 16 | 28 | 0 | 2 | 30 | 60 | 60 |
| | 城市 | 小计 | 9 | 38 | 2 | 20 | 30 | 60 | 60 |
| | | 男 | 2 | 30 | 30 | 30 | 30 | 30 | 30 |
| | | 女 | 7 | 41 | 2 | 20 | 60 | 60 | 60 |
| | 农村 | 小计 | 20 | 26 | 0 | 10 | 30 | 30 | 60 |
| | | 男 | 11 | 30 | 0 | 10 | 30 | 30 | 60 |
| | | 女 | 9 | 17 | 0 | 0 | 30 | 30 | 30 |
| 安徽 | 城乡 | 小计 | 22 | 74 | 30 | 60 | 60 | 120 | 120 |
| | | 男 | 9 | 86 | 50 | 60 | 80 | 120 | 120 |
| | | 女 | 13 | 61 | 30 | 60 | 60 | 60 | 120 |
| | 城市 | 小计 | 13 | 59 | 30 | 50 | 60 | 60 | 80 |
| | | 男 | 5 | 58 | 30 | 50 | 60 | 60 | 80 |
| | | 女 | 8 | 59 | 10 | 50 | 60 | 60 | 180 |
| | 农村 | 小计 | 9 | 85 | 30 | 60 | 60 | 120 | 120 |
| | | 男 | 4 | 97 | 60 | 60 | 120 | 120 | 120 |
| | | 女 | 5 | 65 | 30 | 60 | 60 | 60 | 120 |
| 福建 | 城乡 | 小计 | 28 | 14 | 5 | 5 | 10 | 15 | 30 |
| | | 男 | 12 | 10 | 2 | 5 | 10 | 10 | 30 |
| | | 女 | 16 | 21 | 5 | 15 | 15 | 30 | 30 |
| | 城市 | 小计 | 27 | 14 | 5 | 5 | 10 | 30 | 30 |
| | | 男 | 12 | 10 | 2 | 5 | 10 | 10 | 30 |
| | | 女 | 15 | 23 | 5 | 10 | 30 | 30 | 30 |
| | 农村 | 小计 | 1 | 15 | 15 | 15 | 15 | 15 | 15 |
| | | 男 | 0 | 0 | 0 | 0 | 0 | 0 | 0 |
| | | 女 | 1 | 15 | 15 | 15 | 15 | 15 | 15 |
| 江西 | 城乡 | 小计 | 52 | 44 | 0 | 30 | 30 | 60 | 120 |
| | | 男 | 30 | 46 | 0 | 30 | 30 | 60 | 120 |
| | | 女 | 22 | 40 | 0 | 0 | 30 | 60 | 120 |
| | 城市 | 小计 | 30 | 64 | 0 | 30 | 40 | 120 | 120 |
| | | 男 | 16 | 59 | 0 | 30 | 40 | 120 | 120 |
| | | 女 | 14 | 75 | 30 | 30 | 60 | 120 | 120 |
| | 农村 | 小计 | 22 | 28 | 0 | 30 | 30 | 30 | 60 |
| | | 男 | 14 | 35 | 30 | 30 | 30 | 30 | 60 |

| 地区 | 城乡 | 性别 | $n$ | 每天与土壤健身休闲性接触时间 /（min/d） | | | | | |
|---|---|---|---|---|---|---|---|---|---|
| | | | | Mean | P5 | P25 | P50 | P75 | P95 |
| 江西 | 农村 | 女 | 8 | 20 | 0 | 0 | 30 | 30 | 30 |
| 山东 | 城乡 | 小计 | 162 | 69 | 10 | 30 | 60 | 90 | 180 |
| | | 男 | 90 | 68 | 3 | 30 | 60 | 90 | 180 |
| | | 女 | 72 | 71 | 10 | 30 | 60 | 90 | 180 |
| | 城市 | 小计 | 81 | 61 | 10 | 30 | 60 | 60 | 180 |
| | | 男 | 45 | 56 | 10 | 30 | 60 | 60 | 120 |
| | | 女 | 36 | 67 | 10 | 30 | 60 | 60 | 180 |
| | 农村 | 小计 | 81 | 84 | 3 | 60 | 60 | 120 | 180 |
| | | 男 | 45 | 87 | 3 | 60 | 60 | 120 | 180 |
| | | 女 | 36 | 80 | 10 | 60 | 60 | 120 | 180 |
| 河南 | 城乡 | 小计 | 423 | 85 | 15 | 30 | 60 | 120 | 240 |
| | | 男 | 173 | 76 | 20 | 30 | 60 | 90 | 240 |
| | | 女 | 250 | 93 | 15 | 30 | 60 | 120 | 240 |
| | 城市 | 小计 | 95 | 57 | 10 | 20 | 30 | 60 | 150 |
| | | 男 | 47 | 54 | 10 | 20 | 30 | 30 | 180 |
| | | 女 | 48 | 61 | 10 | 20 | 60 | 120 | 130 |
| | 农村 | 小计 | 328 | 94 | 30 | 30 | 60 | 120 | 240 |
| | | 男 | 126 | 85 | 30 | 30 | 60 | 120 | 240 |
| | | 女 | 202 | 101 | 20 | 40 | 60 | 180 | 240 |
| 湖北 | 城乡 | 小计 | 45 | 44 | 10 | 20 | 60 | 60 | 80 |
| | | 男 | 15 | 49 | 20 | 30 | 60 | 60 | 80 |
| | | 女 | 30 | 40 | 5 | 20 | 30 | 60 | 90 |
| | 城市 | 小计 | 33 | 34 | 5 | 20 | 20 | 40 | 90 |
| | | 男 | 9 | 37 | 5 | 20 | 30 | 60 | 80 |
| | | 女 | 24 | 33 | 5 | 20 | 20 | 30 | 120 |
| | 农村 | 小计 | 12 | 59 | 30 | 60 | 60 | 60 | 72 |
| | | 男 | 6 | 60 | 30 | 60 | 60 | 60 | 72 |
| | | 女 | 6 | 57 | 20 | 60 | 60 | 60 | 60 |
| 湖南 | 城乡 | 小计 | 77 | 62 | 10 | 30 | 40 | 60 | 210 |
| | | 男 | 34 | 65 | 10 | 20 | 60 | 90 | 210 |
| | | 女 | 43 | 57 | 10 | 30 | 30 | 60 | 180 |
| | 城市 | 小计 | 53 | 66 | 10 | 30 | 30 | 90 | 210 |
| | | 男 | 20 | 76 | 10 | 30 | 60 | 120 | 240 |
| | | 女 | 33 | 55 | 2 | 20 | 30 | 60 | 180 |
| | 农村 | 小计 | 24 | 55 | 15 | 20 | 60 | 60 | 120 |
| | | 男 | 14 | 51 | 15 | 20 | 30 | 60 | 120 |
| | | 女 | 10 | 62 | 20 | 60 | 60 | 60 | 120 |
| 广东 | 城乡 | 小计 | 43 | 55 | 5 | 20 | 30 | 60 | 180 |
| | | 男 | 21 | 40 | 20 | 30 | 30 | 60 | 80 |
| | | 女 | 22 | 72 | 5 | 15 | 30 | 90 | 360 |
| | 城市 | 小计 | 23 | 53 | 5 | 15 | 30 | 60 | 120 |
| | | 男 | 10 | 47 | 20 | 30 | 40 | 60 | 80 |
| | | 女 | 13 | 58 | 5 | 5 | 15 | 30 | 360 |
| | 农村 | 小计 | 20 | 58 | 20 | 30 | 30 | 60 | 180 |
| | | 男 | 11 | 33 | 20 | 30 | 30 | 30 | 60 |
| | | 女 | 9 | 98 | 20 | 60 | 90 | 120 | 240 |
| 广西 | 城乡 | 小计 | 65 | 28 | 0 | 0 | 10 | 25 | 140 |
| | | 男 | 35 | 30 | 0 | 0 | 10 | 30 | 180 |
| | | 女 | 30 | 26 | 0 | 5 | 20 | 25 | 120 |
| | 城市 | 小计 | 45 | 40 | 5 | 10 | 20 | 30 | 180 |
| | | 男 | 21 | 47 | 5 | 10 | 15 | 60 | 180 |
| | | 女 | 24 | 34 | 5 | 10 | 20 | 30 | 120 |
| | 农村 | 小计 | 20 | 6 | 0 | 0 | 0 | 0 | 60 |
| | | 男 | 14 | 8 | 0 | 0 | 0 | 0 | 60 |
| | | 女 | 6 | 0 | 0 | 0 | 0 | 0 | 0 |
| 海南 | 城乡 | 小计 | 2 | 193 | 60 | 60 | 240 | 240 | 240 |
| | | 男 | 0 | 0 | 0 | 0 | 0 | 0 | 0 |
| | | 女 | 2 | 193 | 60 | 60 | 240 | 240 | 240 |

| 地区 | 城乡 | 性别 | $n$ | 每天与土壤健身休闲性接触时间 /（min/d） | | | | | |
|---|---|---|---|---|---|---|---|---|---|
| | | | | Mean | P5 | P25 | P50 | P75 | P95 |
| 海南 | 城市 | 小计 | 0 | 0 | 0 | 0 | 0 | 0 | 0 |
| | | 男 | 0 | 0 | 0 | 0 | 0 | 0 | 0 |
| | | 女 | 0 | 0 | 0 | 0 | 0 | 0 | 0 |
| | 农村 | 小计 | 2 | 193 | 60 | 60 | 240 | 240 | 240 |
| | | 男 | 0 | 0 | 0 | 0 | 0 | 0 | 0 |
| | | 女 | 2 | 193 | 60 | 60 | 240 | 240 | 240 |
| 重庆 | 城乡 | 小计 | 5 | 36 | 10 | 10 | 20 | 60 | 80 |
| | | 男 | 2 | 14 | 10 | 10 | 10 | 20 | 20 |
| | | 女 | 3 | 58 | 30 | 30 | 60 | 80 | 80 |
| | 城市 | 小计 | 3 | 35 | 10 | 10 | 30 | 80 | 80 |
| | | 男 | 1 | 10 | 10 | 10 | 10 | 10 | 10 |
| | | 女 | 2 | 56 | 30 | 30 | 80 | 80 | 80 |
| | 农村 | 小计 | 2 | 38 | 20 | 20 | 20 | 60 | 60 |
| | | 男 | 1 | 20 | 20 | 20 | 20 | 20 | 20 |
| | | 女 | 1 | 60 | 60 | 60 | 60 | 60 | 60 |
| 四川 | 城乡 | 小计 | 169 | 73 | 0 | 10 | 60 | 60 | 360 |
| | | 男 | 83 | 90 | 0 | 30 | 60 | 120 | 480 |
| | | 女 | 86 | 57 | 10 | 10 | 60 | 60 | 120 |
| | 城市 | 小计 | 31 | 20 | 0 | 10 | 10 | 20 | 60 |
| | | 男 | 12 | 10 | 0 | 5 | 10 | 10 | 30 |
| | | 女 | 19 | 28 | 10 | 10 | 10 | 60 | 60 |
| | 农村 | 小计 | 138 | 87 | 10 | 30 | 60 | 120 | 480 |
| | | 男 | 71 | 107 | 10 | 30 | 60 | 120 | 480 |
| | | 女 | 67 | 66 | 10 | 10 | 60 | 60 | 120 |
| 贵州 | 城乡 | 小计 | 83 | 54 | 5 | 10 | 60 | 60 | 120 |
| | | 男 | 43 | 55 | 5 | 10 | 60 | 60 | 120 |
| | | 女 | 40 | 53 | 0 | 5 | 60 | 60 | 210 |
| | 城市 | 小计 | 34 | 52 | 5 | 10 | 40 | 60 | 120 |
| | | 男 | 16 | 53 | 10 | 10 | 60 | 90 | 120 |
| | | 女 | 18 | 51 | 0 | 5 | 20 | 60 | 210 |
| | 农村 | 小计 | 49 | 58 | 5 | 60 | 60 | 60 | 120 |
| | | 男 | 27 | 58 | 5 | 30 | 60 | 60 | 120 |
| | | 女 | 22 | 58 | 30 | 60 | 60 | 60 | 70 |
| 云南 | 城乡 | 小计 | 60 | 87 | 10 | 30 | 60 | 120 | 270 |
| | | 男 | 31 | 80 | 10 | 24 | 60 | 120 | 240 |
| | | 女 | 29 | 97 | 10 | 30 | 120 | 120 | 300 |
| | 城市 | 小计 | 14 | 93 | 10 | 30 | 60 | 120 | 300 |
| | | 男 | 6 | 64 | 12 | 30 | 60 | 60 | 258 |
| | | 女 | 8 | 106 | 10 | 30 | 37 | 120 | 300 |
| | 农村 | 小计 | 46 | 85 | 10 | 30 | 60 | 120 | 240 |
| | | 男 | 25 | 82 | 3 | 17 | 60 | 120 | 240 |
| | | 女 | 21 | 91 | 15 | 30 | 120 | 120 | 240 |
| 西藏 | 城乡 | 小计 | 272 | 5 | 0 | 0 | 0 | 0 | 30 |
| | | 男 | 101 | 3 | 0 | 0 | 0 | 0 | 0 |
| | | 女 | 171 | 7 | 0 | 0 | 0 | 0 | 30 |
| | 城市 | 小计 | 0 | 0 | 0 | 0 | 0 | 0 | 0 |
| | | 男 | 0 | 0 | 0 | 0 | 0 | 0 | 0 |
| | | 女 | 0 | 0 | 0 | 0 | 0 | 0 | 0 |
| | 农村 | 小计 | 272 | 5 | 0 | 0 | 0 | 0 | 30 |
| | | 男 | 101 | 3 | 0 | 0 | 0 | 0 | 0 |
| | | 女 | 171 | 7 | 0 | 0 | 0 | 0 | 30 |
| 陕西 | 城乡 | 小计 | 137 | 71 | 20 | 60 | 60 | 60 | 120 |
| | | 男 | 85 | 70 | 10 | 60 | 60 | 60 | 120 |
| | | 女 | 52 | 73 | 20 | 60 | 60 | 60 | 240 |
| | 城市 | 小计 | 65 | 57 | 10 | 30 | 60 | 60 | 120 |
| | | 男 | 39 | 52 | 10 | 30 | 60 | 60 | 60 |
| | | 女 | 26 | 67 | 20 | 30 | 60 | 60 | 120 |
| | 农村 | 小计 | 72 | 85 | 20 | 60 | 60 | 60 | 240 |

| 地区 | 城乡 | 性别 | $n$ | 每天与土壤健身休闲性接触时间 /（min/d） | | | | | |
|---|---|---|---|---|---|---|---|---|---|
| | | | | Mean | P5 | P25 | P50 | P75 | P95 |
| 陕西 | 农村 | 男 | 46 | 87 | 20 | 60 | 60 | 60 | 240 |
| | | 女 | 26 | 79 | 30 | 60 | 60 | 60 | 240 |
| 甘肃 | 城乡 | 小计 | 49 | 50 | 10 | 30 | 30 | 60 | 120 |
| | | 男 | 22 | 47 | 10 | 30 | 30 | 60 | 120 |
| | | 女 | 27 | 52 | 10 | 20 | 30 | 60 | 200 |
| | 城市 | 小计 | 17 | 62 | 20 | 30 | 30 | 60 | 200 |
| | | 男 | 7 | 47 | 10 | 30 | 60 | 60 | 80 |
| | | 女 | 10 | 70 | 20 | 30 | 30 | 60 | 200 |
| | 农村 | 小计 | 32 | 43 | 10 | 20 | 30 | 60 | 120 |
| | | 男 | 15 | 47 | 10 | 20 | 30 | 60 | 120 |
| | | 女 | 17 | 38 | 10 | 20 | 30 | 60 | 60 |
| 青海 | 城乡 | 小计 | 33 | 8 | 0 | 0 | 0 | 0 | 60 |
| | | 男 | 8 | 8 | 0 | 0 | 0 | 0 | 60 |
| | | 女 | 25 | 8 | 0 | 0 | 0 | 0 | 60 |
| | 城市 | 小计 | 2 | 60 | 60 | 60 | 60 | 60 | 60 |
| | | 男 | 0 | 0 | 0 | 0 | 0 | 0 | 0 |
| | | 女 | 2 | 60 | 60 | 60 | 60 | 60 | 60 |
| | 农村 | 小计 | 31 | 4 | 0 | 0 | 0 | 0 | 60 |
| | | 男 | 8 | 8 | 0 | 0 | 0 | 0 | 60 |
| | | 女 | 23 | 3 | 0 | 0 | 0 | 0 | 0 |
| 宁夏 | 城乡 | 小计 | 19 | 53 | 10 | 10 | 20 | 60 | 180 |
| | | 男 | 7 | 71 | 10 | 10 | 30 | 120 | 180 |
| | | 女 | 12 | 40 | 5 | 12 | 20 | 40 | 300 |
| | 城市 | 小计 | 16 | 62 | 10 | 15 | 30 | 90 | 180 |
| | | 男 | 6 | 78 | 10 | 10 | 90 | 120 | 180 |
| | | 女 | 10 | 49 | 5 | 20 | 20 | 60 | 300 |
| | 农村 | 小计 | 3 | 13 | 10 | 10 | 12 | 12 | 20 |
| | | 男 | 1 | 20 | 20 | 20 | 20 | 20 | 20 |
| | | 女 | 2 | 11 | 10 | 10 | 11 | 12 | 12 |
| 新疆 | 城乡 | 小计 | 22 | 51 | 5 | 30 | 60 | 60 | 120 |
| | | 男 | 5 | 57 | 30 | 30 | 30 | 90 | 120 |
| | | 女 | 17 | 49 | 5 | 30 | 60 | 60 | 90 |
| | 城市 | 小计 | 16 | 39 | 5 | 20 | 30 | 60 | 90 |
| | | 男 | 3 | 36 | 30 | 30 | 30 | 30 | 60 |
| | | 女 | 13 | 40 | 5 | 10 | 30 | 60 | 120 |
| | 农村 | 小计 | 6 | 72 | 60 | 60 | 60 | 90 | 120 |
| | | 男 | 2 | 108 | 90 | 90 | 120 | 120 | 120 |
| | | 女 | 4 | 65 | 60 | 60 | 60 | 60 | 90 |

# 9 与电磁暴露相关的时间活动模式参数

# Time-Activity Factors Related to Electromagnetic Exposure




本章作者 钱 岩 王贝贝 黄 楠 王叶晴 王宗爽 段小丽 等

## 9.1 参数说明

电磁暴露参数是时间活动模式参数的一种，是反映目标人群在日常生活及工作、娱乐等活动过程中对电磁辐射的暴露时间或暴露强度的一类参数。

## 9.2 资料与数据来源

《手册》数据来自中国人群环境暴露行为模式研究。环境保护部科技标准司于 2011—2012 年委托中国环境科学研究院在我国 31 个省、自治区、直辖市（不包括香港、澳门特别行政区和台湾地区）的 159 个县 / 区针对 18 岁及以上常住居民 91 527 人（有效样本量为 91 121 人）开展中国人群环境暴露行为模式研究。

我国居民平均每天与手机接触时间见附表 9-1 ～附表 9-3，附表中“*n*”表示使用手机的人数，“平均每天与手机接触时间”表示使用手机的人与手机接触时间；我国居民平均每天与电脑接触时间见附表 9-4 ～附表 9-6，其中“*n*”表示使用电脑的人数，“平均每天与电脑接触时间”表示使用电脑的人与电脑接触时间。

## 9.3 时间活动模式参数推荐值

表 9-1　中国人群与电磁暴露相关的时间活动模式参数推荐值

| | 城乡 | | | 城市 | | | 农村 | | |
|---|---|---|---|---|---|---|---|---|---|
| | 小计 | 男 | 女 | 小计 | 男 | 女 | 小计 | 男 | 女 |
| 使用手机的人的比例 /% | 76.4 | 79.9 | 73.6 | 83.2 | 85.8 | 81.2 | 70.6 | 75.0 | 66.8 |
| 与手机接触时间 [a]/（min/d） | 24 | 26 | 22 | 28 | 29 | 26 | 21 | 23 | 18 |
| 使用电脑的人的比例 /% | 29.5 | 32.1 | 27.3 | 43.2 | 46.4 | 40.6 | 17.9 | 20.5 | 15.6 |
| 与电脑接触时间 [b]/（min/d） | 167 | 162 | 173 | 188 | 181 | 195 | 134 | 135 | 134 |

注：a. 指使用手机的人与手机接触时间。
　　b. 指使用电脑的人与电脑接触时间。

## 附表 9-1 中国人群分东中西、城乡、性别、年龄的平均每天与手机接触时间

| 地区 | 城乡 | 性别 | 年龄 | *n* | 平均每天与手机接触时间 /（min/d） | | | | | |
|---|---|---|---|---|---|---|---|---|---|---|
| | | | | | Mean | P5 | P25 | P50 | P75 | P95 |
| 合计 | 城乡 | 小计 | 小计 | 69 645 | 24 | 2 | 8 | 15 | 30 | 60 |
| | | | 18 ~ 44 岁 | 32 689 | 28 | 3 | 10 | 20 | 30 | 90 |
| | | | 45 ~ 59 岁 | 25 429 | 20 | 2 | 5 | 10 | 20 | 60 |
| | | | 60 ~ 79 岁 | 11 175 | 14 | 2 | 5 | 10 | 15 | 35 |
| | | | 80 岁及以上 | 352 | 12 | 1 | 5 | 10 | 10 | 30 |
| | | 男 | 小计 | 32 976 | 26 | 3 | 10 | 15 | 30 | 70 |
| | | | 18 ~ 44 岁 | 15 271 | 30 | 5 | 10 | 20 | 30 | 90 |
| | | | 45 ~ 59 岁 | 11 733 | 22 | 2 | 8 | 10 | 30 | 60 |
| | | | 60 ~ 79 岁 | 5 778 | 15 | 2 | 5 | 10 | 15 | 40 |
| | | | 80 岁及以上 | 194 | 13 | 1 | 5 | 10 | 12 | 30 |
| | | 女 | 小计 | 36 669 | 22 | 2 | 5 | 10 | 30 | 60 |
| | | | 18 ~ 44 岁 | 17 418 | 25 | 3 | 10 | 15 | 30 | 60 |
| | | | 45 ~ 59 岁 | 13 696 | 18 | 2 | 5 | 10 | 20 | 60 |
| | | | 60 ~ 79 岁 | 5 397 | 13 | 2 | 5 | 10 | 15 | 30 |
| | | | 80 岁及以上 | 158 | 11 | 1 | 5 | 10 | 10 | 30 |
| | 城市 | 小计 | 小计 | 34 820 | 28 | 3 | 10 | 20 | 30 | 90 |
| | | | 18 ~ 44 岁 | 15 626 | 33 | 5 | 10 | 20 | 30 | 120 |
| | | | 45 ~ 59 岁 | 12 671 | 24 | 2 | 8 | 15 | 30 | 60 |
| | | | 60 ~ 79 岁 | 6 273 | 16 | 2 | 5 | 10 | 20 | 50 |
| | | | 80 岁及以上 | 250 | 12 | 2 | 5 | 10 | 10 | 30 |
| | | 男 | 小计 | 15 835 | 29 | 3 | 10 | 20 | 30 | 90 |
| | | | 18 ~ 44 岁 | 7 129 | 35 | 5 | 10 | 25 | 40 | 120 |
| | | | 45 ~ 59 岁 | 5 581 | 25 | 3 | 10 | 15 | 30 | 60 |
| | | | 60 ~ 79 岁 | 2 994 | 17 | 2 | 5 | 10 | 20 | 60 |
| | | | 80 岁及以上 | 131 | 14 | 1 | 5 | 10 | 15 | 30 |
| | | 女 | 小计 | 18 985 | 26 | 3 | 10 | 15 | 30 | 80 |
| | | | 18 ~ 44 岁 | 8 497 | 31 | 4 | 10 | 20 | 30 | 120 |
| | | | 45 ~ 59 岁 | 7 090 | 21 | 2 | 5 | 10 | 28 | 60 |
| | | | 60 ~ 79 岁 | 3 279 | 15 | 2 | 5 | 10 | 20 | 40 |
| | | | 80 岁及以上 | 119 | 11 | 2 | 5 | 10 | 10 | 30 |
| | 农村 | 小计 | 小计 | 34 825 | 21 | 2 | 5 | 10 | 20 | 60 |
| | | | 18 ~ 44 岁 | 17 063 | 24 | 3 | 10 | 15 | 30 | 60 |
| | | | 45 ~ 59 岁 | 12 758 | 17 | 2 | 5 | 10 | 20 | 60 |
| | | | 60 ~ 79 岁 | 4 902 | 12 | 2 | 5 | 10 | 10 | 30 |
| | | | 80 岁及以上 | 102 | 10 | 1 | 5 | 10 | 10 | 30 |
| | | 男 | 小计 | 17 141 | 23 | 2 | 8 | 10 | 30 | 60 |
| | | | 18 ~ 44 岁 | 8 142 | 26 | 3 | 10 | 15 | 30 | 60 |
| | | | 45 ~ 59 岁 | 6 152 | 19 | 2 | 5 | 10 | 20 | 60 |
| | | | 60 ~ 79 岁 | 2 784 | 13 | 2 | 5 | 10 | 15 | 30 |
| | | | 80 岁及以上 | 63 | 10 | 2 | 5 | 10 | 10 | 30 |
| | | 女 | 小计 | 17 684 | 18 | 2 | 5 | 10 | 20 | 60 |
| | | | 18 ~ 44 岁 | 8 921 | 20 | 2 | 5 | 10 | 20 | 60 |
| | | | 45 ~ 59 岁 | 6 606 | 15 | 2 | 5 | 10 | 18 | 40 |
| | | | 60 ~ 79 岁 | 2 118 | 11 | 1 | 5 | 8 | 10 | 30 |
| | | | 80 岁及以上 | 39 | 10 | 1 | 5 | 10 | 10 | 40 |
| 东部 | 城乡 | 小计 | 小计 | 23 201 | 26 | 3 | 10 | 15 | 30 | 70 |
| | | | 18 ~ 44 岁 | 9 624 | 31 | 4 | 10 | 20 | 30 | 90 |
| | | | 45 ~ 59 岁 | 9 254 | 21 | 2 | 6 | 10 | 30 | 60 |
| | | | 60 ~ 79 岁 | 4 198 | 16 | 2 | 5 | 10 | 20 | 45 |
| | | | 80 岁及以上 | 125 | 12 | 3 | 5 | 10 | 10 | 30 |
| | | 男 | 小计 | 10 874 | 28 | 3 | 10 | 20 | 30 | 90 |
| | | | 18 ~ 44 岁 | 4 343 | 33 | 5 | 10 | 20 | 30 | 120 |
| | | | 45 ~ 59 岁 | 4 243 | 24 | 3 | 10 | 15 | 30 | 60 |
| | | | 60 ~ 79 岁 | 2 223 | 17 | 2 | 5 | 10 | 20 | 60 |
| | | | 80 岁及以上 | 65 | 12 | 2 | 5 | 10 | 10 | 30 |
| | | 女 | 小计 | 12 327 | 24 | 3 | 10 | 15 | 30 | 60 |

| 地区 | 城乡 | 性别 | 年龄 | n | 平均每天与手机接触时间 /（min/d） | | | | | |
|---|---|---|---|---|---|---|---|---|---|---|
| | | | | | Mean | P5 | P25 | P50 | P75 | P95 |
| 东部 | 城乡 | 女 | 18 ～ 44 岁 | 5 281 | 28 | 3 | 10 | 20 | 30 | 90 |
| | | | 45 ～ 59 岁 | 5 011 | 19 | 2 | 5 | 10 | 20 | 60 |
| | | | 60 ～ 79 岁 | 1 975 | 15 | 2 | 5 | 10 | 20 | 40 |
| | | | 80 岁及以上 | 60 | 11 | 3 | 5 | 10 | 10 | 30 |
| | 城市 | 小计 | 小计 | 12 650 | 30 | 3 | 10 | 20 | 30 | 120 |
| | | | 18 ～ 44 岁 | 5 140 | 36 | 5 | 10 | 25 | 40 | 120 |
| | | | 45 ～ 59 岁 | 4 893 | 25 | 3 | 10 | 15 | 30 | 70 |
| | | | 60 ～ 79 岁 | 2 528 | 18 | 2 | 5 | 10 | 20 | 60 |
| | | | 80 岁及以上 | 89 | 12 | 2 | 5 | 10 | 10 | 30 |
| | | 男 | 小计 | 5 745 | 32 | 3 | 10 | 20 | 30 | 120 |
| | | | 18 ～ 44 岁 | 2 291 | 38 | 5 | 15 | 30 | 45 | 120 |
| | | | 45 ～ 59 岁 | 2 160 | 27 | 3 | 10 | 20 | 30 | 90 |
| | | | 60 ～ 79 岁 | 1 249 | 20 | 2 | 5 | 10 | 20 | 60 |
| | | | 80 岁及以上 | 45 | 11 | 2 | 5 | 10 | 10 | 30 |
| | | 女 | 小计 | 6 905 | 28 | 3 | 10 | 20 | 30 | 90 |
| | | | 18 ～ 44 岁 | 2 849 | 34 | 5 | 10 | 20 | 30 | 120 |
| | | | 45 ～ 59 岁 | 2 733 | 23 | 3 | 8 | 10 | 30 | 60 |
| | | | 60 ～ 79 岁 | 1 279 | 16 | 2 | 5 | 10 | 20 | 60 |
| | | | 80 岁及以上 | 44 | 12 | 2 | 5 | 10 | 15 | 30 |
| | 农村 | 小计 | 小计 | 10 551 | 22 | 3 | 6 | 10 | 30 | 60 |
| | | | 18 ～ 44 岁 | 4 484 | 25 | 3 | 10 | 15 | 30 | 60 |
| | | | 45 ～ 59 岁 | 4 361 | 17 | 2 | 5 | 10 | 20 | 60 |
| | | | 60 ～ 79 岁 | 1 670 | 13 | 2 | 5 | 10 | 15 | 30 |
| | | | 80 岁及以上 | 36 | 12 | 3 | 5 | 10 | 10 | 40 |
| | | 男 | 小计 | 5 129 | 24 | 3 | 10 | 15 | 30 | 60 |
| | | | 18 ～ 44 岁 | 2 052 | 29 | 5 | 10 | 20 | 30 | 70 |
| | | | 45 ～ 59 岁 | 2 083 | 19 | 2 | 5 | 10 | 20 | 60 |
| | | | 60 ～ 79 岁 | 974 | 14 | 2 | 5 | 10 | 15 | 30 |
| | | | 80 岁及以上 | 20 | 13 | 1 | 5 | 10 | 20 | 60 |
| | | 女 | 小计 | 5 422 | 19 | 2 | 5 | 10 | 20 | 60 |
| | | | 18 ～ 44 岁 | 2 432 | 22 | 3 | 10 | 15 | 30 | 60 |
| | | | 45 ～ 59 岁 | 2 278 | 15 | 2 | 5 | 10 | 20 | 30 |
| | | | 60 ～ 79 岁 | 696 | 12 | 2 | 5 | 10 | 15 | 30 |
| | | | 80 岁及以上 | 16 | 10 | 3 | 5 | 10 | 10 | 30 |
| 中部 | 城乡 | 小计 | 小计 | 22 614 | 23 | 2 | 7 | 10 | 30 | 60 |
| | | | 18 ～ 44 岁 | 10 876 | 26 | 3 | 10 | 15 | 30 | 80 |
| | | | 45 ～ 59 岁 | 8 086 | 20 | 2 | 5 | 10 | 20 | 60 |
| | | | 60 ～ 79 岁 | 3 540 | 12 | 1 | 5 | 10 | 15 | 30 |
| | | | 80 岁及以上 | 112 | 10 | 1 | 4 | 8 | 10 | 30 |
| | | 男 | 小计 | 10 694 | 25 | 3 | 10 | 15 | 30 | 60 |
| | | | 18 ～ 44 岁 | 5 135 | 28 | 4 | 10 | 20 | 30 | 90 |
| | | | 45 ～ 59 岁 | 3 700 | 22 | 2 | 6 | 10 | 30 | 60 |
| | | | 60 ～ 79 岁 | 1 803 | 13 | 1 | 5 | 10 | 15 | 40 |
| | | | 80 岁及以上 | 56 | 12 | 2 | 5 | 10 | 15 | 30 |
| | | 女 | 小计 | 11 920 | 21 | 2 | 5 | 10 | 20 | 60 |
| | | | 18 ～ 44 岁 | 5 741 | 24 | 2 | 8 | 15 | 30 | 60 |
| | | | 45 ～ 59 岁 | 4 386 | 17 | 2 | 5 | 10 | 20 | 60 |
| | | | 60 ～ 79 岁 | 1 737 | 11 | 1 | 5 | 10 | 10 | 30 |
| | | | 80 岁及以上 | 56 | 7 | 1 | 2 | 5 | 10 | 20 |
| | 城市 | 小计 | 小计 | 11 760 | 27 | 3 | 10 | 20 | 30 | 80 |
| | | | 18 ～ 44 岁 | 5 495 | 32 | 5 | 10 | 20 | 30 | 100 |
| | | | 45 ～ 59 岁 | 4 156 | 22 | 3 | 8 | 15 | 30 | 60 |
| | | | 60 ～ 79 岁 | 2 023 | 13 | 2 | 5 | 10 | 15 | 30 |
| | | | 80 岁及以上 | 86 | 12 | 2 | 5 | 10 | 10 | 30 |
| | | 男 | 小计 | 5 320 | 28 | 3 | 10 | 20 | 30 | 90 |
| | | | 18 ～ 44 岁 | 2 537 | 32 | 5 | 10 | 20 | 30 | 90 |
| | | | 45 ～ 59 岁 | 1 819 | 25 | 3 | 10 | 20 | 30 | 60 |
| | | | 60 ～ 79 岁 | 926 | 14 | 2 | 5 | 10 | 15 | 40 |

| 地区 | 城乡 | 性别 | 年龄 | *n* | 平均每天与手机接触时间 /（min/d） | | | | | |
|---|---|---|---|---|---|---|---|---|---|---|
| | | | | | Mean | P5 | P25 | P50 | P75 | P95 |
| 中部 | 城市 | 男 | 80 岁及以上 | 38 | 15 | 2 | 6 | 10 | 20 | 30 |
| | | 女 | 小计 | 6 440 | 25 | 3 | 10 | 15 | 30 | 80 |
| | | | 18 ～ 44 岁 | 2 958 | 31 | 4 | 10 | 20 | 30 | 120 |
| | | | 45 ～ 59 岁 | 2 337 | 19 | 2 | 5 | 10 | 20 | 60 |
| | | | 60 ～ 79 岁 | 1 097 | 12 | 2 | 5 | 10 | 15 | 30 |
| | | | 80 岁及以上 | 48 | 8 | 1 | 3 | 5 | 10 | 30 |
| | 农村 | 小计 | 小计 | 10 854 | 20 | 2 | 5 | 10 | 20 | 60 |
| | | | 18 ～ 44 岁 | 5 381 | 22 | 2 | 7 | 10 | 30 | 60 |
| | | | 45 ～ 59 岁 | 3 930 | 18 | 2 | 5 | 10 | 20 | 60 |
| | | | 60 ～ 79 岁 | 1 517 | 11 | 1 | 3 | 6 | 10 | 30 |
| | | | 80 岁及以上 | 26 | 7 | 1 | 2 | 5 | 10 | 30 |
| | | 男 | 小计 | 5 374 | 22 | 2 | 6 | 10 | 30 | 60 |
| | | | 18 ～ 44 岁 | 2 598 | 25 | 3 | 10 | 15 | 30 | 60 |
| | | | 45 ～ 59 岁 | 1 881 | 20 | 2 | 5 | 10 | 20 | 60 |
| | | | 60 ～ 79 岁 | 877 | 12 | 1 | 3 | 8 | 15 | 30 |
| | | | 80 岁及以上 | 18 | 8 | 2 | 5 | 5 | 10 | 30 |
| | | 女 | 小计 | 5 480 | 17 | 2 | 5 | 10 | 20 | 60 |
| | | | 18 ～ 44 岁 | 2 783 | 18 | 2 | 5 | 10 | 20 | 60 |
| | | | 45 ～ 59 岁 | 2 049 | 15 | 2 | 5 | 10 | 15 | 40 |
| | | | 60 ～ 79 岁 | 640 | 9 | 1 | 3 | 6 | 10 | 30 |
| | | | 80 岁及以上 | 8 | 6 | 1 | 1 | 10 | 10 | 10 |
| 西部 | 城乡 | 小计 | 小计 | 23 830 | 22 | 2 | 6 | 10 | 30 | 60 |
| | | | 18 ～ 44 岁 | 12 189 | 26 | 3 | 10 | 15 | 30 | 60 |
| | | | 45 ～ 59 岁 | 8 089 | 19 | 2 | 5 | 10 | 20 | 60 |
| | | | 60 ～ 79 岁 | 3 437 | 13 | 2 | 5 | 10 | 12 | 30 |
| | | | 80 岁及以上 | 115 | 13 | 2 | 5 | 10 | 12 | 60 |
| | | 男 | 小计 | 11 408 | 24 | 3 | 10 | 15 | 30 | 60 |
| | | | 18 ～ 44 岁 | 5 793 | 28 | 4 | 10 | 20 | 30 | 80 |
| | | | 45 ～ 59 岁 | 3 790 | 20 | 2 | 6 | 10 | 30 | 60 |
| | | | 60 ～ 79 岁 | 1 752 | 13 | 2 | 5 | 10 | 15 | 30 |
| | | | 80 岁及以上 | 73 | 14 | 1 | 5 | 10 | 15 | 60 |
| | | 女 | 小计 | 12 422 | 20 | 2 | 5 | 10 | 20 | 60 |
| | | | 18 ～ 44 岁 | 6 396 | 24 | 2 | 7 | 10 | 30 | 60 |
| | | | 45 ～ 59 岁 | 4 299 | 17 | 2 | 5 | 10 | 20 | 60 |
| | | | 60 ～ 79 岁 | 1 685 | 12 | 1 | 5 | 10 | 10 | 30 |
| | | | 80 岁及以上 | 42 | 13 | 3 | 5 | 5 | 10 | 60 |
| | 城市 | 小计 | 小计 | 10 410 | 26 | 2 | 9 | 15 | 30 | 70 |
| | | | 18 ～ 44 岁 | 4 991 | 30 | 4 | 10 | 20 | 30 | 100 |
| | | | 45 ～ 59 岁 | 3 622 | 22 | 2 | 5 | 10 | 30 | 60 |
| | | | 60 ～ 79 岁 | 1 722 | 15 | 1 | 5 | 10 | 15 | 40 |
| | | | 80 岁及以上 | 75 | 15 | 1 | 5 | 6 | 13 | 60 |
| | | 男 | 小计 | 4 770 | 27 | 3 | 10 | 20 | 30 | 80 |
| | | | 18 ～ 44 岁 | 2 301 | 32 | 5 | 10 | 20 | 30 | 120 |
| | | | 45 ～ 59 岁 | 1 602 | 23 | 2 | 8 | 15 | 30 | 60 |
| | | | 60 ～ 79 岁 | 819 | 15 | 2 | 5 | 10 | 15 | 30 |
| | | | 80 岁及以上 | 48 | 16 | 1 | 5 | 10 | 15 | 60 |
| | | 女 | 小计 | 5 640 | 24 | 2 | 6 | 10 | 30 | 60 |
| | | | 18 ～ 44 岁 | 2 690 | 28 | 3 | 10 | 20 | 30 | 90 |
| | | | 45 ～ 59 岁 | 2 020 | 21 | 2 | 5 | 10 | 20 | 60 |
| | | | 60 ～ 79 岁 | 903 | 14 | 1 | 5 | 10 | 16 | 60 |
| | | | 80 岁及以上 | 27 | 12 | 2 | 5 | 5 | 13 | 60 |
| | 农村 | 小计 | 小计 | 13 420 | 20 | 2 | 5 | 10 | 20 | 60 |
| | | | 18 ～ 44 岁 | 7198 | 23 | 3 | 8 | 10 | 30 | 60 |
| | | | 45 ～ 59 岁 | 4 467 | 16 | 2 | 5 | 10 | 20 | 50 |
| | | | 60 ～ 79 岁 | 1 715 | 11 | 2 | 5 | 10 | 10 | 30 |
| | | | 80 岁及以上 | 40 | 11 | 3 | 5 | 10 | 12 | 40 |
| | | 男 | 小计 | 6 638 | 22 | 3 | 7 | 10 | 30 | 60 |
| | | | 18 ～ 44 岁 | 3 492 | 26 | 3 | 10 | 15 | 30 | 60 |

| 地区 | 城乡 | 性别 | 年龄 | n | 平均每天与手机接触时间 /（min/d） | | | | | |
|---|---|---|---|---|---|---|---|---|---|---|
| | | | | | Mean | P5 | P25 | P50 | P75 | P95 |
| 西部 | 农村 | 男 | 45～59 岁 | 2 188 | 19 | 2 | 5 | 10 | 20 | 60 |
| | | | 60～79 岁 | 933 | 12 | 2 | 5 | 10 | 10 | 30 |
| | | | 80 岁及以上 | 25 | 10 | 2 | 5 | 10 | 15 | 20 |
| | | 女 | 小计 | 6 782 | 18 | 2 | 5 | 10 | 20 | 50 |
| | | | 18～44 岁 | 3 706 | 20 | 2 | 5 | 10 | 20 | 60 |
| | | | 45～59 岁 | 2 279 | 14 | 2 | 5 | 10 | 18 | 40 |
| | | | 60～79 岁 | 782 | 10 | 2 | 4 | 8 | 10 | 30 |
| | | | 80 岁及以上 | 15 | 14 | 4 | 5 | 10 | 10 | 60 |

## 附表 9-2 中国人群分片区、城乡、性别、年龄的平均每天与手机接触时间

| 地区 | 城乡 | 性别 | 年龄 | n | 平均每天与手机接触时间 /（min/d） | | | | | |
|---|---|---|---|---|---|---|---|---|---|---|
| | | | | | Mean | P5 | P25 | P50 | P75 | P95 |
| 合计 | 城乡 | 小计 | 小计 | 69 645 | 24 | 2 | 8 | 15 | 30 | 60 |
| | | | 18～44 岁 | 32 689 | 28 | 3 | 10 | 20 | 30 | 90 |
| | | | 45～59 岁 | 25 429 | 20 | 2 | 5 | 10 | 20 | 60 |
| | | | 60～79 岁 | 11 175 | 14 | 2 | 5 | 10 | 15 | 35 |
| | | | 80 岁及以上 | 352 | 12 | 1 | 5 | 10 | 10 | 30 |
| | | 男 | 小计 | 32 976 | 26 | 3 | 10 | 15 | 30 | 70 |
| | | | 18～44 岁 | 15 271 | 30 | 5 | 10 | 20 | 30 | 90 |
| | | | 45～59 岁 | 11 733 | 22 | 2 | 8 | 10 | 30 | 60 |
| | | | 60～79 岁 | 5 778 | 15 | 2 | 5 | 10 | 15 | 40 |
| | | | 80 岁及以上 | 194 | 13 | 1 | 5 | 10 | 12 | 30 |
| | | 女 | 小计 | 36 669 | 22 | 2 | 5 | 10 | 30 | 60 |
| | | | 18～44 岁 | 17 418 | 25 | 3 | 10 | 15 | 30 | 60 |
| | | | 45～59 岁 | 13 696 | 18 | 2 | 5 | 10 | 20 | 60 |
| | | | 60～79 岁 | 5 397 | 13 | 2 | 5 | 10 | 15 | 30 |
| | | | 80 岁及以上 | 158 | 11 | 1 | 5 | 10 | 10 | 30 |
| | 城市 | 小计 | 小计 | 34 820 | 28 | 3 | 10 | 20 | 30 | 90 |
| | | | 18～44 岁 | 15 626 | 33 | 5 | 10 | 20 | 30 | 120 |
| | | | 45～59 岁 | 12 671 | 24 | 2 | 8 | 15 | 30 | 60 |
| | | | 60～79 岁 | 6 273 | 16 | 2 | 5 | 10 | 20 | 50 |
| | | | 80 岁及以上 | 250 | 12 | 2 | 5 | 10 | 10 | 30 |
| | | 男 | 小计 | 15 835 | 29 | 3 | 10 | 20 | 30 | 90 |
| | | | 18～44 岁 | 7 129 | 35 | 5 | 10 | 25 | 40 | 120 |
| | | | 45～59 岁 | 5 581 | 25 | 3 | 10 | 15 | 30 | 60 |
| | | | 60～79 岁 | 2 994 | 17 | 2 | 5 | 10 | 20 | 60 |
| | | | 80 岁及以上 | 131 | 14 | 1 | 5 | 10 | 15 | 30 |
| | | 女 | 小计 | 18 985 | 26 | 3 | 10 | 15 | 30 | 80 |
| | | | 18～44 岁 | 8 497 | 31 | 4 | 10 | 20 | 30 | 120 |
| | | | 45～59 岁 | 7 090 | 21 | 2 | 5 | 10 | 28 | 60 |
| | | | 60～79 岁 | 3 279 | 15 | 2 | 5 | 10 | 20 | 40 |
| | | | 80 岁及以上 | 119 | 11 | 2 | 5 | 10 | 10 | 30 |
| | 农村 | 小计 | 小计 | 34 825 | 21 | 2 | 5 | 10 | 20 | 60 |
| | | | 18～44 岁 | 17 063 | 24 | 3 | 10 | 15 | 30 | 60 |
| | | | 45～59 岁 | 12 758 | 17 | 2 | 5 | 10 | 20 | 60 |
| | | | 60～79 岁 | 4 902 | 12 | 2 | 5 | 10 | 10 | 30 |
| | | | 80 岁及以上 | 102 | 10 | 1 | 5 | 10 | 10 | 30 |
| | | 男 | 小计 | 17 141 | 23 | 2 | 8 | 10 | 30 | 60 |
| | | | 18～44 岁 | 8 142 | 26 | 3 | 10 | 15 | 30 | 60 |
| | | | 45～59 岁 | 6 152 | 19 | 2 | 5 | 10 | 20 | 60 |
| | | | 60～79 岁 | 2 784 | 13 | 2 | 5 | 10 | 15 | 30 |
| | | | 80 岁及以上 | 63 | 10 | 2 | 5 | 10 | 10 | 30 |
| | | 女 | 小计 | 17 684 | 18 | 2 | 5 | 10 | 20 | 60 |

| 地区 | 城乡 | 性别 | 年龄 | *n* | 平均每天与手机接触时间 /（min/d） | | | | | |
|---|---|---|---|---|---|---|---|---|---|---|
| | | | | | Mean | P5 | P25 | P50 | P75 | P95 |
| 合计 | 农村 | 女 | 18～44 岁 | 8 921 | 20 | 2 | 5 | 10 | 20 | 60 |
| | | | 45～59 岁 | 6 606 | 15 | 2 | 5 | 10 | 18 | 40 |
| | | | 60～79 岁 | 2 118 | 11 | 1 | 5 | 8 | 10 | 30 |
| | | | 80 岁及以上 | 39 | 10 | 1 | 5 | 10 | 10 | 40 |
| 华北 | 城乡 | 小计 | 小计 | 13 867 | 24 | 2 | 5 | 10 | 30 | 80 |
| | | | 18～44 岁 | 5 940 | 27 | 2 | 10 | 15 | 30 | 90 |
| | | | 45～59 岁 | 5 366 | 21 | 2 | 5 | 10 | 20 | 60 |
| | | | 60～79 岁 | 2 484 | 16 | 1 | 5 | 10 | 20 | 60 |
| | | | 80 岁及以上 | 77 | 12 | 1 | 5 | 10 | 15 | 30 |
| | | 男 | 小计 | 6 279 | 26 | 2 | 8 | 15 | 30 | 90 |
| | | | 18～44 岁 | 2 710 | 30 | 3 | 10 | 20 | 30 | 120 |
| | | | 45～59 岁 | 2 293 | 24 | 2 | 5 | 10 | 30 | 70 |
| | | | 60～79 岁 | 1 232 | 17 | 2 | 5 | 10 | 20 | 60 |
| | | | 80 岁及以上 | 44 | 14 | 3 | 5 | 10 | 20 | 30 |
| | | 女 | 小计 | 7 588 | 21 | 2 | 5 | 10 | 20 | 60 |
| | | | 18～44 岁 | 3 230 | 24 | 2 | 6 | 15 | 30 | 80 |
| | | | 45～59 岁 | 3 073 | 18 | 2 | 5 | 10 | 20 | 60 |
| | | | 60～79 岁 | 1 252 | 15 | 1 | 5 | 10 | 20 | 50 |
| | | | 80 岁及以上 | 33 | 10 | 1 | 5 | 10 | 10 | 40 |
| | 城市 | 小计 | 小计 | 6 398 | 32 | 3 | 10 | 20 | 30 | 120 |
| | | | 18～44 岁 | 2 615 | 38 | 4 | 10 | 20 | 40 | 120 |
| | | | 45～59 岁 | 2 368 | 28 | 3 | 10 | 15 | 30 | 120 |
| | | | 60～79 岁 | 1 364 | 20 | 2 | 5 | 10 | 20 | 60 |
| | | | 80 岁及以上 | 51 | 15 | 3 | 6 | 10 | 20 | 40 |
| | | 男 | 小计 | 2 823 | 34 | 3 | 10 | 20 | 35 | 120 |
| | | | 18～44 岁 | 1 165 | 40 | 5 | 15 | 30 | 50 | 120 |
| | | | 45～59 岁 | 1 000 | 31 | 3 | 10 | 20 | 30 | 120 |
| | | | 60～79 岁 | 628 | 22 | 2 | 5 | 10 | 20 | 60 |
| | | | 80 岁及以上 | 30 | 14 | 3 | 9 | 10 | 20 | 30 |
| | | 女 | 小计 | 3 575 | 29 | 2 | 10 | 20 | 30 | 120 |
| | | | 18～44 岁 | 1 450 | 35 | 3 | 10 | 20 | 40 | 120 |
| | | | 45～59 岁 | 1 368 | 24 | 2 | 9 | 10 | 30 | 80 |
| | | | 60～79 岁 | 736 | 18 | 2 | 5 | 10 | 20 | 60 |
| | | | 80 岁及以上 | 21 | 15 | 2 | 5 | 10 | 20 | 40 |
| | 农村 | 小计 | 小计 | 7 469 | 17 | 2 | 5 | 10 | 20 | 60 |
| | | | 18～44 岁 | 3 325 | 19 | 2 | 5 | 10 | 20 | 60 |
| | | | 45～59 岁 | 2 998 | 15 | 2 | 5 | 10 | 20 | 40 |
| | | | 60～79 岁 | 1 120 | 12 | 1 | 3 | 8 | 10 | 30 |
| | | | 80 岁及以上 | 26 | 9 | 1 | 5 | 5 | 10 | 20 |
| | | 男 | 小计 | 3 456 | 20 | 2 | 5 | 10 | 20 | 60 |
| | | | 18～44 岁 | 1 545 | 23 | 2 | 7 | 15 | 25 | 60 |
| | | | 45～59 岁 | 1 293 | 17 | 2 | 5 | 10 | 20 | 50 |
| | | | 60～79 岁 | 604 | 13 | 1 | 4 | 10 | 15 | 30 |
| | | | 80 岁及以上 | 14 | 12 | 3 | 5 | 5 | 15 | 60 |
| | | 女 | 小计 | 4 013 | 14 | 2 | 5 | 10 | 20 | 50 |
| | | | 18～44 岁 | 1 780 | 16 | 2 | 5 | 10 | 20 | 60 |
| | | | 45～59 岁 | 1 705 | 13 | 2 | 3 | 7 | 15 | 40 |
| | | | 60～79 岁 | 516 | 11 | 1 | 3 | 6 | 10 | 30 |
| | | | 80 岁及以上 | 12 | 6 | 1 | 1 | 10 | 10 | 10 |
| 华东 | 城乡 | 小计 | 小计 | 17 600 | 25 | 3 | 10 | 15 | 30 | 60 |
| | | | 18～44 岁 | 7 902 | 29 | 5 | 10 | 20 | 30 | 90 |
| | | | 45～59 岁 | 6 467 | 20 | 2 | 5 | 10 | 20 | 60 |
| | | | 60～79 岁 | 3 144 | 13 | 2 | 5 | 10 | 15 | 30 |
| | | | 80 岁及以上 | 87 | 9 | 1 | 5 | 5 | 10 | 30 |
| | | 男 | 小计 | 8 437 | 27 | 3 | 10 | 20 | 30 | 80 |
| | | | 18～44 岁 | 3 577 | 32 | 5 | 10 | 20 | 30 | 90 |
| | | | 45～59 岁 | 3 123 | 23 | 3 | 10 | 10 | 30 | 60 |
| | | | 60～79 岁 | 1 691 | 14 | 2 | 5 | 10 | 15 | 40 |

| 地区 | 城乡 | 性别 | 年龄 | n | 平均每天与手机接触时间 /（min/d） | | | | | |
|---|---|---|---|---|---|---|---|---|---|---|
| | | | | | Mean | P5 | P25 | P50 | P75 | P95 |
| 华东 | 城乡 | 男 | 80 岁及以上 | 46 | 8 | 1 | 3 | 5 | 10 | 30 |
| | | 女 | 小计 | 9 163 | 22 | 3 | 10 | 10 | 30 | 60 |
| | | | 18 ～ 44 岁 | 4 325 | 26 | 4 | 10 | 20 | 30 | 70 |
| | | | 45 ～ 59 岁 | 3 344 | 16 | 2 | 5 | 10 | 20 | 45 |
| | | | 60 ～ 79 岁 | 1 453 | 12 | 2 | 5 | 10 | 15 | 30 |
| | | | 80 岁及以上 | 41 | 9 | 2 | 5 | 5 | 10 | 20 |
| | 城市 | 小计 | 小计 | 10 155 | 27 | 3 | 10 | 20 | 30 | 80 |
| | | | 18 ～ 44 岁 | 4 518 | 32 | 5 | 10 | 20 | 30 | 100 |
| | | | 45 ～ 59 岁 | 3 614 | 22 | 3 | 8 | 10 | 30 | 60 |
| | | | 60 ～ 79 岁 | 1 958 | 15 | 2 | 5 | 10 | 15 | 40 |
| | | | 80 岁及以上 | 65 | 9 | 1 | 5 | 6 | 10 | 20 |
| | | 男 | 小计 | 4 661 | 30 | 3 | 10 | 20 | 30 | 90 |
| | | | 18 ～ 44 岁 | 2 013 | 35 | 5 | 10 | 30 | 40 | 120 |
| | | | 45 ～ 59 岁 | 1 667 | 25 | 3 | 10 | 15 | 30 | 60 |
| | | | 60 ～ 79 岁 | 949 | 16 | 2 | 5 | 10 | 20 | 40 |
| | | | 80 岁及以上 | 32 | 9 | 1 | 3 | 5 | 10 | 30 |
| | | 女 | 小计 | 5 494 | 24 | 3 | 10 | 15 | 30 | 60 |
| | | | 18 ～ 44 岁 | 2 505 | 29 | 5 | 10 | 20 | 30 | 90 |
| | | | 45 ～ 59 岁 | 1 947 | 17 | 2 | 5 | 10 | 20 | 60 |
| | | | 60 ～ 79 岁 | 1 009 | 13 | 2 | 5 | 10 | 15 | 30 |
| | | | 80 岁及以上 | 33 | 9 | 1 | 5 | 10 | 10 | 20 |
| | 农村 | 小计 | 小计 | 7 445 | 22 | 3 | 10 | 10 | 30 | 60 |
| | | | 18 ～ 44 岁 | 3 384 | 26 | 4 | 10 | 20 | 30 | 60 |
| | | | 45 ～ 59 岁 | 2 853 | 18 | 2 | 5 | 10 | 20 | 60 |
| | | | 60 ～ 79 岁 | 1 186 | 11 | 2 | 5 | 10 | 10 | 30 |
| | | | 80 岁及以上 | 22 | 8 | 1 | 3 | 5 | 10 | 30 |
| | | 男 | 小计 | 3 776 | 25 | 3 | 10 | 15 | 30 | 60 |
| | | | 18 ～ 44 岁 | 1 564 | 30 | 5 | 10 | 20 | 30 | 60 |
| | | | 45 ～ 59 岁 | 1 456 | 21 | 2 | 6 | 10 | 20 | 60 |
| | | | 60 ～ 79 岁 | 742 | 12 | 2 | 5 | 10 | 15 | 30 |
| | | | 80 岁及以上 | 14 | 7 | 1 | 2 | 5 | 10 | 30 |
| | | 女 | 小计 | 3 669 | 19 | 2 | 5 | 10 | 20 | 60 |
| | | | 18 ～ 44 岁 | 1 820 | 23 | 3 | 10 | 15 | 30 | 60 |
| | | | 45 ～ 59 岁 | 1 397 | 13 | 2 | 5 | 10 | 15 | 30 |
| | | | 60 ～ 79 岁 | 444 | 10 | 2 | 4 | 5 | 10 | 30 |
| | | | 80 岁及以上 | 8 | 9 | 3 | 5 | 5 | 10 | 40 |
| 华南 | 城乡 | 小计 | 小计 | 11 518 | 26 | 3 | 10 | 15 | 30 | 60 |
| | | | 18 ～ 44 岁 | 5 677 | 29 | 4 | 10 | 20 | 30 | 90 |
| | | | 45 ～ 59 岁 | 4 149 | 22 | 3 | 8 | 10 | 30 | 60 |
| | | | 60 ～ 79 岁 | 1 625 | 15 | 2 | 5 | 10 | 20 | 30 |
| | | | 80 岁及以上 | 67 | 13 | 2 | 5 | 10 | 10 | 30 |
| | | 男 | 小计 | 5 599 | 27 | 3 | 10 | 20 | 30 | 60 |
| | | | 18 ～ 44 岁 | 2 786 | 31 | 5 | 10 | 20 | 30 | 90 |
| | | | 45 ～ 59 岁 | 1 919 | 23 | 3 | 10 | 15 | 30 | 60 |
| | | | 60 ～ 79 岁 | 862 | 17 | 2 | 5 | 10 | 20 | 45 |
| | | | 80 岁及以上 | 32 | 14 | 2 | 5 | 10 | 20 | 30 |
| | | 女 | 小计 | 5 919 | 24 | 3 | 8 | 15 | 30 | 60 |
| | | | 18 ～ 44 岁 | 2 891 | 27 | 3 | 10 | 15 | 30 | 80 |
| | | | 45 ～ 59 岁 | 2 230 | 21 | 2 | 6 | 10 | 20 | 60 |
| | | | 60 ～ 79 岁 | 763 | 13 | 2 | 5 | 10 | 16 | 30 |
| | | | 80 岁及以上 | 35 | 11 | 2 | 5 | 10 | 10 | 30 |
| | 城市 | 小计 | 小计 | 6 320 | 29 | 3 | 10 | 20 | 30 | 90 |
| | | | 18 ～ 44 岁 | 2 967 | 36 | 5 | 10 | 30 | 40 | 120 |
| | | | 45 ～ 59 岁 | 2 277 | 24 | 3 | 10 | 15 | 30 | 60 |
| | | | 60 ～ 79 岁 | 1 022 | 16 | 2 | 5 | 10 | 20 | 40 |
| | | | 80 岁及以上 | 54 | 12 | 2 | 5 | 10 | 10 | 30 |
| | | 男 | 小计 | 2 909 | 29 | 4 | 10 | 20 | 30 | 80 |
| | | | 18 ～ 44 岁 | 1 430 | 36 | 5 | 15 | 30 | 40 | 90 |

| 地区 | 城乡 | 性别 | 年龄 | n | 平均每天与手机接触时间 /（min/d） | | | | | |
|---|---|---|---|---|---|---|---|---|---|---|
| | | | | | Mean | P5 | P25 | P50 | P75 | P95 |
| 华南 | 城市 | 男 | 45 ～ 59 岁 | 954 | 24 | 3 | 10 | 20 | 30 | 60 |
| | | | 60 ～ 79 岁 | 501 | 17 | 2 | 5 | 10 | 20 | 50 |
| | | | 80 岁及以上 | 24 | 15 | 2 | 5 | 10 | 20 | 30 |
| | | 女 | 小计 | 3 411 | 29 | 3 | 10 | 19 | 30 | 90 |
| | | | 18 ～ 44 岁 | 1 537 | 37 | 5 | 10 | 20 | 40 | 120 |
| | | | 45 ～ 59 岁 | 1 323 | 23 | 3 | 8 | 15 | 30 | 60 |
| | | | 60 ～ 79 岁 | 521 | 14 | 2 | 5 | 10 | 19 | 30 |
| | | | 80 岁及以上 | 30 | 10 | 3 | 5 | 5 | 10 | 30 |
| | 农村 | 小计 | 小计 | 5 198 | 22 | 3 | 8 | 10 | 30 | 60 |
| | | | 18 ～ 44 岁 | 2 710 | 24 | 3 | 10 | 15 | 30 | 60 |
| | | | 45 ～ 59 岁 | 1 872 | 20 | 2 | 6 | 10 | 20 | 60 |
| | | | 60 ～ 79 岁 | 603 | 14 | 2 | 5 | 10 | 20 | 30 |
| | | | 80 岁及以上 | 13 | 13 | 3 | 5 | 10 | 20 | 30 |
| | | 男 | 小计 | 2 690 | 25 | 3 | 10 | 15 | 30 | 60 |
| | | | 18 ～ 44 岁 | 1 356 | 29 | 4 | 10 | 15 | 30 | 60 |
| | | | 45 ～ 59 岁 | 965 | 22 | 3 | 6 | 10 | 25 | 60 |
| | | | 60 ～ 79 岁 | 361 | 16 | 2 | 5 | 10 | 20 | 40 |
| | | | 80 岁及以上 | 8 | 11 | 3 | 5 | 10 | 20 | 20 |
| | | 女 | 小计 | 2 508 | 19 | 2 | 5 | 10 | 20 | 60 |
| | | | 18 ～ 44 岁 | 1 354 | 20 | 3 | 6 | 10 | 20 | 60 |
| | | | 45 ～ 59 岁 | 907 | 18 | 2 | 5 | 10 | 20 | 40 |
| | | | 60 ～ 79 岁 | 242 | 12 | 2 | 5 | 10 | 15 | 30 |
| | | | 80 岁及以上 | 5 | 16 | 2 | 10 | 10 | 10 | 60 |
| 西北 | 城乡 | 小计 | 小计 | 8 674 | 24 | 3 | 8 | 15 | 30 | 60 |
| | | | 18 ～ 44 岁 | 4 028 | 27 | 3 | 10 | 20 | 30 | 90 |
| | | | 45 ～ 59 岁 | 3 161 | 22 | 2 | 6 | 10 | 30 | 60 |
| | | | 60 ～ 79 岁 | 1 440 | 15 | 2 | 5 | 10 | 20 | 40 |
| | | | 80 岁及以上 | 45 | 13 | 3 | 5 | 10 | 12 | 40 |
| | | 男 | 小计 | 4 120 | 26 | 3 | 10 | 15 | 30 | 70 |
| | | | 18 ～ 44 岁 | 1 844 | 30 | 4 | 10 | 20 | 30 | 100 |
| | | | 45 ～ 59 岁 | 1 495 | 24 | 3 | 10 | 15 | 30 | 60 |
| | | | 60 ～ 79 岁 | 753 | 15 | 2 | 5 | 10 | 15 | 40 |
| | | | 80 岁及以上 | 28 | 11 | 3 | 5 | 10 | 12 | 30 |
| | | 女 | 小计 | 4 554 | 22 | 2 | 5 | 10 | 30 | 60 |
| | | | 18 ～ 44 岁 | 2 184 | 25 | 3 | 10 | 15 | 30 | 60 |
| | | | 45 ～ 59 岁 | 1 666 | 20 | 2 | 5 | 10 | 30 | 60 |
| | | | 60 ～ 79 岁 | 687 | 15 | 2 | 4 | 10 | 20 | 60 |
| | | | 80 岁及以上 | 17 | 16 | 3 | 5 | 10 | 15 | 60 |
| | 城市 | 小计 | 小计 | 4 225 | 29 | 3 | 10 | 20 | 30 | 90 |
| | | | 18 ～ 44 岁 | 1 868 | 34 | 5 | 10 | 20 | 30 | 120 |
| | | | 45 ～ 59 岁 | 1 583 | 26 | 3 | 10 | 20 | 30 | 60 |
| | | | 60 ～ 79 岁 | 747 | 15 | 2 | 5 | 10 | 20 | 60 |
| | | | 80 岁及以上 | 27 | 13 | 3 | 5 | 10 | 10 | 60 |
| | | 男 | 小计 | 1 921 | 30 | 3 | 10 | 20 | 30 | 100 |
| | | | 18 ～ 44 岁 | 833 | 35 | 5 | 10 | 20 | 40 | 120 |
| | | | 45 ～ 59 岁 | 704 | 28 | 3 | 10 | 20 | 30 | 60 |
| | | | 60 ～ 79 岁 | 367 | 15 | 2 | 5 | 10 | 20 | 35 |
| | | | 80 岁及以上 | 17 | 11 | 2 | 5 | 10 | 10 | 30 |
| | | 女 | 小计 | 2 304 | 27 | 3 | 10 | 20 | 30 | 90 |
| | | | 18 ～ 44 岁 | 1 035 | 32 | 5 | 10 | 20 | 30 | 120 |
| | | | 45 ～ 59 岁 | 879 | 24 | 3 | 10 | 15 | 30 | 60 |
| | | | 60 ～ 79 岁 | 380 | 16 | 2 | 5 | 10 | 20 | 60 |
| | | | 80 岁及以上 | 10 | 16 | 3 | 5 | 10 | 13 | 60 |
| | 农村 | 小计 | 小计 | 4 449 | 20 | 2 | 5 | 10 | 25 | 60 |
| | | | 18 ～ 44 岁 | 2 160 | 22 | 3 | 6 | 10 | 30 | 60 |
| | | | 45 ～ 59 岁 | 1 578 | 18 | 2 | 5 | 10 | 20 | 60 |
| | | | 60 ～ 79 岁 | 693 | 14 | 2 | 4 | 8 | 13 | 30 |
| | | | 80 岁及以上 | 18 | 13 | 4 | 5 | 10 | 12 | 40 |

| 地区 | 城乡 | 性别 | 年龄 | n | 平均每天与手机接触时间 /（min/d） | | | | | |
|---|---|---|---|---|---|---|---|---|---|---|
| | | | | | Mean | P5 | P25 | P50 | P75 | P95 |
| 西北 | 农村 | 男 | 小计 | 2 199 | 23 | 3 | 8 | 10 | 30 | 60 |
| | | | 18 ～ 44 岁 | 1 011 | 25 | 4 | 10 | 15 | 30 | 60 |
| | | | 45 ～ 59 岁 | 791 | 21 | 2 | 6 | 10 | 30 | 60 |
| | | | 60 ～ 79 岁 | 386 | 14 | 2 | 4 | 8 | 15 | 40 |
| | | | 80 岁及以上 | 11 | 10 | 5 | 5 | 10 | 12 | 20 |
| | | 女 | 小计 | 2 250 | 17 | 2 | 5 | 10 | 20 | 55 |
| | | | 18 ～ 44 岁 | 1 149 | 18 | 2 | 5 | 10 | 20 | 60 |
| | | | 45 ～ 59 岁 | 787 | 16 | 2 | 5 | 10 | 20 | 50 |
| | | | 60 ～ 79 岁 | 307 | 13 | 2 | 3 | 6 | 10 | 30 |
| | | | 80 岁及以上 | 7 | 16 | 3 | 4 | 5 | 40 | 40 |
| 东北 | 城乡 | 小计 | 小计 | 7 979 | 21 | 2 | 5 | 10 | 30 | 60 |
| | | | 18 ～ 44 岁 | 3 622 | 24 | 3 | 10 | 15 | 30 | 60 |
| | | | 45 ～ 59 岁 | 3 104 | 19 | 2 | 5 | 10 | 20 | 60 |
| | | | 60 ～ 79 岁 | 1 220 | 12 | 2 | 5 | 10 | 10 | 30 |
| | | | 80 岁及以上 | 33 | 11 | 2 | 5 | 10 | 10 | 30 |
| | | 男 | 小计 | 3 768 | 22 | 3 | 8 | 10 | 30 | 60 |
| | | | 18 ～ 44 岁 | 1 741 | 25 | 3 | 10 | 15 | 30 | 60 |
| | | | 45 ～ 59 岁 | 1 398 | 20 | 2 | 6 | 10 | 20 | 60 |
| | | | 60 ～ 79 岁 | 614 | 13 | 2 | 4 | 8 | 10 | 40 |
| | | | 80 岁及以上 | 15 | 12 | 5 | 6 | 10 | 10 | 30 |
| | | 女 | 小计 | 4 211 | 21 | 2 | 5 | 10 | 24 | 60 |
| | | | 18 ～ 44 岁 | 1 881 | 24 | 2 | 5 | 10 | 30 | 60 |
| | | | 45 ～ 59 岁 | 1 706 | 18 | 2 | 5 | 10 | 20 | 60 |
| | | | 60 ～ 79 岁 | 606 | 11 | 2 | 5 | 10 | 10 | 30 |
| | | | 80 岁及以上 | 18 | 9 | 2 | 2 | 10 | 10 | 30 |
| | 城市 | 小计 | 小计 | 3 774 | 26 | 3 | 10 | 15 | 30 | 60 |
| | | | 18 ～ 44 岁 | 1 593 | 30 | 5 | 10 | 20 | 30 | 120 |
| | | | 45 ～ 59 岁 | 1 530 | 23 | 3 | 10 | 15 | 30 | 60 |
| | | | 60 ～ 79 岁 | 628 | 15 | 2 | 5 | 10 | 15 | 40 |
| | | | 80 岁及以上 | 23 | 9 | 2 | 3 | 10 | 10 | 30 |
| | | 男 | 小计 | 1 714 | 26 | 3 | 10 | 15 | 30 | 60 |
| | | | 18 ～ 44 岁 | 747 | 29 | 5 | 10 | 20 | 30 | 100 |
| | | | 45 ～ 59 岁 | 667 | 24 | 3 | 10 | 15 | 30 | 60 |
| | | | 60 ～ 79 岁 | 293 | 15 | 2 | 5 | 10 | 10 | 45 |
| | | | 80 岁及以上 | 7 | 10 | 5 | 6 | 10 | 10 | 30 |
| | | 女 | 小计 | 2 060 | 26 | 3 | 10 | 15 | 30 | 90 |
| | | | 18 ～ 44 岁 | 846 | 30 | 5 | 10 | 20 | 30 | 120 |
| | | | 45 ～ 59 岁 | 863 | 23 | 3 | 6 | 10 | 30 | 60 |
| | | | 60 ～ 79 岁 | 335 | 14 | 2 | 5 | 10 | 15 | 30 |
| | | | 80 岁及以上 | 16 | 9 | 2 | 2 | 5 | 10 | 30 |
| | 农村 | 小计 | 小计 | 4 205 | 18 | 2 | 5 | 10 | 20 | 60 |
| | | | 18 ～ 44 岁 | 2 029 | 21 | 2 | 5 | 10 | 30 | 60 |
| | | | 45 ～ 59 岁 | 1 574 | 16 | 2 | 5 | 10 | 20 | 60 |
| | | | 60 ～ 79 岁 | 592 | 10 | 2 | 3 | 5 | 10 | 30 |
| | | | 80 岁及以上 | 10 | 13 | 5 | 8 | 10 | 10 | 30 |
| | | 男 | 小计 | 2 054 | 20 | 2 | 5 | 10 | 20 | 60 |
| | | | 18 ～ 44 岁 | 994 | 22 | 3 | 8 | 10 | 30 | 60 |
| | | | 45 ～ 59 岁 | 731 | 18 | 2 | 5 | 10 | 20 | 60 |
| | | | 60 ～ 79 岁 | 321 | 11 | 2 | 3 | 5 | 10 | 30 |
| | | | 80 岁及以上 | 8 | 14 | 5 | 8 | 10 | 30 | 30 |
| | | 女 | 小计 | 2 151 | 17 | 2 | 5 | 10 | 20 | 60 |
| | | | 18 ～ 44 岁 | 1 035 | 20 | 2 | 5 | 10 | 20 | 60 |
| | | | 45 ～ 59 岁 | 843 | 14 | 2 | 5 | 10 | 20 | 30 |
| | | | 60 ～ 79 岁 | 271 | 9 | 2 | 5 | 8 | 10 | 20 |
| | | | 80 岁及以上 | 2 | 10 | 10 | 10 | 10 | 10 | 10 |
| 西南 | 城乡 | 小计 | 小计 | 10 007 | 22 | 2 | 6 | 10 | 30 | 60 |
| | | | 18 ～ 44 岁 | 5 520 | 26 | 3 | 10 | 15 | 30 | 70 |
| | | | 45 ～ 59 岁 | 3 182 | 17 | 2 | 5 | 10 | 20 | 60 |

| 地区 | 城乡 | 性别 | 年龄 | n | 平均每天与手机接触时间 /（min/d） | | | | | |
|---|---|---|---|---|---|---|---|---|---|---|
| | | | | | Mean | P5 | P25 | P50 | P75 | P95 |
| 西南 | 城乡 | 小计 | 60 ～ 79 岁 | 1 262 | 12 | 1 | 5 | 8 | 10 | 30 |
| | | | 80 岁及以上 | 43 | 15 | 1 | 3 | 10 | 20 | 60 |
| | | 男 | 小计 | 4 773 | 24 | 3 | 8 | 10 | 30 | 60 |
| | | | 18 ～ 44 岁 | 2 613 | 28 | 5 | 10 | 20 | 30 | 85 |
| | | | 45 ～ 59 岁 | 1 505 | 18 | 2 | 5 | 10 | 20 | 60 |
| | | | 60 ～ 79 岁 | 626 | 13 | 2 | 5 | 8 | 10 | 30 |
| | | | 80 岁及以上 | 29 | 17 | 1 | 3 | 10 | 20 | 60 |
| | | 女 | 小计 | 5 234 | 21 | 2 | 5 | 10 | 20 | 60 |
| | | | 18 ～ 44 岁 | 2 907 | 24 | 2 | 7 | 10 | 30 | 60 |
| | | | 45 ～ 59 岁 | 1 677 | 16 | 2 | 5 | 10 | 20 | 50 |
| | | | 60 ～ 79 岁 | 636 | 11 | 1 | 5 | 8 | 10 | 30 |
| | | | 80 岁及以上 | 14 | 10 | 2 | 5 | 5 | 10 | 30 |
| | 城市 | 小计 | 小计 | 3 948 | 24 | 2 | 6 | 10 | 30 | 60 |
| | | | 18 ～ 44 岁 | 2 065 | 28 | 3 | 10 | 15 | 30 | 90 |
| | | | 45 ～ 59 岁 | 1 299 | 20 | 2 | 5 | 10 | 20 | 60 |
| | | | 60 ～ 79 岁 | 554 | 14 | 1 | 3 | 6 | 12 | 40 |
| | | | 80 岁及以上 | 30 | 17 | 1 | 3 | 6 | 20 | 60 |
| | | 男 | 小计 | 1 807 | 25 | 3 | 9 | 15 | 30 | 62 |
| | | | 18 ～ 44 岁 | 941 | 29 | 5 | 10 | 20 | 30 | 120 |
| | | | 45 ～ 59 岁 | 589 | 20 | 2 | 5 | 10 | 25 | 60 |
| | | | 60 ～ 79 岁 | 256 | 15 | 1 | 4 | 6 | 10 | 30 |
| | | | 80 岁及以上 | 21 | 20 | 1 | 3 | 10 | 30 | 60 |
| | | 女 | 小计 | 2 141 | 23 | 1 | 5 | 10 | 30 | 60 |
| | | | 18 ～ 44 岁 | 1 124 | 26 | 2 | 8 | 15 | 30 | 70 |
| | | | 45 ～ 59 岁 | 710 | 20 | 1 | 4 | 10 | 20 | 60 |
| | | | 60 ～ 79 岁 | 298 | 13 | 1 | 3 | 6 | 15 | 60 |
| | | | 80 岁及以上 | 9 | 11 | 2 | 5 | 5 | 20 | 30 |
| | 农村 | 小计 | 小计 | 6 059 | 21 | 2 | 6 | 10 | 20 | 60 |
| | | | 18 ～ 44 岁 | 3 455 | 25 | 3 | 10 | 12 | 30 | 60 |
| | | | 45 ～ 59 岁 | 1 883 | 15 | 2 | 5 | 10 | 20 | 40 |
| | | | 60 ～ 79 岁 | 708 | 10 | 2 | 5 | 10 | 10 | 30 |
| | | | 80 岁及以上 | 13 | 9 | 2 | 5 | 10 | 10 | 20 |
| | | 男 | 小计 | 2 966 | 23 | 3 | 8 | 10 | 30 | 60 |
| | | | 18 ～ 44 岁 | 1 672 | 27 | 5 | 10 | 18 | 30 | 80 |
| | | | 45 ～ 59 岁 | 916 | 17 | 2 | 6 | 10 | 20 | 60 |
| | | | 60 ～ 79 岁 | 370 | 11 | 2 | 5 | 10 | 10 | 30 |
| | | | 80 岁及以上 | 8 | 10 | 2 | 3 | 10 | 10 | 20 |
| | | 女 | 小计 | 3 093 | 19 | 2 | 5 | 10 | 20 | 60 |
| | | | 18 ～ 44 岁 | 1 783 | 23 | 3 | 6 | 10 | 20 | 60 |
| | | | 45 ～ 59 岁 | 967 | 14 | 2 | 5 | 10 | 15 | 30 |
| | | | 60 ～ 79 岁 | 338 | 10 | 2 | 5 | 10 | 10 | 30 |
| | | | 80 岁及以上 | 5 | 8 | 4 | 5 | 10 | 10 | 10 |

## 附表 9-3　中国人群分省（直辖市、自治区）、城乡、性别的平均每天与手机接触时间

| 地区 | 城乡 | 性别 | n | 平均每天与手机接触时间 / (min/d) | | | | | |
|---|---|---|---|---|---|---|---|---|---|
| | | | | Mean | P5 | P25 | P50 | P75 | P95 |
| 合计 | 城乡 | 小计 | 69 645 | 24 | 2 | 8 | 15 | 30 | 60 |
| | | 男 | 32 976 | 26 | 3 | 10 | 15 | 30 | 70 |
| | | 女 | 36 669 | 22 | 2 | 5 | 10 | 30 | 60 |
| | 城市 | 小计 | 34 820 | 28 | 3 | 10 | 20 | 30 | 90 |
| | | 男 | 15 835 | 29 | 3 | 10 | 20 | 30 | 90 |
| | | 女 | 18 985 | 26 | 3 | 10 | 15 | 30 | 80 |
| | 农村 | 小计 | 34 825 | 21 | 2 | 5 | 10 | 20 | 60 |
| | | 男 | 17 141 | 23 | 2 | 8 | 10 | 30 | 60 |
| | | 女 | 17 684 | 18 | 2 | 5 | 10 | 20 | 60 |
| 北京 | 城乡 | 小计 | 827 | 33 | 3 | 10 | 20 | 40 | 120 |
| | | 男 | 351 | 37 | 2 | 10 | 20 | 60 | 120 |
| | | 女 | 476 | 30 | 3 | 10 | 10 | 30 | 120 |
| | 城市 | 小计 | 670 | 38 | 3 | 10 | 20 | 60 | 120 |
| | | 男 | 289 | 41 | 3 | 10 | 30 | 60 | 120 |
| | | 女 | 381 | 35 | 3 | 10 | 20 | 50 | 120 |
| | 农村 | 小计 | 157 | 15 | 2 | 5 | 10 | 10 | 60 |
| | | 男 | 62 | 20 | 2 | 5 | 10 | 20 | 60 |
| | | 女 | 95 | 12 | 2 | 5 | 10 | 10 | 40 |
| 天津 | 城乡 | 小计 | 806 | 38 | 2 | 10 | 20 | 40 | 120 |
| | | 男 | 330 | 40 | 1 | 10 | 20 | 60 | 140 |
| | | 女 | 476 | 35 | 2 | 10 | 20 | 30 | 120 |
| | 城市 | 小计 | 655 | 41 | 5 | 10 | 20 | 40 | 150 |
| | | 男 | 248 | 41 | 3 | 10 | 20 | 50 | 140 |
| | | 女 | 407 | 41 | 5 | 10 | 20 | 30 | 150 |
| | 农村 | 小计 | 151 | 30 | 1 | 3 | 10 | 30 | 120 |
| | | 男 | 82 | 38 | 1 | 3 | 20 | 60 | 120 |
| | | 女 | 69 | 19 | 1 | 2 | 6 | 20 | 120 |
| 河北 | 城乡 | 小计 | 3 252 | 28 | 3 | 10 | 15 | 30 | 100 |
| | | 男 | 1 454 | 32 | 3 | 10 | 20 | 30 | 120 |
| | | 女 | 1 798 | 25 | 3 | 8 | 15 | 30 | 70 |
| | 城市 | 小计 | 1 467 | 38 | 4 | 10 | 20 | 40 | 120 |
| | | 男 | 668 | 41 | 4 | 10 | 25 | 55 | 120 |
| | | 女 | 799 | 34 | 5 | 10 | 20 | 40 | 120 |
| | 农村 | 小计 | 1 785 | 19 | 3 | 5 | 10 | 20 | 45 |
| | | 男 | 786 | 22 | 3 | 5 | 10 | 20 | 60 |
| | | 女 | 999 | 16 | 2 | 5 | 10 | 20 | 40 |
| 山西 | 城乡 | 小计 | 2 641 | 18 | 2 | 5 | 10 | 20 | 60 |
| | | 男 | 1 239 | 19 | 2 | 5 | 10 | 20 | 60 |
| | | 女 | 1 402 | 17 | 2 | 5 | 10 | 20 | 60 |
| | 城市 | 小计 | 865 | 26 | 2 | 10 | 15 | 30 | 90 |
| | | 男 | 406 | 24 | 3 | 10 | 15 | 30 | 60 |
| | | 女 | 459 | 27 | 2 | 10 | 15 | 30 | 120 |
| | 农村 | 小计 | 1 776 | 14 | 2 | 5 | 10 | 20 | 40 |
| | | 男 | 833 | 16 | 2 | 5 | 10 | 20 | 60 |
| | | 女 | 943 | 12 | 2 | 4 | 10 | 10 | 30 |
| 内蒙古 | 城乡 | 小计 | 2 736 | 19 | 3 | 8 | 10 | 20 | 60 |
| | | 男 | 1 338 | 22 | 3 | 10 | 15 | 25 | 60 |
| | | 女 | 1 398 | 16 | 2 | 5 | 10 | 20 | 45 |
| | 城市 | 小计 | 1 077 | 26 | 5 | 10 | 20 | 30 | 60 |
| | | 男 | 503 | 31 | 5 | 10 | 20 | 30 | 100 |
| | | 女 | 574 | 21 | 5 | 10 | 15 | 30 | 60 |
| | 农村 | 小计 | 1 659 | 15 | 2 | 5 | 10 | 20 | 40 |
| | | 男 | 835 | 16 | 2 | 5 | 10 | 20 | 40 |
| | | 女 | 824 | 13 | 2 | 5 | 10 | 15 | 30 |
| 辽宁 | 城乡 | 小计 | 2 362 | 24 | 3 | 10 | 10 | 30 | 60 |
| | | 男 | 1 078 | 25 | 3 | 10 | 15 | 30 | 60 |

| 地区 | 城乡 | 性别 | $n$ | 平均每天与手机接触时间 /（min/d） | | | | | |
|---|---|---|---|---|---|---|---|---|---|
| | | | | Mean | P5 | P25 | P50 | P75 | P95 |
| 辽宁 | 城乡 | 女 | 1 284 | 23 | 3 | 5 | 10 | 30 | 60 |
| | 城市 | 小计 | 925 | 27 | 4 | 10 | 20 | 30 | 60 |
| | | 男 | 429 | 28 | 5 | 10 | 20 | 30 | 60 |
| | | 女 | 496 | 26 | 3 | 10 | 20 | 30 | 60 |
| | 农村 | 小计 | 1 437 | 23 | 3 | 5 | 10 | 30 | 60 |
| | | 男 | 649 | 24 | 3 | 10 | 10 | 30 | 60 |
| | | 女 | 788 | 22 | 2 | 5 | 10 | 30 | 60 |
| 吉林 | 城乡 | 小计 | 2 336 | 19 | 3 | 5 | 10 | 20 | 60 |
| | | 男 | 1 138 | 19 | 3 | 5 | 10 | 20 | 50 |
| | | 女 | 1 198 | 19 | 3 | 5 | 10 | 20 | 60 |
| | 城市 | 小计 | 1 439 | 23 | 3 | 7 | 10 | 25 | 60 |
| | | 男 | 663 | 22 | 3 | 8 | 10 | 20 | 60 |
| | | 女 | 776 | 24 | 3 | 6 | 10 | 30 | 60 |
| | 农村 | 小计 | 897 | 14 | 2 | 5 | 10 | 20 | 30 |
| | | 男 | 475 | 15 | 3 | 5 | 10 | 20 | 30 |
| | | 女 | 422 | 14 | 2 | 5 | 10 | 20 | 30 |
| 黑龙江 | 城乡 | 小计 | 3 281 | 20 | 2 | 5 | 10 | 20 | 60 |
| | | 男 | 1 552 | 21 | 2 | 8 | 15 | 30 | 60 |
| | | 女 | 1 729 | 19 | 2 | 5 | 10 | 20 | 60 |
| | 城市 | 小计 | 1 410 | 28 | 5 | 10 | 18 | 30 | 90 |
| | | 男 | 622 | 28 | 5 | 10 | 20 | 30 | 90 |
| | | 女 | 788 | 28 | 3 | 10 | 15 | 30 | 90 |
| | 农村 | 小计 | 1 871 | 14 | 2 | 5 | 10 | 20 | 40 |
| | | 男 | 930 | 16 | 2 | 5 | 10 | 20 | 60 |
| | | 女 | 941 | 12 | 2 | 4 | 10 | 15 | 30 |
| 上海 | 城乡 | 小计 | 883 | 31 | 2 | 10 | 20 | 30 | 120 |
| | | 男 | 433 | 29 | 3 | 10 | 20 | 30 | 90 |
| | | 女 | 450 | 32 | 2 | 10 | 20 | 30 | 120 |
| | 城市 | 小计 | 883 | 31 | 2 | 10 | 20 | 30 | 120 |
| | | 男 | 433 | 29 | 3 | 10 | 20 | 30 | 90 |
| | | 女 | 450 | 32 | 2 | 10 | 20 | 30 | 120 |
| | 农村 | 小计 | 0 | 0 | 0 | 0 | 0 | 0 | 0 |
| | | 男 | 0 | 0 | 0 | 0 | 0 | 0 | 0 |
| | | 女 | 0 | 0 | 0 | 0 | 0 | 0 | 0 |
| 江苏 | 城乡 | 小计 | 2 498 | 23 | 2 | 5 | 10 | 30 | 60 |
| | | 男 | 1 260 | 26 | 2 | 8 | 15 | 30 | 60 |
| | | 女 | 1 238 | 20 | 2 | 5 | 10 | 30 | 60 |
| | 城市 | 小计 | 1 811 | 24 | 2 | 6 | 10 | 30 | 60 |
| | | 男 | 898 | 27 | 2 | 10 | 15 | 30 | 80 |
| | | 女 | 913 | 21 | 2 | 5 | 10 | 30 | 60 |
| | 农村 | 小计 | 687 | 22 | 2 | 5 | 10 | 30 | 60 |
| | | 男 | 362 | 24 | 3 | 6 | 10 | 30 | 60 |
| | | 女 | 325 | 19 | 2 | 5 | 10 | 20 | 60 |
| 浙江 | 城乡 | 小计 | 2 798 | 27 | 3 | 10 | 20 | 30 | 60 |
| | | 男 | 1 361 | 30 | 4 | 10 | 20 | 30 | 90 |
| | | 女 | 1 437 | 23 | 2 | 10 | 15 | 30 | 60 |
| | 城市 | 小计 | 1 021 | 28 | 5 | 10 | 20 | 30 | 60 |
| | | 男 | 486 | 31 | 5 | 10 | 20 | 30 | 60 |
| | | 女 | 535 | 26 | 3 | 10 | 20 | 30 | 60 |
| | 农村 | 小计 | 1 777 | 26 | 3 | 10 | 15 | 30 | 80 |
| | | 男 | 875 | 30 | 3 | 10 | 20 | 30 | 90 |
| | | 女 | 902 | 22 | 2 | 5 | 10 | 30 | 60 |
| 安徽 | 城乡 | 小计 | 2 420 | 24 | 5 | 10 | 15 | 30 | 60 |
| | | 男 | 1 155 | 28 | 5 | 10 | 20 | 30 | 90 |
| | | 女 | 1 265 | 20 | 3 | 10 | 10 | 20 | 60 |
| | 城市 | 小计 | 1 413 | 24 | 5 | 10 | 15 | 30 | 60 |
| | | 男 | 616 | 29 | 5 | 10 | 20 | 30 | 90 |
| | | 女 | 797 | 20 | 3 | 10 | 10 | 20 | 60 |

| 地区 | 城乡 | 性别 | n | 平均每天与手机接触时间 / (min/d) | | | | | |
| --- | --- | --- | --- | --- | --- | --- | --- | --- | --- |
| | | | | Mean | P5 | P25 | P50 | P75 | P95 |
| 安徽 | 农村 | 小计 | 1 007 | 24 | 5 | 10 | 15 | 30 | 60 |
| | | 男 | 539 | 28 | 5 | 10 | 20 | 30 | 90 |
| | | 女 | 468 | 20 | 3 | 10 | 10 | 20 | 60 |
| 福建 | 城乡 | 小计 | 2 516 | 26 | 5 | 10 | 20 | 30 | 60 |
| | | 男 | 1 158 | 29 | 5 | 10 | 20 | 30 | 90 |
| | | 女 | 1 358 | 24 | 4 | 10 | 15 | 30 | 60 |
| | 城市 | 小计 | 1 336 | 30 | 5 | 10 | 20 | 30 | 90 |
| | | 男 | 582 | 34 | 5 | 15 | 30 | 40 | 120 |
| | | 女 | 754 | 26 | 5 | 10 | 20 | 30 | 70 |
| | 农村 | 小计 | 1 180 | 23 | 4 | 10 | 15 | 30 | 60 |
| | | 男 | 576 | 24 | 5 | 10 | 20 | 30 | 60 |
| | | 女 | 604 | 23 | 3 | 7 | 10 | 30 | 60 |
| 江西 | 城乡 | 小计 | 2 455 | 27 | 4 | 10 | 20 | 30 | 70 |
| | | 男 | 1 199 | 29 | 4 | 10 | 20 | 30 | 90 |
| | | 女 | 1 256 | 24 | 4 | 10 | 15 | 30 | 60 |
| | 城市 | 小计 | 1 511 | 32 | 5 | 10 | 20 | 30 | 120 |
| | | 男 | 722 | 34 | 5 | 10 | 20 | 30 | 120 |
| | | 女 | 789 | 28 | 5 | 10 | 15 | 30 | 120 |
| | 农村 | 小计 | 944 | 21 | 3 | 10 | 15 | 30 | 60 |
| | | 男 | 477 | 23 | 3 | 10 | 20 | 30 | 60 |
| | | 女 | 467 | 19 | 3 | 10 | 15 | 30 | 50 |
| 山东 | 城乡 | 小计 | 4 030 | 23 | 2 | 7 | 10 | 30 | 60 |
| | | 男 | 1 871 | 24 | 3 | 9 | 12 | 30 | 60 |
| | | 女 | 2 159 | 21 | 2 | 5 | 10 | 30 | 60 |
| | 城市 | 小计 | 2 180 | 26 | 3 | 10 | 15 | 30 | 60 |
| | | 男 | 924 | 28 | 3 | 10 | 20 | 30 | 90 |
| | | 女 | 1 256 | 24 | 3 | 10 | 15 | 30 | 60 |
| | 农村 | 小计 | 1 850 | 18 | 2 | 5 | 10 | 20 | 60 |
| | | 男 | 947 | 20 | 2 | 5 | 10 | 30 | 60 |
| | | 女 | 903 | 15 | 2 | 5 | 10 | 20 | 50 |
| 河南 | 城乡 | 小计 | 3 605 | 19 | 1 | 5 | 10 | 20 | 60 |
| | | 男 | 1 567 | 22 | 2 | 5 | 10 | 30 | 60 |
| | | 女 | 2 038 | 16 | 1 | 4 | 10 | 20 | 60 |
| | 城市 | 小计 | 1 664 | 22 | 2 | 5 | 10 | 30 | 60 |
| | | 男 | 709 | 26 | 2 | 8 | 15 | 30 | 90 |
| | | 女 | 955 | 20 | 2 | 5 | 10 | 20 | 60 |
| | 农村 | 小计 | 1 941 | 17 | 1 | 5 | 10 | 20 | 60 |
| | | 男 | 858 | 20 | 2 | 5 | 10 | 25 | 60 |
| | | 女 | 1 083 | 15 | 1 | 3 | 10 | 20 | 60 |
| 湖北 | 城乡 | 小计 | 2 652 | 29 | 3 | 10 | 15 | 30 | 100 |
| | | 男 | 1 318 | 31 | 4 | 10 | 20 | 30 | 110 |
| | | 女 | 1 334 | 27 | 3 | 8 | 10 | 30 | 90 |
| | 城市 | 小计 | 2 077 | 29 | 5 | 10 | 20 | 30 | 90 |
| | | 男 | 1 008 | 30 | 5 | 10 | 20 | 30 | 90 |
| | | 女 | 1 069 | 29 | 4 | 10 | 20 | 30 | 90 |
| | 农村 | 小计 | 575 | 30 | 2 | 5 | 10 | 15 | 138 |
| | | 男 | 310 | 35 | 2 | 7 | 10 | 20 | 160 |
| | | 女 | 265 | 23 | 2 | 5 | 9 | 12 | 85 |
| 湖南 | 城乡 | 小计 | 3 224 | 24 | 3 | 8 | 15 | 30 | 60 |
| | | 男 | 1 526 | 25 | 3 | 10 | 20 | 30 | 60 |
| | | 女 | 1 698 | 23 | 3 | 6 | 10 | 30 | 60 |
| | 城市 | 小计 | 1 381 | 29 | 3 | 10 | 20 | 30 | 80 |
| | | 男 | 574 | 29 | 3 | 10 | 30 | 30 | 60 |
| | | 女 | 807 | 28 | 3 | 10 | 20 | 30 | 80 |
| | 农村 | 小计 | 1 843 | 22 | 3 | 7 | 10 | 30 | 60 |
| | | 男 | 952 | 24 | 3 | 10 | 15 | 30 | 60 |
| | | 女 | 891 | 20 | 3 | 5 | 10 | 20 | 60 |
| 广东 | 城乡 | 小计 | 2 442 | 26 | 5 | 10 | 20 | 30 | 60 |

| 地区 | 城乡 | 性别 | *n* | 平均每天与手机接触时间 /（min/d） | | | | | |
| --- | --- | --- | --- | --- | --- | --- | --- | --- | --- |
| | | | | Mean | P5 | P25 | P50 | P75 | P95 |
| 广东 | 城乡 | 男 | 1 157 | 26 | 5 | 10 | 20 | 30 | 60 |
| | | 女 | 1 285 | 26 | 5 | 10 | 20 | 30 | 60 |
| | 城市 | 小计 | 1 431 | 30 | 3 | 10 | 20 | 30 | 120 |
| | | 男 | 653 | 28 | 3 | 10 | 20 | 30 | 90 |
| | | 女 | 778 | 32 | 3 | 10 | 15 | 30 | 120 |
| | 农村 | 小计 | 1 011 | 20 | 5 | 10 | 20 | 25 | 40 |
| | | 男 | 504 | 23 | 5 | 10 | 20 | 30 | 40 |
| | | 女 | 507 | 18 | 5 | 10 | 20 | 20 | 30 |
| 广西 | 城乡 | 小计 | 2 413 | 22 | 2 | 5 | 10 | 30 | 60 |
| | | 男 | 1 177 | 26 | 2 | 10 | 16 | 30 | 60 |
| | | 女 | 1 236 | 18 | 2 | 5 | 10 | 20 | 60 |
| | 城市 | 小计 | 1 160 | 26 | 3 | 10 | 16 | 30 | 60 |
| | | 男 | 539 | 27 | 3 | 10 | 20 | 30 | 60 |
| | | 女 | 621 | 26 | 3 | 6 | 10 | 30 | 60 |
| | 农村 | 小计 | 1 253 | 21 | 2 | 5 | 10 | 25 | 60 |
| | | 男 | 638 | 25 | 2 | 6 | 15 | 30 | 60 |
| | | 女 | 615 | 15 | 1 | 5 | 10 | 20 | 40 |
| 海南 | 城乡 | 小计 | 787 | 26 | 4 | 10 | 15 | 30 | 60 |
| | | 男 | 421 | 29 | 5 | 10 | 20 | 30 | 90 |
| | | 女 | 366 | 20 | 3 | 10 | 15 | 30 | 60 |
| | 城市 | 小计 | 271 | 33 | 5 | 10 | 20 | 40 | 120 |
| | | 男 | 135 | 39 | 5 | 10 | 30 | 60 | 120 |
| | | 女 | 136 | 26 | 5 | 10 | 20 | 30 | 60 |
| | 农村 | 小计 | 516 | 22 | 3 | 10 | 15 | 30 | 60 |
| | | 男 | 286 | 26 | 5 | 10 | 15 | 30 | 80 |
| | | 女 | 230 | 17 | 2 | 6 | 10 | 20 | 60 |
| 重庆 | 城乡 | 小计 | 717 | 20 | 3 | 7 | 10 | 20 | 60 |
| | | 男 | 326 | 19 | 3 | 9 | 10 | 20 | 60 |
| | | 女 | 391 | 20 | 3 | 6 | 10 | 20 | 60 |
| | 城市 | 小计 | 411 | 20 | 3 | 8 | 10 | 20 | 60 |
| | | 男 | 197 | 17 | 4 | 10 | 10 | 20 | 50 |
| | | 女 | 214 | 23 | 3 | 5 | 10 | 30 | 60 |
| | 农村 | 小计 | 306 | 19 | 3 | 7 | 10 | 20 | 60 |
| | | 男 | 129 | 22 | 3 | 7 | 10 | 30 | 60 |
| | | 女 | 177 | 17 | 3 | 6 | 10 | 20 | 60 |
| 四川 | 城乡 | 小计 | 3 395 | 24 | 2 | 6 | 10 | 30 | 60 |
| | | 男 | 1 600 | 23 | 2 | 10 | 10 | 30 | 60 |
| | | 女 | 1 795 | 24 | 2 | 5 | 10 | 20 | 60 |
| | 城市 | 小计 | 1 527 | 25 | 1 | 5 | 10 | 30 | 80 |
| | | 男 | 692 | 26 | 2 | 5 | 15 | 30 | 90 |
| | | 女 | 835 | 24 | 1 | 5 | 10 | 20 | 60 |
| | 农村 | 小计 | 1 868 | 23 | 3 | 10 | 10 | 25 | 60 |
| | | 男 | 908 | 22 | 3 | 10 | 10 | 30 | 60 |
| | | 女 | 960 | 24 | 2 | 8 | 10 | 20 | 60 |
| 贵州 | 城乡 | 小计 | 2 026 | 21 | 2 | 5 | 10 | 30 | 60 |
| | | 男 | 1 006 | 24 | 2 | 6 | 10 | 30 | 60 |
| | | 女 | 1 020 | 18 | 2 | 5 | 10 | 20 | 60 |
| | 城市 | 小计 | 908 | 27 | 3 | 8 | 15 | 30 | 90 |
| | | 男 | 434 | 30 | 3 | 10 | 20 | 30 | 120 |
| | | 女 | 474 | 23 | 2 | 5 | 10 | 30 | 60 |
| | 农村 | 小计 | 1 118 | 15 | 2 | 5 | 10 | 20 | 60 |
| | | 男 | 572 | 18 | 2 | 5 | 10 | 20 | 60 |
| | | 女 | 546 | 11 | 2 | 5 | 8 | 10 | 30 |
| 云南 | 城乡 | 小计 | 2 819 | 22 | 2 | 5 | 10 | 30 | 60 |
| | | 男 | 1 402 | 25 | 3 | 10 | 15 | 30 | 65 |
| | | 女 | 1 417 | 17 | 2 | 5 | 10 | 20 | 60 |
| | 城市 | 小计 | 781 | 23 | 2 | 5 | 15 | 30 | 60 |
| | | 男 | 373 | 26 | 3 | 6 | 20 | 30 | 60 |

| 地区 | 城乡 | 性别 | n | 平均每天与手机接触时间 /（min/d） | | | | | |
|---|---|---|---|---|---|---|---|---|---|
| | | | | Mean | P5 | P25 | P50 | P75 | P95 |
| 云南 | 城市 | 女 | 408 | 19 | 2 | 5 | 10 | 30 | 60 |
| | 农村 | 小计 | 2 038 | 22 | 3 | 5 | 10 | 20 | 60 |
| | | 男 | 1 029 | 25 | 3 | 10 | 15 | 30 | 70 |
| | | 女 | 1 009 | 16 | 2 | 5 | 10 | 20 | 60 |
| 西藏 | 城乡 | 小计 | 1 050 | 35 | 4 | 10 | 20 | 35 | 120 |
| | | 男 | 439 | 40 | 5 | 10 | 20 | 40 | 120 |
| | | 女 | 611 | 31 | 3 | 10 | 15 | 30 | 120 |
| | 城市 | 小计 | 321 | 39 | 6 | 15 | 20 | 45 | 120 |
| | | 男 | 111 | 40 | 10 | 19 | 30 | 45 | 120 |
| | | 女 | 210 | 38 | 5 | 12 | 20 | 50 | 120 |
| | 农村 | 小计 | 729 | 34 | 3 | 10 | 15 | 30 | 120 |
| | | 男 | 328 | 40 | 4 | 10 | 20 | 40 | 180 |
| | | 女 | 401 | 28 | 3 | 6 | 15 | 30 | 100 |
| 陕西 | 城乡 | 小计 | 2 171 | 27 | 5 | 10 | 20 | 30 | 90 |
| | | 男 | 1 023 | 28 | 5 | 10 | 20 | 30 | 90 |
| | | 女 | 1 148 | 27 | 4 | 10 | 20 | 30 | 80 |
| | 城市 | 小计 | 1 081 | 28 | 5 | 10 | 20 | 30 | 90 |
| | | 男 | 496 | 28 | 5 | 10 | 20 | 30 | 100 |
| | | 女 | 585 | 28 | 5 | 10 | 20 | 30 | 70 |
| | 农村 | 小计 | 1 090 | 27 | 4 | 10 | 20 | 30 | 80 |
| | | 男 | 527 | 27 | 4 | 10 | 20 | 30 | 75 |
| | | 女 | 563 | 26 | 3 | 10 | 20 | 30 | 90 |
| 甘肃 | 城乡 | 小计 | 2 312 | 18 | 2 | 5 | 10 | 20 | 60 |
| | | 男 | 1 092 | 20 | 2 | 5 | 10 | 25 | 60 |
| | | 女 | 1 220 | 17 | 2 | 4 | 10 | 20 | 60 |
| | 城市 | 小计 | 724 | 27 | 2 | 8 | 15 | 30 | 90 |
| | | 男 | 335 | 29 | 3 | 8 | 20 | 30 | 120 |
| | | 女 | 389 | 25 | 2 | 6 | 10 | 30 | 60 |
| | 农村 | 小计 | 1 588 | 15 | 2 | 4 | 10 | 20 | 60 |
| | | 男 | 757 | 17 | 2 | 5 | 10 | 20 | 60 |
| | | 女 | 831 | 13 | 2 | 4 | 8 | 15 | 45 |
| 青海 | 城乡 | 小计 | 1 331 | 33 | 2 | 10 | 20 | 30 | 105 |
| | | 男 | 612 | 34 | 2 | 10 | 20 | 30 | 90 |
| | | 女 | 719 | 33 | 2 | 10 | 20 | 30 | 120 |
| | 城市 | 小计 | 602 | 36 | 5 | 15 | 20 | 40 | 105 |
| | | 男 | 279 | 34 | 5 | 20 | 30 | 30 | 90 |
| | | 女 | 323 | 38 | 5 | 10 | 20 | 40 | 120 |
| | 农村 | 小计 | 729 | 27 | 1 | 3 | 6 | 20 | 60 |
| | | 男 | 333 | 34 | 1 | 3 | 8 | 20 | 180 |
| | | 女 | 396 | 20 | 1 | 3 | 6 | 20 | 60 |
| 宁夏 | 城乡 | 小计 | 955 | 27 | 3 | 10 | 15 | 30 | 90 |
| | | 男 | 474 | 28 | 3 | 10 | 20 | 30 | 120 |
| | | 女 | 481 | 25 | 3 | 6 | 10 | 30 | 90 |
| | 城市 | 小计 | 878 | 28 | 3 | 10 | 20 | 30 | 120 |
| | | 男 | 433 | 29 | 3 | 10 | 20 | 30 | 120 |
| | | 女 | 445 | 26 | 3 | 10 | 10 | 30 | 120 |
| | 农村 | 小计 | 77 | 15 | 2 | 5 | 10 | 20 | 40 |
| | | 男 | 41 | 17 | 2 | 6 | 10 | 20 | 40 |
| | | 女 | 36 | 12 | 2 | 4 | 6 | 15 | 40 |
| 新疆 | 城乡 | 小计 | 1 905 | 23 | 4 | 10 | 15 | 30 | 60 |
| | | 男 | 919 | 26 | 5 | 10 | 15 | 30 | 70 |
| | | 女 | 986 | 20 | 3 | 6 | 10 | 20 | 60 |
| | 城市 | 小计 | 940 | 25 | 3 | 10 | 15 | 30 | 80 |
| | | 男 | 378 | 28 | 3 | 10 | 20 | 30 | 90 |
| | | 女 | 562 | 23 | 3 | 10 | 10 | 30 | 60 |
| | 农村 | 小计 | 965 | 22 | 5 | 10 | 15 | 25 | 60 |
| | | 男 | 541 | 25 | 5 | 10 | 15 | 30 | 60 |
| | | 女 | 424 | 16 | 3 | 5 | 10 | 20 | 30 |

附表 9-4　中国人群分东中西、城乡、性别、年龄的平均每天与电脑接触时间

| 地区 | 城乡 | 性别 | 年龄 | n | 平均每天与电脑接触时间 / (min/d) | | | | | |
|---|---|---|---|---|---|---|---|---|---|---|
| | | | | | Mean | P5 | P25 | P50 | P75 | P95 |
| 合计 | 城乡 | 小计 | 小计 | 26 853 | 167 | 30 | 60 | 120 | 240 | 480 |
| | | | 18 ～ 44 岁 | 17 313 | 175 | 30 | 60 | 120 | 240 | 480 |
| | | | 45 ～ 59 岁 | 7 386 | 144 | 20 | 60 | 120 | 180 | 380 |
| | | | 60 ～ 79 岁 | 2 086 | 138 | 20 | 60 | 120 | 180 | 360 |
| | | | 80 岁及以上 | 68 | 146 | 20 | 60 | 120 | 180 | 480 |
| | | 男 | 小计 | 13 245 | 162 | 20 | 60 | 120 | 240 | 480 |
| | | | 18 ～ 44 岁 | 8 544 | 168 | 30 | 60 | 120 | 240 | 480 |
| | | | 45 ～ 59 岁 | 3 556 | 143 | 20 | 60 | 120 | 180 | 360 |
| | | | 60 ～ 79 岁 | 1 108 | 143 | 20 | 60 | 120 | 180 | 360 |
| | | | 80 岁及以上 | 37 | 146 | 30 | 30 | 60 | 180 | 540 |
| | | 女 | 小计 | 13 608 | 173 | 30 | 60 | 120 | 240 | 480 |
| | | | 18 ～ 44 岁 | 8 769 | 182 | 30 | 60 | 120 | 240 | 480 |
| | | | 45 ～ 59 岁 | 3 830 | 145 | 20 | 60 | 120 | 180 | 420 |
| | | | 60 ～ 79 岁 | 978 | 130 | 25 | 60 | 120 | 180 | 300 |
| | | | 80 岁及以上 | 31 | 146 | 10 | 60 | 120 | 240 | 420 |
| | 城市 | 小计 | 小计 | 18 048 | 188 | 30 | 60 | 120 | 240 | 480 |
| | | | 18 ～ 44 岁 | 11 263 | 202 | 30 | 60 | 150 | 300 | 480 |
| | | | 45 ～ 59 岁 | 5 308 | 152 | 20 | 60 | 120 | 180 | 420 |
| | | | 60 ～ 79 岁 | 1 439 | 136 | 20 | 60 | 120 | 180 | 360 |
| | | | 80 岁及以上 | 38 | 117 | 20 | 30 | 60 | 120 | 540 |
| | | 男 | 小计 | 8 569 | 181 | 30 | 60 | 120 | 240 | 480 |
| | | | 18 ～ 44 岁 | 5 356 | 193 | 30 | 60 | 150 | 240 | 480 |
| | | | 45 ～ 59 岁 | 2 452 | 154 | 20 | 60 | 120 | 180 | 420 |
| | | | 60 ～ 79 岁 | 745 | 143 | 20 | 60 | 120 | 180 | 360 |
| | | | 80 岁及以上 | 16 | 121 | 30 | 30 | 60 | 120 | 540 |
| | | 女 | 小计 | 9 479 | 195 | 30 | 60 | 120 | 270 | 480 |
| | | | 18 ～ 44 岁 | 5 907 | 211 | 30 | 60 | 180 | 300 | 540 |
| | | | 45 ～ 59 岁 | 2 856 | 150 | 20 | 60 | 120 | 180 | 480 |
| | | | 60 ～ 79 岁 | 694 | 126 | 20 | 60 | 90 | 180 | 300 |
| | | | 80 岁及以上 | 22 | 112 | 10 | 40 | 60 | 120 | 240 |
| | 农村 | 小计 | 小计 | 8 805 | 134 | 20 | 60 | 120 | 180 | 360 |
| | | | 18 ～ 44 岁 | 6 050 | 136 | 20 | 60 | 120 | 180 | 360 |
| | | | 45 ～ 59 岁 | 2 078 | 125 | 20 | 60 | 120 | 180 | 300 |
| | | | 60 ～ 79 岁 | 647 | 141 | 30 | 60 | 120 | 180 | 360 |
| | | | 80 岁及以上 | 30 | 187 | 30 | 60 | 120 | 300 | 480 |
| | | 男 | 小计 | 4 676 | 135 | 20 | 60 | 120 | 180 | 360 |
| | | | 18 ～ 44 岁 | 3 188 | 137 | 20 | 60 | 120 | 180 | 360 |
| | | | 45 ～ 59 岁 | 1 104 | 121 | 15 | 60 | 120 | 180 | 300 |
| | | | 60 ～ 79 岁 | 363 | 143 | 30 | 60 | 120 | 180 | 360 |
| | | | 80 岁及以上 | 21 | 173 | 10 | 60 | 120 | 300 | 480 |
| | | 女 | 小计 | 4 129 | 134 | 20 | 60 | 120 | 180 | 360 |
| | | | 18 ～ 44 岁 | 2 862 | 134 | 20 | 60 | 120 | 180 | 360 |
| | | | 45 ～ 59 岁 | 974 | 132 | 20 | 60 | 120 | 180 | 360 |
| | | | 60 ～ 79 岁 | 284 | 139 | 30 | 60 | 120 | 180 | 360 |
| | | | 80 岁及以上 | 9 | 220 | 60 | 120 | 180 | 300 | 420 |
| 东部 | 城乡 | 小计 | 小计 | 9 517 | 177 | 30 | 60 | 120 | 240 | 480 |
| | | | 18 ～ 44 岁 | 5 859 | 189 | 30 | 60 | 120 | 240 | 480 |
| | | | 45 ～ 59 岁 | 2 755 | 141 | 20 | 60 | 120 | 180 | 390 |
| | | | 60 ～ 79 岁 | 874 | 137 | 20 | 60 | 120 | 180 | 360 |
| | | | 80 岁及以上 | 29 | 147 | 20 | 30 | 120 | 180 | 540 |
| | | 男 | 小计 | 4 559 | 172 | 30 | 60 | 120 | 240 | 480 |
| | | | 18 ～ 44 岁 | 2 782 | 183 | 30 | 60 | 120 | 240 | 480 |
| | | | 45 ～ 59 岁 | 1 288 | 143 | 20 | 60 | 120 | 180 | 360 |
| | | | 60 ～ 79 岁 | 474 | 143 | 20 | 60 | 120 | 180 | 420 |
| | | | 80 岁及以上 | 15 | 171 | 30 | 30 | 120 | 300 | 540 |
| | | 女 | 小计 | 4 958 | 182 | 30 | 60 | 120 | 240 | 480 |

| 地区 | 城乡 | 性别 | 年龄 | $n$ | 平均每天与电脑接触时间 /（min/d） | | | | | |
|---|---|---|---|---|---|---|---|---|---|---|
| | | | | | Mean | P5 | P25 | P50 | P75 | P95 |
| 东部 | 城乡 | 女 | 18～44 岁 | 3 077 | 196 | 30 | 60 | 120 | 300 | 540 |
| | | | 45～59 岁 | 1 467 | 140 | 20 | 60 | 120 | 180 | 420 |
| | | | 60～79 岁 | 400 | 130 | 30 | 60 | 120 | 180 | 300 |
| | | | 80 岁及以上 | 14 | 110 | 20 | 60 | 60 | 180 | 240 |
| | 城市 | 小计 | 小计 | 6 743 | 198 | 30 | 60 | 130 | 290 | 530 |
| | | | 18～44 岁 | 3 908 | 220 | 30 | 90 | 180 | 300 | 600 |
| | | | 45～59 岁 | 2 118 | 151 | 20 | 60 | 120 | 180 | 420 |
| | | | 60～79 岁 | 698 | 137 | 20 | 60 | 120 | 180 | 360 |
| | | | 80 岁及以上 | 19 | 136 | 20 | 30 | 60 | 120 | 540 |
| | | 男 | 小计 | 3 131 | 194 | 30 | 60 | 140 | 240 | 480 |
| | | | 18～44 岁 | 1 796 | 212 | 30 | 90 | 180 | 300 | 600 |
| | | | 45～59 岁 | 957 | 154 | 20 | 60 | 120 | 180 | 420 |
| | | | 60～79 岁 | 371 | 145 | 20 | 60 | 120 | 180 | 480 |
| | | | 80 岁及以上 | 7 | 171 | 20 | 30 | 120 | 180 | 540 |
| | | 女 | 小计 | 3 612 | 203 | 30 | 60 | 120 | 300 | 540 |
| | | | 18～44 岁 | 2 112 | 227 | 30 | 90 | 180 | 360 | 600 |
| | | | 45～59 岁 | 1 161 | 146 | 20 | 60 | 120 | 180 | 420 |
| | | | 60～79 岁 | 327 | 125 | 20 | 60 | 90 | 180 | 300 |
| | | | 80 岁及以上 | 12 | 103 | 20 | 40 | 60 | 120 | 240 |
| | 农村 | 小计 | 小计 | 2 774 | 135 | 20 | 60 | 120 | 180 | 360 |
| | | | 18～44 岁 | 1 951 | 139 | 20 | 60 | 120 | 180 | 360 |
| | | | 45～59 岁 | 637 | 109 | 15 | 60 | 90 | 120 | 240 |
| | | | 60～79 岁 | 176 | 140 | 20 | 60 | 120 | 180 | 360 |
| | | | 80 岁及以上 | 10 | 167 | 30 | 30 | 120 | 180 | 600 |
| | | 男 | 小计 | 1 428 | 134 | 20 | 60 | 120 | 180 | 360 |
| | | | 18～44 岁 | 986 | 139 | 20 | 60 | 120 | 180 | 360 |
| | | | 45～59 岁 | 331 | 106 | 20 | 60 | 90 | 120 | 240 |
| | | | 60～79 岁 | 103 | 133 | 20 | 60 | 120 | 180 | 360 |
| | | | 80 岁及以上 | 8 | 171 | 30 | 30 | 120 | 300 | 600 |
| | | 女 | 小计 | 1 346 | 136 | 20 | 60 | 120 | 180 | 420 |
| | | | 18～44 岁 | 965 | 139 | 20 | 60 | 120 | 180 | 480 |
| | | | 45～59 岁 | 306 | 115 | 10 | 60 | 120 | 170 | 255 |
| | | | 60～79 岁 | 73 | 151 | 30 | 60 | 120 | 180 | 360 |
| | | | 80 岁及以上 | 2 | 148 | 120 | 120 | 120 | 180 | 180 |
| 中部 | 城乡 | 小计 | 小计 | 9 993 | 158 | 30 | 60 | 120 | 200 | 480 |
| | | | 18～44 岁 | 6 582 | 162 | 30 | 60 | 120 | 220 | 480 |
| | | | 45～59 岁 | 2 714 | 142 | 20 | 60 | 120 | 180 | 360 |
| | | | 60～79 岁 | 677 | 135 | 20 | 60 | 120 | 180 | 360 |
| | | | 80 岁及以上 | 20 | 172 | 10 | 60 | 120 | 300 | 480 |
| | | 男 | 小计 | 5 006 | 152 | 20 | 60 | 120 | 180 | 390 |
| | | | 18～44 岁 | 3 330 | 155 | 30 | 60 | 120 | 180 | 420 |
| | | | 45～59 岁 | 1 314 | 137 | 20 | 60 | 120 | 180 | 360 |
| | | | 60～79 岁 | 350 | 142 | 20 | 60 | 120 | 180 | 360 |
| | | | 80 岁及以上 | 12 | 167 | 30 | 60 | 120 | 300 | 480 |
| | | 女 | 小计 | 4 987 | 166 | 30 | 60 | 120 | 240 | 480 |
| | | | 18～44 岁 | 3 252 | 171 | 30 | 60 | 120 | 240 | 480 |
| | | | 45～59 岁 | 1 400 | 149 | 30 | 60 | 120 | 180 | 480 |
| | | | 60～79 岁 | 327 | 128 | 30 | 60 | 105 | 180 | 300 |
| | | | 80 岁及以上 | 8 | 178 | 10 | 10 | 180 | 240 | 420 |
| | 城市 | 小计 | 小计 | 6 616 | 178 | 30 | 60 | 120 | 240 | 480 |
| | | | 18～44 岁 | 4 245 | 187 | 30 | 60 | 120 | 240 | 480 |
| | | | 45～59 岁 | 1 929 | 148 | 20 | 60 | 120 | 180 | 420 |
| | | | 60～79 岁 | 434 | 130 | 20 | 60 | 120 | 180 | 300 |
| | | | 80 岁及以上 | 8 | 80 | 10 | 10 | 60 | 60 | 240 |
| | | 男 | 小计 | 3 157 | 170 | 30 | 60 | 120 | 240 | 480 |
| | | | 18～44 岁 | 2 055 | 178 | 30 | 60 | 120 | 240 | 480 |
| | | | 45～59 岁 | 886 | 144 | 20 | 60 | 120 | 180 | 360 |
| | | | 60～79 岁 | 213 | 142 | 20 | 60 | 120 | 180 | 360 |

| 地区 | 城乡 | 性别 | 年龄 | $n$ | 平均每天与电脑接触时间 /（min/d） | | | | | |
|---|---|---|---|---|---|---|---|---|---|---|
| | | | | | Mean | P5 | P25 | P50 | P75 | P95 |
| 中部 | 城市 | 男 | 80 岁及以上 | 3 | 55 | 30 | 60 | 60 | 60 | 60 |
| | | 女 | 小计 | 3 459 | 186 | 30 | 60 | 120 | 240 | 480 |
| | | | 18 ～ 44 岁 | 2 190 | 198 | 30 | 60 | 150 | 240 | 480 |
| | | | 45 ～ 59 岁 | 1 043 | 154 | 30 | 60 | 120 | 180 | 480 |
| | | | 60 ～ 79 岁 | 221 | 118 | 30 | 40 | 90 | 180 | 300 |
| | | | 80 岁及以上 | 5 | 102 | 10 | 10 | 50 | 240 | 240 |
| | 农村 | 小计 | 小计 | 3 377 | 131 | 20 | 60 | 120 | 180 | 360 |
| | | | 18 ～ 44 岁 | 2 337 | 130 | 20 | 60 | 120 | 180 | 330 |
| | | | 45 ～ 59 岁 | 785 | 132 | 20 | 60 | 120 | 180 | 360 |
| | | | 60 ～ 79 岁 | 243 | 143 | 30 | 60 | 120 | 180 | 360 |
| | | | 80 岁及以上 | 12 | 242 | 60 | 60 | 180 | 420 | 480 |
| | | 男 | 小计 | 1 849 | 130 | 20 | 60 | 120 | 180 | 330 |
| | | | 18 ～ 44 岁 | 1 275 | 130 | 20 | 60 | 120 | 180 | 330 |
| | | | 45 ～ 59 岁 | 428 | 127 | 15 | 60 | 120 | 180 | 300 |
| | | | 60 ～ 79 岁 | 137 | 142 | 10 | 60 | 120 | 240 | 360 |
| | | | 80 岁及以上 | 9 | 226 | 60 | 120 | 180 | 360 | 480 |
| | | 女 | 小计 | 1 528 | 133 | 20 | 60 | 120 | 180 | 360 |
| | | | 18 ～ 44 岁 | 1 062 | 131 | 20 | 60 | 120 | 180 | 360 |
| | | | 45 ～ 59 岁 | 357 | 140 | 30 | 60 | 120 | 180 | 360 |
| | | | 60 ～ 79 岁 | 106 | 145 | 30 | 60 | 120 | 180 | 360 |
| | | | 80 岁及以上 | 3 | 274 | 60 | 60 | 420 | 420 | 420 |
| 西部 | 城乡 | 小计 | 小计 | 7 343 | 162 | 20 | 60 | 120 | 240 | 480 |
| | | | 18 ～ 44 岁 | 4 872 | 166 | 20 | 60 | 120 | 240 | 480 |
| | | | 45 ～ 59 岁 | 1 917 | 152 | 20 | 60 | 120 | 210 | 370 |
| | | | 60 ～ 79 岁 | 535 | 140 | 20 | 60 | 120 | 180 | 300 |
| | | | 80 岁及以上 | 19 | 120 | 10 | 60 | 90 | 120 | 300 |
| | | 男 | 小计 | 3 680 | 159 | 20 | 60 | 120 | 230 | 480 |
| | | | 18 ～ 44 岁 | 2 432 | 162 | 30 | 60 | 120 | 240 | 480 |
| | | | 45 ～ 59 岁 | 954 | 154 | 20 | 60 | 120 | 180 | 420 |
| | | | 60 ～ 79 岁 | 284 | 145 | 30 | 60 | 120 | 210 | 300 |
| | | | 80 岁及以上 | 10 | 79 | 10 | 60 | 60 | 120 | 180 |
| | | 女 | 小计 | 3 663 | 166 | 20 | 60 | 120 | 240 | 480 |
| | | | 18 ～ 44 岁 | 2440 | 172 | 20 | 60 | 120 | 240 | 480 |
| | | | 45 ～ 59 岁 | 963 | 149 | 20 | 60 | 120 | 220 | 360 |
| | | | 60 ～ 79 岁 | 251 | 134 | 20 | 60 | 120 | 180 | 360 |
| | | | 80 岁及以上 | 9 | 182 | 60 | 90 | 120 | 300 | 480 |
| | 城市 | 小计 | 小计 | 4 689 | 179 | 25 | 60 | 120 | 240 | 480 |
| | | | 18 ～ 44 岁 | 3 110 | 186 | 30 | 60 | 120 | 240 | 480 |
| | | | 45 ～ 59 岁 | 1 261 | 162 | 20 | 60 | 120 | 240 | 480 |
| | | | 60 ～ 79 岁 | 307 | 140 | 20 | 60 | 120 | 180 | 360 |
| | | | 80 岁及以上 | 11 | 104 | 30 | 60 | 60 | 120 | 240 |
| | | 男 | 小计 | 2 281 | 172 | 30 | 60 | 120 | 240 | 480 |
| | | | 18 ～ 44 岁 | 1 505 | 175 | 30 | 60 | 120 | 240 | 480 |
| | | | 45 ～ 59 岁 | 609 | 167 | 30 | 60 | 120 | 240 | 480 |
| | | | 60 ～ 79 岁 | 161 | 139 | 20 | 60 | 120 | 180 | 300 |
| | | | 80 岁及以上 | 6 | 81 | 30 | 60 | 60 | 120 | 180 |
| | | 女 | 小计 | 2 408 | 187 | 20 | 60 | 120 | 270 | 480 |
| | | | 18 ～ 44 岁 | 1 605 | 198 | 25 | 60 | 130 | 300 | 480 |
| | | | 45 ～ 59 岁 | 652 | 154 | 20 | 60 | 120 | 240 | 480 |
| | | | 60 ～ 79 岁 | 146 | 141 | 20 | 30 | 120 | 180 | 480 |
| | | | 80 岁及以上 | 5 | 150 | 60 | 90 | 120 | 120 | 480 |
| | 农村 | 小计 | 小计 | 2 654 | 139 | 20 | 60 | 120 | 180 | 360 |
| | | | 18 ～ 44 岁 | 1 762 | 139 | 20 | 60 | 120 | 180 | 370 |
| | | | 45 ～ 59 岁 | 656 | 135 | 10 | 60 | 120 | 180 | 300 |
| | | | 60 ～ 79 岁 | 228 | 141 | 30 | 60 | 120 | 180 | 300 |
| | | | 80 岁及以上 | 8 | 146 | 10 | 60 | 120 | 300 | 300 |
| | | 男 | 小计 | 1 399 | 142 | 20 | 60 | 120 | 180 | 360 |
| | | | 18 ～ 44 岁 | 927 | 144 | 20 | 60 | 120 | 180 | 420 |

| 地区 | 城乡 | 性别 | 年龄 | n | 平均每天与电脑接触时间 /（min/d） | | | | | |
|---|---|---|---|---|---|---|---|---|---|---|
| | | | | | Mean | P5 | P25 | P50 | P75 | P95 |
| 西部 | 农村 | 男 | 45 ~ 59 岁 | 345 | 131 | 10 | 60 | 120 | 180 | 300 |
| | | | 60 ~ 79 岁 | 123 | 152 | 30 | 60 | 120 | 230 | 300 |
| | | | 80 岁及以上 | 4 | 72 | 10 | 10 | 60 | 120 | 180 |
| | | 女 | 小计 | 1 255 | 134 | 20 | 60 | 120 | 180 | 360 |
| | | | 18 ~ 44 岁 | 835 | 132 | 20 | 60 | 120 | 180 | 360 |
| | | | 45 ~ 59 岁 | 311 | 141 | 20 | 60 | 120 | 180 | 360 |
| | | | 60 ~ 79 岁 | 105 | 127 | 30 | 60 | 120 | 180 | 240 |
| | | | 80 岁及以上 | 4 | 214 | 20 | 120 | 300 | 300 | 300 |

## 附表 9-5 中国人群分片区、城乡、性别、年龄的平均每天与电脑接触时间

| 地区 | 城乡 | 性别 | 年龄 | n | 平均每天与电脑接触时间 /（min/d） | | | | | |
|---|---|---|---|---|---|---|---|---|---|---|
| | | | | | Mean | P5 | P25 | P50 | P75 | P95 |
| 合计 | 城乡 | 小计 | 小计 | 26 853 | 167 | 30 | 60 | 120 | 240 | 480 |
| | | | 18 ~ 44 岁 | 17 313 | 175 | 30 | 60 | 120 | 240 | 480 |
| | | | 45 ~ 59 岁 | 7 386 | 144 | 20 | 60 | 120 | 180 | 380 |
| | | | 60 ~ 79 岁 | 2 086 | 138 | 20 | 60 | 120 | 180 | 360 |
| | | | 80 岁及以上 | 68 | 146 | 20 | 60 | 120 | 180 | 480 |
| | | 男 | 小计 | 13 245 | 162 | 20 | 60 | 120 | 240 | 480 |
| | | | 18 ~ 44 岁 | 8 544 | 168 | 30 | 60 | 120 | 240 | 480 |
| | | | 45 ~ 59 岁 | 3 556 | 143 | 20 | 60 | 120 | 180 | 360 |
| | | | 60 ~ 79 岁 | 1 108 | 143 | 20 | 60 | 120 | 180 | 360 |
| | | | 80 岁及以上 | 37 | 146 | 30 | 30 | 60 | 180 | 540 |
| | | 女 | 小计 | 13 608 | 173 | 30 | 60 | 120 | 240 | 480 |
| | | | 18 ~ 44 岁 | 8 769 | 182 | 30 | 60 | 120 | 240 | 480 |
| | | | 45 ~ 59 岁 | 3 830 | 145 | 20 | 60 | 120 | 180 | 420 |
| | | | 60 ~ 79 岁 | 978 | 130 | 25 | 60 | 120 | 180 | 300 |
| | | | 80 岁及以上 | 31 | 146 | 10 | 60 | 120 | 240 | 420 |
| | 城市 | 小计 | 小计 | 18 048 | 188 | 30 | 60 | 120 | 240 | 480 |
| | | | 18 ~ 44 岁 | 11 263 | 202 | 30 | 60 | 150 | 300 | 480 |
| | | | 45 ~ 59 岁 | 5 308 | 152 | 20 | 60 | 120 | 180 | 420 |
| | | | 60 ~ 79 岁 | 1 439 | 136 | 20 | 60 | 120 | 180 | 360 |
| | | | 80 岁及以上 | 38 | 117 | 20 | 30 | 60 | 120 | 540 |
| | | 男 | 小计 | 8 569 | 181 | 30 | 60 | 120 | 240 | 480 |
| | | | 18 ~ 44 岁 | 5 356 | 193 | 30 | 60 | 150 | 240 | 480 |
| | | | 45 ~ 59 岁 | 2 452 | 154 | 20 | 60 | 120 | 180 | 420 |
| | | | 60 ~ 79 岁 | 745 | 143 | 20 | 60 | 120 | 180 | 360 |
| | | | 80 岁及以上 | 16 | 121 | 30 | 30 | 60 | 120 | 540 |
| | | 女 | 小计 | 9 479 | 195 | 30 | 60 | 120 | 270 | 480 |
| | | | 18 ~ 44 岁 | 5 907 | 211 | 30 | 60 | 180 | 300 | 540 |
| | | | 45 ~ 59 岁 | 2 856 | 150 | 20 | 60 | 120 | 180 | 480 |
| | | | 60 ~ 79 岁 | 694 | 126 | 20 | 60 | 90 | 180 | 300 |
| | | | 80 岁及以上 | 22 | 112 | 10 | 40 | 60 | 120 | 240 |
| | 农村 | 小计 | 小计 | 8 805 | 134 | 20 | 60 | 120 | 180 | 360 |
| | | | 18 ~ 44 岁 | 6 050 | 136 | 20 | 60 | 120 | 180 | 360 |
| | | | 45 ~ 59 岁 | 2 078 | 125 | 20 | 60 | 120 | 180 | 300 |
| | | | 60 ~ 79 岁 | 647 | 141 | 30 | 60 | 120 | 180 | 360 |
| | | | 80 岁及以上 | 30 | 187 | 30 | 60 | 120 | 300 | 480 |
| | | 男 | 小计 | 4 676 | 135 | 20 | 60 | 120 | 180 | 360 |
| | | | 18 ~ 44 岁 | 3 188 | 137 | 20 | 60 | 120 | 180 | 360 |
| | | | 45 ~ 59 岁 | 1 104 | 121 | 15 | 60 | 120 | 180 | 300 |
| | | | 60 ~ 79 岁 | 363 | 143 | 30 | 60 | 120 | 180 | 360 |
| | | | 80 岁及以上 | 21 | 173 | 10 | 60 | 120 | 300 | 480 |
| | | 女 | 小计 | 4 129 | 134 | 20 | 60 | 120 | 180 | 360 |

| 地区 | 城乡 | 性别 | 年龄 | *n* | 平均每天与电脑接触时间 /（min/d） | | | | | |
|---|---|---|---|---|---|---|---|---|---|---|
| | | | | | Mean | P5 | P25 | P50 | P75 | P95 |
| 合计 | 农村 | 女 | 18 ～ 44 岁 | 2 862 | 134 | 20 | 60 | 120 | 180 | 360 |
| | | | 45 ～ 59 岁 | 974 | 132 | 20 | 60 | 120 | 180 | 360 |
| | | | 60 ～ 79 岁 | 284 | 139 | 30 | 60 | 120 | 180 | 360 |
| | | | 80 岁及以上 | 9 | 220 | 60 | 120 | 180 | 300 | 420 |
| 华北 | 城乡 | 小计 | 小计 | 5 007 | 151 | 30 | 60 | 120 | 180 | 480 |
| | | | 18 ～ 44 岁 | 3 029 | 159 | 30 | 60 | 120 | 180 | 480 |
| | | | 45 ～ 59 岁 | 1 501 | 131 | 20 | 60 | 120 | 180 | 360 |
| | | | 60 ～ 79 岁 | 459 | 129 | 30 | 60 | 120 | 180 | 360 |
| | | | 80 岁及以上 | 18 | 133 | 20 | 30 | 60 | 240 | 600 |
| | | 男 | 小计 | 2 341 | 149 | 30 | 60 | 120 | 180 | 420 |
| | | | 18 ～ 44 岁 | 1 452 | 156 | 30 | 60 | 120 | 180 | 420 |
| | | | 45 ～ 59 岁 | 651 | 131 | 20 | 60 | 120 | 180 | 360 |
| | | | 60 ～ 79 岁 | 231 | 130 | 25 | 60 | 120 | 180 | 360 |
| | | | 80 岁及以上 | 7 | 152 | 20 | 30 | 120 | 120 | 600 |
| | | 女 | 小计 | 2 666 | 154 | 30 | 60 | 120 | 180 | 480 |
| | | | 18 ～ 44 岁 | 1 577 | 163 | 30 | 60 | 120 | 240 | 480 |
| | | | 45 ～ 59 岁 | 850 | 130 | 20 | 60 | 120 | 180 | 360 |
| | | | 60 ～ 79 岁 | 228 | 127 | 30 | 60 | 120 | 150 | 360 |
| | | | 80 岁及以上 | 11 | 119 | 20 | 40 | 60 | 240 | 240 |
| | 城市 | 小计 | 小计 | 3 497 | 172 | 30 | 60 | 120 | 240 | 480 |
| | | | 18 ～ 44 岁 | 1 929 | 189 | 30 | 60 | 120 | 240 | 480 |
| | | | 45 ～ 59 岁 | 1 169 | 138 | 20 | 60 | 120 | 180 | 360 |
| | | | 60 ～ 79 岁 | 386 | 125 | 30 | 60 | 120 | 180 | 300 |
| | | | 80 岁及以上 | 13 | 107 | 20 | 30 | 60 | 240 | 240 |
| | | 男 | 小计 | 1 565 | 169 | 30 | 60 | 120 | 240 | 480 |
| | | | 18 ～ 44 岁 | 869 | 185 | 30 | 60 | 120 | 240 | 480 |
| | | | 45 ～ 59 岁 | 504 | 139 | 20 | 60 | 120 | 180 | 360 |
| | | | 60 ～ 79 岁 | 189 | 127 | 30 | 60 | 120 | 180 | 300 |
| | | | 80 岁及以上 | 3 | 69 | 20 | 20 | 30 | 180 | 180 |
| | | 女 | 小计 | 1 932 | 174 | 30 | 60 | 120 | 240 | 480 |
| | | | 18 ～ 44 岁 | 1 060 | 193 | 30 | 60 | 120 | 240 | 480 |
| | | | 45 ～ 59 岁 | 665 | 137 | 30 | 60 | 120 | 180 | 360 |
| | | | 60 ～ 79 岁 | 197 | 124 | 30 | 60 | 90 | 120 | 300 |
| | | | 80 岁及以上 | 10 | 119 | 20 | 30 | 60 | 240 | 240 |
| | 农村 | 小计 | 小计 | 1 510 | 117 | 20 | 60 | 120 | 180 | 300 |
| | | | 18 ～ 44 岁 | 1 100 | 117 | 20 | 60 | 120 | 180 | 300 |
| | | | 45 ～ 59 岁 | 332 | 106 | 10 | 30 | 80 | 122 | 240 |
| | | | 60 ～ 79 岁 | 73 | 147 | 30 | 60 | 120 | 150 | 390 |
| | | | 80 岁及以上 | 5 | 187 | 60 | 60 | 120 | 120 | 600 |
| | | 男 | 小计 | 776 | 120 | 20 | 60 | 120 | 180 | 300 |
| | | | 18 ～ 44 岁 | 583 | 121 | 20 | 60 | 120 | 180 | 300 |
| | | | 45 ～ 59 岁 | 147 | 101 | 10 | 30 | 60 | 120 | 260 |
| | | | 60 ～ 79 岁 | 42 | 146 | 20 | 60 | 120 | 120 | 390 |
| | | | 80 岁及以上 | 4 | 205 | 60 | 60 | 120 | 120 | 600 |
| | | 女 | 小计 | 734 | 112 | 20 | 60 | 90 | 150 | 270 |
| | | | 18 ～ 44 岁 | 517 | 111 | 20 | 60 | 90 | 122 | 270 |
| | | | 45 ～ 59 岁 | 185 | 111 | 10 | 60 | 120 | 180 | 210 |
| | | | 60 ～ 79 岁 | 31 | 149 | 30 | 90 | 120 | 150 | 480 |
| | | | 80 岁及以上 | 1 | 120 | 120 | 120 | 120 | 120 | 120 |
| 华东 | 城乡 | 小计 | 小计 | 7 280 | 177 | 30 | 60 | 120 | 240 | 480 |
| | | | 18 ～ 44 岁 | 4 953 | 187 | 30 | 60 | 120 | 240 | 480 |
| | | | 45 ～ 59 岁 | 1 806 | 137 | 20 | 60 | 120 | 180 | 420 |
| | | | 60 ～ 79 岁 | 509 | 143 | 10 | 60 | 120 | 180 | 480 |
| | | | 80 岁及以上 | 12 | 184 | 30 | 60 | 120 | 300 | 540 |
| | | 男 | 小计 | 3 662 | 172 | 30 | 60 | 120 | 240 | 480 |
| | | | 18 ～ 44 岁 | 2 388 | 180 | 30 | 60 | 120 | 240 | 480 |
| | | | 45 ～ 59 岁 | 976 | 139 | 20 | 60 | 120 | 180 | 360 |
| | | | 60 ～ 79 岁 | 289 | 155 | 10 | 60 | 120 | 240 | 480 |

| 地区 | 城乡 | 性别 | 年龄 | *n* | 平均每天与电脑接触时间 /（min/d） | | | | | |
|---|---|---|---|---|---|---|---|---|---|---|
| | | | | | Mean | P5 | P25 | P50 | P75 | P95 |
| 华东 | 城乡 | 男 | 80 岁及以上 | 9 | 213 | 30 | 120 | 120 | 300 | 540 |
| | | 女 | 小计 | 3 618 | 185 | 24 | 60 | 120 | 240 | 480 |
| | | | 18 ～ 44 岁 | 2 565 | 194 | 30 | 60 | 120 | 300 | 530 |
| | | | 45 ～ 59 岁 | 830 | 134 | 20 | 60 | 120 | 180 | 420 |
| | | | 60 ～ 79 岁 | 220 | 123 | 10 | 40 | 60 | 180 | 300 |
| | | | 80 岁及以上 | 3 | 85 | 60 | 60 | 60 | 120 | 120 |
| | 城市 | 小计 | 小计 | 5 261 | 195 | 30 | 60 | 120 | 300 | 480 |
| | | | 18 ～ 44 岁 | 3 404 | 208 | 30 | 60 | 180 | 300 | 540 |
| | | | 45 ～ 59 岁 | 1 426 | 149 | 20 | 60 | 120 | 180 | 420 |
| | | | 60 ～ 79 岁 | 423 | 145 | 10 | 60 | 120 | 180 | 480 |
| | | | 80 岁及以上 | 8 | 173 | 30 | 60 | 120 | 120 | 540 |
| | | 男 | 小计 | 2 561 | 189 | 30 | 60 | 120 | 240 | 480 |
| | | | 18 ～ 44 岁 | 1 590 | 200 | 30 | 60 | 180 | 300 | 480 |
| | | | 45 ～ 59 岁 | 725 | 155 | 20 | 60 | 120 | 230 | 420 |
| | | | 60 ～ 79 岁 | 241 | 164 | 20 | 60 | 120 | 240 | 480 |
| | | | 80 岁及以上 | 5 | 212 | 30 | 30 | 120 | 540 | 540 |
| | | 女 | 小计 | 2 700 | 202 | 30 | 60 | 120 | 300 | 540 |
| | | | 18 ～ 44 岁 | 1 814 | 217 | 30 | 80 | 180 | 300 | 540 |
| | | | 45 ～ 59 岁 | 701 | 141 | 20 | 60 | 120 | 180 | 420 |
| | | | 60 ～ 79 岁 | 182 | 114 | 10 | 30 | 60 | 180 | 300 |
| | | | 80 岁及以上 | 3 | 85 | 60 | 60 | 60 | 120 | 120 |
| | 农村 | 小计 | 小计 | 2 019 | 145 | 20 | 60 | 120 | 180 | 480 |
| | | | 18 ～ 44 岁 | 1 549 | 151 | 20 | 60 | 120 | 180 | 480 |
| | | | 45 ～ 59 岁 | 380 | 100 | 10 | 30 | 60 | 120 | 240 |
| | | | 60 ～ 79 岁 | 86 | 135 | 10 | 60 | 120 | 180 | 360 |
| | | | 80 岁及以上 | 4 | 214 | 120 | 120 | 180 | 300 | 300 |
| | | 男 | 小计 | 1 101 | 143 | 20 | 60 | 120 | 180 | 360 |
| | | | 18 ～ 44 岁 | 798 | 150 | 30 | 60 | 120 | 180 | 420 |
| | | | 45 ～ 59 岁 | 251 | 99 | 10 | 30 | 60 | 120 | 240 |
| | | | 60 ～ 79 岁 | 48 | 121 | 10 | 30 | 120 | 180 | 300 |
| | | | 80 岁及以上 | 4 | 214 | 120 | 120 | 180 | 300 | 300 |
| | | 女 | 小计 | 918 | 148 | 20 | 60 | 120 | 180 | 480 |
| | | | 18 ～ 44 岁 | 751 | 151 | 20 | 60 | 120 | 180 | 480 |
| | | | 45 ～ 59 岁 | 129 | 103 | 10 | 40 | 60 | 120 | 300 |
| | | | 60 ～ 79 岁 | 38 | 157 | 30 | 60 | 120 | 240 | 360 |
| | | | 80 岁及以上 | 0 | 0 | 0 | 0 | 0 | 0 | 0 |
| 华南 | 城乡 | 小计 | 小计 | 5 163 | 163 | 20 | 60 | 120 | 210 | 480 |
| | | | 18 ～ 44 岁 | 3 419 | 170 | 20 | 60 | 120 | 240 | 480 |
| | | | 45 ～ 59 岁 | 1 370 | 144 | 30 | 60 | 120 | 180 | 380 |
| | | | 60 ～ 79 岁 | 360 | 134 | 20 | 60 | 120 | 180 | 360 |
| | | | 80 岁及以上 | 14 | 172 | 30 | 30 | 60 | 360 | 480 |
| | | 男 | 小计 | 2 621 | 155 | 20 | 60 | 120 | 180 | 480 |
| | | | 18 ～ 44 岁 | 1 784 | 159 | 20 | 60 | 120 | 210 | 480 |
| | | | 45 ～ 59 岁 | 643 | 142 | 20 | 60 | 120 | 180 | 360 |
| | | | 60 ～ 79 岁 | 186 | 142 | 20 | 60 | 120 | 180 | 360 |
| | | | 80 岁及以上 | 8 | 135 | 30 | 30 | 60 | 300 | 480 |
| | | 女 | 小计 | 2 542 | 173 | 30 | 60 | 120 | 240 | 480 |
| | | | 18 ～ 44 岁 | 1 635 | 184 | 30 | 60 | 120 | 240 | 480 |
| | | | 45 ～ 59 岁 | 727 | 146 | 30 | 60 | 120 | 180 | 390 |
| | | | 60 ～ 79 岁 | 174 | 123 | 20 | 60 | 90 | 180 | 300 |
| | | | 80 岁及以上 | 6 | 249 | 60 | 60 | 180 | 420 | 480 |
| | 城市 | 小计 | 小计 | 3 614 | 192 | 30 | 60 | 150 | 240 | 480 |
| | | | 18 ～ 44 岁 | 2 365 | 210 | 30 | 90 | 180 | 270 | 600 |
| | | | 45 ～ 59 岁 | 1 004 | 152 | 20 | 60 | 120 | 180 | 480 |
| | | | 60 ～ 79 岁 | 239 | 128 | 20 | 60 | 120 | 180 | 360 |
| | | | 80 岁及以上 | 6 | 108 | 30 | 60 | 60 | 60 | 480 |
| | | 男 | 小计 | 1 762 | 183 | 30 | 60 | 150 | 240 | 480 |
| | | | 18 ～ 44 岁 | 1 201 | 196 | 30 | 90 | 180 | 240 | 480 |

| 地区 | 城乡 | 性别 | 年龄 | n | 平均每天与电脑接触时间 /（min/d） | | | | | |
| --- | --- | --- | --- | --- | --- | --- | --- | --- | --- | --- |
| | | | | | Mean | P5 | P25 | P50 | P75 | P95 |
| 华南 | 城市 | 男 | 45 ～ 59 岁 | 442 | 152 | 20 | 60 | 120 | 180 | 450 |
| | | | 60 ～ 79 岁 | 116 | 139 | 20 | 60 | 120 | 180 | 360 |
| | | | 80 岁及以上 | 3 | 59 | 30 | 30 | 60 | 60 | 60 |
| | | 女 | 小计 | 1 852 | 201 | 30 | 60 | 150 | 270 | 540 |
| | | | 18 ～ 44 岁 | 1 164 | 225 | 30 | 110 | 180 | 300 | 600 |
| | | | 45 ～ 59 岁 | 562 | 152 | 30 | 60 | 120 | 180 | 480 |
| | | | 60 ～ 79 岁 | 123 | 117 | 15 | 35 | 90 | 180 | 300 |
| | | | 80 岁及以上 | 3 | 221 | 60 | 60 | 120 | 480 | 480 |
| | 农村 | 小计 | 小计 | 1 549 | 122 | 20 | 60 | 120 | 180 | 318 |
| | | | 18 ～ 44 岁 | 1 054 | 119 | 20 | 50 | 90 | 150 | 330 |
| | | | 45 ～ 59 岁 | 366 | 127 | 30 | 60 | 120 | 180 | 300 |
| | | | 60 ～ 79 岁 | 121 | 143 | 20 | 60 | 120 | 180 | 360 |
| | | | 80 岁及以上 | 8 | 200 | 30 | 30 | 60 | 420 | 480 |
| | | 男 | 小计 | 859 | 119 | 20 | 60 | 120 | 180 | 310 |
| | | | 18 ～ 44 岁 | 583 | 116 | 20 | 40 | 90 | 150 | 310 |
| | | | 45 ～ 59 岁 | 201 | 126 | 30 | 60 | 120 | 180 | 300 |
| | | | 60 ～ 79 岁 | 70 | 148 | 10 | 60 | 120 | 240 | 360 |
| | | | 80 岁及以上 | 5 | 170 | 30 | 30 | 60 | 360 | 480 |
| | | 女 | 小计 | 690 | 126 | 30 | 60 | 90 | 180 | 360 |
| | | | 18 ～ 44 岁 | 471 | 124 | 20 | 60 | 90 | 180 | 360 |
| | | | 45 ～ 59 岁 | 165 | 128 | 30 | 60 | 120 | 180 | 300 |
| | | | 60 ～ 79 岁 | 51 | 136 | 20 | 60 | 120 | 180 | 300 |
| | | | 80 岁及以上 | 3 | 260 | 60 | 60 | 180 | 420 | 420 |
| 西北 | 城乡 | 小计 | 小计 | 2 982 | 161 | 30 | 60 | 120 | 210 | 480 |
| | | | 18 ～ 44 岁 | 1 747 | 173 | 30 | 60 | 120 | 240 | 480 |
| | | | 45 ～ 59 岁 | 944 | 141 | 30 | 60 | 120 | 180 | 360 |
| | | | 60 ～ 79 岁 | 282 | 129 | 30 | 60 | 120 | 180 | 270 |
| | | | 80 岁及以上 | 9 | 118 | 10 | 60 | 120 | 120 | 300 |
| | | 男 | 小计 | 1 446 | 159 | 30 | 60 | 120 | 180 | 420 |
| | | | 18 ～ 44 岁 | 819 | 170 | 30 | 60 | 120 | 240 | 480 |
| | | | 45 ～ 59 岁 | 464 | 141 | 30 | 60 | 120 | 180 | 300 |
| | | | 60 ～ 79 岁 | 159 | 139 | 30 | 90 | 120 | 180 | 300 |
| | | | 80 岁及以上 | 4 | 71 | 10 | 10 | 60 | 120 | 120 |
| | | 女 | 小计 | 1 536 | 163 | 30 | 60 | 120 | 240 | 480 |
| | | | 18 ～ 44 岁 | 928 | 175 | 30 | 60 | 120 | 240 | 480 |
| | | | 45 ～ 59 岁 | 480 | 143 | 30 | 60 | 120 | 180 | 360 |
| | | | 60 ～ 79 岁 | 123 | 114 | 20 | 60 | 120 | 160 | 240 |
| | | | 80 岁及以上 | 5 | 153 | 20 | 90 | 120 | 300 | 300 |
| | 城市 | 小计 | 小计 | 2 053 | 176 | 30 | 60 | 120 | 240 | 480 |
| | | | 18 ～ 44 岁 | 1 224 | 190 | 30 | 60 | 130 | 240 | 480 |
| | | | 45 ～ 59 岁 | 657 | 150 | 30 | 60 | 120 | 180 | 420 |
| | | | 60 ～ 79 岁 | 168 | 136 | 20 | 60 | 120 | 180 | 300 |
| | | | 80 岁及以上 | 4 | 98 | 60 | 90 | 90 | 120 | 120 |
| | | 男 | 小计 | 984 | 172 | 30 | 60 | 120 | 240 | 480 |
| | | | 18 ～ 44 岁 | 570 | 184 | 30 | 60 | 120 | 240 | 480 |
| | | | 45 ～ 59 岁 | 315 | 148 | 30 | 60 | 120 | 180 | 360 |
| | | | 60 ～ 79 岁 | 97 | 147 | 30 | 90 | 120 | 180 | 300 |
| | | | 80 岁及以上 | 2 | 93 | 60 | 60 | 120 | 120 | 120 |
| | | 女 | 小计 | 1 069 | 181 | 30 | 60 | 120 | 240 | 480 |
| | | | 18 ～ 44 岁 | 654 | 196 | 30 | 60 | 180 | 300 | 480 |
| | | | 45 ～ 59 岁 | 342 | 153 | 30 | 60 | 120 | 240 | 420 |
| | | | 60 ～ 79 岁 | 71 | 118 | 20 | 60 | 120 | 180 | 240 |
| | | | 80 岁及以上 | 2 | 103 | 90 | 90 | 90 | 120 | 120 |
| | 农村 | 小计 | 小计 | 929 | 131 | 30 | 60 | 120 | 180 | 270 |
| | | | 18 ～ 44 岁 | 523 | 136 | 30 | 60 | 120 | 180 | 300 |
| | | | 45 ～ 59 岁 | 287 | 125 | 20 | 60 | 120 | 150 | 240 |
| | | | 60 ～ 79 岁 | 114 | 121 | 30 | 60 | 120 | 180 | 240 |
| | | | 80 岁及以上 | 5 | 140 | 10 | 10 | 120 | 300 | 300 |

| 地区 | 城乡 | 性别 | 年龄 | $n$ | 平均每天与电脑接触时间 /（min/d） | | | | | |
|---|---|---|---|---|---|---|---|---|---|---|
| | | | | | Mean | P5 | P25 | P50 | P75 | P95 |
| 西北 | 农村 | 男 | 小计 | 462 | 136 | 30 | 60 | 120 | 180 | 270 |
| | | | 18 ～ 44 岁 | 249 | 141 | 30 | 60 | 120 | 180 | 385 |
| | | | 45 ～ 59 岁 | 149 | 128 | 20 | 60 | 120 | 160 | 240 |
| | | | 60 ～ 79 岁 | 62 | 130 | 30 | 80 | 120 | 180 | 240 |
| | | | 80 岁及以上 | 2 | 33 | 10 | 10 | 10 | 10 | 120 |
| | | 女 | 小计 | 467 | 127 | 20 | 60 | 120 | 180 | 270 |
| | | | 18 ～ 44 岁 | 274 | 130 | 30 | 60 | 120 | 180 | 280 |
| | | | 45 ～ 59 岁 | 138 | 122 | 10 | 60 | 120 | 150 | 300 |
| | | | 60 ～ 79 岁 | 52 | 109 | 30 | 60 | 120 | 150 | 210 |
| | | | 80 岁及以上 | 3 | 191 | 20 | 120 | 120 | 300 | 300 |
| 东北 | 城乡 | 小计 | 小计 | 3 643 | 169 | 30 | 60 | 120 | 240 | 480 |
| | | | 18 ～ 44 岁 | 2 155 | 174 | 30 | 60 | 120 | 240 | 480 |
| | | | 45 ～ 59 岁 | 1 161 | 155 | 30 | 60 | 120 | 180 | 420 |
| | | | 60 ～ 79 岁 | 316 | 144 | 30 | 60 | 120 | 240 | 330 |
| | | | 80 岁及以上 | 11 | 102 | 10 | 10 | 120 | 180 | 240 |
| | | 男 | 小计 | 1 752 | 166 | 30 | 60 | 120 | 240 | 480 |
| | | | 18 ～ 44 岁 | 1 071 | 173 | 30 | 60 | 120 | 240 | 480 |
| | | | 45 ～ 59 岁 | 512 | 146 | 30 | 60 | 120 | 180 | 360 |
| | | | 60 ～ 79 岁 | 163 | 142 | 30 | 60 | 120 | 210 | 360 |
| | | | 80 岁及以上 | 6 | 113 | 30 | 60 | 120 | 120 | 210 |
| | | 女 | 小计 | 1 891 | 172 | 30 | 60 | 120 | 240 | 480 |
| | | | 18 ～ 44 岁 | 1 084 | 176 | 30 | 60 | 120 | 240 | 480 |
| | | | 45 ～ 59 岁 | 649 | 164 | 30 | 60 | 120 | 240 | 480 |
| | | | 60 ～ 79 岁 | 153 | 147 | 30 | 60 | 120 | 240 | 300 |
| | | | 80 岁及以上 | 5 | 94 | 10 | 10 | 50 | 240 | 240 |
| | 城市 | 小计 | 小计 | 2 159 | 195 | 30 | 85 | 150 | 240 | 480 |
| | | | 18 ～ 44 岁 | 1 237 | 210 | 30 | 120 | 180 | 300 | 480 |
| | | | 45 ～ 59 岁 | 746 | 159 | 30 | 60 | 120 | 210 | 420 |
| | | | 60 ～ 79 岁 | 171 | 141 | 30 | 60 | 120 | 240 | 300 |
| | | | 80 岁及以上 | 5 | 76 | 10 | 10 | 30 | 240 | 240 |
| | | 男 | 小计 | 972 | 190 | 30 | 90 | 150 | 240 | 480 |
| | | | 18 ～ 44 岁 | 583 | 206 | 50 | 120 | 180 | 270 | 480 |
| | | | 45 ～ 59 岁 | 308 | 148 | 30 | 60 | 120 | 180 | 360 |
| | | | 60 ～ 79 岁 | 80 | 136 | 30 | 60 | 120 | 180 | 330 |
| | | | 80 岁及以上 | 1 | 30 | 30 | 30 | 30 | 30 | 30 |
| | | 女 | 小计 | 1 187 | 199 | 30 | 85 | 150 | 240 | 480 |
| | | | 18 ～ 44 岁 | 654 | 214 | 30 | 120 | 180 | 300 | 540 |
| | | | 45 ～ 59 岁 | 438 | 169 | 30 | 60 | 120 | 240 | 480 |
| | | | 60 ～ 79 岁 | 91 | 147 | 30 | 60 | 120 | 240 | 300 |
| | | | 80 岁及以上 | 4 | 83 | 10 | 10 | 10 | 240 | 240 |
| | 农村 | 小计 | 小计 | 1 484 | 137 | 20 | 60 | 120 | 180 | 300 |
| | | | 18 ～ 44 岁 | 918 | 133 | 20 | 60 | 120 | 180 | 300 |
| | | | 45 ～ 59 岁 | 415 | 149 | 30 | 60 | 120 | 180 | 420 |
| | | | 60 ～ 79 岁 | 145 | 148 | 40 | 60 | 120 | 240 | 360 |
| | | | 80 岁及以上 | 6 | 137 | 60 | 120 | 120 | 180 | 210 |
| | | 男 | 小计 | 780 | 140 | 20 | 60 | 120 | 180 | 300 |
| | | | 18 ～ 44 岁 | 488 | 139 | 20 | 60 | 120 | 180 | 300 |
| | | | 45 ～ 59 岁 | 204 | 143 | 20 | 60 | 120 | 180 | 300 |
| | | | 60 ～ 79 岁 | 83 | 150 | 40 | 60 | 120 | 240 | 360 |
| | | | 80 岁及以上 | 5 | 130 | 60 | 120 | 120 | 120 | 210 |
| | | 女 | 小计 | 704 | 133 | 30 | 60 | 120 | 180 | 300 |
| | | | 18 ～ 44 岁 | 430 | 126 | 30 | 60 | 120 | 180 | 300 |
| | | | 45 ～ 59 岁 | 211 | 156 | 30 | 60 | 120 | 180 | 480 |
| | | | 60 ～ 79 岁 | 62 | 146 | 30 | 60 | 120 | 180 | 360 |
| | | | 80 岁及以上 | 1 | 180 | 180 | 180 | 180 | 180 | 180 |
| 西南 | 城乡 | 小计 | 小计 | 2 778 | 174 | 20 | 60 | 120 | 240 | 480 |
| | | | 18 ～ 44 岁 | 2 010 | 174 | 20 | 60 | 120 | 240 | 480 |
| | | | 45 ～ 59 岁 | 604 | 175 | 10 | 60 | 120 | 240 | 480 |

| 地区 | 城乡 | 性别 | 年龄 | *n* | 平均每天与电脑接触时间 /（min/d） | | | | | |
|---|---|---|---|---|---|---|---|---|---|---|
| | | | | | Mean | P5 | P25 | P50 | P75 | P95 |
| 西南 | 城乡 | 小计 | 60～79 岁 | 160 | 156 | 30 | 60 | 120 | 240 | 360 |
| | | | 80 岁及以上 | 4 | 100 | 30 | 60 | 60 | 60 | 300 |
| | | 男 | 小计 | 1 423 | 168 | 20 | 60 | 120 | 240 | 480 |
| | | | 18～44 岁 | 1 030 | 167 | 20 | 60 | 120 | 240 | 480 |
| | | | 45～59 岁 | 310 | 177 | 10 | 60 | 120 | 240 | 480 |
| | | | 60～79 岁 | 80 | 145 | 20 | 60 | 120 | 240 | 300 |
| | | | 80 岁及以上 | 3 | 70 | 30 | 60 | 60 | 60 | 180 |
| | | 女 | 小计 | 1 355 | 181 | 20 | 60 | 120 | 240 | 480 |
| | | | 18～44 岁 | 980 | 183 | 20 | 60 | 120 | 240 | 480 |
| | | | 45～59 岁 | 294 | 173 | 15 | 60 | 120 | 240 | 480 |
| | | | 60～79 岁 | 80 | 169 | 30 | 60 | 180 | 195 | 480 |
| | | | 80 岁及以上 | 1 | 300 | 300 | 300 | 300 | 300 | 300 |
| | 城市 | 小计 | 小计 | 1 464 | 186 | 20 | 60 | 120 | 300 | 480 |
| | | | 18～44 岁 | 1 104 | 187 | 20 | 60 | 120 | 300 | 480 |
| | | | 45～59 岁 | 306 | 187 | 10 | 60 | 120 | 300 | 480 |
| | | | 60～79 岁 | 52 | 163 | 20 | 60 | 120 | 240 | 480 |
| | | | 80 岁及以上 | 2 | 54 | 30 | 60 | 60 | 60 | 60 |
| | | 男 | 小计 | 725 | 174 | 20 | 60 | 120 | 240 | 480 |
| | | | 18～44 岁 | 543 | 171 | 20 | 60 | 120 | 240 | 480 |
| | | | 45～59 岁 | 158 | 195 | 15 | 60 | 130 | 300 | 480 |
| | | | 60～79 岁 | 22 | 123 | 20 | 30 | 110 | 180 | 300 |
| | | | 80 岁及以上 | 2 | 54 | 30 | 60 | 60 | 60 | 60 |
| | | 女 | 小计 | 739 | 201 | 20 | 60 | 150 | 300 | 480 |
| | | | 18～44 岁 | 561 | 206 | 20 | 60 | 160 | 318 | 495 |
| | | | 45～59 岁 | 148 | 174 | 10 | 60 | 120 | 270 | 480 |
| | | | 60～79 岁 | 30 | 205 | 30 | 60 | 180 | 300 | 600 |
| | | | 80 岁及以上 | 0 | 0 | 0 | 0 | 0 | 0 | 0 |
| | 农村 | 小计 | 小计 | 1 314 | 157 | 20 | 60 | 120 | 240 | 420 |
| | | | 18～44 岁 | 906 | 158 | 20 | 60 | 120 | 240 | 480 |
| | | | 45～59 岁 | 298 | 156 | 10 | 60 | 120 | 240 | 360 |
| | | | 60～79 岁 | 108 | 153 | 30 | 60 | 120 | 240 | 300 |
| | | | 80 岁及以上 | 2 | 245 | 180 | 180 | 300 | 300 | 300 |
| | | 男 | 小计 | 698 | 160 | 20 | 60 | 120 | 240 | 480 |
| | | | 18～44 岁 | 487 | 163 | 20 | 60 | 120 | 240 | 480 |
| | | | 45～59 岁 | 152 | 145 | 10 | 60 | 120 | 210 | 360 |
| | | | 60～79 岁 | 58 | 157 | 40 | 60 | 120 | 240 | 300 |
| | | | 80 岁及以上 | 1 | 180 | 180 | 180 | 180 | 180 | 180 |
| | | 女 | 小计 | 616 | 153 | 20 | 60 | 120 | 195 | 390 |
| | | | 18～44 岁 | 419 | 150 | 15 | 60 | 120 | 180 | 420 |
| | | | 45～59 岁 | 146 | 171 | 20 | 120 | 120 | 240 | 360 |
| | | | 60～79 岁 | 50 | 147 | 30 | 120 | 120 | 180 | 360 |
| | | | 80 岁及以上 | 1 | 300 | 300 | 300 | 300 | 300 | 300 |

## 附表 9-6　中国人群分省（直辖市、自治区）、城乡、性别的平均每天与电脑接触时间

| 地区 | 城乡 | 性别 | *n* | 平均每天与电脑接触时间 /（min/d） | | | | | |
|---|---|---|---|---|---|---|---|---|---|
| | | | | Mean | P5 | P25 | P50 | P75 | P95 |
| 合计 | 城乡 | 小计 | 26 853 | 167 | 30 | 60 | 120 | 240 | 480 |
| | | 男 | 13 245 | 162 | 20 | 60 | 120 | 240 | 480 |
| | | 女 | 13 608 | 173 | 30 | 60 | 120 | 240 | 480 |
| | 城市 | 小计 | 18 048 | 188 | 30 | 60 | 120 | 240 | 480 |
| | | 男 | 8 569 | 181 | 30 | 60 | 120 | 240 | 480 |

| 地区 | 城乡 | 性别 | *n* | 平均每天与电脑接触时间 /（min/d） | | | | | |
|---|---|---|---|---|---|---|---|---|---|
| | | | | Mean | P5 | P25 | P50 | P75 | P95 |
| 合计 | 城市 | 女 | 9 479 | 195 | 30 | 60 | 120 | 270 | 480 |
| | 农村 | 小计 | 8 805 | 134 | 20 | 60 | 120 | 180 | 360 |
| | | 男 | 4 676 | 135 | 20 | 60 | 120 | 180 | 360 |
| | | 女 | 4 129 | 134 | 20 | 60 | 120 | 180 | 360 |
| 北京 | 城乡 | 小计 | 511 | 206 | 30 | 60 | 120 | 300 | 600 |
| | | 男 | 202 | 198 | 30 | 60 | 120 | 300 | 510 |
| | | 女 | 309 | 213 | 30 | 80 | 130 | 300 | 600 |
| | 城市 | 小计 | 440 | 220 | 30 | 60 | 150 | 330 | 600 |
| | | 男 | 180 | 207 | 30 | 60 | 120 | 300 | 600 |
| | | 女 | 260 | 232 | 30 | 80 | 180 | 330 | 600 |
| | 农村 | 小计 | 71 | 133 | 30 | 60 | 120 | 150 | 330 |
| | | 男 | 22 | 140 | 50 | 60 | 90 | 120 | 390 |
| | | 女 | 49 | 129 | 30 | 60 | 120 | 180 | 300 |
| 天津 | 城乡 | 小计 | 466 | 168 | 30 | 60 | 120 | 200 | 480 |
| | | 男 | 180 | 165 | 30 | 60 | 120 | 180 | 480 |
| | | 女 | 286 | 172 | 30 | 60 | 120 | 205 | 480 |
| | 城市 | 小计 | 438 | 177 | 30 | 60 | 120 | 240 | 480 |
| | | 男 | 160 | 175 | 30 | 60 | 120 | 240 | 480 |
| | | 女 | 278 | 180 | 30 | 105 | 120 | 240 | 480 |
| | 农村 | 小计 | 28 | 130 | 60 | 60 | 120 | 180 | 300 |
| | | 男 | 20 | 138 | 60 | 60 | 120 | 180 | 300 |
| | | 女 | 8 | 113 | 60 | 60 | 60 | 120 | 360 |
| 河北 | 城乡 | 小计 | 1 276 | 170 | 30 | 60 | 120 | 240 | 480 |
| | | 男 | 589 | 171 | 30 | 60 | 120 | 240 | 480 |
| | | 女 | 687 | 169 | 30 | 60 | 120 | 240 | 480 |
| | 城市 | 小计 | 861 | 186 | 30 | 60 | 120 | 240 | 480 |
| | | 男 | 421 | 188 | 30 | 60 | 150 | 240 | 480 |
| | | 女 | 440 | 184 | 30 | 60 | 120 | 240 | 480 |
| | 农村 | 小计 | 415 | 133 | 20 | 60 | 120 | 180 | 360 |
| | | 男 | 168 | 130 | 20 | 60 | 120 | 180 | 300 |
| | | 女 | 247 | 136 | 30 | 60 | 120 | 180 | 360 |
| 山西 | 城乡 | 小计 | 976 | 120 | 20 | 60 | 90 | 150 | 360 |
| | | 男 | 479 | 113 | 20 | 40 | 90 | 120 | 330 |
| | | 女 | 497 | 127 | 20 | 60 | 70 | 180 | 360 |
| | 城市 | 小计 | 493 | 155 | 30 | 60 | 120 | 240 | 420 |
| | | 男 | 213 | 145 | 30 | 60 | 120 | 180 | 360 |
| | | 女 | 280 | 163 | 30 | 60 | 120 | 240 | 480 |
| | 农村 | 小计 | 483 | 87 | 20 | 30 | 60 | 120 | 210 |
| | | 男 | 266 | 90 | 20 | 30 | 60 | 120 | 210 |
| | | 女 | 217 | 84 | 15 | 30 | 60 | 120 | 180 |
| 内蒙古 | 城乡 | 小计 | 611 | 121 | 20 | 60 | 100 | 150 | 300 |
| | | 男 | 319 | 129 | 20 | 60 | 120 | 180 | 360 |
| | | 女 | 292 | 110 | 20 | 60 | 90 | 120 | 300 |
| | 城市 | 小计 | 443 | 137 | 30 | 60 | 120 | 180 | 360 |
| | | 男 | 222 | 145 | 30 | 60 | 120 | 180 | 360 |
| | | 女 | 221 | 126 | 30 | 60 | 120 | 180 | 300 |
| | 农村 | 小计 | 168 | 87 | 20 | 30 | 60 | 120 | 180 |
| | | 男 | 97 | 98 | 20 | 40 | 60 | 120 | 180 |
| | | 女 | 71 | 71 | 20 | 30 | 60 | 110 | 180 |
| 辽宁 | 城乡 | 小计 | 765 | 171 | 20 | 60 | 120 | 240 | 480 |
| | | 男 | 361 | 167 | 20 | 60 | 120 | 240 | 480 |
| | | 女 | 404 | 177 | 30 | 60 | 120 | 240 | 480 |
| | 城市 | 小计 | 452 | 237 | 30 | 120 | 180 | 360 | 600 |
| | | 男 | 205 | 226 | 30 | 120 | 180 | 300 | 480 |
| | | 女 | 247 | 248 | 30 | 120 | 180 | 360 | 600 |
| | 农村 | 小计 | 313 | 117 | 20 | 60 | 120 | 180 | 240 |
| | | 男 | 156 | 121 | 10 | 60 | 120 | 180 | 255 |
| | | 女 | 157 | 112 | 20 | 60 | 120 | 120 | 240 |

| 地区 | 城乡 | 性别 | n | 平均每天与电脑接触时间 /（min/d） | | | | | |
|---|---|---|---|---|---|---|---|---|---|
| | | | | Mean | P5 | P25 | P50 | P75 | P95 |
| 吉林 | 城乡 | 小计 | 1 074 | 140 | 30 | 60 | 120 | 180 | 360 |
| | | 男 | 511 | 142 | 30 | 60 | 120 | 180 | 360 |
| | | 女 | 563 | 138 | 30 | 60 | 120 | 180 | 360 |
| | 城市 | 小计 | 790 | 151 | 30 | 60 | 120 | 180 | 372 |
| | | 男 | 347 | 148 | 30 | 60 | 120 | 180 | 360 |
| | | 女 | 443 | 154 | 30 | 60 | 120 | 210 | 390 |
| | 农村 | 小计 | 284 | 122 | 30 | 60 | 120 | 180 | 300 |
| | | 男 | 164 | 133 | 30 | 60 | 120 | 180 | 300 |
| | | 女 | 120 | 107 | 30 | 60 | 60 | 120 | 300 |
| 黑龙江 | 城乡 | 小计 | 1 804 | 184 | 30 | 90 | 150 | 240 | 480 |
| | | 男 | 880 | 181 | 30 | 90 | 150 | 240 | 420 |
| | | 女 | 924 | 187 | 30 | 90 | 150 | 240 | 480 |
| | 城市 | 小计 | 917 | 197 | 30 | 105 | 150 | 240 | 480 |
| | | 男 | 420 | 195 | 30 | 120 | 180 | 240 | 480 |
| | | 女 | 497 | 199 | 30 | 90 | 150 | 240 | 480 |
| | 农村 | 小计 | 887 | 166 | 30 | 90 | 120 | 240 | 360 |
| | | 男 | 460 | 165 | 30 | 85 | 120 | 240 | 360 |
| | | 女 | 427 | 168 | 50 | 105 | 120 | 220 | 420 |
| 上海 | 城乡 | 小计 | 590 | 230 | 30 | 120 | 180 | 330 | 600 |
| | | 男 | 290 | 227 | 30 | 120 | 180 | 300 | 540 |
| | | 女 | 300 | 234 | 30 | 120 | 180 | 360 | 600 |
| | 城市 | 小计 | 590 | 230 | 30 | 120 | 180 | 330 | 600 |
| | | 男 | 290 | 227 | 30 | 120 | 180 | 300 | 540 |
| | | 女 | 300 | 234 | 30 | 120 | 180 | 360 | 600 |
| | 农村 | 小计 | 0 | 0 | 0 | 0 | 0 | 0 | 0 |
| | | 男 | 0 | 0 | 0 | 0 | 0 | 0 | 0 |
| | | 女 | 0 | 0 | 0 | 0 | 0 | 0 | 0 |
| 江苏 | 城乡 | 小计 | 1 003 | 197 | 30 | 60 | 141 | 270 | 540 |
| | | 男 | 525 | 185 | 30 | 60 | 120 | 240 | 480 |
| | | 女 | 478 | 211 | 30 | 60 | 180 | 300 | 600 |
| | 城市 | 小计 | 820 | 202 | 30 | 60 | 150 | 300 | 600 |
| | | 男 | 422 | 188 | 30 | 60 | 120 | 270 | 600 |
| | | 女 | 398 | 218 | 30 | 60 | 180 | 300 | 600 |
| | 农村 | 小计 | 183 | 176 | 30 | 60 | 120 | 240 | 480 |
| | | 男 | 103 | 172 | 30 | 82 | 120 | 240 | 420 |
| | | 女 | 80 | 182 | 20 | 60 | 120 | 240 | 480 |
| 浙江 | 城乡 | 小计 | 1 232 | 191 | 30 | 60 | 120 | 300 | 480 |
| | | 男 | 626 | 182 | 30 | 60 | 120 | 240 | 480 |
| | | 女 | 606 | 203 | 30 | 60 | 150 | 300 | 600 |
| | 城市 | 小计 | 636 | 229 | 30 | 60 | 180 | 360 | 600 |
| | | 男 | 320 | 221 | 30 | 70 | 180 | 300 | 480 |
| | | 女 | 316 | 238 | 30 | 60 | 180 | 360 | 600 |
| | 农村 | 小计 | 596 | 161 | 20 | 60 | 120 | 240 | 480 |
| | | 男 | 306 | 152 | 20 | 60 | 120 | 240 | 420 |
| | | 女 | 290 | 174 | 30 | 60 | 120 | 240 | 480 |
| 安徽 | 城乡 | 小计 | 905 | 153 | 30 | 60 | 120 | 180 | 420 |
| | | 男 | 455 | 149 | 30 | 60 | 120 | 180 | 360 |
| | | 女 | 450 | 158 | 20 | 60 | 120 | 240 | 480 |
| | 城市 | 小计 | 696 | 169 | 30 | 60 | 120 | 240 | 480 |
| | | 男 | 326 | 159 | 30 | 60 | 120 | 240 | 420 |
| | | 女 | 370 | 179 | 20 | 60 | 120 | 240 | 480 |
| | 农村 | 小计 | 209 | 133 | 30 | 30 | 120 | 180 | 360 |
| | | 男 | 129 | 139 | 30 | 30 | 120 | 180 | 360 |
| | | 女 | 80 | 119 | 10 | 30 | 90 | 180 | 300 |
| 福建 | 城乡 | 小计 | 1 012 | 172 | 20 | 60 | 120 | 240 | 480 |
| | | 男 | 490 | 173 | 20 | 60 | 120 | 240 | 480 |
| | | 女 | 522 | 170 | 20 | 60 | 120 | 240 | 480 |
| | 城市 | 小计 | 711 | 178 | 20 | 60 | 120 | 240 | 480 |

| 地区 | 城乡 | 性别 | *n* | 平均每天与电脑接触时间 /（min/d） | | | | | |
|---|---|---|---|---|---|---|---|---|---|
| | | | | Mean | P5 | P25 | P50 | P75 | P95 |
| 福建 | 城市 | 男 | 328 | 184 | 20 | 60 | 120 | 240 | 480 |
| | | 女 | 383 | 173 | 30 | 60 | 120 | 240 | 480 |
| | 农村 | 小计 | 301 | 161 | 15 | 60 | 120 | 240 | 480 |
| | | 男 | 162 | 157 | 10 | 60 | 120 | 240 | 420 |
| | | 女 | 139 | 167 | 15 | 30 | 120 | 180 | 600 |
| 江西 | 城乡 | 小计 | 1 053 | 163 | 20 | 60 | 120 | 240 | 480 |
| | | 男 | 554 | 155 | 20 | 60 | 120 | 180 | 480 |
| | | 女 | 499 | 172 | 20 | 60 | 120 | 240 | 480 |
| | 城市 | 小计 | 834 | 174 | 30 | 60 | 120 | 240 | 480 |
| | | 男 | 440 | 168 | 30 | 60 | 120 | 210 | 480 |
| | | 女 | 394 | 183 | 30 | 60 | 120 | 240 | 480 |
| | 农村 | 小计 | 219 | 139 | 20 | 60 | 120 | 180 | 480 |
| | | 男 | 114 | 127 | 20 | 50 | 120 | 180 | 360 |
| | | 女 | 105 | 151 | 20 | 60 | 120 | 240 | 480 |
| 山东 | 城乡 | 小计 | 1 485 | 164 | 30 | 60 | 120 | 240 | 480 |
| | | 男 | 722 | 160 | 30 | 60 | 120 | 180 | 480 |
| | | 女 | 763 | 169 | 20 | 60 | 120 | 240 | 480 |
| | 城市 | 小计 | 974 | 190 | 30 | 60 | 120 | 240 | 480 |
| | | 男 | 435 | 184 | 30 | 60 | 120 | 240 | 480 |
| | | 女 | 539 | 196 | 30 | 60 | 120 | 300 | 480 |
| | 农村 | 小计 | 511 | 113 | 20 | 60 | 120 | 120 | 300 |
| | | 男 | 287 | 118 | 20 | 60 | 120 | 120 | 300 |
| | | 女 | 224 | 105 | 10 | 30 | 60 | 120 | 300 |
| 河南 | 城乡 | 小计 | 1 167 | 134 | 20 | 60 | 120 | 180 | 360 |
| | | 男 | 572 | 134 | 20 | 60 | 120 | 180 | 360 |
| | | 女 | 595 | 134 | 20 | 60 | 120 | 180 | 360 |
| | 城市 | 小计 | 822 | 143 | 20 | 60 | 120 | 180 | 440 |
| | | 男 | 369 | 138 | 20 | 60 | 120 | 180 | 360 |
| | | 女 | 453 | 148 | 30 | 60 | 120 | 180 | 480 |
| | 农村 | 小计 | 345 | 125 | 20 | 60 | 120 | 180 | 300 |
| | | 男 | 203 | 131 | 30 | 60 | 120 | 180 | 300 |
| | | 女 | 142 | 114 | 20 | 40 | 100 | 180 | 240 |
| 湖北 | 城乡 | 小计 | 1 941 | 171 | 30 | 60 | 120 | 240 | 480 |
| | | 男 | 996 | 170 | 30 | 60 | 120 | 240 | 420 |
| | | 女 | 945 | 173 | 30 | 60 | 120 | 210 | 480 |
| | 城市 | 小计 | 1 326 | 182 | 30 | 90 | 140 | 240 | 480 |
| | | 男 | 706 | 175 | 30 | 90 | 150 | 240 | 480 |
| | | 女 | 620 | 192 | 30 | 90 | 120 | 240 | 480 |
| | 农村 | 小计 | 615 | 152 | 60 | 60 | 120 | 180 | 360 |
| | | 男 | 290 | 159 | 60 | 60 | 120 | 190 | 380 |
| | | 女 | 325 | 144 | 60 | 60 | 120 | 180 | 360 |
| 湖南 | 城乡 | 小计 | 1 073 | 167 | 15 | 60 | 120 | 240 | 480 |
| | | 男 | 559 | 144 | 15 | 30 | 120 | 180 | 480 |
| | | 女 | 514 | 199 | 20 | 60 | 180 | 240 | 600 |
| | 城市 | 小计 | 738 | 213 | 20 | 60 | 180 | 300 | 570 |
| | | 男 | 336 | 197 | 20 | 60 | 120 | 270 | 540 |
| | | 女 | 402 | 229 | 20 | 120 | 180 | 360 | 600 |
| | 农村 | 小计 | 335 | 117 | 10 | 30 | 60 | 180 | 330 |
| | | 男 | 223 | 105 | 10 | 30 | 60 | 150 | 250 |
| | | 女 | 112 | 146 | 10 | 30 | 120 | 240 | 360 |
| 广东 | 城乡 | 小计 | 1 004 | 162 | 20 | 60 | 120 | 180 | 480 |
| | | 男 | 484 | 155 | 20 | 60 | 120 | 180 | 420 |
| | | 女 | 520 | 169 | 30 | 60 | 120 | 240 | 480 |
| | 城市 | 小计 | 709 | 192 | 30 | 60 | 120 | 240 | 540 |
| | | 男 | 321 | 185 | 30 | 80 | 120 | 240 | 480 |
| | | 女 | 388 | 199 | 30 | 60 | 120 | 300 | 600 |
| | 农村 | 小计 | 295 | 102 | 20 | 40 | 90 | 120 | 300 |
| | | 男 | 163 | 101 | 20 | 60 | 90 | 120 | 240 |

| 地区 | 城乡 | 性别 | $n$ | 平均每天与电脑接触时间 /（min/d） | | | | | |
|---|---|---|---|---|---|---|---|---|---|
| | | | | Mean | P5 | P25 | P50 | P75 | P95 |
| 广东 | 农村 | 女 | 132 | 103 | 30 | 30 | 60 | 120 | 300 |
| 广西 | 城乡 | 小计 | 972 | 137 | 20 | 50 | 120 | 180 | 480 |
| | | 男 | 492 | 140 | 20 | 60 | 120 | 180 | 480 |
| | | 女 | 480 | 134 | 25 | 40 | 90 | 180 | 480 |
| | 城市 | 小计 | 729 | 184 | 20 | 60 | 120 | 240 | 600 |
| | | 男 | 350 | 184 | 20 | 60 | 120 | 240 | 600 |
| | | 女 | 379 | 182 | 25 | 50 | 120 | 240 | 600 |
| | 农村 | 小计 | 243 | 99 | 20 | 40 | 60 | 120 | 240 |
| | | 男 | 142 | 106 | 20 | 40 | 85 | 120 | 240 |
| | | 女 | 101 | 88 | 20 | 30 | 60 | 120 | 180 |
| 海南 | 城乡 | 小计 | 173 | 139 | 30 | 60 | 120 | 180 | 360 |
| | | 男 | 90 | 145 | 30 | 60 | 120 | 180 | 360 |
| | | 女 | 83 | 131 | 30 | 60 | 120 | 180 | 360 |
| | 城市 | 小计 | 112 | 154 | 20 | 60 | 120 | 180 | 360 |
| | | 男 | 49 | 178 | 20 | 120 | 180 | 240 | 360 |
| | | 女 | 63 | 134 | 30 | 60 | 120 | 180 | 360 |
| | 农村 | 小计 | 61 | 118 | 30 | 60 | 60 | 120 | 360 |
| | | 男 | 41 | 116 | 30 | 40 | 60 | 120 | 360 |
| | | 女 | 20 | 120 | 30 | 60 | 90 | 120 | 360 |
| 重庆 | 城乡 | 小计 | 226 | 184 | 30 | 60 | 120 | 270 | 480 |
| | | 男 | 112 | 167 | 30 | 60 | 120 | 240 | 480 |
| | | 女 | 114 | 205 | 30 | 60 | 140 | 318 | 500 |
| | 城市 | 小计 | 194 | 189 | 30 | 60 | 120 | 300 | 480 |
| | | 男 | 91 | 166 | 30 | 50 | 120 | 240 | 480 |
| | | 女 | 103 | 216 | 30 | 60 | 180 | 360 | 500 |
| | 农村 | 小计 | 32 | 155 | 30 | 60 | 120 | 180 | 480 |
| | | 男 | 21 | 173 | 30 | 60 | 120 | 230 | 480 |
| | | 女 | 11 | 117 | 30 | 50 | 120 | 120 | 360 |
| 四川 | 城乡 | 小计 | 1 148 | 160 | 20 | 60 | 120 | 240 | 390 |
| | | 男 | 565 | 156 | 20 | 60 | 120 | 240 | 360 |
| | | 女 | 583 | 166 | 20 | 60 | 120 | 240 | 420 |
| | 城市 | 小计 | 659 | 163 | 20 | 60 | 120 | 240 | 480 |
| | | 男 | 323 | 158 | 20 | 60 | 120 | 240 | 420 |
| | | 女 | 336 | 170 | 20 | 60 | 120 | 240 | 480 |
| | 农村 | 小计 | 489 | 158 | 20 | 60 | 120 | 240 | 360 |
| | | 男 | 242 | 154 | 30 | 60 | 120 | 240 | 360 |
| | | 女 | 247 | 162 | 20 | 60 | 120 | 240 | 360 |
| 贵州 | 城乡 | 小计 | 443 | 193 | 15 | 60 | 120 | 300 | 540 |
| | | 男 | 240 | 181 | 15 | 60 | 120 | 240 | 540 |
| | | 女 | 203 | 209 | 10 | 60 | 120 | 330 | 540 |
| | 城市 | 小计 | 321 | 209 | 25 | 60 | 180 | 300 | 540 |
| | | 男 | 161 | 203 | 30 | 90 | 180 | 300 | 570 |
| | | 女 | 160 | 218 | 25 | 60 | 180 | 360 | 540 |
| | 农村 | 小计 | 122 | 139 | 10 | 30 | 60 | 180 | 480 |
| | | 男 | 79 | 122 | 10 | 30 | 60 | 180 | 360 |
| | | 女 | 43 | 173 | 8 | 20 | 60 | 130 | 720 |
| 云南 | 城乡 | 小计 | 549 | 182 | 10 | 60 | 120 | 260 | 480 |
| | | 男 | 331 | 183 | 20 | 60 | 120 | 240 | 480 |
| | | 女 | 218 | 180 | 8 | 60 | 120 | 260 | 480 |
| | 城市 | 小计 | 204 | 202 | 8 | 60 | 120 | 330 | 480 |
| | | 男 | 113 | 182 | 10 | 60 | 120 | 300 | 480 |
| | | 女 | 91 | 231 | 8 | 80 | 190 | 420 | 480 |
| | 农村 | 小计 | 345 | 167 | 15 | 60 | 120 | 240 | 480 |
| | | 男 | 218 | 183 | 20 | 60 | 120 | 240 | 600 |
| | | 女 | 127 | 135 | 10 | 30 | 120 | 180 | 480 |
| 西藏 | 城乡 | 小计 | 412 | 125 | 15 | 60 | 120 | 180 | 300 |
| | | 男 | 175 | 128 | 10 | 60 | 120 | 180 | 300 |
| | | 女 | 237 | 123 | 20 | 60 | 120 | 180 | 300 |

| 地区 | 城乡 | 性别 | n | 平均每天与电脑接触时间 /（min/d） | | | | | |
|---|---|---|---|---|---|---|---|---|---|
| | | | | Mean | P5 | P25 | P50 | P75 | P95 |
| 西藏 | 城市 | 小计 | 86 | 167 | 30 | 120 | 140 | 180 | 360 |
| | | 男 | 37 | 181 | 40 | 120 | 180 | 180 | 420 |
| | | 女 | 49 | 152 | 30 | 120 | 120 | 180 | 360 |
| | 农村 | 小计 | 326 | 114 | 15 | 60 | 120 | 130 | 300 |
| | | 男 | 138 | 113 | 10 | 60 | 120 | 120 | 300 |
| | | 女 | 188 | 115 | 20 | 60 | 120 | 150 | 300 |
| 陕西 | 城乡 | 小计 | 760 | 139 | 30 | 60 | 120 | 180 | 360 |
| | | 男 | 396 | 138 | 30 | 60 | 120 | 180 | 360 |
| | | 女 | 364 | 139 | 30 | 60 | 120 | 180 | 390 |
| | 城市 | 小计 | 535 | 155 | 30 | 60 | 120 | 210 | 420 |
| | | 男 | 273 | 153 | 30 | 60 | 120 | 210 | 360 |
| | | 女 | 262 | 157 | 30 | 60 | 120 | 190 | 480 |
| | 农村 | 小计 | 225 | 103 | 20 | 30 | 90 | 150 | 240 |
| | | 男 | 123 | 108 | 30 | 60 | 120 | 150 | 210 |
| | | 女 | 102 | 97 | 20 | 30 | 60 | 120 | 240 |
| 甘肃 | 城乡 | 小计 | 823 | 141 | 30 | 90 | 120 | 180 | 300 |
| | | 男 | 398 | 142 | 30 | 90 | 120 | 180 | 270 |
| | | 女 | 425 | 140 | 30 | 80 | 120 | 180 | 300 |
| | 城市 | 小计 | 273 | 165 | 30 | 100 | 130 | 210 | 360 |
| | | 男 | 139 | 159 | 30 | 90 | 120 | 180 | 420 |
| | | 女 | 134 | 172 | 30 | 120 | 180 | 240 | 330 |
| | 农村 | 小计 | 550 | 132 | 30 | 60 | 120 | 180 | 240 |
| | | 男 | 259 | 135 | 30 | 90 | 120 | 180 | 240 |
| | | 女 | 291 | 129 | 30 | 60 | 120 | 180 | 240 |
| 青海 | 城乡 | 小计 | 434 | 177 | 30 | 60 | 120 | 240 | 480 |
| | | 男 | 208 | 179 | 30 | 60 | 120 | 240 | 480 |
| | | 女 | 226 | 175 | 30 | 60 | 120 | 240 | 480 |
| | 城市 | 小计 | 386 | 179 | 30 | 60 | 120 | 240 | 480 |
| | | 男 | 181 | 181 | 30 | 60 | 120 | 240 | 480 |
| | | 女 | 205 | 175 | 30 | 60 | 120 | 240 | 480 |
| | 农村 | 小计 | 48 | 142 | 30 | 70 | 120 | 180 | 360 |
| | | 男 | 27 | 125 | 30 | 70 | 120 | 180 | 240 |
| | | 女 | 21 | 164 | 30 | 90 | 120 | 240 | 390 |
| 宁夏 | 城乡 | 小计 | 533 | 184 | 30 | 60 | 120 | 240 | 480 |
| | | 男 | 273 | 178 | 30 | 60 | 120 | 240 | 480 |
| | | 女 | 260 | 191 | 30 | 60 | 120 | 300 | 480 |
| | 城市 | 小计 | 520 | 185 | 30 | 60 | 120 | 240 | 480 |
| | | 男 | 265 | 181 | 30 | 60 | 120 | 240 | 480 |
| | | 女 | 255 | 190 | 30 | 60 | 120 | 300 | 480 |
| | 农村 | 小计 | 13 | 152 | 20 | 120 | 120 | 180 | 480 |
| | | 男 | 8 | 110 | 20 | 120 | 120 | 120 | 180 |
| | | 女 | 5 | 237 | 60 | 120 | 300 | 300 | 480 |
| 新疆 | 城乡 | 小计 | 432 | 179 | 30 | 60 | 120 | 240 | 480 |
| | | 男 | 171 | 172 | 30 | 60 | 120 | 180 | 480 |
| | | 女 | 261 | 186 | 20 | 60 | 120 | 240 | 480 |
| | 城市 | 小计 | 339 | 187 | 30 | 60 | 120 | 240 | 480 |
| | | 男 | 126 | 169 | 30 | 60 | 120 | 180 | 480 |
| | | 女 | 213 | 200 | 30 | 60 | 180 | 300 | 480 |
| | 农村 | 小计 | 93 | 156 | 20 | 60 | 60 | 180 | 480 |
| | | 男 | 45 | 179 | 30 | 60 | 60 | 180 | 900 |
| | | 女 | 48 | 125 | 3 | 30 | 120 | 180 | 300 |

# 其他参数

# 10 体重 Body Weight



本章作者 黄 楠 王丽敏 姜 勇 王贝贝 段小丽 等

## 10.1 参数说明

体重（Body Weight，BW）指的是人体的质量，常见单位为千克、磅等，是反映受试人群体征的重要暴露参数。影响体重的因素很多，包括遗传因素、性别差异、人种差异、社会因素、生长因素等。

评价人体暴露环境污染物的暴露剂量时，无论是哪一种介质和哪一种途径暴露，都需要用到体重。暴露剂量即单位体重的暴露量，公式如下。

$$ADD=\frac{C\times IR\times EF\times ED}{BW\times AT} \tag{10-1}$$

式中：$C$——某环境介质中污染物的浓度，mg/m³，mg/L；

$IR$——经某暴露途径的摄入量，如呼吸量（m³/d）、饮水摄入量（L/d）等；

$EF$——暴露频率，d/a；

$ED$——暴露持续时间，a；

$BW$——体重，kg；

$AT$——平均暴露时间，d。

## 10.2 资料与数据来源

体重的调查方法主要是实测及问卷调查，我国迄今为止涉及体重的权威性大型调查主要包括：国民体质监测、中国居民营养与健康状况调查、中国人群生理常数与心理状况调查、中国慢性病及其危险因素调查、中国人群环境暴露行为模式调查等。

### 10.2.1 核心研究：中国人群环境暴露行为模式研究

环境保护部科技标准司于2011—2012年委托中国环境科学研究院在我国31个省、自治区、直辖市（不包括香港、澳门特别行政区和台湾地区）的159个县/区针对18岁及以上常住居民91 527人（有效样本量为91 121人）开展中国人群环境暴露行为模式研究。该研究获得的体重结果见附表10-1～附表10-3。

### 10.2.2 相关研究

国民体质调查（国家体育总局，2010）每五年进行一次，第一次调查结果于2000年发布。监测对象为3～69岁的中国公民，分为幼儿、儿童青少年（学生）、成年和老年四个年龄段。调查采用整群随机抽样的方法，包括体质检测和问卷调查两部分。国民体质监测的调查对象来自全国2 700多个机关、企事业单位、幼儿园和行政村。

2002 年我国卫生部、科学技术部与国家统计局在全国 31 个省（直辖市、自治区）的 270 000 余名受试者中组织开展了中国居民营养与健康状况调查。根据调查所得数据进行整理后，得到中国居民体重数据（王陇德，2005）。

《中国人群生理常数与心理状况》是根据科技部 2001—2002 年度基础性工作专项、社会公益研究专项重点项目——人体生理常数数据库项目现场研究调查数据整理而成（朱广瑾，2006）。调查了北京、河北、浙江、广西四个地区不同年龄、性别、年龄段以及城乡人群的体重均值。

本章选用中国人群环境暴露行为模式调查中的数据。

## 10.3 体重推荐值

表 10-1 中国人群体重推荐值

| | | 体重 / kg | | | | | | | | |
|---|---|---|---|---|---|---|---|---|---|---|
| | | 合计 | | | 城市 | | | 农村 | | |
| | | 小计 | 男 | 女 | 小计 | 男 | 女 | 小计 | 男 | 女 |
| 成人（≥ 18 岁） | | 60.6 | 65.0 | 56.8 | 62.0 | 67.3 | 57.5 | 59.7 | 63.1 | 56.1 |
| 分年龄段 | 18~44 岁 | 60.1 | 65.3 | 55.6 | 61.0 | 67.3 | 55.6 | 59.8 | 63.9 | 55.6 |
| | 45~59 岁 | 62.4 | 66.0 | 59.5 | 64.0 | 68.4 | 60.2 | 61.3 | 64.2 | 58.8 |
| | 60~79 岁 | 59.4 | 62.4 | 56.6 | 62.0 | 66.0 | 59.1 | 57.3 | 60.0 | 54.4 |
| | 80 岁及以上 | 54.3 | 59.1 | 51.0 | 57.4 | 61.0 | 53.7 | 52.0 | 57.3 | 48.8 |

## 10.4 与国外的比较

与美国（USEPA，2011）、日本（NIAIST，2007）、韩国（Jang J Y，et al，2007）和澳大利亚（Roger Drew，2010）的比较见表 10-2。

表 10-2 与国外的比较

| | 体重 /kg | | | | |
|---|---|---|---|---|---|
| | 中国 | 美国 | 日本 | 韩国 | 澳大利亚 |
| 男 | 65.0 | 86 | 64.0 | 69.2 | 80 |
| 女 | 56.8 | 73 | 52.7 | 56.4 | 70 |

## 本章参考文献


国家体育总局 .2010 年国民体质监测公报 [S].http://www.sport.gov.cn/n16/n1077/n297454/2052709.html [2011-11-11].

王陇德．2005. 中国居民营养与健康状况调查报告（2002）之一综合报告 [M]．北京：人民卫生出版社，19-20，25-28.

朱广瑾．2006. 中国人群生理常数与心理状况 [M]．北京：中国协和医科大学出版社．2006：219-250.

Jang J Y, Jo S N, Kim S, et al. 2007. Korean exposure factors handbook[S]. Ministry of Environment, Seoul, Korea.

NIAIST. 2007. Japanese exposure factors handbook[S]. http://unit.aist.go.jp/riss/crm/exposurefactors/english_summary.html. 2011-10-12.

Roger Drew, John Frangos, Tarah Hagen, et al. 2010. Australian exposure factor guidance[S]. Toxikos Pty Ltd, Australia.

USEPA. 2011. Exposure factors handbook 2011 edition (final)[S]. EPA/600/R-09/052F. Washington DC:U.S.EPA.

## 附表 10-1　中国人群分东中西、城乡、性别、年龄的体重

| 地区 | 城乡 | 性别 | 年龄 | *n* | 体重 /kg | | | | | |
|---|---|---|---|---|---|---|---|---|---|---|
| | | | | | Mean | P5 | P25 | P50 | P75 | P95 |
| 合计 | 城乡 | 小计 | 小计 | 91 064 | 61.9 | 45.1 | 53.6 | 60.6 | 69.0 | 82.7 |
| | | | 18 ～ 44 岁 | 36 662 | 61.9 | 45.5 | 53.0 | 60.1 | 68.8 | 83.8 |
| | | | 45 ～ 59 岁 | 32 352 | 63.5 | 46.9 | 55.6 | 62.4 | 70.2 | 83.0 |
| | | | 60 ～ 79 岁 | 20 565 | 60.3 | 43.1 | 52.4 | 59.4 | 67.5 | 80.0 |
| | | | 80 岁及以上 | 1 485 | 55.5 | 38.8 | 47.6 | 54.3 | 62.5 | 75.1 |
| | | 男 | 小计 | 41 265 | 66.1 | 49.1 | 57.7 | 65.0 | 73.1 | 87.0 |
| | | | 18 ～ 44 岁 | 16 756 | 66.7 | 50.0 | 58.0 | 65.3 | 73.8 | 88.8 |
| | | | 45 ～ 59 岁 | 14 079 | 66.9 | 50.1 | 58.9 | 66.0 | 74.0 | 87.0 |
| | | | 60 ～ 79 岁 | 9 756 | 63.3 | 46.8 | 55.1 | 62.4 | 70.8 | 82.6 |
| | | | 80 岁及以上 | 674 | 60.0 | 43.1 | 53.0 | 59.1 | 66.5 | 78.0 |
| | | 女 | 小计 | 49 799 | 57.8 | 43.3 | 50.6 | 56.8 | 63.9 | 75.5 |
| | | | 18 ～ 44 岁 | 19 906 | 56.9 | 43.8 | 50.0 | 55.6 | 62.2 | 74.5 |
| | | | 45 ～ 59 岁 | 18 273 | 60.0 | 44.9 | 53.0 | 59.5 | 66.0 | 77.3 |
| | | | 60 ～ 79 岁 | 10 809 | 57.3 | 41.2 | 50.0 | 56.6 | 64.0 | 75.5 |
| | | | 80 岁及以上 | 811 | 52.1 | 36.8 | 45.0 | 51.0 | 58.2 | 69.4 |
| | 城市 | 小计 | 小计 | 41 806 | 63.4 | 46.3 | 54.8 | 62.0 | 70.6 | 84.8 |
| | | | 18 ～ 44 岁 | 16 629 | 62.9 | 46.1 | 53.7 | 61.0 | 70.0 | 85.9 |
| | | | 45 ～ 59 岁 | 14 738 | 64.9 | 48.1 | 57.0 | 64.0 | 72.0 | 85.0 |
| | | | 60 ～ 79 岁 | 9 694 | 62.8 | 45.2 | 55.0 | 62.0 | 70.0 | 82.3 |
| | | | 80 岁及以上 | 745 | 58.4 | 41.2 | 50.7 | 57.4 | 65.3 | 77.7 |
| | | 男 | 小计 | 18 441 | 68.2 | 51.1 | 59.8 | 67.3 | 75.3 | 89.2 |
| | | | 18 ～ 44 岁 | 7531 | 68.6 | 51.6 | 59.8 | 67.3 | 75.9 | 91.1 |
| | | | 45 ～ 59 岁 | 6 261 | 68.9 | 52.0 | 61.0 | 68.4 | 76.0 | 88.5 |
| | | | 60 ～ 79 岁 | 4 327 | 66.2 | 48.2 | 58.3 | 66.0 | 73.4 | 84.6 |
| | | | 80 岁及以上 | 322 | 63.1 | 48.3 | 55.5 | 61.0 | 70.3 | 79.2 |
| | | 女 | 小计 | 23 365 | 58.6 | 44.5 | 51.6 | 57.5 | 64.6 | 76.3 |
| | | | 18 ～ 44 岁 | 9 098 | 57.1 | 44.5 | 50.2 | 55.6 | 62.1 | 74.9 |
| | | | 45 ～ 59 岁 | 8 477 | 60.9 | 46.0 | 54.1 | 60.2 | 66.8 | 78.0 |
| | | | 60 ～ 79 岁 | 5 367 | 59.6 | 43.8 | 52.7 | 59.1 | 65.8 | 77.5 |
| | | | 80 岁及以上 | 423 | 54.9 | 39.5 | 47.5 | 53.7 | 60.4 | 71.1 |
| | 农村 | 小计 | 小计 | 49 258 | 60.8 | 44.4 | 52.7 | 59.7 | 67.6 | 81.0 |
| | | | 18 ～ 44 岁 | 20 033 | 61.1 | 45.0 | 52.7 | 59.8 | 67.8 | 81.7 |
| | | | 45 ～ 59 岁 | 17 614 | 62.3 | 46.0 | 54.7 | 61.3 | 69.0 | 81.6 |
| | | | 60 ～ 79 岁 | 10 871 | 58.4 | 42.0 | 50.7 | 57.3 | 65.2 | 77.5 |
| | | | 80 岁及以上 | 740 | 53.0 | 37.6 | 45.6 | 52.0 | 60.1 | 71.0 |
| | | 男 | 小计 | 22 824 | 64.4 | 48.2 | 56.2 | 63.1 | 71.2 | 84.7 |
| | | | 18 ～ 44 岁 | 9 225 | 65.2 | 49.0 | 57.0 | 63.9 | 72.0 | 86.3 |
| | | | 45 ～ 59 岁 | 7 818 | 65.3 | 49.3 | 57.6 | 64.2 | 72.0 | 84.5 |
| | | | 60 ～ 79 岁 | 5 429 | 61.3 | 46.0 | 53.7 | 60.0 | 68.0 | 79.7 |
| | | | 80 岁及以上 | 352 | 57.2 | 42.2 | 50.0 | 57.3 | 63.6 | 74.5 |
| | | 女 | 小计 | 26 434 | 57.1 | 42.5 | 50.0 | 56.1 | 63.2 | 75.0 |
| | | | 18 ～ 44 岁 | 10 808 | 56.8 | 43.1 | 50.0 | 55.6 | 62.3 | 74.0 |
| | | | 45 ～ 59 岁 | 9 796 | 59.3 | 44.0 | 52.1 | 58.8 | 65.3 | 77.0 |
| | | | 60 ～ 79 岁 | 5 442 | 55.4 | 40.0 | 47.9 | 54.4 | 62.0 | 73.6 |
| | | | 80 岁及以上 | 388 | 49.6 | 36.4 | 42.4 | 48.8 | 54.0 | 67.1 |
| 东部 | 城乡 | 小计 | 小计 | 30 914 | 63.2 | 45.7 | 54.7 | 62.0 | 70.4 | 84.5 |
| | | | 18 ～ 44 岁 | 10 515 | 63.1 | 45.7 | 53.9 | 61.5 | 70.2 | 86.2 |
| | | | 45 ～ 59 岁 | 11 787 | 64.6 | 48.0 | 56.8 | 63.6 | 71.5 | 84.6 |
| | | | 60 ～ 79 岁 | 7 936 | 62.0 | 44.2 | 54.0 | 61.3 | 69.6 | 81.9 |
| | | | 80 岁及以上 | 676 | 57.1 | 39.6 | 49.0 | 56.1 | 64.1 | 76.2 |
| | | 男 | 小计 | 13 788 | 67.6 | 50.0 | 59.0 | 66.6 | 75.0 | 89.0 |
| | | | 18 ～ 44 岁 | 4 643 | 68.6 | 50.5 | 59.8 | 67.2 | 76.0 | 91.2 |
| | | | 45 ～ 59 岁 | 5 029 | 68.0 | 51.5 | 59.9 | 67.2 | 75.1 | 88.0 |
| | | | 60 ～ 79 岁 | 3 815 | 65.1 | 47.9 | 57.0 | 64.6 | 72.3 | 84.0 |
| | | | 80 岁及以上 | 301 | 61.7 | 44.4 | 54.0 | 61.4 | 69.6 | 78.6 |
| | | 女 | 小计 | 17 126 | 58.9 | 43.9 | 51.5 | 58.0 | 65.0 | 77.4 |

| 地区 | 城乡 | 性别 | 年龄 | n | 体重 /kg | | | | | |
| --- | --- | --- | --- | --- | --- | --- | --- | --- | --- | --- |
| | | | | | Mean | P5 | P25 | P50 | P75 | P95 |
| 东部 | 城乡 | 女 | 18 ~ 44 岁 | 5 872 | 57.7 | 44.0 | 50.5 | 56.4 | 63.4 | 75.9 |
| | | | 45 ~ 59 岁 | 6 758 | 61.3 | 45.7 | 54.2 | 60.7 | 67.3 | 78.8 |
| | | | 60 ~ 79 岁 | 4 121 | 58.9 | 42.0 | 51.2 | 58.2 | 65.6 | 78.0 |
| | | | 80 岁及以上 | 375 | 53.8 | 37.9 | 46.6 | 53.0 | 60.4 | 70.8 |
| | 城市 | 小计 | 小计 | 15 665 | 64.4 | 46.9 | 55.5 | 63.2 | 72.0 | 85.6 |
| | | | 18 ~ 44 岁 | 5 458 | 63.8 | 46.3 | 54.4 | 62.0 | 71.4 | 87.3 |
| | | | 45 ~ 59 岁 | 5 799 | 65.8 | 48.8 | 57.9 | 64.9 | 72.6 | 85.7 |
| | | | 60 ~ 79 岁 | 4 055 | 64.1 | 46.1 | 56.2 | 63.4 | 71.5 | 83.7 |
| | | | 80 岁及以上 | 353 | 59.3 | 43.7 | 52.2 | 58.9 | 67.0 | 77.7 |
| | | 男 | 小计 | 6 881 | 69.3 | 52.0 | 61.0 | 68.4 | 76.3 | 90.0 |
| | | | 18 ~ 44 岁 | 2 416 | 70.0 | 52.3 | 61.4 | 68.6 | 77.0 | 93.2 |
| | | | 45 ~ 59 岁 | 2 454 | 69.5 | 52.9 | 61.3 | 69.0 | 76.5 | 89.1 |
| | | | 60 ~ 79 岁 | 1 863 | 67.6 | 50.0 | 59.6 | 67.2 | 74.7 | 85.6 |
| | | | 80 岁及以上 | 148 | 64.3 | 48.8 | 56.1 | 63.4 | 72.0 | 78.6 |
| | | 女 | 小计 | 8 784 | 59.6 | 44.9 | 52.2 | 58.5 | 65.7 | 78.0 |
| | | | 18 ~ 44 岁 | 3 042 | 57.8 | 44.6 | 50.7 | 56.2 | 63.5 | 76.0 |
| | | | 45 ~ 59 岁 | 3 345 | 62.1 | 46.5 | 55.0 | 61.5 | 68.1 | 79.8 |
| | | | 60 ~ 79 岁 | 2 192 | 60.6 | 44.3 | 53.6 | 60.0 | 67.0 | 79.6 |
| | | | 80 岁及以上 | 205 | 55.9 | 41.7 | 48.5 | 54.1 | 61.9 | 72.5 |
| | 农村 | 小计 | 小计 | 15 249 | 62.1 | 44.8 | 53.7 | 61.0 | 69.1 | 83.0 |
| | | | 18 ~ 44 岁 | 5 057 | 62.3 | 45.0 | 53.4 | 60.9 | 69.4 | 84.7 |
| | | | 45 ~ 59 岁 | 5 988 | 63.4 | 47.0 | 55.7 | 62.3 | 70.0 | 82.9 |
| | | | 60 ~ 79 岁 | 3 881 | 59.8 | 42.7 | 52.0 | 59.2 | 67.0 | 79.2 |
| | | | 80 岁及以上 | 323 | 54.3 | 37.8 | 46.5 | 53.0 | 62.1 | 72.6 |
| | | 男 | 小计 | 6 907 | 66.0 | 48.9 | 57.5 | 65.0 | 73.0 | 87.0 |
| | | | 18 ~ 44 岁 | 2 227 | 67.2 | 49.3 | 58.1 | 65.6 | 74.6 | 89.7 |
| | | | 45 ~ 59 岁 | 2 575 | 66.4 | 50.0 | 58.3 | 65.3 | 73.4 | 86.1 |
| | | | 60 ~ 79 岁 | 1 952 | 62.6 | 46.5 | 54.7 | 61.9 | 69.8 | 80.5 |
| | | | 80 岁及以上 | 153 | 58.8 | 43.3 | 51.2 | 59.0 | 65.0 | 79.4 |
| | | 女 | 小计 | 8 342 | 58.3 | 42.9 | 50.8 | 57.3 | 64.6 | 76.6 |
| | | | 18 ~ 44 岁 | 2 830 | 57.6 | 43.3 | 50.3 | 56.5 | 63.4 | 75.2 |
| | | | 45 ~ 59 岁 | 3 413 | 60.6 | 45.0 | 53.5 | 60.0 | 66.6 | 78.3 |
| | | | 60 ~ 79 岁 | 1929 | 56.9 | 40.0 | 49.2 | 56.0 | 63.8 | 76.5 |
| | | | 80 岁及以上 | 170 | 50.8 | 36.4 | 42.6 | 50.0 | 57.2 | 68.0 |
| 中部 | 城乡 | 小计 | 小计 | 29 043 | 62.2 | 45.6 | 54.0 | 61.0 | 69.0 | 82.8 |
| | | | 18 ~ 44 岁 | 12 093 | 62.2 | 46.0 | 53.7 | 60.6 | 69.0 | 84.1 |
| | | | 45 ~ 59 岁 | 10 215 | 63.7 | 47.2 | 56.0 | 62.8 | 70.3 | 83.0 |
| | | | 60 ~ 79 岁 | 6 333 | 60.2 | 43.6 | 52.7 | 59.2 | 67.1 | 79.2 |
| | | | 80 岁及以上 | 402 | 53.9 | 37.7 | 46.0 | 52.4 | 60.0 | 74.7 |
| | | 男 | 小计 | 13 219 | 66.4 | 50.0 | 58.2 | 65.1 | 73.2 | 87.3 |
| | | | 18 ~ 44 岁 | 5 603 | 67.1 | 50.9 | 58.9 | 65.8 | 73.8 | 89.0 |
| | | | 45 ~ 59 岁 | 4 462 | 67.2 | 50.5 | 59.7 | 66.2 | 74.2 | 87.0 |
| | | | 60 ~ 79 岁 | 2 983 | 63.1 | 47.0 | 55.0 | 61.7 | 70.6 | 82.3 |
| | | | 80 岁及以上 | 171 | 59.7 | 43.1 | 52.3 | 58.9 | 65.2 | 77.2 |
| | | 女 | 小计 | 15 824 | 57.9 | 43.5 | 51.0 | 57.0 | 63.9 | 75.0 |
| | | | 18 ~ 44 岁 | 6 490 | 57.1 | 44.0 | 50.5 | 56.0 | 62.4 | 74.3 |
| | | | 45 ~ 59 岁 | 5 753 | 60.2 | 45.5 | 53.6 | 59.7 | 66.0 | 76.9 |
| | | | 60 ~ 79 岁 | 3 350 | 57.3 | 41.2 | 50.2 | 56.9 | 64.0 | 74.5 |
| | | | 80 岁及以上 | 231 | 50.1 | 36.5 | 43.6 | 48.6 | 54.6 | 69.4 |
| | 城市 | 小计 | 小计 | 13 777 | 63.5 | 46.8 | 54.9 | 62.0 | 70.6 | 85.2 |
| | | | 18 ~ 44 岁 | 5 782 | 63.1 | 46.5 | 54.0 | 61.0 | 70.0 | 87.2 |
| | | | 45 ~ 59 岁 | 4 773 | 65.0 | 48.5 | 57.0 | 64.0 | 72.1 | 84.5 |
| | | | 60 ~ 79 岁 | 3 006 | 62.4 | 45.0 | 54.8 | 61.6 | 70.0 | 82.0 |
| | | | 80 岁及以上 | 216 | 57.8 | 41.2 | 50.1 | 55.8 | 64.5 | 79.9 |
| | | 男 | 小计 | 6 046 | 68.6 | 51.5 | 60.0 | 67.6 | 75.6 | 90.0 |
| | | | 18 ~ 44 岁 | 2 652 | 69.0 | 51.7 | 60.0 | 67.6 | 76.2 | 92.6 |
| | | | 45 ~ 59 岁 | 2 022 | 69.3 | 51.9 | 61.8 | 69.0 | 76.0 | 88.6 |
| | | | 60 ~ 79 岁 | 1 284 | 65.8 | 49.0 | 58.0 | 65.0 | 73.0 | 84.5 |

| 地区 | 城乡 | 性别 | 年龄 | $n$ | 体重 /kg | | | | | |
|---|---|---|---|---|---|---|---|---|---|---|
| | | | | | Mean | P5 | P25 | P50 | P75 | P95 |
| 中部 | 城市 | 男 | 80 岁及以上 | 88 | 62.3 | 47.7 | 54.9 | 60.0 | 70.1 | 84.0 |
| 中部 | 城市 | 女 | 小计 | 7 731 | 58.4 | 45.0 | 51.8 | 57.4 | 64.0 | 75.1 |
| 中部 | 城市 | 女 | 18 ～ 44 岁 | 3 130 | 57.1 | 44.7 | 50.6 | 55.8 | 62.0 | 74.0 |
| 中部 | 城市 | 女 | 45 ～ 59 岁 | 2 751 | 60.7 | 47.0 | 54.2 | 60.0 | 66.2 | 76.5 |
| 中部 | 城市 | 女 | 60 ～ 79 岁 | 1 722 | 59.4 | 43.7 | 52.5 | 59.1 | 65.5 | 76.5 |
| 中部 | 城市 | 女 | 80 岁及以上 | 128 | 54.3 | 40.9 | 46.8 | 54.0 | 59.0 | 77.0 |
| 中部 | 农村 | 小计 | 小计 | 15 266 | 61.4 | 45.0 | 53.4 | 60.3 | 68.1 | 80.9 |
| 中部 | 农村 | 小计 | 18 ～ 44 岁 | 6 311 | 61.6 | 45.6 | 53.4 | 60.4 | 68.3 | 81.5 |
| 中部 | 农村 | 小计 | 45 ～ 59 岁 | 5 442 | 62.9 | 46.5 | 55.3 | 62.0 | 69.4 | 82.0 |
| 中部 | 农村 | 小计 | 60 ～ 79 岁 | 3 327 | 59.1 | 42.9 | 51.8 | 58.0 | 66.0 | 77.6 |
| 中部 | 农村 | 小计 | 80 岁及以上 | 186 | 51.6 | 36.5 | 44.5 | 49.8 | 58.1 | 71.0 |
| 中部 | 农村 | 男 | 小计 | 7 173 | 65.0 | 49.0 | 57.3 | 64.0 | 71.8 | 85.0 |
| 中部 | 农村 | 男 | 18 ～ 44 岁 | 2 951 | 65.9 | 50.1 | 58.2 | 65.0 | 72.0 | 86.0 |
| 中部 | 农村 | 男 | 45 ～ 59 岁 | 2 440 | 65.9 | 49.9 | 58.4 | 64.7 | 72.3 | 85.0 |
| 中部 | 农村 | 男 | 60 ～ 79 岁 | 1 699 | 61.8 | 46.5 | 54.4 | 60.0 | 68.5 | 80.1 |
| 中部 | 农村 | 男 | 80 岁及以上 | 83 | 57.9 | 43.1 | 50.7 | 58.0 | 63.6 | 74.1 |
| 中部 | 农村 | 女 | 小计 | 8 093 | 57.6 | 42.7 | 50.5 | 56.8 | 63.7 | 75.0 |
| 中部 | 农村 | 女 | 18 ～ 44 岁 | 3 360 | 57.1 | 43.3 | 50.3 | 56.0 | 62.6 | 74.3 |
| 中部 | 农村 | 女 | 45 ～ 59 岁 | 3 002 | 59.9 | 44.8 | 53.0 | 59.5 | 65.9 | 77.0 |
| 中部 | 农村 | 女 | 60 ～ 79 岁 | 1 628 | 56.1 | 40.8 | 48.7 | 55.6 | 63.2 | 73.2 |
| 中部 | 农村 | 女 | 80 岁及以上 | 103 | 47.8 | 36.5 | 42.0 | 46.8 | 52.3 | 67.4 |
| 西部 | 城乡 | 小计 | 小计 | 31 107 | 59.7 | 44.1 | 52.0 | 58.3 | 66.2 | 79.7 |
| 西部 | 城乡 | 小计 | 18 ～ 44 岁 | 14 054 | 59.8 | 45.0 | 52.0 | 58.1 | 66.1 | 80.0 |
| 西部 | 城乡 | 小计 | 45 ～ 59 岁 | 10 350 | 61.1 | 45.1 | 53.5 | 60.0 | 67.8 | 80.5 |
| 西部 | 城乡 | 小计 | 60 ～ 79 岁 | 6 296 | 57.7 | 41.7 | 50.0 | 56.6 | 64.4 | 76.7 |
| 西部 | 城乡 | 小计 | 80 岁及以上 | 407 | 54.3 | 38.7 | 47.0 | 53.1 | 60.2 | 70.9 |
| 西部 | 城乡 | 男 | 小计 | 14 258 | 63.4 | 47.9 | 55.4 | 62.1 | 70.0 | 83.4 |
| 西部 | 城乡 | 男 | 18 ～ 44 岁 | 6 510 | 63.8 | 48.7 | 55.7 | 62.3 | 70.3 | 84.0 |
| 西部 | 城乡 | 男 | 45 ～ 59 岁 | 4 588 | 64.6 | 48.9 | 56.8 | 63.6 | 71.4 | 84.0 |
| 西部 | 城乡 | 男 | 60 ～ 79 岁 | 2 958 | 60.7 | 45.3 | 52.9 | 59.7 | 68.0 | 79.2 |
| 西部 | 城乡 | 男 | 80 岁及以上 | 202 | 57.2 | 42.2 | 50.7 | 57.3 | 62.5 | 74.5 |
| 西部 | 城乡 | 女 | 小计 | 16 849 | 55.9 | 42.4 | 49.2 | 54.8 | 61.4 | 72.6 |
| 西部 | 城乡 | 女 | 18 ～ 44 岁 | 7 544 | 55.6 | 43.3 | 49.1 | 54.1 | 60.6 | 72.0 |
| 西部 | 城乡 | 女 | 45 ～ 59 岁 | 5 762 | 57.5 | 43.2 | 50.6 | 56.8 | 63.4 | 74.7 |
| 西部 | 城乡 | 女 | 60 ～ 79 岁 | 3 338 | 54.7 | 40.0 | 47.5 | 54.0 | 61.0 | 72.0 |
| 西部 | 城乡 | 女 | 80 岁及以上 | 205 | 51.3 | 36.0 | 43.5 | 50.1 | 56.8 | 66.2 |
| 西部 | 城市 | 小计 | 小计 | 12 364 | 61.4 | 45.3 | 53.2 | 60.0 | 68.1 | 82.0 |
| 西部 | 城市 | 小计 | 18 ～ 44 岁 | 5 389 | 61.0 | 45.5 | 52.7 | 59.1 | 67.8 | 82.6 |
| 西部 | 城市 | 小计 | 45 ～ 59 岁 | 4 166 | 62.9 | 46.5 | 55.0 | 62.0 | 69.7 | 82.6 |
| 西部 | 城市 | 小计 | 60 ～ 79 岁 | 2 633 | 60.7 | 43.5 | 53.0 | 60.1 | 68.0 | 79.1 |
| 西部 | 城市 | 小计 | 80 岁及以上 | 176 | 56.5 | 38.1 | 49.7 | 56.8 | 61.7 | 73.8 |
| 西部 | 城市 | 男 | 小计 | 5 514 | 65.8 | 49.7 | 57.5 | 65.0 | 72.9 | 85.2 |
| 西部 | 城市 | 男 | 18 ～ 44 岁 | 2 463 | 65.9 | 50.5 | 57.3 | 65.0 | 73.0 | 86.0 |
| 西部 | 城市 | 男 | 45 ～ 59 岁 | 1 785 | 67.1 | 50.6 | 59.0 | 66.1 | 74.0 | 86.4 |
| 西部 | 城市 | 男 | 60 ～ 79 岁 | 1 180 | 63.8 | 46.5 | 55.8 | 63.8 | 71.2 | 81.8 |
| 西部 | 城市 | 男 | 80 岁及以上 | 86 | 61.1 | 49.7 | 56.2 | 60.0 | 65.3 | 78.0 |
| 西部 | 城市 | 女 | 小计 | 6 850 | 56.9 | 43.7 | 50.1 | 55.9 | 62.3 | 73.5 |
| 西部 | 城市 | 女 | 18 ～ 44 岁 | 2 926 | 55.8 | 44.0 | 49.5 | 54.4 | 60.6 | 72.0 |
| 西部 | 城市 | 女 | 45 ～ 59 岁 | 2 381 | 58.7 | 44.5 | 52.2 | 58.0 | 64.6 | 75.3 |
| 西部 | 城市 | 女 | 60 ～ 79 岁 | 1 453 | 57.8 | 41.9 | 51.1 | 57.6 | 64.0 | 74.4 |
| 西部 | 城市 | 女 | 80 岁及以上 | 90 | 52.2 | 35.5 | 43.5 | 50.0 | 58.6 | 67.0 |
| 西部 | 农村 | 小计 | 小计 | 18 743 | 58.6 | 43.4 | 51.1 | 57.3 | 64.9 | 77.8 |
| 西部 | 农村 | 小计 | 18 ～ 44 岁 | 8 665 | 59.1 | 44.3 | 51.6 | 57.6 | 65.0 | 78.2 |
| 西部 | 农村 | 小计 | 45 ～ 59 岁 | 6 184 | 59.9 | 44.3 | 52.4 | 58.8 | 66.2 | 78.4 |
| 西部 | 农村 | 小计 | 60 ～ 79 岁 | 3 663 | 55.7 | 40.9 | 48.5 | 54.6 | 62.0 | 74.0 |
| 西部 | 农村 | 小计 | 80 岁及以上 | 231 | 52.7 | 39.3 | 46.6 | 51.7 | 58.6 | 68.4 |
| 西部 | 农村 | 男 | 小计 | 8 744 | 61.9 | 47.1 | 54.4 | 60.5 | 68.3 | 81.0 |
| 西部 | 农村 | 男 | 18 ～ 44 岁 | 4 047 | 62.5 | 48.0 | 54.9 | 61.0 | 68.8 | 82.0 |

| 地区 | 城乡 | 性别 | 年龄 | n | 体重 /kg | | | | | |
|---|---|---|---|---|---|---|---|---|---|---|
| | | | | | Mean | P5 | P25 | P50 | P75 | P95 |
| 西部 | 农村 | 男 | 45～59 岁 | 2 803 | 63.0 | 48.0 | 55.7 | 61.7 | 69.5 | 81.7 |
| | | | 60～79 岁 | 1 778 | 58.8 | 45.0 | 51.8 | 57.3 | 64.9 | 76.8 |
| | | | 80 岁及以上 | 116 | 54.5 | 41.0 | 47.6 | 53.0 | 60.2 | 72.1 |
| | | 女 | 小计 | 9 999 | 55.2 | 41.8 | 48.6 | 54.0 | 60.8 | 72.1 |
| | | | 18～44 岁 | 4 618 | 55.4 | 43.0 | 49.0 | 54.0 | 60.6 | 72.0 |
| | | | 45～59 岁 | 3 381 | 56.7 | 42.1 | 50.0 | 55.8 | 62.5 | 73.6 |
| | | | 60～79 岁 | 1 885 | 52.6 | 39.1 | 45.6 | 51.5 | 58.0 | 69.6 |
| | | | 80 岁及以上 | 115 | 50.6 | 36.7 | 44.2 | 51.0 | 54.0 | 65.9 |

## 附表 10-2　中国人群分片区、城乡、性别、年龄的体重

| 地区 | 城乡 | 性别 | 年龄 | n | 体重 /kg | | | | | |
|---|---|---|---|---|---|---|---|---|---|---|
| | | | | | Mean | P5 | P25 | P50 | P75 | P95 |
| 合计 | 城乡 | 小计 | 小计 | 91 064 | 61.9 | 45.1 | 53.6 | 60.6 | 69.0 | 82.7 |
| | | | 18～44 岁 | 36 662 | 61.9 | 45.5 | 53.0 | 60.1 | 68.8 | 83.8 |
| | | | 45～59 岁 | 32 352 | 63.5 | 46.9 | 55.6 | 62.4 | 70.2 | 83.0 |
| | | | 60～79 岁 | 20 565 | 60.3 | 43.1 | 52.4 | 59.4 | 67.5 | 80.0 |
| | | | 80 岁及以上 | 1 485 | 55.5 | 38.8 | 47.6 | 54.3 | 62.5 | 75.1 |
| | | 男 | 小计 | 41 265 | 66.1 | 49.1 | 57.7 | 65.0 | 73.1 | 87.0 |
| | | | 18～44 岁 | 16 756 | 66.7 | 50.0 | 58.0 | 65.3 | 73.8 | 88.8 |
| | | | 45～59 岁 | 14 079 | 66.9 | 50.1 | 58.9 | 66.0 | 74.0 | 87.0 |
| | | | 60～79 岁 | 9 756 | 63.3 | 46.8 | 55.1 | 62.4 | 70.8 | 82.6 |
| | | | 80 岁及以上 | 674 | 60.0 | 43.1 | 53.0 | 59.1 | 66.5 | 78.0 |
| | | 女 | 小计 | 49 799 | 57.8 | 43.3 | 50.6 | 56.8 | 63.9 | 75.5 |
| | | | 18～44 岁 | 19 906 | 56.9 | 43.8 | 50.0 | 55.6 | 62.2 | 74.5 |
| | | | 45～59 岁 | 18 273 | 60.0 | 44.9 | 53.0 | 59.5 | 66.0 | 77.3 |
| | | | 60～79 岁 | 10 809 | 57.3 | 41.2 | 50.0 | 56.6 | 64.0 | 75.5 |
| | | | 80 岁及以上 | 811 | 52.1 | 36.8 | 45.0 | 51.0 | 58.2 | 69.4 |
| | 城市 | 小计 | 小计 | 41 806 | 63.4 | 46.3 | 54.8 | 62.0 | 70.6 | 84.8 |
| | | | 18～44 岁 | 16 629 | 62.9 | 46.1 | 53.7 | 61.0 | 70.0 | 85.9 |
| | | | 45～59 岁 | 14 738 | 64.9 | 48.1 | 57.0 | 64.0 | 72.0 | 85.0 |
| | | | 60～79 岁 | 9 694 | 62.8 | 45.2 | 55.0 | 62.0 | 70.0 | 82.3 |
| | | | 80 岁及以上 | 745 | 58.4 | 41.2 | 50.7 | 57.4 | 65.3 | 77.7 |
| | | 男 | 小计 | 18 441 | 68.2 | 51.1 | 59.8 | 67.3 | 75.3 | 89.2 |
| | | | 18～44 岁 | 7 531 | 68.6 | 51.6 | 59.8 | 67.3 | 75.9 | 91.1 |
| | | | 45～59 岁 | 6 261 | 68.9 | 52.0 | 61.0 | 68.4 | 76.0 | 88.5 |
| | | | 60～79 岁 | 4 327 | 66.2 | 48.2 | 58.3 | 66.0 | 73.4 | 84.6 |
| | | | 80 岁及以上 | 322 | 63.1 | 48.3 | 55.5 | 61.0 | 70.3 | 79.2 |
| | | 女 | 小计 | 23 365 | 58.6 | 44.5 | 51.6 | 57.5 | 64.6 | 76.3 |
| | | | 18～44 岁 | 9 098 | 57.1 | 44.5 | 50.2 | 55.6 | 62.1 | 74.9 |
| | | | 45～59 岁 | 8 477 | 60.9 | 46.0 | 54.1 | 60.2 | 66.8 | 78.0 |
| | | | 60～79 岁 | 5 367 | 59.6 | 43.8 | 52.7 | 59.1 | 65.8 | 77.5 |
| | | | 80 岁及以上 | 423 | 54.9 | 39.5 | 47.5 | 53.7 | 60.4 | 71.1 |
| | 农村 | 小计 | 小计 | 49 258 | 60.8 | 44.4 | 52.7 | 59.7 | 67.6 | 81.0 |
| | | | 18～44 岁 | 20 033 | 61.1 | 45.0 | 52.7 | 59.8 | 67.8 | 81.7 |
| | | | 45～59 岁 | 17 614 | 62.3 | 46.0 | 54.7 | 61.3 | 69.0 | 81.6 |
| | | | 60～79 岁 | 10 871 | 58.4 | 42.0 | 50.7 | 57.3 | 65.2 | 77.5 |
| | | | 80 岁及以上 | 740 | 53.0 | 37.6 | 45.6 | 52.0 | 60.1 | 71.0 |
| | | 男 | 小计 | 22 824 | 64.4 | 48.2 | 56.2 | 63.1 | 71.2 | 84.7 |
| | | | 18～44 岁 | 9 225 | 65.2 | 49.0 | 57.0 | 63.9 | 72.0 | 86.3 |
| | | | 45～59 岁 | 7 818 | 65.3 | 49.3 | 57.6 | 64.2 | 72.0 | 84.5 |
| | | | 60～79 岁 | 5 429 | 61.3 | 46.0 | 53.7 | 60.0 | 68.0 | 79.7 |
| | | | 80 岁及以上 | 352 | 57.2 | 42.2 | 50.0 | 57.3 | 63.6 | 74.5 |
| | | 女 | 小计 | 26 434 | 57.1 | 42.5 | 50.0 | 56.1 | 63.2 | 75.0 |

| 地区 | 城乡 | 性别 | 年龄 | n | 体重 /kg | | | | | |
|---|---|---|---|---|---|---|---|---|---|---|
| | | | | | Mean | P5 | P25 | P50 | P75 | P95 |
| 合计 | 农村 | 女 | 18～44 岁 | 10 808 | 56.8 | 43.1 | 50.0 | 55.6 | 62.3 | 74.0 |
| | | | 45～59 岁 | 9 796 | 59.3 | 44.0 | 52.1 | 58.8 | 65.3 | 77.0 |
| | | | 60～79 岁 | 5 442 | 55.4 | 40.0 | 47.9 | 54.4 | 62.0 | 73.6 |
| | | | 80 岁及以上 | 388 | 49.6 | 36.4 | 42.4 | 48.8 | 54.0 | 67.1 |
| 华北 | 城乡 | 小计 | 小计 | 18 082 | 65.5 | 48.8 | 57.5 | 64.3 | 72.3 | 86.4 |
| | | | 18～44 岁 | 6 481 | 65.5 | 48.7 | 57.0 | 64.0 | 72.3 | 87.8 |
| | | | 45～59 岁 | 6 819 | 66.9 | 50.8 | 59.4 | 65.7 | 73.4 | 86.9 |
| | | | 60～79 岁 | 4 497 | 64.0 | 47.1 | 56.3 | 63.1 | 71.2 | 82.7 |
| | | | 80 岁及以上 | 285 | 59.7 | 41.5 | 51.7 | 59.0 | 67.0 | 78.3 |
| | | 男 | 小计 | 7 994 | 69.7 | 52.9 | 61.5 | 68.6 | 76.3 | 90.6 |
| | | | 18～44 岁 | 2 918 | 70.6 | 54.0 | 62.0 | 69.2 | 77.0 | 92.3 |
| | | | 45～59 岁 | 2 816 | 70.3 | 53.6 | 62.3 | 69.2 | 77.3 | 90.1 |
| | | | 60～79 岁 | 2 115 | 67.1 | 50.6 | 59.1 | 66.6 | 74.1 | 84.9 |
| | | | 80 岁及以上 | 145 | 64.7 | 48.4 | 58.1 | 63.9 | 72.0 | 82.4 |
| | | 女 | 小计 | 10 088 | 61.5 | 46.8 | 54.6 | 60.8 | 67.3 | 78.8 |
| | | | 18～44 岁 | 3 563 | 60.4 | 47.0 | 53.5 | 59.9 | 65.9 | 77.5 |
| | | | 45～59 岁 | 4 003 | 63.8 | 49.0 | 57.1 | 63.1 | 69.7 | 80.8 |
| | | | 60～79 岁 | 2 382 | 60.8 | 44.5 | 53.9 | 60.5 | 67.3 | 78.2 |
| | | | 80 岁及以上 | 140 | 54.7 | 38.4 | 47.4 | 53.0 | 61.8 | 71.0 |
| | 城市 | 小计 | 小计 | 7 817 | 67.2 | 50.0 | 58.9 | 66.0 | 74.4 | 88.2 |
| | | | 18～44 岁 | 2 780 | 66.4 | 48.7 | 57.3 | 65.0 | 74.0 | 90.1 |
| | | | 45～59 岁 | 2 790 | 68.7 | 52.4 | 60.9 | 68.0 | 75.4 | 88.8 |
| | | | 60～79 岁 | 2 090 | 66.9 | 50.5 | 59.2 | 66.2 | 74.0 | 84.6 |
| | | | 80 岁及以上 | 157 | 64.7 | 49.0 | 56.9 | 64.6 | 72.0 | 79.5 |
| | | 男 | 小计 | 3 399 | 72.0 | 54.7 | 63.8 | 71.0 | 78.6 | 93.4 |
| | | | 18～44 岁 | 1 232 | 72.3 | 54.8 | 63.6 | 71.0 | 79.3 | 95.2 |
| | | | 45～59 岁 | 1 161 | 72.5 | 54.8 | 64.3 | 71.6 | 79.6 | 92.5 |
| | | | 60～79 岁 | 923 | 70.8 | 54.0 | 63.4 | 71.0 | 77.3 | 87.5 |
| | | | 80 岁及以上 | 83 | 68.4 | 55.0 | 62.2 | 68.2 | 74.3 | 83.6 |
| | | 女 | 小计 | 4 418 | 62.4 | 48.0 | 55.7 | 61.8 | 68.3 | 79.0 |
| | | | 18～44 岁 | 1 548 | 60.6 | 47.0 | 54.0 | 59.9 | 66.6 | 77.7 |
| | | | 45～59 岁 | 1 629 | 65.0 | 51.0 | 59.0 | 64.4 | 70.2 | 81.0 |
| | | | 60～79 岁 | 1 167 | 63.2 | 48.0 | 56.8 | 62.5 | 69.2 | 79.8 |
| | | | 80 岁及以上 | 74 | 60.0 | 45.4 | 53.0 | 60.0 | 67.0 | 77.0 |
| | 农村 | 小计 | 小计 | 10 265 | 64.4 | 48.0 | 56.7 | 63.1 | 71.0 | 84.6 |
| | | | 18～44 岁 | 3 701 | 64.9 | 48.8 | 56.9 | 63.1 | 71.6 | 86.3 |
| | | | 45～59 岁 | 4 029 | 65.6 | 49.9 | 58.2 | 64.5 | 72.0 | 84.5 |
| | | | 60～79 岁 | 2 407 | 62.0 | 45.7 | 54.5 | 61.3 | 68.7 | 80.1 |
| | | | 80 岁及以上 | 128 | 54.9 | 38.4 | 47.6 | 54.5 | 62.4 | 70.8 |
| | | 男 | 小计 | 4 595 | 68.1 | 52.0 | 60.2 | 66.8 | 74.7 | 88.5 |
| | | | 18～44 岁 | 1 686 | 69.4 | 53.3 | 61.3 | 68.4 | 75.3 | 91.0 |
| | | | 45～59 岁 | 1 655 | 68.8 | 52.4 | 61.4 | 67.5 | 75.3 | 88.0 |
| | | | 60～79 岁 | 1 192 | 64.8 | 49.7 | 57.3 | 63.9 | 71.4 | 82.7 |
| | | | 80 岁及以上 | 62 | 60.2 | 47.6 | 54.8 | 60.2 | 64.0 | 78.6 |
| | | 女 | 小计 | 5 670 | 60.9 | 46.0 | 53.8 | 60.0 | 66.6 | 78.6 |
| | | | 18～44 岁 | 2 015 | 60.3 | 46.9 | 53.1 | 59.9 | 65.3 | 77.5 |
| | | | 45～59 岁 | 2 374 | 63.0 | 48.0 | 56.4 | 62.1 | 68.9 | 80.6 |
| | | | 60～79 岁 | 1 215 | 59.2 | 43.5 | 52.3 | 58.4 | 65.8 | 77.5 |
| | | | 80 岁及以上 | 66 | 50.8 | 37.4 | 46.3 | 49.5 | 55.5 | 65.2 |
| 华东 | 城乡 | 小计 | 小计 | 22 955 | 62.3 | 45.6 | 53.9 | 61.0 | 69.3 | 83.1 |
| | | | 18～44 岁 | 8 535 | 62.0 | 45.7 | 53.0 | 60.0 | 69.0 | 84.0 |
| | | | 45～59 岁 | 8 066 | 64.2 | 48.0 | 56.3 | 63.0 | 71.0 | 83.5 |
| | | | 60～79 岁 | 5 837 | 61.0 | 44.0 | 53.1 | 60.0 | 68.2 | 80.8 |
| | | | 80 岁及以上 | 517 | 55.1 | 38.2 | 47.7 | 54.0 | 61.8 | 74.1 |
| | | 男 | 小计 | 10 427 | 66.8 | 49.9 | 58.3 | 65.9 | 74.0 | 87.3 |
| | | | 18～44 岁 | 3 792 | 67.6 | 50.3 | 58.6 | 66.3 | 75.0 | 89.5 |
| | | | 45～59 岁 | 3 626 | 67.7 | 51.8 | 60.0 | 67.0 | 74.9 | 87.0 |
| | | | 60～79 岁 | 2 805 | 63.9 | 47.5 | 55.9 | 63.0 | 71.4 | 83.0 |

| 地区 | 城乡 | 性别 | 年龄 | n | 体重 /kg | | | | | |
|---|---|---|---|---|---|---|---|---|---|---|
| | | | | | Mean | P5 | P25 | P50 | P75 | P95 |
| 华东 | 城乡 | 男 | 80 岁及以上 | 204 | 60.1 | 44.4 | 53.0 | 59.0 | 67.9 | 78.8 |
| | | 女 | 小计 | 12 528 | 57.8 | 43.6 | 50.9 | 56.6 | 63.7 | 75.8 |
| | | | 18～44 岁 | 4 743 | 56.7 | 44.0 | 50.0 | 55.2 | 61.9 | 74.3 |
| | | | 45～59 岁 | 4 440 | 60.4 | 45.7 | 53.7 | 59.8 | 66.0 | 77.7 |
| | | | 60～79 岁 | 3 032 | 58.0 | 41.5 | 50.4 | 57.2 | 64.9 | 77.3 |
| | | | 80 岁及以上 | 313 | 52.3 | 36.5 | 45.4 | 51.9 | 58.7 | 68.3 |
| | 城市 | 小计 | 小计 | 12 476 | 63.5 | 46.5 | 54.9 | 62.0 | 70.9 | 84.5 |
| | | | 18～44 岁 | 4 766 | 62.7 | 46.2 | 53.5 | 60.8 | 70.0 | 85.0 |
| | | | 45～59 岁 | 4 287 | 65.5 | 49.0 | 57.9 | 64.6 | 72.4 | 85.0 |
| | | | 60～79 岁 | 3 153 | 63.2 | 45.6 | 55.3 | 62.3 | 70.5 | 83.2 |
| | | | 80 岁及以上 | 270 | 57.5 | 41.2 | 50.6 | 56.0 | 63.4 | 75.3 |
| | | 男 | 小计 | 5 492 | 68.4 | 51.5 | 60.1 | 67.8 | 75.5 | 89.0 |
| | | | 18～44 岁 | 2 109 | 68.8 | 52.0 | 60.0 | 67.6 | 76.1 | 90.0 |
| | | | 45～59 岁 | 1 873 | 69.2 | 52.6 | 61.9 | 68.9 | 76.0 | 88.0 |
| | | | 60～79 岁 | 1 409 | 66.6 | 49.5 | 59.0 | 66.3 | 73.5 | 85.0 |
| | | | 80 岁及以上 | 101 | 62.2 | 44.4 | 55.1 | 60.8 | 70.0 | 79.4 |
| | | 女 | 小计 | 6 984 | 58.7 | 44.8 | 51.7 | 57.2 | 64.7 | 77.0 |
| | | | 18～44 岁 | 2 657 | 57.0 | 44.6 | 50.1 | 55.2 | 61.9 | 75.0 |
| | | | 45～59 岁 | 2 414 | 61.6 | 46.5 | 55.0 | 61.0 | 67.1 | 80.0 |
| | | | 60～79 岁 | 1 744 | 60.0 | 44.2 | 53.0 | 59.0 | 66.0 | 80.0 |
| | | | 80 岁及以上 | 169 | 54.9 | 40.0 | 48.0 | 53.7 | 60.4 | 70.4 |
| | 农村 | 小计 | 小计 | 10 479 | 61.0 | 44.7 | 52.9 | 59.7 | 67.9 | 81.5 |
| | | | 18～44 岁 | 3 769 | 61.3 | 45.1 | 52.5 | 59.5 | 68.1 | 82.5 |
| | | | 45～59 岁 | 3 779 | 62.8 | 47.0 | 55.2 | 61.5 | 69.2 | 82.0 |
| | | | 60～79 岁 | 2 684 | 58.7 | 42.6 | 51.3 | 57.7 | 65.5 | 77.0 |
| | | | 80 岁及以上 | 247 | 52.8 | 36.5 | 45.8 | 52.0 | 59.7 | 72.7 |
| | | 男 | 小计 | 4 935 | 65.0 | 48.9 | 56.8 | 63.8 | 72.0 | 85.5 |
| | | | 18～44 岁 | 1 683 | 66.2 | 49.3 | 57.7 | 65.0 | 73.0 | 88.0 |
| | | | 45～59 岁 | 1 753 | 66.1 | 50.7 | 58.5 | 65.0 | 73.0 | 84.4 |
| | | | 60～79 岁 | 1 396 | 61.4 | 46.9 | 54.0 | 60.0 | 68.0 | 79.0 |
| | | | 80 岁及以上 | 103 | 58.1 | 43.5 | 50.4 | 56.8 | 64.8 | 76.2 |
| | | 女 | 小计 | 5 544 | 56.9 | 42.7 | 50.0 | 55.9 | 62.7 | 74.1 |
| | | | 18～44 岁 | 2 086 | 56.5 | 43.4 | 49.9 | 55.1 | 61.8 | 73.5 |
| | | | 45～59 岁 | 2 026 | 59.2 | 45.0 | 52.6 | 58.3 | 64.8 | 76.2 |
| | | | 60～79 岁 | 1 288 | 55.7 | 40.0 | 48.1 | 55.0 | 62.3 | 74.3 |
| | | | 80 岁及以上 | 144 | 49.8 | 36.2 | 42.6 | 49.0 | 55.2 | 65.6 |
| 华南 | 城乡 | 小计 | 小计 | 15 172 | 58.6 | 43.0 | 50.9 | 57.3 | 65.0 | 78.0 |
| | | | 18～44 岁 | 6 520 | 58.6 | 43.6 | 50.8 | 56.9 | 65.0 | 78.8 |
| | | | 45～59 岁 | 5 384 | 59.8 | 44.5 | 52.5 | 59.0 | 66.0 | 77.8 |
| | | | 60～79 岁 | 3 021 | 56.7 | 41.0 | 49.1 | 55.7 | 63.3 | 75.0 |
| | | | 80 岁及以上 | 247 | 52.2 | 37.8 | 44.0 | 51.8 | 58.7 | 71.0 |
| | | 男 | 小计 | 7 017 | 62.5 | 47.0 | 54.9 | 61.5 | 69.2 | 81.5 |
| | | | 18～44 岁 | 3 109 | 63.1 | 48.0 | 55.0 | 62.0 | 69.5 | 83.5 |
| | | | 45～59 岁 | 2 341 | 63.3 | 48.0 | 56.0 | 62.7 | 70.1 | 81.3 |
| | | | 60～79 岁 | 1 461 | 59.6 | 44.0 | 52.4 | 58.5 | 66.3 | 77.4 |
| | | | 80 岁及以上 | 106 | 56.1 | 40.9 | 50.1 | 54.9 | 62.8 | 74.5 |
| | | 女 | 小计 | 8 155 | 54.5 | 41.5 | 48.1 | 53.4 | 60.0 | 70.8 |
| | | | 18～44 岁 | 3 411 | 53.8 | 41.9 | 47.9 | 52.3 | 58.3 | 69.9 |
| | | | 45～59 岁 | 3 043 | 56.4 | 43.0 | 50.0 | 55.8 | 62.1 | 72.0 |
| | | | 60～79 岁 | 1 560 | 53.7 | 39.1 | 46.2 | 52.9 | 60.0 | 71.0 |
| | | | 80 岁及以上 | 141 | 49.2 | 36.7 | 42.6 | 47.8 | 54.2 | 63.0 |
| | 城市 | 小计 | 小计 | 7 333 | 60.5 | 44.8 | 52.6 | 59.2 | 67.0 | 80.2 |
| | | | 18～44 岁 | 3 146 | 60.4 | 44.8 | 52.0 | 58.5 | 67.0 | 81.7 |
| | | | 45～59 岁 | 2 586 | 61.6 | 45.8 | 54.2 | 60.7 | 68.4 | 79.6 |
| | | | 60～79 岁 | 1 473 | 59.5 | 42.9 | 52.0 | 59.0 | 66.0 | 77.2 |
| | | | 80 岁及以上 | 128 | 55.0 | 42.5 | 47.8 | 54.2 | 59.7 | 75.8 |
| | | 男 | 小计 | 3 290 | 65.2 | 49.5 | 57.4 | 64.4 | 71.9 | 84.6 |
| | | | 18～44 岁 | 1 510 | 65.9 | 50.9 | 57.8 | 64.7 | 72.0 | 86.2 |

| 地区 | 城乡 | 性别 | 年龄 | *n* | 体重 /kg | | | | | |
|---|---|---|---|---|---|---|---|---|---|---|
| | | | | | Mean | P5 | P25 | P50 | P75 | P95 |
| 华南 | 城市 | 男 | 45～59 岁 | 1 060 | 65.9 | 49.1 | 58.3 | 65.3 | 72.7 | 83.3 |
| | | | 60～79 岁 | 672 | 62.4 | 46.6 | 55.0 | 61.6 | 69.2 | 80.5 |
| | | | 80 岁及以上 | 48 | 59.7 | 44.0 | 53.0 | 56.1 | 67.0 | 77.1 |
| | | 女 | 小计 | 4 043 | 55.8 | 43.2 | 49.7 | 54.9 | 61.0 | 71.8 |
| | | | 18～44 岁 | 1 636 | 54.5 | 43.0 | 49.0 | 53.0 | 58.9 | 70.0 |
| | | | 45～59 岁 | 1 526 | 57.6 | 44.6 | 51.5 | 57.0 | 63.0 | 72.7 |
| | | | 60～79 岁 | 801 | 56.5 | 41.8 | 50.0 | 56.7 | 62.5 | 72.8 |
| | | | 80 岁及以上 | 80 | 52.1 | 41.6 | 46.8 | 51.0 | 58.2 | 69.0 |
| | 农村 | 小计 | 小计 | 7 839 | 57.2 | 42.2 | 49.9 | 56.0 | 63.5 | 75.7 |
| | | | 18～44 岁 | 3 374 | 57.5 | 42.9 | 50.0 | 55.9 | 63.7 | 76.5 |
| | | | 45～59 岁 | 2 798 | 58.4 | 43.5 | 51.2 | 57.8 | 64.7 | 76.0 |
| | | | 60～79 岁 | 1 548 | 54.5 | 40.0 | 47.4 | 53.6 | 60.5 | 73.2 |
| | | | 80 岁及以上 | 119 | 49.3 | 36.4 | 42.4 | 48.4 | 55.6 | 65.7 |
| | | 男 | 小计 | 3 727 | 60.6 | 45.9 | 53.2 | 59.6 | 66.6 | 79.0 |
| | | | 18～44 岁 | 1 599 | 61.3 | 46.8 | 53.7 | 60.1 | 67.2 | 80.0 |
| | | | 45～59 岁 | 1 281 | 61.3 | 47.1 | 54.3 | 60.0 | 67.3 | 78.9 |
| | | | 60～79 岁 | 789 | 57.5 | 43.5 | 50.8 | 56.1 | 63.6 | 75.0 |
| | | | 80 岁及以上 | 58 | 53.2 | 39.5 | 46.9 | 52.7 | 61.0 | 65.7 |
| | | 女 | 小计 | 4 112 | 53.5 | 40.4 | 47.2 | 52.1 | 58.9 | 70.0 |
| | | | 18～44 岁 | 1 775 | 53.4 | 41.3 | 47.5 | 51.8 | 58.1 | 69.6 |
| | | | 45～59 岁 | 1 517 | 55.4 | 41.7 | 48.7 | 54.6 | 61.1 | 71.5 |
| | | | 60～79 岁 | 759 | 51.2 | 37.9 | 44.3 | 50.0 | 56.1 | 68.0 |
| | | | 80 岁及以上 | 61 | 45.5 | 36.1 | 39.7 | 42.6 | 49.3 | 63.0 |
| 西北 | 城乡 | 小计 | 小计 | 11 265 | 62.6 | 46.2 | 54.6 | 61.5 | 69.4 | 82.9 |
| | | | 18～44 岁 | 4 703 | 62.5 | 47.0 | 54.5 | 61.2 | 69.0 | 83.0 |
| | | | 45～59 岁 | 3 926 | 64.0 | 47.3 | 56.0 | 63.0 | 70.9 | 84.1 |
| | | | 60～79 岁 | 2 498 | 61.1 | 44.0 | 53.0 | 60.2 | 68.3 | 81.0 |
| | | | 80 岁及以上 | 138 | 58.7 | 41.0 | 52.0 | 59.0 | 65.9 | 76.9 |
| | | 男 | 小计 | 5 075 | 66.7 | 50.5 | 58.6 | 65.6 | 73.6 | 85.4 |
| | | | 18～44 岁 | 2 066 | 66.9 | 51.2 | 58.7 | 65.5 | 73.4 | 85.4 |
| | | | 45～59 岁 | 1 763 | 68.0 | 51.7 | 60.0 | 67.1 | 74.5 | 87.3 |
| | | | 60～79 岁 | 1 175 | 64.5 | 48.2 | 56.6 | 63.5 | 72.0 | 83.3 |
| | | | 80 岁及以上 | 71 | 63.8 | 50.0 | 56.0 | 62.4 | 72.1 | 79.5 |
| | | 女 | 小计 | 6 190 | 58.4 | 44.3 | 51.5 | 57.5 | 64.2 | 76.0 |
| | | | 18～44 岁 | 2 637 | 58.1 | 45.2 | 51.3 | 56.8 | 63.7 | 75.3 |
| | | | 45～59 岁 | 2 163 | 59.7 | 45.0 | 53.0 | 59.2 | 65.4 | 77.2 |
| | | | 60～79 岁 | 1 323 | 57.7 | 42.0 | 49.9 | 57.0 | 64.3 | 76.3 |
| | | | 80 岁及以上 | 67 | 54.2 | 40.1 | 44.5 | 56.8 | 63.0 | 67.4 |
| | 城市 | 小计 | 小计 | 5 049 | 64.6 | 47.4 | 56.2 | 63.4 | 71.8 | 84.4 |
| | | | 18～44 岁 | 2 029 | 63.9 | 46.8 | 55.0 | 62.4 | 71.3 | 84.5 |
| | | | 45～59 岁 | 1 796 | 66.2 | 49.5 | 58.4 | 65.0 | 73.0 | 86.3 |
| | | | 60～79 岁 | 1 165 | 64.3 | 48.0 | 56.9 | 63.4 | 71.2 | 82.1 |
| | | | 80 岁及以上 | 59 | 60.7 | 44.4 | 55.3 | 59.9 | 65.8 | 77.2 |
| | | 男 | 小计 | 2 215 | 69.5 | 53.0 | 61.7 | 68.8 | 76.1 | 88.2 |
| | | | 18～44 岁 | 888 | 69.6 | 52.8 | 61.0 | 68.4 | 76.1 | 88.7 |
| | | | 45～59 岁 | 773 | 70.7 | 54.0 | 63.0 | 70.0 | 77.4 | 89.3 |
| | | | 60～79 岁 | 521 | 67.9 | 51.0 | 61.0 | 67.7 | 75.0 | 83.7 |
| | | | 80 岁及以上 | 33 | 63.6 | 52.0 | 56.6 | 62.3 | 68.9 | 80.5 |
| | | 女 | 小计 | 2 834 | 59.7 | 45.6 | 52.8 | 58.8 | 65.3 | 77.5 |
| | | | 18～44 岁 | 1 141 | 58.3 | 45.1 | 51.1 | 57.0 | 63.7 | 76.8 |
| | | | 45～59 岁 | 1 023 | 61.5 | 47.8 | 55.1 | 60.5 | 67.1 | 78.1 |
| | | | 60～79 岁 | 644 | 60.9 | 45.6 | 54.6 | 60.0 | 67.1 | 79.8 |
| | | | 80 岁及以上 | 26 | 57.7 | 43.6 | 53.2 | 59.0 | 63.0 | 67.9 |
| | 农村 | 小计 | 小计 | 6 216 | 61.2 | 45.3 | 53.7 | 60.0 | 67.6 | 80.8 |
| | | | 18～44 岁 | 2 674 | 61.6 | 47.0 | 54.2 | 60.5 | 67.7 | 80.9 |
| | | | 45～59 岁 | 2 130 | 62.2 | 46.2 | 54.5 | 61.3 | 69.0 | 82.0 |
| | | | 60～79 岁 | 1 333 | 58.2 | 42.8 | 50.0 | 57.0 | 65.0 | 78.2 |
| | | | 80 岁及以上 | 79 | 57.1 | 40.1 | 44.7 | 58.2 | 65.9 | 75.1 |

| 地区 | 城乡 | 性别 | 年龄 | $n$ | 体重 /kg | | | | | |
|---|---|---|---|---|---|---|---|---|---|---|
| | | | | | Mean | P5 | P25 | P50 | P75 | P95 |
| 西北 | 农村 | 男 | 小计 | 2 860 | 64.7 | 49.5 | 57.0 | 63.9 | 71.0 | 83.9 |
| | | | 18 ～ 44 岁 | 1 178 | 65.0 | 50.4 | 57.6 | 64.3 | 70.9 | 83.3 |
| | | | 45 ～ 59 岁 | 990 | 65.8 | 49.8 | 58.0 | 64.5 | 72.5 | 84.4 |
| | | | 60 ～ 79 岁 | 654 | 61.6 | 47.2 | 53.9 | 60.0 | 68.3 | 83.0 |
| | | | 80 岁及以上 | 38 | 63.9 | 47.6 | 55.7 | 65.0 | 72.1 | 77.0 |
| | | 女 | 小计 | 3 356 | 57.4 | 43.2 | 50.5 | 56.1 | 63.3 | 74.5 |
| | | | 18 ～ 44 岁 | 1 496 | 58.1 | 45.2 | 51.5 | 56.6 | 63.5 | 75.0 |
| | | | 45 ～ 59 岁 | 1 140 | 58.1 | 43.9 | 51.1 | 57.1 | 63.9 | 75.3 |
| | | | 60 ～ 79 岁 | 679 | 54.7 | 40.7 | 47.3 | 53.0 | 61.9 | 72.2 |
| | | | 80 岁及以上 | 41 | 51.9 | 39.3 | 42.0 | 51.5 | 62.6 | 67.1 |
| 东北 | 城乡 | 小计 | 小计 | 10 176 | 65.6 | 48.5 | 57.1 | 64.0 | 72.3 | 87.6 |
| | | | 18 ～ 44 岁 | 3 985 | 65.9 | 48.9 | 57.0 | 63.8 | 72.8 | 90.0 |
| | | | 45 ～ 59 岁 | 3 902 | 66.5 | 50.2 | 58.7 | 65.3 | 73.3 | 87.2 |
| | | | 60 ～ 79 岁 | 2 164 | 63.4 | 46.6 | 56.0 | 62.5 | 70.3 | 81.9 |
| | | | 80 岁及以上 | 125 | 57.0 | 41.0 | 46.7 | 55.3 | 67.0 | 77.4 |
| | | 男 | 小计 | 4 634 | 70.1 | 52.2 | 61.3 | 68.7 | 77.2 | 93.5 |
| | | | 18 ～ 44 岁 | 1 889 | 71.0 | 52.4 | 62.0 | 69.1 | 78.3 | 96.1 |
| | | | 45 ～ 59 岁 | 1 664 | 70.3 | 53.5 | 61.8 | 69.5 | 77.5 | 91.4 |
| | | | 60 ～ 79 岁 | 1 022 | 66.7 | 50.3 | 59.0 | 66.0 | 73.5 | 85.0 |
| | | | 80 岁及以上 | 59 | 60.9 | 41.6 | 52.6 | 59.6 | 67.5 | 78.1 |
| | | 女 | 小计 | 5 542 | 61.0 | 46.0 | 54.2 | 60.1 | 67.2 | 78.4 |
| | | | 18 ～ 44 岁 | 2 096 | 60.2 | 46.2 | 53.4 | 59.0 | 65.4 | 77.9 |
| | | | 45 ～ 59 岁 | 2 238 | 63.1 | 48.2 | 56.3 | 62.2 | 69.2 | 79.9 |
| | | | 60 ～ 79 岁 | 1 142 | 60.2 | 44.0 | 53.4 | 59.8 | 66.6 | 76.5 |
| | | | 80 岁及以上 | 66 | 53.7 | 40.2 | 45.6 | 50.4 | 63.5 | 74.7 |
| | 城市 | 小计 | 小计 | 4 356 | 67.3 | 49.7 | 57.6 | 65.2 | 75.0 | 92.4 |
| | | | 18 ～ 44 岁 | 1 659 | 67.4 | 48.5 | 56.4 | 64.5 | 75.4 | 96.0 |
| | | | 45 ～ 59 岁 | 1 732 | 68.2 | 51.8 | 59.5 | 66.8 | 75.5 | 90.0 |
| | | | 60 ～ 79 岁 | 910 | 65.4 | 49.7 | 57.2 | 64.9 | 72.5 | 84.5 |
| | | | 80 岁及以上 | 55 | 61.5 | 40.2 | 53.4 | 60.4 | 70.3 | 78.1 |
| | | 男 | 小计 | 1 912 | 72.8 | 53.2 | 63.0 | 71.3 | 80.0 | 97.2 |
| | | | 18 ～ 44 岁 | 767 | 74.0 | 52.4 | 63.3 | 72.0 | 82.6 | 101.0 |
| | | | 45 ～ 59 岁 | 731 | 72.5 | 55.4 | 63.5 | 71.5 | 80.0 | 93.5 |
| | | | 60 ～ 79 岁 | 395 | 69.4 | 52.3 | 61.0 | 68.7 | 76.1 | 86.8 |
| | | | 80 岁及以上 | 19 | 67.0 | 52.6 | 58.1 | 67.0 | 75.6 | 78.1 |
| | | 女 | 小计 | 2 444 | 61.6 | 47.3 | 54.6 | 60.2 | 67.8 | 79.6 |
| | | | 18 ～ 44 岁 | 892 | 60.1 | 46.6 | 53.1 | 58.8 | 65.1 | 79.0 |
| | | | 45 ～ 59 岁 | 1 001 | 63.9 | 50.5 | 57.0 | 62.8 | 70.0 | 81.1 |
| | | | 60 ～ 79 岁 | 515 | 62.0 | 47.9 | 55.3 | 61.2 | 68.8 | 76.7 |
| | | | 80 岁及以上 | 36 | 58.4 | 34.4 | 50.6 | 59.0 | 65.5 | 77.4 |
| | 农村 | 小计 | 小计 | 5 820 | 64.7 | 48.0 | 57.0 | 63.4 | 71.1 | 84.1 |
| | | | 18 ～ 44 岁 | 2 326 | 65.1 | 48.9 | 57.1 | 63.4 | 71.3 | 85.6 |
| | | | 45 ～ 59 岁 | 2 170 | 65.6 | 49.1 | 58.1 | 64.8 | 72.0 | 84.6 |
| | | | 60 ～ 79 岁 | 1 254 | 62.3 | 44.8 | 55.0 | 61.7 | 69.2 | 80.3 |
| | | | 80 岁及以上 | 70 | 55.0 | 41.6 | 45.7 | 52.0 | 65.0 | 76.2 |
| | | 男 | 小计 | 2 722 | 68.6 | 51.9 | 60.6 | 67.4 | 75.3 | 89.5 |
| | | | 18 ～ 44 岁 | 1 122 | 69.5 | 52.4 | 61.5 | 67.9 | 76.5 | 90.0 |
| | | | 45 ～ 59 岁 | 933 | 68.9 | 52.1 | 61.0 | 68.2 | 75.4 | 90.0 |
| | | | 60 ～ 79 岁 | 627 | 65.4 | 50.0 | 58.0 | 65.0 | 71.3 | 83.4 |
| | | | 80 岁及以上 | 40 | 59.0 | 41.6 | 50.5 | 58.0 | 67.1 | 78.0 |
| | | 女 | 小计 | 3 098 | 60.7 | 45.5 | 54.0 | 60.0 | 67.0 | 77.9 |
| | | | 18 ～ 44 岁 | 1 204 | 60.2 | 46.0 | 53.6 | 59.2 | 65.8 | 77.0 |
| | | | 45 ～ 59 岁 | 1 237 | 62.7 | 47.2 | 56.0 | 62.0 | 68.6 | 79.4 |
| | | | 60 ～ 79 岁 | 627 | 59.2 | 43.2 | 52.0 | 59.1 | 65.7 | 75.8 |
| | | | 80 岁及以上 | 30 | 51.0 | 40.4 | 43.8 | 46.7 | 53.7 | 74.7 |
| 西南 | 城乡 | 小计 | 小计 | 13 414 | 58.3 | 43.5 | 51.0 | 57.1 | 64.6 | 76.9 |
| | | | 18 ～ 44 岁 | 6 438 | 58.7 | 44.2 | 51.2 | 57.1 | 65.0 | 77.8 |
| | | | 45 ～ 59 岁 | 4 255 | 59.7 | 44.8 | 52.6 | 58.5 | 66.1 | 77.7 |

| 地区 | 城乡 | 性别 | 年龄 | n | 体重 /kg | | | | | |
|---|---|---|---|---|---|---|---|---|---|---|
| | | | | | Mean | P5 | P25 | P50 | P75 | P95 |
| 西南 | 城乡 | 小计 | 60 ～ 79 岁 | 2 548 | 55.6 | 40.9 | 48.7 | 54.8 | 62.0 | 72.8 |
| | | | 80 岁及以上 | 173 | 53.4 | 38.1 | 47.2 | 52.7 | 59.1 | 69.4 |
| | | 男 | 小计 | 6 118 | 61.9 | 47.4 | 54.5 | 60.6 | 68.4 | 80.1 |
| | | | 18 ～ 44 岁 | 2 982 | 62.7 | 48.6 | 55.1 | 61.2 | 69.0 | 82.0 |
| | | | 45 ～ 59 岁 | 1 869 | 62.9 | 48.2 | 55.6 | 61.9 | 69.2 | 80.1 |
| | | | 60 ～ 79 岁 | 1 178 | 58.4 | 44.2 | 51.4 | 57.5 | 65.0 | 75.0 |
| | | | 80 岁及以上 | 89 | 56.1 | 42.7 | 50.0 | 57.4 | 60.9 | 70.1 |
| | | 女 | 小计 | 7 296 | 54.7 | 41.8 | 48.4 | 53.7 | 60.0 | 70.4 |
| | | | 18 ～ 44 岁 | 3 456 | 54.5 | 42.8 | 48.4 | 53.3 | 59.4 | 69.7 |
| | | | 45 ～ 59 岁 | 2 386 | 56.4 | 42.8 | 50.0 | 55.7 | 62.0 | 72.5 |
| | | | 60 ～ 79 岁 | 1 370 | 52.9 | 39.4 | 46.2 | 52.6 | 58.5 | 68.2 |
| | | | 80 岁及以上 | 84 | 50.4 | 35.5 | 43.5 | 49.9 | 53.0 | 64.8 |
| | 城市 | 小计 | 小计 | 4 775 | 59.4 | 44.5 | 51.8 | 58.0 | 65.8 | 78.5 |
| | | | 18 ～ 44 岁 | 2 249 | 59.5 | 45.0 | 51.8 | 57.7 | 65.8 | 80.0 |
| | | | 45 ～ 59 岁 | 1 547 | 60.5 | 45.3 | 53.3 | 59.4 | 67.0 | 78.9 |
| | | | 60 ～ 79 岁 | 903 | 57.7 | 42.0 | 50.5 | 57.2 | 64.3 | 74.2 |
| | | | 80 岁及以上 | 76 | 54.7 | 35.5 | 45.0 | 55.9 | 60.1 | 70.1 |
| | | 男 | 小计 | 2 133 | 63.6 | 48.5 | 55.9 | 63.0 | 70.0 | 82.3 |
| | | | 18 ～ 44 岁 | 1 025 | 64.4 | 50.0 | 56.1 | 63.5 | 71.0 | 84.0 |
| | | | 45 ～ 59 岁 | 663 | 64.3 | 49.3 | 57.0 | 63.6 | 70.4 | 81.0 |
| | | | 60 ～ 79 岁 | 407 | 60.3 | 44.0 | 52.0 | 60.3 | 67.4 | 75.5 |
| | | | 80 岁及以上 | 38 | 58.9 | 44.6 | 56.2 | 58.2 | 60.9 | 70.9 |
| | | 女 | 小计 | 2 642 | 55.0 | 42.8 | 49.0 | 54.0 | 60.0 | 70.1 |
| | | | 18 ～ 44 岁 | 1 224 | 54.3 | 43.5 | 48.4 | 53.3 | 58.9 | 69.0 |
| | | | 45 ～ 59 岁 | 884 | 56.6 | 43.8 | 50.3 | 56.0 | 61.7 | 71.8 |
| | | | 60 ～ 79 岁 | 496 | 55.0 | 40.8 | 49.0 | 54.4 | 61.0 | 68.9 |
| | | | 80 岁及以上 | 38 | 50.2 | 35.1 | 40.1 | 47.0 | 52.5 | 66.3 |
| | 农村 | 小计 | 小计 | 8 639 | 57.7 | 43.0 | 50.6 | 56.4 | 63.6 | 75.5 |
| | | | 18 ～ 44 岁 | 4 189 | 58.2 | 43.8 | 51.0 | 56.8 | 64.0 | 76.6 |
| | | | 45 ～ 59 岁 | 2 708 | 59.1 | 44.1 | 52.0 | 58.0 | 65.3 | 76.8 |
| | | | 60 ～ 79 岁 | 1 645 | 54.4 | 40.0 | 47.8 | 53.8 | 59.8 | 71.5 |
| | | | 80 岁及以上 | 97 | 52.3 | 40.7 | 47.4 | 51.5 | 58.2 | 66.1 |
| | | 男 | 小计 | 3 985 | 60.9 | 46.9 | 53.7 | 59.5 | 67.1 | 79.0 |
| | | | 18 ～ 44 岁 | 1 957 | 61.7 | 48.0 | 54.3 | 60.0 | 68.0 | 80.0 |
| | | | 45 ～ 59 岁 | 1 206 | 61.9 | 47.5 | 55.0 | 60.6 | 68.5 | 79.5 |
| | | | 60 ～ 79 岁 | 771 | 57.3 | 44.5 | 50.6 | 56.1 | 63.0 | 74.5 |
| | | | 80 岁及以上 | 51 | 53.8 | 41.0 | 47.4 | 53.2 | 61.0 | 66.1 |
| | | 女 | 小计 | 4 654 | 54.5 | 41.5 | 48.1 | 53.5 | 60.0 | 70.8 |
| | | | 18 ～ 44 岁 | 2 232 | 54.6 | 42.1 | 48.4 | 53.3 | 59.7 | 70.0 |
| | | | 45 ～ 59 岁 | 1 502 | 56.3 | 42.1 | 49.9 | 55.5 | 62.0 | 73.0 |
| | | | 60 ～ 79 岁 | 874 | 51.8 | 38.0 | 45.3 | 51.2 | 57.0 | 67.2 |
| | | | 80 岁及以上 | 46 | 50.5 | 36.0 | 47.6 | 51.2 | 53.1 | 63.5 |

## 附表 10-3 中国人群分省（直辖市、自治区）、城乡、性别的体重

| 地区 | 城乡 | 性别 | $n$ | 体重 / kg | | | | | |
|---|---|---|---|---|---|---|---|---|---|
| | | | | Mean | P5 | P25 | P50 | P75 | P95 |
| 合计 | 城乡 | 小计 | 91 064 | 61.9 | 45.1 | 53.6 | 60.6 | 69.0 | 82.7 |
| | | 男 | 41 265 | 66.1 | 49.1 | 57.7 | 65.0 | 73.1 | 87.0 |
| | | 女 | 49 799 | 57.8 | 43.3 | 50.6 | 56.8 | 63.9 | 75.5 |
| | 城市 | 小计 | 41 806 | 63.4 | 46.3 | 54.8 | 62.0 | 70.6 | 84.8 |
| | | 男 | 18 441 | 68.2 | 51.1 | 59.8 | 67.3 | 75.3 | 89.2 |
| | | 女 | 23 365 | 58.6 | 44.5 | 51.6 | 57.5 | 64.6 | 76.3 |
| | 农村 | 小计 | 49 258 | 60.8 | 44.4 | 52.7 | 59.7 | 67.6 | 81.0 |
| | | 男 | 22 824 | 64.4 | 48.2 | 56.2 | 63.1 | 71.2 | 84.7 |
| | | 女 | 26 434 | 57.1 | 42.5 | 50.0 | 56.1 | 63.2 | 75.0 |
| 北京 | 城乡 | 小计 | 1 106 | 68.2 | 50.3 | 59.9 | 66.9 | 75.9 | 88.0 |
| | | 男 | 455 | 73.0 | 54.5 | 65.0 | 72.3 | 80.2 | 95.1 |
| | | 女 | 651 | 64.0 | 48.8 | 57.2 | 63.0 | 70.8 | 82.0 |
| | 城市 | 小计 | 840 | 68.1 | 50.3 | 59.9 | 66.8 | 75.7 | 88.4 |
| | | 男 | 354 | 72.9 | 55.5 | 65.1 | 72.2 | 79.6 | 95.3 |
| | | 女 | 486 | 63.5 | 48.8 | 57.0 | 63.0 | 69.2 | 81.3 |
| | 农村 | 小计 | 266 | 68.7 | 50.5 | 60.2 | 67.1 | 76.7 | 87.6 |
| | | 男 | 101 | 73.1 | 54.1 | 64.9 | 73.0 | 81.2 | 95.1 |
| | | 女 | 165 | 65.2 | 48.9 | 57.9 | 63.2 | 74.2 | 84.6 |
| 天津 | 城乡 | 小计 | 1 154 | 67.6 | 50.0 | 59.6 | 65.7 | 74.5 | 90.1 |
| | | 男 | 470 | 72.4 | 54.5 | 62.7 | 70.5 | 78.5 | 95.0 |
| | | 女 | 684 | 62.5 | 46.5 | 56.0 | 62.0 | 68.2 | 80.1 |
| | 城市 | 小计 | 865 | 68.4 | 51.0 | 60.2 | 67.0 | 75.0 | 90.6 |
| | | 男 | 336 | 73.4 | 56.9 | 65.0 | 72.2 | 78.5 | 95.0 |
| | | 女 | 529 | 63.5 | 49.0 | 57.0 | 63.0 | 68.9 | 80.0 |
| | 农村 | 小计 | 289 | 66.1 | 47.9 | 58.0 | 63.8 | 72.5 | 87.2 |
| | | 男 | 134 | 70.8 | 53.4 | 62.3 | 67.5 | 78.0 | 92.2 |
| | | 女 | 155 | 60.9 | 45.0 | 53.3 | 60.1 | 66.2 | 82.3 |
| 河北 | 城乡 | 小计 | 4 407 | 66.3 | 49.5 | 58.5 | 65.1 | 73.2 | 86.2 |
| | | 男 | 1 934 | 69.8 | 52.0 | 61.9 | 69.0 | 76.8 | 91.1 |
| | | 女 | 2 473 | 62.8 | 48.0 | 56.0 | 62.0 | 69.0 | 80.0 |
| | 城市 | 小计 | 1 830 | 68.1 | 51.0 | 60.0 | 67.1 | 75.0 | 88.8 |
| | | 男 | 829 | 71.9 | 54.5 | 64.1 | 71.4 | 79.3 | 93.7 |
| | | 女 | 1 001 | 63.9 | 49.2 | 57.3 | 63.0 | 70.1 | 80.0 |
| | 农村 | 小计 | 2 577 | 64.7 | 48.6 | 57.3 | 63.5 | 71.3 | 83.7 |
| | | 男 | 1 105 | 67.7 | 51.3 | 60.5 | 66.5 | 74.6 | 86.6 |
| | | 女 | 1 472 | 62.0 | 47.0 | 54.9 | 61.3 | 67.7 | 80.0 |
| 山西 | 城乡 | 小计 | 3 441 | 65.0 | 48.6 | 57.0 | 64.0 | 71.7 | 85.3 |
| | | 男 | 1 564 | 69.4 | 52.9 | 61.7 | 68.5 | 76.1 | 88.2 |
| | | 女 | 1 877 | 60.7 | 46.3 | 54.4 | 60.0 | 66.0 | 77.0 |
| | 城市 | 小计 | 1 047 | 65.9 | 48.0 | 57.1 | 64.7 | 73.0 | 87.0 |
| | | 男 | 480 | 71.5 | 54.5 | 63.2 | 70.7 | 78.3 | 93.0 |
| | | 女 | 567 | 60.5 | 45.2 | 54.5 | 60.0 | 66.1 | 76.2 |
| | 农村 | 小计 | 2 394 | 64.6 | 48.8 | 57.0 | 63.5 | 71.1 | 84.0 |
| | | 男 | 1 084 | 68.5 | 52.4 | 61.0 | 68.0 | 75.2 | 87.3 |
| | | 女 | 1 310 | 60.8 | 46.9 | 54.4 | 60.0 | 66.0 | 77.1 |
| 内蒙古 | 城乡 | 小计 | 3 048 | 66.1 | 48.9 | 57.6 | 64.8 | 73.3 | 88.4 |
| | | 男 | 1 471 | 70.1 | 52.4 | 61.3 | 68.6 | 77.2 | 91.9 |
| | | 女 | 1 577 | 61.6 | 46.7 | 54.5 | 60.7 | 68.1 | 78.7 |
| | 城市 | 小计 | 1 196 | 67.4 | 50.9 | 59.0 | 65.8 | 74.6 | 88.4 |
| | | 男 | 554 | 72.2 | 55.6 | 64.0 | 71.8 | 79.2 | 92.0 |
| | | 女 | 642 | 62.2 | 48.5 | 55.7 | 61.1 | 67.7 | 78.9 |
| | 农村 | 小计 | 1 852 | 65.2 | 48.1 | 56.6 | 64.0 | 72.1 | 88.1 |
| | | 男 | 917 | 68.6 | 51.1 | 60.0 | 66.9 | 75.2 | 91.9 |
| | | 女 | 935 | 61.2 | 46.0 | 53.5 | 60.0 | 68.1 | 78.4 |

| 地区 | 城乡 | 性别 | n | 体重 / kg | | | | | |
|---|---|---|---|---|---|---|---|---|---|
| | | | | Mean | P5 | P25 | P50 | P75 | P95 |
| 辽宁 | 城乡 | 小计 | 3 376 | 66.4 | 49.5 | 57.8 | 65.0 | 73.5 | 88.0 |
| | | 男 | 1 449 | 70.6 | 52.5 | 61.8 | 69.0 | 78.2 | 94.0 |
| | | 女 | 1 927 | 62.0 | 47.1 | 54.8 | 60.9 | 68.8 | 80.0 |
| | 城市 | 小计 | 1 195 | 68.1 | 50.5 | 58.7 | 66.8 | 76.0 | 91.3 |
| | | 男 | 526 | 72.8 | 55.1 | 64.1 | 71.4 | 80.0 | 95.2 |
| | | 女 | 669 | 63.0 | 48.2 | 55.5 | 61.5 | 69.6 | 81.0 |
| | 农村 | 小计 | 2 181 | 65.7 | 49.0 | 57.3 | 64.2 | 72.3 | 86.5 |
| | | 男 | 923 | 69.8 | 52.0 | 61.3 | 68.2 | 77.5 | 93.0 |
| | | 女 | 1 258 | 61.7 | 46.6 | 54.6 | 60.7 | 68.5 | 80.0 |
| 吉林 | 城乡 | 小计 | 2 738 | 64.8 | 48.9 | 57.0 | 63.5 | 71.6 | 85.0 |
| | | 男 | 1 303 | 68.3 | 51.5 | 60.2 | 67.7 | 75.1 | 89.5 |
| | | 女 | 1 435 | 61.1 | 46.8 | 55.0 | 60.1 | 66.3 | 77.4 |
| | 城市 | 小计 | 1 572 | 66.7 | 49.8 | 57.6 | 65.0 | 73.9 | 87.8 |
| | | 男 | 705 | 70.6 | 51.7 | 60.7 | 70.0 | 77.6 | 95.4 |
| | | 女 | 867 | 62.4 | 48.1 | 55.3 | 61.4 | 68.8 | 79.0 |
| | 农村 | 小计 | 1 166 | 63.1 | 47.5 | 56.6 | 62.2 | 69.1 | 80.9 |
| | | 男 | 598 | 66.1 | 50.9 | 59.9 | 65.7 | 72.0 | 84.5 |
| | | 女 | 568 | 59.8 | 45.9 | 54.7 | 59.6 | 64.6 | 75.0 |
| 黑龙江 | 城乡 | 小计 | 4 062 | 65.1 | 47.0 | 56.4 | 63.3 | 71.9 | 89.6 |
| | | 男 | 1 882 | 70.8 | 52.4 | 61.4 | 69.0 | 78.0 | 96.4 |
| | | 女 | 2 180 | 59.7 | 44.7 | 52.7 | 59.5 | 65.6 | 76.8 |
| | 城市 | 小计 | 1 589 | 67.0 | 48.3 | 56.3 | 63.8 | 75.0 | 95.3 |
| | | 男 | 681 | 75.3 | 54.4 | 64.0 | 73.2 | 85.6 | 100.2 |
| | | 女 | 908 | 59.7 | 46.4 | 53.0 | 59.0 | 65.0 | 77.0 |
| | 农村 | 小计 | 2 473 | 64.0 | 46.0 | 56.5 | 63.1 | 70.8 | 83.8 |
| | | 男 | 1 201 | 68.3 | 52.0 | 60.5 | 67.4 | 74.9 | 88.1 |
| | | 女 | 1 272 | 59.7 | 43.8 | 52.6 | 60.0 | 66.2 | 76.8 |
| 上海 | 城乡 | 小计 | 1 161 | 63.5 | 46.0 | 55.2 | 62.2 | 70.4 | 85.0 |
| | | 男 | 540 | 68.7 | 52.5 | 61.0 | 67.1 | 75.7 | 88.9 |
| | | 女 | 621 | 58.1 | 43.7 | 51.1 | 56.9 | 63.1 | 77.0 |
| | 城市 | 小计 | 1 161 | 63.5 | 46.0 | 55.2 | 62.2 | 70.4 | 85.0 |
| | | 男 | 540 | 68.7 | 52.5 | 61.0 | 67.1 | 75.7 | 88.9 |
| | | 女 | 621 | 58.1 | 43.7 | 51.1 | 56.9 | 63.1 | 77.0 |
| 江苏 | 城乡 | 小计 | 3 472 | 63.2 | 46.3 | 54.8 | 62.0 | 70.0 | 83.4 |
| | | 男 | 1 586 | 68.5 | 51.0 | 60.3 | 67.6 | 75.6 | 87.8 |
| | | 女 | 1 886 | 57.9 | 44.2 | 51.2 | 57.0 | 63.0 | 74.8 |
| | 城市 | 小计 | 2 313 | 63.8 | 47.0 | 55.1 | 62.6 | 71.4 | 83.6 |
| | | 男 | 1 068 | 69.2 | 52.5 | 61.7 | 68.8 | 76.3 | 88.0 |
| | | 女 | 1 245 | 58.2 | 44.5 | 51.5 | 57.0 | 63.8 | 75.0 |
| | 农村 | 小计 | 1 159 | 61.8 | 45.3 | 54.0 | 60.4 | 68.0 | 82.5 |
| | | 男 | 518 | 66.7 | 49.2 | 58.2 | 65.1 | 73.2 | 86.6 |
| | | 女 | 641 | 57.4 | 43.5 | 51.1 | 57.0 | 62.2 | 74.0 |
| 浙江 | 城乡 | 小计 | 3 427 | 60.6 | 44.8 | 52.9 | 59.5 | 67.6 | 79.3 |
| | | 男 | 1 599 | 65.0 | 49.4 | 57.3 | 64.8 | 71.1 | 82.9 |
| | | 女 | 1 828 | 56.0 | 43.3 | 49.8 | 55.1 | 61.2 | 72.2 |
| | 城市 | 小计 | 1 184 | 62.5 | 45.9 | 54.3 | 61.8 | 69.4 | 81.6 |
| | | 男 | 536 | 68.1 | 52.5 | 61.5 | 67.4 | 74.1 | 86.0 |
| | | 女 | 648 | 56.7 | 44.5 | 50.6 | 55.3 | 62.1 | 72.4 |
| | 农村 | 小计 | 2 243 | 59.8 | 44.3 | 52.3 | 58.6 | 66.7 | 77.9 |
| | | 男 | 1 063 | 63.6 | 48.2 | 55.6 | 63.0 | 70.1 | 81.8 |
| | | 女 | 1 180 | 55.6 | 42.5 | 49.3 | 55.0 | 61.0 | 72.2 |
| 安徽 | 城乡 | 小计 | 3 491 | 61.7 | 46.0 | 54.0 | 60.5 | 68.5 | 81.5 |
| | | 男 | 1 542 | 66.2 | 50.0 | 58.8 | 65.0 | 73.0 | 85.0 |
| | | 女 | 1 949 | 57.4 | 43.5 | 51.0 | 56.5 | 63.1 | 74.0 |
| | 城市 | 小计 | 1 894 | 63.5 | 48.0 | 55.5 | 62.0 | 70.0 | 84.0 |
| | | 男 | 791 | 68.1 | 53.0 | 60.1 | 67.3 | 75.0 | 88.8 |
| | | 女 | 1 103 | 59.3 | 46.0 | 53.0 | 58.2 | 65.0 | 74.5 |
| | 农村 | 小计 | 1 597 | 60.6 | 44.5 | 53.0 | 59.2 | 67.6 | 80.0 |

| 地区 | 城乡 | 性别 | n | 体重 / kg | | | | | |
|---|---|---|---|---|---|---|---|---|---|
| | | | | Mean | P5 | P25 | P50 | P75 | P95 |
| 安徽 | 农村 | 男 | 751 | 65.1 | 49.3 | 57.9 | 64.0 | 72.0 | 85.0 |
| | | 女 | 846 | 56.2 | 41.9 | 49.5 | 55.0 | 62.0 | 73.5 |
| 福建 | 城乡 | 小计 | 2 897 | 59.0 | 44.5 | 51.4 | 57.4 | 65.4 | 78.9 |
| | | 男 | 1 290 | 63.5 | 48.5 | 55.3 | 62.1 | 70.3 | 83.2 |
| | | 女 | 1 607 | 54.7 | 42.8 | 48.2 | 53.5 | 59.9 | 70.4 |
| | 城市 | 小计 | 1 494 | 59.7 | 44.9 | 51.8 | 57.9 | 66.5 | 80.1 |
| | | 男 | 635 | 65.2 | 48.6 | 56.9 | 64.1 | 72.5 | 85.6 |
| | | 女 | 859 | 54.9 | 43.3 | 48.3 | 53.5 | 60.0 | 70.8 |
| | 农村 | 小计 | 1 403 | 58.3 | 44.0 | 51.0 | 57.0 | 64.5 | 76.7 |
| | | 男 | 655 | 62.0 | 48.4 | 54.1 | 60.4 | 68.1 | 81.2 |
| | | 女 | 748 | 54.6 | 42.5 | 48.1 | 53.6 | 59.8 | 69.9 |
| 江西 | 城乡 | 小计 | 2 917 | 57.8 | 42.3 | 49.9 | 55.9 | 64.4 | 77.8 |
| | | 男 | 1 376 | 62.2 | 46.0 | 54.3 | 61.1 | 69.4 | 81.0 |
| | | 女 | 1 541 | 53.1 | 40.8 | 47.4 | 51.8 | 57.8 | 69.0 |
| | 城市 | 合计 | 1 720 | 59.4 | 43.2 | 51.3 | 57.6 | 66.8 | 79.4 |
| | | 男 | 795 | 64.2 | 47.5 | 55.5 | 63.3 | 72.1 | 82.6 |
| | | 女 | 925 | 54.5 | 41.5 | 48.2 | 53.5 | 59.6 | 71.2 |
| | 农村 | 小计 | 1 197 | 56.0 | 41.7 | 48.8 | 54.5 | 62.1 | 75.8 |
| | | 男 | 581 | 60.1 | 45.1 | 53.0 | 59.2 | 66.2 | 78.2 |
| | | 女 | 616 | 51.5 | 39.6 | 46.2 | 50.8 | 55.8 | 66.5 |
| 山东 | 城乡 | 小计 | 5 590 | 66.2 | 49.0 | 57.4 | 65.0 | 73.5 | 88.2 |
| | | 男 | 2 494 | 70.2 | 53.0 | 61.0 | 69.3 | 78.0 | 91.3 |
| | | 女 | 3 096 | 62.3 | 47.1 | 54.6 | 61.0 | 68.4 | 81.3 |
| | 城市 | 小计 | 2 710 | 66.9 | 49.8 | 58.0 | 66.0 | 74.5 | 89.0 |
| | | 男 | 1 127 | 71.3 | 54.0 | 62.5 | 70.0 | 78.7 | 92.0 |
| | | 女 | 1 583 | 62.9 | 48.0 | 55.0 | 61.5 | 69.2 | 82.0 |
| | 农村 | 小计 | 2 880 | 65.3 | 48.6 | 56.8 | 63.9 | 72.2 | 87.4 |
| | | 男 | 1 367 | 69.0 | 52.0 | 60.2 | 67.8 | 76.0 | 90.1 |
| | | 女 | 1 513 | 61.5 | 45.9 | 54.1 | 60.5 | 67.8 | 80.3 |
| 河南 | 城乡 | 小计 | 4 926 | 64.1 | 47.9 | 56.2 | 62.8 | 70.8 | 84.7 |
| | | 男 | 2 100 | 68.4 | 52.6 | 60.1 | 67.5 | 75.0 | 89.0 |
| | | 女 | 2 826 | 60.1 | 46.0 | 53.1 | 59.6 | 66.0 | 77.1 |
| | 城市 | 小计 | 2 039 | 65.5 | 49.0 | 56.9 | 64.4 | 72.5 | 87.5 |
| | | 男 | 846 | 71.0 | 54.3 | 62.7 | 70.0 | 77.4 | 91.6 |
| | | 女 | 1 193 | 60.7 | 47.0 | 53.8 | 60.0 | 67.1 | 76.9 |
| | 农村 | 小计 | 2 887 | 63.5 | 47.7 | 56.0 | 62.4 | 70.2 | 83.5 |
| | | 男 | 1 254 | 67.4 | 52.0 | 59.6 | 66.0 | 73.3 | 88.1 |
| | | 女 | 1 633 | 59.9 | 45.1 | 52.9 | 59.4 | 65.7 | 77.1 |
| 湖北 | 城乡 | 小计 | 3 409 | 61.6 | 45.8 | 53.8 | 60.1 | 68.3 | 81.0 |
| | | 男 | 1 603 | 65.3 | 49.2 | 57.5 | 64.8 | 71.8 | 84.4 |
| | | 女 | 1 806 | 57.6 | 43.9 | 51.0 | 56.6 | 63.0 | 75.2 |
| | 城市 | 小计 | 2 382 | 62.2 | 45.9 | 54.2 | 60.6 | 69.4 | 82.9 |
| | | 男 | 1 126 | 66.5 | 50.5 | 58.2 | 65.6 | 73.4 | 86.7 |
| | | 女 | 1 256 | 57.3 | 44.2 | 51.0 | 56.4 | 62.5 | 74.0 |
| | 农村 | 小计 | 1 027 | 60.6 | 45.5 | 53.1 | 59.8 | 67.1 | 78.0 |
| | | 男 | 477 | 63.0 | 48.1 | 55.9 | 62.9 | 68.7 | 79.7 |
| | | 女 | 550 | 58.2 | 43.6 | 50.9 | 56.8 | 64.2 | 76.8 |
| 湖南 | 城乡 | 小计 | 4 059 | 58.6 | 43.5 | 51.0 | 57.3 | 65.0 | 77.8 |
| | | 男 | 1 849 | 62.7 | 47.9 | 55.0 | 61.8 | 69.0 | 82.7 |
| | | 女 | 2 210 | 54.0 | 41.7 | 48.0 | 52.9 | 59.0 | 69.7 |
| | 城市 | 小计 | 1 534 | 60.5 | 45.0 | 52.0 | 59.0 | 67.3 | 79.0 |
| | | 男 | 622 | 66.4 | 50.0 | 59.6 | 65.5 | 73.0 | 84.9 |
| | | 女 | 912 | 54.8 | 44.0 | 50.0 | 53.6 | 59.0 | 69.6 |
| | 农村 | 小计 | 2 525 | 57.9 | 42.9 | 50.6 | 56.7 | 64.0 | 76.8 |
| | | 男 | 1 227 | 61.4 | 47.2 | 53.9 | 60.0 | 66.7 | 80.2 |
| | | 女 | 1 298 | 53.7 | 41.2 | 47.3 | 52.4 | 59.0 | 69.7 |
| 广东 | 城乡 | 小计 | 3 241 | 58.4 | 43.0 | 50.6 | 57.0 | 65.0 | 77.1 |
| | | 男 | 1 456 | 62.9 | 47.0 | 55.1 | 62.3 | 69.9 | 81.0 |

| 地区 | 城乡 | 性别 | *n* | 体重 / kg | | | | | |
|---|---|---|---|---|---|---|---|---|---|
| | | | | Mean | P5 | P25 | P50 | P75 | P95 |
| 广东 | 城乡 | 女 | 1 785 | 54.4 | 41.0 | 48.0 | 53.4 | 60.0 | 70.0 |
| | 城市 | 小计 | 1 745 | 59.5 | 44.0 | 52.0 | 58.7 | 66.0 | 77.7 |
| | | 男 | 775 | 64.2 | 48.4 | 57.0 | 64.0 | 70.1 | 81.4 |
| | | 女 | 970 | 55.4 | 42.5 | 49.0 | 54.4 | 61.0 | 71.1 |
| | 农村 | 小计 | 1 496 | 57.2 | 41.4 | 49.7 | 55.7 | 64.0 | 76.5 |
| | | 男 | 681 | 61.6 | 45.2 | 53.6 | 60.0 | 69.4 | 80.2 |
| | | 女 | 815 | 53.2 | 40.0 | 46.5 | 52.1 | 59.0 | 69.0 |
| 广西 | 城乡 | 小计 | 3 380 | 56.1 | 42.5 | 49.3 | 55.0 | 61.5 | 73.0 |
| | | 男 | 1 594 | 59.1 | 45.7 | 52.5 | 57.8 | 64.6 | 76.3 |
| | | 女 | 1 786 | 52.8 | 41.0 | 47.1 | 52.0 | 57.4 | 67.8 |
| | 城市 | 小计 | 1 344 | 58.6 | 43.7 | 52.0 | 57.0 | 64.4 | 77.0 |
| | | 男 | 612 | 62.2 | 49.0 | 55.0 | 60.0 | 68.0 | 82.0 |
| | | 女 | 732 | 55.0 | 42.5 | 48.7 | 54.0 | 59.8 | 70.9 |
| | 农村 | 小计 | 2 036 | 55.1 | 42.1 | 48.7 | 54.0 | 60.4 | 71.2 |
| | | 男 | 982 | 58.0 | 45.1 | 51.4 | 57.1 | 63.6 | 74.5 |
| | | 女 | 1 054 | 51.9 | 40.5 | 46.5 | 51.3 | 56.5 | 66.1 |
| 海南 | 城乡 | 小计 | 1 083 | 55.5 | 39.4 | 47.7 | 54.0 | 62.4 | 74.4 |
| | | 男 | 515 | 59.7 | 44.0 | 52.0 | 58.3 | 65.9 | 79.8 |
| | | 女 | 568 | 50.9 | 37.8 | 44.5 | 49.6 | 55.7 | 69.1 |
| | 城市 | 小计 | 328 | 59.5 | 42.8 | 51.2 | 58.1 | 65.0 | 81.1 |
| | | 男 | 155 | 64.7 | 48.0 | 56.6 | 62.5 | 69.2 | 86.0 |
| | | 女 | 173 | 54.1 | 41.7 | 48.6 | 53.0 | 59.5 | 68.6 |
| | 农村 | 小计 | 755 | 53.9 | 38.7 | 46.5 | 52.2 | 59.8 | 73.7 |
| | | 男 | 360 | 57.7 | 43.6 | 50.4 | 57.0 | 63.4 | 76.1 |
| | | 女 | 395 | 49.6 | 36.6 | 43.5 | 48.2 | 54.2 | 69.6 |
| 重庆 | 城乡 | 小计 | 968 | 58.1 | 43.4 | 50.8 | 57.3 | 64.4 | 76.0 |
| | | 男 | 413 | 61.8 | 46.9 | 53.9 | 61.0 | 68.0 | 81.0 |
| | | 女 | 555 | 54.5 | 41.8 | 48.2 | 54.0 | 59.6 | 69.6 |
| | 城市 | 小计 | 475 | 59.7 | 44.2 | 51.7 | 58.8 | 66.2 | 78.9 |
| | | 男 | 224 | 64.0 | 48.1 | 57.2 | 63.5 | 69.0 | 83.4 |
| | | 女 | 251 | 54.9 | 42.2 | 49.1 | 54.3 | 59.6 | 69.2 |
| | 农村 | 小计 | 493 | 56.4 | 42.4 | 50.0 | 55.5 | 62.0 | 73.6 |
| | | 男 | 189 | 59.2 | 45.8 | 51.7 | 57.9 | 66.1 | 77.0 |
| | | 女 | 304 | 54.3 | 41.8 | 47.5 | 54.0 | 60.0 | 69.9 |
| 四川 | 城乡 | 小计 | 4 579 | 59.3 | 44.0 | 52.0 | 58.2 | 65.5 | 77.0 |
| | | 男 | 2 095 | 62.7 | 47.5 | 55.4 | 61.8 | 69.5 | 80.2 |
| | | 女 | 2 484 | 55.9 | 42.1 | 49.8 | 54.9 | 61.4 | 71.6 |
| | 城市 | 小计 | 1 940 | 59.5 | 44.5 | 52.2 | 58.4 | 66.0 | 78.0 |
| | | 男 | 866 | 63.6 | 48.7 | 55.5 | 63.1 | 70.0 | 82.2 |
| | | 女 | 1 074 | 55.4 | 42.7 | 49.4 | 54.6 | 60.5 | 70.6 |
| | 农村 | 小计 | 2 639 | 59.1 | 43.6 | 51.7 | 58.0 | 65.3 | 76.7 |
| | | 男 | 1 229 | 62.2 | 47.0 | 55.2 | 61.1 | 69.0 | 79.6 |
| | | 女 | 1 410 | 56.2 | 42.0 | 50.0 | 55.0 | 62.0 | 72.0 |
| 贵州 | 城乡 | 小计 | 2 855 | 57.5 | 43.0 | 50.0 | 56.0 | 64.0 | 76.0 |
| | | 男 | 1 334 | 61.3 | 47.7 | 54.0 | 60.0 | 67.8 | 79.5 |
| | | 女 | 1 521 | 53.2 | 41.0 | 47.3 | 52.1 | 58.1 | 69.0 |
| | 城市 | 小计 | 1 062 | 59.2 | 44.0 | 51.2 | 58.0 | 66.0 | 78.0 |
| | | 男 | 498 | 63.2 | 48.5 | 56.0 | 63.0 | 69.1 | 80.0 |
| | | 女 | 564 | 54.4 | 42.4 | 48.5 | 53.5 | 59.7 | 70.0 |
| | 农村 | 小计 | 1 793 | 55.9 | 42.3 | 49.4 | 54.5 | 61.0 | 73.5 |
| | | 男 | 836 | 59.4 | 47.0 | 52.9 | 57.5 | 65.0 | 77.2 |
| | | 女 | 957 | 52.1 | 40.2 | 46.4 | 51.1 | 56.5 | 68.1 |
| 云南 | 城乡 | 小计 | 3 488 | 57.7 | 43.3 | 50.6 | 55.9 | 63.1 | 77.3 |
| | | 男 | 1661 | 61.5 | 47.7 | 54.2 | 59.5 | 67.3 | 80.9 |
| | | 女 | 1 827 | 53.7 | 41.4 | 47.7 | 52.4 | 58.1 | 70.2 |
| | 城市 | 小计 | 913 | 59.0 | 44.8 | 51.6 | 56.3 | 64.8 | 79.9 |
| | | 男 | 419 | 63.6 | 50.3 | 55.0 | 61.0 | 71.0 | 84.7 |
| | | 女 | 494 | 54.5 | 43.5 | 48.4 | 53.3 | 58.7 | 70.2 |

| 地区 | 城乡 | 性别 | $n$ | 体重 / kg | | | | | |
|---|---|---|---|---|---|---|---|---|---|
| | | | | Mean | P5 | P25 | P50 | P75 | P95 |
| 云南 | 农村 | 小计 | 2 575 | 57.1 | 42.9 | 50.3 | 55.6 | 62.5 | 76.4 |
| | | 男 | 1 242 | 60.6 | 47.2 | 53.8 | 59.1 | 65.9 | 79.2 |
| | | 女 | 1 333 | 53.3 | 41.1 | 47.4 | 52.0 | 57.9 | 70.2 |
| 西藏 | 城乡 | 小计 | 1 524 | 57.1 | 43.0 | 50.0 | 55.1 | 62.1 | 78.0 |
| | | 男 | 615 | 59.8 | 46.2 | 52.6 | 58.0 | 65.0 | 80.0 |
| | | 女 | 909 | 54.7 | 41.7 | 47.9 | 52.6 | 59.5 | 74.3 |
| | 城市 | 小计 | 385 | 63.4 | 46.5 | 54.0 | 61.5 | 70.0 | 88.0 |
| | | 男 | 126 | 65.9 | 47.9 | 55.0 | 65.0 | 74.8 | 90.0 |
| | | 女 | 259 | 61.7 | 45.9 | 53.2 | 60.0 | 68.0 | 85.0 |
| | 农村 | 小计 | 1 139 | 55.3 | 42.3 | 49.0 | 53.9 | 60.0 | 70.7 |
| | | 男 | 489 | 58.4 | 46.2 | 52.1 | 57.4 | 63.1 | 74.0 |
| | | 女 | 650 | 52.3 | 41.1 | 46.8 | 51.1 | 56.1 | 67.1 |
| 陕西 | 城乡 | 小计 | 2 868 | 60.0 | 44.9 | 52.5 | 59.0 | 66.2 | 79.6 |
| | | 男 | 1 298 | 63.8 | 48.7 | 56.0 | 62.7 | 70.5 | 83.5 |
| | | 女 | 1 570 | 56.5 | 42.6 | 50.0 | 55.8 | 61.8 | 72.7 |
| | 城市 | 小计 | 1 331 | 62.4 | 46.8 | 55.0 | 61.1 | 69.3 | 83.0 |
| | | 男 | 587 | 66.9 | 51.0 | 59.1 | 65.6 | 74.4 | 85.0 |
| | | 女 | 744 | 58.3 | 44.4 | 52.0 | 58.0 | 64.0 | 74.1 |
| | 农村 | 小计 | 1 537 | 58.0 | 43.8 | 51.0 | 57.0 | 64.0 | 75.3 |
| | | 男 | 711 | 61.3 | 47.6 | 54.2 | 60.0 | 67.2 | 79.9 |
| | | 女 | 826 | 54.9 | 42.0 | 49.0 | 54.1 | 60.0 | 71.0 |
| 甘肃 | 城乡 | 小计 | 2 869 | 62.4 | 46.8 | 54.9 | 61.8 | 69.0 | 81.1 |
| | | 男 | 1 289 | 66.5 | 50.0 | 59.2 | 65.9 | 73.1 | 84.5 |
| | | 女 | 1 580 | 58.4 | 44.8 | 52.1 | 58.1 | 63.8 | 73.3 |
| | 城市 | 小计 | 799 | 64.1 | 49.1 | 56.3 | 63.2 | 71.1 | 83.0 |
| | | 男 | 365 | 68.2 | 53.0 | 61.1 | 67.8 | 74.2 | 85.6 |
| | | 女 | 434 | 60.0 | 47.6 | 53.8 | 59.1 | 65.3 | 76.8 |
| | 农村 | 小计 | 2 070 | 61.8 | 45.8 | 54.4 | 61.4 | 68.2 | 80.2 |
| | | 男 | 924 | 65.9 | 49.6 | 58.6 | 65.3 | 72.4 | 84.1 |
| | | 女 | 1 146 | 57.8 | 44.0 | 51.7 | 57.8 | 63.4 | 72.7 |
| 青海 | 城乡 | 小计 | 1 586 | 63.4 | 47.3 | 54.5 | 62.0 | 71.2 | 84.2 |
| | | 男 | 686 | 68.6 | 51.2 | 59.8 | 67.5 | 76.4 | 88.0 |
| | | 女 | 900 | 58.3 | 44.8 | 51.5 | 56.8 | 64.0 | 76.7 |
| | 城市 | 小计 | 660 | 65.6 | 48.4 | 56.4 | 64.6 | 73.4 | 86.2 |
| | | 男 | 291 | 71.2 | 54.0 | 63.4 | 71.3 | 79.7 | 88.8 |
| | | 女 | 369 | 59.7 | 45.6 | 51.9 | 58.4 | 65.6 | 78.9 |
| | 农村 | 小计 | 926 | 58.5 | 45.2 | 51.9 | 57.6 | 63.6 | 75.3 |
| | | 男 | 395 | 62.1 | 48.2 | 56.0 | 60.6 | 66.8 | 79.0 |
| | | 女 | 531 | 55.5 | 44.3 | 50.2 | 55.2 | 60.4 | 68.0 |
| 宁夏 | 城乡 | 小计 | 1 138 | 64.1 | 46.3 | 55.3 | 62.7 | 71.3 | 85.0 |
| | | 男 | 538 | 70.2 | 53.6 | 62.0 | 69.0 | 76.7 | 90.8 |
| | | 女 | 600 | 57.3 | 45.0 | 51.0 | 56.3 | 62.7 | 73.4 |
| | 城市 | 小计 | 1 040 | 64.2 | 46.2 | 55.4 | 63.0 | 71.5 | 85.5 |
| | | 男 | 488 | 70.5 | 54.0 | 62.3 | 69.0 | 77.0 | 90.8 |
| | | 女 | 552 | 57.4 | 44.8 | 51.0 | 56.4 | 62.9 | 73.4 |
| | 农村 | 小计 | 98 | 62.5 | 47.1 | 54.0 | 60.0 | 70.0 | 82.0 |
| | | 男 | 50 | 67.5 | 51.0 | 57.0 | 65.0 | 76.0 | 84.0 |
| | | 女 | 48 | 56.3 | 46.0 | 51.0 | 55.0 | 62.2 | 70.0 |
| 新疆 | 城乡 | 小计 | 2 804 | 63.4 | 46.8 | 55.2 | 62.4 | 70.0 | 83.4 |
| | | 男 | 1 264 | 66.6 | 50.8 | 58.4 | 65.4 | 73.2 | 84.8 |
| | | 女 | 1 540 | 59.9 | 44.7 | 52.1 | 58.7 | 66.6 | 80.4 |
| | 城市 | 小计 | 1 219 | 65.8 | 48.0 | 58.0 | 64.6 | 72.6 | 85.1 |
| | | 男 | 484 | 69.9 | 53.7 | 62.2 | 68.7 | 76.5 | 89.3 |
| | | 女 | 735 | 62.1 | 46.4 | 55.3 | 60.8 | 67.6 | 82.0 |
| | 农村 | 小计 | 1 585 | 62.1 | 46.0 | 54.2 | 61.1 | 68.4 | 82.2 |
| | | 男 | 780 | 65.1 | 50.2 | 57.3 | 64.0 | 71.4 | 84.4 |
| | | 女 | 805 | 58.5 | 43.3 | 50.4 | 56.6 | 65.6 | 78.5 |

# 11 皮肤暴露参数

# Dermal Exposure Factors




本章作者 赵秀阁 范德龙 黄 楠 王叶晴 李天昕 王贝贝 段小丽 等

## 11.1 参数说明

皮肤表面积（Body Surface Areas，SA），或称体表面积，指人体皮肤的总表面积，是计算皮肤暴露的必要参数（USEPA，2011）。在暴露评价工作中主要将人的皮肤表面积分为7个部位，即头部、躯干、上肢（包括上臂和手）和下肢（包括大腿、小腿和足）。皮肤暴露可能发生在不同的环境介质或行为活动过程中，这类介质和行为活动包括：水（洗澡、洗漱、洗衣、游泳等）、土（农业活动、户外娱乐等）、沉积物（渔业活动、涉水活动等）、其他液体（化学产品的使用）、蒸气或气体（化学产品的使用）、其他固体或残渣（打扫卫生等）。

皮肤暴露剂量计算方法见公式（11-1）。

$$DAD=\frac{DA_{event}\times EV\times ED\times EF\times SA}{BW\times AT} \tag{11-1}$$

式中：$DAD$——皮肤对污染物的日平均吸收剂量（dermally absorbed dose），mg/(kg·d)；

$DA_{event}$——单次暴露吸收剂量，mg/ (cm$^2$·次 )；

$SA$——与污染介质接触的皮肤表面积，cm$^2$；

$EV$——日暴露次数，次 /d；

$ED$——暴露持续时间，a；

$EF$——暴露频率，d/a；

$BW$——体重，kg；

$AT$——平均暴露时间，d。

由公式（11-1）可见，皮肤表面积$SA$是计算皮肤暴露剂量的必要参数。皮肤表面积的确定方法基本上分为两类，一是直接测量法，二是模型估算法。直接测量法主要有等覆盖法（Coating Method）、三角测量（Triangulation）、表面整合（Surface Integration）三种方法。等覆盖法是采用已知体积的材料覆盖到全身或身体某些部位；然后根据单位面积消耗的材料来进行推算；三角测量法是将身体划分为不同的几何图形，根据图形尺寸计算出每个图形的面积；表面整合法是应用求积计逐渐增加面积得到。由于这些方法在实际操作中存在一定限制和困难，因此人们开始探讨通过人体的其他指标利用相关模型来估算体表面积的方法。利用蒙特卡洛统计方法，通过大规模的皮肤面积与体重、身高的一元或二元回归分析，得到模型估算公式（11-2）。

$$SA=0.012\,H^{0.6}\,W^{0.45} \tag{11-2}$$

式中：$SA$——皮肤面积，m$^2$；

$W$——体重，kg；

$H$——身高，cm。

## 11.2 资料与数据来源

《手册》中的皮肤表面积数据来自于中国人群环境暴露行为模式研究。环境保护部科技标准司于2011—2012年委托中国环境科学研究院在我国31个省、自治区、直辖市（不包括香港、澳门特别行政区和台湾地区）的159个县/区针对18岁及以上常住居民91 527人（有效样本量为91 121人）开展中国人群环境暴露行为模式研究。通过该研究获得身高、体重数据，在此基础上进行计算得到皮肤表面积数据（附表11-1～附表11-6）。

## 11.3 皮肤表面积推荐值

表11-1 中国人群皮肤表面积推荐值

| | | 皮肤表面积/m² | | | | | | | | |
|---|---|---|---|---|---|---|---|---|---|---|
| | | 合计 | | | 城市 | | | 农村 | | |
| | | 小计 | 男 | 女 | 小计 | 男 | 女 | 小计 | 男 | 女 |
| 成人（≥18岁） | | 1.6 | 1.7 | 1.5 | 1.6 | 1.7 | 1.5 | 1.6 | 1.7 | 1.5 |
| 分年龄段 | 18～44岁 | 1.6 | 1.7 | 1.5 | 1.6 | 1.7 | 1.5 | 1.6 | 1.7 | 1.5 |
| | 45～59岁 | 1.6 | 1.7 | 1.6 | 1.7 | 1.7 | 1.6 | 1.6 | 1.7 | 1.6 |
| | 60～79岁 | 1.6 | 1.6 | 1.5 | 1.6 | 1.7 | 1.6 | 1.6 | 1.6 | 1.5 |
| | 80岁及以上 | 1.5 | 1.6 | 1.4 | 1.5 | 1.6 | 1.5 | 1.5 | 1.6 | 1.4 |

表11-2 中国人群不同部位皮肤表面积推荐值

| | 身体不同部位的皮肤表面积/m² | | | | | | | | |
|---|---|---|---|---|---|---|---|---|---|
| | 合计 | | | 城市 | | | 农村 | | |
| | 小计 | 男 | 女 | 小计 | 男 | 女 | 小计 | 男 | 女 |
| 头部 | 0.12 | 0.13 | 0.12 | 0.12 | 0.13 | 0.12 | 0.12 | 0.13 | 0.12 |
| 躯干 | 0.60 | 0.63 | 0.57 | 0.61 | 0.65 | 0.58 | 0.60 | 0.63 | 0.57 |
| 手臂 | 0.24 | 0.25 | 0.23 | 0.24 | 0.26 | 0.23 | 0.24 | 0.25 | 0.23 |
| 手部 | 0.08 | 0.08 | 0.07 | 0.08 | 0.08 | 0.07 | 0.08 | 0.08 | 0.07 |
| 腿 | 0.47 | 0.49 | 0.44 | 0.47 | 0.50 | 0.45 | 0.46 | 0.49 | 0.44 |
| 脚 | 0.11 | 0.11 | 0.10 | 0.11 | 0.11 | 0.10 | 0.10 | 0.11 | 0.10 |

## 11.4 与国外的比较

与美国（USEPA，2011）、日本（NIAIST，2007）、韩国（Jang J Y，et al，2007）的比较见表11-3。

表11-3 与国外的比较

| | 中国 | 美国 | 韩国 | 日本 |
|---|---|---|---|---|
| 男性/m² | 1.7 | 2.07 | 1.83 | 1.69 |
| 女性/m² | 1.5 | 1.82 | 1.59 | 1.51 |

## 本章参考文献

Jang J Y, Jo S N, Kim S, et al. 2007. Korean exposure factors handbook[S]. Seoul, Korea: Ministry of Environment.

NIAIST. 2007. Japanese exposure factors handbook[S]. http://unit.aist.go.jp/riss/crm/exposurefactors/english_summary.html[2013-06-01].

USEPA.2011.Exposure factors handbook[S]. EPA/600/R-09/052F. Washington DC: U.S.EPA.

## 附表 11-1　中国人群分东中西、城乡、性别、年龄的皮肤表面积

| 地区 | 城乡 | 性别 | 年龄 | n | 皮肤表面积 /m² | | | | | |
|---|---|---|---|---|---|---|---|---|---|---|
| | | | | | Mean | P5 | P25 | P50 | P75 | P95 |
| 合计 | 城乡 | 小计 | 小计 | 91 052 | 1.6 | 1.4 | 1.5 | 1.6 | 1.7 | 1.9 |
| | | | 18～44 岁 | 36 659 | 1.6 | 1.4 | 1.5 | 1.6 | 1.7 | 1.9 |
| | | | 45～59 岁 | 32 348 | 1.6 | 1.4 | 1.5 | 1.6 | 1.7 | 1.9 |
| | | | 60～79 岁 | 20 561 | 1.6 | 1.3 | 1.5 | 1.6 | 1.7 | 1.9 |
| | | | 80 岁及以上 | 1 484 | 1.5 | 1.2 | 1.4 | 1.5 | 1.6 | 1.8 |
| | | 男 | 小计 | 41 258 | 1.7 | 1.4 | 1.6 | 1.7 | 1.8 | 2.0 |
| | | | 18～44 岁 | 16 755 | 1.7 | 1.5 | 1.6 | 1.7 | 1.8 | 2.0 |
| | | | 45～59 岁 | 14 077 | 1.7 | 1.5 | 1.6 | 1.7 | 1.8 | 2.0 |
| | | | 60～79 岁 | 9 753 | 1.7 | 1.4 | 1.5 | 1.6 | 1.8 | 1.9 |
| | | | 80 岁及以上 | 673 | 1.6 | 1.3 | 1.5 | 1.6 | 1.7 | 1.9 |
| | | 女 | 小计 | 49 794 | 1.5 | 1.3 | 1.4 | 1.5 | 1.6 | 1.8 |
| | | | 18～44 岁 | 19 904 | 1.5 | 1.3 | 1.4 | 1.5 | 1.6 | 1.8 |
| | | | 45～59 岁 | 18 271 | 1.6 | 1.3 | 1.5 | 1.6 | 1.7 | 1.8 |
| | | | 60～79 岁 | 10 808 | 1.5 | 1.3 | 1.4 | 1.5 | 1.6 | 1.8 |
| | | | 80 岁及以上 | 811 | 1.4 | 1.2 | 1.3 | 1.4 | 1.5 | 1.7 |
| | 城市 | 小计 | 小计 | 41 801 | 1.6 | 1.4 | 1.5 | 1.6 | 1.8 | 1.9 |
| | | | 18～44 岁 | 16 628 | 1.6 | 1.4 | 1.5 | 1.6 | 1.8 | 2.0 |
| | | | 45～59 岁 | 14 736 | 1.7 | 1.4 | 1.5 | 1.7 | 1.8 | 1.9 |
| | | | 60～79 岁 | 9 692 | 1.6 | 1.4 | 1.5 | 1.6 | 1.7 | 1.9 |
| | | | 80 岁及以上 | 745 | 1.5 | 1.3 | 1.4 | 1.5 | 1.7 | 1.8 |
| | | 男 | 小计 | 18 438 | 1.7 | 1.5 | 1.6 | 1.7 | 1.8 | 2.0 |
| | | | 18～44 岁 | 7 531 | 1.7 | 1.5 | 1.6 | 1.7 | 1.8 | 2.0 |
| | | | 45～59 岁 | 6 260 | 1.7 | 1.5 | 1.6 | 1.7 | 1.8 | 2.0 |
| | | | 60～79 岁 | 4 325 | 1.7 | 1.4 | 1.6 | 1.7 | 1.8 | 1.9 |
| | | | 80 岁及以上 | 322 | 1.6 | 1.4 | 1.5 | 1.6 | 1.8 | 1.9 |
| | | 女 | 小计 | 23 363 | 1.6 | 1.4 | 1.5 | 1.5 | 1.6 | 1.8 |
| | | | 18～44 岁 | 9 097 | 1.5 | 1.4 | 1.5 | 1.5 | 1.6 | 1.8 |
| | | | 45～59 岁 | 8 476 | 1.6 | 1.4 | 1.5 | 1.6 | 1.7 | 1.8 |
| | | | 60～79 岁 | 5 367 | 1.6 | 1.3 | 1.5 | 1.6 | 1.6 | 1.8 |
| | | | 80 岁及以上 | 423 | 1.5 | 1.2 | 1.4 | 1.5 | 1.6 | 1.7 |
| | 农村 | 小计 | 小计 | 49 251 | 1.6 | 1.3 | 1.5 | 1.6 | 1.7 | 1.9 |
| | | | 18～44 岁 | 20 031 | 1.6 | 1.4 | 1.5 | 1.6 | 1.7 | 1.9 |
| | | | 45～59 岁 | 17 612 | 1.6 | 1.4 | 1.5 | 1.6 | 1.7 | 1.9 |
| | | | 60～79 岁 | 10 869 | 1.6 | 1.3 | 1.4 | 1.6 | 1.7 | 1.8 |
| | | | 80 岁及以上 | 739 | 1.5 | 1.2 | 1.4 | 1.5 | 1.6 | 1.7 |
| | | 男 | 小计 | 22 820 | 1.7 | 1.4 | 1.6 | 1.7 | 1.8 | 1.9 |
| | | | 18～44 岁 | 9 224 | 1.7 | 1.5 | 1.6 | 1.7 | 1.8 | 2.0 |
| | | | 45～59 岁 | 7 817 | 1.7 | 1.4 | 1.6 | 1.7 | 1.8 | 1.9 |
| | | | 60～79 岁 | 5 428 | 1.6 | 1.4 | 1.5 | 1.6 | 1.7 | 1.9 |
| | | | 80 岁及以上 | 351 | 1.6 | 1.3 | 1.4 | 1.6 | 1.7 | 1.8 |
| | | 女 | 小计 | 26 431 | 1.5 | 1.3 | 1.4 | 1.5 | 1.6 | 1.8 |
| | | | 18～44 岁 | 10 807 | 1.5 | 1.3 | 1.4 | 1.5 | 1.6 | 1.8 |
| | | | 45～59 岁 | 9 795 | 1.6 | 1.3 | 1.5 | 1.6 | 1.6 | 1.8 |
| | | | 60～79 岁 | 5 441 | 1.5 | 1.3 | 1.4 | 1.5 | 1.6 | 1.7 |
| | | | 80 岁及以上 | 388 | 1.4 | 1.2 | 1.3 | 1.4 | 1.5 | 1.6 |
| 东部 | 城乡 | 小计 | 小计 | 30 908 | 1.6 | 1.4 | 1.5 | 1.6 | 1.8 | 1.9 |
| | | | 18～44 岁 | 10 514 | 1.6 | 1.4 | 1.5 | 1.6 | 1.8 | 2.0 |
| | | | 45～59 岁 | 11 785 | 1.7 | 1.4 | 1.5 | 1.6 | 1.8 | 1.9 |
| | | | 60～79 岁 | 7 934 | 1.6 | 1.3 | 1.5 | 1.6 | 1.7 | 1.9 |
| | | | 80 岁及以上 | 675 | 1.5 | 1.3 | 1.4 | 1.5 | 1.6 | 1.8 |
| | | 男 | 小计 | 13 784 | 1.7 | 1.5 | 1.6 | 1.7 | 1.8 | 2.0 |
| | | | 18～44 岁 | 4 643 | 1.7 | 1.5 | 1.6 | 1.7 | 1.9 | 2.0 |
| | | | 45～59 岁 | 5 027 | 1.7 | 1.5 | 1.6 | 1.7 | 1.8 | 2.0 |
| | | | 60～79 岁 | 3 814 | 1.7 | 1.4 | 1.6 | 1.7 | 1.8 | 1.9 |
| | | | 80 岁及以上 | 300 | 1.6 | 1.4 | 1.5 | 1.6 | 1.7 | 1.9 |
| | | 女 | 小计 | 17 124 | 1.6 | 1.3 | 1.5 | 1.6 | 1.7 | 1.8 |

| 地区 | 城乡 | 性别 | 年龄 | n | 皮肤表面积 /m² | | | | | |
|---|---|---|---|---|---|---|---|---|---|---|
| | | | | | Mean | P5 | P25 | P50 | P75 | P95 |
| 东部 | 城乡 | 女 | 18 ～ 44 岁 | 5 871 | 1.6 | 1.3 | 1.5 | 1.5 | 1.6 | 1.8 |
| | | | 45 ～ 59 岁 | 6 758 | 1.6 | 1.4 | 1.5 | 1.6 | 1.7 | 1.8 |
| | | | 60 ～ 79 岁 | 4 120 | 1.5 | 1.3 | 1.4 | 1.5 | 1.6 | 1.8 |
| | | | 80 岁及以上 | 375 | 1.5 | 1.2 | 1.4 | 1.5 | 1.6 | 1.7 |
| | 城市 | 小计 | 小计 | 15 662 | 1.7 | 1.4 | 1.5 | 1.6 | 1.8 | 2.0 |
| | | | 18 ～ 44 岁 | 5 457 | 1.7 | 1.4 | 1.5 | 1.6 | 1.8 | 2.0 |
| | | | 45 ～ 59 岁 | 5 798 | 1.7 | 1.4 | 1.6 | 1.7 | 1.8 | 2.0 |
| | | | 60 ～ 79 岁 | 4 054 | 1.6 | 1.4 | 1.5 | 1.6 | 1.8 | 1.9 |
| | | | 80 岁及以上 | 353 | 1.6 | 1.3 | 1.4 | 1.6 | 1.7 | 1.9 |
| | | 男 | 小计 | 6 879 | 1.7 | 1.5 | 1.6 | 1.7 | 1.9 | 2.0 |
| | | | 18 ～ 44 岁 | 2 416 | 1.8 | 1.5 | 1.7 | 1.8 | 1.9 | 2.1 |
| | | | 45 ～ 59 岁 | 2 453 | 1.7 | 1.5 | 1.6 | 1.7 | 1.8 | 2.0 |
| | | | 60 ～ 79 岁 | 1 862 | 1.7 | 1.5 | 1.6 | 1.7 | 1.8 | 2.0 |
| | | | 80 岁及以上 | 148 | 1.7 | 1.4 | 1.6 | 1.6 | 1.8 | 1.9 |
| | | 女 | 小计 | 8 783 | 1.6 | 1.4 | 1.5 | 1.6 | 1.7 | 1.8 |
| | | | 18 ～ 44 岁 | 3 041 | 1.6 | 1.4 | 1.5 | 1.5 | 1.6 | 1.8 |
| | | | 45 ～ 59 岁 | 3 345 | 1.6 | 1.4 | 1.5 | 1.6 | 1.7 | 1.8 |
| | | | 60 ～ 79 岁 | 2 192 | 1.6 | 1.3 | 1.5 | 1.6 | 1.7 | 1.8 |
| | | | 80 岁及以上 | 205 | 1.5 | 1.3 | 1.4 | 1.5 | 1.6 | 1.7 |
| | 农村 | 小计 | 小计 | 15 246 | 1.6 | 1.4 | 1.5 | 1.6 | 1.7 | 1.9 |
| | | | 18 ～ 44 岁 | 5 057 | 1.6 | 1.4 | 1.5 | 1.6 | 1.7 | 1.9 |
| | | | 45 ～ 59 岁 | 5 987 | 1.6 | 1.4 | 1.5 | 1.6 | 1.7 | 1.9 |
| | | | 60 ～ 79 岁 | 3 880 | 1.6 | 1.3 | 1.5 | 1.6 | 1.7 | 1.9 |
| | | | 80 岁及以上 | 322 | 1.5 | 1.2 | 1.4 | 1.5 | 1.6 | 1.8 |
| | | 男 | 小计 | 6 905 | 1.7 | 1.4 | 1.6 | 1.7 | 1.8 | 2.0 |
| | | | 18 ～ 44 岁 | 2 227 | 1.7 | 1.5 | 1.6 | 1.7 | 1.8 | 2.0 |
| | | | 45 ～ 59 岁 | 2 574 | 1.7 | 1.5 | 1.6 | 1.7 | 1.8 | 2.0 |
| | | | 60 ～ 79 岁 | 1 952 | 1.6 | 1.4 | 1.5 | 1.6 | 1.7 | 1.9 |
| | | | 80 岁及以上 | 152 | 1.6 | 1.3 | 1.5 | 1.6 | 1.7 | 1.9 |
| | | 女 | 小计 | 8 341 | 1.5 | 1.3 | 1.4 | 1.5 | 1.6 | 1.8 |
| | | | 18 ～ 44 岁 | 2 830 | 1.5 | 1.3 | 1.5 | 1.5 | 1.6 | 1.8 |
| | | | 45 ～ 59 岁 | 3 413 | 1.6 | 1.3 | 1.5 | 1.6 | 1.7 | 1.8 |
| | | | 60 ～ 79 岁 | 1928 | 1.5 | 1.3 | 1.4 | 1.5 | 1.6 | 1.8 |
| | | | 80 岁及以上 | 170 | 1.4 | 1.2 | 1.3 | 1.4 | 1.5 | 1.7 |
| 中部 | 城乡 | 小计 | 小计 | 29 042 | 1.6 | 1.4 | 1.5 | 1.6 | 1.7 | 1.9 |
| | | | 18 ～ 44 岁 | 12 092 | 1.6 | 1.4 | 1.5 | 1.6 | 1.7 | 1.9 |
| | | | 45 ～ 59 岁 | 10 215 | 1.6 | 1.4 | 1.5 | 1.6 | 1.7 | 1.9 |
| | | | 60 ～ 79 岁 | 6 333 | 1.6 | 1.3 | 1.5 | 1.6 | 1.7 | 1.9 |
| | | | 80 岁及以上 | 402 | 1.5 | 1.2 | 1.4 | 1.5 | 1.6 | 1.8 |
| | | 男 | 小计 | 13 218 | 1.7 | 1.5 | 1.6 | 1.7 | 1.8 | 2.0 |
| | | | 18 ～ 44 岁 | 5 602 | 1.7 | 1.5 | 1.6 | 1.7 | 1.8 | 2.0 |
| | | | 45 ～ 59 岁 | 4 462 | 1.7 | 1.5 | 1.6 | 1.7 | 1.8 | 2.0 |
| | | | 60 ～ 79 岁 | 2 983 | 1.6 | 1.4 | 1.5 | 1.6 | 1.8 | 1.9 |
| | | | 80 岁及以上 | 171 | 1.6 | 1.4 | 1.5 | 1.6 | 1.7 | 1.9 |
| | | 女 | 小计 | 15 824 | 1.5 | 1.3 | 1.5 | 1.5 | 1.6 | 1.8 |
| | | | 18 ～ 44 岁 | 6 490 | 1.5 | 1.3 | 1.5 | 1.5 | 1.6 | 1.8 |
| | | | 45 ～ 59 岁 | 5 753 | 1.6 | 1.4 | 1.5 | 1.6 | 1.7 | 1.8 |
| | | | 60 ～ 79 岁 | 3 350 | 1.5 | 1.3 | 1.4 | 1.5 | 1.6 | 1.8 |
| | | | 80 岁及以上 | 231 | 1.4 | 1.2 | 1.3 | 1.4 | 1.5 | 1.7 |
| | 城市 | 小计 | 小计 | 13 777 | 1.6 | 1.4 | 1.5 | 1.6 | 1.8 | 2.0 |
| | | | 18 ～ 44 岁 | 5 782 | 1.7 | 1.4 | 1.5 | 1.6 | 1.8 | 2.0 |
| | | | 45 ～ 59 岁 | 4 773 | 1.7 | 1.4 | 1.5 | 1.7 | 1.8 | 1.9 |
| | | | 60 ～ 79 岁 | 3 006 | 1.6 | 1.4 | 1.5 | 1.6 | 1.7 | 1.9 |
| | | | 80 岁及以上 | 216 | 1.5 | 1.3 | 1.4 | 1.5 | 1.6 | 1.9 |
| | | 男 | 小计 | 6 046 | 1.7 | 1.5 | 1.6 | 1.7 | 1.8 | 2.0 |
| | | | 18 ～ 44 岁 | 2 652 | 1.8 | 1.5 | 1.6 | 1.7 | 1.8 | 2.0 |
| | | | 45 ～ 59 岁 | 2 022 | 1.7 | 1.5 | 1.6 | 1.7 | 1.8 | 2.0 |
| | | | 60 ～ 79 岁 | 1 284 | 1.7 | 1.4 | 1.6 | 1.7 | 1.8 | 1.9 |

| 地区 | 城乡 | 性别 | 年龄 | n | 皮肤表面积/m² | | | | | |
|---|---|---|---|---|---|---|---|---|---|---|
| | | | | | Mean | P5 | P25 | P50 | P75 | P95 |
| 中部 | 城市 | 男 | 80岁及以上 | 88 | 1.6 | 1.4 | 1.5 | 1.6 | 1.7 | 1.9 |
| | | 女 | 小计 | 7 731 | 1.6 | 1.4 | 1.5 | 1.5 | 1.6 | 1.8 |
| | | | 18～44岁 | 3 130 | 1.5 | 1.4 | 1.5 | 1.5 | 1.6 | 1.8 |
| | | | 45～59岁 | 2 751 | 1.6 | 1.4 | 1.5 | 1.6 | 1.7 | 1.8 |
| | | | 60～79岁 | 1 722 | 1.6 | 1.3 | 1.5 | 1.5 | 1.6 | 1.8 |
| | | | 80岁及以上 | 128 | 1.5 | 1.2 | 1.4 | 1.4 | 1.6 | 1.8 |
| | 农村 | 小计 | 小计 | 15 265 | 1.6 | 1.4 | 1.5 | 1.6 | 1.7 | 1.9 |
| | | | 18～44岁 | 6 310 | 1.6 | 1.4 | 1.5 | 1.6 | 1.7 | 1.9 |
| | | | 45～59岁 | 5 442 | 1.6 | 1.4 | 1.5 | 1.6 | 1.7 | 1.9 |
| | | | 60～79岁 | 3 327 | 1.6 | 1.3 | 1.5 | 1.6 | 1.7 | 1.8 |
| | | | 80岁及以上 | 186 | 1.4 | 1.2 | 1.3 | 1.4 | 1.6 | 1.7 |
| | | 男 | 小计 | 7 172 | 1.7 | 1.4 | 1.6 | 1.7 | 1.8 | 1.9 |
| | | | 18～44岁 | 2 950 | 1.7 | 1.5 | 1.6 | 1.7 | 1.8 | 2.0 |
| | | | 45～59岁 | 2 440 | 1.7 | 1.4 | 1.6 | 1.7 | 1.8 | 1.9 |
| | | | 60～79岁 | 1 699 | 1.6 | 1.4 | 1.5 | 1.6 | 1.7 | 1.9 |
| | | | 80岁及以上 | 83 | 1.6 | 1.4 | 1.5 | 1.6 | 1.7 | 1.8 |
| | | 女 | 小计 | 8 093 | 1.5 | 1.3 | 1.4 | 1.5 | 1.6 | 1.8 |
| | | | 18～44岁 | 3 360 | 1.5 | 1.3 | 1.4 | 1.5 | 1.6 | 1.8 |
| | | | 45～59岁 | 3 002 | 1.6 | 1.3 | 1.5 | 1.6 | 1.7 | 1.8 |
| | | | 60～79岁 | 1 628 | 1.5 | 1.3 | 1.4 | 1.5 | 1.6 | 1.7 |
| | | | 80岁及以上 | 103 | 1.4 | 1.2 | 1.3 | 1.4 | 1.4 | 1.6 |
| 西部 | 城乡 | 小计 | 小计 | 31 102 | 1.6 | 1.3 | 1.5 | 1.6 | 1.7 | 1.9 |
| | | | 18～44岁 | 14 053 | 1.6 | 1.4 | 1.5 | 1.6 | 1.7 | 1.9 |
| | | | 45～59岁 | 10 348 | 1.6 | 1.3 | 1.5 | 1.6 | 1.7 | 1.9 |
| | | | 60～79岁 | 6 294 | 1.5 | 1.3 | 1.4 | 1.5 | 1.7 | 1.8 |
| | | | 80岁及以上 | 407 | 1.5 | 1.2 | 1.4 | 1.5 | 1.6 | 1.7 |
| | | 男 | 小计 | 14 256 | 1.7 | 1.4 | 1.6 | 1.7 | 1.8 | 1.9 |
| | | | 18～44岁 | 6 510 | 1.7 | 1.4 | 1.6 | 1.7 | 1.8 | 1.9 |
| | | | 45～59岁 | 4 588 | 1.7 | 1.4 | 1.6 | 1.7 | 1.8 | 1.9 |
| | | | 60～79岁 | 2 956 | 1.6 | 1.4 | 1.5 | 1.6 | 1.7 | 1.9 |
| | | | 80岁及以上 | 202 | 1.6 | 1.3 | 1.5 | 1.6 | 1.6 | 1.8 |
| | | 女 | 小计 | 16 846 | 1.5 | 1.3 | 1.4 | 1.5 | 1.6 | 1.7 |
| | | | 18～44岁 | 7 543 | 1.5 | 1.3 | 1.4 | 1.5 | 1.6 | 1.7 |
| | | | 45～59岁 | 5 760 | 1.5 | 1.3 | 1.4 | 1.5 | 1.6 | 1.8 |
| | | | 60～79岁 | 3 338 | 1.5 | 1.2 | 1.4 | 1.5 | 1.6 | 1.7 |
| | | | 80岁及以上 | 205 | 1.4 | 1.2 | 1.3 | 1.4 | 1.5 | 1.7 |
| | 城市 | 小计 | 小计 | 12 362 | 1.6 | 1.4 | 1.5 | 1.6 | 1.7 | 1.9 |
| | | | 18～44岁 | 5 389 | 1.6 | 1.4 | 1.5 | 1.6 | 1.7 | 1.9 |
| | | | 45～59岁 | 4 165 | 1.6 | 1.4 | 1.5 | 1.6 | 1.7 | 1.9 |
| | | | 60～79岁 | 2 632 | 1.6 | 1.3 | 1.5 | 1.6 | 1.7 | 1.9 |
| | | | 80岁及以上 | 176 | 1.5 | 1.2 | 1.4 | 1.5 | 1.6 | 1.8 |
| | | 男 | 小计 | 5 513 | 1.7 | 1.5 | 1.6 | 1.7 | 1.8 | 2.0 |
| | | | 18～44岁 | 2 463 | 1.7 | 1.5 | 1.6 | 1.7 | 1.8 | 2.0 |
| | | | 45～59岁 | 1 785 | 1.7 | 1.5 | 1.6 | 1.7 | 1.8 | 2.0 |
| | | | 60～79岁 | 1 179 | 1.7 | 1.4 | 1.5 | 1.7 | 1.8 | 1.9 |
| | | | 80岁及以上 | 86 | 1.6 | 1.4 | 1.5 | 1.6 | 1.7 | 1.9 |
| | | 女 | 小计 | 6 849 | 1.5 | 1.3 | 1.4 | 1.5 | 1.6 | 1.8 |
| | | | 18～44岁 | 2 926 | 1.5 | 1.3 | 1.4 | 1.5 | 1.6 | 1.7 |
| | | | 45～59岁 | 2 380 | 1.5 | 1.3 | 1.5 | 1.5 | 1.6 | 1.8 |
| | | | 60～79岁 | 1 453 | 1.5 | 1.3 | 1.4 | 1.5 | 1.6 | 1.7 |
| | | | 80岁及以上 | 90 | 1.4 | 1.2 | 1.3 | 1.4 | 1.5 | 1.7 |
| | 农村 | 小计 | 小计 | 18 740 | 1.6 | 1.3 | 1.5 | 1.6 | 1.7 | 1.8 |
| | | | 18～44岁 | 8 664 | 1.6 | 1.3 | 1.5 | 1.6 | 1.7 | 1.9 |
| | | | 45～59岁 | 6 183 | 1.6 | 1.3 | 1.5 | 1.6 | 1.7 | 1.8 |
| | | | 60～79岁 | 3 662 | 1.5 | 1.3 | 1.4 | 1.5 | 1.6 | 1.8 |
| | | | 80岁及以上 | 231 | 1.5 | 1.2 | 1.4 | 1.4 | 1.6 | 1.7 |
| | | 男 | 小计 | 8 743 | 1.6 | 1.4 | 1.5 | 1.6 | 1.7 | 1.9 |
| | | | 18～44岁 | 4 047 | 1.7 | 1.4 | 1.5 | 1.6 | 1.7 | 1.9 |

| 地区 | 城乡 | 性别 | 年龄 | $n$ | 皮肤表面积 /$m^2$ | | | | | |
|---|---|---|---|---|---|---|---|---|---|---|
| | | | | | Mean | P5 | P25 | P50 | P75 | P95 |
| 西部 | 农村 | 男 | 45 ～ 59 岁 | 2 803 | 1.6 | 1.4 | 1.5 | 1.6 | 1.7 | 1.9 |
| | | | 60 ～ 79 岁 | 1 777 | 1.6 | 1.4 | 1.5 | 1.6 | 1.7 | 1.8 |
| | | | 80 岁及以上 | 116 | 1.5 | 1.2 | 1.4 | 1.5 | 1.6 | 1.8 |
| | | 女 | 小计 | 9 997 | 1.5 | 1.3 | 1.4 | 1.5 | 1.6 | 1.7 |
| | | | 18 ～ 44 岁 | 4 617 | 1.5 | 1.3 | 1.4 | 1.5 | 1.6 | 1.7 |
| | | | 45 ～ 59 岁 | 3 380 | 1.5 | 1.3 | 1.4 | 1.5 | 1.6 | 1.7 |
| | | | 60 ～ 79 岁 | 1 885 | 1.4 | 1.2 | 1.3 | 1.4 | 1.5 | 1.7 |
| | | | 80 岁及以上 | 115 | 1.4 | 1.2 | 1.3 | 1.4 | 1.5 | 1.6 |

## 附表 11-2　中国人群分片区、城乡、性别、年龄的皮肤表面积

| 地区 | 城乡 | 性别 | 年龄 | $n$ | 皮肤表面积 /$m^2$ | | | | | |
|---|---|---|---|---|---|---|---|---|---|---|
| | | | | | Mean | P5 | P25 | P50 | P75 | P95 |
| 合计 | 城乡 | 小计 | 小计 | 91 052 | 1.6 | 1.4 | 1.5 | 1.6 | 1.7 | 1.9 |
| | | | 18 ～ 44 岁 | 36 659 | 1.6 | 1.4 | 1.5 | 1.6 | 1.7 | 1.9 |
| | | | 45 ～ 59 岁 | 32 348 | 1.6 | 1.4 | 1.5 | 1.6 | 1.7 | 1.9 |
| | | | 60 ～ 79 岁 | 20 561 | 1.6 | 1.3 | 1.5 | 1.6 | 1.7 | 1.9 |
| | | | 80 岁及以上 | 1 484 | 1.5 | 1.2 | 1.4 | 1.5 | 1.6 | 1.8 |
| | | 男 | 小计 | 41 258 | 1.7 | 1.4 | 1.6 | 1.7 | 1.8 | 2.0 |
| | | | 18 ～ 44 岁 | 16 755 | 1.7 | 1.5 | 1.6 | 1.7 | 1.8 | 2.0 |
| | | | 45 ～ 59 岁 | 14 077 | 1.7 | 1.5 | 1.6 | 1.7 | 1.8 | 2.0 |
| | | | 60 ～ 79 岁 | 9 753 | 1.7 | 1.4 | 1.5 | 1.6 | 1.8 | 1.9 |
| | | | 80 岁及以上 | 673 | 1.6 | 1.3 | 1.5 | 1.6 | 1.7 | 1.9 |
| | | 女 | 小计 | 49 794 | 1.5 | 1.3 | 1.4 | 1.5 | 1.6 | 1.8 |
| | | | 18 ～ 44 岁 | 19 904 | 1.5 | 1.3 | 1.4 | 1.5 | 1.6 | 1.8 |
| | | | 45 ～ 59 岁 | 18 271 | 1.6 | 1.3 | 1.5 | 1.6 | 1.7 | 1.8 |
| | | | 60 ～ 79 岁 | 10 808 | 1.5 | 1.3 | 1.4 | 1.5 | 1.6 | 1.8 |
| | | | 80 岁及以上 | 811 | 1.4 | 1.2 | 1.3 | 1.4 | 1.5 | 1.7 |
| | 城市 | 小计 | 小计 | 41 801 | 1.6 | 1.4 | 1.5 | 1.6 | 1.8 | 1.9 |
| | | | 18 ～ 44 岁 | 16 628 | 1.6 | 1.4 | 1.5 | 1.6 | 1.8 | 2.0 |
| | | | 45 ～ 59 岁 | 14 736 | 1.7 | 1.4 | 1.5 | 1.7 | 1.8 | 1.9 |
| | | | 60 ～ 79 岁 | 9 692 | 1.6 | 1.4 | 1.5 | 1.6 | 1.7 | 1.9 |
| | | | 80 岁及以上 | 745 | 1.5 | 1.3 | 1.4 | 1.5 | 1.7 | 1.8 |
| | | 男 | 小计 | 18 438 | 1.7 | 1.5 | 1.6 | 1.7 | 1.8 | 2.0 |
| | | | 18 ～ 44 岁 | 7 531 | 1.7 | 1.5 | 1.6 | 1.7 | 1.8 | 2.0 |
| | | | 45 ～ 59 岁 | 6 260 | 1.7 | 1.5 | 1.6 | 1.7 | 1.8 | 2.0 |
| | | | 60 ～ 79 岁 | 4 325 | 1.7 | 1.4 | 1.6 | 1.7 | 1.8 | 1.9 |
| | | | 80 岁及以上 | 322 | 1.6 | 1.4 | 1.5 | 1.6 | 1.8 | 1.9 |
| | | 女 | 小计 | 23 363 | 1.6 | 1.4 | 1.5 | 1.5 | 1.6 | 1.8 |
| | | | 18 ～ 44 岁 | 9 097 | 1.5 | 1.4 | 1.5 | 1.5 | 1.6 | 1.8 |
| | | | 45 ～ 59 岁 | 8 476 | 1.6 | 1.4 | 1.5 | 1.6 | 1.7 | 1.8 |
| | | | 60 ～ 79 岁 | 5 367 | 1.6 | 1.3 | 1.5 | 1.6 | 1.6 | 1.8 |
| | | | 80 岁及以上 | 423 | 1.5 | 1.2 | 1.4 | 1.5 | 1.6 | 1.7 |
| | 农村 | 小计 | 小计 | 49 251 | 1.6 | 1.3 | 1.5 | 1.6 | 1.7 | 1.9 |
| | | | 18 ～ 44 岁 | 20 031 | 1.6 | 1.4 | 1.5 | 1.6 | 1.7 | 1.9 |
| | | | 45 ～ 59 岁 | 17 612 | 1.6 | 1.4 | 1.5 | 1.6 | 1.7 | 1.9 |
| | | | 60 ～ 79 岁 | 10 869 | 1.6 | 1.3 | 1.4 | 1.6 | 1.7 | 1.8 |
| | | | 80 岁及以上 | 739 | 1.5 | 1.2 | 1.4 | 1.5 | 1.6 | 1.7 |
| | | 男 | 小计 | 22 820 | 1.7 | 1.4 | 1.6 | 1.7 | 1.8 | 1.9 |
| | | | 18 ～ 44 岁 | 9 224 | 1.7 | 1.5 | 1.6 | 1.7 | 1.8 | 2.0 |
| | | | 45 ～ 59 岁 | 7 817 | 1.7 | 1.4 | 1.6 | 1.7 | 1.8 | 1.9 |
| | | | 60 ～ 79 岁 | 5 428 | 1.6 | 1.4 | 1.5 | 1.6 | 1.7 | 1.9 |
| | | | 80 岁及以上 | 351 | 1.6 | 1.3 | 1.4 | 1.6 | 1.7 | 1.8 |

| 地区 | 城乡 | 性别 | 年龄 | n | 皮肤表面积 /m² | | | | | |
|---|---|---|---|---|---|---|---|---|---|---|
| | | | | | Mean | P5 | P25 | P50 | P75 | P95 |
| 合计 | 农村 | 女 | 小计 | 26 431 | 1.5 | 1.3 | 1.4 | 1.5 | 1.6 | 1.8 |
| | | | 18～44 岁 | 10 807 | 1.5 | 1.3 | 1.4 | 1.5 | 1.6 | 1.8 |
| | | | 45～59 岁 | 9 795 | 1.6 | 1.3 | 1.5 | 1.6 | 1.6 | 1.8 |
| | | | 60～79 岁 | 5 441 | 1.5 | 1.3 | 1.4 | 1.5 | 1.6 | 1.7 |
| | | | 80 岁及以上 | 388 | 1.4 | 1.2 | 1.3 | 1.4 | 1.5 | 1.6 |
| 华北 | 城乡 | 小计 | 小计 | 18 080 | 1.7 | 1.4 | 1.6 | 1.7 | 1.8 | 2.0 |
| | | | 18～44 岁 | 6 480 | 1.7 | 1.4 | 1.6 | 1.7 | 1.8 | 2.0 |
| | | | 45～59 岁 | 6 818 | 1.7 | 1.4 | 1.6 | 1.7 | 1.8 | 2.0 |
| | | | 60～79 岁 | 4 497 | 1.6 | 1.4 | 1.5 | 1.6 | 1.7 | 1.9 |
| | | | 80 岁及以上 | 285 | 1.6 | 1.3 | 1.4 | 1.6 | 1.7 | 1.9 |
| | | 男 | 小计 | 7 992 | 1.8 | 1.5 | 1.6 | 1.7 | 1.8 | 2.0 |
| | | | 18～44 岁 | 2 917 | 1.8 | 1.5 | 1.7 | 1.8 | 1.9 | 2.0 |
| | | | 45～59 岁 | 2 815 | 1.8 | 1.5 | 1.6 | 1.8 | 1.9 | 2.0 |
| | | | 60～79 岁 | 2 115 | 1.7 | 1.5 | 1.6 | 1.7 | 1.8 | 2.0 |
| | | | 80 岁及以上 | 145 | 1.7 | 1.4 | 1.6 | 1.7 | 1.8 | 1.9 |
| | | 女 | 小计 | 10 088 | 1.6 | 1.4 | 1.5 | 1.6 | 1.7 | 1.8 |
| | | | 18～44 岁 | 3 563 | 1.6 | 1.4 | 1.5 | 1.6 | 1.7 | 1.8 |
| | | | 45～59 岁 | 4 003 | 1.6 | 1.4 | 1.5 | 1.6 | 1.7 | 1.8 |
| | | | 60～79 岁 | 2 382 | 1.6 | 1.3 | 1.5 | 1.6 | 1.7 | 1.8 |
| | | | 80 岁及以上 | 140 | 1.5 | 1.2 | 1.4 | 1.5 | 1.6 | 1.7 |
| | 城市 | 小计 | 小计 | 7 817 | 1.7 | 1.4 | 1.6 | 1.7 | 1.8 | 2.0 |
| | | | 18～44 岁 | 2 780 | 1.7 | 1.4 | 1.6 | 1.7 | 1.8 | 2.0 |
| | | | 45～59 岁 | 2 790 | 1.7 | 1.5 | 1.6 | 1.7 | 1.8 | 2.0 |
| | | | 60～79 岁 | 2 090 | 1.7 | 1.4 | 1.6 | 1.7 | 1.8 | 1.9 |
| | | | 80 岁及以上 | 157 | 1.7 | 1.4 | 1.5 | 1.7 | 1.8 | 1.9 |
| | | 男 | 小计 | 3 399 | 1.8 | 1.5 | 1.7 | 1.8 | 1.9 | 2.0 |
| | | | 18～44 岁 | 1 232 | 1.8 | 1.6 | 1.7 | 1.8 | 1.9 | 2.1 |
| | | | 45～59 岁 | 1 161 | 1.8 | 1.5 | 1.7 | 1.8 | 1.9 | 2.0 |
| | | | 60～79 岁 | 923 | 1.8 | 1.5 | 1.7 | 1.8 | 1.9 | 2.0 |
| | | | 80 岁及以上 | 83 | 1.7 | 1.5 | 1.6 | 1.7 | 1.8 | 1.9 |
| | | 女 | 小计 | 4 418 | 1.6 | 1.4 | 1.5 | 1.6 | 1.7 | 1.8 |
| | | | 18～44 岁 | 1 548 | 1.6 | 1.4 | 1.5 | 1.6 | 1.7 | 1.8 |
| | | | 45～59 岁 | 1 629 | 1.6 | 1.4 | 1.6 | 1.6 | 1.7 | 1.9 |
| | | | 60～79 岁 | 1 167 | 1.6 | 1.4 | 1.5 | 1.6 | 1.7 | 1.8 |
| | | | 80 岁及以上 | 74 | 1.6 | 1.4 | 1.4 | 1.6 | 1.7 | 1.8 |
| | 农村 | 小计 | 小计 | 10 263 | 1.7 | 1.4 | 1.5 | 1.6 | 1.8 | 1.9 |
| | | | 18～44 岁 | 3 700 | 1.7 | 1.4 | 1.6 | 1.7 | 1.8 | 2.0 |
| | | | 45～59 岁 | 4 028 | 1.7 | 1.4 | 1.6 | 1.7 | 1.8 | 1.9 |
| | | | 60～79 岁 | 2 407 | 1.6 | 1.4 | 1.5 | 1.6 | 1.7 | 1.9 |
| | | | 80 岁及以上 | 128 | 1.5 | 1.2 | 1.4 | 1.5 | 1.6 | 1.7 |
| | | 男 | 小计 | 4 593 | 1.7 | 1.5 | 1.6 | 1.7 | 1.8 | 2.0 |
| | | | 18～44 岁 | 1 685 | 1.8 | 1.5 | 1.7 | 1.8 | 1.8 | 2.0 |
| | | | 45～59 岁 | 1 654 | 1.7 | 1.5 | 1.6 | 1.7 | 1.8 | 2.0 |
| | | | 60～79 岁 | 1 192 | 1.7 | 1.5 | 1.6 | 1.7 | 1.8 | 1.9 |
| | | | 80 岁及以上 | 62 | 1.6 | 1.4 | 1.5 | 1.6 | 1.7 | 1.8 |
| | | 女 | 小计 | 5 670 | 1.6 | 1.4 | 1.5 | 1.6 | 1.7 | 1.8 |
| | | | 18～44 岁 | 2 015 | 1.6 | 1.4 | 1.5 | 1.6 | 1.7 | 1.8 |
| | | | 45～59 岁 | 2 374 | 1.6 | 1.4 | 1.5 | 1.6 | 1.7 | 1.8 |
| | | | 60～79 岁 | 1 215 | 1.5 | 1.3 | 1.5 | 1.5 | 1.6 | 1.8 |
| | | | 80 岁及以上 | 66 | 1.4 | 1.2 | 1.4 | 1.4 | 1.5 | 1.6 |
| 华东 | 城乡 | 小计 | 小计 | 22 951 | 1.6 | 1.4 | 1.5 | 1.6 | 1.7 | 1.9 |
| | | | 18～44 岁 | 8 534 | 1.6 | 1.4 | 1.5 | 1.6 | 1.7 | 1.9 |
| | | | 45～59 岁 | 8 066 | 1.7 | 1.4 | 1.5 | 1.6 | 1.8 | 1.9 |
| | | | 60～79 岁 | 5 835 | 1.6 | 1.3 | 1.5 | 1.6 | 1.7 | 1.9 |
| | | | 80 岁及以上 | 516 | 1.5 | 1.2 | 1.4 | 1.5 | 1.6 | 1.8 |
| | | 男 | 小计 | 10 425 | 1.7 | 1.5 | 1.6 | 1.7 | 1.8 | 2.0 |

| 地区 | 城乡 | 性别 | 年龄 | $n$ | 皮肤表面积 /m² | | | | | |
|---|---|---|---|---|---|---|---|---|---|---|
| | | | | | Mean | P5 | P25 | P50 | P75 | P95 |
| 华东 | 城乡 | 男 | 18～44 岁 | 3 792 | 1.7 | 1.5 | 1.6 | 1.7 | 1.8 | 2.0 |
| | | | 45～59 岁 | 3 626 | 1.7 | 1.5 | 1.6 | 1.7 | 1.8 | 2.0 |
| | | | 60～79 岁 | 2 804 | 1.7 | 1.4 | 1.6 | 1.7 | 1.8 | 1.9 |
| | | | 80 岁及以上 | 203 | 1.6 | 1.4 | 1.5 | 1.6 | 1.7 | 1.9 |
| | | 女 | 小计 | 12 526 | 1.5 | 1.3 | 1.5 | 1.5 | 1.6 | 1.8 |
| | | | 18～44 岁 | 4 742 | 1.5 | 1.3 | 1.5 | 1.5 | 1.6 | 1.8 |
| | | | 45～59 岁 | 4 440 | 1.6 | 1.4 | 1.5 | 1.6 | 1.7 | 1.8 |
| | | | 60～79 岁 | 3 031 | 1.5 | 1.3 | 1.4 | 1.5 | 1.6 | 1.8 |
| | | | 80 岁及以上 | 313 | 1.4 | 1.2 | 1.3 | 1.4 | 1.5 | 1.7 |
| | 城市 | 小计 | 小计 | 12 474 | 1.6 | 1.4 | 1.5 | 1.6 | 1.8 | 1.9 |
| | | | 18～44 岁 | 4 765 | 1.6 | 1.4 | 1.5 | 1.6 | 1.8 | 2.0 |
| | | | 45～59 岁 | 4 287 | 1.7 | 1.4 | 1.6 | 1.7 | 1.8 | 1.9 |
| | | | 60～79 岁 | 3 152 | 1.6 | 1.4 | 1.5 | 1.6 | 1.7 | 1.9 |
| | | | 80 岁及以上 | 270 | 1.5 | 1.3 | 1.4 | 1.5 | 1.6 | 1.8 |
| | | 男 | 小计 | 5 491 | 1.7 | 1.5 | 1.6 | 1.7 | 1.8 | 2.0 |
| | | | 18～44 岁 | 2 109 | 1.8 | 1.5 | 1.6 | 1.7 | 1.9 | 2.0 |
| | | | 45～59 岁 | 1 873 | 1.7 | 1.5 | 1.6 | 1.7 | 1.8 | 2.0 |
| | | | 60～79 岁 | 1 408 | 1.7 | 1.4 | 1.6 | 1.7 | 1.8 | 1.9 |
| | | | 80 岁及以上 | 101 | 1.6 | 1.4 | 1.5 | 1.6 | 1.8 | 1.9 |
| | | 女 | 小计 | 6 983 | 1.6 | 1.4 | 1.5 | 1.5 | 1.6 | 1.8 |
| | | | 18～44 岁 | 2 656 | 1.5 | 1.4 | 1.5 | 1.5 | 1.6 | 1.8 |
| | | | 45～59 岁 | 2 414 | 1.6 | 1.4 | 1.5 | 1.6 | 1.7 | 1.8 |
| | | | 60～79 岁 | 1 744 | 1.6 | 1.3 | 1.5 | 1.6 | 1.7 | 1.8 |
| | | | 80 岁及以上 | 169 | 1.5 | 1.3 | 1.4 | 1.5 | 1.6 | 1.7 |
| | 农村 | 小计 | 小计 | 10 477 | 1.6 | 1.3 | 1.5 | 1.6 | 1.7 | 1.9 |
| | | | 18～44 岁 | 3 769 | 1.6 | 1.4 | 1.5 | 1.6 | 1.7 | 1.9 |
| | | | 45～59 岁 | 3 779 | 1.6 | 1.4 | 1.5 | 1.6 | 1.7 | 1.9 |
| | | | 60～79 岁 | 2 683 | 1.6 | 1.3 | 1.5 | 1.6 | 1.7 | 1.8 |
| | | | 80 岁及以上 | 246 | 1.5 | 1.2 | 1.4 | 1.4 | 1.6 | 1.8 |
| | | 男 | 小计 | 4 934 | 1.7 | 1.4 | 1.6 | 1.7 | 1.8 | 2.0 |
| | | | 18～44 岁 | 1 683 | 1.7 | 1.5 | 1.6 | 1.7 | 1.8 | 2.0 |
| | | | 45～59 岁 | 1 753 | 1.7 | 1.5 | 1.6 | 1.7 | 1.8 | 1.9 |
| | | | 60～79 岁 | 1 396 | 1.6 | 1.4 | 1.5 | 1.6 | 1.7 | 1.9 |
| | | | 80 岁及以上 | 102 | 1.6 | 1.4 | 1.5 | 1.6 | 1.7 | 1.8 |
| | | 女 | 小计 | 5 543 | 1.5 | 1.3 | 1.4 | 1.5 | 1.6 | 1.8 |
| | | | 18～44 岁 | 2 086 | 1.5 | 1.3 | 1.4 | 1.5 | 1.6 | 1.8 |
| | | | 45～59 岁 | 2 026 | 1.6 | 1.3 | 1.5 | 1.6 | 1.6 | 1.8 |
| | | | 60～79 岁 | 1 287 | 1.5 | 1.3 | 1.4 | 1.5 | 1.6 | 1.7 |
| | | | 80 岁及以上 | 144 | 1.4 | 1.2 | 1.3 | 1.4 | 1.5 | 1.6 |
| 华南 | 城乡 | 小计 | 小计 | 15 172 | 1.6 | 1.3 | 1.5 | 1.6 | 1.7 | 1.9 |
| | | | 18～44 岁 | 6 520 | 1.6 | 1.3 | 1.5 | 1.6 | 1.7 | 1.9 |
| | | | 45～59 岁 | 5 384 | 1.6 | 1.3 | 1.5 | 1.6 | 1.7 | 1.8 |
| | | | 60～79 岁 | 3 021 | 1.5 | 1.3 | 1.4 | 1.5 | 1.6 | 1.8 |
| | | | 80 岁及以上 | 247 | 1.5 | 1.2 | 1.3 | 1.4 | 1.6 | 1.7 |
| | | 男 | 小计 | 7 017 | 1.7 | 1.4 | 1.5 | 1.6 | 1.7 | 1.9 |
| | | | 18～44 岁 | 3 109 | 1.7 | 1.4 | 1.6 | 1.7 | 1.8 | 1.9 |
| | | | 45～59 岁 | 2 341 | 1.7 | 1.4 | 1.6 | 1.7 | 1.8 | 1.9 |
| | | | 60～79 岁 | 1 461 | 1.6 | 1.4 | 1.5 | 1.6 | 1.7 | 1.9 |
| | | | 80 岁及以上 | 106 | 1.5 | 1.3 | 1.4 | 1.5 | 1.6 | 1.8 |
| | | 女 | 小计 | 8 155 | 1.5 | 1.3 | 1.4 | 1.5 | 1.6 | 1.7 |
| | | | 18～44 岁 | 3 411 | 1.5 | 1.3 | 1.4 | 1.5 | 1.6 | 1.7 |
| | | | 45～59 岁 | 3 043 | 1.5 | 1.3 | 1.4 | 1.5 | 1.6 | 1.7 |
| | | | 60～79 岁 | 1 560 | 1.5 | 1.2 | 1.4 | 1.5 | 1.6 | 1.7 |
| | | | 80 岁及以上 | 141 | 1.4 | 1.2 | 1.3 | 1.4 | 1.5 | 1.6 |
| | 城市 | 小计 | 小计 | 7 333 | 1.6 | 1.4 | 1.5 | 1.6 | 1.7 | 1.9 |
| | | | 18～44 岁 | 3 146 | 1.6 | 1.4 | 1.5 | 1.6 | 1.7 | 1.9 |
| | | | 45～59 岁 | 2 586 | 1.6 | 1.4 | 1.5 | 1.6 | 1.7 | 1.9 |
| | | | 60～79 岁 | 1 473 | 1.6 | 1.3 | 1.5 | 1.6 | 1.7 | 1.8 |

| 地区 | 城乡 | 性别 | 年龄 | *n* | 皮肤表面积 /m² | | | | | |
|---|---|---|---|---|---|---|---|---|---|---|
| | | | | | Mean | P5 | P25 | P50 | P75 | P95 |
| 华南 | | 小计 | 80 岁及以上 | 128 | 1.5 | 1.3 | 1.4 | 1.5 | 1.6 | 1.8 |
| | 城市 | 男 | 小计 | 3 290 | 1.7 | 1.5 | 1.6 | 1.7 | 1.8 | 1.9 |
| | | | 18 ～ 44 岁 | 1 510 | 1.7 | 1.5 | 1.6 | 1.7 | 1.8 | 2.0 |
| | | | 45 ～ 59 岁 | 1 060 | 1.7 | 1.5 | 1.6 | 1.7 | 1.8 | 1.9 |
| | | | 60 ～ 79 岁 | 672 | 1.6 | 1.4 | 1.5 | 1.6 | 1.7 | 1.9 |
| | | | 80 岁及以上 | 48 | 1.6 | 1.3 | 1.5 | 1.6 | 1.7 | 1.8 |
| | | 女 | 小计 | 4 043 | 1.5 | 1.3 | 1.4 | 1.5 | 1.6 | 1.7 |
| | | | 18 ～ 44 岁 | 1 636 | 1.5 | 1.3 | 1.4 | 1.5 | 1.6 | 1.7 |
| | | | 45 ～ 59 岁 | 1 526 | 1.5 | 1.3 | 1.5 | 1.5 | 1.6 | 1.7 |
| | | | 60 ～ 79 岁 | 801 | 1.5 | 1.3 | 1.4 | 1.5 | 1.6 | 1.7 |
| | | | 80 岁及以上 | 80 | 1.4 | 1.2 | 1.4 | 1.4 | 1.5 | 1.6 |
| | 农村 | 小计 | 小计 | 7 839 | 1.6 | 1.3 | 1.4 | 1.5 | 1.7 | 1.8 |
| | | | 18 ～ 44 岁 | 3 374 | 1.6 | 1.3 | 1.4 | 1.5 | 1.7 | 1.8 |
| | | | 45 ～ 59 岁 | 2 798 | 1.6 | 1.3 | 1.5 | 1.6 | 1.7 | 1.8 |
| | | | 60 ～ 79 岁 | 1 548 | 1.5 | 1.3 | 1.4 | 1.5 | 1.6 | 1.8 |
| | | | 80 岁及以上 | 119 | 1.4 | 1.2 | 1.3 | 1.4 | 1.5 | 1.7 |
| | | 男 | 小计 | 3 727 | 1.6 | 1.4 | 1.5 | 1.6 | 1.7 | 1.9 |
| | | | 18 ～ 44 岁 | 1 599 | 1.6 | 1.4 | 1.5 | 1.6 | 1.7 | 1.9 |
| | | | 45 ～ 59 岁 | 1 281 | 1.6 | 1.4 | 1.5 | 1.6 | 1.7 | 1.9 |
| | | | 60 ～ 79 岁 | 789 | 1.6 | 1.3 | 1.5 | 1.6 | 1.7 | 1.8 |
| | | | 80 岁及以上 | 58 | 1.5 | 1.3 | 1.4 | 1.5 | 1.6 | 1.7 |
| | | 女 | 小计 | 4 112 | 1.5 | 1.3 | 1.4 | 1.5 | 1.6 | 1.7 |
| | | | 18 ～ 44 岁 | 1 775 | 1.5 | 1.3 | 1.4 | 1.5 | 1.6 | 1.7 |
| | | | 45 ～ 59 岁 | 1 517 | 1.5 | 1.3 | 1.4 | 1.5 | 1.6 | 1.7 |
| | | | 60 ～ 79 岁 | 759 | 1.4 | 1.2 | 1.3 | 1.4 | 1.5 | 1.7 |
| | | | 80 岁及以上 | 61 | 1.3 | 1.2 | 1.3 | 1.3 | 1.4 | 1.6 |
| 西北 | 城乡 | 小计 | 小计 | 11 265 | 1.6 | 1.4 | 1.5 | 1.6 | 1.7 | 1.9 |
| | | | 18 ～ 44 岁 | 4 703 | 1.6 | 1.4 | 1.5 | 1.6 | 1.7 | 1.9 |
| | | | 45 ～ 59 岁 | 3 926 | 1.6 | 1.4 | 1.5 | 1.6 | 1.8 | 1.9 |
| | | | 60 ～ 79 岁 | 2 498 | 1.6 | 1.3 | 1.5 | 1.6 | 1.7 | 1.9 |
| | | | 80 岁及以上 | 138 | 1.6 | 1.3 | 1.5 | 1.6 | 1.7 | 1.8 |
| | | 男 | 小计 | 5 075 | 1.7 | 1.5 | 1.6 | 1.7 | 1.8 | 2.0 |
| | | | 18 ～ 44 岁 | 2 066 | 1.7 | 1.5 | 1.6 | 1.7 | 1.8 | 2.0 |
| | | | 45 ～ 59 岁 | 1 763 | 1.7 | 1.5 | 1.6 | 1.7 | 1.8 | 2.0 |
| | | | 60 ～ 79 岁 | 1 175 | 1.7 | 1.4 | 1.6 | 1.7 | 1.8 | 1.9 |
| | | | 80 岁及以上 | 71 | 1.7 | 1.4 | 1.6 | 1.6 | 1.7 | 1.9 |
| | | 女 | 小计 | 6 190 | 1.6 | 1.3 | 1.5 | 1.5 | 1.6 | 1.8 |
| | | | 18 ～ 44 岁 | 2 637 | 1.6 | 1.4 | 1.5 | 1.5 | 1.6 | 1.8 |
| | | | 45 ～ 59 岁 | 2 163 | 1.6 | 1.3 | 1.5 | 1.6 | 1.7 | 1.8 |
| | | | 60 ～ 79 岁 | 1 323 | 1.5 | 1.3 | 1.4 | 1.5 | 1.6 | 1.8 |
| | | | 80 岁及以上 | 67 | 1.5 | 1.2 | 1.3 | 1.5 | 1.6 | 1.7 |
| | 城市 | 小计 | 小计 | 5 049 | 1.7 | 1.4 | 1.5 | 1.7 | 1.8 | 1.9 |
| | | | 18 ～ 44 岁 | 2 029 | 1.7 | 1.4 | 1.5 | 1.7 | 1.8 | 2.0 |
| | | | 45 ～ 59 岁 | 1 796 | 1.7 | 1.4 | 1.6 | 1.7 | 1.8 | 2.0 |
| | | | 60 ～ 79 岁 | 1 165 | 1.6 | 1.4 | 1.5 | 1.6 | 1.8 | 1.9 |
| | | | 80 岁及以上 | 59 | 1.6 | 1.3 | 1.5 | 1.6 | 1.7 | 1.8 |
| | | 男 | 小计 | 2 215 | 1.8 | 1.5 | 1.7 | 1.7 | 1.9 | 2.0 |
| | | | 18 ～ 44 岁 | 888 | 1.8 | 1.5 | 1.7 | 1.8 | 1.9 | 2.0 |
| | | | 45 ～ 59 岁 | 773 | 1.8 | 1.5 | 1.7 | 1.8 | 1.9 | 2.0 |
| | | | 60 ～ 79 岁 | 521 | 1.7 | 1.5 | 1.6 | 1.7 | 1.8 | 1.9 |
| | | | 80 岁及以上 | 33 | 1.7 | 1.5 | 1.6 | 1.6 | 1.7 | 1.9 |
| | | 女 | 小计 | 2 834 | 1.6 | 1.4 | 1.5 | 1.6 | 1.7 | 1.8 |
| | | | 18 ～ 44 岁 | 1 141 | 1.6 | 1.4 | 1.5 | 1.5 | 1.6 | 1.8 |
| | | | 45 ～ 59 岁 | 1 023 | 1.6 | 1.4 | 1.5 | 1.6 | 1.7 | 1.8 |
| | | | 60 ～ 79 岁 | 644 | 1.6 | 1.3 | 1.5 | 1.6 | 1.7 | 1.8 |
| | | | 80 岁及以上 | 26 | 1.5 | 1.3 | 1.5 | 1.5 | 1.7 | 1.7 |
| | 农村 | 小计 | 小计 | 6 216 | 1.6 | 1.4 | 1.5 | 1.6 | 1.7 | 1.9 |
| | | | 18 ～ 44 岁 | 2 674 | 1.6 | 1.4 | 1.5 | 1.6 | 1.7 | 1.9 |

| 地区 | 城乡 | 性别 | 年龄 | n | 皮肤表面积/m² | | | | | |
|---|---|---|---|---|---|---|---|---|---|---|
| | | | | | Mean | P5 | P25 | P50 | P75 | P95 |
| 西北 | 农村 | 小计 | 45～59岁 | 2 130 | 1.6 | 1.4 | 1.5 | 1.6 | 1.7 | 1.9 |
| | | | 60～79岁 | 1 333 | 1.6 | 1.3 | 1.4 | 1.5 | 1.7 | 1.8 |
| | | | 80岁及以上 | 79 | 1.5 | 1.2 | 1.4 | 1.6 | 1.7 | 1.8 |
| | | 男 | 小计 | 2 860 | 1.7 | 1.4 | 1.6 | 1.7 | 1.8 | 1.9 |
| | | | 18～44岁 | 1 178 | 1.7 | 1.5 | 1.6 | 1.7 | 1.8 | 1.9 |
| | | | 45～59岁 | 990 | 1.7 | 1.5 | 1.6 | 1.7 | 1.8 | 1.9 |
| | | | 60～79岁 | 654 | 1.6 | 1.4 | 1.5 | 1.6 | 1.7 | 1.9 |
| | | | 80岁及以上 | 38 | 1.7 | 1.4 | 1.6 | 1.7 | 1.8 | 1.9 |
| | | 女 | 小计 | 3 356 | 1.5 | 1.3 | 1.4 | 1.5 | 1.6 | 1.8 |
| | | | 18～44岁 | 1 496 | 1.6 | 1.4 | 1.5 | 1.5 | 1.6 | 1.8 |
| | | | 45～59岁 | 1 140 | 1.5 | 1.3 | 1.4 | 1.5 | 1.6 | 1.8 |
| | | | 60～79岁 | 679 | 1.5 | 1.3 | 1.4 | 1.5 | 1.6 | 1.7 |
| | | | 80岁及以上 | 41 | 1.4 | 1.2 | 1.3 | 1.4 | 1.6 | 1.7 |
| 东北 | 城乡 | 小计 | 小计 | 10 175 | 1.7 | 1.4 | 1.6 | 1.7 | 1.8 | 2.0 |
| | | | 18～44岁 | 3 985 | 1.7 | 1.4 | 1.6 | 1.7 | 1.8 | 2.0 |
| | | | 45～59岁 | 3 901 | 1.7 | 1.4 | 1.6 | 1.7 | 1.8 | 2.0 |
| | | | 60～79岁 | 2 164 | 1.6 | 1.4 | 1.5 | 1.6 | 1.7 | 1.9 |
| | | | 80岁及以上 | 125 | 1.5 | 1.3 | 1.4 | 1.5 | 1.7 | 1.9 |
| | | 男 | 小计 | 4 633 | 1.8 | 1.5 | 1.7 | 1.8 | 1.9 | 2.1 |
| | | | 18～44岁 | 1 889 | 1.8 | 1.5 | 1.7 | 1.8 | 1.9 | 2.1 |
| | | | 45～59岁 | 1 663 | 1.8 | 1.5 | 1.7 | 1.8 | 1.9 | 2.0 |
| | | | 60～79岁 | 1 022 | 1.7 | 1.5 | 1.6 | 1.7 | 1.8 | 2.0 |
| | | | 80岁及以上 | 59 | 1.6 | 1.3 | 1.5 | 1.6 | 1.7 | 1.9 |
| | | 女 | 小计 | 5 542 | 1.6 | 1.4 | 1.5 | 1.6 | 1.7 | 1.8 |
| | | | 18～44岁 | 2 096 | 1.6 | 1.4 | 1.5 | 1.6 | 1.7 | 1.8 |
| | | | 45～59岁 | 2 238 | 1.6 | 1.4 | 1.5 | 1.6 | 1.7 | 1.8 |
| | | | 60～79岁 | 1 142 | 1.6 | 1.3 | 1.5 | 1.6 | 1.7 | 1.8 |
| | | | 80岁及以上 | 66 | 1.5 | 1.3 | 1.3 | 1.4 | 1.6 | 1.8 |
| | 城市 | 小计 | 小计 | 4 355 | 1.7 | 1.4 | 1.6 | 1.7 | 1.8 | 2.0 |
| | | | 18～44岁 | 1 659 | 1.7 | 1.4 | 1.6 | 1.7 | 1.8 | 2.1 |
| | | | 45～59岁 | 1 731 | 1.7 | 1.5 | 1.6 | 1.7 | 1.8 | 2.0 |
| | | | 60～79岁 | 910 | 1.7 | 1.4 | 1.5 | 1.7 | 1.8 | 1.9 |
| | | | 80岁及以上 | 55 | 1.6 | 1.3 | 1.5 | 1.6 | 1.7 | 1.9 |
| | | 男 | 小计 | 1 911 | 1.8 | 1.5 | 1.7 | 1.8 | 1.9 | 2.1 |
| | | | 18～44岁 | 767 | 1.8 | 1.5 | 1.7 | 1.8 | 1.9 | 2.2 |
| | | | 45～59岁 | 730 | 1.8 | 1.5 | 1.7 | 1.8 | 1.9 | 2.1 |
| | | | 60～79岁 | 395 | 1.7 | 1.5 | 1.6 | 1.7 | 1.8 | 2.0 |
| | | | 80岁及以上 | 19 | 1.7 | 1.5 | 1.6 | 1.7 | 1.8 | 1.9 |
| | | 女 | 小计 | 2 444 | 1.6 | 1.4 | 1.5 | 1.6 | 1.7 | 1.8 |
| | | | 18～44岁 | 892 | 1.6 | 1.4 | 1.5 | 1.6 | 1.7 | 1.8 |
| | | | 45～59岁 | 1 001 | 1.6 | 1.4 | 1.5 | 1.6 | 1.7 | 1.9 |
| | | | 60～79岁 | 515 | 1.6 | 1.4 | 1.5 | 1.6 | 1.7 | 1.8 |
| | | | 80岁及以上 | 36 | 1.5 | 1.1 | 1.4 | 1.5 | 1.6 | 1.8 |
| | 农村 | 小计 | 小计 | 5 820 | 1.7 | 1.4 | 1.6 | 1.7 | 1.8 | 1.9 |
| | | | 18～44岁 | 2 326 | 1.7 | 1.4 | 1.6 | 1.7 | 1.8 | 2.0 |
| | | | 45～59岁 | 2 170 | 1.7 | 1.4 | 1.6 | 1.7 | 1.8 | 1.9 |
| | | | 60～79岁 | 1 254 | 1.6 | 1.4 | 1.5 | 1.6 | 1.7 | 1.9 |
| | | | 80岁及以上 | 70 | 1.5 | 1.3 | 1.4 | 1.5 | 1.6 | 1.9 |
| | | 男 | 小计 | 2 722 | 1.7 | 1.5 | 1.6 | 1.7 | 1.8 | 2.0 |
| | | | 18～44岁 | 1 122 | 1.8 | 1.5 | 1.7 | 1.8 | 1.9 | 2.0 |
| | | | 45～59岁 | 933 | 1.7 | 1.5 | 1.6 | 1.7 | 1.8 | 2.0 |
| | | | 60～79岁 | 627 | 1.7 | 1.5 | 1.6 | 1.7 | 1.8 | 1.9 |
| | | | 80岁及以上 | 40 | 1.6 | 1.3 | 1.5 | 1.6 | 1.7 | 1.9 |
| | | 女 | 小计 | 3 098 | 1.6 | 1.4 | 1.5 | 1.6 | 1.7 | 1.8 |
| | | | 18～44岁 | 1 204 | 1.6 | 1.4 | 1.5 | 1.6 | 1.7 | 1.8 |
| | | | 45～59岁 | 1 237 | 1.6 | 1.4 | 1.5 | 1.6 | 1.7 | 1.8 |
| | | | 60～79岁 | 627 | 1.6 | 1.3 | 1.5 | 1.6 | 1.6 | 1.8 |
| | | | 80岁及以上 | 30 | 1.4 | 1.3 | 1.3 | 1.4 | 1.5 | 1.7 |

| 地区 | 城乡 | 性别 | 年龄 | $n$ | 皮肤表面积 /$m^2$ | | | | | |
|---|---|---|---|---|---|---|---|---|---|---|
| | | | | | Mean | P5 | P25 | P50 | P75 | P95 |
| 西南 | 城乡 | 小计 | 小计 | 13 409 | 1.6 | 1.3 | 1.5 | 1.6 | 1.7 | 1.8 |
| | | | 18～44 岁 | 6 437 | 1.6 | 1.3 | 1.5 | 1.6 | 1.7 | 1.8 |
| | | | 45～59 岁 | 4 253 | 1.6 | 1.3 | 1.5 | 1.6 | 1.7 | 1.8 |
| | | | 60～79 岁 | 2 546 | 1.5 | 1.3 | 1.4 | 1.5 | 1.6 | 1.8 |
| | | | 80 岁及以上 | 173 | 1.5 | 1.2 | 1.4 | 1.5 | 1.6 | 1.7 |
| | | 男 | 小计 | 6 116 | 1.6 | 1.4 | 1.5 | 1.6 | 1.7 | 1.9 |
| | | | 18～44 岁 | 2 982 | 1.7 | 1.5 | 1.6 | 1.6 | 1.7 | 1.9 |
| | | | 45～59 岁 | 1 869 | 1.6 | 1.4 | 1.5 | 1.6 | 1.7 | 1.9 |
| | | | 60～79 岁 | 1 176 | 1.6 | 1.4 | 1.5 | 1.6 | 1.7 | 1.8 |
| | | | 80 岁及以上 | 89 | 1.5 | 1.2 | 1.4 | 1.5 | 1.6 | 1.7 |
| | | 女 | 小计 | 7 293 | 1.5 | 1.3 | 1.4 | 1.5 | 1.6 | 1.7 |
| | | | 18～44 岁 | 3 455 | 1.5 | 1.3 | 1.4 | 1.5 | 1.6 | 1.7 |
| | | | 45～59 岁 | 2 384 | 1.5 | 1.3 | 1.4 | 1.5 | 1.6 | 1.7 |
| | | | 60～79 岁 | 1 370 | 1.4 | 1.2 | 1.3 | 1.4 | 1.5 | 1.7 |
| | | | 80 岁及以上 | 84 | 1.4 | 1.2 | 1.3 | 1.4 | 1.5 | 1.6 |
| | 城市 | 小计 | 小计 | 4 773 | 1.6 | 1.3 | 1.5 | 1.6 | 1.7 | 1.9 |
| | | | 18～44 岁 | 2 249 | 1.6 | 1.4 | 1.5 | 1.6 | 1.7 | 1.9 |
| | | | 45～59 岁 | 1 546 | 1.6 | 1.4 | 1.5 | 1.6 | 1.7 | 1.8 |
| | | | 60～79 岁 | 902 | 1.5 | 1.3 | 1.4 | 1.5 | 1.6 | 1.8 |
| | | | 80 岁及以上 | 76 | 1.5 | 1.2 | 1.3 | 1.5 | 1.6 | 1.7 |
| | | 男 | 小计 | 2 132 | 1.7 | 1.4 | 1.6 | 1.7 | 1.8 | 1.9 |
| | | | 18～44 岁 | 1 025 | 1.7 | 1.5 | 1.6 | 1.7 | 1.8 | 1.9 |
| | | | 45～59 岁 | 663 | 1.7 | 1.4 | 1.6 | 1.7 | 1.7 | 1.9 |
| | | | 60～79 岁 | 406 | 1.6 | 1.3 | 1.5 | 1.6 | 1.7 | 1.8 |
| | | | 80 岁及以上 | 38 | 1.6 | 1.4 | 1.5 | 1.6 | 1.6 | 1.8 |
| | | 女 | 小计 | 2 641 | 1.5 | 1.3 | 1.4 | 1.5 | 1.6 | 1.7 |
| | | | 18～44 岁 | 1 224 | 1.5 | 1.3 | 1.4 | 1.5 | 1.6 | 1.7 |
| | | | 45～59 岁 | 883 | 1.5 | 1.3 | 1.4 | 1.5 | 1.6 | 1.7 |
| | | | 60～79 岁 | 496 | 1.5 | 1.3 | 1.4 | 1.5 | 1.6 | 1.7 |
| | | | 80 岁及以上 | 38 | 1.4 | 1.2 | 1.2 | 1.4 | 1.4 | 1.6 |
| | 农村 | 小计 | 小计 | 8 636 | 1.6 | 1.3 | 1.4 | 1.5 | 1.7 | 1.8 |
| | | | 18～44 岁 | 4 188 | 1.6 | 1.3 | 1.5 | 1.6 | 1.7 | 1.8 |
| | | | 45～59 岁 | 2 707 | 1.6 | 1.3 | 1.5 | 1.6 | 1.7 | 1.8 |
| | | | 60～79 岁 | 1 644 | 1.5 | 1.2 | 1.4 | 1.5 | 1.6 | 1.7 |
| | | | 80 岁及以上 | 97 | 1.5 | 1.2 | 1.4 | 1.4 | 1.5 | 1.7 |
| | | 男 | 小计 | 3 984 | 1.6 | 1.4 | 1.5 | 1.6 | 1.7 | 1.9 |
| | | | 18～44 岁 | 1 957 | 1.6 | 1.4 | 1.5 | 1.6 | 1.7 | 1.9 |
| | | | 45～59 岁 | 1 206 | 1.6 | 1.4 | 1.5 | 1.6 | 1.7 | 1.9 |
| | | | 60～79 岁 | 770 | 1.6 | 1.4 | 1.5 | 1.5 | 1.6 | 1.8 |
| | | | 80 岁及以上 | 51 | 1.5 | 1.2 | 1.4 | 1.5 | 1.6 | 1.7 |
| | | 女 | 小计 | 4 652 | 1.5 | 1.3 | 1.4 | 1.5 | 1.6 | 1.7 |
| | | | 18～44 岁 | 2 231 | 1.5 | 1.3 | 1.4 | 1.5 | 1.6 | 1.7 |
| | | | 45～59 岁 | 1 501 | 1.5 | 1.3 | 1.4 | 1.5 | 1.6 | 1.7 |
| | | | 60～79 岁 | 874 | 1.4 | 1.2 | 1.3 | 1.4 | 1.5 | 1.6 |
| | | | 80 岁及以上 | 46 | 1.4 | 1.2 | 1.4 | 1.4 | 1.5 | 1.6 |

## 附表 11-3 中国人群分省（直辖市、自治区）、城乡、性别的皮肤表面积

| 地区 | 城乡 | 年龄 | n | 皮肤表面积 /m² | | | | | |
|---|---|---|---|---|---|---|---|---|---|
| | | | | Mean | P5 | P25 | P50 | P75 | P95 |
| 合计 | 城乡 | 小计 | 91 052 | 1.6 | 1.4 | 1.5 | 1.6 | 1.7 | 1.9 |
| | | 男 | 41 258 | 1.7 | 1.4 | 1.6 | 1.7 | 1.8 | 2.0 |
| | | 女 | 49 794 | 1.5 | 1.3 | 1.4 | 1.5 | 1.6 | 1.8 |
| | 城市 | 小计 | 41 801 | 1.6 | 1.4 | 1.5 | 1.6 | 1.8 | 1.9 |
| | | 男 | 18 438 | 1.7 | 1.5 | 1.6 | 1.7 | 1.8 | 2.0 |
| | | 女 | 23 363 | 1.6 | 1.4 | 1.5 | 1.5 | 1.6 | 1.8 |
| | 农村 | 小计 | 49 251 | 1.6 | 1.3 | 1.5 | 1.6 | 1.7 | 1.9 |
| | | 男 | 22 820 | 1.7 | 1.4 | 1.6 | 1.7 | 1.8 | 1.9 |
| | | 女 | 26 431 | 1.5 | 1.3 | 1.4 | 1.5 | 1.6 | 1.8 |
| 北京 | 城乡 | 小计 | 1 106 | 1.7 | 1.4 | 1.6 | 1.7 | 1.8 | 2.0 |
| | | 男 | 455 | 1.8 | 1.6 | 1.7 | 1.8 | 1.9 | 2.1 |
| | | 女 | 651 | 1.6 | 1.4 | 1.5 | 1.6 | 1.7 | 1.9 |
| | 城市 | 小计 | 840 | 1.7 | 1.5 | 1.6 | 1.7 | 1.8 | 2.0 |
| | | 男 | 354 | 1.8 | 1.6 | 1.7 | 1.8 | 1.9 | 2.1 |
| | | 女 | 486 | 1.6 | 1.4 | 1.5 | 1.6 | 1.7 | 1.8 |
| | 农村 | 小计 | 266 | 1.7 | 1.4 | 1.6 | 1.7 | 1.8 | 2.0 |
| | | 男 | 101 | 1.8 | 1.5 | 1.7 | 1.8 | 1.9 | 2.0 |
| | | 女 | 165 | 1.6 | 1.4 | 1.5 | 1.6 | 1.7 | 1.9 |
| 天津 | 城乡 | 小计 | 1 154 | 1.7 | 1.4 | 1.6 | 1.7 | 1.8 | 2.0 |
| | | 男 | 470 | 1.8 | 1.6 | 1.7 | 1.8 | 1.9 | 2.1 |
| | | 女 | 684 | 1.6 | 1.4 | 1.5 | 1.6 | 1.7 | 1.8 |
| | 城市 | 小计 | 865 | 1.7 | 1.5 | 1.6 | 1.7 | 1.8 | 2.0 |
| | | 男 | 336 | 1.8 | 1.6 | 1.7 | 1.8 | 1.9 | 2.1 |
| | | 女 | 529 | 1.6 | 1.4 | 1.5 | 1.6 | 1.7 | 1.8 |
| | 农村 | 小计 | 289 | 1.7 | 1.4 | 1.6 | 1.7 | 1.8 | 2.0 |
| | | 男 | 134 | 1.8 | 1.5 | 1.7 | 1.7 | 1.9 | 2.0 |
| | | 女 | 155 | 1.6 | 1.3 | 1.5 | 1.6 | 1.6 | 1.8 |
| 河北 | 城乡 | 小计 | 4 406 | 1.7 | 1.4 | 1.6 | 1.7 | 1.8 | 2.0 |
| | | 男 | 1 933 | 1.8 | 1.5 | 1.6 | 1.7 | 1.9 | 2.0 |
| | | 女 | 2 473 | 1.6 | 1.4 | 1.5 | 1.6 | 1.7 | 1.8 |
| | 城市 | 小计 | 1 830 | 1.7 | 1.5 | 1.6 | 1.7 | 1.8 | 2.0 |
| | | 男 | 829 | 1.8 | 1.5 | 1.7 | 1.8 | 1.9 | 2.1 |
| | | 女 | 1 001 | 1.6 | 1.4 | 1.5 | 1.6 | 1.7 | 1.9 |
| | 农村 | 小计 | 2 576 | 1.7 | 1.4 | 1.5 | 1.6 | 1.8 | 1.9 |
| | | 男 | 1 104 | 1.7 | 1.5 | 1.6 | 1.7 | 1.8 | 2.0 |
| | | 女 | 1 472 | 1.6 | 1.4 | 1.5 | 1.6 | 1.7 | 1.8 |
| 山西 | 城乡 | 小计 | 3 441 | 1.7 | 1.4 | 1.6 | 1.7 | 1.8 | 1.9 |
| | | 男 | 1 564 | 1.7 | 1.5 | 1.6 | 1.7 | 1.8 | 2.0 |
| | | 女 | 1 877 | 1.6 | 1.4 | 1.5 | 1.6 | 1.7 | 1.8 |
| | 城市 | 小计 | 1 047 | 1.7 | 1.4 | 1.6 | 1.7 | 1.8 | 2.0 |
| | | 男 | 480 | 1.8 | 1.5 | 1.7 | 1.8 | 1.9 | 2.0 |
| | | 女 | 567 | 1.6 | 1.4 | 1.5 | 1.6 | 1.7 | 1.8 |
| | 农村 | 小计 | 2 394 | 1.7 | 1.4 | 1.5 | 1.6 | 1.8 | 1.9 |
| | | 男 | 1 084 | 1.7 | 1.5 | 1.6 | 1.7 | 1.8 | 2.0 |
| | | 女 | 1 310 | 1.6 | 1.4 | 1.5 | 1.6 | 1.7 | 1.8 |
| 内蒙古 | 城乡 | 小计 | 3 048 | 1.7 | 1.4 | 1.6 | 1.7 | 1.8 | 2.0 |
| | | 男 | 1 471 | 1.8 | 1.5 | 1.6 | 1.8 | 1.9 | 2.0 |
| | | 女 | 1 577 | 1.6 | 1.4 | 1.5 | 1.6 | 1.7 | 1.8 |
| | 城市 | 小计 | 1 196 | 1.7 | 1.5 | 1.6 | 1.7 | 1.8 | 2.0 |
| | | 男 | 554 | 1.8 | 1.5 | 1.7 | 1.8 | 1.9 | 2.0 |
| | | 女 | 642 | 1.6 | 1.4 | 1.5 | 1.6 | 1.7 | 1.8 |
| | 农村 | 小计 | 1 852 | 1.7 | 1.4 | 1.6 | 1.7 | 1.8 | 2.0 |
| | | 男 | 917 | 1.7 | 1.5 | 1.6 | 1.7 | 1.8 | 2.0 |
| | | 女 | 935 | 1.6 | 1.4 | 1.5 | 1.6 | 1.7 | 1.8 |
| 辽宁 | 城乡 | 小计 | 3 375 | 1.7 | 1.4 | 1.6 | 1.7 | 1.8 | 2.0 |
| | | 男 | 1 448 | 1.8 | 1.5 | 1.7 | 1.8 | 1.9 | 2.1 |

| 地区 | 城乡 | 年龄 | $n$ | 皮肤表面积 /$m^2$ | | | | | |
|---|---|---|---|---|---|---|---|---|---|
| | | | | Mean | P5 | P25 | P50 | P75 | P95 |
| 辽宁 | 城乡 | 女 | 1 927 | 1.6 | 1.4 | 1.5 | 1.6 | 1.7 | 1.8 |
| | 城市 | 小计 | 1 194 | 1.7 | 1.5 | 1.6 | 1.7 | 1.8 | 2.0 |
| | | 男 | 525 | 1.8 | 1.6 | 1.7 | 1.8 | 1.9 | 2.1 |
| | | 女 | 669 | 1.6 | 1.4 | 1.5 | 1.6 | 1.7 | 1.9 |
| | 农村 | 小计 | 2 181 | 1.7 | 1.4 | 1.6 | 1.7 | 1.8 | 2.0 |
| | | 男 | 923 | 1.8 | 1.5 | 1.7 | 1.7 | 1.9 | 2.1 |
| | | 女 | 1 258 | 1.6 | 1.4 | 1.5 | 1.6 | 1.7 | 1.8 |
| 吉林 | 城乡 | 小计 | 2 738 | 1.7 | 1.4 | 1.6 | 1.7 | 1.8 | 2.0 |
| | | 男 | 1 303 | 1.7 | 1.5 | 1.6 | 1.7 | 1.8 | 2.0 |
| | | 女 | 1 435 | 1.6 | 1.4 | 1.5 | 1.6 | 1.7 | 1.8 |
| | 城市 | 小计 | 1 572 | 1.7 | 1.4 | 1.6 | 1.7 | 1.8 | 2.0 |
| | | 男 | 705 | 1.8 | 1.5 | 1.6 | 1.8 | 1.9 | 2.1 |
| | | 女 | 867 | 1.6 | 1.4 | 1.5 | 1.6 | 1.7 | 1.8 |
| | 农村 | 小计 | 1 166 | 1.6 | 1.4 | 1.5 | 1.6 | 1.7 | 1.9 |
| | | 男 | 598 | 1.7 | 1.5 | 1.6 | 1.7 | 1.8 | 2.0 |
| | | 女 | 568 | 1.6 | 1.4 | 1.5 | 1.6 | 1.6 | 1.8 |
| 黑龙江 | 城乡 | 小计 | 4 062 | 1.7 | 1.4 | 1.5 | 1.7 | 1.8 | 2.0 |
| | | 男 | 1 882 | 1.8 | 1.5 | 1.7 | 1.8 | 1.9 | 2.1 |
| | | 女 | 2 180 | 1.6 | 1.3 | 1.5 | 1.6 | 1.7 | 1.8 |
| | 城市 | 小计 | 1 589 | 1.7 | 1.4 | 1.5 | 1.7 | 1.8 | 2.1 |
| | | 男 | 681 | 1.8 | 1.5 | 1.7 | 1.8 | 2.0 | 2.2 |
| | | 女 | 908 | 1.6 | 1.4 | 1.5 | 1.6 | 1.7 | 1.8 |
| | 农村 | 小计 | 2 473 | 1.7 | 1.4 | 1.5 | 1.6 | 1.8 | 1.9 |
| | | 男 | 1 201 | 1.7 | 1.5 | 1.6 | 1.7 | 1.8 | 2.0 |
| | | 女 | 1 272 | 1.6 | 1.3 | 1.5 | 1.6 | 1.7 | 1.8 |
| 上海 | 城乡 | 小计 | 1 161 | 1.7 | 1.4 | 1.5 | 1.6 | 1.8 | 1.9 |
| | | 男 | 540 | 1.7 | 1.5 | 1.6 | 1.7 | 1.8 | 2.0 |
| | | 女 | 621 | 1.6 | 1.3 | 1.5 | 1.6 | 1.6 | 1.8 |
| | 城市 | 小计 | 1 161 | 1.7 | 1.4 | 1.5 | 1.6 | 1.8 | 1.9 |
| | | 男 | 540 | 1.7 | 1.5 | 1.6 | 1.7 | 1.8 | 2.0 |
| | | 女 | 621 | 1.6 | 1.3 | 1.5 | 1.6 | 1.6 | 1.8 |
| 江苏 | 城乡 | 小计 | 3 471 | 1.6 | 1.4 | 1.5 | 1.6 | 1.8 | 1.9 |
| | | 男 | 1 586 | 1.7 | 1.5 | 1.6 | 1.7 | 1.8 | 2.0 |
| | | 女 | 1 885 | 1.5 | 1.3 | 1.5 | 1.5 | 1.6 | 1.8 |
| | 城市 | 小计 | 2 313 | 1.7 | 1.4 | 1.5 | 1.6 | 1.8 | 1.9 |
| | | 男 | 1 068 | 1.7 | 1.5 | 1.6 | 1.7 | 1.8 | 2.0 |
| | | 女 | 1 245 | 1.6 | 1.4 | 1.5 | 1.5 | 1.6 | 1.8 |
| | 农村 | 小计 | 1 158 | 1.6 | 1.4 | 1.5 | 1.6 | 1.7 | 1.9 |
| | | 男 | 518 | 1.7 | 1.5 | 1.6 | 1.7 | 1.8 | 2.0 |
| | | 女 | 640 | 1.5 | 1.3 | 1.5 | 1.5 | 1.6 | 1.7 |
| 浙江 | 城乡 | 小计 | 3 427 | 1.6 | 1.4 | 1.5 | 1.6 | 1.7 | 1.9 |
| | | 男 | 1 599 | 1.7 | 1.5 | 1.6 | 1.7 | 1.8 | 1.9 |
| | | 女 | 1 828 | 1.5 | 1.3 | 1.4 | 1.5 | 1.6 | 1.7 |
| | 城市 | 小计 | 1 184 | 1.6 | 1.4 | 1.5 | 1.6 | 1.7 | 1.9 |
| | | 男 | 536 | 1.7 | 1.5 | 1.6 | 1.7 | 1.8 | 2.0 |
| | | 女 | 648 | 1.5 | 1.4 | 1.5 | 1.5 | 1.6 | 1.7 |
| | 农村 | 小计 | 2 243 | 1.6 | 1.3 | 1.5 | 1.6 | 1.7 | 1.9 |
| | | 男 | 1 063 | 1.7 | 1.4 | 1.6 | 1.7 | 1.8 | 1.9 |
| | | 女 | 1 180 | 1.5 | 1.3 | 1.4 | 1.5 | 1.6 | 1.7 |
| 安徽 | 城乡 | 小计 | 3 491 | 1.6 | 1.4 | 1.5 | 1.6 | 1.7 | 1.9 |
| | | 男 | 1 542 | 1.7 | 1.5 | 1.6 | 1.7 | 1.8 | 2.0 |
| | | 女 | 1 949 | 1.5 | 1.3 | 1.4 | 1.5 | 1.6 | 1.8 |
| | 城市 | 小计 | 1 894 | 1.7 | 1.4 | 1.5 | 1.6 | 1.8 | 1.9 |
| | | 男 | 791 | 1.7 | 1.5 | 1.6 | 1.7 | 1.8 | 2.0 |
| | | 女 | 1 103 | 1.6 | 1.4 | 1.5 | 1.6 | 1.7 | 1.8 |
| | 农村 | 小计 | 1 597 | 1.6 | 1.3 | 1.5 | 1.6 | 1.7 | 1.9 |
| | | 男 | 751 | 1.7 | 1.4 | 1.6 | 1.7 | 1.8 | 1.9 |
| | | 女 | 846 | 1.5 | 1.3 | 1.4 | 1.5 | 1.6 | 1.8 |

| 地区 | 城乡 | 年龄 | $n$ | 皮肤表面积 /m² | | | | | |
|---|---|---|---|---|---|---|---|---|---|
| | | | | Mean | P5 | P25 | P50 | P75 | P95 |
| 福建 | 城乡 | 小计 | 2 897 | 1.6 | 1.4 | 1.5 | 1.6 | 1.7 | 1.9 |
| | | 男 | 1 290 | 1.7 | 1.5 | 1.6 | 1.7 | 1.8 | 1.9 |
| | | 女 | 1 607 | 1.5 | 1.3 | 1.4 | 1.5 | 1.6 | 1.7 |
| | 城市 | 小计 | 1 494 | 1.6 | 1.4 | 1.5 | 1.6 | 1.7 | 1.9 |
| | | 男 | 635 | 1.7 | 1.5 | 1.6 | 1.7 | 1.8 | 2.0 |
| | | 女 | 859 | 1.5 | 1.3 | 1.4 | 1.5 | 1.6 | 1.7 |
| | 农村 | 小计 | 1 403 | 1.6 | 1.3 | 1.5 | 1.6 | 1.7 | 1.8 |
| | | 男 | 655 | 1.7 | 1.4 | 1.5 | 1.6 | 1.7 | 1.9 |
| | | 女 | 748 | 1.5 | 1.3 | 1.4 | 1.5 | 1.6 | 1.7 |
| 江西 | 城乡 | 小计 | 2 917 | 1.6 | 1.3 | 1.4 | 1.5 | 1.7 | 1.9 |
| | | 男 | 1 376 | 1.6 | 1.4 | 1.5 | 1.6 | 1.7 | 1.9 |
| | | 女 | 1 541 | 1.5 | 1.3 | 1.4 | 1.5 | 1.5 | 1.7 |
| | 城市 | 小计 | 1 720 | 1.6 | 1.3 | 1.5 | 1.6 | 1.7 | 1.9 |
| | | 男 | 795 | 1.7 | 1.4 | 1.6 | 1.7 | 1.8 | 1.9 |
| | | 女 | 925 | 1.5 | 1.3 | 1.4 | 1.5 | 1.6 | 1.7 |
| | 农村 | 小计 | 1 197 | 1.5 | 1.3 | 1.4 | 1.5 | 1.6 | 1.8 |
| | | 男 | 581 | 1.6 | 1.4 | 1.5 | 1.6 | 1.7 | 1.9 |
| | | 女 | 616 | 1.4 | 1.3 | 1.4 | 1.4 | 1.5 | 1.7 |
| 山东 | 城乡 | 小计 | 5 587 | 1.7 | 1.4 | 1.6 | 1.7 | 1.8 | 2.0 |
| | | 男 | 2 492 | 1.8 | 1.5 | 1.6 | 1.8 | 1.9 | 2.0 |
| | | 女 | 3 095 | 1.6 | 1.4 | 1.5 | 1.6 | 1.7 | 1.9 |
| | 城市 | 小计 | 2 708 | 1.7 | 1.4 | 1.6 | 1.7 | 1.8 | 2.0 |
| | | 男 | 1 126 | 1.8 | 1.5 | 1.7 | 1.8 | 1.9 | 2.1 |
| | | 女 | 1 582 | 1.6 | 1.4 | 1.5 | 1.6 | 1.7 | 1.9 |
| | 农村 | 小计 | 2 879 | 1.7 | 1.4 | 1.5 | 1.7 | 1.8 | 2.0 |
| | | 男 | 1 366 | 1.7 | 1.5 | 1.6 | 1.7 | 1.9 | 2.0 |
| | | 女 | 1 513 | 1.6 | 1.4 | 1.5 | 1.6 | 1.7 | 1.8 |
| 河南 | 城乡 | 小计 | 4 925 | 1.7 | 1.4 | 1.5 | 1.6 | 1.8 | 1.9 |
| | | 男 | 2 099 | 1.7 | 1.5 | 1.6 | 1.7 | 1.8 | 2.0 |
| | | 女 | 2 826 | 1.6 | 1.4 | 1.5 | 1.6 | 1.7 | 1.8 |
| | 城市 | 小计 | 2 039 | 1.7 | 1.4 | 1.6 | 1.7 | 1.8 | 2.0 |
| | | 男 | 846 | 1.8 | 1.5 | 1.7 | 1.8 | 1.9 | 2.0 |
| | | 女 | 1 193 | 1.6 | 1.4 | 1.5 | 1.6 | 1.7 | 1.8 |
| | 农村 | 小计 | 2 886 | 1.6 | 1.4 | 1.5 | 1.6 | 1.8 | 1.9 |
| | | 男 | 1 253 | 1.7 | 1.5 | 1.6 | 1.7 | 1.8 | 2.0 |
| | | 女 | 1 633 | 1.6 | 1.4 | 1.5 | 1.6 | 1.7 | 1.8 |
| 湖北 | 城乡 | 小计 | 3 409 | 1.6 | 1.4 | 1.5 | 1.6 | 1.7 | 1.9 |
| | | 男 | 1 603 | 1.7 | 1.5 | 1.6 | 1.7 | 1.8 | 1.9 |
| | | 女 | 1 806 | 1.5 | 1.3 | 1.5 | 1.5 | 1.6 | 1.8 |
| | 城市 | 小计 | 2 382 | 1.6 | 1.4 | 1.5 | 1.6 | 1.7 | 1.9 |
| | | 男 | 1 126 | 1.7 | 1.5 | 1.6 | 1.7 | 1.8 | 2.0 |
| | | 女 | 1 256 | 1.5 | 1.3 | 1.5 | 1.5 | 1.6 | 1.8 |
| | 农村 | 小计 | 1 027 | 1.6 | 1.4 | 1.5 | 1.6 | 1.7 | 1.9 |
| | | 男 | 477 | 1.7 | 1.4 | 1.6 | 1.7 | 1.8 | 1.9 |
| | | 女 | 550 | 1.6 | 1.3 | 1.5 | 1.5 | 1.6 | 1.8 |
| 湖南 | 城乡 | 小计 | 4 059 | 1.6 | 1.3 | 1.5 | 1.6 | 1.7 | 1.9 |
| | | 男 | 1 849 | 1.7 | 1.4 | 1.5 | 1.6 | 1.7 | 1.9 |
| | | 女 | 2 210 | 1.5 | 1.3 | 1.4 | 1.5 | 1.6 | 1.7 |
| | 城市 | 小计 | 1 534 | 1.6 | 1.4 | 1.5 | 1.6 | 1.7 | 1.9 |
| | | 男 | 622 | 1.7 | 1.5 | 1.6 | 1.7 | 1.8 | 1.9 |
| | | 女 | 912 | 1.5 | 1.3 | 1.4 | 1.5 | 1.6 | 1.7 |
| | 农村 | 小计 | 2525 | 1.6 | 1.3 | 1.4 | 1.6 | 1.7 | 1.8 |
| | | 男 | 1 227 | 1.6 | 1.4 | 1.5 | 1.6 | 1.7 | 1.9 |
| | | 女 | 1 298 | 1.5 | 1.3 | 1.4 | 1.5 | 1.6 | 1.7 |
| 广东 | 城乡 | 小计 | 3 241 | 1.6 | 1.3 | 1.5 | 1.6 | 1.7 | 1.8 |
| | | 男 | 1 456 | 1.7 | 1.4 | 1.6 | 1.7 | 1.8 | 1.9 |
| | | 女 | 1 785 | 1.5 | 1.3 | 1.4 | 1.5 | 1.6 | 1.7 |
| | 城市 | 小计 | 1 745 | 1.6 | 1.3 | 1.5 | 1.6 | 1.7 | 1.8 |

| 地区 | 城乡 | 年龄 | n | 皮肤表面积 /m² | | | | | |
|---|---|---|---|---|---|---|---|---|---|
| | | | | Mean | P5 | P25 | P50 | P75 | P95 |
| 广东 | 城市 | 男 | 775 | 1.7 | 1.4 | 1.6 | 1.7 | 1.8 | 1.9 |
| | | 女 | 970 | 1.5 | 1.3 | 1.4 | 1.5 | 1.6 | 1.7 |
| | 农村 | 小计 | 1 496 | 1.5 | 1.3 | 1.4 | 1.5 | 1.7 | 1.8 |
| | | 男 | 681 | 1.6 | 1.4 | 1.5 | 1.6 | 1.7 | 1.9 |
| | | 女 | 815 | 1.5 | 1.3 | 1.4 | 1.5 | 1.6 | 1.7 |
| 广西 | 城乡 | 小计 | 3 380 | 1.5 | 1.3 | 1.4 | 1.5 | 1.6 | 1.8 |
| | | 男 | 1 594 | 1.6 | 1.4 | 1.5 | 1.6 | 1.7 | 1.8 |
| | | 女 | 1 786 | 1.5 | 1.3 | 1.4 | 1.5 | 1.5 | 1.7 |
| | 城市 | 小计 | 1 344 | 1.6 | 1.3 | 1.5 | 1.6 | 1.7 | 1.9 |
| | | 男 | 612 | 1.6 | 1.4 | 1.6 | 1.6 | 1.7 | 1.9 |
| | | 女 | 732 | 1.5 | 1.3 | 1.4 | 1.5 | 1.6 | 1.7 |
| | 农村 | 小计 | 2 036 | 1.5 | 1.3 | 1.4 | 1.5 | 1.6 | 1.8 |
| | | 男 | 982 | 1.6 | 1.4 | 1.5 | 1.6 | 1.7 | 1.8 |
| | | 女 | 1 054 | 1.5 | 1.3 | 1.4 | 1.4 | 1.5 | 1.7 |
| 海南 | 城乡 | 小计 | 1 083 | 1.5 | 1.3 | 1.4 | 1.5 | 1.6 | 1.8 |
| | | 男 | 515 | 1.6 | 1.4 | 1.5 | 1.6 | 1.7 | 1.9 |
| | | 女 | 568 | 1.4 | 1.2 | 1.4 | 1.4 | 1.5 | 1.7 |
| | 城市 | 小计 | 328 | 1.6 | 1.3 | 1.5 | 1.6 | 1.7 | 1.9 |
| | | 男 | 155 | 1.7 | 1.4 | 1.6 | 1.7 | 1.7 | 2.0 |
| | | 女 | 173 | 1.5 | 1.3 | 1.4 | 1.5 | 1.6 | 1.7 |
| | 农村 | 小计 | 755 | 1.5 | 1.3 | 1.4 | 1.5 | 1.6 | 1.8 |
| | | 男 | 360 | 1.6 | 1.4 | 1.5 | 1.6 | 1.7 | 1.8 |
| | | 女 | 395 | 1.4 | 1.2 | 1.3 | 1.4 | 1.5 | 1.7 |
| 重庆 | 城乡 | 小计 | 968 | 1.5 | 1.3 | 1.4 | 1.5 | 1.7 | 1.8 |
| | | 男 | 413 | 1.6 | 1.4 | 1.5 | 1.6 | 1.7 | 1.9 |
| | | 女 | 555 | 1.5 | 1.3 | 1.4 | 1.5 | 1.6 | 1.7 |
| | 城市 | 小计 | 475 | 1.6 | 1.3 | 1.5 | 1.6 | 1.7 | 1.8 |
| | | 男 | 224 | 1.7 | 1.4 | 1.6 | 1.7 | 1.7 | 1.9 |
| | | 女 | 251 | 1.5 | 1.3 | 1.4 | 1.5 | 1.6 | 1.7 |
| | 农村 | 小计 | 493 | 1.5 | 1.3 | 1.4 | 1.5 | 1.6 | 1.8 |
| | | 男 | 189 | 1.6 | 1.4 | 1.5 | 1.6 | 1.7 | 1.8 |
| | | 女 | 304 | 1.5 | 1.3 | 1.4 | 1.5 | 1.5 | 1.7 |
| 四川 | 城乡 | 小计 | 4 578 | 1.6 | 1.3 | 1.5 | 1.6 | 1.7 | 1.8 |
| | | 男 | 2 095 | 1.6 | 1.4 | 1.6 | 1.6 | 1.7 | 1.9 |
| | | 女 | 2 483 | 1.5 | 1.3 | 1.4 | 1.5 | 1.6 | 1.7 |
| | 城市 | 小计 | 1 939 | 1.6 | 1.3 | 1.5 | 1.6 | 1.7 | 1.8 |
| | | 男 | 866 | 1.7 | 1.4 | 1.6 | 1.7 | 1.8 | 1.9 |
| | | 女 | 1 073 | 1.5 | 1.3 | 1.4 | 1.5 | 1.6 | 1.7 |
| | 农村 | 小计 | 2 639 | 1.6 | 1.3 | 1.5 | 1.6 | 1.7 | 1.8 |
| | | 男 | 1 229 | 1.6 | 1.4 | 1.5 | 1.6 | 1.7 | 1.9 |
| | | 女 | 1 410 | 1.5 | 1.3 | 1.4 | 1.5 | 1.6 | 1.7 |
| 贵州 | 城乡 | 小计 | 2 854 | 1.6 | 1.3 | 1.4 | 1.5 | 1.7 | 1.8 |
| | | 男 | 1 333 | 1.6 | 1.4 | 1.5 | 1.6 | 1.7 | 1.9 |
| | | 女 | 1 521 | 1.5 | 1.3 | 1.4 | 1.5 | 1.5 | 1.7 |
| | 城市 | 小计 | 1 061 | 1.6 | 1.3 | 1.5 | 1.6 | 1.7 | 1.8 |
| | | 男 | 497 | 1.7 | 1.4 | 1.6 | 1.7 | 1.7 | 1.9 |
| | | 女 | 564 | 1.5 | 1.3 | 1.4 | 1.5 | 1.6 | 1.7 |
| | 农村 | 小计 | 1 793 | 1.5 | 1.3 | 1.4 | 1.5 | 1.6 | 1.8 |
| | | 男 | 836 | 1.6 | 1.4 | 1.5 | 1.6 | 1.7 | 1.8 |
| | | 女 | 957 | 1.4 | 1.3 | 1.4 | 1.4 | 1.5 | 1.7 |
| 云南 | 城乡 | 小计 | 3 488 | 1.6 | 1.3 | 1.5 | 1.5 | 1.7 | 1.8 |
| | | 男 | 1 661 | 1.6 | 1.4 | 1.5 | 1.6 | 1.7 | 1.9 |
| | | 女 | 1 827 | 1.5 | 1.3 | 1.4 | 1.5 | 1.6 | 1.7 |
| | 城市 | 小计 | 913 | 1.6 | 1.3 | 1.5 | 1.6 | 1.7 | 1.9 |
| | | 男 | 419 | 1.7 | 1.5 | 1.5 | 1.6 | 1.8 | 2.0 |
| | | 女 | 494 | 1.5 | 1.3 | 1.4 | 1.5 | 1.6 | 1.7 |
| | 农村 | 小计 | 2 575 | 1.6 | 1.3 | 1.4 | 1.5 | 1.7 | 1.8 |
| | | 男 | 1 242 | 1.6 | 1.4 | 1.5 | 1.6 | 1.7 | 1.9 |

| 地区 | 城乡 | 年龄 | n | 皮肤表面积 /m² | | | | | |
|---|---|---|---|---|---|---|---|---|---|
| | | | | Mean | P5 | P25 | P50 | P75 | P95 |
| 云南 | 女 | 女 | 1 333 | 1.5 | 1.3 | 1.4 | 1.5 | 1.6 | 1.7 |
| 西藏 | 城乡 | 小计 | 1 521 | 1.6 | 1.3 | 1.5 | 1.5 | 1.7 | 1.8 |
| | | 男 | 614 | 1.6 | 1.4 | 1.5 | 1.6 | 1.7 | 1.9 |
| | | 女 | 907 | 1.5 | 1.3 | 1.4 | 1.5 | 1.6 | 1.8 |
| | 城市 | 小计 | 385 | 1.6 | 1.4 | 1.5 | 1.6 | 1.7 | 1.9 |
| | | 男 | 126 | 1.7 | 1.4 | 1.6 | 1.7 | 1.8 | 2.0 |
| | | 女 | 259 | 1.6 | 1.4 | 1.5 | 1.6 | 1.7 | 1.9 |
| | 农村 | 小计 | 1 136 | 1.5 | 1.3 | 1.4 | 1.5 | 1.6 | 1.8 |
| | | 男 | 488 | 1.6 | 1.4 | 1.5 | 1.6 | 1.7 | 1.8 |
| | | 女 | 648 | 1.5 | 1.3 | 1.4 | 1.5 | 1.5 | 1.7 |
| 陕西 | 城乡 | 小计 | 2 868 | 1.6 | 1.3 | 1.5 | 1.6 | 1.7 | 1.9 |
| | | 男 | 1 298 | 1.7 | 1.4 | 1.6 | 1.7 | 1.8 | 1.9 |
| | | 女 | 1 570 | 1.5 | 1.3 | 1.4 | 1.5 | 1.6 | 1.7 |
| | 城市 | 小计 | 1 331 | 1.6 | 1.4 | 1.5 | 1.6 | 1.7 | 1.9 |
| | | 男 | 587 | 1.7 | 1.5 | 1.6 | 1.7 | 1.8 | 2.0 |
| | | 女 | 744 | 1.6 | 1.3 | 1.5 | 1.5 | 1.6 | 1.8 |
| | 农村 | 小计 | 1 537 | 1.6 | 1.3 | 1.5 | 1.6 | 1.7 | 1.8 |
| | | 男 | 711 | 1.6 | 1.4 | 1.5 | 1.6 | 1.7 | 1.9 |
| | | 女 | 826 | 1.5 | 1.3 | 1.4 | 1.5 | 1.6 | 1.7 |
| 甘肃 | 城乡 | 小计 | 2 869 | 1.6 | 1.4 | 1.5 | 1.6 | 1.7 | 1.9 |
| | | 男 | 1 289 | 1.7 | 1.5 | 1.6 | 1.7 | 1.8 | 1.9 |
| | | 女 | 1 580 | 1.6 | 1.3 | 1.5 | 1.6 | 1.6 | 1.8 |
| | 城市 | 小计 | 799 | 1.7 | 1.4 | 1.5 | 1.6 | 1.8 | 1.9 |
| | | 男 | 365 | 1.7 | 1.5 | 1.6 | 1.7 | 1.8 | 2.0 |
| | | 女 | 434 | 1.6 | 1.4 | 1.5 | 1.6 | 1.7 | 1.8 |
| | 农村 | 小计 | 2 070 | 1.6 | 1.4 | 1.5 | 1.6 | 1.7 | 1.9 |
| | | 男 | 924 | 1.7 | 1.5 | 1.6 | 1.7 | 1.8 | 1.9 |
| | | 女 | 1 146 | 1.6 | 1.3 | 1.5 | 1.6 | 1.6 | 1.8 |
| 青海 | 城乡 | 小计 | 1 586 | 1.6 | 1.4 | 1.5 | 1.6 | 1.8 | 2.0 |
| | | 男 | 686 | 1.7 | 1.5 | 1.6 | 1.7 | 1.8 | 2.0 |
| | | 女 | 900 | 1.6 | 1.4 | 1.5 | 1.5 | 1.6 | 1.8 |
| | 城市 | 小计 | 660 | 1.7 | 1.4 | 1.5 | 1.7 | 1.8 | 2.0 |
| | | 男 | 291 | 1.8 | 1.5 | 1.7 | 1.8 | 1.9 | 2.0 |
| | | 女 | 369 | 1.6 | 1.4 | 1.5 | 1.6 | 1.7 | 1.8 |
| | 农村 | 小计 | 926 | 1.6 | 1.4 | 1.5 | 1.6 | 1.7 | 1.8 |
| | | 男 | 395 | 1.7 | 1.4 | 1.6 | 1.7 | 1.7 | 1.9 |
| | | 女 | 531 | 1.5 | 1.3 | 1.4 | 1.5 | 1.6 | 1.7 |
| 宁夏 | 城乡 | 小计 | 1 138 | 1.7 | 1.4 | 1.5 | 1.7 | 1.8 | 2.0 |
| | | 男 | 538 | 1.8 | 1.5 | 1.7 | 1.8 | 1.9 | 2.0 |
| | | 女 | 600 | 1.6 | 1.4 | 1.5 | 1.5 | 1.6 | 1.8 |
| | 城市 | 小计 | 1 040 | 1.7 | 1.4 | 1.5 | 1.7 | 1.8 | 2.0 |
| | | 男 | 488 | 1.8 | 1.6 | 1.7 | 1.8 | 1.9 | 2.0 |
| | | 女 | 552 | 1.6 | 1.4 | 1.5 | 1.5 | 1.6 | 1.8 |
| | 农村 | 小计 | 98 | 1.6 | 1.4 | 1.5 | 1.6 | 1.8 | 1.9 |
| | | 男 | 50 | 1.7 | 1.5 | 1.6 | 1.7 | 1.8 | 2.0 |
| | | 女 | 48 | 1.5 | 1.4 | 1.5 | 1.5 | 1.6 | 1.7 |
| 新疆 | 城乡 | 小计 | 2 804 | 1.6 | 1.4 | 1.5 | 1.6 | 1.7 | 1.9 |
| | | 男 | 1 264 | 1.7 | 1.5 | 1.6 | 1.7 | 1.8 | 2.0 |
| | | 女 | 1 540 | 1.6 | 1.3 | 1.5 | 1.6 | 1.7 | 1.8 |
| | 城市 | 小计 | 1 219 | 1.7 | 1.4 | 1.6 | 1.7 | 1.8 | 1.9 |
| | | 男 | 484 | 1.8 | 1.5 | 1.7 | 1.8 | 1.9 | 2.0 |
| | | 女 | 735 | 1.6 | 1.4 | 1.5 | 1.6 | 1.7 | 1.8 |
| | 农村 | 小计 | 1 585 | 1.6 | 1.4 | 1.5 | 1.6 | 1.7 | 1.9 |
| | | 男 | 780 | 1.7 | 1.5 | 1.6 | 1.7 | 1.8 | 1.9 |
| | | 女 | 805 | 1.5 | 1.3 | 1.4 | 1.5 | 1.6 | 1.8 |

附表 11-4　中国人群分东中西、城乡、性别、年龄的不同部位皮肤表面积

| 地区 | 城乡 | 性别 | 年龄 | n | 身体各部位皮肤表面积 /m² | | | | | |
|---|---|---|---|---|---|---|---|---|---|---|
| | | | | | 头部 | 躯干（包括颈部） | 手臂 | 手部 | 腿 | 脚 |
| 合计 | 城乡 | 小计 | 小计 | 91 052 | 0.12 | 0.60 | 0.24 | 0.08 | 0.47 | 0.11 |
| | | | 18～44 岁 | 36 659 | 0.12 | 0.61 | 0.24 | 0.08 | 0.47 | 0.11 |
| | | | 45～59 岁 | 32 348 | 0.12 | 0.61 | 0.24 | 0.08 | 0.47 | 0.11 |
| | | | 60～79 岁 | 20 561 | 0.12 | 0.59 | 0.23 | 0.08 | 0.46 | 0.10 |
| | | | 80 岁及以上 | 1 484 | 0.11 | 0.56 | 0.22 | 0.07 | 0.43 | 0.10 |
| | | 男 | 小计 | 41 258 | 0.13 | 0.63 | 0.25 | 0.08 | 0.49 | 0.11 |
| | | | 18～44 岁 | 16 755 | 0.13 | 0.64 | 0.25 | 0.08 | 0.49 | 0.11 |
| | | | 45～59 岁 | 14 077 | 0.13 | 0.64 | 0.25 | 0.08 | 0.49 | 0.11 |
| | | | 60～79 岁 | 9 753 | 0.13 | 0.62 | 0.24 | 0.08 | 0.48 | 0.11 |
| | | | 80 岁及以上 | 673 | 0.12 | 0.60 | 0.24 | 0.08 | 0.46 | 0.10 |
| | | 女 | 小计 | 49 794 | 0.12 | 0.57 | 0.23 | 0.07 | 0.44 | 0.10 |
| | | | 18～44 岁 | 19 904 | 0.12 | 0.57 | 0.23 | 0.07 | 0.44 | 0.10 |
| | | | 45～59 岁 | 18 271 | 0.12 | 0.58 | 0.23 | 0.08 | 0.45 | 0.10 |
| | | | 60～79 岁 | 10 808 | 0.11 | 0.57 | 0.22 | 0.07 | 0.44 | 0.10 |
| | | | 80 岁及以上 | 811 | 0.11 | 0.54 | 0.21 | 0.07 | 0.41 | 0.09 |
| | 城市 | 小计 | 小计 | 41 801 | 0.12 | 0.61 | 0.24 | 0.08 | 0.47 | 0.11 |
| | | | 18～44 岁 | 16 628 | 0.12 | 0.61 | 0.24 | 0.08 | 0.47 | 0.11 |
| | | | 45～59 岁 | 14 736 | 0.13 | 0.62 | 0.25 | 0.08 | 0.48 | 0.11 |
| | | | 60～79 岁 | 9 692 | 0.12 | 0.60 | 0.24 | 0.08 | 0.47 | 0.11 |
| | | | 80 岁及以上 | 745 | 0.12 | 0.58 | 0.23 | 0.07 | 0.45 | 0.10 |
| | | 男 | 小计 | 18 438 | 0.13 | 0.65 | 0.26 | 0.08 | 0.50 | 0.11 |
| | | | 18～44 岁 | 7 531 | 0.13 | 0.65 | 0.26 | 0.08 | 0.50 | 0.11 |
| | | | 45～59 岁 | 6 260 | 0.13 | 0.65 | 0.26 | 0.08 | 0.50 | 0.11 |
| | | | 60～79 岁 | 4 325 | 0.13 | 0.63 | 0.25 | 0.08 | 0.49 | 0.11 |
| | | | 80 岁及以上 | 322 | 0.12 | 0.61 | 0.24 | 0.08 | 0.47 | 0.11 |
| | | 女 | 小计 | 23 363 | 0.12 | 0.58 | 0.23 | 0.07 | 0.45 | 0.10 |
| | | | 18～44 岁 | 9 097 | 0.12 | 0.58 | 0.23 | 0.07 | 0.45 | 0.10 |
| | | | 45～59 岁 | 8 476 | 0.12 | 0.59 | 0.23 | 0.08 | 0.46 | 0.10 |
| | | | 60～79 岁 | 5 367 | 0.12 | 0.58 | 0.23 | 0.07 | 0.45 | 0.10 |
| | | | 80 岁及以上 | 423 | 0.11 | 0.55 | 0.22 | 0.07 | 0.43 | 0.10 |
| | 农村 | 小计 | 小计 | 49 251 | 0.12 | 0.60 | 0.24 | 0.08 | 0.46 | 0.10 |
| | | | 18～44 岁 | 20 031 | 0.12 | 0.60 | 0.24 | 0.08 | 0.47 | 0.10 |
| | | | 45～59 岁 | 17 612 | 0.12 | 0.60 | 0.24 | 0.08 | 0.47 | 0.10 |
| | | | 60～79 岁 | 10 869 | 0.12 | 0.58 | 0.23 | 0.07 | 0.45 | 0.10 |
| | | | 80 岁及以上 | 739 | 0.11 | 0.55 | 0.22 | 0.07 | 0.42 | 0.10 |
| | | 男 | 小计 | 22 820 | 0.13 | 0.63 | 0.25 | 0.08 | 0.48 | 0.11 |
| | | | 18～44 岁 | 9 224 | 0.13 | 0.63 | 0.25 | 0.08 | 0.49 | 0.11 |
| | | | 45～59 岁 | 7 817 | 0.13 | 0.63 | 0.25 | 0.08 | 0.49 | 0.11 |
| | | | 60～79 岁 | 5 428 | 0.12 | 0.61 | 0.24 | 0.08 | 0.47 | 0.11 |
| | | | 80 岁及以上 | 351 | 0.12 | 0.58 | 0.23 | 0.07 | 0.45 | 0.10 |
| | | 女 | 小计 | 26 431 | 0.12 | 0.57 | 0.23 | 0.07 | 0.44 | 0.10 |
| | | | 18～44 岁 | 10 807 | 0.12 | 0.57 | 0.23 | 0.07 | 0.44 | 0.10 |
| | | | 45～59 岁 | 9 795 | 0.12 | 0.58 | 0.23 | 0.07 | 0.45 | 0.10 |
| | | | 60～79 岁 | 5 441 | 0.11 | 0.55 | 0.22 | 0.07 | 0.43 | 0.10 |
| | | | 80 岁及以上 | 388 | 0.11 | 0.52 | 0.21 | 0.07 | 0.40 | 0.09 |
| 东部 | 城乡 | 小计 | 小计 | 30 908 | 0.12 | 0.61 | 0.24 | 0.08 | 0.47 | 0.11 |
| | | | 18～44 岁 | 10 514 | 0.12 | 0.61 | 0.24 | 0.08 | 0.47 | 0.11 |
| | | | 45～59 岁 | 11 785 | 0.13 | 0.62 | 0.24 | 0.08 | 0.48 | 0.11 |
| | | | 60～79 岁 | 7 934 | 0.12 | 0.60 | 0.24 | 0.08 | 0.46 | 0.10 |
| | | | 80 岁及以上 | 675 | 0.12 | 0.57 | 0.23 | 0.07 | 0.44 | 0.10 |
| | | 男 | 小计 | 13 784 | 0.13 | 0.64 | 0.25 | 0.08 | 0.50 | 0.11 |
| | | | 18～44 岁 | 4 643 | 0.13 | 0.65 | 0.26 | 0.08 | 0.50 | 0.11 |
| | | | 45～59 岁 | 5 027 | 0.13 | 0.64 | 0.25 | 0.08 | 0.50 | 0.11 |
| | | | 60～79 岁 | 3 814 | 0.13 | 0.63 | 0.25 | 0.08 | 0.48 | 0.11 |
| | | | 80 岁及以上 | 300 | 0.12 | 0.61 | 0.24 | 0.08 | 0.47 | 0.11 |
| | | 女 | 小计 | 17 124 | 0.12 | 0.58 | 0.23 | 0.07 | 0.45 | 0.10 |

| 地区 | 城乡 | 性别 | 年龄 | $n$ | 身体各部位皮肤表面积 /$m^2$ | | | | | |
|---|---|---|---|---|---|---|---|---|---|---|
| | | | | | 头部 | 躯干（包括颈部） | 手臂 | 手部 | 腿 | 脚 |
| 东部 | 城乡 | 女 | 18～44岁 | 5 871 | 0.12 | 0.58 | 0.23 | 0.07 | 0.45 | 0.10 |
| | | | 45～59岁 | 6 758 | 0.12 | 0.59 | 0.23 | 0.08 | 0.46 | 0.10 |
| | | | 60～79岁 | 4 120 | 0.12 | 0.58 | 0.23 | 0.07 | 0.44 | 0.10 |
| | | | 80岁及以上 | 375 | 0.11 | 0.55 | 0.22 | 0.07 | 0.42 | 0.09 |
| | 城市 | 小计 | 小计 | 15 662 | 0.13 | 0.62 | 0.24 | 0.08 | 0.48 | 0.11 |
| | | | 18～44岁 | 5 457 | 0.13 | 0.62 | 0.25 | 0.08 | 0.48 | 0.11 |
| | | | 45～59岁 | 5 798 | 0.13 | 0.63 | 0.25 | 0.08 | 0.48 | 0.11 |
| | | | 60～79岁 | 4 054 | 0.12 | 0.61 | 0.24 | 0.08 | 0.47 | 0.11 |
| | | | 80岁及以上 | 353 | 0.12 | 0.58 | 0.23 | 0.07 | 0.45 | 0.10 |
| | | 男 | 小计 | 6 879 | 0.13 | 0.65 | 0.26 | 0.08 | 0.50 | 0.11 |
| | | | 18～44岁 | 2 416 | 0.13 | 0.66 | 0.26 | 0.08 | 0.51 | 0.11 |
| | | | 45～59岁 | 2 453 | 0.13 | 0.65 | 0.26 | 0.08 | 0.50 | 0.11 |
| | | | 60～79岁 | 1 862 | 0.13 | 0.64 | 0.25 | 0.08 | 0.49 | 0.11 |
| | | | 80岁及以上 | 148 | 0.13 | 0.62 | 0.25 | 0.08 | 0.48 | 0.11 |
| | | 女 | 小计 | 8 783 | 0.12 | 0.59 | 0.23 | 0.08 | 0.45 | 0.10 |
| | | | 18～44岁 | 3 041 | 0.12 | 0.58 | 0.23 | 0.07 | 0.45 | 0.10 |
| | | | 45～59岁 | 3 345 | 0.12 | 0.60 | 0.24 | 0.08 | 0.46 | 0.10 |
| | | | 60～79岁 | 2 192 | 0.12 | 0.59 | 0.23 | 0.08 | 0.45 | 0.10 |
| | | | 80岁及以上 | 205 | 0.11 | 0.56 | 0.22 | 0.07 | 0.43 | 0.10 |
| | 农村 | 小计 | 小计 | 15 246 | 0.12 | 0.61 | 0.24 | 0.08 | 0.47 | 0.11 |
| | | | 18～44岁 | 5 057 | 0.12 | 0.61 | 0.24 | 0.08 | 0.47 | 0.11 |
| | | | 45～59岁 | 5 987 | 0.12 | 0.61 | 0.24 | 0.08 | 0.47 | 0.11 |
| | | | 60～79岁 | 3 880 | 0.12 | 0.59 | 0.23 | 0.08 | 0.46 | 0.10 |
| | | | 80岁及以上 | 322 | 0.11 | 0.55 | 0.22 | 0.07 | 0.43 | 0.10 |
| | | 男 | 小计 | 6 905 | 0.13 | 0.63 | 0.25 | 0.08 | 0.49 | 0.11 |
| | | | 18～44岁 | 2 227 | 0.13 | 0.64 | 0.25 | 0.08 | 0.50 | 0.11 |
| | | | 45～59岁 | 2 574 | 0.13 | 0.64 | 0.25 | 0.08 | 0.49 | 0.11 |
| | | | 60～79岁 | 1 952 | 0.12 | 0.61 | 0.24 | 0.08 | 0.47 | 0.11 |
| | | | 80岁及以上 | 152 | 0.12 | 0.59 | 0.23 | 0.08 | 0.46 | 0.10 |
| | | 女 | 小计 | 8 341 | 0.12 | 0.58 | 0.23 | 0.07 | 0.45 | 0.10 |
| | | | 18～44岁 | 2 830 | 0.12 | 0.58 | 0.23 | 0.07 | 0.45 | 0.10 |
| | | | 45～59岁 | 3 413 | 0.12 | 0.59 | 0.23 | 0.08 | 0.45 | 0.10 |
| | | | 60～79岁 | 1 928 | 0.11 | 0.56 | 0.22 | 0.07 | 0.44 | 0.10 |
| | | | 80岁及以上 | 170 | 0.11 | 0.53 | 0.21 | 0.07 | 0.41 | 0.09 |
| 中部 | 城乡 | 小计 | 小计 | 29 042 | 0.12 | 0.61 | 0.24 | 0.08 | 0.47 | 0.11 |
| | | | 18～44岁 | 12 092 | 0.12 | 0.61 | 0.24 | 0.08 | 0.47 | 0.11 |
| | | | 45～59岁 | 10 215 | 0.12 | 0.61 | 0.24 | 0.08 | 0.47 | 0.11 |
| | | | 60～79岁 | 6 333 | 0.12 | 0.59 | 0.23 | 0.08 | 0.46 | 0.10 |
| | | | 80岁及以上 | 402 | 0.11 | 0.55 | 0.22 | 0.07 | 0.43 | 0.10 |
| | | 男 | 小计 | 13 218 | 0.13 | 0.64 | 0.25 | 0.08 | 0.49 | 0.11 |
| | | | 18～44岁 | 5 602 | 0.13 | 0.64 | 0.25 | 0.08 | 0.50 | 0.11 |
| | | | 45～59岁 | 4 462 | 0.13 | 0.64 | 0.25 | 0.08 | 0.49 | 0.11 |
| | | | 60～79岁 | 2 983 | 0.12 | 0.61 | 0.24 | 0.08 | 0.48 | 0.11 |
| | | | 80岁及以上 | 171 | 0.12 | 0.59 | 0.24 | 0.08 | 0.46 | 0.10 |
| | | 女 | 小计 | 15 824 | 0.12 | 0.58 | 0.23 | 0.07 | 0.45 | 0.10 |
| | | | 18～44岁 | 6 490 | 0.12 | 0.58 | 0.23 | 0.07 | 0.44 | 0.10 |
| | | | 45～59岁 | 5 753 | 0.12 | 0.59 | 0.23 | 0.08 | 0.45 | 0.10 |
| | | | 60～79岁 | 3 350 | 0.12 | 0.57 | 0.22 | 0.07 | 0.44 | 0.10 |
| | | | 80岁及以上 | 231 | 0.11 | 0.52 | 0.21 | 0.07 | 0.40 | 0.09 |
| | 城市 | 小计 | 小计 | 13 777 | 0.12 | 0.61 | 0.24 | 0.08 | 0.47 | 0.11 |
| | | | 18～44岁 | 5 782 | 0.13 | 0.62 | 0.24 | 0.08 | 0.48 | 0.11 |
| | | | 45～59岁 | 4 773 | 0.13 | 0.62 | 0.25 | 0.08 | 0.48 | 0.11 |
| | | | 60～79岁 | 3 006 | 0.12 | 0.60 | 0.24 | 0.08 | 0.47 | 0.10 |
| | | | 80岁及以上 | 216 | 0.12 | 0.57 | 0.23 | 0.07 | 0.44 | 0.10 |
| | | 男 | 小计 | 6 046 | 0.13 | 0.65 | 0.26 | 0.08 | 0.50 | 0.11 |
| | | | 18～44岁 | 2 652 | 0.13 | 0.65 | 0.26 | 0.08 | 0.50 | 0.11 |
| | | | 45～59岁 | 2 022 | 0.13 | 0.65 | 0.26 | 0.08 | 0.50 | 0.11 |
| | | | 60～79岁 | 1 284 | 0.13 | 0.63 | 0.25 | 0.08 | 0.49 | 0.11 |

| 地区 | 城乡 | 性别 | 年龄 | $n$ | 身体各部位皮肤表面积 /m² | | | | | |
|---|---|---|---|---|---|---|---|---|---|---|
| | | | | | 头部 | 躯干（包括颈部） | 手臂 | 手部 | 腿 | 脚 |
| 中部 | 城市 | 男 | 80 岁及以上 | 88 | 0.12 | 0.61 | 0.24 | 0.08 | 0.47 | 0.11 |
| | | 女 | 小计 | 7 731 | 0.12 | 0.58 | 0.23 | 0.07 | 0.45 | 0.10 |
| | | | 18 ～ 44 岁 | 3 130 | 0.12 | 0.58 | 0.23 | 0.07 | 0.45 | 0.10 |
| | | | 45 ～ 59 岁 | 2 751 | 0.12 | 0.59 | 0.23 | 0.08 | 0.46 | 0.10 |
| | | | 60 ～ 79 岁 | 1 722 | 0.12 | 0.58 | 0.23 | 0.07 | 0.45 | 0.10 |
| | | | 80 岁及以上 | 128 | 0.11 | 0.55 | 0.22 | 0.07 | 0.42 | 0.09 |
| | 农村 | 小计 | 小计 | 15 265 | 0.12 | 0.60 | 0.24 | 0.08 | 0.46 | 0.10 |
| | | | 18 ～ 44 岁 | 6 310 | 0.12 | 0.61 | 0.24 | 0.08 | 0.47 | 0.11 |
| | | | 45 ～ 59 岁 | 5 442 | 0.12 | 0.61 | 0.24 | 0.08 | 0.47 | 0.11 |
| | | | 60 ～ 79 岁 | 3 327 | 0.12 | 0.58 | 0.23 | 0.08 | 0.45 | 0.10 |
| | | | 80 岁及以上 | 186 | 0.11 | 0.54 | 0.21 | 0.07 | 0.42 | 0.09 |
| | | 男 | 小计 | 7 172 | 0.13 | 0.63 | 0.25 | 0.08 | 0.49 | 0.11 |
| | | | 18 ～ 44 岁 | 2 950 | 0.13 | 0.64 | 0.25 | 0.08 | 0.49 | 0.11 |
| | | | 45 ～ 59 岁 | 2 440 | 0.13 | 0.63 | 0.25 | 0.08 | 0.49 | 0.11 |
| | | | 60 ～ 79 岁 | 1 699 | 0.12 | 0.61 | 0.24 | 0.08 | 0.47 | 0.11 |
| | | | 80 岁及以上 | 83 | 0.12 | 0.58 | 0.23 | 0.08 | 0.45 | 0.10 |
| | | 女 | 小计 | 8 093 | 0.12 | 0.57 | 0.23 | 0.07 | 0.44 | 0.10 |
| | | | 18 ～ 44 岁 | 3 360 | 0.12 | 0.57 | 0.23 | 0.07 | 0.44 | 0.10 |
| | | | 45 ～ 59 岁 | 3 002 | 0.12 | 0.58 | 0.23 | 0.07 | 0.45 | 0.10 |
| | | | 60 ～ 79 岁 | 1 628 | 0.11 | 0.56 | 0.22 | 0.07 | 0.43 | 0.10 |
| | | | 80 岁及以上 | 103 | 0.10 | 0.51 | 0.20 | 0.07 | 0.40 | 0.09 |
| 西部 | 城乡 | 小计 | 小计 | 31 102 | 0.12 | 0.59 | 0.23 | 0.08 | 0.46 | 0.10 |
| | | | 18 ～ 44 岁 | 14 053 | 0.12 | 0.60 | 0.24 | 0.08 | 0.46 | 0.10 |
| | | | 45 ～ 59 岁 | 10 348 | 0.12 | 0.60 | 0.24 | 0.08 | 0.46 | 0.10 |
| | | | 60 ～ 79 岁 | 6 294 | 0.12 | 0.57 | 0.23 | 0.07 | 0.44 | 0.10 |
| | | | 80 岁及以上 | 407 | 0.11 | 0.55 | 0.22 | 0.07 | 0.43 | 0.10 |
| | | 男 | 小计 | 14 256 | 0.13 | 0.62 | 0.25 | 0.08 | 0.48 | 0.11 |
| | | | 18 ～ 44 岁 | 6 510 | 0.13 | 0.62 | 0.25 | 0.08 | 0.48 | 0.11 |
| | | | 45 ～ 59 岁 | 4 588 | 0.13 | 0.62 | 0.25 | 0.08 | 0.48 | 0.11 |
| | | | 60 ～ 79 岁 | 2 956 | 0.12 | 0.60 | 0.24 | 0.08 | 0.46 | 0.10 |
| | | | 80 岁及以上 | 202 | 0.12 | 0.58 | 0.23 | 0.07 | 0.45 | 0.10 |
| | | 女 | 小计 | 16 846 | 0.11 | 0.56 | 0.22 | 0.07 | 0.43 | 0.10 |
| | | | 18 ～ 44 岁 | 7 543 | 0.11 | 0.56 | 0.22 | 0.07 | 0.44 | 0.10 |
| | | | 45 ～ 59 岁 | 5 760 | 0.12 | 0.57 | 0.23 | 0.07 | 0.44 | 0.10 |
| | | | 60 ～ 79 岁 | 3 338 | 0.11 | 0.55 | 0.22 | 0.07 | 0.42 | 0.10 |
| | | | 80 岁及以上 | 205 | 0.11 | 0.53 | 0.21 | 0.07 | 0.41 | 0.09 |
| | 城市 | 小计 | 小计 | 12 362 | 0.12 | 0.60 | 0.24 | 0.08 | 0.46 | 0.10 |
| | | | 18 ～ 44 岁 | 5 389 | 0.12 | 0.60 | 0.24 | 0.08 | 0.47 | 0.10 |
| | | | 45 ～ 59 岁 | 4 165 | 0.12 | 0.61 | 0.24 | 0.08 | 0.47 | 0.11 |
| | | | 60 ～ 79 岁 | 2 632 | 0.12 | 0.59 | 0.23 | 0.08 | 0.46 | 0.10 |
| | | | 80 岁及以上 | 176 | 0.11 | 0.56 | 0.22 | 0.07 | 0.44 | 0.10 |
| | | 男 | 小计 | 5 513 | 0.13 | 0.63 | 0.25 | 0.08 | 0.49 | 0.11 |
| | | | 18 ～ 44 岁 | 2 463 | 0.13 | 0.64 | 0.25 | 0.08 | 0.49 | 0.11 |
| | | | 45 ～ 59 岁 | 1 785 | 0.13 | 0.64 | 0.25 | 0.08 | 0.49 | 0.11 |
| | | | 60 ～ 79 岁 | 1 179 | 0.13 | 0.62 | 0.24 | 0.08 | 0.48 | 0.11 |
| | | | 80 岁及以上 | 86 | 0.12 | 0.60 | 0.24 | 0.08 | 0.46 | 0.10 |
| | | 女 | 小计 | 6 849 | 0.12 | 0.57 | 0.23 | 0.07 | 0.44 | 0.10 |
| | | | 18 ～ 44 岁 | 2 926 | 0.12 | 0.57 | 0.22 | 0.07 | 0.44 | 0.10 |
| | | | 45 ～ 59 岁 | 2 380 | 0.12 | 0.58 | 0.23 | 0.07 | 0.45 | 0.10 |
| | | | 60 ～ 79 岁 | 1 453 | 0.12 | 0.57 | 0.22 | 0.07 | 0.44 | 0.10 |
| | | | 80 岁及以上 | 90 | 0.11 | 0.53 | 0.21 | 0.07 | 0.41 | 0.09 |
| | 农村 | 小计 | 小计 | 18 740 | 0.12 | 0.59 | 0.23 | 0.08 | 0.45 | 0.10 |
| | | | 18 ～ 44 岁 | 8 664 | 0.12 | 0.59 | 0.23 | 0.08 | 0.46 | 0.10 |
| | | | 45 ～ 59 岁 | 6183 | 0.12 | 0.59 | 0.23 | 0.08 | 0.46 | 0.10 |
| | | | 60 ～ 79 岁 | 3 662 | 0.11 | 0.56 | 0.22 | 0.07 | 0.44 | 0.10 |
| | | | 80 岁及以上 | 231 | 0.11 | 0.55 | 0.22 | 0.07 | 0.42 | 0.10 |
| | | 男 | 小计 | 8 743 | 0.12 | 0.61 | 0.24 | 0.08 | 0.47 | 0.11 |
| | | | 18 ～ 44 岁 | 4 047 | 0.13 | 0.62 | 0.24 | 0.08 | 0.48 | 0.11 |

| 地区 | 城乡 | 性别 | 年龄 | $n$ | 身体各部位皮肤表面积 /m² | | | | | |
|---|---|---|---|---|---|---|---|---|---|---|
| | | | | | 头部 | 躯干（包括颈部） | 手臂 | 手部 | 腿 | 脚 |
| 西部 | 农村 | 男 | 45～59 岁 | 2 803 | 0.12 | 0.61 | 0.24 | 0.08 | 0.48 | 0.11 |
| | | | 60～79 岁 | 1 777 | 0.12 | 0.59 | 0.23 | 0.08 | 0.46 | 0.10 |
| | | | 80 岁及以上 | 116 | 0.11 | 0.57 | 0.22 | 0.07 | 0.44 | 0.10 |
| | | 女 | 小计 | 9 997 | 0.11 | 0.56 | 0.22 | 0.07 | 0.43 | 0.10 |
| | | | 18～44 岁 | 4 617 | 0.11 | 0.56 | 0.22 | 0.07 | 0.43 | 0.10 |
| | | | 45～59 岁 | 3 380 | 0.11 | 0.56 | 0.22 | 0.07 | 0.44 | 0.10 |
| | | | 60～79 岁 | 1 885 | 0.11 | 0.54 | 0.21 | 0.07 | 0.42 | 0.09 |
| | | | 80 岁及以上 | 115 | 0.11 | 0.53 | 0.21 | 0.07 | 0.41 | 0.09 |

## 附表 11-5　中国人群分片区、城乡、性别、年龄的不同部位皮肤表面积

| 地区 | 城乡 | 性别 | 年龄 | $n$ | 身体各部位皮肤表面积 /m² | | | | | |
|---|---|---|---|---|---|---|---|---|---|---|
| | | | | | 头部 | 躯干（包括颈部） | 手臂 | 手部 | 腿 | 脚 |
| 合计 | 城乡 | 小计 | 小计 | 91 052 | 0.12 | 0.60 | 0.24 | 0.08 | 0.47 | 0.11 |
| | | | 18～44 岁 | 36 659 | 0.12 | 0.61 | 0.24 | 0.08 | 0.47 | 0.11 |
| | | | 45～59 岁 | 32 348 | 0.12 | 0.61 | 0.24 | 0.08 | 0.47 | 0.11 |
| | | | 60～79 岁 | 20 561 | 0.12 | 0.59 | 0.23 | 0.08 | 0.46 | 0.10 |
| | | | 80 岁及以上 | 1 484 | 0.11 | 0.56 | 0.22 | 0.07 | 0.43 | 0.10 |
| | | 男 | 小计 | 41 258 | 0.13 | 0.63 | 0.25 | 0.08 | 0.49 | 0.11 |
| | | | 18～44 岁 | 16 755 | 0.13 | 0.64 | 0.25 | 0.08 | 0.49 | 0.11 |
| | | | 45～59 岁 | 14 077 | 0.13 | 0.64 | 0.25 | 0.08 | 0.49 | 0.11 |
| | | | 60～79 岁 | 9 753 | 0.13 | 0.62 | 0.24 | 0.08 | 0.48 | 0.11 |
| | | | 80 岁及以上 | 673 | 0.12 | 0.60 | 0.24 | 0.08 | 0.46 | 0.10 |
| | | 女 | 小计 | 49 794 | 0.12 | 0.57 | 0.23 | 0.07 | 0.44 | 0.10 |
| | | | 18～44 岁 | 19 904 | 0.12 | 0.57 | 0.23 | 0.07 | 0.44 | 0.10 |
| | | | 45～59 岁 | 18 271 | 0.12 | 0.58 | 0.23 | 0.08 | 0.45 | 0.10 |
| | | | 60～79 岁 | 10 808 | 0.11 | 0.57 | 0.22 | 0.07 | 0.44 | 0.10 |
| | | | 80 岁及以上 | 811 | 0.11 | 0.54 | 0.21 | 0.07 | 0.41 | 0.09 |
| | 城市 | 小计 | 小计 | 41 801 | 0.12 | 0.61 | 0.24 | 0.08 | 0.47 | 0.11 |
| | | | 18～44 岁 | 16 628 | 0.12 | 0.61 | 0.24 | 0.08 | 0.47 | 0.11 |
| | | | 45～59 岁 | 14 736 | 0.13 | 0.62 | 0.25 | 0.08 | 0.48 | 0.11 |
| | | | 60～79 岁 | 9 692 | 0.12 | 0.60 | 0.24 | 0.08 | 0.47 | 0.11 |
| | | | 80 岁及以上 | 745 | 0.12 | 0.58 | 0.23 | 0.07 | 0.45 | 0.10 |
| | | 男 | 小计 | 18 438 | 0.13 | 0.65 | 0.26 | 0.08 | 0.50 | 0.11 |
| | | | 18～44 岁 | 7 531 | 0.13 | 0.65 | 0.26 | 0.08 | 0.50 | 0.11 |
| | | | 45～59 岁 | 6 260 | 0.13 | 0.65 | 0.26 | 0.08 | 0.50 | 0.11 |
| | | | 60～79 岁 | 4 325 | 0.13 | 0.63 | 0.25 | 0.08 | 0.49 | 0.11 |
| | | | 80 岁及以上 | 322 | 0.12 | 0.61 | 0.24 | 0.08 | 0.47 | 0.11 |
| | | 女 | 小计 | 23 363 | 0.12 | 0.58 | 0.23 | 0.07 | 0.45 | 0.10 |
| | | | 18～44 岁 | 9 097 | 0.12 | 0.58 | 0.23 | 0.07 | 0.45 | 0.10 |
| | | | 45～59 岁 | 8 476 | 0.12 | 0.59 | 0.23 | 0.08 | 0.46 | 0.10 |
| | | | 60～79 岁 | 5 367 | 0.12 | 0.58 | 0.23 | 0.07 | 0.45 | 0.10 |
| | | | 80 岁及以上 | 423 | 0.11 | 0.55 | 0.22 | 0.07 | 0.43 | 0.10 |
| | 农村 | 小计 | 小计 | 49 251 | 0.12 | 0.60 | 0.24 | 0.08 | 0.46 | 0.10 |
| | | | 18～44 岁 | 20 031 | 0.12 | 0.60 | 0.24 | 0.08 | 0.47 | 0.10 |
| | | | 45～59 岁 | 17 612 | 0.12 | 0.60 | 0.24 | 0.08 | 0.47 | 0.10 |
| | | | 60～79 岁 | 10 869 | 0.12 | 0.58 | 0.23 | 0.07 | 0.45 | 0.10 |
| | | | 80 岁及以上 | 739 | 0.11 | 0.55 | 0.22 | 0.07 | 0.42 | 0.10 |
| | | 男 | 小计 | 22 820 | 0.13 | 0.63 | 0.25 | 0.08 | 0.48 | 0.11 |
| | | | 18～44 岁 | 9 224 | 0.13 | 0.63 | 0.25 | 0.08 | 0.49 | 0.11 |
| | | | 45～59 岁 | 7 817 | 0.13 | 0.63 | 0.25 | 0.08 | 0.49 | 0.11 |
| | | | 60～79 岁 | 5 428 | 0.12 | 0.61 | 0.24 | 0.08 | 0.47 | 0.11 |
| | | | 80 岁及以上 | 351 | 0.12 | 0.58 | 0.23 | 0.07 | 0.45 | 0.10 |

| 地区 | 城乡 | 性别 | 年龄 | $n$ | 身体各部位皮肤表面积 /m$^2$ | | | | | |
|---|---|---|---|---|---|---|---|---|---|---|
| | | | | | 头部 | 躯干（包括颈部） | 手臂 | 手部 | 腿 | 脚 |
| 合计 | 农村 | 女 | 小计 | 26 431 | 0.12 | 0.57 | 0.23 | 0.07 | 0.44 | 0.10 |
| | | | 18 ～ 44 岁 | 10 807 | 0.12 | 0.57 | 0.23 | 0.07 | 0.44 | 0.10 |
| | | | 45 ～ 59 岁 | 9 795 | 0.12 | 0.58 | 0.23 | 0.07 | 0.45 | 0.10 |
| | | | 60 ～ 79 岁 | 5 441 | 0.11 | 0.55 | 0.22 | 0.07 | 0.43 | 0.10 |
| | | | 80 岁及以上 | 388 | 0.11 | 0.52 | 0.21 | 0.07 | 0.40 | 0.09 |
| 华北 | 城乡 | 小计 | 小计 | 18 080 | 0.13 | 0.62 | 0.25 | 0.08 | 0.48 | 0.11 |
| | | | 18 ～ 44 岁 | 6 480 | 0.13 | 0.63 | 0.25 | 0.08 | 0.48 | 0.11 |
| | | | 45 ～ 59 岁 | 6 818 | 0.13 | 0.63 | 0.25 | 0.08 | 0.49 | 0.11 |
| | | | 60 ～ 79 岁 | 4 497 | 0.12 | 0.61 | 0.24 | 0.08 | 0.47 | 0.11 |
| | | | 80 岁及以上 | 285 | 0.12 | 0.59 | 0.23 | 0.08 | 0.45 | 0.10 |
| | | 男 | 小计 | 7 992 | 0.13 | 0.65 | 0.26 | 0.08 | 0.50 | 0.11 |
| | | | 18 ～ 44 岁 | 2 917 | 0.13 | 0.66 | 0.26 | 0.08 | 0.51 | 0.11 |
| | | | 45 ～ 59 岁 | 2 815 | 0.13 | 0.65 | 0.26 | 0.08 | 0.51 | 0.11 |
| | | | 60 ～ 79 岁 | 2 115 | 0.13 | 0.64 | 0.25 | 0.08 | 0.49 | 0.11 |
| | | | 80 岁及以上 | 145 | 0.13 | 0.62 | 0.25 | 0.08 | 0.48 | 0.11 |
| | | 女 | 小计 | 10 088 | 0.12 | 0.59 | 0.24 | 0.08 | 0.46 | 0.10 |
| | | | 18 ～ 44 岁 | 3 563 | 0.12 | 0.59 | 0.23 | 0.08 | 0.46 | 0.10 |
| | | | 45 ～ 59 岁 | 4 003 | 0.12 | 0.60 | 0.24 | 0.08 | 0.47 | 0.11 |
| | | | 60 ～ 79 岁 | 2 382 | 0.12 | 0.59 | 0.23 | 0.08 | 0.45 | 0.10 |
| | | | 80 岁及以上 | 140 | 0.11 | 0.55 | 0.22 | 0.07 | 0.43 | 0.10 |
| | 城市 | 小计 | 小计 | 7 817 | 0.13 | 0.63 | 0.25 | 0.08 | 0.49 | 0.11 |
| | | | 18 ～ 44 岁 | 2 780 | 0.13 | 0.63 | 0.25 | 0.08 | 0.49 | 0.11 |
| | | | 45 ～ 59 岁 | 2 790 | 0.13 | 0.64 | 0.25 | 0.08 | 0.49 | 0.11 |
| | | | 60 ～ 79 岁 | 2 090 | 0.13 | 0.63 | 0.25 | 0.08 | 0.48 | 0.11 |
| | | | 80 岁及以上 | 157 | 0.13 | 0.62 | 0.24 | 0.08 | 0.48 | 0.11 |
| | | 男 | 小计 | 3 399 | 0.14 | 0.67 | 0.26 | 0.09 | 0.51 | 0.12 |
| | | | 18 ～ 44 岁 | 1 232 | 0.14 | 0.67 | 0.26 | 0.09 | 0.52 | 0.12 |
| | | | 45 ～ 59 岁 | 1 161 | 0.14 | 0.67 | 0.26 | 0.09 | 0.51 | 0.12 |
| | | | 60 ～ 79 岁 | 923 | 0.13 | 0.66 | 0.26 | 0.08 | 0.51 | 0.11 |
| | | | 80 岁及以上 | 83 | 0.13 | 0.65 | 0.26 | 0.08 | 0.50 | 0.11 |
| | | 女 | 小计 | 4 418 | 0.12 | 0.60 | 0.24 | 0.08 | 0.46 | 0.10 |
| | | | 18 ～ 44 岁 | 1 548 | 0.12 | 0.60 | 0.24 | 0.08 | 0.46 | 0.10 |
| | | | 45 ～ 59 岁 | 1 629 | 0.12 | 0.61 | 0.24 | 0.08 | 0.47 | 0.11 |
| | | | 60 ～ 79 岁 | 1 167 | 0.12 | 0.60 | 0.24 | 0.08 | 0.46 | 0.10 |
| | | | 80 岁及以上 | 74 | 0.12 | 0.58 | 0.23 | 0.07 | 0.45 | 0.10 |
| | 农村 | 小计 | 小计 | 10 263 | 0.13 | 0.62 | 0.24 | 0.08 | 0.48 | 0.11 |
| | | | 18 ～ 44 岁 | 3 700 | 0.13 | 0.62 | 0.25 | 0.08 | 0.48 | 0.11 |
| | | | 45 ～ 59 岁 | 4 028 | 0.13 | 0.62 | 0.25 | 0.08 | 0.48 | 0.11 |
| | | | 60 ～ 79 岁 | 2 407 | 0.12 | 0.60 | 0.24 | 0.08 | 0.46 | 0.10 |
| | | | 80 岁及以上 | 128 | 0.11 | 0.56 | 0.22 | 0.07 | 0.43 | 0.10 |
| | | 男 | 小计 | 4 593 | 0.13 | 0.65 | 0.26 | 0.08 | 0.50 | 0.11 |
| | | | 18 ～ 44 岁 | 1 685 | 0.13 | 0.65 | 0.26 | 0.08 | 0.51 | 0.11 |
| | | | 45 ～ 59 岁 | 1 654 | 0.13 | 0.65 | 0.26 | 0.08 | 0.50 | 0.11 |
| | | | 60 ～ 79 岁 | 1 192 | 0.13 | 0.62 | 0.25 | 0.08 | 0.48 | 0.11 |
| | | | 80 岁及以上 | 62 | 0.12 | 0.60 | 0.24 | 0.08 | 0.46 | 0.10 |
| | | 女 | 小计 | 5 670 | 0.12 | 0.59 | 0.23 | 0.08 | 0.46 | 0.10 |
| | | | 18 ～ 44 岁 | 2 015 | 0.12 | 0.59 | 0.23 | 0.08 | 0.46 | 0.10 |
| | | | 45 ～ 59 岁 | 2 374 | 0.12 | 0.60 | 0.24 | 0.08 | 0.46 | 0.10 |
| | | | 60 ～ 79 岁 | 1 215 | 0.12 | 0.58 | 0.23 | 0.07 | 0.45 | 0.10 |
| | | | 80 岁及以上 | 66 | 0.11 | 0.53 | 0.21 | 0.07 | 0.41 | 0.09 |
| 华东 | 城乡 | 小计 | 小计 | 22 951 | 0.12 | 0.61 | 0.24 | 0.08 | 0.47 | 0.11 |
| | | | 18 ～ 44 岁 | 8 534 | 0.12 | 0.61 | 0.24 | 0.08 | 0.47 | 0.11 |
| | | | 45 ～ 59 岁 | 8 066 | 0.13 | 0.62 | 0.24 | 0.08 | 0.48 | 0.11 |
| | | | 60 ～ 79 岁 | 5 835 | 0.12 | 0.60 | 0.24 | 0.08 | 0.46 | 0.10 |
| | | | 80 岁及以上 | 516 | 0.11 | 0.56 | 0.22 | 0.07 | 0.43 | 0.10 |
| | | 男 | 小计 | 10 425 | 0.13 | 0.64 | 0.25 | 0.08 | 0.49 | 0.11 |
| | | | 18 ～ 44 岁 | 3 792 | 0.13 | 0.65 | 0.26 | 0.08 | 0.50 | 0.11 |
| | | | 45 ～ 59 岁 | 3 626 | 0.13 | 0.64 | 0.25 | 0.08 | 0.50 | 0.11 |

| 地区 | 城乡 | 性别 | 年龄 | $n$ | 身体各部位皮肤表面积 /m² | | | | | |
|---|---|---|---|---|---|---|---|---|---|---|
| | | | | | 头部 | 躯干（包括颈部） | 手臂 | 手部 | 腿 | 脚 |
| 华东 | 城乡 | 男 | 60～79 岁 | 2 804 | 0.13 | 0.62 | 0.25 | 0.08 | 0.48 | 0.11 |
| | | | 80 岁及以上 | 203 | 0.12 | 0.60 | 0.24 | 0.08 | 0.46 | 0.10 |
| | | 女 | 小计 | 12 526 | 0.12 | 0.58 | 0.23 | 0.07 | 0.45 | 0.10 |
| | | | 18～44 岁 | 4 742 | 0.12 | 0.57 | 0.23 | 0.07 | 0.44 | 0.10 |
| | | | 45～59 岁 | 4 440 | 0.12 | 0.59 | 0.23 | 0.08 | 0.45 | 0.10 |
| | | | 60～79 岁 | 3 031 | 0.12 | 0.57 | 0.23 | 0.07 | 0.44 | 0.10 |
| | | | 80 岁及以上 | 313 | 0.11 | 0.54 | 0.21 | 0.07 | 0.41 | 0.09 |
| | 城市 | 小计 | 小计 | 12 474 | 0.12 | 0.61 | 0.24 | 0.08 | 0.48 | 0.11 |
| | | | 18～44 岁 | 4 765 | 0.12 | 0.61 | 0.24 | 0.08 | 0.47 | 0.11 |
| | | | 45～59 岁 | 4 287 | 0.13 | 0.62 | 0.25 | 0.08 | 0.48 | 0.11 |
| | | | 60～79 岁 | 3 152 | 0.12 | 0.61 | 0.24 | 0.08 | 0.47 | 0.11 |
| | | | 80 岁及以上 | 270 | 0.12 | 0.57 | 0.23 | 0.07 | 0.44 | 0.10 |
| | | 男 | 小计 | 5 491 | 0.13 | 0.65 | 0.26 | 0.08 | 0.51 | 0.11 |
| | | | 18～44 岁 | 2 109 | 0.13 | 0.65 | 0.26 | 0.08 | 0.50 | 0.11 |
| | | | 45～59 岁 | 1 873 | 0.13 | 0.63 | 0.25 | 0.08 | 0.49 | 0.11 |
| | | | 60～79 岁 | 1 408 | 0.12 | 0.61 | 0.24 | 0.08 | 0.47 | 0.11 |
| | | | 80 岁及以上 | 101 | 0.13 | 0.65 | 0.26 | 0.08 | 0.50 | 0.11 |
| | | 女 | 小计 | 6 983 | 0.12 | 0.58 | 0.23 | 0.07 | 0.45 | 0.10 |
| | | | 18～44 岁 | 2 656 | 0.12 | 0.58 | 0.23 | 0.07 | 0.45 | 0.10 |
| | | | 45～59 岁 | 2 414 | 0.12 | 0.60 | 0.24 | 0.08 | 0.46 | 0.10 |
| | | | 60～79 岁 | 1 744 | 0.12 | 0.58 | 0.23 | 0.07 | 0.45 | 0.10 |
| | | | 80 岁及以上 | 169 | 0.11 | 0.55 | 0.22 | 0.07 | 0.43 | 0.10 |
| | 农村 | 小计 | 小计 | 10 477 | 0.12 | 0.60 | 0.24 | 0.08 | 0.46 | 0.10 |
| | | | 18～44 岁 | 3 769 | 0.12 | 0.60 | 0.24 | 0.08 | 0.47 | 0.11 |
| | | | 45～59 岁 | 3 779 | 0.12 | 0.61 | 0.24 | 0.08 | 0.47 | 0.11 |
| | | | 60～79 岁 | 2 683 | 0.12 | 0.58 | 0.23 | 0.07 | 0.45 | 0.10 |
| | | | 80 岁及以上 | 246 | 0.11 | 0.54 | 0.22 | 0.07 | 0.42 | 0.09 |
| | | 男 | 小计 | 4 934 | 0.13 | 0.63 | 0.25 | 0.08 | 0.49 | 0.11 |
| | | | 18～44 岁 | 1 683 | 0.13 | 0.64 | 0.25 | 0.08 | 0.49 | 0.11 |
| | | | 45～59 岁 | 1 753 | 0.13 | 0.63 | 0.25 | 0.08 | 0.49 | 0.11 |
| | | | 60～79 岁 | 1 396 | 0.12 | 0.61 | 0.24 | 0.08 | 0.47 | 0.11 |
| | | | 80 岁及以上 | 102 | 0.12 | 0.59 | 0.23 | 0.08 | 0.45 | 0.10 |
| | | 女 | 小计 | 5 543 | 0.12 | 0.57 | 0.23 | 0.07 | 0.44 | 0.10 |
| | | | 18～44 岁 | 2 086 | 0.12 | 0.57 | 0.23 | 0.07 | 0.44 | 0.10 |
| | | | 45～59 岁 | 2 026 | 0.12 | 0.58 | 0.23 | 0.07 | 0.45 | 0.10 |
| | | | 60～79 岁 | 1 287 | 0.11 | 0.56 | 0.22 | 0.07 | 0.43 | 0.10 |
| | | | 80 岁及以上 | 144 | 0.11 | 0.52 | 0.21 | 0.07 | 0.40 | 0.09 |
| 华南 | 城乡 | 小计 | 小计 | 15 172 | 0.12 | 0.59 | 0.23 | 0.08 | 0.45 | 0.10 |
| | | | 18～44 岁 | 6 520 | 0.12 | 0.59 | 0.23 | 0.08 | 0.46 | 0.10 |
| | | | 45～59 岁 | 5 384 | 0.12 | 0.59 | 0.23 | 0.08 | 0.46 | 0.10 |
| | | | 60～79 岁 | 3 021 | 0.12 | 0.57 | 0.23 | 0.07 | 0.44 | 0.10 |
| | | | 80 岁及以上 | 247 | 0.11 | 0.54 | 0.22 | 0.07 | 0.42 | 0.09 |
| | | 男 | 小计 | 7 017 | 0.13 | 0.62 | 0.24 | 0.08 | 0.48 | 0.11 |
| | | | 18～44 岁 | 3 109 | 0.13 | 0.62 | 0.25 | 0.08 | 0.48 | 0.11 |
| | | | 45～59 岁 | 2 341 | 0.13 | 0.62 | 0.24 | 0.08 | 0.48 | 0.11 |
| | | | 60～79 岁 | 1 461 | 0.12 | 0.60 | 0.24 | 0.08 | 0.46 | 0.10 |
| | | | 80 岁及以上 | 106 | 0.12 | 0.57 | 0.23 | 0.07 | 0.44 | 0.10 |
| | | 女 | 小计 | 8 155 | 0.11 | 0.56 | 0.22 | 0.07 | 0.43 | 0.10 |
| | | | 18～44 岁 | 3 411 | 0.11 | 0.56 | 0.22 | 0.07 | 0.43 | 0.10 |
| | | | 45～59 岁 | 3 043 | 0.11 | 0.57 | 0.22 | 0.07 | 0.44 | 0.10 |
| | | | 60～79 岁 | 1 560 | 0.11 | 0.55 | 0.22 | 0.07 | 0.42 | 0.09 |
| | | | 80 岁及以上 | 141 | 0.11 | 0.52 | 0.21 | 0.07 | 0.40 | 0.09 |
| | 城市 | 小计 | 小计 | 7 333 | 0.12 | 0.60 | 0.24 | 0.08 | 0.46 | 0.10 |
| | | | 18～44 岁 | 3 146 | 0.12 | 0.60 | 0.24 | 0.08 | 0.46 | 0.10 |
| | | | 45～59 岁 | 2 586 | 0.12 | 0.60 | 0.24 | 0.08 | 0.46 | 0.10 |
| | | | 60～79 岁 | 1 473 | 0.12 | 0.59 | 0.23 | 0.08 | 0.45 | 0.10 |
| | | | 80 岁及以上 | 128 | 0.11 | 0.56 | 0.22 | 0.07 | 0.43 | 0.10 |
| | | 男 | 小计 | 3 290 | 0.13 | 0.63 | 0.25 | 0.08 | 0.49 | 0.11 |

| 地区 | 城乡 | 性别 | 年龄 | n | 身体各部位皮肤表面积 /m² | | | | | |
|---|---|---|---|---|---|---|---|---|---|---|
| | | | | | 头部 | 躯干（包括颈部） | 手臂 | 手部 | 腿 | 脚 |
| | | | 18 ～ 44 岁 | 1 510 | 0.13 | 0.64 | 0.25 | 0.08 | 0.49 | 0.11 |
| | | 男 | 45 ～ 59 岁 | 1 060 | 0.13 | 0.63 | 0.25 | 0.08 | 0.49 | 0.11 |
| | | | 60 ～ 79 岁 | 672 | 0.12 | 0.61 | 0.24 | 0.08 | 0.47 | 0.11 |
| | | | 80 岁及以上 | 48 | 0.12 | 0.59 | 0.24 | 0.08 | 0.46 | 0.10 |
| | 城市 | | 小计 | 4 043 | 0.11 | 0.56 | 0.22 | 0.07 | 0.44 | 0.10 |
| | | | 18 ～ 44 岁 | 1 636 | 0.11 | 0.56 | 0.22 | 0.07 | 0.43 | 0.10 |
| | | 女 | 45 ～ 59 岁 | 1 526 | 0.12 | 0.57 | 0.23 | 0.07 | 0.44 | 0.10 |
| | | | 60 ～ 79 岁 | 801 | 0.11 | 0.56 | 0.22 | 0.07 | 0.43 | 0.10 |
| | | | 80 岁及以上 | 80 | 0.11 | 0.54 | 0.21 | 0.07 | 0.41 | 0.09 |
| | | | 小计 | 7 839 | 0.12 | 0.58 | 0.23 | 0.07 | 0.45 | 0.10 |
| | | | 18 ～ 44 岁 | 3 374 | 0.12 | 0.58 | 0.23 | 0.07 | 0.45 | 0.10 |
| 华南 | | 小计 | 45 ～ 59 岁 | 2 798 | 0.12 | 0.58 | 0.23 | 0.07 | 0.45 | 0.10 |
| | | | 60 ～ 79 岁 | 1 548 | 0.11 | 0.56 | 0.22 | 0.07 | 0.43 | 0.10 |
| | | | 80 岁及以上 | 119 | 0.11 | 0.53 | 0.21 | 0.07 | 0.41 | 0.09 |
| | | | 小计 | 3 727 | 0.12 | 0.60 | 0.24 | 0.08 | 0.47 | 0.11 |
| | | | 18 ～ 44 岁 | 1 599 | 0.12 | 0.61 | 0.24 | 0.08 | 0.47 | 0.11 |
| | 农村 | 男 | 45 ～ 59 岁 | 1 281 | 0.12 | 0.61 | 0.24 | 0.08 | 0.47 | 0.11 |
| | | | 60 ～ 79 岁 | 789 | 0.12 | 0.59 | 0.23 | 0.08 | 0.45 | 0.10 |
| | | | 80 岁及以上 | 58 | 0.11 | 0.56 | 0.22 | 0.07 | 0.43 | 0.10 |
| | | | 小计 | 4 112 | 0.11 | 0.55 | 0.22 | 0.07 | 0.43 | 0.10 |
| | | | 18 ～ 44 岁 | 1 775 | 0.11 | 0.55 | 0.22 | 0.07 | 0.43 | 0.10 |
| | | 女 | 45 ～ 59 岁 | 1 517 | 0.11 | 0.56 | 0.22 | 0.07 | 0.43 | 0.10 |
| | | | 60 ～ 79 岁 | 759 | 0.11 | 0.53 | 0.21 | 0.07 | 0.41 | 0.09 |
| | | | 80 岁及以上 | 61 | 0.10 | 0.50 | 0.20 | 0.06 | 0.39 | 0.09 |
| | | | 小计 | 11 265 | 0.12 | 0.61 | 0.24 | 0.08 | 0.47 | 0.11 |
| | | | 18 ～ 44 岁 | 4 703 | 0.12 | 0.61 | 0.24 | 0.08 | 0.47 | 0.11 |
| | | 小计 | 45 ～ 59 岁 | 3 926 | 0.13 | 0.62 | 0.24 | 0.08 | 0.48 | 0.11 |
| | | | 60 ～ 79 岁 | 2 498 | 0.12 | 0.60 | 0.24 | 0.08 | 0.46 | 0.10 |
| | | | 80 岁及以上 | 138 | 0.12 | 0.58 | 0.23 | 0.07 | 0.45 | 0.10 |
| | | | 小计 | 5 075 | 0.13 | 0.64 | 0.25 | 0.08 | 0.49 | 0.11 |
| | | | 18 ～ 44 岁 | 2 066 | 0.13 | 0.64 | 0.25 | 0.08 | 0.50 | 0.11 |
| | 城乡 | 男 | 45 ～ 59 岁 | 1 763 | 0.13 | 0.64 | 0.25 | 0.08 | 0.50 | 0.11 |
| | | | 60 ～ 79 岁 | 1 175 | 0.13 | 0.62 | 0.25 | 0.08 | 0.48 | 0.11 |
| | | | 80 岁及以上 | 71 | 0.13 | 0.62 | 0.24 | 0.08 | 0.48 | 0.11 |
| | | | 小计 | 6 190 | 0.12 | 0.58 | 0.23 | 0.07 | 0.45 | 0.10 |
| | | | 18 ～ 44 岁 | 2 637 | 0.12 | 0.58 | 0.23 | 0.07 | 0.45 | 0.10 |
| | | 女 | 45 ～ 59 岁 | 2 163 | 0.12 | 0.58 | 0.23 | 0.07 | 0.45 | 0.10 |
| | | | 60 ～ 79 岁 | 1 323 | 0.12 | 0.57 | 0.23 | 0.07 | 0.44 | 0.10 |
| | | | 80 岁及以上 | 67 | 0.11 | 0.55 | 0.22 | 0.07 | 0.42 | 0.10 |
| | | | 小计 | 5 049 | 0.13 | 0.62 | 0.25 | 0.08 | 0.48 | 0.11 |
| | | | 18 ～ 44 岁 | 2 029 | 0.13 | 0.62 | 0.25 | 0.08 | 0.48 | 0.11 |
| 西北 | | 小计 | 45 ～ 59 岁 | 1 796 | 0.13 | 0.63 | 0.25 | 0.08 | 0.48 | 0.11 |
| | | | 60 ～ 79 岁 | 1 165 | 0.12 | 0.61 | 0.24 | 0.08 | 0.47 | 0.11 |
| | | | 80 岁及以上 | 59 | 0.12 | 0.59 | 0.24 | 0.08 | 0.46 | 0.10 |
| | | | 小计 | 2 215 | 0.13 | 0.65 | 0.26 | 0.08 | 0.51 | 0.11 |
| | | | 18 ～ 44 岁 | 888 | 0.13 | 0.66 | 0.26 | 0.08 | 0.51 | 0.11 |
| | 城市 | 男 | 45 ～ 59 岁 | 773 | 0.13 | 0.66 | 0.26 | 0.08 | 0.51 | 0.11 |
| | | | 60 ～ 79 岁 | 521 | 0.13 | 0.64 | 0.25 | 0.08 | 0.50 | 0.11 |
| | | | 80 岁及以上 | 33 | 0.13 | 0.62 | 0.24 | 0.08 | 0.48 | 0.11 |
| | | | 小计 | 2 834 | 0.12 | 0.59 | 0.23 | 0.08 | 0.45 | 0.10 |
| | | | 18 ～ 44 岁 | 1 141 | 0.12 | 0.58 | 0.23 | 0.07 | 0.45 | 0.10 |
| | | 女 | 45 ～ 59 岁 | 1 023 | 0.12 | 0.60 | 0.24 | 0.08 | 0.46 | 0.10 |
| | | | 60 ～ 79 岁 | 644 | 0.12 | 0.59 | 0.23 | 0.08 | 0.45 | 0.10 |
| | | | 80 岁及以上 | 26 | 0.12 | 0.57 | 0.23 | 0.07 | 0.44 | 0.10 |
| | | | 小计 | 6 216 | 0.12 | 0.60 | 0.24 | 0.08 | 0.46 | 0.10 |
| | 农村 | 小计 | 18 ～ 44 岁 | 2 674 | 0.12 | 0.60 | 0.24 | 0.08 | 0.47 | 0.11 |
| | | | 45 ～ 59 岁 | 2 130 | 0.12 | 0.61 | 0.24 | 0.08 | 0.47 | 0.11 |
| | | | 60 ～ 79 岁 | 1 333 | 0.12 | 0.58 | 0.23 | 0.07 | 0.45 | 0.10 |

| 地区 | 城乡 | 性别 | 年龄 | n | 身体各部位皮肤表面积 /m² | | | | | |
|---|---|---|---|---|---|---|---|---|---|---|
| | | | | | 头部 | 躯干（包括颈部） | 手臂 | 手部 | 腿 | 脚 |
| 西北 | 农村 | 小计 | 80 岁及以上 | 79 | 0.12 | 0.57 | 0.23 | 0.07 | 0.44 | 0.10 |
| | | 男 | 小计 | 2 860 | 0.13 | 0.63 | 0.25 | 0.08 | 0.48 | 0.11 |
| | | | 18 ～ 44 岁 | 1 178 | 0.13 | 0.63 | 0.25 | 0.08 | 0.49 | 0.11 |
| | | | 45 ～ 59 岁 | 990 | 0.13 | 0.63 | 0.25 | 0.08 | 0.49 | 0.11 |
| | | | 60 ～ 79 岁 | 654 | 0.12 | 0.61 | 0.24 | 0.08 | 0.47 | 0.11 |
| | | | 80 岁及以上 | 38 | 0.13 | 0.62 | 0.24 | 0.08 | 0.48 | 0.11 |
| | | 女 | 小计 | 3 356 | 0.12 | 0.57 | 0.23 | 0.07 | 0.44 | 0.10 |
| | | | 18 ～ 44 岁 | 1 496 | 0.12 | 0.58 | 0.23 | 0.07 | 0.45 | 0.10 |
| | | | 45 ～ 59 岁 | 1 140 | 0.12 | 0.57 | 0.23 | 0.07 | 0.44 | 0.10 |
| | | | 60 ～ 79 岁 | 679 | 0.11 | 0.55 | 0.22 | 0.07 | 0.43 | 0.10 |
| | | | 80 岁及以上 | 41 | 0.11 | 0.53 | 0.21 | 0.07 | 0.41 | 0.09 |
| 东北 | 城乡 | 小计 | 小计 | 10 175 | 0.13 | 0.63 | 0.25 | 0.08 | 0.48 | 0.11 |
| | | | 18 ～ 44 岁 | 3 985 | 0.13 | 0.63 | 0.25 | 0.08 | 0.49 | 0.11 |
| | | | 45 ～ 59 岁 | 3 901 | 0.13 | 0.63 | 0.25 | 0.08 | 0.49 | 0.11 |
| | | | 60 ～ 79 岁 | 2 164 | 0.12 | 0.61 | 0.24 | 0.08 | 0.47 | 0.11 |
| | | | 80 岁及以上 | 125 | 0.12 | 0.57 | 0.23 | 0.07 | 0.44 | 0.10 |
| | | 男 | 小计 | 4 633 | 0.13 | 0.66 | 0.26 | 0.08 | 0.51 | 0.11 |
| | | | 18 ～ 44 岁 | 1 889 | 0.14 | 0.67 | 0.26 | 0.09 | 0.51 | 0.12 |
| | | | 45 ～ 59 岁 | 1 663 | 0.13 | 0.66 | 0.26 | 0.08 | 0.51 | 0.11 |
| | | | 60 ～ 79 岁 | 1 022 | 0.13 | 0.64 | 0.25 | 0.08 | 0.49 | 0.11 |
| | | | 80 岁及以上 | 59 | 0.12 | 0.60 | 0.24 | 0.08 | 0.47 | 0.10 |
| | | 女 | 小计 | 5 542 | 0.12 | 0.59 | 0.24 | 0.08 | 0.46 | 0.10 |
| | | | 18 ～ 44 岁 | 2 096 | 0.12 | 0.59 | 0.23 | 0.08 | 0.46 | 0.10 |
| | | | 45 ～ 59 岁 | 2 238 | 0.12 | 0.60 | 0.24 | 0.08 | 0.47 | 0.10 |
| | | | 60 ～ 79 岁 | 1 142 | 0.12 | 0.58 | 0.23 | 0.07 | 0.45 | 0.10 |
| | | | 80 岁及以上 | 66 | 0.11 | 0.54 | 0.22 | 0.07 | 0.42 | 0.09 |
| | 城市 | 小计 | 小计 | 4 355 | 0.13 | 0.63 | 0.25 | 0.08 | 0.49 | 0.11 |
| | | | 18 ～ 44 岁 | 1 659 | 0.13 | 0.64 | 0.25 | 0.08 | 0.49 | 0.11 |
| | | | 45 ～ 59 岁 | 1 731 | 0.13 | 0.64 | 0.25 | 0.08 | 0.49 | 0.11 |
| | | | 60 ～ 79 岁 | 910 | 0.13 | 0.62 | 0.24 | 0.08 | 0.48 | 0.11 |
| | | | 80 岁及以上 | 55 | 0.12 | 0.59 | 0.23 | 0.08 | 0.46 | 0.10 |
| | | 男 | 小计 | 1 911 | 0.14 | 0.67 | 0.27 | 0.09 | 0.52 | 0.12 |
| | | | 18 ～ 44 岁 | 767 | 0.14 | 0.68 | 0.27 | 0.09 | 0.52 | 0.12 |
| | | | 45 ～ 59 岁 | 730 | 0.14 | 0.67 | 0.26 | 0.09 | 0.52 | 0.12 |
| | | | 60 ～ 79 岁 | 395 | 0.13 | 0.65 | 0.26 | 0.08 | 0.50 | 0.11 |
| | | | 80 岁及以上 | 19 | 0.13 | 0.63 | 0.25 | 0.08 | 0.49 | 0.11 |
| | | 女 | 小计 | 2 444 | 0.12 | 0.60 | 0.24 | 0.08 | 0.46 | 0.10 |
| | | | 18 ～ 44 岁 | 892 | 0.12 | 0.59 | 0.24 | 0.08 | 0.46 | 0.10 |
| | | | 45 ～ 59 岁 | 1 001 | 0.12 | 0.61 | 0.24 | 0.08 | 0.47 | 0.11 |
| | | | 60 ～ 79 岁 | 515 | 0.12 | 0.59 | 0.23 | 0.08 | 0.46 | 0.10 |
| | | | 80 岁及以上 | 36 | 0.12 | 0.57 | 0.23 | 0.07 | 0.44 | 0.10 |
| | 农村 | 小计 | 小计 | 5 820 | 0.13 | 0.62 | 0.25 | 0.08 | 0.48 | 0.11 |
| | | | 18 ～ 44 岁 | 2 326 | 0.13 | 0.63 | 0.25 | 0.08 | 0.49 | 0.11 |
| | | | 45 ～ 59 岁 | 2 170 | 0.13 | 0.62 | 0.25 | 0.08 | 0.48 | 0.11 |
| | | | 60 ～ 79 岁 | 1 254 | 0.12 | 0.60 | 0.24 | 0.08 | 0.47 | 0.11 |
| | | | 80 岁及以上 | 70 | 0.11 | 0.56 | 0.22 | 0.07 | 0.43 | 0.10 |
| | | 男 | 小计 | 2 722 | 0.13 | 0.65 | 0.26 | 0.08 | 0.50 | 0.11 |
| | | | 18 ～ 44 岁 | 1 122 | 0.13 | 0.66 | 0.26 | 0.08 | 0.51 | 0.11 |
| | | | 45 ～ 59 岁 | 933 | 0.13 | 0.65 | 0.26 | 0.08 | 0.50 | 0.11 |
| | | | 60 ～ 79 岁 | 627 | 0.13 | 0.63 | 0.25 | 0.08 | 0.49 | 0.11 |
| | | | 80 岁及以上 | 40 | 0.12 | 0.59 | 0.23 | 0.08 | 0.46 | 0.10 |
| | | 女 | 小计 | 3 098 | 0.12 | 0.59 | 0.23 | 0.08 | 0.46 | 0.10 |
| | | | 18 ～ 44 岁 | 1 204 | 0.12 | 0.59 | 0.23 | 0.08 | 0.46 | 0.10 |
| | | | 45 ～ 59 岁 | 1 237 | 0.12 | 0.60 | 0.24 | 0.08 | 0.46 | 0.10 |
| | | | 60 ～ 79 岁 | 627 | 0.12 | 0.58 | 0.23 | 0.07 | 0.45 | 0.10 |
| | | | 80 岁及以上 | 30 | 0.11 | 0.53 | 0.21 | 0.07 | 0.41 | 0.09 |
| 西南 | 城乡 | 小计 | 小计 | 13 409 | 0.12 | 0.58 | 0.23 | 0.07 | 0.45 | 0.10 |
| | | | 18 ～ 44 岁 | 6 437 | 0.12 | 0.59 | 0.23 | 0.08 | 0.45 | 0.10 |

| 地区 | 城乡 | 性别 | 年龄 | n | 身体各部位皮肤表面积/m² | | | | | |
|---|---|---|---|---|---|---|---|---|---|---|
| | | | | | 头部 | 躯干（包括颈部） | 手臂 | 手部 | 腿 | 脚 |
| 西南 | 城乡 | 小计 | 45～59岁 | 4 253 | 0.12 | 0.59 | 0.23 | 0.08 | 0.45 | 0.10 |
| | | | 60～79岁 | 2 546 | 0.11 | 0.56 | 0.22 | 0.07 | 0.43 | 0.10 |
| | | | 80岁及以上 | 173 | 0.11 | 0.55 | 0.22 | 0.07 | 0.42 | 0.09 |
| | | 男 | 小计 | 6 116 | 0.12 | 0.61 | 0.24 | 0.08 | 0.47 | 0.11 |
| | | | 18～44岁 | 2 982 | 0.13 | 0.62 | 0.24 | 0.08 | 0.48 | 0.11 |
| | | | 45～59岁 | 1 869 | 0.12 | 0.61 | 0.24 | 0.08 | 0.47 | 0.11 |
| | | | 60～79岁 | 1 176 | 0.12 | 0.59 | 0.23 | 0.08 | 0.45 | 0.10 |
| | | | 80岁及以上 | 89 | 0.12 | 0.57 | 0.23 | 0.07 | 0.44 | 0.10 |
| | | 女 | 小计 | 7 293 | 0.11 | 0.55 | 0.22 | 0.07 | 0.43 | 0.10 |
| | | | 18～44岁 | 3 455 | 0.11 | 0.56 | 0.22 | 0.07 | 0.43 | 0.10 |
| | | | 45～59岁 | 2 384 | 0.11 | 0.56 | 0.22 | 0.07 | 0.43 | 0.10 |
| | | | 60～79岁 | 1 370 | 0.11 | 0.54 | 0.21 | 0.07 | 0.42 | 0.09 |
| | | | 80岁及以上 | 84 | 0.11 | 0.52 | 0.21 | 0.07 | 0.40 | 0.09 |
| | 城市 | 小计 | 小计 | 4 773 | 0.12 | 0.59 | 0.23 | 0.08 | 0.46 | 0.10 |
| | | | 18～44岁 | 2 249 | 0.12 | 0.59 | 0.24 | 0.08 | 0.46 | 0.10 |
| | | | 45～59岁 | 1 546 | 0.12 | 0.59 | 0.23 | 0.08 | 0.46 | 0.10 |
| | | | 60～79岁 | 902 | 0.12 | 0.57 | 0.23 | 0.07 | 0.44 | 0.10 |
| | | | 80岁及以上 | 76 | 0.11 | 0.55 | 0.22 | 0.07 | 0.43 | 0.10 |
| | | 男 | 小计 | 2 132 | 0.13 | 0.62 | 0.25 | 0.08 | 0.48 | 0.11 |
| | | | 18～44岁 | 1 025 | 0.13 | 0.63 | 0.25 | 0.08 | 0.48 | 0.11 |
| | | | 45～59岁 | 663 | 0.13 | 0.62 | 0.24 | 0.08 | 0.48 | 0.11 |
| | | | 60～79岁 | 406 | 0.12 | 0.60 | 0.24 | 0.08 | 0.46 | 0.10 |
| | | | 80岁及以上 | 38 | 0.12 | 0.59 | 0.23 | 0.08 | 0.45 | 0.10 |
| | | 女 | 小计 | 2 641 | 0.11 | 0.56 | 0.22 | 0.07 | 0.43 | 0.10 |
| | | | 18～44岁 | 1 224 | 0.11 | 0.56 | 0.22 | 0.07 | 0.43 | 0.10 |
| | | | 45～59岁 | 883 | 0.11 | 0.56 | 0.22 | 0.07 | 0.44 | 0.10 |
| | | | 60～79岁 | 496 | 0.11 | 0.55 | 0.22 | 0.07 | 0.42 | 0.10 |
| | | | 80岁及以上 | 38 | 0.10 | 0.51 | 0.20 | 0.07 | 0.40 | 0.09 |
| | 农村 | 小计 | 小计 | 8 636 | 0.12 | 0.58 | 0.23 | 0.07 | 0.45 | 0.10 |
| | | | 18～44岁 | 4 188 | 0.12 | 0.58 | 0.23 | 0.08 | 0.45 | 0.10 |
| | | | 45～59岁 | 2 707 | 0.12 | 0.58 | 0.23 | 0.07 | 0.45 | 0.10 |
| | | | 60～79岁 | 1 644 | 0.11 | 0.55 | 0.22 | 0.07 | 0.43 | 0.10 |
| | | | 80岁及以上 | 97 | 0.11 | 0.54 | 0.21 | 0.07 | 0.42 | 0.09 |
| | | 男 | 小计 | 3 984 | 0.12 | 0.60 | 0.24 | 0.08 | 0.47 | 0.11 |
| | | | 18～44岁 | 1 957 | 0.12 | 0.61 | 0.24 | 0.08 | 0.47 | 0.11 |
| | | | 45～59岁 | 1 206 | 0.12 | 0.61 | 0.24 | 0.08 | 0.47 | 0.11 |
| | | | 60～79岁 | 770 | 0.12 | 0.58 | 0.23 | 0.07 | 0.45 | 0.10 |
| | | | 80岁及以上 | 51 | 0.11 | 0.56 | 0.22 | 0.07 | 0.43 | 0.10 |
| | | 女 | 小计 | 4 652 | 0.11 | 0.55 | 0.22 | 0.07 | 0.43 | 0.10 |
| | | | 18～44岁 | 2 231 | 0.11 | 0.56 | 0.22 | 0.07 | 0.43 | 0.10 |
| | | | 45～59岁 | 1 501 | 0.11 | 0.56 | 0.22 | 0.07 | 0.43 | 0.10 |
| | | | 60～79岁 | 874 | 0.11 | 0.53 | 0.21 | 0.07 | 0.41 | 0.09 |
| | | | 80岁及以上 | 46 | 0.11 | 0.52 | 0.21 | 0.07 | 0.40 | 0.09 |

## 附表 11-6　中国人群分省（直辖市、自治区）、城乡、性别的不同部位皮肤表面积

| 地区 | 城乡 | 性别 | *n* | 身体各部位皮肤表面积 /m² | | | | | |
|---|---|---|---|---|---|---|---|---|---|
| | | | | 头部 | 躯干（包括颈部） | 手臂 | 手部 | 腿 | 脚 |
| 合计 | 城乡 | 小计 | 91 052 | 0.12 | 0.60 | 0.24 | 0.08 | 0.47 | 0.11 |
| | | 男 | 41 258 | 0.13 | 0.63 | 0.25 | 0.08 | 0.49 | 0.11 |
| | | 女 | 49 794 | 0.12 | 0.57 | 0.23 | 0.07 | 0.44 | 0.10 |
| | 城市 | 小计 | 41 801 | 0.12 | 0.61 | 0.24 | 0.08 | 0.47 | 0.11 |
| | | 男 | 18 438 | 0.13 | 0.65 | 0.26 | 0.08 | 0.50 | 0.11 |
| | | 女 | 23 363 | 0.12 | 0.58 | 0.23 | 0.07 | 0.45 | 0.10 |
| | 农村 | 小计 | 49 251 | 0.12 | 0.60 | 0.24 | 0.08 | 0.46 | 0.10 |
| | | 男 | 22 820 | 0.13 | 0.63 | 0.25 | 0.08 | 0.48 | 0.11 |
| | | 女 | 26 431 | 0.12 | 0.57 | 0.23 | 0.07 | 0.44 | 0.10 |
| 北京 | 城乡 | 小计 | 1 106 | 0.13 | 0.64 | 0.25 | 0.08 | 0.49 | 0.11 |
| | | 男 | 455 | 0.14 | 0.67 | 0.27 | 0.09 | 0.52 | 0.12 |
| | | 女 | 651 | 0.12 | 0.61 | 0.24 | 0.08 | 0.47 | 0.11 |
| | 城市 | 小计 | 840 | 0.13 | 0.64 | 0.25 | 0.08 | 0.49 | 0.11 |
| | | 男 | 354 | 0.14 | 0.67 | 0.27 | 0.09 | 0.52 | 0.12 |
| | | 女 | 486 | 0.12 | 0.61 | 0.24 | 0.08 | 0.47 | 0.11 |
| | 农村 | 小计 | 266 | 0.13 | 0.63 | 0.25 | 0.08 | 0.49 | 0.11 |
| | | 男 | 101 | 0.14 | 0.67 | 0.26 | 0.09 | 0.52 | 0.12 |
| | | 女 | 165 | 0.12 | 0.61 | 0.24 | 0.08 | 0.47 | 0.11 |
| 天津 | 城乡 | 小计 | 1 154 | 0.13 | 0.63 | 0.25 | 0.08 | 0.49 | 0.11 |
| | | 男 | 470 | 0.14 | 0.67 | 0.26 | 0.09 | 0.52 | 0.12 |
| | | 女 | 684 | 0.12 | 0.60 | 0.24 | 0.08 | 0.46 | 0.10 |
| | 城市 | 小计 | 865 | 0.13 | 0.64 | 0.25 | 0.08 | 0.49 | 0.11 |
| | | 男 | 336 | 0.14 | 0.67 | 0.27 | 0.09 | 0.52 | 0.12 |
| | | 女 | 529 | 0.12 | 0.61 | 0.24 | 0.08 | 0.47 | 0.11 |
| | 农村 | 小计 | 289 | 0.13 | 0.63 | 0.25 | 0.08 | 0.48 | 0.11 |
| | | 男 | 134 | 0.13 | 0.66 | 0.26 | 0.08 | 0.51 | 0.11 |
| | | 女 | 155 | 0.12 | 0.59 | 0.23 | 0.08 | 0.45 | 0.10 |
| 河北 | 城乡 | 小计 | 4 406 | 0.13 | 0.63 | 0.25 | 0.08 | 0.48 | 0.11 |
| | | 男 | 1 933 | 0.13 | 0.65 | 0.26 | 0.08 | 0.50 | 0.11 |
| | | 女 | 2 473 | 0.12 | 0.60 | 0.24 | 0.08 | 0.46 | 0.10 |
| | 城市 | 小计 | 1830 | 0.13 | 0.64 | 0.25 | 0.08 | 0.49 | 0.11 |
| | | 男 | 829 | 0.14 | 0.66 | 0.26 | 0.09 | 0.51 | 0.12 |
| | | 女 | 1 001 | 0.12 | 0.61 | 0.24 | 0.08 | 0.47 | 0.11 |
| | 农村 | 小计 | 2 576 | 0.13 | 0.62 | 0.24 | 0.08 | 0.48 | 0.11 |
| | | 男 | 1 104 | 0.13 | 0.64 | 0.25 | 0.08 | 0.50 | 0.11 |
| | | 女 | 1 472 | 0.12 | 0.59 | 0.24 | 0.08 | 0.46 | 0.10 |
| 山西 | 城乡 | 小计 | 3 441 | 0.13 | 0.62 | 0.25 | 0.08 | 0.48 | 0.11 |
| | | 男 | 1 564 | 0.13 | 0.65 | 0.26 | 0.08 | 0.50 | 0.11 |
| | | 女 | 1 877 | 0.13 | 0.62 | 0.25 | 0.08 | 0.48 | 0.11 |
| | 城市 | 小计 | 1 047 | 0.13 | 0.63 | 0.25 | 0.08 | 0.48 | 0.11 |
| | | 男 | 480 | 0.13 | 0.66 | 0.26 | 0.09 | 0.51 | 0.12 |
| | | 女 | 567 | 0.12 | 0.59 | 0.23 | 0.08 | 0.46 | 0.10 |
| | 农村 | 小计 | 2 394 | 0.13 | 0.62 | 0.24 | 0.08 | 0.48 | 0.11 |
| | | 男 | 1 084 | 0.13 | 0.65 | 0.26 | 0.08 | 0.50 | 0.11 |
| | | 女 | 1 310 | 0.12 | 0.59 | 0.23 | 0.08 | 0.46 | 0.10 |
| 内蒙古 | 城乡 | 小计 | 3 048 | 0.13 | 0.63 | 0.25 | 0.08 | 0.49 | 0.11 |
| | | 男 | 1 471 | 0.13 | 0.66 | 0.26 | 0.08 | 0.51 | 0.11 |
| | | 女 | 1 577 | 0.12 | 0.60 | 0.24 | 0.08 | 0.46 | 0.10 |
| | 城市 | 小计 | 1 196 | 0.13 | 0.63 | 0.25 | 0.08 | 0.49 | 0.11 |
| | | 男 | 554 | 0.14 | 0.67 | 0.26 | 0.09 | 0.51 | 0.12 |
| | | 女 | 642 | 0.12 | 0.60 | 0.24 | 0.08 | 0.46 | 0.10 |
| | 农村 | 小计 | 1 852 | 0.13 | 0.62 | 0.25 | 0.08 | 0.48 | 0.11 |
| | | 男 | 917 | 0.13 | 0.65 | 0.26 | 0.08 | 0.50 | 0.11 |
| | | 女 | 935 | 0.12 | 0.59 | 0.24 | 0.08 | 0.46 | 0.10 |
| 辽宁 | 城乡 | 小计 | 3 375 | 0.13 | 0.63 | 0.25 | 0.08 | 0.49 | 0.11 |
| | | 男 | 1 448 | 0.13 | 0.66 | 0.26 | 0.09 | 0.51 | 0.12 |

| 地区 | 城乡 | 性别 | n | 身体各部位皮肤表面积 /m² | | | | | |
|---|---|---|---|---|---|---|---|---|---|
| | | | | 头部 | 躯干（包括颈部） | 手臂 | 手部 | 腿 | 脚 |
| 辽宁 | 城乡 | 女 | 1 927 | 0.12 | 0.60 | 0.24 | 0.08 | 0.46 | 0.10 |
| | 城市 | 小计 | 1 194 | 0.13 | 0.64 | 0.25 | 0.08 | 0.50 | 0.11 |
| | | 男 | 525 | 0.14 | 0.67 | 0.27 | 0.09 | 0.52 | 0.12 |
| | | 女 | 669 | 0.12 | 0.60 | 0.24 | 0.08 | 0.47 | 0.11 |
| | 农村 | 小计 | 2 181 | 0.13 | 0.63 | 0.25 | 0.08 | 0.49 | 0.11 |
| | | 男 | 923 | 0.13 | 0.66 | 0.26 | 0.08 | 0.51 | 0.11 |
| | | 女 | 1 258 | 0.12 | 0.60 | 0.24 | 0.08 | 0.46 | 0.10 |
| 吉林 | 城乡 | 小计 | 2 738 | 0.13 | 0.62 | 0.25 | 0.08 | 0.48 | 0.11 |
| | | 男 | 1 303 | 0.13 | 0.65 | 0.26 | 0.08 | 0.50 | 0.11 |
| | | 女 | 1 435 | 0.12 | 0.60 | 0.24 | 0.08 | 0.46 | 0.10 |
| | 城市 | 小计 | 1 572 | 0.13 | 0.63 | 0.25 | 0.08 | 0.49 | 0.11 |
| | | 男 | 705 | 0.13 | 0.66 | 0.26 | 0.08 | 0.51 | 0.11 |
| | | 女 | 867 | 0.12 | 0.60 | 0.24 | 0.08 | 0.46 | 0.10 |
| | 农村 | 小计 | 1 166 | 0.12 | 0.61 | 0.24 | 0.08 | 0.48 | 0.11 |
| | | 男 | 598 | 0.13 | 0.64 | 0.25 | 0.08 | 0.49 | 0.11 |
| | | 女 | 568 | 0.12 | 0.59 | 0.23 | 0.08 | 0.46 | 0.10 |
| 黑龙江 | 城乡 | 小计 | 4 062 | 0.13 | 0.62 | 0.25 | 0.08 | 0.48 | 0.11 |
| | | 男 | 1 882 | 0.13 | 0.66 | 0.26 | 0.08 | 0.51 | 0.11 |
| | | 女 | 2 180 | 0.12 | 0.59 | 0.23 | 0.08 | 0.45 | 0.10 |
| | 城市 | 小计 | 1 589 | 0.13 | 0.63 | 0.25 | 0.08 | 0.49 | 0.11 |
| | | 男 | 681 | 0.14 | 0.68 | 0.27 | 0.09 | 0.53 | 0.12 |
| | | 女 | 908 | 0.12 | 0.59 | 0.23 | 0.08 | 0.46 | 0.10 |
| | 农村 | 小计 | 2 473 | 0.13 | 0.62 | 0.24 | 0.08 | 0.48 | 0.11 |
| | | 男 | 1 201 | 0.13 | 0.65 | 0.26 | 0.08 | 0.50 | 0.11 |
| | | 女 | 1 272 | 0.12 | 0.58 | 0.23 | 0.08 | 0.45 | 0.10 |
| 上海 | 城乡 | 小计 | 1 161 | 0.13 | 0.62 | 0.24 | 0.08 | 0.48 | 0.11 |
| | | 男 | 540 | 0.13 | 0.65 | 0.26 | 0.08 | 0.50 | 0.11 |
| | | 女 | 621 | 0.12 | 0.58 | 0.23 | 0.07 | 0.45 | 0.10 |
| | 城市 | 小计 | 1 161 | 0.13 | 0.62 | 0.24 | 0.08 | 0.48 | 0.11 |
| | | 男 | 540 | 0.13 | 0.65 | 0.26 | 0.08 | 0.50 | 0.11 |
| | | 女 | 621 | 0.12 | 0.58 | 0.23 | 0.07 | 0.45 | 0.10 |
| 江苏 | 城乡 | 小计 | 3 471 | 0.12 | 0.61 | 0.24 | 0.08 | 0.47 | 0.11 |
| | | 男 | 1 586 | 0.12 | 0.61 | 0.24 | 0.08 | 0.47 | 0.11 |
| | | 女 | 1 885 | 0.12 | 0.61 | 0.24 | 0.08 | 0.47 | 0.11 |
| | 城市 | 小计 | 2 313 | 0.13 | 0.62 | 0.24 | 0.08 | 0.48 | 0.11 |
| | | 男 | 1 068 | 0.13 | 0.65 | 0.26 | 0.08 | 0.50 | 0.11 |
| | | 女 | 1 245 | 0.12 | 0.58 | 0.23 | 0.07 | 0.45 | 0.10 |
| | 农村 | 小计 | 1 158 | 0.12 | 0.60 | 0.24 | 0.08 | 0.47 | 0.10 |
| | | 男 | 518 | 0.13 | 0.64 | 0.25 | 0.08 | 0.49 | 0.11 |
| | | 女 | 640 | 0.12 | 0.57 | 0.23 | 0.07 | 0.44 | 0.10 |
| 浙江 | 城乡 | 小计 | 3 427 | 0.12 | 0.60 | 0.24 | 0.08 | 0.46 | 0.10 |
| | | 男 | 1 599 | 0.13 | 0.63 | 0.25 | 0.08 | 0.49 | 0.11 |
| | | 女 | 1 828 | 0.12 | 0.57 | 0.22 | 0.07 | 0.44 | 0.10 |
| | 城市 | 小计 | 1 184 | 0.12 | 0.61 | 0.24 | 0.08 | 0.47 | 0.11 |
| | | 男 | 536 | 0.13 | 0.65 | 0.26 | 0.08 | 0.50 | 0.11 |
| | | 女 | 648 | 0.12 | 0.57 | 0.23 | 0.07 | 0.44 | 0.10 |
| | 农村 | 小计 | 2 243 | 0.12 | 0.59 | 0.24 | 0.08 | 0.46 | 0.10 |
| | | 男 | 1 063 | 0.13 | 0.62 | 0.25 | 0.08 | 0.48 | 0.11 |
| | | 女 | 1 180 | 0.11 | 0.56 | 0.22 | 0.07 | 0.44 | 0.10 |
| 安徽 | 城乡 | 小计 | 3 491 | 0.12 | 0.60 | 0.24 | 0.08 | 0.47 | 0.11 |
| | | 男 | 1 542 | 0.13 | 0.64 | 0.25 | 0.08 | 0.49 | 0.11 |
| | | 女 | 1 949 | 0.12 | 0.57 | 0.23 | 0.07 | 0.44 | 0.10 |
| | 城市 | 小计 | 1 894 | 0.13 | 0.62 | 0.24 | 0.08 | 0.48 | 0.11 |
| | | 男 | 791 | 0.13 | 0.65 | 0.26 | 0.08 | 0.50 | 0.11 |
| | | 女 | 1 103 | 0.12 | 0.59 | 0.23 | 0.08 | 0.45 | 0.10 |
| | 农村 | 小计 | 1 597 | 0.12 | 0.60 | 0.24 | 0.08 | 0.46 | 0.10 |
| | | 男 | 751 | 0.13 | 0.63 | 0.25 | 0.08 | 0.49 | 0.11 |
| | | 女 | 846 | 0.11 | 0.57 | 0.22 | 0.07 | 0.44 | 0.10 |

| 地区 | 城乡 | 性别 | $n$ | 身体各部位皮肤表面积 /$m^2$ | | | | | |
|---|---|---|---|---|---|---|---|---|---|
| | | | | 头部 | 躯干（包括颈部） | 手臂 | 手部 | 腿 | 脚 |
| 福建 | 城乡 | 小计 | 2 897 | 0.12 | 0.59 | 0.23 | 0.08 | 0.46 | 0.10 |
| | | 男 | 1 290 | 0.13 | 0.62 | 0.25 | 0.08 | 0.48 | 0.11 |
| | | 女 | 1 607 | 0.11 | 0.56 | 0.22 | 0.07 | 0.43 | 0.10 |
| | 城市 | 小计 | 1 494 | 0.12 | 0.60 | 0.24 | 0.08 | 0.46 | 0.10 |
| | | 男 | 635 | 0.13 | 0.63 | 0.25 | 0.08 | 0.49 | 0.11 |
| | | 女 | 859 | 0.11 | 0.56 | 0.22 | 0.07 | 0.43 | 0.10 |
| | 农村 | 小计 | 1 403 | 0.12 | 0.59 | 0.23 | 0.08 | 0.45 | 0.10 |
| | | 男 | 655 | 0.13 | 0.62 | 0.24 | 0.08 | 0.48 | 0.11 |
| | | 女 | 748 | 0.11 | 0.56 | 0.22 | 0.07 | 0.43 | 0.10 |
| 江西 | 城乡 | 小计 | 2 917 | 0.12 | 0.58 | 0.23 | 0.07 | 0.45 | 0.10 |
| | | 男 | 1 376 | 0.12 | 0.61 | 0.24 | 0.08 | 0.47 | 0.11 |
| | | 女 | 1 541 | 0.11 | 0.55 | 0.22 | 0.07 | 0.42 | 0.10 |
| | 城市 | 小计 | 1 720 | 0.12 | 0.59 | 0.23 | 0.08 | 0.46 | 0.10 |
| | | 男 | 795 | 0.13 | 0.62 | 0.25 | 0.08 | 0.48 | 0.11 |
| | | 女 | 925 | 0.11 | 0.56 | 0.22 | 0.07 | 0.43 | 0.10 |
| | 农村 | 小计 | 1 197 | 0.12 | 0.57 | 0.23 | 0.07 | 0.44 | 0.10 |
| | | 男 | 581 | 0.12 | 0.60 | 0.24 | 0.08 | 0.46 | 0.10 |
| | | 女 | 616 | 0.11 | 0.54 | 0.21 | 0.07 | 0.42 | 0.09 |
| 山东 | 城乡 | 小计 | 5 587 | 0.13 | 0.63 | 0.25 | 0.08 | 0.49 | 0.11 |
| | | 男 | 2 492 | 0.13 | 0.66 | 0.26 | 0.08 | 0.51 | 0.11 |
| | | 女 | 3 095 | 0.12 | 0.60 | 0.24 | 0.08 | 0.46 | 0.10 |
| | 城市 | 小计 | 2 708 | 0.13 | 0.63 | 0.25 | 0.08 | 0.49 | 0.11 |
| | | 男 | 1 126 | 0.13 | 0.66 | 0.26 | 0.09 | 0.51 | 0.12 |
| | | 女 | 1 582 | 0.12 | 0.61 | 0.24 | 0.08 | 0.47 | 0.11 |
| | 农村 | 小计 | 2 879 | 0.13 | 0.62 | 0.25 | 0.08 | 0.48 | 0.11 |
| | | 男 | 1 366 | 0.13 | 0.65 | 0.26 | 0.08 | 0.50 | 0.11 |
| | | 女 | 1 513 | 0.12 | 0.59 | 0.23 | 0.08 | 0.46 | 0.10 |
| 河南 | 城乡 | 小计 | 4 925 | 0.13 | 0.62 | 0.24 | 0.08 | 0.48 | 0.11 |
| | | 男 | 2 099 | 0.13 | 0.65 | 0.26 | 0.08 | 0.50 | 0.11 |
| | | 女 | 2 826 | 0.12 | 0.59 | 0.23 | 0.08 | 0.45 | 0.10 |
| | 城市 | 小计 | 2 039 | 0.13 | 0.62 | 0.25 | 0.08 | 0.48 | 0.11 |
| | | 男 | 846 | 0.13 | 0.66 | 0.26 | 0.08 | 0.51 | 0.11 |
| | | 女 | 1 193 | 0.12 | 0.59 | 0.23 | 0.08 | 0.46 | 0.10 |
| | 农村 | 小计 | 2 886 | 0.12 | 0.61 | 0.24 | 0.08 | 0.47 | 0.11 |
| | | 男 | 1 253 | 0.13 | 0.64 | 0.25 | 0.08 | 0.50 | 0.11 |
| | | 女 | 1 633 | 0.12 | 0.59 | 0.23 | 0.08 | 0.45 | 0.10 |
| 湖北 | 城乡 | 小计 | 3 409 | 0.12 | 0.61 | 0.24 | 0.08 | 0.47 | 0.11 |
| | | 男 | 1 603 | 0.13 | 0.63 | 0.25 | 0.08 | 0.49 | 0.11 |
| | | 女 | 1 806 | 0.12 | 0.58 | 0.23 | 0.07 | 0.45 | 0.10 |
| | 城市 | 小计 | 2 382 | 0.12 | 0.61 | 0.24 | 0.08 | 0.47 | 0.11 |
| | | 男 | 1 126 | 0.13 | 0.64 | 0.25 | 0.08 | 0.49 | 0.11 |
| | | 女 | 1 256 | 0.12 | 0.57 | 0.23 | 0.07 | 0.44 | 0.10 |
| | 农村 | 小计 | 1 027 | 0.12 | 0.60 | 0.24 | 0.08 | 0.46 | 0.10 |
| | | 男 | 477 | 0.13 | 0.62 | 0.24 | 0.08 | 0.48 | 0.11 |
| | | 女 | 550 | 0.12 | 0.58 | 0.23 | 0.07 | 0.45 | 0.10 |
| 湖南 | 城乡 | 小计 | 4 059 | 0.12 | 0.59 | 0.23 | 0.08 | 0.45 | 0.10 |
| | | 男 | 1 849 | 0.13 | 0.62 | 0.24 | 0.08 | 0.48 | 0.11 |
| | | 女 | 2 210 | 0.11 | 0.55 | 0.22 | 0.07 | 0.43 | 0.10 |
| | 城市 | 小计 | 1 534 | 0.12 | 0.60 | 0.24 | 0.08 | 0.46 | 0.10 |
| | | 男 | 622 | 0.13 | 0.64 | 0.25 | 0.08 | 0.49 | 0.11 |
| | | 女 | 912 | 0.11 | 0.56 | 0.22 | 0.07 | 0.43 | 0.10 |
| | 农村 | 小计 | 2 525 | 0.12 | 0.58 | 0.23 | 0.07 | 0.45 | 0.10 |
| | | 男 | 1 227 | 0.12 | 0.61 | 0.24 | 0.08 | 0.47 | 0.11 |
| | | 女 | 1 298 | 0.11 | 0.55 | 0.22 | 0.07 | 0.43 | 0.10 |
| 广东 | 城乡 | 小计 | 3 241 | 0.12 | 0.58 | 0.23 | 0.07 | 0.45 | 0.10 |
| | | 男 | 1 456 | 0.13 | 0.62 | 0.24 | 0.08 | 0.48 | 0.11 |
| | | 女 | 1 785 | 0.11 | 0.56 | 0.22 | 0.07 | 0.43 | 0.10 |
| | 城市 | 小计 | 1 745 | 0.12 | 0.59 | 0.23 | 0.08 | 0.46 | 0.10 |

| 地区 | 城乡 | 性别 | $n$ | 身体各部位皮肤表面积/m$^2$ | | | | | |
|---|---|---|---|---|---|---|---|---|---|
| | | | | 头部 | 躯干（包括颈部） | 手臂 | 手部 | 腿 | 脚 |
| 广东 | 城市 | 男 | 775 | 0.13 | 0.62 | 0.25 | 0.08 | 0.48 | 0.11 |
| | | 女 | 970 | 0.11 | 0.56 | 0.22 | 0.07 | 0.43 | 0.10 |
| | 农村 | 小计 | 1 496 | 0.12 | 0.58 | 0.23 | 0.07 | 0.45 | 0.10 |
| | | 男 | 681 | 0.12 | 0.61 | 0.24 | 0.08 | 0.47 | 0.11 |
| | | 女 | 815 | 0.11 | 0.55 | 0.22 | 0.07 | 0.42 | 0.10 |
| 广西 | 城乡 | 小计 | 3 380 | 0.12 | 0.57 | 0.23 | 0.07 | 0.44 | 0.10 |
| | | 男 | 1 594 | 0.12 | 0.60 | 0.24 | 0.08 | 0.46 | 0.10 |
| | | 女 | 1 786 | 0.11 | 0.55 | 0.22 | 0.07 | 0.42 | 0.10 |
| | 城市 | 小计 | 1 344 | 0.12 | 0.59 | 0.23 | 0.08 | 0.45 | 0.10 |
| | | 男 | 612 | 0.12 | 0.61 | 0.24 | 0.08 | 0.47 | 0.11 |
| | | 女 | 732 | 0.11 | 0.56 | 0.22 | 0.07 | 0.43 | 0.10 |
| | 农村 | 小计 | 2 036 | 0.12 | 0.57 | 0.22 | 0.07 | 0.44 | 0.10 |
| | | 男 | 982 | 0.12 | 0.59 | 0.23 | 0.08 | 0.46 | 0.10 |
| | | 女 | 1 054 | 0.11 | 0.54 | 0.21 | 0.07 | 0.42 | 0.09 |
| 海南 | 城乡 | 小计 | 1 083 | 0.12 | 0.57 | 0.23 | 0.07 | 0.44 | 0.10 |
| | | 男 | 515 | 0.12 | 0.60 | 0.24 | 0.08 | 0.46 | 0.10 |
| | | 女 | 568 | 0.11 | 0.54 | 0.21 | 0.07 | 0.41 | 0.09 |
| | 城市 | 小计 | 328 | 0.12 | 0.59 | 0.23 | 0.08 | 0.46 | 0.10 |
| | | 男 | 155 | 0.13 | 0.62 | 0.25 | 0.08 | 0.48 | 0.11 |
| | | 女 | 173 | 0.11 | 0.55 | 0.22 | 0.07 | 0.43 | 0.10 |
| | 农村 | 小计 | 755 | 0.11 | 0.56 | 0.22 | 0.07 | 0.43 | 0.10 |
| | | 男 | 360 | 0.12 | 0.59 | 0.23 | 0.08 | 0.46 | 0.10 |
| | | 女 | 395 | 0.11 | 0.53 | 0.21 | 0.07 | 0.41 | 0.09 |
| 重庆 | 城乡 | 小计 | 968 | 0.12 | 0.58 | 0.23 | 0.07 | 0.45 | 0.10 |
| | | 男 | 413 | 0.12 | 0.61 | 0.24 | 0.08 | 0.47 | 0.11 |
| | | 女 | 555 | 0.11 | 0.55 | 0.22 | 0.07 | 0.43 | 0.10 |
| | 城市 | 小计 | 475 | 0.12 | 0.59 | 0.23 | 0.08 | 0.45 | 0.10 |
| | | 男 | 224 | 0.13 | 0.62 | 0.24 | 0.08 | 0.48 | 0.11 |
| | | 女 | 251 | 0.11 | 0.55 | 0.22 | 0.07 | 0.43 | 0.10 |
| | 农村 | 小计 | 493 | 0.11 | 0.57 | 0.22 | 0.07 | 0.44 | 0.10 |
| | | 男 | 189 | 0.12 | 0.59 | 0.23 | 0.08 | 0.46 | 0.10 |
| | | 女 | 304 | 0.11 | 0.55 | 0.22 | 0.07 | 0.42 | 0.09 |
| 四川 | 城乡 | 小计 | 4 578 | 0.12 | 0.59 | 0.23 | 0.08 | 0.45 | 0.10 |
| | | 男 | 2 095 | 0.12 | 0.61 | 0.24 | 0.08 | 0.47 | 0.11 |
| | | 女 | 2 483 | 0.11 | 0.56 | 0.22 | 0.07 | 0.43 | 0.10 |
| | 城市 | 小计 | 1 939 | 0.12 | 0.59 | 0.23 | 0.08 | 0.46 | 0.10 |
| | | 男 | 866 | 0.13 | 0.62 | 0.25 | 0.08 | 0.48 | 0.11 |
| | | 女 | 1 073 | 0.11 | 0.56 | 0.22 | 0.07 | 0.43 | 0.10 |
| | 农村 | 小计 | 2 639 | 0.12 | 0.59 | 0.23 | 0.08 | 0.45 | 0.10 |
| | | 男 | 1 229 | 0.12 | 0.61 | 0.24 | 0.08 | 0.47 | 0.11 |
| | | 女 | 1 410 | 0.11 | 0.56 | 0.22 | 0.07 | 0.43 | 0.10 |
| 贵州 | 城乡 | 小计 | 2 854 | 0.12 | 0.58 | 0.23 | 0.07 | 0.45 | 0.10 |
| | | 男 | 1 333 | 0.12 | 0.61 | 0.24 | 0.08 | 0.47 | 0.11 |
| | | 女 | 1 521 | 0.11 | 0.55 | 0.22 | 0.07 | 0.42 | 0.10 |
| | 城市 | 小计 | 1 061 | 0.12 | 0.59 | 0.23 | 0.08 | 0.46 | 0.10 |
| | | 男 | 497 | 0.13 | 0.62 | 0.25 | 0.08 | 0.48 | 0.11 |
| | | 女 | 564 | 0.11 | 0.56 | 0.22 | 0.07 | 0.43 | 0.10 |
| | 农村 | 小计 | 1 793 | 0.12 | 0.57 | 0.23 | 0.07 | 0.44 | 0.10 |
| | | 男 | 836 | 0.12 | 0.60 | 0.24 | 0.08 | 0.46 | 0.10 |
| | | 女 | 957 | 0.11 | 0.54 | 0.21 | 0.07 | 0.42 | 0.09 |
| 云南 | 城乡 | 小计 | 3 488 | 0.12 | 0.58 | 0.23 | 0.07 | 0.45 | 0.10 |
| | | 男 | 1 661 | 0.12 | 0.61 | 0.24 | 0.08 | 0.47 | 0.11 |
| | | 女 | 1 827 | 0.11 | 0.55 | 0.22 | 0.07 | 0.43 | 0.10 |
| | 城市 | 小计 | 913 | 0.12 | 0.59 | 0.23 | 0.08 | 0.45 | 0.10 |
| | | 男 | 419 | 0.13 | 0.62 | 0.25 | 0.08 | 0.48 | 0.11 |
| | | 女 | 494 | 0.11 | 0.56 | 0.22 | 0.07 | 0.43 | 0.10 |
| | 农村 | 小计 | 2 575 | 0.12 | 0.58 | 0.23 | 0.07 | 0.45 | 0.10 |
| | | 男 | 1 242 | 0.12 | 0.61 | 0.24 | 0.08 | 0.47 | 0.11 |

| 地区 | 城乡 | 性别 | n | 身体各部位皮肤表面积/m² | | | | | |
|---|---|---|---|---|---|---|---|---|---|
| | | | | 头部 | 躯干（包括颈部） | 手臂 | 手部 | 腿 | 脚 |
| 云南 | 农村 | 女 | 1 333 | 0.11 | 0.55 | 0.22 | 0.07 | 0.42 | 0.10 |
| 西藏 | 城乡 | 小计 | 1 521 | 0.12 | 0.58 | 0.23 | 0.07 | 0.45 | 0.10 |
| | | 男 | 614 | 0.12 | 0.61 | 0.24 | 0.08 | 0.47 | 0.11 |
| | | 女 | 907 | 0.11 | 0.56 | 0.22 | 0.07 | 0.43 | 0.10 |
| | 城市 | 小计 | 385 | 0.12 | 0.61 | 0.24 | 0.08 | 0.47 | 0.11 |
| | | 男 | 126 | 0.13 | 0.63 | 0.25 | 0.08 | 0.49 | 0.11 |
| | | 女 | 259 | 0.12 | 0.60 | 0.24 | 0.08 | 0.46 | 0.10 |
| | 农村 | 小计 | 1 136 | 0.12 | 0.57 | 0.23 | 0.07 | 0.44 | 0.10 |
| | | 男 | 488 | 0.12 | 0.60 | 0.24 | 0.08 | 0.46 | 0.10 |
| | | 女 | 648 | 0.11 | 0.55 | 0.22 | 0.07 | 0.42 | 0.10 |
| 陕西 | 城乡 | 小计 | 2 868 | 0.12 | 0.59 | 0.24 | 0.08 | 0.46 | 0.10 |
| | | 男 | 1 298 | 0.13 | 0.62 | 0.25 | 0.08 | 0.48 | 0.11 |
| | | 女 | 1 570 | 0.12 | 0.57 | 0.22 | 0.07 | 0.44 | 0.10 |
| | 城市 | 小计 | 1 331 | 0.12 | 0.61 | 0.24 | 0.08 | 0.47 | 0.11 |
| | | 男 | 587 | 0.13 | 0.64 | 0.25 | 0.08 | 0.49 | 0.11 |
| | | 女 | 744 | 0.12 | 0.58 | 0.23 | 0.07 | 0.45 | 0.10 |
| | 农村 | 小计 | 1 537 | 0.12 | 0.58 | 0.23 | 0.07 | 0.45 | 0.10 |
| | | 男 | 711 | 0.12 | 0.61 | 0.24 | 0.08 | 0.47 | 0.11 |
| | | 女 | 826 | 0.11 | 0.56 | 0.22 | 0.07 | 0.43 | 0.10 |
| 甘肃 | 城乡 | 小计 | 2 869 | 0.12 | 0.61 | 0.24 | 0.08 | 0.47 | 0.11 |
| | | 男 | 1 289 | 0.13 | 0.64 | 0.25 | 0.08 | 0.49 | 0.11 |
| | | 女 | 1 580 | 0.12 | 0.58 | 0.23 | 0.07 | 0.45 | 0.10 |
| | 城市 | 小计 | 799 | 0.13 | 0.62 | 0.24 | 0.08 | 0.48 | 0.11 |
| | | 男 | 365 | 0.13 | 0.64 | 0.25 | 0.08 | 0.50 | 0.11 |
| | | 女 | 434 | 0.12 | 0.59 | 0.23 | 0.08 | 0.45 | 0.10 |
| | 农村 | 小计 | 2 070 | 0.12 | 0.61 | 0.24 | 0.08 | 0.47 | 0.11 |
| | | 男 | 924 | 0.13 | 0.63 | 0.25 | 0.08 | 0.49 | 0.11 |
| | | 女 | 1 146 | 0.12 | 0.58 | 0.23 | 0.07 | 0.45 | 0.10 |
| 青海 | 城乡 | 小计 | 1 586 | 0.12 | 0.61 | 0.24 | 0.08 | 0.47 | 0.11 |
| | | 男 | 686 | 0.13 | 0.65 | 0.26 | 0.08 | 0.50 | 0.11 |
| | | 女 | 900 | 0.12 | 0.58 | 0.23 | 0.07 | 0.45 | 0.10 |
| | 城市 | 小计 | 660 | 0.13 | 0.63 | 0.25 | 0.08 | 0.48 | 0.11 |
| | | 男 | 291 | 0.13 | 0.66 | 0.26 | 0.08 | 0.51 | 0.12 |
| | | 女 | 369 | 0.12 | 0.59 | 0.23 | 0.08 | 0.45 | 0.10 |
| | 农村 | 小计 | 926 | 0.12 | 0.59 | 0.23 | 0.08 | 0.45 | 0.10 |
| | | 男 | 395 | 0.13 | 0.62 | 0.24 | 0.08 | 0.48 | 0.11 |
| | | 女 | 531 | 0.11 | 0.56 | 0.22 | 0.07 | 0.44 | 0.10 |
| 宁夏 | 城乡 | 小计 | 1 138 | 0.13 | 0.62 | 0.25 | 0.08 | 0.48 | 0.11 |
| | | 男 | 538 | 0.13 | 0.66 | 0.26 | 0.08 | 0.51 | 0.11 |
| | | 女 | 600 | 0.12 | 0.58 | 0.23 | 0.07 | 0.45 | 0.10 |
| | 城市 | 小计 | 1 040 | 0.13 | 0.62 | 0.25 | 0.08 | 0.48 | 0.11 |
| | | 男 | 488 | 0.13 | 0.66 | 0.26 | 0.08 | 0.51 | 0.11 |
| | | 女 | 552 | 0.12 | 0.58 | 0.23 | 0.07 | 0.45 | 0.10 |
| | 农村 | 小计 | 98 | 0.13 | 0.64 | 0.25 | 0.08 | 0.50 | 0.11 |
| | | 男 | 50 | 0.12 | 0.57 | 0.23 | 0.07 | 0.44 | 0.10 |
| | | 女 | 48 | 0.12 | 0.61 | 0.24 | 0.08 | 0.47 | 0.11 |
| 新疆 | 城乡 | 小计 | 2 804 | 0.12 | 0.61 | 0.24 | 0.08 | 0.47 | 0.11 |
| | | 男 | 1 264 | 0.13 | 0.64 | 0.25 | 0.08 | 0.49 | 0.11 |
| | | 女 | 1 540 | 0.12 | 0.58 | 0.23 | 0.07 | 0.45 | 0.10 |
| | 城市 | 小计 | 1 219 | 0.13 | 0.62 | 0.25 | 0.08 | 0.48 | 0.11 |
| | | 男 | 484 | 0.13 | 0.66 | 0.26 | 0.08 | 0.51 | 0.11 |
| | | 女 | 735 | 0.12 | 0.60 | 0.24 | 0.08 | 0.46 | 0.10 |
| | 农村 | 小计 | 1 585 | 0.12 | 0.60 | 0.24 | 0.08 | 0.47 | 0.10 |
| | | 男 | 780 | 0.13 | 0.63 | 0.25 | 0.08 | 0.49 | 0.11 |
| | | 女 | 805 | 0.12 | 0.57 | 0.23 | 0.07 | 0.44 | 0.10 |

# 12 期望寿命 Lifetime




本章作者 钱 岩 王贝贝 黄 楠 王叶晴 郑婵娟 曹素珍 赵秀阁 段小丽 等

## 12.1 参数说明

期望寿命（Lifetime）又称平均期望寿命，在某一死亡水平下，已经活到某岁年龄的人们平均还有可能继续存活的年岁数，一般常用出生时的平均预期寿命。期望寿命是健康风险评价的重要参数之一，主要依靠全国性调查和信息统计获取。

人的寿命长短受两方面的制约，一方面，社会经济条件、卫生医疗水平限制着人们的寿命，不同的社会，不同的时期，人类寿命的长短有着很大的差别；另一方面，由于体质、遗传因素、生活条件等个人差异，也使每个人的寿命长短相差悬殊。人口平均期望寿命和人的实际寿命不同，它是根据婴儿和各年龄段人口死亡的情况计算后得出的，是指在现阶段每个人如果没有意外，应该活到这个年龄，可以反映出一个社会生活质量的高低。

## 12.2 资料与数据来源

我国人均期望寿命的统计数据主要来源于《中国统计年鉴》《中国卫生统计年鉴》以及《中国人口和就业统计年鉴》。

### 12.2.1 核心研究：中国统计年鉴

《中国统计年鉴 2012》（国家统计局，2012）由国家统计局出版发行，收录了全国各省、自治区、直辖市 2011 年经济和社会各方面大量的统计数据，是我国权威性的综合统计年鉴。其中收录了根据六次全国人口普查数据中的人口基本情况数据计算得出的 1990 年、2000 年、2010 年的中国总人口平均期望寿命（附表 12-1）。

### 12.2.2 相关研究：中国卫生统计年鉴

《中国卫生统计年鉴》（卫生部，2012）介绍了 2000 年全国第五次人口普查、2005 年人口变动情况抽样调查和 2010 年《“健康中国 2020”战略研究报告》中我国人群的期望寿命情况（附表 12-4）。1973—1975 年、1981 年、1990 年、2000 年的人群期望寿命见附表 12-2 和附表 12-3。

### 12.2.3 相关研究：中国人口和就业统计年鉴

《中国人口和就业统计年鉴》（国家统计局人口和就业统计司，2010）是一部以全面反映我国人口和就业状况为主的资料性年刊，收集了 1990 年、2000 年全国和各省、自治区、直辖市人口就业统计的主要数据。其中包括 1990 年、2000 年我国不同地区各年龄段人群的预期寿命（附表 12-5）。

## 12.3 期望寿命推荐值

表 12-1 中国人群期望寿命推荐值

| | 总平均 | 男 | 女 |
| --- | --- | --- | --- |
| 期望寿命 / 岁 | 74.8 | 72.4 | 77.4 |

数据来源：中国统计年鉴。

## 12.4 与国外的比较

与美国（USEPA，2011）、日本（NIAIST，2007）、韩国（Jang J Y，et al，2007）和澳大利亚（Roger Drew，2010）的比较见表 12-2。

表 12-2 与国外的比较

单位：岁

| | 中国 | 美国 | 日本 | 韩国 | 澳大利亚 |
| --- | --- | --- | --- | --- | --- |
| 总 | 74.8 | 77.9 | — | 78.6 | 81.5 |
| 男 | 72.4 | 75.4 | 77.7 | 75.1 | 79.2 |
| 女 | 77.4 | 80.4 | 84.6 | 81.9 | 84.0 |

2010 年世界人口的平均预期寿命为 69.6 岁，其中高收入国家及地区为 79.8 岁，中等收入国家及地区为 69.1 岁。

### 本章参考文献


国家统计局 .2012. 中国统计年鉴 2012[M]. 北京 : 中国统计出版社 .

卫生部 .2012. 中国卫生统计年鉴 2012[M]. 北京 : 人民卫生出版社 .

国家统计局人口和就业统计司 .2010. 中国人口和就业统计年鉴 [M]. 北京：中国统计出版社 .

Jang J Y, Jo S N, Kim S, et al. 2007. Korean exposure factors handbook[S]. Ministry of Environment, Seoul, Korea.

NIAIST. 2007. Japanese exposure factors handbook[S]. http://unit.aist.go.jp/riss/crm/exposurefactors/english_summary.html. 2011-10-12.

Roger Drew, John Frangos, Tarah Hagen, et al. 2010. Australian exposure factor guidance[S]. Toxikos Pty Ltd., Australia.

USEPA.2011. Exposure factors handbook 2011 edition (final)[S]. EPA/600/R-09/052F.Washington DC: U.S.EPA.

## 附表 12-1　各地区人口不同时间的平均期望寿命

| 地区 | 1990 年预期寿命 / 岁 | | | 2000 年预期寿命 / 岁 | | | 2010 年预期寿命 / 岁 | | |
|---|---|---|---|---|---|---|---|---|---|
| | 总 | 男 | 女 | 总 | 男 | 女 | 总 | 男 | 女 |
| 全国 | 68.55 | 66.84 | 70.47 | 71.40 | 69.63 | 73.33 | 74.83 | 72.38 | 77.37 |
| 北京 | 72.86 | 71.07 | 74.93 | 76.10 | 74.33 | 78.01 | 80.18 | 78.28 | 82.21 |
| 天津 | 72.32 | 71.03 | 73.73 | 74.91 | 73.31 | 76.63 | 78.89 | 77.42 | 80.48 |
| 河北 | 70.35 | 68.47 | 72.53 | 72.54 | 70.68 | 74.57 | 74.97 | 72.70 | 77.47 |
| 山西 | 68.97 | 67.33 | 70.93 | 71.65 | 69.96 | 73.57 | 74.92 | 72.87 | 77.28 |
| 内蒙古 | 65.68 | 64.47 | 67.22 | 69.87 | 68.29 | 71.79 | 74.44 | 72.04 | 77.27 |
| 辽宁 | 70.22 | 68.72 | 71.94 | 73.34 | 71.51 | 75.36 | 76.38 | 74.12 | 78.86 |
| 吉林 | 67.95 | 66.65 | 69.49 | 73.10 | 71.38 | 75.04 | 76.18 | 74.12 | 78.44 |
| 黑龙江 | 66.97 | 65.50 | 68.73 | 72.37 | 70.39 | 74.66 | 75.98 | 73.52 | 78.81 |
| 上海 | 74.90 | 72.77 | 77.02 | 78.14 | 76.22 | 80.04 | 80.26 | 78.20 | 82.44 |
| 江苏 | 71.37 | 69.26 | 73.57 | 73.91 | 71.69 | 76.23 | 76.63 | 74.60 | 78.81 |
| 浙江 | 71.78 | 69.66 | 74.24 | 74.70 | 72.50 | 77.21 | 77.73 | 75.58 | 80.21 |
| 安徽 | 69.48 | 67.75 | 71.36 | 71.85 | 70.18 | 73.59 | 75.08 | 72.65 | 77.84 |
| 福建 | 68.57 | 66.49 | 70.93 | 72.55 | 70.30 | 75.07 | 75.76 | 73.27 | 78.64 |
| 江西 | 66.11 | 64.87 | 67.49 | 68.95 | 68.37 | 69.32 | 74.33 | 71.94 | 77.06 |
| 山东 | 70.57 | 68.64 | 72.67 | 73.92 | 71.70 | 76.26 | 76.46 | 74.05 | 79.06 |
| 河南 | 70.15 | 67.96 | 72.55 | 71.54 | 69.67 | 73.41 | 74.57 | 71.84 | 77.59 |
| 湖北 | 67.25 | 65.51 | 69.23 | 71.08 | 69.31 | 73.02 | 74.87 | 72.68 | 77.35 |
| 湖南 | 66.93 | 65.41 | 68.70 | 70.66 | 69.05 | 72.47 | 74.70 | 72.28 | 77.48 |
| 广东 | 72.52 | 69.71 | 75.43 | 73.27 | 70.79 | 75.93 | 76.49 | 74.00 | 79.37 |
| 广西 | 68.72 | 67.17 | 70.34 | 71.29 | 69.07 | 73.75 | 75.11 | 71.77 | 79.05 |
| 海南 | 70.01 | 66.93 | 73.28 | 72.92 | 70.66 | 75.26 | 76.30 | 73.20 | 80.01 |
| 重庆 | — | — | — | 71.73 | 69.84 | 73.89 | 75.70 | 73.16 | 78.60 |
| 四川 | 66.33 | 65.06 | 67.70 | 71.20 | 69.25 | 73.39 | 74.75 | 72.25 | 77.59 |
| 贵州 | 64.29 | 63.04 | 65.63 | 65.96 | 64.54 | 67.57 | 71.10 | 68.43 | 74.11 |
| 云南 | 63.49 | 62.08 | 64.98 | 65.49 | 64.24 | 66.89 | 69.54 | 67.06 | 72.43 |
| 西藏 | 59.64 | 57.64 | 61.57 | 64.37 | 62.52 | 66.15 | 68.17 | 66.33 | 70.07 |
| 陕西 | 67.40 | 66.23 | 68.79 | 70.07 | 68.92 | 71.30 | 74.68 | 72.84 | 76.74 |
| 甘肃 | 67.24 | 66.35 | 68.25 | 67.47 | 66.77 | 68.26 | 72.23 | 70.60 | 74.06 |
| 青海 | 60.57 | 59.29 | 61.96 | 66.03 | 64.55 | 67.70 | 69.96 | 68.11 | 72.07 |
| 宁夏 | 66.94 | 65.95 | 68.05 | 70.17 | 68.71 | 71.84 | 73.38 | 71.31 | 75.71 |
| 新疆 | 62.59 | 61.95 | 63.26 | 67.41 | 65.98 | 69.14 | 72.35 | 70.30 | 74.86 |

数据来源：中国统计年鉴 2012。

## 附表 12-2 中国人群不同时期的期望寿命

| 年份 | 期望寿命 / 岁 | | |
|---|---|---|---|
| | 总 | 男 | 女 |
| 解放前 | 35.0 | — | — |
| 1973—1975 | — | 63.6 | 66.3 |
| 1981 | 67.9 | 66.4 | 69.3 |
| 1990 | 68.6 | 66.9 | 70.5 |
| 2000 | 71.4 | 69.6 | 73.3 |

数据来源：中国卫生统计年鉴 2012。

## 附表 12-3 不同年份不同年龄人群期望寿命

| 年龄 / 岁 | 1973—1975 年 / 岁 | | 1981 年 / 岁 | | 1990 年 / 岁 | | 2000 年 / 岁 | |
|---|---|---|---|---|---|---|---|---|
| | 男 | 女 | 男 | 女 | 男 | 女 | 男 | 女 |
| 0 | 63.62 | 66.31 | 66.43 | 69.35 | 66.85 | 70.49 | 69.63 | 73.33 |
| 1 | 65.88 | 68.26 | 67.87 | 70.75 | 68.06 | 71.86 | — | — |
| 5 | 64.22 | 66.75 | 64.94 | 68.01 | 64.85 | 68.73 | — | — |
| 10 | 59.94 | 62.43 | 60.36 | 63.36 | 60.15 | 63.97 | — | — |
| 15 | 55.23 | 57.69 | 55.58 | 58.57 | 55.36 | 59.14 | — | — |
| 20 | 50.52 | 52.95 | 50.87 | 53.83 | 50.63 | 54.39 | — | — |
| 30 | 41.22 | 43.71 | 41.54 | 44.52 | 41.29 | 44.98 | — | — |
| 40 | 32.1 | 34.66 | 32.3 | 35.28 | 32.05 | 35.6 | — | — |
| 50 | 23.51 | 25.99 | 23.52 | 26.36 | 23.27 | 26.56 | — | — |
| 60 | 15.93 | 18.07 | 15.72 | 18.19 | 15.49 | 18.31 | — | — |
| 70 | 9.88 | 11.52 | 9.56 | 11.34 | 9.27 | 11.42 | — | — |

数据来源：中国卫生统计年鉴 2012。

## 附表 12-4 中国总人口的期望寿命

| 年份 | 资料来源 | 总 / 岁 | 男 / 岁 | 女 / 岁 |
|---|---|---|---|---|
| 2000 | 全国第五次人口普查 | 71.4 | 69.6 | 73.3 |
| 2005 | 人口变动情况抽样调查 | 73.0 | 71.0 | 74.0 |
| 2010 | 《健康中国 2020 战略》研究报告 | 73.5 | 71.3 | 75.9 |

数据来源：中国卫生统计年鉴 2012。

## 附表 12-5　不同地区人口的期望寿命

| 地区 | 1990 年期望寿命 | | | 2000 年期望寿命 | | |
|---|---|---|---|---|---|---|
| | 总 | 男 | 女 | 总 | 男 | 女 |
| 全国 | 68.55 | 66.84 | 70.47 | 71.40 | 69.63 | 73.33 |
| 北京 | 72.86 | 71.07 | 74.93 | 76.10 | 74.33 | 78.01 |
| 天津 | 72.32 | 71.03 | 73.73 | 74.91 | 73.31 | 76.63 |
| 河北 | 70.35 | 68.47 | 72.53 | 72.54 | 70.68 | 74.57 |
| 山西 | 68.97 | 67.33 | 70.93 | 71.65 | 69.96 | 73.57 |
| 内蒙古 | 65.68 | 64.47 | 67.22 | 69.87 | 68.29 | 71.79 |
| 辽宁 | 70.22 | 68.72 | 71.94 | 73.34 | 71.51 | 75.36 |
| 吉林 | 67.95 | 66.65 | 69.49 | 73.10 | 71.38 | 75.04 |
| 黑龙江 | 66.97 | 65.50 | 68.73 | 72.37 | 70.39 | 74.66 |
| 上海 | 74.90 | 72.77 | 77.02 | 78.14 | 76.22 | 80.04 |
| 江苏 | 71.37 | 69.26 | 73.57 | 73.91 | 71.69 | 76.23 |
| 浙江 | 71.78 | 69.66 | 74.24 | 74.70 | 72.50 | 77.21 |
| 安徽 | 69.48 | 67.75 | 71.36 | 71.85 | 70.18 | 73.59 |
| 福建 | 68.57 | 66.49 | 70.93 | 72.55 | 70.30 | 75.07 |
| 江西 | 66.11 | 64.87 | 67.49 | 68.95 | 68.37 | 69.32 |
| 山东 | 70.57 | 68.64 | 72.67 | 73.92 | 71.70 | 76.26 |
| 河南 | 70.15 | 67.96 | 72.55 | 71.54 | 69.67 | 73.41 |
| 湖北 | 67.25 | 65.51 | 69.23 | 71.08 | 69.31 | 73.02 |
| 湖南 | 66.93 | 65.41 | 68.70 | 70.66 | 69.05 | 72.47 |
| 广东 | 72.52 | 69.71 | 75.43 | 73.27 | 70.79 | 75.93 |
| 广西 | 68.72 | 67.17 | 70.34 | 71.29 | 69.07 | 73.75 |
| 海南 | 70.01 | 66.93 | 73.28 | 72.92 | 70.66 | 75.26 |
| 重庆 | — | — | — | 71.73 | 69.84 | 73.89 |
| 四川 | 66.33 | 65.06 | 67.70 | 71.20 | 69.25 | 73.39 |
| 贵州 | 64.29 | 63.04 | 65.63 | 65.96 | 64.54 | 67.57 |
| 云南 | 63.49 | 62.08 | 64.98 | 65.49 | 64.24 | 66.89 |
| 西藏 | 59.64 | 57.64 | 61.57 | 64.37 | 62.52 | 66.15 |
| 陕西 | 67.40 | 66.23 | 68.79 | 70.07 | 68.92 | 71.30 |
| 甘肃 | 67.24 | 66.35 | 68.25 | 67.47 | 66.77 | 68.26 |
| 青海 | 60.57 | 59.29 | 61.96 | 66.03 | 64.55 | 67.70 |
| 宁夏 | 66.94 | 65.95 | 68.05 | 70.17 | 68.71 | 71.84 |
| 新疆 | 62.59 | 61.95 | 63.26 | 67.41 | 65.98 | 69.14 |

数据来源：中国人口和就业统计年鉴 2010。

# 13 住宅相关参数 Residential Factors



本章作者 赵秀阁 王贝贝 黄 楠 曹素珍 董 婷 段小丽 等

## 13.1 参数说明

住宅相关参数主要包括住宅面积、取暖时间和开窗通风时间等。

住宅面积是指居民日常居住、活动和生活的室内封闭空间的建筑面积，不包括露天阳台、院子等开放场所，也不包括平时很少去的场所，比如农村用于储藏粮食的仓库等。

取暖时间是指每年累计的取暖时间。

开窗通风时间是指卧室、书房、客厅等经常出入场所平均每天的通风情况，按照通风最长时间的居室计算。

## 13.2 资料与数据来源

关于住宅相关参数的研究主要来源于中国人群环境暴露行为模式研究。此外，还有一些其他相关研究，主要有《2005 年城镇房屋概况统计公报》、2010 年第六次全国人口普查主要数据公报、《中国统计年鉴 2012》和《中国民生发展报告 2012》。

### 13.2.1 核心研究：中国人群环境暴露行为模式研究

环境保护部科技标准司于 2011—2012 年委托中国环境科学研究院在我国 31 个省、自治区、直辖市（不包括香港、澳门特别行政区和台湾地区）的 159 个县 / 区针对 18 岁及以上常住居民 91 527 人（有效样本量为 91 121 人）开展中国人群环境暴露行为模式研究。通过该研究获得了我国居民的住宅相关参数，见附表 13-7 ～附表 13-24。

### 13.2.2 相关研究

《2005 年城镇房屋概况统计公报》（建设部，2006）是建设部 2005 年公布的我国各地区城镇居民平均住宅建筑面积，见附表 13-1。

第六次全国人口普查（国务院，2011）结果给出了 2010 年全国及城乡人均住房建筑面积和 2010 年全国按户主的受教育程度和职业分的家庭户住房状况，见附表 13-2 ～附表 13-4。

《中国统计年鉴 2012》（国家统计局，2012）给出了 2011 年城乡新建住宅面积和居民住房情况，见附表 13-5。

《中国民生发展报告 2012》（北京大学中国社会科学调查中心，2012）给出了 2011 年全国家庭的平均住房面积，见附表 13-6。

## 13.3 住宅相关参数推荐值

### 13.3.1 住宅面积

表 13-1 中国人群住宅面积推荐值

| | 住宅面积 /（$m^2$/ 户） |
|---|---|
| 全国 | 100 |
| 城市 | 92 |
| 农村 | 106 |

### 13.3.2 室内取暖时间

表 13-2 中国人群室内取暖时间推荐值

| | 取暖时间 /（d/a） |
|---|---|
| 全国 | 60 |
| 城市 | 60 |
| 农村 | 70 |

### 13.3.3 开窗通风时间

表 13-3 中国人群开窗通风时间推荐值

| | 开窗通风时间 /（min/d） | | | |
|---|---|---|---|---|
| | 全年 | 春秋季 | 夏季 | 冬季 |
| 全国 | 465 | 420 | 720 | 180 |
| 城市 | 465 | 420 | 720 | 180 |
| 农村 | 453 | 420 | 720 | 180 |

## 13.4 与国外的比较

我国住宅面积参数推荐值与日本（NIAIST，2007）的比较见表 13-4。

表 13-4 与国外的比较

| 参数类别 | 中国 | 日本 |
|---|---|---|
| 住宅面积 /（$m^2$/ 户） | 100 | 92.5 |

## 本章参考文献

建设部．2006. 2005 年城镇房屋概况统计公报 [S].

国务院．2011. 2010 年第六次全国人口普查主要数据公报 [S].

国家统计局 . 2012. 中国统计年鉴 2012[M]. 北京 : 中国统计出版社 .

北京大学中国社会科学调查中心 . 2012. 中国民生发展报告 2012[M]. 北京：北京大学出版社 .

NIAIST. 2007. Japanese exposure factors handbook[S]. http://unit.aist.go.jp/riss/crm/exposurefactors/english_summary.html. 2011-10-12.

## 附表 13-1　2005 年各地区城镇居民平均住宅建筑面积

| 地区 | 城镇人均住宅建筑面积 /$m^2$ | 城镇户均住宅建筑面积 /$m^2$ |
|---|---|---|
| 合计 | 26.11 | 83.20 |
| 东部地区 | 28.00 | 85.32 |
| 中部地区 | 23.90 | 77.96 |
| 西部地区 | 25.24 | 85.75 |

注：人均住宅建筑面积（$m^2$/ 人）= 住宅建筑面积 ÷ 居住人口
住宅建筑面积是指报告期末专供居住的房屋（包括别墅、公寓、职工家属宿舍和集体宿舍等）的建筑面积之和。
居住人口是指报告期末与住宅统计口径一致的、当地公安部门统计的户籍人口。
户均住宅建筑面积（$m^2$/ 户）= 住宅建筑面积 ÷ 居住户数
居住户数是指报告期末与居住人口数相应的、当地公安部门统计的户数。
数据来源：2005 年城镇房屋概况统计公报。

## 附表 13-2　2010 年全国及城乡人均住房建筑面积

| | 建筑面积 /$m^2$ | | | |
|---|---|---|---|---|
| 区域 | 全国 | 城市 | 镇 | 乡村 |
| 住房建筑面积 | 31.06 | 29.15 | 32.03 | 31.73 |

数据来源：2010 年第六次全国人口普查。

## 附表 13-3　2010 年全国按户主的受教育程度分的家庭户住房状况

| 受教育程度 | 人均住房建筑面积 /$m^2$ |
|---|---|
| 总计 | 30.41 |
| 未上过学 | 30.66 |
| 小学 | 29.97 |
| 初中 | 29.50 |
| 高中 | 31.14 |
| 大学专科 | 34.77 |
| 大学本科 | 37.38 |
| 研究生 | 39.49 |

数据来源：2010 年第六次全国人口普查。

## 附表 13-4　2010 年全国按户主的职业分的家庭户住房状况

| 职业大类 | 人均住房建筑面积 /$m^2$ |
|---|---|
| 合计 | 31.4 |
| 国家机关、党群组织、企业、事业单位负责人 | 38.73 |
| 专业技术人员 | 35.26 |
| 办事人员和有关人员 | 34.92 |
| 商业、服务业人员 | 31.22 |
| 农、林、牧、渔、水利业生产人员 | 30.85 |
| 生产、运输设备操作人员及有关人员 | 30.24 |
| 不便分类的其他从业人员 | 30.66 |

数据来源：2010 年第六次全国人口普查。

## 附表 13-5　2011 年城乡新建住宅面积和居民住房情况

| 年 份 | 城镇居民人均住房建筑面积 /m² | 农村居民人均住房面积 /m² |
|---|---|---|
| 2005 | 27.8 | 29.7 |
| 2006 | 28.5 | 30.7 |
| 2007 | 30.1 | 31.6 |
| 2008 | 30.6 | 32.4 |
| 2009 | 31.3 | 33.6 |
| 2010 | 31.6 | 34.1 |
| 2011 | 32.7 | 36.2 |

注：城镇居民人均住房建筑面积为城镇住户抽样调查数据（不含集体户）。
数据来源：中国统计年鉴 2012。

## 附表 13-6　2011 年全国家庭的平均住房面积

| | 户均住房面积 /m² | 人均住房面积 /m² |
|---|---|---|
| 合计 | 116.4 | 36.0 |

数据来源：中国民生发展报告 2012。

## 附表 13-7　中国人群分东中西、城乡、性别的住宅面积

| 地区 | 城乡 | 性别 | n | 住宅面积 /（m²/ 户） | | | | | |
|---|---|---|---|---|---|---|---|---|---|
| | | | | Mean | P5 | P25 | P50 | P75 | P95 |
| 合计 | 城乡 | 小计 | 90 974 | 126 | 40 | 76 | 100 | 150 | 300 |
| | | 男 | 41 238 | 129 | 42 | 80 | 100 | 150 | 300 |
| | | 女 | 49 736 | 123 | 40 | 75 | 100 | 150 | 300 |
| | 城市 | 小计 | 41 762 | 120 | 40 | 70 | 92 | 140 | 300 |
| | | 男 | 18 425 | 123 | 40 | 70 | 95 | 140 | 300 |
| | | 女 | 23 337 | 116 | 40 | 68 | 90 | 130 | 300 |
| | 农村 | 小计 | 49 212 | 131 | 50 | 80 | 106 | 150 | 300 |
| | | 男 | 22 813 | 133 | 50 | 80 | 110 | 160 | 300 |
| | | 女 | 26 399 | 128 | 50 | 80 | 100 | 150 | 280 |
| 东部 | 城乡 | 小计 | 30 886 | 126 | 40 | 70 | 100 | 150 | 300 |
| | | 男 | 13 780 | 130 | 40 | 72 | 100 | 150 | 320 |
| | | 女 | 17 106 | 123 | 40 | 70 | 100 | 150 | 300 |
| | 城市 | 小计 | 15 655 | 120 | 30 | 64 | 90 | 140 | 300 |
| | | 男 | 6 875 | 124 | 30 | 65 | 90 | 143 | 320 |
| | | 女 | 8 780 | 116 | 30 | 62 | 87 | 138 | 300 |
| | 农村 | 小计 | 15 231 | 132 | 50 | 80 | 100 | 150 | 300 |
| | | 男 | 6 905 | 136 | 52 | 80 | 100 | 160 | 320 |
| | | 女 | 8 326 | 129 | 50 | 80 | 100 | 150 | 300 |
| 中部 | 城乡 | 小计 | 29 015 | 123 | 40 | 70 | 100 | 150 | 280 |
| | | 男 | 13 208 | 126 | 40 | 75 | 100 | 150 | 300 |
| | | 女 | 15 807 | 120 | 40 | 70 | 100 | 140 | 260 |
| | 城市 | 小计 | 13 752 | 118 | 40 | 70 | 92 | 135 | 300 |
| | | 男 | 6 036 | 121 | 40 | 70 | 93 | 140 | 300 |
| | | 女 | 7 716 | 114 | 40 | 68 | 90 | 130 | 300 |

| 地区 | 城乡 | 性别 | n | 住宅面积 /（m²/ 户） | | | | | |
|---|---|---|---|---|---|---|---|---|---|
| | | | | Mean | P5 | P25 | P50 | P75 | P95 |
| 中部 | 农村 | 小计 | 15 263 | 126 | 40 | 80 | 100 | 150 | 270 |
| | | 男 | 7 172 | 129 | 40 | 80 | 110 | 150 | 300 |
| | | 女 | 8 091 | 123 | 40 | 75 | 100 | 150 | 260 |
| 西部 | 城乡 | 小计 | 31 073 | 129 | 51 | 80 | 110 | 150 | 280 |
| | | 男 | 14 250 | 131 | 50 | 80 | 110 | 150 | 300 |
| | | 女 | 16 823 | 127 | 51 | 80 | 110 | 150 | 270 |
| | 城市 | 小计 | 12 355 | 122 | 50 | 79 | 100 | 140 | 260 |
| | | 男 | 5 514 | 126 | 50 | 80 | 100 | 145 | 270 |
| | | 女 | 6 841 | 118 | 50 | 75 | 100 | 130 | 260 |
| | 农村 | 小计 | 18 718 | 134 | 60 | 85 | 120 | 160 | 290 |
| | | 男 | 8 736 | 135 | 55 | 80 | 120 | 160 | 300 |
| | | 女 | 9 982 | 133 | 60 | 89 | 120 | 156 | 280 |

## 附表 13-8　中国人群分片区、城乡、性别的住宅面积

| 地区 | 城乡 | 性别 | n | 住宅面积 /（m²/ 户） | | | | | |
|---|---|---|---|---|---|---|---|---|---|
| | | | | Mean | P5 | P25 | P50 | P75 | P95 |
| 合计 | 城乡 | 小计 | 90 974 | 126 | 40 | 76 | 100 | 150 | 300 |
| | | 男 | 41 238 | 129 | 42 | 80 | 100 | 150 | 300 |
| | | 女 | 49 736 | 123 | 40 | 75 | 100 | 150 | 300 |
| | 城市 | 小计 | 41 762 | 120 | 40 | 70 | 92 | 140 | 300 |
| | | 男 | 18 425 | 123 | 40 | 70 | 95 | 140 | 300 |
| | | 女 | 23 337 | 116 | 40 | 68 | 90 | 130 | 300 |
| | 农村 | 小计 | 49 212 | 131 | 50 | 80 | 106 | 150 | 300 |
| | | 男 | 22 813 | 133 | 50 | 80 | 110 | 160 | 300 |
| | | 女 | 26 399 | 128 | 50 | 80 | 100 | 150 | 280 |
| 华北 | 城乡 | 小计 | 18 085 | 107 | 40 | 66 | 90 | 120 | 220 |
| | | 男 | 7 994 | 107 | 40 | 70 | 90 | 120 | 220 |
| | | 女 | 10 091 | 107 | 40 | 64 | 90 | 120 | 220 |
| | 城市 | 小计 | 7 810 | 101 | 38 | 64 | 85 | 120 | 220 |
| | | 男 | 3 394 | 101 | 36 | 63 | 85 | 120 | 220 |
| | | 女 | 4 416 | 101 | 40 | 64 | 85 | 120 | 220 |
| | 农村 | 小计 | 10 275 | 111 | 40 | 70 | 100 | 130 | 220 |
| | | 男 | 4 600 | 111 | 50 | 70 | 100 | 130 | 220 |
| | | 女 | 5 675 | 111 | 40 | 65 | 100 | 130 | 210 |
| 华东 | 城乡 | 小计 | 22 906 | 143 | 44 | 80 | 102 | 182 | 350 |
| | | 男 | 10 411 | 148 | 45 | 80 | 110 | 200 | 360 |
| | | 女 | 12 495 | 139 | 42 | 80 | 100 | 180 | 320 |
| | 城市 | 小计 | 12 454 | 138 | 40 | 70 | 100 | 180 | 350 |
| | | 男 | 5 481 | 143 | 40 | 70 | 100 | 200 | 378 |
| | | 女 | 6 973 | 133 | 40 | 70 | 100 | 180 | 320 |
| | 农村 | 小计 | 10 452 | 148 | 60 | 80 | 120 | 200 | 350 |
| | | 男 | 4 930 | 153 | 60 | 80 | 120 | 200 | 360 |
| | | 女 | 5 522 | 144 | 55 | 80 | 110 | 180 | 330 |
| 华南 | 城乡 | 小计 | 15 141 | 135 | 40 | 80 | 120 | 165 | 300 |
| | | 男 | 7 008 | 139 | 40 | 80 | 120 | 180 | 300 |
| | | 女 | 8 133 | 130 | 40 | 80 | 120 | 160 | 280 |
| | 城市 | 小计 | 7 316 | 118 | 32 | 69 | 98 | 140 | 300 |
| | | 男 | 3 286 | 124 | 35 | 70 | 100 | 150 | 300 |
| | | 女 | 4 030 | 112 | 30 | 63 | 90 | 130 | 270 |
| | 农村 | 小计 | 7 825 | 147 | 57 | 100 | 120 | 180 | 300 |
| | | 男 | 3 722 | 151 | 50 | 100 | 125 | 180 | 300 |
| | | 女 | 4 103 | 144 | 60 | 100 | 120 | 180 | 280 |

| 地区 | 城乡 | 性别 | n | 住宅面积 / (m²/ 户) | | | | | |
|---|---|---|---|---|---|---|---|---|---|
| | | | | Mean | P5 | P25 | P50 | P75 | P95 |
| 西北 | 城乡 | 小计 | 11 267 | 108 | 50 | 79 | 100 | 120 | 200 |
| | | 男 | 5 078 | 109 | 50 | 80 | 100 | 120 | 200 |
| | | 女 | 6 189 | 107 | 50 | 75 | 100 | 120 | 200 |
| | 城市 | 小计 | 5 052 | 100 | 48 | 70 | 90 | 120 | 200 |
| | | 男 | 2 219 | 102 | 49 | 70 | 90 | 120 | 180 |
| | | 女 | 2 833 | 98 | 46 | 67 | 89 | 120 | 200 |
| | 农村 | 小计 | 6 215 | 114 | 60 | 80 | 100 | 136 | 200 |
| | | 男 | 2 859 | 114 | 60 | 80 | 100 | 140 | 200 |
| | | 女 | 3 356 | 114 | 60 | 80 | 100 | 130 | 200 |
| 东北 | 城乡 | 小计 | 10 175 | 80 | 40 | 60 | 80 | 90 | 120 |
| | | 男 | 4 631 | 81 | 40 | 60 | 80 | 93 | 125 |
| | | 女 | 5 544 | 79 | 40 | 60 | 78 | 90 | 120 |
| | 城市 | 小计 | 4 355 | 74 | 35 | 60 | 70 | 86 | 120 |
| | | 男 | 1 911 | 74 | 35 | 60 | 72 | 86 | 120 |
| | | 女 | 2 444 | 74 | 35 | 58 | 70 | 86 | 120 |
| | 农村 | 小计 | 5 820 | 83 | 40 | 60 | 80 | 100 | 130 |
| | | 男 | 2 720 | 85 | 40 | 60 | 80 | 100 | 130 |
| | | 女 | 3 100 | 82 | 40 | 60 | 80 | 96 | 130 |
| 西南 | 城乡 | 小计 | 13 400 | 143 | 60 | 90 | 120 | 180 | 300 |
| | | 男 | 6 116 | 147 | 60 | 90 | 120 | 180 | 300 |
| | | 女 | 7 284 | 140 | 60 | 90 | 120 | 165 | 300 |
| | 城市 | 小计 | 4 775 | 138 | 58 | 83 | 120 | 160 | 300 |
| | | 男 | 2 134 | 144 | 60 | 86 | 120 | 170 | 300 |
| | | 女 | 2 641 | 132 | 55 | 80 | 115 | 150 | 300 |
| | 农村 | 小计 | 8 625 | 147 | 60 | 100 | 120 | 180 | 300 |
| | | 男 | 3 982 | 149 | 60 | 100 | 120 | 180 | 300 |
| | | 女 | 4 643 | 144 | 60 | 100 | 120 | 180 | 300 |

## 附表 13-9　中国人群分省（直辖市、自治区）、城乡、性别的住宅面积

| 地区 | 城乡 | 性别 | n | 住宅面积 / (m²/ 户) | | | | | |
|---|---|---|---|---|---|---|---|---|---|
| | | | | Mean | P5 | P25 | P50 | P75 | P95 |
| 合计 | 城乡 | 小计 | 90 974 | 126 | 40 | 76 | 100 | 150 | 300 |
| | | 男 | 41 238 | 129 | 42 | 80 | 100 | 150 | 300 |
| | | 女 | 49 736 | 123 | 40 | 75 | 100 | 150 | 300 |
| | 城市 | 小计 | 41 762 | 120 | 40 | 70 | 92 | 140 | 300 |
| | | 男 | 18 425 | 123 | 40 | 70 | 95 | 140 | 300 |
| | | 女 | 23 337 | 116 | 40 | 68 | 90 | 130 | 300 |
| | 农村 | 小计 | 49 212 | 131 | 50 | 80 | 106 | 150 | 300 |
| | | 男 | 22 813 | 133 | 50 | 80 | 110 | 160 | 300 |
| | | 女 | 26 399 | 128 | 50 | 80 | 100 | 150 | 280 |
| 北京 | 城乡 | 小计 | 1 114 | 93 | 12 | 47 | 75 | 120 | 200 |
| | | 男 | 458 | 91 | 12 | 40 | 70 | 120 | 200 |
| | | 女 | 656 | 95 | 15 | 50 | 80 | 120 | 200 |
| | 城市 | 小计 | 840 | 75 | 12 | 36 | 60 | 96 | 200 |
| | | 男 | 354 | 71 | 12 | 30 | 57 | 90 | 200 |
| | | 女 | 486 | 79 | 13 | 40 | 65 | 100 | 200 |
| | 农村 | 小计 | 274 | 138 | 60 | 100 | 120 | 160 | 266 |
| | | 男 | 104 | 146 | 60 | 100 | 140 | 160 | 300 |
| | | 女 | 170 | 132 | 60 | 100 | 110 | 160 | 260 |
| 天津 | 城乡 | 小计 | 1 153 | 88 | 40 | 68 | 80 | 100 | 160 |
| | | 男 | 469 | 90 | 45 | 70 | 80 | 100 | 160 |
| | | 女 | 684 | 85 | 40 | 64 | 80 | 100 | 140 |
| | 城市 | 小计 | 864 | 85 | 39 | 60 | 80 | 100 | 160 |
| | | 男 | 335 | 87 | 40 | 60 | 80 | 100 | 160 |
| | | 女 | 529 | 82 | 39 | 60 | 80 | 95 | 140 |

| 地区 | 城乡 | 性别 | $n$ | 住宅面积 / （$m^2$/ 户） | | | | | |
|---|---|---|---|---|---|---|---|---|---|
| | | | | Mean | P5 | P25 | P50 | P75 | P95 |
| 天津 | 农村 | 小计 | 289 | 92 | 60 | 80 | 80 | 100 | 160 |
| | | 男 | 134 | 95 | 60 | 80 | 80 | 100 | 160 |
| | | 女 | 155 | 89 | 50 | 80 | 80 | 100 | 130 |
| 河北 | 城乡 | 小计 | 4 408 | 113 | 50 | 67 | 90 | 126 | 280 |
| | | 男 | 1 935 | 110 | 50 | 64 | 86 | 120 | 260 |
| | | 女 | 2 473 | 116 | 50 | 70 | 90 | 140 | 300 |
| | 城市 | 小计 | 1 830 | 100 | 48 | 70 | 85 | 110 | 220 |
| | | 男 | 829 | 97 | 48 | 70 | 85 | 110 | 200 |
| | | 女 | 1 001 | 103 | 50 | 70 | 86 | 110 | 240 |
| | 农村 | 小计 | 2 578 | 125 | 50 | 60 | 90 | 170 | 320 |
| | | 男 | 1 106 | 123 | 54 | 60 | 90 | 170 | 300 |
| | | 女 | 1 472 | 127 | 50 | 70 | 100 | 175 | 320 |
| 山西 | 城乡 | 小计 | 3 440 | 91 | 29 | 60 | 80 | 120 | 200 |
| | | 男 | 1 563 | 95 | 30 | 60 | 80 | 120 | 200 |
| | | 女 | 1 877 | 88 | 28 | 60 | 80 | 110 | 170 |
| | 城市 | 小计 | 1 046 | 97 | 30 | 60 | 80 | 108 | 300 |
| | | 男 | 479 | 100 | 28 | 60 | 80 | 115 | 300 |
| | | 女 | 567 | 94 | 30 | 60 | 80 | 100 | 240 |
| | 农村 | 小计 | 2 394 | 89 | 28 | 60 | 80 | 120 | 170 |
| | | 男 | 1 084 | 93 | 30 | 60 | 80 | 120 | 170 |
| | | 女 | 1 310 | 85 | 28 | 58 | 74 | 110 | 160 |
| 内蒙古 | 城乡 | 小计 | 3 047 | 83 | 46 | 60 | 80 | 92 | 130 |
| | | 男 | 1 470 | 82 | 42 | 60 | 80 | 93 | 140 |
| | | 女 | 1 577 | 83 | 49 | 60 | 80 | 90 | 120 |
| | 城市 | 小计 | 1 195 | 84 | 50 | 67 | 80 | 90 | 128 |
| | | 男 | 553 | 85 | 50 | 68 | 80 | 90 | 150 |
| | | 女 | 642 | 84 | 50 | 65 | 80 | 90 | 120 |
| | 农村 | 小计 | 1 852 | 81 | 40 | 60 | 80 | 96 | 130 |
| | | 男 | 917 | 81 | 40 | 60 | 80 | 95 | 120 |
| | | 女 | 935 | 82 | 45 | 60 | 80 | 100 | 150 |
| 辽宁 | 城乡 | 小计 | 3 377 | 89 | 50 | 70 | 80 | 100 | 140 |
| | | 男 | 1 448 | 90 | 50 | 70 | 80 | 100 | 140 |
| | | 女 | 1 929 | 87 | 50 | 70 | 80 | 100 | 140 |
| | 城市 | 小计 | 1 195 | 74 | 37 | 60 | 70 | 85 | 120 |
| | | 男 | 526 | 73 | 32 | 59 | 70 | 85 | 120 |
| | | 女 | 669 | 75 | 39 | 60 | 70 | 85 | 130 |
| | 农村 | 小计 | 2 182 | 94 | 60 | 72 | 85 | 100 | 150 |
| | | 男 | 922 | 96 | 60 | 75 | 90 | 100 | 150 |
| | | 女 | 1 260 | 91 | 60 | 70 | 80 | 100 | 140 |
| 吉林 | 城乡 | 小计 | 2 737 | 76 | 40 | 60 | 80 | 90 | 110 |
| | | 男 | 1 302 | 76 | 40 | 60 | 80 | 89 | 108 |
| | | 女 | 1 435 | 76 | 38 | 60 | 80 | 90 | 110 |
| | 城市 | 小计 | 1 571 | 73 | 30 | 60 | 76 | 88 | 110 |
| | | 男 | 704 | 74 | 32 | 60 | 80 | 86 | 110 |
| | | 女 | 867 | 73 | 29 | 57 | 75 | 90 | 110 |
| | 农村 | 小计 | 1 166 | 78 | 50 | 60 | 80 | 90 | 108 |
| | | 男 | 598 | 78 | 50 | 60 | 80 | 90 | 102 |
| | | 女 | 568 | 79 | 50 | 60 | 80 | 90 | 110 |
| 黑龙江 | 城乡 | 小计 | 4 061 | 71 | 40 | 53 | 70 | 84 | 120 |
| | | 男 | 1 881 | 73 | 40 | 57 | 70 | 85 | 120 |
| | | 女 | 2 180 | 70 | 40 | 50 | 65 | 80 | 120 |
| | 城市 | 小计 | 1 589 | 75 | 40 | 60 | 70 | 86 | 120 |
| | | 男 | 681 | 76 | 40 | 60 | 72 | 90 | 120 |
| | | 女 | 908 | 74 | 40 | 56 | 70 | 85 | 120 |
| | 农村 | 小计 | 2 472 | 69 | 40 | 50 | 60 | 80 | 120 |
| | | 男 | 1 200 | 71 | 40 | 50 | 65 | 84 | 120 |
| | | 女 | 1 272 | 68 | 40 | 50 | 60 | 80 | 110 |
| 上海 | 城乡 | 小计 | 1 157 | 105 | 15 | 40 | 93 | 150 | 240 |

| 地区 | 城乡 | 性别 | *n* | 住宅面积 /（$m^2$/ 户） | | | | | |
| --- | --- | --- | --- | --- | --- | --- | --- | --- | --- |
| | | | | Mean | P5 | P25 | P50 | P75 | P95 |
| 上海 | 城乡 | 男 | 538 | 107 | 14 | 40 | 93 | 164 | 250 |
| | | 女 | 619 | 103 | 15 | 40 | 93 | 144 | 240 |
| | 城市 | 小计 | 1 157 | 105 | 15 | 40 | 93 | 150 | 240 |
| | | 男 | 538 | 107 | 14 | 40 | 93 | 164 | 250 |
| | | 女 | 619 | 103 | 15 | 40 | 93 | 144 | 240 |
| 江苏 | 城乡 | 小计 | 3 471 | 167 | 48 | 95 | 140 | 220 | 356 |
| | | 男 | 1 586 | 177 | 50 | 100 | 150 | 240 | 400 |
| | | 女 | 1 885 | 158 | 42 | 90 | 130 | 200 | 330 |
| | 城市 | 小计 | 2 312 | 175 | 50 | 98 | 150 | 240 | 360 |
| | | 男 | 1 067 | 184 | 50 | 100 | 160 | 250 | 400 |
| | | 女 | 1 245 | 165 | 47 | 90 | 139 | 220 | 350 |
| | 农村 | 小计 | 1 159 | 152 | 42 | 90 | 120 | 200 | 350 |
| | | 男 | 519 | 160 | 50 | 100 | 120 | 200 | 360 |
| | | 女 | 640 | 143 | 40 | 80 | 120 | 200 | 300 |
| 浙江 | 城乡 | 小计 | 3 422 | 186 | 50 | 100 | 150 | 240 | 420 |
| | | 男 | 1 596 | 188 | 50 | 95 | 150 | 240 | 480 |
| | | 女 | 1 826 | 183 | 51 | 100 | 150 | 240 | 400 |
| | 城市 | 小计 | 1 184 | 136 | 41 | 63 | 100 | 160 | 360 |
| | | 男 | 536 | 134 | 40 | 60 | 92 | 150 | 360 |
| | | 女 | 648 | 139 | 43 | 65 | 100 | 180 | 400 |
| | 农村 | 小计 | 2 238 | 210 | 80 | 120 | 180 | 260 | 480 |
| | | 男 | 1 060 | 214 | 80 | 120 | 180 | 280 | 500 |
| | | 女 | 1 178 | 205 | 80 | 120 | 170 | 250 | 420 |
| 安徽 | 城乡 | 小计 | 3 482 | 134 | 50 | 80 | 113 | 170 | 300 |
| | | 男 | 1 539 | 139 | 50 | 80 | 120 | 180 | 300 |
| | | 女 | 1 943 | 130 | 50 | 76 | 100 | 160 | 300 |
| | 城市 | 小计 | 1 883 | 126 | 48 | 68 | 100 | 150 | 300 |
| | | 男 | 786 | 130 | 50 | 68 | 100 | 160 | 300 |
| | | 女 | 1 097 | 122 | 46 | 68 | 100 | 150 | 300 |
| | 农村 | 小计 | 1 599 | 139 | 60 | 80 | 120 | 180 | 300 |
| | | 男 | 753 | 144 | 60 | 80 | 120 | 200 | 300 |
| | | 女 | 846 | 134 | 55 | 80 | 120 | 170 | 280 |
| 福建 | 城乡 | 小计 | 2 869 | 207 | 70 | 120 | 180 | 290 | 450 |
| | | 男 | 1 284 | 217 | 63 | 120 | 200 | 300 | 500 |
| | | 女 | 1 585 | 198 | 70 | 113 | 180 | 260 | 400 |
| | 城市 | 小计 | 1 490 | 226 | 70 | 120 | 200 | 300 | 500 |
| | | 男 | 634 | 239 | 65 | 120 | 200 | 300 | 500 |
| | | 女 | 856 | 215 | 70 | 120 | 200 | 300 | 450 |
| | 农村 | 小计 | 1 379 | 188 | 70 | 100 | 150 | 250 | 400 |
| | | 男 | 650 | 196 | 60 | 110 | 150 | 260 | 400 |
| | | 女 | 729 | 181 | 75 | 100 | 150 | 240 | 351 |
| 江西 | 城乡 | 小计 | 2 917 | 144 | 50 | 80 | 120 | 165 | 350 |
| | | 男 | 1 376 | 141 | 52 | 80 | 120 | 160 | 330 |
| | | 女 | 1 541 | 146 | 50 | 80 | 120 | 180 | 360 |
| | 城市 | 小计 | 1 720 | 130 | 46 | 80 | 110 | 150 | 300 |
| | | 男 | 795 | 132 | 46 | 80 | 110 | 150 | 300 |
| | | 女 | 925 | 129 | 45 | 80 | 100 | 150 | 300 |
| | 农村 | 小计 | 1 197 | 158 | 60 | 95 | 120 | 200 | 360 |
| | | 男 | 581 | 152 | 60 | 90 | 120 | 180 | 360 |
| | | 女 | 616 | 165 | 60 | 100 | 120 | 210 | 360 |
| 山东 | 城乡 | 小计 | 5 588 | 82 | 40 | 60 | 80 | 90 | 140 |
| | | 男 | 2 492 | 84 | 40 | 60 | 80 | 98 | 150 |
| | | 女 | 3 096 | 80 | 40 | 60 | 80 | 90 | 130 |
| | 城市 | 小计 | 2 708 | 78 | 38 | 60 | 75 | 87 | 132 |
| | | 男 | 1 125 | 79 | 38 | 60 | 75 | 90 | 140 |
| | | 女 | 1 583 | 76 | 36 | 60 | 75 | 85 | 128 |
| | 农村 | 小计 | 2 880 | 86 | 40 | 60 | 80 | 100 | 150 |
| | | 男 | 1 367 | 89 | 40 | 70 | 80 | 100 | 160 |

| 地区 | 城乡 | 性别 | n | 住宅面积 / （m²/ 户） | | | | | |
|---|---|---|---|---|---|---|---|---|---|
| | | | | Mean | P5 | P25 | P50 | P75 | P95 |
| 山东 | 农村 | 女 | 1 513 | 83 | 40 | 60 | 80 | 100 | 130 |
| 河南 | 城乡 | 小计 | 4 923 | 123 | 50 | 80 | 100 | 140 | 240 |
| | | 男 | 2 099 | 124 | 53 | 90 | 110 | 140 | 240 |
| | | 女 | 2 824 | 122 | 45 | 80 | 100 | 140 | 240 |
| | 城市 | 小计 | 2 035 | 129 | 51 | 80 | 108 | 150 | 278 |
| | | 男 | 844 | 134 | 53 | 80 | 108 | 150 | 300 |
| | | 女 | 1 191 | 125 | 50 | 80 | 107 | 140 | 260 |
| | 农村 | 小计 | 2 888 | 120 | 50 | 80 | 100 | 140 | 200 |
| | | 男 | 1 255 | 120 | 60 | 90 | 110 | 140 | 200 |
| | | 女 | 1 633 | 120 | 40 | 80 | 100 | 140 | 210 |
| 湖北 | 城乡 | 小计 | 3 411 | 130 | 45 | 80 | 120 | 180 | 270 |
| | | 男 | 1 606 | 132 | 45 | 80 | 120 | 180 | 260 |
| | | 女 | 1 805 | 128 | 45 | 80 | 110 | 168 | 280 |
| | 城市 | 小计 | 2 384 | 122 | 40 | 70 | 97 | 160 | 300 |
| | | 男 | 1 129 | 124 | 40 | 70 | 100 | 178 | 300 |
| | | 女 | 1 255 | 120 | 40 | 70 | 92 | 150 | 300 |
| | 农村 | 小计 | 1 027 | 144 | 60 | 105 | 134 | 180 | 240 |
| | | 男 | 477 | 146 | 64 | 120 | 140 | 180 | 250 |
| | | 女 | 550 | 141 | 60 | 100 | 128 | 180 | 230 |
| 湖南 | 城乡 | 小计 | 4 044 | 161 | 50 | 100 | 130 | 200 | 380 |
| | | 男 | 1 842 | 167 | 50 | 100 | 130 | 200 | 400 |
| | | 女 | 2 202 | 155 | 56 | 100 | 130 | 200 | 350 |
| | 城市 | 小计 | 1 524 | 149 | 50 | 80 | 120 | 170 | 400 |
| | | 男 | 618 | 157 | 50 | 80 | 120 | 200 | 400 |
| | | 女 | 906 | 141 | 50 | 80 | 115 | 150 | 360 |
| | 农村 | 小计 | 2 520 | 166 | 60 | 100 | 140 | 200 | 360 |
| | | 男 | 1 224 | 171 | 50 | 100 | 140 | 200 | 400 |
| | | 女 | 1 296 | 161 | 60 | 100 | 140 | 200 | 300 |
| 广东 | 城乡 | 小计 | 3 245 | 120 | 31 | 76 | 110 | 150 | 250 |
| | | 男 | 1 460 | 126 | 40 | 80 | 116 | 150 | 250 |
| | | 女 | 1 785 | 115 | 30 | 70 | 100 | 150 | 240 |
| | 城市 | 小计 | 1748 | 97 | 25 | 56 | 80 | 120 | 220 |
| | | 男 | 777 | 107 | 27 | 65 | 90 | 128 | 240 |
| | | 女 | 971 | 89 | 24 | 50 | 77 | 110 | 200 |
| | 农村 | 小计 | 1 497 | 145 | 71 | 100 | 130 | 180 | 260 |
| | | 男 | 683 | 147 | 75 | 100 | 130 | 180 | 260 |
| | | 女 | 814 | 143 | 70 | 100 | 128 | 170 | 250 |
| 广西 | 城乡 | 小计 | 3 359 | 138 | 42 | 90 | 120 | 160 | 300 |
| | | 男 | 1 586 | 139 | 40 | 90 | 120 | 180 | 300 |
| | | 女 | 1 773 | 137 | 47 | 90 | 120 | 160 | 270 |
| | 城市 | 小计 | 1 333 | 125 | 40 | 78 | 100 | 150 | 250 |
| | | 男 | 608 | 125 | 40 | 76 | 100 | 150 | 300 |
| | | 女 | 725 | 124 | 40 | 78 | 100 | 150 | 250 |
| | 农村 | 小计 | 2 026 | 143 | 60 | 100 | 120 | 170 | 300 |
| | | 男 | 978 | 145 | 60 | 100 | 120 | 180 | 300 |
| | | 女 | 1 048 | 142 | 60 | 100 | 120 | 160 | 280 |
| 海南 | 城乡 | 小计 | 1 082 | 89 | 30 | 60 | 88 | 120 | 150 |
| | | 男 | 514 | 92 | 30 | 60 | 90 | 120 | 160 |
| | | 女 | 568 | 87 | 20 | 50 | 80 | 120 | 150 |
| | 城市 | 小计 | 327 | 94 | 30 | 60 | 90 | 120 | 180 |
| | | 男 | 154 | 101 | 40 | 65 | 100 | 120 | 200 |
| | | 女 | 173 | 86 | 22 | 60 | 80 | 110 | 150 |
| | 农村 | 小计 | 755 | 87 | 25 | 50 | 85 | 120 | 150 |
| | | 男 | 360 | 88 | 30 | 50 | 90 | 120 | 150 |
| | | 女 | 395 | 87 | 20 | 50 | 80 | 120 | 150 |
| 重庆 | 城乡 | 小计 | 969 | 154 | 60 | 98 | 130 | 200 | 300 |
| | | 男 | 413 | 154 | 60 | 98 | 130 | 200 | 300 |
| | | 女 | 556 | 154 | 60 | 98 | 130 | 200 | 300 |

| 地区 | 城乡 | 性别 | n | 住宅面积 / （$m^2$/ 户） | | | | | |
|---|---|---|---|---|---|---|---|---|---|
| | | | | Mean | P5 | P25 | P50 | P75 | P95 |
| 重庆 | 城市 | 小计 | 476 | 133 | 55 | 80 | 120 | 170 | 280 |
| | | 男 | 224 | 140 | 60 | 87 | 127 | 180 | 280 |
| | | 女 | 252 | 126 | 50 | 78 | 110 | 150 | 270 |
| | 农村 | 小计 | 493 | 175 | 80 | 120 | 160 | 220 | 300 |
| | | 男 | 189 | 173 | 70 | 120 | 150 | 210 | 300 |
| | | 女 | 304 | 177 | 80 | 120 | 180 | 220 | 300 |
| 四川 | 城乡 | 小计 | 4 580 | 131 | 58 | 90 | 120 | 150 | 240 |
| | | 男 | 2 095 | 133 | 52 | 90 | 120 | 150 | 240 |
| | | 女 | 2 485 | 129 | 60 | 90 | 120 | 150 | 240 |
| | 城市 | 小计 | 1 940 | 132 | 60 | 87 | 120 | 150 | 240 |
| | | 男 | 866 | 138 | 60 | 90 | 120 | 160 | 240 |
| | | 女 | 1 074 | 127 | 60 | 82 | 118 | 150 | 240 |
| | 农村 | 小计 | 2 640 | 130 | 50 | 100 | 120 | 150 | 240 |
| | | 男 | 1 229 | 130 | 50 | 90 | 120 | 150 | 250 |
| | | 女 | 1 411 | 130 | 60 | 100 | 120 | 150 | 230 |
| 贵州 | 城乡 | 小计 | 2 853 | 134 | 60 | 87 | 110 | 150 | 300 |
| | | 男 | 1 334 | 138 | 60 | 90 | 110 | 152 | 300 |
| | | 女 | 1 519 | 129 | 60 | 86 | 110 | 150 | 280 |
| | 城市 | 小计 | 1 060 | 121 | 55 | 80 | 100 | 129 | 280 |
| | | 男 | 498 | 124 | 55 | 80 | 100 | 130 | 300 |
| | | 女 | 562 | 117 | 55 | 80 | 100 | 124 | 250 |
| | 农村 | 小计 | 1 793 | 147 | 60 | 100 | 120 | 180 | 300 |
| | | 男 | 836 | 153 | 60 | 100 | 120 | 200 | 300 |
| | | 女 | 957 | 140 | 60 | 96 | 120 | 160 | 300 |
| 云南 | 城乡 | 小计 | 3 470 | 157 | 60 | 95 | 120 | 200 | 360 |
| | | 男 | 1 656 | 164 | 60 | 95 | 120 | 200 | 400 |
| | | 女 | 1 814 | 150 | 60 | 95 | 120 | 180 | 350 |
| | 城市 | 小计 | 914 | 176 | 60 | 100 | 120 | 240 | 400 |
| | | 男 | 420 | 186 | 60 | 100 | 140 | 240 | 400 |
| | | 女 | 494 | 166 | 60 | 95 | 120 | 200 | 360 |
| | 农村 | 小计 | 2 556 | 150 | 60 | 90 | 120 | 180 | 360 |
| | | 男 | 1 236 | 155 | 60 | 90 | 120 | 200 | 360 |
| | | 女 | 1 320 | 143 | 60 | 95 | 120 | 170 | 300 |
| 西藏 | 城乡 | 小计 | 1 528 | 231 | 36 | 100 | 220 | 340 | 420 |
| | | 男 | 618 | 247 | 36 | 112 | 272 | 350 | 424 |
| | | 女 | 910 | 217 | 36 | 96 | 200 | 320 | 406 |
| | 城市 | 小计 | 385 | 98 | 24 | 37 | 58 | 120 | 300 |
| | | 男 | 126 | 105 | 24 | 38 | 60 | 144 | 300 |
| | | 女 | 259 | 93 | 24 | 37 | 52 | 120 | 300 |
| | 农村 | 小计 | 1 143 | 270 | 80 | 150 | 290 | 350 | 450 |
| | | 男 | 492 | 280 | 80 | 150 | 300 | 350 | 450 |
| | | 女 | 651 | 260 | 80 | 136 | 280 | 340 | 450 |
| 陕西 | 城乡 | 小计 | 2 868 | 135 | 60 | 87 | 120 | 160 | 270 |
| | | 男 | 1 298 | 134 | 60 | 80 | 120 | 150 | 260 |
| | | 女 | 1 570 | 135 | 60 | 90 | 120 | 160 | 280 |
| | 城市 | 小计 | 1 331 | 136 | 54 | 80 | 120 | 158 | 280 |
| | | 男 | 587 | 140 | 50 | 80 | 120 | 150 | 260 |
| | | 女 | 744 | 132 | 55 | 80 | 120 | 160 | 280 |
| | 农村 | 小计 | 1 537 | 134 | 60 | 90 | 120 | 160 | 268 |
| | | 男 | 711 | 130 | 60 | 90 | 120 | 150 | 260 |
| | | 女 | 826 | 138 | 60 | 90 | 120 | 180 | 268 |
| 甘肃 | 城乡 | 小计 | 2 869 | 113 | 60 | 80 | 100 | 140 | 200 |
| | | 男 | 1 289 | 114 | 60 | 80 | 100 | 140 | 200 |
| | | 女 | 1 580 | 111 | 60 | 80 | 100 | 140 | 200 |
| | 城市 | 小计 | 799 | 110 | 48 | 80 | 100 | 125 | 200 |
| | | 男 | 365 | 108 | 46 | 80 | 100 | 120 | 200 |
| | | 女 | 434 | 112 | 49 | 80 | 100 | 130 | 200 |
| | 农村 | 小计 | 2 070 | 114 | 60 | 80 | 100 | 140 | 200 |

| 地区 | 城乡 | 性别 | n | 住宅面积 /（m²/ 户） | | | | | |
|---|---|---|---|---|---|---|---|---|---|
| | | | | Mean | P5 | P25 | P50 | P75 | P95 |
| 甘肃 | 农村 | 男 | 924 | 116 | 60 | 80 | 100 | 150 | 200 |
| | | 女 | 1 146 | 111 | 60 | 80 | 100 | 140 | 200 |
| 青海 | 城乡 | 小计 | 1591 | 97 | 50 | 67 | 85 | 106 | 160 |
| | | 男 | 690 | 101 | 50 | 67 | 84 | 120 | 180 |
| | | 女 | 901 | 93 | 49 | 66 | 85 | 106 | 160 |
| | 城市 | 小计 | 666 | 86 | 48 | 60 | 75 | 92 | 150 |
| | | 男 | 296 | 90 | 50 | 64 | 75 | 93 | 160 |
| | | 女 | 370 | 81 | 45 | 60 | 75 | 90 | 120 |
| | 农村 | 小计 | 925 | 122 | 60 | 90 | 120 | 140 | 200 |
| | | 男 | 394 | 128 | 60 | 100 | 120 | 140 | 200 |
| | | 女 | 531 | 118 | 60 | 90 | 100 | 120 | 200 |
| 宁夏 | 城乡 | 小计 | 1 135 | 98 | 50 | 78 | 94 | 120 | 160 |
| | | 男 | 537 | 100 | 55 | 80 | 97 | 120 | 160 |
| | | 女 | 598 | 96 | 49 | 71 | 90 | 120 | 160 |
| | 城市 | 小计 | 1 037 | 96 | 50 | 75 | 92 | 120 | 153 |
| | | 男 | 487 | 97 | 54 | 80 | 95 | 120 | 160 |
| | | 女 | 550 | 94 | 46 | 70 | 90 | 115 | 150 |
| | 农村 | 小计 | 98 | 118 | 60 | 90 | 120 | 140 | 180 |
| | | 男 | 50 | 123 | 80 | 100 | 120 | 140 | 200 |
| | | 女 | 48 | 111 | 60 | 80 | 120 | 120 | 160 |
| 新疆 | 城乡 | 小计 | 2 804 | 98 | 45 | 70 | 97 | 120 | 160 |
| | | 男 | 1 264 | 99 | 45 | 80 | 100 | 120 | 160 |
| | | 女 | 1 540 | 97 | 40 | 67 | 86 | 110 | 160 |
| | 城市 | 小计 | 1 219 | 83 | 42 | 60 | 80 | 100 | 140 |
| | | 男 | 484 | 86 | 45 | 60 | 80 | 100 | 140 |
| | | 女 | 735 | 81 | 42 | 60 | 77 | 100 | 140 |
| | 农村 | 小计 | 1 585 | 105 | 48 | 80 | 100 | 120 | 180 |
| | | 男 | 780 | 105 | 50 | 80 | 100 | 120 | 180 |
| | | 女 | 805 | 106 | 40 | 80 | 100 | 120 | 180 |

## 附表 13-10　中国人群分东中西、城乡、性别的取暖时间

| 地区 | 城乡 | 性别 | n | 取暖时间 /（d/a） | | | | | |
|---|---|---|---|---|---|---|---|---|---|
| | | | | Mean | P5 | P25 | P50 | P75 | P95 |
| 合计 | 城乡 | 小计 | 90 769 | 69 | 0 | 0 | 60 | 120 | 180 |
| | | 男 | 41 134 | 69 | 0 | 0 | 60 | 120 | 180 |
| | | 女 | 49 635 | 70 | 0 | 0 | 60 | 120 | 180 |
| | 城市 | 小计 | 41 559 | 70 | 0 | 0 | 60 | 120 | 180 |
| | | 男 | 18 323 | 70 | 0 | 0 | 60 | 120 | 180 |
| | | 女 | 23 236 | 70 | 0 | 0 | 60 | 120 | 180 |
| | 农村 | 小计 | 49 210 | 69 | 0 | 0 | 70 | 120 | 180 |
| | | 男 | 22 811 | 69 | 0 | 0 | 70 | 120 | 180 |
| | | 女 | 26 399 | 69 | 0 | 0 | 72 | 120 | 180 |
| 东部 | 城乡 | 小计 | 30 903 | 61 | 0 | 0 | 60 | 120 | 150 |
| | | 男 | 13 781 | 62 | 0 | 0 | 60 | 120 | 150 |
| | | 女 | 17 122 | 61 | 0 | 0 | 60 | 120 | 150 |
| | 城市 | 小计 | 15 658 | 63 | 0 | 0 | 60 | 120 | 150 |
| | | 男 | 6 875 | 64 | 0 | 0 | 60 | 120 | 150 |
| | | 女 | 8 783 | 63 | 0 | 0 | 60 | 120 | 150 |
| | 农村 | 小计 | 15 245 | 59 | 0 | 0 | 60 | 110 | 150 |
| | | 男 | 6 906 | 59 | 0 | 0 | 60 | 110 | 150 |
| | | 女 | 8 339 | 59 | 0 | 0 | 60 | 115 | 150 |

| 地区 | 城乡 | 性别 | n | 取暖时间 /（d/a） | | | | | |
|---|---|---|---|---|---|---|---|---|---|
| | | | | Mean | P5 | P25 | P50 | P75 | P95 |
| 中部 | 城乡 | 小计 | 28 806 | 71 | 0 | 0 | 60 | 120 | 180 |
| | | 男 | 13 105 | 70 | 0 | 0 | 60 | 120 | 180 |
| | | 女 | 15 701 | 72 | 0 | 0 | 60 | 120 | 180 |
| | 城市 | 小计 | 13 552 | 68 | 0 | 0 | 60 | 120 | 180 |
| | | 男 | 5 937 | 66 | 0 | 0 | 60 | 120 | 180 |
| | | 女 | 7 615 | 70 | 0 | 0 | 60 | 120 | 180 |
| | 农村 | 小计 | 15 254 | 73 | 0 | 0 | 90 | 120 | 180 |
| | | 男 | 7 168 | 73 | 0 | 0 | 90 | 120 | 180 |
| | | 女 | 8 086 | 74 | 0 | 0 | 90 | 120 | 180 |
| 西部 | 城乡 | 小计 | 31 060 | 79 | 0 | 0 | 90 | 120 | 180 |
| | | 男 | 14 248 | 78 | 0 | 0 | 90 | 120 | 180 |
| | | 女 | 16 812 | 80 | 0 | 0 | 90 | 130 | 180 |
| | 城市 | 小计 | 12 349 | 85 | 0 | 0 | 90 | 150 | 180 |
| | | 男 | 5 511 | 83 | 0 | 0 | 90 | 150 | 180 |
| | | 女 | 6 838 | 87 | 0 | 0 | 90 | 150 | 180 |
| | 农村 | 小计 | 18 711 | 75 | 0 | 0 | 90 | 120 | 180 |
| | | 男 | 8 737 | 75 | 0 | 0 | 90 | 120 | 180 |
| | | 女 | 9 974 | 75 | 0 | 0 | 90 | 120 | 180 |

## 附表 13-11　中国人群分片区、城乡、性别的取暖时间

| 地区 | 城乡 | 性别 | n | 取暖时间 /（d/a） | | | | | |
|---|---|---|---|---|---|---|---|---|---|
| | | | | Mean | P5 | P25 | P50 | P75 | P95 |
| 合计 | 城乡 | 小计 | 90 769 | 69 | 0 | 0 | 60 | 120 | 180 |
| | | 男 | 41 134 | 69 | 0 | 0 | 60 | 120 | 180 |
| | | 女 | 49 635 | 70 | 0 | 0 | 60 | 120 | 180 |
| | 城市 | 小计 | 41 559 | 70 | 0 | 0 | 60 | 120 | 180 |
| | | 男 | 18 323 | 70 | 0 | 0 | 60 | 120 | 180 |
| | | 女 | 23 236 | 70 | 0 | 0 | 60 | 120 | 180 |
| | 农村 | 小计 | 49 210 | 69 | 0 | 0 | 70 | 120 | 180 |
| | | 男 | 22 811 | 69 | 0 | 0 | 70 | 120 | 180 |
| | | 女 | 26 399 | 69 | 0 | 0 | 72 | 120 | 180 |
| 华北 | 城乡 | 小计 | 18 082 | 99 | 0 | 70 | 110 | 150 | 180 |
| | | 男 | 7 991 | 100 | 0 | 70 | 120 | 150 | 180 |
| | | 女 | 10 091 | 99 | 0 | 60 | 110 | 150 | 180 |
| | 城市 | 小计 | 7 809 | 114 | 0 | 90 | 120 | 150 | 180 |
| | | 男 | 3 392 | 116 | 0 | 90 | 120 | 150 | 180 |
| | | 女 | 4 417 | 113 | 0 | 90 | 120 | 150 | 180 |
| | 农村 | 小计 | 10 273 | 89 | 0 | 50 | 90 | 121 | 180 |
| | | 男 | 4 599 | 89 | 0 | 30 | 90 | 130 | 180 |
| | | 女 | 5 674 | 90 | 0 | 60 | 90 | 120 | 180 |
| 华东 | 城乡 | 小计 | 22 725 | 38 | 0 | 0 | 10 | 75 | 120 |
| | | 男 | 10 318 | 38 | 0 | 0 | 10 | 70 | 120 |
| | | 女 | 12 407 | 38 | 0 | 0 | 10 | 80 | 120 |
| | 城市 | 小计 | 12 253 | 44 | 0 | 0 | 30 | 90 | 135 |
| | | 男 | 5 385 | 43 | 0 | 0 | 30 | 90 | 135 |
| | | 女 | 6 868 | 44 | 0 | 0 | 30 | 90 | 140 |
| | 农村 | 小计 | 10 472 | 32 | 0 | 0 | 0 | 60 | 120 |
| | | 男 | 4 933 | 32 | 0 | 0 | 0 | 60 | 120 |
| | | 女 | 5 539 | 31 | 0 | 0 | 0 | 60 | 120 |
| 华南 | 城乡 | 小计 | 15 136 | 38 | 0 | 0 | 0 | 75 | 120 |
| | | 男 | 7 005 | 38 | 0 | 0 | 0 | 80 | 120 |

| 地区 | 城乡 | 性别 | n | 取暖时间 / (d/a) | | | | | |
|---|---|---|---|---|---|---|---|---|---|
| | | | | Mean | P5 | P25 | P50 | P75 | P95 |
| 华南 | 城乡 | 女 | 8 131 | 38 | 0 | 0 | 0 | 75 | 120 |
| | 城市 | 小计 | 7 318 | 25 | 0 | 0 | 0 | 60 | 90 |
| | | 男 | 3 285 | 24 | 0 | 0 | 0 | 57 | 90 |
| | | 女 | 4 033 | 25 | 0 | 0 | 0 | 60 | 90 |
| | 农村 | 小计 | 7 818 | 48 | 0 | 0 | 30 | 90 | 150 |
| | | 男 | 3 720 | 49 | 0 | 0 | 30 | 90 | 150 |
| | | 女 | 4 098 | 47 | 0 | 0 | 25 | 90 | 150 |
| 西北 | 城乡 | 小计 | 11 260 | 141 | 90 | 120 | 150 | 180 | 190 |
| | | 男 | 5 075 | 140 | 90 | 120 | 150 | 165 | 180 |
| | | 女 | 6 185 | 142 | 90 | 120 | 150 | 180 | 195 |
| | 城市 | 小计 | 5 049 | 148 | 90 | 120 | 150 | 180 | 180 |
| | | 男 | 2 217 | 147 | 90 | 120 | 150 | 180 | 180 |
| | | 女 | 2 832 | 149 | 90 | 120 | 150 | 180 | 180 |
| | 农村 | 小计 | 6 211 | 135 | 60 | 120 | 120 | 160 | 210 |
| | | 男 | 2 858 | 134 | 60 | 120 | 120 | 150 | 210 |
| | | 女 | 3 353 | 136 | 60 | 120 | 120 | 160 | 210 |
| 东北 | 城乡 | 小计 | 10 167 | 146 | 90 | 120 | 150 | 180 | 180 |
| | | 男 | 4 629 | 145 | 90 | 120 | 150 | 180 | 180 |
| | | 女 | 5 538 | 146 | 90 | 120 | 150 | 180 | 180 |
| | 城市 | 小计 | 4 355 | 161 | 120 | 150 | 150 | 180 | 210 |
| | | 男 | 1 911 | 159 | 120 | 150 | 150 | 180 | 195 |
| | | 女 | 2 444 | 162 | 120 | 150 | 150 | 180 | 210 |
| | 农村 | 小计 | 5 812 | 137 | 90 | 120 | 120 | 180 | 180 |
| | | 男 | 2 718 | 138 | 90 | 120 | 130 | 180 | 180 |
| | | 女 | 3 094 | 137 | 90 | 120 | 120 | 165 | 180 |
| 西南 | 城乡 | 小计 | 13 399 | 51 | 0 | 0 | 30 | 90 | 150 |
| | | 男 | 6 116 | 50 | 0 | 0 | 30 | 90 | 150 |
| | | 女 | 7 283 | 52 | 0 | 0 | 30 | 90 | 150 |
| | 城市 | 小计 | 4 775 | 51 | 0 | 0 | 30 | 90 | 150 |
| | | 男 | 2 133 | 49 | 0 | 0 | 30 | 90 | 150 |
| | | 女 | 2 642 | 52 | 0 | 0 | 47 | 90 | 150 |
| | 农村 | 小计 | 8 624 | 51 | 0 | 0 | 30 | 90 | 150 |
| | | 男 | 3 983 | 50 | 0 | 0 | 30 | 90 | 150 |
| | | 女 | 4 641 | 51 | 0 | 0 | 30 | 90 | 150 |

## 附表 13-12 中国人群分省（直辖市、自治区）、城乡、性别的取暖时间

| 地区 | 城乡 | 性别 | n | 取暖时间 / (d/a) | | | | | |
|---|---|---|---|---|---|---|---|---|---|
| | | | | Mean | P5 | P25 | P50 | P75 | P95 |
| 合计 | 城乡 | 小计 | 90 769 | 69 | 0 | 0 | 60 | 120 | 180 |
| | | 男 | 41 134 | 69 | 0 | 0 | 60 | 120 | 180 |
| | | 女 | 49 635 | 70 | 0 | 0 | 60 | 120 | 180 |
| | 城市 | 小计 | 41 559 | 70 | 0 | 0 | 60 | 120 | 180 |
| | | 男 | 18 323 | 70 | 0 | 0 | 60 | 120 | 180 |
| | | 女 | 23 236 | 70 | 0 | 0 | 60 | 120 | 180 |
| | 农村 | 小计 | 49 210 | 69 | 0 | 0 | 70 | 120 | 180 |
| | | 男 | 22 811 | 69 | 0 | 0 | 70 | 120 | 180 |
| | | 女 | 26 399 | 69 | 0 | 0 | 72 | 120 | 180 |
| 北京 | 城乡 | 小计 | 1 113 | 114 | 70 | 105 | 120 | 120 | 150 |
| | | 男 | 457 | 114 | 75 | 105 | 120 | 120 | 150 |
| | | 女 | 656 | 114 | 60 | 90 | 120 | 120 | 150 |
| | 城市 | 小计 | 839 | 120 | 90 | 120 | 120 | 120 | 150 |
| | | 男 | 353 | 119 | 90 | 120 | 120 | 120 | 150 |

| 地区 | 城乡 | 性别 | $n$ | 取暖时间 / （d/a） | | | | | |
|---|---|---|---|---|---|---|---|---|---|
| | | | | Mean | P5 | P25 | P50 | P75 | P95 |
| 北京 | 城市 | 女 | 486 | 122 | 90 | 120 | 120 | 120 | 150 |
| | 农村 | 小计 | 274 | 98 | 60 | 90 | 90 | 120 | 135 |
| | | 男 | 104 | 100 | 60 | 90 | 90 | 120 | 135 |
| | | 女 | 170 | 97 | 60 | 90 | 90 | 120 | 120 |
| 天津 | 城乡 | 小计 | 1 151 | 107 | 60 | 90 | 120 | 120 | 135 |
| | | 男 | 468 | 105 | 60 | 90 | 110 | 120 | 140 |
| | | 女 | 683 | 108 | 60 | 90 | 120 | 120 | 135 |
| | 城市 | 小计 | 862 | 112 | 90 | 105 | 120 | 120 | 135 |
| | | 男 | 334 | 109 | 60 | 90 | 120 | 120 | 135 |
| | | 女 | 528 | 116 | 90 | 110 | 120 | 120 | 135 |
| | 农村 | 小计 | 289 | 97 | 60 | 90 | 90 | 120 | 140 |
| | | 男 | 134 | 99 | 60 | 90 | 90 | 120 | 140 |
| | | 女 | 155 | 95 | 60 | 90 | 90 | 105 | 130 |
| 河北 | 城乡 | 小计 | 4 408 | 129 | 75 | 90 | 150 | 150 | 180 |
| | | 男 | 1 935 | 130 | 75 | 90 | 150 | 150 | 180 |
| | | 女 | 2 473 | 128 | 80 | 90 | 135 | 150 | 180 |
| | 城市 | 小计 | 1 830 | 136 | 80 | 130 | 150 | 150 | 150 |
| | | 男 | 829 | 138 | 80 | 135 | 150 | 150 | 150 |
| | | 女 | 1 001 | 135 | 80 | 120 | 150 | 150 | 150 |
| | 农村 | 小计 | 2 578 | 122 | 75 | 90 | 120 | 150 | 180 |
| | | 男 | 1 106 | 122 | 75 | 90 | 120 | 150 | 185 |
| | | 女 | 1 472 | 122 | 90 | 90 | 120 | 150 | 180 |
| 山西 | 城乡 | 小计 | 3 439 | 134 | 90 | 120 | 135 | 150 | 180 |
| | | 男 | 1 562 | 133 | 90 | 120 | 135 | 150 | 180 |
| | | 女 | 1 877 | 136 | 90 | 120 | 140 | 150 | 180 |
| | 城市 | 小计 | 1 045 | 139 | 90 | 120 | 150 | 150 | 150 |
| | | 男 | 478 | 139 | 90 | 120 | 150 | 150 | 150 |
| | | 女 | 567 | 139 | 100 | 120 | 150 | 150 | 150 |
| | 农村 | 小计 | 2 394 | 132 | 90 | 120 | 130 | 150 | 180 |
| | | 男 | 1 084 | 131 | 90 | 120 | 120 | 150 | 180 |
| | | 女 | 1 310 | 134 | 90 | 120 | 135 | 150 | 180 |
| 内蒙古 | 城乡 | 小计 | 3 047 | 163 | 120 | 150 | 180 | 180 | 180 |
| | | 男 | 1 470 | 162 | 120 | 140 | 180 | 180 | 180 |
| | | 女 | 1 577 | 165 | 120 | 150 | 180 | 180 | 180 |
| | 城市 | 小计 | 1 195 | 171 | 120 | 180 | 180 | 180 | 180 |
| | | 男 | 553 | 169 | 120 | 180 | 180 | 180 | 180 |
| | | 女 | 642 | 173 | 120 | 180 | 180 | 180 | 180 |
| | 农村 | 小计 | 1 852 | 158 | 120 | 120 | 170 | 180 | 180 |
| | | 男 | 917 | 157 | 120 | 120 | 170 | 180 | 182 |
| | | 女 | 935 | 158 | 120 | 120 | 180 | 180 | 180 |
| 辽宁 | 城乡 | 小计 | 3 376 | 127 | 90 | 120 | 120 | 150 | 150 |
| | | 男 | 1 448 | 127 | 90 | 120 | 120 | 150 | 150 |
| | | 女 | 1928 | 127 | 90 | 120 | 120 | 150 | 150 |
| | 城市 | 小计 | 1 195 | 141 | 100 | 120 | 150 | 150 | 150 |
| | | 男 | 526 | 142 | 120 | 135 | 150 | 150 | 150 |
| | | 女 | 669 | 140 | 90 | 120 | 150 | 150 | 150 |
| | 农村 | 小计 | 2 181 | 122 | 60 | 120 | 120 | 150 | 150 |
| | | 男 | 922 | 121 | 60 | 120 | 120 | 150 | 150 |
| | | 女 | 1 259 | 122 | 75 | 120 | 120 | 150 | 150 |
| 吉林 | 城乡 | 小计 | 2 737 | 149 | 90 | 120 | 150 | 180 | 210 |
| | | 男 | 1 302 | 148 | 90 | 120 | 150 | 180 | 210 |
| | | 女 | 1 435 | 150 | 90 | 120 | 150 | 180 | 225 |
| | 城市 | 小计 | 1 571 | 162 | 110 | 135 | 150 | 180 | 240 |
| | | 男 | 704 | 159 | 120 | 135 | 150 | 180 | 210 |
| | | 女 | 867 | 165 | 90 | 135 | 150 | 180 | 300 |
| | 农村 | 小计 | 1 166 | 137 | 90 | 90 | 120 | 180 | 210 |
| | | 男 | 598 | 138 | 90 | 105 | 120 | 180 | 210 |
| | | 女 | 568 | 135 | 90 | 90 | 120 | 180 | 210 |

| 地区 | 城乡 | 性别 | $n$ | 取暖时间 /（d/a） | | | | | |
|---|---|---|---|---|---|---|---|---|---|
| | | | | Mean | P5 | P25 | P50 | P75 | P95 |
| 黑龙江 | 城乡 | 小计 | 4 054 | 169 | 120 | 150 | 180 | 180 | 200 |
| | | 男 | 1 879 | 169 | 120 | 150 | 180 | 180 | 210 |
| | | 女 | 2 175 | 168 | 120 | 150 | 180 | 180 | 190 |
| | 城市 | 小计 | 1 589 | 179 | 150 | 180 | 180 | 180 | 210 |
| | | 男 | 681 | 179 | 150 | 180 | 180 | 180 | 210 |
| | | 女 | 908 | 178 | 150 | 180 | 180 | 180 | 210 |
| | 农村 | 小计 | 2 465 | 163 | 105 | 150 | 180 | 180 | 180 |
| | | 男 | 1 198 | 163 | 120 | 150 | 180 | 180 | 195 |
| | | 女 | 1 267 | 162 | 90 | 150 | 180 | 180 | 180 |
| 上海 | 城乡 | 小计 | 1 160 | 30 | 0 | 0 | 20 | 60 | 90 |
| | | 男 | 540 | 30 | 0 | 0 | 20 | 60 | 90 |
| | | 女 | 620 | 29 | 0 | 0 | 20 | 60 | 90 |
| | 城市 | 小计 | 1 160 | 30 | 0 | 0 | 20 | 60 | 90 |
| | | 男 | 540 | 30 | 0 | 0 | 20 | 60 | 90 |
| | | 女 | 620 | 29 | 0 | 0 | 20 | 60 | 90 |
| 江苏 | 城乡 | 小计 | 3 467 | 22 | 0 | 0 | 0 | 30 | 90 |
| | | 男 | 1 585 | 23 | 0 | 0 | 0 | 35 | 90 |
| | | 女 | 1 882 | 22 | 0 | 0 | 0 | 30 | 90 |
| | 城市 | 小计 | 2 310 | 25 | 0 | 0 | 5 | 50 | 90 |
| | | 男 | 1 067 | 26 | 0 | 0 | 10 | 50 | 90 |
| | | 女 | 1 243 | 25 | 0 | 0 | 0 | 50 | 90 |
| | 农村 | 小计 | 1 157 | 16 | 0 | 0 | 0 | 25 | 80 |
| | | 男 | 518 | 16 | 0 | 0 | 0 | 25 | 75 |
| | | 女 | 639 | 16 | 0 | 0 | 0 | 30 | 90 |
| 浙江 | 城乡 | 小计 | 3 422 | 20 | 0 | 0 | 0 | 30 | 90 |
| | | 男 | 1 595 | 21 | 0 | 0 | 0 | 30 | 90 |
| | | 女 | 1 827 | 19 | 0 | 0 | 0 | 30 | 90 |
| | 城市 | 小计 | 1 183 | 26 | 0 | 0 | 15 | 60 | 90 |
| | | 男 | 535 | 27 | 0 | 0 | 15 | 60 | 90 |
| | | 女 | 648 | 26 | 0 | 0 | 15 | 50 | 90 |
| | 农村 | 小计 | 2 239 | 17 | 0 | 0 | 0 | 30 | 90 |
| | | 男 | 1 060 | 19 | 0 | 0 | 0 | 30 | 90 |
| | | 女 | 1 179 | 16 | 0 | 0 | 0 | 30 | 70 |
| 安徽 | 城乡 | 小计 | 3 281 | 13 | 0 | 0 | 0 | 20 | 60 |
| | | 男 | 1 443 | 12 | 0 | 0 | 0 | 20 | 60 |
| | | 女 | 1 838 | 14 | 0 | 0 | 0 | 30 | 60 |
| | 城市 | 小计 | 1 679 | 18 | 0 | 0 | 0 | 30 | 70 |
| | | 男 | 689 | 17 | 0 | 0 | 0 | 30 | 60 |
| | | 女 | 990 | 18 | 0 | 0 | 0 | 30 | 70 |
| | 农村 | 小计 | 1 602 | 10 | 0 | 0 | 0 | 0 | 60 |
| | | 男 | 754 | 9 | 0 | 0 | 0 | 0 | 60 |
| | | 女 | 848 | 11 | 0 | 0 | 0 | 0 | 60 |
| 福建 | 城乡 | 小计 | 2 895 | 2 | 0 | 0 | 0 | 0 | 0 |
| | | 男 | 1 289 | 1 | 0 | 0 | 0 | 0 | 0 |
| | | 女 | 1 606 | 2 | 0 | 0 | 0 | 0 | 0 |
| | 城市 | 小计 | 1 494 | 1 | 0 | 0 | 0 | 0 | 0 |
| | | 男 | 635 | 1 | 0 | 0 | 0 | 0 | 1 |
| | | 女 | 859 | 1 | 0 | 0 | 0 | 0 | 0 |
| | 农村 | 小计 | 1 401 | 2 | 0 | 0 | 0 | 0 | 4 |
| | | 男 | 654 | 2 | 0 | 0 | 0 | 0 | 0 |
| | | 女 | 747 | 2 | 0 | 0 | 0 | 0 | 10 |
| 江西 | 城乡 | 小计 | 2 913 | 43 | 0 | 20 | 30 | 60 | 90 |
| | | 男 | 1 374 | 41 | 0 | 15 | 30 | 60 | 90 |
| | | 女 | 1 539 | 45 | 0 | 20 | 40 | 60 | 90 |
| | 城市 | 小计 | 1 719 | 38 | 0 | 10 | 30 | 60 | 90 |
| | | 男 | 794 | 36 | 0 | 0 | 30 | 60 | 90 |
| | | 女 | 925 | 40 | 0 | 15 | 30 | 60 | 90 |
| | 农村 | 小计 | 1 194 | 49 | 0 | 24 | 60 | 60 | 120 |

| 地区 | 城乡 | 性别 | $n$ | 取暖时间 /（d/a） | | | | | |
|---|---|---|---|---|---|---|---|---|---|
| | | | | Mean | P5 | P25 | P50 | P75 | P95 |
| 江西 | 农村 | 男 | 580 | 47 | 0 | 20 | 45 | 60 | 120 |
| | | 女 | 614 | 51 | 0 | 27 | 60 | 90 | 90 |
| 山东 | 城乡 | 小计 | 5 587 | 94 | 0 | 80 | 90 | 120 | 150 |
| | | 男 | 2 492 | 93 | 0 | 80 | 90 | 120 | 150 |
| | | 女 | 3 095 | 95 | 0 | 80 | 90 | 120 | 150 |
| | 城市 | 小计 | 2 708 | 106 | 0 | 90 | 120 | 135 | 150 |
| | | 男 | 1 125 | 104 | 0 | 90 | 120 | 130 | 150 |
| | | 女 | 1 583 | 108 | 0 | 90 | 120 | 135 | 150 |
| | 农村 | 小计 | 2 879 | 81 | 0 | 60 | 90 | 100 | 120 |
| | | 男 | 1 367 | 81 | 0 | 60 | 90 | 100 | 120 |
| | | 女 | 1 512 | 80 | 0 | 60 | 90 | 100 | 120 |
| 河南 | 城乡 | 小计 | 4 924 | 41 | 0 | 0 | 30 | 90 | 120 |
| | | 男 | 2 099 | 39 | 0 | 0 | 30 | 90 | 110 |
| | | 女 | 2 825 | 42 | 0 | 0 | 30 | 90 | 120 |
| | 城市 | 小计 | 2 038 | 51 | 0 | 0 | 60 | 90 | 120 |
| | | 男 | 845 | 51 | 0 | 0 | 60 | 90 | 120 |
| | | 女 | 1 193 | 52 | 0 | 0 | 60 | 90 | 120 |
| | 农村 | 小计 | 2 886 | 36 | 0 | 0 | 0 | 90 | 90 |
| | | 男 | 1 254 | 35 | 0 | 0 | 0 | 90 | 90 |
| | | 女 | 1 632 | 38 | 0 | 0 | 0 | 90 | 90 |
| 湖北 | 城乡 | 小计 | 3 405 | 19 | 0 | 0 | 0 | 30 | 90 |
| | | 男 | 1 601 | 17 | 0 | 0 | 0 | 30 | 75 |
| | | 女 | 1 804 | 21 | 0 | 0 | 0 | 30 | 90 |
| | 城市 | 小计 | 2 383 | 19 | 0 | 0 | 0 | 30 | 60 |
| | | 男 | 1 128 | 18 | 0 | 0 | 0 | 30 | 60 |
| | | 女 | 1 255 | 20 | 0 | 0 | 0 | 30 | 75 |
| | 农村 | 小计 | 1 022 | 21 | 0 | 0 | 0 | 30 | 90 |
| | | 男 | 473 | 17 | 0 | 0 | 0 | 30 | 90 |
| | | 女 | 549 | 24 | 0 | 0 | 0 | 30 | 90 |
| 湖南 | 城乡 | 小计 | 4 053 | 98 | 50 | 75 | 90 | 120 | 150 |
| | | 男 | 1 845 | 97 | 50 | 60 | 90 | 120 | 150 |
| | | 女 | 2 208 | 99 | 40 | 90 | 90 | 120 | 150 |
| | 城市 | 小计 | 1 528 | 78 | 30 | 60 | 90 | 90 | 120 |
| | | 男 | 618 | 76 | 30 | 60 | 88 | 90 | 120 |
| | | 女 | 910 | 79 | 30 | 60 | 90 | 90 | 120 |
| | 农村 | 小计 | 2 525 | 106 | 60 | 90 | 120 | 120 | 150 |
| | | 男 | 1 227 | 104 | 60 | 90 | 120 | 120 | 150 |
| | | 女 | 1 298 | 108 | 60 | 90 | 120 | 120 | 150 |
| 广东 | 城乡 | 小计 | 3 242 | 5 | 0 | 0 | 0 | 0 | 35 |
| | | 男 | 1 457 | 5 | 0 | 0 | 0 | 0 | 40 |
| | | 女 | 1 785 | 5 | 0 | 0 | 0 | 0 | 30 |
| | 城市 | 小计 | 1 749 | 4 | 0 | 0 | 0 | 0 | 30 |
| | | 男 | 776 | 4 | 0 | 0 | 0 | 0 | 30 |
| | | 女 | 973 | 4 | 0 | 0 | 0 | 0 | 30 |
| | 农村 | 小计 | 1 493 | 6 | 0 | 0 | 0 | 0 | 50 |
| | | 男 | 681 | 6 | 0 | 0 | 0 | 0 | 50 |
| | | 女 | 812 | 6 | 0 | 0 | 0 | 0 | 50 |
| 广西 | 城乡 | 小计 | 3 354 | 28 | 0 | 0 | 0 | 60 | 90 |
| | | 男 | 1 587 | 28 | 0 | 0 | 0 | 60 | 90 |
| | | 女 | 1 767 | 28 | 0 | 0 | 5 | 60 | 90 |
| | 城市 | 小计 | 1 330 | 21 | 0 | 0 | 0 | 30 | 90 |
| | | 男 | 608 | 20 | 0 | 0 | 0 | 30 | 90 |
| | | 女 | 722 | 21 | 0 | 0 | 0 | 40 | 90 |
| | 农村 | 小计 | 2 024 | 30 | 0 | 0 | 12 | 60 | 90 |
| | | 男 | 979 | 30 | 0 | 0 | 10 | 60 | 90 |
| | | 女 | 1 045 | 31 | 0 | 0 | 15 | 60 | 90 |

| 地区 | 城乡 | 性别 | $n$ | 取暖时间 /（d/a） | | | | | |
|---|---|---|---|---|---|---|---|---|---|
| | | | | Mean | P5 | P25 | P50 | P75 | P95 |
| 海南 | 城乡 | 小计 | 1 082 | 2 | 0 | 0 | 0 | 0 | 0 |
| | | 男 | 515 | 3 | 0 | 0 | 0 | 0 | 0 |
| | | 女 | 567 | 1 | 0 | 0 | 0 | 0 | 0 |
| | 城市 | 小计 | 328 | 1 | 0 | 0 | 0 | 0 | 0 |
| | | 男 | 155 | 1 | 0 | 0 | 0 | 0 | 0 |
| | | 女 | 173 | 2 | 0 | 0 | 0 | 0 | 0 |
| | 农村 | 小计 | 754 | 2 | 0 | 0 | 0 | 0 | 0 |
| | | 男 | 360 | 3 | 0 | 0 | 0 | 0 | 0 |
| | | 女 | 394 | 1 | 0 | 0 | 0 | 0 | 0 |
| 重庆 | 城乡 | 小计 | 966 | 35 | 0 | 0 | 0 | 75 | 90 |
| | | 男 | 412 | 30 | 0 | 0 | 0 | 65 | 90 |
| | | 女 | 554 | 40 | 0 | 0 | 30 | 90 | 90 |
| | 城市 | 小计 | 476 | 25 | 0 | 0 | 0 | 60 | 90 |
| | | 男 | 224 | 20 | 0 | 0 | 0 | 50 | 90 |
| | | 女 | 252 | 32 | 0 | 0 | 20 | 60 | 100 |
| | 农村 | 小计 | 490 | 45 | 0 | 0 | 60 | 90 | 90 |
| | | 男 | 188 | 44 | 0 | 0 | 60 | 90 | 90 |
| | | 女 | 302 | 46 | 0 | 0 | 60 | 90 | 90 |
| 四川 | 城乡 | 小计 | 4 580 | 28 | 0 | 0 | 0 | 60 | 115 |
| | | 男 | 2 095 | 28 | 0 | 0 | 0 | 60 | 120 |
| | | 女 | 2 485 | 28 | 0 | 0 | 0 | 60 | 113 |
| | 城市 | 小计 | 1 940 | 31 | 0 | 0 | 0 | 60 | 113 |
| | | 男 | 866 | 31 | 0 | 0 | 0 | 60 | 120 |
| | | 女 | 1 074 | 30 | 0 | 0 | 10 | 60 | 113 |
| | 农村 | 小计 | 2 640 | 27 | 0 | 0 | 0 | 60 | 120 |
| | | 男 | 1 229 | 26 | 0 | 0 | 0 | 45 | 113 |
| | | 女 | 1 411 | 28 | 0 | 0 | 0 | 60 | 120 |
| 贵州 | 城乡 | 小计 | 2 851 | 122 | 60 | 100 | 120 | 150 | 180 |
| | | 男 | 1 333 | 122 | 60 | 95 | 120 | 150 | 180 |
| | | 女 | 1 518 | 123 | 60 | 100 | 120 | 150 | 180 |
| | 城市 | 小计 | 1 062 | 118 | 60 | 90 | 120 | 140 | 150 |
| | | 男 | 498 | 116 | 60 | 90 | 120 | 131 | 150 |
| | | 女 | 564 | 121 | 60 | 100 | 120 | 150 | 175 |
| | 农村 | 小计 | 1 789 | 126 | 70 | 105 | 120 | 150 | 195 |
| | | 男 | 835 | 127 | 75 | 105 | 120 | 150 | 200 |
| | | 女 | 954 | 125 | 65 | 100 | 120 | 150 | 180 |
| 云南 | 城乡 | 小计 | 3 474 | 43 | 0 | 0 | 15 | 90 | 120 |
| | | 男 | 1 658 | 40 | 0 | 0 | 10 | 90 | 120 |
| | | 女 | 1 816 | 46 | 0 | 0 | 28 | 90 | 140 |
| | 城市 | 小计 | 912 | 42 | 0 | 0 | 24 | 90 | 120 |
| | | 男 | 419 | 38 | 0 | 0 | 10 | 90 | 120 |
| | | 女 | 493 | 47 | 0 | 0 | 30 | 90 | 120 |
| | 农村 | 小计 | 2 562 | 44 | 0 | 0 | 15 | 90 | 140 |
| | | 男 | 1 239 | 41 | 0 | 0 | 10 | 90 | 120 |
| | | 女 | 1 323 | 46 | 0 | 0 | 15 | 90 | 150 |
| 西藏 | 城乡 | 小计 | 1 528 | 149 | 0 | 90 | 150 | 210 | 285 |
| | | 男 | 618 | 155 | 0 | 90 | 150 | 210 | 285 |
| | | 女 | 910 | 144 | 0 | 90 | 136 | 210 | 285 |
| | 城市 | 小计 | 385 | 58 | 0 | 0 | 60 | 90 | 130 |
| | | 男 | 126 | 61 | 0 | 0 | 60 | 90 | 135 |
| | | 女 | 259 | 57 | 0 | 0 | 60 | 90 | 120 |
| | 农村 | 小计 | 1 143 | 175 | 78 | 110 | 180 | 220 | 285 |
| | | 男 | 492 | 176 | 62 | 108 | 180 | 223 | 285 |
| | | 女 | 651 | 174 | 90 | 120 | 180 | 215 | 285 |
| 陕西 | 城乡 | 小计 | 2 862 | 106 | 60 | 90 | 120 | 120 | 140 |
| | | 男 | 1 295 | 107 | 60 | 90 | 120 | 120 | 140 |
| | | 女 | 1 567 | 106 | 60 | 90 | 120 | 120 | 135 |
| | 城市 | 小计 | 1 330 | 110 | 75 | 90 | 120 | 120 | 130 |

| 地区 | 城乡 | 性别 | $n$ | 取暖时间 /（d/a） | | | | | |
|---|---|---|---|---|---|---|---|---|---|
| | | | | Mean | P5 | P25 | P50 | P75 | P95 |
| 陕西 | 城市 | 男 | 586 | 111 | 90 | 90 | 120 | 120 | 130 |
| | | 女 | 744 | 108 | 60 | 90 | 120 | 120 | 130 |
| | 农村 | 小计 | 1 532 | 103 | 60 | 90 | 120 | 120 | 150 |
| | | 男 | 709 | 103 | 60 | 90 | 120 | 120 | 150 |
| | | 女 | 823 | 103 | 60 | 90 | 120 | 120 | 150 |
| 甘肃 | 城乡 | 小计 | 2 869 | 137 | 60 | 90 | 150 | 180 | 210 |
| | | 男 | 1 289 | 136 | 60 | 90 | 150 | 180 | 200 |
| | | 女 | 1 580 | 139 | 60 | 90 | 150 | 180 | 210 |
| | 城市 | 小计 | 799 | 141 | 90 | 120 | 150 | 170 | 190 |
| | | 男 | 365 | 137 | 90 | 120 | 150 | 170 | 180 |
| | | 女 | 434 | 145 | 90 | 120 | 150 | 170 | 200 |
| | 农村 | 小计 | 2 070 | 136 | 60 | 90 | 150 | 180 | 210 |
| | | 男 | 924 | 135 | 60 | 90 | 150 | 180 | 210 |
| | | 女 | 1 146 | 137 | 60 | 90 | 150 | 180 | 210 |
| 青海 | 城乡 | 小计 | 1 592 | 189 | 150 | 180 | 180 | 180 | 270 |
| | | 男 | 691 | 186 | 150 | 180 | 180 | 180 | 270 |
| | | 女 | 901 | 193 | 150 | 180 | 180 | 180 | 270 |
| | 城市 | 小计 | 666 | 180 | 150 | 180 | 180 | 180 | 210 |
| | | 男 | 296 | 179 | 150 | 180 | 180 | 180 | 180 |
| | | 女 | 370 | 182 | 180 | 180 | 180 | 180 | 210 |
| | 农村 | 小计 | 926 | 210 | 150 | 180 | 210 | 240 | 300 |
| | | 男 | 395 | 205 | 130 | 180 | 180 | 240 | 270 |
| | | 女 | 531 | 215 | 150 | 180 | 210 | 240 | 300 |
| 宁夏 | 城乡 | 小计 | 1 134 | 148 | 120 | 150 | 150 | 150 | 150 |
| | | 男 | 537 | 148 | 120 | 150 | 150 | 150 | 150 |
| | | 女 | 597 | 147 | 120 | 150 | 150 | 150 | 150 |
| | 城市 | 小计 | 1 036 | 147 | 120 | 150 | 150 | 150 | 150 |
| | | 男 | 487 | 148 | 120 | 150 | 150 | 150 | 150 |
| | | 女 | 549 | 147 | 120 | 150 | 150 | 150 | 150 |
| | 农村 | 小计 | 98 | 151 | 135 | 150 | 150 | 150 | 180 |
| | | 男 | 50 | 152 | 135 | 150 | 150 | 150 | 180 |
| | | 女 | 48 | 149 | 150 | 150 | 150 | 150 | 150 |
| 新疆 | 城乡 | 小计 | 2 803 | 143 | 120 | 120 | 140 | 170 | 180 |
| | | 男 | 1 263 | 142 | 120 | 120 | 130 | 165 | 180 |
| | | 女 | 1 540 | 145 | 120 | 120 | 150 | 180 | 180 |
| | 城市 | 小计 | 1 218 | 158 | 105 | 150 | 180 | 180 | 180 |
| | | 男 | 483 | 156 | 100 | 120 | 165 | 180 | 180 |
| | | 女 | 735 | 160 | 120 | 150 | 180 | 180 | 180 |
| | 农村 | 小计 | 1 585 | 136 | 120 | 120 | 120 | 150 | 190 |
| | | 男 | 780 | 136 | 120 | 120 | 120 | 150 | 190 |
| | | 女 | 805 | 136 | 120 | 120 | 120 | 150 | 190 |

## 附表 13-13　中国人群分东中西、城乡、性别的全年平均开窗通风时间

| 地区 | 城乡 | 性别 | $n$ | 全年平均开窗通风时间 /（min/d） | | | | | |
|---|---|---|---|---|---|---|---|---|---|
| | | | | Mean | P5 | P25 | P50 | P75 | P95 |
| 合计 | 城乡 | 小计 | 91 020 | 552 | 120 | 270 | 465 | 720 | 1 440 |
| | | 男 | 41 242 | 549 | 120 | 263 | 458 | 720 | 1 380 |
| | | 女 | 49 778 | 555 | 123 | 270 | 465 | 730 | 1 440 |
| | 城市 | 小计 | 41 760 | 562 | 120 | 255 | 465 | 750 | 1 440 |
| | | 男 | 18 414 | 555 | 120 | 255 | 458 | 750 | 1 440 |
| | | 女 | 23 346 | 569 | 120 | 270 | 473 | 760 | 1 440 |
| | 农村 | 小计 | 49 260 | 544 | 135 | 270 | 453 | 720 | 1 320 |
| | | 男 | 22 828 | 543 | 130 | 270 | 455 | 720 | 1 320 |
| | | 女 | 26 432 | 545 | 135 | 270 | 450 | 720 | 1 320 |

| 地区 | 城乡 | 性别 | n | 全年平均开窗通风时间 /（min/d） | | | | | |
|---|---|---|---|---|---|---|---|---|---|
| | | | | Mean | P5 | P25 | P50 | P75 | P95 |
| 东部 | 城乡 | 小计 | 30 923 | 575 | 128 | 285 | 480 | 750 | 1 440 |
| | | 男 | 13 791 | 569 | 125 | 278 | 465 | 750 | 1 440 |
| | | 女 | 17 132 | 581 | 135 | 285 | 480 | 763 | 1 440 |
| | 城市 | 小计 | 15 662 | 583 | 120 | 270 | 480 | 780 | 1 440 |
| | | 男 | 6 881 | 569 | 120 | 270 | 468 | 765 | 1 440 |
| | | 女 | 8 781 | 597 | 125 | 285 | 495 | 810 | 1 440 |
| | 农村 | 小计 | 15 261 | 568 | 135 | 300 | 465 | 728 | 1 440 |
| | | 男 | 6 910 | 570 | 135 | 300 | 465 | 735 | 1 440 |
| | | 女 | 8 351 | 565 | 135 | 300 | 465 | 720 | 1 440 |
| 中部 | 城乡 | 小计 | 29 034 | 541 | 135 | 270 | 465 | 720 | 1 260 |
| | | 男 | 13 213 | 542 | 135 | 273 | 480 | 720 | 1 245 |
| | | 女 | 15 821 | 540 | 135 | 270 | 465 | 720 | 1 260 |
| | 城市 | 小计 | 13 762 | 527 | 120 | 255 | 450 | 720 | 1 260 |
| | | 男 | 6 037 | 528 | 120 | 255 | 450 | 720 | 1 260 |
| | | 女 | 7 725 | 525 | 120 | 248 | 435 | 720 | 1 260 |
| | 农村 | 小计 | 15 272 | 550 | 145 | 285 | 480 | 720 | 1 245 |
| | | 男 | 7 176 | 551 | 143 | 300 | 480 | 713 | 1 230 |
| | | 女 | 8 096 | 550 | 150 | 285 | 480 | 720 | 1 260 |
| 西部 | 城乡 | 小计 | 31 063 | 531 | 108 | 240 | 420 | 720 | 1 440 |
| | | 男 | 14 238 | 526 | 105 | 228 | 420 | 720 | 1 440 |
| | | 女 | 16 825 | 535 | 113 | 240 | 435 | 720 | 1 440 |
| | 城市 | 小计 | 12 336 | 566 | 105 | 225 | 450 | 795 | 1 440 |
| | | 男 | 5 496 | 564 | 98 | 218 | 450 | 810 | 1 440 |
| | | 女 | 6 840 | 568 | 105 | 240 | 465 | 780 | 1 440 |
| | 农村 | 小计 | 18 727 | 508 | 113 | 240 | 405 | 690 | 1 290 |
| | | 男 | 8 742 | 503 | 110 | 240 | 398 | 690 | 1 305 |
| | | 女 | 9 985 | 514 | 120 | 240 | 420 | 705 | 1 260 |

## 附表 13-14　中国人群分东中西、城乡、性别的春秋季开窗通风时间

| 地区 | 城乡 | 性别 | n | 春秋季开窗通风时间 /（min/d） | | | | | |
|---|---|---|---|---|---|---|---|---|---|
| | | | | Mean | P5 | P25 | P50 | P75 | P95 |
| 合计 | 城乡 | 小计 | 91 043 | 527 | 60 | 240 | 420 | 720 | 1 440 |
| | | 男 | 41 256 | 524 | 60 | 240 | 420 | 720 | 1 440 |
| | | 女 | 49 787 | 531 | 60 | 240 | 420 | 720 | 1 440 |
| | 城市 | 小计 | 41 780 | 537 | 60 | 180 | 420 | 720 | 1 440 |
| | | 男 | 18 424 | 530 | 60 | 180 | 420 | 720 | 1 440 |
| | | 女 | 23 356 | 544 | 60 | 180 | 420 | 720 | 1 440 |
| | 农村 | 小计 | 49 263 | 520 | 60 | 240 | 420 | 720 | 1 440 |
| | | 男 | 22 832 | 519 | 60 | 240 | 420 | 660 | 1 440 |
| | | 女 | 26 431 | 522 | 60 | 240 | 420 | 720 | 1 440 |
| 东部 | 城乡 | 小计 | 30 930 | 540 | 60 | 240 | 420 | 720 | 1 440 |
| | | 男 | 13 793 | 534 | 60 | 180 | 420 | 720 | 1 440 |
| | | 女 | 17 137 | 546 | 60 | 240 | 420 | 720 | 1 440 |
| | 城市 | 小计 | 15 667 | 549 | 60 | 180 | 420 | 720 | 1 440 |
| | | 男 | 6 881 | 534 | 60 | 180 | 360 | 720 | 1 440 |
| | | 女 | 8 786 | 564 | 60 | 240 | 420 | 720 | 1 440 |
| | 农村 | 小计 | 15 263 | 531 | 60 | 240 | 420 | 720 | 1 440 |
| | | 男 | 6 912 | 534 | 60 | 240 | 420 | 720 | 1 440 |
| | | 女 | 8 351 | 528 | 60 | 240 | 420 | 720 | 1 440 |
| 中部 | 城乡 | 小计 | 29 037 | 523 | 60 | 240 | 420 | 660 | 1 440 |
| | | 男 | 13 215 | 522 | 60 | 240 | 430 | 660 | 1 440 |
| | | 女 | 15 822 | 524 | 60 | 240 | 420 | 720 | 1 440 |
| | 城市 | 小计 | 13 766 | 510 | 60 | 180 | 420 | 720 | 1 440 |
| | | 男 | 6 039 | 511 | 60 | 180 | 420 | 720 | 1 440 |

| 地区 | 城乡 | 性别 | $n$ | 春秋季开窗通风时间 / (min/d) | | | | | |
|---|---|---|---|---|---|---|---|---|---|
| | | | | Mean | P5 | P25 | P50 | P75 | P95 |
| 中部 | 城市 | 女 | 7 727 | 509 | 60 | 180 | 390 | 720 | 1 440 |
| | 农村 | 小计 | 15 271 | 531 | 120 | 240 | 480 | 600 | 1 440 |
| | | 男 | 7 176 | 529 | 120 | 240 | 480 | 600 | 1 440 |
| | | 女 | 8 095 | 534 | 120 | 240 | 440 | 660 | 1 440 |
| 西部 | 城乡 | 小计 | 31 076 | 514 | 60 | 200 | 390 | 720 | 1 440 |
| | | 男 | 14 248 | 510 | 60 | 180 | 360 | 720 | 1 440 |
| | | 女 | 16 828 | 518 | 60 | 210 | 420 | 720 | 1 440 |
| | 城市 | 小计 | 12 347 | 546 | 60 | 180 | 420 | 720 | 1 440 |
| | | 男 | 5 504 | 545 | 60 | 180 | 420 | 720 | 1 440 |
| | | 女 | 6 843 | 548 | 60 | 180 | 450 | 720 | 1 440 |
| | 农村 | 小计 | 18 729 | 494 | 60 | 240 | 360 | 720 | 1 440 |
| | | 男 | 8 744 | 489 | 60 | 240 | 360 | 630 | 1 440 |
| | | 女 | 9 985 | 498 | 60 | 240 | 390 | 720 | 1 440 |

## 附表 13-15　中国人群分东中西、城乡、性别的夏季开窗通风时间

| 地区 | 城乡 | 性别 | $n$ | 夏季开窗通风时间 / (min/d) | | | | | |
|---|---|---|---|---|---|---|---|---|---|
| | | | | Mean | P5 | P25 | P50 | P75 | P95 |
| 合计 | 城乡 | 小计 | 91 029 | 840 | 180 | 480 | 720 | 1 440 | 1 440 |
| | | 男 | 41 254 | 836 | 180 | 480 | 720 | 1 440 | 1 440 |
| | | 女 | 49 775 | 843 | 180 | 480 | 720 | 1 440 | 1 440 |
| | 城市 | 小计 | 41 776 | 837 | 180 | 480 | 720 | 1 440 | 1 440 |
| | | 男 | 18 426 | 829 | 180 | 480 | 720 | 1 440 | 1 440 |
| | | 女 | 23 350 | 845 | 180 | 480 | 720 | 1 440 | 1 440 |
| | 农村 | 小计 | 49 253 | 841 | 240 | 480 | 720 | 1 440 | 1 440 |
| | | 男 | 22 828 | 841 | 240 | 480 | 720 | 1 440 | 1 440 |
| | | 女 | 26 425 | 842 | 220 | 480 | 720 | 1 440 | 1 440 |
| 东部 | 城乡 | 小计 | 30 917 | 893 | 180 | 480 | 840 | 1 440 | 1 440 |
| | | 男 | 13 788 | 885 | 180 | 480 | 840 | 1 440 | 1 440 |
| | | 女 | 17 129 | 900 | 180 | 500 | 840 | 1 440 | 1 440 |
| | 城市 | 小计 | 15 659 | 885 | 180 | 480 | 840 | 1 440 | 1 440 |
| | | 男 | 6 879 | 869 | 180 | 480 | 720 | 1 440 | 1 440 |
| | | 女 | 8 780 | 902 | 180 | 480 | 900 | 1 440 | 1 440 |
| | 农村 | 小计 | 15 258 | 900 | 240 | 540 | 840 | 1 440 | 1 440 |
| | | 男 | 6 909 | 902 | 240 | 540 | 840 | 1 440 | 1 440 |
| | | 女 | 8 349 | 899 | 240 | 540 | 780 | 1 440 | 1 440 |
| 中部 | 城乡 | 小计 | 29 037 | 839 | 190 | 480 | 720 | 1 380 | 1 440 |
| | | 男 | 13 216 | 843 | 180 | 480 | 720 | 1 320 | 1 440 |
| | | 女 | 15 821 | 836 | 200 | 480 | 720 | 1 440 | 1 440 |
| | 城市 | 小计 | 13 766 | 789 | 180 | 480 | 720 | 1 200 | 1 440 |
| | | 男 | 6 039 | 789 | 180 | 480 | 720 | 1 200 | 1 440 |
| | | 女 | 7 727 | 788 | 180 | 480 | 720 | 1 200 | 1 440 |
| | 农村 | 小计 | 15 271 | 872 | 240 | 540 | 720 | 1 440 | 1 440 |
| | | 男 | 7 177 | 876 | 240 | 540 | 730 | 1 440 | 1 440 |
| | | 女 | 8 094 | 868 | 240 | 510 | 720 | 1 440 | 1 440 |
| 西部 | 城乡 | 小计 | 31 075 | 761 | 180 | 420 | 600 | 1 200 | 1 440 |
| | | 男 | 14 250 | 757 | 180 | 420 | 600 | 1 200 | 1 440 |
| | | 女 | 16 825 | 765 | 180 | 420 | 600 | 1 200 | 1 440 |
| | 城市 | 小计 | 12 351 | 805 | 180 | 420 | 720 | 1 440 | 1 440 |
| | | 男 | 5 508 | 803 | 180 | 420 | 720 | 1 440 | 1 440 |
| | | 女 | 6 843 | 807 | 180 | 420 | 720 | 1 440 | 1 440 |
| | 农村 | 小计 | 18 724 | 733 | 180 | 420 | 600 | 1 180 | 1 440 |
| | | 男 | 8 742 | 727 | 180 | 420 | 600 | 1 080 | 1 440 |
| | | 女 | 9 982 | 739 | 180 | 420 | 600 | 1 200 | 1 440 |

## 附表 13-16　中国人群分东中西、城乡、性别的冬季开窗通风时间

| 地区 | 城乡 | 性别 | n | 冬季开窗通风时间 /（min/d） | | | | | |
|---|---|---|---|---|---|---|---|---|---|
| | | | | Mean | P5 | P25 | P50 | P75 | P95 |
| 合计 | 城乡 | 小计 | 91 027 | 313 | 0 | 60 | 180 | 480 | 1 440 |
| | | 男 | 41 248 | 311 | 0 | 60 | 180 | 480 | 1 220 |
| | | 女 | 49 779 | 315 | 0 | 60 | 180 | 480 | 1 440 |
| | 城市 | 小计 | 41 766 | 337 | 0 | 60 | 180 | 480 | 1 440 |
| | | 男 | 18 418 | 333 | 0 | 60 | 180 | 480 | 1 440 |
| | | 女 | 23 348 | 341 | 5 | 60 | 180 | 480 | 1 440 |
| | 农村 | 小计 | 49 261 | 295 | 0 | 60 | 180 | 480 | 1 080 |
| | | 男 | 22 830 | 295 | 0 | 60 | 180 | 480 | 1 080 |
| | | 女 | 26 431 | 295 | 0 | 60 | 180 | 480 | 1 080 |
| 东部 | 城乡 | 小计 | 30 923 | 328 | 0 | 60 | 120 | 480 | 1 440 |
| | | 男 | 13 791 | 323 | 0 | 60 | 120 | 480 | 1 440 |
| | | 女 | 17 132 | 332 | 0 | 60 | 120 | 480 | 1 440 |
| | 城市 | 小计 | 15 662 | 347 | 20 | 60 | 180 | 480 | 1 440 |
| | | 男 | 6 881 | 338 | 15 | 60 | 150 | 480 | 1 440 |
| | | 女 | 8 781 | 357 | 20 | 60 | 180 | 480 | 1 440 |
| | 农村 | 小计 | 15 261 | 307 | 0 | 30 | 120 | 480 | 1 440 |
| | | 男 | 6 910 | 309 | 0 | 30 | 120 | 480 | 1 440 |
| | | 女 | 8 351 | 306 | 0 | 30 | 120 | 480 | 1 440 |
| 中部 | 城乡 | 小计 | 29 037 | 279 | 0 | 60 | 180 | 440 | 900 |
| | | 男 | 13 216 | 282 | 0 | 60 | 180 | 440 | 900 |
| | | 女 | 15 821 | 275 | 0 | 60 | 180 | 420 | 900 |
| | 城市 | 小计 | 13 765 | 298 | 0 | 60 | 180 | 480 | 960 |
| | | 男 | 6 039 | 301 | 0 | 60 | 180 | 480 | 960 |
| | | 女 | 7 726 | 294 | 0 | 60 | 180 | 480 | 960 |
| | 农村 | 小计 | 15 272 | 267 | 0 | 30 | 180 | 420 | 840 |
| | | 男 | 7 177 | 271 | 0 | 30 | 180 | 440 | 840 |
| | | 女 | 8 095 | 262 | 0 | 30 | 180 | 360 | 840 |
| 西部 | 城乡 | 小计 | 31 067 | 333 | 0 | 60 | 180 | 480 | 1 440 |
| | | 男 | 14 241 | 328 | 0 | 60 | 180 | 480 | 1 440 |
| | | 女 | 16 826 | 339 | 10 | 60 | 180 | 480 | 1 440 |
| | 城市 | 小计 | 12 339 | 365 | 10 | 60 | 180 | 600 | 1 440 |
| | | 男 | 5 498 | 361 | 0 | 60 | 180 | 600 | 1 440 |
| | | 女 | 6 841 | 369 | 10 | 60 | 180 | 600 | 1 440 |
| | 农村 | 小计 | 18 728 | 314 | 0 | 60 | 180 | 480 | 1 080 |
| | | 男 | 8 743 | 307 | 0 | 60 | 180 | 480 | 1 080 |
| | | 女 | 9 985 | 320 | 5 | 60 | 210 | 480 | 1 080 |

## 附表 13-17　中国人群分片区、城乡、性别的全年平均开窗通风时间

| 地区 | 城乡 | 性别 | n | 全年平均开窗通风时间 /（min/d） | | | | | |
|---|---|---|---|---|---|---|---|---|---|
| | | | | Mean | P5 | P25 | P50 | P75 | P95 |
| 合计 | 城乡 | 小计 | 91 020 | 552 | 120 | 270 | 465 | 720 | 1 440 |
| | | 男 | 41 242 | 549 | 120 | 263 | 458 | 720 | 1 380 |
| | | 女 | 49 778 | 555 | 123 | 270 | 465 | 730 | 1 440 |
| | 城市 | 小计 | 41 760 | 562 | 120 | 255 | 465 | 750 | 1 440 |
| | | 男 | 18 414 | 555 | 120 | 255 | 458 | 750 | 1 440 |
| | | 女 | 23 346 | 569 | 120 | 270 | 473 | 760 | 1 440 |
| | 农村 | 小计 | 49 260 | 544 | 135 | 270 | 453 | 720 | 1 320 |
| | | 男 | 22 828 | 543 | 130 | 270 | 455 | 720 | 1 320 |
| | | 女 | 26 432 | 545 | 135 | 270 | 450 | 720 | 1 320 |
| 华北 | 城乡 | 小计 | 18 066 | 402 | 105 | 215 | 345 | 555 | 840 |
| | | 男 | 7 976 | 398 | 105 | 210 | 330 | 555 | 825 |

| 地区 | 城乡 | 性别 | $n$ | 全年平均开窗通风时间 /（min/d） | | | | | |
|---|---|---|---|---|---|---|---|---|---|
| | | | | Mean | P5 | P25 | P50 | P75 | P95 |
| 华北 | 城乡 | 女 | 10 090 | 407 | 105 | 218 | 345 | 548 | 870 |
| | 城市 | 小计 | 7 790 | 387 | 85 | 195 | 330 | 518 | 870 |
| | | 男 | 3 376 | 375 | 90 | 195 | 315 | 510 | 848 |
| | | 女 | 4 414 | 398 | 85 | 210 | 345 | 525 | 870 |
| | 农村 | 小计 | 10 276 | 413 | 119 | 225 | 345 | 575 | 825 |
| | | 男 | 4 600 | 413 | 118 | 225 | 353 | 575 | 810 |
| | | 女 | 5 676 | 413 | 120 | 225 | 345 | 570 | 870 |
| 华东 | 城乡 | 小计 | 22 950 | 602 | 135 | 300 | 510 | 810 | 1 440 |
| | | 男 | 10 425 | 601 | 135 | 303 | 510 | 810 | 1 440 |
| | | 女 | 12 525 | 602 | 135 | 300 | 510 | 810 | 1 440 |
| | 城市 | 小计 | 12 466 | 581 | 128 | 293 | 495 | 780 | 1 440 |
| | | 男 | 5 489 | 576 | 123 | 285 | 495 | 780 | 1 440 |
| | | 女 | 6 977 | 585 | 135 | 300 | 495 | 780 | 1 440 |
| | 农村 | 小计 | 10 484 | 625 | 143 | 315 | 525 | 855 | 1 440 |
| | | 男 | 4 936 | 628 | 143 | 330 | 525 | 870 | 1 440 |
| | | 女 | 5 548 | 621 | 135 | 308 | 525 | 840 | 1 440 |
| 华南 | 城乡 | 小计 | 15 159 | 757 | 225 | 464 | 660 | 1 080 | 1 440 |
| | | 男 | 7 012 | 744 | 225 | 450 | 660 | 1 050 | 1 440 |
| | | 女 | 8 147 | 770 | 225 | 465 | 675 | 1 110 | 1 440 |
| | 城市 | 小计 | 7 321 | 791 | 210 | 450 | 720 | 1 200 | 1 440 |
| | | 男 | 3 286 | 779 | 210 | 450 | 690 | 1 155 | 1 440 |
| | | 女 | 4 035 | 804 | 210 | 450 | 720 | 1 230 | 1 440 |
| | 农村 | 小计 | 7 838 | 732 | 240 | 465 | 645 | 1 023 | 1 440 |
| | | 男 | 3 726 | 720 | 240 | 450 | 630 | 1 005 | 1 380 |
| | | 女 | 4 112 | 744 | 240 | 480 | 660 | 1 050 | 1 440 |
| 西北 | 城乡 | 小计 | 11 266 | 355 | 80 | 183 | 270 | 480 | 840 |
| | | 男 | 5 078 | 347 | 75 | 180 | 255 | 465 | 810 |
| | | 女 | 6 188 | 364 | 90 | 188 | 285 | 488 | 840 |
| | 城市 | 小计 | 5 054 | 366 | 83 | 180 | 285 | 510 | 810 |
| | | 男 | 2 219 | 351 | 75 | 173 | 270 | 480 | 810 |
| | | 女 | 2 835 | 381 | 98 | 195 | 315 | 525 | 840 |
| | 农村 | 小计 | 6 212 | 347 | 75 | 184 | 255 | 450 | 840 |
| | | 男 | 2 859 | 344 | 75 | 183 | 253 | 450 | 840 |
| | | 女 | 3 353 | 350 | 75 | 186 | 270 | 465 | 840 |
| 东北 | 城乡 | 小计 | 10 173 | 305 | 110 | 210 | 293 | 390 | 570 |
| | | 男 | 4 631 | 300 | 105 | 203 | 290 | 390 | 555 |
| | | 女 | 5 542 | 310 | 120 | 210 | 298 | 390 | 573 |
| | 城市 | 小计 | 4 352 | 275 | 75 | 170 | 248 | 345 | 555 |
| | | 男 | 1 910 | 268 | 75 | 165 | 248 | 345 | 543 |
| | | 女 | 2 442 | 283 | 75 | 180 | 255 | 353 | 570 |
| | 农村 | 小计 | 5 821 | 322 | 135 | 225 | 305 | 398 | 585 |
| | | 男 | 2 721 | 318 | 123 | 225 | 301 | 398 | 575 |
| | | 女 | 3 100 | 326 | 143 | 229 | 308 | 398 | 600 |
| 西南 | 城乡 | 小计 | 13 406 | 622 | 122 | 300 | 510 | 870 | 1 440 |
| | | 男 | 6 120 | 623 | 122 | 300 | 510 | 885 | 1 440 |
| | | 女 | 7 286 | 620 | 122 | 300 | 510 | 870 | 1 440 |
| | 城市 | 小计 | 4 777 | 684 | 122 | 325 | 600 | 990 | 1 440 |
| | | 男 | 2 134 | 687 | 120 | 315 | 615 | 990 | 1 440 |
| | | 女 | 2 643 | 681 | 135 | 330 | 600 | 990 | 1 440 |
| | 农村 | 小计 | 8 629 | 582 | 122 | 285 | 480 | 810 | 1 440 |
| | | 男 | 3 986 | 582 | 122 | 285 | 480 | 810 | 1 440 |
| | | 女 | 4 643 | 582 | 122 | 285 | 480 | 810 | 1 440 |

## 附表 13-18 中国人群分片区、城乡、性别的春秋季开窗通风时间

| 地区 | 城乡 | 性别 | *n* | 春秋季开窗通风时间 /（min/d） | | | | | |
|---|---|---|---|---|---|---|---|---|---|
| | | | | Mean | P5 | P25 | P50 | P75 | P95 |
| 合计 | 城乡 | 小计 | 91 043 | 527 | 60 | 240 | 420 | 720 | 1 440 |
| | | 男 | 41 256 | 524 | 60 | 240 | 420 | 720 | 1 440 |
| | | 女 | 49 787 | 531 | 60 | 240 | 420 | 720 | 1 440 |
| | 城市 | 小计 | 41 780 | 537 | 60 | 180 | 420 | 720 | 1 440 |
| | | 男 | 18 424 | 530 | 60 | 180 | 420 | 720 | 1 440 |
| | | 女 | 23 356 | 544 | 60 | 180 | 420 | 720 | 1 440 |
| | 农村 | 小计 | 49 263 | 520 | 60 | 240 | 420 | 720 | 1 440 |
| | | 男 | 22 832 | 519 | 60 | 240 | 420 | 660 | 1 440 |
| | | 女 | 26 431 | 522 | 60 | 240 | 420 | 720 | 1 440 |
| 华北 | 城乡 | 小计 | 18 078 | 354 | 60 | 150 | 300 | 480 | 900 |
| | | 男 | 7 984 | 347 | 60 | 150 | 260 | 480 | 900 |
| | | 女 | 10 094 | 360 | 60 | 160 | 300 | 480 | 900 |
| | 城市 | 小计 | 7 802 | 334 | 60 | 120 | 240 | 480 | 900 |
| | | 男 | 3 384 | 322 | 60 | 120 | 240 | 480 | 900 |
| | | 女 | 4 418 | 345 | 60 | 120 | 240 | 480 | 960 |
| | 农村 | 小计 | 10 276 | 367 | 60 | 180 | 300 | 480 | 900 |
| | | 男 | 4 600 | 363 | 60 | 180 | 300 | 480 | 780 |
| | | 女 | 5 676 | 370 | 60 | 180 | 300 | 480 | 900 |
| 华东 | 城乡 | 小计 | 22 956 | 581 | 90 | 240 | 480 | 720 | 1 440 |
| | | 男 | 10 427 | 580 | 90 | 240 | 480 | 720 | 1 440 |
| | | 女 | 12 529 | 583 | 90 | 240 | 480 | 720 | 1 440 |
| | 城市 | 小计 | 12 472 | 562 | 90 | 240 | 480 | 720 | 1 440 |
| | | 男 | 5 490 | 557 | 90 | 240 | 480 | 720 | 1 440 |
| | | 女 | 6 982 | 567 | 90 | 240 | 480 | 720 | 1 440 |
| | 农村 | 小计 | 10 484 | 602 | 120 | 240 | 480 | 840 | 1 440 |
| | | 男 | 4 937 | 604 | 120 | 240 | 480 | 840 | 1 440 |
| | | 女 | 5 547 | 600 | 120 | 240 | 480 | 780 | 1 440 |
| 华南 | 城乡 | 小计 | 15 161 | 758 | 180 | 420 | 600 | 1 200 | 1 440 |
| | | 男 | 7 014 | 743 | 180 | 420 | 600 | 1 200 | 1 440 |
| | | 女 | 8 147 | 773 | 180 | 420 | 600 | 1 200 | 1 440 |
| | 城市 | 小计 | 7 321 | 793 | 180 | 420 | 720 | 1 440 | 1 440 |
| | | 男 | 3 286 | 778 | 180 | 420 | 660 | 1 200 | 1 440 |
| | | 女 | 4 035 | 807 | 180 | 420 | 720 | 1 440 | 1 440 |
| | 农村 | 小计 | 7 840 | 732 | 180 | 420 | 600 | 1 080 | 1 440 |
| | | 男 | 3 728 | 719 | 180 | 360 | 600 | 1 080 | 1 440 |
| | | 女 | 4 112 | 747 | 180 | 420 | 600 | 1 080 | 1 440 |
| 西北 | 城乡 | 小计 | 11 266 | 334 | 60 | 120 | 240 | 480 | 840 |
| | | 男 | 5 078 | 326 | 60 | 120 | 240 | 480 | 840 |
| | | 女 | 6 188 | 342 | 60 | 140 | 240 | 480 | 840 |
| | 城市 | 小计 | 5 054 | 335 | 60 | 120 | 240 | 480 | 840 |
| | | 男 | 2 219 | 322 | 60 | 120 | 240 | 480 | 840 |
| | | 女 | 2 835 | 348 | 60 | 120 | 240 | 480 | 840 |
| | 农村 | 小计 | 6 212 | 334 | 60 | 150 | 240 | 480 | 900 |
| | | 男 | 2 859 | 329 | 60 | 150 | 240 | 420 | 840 |
| | | 女 | 3 353 | 338 | 60 | 180 | 240 | 480 | 900 |
| 东北 | 城乡 | 小计 | 10 176 | 245 | 60 | 120 | 240 | 300 | 480 |
| | | 男 | 4 632 | 242 | 60 | 120 | 180 | 300 | 480 |
| | | 女 | 5 544 | 248 | 60 | 120 | 240 | 300 | 540 |
| | 城市 | 小计 | 4 355 | 205 | 30 | 90 | 180 | 300 | 480 |
| | | 男 | 1 911 | 198 | 30 | 90 | 180 | 300 | 480 |
| | | 女 | 2 444 | 212 | 30 | 90 | 180 | 300 | 480 |
| | 农村 | 小计 | 5 821 | 267 | 60 | 120 | 240 | 360 | 600 |
| | | 男 | 2 721 | 266 | 60 | 120 | 240 | 360 | 600 |
| | | 女 | 3 100 | 267 | 60 | 120 | 240 | 360 | 600 |

| 地区 | 城乡 | 性别 | n | 春秋季开窗通风时间 /（min/d） | | | | | |
|---|---|---|---|---|---|---|---|---|---|
| | | | | Mean | P5 | P25 | P50 | P75 | P95 |
| 西南 | 城乡 | 小计 | 13 406 | 609 | 120 | 270 | 480 | 840 | 1 440 |
| | | 男 | 6 121 | 612 | 120 | 270 | 480 | 840 | 1 440 |
| | | 女 | 7 285 | 606 | 120 | 270 | 480 | 780 | 1 440 |
| | 城市 | 小计 | 4 776 | 669 | 90 | 300 | 600 | 960 | 1 440 |
| | | 男 | 2 134 | 672 | 90 | 300 | 600 | 960 | 1 440 |
| | | 女 | 2 642 | 666 | 100 | 300 | 600 | 960 | 1 440 |
| | 农村 | 小计 | 8 630 | 570 | 120 | 240 | 480 | 720 | 1 440 |
| | | 男 | 3 987 | 573 | 120 | 240 | 480 | 720 | 1 440 |
| | | 女 | 4 643 | 568 | 120 | 240 | 480 | 720 | 1 440 |

## 附表 13-19　中国人群分片区、城乡、性别的夏季开窗通风时间

| 地区 | 城乡 | 性别 | n | 夏季开窗通风时间 /（min/d） | | | | | |
|---|---|---|---|---|---|---|---|---|---|
| | | | | Mean | P5 | P25 | P50 | P75 | P95 |
| 合计 | 城乡 | 小计 | 91 029 | 840 | 180 | 480 | 720 | 1 440 | 1 440 |
| | | 男 | 41 254 | 836 | 180 | 480 | 720 | 1 440 | 1 440 |
| | | 女 | 49 775 | 843 | 180 | 480 | 720 | 1 440 | 1 440 |
| | 城市 | 小计 | 41 776 | 837 | 180 | 480 | 720 | 1 440 | 1 440 |
| | | 男 | 18 426 | 829 | 180 | 480 | 720 | 1 440 | 1 440 |
| | | 女 | 23 350 | 845 | 180 | 480 | 720 | 1 440 | 1 440 |
| | 农村 | 小计 | 49 253 | 841 | 240 | 480 | 720 | 1 440 | 1 440 |
| | | 男 | 22 828 | 841 | 240 | 480 | 720 | 1 440 | 1 440 |
| | | 女 | 26 425 | 842 | 220 | 480 | 720 | 1 440 | 1 440 |
| 华北 | 城乡 | 小计 | 18 079 | 754 | 180 | 420 | 600 | 1 200 | 1 440 |
| | | 男 | 7 988 | 747 | 180 | 420 | 600 | 1 130 | 1 440 |
| | | 女 | 10 091 | 761 | 180 | 420 | 600 | 1 200 | 1 440 |
| | 城市 | 小计 | 7 805 | 741 | 120 | 360 | 600 | 1 200 | 1 440 |
| | | 男 | 3 388 | 723 | 120 | 360 | 600 | 1 080 | 1 440 |
| | | 女 | 4 417 | 760 | 120 | 390 | 630 | 1 200 | 1 440 |
| | 农村 | 小计 | 10 274 | 763 | 180 | 480 | 600 | 1 200 | 1 440 |
| | | 男 | 4 600 | 764 | 180 | 480 | 630 | 1 170 | 1 440 |
| | | 女 | 5 674 | 761 | 180 | 430 | 600 | 1 200 | 1 440 |
| 华东 | 城乡 | 小计 | 22 944 | 893 | 180 | 480 | 840 | 1 440 | 1 440 |
| | | 男 | 10 423 | 893 | 180 | 480 | 900 | 1 440 | 1 440 |
| | | 女 | 12 521 | 893 | 180 | 480 | 840 | 1 440 | 1 440 |
| | 城市 | 小计 | 12 464 | 860 | 180 | 480 | 720 | 1 440 | 1 440 |
| | | 男 | 5 488 | 852 | 170 | 480 | 720 | 1 440 | 1 440 |
| | | 女 | 6 976 | 869 | 180 | 480 | 720 | 1 440 | 1 440 |
| | 农村 | 小计 | 10 480 | 928 | 180 | 540 | 960 | 1 440 | 1 440 |
| | | 男 | 4 935 | 937 | 240 | 540 | 960 | 1 440 | 1 440 |
| | | 女 | 5 545 | 920 | 180 | 540 | 900 | 1 440 | 1 440 |
| 华南 | 城乡 | 小计 | 15 160 | 994 | 300 | 600 | 1 080 | 1 440 | 1 440 |
| | | 男 | 7 013 | 988 | 300 | 600 | 1 050 | 1 440 | 1 440 |
| | | 女 | 8 147 | 1001 | 300 | 600 | 1 080 | 1 440 | 1 440 |
| | 城市 | 小计 | 7 322 | 979 | 300 | 600 | 1 080 | 1 440 | 1 440 |
| | | 男 | 3 286 | 975 | 300 | 600 | 1 080 | 1 440 | 1 440 |
| | | 女 | 4 036 | 984 | 300 | 600 | 1 080 | 1 440 | 1 440 |
| | 农村 | 小计 | 7 838 | 1 005 | 360 | 600 | 1 080 | 1 440 | 1 440 |
| | | 男 | 3 727 | 997 | 360 | 600 | 1 020 | 1 440 | 1 440 |
| | | 女 | 4 111 | 1 014 | 360 | 600 | 1 080 | 1 440 | 1 440 |
| 西北 | 城乡 | 小计 | 11 265 | 636 | 120 | 360 | 480 | 840 | 1 440 |
| | | 男 | 5 078 | 624 | 120 | 300 | 480 | 840 | 1 440 |
| | | 女 | 6 187 | 649 | 150 | 360 | 480 | 900 | 1 440 |
| | 城市 | 小计 | 5 054 | 672 | 150 | 360 | 480 | 1 020 | 1 440 |

| 地区 | 城乡 | 性别 | n | 夏季开窗通风时间 / (min/d) | | | | | |
|---|---|---|---|---|---|---|---|---|---|
| | | | | Mean | P5 | P25 | P50 | P75 | P95 |
| 西北 | 城市 | 男 | 2 219 | 644 | 120 | 300 | 480 | 900 | 1 440 |
| | | 女 | 2 835 | 699 | 180 | 360 | 600 | 1080 | 1 440 |
| | 农村 | 小计 | 6 211 | 609 | 120 | 330 | 480 | 720 | 1 440 |
| | | 男 | 2 859 | 609 | 120 | 300 | 480 | 720 | 1 440 |
| | | 女 | 3 352 | 609 | 120 | 360 | 480 | 720 | 1 440 |
| 东北 | 城乡 | 小计 | 10 176 | 707 | 240 | 480 | 600 | 900 | 1 440 |
| | | 男 | 4 632 | 696 | 240 | 480 | 600 | 900 | 1 440 |
| | | 女 | 5 544 | 718 | 240 | 480 | 600 | 900 | 1 440 |
| | 城市 | 小计 | 4 355 | 657 | 120 | 420 | 600 | 720 | 1 440 |
| | | 男 | 1 911 | 648 | 120 | 420 | 600 | 720 | 1 440 |
| | | 女 | 2 444 | 667 | 120 | 480 | 600 | 750 | 1 440 |
| | 农村 | 小计 | 5 821 | 734 | 300 | 480 | 630 | 900 | 1 440 |
| | | 男 | 2 721 | 722 | 300 | 480 | 620 | 900 | 1 440 |
| | | 女 | 3 100 | 746 | 360 | 480 | 660 | 900 | 1 440 |
| 西南 | 城乡 | 小计 | 13 405 | 815 | 180 | 420 | 720 | 1 440 | 1 440 |
| | | 男 | 6 120 | 817 | 180 | 450 | 720 | 1 440 | 1 440 |
| | | 女 | 7 285 | 813 | 180 | 420 | 720 | 1 440 | 1 440 |
| | 城市 | 小计 | 4 776 | 890 | 180 | 480 | 780 | 1 440 | 1 440 |
| | | 男 | 2 134 | 901 | 180 | 480 | 840 | 1 440 | 1 440 |
| | | 女 | 2 642 | 879 | 180 | 480 | 720 | 1 440 | 1 440 |
| | 农村 | 小计 | 8 629 | 767 | 180 | 420 | 630 | 1 200 | 1 440 |
| | | 男 | 3 986 | 763 | 180 | 420 | 600 | 1 200 | 1 440 |
| | | 女 | 4 643 | 771 | 180 | 420 | 690 | 1 200 | 1 440 |

## 附表 13-20　中国人群分片区、城乡、性别的冬季开窗通风时间

| 地区 | 城乡 | 性别 | n | 冬季开窗通风时间 / (min/d) | | | | | |
|---|---|---|---|---|---|---|---|---|---|
| | | | | Mean | P5 | P25 | P50 | P75 | P95 |
| 合计 | 城乡 | 小计 | 91 027 | 313 | 0 | 60 | 180 | 480 | 1 440 |
| | | 男 | 41 248 | 311 | 0 | 60 | 180 | 480 | 1 220 |
| | | 女 | 49 779 | 315 | 0 | 60 | 180 | 480 | 1 440 |
| | 城市 | 小计 | 41 766 | 337 | 0 | 60 | 180 | 480 | 1 440 |
| | | 男 | 18 418 | 333 | 0 | 60 | 180 | 480 | 1 440 |
| | | 女 | 23 348 | 341 | 5 | 60 | 180 | 480 | 1 440 |
| | 农村 | 小计 | 49 261 | 295 | 0 | 60 | 180 | 480 | 1 080 |
| | | 男 | 22 830 | 295 | 0 | 60 | 180 | 480 | 1 080 |
| | | 女 | 26 431 | 295 | 0 | 60 | 180 | 480 | 1 080 |
| 华北 | 城乡 | 小计 | 18 068 | 148 | 0 | 30 | 60 | 180 | 540 |
| | | 男 | 7 978 | 149 | 0 | 30 | 60 | 180 | 540 |
| | | 女 | 10 090 | 147 | 0 | 30 | 60 | 180 | 540 |
| | 城市 | 小计 | 7 792 | 137 | 10 | 40 | 60 | 120 | 480 |
| | | 男 | 3 378 | 133 | 0 | 30 | 60 | 120 | 480 |
| | | 女 | 4 414 | 141 | 10 | 45 | 60 | 120 | 480 |
| | 农村 | 小计 | 10 276 | 155 | 0 | 30 | 60 | 180 | 540 |
| | | 男 | 4 600 | 160 | 0 | 30 | 60 | 180 | 540 |
| | | 女 | 5 676 | 151 | 0 | 30 | 60 | 180 | 540 |
| 华东 | 城乡 | 小计 | 22 952 | 351 | 20 | 90 | 240 | 480 | 1 440 |
| | | 男 | 10 427 | 353 | 20 | 90 | 240 | 480 | 1 440 |
| | | 女 | 12 525 | 350 | 20 | 80 | 205 | 480 | 1 440 |
| | 城市 | 小计 | 12 467 | 338 | 30 | 90 | 190 | 480 | 1 440 |
| | | 男 | 5 490 | 338 | 30 | 120 | 231 | 480 | 1 440 |
| | | 女 | 6 977 | 338 | 30 | 90 | 180 | 480 | 1 440 |
| | 农村 | 小计 | 10 485 | 366 | 10 | 80 | 240 | 480 | 1 440 |
| | | 男 | 4 937 | 368 | 20 | 90 | 240 | 480 | 1 440 |

| 地区 | 城乡 | 性别 | n | 冬季开窗通风时间 / (min/d) | | | | | |
|---|---|---|---|---|---|---|---|---|---|
| | | | | Mean | P5 | P25 | P50 | P75 | P95 |
| 华东 | 农村 | 女 | 5 548 | 364 | 10 | 70 | 240 | 480 | 1 440 |
| 华南 | 城乡 | 小计 | 15 162 | 518 | 60 | 240 | 420 | 720 | 1 440 |
| | | 男 | 7 013 | 503 | 60 | 240 | 420 | 600 | 1 440 |
| | | 女 | 8 149 | 532 | 60 | 240 | 420 | 720 | 1 440 |
| | 城市 | 小计 | 7 324 | 600 | 120 | 240 | 480 | 720 | 1 440 |
| | | 男 | 3 287 | 584 | 90 | 240 | 480 | 720 | 1 440 |
| | | 女 | 4 037 | 616 | 120 | 240 | 480 | 900 | 1 440 |
| | 农村 | 小计 | 7 838 | 457 | 60 | 240 | 360 | 600 | 1 440 |
| | | 男 | 3 726 | 446 | 60 | 240 | 360 | 600 | 1 200 |
| | | 女 | 4 112 | 469 | 60 | 240 | 360 | 600 | 1 440 |
| 西北 | 城乡 | 小计 | 11 266 | 117 | 0 | 30 | 60 | 120 | 480 |
| | | 男 | 5 078 | 112 | 0 | 30 | 60 | 120 | 420 |
| | | 女 | 6 188 | 121 | 0 | 30 | 60 | 120 | 480 |
| | 城市 | 小计 | 5 054 | 123 | 0 | 30 | 60 | 120 | 480 |
| | | 男 | 2 219 | 116 | 0 | 30 | 60 | 120 | 480 |
| | | 女 | 2 835 | 129 | 0 | 30 | 60 | 120 | 600 |
| | 农村 | 小计 | 6 212 | 112 | 0 | 20 | 60 | 120 | 420 |
| | | 男 | 2 859 | 109 | 0 | 20 | 60 | 120 | 360 |
| | | 女 | 3 353 | 115 | 0 | 20 | 60 | 120 | 420 |
| 东北 | 城乡 | 小计 | 10 172 | 25 | 0 | 0 | 10 | 30 | 60 |
| | | 男 | 4 631 | 22 | 0 | 0 | 10 | 30 | 60 |
| | | 女 | 5 541 | 28 | 0 | 0 | 10 | 30 | 80 |
| | 城市 | 小计 | 4 352 | 34 | 0 | 0 | 20 | 40 | 120 |
| | | 男 | 1 910 | 28 | 0 | 0 | 10 | 30 | 90 |
| | | 女 | 2 442 | 39 | 0 | 0 | 20 | 45 | 120 |
| | 农村 | 小计 | 5 820 | 21 | 0 | 0 | 10 | 30 | 60 |
| | | 男 | 2 721 | 19 | 0 | 0 | 10 | 30 | 60 |
| | | 女 | 3 099 | 22 | 0 | 0 | 10 | 30 | 60 |
| 西南 | 城乡 | 小计 | 13 407 | 454 | 30 | 120 | 360 | 600 | 1 440 |
| | | 男 | 6 121 | 452 | 30 | 120 | 360 | 600 | 1 440 |
| | | 女 | 7 286 | 456 | 35 | 120 | 360 | 610 | 1 440 |
| | 城市 | 小计 | 4 777 | 506 | 30 | 120 | 390 | 720 | 1 440 |
| | | 男 | 2 134 | 502 | 30 | 120 | 420 | 720 | 1 440 |
| | | 女 | 2 643 | 510 | 30 | 120 | 365 | 720 | 1 440 |
| | 农村 | 小计 | 8 630 | 421 | 60 | 120 | 300 | 600 | 1 440 |
| | | 男 | 3 987 | 419 | 60 | 120 | 300 | 540 | 1 440 |
| | | 女 | 4 643 | 422 | 60 | 120 | 360 | 600 | 1 440 |

## 附表 13-21　中国人群分省（直辖市、自治区）、城乡、性别的全年平均开窗通风时间

| 地区 | 城乡 | 性别 | n | 全年平均开窗通风时间 / (min/d) | | | | | |
|---|---|---|---|---|---|---|---|---|---|
| | | | | Mean | P5 | P25 | P50 | P75 | P95 |
| 合计 | 城乡 | 小计 | 91 020 | 552 | 120 | 270 | 465 | 720 | 1 440 |
| | | 男 | 41 242 | 549 | 120 | 263 | 458 | 720 | 1 380 |
| | | 女 | 49 778 | 555 | 123 | 270 | 465 | 730 | 1 440 |
| | 城市 | 小计 | 41 760 | 562 | 120 | 255 | 465 | 750 | 1 440 |
| | | 男 | 18 414 | 555 | 120 | 255 | 458 | 750 | 1 440 |
| | | 女 | 23 346 | 569 | 120 | 270 | 473 | 760 | 1 440 |
| | 农村 | 小计 | 49 260 | 544 | 135 | 270 | 453 | 720 | 1 320 |
| | | 男 | 22 828 | 543 | 130 | 270 | 455 | 720 | 1 320 |
| | | 女 | 26 432 | 545 | 135 | 270 | 450 | 720 | 1 320 |
| 北京 | 城乡 | 小计 | 1 114 | 510 | 143 | 330 | 480 | 645 | 1 088 |
| | | 男 | 458 | 503 | 120 | 315 | 458 | 645 | 1 095 |
| | | 女 | 656 | 515 | 165 | 345 | 488 | 645 | 1 054 |

| 地区 | 城乡 | 性别 | n | 全年平均开窗通风时间 /（min/d） | | | | | |
| --- | --- | --- | --- | --- | --- | --- | --- | --- | --- |
| | | | | Mean | P5 | P25 | P50 | P75 | P95 |
| 北京 | 城市 | 小计 | 840 | 508 | 128 | 315 | 465 | 660 | 1 095 |
| | | 男 | 354 | 493 | 115 | 285 | 450 | 630 | 1 095 |
| | | 女 | 486 | 522 | 135 | 330 | 495 | 668 | 1 095 |
| | 农村 | 小计 | 274 | 514 | 225 | 375 | 495 | 630 | 840 |
| | | 男 | 104 | 532 | 210 | 375 | 525 | 660 | 1125 |
| | | 女 | 170 | 500 | 240 | 360 | 480 | 615 | 780 |
| 天津 | 城乡 | 小计 | 1 154 | 396 | 75 | 218 | 348 | 548 | 780 |
| | | 男 | 470 | 388 | 75 | 218 | 330 | 545 | 810 |
| | | 女 | 684 | 404 | 75 | 218 | 380 | 555 | 780 |
| | 城市 | 小计 | 865 | 384 | 75 | 225 | 338 | 545 | 735 |
| | | 男 | 336 | 363 | 83 | 225 | 300 | 495 | 681 |
| | | 女 | 529 | 406 | 75 | 240 | 398 | 548 | 780 |
| | 农村 | 小计 | 289 | 414 | 90 | 188 | 375 | 645 | 840 |
| | | 男 | 134 | 428 | 75 | 203 | 398 | 660 | 930 |
| | | 女 | 155 | 400 | 90 | 169 | 375 | 600 | 780 |
| 河北 | 城乡 | 小计 | 4 409 | 321 | 95 | 195 | 300 | 428 | 615 |
| | | 男 | 1 936 | 317 | 98 | 195 | 300 | 420 | 608 |
| | | 女 | 2 473 | 325 | 90 | 199 | 300 | 435 | 615 |
| | 城市 | 小计 | 1 831 | 308 | 90 | 180 | 270 | 420 | 615 |
| | | 男 | 830 | 301 | 90 | 180 | 270 | 420 | 608 |
| | | 女 | 1 001 | 315 | 85 | 188 | 278 | 435 | 615 |
| | 农村 | 小计 | 2 578 | 334 | 103 | 218 | 315 | 435 | 615 |
| | | 男 | 1 106 | 333 | 105 | 215 | 315 | 435 | 608 |
| | | 女 | 1 472 | 334 | 98 | 218 | 315 | 435 | 615 |
| 山西 | 城乡 | 小计 | 3 440 | 267 | 83 | 165 | 240 | 330 | 570 |
| | | 男 | 1 563 | 272 | 75 | 165 | 248 | 330 | 600 |
| | | 女 | 1 877 | 262 | 85 | 163 | 240 | 315 | 570 |
| | 城市 | 小计 | 1 046 | 331 | 68 | 195 | 285 | 450 | 690 |
| | | 男 | 479 | 337 | 38 | 195 | 300 | 465 | 690 |
| | | 女 | 567 | 325 | 75 | 193 | 273 | 435 | 675 |
| | 农村 | 小计 | 2 394 | 240 | 85 | 158 | 230 | 300 | 420 |
| | | 男 | 1 084 | 245 | 83 | 163 | 230 | 308 | 435 |
| | | 女 | 1 310 | 235 | 90 | 153 | 228 | 300 | 405 |
| 内蒙古 | 城乡 | 小计 | 3 023 | 240 | 83 | 158 | 218 | 300 | 473 |
| | | 男 | 1 451 | 237 | 84 | 158 | 218 | 293 | 468 |
| | | 女 | 1 572 | 244 | 83 | 165 | 218 | 308 | 480 |
| | 城市 | 小计 | 1 171 | 230 | 75 | 143 | 195 | 300 | 495 |
| | | 男 | 534 | 221 | 75 | 143 | 195 | 278 | 480 |
| | | 女 | 637 | 240 | 75 | 145 | 199 | 323 | 510 |
| | 农村 | 小计 | 1 852 | 247 | 113 | 173 | 230 | 303 | 450 |
| | | 男 | 917 | 247 | 113 | 173 | 229 | 300 | 458 |
| | | 女 | 935 | 247 | 120 | 173 | 233 | 308 | 443 |
| 辽宁 | 城乡 | 小计 | 3 377 | 328 | 120 | 225 | 315 | 408 | 555 |
| | | 男 | 1 448 | 318 | 120 | 218 | 308 | 405 | 555 |
| | | 女 | 1 929 | 337 | 128 | 240 | 315 | 420 | 585 |
| | 城市 | 小计 | 1 195 | 321 | 83 | 183 | 285 | 420 | 613 |
| | | 男 | 526 | 302 | 83 | 173 | 275 | 405 | 585 |
| | | 女 | 669 | 342 | 90 | 195 | 300 | 435 | 675 |
| | 农村 | 小计 | 2 182 | 330 | 138 | 243 | 323 | 405 | 525 |
| | | 男 | 922 | 325 | 133 | 240 | 315 | 405 | 518 |
| | | 女 | 1 260 | 335 | 150 | 245 | 330 | 405 | 548 |
| 吉林 | 城乡 | 小计 | 2 734 | 249 | 75 | 180 | 240 | 315 | 428 |
| | | 男 | 1 301 | 245 | 75 | 168 | 240 | 315 | 420 |
| | | 女 | 1 433 | 252 | 75 | 180 | 240 | 330 | 450 |
| | 城市 | 小计 | 1 568 | 227 | 60 | 150 | 215 | 300 | 420 |
| | | 男 | 703 | 224 | 63 | 153 | 210 | 285 | 420 |
| | | 女 | 865 | 230 | 59 | 150 | 221 | 308 | 420 |
| | 农村 | 小计 | 1 166 | 269 | 108 | 203 | 270 | 330 | 450 |

| 地区 | 城乡 | 性别 | $n$ | 全年平均开窗通风时间 /（min/d） | | | | | |
|---|---|---|---|---|---|---|---|---|---|
| | | | | Mean | P5 | P25 | P50 | P75 | P95 |
| 吉林 | 农村 | 男 | 598 | 264 | 98 | 195 | 270 | 330 | 420 |
| | | 女 | 568 | 274 | 120 | 210 | 270 | 330 | 450 |
| 黑龙江 | 城乡 | 小计 | 4 062 | 319 | 123 | 210 | 285 | 390 | 633 |
| | | 男 | 1 882 | 321 | 120 | 210 | 295 | 390 | 630 |
| | | 女 | 2 180 | 317 | 128 | 210 | 285 | 375 | 635 |
| | 城市 | 小计 | 1 589 | 280 | 105 | 185 | 263 | 345 | 543 |
| | | 男 | 681 | 281 | 105 | 185 | 270 | 345 | 540 |
| | | 女 | 908 | 279 | 105 | 185 | 255 | 340 | 570 |
| | 农村 | 小计 | 2 473 | 343 | 148 | 225 | 300 | 420 | 663 |
| | | 男 | 1 201 | 344 | 135 | 225 | 300 | 435 | 660 |
| | | 女 | 1 272 | 341 | 165 | 225 | 300 | 420 | 663 |
| 上海 | 城乡 | 小计 | 1 161 | 573 | 105 | 270 | 495 | 780 | 1 440 |
| | | 男 | 540 | 577 | 113 | 240 | 495 | 810 | 1 440 |
| | | 女 | 621 | 569 | 105 | 285 | 495 | 750 | 1 440 |
| | 城市 | 小计 | 1 161 | 573 | 105 | 270 | 495 | 780 | 1 440 |
| | | 男 | 540 | 577 | 113 | 240 | 495 | 810 | 1 440 |
| | | 女 | 621 | 569 | 105 | 285 | 495 | 750 | 1 440 |
| 江苏 | 城乡 | 小计 | 3 472 | 440 | 120 | 255 | 390 | 585 | 930 |
| | | 男 | 1 586 | 435 | 120 | 255 | 390 | 570 | 930 |
| | | 女 | 1 886 | 446 | 120 | 255 | 405 | 600 | 945 |
| | 城市 | 小计 | 2 312 | 457 | 120 | 255 | 420 | 600 | 1 058 |
| | | 男 | 1 067 | 445 | 120 | 248 | 390 | 600 | 960 |
| | | 女 | 1 245 | 468 | 135 | 263 | 420 | 615 | 1 080 |
| | 农村 | 小计 | 1 160 | 407 | 120 | 254 | 375 | 540 | 780 |
| | | 男 | 519 | 413 | 135 | 255 | 380 | 525 | 810 |
| | | 女 | 641 | 401 | 120 | 240 | 369 | 540 | 750 |
| 浙江 | 城乡 | 小计 | 3 425 | 616 | 105 | 315 | 570 | 870 | 1 260 |
| | | 男 | 1 598 | 611 | 105 | 315 | 570 | 870 | 1 230 |
| | | 女 | 1 827 | 621 | 115 | 315 | 585 | 870 | 1 275 |
| | 城市 | 小计 | 1 183 | 643 | 135 | 300 | 585 | 990 | 1 380 |
| | | 男 | 536 | 640 | 135 | 300 | 585 | 990 | 1 305 |
| | | 女 | 647 | 646 | 135 | 300 | 585 | 960 | 1 440 |
| | 农村 | 小计 | 2 242 | 603 | 90 | 315 | 570 | 840 | 1 200 |
| | | 男 | 1 062 | 597 | 90 | 315 | 570 | 825 | 1 200 |
| | | 女 | 1 180 | 609 | 90 | 330 | 585 | 840 | 1 230 |
| 安徽 | 城乡 | 小计 | 3 496 | 512 | 120 | 270 | 435 | 660 | 1 230 |
| | | 男 | 1 545 | 519 | 120 | 270 | 450 | 660 | 1 230 |
| | | 女 | 1 951 | 506 | 120 | 270 | 420 | 645 | 1 230 |
| | 城市 | 小计 | 1 893 | 470 | 113 | 240 | 390 | 600 | 1 170 |
| | | 男 | 791 | 476 | 108 | 240 | 390 | 600 | 1 185 |
| | | 女 | 1 102 | 464 | 120 | 240 | 390 | 585 | 1 170 |
| | 农村 | 小计 | 1 603 | 538 | 135 | 300 | 465 | 690 | 1 260 |
| | | 男 | 754 | 544 | 135 | 300 | 480 | 690 | 1 260 |
| | | 女 | 849 | 532 | 135 | 285 | 435 | 690 | 1 260 |
| 福建 | 城乡 | 小计 | 2 898 | 930 | 270 | 615 | 900 | 1 440 | 1 440 |
| | | 男 | 1 291 | 933 | 248 | 645 | 900 | 1 440 | 1 440 |
| | | 女 | 1 607 | 927 | 285 | 600 | 900 | 1 440 | 1 440 |
| | 城市 | 小计 | 1 495 | 859 | 240 | 555 | 810 | 1 260 | 1 440 |
| | | 男 | 636 | 850 | 195 | 585 | 810 | 1 125 | 1 440 |
| | | 女 | 859 | 868 | 255 | 540 | 810 | 1 305 | 1 440 |
| | 农村 | 小计 | 1 403 | 1 000 | 358 | 690 | 960 | 1 440 | 1 440 |
| | | 男 | 655 | 1 010 | 330 | 690 | 975 | 1 440 | 1 440 |
| | | 女 | 748 | 990 | 375 | 675 | 960 | 1 440 | 1 440 |
| 江西 | 城乡 | 小计 | 2 915 | 957 | 315 | 690 | 1 020 | 1 260 | 1 440 |
| | | 男 | 1 374 | 953 | 330 | 690 | 990 | 1 260 | 1 440 |
| | | 女 | 1 541 | 960 | 300 | 690 | 1 050 | 1 260 | 1 440 |
| | 城市 | 小计 | 1 719 | 881 | 240 | 570 | 870 | 1 215 | 1 440 |
| | | 男 | 794 | 875 | 240 | 570 | 855 | 1 215 | 1 440 |

| 地区 | 城乡 | 性别 | $n$ | 全年平均开窗通风时间 /（min/d） | | | | | |
| --- | --- | --- | --- | --- | --- | --- | --- | --- | --- |
| | | | | Mean | P5 | P25 | P50 | P75 | P95 |
| 江西 | 城市 | 女 | 925 | 886 | 240 | 570 | 900 | 1 200 | 1 440 |
| | 农村 | 小计 | 1 196 | 1 038 | 465 | 765 | 1 200 | 1 260 | 1 440 |
| | | 男 | 580 | 1 036 | 465 | 750 | 1 200 | 1 260 | 1 440 |
| | | 女 | 616 | 1 040 | 450 | 780 | 1 200 | 1 260 | 1 440 |
| 山东 | 城乡 | 小计 | 5 583 | 453 | 135 | 270 | 425 | 600 | 900 |
| | | 男 | 2 491 | 452 | 135 | 270 | 425 | 588 | 870 |
| | | 女 | 3 092 | 455 | 130 | 255 | 423 | 600 | 945 |
| | 城市 | 小计 | 2 703 | 469 | 128 | 270 | 435 | 615 | 960 |
| | | 男 | 1 125 | 469 | 135 | 270 | 430 | 615 | 945 |
| | | 女 | 1 578 | 470 | 120 | 270 | 435 | 615 | 975 |
| | 农村 | 小计 | 2 880 | 435 | 135 | 263 | 413 | 570 | 840 |
| | | 男 | 1 366 | 434 | 135 | 270 | 420 | 570 | 780 |
| | | 女 | 1 514 | 437 | 135 | 255 | 405 | 570 | 855 |
| 河南 | 城乡 | 小计 | 4 926 | 550 | 150 | 341 | 545 | 690 | 1 110 |
| | | 男 | 2 098 | 549 | 150 | 345 | 560 | 690 | 1 080 |
| | | 女 | 2 828 | 550 | 150 | 338 | 525 | 705 | 1 170 |
| | 城市 | 小计 | 2037 | 525 | 120 | 270 | 495 | 720 | 1 095 |
| | | 男 | 843 | 523 | 120 | 255 | 510 | 720 | 1 080 |
| | | 女 | 1 194 | 526 | 120 | 285 | 495 | 705 | 1 110 |
| | 农村 | 小计 | 2 889 | 560 | 165 | 360 | 560 | 683 | 1 125 |
| | | 男 | 1 255 | 559 | 165 | 380 | 575 | 675 | 1 080 |
| | | 女 | 1 634 | 560 | 165 | 360 | 540 | 690 | 1 185 |
| 湖北 | 城乡 | 小计 | 3 411 | 579 | 180 | 390 | 510 | 735 | 1 170 |
| | | 男 | 1 606 | 580 | 180 | 400 | 510 | 720 | 1 110 |
| | | 女 | 1 805 | 577 | 180 | 375 | 510 | 750 | 1 230 |
| | 城市 | 小计 | 2 384 | 582 | 150 | 360 | 510 | 735 | 1 440 |
| | | 男 | 1 129 | 577 | 150 | 375 | 510 | 720 | 1 290 |
| | | 女 | 1 255 | 588 | 150 | 330 | 510 | 750 | 1 440 |
| | 农村 | 小计 | 1 027 | 573 | 240 | 435 | 510 | 735 | 1 005 |
| | | 男 | 477 | 586 | 240 | 435 | 518 | 750 | 1 020 |
| | | 女 | 550 | 560 | 255 | 420 | 495 | 735 | 960 |
| 湖南 | 城乡 | 小计 | 4 050 | 715 | 240 | 450 | 630 | 990 | 1 350 |
| | | 男 | 1 844 | 699 | 240 | 450 | 600 | 960 | 1 305 |
| | | 女 | 2 206 | 733 | 240 | 465 | 630 | 1 050 | 1 440 |
| | 城市 | 小计 | 1 526 | 697 | 210 | 420 | 585 | 960 | 1 440 |
| | | 男 | 617 | 700 | 210 | 420 | 600 | 960 | 1 440 |
| | | 女 | 909 | 694 | 210 | 420 | 555 | 960 | 1 440 |
| | 农村 | 小计 | 2 524 | 722 | 240 | 480 | 630 | 1020 | 1 260 |
| | | 男 | 1 227 | 699 | 255 | 465 | 600 | 960 | 1 230 |
| | | 女 | 1 297 | 750 | 240 | 480 | 660 | 1 080 | 1 290 |
| 广东 | 城乡 | 小计 | 3 247 | 940 | 398 | 630 | 900 | 1 260 | 1 440 |
| | | 男 | 1 458 | 937 | 390 | 653 | 900 | 1 260 | 1 440 |
| | | 女 | 1 789 | 942 | 420 | 630 | 900 | 1 305 | 1 440 |
| | 城市 | 小计 | 1 749 | 1 022 | 390 | 720 | 1 050 | 1440 | 1 440 |
| | | 男 | 776 | 1 013 | 390 | 720 | 1 050 | 1 350 | 1 440 |
| | | 女 | 973 | 1 030 | 393 | 705 | 1 080 | 1 440 | 1 440 |
| | 农村 | 小计 | 1 498 | 851 | 398 | 630 | 765 | 1 140 | 1 440 |
| | | 男 | 682 | 858 | 390 | 630 | 780 | 1 140 | 1 440 |
| | | 女 | 816 | 845 | 450 | 600 | 750 | 1 125 | 1 440 |
| 广西 | 城乡 | 小计 | 3 368 | 656 | 180 | 345 | 540 | 930 | 1 440 |
| | | 男 | 1 589 | 642 | 180 | 345 | 510 | 900 | 1 440 |
| | | 女 | 1 779 | 671 | 180 | 360 | 570 | 960 | 1 440 |
| | 城市 | 小计 | 1 334 | 765 | 195 | 370 | 645 | 1 230 | 1 440 |
| | | 男 | 609 | 761 | 195 | 360 | 645 | 1 230 | 1 440 |
| | | 女 | 725 | 769 | 195 | 375 | 645 | 1 215 | 1 440 |
| | 农村 | 小计 | 2 034 | 615 | 165 | 345 | 510 | 885 | 1 260 |
| | | 男 | 980 | 598 | 165 | 338 | 480 | 870 | 1 260 |
| | | 女 | 1 054 | 633 | 180 | 345 | 540 | 900 | 1 260 |

| 地区 | 城乡 | 性别 | *n* | 全年平均开窗通风时间 /（min/d） | | | | | |
|---|---|---|---|---|---|---|---|---|---|
| | | | | Mean | P5 | P25 | P50 | P75 | P95 |
| 海南 | 城乡 | 小计 | 1 083 | 1 103 | 390 | 825 | 1 230 | 1 440 | 1 440 |
| | | 男 | 515 | 1 099 | 390 | 750 | 1 230 | 1 440 | 1 440 |
| | | 女 | 568 | 1 108 | 390 | 930 | 1 230 | 1 440 | 1 440 |
| | 城市 | 小计 | 328 | 1 203 | 390 | 1 200 | 1 380 | 1 440 | 1 440 |
| | | 男 | 155 | 1 224 | 375 | 1 230 | 1 380 | 1 440 | 1 440 |
| | | 女 | 173 | 1 182 | 390 | 1 155 | 1 380 | 1 440 | 1 440 |
| | 农村 | 小计 | 755 | 1 063 | 390 | 720 | 1 208 | 1 440 | 1 440 |
| | | 男 | 360 | 1 050 | 390 | 660 | 1 200 | 1 440 | 1 440 |
| | | 女 | 395 | 1 077 | 375 | 825 | 1 230 | 1 440 | 1 440 |
| 重庆 | 城乡 | 小计 | 968 | 760 | 195 | 450 | 720 | 990 | 1 440 |
| | | 男 | 413 | 778 | 195 | 465 | 780 | 990 | 1 440 |
| | | 女 | 555 | 742 | 180 | 435 | 690 | 990 | 1 440 |
| | 城市 | 小计 | 476 | 827 | 245 | 525 | 840 | 1 020 | 1 440 |
| | | 男 | 224 | 869 | 300 | 623 | 975 | 1 020 | 1 440 |
| | | 女 | 252 | 779 | 210 | 450 | 720 | 1 035 | 1 440 |
| | 农村 | 小计 | 492 | 691 | 135 | 375 | 645 | 990 | 1 440 |
| | | 男 | 189 | 665 | 135 | 330 | 555 | 990 | 1 440 |
| | | 女 | 303 | 711 | 150 | 405 | 660 | 990 | 1 440 |
| 四川 | 城乡 | 小计 | 4 579 | 639 | 122 | 300 | 525 | 900 | 1 440 |
| | | 男 | 2 095 | 626 | 122 | 285 | 510 | 900 | 1 440 |
| | | 女 | 2 484 | 652 | 135 | 315 | 540 | 900 | 1 440 |
| | 城市 | 小计 | 1 940 | 702 | 122 | 315 | 610 | 1 050 | 1 440 |
| | | 男 | 866 | 665 | 120 | 270 | 540 | 960 | 1 440 |
| | | 女 | 1 074 | 739 | 135 | 330 | 720 | 1 110 | 1 440 |
| | 农村 | 小计 | 2 639 | 603 | 135 | 300 | 510 | 840 | 1 440 |
| | | 男 | 1 229 | 604 | 135 | 300 | 510 | 840 | 1 440 |
| | | 女 | 1 410 | 603 | 135 | 300 | 510 | 840 | 1 350 |
| 贵州 | 城乡 | 小计 | 2 855 | 476 | 75 | 195 | 405 | 630 | 1 260 |
| | | 男 | 1 334 | 492 | 75 | 210 | 405 | 645 | 1 260 |
| | | 女 | 1 521 | 459 | 75 | 195 | 398 | 600 | 1 260 |
| | 城市 | 小计 | 1 062 | 542 | 83 | 195 | 480 | 735 | 1 350 |
| | | 男 | 498 | 544 | 83 | 195 | 484 | 750 | 1 350 |
| | | 女 | 564 | 540 | 90 | 195 | 465 | 728 | 1 380 |
| | 农村 | 小计 | 1 793 | 413 | 75 | 203 | 330 | 540 | 1 095 |
| | | 男 | 836 | 441 | 75 | 225 | 345 | 570 | 1 155 |
| | | 女 | 957 | 382 | 75 | 183 | 315 | 510 | 825 |
| 云南 | 城乡 | 小计 | 3 479 | 620 | 150 | 300 | 480 | 730 | 1 440 |
| | | 男 | 1 660 | 630 | 150 | 300 | 495 | 750 | 1 440 |
| | | 女 | 1 819 | 609 | 150 | 300 | 480 | 720 | 1 440 |
| | 城市 | 小计 | 914 | 657 | 165 | 315 | 540 | 790 | 1 440 |
| | | 男 | 420 | 688 | 165 | 334 | 615 | 840 | 1 440 |
| | | 女 | 494 | 626 | 165 | 310 | 509 | 750 | 1 440 |
| | 农村 | 小计 | 2 565 | 605 | 143 | 300 | 480 | 720 | 1 440 |
| | | 男 | 1 240 | 608 | 135 | 300 | 480 | 730 | 1 440 |
| | | 女 | 1 325 | 601 | 150 | 300 | 480 | 720 | 1 440 |
| 西藏 | 城乡 | 小计 | 1 525 | 237 | 30 | 120 | 210 | 308 | 500 |
| | | 男 | 618 | 237 | 45 | 120 | 210 | 300 | 510 |
| | | 女 | 907 | 238 | 23 | 113 | 218 | 315 | 500 |
| | 城市 | 小计 | 385 | 328 | 60 | 135 | 270 | 435 | 819 |
| | | 男 | 126 | 353 | 90 | 180 | 300 | 435 | 823 |
| | | 女 | 259 | 311 | 58 | 120 | 255 | 428 | 819 |
| | 农村 | 小计 | 1 140 | 211 | 25 | 113 | 206 | 285 | 405 |
| | | 男 | 492 | 210 | 30 | 120 | 195 | 280 | 410 |
| | | 女 | 648 | 212 | 20 | 113 | 210 | 290 | 396 |
| 陕西 | 城乡 | 小计 | 2 865 | 404 | 98 | 225 | 360 | 540 | 810 |
| | | 男 | 1 297 | 397 | 95 | 225 | 345 | 540 | 795 |
| | | 女 | 1 568 | 410 | 105 | 225 | 370 | 540 | 825 |
| | 城市 | 小计 | 1 331 | 374 | 98 | 195 | 315 | 510 | 750 |

| 地区 | 城乡 | 性别 | *n* | 全年平均开窗通风时间 /（min/d） | | | | | |
|---|---|---|---|---|---|---|---|---|---|
| | | | | Mean | P5 | P25 | P50 | P75 | P95 |
| 陕西 | 城市 | 男 | 587 | 367 | 98 | 195 | 300 | 510 | 720 |
| | | 女 | 744 | 380 | 105 | 195 | 345 | 525 | 765 |
| | 农村 | 小计 | 1 534 | 428 | 93 | 255 | 375 | 570 | 840 |
| | | 男 | 710 | 421 | 90 | 255 | 360 | 555 | 810 |
| | | 女 | 824 | 435 | 105 | 255 | 390 | 585 | 870 |
| 甘肃 | 城乡 | 小计 | 2 869 | 430 | 100 | 210 | 375 | 570 | 1 110 |
| | | 男 | 1 289 | 438 | 105 | 215 | 375 | 600 | 1 110 |
| | | 女 | 1 580 | 422 | 95 | 210 | 360 | 540 | 1 110 |
| | 城市 | 小计 | 799 | 371 | 105 | 195 | 275 | 450 | 983 |
| | | 男 | 365 | 356 | 98 | 195 | 270 | 435 | 840 |
| | | 女 | 434 | 386 | 105 | 195 | 285 | 460 | 1 080 |
| | 农村 | 小计 | 2 070 | 449 | 100 | 225 | 398 | 600 | 1 125 |
| | | 男 | 924 | 465 | 105 | 233 | 405 | 620 | 1 125 |
| | | 女 | 1 146 | 434 | 95 | 218 | 380 | 548 | 1 110 |
| 青海 | 城乡 | 小计 | 1 592 | 286 | 75 | 150 | 195 | 360 | 795 |
| | | 男 | 691 | 266 | 68 | 150 | 180 | 315 | 780 |
| | | 女 | 901 | 307 | 90 | 150 | 210 | 420 | 810 |
| | 城市 | 小计 | 666 | 291 | 75 | 143 | 180 | 360 | 810 |
| | | 男 | 296 | 261 | 64 | 136 | 165 | 278 | 810 |
| | | 女 | 370 | 324 | 83 | 150 | 210 | 495 | 810 |
| | 农村 | 小计 | 926 | 275 | 90 | 165 | 215 | 368 | 600 |
| | | 男 | 395 | 277 | 90 | 165 | 210 | 360 | 600 |
| | | 女 | 531 | 274 | 90 | 165 | 218 | 375 | 600 |
| 宁夏 | 城乡 | 小计 | 1 138 | 439 | 113 | 248 | 375 | 555 | 990 |
| | | 男 | 538 | 435 | 103 | 240 | 368 | 548 | 1 080 |
| | | 女 | 600 | 443 | 125 | 270 | 378 | 555 | 990 |
| | 城市 | 小计 | 1 040 | 441 | 125 | 248 | 375 | 558 | 1 020 |
| | | 男 | 488 | 435 | 113 | 240 | 368 | 555 | 1 080 |
| | | 女 | 552 | 448 | 125 | 270 | 390 | 570 | 990 |
| | 农村 | 小计 | 98 | 416 | 90 | 273 | 368 | 514 | 900 |
| | | 男 | 50 | 430 | 90 | 270 | 378 | 543 | 900 |
| | | 女 | 48 | 398 | 98 | 273 | 364 | 480 | 728 |
| 新疆 | 城乡 | 小计 | 2 802 | 274 | 63 | 158 | 228 | 330 | 645 |
| | | 男 | 1 263 | 259 | 61 | 150 | 225 | 300 | 615 |
| | | 女 | 1 539 | 290 | 68 | 165 | 228 | 360 | 668 |
| | 城市 | 小计 | 1 218 | 337 | 68 | 180 | 255 | 480 | 735 |
| | | 男 | 483 | 315 | 60 | 158 | 225 | 428 | 720 |
| | | 女 | 735 | 357 | 98 | 194 | 285 | 500 | 758 |
| | 农村 | 小计 | 1 584 | 242 | 60 | 150 | 225 | 257 | 578 |
| | | 男 | 780 | 234 | 61 | 150 | 218 | 255 | 555 |
| | | 女 | 804 | 251 | 60 | 155 | 225 | 285 | 608 |

## 附表 13-22　中国人群分省（直辖市、自治区）、城乡、性别的春秋季开窗通风时间

| 地区 | 城乡 | 性别 | *n* | 春秋季开窗通风时间 /（min/d） | | | | | |
|---|---|---|---|---|---|---|---|---|---|
| | | | | Mean | P5 | P25 | P50 | P75 | P95 |
| 合计 | 城乡 | 小计 | 91 043 | 527 | 60 | 240 | 420 | 720 | 1 440 |
| | | 男 | 41 256 | 524 | 60 | 240 | 420 | 720 | 1 440 |
| | | 女 | 49 787 | 531 | 60 | 240 | 420 | 720 | 1 440 |
| | 城市 | 小计 | 41 780 | 537 | 60 | 180 | 420 | 720 | 1 440 |
| | | 男 | 18 424 | 530 | 60 | 180 | 420 | 720 | 1 440 |
| | | 女 | 23 356 | 544 | 60 | 180 | 420 | 720 | 1 440 |
| | 农村 | 小计 | 49 263 | 520 | 60 | 240 | 420 | 720 | 1 440 |
| | | 男 | 22 832 | 519 | 60 | 240 | 420 | 660 | 1 440 |
| | | 女 | 26 431 | 522 | 60 | 240 | 420 | 720 | 1 440 |

| 地区 | 城乡 | 性别 | *n* | 春秋季开窗通风时间 / （min/d） | | | | | |
|---|---|---|---|---|---|---|---|---|---|
| | | | | Mean | P5 | P25 | P50 | P75 | P95 |
| 北京 | 城乡 | 小计 | 1 114 | 434 | 60 | 240 | 360 | 600 | 1 320 |
| | | 男 | 458 | 427 | 60 | 180 | 300 | 600 | 1 440 |
| | | 女 | 656 | 440 | 80 | 240 | 360 | 600 | 1 200 |
| | 城市 | 小计 | 840 | 442 | 60 | 210 | 360 | 600 | 1 440 |
| | | 男 | 354 | 427 | 60 | 180 | 300 | 600 | 1 440 |
| | | 女 | 486 | 456 | 60 | 240 | 360 | 600 | 1 440 |
| | 农村 | 小计 | 274 | 412 | 60 | 240 | 360 | 600 | 900 |
| | | 男 | 104 | 425 | 60 | 240 | 360 | 600 | 1 160 |
| | | 女 | 170 | 401 | 120 | 240 | 360 | 600 | 720 |
| 天津 | 城乡 | 小计 | 1 154 | 311 | 60 | 120 | 240 | 420 | 720 |
| | | 男 | 470 | 305 | 60 | 120 | 240 | 420 | 720 |
| | | 女 | 684 | 317 | 60 | 120 | 240 | 480 | 740 |
| | 城市 | 小计 | 865 | 303 | 60 | 120 | 240 | 360 | 720 |
| | | 男 | 336 | 282 | 60 | 120 | 240 | 360 | 635 |
| | | 女 | 529 | 324 | 60 | 120 | 240 | 480 | 795 |
| | 农村 | 小计 | 289 | 324 | 60 | 120 | 240 | 480 | 900 |
| | | 男 | 134 | 341 | 60 | 120 | 300 | 540 | 1 200 |
| | | 女 | 155 | 305 | 60 | 120 | 240 | 420 | 720 |
| 河北 | 城乡 | 小计 | 4 409 | 251 | 60 | 120 | 240 | 360 | 510 |
| | | 男 | 1 936 | 245 | 60 | 120 | 240 | 330 | 480 |
| | | 女 | 2 473 | 256 | 60 | 120 | 240 | 360 | 540 |
| | 城市 | 小计 | 1 831 | 225 | 60 | 120 | 180 | 300 | 510 |
| | | 男 | 830 | 217 | 60 | 120 | 180 | 300 | 480 |
| | | 女 | 1 001 | 233 | 60 | 120 | 180 | 300 | 540 |
| | 农村 | 小计 | 2 578 | 274 | 60 | 180 | 240 | 360 | 510 |
| | | 男 | 1 106 | 272 | 60 | 180 | 240 | 360 | 500 |
| | | 女 | 1 472 | 275 | 60 | 150 | 240 | 360 | 540 |
| 山西 | 城乡 | 小计 | 3 440 | 242 | 50 | 120 | 240 | 300 | 600 |
| | | 男 | 1 563 | 249 | 30 | 120 | 240 | 360 | 600 |
| | | 女 | 1 877 | 236 | 60 | 120 | 240 | 300 | 480 |
| | 城市 | 小计 | 1 046 | 269 | 30 | 120 | 240 | 360 | 600 |
| | | 男 | 479 | 278 | 30 | 120 | 240 | 360 | 720 |
| | | 女 | 567 | 261 | 30 | 120 | 240 | 360 | 600 |
| | 农村 | 小计 | 2 394 | 231 | 60 | 120 | 240 | 300 | 480 |
| | | 男 | 1 084 | 236 | 60 | 120 | 240 | 300 | 480 |
| | | 女 | 1 310 | 225 | 60 | 120 | 240 | 300 | 420 |
| 内蒙古 | 城乡 | 小计 | 3 035 | 190 | 30 | 60 | 150 | 240 | 480 |
| | | 男 | 1 459 | 186 | 30 | 60 | 150 | 240 | 480 |
| | | 女 | 1 576 | 195 | 30 | 90 | 180 | 260 | 480 |
| | 城市 | 小计 | 1 183 | 193 | 40 | 60 | 120 | 240 | 480 |
| | | 男 | 542 | 183 | 40 | 60 | 120 | 240 | 480 |
| | | 女 | 641 | 204 | 40 | 60 | 120 | 300 | 540 |
| | 农村 | 小计 | 1 852 | 188 | 30 | 90 | 180 | 240 | 420 |
| | | 男 | 917 | 188 | 30 | 80 | 160 | 240 | 420 |
| | | 女 | 935 | 189 | 30 | 90 | 180 | 240 | 420 |
| 辽宁 | 城乡 | 小计 | 3 377 | 264 | 60 | 120 | 240 | 360 | 480 |
| | | 男 | 1 448 | 259 | 60 | 120 | 240 | 360 | 480 |
| | | 女 | 1 929 | 269 | 60 | 120 | 240 | 360 | 480 |
| | 城市 | 小计 | 1 195 | 246 | 50 | 120 | 180 | 300 | 600 |
| | | 男 | 526 | 226 | 60 | 120 | 180 | 300 | 480 |
| | | 女 | 669 | 269 | 30 | 120 | 240 | 360 | 600 |
| | 农村 | 小计 | 2 182 | 271 | 60 | 120 | 240 | 360 | 480 |
| | | 男 | 922 | 272 | 60 | 120 | 240 | 420 | 480 |
| | | 女 | 1 260 | 270 | 60 | 120 | 240 | 360 | 480 |
| 吉林 | 城乡 | 小计 | 2 737 | 185 | 35 | 120 | 180 | 240 | 360 |
| | | 男 | 1 302 | 181 | 50 | 120 | 180 | 240 | 360 |
| | | 女 | 1 435 | 189 | 30 | 120 | 180 | 240 | 360 |
| | 城市 | 小计 | 1 571 | 165 | 30 | 60 | 120 | 240 | 360 |

| 地区 | 城乡 | 性别 | $n$ | 春秋季开窗通风时间 /（min/d） | | | | | |
|---|---|---|---|---|---|---|---|---|---|
| | | | | Mean | P5 | P25 | P50 | P75 | P95 |
| 吉林 | 城市 | 男 | 704 | 162 | 30 | 65 | 120 | 240 | 360 |
| | | 女 | 867 | 169 | 30 | 60 | 120 | 240 | 360 |
| | 农村 | 小计 | 1 166 | 204 | 60 | 120 | 180 | 240 | 360 |
| | | 男 | 598 | 199 | 60 | 120 | 180 | 240 | 360 |
| | | 女 | 568 | 209 | 60 | 120 | 180 | 240 | 360 |
| 黑龙江 | 城乡 | 小计 | 4 062 | 264 | 40 | 120 | 240 | 360 | 720 |
| | | 男 | 1 882 | 267 | 45 | 120 | 240 | 360 | 720 |
| | | 女 | 2 180 | 261 | 40 | 120 | 240 | 330 | 720 |
| | 城市 | 小计 | 1 589 | 206 | 30 | 60 | 180 | 300 | 480 |
| | | 男 | 681 | 209 | 30 | 60 | 180 | 300 | 480 |
| | | 女 | 908 | 203 | 30 | 60 | 180 | 300 | 480 |
| | 农村 | 小计 | 2 473 | 299 | 60 | 150 | 240 | 420 | 720 |
| | | 男 | 1 201 | 300 | 60 | 120 | 240 | 420 | 720 |
| | | 女 | 1 272 | 299 | 60 | 150 | 240 | 360 | 780 |
| 上海 | 城乡 | 小计 | 1 161 | 583 | 120 | 240 | 480 | 720 | 1 440 |
| | | 男 | 540 | 589 | 120 | 240 | 480 | 720 | 1 440 |
| | | 女 | 621 | 577 | 120 | 300 | 480 | 720 | 1 440 |
| | 城市 | 小计 | 1 161 | 583 | 120 | 240 | 480 | 720 | 1 440 |
| | | 男 | 540 | 589 | 120 | 240 | 480 | 720 | 1 440 |
| | | 女 | 621 | 577 | 120 | 300 | 480 | 720 | 1 440 |
| 江苏 | 城乡 | 小计 | 3 472 | 434 | 120 | 240 | 360 | 600 | 1 020 |
| | | 男 | 1 586 | 429 | 120 | 240 | 360 | 600 | 960 |
| | | 女 | 1 886 | 440 | 120 | 240 | 360 | 600 | 1 080 |
| | 城市 | 小计 | 2 312 | 454 | 120 | 240 | 390 | 600 | 1 200 |
| | | 男 | 1 067 | 442 | 120 | 240 | 360 | 600 | 1 200 |
| | | 女 | 1 245 | 467 | 120 | 240 | 420 | 600 | 1 200 |
| | 农村 | 小计 | 1 160 | 392 | 120 | 240 | 360 | 480 | 720 |
| | | 男 | 519 | 399 | 120 | 240 | 360 | 480 | 720 |
| | | 女 | 641 | 385 | 120 | 220 | 360 | 492 | 720 |
| 浙江 | 城乡 | 小计 | 3 425 | 633 | 90 | 300 | 540 | 900 | 1 440 |
| | | 男 | 1 598 | 624 | 90 | 300 | 540 | 900 | 1 440 |
| | | 女 | 1 827 | 641 | 90 | 300 | 540 | 900 | 1 440 |
| | 城市 | 小计 | 1 183 | 683 | 120 | 300 | 510 | 1 080 | 1 440 |
| | | 男 | 536 | 679 | 120 | 300 | 510 | 1 080 | 1 440 |
| | | 女 | 647 | 686 | 120 | 300 | 510 | 1 080 | 1 440 |
| | 农村 | 小计 | 2 242 | 609 | 60 | 300 | 540 | 720 | 1 440 |
| | | 男 | 1 062 | 599 | 60 | 300 | 540 | 720 | 1 440 |
| | | 女 | 1 180 | 619 | 60 | 300 | 540 | 720 | 1 440 |
| 安徽 | 城乡 | 小计 | 3 496 | 493 | 120 | 180 | 360 | 600 | 1 440 |
| | | 男 | 1 545 | 500 | 100 | 240 | 360 | 600 | 1 440 |
| | | 女 | 1 951 | 486 | 120 | 180 | 360 | 600 | 1 440 |
| | 城市 | 小计 | 1 893 | 462 | 60 | 180 | 360 | 600 | 1 440 |
| | | 男 | 791 | 473 | 60 | 180 | 360 | 600 | 1 440 |
| | | 女 | 1 102 | 453 | 60 | 180 | 360 | 600 | 1 440 |
| | 农村 | 小计 | 1 603 | 512 | 120 | 240 | 360 | 600 | 1 440 |
| | | 男 | 754 | 516 | 120 | 240 | 360 | 600 | 1 440 |
| | | 女 | 849 | 508 | 120 | 180 | 360 | 600 | 1 440 |
| 福建 | 城乡 | 小计 | 2 898 | 912 | 240 | 600 | 900 | 1 440 | 1 440 |
| | | 男 | 1 291 | 915 | 180 | 600 | 900 | 1 440 | 1 440 |
| | | 女 | 1 607 | 910 | 240 | 600 | 900 | 1 440 | 1 440 |
| | 城市 | 小计 | 1 495 | 836 | 180 | 480 | 720 | 1 440 | 1 440 |
| | | 男 | 636 | 819 | 120 | 480 | 720 | 1 200 | 1 440 |
| | | 女 | 859 | 851 | 180 | 480 | 720 | 1 440 | 1 440 |
| | 农村 | 小计 | 1 403 | 988 | 300 | 600 | 960 | 1 440 | 1 440 |
| | | 男 | 655 | 1004 | 300 | 600 | 960 | 1 440 | 1 440 |
| | | 女 | 748 | 972 | 300 | 600 | 960 | 1 440 | 1 440 |
| 江西 | 城乡 | 小计 | 2 915 | 994 | 240 | 600 | 1 080 | 1 440 | 1 440 |
| | | 男 | 1 375 | 987 | 240 | 600 | 1 080 | 1 440 | 1 440 |

| 地区 | 城乡 | 性别 | $n$ | 春秋季开窗通风时间 /（min/d） | | | | | |
|---|---|---|---|---|---|---|---|---|---|
| | | | | Mean | P5 | P25 | P50 | P75 | P95 |
| 江西 | 城乡 | 女 | 1 540 | 1 001 | 240 | 600 | 1 080 | 1 440 | 1 440 |
| | 城市 | 小计 | 1 720 | 902 | 180 | 480 | 840 | 1 440 | 1 440 |
| | | 男 | 795 | 894 | 180 | 480 | 720 | 1440 | 1 440 |
| | | 女 | 925 | 909 | 180 | 480 | 900 | 1440 | 1 440 |
| | 农村 | 小计 | 1 195 | 1 093 | 360 | 720 | 1440 | 1440 | 1 440 |
| | | 男 | 580 | 1 086 | 360 | 600 | 1 440 | 1 440 | 1 440 |
| | | 女 | 615 | 1 101 | 360 | 720 | 1 440 | 1 440 | 1 440 |
| 山东 | 城乡 | 小计 | 5 589 | 378 | 60 | 120 | 300 | 480 | 1 020 |
| | | 男 | 2 492 | 373 | 60 | 120 | 300 | 480 | 960 |
| | | 女 | 3 097 | 382 | 60 | 120 | 300 | 480 | 1 080 |
| | 城市 | 小计 | 2 708 | 395 | 60 | 120 | 300 | 510 | 1 200 |
| | | 男 | 1 125 | 393 | 60 | 120 | 300 | 480 | 1 200 |
| | | 女 | 1 583 | 397 | 60 | 120 | 300 | 540 | 1 200 |
| | 农村 | 小计 | 2 881 | 358 | 60 | 160 | 300 | 480 | 900 |
| | | 男 | 1 367 | 352 | 60 | 180 | 300 | 480 | 720 |
| | | 女 | 1 514 | 364 | 60 | 150 | 300 | 480 | 960 |
| 河南 | 城乡 | 小计 | 4 926 | 521 | 120 | 300 | 480 | 600 | 1 440 |
| | | 男 | 2 098 | 516 | 120 | 300 | 480 | 600 | 1 440 |
| | | 女 | 2 828 | 525 | 120 | 240 | 480 | 600 | 1 440 |
| | 城市 | 小计 | 2 037 | 526 | 120 | 240 | 480 | 720 | 1 440 |
| | | 男 | 843 | 529 | 120 | 240 | 480 | 720 | 1 440 |
| | | 女 | 1 194 | 524 | 120 | 240 | 480 | 720 | 1 440 |
| | 农村 | 小计 | 2 889 | 519 | 120 | 300 | 480 | 600 | 1 440 |
| | | 男 | 1 255 | 511 | 120 | 300 | 480 | 600 | 1 320 |
| | | 女 | 1 634 | 526 | 120 | 300 | 480 | 600 | 1 440 |
| 湖北 | 城乡 | 小计 | 3 411 | 567 | 150 | 360 | 480 | 720 | 1 440 |
| | | 男 | 1 606 | 563 | 150 | 360 | 480 | 720 | 1 200 |
| | | 女 | 1 805 | 572 | 150 | 360 | 480 | 720 | 1 440 |
| | 城市 | 小计 | 2 384 | 575 | 120 | 300 | 480 | 720 | 1 440 |
| | | 男 | 1 129 | 561 | 120 | 320 | 480 | 720 | 1 440 |
| | | 女 | 1255 | 592 | 120 | 300 | 480 | 720 | 1 440 |
| | 农村 | 小计 | 1 027 | 552 | 180 | 360 | 480 | 720 | 1080 |
| | | 男 | 477 | 565 | 220 | 372 | 480 | 720 | 1 080 |
| | | 女 | 550 | 539 | 180 | 360 | 480 | 720 | 1 080 |
| 湖南 | 城乡 | 小计 | 4 050 | 723 | 240 | 360 | 600 | 1 080 | 1 440 |
| | | 男 | 1 844 | 702 | 240 | 360 | 600 | 960 | 1 440 |
| | | 女 | 2 206 | 746 | 240 | 420 | 600 | 1 080 | 1 440 |
| | 城市 | 小计 | 1 526 | 696 | 240 | 360 | 600 | 960 | 1 440 |
| | | 男 | 617 | 698 | 240 | 360 | 600 | 960 | 1 440 |
| | | 女 | 909 | 693 | 240 | 360 | 540 | 960 | 1 440 |
| | 农村 | 小计 | 2 524 | 734 | 240 | 360 | 600 | 1 080 | 1 440 |
| | | 男 | 1 227 | 703 | 240 | 360 | 600 | 960 | 1 440 |
| | | 女 | 1 297 | 770 | 240 | 420 | 600 | 1 440 | 1 440 |
| 广东 | 城乡 | 小计 | 3 248 | 935 | 360 | 600 | 900 | 1 440 | 1 440 |
| | | 男 | 1 459 | 935 | 360 | 600 | 900 | 1 440 | 1 440 |
| | | 女 | 1 789 | 934 | 360 | 540 | 900 | 1 440 | 1 440 |
| | 城市 | 小计 | 1 749 | 1 028 | 300 | 660 | 1 200 | 1 440 | 1 440 |
| | | 男 | 776 | 1 022 | 360 | 720 | 1 200 | 1 440 | 1 440 |
| | | 女 | 973 | 1 033 | 300 | 630 | 1 200 | 1 440 | 1 440 |
| | 农村 | 小计 | 1 499 | 833 | 360 | 480 | 720 | 1 200 | 1 440 |
| | | 男 | 683 | 843 | 360 | 480 | 720 | 1 200 | 1 440 |
| | | 女 | 816 | 824 | 360 | 480 | 720 | 1 200 | 1 440 |
| 广西 | 城乡 | 小计 | 3 369 | 650 | 120 | 300 | 480 | 960 | 1 440 |
| | | 男 | 1 590 | 637 | 120 | 300 | 480 | 900 | 1 440 |
| | | 女 | 1 779 | 665 | 120 | 300 | 540 | 1 020 | 1 440 |
| | 城市 | 小计 | 1 334 | 767 | 120 | 360 | 610 | 1 440 | 1 440 |
| | | 男 | 609 | 767 | 120 | 300 | 620 | 1 440 | 1 440 |
| | | 女 | 725 | 768 | 120 | 360 | 600 | 1 440 | 1 440 |

| 地区 | 城乡 | 性别 | *n* | 春秋季开窗通风时间 /（min/d） | | | | | |
|---|---|---|---|---|---|---|---|---|---|
| | | | | Mean | P5 | P25 | P50 | P75 | P95 |
| 广西 | 农村 | 小计 | 2 035 | 606 | 120 | 300 | 480 | 840 | 1 440 |
| | | 男 | 981 | 589 | 120 | 300 | 480 | 720 | 1 440 |
| | | 女 | 1 054 | 626 | 120 | 300 | 480 | 840 | 1 440 |
| 海南 | 城乡 | 小计 | 1 083 | 1 163 | 360 | 780 | 1 440 | 1 440 | 1 440 |
| | | 男 | 515 | 1 155 | 360 | 720 | 1 440 | 1 440 | 1 440 |
| | | 女 | 568 | 1 171 | 360 | 960 | 1 440 | 1 440 | 1 440 |
| | 城市 | 小计 | 328 | 1 243 | 360 | 1 260 | 1 440 | 1 440 | 1 440 |
| | | 男 | 155 | 1 264 | 360 | 1 440 | 1 440 | 1 440 | 1 440 |
| | | 女 | 173 | 1 222 | 360 | 1200 | 1 440 | 1 440 | 1 440 |
| | 农村 | 小计 | 755 | 1 130 | 360 | 720 | 1 440 | 1 440 | 1 440 |
| | | 男 | 360 | 1 111 | 360 | 720 | 1 440 | 1 440 | 1 440 |
| | | 女 | 395 | 1 150 | 360 | 720 | 1 440 | 1 440 | 1 440 |
| 重庆 | 城乡 | 小计 | 968 | 749 | 180 | 420 | 720 | 900 | 1 440 |
| | | 男 | 413 | 761 | 180 | 480 | 720 | 900 | 1 440 |
| | | 女 | 555 | 737 | 180 | 420 | 720 | 900 | 1 440 |
| | 城市 | 小计 | 476 | 818 | 240 | 540 | 840 | 960 | 1 440 |
| | | 男 | 224 | 847 | 300 | 600 | 900 | 960 | 1 440 |
| | | 女 | 252 | 785 | 180 | 420 | 720 | 1 080 | 1 440 |
| | 农村 | 小计 | 492 | 678 | 120 | 360 | 600 | 900 | 1 440 |
| | | 男 | 189 | 655 | 120 | 300 | 540 | 900 | 1 440 |
| | | 女 | 303 | 696 | 120 | 360 | 720 | 900 | 1 440 |
| 四川 | 城乡 | 小计 | 4 579 | 624 | 120 | 300 | 480 | 840 | 1 440 |
| | | 男 | 2 095 | 614 | 120 | 240 | 480 | 840 | 1 440 |
| | | 女 | 2 484 | 633 | 120 | 300 | 480 | 900 | 1 440 |
| | 城市 | 小计 | 1 940 | 692 | 120 | 300 | 570 | 1 080 | 1 440 |
| | | 男 | 866 | 660 | 120 | 240 | 480 | 960 | 1 440 |
| | | 女 | 1 074 | 724 | 120 | 330 | 600 | 1 200 | 1 440 |
| | 农村 | 小计 | 2 639 | 585 | 120 | 270 | 480 | 720 | 1 440 |
| | | 男 | 1 229 | 587 | 120 | 255 | 480 | 720 | 1 440 |
| | | 女 | 1 410 | 582 | 120 | 300 | 480 | 720 | 1 440 |
| 贵州 | 城乡 | 小计 | 2 855 | 449 | 60 | 120 | 300 | 600 | 1 440 |
| | | 男 | 1 334 | 468 | 60 | 150 | 300 | 600 | 1 440 |
| | | 女 | 1 521 | 427 | 60 | 120 | 300 | 600 | 1 440 |
| | 城市 | 小计 | 1 062 | 504 | 60 | 120 | 360 | 720 | 1 440 |
| | | 男 | 498 | 509 | 60 | 120 | 360 | 720 | 1 440 |
| | | 女 | 564 | 498 | 60 | 120 | 370 | 600 | 1 440 |
| | 农村 | 小计 | 1 793 | 395 | 60 | 180 | 300 | 540 | 1 440 |
| | | 男 | 836 | 427 | 60 | 180 | 300 | 600 | 1 440 |
| | | 女 | 957 | 360 | 60 | 120 | 300 | 480 | 720 |
| 云南 | 城乡 | 小计 | 3 479 | 619 | 120 | 300 | 480 | 720 | 1 440 |
| | | 男 | 1 661 | 633 | 120 | 300 | 480 | 720 | 1 440 |
| | | 女 | 1 818 | 604 | 120 | 300 | 480 | 720 | 1 440 |
| | 城市 | 小计 | 913 | 653 | 120 | 300 | 540 | 720 | 1 440 |
| | | 男 | 420 | 688 | 150 | 360 | 600 | 750 | 1 440 |
| | | 女 | 493 | 618 | 120 | 300 | 480 | 720 | 1 440 |
| | 农村 | 小计 | 2 566 | 605 | 120 | 300 | 480 | 720 | 1 440 |
| | | 男 | 1 241 | 611 | 120 | 300 | 480 | 720 | 1 440 |
| | | 女 | 1 325 | 597 | 120 | 300 | 480 | 720 | 1 440 |
| 西藏 | 城乡 | 小计 | 1 525 | 256 | 20 | 120 | 240 | 360 | 600 |
| | | 男 | 618 | 256 | 20 | 120 | 240 | 360 | 600 |
| | | 女 | 907 | 257 | 20 | 120 | 240 | 360 | 540 |
| | 城市 | 小计 | 385 | 333 | 60 | 120 | 240 | 420 | 1 080 |
| | | 男 | 126 | 366 | 60 | 120 | 300 | 480 | 1 200 |
| | | 女 | 259 | 312 | 30 | 105 | 240 | 420 | 900 |
| | 农村 | 小计 | 1 140 | 234 | 20 | 120 | 240 | 320 | 480 |
| | | 男 | 492 | 230 | 15 | 120 | 200 | 300 | 480 |
| | | 女 | 648 | 238 | 20 | 120 | 240 | 360 | 480 |

| 地区 | 城乡 | 性别 | n | 春秋季开窗通风时间 /（min/d） | | | | | |
|---|---|---|---|---|---|---|---|---|---|
| | | | | Mean | P5 | P25 | P50 | P75 | P95 |
| 陕西 | 城乡 | 小计 | 2 865 | 367 | 60 | 180 | 300 | 480 | 720 |
| | | 男 | 1 297 | 360 | 60 | 180 | 300 | 480 | 720 |
| | | 女 | 1 568 | 374 | 60 | 180 | 300 | 480 | 720 |
| | 城市 | 小计 | 1 331 | 331 | 60 | 120 | 240 | 480 | 720 |
| | | 男 | 587 | 323 | 60 | 120 | 240 | 480 | 720 |
| | | 女 | 744 | 338 | 60 | 120 | 300 | 480 | 720 |
| | 农村 | 小计 | 1 534 | 397 | 60 | 240 | 360 | 540 | 720 |
| | | 男 | 710 | 390 | 80 | 240 | 360 | 500 | 720 |
| | | 女 | 824 | 404 | 60 | 240 | 360 | 540 | 840 |
| 甘肃 | 城乡 | 小计 | 2 869 | 413 | 60 | 180 | 300 | 480 | 1 200 |
| | | 男 | 1 289 | 422 | 60 | 180 | 330 | 540 | 1 440 |
| | | 女 | 1 580 | 403 | 60 | 180 | 300 | 480 | 1 200 |
| | 城市 | 小计 | 799 | 340 | 60 | 120 | 240 | 480 | 1 080 |
| | | 男 | 365 | 330 | 60 | 130 | 240 | 480 | 900 |
| | | 女 | 434 | 350 | 60 | 120 | 210 | 480 | 1 200 |
| | 农村 | 小计 | 2 070 | 437 | 60 | 180 | 360 | 540 | 1 440 |
| | | 男 | 924 | 453 | 60 | 180 | 360 | 600 | 1 440 |
| | | 女 | 1 146 | 421 | 60 | 180 | 330 | 510 | 1 200 |
| 青海 | 城乡 | 小计 | 1 592 | 269 | 60 | 120 | 180 | 360 | 720 |
| | | 男 | 691 | 246 | 60 | 120 | 120 | 300 | 720 |
| | | 女 | 901 | 291 | 60 | 120 | 180 | 480 | 720 |
| | 城市 | 小计 | 666 | 267 | 60 | 120 | 120 | 360 | 720 |
| | | 男 | 296 | 235 | 60 | 120 | 120 | 240 | 720 |
| | | 女 | 370 | 300 | 60 | 120 | 180 | 480 | 720 |
| | 农村 | 小计 | 926 | 273 | 60 | 120 | 180 | 360 | 720 |
| | | 男 | 395 | 274 | 60 | 120 | 180 | 360 | 720 |
| | | 女 | 531 | 272 | 60 | 120 | 180 | 360 | 720 |
| 宁夏 | 城乡 | 小计 | 1 138 | 399 | 60 | 180 | 360 | 480 | 1 080 |
| | | 男 | 538 | 398 | 60 | 180 | 300 | 480 | 1 440 |
| | | 女 | 600 | 400 | 60 | 180 | 360 | 480 | 1 080 |
| | 城市 | 小计 | 1 040 | 404 | 60 | 180 | 360 | 480 | 1 200 |
| | | 男 | 488 | 403 | 60 | 180 | 300 | 480 | 1 440 |
| | | 女 | 552 | 405 | 60 | 180 | 360 | 480 | 1 080 |
| | 农村 | 小计 | 98 | 355 | 30 | 180 | 360 | 480 | 720 |
| | | 男 | 50 | 355 | 30 | 180 | 300 | 480 | 720 |
| | | 女 | 48 | 354 | 30 | 120 | 360 | 480 | 600 |
| 新疆 | 城乡 | 小计 | 2 802 | 262 | 60 | 120 | 240 | 330 | 600 |
| | | 男 | 1 263 | 246 | 60 | 120 | 240 | 270 | 600 |
| | | 女 | 1 539 | 279 | 60 | 120 | 240 | 360 | 720 |
| | 城市 | 小计 | 1 218 | 315 | 40 | 120 | 240 | 480 | 840 |
| | | 男 | 483 | 294 | 30 | 120 | 240 | 480 | 720 |
| | | 女 | 735 | 333 | 40 | 120 | 240 | 480 | 840 |
| | 农村 | 小计 | 1 584 | 235 | 60 | 120 | 240 | 270 | 480 |
| | | 男 | 780 | 225 | 60 | 120 | 240 | 253 | 480 |
| | | 女 | 804 | 247 | 60 | 120 | 240 | 270 | 600 |

## 附表 13-23　中国人群分省（直辖市、自治区）、城乡、性别的夏季开窗通风时间

| 地区 | 城乡 | 性别 | n | 夏季开窗通风时间 /（min/d） | | | | | |
|---|---|---|---|---|---|---|---|---|---|
| | | | | Mean | P5 | P25 | P50 | P75 | P95 |
| 合计 | 城乡 | 小计 | 91 029 | 840 | 180 | 480 | 720 | 1 440 | 1 440 |
| | | 男 | 41 254 | 836 | 180 | 480 | 720 | 1 440 | 1 440 |
| | | 女 | 49 775 | 843 | 180 | 480 | 720 | 1 440 | 1 440 |
| | 城市 | 小计 | 41 776 | 837 | 180 | 480 | 720 | 1 440 | 1 440 |
| | | 男 | 18 426 | 829 | 180 | 480 | 720 | 1 440 | 1 440 |
| | | 女 | 23 350 | 845 | 180 | 480 | 720 | 1 440 | 1 440 |
| | 农村 | 小计 | 49 253 | 841 | 240 | 480 | 720 | 1 440 | 1 440 |
| | | 男 | 22 828 | 841 | 240 | 480 | 720 | 1 440 | 1 440 |
| | | 女 | 26 425 | 842 | 220 | 480 | 720 | 1 440 | 1 440 |
| 北京 | 城乡 | 小计 | 1 114 | 1 010 | 240 | 600 | 1 200 | 1 440 | 1 440 |
| | | 男 | 458 | 987 | 200 | 600 | 1 200 | 1 440 | 1 440 |
| | | 女 | 656 | 1 030 | 240 | 600 | 1 200 | 1 440 | 1 440 |
| | 城市 | 小计 | 840 | 981 | 200 | 600 | 1 140 | 1 440 | 1 440 |
| | | 男 | 354 | 946 | 180 | 480 | 960 | 1 440 | 1 440 |
| | | 女 | 486 | 1 015 | 240 | 600 | 1 200 | 1 440 | 1 440 |
| | 农村 | 小计 | 274 | 1 084 | 480 | 600 | 1 440 | 1 440 | 1 440 |
| | | 男 | 104 | 1 104 | 420 | 720 | 1 440 | 1 440 | 1 440 |
| | | 女 | 170 | 1 069 | 480 | 600 | 1 320 | 1 440 | 1 440 |
| 天津 | 城乡 | 小计 | 1 154 | 862 | 120 | 480 | 720 | 1 440 | 1 440 |
| | | 男 | 470 | 845 | 120 | 480 | 720 | 1 440 | 1 440 |
| | | 女 | 684 | 881 | 120 | 480 | 720 | 1 440 | 1 440 |
| | 城市 | 小计 | 865 | 839 | 120 | 480 | 720 | 1 440 | 1 440 |
| | | 男 | 336 | 804 | 120 | 480 | 600 | 1 440 | 1 440 |
| | | 女 | 529 | 874 | 120 | 540 | 720 | 1 440 | 1 440 |
| | 农村 | 小计 | 289 | 902 | 120 | 480 | 720 | 1 440 | 1 440 |
| | | 男 | 134 | 910 | 120 | 510 | 840 | 1 440 | 1 440 |
| | | 女 | 155 | 893 | 180 | 480 | 720 | 1 440 | 1 440 |
| 河北 | 城乡 | 小计 | 4 408 | 710 | 180 | 390 | 600 | 960 | 1 440 |
| | | 男 | 1 936 | 706 | 180 | 360 | 600 | 960 | 1 440 |
| | | 女 | 2 472 | 714 | 180 | 420 | 600 | 1 020 | 1 440 |
| | 城市 | 小计 | 1 831 | 691 | 120 | 360 | 600 | 960 | 1 440 |
| | | 男 | 830 | 681 | 150 | 360 | 600 | 960 | 1 440 |
| | | 女 | 1 001 | 702 | 120 | 360 | 600 | 1020 | 1 440 |
| | 农村 | 小计 | 2 577 | 727 | 240 | 420 | 603 | 1020 | 1 440 |
| | | 男 | 1 106 | 731 | 240 | 420 | 600 | 1080 | 1 440 |
| | | 女 | 1 471 | 723 | 240 | 420 | 630 | 960 | 1 440 |
| 山西 | 城乡 | 小计 | 3 440 | 519 | 140 | 300 | 480 | 600 | 1 440 |
| | | 男 | 1 563 | 526 | 120 | 320 | 480 | 600 | 1 440 |
| | | 女 | 1 877 | 513 | 180 | 300 | 480 | 600 | 1 440 |
| | 城市 | 小计 | 1 046 | 677 | 60 | 360 | 600 | 900 | 1 440 |
| | | 男 | 479 | 680 | 60 | 360 | 600 | 960 | 1 440 |
| | | 女 | 567 | 674 | 120 | 360 | 600 | 900 | 1 440 |
| | 农村 | 小计 | 2 394 | 452 | 180 | 300 | 480 | 600 | 720 |
| | | 男 | 1 084 | 460 | 150 | 300 | 480 | 590 | 900 |
| | | 女 | 1 310 | 444 | 180 | 300 | 420 | 600 | 720 |
| 内蒙古 | 城乡 | 小计 | 3 037 | 532 | 180 | 360 | 480 | 720 | 960 |
| | | 男 | 1 463 | 528 | 180 | 360 | 480 | 720 | 960 |
| | | 女 | 1 574 | 537 | 180 | 360 | 480 | 720 | 960 |
| | 城市 | 小计 | 1 186 | 476 | 120 | 240 | 480 | 600 | 960 |
| | | 男 | 546 | 463 | 120 | 240 | 480 | 600 | 960 |
| | | 女 | 640 | 491 | 120 | 240 | 480 | 630 | 960 |
| | 农村 | 小计 | 1 851 | 571 | 240 | 420 | 540 | 720 | 1 080 |
| | | 男 | 917 | 571 | 240 | 420 | 540 | 720 | 1 080 |
| | | 女 | 934 | 571 | 240 | 420 | 540 | 720 | 1 080 |
| 辽宁 | 城乡 | 小计 | 3 377 | 741 | 240 | 480 | 600 | 900 | 1 440 |
| | | 男 | 1 448 | 718 | 240 | 480 | 600 | 900 | 1 440 |

| 地区 | 城乡 | 性别 | n | 夏季开窗通风时间 /（min/d） | | | | | |
|---|---|---|---|---|---|---|---|---|---|
| | | | | Mean | P5 | P25 | P50 | P75 | P95 |
| 辽宁 | 城乡 | 女 | 1 929 | 764 | 300 | 480 | 660 | 960 | 1 440 |
| | 城市 | 小计 | 1 195 | 729 | 120 | 480 | 600 | 1 080 | 1 440 |
| | | 男 | 526 | 704 | 120 | 360 | 600 | 960 | 1 440 |
| | | 女 | 669 | 757 | 120 | 480 | 600 | 1080 | 1 440 |
| | 农村 | 小计 | 2 182 | 745 | 360 | 480 | 660 | 900 | 1 440 |
| | | 男 | 922 | 723 | 300 | 480 | 660 | 900 | 1 440 |
| | | 女 | 1 260 | 767 | 360 | 480 | 720 | 960 | 1 440 |
| 吉林 | 城乡 | 小计 | 2 737 | 608 | 140 | 420 | 600 | 720 | 1 320 |
| | | 男 | 1 302 | 605 | 150 | 420 | 600 | 720 | 1 200 |
| | | 女 | 1 435 | 612 | 120 | 420 | 600 | 720 | 1 320 |
| | 城市 | 小计 | 1 571 | 556 | 120 | 360 | 540 | 720 | 1 200 |
| | | 男 | 704 | 556 | 120 | 360 | 540 | 720 | 1 200 |
| | | 女 | 867 | 557 | 120 | 360 | 480 | 720 | 1 320 |
| | 农村 | 小计 | 1 166 | 658 | 240 | 480 | 600 | 780 | 1 440 |
| | | 男 | 598 | 650 | 240 | 480 | 600 | 720 | 1 320 |
| | | 女 | 568 | 666 | 300 | 480 | 600 | 840 | 1 440 |
| 黑龙江 | 城乡 | 小计 | 4062 | 736 | 300 | 540 | 630 | 900 | 1 440 |
| | | 男 | 1 882 | 740 | 270 | 540 | 630 | 930 | 1 440 |
| | | 女 | 2 180 | 732 | 300 | 540 | 630 | 900 | 1 440 |
| | 城市 | 小计 | 1 589 | 689 | 240 | 480 | 600 | 720 | 1 440 |
| | | 男 | 681 | 688 | 240 | 480 | 600 | 720 | 1 440 |
| | | 女 | 908 | 690 | 240 | 480 | 600 | 720 | 1 440 |
| | 农村 | 小计 | 2 473 | 764 | 300 | 540 | 630 | 1 020 | 1 440 |
| | | 男 | 1 201 | 769 | 300 | 540 | 630 | 1 080 | 1 440 |
| | | 女 | 1 272 | 760 | 360 | 540 | 650 | 960 | 1 440 |
| 上海 | 城乡 | 小计 | 1 161 | 749 | 120 | 360 | 600 | 1 200 | 1 440 |
| | | 男 | 540 | 743 | 120 | 360 | 600 | 1 200 | 1 440 |
| | | 女 | 621 | 755 | 120 | 360 | 660 | 1 200 | 1 440 |
| | 城市 | 小计 | 1 161 | 749 | 120 | 360 | 600 | 1 200 | 1 440 |
| | | 男 | 540 | 743 | 120 | 360 | 600 | 1 200 | 1 440 |
| | | 女 | 621 | 755 | 120 | 360 | 660 | 1 200 | 1 440 |
| 江苏 | 城乡 | 小计 | 3 471 | 628 | 120 | 360 | 540 | 720 | 1 440 |
| | | 男 | 1 586 | 616 | 120 | 360 | 510 | 720 | 1 440 |
| | | 女 | 1 885 | 640 | 140 | 360 | 555 | 720 | 1 440 |
| | 城市 | 小计 | 2 311 | 636 | 120 | 360 | 540 | 720 | 1 440 |
| | | 男 | 1 067 | 612 | 120 | 360 | 490 | 720 | 1 440 |
| | | 女 | 1 244 | 660 | 180 | 360 | 600 | 840 | 1 440 |
| | 农村 | 小计 | 1 160 | 612 | 150 | 360 | 510 | 720 | 1 440 |
| | | 男 | 519 | 625 | 180 | 360 | 580 | 720 | 1 440 |
| | | 女 | 641 | 600 | 120 | 310 | 510 | 720 | 1 440 |
| 浙江 | 城乡 | 小计 | 3 424 | 795 | 120 | 420 | 720 | 1 200 | 1 440 |
| | | 男 | 1 598 | 800 | 120 | 420 | 720 | 1 320 | 1 440 |
| | | 女 | 1 826 | 789 | 120 | 420 | 720 | 1 200 | 1 440 |
| | 城市 | 小计 | 1 183 | 770 | 120 | 360 | 720 | 1 200 | 1 440 |
| | | 男 | 536 | 768 | 120 | 360 | 720 | 1 200 | 1 440 |
| | | 女 | 647 | 773 | 120 | 360 | 660 | 1 200 | 1 440 |
| | 农村 | 小计 | 2 241 | 806 | 120 | 480 | 720 | 1 200 | 1 440 |
| | | 男 | 1 062 | 814 | 120 | 420 | 720 | 1 320 | 1 440 |
| | | 女 | 1 179 | 798 | 120 | 480 | 720 | 1 200 | 1 440 |
| 安徽 | 城乡 | 小计 | 3 496 | 781 | 180 | 420 | 720 | 1 200 | 1 440 |
| | | 男 | 1 545 | 792 | 160 | 420 | 720 | 1 200 | 1 440 |
| | | 女 | 1 951 | 769 | 180 | 420 | 660 | 1 200 | 1 440 |
| | 城市 | 小计 | 1 893 | 696 | 120 | 360 | 600 | 1 080 | 1 440 |
| | | 男 | 791 | 702 | 120 | 360 | 600 | 1 140 | 1 440 |
| | | 女 | 1 102 | 691 | 120 | 360 | 600 | 1 080 | 1 440 |
| | 农村 | 小计 | 1 603 | 832 | 180 | 480 | 720 | 1 200 | 1 440 |
| | | 男 | 754 | 845 | 180 | 480 | 720 | 1 200 | 1 440 |

| 地区 | 城乡 | 性别 | n | 夏季开窗通风时间 /（min/d） | | | | | |
|---|---|---|---|---|---|---|---|---|---|
| | | | | Mean | P5 | P25 | P50 | P75 | P95 |
| 安徽 | 农村 | 女 | 849 | 819 | 180 | 480 | 720 | 1200 | 1 440 |
| 福建 | 城乡 | 小计 | 2 896 | 1 141 | 360 | 840 | 1 440 | 1 440 | 1 440 |
| | | 男 | 1 289 | 1 133 | 360 | 900 | 1 440 | 1 440 | 1 440 |
| | | 女 | 1 607 | 1 148 | 480 | 840 | 1 440 | 1 440 | 1 440 |
| | 城市 | 小计 | 1 494 | 1 092 | 300 | 720 | 1200 | 1 440 | 1 440 |
| | | 男 | 635 | 1 083 | 300 | 780 | 1200 | 1 440 | 1 440 |
| | | 女 | 859 | 1 101 | 360 | 720 | 1200 | 1 440 | 1 440 |
| | 农村 | 小计 | 1 402 | 1 190 | 480 | 960 | 1 440 | 1 440 | 1 440 |
| | | 男 | 654 | 1 180 | 480 | 960 | 1 440 | 1 440 | 1 440 |
| | | 女 | 748 | 1 199 | 600 | 960 | 1 440 | 1 440 | 1 440 |
| 江西 | 城乡 | 小计 | 2 914 | 1 245 | 480 | 1 200 | 1 440 | 1 440 | 1 440 |
| | | 男 | 1 375 | 1 244 | 480 | 1 200 | 1 440 | 1 440 | 1 440 |
| | | 女 | 1 539 | 1 246 | 420 | 1 200 | 1 440 | 1 440 | 1 440 |
| | 城市 | 小计 | 1 719 | 1 169 | 360 | 840 | 1 440 | 1 440 | 1 440 |
| | | 男 | 794 | 1 160 | 360 | 720 | 1 440 | 1 440 | 1 440 |
| | | 女 | 925 | 1 177 | 360 | 900 | 1 440 | 1 440 | 1 440 |
| | 农村 | 小计 | 1 195 | 1 328 | 600 | 1 440 | 1 440 | 1 440 | 1 440 |
| | | 男 | 581 | 1 333 | 720 | 1 440 | 1 440 | 1 440 | 1 440 |
| | | 女 | 614 | 1 323 | 600 | 1440 | 1 440 | 1 440 | 1 440 |
| 山东 | 城乡 | 小计 | 5 582 | 949 | 240 | 600 | 980 | 1 440 | 1 440 |
| | | 男 | 2 490 | 956 | 240 | 600 | 1 080 | 1 440 | 1 440 |
| | | 女 | 3 092 | 942 | 240 | 600 | 960 | 1 440 | 1 440 |
| | 城市 | 小计 | 2 703 | 960 | 240 | 600 | 1 080 | 1 440 | 1 440 |
| | | 男 | 1 125 | 968 | 240 | 600 | 1 080 | 1 440 | 1 440 |
| | | 女 | 1 578 | 952 | 240 | 600 | 1 080 | 1 440 | 1 440 |
| | 农村 | 小计 | 2 879 | 938 | 240 | 600 | 960 | 1 440 | 1 440 |
| | | 男 | 1 365 | 944 | 240 | 600 | 1 020 | 1 440 | 1 440 |
| | | 女 | 1 514 | 931 | 240 | 600 | 900 | 1 440 | 1 440 |
| 河南 | 城乡 | 小计 | 4 926 | 880 | 200 | 540 | 840 | 1 440 | 1 440 |
| | | 男 | 2 098 | 879 | 180 | 600 | 840 | 1 440 | 1 440 |
| | | 女 | 2 828 | 881 | 240 | 520 | 800 | 1 440 | 1 440 |
| | 城市 | 小计 | 2 037 | 792 | 120 | 420 | 720 | 1 200 | 1 440 |
| | | 男 | 843 | 779 | 120 | 360 | 720 | 1 200 | 1 440 |
| | | 女 | 1 194 | 804 | 120 | 420 | 720 | 1200 | 1 440 |
| | 农村 | 小计 | 2 889 | 915 | 240 | 600 | 860 | 1 440 | 1 440 |
| | | 男 | 1 255 | 917 | 240 | 600 | 860 | 1 440 | 1 440 |
| | | 女 | 1 634 | 913 | 240 | 600 | 860 | 1 440 | 1 440 |
| 湖北 | 城乡 | 小计 | 3 411 | 812 | 240 | 540 | 720 | 1 200 | 1 440 |
| | | 男 | 1 606 | 819 | 240 | 600 | 720 | 1 200 | 1 440 |
| | | 女 | 1 805 | 804 | 240 | 490 | 720 | 1 200 | 1 440 |
| | 城市 | 小计 | 2 384 | 779 | 240 | 480 | 720 | 1 110 | 1 440 |
| | | 男 | 1 129 | 785 | 180 | 480 | 720 | 1 080 | 1 440 |
| | | 女 | 1 255 | 772 | 240 | 480 | 720 | 1 200 | 1 440 |
| | 农村 | 小计 | 1 027 | 869 | 360 | 600 | 750 | 1 200 | 1 440 |
| | | 男 | 477 | 882 | 360 | 600 | 789 | 1 200 | 1 440 |
| | | 女 | 550 | 857 | 360 | 600 | 720 | 1 200 | 1 440 |
| 湖南 | 城乡 | 小计 | 4 051 | 993 | 300 | 600 | 960 | 1 440 | 1 440 |
| | | 男 | 1 845 | 983 | 360 | 600 | 960 | 1 440 | 1 440 |
| | | 女 | 2 206 | 1 004 | 300 | 720 | 1 080 | 1 440 | 1 440 |
| | 城市 | 小计 | 1 527 | 896 | 270 | 540 | 720 | 1 440 | 1 440 |
| | | 男 | 618 | 899 | 300 | 540 | 720 | 1 440 | 1 440 |
| | | 女 | 909 | 892 | 240 | 540 | 720 | 1 440 | 1 440 |
| | 农村 | 小计 | 2 524 | 1 031 | 360 | 720 | 1 080 | 1 440 | 1 440 |
| | | 男 | 1 227 | 1 012 | 360 | 660 | 1 080 | 1 440 | 1 440 |
| | | 女 | 1 297 | 1 054 | 360 | 720 | 1 200 | 1 440 | 1 440 |
| 广东 | 城乡 | 小计 | 3 247 | 1 162 | 480 | 840 | 1 440 | 1 440 | 1 440 |
| | | 男 | 1 458 | 1 167 | 480 | 900 | 1 440 | 1 440 | 1 440 |
| | | 女 | 1 789 | 1 158 | 510 | 780 | 1 440 | 1 440 | 1 440 |

| 地区 | 城乡 | 性别 | *n* | 夏季开窗通风时间 /（min/d） | | | | | |
|---|---|---|---|---|---|---|---|---|---|
| | | | | Mean | P5 | P25 | P50 | P75 | P95 |
| 广东 | 城市 | 小计 | 1 748 | 1 198 | 480 | 1080 | 1440 | 1 440 | 1 440 |
| | | 男 | 775 | 1 198 | 480 | 960 | 1440 | 1 440 | 1 440 |
| | | 女 | 973 | 1 198 | 480 | 1080 | 1440 | 1 440 | 1 440 |
| | 农村 | 小计 | 1 499 | 1 124 | 540 | 720 | 1320 | 1 440 | 1 440 |
| | | 男 | 683 | 1 135 | 480 | 720 | 1320 | 1 440 | 1 440 |
| | | 女 | 816 | 1 113 | 600 | 720 | 1320 | 1 440 | 1 440 |
| 广西 | 城乡 | 小计 | 3 368 | 905 | 300 | 540 | 780 | 1 440 | 1 440 |
| | | 男 | 1 589 | 895 | 300 | 540 | 780 | 1 440 | 1 440 |
| | | 女 | 1 779 | 917 | 300 | 540 | 780 | 1 440 | 1 440 |
| | 城市 | 小计 | 1 335 | 987 | 360 | 600 | 1020 | 1 440 | 1 440 |
| | | 男 | 609 | 989 | 360 | 600 | 1020 | 1 440 | 1 440 |
| | | 女 | 726 | 985 | 360 | 600 | 1010 | 1 440 | 1 440 |
| | 农村 | 小计 | 2 033 | 875 | 300 | 510 | 720 | 1 440 | 1 440 |
| | | 男 | 980 | 860 | 300 | 480 | 720 | 1 380 | 1 440 |
| | | 女 | 1 053 | 890 | 300 | 540 | 720 | 1 440 | 1 440 |
| 海南 | 城乡 | 小计 | 1 083 | 1 204 | 480 | 960 | 1 440 | 1 440 | 1 440 |
| | | 男 | 515 | 1 199 | 480 | 900 | 1 440 | 1 440 | 1 440 |
| | | 女 | 568 | 1 210 | 480 | 1 080 | 1 440 | 1 440 | 1 440 |
| | 城市 | 小计 | 328 | 1 277 | 480 | 1 440 | 1 440 | 1 440 | 1 440 |
| | | 男 | 155 | 1 297 | 480 | 1 440 | 1 440 | 1 440 | 1 440 |
| | | 女 | 173 | 1 256 | 480 | 1 440 | 1 440 | 1 440 | 1 440 |
| | 农村 | 小计 | 755 | 1 174 | 480 | 780 | 1 440 | 1 440 | 1 440 |
| | | 男 | 360 | 1 160 | 480 | 720 | 1 440 | 1 440 | 1 440 |
| | | 女 | 395 | 1 190 | 480 | 960 | 1 440 | 1 440 | 1 440 |
| 重庆 | 城乡 | 小计 | 968 | 957 | 240 | 540 | 960 | 1 440 | 1 440 |
| | | 男 | 413 | 1 000 | 240 | 600 | 960 | 1 440 | 1 440 |
| | | 女 | 555 | 917 | 240 | 540 | 840 | 1 440 | 1 440 |
| | 城市 | 小计 | 476 | 1 028 | 257 | 720 | 1 080 | 1 440 | 1 440 |
| | | 男 | 224 | 1 115 | 420 | 780 | 1 440 | 1 440 | 1 440 |
| | | 女 | 252 | 930 | 200 | 600 | 960 | 1 440 | 1 440 |
| | 农村 | 小计 | 492 | 885 | 240 | 480 | 720 | 1 440 | 1 440 |
| | | 男 | 189 | 858 | 180 | 480 | 720 | 1 440 | 1 440 |
| | | 女 | 303 | 907 | 240 | 480 | 720 | 1 440 | 1 440 |
| 四川 | 城乡 | 小计 | 4 579 | 839 | 180 | 420 | 720 | 1 440 | 1 440 |
| | | 男 | 2 095 | 815 | 180 | 420 | 720 | 1 440 | 1 440 |
| | | 女 | 2 484 | 862 | 180 | 480 | 720 | 1 440 | 1 440 |
| | 城市 | 小计 | 1 940 | 870 | 180 | 480 | 720 | 1 440 | 1 440 |
| | | 男 | 866 | 818 | 122 | 420 | 720 | 1 440 | 1 440 |
| | | 女 | 1 074 | 922 | 180 | 480 | 900 | 1 440 | 1 440 |
| | 农村 | 小计 | 2 639 | 821 | 180 | 420 | 720 | 1 320 | 1 440 |
| | | 男 | 1 229 | 814 | 180 | 420 | 720 | 1 320 | 1 440 |
| | | 女 | 1 410 | 828 | 180 | 420 | 720 | 1 320 | 1 440 |
| 贵州 | 城乡 | 小计 | 2 855 | 784 | 120 | 360 | 600 | 1 440 | 1 440 |
| | | 男 | 1 334 | 805 | 120 | 420 | 720 | 1 440 | 1 440 |
| | | 女 | 1 521 | 759 | 120 | 360 | 600 | 1 440 | 1 440 |
| | 城市 | 小计 | 1 062 | 902 | 120 | 480 | 720 | 1 440 | 1 440 |
| | | 男 | 498 | 904 | 120 | 480 | 720 | 1 440 | 1 440 |
| | | 女 | 564 | 899 | 120 | 480 | 720 | 1 440 | 1 440 |
| | 农村 | 小计 | 1 793 | 669 | 120 | 360 | 600 | 900 | 1 440 |
| | | 男 | 836 | 707 | 120 | 360 | 600 | 1 040 | 1 440 |
| | | 女 | 957 | 627 | 120 | 360 | 480 | 720 | 1 440 |
| 云南 | 城乡 | 小计 | 3 478 | 726 | 180 | 420 | 600 | 960 | 1 440 |
| | | 男 | 1 660 | 735 | 180 | 420 | 600 | 1 080 | 1 440 |
| | | 女 | 1 818 | 716 | 180 | 420 | 600 | 960 | 1 440 |
| | 城市 | 小计 | 913 | 769 | 240 | 450 | 650 | 1 080 | 1 440 |
| | | 男 | 420 | 801 | 240 | 480 | 720 | 1 260 | 1 440 |
| | | 女 | 493 | 738 | 240 | 420 | 600 | 960 | 1 440 |
| | 农村 | 小计 | 2 565 | 707 | 180 | 420 | 600 | 960 | 1 440 |
| | | 男 | 1 240 | 709 | 180 | 420 | 600 | 960 | 1 440 |

| 地区 | 城乡 | 性别 | n | 夏季开窗通风时间 /（min/d） | | | | | |
|---|---|---|---|---|---|---|---|---|---|
| | | | | Mean | P5 | P25 | P50 | P75 | P95 |
| 云南 | 农村 | 女 | 1 325 | 705 | 180 | 420 | 600 | 900 | 1 440 |
| 西藏 | 城乡 | 小计 | 1 525 | 347 | 40 | 180 | 309 | 480 | 720 |
| | | 男 | 618 | 345 | 60 | 180 | 312 | 480 | 720 |
| | | 女 | 907 | 348 | 30 | 180 | 309 | 480 | 720 |
| | 城市 | 小计 | 385 | 482 | 80 | 210 | 429 | 600 | 1 440 |
| | | 男 | 126 | 503 | 120 | 300 | 480 | 600 | 1 440 |
| | | 女 | 259 | 468 | 60 | 180 | 378 | 600 | 1 440 |
| | 农村 | 小计 | 1 140 | 308 | 30 | 180 | 300 | 420 | 600 |
| | | 男 | 492 | 309 | 60 | 180 | 300 | 420 | 600 |
| | | 女 | 648 | 306 | 30 | 180 | 300 | 420 | 540 |
| 陕西 | 城乡 | 小计 | 2 865 | 694 | 120 | 360 | 600 | 1 080 | 1 440 |
| | | 男 | 1 297 | 684 | 120 | 360 | 600 | 1 080 | 1 440 |
| | | 女 | 1 568 | 702 | 120 | 360 | 600 | 1 080 | 1 440 |
| | 城市 | 小计 | 1 331 | 669 | 120 | 360 | 600 | 960 | 1 440 |
| | | 男 | 587 | 664 | 120 | 360 | 600 | 1 020 | 1 440 |
| | | 女 | 744 | 672 | 120 | 360 | 600 | 960 | 1 440 |
| | 农村 | 小计 | 1 534 | 714 | 120 | 360 | 600 | 1 080 | 1 440 |
| | | 男 | 710 | 700 | 90 | 360 | 600 | 1 080 | 1 440 |
| | | 女 | 824 | 728 | 120 | 360 | 600 | 1 080 | 1 440 |
| 甘肃 | 城乡 | 小计 | 2 868 | 723 | 180 | 360 | 600 | 1 140 | 1 440 |
| | | 男 | 1 289 | 738 | 180 | 377 | 600 | 1 200 | 1 440 |
| | | 女 | 1 579 | 707 | 180 | 360 | 600 | 990 | 1 440 |
| | 城市 | 小计 | 799 | 630 | 150 | 360 | 540 | 720 | 1 440 |
| | | 男 | 365 | 602 | 150 | 300 | 540 | 720 | 1 440 |
| | | 女 | 434 | 657 | 180 | 380 | 570 | 750 | 1 440 |
| | 农村 | 小计 | 2 069 | 753 | 180 | 420 | 600 | 1 260 | 1 440 |
| | | 男 | 924 | 783 | 180 | 420 | 600 | 1 440 | 1 440 |
| | | 女 | 1 145 | 724 | 180 | 360 | 600 | 1 140 | 1 440 |
| 青海 | 城乡 | 小计 | 1 592 | 480 | 120 | 300 | 360 | 600 | 1 080 |
| | | 男 | 691 | 455 | 120 | 300 | 360 | 540 | 1 080 |
| | | 女 | 901 | 505 | 180 | 300 | 420 | 720 | 1 080 |
| | 城市 | 小计 | 666 | 484 | 120 | 280 | 360 | 600 | 1 080 |
| | | 男 | 296 | 448 | 120 | 240 | 300 | 480 | 1 080 |
| | | 女 | 370 | 522 | 120 | 300 | 360 | 720 | 1 080 |
| | 农村 | 小计 | 926 | 471 | 180 | 360 | 480 | 600 | 720 |
| | | 男 | 395 | 473 | 240 | 360 | 480 | 600 | 720 |
| | | 女 | 531 | 470 | 180 | 360 | 480 | 600 | 720 |
| 宁夏 | 城乡 | 小计 | 1 138 | 850 | 240 | 480 | 720 | 1 440 | 1 440 |
| | | 男 | 538 | 832 | 240 | 480 | 600 | 1 440 | 1 440 |
| | | 女 | 600 | 869 | 240 | 480 | 720 | 1 440 | 1 440 |
| | 城市 | 小计 | 1 040 | 851 | 240 | 480 | 720 | 1 440 | 1 440 |
| | | 男 | 488 | 826 | 240 | 480 | 600 | 1 440 | 1 440 |
| | | 女 | 552 | 879 | 240 | 480 | 720 | 1 440 | 1 440 |
| | 农村 | 小计 | 98 | 835 | 120 | 480 | 720 | 1 440 | 1 440 |
| | | 男 | 50 | 887 | 120 | 480 | 900 | 1 440 | 1 440 |
| | | 女 | 48 | 772 | 120 | 480 | 480 | 1 440 | 1 440 |
| 新疆 | 城乡 | 小计 | 2 802 | 526 | 120 | 300 | 420 | 600 | 1 440 |
| | | 男 | 1 263 | 501 | 120 | 270 | 420 | 600 | 1 440 |
| | | 女 | 1 539 | 553 | 120 | 300 | 480 | 630 | 1 440 |
| | 城市 | 小计 | 1 218 | 650 | 120 | 360 | 480 | 900 | 1 440 |
| | | 男 | 483 | 606 | 120 | 300 | 480 | 720 | 1 440 |
| | | 女 | 735 | 689 | 180 | 360 | 600 | 960 | 1 440 |
| | 农村 | 小计 | 1 584 | 463 | 120 | 270 | 390 | 480 | 1 320 |
| | | 男 | 780 | 454 | 120 | 270 | 420 | 480 | 1 260 |
| | | 女 | 804 | 473 | 120 | 270 | 390 | 510 | 1 320 |

## 附表 13-24　中国人群分省（直辖市、自治区）、城乡、性别的冬季开窗通风时间

| 地区 | 城乡 | 性别 | n | 冬季开窗通风时间 /（min/d） | | | | | |
|---|---|---|---|---|---|---|---|---|---|
| | | | | Mean | P5 | P25 | P50 | P75 | P95 |
| 合计 | 城乡 | 小计 | 91 027 | 313 | 0 | 60 | 180 | 480 | 1 440 |
| | | 男 | 41 248 | 311 | 0 | 60 | 180 | 480 | 1 220 |
| | | 女 | 49 779 | 315 | 0 | 60 | 180 | 480 | 1 440 |
| | 城市 | 小计 | 41 766 | 337 | 0 | 60 | 180 | 480 | 1 440 |
| | | 男 | 18 418 | 333 | 0 | 60 | 180 | 480 | 1 440 |
| | | 女 | 23 348 | 341 | 5 | 60 | 180 | 480 | 1 440 |
| | 农村 | 小计 | 49 261 | 295 | 0 | 60 | 180 | 480 | 1 080 |
| | | 男 | 22 830 | 295 | 0 | 60 | 180 | 480 | 1 080 |
| | | 女 | 26 431 | 295 | 0 | 60 | 180 | 480 | 1 080 |
| 北京 | 城乡 | 小计 | 1 114 | 162 | 10 | 60 | 120 | 180 | 480 |
| | | 男 | 458 | 173 | 10 | 60 | 120 | 180 | 600 |
| | | 女 | 656 | 152 | 20 | 60 | 120 | 180 | 480 |
| | 城市 | 小计 | 840 | 166 | 20 | 60 | 120 | 180 | 480 |
| | | 男 | 354 | 172 | 20 | 60 | 120 | 180 | 600 |
| | | 女 | 486 | 161 | 30 | 60 | 120 | 180 | 480 |
| | 农村 | 小计 | 274 | 150 | 0 | 60 | 120 | 180 | 480 |
| | | 男 | 104 | 176 | 0 | 60 | 120 | 240 | 720 |
| | | 女 | 170 | 129 | 0 | 60 | 120 | 180 | 360 |
| 天津 | 城乡 | 小计 | 1 154 | 98 | 20 | 30 | 60 | 120 | 300 |
| | | 男 | 470 | 97 | 20 | 30 | 60 | 120 | 265 |
| | | 女 | 684 | 99 | 20 | 30 | 60 | 120 | 300 |
| | 城市 | 小计 | 865 | 92 | 20 | 30 | 60 | 120 | 240 |
| | | 男 | 336 | 83 | 20 | 30 | 60 | 120 | 240 |
| | | 女 | 529 | 100 | 20 | 30 | 60 | 120 | 420 |
| | 农村 | 小计 | 289 | 108 | 20 | 60 | 60 | 120 | 360 |
| | | 男 | 134 | 119 | 30 | 60 | 120 | 120 | 360 |
| | | 女 | 155 | 97 | 20 | 60 | 60 | 120 | 300 |
| 河北 | 城乡 | 小计 | 4 409 | 74 | 0 | 30 | 60 | 90 | 240 |
| | | 男 | 1 936 | 74 | 0 | 30 | 60 | 120 | 240 |
| | | 女 | 2 473 | 75 | 0 | 30 | 60 | 90 | 240 |
| | 城市 | 小计 | 1 831 | 91 | 2 | 30 | 60 | 120 | 240 |
| | | 男 | 830 | 89 | 2 | 30 | 60 | 120 | 240 |
| | | 女 | 1 001 | 92 | 2 | 30 | 60 | 120 | 240 |
| | 农村 | 小计 | 2 578 | 60 | 0 | 20 | 40 | 60 | 180 |
| | | 男 | 1 106 | 59 | 0 | 10 | 30 | 60 | 150 |
| | | 女 | 1 472 | 61 | 0 | 20 | 60 | 60 | 180 |
| 山西 | 城乡 | 小计 | 3 440 | 64 | 0 | 0 | 60 | 60 | 240 |
| | | 男 | 1 563 | 66 | 0 | 0 | 60 | 80 | 240 |
| | | 女 | 1 877 | 63 | 0 | 0 | 60 | 60 | 180 |
| | 城市 | 小计 | 1 046 | 107 | 0 | 30 | 60 | 120 | 360 |
| | | 男 | 479 | 110 | 0 | 30 | 60 | 120 | 360 |
| | | 女 | 567 | 104 | 0 | 30 | 60 | 120 | 360 |
| | 农村 | 小计 | 2 394 | 46 | 0 | 0 | 30 | 60 | 120 |
| | | 男 | 1 084 | 47 | 0 | 0 | 30 | 60 | 120 |
| | | 女 | 1 310 | 45 | 0 | 0 | 30 | 60 | 120 |
| 内蒙古 | 城乡 | 小计 | 3 025 | 46 | 0 | 20 | 30 | 60 | 120 |
| | | 男 | 1 453 | 45 | 0 | 20 | 30 | 60 | 120 |
| | | 女 | 1 572 | 47 | 0 | 20 | 30 | 60 | 120 |
| | 城市 | 小计 | 1 173 | 55 | 0 | 20 | 40 | 60 | 120 |
| | | 男 | 536 | 52 | 0 | 20 | 40 | 60 | 120 |
| | | 女 | 637 | 59 | 10 | 30 | 60 | 60 | 120 |
| | 农村 | 小计 | 1 852 | 40 | 0 | 10 | 30 | 60 | 120 |
| | | 男 | 917 | 41 | 0 | 15 | 30 | 60 | 120 |
| | | 女 | 935 | 39 | 0 | 10 | 30 | 60 | 120 |
| 辽宁 | 城乡 | 小计 | 3 377 | 41 | 0 | 10 | 30 | 60 | 120 |
| | | 男 | 1 448 | 36 | 0 | 10 | 30 | 60 | 120 |

| 地区 | 城乡 | 性别 | n | 冬季开窗通风时间 /（min/d） | | | | | |
|---|---|---|---|---|---|---|---|---|---|
| | | | | Mean | P5 | P25 | P50 | P75 | P95 |
| 辽宁 | 城乡 | 女 | 1 929 | 45 | 0 | 10 | 30 | 60 | 120 |
| | 城市 | 小计 | 1 195 | 61 | 0 | 10 | 30 | 60 | 180 |
| | | 男 | 526 | 50 | 0 | 10 | 30 | 60 | 120 |
| | | 女 | 669 | 74 | 0 | 10 | 30 | 60 | 240 |
| | 农村 | 小计 | 2 182 | 33 | 0 | 10 | 30 | 60 | 60 |
| | | 男 | 922 | 31 | 0 | 10 | 30 | 50 | 60 |
| | | 女 | 1 260 | 35 | 0 | 10 | 30 | 60 | 90 |
| 吉林 | 城乡 | 小计 | 2 733 | 15 | 0 | 0 | 0 | 20 | 60 |
| | | 男 | 1 301 | 13 | 0 | 0 | 0 | 20 | 60 |
| | | 女 | 1 432 | 17 | 0 | 0 | 0 | 30 | 60 |
| | 城市 | 小计 | 1 568 | 21 | 0 | 0 | 10 | 30 | 65 |
| | | 男 | 703 | 18 | 0 | 0 | 0 | 30 | 60 |
| | | 女 | 865 | 25 | 0 | 0 | 10 | 30 | 80 |
| | 农村 | 小计 | 1 165 | 9 | 0 | 0 | 0 | 0 | 60 |
| | | 男 | 598 | 8 | 0 | 0 | 0 | 0 | 60 |
| | | 女 | 567 | 10 | 0 | 0 | 0 | 0 | 60 |
| 黑龙江 | 城乡 | 小计 | 4 062 | 12 | 0 | 0 | 0 | 20 | 60 |
| | | 男 | 1 882 | 11 | 0 | 0 | 0 | 15 | 60 |
| | | 女 | 2 180 | 13 | 0 | 0 | 0 | 20 | 60 |
| | 城市 | 小计 | 1 589 | 19 | 0 | 0 | 10 | 30 | 60 |
| | | 男 | 681 | 17 | 0 | 0 | 10 | 30 | 60 |
| | | 女 | 908 | 21 | 0 | 0 | 10 | 30 | 60 |
| | 农村 | 小计 | 2 473 | 8 | 0 | 0 | 0 | 10 | 30 |
| | | 男 | 1 201 | 8 | 0 | 0 | 0 | 10 | 30 |
| | | 女 | 1 272 | 8 | 0 | 0 | 0 | 10 | 30 |
| 上海 | 城乡 | 小计 | 1 161 | 378 | 60 | 120 | 240 | 480 | 1 440 |
| | | 男 | 540 | 388 | 60 | 120 | 270 | 480 | 1 440 |
| | | 女 | 621 | 367 | 60 | 120 | 240 | 480 | 1 440 |
| | 城市 | 小计 | 1 161 | 378 | 60 | 120 | 240 | 480 | 1 440 |
| | | 男 | 540 | 388 | 60 | 120 | 270 | 480 | 1 440 |
| | | 女 | 621 | 367 | 60 | 120 | 240 | 480 | 1 440 |
| 江苏 | 城乡 | 小计 | 3 472 | 265 | 30 | 120 | 180 | 360 | 605 |
| | | 男 | 1 586 | 266 | 30 | 120 | 180 | 360 | 660 |
| | | 女 | 1 886 | 263 | 30 | 120 | 180 | 360 | 600 |
| | 城市 | 小计 | 2 312 | 281 | 30 | 120 | 200 | 360 | 720 |
| | | 男 | 1 067 | 284 | 30 | 120 | 190 | 420 | 720 |
| | | 女 | 1 245 | 279 | 30 | 120 | 210 | 360 | 720 |
| | 农村 | 小计 | 1 160 | 230 | 50 | 120 | 180 | 360 | 600 |
| | | 男 | 519 | 227 | 60 | 120 | 180 | 300 | 600 |
| | | 女 | 641 | 232 | 50 | 120 | 160 | 360 | 600 |
| 浙江 | 城乡 | 小计 | 3 425 | 403 | 60 | 180 | 360 | 540 | 960 |
| | | 男 | 1 598 | 394 | 60 | 180 | 360 | 540 | 960 |
| | | 女 | 1 827 | 413 | 60 | 180 | 360 | 600 | 1 080 |
| | 城市 | 小计 | 1 183 | 438 | 60 | 180 | 360 | 600 | 1 200 |
| | | 男 | 536 | 435 | 60 | 180 | 360 | 600 | 1 080 |
| | | 女 | 647 | 441 | 60 | 180 | 360 | 600 | 1 440 |
| | 农村 | 小计 | 2 242 | 387 | 60 | 180 | 360 | 480 | 900 |
| | | 男 | 1 062 | 375 | 60 | 180 | 360 | 480 | 840 |
| | | 女 | 1 180 | 399 | 60 | 180 | 360 | 480 | 960 |
| 安徽 | 城乡 | 小计 | 3 496 | 282 | 30 | 120 | 180 | 360 | 840 |
| | | 男 | 1 545 | 284 | 20 | 120 | 180 | 360 | 930 |
| | | 女 | 1 951 | 280 | 30 | 120 | 180 | 360 | 840 |
| | 城市 | 小计 | 1 893 | 259 | 40 | 120 | 200 | 360 | 720 |
| | | 男 | 791 | 257 | 30 | 120 | 180 | 300 | 720 |
| | | 女 | 1 102 | 262 | 40 | 120 | 240 | 360 | 600 |
| | 农村 | 小计 | 1 603 | 296 | 15 | 120 | 180 | 360 | 960 |
| | | 男 | 754 | 300 | 0 | 120 | 240 | 360 | 960 |
| | | 女 | 849 | 293 | 30 | 120 | 180 | 360 | 960 |

| 地区 | 城乡 | 性别 | $n$ | 冬季开窗通风时间 /（min/d） | | | | | |
|---|---|---|---|---|---|---|---|---|---|
| | | | | Mean | P5 | P25 | P50 | P75 | P95 |
| 福建 | 城乡 | 小计 | 2 898 | 754 | 120 | 360 | 600 | 1 440 | 1 440 |
| | | 男 | 1 291 | 769 | 120 | 360 | 600 | 1 440 | 1 440 |
| | | 女 | 1 607 | 740 | 120 | 360 | 600 | 1 440 | 1 440 |
| | 城市 | 小计 | 1 495 | 673 | 60 | 300 | 600 | 960 | 1 440 |
| | | 男 | 636 | 678 | 60 | 360 | 600 | 960 | 1 440 |
| | | 女 | 859 | 668 | 60 | 240 | 600 | 960 | 1 440 |
| | 农村 | 小计 | 1 403 | 835 | 180 | 480 | 720 | 1 440 | 1 440 |
| | | 男 | 655 | 853 | 180 | 480 | 720 | 1 440 | 1 440 |
| | | 女 | 748 | 816 | 120 | 480 | 720 | 1 440 | 1 440 |
| 江西 | 城乡 | 小计 | 2 917 | 594 | 120 | 300 | 480 | 720 | 1 440 |
| | | 男 | 1 376 | 597 | 90 | 300 | 480 | 720 | 1 440 |
| | | 女 | 1 541 | 590 | 120 | 300 | 480 | 720 | 1 440 |
| | 城市 | 小计 | 1 720 | 552 | 120 | 240 | 480 | 720 | 1 440 |
| | | 男 | 795 | 554 | 120 | 240 | 480 | 720 | 1 440 |
| | | 女 | 925 | 550 | 120 | 240 | 480 | 720 | 1 440 |
| | 农村 | 小计 | 1 197 | 638 | 60 | 360 | 540 | 720 | 1 440 |
| | | 男 | 581 | 642 | 60 | 360 | 540 | 720 | 1 440 |
| | | 女 | 616 | 634 | 120 | 360 | 600 | 720 | 1 440 |
| 山东 | 城乡 | 小计 | 5 583 | 108 | 0 | 30 | 60 | 120 | 360 |
| | | 男 | 2 491 | 105 | 0 | 30 | 60 | 120 | 300 |
| | | 女 | 3 092 | 111 | 0 | 30 | 60 | 120 | 420 |
| | 城市 | 小计 | 2 703 | 127 | 10 | 30 | 60 | 120 | 480 |
| | | 男 | 1 125 | 121 | 10 | 30 | 60 | 120 | 420 |
| | | 女 | 1 578 | 132 | 10 | 30 | 60 | 120 | 480 |
| | 农村 | 小计 | 2 880 | 87 | 0 | 30 | 60 | 120 | 240 |
| | | 男 | 1 366 | 87 | 0 | 30 | 60 | 120 | 240 |
| | | 女 | 1 514 | 87 | 0 | 30 | 60 | 120 | 240 |
| 河南 | 城乡 | 小计 | 4 926 | 277 | 0 | 60 | 180 | 440 | 720 |
| | | 男 | 2 098 | 286 | 0 | 60 | 180 | 440 | 660 |
| | | 女 | 2 828 | 269 | 0 | 60 | 180 | 440 | 720 |
| | 城市 | 小计 | 2 037 | 254 | 20 | 60 | 120 | 360 | 720 |
| | | 男 | 843 | 254 | 0 | 60 | 120 | 420 | 720 |
| | | 女 | 1 194 | 255 | 20 | 60 | 120 | 360 | 720 |
| | 农村 | 小计 | 2 889 | 286 | 0 | 60 | 180 | 440 | 660 |
| | | 男 | 1 255 | 298 | 0 | 100 | 240 | 440 | 660 |
| | | 女 | 1 634 | 275 | 0 | 60 | 180 | 440 | 720 |
| 湖北 | 城乡 | 小计 | 3 411 | 369 | 60 | 180 | 300 | 480 | 840 |
| | | 男 | 1 606 | 376 | 60 | 180 | 300 | 480 | 840 |
| | | 女 | 1 805 | 362 | 60 | 180 | 300 | 480 | 840 |
| | 城市 | 小计 | 2 384 | 398 | 60 | 180 | 300 | 480 | 1 440 |
| | | 男 | 1 129 | 400 | 60 | 180 | 300 | 540 | 1 200 |
| | | 女 | 1 255 | 396 | 60 | 180 | 300 | 480 | 1 440 |
| | 农村 | 小计 | 1 027 | 319 | 60 | 180 | 300 | 420 | 720 |
| | | 男 | 477 | 331 | 120 | 180 | 300 | 420 | 720 |
| | | 女 | 550 | 306 | 60 | 180 | 300 | 370 | 600 |
| 湖南 | 城乡 | 小计 | 4 052 | 421 | 60 | 180 | 360 | 540 | 1 260 |
| | | 男 | 1 845 | 410 | 60 | 180 | 360 | 480 | 1 200 |
| | | 女 | 2 207 | 433 | 60 | 180 | 360 | 600 | 1 440 |
| | 城市 | 小计 | 1 528 | 501 | 120 | 240 | 420 | 660 | 1 440 |
| | | 男 | 618 | 505 | 120 | 240 | 420 | 660 | 1 440 |
| | | 女 | 910 | 497 | 120 | 180 | 420 | 720 | 1 440 |
| | 农村 | 小计 | 2 524 | 390 | 0 | 180 | 360 | 480 | 960 |
| | | 男 | 1 227 | 376 | 0 | 180 | 300 | 480 | 900 |
| | | 女 | 1 297 | 406 | 60 | 180 | 360 | 480 | 1 080 |
| 广东 | 城乡 | 小计 | 3 247 | 729 | 240 | 480 | 600 | 960 | 1 440 |
| | | 男 | 1 458 | 712 | 240 | 420 | 600 | 960 | 1 440 |
| | | 女 | 1 789 | 744 | 240 | 480 | 600 | 1 080 | 1 440 |
| | 城市 | 小计 | 1 749 | 833 | 210 | 480 | 720 | 1 440 | 1 440 |

| 地区 | 城乡 | 性别 | n | 冬季开窗通风时间 / （min/d） | | | | | |
| --- | --- | --- | --- | --- | --- | --- | --- | --- | --- |
| | | | | Mean | P5 | P25 | P50 | P75 | P95 |
| 广东 | 城市 | 男 | 776 | 808 | 240 | 480 | 720 | 1 200 | 1 440 |
| | | 女 | 973 | 855 | 180 | 480 | 720 | 1 440 | 1 440 |
| | 农村 | 小计 | 1 498 | 616 | 240 | 360 | 600 | 720 | 1 440 |
| | | 男 | 682 | 611 | 180 | 360 | 600 | 720 | 1 440 |
| | | 女 | 816 | 620 | 240 | 420 | 600 | 720 | 1 440 |
| 广西 | 城乡 | 小计 | 3 369 | 417 | 60 | 150 | 300 | 600 | 1 440 |
| | | 男 | 1 589 | 399 | 53 | 120 | 300 | 600 | 1 440 |
| | | 女 | 1 780 | 436 | 60 | 180 | 300 | 600 | 1 440 |
| | 城市 | 小计 | 1 335 | 538 | 60 | 180 | 360 | 720 | 1 440 |
| | | 男 | 609 | 521 | 60 | 150 | 300 | 720 | 1 440 |
| | | 女 | 726 | 557 | 60 | 180 | 360 | 720 | 1 440 |
| | 农村 | 小计 | 2 034 | 372 | 60 | 120 | 300 | 540 | 960 |
| | | 男 | 980 | 355 | 50 | 120 | 300 | 480 | 900 |
| | | 女 | 1 054 | 390 | 60 | 180 | 300 | 540 | 1 080 |
| 海南 | 城乡 | 小计 | 1 083 | 883 | 180 | 480 | 900 | 1 440 | 1 440 |
| | | 男 | 515 | 888 | 180 | 420 | 900 | 1 440 | 1 440 |
| | | 女 | 568 | 878 | 120 | 480 | 900 | 1 440 | 1 440 |
| | 城市 | 小计 | 328 | 1 050 | 190 | 600 | 1 200 | 1 440 | 1 440 |
| | | 男 | 155 | 1 070 | 180 | 720 | 1 260 | 1 440 | 1 440 |
| | | 女 | 173 | 1 029 | 190 | 600 | 1 200 | 1 440 | 1 440 |
| | 农村 | 小计 | 755 | 816 | 130 | 360 | 720 | 1 440 | 1 440 |
| | | 男 | 360 | 816 | 180 | 360 | 720 | 1 440 | 1 440 |
| | | 女 | 395 | 816 | 78 | 370 | 720 | 1 440 | 1 440 |
| 重庆 | 城乡 | 小计 | 968 | 583 | 120 | 300 | 480 | 720 | 1 440 |
| | | 男 | 413 | 590 | 120 | 300 | 600 | 720 | 1 440 |
| | | 女 | 555 | 577 | 120 | 300 | 480 | 720 | 1 440 |
| | 城市 | 小计 | 476 | 644 | 120 | 360 | 615 | 720 | 1 440 |
| | | 男 | 224 | 668 | 150 | 480 | 720 | 720 | 1 440 |
| | | 女 | 252 | 616 | 120 | 300 | 540 | 720 | 1 440 |
| | 农村 | 小计 | 492 | 521 | 120 | 300 | 480 | 720 | 1 440 |
| | | 男 | 189 | 491 | 120 | 240 | 480 | 660 | 1 440 |
| | | 女 | 303 | 544 | 120 | 300 | 480 | 720 | 1 440 |
| 四川 | 城乡 | 小计 | 4 579 | 471 | 60 | 122 | 360 | 720 | 1 440 |
| | | 男 | 2 095 | 462 | 60 | 122 | 360 | 600 | 1 440 |
| | | 女 | 2 484 | 479 | 60 | 180 | 360 | 720 | 1 440 |
| | 城市 | 小计 | 1 940 | 553 | 50 | 122 | 480 | 720 | 1 440 |
| | | 男 | 866 | 520 | 30 | 120 | 390 | 720 | 1 440 |
| | | 女 | 1 074 | 585 | 60 | 180 | 480 | 840 | 1 440 |
| | 农村 | 小计 | 2 639 | 424 | 60 | 140 | 360 | 600 | 1 440 |
| | | 男 | 1 229 | 429 | 60 | 180 | 360 | 600 | 1 440 |
| | | 女 | 1 410 | 418 | 60 | 122 | 360 | 600 | 1 200 |
| 贵州 | 城乡 | 小计 | 2 855 | 225 | 0 | 60 | 120 | 300 | 720 |
| | | 男 | 1 334 | 227 | 0 | 60 | 120 | 300 | 720 |
| | | 女 | 1 521 | 221 | 0 | 60 | 120 | 300 | 720 |
| | 城市 | 小计 | 1 062 | 259 | 0 | 60 | 120 | 360 | 1 080 |
| | | 男 | 498 | 253 | 0 | 60 | 120 | 320 | 1 080 |
| | | 女 | 564 | 265 | 0 | 60 | 120 | 360 | 1 200 |
| | 农村 | 小计 | 1 793 | 191 | 0 | 60 | 120 | 240 | 600 |
| | | 男 | 836 | 202 | 20 | 60 | 120 | 240 | 600 |
| | | 女 | 957 | 180 | 0 | 60 | 120 | 240 | 600 |
| 云南 | 城乡 | 小计 | 3 480 | 516 | 60 | 240 | 360 | 610 | 1 440 |
| | | 男 | 1 661 | 523 | 60 | 240 | 390 | 660 | 1 440 |
| | | 女 | 1 819 | 508 | 60 | 240 | 360 | 600 | 1 440 |
| | 城市 | 小计 | 914 | 546 | 90 | 240 | 420 | 720 | 1 440 |
| | | 男 | 420 | 575 | 100 | 240 | 480 | 720 | 1 440 |
| | | 女 | 494 | 519 | 80 | 240 | 360 | 720 | 1 440 |
| | 农村 | 小计 | 2 566 | 502 | 60 | 240 | 360 | 600 | 1 440 |
| | | 男 | 1 241 | 503 | 60 | 240 | 360 | 600 | 1 440 |

| 地区 | 城乡 | 性别 | $n$ | 冬季开窗通风时间 /（min/d） | | | | | |
|---|---|---|---|---|---|---|---|---|---|
| | | | | Mean | P5 | P25 | P50 | P75 | P95 |
| 云南 | 农村 | 女 | 1 325 | 502 | 60 | 240 | 360 | 600 | 1 440 |
| 西藏 | 城乡 | 小计 | 1 525 | 90 | 0 | 20 | 60 | 120 | 300 |
| | | 男 | 618 | 92 | 0 | 30 | 60 | 120 | 240 |
| | | 女 | 907 | 89 | 0 | 15 | 60 | 120 | 300 |
| | 城市 | 小计 | 385 | 163 | 0 | 60 | 120 | 180 | 540 |
| | | 男 | 126 | 179 | 0 | 60 | 120 | 240 | 600 |
| | | 女 | 259 | 152 | 0 | 60 | 75 | 180 | 540 |
| | 农村 | 小计 | 1 140 | 69 | 0 | 15 | 60 | 120 | 196 |
| | | 男 | 492 | 72 | 0 | 20 | 60 | 120 | 191 |
| | | 女 | 648 | 67 | 0 | 10 | 40 | 120 | 240 |
| 陕西 | 城乡 | 小计 | 2 865 | 186 | 20 | 60 | 120 | 240 | 480 |
| | | 男 | 1 297 | 184 | 20 | 60 | 120 | 240 | 480 |
| | | 女 | 1 568 | 188 | 30 | 60 | 120 | 240 | 480 |
| | 城市 | 小计 | 1 331 | 165 | 20 | 60 | 120 | 240 | 480 |
| | | 男 | 587 | 158 | 20 | 60 | 120 | 240 | 420 |
| | | 女 | 744 | 172 | 30 | 60 | 120 | 240 | 480 |
| | 农村 | 小计 | 1 534 | 203 | 10 | 60 | 120 | 240 | 540 |
| | | 男 | 710 | 204 | 10 | 60 | 120 | 240 | 600 |
| | | 女 | 824 | 202 | 10 | 60 | 120 | 240 | 540 |
| 甘肃 | 城乡 | 小计 | 2 869 | 172 | 20 | 60 | 120 | 180 | 600 |
| | | 男 | 1 289 | 170 | 20 | 60 | 120 | 180 | 480 |
| | | 女 | 1 580 | 174 | 20 | 60 | 90 | 180 | 600 |
| | 城市 | 小计 | 799 | 175 | 20 | 60 | 100 | 180 | 600 |
| | | 男 | 365 | 164 | 20 | 60 | 120 | 180 | 480 |
| | | 女 | 434 | 186 | 10 | 60 | 90 | 180 | 600 |
| | 农村 | 小计 | 2 070 | 171 | 20 | 60 | 120 | 180 | 600 |
| | | 男 | 924 | 172 | 20 | 60 | 120 | 180 | 500 |
| | | 女 | 1 146 | 170 | 20 | 60 | 90 | 180 | 600 |
| 青海 | 城乡 | 小计 | 1 592 | 129 | 0 | 30 | 60 | 120 | 720 |
| | | 男 | 691 | 115 | 0 | 30 | 60 | 120 | 600 |
| | | 女 | 901 | 143 | 0 | 30 | 60 | 150 | 720 |
| | 城市 | 小计 | 666 | 148 | 10 | 60 | 60 | 120 | 720 |
| | | 男 | 296 | 126 | 0 | 60 | 60 | 120 | 720 |
| | | 女 | 370 | 173 | 10 | 60 | 60 | 180 | 720 |
| | 农村 | 小计 | 926 | 84 | 0 | 0 | 60 | 120 | 240 |
| | | 男 | 395 | 86 | 0 | 0 | 60 | 120 | 240 |
| | | 女 | 531 | 82 | 0 | 0 | 60 | 120 | 240 |
| 宁夏 | 城乡 | 小计 | 1 138 | 106 | 0 | 30 | 60 | 120 | 480 |
| | | 男 | 538 | 110 | 0 | 30 | 60 | 120 | 480 |
| | | 女 | 600 | 102 | 0 | 20 | 40 | 120 | 360 |
| | 城市 | 小计 | 1 040 | 105 | 0 | 30 | 60 | 120 | 480 |
| | | 男 | 488 | 109 | 0 | 30 | 60 | 120 | 480 |
| | | 女 | 552 | 101 | 0 | 30 | 60 | 120 | 360 |
| | 农村 | 小计 | 98 | 118 | 0 | 10 | 30 | 80 | 720 |
| | | 男 | 50 | 122 | 0 | 15 | 30 | 120 | 720 |
| | | 女 | 48 | 114 | 0 | 10 | 30 | 60 | 300 |
| 新疆 | 城乡 | 小计 | 2 802 | 46 | 0 | 10 | 30 | 60 | 120 |
| | | 男 | 1 263 | 43 | 0 | 10 | 30 | 60 | 120 |
| | | 女 | 1 539 | 49 | 0 | 10 | 30 | 60 | 150 |
| | 城市 | 小计 | 1 218 | 69 | 0 | 10 | 30 | 60 | 240 |
| | | 男 | 483 | 65 | 0 | 10 | 30 | 60 | 240 |
| | | 女 | 735 | 73 | 0 | 20 | 30 | 60 | 240 |
| | 农村 | 小计 | 1 584 | 34 | 0 | 10 | 25 | 60 | 120 |
| | | 男 | 780 | 33 | 0 | 10 | 20 | 60 | 120 |
| | | 女 | 804 | 34 | 0 | 10 | 30 | 60 | 120 |

**图书在版编目（CIP）数据**

中国人群暴露参数手册．成人卷／环境保护部编著．-- 北京：中国环境出版社，2013.12
ISBN 978-7-5111-1592-8

Ⅰ．①中… Ⅱ．①环… Ⅲ．①环境影响－成年人－健康－参数估计－中国－手册 Ⅳ．①X503.1-62

中国版本图书馆CIP数据核字（2013）第240670号

**出 版 人** 王新程
**责任编辑** 孟亚莉
**责任校对** 扣志红
**装帧设计** 金 喆

---

**出版发行** 中国环境出版社
（100062 北京市东城区广渠门内大街16号）
网　　址：http://www.cesp.com.cn
电子邮箱：bjgl@cesp.com.cn
联系电话：010-67112765（编辑管理部）
发行热线：010-67125803，010-67113405（传真）
**印　　刷** 北京盛通印刷股份有限公司
**经　　销** 各地新华书店
**版　　次** 2013年12月第一版
**印　　次** 2013年12月第一次印刷
**开　　本** 880×1230　1/16
**印　　张** 54.5
**字　　数** 1400千字
**定　　价** 390.00元

---